GEOLOGISCHE BIBLIOGRAPHIE DER OSTALPEN

VON GRAUBÜNDEN BIS KÄRNTEN

VON

DR. ROBERT RITTER VON SRBIK

HERAUSGEGEBEN VOM DEUTSCHEN
UND ÖSTERREICHISCHEN ALPENVEREIN

II. BAND

MÜNCHEN UND BERLIN 1935
VERLAG VON R. OLDENBOURG

INHALTSVERZEICHNIS
DES ZWEITEN BANDES

Nachträge während des Druckes.

VORWORT.

Infolge Verzögerung der Ausgabe des I. und II. Bandes der Geologischen Bibliographie gegenüber den ursprünglich in Aussicht genommenen Zeitpunkten ergab sich für den Verfasser die Möglichkeit, im Interesse der Benützer nicht nur älteres Schrifttum von historischem Wert in die Nachträge aufzunehmen, sondern sogar noch Arbeiten des Jahres 1935. Die Nachträge zu den Stoffgruppen mußten vorläufig zurückgestellt werden, da sonst der vereinbarte Umfang von 90 Bogen überschritten worden wäre.

Über die Ausgabe dieser und der künftigen Nachträge schweben derzeit noch Verhandlungen des Deutschen und Österreichischen Alpenvereins. Das endgültige Ergebnis wird in den Mitteilungen des Vereins verlautbart werden.

Innsbruck, Geol.-Pal. Inst. der Universität, im Juli 1935.

Dr. Robert R. v. Srbik.

Wichtigste Abkürzungen.

Bbd Beilagenband
Bespr. Besprechung
Bl. Blaas
CAI Club Alpino Italiano
Com. Comitato
DGeolGes. Deutsche Geolog. Gesellschaft
DÖAV Deutscher und Österr. Alpenverein
EgH Eclogae geologicae Helvetiae
Ferdin. Museum Ferdinandeum (Innsbruck)
Glkde Gletscherkunde
GR Geolog. Rundschau
GZ Geolog. Zentralblatt
JbRA (StA, BA) Jahrbuch der Geolog. Reichs- (Staats-, Bundes-) anstalt (Wien)
Jber. Jahresbericht
Jh. Jahreshefte
K. Karte
Mber. Monatsberichte
NF Neue Folge
NJb. Neues Jahrbuch f. Min., Geol. u. Paläontologie
ÖTC Österr. Touristenklub
PetMitt. Petermanns Geograph. Mitteilungen
SAC Schweizer Alpenklub
SAFr Società Alpina Friulana
SAT Società d. Alpinisti Tridentini
Sber. Sitzungsbericht
TB Bote für Tirol und Vorarlberg
Tscherm. Tschermaks Min. u. petr. Mitt.
VRA (StA, BA) Verhandlungen der Geolog. Reichs- (Staats-, Bundes-) anstalt (Wien)
Vortr. Vortrag
Z. Zeitschrift
Zbl. Zentralblatt
Ztg Zeitung

II. Stoffgruppen.

A
Alpen.

Allgemeines über Bau und Bild, besonders der Ostalpen.

Achleitner A. u. **Ubl E.** Tirol und Vorarlberg. – Leipzig 1895, 400 S., 1 K.

Adamović L. Junks Naturführer: Italien. – Berlin (Junk) 1930, 671 S., 24 Abb. u. Sk. – Bespr. Mitt. DÖAV, 1930, 245; Boll. Soc. Geogr. It., s. 6, v. 8, 1931, 349; Z. Ges. f. Erdkde Berlin, 1930, 392.

Aichino G. Pierre Termier. – Boll. R. Uff. geol. d'It., v. 55, Roma 1930, n. 12, 4 S., 1 Bild.

Aigner A. Alte und neue Ansichten über die Ursachen der Bewegungen in der Erdkruste. – Natur, Z. D. Natwiss. Ges. (R. H. Francé), Leipzig 1911, H. 18, 273–277, 1 Abb.

— Zur Frage des geologischen Alters der Vorzeitformen in den östlichen Zentralalpen. – Z. f. Geomorph., 8, 1934, 141–142. S. a. A. Winkler.

Almagià R., Riccardi R., Migliorini E. Bibliografia geografica dell'Italia. – Firenze (Ist. geogr. mil.) 1927, 84 S. – Bespr. Studi Trent. Sc. Nat., 8, 1927, 255.

Alpines Handbuch. – Herausgeg. vom DÖAV. Leipzig (Brockhaus) 1931, 2 Bde, 1. Bd 495 S., 176 Abb., 12 Taf., 2 K. Alpine Geol. v. G. Dyhrenfurth, 21–80. – Bespr. Geogr. Z., 37, 1931, 255; 38, 1932, 53; Boll. Soc. Geogr. It., s. 6, v. 8, n. 5, 1931, 435; Mitt. DÖAV 1931, 63, 193; GZ 44/1493–1500, 45/1610; Zbl. f. Min., Abt. B, 1932, 70; Z. Ges. f. Erdkde Berlin, 1931, 230; VBA 1932, 64.

Alpino (Com. geogr. naz. it.). Nomi e limiti delle grandi parti del Sistema –. – L'Universo, 7, Nr. 9, Firenze 1926.

Aminoff G. Gedenkworte für P. Termier, Harald Johannsen und Gustav Flink. – Geol. Fören. Förh., 53, 1931, 102–103.

Ammon L. v. Bericht über die Exkursion der Deutschen Geologischen Gesellschaft in die bayrischen Alpen. – Z. DGeolGes., 1875, 751–757.

— Wilhelm von Gümbel. – Bericht Techn. Hochschule München für 1897/98, 1898, 9 S.

— † Wilhelm von Gümbel. – Geogr. Jh., 11, 1898, 1–37. Mit Verz. weiterer Nachrufe u. Gümbels Schriften, 2 Bilder.

Ampferer O. Die neuesten Fortschritte der geolog. Erforschung der Ostalpen. – Mitt. DÖAV, 1904, 87–89, 97–98.

— Bemerkungen zum 2. Teil der von A. Rothpletz herausgegebenen Alpenforschungen. – VRA 1906, 265–272. – Bespr. NJb. 1910/1, 105.

— Über das Bewegungsbild von Faltengebirgen. – JbRA 1906, 539–622. – Bespr. GZ 10/2350.

— Erdrelief und Tetraederhypothese. – PetMitt., 57, Gotha 1911, 305; s. a. Böhm, Zur Tetraederhypothese; ebda 57, Gotha 1911, 14–15.

— u. **Hammer W.** Geol. Querschnitt durch die Ostalpen vom Allgäu zum Gardasee. – JbRA 1911, 531–710. Mit Profil 1:75000. – Bespr. NJb. 1912/1, 316; EgH 12, 1911, 326; Mitt. Geogr. Ges. München, 1913, 58; Jber. Natf. Ges. Grbd., NF, 58, 1912, 173.

Ampferer O. Über neue Methoden zur Verfeinerung des geol. Kartenbildes. – JbRA 1912, 183–194; Z. f. Kart. u. Schulgeogr., Wien (Freytag u. Berndt) 1912; Vortragsauszug: VRA 1911, 119–121. – Bespr. Z. f. prakt. Geol., 1911, 287; GZ 17/331; Mitt. DÖAV, 1913, 29.

— Über das Verhältnis von Faltung und Schiebung zum Untergrund und zur Umgebung. – Verh. 85. Vers. Deutsch. Nat. u. Ärzte, Wien 1913.

— Über den Wechsel von Falt- und Schubrichtungen beim Bau der Faltengebirge. – VRA 1915, 163–167. – Bespr. GZ 25/29; NJb. 1926/2 B, 143.

— Über die Bildung von Großfalten. – VRA 1917, 235–243. – Bespr. GZ 24/280.

— August Rothpletz †. – VRA 1918, 59–62.

— Über die tektonische Heimatberechtigung der Nordalpen. – VRA 1918, 63–76.

— Über die tektonische Bedeutung von Oberflächen- und Tiefendecken. – VRA 1918, 81–88.

— Geometrische Erwägungen über den Bau der Alpen. – Mitt. Geol. Ges. Wien, 12, 1919, 135–150. – Bespr. GZ 30/1288.

— Über die Bedeutung von Kerben für den Verlauf tektonischer Gestaltungen. – VRA 1919, 133–148.

— u. **Sander B.** Über die tektonische Verknüpfung von Kalk- und Zentralalpen. – VStA 1920, 121–131. – Bespr. NJb. 1926/2, B, 144.

Ampferer O. Über NW-Beanspruchungen in den Nordalpen. – In: Sander, Zur Geol. d. Zentralalpen. – JbStA 1921, 198–202. S. a. Spengler.

— Beiträge zur Geologie der Ennstaler Alpen. – JbStA 1921, 117–134. – Bespr. NJb. 1922/2, 326.

— Beiträge zur Auflösung der Mechanik der Alpen. – JbBA 1923, 99–119; 1924, 35–73; 1926, 125–151; 1928, 327–355; 1930, 309–338; 1931, 637–659, zahlr. Fig. – Bespr. GZ 29/1443, 31/248, 39/925, 44/335, 47 A/1610; NJb. 1926/2, B, 138.

— Über die Tektonik der Alpen. – Die Naturwissenschaften, 12, Berlin 1924, 1007–1014. – Bespr. GZ 32/224; Z. f. Geomorph., 1, 1925, 178.

— Über die Verwendung der Schuttausstrahlung zur Erkennung von Gebirgsverschiebungen. – JbBA 1924, 117–134. – Bespr. GZ 31/605; NJb. 1925/2, B, 158.

— Über Kontinentverschiebungen. – Die Naturwiss., 13, H. 31, Berlin 1925, 669–675. S. a. Mitt. Geol. Ges. Wien, 18, 1925, Wien 1927, 209 (L. Waagen).

— Beiträge zur Morphologie u. Tektonik der Kalkalpen zwischen Inn und Saalach. – JbBA 1925, 19–44. – Bespr. GZ 33/750; NJb. 1926/2, B, 341.

— Über weitere Ziele der geologischen Landeserforschung. (Vortr.) – VBA 1925, 131–138.

— Über die tertiäre und diluviale Schuttausstrah-

lung der Alpen. - VBA 1925, 147-150. - Bespr. GZ 33/730.
— Über einige Beziehungen zwischen Tektonik und Morphologie. - Z. f. Geomorph., 1, 1925, 83-104.
— Über Methoden der Feldgeologie. - Mitt. Geol. Ges. Wien, 18, 1925, Wien 1927, 1-15. - Bespr. GZ 37/703.
— Prof. Carl Diener †. - VRA 1928, 89-93.
— Einige Bemerkungen zu der Oszillationstheorie von E. Haarmann. - VBA 1931, 99-102. - Bespr. GZ 46 A/727.
— Gedanken über alpine Probleme. - Österr. Alpenztg, 53, 1931, 278-283.
— Geologische Karte der Lechtaler Alpen. 4 Bl. 1:25000. I. Klostertaler Alpen. II. Arlberggebiet. III. Parseierspitzgruppe. IV. Muttekopf-Heiterwand. Mitarbeiter: Th. Benzinger, W. Hammer, O. Reithofer. - Hiezu ein Erläuterungsbuch, 125 S., 28 Farbzeichnungen, 1 Taf. - Wien (Geol. Bdsanst.) 1932. - Bespr. VBA 1933, 12; Tiroler Anzeiger, Nr. 47 v. 25. 2. 1933; Innsbr. Nachr., Nr. 66 v. 20. 3. 1933; Alpenländer-Korrespondenz, Nr. röm. 14 v. 6. 4. 1933; Außferner Bote, Nr. 25 v. 1. 4. 1933; Heimat, Vorarlberger Monatshefte, 14, 1933, 69; Geogr. Z., 39, 1933, 181; Mitt. DÖAV, 1933, 100; NJb. 1932/3, 973; 1933/3, 502; Tiroler Heimatblätter, 11, 1933, 223; GR 1933, 264; GZ 50 A/788; Z. f. prakt. Geol., 41, 1933, 151; Z. f. Geomorph., 8, 1934, 90; Z. f. Glkde, 21, 1933, 394.
— Beiträge zur Geologie und Mechanik des Westrandes der Ostalpen. - Sber. Ak. d. Wiss. Wien, math.-natw. Kl., Abt. 1, 142, Wien 1933, 145-155. - Bespr. GZ 52 A/976.
— Geologischer Führer für das Kaisergebirge. - Wien (Geol. Bdsanst.) 1933, 132 S., 48 Abb., K. 1:25000. - Bespr. Alpenländer-Korr., Nr. 4 v. 25. 1. 1934; Innsbr. Nachr. u. Tir. Anzg., Nr. 20 v. 25. 1. 1934; Tir. Grenzbote, Nr. 10 v. 3. 2. 1934; Z. f. prakt. Geol., 42, 1934, 62; Tir. Heimatblätter, 12, 1934, 192; Wr. Prähist. Z., 21, 1934, 73; Mitt. DÖAV, 1934, 108; Mitt. Geogr. Ges. Wien, 76, 1933, 316; VBA 1934, 13; Der Bergsteiger, 4, Nr. 7, 1934, 103; GR 25, 1934, 212.
Andrée K. Über die Bedingungen der Gebirgsbildung. - Berlin (Borntraeger) 1914, 101 S. - Bespr. Naturwiss. Wochenschrift, NF, 13, 1914, 458; GZ 21/305; PetMitt., 61, 1915, 362.
Angel F. Baustoff und Bau der Hohen Tauern. - Der Bergsteiger, 4, 1934, Nr. 8, 413-424.
— u. **Heritsch F.** Das Alter der Zentralgneise der Hohen Tauern. - Zbl. f. Min., 1931, Abt. B, 516-527. - Bespr. GZ 46 A/2181.
Aeppli A. Geographische Bibliographie der Schweiz für 1923 und 1924. - Mitt. d. Geogr.-ethnolog. Ges. Zürich, 25, 1924/25, Zürich 1926, 63-101.
Arbenz P. Der Bau der Schweizer Alpen. Leitfaden. - Zürich 1909, 16 S. - Bespr. NJb. 1912/1, 103.
— Die Faltenbogen der Zentral- und Ostschweiz. - Vierteljschr. Natf. Ges. Zürich, 58, 1913, 15-34, K. 1:1 Mill. - Bespr. GZ 22/1396; VRA 1913, 417; EgH 13, 1914, 610.
— Der Deckenbau der Alpen. - Mitt. Natf. Ges. Bern, 1916, Sber., röm. 9-15. - Bespr. EgH 15, 1918, 366; GZ 24/1447.
— Vorwort zur Festschrift Albert Heim, gewidmet zur Vollendung seines siebzigsten Lebensjahres, den 12. April 1919. - Vierteljschr. Natf. Ges. Zürich, 64, 1919, röm. 3-4.
— Neuere Werke über die Geologie in den Alpen. - Mitt. Natf. Ges. Bern, 1924, Sber. 1925, röm. 24.
— Struktuurtypen in de Zwitzersche Alpen. (Strukturtypen in den schweizerischen Alpen.) - Geol. en Mijnbouw, Den Haag, 1. 6. 1932, 11, Nr. 5, 44-45. (Vortr.)
— Die Rolle der Alpenforschung in der Geologie. - Rektoratsrede Bern, 1932. Bern (Haupt) 1933, 20 S. - Bespr. Z. Ges. f. Erdkde Berlin, 1933, 235; Z. f. Geomorph., 8, 1934, 89; Mitt. Geol. Ges. Wien, 24, 1932, Wien 1933, 258; GZ 51 A/1478; NJb. 1933/3, 502.
Arduino G. Due lettere sopra varie osservazioni naturali al Cav. Antonio Vallisneri professore di Storia Naturale all'Università di Padova. - Nuova raccolta di opuscoli scientifici e filologici, t. 6, Venezia 1760.
— Saggio fisico-mineralogico di Lithogenia e Orogenia. - Venezia-Milano 1775.
Argand E. Sur la racine de la nappe rhétique. - Beiträge z. geol. K. d. Schw., NF, 24, 1910, 17-19; Mitt. Schw. Geol. Komm., 1, Bern 1909, 7 S. - Bespr. NJb. 1910/1, 255; EgH 11, 1910, 559; GZ 13/1804, 16/1248, 17/368; Boll. Com. geol. d'It., 41, 1910, 98.
— Les nappes de recouvrement des Alpes pennines et leurs prolongements structuraux. - Mat. p. la Carte géol. de la Suisse, n. s. 31, Bern 1911, 1-26. - Bespr. EgH 12, 1912, 318; GZ 19/972; NJb. 1913/2, 292.
— Les nappes de recouvrement des Alpes occidentales et les territoires environnants. - Matér. carte géol. Suisse, 27, 1911, C. spec. Nr. 64, 1:500000, 3 Proftaf. - Bespr. EgH 13, 1914, 47; C. R. Acad. Sc. Paris, t. 154, 1912, 1576.
— Sur le plissement en retour et la structure en eventail dans les Alpes occidentales. - Bull. Soc. vaud., t. 47, proc. verb., 1911.
— Sur la répartition des roches vertes mésozoiques dans les Alpes Pennines avant la formation des grands plis couchés. - Bull. Soc. vaud., t. 47, 1911.
— Sur l'arc des Alpes occidentales. - EgH 14, 1916, 145-191, 215; Verh. Schw. Natf. Ges., 98. Jvers. Schuls 1916, 152, K. 1:500000. - Bespr. EgH 15, 1918, 383-388; NJb. 1918, 299; GZ 24/33.
— Les récents progrès de la géologie en Suisse. - Bull. Soc. neuchât. sc. nat., t. 43, 1917/18, Neuchâtel 1919, Verh. 307.
— Plissements précurseurs et plissements tardifs des chaînes de montagnes. - Soc. Helv. Sc. Nat., 101. Sitzg 1920, Aarau 1921, 13-39.
Arldt Th. Über den Gebirgsbau der Alpen (nach Fr. Frech). - Geogr. Anzg., 11, 1910, 108-109.
Arthaber G. v. Gedächtnisrede zur Erinnerung an C. Diener. - Mitt. Geol. Ges. Wien, 21, 1928, 14 S. Mit Litverz.
— Karl Diener † (6. 1. 1928). - Neue Freie Presse, 7. 1. 1928.
Bailey E. The Nappe Theory. - The Scottish Geogr. Mag. (Edinburg), 46, Nr. 1, Jan. 1930, 21-25, 1 Sk. - Bespr. GZ 42/803. S. Heritsch F.
Ball J. A. The Alpine Guide. Part III. A Guide to the Eastern Alps. - London 1868, 1 K. - Bespr. VRA 1868, 336.
Balsamo Crivelli G. Prospetto elementare di una descrizione geologica dell'Italia. - Milano 1847.
Baltzer A. Prof. Dr. R. Umlauft: Die Alpen, Handbuch der gesamten Alpenkunde. - Jb. SAC, 22, Bern 1887, 373-381.
Banse E. Das deutsche Alpenland. - Raum und Volk, III, 2, Langensalza (Beltz) o. J. (1932), 32 S. - Bespr. Geogr. Z., 38, 1932, 508.
Bargmann A. Der jüngste Schutt der nördl. Kalkalpen. - Verh. Ver. f. Erdkde Leipzig, 1894 u. Diss. Leipzig (Altenburg), 1894, 103 S.
Barth Herm. v. Aus den nördlichen Kalkalpen. Er-

steigungen und Erlebnisse in den Gebirgen Berchtesgadens, des Allgäus, des Inntales, des Isar-Quellengebietes und des Wettersteins. Mit Beiträgen zur Orographie und Hypsometrie. – Gera 1874, 637 S.

Barton D. C. A geophysical survey of southern Bavaria. – XVI. Internat. Geol. Congr. Washington, 1933, Astr. of papers. – Bespr. GZ 51 A/1625.

Baschin O. Der Mechanismus der Gebirgsbildung nach Albert Heim. – Die Naturwiss., 9, Berlin 1921, 369–371.

Baumberger E. Versuch einer Umdeutung der Profile durch die subalpine Molasse der Zentral- und Ostschweiz. – Verh. Schw. Natf. Ges., 105. Jvers. Luzern, 1924, II, 150; EgH 19, 1925, 192.–Bespr. NJb. 1926/2, B, 228.

— Zur Tektonik und Altersbestimmung der Molasse am schweizerischen Alpennordrand. (Vortr.) – EgH 24, 1931, 2 Proftaf., 1 Skz.

Beck P. Über das Substratum der medianen Präalpen und seine Beziehungen zu den Habkern- und Bündnerdecken. – Verh. Schw. Natf. Ges., 94. Jvers. Solothurn, 1911, 260–264; EgH 11, 1910, 736–739. – Bespr. EgH 12, 1912, 374; NJb. 1913/2, 465.

— Über autochthone und allochthone Dislokationen in den Schweizer Alpen und ihrem nördlichen Vorland. – EgH 17, 1922/23, 94–111.

Becke F. Der Einfluß des Gesteins auf das Landschaftsbild. – Schr. d. Ver. z. Verbreitg natwiss. Kenntn. Wien, 50, 1910, 197–210.

Becker F. Zur Erinnerung an Hans Konrad Escher von der Linth und sein Lebenswerk. – Sepabdr. ill. Z. „Die Schweiz", 15. Juni 1911, 4 S.

Becker H. „Treppenfaltung", eine Großform der Gebirgsbildung. – Zbl. f. Min., Abt. B, 1933, 625–632, 3 Abb. – Bespr. GZ 52 A/1216.

Behrmann W. Morphologische Formengruppen der Erosion. – Z. Ges. f. Erdkde Berlin, 1932, 170–178.

— Die ältesten Züge im Antlitz der Alpen. (Vortr.) – Geogr. Anzg., 1933, 129–136. – Bespr. Z. f. Geomorph., 8, 1934, 85.

Benz A. Neuere Ansichten über das Wesen der Gebirgsbildung. – Der Naturforscher, 2, 1925/26, 10–14, 5 Abb.

Bertrand L. Le rôle des nappes de charriage dans la structure des Alpes occidentales et orientales. – Rev. général Sc. Paris, 28. 2. 1899. – Bespr. EgH 11, 1910, 160.

— La Notion de Faciès en Geologie. – Extrait de: La Revue du Mois, Nr. 52, 10. 4. 1910, 385–408; Nr. 54, 10. 7. 1910, 680–716; Paris 1910, 63 S.

— Le rôle des grands mouvements horizontaux dans la formation des chaînes de montagnes. – Rev. gén. Sc. pures et appliquées, v. 19, 1910, 132–162.

Bezold G. v. Naturwissenschaftliche Skizzen aus den Alpen von Berchtesgaden. (Gebirgsbildung, Gesteine u. a.) – Jb. ÖAV, 1869, 187–201.

Bibliografia geologica italiana per l'anno 1912, 1913, 1914. – Boll. Com. geol. d'It., 44, 45, 46, Roma 1915, 1916, 1918, 154, 106, 112 S.

— La – geologica dell'Italia. – Boll. R. Soc. Geogr. It., s. 6, v. 5, Roma 1928, Nr. 11–12, 589–590. – Bespr. GZ 39/1507.

Bibliographie der schweizerischen naturwissenschaftlichen Literatur. – Herausgeg. v. d. Schweizer. Landesbibliothek, 1, 1925, Bern 1927, B. Geol. Wissensch., 37–77; 2, 1926, Bern 1928, B. Min.-geol. Wiss., 41–84; 3 u. 4, 1927 u. 1928, Bern 1930, 61–144; 5, 1929, Bern 1931, 53–85; 6/7, 1930 u. 1931, Bern 1933, 89–134; 8, 1932, Bern 1934, 53–93.

Biel E. Die Niederschlagsverhältnisse der Alpen. – Mitt. Geogr. Ges. Wien, 74, 1931, 188–194.

Bittner A. Bemerkungen zu einigen Abschnitten „Das Antlitz der Erde" von E. Suess. – VRA 1885, 24–33.

— Die neuesten Wandlungen in den modernen Ansichten über Gebirgsbildung. – VRA 1886, 374–380.

— Einige Bemerkungen zu A. Rothpletz': „Ein geologischer Querschnitt durch die Ostalpen." – VRA 1894, 87–102.

— Vorschläge für eine Normierung der Regeln der stratigraphischen Nomenklatur. – Congrès géol. Internat. Compte Rendu de la VII session, St. Pétersburg 1897 (1899), 3. Teil, 1.

Blaas J. Bilder aus der Urwelt Tirols. (Vortr.) – Wien (C. Fischer) 1887, 20 S. – Bespr. Mitt. DÖAV, 1890, 263.

— Über die Lage der Schnittlinie von Terrainflächen und geologischen Ebenen. – JbRA 1896, 269–278. – Bespr. NJb. 1898/1, 465.

— Adolf Pichler und die Geologie Tirols. Ein Blatt zu seinem Ehrenkranz. – Innsbr. Nachr., Nr. 151 v. 5. 7. 1899.

— Die geologische Erforschung Tirols und Vorarlbergs in der 2. Hälfte des 19. Jahrhunderts. Eine Besprechung der ges. geol. Literatur dieses Gebietes und Zeitraumes. – Innsbruck (Wagner) 1900, 322 S. – Bespr. GZ 1/713; Mitt. DÖAV, 1900, 267.

— Geologischer Führer durch die Tiroler und Vorarlberger Alpen. – Innsbruck (Wagner) 1902, 7 Bde, 1063 S., K. 1:500000, K. der Dol. 1:300000 u. 216 Prof. – Bespr. GZ 2/1294; EgH 7, 1901/2, 495; Mitt. DÖAV, 1902, 157; Boll. Com. geol. d'It., 34, 1903, 87; Innsbr. Nachr., Nr. 254 v. 5. 11. 1901.

— Struktur und Relief in den Alpen. – Z. DÖAV, 1904, 1–17. – Bespr. GZ 6/37.

— Kleine Geologie von Tirol. Eine Übersicht über Geschichte und Bau der Tiroler und Vorarlberger Alpen f. Schule u. Selbstunterricht. – Innsbruck (Wagner) 1907, 152 S., 11 Taf., 1 K. – Bespr. GZ 10/712; VRA 1907, 367; Innsbr. Nachr., Nr. 157 v. 12. 7. 1907.

— Über neue geologische Probleme der Alpentektonik. (Vortrag über Deckenlehre.) – Ber. Nat.-med. Ver. Innsbruck, 30, 1907, röm. 16–67.

— Tektonische Beben. – Innsbr. Nachr., Nr. 6 v. 9. 1. 1909.

— Der geologische Bau der Tiroler Alpen. – Innsbruck (Landesverband f. Fremdenverk.) 1909, 28 S.

— Zu den letzten Erdbebenerscheinungen. – Innsbr. Nachr., Nr. 11 v. 15. 1. 1909.

— E. Suess und die Geologie Tirols. – Innsbr. Nachr., Nr. 101 v. 5. 5. u. Nr. 102 v. 6. 5. 1914.

— Über den Deckenbau der Alpen. (Vortr.) – Ber. Nat.-mediz. Ver. Innsbruck, 35 (1912/13 u. 1913/14) 1915, röm. 9–10.

Blanchard R. La structure des Alpes. – Ann. Univ. de Grenoble, 27, 1915, 261–325; Rec. Trav. Inst. géogr. alpine, Grenoble, t. 3, 1915, 163–227.

Boden K. Über Konglomerate und Breccien in den Bayerischen Alpen. – Z. DGeolGes., 75, 1923, 155–183. – Bespr. NJb. 1924/2, 253; GZ 31/97.

— Zum Gebirgsbau der oberbayerischen Alpen. Erl. z. d. Exk. d. DGeolGes. 1923. – Z. DGeolGes., 75, 1923, Mber., 89–100, 1 Fig. – Bespr. GZ 31/1146.

— Beschaffenheit, Herkunft und Bedeutung des ostalpinen Molasseschuttes. – Abh. d. Geol. Ldsuntersuchung des Bayer. Oberbergamtes, H. 4, München 1931, 33 S. – Bespr. GZ 46 A/469.

Böhi A. Verzeichnis der Publikationen von Albert Heim. – Festschr. z. 70. Geburtstag A. Heims, Vierteljschr. Natf. Ges. Zürich, 64, 1919, 499–518. – Bespr. GZ 24/1669.

Böhm A. v. Über die Grenze zwischen den Ost- und Mittelalpen. – Z. DÖAV, 1877, 61–68. – Bespr. Bl. 485.

— Einteilung der Ostalpen. – Geogr. Abhandlungen (Penck), 1, 1886, Wien 1887, 243–478, K. 1:1 Mill. – Bespr. VRA 1887, 336; NJb. 1890/1, 57.

— Über Gebirgsgruppierung. – Verh. 7. D. Geogr.-Tag Karlsruhe, 1887, 9 S.

— Zur Einteilung der Ostalpen. – Mitt. DÖAV, 1887, 287–290.

— Einteilung der Alpen. – Deutsche Rdschau f. Geogr. u. Stat., 15, 1893, 6 S., 1 K. – Bespr. EgH 4, 1894, 150; Rev. géol. suisse p. l'a. 1893, Arch. etc., t. 31, Genève 1894, 240.

— Abplattung und Gebirgsbildung. – Leipzig und Wien 1910, 83 S., 3 Fig. – Bespr. VRA 1911, 281.

— Zur Tetraederhypothese. – PetMitt., 57, Gotha 1911, 14–15.

— Der Deckenbau in den Ostalpen. – PetMitt., 57, Gotha 1911, 204–205.

— Eduard Suess †. – PetMitt., 60, 1914, Juni-H., 1 S.

Bonney T. G. Preliminary note on traverses of the Western and of the Eastern Alps made during the summer of 1887. – The geolog. Magazine, dec. 3, v. 4, London 1887, 470–471.

Borraß E. Bericht über die relativen Messungen der Schwerkraft mit Pendelapparaten in der Zeit von 1808 bis 1909 und über ihre Darstellung im Potsdamer Schweresystem. – Verh. 16. Allgem. Konferenz der Internat. Erdmessung in London und Cambridge 1909, 3. T. Spezialbericht über rel. Schweremessungen, Berlin (Reimer) 1911, 288 S., 2 K.

Bossolasco M. La plasticità nei fenomeni di orogenesi. – Rendic. d. R. Acc. Naz. d. Linc. cl. di Sc. fis., mat. e nat., estr. v. 7, s. 6, 1 sem., f. 1, Roma, genn. 1928, 66–71.

Boué A. Geognostisches Gemälde von Deutschland. – 1829.

— Résumé sur l'âge rélatif des dépots sécondaires dans les Alpes et les Carpathes. – Journ. de Géol., 1, 1830.

— Rémarques sur un Mémoire concernant les Alpes Autrichiennes des Ms. Sedgwick et Murchison. – Phil. Mag. and Ann. of Phil., v. 4; Bull. Soc. géol., 1, 1830, 40–43.

— Geologie einiger Alpen- und Mittelmeerregionen im Südosten von Europa. – Quart. Journ. of the geol. Soc., 1848, H. 4, 10.

Branca W. Viktor Uhlig †. – Z. DGeolGes., 63, 1911, B, Mber., 385–396. Mit Schriftenverz.

Brandt B. Die heutigen Anschauungen über den Bau und die Entstehung der Alpen. – Die Naturwiss., 8, Berlin 1920, 1047–1048.

Bräuhäuser M. Tertiärer Vulkanismus im Alpengebiet. – Jh. Ver. vaterl. Natkde Württemb., 84, 1928, 41–42.

Bremer E. Das präglaziale Relief der Ostalpen und dessen Bedeutung für den heutigen Formenschatz des Gebirges. Darstellung und Kritik der bisherigen Forschungsergebnisse. – Inaug.-Diss. Halle, 1933, 112 S., 9 Abb., 4 Tab., 1 Skz. – Bespr. Z. f. Geomorph., 8, 1934, 259; Mitt. Geogr. Ges. München, 27, 1934, 132.

Brinkmann R. Über Gosau und vorgosauische Gebirgsbildung in den nördlichen Ostalpen. (Vortr.) – GR 25, 1934, 141.

Broili F. August Rothpletz †. – Jb. Bayr. Ak. d. Wiss., München 1918, 59–65; Mitt. Geogr. Ges. München, 1918/19, 359–363.

— August Rothpletz zum Gedächtnis. – NJb. 1919, röm. 39–58, 1 Bild u. Schriftenverz. – Bespr. GZ 25/678.

Brückmann W. Erdmagnetische Vermessung der Schweiz. I. Allgemeines. Deklination. – Ann. Schw. Meteorol. Zentralanst., 67, 1930, Nr. 7. Mit K. 1:1 Mill. – Bespr. GZ 49 A/67.

— Erdmagnetische Vermessung der Schweiz. – Ann. Schwz. Meteorol. Zentralanst., 68, 1931, Nr. 6, 10 S., 3 K.

Brückner E. Über die angebliche Änderung der Entfernung zwischen Jura und Alpen. – 9. Jber. Geogr. Ges. Bern, 1891/92, 189–197. – Bespr. NJb. 1894/2, 43; Rev. géol. suisse p. l'a. 1893, Arch. d. sc. phys. et nat. de Genève, t. 31, Genève 1894, 371; EgH 4, 1894, 185; PetMitt, 41, 1885, Litber., 82.

— Über die Verminderung der Distanz zwischen Alpen und Jura. – Mitt. Natf. Ges. Bern a. d. J. 1892, Bern 1893, röm. 20.

— Über die Geschwindigkeit der Gebirgsbildung und der Gebirgsabtragung. – Himmel und Erde, 6, 1, 1893, 25 S.

— Die Förderung der Wissenschaft von den Alpen durch den D. u. Ö. Alpenverein in den letzten 25 Jahren. – Z. DÖAV, 1919, 30–46.

Bruhns K. Chr. Alexander von Humboldt, eine wissenschaftliche Biographie. (Schriftenverzeichnis von Löwenberg.) – Leipzig 1872, 3 Bde.

Brunner C. Über die Hebungsverhältnisse der Schweizer Alpen. (Brief an L. v. Buch.) – Z. DGeolGes., 3, 1851, 554–562.

Bubnoff S. v. Die Grundlagen der Deckentheorie in den Alpen. – Stuttgart 1921, 149 S., 45 Fig. – Bespr. Mitt. Wiener Geogr. Ges., 1922, 117; Zbl. f. Min., 1921, 447; Mitt. DÖAV, 1922, 37; GZ 26/1381.

— Die Entstehung der Alpen im Lichte der Deckentheorie. – Geogr. Z., 27, 1921, 68–81, 2 Fig. – Bespr. GZ 26/756.

— Die Gliederung der Erdrinde. – Fortschr. d. Geol. u. Pal., H. 3, Berlin (Borntraeger) 1923, 84 S., 20 Fig. – Bespr. GZ 30/102.

— Über die Beziehung zwischen Gebirgsbildung und Vulkanismus. – Die Naturwissenschaften, 15, 1927, 857–860.

— Bau und Bild der Alpen. (Vortr.) – Mitt. Natwiss. Ver. f. Neuvorpommern u. Rügen in Greifswald, 60, 1933, 1 S.

Buch L. v. Bemerkungen zur geognostischen Karte von Tirol und Vorarlberg des Montanistischen Vereins. – Z. DGeolGes., 1852, 211–215. – Bespr. Bl. 35.

— Gesammelte Schriften. – Herausgeg. v. Ewald, Roth und Dames. – Berlin 1877.

Buchanan J. Torsion Structure in the Alps. – Phil. Mag., 50 (1899?), 261–265. – Bespr. GZ 1/233.

Buckland W. Über die Struktur der Alpen und des angrenzenden Landes. – Ann. of philos. – Übersetzt in Kefersteins Deutschland, II, 1822, 82–117.

Bühler H. Alpine Bibliographie für das Jahr 1931. München (Ges. Alp. Bücherfreunde) 1932, 167 S. – 1932. München-Wien (Bruckmann u. Holzhausen) 1933, 212 S. – Bespr. Mitt. DÖAV, 1934, 48; Geogr. Z., 40, 1934, 351; Mitt. Geogr. Ges. München, 27, 1934, 140.

Buxtorf A. Zur Tektonik der zentralschweizerischen Kalkalpen. – Z. DGeolGes., 1908, 163–197.

Cacciamali G. B. Falde alpine e loro radici; limite alpino-dinarico, pieghe dinariche. – Rend. R. Ist.

Lomb. di Sc. e Lett., s. 2, v. 50, f. 14/15, Milano 1917, 684–693.

— Conflitti orogenici. (Nota.) – Atti Acc. Naz. d. Lincei, Rend. cl. Sc. fis., mat. e nat., v. 14, n. 3–4, Roma 1931, 131–133.

— Convogliamento e ricorrugamento dell „Erciniano" nell'orogenesi alpina. (Nota.) – Atti Acc. Naz. d. Lincei, Rend. cl. Sc. fis., mat. e nat., v. 14, n. 5–6, Roma 1931, 221–224.

Cadisch J. Beitrag zur Entstehungsgeschichte der Nagelfluh. – Actes Soc. helv. Sc. nat., 104 sess. Zermatt, 1923, II, 137–138; EgH 18, 1923, 24, 222–227. – Bespr. NJb. 1925/I, 649.

— Der Bau der Schweizer Alpen, räumlich dargestellt und kurz erläutert. – Habil.-Schr. Techn. Hochsch. Zürich (Füßli), 1925/26, 61 S., 1 K. – Bespr. NJb. 1926/1, 234; GZ 33/1316; GR 1926, 147; Mitt. Geol. Ges. Wien, 18, 1925, 201; Mitt. DÖAV, 1927, 130; Geogr. Z., 32, 1926, 321; Pet-Mitt., 1928, 46; Z. f. prakt. Geol., 1926, 128.

— Das Werden der Alpen im Spiegel der Vorlandssedimentation. (Vortr.) – GR 19, 1928, 105–119. – Bespr. GZ 43/114.

Canstein. Blicke in die östlichen Alpen und in das Land an der Nordküste des Adriatischen Meeres. – Berlin 1838.

Catullo T. A. Rechtfertigung gegen Girard. – Leonh. u. Bronn Jb., 1849, 187–189; Nuovi Ann. d. Soc. nat. di Bologna, s. 2, t. 10, 1849, 151–156. S. Girard.

Cermák J. Neue Ansichten über die Tektonik der Alpen. – Sbornik č. zeměvěd (Sammlg d. böhm. geogr. Ver.), 14, 1908. – Bespr. GZ 15/1026.

Charpentier T. de. Reise aus Schlesien durch Böhmen, Oberösterreich, Salzburg, Berchtesgaden, Tirol und einen Teil der Schweiz nach Italien. – Leipzig 1821. – Bespr. NJb. d. Berg- u. Hüttenkde v. Moll, 5, Nürnberg 1824, 285.

Christa E. Über naturgetreue Darstellung orogentektonischer Erscheinungsformen. – JbBA 1932, 1–16, 1 Taf. – Bespr. GZ 47 A/443, 48 A/1066.

Clar E. Modereckdecke oder Rote Wandgneisdecke? – VBA 1932, 153–157, 1 Prof. (S. L. Kober.) – Bespr. GZ 50 A/723.

Cloos H. Tektonik und Magma. Untersuchungen zur Geologie der Tiefen. – Abh. Preuß. Geol. Ldsanst., NF, H. 89, Bd 1, 1922, 141 S., 3 Taf., 41 Fig.

— Bau und Bewegung der Gebirge in Nordamerika, Skandinavien und Mitteleuropa. – Fortschr. d. Geol. u. Pal., 7, 1928, 87 S. – Bespr. GZ 39/1584.

Collegno G. Die Sekundärgebirge an der Südseite der Alpen. – Compt. rend. hebdom. d. séances de l'Acad. d. sc., t. 17, Paris 1843, 1363–1364 u. L'Institut, 1e sect., 11 ann., 446.

— Bemerkungen über die italienischen Alpen. – Bull. Soc. géol. de France, 1e sér., Paris 1844, 179.

— Essai d'une carte géologique de l'Italie. – Compt. rend. de l'Acad., 18, Paris 1844.

— Terrains diluviens sur le revers méridional des Alpes. – C. rend. hebd. d. séances de l'Acad. d. sc., t. 18, Paris 1844, 523–526. – Analyse in Hist. d. progr. d. l. géol. de 1834 à 1845, t. 2, Paris 1848, 235–236.

— Note sur le terrain erratique du revers méridional des Alpes. – Bull. Soc. géol. de France, 2e sér., t. 2, Paris 1845, 284–303; Analyse in Hist. d. progr. de la géol. de 1834 à 1845, t. 2, Paris 1848, 235–236.

Collet L. W. The Alpes and Wegeners theory. – The Geogr. Journal, 67, London 1926, 301–312. – Bespr. GZ 34/21; NJb. 1929/3, 229.

— The structure of the Alps. – London 1927, 289 S., 12 Taf.

Cornelius H. P. Über einige Probleme der penninischen Zone der Westalpen. – GR 11, 1920, 289–318.

— Zur Vorgeschichte der Alpenfaltung. – GR 16, 1925, 350–377, 417–434. – Bespr. GZ 40/1287.

— Über tektonische Breccien, tektonische Rauhwacken und verwandte Erscheinungen. – Zbl. f. Min., 1927, Abt. B, 120–130.

— Über die Insubrische Linie. (Vortragsauszug.) – Z. DGeolGes., B., Mber., 1928, 274.

— Zur Auffassung des westlichen Ostalpenrandes. – EgH 21, 1928, 157–163. – Bespr. GZ 42/1196; NJb. 1931/3, 3.

— Gustav Steinmann †. – VBA 1929, 233–235.

— Zur Frage der Beziehungen von Metamorphose und Tektonik in den französischen Alpen. – Mitt. Geol. Ges. Wien, 23, 1930, Wien 1931, 142–151. – Bespr. GZ 47 A/1135; NJb. 1933/2, 869.

— Pierre Termier †. – VBA 1931, 97–98.

Cornelius-Furlani M. Considerazioni orogenetiche sul limite alpino-dinarico in Pusteria. – Atti Acc. Sc. Ven.-Trent.-Istr., s. 3, v. 12–13, Padova 1922, 146–155, 1 Taf. – Bespr. Studi Trent. Sc. Nat., 8, 1927, 123.

Cotta B. v. Geologische Briefe aus den Alpen. – Leipzig 1850, 328 S. – 2. Aufl.: Die Alpen, Leipzig 1851, 336 S. – Bespr. NJb. 1850, 302; Bl. 6.

— Der innere Bau der Alpen. – Z. f. populäre Naturkunde (Giebel u. Scheller), 1854. – Bespr. NJb. 1854, 467.

— Geologisches Repertorium. – (Leipzig.) – Bespr. Mitt. Geogr. Ges. Wien, 1877, 138.

— Die Geologie der Gegenwart. – Leipzig 1878. – Bespr. Mitt. Geogr. Ges. Wien, 1878, 548.

Crammer H. u. **Stummer E.** Überschiebungen und Formenwelt bei Salzburg. – Festschr. A. Penck, Stuttgart 1918, 12 S.

Credner H. Geognostische Bemerkungen über die Zentralkette der Alpen in Oberkärnten und Salzburg. – NJb. 1850, 513–574. – Bespr. Bl. 4.

Curioni G. Sui terreni di sedimento inferiore dell'Italia settentrionale. – Mem. d. I. R. Ist. Lomb.-Ven. d. Sc. ed Arti, 1845.

— Rapporto sulla carta geognostica del Tirolo e del Vorarlberg. – Giorn. d. Ist. Lomb., Milano 1854, v. 6.

Czech K. Beiträge zu einer naturgemäßen Einteilung der Alpen. – Blge zum Jber. Realgymn. Düsseldorf, 1883, 20 S.

— Die Grenzen zwischen den Ost-, Zentral- und Südwestalpen. – Jber. Realgymnasium Düsseldorf, 1886, 8 S.

— Die westliche Grenze der Ostalpen. – Festschr. Realgymnasium Düsseldorf, 1888, 14 S.

Dacqué E. Grundlagen und Methoden der Paläogeographie. – Jena 1915, 499 S., 1 K.

— Tiefsee und Faltengebirge. – Senckenberg. Nat. Ges., Frankfurt 1925, 339–351, 377–384. – Bespr. GZ 33/619.

— Paläogeographie. – Leipzig und Wien (F. Deuticke) 1926, 169 S. – Bespr. GZ 36/1643.

— Die Alpen. – Berlin (Grieben) 1926, 138 S.

Dalla Torre K. W. v. Professor A. v. Pichler als Naturforscher. – TB, Innsbruck, Nr. 147–152, v. 30. 6.–6. 7. 1899, 28 S. Mit Verz. seiner Werke.

— Tirol, Vorarlberg und Liechtenstein. – Junks Naturführer, Berlin 1913, 486 S., 1 K. 1:500000. – Bespr. Mitt. DÖAV, 1913, 184; Z. Ges. f. Erdkde Berlin, 1914, 232, 814; Naturwiss. Wochenschrift., NF, 12, 1913, 653; Geogr. Z., 19, 1913, 712.

Dal Piaz G. L'Università di Padova e la scuola veneta nello sviluppo e nel progresso delle scienze geologiche. – Mem. d. Ist. Geol. d. Univ. di Padova, 1919–1922, v. 6, 1–43.

— Il confine alpino-dinarico dall'Adamello al massiccio di Mte Croce nell'Alto Adige. – Atti Acc. Sc. Ven.-Trent.-Istr., v. 17, Padova 1926, 3–7. – Bespr. Ebd. v. 20, 1929, 9; Studi Trent. Sc. Nat., 9, 1928, 121.

— Dieci anni di attività naturalistica nell'Alto Adige e nel Trentino. – Atti Acc. Scient. Ven.-Trent.-Istr., s. 3, v. 20, 1929, 3–19. (Rassegna bibliografica.)

Dal Piaz G. B. Su alcuni fenomeni geologici arvenuti durante il Paleozoico superiore nella zona pennidica della Tetide corrispondente al ricoprimento quinto (Gr. Paradiso e Gr. Veneziano – Alpi Aurine). – Assoz. minerar. del Piemonte, Torino, giugno 1931.

Dechen H. v. Leopold von Buch. – Vortrag, Gen.-Vers. Nat. Ver. f. d. Preuss. Rheinprov. u. Westf. in Andernach 1874. – Korrespondenzbl. Nr. 2, 41–59. – Bespr. NJb. 1874, 784.

Deecke W. Ein Grundgesetz der Gebirgsbildung? – 1. Artikel. NJb. 1908/1, 119–133. – 2. Artikel. Der Vulkanismus. Ebd. 1908/2, 32–48. – 3. Artikel. Der Alpenbogen. Ebd. 55–73. – 4. Artikel. Beweise und Ergebnisse. Ebd. 1910/1, 118–141.

— Faziesstudien über europäische Sedimente. – Ber. Natf. Ges. Freiburg i. Br., 20, 1913/14, 7–46. – Bespr. GZ 22/849.

— Die alpine Geosynklinale. – NJb. Bbd 33, 1912, 831–858. – Bespr. EgH 13, 1914, 44.

— Die Bedeutung salzführender Schichten für tektonische Vorgänge. – Ber. Natf. Ges. Freiburg i. Br., 20, 1913/14, 81–96. – Bespr. GZ 22/577.

— Die Trias der Schweizer Alpen und die damit zusammenhängenden Fragen. – Zbl. f. Min., 1917, 5–20. – Bespr. GZ 23/476.

— Die Herkunft der west- und süddeutschen Sedimente. – Sber. Heidelberger Ak. d. Wiss., m.-nat. Kl., 11 A, 1920, 3. Abh., 17 S. – Bespr. Natwiss. Wochenschr., NF, 19, 1920, 636.

— Mitteleuropäische Meeresströmungen der Vorzeit. – Sber. Heidelberger Ak. d. Wiss., m.-nat. Kl., Abt. A, 1. Abh., Berlin u. Leipzig 1923.

De Filippi F. Memoria geologica sul Tirolo meridionale. – Bibl. ital., Milano 1840, t. 96.

Del-Negro W. Zur Alpensynthese. – GR 19, 1928, 493–498; 20, 1929, 341–342. – Bespr. GZ 40/1515, 42/278.

— Zur Zeitbestimmung des juvavischen Einschubs. Bemerkungen zu K. Boden, Geol. Wanderbuch für die bayrischen Alpen (1930). – GR 21, 1930, 302–304. – Bespr. GZ 44/333.

— Semmeringfenster und Alpensynthese. – VBA 1931, 137–138.

— Über die Bauformel der Salzburger Kalkalpen. – VBA 1932, 120–129. – Bespr. GZ 49 A/305.

Desor E. De l'orographie des Alpes dans ses rapports avec la géologie. – Bull. Soc. d. sc. nat. de Neuchâtel, t. 6, 1862, 147–211, 1 K. – Abdruck in Dollfus-Ausset: Matériaux pour l'étude des glacies, t. 2, Strasbourg 1863, 543–595. – Bespr. Z. f. d. Österr. Gymnasien, 1865, H. 2 u. 3.

— On the geology of the Alps. – Balls Guide of the Western Alps, London 1863.

— Der Gebirgsbau der Alpen. – Wiesbaden (Kreidel) 1865, 151 S., 1 K. – Bespr. Z. f. allgem. Erdkde (Koner), 19, 1865, 290; NJb. 1865, 626; Gaea, 2, 1866, 64.

De Stefani C. Divisione delle montagne italiane. – Boll. CAI, 26, Torino 1893, 167–196, 1 K.

De Terra H. Himalayan and Alpine orogenies. – XVI. Internat. GeolKongr. Washington, 1933, Abstr. of papers, 13 S., 1 Tab. – Bespr. GZ 51 A/1899.

Diener C. Eine neue Alpeneinteilung. (A. Böhm.) – Mitt. DÖAV, 1887, 239–241.

— Über die geologische Übersichtskarte der Alpen von Fr. Noë. – Österr. Alpenztg, Wien 1890, 72.

— Die Gliederung der Alpen. – Berlin 1891, 9. D. Geogrtag, 7 S.

— Der Gebirgsbau der Westalpen. – Wien 1891, 243 S., 2 K. – Bespr. VBA 1892, 53; NJb. 1893/2, 366; Bl. 814; Boll. Com. geol. d'It., 23, 1892, 169.

— Die Grundlinien der Struktur der Ostalpen. – PetMitt., 45, 1899, 204–214, 1 K. – Bespr. Bl. 1022; Boll. Com. geol. d'It., 31, 1900, 212.

— Der Gebirgsbau der Ostalpen. – Z. DÖAV, 1901, 1–20. – Bespr. VRA 1902, 114; GZ 4/1328; NJb. 1902/2, 420.

—, **Hoernes R., Suess F. E.** u. **Uhlig V.** Bau und Bild Österreichs. – Wien 1903, 1110 S., 8 K. – Bespr. Mitt. DÖAV, 1904, 108; NJb. 1906/2, 233–253; Geogr. Z., 10, 1904, 253; Carinthia II, 1903, 261.

Diener C. Nomadisierende Schubmassen in den Ostalpen. – Zbl. f. Min., 1904, 161–181. – Bespr. VRA 1904, 252; EgH 8, 1903, 634. S. Entgegnung von Termier.

— Die Bedeutung der Zonengliederung für die Frage der Zeitmessung in der Erdgeschichte. – NJb. Bbd 42, 1919, 65–172.

— Geologische Untersuchungen im Bereich unserer ehemaligen Südwestfront. – Anz. Ak. d. Wiss. Wien, 56, 1919, 11.

— Grundzüge der Biostratigraphie. (U. a. auch Rifftheorie.) – Leipzig u. Wien 1925, 304 S. – Bespr. Mitt. Geogr. Ges. Wien, 1925, 223; NJb. 1925/2, B, 233; GZ 36/828; Geol. Arch., 1926, 1. H., 3 S.

Dinges J. Hochrelief (Textbuch) der nördl. Kalkalpen vom Bodensee bis Salzburg (1:50000). – 1. Aufl. München 1898, 2. Aufl. Mindelheim 1901.

Doblhoff J. Die Alpenbahnfrage in Frankreich und der Westschweiz, ihre Geschichte und ihre Bedeutung seit der Eröffnung der Gotthardbahn. – Mitt. Geogr. Ges. Wien, 26, 1883, 122–137, 145–160, 193–216, 267–293, 1 K., 1 Taf. Prof.

Doelter C. Die Erschließung der Ostalpen. – Unter Redaktion v. E. Richter herausgegeben 1893/1894 vom DÖAV.

Douxami H. La formation des Alpes. – Bull. Univ. Lille et Ac. de Lille, s. 3, an. 9, 1905, Nr. 2. – Bespr. NJb. 1907/2, 103.

Dreyer A. A v. Rothpletz †. – Mitt. DÖAV, 1918, 19–20; Mitt. Fremdenverk.-Ver. München, 13, 1.

— Adolf Pichler und die Alpen. – Mitt. DÖAV, 1925, 281.

— Das Bayerische Hochland mit Salzburg und Innsbruck. Eine Wanderung durch deutsches Alpengebiet. – Stuttgart-Berlin-Leipzig (Union Deutsche Verlagsgesellschaft) o. J., 20 S. – Bespr. Z. Ges. f. Erdkunde Berlin, 1925, 231.

— 25 Jahre Alpenvereinsbücherei. – Z. DÖAV, 1927, 83–90.

— Bücherverzeichnis der Alpenvereinsbücherei. Mit Verfasser- und Bergnamenverzeichnis. – Herausgeg. v. DÖAV, München 1927, 1358 Sp. – Bespr. Ostbayr. Grenzmarken, 1927.

— Eduard Suess. Zu seinem 100. Geburtstage

(20. August 1931). – Deutsche Alpenzeitung, 26, 1931, 261–263, m. Abb.

Dübi H. Die ersten fünfzig Jahre des Schweizer Alpenklubs, 1863–1913. Denkschrift. – SAC Bern, 1913, 304 S.

Dyhrenfurth G. Alpine Geologie. – In: Alpines Handbuch, herausgeg. vom DÖAV, 1. Bd, Leipzig (Brockhaus) 1931, 56 S., 11 Fig., K. 1:2 Mill. – Bespr. Mitt. DÖAV, 1931, 63, 193; VBA 1932, 64; GZ 44/1493–1500, 45/1610; Geogr. Z., 37, 1931, 255; 38, 1932, 53; Zbl. f. Min., Abt. B, 1932, 70; Z. Ges. f. Erdkde Berlin, 1931, 230; Boll. Soc. Geogr. It., s. 6, v. 8, n. 5, 1931, 435, S. a. Alpines Handbuch.

Ebel J. G. Anleitung, auf die nützlichste und genußvollste Art die Schweiz zu bereisen. – Zürich 1793, 2 Teile, 174 u. 211 S.; 2. Aufl. 1804/5; 3. Aufl. 1809, 4 Bde, 325, 572, 592 u. 678 S., 1 K.; 7. Aufl. 1840, 655 S.; 8. Aufl. 1843. – Bespr. Alpina, Winterthur 1806, 311–386.

— Über den Bau der Erde in dem Alpengebirge ... (Schweiz, Piemont, Lombardei). – Zürich 1808, 2 Bde, 408 u. 428 S., Atlas. – Bespr. Alpina, 4, 1809, 283–415.

Ebers E. Die bisherigen Ergebnisse der Drumlinforschung. – NJb. 1926, Bbd 53, Abt. B, 153–270.

Eder W. Heimat und Geologie. – Die Einkehr, Beil. d. Münchner Neuesten Nachr. v. 11. März 1925, Nr. 20.

Eichwald E. v. Geognostischer Ausflug nach Tirol. – Nouv. mém. d. l. Soc. Imper. de Naturalistes de Moscou 1851, v. 9, 75–205, 2 Taf.

— Naturhistorische Bemerkungen als Beitrag zur vergleichenden Geognosie auf einer Reise durch die Eifel, Tirol, Italien, Sizilien und Algier. – Stuttgart 1851.

Einteilung der Alpen (X). – Die neueren Versuche einer –. – Das Ausland, Stuttgart u. München 1883, 1030–1033.

Emmert B. Bibliografia della Venezia Tridentina, 1929. – Soc. p. gli Studi Trent., Trento 1930. – Bespr. Studi Trent. Sc. Stor., 11, 1930, 294.

Emmrich H. Übersicht über die geognostischen Verhältnisse Südtirols. – In: A. Schaubach, Die deutschen Alpen, IV. T., Jena (Frommann) 1846, 280–316.

— Geognostische Notizen über den Alpenkalk und seine Gliederung im bayr. Gebirge. – Z. DGeolGes., 1849, 263–288. – Bespr. Ber. ü. d. Mitt. v. Freunden d. Natwiss. in Wien, 7, 1851, 12.

— Über das südbayerische Tertiärgebirge. – Z. DGeolGes., 1860, 373–379. – Bespr. Bl. 160.

— Geologische Geschichte der Alpen. Gletscher-Urzeit-Trias. – In: Schaubach, Deutsche Alpen, 2. Aufl., 1. Teil, Jena 1873, 549–852. – Bespr. VRA 1872, 31; 1873, 302.

Engelmann R. Talnetzstudien. – JbBA 1933, 189–198, 4 Abb. – Bespr. GZ 51 A/114.

Escher v. d. Linth A. u. **Heer O.** Übersicht der geologischen Verhältnisse der Schweiz und über die Harmonie der Schöpfung. – Zürich 1847, 48 S. – Bespr. NJb. 1848, 847–849.

Escher B. G. Über eine Hauptbedingung für die Entstehung eines Überschiebungsdeckenbaues. (Holländisch.) – Verslagen d. Kon. Ak. v. Wetensch. te Amsterdam. Vergad. 27. 1. 1912, 867–873. – Bespr. GZ 18/39; EgH 13, 1914, 45.

Escher v. d. L. H. C. Geognostische Übersicht der helvetischen Gebirgsformationen. – Isis, 2, Zürich 1805, 857–878. – Alpina, 1, Winterthur 1806, 244–290.

— Berichtigungen einiger Angaben die schweizerischen Alpen betreffend, in der Abhandlung „Von dem Streichen der Gebirge aus der Schweiz durch Tyrol ...". In v. Molls Annalen der Berg- u. Hüttenkunde. – Alpina, 1, Winterthur 1806, 46–54.

— Nach Anleitung des von Herrn Müller im Engelsberge verfertigten Reliefs der Kantone Bündten, Uri, Unterwalden, Glarus, Schweiz, Tessin und Zürich, Analyse und Übersicht der Gebirgsformationen dieses ansehnlichen Teiles der Schweiz. – Sber. Natforsch. Ges. Zürich v. 7. 3. 1814; Leonhards Taschenbuch f. d. ges. Min., 9, 1815, 526–527.

Etschmann F. Eine rätselhafte Baugeschichte. – Tiroler Anzeiger, Nr. 131, Innsbruck, 9. 7. 1932.

Feichtmaier O. u. **Lebling Cl.** Geologische Ausgabe des Blattes 638 München der Karte des Deutschen Reiches 1:100000. Mit Erläuterungen. – München 1921.

Fenaroli L. A proposito dei nomi e limiti delle grandi parti del sistema alpino stabiliti dal Comitato Geografico Nazionale. – Riv. Geogr. Ital., 35, 1928, 37–40.

Fiechter A. Il nuovo confine italo-austriaco. – L'Universo, 9, 1928, 292–304.

Flurl M. Beschreibung der Gebirge von Bayern und der oberen Pfalz mit den darin vorkommenden Fossilien ... – München 1792, 642 S., 1 K.

Fortis G. B. Mémoires pour servir à l'histoire naturelle et principalement à l'oryctographie de l'Italie et des pays adjacents. – 1802.

Fournet M. J. Note sur les résultats sommaires d'une exploration géologique du Tirol méridional. – Bull. d. l. Soc. géol. de France, Paris 1845, 2e sér., vol. 3, 27–41; Ann. d. l. Soc. d'agric. ... de Lyon, 1846, vol. 9., röm. 5–9. – Analyse in d'Archiac: Hist. d. progr. de la géol. de 1834 à 1856, Paris 1857, t. 7, 258–263.

— Résultats d'une exploration géologique du Tyrol méridional et de quelques parties des régions subalpines de l'Italie. – Ann. d. sc. phys. etc. de la Soc. royale d'agriculture etc. de Lyon, 1846, vol. 9, röm. 5–9.

— Aperçu sur diverses questions géologiques. – Bull. Soc. géol. de France, s. 2, v. 6, 1849, 502–518. (Über Melaphyre 506–507.)

— Hauptergebnis einer geolog. Wanderung durch Südtirol ... 1849. – Leonh. u. Bronn Jb., 1852, 354–358. Franz. Orig. in Annales de la Soc. d'agric. ... de Lyon, 1846.

— Appendice aux aperçus concernant l'extension des terrain houillers de la France. – Mém. d. l' Acad. Imp. d. sc. etc. de Lyon, t. 10, Lyon 1856, 1–16, Abschn. Système suprahouiller des Alpes orientales, 138–168.

Fraas E. Szenerie der Alpen. – Leipzig 1892, 333 S., 1 P. – Bespr. NJb. 1893/2, 506; Bl. 842; Globus, 62, 1892, 345; Österr. Alpenztg, 1892, 261; Jber. Natf. Grbds, NF, 36, 1893, 134; PetMitt., 42, 1896, Litber., 21.

— Über die geologische Szenerie der Alpen. – Jh. Ver. f. vaterld. Natkde Württemberg, 51, Stuttgart 1895, röm. 131–133. – Bespr. Boll. Com. geol., d'It., 27, 1896, 349.

Francé R. H. Die Alpen. – Leipzig (Th. Thomas) 1913, 964 S., 1 K., 519 Abb. – Bespr. Mitt. Geogr. Ges. Wien, 1913, 252, 599; Geogr. Anzg., 15, 1914, 20; PetMitt., 60, 1914, 238; Alpina, 21, 1913, 150, 282; Carinthia II, 1918, 101.

Frank M. Das Wandern der tektonischen Vortiefe in den Alpen. – Zbl. f. Min., Abt. B, 1930, 9–22, 2 Abb. (Mitt. a. d. Min.-Geol. Inst. d. Techn. Hochschule in Stuttgart, Nr. 12.) – Bespr. GZ 42/800.

— Beiträge zur vergleichenden Stratigraphie und Bildungsgeschichte der Trias-Lias-Sedimente im alpin-germanischen Grenzgebiet der Schweiz. – NJb. Bbd 64, Abt. B, 1930, 325–426, 3 Taf., 2 Tab. (Mitt. a. d. Min.-Geol. Inst. d. Techn. Hochschule in Stuttgart, Nr. 17.) – Bespr. GZ 44/1529.

— Marine Straßen und Faunenwanderwege in Süddeutschland zur Triaszeit. – GR 22, 1931, 1–11. – Bespr. GZ 45/79.

— Zur Bildungsgeschichte der oberen Trias am Nordrand der Kalkalpen zwischen Oberstdorf und Schliersee. – GR 25, 1934, 98–110, 4 Abb.

Frebold H. Die paläogeographische Analyse der epirogenen Bewegungen und ihre Bedeutung für die Stratigraphie. Auf Grund der Verhältnisse im mittl. Lias von Mesoeuropa. – Geol. Arch., 4, 5, 1927, 223–240. – Bespr. GZ 36/1347.

Frech F. Über die Gebirgsbildung im paläozoischen Zeitalter. – Geogr. Z., 5, 1899, 563–578, 1 K.

— Über das Antlitz der Tiroler Zentralalpen. – Z. DÖAV, 1903, 31 S. – Bespr. NJb. 1910/2, 210.

— Bau und Bild Österreichs. – Geogr. Z., 10, 1904, 253–268, 332–343, 1 Abb. (S. Diener.)

— Über die tektonische Entwicklungsgeschichte der Ostalpen. (Vortr.) – Z. DGeolGes., 57, 1905, Mber., 318–334. – Bespr. GZ 12/555; NJb. 1909/2, 254.

— Die wichtigsten Ergebnisse der Erdgeschichte. – Geogr. Z., 11, 1905, 65–85, 134–145, 218–227. – Bespr. Z. f. Glkde, 1, 1907, 79.

— Über den Gebirgsbau der Alpen. – PetMitt., 54, 1908, H. 10–12, 219–228, 243–258, 267–283, K. 1:2500000 u. Prof. – Bespr. Mitt. Geogr. Ges. Wien, 1909, 694; EgH 12, 1912, 315; GZ 17/555; VRA 1909, 62; Natwiss. Wochenschr., NF, 8, 533; Boll. Com. geol. d'It., 40, 1909, 628.

— Allgemeine Geologie. III. Die Arbeit des fließenden Wassers. Eine Einleitung in die physikalische Geologie. 3. Aufl. (Mit Karte v. Oberengadin 1:187500.) – Aus Natur und Geisteswelt, 209, Leipzig-Berlin (Teubner) 1914, 124 S. – Bespr. GZ 21/1962; VRA 1918, 124; Geogr. Z., 20, 1914, 707; Scottish geogr. Mag., 31, 1915, 109/10.

— Allgemeine Geologie. II. Gebirgsbau und Erdbeben. – Aus Natur u. Geisteswelt, 208, 8. Aufl., Leipzig u. Berlin (Teubner) 1917, 124 S. – Bespr. GZ 24/214; Mitt. Geogr. Ges. München, 1918/19, 403; VRA 1918, 124.

Frei O. Hans Konrad Escher von der Linth (1767–1823). Lebensbild eines Republikaners. – 2. erw. Aufl., 63 S., 2 K., Zürich (Beer) 1925.

Freshfield D. W. The division of the Alps into regions. – Geogr. Journal, 71, 1928, 37–42.

Frischknecht G. Die zwei Kulminationen Tosa-Tessin und ihr Einfluß auf die Tektonik. – EgH 17, 1922/23, 522–531.

Früh J. Geographie der Schweiz. – St. Gallen (Fehr) 1929–1933, 805 S., 225 Fig., 7 Taf., K. 1:400000. – Bespr. Mitt. DÖAV, 1930, 93, 155; 1933, 183; Z. f. Glkde, 18, 1930, 263; Geogr. Z., 36, 1930, 564; 39, 1933, 51, 436; GZ 46 A/349; Mitt. Anthrop. Ges. Wien, 60, 1930, 199; 62, 1932, 311; 63, 1933, 385; PetMitt., 79, 1933, 149.

Fuchs Th. Notizen von einer geologischen Studienreise in Oberitalien, der Schweiz und Süddeutschland. – Annal. k. k. Naturhist. Hofmuseum, 10, Wien 1895, 56–77. – Bespr. Boll. Com. geol. d'It., 27, 1896, 352.

Fugger E. u. **Kastner K.** Aus den Salzburgischen Kalkalpen. – Mitt. f. Salzburg. Landeskunde, 23, 1883.

— — Naturwissenschaftliche Studien und Beobachtungen aus und über Salzburg. – Salzburg 1885, 132 S.

Fugger E. Erläuterungen zur Geol. SpK. 1:75000, Bl. Salzburg. – Wien 1903, 18 S.

— Erläuterungen zur Geol. SpK. 1:75000, Bl. Hallein und Berchtesgaden. – Wien 1907, 34 S.

— Die Salzburger Ebene und der Untersberg. – JbRA 1907, 455–500. – Bespr. Z. f. Glkde, 2, 1908, 156.

Furlani M. et Henny G. Du prolongement vers l'Est du synclinal du Canavèse et du l'anticlinal insubréen. – EgH 16, 1920/22, 93–97. – Bespr. GZ 28/261.

Futterer K. Ein Beitrag zur Theorie der Faltengebirge. – Nachr. über Geophysik, 1, 1894, 49–67. – Bespr. NJb. 1897/1, 261.

Gagnebin E. La tectonique des Pléiades et le problème du „Wildflysch". – Bull. Soc. vaud. sc. nat., 51, Lausanne 1917, proc.-verb., 124–128. – Bespr. EgH 16, 1920–1922, 341; GZ 25/1244.

Gams H. Die klimatische Begrenzung von Pflanzenarealen und die Verteilung der hygrischen Kontinentalität in den Alpen. – Z. Ges. f. Erdkde Berlin, 1931, 321–346; 1932, 52–68, 178–198, 35 Fig.

— Was können die Alpenvereinssektionen zur Alpenforschung beitragen? – Mitt. DÖAV, 1933, 193–195.

Gaertner H. R. v. Die Eingliederung des ostalpinen Paläozoikums. (Erweit. Vortr.) – Z. DGeolGes., 86, 1934, 241–265, 1 Taf., 5 Abb.

Gastaldi B. Studii geologici sulle Alpi Occidentali con appendice mineralogico di G. Strüver. – Estr. d. Mem. d. R. Com. geol. d'It., v. 1, Firenze 1871, 1–48. – Bespr. VRA 1871, 360.

Gautieri G. Geognostische Bemerkungen über das südliche Tirol. – Taschenbuch f. d. ges. Min., Frankfurt a. M. 1812, 257; Moniteur universel, 1811, Nr. 76.

Gehl J. Die Exkursion des geogr. Seminars der Univ. Leipzig nach Oberbayern in die Nordtiroler Kalkalpen im Mai 1912. – Mitt. Ver. der Geogr. Univ. Leipzig, 1912, 31 S.

Geikie J. The Architecture and Origin of the Alps. – The Scott. Geogr. Mag., v. 27, Edinburgh 1911, 393–417, 15 Fig.

— Mountains. Their Origin, Growth and Decay. – Edinburgh u. London 1913, 311 S., 57 Abb., 81 K. – Bespr. Scott. Geogr. Mag., v. 30, 1914, 51; Annales de géogr., 1915, 70.

Geognostisch-montan. Verein von Tirol u. Vorarlberg. Geognostische Karte Tirols. – Innsbruck 1849, 10 Bl. Erläuterungen s. Trinker u. Widmann, 1853. – Bespr. Z. DGeolGes., 1852, 211–215.

Geologische Detailaufnahme von Tirol 1869–1874, 1875–1876, 1877, 1878, 1879, 1880, 1881, 1882. – Bespr. Mitt. DÖAV, 1875, 71–73; 1876, 33–34, 284; 1871, 237; 1878, 239–241; 1879, 217; 1881, 23–25; 1882, 45–46; 1883, 78–80.

Geol. Führer der Schweiz, herausgeg. v. d. Schweiz. Geol.Ges. bei Anlaß ihrer 50sten Jahresfeier. – Basel (Wepf) 1934, XIV Fasz., 1145 S., zahlr. Taf., Prof. u. Fig.

Gerbers H. Übersichtliche Einteilung der Ostalpen. – Wien 1901, 8 S., 1 K.; Mitt. DÖAV, 1901, 93–98.

— Nachträgliches zur Einteilung der Ostalpen. – Mitt. DÖAV, 1901, 107–109.

— Zur Einteilung der Ostalpen. – Österr. Alpenztg, Wien 1901, 23, 581, 16 S.

— Bau und Einteilung der nördlichen Kalkalpen. – Deutsche Alpenztg, 2, München 1910, 316–322.

— Die Einteilung der Alpen. - Mitt. DÖAV, 1910, 101–103.
— Zur Einteilung der Alpen. - Österr. Alpenztg, Wien 1910, 32, 807, 4 S.
— Die Alpen. Eine Übersicht des Alpengebäudes. - Der Gebirgsfreund, Wien 1912, 23, 6, 6 S.
Geszti J. Zusammenschub der Erdrinde. - Gerlds Beitr. z. Geophys., 21, 1929, 36–78, 10 Fig. - Bespr. GZ 49 A/1273.
Geyer G. Professor Dr. Karl Diener †. - Mitt. DÖAV, 1928, 69–70.
— A. Böhm - Böhmersheim. - VBA 1930, 299–232.
Girard H. Geognostisches über die südlichen Alpen. - Leonh. u. Bronn Jb., 1843, 469–479. S. Catullo.
Glarner Doppelfalte. Protokoll einer gemeinsamen Begehung des Gebietes der - unter der Leitung von A. Heim am 14., 15. und 16. August 1890 ... - Z. DGeolGes., 42, 1890, 797–800, 3 Taf.
Gogarten E. u. **Hauswirth W.** Bibliographie géologique de la Suisse p. l. a. 1900 à 1910. - Beitr. z. geol. Karte d. Schw., NF, 40. Lfrg, 1913, 412 S.
Gortani M. Il preteso carreggiamento delle Dinaridi sulle Alpi. - Atti R. Accad. sc. Torino, 58, Torino 1923, 233–245. - Bespr. GZ 37/1238; NJb. 1930/3, 14.
— Deriva dei continenti e periodi glaciali. - Ann. d. R. Mus. di Geol. di Bologna, v. 4, 1929, 107–113.
Goethe W. v. Alpenerhebung durch Porphyr. (1822.) - Weimarer Ausgabe der ges. Werke, Abt. 2, 10, 270.
Götzinger G. Zur Frage des Alters der Oberflächenformen der östlichen Kalkhochalpen. - Mitt. Geogr. Ges. Wien, 56, 1913, 39–57, 4 Abb.
Grabmayr K. v. Südtirol. Land und Leute vom Brenner bis zur Salurner Klause. - Berlin 1919, 255 S. - Bespr. Z. Ges. f. Erdkde Berlin, 1919, 295.
Gribaudi D. L'orogenesi secondo la teoria di Wegener in rapporto al alcuni recenti studi sulla tettonica del sistema Alpino. - Boll. R. Soc. Geogr. It., s. 6, v. 4, Roma 1927, 352–378. - Bespr. GZ 36/1647.
— Movimenti epirogenetici quaternari e ringiovanimento alpino secondo recenti studi. - Riv. Geogr. It. 36, 1929.
Groth P. Nachruf auf C. W. v. Gümbel. - 7. Allgem. Deutsch. Bergmannstag, München (Straub) 1898.
Grüß J. Naturbetrachtungen im bayr.-tirolischen Hochgebirge. - Natwiss. Wochenschr., Berlin 1906, H. 51, NF, 5, 801–808, 817–822.
Gümbel C. W. v. Die geognostischen Verhältnisse der bayrischen Alpen und der Donauhochebene. - München 1858, 66 S. u. Bavaria, Landes- u. Volkskunde, 1, 1860, 3–62. - Bespr. NJb. 1859, 218; Bl. 137.
— Geognostische Karte des bayrischen Alpengebirges. 1:100000, 5 Bl. - München 1858. - Bespr. NJb. 1859, 67, 94.
— Geognostische Karte des Königreichs Bayern und der angrenzenden Länder 1:500000. - München (Cotta) 1858. - Bespr. VRA 1859, 190.
— Gleichstellung alpiner und außeralpiner Flözschichten. - Amtl. Bericht ü. d. 34. Vers. Deutsch. Natforsch. u. Ärzte Karlsruhe 1859.
— Bemerkungen zur Geognostischen Übersichtskarte von Bayern. - NJb. 1860, 67–68, Briefl. Mitt.
— Seine Würdigung als Alpenforscher. (Anon.) - Amthors Alpenfreund, 2, 1870, 176–182.
— Die geognostische Durchforschung Bayerns. - Festschrift Ak. d. Wiss. München, 1877, 80 S. - Bespr. NJb. 1877, 871; Bl. 464.
— Kurze Anleitung zu geologischen Beobachtungen in den Alpen. - In: Anleitung zu wissensch. Beobachtungen auf Alpenreisen, Beil. z. Z. DÖAV, 1878, München 1878, 23–192, Nachtrag S. 253. - Bespr. NJb. 1879, 180; Arch. d. sc. phys. et nat., 3e pér., t. 1, 298; Rev. géol. suisse p. l'a. 1878, Genève 1879, 2.
— Geologie von Bayern. I. Teil. Grundzüge der Geologie. - Cassel 1884–1888, 1144 S. - Bespr. NJb. 1886/1, 228; 1888/2, 44; Boll. Com. geol. d'It., 15, 1884, 338. - II. Teil. Geolog. Beschreibung von Bayern. - Cassel 1894, 1184 S. - Bespr. NJb. 1896/1, 431; Bl. 889.
— Übersicht der geol. Verhältnisse im Regierungsbezirk Oberbayern. - In: Die Landwirtsch. im Regierungsbezirk Oberbayern, München 1885, 3–24, K. 1:400000.
— Übersicht der geologischen Verhältnisse Bayerns. - Denkschr. ü. d. Stand d. Landwirtsch. in Bayern, München 1889, 68–99.
— Geologische Übersichtskarte von Bayern und den angrenzenden Ländern 1:1 Mill. - Cassel 1894 und München 1910.
Günther S. A. v. Humboldt und L. v. Buch. - Geisteshelden, 39, Berlin 1900, 271 S.
— Lebensbilder von E. Richter und F. Frh. v. Richthofen. - Geogr. Studien, Stuttgart 1907, 172 S.
Gutenberg B. Die Verteilung der Massen an der Erdoberfläche. Bemerkungen zu dem Aufsatz v. L. Kober. - Gerlds Beitr. z. Geophys., 26, 1930, 158–160. - Bespr. GZ 49 A/1487.
Haarmann E. Über Stauung und Zerrung durch einmalige und wiederholte Störungen. - Z. DGeolGes., 72, 1920, 218–245. - Bespr. NJb. 1927/2, B, 308.
— Zur Terminologie der Falten und Flexuren. - Z. DGeolGes., 74, 1922, Mber., 121–125. - Bespr. NJb. 1927/2, B, 309.
— Über die Kraftquelle der Tektogenese. - Z. DGeol Ges., 78, 1926, Mber., 71–83. - Bespr. NJb. 1927/2, B, 309; GZ 40/678.
— „Tektogenese" oder „Gefügebildung" statt „Orogenese" oder „Gebirgsbildung". - Z. DGeolGes., 78, 1926, Mber., 105–107. - Bespr. NJb. 1927/2, B, 309; GZ 40/456, 1061.
— Die Oszillationstheorie. - Resumen de las Comunicaciones anunciadas Intern. Geol.-Kongr. Madrid, 5, V, 1926, 133f.; Stuttgart (Enke) 1930. - Bespr. GR 21, 1930, 315; VBA 1931, 99.
— Die Oszillationstheorie. Eine Erklärung der Krustenbewegungen von Erde und Mond. - Stuttgart (Enke) 1930, 260 S., 1 K., 78 Abb. - Bespr. GZ 43/113, 45/93, 1400; Z. f. Geomorph., 6, 1931, 303; Z. f. prakt. Geol., 38, 1930, 109; Z. DGeolGes., 83, H. 5, 1931, 257–367; Z. Ges. f. Erdkde Berlin, 1931, 146; Zbl. f. Min., B, 1931, 508.
— Bemerkungen zur Aussprache über die Oszillationstheorie. - Z. DGeolGes., 83, 1931, 368–388. (Mit Litverz.) - S. a. Nopcsa u. Van Bemmelen. - Bespr. NJb. 1932/2, 173.
— Die Erklärung der Erdkrustenbewegungen durch die Oszillationstheorie. - Forschungen u. Fortschr. 1931, 294–295, 2 Abb.
— Die Zeitlichkeit der Erdkrustenbewegungen. - NJb. 1934, Bbd 71, Abt. B, 48–87, 3 Abb. - Bespr. PetMitt., 80, 1934, 28; Z. f. Geomorph., 8, 1934, 148; GZ 51 A/1897.
Häberle D. Prof. Dr. August Rothpletz. - Pfälz. Museum - Pfälz. Heimatkunde, 1930, H. 1, 16–17. - Bespr. GZ 42/1679.
Hacquet B. Physikalisch-politische Reise aus den Dinarischen durch die Julischen, Karnischen, Rhaetischen in die Norischen Alpen, im Jahre

1781 und 1783 unternommen. – Leipzig 1785, 2 Teile, 376 S., 12 Abb. – Bespr. in: Ebel, Anleitg ..., 1809, 185.

Hahn F. F. Die neuere regionalgeologische Spezialliteratur der bayerischen und Nordtiroler Alpen. – Mitt. Geogr. Ges. München, 1911, 442–448; 1913, 58–64.

— Versuch zu einer Gliederung der austroalpinen Masse westl. d. österr. Traun. – VRA 1912, 337–344. – Bespr. Zbl. f. Min., 1915, 216.

— Grundzüge des Baues der nördlichen Kalkalpen zwischen Inn und Enns. – Mitt. Geol. Ges. Wien, 6, 1913, 238–357, 374–501. – Bespr. GZ 22/774; Zbl. f. Min., 1915, 217.

— Ergebnisse neuer Spezialforschungen in den deutschen Alpen. 3. Die Kalkalpen Südbayerns. – GR 1914, 112–145. – Bespr. GZ 22/780; Zbl. f. Min., 1915, 216.

Haidinger W. Geognost. Übersichtskarte d. Österr. Monarchie samt Bericht. – Ber. ü. Mitt. v. Freunden der Natwiss., Wien 1847.

Hammer W. Der Einfluß der Eiszeit auf die Besiedlung der Alpentäler. – Z. DÖAV, 1914, 61–81. – GZ 24/626.

— Fortschritte der geologischen Kartierung Österreichs seit 1918. – Mitt. Geogr. Ges. Wien, 74, 1931, 308–328, 1 Abb.

Hartmann J. U. Über die Entstehung der Gebirge und die Äthertheorie. – 1932, 260 S., mehr. Abb.

Hauer F. R. v. Über die geognostischen Verhältnisse des Nordabhanges der Alpen zwischen Wien und Salzburg. – JbRA 1850, 17–60. – Bespr. Bl. 3.

— Über die Gliederung der geschichteten Gebirgsbildungen in den östlichen Alpen. – Sber. Ak. d. Wiss. Wien, 1850, 274 ff. – Bespr. Bl. 1.

— u. **Foetterle F.** Ein geol. Durchschnitt durch die Alpen von Passau bis Duino. – Sber. Ak. d. Wiss. Wien, 25, 1857, 253–348. – Bespr. VRA 1855, 881; Bl. 126.

Hauer F. R. v. Erläuterungen zu einer geologischen Übersichtskarte der Schichtgebirge der Lombardie. – JbRA 1858, 445–496, K. 1:432000 u. Prof. – Bespr. Bl. 140.

— Vorlage der geologischen Übersichtskarte von Tirol. – VRA 1858, 74–75.

— Geol. Übersichtskarte der österreichischen Monarchie, Bl. V., 1:576000 (Tirol u. Vorarlberg). – JbRA 1867, 1–45. – Bespr. NJb. 1867, 749.

— Die Geologie und ihre Anwendung auf die Kenntnis der Bodenbeschaffenheit der Österr.-Ung. Monarchie. – Wien 1875 (1. Aufl.), 1877 (2. Aufl.), K. 1:2016000. – Bespr. NJb. 1874, 757; 1875, 318, 435, 967; Mitt. DÖAV, 1878, 49; Bl. 438.

— Zur Erinnerung an Dr. Ami Boué. – JbRA 1882, 1–6.

Haug E. Contribution à l'étude des lignes directrices de la chaîne des Alpes. – Annales de Géographie, Paris 1896.

— Les géosynclinaux et les aires continentales. Contribution à l'étude des transgressions el des regressions marines. – Bull. Soc. geol. France, (3), t. 28, 1900, 617–711. – Bespr. GZ 1/36.

— Sur les racines de quelques nappes de charriage des Alpes occidentales. – C. R. Acad. Sc. Paris, t. 137, 1903, 1307–1308. – Bespr. GZ 6/229; NJb. 1906/2, 254.

— Sur les racines des nappes de charriage dans la chaîne des Alpes. – C. R. Ac. Sc. Paris, 138, 1904, 60–62. – Bespr. NJb. 1908/2, 396; GZ 6/91; EgH 11, 1910, 170.

— Les nappes de charriage des Alpes calcaires sept. I–III. – Bull. Soc. géol. d. France, s. 4, t. 6, 1906, 359–422; 12, 1912, 105–142. – Bespr. NJb. 1910/1, 95; 1914/2, 121; GZ 19/1430, 20/310.

— Sur les nappes des Alpes orientales et leurs racines. – C. R. Ac. Sc. Paris, t. 148, 1909, 1476–1478. – Bespr. GZ 20/309; NJb. 1911/1, 439; Boll. Com. geol. d'It., 41, 1910, 210.

— Les géosynclinaux de la chaîne des Alpes pendant les temps secondaires. – C. R. Ac. Sc. Paris, t. 148, 1909, 1637–1639. – Bespr. EgH 11, 1910, 161; Natwiss. Rdschau, 24, 552; NJb. 1911/1, 439; GZ 20/308; Boll. Com. geol. d'It., 41, 1910, 211.

— Contribution à une synthèse stratigraphique des Alpes Occidentales. – Bull. Soc. géol. de France, t. 25, 1925, 97–243. – Bespr. GZ 35/323.

Haushofer A. Paßstaaten in den Alpen. – Berlin (Vowinckel) 1928, 200 S., 6 K. – Bespr. Z. Ges. f. Erdkde Berlin, 1928, 259.

Haushofer K. Populäre Mitteilungen aus der Geognosie der Alpen. – Z. DAV, 1870, 20 S.

— Die Entstehung der Alpen. – Z. DÖAV, 1886, 1–21.

Haushofer M. Vom Land Tirol. Schilderungen in Bildern von F. Defregger. Landschaftskunde von A. Haushofer. – München 1896, 95 S. (Lebensbilder, Volkskunde.)

— Tirol und Vorarlberg. – 2. Aufl. Bielefeld 1903, 206 S., 1 K. – 3. Aufl. v. A. Rothpletz. Ebd. 1909, 190 S., 1 K. – 4. Aufl. v. A. Steinitzer. Ebd. 1924, 200 S., 1 K.

Hébert E. Sur le terrain nummulitique de l'Italie septentrionale et des Alpes. – Compt. rend. de l'Acad. d. Sc. Paris, 7 aût 1865, t. 61, 245–248.

Heckel J. Bericht einer Reise von München nach Innsbruck, Bozen, Verona, Padua. – Sber. Ak. d. Wiss. Wien, 7, 1, 1851, 281ff.

Heer O. Hans Conrad Escher von der Linth als Gebirgsforscher. (Vortr.) – Zürich 1871, 29 S. – Bespr. NJb. 1872, 237.

— Arnold Escher von der Linth, Lebensbild eines Naturforschers. – Zürich 1873, 385 S. – Bespr. NJb. 1874, 106.

Heger F. Versuch zur einheitl. Lösung verschiedener Fragen der modernen Geologie. – Mitt. Geogr. Ges. Wien, 1879, 100.

Heim Alb. Blick auf die Geschichte der Alpen. (Vortr.) – Verh. Schw. Natf. Ges., Frauenfeld 1871 (1872), 23 S. – Bespr. NJb. 1872, 654; Gaea, 8, 1872, 687; Mitt. Geogr. Ges. Wien, 1872, 190.

— Was ist und will Geologie, ihr Ziel, ihre Forschungsart und ihre Resultate. (Vortr.) – Zürich 1872, 32 S. – Bespr. Echo des Alpes, Genf 1872, 134; Alpenpost, Glarus 1872, 237.

— Prof. Dr. Arnold Escher von der Linth. – Verh. Schw. Natf. Ges., Schaffhausen 1874, 362–367.

— Über die Entstehung der Alpen und vorzugsweise über die mechanischen Ursachen. – Vierteljschr. Natf. Ges., 21, Zürich 1876, 297–299. – Bespr. Gaea, 13, Köln u. Leipzig 1877, 513; Arch. d. sc. phys. et nat., t. 61, 167; Rev. géol. suisse p. l'a. 1877, Genève 1878, 15.

— Über die Stauung und Faltung der Erdrinde. – Basel 1878, 33 S. – Bespr. Mitt. DÖAV, 1879, 41; Natur, 1879, 333.

— Untersuchungen über den Mechanismus der Gebirgsbildung im Anschluß an die Geol. Monographie der Tödi-Windgällengruppe. – Basel 1878, I, 346 S.; II, 246 S., Atlas. – Bespr. Mitt. DÖAV, 1879, 41; VRA 1879, 38; NJb. 1879, 62; Ausland, 1879, 823; Mitt. Geogr. Ges. Wien, 1879, 177; Boll. Com. geol. d'It., 10, 1878, 173. S. a. Fr. Pfaff.

— Zum „Mechanismus der Gebirgsbildung". - Z. DGeolGes., 32, 1880, 262–299. (S. ebd. 542–558.)
— Über die Glarner Doppelfalte. - VRA 1880, 155–159.
— Die Gebirge. - Öffentl. Vorträge, 6, H. 7, Basel (Schweighauser) 1881, 28 S. - Bespr. Mitt. DÖAV, 1882, 61.
— Die Glarner Doppelfalte. - Vierteljschr. Natf. Ges. Zürich, 27, 1882, 180–188.
— Über die Lagerungsverhältnisse im Gebiet der Glarner Doppelfalte. - Verh. Schw. Natf. Ges., 65. Jvers., Glarus 1882, 33.
— Zur Frage der „Glarner Doppelfalte". - VRA 1885, 80.
— Erinnerungen an Arnold Escher von der Linth. (Rede.) - Verh. Schw. Natf. Ges., 79. Jvers., Zürich 1896, 1–26.
— Die vermeintliche „Gewölbeumbiegung des Nordflügels der Glarner Doppelfalte" s. vom Klausenpaß, eine Selbstkorrektur. Geol. Nachlese, Nr. 18. - Vierteljschr. Natf. Ges. Zürich, 51, 1906, 403–431. - Bespr. EgH 9, 1906, 693; NJb. 1909/2, 256; GZ 9/650.
— Der Deckenbau der Alpen. - Verh. Deutsch. Natf. in Köln, 1908, 2 S. - Bespr. Natwiss. Rundschau, 23, 505.
— Der Bau der Schweizer Alpen. - Neujahrsbl. Naturf. Ges. f. 1908, Zürich, 26 S., als Vortrag: Himmel u. Erde, 21, 145–156, 201–206. - Bespr. NJb. 1908/2, 231; EgH, 10, 1908, 352; PetMitt., 54, Litber., 124; GZ 11/927.
— Prof. Dr. –. - Schw. Hochschulkalender, Sommersem. 1911, Zürich (Leemann) 1911, 2 S.
— Mein Schlußwort nach Beendigung der letzten Vorlesung über „Geologie der Schweiz", v. 19. 7. 1911. - Flugblatt, Zürich 1911, 2 S.
— u. **Schmidt C.** Geol. Karte der Schweiz 1:500000, 1. Aufl. Bern 1894, 2. Aufl. 1911. Mit Benützung der neuesten Materialien, unter Mitwirkung d. H. Niethammer, Erni, Argand, Arbenz, ergänzt von Alb. Heim. - Beitr. z. geol. Karte d. Schw., Bern 1911. Erläuterungen 1912. - Bespr. EgH 12, 1912, 313; Jb. SAC, 47, 1912, 316; Natwiss. Wochenschr., NF, 11, 1912, 319; Geogr. Z., 18, 1912, 477; GR 1912, 265; NJb. 1913/1, 106; Boll. Com. geol. d'It., 43, 1913, 126; 44, 1915, 122.
— Geologie der Schweiz. 2 Bde in 3 Teilen. - Leipzig (Tauchnitz) 1916–1922. Bd I, 7 Lfrgn, 1916–1919, 704 S.; Bd II, 1. u. 2. Hälfte, 14 Lfrgn, 1919–1922, 1018 S.; Zus. 1722 S., 9 K., zahlr. Prof. u. Tab. - Bespr. GR 1916/17, 368; GZ 23/377; NJb. 1919, 73, 311; Mitt. DÖAV, 1926, 27; Z. Ges. f. Erdkde Berlin, 1926, 201; Geogr. Z., 1927, 529; Geogr. Anzg., 1917, 46; 1919, 161; PetMitt., 1922, 189; 1927, 79; Natwiss. Wochenschrift, NF, 16, 1917, 14; 17, 1918, 495; Die Natwiss., 1917, 107; 1918, 407; 1919, 496; 1920, 810; Journ. of Geol., Chicago 1924, 85.
— Geologisches über das Bergsteigen. - Ratgeber für Bergsteiger. Herausgeg. v. d. Sekt. Uto des SAC. - Zürich 1916, I, 182–206; Zürich 1920, 192–246. - Bespr. Alpina, 24, 1916, 156; Jb. SAC, 51, 1916, 217; Geogr. Z., 1917, 227.
— Karte 1:1250000. Ausbreitungsgebiete der diluvialen Gletscher der Schweizer Alpen. - Geol. d. Schw., I., Lfg 3, 1917, 214/15.
— Das Gewicht der Berge. - Vierteljschr. Natf. Ges. Zürich, 63, Sitzg v. 25. 11. 1918, 35–36; Jb. SAC, 53, 1918, 179–201. - Bespr. GZ 25/1221; Geogr. Anzg., 20, 1919, 245.
— Verzeichnis der Publikationen von – durch A. Böhi. - Festschrift zu Heims 70. Gebtag, Vierteljschr. Natf. Ges. Zürich, 64, 1919, 499–518. - Bespr. GZ 24/1669.
— Jubiläumsfeier von Prof. Dr. –. - Alpina, 26 (27), Zürich 1919, 52–53.
— Professor Dr. –. - Der Fortbildungsschüler, Kleine Ztg, 40, 14. F., Nr. 2, Solothurn, 22. Nov. 1919, 2 S.
— Tektonische Übersicht der Schweizer Alpen 1:800000. - Tafel XXVI in Geol. d. Schw., II/2, 1921, 544/545.
— Neue Übersicht über den Bau der Alpen. - Vierteljschr. Natf. Ges. Zürich, 68, 1923, röm. 32–33.
— Über das Verhältnis von Westalpen und Ostalpen. - GR 1924, 280–281. - Bespr. GZ 31/1143.
— An der Erkenntniswurzel alpiner Tektonik. (Lochseite.) Geol. Nachlese, Nr. 29. - Vierteljschr. Natf. Ges. Zürich, 74, 1929, 213–223. - Bespr. GZ 45/1359.
— Von der Entstehung der Alpen. - Das Alpenbuch der Eidgen. Postverwaltg, 2, Bern 1930, 23–41. - Bespr. GZ 43/163; NJb. 1930/3, 523; GR 21, 1930, 338; Mitt. Geolog. Ges. Wien, 23, 1931, 180.

Heim Arn. Zur Kenntnis der Glarner Überfaltungsdecken. - Z. DGeolGes., 1905, Mber., 89–119, tekt. Sk. 1:750000. - Bespr. EgH 9, 1906, 281; GZ 8/108; Jber. Natf. Ges. Grbds., NF, 49, 134; NJb. 1906/2, 392.
— Die Erscheinungen der Längszerreißung und Abquetschung am nordschweiz. Alpenrande. - Vierteljschr. Natf. Ges. Zürich, 51, 1906, 462–472. - Bespr. NJb. 1908/2, 396.
— Neuere Fortschritte in der Geologie der Schweizer Alpen. - Vierteljschr. Natf. Ges. Zürich, 62, 1917, Sber., röm. 7–10. - Bespr. GZ 24/1607; EgH 16, 1920/22, 333.
— Über Arbeitsmethoden schweizerischer Alpengeologen. - Vierteljschr. Natf. Ges. Zürich, 64, 1919, Heim-Festschrift, 159–178. - Bespr. NJb. 1922/2, 307; GZ 25/404.
— Über submarine Denudation und chemische Sedimente. - GR 15, 1924, 1–47. - Bespr. NJb. 1926/1, B, 213.
— Über Bau und Alter des Alpennordrandes. - Verh. Schw. Natf. Ges., 108. Vers., Basel 1927, 156–157; EgH 21, 1928, 73–80, 2 Abb. - Bespr. GZ 42/275.
— Zum Problem des Alpen-Molasse-Kontaktes. - EgH, 25, 1932, 223–231. S. Baumberger. - Bespr. GZ 50 A/140, 52 A/1030.

Heiskanen W. Zur isostatischen Kompensation der Randsenken der Kettengebirge. - GR 17, 1926, 4–8. - Bespr. NJb. 1928/2, 406; 1929/2, 81, 579.
— Die Undulationen des Geoids und die Schwereanomalien. - Gerlds Beitr. z. Geophysik, 25, 1930, 148–154. - Bespr. GZ 49 A/673.

Hellmann G. Über die Alpen als Wetter- und Klimascheide. - Gerlds Beitr. z. Geophys., 22, 1931, 25–26.

Henkel L. Zur Theorie der Gebirgsbildung. - Globus, 95, 1909, 328–330. - Bespr. GZ 13/1403.

Hennig E. Die Tektonik der Alpen. Ein Beitrag zur Entwicklungsgeschichte geologischer Anschauungen. (Sammelreferat. Mit Hptlit. der Alpen v. 1779–1908.) - Natwiss. Wochenschr., 1908, Nr. 23, 24, 19 S., 4 Abb. - Bespr. GZ 19/616.
— Neues aus der Geologie. (Alpen.) - Natwiss. Wochenschr., NF, 12, Jena 1913, 437–440.
— Bau und Werdegang der Alpen. - Natwiss. Wochenschr., NF, 19, 1920, 337–351 u. Mitt. Geol. Inst. Univ. Tübingen, Nr. 4, 1920. - Bespr. GZ 25/844.

Henny G. Die Südgrenze der Alpen. (Holl.) - Versl.

d. Geol. Sect. Geol.-Mijn. Gen. v. Nederland en Kol., 2. Deel, s'Gravenhage 1915, 1–2.

— La zone du Canavèse dans le Tessin méridional et le prétendu charriage des Dinarides sur les Alpes. – Proc. verb. Soc. vaud. de sc. nat., séance 6 déc. 1916, Lausanne 1916, 4 S.

— Problèmes de géologie alpine. – EgH 16, 1920, 85–93. (Alpino-dinar. Grenze.) – Bespr. GZ 28/254; NJb. 1923/2, 267.

— La zone du Canavèse et la limite alpino-dinarique. – Bull. lab. géol., géogr., phys., minér. et paléont. Univ. Lausanne, Nr. 24, Impr. réun. Lausanne 1918, 1–43, Karte v. Edolo. – Bespr. Rev. de Géol., 4, 1923, 523; GZ 37/928.

Heritsch F. Das Alter des Deckenschubes in den Ostalpen. – Sber. Ak. d. Wiss. Wien, 121, Abt. 1, 1912, 615–632; Anzg. Ak. d. Wiss. Wien, 49, 1912, 261. – Bespr. GZ 19/617; NJb. 1915/2, 364; Mitt. Geol. Ges. Wien, 5, 1912, 485; EgH 13, 1914, 59.

— Die zeitliche Trennung der Deckenschübe in den Ostalpen. – Zbl. f. Min., 1913, 614–615. – Bespr. GZ 20/1409.

— Verzeichnis der geologischen Literatur der österreichischen Alpenländer. – Leoben (Nüssler) 1914, 69 S. – Bespr. GZ 21/654, 900.

— Die Anwendung der Deckentheorie auf die Ostalpen. – GR 1914. I, 95–112, 3 Tab.; II. Die Kalkalpen ein Deckenland? 253–287; III. Zentralalpines, 555–556. – Bespr. NJb. 1915/2, 366, 367. S. a. Bailey E.

— Die Bauformel der Ostalpen. – NJb. 1915/1, 47–67. – Bespr. GZ 25/28; EgH 15, 1918, 427.

— Die österr. und deutschen Alpen bis zur alpinodinar. Grenze (Ostalpen). – Hdbuch der reg. Geol. (Steinmann u. Wilckens), Bd II, 5. Abt., Heidelberg (Winter) 1915, 153 S. – Bespr. GZ 25/96; NJb. 1916/1, 214; VRA 1915, 305.

— Tektonische Übersicht der Vorarlberger, Nordtiroler und Bayerischen Kalkalpen und der Flyschzone in Nordtirol, Vorarlberg und Bayern (mit Benützung der Skizzen von Ampferer und Hahn). Karte o. M. – Die Österr. u. Deutschen Alpen bis zur alpino-dinarischen Grenze (Ostalpen), 1915, 62.

— Geologie von Steiermark. – Mitt. Natwiss. Ver. f. Steiermark, 57, Graz 1921, 6–224. – Bespr. GZ 27/2958.

— Die Grundlagen der alpinen Tektonik. – Berlin (Borntraeger) 1923, 259 S., 33 Abb. – Bespr. VBA 1923, 147; GZ 29/1355; Zbl. f. Min., 1923, 670; GR 1924, 92; Mitt. DÖAV, 1923, 141; Geogr. Z., 30, 1924, 228.

— Zur Geologie der östl. Zentralalpen. – GR 16, 1925, 328–336.

— Geolog. Führer durch die Zentralalpen östlich von Katschberg und Radstädter Tauern. – Sammlung Borntraeger, 32, Berlin 1926, 156 S. – Bespr. GR 1927, 141; GZ 34/1546; Z. f. Geomorph., 2, 1927, 309; Z. Ges. f. Erdkde Berlin, 1927, 239.

— Die vormesozoischen Gebirgsbildungen in den Ostalpen. (Vortr.) – Z. DGeolGes., 79, 1927, Mber., 217–231, 2 Tab. – Bespr. GZ 43/863; NJb. 1930/3, 25.

— Die Deckentheorie in den Alpen. (Alpine Tektonik 1905–1925.) – Fortschr. d. Geol. u. Pal., 17, Berlin 1927, 210 S., 16 Abb. – Bespr. GZ 37/927; GR 1928, 148; Z. f. Geomorph., 3, 1928, 166; Z. f. prakt. Geol., 1928, 14; PetMitt., 74, 1928, 356; Mitt. DÖAV, 1929, 159.

— Über die Nordgrenze der Karnischen Alpen. – Anzg. Ak. d. Wiss. Wien, math.-natw. Kl., 69, 1932, 240–241.

— Die Frage der Wurzeln für die Decken der Karnischen Alpen. – Anzg. Ak. d. Wiss. Wien, math.-natw. Kl., 69, 1932, 258–259.

— Gebirgsbildende Bewegungen im südlichen Kärnten. – Grazer Tagespost, Nr. 15 v. 15. 1. 1933, 3 Sp.

Hinzpeter G. Die Bildung der Hochgebirge durch kosmische Katastrophen. – Berlin (Luken u. Luken) 1932, 295 S., 47 Abb. – Bespr. PetMitt., 79, 1933, 36; GZ 50 A/81.

Hirth S. Zweck und Ziel der alpinen Geoplastik. – Mitt. DÖAV, 1918, 34–35.

Höfer H. Kärnten als Meeresgrund und Festland. (Vortr.) – Carinthia, 1891, 2.

Hofmeier W. Die Hochalpen im Winter. – Z. DÖAV, 1924, 246–268, 9 Abb.

Holl A. Die Geburt des Hochgebirges. Eine Wanderung durch geologisches Grenzgebiet. – Worms (H. Kräuter) 1933, 36 S., 8 Fig. – Bespr. Mitt. DÖAV, 1934, 72; GZ 51 A/1911.

Horn E. Über die geol. Bedeutung der Tiefseegräben. – GR 1914, 422–448.

Hoernes M. Über die Leistungen des Vereines zur geognostisch-montanistischen Durchforschung des Landes Tirol und Vorarlberg. – Jb. f. d. Berg- u. Hüttenm., 1, Wien 1848, 42–47. – Aus: Haidingers Ber. ü. d. Mitt. von Freunden der Natwiss. in Wien.

— Übersicht der Wirksamkeit des Tiroler Geognostischen Vereins. – Haidingers Ber. ü. d. Mitt. von Freunden der Natwiss. Wien, 3, 1848, 154.

— Über die vom Tyroler Montanistischen Verein herausgegebene geognostische Karte von Tyrol. – Haidingers Ber. ü. d. Mitt. von Freunden der Natwiss. Wien, 5, 1849, 112.

— Bericht über eine vorbereitende geol. Rundreise. – Sber. Ak. d. Wiss. Wien, 1, 1850, 156. – Bespr. Bl. 10.

Hoernes R. Die Fortschritte der Geologie. – Festschrift Geogr. Ges. Wien, 1898, 119.

Hottinger A. Zur Geologie des Nordrandes des Tauernfensters in den zentralen Hohen Tauern. – Mitt. a. d. Geol. Inst. d. Eidgen. Techn. Hochsch. u. d. Univ. Zürich, Ser. A, Nr. 4, Basel (Birkhäuser) 1934; EgH 27, 1934, 11–23, 1 Tab., 1 Taf.

Hotz W. u. Geol. Komm. Die geologischen und tektonischen Karten der Schweiz. – Beitr. z. geol. Karte d. Schw., NF, 62. Lfrg, Bern 1931, 101 S., 5 Taf., 2 Fig. – Bespr. Die Alpen (SAC), 8, Nr. 1, Bern 1932, 24; Z. f. prakt. Geol., 40, 1932, 112.

Hradil G. Über den Einfluß der geologischen Struktur auf das Landschaftsbild. (Vortr.) – Ber. Nat.-med. Ver. Innsbruck, 34, 1913, röm. 12–13.

Huber J. Die Anfänge der alpinen Forschung in den Ostalpen und im Karstgebiete (bis 1800). – Würzburg (Univ.-Druckerei) 1907, 123 S. – Bespr. Z. Ges. f. Erdkde Berlin, 1908, 126.

Huditz W. Werden und Vergehen der Gebirge. (Vortr.) – Carinthia II, 1915, 53–62.

Hummel K. Theoretisches zur Faziesverteilung in den Alpen. Ein Beitrag zur Kenntnis der Deckentheorie. – Z. DGeolGes., 71, 1919, Mber., 114–132. – Bespr. GZ 24/943.

Hundhausen J. Über die Gebirgsformen in den Alpen. (Vortr.) – Wissensch. Ver. zu Hamm in Westf., 1884, 76 S.

Huttenlocher H. Metallogenese und Metallprovinzen der Alpen. – Metall und Erz, 23, 1926, 607–612. – Bespr. NJb. 1927/2, B, 188.

Inama-Sternegg K. Th. v. Die Ansiedlungsformen in den Alpen. (Vortr.) – Mitt. Geogr. Ges. Wien, 27, 1884, 250–260.

Jaccard F. La théorie de Marcel Bertrand ou quelques réflexions sur la note de M. Steinmann intitulée: Die Schardtsche Überfaltungstheorie etc. – Bull. Lab. Géol., Géogr. Phys. etc. de l'Université de Lausanne, Nr. 7, 1906, 11 S.; Bull. Soc. vaud. des sc. nat., 42, 113–123. – Bespr. NJb. 1907/2, 442; GZ 8/1324; EgH 9, 1906, 710.

Jacobi M. Immanuel Kant als Alpenfreund. – Mitt. DÖAV, 1904, 17.

Jakob G. B. Hacquet und die Erforschung der Ostalpen und Karpathen. – München 1913, 126 S., 3 K.

— Belsazar Hacquet, Leben und Werke. – In Sammlung: Große Bergsteiger (H. Fischer), München (Bergverlag R. Rother) 1931. – Bespr. Mitt. DÖAV, 1931, 72.

Jaworski E. Die A. Wegenersche Hypothese der Kontinentalverschiebungen. Eine kritische Zusammenstellung. – GR 1922, 273–296.

Jeannet A. Geologische Bibliographie der Schweiz 1910–1920, 2 Bde. – Beitr. z. geol. K. der Schw., NF, 56, Bern 1927, 855 S. – Bespr. GZ 47 A/1022.

Jenny E. Zum 80. Geburtstage von Albert Heim (12. April 1929). – Die Alpen, 5, Nr. 4, Chron., 67–69.

Jenny H. Bau der unterpenninischen Decken im Nordosttessin. – EgH, 17, 1922/23, 296–310; Verh. Schweiz. Natf. Ges., 103. Jvers., Bern 1922, II, 213–214.

— Über Bau und Entstehung der penninischen Decken. – EgH, 17, 1922/23, 501–521. – Bespr. GZ 31/1869.

— Alpine Faltungsphasen. – EgH 18, 1923/24, 501–505. – Bespr. GZ 33/1051; NJb. 1926/1, B, 138.

— Die alpine Faltung. Ihre Anordnung in Raum und Zeit. – Berlin (Borntraeger) 1924, 176 S., 3 Taf. – Bespr. Zbl. f. Min., 1924, 607; GR 1926,75; Z. Ges. f. Erdkde Berlin, 1926, 285; Geogr. Z., 31, 1925, 249; Mitt. DÖAV, 1925, 98; Der Bau der Alpen (R. Staub), Beitr. z. geol. K. d. Schw., 52, 52, 1924, 272.

— Zur Geschichte des alpinen Faltungsraumes. – GR 19, 1928, 283–313. – Bespr. GZ 43/371.

Judd R. Vulkanische Ausbrüche, welche der Erhebung des Alpensystems vorangingen. (Engl.) – The Geol. Mag., London 1876, 200–215.

Junk W. Naturführer. Bd 1. Tirol, Vorarlberg und Liechtenstein. Von K. W. v. Dalla Torre. – Berlin 1913, 486 S., 1 K. 1:500000. – Bespr. Mitt. DÖAV, 1913, 184; Z. Ges. f. Erdkde Berlin, 1894, 232, 814; Natwiss. Wochenschr., NF, 12, 1913, 653; Geogr. Z., 19, 1913, 712.

Kaisin F. L'oeuvre scientifique de Pierre Termier, 1859–1930. – Rev. d. Questions Sc., s. 4, t. 21, 1932, 5–32. – Bespr. GZ 52 A/2200.

Kärnten. Die geologische Literatur von –. – Carinthia II, 111, 1922, 1–28.

Kayser E. Über die geolog. Bedeutung der neueren Feinmessungen (Präzisionsnivellements) im oberbayr. Alpenvorlande. – Sber. Ak. d. Wiss. München, math.-phys. Kl., 1919, 10–12. – Bespr. GZ 24/1216.

Keferstein Chr. Das Alpengebirge. – Geognost.-geolog. Z. Teutschland, Weimar 1821, 1, 20–39, 2 K., 1 T.

Kieslinger A. Das Lebenswerk Carl Dieners. – Der Geologe, Leipzig (M. Weg) 1928, Nr. 43 u. 44, 1123–1132, 1201–1218. Mit Litverz.

— C. Diener †. – Reichspost (Wien) v. 8. 1. 1928.

Kessler P. Die Beziehungen von Erzgängen, Tektonik, Vulkanismus und Schwere zu den bekannten Heilbädern in Südwestdeutschland. – Z. f. prakt. Geol., 1927, 33–38, 55–62. – Bespr. GZ 37/540; NJb. 1928/2, 210.

Kilian W. La géologie des Alpes et la carte de M. Noë. – Rev. gén. d. sc. pures et appliquées, 2, Nr. 1, Paris 1891, 13–18. – Bespr. Arch. d. sc. phys. et nat. de Genève, t. 27, Genève 1892, 435; EgH 3, 1892, 89.

— La faciès dans les Alpes suisses du S. E. – A propos du mémoire de M. Staub: L'orogénèse et la répartition des faciès des Alpes suisses du Sud-Est. – C. R. somm. séances Soc. géol. France, Paris 1918, 47–48.

Kinzl H. Die Ostalpen und Österreich. – Das Erdbild der Gegenwart, I, Leipzig (W. Gerbing) 1926, 413–455.

— Zwei neue Alpeneinteilungen. – PetMitt., 1927, H. 7/8, 198–199.

Kittler Chr. Der Aufbau der bayerischen Alpen. (Vortr.) – Stuttgart 1911, 13 S.

Klebelsberg R. v. Die eiszeitliche Vergletscherung der Alpen unter besonderer Berücksichtigung der Ostalpen. – Z. DÖAV, 1913, 26–39.

— Südtirol als Land der Naturforscher. – Der Schlern, 1, Bozen 1920, 13–15.

— Die Naturdenkmäler Südtirols und ihre Erforschung durch deutsche Naturforscher. – Deutsche Naturwissenschaften, 12, 47, Berlin 1924, 11 S.

— Das Antlitz der Alpen. (Zum Vortrage A. Pencks auf der Innsbrucker Naturforscherversammlung.) – Z. DGeolGes., 77, 1925, 372–390. – Bespr. GZ 33/1320, 37/570; Z. f. Geomorph., 2, 1927, 81.

— Geologische Einführung. – Der Hochtourist in den Ostalpen, DÖAV, 1925, I, 15–21.

— Albert Heims Geologie der Schweiz. – Mitt. DÖAV, 1926, 27–28.

— Norbert Krebs' neues Ostalpenwerk. – Mitt. DÖAV, 1928, 13–14.

— Geologische Einführung: Schichtfolge, Gebirgsbau, Formentwicklung, Vergletscherung, mit den geolog. Sonderabschnitten der „Südlichen Ostalpen von der Etsch bis zum Piave". – Der Hochtourist in den Ostalpen, DÖAV, 1929, VII, 17–32, 35–36, 56–57, 64–66, 83, 111–113, 185–186, 192–193, 212–213, 225–226, 276–277, 297–299, 326–327, 416–418, 462–463.

— Grundzüge der Geologie Tirols. – In: Tirol, Land, Natur, Volk u. Geschichte, herausgeg. vom DÖAV, München (Bruckmann) 1933, 23–91, 1 K., 1 Skz. – Bespr. Mitt. DÖAV, 1934, 51, 147; Der Schlern, 15, 1934, 189; PetMitt., 1934, 317.

— Eine geologische Übersichtskarte der Ostalpen. (H. Vetters.) – Mitt. DÖAV, 1934, 58–59.

Klipstein A. v. Geolog. Fragmente aus dem Tagebuch einer Reise durch Bayern nach den östlichen Alpen. – Karstens Archiv, 16, 1842.

— Mitteilungen aus dem Gebiete der Geol. u. Paläont. I. Bd. Beiträge zur Kenntnis der östlichen Alpen. – Gießen 1845, 311 S., 20 T.

— Beiträge z. geolog. u. topogr. Kenntnis der östl. Alpen. – Gießen 1871, 64 S.; 1875, 83 S.; 1883, 101 S., mehr. Prof. – Bespr. VRA 1871, 158; 1875, 241; 1883, 277; NJb. 1871, 660; Bl. 315, 614.

Klüpfel W. Die Entstehung der Donau. (Vortr.) – Z. DGeolGes., B, Mber., 1928, 282–287. – Bespr. GZ 41/452.

— Über das Alter junger Gebirgserhebung, die Datierung von Hochflächen und die Deutung von Höhenreliefs. – GR 22, 1931, 308–313. – Bespr. GZ 46 A/2063.

Knauer J. Kurzer Überblick über die Entstehungsgeschichte Südbayerns. – Jb. Sekt. Hochland DÖAV, 6, München 1908, 8 S.

— Geologischer Überblick über die Alpen zwischen Tegernsee und Gmunden am Traunsee und das bayerisch-österreichische Tertiärhügelland. - In: Abriß d. Geol. v. Bayern r. d. Rh. (M. Schuster), 1. Abt., München 1925, 103 S. - Bespr. NJb. 1926/2, B, 342.
— Geologischer Überblick über die Alpen zwischen dem Bodensee und dem Tegernsee und ihr Molassevorland. - In: Abriß der Geologie von Bayern r. d. Rh. (M. Schuster), 2. Abt., München 1928, 184 S. - Bespr. Mitt. DÖAV, 1930, 23.
Kober L. Die Bewegungsphänomene der festen Erdrinde. - Mitt. Natwiss. Ver. Univ. Wien, 9, 1911, Nr. 5.
— Über Bau und Oberflächenform der östlichen Kalkalpen. - Mitt. Natwiss. Ver. Univ. Wien, 9, 1911, Nr. 5, 73–84.
— Der Aufbau der östlichen Nordalpen. - Sber. Ak. d. Wiss. Wien, Abt. 1, 120, 1911, 1115–1124. - Bespr. GZ 19/729; Boll. Com. geol. d'It., 43, 1913, f. 2-3, 72.
— Viktor Uhlig †. - Mitt. Natwiss. Ver. Univ. Wien, 9, 1911, Nr. 6 u. 7, 93–96.
— Der Deckenbau der östlichen Nordalpen. - Denkschr. Ak. d. Wiss. Wien, 88, 1912, 345–396, 2 K. - Bespr. NJb. 1915/2, 367; GZ 20/312, 23/646, 25/729; PetMitt., 60, 1914/1, 101.
— Über Bau und Entstehung der Ostalpen. - Denkschrift. Ak. d. Wiss. Wien, 88, 1912; Mitt. Geol. Ges. Wien, 5, 1912, 368–481, K. 1:1500000. - Bespr. GZ 20/62; GR 1913, 395; EgH 13, 1914, 637; PetMitt., 60, 1914/1, 347.
— Alpen und Dinariden. - GR 5, 1914, 175–204, 1 Sk. 1:7500000. - Bespr. GZ 22/775; NJb. 1915/1, 389.
— Die Bewegungsrichtung der alpinen Deckengebirge des Mittelmeeres. - PetMitt., 60, 1914, 250–256, 1 K.; Verhdl. 85. Vers. deutscher Natf. u. Ärzte, 1913, Leipzig 1914, 607–610. - Bespr. GZ 22/303.
— Das östliche Tauernfenster. - Anzg. Ak. d. Wiss. Wien, 57, 1920, 75–78; Denkschr. Ak. d. Wiss. Wien, 98, 1922, 201–242, 1 K. - Bespr. GZ 28/1616.
— Der Bau der Erde. Eine Einführung in die Geotektonik. - Berlin (Borntraeger) 1921; 2. Aufl. 1928, 499 S., 138 Fig., 2 Taf. - Bespr. Zbl. f. Min., 1921, 601; 1929, B, 318; Natwiss. Wochenschr., NF, 20, Nr. 48, 1921, 681; GZ 30/664, 40/67; Z. f. prakt. Geol., 37, 1929, 159; GR 23, 1932, 68; Z. Ges. f. Erdkunde Berlin, 1929, 313; Geogr. Z., 37, 1931, 252; PetMitt., 76, 1930, 44.
— Regionaltektonische Gliederung des mittleren Teiles der ostalpinen Zentralzone. - Sber. Ak. d. Wiss. Wien, 130, 1921, 375–381, 1 K. - Bespr. GZ 28/1617; GR 13, 1922, 385.
— Genetik der Orogene. - Mitt. Geogr. Ges. Wien, 64, 1921, 73–82. - Bespr. GZ 28/1342.
— Über neuere Arbeiten I. (Gegen W. Schmidt u. F. Kossmat.) - VBA 1922, 160–162. - Bespr. GZ 29/347.
— Bau und Entstehung der Alpen. - Berlin (Borntraeger) 1923, 283 S..- Bespr. GZ 29/1354; Zbl. f. Min., 1923, 670; Z. f. prakt. Geol., 1924, 15; GR 1923, 292; Mitt. DÖAV, 1923, 141; 1924, 34; Geogr. Z., 30, 1924, 228.
— Entgegnung an A. Winkler: Bemerkungen zur Geologie der östl. Tauern. - VBA 1923, 154–160. - Bespr. GZ 30/689.
— Zur Kritik E. Hennigs über den „Bau der Erde". - Zbl. f. Min., 1923, 51–52.
— Gestaltungsgeschichte der Erde. - Sammlg Borntraeger, 7, Berlin 1925, 200 S., 1 K. - Bespr. Z. f. Geomorph., 1, 1926, 341; Z. Ges. f. Erdkde Berlin, 1926, 139.
— Über Bau und Entstehung der Alpen. - Forschungen u. Fortschritte, 2, 1926, 155.
— Neue Beiträge zur Geologie der östlichen Tauern und des Salzkammergutes. - Anz. Ak. d. Wiss., m.-nat. Kl., 63, Wien 1926, 46–48. S. Gegenbemerkung von R. Schwinner u. F. Heritsch in den Mitt. d. Natwiss. Ver. f. Steiermark, 1927.
— Das alpin-variszische Orogen. - Zbl. f. Min., Abt. B, 1927, 153–159. - Bespr. GZ 40/439.
— Das Werden der Alpen. - Karlsruhe (Braun) 1927, 86 S., 24 Abb., 3 Taf. - Bespr. GZ 37/529; GR 1928, 428; Mitt. DÖAV, 1927, 286; 1928, 36, 56, 72, 87, 120, 134, 220; PetMitt., 74, 1928, 356; NJb. 1928/3, 8; Geogr. Z., 34, 1928, 118; Z. f. prakt. Geol., 1928, 48.
— Die erdgeschichtliche Bedeutung der großen Gebirgsbildungen. - Forschungen und Fortschritte, 3, 1927, 156.
— Die Grundlagen des Deckenbaues der Ostalpen. (Vortragsauszug.) - Z. DGeolGes., B, Mber., 1928, 255–256.
— Versuch einer Auflösung des variszisch-alpinen Baues. - Zbl. f. Min., 1928, Abt. B, 76–82. - Bespr. GZ 41/47.
— Gustav Steinmann. Ein Nachruf. - Mitt. Geol. Ges. Wien, 22, 1929, Wien 1930, 153–155.
— Die Verteilung der Massen an der Erdoberfläche. - Anzg. Ak. d. Wiss. Wien, 67, 1930, 21–23. S. a. Machatschek. - Bespr. GZ 49 A/1487.
— Einige Worte zu den „Bemerkungen von B. Gutenberg". - Gerlds Beitr. z. Geophys., 26, 1930, 161.
— Das alpine Europa. Ein geologisches Gestaltungsbild. - Berlin (Borntraeger) 1931, 310 S., 33 Abb., 3 Taf. - Bespr. Geogr. Z., 38, 1932, 435; Z. f. Geomorph., 7, 1933, 254; PetMitt., 79, 1933, 94; NJb. 1932/2, 630; Boll. R. Soc. geogr. it., s. 6, v. 9, 1932, 297. S. a. Sestini.
— Grundformen geologischen Geschehens. - Forsch. u. Fortschr., 7, 1931, 361. - Bespr. GZ 49 A/1275.
— Das Riffproblem. - Forsch. u. Fortschr., 8, 1932, 318–319. - Bespr. GZ 49 A/1550. (Mediterr. Kettengeb.)
— Modereckdecke oder Rote Wandgneisdecke? - VBA 1933, 131–132. (S. E. Clar.)
— Die erdgeschichtliche Bedeutung der Metamorphiden und das Tauernfenster. - Zbl. f. Min., Abt. B, 1933, 305–314. - Bespr. GZ 51 A/339.
— Gebirgsbau der Erde. - Handwörterbuch der Natwiss., 4, 1933, 730–778, 30 Abb. - Bespr. GZ 52 A/370.
— Die Orogentheorie. Ein geologisches Gestaltungsbild. - Scientia, Milano 1934, Nr. 1, 11–20. - Bespr. Z. f. Geomorph., 8, 1934, 199; GR 25, 1934, 296; PetMitt., 80, 1934, 236.
Kockel C. W. Beitrag zur Kenntnis der Grenzen zwischen german. u. mediterr. Meeresbereich im jüngeren Mesozoikum der Ostalpen. - Sber. Naturf. Ges. Leipzig, 45.–48. Lfrg, Leipzig 1918–1921 (1922), 29–25. - Bespr. GZ 28/1621; NJb. 1925/1, 107.
— Deckentheorie an der Grenze von West- und Ostalpen. - Natwiss. Wochenschr., NF, 20, Jena 1921, 204–206.
— Die nördlichen Ostalpen zur Kreidezeit. Ein Ausschnitt aus der Entwicklung eines Kettengebirges. - Diss. Leipzig 1922; Auszug: Jb. phil. Fak. Univ. Leipzig, 1922, 4 S.; Mitt. Geol. Ges. Wien, 15, 1922, 63–168. - Bespr. GZ 28/1256; NJb. 1925/1, 107.

— Kretazische Gebirgsbildung und Sedimentation in den Ostalpen. - GR 14, 1923, 327–328.
— Abstraktionen in der Geologie. - GR 15, 1924, 227–230.
Koegel L. Pflanzengeographisches aus den Alpen. - Deutsche Alpenztg, 26, 1931, 103–106, m. Abb.
— Alpenlandschaft in Typenausschnitten. - Deutsche Sammlung, Geographie, Bd 3, herausgeg. v. W. Geisler, Karlsruhe (Moninger) 1932, 108 S., 1 Skz., 4 Bild. - Bespr. Mitt. Geogr. Ges. München, 25, 1932, 115; Geogr. Z., 39, 1933, 119; Z. Ges. f. Erdkde Berlin, 1932, 395; PetMitt., 80, 1934, 92.
Koehne W. Lugeons Anschauungen über Entstehung der Alpen, besonders der Voralpen, der Klippen und der sog. Glarner Doppelfalte. - Natwiss. Wochenschr., NF, 2, 1903, 534–536.
Kölbl L. Zur Tektonik des Tauernfensters. - Anzg. Ak. d. Wiss. Wien, math.-natw. Kl., 68, 1931, 242–244.
— Der Nordrand des Tauernfensters zwischen Mittersill und Kaprun. - Anzg. Ak. d. Wiss. Wien, math.-natw. Kl., 69, 1932, 266–268.
— Das Nordostende des Großvenedigermassives. (Ein Beitrag zur Frage des Tauernfensters.) - Sber. Ak. d. Wiss. Wien, math.-natw. Kl., Abt. 1, 141, 1932, 39–66, 2 Fig. - Bespr. GZ 48 A/901.
Königsberger J. Zur experimentellen Tektonik. - Die Naturwissenschaften, 18, 1930, H. 51, 1111. - Bespr. GZ 49 A/298.
— Variometrisch bestimmtes magnetisches Profil Offenburg-Chiasso; Folgerungen über säkulare Änderungen; Einfluß von Gesteinssuszeptibilität und Tektonik. - Gerlands Beitr. z. Geoph., Ergh. f. angew. Geoph., 2, 1932, 374–400, 6 Fig. - Bespr. GZ 51 A/1664.
Köppen W. Über die Kräfte, welche die Kontinentenverschiebungen und Polwanderungen bewirken. - GR 1921, 314–320, 3 Fig.
Kořistka K. Die Resultate aus Carl Kreils Bereisungen des Österreichischen Kaiserstaates. - JbRA 1850, 61–76, 221–233.
— Über die hyphometrischen Messungen insbes. zu geolog.-orograph. Zwecken. - JbRA 1852, 2. H., 1–35.
Kossmat F. Über das tektonische Verhältnis zwischen Alpen und Karst. (Vortr.) - Mitt. Geol. Ges. Wien, 2, 1909, 245–249.
— Die adriatische Umrandung in der alpinen Faltenregion. - Mitt. Geol. Ges. Wien, 6, 1913, 61–165. - Bespr. NJb. 1914/1, 106; Ann. de Géogr., Nr. 131, 1915, 228.
— Paläogeographie. - 2. Aufl. Sammlg Göschen Nr. 406, Berlin u. Leipzig 1916, 143 S.; 3. Aufl. 1924, 146 S., 7 K.
— Die mediterranen Kettengebirge in ihrer Beziehung zum Gleichgewichtszustande der Erdrinde. - Abh. Sächs. Ak. d. Wiss. Leipzig, m.-phys. Kl., 38, 1921, 62 S.; 2. Aufl. Leipzig 1926, 1 K., 6 Abb.
— Erörterungen zu A. Wegeners Theorie der Kontinentalverschiebungen. - Z. Ges. f. Erdkde Berlin, 1921, 103–110.
— Bemerkungen zur Entwicklung des Dinaridenproblems. - GR 15, 1924, 145–146. - Bespr. NJb. 1930/3, 46.
— Die Beziehung des südosteuropäischen Gebirgsbaues zur Alpentektonik. - GR 15, 1924, 255–280, 3 Fig.
— Tektonische Bemerkungen zum Isostasieproblem. - Ber. Sächs. Ak. d. Wiss., 78, Leipzig 1926, 1–17.
— Zur Frage der isostatischen Kompensation der Gebirge und der Randsenken. - GR 17, 1926, 385–391. - Bespr. NJb. 1928/2, 407; 1929/2, 81.
— Gliederung des varistischen Gebirgsbaues. - Abh. Sächs. Geol. Ldsamt, H. 1, Leipzig 1927, 39 S. - Bespr. GR 1927, 408.
— u. **Born A.** Die Bedeutung der Gravimetrie für die Geologie. - Zbl. f. Min., Abt. B, 1933, 250–253.
Koutek J. Pierre Termier. - Věda přírodní, 12, Praha 1931, 17–18. (Tschechisch.) - Bespr. GZ 47 A/1269.
Kranz W. Zur Entstehung des Buntsandsteins. Erwägungen über das nördliche Alpenvorland, Vulkanismus und Geotektonik. - Jh. d. Ver. f. vaterländ. Naturkde Württemberg, 1906, 104–112. - Bespr. Zbl. f. Min., 1912, 96.
— Nachweis relativer Senkungen in Bayern. - Maandschrift Wesenschappelijke Bladen (Haarlem), 1, 1921, 93–97; Natwiss. Wochenschr., 1920, 273–276. - Bespr. GZ 25/715, 26/606.
— Neuzeitliche relative Senkungen sowie seitliche Verschiebungen in Bayern und ihre Bedeutung für die Tektonik Süddeutschlands. - PetMitt., 1922, 151–154, 181–184. - Bespr. GZ 28/1687, 29/33.
Kraus E. Der Gebirgsbau der Alpen. (Vortragsauszug.) - Schrift. Natf. Ges. Danzig, NF, 16, 1923, 8. - Bespr. GZ 35/468.
— Der orogene Zyklus und seine Stadien. - Zbl. f. Min., 1927, Abt. B, 216–233, zugl. Veröff. aus dem Geol.-Pal. Inst. d. Univ. Riga, Nr. 4. - Bespr. GZ 36/1651.
— Das Wachstum der Kontinente nach der Zyklustheorie. - GR 19, 1928, 353–386, 481–493. - Bespr. GZ 42/1220; NJb. 1930/2, 285.
— Neues über die bayerischen Alpen. Referat und vorläufige Mitteilung. - Mitt. Geolog. Ges. Wien, 22, 1929, Wien 1930, 133–147. - Bespr. GZ 42/1270; NJb. 1930/3, 398.
— Die Alpen als Doppelorogen. - GR 22, 1931, 65–78, 3 Abb. - Bespr. GZ 45/691, 46 A/737; NJb. 1931/2, 615.
— Unterströmungstheorie statt Oszillationshypothese. - Z. DGeolGes., 83, 1931, 308–326. - Bespr. GZ 46 A/729; NJb. 1931/2, 614.
— Die Seismotektonik der Tiroler Alpen. - Gerlds Beitr. z. Geophys., 30, Leipzig 1931, 96–135, 2 Fig. - Bespr. GZ 46 A/756; NJb. 1931/2, 655; 1932/2, 193.
— Der Werdegang der Allgäuer Landschaft. - 49. Ber. Natwiss. Ver. f. Schwab. u. Neuburg, Augsburg 1931, 1–17, 1 Abb. - Bespr. GZ 46 A/794; NJb. 1932/3, 4.
— Der nordalpine Kreideflysch. Geologische Forschungen im Allgäu und in Vorarlberg. - Geol. u. Pal. Abh., NF, 19, H. 2, Jena 1932, 138 S., 58 Abb., 7 Taf. - Bespr. Mitt. Geolog. Ges. Wien, 24, 1931, Wien 1932, 175; GZ 49 A/403; NJb. 1932/3, 967.
— Der bayerisch-österreichische Flysch. - Abhdlgen Geol. Ldsuntersuchg Bayer. Oberbergamt, H. 8, München 1932, 82 S., 16 Fig. (3 Taf.) - Bespr. Mitt. Geolog. Ges. Wien, 24, 1931, Wien 1932, 175; GZ 49 A/404; NJb. 1932/3, 970.
— Über den Schweizer Flysch. - EgH 25, 1932, 39–129, 10 Fig. - Bespr. GZ 49 A/405, 3 B/267; NJb. 1932/3, 971.
— Überlegungen zur Geodynamik. - NJb. 1933, Bbd 70, Abt. B, 393–448, 3 Abb.
Krebs N. Die bewohnten und unbewohnten Areale der Ostalpen. (Vortr.) - Geogr. Z., 18, 1912, 443–454.
— Länderkunde der österr. Alpen. - Bibl. ldkdl. Handbücher (A. Penck), Stuttgart 1913, 556 S., 26 Taf., 77 Abb. - Bespr. Z. Ges. f. Erdkde

Berlin, 1914, 306; Mitt. Geogr. Ges. München, 1913, 523; Z. Ferdin., 3. F., 57. H., Innsbruck 1913, 389; Die Naturwissensch., 1913, 1185; Mitt. Geogr. Ges. Wien, 57, 1914, 114; Geogr. Z., 20, 1914, 712; Carinthia II, 1913, 223.

— Das österreichisch-italienische Grenzgebiet. – Die Kriegsschauplätze, 6. H., Leipzig u. Berlin 1918, 46 S. – Bespr. Z. Ges. f. Erdkde Berlin, 1919, 199; Geogr. Z., 24, 1918, 325.

— Die Ostalpen und das heutige Österreich. – Stuttgart (Engelhorn) 1928, 2 Bde, 330 u. 496 S. (2. Aufl. der Länderkunde der österr. Alpen.) – Bespr. Mitt. DÖAV, 1928, 13; Z. f. Geomorph., 3, 1928, 242; VBA 1928, 150; Mitt. Geogr. Ges. München, 1928, 342; Z. Ges. f. Erdkde Berlin, 1928, 258; Geogr. Z., 34, 1928, 242; PetMitt., 75, 1929, 49; Tir. Heimat, 1, 1928, 277; Boll. Soc. geogr. it., s. 6, v. 5, 1928.

Krige L. J. Magmatic Cycles, Continental Drift and Ice Ages. – Presidential Adress, Proc. Geol. Soc. S. Africa, v. 32, 1929, 21–40, 2 Abb. – Bespr. GZ 42/1444.

— Die Oszillationstheorie, eine Erklärung der Krustenbewegungen von Erde und Mond by Dr. Erich Haarmann. – Review read before the Geol. Soc. of South Africa, Johannesburg 1930.

Krollick H. Grenzen und Gliederung der Alpen. -Wiss. Blge z. Progr. d. 5. Realschule zu Berlin (Gaertner), 1893, 33 S. – Bespr. Mitt. DÖAV, 1894, 255.

Kubart W. Bemerkungen zu Alfred Wegeners Verschiebungstheorie. – Arb. phytopal. Lab. Univ. Graz, 2, 1926, 32 S. – Bespr. NJb. 1928/3, 349.

Kühnel J. Zur tektonischen Stellung des Göll im Berchtesgadener Lande. – GR 16, 1925, 378–383. – Bespr. NJb. 1926/2, B, 66, 346; GZ 37/567.

Lachmann R. Über den Bau alpiner Gebirge. – Z. DGeolGes., 65, 1913, Mber., 157–173. – Bespr. GZ 20/479; NJb. 1913/1, 283; EgH 13, 1914, 597; Natwiss. Wochenschr., NF, 12, 1913, 437.

— Der Bau alpiner Gebirge. – Die Naturwissenschaften, 1, Berlin 1913, 288–291.

Lamplugh G. W. August Rothpletz. – The anniversary addrus of the president. – Quart. Journal, v. 75, Nr. 297, London 1920, röm. 56–57.

Landgraeber W. Wandernde Kontinente. – Kohle und Erz, 24, 1927, 233–236.

Lang R. Das Vindelizische Gebirge zur mittleren Keuperzeit. Ein Beitrag zur Paläogeographie Süddeutschlands. – Jber. Ver. f. vaterld. Naturkde in Württemberg, 67, Stuttgart 1911, 218–259. – Bespr. GZ 16/1373.

Lapparent A. de. Sur la constitution géologique du Tirol méridional. – Annales des Mines, 6, Paris 1864, 245–314.

— Le problème alpin. – Le Correspondant, Paris 1902, 29 S.

Largaiolli F. Bibliografia del Trentino (1475–1903). – Sec. ediz. p. c. d. SAT, Trento (G. Zippel) 1904, 296 S., sez. X, Geol., Min., Paleont. 237–261.

Lautensach H. Die Entwicklung der Alpen seit der Tertiärzeit nach A. Penck und E. Brückner. – Geogr. Anz., 10, 1909, 4. u. 5. H., 13 S., 1 K.

Lebling Cl. Über die Herkunft der Berchtesgadener Schubmasse. Eine Hypothese. – GR 5, 1914, 1–23. – Bespr. NJb. 1923/2, 115; GZ 21/332.

— Die paläogeographische Bedeutung der oberbayerischen Molasse. – Z. DGeolGes., 80, Abh., 1928 (1929), 511–520. – Bespr. GZ 42/46.

Lehmann O. Die Besiedlung und die Verkehrsstraßen der österreichischen Alpen. – In: Die österr. Alpen, herausgeg. v. H. Leitmeier, Leipzig u. Wien 1928, 256–287.

Lehner M. Beiträge zur Untersuchung der isostatischen Kompensation der schweizerischen Gebirgsmassen. – Verh. Natf. Ges. Basel, 41, 1930, 1–76, 2 Taf., 19 Fig. – Bespr. GZ 51 A/1687; NJb. 1933/2, 538.

Leiter H. C. Diener †. – Mitt. Geogr. Ges. Wien, 71, 1928, 93–96.

Leitmeier H. Die österreichischen Alpen. – Leipzig u. Wien (Deuticke) 1928, 414 S., 102 Abb., 28 Taf. – Bespr. PetMitt., 75, 1929, 45; Tiroler Heimat, 3, 1930, 233.

Lendenfeld R. v. Aus den Alpen. – Wien, Prag, Leipzig (Freytag u. Tempsky) 1896, 2 Bde, etwa 1000 S., illustr. – Bespr. Mitt. Geogr. Ges. Wien, 40, 1897, 141.

— Die Hochgebirge der Erde. – Freiburg i. Br. (Herder) 1899, 531 S., 9 K., 5 Taf. – Bespr. Mitt. DÖAV, 1899, 295.

Leppla A. Wilhelm v. Gümbel. – Z. f. prakt. Geol., 1898, Vereinsmitt. Nr. 10, 375.

Lepsius R. Geologische Karte des Deutschen Reiches. – 27. Bl. (München) 1:500000. – Gotha 1897.

— Die Einheit und die Ursachen der diluvialen Eiszeit in den Alpen. – Abh. Hess. geol. Ldsanst. Darmstadt, 5, 1910, 1–136. – Bespr. GZ 19/1268, 20/354; NJb. 1911/1, 122; VRA 1911, 261; EgH 12, 1912, 411; Geogr. Z., 18, 1912, 460; PetMitt., 57, 1911/1, 318; Natwiss. Wochenschr., NF, 11, 1912, 573.

— Einheit und Ursachen der Eiszeit in den Alpen. (Vortr.) – Verh. 18. Geographentag Innsbruck, 1912, 155–165. Disk. röm. 22–25. – Bespr. Mitt. Geogr. Ges. München, 7, 1912, 440. (Höttinger Brecc.)

— Über das Verhältnis der Decken zur Metamorphose der Gesteine in den Alpen. – Notizbl. des Ver. f. Erdkde und der geol. Landesanst. Darmstadt, 4. F., H. 33, 1912, 5–16. – Bespr. EgH 13, 1914, 600; VRA 1912, 398.

Leuchs K. Über Grundfragen alpiner Geologie. – Z. DGeolGes., 73, 1921, Mber., 136–150. – Bespr. NJb. 1925/2, B, 28.

— Geolog. Führer durch die Kalkalpen vom Bodensee bis Salzburg und ihr Vorland. Überblick über Entstehungsgeschichte und Bau des Gebietes. – München 1921, 144 S., zahlr. Prof. – Bespr. Mitt. Geogr. Ges. Wien, 1922, 127; Mitt. Geogr. Ges. München, 15, 1922, 331; Mitt. Geol. Ges. Wien, 13, 1920, 114; GZ 26/1400; VStA 1921, 127.

— Zur Entstehungsgeschichte der Alpen. – Der Naturforscher, 1, 1924, 240–244. – Bespr. GZ 34/438.

— Neue Probleme der Alpengeologie. – Senckenbergiana, 7, Frankfurt a. M. 1925, 129–138. – Bespr. GZ 32/1640.

— Die geologische Erforschung der Bayerischen Alpen. – Der Naturforscher, 2, Berlin 1925, 240–244, 343–347. – Bespr. GZ 34/441.

— Das Alpengebiet im Laufe seiner geologischen Entwicklung. – Der Naturforscher, 3, Berlin 1926, 57–62. – Bespr. GZ 34/437.

— u. **Udluft H.** Entstehung und Bedeutung roter Kalke der Berchtesgadener Alpen. – Senckenbergiana, 8, 1926, 174–199. – Bespr. GZ 34/731.

Leuchs K. Der Wert der Gesteinsuntersuchung für die Paläogeographie. – 56. Ber. Senckenb. Natf. Ges., 1926, 307.

— Sedimentationsverhältnisse im Mesozoikum der Nördlichen Kalkalpen. – GR 17, 1926, 151–159. – Bespr. GZ 34/160.

— Tiefseegräben und Geosynklinalen. – Pompeckj-

Festband, NJb., Bbd 58, B, 1927, 273–294. – Bespr. GZ 36/1159.
— Geologie von Bayern. 2. Teil. Bayrische Alpen. – Handbuch d. Geol. u. Bodenschätze Deutschlands (E. Krenkel), 2. Abt., 3. Bd, Berlin 1927, 374 S., 20 Taf., 67 Abb. – Bespr. GZ 36/1550; GR 22, 1931, 244; Geogr. Z., 34, 1928, 118; PetMitt., 74, 1928, 362; VBA 1928, 85; NJb. 1928/3, 8; Mitt. DÖAV, 1929, 42; Z. f. prakt. Geol., 1928, 47.
— Polygene Konglomerate im nordalpinen Rhät und die altkimmerische Phase. – GR 1928, 72-75. – Bespr. GZ 37/1381, 40/1066.
— Die Bedeutung alter Massen für Lage und Struktur jüngerer Kettengebirge. – Zbl. f. Min., 1929, B, 193–198. – Bespr. GZ 41/936.
— Bemerkungen zu Haarmanns Oszillationstheorie. – Z. DGeolGes., 83, 1931, 328–331. – Bespr. GZ 46 A/715.

Leupold W. Neue mikropaläontologische Daten zur Altersfrage der alpinen Flyschbildungen. – EgH 26, 1933, 295–319.

Levasseur E. Etude sur les chaînes et massifs du système des Alpes. – Annuaire du Club alp. fr., 12/13, Paris 1886/7, 106 S.

Levy F. Die Gipfelflur der westlichen Ostalpen. – PetMitt., 1921, 94–95.

Lex F. Der geologische Aufbau von Kärnten. – Carinthia II, 108, Klagenfurt 1918, 1–26. – Bespr. NJb. 1928/3, 188.
— Die geologische Literatur von Kärnten. – Carinthia II, 1922, 1–28.

Lichtenecker N. Das Bewegungsbild der Ostalpen. – Die Naturwissenschaften, 13, Berlin 1925, 739–743. – Bespr. GZ 33/656; Mitt. DÖAV, 1926, 84.
— Die Gliederung der österreichischen Alpen. – In: H. Leitmeier, Die österr. Alpen. – Leipzig u. Wien (Deuticke) 1928, 1–15.

Liebener L. Geognostische Übersichtskarte von Tirol 1:540000. – Innsbruck 1855.

Lindemann B. Kettengebirge. Kontinentale Zerspaltung und Erdexpansion. – Jena (G. Fischer) 1927, 186 S. – Bespr. GZ 37/306; Z. f. Geomorph., 3, 1928, 238; PetMitt., 1928, 197; Geogr. Z., 34, 1928, 115.

Loss G. L'Anaunia. Saggio di Geologia delle Alpi trentine. – Trento (Seiser) 1877, 322ff. – Bespr. Bl. 494a.

Löwl F. Die Geologie. – Leipzig u. Wien 1906, 340 S. (Klar, Erdkde, 11.) – Bespr. Mitt. Geogr. Ges. Wien, 1906, 604; Mitt. DÖAV, 1907, 110.

Lucerna R. Das Kontraktionsbild der Erdkruste. – PetMitt., 1932, 57–60, 1 K., 10 Abb. – Bespr. GZ 49 A/1490.

Lucius M. Alpenwanderungen. Geologische Notizen aus den Schweizer Alpen. – Ges. Luxemburger Naturfreunde, Luxembourg, NF, 4, 1910, Mber., 39–50, 63–72, 111–121, 133–146, 158–165, 223–236, 273–284, 294–300, 301–305, 325–331; 5, 1911, 35–40, 57–67. Abdr. 115 S. – Bespr. EgH 12, 1912, 316.

Ludwig A. Über die Entstehung der Faltengebirge. – Jb. Natw. Ges. St. Gallen 1908/09, St. Gallen 1910, 336–342. – Bespr. EgH 11, 1910, 554; Globus, 98, 1910, 211.
— Flußgeröll, Molasseproblem und Alpenfaltung. – Jb. SAC, 45, 1910, 225–249. – Bespr. EgH 12, 1912, 313; Jber. Natf. Ges. Grbd., NF, 53, 1912, 138; Globus, 98, 1910, 308.
— Nochmals Molasseproblem und Alpenfaltung. – – Jb. SAC, 46, 1910–1911, Bern 1911, 300–301. – Bespr. EgH 12, 1912, 314.

Lugeon M. Les grandes dislocations et la naissance des Alpes suisses. – EgH 7, 1901–1902, 335–343. (H. Schardt, 343–346.); Actes Soc. helv. Sc. nat., 85 sess. Genève, 1902, 141–153; C. R. Trav. Soc. helv. Sc. nat., 85 sess. Genève 1902, 88–90, 110–115; Arch. Sc. phys. nat. Genève, t. 14, 461–463, 483–488. – Bespr. EgH 7, 1901/1902, 612; GZ 4/1330, 1331; NJb. 1905/2, 85–87.
— Les grandes nappes de recouvrement des Alpes du Chablais et de la Suisse. – Bull. Soc. géol. France, t. 1, Paris 1902, 723–823, 1 K. – Bespr. EgH 7, 1901/02, 605; 8, 1903, 269; Ann. Géogr. Paris, 12, Bibl. 77–78; GZ 4/2061; Jber. Natf. Ges. Grbds, NF, 46, 107; NJb. 1906/1, 243; PetMitt., 48, Litber., 176. S. W. Koehne.
— Les grandes nappes de recouvrement des Alpes suisses. – Bull. Soc. géol. France, t. 2, Paris 1902, 80–81. – Übersetzung: Über die großen Überschiebungsdecken der Schweizer Alpen. – Zbl. f. Min., 1902, 250–251.
— Les grandes nappes de recouvrement des Alpes suisses. – C. R. Congr. géol. int. 9me sess. Wien 1903, 1904, 477–492, Diskussion 124–133.
— et **Henny G.** Sur la zone du Canavèse et la limite méridionale des Alpes. – C. R. Sc. Paris, t. 160, 1915, 321–323. – Bespr. EgH 15, 1918, 115; Boll. Soc. Ticin. Sc. nat., 17, 1922, 57.

Lukas F. Barometrische Höhenmessungen in Tirol durch St. Prantner u. W. Apeller. – JbRA 1855, 899–890.

Lutaud L. Emile Haug. – Revue de Géogr. phys. et de Geol. dyn., v. 1, f. 1, Paris 1928, 62–65.

Machaček (Machatschek) F. Die Alpen. – Sammlg Wissensch. u. Bildg, Nr. 29, Leipzig, 1. Aufl. 1908, 146 S., 2. Aufl. 1916, 3. Aufl. 1929, 119 S., 22 Abb. – Bespr. NJb. 1909/2, 95; Z. Ges. f. Erdkde Berlin, 1909, 63; Geogr. Z., 14, 1908, 176, 293, 357; Z. f. Glkde, 17, 1929, 394; Mitt. DÖAV, 1908, 282; 1917, 122; 1929, 159; Boll. Com. geol. d'It., 40, 1909, 630.

Machatschek F. Die landeskundliche Literatur der österreichischen Alpenländer in den Jahren 1906–1910. – Geogr. Jber. aus Österreich, 9, Wien 1911, 1–37.
— Eduard Suess †. – Geogr. Jber. aus Österreich, 11, 1915, röm. 15–19.
— Verebnungsflächen und junge Krustenbewegungen im alpinen Gebirgssystem. – Z. Ges. f. Erdkde Berlin, 1916, 602–623, 675–687. – Bespr. GZ 23/431; NJb. 1917, 205.
— Albert Heims „Geologie der Schweiz". – PetMitt., 68, Gotha 1922, 189–190; Geogr. Z., 33, 1927, 529–536.
— Bau und Entstehung der Alpen. – PetMitt., 70, Gotha 1924, 177.
— Neuere Theorien der Gebirgsbildung. – Scientia, v. 43, Bologna 1928, 399–404, 11–22.
— Eine neue geotektonische Theorie. – PetMitt., 1928, 7/8, 197–199. – Bespr. GZ 39/916.
— Bemerkungen zu der Frage der Verteilung der Massen an der Erdoberfläche. – Anzg. Ak. d. Wiss. Wien, 67, 1930, 23. S. a. Kober.

Maier W. Vulkanismus und Isostasie. – Z. DGeolGes., 85, 1933, 273–299, 14 Abb.

Marchal L. Höhenlage, Boden und Klima Tirols. – Wr. Ldwirtsch. Ztg, 79, Nr. 14 v. 6. 4. 1929 (Sondernummer Tirol). – Abdruck: Tir. Heimatblätter, 10, 1932, 146–150.

Margerie E. de La Face de la terre. (Übersetzung von E. Suess, Das Antlitz der Erde.) – 3 Bde, Paris (Colin) 1897–1918. S. E. Suess.
— La structure du sol autrichienne. – Annales de Géogr., 13, Paris 1904.

Mariani E. Sulla origine della catena alpina secondo la teoria dei carreggiamenti. – Natura, Riv. mens. di Sc. nat., 2, Milano 1911, 173–187. – Bespr. GZ 18/374.

— Le grandi suddivisioni del sistema alpino. – Natura, v. 17, f. 4, Milano 1926, 149–152.

Marinelli O. Studi orografici nelle Alpi Orientali. – III. Boll. Soc. geogr. it., 1902, 682–716, 757–779, 833–861; IV. Ebd. 1904, 13–34, 92–112, 193–223.

Marschall O. Escher von der Linth, Arnold. – Handwörterbuch der Naturwissensch., 3, Jena 1913, 769.

Martonne E. de. Les divisions naturelles des Alpes. – Ann. d. Géogr., 34, Paris 1925, 113–132.

— Les Alpes. Géographie générale. – Paris 1926, 217 S., 24 K. u. Bilder. – Bespr. Geogr. Z., 33, 1927, 292.

Maull O. Die bayrische Alpengrenze. – Diss. Marburg, 1910, 136 S., 2 Skz.

— August v. Böhm †. – PetMitt., 76, 1930, 311–312.

Mayer R. Die Verbreitung der Kulturflächen in den Ostalpen nach ihrer Grenze, geomorphologisch betrachtet. – Geogr. Z., 33, 1927, 113–138. – Bespr. GZ 35/713.

Menestrina F. Il Tirolo unità geografica? Studio di geografia politica. – Firenze (La Voce) 1921, 145 S., 9 K.

Merkl A. Naturschutzgebiete in Österreich. – Mitt. DÖAV, 1934, 111–112.

Metz F. Friedrich Ratzel. – Badische Biographien, 6, 1931, 537–543.

Migliorini E., Negri G., Riccardi R. Bibliografia geografica della Regione Italiana (1928). – Boll. R. Soc. Geogr. It., s. 6, v. 6, Nr. 12, 1929, 831–923; p. 1929, v. 7, Nr. 12, 1930, 931–1036; p. 1930, v. 8, Nr. 10, 1931, 867–1000; p. 1931, v. 9, Nr. 12, 1932, 819–961; p. 1932, v. 10, Nr. 12, 1933, 803–936. – Bespr. GZ 47 A/1736, 50 A/205, 52 A/2180.

Migliorini E. L'attività dei Tedeschi nello studio delle Alpi. – Boll. R. Soc. Geogr. It., a. 7, v. 6, Nr. 2, Roma 1929, 84–93. – Bespr. GZ 40/1191.

Mohr H. Über einige Beziehungen zwischen Bau und Metamorphose in den Ostalpen. – Z. DGeolGes., 75, 1923, Mber., 114–133. – Bespr. GZ 31/1884.

— Ein neuer Pflanzenfund im metamorphen Karbon der Ostalpen und seine Stellung im alpinen Bauplan. – Zbl. f. Min., Abt. B, 1933, 98–107. – Bespr. GZ 50 A/558, 5 B/646.

Mojsisovics E. v. Arnold Escher von der Linth †. – VRA 1872, 294.

— Die Bedeutung der Rheinlinie in der geologischen Geschichte der Alpen. – VRA 1873, 149–151. – Bespr. Bl. 350; Arch. d. sc. phys. et nat., n. p., t. 50, 291; Rev. géol. suisse p. l'a 1873, Genève 1874, 23.

— Über die Grenze zwischen Ost- und Westalpen. – Jb. ÖAV, 9, 1873, 7–15, 1 K.; Z. DAV, 4, 1873, 8–18, 1 K. – Bespr. VRA 1873, 276; NJb. 1874, 760; Mitt. Geogr. Ges. Wien, 17, 1874, 88; Z. DÖAV, 6, 1875, 235; Bl. 351; Arch. d. sc. phys. et nat., n. p., t. 50, 280; Rev. géol. suisse p. l'a. 1873, Genève 1874, 11.

— Die Dolomitriffe von Südtirol und Venetien. Beiträge zur Bildungsgeschichte der Alpen. – Wien (Hölder) 1879, 552 S., 30 T., 3 K., 110 Abb. – Bespr. NJb. 1879, 91, 176, 681; Mitt. Geogr. Ges. Wien, 21, 1878, 348; 22, 1879, 543; VRA 1879, 14–17 (Vortr.); Bl. 523; Mitt. DÖAV, 1879, 75; Arch. d. sc. phys. et nat., 3e pér., t. 1, 300; Rev. géol. suisse p. l'a. 1878, Genève 1879, 4; Boll. Com. geol. d'It., 10, 1879, 169.

— Die Hallstätter Entwicklung der Trias. – Sber. Ak. d. Wiss. Wien, 101, Abt. 1, 1892, 769–779. – Bespr. NJb. 1893/2, 378; Mitt. Sekt. f. Natkde ÖTC, 5, 1893, 6; Bl. 843.

Mònterin U. Bibliografia glaciologica italiana (1851–1915). I. Teil. – Boll. Com. Glac. Ital., 2, 1917, 55–65. – Bespr. Z. f. Glkde, 12, 1922, 86. – II.Teil. Ebd. 6, 1925, 179–193. – Bespr. wie oben, 14, 1926, 298.

Monti V. Sull'influenza climatica della elevazione media delle masse montagnose sulla catena alpina. – R. Acc. d. Sc. Torino, v. 47, 1912.

— Nevosità relativa e frequenza relativa della neve sulle Alpi Settentrionali. – Rend. d. Acc. d. Linc., v. 22, sem. 2, Roma 1913.

— Sulla distribuzione mensile della frequenza relativa della neve sulle Alpi Settentrionali. – Rend. Acc. d. Linc., v. 23, sem. 1, Roma 1914.

Morlot A. v. Erläuterungen zur geol. Übersichtskarte der nordöstl. Alpen. – Wien 1847, 216 S.

Morstadt J. Über die Symmetric in der räumlichen Verteilung der Tiroler Gebirge. – Z. DAV, 1873, 227–236, 268. – Bespr. VRA 1874, 352.

— Zur Terraingestaltung in Südtirol. – Z. DÖAV, 1875, 129–143, 1 T. – Bespr. VRA 1875, 273.

— Zur Geologie von Südtirol. (Erwiderung an R. Hoernes.) – Z. DÖAV, 1876, 20–31.

— Die Gebirgsbildung Südtirols, ein Versuch über Geodynamik. – Mitt. Geogr. Ges. Wien, 1882, 411 ff., 1 K. – Nachtr. ebd. 1885, 28.

Mortillet G. de Carte des anciens glaciers du versant méridional des Alpes. – Atti Soc. it. Sc. nat., v. 3, Milano 1861, 459–466, 1 K. – Bibl. univ. de Genève, B. Arch. d. sc. phys. et nat., 1862, 66. – Bespr. Bl. 170.

— Terrains du versant italien des Alpes comparés à ceux du versant français. – Bull. Soc. Géol. de France, s. 2, t. 19, Paris, 5 Mai 1862, 849–907. (Über die Gesteinsgruppen an dem italienischen Abhange der Alpen im Vergleich zu jenen an den nördlichen Abhängen.) – Bespr. NJb. 1864, 102.

Muheim P. Die subalpine Molassezone im östlichen Vorarlberg. (Vortragstitel.) – EgH., 26, 1933, 215.

Müller K. Das Alpine Museum. – Z. DÖAV, 1912, 1–24 (Glaz. 8–12); 1919, 82–98.

Murchison R. J. A sketch of the structure of the Eastern Alps. – Trans. of the Geol. Soc. of London, 1832.

— Über den Gebirgsbau in den Alpen, Apenninen und Karpathen ... und über die Entwicklung eozäner Ablagerungen im südlichen Europa. – Bearbeitet von G. Leonhard. – Stuttgart 1850, 162 S., 1 Prof.-T. – Bespr. Bl. 7. (Engl.: Quart. Journ. Geol. Soc., 19, London 1849, 312 S., 1 K. – Ital.: von Savi u. Meneghini, Firenze 1850/51.)

Mylius H. Geologische Forschungen an der Grenze zwischen Ost- und Westalpen. I. Teil. Beobachtungen zwischen Oberstdorf und Maienfeld. – München (Piloty u. Loehle) 1912, 153 S., 3 K., 11 T. – II. Teil: Beobachtungen zwischen Maienfeld und Tiefenkastel. – Ebd. 1913, 186 S., 3 K., 20 T. – Bespr. NJb. 1915/1, 236, 243; GZ 18/56; Mitt. Geogr. Ges. München, 8, 1, 1913, 58; PetMitt., 59, 1913/2, 220; 60, 1914, 240; Mitt. DÖAV, 1917, 11.

— Entgegnung an Tornquist. (Juraklippen Vorarlberg und Allgäu.) – Zbl. f. Min., 1912, 501–507; 1913, 252–256. – Bespr. GZ 18/1560, 20/941; NJb. 1915/1, 241; EgH 13, 1914, 623.

— Berge von scheinbar ortsfremder Herkunft in den bayr. Alpen. (Kampenwand, Scheibenwand, Wetterstein, Hochvogel.) – Mitt. Geogr. Ges. Mün-

chen, 9, 1914, 435–478, 3 T. – Bespr. GZ 24/1269; NJb. 1915/1, 248.
— Schraubstock oder Brandung in den Alpen? – Zbl. f. Min., 1917, 454–462. – Bespr. GZ 24/281.
Naumann E. Zum 70. Geburtstage C. W. v. Gümbels. – Beil. Nr. 36 d. Allgem. Ztg, München, Nr. 42 v. 11. 2. 1893.
Neltner L. Pierre Termier (1859–1930). En souvenir. – La Montagne, 57, 1931, 295–304, m. Abb.
Neumann K. Die Grenzen der Alpen. – Z. DÖAV, 1882, 189–229.
Neumayr M. Erdgeschichte. 1. Bd. Dynamische Geologie. – Leipzig (Bibl. Inst.) 1886, 654 S., 2 K. – 2. Aufl. (V. Uhlig) 1894; 3. Aufl. (Fr. E. Suess) 1920, 543 S., 132 Abb., 32 Taf. u. K. – Bespr. NJb. 1888/1, 49; Mitt. DÖAV, 1887, 285; Boll. Com. geol. d'It., 26, 1895, 144; Mitt. Geogr. Ges. Wien, 65, 1922, 112; GZ 25/1478; Natwiss. Wochenschr., NF, 21, 1922, 199; Mitt. Geol. Ges. Wien, 13, 1920 (1921), 112; Geogr. Z., 28, 1922, 42; Die Natwiss., 9, 1921, 35; Tscherm. Min. u. petr. Mitt., 35, 1921, 55. – 2. Bd ebd. 1887, 581 S., 2 K. – Bespr. NJb. 1889/1, 252; Mitt. DÖAV, 1895, 268.
— Ketten- und Massengebirge. – Z. DÖAV, 1888, 1–24.
Niggli P. Erzlagerstätten, magmatische Aktivität und Großtektonik. – Z. f. prakt. Geol., 1928, 159–164, 185–191. – Bespr. GZ 42/1125.
Noë F. Geolog. Übersichtskarte der Alpen (1 : 100000) mit Erläuterungen. – Wien 1890. – Bespr. Mitt. Geogr. Ges. Wien, 1890, 340; VRA 1890, 182; NJb. 1890/2, 391; EgH 3, 1892, 90; Boll. Com. geol. d'It., 22, 1891, 187; Mitt. DÖAV, 1890, 93; Mitt. Sekt. f. Natkde ÖTC, 2, 1890, 23; Ausland, Stuttgart 1890, 339; Alpine Journal, 15, London 1891, 162. S. a. E. Suess u. W. Kilian.
Noeggerath. Die k. k. Geolog. Reichsanstalt in Wien im besonderen und die Bestrebungen und Leistungen auf dem Gebiete der Geologie in dem österreichischen Staate im allgemeinen. (Tirol u. V. 76–79.) – Z. DGeolGes., 6, 1854, 21–91.
Nölke F. Geotektonische Hypothesen. – Sammlg geophys. Schr. (C. Mainka), Nr. 2, Berlin (Borntraeger) 1924.
— Numerische Überprüfung der Kontraktionshypothese. – Gerlds Beitr. z. Geophys., 35, 1932, 374–381. – Bespr. GZ 49 A/1272.
Nopcsa F. Bar. Beiträge zur Verteilung der Eruptivgesteine. – Földtani Közlöny, 56, Budapest 1927, 149–160. – Bespr. GZ 36/1444.
— Glossen zu E. Haarmanns Oszillationstheorie. – Zbl. f. Min., Abt. B, 1932, 265–268. – Bespr. GZ 48 A/93.
— Zur Geschichte der Adria, eine tektonische Studie. – Z. DGeolGes., 84, 1932, 280–316, 1 Taf., 3 Abb. – Bespr. GZ 49 A/1102.
— Notizen zur Großtektonik der Erde. – Zbl. f. Min., Abt. B, 1933, 369–379, 2 Fig. – Bespr. GZ 51 A/341.
Nowack E. Sedimentation und Gebirgsbildung. – Die Naturwissenschaften, 9, Berlin 1921, 892–897.
— Neuere Dinaridenhypothesen. – Geol. Arch., 4, 1927, 190–192. – Bespr. GZ 36/1346.
Nowak J. Über die Tektonik der Alpen in neuer Auffassung. (Poln.) – Kosmos, Lemberg 1908. – Bespr. GZ 14/45.
— Über den Bau der Kalkalpen in Salzburg und im Salzkammergut. – Anzg. Akad. d. Wiss. Krakau, 1911. – Bespr. Mitt. Geolog. Ges. Wien, 4, 1911, 175.
Nussbaum F. Die heutigen Anschauungen über den Bau und die Entstehung der Alpen. – Geogr. Anzg., 20, Gotha 1919, 4–16, 6 Abb. – Bespr. Die Naturwissenschaften, 8, 1920, 1047.
— Karte: Die tektonischen Hauptgebilde der Schweizer Alpen. O. M. – In: Die heutigen Anschauungen über den Bau und die Entstehung der Alpen. 1919.
Oberhummer E. K. W. v. Gümbel †. – Mitt. DÖAV, 1898, 163.
— Alpenverein und Alpenforschung. – Mitt. DÖAV, 1898, 2–4, 13–15, 29–31.
Obpacher H. Moderne angewandte Geophysik in Geologie und Bergbau. (Vortr.) – Ber. Nat.-med. Ver. Innsbruck, 39, 1924, röm. 42.
Obrutschew W. A. Über einige neue Anschauungen in der Tektonik. – Geol. Archiv, 4, 1927, 180–190. – Bespr. GZ 35/1376.
— Die Bildung der Gebirge und der Erzlagerstätten. – Akad. d. Wiss. U. S. S. R., Wiss. popul. Lit., Leningrad 1932, 149 S., 26 Abb. (Russisch.) – Bespr. GZ 48 A/395.
Obst E. A. Supan, Grundzüge der physischen Erdkunde. – 7. Aufl., Berlin u. Leipzig 1927–1930, 2 Bde, 495 u. 820 S., zahlr. Abb. u. Taf. – Bespr. GZ 42/1157; Z. f. Geomorph., 3, 1928, 237; 5, 1930, 276; GR 21, 1930, 334; Geogr. Z., 36, 1930, 490; PetMitt., 77, 1931, 206; Z. Ges. f. Erdkde Berlin, 1931, 136; Zbl. f. Min., Abt. B, 1928, 479; Mitt. Geogr. Ges. Wien, 71, 1928, 406; 74, 1931, 162.
Ogilvie-Gordon M. Torsion-structure in the Alps. – Nature, v. 60, London 1899, 443–446. – Bespr. NJb. 1901/2, 417; Boll. Com. geol. d'It., 31, 1900, 303.
— On Sigmoidal Curves in the Earth's Crust. – Nature, 60, 1899, 611.
— Sigmoidal Curves. – Brit. Ass. Meet. Dover, 1899, 1 S. – Bespr. NJb. 1901/2, 417.
— The Crust-Basins of Southern Europe. – Verhdlgen VII. Internat. Geogr.-Kongr. Berlin, 1899, 167–180, 1 T. – Bespr. NJb. 1901/2, 417.
— On Alpine Crust-Basin. – Nature, 63, Jan. 24, 1901, 294–296. – Bespr. NJb. 1901/2, 417.
— Interference Phenomena in the Alps. – Proc. Geol. Soc., Abst. Nr. 832, Sect. 5. 7. 1906, London 1906, 118–120. – Bespr. Boll. Com. geol. d'It., 38, 1907, 376.
Olbricht R. Zur Tektonik der Alpen – Karpathen und benachbarten Gebirge. – Geogr. Anzg., 11, 1910, 1–3, 1 K.
Oestreich K. Zur Landschaftskunde der österreichischen Alpen. – Geogr. Z., 13, 1907, 256–264, 1 K.
— Over den preglacialen vorm der Oost-Alpen. Een Herinnering en een Verantwoording. (Vortr.) – Tijdschr. v. h. Kon. Ned. Aardrijkskundig Gen., 2 Ser. 42, Leiden 1925, 551–567, 2 K., 3 Fig. – Bespr. GZ 32/935; Z. f. Geomorph., 1, 1926, 345.
Parona C. F. Trattato di geologia con speciale riguardo alla geologia d'Italia. – Milano 1903, 2. Aufl. 1924, 649 S.
Partsch J. Carl von Sonklar †. – Mitt. DÖAV, 1885, 33–34.
Pasini L. Rapporti geologici tra alcuni punti degli Apennini e delle Alpi. – Padova 1831.
— Geologia delle Alpi meridionali dal Lago di Lugano sino in Carniola. – Atti Congr. d. Sc. Pisa, 1839.
— Geologie der südlichen Alpen vom Lago Lugano bis Krain und Friaul. – Ital. Naturf.-Vers. Pisa, 1839, Auszug in Isis, 1841, 554, 568.
— Übersicht der Formationen in verschiedenen Teilen von Italien. – Ital. Naturf.-Vers. Turin, 1840, Auszug in Isis, 1842, 244.

Penck A. Die Vergletscherung der deutschen Alpen, ihre Ursachen, periodische Wiederkehr und ihr Einfluß auf die Bodengestaltung. – Leipzig 1882, 483 S., 2 K., 2 Tab. – Bespr. VRA 1883, 50; NJb. 1884/1, 41; Bl. 602; Mitt. DÖAV, 1883, 159; Ausland, 1883, 421; Alp. Journ., 11, London 1884, 190; Geol. Mag., d. 2, v. 10, London 1883, 177; Arch. d. sc. phys. et nat., t. 9, 316; Rev. géol. suisse p. l'a. 1882, Genève 1883, 87.

— Noës geologische Übersichtskarte der Alpen. – Mitt. DÖAV, 1890, 93–95.

— Gesetzmäßigkeiten der Gebirgsverbreitung. – Globus, 57, 1890, 33–36.

— u. **Brückner E.** Die Alpen im Eiszeitalter. – Leipzig 1901–1909, 3 Bände, 1199 S., 19 K., zahlr. Tab. u. Abb. – Bespr. GZ 3/1524, 2483, 6/100, 10/601, 12/1454, 13/1142, 15/1864; NJb. 1903/2, 51; 1905/2, 39; 1910/2, 48; VRA 1902, 227; 1903, 219; 1905, 261; 1908, 233; 1909, 245; EgH 8, 1903, 323; 9, 1906, 335; Z. f. Glkde, 4, 1910, 1; Z. Ges. f. Erdkde Berlin, 1910, 330; Geogr. Z., 1911, 451; Scottish Geogr. Mag., 1909, 481; PetMitt., Ergh. 56, 81; Mitt. DÖAV, 1902, 37, 100; 1903, 295; 1904, 212; 1910, 25.

Penck A. Ein geologischer Führer durch Tirol. (Blaas.) – Mitt. DÖAV, 1902, 157–159.

— Die Entstehung der Alpen. – Z. Ges. f. Erdkde Berlin, 1908, 5–17. – Bespr. GZ 11/926; NJb. 1909/2, 45; VRA 1909, 60; PetMitt., 55, Litber., 25; EgH 10, 1908, 627; Natwiss. Rundschau, 23, 1908, 261; Boll. Com. geol. d'It., 40, 1909, 371.

— The Origin of the Alps. – Bull. of the American Geol. Soc., 41, Nr. 2, 1909, 65–71.

— Die österreichische Alpengrenze. – Z. Ges. f. Erdkde Berlin, 1915, 329–368, 417–448, 1 K.

— Wegeners Hypothese der kontinentalen Verschiebungen. – Z. Ges. f. Erdkde Berlin, 1921, 110–120.

— Das Antlitz der Alpen. – Die Naturwissenschaften, 12, 1924, 1000–1007. S. a. Klebelsberg, Z. DGeolGes., 1925, Abh., 372–390. – Bespr. Mitt. DÖAV 1925, 162; Z. f. Geomorph., 1, 1926, 345.

— Eduard Suess. – Forschungen u. Fortschr., 7, 1931, 320.

Penck W. Zur Hypothese der Kontinentalverschiebung. – Z. Ges. f. Erdkde Berlin, 1921, 130–143.

— Die Entstehung der Gebirge der Erde. – Deutsche Revue, 46, Berlin 1921, III, 265–276; IV, 30–44.

— Anteil der Schmelzflüsse an den Bewegungen der Erdkruste. – Die Naturwissenschaften, 12, H. 41, Berlin 1924, 847–851.

Peters K. Über die Zentralkette der östlichen Alpen. (Vortr.) – Ver. z. Verbr. natwiss. Kenntn. Wien, 10. 12. 1863, 53 S.

Petrascheck W. Die Magnesite und Siderite der Alpen. Vergleichende Lagerstättenstudien. – Sber. Ak. d. Wiss. Wien, math.-natw. Kl., Abt. 1, 141, 1932, 195–242, 6 Fig. – Bespr. GZ 48 A/1039; Z. f. prakt. Geol., 41, 1933, 55.

Pfaff F. Die Theorie Darwins und die Tatsachen der Geologie. – Frankfurt 1876. – Bespr. VRA 1876, 109.

— Die Naturkräfte in den Alpen oder physikalische Geographie des Alpengebirges. – Die Naturkräfte, 24, München 1877, 281 S., 18 Abb. – Bespr. Mitt. DÖAV, 1878, 51.

— Einige Bemerkungen zu Herrn Heims Aufsatz „Zum Mechanismus der Gebirgsbildung". – Z. DGeolGes., 32, 1880, 542–558. (S. ebd. 262–299.) – Bespr. Arch. d. sc. phys. et nat., t. 5, 168; Rev. géol. suisse p. l'a. 1880, Genève 1881, 40.

— Der Mechanismus der Gebirgsbildung. – Heidelberg (Winter) 1880, 143 S. – Bespr. Mitt. DÖAV, 1880, 30; VRA 1879, 360; NJb. 1880/2, 45; Natur, Halle 1880, 126; Arch. d. sc. phys. et nat., 3, Rev. géol. suisse p. l'a. 1879, Genève 1880, 34.

Pfaff F. W. Versuch einer Zusammenstellung der geologisch-mineralogischen Literatur vom Königreich Bayern. – Geogn. Jh., 12, München 1899, 1–71.

Pfeiffer M. Die Alpen in der Vorzeit. Eine geologische Plauderei. – Deutsche Alpenztg, München 1902, Nr. 34/35, 710–712; Nr. 36/37, 13–19.

Pfeiffer W. Das vindelizische Land. Beitrag zur Paläogeographie Süddeutschlands. – Erdgesch. u. ldskdl. Abh. aus Schwaben und Franken, H. 5, Öhringen 1923, 64 S., 5 Abb.; Jh. d. Ver. f. vaterld. Natkde Württemberg, 80, Stuttgart 1924, 58–59. – Bespr. GZ 30/347, 31/92.

— Das Vorland der Alpen und die Vorgeschichte der Alpenfaltung. – GR 1926, 257–268. – Bespr. GZ 38/254.

Philippson A. Der Rhein als Naturerscheinung. – Geogr. Z., 39, 1933, 1–10, 65–76. – Bespr. GZ 49 A/1580; Z. f. Geomorph., 8, 1934, 90.

Pichl E. Univ.-Prof. Dr. August von Böhm †. – Mitt. DÖAV, 1930, 229–230.

Platz Ph. Geolog. Geschichte der Alpen. – Z. DÖAV, 1875, 83–107. – Bespr. VRA 1875, 271.

— Vortrag über die Geologie der Alpen. – Verh. Natwiss. Ver. in Karlsruhe, 1876, H. 7, 102–105. – Bespr. Arch. d. sc. phys. et nat., n. p., t. 57, 347; Rev. géol. suisse p. l'a. 1875, Genève 1876, 3.

Pompeckj J. F. Nachruf auf August Rothpletz. – Z. DGeolGes., 70, B, Mber., Berlin 1918, 15–35. – Bespr. GZ 24/347.

Raguin E. Pierre Termier. 1859–1930. – Bull. Soc. géol. de France, 5, 1, Paris 1931, 69 S., 1 Bild.

Ramsauer F. Der geologische Aufbau der Alpen. – Deutsche Alpenztg, München 1914, 3/4, 8 S.

Reck H. Die Kräftegruppen des Vulkanismus und der Tektonik und ihre gegenseitigen Beziehungen. – Z. DGeolGes., 76, 1924, 115–137. – Bespr. GZ 32/1538.

Regelmann C. Gegen das „Vindelizische Gebirge". Eine Erwiderung an H. W. Kranz. – Zbl. f. Min., 1909, 53–54. – Bespr. GZ 13/1423.

Reichel E. Die Niederschlagsverteilung in den Alpen. – Z. DÖAV 1931, 21–28, 2 K.

Reindl J. August Rothpletz †. – Geogr. Anzg., 19, Gotha 1918, 159.

Reinhardt L. Der heutige Stand der Alpenforschung. – Prometheus, 23, 1911, 33–39.

Reis O. M. Dr. C. Wilhelm v. Gümbel. – Österr. Z. f. Berg- u. Hüttenw., Beil., Vereinsmitt. Nr. 7 v. 23. 7. 1898.

— Der Weyerer Bogen in seiner Bedeutung für den Ausbau der „Alpengeologie". – JbBA 1926, 199–215, 1 K.

Reishauer H. Friedrich Ratzel †. – Mitt. DÖAV, 1904, 189–190.

— Die Alpen. – Natur u. Geisteswelt, 1909, Nr. 276, 138 S., 2 K., zahlr. Abb. – Bespr. Mitt. Geogr. Ges. Wien, 1910, 238; Geogr. Z., 16, 1910, 656.

Reuss A. E. Über die geognostische Beschaffenheit von Tyrol. – In: Schmidl, Das Kaisertum Österreich, 1837.

Reyer E. Theoretische Geologie. – Stuttgart 1888, 867 S., 3 K., 700 Abb. – Bespr. NJb. 1889/1, 406; Bl. 750.

— Eruptiv- und Gebirgstypen. – Verh. d. 8. Deutschen Geographentages, Berlin 1889, 195. – Bespr. NJb. 1890/2, 236.

— Geolog. u. geogr. Experimente. 1. Heft. Deformation und Gebirgsbildung. – Leipzig 1892, 52 S., 158 Fig. – 2. Heft. Vulkanische und Masseneruptionen. – Ebd. 1892, 55 S., 215 Fig. – Bespr. NJb. 1893/2, 499.
— Ursachen der Deformationen und der Gebirgsbildung. – Leipzig 1892, 40 S., 43 Fig. – Bespr. NJb. 1893/1, 49.
— Geologische Prinzipienfragen. – Leipzig (Engelmann) 1907, 202 S., 254 Fig.
Richter E. Beiträge zur Kenntnis von Stadt und Land Salzburg. – Salzburg 1881.
— Die Alpen, nach H. A. Daniels Schilderung neu bearbeitet. – Leipzig 1885, 96 S. – Bespr. Verh. Ges. f. Erdkde Berlin, 1886, 195.
— Neue wissensch. Arbeiten über die Alpen. – (Bespr. v. Brückner, Salzachgletscher; Böhm, Einteilung der Ostalpen; Finsterwalder u. Schunck, Suldenferner; Pfaundler, Karte des Alpeinerferners.) – Mitt. Geogr. Ges. Wien, 30, 1887, 612–622.
— Die Gletscher der Ostalpen. – Handbuch z. D. Lds- u. Volkskde, 3, Stuttgart 1888, 306 S., 7 K., 2 Ans., 44 Prof. – Bespr. Mitt. Geogr. Ges. Wien, 1889, 519; NJb. 1889/2, 288; Jb. SAC, 24, Bern 1889, 444; Natur, Halle 1889, 63, 72; Nature, 39, London and New York 1889, 361; Ann. géol. univ., 6, Paris 1890, 352.
— Allgemeine Darstellung und Einteilung der Alpen. (Litübersicht 1886–1888.) – Z. DÖAV, 1889, 504–513.
— Die Erschließung der Ostalpen. – Berlin (DÖAV) 1893/94, 3 Bde, 1625 S., 5 K., 51 T., 4 Runds. – Nachtrag: Mitt. DÖAV, 1901, 57, 75.
— Die wissenschaftl. Erforschung der Ostalpen seit der Gründung des Österr. und des Deutschen Alpenvereines. – Z. DÖAV, 1894, 1–94.
— Erforschung der Alpen. – Festschrift Geogr. Ges. Wien, 1898, 161–170.
— Gebirgshebung und Talbildung. – Z. DÖAV, 1899, 18–27, 1 T.
— Geomorphologische Untersuchungen in den Hochalpen. – PetMitt., Ergh. 132, 1900, 103 S., 6 T., 14 Fig. – Bespr. VRA 1902, 255; GZ 2/1089; Carinthia II, 1902, 59; EgH 7, 1901/1902, 40; Boll. Com. geol. d'It., 32, 1901, 354.
— Bau und Bild Österreichs. (Bespr.) – Mitt. DÖAV, 1904, 108–109.
Richter M. Der Nordrand der oberostalpinen Geosynklinale. – Z. DGeolGes., 75, 1923, Mber., 198–211, 1 Fig. – Bespr. GZ 31/1882; NJb. 1925/1, 114.
— Die Stellung der nordalp. Flyschzone im Rahmen der Ostalpen. – GR 15, 1924, 281–287. – Bespr. GZ 31/1148.
— Molasse und Alpen. – Z. DGeolGes., 78, 1926, Mber., 179; 79, 1927, Mber., 124–135. (Vortr.) – Bespr. GZ 36/1650; NJb. 1928/3, 396.
— Tektonik und Fazies im alpinen Deckenbau. (Vortr.) – Z. DGeolGes., 80, 1928, Mber., 258.
— Die nordalpine Flyschzone zwischen Salzburg und Wien. – Zbl. f. Min., 1929, B, 369–379, 1 Fig. – Bespr. GZ 41/710.
— Zum Problem der alpinen Gipfelflur. – Z. f. Geomorph., 4, 1929, 149–160. – Bespr. GZ 46 A/1222.
— Die Struktur der nördlichen Kalkalpen zwischen Rhein und Inn. – NJb., 63. Bbd, Abt. B, 1930, 1–62, K. 1:500000, 2 Proftaf., 7 Fig.
— Der ostalpine Deckenbogen. Eine neue Synthese zum alpinen Deckenbau. – JbBA 1930, 497–540, 1 tekt. K., 7 Abb. – Auszug: GR 21, 1930, 205–206. (Vortr.) – Bespr. GZ 45/298.
— Die Alpen und ihr Vorland. Eine tektonisch-morphologische Entwicklungsgeschichte. – Natwiss. Monatsschr. d. Deutschen Lehrerver. f. Natkde Aus der Heimat, 44, H. 8, Stuttgart 1931, 225–245, 9 Abb.
— Zur Altersfrage der oberbayerischen Oligozänmolasse. – Zbl. f. Min., Abt. B, 1932, 427–434. – Bespr. GZ 48 A/1526.
— Morphologie und junge Bewegungen beiderseits vom nördlichen Alpenrand. – Z. f. Geomorph., 7, 1932, 10–24, 3 Fig. – Bespr. GZ 50 A/688.
Richthofen F. Frh. v. Die Kalkalpen von Vorarlberg und Nordtirol. – 1. Abt. JbRA 1859, 72–137, 2 Taf., 12 Prof.; 2. Abt. JbRA 1861/62, 87–206, 1 Taf., 39 Prof. – Bespr. NJb. 1860, 843; Bl. 148, 165.
— Die neue geologische Karte von Österreich. – Z. Ges. f. Erdkde Berlin, 33, 1898, 355–366; 51, 1899, Prot. 28.
Rittmann A. W. Salomon. Magmatische Hebungen. – Z. f. Vulk., 10, H. 3, 1927, 221.
Rollier L. Die Entstehung der Molasse auf der Nordseite der Alpen. – Vierteljschr. Natf. Ges. Zürich, 49, 1904, 159–170. – Bespr. GZ 5/2079; Mitt. Geogr. Ges. München, 1911, 443.
— Les dislocations orogéniques des Alpes. – Actes Soc. Jur. d'Emulation 1906, St. Imier 1907, 115–215, 6 T. – Bespr. EgH 10, 1908, 359; PetMitt., 55, Litber., 25; VRA 1908, 183. – Nachtrag: Le Jura, S. A. Porrentruy 1907, 4 S.; 1908, 101–105.
— Geologische Bibliographie der Schweiz f. d. 19. Jahrh. (1770–1900). – Beitr. z. geol. K. d. Schw., 29. Lfrg, Bern 1908, 2 Bde, 1025 S.
— Revision de la stratigraphie et de la tectonique de la Molasse au Nord des Alpes en général et de la Molasse subalpine suisse en particulier. – Neue Denkschr. Schw. Natf. Ges., 46, Abt. 1, Zürich 1911, 88 S., 1 K., 2 Taf., 8 Fig. – Bespr. GZ 16/410, 17/479, 19/994; EgH 12, 1912, 408; Boll. Com. geol. d'It., v. 43, f. 4, 1913, 120.
— La genèse des Alpes. – Actes Soc. Jurass. d'Emulation, s. 2, v. 20, 1915, Porrentruy 1916, 135–159. – Bespr. EgH 15, 1918, 363.
— Alpine Kreide und Nummulitenformation. – Verh. Schw. Natf. Ges., 99. Jvers. Zürich 1917, Aarau 1918, II, 198–199 (Vortr.); EgH 14, 1916, 669–674. – Bespr. Ebd. 16, 1920–1922, 358; NJb. 1922/1, 88; GZ 24/55.
— Sur les Faciès du Nummulitique dans les Alpes suisses centrales et orientales. – Act. Soc. helv. Sc. nat. 101e sess. Neuchâtel 1920, 2, Aarau 1921, 205–206; EgH 16, 1920–1922, 134–136 (Vortr.) – Bespr. GZ 28/295.
— Geologie der Schweiz. – In: C. Keller, Schweiz, Junks Naturführer, Berlin 1921, 3–72.
Rothpletz A. Verwerfungen in den Nordalpen. – Verh. Schw. Natf. Ges. Aarau, 64. Jvers. 1881, 54; Arch. d. sc. phys. et nat., t. 6, Genève 1881, 292. – Bespr. Ebd., t. 7, 204; Rev. géol. suisse p. l'a. 1881, Genève 1882, 29.
— Zum Gebirgsbau der Alpen beiderseits des Rheins. – Z. DGeolGes., 35, 1883, 134–189, 2 Taf. – Bespr. VRA 1884, 49; Mitt. Geogr. Ges. München, 8, 1913, 59; Bl. 613; Arch. d. sc. phys. et nat., t. 11, 209, 233; Rev. géol. suisse p. l'a. 1883, Genève 1884, 29.
— Ein geolog. Querschnitt durch die Ostalpen nebst Anhang über die sog. Glarner Doppelfalte. – Stuttgart 1894, 268 S., 2 T., 115 Abb. – Bespr. Mitt. DÖAV, 1895, 10; NJb. 1896/1, 276; Carinthia II, 85, 1895, 36; Bl. 874; PetMitt., 41, 1895, Litber., 18; EgH 4, 1894, 164; Jber. Natf.

Ges. Grbd., NF, 38, Chur 1895, 56; Arch. d. sc. phys. et nat., t. 31, Genève 1894, 254.
— Geotektonische Probleme. - Stuttgart 1894, 175 S., 107 Fig., 10 Blgen. - Bespr. NJb. 1895/1, 279; EgH 4, 1895, 291, 305; PetMitt., 41, 1895, Litber., 70; Jb. SAC, 30, Bern 1895, 428; Rev. géol. suisse p. l'a. 1894; Arch. d. sc. phys. et nat., 33, Genève 1895, 366, 458.
— Eine Erläuterung zu den Angriffen Alb. Heims, gegeben von dem Angegriffenen. - München 1895, 4 S. - Bespr. EgH 5, 1897, 91.
— Die Überschiebungen und ihre methodische Erforschung. - C.-R. 6e sess, Zurich 1894, Congr. géol. internat., Lausanne 1897, 252-259. - Bespr. EgH 5, 1898, 390.
— Über den geologischen Bau des Glärnisch. - Z. DGeolGes., 49, 1897, 1-17, 8 Fig. - Bespr. NJb. 1899/2, 280; EgH 5, 1898, 378; Archives ..., 6, Genève 1898, 283.
— Das geotekton. Problem der Glarner Alpen. - Jena (Fischer) 1898, 251 S., Atlas u. geol. K. 1:100000. - Bespr. Globus, 75, Braunschweig 1899, 116; Annales de géogr., 8, Paris 1899, bibl., 89; EgH, 6, 1900, 192, 226, 236, 246, 250, 274, 280; Arch. ..., 9, Genève 1900, 57, 69, 74, 75, 76, 81, 83.
— Über den Rhätikon und die große rhätische Überschiebung. - Z. DGeolGes., 51, 1899, Verh., 86-94. - Bespr. Z. f. prakt. Geol., 1899, 389; Zbl. f. Min., 1902, 115; Bl. 1031.
— Die Entstehung der Alpen. (Vortr.) - Bayer. Ind.- u. Gewerbeblatt, 1899, 8 S., 19 Fig. - Bespr. EgH 7, 1901/1902, 5; Archives ..., 12, Genève 1901, 132.
— Geologische Alpenforschungen. I. Das Grenzgebiet zwischen den Ost- und Westalpen und die rhätische Überschiebung. - München 1900, 176 S., 1 K., 4 Taf., 69 Fig. - Bespr. GZ 1/1492; Zbl. f. Min., 1902, 114; PetMitt., 47, Litber., 16; EgH 7, 1901-1902, 487; Jber. Natf. Ges. Grbd., NF, 44, 163; Jb. Naturwiss., 17, 314.
— Geolog. Führer durch die Alpen. I. Das Gebiet der zwei großen rhätischen Überschiebungen zwischen Bodensee und dem Engadin. - Berlin 1902, Sammlg Borntraeger Nr. X, 256 S., 81 Fig. - Bespr. VRA 1902, 353; GZ 3/1461; EgH 7, 1901-1902, 492; Mitt. DÖAV, 1902, 223; Z. f. prakt. Geol., 11, 1903, 40; Geogr. Z., 9, 1903, 417; PetMitt., 48, Litber., 175; Jber. Natf. Ges. Grbds., 46, 107; Mitt. Geogr. Ges. München, 1911, 444.
— Geolog. Alpenforschungen. II. Ausdehnung und Herkunft der rhätischen Schubmasse. - München 1905, 259 S., 1 K., 99 Fig. - Bespr. VRA 1906, 265; GZ 8/998; NJb. 1910/1, 98, 105; EgH 9, 1906, 211.
— Wie sind die Südtiroler Dolomiten entstanden? - Moderne Kunst, 16. H., 1906.
— Geologische Alpenforschungen. III. Die Nord- und Südüberschiebungen in den Freiburger Alpen. - München 1908, 130 S., 7 Taf., 17 Fig. - Bespr. GZ 16/691; Mitt. Geol. Ges. Wien, 1, 1908, 506; EgH 10, 1908, 674; PetMitt., 55, Litber., 157.
— Geologische Beobachtungen im Hochgebirge. - In: Keilhack, Lehrb. d. prakt. Geol., 2. Aufl. 1908, Kap. 131; 3. Aufl. 1916, Kap. 32, 247-251.
— Tirol und Vorarlberg. - Land und Leute, Monographien zur Erdkunde. 3. Aufl., München (Velhagen u. Klasing) 1909.
— Die ostbayerische Überschiebung und die Tiefbohrungen bei Straubing. - Sber. Bayer. Ak. d. Wiss., math.-phys. Kl., München 1911.

Rüger L. „Akroorogene" Bewegungen. - Zbl. f. Min., 1927, Abt. B, 50-54. - Bespr. GZ 36/444.
— Geotektonische Hypothesen. - Geogr. Z., 37, 1931, 577-599, 3 Fig. - Bespr. GZ 48 A/406.
— Die Tonalelinie im Tessin. - GR Sonderband, 1933, 119-125. - Bespr. GZ 50 A/1962.
— Zur Altersfrage der Bewegungen und Metamorphosen im Penninikum der Tessiner Alpen. - GR 25, 1934, 1—10. - Bespr. GZ 52 A/1987.

Rund J. Die Ursache der Kontinentalverschiebung und der Gebirgsbildung. - PetMitt., 1930, H. 5/6, 119-124; H. 7/8, 174-180, 8 Abb. - Bespr. GZ 44/1458.

Rytz W. Die biogeographischen Tatsachen im Lichte der Wegenerschen Verschiebungstheorie. - Mitt. Natf. Ges. Bern a. d. J. 1927, 1928, röm. 13-14.

Sacco F. L'italianità geologica della Venezia Tridentina e dell'Adriatico. - La Geografia, 3, Novara e Roma 1915, 102-106.
— Come nacquero le Alpi. - Le vie d'It., Milano 1930, maggio, 14 S., 16 Abb.
— Le pagine e le lettere alfabetiche del grande libro alpino. - Le vie d'It., Milano 1930, 48 Abb.

Salomon W. Age des roche granitiques périadriatiques. - Extr. d. Arch. d. Sc. phys. et nat., pér. 4, t. 2, Genève 1896. - Bespr. Bl. 940.
— Über Alter, Lagerungsform und Entstehungsart der periadriatischen granitisch-körnigen Masse. - Habilitationsschrift, Wien 1897; Tscherm. Min. u. petr. Mitt., 17, 1898, 109-284. - Bespr. NJb. 1898/1, 281; VRA 1897, 332; Bl. 966; Boll. Com. geol. d'It., 30, 1899, 96.
— Über das Alter der periadriatischen granitischkörnigen Massen. - EgH 5, 1897, 33-38; Atti Soc. it. Sc. nat., Milano 1897, v. 36, 209-214. - Bespr. NJb. 1898/1, 281.
— Sull'origine, sull'età e sulla forma di giacitura della masse granitoide della conca periadriatica. - Arti Soc. it. Sc. nat. e del Mus. Civ. di Storia nat. Milano, v. 36, f. 3-4, 1897, 209-214. - Bespr. Boll. Com. geol. d'It., 30, 1899, 96.
— Die geologische Erforschung der Alpen und der Alpenverein. - Mitt. DÖAV, 1898, 202-203.
— Die alpino-dinarische Grenze. - VRA 1905, 341-343. - Bespr. GZ 8/1344.
— Die Adamellogruppe, ein alpines Zentralmassiv, und seine Bedeutung für die Gebirgsbildung und unsere Kenntnis von dem Mechanismus der Intrusionen. - Abh. RA, 21, 1. Teil 1908, 1-433, 2 K. 6 Taf., 91 Abb.; 2. Teil 1910, 435-603, 3 Taf., 7 Abb. - Bespr. GZ 17/232; GR 1911, 524; NJb. 1911/1, 276; 1912/2, 266; PetMitt., 57, 1911/2, 219; Boll. Com. geol. d'It., 40, 1909, 383.
— Magmatische Hebungen. Mit besonderer Berücksichtigung von Calabrien. - Sber. Heidelberger Ak. d. Wiss., math.-natw. Kl., 1925, Abh. 11, 28 S., 1 Abb. - Bespr. Z. f. Vulk., 10, H. 3, 1927, 221; PetMitt., 74, 1928, 243.

Salomon-Calvi W. Rothpletz August. (Biogr.) - Deutsches Biographisches Jahrbuch, II (1917-1920) 317-319.
— Epeirophorese. Teil I. - Sber. Heidelberger Ak. d. Wiss., m.-nat. Kl., 1930, 6. Abh., 26 S.; auch Mitt. u. Arb. a. d. Geol. Inst. d. Univ. Heidelberg, NF, Nr. 191. - Bespr. NJb. 1930/2, 627; GZ 43/96.
— Epeirophorese. Teil II. Geodätische Beweise. - Sber. Heidelbg. Ak. d. Wiss., math.-nat. Kl., 1930, 13. Abh., 10 S.; auch Mitt. u. Arb. a. d. Geol. Inst. d. Univ. Heidelberg, NF, Nr. 205. - Bespr. GZ 45/78; NJb. 1931/2, 609.
— Die Bedeutung der Wegenerschen Kontinental-

verschiebungstheorie. – Natwiss. Monatshefte f. d. biolog., chem., geogr. u. geolog. Unterricht, Berlin-Leipzig (Teubner) 1930, 10. Bd, 3. H., 133–142. – Bespr. GZ 43/95.

— Epeirophorese. Teil III. Die vordiluvialen Eiszeiten. A. Die Eiszeiten des Tertiärs und Mesozoikums. – Sber. Heidelberger Ak. d. Wiss., math.-natw. Kl., 8. Abh., 1931, 31 S. – Bespr. Z. f. Glkde, 20, 1932, 180; GZ 47 A/988; NJb. 1932/2, 169.

— Sind die „Festländer" beweglich? – Hochland, 1931, Aprilheft, 36–47, 3 Fig.; Mitt. u. Arb. a. d. Geol.-pal. Inst. Univ. Heidelberg, NF, Nr. 208.

— Die Beweglichkeit der Festländer. (Vortr.) – Forschgen u. Fortschr., 8, 1932, 335–336. – Bespr. GZ 48 A/1450.

— Epeirophorese Teil III. Die vordiluvialen Eiszeiten. B. Die Eiszeiten des Karbons und Perms. – Sber. Heidelberger Ak. d. Wiss., math-natw. Kl., 1933, 1. Abh., 8 S. – Bespr. GZ 50/1606; Geogr. Z., 39, 1933, 489.

— Die permokarbonischen Eiszeiten. – Leipzig (Akad. Verl.) 1933, 156 S., 8 Abb. – Bespr. GZ 50/1605; Mitt. Geol. Ges. Wien, 24, 1932, Wien 1933, 254; Z. Ges. f. Erdkde Berlin, 1934, 61; Pet-Mitt., 80, 1934, 237.

Salonen E. Über die Erdkrustendicke und die isostatische Kompensation in den Schweizer Alpen. – Annal. Acad. Sci. Fennicae, ser. A, t. 37, Nr. 3, Helsinki 1932, 28 S., 2 Tab., 4 Fig., 7 Taf. – Bespr. GZ 51 A/1613; NJb. 1933/2, 538.

Sandberg C. G. S. Sur l'âge du granite des Alpes occidentales et l'origine des blocs éxotiques cristallins des Klippes. – C.-rend. Ac. d. sc. Paris, 140, 1905, 1072–1073. – Bespr. NJb. 1907/2, 406.

— L'Age du Granit alpin. – Arch. d. Sc. phys. et nat., t. 23, Genève 1907, 581–594. – Bespr. Boll. Com. geol. d'It., 39, 1908, 301.

— Über den Zusammenhang zwischen Metamorphismus und Tektonik in intensiv gefalteten Gebieten und über das tertiäre Alter der Alpengranite (Holländ.) – Verlagen Geol -Mijn. Gen. vor Nederland, 1. Teil, 1912–1914, 153–157. (Vortr.)

— Geodynamische Probleme. I. Isostasie und die ursächliche Einheit von Gebirgsbildung und Vulkanismus. II. A. Tektonik und Metamorphose. B. Widersprüche in der Kontraktionstheorie. – Berlin (Borntraeger) 1924, 69 S. – Bespr. NJb. 1925/2, B, 126.

— Magmakratismus als Ursache der tektonischen Großformen der Kettengebirge. – Z. f. Vulk., 11, 1927, 110–127, 19 Fig., 1 Taf. – Bespr. GZ 38/593; NJb. 1931/2, 626.

Sander B. Zur Systematik zentralalpiner Decken. – VRA 1910, 357–368. – Bespr. GZ 16/391, 17/120; NJb. 1920, 357; Boll. Com. geol. d'It., 42, 1911, f. 4, 111.

— Zur Geologie der Zentralalpen. I. Alpinodinarische Grenze in Tirol. II. Ostalpin und Lepontin. III. Stand der Deckentheorie in den Zentralalpen. – VRA 1916, 206–215, 223–231. – Bespr. NJb. 1921/1, 216; GZ 25/266.

— Zur Geologie der Zentralalpen. (Mit Beiträgen von O. Ampferer u. E. Spengler.) – JbStA 1921, 173–224, 1 K., 6 Fig.

— Erläuterungen zur geologischen Karte Meran-Brixen. (Mit Beiträgen v. W. Hammer.) – Schlern-Schr., 16, Innsbruck (Wagner) 1929, 1–111 u. Ber. Natw.-mediz. Ver. Innsbruck, 41, 1929, 1–111, 4 Blg. – Bespr. VBA 1930, 225; Mitt. Geol. Ges. Wien, 1930, 165; GZ 43/1153; Der Schlern, 11, 1930, 90; Z. f. prakt. Geol., 38, 1930, 16; Studi Trent. Sc. Nat., 12, 1931, 152.

Sauer A. Neue Probleme im Aufbau alpiner Faltengebirge. – Jh. Ver. vaterld. Naturkde Württemberg (4), Stuttgart 1908.

— Bau und Entstehung der Alpen. – Jh. Ver. vaterld. Naturkde Württemberg, 66, Stuttgart 1910, 92–93. – Bespr. EgH 11, 1910, 554; Boll. Com. geol. d'It. 42, 1911, 111.

Saxer A. F. A. Wegeners Verschiebungslehre. – Natur u. Technik, 7, 1925, 113–119.

Saxer F. Quer durch die Alpen. Ein geolog. Exkursionsführer. – Zürich (Rascher u. Komp.) 1925, 80 S., 28 Abb. – Bespr. GZ 32/1555.

Schäfer R. Was uns die Gesteine der Alpen erzählen. Eine kurze Einführung in die Geologie der Alpen. – Z. DÖAV, 1893, 81–127, 35 Abb. – Bespr. Bl. 859.

Schaffer F. X. Über Miozän im Bereiche der Alpen. – Mitt. Geolog. Ges. Wien, 8, 1915, 216–226. – Bespr. GZ 23/398.

— Das Bewegungsbild der Erdoberfläche. – Gedenkb. Schuiling, Groningen 1925, 249–270. – Bespr. GZ 32/999.

— Die Bewegungen der Erdrinde. – Forschungen u. Fortschritte, 1926, Nr. 15. – Bespr. GZ 35/985.

— Die Großformen der Erdrinde und ihre Bewegungen. – Scientia, Milano 1927, 333–342. – Bespr. GZ 35/1375.

— Wandlungen der Großformen der Erdoberfläche. – Földtani Közlöny, 61, 1931. – Bespr. GZ 49 A/1489.

Schafhäutl K. E. v. Gliederung des südbayer. Alpenkalkes. – NJb. 1851, 129ff. – Bespr. Bl. 23.

— Geognostische Untersuchungen des südbayerischen Alpengebirges. – München 1851, 206 S., 44 Taf., 1 K., 2 Tab. – Bespr. Bl. 22.

Schardt H. Sur l'origine des Préalpes romandes. (Zone du Chablais et du Stockhorn.) – Arch. d. sc. phys. et nat., 30, Genève 1893, 570–583; EgH 4, 1894, 129–142. – Bespr. Ann. de géogr., 4, an. bibl., Paris 1895, 101; Rev. géol. suisse p. l'a. 1893; Arch. etc., 31, Genève 1894, 247; EgH 4, 1894, 157; NJb. 1895/2, 102.

— Remarques sur la communication de M. Lugeon (sur l'origine des Préalpes romandes). – Bull. Soc. vaud. d. sc. nat., 31, Lausanne 1895, röm. 32–33; Arch. d. sc. phys. et nat., 34, Genève 1895, 90–93; EgH 5, 1897, 89–90 (Hypothèse du charriage des Préalpes). – Bespr. NJb. 1899/2, 404.

— Remarques sur la géologie des Préalpes de la zone du Chablais-Stockhorn. – EgH 5, 1897, 44–45. – Bespr. Ebd. 316; Archiv. d. sc. phys. etc., 4, Genève 1897, 569.

— Die exotischen Gebiete, Klippen und Blöcke am Nordrande der Schweizer Alpen. – EgH 5, 1898, 233–250, 1 Taf. – Bespr. NJb. 1900/1, 87; EgH 5, 1898, 372; Arch. d. sc. phys. et nat., 6, Genève 1898, 281.

— Les régions exotiques du versant nord des Alpes suisses (Prealpes du Chablais et du Stockhorn et des Klippes), leur relations avec l'origine des blocs et brèches exotiques et la formation du Flysch. – Bull. Soc. vaud. d. sc. nat., 34, Lausanne, 1898, 113–219, 1 K. – Bespr. Ann. de Géogr., 8, bibl. de 1898, Paris 1899, 90; EgH 6, 1900, 188; Archives de sc. phys. etc., 9, Genève 1900, 54; NJb. 1900/1, 87.

— Les Préalpes romandes (Zone du Stockhorn-Chablais). Un problème de géologie alpine. – Neuchâtel 1899, 26 S., 1 K.; Bull. Soc. Neuchât. de géogr., 11, 1899, 5–26.

— Encore les régions exotiques. Réplique aux attaques de M. Haug. – Bull. Soc. vaud. Sc. nat., v. 36, 1900, 147–169. – Bespr. EgH 7, 1901–1902, 9; Arch. sc. phys. et nat. etc., 12, 137; GZ 1/1181; NJb. 1906/1, 84.
— Die modernen Anschauungen über den Bau und über die Entstehung des Alpengebirges. – Verh. Schw. Natf. Ges., St. Gallen 1906, 308–346, 1 K., 1 Taf. – Bespr. GZ 10/548; NJb. 1907/2, 429; EgH 10, 1908, 353.
— La tectonique générale des Alpes suisses. – C. R. Soc. helv. d. sc. nat., 89e sess. à S. Gall. 1906, 59–62; Arch. Genève, t. 22, 354–357. – Bespr. EgH 9, 1906, 649.
— La théorie de Marcel Bertrand. – C. R. Soc. vaud. d. sc. nat., Arch. Genève, t. 22, 1906, 403–404. – Bespr. EgH 9, 1906, 711.
— Les vues modernes sur la tectonique et l'origine de la chaîne des Alpes. – Arch. Sc. phys. et nat. Genève, t. 23, 1907, 356–385, 483–496, 1 K., 1 Taf. – Bespr. EgH 10, 1908, 353.
— Géologie de la Suisse. – Publ. dict. géogr. Suisse (Neuchâtel) 1908, 59 S., 1 K., 1 Taf. – Bespr. NJb. 1910/3, 84; EgH 10, 1908, 630.
— Entstehungsweise der Faltendecken. (Vortr.) – Verh. Schw. Natf. Ges., 91. Jvers. Glarus 1908, 221–222. – Bespr. EgH 10, 1908, 628.
— L'évolution tectonique des nappes de recouvrement. (Vortr.) – EgH 10, 1908, 484–487; Arch. de sc. phys. et nat. de Genève, t. 26, 532. – Bespr. EgH 10, 1908, 628; GZ 13/44; Boll. Com. geol. d'It., 40, 1909, 387.
— L'évolution de nos connaissances sur la structure des Alpes. – Bull. Soc. neuchât. sc. nat., 36, 1908/09, Neuchâtel 1910, proc.-verb. 109; Arch. sc. phys. et nat. Genève, 27, 1900, 316.
— Geologische Übersicht. – In: Bäder u. Kurorte der Schweiz, herausgeg. v. d. Schw. Baln. Ges., 1. Aufl., Aarau (Sauerländer) 1910, 7–13, 1 K., 1 Taf. – Bespr. GZ 17/127.
— Geotektonische Karte der Schweiz. 1:1500000. Aus dem Geogr. Atlas der Schw. – Bäder u. Kurorte der Schw., Geol. Übersicht 1910.
— Neue Gesichtspunkte der Geologie. – Mitt. Natw. Ges. Winterthur, 9, 1911/12, 146–158. (Antrittsrede Univ. Zürich.) – Bespr. EgH 13, 1914, 42.
— Unsere heutigen Kenntnisse vom Bau und von der Entstehung der Alpen. (Vortr.) – Vierteljschr. Natf. Ges. Zürich, 71, 1926, 2 S.
— Zur Kritik der Wegenerschen Theorie der Kontinentalverschiebung. (Vortr.) – Vierteljschr. Natforsch. Ges. Zürich, 73, Sber. 12. 3. 1928, röm. 14–15.
Schaubach A. Die Deutschen Alpen. Ein Handbuch für Reisende durch Tirol, Österreich, Steiermark, Illyrien, Oberbayern und die anstoßenden Gebiete. – 5 Bde, Jena 1845–1847, 1501 S., 2. Aufl. Jena 1865–1871, 2558 S.; Auswahl aus Bd 1 u. 2, (R. H. Francé) Leipzig 1911, 185 S. (Natbibl. 37–39). – Bespr. VRA 1867, 324; 1872, 31; 1873, 302.
Scheffen W. Gedanken zur Gebirgsbildung. – De Mijningenieur, 1931, 32–36, 5 Fig. – Bespr. GZ 47 A/1137.
Schjerning W. Neuere Anschauungen über die Entstehung der Alpen. – Geol. Anzg., 9, Gotha 1908, 4–8, 25–28, 52–55, 7 Abb., 1 K.
Schlagintweit A. Untersuchungen über die Isogeothermen der Alpen. – Annalen d. Phys. u. Chemie (Poggendorff), 77, Leipzig 1849, 305–356, 1 K. – Auszug: JbRA 1850, 287–300, 1 Taf. – Berichtigg durch O. Sendtner ebd. 301–302. – Bespr. Ber. ü. d. Mitt. v. Freunden d. Natw. in Wien, 7, 1851, 10.
— Untersuchungen über die Talbildung und die Form der Gebirgszüge in den Alpen. – JbRA 1851, 2. H., 33–57, 2 Fig. – Bespr. Bl. 26.
— Über den geologischen Bau der Alpen. (Vortr.) – Berlin 1852, 32 S., 1 Taf.
Schlagintweit A. u. H. Neue Untersuchungen über die physikalische Geographie und die Geologie der Alpen. – Leipzig 1854, 630 S., 1 Atl. – Bespr. C.-R. hebdom. d. séances de l'Acad. d. sc., t. 39, Paris 1854, 278; NJb. 1855, 91; Bl. 73.
Schlagintweit H. Über die Regenverhältnisse der Alpen. – JbRA 1850, 280–286, 1 Taf. – Bespr. Ber. ü. d. Mitt. v. Freunden d. Natw. in Wien, 7, 1851, 11.
Schlagintweit H. u. A. Untersuchungen über die physikalische Geographie der Alpen in ihren Beziehungen zu den Phänomenen der Gletscher, zur Geologie, Meteorologie und Pflanzengeographie. – Leipzig 1850, 600 S., 2 K., 11 Taf. – Bespr. Bl. 18; Edinburgh New Philos. Journ., 50, 1851, 287; Arch. d. sc. phys. et nat., 20, Genève 1852, 155.
Schlee. Die neuen Anschauungen über den Bau und die Entstehung der Alpen. (Vortr.) – Z. Ges. f. Erdkde Berlin, 1907, 650–653.
Schmidl. Das Kaisertum Österreich, Lombardei und Venedig. (Geognost. Beschreibung.) – 1841.
Schmidt C. Zur Geologie der Schweizer Alpen. (Vortrag.) – Basel (B. Schwabe) 1889, 52 S., 1 Taf. – Bespr. Mitt. DÖAV, 1890, 263; Mitt. Sekt. f. Natkde ÖTC, 2, 1890, 64; Natur, Halle 1889, 354; Jb. SAC, 25, Bern 1890, 580; Arch. d. sc. phys. et nat., t. 22, Genève 1889, 580; Rev. géol. suisse p. l'a. 1889, Arch. d. sc. phys. et nat. de Genève, t. 23, Genève 1890, 238, 295, 307, 439; EgH 1, 1890, 476, 504, 516, 541; Ann. géol. univ., t. 6, Paris 1890, 499; Alpine Journ., v. 15, London 1891, 94; Boll. Com. geol. d'It., v. 21, Roma 1890, 40.
— Über die Geologie des Simplongebietes und die Tektonik der Schweizer Alpen. (Vortr.) – EgH 9, 1906, 484–584, 8 Taf., 10 Fig. – Bespr. Ebd. 10, 1908, 366.
— Alpine Probleme. (Vortr.) – Basler Nachr. v. 11. u. 18. Nov. 1906. – Bespr. EgH, 9, 1906, 647.
—, **Buxtorf A., Preiswerk H.** Führer zu geolog. Exkursionen durch den südl. Schwarzwald, den Jura und die Alpen. – Stuttgart 1907, 70 S., 6 T. (Unter ähnl. Titel auch Widmung der Natf. Ges. Basl an die DGeolGes., Basel 1907.)
Schmidt M., Die südbayerische Dreieckskette. – Sber. Bayer. Ak. d. Wiss., m.-phys. Kl., 1906, München 1907, 139–149.
— Koordinatenberechnung und Netzanschlüsse der südbayerischen Dreieckskette. – Sber. Bayer. Ak. d. Wiss., m.-phys. Kl., 1910, 11. Abh., 36 S.
— Neuberechnung des südlichen Netzteiles der bayerischen Landestriangulierung zwischen Donau und der Nordkette der Alpen. – Sber. Bayer. Ak. d. Wiss., m.-phys. Kl., 1920, München 1921, 1–8.
Schmidt W. Mechanische Probleme der Gebirgsbildung. – Mitt. Geol. Ges. Wien, 8, 1915, 62–155, 1 Taf., 2 Fig. – Bespr. VRA 1916, 47; GZ 22/1210.
— Grauwackenzone und Tauernfenster. – JbStA 1921, 101–116, 1 Fig. – Bespr. GZ 28/1618; NJb. 1922/2, 322.
— Über Gebirgsbildungshypothesen. – JbBA 1922, 1–18, 2 Fig. – Bespr. GZ 28/1603.
— Zur Phasenfolge im Ostalpenbau. – VBA 1922, 92–114, 3 Fig. – Bespr. GZ 28/1619. (S. Schwinner, VBA 1922, 162–163.)
— Gebirgsbau und Oberflächenform der Alpen. –

JbBA 1923, 255–276. - Bespr. GZ 30/688; Z. f. Geomorph., 1925, 67.

Schmitthenner H. Abendanons Großfaltentheorie. - Geogr. Z., 1916, 399–404. - Bespr. GZ 22/1604.

Schneider K. Zur Frage über die Ursachen geotektonischer Bewegungen. - GR 8, 1917, 1–35, 3 Fig. - Bespr. GZ 24/896.

Schuchert Ch. Carl Diener 1862–1928. - Amer. J. Sci., 1928, 453.

Schuster M. Abriß der Geologie von Bayern rechts des Rheins und der angrenzenden süddeutschen, tirolischen und Schweizer Gebiete in sechs Abteilungen. Zugleich Erläuterungen zu den sechs Blättern der Geolog. Übersichtskarte von Bayern r. d. Rh. 1:250000. - München (Piloty u. Löhle) 1924–1929, 101 S., 127 Abb., 3 Taf. - Bespr. GZ 41/1017; Z. f. prakt. Geol., 33, 1925, 55; PetMitt., 73, 1927, 177; 77, 1931, 99.

Schweiz, Die. Professor Dr. Albert Heim. - Illustr. Halbmonatsschr., XV, Nr. 15, Zürich, 1. Aug. 1911, 340–342.

Schweydar W. Bemerkungen zu WegenersHypothese der Verschiebung der Kontinente. - Z. Ges. f. Erdkde Berlin, 1921, 120–125.

Schwinner R. Analogien im Baue der Ostalpen. - Zbl. f. Min., 1915, 52–62. - Bespr. GZ 22/30.

— Dinariden und Alpen. - GR 6, 1915, 1–22, 1 Taf. - Bespr. GZ 25/267.

— Vulkanismus und Gebirgsbildung. Ein Versuch. - Z. f. Vulkanologie, 5, 1920, 175–230. - Bespr. VStA 1921, 101; GZ 26/994, 28/1348; Geogr. Z., 28, 1922, 165.

— Zu W. Schmidts „Ostalpenbau". - VBA 1922, 162–163. - Bespr. GZ 29/348.

— Neuere Anschauungen über den Alpenbau, gewonnen an den Ostalpen, bes. an der östl. Zentralzone. (Vortr.) - Z. DGeolGes., 75, 1923, B, Mber., 164–176. - Bespr. GZ 31/1883.

— Scherung, der Zentralbegriff der Tektonik. - Zbl. f. Min., 1924, 469–479, 5 Fig.

— Das Paläozoikum am Brenner. Vergleiche und Wertungen. - Zbl. f. Min., 1925, Abt. B, 241–249, 273–281, 1 Skz. - Bespr. GZ 33/753, 34/653.

— Astrophysikalische Grundlagen der Geologie. (Vortr.) - Mitt. Geol. Ges. Wien, 19, 1926, 140–149. - Bespr. NJb. 1928/2, 606.

— Zur isostatischen Kompensation der Randsenken der Kettengebirge. - GR 17, 1926, 268–274. - Bespr. NJb. 1928/2, 407; 1929/2, 81.

— Zur Verwertung der Schwerestörungen in der tektonischen Geologie. - Z. f. Geophysik, H. 4, Braunschweig 1926.

— Der Begriff „Scherung" in der Tektonik. - Zbl. f. Min., 1928, Abt. B, 31–43, 1 Abb. - Bespr. GZ 47 A/461.

— Die älteren Baupläne in den Ostalpen. (Vortr.) - Z. DGeolGes., 81, 1929, 110–120, 2 Abb.; Auszug ebd., 80, B, Mber., 1928, 266. - Bespr. GZ 42/273.

— Zur Deutung der Transversalbeben in den nordöstlichen Alpen. - Z. f. Geophys., 5, 1929, 16–31, 2 Fig. - Bespr. NJb. 1929/2, 597; GZ 47 A/904.

— Geophysikalische Zusammenhänge zwischen Ostalpen und Böhmischer Masse. - Gerlds Beitr. z. Geophys., 23, 1929, 35–92, 1 Taf., 13 Fig. - Bespr. NJb. 1930/2, 332; GZ 47 A/82.

— Das Transversalbeben vom 14. Mai 1930 und der (variszische) Tiefbau der Hohen Tauern. - VBA 1930, 191–194. - Bespr. NJb. 1931/3, 18.

— Die Makroseismen vom 14. Mai 1930, bezogen auf den Bau der Ostalpen. - Gerlds Beitr. z. Geophys., 28, 1930, 413–438, 3 Fig. - Bespr. NJb. 1931/2, 656.

— Das Schwereprofil der Tauernbahn. - Gerlds Beitr. z. Geophys., 29, 1931, 352–416, 5 Fig. - Bespr. GZ 47 A/93.

— Das Bewegungsbild des Klammkalkzuges. (Eine tektonische Verknüpfung zwischen Nord- und Zentralalpen.) - Zbl. f. Min., Abt. B, 1933, 280–290, 6 Abb. - Bespr. GZ 52 A/375.

— Gebirgsbewegungen und Erdmessung in Süddeutschland. - Z. D. Geol. Ges., 85, 1933, 189–213, 3 Abb. - Bespr. Z. f. Geomorph., 8, 1934, 90; GZ 52 A/374.

— Gebirgsbau und Erdmagnetismus in Böhmischer Masse und Ostalpen. - Gerlds Beitr. z. Geophys., 39, 1933, 58–81, 6 Fig., 1 Taf. - Bespr. GZ 52 A/955.

— Die südbayerische Dreieckskette, ihre Bedeutung, insbesondere auch für die Geologie. - Allgem. Vermessungsnachr., Nr. 20, Liebenwerda (R. Reiss) 1933, 9 S., 2 Tab., 1 Skz. - Bespr. GZ 52 A/153.

— Variscisches und alpines Gebirgssystem. - GR 24, 1933, 144–159, 1 Abb. - Bespr. GZ 52 A/376.

— Eine Richtigstellung betreffend „Transversalbeben in den nordöstlichen Alpen". - Z. DGeolGes., 86, 1934, 57–58.

Sedgwick A. u. **Murchison R. J.** Über die östlichen Alpen. - Phil. Mag. and. Annals of Phil., v. 8, London, August 1830.

— — A Sketch of the Structure of the Eastern Alps. - Transactions of the Geol. Soc. of London, s. 2, v. 3, 1832, 301–420, 1 K., 5 Taf.

Seefeldner E. Zur Morphologie der Salzburger Alpen. - Geogr. Jber. aus Österr., 13, Wien 1926, 107–149, 8 Abb. - Bespr. GZ 33/1774; Z. f. Geomorph., 2, 1927, 194.

— Geographischer Führer durch Salzburg, Alpen und Vorland. - Sammlg. geogr. Führer, III, Berlin (Borntraeger) 1929, 279 S., 4 Abb., 1 K. - Bespr. Geogr. Z., 36, 1930, 307; Z. Ges. f. Erdkunde Berlin, 1930, 233; GR 22, 1931, 247; Die Umschau, 35, 1931, 606.

Seidel H. B. Hacquet. (Lebensbild.) - Globus, 95, 17.

Seidl E. Kerbwirkung in Technik und Wissenschaft; Kerbwirkung in der Geologie. (Vortr.) - Z. DGeol Ges. 77, 1925, 300–347, 35 Abb. - Bespr. Z. f. Geomorph., 2, 1927, 307.

— Chemische und geologische Voraussetzungen für das Vorhandensein größerer nutzbarer Erdöllager in Deutschland und am Rande der Alpen- und Böhmischen Masse; Erdölbildung aus Steinkohle in tiefversenkten zerspaltenen Muldengebieten (Geosynklinalen); eine Arbeitshypothese. - Z. DGeolGes., 79, 1927, Mber., 14–20, 5 Abb. - Bespr. GZ 37/524; NJb. 1929/2, 319.

— Grundsätzliche Beziehungen zwischen Tektonik und Faziesbildung in den Nördlichen Kalkalpen und den Schweizer Alpen im Mesozoikum und Känozoikum. (Vortragsauszug.) - Z. DGeolGes., 80, 1928, B, Mber., 256–257.

— Ableitung der Knick- und Biegeform in Technik und Geologie aus ihren Elementen; Anwendung auf den Alpenbogen. - Gerlds Beitr. z. Geophysik, 22, 1929, 175–202, 28 Fig., 1 K. - Bespr. GZ 49 A/299.

— Unterschiedlichkeit von Faltensystemen, die durch Zusammenziehung oder durch Biegung entstanden sind. (Vortragsauszug.) - Z. DGeolGes., 83, 1931, 694–699, 8 Abb.

— Bruch- und Fließformen der technischen Mechanik und ihre Anwendung auf Geologie und Bergbau. Bd I: Das Formenprinzip und das Strukturprinzip als Grundlage von Grenzgebietsforschungen der technischen Mechanik und Geomechanik über bleibende Formänderungen. Bd III: Zerreißform. Bd V: Krümmungsformen (Biegung, Knickung, Faltung). – Berlin. (VDI-Verl.) 1934.

— Das Alpengebirge erklärt nach den Richtlinien der technischen Mechanik. – Z. DGeolGes., 86, 1934, 193–209, 18 Abb.

Seidlitz W. v. Gebirgsbau der Alpen nach seinen geologischen Aufnahmen in Graubünden. – Sber. u. Abh. Nat. Ges. Isis, Dresden 1906, Jän.-Juni, Sber. S. 6.

— Über Granit-Mylonite und ihre tektonische Bedeutung. – GR 1, 1910, 188–197; Ber. ü. d. Fortschr. d. Geol., 1, 1910, 140–149.

— Die Grenze zwischen Ost- und Westalpen. – Jenaische Z. f. Natwiss., 56, NF, 49, Sber. v. 4. 7. 1919, Jena 1920, 6–12. – Bespr. Natwiss. Wochenschr., NF, 19, 1920, 730.

— Entstehen und Vergehen der Alpen. Eine gemeinverständliche Einführung besonders für Bergsteiger und Freunde der Alpen. – Stuttgart (Enke) 1926, 238 S., 15 Taf., 122 Abb., 1 K.; 2. Aufl. 1934, 283 S.; 12. Ber. Freiberger Geolog. Ges., 1927, 16–19. (Vortr.) – Bespr. VBA 1926, 186; Mitt. DÖAV, 1926, 252; NJb. 1929/2, 566; Geogr. Z., 33, 1927, 292; PetMitt., 73, 1927, 49; GZ 46A/732; Allgem. Bergsteigerztg, Nr. 588 v. 1934.

— Neuere Anschauungen über die Gebirgsbildung. – Pädag. Warte, 34, 1927, 13 S., 6 Abb. – Bespr. GZ 37/528.

— Tyrrhenis und Adriatis. – Jenaische Z. f. Natwiss., 63, NF, 56, 1928, 8 S.

— Gustav Steinmann †. – Forschungen u. Fortschritte, 6, 1930, 29.

— Das Antlitz der Erde. (Zu Ed. Suess' 100. Geburtstag am 20. Aug. 1931.) – Die Natwiss., 19, H. 37, 1931, 761–764. – Bespr. GZ 46A/1153.

— Über den Mechanismus alpiner Bewegungen. – Zahn-Festschrift, Geogr. Mitt. f. Thüringen, 39, 1931, 9–16.

— Diskordanz und Orogenese der Gebirge am Mittelmeer. – Berlin (Borntraeger) 1931, 649 S., 14 Taf., 140 Abb. – Bespr. Geogr. Z., 38, 1932, 110; NJb. 1931/2, 620; Boll. R. Soc. geogr. it., s. 6, v. 9, 1932, 297.

— Hebungen und Senkungen. Ein Schlüsselproblem der Geologie. – Die Naturwissenschaften, 20, H. 32, Berlin (Springer) 1932, 583–586.

— Wachsen die Berge? – Natur und Museum, H. 6, 1932 (Senckenbergische Natf. Ges., Frankfurt a. M.), 195–197, 1 Abb.

— Der Bau der Erde und die Bewegungen ihrer Oberfläche. Eine Einführung in die Grundfragen der allgemeinen Geologie. – Verständliche Wissenschaft, 17, Berlin (Springer) 1932, 152 S., 54 Abb. – Bespr. Geogr. Z., 38, 1932, 497; GZ 48A/1449; Die Umschau, 37, 1933, 57; Z. f. Geomorph., 7, 1932, 270; Z. f. prakt. Geol., 40, 1932, 190; PetMitt., 79, 1933, 38.

— Zwischengebirge und Leitlinien des Mittelmeeres. – Forschungen und Fortschritte, 8, 1932, Nr. 3, 34–35, 1 Abb. – Bespr. GZ 49A/1551.

— Über die Tektonik ozeanischer Räume und die Mittelmeere der Erde. – Forschungen und Fortschritte, 8, 1932, Nr. 4, 47–48. – Bespr. GZ 49A/1552.

— Die Asymmetrie des mediterranen Raumes. – PetMitt., 78, 1932, 291–294, 1 Skz. – Bespr. GZ 49A/1278.

— Bernhard v. Cotta. – Handwörterbuch d. Natwiss., II, 1933, 768.

Sestini A. La struttura dell'Europa alpina secondo una recente opera. – Riv. Geogr. It., 39, H. 3, Firenze 1932, 86–89. S. a. Kober.

Sidaritsch M. Landschaftseinheiten und Lebensräume in den Ostalpen. – PetMitt., 69, 11/12, Gotha 1923, 6 S.

Sieger R. Zur Einteilung der Ostalpen. – Mitt. DÖAV, 1895, 102–104.

— Anthropogeographische Probleme in den Alpen. – 25. Jber. Ver. Geogr. Univ. Wien, 1899, 24 S.

— Die Alpen. – Sammlg Göschen Nr. 129, 1. Aufl. 1900, 170 S., 19 Bild., 1 K.; 2. Aufl. 1923, 90 S., 7 Taf. – Bespr. Mitt. Geogr. Ges. München, 1924, 291; Mitt. DÖAV, 1901, 149; Geogr. Z., 7, 1901, 657; 30, 1924, 227.

— Zur Geographie der zeitweise bewohnten Siedlungen in den Alpen. (Vortr.) – Geogr. Z., 13, 1907, 361–369. Vgl. auch 16. D. Geogrtag Nürnberg, 1907, 261–272.

— Die sogenannten „Naturgrenzen Italiens". – Österr. Rundschau, 1915, 9 S. – Bespr. Z. Ges. f. Erdkde Berlin, 1915, 478.

— Die neuen Grenzen in den Alpen. – Z. DÖAV, 1923, 89–114.

— Österreichs neue Alpengrenzen. – Österr. Tour.-Ztg, Wien, 44, 1924, 4/5, 5 S.

— Zur Geographie der deutschen Alpen. – Festschr. z. 60. Gebtag, Wien 1924, 234 S.

— Almen und Almgeographie. Beitrag z. Gesch. der Almen in Österreich. – Veröff. Geogr. Inst. Univ. Graz, 1925, 1–14.

— „Natürliche Grenzen". – PetMitt., 1925, 57–59.

Siegfried J. J. Die Berg- und Flußgebiete der Schweiz. (Gesamtstatistik der Schweiz.) – Brugg 1869, 80 S.

Sölch J. Studien über Gebirgspässe mit besonderer Berücksichtigung der Ostalpen. Versuch einer Klassifikation. – Forschungen z. Deutschen Landes- u. Volkskunde, 17, 1908, 119–273, 6 Taf., 4 Abb. – Bespr. GZ 12/1545; Mitt. Geogr. Ges. Wien, 1908, 500.

— Schwereverteilung in der Erdrinde, Gebirgsbildung und Vulkanismus. – Geogr. Z., 28, 1922, 165–177.

— Grundfragen der Landformung in den nordöstlichen Alpen. – Geogr. Annaler, Stockholm 1922, H. 2, 147–193. – Bespr. GZ 28/1622, 29/1363.

— Geographische Kräfte im Schicksal Tirols. – Mitt. Geogr. Ges. Wien, Nr. 1–3, Wien 1923. – Bespr. Arch. p. l'Alto Adige, 18, 1923, 713.

— Die Auffassung der natürlichen Grenze in der wissenschaftlichen Geographie. – Innsbruck 1924. – Bespr. Mitt. Geogr. Ges. Wien, 1924, 66.

— Die Brennergrenze – eine natürliche Grenze? – Tiroler Heimat, H. V/VI, Innsbruck 1924, 58–96.

— Geographischer Führer durch Nordtirol. – Sammlg geogr. Führer, 1, Berlin (Borntraeger) 1924, 258 S., 6 Abb., 1 Skz. – Bespr. GR 1924, 365; GZ 33/1319; Geogr. Z., 31, 1925, 184.

— W. Pencks morphologische Analyse. – Geogr. Z., 32, 1926, 31–36. – Bespr. GZ 33/741.

— Geomorphological problems of the Alps. – Geography, London 1929, Juniheft, 8 S., 4 Abb. – Bespr. Boll. Soc. Geogr. It., s. 6, v. 7, 759.

— Die Ostalpen. – Jedermanns Bücherei, Breslau (Hirt) 1930, 116 S., 20 Taf. – Bespr. Mitt. DÖAV, 1930, 222; Mitt. Geogr. Ges. München, 23, 1930, 233; Boll. Soc. Geogr. It., s. 6, v. 8, 1931, 350; Z. f. Geomorph., 6, 1931, 128; Geogr. Z., 36, 1930, 627; Heimat, 12, 1931, 296; Z. Ges. f. Erdkde Berlin, 1931, 68; Tiroler Heimat, 5, 1932, 32; Mitt. Geogr. Ges. Wien, 74, 1931, 83; Osttiroler Heimatblätter, 10, 1933, 25.

— Raum und Gesellschaft in den Alpen. - Geogr. Z., 37, 1931, 143–168. (S. Günther A.)
— Die Ostalpen als geographischer Nachbar. - Z. f. Geopol., 8, 1931, 287–295.
Sonklar K. v. Grundzüge einer Hyetographie des österreichischen Kaiserstaates. - Mitt. Geogr. Ges. Wien, 4, 1860, Abh., 205–238, 1 K., 6 Tab.
— Von den Alpen. 1. Allgemeines. 2. Über die Einteilung der Ostalpen. - Österr. Revue, Wien 1864, 38 S., 1 K.
— Die Gebirgsgruppe der Hohen Tauern, mit besonderer Rücksicht auf Orographie, Gletscherkunde, Geologie und Meteorologie. - Wien 1866, 408 S., 3 Taf. (Karten u. Prof.). Auszug: PetMitt., 8, 4, 1862, 5 S. - Bespr. Bl. 241.
— Die Einteilung der Schweizer und der Deutschen Alpen. - PetMitt., 1870, 313–320.
— Allgemeine Orographie. Die Lehre von den Reliefformen der Erdoberfläche. - Wien (Braumüller) 1873, 254 S., 57 Abb. S. a. Mitt. Geogr. Ges. Wien, 15, 1872, 500–516.
— Über die Wärme im Erdinnern. (Vortr.) - Ber. d. Natwiss.-med. Ver. Innsbruck, 4, 1874, röm. 3–5.
— Bemerkungen zum Aufsatz des Hr. Dr. E. v. Mojsisovics über die Grenze zwischen den Ost- und Westalpen. - Z. DÖAV, 1875, 235–242.
— Orographie und Topographie, Hydrographie, Gletscherwesen. - In: Anleitung zu wiss. Beobachtungen auf Alpenreisen, Beilage z. Z. DÖAV, 1878, München 1878, 1. Abt., 21 S.
— Über zwei neue Einteilungen der Alpen. (Czech u. v. Haardt.) - Z. DÖAV, 1883, 413–430.
Spengler E. Über NW-Beanspruchungen in den Nordalpen. - JbStA 1921, 202–206, 1 Fig.
— Bemerkungen zu Kobers tektonischer Deutung der Salzburger Alpen. - VBA 1924, 144–151, 2 Fig. - Bespr. GZ 31/1128; NJb. 1926/2, Abt. B, 64.
— Über die Gebirgsbildungsphasen in den nördlichen Kalkalpen. - Lotos, 75, Prag 1927, 150–152.
— Über die von H. Stille in der nördlichen Kalkzone der Ostalpen unterschiedenen Gebirgsbildungsphasen. - Zbl. f. Min., 1927, Abt. B, 138–148. - Bespr. GZ 36/1552.
— Die Faziesverhältnisse der Trias in den östlichen Nordalpen und deren Beziehung zur Tektonik. (Vortragsauszug.) - Z. DGeolGes., 80, 1928, B, Mber., 259.
— Über die Länge und Schubweite der Decken in den nördlichen Kalkalpen. - GR 19, 1928, 1–26, 3 Fig. - Bespr. GZ 40/1516; NJb. 1929/2, 567.
— Über den Einfluß der Deckenlehre auf die Gebirgsbildungstheorien. - Lotos, 77, Prag 1929, Sber., 2–5.
Spitz A. Fragmente zur Tektonik der Westalpen und des Engadins. (Aus dem Nachlasse). I. Dent blanche. II. Kritisches zur Frage der alpindinarischen Grenze westl. d. Etsch. III. Zur Chronologie der alpinen Bewegungen in den piemont.-lomb. Alpen. IV. Die Umgebung von Scanfs und die Oberengadiner Bogen. V. Betrachtung über die Bogenform der Westalpen. - VRA 1919, 104–122, 233–257, 5 Fig., 1 Tab. - Bespr. GZ 27/2107.
Srbik R. R. v. Ein Bahnbrecher der Tiroler Geologie. Zu Adolf Pichlers 30. Todestag. - Innsbr. Nachr. v. 15. 11. 1930.
— Adolf Pichler als Geologe. - Tiroler Heimatblätter, 8, H. 11, Innsbruck 1930, 358–365.
— Adolf Pichler als Geologe (1819–1900). Hiezu Schriftenverz. und ein Anhang. - Ber. Natwiss.-med. Ver. Innsbruck, 42, 1931, 56 S. - Bespr. Mitt. DÖAV, 1932, 106.
— Josef Blaas. Ein Gedenkblatt zum 80. Geburtstag. - VBA 1931, 193–200. Mit Schriftenverz.
— Der Tiroler Geologe Professor Josef Blaas. - Tiroler Heimatblätter, 9, H. 4, 1931, 114–121. Auszug: Neueste Ztg, Innsbruck 1931, Nr. 98 v. 29. 4. - Bespr. GZ 45/1104.
Stache G. Die paläozoischen Gebiete der Ostalpen. - JbRA 1874, 135–273, 333–424, 1 K., 3 Taf. Auszug: VRA 1874, 214–218, 345–347. - Bespr. NJb. 1876, 88; Bl. 383.
Stadlmann J. Zwei neue Werke über die Alpen. (Krebs u. Francé.) - Mitt. DÖAV, 1913, 308–310.
Staff H. v. Über Kulissenfalten. Eine vergleichend-tektonische Studie. - NJb. 1910, Bbd 30, 233–253, 6 Fig. - Bespr. GZ 15/1226.
— Die Alpengeologie auf dem XVIII. Deutschen Geographentage in Innsbruck. Pfingsten 1912. (Vortr.) - Z. DGeolGes., 1912, B, Mber., Nr. 6, 310–319.
Staffler J. J. Tirol und Vorarlberg statistisch und topographisch mit geschichtlichen Bemerkungen. - Innsbruck 1839–1846, 2 Teile, 684 + 1137 S. Neue Ausgabe, Innsbruck 1848, 684 S.
— Das deutsche Tirol und Vorarlberg, topogr. mit geschichtl. Bemkgn. - Innsbruck 1847, 2 Bde, 2208 S., 1 Taf.
Stark M. Petrographische Provinzen. - Fortschr. d. Min., 4, 1914, 251–336 (Alpen 271–275).
Staub R. Zur Nomenklatur der ostalpinen Decken. - EgH 16, 1920–1922, 35–38. - Bespr. GZ 28/251; NJb. 1923/2, 254.
— Profile durch die westl. Ostalpen, 1:150000 (1921). - In: Alb. Heim, Geol. d. Schw., Leipzig 1922, 2. Bd, 2. Hälfte, Taf. 35.
— Tektonische Karte der Alpen, 1:1 Mill. (Vortr.) - EgH 18, 1923–1924, 231–234; Act. Soc. helv. Sc. nat., 104 sess. Zermatt, 1923, II, 139–141; Beitr. z. geol. K. d. Schw., NF, Lfrg 52, Bern 1924. - Bespr. GZ 33/661; NJb. 1925/1, 395; GR 17, 1926, 147.
— Der Bau der Alpen. Versuch einer Synthese. - Beitr. z. geol. K. d. Schw., NF, Lfrg 52, Bern 1924, 272 S., K. 1:1 Mill. (SpK. Nr. 105), 2 Proftaf. in 4 Bl., zahlr. Fig. - Bespr. GZ 33/661; GR 17, 1926, 147; NJb. 1925/1, 395.
— Profile zum Bau der Alpen. (Vorlage von 25 Quer- und 3 Längsschnitten.) - EgH 19, 1925–1926, 657; Verh. Schw. Natf. Ges., 106. Jvers., Aarau 1925, 2. T., 135–136.
— Südalpen und Dinariden. - EgH 19, 1925–1926, 653–657; Verh. Schw. Natf. Ges., 106. Jvers., Aarau 1925, 2. T., 131–132. - Bespr. GZ 37/932; Zbl. f. Min., 1926, B, 160; NJb. 1929/3, 222.
— Bau der Alpen. Diskussionsbemerkungen von A. Winkler, F. Br. Nopcsa. - C. R. XIV Congr. géol. int. Madrid, 1926, III (1928), 945–948.
— Una sintesi delle Alpi. - Boll. Soc. geol. it., v. 44, f. 2, Roma 1926, 195–199. - Bespr. GZ 39/294; Studi Trent. Sc. Nat., 7, 1926, 92.
— Das Bewegungsproblem in der modernen Geologie. - Antrittsvorlesg, Zürich (Fretz A. G.) 1928, 16 S.
— Der Bewegungsmechanismus der Erde, klargelegt am Bau der irdischen Gebirgssysteme. - Berlin (Borntraeger) 1928, 270 S., 1 K., 44 Fig. - Bespr. GZ 29/292; Z. f. Geomorph., 4, 1929, 99; NJb. 1929/2, 161; Geogr. Z., 35, 1929, 48; PetMitt., 74, 1928, 309.
— Bau und Werden Europas. - Vierteljschr. Natf. Ges. Zürich, 74, 1929, Sber., röm. 25–26.

— Erkenntnisse, Probleme und Aufgaben der neueren Alpengeologie. (Antrittsvorlesg Univ. Zürich.) – Zürich (Fretz) 1930, 22 S.

Staub W. Bau und Antlitz der Alpen. (Nach R. Staub und A. Penck.) – Z. Ges. f. Erdkde Berlin, 1925, 133–138. – Bespr. GZ 33/661, 34/439.

— Über die Entstehung von Querfalten und über Rahmenfaltung. – EgH 19, 1925–1926, 98–126, 10 Fig.

Steinmann G. Geolog. Beobachtungen in den Alpen. II. Die Schardtsche Überfaltungstheorie und die geol. Bedeutung der Tiefseeabsätze und der ophiolithischen Massengesteine. – Ber. Natf. Ges. Freiburg i. Br., 16, 1906, 18–67. – Bespr. GZ 10/708; NJb. 1906/2, 88; EgH 9, 1906, 224; Jber. Natf. Ges. Grbds, NF, 49, 136; PetMitt., 52, Litber., 17.

— Geol. Probleme des Alpengebirges. – Z. DÖAV, 1906, 1–44, 30 Fig. – Bespr. GZ 9/58; NJb. 1907/2, 427; Boll. Com. geol. d'It., 38, 1907, 403.

— Alpen und Apennin. (Vortr.) – Z. DGeolGes., 59, 1907, Mber., 177–183. – Bespr. EgH 10, 1908, 365; Boll. Com. geol. d'It., 39, 1908, 312.

— Über die Stellung und das Alter des Hochstegenkalkes. – Mitt. Geol. Ges. Wien, 3, 1910, 285–299, 2 Prof. – Bespr. NJb. 1910/2, 424; GZ 15/701.

— Die Bedeutung der jüngeren Granite in den Alpen. (Vortr.) - GR 4, 1913, 220–224. – Bespr. EgH 13, 1914, 599; GZ 20/515; Boll. Com. geol. d'It., v. 45, f. 3–4, 1916, 80.

— Gibt es fossile Tiefseeablagerungen von erdgeschichtlicher Bedeutung? – GR 16, 1925, 435–468, 1 Taf., 2 Fig. – Bespr. NJb. 1927/1, A, 88.

— Die ophiolithischen Zonen in den mediterranen Kettengebirgen. – Extrait du Compte-Rendu 14e Congr. Géol. Internat. 1926, Madrid 1927, 637–667. – Bespr. GZ 41/572.

— Die Begrenzung und Bedeutung des Ostalpins. (Vortragsauszug.) – Z. DGeolGes., 80, 1928, B, Mber., 254–255.

Sternberg K. Graf. Reise durch Tirol in die österreichischen Provinzen Italiens im Frühjahr 1804. – Regensburg (Friedrich) 1806, 166 S., 4 Taf.

Stille H. Tektonische Evolutionen und Revolutionen in der Erdrinde. – Antrittsvorlesg Leipzig, 22. 1. 1913. – Leipzig (Veit) 1913, 32 S. – Bespr. GZ 20/1085; GR 5, 1915, 78; Die Naturwiss., 2, 1914, 163.

— Über Hauptformen der Orogenese und ihre Ver-Verknüpfung. – Nachr. Ges. der Wiss. in Göttingen, math.-phys. Kl., 1918, 1–32. – Bespr. Z. Ges. f. Erdkde Berlin, 1919, 469; Geogr. Anzg., 20, 1919, 245.

— Die Begriffe Orogenese und Epirogenese. – Z. DGeolGes., 71, 1919, 164–208. – Bespr. GZ 25/231; Geogr. Anzg., 21, 1920, 167.

— Alte und junge Saumtiefen. – Nachr. Ges. d. Wiss. zu Göttingen, math.-phys. Kl., 1919, 36 S. – Bespr. Z. Ges. f. Erdkde Berlin, 1919, 469; Natwiss. Wochenschr., NF, 19, 1920, 154.

— Die Schrumpfung der Erde. – Festrede Göttingen 1922, Berlin (Borntraeger) 1922.

— Grundfragen der vergleichenden Tektonik. – Berlin (Borntraeger) 1924, 443 S, 14 Fig. – Bespr. Zbl. f. Min., 1925, B, 399; NJb. 1926/2, B, 3; Z. f. prakt. Geol., 1925, 181; Z. f. Geomorph., 3, 1928, 67; Geogr. Z., 32, 1926, 309.

— Stammbaum der Gebirge und Vorländer. – Congr. géol. int. 14 sess., Madrid 1926, 2 S.

— Über westmediterrane Gebirgszusammenhänge. – Abh. Ges. d. Wiss. zu Göttingen, math.-phys. Kl., NF, 12, 3, 1927, 62 S., 7 Fig. – Bespr. GZ 38/495; Mitt. Geol. Ges. Wien, 20, 1927 (1928), 102; Z. Ges. f. Erdkde Berlin, 1928, 261.

— Zur Einführung in die Phasen der paläozoischen Gebirgsbildung. (Vortr.) – Z. DGeolGes., 80, 1928, 1–25.

— Über europäisch-zentralasiatische Gebirgszusammenhänge. – Nachr. Ges. d. Wiss. Göttingen, 1928, m.-phys. Kl., 173–201, 4 Abb., 1 Taf. – Bespr. GZ 48A/396.

Stiny J. Gesteinsklüfte und alpine Aufnahmsgeologie. – JbBA 1925, 97–127, 3 Abb. – Bespr. GZ 33/737; NJb. 1926/2, B, 144; Carinthia II, 1928, 77.

— Faltungen und Überschiebungen durch Gleitung (Rutschungen größten Maßstabes). – Zbl. f. Min., 1929, Abt. B, 116–125. – Bespr. GZ 41/46.

Stölting H. Zu Wegeners Kontinentalverschiebungstheorie. – Gerlds Beitr. z. Geophysik, 21, 1929, 112–115. – Bespr. NJb. 1929/2, 587; GZ 49A/90.

— Kontinentalverschiebung und Gebirgsbildung. – Gerlds Beitr. z. Geophysik, 22, Leipzig 1929, H. 1/2, 203–204; Verh. Deutsch. Wissensch. Ver. Santiagó de Chile, NF, 1, 1931, 61–70, 8 Fig. – Bespr. GZ 48A/393, 49A/91.

Stolz O. Anschauung und Kenntnis der Hochgebirge Tirols vor dem Erwachen des Alpinismus. – Z. DÖAV, 1927, 8–36; 1928, 14–66.

Stotter M. Höhen in Tirol und Vorarlberg. – Neue Z. Ferdin. f. Tirol u. V., 11, Innsbruck 1845, 134–219. S. a. A. Senoner.

— Einleitung zur Orographie von Tirol und Vorarlberg. – In: H. v. Widmann, Erläuterungen z. geogn. Karte Tirols. – Innsbruck (Wagner) 1853, 21 S.

Studer B. Aperçu général de la structure géologique des Alpes. – Bibl. univ., 38, Genève 1842, 125–149, 1 K. – Bespr. Hist. d. progr. d. l. géol., 1, Paris 1847, 166; 2, 1848, 231; 1849, 758; 3, 1850, 82; 4, 1851, 588; 7, 1857, 87.

— Geologie der Schweiz. – 2 Bde, Bern u. Zürich 1851–1853, 485 + 487 S., K., Prof. u. Abb. – Bespr. NJb. 1851, 717; 1852, 231; 1854, 355; Arch. f. Min. etc., 25, 1853, 314; Arch. d. sc. phys. et nat., t. 19, Genève 1852, 5; Hist. d. progr. de la géol., 6, Paris 1856, 626, 647; 7, 1857; 8, 1860; Bl. 60.

— Sur la carte géologique de la Suisse. – Arch. d. sc. phys. et nat., 21, Genève 1852, 113–120; Act. Soc. helv. d. sc. nat., 37e sess., Sion 1852, 73–81.

— u. **Escher v. d. L. A.** Geol. Karte der Schweiz, 1:380000, 1853. – 2. Aufl. Winterthur 1867. Erläuterungen 1869, 32 S. – Bespr. VRA 1868, 18; NJb. 1870, 909.

Studer B. Noch einmal die Einteilung der Schweizer Alpen. – PetMitt., 18, 1872, 227–228. – Bespr. Alpenpost, 2, Glarus 1872, 274; Rev. scient., s. 2, sem. 1, Paris 1873, 276.

— Index der Petrographie und Stratigraphie der Schweiz und ihrer Umgebungen. – Bern 1872, 272 S. – Bespr. NJb. 1872, 547; Ann. d. mines, Mém., 2, Paris 1872, 500; Boll. Com. geol. d'It., 3, 1872, 301; Jb. SAC, 7, 1872, 504; Arch. d. sc. phys. et nat., t. 46, 303; Rev. géol. suisse, Genève 1873, 5; Itin. f. d. Exkursionsgebiet SAC, Bern 1886, 33.

Stur D. Ad vocem: Gebirgshub und Gebirgsschub. – VRA 1881, 57–59.

Stutz U. Die Alpen. – Deutsche Enzyklopädie, Leipzig 1885 (Profil Zugersee–Como).

Supan A. Grundzüge der physischen Erdkunde. - 7. Aufl. (E. Obst), Berlin u. Leipzig 1927–1930, 2 Bde, 495 + 820 S., zahlr. Abb. u. Taf. - Bespr. GZ 42/1157; Z. f. Geomorph., 3, 1928, 237; 5, 1930, 276; GR 21, 1930, 334; Geogr. Z., 36, 1930, 490; PetMitt., 77, 1931, 206; Z. Ges. f. Erdkde Berlin, 1931, 136; Zbl. f. Min., Abt. B, 1928, 479; Mitt. Geogr. Ges. Wien, 71, 1928, 406; 74, 1931, 162.

Suess E. Die Entstehung der Alpen. - Wien (Braumüller) 1875, 168 S. - Bespr. VRA 1875, 181; NJb. 1876, 84; Verh. Natwiss. Ver. Preuß. Rheinld. u. Westfalen, 1875, Sber., 280; Mitt. DÖAV, 1876, 167.

— Sur la structure des Alpes. - Arch. d. sc. phys. et nat., t. 10, Genève 1883, 509–513.

— Das Antlitz der Erde. - Wien, Prag u. Leipzig (Tempsky u. Freytag) 1883–1909, 3 Bde. I. Bd, I. Abt., 1883, 310 S., II. Abt., 468 S., 4 K. II. Bd, 1888, 704 S., 2 K. III. Bd, I. Abt., 1901, 508 S., 1 K., II. Abt., 1909, 760 S., 5 K. Französ. Übersetzung von E. de Margerie (mit Zusätzen), engl. Übersetzung von W. u. H. Sollas, ital. Übersetzung von P. E. Vinassa de Regny. - Bespr. VRA 1883, 181; 1885, 24, 51; NJb. 1884/1, 332; 1885/2, 33; 1889/1, 234; Mitt. Geolog. Ges. Wien, 3, 1910, 316; GZ 3/2276, 14/1710; EgH 6, 1899–1900, 507; 11, 1910, 551; Ber. ü. d. Fortschr. d. Geol., 1910, 29; Mitt. Geogr. Ges. Wien, 1901, 274; PetMitt., 34, 1888, Litber., 116; 56, 1910, Litber., 41; Geogr. Z., 4, 1898, 112; 6, 1900, 530; 19, 1913, 468; Bl. 749; Mitt. DÖAV, 1884, 30; 1886, 34; Ann. géol. univ., Paris, 4, 1888, 465; 5, 1889, 339; Ann. de géogr., Paris, 1, 1892, 231; 19, 1910, 97; Geol. Mag., London, V, v. 8, 1911, 422; VI, v. 6, 1919, 128; Journ. of Geol., 27, London 1919, 133; Bull. Soc. géogr. hist. et descript., 1911, 250; Rev. crit. d. Paléozool., 1919, 2; C. R. somm. séances Soc. géol. France, 1918, 166; Rev. gén. d. Sc., 30, 1919, 323; Bibl. univ., 93, 1919, 466; Bibl. géogr. 1915–1919, Paris 1921, 60.

— Über unterbrochene Gebirgsfaltung. - Sber. Ak. d. Wiss. Wien, 94, 1. Abt., 1886, 111–117. - Bespr. NJb. 1889/1, 232.

— Über die Struktur Europas. (Vortr.) - Vortr. Ver. z. Verbr. natwiss. Kenntn. in Wien, 30, Wien (Hölzel) 1890, H. 1, 21 S., 1 K.

— Erläuterungen zu der geologischen Übersichtskarte der Alpen von Dr. Franz Noë. - Wien 1890, 27 S.

— Sur la nature des charriages. - Compt.-Rend. Ac. Sc. Paris, 139, 1904, 714–716. - Bespr. GZ 7/1223; NJb. 1907/1, 270; 1907/2, 49.

— Über Zerlegung der gebirgsbildenden Kraft. - Mitt. Geolog. Ges. Wien, 6, 1913, 13–60, 2 Taf., 1 Fig.

Suess F. E. Kristallinische Schiefer innerhalb und außerhalb der Alpen. - Comp.-Rend. IXe Congr. Géol. Intern. Vienne, 1903, Wien 1904, 603–608.

— Ausgewählte Kapitel aus E. Suess: Antlitz der Erde, III, 2. (Vortr.) - Mitt. Geol. Ges. Wien, 3, 1910, 330–341.

— Viktor Uhlig. Ein Bild seiner wissenschaftlichen Tätigkeit. - Mitt. Geolog. Ges. Wien, 4, Wien 1911, 449–482.

— Über die Entwicklung der modernen Vorstellungen über den Bau der Alpen. - Z. Österr. Ing.- u. Arch.-Ver., 66, Wien 1914, 593–594. - Bespr. GZ 22/1209.

— Skizze des Baues der Alpen nach dem Schema der Deckenlehre 1:5 Mill. - In: M. Neumayr, Erdgeschichte, 3. Aufl. von Fr. E. Suess, 1920, 425. S. M. Neumayr.

— Der innere Bau des variszischen Gebirges. (Vorl. Mitt.) - Mitt. Geol. Ges. Wien, 14, 1921 (1922), 266–271.

— Zum Vergleiche zwischen variszischem und alpinem Bau. - GR 14, 1923, 1–2. - Bespr. GZ 30/163.

— Über die Bedeutung der sogenannten Tiefenstufen im Grundgebirge der variszischen Horste. - Tscherm. Min. u. petr. Mitt., 38, 1925, 565–582. - Bespr. GZ 40/1077.

— Zur Gliederung des variszischen Grundgebirges. - Anz. Ak. d. Wiss. Wien, 1926, Nr. 3, 37–39. (Vorläufige Mittlg.)

— Intrusionstektonik und Wandertektonik im variszischen Grundgebirge. - Berlin (Borntraeger). 1926, 268 S., 28 Fig., 2 Taf. - Bespr. VBA 1927, 145; Z. f. Geomorph., 3, 1928, 62; NJb. 1927/2, B, 310; Z. f. prakt. Geol., 1927, 92; GR 21, 1930, 320; GZ 40/1075, 44/1062.

— Über den Bau des Grundgebirges der variszischen Horste und seine Bedeutung für die allgemeinen Fragen der Gebirgsbildung. - Extr. d. Compt.-Rend. XIVe Congr. Géolog. Internat. 1926, Madrid 1928, III, 1087–1090.

— Zur Gliederung des variszischen Deckenbaues. (Französisch: Les terrains cristallins des horsts hercyniens et leur signification pour la tectonique générale.) - Mitt. Geol. Ges. Wien, 20, 1927 (1929), 110–111; Rev. gén. d. Sc., 39, Paris 1928, Nr. 11.

— Begriff und Bedeutung der Intrusionstektonik. (Vortr.) - GR 18, 1927, 149–154. - Bespr. GZ 40/1076.

— Der geologische Bau der Ostalpen. - Die österr. Alpen, herausgeg. von H. Leitmeier, Leipzig u. Wien 1928, 57–83.

— Ostalpines und Böhmisches Grundgebirge. - Mitt. Geol. Ges. Wien, 24, 1931, Wien 1932, 28–37.

Taramelli T. Comunicazione sui terreni paleozoici e mesozoici Alpini. - Boll. Soc. geol. it., v. 2, f. 2, Roma 1883, 106–107.

— Considerazioni a proposito della teoria dello Schardt nelle regioni esotiche delle Prealpi. - Rend. R. Ist. Lomb., s. 2, v. 31, f. 18, Milano 1898, 1368–1375. - Bespr. Boll. Com. geol. d'It., 30, 1899, 368.

— Cenni geologici sulle Alpi. - La Lettura, Riv. mens. an. 1, Nr. 8, Milano 1901, 678–687.

— Cenni geologici sulle Alpi in rapporto alla regione dell'Alto Adige. - Arch. p. l'Alto Adige, 1, 1906, 12–26.

— L'epoca glaciale in Italia. - Roma 1911, 43 S., 1 T. - Bespr. Boll. Com. geol. d'It., v. 43, 1913, f. 4, 136.

— Dell'influenza del moto rotatorio terrestre sul fenomeno dei carreggiamenti alpini. - Rend. R. Ist. Lomb., s. 2, v. 46, Milano 1913, 390–395. - Bespr. Boll. Com. geol. d'It., v. 45, f. 3–4, 1916, 85–86.

— Se le Dinaridi costituiscano realmente una massa carreggiata. - Rend. R. Ist. Lomb., Milano 1913, s. 2, v. 45, 1009–1015. - Bespr. Boll. Comit. geol. d'It., v. 45, f. 3–4, 1916, 83.

Tarnuzzer Chr. Oberbergrat Prof. Dr. W. von Gümbel, München. - Jber. Natf. Ges. Grbds. NF, 42, Chur 1899, röm. 10–15.

— Die Grenze zwischen West- und Ostalpen. - Jber. Natf. Ges. Grbds, NF, 63, Chur 1924, 1–21, 1 K.

Teichmüller R. Zur Frage des Alters der tektonischen Bewegungen in den südlichen Kalkalpen (westl. vom Tagliamento). – Z. DGeolGes., 81, 1929, 381–410, 18 Abb. – Bespr. GZ 42/59.

Termier P. Sur la structure des Hohe Tauern. (Alpes du Tyrol.) – C. R. Acad. Sc. Paris, t. 137, 23. 11. 1903, 875–876. – Bespr. VRA 1904, 118; NJb. 1907/1, 267; GZ 6/232.

— Sur la synthèse géologique des Alpes orientales. – C. R. Acad. Sc. Paris, t. 137, 30. 11. 1903, 939–941. – Bespr. VRA 1904, 118; NJb. 1907/1, 268; GZ 6/233.

— Essai d'une Carte structurale des Alpes. 1:2500000. – Bull. Soc. géol. France, t. 3, 1903, pl. XXIII.

— Les nappes des Alpes orientales et la synthèse des Alpes. – Bull. Soc. géol. France, s. 4, t. 3, 21. 12. 1903, Paris 1904, 711–765, 1 K., 1 Taf. – Bespr. NJb. 1907/2, 431; Zbl. f. Min., 1904, 91; EgH 8, 1903, 629.

— Sur quelques analogies des faciès géologiques entre la zone centrale des Alpes orientales et la zone interne des Alpes occidentales. – C. R. Acad. Sc. Paris, t. 137, 16. 11. 1903, 807–808. – Bespr. VRA 1904, 118; GZ 6/231; NJb. 1907/1, 267.

— Sur la continuité des phénomènes tectoniques entre l'Ortler et les Hohe Tauern. – C. R. Acad. Sc. Paris, 139, 31. 10. 1904, 687–690. – Bespr. VRA 1905, 64; GZ 7/1255; NJb. 1907/2, 437.

— Sur la structure générale des Alpes du Tyrol à l'ouest de la voie ferrée du Brenner. – C. R. Acad. Sc. Paris, t. 139, 7. 11. 1904, 754–756. – Bespr. GZ 7/1256; NJb. 1907/2, 438; EgH 8, 1903, 634.

— Observations à propos d'une note de M. C. Diener intitulé: Nomadisierende Schubmassen in den Ostalpen. – Bull. Soc. géol. France, s. 4, t. 4, Paris 1904, 342–344; C. R. Nr. 8, 18. 4. 1904, 77–79. – Bespr. NJb. 1908/2, 395; GZ 7/88.

— La structure géologique des Alpes orientales. – C. R. Soc. géol. de France, Paris, 6. 11. 1905, 159–161, 212–215.

— La synthèse géologique des Alpes. – Conférence le 26 janv. 1906 à Liège, Liège 1906, 29 S. – Bespr. NJb. 1907/2, 102; EgH 9, 1906, 646.

— Le dernier volume de l',,Antlitz der Erde" d'Ed. Suess. – Ann. de Géogr., 19, Nr. 104, Paris 1910, 97–112 (Alpen 101–102). – Bespr. C. R. Soc. géol. France, Paris 1910, Nr. 9, 65.

— Die wissenschaftlichen Ergebnisse der Alpenexkursion der Geologischen Vereinigung. – Aus dem Französischen: Résultats scientifiques de l'excursion alpine de la „Geolog. Vereinigung". Les nappes lépontines à l'ouest d'Innsbruck. Les n. lép. dans les Tauern. – GR 4, 1913, 42–50; C. R. Acad. Sc. Paris, t. 155, 1912, 602–608, 678–683. – Bespr. VRA 1913, 160.

— Sur la structure des Alpes orientales: Fenêtre des Tauern et zone des racines. – C. R. Acad. Sc. Paris, 175, 1922, 924–930.

— Sur la structure des Alpes orientales: Rapports des Dinarides et des Alpes. – C. R. Acad. Sc. Paris, 175, 1922, 1173–1178. – Bespr. NJb. 1930/3, 14.

— Sur la structure des Alpes orientales: Origine de la nappe superalpine; problème de l'âge des grandes nappes. – C. R. Acad. Sc. Paris, 175, 1922, 1366–1371.

— Présentation à l'Academie de l'ouvrage de M. Rudolf Staub, Bau der Alpen et la Tektonische Karte der Alpen du même auteur. – C. R. Acad. Sc. Paris, t. 180, 1925, 184–185.

Thöne J. Tiergeschichte oder Erdgeschichte? – GR 19, 1928, 315–319.

Tietze E. Einige Bemerkungen über die Bildung von Quertälern. – JbRA 1878, 581–610; 1882, 685–768. Auszug: VRA 1878, 212–213.

— Zur Geschichte der Ansichten über die Durchbruchstäler. – JbRA 1888, 633–656. – Bespr. NJb. 1889/2, 55.

— F. v. Hauers Geologische Karte von Österreich-Ungarn. 5. verbess. Aufl. – Wien (A. Hölder) 1896. – Bespr. VRA 1896, 154.

— Ansprache bei der aus Anlaß der Errichtung der Eduard Suess-Stiftung am 12. Mai 1902 im Festsaale der Universität in Wien abgehaltenen Feier. – Beitr. zur Pal. u. Geol. Österr.-Ung. u. d. Orients, 14, 1902, H. 3 u. 4, 224–225.

— Nachruf für Edmund von Mojsisovics. – VRA 1907, 321–331.

— Todesanzeige von Eduard Suess. – VRA 1914, 177–178.

— Einige Seiten über Eduard Suess. Ein Beitrag zur Geschichte der Geologie. – JbRA 1916, 66, Wien 1917, 333–556. – Bespr. GZ 23/1165.

Till A. Der Bau der Alpen. – Urania, 3, Wien 1910, 295–298, 519–521, 536–538.

Tornquist A. Die modernen Anschauungen über den Gebirgsbau Europas. Der Aufbau des Alpengebirges. – Umschau, Berlin 1900, 4, 381–385, 403–408. – Bespr. EgH, 7, 1901–1902, 5.

— Geologischer Führer durch Oberitalien. I. Das Gebirge der oberitalienischen Seen. (Beiträge von A. Baltzer u. C. Porro.) – Sammlg. geol. Führer, IX, Berlin (Borntraeger) 1902, 302 S., 30 Abb. – Bespr. VRA 1902, 352; GZ 3/1062; PetMitt., 49, Litber., 189; EgH 7, 1901–1902, 498; Boll. Com. geol. d'It., 35, 1904, 106; Mitt. DÖAV, 1902, 175.

— Beiträge zur Geologie der westl. Mittelmeerländer. III. Die karbonische Granitbarre zwischen dem ozeanischen Triasmer und dem europäischen Triasbinnenmeer. – NJb. 1905, Bbd 20, 466–507, 5 Fig. – Bespr. GZ 8/162.

— Die Annahme der submarinen Erhebung des Alpenzuges und über Versuche, Vorstellungen über submarine Gebirgsbewegungen zu erlangen. – Sber. Preuß. Ak. d. Wiss. Berlin, 1909, Nr. IV, 87–104. – Bespr. GZ 13/1608; EgH 11, 1910, 162.

— Die Tektonik Deutschlands und die Beziehung geophysikalischer Verhältnisse und der Ausbreitung der Erdbebenbewegungen zu dieser Tektonik. (Vortr.) – Z. DGeolGes., 64, 1912, Mber., 466–476.

— Grundzüge der geologischen Formations- und Gebirgskunde. – Berlin (Borntraeger) 1913, 296 S., 127 Fig. – Bespr. Die Naturwiss., 1, 1913, 700; NJb. 1915/1, 92; GZ 21/1500; GR 5, 1914, 147; Geogr. Z., 20, 1914, 237.

— Grundzüge der allgemeinen Geologie. – Berlin (Borntraeger) 1916, 242 S., 81 Abb. – Bespr. GZ 22/1514; Die Naturwiss., 4, 1917, 431; 5, 1917, 238; Zbl. f. Min., 1917, 498; Geogr. Z., 22, 1916, 480; 23, 1917, 225; Mitt. Geol. Ges. Wien, 10, 1917, Wien 1918, 139; Z. f. Glkde, 11, 1920, 204; PetMitt., 66, 1920, 35; GR 8, 1917, 266; Z. f. prakt. Geol., 1916, 217.

— Intrakretazische und alttertiäre Tektonik der östlichen Zentralalpen. – GR 14, 1923, 110–145. – Bespr. GZ 32/96.

— Die europäische Eiszeit. – Die Umschau, 1927, H. 43, 876–878.

Toula F. Übersicht über den geologischen Aufbau der Ostalpen. (Vortr.) – Jb.ÖTC, 11, 1880, 1–26.

Trauth F. Über den geologischen Bau der Südseite der Salzburger Kalkalpen. (Vorläufige Mittlg.) –

Sber. Ak. d. Wiss. Wien, m.-nat. Kl., 10. 2. 1916 (Akad. Anzg. Nr. 5), 4 S.

— Die geologischen Verhältnisse an der Südseite der Salzburger Kalkalpen. – Mitt. Geol. Ges. Wien, 9, 1916, Wien 1917, 77–86, 1 Taf., 1 Fig. – Bespr. NJb. 1921/1, 210.

— Der geologische Bau der Salzburger Kalkalpen. – Mitt. Sekt. f. Naturkde ÖTC, 29, Wien 1917, 20 S., 3 Fig. – Bespr. NJb. 1921/1, 208.

— Über die Stellung der „pieninischen Klippenzone" und die Entwicklung des Jura in den niederösterr. Voralpen. – Mitt. Geolog. Ges. Wien, 14, 1921, Wien 1922, 105–265, 1 Tab., 2 Taf. – Bespr. GZ 29/162.

Trener G. B., Cogoli M. e **Cadrobbi M.** Bibliografia geologica della Venezia Tridentina. – Arch. per l'Alto Adige, 21, Gleno 1927, 118 S. – Bespr. Atti Acc. Sc. Ven.-Trent.-Istr., v. 20, 1929, 7; Tiroler Heimat, 3, 1930, 141.

Trinker J. Höhenbestimmungen von Tirol und Vorarlberg, neugesammelt und zusammengestellt. – Innsbruck (Wagner) 1852. Wiederabdruck in: H. v. Widmann, Erläuterungen z. geogn. Karte Tirols, Innsbruck (Wagner) 1853, 95 S.

Tromp S. W. De geologie der Bergmasker Alpen in verband met het Dinariden problem. – Geol. en Mijnbouw, Den Haag, 11, 1932, 157–163.

— De genese der Lombardische Alpen en die der Oost Alpiene dekken. – Geol. en Mijnbouw, Den Haag, 11, 1932, 177–183. – Bespr. GZ 49A/1548.

Tutton A. E. H. The high alps. A natural history of ice and snow. – London 1931, 335 S., illustr.

Uhlig V. Über Gebirgsbildung. (Vortr. Ak. d. Wiss. Wien, 21. 5. 1904.) Wien 1904, 24 S. – Bespr. GZ 6/358.

— Der Deckenbau in den Ostalpen. (Vortr.) – Mitt. Geolog. Ges. Wien, 2, 1909, 462–491, 1 Taf. – Bespr. NJb. 1910/2, 420; GZ 14/780, 19/728; Boll. Com. geol. d'It., 41, 1910, 481.

— Tektonisches Gut aus dem Schlußbande des „Antlitz der Erde" von E. Suess. II. Die Alpen, posthume Altaiden und Analysen. – Mitt. Geol. Ges. Wien, 3, 1910, 316–330.

— Über die Tektonik der Ostalpen. (Vortr.) – Verh. Ges. D. Natf. u. Ärzte, Salzburg 1909 (Leipzig 1910), 178–196; Natwiss. Rdsch., 24, 1909, 625–629, 637–641 (Die Tektonik ...). – Bespr. NJb. 1910/2, 420; GZ 14/780; EgH 11, 1910, 574; Boll. Com. geol. d'It., 41, 1910, 479.

— Die marinen Reiche des Jura und der Unterkreide. – Mitt. Geol. Ges. Wien, 4, Wien 1911, 329–448, 1 K. – Bespr. GZ 18/1212; PetMitt., 59, 1913/1, 34.

Umlauft F. Die Alpen. Handbuch der gesamten Alpenkunde. – Wien, Pest, Leipzig 1887, 488 S., 18 K. – Bespr. PetMitt., 33, 1887, Litber., 40; Mitt. Geogr. Ges. Wien, 30, 1887, 648; Jb. SAC, 22, Bern 1887, 373; Ausland, Stuttgart u. München 1887, 79; Mitt. DÖAV, 1887, 33; Z. DÖAV, 1889, 505.

Uttinger G. Beobachtungen auf einer Reise über das Profil der tirolischen Alpen. – Leonhards Mineral. Taschenbuch, 15, Frankfurt a. M. 1821, 761–806.

Van Bemmelen R. W. Kritische beschouwingen over geotektonische hypothesen. (Krit. Betrachtungen über ...) – Natuurk. Tijdschr. v. Ned.-Indië, 91, Batavia 1931, 93–117, 4 Abb. – Bespr. NJb. 1932/2, 172.

— De bicausaliteit der bodenbewegingen (undatie en glijding). (Die Bikausalität der Bodenbewegungen [Undation und Gleitung].) – Natuurk. Tijdschr. v. Ned.-Indië, 91, Batavia 1931, 363–413, 3 Abb. – Zusammenfassung englisch. – Bespr. NJb. 1932/2, 176.

— Magma- und Krustenundationen. (Eine Ergänzung von Haarmanns Oszillationstheorie.) – Handelingen Zesde Nederl. – Ind. Natuurw. Congres, 1931, 646–653, 2 Fig. – Bespr. GZ 48A/94; NJb. 1932/2, 629.

— Die Anwendung der Undationstheorie auf das alpine System in Europa. – Proc. Akad. Wetensch. Amsterdam, 36, Amsterdam 1933.

Van Houten L. De Alpen. – Mijnbouwkundige Jaarb., 1926–1928, 426–481. (Holl.)

Vacek M. Erwiderung auf die Mitteilung des Hr. Prof. A. Heim. (Glarner Doppelfalte.) – VRA 1880, 189–192.

— Über die Schichtfolge in der Gegend der Glarner Doppelfalte. (Vortr.) – VRA 1881, 43–51. – Bespr. Arch. d. sc. phys. et nat., t. 7, 179–181, 200–201; Rev. géol. suisse p. l'a. 1881, Genève 1882, 4–6, 25–26.

— Über die Gegend von Glarus. (Vortr.) – VRA 1883, 293–294.

— Beitrag zur Kenntnis der Glarner Alpen. – JbRA 1884, 233–262, 1 Taf. – Bespr. Arch. d. sc. phys. et nat., t. 13, 172; Rev. géol. suisse p. l'a. 1884, Genève 1885, 12.

— Einige Bemerkungen zur Theorie der Glarner Doppelfalte. – JbRA 1892, 91–112, 3 Fig. – Bespr. Jber. Natf. Ges. Grbds, NF, 36, Chur 1893, 135; EgH 3, 1893, 320; Rev. géol. suisse p. l'a. 1892, Arch. d. sc. phys. etc., t. 29, Genève 1893, 282.

Vetters H. Geologische Karte der Republik Österreich und der Nachbargebiete. (Die Ostalpen, ihre Ausläufer und Vorlande nebst den angrenzenden der fränkisch-schwäbischen Alb und des böhmischen Massivs. 1:500000. – Hiezu Maschinsalz, 10 S. – Wien (Geol. Bdsanst.) 1933. – Bespr. Mitt. DÖAV, 1934, 58; Z. f. Geomorph., 8, 1934, 209; VBA 1934, 12; Firgenwald, 7, Reichenberg 1934, H. 2, 61; Neue Freie Presse, Nr. 25119 v. 18. 8. 1934; Innsbrucker Nachr., Nr. 190 v. 21. 8. 1934.

Vierhapper F. Zirbe und Bergkiefer in unseren Alpen. – Z. DÖAV, 1915, 97–123, 18 Abb.; 1916, 60–89, 4 Abb.

— Die Kalkschieferflora in den Ostalpen. – Österr. bot. Z., 70, 1921, 261 293, 1 K.; 71, 1922, 30–45. – Bespr. Carinthia II, 1928, 80.

Vinassa de Regny P. L'Aspetto della Terra. (Übersetzung v. E. Suess, Das Antlitz der Erde.) II. Bd. – Pisa 1897.

Voit v. Wilhelm Gümbel. Gedächtnisrede. – Sber. Ak. d. Wiss. München, 29, 1899, 281–314.

Waagen L. Wie entstehen Meeresbecken und Gebirge? – VRA 1907, 99–121.

— 75 Jahre Geologische Bundesanstalt. – Der Geologe, Nr. 36, Leipzig (M. Weg) 1925, 753–757.

— Bemerkungen zu Wegeners Hypothese der Kontinentalverschiebung. – Mitt. Geol. Ges. Wien, 18, 1925, Wien 1927, 209–211.

Wäber A. Über die Einteilung der Alpen. – Jb. SAC, 10, Bern 1875, 489–517. – Bespr. Arch. d. sc. phys. et nat., n. p., t. 57, 353; Rev. géol. suisse p. l'an. 1875, Genève 1876, 9.

Wähner F. Aus der Urzeit unserer Kalkalpen. – Z. DÖAV, 1891, 87–124, 4 Taf. – Bespr. Bl. 813.

— Korallenriffe und Tiefseeablagerungen in den Alpen. – Schr. d. Ver. z. Verbr. natwiss. Kenntn. in Wien, 32, 1892, 207ff.

Wahnschaffe F. Neuere Theorien über Gebirgsbildung. – Progr. Bergakad. Berlin, 1903/04, 24 S. – Bespr. GZ 6/588.

Wanner E. Beiträge zur Geographie der Erdbeben. – Gerlds Beitr. z. Geophysik, 23, 1929, 334–348. – Bespr. GZ 49A/713.

Wanner J. Gustav Steinmann †. Gedächtnisworte. – Zbl. f. Min., 1930, B, 1–8.

Weber M. Faltengebirge und Vorlandsbrüche. – Zbl. f. Min., 1927, Abt. B, 235–345. – Bespr. GZ 40/457.

Wedekind R. Die Theorien der Gebirgsbildung im Lichte der Tatsachen und der sich ändernden Weltanschauungen. – Berg-Technik, 20, Halle a. S. 1927, Nr. 29, 400–404; Steinbruch u. Sandgrube, 26, 1927, 737–741. – Bespr. GZ 37/301.

Wegener A. Die Entstehung der Kontinente. (Vortr.) – GR 3, 1912, 276–292, 3 Fig. Auszug aus PetMitt., 58, 1912, H. 4, 185–195; H. 5, 253–256; H. 6, 305–309, 7 Abb., 1 Taf. – Bespr. GZ 20/879.

— Die Entstehung der Kontinente und Ozeane. – 1. Aufl. Braunschweig (Vieweg) 1915, 2. Aufl. 1920, 135 S., 33 Fig.; 3. Aufl. 1922, 144 S., 44 Fig.; 4. Aufl. 1929, 231 S., 63 Abb.; Bd 66 der Sammlg Die Wissenschaft. – Bespr. GZ 26/755, 39/652; NJb. 1928/3, 349; Z. f. Glkde, 17, 1929, 256; Z. f. Geomorph., 4, 1929, 190; Z. f. prakt. Geol., 37, 1929, 31; Mitt. Geol. Ges. Wien, 21, 1928, 160; Zbl. f. Min., 1929, B, 591; Geogr. Z., 27, 1921, 231; 29, 1923, 144; 35, 1929, 629; PetMitt., 75, 1929, 208. (Weiter siehe Spezialliteratur.)

— Die Theorie der Kontinentalverschiebungen. – Z. Ges. f. Erdkde Berlin, 1921, 89–103, 125–130 (Schlußwort) u. Verh. 20. D. Geogr.-Tag Leipzig, 1921, Berlin (Reimer) 1922, 133–137, Disk. 137–143. – Bespr. GZ 27/370–375.

— Paläogeographische Darstellung der Theorie der Kontinentalverschiebungen. – Enzyklopädie d. Erdkde (Kende), Leipzig u. Wien (Deuticke) 1926. – Bespr. Z. f. Geomorph., 2, 1927, 345.

Wegmann C. E. Über die Formen magmatischer Erzlagerstätten in Gebirgen. – Z. f. prakt. Geol., 36, 1928, 181–184. – Bespr. NJb. 1929/2, 237.

Wegmann E. Über alpine Tektonik und ihre Anwendung auf das Grundgebirge Finnlands. – C. R. Soc. géol. Finnlande, Nr. 1, 1929, 5 S.

Wehrli H. Zur Gliederung des alpinen Diluviums. (Vortr.) – GR 22, 1931, 63–64.

Weithofer K. A. Molasse und Alpenrand in Oberbayern. – Zbl. f. Min., Abt. B, 1932, 225–239. – Bespr. GZ 48A/166.

— Molasse und Alpenrand in Oberbayern. II. (Ist die oberbayerische Molasse von alpinen Decken überfahren?) – Zbl. f. Min., Abt. B, 1934, 1–12, 3 Abb. – Bespr. GZ 52 A/1421.

Wepfer G. Welche Kräfte haben die Kettengebirge gefaltet und aufgerichtet und woher stammen diese Kräfte? Ein Beitrag zur Mechanik der Gebirgsbildung. – Vierteljschr. Natf. Ges. Zürich, 50, 1905, 135–149, 1 Fig.

Widmann H. v. Erläuterungen zur geognostischen Karte Tirols und Schlußbericht des Geogn.-mont. Ver. f. T. u. Vorarlberg. – Innsbruck (Wagner) 1853, 212 S. – Bespr. Bl. Einleitung zur „Geol. Erforschg".

— Geschichtliche Mitteilungen über den Geognostisch-montanistischen Verein für Tirol und Vorarlberg. – In: Erläuterungen zur geogn. Karte Tirols etc. des Verfassers. Innsbruck (Wagner) 1853, 22 S. – Bespr. Bl. Einltg zur „Geol. Erforschg".

Wilckens O. Der geolog. Bau der Hohen Tauern. – Naturwiss. Wochenschrift, NF, 3, 1904, 588–589. – Bespr. GZ 8/206.

— Die Geologie der Alpen, ihr gegenwärtiger Stand und ihre Bedeutung für das Verständnis der deutschen Gebirge. (Vortragsauszug.) – Ber. ü. d. Vers. d. Niederrhein. geol. Ver. 1908; Sber. Naturhist. Ver. d. preuß. Rheinld. u. Westf., 1909, 10–11. – Bespr. GZ 13/113.

— Die Alpen im Schlußbande von Suess' Antlitz der Erde. (Vortr.) – Ber. ü. d. Fortschr. d. Geol., 1910, 29–34; GR 1, 1910, Bespr. 29–34. – Bespr. GZ 15/1096; EgH 11, 1910, 554.

— Über mesozoische Faltungen in tertiären Kettengebirgen Europas. – GR 2, 1911, 251–263. – Bespr. NJb. 1913/2, 110; GZ 17/18, 328; EgH 12, 1912, 315.

— Wo liegen in den Alpen die Wurzeln der Überschiebungsdecken? – Ber. ü. d. Fortschr. d. Geol., 2, 1911, 161–177; GR 2, 1911, 314–330: – Bespr. GZ 17/17, 329; EgH 12, 1912, 315.

— Zur Benennung der alpinen Überschiebungsdecken. – Zbl. f. Min., 1913, 435–438. – Bespr. GZ 20/311, 513; EgH 13, 1914, 599.

— Gebirge der Erde. – Handwörterbuch der Natwiss., 4, Jena 1913, 624–650, 35 Fig. – Bespr. GZ 24/737.

— Die Entstehung der Alpen. – Aus der Heimat, 26, Nr. 5, Alpennummer, Stuttgart 1913, 129–136, 10 Fig.

— Karte: Die Faziesgebiete und Überschiebungsdecken der Alpen nach Alb. Heim. O. M. – In: Gebirge der Erde, 1913, 637.

— Der Deckenbau der Alpen. – Fortschr. d. natwiss. Forschg v. Abderhalden, 10, H. 1, Berlin u. Wien 1914, 62 S., 40 Fig. – Bespr. GZ 24/490; NJb. 1926/2, B, 367.

— Die Wurzeln der alpinen Überschiebungsdecken. I. Teil. Die Wurzeln der ostalpinen Decken im südlichen Graubünden und der bündnerischen Gneisdeckfalten. – GR 9, 1918, 125–144, 1 Fig. – Bespr. GZ 24/489; NJb. 1926/2, B, 367.

— Karte der Grenze zwischen West- und Ostalpen 1:18, 750000. – In: Allgem. Gebirgskunde, 1919, 11. – Tektonische Karte der nördlichen Ostalpen zwischen Rhein und Inn. Nach Heritsch. O. M. Ebd. 93. – Tektonische Skizze der Ostalpen. Nach Heritsch. O. M. Ebd. 95.

— Allgemeine Gebirgskunde. – Jena (G. Fischer) 1919, 154 S., 115 Abb. (Alpen: 74–99.) – Bespr. GZ 24/581; GR 1920, 182; Z. f. prakt. Geol., 1920, 17; Naturwiss. Wochenschr., NF, 19, 1920, 159; Die Naturwissenschaften, 9, 1921, 36; Geogr. Anzg., 21, 1920, 33; Geogr. Z., 26, 1920, 159; Mitt. Geogr. Ges. München, 14, 1920, 130.

— Glückwunschschreiben der Geol. Vereinigung zum 65. Geburtstag u. Verz. d. wiss. Veröff. v. Gustav Steinmann (1877–1921). – GR 12, 1921, 99–108.

— Der geologische Aufbau. Alpen und oberrheinisches System. – In: Der Rhein, sein Lebensraum, sein Schicksal. – Berlin-Grunewald 1928. 1. Bd, 1. Buch, 1. Teil, 21–42, 22 Fig., 4 Taf. – Bespr. GZ 39/511.

— Gustav Steinmann. Sein Leben und Wirken. – GR 21, 1930, 389–415, 1 Bild. – Bespr. GZ 47A/1057.

— Zur Erinnerung an Gustav Steinmann. – Paläont. Z., 12, 1930, 1–5.

Wilkens A. Astronomische Prüfung der Wegenerschen Verschiebungstheorie der Kontinente. – PetMitt., 1929, 321–322. – Bespr. GZ 41/631.

Winkler A. Über die Beziehungen zwischen Sedimentation, Tektonik und Morphologie in der jungtertiären Entwicklungsgeschichte der Ostalpen. – Sber. Ak. d. Wiss. Wien, math.-natw. Kl., Abt. 1, 132, 1923, Wien 1924, 343–430. – Bespr. GZ 31/1877; Z. Ges. f. Erdkde Berlin, 1925, 225; Z. f. Geomorph., 1, 1925, 177.

— Bemerkungen zur Geologie der östlichen Tauern. – VBA 1923, 89–111, 3 Fig., 177 (gegen L. Kober). – Bespr. GZ 29/1281.

— Gedanken über die tektonische und geomorphologische Entwicklungsgeschichte der Ostalpen im Jungtertiär. – GR 14, 1923, 315–320. – Bespr. GZ 30/1328; NJb. 1925/2, B, 152; Z. f. Geomorph., 1925, 69.

— Über den Bau der östlichen Südalpen. – Mitt. Geol. Ges. Wien, 16, 1923, Wien 1924, 1–272, 4 Taf., 27 Fig. – Bespr. VBA 1925, 198; GZ 31/1878.

— Nachweisbarkeit tektonischer Phasen im Gebirgsbau. (Östliche Südalpen.) – GR 15, 1924, 254, 288.

— Tektonische Probleme in den östlichen Hohen Tauern. (Vortr.) – GR 15, 1924, 373–384. – Bespr. GZ 31/1886.

— Geologische Probleme in den östlichen Tauern. I. Teil. – JbBA 1926, 245–322, 2 Taf., 25 Fig. – Bespr. GZ 35/511.

— Zu L. Kobers „Entgegnung" auf meine „Bemerkungen zur Geologie der östlichen Tauern". – VBA 1926, 166–169.

— Zur geomorphologischen und geologischen Entwicklungsgeschichte der Ostabdachung der Zentralalpen in der Miozänzeit. – GR 17, 1926, 36–68, 196–217, 291–310, 2 Fig. – Bespr. GZ 40/1340; NJb. 1929/3, 352.

— Bemerkungen zum Vortrage M. Richters: „Molasse und Alpen". – Z. DGeolGes., 78, 1926, B, Mber., 179.

— Zum jungtertiären Entwicklungsbild der Ostalpen. – Zbl. f. Min., 1926, B, 110–121. – Bespr. GZ 35/467; NJb. 1929/3, 370.

— Bemerkungen zu R. Staubs „Südalpen und Dinariden" (in Ecl. g. Helv., vol. 19, Nr. 2, 1926). – Zbl. f. Min., 1926, Abt. B, 160–168. – Bespr. GZ 37/932.

— Das jüngere Entwicklungsbild der Ostalpen. – Z. Ges. f. Erdkde Berlin, 1926, 381–398. – Bespr. GZ 35/64.

— Alpen und Dinariden. – Resumen de las Comunicaciones anunciadas des Internat. Kongr. Madrid 1926, 179–180.

— Dinariden und Alpen. – Extrait des Comptes-rendus XIVe Congrès Géologique International, 1926, Madrid 1929, 29 S., g. K. der Jul. Alpen 1:200000.

— Über Studien in den inneralpinen Tertiärablagerungen und über deren Beziehungen zu den Augensteinfeldern der Nordalpen. – Sber. Ak. d. Wiss. Wien, math.-nat. Kl., Abt. 1, 137, 1928, 183–225, 6 Fig. – Bespr. GZ 38/255; Z. f. Geomorph., 4, 1929, 103; NJb. 1929/3, 371.

— Die Bedeutung des Alpen-Dinariden-Problems für den Alpenbau. – JbBA 1928, 221–240, 2 Fig. – Bespr. GZ 38/353.

— Stratigraphisch-tektonisch-morphologische Grundfragen der jungtertiären Ostalpenentwicklung. (Vortragstitel.) – Z. DGeolGes., 80, 1928, B, Mber., 259.

— Über die Zusammenhänge zwischen geologischer und geomorphologischer Gebirgsentwicklung am Südostende der Zentralalpen im Jungtertiär. – Z. Ges. f. Erdkde Berlin, 1928, 315–331, 2 Fig. – Bespr. NJb. 1929/3, 357; GZ 41/1534.

— Über Probleme ostalpiner Geomorphologie. (Vortrag.) – Mitt. Geogr. Ges. Wien, 72, 1929, 159–188. – Bespr. Z. f. Geomorph., 5, 1930, 288; GZ 45/300.

Winkler-Hermaden A. Aufschüttung, Abtragung und Landformung am Ostrande der Alpen. – Anzg. Ak. d. Wiss. Wien, math.-natw. Kl., 70, 1933, 84–90. S. a. A. Aigner.

— Ergebnisse über junge Abtragung und Aufschüttung am Ostrande der Alpen. – JbBA 1933, 233–274, 1 Proftaf. — Besp. GZ 52 A/1998.

Wirth J. F. Die Entstehung der Alpen. Eine geographische Exkursion. – Beil. Jber. Gymn. Eichstätt, 1908/09, 36 S.

Witlaczil E. Bericht über bemerkenswerte Neuerscheinungen auf dem Gebiete der Erdgeschichte und Gesteinslehre sowie der Erdkunde. (Suess, Heim, Weinschenk u. a.) – Mitt. DÖAV, 1918, 22–23.

— Die für den Alpenfreund bedeutungsvolle populäre naturwissensch. Literatur. (Machatschek, Werth, Steinmann u. a.) – Mitt. DÖAV, 1918, 138–139.

Wittmann O. Biographie und Beweisbarkeit der Epeirophorese. – GR Sonderband, 1933, 136–142. – Bespr. GZ 50A/95.

Wöhrmann S. Frh. v. Alpine und außeralpine Trias. – NJb. 1894/2, 1–50. – Bespr. Boll. Com. geol. d'It., 26, 1895, 507.

Wurm H. Zur geophysikalischen Durchforschung Bayerns. – GR 22, 1931, 273–281. – Bespr. GZ 46A/1820.

Wyss Th. Die statischen Probleme der Gebirgsbildung. (Vortr.) – Z. DGeolGes., 76, 1924, 172–189, 11 Abb.

Zaunick R. Briefe Leopold von Buchs. – Der Geologe, Nr. 34, Leipzig (M. Weg) 1924, 669–674.

Zeller R. Ein geologisches Profil durch die Zentralalpen. (Schweiz.) – Inaugdiss. Bern, 1895, 68 S.; Mitt. der Natf. Ges. Bern, 1896, 45–112, Prof. u. Abb. Nachträge ebd. 1897, 1–7. – Bespr. NJb. 1898/2, 274; EgH 5, 1897, 80; PetMitt., 41, 1895, Litber., 147; 42, 1896, Litber., 152; Ann. de Géogr., 5, Paris 1896, ann. bibl., 90; Jb. SAC, 31, Bern 1896, 399; Boll. Com. geol. d'It., 30, Roma 1899, 124.

Zittel K. v. Wilhelm v. Gümbel. – Münchner Neueste Nachr., Nr. 316 v. 13. 7. 1898.

— Über die wissenschaftl. Tätigkeit v. Gümbels. – Z. DGeolGes., 51, 1899, Verh., 78–82.

Zuber R. Über die Entstehung des Flysches. – Z. f. prakt. Geol., 9, 1901, 283–289. – Ergänzung: Zur Flyschentstehungsfrage. VRA 1904, 200–202. – Bespr. VRA 1903, 400; EgH 7, 1901–1902, 692; GZ 2/1576.

Zuffardi P. Le Alpi e gli Apennini secondo le nuove teorie oro-tectoniche. – Riv. Fis., Mat. e Sc. nat., 9, Pavia 1910, 97–112. – Bespr. Boll. Com. geol. d'It., v. 42, Roma 1911, f. 4, 138; GZ 19/48.

Zur Mühlen W. v. Seism. Untersuchungen d. Geophys. Inst. in Göttingen. XIII. Über seismische Oberflächenwellen und ihre Beziehung zum geologischen Aufbau des eurasiatischen Kontinents. – Z. f. Geophys., 10, H. 1, 1934, 27–40.

Bi
Biographien.
Beiträge zur Geschichte der Geologie, Nachrufe.
a) nach Inhalt.

Agassiz L. Reichensperger.
Ammon L. v. Reis.
Ampferer O. Klebelsberg.
Artini E. D'Achiardi. – Millosevich.
Baltzer R. A. Gregory.
Bayer J. Ampferer. – Trauth.
Becke F. Aminoff. – Backlund H. G. – Goldschmidt V. – Himmelbauer. – Köhler. – Spencer. – Suess F. E. – Želísko. – Z. f. Krist., 41, 1931, 3–6. H., röm. 1–2. – Sber. Preuß. Ak. d. Wiss., phys.-math. Kl., Berlin 1930, 294–295 (Adresse zum 50jähr. Doktorjub.) – A. Ecksteins Verlag, Berlin 1906, Biogr. m. Bild.
Berwerth F. M. Becke. – Suess F. E. – A. Ecksteins Verlag, Berlin 1906, Biogr. m. Bild.
Bittner A. Tietze. – Zittel.
Blaas J. Srbik. – A. Ecksteins Verlag, Berlin 1906, Biogr. m. Bild.
Blümcke A. Finsterwalder S. – Hess. – Geogr. Z., 20, 1914, 646.
Böhm A. v. Geyer. – Maull. – Pichl. – Boll. Soc. geogr. it., s. 6, v. 8, a. 9, n. 2, 1931, 134–135.
Böse E. Burckhardt C. u. Waitz P. – Schuchert.
Boué A. Hauer F. R. v.
Brückner E. Bayer. – Conrad. – Finsterwalder S. – Lichtenecker. – Oberhummer. – Penck A. – Rotky. – Zeller.
Buch L. v. Dechen. – Günther. – Zaunick. – Fortschr. d. Natwiss., H. 4, Berlin 1857.
Cotta B. v. Seidlitz.
Cvijić J. Daneš. – Machatschek.
Dalla Torre K. W. v. Murr. – Sperlich. – Steuer.
Damian J. Klebelsberg.
De Zigno A. Bar. Boll. Com. geol. d'It., v. 23, Roma 1892, 96–99. Mit Schriftenverz.
Diener C. Ampferer. – Arthaber. – Geyer. – Kieslinger. – Leiter. – Schuchert.
Dolomieu D. de. Brum-Neeregard.
— Il geologo che diede il nome alle Dolomiti. (Biogr.) – Marzocco, Firenze 1925, n. 32, 3 S.; Rev. des Deux Mondes, 1. 8. 1925.
Doelter C. Angel. – Dittler. – Hammer. – Spangenberg. – Studi Trent. Sc. Nat., 12, 1931, 68. – A. Ecksteins Verlag, Berlin 1906, Biogr. m. Bild.
Duile G. (J.) Adami. – Merlicek.
Escher v. d. Linth A. Heer. – Heim Alb. – Marschall. – Mojsisovics. – Seidlitz.
Escher v. d. Linth H. K. Becker. – Frei. – Heer.
Ettingshausen C. Frh. v. Hoernes R. – Koller. – Carinthia II, 1897, 34. – VRA 1897, 53–54.
Feil J. Simony.
Finsterwalder S. Baldus. – Hess. – Klebelsberg. – Lagally. – Rehlen.
Flurl M. v. Dreyer. – Laubmann.
Forel F. A. Brückner. – Garwood. – Knapp. – Morax. – Schaltegger. – Tatarinoff. – Viollier. – Zschokke. – Boll. Soc. geogr. it., s. 5, v. 1, Roma 1912, 1038. – Jber. Natf. Ges. Grbd., NF, 54, 1912/13, Chur 1913, röm. 8–15. – La Géographie, 27, Paris 1913, Nécr., 315. – Societé vaud. d. Sc. nat., Bull., v. 49, Lausanne 1913, 62 S., 5 Abb.; Bespr. Arch. f. Hydrobiol., 11, 1916, 332. – The Scottish Geografic. Mag., 29, Edinburgh 1913, Geogr. Notes, 36.
Foetterle F. Much M. – N Jb. 1876, 784. – Boll. Com. geol. d'It., 7, 1876, 509.
Foullon-Norbeck H. Frh. v. John. – Carinthia II, 1896, 215, 247–249.
Frech F. Obst. – Pompeckj.
Gasser G. Mayr K. M. – Multner.
Geikie J. Brückner.
Geistbeck A. Kittler. – Simon.
Geyer G. Hammer.
Gortani L. Lebensbild. – In Alto, 19, 2.
Goethe W. v. Abel. – Enzinger. – Linck. – Srbik.
Gredler V. Klebelsberg. – Paulin. – Bozner Nachr., Nr. 221 v. 29. u. 30. 9. 1923. – Carinthia II, 1912, 84–85.
Gremblich J. Murr.
Grubenmann U. Hirschi. – Niggli. – Parker. – Schinz. – Wegelin. – Vierteljschr. Natf. Ges. Zürich, 65, 1920, 93–99 (Schriftenverz).
Gümbel C. W. v. Ammon. – Groth. – Leppla. – Naumann. – Oberhummer. – Reis. – Tarnuzzer. – Voit. – Zittel. – Amthors Alpenfreund, 2, 1870, 176–182. – Deutsche Rdsch. f. Geogr., 20, 12. – Geogr. Z., 4, 1898, 471.
Gutzwiller A. Schmidt C.
Hacquet B. Jakob. – Seidel.
Hahn F. F. Ampferer. – Lebling. – Mitt. Geogr. Ges. München (H. A.), 10, 1915, 69–71.
Haidinger W. Hauer F. – Hoffinger. – Rose.
Hammer W. Klebelsberg.
Hauer F. R. v. Böhm. – Koch. – Tietze. – Vacek. – Carinthia II, 1899, 81–82; Mitt. Geogr. Ges. Wien, 43, 1900, 146.
Hauer K. R. v. Todesanzeige. – VRA 1880, 228–229.
Haug E. Lutaud.
Heer O. Heer J. J. – Jentzsch. – Killias. – Malloizel. – Rothpletz. – Schröter. – Scudder.
Heim Alb. Arbenz. – Jenny. – Alpina, 26 (27), Zürich 1919, 52–53 (Jubelfeier). – Der Fortbildungsschüler, Kleine Ztg, 40, 14. F. Nr. 2, Solothurn, 22. Nov. 1919, 2 S. – Die Schweiz, 15, Nr. 15, Zürich, 1. 8. 1911, 340–342. – Schweiz. Hochschulkalender, Sommersem. 1911, Zürich (Leemann) 1911, 2 S. – Schweiz. Bauztg, 73, Zürich 1919, 179.
— Verzeichnis der Publikationen von –. Ergänzt von seinem 70. Geburtstag, d. 12. Apr. 1919, auf seinen 80. Geburtstag, d. 12. Apr. 1929. Nachtrag z. Festschr. Alb. Heim 1919. – Vierteljschr. Natf. Ges. Zürich, 74, 1929, Beibl. 16, 1–5. S. a. A. Böhi.
Hess H. Klebelsberg.
Hilber V. Heritsch. – Teppner. – Winkler-Hermaden.
Hörbiger H. Nachruf. – Neue Freie Presse, Wien, 12. 10. 1931.
Hoernes M. Haidinger. – Laube. – Menghin. – Spengler. – Szombathy.
Hoernes R. Biogr. m. Bild in A. Ecksteins Verlag, Berlin 1906.
Hugi F. J. Krehbiel.
Humboldt A. v. Bruhns. – Günther.
Isser M. v. Hradil.
Junger M. Meusburger.
Kayser E. Richter R.
Keil F. Barth. – Mitt. d. Gesch. d. Deutschen in Böhmen, 21, 1. – Lit. Jb., 6.
Klipstein A. W. v. Hummel. – Klebelsberg.

Koch G. A. Geyer.
Lepsius R. Geogr. Z., 21, 1915, 647.
Löwl F. Becke. – Diener. – Mayr J. K.
Marinelli G. Lebensbild. – Udine 1901, 42 S., 1 Taf.
Marinelli O. Brückner. – Dainelli. – De Marchi. – Gortani. – Lorenzi. – Parona. – Studi Trent. Sc. Nat., 7, 1926, 95.
Marzari-Pencati G. Graf. Fabris. – Pasini.
Menghin A. Kyrle.
Meusburger K. Klebelsberg.
Mojsisovics E. v. Blaas. – Diener. – Tietze. – Zittel. – Geogr. Z., 13, 1907, 642. – Carinthia II, 1907, 138.
Murr J. Ein halbes Jahrhundert wissenschaftlicher Schriftstellerei. (Eigene Arbeiten.) – Tiroler Anzeiger, Nr. 105, 106, 107, 110 u. 111 v. 8., 9., 11., 15. u. 16. 5. 1931. – Heimat, 12, Innsbruck 1931, 281–287, 316–321.
— Pfaff. – Pöll. – Schwimmer. – Walde. – Studi Trent. Sc. Nat., 13, 1932, f. 1, 57–60, 1 Bild. (G. D.)
Neumayr M. Penck.
Niethammer G. Schmidt C.
Oberlercher P. Angerer. – Mitt. DÖAV, 1915, 49. – Freie Stimmen, 1915. – ÖAZtg, 38, 927.
Obermayer A. v. Pošepný.
Ogilvie-Gordon M. Klebelsberg.
Parona C. F. Biogr. m. Bild in A. Ecksteins Verlag, Berlin 1906.
Paulcke W. – ein Sechziger. – Neueste Ztg, Nr. 82, Innsbruck, 8. 4. 1933. (Alpenländer-Korrespondenz, Nr. röm. 14/78/33 v. 6. 4. 1933.)
Payer J. v. Dreyer. – Rüdiger. – Geogr. Z., 21, 1915, 534 – ÖTZtg, 35, 10.
Penck A. Fischer. – Klebelsberg.
Penck W. Penck A.
Pfaff Frdr. Rath.
Pfaff W. In morte del Conservatore Dott. Guglielmo Pfaff. – Studi Trent. Sc. Nat., 14, 1933, 237–240, 1 Bild u. Schriftenverz.
— Nachruf († 10. 12. 1933). Solenne commemorazione dell'avv. Pfaff al Museo di Storia Naturale. – La Provincia di Bolzano, Nr. 310 v. 31. 12. 1933.
— Mayr K. M. – Tir. Heimatbl., 12, 1934, 195–196.
Pichler A. v. Blaas. – Dalla Torre. – Dreyer. – Prem. – Quaresima. – Srbik. – Vacek. – Mitt. DÖAV, 1900, 265–266. – Amthors Alpenfreund, 1, 1. – Föhn, 2, 4; Sammler, 88, 95. – Nation, 25, 15. – Bayer. Z. f. Realschulw., NF, 4, 3. – Z. f. Lit., 31, 13. S. a. Bücherverz. DÖAV.
Pollack V. Rotky. – Singer.
Pompeckj J. F. Broili. – Dietrich. – Hennig. – Janensch. – Riedel. – Seidlitz. – Solger. – GR 22, 1931, 139.
Prinzinger H. Tietze.
Rath vom G. Lehmann.
Ratzel Fr. Angerer. – Hantzsch. – Hassert. – Helmolt. – Metz. – Reishauer. – Sieger.
Reis O. M. Fink. – Pfälz. Mus. – Pfälz. Heimatkde, 1932, H. 9/10, 323 (Zum 70. Gebtag). – Bespr. GZ 49 A/787.
Repossi E. D'Achiardi. – Fenoglio.
Reyer E. Hammer. – Suess F. E.
Richter E. Günther. – Lukas. – Marek. – Penck. – Wutte. – Geogr. Z., 11, 1905, 181. – Deutsche Rdsch. f. Geogr., 20, 2.
Richthofen F. Frh. v. Angerer. – Drygalski. – Günther. – Hettner. – Krebs. – Lampe F. – Penck A. – Philippson. – Scholz. – Seidlitz. – Tietze. – Wegener G. – Geogr. Z., 11, 1905, 644.
Rothpletz A. Ampferer. – Broili. – Dreyer. – Häberle. – Lamplugh. – Pompeckj. – Reindl. – Salomon. – Geogr. Z., 24, 1918, 87.
Ruthner A. v. Richter E.
Rütimeyer L. Harms. – Schmidt C. – Wahrmann. – Wüst. – Geogr. Z., 1, 1895, 703. – Carinthia II, 1896, 41.
Salomon-Calvi W. Zum 65. Geburtstage. (Von H. P.) – GR Sonderband, 1933, röm. 7–10.
Saussure H. B. de. Decandole.
Schafhäutl K. E. v. Böhm.
Schardt H. Suter.
Scheuchzer J. J. Dreyer.
Schlosser M. Broili. – Dacqué. – Stromer. – Tir. Grenzbote, Kufstein, 12. 10. 1932.
Seeland F. Brunlechner.
Sieger R. Bilger. – Brückner. – Erben. – Lukas. – Mayer. – Mell. – Oberhummer. – Oestreich. – Penck. – Sölch.
Simony Fr. Böhm. – Diener. – Penck. – Peucker. – Richter E. – VRA 1896, 302–303. – Geogr. Z., 2, 1896, 537. – Carinthia II, 1896, 165, 177–184.
Sonklar C. v. Nischer. – Partsch. – Amthors Alpenfreund, 1, 6.
Spitz A. Ampferer. – Klebelsberg. – Trauth.
Stache G. Kerner. – Tietze.
Steinmann G. Cornelius. – Kober. – Seidlitz. – Wanner. – Wilckens.
Stoppani A. Mariani. – Taramelli.
Studer B. Jenny. – Rütimeyer.
Stur D. Vacek.
Supan A. Dietrich.
Suess E. Blaas. – Böhm A. – Dreyer. – Machatschek. – Penck A. – Seidlitz. – Steinnman G. – Tietze. – Mitt. Geol. Ges. Wien, 4, 1911, 634–636 (80. Geburtstag); 7, 1914, 1–32 (Nachruf. Mit Litverz.). – Mitt. DÖAV, 1914, 125–126. – Alpina, 22, 1914, 119. – GR 5, 1914, 239. – Geogr. Z., 20, 1914, 294.
— Erinnerungen. – Leipzig (Hirzel) 1916, 451 S., 1 Taf. – Bespr. Natwiss. Wochenschr., NF, 16, 1917, 87; PetMitt., 64, 1918, 42; Geogr. Anz., 17, 1916, 371; Mitt. Geogr. Ges. Wien, 60, 1917, 327.
Taramelli T. Gortani. – Mariani. – Parona.
Tarnuzzer Chr. Nussberger.
Tausch L. v. Dreger.
Teller F. Diener. – Geyer. – Hammer. – Tietze.
Termier P. Aichino. – Aminoff. – Cornelius. – Kaisin. – Koutek. – Neltner. – Raguin. – Spencer. – Boll. Soc. geogr. it., s. 6, v. 8, a. 9, n. 2, 1931, 132–134.
Tietze E. Hammer. – Oberhummer. – Želisko. – VBA 1931, 95–97.
Tommasi A. Gortani.
Toula F. Biogr. (4 S.) m. Bild in A. Ecksteins Verlag, Berlin 1906.
Tschermak G. Becke. – Dana. – Himmelbauer. – Rotky. – Tscherm. Min. u. petr. Mitt., 37, 1927, röm. 1. – Biogr. (2 S.) m. Bild in A. Ecksteins Verlag, Berlin 1906.
Uhlig V. Branca. – Kober. – Steinmann G. – Suess F. E. – Biogr. (2 S.) m. Bild in A. Ecksteins Verlag, Berlin 1906.
Vacek M. Geyer. – Tietze. – Studi Trent. Sc. Nat., 7, 1926, 96.
Vischer G. M. Simony.
Wähner F. Spengler.
Wettstein R. Fritsch.
Wieser F. R. v. A. Penck. – Sölch. – Adresse des Ferdinandeums z. 70. Geburtstag, 18. 10. 1918.
Willner R. Götzinger.
Zepharovich V. R. v. Vrba.
Zittel K. A. v. Branco. – Diener. – Frauscher. – Günther S. – Pompeckj. – Rothpletz. – Vacek. – Geogr. Z., 10, 1904, 110. – Deutsche Rdsch. f. Geogr., 16, 14. – Biogr. (2 S.) m. Bild in A. Ecksteins Verlag, Berlin 1906. S. a. Bücherverz. DÖAV.
Zyndel F. Buxtorf. – Schmidt C. – Tarnuzzer.

b) nach Verfassern.

Abel O. Goethe als Biologe. – Forsch. u. Fortschr., 8, Berlin 1932, 98–99.

Adami G. Giuseppe Duile, Ingegniere, 1776–1863. – Studi Trent., a. 10, cl. 2, 1929, 37–45, 1 Bild.

Aichino G. Pierre Termier. – Boll. R. Uff. geol. d'It., v. 55, Roma 1930, n. 12, 4 S., 1 Bild.

Aminoff G. Gedenkworte für P. Termier, Harald Johannsen und Gustav Flink. – Geol. Fören. Förh., 53, 1931, 102–103.

— Gedenkworte für Friedrich Becke und C. A. Weber. – Geol. Fören. Förh., 53, 1931, 362–363.

Ammon L. v. Wilhelm von Gümbel. – Bericht Techn. Hochschule München für 1897/98, 1898, 9 S.

— Wilhelm von Gümbel †. – Geogn. Jh., 11, 1898, 1–37. Mit Verz. weiterer Nachrufe u. Gümbels Schriften, 2 Bilder.

Ampferer O. F. Felix Hahn †. – Mitt. Geol. Ges. Wien, 7, 1914, 331–334.

— August Rothpletz †. – VRA 1918, 59–62.

— Zur Erinnerung an Albrecht Spitz. – JbRA 1918, 161–170. – Bespr. GZ 26/131. S. a. VRA 1918, 243.

— Prof. Carl Diener †. – VBA 1928, 89–93.

— Josef Bayer †. – VBA 1931, 191–192.

Angel F. Cornelius Doelter †. – Mitt. Natwiss. Ver. f. Steiermark, 69, 1932, 84–85.

Angerer H. Friedrich Ratzel †. – Carinthia II, 1904, 213–217.

— Ferdinand Freiherr v. Richthofen †. – Carinthia II, 1906, 35–36.

— Geoplast Paul Oberlercher †. – Carinthia II, 1915, 1–4.

Arbenz P. Vorwort zur Festschrift Albert Heim, gewidmet zur Vollendung seines siebzigsten Lebensjahres den 12. April 1919. – Vierteljschr. Natf. Ges. Zürich, 64, 1919, röm. 3–4, 1 Bild.

Arthaber G. v. Gedächtnisrede z. Erinnerung an C. Diener. – Mitt. Geol. Ges. Wien, 21, 1928, 14 S. Mit Litverz.

— Karl Diener † (6. 1. 1928). – Neue Freie Presse, 7. 1. 1928.

Backlund H. G. Friedrich Becke †. – Geol. Fören. i Stockholm, Förhandl., 53, Maj-Okt. 1931, 329–337.

Baldus R. Ein Münchner Mathematiker und Gletscherforscher. Sebastian Finsterwalder zu seinem 70. Geburtstag. – Münchner Neueste Nachr., Nr. 269 v. 3. 10. 1932, 4 Sp.

Barth Hanns. Franz Keil zum Gedächtnis. (Anläßlich der 101. Wiederkehr seines Geburtstages.) – Z. DÖAV, 1923, 15–20, 1 Bild.

Bayer J. Eduard Brückner †. – Die Eiszeit, 4, 1927, 129.

Becke F. Ferdinand Löwl. – Mitt. Geol. Ges. Wien, 1, 1908, 372–374.

— Friedrich Martin Berwerth. – Mitt. Wiener Min. Ges., Nr. 81, 1921, 4–5; Tscherm. Min. u. petr. Mitt., 35, 1922.

— Gustav Tschermak zur Erinnerung. Gedenkrede v. 23. 11. 1927, Univ. Wien. – Tscherm. Min. u. petr. Mitt., 39, 1928, röm. 1–10.

Becker Fr. Zur Erinnerung an Hans Konrad Escher von der Linth und sein Lebenswerk. – Sepabdr. ill. Z. „Die Schweiz", 15, Juni 1911, 4 S.

Bilger F. Robert Sieger, Rector magnificus 1925–26. – Beitr. z. Gesch. d. Karl-Franzens-Univ. zu Graz, 1927, 39–44.

Blaas J. Adolf Pichler und die Geologie Tirols. Ein Blatt zu seinem Ehrenkranz. – Innsbrucker Nachr., Nr. 151 v. 5. 7. 1899.

— Dem Andenken Mojsisovics'. – Innsbrucker Nachrichten, Nr. 230 v. 7. 10. 1907.

— E. Suess und die Geologie Tirols. – Innsbrucker Nachr., Nr. 101 v. 5. 5. u. Nr. 102 v. 6. 5. 1914.

Böhi A. Verzeichnis der Publikationen von Albert Heim. – Festschr. z. 70. Gebtg A. Heims, Vierteljschr. Natf. Ges. Zürich, 64, 1919, 499–518. – Bespr. GZ 24/1669.

Böhm A. v. Zur Biographie Friedrich Simonys. – Wien (Lechner) 1899, 62 S.

— Zur Erinnerung an Franz von Hauer. – Abh. Geogr. Ges. Wien, 1, 1899, 91–118.

— Eduard Suess †. – PetMitt., 60, 1914, Juni-H., 1 S.

Böhm. K. E. v. Schafhäutl. – Bayr. Industrie- u. Gewerbeblatt, München 1890.

Bonomi L. Naturalisti, medici e tecnici Trentini. Contributo alla storia della Scienza in Italia. (Biogr. u. Schriftenverz.) – Trento (Scotoni) 1930, 222 S., zahlr. Abb.

Branca W. Viktor Uhlig †. – Z. DGeolGes., 63, 1911, B, Mber., 385–396. Mit Schriftenverz.

— Karl Alfred von Zittel †. – Z. DGeolGes., 1904, Mber., 1–7.

Broili F. August Rothpletz †. – Jb. Bayr. Ak. d. Wiss., München 1918, 59–65; Mitt. Geogr. Ges. München, 1918/19, 359–363.

— August Rothpletz zum Gedächtnis. – NJb. 1919, röm. 39–58, 1 Bild u. Schriftenverz. – Bespr. GZ 25/678.

— Joseph Felix Pompeckj, 10. Mai 1867 bis 8. Juli 1930. – Palaeontogr., 74, Stuttgart 1931, 3 S., m. Bild.

— Max Schlosser †. – Zbl. f. Min., Abt. B, 1933, 69–78, m. Schriftenverz.

Brückner E. F. A. Forel †. – Z. f. Glkde, 7, 1913, 65–72. Mit Verz. seiner Schriften ü. Gletscher.

— Prof. James Geikie †. – Z. f. Glkde, 9, 1915, 284–285.

— Robert Sieger †. – PetMitt., 72, 1926.

— Olinto Marinelli †. – Z. f. Glkde, 15, 1927, 150.

Bruhns K. Chr. Alexander von Humboldt, eine wissenschaftliche Biographie. (Schriftenverz. v. Löwenberg.) – Leipzig 1872, 3 Bde.

Brum-Neeregard. Dolomieus Tagebuch seiner letzten Reise durch die Schweiz. Mit einer Charakteristik Dolomieus von Eymar. – Deutsch v. Karsten, Berlin 1802.

Brunlechner A. Oberbergrat Ferdinand Seeland †. – Carinthia II, 1901, 33–42. Mit Bild u. Schriftenverz.

Burckhardt C. u. **Waitz P.** Emil Böse †. – Zbl. f. Min., Abt. B, 1928, 207–208.

Buxtorf A. Dr. Fortunat Zyndel 1882–1917. – Verh. Schw. Natf. Ges., 99. Jvers. Zürich 1917, Aarau 1918, I. Nekrologe und Biographien, 86–96. Mit Publ.-Verz. – Bespr. EgH 16, 1921, 299; GZ 25/523.

— † Dr. Fortunat Zyndel. – Bündn. Monatsblatt, Chur 1918, 209–218.

Conrad V. Eduard Brückner †. – Gerlds Beitr. z. Geophys., 17, 1927, 169–170.

Cornelius H. P. Gustav Steinmann †. – VBA 1929, 233–235.

— Pierre Termier †. – VBA 1931, 97–98.

D'Achiardi G. Ettore Artini. – Boll. R. Uff. geol. d'It., v. 53, 1928, n. 13, 16 S., 1 Bild, Schriftenverz.

— Emilio Repossi. – Boll. R. Uff. geol. d'It., v. 57, n. 7, Roma 1932, 1–12, mit Bild u. Schriftenverz.

Dacqué E. Gedenken an Max Schlosser. – Münchner Neueste Nachr., Nr. 220 v. 14. 10. 1932, 2 Sp.
Dainelli G. Olinto Marinelli e la sua opera geografica. – Udine 1927, 42 S. Mit Bibl.
Dalla Torre K. W. v. Professor A. v. Pichler als Naturforscher. – TB, Nr. 147–152 v. 30. 6.–6. 7., Innsbruck 1899, 28 S. Mit Verz. seiner Werke.
Dana E. Hofrat Dr. Gustav Tschermak. – Amer. J. Sci., 14, 1927, Nr. 79, p. 87.
— Hofrat Prof. Dr. Gustav Tschermak, 1836–1927. – The Am. Min., 12, 1927, 293.
Daneš J. V. Jovan Cvijić. – Editions spéciales de la societé de géographie de Belgrade, H. 1, Beograd 1927, 1–56. Mit Litverz. – Bespr. GZ 38/928.
Decandole A. P. Horace Benedict de Saussure, Life and writings. – Journ. Nat. Philos., London 1799. S. a. Bücherverzeichnis DÖAV.
Dechen H. v. Leopold von Buch. – Vortrag, Gen.-Vers. Nat. Ver. f. d. Preuß. Rheinprov. u. Westf. in Andernach 1874; Korrespondenzbl. Nr. 2, 41–59. – Bespr. NJb. 1874, 784.
De Marchi L. Olinto Marinelli †. – Atti Acc. Sc. Ven.-Trent.-Istr., s. 3, v. 18 (1927), Padova 1928, röm. 11.
Diener C. Zur Erinnerung an Friedrich Simony. – Mitt. Geogr. Ges. Wien, 39, 1896, 761–769.
— Friedrich Simony. – Österr. Alpenztg, 37, 917.
— Zur Erinnerung an K. A. v. Zittel. – Blge z. Wiener Ztg, Jänner 1904.
— † Edmund von Mojsisovics. – Mitt. DÖAV, 1907, 245–247.
— Edmund v. Mojsisovics. Eine Skizze seines Lebensganges und seiner wissenschaftlichen Tätigkeit. – Beitr. z. Pal. u. Geol. Ö.-U. u. d. Or., 20, H. 4, Wien u. Leipzig 1907, 272–284. Mit Bild u. Schriftenverz.
— Ferdinand Löwl †. Sein Leben und seine wissenschaftliche Tätigkeit. – Geogr. Z., 14, 1908, 425–427.
— † Friedrich Teller. – Zbl. f. Min., 1913, 119–122.
Dietrich B. Alexander Supan. – Geogr. Z., 27, 1921, 193–198.
Dietrich W. O. Joseph Felix Pompeckj, 10. Mai 1867 bis 8. Juli 1930. – Geol. u. Pal. Abh., NF, 18 (22), Jena 1931, 3, röm. 1–10, m. Bild.
Dittler E. Cornelio Doelter †. – Zbl. f. Min., Abt. A, 1930, 476–477.
— Cornelius Doelter. Der Nestor der österreichischen Mineralogen. Nachruf. – Neue Freie Presse, Wien, 13. 8. 1930.
Dreger J. Zur Erinnerung an Dr. Leopold Tausch von Glöckelsthurn. – JbRA, 48, 1898, 719–724.
Dreyer A. Matthias von Flurl. – Sammler, 89, 64.
— u. **Malek A.** Julius v. Payer. – Mitt. DÖAV, 1915, 184–187.
Dreyer A. A. v. Rothpletz †. – Mitt. DÖAV, 1918, 19–20; Mitt. Fremdenverk.-Ver. München, 13, 1.
— Ein alpiner Tiroler Dichter. Zum 100. Geburtstag Adolf Pichlers, 4. Sept. 1919. – Mitt. DÖAV, 1919, 93–94.
— Adolf Pichler und die Alpen. – Mitt. DÖAV, 1925, 281.
— Eduard Suess. Zu seinem 100. Geburtstage (20. August 1931). – Deutsche Alpenztg, 26, 1931, 261–263, m. Abb.
— Der Begründer der physischen Geographie des Hochgebirges. Zum 200. Todestage J. J. Scheuchzers (23. Juni 1933). – Mitt. DÖAV, 1933, 148.
Drygalski E. v. Gedächtnisfeier für F. Frh. v. Richthofen. – Z. Ges. f. Erdkde Berlin, 1905, 675–697.
— Ferdinand Freiherr von Richthofen. (Schriftenverz. v. E. Tiessen.) – Leipzig 1906.
— Ferdinand von Richthofen und die deutsche Geographie. – Z. Ges. f. Erdkde Berlin, 1933, 88–97.
Enzinger M. Goethe und Tirol. – Innsbruck (Wagner) 1932, 168 S., 8 Bilder, mehr Abb. (Geol. 43–51). – Bespr. Mitt. DÖAV, 1932, 133; Tiroler Heimatblätter, 10, 1932, 155; Der Schlern, 13, 1932, 388; Heimat, Vorarlberger Mh., 1932, 160; Osttiroler Heimatblätter, 9, 1932, 32.
Erben W. Robert Sieger. – Alpenld. Monatshefte, 1926/27, H. 8. S. a. Neues Grazer Tagbl. v. 3. 11. 1926.
Fabris U. Il Conte Marzari Pencati nella storia della scoperta del litantrace nel Canale di Brenta. – Arch. per gli studi stor. di medic. e sc. nat., Nr. 4, Napoli, ottobre 1926.
Fenoglio M. Emilio Repossi. – Giorn. di Chim. ind. e appl., 13, Milano 1931, 538, m. Bild.
— Necrologia di Emilio Repossi. – Boll. Soc. geol. it., v. 50, f. 2, Roma 1931, röm. 131–136, m. Bild.
Fink W. Oberbergdirektor Dr. Otto M. Reis. (Zu seinem Übertritt in den Ruhestand.) – In: Die Nürnberger Tiefbohrungen, ihre wissenschaftl. u. geotechn. Bedeutg. Von A. Wurm. Herausgeg. v. Bayer. Oberbergamt, München 1929, 45–50. Mit Schriftenverz. – Auszug: Pfälz. Museum – Pfälz. Heimatkde, 1930, H. 1, 18–20. – Bespr. GZ 42/1655.
Finsterwalder S. Adolf Blümcke †. – Z. f. Glkde, 9, 1915, 72–75.
— Eduard Brückner †. – Z. f. Glkde, 16, 1928, 1–9.
Fischer H. Albrecht Penck. – Geogr. Anzg., 19, Gotha 1918, 169–171.
Frauscher K. † Karl Alfred v. Zittel. – Carinthia II, 1903, 251–252.
Frei O. Hans Konrad Escher von der Linth (1767–1823). Lebensbild eines Republikaners. – 2. erw. Aufl., Zürich (Beer) 1925, 63 S., 2 K.
Fritsch K. Richard Wettstein †. – Mitt. Natwiss. Ver. f. Steiermark, 69, 1932, 95–96.
Garwood E. J. François Alphonse Forel, 1841–1910. – Quarterly Journ, 69, Nr. 273, London 1913, röm. 57–60.
Geyer G. Zur Erinnerung an Friedrich Teller. – JbRA 1913, 193–206. Mit Litverz.
— Hofrat Dr. Gustav Adolf Koch †. – VStA 1921, 97–100. Mit Litverz.
— Michael Vacek †. – JbBA 1925, 237–247. Mit Litverz. – Bespr. Studi Trent. Sc. Nat., 7, 1926, 184.
— Professor Dr. Karl Diener †. – Mitt. DÖAV, 1928, 69–70.
— A. Böhm-Böhmersheim. – VBA 1930, 229–232.
Goldschmidt V. F. Becke †. – Nachr. Ges. d. Wiss. Göttingen, 1932, 70–73.
Gortani M. Torquato Taramelli. – Boll. Soc. geol. it., 41, Pisa 1923, röm. 58–64.
— Annibale Tommasi. – Boll. Soc. geol. it., 41, Pisa 1923, röm. 65–68. – Bespr. GZ 37/1580.
— Olinto Marinelli. – Boll. Soc. geol. it., v. 45, f. 2, Roma 1926, röm. 62–65.
Götzinger G. Die Phosphate in Österreich. (Rudolf Willner zum Gedächtnis.) – Mitt. Geogr. Ges. Wien, 1926, 126–156.
— Rudolf Willner. Zur Erinnerung. – N. Wr. Tagbl., 6. August 1926.
— Dr. Rudolf Willner, der Organisator der österreichischen Höhlenwirtschaft. – Linzer Tagespost, 7. August 1926.
— R. Willner †. – VBA 1926, 203–206.
— † Rudolf Willner. – Mitt. über Höhlen- u. Karstforschung, Berlin 1927, H. 2, 71.

Gregory J. W. Richard Armin Baltzer. – The anniversary address of the President, Aubrey Strahan. – Quart. Journ., 70, p. 1, Nr. 277, London 1914, röm. 66.
Groth P. Nachruf auf C. W. v. Gümbel. – 7. Allgem. deutsch. Bergmannstag, München (Straub) 1898.
Günther S. A. v. Humboldt u. L. v. Buch. – Geisteshelden, 39, Berlin 1900, 271 S., 2 Taf.
— Eduard Richter. – Mitt. Geogr. Ges. München, 1, 1905, 371–392, 1 Bild.
— Die Bedeutung Zittels † für die Wissenschaft. (Vortr.) – Mitt. Geogr. Ges. München, 1, 1905, 306–307.
— Lebensbilder von E. Richter u. F. Frh. v. Richthofen. – Geogr. Studien, Stuttgart 1907, 172 S.
Häberle D. Prof. Dr. August Rothpletz. – Pfälz. Museum – Pfälz. Heimatkunde, 1930, H. 1, 16–17. – Bespr. GZ 42/1679.
Haidinger W. v. M. Hoernes †. – N Jb. 1869, 127.
Hammer W. Friedrich Teller †. – Mitt. Geol. Ges. Wien, 6, 1913, 168–171.
— Zur Erinnerung an Eduard Reyer †. – VRA 1915, 99–105.
— Cornelius Doelter †. – VBA 1930, 213–214.
— Zur Erinnerung an Emil Tietze. – JbBA 1931, 403–446, 1 Bild.
— Emil Tietze †. – Mitt. Geol. Ges. Wien, 24, 1931, Wien 1932, 134–136.
— Georg Geyer zum 75. Geburtstage. – Forsch. u. Fortschr., 8, 1932, 75–76.
Hantzsch V. Ratzel-Biographie, 1867–1905. Verz. der selbständigen Werke, Abhdlgen u. Bücherbesprechungen. – München-Berlin 1906.
Harms W. Rütimeyer Ludwig. – Handwörterbuch der Naturwissenschaften, 8, Jena 1913, 528.
Hassert K. Friedrich Ratzel. Sein Leben und Wirken. – Geogr. Z., 11, 1905, 305–325, 361–380.
Hauer F. R. v. Zur Erinnerung an Wilhelm Haidinger. – JbRA 1871, 31–40.
— Zur Erinnerung an Dr. Ami Boué. – JbRA 1882, 1–6.
Heer J. J., Schröter C., Stierlin G. u. Heer G. Oswald Heer, Lebensbild eines Naturforschers. – Zürich 1885–1887, 144 u. 693 S., 2 Taf. u. Bild. – Bespr. Mitt. DÖAV, 1886, 232; 1888, 60; The geological Mag., d. 3, v. 5, London 1888, 277; Natur, Halle 1888, 359, 490, 527; PetMitt., 35, 1889, Litber., 11.
Heer O. Hans Conrad Escher von der Linth als Gebirgsforscher. (Vortr.) – Zürich 1871, 29 S. – Bespr. N Jb. 1872, 237.
— Arnold Escher von der Linth, Lebensbild eines Naturforschers. – Zürich 1873, 385 S. – Bespr. N Jb. 1874, 106.
Heim Alb. Prof. Dr. Arnold Escher v. d. Linth. – Verh. Schw. Natf. Ges. Schaffhausen, 1874, 362–367.
— Erinnerungen an Arnold Escher v. d. Linth. (Rede.) – Verh. Schw. Natf. Ges., 79. Jvers., Zürich 1896, 1–26.
Helmolt F. Kleine Schriften von F. Ratzel. – München-Berlin (Oldenbourg) 1906. Mit Schriftenverz.
Hennig E. Joseph Felix Pompeckj. – Zbl. f. Min., B, 1930, 353–366, m. Bild.
Heritsch F. Vinzenz Hilber †. – VBA 1931, 241–242.
Hess H. Adolf Blümcke †. – Mitt. DÖAV, 1914, 249–250.
— Sebastian Finsterwalder. – Z. f. Glkde, 20, 1932, röm. 13–16.
Hettner A. Ferdinand von Richthofens Bedeutung für die Geographie. – Geogr. Z., 12, 1906, 1–11.
Himmelbauer A. † Gustav Tschermak. – VBA 1927, 149–151.
— Friedrich Becke †. – VBA 1931, 239–241.
— Zur Erinnerung an Friedrich Becke. (Gedenkrede.) – Z. f. Krist., Abt. B, Min. u. Petr. Mitt., 42, Leipzig 1932, 3. u. 4. H., röm. 1–8.
Hirschi H. Prof. Dr. U. Grubenmann 1850–1924. – Schw. Min. u. Petr. Mitt., 4, Zürich 1924, 1 S.
Hoffinger I. v. Zur Erinnerung an Wilhelm R. v. Haidinger. – Wien (Selbstverl.) 1873, 21 S.
Hoernes R. Zur Erinnerung an Constantin Freih. v. Ettingshausen. – Graz (Natwiss. Ver. f. Steiermark), 1898, 79–106. Mit Schriftenverz.
— Die Fortschritte der Geologie. – Festschr. Geogr. Ges. Wien, 1898, 119–131.
Hradil G. Max v. Isser †. – Innsbr. Nachr. v. 30. 1. 1928.
Hummel K. August Wilhelm von Klipstein, Geologe, 1801–1894. – Hess. Biographien, 3, Lfrg 1, 63–68. – Bespr. GZ 39/844.
Jakob G. B. Hacquet und die Erforschung der Ostalpen und Karpaten. – München 1913, 126 S., 3 K.
— Belsazar Hacquet, Leben und Werke. – In Sammlung: Große Bergsteiger (H. Fischer), München (Bergverlag R. Rother) 1931. – Bespr. Mitt. DÖAV, 1931, 72.
Janensch W. Joseph Felix Pompeckj †. – Sber. Ges. Natf. Freunde Berlin (1930), Berlin 1931, 281–286.
Jenny E. Zum 80. Geburtstage von Albert Heim (12. April 1929). – Die Alpen, 5, Nr. 4, Chron., 67–69.
— Gottlieb Studer, Über Gletscher und Gipfel. Mit Lebensbild. – Erlenbach-Zürich (E. Rentsch) 1931. Illustr. – Bespr. Mitt. DÖAV, 1932, 78.
Jentzsch A. Gedächtnisrede auf Oswald Heer. – Schriften d. phys.-ökon. Ges. Königsberg i. Pr., 25, Königsberg 1885, 1–26.
John C. v. Zur Erinnerung an Freiherrn Heinrich von Foullon-Norbeck. – JbRA 1897, 1–20. Mit Litverz.
Kaisin F. Pierre Termier †. – Rev. d. Question Sc., s. 4, t. 18, 1930, 442–443. – Bespr. GZ 52 A/297.
— L'oeuvre scientifique de Pierre Termier, 1859–1930. – Rev. d. Questions Sc., s. 4, t. 21, 1932, 5–32. – Bespr. GZ 52 A/2200.
Kerner F. v. Zur Erinnerung an Guido Stache. – JbStA 1921, 85–100. Mit Litverz.
Kieslinger A. C. Diener †. – Reichspost (Wien) v. 8. 1. 1928.
— Das Lebenswerk Carl Dieners. – Der Geologe, Leipzig (M. Weg) 1928, Nr. 43 u. 44, 1123–1132, 1201–1218. Mit Litverz.
Killias E. Professor Dr. Oswald Heer. – Jber. Natf. Ges. Grbd., NF, 27, Chur 1884, röm. 17–20.
Kittler Chr. Alois Geistbeck †. – Geogr. Z., 32, 1926, 6–8.
Klebelsberg R. v. Dr. Albrecht Spitz †. – Mitt. DÖAV, 1918, 127–128.
— P. Vinzenz Gredler als Naturforscher. – Der Schlern, 4, 1923, 272–274.
— Otto Ampferer, Wilhelm Hammer zum 25jährigen Doktorjubiläum der beiden hervorragenden Tiroler Alpengeologen. – Innsbr. Nachr. v. 19. 7. 1924.
— Auszeichnung zweier Männer des Alpenvereins. (S. Finsterwalder u. A. Penck.) – Mitt. DÖAV, 1927, 145–146.
— Zum 70. Geburtstag Albrecht Pencks. – Mitt. DÖAV, 1928, 181–182.
— Albrecht Pencks 70. Geburtstag. – Der Schlern, 9, 1928, 475.

— Erinnerung an einen Dolomitenforscher. (A. v. Klipstein.) - Der Schlern, 10, 1929, 205.
— Josef Damian †. - Der Schlern, 11, 1930, 245–247; 12, 1931, 159; Mitt. DÖAV, 1930, 151.
— Prof. Dr. Hans Heß, 45 Jahre ostalpiner Gletscherforschung. - Mitt. DÖAV, 1932, 118.
— Sebastian Finsterwalder. Zum 4. Oktober 1932. - Mitt. DÖAV, 1932, 250–252.
— Die Dolomitengeologin Maria M. Ogilvie-Gordon. - Der Schlern, 13, 1932, 492–496, 1 Bild.
— Dr. Karl Meusburger, dem Priesterjubilar. - Der Schlern, 14, 1933, 50–51.
— Albrecht Penck 50 Jahre beim Alpenverein. - Mitt. DÖAV, 1934, 212–213.
Knapp Ch. F. A. Forel. - Bull. Soc. Neuchât. Géogr., 21, 1911/12, Neuchâtel 1912, 170–172.
Kober L. Viktor Uhlig †. - Mitt. Natwiss. Ver. Univ. Wien, 9, 1911, Nr. 6 u. 7, 93–96.
— Gustav Steinmann. Ein Nachruf. - Mitt. Geol. Ges. Wien, 22, 1929, Wien 1930, 153–155.
Koch G. A. Franz R. v. Hauer † (30. 1. 1822–20. 3. 1899). - Wiener landwirtsch. Ztg, 1899.
Köhler A. Verzeichnis der Arbeiten F. Becke's, nach Jahren geordnet. - Tscherm. Min. u. petr. Mitt, 38, 1925, röm. 7–19.
Koller. Ettingshausen zum Gedächtnis. - Mitt. Natwiss. Ver. f. Steiermark. 69, 1932, 85–87.
Koutek J. Pierre Termier. - Věda přírodní, 12, Praha 1931, 17–18. (Tschechisch.) - Bespr. GZ 47 A/1269.
Krebs N. Ferdinand von Richthofen als Forscher und Lehrer. - Berliner Geogr. Arbeiten, H. 5, Stuttgart (Engelhorn) 1933, 5–9.
Krehbiel A. Franz Joseph Hugi in seiner Bedeutung für die Erforschung der Gletscher. - Inaugdiss., Erlangen (Brügel) 1902, 92 S., 2 K.; Münchner Geogr. Studien, 12, 1902, 88 S., 2 K.
Kyrle G. Alois Menghin † (1918). - Wr. Prähist. Z., 5, 1918, 98–99.
Lagally M. S. Finsterwalder zum 70. Geburtstag. - Z. f. Glkde, 20, 1932, röm. 17–21.
Lampe F. Ferdinand von Richthofen. - Natwiss. Wochenschr., 1903.
Lamplugh G. W. August Rothpletz. - The anniversary addrus of the president. - Quart. Journal, v. 75, Nr. 297, London 1920, röm. 56–57.
Laube G. M. Hoernes †. - NJb. 1869, 127–128.
Laubmann H. Matthias von Flurl. - München 1919, 97 S., 2 Taf.
Lebling Cl. Friedrich Felix Hahn †. - Zbl. f. Min., 1915, 193–195. Mit Schriftenverz.
Lehmann J. Gerhard vom Rath †. - NJb. 1888/2, 15 S.
Leiter H. C. Diener †. - Mitt. Geogr. Ges. Wien, 71, 1928, 93–96.
Leppla A. Wilh. v. Gümbel. - Z. f. prakt. Geol., 1898, Vereinsmitt. Nr. 10, 375.
Lichtenecker N. Verzeichnis der Schriften Eduard Brückners †. - Z. f. Glkde, 16, 1928, 10–19.
Linck G. Goethes mineralogisch-geologische Grundideen. - Forschgen u. Fortschritte, 8, Berlin 1932, 94–97. - Bespr. GZ 47 A/1734, 1 B/1040.
Lorenzi A. Olinto Marinelli. Suoi meriti per la conoscenza delle Alpi del Friuli. - In Alto, 37, Udine, SAFr 1926, 49–69.
Lukas G. Eduard Richter. - Geogr. Z., 12, 1906, 121–135, 193–212, 252–277 u. Graz 1905, 30 S.
— Robert Sieger und die deutsche Schutzarbeit. - N. Grazer Tagblatt v. 3. 11. 1926.
— Robert Sieger. - Geogr. Anzeiger, 1927, H. 1.
Lutaud L. Emile Haug. - Revue de Géogr. phys. et de Géol. dyn., v. 1, f. 1, Paris 1928, 62–65.
Machatschek F. † Eduard Suess. - Geogr. Jber. aus Österreich, 11, 1915, röm. 15–19.
— Jovan Cvijić †. - PetMitt., 73, 1927, 102–103. Mit Litverz.
Malloizel G. Oswald Heer; bibliographie et table iconographique. (Nachweis über alle in den Werken Heers beschriebenen fossilen Pflanzen und Tiere.) - Stockholm und Berlin 1888.
Marek R. Eduard Richters Leben und Wirken. - Mitt. Geogr. Ges. Wien, 49, 1906, 161–244.
Mariani E. Prof. Torquato Taramelli. - Atti Soc. it. Sc. nat., 61, Milano 1922, 298–306.
— Discorso commemorativo su Antonio Stoppani ... 1927. - Boll. Soc. geol. it., v. 46, f. 2, Roma 1927, röm. 83–89.
Marschall O. Escher von der Linth, Arnold. - Handwörterbuch der Naturwissensch., 3, Jena 1913, 769.
Maull O. August v. Böhm †. - PetMitt., 76, 1930, 311–312.
Mayer R. Robert Sieger †. - Mitt. d. Natwiss. Ver. f. Steiermark, 63, 1927, röm. 18–23, 1 Bild.
Mayr J. K. Zur Erinnerung an Ferdinand Löwl. - Mitt. DÖAV, 1933, 100.
Mayr K. M. Kustos Georg Gasser †. - Der Schlern, 12, 1931, 248–249, 1 Bild.
— Dr. Wilhelm Pfaff. - Volksbote, Bozen, 14. 12. 1933. - Auszug: Tir. Heimatbl., 12, 1934, 195—196.
Mell A. Robert Sieger †. - Z. d. Hist. Ver. f. Steiermark, 24, 1928, 6 S.
Menghin O. Moritz Hoernes 1852–1917. - Wr. Prähist. Z., 4, 1917, 1–23, Schriftenverz. u. Bild.
Merlicek E. Österreichs Wasserbau. - Blätter f. Gesch. d. Technik, 1. H., Wien (Springer) 1932, 37–43, 3 Abb. (Enthält auch biogr. Angaben über Josef Duile.)
Metz F. Friedrich Ratzel. - Badische Biographien, 6. 1931, 537–543.
Meusburger K. Zum Gedächtnis eines heimischen Mineralogen. (Michael Junger.) - Der Schlern, 12, 1931, 350–352.
Millosevich F. Necrologia di Ettore Artini. - Boll. Soc. geol. it., v. 47, f. 2, Roma 1928, röm. 145–152.
Mojsisovics E. v. Arnold Escher von der Linth †. - VRA 1872, 294.
Morax R. F. A. Forel (1841–1912). - Arch. sc. phys. et nat. Genève, 4 pér., t. 34, 1912, 185–188.
Much M. Franz Foetterle †. - Mitt. Anthrop. Ges. Wien, 6, 1876, 160.
Multner R. Kustos Georg Gasser. - Dolomiten, 1927, Nr. 48.
Murr J. Nachruf für Prof. P. Julius Gremblich. - Neue Tiroler Stimmen, Nr. 195 v. 1905.
— Univ.-Prof. Dr. K. W. Dalla Torre. Eine Würdigung zum 2. Todestag am 6. April 1928. - Tir. Anzg., Nr. 71–73 v. 1929.
Naumann E. Zum 70. Geburtstage C. W. v. Gümbels. - Beil. Nr. 36 d. Allgem. Ztg, München, Nr. 42 v. 11. 2. 1893.
Neltner L. Pierre Termier (1859–1930). En souvenir. - La Montagne, 57, 1931, 295–304, m. Abb.
Niggli P. Ulrich Grubenmann (1850–1924). - Vierteljschr. Natforsch. Ges. Zürich, 69, 1924, 344–349; Verh. Schw. Natf. Ges., 105. Jvers. Luzern, II, Nekrologe 20–25, Publikationen, 25–29.
Nischer E. Österr. Kartographen. Ihr Leben, Lehren und Wirken. - Wien (Landkarte) 1925, 192 S., 8 Taf. (U. a. C. v. Sonklar.)
Nussberger G. Dr. Christian Tarnuzzer, 1860–1925. - Verh. Schw. Natf. Ges., 106. Jvers. Aarau, 1925, II. Teil, Nekrologe, 42–49 und Erweit. Jber. d. Natf. Ges. Grbd., NF, 64, Chur 1926, 7 S.

Oberhummer E. † K. W. v. Gümbel. – Mitt. DÖAV, 1898, 163.
— Robert Sieger zum Gedächtnis. – Almanach Ak. d. Wiss. Wien, 1927, 193–200.
— E. Brückner †. – Mitt. Geogr. Ges. Wien, 71, 1928, 5–19 u. PetMitt., 73, 1927, 224–225.
— Hofrat Dr. Emil Tietze, Ehrenpräsident der Geogr. Ges. Ein Nachruf. – Mitt. Geogr. Ges. Wien, 74, Wien 1931, 177–181, 1 Abb.
— Univ.-Prof. Dr. Eduard Brückner zum Gedächtnis. – Mitt. DÖAV, 1932, 113–114.
Obst E. Fritz Frech †. – PetMitt., 64, 1918, 29.
Oestreich K. Robert Sieger. Nachruf. – Tijdschr. v. h. Kon. Ned. Aardrijksk. Genootsch. Leiden, 2. Reihe, T. 44, Nr. 3, 1927, 377–382.
Parker R. L. Prof. Dr. U. Grubenmann †. – Zbl. f. Min., 1924, 379–381.
Parona C. F. Torquato Taramelli: cenni commemorativi. – Boll. Com. geol. d'It., v. 48, f. 8, Roma 1923, 37 S. – Bespr. GZ 37/1579.
— Olinto Marinelli. – Boll. Com. Glac. It., 7, Torino 1927, 5–7.
Partsch J. Carl von Sonklar †. – Mitt. DÖAV, 1885, 33–34.
Pasini L. Notizie sulla vita e sugli studi del Conte Giuseppe Marzari-Pencati. – Bibl. Ital., Milano 1836, v. 33.
Paulin K. P. Vinzenz Gredler. Erinnerungen zum 100. Geburtstag des Tiroler Naturforschers. – Innsbr. Nachr., Nr. 222 v. 29. 9. 1923.
Penck A. Melchior Neumayr †. – Mitt. DÖAV, 1890, 38–40.
— Friedrich Simony, Leben und Wirken eines Alpenforschers. Ein Beitrag zur Geschichte der Geographie in Österreich. – Geogr. Abh., 6, H. 3, 1898, 1–72, 22 Taf., 11 Fig. Mit Verz. der Schriften, Biogr. u. Nekrol.
— † Eduard Richter. – Mitt. DÖAV, 1905, 29–31.
— Walter Penck. 1888–1923. – Aus: Die Morph. Analyse, Vorwort, 1924.
— Zur Erinnerung an Franz von Wieser. – Veröff. d. Mus. Ferdin., H. 5, 1925, 27–28.
— Robert Sieger †. – Mitt. DÖAV, 1927, 5–6.
— Eduard Brückner. – Geogr. Z., 34, 1928, H. 2, 65–87. Mit Litverz.
— Ferdinand Freiherr von Richthofen. Zum 5. Oktober 1930. – Deutsche Rdsch., 1930, H. 2, 6 S.
— Eduard Suess. – Forsch. u. Fortschr., 7, 1931, 320.
— Richthofens Bedeutung für die Geographie. – Berliner Geogr. Arbeiten, H. 5, Stuttgart (Engelhorn) 1933, 15–17.
Peucker K. Friedrich Simony. (Geb. 30. Nov. 1813, gest. 20. Juli 1896.) – Geogr. Z., 2, 1896, 657–662.
Pfaff W. Studienrat Professor Dr. Josef Murr. – Der Schlern, 13, 1932, 147–148, 1 Bild.
Philipp H. Wilhelm Salomon-Calvi zum 65. Geburtstag (15. Febr. 1933). – Festschrift, Sonderband GR, 23a, Berlin 1933, röm. 7–12, 1 Bild.
Philippson A. Ferdinand von Richthofen als akademischer Lehrer. – Geogr. Z., 26, 1920, 257–272. Mit Lit. über Richthofen u. sein Wirken.
Pichl E. Univ.-Prof. Dr. August von Böhm †. – Mitt. DÖAV, 1930, 229–230.
Pöll J. Studienrat Professor Dr. Murr †. – Heimat, 13, Innsbruck 1932, 46–48.
Pompeckj J. F. Karl Alfred von Zittel. 25. Sept. 1839–5. Januar 1904. – Palaeontogr., 50, Stuttgart 1903–1904, 28 S., 1 Bild, Schriftenverz.
— Die Bedeutung Zittels † für die Wissenschaft. (Vortr.) – Mitt. Geogr. Ges. München, 1, 1905, 305–306.
— Nachruf auf August Rothpletz. – Z. DGeolGes., 70, B, Mber., Berlin 1918, 15–35. – Bespr. GZ 24/347.
— Fritz Frech. 16. 3. 1861–28. 9. 1917. – NJb. 1919, röm. 1–38, 1 Bild u. Schriftenverz.
— Fritz Frech. Gedächtnisworte an seinem Todestage. – Pal. Z., 10, 1928, 109–111.
Pošepny F. Obermayer A. v. †. Biographische Notizen. – Jber. d. Sonnblick-Ver., 23, 1914, Wien 1915.
Prem S. M. Adalbert Stifter u. Adolf Pichler. – Wiener Ztg, 1905, 253.
— Ad. Pichler. Leben und Schaffen. – München 1905, 43 S.
Quaresima E. Adolf Pichler nel Trentino. – Pro Cultura, 1, f. 6, Trento 1910, 375–398. – Bespr. Ebd. 2, 1911, 316.
Raguin E. Pierre Termier. 1859–1930. – Bull. Soc. géol. de France, 5, 1, Paris 1931, 69 S., 1 Bild.
Rath G. v. Friedrich Pfaff (1825–1886). – NJb. 1887/1, 6 S.
Rehlen R. Geheimer Rat Prof. Dr. Sebastian Finsterwalder. Zu seinem 70. Geburtstag. – Z. f. Glkde, 20, 1932, röm. 9–12.
Reichensperger A. Aus dem Leben von Louis Agassiz. – Bull. Soc. frib. Sc. nat., v. 28, 1927, 84–86.
Reindl J. August Rothpletz †. – Geogr. Anzg., 19, Gotha 1918, 159.
Reis O. M. Dr. C. Wilh. v. Gümbel. – Österr. Z. f. Berg- u. Hüttenw., Beil., Vereinsmitt. Nr. 7 v. 23. 7. 1898.
— L. v. Ammon †. – Geogn. Jh., 35, 1922 (1923), 240–246.
Reishauer H. † Friedrich Ratzel. – Mitt. DÖAV, 1904, 189–190.
— Friedrich Ratzel und die Alpenforschung. – Jber. S. Leipzig DÖAV, 1905.
Richter E. † Friedrich Simony. – Mitt. DÖAV, 1896, 174–175.
— † Anton v. Ruthner. – Mitt. DÖAV, 1897, 287–288.
— Emanuel Kayser †. – GR 19, 1928, 155–160.
Riedel L., Stach E., Solger F. u. Roethe O. Dem Andenken an Joseph Felix Pompeckj. – Berlin 1930, 29 S., m. Bild.
Rose G. Erinnerung an Haidinger. – 1871.
Rothpletz A. Oswald Heer. – Bot. Zbl., 1884.
— K. A. v. Zittel. – Beil. z. Münch. Allgem. Ztg v. 14. 1. 1904; München 1905, 23 S.; Mitt. DÖAV, 1904, 2–3; Gedächtnisrede Sitzg Bayr. Ak. d. Wiss., 15. 3. 1905.
Rotky O. Nachruf Dr. G. Tschermak. – Mitt. Geol. Ges. Wien, 20, 1927 (1928), 115.
— Nachruf E. Brückner. – Mitt. Geol. Ges. Wien, 20, 1927 (1928), 115–116.
— Nachruf V. Pollack. – Mitt. Geol. Ges. Wien, 20, 1927 (1928), 117.
Rüdiger H. Julius von Payer †. – Mitt. Geogr. Ges. München, 11, 1916, 282–287.
Rütimeyer L. Prof. Bernhard Studer, gest. 2. Mai 1887. – NJb. 1887/2, 12 S.
Salomon-Calvi W. Rothpletz August. (Biogr.) – Deutsches Biographisches Jahrbuch, II (1917–1920) 317–319.
Schaltegger F. Franz Alfons Forel †. – Schr. d. Ver. f. Gesch. d. Bodensees u. s. U., 42. H., Lindau 1913, röm. 17–20, 1 Bild.
Schinz J. J. u. H. U. Grubenmann zum 70. Geburtstag. Verzeichnis seiner Schriften. – Vierteljschr. Natf. Ges. Zürich, 65, 1920, 93–99.
Schmidt C. Ludwig Rütimeyer als Gebirgsforscher. – Jb. SAC, 31, Bern 1896, 285–295, 1 Bild.
— Verzeichnis der Publikationen von Prof. L. Rüti-

meyer. – Actes d. l. Soc. helv. d. sc. nat., 78e sess., Sion 1896, 245–256.

— Worte der Erinnerung an Dr. Gottlob Niethammer, Dr. Fortunat Zyndel und Dr. Andreas Gutzwiller. – Verh. Natf. Ges. Basel, 29, Basel 1918, 105–121 (mit Publverz.). – Bespr. GZ 25/193.

Scholz J. † Ferdinand v. Richthofen. - Mitt. DÖAV, 1905, 235.

Schröter C. Oswald Heer. – Verh. Schw. Natf. Ges. Zürich, 1883, 165–190.

— u. **Wolf R.** Oswald Heer, Nekrolog. – Vierteljschr. Natf. Ges. Zürich, 28, Zürich 1883, 298–319.

Schröter C. Oswald Heer als Gebirgsforscher. (Vortrag.) – Jb. SAC, 25, Bern 1890, 412–447.

Schuchert Ch. Emil Böse 1868–1927. – Amer. J. Sci., 15, 1928, 88.

— Carl Diener 1862–1928. – Amer. J. Sci, 1928, 453.

Schwimmer J. Schulrat Dr. Josef Murr. Eine Widmung zu seinem 60. Geburtstage. – Vierteljschr. f. Gesch. u. Ldskde Vorarlbergs, 7, 1923, 45–49.

Scudder. Oswald Heer. – Science, 1883, Nr. 39, 583–586 mit Bild.

Seidel H. B. Hacquet. (Lebensbild.) - Globus, 95, 17.

Seidlitz W. v. Gustav Steinmann †. – Forsch. u. Fortschr., 6, 1930, 29.

— Das Antlitz der Erde. (Zu Ed. Suess' 100. Geburtstag am 20. Aug. 1931.) – Die Natwiss., 19, 1931, 761–764. – Bespr. GZ 46 A/1153.

— Bernhard v. Cotta. – Handwörterbuch d. Natwiss., röm. 2, 1933, 768.

— Arnold Escher v. d. Linth. – Handwörterbuch d. Natw., röm. 3, 1933, 882.

— Ferdinand v. Richthofen. – Handwörterbuch der Natwiss., röm. 8, 1933, 585—586.

— Josef Felix Pompeckj. – Handwörterbuch d. Natwiss., röm. 8, 1933, 30–31.

Sieger R. Friedrich Ratzel. – Mitt. Anthrop. Ges. Wien, 35, 1905, 120–122.

Simon L. Alois Geistbecks Lebenswerk. – Pädagog. Reihe, Nr. 2, herausgeg. vom Verband bayerischer Philologen, München u. Berlin (Oldenbourg) 1930, 28 S. Mit Schriftenverz.

Simony F. Über das Leben und Wirken des Geographen G. M. Vischer v. J. Feil. – Mitt. Geogr. Ges. Wien, 1858, Ber., 29.

Singer M. Professor Vinzenz Pollack †. – VBA 1927, 181–184. Mit Verz. seiner Werke.

Sölch J. Franz v. Wieser †. – Geogr. Z., 30, 1924, 1–6.

— Robert Sieger †. – Geogr. Z., 33, 1927, 305–313. S. a. Geogr. Anzg., 1924.

Solger F. Joseph Felix Pompeckj †. – Forsch. u. Fortschr., 6, Berlin 1930, 301.

Spangenberg K. Cornelio Doelter. – Handwörterbuch d. Natwiss., II, 1933, 1116.

Spencer L. J. Biographical notices of mineralogists recently deceased (5th Series). – Min. Mag., 6, 1933, v. 23, Nr. 141, 337–366. – Bespr. GZ 51 A/482.

Spengler E. Rudolf Hoernes. – Mitt. Geol. Ges. Wien, 5, 1912, 309–323.

— Franz Wähner †. – Natw. Z. Lotos, 80, Prag 1932, 134–136; Annalen Nathist. Museum, 46, Wien 1932/33, 309–312.

Sperlich A. Dalla Torre als Botaniker. – Ber. Natw.-med. Ver. Innsbruck, 41, 1929, röm. 17.

Srbik R. R. v. Ein Bahnbrecher der Tiroler Geologie. Zu Adolf Pichlers 30. Todestag. – Innsbr. Nachr. v. 15. 11. 1930.

— Adolf Pichler als Geologe. – Tiroler Heimatblätter, 8, H. 11, Innsbruck 1930, 358–365.

— Adolf Pichler als Geologe (1819–1900). Hiezu Schriftenverz. u. ein Anhang. – Ber. Natw.-med. Ver. Innsbruck, 42, 1931, 56 S. – Bespr. Mitt. DÖAV, 1932, 106; GZ 53 A/241.

— Josef Blaas. Ein Gedenkblatt zum 80. Geburtstag. – VBA 1931, 193–200. Mit Schriftenverz.

— Der Tiroler Geologe Professor Josef Blaas. – Tiroler Heimatblätter, 9, H. 4, 1931, 114–121. – Auszug: Neueste Ztg, Innsbruck 1931, Nr. 98 v. 29. 4. – Bespr. GZ 45/1104.

— Goethe und die Geologie. – GR 23, 1932, 1–12. – Auszug: Innsbr. Nachr., Nr. 67 v. 22. 3. 1932. – Bespr. GZ 48 A/317.

Steinmann G. Die Geologie an der Wiener Universität in den letzten 50 Jahren. Ein Blatt des Glückwunsches und der Gedächtnisses. (Ed. Suess u. V. Uhlig.) – GR 2, 1911, 367–372, 2 Abb.

Steuer A. Dalla Torre als Zoologe. – Ber. Natw.-mediz. Ver. Innsbruck, 41, 1929, röm. 15–17.

Stromer C. v. Max Schlosser. – Münchener Ztg, Nr. 282 v. 13. 10. 1932.

Suess F. E. Viktor Uhlig. Ein Bild seiner wissenschaftlichen Tätigkeit. – Mitt. Geolog. Ges. Wien, 4, Wien 1911, 449–482.

— Eduard Reyer †. – Mitt. Geol. Ges. Wien, 7, 1914, 327–329. Mit Litverz.

— Friedrich Martin Berwerth †. – VRA 1918, 244–247.

— Friedrich Becke. – Mitt. Geol. Ges. Wien, 24, 1931, Wien 1932, 137–146.

Suter H. Prof. Dr. Herm. Schardt zu seinem 70. Geburtstag am 18. Juni 1928. – Vierteljschr. Natf. Ges. Zürich, 73, 1928, 17 S. – Bespr. GZ 44/289.

— Prof. Dr. Hans Schardt (1858–1931). – Verh. Schw. Natf. Ges., La Chaux de Fonds 1931, 411–422, Schriftenverz. u. Bild.

Szombathy J. Moritz Hoernes. – Mitt. Anthrop. Ges. Wien, 47, 1917, 144–151.

Taramelli T. Commemorazione di A. Stoppani. – Boll. Soc. geol. ital., v. 30, f. 4, Roma 1912, röm. 194–227.

Tarnuzzer Chr. Oberbergrat Prof. Dr. W. von Gümbel, München. – Jber. Natf. Ges. Grbd., NF, 42, Chur 1899, röm. 10–15.

— Dr. Fortunat Zyndel. – Jber. Natf. Ges. Grbd., NF, 57, 1916/17, Chur 1917, röm. 14–16.

Tatarinoff E. François Alphonse Forel, 12. Febr. 1841 bis 12. Aug. 1912. Aus der Biographie verfaßt von Prof. Dr. Henri Blanc. – 5. Jber. Schw. Ges. f. Urgeschichte, 1912, Zürich 1913, 41–47. Publikverz. über Urgesch.

Teppner W. Hilber Vinzenz †. – Mitt. Natwiss. Ver. f. Steiermark, 69, 1932, 87–89.

Tietze E. Zum siebzigsten Geburtstag Franz v. Hauers. – Mitt. Geogr. Ges. Wien, 1892, 77–79.

— Nachruf für Dr. Alexander Bittner. – VRA 1902, 165–170.

— Ansprache bei der aus Anlaß der Errichtung der Eduard Suess-Stiftung am 12. Mai 1902 im Festsaale der Universität in Wien abgehaltenen Feier. – Beitr. zur Pal. u. Geol. Österr.-Ung. u. d. Orients, 14, 1902, H. 3 u 4, 224–225.

— Nachruf für Ferdinand Frh. v. Richthofen. – VRA 1905, 309–318.

— Nachruf für Edmund von Mojsisovics. – VRA 1907, 321–331.

— Nachruf für Heinrich Prinzinger. – VRA 1908, 237–239.

— Nachruf für Friedrich Teller und Grabrede. – VRA 1913, 49–52.

— Todesanzeige von Eduard Suess. – VRA 1914, 177–178.

— Einige Seiten über Eduard Suess. Ein Beitrag zur Geschichte der Geologie. – JbRA 1916, 66, Wien 1917, 333–556. – Bespr. GZ 23/1165.
— Ansprache anläßlich der 70. Geburtstagsfeier von Michael Vacek. – VRA 1918, 219–221.
— Guido Stache †. – VStA 1921, 59–61.
Trauth Fr. Albrecht Spitz. Ein Blatt des Gedenkens. – Mitt. Geol. Ges. Wien, 11, 1918, Wien 1919, 257–262.
— Josef Bayer †. – Mitt. Geol. Ges. Wien, 24, 1931, Wien 1932, 147–149.
Vacek M. Zur Erinnerung an Dionys Stur. – JbRA 1894, 1–24. Mit Verz. seiner Werke.
— Franz Ritter von Hauer †. – VRA 1899, 119–126.
— Dr. Adolf v. Pichler. Todesanzeige. – VRA 1900, 333–334.
— Geheimrat K. A. v. Zittel †. – VRA 1904, 45–47.
Viollier D. † F. A. Forel. – Indicateur d'antiquités suisses, NF, 14, Zürich 1912, 99–100.
Voit v. Wilhelm Gümbel. Gedächtnisrede. – Sber. Ak. d. Wiss. München, 29, 1899, 281–314.
Vrba C. V. Ritter von Zepharovich † 24. 2. 1890. – NJb. 1890/2, 8 S. Mit Schriftenverz.
Waagen L. 75 Jahre Geologische Bundesanstalt. – Der Geologe, Nr. 36, Leipzig (M. Weg) 1925, 753–757.
Wahrmann S. Nachruf auf L. Rütimeyer. – Mitt. Anthrop. Ges. Wien, 26, 1896, Sber., 18.
Walde K. Studienrat Prof. Dr. Josef Murr †. – Innsbr. Nachr., Nr. 4 v. 7. 1. 1932, 1 Sp.
Wanner J. Gustav Steinmann †. Gedächtnisworte. – Zbl. f. Min., 1930, B, 1–8.
Wegelin H. Prof. Dr. Ulrich Grubenmann, 15. Apr. 1850–16. März 1924. – Mitt. Thurg. Natf. Ges., Frauenfeld 1924, 25. H., 243–246.
Wegener G. Zum Gedächtnis Ferdinand von Richthofens. – PetMitt., 79, 1933, H. 5/6, 135–136.
Wilckens O. Glückwunschschreiben der Geol. Vereinigg z. 65. Geburtstag u. Verz. d. wiss. Veröff. v. Gustav Steinmann (1877–1921). – GR 12, 1921, 99–108.
— Zur Erinnerung an Gustav Steinmann. – Paläont. Z., 12, 1930, 1–5.
— Gustav Steinmann. Sein Leben und Wirken. – GR 21, 1930, 389–415, 1 Bild. – Bespr. GZ 47 A/1057.
Winkler-Hermaden A. Vinzenz Hilber. – Mitt. Geol. Ges. Wien, 24, 1931, Wien 1932, 151–153.
Wüst E. Ludwig Rütimeyer (1825–1895), als Begründer der historischen Paläontologie. – Palaeont. Z., 8, 1927, 34–39.
Wutte M. Eduard Richter †. – Carinthia II, 1905, 37–48.
Zaunick R. Briefe Leopold von Buchs. – Der Geologe, Nr. 34, Leipzig (M. Weg) 1924, 669–674.
Želisko J. V. Geolog Dr. Emil Tietze. – Příroda, 24, Nr. 4, Brno 1931, 150.
— Mineralog Friedrich Becke (†). – Věda přirodní, 12, Prag 1931, 286–287. – Bespr. GZ 50/1650.
Zeller R. Eduard Brückner, 1862–1927. – Mitt. Natf. Ges. Bern a. d. J. 1927, 1928, 366–367.
Zittel K. v. Wilhelm v. Gümbel. – Münchner Neueste Nachr., Nr. 316 v. 13. 7. 1898.
— Über die wissenschaftl. Tätigkeit v. Gümbels. – Z. DGeolGes., 51, 1899, Verh., 78–82.
— Zur Literaturgeschichte der alpinen Trias. (Bittner-Mojsisovics.) – Schreiben an E. Suess. – Wien (Holzhausen) 1899, 4 S.
Zschokke F. F. A. Forel, Worte des Gedenkens. – Internat. Rev. d. ges. Hydrobiol. u. Hydrographie, 5, Nr. 2 u. 3, Leipzig 1912, 226–233; Vierteljschr. Natf. Ges. Zürich, 58, 1913, Zürich 1914, Nekrolog, 437–442.

Bo
Bodenkunde
und Kulturverhältnisse.

Adams H. Die Entwicklung und der heutige Stand der Moorforschung im Alpengebiet. – Abh. Nat. Ver. Bremen, 1932, v. 2, 18–42.
Agrogeologica. Le sezioni – e Fitopatologica del Museo di Storia Naturale di Trento. – Studi Trent. Sc. Nat., 11, 1930, 116–128.
Alpenflora. Atlas der –. Herausgeg. vom DÖAV (Dr. Palla), 2. Aufl. Graz 1897, 5 Bde, 500 Taf. Hiezu Handbuch: Die Alpenflora der österr. Alpenländer, Südbayerns und der Schweiz, 2. Aufl. München 1899, 270 S.
Alpenwirtschaft. Die – in den einzelnen Deutschtirolischen Gebieten: Unterinntal, Oberinntal, Lechtal, Eisack- und Pustertal. – Innsbruck 1882, 56 S.
Ampferer O. Geologische Karte der Lechtaler Alpen. 4 Bl. 1:25000. I. Klostertaler Alpen. II. Arlberggebiet. III. Parseierspitzgruppe. IV. Muttekopf-Heiterwand. – Mitarbeiter: Th. Benzinger, W. Hammer, O. Reithofer. – Hiezu ein Erläuterungsbuch, 125 S., 28 Farbzeichngen, 1 Taf. Wien (Geol. Bdsanst.) 1932. – Bespr. VBA 1933, 12; Tiroler Anzeiger, Nr. 47 v. 25. 2. 1933; Innsbrucker Nachr., Nr. 66 v. 20. 3. 1933; Alpenländer-Korrespondenz, Nr. röm. 14 v. 6. 4. 1933; Außferner Bote, Nr. 25 v. 1. 4. 1933; Heimat, Vorarlberger Monatshefte, 14, 1933, 69; Geogr. Z., 39, 1933, 181; Mitt. DÖAV, 1933, 100; NJb. 1932/3, 973; Tiroler Heimatblätter, 11, 1933, 223; GR 1933, 264; GZ 50 A/788; Z. f. prakt. Geol., 41, 1933, 151; Z. f. Geomorph., 8, 1934, 90; Z. f. Glkde, 21, 1933, 394; NJb. 1933/3, 502.
Angelini G. L'alpicoltura in provincia di Brescia. – L'Alpe, 18, 1931, 250–256.
Angerer J. Die Waldwirtschaft in Tirol vom volkswirtschaftlichen, sozialen und geschichtlichen Standpunkt beleuchtet. – Bozen (Promperger) 1883. – Bespr. Mitt. DÖAV, 1883, 122.
Artini E. La brughiera lombarda; appunti geologici. – In: Le brughiere, Piacenza 1927, 16 S.
Auckenthaler E. Die Bergmähder im oberen Eisacktale. – Der Schlern, 12, 1931, 288–300.
Aufforstung durch den D. u. Ö. AV. – Mitt. DÖAV, 1881, 116–117, 120.
Außerer K. Die Besiedelung des Kastelruter Berges. Eine siedlungsgeschichtliche und namenkundliche Studie. – Schlern-Schriften, 25, Innsbruck (Wagner) 1934, 72 S., 8 Abb., 1 K. – Bespr. Mitt. DÖAV, 1934, 198; Dolomiten, Nr. 71, Bolzano, 13. 6. 1934.
Avanzi E. Note sulla economia viticola della Venezia Tridentina. – Almanacco agr. p. 1931, a. 9, pubbl. Cons. prov. d. Econ. Trento, 1930, 45–102, 14 Taf.
Bächtold. Der Staatswald und das Bergwerk am Gonzen. – Jb. SAC, 25, Bern 1890, 358–379. – Bespr. Archives ... 25, Genève 1891, 425; EgH 2, 1891, 379.
Baldauf O. Landschaft und Siedlung von Vorarl-

berg. - Heimatkunde von Vorarlberg, H. 5, Wien (Haase) 1932, 121 S., 6 Taf., 1 K. - Bespr. Z. Ges. f. Erdkunde Berlin, 1933, 236.

Baroldi L. Formazioni geologiche in rapporto d'agricoltura. - Almanacco del Cons. prov. d'agricoltura, 1901, 353-361.

Bartsch J. Die Pflanzenwelt im Hegau und nordwestlichen Bodenseegebiet. - Bodenseebuch, Schr. d. Ver. f. Gesch. d. Bodensees, Überlingen 1925, 194 S., 18 Abb., 8 Skz. - Bespr. Mitt. Geogr. Ges. München, 1926, 229.

Bauer A. Entvölkerung und Existenzverhältnisse in Vorarlberger Berglagen. - Bregenz 1930, 232 S., 28 Abb., 6 Diagr. - Bespr. Heimat, 12, 1931, 95.

— Vorarlberg und die Entvölkerung der Höhenlagen in den Alpen. - 75 Jahre Stella Matutina, Feldkirch 1931, 2. Bd, 1-14.

— Dünger aus - Felsen. (Martinswand.) - Neue Freie Presse, Nr. 24533 v. 31. 12. 1932, 1 Sp., 1 Abb.

Baumann A. Die Moore und die Moorkultur in Bayern. - Forstl.-natw. Z., München 1894.

Baumann E. Beiträge zur Flora des Bodensees und des Rheingebietes. - Mitt. Thurg. Natf. Ges., H. 27, 1928, 145-154.

Bayer J. Bildet sich heute noch Löß? - Mitt. Anthrop. Ges. Wien, Sber. 1918-1919, Wien 1919, 53.

Bazing. Waldvernachlässigung und Waldverwüstung in Tirol. - Z. DÖAV, 1872, 319-350.

Beck G. v. Die Vegetation der letzten Interglazialperiode in den österr. Alpen. - Lotos, 56, Prag 1908, 67-77, 111-125.

Beger H. K. E. Assoziationsstudien in der Waldstufe des Schanfiggs (Graubünden). - Bbd z. Jber. d. Natf. Ges. Grbd., NF, 61, 1921/22, Chur 1922, 96 S.; Mitt. a. d. Botan. Mus. d. Univ. Zürich (96). - Bespr. GZ 29/172.

Béguinot A. Nota preliminare sulla fitogeografia dei Colli Euganei. - Atti Acc. Sc. Ven.-Trent.-Istr., n. s., a. 1, f. 1, Padova 1904, 26-48.

— Sulla costituzione della vegetazione steppica della Valle Venosta (Naturno-Malles). - Nuovo Giorn. Botan. It., n. s., v. 38, Firenze (Soc. Bot. It.) 1931, 560-561.

— Ricerche sulla vegetazione steppica della Valle Venosta. - Mem. d. Mus. di Stor. Nat. d. Ven. Trid., v. 2, f. 1, Trento (Scotoni) 1934, 68 S., 1 Skz.

Berg L. S. The Origin of Loess. - Gerlds Beitr. z. Geophys., 35, 1932, 130-150. - Bespr. GZ 49 A/1086.

Berger R. Das Halltal. Eine pflanzensoziologische Studie als Beitrag zur Pflanzengeographie des südlichen Karwendels. - Verhdl. Zool.-Bot. Ges. Wien, 77, 1927.

Bertagnolli L. Appunti sull'economia della Valle di Non. - Trento, Cons. prov. dell'Econ., 1930, 66 S., ill. - Bespr. Arch. p. l'Alto Adige, 25, 1930, 286.

Bertsch F. Beitrag zur Kenntnis der spätglazialen Waldentwicklung im Alpenvorland. - Z. f. Glkde, 20, 1932, 445-450, 1 Diagr. - Bespr. GZ 49 A/1386; NJb. 1933/2, 641.

Bertsch K. Paläobotanische Untersuchungen im Reichermoos. - Jh. Ver. f. vaterld. Naturkunde Württemberg, 80, 1924.

— Eine interglaziale Flora aus Oberschwaben. - Allgem. Bot. Z., 1925.

— Ein untergegangener Fichtenwald im württembergischen Allgäu. - Veröff. Staatl. Stelle f. Naturschutz Württ., 2, 1925.

— Das Blütenstaubdiagramm der spätbronzezeitlichen Siedlung im Federseeried. - Schr. d. Ver. f. Gesch. d. Bodensees u. s. Umgebg, 55. H., Friedrichshafen 1927, 215-220, 1 Diagr.

— Blütenstaubuntersuchungen im Federseegebiet. Das Enzisholzried bei Schussenried. Der Egelsee bei Gornhofen. - Veröffentl. Staatl. Stelle f. Naturschutz Württemberg, 4, 1928, 7-49, 15 Abb.; 50-54, 1 Abb.; 55-68, 2 Abb. - Bespr. GZ 38/311, 312, 1416.

— Waldgeschichte des württembergischen Bodenseegebietes. - Schr. d. Ver. f. Gesch. d. Bodensees, 56, 1928, 221-268, 14 Abb.

— Klima, Pflanzendecke und Besiedlung Mitteleuropas in vor- und frühgeschichtlicher Zeit nach den Ergebnissen der pollenanalytischen Forschung. - Deutsch. archäol. Inst., 18, 1928, 191-196, 2 Taf.

— Beitrag zur Waldgeschichte Württembergs. - Veröffentl. d. Staatl. Stelle f. Natschutz b. württ. Ldsamt f. Denkmalpflege, 7, 1930, in Jh. d. Ver. f. vaterld. Natkde in Württ., 86, 1930, 127-155, 10 Abb. - Bespr. GZ 46 A/895.

— Paläobotanische Monographie des Federseerieds. - Bibl. Bot., Stuttgart 1931, 127 S., 3 Taf., 86 Abb., 8 Tab.

— Paläobotanische Untersuchungen im Federseeried. - Forsch. u. Fortschr., 7, 1931, 386-387, 1 Abb.

Biasioni L. Notazioni intorno a piante del nostro paese. - Studi Trent. Sc. Nat., a. 11, 1930, f. 2.

Biel E. Die Niederschlagsverhältnisse der Alpen. - Mitt. Geogr. Ges. Wien, 74, 1931, 188-194.

Bilger F. Robert Sieger, Rector magnificus 1925-26. - Beitr. z. Gesch. d. Karl-Franzens-Univ. zu Graz, 1927, 39-44.

Blaas J. Diluvialtorf bei Hopfgarten. - VRA 1893, 91.

Blanck E. u. **Scheffer F.** Über rotgefärbte Verwitterungsprodukte der miozänen Nagelfluh von Bregenz am Bodensee. - Chemie der Erde, 2, 1926, 141-148. - Bespr. NJb. 1927/1, B, 174; GZ 44/353.

— — Rote Erden im Gebiet des Gardasees. - Chemie der Erde, 2, 1926, 149-156. - Bespr. NJb. 1927/1, B, 173; GZ 44/352.

Blanck E. Vorläufiger Bericht über die Ergebnisse einer bodenkundlichen Studienreise im Gebiet der südlichen Etschbucht und des Gardasees. - Chemie der Erde, 2, 1926, 175-208. - Bespr. NJb. 1927/1, B, 173; GZ 44/306.

— u. **Giesecke F.** mit **Rieser A.** u. **Scheffer F.** Über die Entstehung der Roterde im nördlichen Verbreitungsgebiet ihres Vorkommens. - Chemie der Erde, 3, 1928, 44-90, 2 Abb. - Bespr. GZ 46 A/109.

Blanck E. Handbuch der Bodenlehre. - Berlin (Springer) 1929 (geplant 10 Bde), zahlr. Abb. - Bespr. Z. f. prakt. Geol., 37, 1929, 174; 39, 1931, 60, 159; 40, 1932, 93; 41, 1933, 152; Z. f. Geomorph., 5, 1930, 238; 6, 1931, 126; 8, 1934, 148, 259; GZ 42/1118, 43/1266, 46 A/31, 47 A/1523, 49 A/19, 51 A/986; Z. Ges. f. Erdkde Berlin, 1930, 147; 1931, 62; 1932, 145, 226, 380; 1933, 150; GR 21, 1930, 201; 22, 1931, 269, 350; 23, 1932, 73; 24, 1933, 414; 25, 1934, 214, 301; Zbl. f. Min., 1929, Abt. B, 61; 1930, Abt. B, 172, 237, 447; 1931, Abt. B, 317; 1932, Abt. B, 269, 479; Geogr. Z., 36, 1930, 46; 37, 1931, 556; 39, 1933, 46, 428; PetMitt., 76, 1930, 43; 77, 1931, 40; 80, 1934, 234.

— Nochmals zur Frage der Entstehung der „Terra rossa" als Lösungsrest mariner Kalkgesteine. - Chemie der Erde, 5, Jena (Fischer) 1930, 43-47. - Bespr. GZ 48 A/410.

Blöchliger G. Kleinlebewesen und Gesteinsverwitterung. – Z. f. Geomorph., 7, 1933, 273–284.

Blumrich J. Vorarlbergs Anteil am Bodenseeufer. – Heimat, 12, Innsbruck 1931, 37–44.

— Der Boden von Bregenz. – Heimat, 12, Innsbruck 1931, 74–78.

— Zur Frage der vorzeitlichen Siedlungsräume am Rhein. – Heimat, 13, Innsbruck 1932, 17–20.

— Bemerkenswerte Moose im Feldmoos. – Heimat, Vorarlberger Monatshefte, 14, Innsbruck 1933, 130–131.

— Wie das Feldmoos entstanden ist. – Vorarlberger Tagblatt v. 13. 10. 1932.

Boden K. Beschaffenheit, Herkunft und Bedeutung des ostalpinen Molasseschuttes. – Abh. Geol. Lds-Untersuchg Bayer. Oberbgamt, H. 4, München 1931, 1–33. – Bespr. GZ 46 A/469.

Bojko H. Der Wald im Langental (Val lunga). Eine pflanzensoziologische Studie aus den Dolomiten. – Englers Bot. Jb., 64, Leipzig 1931, 97 S., 2 Skz., 5 Fig.

Bolzon P. Piante dei terreni silicei del Comelico superiore (Provincia di Belluno). – Atti Acc. Sc. Ven.-Trent.-Ist., s. 3, v. 11, Padova 1921, 46–65.

— Contributo alla flora dell'Alto Adige, III u. IV, VI, VII. – Nuovo Giorn. Bot. Ital., N.S., 35, 1928, 97, 371; 38, 1931, 295–307, 690–697.

Bona T. L'impulso dato dalla cerealicoltura in provincia di Bolzano. – Riv. d. Ven. Trid., a. 11, 1929, n. 6/7, 18–20.

— Cenni sulla viticoltura e sull'enologia in provincia di Bolzano. – Riv. d. Ven. Trid., a. 11, 1929, n. 4, 18–21, 8 Abb.

Braun-Blanquet G. Recherches phytogéographiques sur le Massif du Groß Glockner. – Comm. Stat. intern. Geobot. Médit. et alp., 1931. – Bespr. Carinthia II, 121 u. 122, 1932, 58.

Braun J. Die Vegetationsverhältnisse der Schneestufe in den Rätisch-Lepontinischen Alpen. Ein Bild des Pflanzenlebens an seinen äußersten Grenzen. – Neue Denkschr. Schw. Natf. Ges., 48, Basel, Genf, Lyon 1913, 348 S. – Bespr. PetMitt., 61, 1915, 81; Ber. Schw. Bot. Ges., 23. H., 1914, 135; Carinthia II, 1913, 230.

Braun-Blanquet J. Die Föhrenregion der Zentralalpentäler, insbesondere Graubündens, in ihrer Bedeutung für die Florengeschichte. – Verh. Schw. Natf. Ges., 1916, II, 59–86. – Bespr. Carinthia II, 1923, 158.

— u. **Jenny H.** Vegetationsentwicklung und Bodenbildung in der alpinen Stufe der Zentralalpen. (Klimaxgebiet des Caricion curvulae.) Mit besonderer Berücksichtigung der Verh. im schweizerischen Nationalpark. – Denkschr. Schw. Natf. Ges., 63, Abt. 2, 1926, 183–349. – Bespr. NJb. 1931/2, 408.

—, **Brunies St. u. a.** Vegetationsentwicklung im Schweizer Nationalpark. Ergebnisse der Untersuchung von Dauerbeobachtungsflächen I. – Dokumente zur Erforschung des Schwz. Nationalparkes, 1931, 82 S.

— u. **Rübel E.** Flora von Graubünden. I. – Bern (Huber) 1932, 379 S. – Bespr. Geogr. Z., 39, 1933, 256.

Breitenlohner J. Wie Murbrüche entstehen, was sie anrichten und wie man sie bändigt. (Vortr.) – Ver. z. Verbr. natwiss. Kenntnisse in Wien, ebd. (Frick) 1883, 29 S., 1 Taf.

Brenta. L'integrazione delle magre estive del –. Importanza agricola dell'utilizzazione dell'Avisio attraverso i laghi di Levico e di Caldonazzo. – Comm. p. le irrigazioni dal Brenta, Padova (Soc. Coop. Tip.) 1927, 35 S., 6 Fig. – Bespr. Studi Trent. Sc. Nat., 9, 1928, 122.

Bresciani B. Il problema della bonifica nel Veronese. – Realtà, Riv. rot., 4, 1930, 2, 101–109.

Brockmann-Jerosch H. Die Vegetation der Schweiz. Bd I (Beiträge zur geobotanischen Landesaufnahme 12). – Bern (H. Huber) 1929. – Bespr. Geogr. Z., 37, 1931, 183; PetMitt., 76, 1930, 94; Carinthia II, 1926, 43.

Brockmeier H. Lößbildung und Lößschnecken. (Vortr.) – Z. DGeolGes., 83, 1931, 584–594. – Bespr. GZ 47A/502.

Brückner E. Robert Sieger †. – PetMitt., 72, 1926.

Brunies St. Streifzüge durch den Schweizerischen Nationalpark. – 2. Aufl. Basel (Schwabe) 1930, 108 S., 39 Abb., 1 K.

Büchele J. Der Alm von Memmingen. – 11. Ber. Nathist. Ver. Augsburg, 1858.

Buffault P. Per un parco nazionale nella zona Adamello-Brenta. – Studi Trent. Sc. Nat., 10, 1929, 69–70.

Busse W. Das italienische Meliorationswesen (Bonifica Integrale). – Ber. über Landwirtsch., her. im Reichsmin. f. Ernährg u. Landwirtsch., 74. H., NF, Berlin (Parey) 1933, 123 S., 20 Abb., 6 Skz. – Bespr. PetMitt., 80, 1934, 100.

Cacciamali G. B. Sui saggi de terre vergini coltivabili della prov. di Brescia raccolti dal prof. G. Ragazzoni. – Boll. Soc. geol. it., v. 20, f. 4, Roma 1901, röm. 89–92.

— Sulla lacerazione della copertura III nelle prealpi bergamasche (Albenga, Canto Alto, Misma). – Rend. R. Ist. Lomb., s. 2, v. 61, Milano 1928, 799–805. – Bespr. GZ 41/1746.

— Possibili ricerche nel sottosuolo lombardo. – Atti R. Acc. d. Linc., Rend. cl. sc. fis., mat. e nat., s. 6, v. 11, 1930, 308–310.

Cappelletti C. La flora alpina ed i suoi adattamenti alle radiazioni ultra-violette del sole. – Atti R. Ist. Ven., t. 89, p. 2, Venezia 1930, 291–321, 3 Taf.

— La concentrazione endocellulare nelle piante alpine in relazione all'altitudine. – Ann. di Botanica, v. 19, f. 2, Roma 1931, 55.

Castiglioni B. Di alcune strutture del suolo di tipo artico osservate sulle Alpi. – Boll. Com. Glac. It., 11, 1931, 37–48. – Bespr. GZ 49A/384; Z. f. Geomorph., 8, 1934, 257.

Catoni G. La produzione viticola del Trentino in rapporto con le vicende meteorologiche. Note ed appunti. – Pro Cultura, 3, 1912, 27–36, 4 Diagr.

— La flora microbica del sottosuolo della città di Trento. – Mem. d. Mus. d. Stor. Nat. d. Ven. Trid., v. 1, f. 3–4, Trento 1932, 193–212.

Chiarugi A. Prime note sulla vegetazione forestale della Val Gardena. – Boll. Soc. Geogr. It., s. 6, v. 7, 1930, 690–699.

Christian J. Tirol und sein Wald. – Österr. Vierteljschr. f. Forstwesen, NF, 47, 1929, 136–174.

— Die Waldwirtschaft Tirols. – Wiener landw. Ztg, 79, 1929, 142; Tir. Heimatblätter, 10, Innsbruck 1932, 401–403, 436–441.

— Waldbewirtschaftung einst und jetzt. – Jb. Tir. Bauernbund f. 1931, 214–219.

Comel A. Sulle terre rosse friulane. – Boll. Soc. geol. it., v. 49, 1930, Roma 1930, f. 1, 83–101.

— Osservazioni sui terreni della pianura cormonese. – Studi goriziani, v. 8, Gorizia 1930, 8 S.

— L'evoluzione pedogenetica nell'Alta Pianura Friulana. – Boll. Soc. geol. it., v. 49, f. 2, 1930, Roma 1931, 320–328.

— Sulle terre rosse dei Colli Euganei. – Boll. Soc.

geol. it., v. 50, f. 2, Roma 1931, 135–142. – Bespr. GZ 49A/1783, 52A/1647.
— Le terre gialle del Friuli. – Boll. Soc. geol. it., v. 52, 1933, f. 2, Roma 1934, 247–258.
Corradini S. Le foreste e il commercio e l'industria del legname in Val di Fiemme. – La Rivista d. Ven. Trid., Bolzano 1930, 29 S.
Cozzaglio A. Sulla costituzione geologica del sottosuolo di Salò. – La provincia di Brescia, Br., 6. 1. 1902.
— Sulla possibilità di impinguare alcune falde idriche sotterranee. – Brescia (S.A.) 1933, 4 S. – Bespr. GZ 50A/1937.
Crammer H. Die Moore Salzburgs und ihre Beziehungen zur Eiszeit. – Z. Ges. f. Erdkde Berlin, 1914, 302–306.
Czoernig K. Frh. v. Die Lombardie. Darstellung der natürlichen Verhältnisse des Landes. – Mitt. Geogr. Ges. Wien, 9, 1865, Abh., 101–149, 1 K.
Dalla Fior G. Sui primi risultati ottenuti nell'analisi dei Pollini fossili di due Torbiere Trentine. (M. Bondone, 1550 m. u. P. d. Tonale, 1870 m.) – Rend. Sez. Ven. d. Soc. Bot. It. (Padova) all'Adun. 17 magg. 1931 in Nuovo Giorn. Bot. It., v. 38, n. 2, Firenze 1931, 361–362.
— Analisi polliniche di torbe e depositi lacustri della Venezia Tridentina. I. Metodo. Distribuzione. La torbiera di Fiavè (654 m). La Palù dei Fornasi (900 m). La Palude del Bondone (1550 m). La torbiera del Tonale (Alt. med. 1880 m). Conclusioni. – Mem. d. Mus. di Stor. Nat. d. Ven. Trid., v. 1, f. 3–4, Trento 1932, 29 S., 8 Fig.
— Analisi di pollini fossili di torbiere trentine. – Comunic. sed. 26 mag. 1932 Sez. Ven. (Padova) Soc. Bot. It., Nuovo Giorn. Bot. It., v. 39, Firenze 1932.
— Analisi polliniche di torbe e depositi lacustri della Venezia Tridentina. II. Torbe del Renon. III. Le argille interglaciali alle „Fornaci" di Civezzano (Trento–Alt. 480 m). – Mem. d. Mus. di Stor. Nat. d. Ven. Trid., v. 1, f. 5, Trento 1933, 17 S., 4 Abb.; 15 S., 2 Abb.
— Risultati dell'analisi di pollini fossili in torbiere della Venezia Tridentina. – Nuovo Giorn. Bot. it., n. s., v. 40, n. 2, Soc. Bot. It., Firenze 1933, 308–309.
Dalla Torre K. W. v. u. Sarnthein L. Graf. Flora der ges. Grafsch. Tirol, des Landes Vorarlberg und des Fürstentums Liechtenstein. – Innsbruck 1900–1912, Bd 1–6, 2483 S.
Dalla Torre K. W. v. Über die Flora und Fauna des Dolomitengebietes. – Weimar 1910, 25 S.
— Der Patscherkofel. – Jb. Ver. z. Schutze der Alpenpflanzen, 12, Bamberg 1913, 13 S. (Botan.)
De Gaspari G. B. I dintorni di Cividale del Friuli. Studio geoagronomico. – Boll. Associaz. Agraria Friul., Udine 1909, 1–152, 1 K. – Bespr. Boll. Com. geol. d'It., 41, 1910, 201.
— Note geologiche sul bacino torboso di Bueris. – In: La sistemazione dei torrenti Urana e Soima e il conseguente prosciugamento delle paludi di Bueris, Zegliacco e Collalto. – Udine (Tip. d. Patronato) 1911.
Deicke J. C. Über das Vorkommen von Humussäure und Dopplerit im Torfmoor. (Gonten, Kt. Appenzell.) – Berg- u. Hüttenm. Ztg, Freiburg 1858, 383.
De Magistris L. F. Intorno al Primo congresso nazionale della montagna (Sondrio, 13–14 dicembre 1931). – Boll. R. Soc. geogr. it., s. 6, v. 9, n. 4, 1932, 268–273.
Derks K. Die Flora von Klosters. (Graubünden, Schweiz.) – Klosters (Selbstverlag) 1928, 44 S.
De Stefani St. Del Bacino torboso al Vallese presso Verona e degli avanzi preistorici che vi si rinvengono. – Atti Acc. d'Agr., Comm. ed Arti di Verona, sed. 8 luglio 1869.
Diels L. Die Algenvegetation der Südtiroler Dolomitriffe. Ein Beitrag zur Ökologie der Lithophyten. – Ber. d. D. Botan. Ges., 32, 1914, 507–531. – Bespr. GZ 21/1552.
Diener H. Geschichte der Besiedlung und Kultivierung des Erdinger Mooses. – Schriftenreihe z. bayer. Ldsgesch., hrsg. v. d. Komm. f. bayer. Ldsgesch., 7, München 1931, 184 S., 11 Taf. – Bespr. PetMitt., 78, 1932, 265.
Di Ricco G. e Melli A. Caratteri pluviometrici delle regioni italiane durante il periodo estivo. – In: Il Servizio Idrogr. Ital., 21 S., 7 Fig., 5 Taf. XV Congr. Internat. di Navig. Venezia 1931, Roma, 119–139.
Dörrenhaus F. Das deutsche Land an der Etsch. Eine geographische Landeskunde. – Herausgeg. v. DÖAV, Innsbruck-Wien-München (Tyrolia) 1933, 183 S., 113 Abb. – Bespr. PetMitt., 80, 1934, 92; Geogr. Z., 40, 1934, 235; Tir. Heimatbl., 12, 1934, 40.
Dürr L. Einiges über die Alpenflora, speziell über das Wachstum der Gletscherblumen. – Mitt. DÖAV, 1897, 231–233.
Ebers E. Über erloschene Seen im Salzachgletschergebiet. – Mitt. Geogr. Ges. München, 25, 1932, 77–82, 1 Skz. – Bespr. GZ 48A/1883; NJb. 1933/2, 80.
Eblin M. D. Reise durch verschiedene Täler Graubündens mit Beachtung mancher landwirtschaftlichen, botanischen, geognostischen und besonders bergmännischen Verhältnisse. – Actes d. l. Soc. helv. d. sc. nat. (Verh. d. Schweiz. Natf. Ges.), 1828, Lausanne 1829, 42 S.
— Reise durch einen Teil von Bünden. – Ber. ü. d. Verh. d. Natf. Ges. Zürich, 3, 1828, 57–58.
Eder W. Geologie des bayerischen Hochlandes. – In: Die Bayerischen Alpen, Grieben-Führer f. Natur u. Kunst (V. Goldschmidt), Berlin 1926, 7–57, 13 Abb.
Eller. Alpwirtschaft in Tirol. – Wiener landw. Ztg, 79, 1929, 128–131.
Enderle J. Die Melaphyre und Tuffe der Seiser Alpe und Umgebung. – Unveröffentl. Diss., Tübingen 1914.
Enderlin F. Über die Verbreitung der Lärche im Kanton Graubünden. – Schw. Z. f. Forstwesen, 80, 1929, 321–325, 1 Abb.
Entleutner A. Die sommergrünen Ziergehölze von Südtirol. – Meran (Ellmenreich) 1892. – Bespr. Mitt. Sekt. f. Natkde ÖTC, 4, 1892, 72.
Entwaldung in den Alpen. (U. a. Fanestal.) – Mitt. Sekt. f. Natkde ÖTC, 3, 1891, 15–16.
Erb L. Geolog. Spezialkarte von Baden. Erläuterungen zu Blatt Hilzingen (Nr. 146). Mit einem prähist. Beitr. v. G. Kraft u. K. Sulzberger. (1:25000.) – Freiburg i. Br. (Herder) 1931, 115 S., 10 Abb.
Erben W. Robert Sieger. – Alpenld. Monatshefte, 1926/27, H. 18. S. a. Neues Grazer Tagbl. v. 3. 11. 1926.
Eredia F. Osservazioni pluviometriche raccolte nel quinquennio 1916–1920. v. 6. Bacini imbriferi della Regione Veneta. – Min. d. Lav. Pubbl., Serv. Idrogr., Roma 1930, 110 S.
— Sulle particolarità climatologiche nella Valle dell'Adige. – Atti Soc. It. p. i. Progr. d. Sc., 19 riun. Bolzano-Trento 1930, Roma 1931, 58–60.

Erler E. Tiroler Landwirtschaft. - Tirol, Innsbruck (Tir. Ldesverkehrsamt) 1927, 10-16, 6 Abb.
— Die Gebirgsbauernfrage in Österreich. - Wiener landw. Ztg, 79, 1929, 33.
Falch A. Die Entwicklung des Obstbaues in Tirol. - Wiener landw. Ztg, 79, 1929, 151.
Fauna, Flora e Gea. Commentario della - del Veneto e del Trentino. - Il Trentino, Trento 1868, Nr. 37.
Ferrari E. Un progresso di difesa e di bonifica nella conca del lago di Terlago. - Pro Cultura, an. 1, f. 5, Trento 1910, 303-318, 1 Fig.
Feruglio D. e **Feruglio G.** Contributo allo studio delle carte agronomiche in Friuli preceduto dalla descrizione geologica della tavoletta Tricesimo. - Boll. Ass. Agr. Friul., a. 1907-1908. - Bespr. Boll. Com. geol. d'It., 40, 1909, 195.
Feruglio D. e **Comel A.** I terreni dei Colli Euganei. Relazione riassuntiva della studio geoagronomico. - Ann. d. Catt. amb. di agricolt. di Padova, 1932, 34.
Feruglio E. La carta geoagrologica dell'anfiteatro morenico del Tagliamento. - Actes d. l. 4 Conférence int. de pédologie, v. 3, Roma 1926, 517-522.
Feruglio G. Lo studio geoagronomico dei terreni eocenici della Provincia di Udine. (Il bacino di Drenchia.) - Assoc. Agron. Friul., Udine 1910. - Bespr. Boll. Com. geol. d'It., 42, 1911, f. 2, 49.
Feurstein P. Geschichte des Viller Moores und des Seerosenweihers an den Lanser Köpfen bei Innsbruck. - Beihefte z. Bot. Zbl., 1934, 477-526, 3 Taf. u. 11 Abb.
Fink J. Die Verkarstung unserer Hochalpen und der Gletscherrückgang. - Reichspost, Nr. 199 v. 1929.
— Waldrückgang und Gletscherschwund. - Tiroler Anzeiger, Nr. 62, Innsbruck 1930.
Finsterwalder K. Was Karwendelnamen erzählen. Ein Geleitwort zur Alpenvereinskarte. - Mitt. DÖAV, 1934, 31-33, 54-56.
Firbas F. Pollenanalytische Untersuchungen einiger Moore der Ostalpen. - Lotos, 71, Prag 1924.
— Über einige hochgelegene Moore Vorarlbergs und ihre Stellung in der regionalen Waldgeschichte. - Z. f. Botanik, 18, 1926. - Bespr. NJb. 1928/3, 55.
— Beiträge zur Kenntnis der Schieferkohlen des Inntales und der interglazialen Waldgeschichte der Ostalpen. - Z. f. Glkde, 15, 1927, 261-277. - Bespr. GZ 37/1151; NJb. 1928/3, 55.
— Einige Bemerkungen zur heutigen Anwendung der Pollenanalyse. - Zbl. f. Min., 1929, B, 392-403. - Bespr. GZ 41/536.
— Das Moor auf der Bieler Höhe. - Festschr. z. 50jähr. Bestehen d. Sekt. Wiesbaden d. DÖAV 1882-1932, Wiesbaden (Schwab) 1932, 66-68.
— Die Beziehungen des Kupferbergbaues im Gebiete von Mühlbach-Bischofshofen zur nacheiszeitlichen Wald- und Klimageschichte. - Materialien zur Urgesch. Österreichs, 6, 1932, 173-179, 3 Fig., 1 Tab.
— Die Vegetationsentwicklung des mitteleuropäischen Spätglazials. - Nachr. Ges. d. Wiss. Göttingen, m.-nat. Kl., Fachgr. 6, Biol., Berlin (Weidmann) 1934, 17-24.
Fischer O. u. **Lorenz A.** Pollenanalytische Untersuchungen an Mooren der Südostalpen. - Z. f. Botanik, 24, 1930.
Fischnaler K. Das Sterzinger Moos und seine Entsumpfung. - Z. Ferdin., 24, Innsbruck 1880, 28 S.
Flora H. Wiederaufforstung im Vintschgau. - Mitt. DÖAV, 1879, 69-71.
Flütsch P., Horvat J. u. **Oefelein H.** Über die Pflanzengesellschaften der alpinen Stufe des Berninagebietes. - Jber. Natf. Ges. Grbd., 68, 1929/30, 1930, 37-88.
Forti A. Vari disegni tratti da preparati di torbe trentine. - Nuovo Giorn. Bot. it., n. s., v. 11, n. 2, Soc. Bot. it., Firenze 1933, 309.
Fraas J. Beitrag zur Kritik der Vegetationsverhältnisse Südbayern von O. Sendtner. - Zbl. d. Landw. Ver. München, 1854, 322. (S. a. O. Sendtner.)
Frey G. Erlebnisse auf Pflanzenschutz-Streifen im Allgäu. - Der Bergkamerad, 8, 1931, 170-173, m. Abb.
Fritzsch M. Höhengrenzen in den Ortleralpen. - Wissensch. Veröff. d. Ver. f. Erdkde Leipzig (2, 1894), 1895 u. Diss., 189 S.
— Über Höhengrenzen in den Ortleralpen. - Mitt. DÖAV, 1895, 169-171.
Früh J. u. **Schröter C.** Die Moore der Schweiz mit Berücksichtigung der gesamten Moorfrage. - Beitr. z. Geol. d. Schw., Geotechn. Ser., 3. Lfrg, Bern 1904, 751 S., 1 K. - Bespr. Z. Ges. f. Erdkde Berlin, 1905, 727; EgH 8, 1903, 622; GZ 6/731; PetMitt., 52, Litber., 35.
Früh J. Geographie der Schweiz. - St. Gallen (Fehr) 1929-1933, 805 S., 225 Fig., 7 Taf., K. 1:400000. - Bespr. Mitt. DÖAV, 1930, 93, 155; 1933, 183; Z. f. Glkde, 18, 1930, 263; Geogr. Z., 36, 1930, 564; 39, 1933, 51, 436; GZ 46A/349; Mitt. Anthrop. Ges. Wien, 60, 1930, 199; 62, 1932, 311; 63, 1933, 385; PetMitt., 79, 1933, 149.
Furrer E. Vegetationsstudien im Bormiesischen. - Inaugdiss. Zürich 1914; Vierteljschr. Natf. Ges. Zürich, 59, 1914, 145-222.
— Riassunto di fitogeografia bormiense. - Estr. Riv. Malpighia, f. 7-10, Catania 1916, 10 S.
— Vom Werden und Vergehen der alpinen Rasendecke. - Jb. SAC, 51, Bern 1917, 128-134. - Bespr. GZ 23/1078.
— Der Ursprung der Alpenflora. - Natur und Technik, 6, 1924/25, 1925, 42-46.
— Pollenanalytische Studien in der Schweiz. - Vierteljschr. Natf. Ges. Zürich, 72, 1927, Beibl. Nr. 14, 38 S., 7 Fig.
Gams H. u. **Nordhagen R.** Postglaziale Klimaänderungen und Erdkrustenbewegungen in Mitteleuropa. - Mitt. Geogr. Ges. München, 16, 1923, 13-336, 73 Abb. - Bespr. GZ 30/25; Vierteljschr. f. Gesch. u. Ldskde Vorarlbergs, 8, 1924, 23; Wr. Prähist. Z., 11, 1924, 75. S. a. Staub.
Gams H. Die Waldklimate der Schweizer Alpen, ihre Darstellung und ihre Geschichte. - Christfestschr., Basel 1923.
— Die Schesaplana und die Moore bei Langen. - Heimat, 4, Bregenz 1923, 64-68.
— Aus der Geschichte der Flora und Fauna am Bodensee. - Schr. Ver. f. Gesch. d. Bodensees, 53. H., 1924, 77-113, 311, 10 Fig.
— Der Ammersee einst und jetzt. - Ammersee-Heimatblätter, Dießen 1924, Nr. 1, 10-17, 2 Abb.
— Die Ergebnisse der pollenanalytischen Forschung in bezug auf die Geschichte der Vegetation und des Klimas von Europa (abgeschlossen Ende Febr. 1927). - Z. f. Glkde, 15, 1927, 161-190. - Bespr. GZ 36/1011; NJb. 1928/3, 55.
— Die Sedimentation in einigen Alpenseen von Niederösterreich und Vorarlberg. (Vortr.) - Verh. Schw. Natf. Ges., 108. Vers. Basel 1927, 152.
— Die Wandlungen der alpinen Baumgrenze. - Aus der Heimat, Stuttgart 1927, H. 6, 176-184. - Bespr. Z. f. Glkde, 16, 1928, 283; NJb. 1928/3, 55.

— Über die Vegetationsentwicklung in Mitteleuropa seit der Eiszeit und ihre Beziehung zu postglazialen Klimaänderungen. - Mitt. Natf. Ges. Bern a. d. J. 1927, 1928, röm. 36–37.
— Die postarktische Geschichte des Lüner Sees im Rätikon. - JbBA 1929, 531–570, K. 1:7500. - Bespr. Z. f. Glkde, 18, 1930, 267; GZ 42/305.
— Sedimentation und Vermoorung der Lünzer Seen und des Lüner Sees. - Verh. Internat. Ver. f. Limnologie, 4, 1927, Rom 1929.
— Nachträge zum Verzeichnis der pollenanalytischen Literatur. - Z. f. Glkde, 17, 1929, 244–248, 389–391. - Bespr. GZ 41/200.
— Bemerkungen über Vorschläge zur Abänderung der Pollendiagramme. - Geol. För. i Stockholm Förhandl. Mai-Okt. 1929. - Bespr. GZ 41–194.
— Frostwirkungen am Ostufer des Bodensees im Winter 1928/29. - Schr. d. Ver. f. Gesch. d. Bodensees, 57. H., 1929, 139–156, 7 Abb.
— Die Bedeutung der Paläobotanik und Mikrostratigraphie für die Gliederung des mittel-, nord- und osteuropäischen Diluviums. - Z. f. Glkde, 18, 1930, 279–336, 22 Diagr. u. Skz.
— Zur Schlammnomenklatur. - Arch. f. Hydrobiol., 21, 1930, 493–496. - Bespr. GZ 44/519.
— Die xerotherme Periode und die postglaziale Klimaverschlechterung. - Der Naturforscher, 7, 1930.
— Über Reliktföhrenwälder und das Dolomitphänomen. Ergebnisse der Internat. Pflanzengeogr. Exkursion d. Tschechoslow. u. Polens 1928. - Bern (Huber) 1930; Veröffentl. d. Geobot. Inst. Rübel in Zürich, H. 6, 1930, 32–80, 10 Fig.
— Aufruf zur Mitarbeit bei der Schaffung von Pflanzenarealkarten für die Ostalpen. - Verh. Zool.-Bot. Ges. Wien, 80, 1930, H. 3–4, 1931, 81–83.
— Die Fortschritte in der Erforschung der Flora und Vegetation von Tirol in den letzten Jahren. - Ber. Natw.-med. Ver. Innsbruck, 42, 1931, 185–194.
— Die Waldgeschichte Vorarlbergs. - Heimat, 12, 1931, 97–106, 121–132, 7 Abb.
— Die klimatische Begrenzung von Pflanzenarealen und die Verteilung der hygrischen Kontinentalität in den Alpen. - Z. Ges. f. Erdkde Berlin, 1931, 321–346; 1932, 52–68, 178–198, 35 Fig.
— Présentation de diagrammes polliniques du Quaternaire. - Actes d. l. Soc. helv. Sc. nat., 112 sess., La Chaux de Fonds 1931, 2 part., 329.
— Dritter Nachtrag zum Verzeichnis der pollenanalytischen Literatur. - Z. f. Glkde, 19, 1931, 328–334.
— Die Pflanzendecke Vorarlbergs. - Heimatkunde Vorarlbergs, 3, Wien (Haase) 1932, 76 S., 19 Abb., 3 K. - Bespr. Heimat, Vorarlberger Monatshefte, 13, 1932, 174; PetMitt., 80, 1934, 316.
— Die vegetations- und klimageschichtliche Bedeutung der Alpenseen und Alpenmoore. - Forschungen u. Fortschritte, 8, Berlin 1932, Nr. 15, 197.
— Beiträge zur Kenntnis der Alpenmoore. - Abh. Nat. Ver. Bremen, 28, 1932, Sonderheft, 18–42, 1 K., 6 Taf., 1 Abb. - Bespr. GZ 48A/715.
— Was können die Alpenvereinssektionen zur Alpenforschung beitragen? - Mitt. DÖAV, 1933, 193–195.
— Vierter Nachtrag zum Verzeichnis der pollenanalytischen Literatur. - Z. f. Glkde, 21, 1933, 188–196.
— Zweiter Bericht über die Fortschritte in der Erforschung der Flora und Vegetation von Tirol. - Ber. d. Natw.-med. Ver. Innsbruck, 43–44, 1931/32-1933/34, Innsbruck (Selbstverlag) 1934, 369–377.

Geistbeck A. u. **Engleder F.** Geographische Typenbilder, Text: XVI. Südbayerisches Hochmoor im Gebiet des alten Inngletschers bei Rosenheim. - 4 S., 1 Abb. Neuausgabe: Torfstich im Rosenheimer Moor, einem verlandeten Innsee. Gotha (J. Perthes) 1922, 12 S., 6 Abb.

Gelmi E. Il Monte Bondone di Trento con speciale riguardo alla sua flora. - Boll. Soc. Vent.-Trent. di Sc. Nat., 1880.

Gessner H. Der Boden des untersten Tessintales. - Bodenkdl. Untersuchungen zum Meliorationsprojekt in der Piano di Magadino. - Schw. landwirtsch. Monatsh., 1931, 28 S.

Giarratana A. Le opere del regime in Alto Adige. - Le Tre Venezie, Mai 1929.

Gignoux M. Les sols polygonaux dans les Alpes et la genèse des sols polaires. - Annales de Géogr., 40, 1931, 610–619, m. Abb.

Ginzberger A. Die Moore Österreichs, ihre Verbreitung und Ausdehnung, die Eigentümlichkeiten ihrer Pflanzenwelt, ihre Ausnutzung und Erhaltung. - Moorschutzheft (H. Conwentz), 5, H. 2, Berlin 1916, 219–232. - Bespr. GZ 23/174.

Gockel A. Die Radioaktivität von Boden und Quellen. - Sammlung Vieweg, Braunschweig 1914, H. 5, 108 S., 10 Abb. - Bespr. GR 5, 1915, 309; Die Naturw., 1914, 871; Zbl. f. Min., 1920, 222.

Gortani M. Costituzione del suolo (friulano). - In: L. e M. Gortani, Flora Friulana con speziale riguardo alla Carnia, I, Udine 1905, 7–11. - Bespr. GZ 8/997.

Grabherr W. Die Dynamik der Brandflächenvegetation auf Kalk- und Dolomitenböden des Karwendels. (Vorläufige Mitteilung.) - Ber. Natw.-med. Ver. Innsbruck, 43–44, 1931/32–1933/34, Innsbruck (Selbstverlag) 1934, 378–380.

Gradmann R. Unsere Flußtäler im Urzustand. - Z. Ges. f. Erdkde Berlin, 1932, 1–17.

Graf L. Statistik der Alpen von Deutsch-Tirol. - Innsbruck (Wagner) 1880, 1882, 2 Bde, 1087 S. S. a. K. Th. v. Inama-Sternegg, Stat. Monatsschr., Wien 1883.

Grahmann R. Der Löß in Europa. - Mitt. Ges. f. Erdkde Leipzig, 1930–1931; Leipzig (Hirt) 1932, 24 S., 3 Taf., 2 Diagr. - Bespr. GZ 49A/488; Z. f. Glkde, 21, 1933, 224.
— Über Herkunft und Entstehung des Lösses in Mitteleuropa. - Bull. of the Information of the Assoc. for the Study of the European Quaternary, H. 3/4, Leningrad-Moskau 1932 (Deutsch u. Russ.), 1 K. - Bespr. GZ 50A/1924.
— Der Löß in Europa. (Vortr.) - GR 25, 1934, 220–221.

Gremblich J. Beginn der Torfbildung. - Programm Gymnas. Hall i. T. 1876/77, Innsbruck 1877, 1–21.

Grinovero C. Le acque del fiume Oglio e l'irrigazione bresciana. - Sec. ed. Milano (Ind. graf. Stucchi) 1930, 218 S.

Gross H. Das Problem der nacheiszeitlichen Klima- und Florenentwicklung in Nord- und Mitteleuropa. - Beiheft Bot. Zentralbl., Dresden 1930, 110 S., 4 Fig.

Gschwenter A. u. **Kofler O.** Das Sterzinger Moos, seine Entsumpfung und Kultivierung. - Der Schlern, 8, 1927, 256–265, 2 Taf.

Gschwind M. u. **Niggli P.** Untersuchungen über die Gesteinsverwitterung in der Schweiz. - Beitr.

z. Geol. d. Schweiz, Geotechn. Ser., 17. Lfrg, Bern 1931, 132 S., 5 Taf., 43 Fig. – Bespr. GR 23, 1932, 74; GZ 46A/2066; NJb. 1932/2, 258; Z. Ges. f. Erdkde Berlin, 1933, 236.

Gsteu H. Beiträge zur Anthropogeographie von Vorarlberg. – Forschungen z. D. Lds- u. Volkskunde, 29, H. 2, Stuttgart (Engelhorn) 1932, 120 S., 15 Abb., 8 Taf. (Geol. 11–15). – Bespr. Heimat, Vorarlbg. Mh., 1932, 159; Mitt. Geogr. Ges. München, 25, 1932, 115; Osttiroler Heimatblätter, 10, 1933, 25.

Gully E. Über die Beziehungen zwischen Vegetation, chemischer Zusammensetzung und Düngerbedürfnis der Moore, zugleich ein Beitrag zur Kenntnis der Moore Südbayerns. – Mitt. Bayr. Moorkulturanst., 3, 1909.

Habermehl E. Beitrag zur Kenntnis der geologischen Verhältnisse des Alz- und Salzachgebietes. – Diss. Techn. Hochsch. München, 1913, 98 S., 2 K. 1:100000. – Bespr. Z. f. Glkde, 11, 1920, 94; GZ 22/1219, 24/1270.

Hammer W. Der Einfluß der Eiszeit auf die Besiedlung der Alpentäler. – Z. DÖAV, 1914, 61–81. – Bespr. GZ 24/626.

Handel-Mazzetti H. Frh. v. Die Verbreitung der Eibe in Tirol. – Blätter f. Naturkunde u. Naturschutz, Wien, 15, 1928, 71–72.

Handl L. u. **Wopfner H.** Die Samnaungruppe. – Z. DÖAV, 1914, 264–287.

Happak R. Der Plenterwald im Hochgebirge Tirols. Österr. Vierteljschr. f. Forstwesen, NF, 47, 1929, 213–223.

Harder R. u. **Lorenz A.** Pollenanalytische Untersuchungen an alpinen Mooren. – Z. f. Bot., 21, 1929, 693–704, 6 Diagr.

Harrassowitz H. Studien über mittel- und südeuropäische Verwitterung. – Steinmann-Festschrift, GR 17a, 1926, 122–210. – Bespr. GZ 34/1366.

— Fossile Verwitterungsdecken. – Handbuch d. Bodenlehre (E. Blanck), 4, 1930, 225–305, 14 Abb. – Bespr. GZ 50A/324.

Hauer Fr. R. v. Die Geologie und ihre Anwendung auf die Kenntnis der Bodenbeschaffenheit der Öst.-Ung. Monarchie. – Wien 1875 (1. Aufl.), 1877 (2. Aufl.), K. 1:2016000. – Bespr. NJb. 1874, 757; 1875, 318, 435; 1878, 316, 767; Mitt. DÖAV, 1878, 49; Bl. 438.

Hegi G. Beiträge zur Pflanzengeographie der bayerischen Alpenflora. – Bericht der bayer. Botan. Ges., 1905. S. a. mehrere Publik. ü. d. Vegetationsverh. im Wettersteingebiet, bes. am Schachen. 4–7. Jber. d. Ver. z. Schutze u. z. Pflege der Alpenpflanzen.

— Die Entwicklg u. Verbreitg der bayr. Alpenflora. (Vortr.) – Bespr. Mitt. Geogr. Ges. München, 1, 1906, 673.

— Zur Flyschflora der Gindelalm. (Schlierseegebiet.) – Jber. Ver. f. Alpenpfl., 9, Bamberg 1910, 24 S.

— Zur Flora der Maloja. – Vierteljschr. Natf. Ges. Zürich, 73, Beibl. 15, 1928.

Heim Arn. u. **Gams H.** Interglaziale Bildungen bei Wildhaus (Kanton St. Gallen). – Vierteljschr. Natf. Ges. Zürich, 63, 1918, 19–33. – Bespr. Z. f. Glkde, 11, 1920, 92; GZ 24/1624.

Hellmann G. Über die Alpen als Wetter- und Klimascheide. – Gerlds Beitr. z. Geophys., 22, 1931, 25–26.

Hibler J. Die Almen des Werdenfelser Landes. – Deutsche Alpenztg, München, 10, 1, 1910, 4 S.

— Die bayrische Almwirtschaftsfrage mit besonderer Beziehung auf Alm- und Weiderechtsgebiete. – Garmisch 1910, 42 S. – Bespr. Mitt. DÖAV, 1911, 79.

Höfle J. Die Moore der bayerischen Hochebene als Folgeerscheinung der Eiszeit. – Diss. München, 1909, 41 S.

Hoeniger K. Vom Krummeck zur Lavenn. Siedlungsgeschichtl. Spaziergang als Anweisung für Ortsnamen- und Wallburgforscher. – Der Schlern, 12, 1931, 301–310.

Hörmann L. v. Der tirolisch-vorarlbergische Weinbau. – Z. DÖAV, 1905, 66–86; 1906, 98–120.

Hradil G. Über den Einfluß der geologischen Struktur auf das Landschaftsbild. (Vortr.) – Ber. Natw.-med. Ver. Innsbruck, 34, 1913, röm. 12–13.

Hummel K. Grünerden Südtirols und sonstige halmyrolitische Eisensilikate. – Chemie der Erde (Linck u. Blanck), 6, Jena (Fischer) 1931, 468–551, 3 Abb., 2 Taf. – Bespr. GZ 46A/2097.

Ilešič S. Planine ob dolenji Zilji. Die Almen des unteren Gailtales. – Geografski Vestnik, 7, Ljubljana 1931, Nr. 1–4, 120–148, 4 Abb.

Imhof O. E. Die Waldgrenze in der Schweiz. – Gerlds Beitr. z. Geophysik, 4, 3, Leipzig 1900, 92 S., 1 K.

Inama-Sternegg K. Th. v. Die Entwicklung der deutschen Alpendörfer. – Innsbruck 1874, 69 S.

— Die Alpenwirtschaft in Tirol. – Statistische Monatsschrift, 9, Wien 1883.

— Die Ansiedlungsformen in den Alpen. (Vortr.) – Mitt. Geogr. Ges. Wien, 27, 1884, 250–260.

Irmscher E. Pflanzenverbreitung und Entwicklung der Kontinente. Studien zur genetischen Pflanzengeographie. – Mitt. Inst. f. allgem. Botanik, Hamburg 1923.

Isar (ed). Die Mittlere –. – München-Augsburger Abendzeitung, Nr. 456 v. 4. 11. 1920.

Jäggli M. Il delta della Maggia e la sua vegetazione. – Contributi a. stud. geobot. d. Svizzera, Zürich 1922, 174 S.

Jenny H. Die alpinen Böden, Vegetationsentwicklung und Bodenbildung. – Denkschr. Schweiz. Natf. Ges., 13, Abt. 2, 1926.

Jerosch M. Geschichte und Herkunft der schweizerischen Alpenflora. Eine Übersicht über den gegenwärtigen Stand der Frage. – Leipzig (Engelmann) 1903, 253 S. – Bespr. GZ 4/1180.

Jugoviz R. A. Der gegenwärtige Stand der Forstservituten-Frage in den österreichischen Alpenländern. – Bruck a. M. 1903, 24 S.

— Wald und Weide in den Alpen I. – Wien 1908, 18 S.

Jurinka H. u. **Spreitzer H.** Der Anteil der Bevölkerung in Deutschtirol und Kärnten an der jährlichen Almwanderung und deren Höhengrenze. – Beitr. z. Geogr. d. Almen in Österr., Veröff. d. Geogr. Inst. d. Univ. Graz, 1925.

Kägi H. Die Alpenpflanzen des Mattstock-Speergebietes und ihre Verbreitung im Zürcher Oberland. – Jb. St. Gall. Natw. Ges., 56, 1919, Wissensch. Beilage, St. Gallen 1920, T. II, 45–254. – Bespr. GZ 28/184.

Keller P. Beiträge zur Kenntnis der nacheiszeitlichen Waldentwicklung in der Ostschweiz. – Beih. z. Bot. Zentralblatt, 45, 1928, Abt. 2, Dresden 1928, 28 S. – Bespr. GZ 39/1950.

— Pollenanalytische Untersuchungen an Schweizer Mooren und ihre florengeschichtliche Deutung. – Veröff. Geobot. Inst. Rübel, 5, Bern (Huber) 1928, 163 S. – Bespr. Geogr. Z., 35, 1929, 56.

— Pollenanalytische Untersuchungen an einigen Mooren des St. Gallischen Rheintales. – Jb. St.

Gall. Natw. Ges., 64, 1929, 16 S., 4 Fig. - Bespr. GZ 42/433.
— Postglaziale Waldperioden in den Zentralalpen Graubündens. - Beih. Bot. Zentralbl., 46, 1930, Abt. 2, 395–489, 3 Taf., 23 Abb.
— Die postglaziale Waldgeschichte des südlichen Tessin. - Vierteljschr. Natf. Ges. Zürich, 75, 1930, 1–35, 9 Abb. - Bespr. GZ 43/2057.
— Die postglaziale Entwicklungsgeschichte der Wälder von Norditalien. - Veröff. Geobot. Inst. Rübel Zürich, Bern-Berlin 1931, 9. H., 187 S., 39 Abb. - Bespr. GZ 47A/726; Geogr. Z., 38, 1932, 504; Carinthia II, 121 u. 122, 1932, 57.
— Untersuchungen am Pfahlbau „Bleiche-Arbon". - Vierteljschr. Natf. Ges. Zürich, 76, 1931, 304–315, 2 Abb. - Bespr. GZ 46A/1695.
— Die postglaziale Waldgeschichte der Gebiete um den südlichen Gardasee in Oberitalien. - Abh. Nat. Ver. Bremen, 28, Weber-Festschrift, Bremen 1932, 60–77, 4 Abb. - Bespr. GZ 48A/714, 4 B/1250.
— Der postglaziale Eichenmischwald in der Schweiz und in den Nachbargebieten. - Beih. z. Botan. Zentralbl., 49, 1932, Abt. II, 176–204, 43 Abb. - Bespr. GZ 49A/573.
— Storia postglaziale dei boschi dell'Italia Settentrionale. - Arch. bot., 8, 1932, 1.
— Wandlungen des Landschaftsbildes in prähistorischer Zeit. Die Wald- und Klimageschichte des Fürstenlandes. - St. Gallen (Fehr) 1933, 57 S., 13 Abb. - Bespr. PetMitt., 80, 1934, 92; Wr. Prähist. Z., 21, 1934, 72.

Kempf K. Kleinwaldprobleme in den Alpenländern. - Mitt. DÖAV, 1919, 69–71, 79–80.

Kerner A. v. Das Pflanzenleben der Donauländer. - Innsbruck (Wagner) 1863; Neuauflage ebd. 1929 (Anmerkungen von Fr. Vierhapper).
— Die Alpenwirtschaft in Tirol, ihre Entwicklung, ihr gegenwärtiger Betrieb und ihre Zukunft. - Wien 1866, 31 S. (Österr. Revue, 5).
— Der Wald und die Alpenwirtschaft in Österr. und Tirol. - Gesammelte Aufsätze; Neuausgabe v. K. Mahler, Berlin 1908, 178 S. - Bespr. Geogr. Z., 15, 1909, 300.

Kerner F. v. Begleitworte zur Demonstration eines Florenbildes des alpinen Oberkarbon. - VRA 1902, 125–127.

Kieslinger A. Tertiäre Verwitterungsböden in den zentralen Ostalpen. - GR 19, 1928, 464–478. - Bespr. Ebd. 20, 1929, 76.
— Alte Verwitterungsböden in den Ostalpen. - Forschgen u. Fortschr., 4, 1928, 371–372.

Kinzl H. Beobachtungen über Strukturböden in den Ostalpen. - PetMitt., 1928, H. 9/10, 261–265. - Bespr. GZ 39/1192; Z. f. Glkde, 17, 1929, 255.
— Beiträge zur Geschichte der Gletscherschwankungen in den Ostalpen. - Z. f. Glkde, 17, 1929, 66–121. - Bespr. GZ 42/682; Mitt. DÖAV, 1930, 263; GR 21, 1930, 202.
— Die größten nacheiszeitlichen Gletschervorstöße in den Schweizer Alpen und in der Mont Blanc-Gruppe. - Z. f. Glkde, 20, 1932, 279–397, 11 Skz. u. Abb., 20 Bilder. - Bespr. GZ 49A/746; Z. Ges. f. Erkde Berlin, 1934, 61.

Kisser J. Die quantitative Pollenanalyse im Dienste der urgeschichtlichen Forschung. - Wr. Prähist. Z., 12, 1925, 46–57. - Bespr. NJb. 1928/3, 55.

Kittl E. Über Entwaldungen und Hochwässer. - . Mitt. Sekt. f. Natkde ÖTC, 2, 1890, 65–66.
— Zu den Hochwasserkatastrophen in Südtirol und Kärnten. - Mitt. Sekt. f. Natkde ÖTC, 3, 1891, 70.

Klebelsberg R. v. Südtiroler Waldwirtschaft. - Mitt. DÖAV, 1909, 121–123.
— Waldwirtschaft und Fremdenverkehr in Tirol. - Mitt. DÖAV, 1910, 283–285.
— Rückgang der Waldgrenze in den Alpen aus künstlichen Ursachen. - Mitt. DÖAV, 1912, 21–22.
— Das Vordringen der Hochgebirgsvegetation in den Tiroler Alpen. - Österr. Bot. Z., Wien 1913, 23 S.
— Die Obergrenze der Dauersiedlgen in Südtirol. - Schlern-Schriften, 1, Innsbruck 1923, 31 S.
— Die Böden unserer Gegenden. - Der Schlern, 4, Bozen 1923, 344–351.
— Veränderungen im Brixner Landschaftsbild im Laufe der letzten Jahrzehnte. - Der Schlern, 10, 1929, 426–429.
— Das Bozner Land. - Alpenlandschaften (E. Oberhummer), Bd 3, Deutscher Verl. f. Jugend u. Volk, Wien 1930, 90 S., 26 Abb. - Bespr. GZ 44/875; Mitt. DÖAV, 1930, 223; Mitt. Geogr. Ges. München, 23, H. 2, 1930, 234; Heimat, 11, Innsbruck 1930, 288; Österr. Touristenztg, 51, 1931, 32; Z. f. Geomorph., 6, 1931, 128; Geogr. Z., 36, 1930, 625.
— Die Murbrüche im Tauferer und Antholzer Tal am 5. August 1931. - Der Schlern, 12, 1931, 333–338.

Kleiner V. Aus dem Vorarlberger Alpleben in vergangenen Tagen. - Heimat, 2, Bregenz 1921, 11–16.

Klenze H. v. Die Alpwirtschaft im Fürstentum Liechtenstein. Ihre Anfänge, Entwicklung und gegenwärtiger Zustand. - Stuttgart (Ulmer) 1879. - Bespr. Mitt. DÖAV, 1879, 183.

Knauer J. Erläuterungen zum Blatt München-West (Nr. XXVII) der Geognostischen Karte von Bayern 1:100000, Blatt Landsberg. - München (Piloty u. Loehle) 1929, 47 S., K. 1:100000, 6 Taf. - Bespr. Z. f. Glkde, 18, 1930, 267; GZ 46A/2136.
— Erläuterungen zum Blatt München-West (Nr. XXVII) der Geognostischen Karte von Bayern 1:100000, Teilblatt München-Starnberg. - München (Piloty u. Loehle), 1931, 48 S., K. 1:100000, 5 Taf. - Bespr. GZ 46A/2135.
— Die Gehängerutsche (Blattanbrüche) bei Garmisch-Partenkirchen. (Ein Beispiel für die erodierende Kraft des Hagels.) - Abhdlgen Geol. Ldsuntersuchung am Bayer. Oberbergamt, H. 11, München 1933, 47–55, 2 Taf. - Bespr. GZ 50A/1925.

Knecht Th. Forschungen in der oberbayerischen Almregion. - Mitt. DÖAV, 1914, 102–103.

Knoll W. Der Alpenrosengürtel in Arosa. - Jber. Natf. Ges. Grbd., 68, 1929/30, 1930, 3–36, 5 Abb., 1 Taf.

Koch G. Le foreste della magnifica comunità generale de Fiemme. - L'Alpe, 18, 1931, 404–411.

Koch G. A. Über Murbrüche in Tirol. - JbRA 1875, 97–128; VRA 1875, 82–83 (Vortr.) - Bespr. NJb. 1876, 90.
— Ein Wort zu den letzten Überschwemmungen in Tirol und Kärnten. - Deutsche Rundschau f. Geogr., 5, H. 4, Wien (Hartleben) 1883, 178–183.
— Über Wildbäche der Alpen. - Monatsblätter des Wissenschaftl. Clubs, Nr. 5, Wien 1883, 6 S.
— Die Ursachen der Hochwasserkatastrophe in den Südalpen. - Z. DÖAV, 1883, 34 S.

Koch W. Die höhere Vegetation der subalpinen Seen und Moorgebiete des Val Piora (St. Gotthard-Massiv). - Z. f. Hydrolog., 4, 1928.

Kofler H. Die Kultivierung des Zirl-Inzinger Mooses. – Jb. d. Tir. Bauernbundes u. des Tir. Landeskulturrates, 1925.

— Meliorationswesen in Tirol. – Wiener ldwirtsch. Ztg, 79, 1929, 144.

— Bodenmeliorationstätigkeit in Tirol. – Tir. ldw. Blätter, 47, 1929, 11–13, 2 Abb.

— Gegenwärtiger Stand der Meliorationstätigkeit in Tirol. – Tir. ldw. Blätter, 47, 1929, 53–59, 4 Abb.

Kofler O. u. **Gschwenter A.** Das Sterzinger Moos, seine Entsumpfung und Kultivierung. – Der Schlern, 8, 1927, 256–265, 2 Taf.

Koegel L. Beobachtungen an Schuttkegeln aus den Ammergauer Bergen. – Mitt. Geogr. Ges. München, 1920, 97–118. – Bespr. GZ 26/402; Z. Ges. f. Erdkde Berlin, 1920, 308.

— Die Pflanzendecke in ihren Beziehungen zu den Formen des alpinen Hochgebirges (untersucht am Beispiel der Ammergauer Berge). – Ostalp. Formenstudien, Abt. 1, 5, 1923, 126 S. – Bespr. GZ 30/475; GR 1924, 363; NJb. 1924/1, 108; Z. f. Glkde, 14, 1926, 79; Z. f. Geomorph., 1, 1925, 172; Geogr. Z., 30, 1924, 229.

— Der Schuttmantel unserer Berge. (Sein Werden, Wandel und seine Bedeutung.) – Z. DÖAV, 1924, 1–29.

— Beiträge zur geographischen Erfassung der alpinen Pflanzendecke aus Karwendel und Schieferbergen. – Freie Wege vergleichender Erdkunde (Drygalski-Festschrift), München (Oldenbourg) 1925, 27 S.

— Beobachtungen in der oberen Kampfregion der Holzgewächse aus den Südtiroler Dolomiten. – Z. Ges. f. Erdkde Berlin, 1925, 213–218.

— Der alpine Vegetationsmantel. – Die Naturwissenschaften, 14, 1926, H. 29, 680–685.

— Alpin-geographisches Wanderbuch. – München, Alpenfreund-Bücherei, Bd 21, 1927, 142 S., 9 Taf. – Bespr. Geogr. Z., 1927, 484; Mitt. DÖAV, 1927, 95; PetMitt., 75, 1929, 44.

— Von der alpinen Baumgrenze. – Z. Ges. f. Erdkde Berlin, 1929, 33–35.

— Pflanzengeographisches aus den Alpen. – Deutsche Alpenzeitung, 26, 1931, 103–106, m. Abb.

— Alpenlandschaft in Typenausschnitten. – Deutsche Sammlung, Geographie, Bd 3, hrsg. v. W. Geisler, Karlsruhe (Moninger) 1932, 108 S., 1 Skz., 4 Bild. – Bespr. Mitt. Geogr. Ges. München, 25, 1932, 115; Geogr. Z., 39, 1933, 119; Z. Ges. f. Erdkde Berlin, 1932, 395; PetMitt., 80, 1934, 92.

Koehne W. u. **Münichsdorfer F.** Blatt Taufkirchen (Nr. 699) der Geologischen Karte von Bayern 1:25000, mit Erläuterungen. – München 1932, 44 S., 4 Abb. – Bespr. GZ 48A/913.

Kozler. Der einstige Viller See – heute Ackerland. – Jb. Tir. Bauernbund f. 1928, 186–188, 3 Abb.

Kramer H. Forstgeschichte des Enneberger Tales vom 16. bis zum 19. Jahrhundert. – Der Schlern, 14, 1933, 150–158.

Kraus E. Bodenkunde als Methode in der Morphologie. – PetMitt., 1923, H. 1/2, 1–6. – Bespr. GZ 29/1256.

Krebs N. Die bewohnten und unbewohnten Areale der Ostalpen. (Vortr.) – Geogr. Z., 18, Leipzig 1912, 443–454.

— Die Verteilung der Kulturen und die Volksdichte in den österr. Alpen. – Mitt. Geogr. Ges. Wien, 1912, 243.

— Länderkunde der österreichischen Alpen. – Bibl. länderkdl. Handbücher, Stuttgart (Engelhorn) 1913, 556 S., 26 Taf., 77 Abb. – Bespr. Z. Ges. f. Erdkunde Berlin, 1914, 306; Mitt. Geogr. Ges. München, 1913, 523; Z. Ferdin., 3. F., 57. H., Innsbruck 1913, 389; Die Naturwissensch., 1913, 1185; Mitt. Geogr. Ges. Wien, 57, 1914, 114; Geogr. Z., 20, 1914, 712; Carinthia II, 1913, 223.

Kühnelt W. u. **Schmid E.** Beiträge zur Kenntnis der Lebensbedingungen am hochalpinen Schneerand. – Anzg. Ak. d. Wiss. Wien, math.-natw. Kl., 69, 1932, 170–172.

Kuntscher H. Fischereibetrieb am ehemaligen Lanser und Viller See. – Innsbr. Nachr., Nr. 267 v. 18. 11. 1933, 2½ Sp.

Kürsteiner J. Über den Bakteriengehalt von Erdproben der hochalpinen und nivalen Region. – Jb. SAC, 58, Bern, 1924, 15 S.

Kurzmann S. Die Lehren der Hochwasserkatastrophe in Nordtirol. (Schmirnerbach, Inntal.) – Die weiße Kohle, 2, Nr. 5, 33. – Bespr. GZ 13/328.

Kyrle G. Die Entwicklung der Höhlenkunde in Österreich seit 1919. – Mitt. Geogr. Ges. Wien, 74, 1931, 346–352, 1 Taf.

Ladurner A. Die warmtemperierten Hartlaubgehölze in den Meraner Gärten und Anlagen. – Der Schlern, 1926, 234–244. – Bespr. Studi Trent. Sc. Nat., 7, 1926, 185.

Ladurner J. Anfang der Torfbenutzung in Tirol. – Arch. f. Gesch. u. Altertumskde Tirols, 2, Innsbruck 1865, 374–375.

Ladurner-Parthanes M. Zum 600jährigen Bestehen des Algunder Etschwales (1333–1933). – Der Schlern, 14, 1933, 533–535, 1 Abb.

Lanzl H. Wesen und Bedeutung des Maisäßes in Vorarlberg. – Heimat, 8, Bregenz 1927, 185–187.

— Die Alpwirtschaft im Bezirk Montafon. – Heimat, 9, Bregenz 1928, 27–31.

— Die Alpwirtschaft im Bezirk Bregenz. – Heimat, 9, Bregenz 1928, 56–58.

— Die Alpwirtschaft im Bregenzerwalde. – Heimat 9, Bregenz 1928, 248–251.

— Die Alpwirtschaft im Bezirk Dornbirn. – Heimat, 9, Bregenz 1928, 307–310.

— Die Alpwirtschaft im Bezirk Feldkirch. – Heimat, 9, Bregenz 1928, 374–376.

Latschen. Die Notwendigkeit des Schutzes der –. Ursachen und Folgen des Legföhrenschwundes. Brandflächen an der Nordkette aus dem 18. Jahrhdt. – Neueste Ztg, Nr. 195, Innsbruck 1932.

Lauterburg R. u. **Culmann C.** Über den Einfluß der Wälder auf die Quellen- und Stromverhältnisse der Schweiz. – Verh. Schweiz. Natf. Ges. Basel, 1876, Basel 1877, 187–235.

Lehmann O. Das Karrenphänomen. (Erwiderung an H. G. Lindner.) – Z. f. Geomorph., 6, 1931, 299–301. (S. Lindner.)

Leiningen W. Graf zu. Beschreibung von Mooren in der Umgegend von Schongau mit besonderer Berücksichtigung ihrer Waldvegetation. – Natwiss. Z. f. Land- u. Forstwirtsch., 4, Stuttgart 1906, 1.

— Die Waldvegetation präalpiner bayerischer Moore, insbesondere der südlichen Chiemseemoore. – Natwiss. Z. f. Land- u. Forstwirtsch., 5, Stuttgart 1907, 1, 125.

— Reiseskizzen aus dem Süden. – Natwiss. Z. f. Land- u. Forstwirtsch., 5, Stuttgart 1907, H. 10, 19 S. – Bespr. GZ 11/1549.

— Über Humusablagerungen in den Kalkalpen. – Natwiss. Z. f. Land- u. Forstwirtsch., Stuttgart 1908, 529–538; 1909, 8–32, 160–173, 249–273. – Bespr. GZ 14/1548.

— Über das Vorkommen von Bleichsand und Ortstein in den Zentralalpen. - Zbl. f. d. ges. Forstwesen, 1911, 168ff.
— Humusablagerungen im Gebiete der Zentralalpen. - Natwiss. Z. f. Forst- u. Ldw., 10, Stuttgart 1912, 465, 483, 513, 589.
Leuchs K. Steinringbildung im oberen Lechtal. - GR 24, 1933, 222–223.
Lindner H. Das Karrenphänomen. - PetMitt., Ergh. 208, 1930, 83 S., 5 T. - Bespr. Z. f. Geomorph., 6, 1931, 31. Erwiderg ebd. 218, 301; Geogr. Z., 36, 1930, 619; Z. Ges. f. Erdkde Berlin, 1930, 309; PetMitt., 77, 1931, 42; GZ 47A/475.
Lorenz A. Pollenanalytische Untersuchungen zur Waldgeschichte der zentralen und südlichen Ostalpen. - Beih. Bot. Zbl., 50 (1932), 1933, 1–34.
Lorenz J. R. Vergleichende orographisch-hydrographische Untersuchung der Versumpfungen in den oberen Flußtälern der Salzach, Enns und der Mur oder im Pinzgau, Pongau und Lungau. - Sber. Ak. d. Wiss. Wien, 26, 1857, 91–151, 3 K.
— Entstehungsgeschichten einiger Hochmoore in Oberösterreich, Tirol, Lungau und Obersteiermark. - Verh. Zool.-Bot. Ver. Wien, 1858.
Loeske. Bryologische Beobachtungen in den Allgäuer Alpen. - Abh. Botan. Ver. d. Prov. Brandenburg, 1907.
Löwl F. Siedlungsarten in den Hochalpen. - Forschungen z. D. Lds- u. Volkskde, 2, 6, 1888, 49 S. - Bespr. Mitt. Geogr. Ges. Wien, 1888, 313; Mitt. DÖAV, 1888, 65.
Lüers F. Die „Holzbringung" in den Bayerisch-Nordtiroler Bergen. - Bayer. Wochenschr. f. Pflege v. Heimat u. Volkstum, 9, 1931, H. 5–10.
Luger F. Die rationelle Bewirtschaftung des Dornbirner Riedes. - Heimat, 7, H. 5–9, Bregenz 1926, 157–159.
Lukas G. Robert Sieger und die deutsche Schutzarbeit. - N. Grazer Tagblatt v. 3. 11. 1926.
— Robert Sieger. - Geogr. Anzeiger, 1927, H. 1.
Luzzato G. Contributo alla flora dell'alta valle di Sulden. - Atti d. Soc. It. d. Sc. nat., 67, 1928, 71–92.
Mahler K. Der Wald und die Alpenwirtschaft in Österreich und Tirol. - Bespr. Mitt. Geogr. Ges. Wien, 1909, 83.
Marchal L. Höhenlage, Boden und Klima Tirols. - Wr. Ldwirtsch. Ztg, 79, Nr. 14 v. 6. 4. 1929 (Sondernummer Tirol). Abdruck: Tir. Heimatblätter, 10, 1932, 146–150.
— Tirols Pflanzenbau. - Wr. Ldwirtsch. Ztg, 79, 1929, 123–128.
— Die Rentabilität des Getreidebaues in Tirol. - Tir. ldw. Blätter, 47, 1929, 296–300, 313–318.
Marchi C. Riassunto dei dati meteorologici dell'Osservatorio di S. Michele all'Adige presso l'Istituto Agrario nel quinquennio 1925–1929. - Ann. SAT, 25, Trento 1930, 263–280.
Marchi T. Brevi note sulla foresta demaniale di Paneveggio. - L'Alpe, 13, 1926, 313–317.
Marek R. Waldgrenzstudien in den österr. Alpen. - Mitt. Geogr. Ges. Wien, 1905, 403–425; PetMitt., 168, 1910.
— Beiträge zur Klimatographie der oberen Waldgrenze in den Ostalpen. - PetMitt., 56, 2, 1910, 6 S.
— Das Wirtschaftsleben in Tirol u. Vorarlberg. - Deutsche Rdsch. f. Geographie, 1912.
Margerie E. de. La structure du sol autrichien. - Annales de Géogr., 13, Paris 1904.
Marini D. I primordi dell'industria del legname in Alto Adige. - Riv. d. Ven. Trid., a. 10, 1929, n. 5, 13; Trentino, a. 5, 1929, 153–156.
— L'industria del legno nella Venezia Tridentina. - Bolzano 1930.
— La questione forestale vista dall'Alto Adige. - Il Legno, N. 1, gen. 1932.
Martelli A. Ricerche sui terreni forestali della Val di Fiemme. - Ann. R. Ist. sup. forest., 9, Firenze 1924, 24 S. - Bespr. GZ 37/1178.
Marzell H. Die Pflanzenwelt der Alpen. Ein Taschenbuch für Alpenwanderer. - Stuttgart (Strecker u. Schröder) 1933, 5 Taf., 29 Abb. - Bespr. Mitt. DÖAV, 1933, 211.
Mastromarino A. I Colli Euganei di fronte alla bonifica collinare. - Padova (Catt. amb. di agric.) 1931, 60 S., 15 Taf., 1 K.
Mayer B. Wirtschaftliche Verhältnisse der Tiroler Landwirtschaft. - Wr. Ldwirtsch. Ztg, 79, 1929, 140.
Mayer Mat. Neue Beiträge zur Frage des mittelalterlichen Weinbaues in Nordosttirol. - Tir. Heimatbl., 8, 1930, 402–405.
Mayer R. Die Verteilung der Hauptbodenarten in Deutschösterreich. - Die Ernährung der Pflanze, 17, 1921, H. 19/20, 113–116. - Bespr. GZ 28/956.
— Die Verbreitung der Kulturflächen in den Ostalpen nach ihrer Grenze, geomorphologisch betrachtet. - Geogr. Z., 33, 1927, 113–138, 338. - Bespr. GZ 35/713.
— Robert Sieger †. - Mitt. d. Natwiss. Ver. f. Steiermark, 63, 1927, röm. 18–23, 1 Bild.
Meinardus W. Arktische Böden. - In: Handbuch der Bodenlehre (E. Blanck), 3, Berlin (Springer) 1930, 27–96. (Strukturformen 82–96.)
Melchior H. Die Porphyrflora der Südtiroler Dolomiten. - Fedde's Rep., Beih. 71, Beitr. z. Syst. u. Pflgeogr., 10, Dahlem-Berlin 1933, 234–240.
Mell A. Robert Sieger †. - Z. d. hist. Ver. f. Steiermark, 24, 1928, 6 S.
Menghin O. Die Besiedlung des Ultentales. - Der Schlern, 1, 8, Bozen 1920, 4 S.
Merkl A. Naturschutzgebiete in Österreich. - Mitt. DÖAV, 1934, 111–112.
Messeri-Chiarugi E. Florula del Lago Boè nel gruppo di Sella (Alpi Veneto-Tridentini). - Nuovo Giorn. Bot. Ital., N.S., 39, 1932, 706ff.
Meusburger K. Brixner Weinbau und Weinmost. Geologisch-klimatologische Studie. - Der Schlern, 7, 1926, 41–46. - Bespr. Studi Trent. Sc. Nat., 7, 1926, 185.
Mocker F. Alpwirtschaft und Waldweide. - Tir. Anzg., Nr. 138 v. 18. 6. 1919.
— Wald und Waldwirtschaft in Tirol. - Tirol (Tir. Ldesverkehrsamt), Innsbruck 1927, 23–26, 3 Abb.
Mohaupt W. Beobachtungen über Bodenversetzungen und Kammeisbildungen aus dem Stubai und dem Grödener Tal. - Dissert. Univ. Hamburg (H. Christians), 1932, 69 S., 54 Abb. - Bespr. GZ 48A/1842; Z. f. Glkde, 21, 1933, 377.
Molling A. Die Alpbewirtschaftung im obersten Inntal. - Tiroler Heimat, 5, Innsbruck–Wien–München 1932, 1. u. 2. H., 12–19.
Monselice G. Intorno ad alcune torbe recentemente scoperte nella provincia di Mantova. - Boll. Com. Agr. di Mantova, 1877.
— Intorno ai caratteri fisico-chimici di alcune terre argillose e mattoni della provincia di Mantova. - Milano 1880, 86 S., 8 T.
Moore. Nachweis der - in ... Tirol und Vorarlberg. - Wien 1911, 109 S. Im Auftr. d. k. k. Ackerbaumin., herausgeg. v. d. Ldw. chem. Versuchsstation. (S. Rieder K.)

Morandi G. La sistemazione dei bacini montani della Venezia Tridentina. – Trento (Arti Grafiche Trident.) 1928, 57 S., zahlr. Abb. – Bespr. Studi Trent. Sc. Nat., 9, 1928, 123.

Morawetz S. Beobachtungen an Schutthalden, Schuttkegeln und Schuttflecken. – Z. f. Geomorph., 7, 1933, 25–43. – Bespr. GZ 50A/952.

Mortensen H. Über die physikalische Möglichkeit der „Brodel"-Hypothese. – Zbl. f. Min., Abt. B, 1932, 417–422. – Bespr. GZ 48A/1495; Z. f. Geomorph., 8, 1933, 46.

Mosna E. La conformazione del suolo e la distribuzione dei centri abitati nel Trentino. – Studi Trent., an. 8, cl. 2, Trento 1927, 30–60, 209–238, 46 Fig.

Muccini M. La vite e i vini nel Trentino. – Trentino, Trento (Tip. Mut. e Inv.) 1933, 346–380, ill.

Much M. Über den Ursprung der europäischen Alpenvegetation. – Mitt. Anthrop. Ges. Wien, 11, 1881, 193–194.

Müller H. Beitrag zur Bodenkunde im Chiemgau unter spezieller Berücksichtigung der Umgegend von Bernau. – Diss. München, 1896, 55 S., 1 K.

Müllner J. Die Verteilung der Bevölkerung Tirols nach den Höhenverhältnissen der bewohnten Fläche. – Ber. d. Ver. d. Geogr. a. d. Univ. Wien, 1891, 31–43.

Münichsdorfer F. Der Löß als Bodenbildung. – GR 17, 1926, 321–332. – Bespr. Z. f. Glkde, 15, 1927, 320; GR 18, 1927, 60; NJb. 1929/2, 100.

— Über Almbildung und einen interglazialen Alm in Südbayern. – Geogn. Jh., 40, 1927, 59–86. – Bespr. NJb. 1929/3, 220.

— Bodenkarte Bayerns 1:400000 mit Erläuterungen. – München (Bayer. Oberbergamt) 1929, 19 S. – Bespr. NJb. 1930/3, 172; Z. f. prakt. Geol., 38, 1930, 96.

— Bodenkundliche Bemerkungen. – In: Reis O. M., Erläuterungen zu Bl. Hindelang, München 1930, 43–46.

— Bayerns Boden. Die natürlichen Grundlagen der Siedlung. 1. T. Südbayern. – München (Knorr u. Hirth) 1392, 167 S., 26 Abb., zahlr. Lichtb., 2 Skz. – Bespr. Mitt. DÖAV, 1932, 179; Z. f. Glkde, 20, 1932, 507; Geogr. Z., 38, 1932, 502; PetMitt., 79, 1933, 103; Z. f. Geomorph., 7, 1933, 321; Z. Ges. f. Erdkde Berlin, 1932, 314; GZ 52A/29.

Murr J. Zur Diluvialflora der Ostalpen. – Deutsche botan. Monatsschr., 1892, 97ff.

— Ein Vegetationsbild aus den nördlichen Kalkalpen. – Über Land u. Meer, 10, 8, Stuttgart 1893, 5 S.

— Pflanzengeographische Studien aus Tirol. Die thermophilen Elemente der Innsbrucker Flora. – Allgem. botan. Z., 1903.

— Die pontisch-illyrischen Elemente der Tiroler Flora. – Magy. bot. lapok, 1905.

— I resti della flora glaciale nei dintorni di Trento. – Studi Trent., 3, 1922, 128–134.

— Die alte Buchenzone der Innsbrucker Nordkette. – Tiroler Anzeiger v. 27. 9. 1923.

— Auf den Spuren der Nacheiszeit. – Tiroler Anzeiger, Nr. 119 v. 1924.

— Vegetationsbilder aus dem Fürstentum Liechtenstein. Gesammelte Aufsätze. – Dornbirn 1927, 67 S., 6 Taf.

— Auf den Spuren des ehemaligen Nordtiroler Weinbaues. – Tiroler Anzeiger, Nr. 91 u. 92 v. 19. u. 20. April 1928.

— Was die Schneehaube des Patscherkofels birgt. – Tiroler Anzeiger, Nr. 4 v. 1929.

— Univ.-Prof. Dr. K. W. Dalla Torre. Eine Würdigung zum 2. Todestag am 6. April 1928. – Tiroler Anzeiger, Nr. 71–73 v. 1929.

— Die pflanzliche Besiedlung des Innsbrucker Gebietes seit der Eiszeit. – Tiroler Anzeiger, Nr. 93–96 v. April 1929.

— Im Mentelberger Park. – Tiroler Anzeiger, Nr. 147 v. 1929.

— Eine arktische Oase am Hafelekar. – Tiroler Anzeiger, Nr. 167 v. 1929.

— Zwergfloren. (Beispiele aus Tirol.) – Tiroler Anzeiger, Nr. 172 u. 173, 1929, 3 Sp.

— Meine letzte Fahrt auf die Seegrube. – Tiroler Anzeiger, Nr. 201 v. 1929.

— Am Locherboden und im Stamser Eichenwalde. – Tiroler Anzeiger, Nr. 214 v. 1929.

— Zur Flora von Osttirol. – Lienzer Nachrichten, Nr. 32 v. 1929.

— Der dreifache Reliktengürtel der österreichischen Ostalpen. – Ungarische Botanische Blätter, 1931, H. 1/12, 33–41. – Bespr. Z. f. Glkde, 19, 1931, 355; Studi Trent. Sc. Nat., 12, 1931, 73.

— Neue Beiträge zur Flora der Umgebung von Innsbruck und des übrigen Nordtirol. – Veröff. Mus. Ferdin., H. 11, Innsbruck 1931, 41–80.

— Im zwischeneiszeitlichen Mischwald und im nacheiszeitlichen Buchenwald Innsbrucks. – Der Bergsteiger, 2 (X), 1931, 22–24.

— Ein erstes Stück der pflanzengeographischen Karte Tirols. – Tiroler Anzeiger, Nr. 272 v. 26. 11. 1931.

— La penetrazione delle Fanerogame termofile nelle Valli dell'Adige e dell'Isarco. – Studi Trent. Sc. Nat., 13, Trento 1932, 37–52.

Nangeroni L. G. Considerazioni sulla viticoltura nella Valsugana e nella Mosella (Metz). – Riv. geogr. it., 39, 1932, 177–183.

Nègri G. La vegetazione e le oscillazioni del clima nel più recente passato geologico. – Atti Soc. it. p. il progr. d. sc., XVIII Riun. Firenze 1929, Roma 1930, 628–640.

— La vegetazione del Bacino Atesino nella storia della flora subalpina. – XIX Riun. Soc. it. p. il progr. d. scienze, 1930; Somm. in: Nuovo Giorn. Bot. It., v. 37, 1930, 672.

— Nuove osservazioni sui tipi forestali dell'Alto Adige. – Atti Soc. it. progr. sc., v. 2, Roma 1931, 327; Nuovo Giorn. Bot. It., v. 37, 1931, 675.

Nicolis E. Idrologia del Veneto occidentale. Circolazione interna delle acque ecc. Gruppo del Baldo, dei Lessini e della Posta. – Atti R. Ist. Ven., 1896, 298–308.

— Geologia ed idrologia della regione veronese. Monografia statistica-economico-amministrativa raccolta dal Conte L. Sormani-Moretti. – La Provincia di Verona, 1900, 60 S., 3 T. – Bespr. Boll. Com. geol. d'It., 32, 1901, 334; GZ 7/1272.

— Geologia applicata agli estimi del nuovo catasto; con cartina geoagrologica delle valli e delle pianure, provincia di Verona. – Atti Acc. d'agr., sc. ecc. di Verona, s. 4, v. 2, f. 1, 1906, Verona 1907, 93 S., 1 K. – Bespr. Boll. Com. geol. d'It., 39, 1908, 230.

— Carta geo-agronomica del rilievo morenico delle valli e della pianura veronese. – Milano 1907. – Bespr. Boll. Com. geol. d'It., 39, 1908, 231.

Oberhummer E. Robert Sieger zum Gedächtnis. – Almanach Ak. d. Wiss. Wien, 1927, 193–200.

Obrutschew W. A. Das Lößproblem. – Priroda (Natur), 1929, Nr. 2, 107–136 (Russisch). – Bespr. GZ 43/1338.

Ostendorff E. Zusammenhänge der Bodenkarte

Bayerns mit den von Urklas kartenmäßig dargestellten Ernte- und Anbauergebnissen Bayerns. – Z. Pflanzenernährung, B, 1931, 410.

Oestreich K. Robert Sieger. Nachruf. – Tijdschr. v. h. Kon. Ned. Aardrijksk. Genootsch. Leiden, 2. Reihe, T. 44, Nr. 3, 1927, 377–382.

Oswald W. Wirtschaft und Siedlung im Rheinwald. – Thusis (Roth u. Ko.) 1932, 162 S.

Ott A. Die Siedelungsverhältnisse beider Appenzell. – Jber. Geogr.-Ethnogr. Ges. Zürich pro 1913/14 u. 1914/15, Wissensch. Beilg. Zürich 1915, 33–160. – Bespr. Mitt. Geogr. Ges. Wien, 59, 1916, 706.

Pagliarini U. I terreni della provincia di Varese. – Ann. di Sperim. agr., v. 6, 1932, 55–77.

Pais-Tarsilia A. Il Cadore e la sua ricchezza forestale. (Saggio di economia forestale.) – Feltre (Castaldi) 1930, 119 S., ill.

Palazzo L. La meteorologia e la geofisica nella regione Tridentina. – Atti Soc. It. p. i. progr. d. Sc., 9 riun. Bolzano-Trento 1930, Roma 1931, v. 2, 63.

Paleobotaniche ricerche sulle torbiere. – Studi Trent. Sc. Nat., 10, 1929, 236–237.

Panebianco H. Osservazioni sulla Flora marnicola delle colline di Teolo negli Euganei. – Atti Acc. Sc. Ven.-Trent.-Istr., n. s., a. 5, f. 1, Padova 1908, 30–43.

Paul H. Über den gegenwärtigen Stand der Torfmoorforschung in Oberbayern. – Ber. Bayr. Botan. Ges., 1905.

— Die Verlandung einiger kleiner Seen im westlichen Chiemseegebiet. – Ber. d. Moorkulturanst. München, (1904) 1905.

— Die Schwarzerlenbestände der südlichen Chiemseemoore. – Z. f. Land- und Forstwirtschaft, 4, 1906.

— Die Moorpflanzen Bayerns. – Ber. Bayer. Bot. Ges., 12, 1910.

— Vorkommen, Pflanzenwelt, Meliorierung und Erhaltung der bayerischen Moore. – Moorschutzheft (H. Conwentz), 5, H. 2, Berlin 1916, 209–219. – Bespr. GZ 23/174.

— Entstehung, Verbreitung und Pflanzenwelt der Moore in Bayern. – Das Bayernland, 35, 1924.

— u. **Ruoff S.** Pollenstatistische und stratigraphische Mooruntersuchungen im südlichen Bayern. 1. Teil: Moore im außeralpinen Gebiet der diluvialen Salzach-, Chiemsee- und Inngletscher. – Ber. Bayr. Botan. Ges., 19, München 1927, 1–84, 32 Fig., 7 T. – Bespr. GZ 36/518; NJb. 1928/3, 61.

— — Pollenstatistische und stratigraphische Mooruntersuchungen im südlichen Bayern. II. Moore in den Gebieten der Isar-, Allgäu- und Rheinvorlandgletscher. – Ber. Bayer. Bot. Ges., 20, München 1932, 264 S.

Pechmann E. Notizen zur Höhen- und Profilkarte, nebst dem Verzeichnisse der trigonometrisch bestimmten Höhen von Tirol und Vorarlberg. – Mitt. Geogr. Ges. Wien, 8, 1864, Abh., 228–348, 1 K.; Ber., 3–6.

Pedrotti G. Parchi Nazionali nel Trentino per la protezione della fauna e della flora. – Corriere del Cacciatore, 10, Milano, 8 Marzo 1928, 146–149.

Penck A. Robert Sieger †. – Mitt. DÖAV, 1927, 5–6.

Perini D. Un comune viticolo della valle dell'Adige. (Appunti di economia agraria.) – L'Italia Agricola, 68, 1931, 598–603.

Peter H. Untersuchungen über die Ursachen des Rückganges der Alpwirtschaft und der Verödung der Dauerwirtschaften am Vorarlberger Thannberg. – Arbeiten der Lehrkanzel f. Tierzucht a. d. Hochschule f. Bodenkultur in Wien, 3, 1925.

Pfaff W. Von der Pflanzenwelt des Naturschutzparks in den Hohen Tauern Salzburgs. (Vortr.) – Ver. Naturschutzpark, Stuttgart 1931, 20 S., 42 Bilder.

— Die Eislöcher in Überetsch, ihre Vegetationsverhältnisse und ihre Flora. – Schlernschriften, 24, Innsbruck (Wagner) 1933, 72 S., 5 Abb. – Bespr. Mitt. DÖAV, 1934, 71; PetMitt., 1934, 93; Studi Trent. Sc. Nat., 14, 1933, 250.

— Le „Buche di ghiaccio" di Lasès e la loro flora. – Studi Trent. di Sc. Nat., 14, 1933, 177–187, 1 Taf.

Piersanti C. Le principali ricchezze industriali, agricole e minerarie di Merano. – Ann. R. Lic. Scient. Evang. Torricelli, an. 9, Meran (Pötzelberger) 1931/32, 5–37, ill.

Pilla C. La granicoltura nel Trentino. Progressi e possibilità. – Trento (Comm. prov. gran.) 1932, 49 S.

— Il maso chiuso. – L'Alpe, 19, 1932, 223–236.

Pisek A. u. **Cartellieri E.** Zur Kenntnis des Wasserhaushaltes der Pflanzen. III. Alpine Zwergsträucher. – Jahrbücher f. wissensch. Botanik, 79, Leipzig 1933, 131–190, 17 Abb.

Pittioni R. Urzeitliche Almwirtschaft. – Mitt. Geogr. Ges. Wien, 74, 1931, 108–113. – Bespr. Arch. p. l'Alto Adige, 26, 1931, 492.

Plankensteiner H. Verschwundene Höfe im inneren Kaunertal. – Tiroler Heimatblätter, 5, 1927, 332–336.

Planta-Reichenau A. v. Die Nollaschiefer im Kanton Graubünden (Schweiz) in ihrer landwirtschaftlichen Bedeutung. – Landwirtsch. Versuchsstationen, 15, 1872, 241–251; Alpenwirtsch. Monatsblätter, Nr. 6, Aarau 1872, 22 S. – Bespr. Jber. Natf. Ges. Grbd., NF, 18, Chur 1875, 105; Natur, Halle 1875, 184.

Podhorsky J. Führer durch den Naturschutzpark in den Hohen Tauern. – Stuttgart (Ver. Naturschutzpark) 1930, 45 S., 2 Skz., 4 Abb. – Bespr. Mitt. DÖAV, 1930, 156; Blätter f. Natkde u. Natschutz, Wien 1930, H. 8, 128.

— Neue Wege zu wirksamem Naturschutz. – Deutsche Alpenzeitung, 26, 1931, 147–151, m. Abb.

— Der Ausverkauf unserer Gewässer. – Blätter f. Natkde u. Natschutz, 18, H. 5, Wien 1931, 65–72.

Pöll J. Wo beginnt das Unterinntal? Ein pflanzengeographischer Beitrag. – Tiroler Heimatblätter, 1, 1923, H. 3, 3–4; H. 4, 1–2. S. a. A. Defant, O. Stolz u. J. Metzler.

Pollack V. Über bisherige Klassifikation der Boden- oder Massenbewegungen und deren Verwertung. – Z. f. Geomorph., 1, 1926, 302–339.

Polscher H. Almgeographisches und Almwirtschaftliches aus der Kreuzeckgruppe. Die Bezirksweide Grazerberg. – Wien 1918, 42 S., 1 Taf., 1 K.; Mitt. Geogr. Ges. Wien, 1918, 514ff., 563ff. – Bespr. Mitt. DÖAV, 1923, 11.

Poser H. Das Problem des Strukturbodens. – GR 24, 1933, 105–121. – Bespr. Z. f. Geomorph., 8, 1934, 89; GZ 52A/1959.

— Bemerkungen zum Strukturbodenproblem. – Zbl. f. Min., Abt. B, 1934, 39–45. – Bespr. GZ 52 A/1597.

Posselt-Csorich A. Schutzbauten in Tirol. – Mitt. DÖAV, 1884, 123–126.

Raesfeldt Frh. v. Der Wald in den Alpen. (Vortr.) – Z. DÖAV, 1878, 4–42.

— Die Alpenvereine und die Forstkultur in den Alpen. (Vortr.) - Z. DÖAV, 1880, 34-46.
Ratzel F. Der Einfluß des Firnes auf Schuttlagerung und Humusbildung. - Mitt. DÖAV, 1887, 97-100.
— Höhengrenzen und Höhengürtel. - Z. DÖAV, 1889, 102-135.
— Zur Gebirgskunde, vorzüglich Beobachtungen über Höhengrenzen und Höhengürtel. - Wiss. Veröff. Ver. f. Erdkde Leipzig, 1895, 542 S., 7 K.
Reindl J. Dörfer, Weiler und Einzelhöfe in Südbayern. Anthropogeogr. Studie z. Kenntnis der Siedlungsverh. in Südbayern. - Mitt. Geogr. Ges. München, 1, 1906, 501-560.
Reinerth H. Das Federseemoor als Siedlungsland der Vorzeitmenschen. - Schussenried (R. Abt) 1922, 84 S., 1 K., 6 Abb.; 4. Aufl. Augsburg (Filser) 1929, 177 S., 58 Abb., 36 Taf. - Bespr. Wr. Prähist. Z., 9, 1922, 121; 18, 1931, 82; Geogr. Z., 38, 1932, 116.
Reis O. M. Erläuterungen zur geolog. Karte von Bayern 1:25000, Blatt Hindelang Nr. 857. - München (Bayer. Oberbergamt) 1930, 52 S., 1 tekt. K. - Bespr. GZ 45/788.
Reishauer H. Beiträge zur Biogeographie und Morphologie der Alpen. I. Höhengrenzen der Vegetation in den Stubaier Alpen und in der Adamellogruppe. - Wissensch. Veröff. d. Ver. f. Erdkde Leipzig, 6, 1904, 1-210, 2 Taf., 16 Abb. - Bespr. Mitt. DÖAV, 1906, 253; Geogr. Z., 10, 1904, 647.
— Die Vegetationsdecke der Adamellogruppe. Pflanzengeographische Betrachtungen. - Z. DÖAV, 1905, 36-52.
Reissinger A. Die Schotter von Steufzgen und die interglaziale Schieferkohle bei Sonthofen. Glaziale Studien aus dem Allgäu. - Natwiss. Ges. Bayreuth, ebd. 1932, 32 S., 3 Taf.
Riccardi R. L'insediamento umano nella Val Badia (Alto Adige). - Boll. R. Soc. Geogr. It., s. 6, v. 9, Roma 1932, 323-349, 14 Fig., 1 Skz., 1 K. 1:100000.
Richter E. Waldpflege in der Vorzeit. - Mitt. DÖAV, 1883, 295-297.
— Siedelungsarten in den Hochalpen. (Löwl). - Mitt. DÖAV, 1888, 65-66.
— Der Gletscherausbruch im Martelltal und seine Wiederkehr. - Mitt. DÖAV, 1889, 231-233. - Bespr. PetMitt., 1890, Litber., 144; Mitt. Sekt. f. Natkde ÖTC, 3, 1891, 79.
— Die Hilfsmittel gegen Ausbrüche von Eisseen. - Mitt. DÖAV, 1889, 291-295.
Rieder K. u. Zailer V. Nachweis der Moore in Niederösterreich, Oberösterreich, Steiermark, Kärnten, Krain, Tirol und Mähren. - Im Auftr. d. Ackerbaumin. herausgeg. v. d. Ldwirtsch.-chem. Versuchsstation Wien, Z. f. Moorkultur u. Torfverwertg, Wien 1911. - Bespr. Carinthia II, 1923, 147.
Rigotti R. Rilievi statistici e considerazioni sulla viticoltura trentina. - Pubbl. d. Cons. Prov. d. Econ. Corp., Trento (Scotoni) 1932, 80 S., 1 K.
Rinaldini B. v. Die Obergrenze der Dauersiedlung und die relative Höhe des Siedlungsraumes in Tirol. - Mitt. Geogr. Ges. Wien, 1929, 23-47, 2 K.
Risorse idriche. Le - del compartimento e la possibilità della loro utilizzazione nei riguardi all'agricoltura. - Provv. gen. d. Stato-Libr., Mag. a. Acque Venezia (Off. graf. Ferrari), Roma 1931, 285 S., 32 Taf.
Rothpletz A. Die letzten Hochwasserkatastrophen in Südtirol. (Vortr.) - Mitt. Geogr. Ges. München, 1, 1904, 149-150. - Bespr. Z. Ges. f. Erdkde Berlin, 1902, 839.
Ruatti G. La bonifica del Lago di Loppio. Saggio economico-agrario. - Tridentum, Trento 1930, 29 S., 9 Fig., 1 K.
— Rapporti tra proprietà, impresa e mano d'opera nell'agricoltura italiana. Trentino e Alto Adige. - Roma, Ist. naz. di econ. agrar., 1930.
— La frutticoltura nel Trentino. Rapida rassegna delle colture e delle produzioni. - Cattedra amb. d'agric., 1932, 58 S.
— Lo sviluppo frutticolo di Cles-Tuenno-Nanno-Tassulo nella valle di Non. - Trento (Cons. prov. d. econ. corp.) 1932, 60 S.
— Fatti e problemi di frutticoltura. - Trentino, Trento 1933, 350-357, ill.
Rübel E. Pflanzengeographische Monographie des Berninagebietes. - Bot. Jahrbücher (Engler), 47, Leipzig 1911, 615 S., 1 K., 58 Bild., zahlr. Fig. - Bespr. Carinthia II, 1912, 197.
Rungaldier R. Die geographische Verbreitung der Schutzhütten und Unterkunftshäuser in den Ostalpen. - Mitt. Geogr. Ges. Wien, 1924, 33.
— Bemerkungen zur Lößfrage, besonders in Ungarn. - Z. f. Geomorph., 8, 1934, 1-40, 1 K.
Rytz W. Über Interglazialfloren und Interglazialklimate, mit besonderer Berücksichtigung der Pflanzenreste von Gondiswil-Zell und Pianico-Sellere. - Schröter-Festschr., Veröff. Geobot. Inst. Rübel, Zürich, 3, 1925, 811 S., zahlr. Taf. - Bespr. NJb. 1928/3, 61; PetMitt., 73, 1927, 173.
— Die Pollenanalyse und die Waldgeschichte der Schweiz. - Mitt. Natf. Ges. Bern a. d. J. 1928, 1929, röm. 23-24.
— Neue Wege in der prähistorischen Forschung mit besonderer Berücksichtigung der Pollenanalyse. - Mitt. Antiqu. Ges. Zürich, 30, 1930.
Sacco F. L'origine della pianura padana e le acque sotterranee. - L'Italia fisica, 8, 1930, 194-201.
Salomon W. Arktische Bodenformen in den Alpen. - Sber. Heidelberger Akad. d. Wiss., m.-nat. Kl., 1929, 5. Abh., 31 S., 6 Abb. - Bespr. Z. f. Glkde, 17, 1929, 394; Z. f. Geomorph., 5, 1930, 138; GZ 40/1779; GR 22, 1931, 248; NJb. 1930/2, 420; 1930/3, 34; 1931/2, 383.
Sauter A. Charakteristik der Vegetation der verschiedenen Regionen in der Umgebung von Zirl und Telfs. - Flora, 14, 1, 14, Regensburg 1831, 4 S.
— Über die Flora von Zirl. - Flora, 15, 2, 48, Regensburg 1832, 7 S.
Scapaccino M. Studio sulla flora medicinale aromatica dell'Altipiano de Sette Comuni. - Vicenza (Tip. Comm.) 1931, 85 S.
— Studio sulle condizioni economiche agrarie della provincia di Sondrio (1922). - Vicenza 1931, 119 S.
Schellenberg G. Die Pollenanalyse, ein Hilfsmittel zum Nachweis der Klimaverhältnisse der jüngsten Vorzeit und des Alters der Humusablagerungen. - In: E. Blanck, Handbuch der Bodenlehre, 2, Berlin (Springer) 1929, 139-147.
Scherzer H. Geologisch-botanische Wanderungen durch die Alpen. 1. Bd: Das Berchtesgadener Land. (U. a. auch der Raum Rosenheim-Traunstein.) - München 1927, 218 S., 23 K. - Bespr. GZ 37/568; Z. Ges. f. Erdkde Berlin, 1927, 529; NJb. 1928/3, 10; Der Schlern, 8, 1927, 392.
— Geologisch-botanische Wanderungen durch die Alpen. 2. Bd Das Allgäu. - München (Kösel u. Pustet) 1930, 356 S., zahlr. Prof., Tab., Abb. u. K. - Bespr. Mitt. DÖAV, 1930, 223; GZ 43/983; Heimat, 12, Bregenz 1931, 32; Geogr. Z., 37, 1931, 435; PetMitt., 76, 1930, 104; Z. Ges. f. Erdkde Berlin, 1931, 233.

— Das Wallberg-Risserkogelgebiet im Tegernseer Land. Eine geologisch-pflanzenökologische Studie. – Jb. d. Ver. z. Schutze der Alpenpflanzen, 4, 1932, 24 S., 3 Abb., 2 Prof.

Schibler W. Die Flora des Davoser Landwassertales über 2600 m. – Festschr. f. d. 110. Jvers. Schw. Natf. Ges. in Davos, Basel 1929, 93–118.

Schindler F. Kulturregionen und Ackerbau in den Hohen Tauern. – Z. DÖAV, 1888, 73–82.

— Kulturregionen und Kulturgrenzen in den Ötztaler Alpen. – Z. DÖAV, 1890, 62–84. – Bespr. PetMitt., 1892, Litber., 32.

— Zur Kulturgeographie der Brennergegend. – Z. DÖAV, 1893, 1–20.

Schlagintweit H. u. A. Untersuchungen über die physikalische Geographie der Alpen in ihren Beziehungen zu den Phänomenen der Gletscher, zur Geologie, Meteorologie und Pflanzengeographie. – Leipzig 1850, 600 S., 11 Taf., 2 K. – Bespr. Bl. 18.

Schmid E. Eine pflanzengeographische Kartierung Vorarlbergs. – Verh. Schw. Natf. Ges., 109. Jvers. Lausanne, 1928, 2. T., 190–191.

Schmidt R. R. Jungsteinzeit-Siedlungen im Federseemoor. (Beiträge v. H. Reinerth u. G. Kraft.) – 1. Lfrg, Augsburg (Filser) 1930, 12 Taf., 38 Abb. – Bespr. Wr. Prähist. Z., 18, 1931, 75.

Schmitz H. Pollenregen-Seeblüte und Pollenanalyse. – Paläont. Z., 12, 1930, 188–193. – Bespr. GZ 2 B/451.

Schmolz K. Die Bestimmung der Baum- und Krummholzgrenzen in den Ostalpen. – Mitt. DÖAV, 1904, 157–159.

Schnetzer J. Bewässerung und Klima von Vorarlberg. – Heimatkunde v. Vorarlberg, hg. v. Vorarlberger Landesmuseum in Bregenz, H. 2, Wien 1933, 26 S., 2 Tab., 2 Blgen. – Bespr. Heimat, Vorarlberger Monatshefte, 14, 1933, 152.

Schnyder A. Floristische und Vegetationsstudien im Alviergebiet. 2 Teile. – Vierteljschr. Natf. Ges. Zürich, 75, 1930, Beibl. Nr. 17; Mitt. Botan. Mus. Univ. Zürich, H. 135, 188 S.

Schraffl R. Der Weinbau in Nordtirol. – Oberländer, 1929, Nr. 40.

Schreckenthal G. Einige Eigenschaften von Gletschersand und -schlamm. (Schwarzenstein- und Morteratschgletscher.) – Fortschr. d. Landwirtschaft, 2, 1927, 5 S. – Bespr. Z. f. Glkde, 17, 1929, 251.

— Beiträge zur Frage des Waldrückganges in Tirol. – Zbl. f. d. ges. Forstwesen, 59, Wien 1933, 65–110, 6 Abb. (Mit ausführlichem Schriftenverz.)

Schreckenthal-Schimitschek G. v. Klima, Boden- und Holzarten an der Wald- und Baumgrenze in einzelnen Gebieten Tirols. – Veröffentl. d. Mus. Ferdin., 13, Innsbruck (Wagner) 1933, 115–251, 10 Diagr., 8 Bilder. – Bespr. PetMitt., 1934, 317.

Schreiber H. Die Moore Vorarlbergs und des Fürstentums Liechtenstein in naturwiss. und techn. Beleuchtung. – Staab 1910, 177 S., 1 K. – Bespr. Ber. Schw. Bot. Ges., 20, 1911, 73; Tscherm. Min. u. petr. Mitt., 29, 1910, 380; PetMitt., 56, 1910/2, 213; Geogr. Z., 17, 1911, 352; Z. f. Glkde, 7, 1913, 334.

— Vergletscherung und Moorbildung in Salzburg mit Hinweisen auf das Moorvorkommen und das nacheiszeitliche Klima in Europa. – Österr. Moorzeitschr., 1911/12, Staab 1912, 42 S., 1 K. – Bespr. Z. f. Glkde, 7, 1913, 334; GZ 18/1818, 21/1407-8.

— Die Moore Salzburgs in natwiss., geschichtl., landwirtsch. u. techn. Beziehung. – Staab 1913, 270 S., 1 K.

— Ursachen des Klimawechsels und der schichtenweisen Torfablagerung während und nach den Eiszeiten. – Österr. Moorztschr., 15, 1914/15, Nr. 12/13, 184–190. – Bespr. GZ 22/1327.

— Zeitbestimmung der Eiszeiten und der Moorschichten. – Österr. Moorztsch., 15, 1914/15, Nr. 12/13, 190–192. – Bespr. GZ 22/1328.

— Moorkunde nach dem gegenwärtigen Stande des Wissens auf Grund 30jähriger Erfahrung. – Berlin (Parey) 1927, 192 S., 20 Abb., K. 1:5 Mill. – Bespr. GZ 37/70; Z. Ges. f. Erdkde Berlin, 1930, 226; PetMitt., 76, 1930, 44.

Schröter C. Das Pflanzenleben der Alpen. Eine Schilderung der Hochgebirgsflora. – Zürich (Raustein) 1908, 807 S., 2. Aufl. ebd. 1926, 1288 S., 316 Abb., 6 Taf. – Bespr. NJb. 1930/2, 733.

— Über die Flora des Nationalparkgebietes im Unterengadin. – Jb. SAC, Bern 1918, 43 S., 1 K.

— Kleiner Führer durch die Pflanzenwelt der Alpen. – Zürich (Raustein) 1932, 24 Abb.

Schulthaus S. Analisi meccanica e chimica di terreni trentini. – Pro Cultura, 3, Trento 1912, 246–251.

Schwarzweber H. Beitrag zur landeskundlichen Darstellung (des Villgrater Gebirges). – Ber. Akad. Alpin. Ver. Innsbruck ü. d. J. 1928–1930, Innsbruck 1931, 6–18.

Schwenkel H. Blütenstaubuntersuchungen an Mooren und ihre wissenschaftliche Bedeutung. – Monatsschr. Württemberg, 1932, H. 9, 405–413, 1 Abb. – Bespr. GZ 49A/577. S. Bertsch.

Schwimmer J. Schulrat Dr. Josef Murr. Eine Widmung zu seinem 60. Geburtstage. – Vierteljschr. f. Gesch. u. Landeskunde Vorarlbergs, 7, 1923, 45–49.

— u. **Sulger-Büel E.** Die Flora des Zechwaldes bei Lindau. – 48. Ber. Natwiss. Ver. f. Schwaben u. Neuburg, 1930, 33 S.

Schwimmer J. Zur Flora des Moos- und Madleintales. – Jber. Sekt. Darmstadt DÖAV, 1930, 20 S.

— Die Gefäßpflanzen des Arlberggebietes. – Veröff. Mus. Ferdin., H. 11, Innsbruck 1931, 81–156, 1 Kskz. – Bespr. Heimat, Vorarlberger Mh, 1932, 174.

— Die botanische Erforschung von Gargellen, Vergalden, Valisera. – Heimat, 12, Bregenz 1931, 27–32.

— Zur Entwässerung des Feldmooses. – Heimat, Vorarlberger Mh., 14, Innsbruck 1933, 129–130.

Seckendorff A. Frh. v. Verbauung der Wildbäche, Aufforstung und Berasung der Gebirgsgründe. – Wien 1884, 327 S., 17 K. – Bespr. Mitt. DÖAV, 1884, 179.

— Die Wildbäche, ihr Wesen und ihre Bedeutung im Wirtschaftsleben der Völker. – Wien 1886, 20 S. – Bespr. Mitt. DÖAV, 1886, 231.

— Zur Geschichte der Wildbachverbauung ... in Österreich. – Wien 1886, 24 S.

— Das forstliche System der Wildbachverbauung. – Wien 1886, 27 S.

Seefelder Seewiesen Entwässerung. – Tir. ldwirtsch. Blätter, 1927, Nr. 2.

Sendtner O. Vegetationsverhältnisse Südbayerns. – München 1854, 910 S. (3. Beitrag z. natw. Erforschg d. bayer. Lande, kgl. B. Ak. d. Wiss.) S. a. J. Fraas.

Sendtner R. Das Grundwasser in den einzelnen

Stadtteilen Münchens. – München 1894, m. Plan (4 Bl.)

Senger J. v. Eine Gebirgsreise in die Täler von Fleims und Fassa. – Sammler f. Gesch., Stat. etc. von Tirol, 3, Innsbruck 1808, 58–88.

Senoner A. Physische, geologische und landwirtschaftl. Beschreibung der Provinz Mailand. – Hammerschmieds Österr. Z. f. d. Landwirtsch., Nr. 36–38, 1846.

— Physische, geolog. u. landwirtsch. Beschreibung der Brianze. – Hammerschmieds Österr. Z. f. d. Landwirtsch., Nr. 42 und 46, 1846.

Sieger R. Anthropogeographische Probleme in den Alpen. – 25. Jber. Ver. d. Geogr. Univ. Wien, 25, 1899, 24 S.

— Die Alpen. – Sammlg Göschen Nr. 129, 1. Aufl. 1900, 170 S., 19 Bild., 1 K.; 2. Aufl. 1923, 90 S., 7 Taf. – Bespr. Mitt. DÖAV, 1901, 149; Geogr. Z., 7, 1901, 657; 30, 1924, 227; Mitt. Geogr. Ges. München, 1924, 291.

— Almwesen und Alpenverein. – Mitt. DÖAV, 1906, 227–230.

— Almstatistik und Almgeographie. – Mitt. DÖAV, 1907, 225–226.

— Zur Geographie der zeitweise bewohnten Siedlungen in den Alpen. (Vortr.) – Geogr. Z., 13, 1907, 361–369 und Verh. 16. D. Geogr.-Tag Nürnberg 1907, 261–272.

— Neue Forschungen in der Almregion. – Mitt. DÖAV, 1913, 85–89.

— Die neuesten Untersuchungen über die Almen der Ostalpen. (Sammelreferat.) – Mitt. DÖAV, 1923, 11–12.

— Almen und Almgeographie. Beiträge zur Geographie der Almen in Österreich. – Veröff. Geogr. Inst. Univ. Graz, 1925, 174 S., 5 Taf., 5 Abb. – Bespr. Mitt. Geogr. Ges. München, 1926, 234; Mitt. Geogr. Ges. Wien, 1926, 190; Mitt. DÖAV, 1926, 240; Geogr. Z., 32, 1926, 323.

Silvestri G. Irrigazioni e bonifiche nel Veronese. – Natura, 1931, 5–12.

Simon L. Die Gegend von Tölz in der Nacheiszeit. 1. Die Sonderstellung des Tölzer Isar-Sees. 2. Die Beziehungen zwischen Kirch-See, Ellbach-Moor und Tölzer Becken. – Abh. Geol. Ldsuntersuchg d. Bayer. Oberbergamtes, München 1931, 21–30, 1 K., 5 Taf.; H. 4, 35–43, 1 K., 2 Abb. – Bespr. GZ 46A/249, 250; NJb. 1932/2, 248; 1933/3, 23.

Simony F. Über die Alluvialgebilde im Etschtal. – Sber. Ak. d. Wiss. Wien, 24, 1857, 455–492, 1 Taf.

— Beitrag zur Kunde der obersten Getreide- und Baumgrenze in Westtirol. – Verh. Zool.-Bot. Ges., 20, Wien 1870, 8 S.

Sinwel R. Aus der Vergangenheit des Kaisergebirges. – Z. DÖAV, 1917, 7–30.

Sölch I. Geographie des Iselgebietes in Osttirol. Eine länderkundliche Darstellung. – Badische Geogr. Abh., 12. H., Freiburg i. Br. u. Heidelberg 1933, 162 S., 12 Abb., 8 Fig., 1 Proftaf. – Bespr. Z. f. Glkde, 21, 1933, 396; Mitt. DÖAV, 1934, 71; Mitt. Geogr. Ges. München, 27, 1934, 133; PetMitt., 1934, 317.

Sölch J. Robert Sieger †. – Geogr. Z., 33, 1927, 305–313. S. auch Geogr. Anzg., 1924.

— Raum und Gesellschaft in den Alpen. – Geogr. Z., 37, 1931, 143–168. (S. Günther A.)

Sonklar K. v. Grundzüge einer Hyetographie des österreichischen Kaiserstaates. – Mitt. Geogr. Ges. Wien, 4, 1860, Abh., 205–238, 1 K., 6 Tab.

Spann J. Der Rückgang der Alpensennerei in der Schweiz, Österreich und Bayern unter bes. Berücksichtigung des bayr. Allgäus. – Landw. Jb. f. Bayern, München 1919, 79 S.

Spanninger G. Wanderung im Schweizer Nationalpark. – Deutsche Alpenzeitung, 26, 1931, 129–131, m. Abb.

Sparber A. Die Besiedlung des Sarntales. – Der Schlern, 1, 13, Bozen 1920, 5 S.

Sperlich A. Dalla Torre als Botaniker. – Ber. Natw.-med. Ver. Innsbruck, 41, 1929, röm. 17.

Spiegel. Das Torflager im Rheintale bei Dornbirn in Vorarlberg. – Verh. Zool.-Bot. Ges., 10, Wien 1860.

Spreitzer H. Die Almen von Heiligenblut. – Glocknerhaus-Festschrift der Sekt. Klagenfurt DÖAV, 1926, 25–38. – Bespr. Carinthia II, 1926, 24.

Stark P. Beiträge zur Kenntnis der eiszeitl. Flora und Fauna Badens. – Diss. Freiburg i. Br., 1912, 120 S.; Ber. Natf. Ges. Freiburg i. Br., 19, 1912, 153–272. – Bespr. GZ 20/567.

— Die Flora der Eiszeit und ihre Spuren in der Gegenwart. – Die Naturwiss., 5, Berlin 1917, 199–202, 220–224.

— Zur Entwicklungsgeschichte der badischen Bodenseemoore I. u. II. Teil. – Ber. Deutsch. Bot. Ges., 41, 1923, 361–366, 367–373. (Vorl. Mitt.) – Bespr. GZ 30/720.

— Die Moore des Badischen Bodenseegebietes. I. Die nähere Umgebung von Konstanz. – Ber. Natf. Ges. Freiburg i. Br., 24, 1925, 1–123, 2 Fig. – Bespr. NJb. 1926/2, Abt. B, 392; GZ 36/1013.

— Die Moore des Badischen Bodenseegebietes. II. Das Areal um Hegne, Dettingen usw. – Ber. Natf. Ges. Freiburg i. Br., 28, 1928, 1–239, 24 Fig. – Bespr. GZ 37/627.

— Die pollenanalytische Durchforschung der Schweiz (mit vergleichender Heranziehung der Nachbargebiete). – Z. f. Bot., 21, Jena 1929, 27 S., 10 Fig., 1 Tab. – Bespr. GZ 40/1701.

Staudacher W. Die Verlandungsstadien des oberschwäbischen Federsees. – NJb. 1924, Bbd 50, 448–489, 2 Taf.

Sternbach v. Die Alpen Vorarlbergs. (Vortr.) – Jb. ÖAV, 1873, 49–65. (Almverhältnisse.)

Sternberg K. Graf. Botanische Exkursion nach der Kaiserklause. – Botan. Taschenbuch, Regensburg 1802, 17 S.

— Botanische Ausflüge in die Rhetischen Alpen. – Bot. Taschenbuch, Regensburg 1804, 56 S.

— Reise in die Rhetischen Alpen, vorzüglich in botan. Hinsicht im Sommer 1804. – Beil. z. bot. Taschenbuche, Nürnberg 1806, 64 S.

Steuer A. Dalla Torre als Zoologe. – Ber. Natw.-med. Ver. Innsbruck, 41, 1929, röm. 15–17.

Sterzinger Moos (Isarcus). Das – einst und jetzt. – Dolomiten, 1927, Nr. 84.

Stiny J. Die Berasung und Bebuschung des Ödlandes im Gebirge als wichtige Ergänzung getroffener technischer Maßnahmen und für sich betrachtet. – Graz 1908, 155 S., 4 Taf., 4 Abb. – Bespr. GZ 12/1543.

— Die Muren. Versuch einer Monographie mit besonderer Berücksichtigung der Verhältnisse in den Tiroler Alpen. – Innsbruck (Wagner) 1910, 139 S., 34 Abb. – Bespr. VRA 1910, 138; GZ 14/961; Geogr. Z., 17, 1911, 110; Mitt. Geogr. Ges. Wien, 1910, 402.

— Böden unserer nördl. Kalkalpen. – Zbl. f. d. ges. Forstwesen, 47, Wien 1921, 317–335. – Bespr. GZ 28/958.

— Die geologischen Grundlagen der Verbauung der Geschiebeherde in Gewässern. – Wien

(Springer) 1931, 120 S., 4 Abb. – Bespr. GZ 46A/1542; Z. f. prakt. Geol., 40, 1932, 158; GR 24, 1933, 122.

Stolz O. Zur Geschichte des Getreidebaues und seines Rückganges im Bregenzer Wald. – Vierteljahrschrift f. Gesch. u. Landeskunde Vorarlbergs, 1923, 93–96.

— Die Schwaighöfe in Tirol. Ein Beitrag zur Siedlungs- und Wirtschaftsgeschichte der Hochalpentäler. – Wissensch. Veröff. d. DÖAV, 5, Innsbruck 1930, 197 S., 1 K., 12 T. – Bespr. Mitt. DÖAV, 1930, 41; Mitt. Geogr. Ges. München, 23, 1930, 99; Z. Ges. f. Erdkde Berlin, 1930, 311; Der Schlern, 11, 1930, 214; Geogr. Z., 36, 1930, 626; PetMitt., 77, 1931, 103; Tiroler Heimat, 3, 1930, 236; Boll. Soc. Geogr. It., s. 6, v. 8, 1931, 70; Carinthia I, 121, 1931, 71.

— Zur Geschichte der Landwirtschaft in Tirol. – Tiroler Heimat, 3, 1930, 93–144.

Strele G. Die Wildbäche und ihre Verbauung. – Z. DÖAV, 1899, 110–132, 4 Abb.

— Die Quellen der Geschiebeführung. – Geologie und Bauwesen, 1932, 119–144, 10 Abb. – Bespr. GZ 49A/478; NJb. 1932/2, 897.

Sulger-Büel E. Das Feldmoos. – Heimat, Vorarlberger Monatshefte, 14, Innsbruck 1933, 125–128.

Taramelli T. Dei terreni morenici ed alluvionali del Friuli. – Ann. R. Ist. Tecnico, v. 8, Udine 1874, 1–91, 2 Taf.

— Dell'origine della terra rossa. – Estr. d. Rend. d. R. Ist. Lomb., Milano 1880. – Bespr. VRA 1880, 336.

— Dello studio geognostico del suolo agrario in rapporto col proposto censimento dei terreni produttivi del Regno d'Italia. – Boll. Soc. geol. it., v. 2, f. 2, Roma 1883, 84–92.

— Il nubifragio valtellinese dello scorso agosto. – Rend. R. Ist. Lomb., s. 2, v. 44, Milano 1911, 975–985. – Bespr. GZ 18/242; Riv. Geogr. It., 19, 1912, 718.

— Rapporti fra popolazione e natura del suolo nel Friuli e nell'Apennino pavese. – Giorn. Geol. prat., an. 10, f. 4, Parma 1912, 141–146, 5 T. – Bespr. Boll. Com. geol. d'It., 44, 1915, f. 4, 134.

Tarnuzzer Chr. Über die Entstehung von Vegetationshügeln und andern Oberflächenbildungen in den Alpen. – Jber. Natf. Ges. Grbd., NF, 40, Chur 1897, 1–18. – Bespr. EgH 5, 1898, 402.

— Geologischer Überblick über das Ofengebiet. – In: S. Brunies, Die Flora des Ofengebietes, Chur 1906.

Tauernkraftwerk. Das –, ein Werk von unermeßlicher Bedeutung für Osttirol. – Lienzer Nachrichten, Nr. 52 v. 1930.

Tauernprojekt. Die „Öka" und ihr Tauernprojekt. – Bergland, 13, 1931, 39–54, m. Abb.

Tellini A. Le acque sotterranee del Friuli e la loro utilizzazione. – Ann. R. Ist. Tecn. A. Zanon, s. 2, an. 16–17, Udine 1899, 175–260; an. 18, 1900, 27–155; an. 19, 1901, 103–200. – Bespr. Boll. Com. geol. d'It., 31, 1900, 406; 32, 1901, 383; 34, 1903, 56.

— Determinazione del calcare di alcune terre coltivabili e sabbie fluviali principalmente friulane. – Estr. Boll. Ass. agrar. friul., an. 1901, Nr. 8–9, Udine 1901, 22. – Bespr. Boll. Com. geol. d'It., 34, 1903, 56.

Thallmayer R. Österreichs Alpwirtschaft. – Wien (K. Gerold) 1908, 256 S. – Bespr. Mitt. DÖAV, 1909, 72.

Theobald G. Geognostischer Bericht über die Alp La Motta bei Marmels und die Voralp von St. Moritz. – Schatzmanns Schweiz. Alpenwirtschaft, 6, Aarau 1865.

— Die Bodenverhältnisse Graubündens in bezug auf Pflanzenwuchs und namentlich Alpwirtschaft. – Jber. Schw. alpenwirtsch. Ver., 2, Aarau 1866.

Thurnherr J. Von der Alpwirtschaft in Vorarlberg. – Heimat, 2, Bregenz 1921, 69–74.

Thurn-Valsassina O. Graf. Über den Alm, sein Auftreten in Südbayern, seine Zusammensetzung und Bedeutung für die Landwirtschaft. – Diss. Techn. Hochsch. München, 1921.

Todaro U. Per la bonifica atesina: dal Passirio all'Avisio. – Quad. mens. d. Op. Naz. p. i Comb., 7, 1929, n. 3, 5–28; n. 5, 9–44.

Tonzig S. Sulla vegetazione della Val Venosta. – Atti Soc. it. progr. sc., v. 2, Roma 1931, 318.

Torf (T. B.) in Tirol. – Mitt. DÖAV, 1878, 80.

Torfmoore (G.). Über die glaziale Flora und die Flora der Torfmoore. – Mitt. Anthrop. Ges. Wien, 12, 1882, 104–107, 1 Abb.

Torrenti. I – delle Alpi ed i mezzi diretti alla loro difesa. – Milano 1859.

Toula F. Über Wildbachverheerungen und die Mittel, ihnen vorzubeugen. – Vortr. d. Ver. z. Verbr. natwiss. Kenntn. in Wien, 32, Wien 1892, H. 15, 124 S., 11 Abb.; Z. Österr. Ing.- u. Arch.-Ver., 1892, Nr. 43. – Bespr. NJb. 1893/2, 323; 1894/1, 457.

Traverso G. B. Una salita botanica al Pizzo Arera (Bergamo). – Atti Acc. Sc. Ven.-Trent.-Istr., n. s., a. 5, f. 1, Padova 1908, 14–26.

Trener G. B. Per lo studio delle torbiere nella Venezia Tridentina. – Trento 1929, 16 S.; Estr. da Studi Trent. d. Sc. Nat., dir. dal Mus. Civ. di Stor. Nat., Riv. d. Soc. per gli Studi Trent., an. 9, 1928, f. 2, 125–138.

Trientl A. An der Holzgrenze. (Inntal und Vinschgau.) – Mitt. DÖAV, 1880, 208–210.

Troll K. Die jungglazialen Schotterfluren im Umkreis der deutschen Alpen, ihre Oberflächengestalt, ihre Vegetation und ihr Landschaftscharakter. – Forschgen z. D. Lds- u. Volkskde (Gradmann), Stuttgart (Engelhorn), 24, 1926, 159–256, 6 Taf., 11 Fig. – Bespr. Z. f. Geomorph., 3, 1928, 156; Mitt. Geogr. Ges. München, 1927, 306; Z. f. Glkde; 15, 1927, 154; GZ 40/1632; NJb. 1928/3, 159; Geogr. Z., 33, 1927, 354; Z. Ges. f. Erdkde Berlin, 1928, 260; PetMitt., 73, 1927, 314.

Troll W. Die natürlichen Wälder im Gebiete des Isarvorlandgletschers. Der pflanzengeographische Typus einer nordalpinen Glaziallandschaft. – Mitt. Geogr. Ges. München, 19, 1926, 1–129; 20, 1927, 123–125, 1 K., 2 Skz.

Tschermak L. Die Formen der Lärche in den österr. Alpen und der Standort. – Zbl. f. d. ges. Forstwesen, 50, H. 7/12, 1–82. – Bespr. GZ 32/326.

Tschurtschenthaler P. Noch ein Kapitel über unsere Wälder. – Volksbote, 1929, Nr. 2.

— Teilwälder und Nutzungsrechte. – Volksbote, 1929, Nr. 26.

Tursky H. Die alpine Flora in ihrer Abhängigkeit vom Klima und Boden des Hochgebirges. – Z. DÖAV, 1921, 1–22.

Ulmer F. Die Weinwirtschaft Südtirols. – Schr. d. Inst. f. Sozialforschg i. d. Alpenländern a. d. Univ. Innsbruck, 6. F., Innsbruck (Wagner) 1931, 101 S.

Unger F. Korrespondenz aus Kitzbühel. (Über Flora.) Flora, 13, II, 48, Regensburg 1830, 5 S.

— Über den Einfluß des Bodens auf die Verteilung der Gewächse, nachgewiesen in der Vegetation des nordöstl. Tirols. – Wien 1835, 367 S., 2 K., 7 Taf.

Vareschi V. Die Gehölztypen des obersten Isartales. – Ber. Natwiss.-med. Ver. Innsbruck, 42, 1931, 75–184, 1 K. – Bespr. Tiroler Anzg., Nr. 272 v. 26. 11. 1931.

Venturoli G. Cortina d'Ampezzo nei primi dieci anni di regime italiano (1919–1928). – Monografia agrario – forestale pubbl. a. c. d. Confed. Fasc. d. Agricoltori. – Bologna 1930, 242 S.

Vierhapper F. Zirbe und Bergkiefer in unseren Alpen. – Z. DÖAV, 1915, 97–123, 18 Abb.; 1916, 60–89, 4 Abb.

— Die Kalkschieferflora in den Ostalpen. – Österr. bot. Z., 70, 1921, 261–293, 1 K.; 71, 1922, 30–45. – Bespr. Carinthia II, 1928, 80.

— Geobotanische Notizen aus dem Gailtale. – Carinthia II, 1926, 4–11.

Viesi C. Il limite settentrionale della vite nella valle dell'Isarco. – Atti Soc. It. Progr. Sc., v. 2, Roma 1931, 319–322.

Villa A. e **G. B.** Ulteriori osservazioni geognostiche sulla Brianza. – Giorn. d. Ing., Arch. ed Agron., an. 3, Milano 1856.

— — Osservazioni geognostiche e geologiche fatte in una gita sopra alcuni colli del Bresciano e del Bergamasco. – Giorn. d. Ing., Arch. ed Agron., an. 5, Milano 1858.

Vinassa de Regny P. Sull'orgine della „terra rossa". – Boll. Soc. geol. it., v. 23, f. 1, Roma 1904, 158–170.

— Per la difesa delle acque sotterranee. – Atti Soc. it. Progr. Sc., Milano 1932. – Bespr. GZ 50A/1938.

Vischer W. Haben das Oberengadin und das Berninagebiet während der letzten Eiszeit den Alpenpflanzen als Refugium gedient? – Verh. Natf. Ges. Basel, 39, 1929, 167–175.

Vite. Studio geologico-viticolo dei terreni delle regioni della provincia di Brescia, dove più estesamente è coltivata la –. Brescia (Cons. antifilosserico bresc.) 1909, 58 S., 3 K.; 1910, 151 S., 3 K. – Bespr. Boll. Com. geol. d'It., 41, 1910, 110; 42, 1911, f. 1, 29.

Vogel H. Memminger Almerde. – Ber. Nathist. Ver. Augsburg, 28, 1885, 163–166.

Vonbun J. F. Volkssagen aus Vorarlberg. – 2. Aufl. Innsbruck 1850, 83 S. Neuaufl. 1889.

Vorreith. Wiederinstandbringung der entwaldeten oberen Berglagen in den Alpen. Mit besonderer Berücksichtigung der Verhältnisse in Tirol. – Wiener allgem. Forst- u. Jagdztg, 47, 1929, 176, 182.

Wagner O. Einiges über Dornbirns Waldungen. – Heimat, 8, Bregenz 1927, 187–193.

Waldfrage. Zur – in den österreichischen Alpengebieten. – Eine Denkschrift des DÖAV, Prag (Dominicus) 1883, 24 S.

Waldwirtschaft. Riflessioni e proposte della Soc. d. Alp. Trid. sulla questione degli unboschimenti. – Trento 1882, 16 S.

— Zur – in Tirol. – Deutsche Zeitg v. 19. 6. 1891. Abdruck in Mitt. Sekt. f. Natkde ÖTC, 3, 1891, 53–54.

Wang F. Zur Wildbachverbauung in den österreichischen Alpenländern. – Mitt. Sekt. f. Natkde ÖTC, 1, Wien 1889, 68–69.

Wasmund E. Zur Postglazialgeschichte des Würmseegebietes. Vorl. Mitt. – Verh. Internat. Ver. f. theor. u. angew. Limnologie, III, Stuttgart 1927, 474–476. – Bespr. GZ 36/810.

— Natur und Landschaft der Gemeinde Holzhausen am Würmsee in ihrer erdgeschichtlichen und gegenwärtigen Entwicklung. – Lechisarland, Z. d. Heimatverbands Huosigau, 1928, H. 2–6.

— Pollenregen – Seeblüte auf dem Bodensee im Luftbild. Hydrogeologische Bodenseeforschung 4. – Palaeont. Z., 12, Berlin 1930, Nr. 2, 73–99. – Bespr. GZ 45/611.

— Lakustrische Unterwasserböden (Seeablagerungen der nördlichen humiden Breiten). – In: Handbuch der Bodenlehre v. E. Blanck, 5, 1930, 97–189, 33 Abb.

— Bitumen, Sapropel und Gyttja. – Geolog. Föreningens i Stockholm Förhandlingar, Mai–Okt. 1930, 315–350. – Bespr. GZ 44/1060; NJb. 1931/2, 480; 1933/2, 694.

— Algenteppiche und Flytäfja am Bodensee. – Internat. Rev. Hydrobiol. u. Hydrograph., 25, 1931, 184–203, 14 Abb. – Bespr. GZ 45/1208, 46A/959; NJb. 1931/2, 481, 751.

Weber C. A. Versuch eines Überblicks über die Vegetation der Diluvialzeit in den mittleren Regionen Europas. – Natwiss. Wochenschr., 14, 1899, 525ff; Sonderabdr. Berlin (Dümmler) 1900, 31 S.

Widmann Hans. Neues und Altes vom Kaprunertal.– Mitt. DÖAV, 1896, 4–7, 21–22.

Wilckens M. Die Alpenwirtschaft der Schweiz, des Allgäus und der westösterreichischen Alpenländer. – Wien 1874, 395 S.

Windakiewicz E. Torfmoor am Passe Thurn. – Z. f. Berg- u. Hüttenw., 1853, Nr. 31, 245. – Bespr. NJb. 1854, 94; Bl. 58.

Winz H. Beiträge zur Kulturgeographie des Oberinntales. – Berliner Geogr. Arbeiten, H. 2, Stuttgart (Engelhorn) 1933, 117 S., 14 Skz. – Bespr. Tir. Heimatbl., 11, 1933, 292; Geogr. Z., 40, 1934, 71.

Wolansky D. Strukturböden und arktische Bodenformen. – GR 23, 1932, 132–140, 2 Abb. – Bespr. GZ 48A/215.

Wolff K. F. (-f). Vom Eisacktaler Mittelgebirge. – Dolomiten, Nr. 71, Bolzano, 13. 6. 1934, 4 Sp.

Wondrak F. Bewaldung und Hochwasser. – Z. DÖAV, 1883, 170–186.

Wopfner H. Der Rückgang bäuerlicher Siedlungen in den Alpenländern. – Neue Tiroler Stimmen, 1917, Nr. 43 v. 22. 2., Nr. 44 v. 23. 2., Nr. 45 v. 24. 2., Nr. 47 v. 27. 2., Nr. 48 v. 28. 2., Nr. 49 v. 1. 3., Nr. 50 v. 2. 3., Abdbl. v. 3. 3., Nr. 52 v. 5. 3.

— Die Besiedlung unserer Hochgebirgstäler. Dargestellt an der Siedlungsgeschichte der Brennergegend. – Z. DÖAV, 1920, 25–86, m. Abb.

— Gschnitz. Eine siedlungsgeschichtliche Wanderung. – Jber. Akad. Alpiner Ver., Innsbruck 1922/23.

— Beobachtungen über den Rückgang der Siedlungen. – Tiroler Heimat, III/IV, 1923, 68–83, 2 Abb.

— Geschichte der Tiroler Landwirtschaft. – Wiener landw. Ztg, 79, 1929, 120.

— Namlos. Ein Beispiel von Entstehung und Rückgang einer Hochgebirgssiedlung. – Tiroler Anzeiger, Nr. 292–294 v. 1930.

— Eine siedlungs- und volkskundliche Wanderung durch Villgraten. – Z. DÖAV, 1931, 246–276, 15 Abb.; 1932, 263–288, 1 KSkz., 12 Abb. – Bespr. Osttiroler Heimatblätter, 8, Lienz 1931, 96.

Woerlein G. Die Phanerogamen- und Gefäßkryptogamenflora der Münchener Talebene. – Herausgeg. v. d. Bayer. bot. Ges., München 1894, m. geol. K.

Zailer V. Das diluviale Torfkohlenlager im Talkessel von Hopfgarten, Tirol. – Z. f. Moorkultur u. Torfverwertg, 1910, 267–281, 1 K., 10 Prof. – Bespr. GZ 21/1408; VRA 1912, 172.

Zailler O. Die Land- u. Alpenwirtschaft in den österr. Alpenländern. – Diss. Jena, 1903.

Zötl G. Über oberinntalische Alpenwirtschaft. – Tiroler Bote, Innsbruck 1827, 68, 76, 80.

Zwanziger G. A. Die Alpenwirtschaft in Kärnten. Bericht über –. Herausgeg. von der Kärntner Landwirtschaftsgesellschaft, Klagenfurt 1873–1876. – Carinthia II, 1891, 183–189. S. a. ebd. 1875, 132, 168, 261.

Zwiedinek O. v. Zur Statistik der Siedelung und der Bevölkerungsbewegung in den Alpenländern. – Z. DÖAV, 1914, 82–101.

Eb
Erdbeben.

Baldacci L. e **Stella A.** Sulle condizioni geognostiche del territorio di Salò (prov. di Brescia) rispetto al terremoto del 30 ottobre 1901. – Boll. Com. geol. d'It., v. 33, Roma 1902, 4–25, 3 T. – Bespr. Ebd. 34, 1903, 83.

Baratta M. Il terremoto veronese del 1891. – Annali dell'Uff. centr. meteor. e geodin., 1892, s. 2, p. 3, v. 11. – Bespr. NJb. 1896/2, 57; Boll. Com. geol. d'It., 24, 1893, 76.

— Il terremoto della riviera bresciana-veronese del Lago di Garda del 5 gennaio 1892. – Annali dell' Uff. centrale meteor. e geodin., 1892, s. 2, p. 3, v. 4. – Bespr. NJb. 1896/2, 56; Boll. Com. geol. d'It., 24, 1893, 75.

— Il terremoto veronese del 9 febbraio 1894. – Proc. verb. Soc. Tosc. di Sc. nat. Pisa, 9, 1895. – Bespr. Boll. Com. geol. d'It., 27, 1896, 119.

— Il terremoto di Lecco del 5 marzo 1894. – Boll. Soc. sismol. it. 1, Roma 1895. – Bespr. Boll. Com. geol. d'It., 27, 1896, 117.

— Il terremoto sentito in Lombardia il 27 novembre 1894. – Atti Soc. Tosc. di Sc. nat., Proc. verb., v. 10, Estr. pag. 14, Pisa 1896. – Bespr. Boll. Com. geol. d'It., 28, 1897, 77.

— I supposti fenomeni sismici del Monte Baldo (Verona). – Riv. marittima, an. 32, trim. 2, Roma 1899, 468–471. – Bespr. Boll. Com. geol. d'It., 31, 1900, 92.

— I recenti terremoti dl Salò. – Boll. Soc. geogr. it., s. 4, v. 9, f. 12, Roma 1901, 973–975. – Bespr. Boll. Com. geol. d'It., 33, 1902, 54.

Bastl F. Feststellung von Erdkrustenbewegungen im oberen Lechtale und Flexengebiete. – Geologie u. Bauwesen, 1, Wien 1929, 83–92, 1 Taf. – Bespr. GZ 44/799.

Bettoni P. Cenni geosismici sul lago di Garda. – Torino 1900, 17 S. – Bespr. GZ 11/807; Boll. Com. geol. d'It., 32, 1901, 109.

— Il terremoto del 30 ottobre 1901 (Salò). – Boll. Soc. sismolog. it., v. 8, Nr. 4 e 5, Modena 1902, 162–180. – Bespr. Boll. Com. geol. d'It., 34, 1903, 86.

Bittner A. Beiträge zur Kenntnis des Erdbebens von Belluno vom 29. 6. 1873. – Sber. Ak. d. Wiss. Wien, 69, 1874. – Bespr. VRA 1874, 373.

Blaas J. Tektonische Beben. – Innsbr. Nachr., Nr. 6 v. 9. 1. 1909.

— Zu den letzten Erdbebenerscheinungen. – Innsbr. Nachr., Nr. 11 v. 15. 1. 1909.

Blut H. Ein Beitrag zur Theorie der Reflexion und Brechung elastischer Wellen an Unstetigkeitsflächen. – Seism. Untersuchgen d. Geophys. Inst. Göttingen, V u. Forts. VII; Z. f. Geophys., 8, 1932, 130–144, 13 Fig.; 305–322, 14 Fig. – Bespr. GZ 52 A/359.

Brockamp B. u. **Mothes H.** Seismische Untersuchungen auf dem Pasterzengletscher. I. – Z. f. Geophys., 6, H. 8, 1930, 482–500, 5 Abb. – Auszug: Z. f. Glkde, 19, 1931, 1–17, 6 Fig. – Bespr. GZ 47 A/1326; NJb. 1932/2, 247.

Brockamp B. Seismische Untersuchungen auf dem Pasterzengletscher. II. – Z. f. Geophys., 7, H. 5/6, 1931, 232–240, 5 Fig. – Bespr. Z. f. Glkde, 20, 1932, 179; GZ 47 A/1326.

— Bemerkungen zu den seismischen Untersuchungen auf dem Pasterzengletscher. – Z. f. Glkde, 21, 1933, 183–185, 1 Fig.

Brügger Chr. G. Beiträge zur Naturchronik der Schweiz, insbesondere der Rhätischen Alpen. Nr. 1–6. – Beilagen z. d. Progr. d. bündn. Kantonsschule Chur 1876, 1877, 1879, 1881, 1882, 1888.

Bucher J. Referat über die im Kronlande Kärnten im Jahre 1911 wahrgenommenen Erdbeben. – Carinthia II, 1913, 140–144.

Cacciamali G. B. Bradisismi e terremoti della regione Benacense. – Boll. Soc. geol. it., v. 21, f. 1, Roma 1902, 181–196; Comm. d. Ateneo di Breccia p. l'a. 1902, Brescia 1902, 112–132, 1 T. – Bespr. NJb. 1903/2, 48; Boll. Com. geol. d'It., 34, 1903, 95.

Canaval R. Das Erdbeben von Gmünd am 5. Nov. 1881. – Sber. Ak. d. Wiss. Wien, 1882, Dez.-Heft.

— Beiträge zur Kenntnis der ostalpinen Erdbeben des Jahres 1882. – Carinthia (Jber. Naturhist. Ldsmus. v. Kärnten), 17, 1, 1885.

Candreia J. Zur Chronik der Erdbeben in Graubünden bis zum Jahre 1879. – Bern 1905. – Bespr. PetMitt., 52, Litber., 34.

Cavasino A. Le tremblement de terre de Carnie le 27 mars 1928. – Matériaux pour l'étude des calamités, 5, n. 17, Genève 1928, 67–69.

— Il terremoto nelle prealpi carniche orientali del 27 marzo 1928. – Boll. Soc. sismol. it., v. 28, 1928/29, 77–100.

Christensen A. Seismologische Studien im Gebiete der Ostalpen. – Beiträge zur Geophysik, 11, Leipzig 1911, 1–105; Inaugdiss. Straßburg, 1911, 105 S. – Bespr. Jber. Natf. Ges. Grbd., NF, 53, 1912, 180; PetMitt., 58/2, 1912, 223.

Conrad V. Über die Häufigkeit der Erdbeben. – Urania, 3, Wien 1910, 21, 22.

— Die zeitliche Verteilung der in den Jahren 1897–1907 in den österr. Alpen- und Karstländern gefühlten Erdbeben. – Mitt. Erdbebenkomm. Akad. d. Wiss. Wien, II. Mitt., NF, Nr. 44, Wien 1912, 22 S.

— Laufzeitkurven des Tauernbebens vom 28. Nov. 1923. – Mitt. Erdbebenkomm. Ak. d. Wiss. Wien, NF, Nr. 59, Wien 1925, 23 S.; Anz. Ak. d. Wiss. 62, 1925, 78–79.

— Laufzeitkurven eines alpinen Bebens. (Tauern.) – Z. f. Geophysik, 1926, 34–35. – Bespr. GZ 33/1888.

— Schwankungen der seismischen Aktivität in verschiedenen Faltungsgebieten. – Mitt. Erdbebenkomm. Ak. d. Wiss. Wien, NF, 63, Wien 1926, 18 S. – Bespr. NJb. 1928/2, 219.

Cozzaglio A. Studi di geologia continentale sui laghi di Garda e d'Iseo, con nota sul terremoto di Salò. – Comm. d. Ateneo di Brescia per 1902 (1902), 45 S., 3 T. – Bespr. GZ 7/618; Boll. Com. geol. d'It., 34, 1903, 106.

Dalla Torre K. W. v. Tirol, Vorarlberg und Liechtenstein. – Junks Naturführer, Berlin 1913, 486 S. K. 1:500000. – Bespr. Z. Ges. f. Erdkde Berlin, 1914, 232, 814; Natwiss. Wochenschr., NF, 12, 1913, 653; Geogr. Z., 19, 1913, 712; Mitt. DÖAV, 1913, 184.

Damian J. Chronik der Erdbeben im Jahre 1901. Tirol, italienisches Gebiet. – Allgemeiner Bericht und Chronik der im Jahre 1901 im Beobachtungsgebiete eingetretenen Erdbeben (E. v. Mojsisovics). Mitt. d. Erdbebenkomm. d. Ak. d. Wiss. Wien, NF, Nr. 10, Wien (Gerold) 1902, 167–174; Dass. f. 1902 in Nr. 19, 1903, 149–151; f. 1903 in Nr. 25, 1904, 150–151.

— Chronik der Erdbeben in Tirol, ital. Gebiet. – Allgem. Ber. u. Chronik der im Jahre 1904 in Österr. beobachteten Erdbeben. Nr. I. Offiz. Publ. d. Zentralanst. f. Met. u. Geodyn., Wien 1906, 144–146; für 1905, Nr. II, ebd. Wien 1907, 205–208; für 1906, Nr. III, ebd. Wien 1908, 185–187.

Deecke W. u. **Neumann L.** Das Erdbeben vom 16. November 1911 in Südbaden. – Mitt. Bad. Geol. Ldsanst., 7, 1, 1912.

Ditzel H. Das schwäbisch-oberrheinische Beben vom 16. Nov. 1911. – Geogr. Anzg., 12, 1911, 282 S., K. 1:3700000.

— Das südwestdeutsche Beben vom 16. Nov. 1911. – Montagsblatt Magdeburg, 63, 1911, 394–399.

— Das südwestdeutsche Beben vom 20. Juli 1913. – Geogr. Anzg., 14, 1913, 219–221.

— Veränderung der Bodengestalt durch das schwäbische Beben vom 16. Nov. 1911. – Geogr. Anz., 15, 1914, 78–81.

Dörr J. N. Über drei Kleinbeben in Österreich im Jahre 1932. – Anzg. Ak. d. Wiss. Wien, m.-n. Kl., 70, 1933, 121–122. (U. a. Leoganger Steinberge.)

Ellmenreich A. Das Erdbeben am Gardasee. – Leipz. Illustr. Ztg, 117, 3046, 1901, 3 S.

Erdbeben. Allgem. Bericht und Chronik der i. J. 1907 in Österreich beobachteten –. Nr. IV. – Herausgeg. v. d. ZA f. Met. u. Geodyn., Wien 1909.

— und Quellen. – Schwz. Wasserwirtsch., 4, Zürich 1911, 66. (Erdbeben v. 16. 11. 1911.)

— (ZA f. Met. u. Geodyn. Wien). – Das – vom 8. November (1933) in den Lechtaler Alpen. – Neueste Ztg (Innsbruck), Nr. 271 v. 26. 11. 1933.

Facen J. Sopra il fenomeno di detonazione sotterranea manifestatosi nel Mte Tomatico presso Feltre. – Gazz. d. Venezia, Append. Nov. 1851.

Falb R. Das Erdbeben von Belluno. – Sirius, 6, 11, Graz 1874, 11 S.

— Gedanken und Studien über den Vulkanismus mit besonderer Beziehung auf das Erdbeben von Belluno am 29. Juni 1873 und die Eruption des Ätna am 29. Aug. 1864. – Graz 1875, 320 S.

— Über Erdbeben. Kritische Tage. Sintflut und Eiszeit. – Wien (Hartleben) 1894, 2 Bde. – Bespr. Mitt. DÖAV, 1895, 22.

Fitzau A. Erdbeben in Deutschland am 16. Nov. 1911. – Geogr. Z., 18, 1912, 50.

Fraas E. Über Erdbeben unter besonderer Berücksichtigung des Erdbebens vom 16. Nov. 1911. (Vortr.) – Jber. Ver. f. Natkde Württemberg, 68, Stuttgart 1912, Sber., röm. 93–95.

Frech F. Erdbeben und Gebirgsbau. – PetMitt., 1907 u. Vortrag Hptsitzg Ges. d. Nat. u. Ärzte, Dresden 1907. – Bespr. NJb. 1910/2, 218.

— Allgemeine Geologie. II. Gebirgsbau und Erdbeben. – Aus Natur und Geisteswelt, Nr. 208, 8. Aufl. Leipzig u. Berlin (Teubner) 1917, 124 S. – Bespr. GZ 24/214; VRA 1918, 124; Mitt. Geogr. Ges. München, 1918/19, 403.

Freudenberg W. Die Graubündner Erdbeben und Wetterstürze im August 1927. – GR 19, 1928, 319–320. – Bespr. GZ 39/687.

Früh J. Das ostschweizerisch-vorarlbergische Erdbeben vom 18. Nov. 1881. – Jber. St. Gall. Natwiss. Ges. 1881/82, St. Gallen 1883, 15–16.

— Ergebnisse fünfundzwanzigjähriger Erdbebenbeobachtungen in der Schweiz 1880–1904. – Verh. Schw. Natf. Ges., 88. Jvers. Luzern 1905, 144–149. – Bespr. EgH 9, 1906, 643.

Fuchs C. W. C. Die Erdbeben in den deutschen Alpen. – Z. DÖAV, 1872, 1–11.

— Über Erdbeben in den Alpen und deren Beobachtung. – Z. DÖAV, 1880, 351–359.

— Die Erdbebentheorie Rudolf Falbs. – Z. DÖAV, 1881, 327–335.

— Erdbeben in den Alpen. – Mitt. DÖAV, 1881, 185–186.

— Statistik der Erdbeben von 1865–1885. – Sber. Ak. d. Wiss. Wien, 92, 1. Abt., 1886, 99–117. – Bespr. PetMitt., 32, 1886, Litber., 105.

Gießberger H. Das Reichenhaller Einsturzbeben vom 19. Nov. 1910. – Sber. Ak. d. Wiss. München, m.-phys. Kl., 1918, 38 S.

— Die Erdbeben Bayerns. – I. Teil. Abh. Bayr. Ak. d. Wiss., math.-phys. Kl., 29, 6, München 1922, 72 S. II. Teil. München (R. Pflaum) 1924, 68 S. – Bespr. GZ 29/256, 34/34; NJb. 1925/2, B, 219; Z. f. prakt. Geol., 1925, 19; Geogr. Z., 32, 1926, 96.

— Das Schrifttum zur Erdbebenkunde Bayerns. – Nürnberg (K. Koch) 1926, 16 S. – Bespr. GZ 34/903.

Goiran A. Appendice e note al catalogo dei terremoti veronesi. – Accad. d. Agric., Arti e Comm. di Verona, s. 3, v. 63, Verona 1887. – Bespr. Boll. Com. geol. d'It., 19, 1888, 269.

Gortani M. Il terremoto del 27 marzo 1928 nelle Prealpi dell'Arzino (Friuli). – L'Universo, a. 9, n. 12, Firenze 1928, 1155–1210, 3 Taf.

— Il terremoto friulano del 27 marzo 1928 nei suoi rapporti con la tettonica. – Giorn. di Geol., s. 3, v. 3, Bologna 1928, 147–152, 2 Taf.

Götzinger G. Zusammenstellung von Bodenbewegungen in den Jahren 1914 und 1915. (Heinzenberg bei Zdl a. Z.) – Mitt. Geogr. Ges. Wien, 1916, 57.

Gräfe H. Seismische Untersuchungen des Geophys. Instituts in Göttingen. VI. Das Nordtiroler Beben vom 8. Oktober 1930. I. Teil. – Z. f. Geophys., 8, 1932, 144–154, 4 Abb. – Bespr. GZ 52 A/399; NJb 1933/2, 572.

— Das Nordtiroler Beben. II. Die Kräfte im Herd des Bebens. – Z. f. Geophys., 9, 31, 1933.

— Seism. Untersuchgen d. Geophys, Inst. in Göttingen. XIV. Über die Deformation der Erdoberfläche durch Scherungskräfte im Herd der Erdbeben. – Z. f. Geophys., 10, H. 1, 1934, 17–26, 14 Abb.

Gümbel C. W. v. Über die in den letzten Jahren in Bayern wahrgenommenen Erdbeben. – Sber. Ak. d. Wiss. München, 28, 1898, 3–18. – Bespr. NJb. 1900/1, 376.

Günther S. Münchener Erdbeben- und Prodigienliteratur in älterer Zeit. – Jb. f. Münch. Geschichte, 4, 1890, 233. – Bespr. NJb. 1891/2, 262.

— Die Erdbebenforschung und ihre moderne Organisation. (Vortr.) – Bespr. Mitt. Geogr. Ges. München, 1, 1905, 293.

Gutenberg B. Die mitteleuropäischen Beben vom 16. Nov. 1911 und vom 20. Juli 1913. I. Bearbeitung der instrumentellen Aufzeichnungen. – Veröff. d. Zentralbüros d. Intern. Seism. Assoz. (O. Hecker), Straßburg 1915, 84 S. – Bespr. GZ 25/247.

— Die Geschwindigkeit der Longitudinalwellen im Erdinnern. – Gerlds Beitr. z. Geophysik, 17, 1927, 356–365. – Bespr. GZ 36/646.

Hecker O. Die mitteleuropäischen Beben vom 16. Nov. 1911 und vom 20. Juli 1913. – Verh. 19. D. Geogrtag Straßburg i. E. v. 2.–7. Juni 1914, Berlin 1915, 105–114, Diskussion röm. 24. – Bespr. GZ 22/1212; Die Naturwiss., 2, 1914, 713.

Heim Alb. Das ostschweizerische Erdbeben vom 2. Mai 1877. – Neue Zürcher Ztg u. Sep., 1877, 16 S.

— Die Erdbeben und deren Beobachtung. – Zürich 1879, 31 S. – Bespr. Österr. Alpenztg, 1880, 11.

— Das Verhältnis der Erdbeben zu den Gebirgen. – Genève 1880, 7 S. (15. Gen.-Vers. SAC).

— Die schweizerischen Erdbeben vom Nov. 1879 bis Ende 1880. – Jb. d. tellur. Observ., Bern 1881, 23 S., 1 K. – Bespr. Ausland, Stuttgart 1882, 48.

Hess Cl. Das ostschweizerische Erdbeben vom 7. Januar 1889. – Mitt. d. thurgauischen Natf. Ges., H. 9, Frauenfeld 1890, 17–101, 1 K. – Bespr. PetMitt., 36, 1890, Litber., 166; Natur, Halle 1890, 249.

Hiller W. Seismische Berichte der württembergischen Erdbebenwarten Stuttgart, Hohenheim und Ravensburg. – Meteorolog.-geophys. Abt. d. Württ. Statist. Ldsamtes, Stuttgart 1930. – Anhang: A. Makroseismischer Ber. aus Württ. u. Hohenzoll. f. d. J. 1930. B. Kurze Besprechung einzelner Beben d. J. 1930, Stuttgart 1931. – Bespr. GZ 46 A/758.

Höfer H. Das Erdbeben von Belluno am 29. Juni 1873. – Sber. Ak. d. Wiss. Wien, 76, 1876, 819–856, 1 K. – Bespr. NJb. 1877, 858.

— Materialien zu den Kärntner-Venetianer Erdbeben im Oktober 1876. – Carinthia, Klagenfurt 1877. – Bespr. NJb. 1877, 858.

— Die Erdbeben Kärntens und deren Stoßlinien. – Denkschr. Ak. d. Wiss. Wien, m.-nat. Kl., 17, 1880. – Bespr. NJb. 1881/1, 63.

— Besondere Erscheinungen in der Verbreitung von Erdbeben. – Transactions of the Seismological society of Japan, v. 13, p. 1, Yokohama 1889. – Bespr. NJb. 1891/2, 56.

Hoernes R. Vorlage der im Sommer 1876 aufgenommenen Karten. (Vortr. mit Bemkg über Erdbeben Belluno.) – VRA 1876, 368–369.

— Das Erdbeben von Belluno am 29. Juni 1873 und die Falb'sche Erdbebenhypothese. – Mitt. Natwiss. Ver. f. Steiermark, Graz 1877, 34. – Bespr. VRA 1878, 198; Bl. 489.

— Die Stoßlinie des Villacher Erdbebens von 1348. – VRA 1880, 193–194. (S. H. Höfer.)

— Erdbebenkunde. Die Erscheinungen und Ursachen der Erdbeben, die Methoden ihrer Beobachtung. – Leipzig 1893, 452 S. – Bespr. NJb. 1894/1, 453; Mitt. DÖAV, 1894, 86.

— Erdbebenforschung. – Festschr. Geogr. Ges. Wien, 1898, 34–39.

Jäger F. Die Erdbeben des Jahres ... in Kärnten. 1907, 1908. – Carinthia II, 99, 1909, 166–167; 100, 1910, 16–18.

Kautsky F. Die Erdbeben des östlichen Teiles der Ostalpen, ihre Beziehungen zur Tektonik und zu den Schwereanomalien. – Mitt. d. Erdbebenkomm. d. Ak. d. Wiss. Wien, NF, 58, Wien 1924, 1–48. – Bespr. GZ 33/871; NJb. 1927/1, B, 25.

Kerner F. v. Die Erderschütterungen bei St. Ulrich am Pillersee. – Innsbr. Nachr., Abdbl. Nr. 275 v. 1920.

Klebelsberg R. v. Josef Damian †. – Der Schlern, 11, 1930, 245–247; 12, 1931, 159; Mitt. DÖAV, 1930, 151.

— Die Erdbeben von Namlos. – Innsbr. Nachr. v. 15. 11. 1930.

— Das Nordalpenbeben vom 8. Oktober 1930. – Mitt. DÖAV, 1930, 251–254.

Kraus E. Die Seismotektonik der Tiroler Alpen. – Gerlds Beitr. z. Geophys., 30, Leipzig 1931, 96–135, 2 Fig. – Bespr. GZ 46 A/756; NJb. 1931/2, 655; 1932/2, 193.

— Die Bewegung des Erdbebens am 8. Oktober 1930 im süddeutschen Bau. – 50. Ber. Natwiss. Ver. f. Schwaben u. Neuburg, Augsburg 1932, 92 S., 7 Fig. – Bespr. Innsbr. Nachr., Nr. 16 v. 21. 1. 1932; GZ 46 A/759; NJb. 1931/2, 654.

Krauss Fr. Über das Erdbeben vom 16. Nov. 1911. – Jh. d. Ver. f. vaterl. Natkde Württemberg, 68, Stuttgart 1912, Sber., röm. 91–93.

Kreis A. Die seismographische Station der Kantonsschule in Chur. – Verh. Schw. Natf. Ges., 98. Jvers., Schuls 1916, II, 131–132. – Bespr. EgH 15, 1918, 349.

— Bericht der Erdbebenwarte der Kantonsschule Chur (1917). – Jber. Natf. Ges. Grbd., NF, 58, 1917/18, Chur 1918, 245–249. – Bespr. GZ 25/246.

— Erdbeben im Kanton Graubünden 1918–1920. – Jber. Natf. Ges. Grbd., 60, 1919/20 u. 1920/21, Chur 1921, 203–206. – Bespr. GZ 28/49. – Dasselbe für 1921 ebd. 61, 1921/22, Chur 1922, 70–73; für 1922 ebd. 62, 1922/23, Chur 1923, 111–112.

— Über die Erdbebenwarte der Kantonsschule in Chur. – Jber. Natf. Ges. Grbd., 64, 1926, 199–209.

— Der Felssturz vom 7./8. Sept. 1927 am Montalin bei Chur und seine Registrierung auf den Erdbebenwarten Chur und Zürich. – Verh. Schw. Natf. Ges., 109. Jvers., Lausanne 1928, 2. T., 140.

— Das Engadiner Beben vom 13. August 1927 und seine Nachbeben. – Verh. Schw. Natf. Ges., 109. Jvers., Lausanne 1928, 2. T., 141; Arch. sc. phys. et nat., v. 10, Genève 1928, 310–311.

Lais R. u. **Sieberg A.** Das mitteleuropäische Erdbeben vom 16. Nov. 1911 und seine Beziehungen zum geologischen Aufbau Süddeutschlands. – Gerlds Beitr. z. Geophysik, 12, Leipzig 1912, 186–206, 1 K. – Bespr. GZ 19/137.

Lang R. Klassifikation und Periodizität der tektonischen und kryptovulkanischen Beben, dargestellt an dem Erdbeben vom 16. Nov. 1911 und den jüngeren Erderschütterungen in Südwestdeutschland. – NJb., Bbd 35, 1913, 776–838. – Bespr. GZ 22/1059.

Lauterborn R. Wirkungen des Erdbebens v. 16. 11. 1911 unter dem Spiegel des Bodensees. – Jber. u. Mitt. d. Oberrh. geol. Ver., NF, 2, 1912, H. 1, 10. – Bespr. GZ 18/1174; EgH 13, 1914, 40.

Linke F. Das Erdbeben vom 16. Nov. 1911. – Die Umschau, 15, Frankfurt a. M. 1911, 1056–1059.

Lutz C. W. Erdbeben in Bayern 1908–20. Mit geol. Anm. v. Schwertschlager. – Sber. Bayr. Ak. d. Wiss., m.-phys. Kl., München 1921, 81–165. – Bespr. GZ 28/756.

Mack K. Mitteilung zum südwestlichen Erdbeben vom 16. Nov. 1911. – Jber. Ver. f. vaterld. Naturkunde Württemberg, 68, Stuttgart 1912, Sber., röm. 75 und 76.

— Über die bei dem großen schwäbischen Erdbeben vom Nov. 1911 beobachteten ungewöhnlichen Lichterscheinungen. - Verh. Ges. Deutsch. Natf. u. Ärzte, 84. Vers. Münster i. W., Sept. 1912, Leipzig 1913, 2. Teil, 1. Hälfte, 179–184.

— Die neue Erdbebenwarte in Ravensburg. - Schr. d. Ver. f. Gesch. d. Bodensees, 43. H., Lindau 1914, 45.

Mercalli G. Il terremoto sentito in Lombardia nel 12 settembre 1884. - Atti Soc. It. di Sc. Nat., v. 28, Milano 1885, 7 S. - Bespr. NJb. 1886/1, 259.

— Il terremoto di Lecco del 20 maggio 1887. - Atti Soc. It. di Sc. Nat., v. 30, 1887, 8 S.

Messerschmitt J. B. Die Erdbeben in Bayern 1905–1907. - Erdbebenwarte, 6 (1907/8), 94–96. - Bespr. GZ 12/370.

Meunier St. Entwurf einer Theorie über die Ursachen der Erdbeben. - Transactions of the Seismological society of Japan, v. 13, p. 1, Yokohama 1889. - Bespr. NJb. 1891/2, 57.

Mieg M. La Carte de Regelmann et les rélations qui existent entre les tremblements de terre et la tectonique dans le système de montagnes du Rhin supérieur. - Bull. Soc. industr. de Mulhouse, 81, 1911, 35–38.

Mojsisovics E. v. Berichte über die Organisation der Erdbebenbeobachtung nebst Mitteilungen über während des Jahres 1896 erfolgte Erdbeben. - Mitt. der Erdbeb.-Komm. der Ak. d. Wiss. Wien, Sber. m.-nat. Kl., 106, Abt. 1, Februar 1897, 26 S. - Bespr. NJb. 1899/2, 40. - Dass. f. 1897: ebd. 107, Abt. 1, 1898, 195–239. - Dass. für 1898: ebd. 1899.

— Allgem. Bericht und Chronik der i. J. 1900 im Beobachtungsgebiete eingetretenen Erdbeben. - Mitt. d. Erdbeb.-Komm. d. Ak. d. Wiss. Wien, NF, Nr. II, Wien (Gerold) 1901, 64 S., 1 Taf.

— Allgem. Bericht und Chronik der i. J. 1901 innerhalb des Beobachtungsgebietes erfolgten Erdbeben. - Tirol: J. Schorn u. J. Damian. - Mitt. d. Erdbebenkomm. d. Ak. d. Wiss. Wien, NF, Nr. 10, Wien (Gerold), 1902, 184 S.

— Allgem. Bericht und Chronik der i. J. 1902 im Beobachtungsgebiete eingetretenen Erdbeben. - Tirol u. Vorarlberg: J. Schorn u. J. Damian. - Mitt. d. Erdbebenkomm. d. Ak. d. Wiss. Wien, NF, Nr. 19, Wien (Gerold) 1903, 124–151. - Dass. f. 1903: ebd. Nr. 25, Wien 1904, 138–151.

Mothes H. Dickenmessungen von Gletschereis mit seismischen Methoden. (Hintereisferner.) - GR 17, 1926, 397–400. - Bespr. Z. f. Glkde, 15, 1927, 241; NJb. 1928/2, 86, 637.

— Seismische Dickenmessungen von Gletschereis. - Z. f. Geophys., 3, H. 4, 1927, 121–134. - Bespr. GZ 47 A/1324.

— Neue Ergebnisse der Eisseismik. (Hintereisferner.) - Z. f. Geophys., 5, 1929, H. 3/4, 120–144. - Bespr. Z. f. Glkde, 18, 1930, 239; GZ 47 A/1324.

— Seismographen im Dienste der Gletscherforschung. - Forsch. u. Fortschr., 6. Jg., Nr. 28, Berlin 1930, 363–365.

— u. **Brockamp B.** Seismische Untersuchungen am Pasterzenkees. - Z. f. Glkde, 19, 1931, 1–17, 6 Fig. - Auszug aus Z. f. Geophys., 6, H. 8, 1930. - Bespr. GZ 45/362.

Mothes H. Messung der Gletscherdicke durch Eisbeben. Wie die Dicke der Grönlandeisdecke gemessen wurde. - Umschau, 35, Frankfurt a. M. 1931, 1017–1020, 7 Abb.

— Alpine Gletscherdickenmessungen. - Mitt. DÖAV, 1932, 118–120.

— Neue Wege und Ziele in der Gletscherforschung. - Geogr. Anzg., 33, 1932, 46–50.

Nangeroni L. G. I terrazzi delle valle del fiume Olona. - Ann. R. Ist. Tecn. Fr. Daverio, 1928–1930, 26 S., 14 Fig. - Bespr. GZ 52 A/1778.

Naturchronik. Aus der - (in Graubünden). - Jber. Natf. Ges. Grbd., NF, 35, 182–186; 37, 191–197, Chur 1892–1894.

Neumann L. u. **Deecke W.** Das Erdbeben vom 16. Nov. 1911 in Südbaden. - Mitt. Großh. Bad. Geol. Ldsanst. 7, Heidelberg 1912, 147–199. - Bespr. GZ 20/702; PetMitt., 59, 1913, 318.

Neunteufl J. Zur Bestimmung des Epizentrums eines Nahbebens. - Gerlds Beitr. zur Geophys., 26, 1930, 189–198, 4 Fig.

Oberguggenberger V. Elektrische Erdstöße im Gebirge. - Mitt. DÖAV, 1925, 258.

Okorn F. Erdbebenbeobachtungen in Bergbauen. - Österr. Z. f. Berg- u. Hüttenw., 57, Wien 1909, 171–173.

Pfaundler L. Aufzeichnungen über Erdbeben in Tirol. - Ber. Nat.-med. Ver. Innsbruck, 18, 1889, 80–85.

— Aufzeichnungen über Erdbeben in Tirol i. J. 1889. - Ber. Nat.-med. Ver. Innsbruck, 19, 1891, 8–9.

Pichler A. v. Erdstöße bei Innsbruck, Fossilien vom Sonnwendjoch und von Nassereith, Quarzphyllit bei Lienz. - NJb. 1875, 173–174. - Bespr. TB, 1874, 2094.

Pirona G. A. e **Taramelli T.** Sul terremoto del Bellunese del 29 giugno 1873. Relazione - Atti R. Ist. Ven. d. Sc., L. ed Arti, v. 2, s. 4, Venezia 1873, 1511–1574. - Bespr. VRA 1874, 48; Bl 369.

Podhorsky J. Der Ausverkauf unserer Gewässer. - Blätter f. Natkde u. Natschutz, 18, H. 5, Wien 1931, 65–72.

Pollack V. Versuch einer Übersicht der Massen- oder Bodenbewegungen. - JbBA 1925, 45–95, 13 Abb.

Quervain A. de Jahresbericht 1914 des Erdbebendienstes. - Annalen d. Schw. Met. Zentralanst., 1914, 51, Zürich 1916, Anhg Nr. 6, 16 S. (Grbd.). - Bespr. EgH 15, 1918, 347; Jber. Natf. Ges. Grbd., NF, 57, 1917, 157; Beitr. z. Geophys., 14, 1918, 102.

— Über das Erdbeben am Walensee vom 7. 11. 1924 und die Auslösung des Felssturzes auf die Bahnlinie am 8. u. 11. 11. durch dasselbe. - Anhg Jber. Schw. Erdbebendienst 1923, Annalen Schw. Met. Zentralanst. 1923, 9–11, Zürich 1924. - Bespr. GZ 32/1014.

— Jahresbericht 1924 des Erdbebendienstes der Schweizerischen Meteorologischen Zentralanstalt. - Annalen Schw. Met. Zentralanst. 1924, Zürich 1926. - Bespr. GZ 34/1270.

Rath G. v. Das Erdbeben von Belluno am 29. Juni 1873. - NJb. 1873, 705–718.

Regelmann C. Erdbeben und Herdlinien in Südwestdeutschland. - Württ. Jh., 1923, 99–109.

Reindl J. Die Erdbeben Bayerns 1903 und ihre Ursachen. - Münchner Allg. Ztg, Blge 296, 1903, 2 S.

Reithofer O. Neue Untersuchungen über das Gebiet von Köfels im Ötztal. - JbBA 1932, 275–342, 1 Tab., 42 Fig. - Bespr. GZ 49 A/939.

Reutlinger G. Notiz zu den süddeutschen Erdbeben vom 16. Nov. 1911. - Natwiss. Wochenschr., NF, 9, Jena 1912, 253–254.

Reyer E. Theoretische Geologie. - Stuttgart 1888, 867 S., 3 K., 700 Abb. - Bespr. NJb. 1889/1, 406; Bl. 750.

Rüetschi G. Vorläufige Mitteilung über die Veränderungen des Unterseebeckens (Bodensee) durch das

Erdbeben vom 16. Nov. 1911. - Jber. u. Mitt. Oberrhein geol. Ver., NF, 2, H. 1, Stuttgart 1912, 108-118. - Bespr. EgH 13, 1914, 40; GZ 18/1172; Internat. Revue gesamt. Hydrobiol., 5, 1912, 475.
— Das Erdbeben vom 16. Nov. 1911 am Untersee und die Schollenbewegung des Seerückens und des Schienerberges. - Jber. u. Mitt. Oberrhein. geol. Ver., Stuttgart 1913, NF, 3, H. 1, 113-143. - Bespr. GZ 19/475; EgH 13, 1914, 571.
— Seismische Erscheinungen vom 16. Nov. 1911 am Untersee und dessen Umgebung. - Verh. Schw. Natf. Ges., 96. Jvers. Frauenfeld, 1913, T. II, 162-166. - Bespr. EgH 13, 1914, 573.
— Über Wirkungen und Begleiterscheinungen des Erdbebens vom 16. Nov. 1911 im Untersee und in der Bodenseegegend. - Le Globe, t. 52, Genève 1913, 61-71. - Bespr. EgH 13, 1914, 573.
Ruska J. Das Erdbeben vom 16. Nov. 1911. - Aus der Natur, 7, Leipzig 1912, 665-670, 679-685.
Salm W. C. Zu der Arbeit von H. Mothes über die Bestimmung der Eisdicke am Hintereisferner. - Gerlds Beitr. z. Geoph., Ergh. f. angew. Geophys., 2, 1932, 401-408. - Bespr. GZ 51 A/1765.
Salomon W. Die oberrheinischen Erdbeben und das Beben vom 16. Nov. 1911. - Natwiss. Wochenschr., NF, 11, Jena 1912, 81-84. - Bespr. EgH 13, 1914, 39; GZ 18/153; Z. Ges. f. Erdkde Berlin, 1912, 217.
Sauer A. Das schwäbische Erdbeben vom 16. Nov. 1911 in seinen Beziehungen zu allgemeinen geodynamischen Vorgängen. - Mitt. Württ. Bezirksver. d. Ver. Deutscher Ing., 3, H. 3 u. 4, 11 S., 15 Fig. - Bespr. GZ 18/683.
Schalch F. Bemerkungen über die Molasse der badischen Halbinsel und des Überlingersee-Gebietes. - Mitt. Bad. Geol. Ldsanstalt, 1901, 255-338, 1 K. u. Prof.
Schedler A. Mikroseismische Bearbeitung des Bebens vom 26. März 1924. - Mitt. Erdbebenkomm. Ak. d. Wiss. Wien, NF, 60, 1926, 16 S. - Bespr. Anzg. Ak. d. Wiss. Wien, Nr. 13, 1925, 142; NJb. 1928/2, 221.
Scheu E. Das geologische Studium der Erdbeben. - Natwiss. Wochenschr., NF, 10, Jena 1911, 625-631.
Schmidle W. Beobachtungen über das Erdbeben v. 16. 11. 1911 in Konstanz. - Jber. u. Mitt. d. Oberrhein. geol. V., NF, 2, 1912, H. 11, 6-9. - Bespr. GZ 18/1173; EgH 13, 1914, 40; PetMitt., 58, 1912/2, 222.
Schmidt A. Zur Herdtiefe des süddeutschen Erdbebens vom 16. Nov. 1911. - Gerlds Beiträge z. Geophysik, 12, Leipzig 1912, 1-12.
— u. **Mack K.** Das süddeutsche Erdbeben vom 16. Nov. 1911. - Württ. Jb. f. Statistik u. Ldskde, Stuttgart 1912, 96-139. - Bespr. NJb. 1913/1, 279; GZ 19/139; PetMitt., 59, 1913/1, 318.
Schmidt A. Über das süddeutsche Erdbeben vom 16. 11. 1911. - Jh. d. Ver. f. vaterl. Natkde in Württ., 69, Stuttgart 1913, röm. 65-70.
Schneider K. Zur Frage über die Ursachen geotektonischer Bewegungen. - GR 8, 1917, 1-35, 3 Fig. - Bespr. GZ 24/896.
Schorn J. Die Erdbeben in Tirol und Vorarlberg. - Z. Ferdin., Innsbruck 1902, 3. F., 46. H., 97-282. Bespr. Mitt. Geogr. Ges. Wien, 1903, 139; VRA 1902, 428; NJb. 1903/2, 347.
— Chronik der Erdbeben im Jahre 1901. Deutsches Gebiet von Tirol und Vorarlberg. - Allgem. Ber. u. Chronik der i. J. 1901 im Beobachtungsgebiete eingetretenen Erdbeben (E. v. Mojsisovics). Mitt. d. Erdbebenkomm. d. Ak. d. Wiss. Wien, NF, Nr. 10, Wien (Gerold) 1902, 152-166. Dass. für 1902 in Nr. 19, 1903, 124-149; für 1903 in Nr. 25, 1904, 138-150.
— Chronik der Erdbeben in Deutschtirol und Vorarlberg. - Allgem. Ber. u. Chronik der i. J. 1904 in Österr. beobachteten Erdbeben. Nr. I. Offiz. Publ. d. Zentralanst. f. Met. u. Geodyn., Wien 1906, 127-143. Dass. f. 1905 ebd. in Nr. II, Wien 1907, 175-203. Für 1906 ebd. in Nr. III, Wien 1908, 173-184. Für 1907 ebd. in Nr. IV, Wien 1909, 177-190. Für 1908 ebd. in Nr. V, Wien 1910, 161-176. Für 1909 ebd. in Nr. VI, Wien 1911, 159-176. Für 1910 ebd. in Nr. VII, Wien 1912, 145-156. Für 1911 ebd. in Nr. VIII, Wien 1913, 75-137. Für 1912 u. 1913 ebd. in Nr. IX u. X, Wien 1915, 63-74. Für 1914 ebd. in Nr. XI, Wien 1917, 71-116. Für 1915 ebd. in Nr. XII, Wien 1919, 101-120. Für 1916-1921 ebd. in Nr. XIII, Wien 1922, 28-40, 11 Skz.
— Bericht über das Erdbeben in den Alpen vom 13. Juli 1910. - Mitt. d. Erdbebenkomm. Ak. d. Wiss. Wien, NF, 42, Wien 1911.
— Makroseismische Bearbeitung des Bebens vom 26. März 1924 und seiner Nachbeben. - Mitt. Erdbebenkomm. Ak. d. Wiss. Wien, NF, 61, Wien 1926, 25 S. - Bespr. NJb. 1928/2, 221; Anzg. Ak. d. Wiss. Wien, Nr. 13, 1925, 142.
— Geschichte und Ergebnisse der Erdbebenkunde Tirols, vom makroseismischen Standpunkte aus dargestellt. - Mitt. Erdbebenkomm. Ak. d. Wiss. Wien, NF, 62, Wien 1926, 17 S. - Bespr. NJb. 1928/2, 221.
Schwinner R. Zur Deutung der Transversalbeben in den nordöstlichen Alpen. - Z. f. Geophys., 5, 1929, 16-31, 2 Fig. - Bespr. NJb. 1929/2, 597; GZ 47 A/904.
— Geophysikalische Zusammenhänge zwischen Ostalpen und Böhmischer Masse. - Gerlds Beitr. z. Geophys., 23, 1929, 35-92, 1 Taf., 13 Fig. - Bespr. NJb. 1930/2, 332; GZ 47 A/82.
— Die Makroseismen vom 14. Mai 1930, bezogen auf den Bau der Ostalpen. - Gerlds Beitr. z. Geophys., 28, 1930, 413-438, 3 Fig. - Bespr. NJb. 1931/2, 656.
— Das Transversalbeben vom 14. Mai 1930 und der (variszische) Tiefbau der Hohen Tauern. - VBA 1930, 191-194. - Bespr. NJb. 1931/3, 18.
— Scherungsbeben. - Zbl. f. Min., 1931, B, 34-39. - Bespr. GZ 47 A/894.
— Das Erdbeben vom 14. Mai 1930 in den Alpen. - Mitt. DÖAV, 1931, 39. - Bespr. GZ 47 A/907.
— Gebirgsbewegungen und Erdmessung in Süddeutschland. - Z. DGeolGes., 85, 1933, 189-213, 3 Abb. - Bespr. Z. f. Geomorph., 8, 1934, 90; GZ 52 A/374.
— Eine Richtigstellung betreffend „Transversalbeben in den nordöstlichen Alpen". - Z. DGeol-Ges., 86, 1934, 57-58.
Seeland F. Das Ostern-Erdbeben des 14. u. 15. April 1895 in Kärnten. - Carinthia II, 85, 1895, 77-98.
— Kärntische Erdbebenbeobachtungen im Jahre 1897. - Carinthia II, 1897, 246-251. (Unteres Gailtal u. a.)
Seidlitz W. v. Erdbeben und Gebirgsbau in Südwestdeutschland. - GR 4, 1913, 262-273. - Bespr. NJb. 1915/1, 41; EgH 13, 1914, 571.
Senoner A. Relazione sul fenomeno di detonazione del monte Tomatico di Feltre. - Verona (Antonelli) 1854. (Vgl. Haidinger.)
Sieberg A. Auffälliges Wandern von Erdbebenherden im südlichen Mitteleuropa. - Z. f. Geophysik, 2, 1926, 39-42. - Bespr. NJb. 1927/1, B, 24.

Spitaler R. Beziehungen zwischen Erdbeben und Gebirgsfaltung. – Gerlds Beitr. z. Geophysik, 17, 1927, 243–253.
Stiny J. Bewegungen der Erdkruste und Wasserbau. – Die Wasserwirtschaft, Wien 1926, H. 7, 8, 9, 11, 15, 17 (24 S., 25 Abb.). – Bespr. GZ 34/1695; PetMitt., 74, 1928, 244.
Straganz M. Zur Erdbebengeschichte Tirols. – Forschg. u. Mitt. z. Gesch. Tirols u. Vorarlbergs, 2, Innsbruck 1905, 224–230.
Stutzer O. Zusammenhänge zwischen Bewegungen der Erdkruste und der Bildung von Kohlenlagern. – Glückauf, 56, 1920, 249–251.
Suess E. Über Zerlegung der gebirgsbildenden Kraft. – Mitt. Geolog. Ges. Wien, 6, 1913, 13–60, 2 Taf., 1 Fig.
Suess F. E. Ostalpines und Böhmisches Grundgebirge. – Mitt. Geolog. Ges. Wien, 24 (1931), Wien 1932, 27–37.
Tams E. Über die Intensitätsverhältnisse in den Schüttergebieten starker Erdbeben. – Geogr. Z., 22, 1916, 315–328. – Bespr. Geogr. Anzg., 17, 1916, 306.
— Isostasie und Erdbeben. – Zbl. f. Min., 1920, 182–189.
— Die Frage der Periodizität der Erdbeben. Eine Darstellung des gegenwärtigen Standes der einschlägigen Untersuchungen. – Sammlg geophys. Schriften v. C. Mainka, Berlin (Borntraeger) 1926, 128 S., 15 Fig. – Bespr. GR 18, 1927, 412; Z. f. Geomorph., 2, 1927, 192.
Taramelli T., Pirona G. A., Tommasi A. Dei terremoti avvenuti in Tolmezzo ecc. nel 1889. – Uff. centr. Meteor. e Geodin., s. 2, v. 12, 1893, 95–120.
Tarnuzzer Chr. Die schweizerischen Erdbeben im Jahre 1887. – Inaugdiss.; Jb. Tellur. Observ. Bern, 1888, 47 S. – Bespr. Jber. Natf. Ges. Grbd., NF, 32, Chur 1889, 81; PetMitt., 35, 1889, Litber., 21.
— Falb und die Erdbeben. (Vortr.) – Bündtner Nachr., Nr. 26 u. 27, Chur 31. 1. u. 1. 2. 1890; Sammlg gemeinverstdl. Vortr., Nr. 139, Hamburg 1892, 32 S.
— Drei Dezennien der Erdbebenforschung in der Schweiz. – PetMitt., 58, 1912/2, 313–316.
— Die bisherige Erdbebenforschung in der Schweiz und ihre Resultate für Graubünden. – Jber. Natf. Ges. Grbd., NF, 54, 1912/13, Chur 1913, 3–24. – Bespr. GZ 23/1082; EgH 13, 1914, 571.
— Eröffnungsrede des Jahrespräsidenten. – Verh. Schw. Natf. Ges., 98. Jvers. Schuls 1916, II, 3–14. (Geol. aus d. Untereng., Mineralquellen, Seismologie etc.) – Bespr. EgH 15, 1918, 408; GZ 25/451.
Terremoto del 27 febbr. in Val Bregaglia, Valle Seriana e Valtellina. – Boll. d. Vulcanismo Italiano, Roma 1882, 208.
Tornquist A. Die Tektonik Deutschlands und die Beziehung geophysikalischer Verhältnisse und der Ausbreitung der Erdbebenbewegungen zu dieser Tektonik. (Vortr.) – Z. DGeolGes., 64, 1912, Mber., 466–476.
Toula F. Über Erdbeben. (Vortr.) – Z. Österr. Ing.- u. Archit.-Ver., Wien 1895, Nr. 51 u. 52, 38 S., 10 Fig. – Bespr. NJb. 1896/2, 56.
Trener G. B. I terremoti nel Trentino. Notizie stor. (sec. 13–18). – Tridentum, Trento, v. 6, f. 1, 1903.
Trientl A. Die Bimssteine von Köfels (Ötztal). – Tiroler Landztg, 1895, Nr. 50. – Bespr. Bl. 916.
Vicentini G. Fenomeni sismici osservati a Padova dal febbraio al settembre 1895. – Atti Soc. Ven.-Trent., s. 2, v. 3, f. 1, Padova 1897, 87–147.
Wanner E. Beiträge zur Geographie der Erdbeben. – Gerlds Beitr. z. Geophys., 23, 1929, 334–348. – Bespr. GZ 49 A/713.
— Geschwindigkeit und Phasen der Erdbebenwellen im Alpengebiet. – Vierteljschr. Natf. Ges. Zürich, 75, 1930, 195–210, 5 Taf. – Bespr. NJb. 1931/2, 332.
— Die Lage der Thermal- und Mineralquellen der Schweiz und der Ostalpen bezüglich der Erdbebengebiete. – Vierteljschr. Natf. Ges. Zürich, 77, 1932, 155–158, 2 Fig., 1 Skz.
Weithofer K. A. Über Gebirgsspannungen und Gebirgsschläge. – JbRA 1914, 99–142. – Bespr. NJb. 1916/1, 44; GZ 22/304.
Wilckens O. Das große süddeutsche Erdbeben vom 16. Nov. (1911) und seine Ursachen. (Vortr.) – – Mitt. Natwiss. Ver. v. Neupommern u. Rügen, 43, 1911, Berlin 1912, 24–25. – Bespr. GZ 22/764.
Wolff K. F. Das Tal der Erdbeben. – Dolomiten, 4. 3. 1933. (See v. S. Croce u. Gegend v. Alpago östl. Belluno.)
Zeissig C. Bemerkungen zu den süddeutschen Erdbeben 1911 und 1912. – Notizblatt Ver. f. Erdkde Darmstadt, 33, 1912, Darmstadt 1913, 90–101.
Zini P. Chronik der Erdbeben in Tirol, ital. Gebiet. – Allgem. Ber. u. Chronik der i. J. ... in Österr. beobachteten Erdbeben. Nr. ... Offiz. Publ. d. Zentralanst. f. Met. u. Geodyn., Wien ... 1907, Nr. IV, 1909, 191–198; 1908, Nr. V, 1910, 177–181; 1909, Nr. VI, 1911, 177–181; 1910, Nr. VII, 1912, 157; 1911, Nr. VIII, 1913, 139–141; 1912 u. 1913, Nr. IX u. X, 1915, 75–76; 1914, Nr. XI, 1917, 117–119; 1915, Nr. XII, 1919, 121.
— I terremoti nel Trentino durante il 1909. – Pro Cultura, 1, Trento 1910, 399–401.
— I terremoti del Trentino nel 1912 e 1913. – Pro Cultura, v. 5, Trento 1914, 215–216.
— Cronaca sismica 1931–1932. – Studi Trent. Sc. Nat., a. 14, f. 2, Trento 1933, 118–137, 1 Skz.
Zur Mühlen W. v. Seism. Untersuchungen d. Geophys. Inst. in Göttingen. XIII. Über seismische Oberflächenwellen und ihre Beziehung zum geologischen Aufbau des eurasiatischen Kontinents. – Z. f. Geophys., 10, H. 1, 1934, 27–40.

For
Formationen.
a) Pz Paläozoikum.

Abel O. Eine Reptilienfährte aus dem Oberen Perm (Grödener Sandstein) aus der Gegend von Bozen in Südtirol. – Palaeobiologica, Wien, II, 1929, 1–14, 1 Taf., 2 Abb. – Bespr. GZ 43/487.
Aigner G. u. Heritsch F. Das Genus Isogramma im Karbon der Südalpen. – Anzg. Ak. d. Wiss. Wien, 67, 1930, 217; Denkschr. Ak. d. Wiss. Wien, m.-nat. Kl., 102, 1931, 303–316, 5 Taf. – Bespr. GZ 1 B/376; NJb. 1932/3, 17, 649.
Aigner G. Silurische Versteinerungen aus der Grauwackenzone bei Fieberbrunn in Tirol. – VBA 1930, 222–224. – Bespr. GZ 45/577, 1 B/761; VBA 1930, 244.
— u. **Heritsch F.** Cephalopoden aus dem Unterkar-

bon von Nötsch. - Mitt. Natwiss. Ver. f. Steiermark, 66, Graz 1930, 43-50, 1 Taf., 1 Fig. - Bespr. NJb. 1930/3, 305; 1931/3, 484; 1932/3, 12; GZ 46 A/588, 1 B/823.

Aigner G. Die Brachiopoden des Karbons von Nötsch im Gailtal. 1. Teil. - Mitt. Natwiss. Ver. f. Steiermark, 66, Graz 1930, 9-42, 6 T. - Bespr. NJb. 1930/3, 304; 1932/3, 11; GZ 46 A/587, 1 B/793.

— Eine Graptolithenfauna aus der Grauwackenzone von Fieberbrunn in Tirol nebst Bemerkungen über die Grauwackenzone von Dienten. - Sber. Ak. d. Wiss. Wien, math.-nat. Kl., Abt. 1, 140, Wien 1931, 23-55, 21 Abb., 2 Tab. - Bespr. GZ 46 A/1069, 1 B/767; Akad. Anzg. Nr. 1 v. 1931,1; NJb. 1932/3, 21.

— Die Brachiopoden des Karbons von Nötsch. II. Teil. - Mitt. Natwiss. Ver. f. Steiermark, 68, 1931, 3-15, 1 Taf., 1 Abb. - Bespr. GZ 3 B/574.

Airaghi C. Fossili permiani dei dintorni di Recoaro. - Atti Soc. it. Sc. Nat. Milano, v. 46, f. 1, 1907, 38-57, 1 T. - Bespr. Boll. Com. geol. d'It., 39, 1908, 46.

Angel F. u. **Heritsch F.** Das Alter der Zentralgneise der Hohen Tauern. - Zbl. f. Min., 1931, Abt. B, 516-527. - Bespr. GZ 46 A/2181.

Anthrazitfunde am Brenner. - Innsbr. Nachr., Nr. 32 v. 8. 2. 1933. S. a. Hradil.

Bather F. A. Harpes bucco, a new Silurian trilobite from the Carnic Alps. - Riv. It. Pal., v. 15, 1910, 116-120. - Bespr. GZ 14/1278.

— Ordovician Cystidea from the Carnic Alps. - Riv. It. Pal., 16, 1910, 38-54, pl. II. - Bespr. GZ 15/1446.

Bittner A. Zur Kenntnis der Bellerophonkalke Südtirols. - VRA 1892, 50-51. - Bespr. NJb. 1893/1, 120; Bl. 815.

— Über die triadische Lamellibranchiatengattung Mysidioptera Sal. und deren Beziehungen zu paläozoischen Gattungen. - JbRA 1900, 59-66, 1 Taf.

Bozzi L. La flora carbonifera del Mte Pizzul in Carnia. - Boll. Soc. geol. it., 9, 1890, 71-85. - Bespr. NJb. 1894/2, 192; Boll. Com. geol. d'It., 22, 1890, 59.

Caneva G. La fauna del calcare a Bellerophon. Contributo alla conoscenza dei limiti permo-triasici. - Boll. Soc. geol. it., v. 25, f. 3, Roma 1906, 427-452, 1 T. - Bespr. Boll. Com. geol. d'It., 38, 1907, 125.

— Über die Bellerophonkalkfauna. Zur Frage der Perm-Triasgrenzen. - NJb. 1906/1, 52-60. - Bespr. Boll. Com. geol. d'It., 38, 1907, 124.

Cathrein A. Die geognostischen Verhältnisse der Wildschönau. - Z. Ferdin., Innsbruck 1877, 3. F., 21. H., 125-157. - Bespr. VRA 1878, 159; Bl. 479.

— Die Dolomitzone von Brixlegg in Nordtirol. - JbRA 1880, 609-634. - Bespr. NJb. 1882/2, 269; Bl. 546.

— Ein Beitrag zur Kenntnis der Wildschönauer Schiefer. - NJb. 1881/1, 169-183. - Bespr. Bl. 581.

— Berichtigung bezüglich der Wildschönauer Schiefer. - Tscherm. Min. u. petr. Mitt., 5, 1883, 531-532. - Bespr. NJb. 1884/2, 369.

— Über Wildschönauer Gabbro. - Tscherm. Min. u. petr. Mitt., 7, 1885, 189-194. - Bespr. NJb. 1886/2, 365; Bl. 653.

Catullo T. A. Osservazioni estratte dall'Opera ine dita sulla Geognosia paleozoica delle Alpi Venete. - Nuovi annali delle sc. nat. di Bologna, 1846, s. 2, v. 5, 81-108. - Auszug in Leonh. u. Bronn Jb., 1847, 89.

— Memoria geognostica-paleozoica sulle Alpi Venete. - Modena 1846.

— Prodomo di geognosia paleozoica delle Alpi Venete. - Padova, v. 4, 1847.

— Considerazioni intorno ad alcuni Memorie di Geognosia paleozoica. - Atti d. Ist. Ven., s. 3, t. 1, 1856.

Cerri L. Gli Heliolites del Nucleo centrale carnico. - Riv. ital. di Paleont., 37, Pavia 1931, 52-64, 1 Taf. - Bespr. GZ 2 B/815.

Charlesworth J. K. Das Devon der Ostalpen. Die Fauna des devonischen Riffkalkes. III. Crinoiden, IV. Korallen und Stromatoporiden. - Z. DGeol-Ges., 66, 1914, 330-407, 2 Taf., 5 Fig. - Bespr. NJb. 1915/1, 102; GZ 21/2106.

Cornelius H. P. Bericht über Revisionen auf Blatt Kitzbühel-Zell a. S. (5049) sowie Anschlußbegehungen auf Blatt Großglockner (5149). - VBA 1934, 31-32. - Bespr. GZ 53 A/406.

Curioni G. Di alcuni vegetali dell'epoca carbonifera scoperti nei monti della Val Camonica. - Rend. d. R. Ist. Lomb., v. 2, Milano 1866, 214-217. - Bespr. VRA 1866, 8.

Dal Piaz G. Su alcune impronte vegetali nei micascisti del Trentino. - Boll Soc. geol. it., 21, Roma 1902, 64-66. - Bespr. NJb. 1905/2, 90.

— Scoperta degli avanzi di un rettile (lacertide) nei tufi compresi entro i profidi quarziferi permiani del Trentino. Comunicazione. - Atti Soc. it. p. i. Progr. d. Sc., XX Riun. Milano 1931, v. 2, Roma 1932.

Dal Piaz G. B. Su alcuni fenomeni geologici arvenuti durante il Paleozoico superiore nella zona pennidica della Tetide corrispondente al ricoprimento quinto (Gr. Paradiso e Gr. Veneziano - Alpi Aurine). - Assoz. minerar. del Piemonte, Torino, giugno 1931.

De Angelis d'Ossat G. I corallari fossili del Carbonifero e del Devoniano della Carnia. - Boll. Soc. geol. it., v. 14, 1895, 88-90. - Bespr. VRA 1896, 158; NJb. 1897/2, 558; Boll. Com. geol. d'It. 27, 1896, 225.

— Contribuzione allo studio della fauna fossile paleozoica delle Alpi Carniche. I-III. - I. Mem. d. R. Accad. d. Linc., Roma 1896, v. 2, 1-34. - Besp. VRA 1897, 87; NJb. 1897/2, 558; Boll. Com. geol. d'It., 28, 1897, 108. - II. Ebd. 1899, v. 3, 32 S. - Bespr. VRA 1899, 225; Boll. Com. geol. d'It., 31, 1900, 197. - III. Ebd. 1901, v. 4, 298-337. - Bespr. VRA 1902, 162; Boll. Com. geol. d'It., 33, 1902, 127.

— Il genere „Heliolites" nel Devoniano delle Alpi Carniche italiane. - Boll. Soc. geol. it., v. 18, f. 1, Roma 1899, 33-40. - Bespr. VRA 1899, 226; Boll. Com. geol. d'It., 31, 1900, 197.

— Per il Paleozoico della Carnia. - Boll. Soc. geol. it., v. 27, Roma 1908, f. 3, 484. - Bespr. Boll. Com. geol. d'It., 40, 1909, 102.

De Zigno A. Bar. Del terreno carbonifero delle Alpi Venete. - Atti R. Ist. Ven. d. Sc., t. 4, s. 3, 1857-58, 353-360.

Diener C. Über ein Vorkommen von Ammoniten und Orthoceren im südtirolischen Bellerophonkalke. (Sextental.) - Sber. Ak. d. Wiss. Wien, 106, 1897, 61-67. - Bespr. VRA 1897, 196; NJb. 1899/2, 173.

— Einige Bemerkungen über die stratigraphische Stellung der Krimmler Schichten und über den Tauerngraben im Oberpinzgau. - JbRA 1900, 383-394. - Bespr. NJb. 1903/1, 126; GZ 1/2364.

— Über die stratigraphische Stellung der Krimmler Schichten. (Vortr.) - VRA 1900, 373-374. - Bespr. GZ 1/2237; NJb. 1903/1, 126.

— Mitteilungen über einige Cephalopodensuiten aus

der Trias der Südalpen. – NJb. 1901/2, 23–36. – Bespr. GZ 4/689; Boll. Com. geol. d'It., 33, 1902, 137.

— Über die systematische Stellung der Ammoniten des südalpinen Bellerophonkalkes. – Zbl. f. Min., 1901, 436–440.

— Ammonoidea permiana. – Frech, Foss. cat., Berlin (Junk) 1921, 36 S.

Duftschmid-Wilser B. Probleme aus der nördlichen Grauwackenzone der Ostalpen. – Z. DGeolGes., 82, 1930, 65–78. – Bespr. GZ 42/1276.

Emmrich H. Geologische Geschichte der Alpen. Gletscher, Urzeit, Trias. – In: Schaubach, Deutsche Alpen, 2. Aufl., 1. Teil, Jena 1873, 549–852. – Bespr. VRA 1872, 31; 1873, 302.

Escher B. G. Über die prätriasische Faltung in den Westalpen ... mit einem Anhang über ... das Karbon von Manno bei Lugano. – Amsterdam 1911, 174 S., Promotionsarbeit Polytechn. Zürich 1911. – Bespr. EgH 12, 1912, 361; GZ 17/772; NJb. 1912/1, 484.

Falger F. Der Verrucano an der Grenze des Porphyrs zwischen Meran und der Proglessenne. – 25. Jber. Handelsschule Lustenau, 1928, 15–22.

Frauscher K. Fossile Faunen und Floren in Kärnten. – Carinthia II, 1896, 144–159, 186–203, 224, 268.

Frech F. Über das Devon der Ostalpen nebst Bemerkungen über das Silur und einem paläontologischen Anhange. – Z. DGeolGes., 1887, 659–738; 1891, 672–687; 1894, 446–479. – Bespr. NJb. 1892/2, 297; 1896/1, 442.

— Die Karnischen Alpen. Ein Beitrag zur vergleichenden Gebirgstektonik. Mit einem petrographischen Anhang von Dr. L. Milch. – Halle 1892–1894, Abh. Nat. Ges. Halle, 18, 1892–1894, 515 S., 3 K., zahlr. Abb. – Bespr. NJb. 1896/2, 300; Bl. 894; Mitt. DÖAV, 1895, 164; Carinthia II, 1894, 243.

— Die Fauna des unterdevonischen Riffkalkes. – Z. DGeolGes., 1894, 446–479.

— Über unterdevonische Korallen aus den Karnischen Alpen. – Z. DGeolGes., 48, 1896, 199–201. – Bespr. NJb. 1898/1, 401; Boll. Com. geol. d'It., 28, 1897, 189.

— Lethaea geognostica. I. Leth. paleozoica. 2. Bd. – Stuttgart (Schweizerbart) 1897–1902, 788 S., 6 K. S. a. F. Römer.

— Über tektonische Veränderungen in der Form unterkarbonischer Calamarien. – NJb. 1899/1, 259–261.

— Über die Gebirgsbildung im paläozoischen Zeitalter. – Geogr. Z., 5, 1899, 563–578, 1 K.

— Über devonische Ammoneen. – Beiträge z. Geol. und Pal. Österreich-Ungarns, 14, 1902, 27–112, 4 Taf.

Frederiks G. Über die Trogkofelschichten und ihre Analogen im Ural. – Zbl. f. Min., Abt. B, 1929, 548–552. – Bespr. GZ 42/1346.

Feudenberg W. Pflanzenführendes Karbon, triadischer (?) Quarzporphyr am Fluchthorn und eine obere Glimmerschieferdecke bei Gaschurn (Montavon). – Jber. u. Mitt. d. Oberrhein. geol. Ver., NF, 12, 1923, 47–49. – Bespr. GZ 29/367.

Gaertner H. R. v. Vorläufige Mitteilung zur Geologie der Zentralkarnischen Alpen. – Mitt. Natwiss. Ver. Steiermark, 63, Graz 1927, 111–118, 1 K. – Bespr. GZ 39/991; NJb. 1930/3, 22.

— Deckenbau im Karnischen Variscikum. – GR 20, 1929, 388. – Bespr. NJb. 1930/3, 30.

— Geologie der Zentralkarnischen Alpen. – Denkschrift. Ak. d. Wiss. Wien, 102, Wien 1930, 113–199, 5 Taf., 16 Fig. – Bespr. Anzg. Ak. d. Wiss. Wien, 67, 1930, 3; GZ 47 A/549; NJb. 1932/3, 18.

— Silurische und tiefunterdevonische Trilobiten und Brachiopoden aus den Zentralkarnischen Alpen. – Jb. Preuß. Geol. Ldsanst. Berlin, 51, Teil 1, Berlin 1930, 188–252, 3 Taf. – Bespr. GZ 45/1059; NJb. 1932/3, 13.

— Die Eingliederung des ostalpinen Paläozoikums. (Erweit. Vortr.) – Z. DGeolGes., 86, 1934, 241–265, 1 Taf., 5 Abb.

Geinitz H. B. Über fossile Pflanzenreste aus der Dyas von Val Trompia. – NJb. 1869, 456–461, 1 Taf. – Bespr. VRA 1869, 200.

Geyer G. Zur Stratigraphie der paläozoischen Schichtenserie in den Karnischen Alpen. – VRA 1894, 102–129. – Bespr. NJb. 1896/2, 306; Carinthia II, 1895, 175.

— Aus dem paläozoischen Gebiete der Karnischen Alpen. – VRA 1895, 60–90. – Bespr. NJb. 1896/2, 306; Carinthia II, 1896, 260; Boll. Com. geol. d'It., 27, 1896, 355.

— Ein neues Vorkommen fossilführender Silurbildungen in den Karnischen Alpen. – VRA 1895, 308. – Bespr. Boll. Com. geol. d'It., 27, 1896, 355.

— Über die marinen Äquivalente der Permformation zwischen dem Gailtal und dem Canaltal in Kärnten. – VRA 1895, 392–413. – Bespr. NJb. 1898/2, 88.

— Über die geologischen Verhältnisse im Pontafeler Abschnitt der Karnischen Alpen. – JbRA 1896, 127–233, K. 1:75000. – Bespr. NJb. 1898/2, 88; Boll. Com. geol. d'It., 28, 1897, 193.

— Ein Beitrag zur Stratigraphie und Tektonik der Gailtaler Alpen. – JbRA 1897, 295–364. – Bespr. Bl. 972; NJb. 1899/2, 97; Carinthia II, 1897, 254.

— Zur Stratigraphie der Gailtaler Alpen in Kärnten. – VRA 1897, 114–127. – Bespr. NJb. 1899/2, 97; Carinthia II, 1897, 205.

— Über neue Funde von Graptolithenschiefern in den Südalpen und deren Bedeutung für den alpinen Kulm. – VRA 1897, 237–252. – Bespr. Carinthia II, 1898, 51.

— Über ein neues Vorkommen paläozoischer, wahrscheinlich karbonischer Schichten bei Kötschach in den Gailtaler Alpen. – VRA 1897, 341–342.

— Uggowitzer Breccie und Verrucano. (Sexten, Kreuzberg.) – VRA 1899, 418–432. – Bespr. Carinthia II, 1900, 79.

— Die Karnische Hauptkette der Südalpen. – In: Stille, Geol. Char.-Bilder, 9. H., Berlin 1911. – Bespr. VRA 1912, 96.

— Bericht über die Untersuchung der künstlichen Kriegsaufschlüsse entlang der aufgelassenen SW-Front am Kamm der Karnischen Hauptkette in Kärnten und Tirol. – Anz. Ak. d. Wiss. Wien, 56, 1919, 31–33. – Bespr. NJb. 1930/3, 6.

Gortani M. Sul rinvenimento del calcare a Fusuline presso Forni Avoltri nell'alta Carnia occidentale. – Rend. Acc. d. Linc., v. 11, s. 5, f. 11, Roma 1902, 316–318. – Bespr. VRA 1903, 309; GZ 3/2126; NJb. 1905/2, 91.

— Fossili rinvenuti in un primo saggio del calcare a Fusuline di Forni Avodri (alta Carnia occidentale). – Riv. it. di Pal., v. 9, f. 1–2, Bologna 1903, 35–50. – Bespr. VRA 1903, 309; GZ 7/276; Boll. Com. geol. d'It., 35, 1904, 321.

— Sugli strati a Fusulina di Forni Avoltri. – Boll. Soc. geol. it., v. 22, f. 2, Roma 1903, 127–128. – Bespr. VRA 1904, 100; GZ 7/277; Boll. Com. geol. d'It., 35, 1904, 322.

— e **Vinassa de Regny P.** Fossili carboniferi del M. Pizzul e del Piano di Lanza nelle Alpi Carniche. –

Boll. Soc. geol. it., Roma 1905, v. 24, 461–605. – Bespr. VRA 1906, 189; NJb. 1915/2, 226.

Gortani M. Sopra alcuni fossili neocarboniferi delle Alpi Carniche. – Boll. Soc. geol. it., v. 25, f. 2, Roma 1906, 257–275. – Bespr. NJb. 1915/2, 230; GZ 9/809; Boll. Com. geol. d'It., 38, 1907, 254.

— Bibliografia geologica ragionata del Friuli, 1737–1905. – Boll. Soc. geol. it., v. 25, f. 2, Roma 1906, 377–410.

— La fauna degli strati a Bellerophon della Carnia. – Riv. it. di Pal., an. 12, f. 2–3, Perugia 1906, 93–131, 3 T. – Bespr. Boll. Com. geol. d'It., 38, 1907, 253.

— Contribuzioni allo studio del Paleozoico carnico. I. La fauna permocarbonifera del Col Mezzodi presso Forni Avaltri. – Pal. it., v. 12, Pisa 1906, 1–85, 3 T. – Bespr. NJb. 1915/2, 228; GZ 9/805; Boll. Com. geol. d'It., 38, 1907, 254.

— Contribuzioni allo studio del Paleozoico carnico. II. Faune devoniane. – Pal. it., 13, Pisa 1907, 1–63. – Bespr. GZ 11/578; NJb. 1915/2, 230; Boll. Com. geol. d'It., 39, 1908, 142.

— Contribuzioni allo studio del Paleozoico carnico. III. La fauna a Climenie del Monte Primosio. – Mem. d. R. Acc. d. Sc. d. Ist. di Bologna, s. 6, t. 4, Bologna 1907, 201–246. – Bespr. GZ 11/579; NJb. 1915/2, 232; Boll. Com. geol. d'It., 39, 1908, 143.

— Sopra l'esistenza del Devoniano inferiore fossilifero nel versante italiano delle Alpi Carniche. – Rend. d. R. Acc. d. Linc., v. 16, f. 2, Roma 1907, 108–110. – Bespr. NJb. 1915/2, 249; VRA 1907, 130; Boll. Com. geol. d'It., 39, 1908, 143.

— Sui metodi di determinazione delle Fusuline. – Proc. verb. d. Soc. Tosc. d. Sc. nat., v. 18, Nr. 2, 1909, 3 S.

— e **Vinassa de Regny P.** Fossili neosilurici del Pizzo di Timau e dei Pal nell'Alta Carnia. – Mem. R. Acc. d. Sc., Bologna 1909, s. 6, 183–216. – Bespr. NJb. 1915/2, 235; GZ 14/1816.

Gortani M. Fenomeni carsici nei terreni paleozoici della Carnia orientale. – Mondo sotterr., 5, Udine 1909, 66–68. – Bespr. GZ 14/767.

— Osservazioni geologiche sui terreni paleozoici dell'alta valle di Gorto in Carnia. Nota. – Rend. d. R. Accad. d. Sc. d. Ist. d. Bologna, 1910/11, Bologna 1910, 58–64. – Bespr. GZ 15/1265; NJb. 1915/2, 243; Boll. Com. geol. d'It., 42, 1911, f. 2, 56.

— Contribuzioni allo studio del Paleozoico carnico. IV. La fauna mesodevonica di Monumenz. – Pal. it., 17, Pisa 1911, 141–228. – Bespr. NJb. 1915/2, 244; GZ 18/452; Boll. Com. geol. d'It., 43, 1913, f. 2–3, 62.

— Sopra la fauna mesodevonica di Monumenz in Carnia. – Rend. d. R. Acc. d. Sc., Bologna 1911, 5 S. – Bespr. NJb. 1915/2, 244; GZ 18/452.

— Rinvenimento di filliti neocarbonifere al Piano di Lanza (Alpi Carniche). – Boll. Soc. geol. it., v. 30, f. 3, Roma 1912, 909–912. – Bespr. NJb. 1915/2, 247; GZ 18/292; Boll. Com. geol. d'It., 44, 1914, f. 2, 72.

— Rilevamento nelle Alpi Venete. Relazioni preliminari sulla campagna geol. del 1911. – Boll. R. Com. geol. d'It., 43, Roma 1912, 2 S. – Bespr. GZ 19/733; NJb. 1915/2, 246.

— Stromatoporidi devoniani del Mte Coglians (Alpi Carn.). – Riv. it. di Pal., 18, 4, 1912, 117–128, 1 T. – Bespr. NJb. 1915/2, 247; GZ 19/1199; Boll. Com. geol. d'It., 44, 1914, f. 2, 73.

— La serie devoniana nella giogaia del Coglians. – Boll. R. Com. geol. d'It., 43, Roma 1913, 235–280. – Bespr. GZ 20/799; NJb. 1915/2, 252; Boll. Com. geol. d'It., 45, 1915, f. 1–2, 39.

— Contribuzioni allo studio del Paleozoico carnico. V. Fossili eodevonici della base del Capolago (Seekopfsockel). – Pal. it., 21, Pisa 1915, 117–187, 3 Taf. – Bespr. NJb. 1922/2, 335.

— e **Vinassa P.** La trasgressione neocarbonifera nelle Alpi Carniche e nelle Caravanche. – Rend. d. R. Acc. d. Linc., v. 23, s. 5, Roma 1919, 143–146. – Bespr. NJb. 1922/2, 332; GZ 46 A/2158.

Gortani M. Contribuzione allo studio del paleozoico carnico: VI. Fauna a Graptoliti. – Pal. it., 26, Pisa 1920, 1–56, 3 T., 2 Fig. – Bespr. GZ 30/625; NJb. 1930/3, 8.

— Progressi nella conoscenza geologica delle Alpi Carniche principali. – Estr. d. Atti d. Soc. Tosc. di Sc. nat., Mem., v. 34, Pisa 1921, 58 S. – Bespr. GZ 37/1295; NJb. 1930/3, 11.

— La serie paleozoica delle Alpi Carniche. – Rend. R. Acc. Linc., s. 5, v. 30, 2 sem., Roma 1921, 100–103. – Bespr. GZ 37/1544; NJb. 1930/3, 10.

— e **Vinassa de Regny P.** Su l'età e posizione di alcuni scisti delle Alpi. – Rend. R. Acc. Linc., s. 5, v. 30, f. 3–4, 2 sem., Roma 1921, 107–112, 140–142. – Bespr. NJb. 1930/3, 13; GZ 46 A/1880.

Gortani M. Contribuzione allo studio del Paleozoico carnico. VII. Graptoliti del Monte Hochwipfel. – Paleont. ital., 29, 1923, 1–24, 1 Taf., 10 Fig. – Bespr. NJb. 1930/3, 15.

— Graptoliti del M. Hochwipfel nelle Alpi Carniche. Nota prel. – R. Ist. Lomb. di Sc. e Let., 57, Milano 1924, 1–4. – Bespr. GZ 31/304; NJb. 1930/3, 15.

— Nuove ricerche geologiche nelle Alpi Carniche. – Boll. Soc. geol. it., v. 43, Roma 1924, 101–111. – Bespr. GZ 37/1644; NJb. 1930/3, 17.

— Graptoliti del piano di Wenlock nelle Alpi Carniche. – Rend. d. Sess. d. R. Acc. d. Sc. d. Istitut. di Bologna, Cl. d. Sc. fis., 1925, n. s., v. 29, 172–175; Giorn. di Geol., s. 2, v. 1, Bologna 1926, 1–16, 2 Taf. – Bespr. GZ 36/1610; NJb. 1930/3, 20.

— La serie graptolitica delle Alpi Carniche. – Rend. R. Acc. Sc. Bologna, maggio 1925, 6 S. – Bespr. NJb. 1930/3, 18.

— Ricerche geologiche nelle Alpi Carniche. – Boll. Soc. geol. it., v. 44, f. 2, Roma 1926, 213–222. – Bespr. NJb. 1930/3, 19.

— Cenni geologici (della Carnia e Canal del Ferro). – In: Marinelli G., Guida della Carnia e del Canal del Ferro. SAFr, Tolmezzo 1926, 24–35.

— La serie paleozoica nelle Alpi Carniche e nella Sardegna. – C. r. Internat. Kongr. Spanien 1926, 2, Madrid 1927, 713–717. – Bespr. NJb. 1932/3, 13.

Gümbel C. W. v. Geologisches aus dem Engadin. – Jber. Natf. Ges. Graubd., NF, 31, Chur 1888, 3–71. – Bespr. EgH 1, 1889, 316; Natur, Halle 1888, 417; Bl. 743.

— Vorläufige Mitteilung über das Vorkommen der Flora von Fünfkirchen im sog. Grödner Sandstein Südtirols (Ullmaniensandstein). – VRA 1877, 23–26.

Haberfelner E. Geologische Aufnahmen zwischen dem Kronhofgraben und dem Fuchsgraben. – Sber. Ak. d. Wiss. Wien, math.-natw. Kl., v. 5. 11. 1931 (Akad. Anz. Nr. 21), 1 S.

— Graptolithen aus dem Obersilur der Karnischen Alpen. 1. Teil. Hochwipfel, Nordseite. – Sber. Ak. d. Wiss. Wien, math.-natw. Kl., Abt. 1, 140, 1931, 89–168, 2 Fig., 3 Taf. – Bespr. GZ 46 A/623, 1 B/766; NJb. 1932/3, 15.

— Graptolithen aus dem Obersilur der Karnischen Alpen. 2. Teil. Unter-Llandoverylydite vom Polinik und von der Weidegger Höhe. - Sber. Ak. d. Wiss. Wien, math.-natw. Kl., Abt. 1, 140, 1931, 879–892, 3 Fig. - Bespr. GZ 48 A/1351, 3 B/278.

— Zur Entwicklungsgeschichte der Monograptiden. (Vorl. Mitt.) - Anzg. Ak. d. Wiss. Wien, math.-natw. Kl., 69, 1932, 134-136.

— Geologische Aufnahmen zwischen Plöckenpaß und Hochwipfel. - Anzg. Ak. d. Wiss. Wien, math.-natw. Kl., 69, 1932, 260–261.

— u. **Heritsch F.** Obersilurische Lydite am nördlichen Valentintörl, Karnische Alpen. - VBA 1932, 113–116, 1 Fig. - Bespr. GZ 49 A/553.

Hammer W. Die Erzführung des Verrucano in Westtirol. - VStA 1920, 77–88. - Bespr. GZ 25/692.

Hatch F. H. Über den Gabbro aus der Wildschönau in Tirol und die aus ihm hervorgehenden schieferartigen Gesteine. - Tscherm. Min. u. petr. Mitt., 7, 1885, 75–87. - Bespr. VRA 1885, 373; NJb. 1886/2, 365.

Hauer F. R. v. Über die Gliederung der geschichteten Gebirgsbildungen in den östlichen Alpen. - Sber. Ak. d. Wiss. Wien, 1850, 274ff. - Bespr. Bl. 1.

— Der Verrucano der Lombardischen Alpen. - VRA 1857, 183–184. - Bespr. Bl. 124.

Hauer K. R. v. Über das Verhältnis des Brennwertes der fossilen Kohlen in der Österreichischen Monarchie zu ihrem Formationsalter. - JbRA 1863, 302.

Heer O. Flora fossilis Helvetiae. Die vorweltliche Flora der Schweiz. 1. Lfrg. Die Steinkohlen. - Zürich 1876, 44 S., Atlas. - Bespr. VRA 1876, 110; NJb. 1876, 573.

Heim Alb. Rapporti fra gli scisti cristallini e le roccie mesozoiche e paleozoiche nelle Alpi. - Quart. Journ. of the Geol. Soc., Proc. Nr. 549, v. 46, Nr. 182, London 1890. - Bespr. Boll. Com. geol. d'It., 22, 1891, 161.

Heritsch F. Beiträge zur geologischen Kenntnis der Steiermark. IX. Die Faunen des unterdevonischen Korallenkalkes der Mittelsteiermark nebst Bemerkungen über das Devon der Ostalpen. - Mitt. Natwiss. Ver. f. Steiermark, 54, Graz 1918, 51 S.

— Fossilien aus dem Unterkarbon von Nötsch in Kärnten. - Carinthia II, 108, 1918, 39–49. - Bespr. NJb. 1928/3, 187.

— u. **Schwinner R.** Zur Geologie der Karnischen Alpen. I u. II. - JbBA 1925, 249–272, 2 Prof. - Bespr. GZ 33/751; NJb. 1930/3, 17.

Heritsch F. Materialien zur Kenntnis des Karbons der Karnischen Alpen und der Karawanken. - Sber. Ak. d. Wiss. Wien, m.-nat. Kl., Abt. 1, 136, 1927, 295–332, 3 Taf., 6 Fig. - Bespr. GZ 39/1036; NJb. 1930/3, 24.

— u. **Schwinner R.** Zur Geologie der Karnischen Alpen. III. R. Schwinner, Die Schichtfolge des Seeberggebietes. Ein Vergleich. - JbBA 1927, 81–91. - Bespr. NJb. 1930/3, 23.

Heritsch F. Aus dem Paläozoikum des Vellachtales in Kärnten. - JbBA 1927, 165–194.

— Eine neue Stratigraphie des Paläozoikums von Graz. - VBA 1927, 223-227.

— Die vormesozoischen Gebirgsbildungen in den Ostalpen. - Z. DGeolGes., 79, 1927, Mber., 8–10, 217-231.

— Stratigraphie des Altpaläozoikums der Alpen. (Litverz.) Vortrag in d. tschechoslow. Ges. f. Min. u. Geol. Prag. - Zvláštní otisk etc. Roč. III, číslo 2-3, 1927, 12 S.

— Tektonische Fragen im Karbon der Karnischen Alpen. - Sber. Ak. d. Wiss. Wien, m.-nat. Kl., Abt. 1, 137, 5. u. 6. H., 1928, 303–338, 6 Fig. - Bespr. GZ 39/997; Anzg. Ak. d. Wiss. Wien, 65, 1928, 90. - NJb. 1930/3, 26.

— Notizen zum unteren Perm der Karnischen Alpen. - Sber. Ak. d. Wiss. Wien, Abt. 1, 137, 5. u. 6. H., 1928, 339–343. - Bespr. Anzg. Ak. d. Wiss. Wien, 65, 1928, 91; NJb. 1930/3, 28.

— Michelinia Abichi Waagen et Wentzel aus dem Oberkarbon des Naßfeldes in den Karnischen Alpen. - Sber. Ak. d. Wiss. Wien, math.-natw. Kl., I, 137, 10. H., 1928, 759–766, 1 Taf. - Bespr. NJb. 1929/3, 596; 1930/3, 29.

— Die Stratigraphie des Silurs der Karnischen Alpen. (Vortr.) - Z. DGeolGes., B, Mber., 1928, 326–335. - Bespr. NJb. 1929/3, 522; GZ 42/531.

— Führer zur geol. Exkursion in die Karnischen Alpen. - Erläuterungen z. d. Exk. d. Tagung der DGeolGes. in Wien 1928, 13–22; Mitt. Geol. Ges. Wien, 20, 1927 (1929), 132–141. - Bespr. NJb. 1930/3, 26.

— Faunistische Beziehungen des eβ von Böhmen zum eα der Alpen. - Vestnik Statniho geol. Ustavu ČSl. Rep., 4, 1928, 6 S. - Bespr. NJb. 1929/3, 518.

— Die tektonische Stellung von Hochwipfelfazies und Naßfeldfazies des Karbons der Karnischen Alpen. - Sber. Ak. d. Wiss. Wien, math.-natw. Kl., Abt. 1, 138, 1929, 413–423, 4 Fig. - Bespr. Anzg. Ak. d. Wiss. Wien, 66, 1929, 235; NJb. 1930/3, 29; 1932/3, 10.

— Faunen aus dem Silur der Ostalpen. - Abh. BA, 23, H. 2, 1929, 183 S., 8 T., 19 Fig. - Bespr. NJb. 1929/3, 519; GZ 45/581, 2 B/277.

— The Ordovician and Silurian of the Carnic Alps. - Geol. Mag., 66, London 1929, 121–128.

— Granitgang im Unterkarbon von Nötsch am Dobratsch. - VBA 1930, 194–196. - Bespr. GZ 45/8; NJb. 1932/3, 12.

— Das Alter der Trogkofelschichten. - Zbl. f. Min., Abt. B, 1930, 146–150. - Bespr. GZ 42/1345.

— Trilobitenreste aus dem Unterkarbon von Nötsch. - Mitt. Natwiss. Ver. f. Steiermark, 66, Graz 1930, 51–54, 1 Fig. - Bespr. NJb. 1930/3, 305; 1932/3, 12; GZ 3 B/109.

— Über den tektonischen Bau der Karnischen Alpen. - Sber. Ak. d. Wiss. Wien, math.-natw. Kl., v. 5. 11. 1931 (Akad. Anz. Nr. 21), 2 S.

— Versteinerungen aus dem Karbon der Karawanken und Karnischen Alpen. - Abh. BA, 23, 1931, H. 3, 56 S., 9 Abb., 4 Taf. - Bespr. GZ 46 A/885, 2 B/470; Mitt. Geogr. Ges. Wien, 74, 1931, 166; NJb. 1932/3, 8, 17.

— Über die Nordgrenze der Karnischen Alpen. - Anzg. Ak. d. Wiss. Wien, math.-natw. Kl., 69, 1932, 240–241.

— Die Frage der Wurzeln für die Decken der Karnischen Alpen. - Anzg. Ak. d. Wiss. Wien, math.-natw. Kl., 69, 1932, 258–259.

— Eruptiva der Karnischen Alpen. - Anzg. Ak. d. Wiss. Wien, math.-natw. Kl., 69, 1932, 259–260.

— Neue geologische Untersuchungen in den Karnischen Alpen. - Forsch. u. Fortschr., 8, 1932, 57–58. - Bespr. GZ 49 A/1343.

— Zur Tektonik des Gebietes um Eisenerz. (Hinweis auf Karnische Alpen.) - VBA 1932, 103–108.

— Versteinerungen aus der „hellen Bank" des nördlichen Valentintörls, Karnische Alpen. - VBA 1932, 116–120, 1 Fig. - Bespr. GZ 49 A/554.

— u. **H.** Malchite aus dem Gailtal. - Mitt. Natwiss. Ver. f. Steiermark, 69, 1932, 9 S., 2 Abb.

Heritsch F. Brachiopodenfaunen aus den Naßfeldschichten der Karnischen Alpen. - Anzg. Ak. d. Wiss. Wien, Nr. 18, Sitzg math.-natw. Kl. v. 6. 7. 1933, 2 S.
— Das Alter der Trogkofelkalke der Karnischen Alpen. - Anzg. Ak. d. Wiss. Wien, Nr. 18, Sitzg math.-natw. Kl. v. 6. 7. 1933, 2 S.
— Rugose Korallen aus dem Trogkofelkalk der Karawanken und der Karnischen Alpen. - Prirodoslovne Razprave, kn. 2., Ljubljana 1933, 42–55, 2 Taf. - Bespr. GZ 4 B/1386.
— Rugose Korallen aus dem Unterkarbon von Nötsch im Gailtal (Kärnten). - NJb. 1934, Bbd 71, Abt. B, 139-164, 2 Taf.
Heritsch H. Über ein Konglomerat aus dem Karbon der Hochwipfelschichten der Karnischen Alpen. - Zbl. f. Min., 1930, Abt. B, 386–391, 3 Fig. - Bespr. GZ 44/436.
Höfer H. Vorläufige Notiz über das Anthrazitvorkommen in der Nähe der Ofenalpe bei Pontafel. - Jb. Nathist. Ldsmuseum Kärnten, 10, 1871, 182–189.
Holdhaus K. Über den geolog. Bau des Königstuhlgebietes in Kärnten. - Mitt. Geol. Ges. Wien, 1921, 85–103; 1922, 324 (Parallele zum Brennergebiet.) - Bespr. GZ 28/1371.
Hoernes R. Vorlage von Petrefakten des Bellerophonkalkes aus Südosttirol. - VRA 1876, 38–44. - Bespr. Bl. 444.
— Das Erzvorkommen am Monte Avanza bei Forni Avoltri. Bemerkungen über die paläozoischen Gesteine des Pustertales. - VRA 1876, 60–66; Boll. Com. geol. d'It., 7, 1876, 139–146. - Bespr. Bl. 445.
Hradil G. Die Anthrazitfunde bei Steinach am Brenner. - Innsbr. Nachr., Nr. 17 v. 21. 1. 1933, 1 Sp.
Johnsen A. Bryozoen aus dem karnischen Fusulinenkalk. - NJb. 1906/2, 135–160, 2 T. - Bespr. GZ 10/1538; Boll. Com. geol. d'It., 38, 1907, 263.
Kahler F. Eine neue Leitschichte im Oberkarbon der Karnischen Alpen. - VRA 1930, 137–140. - Bespr. GZ 44/431; NJb. 1931/3, 20.
— Untersuchungen an Fusuliniden des Karnischen Oberkarbons. - Sber. Ak. d. Wiss. Wien, math.-natw. Kl., v. 5. 11. 1931 (Akad. Anzg. Nr. 21), $1^1/_2$ S.
— Das Karbon der Rattendorfer Alm und des Naßfeldgebietes. - Anzg. Ak. d. Wiss. Wien, math.-natw. Kl., 69, 1932, 241-242.
— u. **Heritsch F.** Die stratigraphische Gliederung der Naßfeldschichten. - Anzg. Ak. d. Wiss. Wien, math.-natw. Kl., 69, 1932, 242–243.
Kerner F. v. Bericht über eine Studienreise in mehrere alpine Karbongebiete. - VRA 1895, 324–330. - Bespr. NJb. 1897/2, 497.
— Die Karbonflora des Steinacher Joches. - JbRA 1897, 365–386.
— Begleitworte zur Demonstration eines Florenbildes des alpinen Oberkarbon. - VRA 1902, 125–127.
— Zur Erinnerung an Guido Stache. - JbStA 1921, 85–100. Mit Litverz.
— Mein geologisches Lokalmuseum bei Trins im Gschnitztal. - VBA 1932, 109–111. - Bespr. GZ 50 A/444.
Klebelsberg R. v. Neuere geologische Forschungen, die Südtiroler Dolomiten betreffend. (Sammelreferat.) - Mit. Geol. Ges. Wien, 4, 1911, 156–172.
— Geologischer Führer durch die Südtiroler Dolomiten. - Sammlung Borntraeger, 33, Berlin 1928, 362 S., 1 Kartenskizze, 2 T., 16 Prof. - Bespr. Geogr. Z., 35, 1929, 306; Z. f. Geomorph., 4, 1929, 184; Mitt. DÖAV, 1929, 167; GR 20, 1929, 378; GZ 40/1818; Studi Trent. Sc. Nat., 10, 1929, 77; Der Schlern, 10, 1929, 116; Z. Ges. f. Erdkde Berlin, 1930, 71.
— Geologische Einführung: Schichtfolge, Gebirgsbau, Formentwicklung, Vergletscherung, mit den geolog. Sonderabschnitten der „Südlichen Ostalpen von der Etsch bis zum Piave". - Der Hochtourist in den Ostalpen, DÖAV 1929, VII, 17–32, 35–36, 56–57, 64–66, 83, 111–113, 185–186, 192–193, 212–213, 225–226, 276–277, 297–299, 326–327, 416–418, 462–463.
— Grundzüge der Geologie Tirols. - In: Tirol, Land, Natur, Volk und Geschichte. - Herausgeg. v. DÖAV, München (Bruckmann) 1933, 23–91, 1 K., 1 Skz. - Bespr. Mitt. DÖAV, 1934, 51, 147; Der Schlern, 15, 1934, 189; PetMitt., 1934, 317.
Koch M. Mitteilung über einen Fundpunkt von Unterkarbonfauna in der Grauwackenzone der Nordalpen. (Nordsteiermark.) - Z. DGeolGes., 45, 1893, 294–298.
Königsberger J. Zum Alter der Gneismetamorphose in den Alpen und deren Beziehung zum Karbon. - GR 17, 1926, 362-372.
— Über karbonähnliche Ablagerungen in den nördlichen Dinariden bei Lugano. - EgH 21, 1928, 285-294. - Bespr. GZ 42/530.
Krafft A. v. Das Alter des Granits der Cima d'Asta. - VRA 1898, 184–189. - Bespr. NJb. 1899/2, 387; Bl. 984; Boll. Com. geol. d'It., 30, 1899, 270.
Krassuski W. Geologische Aufnahme der östlichen Karnischen Alpen und der Westkarawanken. - Sber. Ak. d. Wiss. Wien, math.-natw. Kl., v. 5. 11. 1931 (Akad. Anzg. Nr. 21), 1 S.
Krause P. G. Über das Vorkommen von Kulm in der Karnischen Hauptkette. - VRA 1906, 64–68. - Bespr. GZ 8/999; NJb. 1915/2, 227; Carinthia II, 1901, 145; Boll. Com. geol. d'It., 38, 1907, 268.
— Über Asterocalamites scrobiculatus (Schloth.) Zeiller im Kulm der Karnischen Hauptkette. - Jb. Preuß. Geol. L.-A., 1928, 634-640. - Bespr. GZ 39/1491.
Kuntschnig A. Neuer Korallenfund aus dem Unterkarbon von Nötsch in Kärnten. - Mitt. Natwiss. Ver. f. Steiermark, 62, Graz 1926, 3–9, 1 Taf., 2 Fig. - Bespr. NJb. 1928/3, 187; Carinthia II, 1928, 72.
Küpper H. Die Faziesverhältnisse im karnischen Jungpaläozoikum. - Anzg. Ak. d. Wiss. Wien, 1926, Nr. 23, 188–189. - Bespr. GZ 35/1108; NJb. 1930/3, 22.
— Jungpaläozoische Sedimentation und Orogenese im Bereiche der Karnischen Alpen. - NJb. Bbd 57, B, 1927, 43–86. - Bespr. GZ 35/1166, 40/755.
Leonardi P. Sul Permiano dei dintorni di Cavalese in Val di Fiemme. - Atti Acc. Ven.-Trent.-Istr., v. 19, 1928, Padova 1929, 5 S., 2 Fig. - Bespr. Studi Trent. Sc. Nat., 10, 1929, 250.
— Una nuova faunetta permiana di Val di Fiemme nel Trentino. - Studi Trent. Sc. Nat., 11, 1930, 189–194, 1 Taf.
Lepsius R. Das westliche Südtirol, geologisch dargestellt. - Berlin 1878, 375 S., 1 K., mehr. Prof. u. Taf. - Bespr. Mitt. DÖAV, 1878, 247; VRA 1879, 34; NJb. 1881/1, 382; Bl. 502.
Loretz H. Untersuchungen über Kalk und Dolomit. II. Einige Kalke und Dolomite der Zechsteinformation. - Z. DGeolGes., 31, 1879, 756–774. - Bespr. NJb. 1881/2, 238.
Merian P. Muschelkalkversteinerungen im Dolomit des Mt. San Salvadore bei Lugano. - Verh. Natf. Ges. Basel, 1, Basel 1853, 84–90. - Bespr. NJb. 1855, 479.

Merla G. La Fauna del calcare a Bellerophon della Regione Dolomitica. – Mem. Ist. Geol. d. R. Univ. di Padova, v. 9, 1930, 220 S., 11 Taf. – Bespr. GZ 3 B/499.

Metz K. Detailaufnahme der Naßfeldschichten in der Umgebung der Ahornachalpe. – Sber. Ak. d. Wiss. Wien, math.-natw. Kl., v. 5. 11. 1931 (Akad. Anzg. Nr. 21), ¼ S.

— Über eine Fauna aus den Hochwipfelschichten der Karnischen Alpen. – Anzg. Ak. d. Wiss. Wien, math.-natw. Kl., 69, 1932, 243.

— Detailaufnahme der Naßfeldschichten vom Schulterkofel nach West. – Anzg. Ak. d. Wiss. Wien, math.-natw. Kl., 69, 1932, 243–244.

Milch L. Beiträge zur Kenntnis des Verrucano. – 1. Teil, Leipzig 1892, 145 S., 1 Tab.; 2. Teil, Leipzig 1896, 174 S. – Bespr. NJb. 1893/2, 332; 1897/1, 276; EgH 3, 1893, 343, 364; 5, 1898, 424; Arch. d. sc. phys. et nat. de Genève, t. 29, Genève 1893, 404, 508; t. 6, 1898, 348.

Misch P. Pseudorthoceras knoxense Girty im Karnischen Oberkarbon. – Mitt. Natwiss. Ver. f. Steiermark, 67, 1930, 121–122, 1 Abb. – Bespr. NJb. 1932/3, 7.

Mohr H. Ein geolog. Profil durch den Kolm bei Dellach im Oberdrautal nebst einigen Erwägungen über die Wurzelnatur des Kristallins nördlich des Drauflusses. – VBA 1925, 96–105. – Bespr. Carinthia II, 1925, 128.

— Ein neuer Pflanzenfund im metamorphen Karbon der Ostalpen und seine Stellung im alpinen Bauplan. – Zbl. f. Min., Abt. B, 1933, 98–107. – Bespr. GZ 50 A/558, 5 B/646.

Mojsisovics E. v. Das Gebirge südlich und östlich von Brixlegg. – VRA 1870, 231–232. – Bespr. 289.

Mutschlechner G. Cephalopodenfauna im Grödner Sandstein. (Vorbericht.) – VBA 1933, 136. – Bespr. GZ 52 A/1837.

Nangeroni L. G. Osservazioni sulla tettonica delle Alpi Orobie orientali. – Boll. Soc. geol. it., v. 50, f. 2, Roma 1921, 249–253, 1 Abb. – Bespr. GZ 49 A/1546.

Ohnesorge Th. Über Silur und Devon in den Kitzbüheler Alpen. – VRA 1905, 373–377. – Bespr. GZ 9/215, 12/1477; NJb. 1909/1, 415.

— Die Fahlerzvorkommen von Schwaz (Tirol). [Vortr.] – Bespr. VRA 1906, 188–189.

— Über Schichtfolge und Bau in der Umgebung von Kitzbühel. – VRA 1909, 350–351.

— Über Beziehungen zwischen Erzlagerstätten und Gebirgsbau in der Umgebung von Schwaz und Brixlegg in Tirol. – Österr. Z. f. Berg- u. Hüttenw., 59, 1911, 601-603. – Z. Österr. Ing.- u. Arch.-Ver., 63, Wien 1911, 44.

Omboni G. Série des terrains sédimentaires de la Lombardie. – Bull. Soc. géol. de France, s. 2, t. 12, Paris 1855, 517–533. – Bespr. NJb. 1856, 215; Bl. 84; Hist. d. progr. ... (d'Archiac), t. 7, Paris 1857, 254; Arch. d. sc. phys. et nat., t. 31, Genève 1856, 175.

Pacchioni A. L'industria della distillazione del carbon fossile in Italia (1838–1930). – La Ricercha Scient., 1931, 315–340.

Parona C. F. Brevi notizie sulla fauna carbonifera del Mte Pizzul in Carnia. – Boll. Soc. geol. it., v. 9, f. 1, 1890, 56–85. – Bespr. NJb. 1893/2, 376; Boll. Com. geol. d'It., 22, 1891, 246.

Paulcke W. Silur-Devon Profil des Seekopfs (Wolayer See). – GR 1, 1910, Taf. VI.

Peltzmann I. Amblysiphonella und Bryozoen aus dem Oberdevon der Karawanken. – Mitt. Natwiss. Ver. Steiermark, 67, Graz 1930, 121–127, 9 Abb. – Bespr. GZ 2 B/487.

— Graptolithen von der Dellacher (Zollner) Alm. – Sber. Ak. d. Wiss. Wien, math.-natw. Kl., v. 5. 11. 1931 (Akad. Anzg. Nr. 21), 1 S.

— Silurnachweis durch einen Graptolithenfund in der Grauwacke Vorarlbergs. – VBA 1932, 160–161. – Bespr. GZ 50 A/1108; NJb. 1933/3, 589.

Penecke K. A. Über die Fauna und das Alter einiger paläozoischer Korallenriffe der Ostalpen. – Z. DGeolGes., 39, 1887, 267–276, 1 Taf. – Bespr. NJb. 1888/2, 97.

Petrascheck W. Kohlengeologie der österreichischen Teilstaaten. I. Die Kohle führenden Formationen. – Berg- u. Hüttenm. Jb., 69/70, H. 2, Wien 1921/22, 1–20.

— Kohlengeologie der österreichischen Teilstaaten. II. Allgem. Kohlengeologie. – Berg- u. Hüttenm. Jb., 69/70, H. 3, Wien 1921/22, 1–30. – Bespr. GZ 29/112.

— Kohlengeologie der österreichischen Teilstaaten. I. Teil. – Wien (Verl. f. Fachlit.) 1922/24, 212 S., 124 Fig., 6 Taf. – Bespr. VBA 1924, 207.

— Zur Frage der Braunkohlensümpfe. – Braunkohle, 24, 1925, 593–595.

— Steinkohlenfloren und Karbonfloren, Braunkohlenfloren und Tertiärfloren. – Berg- u. Hüttenm. Jb., 75, 1927, H. 1, 2 S. – Bespr. NJb. 1930/2, 159.

— Übersicht der Karbonablagerungen im Bereiche des ehemaligen Österreich-Ungarns. – Congr. d. stratigr. carbonifère, Liège 1928, 513–515.

Pia J. v. Bericht über die mit Unterstützung der Akademie der Wissenschaften ausgeführten geologischen Aufnahmen. (Karn. A.) – Anzg. Ak. d. Wiss. Wien, 57, 1920. – Bespr. NJb. 1930/3, 7.

— Die Siphoneae verticillatae vom Karbon bis zur Kreide. – Abh. Zool.-Bot. Ges. Wien, 11, 1920, 1–263, 8 Taf., 27 Fig. – Bespr. GZ 26/362; NJb. 1922/1, 266.

— Über einen merkwürdigen Landpflanzenrest aus den Nötscher Schichten. (Karbon der Gegend von Bleiberg in den östlichen Gailtaler Alpen.) – Sber. Ak. d. Wiss. Wien, math.-natw. Kl., Abt. 1, 133, 10. H., 1924, 543–558, 1 Taf. – Bespr. Akad. Anzg., 61, 1924, 197; NJb. 1930/3, 16; Carinthia II, 1925, 131.

— Vorliassische Diatomeen? (Sammelbericht.) – NJb. 1931/3, 107–131. – Bespr. GZ 1 B/534.

Pichler A. v. Beiträge zur Geognosie Tirols. Aus dem Inn- und Wipptale. – Z. Ferd., 3. F., 8. H., Innsbruck 1859, 137–232, 1 K., 30 Prof. – Bespr. VRA 1859, 45; NJb. 1859, 753; TB 1859, 381; Bl. 150.

— Geognostische Spaziergänge in Tirol. (Gebirgsbildung durch Hebung, Abtrag, Alter der krist. Gest., Steinkohlenformation des Steinacher Joches, Steinacher Kalke den Schwazer Kalken zeitlich nahestehend.) – TB 1868, 929.

— Beiträge zur Geognosie Tirols. XXIII. Aus der Steinkohlenformation des Steinacher Joches. XXIV. Zur Trias von Südtirol. (Kohlen im Grödner Sandstein bei Eppan.) – JbRA 1870, 273–274; XXIII auch NJb. 1870, 1025–1026.

— Einiges Neue für tirolische Mineralogen und Geognosten. (Brixner Granit obertriadisches Alter, Verrucano von Serfaus, Trias von Mauls, Grödner Sandstein von Eppan, Diorit vom Lüsental, Melaphyr von Kaltern, Tirolit von Kogel, Wad von Matrei, Pseudomorphosen von Gips und Steinsalz, Serizit von Pill, Erratica von Grünstein-

porphyr bei Hötting, Quarzporphyrit bei Vintl u. a.) – TB 1870, 689, 775, 1266.
— Über den Kalzit vom Steinacher Joche. – VRA 1882, 142.
Porro C. Rapporti fra gli scisti cristallini a sudest di Gerola e le formazioni permiane (Catena Orobica). – Rend. R. Ist. Lomb. sc. e let., s. 2, v. 64, 1931, 771–787.
Potonié R. Einführung in die allgemeine Kohlenpetrographie. – Berlin (Borntraeger) 1924, 285 S., 80 Abb. – Bespr. GR 18, 1927, 471.
Rakovec I. Beiträge zur Fauna aus dem Oberkarbon von Javornik in den Karawanken. – Prirodoslovne rasprave, 1, Ljubljana 1931, 67–88, 1 Taf. – Bespr. GZ 2 B/471.
Redlich K. A. Berichtigung zur Arbeit Gustava Aigner: Silurische Versteinerungen aus der Grauwackenzone bei Fieberbrunn in Tirol. – VBA 1930, 244.
Reichardt W. Eine Flora aus den höchsten „Auernigschichten" des Schulterkofels (Karnische Alpen). – Anzg. Ak. d. Wiss. Wien, m.-n. Kl., 70, 1933, 130–131.
Reinhard M. Exkursion Nr. 69. Bellinzona–Monte Ceneri–Manno–Malcantone–Lugano. – In: Geol. Führer der Schweiz, herausgeg. v. d. Schw. Geol. Ges., Basel (Wepf) 1934, Fasz. XI, 846–848.
Römer F. Lethaea geognostica oder Beschreibung und Abbildung der für die Gebirgsformationen bezeichnendsten Versteinerungen. – I. Teil. Leth. pal., Stuttgart 1876, Atl. mit 62 Taf. – Bespr. NJb. 1876, 581; Boll. Com. geol. d'It., 10, 1879, 667.
— u. **Frech F.** Lethaea geognostica. I. Leth. palaeozoica. 1. Bd, 688 S., 226 Fig., 2 Taf.; 2. Bd 788 S., 6 K., 551 Fig., 35 Taf. – Stuttgart 1880, 1897, 1902. – Bespr. VRA 1880, 25.
Rothpletz A. Ein geolog. Querschnitt durch die Ostalpen nebst Anhang über die sog. Glarner Doppelfalte. – Stuttgart 1894, 268 S., 2 T., 115 Abb. – Bespr. Mitt. DÖAV, 1895, 10; NJb. 1896/1, 276; Bl. 874; Carinthia II, 85, 1895, 36; PetMitt., 41, 1895, Litber., 18; EgH 4, 1894, 164; Jber. Natf. Ges. Grbd., NF, 38, Chur 1895, 56; Arch. d. sc. phys. et nat., t. 31, Genève 1894, 254.
— Über das Alter der Bündner Schiefer. – Z. DGeolGes., 47, 1895, 1–56, 2 Taf., 9 Fig. – Bespr. VRA 1895, 362; NJb. 1898/1, 500; Bl. 923; PetMitt., 41, 1895, Litber., 148; Jber. Natf. Ges. Graubd., NF, 39, Chur 1896, 271; Ann. de Géogr., t. 5, Paris 1896, An. bibl., 89; EgH 5, 1897, 91, 119, 129.
Rüger L. Zur Frage des metamorphen Karbons (Carbonoids) im nördlichen Luganeser Seengebirge. – Zbl. f. Min., 1930, Abt. B, 379–386.
Salomon W. Sul metamorfismo di contatto subito dalle arenarie permiane della Valle di Daone. – Giorn. Min. ecc., v. 5, f. 1–2, Pavia 1894, 97–147. – Bespr. NJb. 1895/2, 90; Boll. Com. geol. d'It., 26, 1895, 494.
— Die Adamellogruppe, ein alpines Zentralmassiv, und seine Bedeutung für die Gebirgsbildung und unsere Kenntnis von dem Mechanismus der Intrusionen. – Abh. RA, 21, 1. Teil 1908, 1–433, 2 K., 6 Taf., 91 Abb.; 2. Teil 1910, 435–603, 3 Taf., 7 Abb. – Bespr. GZ 17/232; GR 1911, 524; NJb. 1911/1, 276; 1912/2, 266; PetMitt., 57, 1911/2, 219; Boll. Com. geol. d'It., 40, 1909, 383.
Salomon-Calvi W. Epeirophorese Teil III. Die vordiluvialen Eiszeiten. B. Die Eiszeiten des Karbons und Perms. – Sber. Heidelberger Ak. d. Wiss., math.-natw. Kl., 1933, 1. Abh., 8 S. – Bespr. GZ 50/1606; Geogr. Z., 39, 1933, 489.
— Die permokarbonischen Eiszeiten. – Leipzig (Akad. Verl.) 1933, 156 S., 8 Abb. – Bespr. GZ 50/1605; Mitt. Geol. Ges. Wien, 24, 1932, Wien 1933, 254; Z. Ges. f. Erdkde Berlin, 1934, 61; PetMitt., 80, 1934, 237.
Sander B. Erläuterungen zur geologischen Karte Meran-Brixen. (Mit Beiträgen v. W. Hammer.) – Schlern-Schr., 16, Innsbruck (Wagner) 1929, 1–111 u. Ber. Natw.-mediz. Ver. Innsbruck, 41, 1929, 1–111, 4 Blg. – Bespr. VBA 1930, 225; Mitt. Geol. Ges. Wien, 1930, 165; GZ 43/1153; Der Schlern, 11, 1930, 90; Z. f. prakt. Geol., 38, 1930, 16; Studi Trent. Sc. Nat., 12, 1931, 152.
Schellwien E. Die Fauna des karnischen Fusulinenkalkes. – Inaugdiss. Halle a. S., 1891; Palaeont., 39, 1892, 1–56, 8 Taf.; 44, 1898, 237–282, 8 Taf. – Bespr. VRA 1898, 338; NJb. 1899/2, 475.
— Bericht über die Ergebnisse einer Reise in die Karnischen Alpen und die Karawanken. – Sber. Ak. d. Wiss. Berlin, 44, 1898, 693–700. – Bespr. NJb. 1901/2, 118; Carinthia II, 1899, 85.
— Die Auffindung einer permokarbonischen Fauna in den Ostalpen. – VRA 1898, 358–363. – Bespr. NJb. 1901/2, 118.
— Die Fauna der Trogkofelschichten in den Karnischen Alpen und den Karawanken. I. Brachiopoden. – Abh. RA, 16, 1900, H. 1, 122 S., 15 Taf. – Bespr. NJb. 1901/2, 118; Carinthia II, 1901, 30.
— Beiträge zur Systematik der Strophomeniden des oberen Paläozoikums. – NJb. 1900/1, 1–15, 1 Taf., 6 Fig.
— Vorläufiger Bericht über eine von Hr. F. Kossmat und ihm im alpinen Bellerophonkalk aufgefundene neue Fauna. – Z. DGeolGes., 57, 1905, Mber., 357–359.
Schmidt A. R. Bemerkungen über den roten Sandstein im Leukentale. – VRA 1885, 238. – Bespr. NJb. 1886/1, 80; Bl. 658.
Schmidt H. Geologie der Königswandgruppe in den westlichen Karnischen Alpen. – JbBA 1930, 1–14, 1 T., 2 Abb. – Bespr. GZ 42/1551, 44/399; NJb. 1930/3, 303, 400.
— Bau und Anheftungsweise des Brachiopoden Isogramma aus dem Oberkarbon Kärntens. – Palaeont. Z., 13, Berlin 1931, 278–283, 1 Taf. – Bespr. GZ 1 B/377; NJb. 1932/3, 650.
Schwinner R. Das Paläozoikum am Brenner. Vergleiche und Wertungen. – Zbl. f. Min., 1925, Abt. B, 241–249, 273–281, 1 Skz. – Bespr. GZ 33/753, 34/653.
— Ein exotischer Block in Karbon- (?) schiefern bei Feistritz an der Gail. – VBA 1929, 137–146, 2 Fig. – Bespr. NJb. 1929/3, 522; GZ 47 A/11.
— Geröllführende Schiefer und andere Trümmergesteine aus der Zentralzone der Ostalpen. – GR 20, 1929, 211–244, 343–370. – Bespr. GZ 41/515; NJb. 1933/2, 19.
— Die älteren Baupläne der Ostalpen. (Vortr.) – Z. DGeolGes., 81, 1929, 110–120, 2 Abb. – Bespr. GZ 42/273; NJb. 1933/2, 16.
Scupin H. Das Devon der Ostalpen. IV. Die Fauna des devonischen Riffkalkes. II. Lamellibranchiaten und Brachiopoden. – Z. DGeolGes., 57, 1905, 91–111, 2 Taf., 3 Fig.; 58, 1906, 213–306, 7 Taf., 16 Fig. – Bespr. VRA 1907, 157; NJb. 1915/2, 228; GZ 8/1059.
Seelmeier H. Graptolithen von der Gugel (Gebiet der Stranigeralm). – Anzg. Ak. d. Wiss. Wien, math.-natw. Kl., 69, 1932, 261.
Seidl E. Die Salzstöcke des deutschen (germanischen) und des Alpen-Permsalz-Gebietes; ein allgemein-wissenschaftliches Problem. – Z. Kali, 21,

1927, 34-38, 77-84, 109-111, 205-209, 240-244, 259-264, 295-312, 246-360. - Bespr. GZ 38/814; NJb. 1928/2, 374.

— Die Bedeutung des permischen Salzlagers für die Geologie der Kalkalpen. - Z. Kali, 22, 1928, 277-282, 300-304. - Bespr. GZ 39/438-440.

Senn A. Beiträge zur Geologie des Alpensüdrandes zwischen Mendrisio und Varese. - EgH 18, 1923/24, 550-632, 3 T., 9 Fig.; Diss. Phil. Basel, 1924, 551-632. - Bespr. NJb. 1926/2, B, 357.

Spengler E. Bemerkungen zu der Arbeit E. Seidl „Die Salzstöcke des deutschen (germanischen) und des Alpen-Permsalz-Gebietes". - Z. Kali u. verwandte Salze, Halle a. S. 1928, 22, H. 7, 85-89, 2 Fig. - Bespr. GZ 39/438; NJb. 1929/2, 333.

Spitz A. Die Gastropoden des Karnischen Unterdevons. - Beitr. z. Pal. u. Geol. Ö.-U. und des Orients, 20, Wien 1907, 115-190, 6 Taf., 3 Fig. - Bespr. NJb. 1915/2, 230; GZ 13/193.

— Geologische Studien in den Zentralkarnischen Alpen. - Mitt. Geol. Ges. Wien, 2, 1909, 278-334, 2 Taf., 1 K. - Bespr. Carinthia II, 1911, 145; GZ 15/43; NJb. 1915/2, 236; Boll. Com. geol. d'It., 43, f. 4, 1913, 129.

Stache G. Über die Steinkohlenformation der Zentralalpen. - VRA 1872, 78-81. - Bespr. NJb. 1872, 772; Bl. 327.

— Entdeckung von Graptolitenschiefern in den Südalpen. - VRA 1872, 234-235. - Bespr. NJb. 1873, 218.

— Neue Fundstellen von Fusulinenkalk zwischen Gailtal und Kanaltal in Kärnten. - VRA 1872, 283-287. - Bespr. NJb. 1873, 218.

— Über die Graptoliten der schwarzen Kieselschiefer am Osternig zwischen Gailtal und Fellatal in Kärnten. (Vortr.) - VRA 1872, 323.

— Der Graptolitenschiefer am Osternigberge in Kärnten und seine Bedeutung für die Kenntnis des Gailtaler Gebirges und für die Gliederung der paläozoischen Schichtenreihe der Alpen. - JbRA 1873, 175-248; VRA 1873, 215-217. - Bespr. NJb. 1875, 329.

— Über die Fusulinenkalke in den Südalpen. (Vortrag.) - VRA 1873, 291-292. - Bespr. NJb. 1874, 438.

— Die paläozoischen Gebiete der Ostalpen. - JbRA 1874, 135-273, 333-424, 1 K., 3 Taf. - Auszug: VRA 1874, 214-218, 345-347. - Bespr. NJb. 1876, 88; Bl. 383.

— Über eine Vertretung der Permformation (Dyas) von Nebraska in den Südalpen. Neue Fusulinenfunde in den Karawanken. Wahrscheinliche Äquivalente der oberen Dyas in den Zentralalpen. (Vortr.) - VRA 1874, 87-90. - Bespr. Bl. 382.

— Vertretung der Permformation in den Südalpen. (Vortr.) - VRA 1874, 365-367. - Bespr. Bl. 382.

— Die Fauna der Bellerophonkalke Südtirols. - VRA 1876, 257-261. - Bespr. NJb. 1876, 887.

— Beiträge zur Kenntnis der Fauna der Bellerophonkalke Südtirols. - JbRA 1877, 271-318, 3 Taf.; 1878, 93-168, 4 Taf. - Bespr. Bl. 476.

— Zur Fauna der Bellerophonkalke Südtirols. (Vortr.) - VRA 1878, 104-108.

— Neue Beobachtungen in der paläozoischen Schichtenreihe des Gailtaler Gebirges und der Karawanken. 1. Petrefaktenfundorte. 2. Uggowitzer Breccie. - VRA 1878, 306-313.

— Die Stellung der Uggowitzer Kalkbreccie innerhalb der im Gailtaler und Karawankengebirge vertretenen Äquivalente der Permformation. - In: Neue Beobachtungen in der pal. Schichtenreihe ... - VRA 1878, 310-313.

— Über die Verbreitung der silurischen Schichten in den Ostalpen. - VRA 1879, 216-223.

— Die Umrandung des Adamellostockes und die Entwicklung der Permformation zwischen Valbuona, Giudicaria und Val Camonica. - VRA 1879, 300-310. - Bespr. Bl. 530.

— Erwiderung auf die voranstehende Kritik meines Reiseberichtes über die Umrandung des Adamellostockes. (Gegen Lepsius.) - VRA 1879, 344-350.

— Durchschnitt durch die kristallinische Zentralmasse und die paläolithischen Randzonen der Alpen vom Gailtaler Gebirge über das Tauernkreuzjoch nach dem Inntal bei Wörgl. - VRA 1880, 249-250. - Bespr. Bl. 553.

— Aus dem Silurgebiete der Karnischen Alpen. - VRA 1881, 296-298.

— Aus dem Westabschnitt der Karnischen Hauptkette. Die Silurformation des Wolayer Gebirges und des Paralba-Silvella-Rückens. - VRA 1883, 210-216.

— Elemente zur Gliederung der Silurbildung der Alpen. (Vortr.) - VRA 1884, 25-29.

— Über die Silurbildungen der Ostalpen mit Bemerkungen über die Devon-, Karbon- und Permschichten dieses Gebietes. - Z. DGeolGes., 36, 1884, 277-378, 1 Tab. - Bespr. NJb. 1885/2, 93; VRA 1885, 153; Bl. 627.

— Aufnahmsbericht aus den Karnischen Alpen. - VRA 1887, 13-14.

— Nachweis des südtirolischen Bellerophonkalkhorizontes in Kärnten. (Vortr.) - VRA 1888, 320-322. - Bespr. NJb. 1892/1, 117.

— Die Silurfaunen der Ostalpen. (Vortr.) - VRA 1890, 121-126.

— Photographische Aufnahme geol. Spezialobjekte und Landschaftstypen in Kärnten und in der Umgebung von Triest. (Vortr.) - VRA 1892, 192-196.

— Aufnahmsbericht aus den Karnischen Alpen. - VRA 1895, 19-20.

Steinmann G. Geolog. Beobachtungen in den Alpen. I. Das Alter der Bündner Schiefer. - Ber. Natf. Ges. Freiburg i. Br., 9, 1895, 1895, 245-263; 10, 1898, 215-292, Abb. - Bespr. VRA 1895, 362; NJb. 1899/2, 282; PetMitt., 44, 1898, Litber., 24; Bl. 924; Jber. Natf. Ges. Grbd., NF, 39, Chur 1896, 273; 41, 1898, 141; EgH 5, 1897-1898, 93, 132, 381, 420, 427, 449; Ann. de Géogr., 5, Paris 1896, Ann. bibl., 90; 7, 1898, 94; Arch. d. sc. phys. et nat., t. 6, Genève 1898, 284, 346, 349, 355; Boll. Com. geol. d'It., 27, 1896, 458; 30, 1899, 101.

Stella A. Contributo alla geologia delle formazioni pretriasiche nel versante meridionale delle Alpi Centrali. - Boll. Com. geol. d'It., v. 25, n. 1, Roma 1894, 83-114, 4 Fig. - Bespr. NJb. 1896/1, 87, 285; PetMitt., 40, 1894, Litber., 161; Boll. Com. geol. d'It., 26, 1895, 497.

Stiny J. Perm bei Campill (Gadertal). - VRA 1910, 385-389, 1 Abb. - Bespr. GZ 16/607.

Stur D. Geologische Aufnahmen im Comelico und der Carnia. - JbRA 1856, 178-179.

— Die geol. Verhältnisse der Täler Drau, Isel, Möll und Gail in der Umgebung von Lienz, ferner der Carnia im venetianischen Gebiete. - JbRA 1856, 405-459, 3 Taf., 4 Fig. - Bespr. NJb. 1857, 619; Bl. 91.

— Die Silurfaunen der Ostalpen. (Vortr.) - VRA 1890, 121-126.

Suess E. Über die Äquivalente des Rotliegenden in den Südalpen. - Sber. Ak. d. Wiss. Wien, 57, 1. Abt., 1868, 230-276, 763-807, 2 Taf. - Auszug: NJb. 1868, 329-332; Boll. Com. geol. d'It.,

1, 1870, 207–211. – Bespr. VRA 1868, 268, 356; Bl. 259; Arch. d. sc. phys. et nat., n. p., t. 31, Genève 1868, 263.
— Über das Rotliegende in Val Trompia. – Sber. Ak. d. Wiss. Wien, 59, 1869, 107–119, 2 Taf. – Auszug: Boll. Com. geol. d'It., 1, 1870, 155–159. – Bespr. VRA 1869, 57, 175; Bl. 279.
— Über das Vorkommen von Fusulinen in den Alpen. – VRA 1870, 4–5.
— Die Entstehung der Alpen. – Wien (Braumüller) 1875, 168 S. – Bespr. VRA 1875, 181; NJb. 1876, 84; Verh. Natwiss. Ver. Preuß. Rheinld. u. Westfalen, 1875, Sber., 280; Mitt. DÖAV, 1876, 167.
Suess F. E. Das Gebiet der Triasfalten im Nordosten der Brennerlinie. – Jb RA 1894, 589–670, 4 Taf., 2 Abb. – Bespr. NJb. 1897/1, 303; Bl. 881.
— Zur Geologie der Tarntaler Köpfe und der umgebenden Berge südöstlich von Innsbruck. (Vortrag.) – VRA 1894, 176.
Taramelli T. Osservazioni stratigrafiche sulle Valli dell'Aupa e della Fella. – Ann. R. Ist. Tecn. di Udine, v. 2, 1868.
— Dei primi risultati di uno studio stratigrafico sulla Carnia. – Atti Accad. Udine, s. 2, v. 2, 1869–1873, 21–27.
— Osservazioni stratigrafiche sulle Valli del Degano e della Vinadia in Carnia. – Ann. R. Ist. Techn. di Udine, v. 3, 1869, 43–68, 1 Taf.
— Osservazioni stratigrafiche sulle valli del Bût e del Chiarsò in Carnia. – Ann. d. R. Ist. Tecn. di Udine, 4, 1870, 27 S., 1 Taf. – Auszug: Boll. Com. geol. d'It., 2, 1871, 63–70. – Bespr. VRA 1871, 100.
— Escursioni geologiche fatte nell'anno 1871. – Ann. d. R. Ist. Tecn. Udine, 5, 1871, 68–135.
— Osservazioni geologiche fatte in Carnia (Alpi Venete). – Annali d. R. Ist. Tecn. di Udine, 5; Boll. CAI, f. 5, 18. – Auszug: Boll. Com. geol. d'It., 3, 1872, 261–269.
— Cenni sui terreni paleozoici delle Alpi Carniche. – Boll. CAI, Nr. 18, 1872.
— Stratigrafia della serie paleozoica nelle Alpi Carniche. – Mem. R. Ist. Ven., v. 18, 1874, 18 S. – Bespr. VRA 1874, 178.
— Alcune osservazioni sul Ferretto della Brianza. – Atti Soc. Sc. nat., v. 19, Milano 1876, 334, K. 1:450000. – Bespr. NJb. 1878, 662; Boll. Com. geol. d'It., 8, 1877, 147.
— Sunto di alcune osservazioni stratigrafiche sulle formazioni precarbonifere della Valtellina e della Calabria. – Rend. Ist. Lomb., s. 2, v. 12, 1879, 904–914. – Bespr. Boll. Com. geol. d'It., 11, 1880, 121.
— Scoperta di Graptoliti nella Carnia. – Boll. Com. geol. d'It., 12, 1881, 360.
— Sulla recente scoperta di fossili siluriani nella provincia di Udine. – Rend. R. Ist. Lomb. di Sc. e Let., s. 2, v. 14, Milano 1881, 590.
— Comunicazione sui terreni paleozoici e mesozoici Alpini. – Boll. Soc. geol. it., v. 2, f. 2, Roma 1883, 106–107.
— Osservazioni sul Paleozoico delle Alpi Carniche. – Boll. Soc. geol. it., 14, Roma 1895, 277–280. – Bespr. NJb. 1897/2, 319; Boll. Com. geol. d'Ital., 27, 1896, 462.
— Osservazioni stratigrafiche sui terreni paleozoici nel versante italiano delle Alpi Carniche. Rend. R. Acc. d. Linc., s. 5, v. 4, sem. 2, f. 9, Roma 1895, 185–193. – Bespr. VRA 1896, 207; NJb. 1898/2, 95; Boll. Com. geol. d'It., 27, 1896, 462.
— Sui terreni paleozoici delle Alpi Carniche. – Atti Soc. It. di Sc. nat., v. 36, f. 1, Milano 1896, 55–57. – Bespr. Boll. Com. geol. d'It., 28, 1897, 388.
— A proposito del giacimento carbonifero di Manno presso Lugano. – Rend. R. Ist. Lomb., s. 2, v. 45, Milano 1912, 721–730. – Bespr. GZ 19/383; EgH 13, 1914, 47; Boll. Com. geol. d'It., v. 44, f. 4, 1915, 135.
Teichmüller R. Zur Frage des Alters der tektonischen Bewegungen in den südlichen Kalkalpen (westlich des Tagliamento). – Z. DGeolGes., 81, 1929, 381–410, 18 Abb. – Bespr. GZ 42/59.
Teller F. Über die Aufnahmen im Gebiet zwischen Etsch und Eisack. (Vortr.) – VRA 1880, 91–98. – Bespr. Bl. 555.
Termier P. Nouvelles observations géologiques sur les nappes de la région du Brenner. – C. R. Acad. Sc. Paris, 139, II, 10. 10. 1904, 578–579. – Bespr. NJb. 1907/2, 263, 435; GZ 7/1252; EgH 8, 1903, 632.
Tietze E. Beiträge zur Kenntnis der älteren Schichtgebilde Kärntens. – JbRA 1870, 259–272, 6 Fig.
— Guido Stache †. – VStA 1921, 59–61.
Till A. Das geolog. Profil von Berg Dienten nach Hofgastein. – VRA 1906, 323–335. – Bespr. GZ 10/1950.
Tilmann N. Über den tektonischen Charakter des Paläozoikums der Karnischen Alpen. (Vortr.) – GR 2, 1911, 114. – Bespr. NJb. 1915/2, 248.
Tommasi A. Sulla scoperta del Carbonifero al Monte Pizzùl nell'Alta Carnia. – Boll. Soc. geol. it., 8, Roma 1889, 564–565. – Bespr. Boll. Com. geol. d'It., 22, 1891, 276.
— Sul recente rinvenimento di fossili nel calcare a Bellerophon della Carnia. – Rend. R. Acc. d. Linc., s. 5, v. 5, f. 6, Roma 1896, 216–221. – Bespr. Boll. Com. geol. d'It., 28, 1897, 391.
Tornquist A. Das Vicentinische Triasgebirge. Eine geologische Monographie. – Stuttgart (Schweizerbart) 1901, 195 S., 2 K. 1:25000, 14 Abb., 10 Fig. u. tekt. Skz. – Bespr. NJb. 1901/2, 98; GZ 2/43; Mitt. DÖAV, 1903, 49; Boll. Com. geol. d'It., 34, 1903, 60.
Toula F. Beiträge zur Kenntnis der „Grauwackenzone" der nördlichen Alpen. – VRA 1877, 240–244. – Bespr. NJb. 1878, 425.
— 1. Vorkommen der Raibler Schichten mit Corbis Mellingi zwischen Villach und Bleiberg in Kärnten. 2. Bemerkungen über die Hangendschichten der Krone (Pontafel Nord). 3. Anzeichen des Vorkommens der oberen Trias im Karnischen Hauptzuge zwischen Uggowitz und Feistritz. – VRA 1887, 296–298, 2 Fig. – Bespr. NJb. 1889/2, 126.
Trinker J. Petrographische Erläuterungen zur geognostischen Karte von Tirol. – In: H. v. Widmann, Erläuterungen zur geognostischen Karte Tirols. – Innsbruck (Wagner) 1853, 69 S., 1 Abb. – Bespr. Bl. 44.
Trümpy E. Beitrag zur Geologie der Grignagruppe am Comersee (Lombardei). – Diss. Bern, 1928; EgH 23, 1930, 379–487, K. 1:50000, 3 Proftaf., 2 Tab., 3 Skz. – Bespr. GZ 46 A/788; NJb. 1931/3, 175, 713; Boll. R. Soc. Geogr. It., s. 6, v. 9, 1932, 697.
Uhlig V. Tektonisches Gut aus dem Schlußbande des „Antlitz der Erde" von E. Suess. II. Die Alpen, posthume Altaiden und Analysen. – Mitt. Geol. Ges. Wien, 3, 1910, 316–330.
Unger F. Anthrazitlager in Kärnten. – Sber. Ak. d. Wiss. Wien, 60, 1, 1869, 777–794, 3 Taf.

Vacek M. Vorlage der geol. Karte des Nonsberges. (Bl. Cles. - Vortr.) - VRA 1882, 42–47. - Bespr. Bl. 590.

— Über die geologischen Verhältnisse des Nonsberges. (Vortr.) - VRA 1894, 431–446. - Bespr. NJb. 1898/1, 495.

— Über die geologischen Verhältnisse der Umgebung von Trient. - VRA 1895, 467–483. - Bespr. NJb. 1897/2, 109; Bl. 910; Boll. Com. geol. d'It., 27, 1896, 470.

Van Houten J. Geologie der Kalkalpen am Ostufer des Lago Maggiore. - EgH 22, 1929, 1–40, K. 1:25000, 2 Taf., 2 Fig.; Inaugdiss. Univ. Basel, 1927. - Bespr. GZ 43/429; NJb. 1931/3, 714.

Vardabasso S. Studio geo-idrografico del Bacino dell'Avisio (Valli di Fassa, Fiemme e Cembra). Geologia, morfologia, idrografia, carta della permeabilità delle rocce. - Min. d. Lav. Pubbl., Uff. Idrogr. d. R. Mag. a. Acque, Venezia, Sez. geol., Padova 1930, 98 S., 13 Taf., K. 1:100000.

— La piattaforma porfirica atesina, sua struttura geologica e funzione tettonica. - Atti Soc. It. p. i. Progr. d. Sc., XX Riun. Milano 1931, v. 2, Roma 1932, 279–280.

Vinassa de Regny P. Scoperta del Carbonifero alla Forca Morarèt. - Boll. Soc. geol. it., v. 24, Roma 1905, röm. 56–57. - Bespr. GZ 9/1760.

— e **Gortani M.** Osservazioni geologiche sui dintorni di Paularo (Alpi Carniche). - Boll. Soc. geol. it., v. 24, f. 1, Roma 1905, 1–16, 1 K., 1 Taf., 3 Fig. - Bespr. VRA 1905, 224; GZ 7/218; NJb. 1915/2, 224; Boll. Com. geol. d'It., 38, 1907, 83.

— — Fossili carboniferi del M. Pizzùl e del Piano di Lanza nelle Alpi Carniche. - Boll. Soc. geol. it., v. 24, f. 2, Roma 1905, 461–605, 4 Taf. - Bespr. NJb. 1915/2, 226; VRA 1906, 189; Boll. Com. geol. d'It., 38, 1907, 84.

— — Nuove ricerche geologiche sui terreni compresi nella tavoletta Paluzza. - Boll. Soc. geol. it., v. 24, f. 2, Roma 1905, 720–723. - Bespr. NJb. 1915/2, 225; Boll. Com. geol. d'It., 38, 1907, 85.

Vinassa de Regny P. Zur Kulmfrage in den Karnischen Alpen. - VRA 1906, 238–240. - Bespr. NJb. 1915/2, 227; GZ 9/2323; Boll. Com. geol. d'It., v. 38, 1907, 413.

— A proposito della esistenza del Culm nelle Alpi Carniche. - Rend. R. Acc. d. Linc. Roma, s. 5, v. 15, f. 11, 1 sem., Roma 1906, 647–649. - Bespr. GZ 9/1765; Boll. Com. geol. d'It., 38, 1907, 413.

— Sull'estensione del Carbonifero superiore nelle Alpi Carniche. - Boll. Soc. geol. it., v. 25, Roma 1906, 221–232, 4 Fig. - Bespr. NJb. 1915/2, 229; GZ 9/1761; Boll. Com. geol. d'It., v. 38, 1907, 413.

— Graptoliti carniche. - Atti d. Congr. d. nat. it., Milano 1906, 28 S. - Bespr. NJb. 1915/2, 226; Boll. Com. geol. d'It., 38, 1907, 412.

— Nuove osservazioni geologiche sul nucleo centrale delle Alpi Carniche. - Atti Soc. Tosc. Sc. nat., Proc. verb., v. 17, Pisa 1907/8, 39–47. - Bespr. NJb. 1915/2, 232; Boll. Com. geol. d'It., 40, 1909, 614.

— Fauna dei calcari con Rhynchonella Megaera del Passo di Volaia. - Boll. Soc. geol. it., v. 27, f. 4, Roma 1908, 547–592, 1 Taf., 1 Fig. - Bespr. NJb. 1915/2, 233; Boll. Com. geol. d'It., 41, 1910, 484.

— e **Gortani M.** Nuove ricerche geologiche sul nucleo centrale delle Alpi Carniche. - Rend. R. Acc. d. Linc. Roma, s. 5, v. 17, 2 sem., f. 10, Roma 1908, 603–612. - Bespr. NJb. 1915/2, 234; GZ 13/1645; Boll. Com. geol. d'It., 40, 1909, 616.

Vinassa de Regny P. Fossili dei Monti di Lodin. - Paleontogr. it., v. 14, Pisa 1908, 171–190, 1 Taf. - Bespr. Boll. Com. geol. d'It., 40, 1909, 613.

— Il Devoniano medio nella Giogaia del Coglians. - Riv. it. di Pal., 14, Perugia 1908, 3–12, 1 Taf. - Bespr. GZ 13/1988; NJb. 1915/2, 235; Boll. Com. geol. d'It., 40, 1909, 615.

— Fossili ordoviciani nel nucleo centrale carnico. - Atti d. Acc. Gioenia d. Sc. nat. Catania, an. 87, 1910, s. 5, v. 3, Mem. 12, 48 S., 3 Taf. - Bespr. GZ 16/314; VRA 1910, 355; NJb. 1915/2, 242; Boll. Com. geol. d'It., v. 42, 1911, f. 2, 132.

— Rilevamento geologico della Tavoletta Paluzza. - Boll. Com. geol. d'It., v. 41, f. 1, Roma 1910, 29–66, 1 Taf., 2 Fig. - Bespr. VRA 1910, 353; NJb. 1915/2, 239; GZ 16/249.

— e **Gortani M.** Le paléozoique des Alpes Carniques. - C. R. du XIe Congr. Géol. Internat. Stockholm (1910), 1911, 1005–1012, 1 K. - Bespr. GZ 19/889; NJb. 1914/1, 113; Boll. Com. geol. d'It., v. 44, f. 4, 1915, 143.

Vinassa de Regny P. Studi nelle Alpi Venete. (Rel. prel. s. camp. geol. del 1911, F. 13, Tav. Prato Carnico.) - Boll. Com. geol. d'It., v. 43, f. 1, Roma 1912, 85–87. - Bespr. GZ 19/739; NJb. 1915/2, 246; Boll. Com. geol. d'It., v. 44, f. 4, 1915, 142.

— Rilevamento nelle Tavolette di Paluzza e Prato Carnico (Alpi Venete). - Boll. Com. geol. d'It., v. 42, f. 3, Roma 1912, 213–232, 1 Taf. - Bespr. NJb. 1915/2, 248; GZ 19/857; Boll. Com. geol. d'It., v. 44, 1915, f. 4, 140.

— e **Gortani M.** Il motivo tettonico del nucleo centrale carnico. - Boll. Soc. geol. it., v. 30, f. 3, Roma 1912, 647–654, 1 Taf. - Bespr. GZ 18/296; NJb. 1915/2, 245; Boll. Com. geol. d'It., v. 44, 1915, f. 4, 142.

Vinassa de Regny P. Piante neocarbonifere del Piano di Lanza (Carnia). - Riv. it. di Pal., an. 18, f. 1, Parma 1912, 12–17, 1 Taf. - Bespr. NJb. 1915/2, 246; GZ 19/796; Boll. Com. geol. d'It., v. 44, f. 4, 1915, 140.

— Rilevamento dell'Avanza e della Val Pesarina. - Boll. Com. geol. d'It., v. 43, f. 4, Roma 1913, 364–370, 1 Fig. - Bespr. NJb. 1915/1, 395; 1915/2, 250.

— e **Gortani M.** Le condizioni geologiche della Conca di Volaia e dell'Alta Valentina. (Alpi Carniche.) - Boll. Soc. geol. it., v. 32, f. 3, Roma 1913, 445–450. - Bespr. GZ 21/657; NJb. 1915/2, 251; Boll. Com. geol. d'It., v. 45, 1916, f. 3–4, 99.

Vinassa de Regny P. Fossili ordoviciani di Uggwa (Alpi Carniche). - Mem. Ist. Geol. Univ. di Padova, II, 4, Padova 1913/14, 195–221, 1 Taf. - Bespr. NJb. 1915/2, 253; GZ 21/872; Boll. Com. geol. d'It., v. 46, f. 2–3, 1917, 105.

— Die geol. Verhältnisse am Wolayersee. - VRA 1914, 52–56, 1 Prof. - Bespr. GZ 22/65; NJb. 1915/2, 251; Boll. Com. geol. d'It., v. 46, 1917, f. 2–3, 104.

— Ordoviciano e Neosilurico nei gruppi del Germula e di Lodin. - Boll. Com. geol. d'It., v. 44, f. 3, Roma 1915, 295–308, 1 Taf. - Bespr. NJb. 1922/2, 334.

— Fossili ordoviciani del Capolago (Seekopf) presso il passo di Volaia (Alpi Carniche). - Pal. it., 21, Pisa 1915, 97–115, 2 Taf. - Bespr. NJb. 1922/2, 333.

— Coralli devoniani della Carnia. - Riv. it. di Pal., 23, 1917.

— La Carnia e le Alpi Carniche. - R. Soc. geogr. it., Racc. di conferenza, 1917.

— Coralli mesodevonici della Carnia. - Pal. it., 24, 1918, 59–120, 7 Taf. - Bespr. NJb. 1922/2, 92.
— L'Ordoviciano del Passo di Volaia (Alpi Carniche). - Riv. it. di Paleont., a. 31, f. 3–4, Pavia 1925, 45–48. - Bespr. NJb. 1930/3, 18.
Walther C. Untersuchungen über die Mitteldevon-Oberdevongrenze. - Z. DGeolGes., 28, 1928, 97–152, 34 Abb.
Winterhalter R. Die karbonischen Sedimente der Schweizer Alpen. - C. R. Congrès stratigr. carbonif. Heerlem 1927, Liège 1928, 755–778, 6 Abb., 1 Taf., 1 Tab. - Bespr. GZ 41/502.
Zöppritz K. Geologische Untersuchungen im Oberengadin zwischen Albulapaß und Livigno. - Ber. Natf. Ges. Freiburg i. Br., 16, 1906, 164–231, 1 K., 3 Taf., 6 Fig. - Bespr. EgH 9, 1906, 660; Jber. Natf. Ges. Grbd., NF, 49, 140; NJb. 1908/2, 225; VRA 1906, 190; GZ 10/711; Boll. Com. geol. d'It., 38, 1907, 420.
Zwanziger G. A. Die urweltliche Pflanzendecke Kärntens. - Carinthia, 1872, 99–100.
— Die urweltlichen Pflanzen Kärntens nach ihrem Alter und ihren Lagerstätten verzeichnet. - Jb. Nathist. Ldsmuseum Kärnten, 12, 1876, 77–81. (S. a. ebd. 9, 1870, 6.)
— Die Steinkohlenflora der Kronalpe und ihre Stellung gegen jene der Stangalpe ... - Carinthia II, 1891, 91–95.

b) Tr Trias.

Abel O. Der erste Fund einer Tetrapodenfährte in der unteren alpinen Trias. - Paläont. Z., 7, 1, 1926, 22–23, 1 Abb. - Bespr. GZ 35/795.
Agassiz L. Recherches sur les poissons fossiles. - Neuchâtel 1833–1843, 5 Bde m. Atlas. (U. a. auch Seefeld.)
Airaghi C. Nuovi cefalopodi del calcare di Esino. - Palaeontogr. ital., v. 8, Pisa 1902, 21–41, 2 T. - Bespr. Boll. Com. geol. d'It., 34, 1903, 80.
— Ammoniti triasici (Muschelkalk) del M. Rite in Cadore. - Boll. Soc. geol. it., v. 24, f. 1, Roma 1905, 237–255, 1 T. - Bespr. Boll. Com. geol. d'It., 37, 1906, 62.
Alberti F. v. Überblick über die Trias, mit besonderer Berücksichtigung ihres Vorkommens in den Alpen. - Stuttgart (Cotta) 1864, 353 S.
Aldinger H. Über Reste von Birgeria (Pisces, Palaeoniscidae) aus der alpinen Trias. - NJb. 1931, 66. Bbd, 167–180, 1 Taf., 8 Abb. - Bespr. GZ 1 B/218.
Alma Fr. H. Eine Fauna des Wettersteinkalkes bei Innsbruck. - Annalen d. Nathist. Mus., 40, Wien 1926, 111–129.
Ammon L. v. Die Gastropoden des Hauptdolomits und Plattenkalkes der Alpen. - Abh. zool.-min. Ver. Regensburg, H. 11, 1878, 72 S. - Bespr. VRA 1879, 213; NJb. 1879, 212.
— Die Gastropodenfauna des Hochfellenkalkes und über Gastropodenreste aus Ablagerungen von Adnet, vom Mte Nota und den Raibler Schichten. - Geogn. Jh., 5, 1892 (1893), 161–201, 39 Fig. - Bespr. VRA 1893, 265; NJb. 1896/1, 162; Boll. Com. geol. d'It., 25, 1894, 458.
Ampferer O. Geologische Karte der Lechtaler Alpen. - 4 Bl. 1 : 25000. I. Klostertaler Alpen. II. Arlberggebiet. III. Parseierspitzgruppe. IV. Muttekopf-Heiterwand. - Mitarbeiter: Th. Benzinger, W. Hammer, O. Reithofer. - Hiezu ein Erläuterungsbuch, 125 S., 28 Farbzeichngen, 1 Taf. - Wien (Geol. Bdsanst.) 1932. - Bespr. VBA 1933, 12; Tiroler Anzeiger, Nr. 47 v. 25. 2. 1933; Innsbr. Nachr., Nr. 66 v. 20. 3. 1933; Außferner Bote, Nr. 25 v. 1. 4. 1933; Heimat, Vorarlberger Monatshefte, 14, 1933, 69; Geogr. Z., 39, 1933, 181; Mitt. DÖAV, 1933, 100; NJb. 1932/3, 973; Tiroler Heimatblätter, 11, 1933, 223; GR 1933, 264; GZ 50 A/788; Z. f. prakt. Geol., 41, 1933, 151; Z. f. Geomorph., 8, 1934, 90; Z. f. Glkde, 21, 1933, 394; NJb. 1933/3, 502.
— Geologischer Führer für das Kaisergebirge. - Wien (Geol. Bdsanst.) 1933, 132 S., 48 Abb., K. 1:25000. - Bespr. Alpenländer-Korr., Nr. 4 v. 25. 1. 1934; Innsbr. Nachr. u. Tir. Anzg., Nr. 20 v. 25. 1. 1934; Tir. Grenzbote, Nr. 10 v. 3. 2. 1934; Z. f. prakt. Geol., 42, 1934, 62; Tir. Heimatblätter, 12, 1934, 192; Wr. Prähist. Z., 21, 1934, 73; Mitt. DÖAV, 1934, 108; Mitt. Geogr. Ges. Wien, 76, 1933, 316; Der Bergsteiger, 4, Nr. 7, 1934, 103; VBA 1934, 13; GR 25, 1934, 212.
Arthaber G. v. Die Cephalopodenfauna der Reiflingerkalke. - Beitr. z. Pal. Österr.-Ungs, 10, 1896, 1–112, 192–242, 15 Taf. - Bespr. NJb. 1898/1, 154.
— Die alpine Trias des Mediterrangebietes. - Lethaea geognostica, 2. T., 1 Bd, Trias, 1905, 223–472, zahlr. Taf. u. Abb. - Bespr. VRA 1906, 106; NJb. 1906/1, 416.
Bassani F. Sui fossili e sull' età degli schisti bituminosi triasici di Besano in Lombardia. - Atti Soc. it. Sc. nat., v. 29, 1886, 15.
— Avanzi di vertebrati inferiori nel calcare marnoso triasico di Dogna in Friuli. - Atti R. Acc. d. Linc. Rend., s. 5, v. 1, f. 1–10, Roma 1892, 284. - Bespr. NJb. 1895/1, 342.
— Sopra un pesce fossile degli scisti calcareo-marnosi triassici del Galletto presso Laveno sul Lago Maggiore (Peltopleurus humilis Kner). - Boll. Com. geol. d'It., v. 44, 1913/14, f. 2, Roma 1914, 101–105. - Bespr. Rev. crit. de pal., Nr. 2, avril 1915, 476; Riv. it. di Pal., 1915, 3; Boll. Com. geol. d'It., v. 46, f. 1, 1916, 9.
Bather F. A. Apiocrinus recubariensis Crema, from the Muschelkalk, is a primitive Millericrinus. (Recoaro.) - Geol. Mag., dec. (4.) 3, Nr. 393, März 1897. - Bespr. NJb. 1898/2, 545.
Bauer A. Dünger aus - Felsen. (Martinswand.) Neue Freie Presse, Nr. 24533 v. 31. 12. 1932, 1 Sp., 1 Abb.
Benecke E. W. Über Trias und Jura in den Südalpen. - Geogn.-pal. Beitr., 1, München 1866, 1–202. - Bespr. NJb. 1866, 370; Bl. 231.
— Über einige Muschelkalkablagerungen der Alpen. (Recoaro, Lomb., Vorarlberg, Val Sugana, Etschbuchtgeb.) - Geogn.-pal. Beitr., 2, H. 1, München 1868, 1–67. - Bespr. VRA 1869, 13; NJb. 1870, 125; Bl. 258.
— Bemerkungen über die Gliederung der obern alpinen Trias und über alpinen und außeralpinen Muschelkalk. - Ber. Natf. Ges. Freiburg i. Br., 9, 1895, 221–244. - Bespr. NJb. 1896/2, 130; Boll. Com. geol. d'It., 27, 1896, 122.
Beyrich E. Über die Crinoiden des Muschelkalkes. - Abhdl. Ak. d. Wiss. Berlin, Phys. Kl., 1857, 1–49.
— Über das Vorkommen St. Cassianer Versteinerungen bei Füssen. - Monatsber. Ak. d. Wiss. Berlin, 1862, 27–40. - Bespr. NJb. 1863, 239.
— Muschelkalkpetrefakten von Reutte in Tirol. - Z. DGeolGes., 1865, 9.
— Über einige Cephalopoden aus dem Muschelkalke der Alpen und über verwandte Arten. - Abh. Ak.

d. Wiss. Berlin, 1866 (1867), 105–149. – Bespr. NJb. 1868, 123; VRA 1867, 268.
— Über die Parallelisierung der Muschelkalkablagerungen von Ampezzo und Recoaro. – Z. DGeolGes., 27, 1875, 470. (Vortragstitel.)
— Vorkommen von Ammoniten in der Vicentinischen Trias. – Z. DGeolGes., 27, 1875, 727.
Bittner A. Trias von Recoaro. – VRA 1879, 71–78; Boll. R. Com. geol. d'It., Roma 1879, 137–148. – Bespr. NJb. 1880/1, 75.
— Über die Triasbildungen von Recoaro. – VRA 1881, 273–275.
— Bericht über die geologischen Aufnahmen im Triasgebiete von Recoaro. – JbRA 1883, 563–634. – Auszug: Boll. Com. geol. d'It., 15, 1884, 249–260. – Bespr. NJb. 1885/1, 271; Bl. 607.
— Sulle formazioni mesozoiche più recenti delle Alpi bresciane. – Boll. Com. geol. d'It., 14, 1883, 241–250.
— Aus den Salzburger Kalkhochgebirgen. Zur Stellung der Hallstätter Kalke. – VRA 1884, 99–113.
— Zur Stellung der Raibler Schichten. – VRA 1885, 59–70. – Bespr. NJb. 1886/1, 301.
— Über das Vorkommen von Koninckinen und verwandten Brachiopodengattungen im Lias der Ostalpen und in der alpinen Trias. – VRA 1886, 52–56. – Bespr. NJb. 1888/1, 350.
— Über die Koninckiniden von St. Cassian. – VRA 1886, 117–119. – Bespr. NJb. 1888/1, 351.
— Neue Petrefaktenfunde im Werfener Schiefer der Nordostalpen. – VRA 1886, 387–390. – Bespr. NJb. 1888/1, 299.
— Über die weitere Verbreitung der Reichenhaller Kalke in den nordöstlichen Kalkalpen. – VRA 1886, 445–448. – Bespr. NJb. 1888/1, 444.
— Über das Auftreten gesteinsbildender Posidonomyen in Jura und Trias der Nordostalpen. – VRA 1886, 448–450. – Bespr. NJb. 1888/1, 444.
— Über das Auftreten von Terebrateln aus der Subfamilie der Centronellinen in der alpinen Trias. – VRA 1888, 125–127. – Bespr. NJb. 1890/2, 333.
— Über das Auftreten von Arten der Gattung Thecospira Zugmayer in der alpinen Trias. – VRA 1888, 127–128. – Bespr. NJb. 1890/2, 333.
— Revision der Brachiopoden von St. Cassian. – VRA 1889, 159–170. – Bespr. NJb. 1890/2, 333.
— Über die Brachiopoden der alpinen Trias. (Vortr.) – VRA 1890, 169.
— Brachiopoden der alpinen Trias. – Abh. RA, 14, 1890, 1–325; 17, 1892, 1–40. – Bespr. NJb. 1892/1, 437; 1893/2, 418.
— Triasbrachiopoden von der Raxalpe und vom Wildangergebirge bei Hall i. T. – VRA 1891, 55–60.
— Was ist norisch? – JbRA 1892, 387–396. – Bespr. NJb. 1894/2, 104; Mitt. Sekt. f. Natkde ÖTC, 5, 1893, 6.
— Über die Notwendigkeit, den Terminus „norisch" für die Hallstätter Kalke aufrecht zu erhalten. – VRA 1893, 220–228; 1894, 391–398. – Bespr. NJb. 1894/2, 310.
— Zur neueren Literatur der alpinen Trias. – JbRA 1894, 233–379. – Bespr. NJb. 1895/2, 306; Boll. Com. geol. d'It., 26, 1895, 231.
— Einige Bemerkungen zu A. Rothpletz': „Ein geologischer Querschnitt durch die Ostalpen." – VRA 1894, 87–102.
— Zur Kenntnis der Nuculiden und Arciden der Fauna von St. Cassian. – VRA 1894, 186–191. – Bespr. NJb. 1896/1, 164.
— Lamellibranchiaten der alpinen Trias. 1. Teil. Revision der Lamellibranchiaten von St. Cassian. – VRA 1895, 115–128; Abh. RA, 18, 1895, 235 S., 24 Tf. – Bespr. NJb. 1897/1, 558; 1902/2, 486; Boll. Com. geol. d'It., 27, 1896, 204.
— Zur definitiven Feststellung des Begriffes „norisch" in der alpinen Trias. – Wien (Hollinek) 1895, 16 S. – Bespr. NJb. 1896/1, 294; Boll. Com. geol. d'It., 27, 1896, 126.
— Bemerkungen zur neuesten Nomenklatur der alpinen Trias. – Wien (Hollinek) 1896, 32 S. – Bespr. NJb. 1897/1, 500; VRA 1896, 191; Boll. Com. geol. d'It., 28, 1897, 84.
— Geologisches aus dem Pielachtale nebst Bemerkungen über die Gliederung der alpinen Trias. – VRA 1896, 365–418. – Bespr. NJb. 1897/2, 497; 1899/1, 133.
— Über die stratigraphische Stellung des Lunzer Sandsteins in der Triasformation. – JbRA 1897, 429–454. – Bespr. Bl. 962.
— Über die triadische Lamellibranchiatengattung Mysidioptera Sal. und deren Beziehungen zu paläozoischen Gattungen. – JbRA 1900, 59–66, 1 Taf.
— Über Pseudomonotis Telleri und verwandte Arten der unteren Trias. – JbRA 1900, 559–592.
— Lamellibranchiaten aus der Trias des Bakonyerwaldes. – In: Resultate der wissensch. Erforschung des Balatonsees, I, 1, Budapest 1901, 106 S., 9 T.
— Brachiopoden und Lamellibranchiaten aus der Trias von Bosnien, Dalmatien und Venetien. – JbRA 1902, 495–642, 10 T. – Bespr. Boll. Com. geol. d'It., 35, 1904, 277.
Boden K. Geologisches Wanderbuch für die bayerischen Alpen. – Stuttgart (Enke) 1930, 458 S., 59 Abb. – Bespr. GZ 41/1526; Z. Ges. f. Erdkde Berlin, 1930, 311; Mitt. DÖAV, 1930, 263; Geogr. Z., 36, 1930, 120; NJb. 1930/3, 294; GR 22, 1931, 245; Z. f. prakt. Geol., 38, 1930, 30; Mitt. Geolog. Ges. Wien, 23, 1931, 175.
Böhm A. v. Recht und Wahrheit in der Nomenklatur der oberen alpinen Trias. – Wien 1898, 31 S. – Bespr. NJb. 1899/1, 126.
Böhm J. Über das Rhät (?) am Antelao. – Z. DGeolGes., 1892, 826–827.
— Die Gastropoden des Marmolatakalkes. – Palaeontogr., 42, 1895, 211–308. – Bespr. NJb. 1897/1, 376.
Böse E. Zur Gliederung der Trias im Berchtesgadener Lande. – NJb. 1895/1, 218–220. S. a. VRA 1895, 251–254. – Bespr. NJb. 1897/1, 116.
— Weitere Beiträge zur Gliederung der Trias im Berchtesgadener und Salzburger Lande. – VRA 1895, 251–254. – Bespr. NJb. 1897/1, 116.
— Beiträge zur Kenntnis der alpinen Trias. I. Die Berchtesgadener Trias und ihr Verhältnis zu den übrigen Triasbezirken der nördl. Kalkalpen. – Z. DGeolGes., 50, 1898, 468–586. – Bespr. Bl. 998. – II. Die Faziesbezirke der Trias in den Nordalpen. – Z. DGeolGes., 50, 1898, 695–761. – Bespr. Bl. 999.
Brögger W. C. Die Eruptivgesteine des Kristianiagebietes. II. Die Eruptionsfolge der triadischen Eruptivgesteine bei Predazzo in Südtirol. – Videnskabs selskabets Skrift., I. Math.-nat. Kl., Nr. 7, Kristiania 1895, 1–183. – Bespr. NJb. 1896/2, 433; Bl. 917.
Broili F. Zur (Die) Fauna der Pachycardientuffe der Seiser Alp. – Zbl. f. Min., 1900, 369–373; Palaeont., 50, 1903, 145–227; 54, 1907, 69–138, 6 Taf. – Bespr. VRA 1904, 330; GZ 1/1590, 4/1954, 7/1646, 12/425; NJb. 1904/1, 118; Mitt. Geol. Ges. Wien, 1, 1908, 510.
—-**Read A.** Die Gastropoden der Pachycardientuffe. – Zbl. f. Min., 1905, 176–177. – Bespr. GZ 7/1171.

Broili F. Ein Stegocephalenrest aus den bayrischen Alpen. (Kampenwand, Aschau, Raibler Sch.). – Zbl. f. Min., 1906, 568–571, 3 Abb. – Bespr. GZ 12/1501.

— Über die Reste eines Nothosauriden aus den Kössener Schichten. (Wendelstein.) – Zbl. f. Min., 1907, 337–339, 2 Abb. – Bespr. GZ 12/1499.

— Ein neuer Placodontier aus dem Rhät der bayerischen Alpen. (Wendelstein.) – Sber. Bayer. Ak. d. Wiss., 1920, 311–320, 2 Fig. – Bespr. GZ 26.918; NJb 1927/1, B, 123.

— Ein Sauropterygier aus den Arlbergschichten. (Bürserberg.) – Sber. Bayer. Ak. d. Wiss., 1927, 205–228. – Bespr. GZ 37/1691.

— Eine Muschelkalkfauna aus der Nähe von Saalfelden. – Sber. Bayer. Ak. d. Wiss., 1927, 229–242. – Bespr. GZ 38/406.

— Ein Sauropterygier aus der Trias von Vorarlberg. (Bürserberg.) – Forschungen u. Fortschritte, 4, Nr. 14, 10. Mai 1928, Berlin 1928, 140–141.

— Ein Hybodontidenrest aus den Arlbergschichten. – Zbl. f. Min., B, 1932, 619–622, 2 Fig. – Bespr. GZ 5 B/550.

Bubnoff S. v. Die ladinische Fauna von Forno (Mezzovalle) bei Predazzo. – Verh. Nat.-med. Ver. Heidelberg, NF, 14, 1921, 257–636. – Bespr. GZ 26/119; NJb. 1928/3, 227.

Buch L. v. Sur l'existence du Muschelkalk dans les Alpes Lombardes et sur une Trigonia qui paraît le caractériser. – Bull. d. l. Soc. geol. de France, 2, 1845, 348–349.

Canaval R. Über den Silbergehalt der Bleierze in den triasischen Kalken der Ostalpen. – Z. f. prakt. Geol., 22, 1914, 157–163. – Bespr. NJb. 1916/2, 194; Carinthia II, 1914, 81.

Caneva G. Über die Bellerophonkalkfauna. Zur Frage der Perm-Triasgrenzen. – NJb. 1906/1, 52–60. – Bespr. Boll. Com. geol. d'It., 38, 1907, 124.

— La fauna del calcare a Bellerophon. Contributo alla conoscenza dei limiti permo-triasici. – Boll. Soc. geol. it., 25, Roma 1906, 427–452, 1 T. – Bespr. Boll. Com. geol. d'It., 38, 1907, 125.

Cathrein A. Die geognostischen Verhältnisse der Wildschönau. – Z. Ferdin., Innsbruck 1877, 3. F., 21. H., 125–157. – Bespr. VRA 1878, 159; Bl. 479.

— Zur Gliederung des roten Sandsteins in Nordosttirol. – VRA 1886, 307–311. – Bespr. Bl. 681; NJb. 1887/1, 440.

Clark W. B. A new Ammonite which throws additional ight upon the geological position of the Alpine Rhaetic. (Nordwestl. v. Achensee.) – Amer. Journ. of Science, 35, 1888. – Bespr. NJb. 1890/1, 155.

Collegno G. Sur le Trias et la Dolomie du Tirol et le terrain Jurassique de l'Italie. – Bull. d. l. Soc. géol. de France, s. 12, v. 4, Paris 1847.

Crema C. Addizioni agli echinodermi del Muschelkalk di Ricoaro. – Atti d. R. Ist. Ven. di Sc., Lett. ed Arti, v. 7, Venezia 1895/96, 854–861. – Bespr. NJb. 1898/2, 545; Boll. Com. geol. d'It., 28, 1897, 102.

— From the Muschelkalk. – The geol. Magaz., London 1897, 116–123.

Curioni G. Buntsandsteinfossilien in den Bergamasker Gebirgen. – Ber. ü. d. Mitt. v. Freunden d. Natw. in Wien, 6, Wien 1850, 20.

— Lista dei fossili del Trias nelle Alpi Lombarde. – Giorn. d. Ist. Lomb., 2, Milano 1851.

— Sulla successione normale dei diversi membri del terreno triasico nella Lombardia. – Mem. d. Ist. Lomb., v. 7, Milano 1852, 1–36; Giorn. d. Ist. Lomb., n. s., f. 39–41, 1855, 204–237.

— Appendice alla Memoria sulla successione normale dei diversi membri del terreno triasico nella Lombardia. – Mem. d. Ist. Lomb., v. 7, f. 3, 1858, 1–19.

— Sui giacimenti metalliferi e bituminosi nei terreni triasici di Besano. – Mem. Ist. Lomb. di Sc., v. 9, Milano 1863, 1–30; s. 3, v. 12, 1872, 341–360.

— Sui giacimenti metalliferi e bituminosi di Besano (Como). – Atti R. Ist. Lomb. Sc., v. 3, Milanc 1863, 263–265.

— Über die Stellung der Esinokalke in der Lombardie. – JbRA 1865, Verh., 109–110.

Dainelli G. La struttura delle Prealpi Friulane. – Memorie Geografiche, Firenze (Ricci) 1921, 218 S., 103 Fig., 1 K.

De Alessandri G. Studi sui pesci triasici della Lombardia. – Atti Soc. it. Sc. nat. di Milano, Mem., v. 7, f. 1, Pavia 1910, 147 S., 9 T. – Bespr. NJb. 1912/2, 152; GZ 17/1134; Riv. it. di Pal., 1910, 6—8; Boll. Soc. Ticin. Sc. nat., 7, 1911, 79; Boll. Com. geol. d'It., 42, 1911, f. 2, 36.

— Sopra alcuni avanzi di pesci triasici della Lombardia. – Atti Soc. it. Sc. nat. e Mus. Civ. di Milano, v. 59, Milano 1920, 85–104. – Bespr. GZ 32/1580; Riv. it. di Pal., 1920, 46.

De Angelis d'Ossat G. Coralli triasici in quel di Forni di Sopra-Carnia. Nota. – Boll. Soc. geol. it., v. 22, f. 2, Roma 1903, 166–168. – Bespr. NJb. 1907/1, 486.

Deecke W. Beiträge zur Kenntnis der Raibler Schichten in den Lombardischen Alpen. – NJb. Bbd 3, 1885, 429–521. – Auszug: Boll. Com. geol. d'It., 16, 1885, 213–246. – Bespr. VRA 1885, 217.

— Über Lariosaurus und einige andere Saurier der lombardischen Trias. – Z. DGeolGes., 38, 1886, 170—197.

— Über Fische aus verschiedenen Horizonten der Trias. – Palaeontogr., 35, Stuttgart 1889, 97–138, 2 T.

— Die Trias der Schweizer Alpen und die damit zusammenhängenden Fragen. – Zbl. f. Min., 1917, 5–20. – Bespr. GZ 23/476.

Del Campana D. Fossili della Dolomia principale della Valle del Brenta. – Boll. Soc. geol. it., v. 26, 1907 (1908), 465–494. – Bespr. Boll. Com. geol. d'It., 40, 1909, 102.

Del-Negro W. Über die Bauformel der Salzburger Kalkalpen. – VBA 1932, 120–129. – Bespr. GZ 49 A/305.

De Toni A. Sulla fauna triasica di Valdepena. (Cadore.) Nota preventiva. – Atti Acc. Sc. Ven.-Trent.-Istr., s. 3, a. 6, Padova 1914, 42–45. – Bespr. GZ 18/1603.

— Illustrazione della fauna triasica di Valdepena. (Cadore.) – Mem. Ist. Geol. d. R. Univ. di Padova, 2, 1913, 113–194. – Bespr. NJb. 1914/2, 290; Boll. Com. geol. d'It., 46, 1916, f. 1, 38.

De Zigno A. Bar. Sulle piante fossili del Trias di Recoaro. – Mem. Ist. Ven. d. Sc., v. 11, Venezia 1862, 1–32, 10 Taf. – Bespr. NJb. 1864, 251.

Diener C. Neue Cephalopenfunde im Ammonitenhorizonte des Muschelkalkes der Kaminspitzen bei Innsbruck. – VRA 1900, 208–209. – Bespr. GZ 1/804.

— Über die stratigraphische Stellung der Krimmler Schichten. (Vortr.) – VRA 1900, 373–374. – Bespr. GZ 1/2237; NJb. 1903/1, 126.

— Einige Bemerkungen über die stratigraphische Stellung der Krimmler Schichten und über den Tauerngraben im Oberpinzgau. – JbRA 1900, 383–394. – Bespr. GZ 1/2364; NJb. 1903/1, 126.

— Mitteilungen über einige Cephalopodensuiten aus

der Trias der Südalpen. - NJb. 1901/2, 23-36. - Bespr. GZ 4/689.

— Cephalopode triadica. Fossilium catalogus. I. Animalia. - Edit. F. Frech. Pars 8. Berlin (Junk) 1915, 369 S. - Brachiopoda triadica. Foss. cat., I. Animalia. Pars 10. Ebd. 1920, 109 S. - Cnidaria triadica. Ebd. 1921, Pars 13, 46 S.

— Die marinen Reiche der Triasperiode. - Denkschr. Ak. d. Wiss. Wien, 92, 1915, 405-549, 1 K. - Bespr. NJb. 1916/1, 362; VRA 1916, 74; Natw. Wochenschr., NF, 16, 1917, 122.

— Neue Ceratitoidea aus den Hallstätter Kalken des Salzkammergutes. - Sber. Ak. d. Wiss. Wien, math.-nat. Kl., 129, 1920, 513-538.

— Lamellibranchiata triadica. - Frech, Foss. cat., 19, Berlin (Junk) 1923, 260 S.

— Die Leitfossilien der Trias. Wirbellose Tiere und Kalkalgen. - In: Gürich, Leitfoss., Berlin (Borntraeger) 1925, 4. Lfrg, 8, 118.

— Die Fossillagerstätten in den Hallstätter Kalken des Salzkammergutes. - Sber. Ak. d. Wiss. Wien, m.-nat. Kl., 135, 1926, 73-101.

Dittmar A. v. Die Contortazone (Zone der Avicula contorta Portl.), ihre Verbreitung und ihre organischen Einschlüsse. - München 1864, 217 S., 1 K.

— Zur Fauna der Hallstätter Kalke. - München 1866, 79 S., 9 Tf. (Geogn.-pal. Beiträge v. Benecke, Schloenbach u. Waagen, 2. H.)

Eck H. Über die Verbreitung der Crinoidenschichten im Muschelkalke Vorarlbergs. - Z. DGeolGes., 1889, 559-562.

Emmrich H. Geognostische Notizen über den Alpenkalk und seine Gliederung im bayrischen Gebirge. - Z. DGeolGes., 1849, 263-288. - Bespr. Ber. ü. d. Mitt. v. Freunden d. Natw. in Wien, 7, 1851, 12.

— Brief über eine Alpenreise. - Z. DGeolGes., 1850, 298-300. - Bespr. Bl. 17.

— Gervillienschichten von Lienz. - Z. DGeolGes., 1854, 668-671. - Bespr. Bl. 68.

— Geognostische Beobachtungen aus den östlichen bayerischen und den angrenzenden österr. Alpen. - JbRA 1851, I. H., 1-22; 1853, I. H., 80-101; II. H., 326-394. - Bespr. Bl. 24, 46.

— Geologische Geschichte der Alpen. Gletscher, Urzeit, Trias. - In: Schaubach, Deutsche Alpen, 2. Aufl., 1. Teil, Jena 1873, 549-852. - Bespr. VRA 1872, 31; 1873, 302.

Erhardt W. Der Roß- und Buchstein und sein Gebiet. - In: Das Tegernseer Tal, Kur- und Fremdenzeitung, Nr. 11 v. 31. 7. 1932, 5 Abb.

Escher v. d. L. A. Nachträge über die Trias in der Lombardei. - Neue Denkschr. Allgem. Schw. Natf. Ges., 13, 1853, 77-135.

Escher-Hess C. Mikroskopische Untersuchungen einiger Sedimente Trias-Lias. - Zürich (Orell-Füssli) 1903, 28 S. - Bespr. EgH., 8, 1903, 288; Jber. Natf. Ges. Grbd., 46, 106.

Foetterle F. Lagerungsverhältnisse der Steinkohlen- und der Triasgebilde im südwestlichen Teile von Kärnten. - JbRA 1856, 372-373.

Fraas E. Szenerie der Alpen. - Leipzig 1892, 333 S., 1 K. - Bespr. NJb. 1893/2, 506; Bl. 842.

— Die Triaszeit in Schwaben. Ein Blick in die Urgeschichte. - Ravensberg 1900, 40 S.

Frank M. Beiträge zur vergleichenden Stratigraphie und Bildungsgeschichte der Trias-Lias-Sedimente im alpin-germanischen Grenzgebiet der Schweiz. - NJb. Bbd 64, Abt. B, 1930, 325-426, 3 Taf., 2 Tab. (Mitt. a. d. Min.-Geol. Inst. d. T. H. in Stuttgart, Nr. 17.) - Bespr. GZ 44/1529.

— Marine Straßen und Faunenwanderwege in Süddeutschland zur Triaszeit. - GR 22, 1931, 1-11. - Bespr. GZ 45/79.

— Zur Bildungsgeschichte der oberen Trias am Nordrand der Kalkalpen zwischen Oberstdorf und Schliersee. - GR 25, 1934, 98-110, 4 Abb.

Frauscher K. Fossile Faunen und Floren in Kärnten. - Carinthia II, 1896, 144-159, 186-203, 224, 268.

Frech F. Über die Korallenfaunen der nordalpinen Trias. Vorläufige Mitteilung. - JbRA 1889, 489-496.

— Die Korallenfauna der Trias. I. Die Korallen der juvavischen Triasprovinz. - Pal., 37, 1-4, 1890, 1-110; 43, 1896, 1-124, 21 Taf., zahlr. Abb. - Bespr. NJb. 1893/1, 191.

— Über Korallenriffe und ihren Anteil an dem Aufbau der Erde. - Himmel und Erde, 9, 97-120, 165-174. - Bespr. NJb. 1898/2, 349.

— Über Diceras ähnliche Zweischaler aus der mittleren Alpentrias. - NJb. 1902/2, 127-132. - Bespr. GZ 4/570.

— Gliederung des Dachsteinkalkes mit Hilfe der Megalodonten. - Leth. geogn., 1903-1908, II, v. 1, Trias, 327-333.

— Die Trias der Zentralalpen und der Lombardei. - Leth. geogn., 1903-1908, II, 1, 3. Abt., Kap. 5, 391-413.

— Die Leitfossilien der Werfener Schichten und Nachträge zur Fauna des Muschelkalkes, der Cassianer Sch. und Raibler Sch. sowie des Rhät und des Dachsteindolomites (Hptdol.). - Resultate der wiss. Erforschg des Balatonsees, 1, 1. Teil. Pal. Anhg, Budapest 1909, 95 S. - Bespr. NJb. 1910/2, 451.

Fuchs Th. Über die lokale Anhäufung kleiner Organismen und insbesondere über die Fauna von St. Cassian. - VRA 1871, 204-206.

— Über eine transversale Schieferung im Werfener Schiefer. (Bei Saalfelden.) - NJb. 1900/1, 141-143.

Furlani M. Studien über die Triaszonen im Hochpustertal, Eisack- und Pensertal in Tirol. - Denkschr. Ak. d. Wiss. Wien, m.-n. Kl., 97, Wien 1921, 33-54. - Bespr. Anzg. Ak. d. Wiss. Wien, 1919, 101; Studi Trent. Sc. Nat., 7, 1926, 186.

Gevers T. W. Zur Sedimentpetrographie des oberfränkischen Muschelkalkes. - Zbl. f. Min., Abt. B, 1926, 417-428. - Bespr. GZ 36/1273.

Geyer G. Aufnahmsbericht aus dem Karwendel. - VRA 1887, 25.

— Über ein neues Cephalopodenvorkommen aus dem Niveau der Buchensteiner Schichten bei Sappada im Bellunesischen. - VRA 1898, 132-143. - Bespr. Boll. Com. geol. d'It., 30, 1899, 202.

— Über neue Funde von Triasfossilien im Bereiche des Diploporenkalk- und Dolomitzuges nördlich von Pontafel. - VRA 1898, 242-253.

— Zur Kenntnis der Triasbildungen von Sappada, San Stefano und Auronzo in Cadore. (Vortr.) - VRA 1900, 119-141. - Bespr. GZ 1/785; NJb. 1901/1, 461; Boll. Com. geol. d'It., 32, 1901, 253.

— Über die Verbreitung und stratigr. Stellung der schwarzen Tropiteskalke bei S. Stefano in Cadore. - VRA 1900, 355-370. - Bespr. NJb. 1901/1, 462; GZ 1/2365; Boll. Com. geol. d'It., 32, 1901, 253.

Giebel H. Über das Alter der Cassianer Schichten. - Hallesche Z. f. d. ges. Natw., 1853, 34.

Gortani M. Pholidophorus faccii, n. f. del Raibliano di Cazzaso in Carnia. - Riv. it. di Pal., 13, Perugia 1907, 117-122.

— Retico, Lias e Giura nelle Prealpi dell' Arzino. -

Boll. Com. geol. d'It., 41, 1910, 157–172. – Bespr. Ebd. 42, 1911, f. 2, 56.

Gruber A. Triasfossilien der Adamellogruppe. – VBA 1931, 200–205; Mitt. u. Arb. a. d. Geol.-pal. Inst. d. Univ. Heidelberg, NF, Nr. 221. – Bespr. GZ 2 B/99.

Gümbel C. W. v. Die Dachsteinbivalve (Megalodon triqueter) und ihre Verwandten. – Sber. Ak. d. Wiss. Wien, 45, 1862, 325–377. – Bespr. VRA 1861/62, 130; Bl. 178.

— Foraminiferen in den Cassianer und Raibler Schichten. – VRA 1868, 275–276.

— Über Foraminiferen, Ostrakoden und mikroskopische Tierüberreste in den St. Cassianer und Raibler Schichten. – JbRA 1869, 174–186. – Bespr. NJb. 1870, 1034.

— Geognostische Mitteilungen aus den Alpen. I. Das Mendel- und Schlerngebirge. – Sber. Ak. d. Wiss. München, m.-phys. Kl., 1873, 13–88. – Bespr. VRA 1873, 205.

— Mikroskopische Untersuchung alpiner Triaskalke und Dolomite. (U. a. Navis, Trins, Arlberg u. Dolom.) – VRA 1873, 141–144.

— Geognostische Mitteilungen aus den Alpen. II. Ein geognostisches Profil aus dem Kaisergebirge der Nordalpen. – Sber. Ak. d. Wiss. München, 2, 1874, 177–203. – Bespr. NJb. 1875, 326; Bl. 377.

— Vorläufige Mitteilung über das Vorkommen der Flora von Fünfkirchen im sog. Grödner Sandstein Südtirols. (Ullmaniensandstein.) – VRA 1877, 23–26.

— Die geognostische Durchforschung Bayerns. – Festschrift Akad. München, 1877, 57. – Bespr. Bl. 464.

— Röthikalk. Magnesit von Elmau. (Brief an Hofr. v. Hauer v. 10. 11. 1880.) – VRA 1880, 276–277.

— Geologie von Bayern. I. Teil. Grundzüge der Geologie. – Cassel 1884–1888, 1144 S. – Bespr. NJb. 1886/1, 228; 1888/2, 44; Boll. Com. geol. d'It., 15, 1884, 338. – II. Teil. Geolog. Beschreibung von Bayern. – Cassel 1894, 1184 S. – Bespr. NJb. 1896/1, 431; Bl. 889.

— Nachträge zu der geognostischen Beschreibung des bayerischen Alpengebirges. (Allgäu, Tölz, Tegernsee.) – Geogn. Jh., 1, 1888, 163–178. – Bespr. Mitt. Geogr. Ges. Wien, 1889, 386; Mitt. Geogr. Ges. München, 1911, 444; 1913, 61.

Haeberle D. Paläontologische Untersuchung triadischer Gastropoden aus dem Gebiet von Predazzo. – Verh. Nat. Ver. Heidelberg, NF, 9, 1908, 247–631, 5 Taf., 24 Abb. – Bespr. Mitt. Geol. Ges. Wien, 1, 1908, 513; GZ 11/1642; Boll. Com. geol. d'It., 40, 1909, 208.

— Cirripedier (?) aus der alpinen Trias. – Z. DGeolGes., 62, 1910, Mber., 71–72. – Bespr. GZ 14/1670; Boll. Com. geol. d'It., 42, 1911, f. 2, 57.

Hahn F. F. Die neuere regionalgeologische Spezialliteratur der bayerischen und Nordtiroler Alpen. – Mitt. Geogr. Ges. München, 1911, 442–448; 1913, 58–64.

— Versuch zu einer Gliederung der austroalpinen Masse westl. d. österr. Traun. – VRA 1912, 337–344. – Bespr. Zbl. f. Min., 1915, 216.

— Einige Beobachtungen in der Flyschzone Südbayerns. – Z. DGeolGes., 64, 1912, Mber., 528–536. – Bespr. Mitt. Geogr. Ges. München, 1913, 61; NJb. 1913/2, 109; Zbl. f. Min., 1915, 215.

— Ergebnisse neuer Spezialforschungen in den deutschen Alpen. 3. Die Kalkalpen Südbayerns. – GR 1914, 112–145. – Bespr. GZ 22/780; Zbl. f. Min., 1915, 216.

Hammer W. „Draxlehnerkalk" bei Innsbruck. – VRA 1897, 314–317.

Hauer F. R. v. Über die Gliederung der geschichteten Gebirgsbildungen in den östlichen Alpen. – Sber. Ak. d. Wiss. Wien, 1850, 274ff. – Bespr. Bl. 1.

— Über die geognostischen Verhältnisse des Nordabhanges der nordöstlichen Alpen zwischen Wien und Salzburg. – JbRA 1850, 17–60. – Bespr. Bl. 3.

— Über die Gliederung des Alpenkalkes in den Ostalpen. – NJb. 1850, 584ff. – Bespr. Bl. 2.

— u. **Foetterle F.** Über die Gliederung der Trias-, Lias- und Juragebilde in den nordöstlichen Alpen. – JbRA 1853, 715–783. – Bespr. NJb. 1854, 455; Bl. 50.

Hauer F. R. v. Curionis Abhandlung über die Gliederung der Triasgebilde der Lombardie. – JbRA 1855, 887–896. – Bespr. Bl. 86.

— Über Cephalopoden aus der unteren Trias vom Val Inferna bei Zoldo im Venetianischen. – Sber. Ak. d. Wiss. Wien, 24, 1857, 145–149, 2 Taf.

— Ein Beitrag zur Kenntnis der Fauna der Raibler Schichten. – Sber. Ak. d. Wiss. Wien, 25, 1857, 557–566.

— Petrefakten aus dem Werfener Schiefer von Cencenighe. – JbRA 1857, 157.

— Die Schichten mit echten Muschelkalk-Petrefakten aus den Südalpen. – JbRA 1857, 166–167.

— Über die Studi geologici von A. Stoppani und über die Stellung der Raibler Schichten. – JbRA 1858, 31–33.

— Über die Gliederung der oberen Trias der Lombardischen Alpen. – Sber. Ak. d. Wiss. Wien, 51, 1865, 33–48. – Bespr. NJb. 1866, 482; Bl. 214.

— Die Cephalopoden der unteren Trias der Alpen. – Sber. Ak. d. Wiss. Wien, m.-nat. Kl., 52, 1865, 605 (36 S.). – Bespr. NJb. 1866, 767.

Haug E. Le Trias alpin. – Rev. générale des sciences pures et appliquées, 4 ann., 30 avr. 1893. – Bespr. NJb. 1894/2, 309.

Heer O. Flora fossilis Helvetiae. Die vorweltliche Flora der Schweiz. 2. Lfrg. Die Pflanzen der Trias und des Jura. – Zürich 1877, 55 S., Atlas. – Bespr. NJb. 1877, 968.

Heim Alb. Rapporti fra gli scisti cristallini e le roccie mesozoiche e paleozoiche nelle Alpi. – Quart. Journ. of the Geol. Soc., Proc. Nr. 549, v. 46, Nr. 182, London 1890. – Bespr. Boll. Com. geol. It., 22, 1891, 161.

Heim Arn. Die Transgressionen der Trias und des Jura in den nördlichen Schweizer Alpen. – Verh. Schw. Natf. Ges., 98. Jvers. Schuls 1916, II, 154–156; EgH 14, 1916, 228–229. – Bespr. Ebd. 15, 1918, 451; NJb. 1922/1, 93.

Heritsch F. Orthoceren aus dem Muschelkalk von Han Bulog bei Sarajevo und aus den Hallstätter Kalken der Alpen. – Bull. internat. Acad. Yougoslave Sci., Cl. math.-nat., livr. 25, Zagreb 1931, 38–58, 1 Taf. – Bespr. GZ 1 B/820.

Hildebrand E. u. **Pia J.** Zwei Crinoidenkelche aus der Anisischen Stufe der Südalpen. – Palaeont. Z., 11, 1929, 129–140, 2 Abb. – Bespr. GZ 43/2025.

Hofmann K. Beitr. zur Kenntnis der Fauna des Hauptdolomits und der älteren Tertiärgebilde des Ofen-Kovócsier-Gebirges. – Jb. Ungar. geol. Anstalt, 2, Lfrg 3, Pest 1873, 26 S., 6 T.

Holdhaus K. Über den geol. Bau des Königstuhlgebietes in Kärnten. – Mitt. Geol. Ges. Wien, 1921, 85–103; 1922, 324. (Parallele zum Brennergebiet.) – Bespr. GZ 28/1371.

Horn M. Vorläufige Mitteilung über den ladinischen

Knollenkalkkomplex der Südalpen. – Zbl. f. Min., 1913, 508–512. – Bespr. GZ 20/1587.
— Über die ladinische Knollenkalkstufe der Südalpen. – Diss. Königsberg, 1914, 100 S.; Jber. d. Schles. Ges. f. vaterld. Kultur, 92, I, 1914, Sekt. f. Geol. etc., 69, Breslau 1915. – Bespr. VRA 1915, 132; GZ 21/1282; NJb. 1915/2, 258.

Hoernes M. Über einige neue Gastropoden aus den östlichen Alpen. – Denkschr. Ak. d. Wiss. Wien, m.-nat. Kl., 10, 1855, 173–178.
— Über Gastropoden aus der Trias der Alpen. – Denkschr. Ak. d. Wiss. Wien, m.-nat. Kl., 12, 1857, 21–34. – Auszug: Sber. Ak. d. Wiss. Wien, 20, 1856, 3 S.

Hoernes R. Aus den Südtiroler Kalkalpen. Einfluß des geolog. Baues auf die Terraingestaltung in der Umgebung von Ampezzo, Buchenstein, Gröden und Enneberg. – Z. DÖAV, 1875, 108–128. – Bespr. VRA 1875, 272; Bl. 408.

Hradil G. Zink in Tirol. – Innsbr. Nachr., Nr. 96 v. 27. 4. 1926.
— Über „Dirschenit" und die Verbreitung des Bitumengehaltes im Ölschiefer von Seefeld in Tirol. – Petroleum, 25, 14, 1929, 431–436, 7 Abb. – Bespr. GZ 41/1687, 46A/2008; NJb. 1930/2, 208.
— u. **Falser H. v.** Die Ölschiefer Tirols. – Leipzig (A. Barth) 1930, 122 S., 61 Abb. – Bespr. Keram. Rdsch., 1930, Nr. 38; Keramos, 9, 1930, H. 10; N. Techn. Bl., Monatsber. ü. chem.-techn. Litgeb., 1930, H. 6/7; Die Naturwiss., 1930, H. 38; Int. Bergwirtsch. u. Bgtechnik, 1930, H. 23; Chemikerztg 54, 1930, 87; Chem. Weekblad, 1930, H. 28; Allgem. Österr. Chem.- u. Techn. Ztg, 1930, H. 19; Z. f. prakt. Geol., 1931, 60; Tscherm. Min. u. petr. Mitt., 40, 1930, 446; Bergbauliche Rdsch., 1930, Nr. 8; Tgl. Ber. a. d. Petroleumind., 1930, Nr. 651; Z. f. angew. Chemie, 1930, Nr. 12; Tgl. Montanber., 1930, Nr. 20; Chem. Rdsch., 1930, H. 8; Allgem. Öl- u. Fettztg, 1930, H. 12; GZ 42/1426; GR 21, 1930, 74; NJb. 1930/2, 207.

Hummel K. Das Problem des Fazieswechsels in der Mitteltrias der Südtiroler Dolomiten. – GR 19, 1928, 223–228. – Bespr. GZ 39/371; NJb. 1929/2, 660.
— Gangförmige, vanadiumreiche Sekundärkohle in den ladinischen Schichten des Cordevolegebiets (Südalpen). – Zbl. f. Min., 1932, Abt. B, 10–15. – Bespr. GZ 47A/1311.
— Oberflächennahe Intrusionen und Trümmerlaven in der südalpinen Trias. – Fortschr. d. Geol. u. Pal., 11, H. 33, 1932 (Deecke-Festschr.), 44–74, 5 Fig. – Bespr. GZ 47A/1390, 48A/1408.
— Zur Stratigraphie und Faziesentwicklung der südalpinen Mitteltrias. – NJb. Bbd 68, Abt. B, 1932, 403–462, 2 Taf., 1 Fig. – Bespr. GZ 48A/1133.

Huene F. v. Shastasaurus-Reste in der alpinen Trias. – Zbl. f. Min., 1925, B, 412–417. (Wind. Bleiberg in Kärnten.)

Jones R. Über Estheria minuta in den Cassianer Schichten (?). – Ann. of nat. hist., 19, London 1857, 104–106.

Karrer F. Die Monumentalbauten in Wien und ihre Baumaterialien. (Vortr.) – Monatsblätter des Wissensch. Clubs, Wien 1886, Nr. 6, 11 S. – Bespr. VRA 1886, 148.
— Die Baumaterialsammlung des k. k. Nathist. Hofmuseums und ihre Bedeutung. (Vortr.) – Aord. Blge Nr. 7 der Monatsblätter des Wissensch. Clubs, Wien 1888, 12 S.
— Baumaterialien von Salzburg, Innsbruck und Bregenz. – Annalen Nathist. Hofmus., 3, Notizen, Wien 1888, 113–117.

Kerner F. v. Die Äquivalente der Carditaschichten im Gschnitztale. – VRA 1910, 389–395. – Bespr. GZ 20/156.
— Die Quarzphyllite in den Rhätschichten des mittleren Gschnitztales. – JbRA 1911, 385–452. – Bespr. GZ 17/364.

Keyserling H. Graf. Über ein Kohlenvorkommen in den Wengener Schichten der Südtiroler Trias. (Cordevole.) – VRA 1902, 57–61. – Bespr. NJb. 1902/2, 114; GZ 4/688; Boll. Com. geol. d'It., 34, 1903, 284.

Kittl E. Die Gastropoden der Schichten von St. Cassian der südalpinen Trias. I.–III. Teil. – Annalen des Nathist. Hofmus. Wien, VI, 1891, 166–262; VII, 1892, 35–98; IX, 1894, 142–278. – Bespr. NJb. 1895/1, 195; 1898/1, 390; Boll. Com. geol. d'It. 23, 1892, 264; 24, 1893, 284; 26, 1895, 371.
— Die triadischen Gastropoden der Marmolata und verwandter Fundstellen in den weißen Riffkalken Südtirols. – JbRA 1894, 99–182. – Bespr. NJb. 1897/1, 376; Boll. Com. geol. d'It., 26, 1895, 372.
— Die Gastropoden der Esinokalke nebst einer Revision der Gastropoden der Marmolatakalke. – Ann. Nathist. Hofmus. Wien, 14, 1899, 1–238. – Bespr. NJb. 1902/1, 141.

Klebelsberg R. v. Neuere geologische Forschungen, die Südtiroler Dolomiten betreffend. (Sammelreferat.) – Mitt. Geol. Ges. Wien, 4, 1911, 156–172.
— Triasreste auf dem Ritten bei Bozen. – VRA 1919, 71–78. – Bespr. GZ 25/847.
— Geologischer Führer durch die Südtiroler Dolomiten. – Sammlg Borntraeger, 33, Berlin 1928, 362 S., 1 Kartensk., 2 Taf., 16 Prof. – Bespr. Geogr. Z., 35, 1929, 306; Z. f. Geomorph., 4, 1929, 184; GR 20, 1929, 378; GZ 40/1818; Mitt. DÖAV, 1929, 167; Studi Trent. Sc. Nat., 10, 1929, 77; Der Schlern, 10, 1929, 116; Z. Ges. f. Erdkde Berlin, 1930, 71.
— Geologische Einführung: Schichtfolge, Gebirgsbau, Formentwicklung, Vergletscherung, mit den geolog. Sonderabschnitten der „Südlichen Ostalpen von der Etsch bis zum Piave". – Der Hochtourist in den Ostalpen, DÖAV, 1929, VII, 17–32, 35–36, 56–57, 64–66, 83, 111–113, 185–186, 192–193, 212–213, 225–226, 276–277, 297–299, 326–327, 416–418, 462–463.
— Grundzüge der Geologie Tirols. – In: Tirol, Land, Natur, Volk u. Geschichte. Herausgeg. vom DÖAV, München (Bruckmann) 1933, 23–91, 1 K., 1 Skz. – Bespr. Mitt. DÖAV, 1934, 51, 147; Der Schlern, 15, 1934, 189; PetMitt., 1934, 317.

Klement C. Über die Bildung des Dolomites. – Tscherm. Min. u. petr. Mitt., 14, 1895, 526–544. – Bespr. VRA 1895, 317.

Klipstein A. v. Über die geologische Stellung der Cassianer Schichten. – JbRA 1852, 134–135.

Knauer J. Geologischer Überblick über die Alpen zwischen Tegernsee und Gmunden am Traunsee und das bayerisch-österreichische Tertiärhügelland. – In: Abriß der Geol. v. Bayern r. d. Rh. (M. Schuster), Abt. I, München 1925, 103 S. – Bespr. NJb. 1926/2, B, 342.
— Geologischer Überblick über die Alpen zwischen dem Bodensee und dem Tegernsee und ihr Molassevorland. – In: Abriß der Geologie von Bayern r. d. Rh. (M. Schuster), Abt. II, München 1928, 184 S. – Bespr. Mitt. DÖAV, 1930, 23; NJb. 1929/3, 216; GZ 41/1019.

Kober L. Das Dachsteinkalkgebirge zwischen Gader, Rienz und Boita. - Mitt. Geol. Ges. Wien, 1, 1908, 203–244, K. 1:75000. - Bespr. VRA 1908, 333; GZ 13/260.

Kockel C. W., Richter M. u. **Steinmann H. G.** Geologie der Bayrischen Berge zwischen Lech und Loisach. - Wissensch. Veröff. d. DÖAV, 10, Innsbruck 1931, 231 S., g. K. 1:25000, 1 Profiltaf., 17 Taf., 57 Abb. - Bespr. GZ 46A/793; Z. f. Glkde, 20, 1932, 507; VBA 1933, 96; GR 1933, 417.

Koken E. Die Gastropoden der Trias um Hallstatt. - Abh. RA, 17, 4, 1892–1903, (1897), 1–112; JbRA 1896, 37–126.

— Über die Gastropoden der roten Schlernschichten nebst Bemerkungen über Verbreitung und Herkunft einiger triassischer Gattungen. - NJb. 1892/2, 25–36.

— Geologische Beiträge aus Südtirol. - NJb. 1906/2, 1–19. - Bespr. GZ 10/1667.

— Zur Geologie Südtirols. - Zbl. f. Min., 1911, 561–572. - Bespr. GZ 17/678.

— Beiträge zur Kenntnis der Schichten von Heiligenkreuz (Abteital, Südtirol). - Abh. RA, 16, 4, 1913, 43 S. - Bespr. NJb. 1914/1, 140; GZ 23/923.

Kranz W. Zur Entstehung des Buntsandsteins. Erwägungen über das nördliche Alpenvorland, Vulkanismus und Geotektonik. - Jh. d. Ver. f. vaterld. Naturkde Württemberg, 1906, 104–112. - Bespr. Zbl. f. Min., 1912, 96.

Kraus E. Der Werdegang der Allgäuer Landschaft. - 49. Ber. Natw. Ver. f. Schwab. u. Neuburg, Augsburg 1931, 1–17, 1 Abb. - Bespr. GZ 46A/794; NJb. 1932/3, 4.

Krauß H. Zur Nomenklatur der alpinen Trias. „Guttensteiner-Kalk.', - Geogn. Jh., 26, 1913 (1914), 292–293. - Bespr. NJb. 1915/2, 375.

Kronecker W. Zur Grenzbestimmung zwischen Trias und Lias in den Südalpen. - Zbl. f. Min., 1910, 465–472, 510–518, 548–556. - Bespr. Boll. Com. geol. d'It., v. 42, f. 2, 1911, 61.

Lang R. Das Vindelizische Gebirge zur mittleren Keuperzeit. Ein Beitrag zur Paläogeographie Süddeutschlands. - Jber. Ver. f. vaterld. Natkde in Württemberg, 67, Stuttgart 1911, 218–259. - Bespr. GZ 16/1373.

Laube G. C. Die Fauna der Schichten von St. Cassian, ein Beitrag zur Paläontologie der alpinen Trias. - Sber. Ak. d. Wiss. Wien, 50, 1864, 319–326; 53, 1866, 558–563; 57, 1868, 537–544, 661–667. - Bespr. NJb. 1867, 242; 1868, 637; 1870, 124.

— Bemerkungen über die Münsterschen Arten von St. Cassian in der Münchener paläont. Sammlung. - JbRA 1864, 402–412. - Bespr. VRA 1864, 112.

— Die Fauna der Schichten von St. Cassian. Ein Beitrag zur Paläontologie der alpinen Trias. - Denkschr. Ak. d. Wiss. Wien, math.-natw. Kl., 24, 1865, I. Spongitarien, Korallen, Echiniden und Orinoiden, 76 S., 10 T.; 25, 1865, II. Brachiopoden und Bivalven, 76 S., 10 T.; 28, 1868, III. Gastropoden, 1. Hälfte, 66 S., 8 T.; 29, 1869, IV. Gastropoden, 2. Hälfte, 48 S., 7 T.; 30, 1869/70, V. Cephalopoden, Schluß, 58 S., 8 T. - Bespr. VRA 1868, 84, 360; 1869, 397; NJb. 1865, 893; 1866, 508; 1868, 637; 1870, 377.

— Die Brachiopoden und andere Bivalven aus den Schichten von St. Cassian. - The Quart. Journ. of the Geol. Soc., London 1866, 22, Misz. 1–10.

— Geologische Notizen aus der Gegend von St. Cassian. (Vortr.) - Bespr. VRA 1868, 118–119.

Lechleitner Chr. Über den roten Sandstein an der Grenze der Zentral- und nordtirolischen Kalkalpen. - Progr. Gymnas. Innsbruck, 1878, 40 S. - Bespr. Bl. 496.

Lechleitner H. Mitteilungen aus der Gegend von Rattenberg (Tirol). - VRA 1882, 207–209.

— Notizen über den Gebirgsstock des Sonnwendjochs im Unterinntale (Tirol). - VRA 1884, 204–208. - Bespr. NJb. 1886/1, 79.

Leonardi P. Nota preliminare sul Werfeniano inferiore (Strati di Siusi) di Valle di Fiemme nel Trentino. - Atti Acc. Ven.-Trent.-Istr., v. 20, 1929, 61–68.

— Risultati di uno studio monografico sul Trias inferiore delle Venezie. - Atti Soc. it. progr. sc., 9, Roma 1931, 265–267.

— Nuove forme del Trias inferiore delle Venezie. Nota preliminare. - Studi Trent. Sc. Nat., 13, 1932, 32–36, 1 Taf. - Bespr. GZ 3B/1285.

— Notizie sulla Stratigrafia della Valle Zoldana. - Studi Trent. Sc. Nat., 14, 1933, 19–30, 9 Taf.

Lepsius R. Über Röth und Muschelkalk in den Südalpen. - Habil.-Schr. Univ. Heidelberg, Straßburg (Heitz) 1876, 41 S.

— Einteilung der alp. Trias und ihr Verhältnis zur außeralpinen. - NJb. 1876, 742–744. - Bespr. B. 456.

— Das westliche Südtirol, geologisch dargestellt. - Berlin 1878, 375 S., 1 K., mehr. Prof. u. Taf. - Bespr. Mitt. DÖAV, 1878, 247; VRA 1879, 34; NJb. 1881/1, 382; Bl. 502; Boll. Com. geol. d'It., 10, 1879, 64.

— Über die Dolomite des westlichen Südtirol und die Kontaktzone am Tonalitstock des Adamello. - Z. DGeolGes., 30, 1878, 557–558.

— Über Dr. Staches Reisebericht, betreffend die Umrandung des Adamellostockes. - VRA 1879, 339–343.

— Über die Zeit der Entstehung der Tonalitmasse des Adamello in Südtirol. - Notizbl. d. Ver. f. Erdkde u. der geol. Ldsanst. Darmstadt, 1898, 50–55. - Bespr. NJb. 1900/1, 51; Bl. 1004; Boll. Com. geol. d'It., 30, 1899, 271.

— Über das Verhältnis der Decken zur Metamorphose der Gesteine in den Alpen. - Notizbl. d. Ver. f. Erdkde u. d. geol. Ldsanst. Darmstadt, 4. F., H. 33, 1912, 5–16. - Bespr. VRA 1912, 398; EgH 13, 1914, 600.

Leuchs K. Über Grundfragen alpiner Geologie. - Z. DGeolGes., 73, 1921, Mber., 136–150. - Bespr. NJb. 1925/2, B, 28.

— Sphaerocodium im nordalpinen Plattenkalk. - Z. f. Min., 1925, B, 5–8. - Bespr. GZ 32/314, 1319; NJb. 1925/2, B, 199.

— Über Einflüsse der Triasriffe auf die Liassedimentation in den Nördlichen Kalkalpen. - Senckenbergiana, 7, 1925, 247–249. - Bespr. GZ 34/263; NJb. 1926/2, B, 341.

— u. **Udluft H.** Entstehung und Bedeutung roter Kalke der Berchtesgadener Alpen. - Senckenbergiana, 8, 1926, 174–199. - Bespr. GZ 34/731; NJb. 1929/2, 438.

Leuchs K. Ganoidenreste aus dem norischen Plattenkalk Nordtirols. (Pendling.) - Zbl. f. Min., 1927, B, 539–545. - Bespr. GZ 37/1399.

— Geologie von Bayern. 2. Teil. Bayrische Alpen. - Hdbuch d. Geol. u. Bodenschätze Deutschlds (E. Krenkel), 2. Abt., 3. Bd, Berlin 1927, 374 S., 20 Taf., 67 Abb. - Bespr. GZ 36/1550; VBA 1928, 85; Z. f. prakt. Geol., 1928, 47; Mitt. DÖAV, 1929, 42; NJb. 1928/3, 8; Geogr. Z., 34, 1928, 118; GR 22, 1931, 244; Pet. Mitt., 74, 1928, 362.

— Beiträge zur Lithogenesis kalkalpiner Sedimente. I. Teil: Beobachtungen an Riffgesteinen der nordalpinen Trias. II. Teil: Gesteinsausbildung und Fossilien in der bayrisch-nordtiroler Fazies der norischen Trias. - NJb. Bbd 59, B, 1928, 357–430, 11 Taf. - Bespr. GZ 40/719.

— Polygene Konglomerate im nordalpinen Rhät und die altkimmerische Phase. - GR 1928, 72–75. - Bespr. GZ 37/1381, 40/1066; NJb. 1929/2, 11.

— Die Bedeutung von Staubstürmen für die Sedimentation. - Zbl. f. Min., Abt. B, 1932, 145–156. - Bespr. GZ 47A/1828.

— Lepidotus-Reste aus dem norischen Plattenkalk Nordtirols. - Zbl. f. Min., Abt. B, 1932, 252–254, 1 Abb. - Bespr. GZ 48A/482.

— Die Bitumenführung des Hauptdolomites der norischen Trias. - Kali, verwandte Salze u. Erdöl, 26, 1932, 91–92. - Bespr. GZ 47A/1785, 49A/1527.

— Feinschichten, Gleitfaltung, Algenrasen und Trümmerlagen im Wettersteinkalk. (Beiträge zur Lithogenesis kalkalpiner Sedimente, 3. Teil.) - Chemie der Erde, 7, 1932, 95–112, 8 Abb. - Bespr. GZ 47A/1839, 2 B/943.

Leupold W. Die Schichtreihe der ostalpinen Trias in Mittelbünden. - Mitt. Natf. Ges. Bern, 1919, Sber., röm. 44–46. - Bespr. GZ 26/907, 29/769.

Lipold M. Geologische Stellung der Alpenkalksteine, welche die Dachsteinbivalve enthalten. - NJb. 1854, 88.

Longhi P. Di alcune Gymnites della nuova fauna triassica di Val di Pena presso Lorenzago (in Prov. di Belluno). - Atti Soc. Ven.-Trent. di Sc. Nat., s. 2, v. 4, f. 1, 1899, Padova 1900, 3–32, 4 Taf. - Bespr. NJb. 1901/2, 151; Boll. Com. geol. d'It., 32, 1901, 263.

— Cefalopodi della fauna triassica di Val di Pena presso Lorenzago. - Riv. it. di Pal., 8, 1902, 53–61. - Bespr. NJb. 1903/2, 149; GZ 3/901; Boll. Com. geol. d'It., 34, 1903, 285.

Loretz H. Geognostische Beobachtungen in der alpinen Trias der Gegend von Niederdorf, Sexten und Cortina in Südtirol. - NJb. 1873, 271–291; 337–366. - Bespr. VRA 1873, 302.

— Zur Geognosie der Gegend von Niederdorf, Sexten und Cortina in Südtirol. - NJb. 1873, 612–626. - Bespr. VRA 1873, 302.

— Geologische Mitteilungen über Cadore, Fiorentinatal, Caprile und Zoldotal, Südtirol. - NJb. 1873, 854–860. - Bespr. VRA 1873, 302.

— Das Tirol-venetianische Grenzgebiet der Gegend von Ampezzo. - Z. DGeolGes., 26, 1874, 377–516. - Bespr. VRA 1874, 403; Mitt. DÖAV, 1875, 176; Bl. 384.

— Einige Petrefakten der alpinen Trias aus den Südalpen. - Z. DGeolGes., 27, 1875, 784–841. - Bespr. VRA 1876, 190; NJb. 1876, 577.

— Untersuchungen über Kalk und Dolomit. I. Südtiroler Dolomit. II. Zechsteinformation. - Z. DGeolGes., 30, 1878, 387–416; 31, 1879, 756–774. - Bespr. NJb. 1879, 175; 1881/2, 238.

Maddalena L. Osservazioni geologiche sul Vicentino e in particolare sul bacino del Posina. - Boll. Soc. geol. it., v. 25, Roma 1906, 659–743, 5 Taf. Auszug: Atti R. Ist. Ven. di Sc., Lett. ed Arti, t. 66, d. 4, Venezia 1906/7, 67–72. - Bespr. GZ 9/497, 11/356; Boll. Com. geol. d'It., 38, 1907, 354.

Mariani E. Note paleontologiche sul trias superiore della Carnia occidentale. - Annal. R. Ist. Tecn. Udine, 2, 1893, 13–35, 2 Taf. - Bespr. VRA 1894, 86; NJb. 1895/2, 306; Boll. Com. geol. d'It., 25, 1894, 322.

— Contributo alla conoscenza della fauna retica lombarda. - Rend. R. Ist. lomb., s. 2, v. 30, f. 2, Milano 1897, 62–67. - Bespr. Boll. Com. geol. d'It., 29, 1898, 485.

— Su alcuni fossili del trias medio dei dintorni di Porto Valtravaglia e sulla fauna della dolomia del M. San Salvatore presso Lugano. - Atti d. Soc. it. di Sc. nat., v. 40, f. 1, Milano 1901, 39–63. - Bespr. Boll. Com. geol. d'It., 33, 1902, 216.

— Appunti geologici sul Secondario della Lombardia occidentale. - Atti Soc. it. Sc. nat., v. 43, f. 2, Milano 1904, 113–157. - Bespr. GZ 6/892; Boll. Com. geol. d'It., 36, 1905, 227.

— Caratteri triasici della fauna retica lombarda. - Rend. R. Ist. Lomb. Sc. e Lett., s. 2, v. 38, f. 17, Milano 1905, 854–858. - Bespr. Boll. Com. geol. d'It., 37, 1906, 334.

— Contributo allo studio delle Bivalvi del calcare di Esino nella Lombardia. - Atti Soc. it. Sc. nat., v. 46, Milano 1908, 24 S., 2 T. - Bespr. Boll. Com. geol. d'It., 40, 1909, 227.

— Sulla fauna retica lombarda. - Atti Soc. it. Sc. nat. e Mus. Civ. in Milano, v. 58, Pavia 1919, f. 1, 104–106; f. 2, 107–146, 1 T. - Bespr. Riv. it. di Pal., 1919, 56.

— Osservazioni sugli strati di San Cassiano e di Raibl. - Natura, v. 12, Milano 1921, 81–98.

Marzari-Pencati G. Graf. Sulla sovrapposizione delle rocce di transizione di Werner al calcare secundario. - Giorn. di Fisica, Pavia 1824.

Merian P. Über das Vorkommen der St. Cassianer Formation in den Bergamasker Alpen und in der Kette des Rhätikon. - Ber. ü. d. Verh. d. Natf. Ges. Basel, 10, 1852, 147–150. - Bespr. NJb. 1854, 835.

— Über das Vorkommen der St. Cassianer Formation am Comersee. - Verh. Natf. Ges. Basel, 10, 1852, 156–158. - Bespr. NJb. 1855, 83.

— Muschelkalkversteinerungen im Dolomite des Mt. San Salvadore bei Lugano. - Verh. Natf. Ges. Basel, 1, Basel 1853, 84–90. - Bespr. NJb. 1855, 479.

— Strati di S. Cassiano. - Quart. Journ., 9, 1855, 451.

Michelin. S. Cassian. (Polemik gegen Bayle.) - Boll. d. l. Soc. géol. de France, Paris 1849, sect. 2, v. 6, 323–326.

Milch L. Beiträge zur Kenntnis des Verrucano. - 1. Teil, Leipzig 1892, 145 S., 1 Tab.; 2. Teil, Leipzig 1896, 174 S. - Bespr. NJb. 1893/2, 332; 1897/1, 276; EgH 3, 1893, 343, 364; 5, 1898, 424; Arch. d. sc. phys. et nat. de Genève, t. 29, Genève 1893, 404, 508; t. 6, 1898, 348.

Mojsisovics E. v. Gliederung der Trias in den Umgebungen des Haller Salzberges in Nordtirol. - VRA 1868, 328–330. - Bespr. Bl. 256.

— Über die Gliederung der oberen Triasbildungen der östlichen Alpen. - JbRA 1869, 91–150, 4 Taf. Ergänzg: NJb. 1869, 562–566. Vortrag: VRA 1869, 65–66. - Bespr. NJb. 1870, 119; Bl. 273.

— Bericht über die im Sommer 1868 durch die IV. Sekt. der Geol. R. A. ausgeführte Untersuchung der alpinen Salzlagerstätten. - JbRA 1869, 151–174. - Bespr. NJb. 1870, 119; Bl. 275.

— Beiträge zur Kenntnis der Cephalopodenfauna des alpinen Muschelkalks. (Zone der Arcestes Studeri.) - JbRA 1869, 567–595, 5 Taf. - Bespr. NJb. 1870, 517.

— Über die Salzlagerstätten der Alpen. (Vortr.) - VRA 1869, 37.

— Das Gebiet von Thiersee, Kufstein, Walchsee und Kössen in Nordtirol. - VRA 1869, 220–222.

— Beitrag zur Kenntnis der Cephalopodenfauna der oenischen Gruppe. - JbRA 1870, 93–113.

— Das Kalkalpengebiet zwischen Schwaz und Wörgl im Norden des Inn. - VRA 1870, 183–185.
— Das Gebirge südlich und östlich von Brixlegg. - VRA 1870, 231-232. - Bespr. Bl. 289.
— Beiträge zur topischen Geologie der Alpen. 1. Die Nordtiroler Kalkalpen vom Achensee im Westen bis zur salzburgischen Grenze im Osten. 2. Das Schiefergebirge bei Kitzbühel und im Süden von Brixlegg. - JbRA 1871, 189–210, 2 T. - Bespr. Bl. 306.
— Das Gebirge im Süden und Osten des Lech zwischen Füssen und Elmen. - VRA 1871, 197–198.
— Über die Stellung der Nordtiroler Cardita-schichten mit Amm. floridus und Halobia rugosa und das Alter des Wettersteinkalkes. - VRA 1871, 212–215.
— Der nordwestliche Teil des Wettersteingebirges. - VRA 1871, 215–217.
— Parallelen in der oberen Trias der Alpen. - VRA 1872, 5–13. - Bespr. NJb. 1872, 756.
— Vorlage der geol. Detailkarte der Nordtiroler Kalkalpen. (Vortr.) - VRA 1872, 118–119.
— Über ein erst kürzlich aufgefundenes unteres Cephalopodenniveau im Muschelkalk der Alpen. - VRA 1872, 190–191.
— Aus den vorarlbergischen Kalkalpen. - VRA 1872, 254–256. - Bespr. Bl. 323.
— Beiträge zur Altersbestimmung einiger Schiefer- und Kalkformationen der östlichen Schweizer Alpen. - VRA 1872, 264–268. - Bespr. Jber. Natf. Ges. Grbd., NF, 18, Chur 1874, 99; Rev. sc., s. 2, t. 4, Paris 1873, 782, 950; Rev. géol. suisse p. l'a. 1872, Genève 1873, 29, 50; Arch. d. sc. phys. et nat., n. p., t. 46, 327; t. 47, 21.
— Beiträge zur topischen Geologie der Alpen. 3. Der Rhätikon (Vorarlberg). - JbRA 1873, 137–174, 1 K., 1 T. - Bespr. Bl. 347; Jber. Natf. Ges. Grbd., NF, 18, Chur 1874, 100; Arch. d. sc. phys. et nat., n. p., t. 50, 290, 291, 338; Rev. géol. suisse p. l'a. 1873, Genève 1874, 22, 23, 46; Extr. de géol. p. les a. 1873 et 1874, Ann. d. mines, Paris 1874, s. 7, Mém., t. 6, 540.
— Über einige Triasversteinerungen aus den Südalpen. - JbRA 1873, 425–438, 2 T. - Bespr. VRA 1873, 309; NJb. 1874, 445.
— Die Bedeutung der Rheinlinie in der geologischen Geschichte der Alpen. - VRA 1873, 149–151. - Bespr. Bl. 350; Arch. d. sc. phys. et nat., n. p., t. 50, 291; Rev. géol. suisse p. l'a. 1873, Genève 1874, 23.
— Zur Unterscheidung und Parallelisierung der zwei alpinen Muschelkalketagen. - VRA 1873, 296–299.
— Über die triadischen Pelecypodengattungen Daonella und Halobia. - Abh. RA, 7, 2, 1874, 37 S., 5 T.
— Faunengebiete und Faciesgebilde der Triasperiode in den Ostalpen. - JbRA 1874, 81–134. - Bespr. Mitt. DÖAV, 1875, 176; Bl. 376.
— Über alpine Triasprovinzen. (Vortr.) - VRA 1874, 90–91.
— Über triadische Faziesgebilde in den Ostalpen. (Vortr.) - VRA 1874, 122.
— Notizen zur Geologie des südtirolischen triadischen Tuffgebietes. - VRA 1874, 290–292.
— Über die Ausdehnung und Struktur der südosttirolischen Dolomitstöcke. - Anzg. Ak. d. Wiss. Wien v. 13. 5. 1875, 116; Sber. Ak. d. Wiss. Wien, 71, 1. Abt., 1875, 18 S. - Bespr. VRA 1875, 165; NJb. 1876, 325, 567; Bl. 403; Boll. Com. geol. d'It., 6, 1875, 324.
— Die Triasbildungen bei Recoaro im Vicentinischen. - VRA 1876, 238–241; Boll. Com. geol. d'It., Roma 1876, 490–495. - Bespr. Bl. 442.
— Vorläufige kurze Übersicht der Ammonitengattungen der mediterranen und juvavischen Trias. - VRA 1879, 133–143.
— Die Dolomitriffe von Südtirol und Venetien. Beiträge zur Bildungsgeschichte der Alpen. - Wien (Hölder) 1879, 552 S., 30 T., 3 K., 110 Abb. - Bespr. NJb. 1879, 91, 176, 681; VRA 1879, 14–17 (Vortr.); Mitt. Geogr. Ges. Wien, 21, 1878, 348; 22, 1879, 543; Mitt. DÖAV, 1879, 75; Bl. 523; Arch. d. sc. phys. et nat., 3e pér., t. 1, 300; Rev. géol. suisse p. l'a. 1878, Genève 1879, 4; Boll. Com. geol. d'It., 10, 1879, 169.
— Considerazioni generali sulla Corologia e Cronologia degli strati terrestri. - Auszug aus: Die Dolomitriffe von Südtirol und Venetien. - Boll. Com. geol. d'It., 10, 1879, 270–290.
— Über heteropische Verhältnisse im Triasgebiete der Lombardischen Alpen. - JbRA 1880, 695–718. - Auszug: Boll. Com. geol. d'It., 12, 1881, 158–169. - Bespr. VRA 1880, 330; NJb. 1881/1, 411.
— Die Cephalopoden der mediterranen Triasprovinz. - Abh. RA, 10, 1882, 1-322, 94 Taf. - Auszug: VRA 1882, 199–202. - Bespr. NJb. 1883/1, 486.
— Über die Struktur des Sipho bei einigen triadischen Ammoneen. - NJb. 1885/2, 151–162.
— Über das Auftreten von oberem Muschelkalk in der Fazies der roten Kalke der Schreyer Alpe in den Kalkalpen nördlich von Innsbruck. - VRA 1888, 265–266. - Bespr. NJb. 1890/1, 102.
— Die Hallstätter Entwicklung der Trias. - Sber. Ak. d. Wiss. Wien, 101, Abt. 1, 1892, 769–779. - Bespr. NJb. 1893/2, 378; Mitt. Sekt. f. Natkde ÖTC, 5, 1893, 6; Bl. 843.
— Das Gebirge um Hallstatt. I. Abt. die Cephalopoden der Hallstätter Kalke. (2 Bde u. Suppl.) - 2. Bd Abh. RA, 6, 1893, 835 S., Atl. mit 130 T. - Bespr. NJb. 1895/1, 167.
—, **Waagen W.** u. **Diener C.** Entwurf einer Gliederung der pelagischen Sedimente des Triassystems. - Sber. Ak. d. Wiss. Wien, m.-nat. Kl., 104, Abt. 1, Dez. 1895, 1279–1302; Anzg. Ak. d. Wiss. Wien, 32, 1895, 282. - Bespr. NJb. 1897/1, 495.
Mojsisovics E. v. Über den chronologischen Umfang des Dachsteinkalkes. - Sber. Ak. d. Wiss. Wien, 105, Abt. 1, 1896, 1–36; Anzg. Ak. d. Wiss. Wien, 33, 1896, 2–3. - Bespr. NJb. 1897/1, 329.
Moore C. On the Zone of the lower Lias and the Avicula contorta Zone. - Quart. Journal of the Geol. Soc. London, v. 17, 1861, 483–517.
Münster G. Graf. Die Kalkmergellager von St. Cassian und die darin befindlichen Ceratiten. - Leonh. u. Bronns Jb., 1834, 1–15.
Münster G. Graf zu u. **Wissmann H. L.** Beiträge zur Geognosie und Petrefaktenkunde des südöstlichen Tirols, vorzüglich der Schichten von St. Cassian. - Beitr. z. Petrefaktenkunde, 4, Bayreuth 1841, 152 S., 16 Taf.
Murchison R. J. Über den Gebirgsbau in den Alpen, Apenninen und Karpathen ... und über die Entwicklung eozäner Ablagerungen im südlichen Europa. - Bearbeitet v. G. Leonhard. - Stuttgart 1850, 162 S., 1 T. - Bespr. Bl. 7. (Engl.: Quart. Journ. Geol. Soc., 19, London 1849, 312 S., 1 K. - Ital.: von Savi u. Meneghini, Firenze 1850/51.)
Mutschlechner G. Ein Ammonitenfund in den Partnachschichten an der Saile bei Innsbruck. - VBA 1933, 63–65. - Bespr. GZ 50A/1078, 4B/1111.

— Geologie der Peitlerkofelgruppe. (Südtiroler Dolomiten.) - JbBA 1933, 75–112, K. 1:25000, 1 Proftaf., 2 Fig. - Bespr. Z. f. Glkde, 21, 1933, 249; GZ 51 A/401.

— Cephalopodenfauna im Grödner Sandstein. (Vorbericht.) - VBA 1933, 136.

Nelson D. T. A study of the Rhaetic strata of the Val di Ledro in the Southern Tyrol. - New York (Paterson) 1876, 69 S., 1 K. - Bespr. NJb. 1877, 430; Boll. Com. geol. d'It., 7, 1876, 440.

Neviani A. Sulla „Ophioglypha (Acroura) granulata" Benecke sp., del Muschelkalk di Recoaro. - Boll. Soc. geol. it., 11, Roma 1893, 214–221. - Bespr. Boll. Com. geol. d'It., 24, 1893, 304.

Ogilvie M. Preliminary Note on the Sequence and Fossils of the Upper Triassic Strata of the Neighbourhood of St. Cassian, Tyrol. - Geol. Mag., N. S., dec. 3, v. 9, London 1892, 145. - Bespr. NJb. 1894/1, 132; Boll. Com. geol. d'It., 24, 1893, 306.

— Contributions to the Geology of the Wengen and St. Cassian Strata in Southern Tyrol. - Absts. of the Proceed. of the Geol. Soc. of London, n. 594, 1892; Quart. Journ. Geol. Soc., v. 49, London 1893, 78 S. - Bespr. NJb. 1894/1, 132; Bl. 850; Boll. Com. geol. d'It., 24, 1893, 306; 25, 1894, 329.

— Corals in the „Dolomits" of South Tyrol. - Geol. Mag., dec. 4, v. 1, Nr. 355, 356, London 1894, 1–10, 49–60. - Bespr. NJb. 1895/1, 103; Bl. 879; Boll. Com. geol. d'It., 26, 1895, 478.

— Die Korallen der Stramberger Schichten. - 7. Abt. der „Pal. Studien ...", Stuttgart (Schweizerbart) 1896 u. 1897, 72–282, Atlas. - Bespr. VRA 1898, 175; NJb. 1898/2, 150.

Ogilvie-Gordon M. Über die obere Cassianer Zone an der Falzaregostraße (Südtirol). - VRA 1900, 306–322. - Bespr. NJb. 1901/2, 121; GZ 1/1282; Boll. Com. geol. d'It., 32, 1901, 338.

— On the Fauna of the Upper Cassian Zone in the Falzarego Valley, South-Tyrol. - Geol. Mag., dec. 4, v. 7, 1900, 337–349. - Bespr. NJb. 1903/1, 123; GZ 1/551.

— Geologie des Gebietes von Pieve (Buchenstein), St. Cassian und Cortina d'Ampezzo. - JbBA 1929, 357–424, 2 K. 1:25000, 2 Taf., 17 Abb. - Bespr. GZ 45/136.

Omboni G. Série des terrains sédimentaires de la Lombardie. - Bull. Soc. géol. de France, s. 2, t. 12, Paris 1855, 517–533. - Bespr. NJb. 1856, 215; Bl. 84; Hist. d. progr. (d'Archiac), t. 7, Paris 1857, 254; Arch. d. sc. phys. et nat., t. 31, Genève 1856, 175.

— Dei fossili triasici del Veneto che furono descritti e figurati dal prof. T. A. Catullo. - Atti R. Ist. Ven. di Sc., Let. ed Arti, v. 8, s. 5, Venezia 1882. - Bespr. NJb. 1883/1, 287.

Oppel A. Über neue Erfunde aus dem schwarzen Kalke von Sintwag bei Reutte in Tirol. - NJb. 1866, 75–76.

Osswald K. Mesozoische Conulariiden. - Zbl. f. Min., 1918, 337–344, 4 Abb.

— Das Risserkogelgebiet. Geologie der Berge südlich Tegernsee. - Geogn. Jh., 37, 1924, München 1925, 111–166, K. 1:25000, 3 Prof., 3 Taf.

— Die Wendelsteingruppe. Abriß der stratigraphischen, tektonischen und morphologischen Geschichte. - Mitt. Geogr. Ges. München, 21, H. 2, 1928, 124 S., 1 g. K. 1:25000, 1 tekt. K. 1:100000, 1 Proftaf. 1:25000, 9 Lehrwanderungen. - Bespr. Z. f. Glkde, 17, 1929, 270; Mitt. Geol. Ges. Wien, 21, 1928, 160; GZ 41/709, 1533; Geogr. Z., 35, 1929, 374; Mitt. DÖAV, 1929, 183; Z. f. prakt. Geol., 37, 1929, 174.

— Geologische Karte und Geschichte der Wendelsteingruppe. Mit Abriß der stratigr., tekton. und morphol. Geschichte. - Sonderdruck der vorgenannten Arbeit. München (Lindauer) 1929.

— Raineria nov. gen. Ein Selachier-Rostrum aus dem alpinen Rhät. (Risserkogelgruppe.) - Z. DGeolGes., 80, Abh., 1928 (1929), 496–510, 1 Taf. - Bespr. NJb. 1931/3, 293; GZ 41/377.

— Über einige Rätfossilien aus dem Risserkogelgebiete (südl. Tegernsee). - Jb. Preuß. Geol. Lds-Anst., 50, T. 2, Berlin 1930, 733–750, 1 Taf., 3 Abb. - Bespr. GZ 44/1135.

Parona C. F. Studio monografico della fauna Raibliana di Lombardia. - Mem. prem. d. R. Ist. Lomb. d. Sc. e Let., Pavia 1889, 156 S., 13 T. - Bespr. VRA 1889, 328; NJb. 1890/1, 112; Boll. Com. geol. d'It., 21, 1890, 425.

— Di un particolare carattere paleontologico del Retico di Riva di Sotto (Iseo). - Atti R. Acc. Sc. Torino, 67, Torino 1932. - Bespr. GZ 3 B/749.

Paulcke W. Schichtenfolge am Nordrand der Schweizer Alpen. - Freiburg i. B. (Wagner) 1906, 8 S.

— Fossilführender „Röthidolomit". - Zbl. f. Min., 1911, 15–19, 1 Abb.

Penecke K. A. Aus der Trias von Kärnten. - VRA 1884, 382–384.

Peters K. Die salzburgischen Kalkalpen im Gebiete der Saale. - JbRA 1854, 116–142, 1 Taf. - Bespr. NJb. 1855, 219; Bl. 64.

— Über Foraminiferen im Dachsteinkalk. - JbRA 1863, 293–298.

Peyer B. Cerosiosaurus Calcagnii, ein neuer Nothosauride aus der Trias der Tessiner Kalkalpen. - Verh. Schw. Natf. Ges., 110. Jvers. Davos, 1929, 2. T., 196.

— Tanystropheus longobardicus Bass. sp. - Zbl. f. Min., Abt. B, 1930, 336–337. - Bespr. GZ 44/259, 2 B/1027.

— Paraplacodus broilii n. gen., n. sp., ein neuer Placodontier aus der Tessiner Trias. Vorl. Mitt. - Zbl. f. Min., Abt. B, 1931, 570–573, 5 Abb. - Bespr. GZ 2 B/151, 1031.

— Ein abenteuerliches Reptil. - Vierteljschr. Natf. Ges. Zürich, 76, VI, Zürich 1931. - Bespr. GZ 2 B/1028.

— Die Triasfauna der Tessiner Kalkalpen. - Schw. Paleont. Ges., 50, Basel 1931, T. 1: 5 S., T. 2: 7–110, 14 Taf., 28 Abb.; T. 3: 51, 1932, 1–25, 3 Taf., 5 Abb.; T. 4, 51, 1931, 1–68, 7 Taf., 31 Abb.; T. 5: 52, 1932, 1–18, 5 Taf., 7 Abb. - Bespr. GZ 1 B/320, 48 A/413, 2 B/1026, 1029, 1032, 1033, 1034; NJb. 1932/3, 690.

Pfaundler A. v. Über die merkwürdige Gegend von Fassa in Tirol. - Annalen der Berg- u. Hüttenkde, 2, Salzburg 1803.

Philipp H. Neue Untersuchungen über Trias- und Eruptivgesteine von Predazzo. (Vortr.) - Nat.-med. Ver. Heidelberg, NF, 7, 1903/04.

— Paläontologisch-geologische Untersuchungen aus dem Gebiete von Predazzo. - Z. DGeolGes., 56, 1904, 1–98, K. 1:50000, 5 Taf. - Bespr. VRA 1904, 361; Boll. Com. geol. d'It., 36, 1905, 244.

Philippi E. Über einen Dolomitisierungsvorgang an südalpinem Conchodondolomit. - NJb. 1899/1, 32–46. - Bespr. Boll. Com. geol. d'It., 31, 1900, 311.

Pia J. v. Neue Studien über die triadischen Siphoneae verticillatae. - Beitr. z. Pal. u. Geol. Österr.-Ung. u. d. Orients, 25, Wien 1912, 25–81, 7 Taf.,

24 Fig. – Bespr. GZ 18/1487; Österr. botan. Z., 62, 1912, 139; Bot. Zbl., 120, 1912, 149.

— Die Siphoneae verticillatae vom Karbon bis zur Kreide. – Abh. Zool.-Bot. Ges. Wien, 11, 1920, 1–263, 8 Taf., 27 Fig. – Bespr. GZ 26/362; NJb. 1922/1, 266.

— Die Gliederung der alpinen Mitteltrias auf Grund der Diploporen. – Anzg. Ak. d. Wiss. Wien, Nr. 23, 1925, 214–217.

— Die Diploporen der deutschen Trias und die Frage der Gleichsetzung der deutschen und alpinen Triasstufen. (Vortr.) – Z. DGeolGes., 78, 1926, Mber., 192–201. – Bespr. GZ 36/1268; NJb. 1927/2, B, 165.

— Neue Arbeiten über fossile Kalkalgen aus den Familien der Dasycladaceae und Codiaceae. (Sammelreferat.) – NJb. 1928/3, 227–240.

— Zur Korallenrifftheorie des Schlerndolomits. (Vortr.) – Mitt. Geol. Ges. Wien, 22, 1929, Wien 1930, 156–157.

— Grundbegriffe der Stratigraphie. Mit ausführlicher Anwendung auf die europäische Mitteltrias. – Leipzig u. Wien (Deuticke) 1930, 252 S., 3 Abb. Auszug: Z. DGeolGes., 81, 1929, 305–312. (Vortr.) – Bespr. Mitt. Geolog. Ges. Wien, 23, 1930, Wien 1931, 168; NJb. 1931/3, 242; GR 1933, 412.

— Grundsätzliches zum Vergleiche germanischer und alpiner Trias. (Vortr.) – Mitt. Geol. Ges. Wien, 23, 1930, Wien 1931, 160–163. – Bespr. GZ 47A/1232.

— Vorliassische Diatomeen? (Sammelbericht.) – NJb. 1931/3, 107–131. – Bespr. GZ 1B/534.

Picard E. Beiträge zur Kenntnis der Gastropoden der mitteldeutschen Trias. – Diss. Halle a. S., 1902, 99 S.

Pichler A. v. Zur Geognosie der nordöstlichen Kalkalpen Tirols. (Inntal, Karw., Sonnwendgeb., Brenner, Tuxer Voralpen.) – JbRA 1856, 717–738, 1 K., 5 Prof. – Bespr. Ebd. 851; NJb. 1856, 616, 661; Bl. 98.

— Zur Geognosie der Tiroler Alpen. (Auszug aus voriger Arbeit.) – NJb. 1856, 661.

— Zur Geognosie der Tiroler Alpen. (Stratigraphie der Trias.) – NJb. 1857, 689–695. – Bespr. Bl. 115. S. a. JbRA 1857, 785–787, 795.

— Zur Geognosie Tirols. Naturwissensch. Skizze. (Triasgliederung durch Fossilien, Metamorphismus krist. Gest., Höttinger Breccie miozän, Ursache der Eiszeit, Entwässerung des Achensees früher zum Inn u. a.) – TB 1858, 59, 63, 67, 71–72, 1 K.

— Beiträge zur Geognosie Tirols. Aus dem Inn- und Wipptale. – Z. Ferd., 3. F., 8. H., Innsbruck 1859, 137–232, 1 K., 30 Prof. – Bespr. VRA 1859, 45; NJb. 1859, 753; TB 1859, 381; Bl. 150.

— Zur Geognosie Tirols. (Zweite Folge.) I. Am Schwazer Bergbau. – Z. Ferd., 3. F., 8. H., Innsbruck 1860, 1–16, 1 K., 2 Prof. – Bespr. Bl. 158.

— Zur Geognosie Tirols. (Stanerjoch, Walderalm, Stratigr.) – JbRA 1861/62, 531–532. – Bespr. TB 1862, 933; Bl. 176.

— Zur Geognosie Tirols. (Stanerjoch, Stratigr. u. Paläont. Karw.) – NJb. 1862, 868–869. – Bespr. Bl. 177.

— Beiträge zur Geognosie Tirols. (3. Folge). (Höhen nördl. Inntal v. Zirl bis zum Achensee, Stanerjoch-Überschiebung.) – Z. Ferdin., 3. F., 11. H., Innsbruck 1863, 48 S., 8 Prof. – Bespr. NJb. 1864, 372; Bl. 184.

— Der Ötztaler Stock in Tirol. – JbRA 1864, 436–438. – Bespr. VRA 1864, 141; NJb. 1865, 243; Bl. 197.

— Zur Geologie der nordtirolischen Kalkalpen. (Stratigr.) – Progr. Gymn. Innsbruck, 1864, 2 S., 1 K. – Bespr. NJb. 1865, 346; Bl. 198.

— Zur Geognosie von Tirol. (Oberinntal, Profil von Stams [Wenns] über Lermoos nach Paß Ehrwald). – VRA 1865, 232–233.

— Beiträge zur Geognosie Tirols. (4. Folge.) Zur Ötztaler Masse. – Z. Ferdin., 3. F., 12. H., Innsbruck 1865, 17 S., 1 K. – Bespr. NJb. 1865, 345; Bl. 199.

— Carditaschichten und Hauptdolomit. – JbRA 1866, 73–81. – Bespr. VR 1866, 10; NJb. 1866, 751; Bl. 229.

— Beiträge zur Geognosie Tirols. I. Megalodon triqueter Wulf. in den „oberen Schichten der Cardita crenata". (Zirl.) II. Bonebed und Jura in der Ötztaler Masse. (Imsterberg.) III. Über Seeben. IV. Eruptivgesteine vom Wetterstein. V. Asphaltschiefer bei Tarrenz. – JbRA 1866, 501–504. – Bespr. VRA 1866, 141; TB 1866, 1097, 1101; Bl. 230.

— Beiträge zur Geognosie Tirols. VI. Keuperpflanzen der „oberen Carditaschichten". (Weißenbach bei Reutte, Kochental bei Telfs, Zirl.) VII. Tonerdehydrat von Zirl. – VRA 1867, 50–51. – Bespr. Bl. 244.

— Sammlung von Petrefakten aus den alpinen Gesteinsschichten Nordtirols. (Pflanzenreste von Zirl, Telfs und Weißenbach, Ammoniten bei Ehrwald.) – Bespr. VRA 1867, 218.

— Beiträge zur Geognosie Tirols. VII. Die erzführenden Kalke von Hopfgarten bis Schwaz. Auszüge: VIII. Gneis aus der Gegend von Schwaz. IX. Asphalt im Hauptdolomit. (Zirl.) X. Fossiles Harz. (Telfs.) XI. Megalodon triqu. im Hauptdol. (Zirl.) XII. Trias des Stubai. – VRA 1867, 236–237, 367–368.

— Zur Geognosie der Alpen. (Karte des Raumes Imst-Inn-Zirl-Scharnitz-Grenze mit Erläuterungen.) – Z. Ferdin., 3. F., 13. H., Innsbruck 1867, 177–180, 1 K. – Bespr. VRA 1867, 67; NJb. 1867, 750; TB 1867, 302.

— Beiträge zur Geognosie Tirols. VIII. Gneis aus der Gegend von Schwaz. IX. Asphalt im Hauptdolomit. (Telfs.) X. Megalodon triqueter im Hauptdolomit. (Zirl.) XI. Fossiles Harz. (Telfs.) XII. Die Trias des Stubai. XIII. Bactryllienmergel von Arzl. XIV. Zur Fauna der „oberen Carditaschichten". (Zirl.) XV. Mineralogisches. (Zirl.) – JbRA 1868, 45–52. – Bespr. NJb. 1870, 112.

— Beiträge zur Geognosie und Min. Tirols. XVI. Aus den oberen Carditaschichten des Achentales. XVII. Die Zone des Amm. planorbis in Nordtirol (Leutasch und Pfonserjoch). XVIII. Die Gosauformation des Sonnwendjoches. XIX. In der Wildschönau. XX. Findlinge von Eruptivgesteinen bei Innsbruck. XXI. Min. aus dem Phyllit bei Innsbruck und vom Madersbacher Köpfl. XXII. Eine alte Mineralogie: (Landreim G. Rösch, 1558.) – JbRA 1869, 207–216. – Bespr. VRA 1869, 101.

— Über das Vorkommen von Steinkohlen im Hauptdolomit bei Pertisau, von fossilem Harz und Fischschuppen. – VRA 1869, 318.

— Beiträge zur Geognosie Tirols. XXIII. Aus der Steinkohlenformation des Steinacher Joches. XXIV. Zur Trias in Südtirol. (Kohlen im Grödner Sandstein bei Eppan.) – JbRA 1870, 273–274; XXIII auch NJb. 1870, 1025–1026.

— Einiges Neue für tirolische Mineralogen und Geognosten. (Brixner Granit obertriadisches

Alter, Verrucano von Serfaus, Trias von Mauls, Grödner Sandstein von Eppan, Diorit vom Lüsental, Melaphyr von Kaltern, Tirolit von Kogel, Wad von Matrei, Pseudomorphosen von Gips und Steinsalz, Serizit von Pill, Erratica von Grünsteinporphyr bei Hötting, Quarzporphyrit bei Vintl u. a.) - TB 1870, 689, 775, 1266.

— Beiträge zur Paläontologie Tirols. (Jßjöchl, Inn- und Achental, Sonnwendgeb., Nonsberg.) - NJb. 1871, 61–62. - Bespr. VRA 1871, 28.

— Geologisches aus Tirol. (Fossilien bei Nassereith.) - NJb. 1874, 61.

— Aus der Trias der nördl. Kalkalpen Tirols. (Martinswand, Nordkette, Stanerjoch.) - NJb. 1875, 265–278. - Bespr. VRA 1875, 125; Bl. 399.

— Beiträge zur Geognosie Tirols. 1. Die Porphyrite. (Töllit [Töll und Lienz], Vintlit, Ehrwaldit.) 2. Aus der Granitmasse von Brixen. 3. Aus der Porphyrmasse von Bozen. 4. Porphyrische Schiefer. (Fieberbrunn.) 5. Varietäten des Tonglimmerschiefers. (Porphyroide südl. Innsbruck.) 6. Vom Cislon. 7. Zu den Carditaschichten. 8. Vom Sonnwendjoch. 9. Mineralogische Notizen. (Zillertal.) - NJb. 1875, 926–936. - Bespr. VRA 1876, 52; Bl. 400.

— Beiträge zur Geognosie und Mineralogie Tirols. I. Aus dem Achental. (Stanerjoch.) II. Aus der Pensermasse. III. Aus dem Quarzphyllit bei Innsbruck. (Min.) - NJb. 1876, 919–923. - Bespr. TB 1876, 1401.

— Mitteilungen aus den Alpen. (Min. von Nassereith, Profil bei Schwaz, Stanerjoch) - NJb. 1877, 620–621. - Bespr. Bl. 467.

— Vom Sonnwendjoch. - VRA 1886, 311–315. - Bespr. Bl. 670.

— Zur Geologie der Kalkgebirge südlich von Innsbruck. (Kalkkögel und Tarntaler K.) - VRA 1887, 45–47. - Bespr. NJb. 1889/2, 85; Bl. 701.

— Beiträge zur Geognosie Tirols. (Konglomerate im Kuntersweg, Profile durch den Tschirgant.) VRA 1887, 205–207. - Bespr. NJb. 1888/2, 102; 1889/2, 85.

— Zur Geognosie des Sonnwendjoches. - VRA 1888, 91–93.

— Beiträge zur Min. und Geologie von Tirol. (Einzelheiten von Sulferbruck, Höttinger Graben, Karw., Achental, Oberinntal.) - VRA 1888, 298–300.

— Zur Geologie von Tirol. (Glaziales vom Mieminger Plateau, Stratigr. der Saile, Paläont. der Carditaschichten, Aufbau der Mieminger Berge.) - VRA 1890, 90–95. - Bespr. NJb. 1891/2, 440; TB 1890, 453.

— Über das Wildangergebirge. - VRA 1891, 195.

Polifka S. Beitrag zur Kenntnis der Fauna des Schlerndolomits. - JbRA 1886, 595–606. - Bespr. NJb. 1888/1, 318.

Quenstedt A. Über St. Cassian. (Brief an Bronn.) - Leonh. u. Br. Jb., 1845, 680–684.

Rassmuss H. Zur Kenntnis der Werfener Schichten bei Berchtesgaden. - Z. DGeolGes., 63, 1911, Mber. Nr. 11, 553–557. - Bespr. GZ 18/983.

— Über die Parallelisierung des deutschen und alpinen Muschelkalkes. - Z. DGeolGes., 65, 1913, Mber. Nr. 5, 229–238. - Bespr. GZ 21/458.

Reich H. Über ein neues Vorkommen von Fossilien im Servino des Luganersees. - Zbl. f. Min., 1912, 702–704. - Bespr. GZ 18/1737; EgH 13, 1914, 102.

Reis O. M. Eine Fauna des Wettersteinkalkes. 1. Teil. Gastropoden. - Geogn. Jh., 13, 1900 (1901), 71–105, 6 Taf. - 2. Teil. Nachtrag hiezu. Ebd., 18, 1905 (1907), 113–152, 4 Taf., 19 Fig. - 3. Teil. Gastropoden, Bivalven, Brachiopoden etc. Ebd., 39, 1926, 87–138, 10 Taf., 3 Fig. - Bespr. GZ 10/2039; NJb. 1928/3, 227.

— Erläuterungen zur Geolog. Karte des Wettersteingebirges. - Geogn. Jh., 23, 1910 (1911), 61–114, 2 K. 1:25000 (mit F. W. Pfaff), 1 Skz., 15 Abb., 1 Blge.

— Über Konglomerate in den Allgäuer Kössener Schichten. - Geogn. Jh., 37, 1924 (1925), 71–72.

Reiser K. Geologie der Hindelanger und Pfrontener Berge im Allgäu. - 1. Teil. Geogn. Jh., 33, 1920 (1922), 57–198, K. 1:25000. 2. Teil. Ebd., 35, 1922 (1923), 1–82. 3. Teil. Ebd., 37, 1924 (1925), 1–34, 1 T., 3 Abb. - Bespr. GZ 29/443, 32/575; NJb. 1924/2, 241.

Repossi E. Il Mixosauro degli strati triasici di Besano in Lombardia. - Atti Soc. it. Sc. nat., v. 41, f. 3, Milano 1902, 361–372, 2 T. - Bespr. Boll. Com. geol. d'It., 35, 1904, 84; NJb. 1904/1, 139.

Reuss A. E. Anthozoen der Kössener Schichten und der alpinen Trias. - Sber. Ak. d. Wiss. Wien, math.-nat. Kl., Wien 1856.

— Über einige Anthozoen der Kössener Schichten und der alpinen Trias. - Sber. Ak. d. Wiss. Wien, 50, 1864, 153–169.

— Korallen in der alpinen Trias. - Sber. Ak. d. Wiss. Wien, 23. 6. 1864. - Bespr. NJb. 1864, 759; Quart. Journ. of the Geol. Soc. London, 1865, 5–8.

— Zwei neue Anthozoen aus den Hallstätter Schichten. - Sber. Ak. d. Wiss. Wien, 51, 1865, 1–15. - Bespr. NJb. 1866, 502.

— Über einige Crustaceenreste aus der alpinen Trias Österreichs. - Sber. Ak. d. Wiss. Wien, 55, 1, 1867, 277–285. - Bespr. NJb. 1867, 762.

— Paläontolog. Beiträge: 8. Foraminiferen und Ostracoden aus den Schichten von St. Cassian. - Sber. Ak. d. Wiss. Wien, m.-n. Kl., 57, 1, 1868.

Richter M. Geologischer Führer durch die Allgäuer Alpen zwischen Iller und Lech. - Berlin 1924, Sammlg Borntraeger Nr. 24, 224 S., 30 Fig., 7 Taf. - Bespr. GR 1924, 366; GZ 33/1318; Geogr. Z., 31, 1925, 184.

— Der Wert der Sedimentpetrographie. - Steinbruch u. Sandgr., 1928, 567–571. - Bespr. GZ 40/350.

Richthofen F. Frh. v. Trias- und Liasgebilde in Vorarlberg und dem Fürstentum Liechtenstein. - JbRA 1857, 796.

— Die Kalkalpen von Vorarlberg und Nordtirol. - 1. Abt. JbRA 1859, 72–137, 2 Taf., 12 Prof. 2. Abt. JbRA 1861/62, 87–206, 1 Taf., 39 Prof. - Bespr. NJb. 1860, 843; Bl. 148, 165.

— Geognostische Beschreibung der Umgegend von Predazzo, St. Cassian und der Seisser Alpe in Südtirol. - Gotha (Perthes) 1860, 327 S., K. 1:130000, 4 Proftaf. - Bespr. VRA 1860, 62; Bl. 157.

— Über Mendola- und Schlerndolomit. - Z. DGeol-Ges., 26, 1874, 225–256. - Bespr. NJb. 1875, 102; VRA 1874, 350; Bl. 375.

Romberg J. Über die Altersbeziehungen der Eruptivgesteine im Fassa- und Fleimstale. - VRA 1903, 365–380. - Bespr. GZ 7/1676; NJb. 1904/2, 213; Boll. Com. geol. d'It., 35, 1904, 420.

— **-Burri C.** Neue Beiträge zur Petrographie von Predazzo und Monzoni. - Aus d. Nachlaß herausg. v. C. Burri. Mit Anhang: Übersicht über den heutigen Stand unserer Kenntnisse der Differentiation in den Gebieten von Predazzo und Monzoni. Von C. Burri. - NJb. 1928, Bbd 58, A, 109–140.

Rothpletz A. Geolog. und paläontolog. Monographie der Vilser Alpen mit besonderer Berücksichtigung der Brachiopodensystematik. - Palaeontographica, 33, 1886, 1887, 180 S., K. 1:25000, 16 Taf. - Bespr. VRA 1887, 188; NJb. 1887/2, 477; Mitt. Geogr. Ges. München, 8, 1913, 59; Bl. 678.

— Nachträgliches zu der geologisch-paläontologischen Monographie der Vilser Alpen. - NJb. 1889/2, 146-147.

— Über Sphaerocodium Bornemanni, eine neue fossile Kalkalge aus den Raibler Schichten der Ostalpen. - Botan. Zbl., 41, 9, Cassel 1890. - Bespr. NJb. 1894/1, 231.

— Ein geologischer Querschnitt durch die Ostalpen nebst Anhang über die sog. Glarner Doppelfalte. - Stuttgart 1894, 268 S., 2 T., 115 Abb. - Bespr. Mitt. DÖAV, 1895, 10; Carinthia II, 85, 1895, 36; NJb. 1896/1, 276; Bl. 874; PetMitt., 41, 1895, Litber., 18; EgH 4, 1894, 164; Jber. Natf. Ges. Grbd., NF, 38, Chur 1895, 56; Arch. d. sc. phys. et nat., t. 31, Gnieve 1894, 254.

— Über das Alter der Bündner Schiefer. - Z. DGeol. Ges., 47, 1895, 1-56, 2 Taf., 9 Fig. - Bespr. VRA 1895, 362; NJb. 1898/1, 500; Bl. 923; PetMitt., 41, 1895, Litber., 148; Jber. Natf. Ges. Grbd., NF, 39, Chur 1896, 271; Ann. d. Géogr., t. 5, Paris 1896, An. bibl., 89; EgH 5, 1897, 91, 119, 129.

— Geologische Alpenforschungen. I. Das Grenzgebiet zwischen den Ost- und Westalpen und die rhätische Überschiebung. - München 1900, 176 S., 1 K., 4 Taf., 69 Fig. - Bespr. GZ 1/1492; Zbl. f. Min., 1902, 114; PetMitt., 47, Litber., 16; EgH 7, 1901-1902, 487; Jber. Natf. Ges. Grbd., NF, 44, 163; Jb. Natwiss., 17, 314.

Rüger L. Zur Altersfrage der Bewegungen und Metamorphosen im Penninikum der Tessiner Alpen. - GR 25, 1934, 1-10.

Salomon W. Die Adamellogruppe, ein alpines Zentralmassiv, und seine Bedeutung für die Gebirgsbildung und unsere Kenntnis von dem Mechanismus der Intrusionen. - Abh. RA, 21, 1. Teil 1908, 1-133, 2 K., 6 Taf., 91 Abb.; 2. Teil 1910, 435-603, 3 Taf., 7 Abb. - Bespr. GZ 17/232; GR 1911, 524; NJb. 1911/1, 276; 1912/2, 226; PetMitt., 57, 1911/2, 219; Boll. Com. geol. d'It., 40, 1909, 383.

Salomon-Calvi W. Epeirophorese. Teil III. Die vordiluvialen Eiszeiten. A. Die Eiszeiten des Tertiärs und Mesozoikums. - Sber. Heidelberger Ak. d. Wiss., math.-natw. Kl., 8. Abh., 1931, 31 S. - Bespr. Z. f. Glkde, 20, 1932, 180; GZ 47 A/988; NJb. 1932/2, 169.

Sandberger F. Über das Äquivalent des (oberen) Muschelkalkes in den Südalpen. - NJb. 1869, 211-212. - Bespr. VRA 1869, 119.

Sander B. Über Mesozoikum der Tiroler Zentralalpen. I. Kalkkögel. - VRA 1915, 140-148, 1 Skz. - Bespr. GZ 22/1322; NJb. 1921/1, 216.

— Erläuterungen zur geologischen Karte Meran-Brixen. (Mit Beiträgen von W. Hammer.) - Schlern-Schr., 16, Innsbruck (Wagner) 1929, 1-111 u. Ber. Natw.-med. Ver. Innsbruck, 41, 1929, 1-111, 4 Blg. - Bespr. VBA 1930, 225; Mitt. Geol. Ges. Wien, 1930, 165; GZ 43/1153; Der Schlern, 11, 1930, 90; Z. f. prakt. Geol., 38, 1930, 16; Studi Trent. Sc. Nat., 12, 1931, 152.

Schafhäutl K. E. v. Die Versteinerungen des Kressenberges. Keuper- und Liaspflanzen der bayerischen Alpen. - NJb. 1856, Briefl. Mitt., 819. - Bespr. Bl. 101.

— Der weiße Jura im Wettersteingebirgsstock und der Lias im Hochfelln der bayerischen Alpen. - NJb. 1865, 789-802. - Bespr. Bl. 217.

Schauroth K. v. Die Trias und ihre Fossilreste um Recoaro. Geologisches über St. Cassian und Recoaro. - NJb. 1855, 315-317. - Bespr. Bl. 83.

— Keuper- und Liasgrenze im Venetianischen. - NJb. 1856, 823 ff.

Schenk A. Pflanzenreste des Muschelkalkes von Recoaro. - In: Benecke, Geogn. u. pal. Beiträge, 2, H. 1, München 1868, 69-87. - Bespr. VRA 1869, 16.

— Bemerkungen über einige Pflanzenreste aus den triasischen und liasischen Bildungen der Umgebung des Comersees. - Ber. d. math.-phys. Kl. d. Sächs. Ges. d. Wiss., Januar 1889, 13 S., 1 Taf. - Bespr. NJb. 1890/2, 167; Boll. Com. geol. d'It., 21, 1890, 524.

Schlönbach U. Gliederung der rhätischen Schichten bei Kössen. - VRA 1867, 211-212.

Schlosser M. Zur Geologie von Nordtirol. - VRA 1895, 340-361. - Bespr. NJb. 1898/1, 309; Bl. 911.

— Ein neuer Fundplatz von Hallstätter Kalk in den bayrischen Alpen. (Bei Berchtesgaden.) - Z. DGeolGes., 49, 1897, 925-926.

Schmidt A. R. Bemerkungen über den roten Sandstein im Leukentale. - VRA 1885, 238. - Bespr. NJb. 1886/1, 80; Bl. 658.

Schwinner R. Die älteren Baupläne in den Ostalpen. (Vortr.) - Z. DGeolGes., 81, 1929, 110-120, 2 Abb. Auszug ebd., 80, B, Mber. 1928, 266. - Bespr. GZ 42/273; NJb. 1933/2, 16.

Seidl E. Grundsätzliche Beziehungen zwischen Tektonik und Faziesbildung in den Nördlichen Kalkalpen und den Schweizer Alpen im Mesozoikum und Känozoikum. (Vortragsauszug.) - Z. DGeolGes., 80, 1928, B, Mber., 256-257.

Skuphos Th. Über Partanosaurus Zitteli Skuph. u. Microleptosaurus Schlosseri nov. gen. nov. spec. aus den Vorarlberger Partnachschichten. (Bei Braz.) - Abh. RA 1889-1893, 15, H. 5, 16 S., 3 T. - Bespr. NJb. 1895/1, 529.

— Die stratigraphische Stellung der Partnach- und der sog. „Unteren Carditaschichten" in den nordtiroler und bayrischen Alpen. - Geogn. Jh., 4, 1891, Cassel 1892, 87-142, 12 Abb., 1 Tab. - Bespr. VRA 1892, 307; NJb. 1893/2, 524; Bl. 795.

— Über die Entwicklung und Verbreitung der Partnachschichten in Vorarlberg und im Fürstentum Liechtenstein. - JbRA 1893, 145-178, 1 Taf., 9 Abb. - Bespr. Mitt. Geogr. Ges. München, 1911, 446; NJb. 1893/2, 524.

— Vorläufige Anzeige über Partanosaurus Zitteli etc. (Braz.) - Zool. Anzeiger, Nr. 413, 1893, 67.

Spengler E. Die Faziesverhältnisse der Trias in den östlichen Nordalpen und deren Beziehung zur Tektonik. (Vortragsauszug.) - Z. DGeolGes., 80, 1928, B, Mber., 259.

Speyer K. Die Triasfossilien der Adamellogruppe. - VBA 1927, 142-145. - Bespr. GZ 39/1206; NJb. 1928/3, 227.

Spitz A. Studien über die fazielle und tektonische Stellung des Tarntaler- und Tribulaun-Mesozoikums. - JbRA 1918, 171-204, 1 Taf., 7 Fig. - Bespr. GZ 26/429.

Stabile G. Dei fossili del terreno triassico nei dintorni del Lago di Lugano. - Verh. Allgem. Schw. Ges. f. d. ges. Natwiss., Versammlg. St. Gallen 1854, 43-44, 153-160; Forts. Mem. II, Vers. Basel 1856, 141-152.

— Sur les fossiles de la dolomie compacte des environs du lac de' Lugano (Monte Salvatore). – Atti Soc. elv. d. Sc. nat., riun. in Lugano nel 1860, Lugano 1861, 22–23. – Bespr. Archives d. sc. phys. et nat., 9, Genève 1860, 145; Atti d. Soc. It. d. Sc. nat., 2, Milano 1861, 317.

— Fossiles des environs du lac de Lugano. – Atti Soc. elv. Sc. nat., riun. Lugano nel 1860, Lugano 1861, 135–162. – Bespr. NJb. 1861, 728.

Stache G. Vertretung der Permformation in den Südalpen. (Vortr.) – VRA 1874, 365–367. – Bespr. Bl. 382.

Steinmann G. Bemerkungen über Trias, Jura und Kreide in der Umgebung des Luganer Sees. – In: C. Schmidt u. G. Steinmann, Geol. Mitt. aus der Umgebung von Lugano. – EgH 2, 1890, 57–69; Verh. Natf. Ges. Basel, 9, Basel 1890, 301–313.

— Geolog. Beobachtungen in den Alpen. I. Das Alter der Bündner Schiefer. – Ber. Natf. Ges. Freiburg i. Br., 9, 1895, 245–263; 10, 1898, 215–292, Abb. – Bespr. VRA 1895, 362; NJb. 1899/2, 282; PetMitt., 44, 1898, Litber., 24; Bl. 924; Jber. Natf. Ges. Grbd., NF, 39, Chur 1896, 273; 41, 1898, 141; EgH 5, 1897–1898, 93, 132, 381, 420, 427, 449; Ann. de Géogr., 5, Paris 1896, Ann. bibl., 90; 7, 1898, 94; Arch. d. sc. phys. et nat., t. 6, Genève 1898, 284, 346, 349, 355; Boll. Com. geol. d'It., 27, 1896, 458; 30, 1899, 101.

Stier K. Die ostalpinen Blei-Zink-Erzvorkommen der Wettersteinkalke, deren regionale Verbreitung, Tektonik, Anreicherung, Genesis und wirtschaftliche Bedeutung. – Metall und Erz, 26, 1929, 427–428; Kohle und Erz, 26, 1929, 835–837; Internat. Bergwirtsch. u. Bergtechnik, 22, 1929, 309–310.

Stoliczka F. Über die Gastropoden und Acephalen der Hierlatzschichten. – Sber. Ak. d. Wiss. Wien, math.-nat. Kl., 43, 1. Abt., 1861, 157–204, 7 Taf.

Stolley E. Über einige Brachyuren aus der Trias und dem Dogger der Alpen. – JbRA 1914, 675–682, 1 Taf. – Bespr. GZ 22/1349.

Stolz R. Appunti sull'anisico del gruppo delle Grigne (Lombardia). – Estr. d. „Natura", Riv. d. Sc. nat., v. 17, 1926.

Stoppani A. Notizen über die oberen Triasgebilde der Lombardischen Alpen. – JbRA 1858, 137–142.

— Paléontologie lombarde ... – Milano 1858–1870, 4 Bände. – Bespr. VRA 1858, 124; NJb. 1858, 766; 1859, 356; 1860, 762; 1869, 126; 1870, 1024; 1874, 103; 1875, 775.

— Géologie et paléontologie des couches à Avicula contorta en Lombardie ... – Pal. lomb., s. 3, v. 1, Milano 1860–1865, 267 S., 60 Taf., 1 Tab.

— Sulle condizioni generali degli strati ad Avicula contorta, sulla loro costituzione in Lombardia e sulla costituzione definitiva del piano infraliasico. – Atti Soc. It. Sc. nat., v. 3, Milano 1862, 86–176, 1 Tab. – Bespr. Arch. d. sc. phys. et nat., t. 13, Genève 1862, 67.

— Nuove osservazioni sull'infralias, in appendice alla memoria sulle condizioni generali degli strati ad Avicula contorta. – Atti Soc. It. Sc. nat., v. 4, Milano 1862–1863, 316–355.

— Sulla concordanza geologica tra i due versanti delle Alpi, dedotta dagli studii dell'infralias sul versante nord-ovest. – Atti Soc. It. Sc. nat., v. 5, Milano 1863, 124–148. – Bespr. NJb. 1864, 764; Ann. d. mines, Mém., t. 8, Paris 1865, 428.

— Risultati geologici dedotti dallo studio delle grandi bivalvi cardiformi ai limiti superiore ed inferiore della zona ad Avicula contorta. – Atti Soc. It. Sc. nat., v. 7, Milano 1864.

Stur D. Über das Niveau der Halobia Haueri. Ein Beitrag zur Kenntnis der alpinen Trias. – JbRA 1869, 281–288. – Bespr. Bl. 278.

— Die Gliederung der alpinen Trias. St. Cassian. Nordtirol und Vorarlberg. Haller Salzberg. – In: Geol. d. Steiermark, Graz 1871, 268–271, 276–278, 304–305, 307, 309–313.

Suess E. Brachiopoden der Kössener Schichten. – JbRA 1852, 1. H., 180–181.

— Über die Brachipoden der Kössener Schichten. – Sber. Ak. d. Wiss. Wien, 10, 1853, 283–287; Denkschr. d. Ak. d. Wiss. Wien, 7, 1854, 29–65, 4 Taf. – Bespr. NJb. 1854, 87.

— u. **Mojsisovics E. v.** Briefe zur Nomenklatur der oberen Trias. – Wien 1898, 9 S.

Suess F. E. Das Gebiet der Triasfalten im Nordosten der Brennerlinie. – JbRA 1894, 589–670, 4 Taf., 2 Abb. – Bespr. NJb. 1897/1, 303; Bl. 881.

— Zur Geologie der Tarntaler Köpfe und der umgebenden Berge südöstlich von Innsbruck. (Vortr.) – VRA 1894, 176.

Sussmann O. Zur Kenntnis einiger Blei- und Zinkerzvorkommen der alpinen Trias bei Dellach im Oberdrautal. – JbRA 1901, 265–300, 1 K., 5 Fig. – Bespr. NJb. 1904/1, 396; GZ 3/1780; Carinthia II, 1903, 62.

Taramelli T. Osservazioni stratigrafiche sulle valli del Bût e del Chiarsó in Carnia. – Ann. d. R. Ist. Tecn. di Udine, 4, 1870, 27 S., 1 Taf. Auszug: Boll. Com. geol. d'It., 2, 1871, 63–70. – Bespr. VRA 1871, 100.

— Comunicazione sui terreni paleozoici e mesozoici Alpini. – Boll. Soc. geol. it., v. 2, f. 2, Roma 1883, 106–107.

— Osservazioni geologiche sul terreno Raibliano e sulle formazioni alluvionali nei dintorni di Gorno, in Valle Seriana, provincia di Brescia. – Boll. Soc. geol. it., v. 6, f. 4, Roma 1888, 525–544.

Taricco M. Osservazioni preliminari sul Mesozoico della Valcuvia (Lago Maggiore). – Boll. Soc. geol. it., v. 44, f. 2, Roma 1926, 139–146. – Bespr. GZ 39/336.

Tarnuzzer Chr. Wanderungen in der bündnischen Triaszone. – Jber. Natf. Ges. Grbd., NF, 36, Chur 1893, 1–64, 7 K. – Bespr. NJb. 1895/1, 484; Z. f. prakt. Geol., 1894, 331; EgH 4, 1894, 179; Arch. d. sc. phys. et nat., 31, Genève 1894, 483; Bl. 860.

Tausch L. v. Über die Bivalvengattung Conchodus und Conchodus Schwageri n. f. aus der obersten Trias der Nordalpen. – Abh. RA, 17, 1892, 1–8, 3 Taf., 2 Fig.

Teichmüller R. Zur Frage des Alters der tektonischen Bewegungen in den südlichen Kalkalpen (westlich des Tagliamento). – Z. DGeolGes., 81, 1929, 381–410, 18 Abb. – Bespr. GZ 42/59.

Termier P. Sur les nappes de la région de l'Ortler. – C. R. Acad. Sc. Paris, 139, II, 17. 10. 1904, 617–618. – Bespr. VRA 1905, 64; GZ 7/1253; NJb. 1907/2, 262, 436; EgH 8, 1903, 633.

Theobald G. Über die Trias- und Liasbildungen der nächsten Umgebung von Samaden (Piz Padella). – Verh. Schw. Natf. Ges., Vers. Samaden 1863, Chur 1863, 44–46. – Bespr. Arch. d. sc. phys. et nat., n. p., t. 18, Genève 1863, 158.

Tommasi A. Il Trias inferiore delle nostre Alpi coi suoi giacimenti metalliferi. Il Pizzo dei Tre Signori. – Prem. e pubbl. d. Soc. promotr. d. esplorazioni scient. in Milano 1882, 1 Taf., 1 K. – Bespr. Boll. Com. geol. d'It., 13, 1882, 280.

— Note paleontologiche. 1. I fossili (triasici) della Rasa (presso Varese). 2. Su alcuni fossili triasici del Veneto (Marmolata-Recoaro-Raveo). - Boll. Soc. geol. it., v. 4, 1885, Roma 1886, 199–217, 5 Taf.

— Alcuni brachiopodi della zona raibeliana di Dogna nel Canal del Ferro. - Annali d. R. Ist. Tecn. Ant. Zanon in Udine, s. 2, a. 5, 1887, 109.

— La fauna del calcare conchigliare (Muschelkalk) di Lombardia. - Mem. prem. R. Ist. Lomb. d. Sc. e Lett., Pavia 1894, 168 S., 2 Taf., 1 Tab. - Bespr. NJb. 1896/2, 343; Boll. Com. geol. d'It., 26, 1895, 501.

— Contributo alla fauna del calcare bianco del Latemar e della Marmolada. - Atti Ist. R. Accad. degli Agiati Rovereto, s. 3, v. 1, 1895, 7 S., 1 Taf.; Ann. SAT, Trento 1896, v. 19, 251–257. - Bespr. NJb. 1897/1, 117; Boll. Com. geol. d'It., 27, 1896, 464.

— Sulla fauna del Trias inferiore nel versante meridionale delle Alpi. - Rend. Ist. Lomb. Sc. e Lett., s. 2, v. 28, 1895, 4 S. (Mat. faun. d. Mus. di Rovereto). - Bespr. NJb. 1897/1, 117; Boll. Com. geol. d'It., 27, 1896, 464.

— La fauna del Trias inferiore nel versante meridionale delle Alpi. - Pal. It., Mem. di Pal., pubbl. p. cura del prof. M. Canavari, v. 1, 1895, Pisa 1896, 43–76, 2 Taf. - Bespr. NJb. 1896/2, 344; VRA 1897, 105; Boll. Com. geol. d'It., 28, 1897, 391.

— Alcuni fossili nel Trias inferiore delle nostre Alpi. - Rend. R. Ist. Lomb., s. 2, v. 32, f. 11, Milano 1899, 771–774. - Bespr. Boll. Com. geol. d'It., 31, 1900, 407.

— La fauna dei calcari rossi e grigi dell Monte Clapsavon nella Carnia occidentale. - Paleaontogr. Ital., 5, 1899, Pisa 1900, 1–54, 7 Taf. - Bespr. NJb. 1901/2, 134; Boll. Com. geol. d'It., 32, 1901, 384.

— Due nuovi Dinarites nel Trias inferiore della Val del Dezzo. - Boll. Soc. geol. it., v. 21, f. 2, Roma 1902, 344–348, 1 Taf. - Bespr. Boll. Com. geol. d'It., 35, 1904, 105.

— Alcuni fossili nuovi del Trias inferiore delle nostre Alpi. - Rend. R. Ist. Lomb., v. 2, Milano 1902, 32–35, 1 Taf. - Bespr. GZ 3/876.

— Revisione della fauna a molluschi della dolomia principale di Lombardia. - Palaeontrogr. It., v. 9, Pisa 1903, 95–124, 3 Taf. - Bespr. Boll. Com. geol. d'It., 36, 1905, 70.

— Una Lima nuova ed una Pinna del Muschelkalk di Recoaro. - Boll. Soc. geol. it., v. 23, f. 2, Roma 1904, 301–305. - Bespr. GZ 6/961; Boll. Com. geol. d'It., 36, 1905, 341.

— Cenni preventivi per una nuova fauna triasica della Valsecca in Val Brembana. - Rend. R. Ist. Lomb., v. 42, Milano 1909, 366–369. - Bespr. Boll. Com. geol. d'It., 41, 1910, 476.

Tornquist A. Über den Fund eines Ceratites nodosus aut. in der vicentinischen Trias und über die stratigraphische Bedeutung desselben. - Nachr. Ges. d. Wiss. Göttingen, math.-phys. Kl., 1896, 28 S., 1 Abb. - Bespr. NJb. 1897/2, 128; VRA 1897, 102; Boll. Com. geol. d'It., 28, 1897, 392.

— Neue Beiträge zur Geologie und Paläontologie der Umgebung von Recoaro und Schio (im Vicentin). I. Die nodosen Ceratiten. - Z. DGeol-Ges., 50, 1898, 209–233, 3 Taf. - II. Die Subnodosus-Schichten. - Ebd. 637–694, 4 Taf. - III. Der Spitzkalk. - Ebd. 51, 1899, 341–377. - IV. Die Sturia-Kalke (Trinodosus-Niveau). - Ebd. 52, 1900, 118–153, 3 Taf. - Bespr. NJb. 1900/1, 115, 274; 1900/2, 433; GZ 1/67; Bl. 988; Boll. Com. geol. d'It., 30, 1899, 370; 31, 1900, 407; 32, 1901, 384.

— Das Vicentinische Triasgebirge. Eine geologische Monographie. - Stuttgart (Schweizerbart) 1901, 195 S., 2 K. 1:25000, 14 Abb., 10 Fig. u. tekt. Skz. - Bespr. NJb. 1901/2, 98; GZ 2/43; Mitt. DÖAV, 1903, 49; Boll. Com. geol. d'It., 34, 1903, 60.

— Die Buchensteiner Schichten. - Zbl. f. Min., 1916, 130–135.

Toula F. 1. Vorkommen der Raibler Schichten mit Corbis Mellingi zwischen Villach und Bleiburg in Kärnten. 2. Bemerkungen über die Hangendschichten der Krone (Pontafel Nord). 3. Anzeichen des Vorkommens der oberen Trias im karnischen Hauptzuge zwischen Uggowitz und Feistritz. - VRA 1887, 296–298, 2 Fig. - Bespr. NJb. 1889/2, 126.

Trener G. B. Die Lagerungsverhältnisse und das Alter der Corno alto-Eruptionsmasse in der Adamellogruppe. (Vorl. Mitt.) - VRA 1910, 373–382, 1 Fig. - Bespr. GZ 17/1684; NJb. 1913/1, 441; Boll. Com. geol. d'It., v. 42, 1911, f. 4, 129.

— Età e giacitura del massiccio granitico del Corno alto (Adamello). - Tridentum, Riv. mens. d. Stud. sc., an. 13, Trento 1911, 48–54, K. 1:100000. - Bespr. Boll. Com. geol. d'It., 43, 1913, f. 4, 146.

— Die sechsfache Eruptionsfolge des Adamello. Das postrhätische Alter der Tonalitzwillingsmasse. (Vorl. Mitt.) - VRA 1912, 98–112, 5 Fig.

Trevisan L. Aggiunte alla fauna anisica del Vicentino. - Atti Acc. Sc. Ven.-Trent.-Istr., s. 3, v. 22, 1931, 115–117.

Trusheim F. Makroskopische Fossilien im Hauptdolomit. - Senckenbergiana, 10, Frankfurt a. M. 1928, 292–294. - Bespr. GZ 43/2046.

— Die Mittenwalder Karwendelmulde. Beiträge zur Lithogenesis und Tektonik der nördlichen Kalkalpen. - Diss. Frankfurt a. M.; Wiss. Veröffentl. DÖAV, Nr. 7, 1930, 67 S., K. 1:25000, 3 Prof., 19 Abb. - Bespr. PetMitt, 77, 1931, 270; GZ 46A/1881.

Tschurtschenthaler L. Geognostische Notizen über St. Cassian und die südtirolische Triasformation. - Progr. Gymnas. Brixen, 1853, 30 S. - Bespr. Bl. 52.

Uttinger G. Bemerkungen über die Übergangsformation ... im tirolischen Unterinntal. - Leonhards Min. Taschenbuch f. 1819.

Vacek M. Vorlage der geol. Karte des Nonsberges. (Bl. Cles.-Vortr.) - VRA 1882, 42–47. - Bespr. Bl. 590.

— Über die geologischen Verhältnisse der Umgebung von Trient. - VRA 1895, 467–483. - Bespr. NJb. 1897/2, 109; Bl. 910; Boll. Com. geol. d'It., 27, 1896, 470.

Van Houten L. Het probleem der facieswisseling in de Midden-Trias der Zuid-Tyroolsche Dolomieten. (Die Frage des Fazieswechsels i. d. Mitteltrias der Südtiroler Dolomiten.) - Vortr., Den Haag am 22. März 1930, 5 S., 1 Skz. - Bespr. GZ 46A/340.

Vardabasso S. Risultati di nuove ricerche sopra il territorio eruttivo di Predazzo e Monzoni nel Trentino. - Boll. Soc. geol. it., v. 43, f. 2, Roma 1924, 170–176. - Bespr. GZ 39/155; Atti Acc. Sc. Ven.-Trent.-Istr., v. 20, 1929, 15.

— Rapporti fra attività magmatica e vicende tettoniche nella provincia petrografica di Predazzo (Trentino, Italia). - C. R. XV Congr. géol. intern., Pretoria 1929, Bd 2, 49–62, mit engl. Inhaltsangabe; Studi Trent. Sc. Nat., 11, 1930, 253–272. - Bespr. GZ 45/633; NJb. 1931/2, 819.

— Studio geo-idrografico del Bacino dell'Avisio (Valli di Fassa, Fiemme e Cembra). Geologia, morfologia, idrografia, carta della permeabilità delle rocce. - Min. d. Lav. Pubbl., Uff. Idrogr.

d. R. Mag. a. Acque, Venezia, Sez. geol., Padova 1930, 98 S., 13 Taf., K. 1:100000.

Vinassa de Regny P. Fossili mesozoici delle Prealpi dell'Arzino. - Boll. Com. geol. d'It., 41, 1910, 173-200, 1 T. - Bespr. Ebd., 42, 1911, f. 4, 132.

Voelcker J. Triasfossilien der Adamellogruppe. Cephalopoden. - JbBA 1931, 447-465, 1 Taf. - Bespr. GZ 48A/1130.

Vollrath P. Zur Bildungsgeschichte der obernorischen und rätischen Stufe im Karwendelgebirge. - Mitt. a. d. Min.-Geol. Inst. d. Techn. Hochschule Stuttgart, Nr. 7, 1929 u. Zbl. f. Min., 1929, Abt. B, 326-335, 1 Fig. - Bespr. GZ 41/706.

Volz W. Über die Korallenfauna der St. Cassianer Schichten. Vorläufige Mitteilung. - Jber. Schles. Ges. f. vaterld. Kultur, Breslau 1894, 8 S. - Bespr. NJb. 1896/1, 167; VRA 1895, 108.

— Die Korallen der Schichten von St. Cassian in Südtirol. - In: Frech u. Volz: Die Korallenfauna der Trias. - Palaeontograph., 43, 1897, 1-124, 11 Taf., 49 Fig. u. Dissert. Breslau (Stuttgart) 1895. - Bespr. VRA 1895, 108.

Vortisch W. Oberrhätischer Riffkalk und Lias in den nordöstlichen Alpen. I. Teil. - JbBA 1926, 1-64, 4 Abb., 1 Taf. - Bespr. GZ 35/169; NJb. 1927/2, B, 5.

— Oberrhätischer Riffkalk und Lias in den nordöstlichen Alpen. II. Teil. (Vorl. Mitt.) - VBA 1926, 184-186; JbBA 1927, 93-122, 7 Abb. - Bespr. NJb. 1927/2, B, 5; GZ 39/1205.

— Ursache und Einteilung der Schichtung. - JbBA 1930, 453-496, 3 Abb. - Bespr. GZ 45/314.

Waagen L. Der neue Fundort in den Hallstätter Kalken. Der Berchtesgadener Versuchsstollen. - JbRA 1899, 545-558, 4 Fig.

— Brachiopoden aus den Pachycardientuffen der Seiser Alpe. - JbRA 1903, 443-452, 6 Fig. - Bespr. GZ 5/2088; NJb. 1905/1, 179.

— Über die Lamellibranchiaten der Frombachtuffe nebst Bemerkungen über deren verwandtschaftliche Beziehungen. (Vortr.) - VRA 1906, 385-395.

— Die Lamellibranchiaten der Pachycardientuffe der Seiser Alpe nebst vergleichend paläont. und phylogenet. Studien. - Abh. RA, 18, 1907, 180 S., 10 Taf. - Bespr. NJb. 1907/2, 335; GZ 10/1352; Boll. Com. geol. d'It., 39, 1908, 321.

Wähner F. Über die stratigraphischen Beziehungen des alpinen Lias zum Dachsteinkalk. (Vortr.) - VRA 1887, 186. - Bespr. NJb. 1888/1, 449; Bl. 703.

— Das Sonnwendgebirge im Unterinntal. Ein Typus alpinen Gebirgsbaues. - Leipzig u. Wien (Deuticke) 1903, 356 S., 19 Taf., 1 K., 96 Abb. - Bespr. GZ 3/1064; NJb. 1903/1, 494; Z. Ges. f. Erdkde Berlin, 1903, 234; Geogr. Z., 9, 1903, 646; Mitt. DÖAV, 1903, 112.

Wilckens R. Paläontologische Untersuchungen triadischer Faunen aus der Umgebung von Predazzo in Südtirol. - Verh. Nathist.-med. Ver. Heidelberg, 10, 1909, 81-230, 4 Taf. - Bespr. GZ 14/1255; NJb. 1911/1, 111.

Winkler G. G. Die Schichten der Avicula contorta innerhalb und außerhalb der Alpen. - Habilitationsschrift, München 1859.

— Der Oberkeuper, nach Studien in den bayrischen Alpen. - Z. DGeolGes., 13, 1861, 459-521, 5 Taf. - Bespr. Bl. 169.

— Beiträge zur Geologie der bayerischen Alpen. - NJb. 1864, 295-314, 456, 2 Taf.

Wissmann H. L. u. Münster G. Graf zu. Beiträge zur Geognosie und Petrefaktenkunde des südöstlichen Tirols, vorzüglich der Schichten von St. Cassian. - Münsters Beiträge zur Petrefaktenkunde, f. 4, Bayreuth 1841, 152 S., 16 Taf.

Wittenburg P. v. Einige neue Fossilien aus den Werfener Schichten Südtirols. - NJb. 1908/1, 16-21, 1 Taf., 2 Fig. - Bespr. GZ 19/779; Boll. Com. geol. d'It., 40, 1909, 619.

— Beiträge zur Kenntnis der Werfener Schichten Südtirols. - Geol. u. paläont. Abh., NF, 8, H. 5, Jena 1908, 44 S., 5 Taf., 15 Fig. - Bespr. GZ 14/1058; NJb. 1910/2, 454.

— Neue Beiträge zur Geologie und Paläontologie der Werfener Schichten Südtirols mit Berücksichtigung der Schichten von Wladiwostok. - Zbl. f. Min., 1908, 67-89, 18 Fig. - Bespr. GZ 12/424.

Wöhrmann S. Frh. v. Über die untere Grenze des Keupers in den Alpen. - JbRA 1888, 69-76. - Bespr. NJb. 1890/1, 102.

— Die Fauna der sog. Cardita- und Raibler Schichten in den Nordtiroler und bayerischen Alpen. - JbRA 1889, 181-258, 6 Taf. - Bespr. NJb. 1890/1, 102; Bl. 759.

— u. **Koken E.** Die Fauna der Raibler Schichten vom Schlernplateau. - Z. DGeolGes., 44, 1892, 167-223, 11 Taf. - Bespr. VRA 1892, 306.

Wöhrmann S. Frh. v. Die Raibler Schichten nebst kritischer Zusammenstellung ihrer Fauna. - JbRA 1893, 617-768, 1 Taf. - Bespr. NJb. 1895/1, 100; Bl. 852.

— Alpine u. außeralpine Trias. - NJb. 1894/2, 1-50. - Bespr. Boll. Com. geol. d'It., 26, 1895, 507.

Zimmermann E. H. Stratigraphische und paläontologische Studie über das deutsche und alpine Rhät. - Inaugdiss. Jena, 1884. - Bespr. NJb. 1885/1, 269.

Zittel K. v. Über Anaulocidaris. - VRA 1884, 149-150.

— Über Wengener, St. Cassianer und Raibler Schichten auf der Seiser Alpe in Tirol. - Sber. Ak. d. Wiss. München, 29, 1899, 341-359. - Bespr. NJb. 1900/2, 416; Bl. 1011; Boll. Com. geol. d'It., 32, 1901, 399.

— Über die Entwicklung der Wengener, St. Cassianer und Raibler Schichten auf der Seiser Alpe in Tirol. (Vortr.) - Z. DGeolGes., 51, 1899, Verh., 102-104.

— Zur Literaturgeschichte der alpinen Trias. (Bittner-Mojsisovics.) Schreiben an E. Suess. - Wien (Holzhausen) 1899, 4 S.

Zugmayer H. Untersuchungen über rhätische Brachiopoden. - Beitr. z. Paläont. Österr.-Ung. und des Orients, 1, Wien 1882, 1-42, 4 Taf. - Auszug: JbRA 1880, 149-156, 4 Fig.

c) Ju Jura.

Airaghi C. Coralli dei calcari grigi del Veneto. - Atti d. Congr. Nat. it., Milano 1907, 18 S., 1 T. - Bespr. GZ 11/595; Boll. Com. geol. d'It., 39, 1908, 324.

— Contributo allo studio delle Ammoniti del Giura e dell'Infracretaceo in Lombardia. - Atti Soc. Ital. Sc. Nat., v. 67, Milano 1928, 284-289, 3 Taf. - Bespr. GZ 41/1841, 48 A/294.

Ampferer O. Aus dem Nachlaß Raimund Folgners. 1. Über die Unterschiede der Entwicklung von Jura und Kreide im Sonnwendgebirge und in der Mulde von Achenkirchen-Landl. 2. Über das Juraprofil von Zürs am Flexenpaß. - VRA 1917, 38-42. - Bespr. GZ 23/774.

— Geologische Karte der Lechtaler Alpen. - 4 Bl. 1:25000. I. Klostertaler Alpen. II. Arlberggebiet. III. Parseierspitzgruppe. IV. Muttekopf-Heiterwand. Mitarbeiter: Th. Benzinger, W. Hammer, O. Reithofer. Hiezu ein Erläuterungsbuch, 125 S., 28 Farbzeichngen, 1 Taf. Wien (Geol. Bdsanst.) 1932. - Bespr. VBA 1933, 12; Tiroler Anzeiger, Nr. 47 v. 25. 2. 1933; Innsbr. Nachr., Nr. 66 v. 20. 3. 1933; Alpenländer-Korrespondenz, Nr. röm. 14 v. 6. 4. 1933; Außferner Bote, Nr. 25 v. 1. 4. 1933; Heimat, Vorarlberger Monatshefte, 14, 1933, 69; Geogr. Z., 39, 1933, 181; Mitt. DÖAV, 1933, 100; NJb. 1932/3, 973; 1933/3, 502; Tiroler Heimatblätter, 11, 1933, 223; GR 1933, 264; GZ 50 A/788; Z. f. prakt. Geol., 41, 1933, 151; Z. f. Geomorph., 8, 1934, 90; Z. f. Glkde, 21, 1933, 394.

— Geologischer Führer für das Kaisergebirge. - Wien (Geol. Bdsanst.) 1933, 132 S., 48 Abb., K. 1:25000. - Bespr. Alpenländer-Korrespondenz, Nr. 4 v. 25. 1. 1934; Innsbr. Nachr. u. Tir. Anzg., Nr. 20 v. 25. 1. 1934; Tir. Grenzbote, Nr. 10 v. 3. 2. 1934; Z. f. prakt. Geol., 42, 1934, 62; Tir. Heimatblätter, 12, 1934, 192; Wr. Prähist. Z., 21, 1934, 73; Mitt. DÖAV, 1934, 108; Mitt. Geogr. Ges. Wien, 76, 1933, 316; VBA 1934, 13; GR 25, 1934, 212; Der Bergsteiger, 4, Nr. 7, 1934, 103.

Arbenz P. Über das Alter der Saluverkonglomerate und die Juratransgression in den unterostalpinen Decken Graubündens. - Beibl. Nr. 10 Vierteljahrschr. Natf. Ges. Zürich, 71, 1926, H. 1 u. 2; Mitt. Geol. Ges. Zürich, H. 5, 17-25. - Bespr. GZ 36/838; NJb. 1927/2, B, 381.

— Crinoidenfunde im Lias der Dent Blanchedecke am Mt. Dolin bei Arolla und in den Bündner Schiefern der Alp Monterascio südlich der Greina (Kanton Tessin). - EgH 23, 1930, 564-565. - Bespr. NJb. 1932/3, 1033.

Bachmann J. Über petrefaktenreiche exotische Jurablöcke im Flysch des Sihltales und Toggenburg. - Vierteljschr. Natf. Ges. Zürich, 1863.

— Über die Juraformation im Kanton Glarus. - (Petrefakten der Gegend von Walenstadt 158, 160, 161.) - Mitt. Natf. Ges. Bern, 1863.

Bassani F. Appunti su alcuni pesci fossili d'Austria e di Württemberg. - Atti Soc. Ven.-Trent. Sc. Nat., v. 7, f. 1, 1880, Padova 1881, 74-109, 1 Taf.

Benecke E. W. Über den Jura in Südtirol. (Rovereto, Volano, Val di Ledro). - NJb. 1864, 802-806. - Bespr. Bl. 203.

— Über Trias und Jura in den Südalpen. - Geogn.-pal. Beitr., 1, München 1866, 1-202. - Bespr. NJb. 1866, 370; Bl. 231.

Bettoni A. Fossili domériani della provincia di Brescia. - Abh. Schweiz. Paläont. Ges., 27, 1900. - Bespr. NJb. 1902/1, 441.

Beyrich E. Über die Lagerung der Lias- und Jurabildungen bei Vils. - Monatsber. Ak. d. Wiss. Berlin, 1862, 647-668. - Bespr. NJb. 1863, 748; Bl. 179.

Bistram A. Frh. v. Beiträge zur Kenntnis der Fauna des unteren Lias in der Val Solda. Geolog.-pal. Studien in den Comasker Alpen I. - Ber. Nat. Ges. Freiburg i. Br., 13, 1903, 116-214, 8 T. (Inaugdiss.) - Bespr. GZ 6/1936; Boll. Com. geol. d'It., 35, 1904, 277.

Bittner A. Sulle formazioni mesozoiche più recenti delle Alpi bresciane. - Boll. Com. geol. d'It., 14, 1883, 241-250.

— Über das Vorkommen von Koninckinen und verwandten Brachiopodengattungen im Lias der Ostalpen und in der alpinen Trias. - VRA 1886, 52-56. - Bespr. NJb. 1888/1, 350.

— Bemerkungen zu Hr. G. Geyers Arbeit: Über die Lagerungsverhältnisse der Hierlatzschichten. - VRA 1886, 130-134. - Bespr. NJb. 1889/1, 458.

— Über das Auftreten gesteinsbildender Posidonomyen in Jura und Trias der Nordostalpen. - VRA 1886, 448-450. - Bespr. NJb. 1888/1, 444.

— Über Koninckiniden des alpinen Lias. - JbRA 1887, 281-292. - Bespr. NJb. 1888/1, 475.

— Neue Koninckiniden des alpinen Lias. - JbRA 1893, 133-144.

— Entgegnung an Hr. A. Rothpletz in München. (Paläont. Kontroverse.) - VRA 1894, 61-68.

— Über zwei neue Brachiopoden aus dem Lias und der Gosaukreide. - Mitt. Ges. f. Salzburger Landeskunde, 48, 1898, 1.

Blöchliger G. Kleinlebewesen und Gesteinsverwitterung. - Z. f. Geomorph., 7, 1933, 273-284.

Boden K. Geologisches Wanderbuch für die bayerischen Alpen. - Stuttgart (Enke) 1930, 458 S., 59 Abb. - Bespr. GZ 41/1526; Z. Ges. f. Erdkde Berlin, 1930, 311; Mitt. DÖAV, 1930, 263; Geogr. Z., 36, 1930, 120; NJb. 1930/3, 294; GR 22, 1931, 245; Z. f. prakt. Geol., 38, 1930, 30; Mitt. Geolog. Ges. Wien, 23, 1931, 175.

Böhm G. Geologisches aus Oberitalien. (Umgebg v. Verona.) - Z. DGeolGes., 1884, 180-181.

— Neue Versteinerungen aus den grauen Kalken von Oberitalien. - Z. DGeolGes., 1884, 190-191.

— Beitrag zur Kenntnis der grauen Kalke in Venetien. - Z. DGeolGes., 1884, 737-782. - Auszug: Boll. Com. geol. d'It., 16, 1885, 156-165. - Bespr. NJb. 1886/1, 89; Bl. 626.

Bonarelli G. Contribuzione alla conoscenza del Giura-Lias lombardo. - Atti R. Acc. Sc. di Torino, v. 30, f. 2, 1894, 81-96. - Bespr. Boll. Com. geol. d'It., 26, 1895, 234.

— Fossili domeriani della Brianza. - Rend. R. Ist. Lomb. di Sc. e Lett. di Milano, 28, 1895, f. 6-7. - Bespr. Boll. Com. geol. d'It., 27, 1896, 211.

Bonomini C. Brevi note preventive sul gruppo di M. Pizzocolo. - Boll. Soc. geol. it., v. 49, f. 1, Roma 1930, 64-66. - Bespr. GZ 44/1113.

Böse E. Die Fauna der liasischen Brachiopodenschichten bei Hindelang. - JbRA 1892, 627-650. - Bespr. NJb. 1893/2, 379; Bl. 817.

— u. **Finkelstein H.** Die mitteljurassischen Brachiopodenschichten bei Castel Tesino im östlichen Südtirol. - Z. DGeolGes., 1892, 265-302. - Bespr. VRA 1893, 184; NJb. 1894/1, 485; Boll. Com. geol. d'It., 24, 1893, 83.

Böse E. Ein neues Vorkommen von oberem Lias und unterem Dogger in den bayerischen Alpen. (Hochgern.) - NJb. 1892/2, 86-87. - Bespr. Mitt. Geogr. Ges. München, 1913, 63.

— u. **Finkelstein H.** Nochmals die mitteljurassischen Brachiopodenschichten von Castel Tesino. - VRA 1893, 239-241. - Bespr. Boll. Com. geol. d'It., 25, 1894, 181.

Böse E. Über liasische und mitteljurassische Fleckenmergel in den bayerischen Alpen. - Z. DGeolGes., 1894, 703-768. - Bespr. VRA 1895, 244; NJb. 1897/1, 117.

— Die mittelliasische Brachiopodenfauna der östlichen Nordalpen. Nebst einem Anhange über die Fauna des unteren Dogger im bayrischen Inntal. - Palaeont., 44, 1897/98, 145-236.

— u. **Schlosser M.** Über die mittelliasische Brachiopodenfauna v. Südtirol. - Pal., 46, 1900, 175-212, 2 Taf. - Bespr. NJb. 1901/1, 166; Boll. Com. geol. d'It., 32, 1901, 114.

Cacciamali G. B. L'infragiura bresciano. - Boll. Soc. geol. it., v. 22, f. 3, Roma 1904, 385-389. - Bespr. Boll. Com. geol. d'It., 36, 1905, 137.

— Sui rapporti tra il Lias ed il Giura nella provincia di Brescia. - Boll. Soc. geol. it., v. 24, f. 1, Roma 1905, 257–264. - Bespr. GZ 11/1490; Boll. Com. geol. d'It., 37, 1906, 72.

Cadisch J. Ein Beitrag zum Calpionellen-Problem. - GR 23, 1932, 241–257, 3 Abb. - Bespr. GZ 3 B/516.

Canavari M. e **Parona C. F.** Brachiopodi oolitici di Monte La Grappa, di S. Vigilio e della Croce di Segan. - Atti Soc. Tosc. di Sc. nat., Proc. verb., v. 3, Pisa 1881, 7.

Catullo T. A. Calcarea ad ammoniti ed altri rocce alligue nel Vicentino. - 1832.

— Memoria geognostico-zoologica sopra alcune conchiglie fossili del calcare jurese che si eleva presso il lago di Santa Croce nel territorio di Belluno. - Nuovi Saggi d. I. R. Acc. d. Sc., Lett. ed Arti di Padova, v. 4, 1834.

— Intorno ad una nuova classificazione delle „calcaree rosse ammonitiche" delle Alpi Venete. - Mem. d. R. Ist. Ven. d. Sc., v. 5, 1853.

Clark W. B. Über die geolog. Verhältnisse der Gegend nw. vom Achensee mit besonderer Berücksichtigung der Bivalven und Gasteropoden des unteren Lias. - Diss. München 1887, 45 S. - Bespr. VRA 1888, 130; NJb. 1888/2, 283; Bl. 709.

Collegno G. Sur le Trias et la Dolomie du Tirol et le terrain jurassique de l'Italie. - Bullet. d. l. Soc. géol. de France, s. 12, v. 4, Paris 1847.

Corti B. Fossili della maiolica di Campora, presso Como: nota preventiva. - Rend. Ist. Lomb., Milano 1892, s. 2, v. 25, 6. - Bespr. Boll. Com. geol. d'It., 24, 1893, 189.

— Osservazioni stratigrafiche e paleontologiche sulla regione compresa fra i due rami del Lago di Como e limitata dai laghi della Brianza. - Boll. Soc. geol. it., 11, 1892, 99 S., 1 K. - Bespr. NJb. 1895/2, 104; Boll. Com. geol. d'It., 25, 1894, 193.

— Sopra due nuove specie di fossili infraliasici. Contribuzione alla paleontologia dell'Infralias lombardo. - Boll. scient, Pavia 1893, Nr. 1. - Bespr. Boll. Com. geol. d'It., 25, 1894, 192.

— Sulla fauna giurese e cretacea di Campora presso Como. - Rend. R. Ist. Lomb., s. 2, v. 27, f. 8, Milano 1894. - Bespr. Boll. Com. geol. d'It., 26, 1895, 346.

— Sulla fauna a radiolarie dei noduli selciosi della maiolica di Lampora presso Como. - Rend. R. Ist. Lomb., s. 2, v. 29, f. 17, Milano 1896, 990–994. - Bespr. Boll. Com. geol. d'It., 28, 1897, 101.

D'Acchiardi A. Coralli giurassici dell'Italia settentrionale. - Atti Soc. Tosc. di Sc. nat., Pisa 1880, v. 4, 233. - Auszug: Boll. Com. geol. d'It., 11, 1880, 474–478.

Dainelli G. La struttura delle Prealpi Friulane. - Memorie Geografiche, Firenze (Ricci) 1921, 218 S., 103 Fig., 1 K.

Dal Piaz G. Il Lias nella provincia di Belluno. Nota preliminare. - Atti d. R. Ist. Ven. di Sc., Let. ed Arti, s. 8, t. 1, d. 4, Venezia 1899, 579–583. - Bespr. VRA 1899, 327; Boll. Com. geol. d'It., 31, 1900, 194.

— Sull'età degli strati coralligeni di Monte Zovo presso Mori nel Trentino. - Rend. R. Accad. d. Linc., s. 5, v. 17, Roma 1908, 116–124. - Deutsch: Zbl. f. Min., 1908, 104–107. - Bespr. GZ 11/1857, 12/422.

— Nuovo giacimento fossilifero del Lias inf. dei Sette Comuni. - Mém. Soc. pal. suisse, v. 35, Genève 1909, 10 S. - Bespr. GZ 14/492; Boll. Com. geol. d'It., 41, 1910, 114.

De Gregorio A. Fossili del Giura-Lias (Alpiniano de Greg.) di Segan e di Valpore (Cima d'Asta e Monte Grappa). Memoria paleontologica. - Mem. R. Acc. d. sc. di Torino, 1885, s. 2, t. 37, 1–30. - Bespr. VRA 1886, 180; NJb. 1886/2, 301; 1887/1, 504.

— Monographie des fossiles de Ghelpa du sous-horizon ghelpin De Greg. - Annales de Géol. et de Paléont., 1, Palermo 1886. - Bespr. Boll. Com. geol. d'It., 18, 1887, 254.

— Monographie des fossiles de Valpore (Mont Grappa) de sous-horizon Grappin. Fossiles tithoniques de Stramberg-Schichten du „Biancone" de „Rovere di Velo" des Alpes de Verone. - Monographie des fossiles de San Vigilio du soushorizon grappin De Greg. - Annales de Géol. et de Pal., 1, 1886. - Bespr. NJb. 1887/2, 504; Boll. Com. geol. d'It., 18, 1887, 254.

— A propos de l'ouvrage de Mr. Vacek sur la fauna de l'Oolite de S. Vigilio publié dans les Abh. d. k. k. Geol. Reichsanstalt de Vienne le 1er Juillet 1886. - Extr. d. e. 5e livr. d. Ann. d. Géol. et de Pal. publ. à Palerme. - Bespr. NJb. 1889/2, 491.

— Intorno all'opusculo del sig. dott. Gioli sui fossili di San Vigilio. - Proc. verb. d. Soc. Tosc. di sc. nat. in Pisa, v. 7, adun. d. d. 2 marzo 1890.

— Raffronto di taluni fossili del Calloviano di Francia descritti dal signor De Grossouvre, e di altri dei sottorizzonti Ghelpino e Grappino delle Alpi. - Il Naturalista siciliano, an. 10, Nr. 8–10, Palermo 1891. - Bespr. Boll. Com. geol. d'It., 23, 1892, 158.

Del Campana D. Fossili del Giura superiore nei Sette Comuni. - Rend. R. Acc. d. Linc., s. 5, v. 12, f. 9, 2 sem., Roma 1903, 382–387. - Bespr. Boll. Com. geol. d'It., 35, 1904, 308.

— Faunula del Giura superiore di Collalto di Solagna (Bassano). - Boll. Soc. geol. it., v. 23, Roma 1904, 239–268, 1 T. - Bespr. NJb. 1906/1, 316; Boll. Com. geol. d'It., 36, 1905, 156.

— Fossili del Giura superiore dei Sette Comuni in provincia di Vicenza. - Pubbl. R. Ist. di studi sup. in Firenze, sez. sc. fis. e nat., Nr. 28, 140 S., Firenze 1905. - Bespr. GZ 9/3520; Boll. Com. geol. d'It., 37, 1906, 246.

— Fossili del Lias inferiore del Canal del Brenta. - Riv. ital. di Pal., Pisa 1907, v. 13.

De Toni A. La fauna liasica di Vedana (Belluno). Parte prima: Brachiopodi. - Mém. d. l. Soc. paléont. suisse, v. 37, 1910/11, Genève 1911, 29 S., 1 T. - Bespr. Boll. Com. geol. d'It., 43, 1912, f. 1, 52.

— La fauna liasica di Vedana (Belluno). Parte seconda: Molluschi. - Mém. d. l. Soc. pal. suisse v. 38, Basel 1912, 33–51. - Bespr. Boll. Com. geol. d'It., 44, 1914, f. 1, 57.

De Zigno A. Bar. Sulla non promiscuità dei fossili del biancone colle calcarie giurassiche. - Padova 1846.

— Über die geschichteten Gebirge der Venetianer Alpen. - NJb. 1849, 281–284.

— Übersicht der geschichteten Gebirge der Venetianischen Alpen. - JbRA 1850, 181–196, 1 Taf. - Bespr. Bl. 9.

— Coup d'oeil sur les terrains stratifiés des Alpes Vénétiennes. - Naturwissensch. Abhandlungen, Wien 1850, 15 S., 1 Taf.

— Sui terreni giurassici delle Alpi Venete e sulla Flora fossile che li distingue. - Padova 1852, 16 S.

— Entdeckung fossiler Pflanzen in den Juragebilden der Venetianer Alpen. - NJb. 1854, 31–35.

— Memorie sulla Flora dell'Oolite. - Mem. Ist. Ven. Sc., Lett. ed Arti, v. 6, Venezia 1856, 15 S.

— Flora fossilis formationis oolithicae. – Padova 1856–85. – Bespr. VRA 1885, 284.
— Instruktion in Beziehung des Vorkommens von Fossilien des Ooliths. – Abh. Geogr. Ges. Wien, 1857, 64.
— Prospetto dei terreni sedimentari del Veneto. – Atti R. Ist. Ven. d. Sc., t. 4, s. 3, Venezia 1858, 233–244.
— Osservazioni sulle Felci fossili dell'Oolite ed enumerazione delle specie. – Acc. d. Sc. Padova, 1865. – Bespr. VRA 1866, 28.
— Descrizioni di alcune Cicadeae fossili rinvenuti nell'Oolite delle Alpi Venete. – 1868.
— Über die jurassischen Bildungen in den Sette Comuni. – VRA 1869, 291–292.
— Fossile Pflanzen aus Marmorschichten im Venetianischen. – VRA 1871, 54–55.
Diener C. Über den Lias der Rofangruppe. – JbRA 1885, 27–36. – Bespr. NJb. 1886/2, 65; Bl. 646.
— Über das Vorkommen von Hierlatzschichten in der Rofangruppe. (Vortr.) – VRA 1885, 82.
Emmrich H. Geognostische Beobachtungen aus den östlichen bayerischen und den angrenzenden österr. Alpen. – JbRA 1851, I. H., 1–22; 1853, I. H., 80–101; II. H., 326–394. – Bespr. Bl. 24, 46.
Erhardt W. Der Roß- und Buchstein und sein Gebiet. – In: Das Tegernseer Tal, Kur- und Fremdenzeitung, Nr. 11 v. 31. 7. 1932, 5 Abb.
Escher v. d. Linth A. Lagerung und Alter des Schrattenkalkes; Reihenfolge der Formationen in Vorarlberg und im Bergamaskischen. – NJb. 1853, 166–168.
Escher-Hess C. Mikroskopische Untersuchungen einiger Sedimente: Trias, Lias. – Zürich (Orell-Füssli) 1903, 28 S. – Bespr. EgH 8, 1903, 288; Jber. Natf. Ges. Grbd., 46, 106.
Fabiani R. Fauna dei calcari grigi della Velle del Chiampo (Vicenza). – Atti R. Ist. Ven., Venezia 1910–11, v. 70, 1445–1470. – Bespr. GZ 17/1234; Boll. Com. geol. d'It., 43, 1913, f. 2–3, 56.
Fichter H. Verteilung der Mikrofauna im helvetischen Malmkalk (Quintnerkalk) am Gonzen bei Sargans. (Vortr.) – EgH 24, 1931, 222–225, 1 Fig. – Bespr. GZ 2 B/969.
Finkelstein H. Der Laubenstein bei Hohen-Aschau. Ein Beitrag zur Kenntnis der Brachiopodenfazies des unteren Doggers. – NJb. 1889, Bbd 6, 36–104, geol. K. 1:50000. – Bespr. Mitt. Geogr. Ges. München, 8, 1, 1913, 63.
— Über ein Vorkommen der Opalinus- (und Murchisonae?-) Zone im westlichen Südtirol. – Z. DGeolGes., 1889, 49–78. – Bespr. VRA 1890, 26; NJb. 1891/2, 321; Bl. 761.
— u. **Böse E.** Die mitteljurassischen Brachiopodenschichten bei Castel Tesino im östl. Südtirol. – Z. DGeolGes., 1892, 265–302. – Bespr. VRA 1893, 184; NJb. 1894/1, 485; Boll. Com. geol. d'It., 24, 1893, 83.
— — Nochmals die mitteljurassischen Brachiopodenschichten bei Castel Tesino im östlichen Südtirol. – VRA 1893, 239–241. – Bespr. Boll. Com. geol. d'It., 25, 1894, 181.
Folgner R. (Nachlaß, herausgeg. v. Ampferer). I. Über die Unterschiede der Entwicklung von Jura und Kreide im Sonnwendgebirge und in der Mulde von Achenkirchen-Landl. II. über das Juraprofil von Zürs am Flexenpaß. – VRA 1917, 38–42.
Frank M. Beiträge zur vergleichenden Stratigraphie und Bildungsgeschichte der Trias-Lias-Sedimente im alpin-germanischen Grenzgebiet der Schweiz. – NJb. Bbd 64, Abt. B, 1930, 325–426, 3 Taf., 2 Tab. (Mitt. a. d. Min.-Geol. Inst. d. T. H. in Stuttgart, Nr. 17.) – Bespr. GZ 44/1529.
Frebold H. Die paläogeographische Analyse der epirogenen Bewegungen und ihre Bedeutung für die Stratigraphie. Auf Grund der Verhältnisse im mittl. Lias von Mesoeuropa. – Geol. Archiv, 1927, 223–240. – Bespr. GZ 36/1347.
Frech F. Über ein neues Liasvorkommen in den Stubaier Alpen. – JbRA 1886, 355–361. – Bespr. NJb. 1887/1, 341; Bl. 677.
Fucini A. Fossili della Oolite inferiore del Mte Grappa nel Trevisano. – Atti d. Soc. Tosc. d. Sc. nat., Proc. verb., v. 8, Pisa 1893, 225. – Bespr. VRA 1894, 182; NJb. 1894/1, 505; 1898/1, 359; Boll. Com. geol. d'It., 25, 1894, 309.
— Nuovi fossili della Oolite inf. del Capo San Vigilio sul lago di Garda. – Boll. Soc. malac. it., v. 18, Pisa 1893, 118–137. – Bespr. VRA 1894, 255; NJb. 1899/1, 537; Boll. Com. geol. d'It., 26, 1895, 364.
Furlani-Cornelius M. Stratigraphische Studien in Nordtirol. (Jura und Neokom der Karwendelmulde bei Landl.) – VStA 1921, 90–94. – Bespr. NJb. 1922/2, 319.
Furlani M. Zur Stratigraphie der Jura- und Neokomschichten der Karwendelmulde bei Landl in Nordtirol. – Anz. Ak. d. Wiss. Wien, 1921, 9–11. – Bespr. NJb. 1923/2, 116.
Geyer G. Untersuchungen über die Lagerungsverhältnisse des Lias in den östlichen bayerischen Kalkalpen. – VRA 1885, 293–300.
— Über die liasischen Cephalopoden des Hierlatz bei Hallstatt. – Abh. RA, 12, 1886, 75 S.
— Über die Lagerungsverhältnisse der Hierlatzschichten in der südlichen Zone der Nordalpen vom Paß Pyhrn bis zum Achensee. – JbRA 1886, 215–294. – Bespr. NJb. 1888/1, 300; Bl. 674.
— Über die liasischen Brachiopoden des Hierlatz bei Hallstatt. – Abh. RA, 15, 1889, 1–88. – Bespr. NJb. 1891/1, 160.
— Die mittelliasische Cephalopodenfauna des Hinter-Schafberges in Oberösterreich. – Abh. RA, 15, H. 4, 1889–1893, 76 S.
Gioli G. Fossili delle Oolite di San Vigilio. – Proc. verb. d. Soc. Tosc. di Sc. nat., 5, Pisa 1887, 195. – Bespr. NJb. 1887/2, 343.
— Fossili della Oolite inferiore di S. Vigilio e di Monte Grappa. – Atti Soc. Tosc. Sc. nat., 10, 1888, 1–18. – Bespr. VRA 1889, 138; NJb. 1889/2, 490.
Gortani M. Retico, Lias e Giura nelle Prcalpi dell'Arzino. – Boll. Com. geol. d'It., 41, 1910, 157–172. – Bespr. Ebd., 42, 1911, f. 2, 56.
Grandori L. Intorno alla flora dei Calcari grigi studiata da Achille De Zigno. Nota preliminare. – Atti Acc. Sc. Ven.-Trent.-Istr., s. 3, v. 6, Padova 1914, 143–148.
— La flora dei Calcari grigi del Veneto. Parte 1. – Mem. Ist. Geol. R. Univ. di Padova, v. 2, 1913–14, Padova 1914, 45–112, 9 T. – Bespr. Boll. Com. geol. d'It., 46, 1916, f. 2–3, Roma 1917, 52.
Gümbel C. W. v. Über neue Fundstellen von Gosauschichten und Vilser Kalk bei Reichenhall. – Sber. Ak. d. Wiss. München, 2, 1866, 158–192. – Bespr. NJb. 1867, 510; VRA 1867, 66.
— Spongiennadeln im Flysch. – VRA 1880, 213–215.
— Geologie von Bayern. – I. Teil. Grundzüge der Geologie. – Cassel 1884–1888, 1144 S. – Bespr. NJb. 1886/1, 228; 1888/2, 44; Boll. Com. geol. d'It., 15, 1884, 338. – II. Teil. Geolog. Beschreibung von Bayern. – Cassel 1894, 1184 S. – Bespr. NJb. 1896/1, 431; Bl. 889.

— Nachträge zu der geognostischen Beschreibung des bayerischen Alpengebirges. (Allgäu, Tölz, Tegernsee.) – Geogn. Jh., 1, 1888, 163–178. – Bespr. Mitt. Geogr. Ges. Wien, 1889, 386; Mitt. Geogr. Ges. München, 1911, 444; 1913, 61.

Haas H. Beiträge zur Kenntnis der liasischen Brachiopodenfauna von Südtirol und Venetien. – Kiel 1884, 32 S. – Bespr. VRA 1884, 187.

— Über die Brachiopodenfauna von Südtirol und Venetien. – NJb. 1885/1, 168–170.

— Bemerkungen bezügl. der Brachiopodenfauna von Castel Tesino. – VRA 1885, 395–397.

— Über die Lagerungsverhältnisse der Juraformation im Gebiete von Fanis in Südtirol. – VRA 1887, 322–327. – Bespr. NJb. 1890/1, 301.

Haas O. Die Fauna des mittleren Lias von Ballino in Südtirol. – 1. Teil. Beitr. zur Pal. u. Geol. Ö.-Us u. d. Orients, 25, Wien 1912, 223–285. – 2. Teil. Ebd. 26, Wien 1913, 1–161. – Bespr. NJb. 1913/2, 485.

Hahn F. F. Neue Funde im nordalpinen Lias der Achenseegegend und bei Ehrwald. – NJb., Bbd 32, 1911, 535–577. – Bespr. GZ 18/79, 24/807.

— Versuch zu einer Gliederung der austroalpinen Masse westl. der österr. Traun. – VRA 1912, 337–344. – Bespr. Zbl. f. Min., 1915, 216.

Hauer F. R. v. Über die Gliederung der geschichteten Gebirgsbildungen in den östlichen Alpen. – Sber. Ak. d. Wiss. Wien, 1850, 274ff. – Bespr. Bl. 1.

— Über die geognostischen Verhältnisse des Nordabhanges der nordöstlichen Alpen zwischen Wien und Salzburg. – JbRA 1850, 17–60. – Bespr. Bl. 3.

— Über die Gliederung des Alpenkalkes in den Ostalpen. – NJb. 1850, 584ff. – Bespr. Bl. 2.

— u. **Foetterle Fr.** Über die Gliederung der Trias-, Lias- und Juragebilde in den nordöstlichen Alpen. – JbRA 1853, 715–783. – Bespr. NJb. 1854, 455; Bl. 50.

— Adnether- und Hierlatzschichten im Vorarlberg. – Verh. Allgem. Schw. Ges. f. d. ges. Natwiss., 39. Vers. St. Gallen, 1854, 2 S.

— Über die Cephalopoden aus dem Lias der nordöstlichen Alpen. – Denkschr. Ak. d. Wiss. Wien, 11, 1856, 1–86.

— Ammoniten aus den Juraschichten der Südalpen. – JbRA 1858, Verh., 47–48.

— Neue Cephalopoden aus den Gosaugebilden der Alpen. – Sber. Ak. d. Wiss. Wien, 53, 1866, 9 S. – Bespr. NJb. 1866, 864.

Heer O. Flora fossilis Helvetiae. Die vorweltliche Flora der Schweiz. – 2. Lfrg. Die Pflanzen der Trias und des Jura. – Zürich 1877, 55 S. – Bespr. NJb. 1877, 968. – 3. Lfrg. Die Pflanzen des Jura, d. Kreide u. d. Eozän. – Zürich 1877, 81 S., Atlas. – Bespr. NJb. 1878, 219.

Heim Alb. Rapporti fra gli scisti cristallini e le roccie mesozoiche e paleozoiche nelle Alpi. – Quart. Journ. of the Geol. Soc., Proc. Nr. 549, v. 46, Nr. 182, London 1890. – Bespr. Boll. Com. geol. d'It., 22, 1891, 161.

Heim Arn. Monographie der Churfirsten-Mattstock-Gruppe, III. Teil. Stratigraphie der Unteren Kreide und des Jura. Zur Lithogenesis. – Beitr. z. geol. K. d. Schw., NF, L. 20, Bern 1916, 369–573. – Bespr. EgH 15, 1918, 440; NJb. 1919, 282; GZ 27/152.

— Die Transgressionen der Trias und des Jura in den nördlichen Schweizer Alpen. – Verh. Schw. Natf. Ges., 98. Jvers. Schuls 1916, II, 154–156; EgH 14, 1916, 228–229. – Bespr. EgH 15, 1918, 451; NJb. 1922/1, 93.

Heitzer I. Die Radiolarienfauna der mitteljurassischen Kieselmergel im Sonnwendgebirge. – JbBA 1930, 381–406, 3 T. – Bespr. GZ 45/208.

Hoernes R. Petrefakte des obersten Jura (Tithon und Acanthicusschichten) vom Mte Lavarelle bei St. Cassian in Südtirol. – VRA 1876, 129–131.

— Fundorte von Versteinerungen des Jura in der Umgebung von Belluno, Feltre und Agordo. – VRA 1877, 110–114; Boll. Com. geol. d'It., 1877, 197–200.

Hradil G. u. **Falser H. v.** Die Ölschiefer Tirols. – Leipzig (A. Barth) 1930, 122 S., 61 Abb. – Bespr. Keramische Rdsch., 1930,. Nr. 38; Keramos, 9, 1930, H. 10; N. Techn. Bl., Mber. ü. chem.-techn. Litgeb., 1930, H. 6/7; Die Naturwiss., 1930, H. 38; Int. Bergwirtsch. u. Bergtechn., 1930, H. 23; Chemikerztg, 54, 1930, 87; Chem. Weekblad, 1930, H. 28; Allgem. Österr. Chem.- u. Technztg, 1930, H. 19; Z. f. prakt. Geol., 1931, 60; Tscherm. Min. u. petr. Mitt., 40, 1930, 446; Bergbauliche Rdsch., 1930, Nr. 8; Tgl. Ber. a. d. Petroleumind., 1930, Nr. 651; Z. f. angew. Chemie, 1930, Nr. 12; Tgl. Montanber., 1930, Nr. 20; Chem. Rdsch., 1930, H. 8; Allgem. Öl- u. Fettztg, 1930, H. 12; GZ 42/1426; GR 21, 1930, 74; NJb. 1930/2, 207; Z. f. prakt. Geol., 1931, 60.

Imkeller H. Die zementliefernden Formationen in den bayr. Alpen und das Portlandzementwerk Marienstein bei Tölz. – Natwiss. Wochenschr., Jena 1905, NF, 4 (20), Nr. 32, 502–507. – Bespr. GZ 8/951.

Jüssen E. Über die Klausschichten von Madonna del Monte und Serrada in Tirol. – VRA 1890, 144–145.

Karrer F. Die Monumentalbauten in Wien und ihre Baumaterialien. (Vortr.) – Monatsblätter des Wissensch. Clubs, Wien 1886, Nr. 6, 11 S. – Bespr. VRA 1886, 148.

— Baumaterialien von Salzburg, Innsbruck und Bregenz. – Annalen Nathist. Hofmus., 3, Notizen, Wien 1888, 113–117.

Klebelsberg R. v. Geologischer Führer durch die Südtiroler Dolomiten. – Sammlg Borntraeger, 33, Berlin 1928, 362 S., 1 Kartenskz, 2 Taf., 16 Prof. – Bespr. Geogr. Z., 35, 1929, 306; Z. f. Geomorph., 4, 1929, 184; GR 20, 1929, 378; GZ 40/1818; Mitt. DÖAV, 1929, 167; Studi Trent. Sc. Nat., 10, 1929, 77; Der Schlern, 10, 1929, 116; Z. Ges. f. Erdkde Berlin, 1930, 71.

— Geologische Einführung: Schichtfolge, Gebirgsbau, Formentwicklung, Vergletscherung, mit den geolog. Sonderabschnitten der „Südlichen Ostalpen von der Etsch bis zum Piave". – Der Hochtourist in den Ostalpen, DÖAV, 1929, VII, 17–32, 35–36, 56–57, 64–66, 83, 111–113, 185–186, 192–193, 212–213, 225–226, 276–277, 297–299, 326–327, 416–418, 462–463.

— Grundzüge der Geologie Tirols. – In: Tirol, Land, Natur, Volk u. Geschichte, herausgeg. vom DÖAV, München (Bruckmann) 1933, 23–91, 1 K., 1 Skz. – Bespr. Mitt. DÖAV, 1934, 51, 147; Der Schlern, 15, 1934, 189; PetMitt., 1934, 317.

Klipstein A. v. Vorläufige Notiz über ein bemerkenswertes neues Vorkommen von Juraversteinerungen im Gebirge zwischen dem Gader- und Ampezzanertal. (Fanesalpe.) – VRA 1876, 137–140. – Bespr. Bl. 457.

Knauer J. Geologischer Überblick über die Alpen zwischen Tegernsee und Gmunden am Traunsee und das bayerisch-österreichische Tertiärhügelland. – In: Abriß der Geol. v. Bayern r. d. Rh. (M. Schuster), Abt. I, München 1925, 103 S. – Bespr. NJb. 1926/2, B, 342.

— Geologischer Überblick über die Alpen zwischen dem Bodensee und dem Tegernsee und ihr Molassevorland. - In: Abriß der Geologie von Bayern r. d. Rh. (M. Schuster), Abt. II, München 1928, 184 S. - Bespr. Mitt. DÖAV, 1930, 23; NJb. 1929/3, 216; GZ 41/1019.

Kockel C. W., Richter M. u. Steinmann H. G. Geologie der Bayrischen Berge zwischen Lech und Loisach. - Wissensch. Veröff. d. DÖAV, 10, Innsbruck 1931, 231 S., geol. K. 1:25000, 1 Profiltaf., 17 Taf., 57 Ab. - Bespr. GZ 46 A/793; Z. f. Glkde, 20, 1932, 507; VBA 1933, 96; GR 1933. 417.

Kraus E. Calpionella alpina Lorenz als „Leitfossil". - Acta univ. Latviensis, math.-nat. Fak., Ser. II, 4, Riga 1929, 69-80. - Bespr. NJb. 1930/3, 393.

— Der Werdegang der Allgäuer Landschaft. - 49. Ber. Natwiss. Ver. f. Schwab. u. Neuburg, Augsburg 1931, 1-17, 1 Abb. - Bespr. GZ 46 A/794; NJb. 1932/3, 4.

Kronecker W. Zur Grenzbestimmung zwischen Trias und Lias in den Südalpen. - Zbl. f. Min., 1910, 465-472, 510-518, 548-556. - Bespr. Boll. Com. geol. d'It., v. 42, f. 2, 1911, 61.

Lechleitner H. Notizen über den Gebirgsstock des Sonnwendjochs im Unterinntale (Tirol). - VRA 1884, 204-208. - Bespr. NJb. 1886/1, 79.

Leonardi P. Notizie sulla Stratigrafia della Valle Zoldana. - Studi Trent. Sc. Nat., 14, 1933, 19-30, 9 Taf.

Lepsius R. Das westliche Südtirol, geologisch dargestellt. - Berlin 1878, 375 S., 1 K., mehr. Prof. u. Taf. - Bespr. Mitt. DÖAV, 1878; 247; VRA 1879, 34; NJb. 1881/1, 382; Bl. 502; Boll. Com. geol. d'It., 10, 1879, 64.

— Über das Verhältnis der Decken zur Metamorphose der Gesteine in den Alpen. - Notizbl. d. Ver. f. Erdkde u. d. geol. Ldsanst. Darmstadt, 4. F., H. 33, 1912, 5-16. - Bespr. VRA 1912, 398; EgH, 13, 1914, 600.

Leuchs K. Über Grundfragen alpiner Geologie. - Z. DGeolGes., 73, 1921, Mber., 136-150. - Bespr. NJb. 1925/2, B, 28.

— Über Einflüsse der Triasriffe auf die Liassedimentation in den Nördlichen Kalkalpen. - Senckenbergiana, 7, 1925, 247-249. - Bespr. GZ 34/263; NJb. 1926/2, B, 341.

— u. **Udluft H.** Entstehung und Bedeutung roter Kalke der Berchtesgadener Alpen. - Senckenbergiana, 8, 1926, 174-199. - Bespr. GZ 34/731; NJb. 1929/2, 438.

Leuchs K. Geologie von Bayern. 2. Teil. Bayrische Alpen. - Hdbuch der Geol. u. Bodenschätze Deutschlds (E. Krenkel), 2. Abt., 3. Bd, Berlin 1927, 374 S., 20 Taf., 67 Abb. - Bespr. GZ 36/1550; VBA 1928, 85; Z. f. prakt. Geol., 1928, 47; Mitt. DÖAV, 1929, 42; NJb. 1928/3, 8; Geogr. Z., 34, 1928, 118; GR 22, 1931, 244; PetMitt., 74, 1928, 362.

— Die Oberjura-Breccien des Aalbachtales östlich Tegernsee. - Zbl. f. Min., 1929, Abt. B, 417-425. - Bespr. GZ 41/850.

— Die Bedeutung von Staubstürmen für die Sedimentation. - Zbl. f. Min., Abt. B, 1932, 145-156. - Bespr. GZ 47 A/1828.

Mariani E. Sul calcare puddingoide pseudo-giurese di Biandronno e su una Rhynchonellina del Lias inferiore dell' Alta Brianza. - Rend. Ist. Lomb., s. 2, v. 32, f. 10, Milano 1899, 726-732. - Bespr. Boll. Com. geol. d'It., 31, 1900, 283.

— Fossili del giura e dell'infracretaceo nella Lombardia. - Atti Soc. it. Sc. nat., v. 38, f. 4, Milano 1900, 367-447. - Bespr. Boll. Com. geol. d'It., 32, 1901, 273.

— Appunti geologici sul Secondario della Lombardia occidentale. - Atti Soc. it. Sc. nat., v. 43, f. 2, Milano 1904, 113-157. - Bespr. GZ 6/892; Boll. Com. geol. d'It., 36, 1905, 227.

— Osservazioni sull'Hettangiano nelle Prealpi lombarde. - Rend. R. Ist. Lomb., s. 2, v. 49, Milano 1916, 897-904.

Meneghini G. Monographie des fossiles appartenants au calcaire rouge ammonitique (Lias supérieur) de Lombardie et de l'Apennin de l'Italie centrale. - Pal. Lomb. (Stoppani), s. 4, Nr. 1, 2, Lfrg. 39, 40, Nr. 3, 4, Lfrg. 45, 46, Milano 1867-1881. - Bespr. VRA 1867, 295; 1870, 162.

— Nuove specie di Phylloceras e di Lythoceras del Liasse superiore d'Italia. - Atti Soc. Tosc. d. Sc. nat., v. 1, f. 2, Pisa 1874.

— Fossili titoniani di Lombardia. - Atti Soc. Tosc. d. Sc. nat., Proc. verb., v. 1, 11 magg., Pisa 1879, röm. 104-109.

— e **Canavari M.** Sulla fauna del Capo di San Vigilio illustrata da Vacek. - Atti Soc. Tosc. di Sc. nat., Proc. verb., 5, Pisa 1886, 152. - Bespr. Boll. Com. geol. d'It., 18, 1887, 314.

Mitzopoulos M. u. Renz C. Der Oberlias in der Umgebung des Comersees (Lago di Como). - Verhdl. d. Athener Akad., 4, 1929, 49-53, 64-71. - Bespr. GZ 40/2060.

Mitzopoulos M. K. Beiträge zur Cephalopodenfauna des Oberlias der Alta Brianza. - Inaugdiss. München, 1927; Pragmata der Akad. Athen, 2, 1930, 115 S., 8 Taf. - Bespr. NJb. 1932/3, 444; 1933/3, 1266.

Mojsisovics E. v. Beiträge zur Altersbestimmung einiger Schiefer- und Kalkformationen der östlichen Schweizer Alpen. - VRA 1872, 264-268. - Bespr. Jber. Natf. Ges. Grbd., NF, 18, Chur 1874, 99; Rev. sc., s. 2, t. 4, Paris 1873, 782, 950; Rev. géol. suisse p. l'a. 1872, Genève 1873, 29, 50; Arch. d. sc. phys. et nat., n. p., t. 46, 327; t. 47, 21.

— Die Bedeutung der Rheinlinie in der geologischen Geschichte der Alpen. - VRA 1873, 149-151. - Bespr. Bl. 350; Arch. d. sc. phys. et nat., n. p., t. 50, 291; Rev. géol. suisse p. l'a. 1873, Genève 1874, 23.

Moore C. On the Zone of the lower Lias and the Avicula contorta Zone. - Quart. Journ. of the Geol. Soc. London, v. 17, 1861, 483-517.

Moesch C. (Mösch). Der Jura in den Alpen der Ostschweiz. - Diss. Zürich, 1872, 33 S., 1 T. - Bespr. VRA 1872, 317; NJb. 1872, 767; Arch. d. sc. phys. et nat., 47, 9, 11, 16; Rev. géol. suisse p. l'a. 1872, Genève 1873, 38, 40, 45; Ann. d. mines, Mém., t. 4, Paris 1874, 541, 544.

— Nachweis vom roten Liaskalk mit Pentacriniten auf der Laretalp bei St. Moritz. - EgH 5, 1897, 232.

— Sur un gisement de calcaire rouge du lias avec débris de pentacrines sur l'Alp Laret près de St. Moritz. - Arch. d. sc. phys. et nat., 4, Genève 1897, 473. - Bespr. Ebd. 6, 1898, 351; EgH 5, 1898, 430; Jber. Natf. Ges. Graubd., NF, 42, Chur 1899, 120.

Munier-Chalmas M. Etude du Tithonique, du Crétacé et du Tertiaire du Vicentin. - Paris 1891, 184 S. - Bespr. NJb. 1894/1, 156.

Murchison R. J. Über den Gebirgsbau in den Alpen, Apenninen und Karpathen ... und die Entwicklung eozäner Ablagerungen im südlichen Europa. - Bearbeitet von G. Leonhard. - Stuttgart 1850, 162 S., 1 T. - Bespr. Bl. 7. (Engl.: Quart. Journ. Geol. Soc., 19, London 1849, 312 S.,

1 K. - Ital.: von Savi u. Meneghini, Firenze 1850/51.)

Mylius H. Jura, Kreide und Tertiär zwischen Hochblanken und Hohem Ifen. - Mitt. Geol. Ges. Wien, 4, 1911, 483–618, K. 1:25000, 4 T. - Bespr. GZ 18/15; NJb. 1912/1, 324; Mitt. Geogr. Ges. München, 8, 1, 1913, 58.

— Entgegnung an Tornquist. (Juraklippen Vorarlberg und Allgäu.) - Zbl. f. Min., 1912, 501–507; 1913, 252–256. - Bespr. GZ 18/1560, 20/941; NJb. 1915/1, 241; EgH 13, 1914, 623.

Negri A. Sopra alcuni fossili raccolti nei calcari grigi dei Sette Comuni. - Boll. Soc. geol. it., v. 10, f. 2, Roma 1891, 309–331. - Bespr. VRA 1892, 202; Boll. Com. geol. d'It., 23, 1892, 285.

Neumayr M. Die Fauna der Schichten mit Aspidoceras acanthicum. - Abh. RA, 5, H. 6, 1873, 141–257, 13 T.

— Die Zone der Terebratula Aspasia in den Südalpen. - VRA 1877, 177–178.

— Zur Kenntnis der Fauna des untersten Lias in den Nordalpen. - Abh. RA, 7, H. 5, 1879, 1–46, 7 T.

— Über den Lias im südöstlichen Tirol und in Venetien. - NJb. 1881/1, 207–226. - Bespr. Boll. Com. geol. d'It., 12, 1881, 257; Bl. 573.

— Die Tierwelt der Juraformation. - Schr. d. Ver. z. Verbr. natwiss. Kenntn., 24, Wien 1884, 381–427.

Nicolis E. Sistema liasico- giurese della provincia di Verona. - Estr. d. v. 58, s. 3, f. 2 d. Mem. d. Acc. d'Agricolt. ecc., Verona 1882, 94 S. - Bespr. VRA 1883, 82; NJb. 1883/2, 83; Boll. Com. geol. d'It., 13, 1882, 221.

— e **Parona C. F.** Note stratigrafiche e paleontologiche sul Giura superiore della provincia di Verona. - Boll. Soc. geol. it., v. 4, 1885, Roma 1886, 1–96, 4 T. - Bespr. VRA 1885, 405; NJb. 1886/2, 79; Bl. 657; Boll. Com. geol. d'It., 1886, 114; 1887, 316.

Nicolis E. Breve illustrazione degli spaccati geologici delle prealpi settentrionali. - Atti Acc. Agr., Arti e Comm. di Verona, s. 3, v. 66, Verona 1888. - Bespr. Boll. Com. geol. d'It., 20, 1889, 319.

Oberholzer J. Exkursion Nr. 80. Glarus-Segnespaß-Flims. - In: Geol. Führer der Schweiz, herausgeg. v. d. Schwz. Geol. Ges., Basel (Wepf) 1934, Fasz. XII, 947–952, 1 Fig.

Ogilvie M. Corals in the „Dolomits" of South Tyrol. - Geol. Mag., dec. 4, v. 1, Nr. 355, 356, London 1894, 1–10, 49–60. - Bespr. NJb. 1895/1, 103; Bl. 879; Boll. Com. geol. d'It., 26, 1895, 478.

— Die Korallen der Stramberger Schichten. - 7. Abt. der „Pal. Studien ..." Stuttgart (Schweizerbart) 1896 u. 1897, 73–282, Atlas. - Bespr. VRA 1898, 175; NJb. 1898/2, 150.

Omboni G. Série des terrains sédimentaires de la Lombardie. - Bull. Soc. géol. de France, s. 2, t. 12, Paris 1855, 517–533. - Bespr. NJb. 1856, 215; Bl. 84; Hist. d. progr. ... (d'Archiac), t. 7, Paris 1857, 254; Arch. d. sc. phys. et nat., t. 31, Genève 1856, 175.

Oppel A. Über die weißen und roten Kalke von Vils in Tirol. - Württemb. natwiss. Jh., 17, 1861, 40 S., 2 Taf. - Bespr. NJb. 1861, 353; Bl. 166.

— Die Juraformation Englands, Frankreichs und des südwestlichen Deutschland. - Stuttgart 1856–1858.

— Über die Brachiopoden des unteren Lias. - Z. DGeolGes., 13, 1861, 529–550, 4 T.

— Paläontologische Mitteilungen aus dem Museum des K. bayr. Staates. 1. Jurassische Crustaceen. 2. Fährten im lithogr. Schiefer. 3. Über Cephalopoden. - Stuttgart 1862, 266 S., 74 Taf. - Bespr. NJb. 1863, 374; 1864, 503.

— Über das Vorkommen von jurassischen Posidonomyengesteinen in den Alpen. - Z. DGeolGes., 15, 1863, 188–217, 3 T. - Bespr. NJb. 1863, 625; Bl. 191.

— Die tithonische Etage. - Z. DGeolGes., 17, 1865, 535–558. - Bespr. NJb. 1866, 239.

— u. **Zittel K. A.** Paläontolog. Mitteilungen aus dem Museum des Kgl. Bayer. Staates. 2. Bd., 1. Abt. Die Cephalopoden der Stramberger Schichten. - Stuttgart 1868, 118 S., Atlas. - Bespr. NJb. 1869, 251.

Osswald K. Das Risserkogelgebiet. Geologie der Berge südlich Tegernsee. - Geogn. Jh., 1924, 37, München 1925, 111–166, K. 1:25000, 3 Prof., 3 Taf.

— Die Wendelsteingruppe. Abriß der stratigraphischen, tektonischen und morphologischen Geschichte. - Mitt. Geogr. Ges. München, 21, H. 2, 1928, 124 S., 1 geol. K. 1:25000, 1 tekt. K. 1:100000, 1 Profiltafel 1:25000, 9 Lehrwanderungen. - Bespr. Z. f. Glkde, 17, 1929, 270; Mitt. DÖAV, 1929, 183; GZ 41/709, 1533; Z. f. prakt. Geol., 37, 1929, 174; Mitt. Geol. Ges. Wien, 21, 1928, 160; Geogr. Z., 35, 1929, 374.

— Geologische Karte und Geschichte der Wendelsteingruppe. Mit Abriß der stratigr., tekton. u. morphol. Geschichte. - Sonderdruck der vorgenannten Arbeit. München (Lindauer) 1929.

Parona C. F. Contribuzione allo studio della fauna liasica di Lombardia. - Rend. d. R. Ist. Lomb. di Sc. e Let., s. 2, v. 12, f. 14–18, Milano 1879, 654–664.

— Il calcare liassico di Gozzano e i suoi fossili. - R. Acc. d. Linc., Roma 1880.

— Di alcuni fossili titonici nei dintorni di Caprino e Longarone nel Veneto. - Atti R. Ist. Ven., Venezia 1880, v. 6, sez. 5.

— I fossili degli strati a Posidonomya alpina di Camporovere nei Sette Comuni. - Atti Soc. it. d. Sc. nat., v. 23, Milano 1880, 244–277. - Bespr. Boll. Com. geol. d'It., 12, 1881, 254.

— Di alcuni fossili del Giura superiore raccolti nelle Alpi Venete occidentali. - Estr. d. Rend. d. R. Ist. Lomb., s. 2, v. 4, f. 14–17, Milano 1881, 647–655. - Bespr. NJb. 1882/2, 282.

— e **Canavari M.** Brachiopodi oolitici di alcune località dell'Italia settentrionale (Mte Grappa, S. Vigilio, Croce di Segan). - Atti Soc. Tosc. d. Sc. nat., Mem., v. 5, f. 2, Pisa 1883, 331–350, 3 T. - Bespr. VRA 1883, 162; NJb. 1884/1, 365; Boll. Com. geol. d'It., 14, 1883, 256.

Parona C. F. Sopra alcuni fossili del Lias inferiore di Carenno, Nese et Adrara nelle Prealpi Bergamasche. - Atti d. Soc. it. d. Sc. nat., 27, Milano 1884, 12 S., 1 T. - Bespr. NJb. 1885/2, 110; VRA 1885, 96.

— Sull'età degli strati a Brachiopodi della Croce di Segan in Val Tesino. - Estr. dai processi verbali d. Soc. Tosc. di Sc. nat., Pisa 1885, v. 1, 5 S. - Bespr. VRA 1885, 204.

— Note paleontologiche sul Lias inferiore nelle Prealpi Lombarde. - Rend. R. Ist. Lomb., s. 2, v. 22, f. 8, Milano 1889, 299–311. - Bespr. NJb. 1890/1, 438; Boll. Com. geol. d'It., 21, 1890, 425.

— Radiolarie nei noduli selciosi del calcare giurese di Cittiglio presso Laveno. - Boll. Soc. geol. it., v. 9, f. 1, 1890, 132–175, 6 T. - Bespr. Boll. Com. geol. d'It., 22, 1891, 246.

— I fossili del Lias inf. di Saltrio in Lombardia. Gasteropodi. - Atti Soc. it. di Sc. nat., 33, Milano 1890, 3-37, 3 T.; Boll. Soc. malacol. it., 18, 1894, 161-184, 2 T. - Bespr. NJb. 1892/1, 560; 1895/2, 178; Boll. Com. geol. d'It., 22, 1891, 245; 26, 1895, 482.

— I fossili del Lias inferiore di Saltrio in Lombardia. Parte terza: Nautili. - Boll. Soc. malac. ital., v. 20, Modena 1896, 7-20. - Bespr. Boll. Com. geol. d'It., 28, 1897, 296; NJb. 1897/2, 551.

— La fauna fossile (calloviana) di Acque Fredde sulla sponda veronese del Lago di Garda. - Mem. R. Acc. d. Linc., s. 4, v. 7, Roma 1894, 365ff., 1 T. - Bespr. VRA 1894, 179; NJb. 1895/1, 369; Boll. Com. geol. d'It., 26, 1895, 483.

— Appunti per lo studio del Lias lombardo. - Rend. R. Ist. Lomb., s. 2, v. 27, f. 14, Milano 1894. - Bespr. NJb. 1897/2, 323; Boll. Com. geol. d'It., 26, 1895, 482.

— Nuove osservazioni sopra la fauna e l'età degli strati con Posidonomya alpina nei Sette Comuni. - Pal. it., Mem. d. Pal. pubbl. nel Museo geol. d. R. Univ. di Pisa, sotto la dir. d. prof. M. Canavari, v. 1, Pisa 1896, 1-42, 2 T. - Bespr. VRA 1897, 108; NJb. 1897/1, 119; 1898/1, 357; Boll. Com. geol. d'It., 28, 1897, 296.

— Considerazioni sulla serie del giura superiore e dello infracretaceo in Lombardia a proposito del rinvenimento di fossili del piano barremiano. - Rendic. R. Ist. Lomb. di Sc. e Lett., s. 2, v. 29, f. 4, 1896, 243-246. - Bespr. Boll. Com. geol. d'It., 28, 1897, 296.

— Contribuzione alla conoscenza delle Ammoniti liasiche di Lombardia. - Parte I: Ammoniti del Lias inf. del Saltrio. - Abh. Schw. pal. Ges., v. 23, Genf 1896, 45 S., 8 T. - Bespr. VRA 1897, 182; NJb. 1898/1, 556; EgH 5, 1898, 320; Boll. Com. geol. d'It., 30, 1899, 79; Arch. d. sc. phys. et nat., 4, Genève 1897, 571.

— Contribuzione alla conoscenza delle Ammoniti liasiche di Lombardia. - Parte II. Die alcune Ammoniti del Lias medio. - Mém. Soc. pal. suisse, 24, 1897, 19 S., 3 T. - Bespr. NJb. 1899/2, 160; EgH 5, 1898, 445; Boll. Com. geol. d'It., 30, 1899, 79. - Parte III. Ammoniti del Calcare nero di Moltrasio, Careno, Civate nel bacino Lariano. - Ebd. 25, 1898, 26 S., 4 T. - Bespr. NJb. 1899/2, 470; EgH 6, 1900, 257; Boll. Com. geol. d'It., 30, 1899, 293.

— I fossili del Giura superiore di Cima Campo nell' Altipiano di Lavarone. - Mem. d. Mus. di Stor. Nat. d. Ven. Trid., a. 1, f. 1-2, Trento 1931, 3-14, 1 Taf. - Bespr. GZ 2 B/1182.

Paulcke W. Schichtenfolge am Nordrand der Schweizer Alpen. - Freiburg i. B. (Wagner) 1906, 8 S.

Penck A. Talgeschichte der obersten Donau. - Schr. d. Ver. f. Gesch. d. Bodensees, 28, Lindau 1899, 117-130, 2 Skz.

Peters K. Aptychen der österreichischen Neocomien- und Oberjuraschichten. (Vortr.) - JbRA 1854, 439-444. (U. a. Agordo.)

Peyer B. Über einen Placodontierzahn aus dem Lias von Arzo. (Vortr.) - EgH 24, 1931, 271-274, 2 Fig.; Act. Soc. Helv. Sc. Nat., 112 Sess., Aarau 1931, 325. - Bespr. GZ 2 B/152.

Pia J. v. Untersuchungen über die liassischen Nautiloidea. - Beitr. z. Pal. u. Geol. Österr.-Ung. u. d. Orients, 27, Wien 1914, 19-86, 7 Taf., einige Abb. - Bespr. GZ 22/445.

— Zur Frage der Lückenhaftigkeit des alpinen Jura, besonders in den Lessinischen Alpen. - Mitt. Geol. Ges. Wien, 1919, 116-134. - Bespr. GZ 31/389.

— Die Siphoneae verticillatae vom Karbon bis zur Kreide. - Abh. Zool.-Bot. Ges. Wien, 11, 1920, 1-263, 8 Taf., 27 Fig. - Bespr. GZ 26/362; NJb. 1922/1, 266.

Pichler A. v. Beiträge zur Geognosie Tirols. Aus dem Inn- und Wipptale. - Z. Ferd., 3. F., 8. H., Innsbruck 1859, 137-232, 1 K., 30 Prof. - Bespr. VRA 1859, 45; NJb. 1859, 753; TB 1859, 381; Bl. 150.

— Zur Geognosie Tirols. (Zweite Folge.) III. Orthoceratiten aus dem obern Lias der Kammerkar. - Z. Ferd., 3. F., 9. H., Innsbruck 1860, Beitr. z. Natgesch., 17-18.

— Fossilien der Hierlatzschichten in Tirol. (Sonnwendjoch bei Brixlegg.) - VRA 1861/62, 130-131.

— Zur Geologie der nordtirolischen Kalkalpen. (Stratigr.) - Progr. Gymn. Innsbruck, 1864, 2 S., 1 K. - Bespr. NJb. 1865, 346; Bl. 198.

— Beiträge zur Geognosie Tirols. I. Megalodon triqueter Wulf. in den „oberen Schichten der Cardita crenata". (Zirl.) II. Bonebed und Jura in der Ötztaler Masse. (Imsterberg.) III. Über Seeben. IV. Eruptivgestein vom Wetterstein. V. Asphaltschiefer bei Tarrenz. - JbRA 1866, 501-504. - Bespr. VRA 1866, 141; TB 1866, 1097, 1101; Bl. 230.

— Zur Geognosie der Alpen. (Karte des Raumes Imst-Inn-Zirl-Scharnitz-Grenze mit Erläuterungen.) - Z. Ferd., 3. F., 13. H., Innsbruck 1867, 177-180, 1 K. - Bespr. VRA 1867, 67; NJb. 1867, 750; TB 1867, 302.

— Beiträge zur Geognosie und Mineralogie Tirols. XVI. Aus den oberen Carditaschichten des Achentales. XVII. Die Zone des Ammonites planorbis in Nordtirol. (Leutasch u. Pfonserjoch.) XVIII. Die Gosauformation des Sonnwendjoches. XIX. In der Wildschönau. XX. Findlinge von Eruptivgesteinen bei Innsbruck. XXI. Mineralien aus dem Phyllit bei Innsbruck und vom Madersbacher Köpfl. XXII. Eine alte Mineralogie. (Landreim v. G. Rösch, 1558.) - JbRA 1869, 207-216. - Bespr. VRA 1869, 101.

— Zur Gliederung des Lias in den Nordalpen. - NJb. 1869, 724-725.

— Beiträge zur Paläontologie Tirols. (Ißjöchl, Inn- u. Achental, Sonnwendgeb., Nonsberg.) - NJb. 1871, 61-62. - Bespr. VRA 1871, 28.

— Beiträge zur Geognosie Tirols. 1. Die Porphyrite. (Töllit [Töll u. Lienz], Vintlit, Ehrwaldit.) 2. Aus der Granitmasse von Brixen. 3. Aus der Porphyrmasse von Bozen. 4. Porphyrische Schiefer. (Fieberbrunn.) 5. Varietäten des Tonglimmerschiefers. (Porphyroide südl. Innsbruck.) 6. Vom Cislon. 7. Zu den Carditaschichten. 8. Vom Sonnwendjoch. 9. Mineralogische Notizen. (Zillertal.) - NJb. 1875, 926-936. - Bespr. VRA 1876, 52; Bl. 400.

— Notizen zur Geologie von Tirol. (Silzergneise, Hornsteine: Karw., Sonnwendgeb., Virgl, Gardasee, Rovereto.) - VRA 1885, 77-78. - Bespr. NJb. 1885/2, 279.

— Vom Sonnwendjoch. - VRA 1886, 311-315. - Bespr. Bl. 670.

— Zur Geologie der Kalkgebirge südlich von Innsbruck. (Kalkkögel u. Tarntaler K.) - VRA 1887, 45-47. - Bespr. NJb. 1889/2, 85; Bl. 701.

— Zur Geognosie des Sonnwendjoches. - VRA 1888, 91-93.

Pirona G. A Sulla fauna fossile giurese del Monte Cavallo in Friuli. - Mem. R. Ist. Ven. di Sc., Lett. ed A., v. 20, 1878.

Plieninger F. Über Dogger und oberen Lias in den

Chiemgauer Alpen. - Zbl. f. Min., 1901, 361-367. - Bespr. Mitt. Geogr. Ges. München, 8, 1913, 63.

Pompeckj J. F. Paläontologische Beziehungen zwischen den untersten Liaszonen der Alpen und Schwabens. (Vortr.) - Jh. Ver. f. vaterld. Naturkd. Württembg, 42, 1893. - Bespr. NJb. 1894/1, 483.

— Über Aucellen und Aucellen-ähnliche Formen. - NJb. 1901, Bbd 14, 319-368, 3 Taf., 2 Fig.

Reis O. M. Erläuterungen zur Geolog. Karte des Wettersteingebirges. - Geogn. Jh., 23, 1910 (1911), 61-114, 2 K. 1:25000 (mit F. W. Pfaff), 1 Skz., 15 Abb., 1 Blge.

Reiser K. Geologie der Hindelanger und Pfrontener Berge im Allgäu. - 1. Teil. Geogn. Jh., 33, 1920 (1922), 57-198, K. 1:25000. 2. Teil. Ebd., 35, 1922 (1923) 1-82. 3. Teil. Ebd., 37, 1924 (1925), 1-34, 1 T., 3 Abb. - Bespr. GZ 29/443, 32/575; NJb. 1924/2, 241.

Renz C. Beiträge zur Kenntnis der Juraformation im Gebiete des Monte Generoso (Kanton Tessin). - EgH 15, 1918, 523-584, 1 Fig.

— Einige Tessiner Oberlias-Ammoniten. - EgH 17, 1922/23, 137-166, 2 Taf., 1 Fig.

— Vergleiche zwischen dem südschweizerischen, apenninischen und westgriechischen Jura. - Verh. Natf. Ges. Basel, 34, 1923, 264-296, 1 Taf., 3 Fig.

— Paroniceraten, Frechiellen und Leukadiellen der Österr. u. Bayr. Alpen, nebst schwäbischen und französischen Vergleichsstücken. - Verh. Natf. Ges. Basel, 36, 1925, 200-219, 2 Taf., 1 Fig. - Bespr. GZ 32/1055.

— Frechiellen und Paroniceraten aus der Brianza und dem Tessin. - EgH 19, 1925/26, 383-420, 6 Taf., 2 Fig.

— Brachiopoden des südschweizerischen und westgriechischen Lias. - Abh. Schw. Paläont. Ges., 52, Basel 1932, 1-62, 3 Taf. - Bespr. GZ 2 B/671.

Richter M. Der Nordrand der oberostalpinen Geosynklinale. - Z. DGeolGes., 75, 1923, Mber., 198-211, 1 Fig. - Bespr. GZ 31/1882; NJb. 1925/1, 114.

— Geologischer Führer durch die Allgäuer Alpen zwischen Iller und Lech. - Berlin 1924, Sammlg Borntraeger, Nr. 24, 224 S., 30 Fig., 7 Taf. - Bespr. GR 1924, 366; GZ 33/1318; Geogr. Z., 31, 1925, 184.

— Der Wert der Sedimentpetrographie. - Steinbruch u. Sandgrube, 1928, 567-571.

Richthofen F. Frh. v. Trias- und Liasgebilde in Vorarlberg und dem Fürstentum Liechtenstein. - JbRA 1857, 796.

— Die Kalkalpen von Vorarlberg und Nordtirol. - 1. Abt. JbRA 1859, 72-137, 2 Taf., 12 Prof. 2. Abt. JbRA 1861/62, 87-206, 1 Taf., 39 Prof. - Bespr. NJb. 1860, 843; Bl. 148, 165.

Rothpletz A. Geolog. u. paläontolog. Monographie der Vilser Alpen mit besonderer Berücksichtigung der Brachiopodensystematik. - Palaeontographica, 33, 1886, 1887, 180 S., K. 1:25000, 16 Taf. - Bespr. VRA 1887, 188; NJb. 1887/2, 477; Bl. 678; Mitt. Geogr. Ges. München, 8, 1913, 59.

— Nachträgliches zu der geologisch-paläontologischen Monographie der Vilser Alpen. - NJb. 1889/2, 146-147.

— Ein geologischer Querschnitt durch die Ostalpen nebst Anhang über die sog. Glarner Doppelfalte. - Stuttgart 1894, 268 S., 2 T., 115 Abb. - Bespr. Mitt. DÖAV, 1895, 10; NJb. 1896/1, 276; Carinthia II, 85, 1895, 36; Bl. 874; PetMitt., 41, 1895, Litber., 18; EgH 4, 1894, 164; Jber. Natf. Ges. Grbd., NF, 38, Chur 1895, 56; Arch. d. sc. phys. et nat., t. 31, Genève 1894, 254.

— Über das Alter der Bündner Schiefer. - Z. DGeolGes., 47, 1895, 1-56, 2 Taf., 9 Fig. - Bespr. VRA 1895, 362; NJb. 1898/1, 500; Bl. 923; PetMitt., 41, 1895, Litber., 148; Jber. Natf. Ges. Grbd, NF, 39, Chur 1896, 271; Ann. de Géogr., t. 5, Paris 1896, An. bibl., 89; EgH 5, 1897, 91, 119, 129.

— Über die Flyschfukoiden und einige andere fossile Algen sowie über liasische, Diatomeen führende Hornschwämme. - Z. DGeolGes., 48, 1896, 854-914, 3 Taf. - Bespr. NJb. 1900/1, 150.

— Geologische Alpenforschungen. I. Das Grenzgebiet zwischen den Ost- und Westalpen und die rhätische Überschiebung. - München 1900, 176 S., 1 K., 4 Taf., 69 Fig. - Bespr. GZ 1/1492; Zbl. f. Min., 1902, 114; PetMitt., 47, Litber., 16; EgH 7, 1901-1902, 487; Jber. Natf. Ges. Graubd, NF, 44, 163; Jb. Natwiss., 17, 314.

Sapper C. Über die geologischen Verhältnisse des Juifen und seiner Umgebung, mit besd. Berücksichtigung der Liasablagerungen. - Inaugdiss. München (Stuttgart), 1888, 34 S., 1 Taf.

Schaad H. W. Zur Geologie der jurasischen Kanisfluh-Mittagsfluh-Gruppe im Bregenzerwald. - Viertelkschr. Natf. Ges. Zürich, 71, 1926, 49-84, 6 Abb., 1 Taf. - Bespr. NJb. 1927/2, B, 380; GZ 47 A/568.

Schafhäutl K. E. v. Die Versteinerungen des Kressenberges. Keuper- und Liaspflanzen der bayerischen Alpen. - NJb. 1856, Briefl. Mitt., 819. - Bespr. Bl. 101.

— Der weiße Jura im Wettersteingebirgsstock und der Lias im Hochfelln der bayerischen Alpen. - NJb. 1865, 789-802. - Bespr. Bl. 217.

Schauroth K. v. Keuper- und Liasgrenze im Venetianischen. - NJb. 1856, 823ff.

Schenk A. Bemerkungen über einige Pflanzenreste aus den triasischen und liasischen Bildungen der Umgebung des Comersees. - Ber. d. math.-phys. Kl. d. Sächs. Ak. d. Wiss., Januar 1889, 13 S., 1 Taf. - Bespr. NJb. 1890/2, 167; Boll. Com. geol. d'It., 21, 1890, 524.

Schloenbach U. Tithonische Fauna in Spanien verglichen mit der Südtirols. - VRA 1867, 254-255.

Schlosser M. Zur Geologie von Nordtirol. - VRA 1895, 340-361. - Bespr. NJb. 1898/1, 309; Bl. 911.

— u. **Böse E.** Über die mittelliasische Brachiopodenfauna von Südtirol. - Palaeontogr., 46, 1900, 175-212, 2 Taf. - Bespr. NJb. 1901/1, 166; Boll. Com. geol. d'It., 32, 1901, 114.

Schröder J. Die jurassischen Fleckenmergel der bayrischen Alpen. - NJb. Bbd 52, Abt. B, 1925, 214-283. - Bespr. GZ 33/260; NJb. 1932/3, 439.

— Die Ammoniten der jurassischen Fleckenmergel in den bayrischen Alpen. - Palaeontographica, Stuttgart, 68, 1926, 111-235; 69, 1927, 1-110, 11 Taf.

Schwinner R. u. **Heritsch F.** Stratigraphisches und Paläont. aus dem Jura der Lessinischen Berge. (Col Santo.) - Mitt. Geol. Ges. Wien, 10, 1917, 184-217, 1 Taf. - Bespr. NJb. 1921/1, 181; GZ 25/300.

Seidl E. Grundsätzliche Beziehungen zwischen Tektonik und Faziesbildung in den Nördlichen Kalkalpen und den Schweizer Alpen im Mesozoikum und Känozoikum. (Vortragsauszug.) - Z. DGeolGes., 80, 1928, B, Mber., 256-257.

Stache G. Über die als Lias gedeuteten Kalke und Kalkschiefer südlich von Landeck im Oberinntal. - VRA 1872, 253-254.

— Notizen aus den Tiroler Zentralalpen. Augengneis im Ventertal, neues Granitvorkommen im Ortlergebiet. Die Lias- (?) Kalkschichten bei

Finstermünz. - VRA 1873, 221-223. - Bespr. Bl. 361.

Steinmann G. Bemerkungen über Trias, Jura und Kreide in der Umgebung des Luganer Sees. - In: C. Schmidt u. G. Steinmann, Geol. Mitt. aus d. Umgebung v. Lugano. - EgH 2, 1890, 57-69; Verh. Natf. Ges. Basel, 9, Basel 1890, 301-313.

— Geolog. Beobachtungen in den Alpen. I. Das Alter der Bündner Schiefer. - Ber. Natf. Ges. Freiburg i. Br., 9, 1895, 245-263; 10, 1898, 215-292, Abb. - Bespr. VRA 1895, 362; NJb. 1899/2, 282; PetMitt., 44, 1898, Litber., 24; Bl. 924; Jber. Natf. Ges. Grbd., NF, 39, Chur 1896, 273; 41, 1898, 141; EgH 5, 1897-1898, 93, 132, 381, 420, 427, 449; Ann. de Géogr., 5, Paris 1896, Ann. bibl., 90; 7, 1898, 94; Arch. d. sc. phys. et nat., t. 6, Genève 1898, 284, 346, 349, 355; Boll. Com. geol. d'It., 27, 1896, 458; 30, 1899, 101.

Steinmann H. G. Die Bedeutung der Liasbreccien im Unterostalpin Südbündens. - GR 20, 1929, 281-295, 2 Fig. - Bespr. Ebd. 1929, 387; GZ 41/366.

Stitzenberger J. Fossilienlager in der Molasse nächst des Kontaktes mit dem weißen Jura bei Stockach. - EgH 9, 1906, 396-398.

Stolley E. Über einige Brachyuren aus der Trias und dem Dogger der Alpen. - JbRA 1914, 675-682, 1 Taf. - Bespr. GZ 22/1349.

Stoppani A. Paléontologie lombarde ... - Milano 1858-1870, 4 Bände. - Bespr. VRA 1858, 124; NJb. 1858, 766; 1859, 356; 1860, 762; 1869, 126; 1870, 1024; 1874, 103; 1875, 775.

Taramelli T. Monografia stratigrafica e paleontologica del Lias nelle provincie Venete. - Append. al t. 5, s. 5 d. Atti del'Ist. Ven. di Sc., Let. ed Arti, Venezia 1880, 89 S., 10 Taf. - Auszug: Boll. Com. geol. d'It., 11, 1880, 381-385. - Bespr. VRA 1881, 54; Bl. 566.

— Sulla posizione stratigrafica della zona fillitica di Rozzo e dei calcari marini che la comprendono. - Atti R. Ist. Lomb., Milano 1881, s. 2, v. 14, 214-218. - Bespr. Bl. 583; Boll. Com. geol. d'It., 12, 1881, 255.

— Sugli strati a Posidonomya nel sistema liasico del Monte Albenza in provincia di Bergamo. - Rend. R. Ist. Lomb., s. 2, v. 28, f. 10, Milano 1895. - Bespr. Boll. Com. geol. d'It., 27, 1896, 461.

Tausch L. v. Über die Beziehungen der neuen Gattung Durga G. Böhm zu den Megalodontiden, speziell zu Pachymegalodon Gümbel. - VRA 1885, 163-166.

— Einiges über die Fauna der grauen Kalke der Südalpen. (Vortr.) - VRA 1887, 187.

— Zur Kenntnis der Fauna der „grauen Kalke" der Südalpen. - Abh. RA, 15, 1890, 42 S., 9 Taf. - Bespr. NJb. 1892/1, 396.

Teichmüller R. Zur Frage des Alters der tektonischen Bewegungen in den südlichen Kalkalpen (westlich des Tagliamento). - Z. DGeolGes., 81, 1929, 381-410, 18 Abb. - Bespr. GZ 42/59.

Theobald G. Über die Trias- und Liasbildungen der nächsten Umgebung von Samaden (Piz Padella). - Verh. Schw. Natf. Ges., Vers. Samaden 1863, Chur 1863, 44-46. - Bespr. Arch. d. sc. phys. et nat., n. p., t. 18, Genève 1863, 158.

Tommasi A. Spigolature di paleontologia baldense. - Rend. Ist. Lomb. di Sc. e Lett., v. 41, Milano 1908, 601-616. - Bespr. Boll. Com. geol. d'It., 40, 1909, 606.

Tornquist A. Vorläufige Mitteilung über die Allgäu-Vorarlberger Flyschzone. - Sber. Preuß. Ak. d. Wiss., phys.-math. Kl., 30, 1907, 591-599. - Bespr. NJb. 1909/1, 97; GZ 11/58; EgH 10, 1908, 338.

— Die Allgäu-Vorarlberger Flyschzone und ihre Beziehung zu den ostalpinen Deckenschüben. - NJb. 1908/1, 63-112, 1 K., 8 Taf., 11 Prof. - Bespr. GZ 11/1471; EgH 10, 1908, 661; Mitt. Geogr. Ges. München, 1911, 443.

— Noch einmal die Allgäu-Vorarlberger Flyschzone und der submarine Einschub ihrer Klippenzone. - VRA 1908, 326-332. - Bespr. GZ 12/1284; EgH 10, 1908, 666.

— Eine Kritik der von Mylius geäußerten neuen Ansichten über die Herkunft der Juraklippen in der Allgäu-Vorarlberger Flyschzone. - Zbl. f. Min., 1912, 345-352, 1 Fig.; 783-784. - Bespr. NJb. 1915/1, 241; GZ 21/335.

Trauth F. Über die Stellung der „pieninischen Klippenzone" und die Entwicklung des Jura in den niederösterr. Voralpen. - Mitt. Geolog. Ges. Wien, 14, 1921, Wien 1922, 105-265, 1 Tab., 2 Taf. - Bespr. GZ 29/162.

Trener G. B. Über ein oberjurassisches Grundbreccienkonglomerat in Judicarien (Ballino) und die pseudoliassische Breccie des Mte Agaro in Val Sugana. - VRA 1909, 162-178, 4 Fig. - Bespr. GZ 14/833.

— Über eine Fossilienfundstelle in den Acanthicusschichten bei Lavarone. - VRA 1910, 398-401. - Bespr. GZ 19/772.

— Callovien und Oxfordien in der Etschbucht. (Vortr. Lavarone u. a.) - VRA 1913, 157-158. - Bespr. GZ 20/367.

Trusheim F. Die Mittenwalder Karwendelmulde. Beiträge zur Lithogenesis und Tektonik der nördlichen Kalkalpen. - Diss. Frankfurt a. M.; Wiss. Veröffentl. DÖAV, Nr. 7, 1930, 67 S., K. 1:25000, 3 Prof., 19 Abb. - Bespr. PetMitt., 77, 1931, 270; GZ 46 A/1881.

Uhlig V. Über die liassische Brachiopodenfauna von Sospirolo bei Belluno. - Sber. Ak. d. Wiss. Wien, 80, 1879, 52 S., 5 Taf. - Auszug: Boll. Com. geol. d'It., 12, 1881, 71-74. - Bespr. NJb. 1880/2, 395.

— Zur Gliederung des roten Ammonitenkalkes in der Umgebung von Rovereto. - VRA 1880, 275-276.

— Über einige Liasbrachiopoden aus der Provinz Belluno. - VRA 1891, 91-92. - Bespr. NJb. 1893/1, 408; Boll. Com. geol. d'It., 23, 1892, 440.

— Die marinen Reiche des Jura und der Unterkreide. - Mitt. Geol. Ges. Wien, 4, Wien 1911, 329-448, 1 K. - Bespr. GZ 18/1212; PetMitt., 59, 1913/1, 34.

Uttinger G. Geognostische Bereisung der Alpe Mauriz, mit einigen Nachrichten über das Vorkommen des Schwimmsteins (Quarz nectique). - Z. f. Tirol u. Vorarlberg, 2, Innsbruck (Ferdinandeum) 1826, 287-295, Berichtigung ebd. 325-327.

Vacek M. Die Sette Comuni. - Ital. Übersetzung: I Sette Comuni nel Veneto. - VRA 1877, 211-213; Boll. Com. geol. d'It., v. 8, Roma 1877, 430-433.

— Vorlage der Karte der Sette Comuni. (Vortr.) - Ital. Übersetzung: Sulla geologia di Sette Comuni nel Veneto. - VRA 1877, 301-305; Boll. Com. geol. d'It., v. 9, Roma 1878, 90-94.

— Die Umgebungen von Rovereto in Südtirol. - Ital. Übersetzung: Sui dintorni di Rovereto nel Trentino. - VRA 1878, 341-345; Boll. Com. geol. d'It., v. 10, Roma 1879, 40-45. - Bespr. Bl. 512.

— Über Vorarlberger Kreide. Eine Lokalstudie. - JbRA 1879, 659-758, 3 Taf., 4 Fig.; VRA 1879, 124. (Vortr.) - Bespr. NJb. 1881/2, 393; Bl. 525.

— Über Schweizer Kreide. (Vortr.) - VRA 1879, 33-34.

— Vorlage der geol. Karte des Nonsberges. (Bl. Cles.-Vortr.) - VRA 1882, 42-47. - Bespr. Bl. 560.
— Über die Fauna der Oolithe von Cap S. Vigilio, verbunden mit einer Studie über die obere Liasgrenze. - Abh. RA, 12, 1886, 57-209, 20 Taf. - Bespr. NJb. 1887/2, 181; Bl. 680; Rev. géol. suisse p. l'a. 1886, 29; Arch. d. sc. phys. et nat., 18, Genève 1887, 89.
— Über die geologischen Verhältnisse der Umgebung von Trient. - VRA 1895, 467-483. - Bespr. NJb. 1897/2, 109; Bl. 910; Boll. Com. geol. d'It., 27, 1896, 470.
— Über die geologischen Verhältnisse der Umgebung von Rovereto. (Vortr.) - VRA 1899, 184-204. - Bespr. Bl. 1009; Boll. Com. geol. d'It., 31, 1900, 414.
Vardabasso S. Studio geo-idrografico del Bacino dell'Avisio (Valli di Fassa, Fiemme e Cembra). Geologia, morfologia, idrografia, carta della permeabilità delle rocce. - Min. d. Lav. Pubbl., Uff. Idrogr. d. R. Mag. a. Acque, Venezia, Sez. geol., Padova 1930, 98 S., 13 Taf., K. 1:100000.
Vinassa de Regny P. Nuove fucoidi liasiche. (Nota preventiva.) - Proc. verb. d. Soc. Tosc. di Sc. nat., 15 Maggio 1892.
— Fossili mesozoici delle Prealpi dell'Arzino. - Boll. Com. geol. d'It., 41, 1910, 173-200, 1 Taf. - Bespr. Ebd. v. 42, 1911, f. 4, 132.
Vortisch W. Oberrhätischer Riffkalk und Lias in den nordöstlichen Alpen. I. Teil. - JbBA 1926, 1-64, 4 Abb., 1 Taf. - Bespr. GZ 35/169; NJb. 1927/2, B, 5.
— Oberrhätischer Riffkalk und Lias in den nordöstlichen Alpen. II. Teil. (Vorläufige Mitt.) - VBA 1926, 184-186; JbBA 1927, 93-122, 7 Abb. - Bespr. NJb. 1927/2, B, 5; GZ 39/1205.
— Ursache und Einteilung der Schichtung. - JbBA 1930, 453-496, 3 Abb. - Bespr. GZ 45/314.
Wähner F. Beiträge zur Kenntnis der tieferen Zonen des unteren Lias in den nordöstlichen Alpen. - Beiträge z. Paläont. Österr.-Ungarns u. d. Orients, II-VI, VIII, IX, XI, 1882-1898, 226 S., 26 Taf. - Bespr. NJb. 1885/2, 109; 1887/1, 468; 1889/1, 502; 1892/2, 362; 1896/1, 327; 1900/1, 312.
— Zur heteropischen Differenzierung des alpinen Lias. (Vortr.) - VRA 1886, 168-176, 190-206. - Bespr. NJb. 1888/1, 446; Bl. 675.
— Über die stratigraphischen Beziehungen des alpinen Lias zum Dachsteinkalk. (Vortr.) - VRA 1887, 186. - Bespr. NJb. 1888/1, 449; Bl. 703.
— Geologische Untersuchungen im Sonnwendgebirge. - Annalen Naturhist. Hofmuseum Wien, 10, 1895, Notizen, 97.
— Über das Sonnwendgebirge im Unterinntal. - Sber. Deutsch. Natw.-med. Ver. f. Böhmen Lotos, Prag 1902, 4 S. - Bespr. GZ 4/324.
— Das Sonnwendgebirge im Unterinntal. Ein Typus alpinen Gebirgsbaues. - Leipzig u. Wien (Deuticke) 1903, 356 S., 19 Taf., 1 K., 96 Abb. - Bespr. GZ 3/1064; NJb. 1903/1, 494; Z. Ges. f. Erdkde Berlin, 1903, 234; Geogr. Z., 9, 1903, 646; Mitt. DÖAV, 1903, 112.
Wanner J. Zur Altersfrage des oberjurassischen Aptychenkalkes im Balderschwanger Klippengebiet. - GR 18, 1927, 455-456. - Bespr. GZ 39/1198; NJb. 1928/3, 392.
Wepfer E. Die nördliche Flyschzone im Bregenzer Wald. - NJb. 1909, Bbd 27, 1-71, 1 K., 1 Taf., 5 Prof., 2 Abb. - Bespr. VRA 1909, 206; GZ 13/263; EgH 10, 1908, 663; Mitt. Geogr. Ges. München, 1911, 443.
Winkler A. Über die Bildung mesozoischer Hornsteine. Ein Beitrag zur Sedimentpetrographie der Julischen Alpen. - Tscherm. Min. u. petr. Mitt., 38, 1925, 424-455, 1 Taf., 8 Fig. (Becke-Festband).
Winkler G. G. Die „Vilser Schichten" bei Berchtesgaden. - NJb. 1863, 809-811.
— Beiträge zur Geologie der bayerischen Alpen. - NJb. 1864, 295-314, 456, 2 Taf.
— Neue Nachweise über den unteren Lias in den bayrischen Alpen. (Lenggries.) - NJb. 1886/2, 1-34, 2 Taf. - Bespr. VRA 1886, 396.
Winkler H. Ein neuer Fundort von Posidonomya alpina-Schichten in den Sieben Gemeinden. - VBA 1932, 137-140, 1 Fig. - Bespr. GZ 49 A/980, 4 B/29.
Wundt G. Über Kugelkonkretionen aus dem Kreidegestein bei Vils. - VRA 1880, 88-90. - Bespr. Bl. 551.
— Über die Lias-, Jura- und Kreideablagerungen um Vils in Tirol. - JbRA 1882, 165-192, 5 Abb. - Bespr. Bl. 595.
— Bemerkungen in Sachen des Jura von Vils. - VRA 1888, 88-91. - Bespr. NJb. 1889/1, 461.
Zittel K. v. Paläontologische Notizen über Lias-, Jura- und Kreideschichten in den bayerischen und österreichischen Alpen. - JbRA 1868, 599-610. - Bespr. VRA 1868, 413; NJb. 1869, 628.
— Obere Jura- und Kreideschichten in den Allgäuer und Vorarlberger Alpen. - VRA 1868, 1-4.
— Die Fauna der älteren Cephalopodenführenden Tithonbildungen. - Suppl.-Bd II z. Paläontogr., Cassel 1870, 1. u. 2. Abt., 1-92, 15 Taf.
— Die Gastropoden der Stramberger Schichten. - Suppl.-Bd II z. Paläontogr., 3. Abt., Cassel 1873, 193-373, 13 Taf.
— Geologische Beobachtungen aus den Zentralapenninen. III. Vergleich der Lias-, Jura- und Kreidebildungen der Zentralapenninen mit denen der Südalpen und Toscanas. - Geogn.-pal. Beiträge (Benecke), 2, München 1876, 2. H., 158-176.
— Über das Alter der Kalke mit Terebratula Rotzoana. (Vortr.) - Z. DGeolGes., 29, 1877, 634.

d) Kr Kreide.

Airaghi C. Echinidi della Scaglia cretacea veneta. - Mem. R. Acc. d. Torino, 1903, v. 53, s. 2, 315-330. - Bespr. Boll. Com. geol. d'It., 35, 1904, 268.
— Contributo allo studio delle Ammoniti del Giura e dell'Infracretaceo in Lombardia. - Atti Soc. Ital. Sc. Nat., v. 67, Milano 1928, 284-289, 3 Taf. - Bespr. GZ 41/1841, 48 A/294.
— Fossili della scaglia cretacea del Trentino. - Atti Soc. It. d. Sc. Nat., v. 70, Milano 1931, 240-244, 18 Fig. - Bespr. GZ 48 A/288, 2 B/283.
Ampferer O. u. **Ohnesorge Th.** Über exotische Gerölle in der Gosau und verwandten Ablagerungen der tirolischen Nordalpen. - JbRA 1909, 289-332. - Bespr. Mitt. Geogr. Ges. München, 1911, 445; 1913, 59; GZ 14/829.
Ampferer O. Über Gosau- und Flyschablagerungen in den tirolischen Nordalpen. (Vortr.) - VRA 1909, 144. - Bespr. GZ 14/828.
— Über die Gosau des Muttekopfs. - JbRA 1912, 289-310. - Bespr. NJb. 1913/1, 292; Mitt. Geogr. Ges. München, 8, 1913, 58.
— Neue Funde in der Gosau des Muttekopfes. - VRA 1912, 120. - Bespr. GZ 20/146.
— Über Kantengeschiebe unter den exotischen Geröllen der niederösterreichischen Gosauschich-

ten. – JbRA 1916, 137–138. – Bespr. GZ 23/525.
— Vorläufiger Bericht über neue Untersuchungen der exotischen Gerölle und der Tektonik in den niederösterr. Gosauablagerungen. – Sber. Ak. d. Wiss. Wien, 1, 125, 1916, 217–277. – Bespr. NJb. 1919, 186; GZ 25/74.
— Aus dem Nachlaß Raimund Folgners. 1. Über die Unterschiede der Entwicklung von Jura und Kreide im Sonnwendgebirge und in der Mulde von Achenkirchen–Landl. – VRA 1917, 38–42. – Bespr. GZ 23/774.
— Geologische Untersuchungen über die exotischen Gerölle und die Tektonik der niederösterr. Gosauablagerungen. – Denkschr. Ak. d. Wiss. Wien, 96, 1918, 1–56. – Bespr. GZ 30/1334; NJb. 1920, 366.
— Über die kohleführenden Gosauschichten des Brandenberger und Thierseetales in Tirol. – JbStA 1921, 149–158. – Bespr. GZ 28/1372; NJb. 1925/2, B, 32.
— Beiträge zur Geologie der Muttekopfgosau. – VBA 1930, 181–191, 9 Abb. – Bespr. GZ 45/135.
— Geologische Karte der Lechtaler Alpen. – 4 Bl. 1:25000. I. Klostertaler Alpen. II. Arlberggebiet. III. Parseierspitzgruppe. IV. Muttekopf-Heiterwand. – Mitarbeiter: Th. Benzinger, W. Hammer, O. Reithofer. Hiezu ein Erläuterungsbuch, 125 S., 28 Farbzeichngen, 1 Taf. – Wien (Geol. Bdsanst.) 1932. – Bespr. VBA 1933, 12; Tiroler Anzeiger, Nr. 47 v. 25. 2. 1933; Innsbr. Nachr., Nr. 66 v. 20. 3. 1933; Alpenländer-Korrespondenz, Nr. röm. 14 v. 6. 4. 1933; Außferner Bote, Nr. 25 v. 1. 4. 1933; Heimat, Vorarlberger Monatshefte, 14, 1933, 69; Geogr. Z., 39, 1933, 181; Mitt. DÖAV, 1933, 100; NJb. 1932/3, 973; 1933/3, 502; Tiroler Heimatblätter, 11, 1933, 223; GR 1933, 264; GZ 50A/788; Z. f. prakt. Geol., 41, 1933, 151; Z. f. Geomorph., 8, 1934, 90; Z. f. Glkde. 21, 1933, 394.
— Beiträge zur Geologie des Rätikons. – JbBA 1933, 137–172, 24 Zeichnungen. – Bespr. GZ 51A/402.
— Neue Gosaufunde im Kaisergebirge. – VBA 1933, 129–130. – Bespr. GZ 52A/1825.
— Geologischer Führer für das Kaisergebirge. – Wien (Geol. Bdsanst.) 1933, 132 S., 48 Abb., K. 1:25000. – Bespr. Alpenländer-Korr., Nr. 4 v. 25. 1. 1934; Innsbr. Nachr. u. Tir. Anzg., Nr. 20 v. 25. 1. 1934; Tir. Grenzbote, Nr. 10 v. 3. 2. 1934; Z. f. prakt. Geol., 42, 1934, 62; Tir. Heimatblätter, 42, 1934, 192; Wr. Prähist. Z., 21, 1934, 73; Mitt. DÖAV, 1934, 108; Mitt. Geogr. Ges. Wien, 76, 1933, 316; VBA 1934, 13; GR 25, 1934, 212; Der Bergsteiger, 4, Nr. 7, 1934, 103.
Angel F. u. **Heritsch F.** Das Alter der Zentralgneise der Hohen Tauern. – Zbl. f. Min., 1931, Abt. B, 516–527. – Bespr. GZ 46A/2181.
Arni P. Foraminiferen des Senons und Untereozäns im Prätigauflysch. – Beitr. z. geol. K. d. Schw., NF, 65. Lfrg, Bern 1933, 18 S., 11 Fig., 5 Taf.
Balestra A. Contribuzione geologica al periodo cretaceo del Bassanese. – Boll. Ann. CA Bass., v. 3, Bassano 1896.
Bassani F. Appunti su alcuni pesci fossili d'Austria e di Württemberg. – Atti Soc. Ven.-Trent. Sc. Nat., v. 7, f. 1, 1880, Padova 1881, 74–190, 1 Taf.
— Sull'età degli strati a pesci di Castellavazzo nel Bellunese. – Boll. Soc. geol. it., 4, 1885, Roma 1886, 143–148. – Bespr. Boll. Com. geol. d'It., 17, 1886, 117; 18, 1887, 243; VRA 1885, 408.
— Colonna vertebrale di Oxyrhina Mantelli Ag. scoperta nel calcare senoniano di Castellavazzo nel Bellunese. – Mem. d. Mat. e di Fis. d. Soc. It. di sc., s. 3, t. 7, Napoli 1888. – Bespr. Boll. Com. geol. d'It., 20, 1889, 241.
— Appunti di ittiologia fossile italiana. – Avanzi del genere „Dercetis" nel calcare senoniano di Vernasso (prov. di Udine). – Atti Acc. d. Sc. Fis. e Nat. di Napoli, s. 2, v. 7, 1895.
Battaglia R. Selci campignane del Veneto. – Boll. Paleont. it., an. 43, f. 2–3, Roma 1924, 130–149.
Baumberger E., Heim Arn. u. **Buxtorf A.** Paläontol.-stratigr. Untersuchung zweier Fossilhorizonte an der Valangien-Hauterivien-Grenze im Churfirsten-Mattstockgebiet. – Abh. Schw. pal. Ges., 34, 1907, 33 S. – Bespr. NJb. 1908/1, 425; GZ 13/2049; EgH 10, 1908, 431–433.
Bittner A. Sulle formazioni mesozoiche più recenti delle Alpi bresciane. – Boll. Com. geol. d'It., 14, 1883, 241–250.
— Über zwei neue Brachipoden aus dem Lias und der Gosaukreide. – Mitt. Ges. f. Salzburger Landeskunde, 48, 1898, 1.
Blüher H. Molasse und Flysch am bayrischen Alpenrand zwischen Ammer und Murnauer Moos. – Diss. Bonn 1932.
Blumer E. Notiz über die nördlichsten Kreideketten der Alpen zu beiden Seiten des Rheins. – EgH 17, 1922/23, 166–168. – Bespr. GZ 29/170; NJb. 1923/2, 266.
Blumrich J. Geologisches vom Kummerberg bei Götzis. – Vierteljschr. f. Gesch. u. Ldskde Vorarlbergs, 5, Bregenz 1921, 50–56.
— Zur Frage der vorzeitlichen Siedlungsräume am Rhein. – Heimat, 13, Innsbruck 1932, 17–20.
Boden K. Geologisches Wanderbuch für die bayerischen Alpen. – Stuttgart (Enke) 1930, 458 S., 59 Abb. – Bespr. GZ 41/1526; Z. Ges. f. Erdkde Berlin, 1930, 311; Mitt. DÖAV, 1930, 263; Geogr. Z., 36, 1930, 120; NJb. 1930/3, 294; GR 22, 1931, 245; Z. f. prakt. Geol., 38, 1930, 30; Mitt. Geolog. Ges. Wien, 23, 1931, 175.
Böhm G. Über südalpine Kreideablagerungen. – Z. DGeolGes., 1885, 544–549. – Auszug: Boll. Com. geol. d'It., 16, 1885, 408–412. – Bespr. NJb. 1886/1, 448; VRA 1885, 326.
— Ein Beitrag zur Kenntnis der Kreide in den Venetianer Alpen. – Ber. Natf. Ges. Freiburg i. B., 6, 1892, 134–148. – Bespr. NJb. 1893/2, 555; Boll. Com. geol. d'It., 24, 1893, 82.
— Beiträge zur Kenntnis der Kreide der Südalpen: I. Die Schiosi- u. Calloneghe-Fauna. – Palaeontogr., 41, 1894, 81–148. – Bespr. VRA 1897, 365; Boll. Com. geol. d'It., 27, 1896, 204.
— Beitrag zur Gliederung der Kreide in den Venetianer Alpen. – Z. DGeolGes., 1897, 160–181. – Bespr. NJb. 1900/2, 121; Boll. Com. geol d'It., 29, 1898, 149.
— Zur venetianischen Kreide. – Z. DGeolGes., 54, 1902, Briefl. Mitt., 72–73. – Bespr. Boll. Com. geol. d'It., 34, 1903, 88.
Böhm J. Flysch des Fürberges, Sulzberges, Teissenberges und von Muntigl mit den Nierentalschichten. – VRA 1890, 241–242.
— Die Kreidebildungen des Fürberges und Sulzberges bei Siegsdorf in Oberbayern. – Palaeontographica, 38, 1891, 1–106, 5 Taf. – Bespr. Mitt. Geogr. Ges. München, 8, 1913, 63; NJb. 1892/2, 108; VRA 1892, 141.
— Über das Rhät (?) am Antelao. – Z. DGeolGes., 1892, 826–827.
— u. **Heim Arn.** Neue Untersuchungen über die

Senonbildungen der östlichen Schweizer Alpen. – Abh. Schw. pal. Ges., 36, 1909, 1–61. – Bespr. VRA 1910, 167; NJb. 1913/1, 340; EgH 11, 1910, 646.

Bozzi L. Sulle filliti cretacee di Vernasso in Friuli. – Atti Soc. It. Sc. Nat., v. 31, 1889.

— La flora cretacea di Vernasso nel Friuli. – Boll. Soc. geol. it., v. 10, f. 3, Roma 1892, 371–382, 2 T.

Brinkmann R. Über Gosau und vorgosauische Gebirgsbildung in den nördlichen Ostalpen. (Vortr.) – GR 25, 1934, 141.

Burckhardt C. Die Kontaktzone von Kreide und Tertiär am Nordrande der Schweizer Alpen vom Bodensee bis zum Thunersee. – Beitr. z. geol. K. d. Schw., NF, 2. Lfrg, 132 S., K. 1:50000. (Mattstock u. Speer, 22–54, 96–132.)

Cadisch J. Wildflysch im Unterengadiner Fenster. (Vorl. Mitt.) – Beibl. Nr. 10 z. Vierteljschr. Natf. Ges. Zürich, 1926; Mitt. Geol. Ges. Zürich, 26–30. – Bespr. GZ 47A/326.

— Ein Beitrag zum Calpionellen-Problem. – GR 23, 1932, 241–257, 3 Abb. – Bespr. GZ 3B/516.

Canavari M. Descrizione di un notevole esemplare di Ptycodus Agassiz trovato nel calcare bianco della Creta superiore di Gallio nei Sette Comuni (Veneto). – Paleont. it., v. 22, Pisa 1916, 33–102.

Canestrelli G. Di un altro teleosteo fossile nel Senoniano di Vernasso. – Proc. Verb. Soc. Tosc. d. Sc. Nat., v. 24, 1915.

Capellini G. Il Chelonio veronese (Protosphargis Veronensis) scoperto nel 1852 nel Cretaceo superiore presso Sant'Anna di Alfaèdo in Valpolicella. – Mem. d. Cl. d. sc. fis., mat. e nat. d. R. Acc. d. Linc., s. 3, v. 18, Roma 1884, 1–36, Atti 291. – Bespr. NJb. 1885/2, 353; Boll. Com. geol. d'It., 15, 1884, 277.

Catullo T. A. Cenni sul sistema cretaceo delle Alpi Venete e descrizione di alcuni cefalopodi trovati nella calcaria rossa ammonitica e nel biancone (Vallarsa). – Atti R. Ist. Lomb.-Ven. di Sc. Milano, 1846, v. 5; Mem. originali edite ed inedite del prof. Zantedeschi, v. 1, Venezia 1846. – Auszug: NJb. 1846.

Cornelius H. P. Über die Kreideantiklinale des Ostertales und die Stellung der Couches rouges im Allgäu. – VBA 1925, 53–63. – Bespr. GZ 32/92; NJb. 1927/2, B, 375.

Corti B. Osservazioni stratigrafiche e paleontologiche sulla regione compresa fra i due rami del Lago di Como e limitata a sud dai laghi della Brianza. – Boll. Soc. geol. it., v. 11, Roma 1892, 99 S., 1 K.

— Sulla fauna giurese e cretacea di Campora presso Como. – Rend. R. Ist. Lomb., s. 2, v. 27, f. 8, Milano 1894. – Bespr. Boll. Com. geol. d'It., 26, 1895, 346.

D'Acchiardi A. Corallari fossili del terreno nummulitico delle Alpi Venete. Catalogo delle specie e brevi note. – Pisa 1867, 18 S. – Bespr. VRA 1867, 275.

Dainelli G. Introduzione allo studio del Cretaceo friulano. – Atti Soc. Tosc., Mem., v. 26, Pisa 1910, 160–209. – Bespr. Boll. Com. geol. d'It., 42, 1911, f. 2, 34.

— La struttura delle Prealpi Friulane. – Memorie Geografiche, Firenze (Ricci) 1921, 218 S., 103 Fig., 1 K.

De Alessandri G. Fossili cretacei della Lombardia. – Pal. it., v. 4, 1899, 169–202. – Bespr. Boll. Com. geol. d'It., 31, 1900, 195.

— Osservazioni geologiche sulla Creta e sull'Eocene della Lombardia. – Atti Soc. it. Sc. nat., v. 38, f. 3, Milano 1899, 253–320. – Bespr. Boll. Com. geol. d'It., 31, 1900, 196.

— Nuovi fossili del Senoniano lombardo. – Rend. R. Ist. Lomb., s. 2, v. 34, f. 3, Milano 1901, 183–202. – Bespr. GZ 2/799; Boll. Com. geol. d'It., 33, 1902, 125.

Del Vecchio C. Su alcuni rilievi e impronte del senoniano della Brianza. – Natura, X, Pavia 1919, 73–83. – Bespr. Riv. it. di Pal., 1919, 53.

De Zigno A. Bar. Sui cenni del Prof. Catullo sul sistema cretaceo delle Alpi Venete. – Padova 1846.

— Sulla non promiscuità dei fossili del biancone colle calcarie giurassiche. – Padova 1846.

— Sul terreno cretaceo dell'Italia Settentrionale. – Nuovi saggi d. Acc. di Padova, v. 3, 1846, 1 Taf.

— Nouvelles observations sur les terrains crétacés de l'Italie Septentrional. – Bull. Soc. géol. de France, Paris 1849.

— Über die geschichteten Gebirge der Venetianer Alpen. – NJb. 1849, 281–284.

— Übersicht der geschichteten Gebirge der Venetianischen Alpen. – JbRA 1850, 181–196, 1 Taf. – Bespr. Bl. 9.

— Coup d'oeil sur les terrains stratifiés des Alpes Vénétiennes. – Naturwissensch. Abhandlungen, Wien 1850, 15 S., 1 Taf.

— Prospetto dei terreni sedimentari del Veneto. – Atti R. Ist. Ven. d. Sc., t. 4, s. 3, Venezia 1858, 233–244.

— Sui vertebrati fossili dei terreni mesozoici delle Alpi Venete. – R. Accad. di Sc., Lett. ed Arti di Padova, 1883. – Bespr. Boll. Com. geol. d'It., 14, 1883, 194.

Douglass Sh. Neokompetrefakten von Klien bei Dornbirn. – VRA 1866, 143.

Egger J. G. Foraminiferen und Ostrakoden aus den Kreidemergeln der oberbayrischen Alpen. – Abh. Bayr. Ak. d. Wiss., II. Kl., 21, 1900, 1–230, 27 T. – Bespr. GZ 7/2022.

— Foraminiferen der Seewener Kreideschichten. – Sber. Bayr. Ak. d. Wiss., II. Kl., 1909.

Emmrich H. Die cenomane Kreide im bayrischen Gebirge. – Haidinger-Festschrift, Meiningen 1865.

Erhardt W. Der Roß- und Buchstein und sein Gebiet. – In: Das Tegernseer Tal, Kur- und Fremdenzeitung, Nr. 11 v. 31. 7. 1932, 5 Abb.

Eugster H. Exkursion Nr. 74. Säntis (Alpstein). – In: Geol. Führer der Schweiz, herausgeg. v. d. Schwz. Geol. Ges., Basel (Wepf) 1934, Fasz. XII, 889–905, 2 Fig.

Felix J. Studien über die korallenführenden Schichten der oberen Kreideformation in den Alpen und den Mediterrangebieten. I. Teil: Die Anthozoen der Gosauschichten in den Ostalpen. – Palaeontographica, 49, 1903, 163–360. – Bespr. NJb. 1904/2, 150; GZ 3/1657.

— Über Hippuritenhorizonte in den Gosauschichten der nordöstl. Alpen. – Zbl. f. Min., 1905, 77–81; 1907, 417–422; 1910, 396–399.

— Studien über die Schichten der oberen Kreideformation in den Alpen und den Mediterrangebieten. II. Teil. Die Kreideschichten der Gosau. – Palaeont., 54, 1908, 251–339. – Bespr. NJb. 1909/1, 427; Boll. Com. geol. d'It., 40, 1909, 628.

— Fossilium Catalogus. Anthozoa cretacea. – Berlin 1914.

Fiedler O. Über Versteinerungen aus den Arlbergschichten bei Bludenz und einige neue Fundorte von Flysch und Aptychenkalken im oberen Großen Walsertale Vorarlbergs. – Z. DGeolGes., 1904, Briefl. Mitt., 8–13. – Bespr. Mitt. Geogr. Ges. München, 1911, 444.

Folgner R. (Nachlaß, herausgeg. v. Ampferer.) I. Über die Unterschiede der Entwicklung von Jura und Kreide im Sonnwendgebirge und in der Mulde von Achenkirchen-Landl. II. Über das Juraprofil von Zürs am Flexenpaß. – VRA 1917, 38–42.

Frech F. Lethaea geognostica. 2. Teil des Mesozoikum. 3. Bd Kreide (W. Kilian). – Stuttgart 1907–1913, 398 S.

Fuchs Th. Über die Entstehung der Aptychenkalke. – Sber. Ak. d. Wiss. Wien, 76, 1877. – Bespr. VRA 1877, 306.

— Zur Frage der Aptychenkalke. – VRA 1878, 167–168.

Furlani-Cornelius M. Stratigraphische Studien in Nordtirol. (Jura und Neokom der Karwendelmulde bei Landl.) – VStA 1921, 90–94. – Bespr. NJb. 1922/2, 319.

Furlani M. Zur Stratigraphie der Jura- und Neokomschichten der Karwendelmulde bei Landl in Nordtirol. – Anz. Ak. d. Wiss. Wien, 1921, 9–11. – Bespr. NJb. 1923/2, 116.

Fussenegger S. Der geologische Aufbau von Dornbirn und Umgebung. – Heimat, 7, H. 5–9, Bregenz 1926, 9–14.

Futterer K. Die oberen Kreidebildungen der Umgebung des Lago di Santa Croce in den Venetianer Alpen. – Palaeont. Abh. (Dames u. Kayser), 6, 1892 (NF, II), 124 S., 1 K. – Bespr. VRA 1893, 186; NJb. 1894/1, 148; Boll. Com. geol. d'It., 24, 1893, 274.

— Die Gliederung der oberen Kreide in Friaul. – Sber. Ak. d. Wiss. Berlin, 40, 1893, 847–878. – Bespr. VRA 1897, 364; Boll. Com. geol. d'It., 25, 1894, 310.

— Über einige Versteinerungen aus der Kreideformation der Karnischen Voralpen. – Paläont. Abh. (Dames u. Kayser), NF, 2, (Bd 6), H. 6, Jena 1896, 239ff. – Bespr. NJb. 1897/2, 211; Boll. Com. geol. d'It., 28, 1897, 192.

Ganz E. Stratigraphie der mittl. Kreide (Gargasien und Albien) der oberen helvetischen Decken in den nördlichen Schweizer Alpen. – Neue Denkschr. der Schw. Natf. Ges., 47, Abh. 1, 1912, 149 S., 2 K. – Inaugdiss. Zürich, 1912, 148 S., 2 K. – Bespr. EgH 13, 1914, 110.

Grossuovre A. de. Sur les couches de Gosau considérées dans leurs rapports avec la théorie de charriage. – Bull. Soc. Géol. France, 4, Paris 1904, 765–776. (S. a. Nute sur l'âge de couches de Gosau. Séances Soc. Géol. Fr., Paris 1894.) – Bespr. GZ 8/1265, 10/171.

Gümbel C. W. v. Zahn von Anthracotherium magnum in der bayerischen oligozänen Molasse; neue Ammoniten der Gosaumergel; Foraminiferen in den Streitberger Kalken. – NJb. 1862, 465.

— Über neue Fundstellen von Gosauschichten und Vilser Kalk bei Reichenhall. – Sber. Ak. d. Wiss. München, 2, 1866, II, 158–192. – Bespr. NJb. 1867, 510; VRA 1867, 66.

— Vergleichung der Foraminiferenfauna aus den Gosaumergeln und den Belemnitenschichten der bayerischen Alpen. – Sber. Ak. d. Wiss. München, 1870, 278–288. – Bespr. NJb. 1871, 541.

— Geologie von Bayern. – I. Teil. Grundzüge der Geologie. – Cassel 1884–1888, 1144 S. – Bespr. NJb. 1886/1, 228; 1888/2, 44; Boll. Com. geol. d'It., 15, 1884, 338. – II. Teil. Geolog. Beschreibung von Bayern. – Cassel 1894, 1184 S. – Bespr. NJb. 1896/1, 431; Bl. 889.

— Nachträge zu der geognostischen Beschreibung des bayerischen Alpengebirges. (Allgäu, Tölz, Tegernsee.) – Geogn. Jh., 1, 1888, 163–178. – Bespr. Mitt. Geogr. Ges. Wien, 1889, 386; Mitt. Geogr. Ges. München, 1911, 444; 1913, 61.

Hahn F. F. Versuch zu einer Gliederung der austroalpinen Masse westl. d. österr. Traun. – VRA 1912, 337–344. – Bespr. Zbl. f. Min., 1915, 216.

Haniel C. A. Vorläufige Mitteilung über das Vorkommen von Gosaukreide südlich des Hohen Lichts. – VRA 1908, 362. – Bespr. NJb. 1910/1, 102; GZ 13/814.

Hauer F. R. v. Über die Gliederung der geschichteten Gebirgsbildungen in den östlichen Alpen. – Sber. Ak. d. Wiss. Wien, 1850, 274ff. – Bespr. Bl. 1.

— Über die geognostischen Verhältnisse des Nordabhanges der nordöstlichen Alpen zwischen Wien und Salzburg. – JbRA 1850, 17–60. – Bespr. Bl. 3.

— Über die Gliederung des Alpenkalkes in den Ostalpen. – NJb. 1850, 584ff. – Bespr. Bl. 2.

— Neue Cephalopoden aus den Gosaugebilden der Alpen. – Sber. Ak. d. Wiss. Wien, 53, 1866, 9 S. – Bespr. NJb. 1866, 864.

Haug E. Die geologischen Verhältnisse der Neokomablagerungen der Puezalpe bei Corvara in Südtirol. – JbRA 1887, 245–280. – Bespr. NJb. 1890/1, 305.

— Beitrag zur Kenntnis der oberneokomen Ammonitenfauna der Puezalpe bei Corvara, Südtirol. – Beitr. zur Pal. Österr.-Ung. (Mojsis. u. Neum.) 1889, 7, 3. Hptst., 193. – Bespr. VRA 1889, 283.

Heer O. Flora fossilis Helvetiae. Die vorweltliche Flora der Schweiz. 3. Lfrg. Die Pflanzen des Jura, der Kreide und des Eozän. – Zürich 1877, 81 S., Atlas. – Bespr. NJb. 1878, 219.

Heim Alb. Rapporti fra gli scisti cristallini e le roccie mesozoiche e paleozoiche nelle Alpi. – Quart. Journ. of the Geol. Soc., Proc. Nr. 549, v. 46, Nr. 182, London 1890. – Bespr. Boll. Com. geol. d'It., 22, 1891, 161.

— Monographie der Churfirsten-Mattstock-Gruppe, III. Teil. Stratigraphie der Unteren Kreide und des Jura. Zur Lithogenesis. – Beitr. z. geol. K. d. Schw., NF, L. 20, Bern 1916, 369–573. – Bespr. EgH 15, 1918, 440; NJb. 1919, 282; GZ 27/152.

Heim Arn. Die Erscheinungen der Längszerreißung und Abquetschung in den Kreideketten am nordschweizerischen Alpenrand. – EgH 9, 1906, 384–385.

— Die Erscheinungen der Längszerreißung und Abquetschung der Kreideketten zwischen Toggenburg und Walensee. – Verh. Schw. Natf. Ges., 89. Jvers. St. Gallen 1906, 56.

— Gliederung und Fazies der Berrias-Valangien-Sedimente in den helvetischen Alpen. – Viertel-jschr. Natf. Ges. Zürich, 1907, 484–500; Verh. Schw. Natf. Ges., 90. Jvers. Freiburg 1907, 62–63. – Bespr. EgH 10, 1908, 433.

— Parallélisme de divers faciès Berriasien-Valangien existant dans les chaînes à faciès helvétique. – C. R. Soc. helv. d. Sc. nat., 1907, 65–67 u. Arch. d. Sc. phys. et nat. de Genève, t. 24, 1907, 478–480.

— Sur les zones paléontologiques et lithologiques du Crétacique moyen dans les Alpes suisses. – Bull. Soc. géol. France, 4 sér., t. 9, 1909, 101–127. (Churfirsten-Mattstock-Gruppe 114–126.) – Bespr. EgH 11, 1910, 205.

— Monographie der Churfirsten-Mattstock-Gruppe, I. Teil. Einleitung und Stratigraphie vom Tertiär bis zur mittleren Kreide. – Beitr. z. geol. K. d.

Schw., NF, Lfrg 20, Bern 1910, 272 S., Atlas. - Bespr. EgH 11, 1910, 602; GZ 22/1397; PetMitt., 57, 1911, 2, 226; Ann. d. Géogr., 113, 1911, 115.

— Über die Stratigraphie der autochthonen Kreide und des Eozäns am Kistenpaß, verglichen mit der Fazies der helvetischen Decken. - Beitr. z. geol. K. d. Schw., NF, Lfrg 24, 1910, 21-45. (Walensee 28-45.) - Bespr. EgH 11, 1910, 641; NJb. 1913/1, 342.

— Monographie der Churfirsten-Mattstock-Gruppe, II. Teil. Stratigraphie der Mittleren Kreide. - Beitr. z. geol. K. d. Schw., NF, Lfrg 20, Bern 1913, 273-368. - Bespr. EgH 13, 1914, 661; NJb. 1916/1, 342; GZ 23/32.

— Das Valangien von St. Maurice und Umgebungen, verglichen mit demjenigen der Ostschweiz. - Vierteljschr. Natf. Ges. Zürich, 62, 1917, 680-689. - Bespr. GZ 24/1631; EgH 16, 1920/22, 357.

— Neue Beobachtungen am Alpenrand zwischen Appenzell und Rheintal. (Vorl. Mitt.) - EgH 17, 1922/23, 347-349 u. Verh. Schw. Natf. Ges., 103. Jvers. Bern 1922, II, 222-223. - Bespr. NJb. 1923/2, 266.

— Der Alpenrand zwischen Appenzell und Rheintal (Fähnerngruppe) und das Problem der Kreidenummuliten. - Beitr. z. geol. K. d. Schw., NF, 53, 1. Abt., 1923, 1-51, K. 1:25000. - Bespr. Bibl. d. Sc. Géol., Soc. Géol. de France, f. 1, 78.

— Beobachtungen in den Vorarlberger Kreideketten. (Vorl. Mitt.) - EgH 18, 1923/24, 207-211. - Bespr. GZ 33/752, 43/862; NJb. 1924/2, 429.

— Das Problem der Kreidenummuliten in Ostschweiz und Vorarlberg. - GR 15, 1924, 223-226. - Bespr. GZ 33/1782.

— Exkursion Nr. 78. Walensee (Amden, Mattstock-Churfirsten). - In: Geol. Führer der Schweiz, herausgeg. v. d. Schwz. Geol. Ges., Basel (Wepf) 1934, Fasz. XII, 924-930, 3 Fig.

Hoernes M. Über einige neue Gastropoden aus den östlichen Alpen. - Denkschr. Ak. d. Wiss. Wien, 10, 1855, 173-178.

Hoernes R. Neokomfundorte in der Gegend von Ampezzo und Enneberg in Südtirol. - VRA 1876, 140-141.

Hradil G. u. **Falser H. v.** Die Ölschiefer Tirols. - Leipzig (A. Barth) 1930, 122 S., 61 Abb. - Bespr. Keramos, 9, 1930, H. 10; N. Techn. Bl., Mber. ü. chem.-techn. Litgeb., 1930, H. 6/7; Die Natwiss., 1930, H. 38; Int. Bergwirtsch. u. Bergtechnik, 1930, H. 23; Chemiker Ztg, 54, 1930, 87; Chem. Weekblad, 1930, H. 28; Allgem. Österr. Chem.- u. Technikerztg, 1930, H. 19; Z. f. prakt. Geol., 1931, 60; Tscherm. Min. u. petr. Mitt., 40, 1930, 446; Bergbauliche Rdsch., 1930, Nr. 8; Tgl. Ber. a. d. Petroleumind., 1930, Nr. 651; Z. f. angew. Chemie, 1930, Nr. 12; Tgl. Montanber., 1930, Nr. 20; Chem. Rdsch., 1930, H. 8; Allgem. Öl- u. Fettztg, 1930, H. 12; Keram. Rdsch., 1930, Nr. 38; GZ 42/1426; GR 21, 1930, 74; NJb. 1930/2, 207.

Imkeller H. Die Kreide- und Eozänbildungen am Stallauer Eck und Enzenauer Kopf bei Tölz. - Progr. z. Jber. d. städt. Handelsschule München pro 1895/96, 1-83, K. 1:10000. - Bespr. NJb. 1902/1, 117; Mitt. Geogr. Ges. München, 8, 1913, 60.

— Einige Beobachtungen über die Kreideablagerungen im Leitzachtale, am Schlier- und Tegernsee. - Z. DGeolGes., 52, 1900, Briefl. Mitt., 380-387. - Bespr. GZ 1/1183; NJb. 1902/1, 276; Mitt. Geogr. Ges. München, 1913, 61.

— Die Kreidebildungen und ihre Fauna am Stallauer Eck und Enzenauer Kopf bei Tölz. Ein Beitrag zur Geologie der bayerischen Alpen. - Palaeontogr., 48, 1901, 64 S., 3 Taf., 2 Fig. - Bespr. NJb. 1902/1, 117; GZ 2/1536.

— Die zementliefernden Formationen in den bayr. Alpen und das Portlandzementwerk Marienstein bei Tölz. - Natwiss. Wochenschr., Jena 1905, NF, 4 (20), Nr. 32, 502-507. - Bespr. GZ 8/951.

Jacob Ch. Sur les fossiles et l'âge du gault inférieur avec détermination des fossiles trouvés par Arn. Heim dans le „Glaukonitsandstein" des Churfirsten. - In: Ber. ü. d. Exkurs. d. Schw. Geol. Ges. 1905.

Jeannet A. Sur quelques Echinides néocomiens du Vorarlberg. (Vortr.) - EgH 26, 1933, 233-234.

Kahler F. v. Über die faziellen Verhältnisse der Kärntner Kreide. - JbBA 1928, 145-160.

Kerner-Marilaun F. Das Klimazeugnis der Gosauformation. - Sber. Ak. d. Wiss. Wien, m.-n. Kl., Abt. IIa, 143, 1934, 267-284.

Kilian W. Lethaea geognostica. 2. Teil. D. Mesozoikum. 3 Bd. Kreide. - Stuttgart 1907-1913, 398 S.

Klebelsberg R. v. Geologischer Führer durch die Südtiroler Dolomiten. - Sammlg Borntraeger, 33, Berlin 1928, 362 S., 1 Kartenkz., 2 Taf., 16 Prof. - Bespr. Geogr. Z., 35, 1929, 306; Z. f. Geomorph., 4, 1929, 184; GR 20, 1929, 378; GZ 40/1818; Mitt. DÖAV, 1929, 167; Studi Trent. Sc. Nat., 10, 1929, 77; Der Schlern, 10, 1929, 116; Z. Ges. f. Erdkde Berlin, 1930, 71.

— Geologische Einführung: Schichtfolge, Gebirgsbau, Formentwicklung, Vergletscherung, mit den geolog. Sonderabschnitten der „Südlichen Ostalpen von der Etsch bis zum Piave". - Der Hochtourist in den Ostalpen, DÖAV, 1929, VII, 17-32, 35-36, 56-57, 64-66, 83, 111-113, 185-186, 192-193, 212-213, 225-226, 276-277, 297-299, 326-327, 416-418, 462-463.

— Grundzüge der Geologie Tirols. - In: Tirol, Land, Natur, Volk u. Geschichte, herausgeg. vom DÖAV, München (Bruckmann) 1933, 23-91, 1 K., 1 Skz. - Bespr. Mitt. DÖAV, 1934, 51, 147; Der Schlern, 15, 1934, 189; PetMitt., 1934, 317.

Klinghardt F. Vorläufige Mitteilung über eine Kreidefauna aus Friaul. - Zbl. f. Min., 1912, 318-320. - Bespr. Boll. Com. geol. d'It., 44, 1914, f. 2, 79.

Klipstein A. v. Über die Gosaukreide der Ladoialpe auf dem Sonnwendjoch bei Brixlegg im Unterinntal. - VRA 1885, 113-117. - Bespr. NJb. 1886/1, 303.

— Erwiderung an Hr. Dr. Lechleitner bez. der Kreideversteinerungen von der Ladoialpe. - VRA 1888, 289-290.

Knauer J. Geologischer Überblick über die Alpen zwischen Tegernsee und Gmunden am Traunsee und das bayerisch-österreichische Tertiärhügelland. - In: Abriß der Geol. v. Bayern r. d. Rh. (M. Schuster), 1. Abt., München 1925, 103 S. - Bespr. NJb. 1926/2, B, 342.

— Geologischer Überblick über die Alpen zwischen dem Bodensee und dem Tegernsee und ihr Molassevorland. - In: Abriß der Geologie von Bayern r. d. Rh. (M. Schuster), 2. Abt., München 1928, 184 S. - Bespr. Mitt. DÖAV, 1930, 23; NJb. 1929/3, 216; GZ 41/1019.

Kockel C. W. Beitrag zur Kenntnis der Grenzen zwischen germanischem und mediterranem Meeresbereich im jüngeren Mesozoikum der Ostalpen. - Sber. Natf. Ges. Leipzig, 45-48, Leipzig 1918-21

(1922), 29–35. – Bespr. GZ 28/1621; NJb. 1925/1, 107.

— Die nördlichen Ostalpen zur Kreidezeit. Ein Ausschnitt aus der Entwicklung eines Kettengebirges. – Diss. Leipzig 1922. Auszug: Jb. phil. Fak. Univ. Leipzig 1922, 4 S.; Mitt. Geol. Ges. Wien, 15, 1922, 63–168. – Bespr. GZ 28/1256; NJb. 1925/1, 107.

— Kretazische Gebirgsbildung und Sedimentation in den Ostalpen. – GR 14, 1923, 327–328.

—, **Richter M.** u. **Steinmann H. G.** Geologie der Bayrischen Berge zwischen Lech und Loisach. – Wissensch. Veröff. d. DÖAV, 10, Innsbruck 1931, 231 S., g. K. 1:25000, 1 Profiltaf., 17 Taf., 57 Abb. – Bespr. GZ 46A/793; Z. f. Glkde, 20, 1932, 507; VBA 1933, 96; GR 1933, 417.

Kraus E. Über den Schweizer Flysch. – EgH 25, 1932, 39–129, 10 Fig. – Bespr. GZ 49A/405, 3B/267; NJb. 1932/3, 971.

— u. **Reis O. M.** Erläuterungen zur geologischen Karte von Bayern 1:25000, Blatt Immenstadt, Nr. 856. – Geol. Ldsuntersuchg d. Bay. Oberbergamtes, München 1929, 160 S., 1 T., 1 Skz., mehr. Abb. – Bespr. GZ 42/1304, 45/789; Z. f. Glkde, 19, 1931, 207; NJb. 1930/3, 397; GR 22, 1931, 250.

Kraus E. Calpionella alpina Lorenz als „Leitfossil". – Acta univ. Latviensis, math.-nat. Fak., Ser. II, 4, Riga 1929, 69–80. – Bespr. NJb. 1930/3, 393.

— Neues über die bayerischen Alpen. Referat und vorläufige Mitteilung. – Mitt. Geol. Ges. Wien, 22, 1929, Wien 1930, 133–147. – Bespr. GZ 42/1270; NJb. 1930/3, 398.

— Blatt Fischen der Geol. Karte v. Bayern 1:25000 mit Erläuterungen (38 S., 1 Taf.). – Herausgeg. v. d. Geol. Ldsuntersuchung d. Bayer. Oberbergamtes, München 1931. – Bespr. NJb. 1932/3, 3.

— Der Werdegang der Allgäuer Landschaft. – 49. Ber. Natwiss. Ver. f. Schwaben u. Neuburg, Augsburg 1931, 1–17, 1 Abb. – Bespr. GZ 46A/794; NJb. 1932/3, 4.

— Der nordalpine Kreideflysch. Geologische Forschungen im Allgäu und in Vorarlberg. – Geol. u. Pal. Abh., NF, 19, H. 2, Jena 1932, 138 S., 58 Abb., 7 Taf. – Bespr. Mitt. Geolog. Ges. Wien, 24, 1931, Wien 1932, 175; GZ 49A/403; NJb. 1932/3, 967.

— Der bayerisch-österreichische Flysch. – Abhdlgen Geol. Ldsuntersuchg Bayer. Oberbergamt, H. 8, München 1932, 82 S., 16 Fig. (3 Taf.) – Bespr. Mitt. Geolog. Ges. Wien, 24, 1931, Wien 1932, 175; GZ 49A/404; NJb. 1932/3, 970.

— Blatt Oberstdorf der Geolog. Karte von Bayern 1:25000, mit Erläuterungen. – Herausgeg. v. Bayer. Oberbergamt, Geolog. Landesuntersuchg, München 1932. –Bespr. GZ 49A/182; NJb. 1932/3, 972.

— Geologie des Mittelallgäus (Blatt Kempten 1:100000). – NJb. 1933, 69. Bbd, Abt. B, 189–256, 2 Taf., 1 Abb. – Bespr. GZ 53A/420.

Kühn O. Studien über die Poritidä der Kreideformation. – Z. österr. Mittelschulen, 1, 1924, 237–244. – Bespr. NJb. 1927/1, B, 275.

— Die Echinodermen der Gosauformation. – Ann. Nathist. Mus. Wien, 39, 1925, 177–189. – Bespr. NJb. 1927/1, B, 102; GZ 40/2068.

Lebling Cl. Ergebnisse neuerer Spezialforschung in den deutschen Alpen. 2. Die Kreideschichten der bayrischen Alpen. – GR 3, 1912, 483–508; Berichte über d. Fortschr. d. Geol., 3, 1912, 230–255. – Bespr. NJb. 1913/2, 458.

Lechleitner H. Notizen über den Gebirgsstock des Sonnwendjochs im Unterinntale (Tirol). – VRA 1884, 204–208. – Bespr. NJb. 1886/1, 79.

— Die Kreide von Pletzach (Ladoi) auf dem Sonnwendjoche bei Brixlegg. – VRA 1886, 215–216. – Bespr. NJb. 1889/1, 274.

— Eine eigentümliche Ausbildung der Gosauformation in Brandenberg. – VRA 1890, 250–252. – Bespr. NJb. 1893/1, 521; Bl. 775.

Lenz O. Die brachiopodenreiche Austernbank von Klien. – VRA 1873, 249.

Lepsius R. Das westliche Südtirol, geologisch dargestellt. – Berlin 1878, 375 S., 1 K., mehr. Prof. u. Taf. – Bespr. Mitt. DÖAV, 1878, 247; VRA 1879, 34; NJb. 1881/2, 382; Bl. 502; Boll. Com. geol. d'It., 10, 1879, 64.

Leuchs K. Über Grundfragen alpiner Geologie. – Z. DGeolGes., 73, 1921, Mber., 136–150. – Bespr. NJb. 1925/2, B, 28.

— Geologie von Bayern. 2. Teil. Bayrische Alpen. – Handbuch der Geol. u. Bodenschätze Deutschlands (E. Krenkel), 2. Abt., 3. Bd, Berlin 1927, 374 S., 20 Taf., 67 Abb. – Bespr. GZ 36/1550; VBA 1928, 85; Z. f. prakt. Geol., 1928, 47; Mitt. DÖAV, 1929, 42; NJb. 1928/3, 8; Geogr. Z., 34, 1928, 118; GR 22, 1931, 244; PetMitt., 74, 1928, 362.

Leupold W. Neue mikropaläontologische Daten zur Altersfrage der alpinen Flyschbildungen. – EgH 26, 1933, 295–319.

Longhi P. Contribuzione alla conoscenza della fauna del calcare cretaceo di Calloneghe presso il Lago di S. Croce nelle Alpi venete. – Riv. it. di Pal., 8, 1902, 23–26; 9, 1903, 22–34. – Bespr. NJb. 1903/2, 273; 1905/1, 317; Boll. Com. geol. d'It., 34, 1903, 285; 35, 1904, 384.

Maier W. Zerreißungsspalten in Gosaukonglomeraten bei Reichenhall. – Z. DGeolGes., 84, 1932, 65–66, 1 Taf. – Bespr. GZ 48A/1063.

Mariani E. Foraminiferi del calcare cretaceo del Costone di Gavarno in Val Seriana. – Boll. Soc. geol. it., v. 7, f. 3, 1888, 283–292.

— Alcune osservazioni sui terreni cretacei tra il Serio e l'Oglio. – Girgenti 1889.

— Appunti sulla creta e sul terziario antico della Brianza. – Annali d. R. Istituto Tecnico di Udine, 1892, s. 2, an. 9. – Bespr. NJb. 1895/2, 134; Boll. Com. geol. d'It., 24, 1893, 290.

— Appunti sull'eocene e sulla creta del Friuli orientale. – Annali d. R. Istituto Tecnico di Udine, 1892, s. 2, an. 10. – Bespr. NJb. 1895/1, 124; Boll. Com. geol. d'It., 24, 1893, 291.

— Ammoniti del Senoniano lombardo. – Mem. Ist. Lomb., v. 18, f. 4, Milano 1898, 51–58. – Bespr. Boll. Com. geol. d'It., 30, 1899, 274.

— Ricerche micropaleontologiche su alcune rocce della Creta lombarda. – Atti d. Soc. it. di Sc. nat. e del Mus. Civ. di Stor. nat. in Milano, v. 38, f. 1–2, Milano 1899, 195–202. – Bespr. Boll. Com. geol. d'It., 31, 1900, 282.

— Fossili del giura e dell'infracretaceo nella Lombardia. – Atti Soc. it. Sc. nat., v. 38, f. 4, Milano 1900, 367–447. – Bespr. Boll. Com. geol. d'It., 32, 1901, 273.

— Su alcune ittiodoruliti della Creta lombarda. – Atti Soc. it. Sc. nat. e Mus. Civ. Stor. nat., v. 41, f. 4, Milano 1903, 437–447. – Bespr. GZ 4/889; Boll. Com. geol. d'It., 35, 1904, 391.

— Appunti geologici sul Secondario della Lombardia occidentale. – Atti Soc. it. Sc. nat., v. 43, f. 2, Milano 1904, 113–157. – Bespr. GZ 6/892; Boll. Com. geol. d'It., 36, 1905, 227.

Marinelli O. La serie cretacea nei dintorni di Tarcento

in Friuli. - Atti R. Ist. Ven., s. 7, t. 8, d. 9, Venezia 1897, 1027-1045. - Bespr. Boll. Com. geol. d'It., 30, 1899, 61.

— Il senoniano di Vernasso, i Klippen ed i conglomerati pseudo-cretacei del Friuli orientale. - Atti Acc. Sc. Ven.-Trent.-Istr., n. s., a. 1, f. 1, Padova 1904, 15-25.

Meesmann P. Geologische Untersuchung der Kreideketten des Alpenrandes im Gebiete des Bodenseerheintales. - Diss. Basel (Birkhäuser) 1925; Verh. Natf. Ges. Basel, 37, 1925/26, 111 S., 3 T., 9 Abb. - Bespr. GZ 33/1777; NJb. 1927/2, B, 378.

Meneguzzo G. Stratigrafia della Provincia Vicentina in correlazione a quella del Veronese e del Trevigiano. - Vicenza 1868.

Merhart G. v. Kreide und Tertiär zwischen Hochblanken und Rhein. - Sonderschr. d. Vorarlbg. Ldsmus., 4, Dornbirn 1926, 64 S., K. 1:75000 u. 1:25000, 2 Proftaf. - Bespr. VBA 1927, 63; Z. f. prakt. Geol., 1926, 143; Mitt. Geol. Ges. Wien, 19, 1926, 157; Schr. Ver. f. Gesch. d. Bodensees, 54, 1926, 401.

Mojsisovics E. v. Das Gebiet von Thiersee, Kufstein, Walchsee und Kössen in Nordtirol. - VRA 1869, 220-222.

— Beiträge zur Altersbestimmung einiger Schiefer- und Kalkformationen der östlichen Schweizer Alpen. - VRA 1872, 264-268. - Bespr. Jber. Natf. Ges. Grbd., NF, 18, Chur 1874, 99; Rev. sc., s. 2, t. 4, Paris 1873, 782, 950; Rev. géol. suisse p. l'a. 1872, Genève 1873, 29, 50; Arch. d. sc. phys. et nat., n. p., t. 46, 327; t. 47, 21.

— Die Bedeutung der Rheinlinie in der geologischen Geschichte der Alpen. - VRA 1873, 149-151. - Bespr. Bl. 350; Arch. d. sc. phys. et nat, n. p., t. 50, 291; Rev. géol. suisse p. l'a. 1873, Genève 1874, 23.

Moesch C. Geologische Beschreibung der Säntisgruppe. Text zur Spezialkarte des Säntis von Arnold Escher von der Linth. - Beitr. z. geol. K. d. Schw., 13. Lfrg, Bern 1878, 262 S., 144 Abb., 6 T.

— Zur Paläontologie des Säntisgebirges. (Petrefakten aus der Kreide.) - Beiträge z. geol. K. d. Schw., 13. Lfrg, Nachtr., Bern 1878, 15 S. u. Zürich (Füßli) 1878, 15 S.

Munier-Chalmas M. Etude du Tithonique, du Cretacé et du Tertiaire du Vicentin. - Paris 1891, 184 S. - Bespr. NJb. 1894/1, 156.

Murchison R. J. On the relations of the tertiary and secondary rocks forming the southern flanks of the tyrolian Alpes near Bassano. - Philos. Mag. and Ann., London 1829, 5. Bd, Nr. 39. - Übersetzt in Leonh. u. Bronns Jb., 1830, 97.

— Über den Gebirgsbau in den Alpen, Apenninen und Karpathen ... und über die Entwicklung eozäner Ablagerungen im südlichen Europa. - Bearbeitet von G. Leonhard. Stuttgart 1850, 162 S., 1 T. - Bespr. Bl. 7. (Engl.: Quart. Journ. Geol. Soc., 19, London 1849, 312 S., 1 K. Ital.: von Savi u. Meneghini, Firenze 1850/51.)

Murr J. Der Feldkircher Gaultsandstein. - Feldkircher Anzeiger, 1920, Nr. 53, 58.

Mylius H. Jura, Kreide und Tertiär zwischen Hochblanken und Hohem Ifen. - Mitt. Geol. Ges. Wien, 4, 1911, 483-618, K. 1:25000, 4 T. - Bespr. GZ 18/15; NJb. 1912/1, 324; Mitt. Geogr. Ges. München, 8, 1, 1913, 58.

Nicolis E. Resti di Mosasauriano nella scaglia rossa (cretaceo superiore) di Valpantena in provincia di Verona. - Atti R. Ist. Ven., s. 8, t. 2, d. 7, Venezia 1906, 497-503. - Bespr. Boll. Com. geol. d'It., 32, 1901, 336.

Nopcsa F. Bar. Die Reptilien der Gosau in neuer Beleuchtung. - Zbl. f. Min., Abt. B, 1926, 520-523.

Omboni G. Série des terrains sédimentaires de la Lombardie. - Bull. Soc. géol. de France, s. 2, t. 12, Paris 1855, 517-533. - Bespr. NJb. 1856, 215; Bl. 84; Hist. d. progr. ... (d'Archiac), t. 7, Paris 1857, 254; Arch. d. sc. phys. et nat., t. 31, Genève 1856, 175.

Oppel A. Entdeckung von Kreidegestein in der Schichtenfolge bei Vils. - NJb. 1861, 675.

Oppenheim P. Zur venetianischen Kreide. - Z. DGeol-Ges., 54, 1902, Briefl. Mitt., 94-99. - Bespr. GZ 3/1702; Boll. Com. geol. d'It., 34, 1903, 400.

— Über die Nummuliten- und Flyschbildungen der Schweizer Alpen im Anschluß an das gleichlautende Werk von Dr. Arn. Heim. - Zbl. f. Min., 1910, 243-249, 280-285. - Bespr. EgH, 11, 1910, 650; GZ 15/1559; Boll. Com. geol. d'It., 42, f. 3, 1911, 89.

— Die Anthozoen der Gosauschichten in den Ostalpen. - Berlin-Lichterfelde 1930, 576 S., 48 Taf. - Auszug: Der Geologe, Nr. 48, Leipzig (Weg) 1931, 1486-1488. - Bespr. NJb. 1931/3, 88; GZ 2 B/659.

Osswald K. Das Risserkogelgebiet. Geologie der Berge südlich Tegernsee. - Geogn. Jh., 37, 1924, München 1925, 111-166, K. 1:25000, 3 Prof., 3 Taf.

— Die Wendelsteingruppe. Abriß der stratigraphischen, tektonischen und morphologischen Geschichte. - Mitt. Geogr. Ges. München, 21, H. 2, 1928, 124 S., 1 g. K. 1:25000, 1 tekt. K. 1:100000, 1 Profiltafel 1:25000, 9 Lehrwanderungen. - Bespr. Z. f. Glkde, 17, 1929, 270; Mitt. DÖAV, 1929, 183; Mitt. Geol. Ges. Wien, 21, 1928, 160; GZ 41/709, 1533; Geogr. Z., 35, 1929, 374; Z. f. prakt. Geol., 37, 1929, 174.

— Geologische Karte und Geschichte der Wendelsteingruppe. Mit Abriß der stratigr., tekton. u. morphol. Geschichte. - Sonderdruck der vorgenannten Arbeit. München (Lindauer) 1929.

Parona C. F. Sopra alcuni fossili del Biancone veneto. - Atti R. Ist. Ven. di Sc. ecc., s. 7, v. 1, Venezia 1890, 277-301. - Bespr. Boll. Com. geol. d'It., 22, 1891, 245.

— Considerazioni sulla serie del giura superiore e dello infracretaceo in Lombardia a proposito del rinvenimento di fossili del piano barremiano. - Rend. R. Ist. Lomb. d. Sc. e Lett., s. 2, v. 29, f. 4, Milano 1896, 243-246. - Bespr. Boll. Com. geol. d'It., 28, 1897, 296.

— Descrizione di alcune Ammoniti del Neocomiano veneto. - Pal. ital., v. 3, Pisa 1898, 137-144, 2 T. - Bespr. NJb. 1899/2, 471; Boll. Com. geol. d'It., 30, 1899, 293.

— Una rudista della scaglia veneta. - Atti R. Acc. d. Sc. d. Torino, v. 39, d. 5, Torino 1904, 303-307, 1 T. - Bespr. Boll. Com. geol. d'It., 36, 1905, 243.

— Saggio per un studio sulle Caprinidi dei calcari di scogliera (orizzonte de Col dei Schiosi) nelle Prealpi venete orientali. - Mem. R. Acc. Linc., s. 5, v. 7, Roma 1908, 319-346, 30 Fig. - Bespr. NJb. 1913/1, 151; GZ 13/195; Boll. Com. geol. d'It., 40, 1909, 368.

— Sopra alcune rudiste del Cretaceo superiore del Cansiglio nelle Prealpi venete. - Mem. R. Acc. d. Sc. d. Torino, s. 2, t. 59, Torino 1908, 139-156, 1 T. - Bespr. Boll. Com. geol. d'It., 40, 1909, 369.

— Per lo studio del Neocretaceo nel Friuli occidentale. - Atti R. Acc. Sc. Torino, v. 46, d. 15, Torino 1911, 887–892. - Bespr. Boll. Com. geol. d'It., 43, f. 4, 1913, 98.
— Rudiste della scaglia veneta. - Atti R. Accad. Sc. Torino, v. 47, 1912, 468–477, 1 T., 2 Fig. - Bespr. Boll. Com. geol. d'It., 44, f. 2, 1914, 98.
Patriciu V. u. **Teichmüller R.** Die kretazischen Ölschiefer und Globigerinenkalke des Nonsberges und der nördlichen Brentagruppe. - Z. DGeolGes., 82, 1930, 241–252, 1 T., 5 Abb. - Bespr. GZ 44/202, 45/490; NJb. 1932/2, 552.
Paulcke W. Schichtenfolge am Nordrand der Schweizer Alpen. - Freiburg i. Br. (Wagner) 1906, 8 S.
Pellegrini G. Nota sulla formazione cretacea nel Veronese. - Boll. Soc. Ven.-Trent. di Sc. nat., Padova 1883, v. 2, Nr. 3, 133.
Peters K. Aptychen der österreichischen Neocomien- und Oberjuraschichten. - JbRA 1854, 439–444. (U. a. Agordo.)
Petrascheck W. Über Inoceramen aus der Gosau und dem Flysch der Nordalpen. - JbRA 1906, 155–168, 1 Taf., 4 Abb.
Pia J. v. Die Siphoneae verticillatae vom Karben bis zur Kreide. - Abh. Zool.-Bot. Ges. Wien, 11, 1920, 1–263, 8 Taf., 27 Fig. - Bespr. GZ 26/362; NJb. 1922/1, 266.
Pichler A. v. Zur Geognosie der Alpen. (Karte des Raumes Imst–Inn–Zirl–Scharnitz–Grenze mit Erläuterungen.) - Z. Ferd., 3. F., 13. H., Innsbruck 1867, 177–180, 1 K. - Bespr. VRA 1867, 67; NJb. 1867, 750; TB 1867, 302.
— Beiträge zur Geognosie und Mineralogie Tirols. XVI. Aus den oberen Carditaschichten des Achentales. XVII. Die Zone des Ammonites planorbis in Nordtirol. (Leutasch u. Pfonserjoch.) XVIII. Die Gosauformation des Sonnwendjoches. XIX. In der Wildschönau. XX. Findlinge von Eruptivgesteinen bei Innsbruck. XXI. Mineralien aus dem Phyllit bei Innsbruck und vom Madersbacher Köpfl. XXII. Eine alte Mineralogie. (Landreim v. G. Rösch, 1558.) - JbRA 1869, 207–216. - Bespr. VRA 1869, 101.
— Über Vorkommen von Steinkohlen im Hauptdolomit bei Pertisau, von fossilem Harz und Fischschuppen. - VRA 1869, 318.
Pirona G. A. Nuovi fossili del terreno cretaceo del Friuli. - Mem. R. Ist. Ven. d. Sc., Lett. ed A., v. 22, 1884.
— Due Chamacee nuove del terreno cretaceo del Friuli. - Mem. R. Ist. Ven. d. Sc., Lett. ed A., v. 22, 1886.
— Nuova contribuzione alla fauna fossile del terreno cretaceo del Friuli. - Atti R. Ist. Ven. d. Sc., Lett. ed A., s. 6, v. 5, 1887.
Quervain F. de. Petrographische Untersuchungen an Schotter- und Pflastersteinmaterialien. I Sandsteine und Echinodermenbreccien der Gargasienstufe (Mittlere Kreide) der helvetischen Kalkvoralpen. - Beitr. z. Geol. d. Schw., Geotechn. Ser., Kleinere Mitt. Nr. 1. Zürich (Leemann) 1931, 44 S., 2 Taf., 16 Abb.; Schw. Min. u. Petr. Mitt., 11, H. 2, 1931, 183–226, 2 Taf., 16 Abb. - Bespr. GZ 47 A/2011, 48 A/991; Z. f. prakt. Geol., 40, 1932, 191; GR 24, 1933, 122.
Raineri R. Dasycladaceae nel Liburnico del colle di Medea (Friuli). — Mem. Ist. Geol. Univ. Padova, v. 8, Padova 1930, 10 S., 3 Abb.
Redtenbacher A. Die Cephalopoden der Gosauschichten in den nordöstlichen Alpen. - Abh. RA, 5, H. 5, 1873, 91–140, 9 Taf. - Auszug: VRA 1873, 37–38 (Vortr.).
Reis O. M. Erläuterungen zu der Geol. Karte der Vorderalpenzone zwischen Bergen und Teisendorf südlich von Traunstein. - Geogn. Jh., 8, 1895, Cassel 1896, 1–155, K. 1:25000. - Bespr. Mitt. Geogr. Ges. München, 8, 1913, 63; NJb. 1898/2, 453; Bl. 921.
— Erläuterungen zur Geolog. Karte des Wettersteingebirges. - Geogn. Jh., 23, 1910 (1911), 61–114, 2 K. 1:25000 (mit F. W. Pfaff), 1 Skz., 15 Abb., 1 Blge.
— Nachträge zur Geolog. Karte der Vorderalpenzone zwischen Bergen und Teisendorf. - 1. Teil, Geogn. Jh., 33, 1920 (1922), 203–232, 1 K., 1 Abb.; 2. Teil, Geogn. Jh., 34, 1921 (1922), 223–244, 1 T., 3 Abb. - Bespr. GZ 30/693, 694.
— Cenomaner Brockenmarmor vom „Weißen Haus" in Tirol. (Nächst Füssen.) - VBA 1931, 84–88. - Bespr. GZ 46 A/424.
Reiser K. Geologie der Hindelanger und Pfrontener Berge im Allgäu. - 1. Teil. Geogn. Jh., 33, 1920 (1922), 57–198, K. 1:25000. 2. Teil. Ebd., 35, 1922 (1923), 1–82. 3. Teil. Ebd., 37, 1924 (1925), 1–34, 1 T., 3 Abb. - Bespr. GZ 29/443, 32/575; NJb. 1924/2, 241.
Reuss A. E. Kritische Bemerkungen über die von Herrn Zekeli beschriebenen Gastropoden der Gosaugebilde. - Sber. Ak. d. Wiss., math.-nat. Kl., 11, Wien 1853, 44 S., 1 T.
— Beiträge zur Charakteristik der Kreideschichten in den Ostalpen. - Denkschr. Ak. d. Wiss. Wien, math.-nat. Kl., 7, 1854.
Richter M. Die exotischen Blöcke im Flysch bei Oberstdorf. - Zbl. f. Min., 1921, 321–326, 3 Fig. - Bespr. GZ 26/1554; NJb. 1925/1, 105.
— Der Flysch in der Umgebung von Oberstdorf im Allgäu. - JbBA 1922, 49–80, 3 Fig. - Bespr. GZ 29/976; NJb. 1925/1, 105.
— Der nordalpine Flysch zwischen der Ostschweiz und Salzburg. - GR 13, 1922, 186–187. - Bespr. GZ 28/1255; NJb. 1925/1, 110.
— Die nordalpine Flyschzone zwischen Vorarlberg und Salzburg. - Zbl. f. Min., 1922, 242–255, 1 K. - Bespr. GZ 28/59, 29/365; NJb. 1925/1, 111.
— Die Stellung der nördlichen Flyschzone des Bregenzer Waldes. - VBA 1923, 141–147. - Bespr. NJb. 1925/1, 113.
— Der Nordrand der oberostalpinen Geosynklinale. - Z. DGeolGes., 75, 1923, Mber., 198–211, 1 Fig. - Bespr. GZ 31/1882; NJb. 1925/1, 114.
— Kreide und Flysch im östlichen Allgäu zwischen Wertach und Halblech. - JbBA 1924, 135–177, 9 Abb. - Bespr. GZ 32/89; NJb. 1926/2, B, 339.
— Die Stellung der nordalpinen Flyschzone im Rahmen der Ostalpen. - GR 15, 1924, 281–287. - Bespr. GZ 31/1148.
— Geologischer Führer durch die Allgäuer Alpen zwischen Iller und Lech. - Berlin 1924, Sammlg Borntrager Nr. 24, 224 S., 30 Fig., 7 Taf. - Bespr. GR 1924, 366; GZ 33/1318; Geogr. Z., 31, 1925, 184.
— Beiträge zur Geologie der helvetischen Zone zwischen Iller und Rhein. - Mitt. Geol. Ges. Wien, 17, 1924, Wien 1925, 12–46, 1 Skz. - Bespr. NJb. 1927/2, B, 375.
— Die Fähnernmulde am Nordrand des Säntis und das Problem der Kreidenummuliten. - GR 16, 1925, 81–99. - Bespr. NJb. 1927/2, B, 375.
— Die Zenomantransgression im Ammergebirge. - Zbl. f. Min., 1926, Abt. B, 57–64, 3 Fig. - Bespr. GZ 40/495.
— Das Problem des alpinen Wildflysch. - GR 18,

1927, 155–160. – Bespr. GZ 35/1001; NJb. 1928/3, 397.
— Der Wert der Sedimentpetrographie. – Steinbruch u. Sandgrube, 1928, 567–571. – Bespr. GZ 40/350.
— Alter und Stellung der südbayrischen Flyschzone. – Zbl. f. Min., 1933, Abt. B, 496–508, 4 Abb. – Bespr. GZ 51 A/922.

Richthofen F. Frh. v. Gliederung der Kreideformation in Vorarlberg. – JbRA 1857, 787, 809–810. – Bespr. Bl. 120.
— Die Kalkalpen von Vorarlberg und Nordtirol. – 1. Abt. JbRA 1859, 72–137, 2 Taf., 12 Prof.; 2. Abt. JbRA 1861/62, 87–206, 1 Taf., 39 Prof. – Bespr. NJb. 1860, 843; Bl. 148, 165.

Rodighiero A. Il Neocomiano dei dintorni di Gallio (Sette Comuni). Nota preventiva. – Atti Acc. Sc. Ven.-Trent.-Istr., v. 8, Padova 1916, 119–124.

Rohatzsch R. H. Einige Bemerkungen über die sog. Kressenberger Formation und ihre Fortsetzung in südwestl. Richtung oder die Polythalamienzone der Vorberge der bayrischen Alpen. – Z. DGeol-Ges., 4, 1852, 190–203.

Rollier L. Alpine Kreide und Nummulitenformation. – Verh. Schw. Natf. Ges., 99. Jvers. Zürich 1917, Aarau 1918, II, 198–199. (Vortr.); EgH 14, 1916, 669–674. – Bespr. Ebd. 16, 1920–1922, 358; NJb. 1922/1, 88; GZ 24/55.
— Supracrétacique et Nummulitique dans les Alpes suisses orientales. – Beitr. z. geol. K. d. Schw., NF, Lfrg 53, Bern 1923, 53–85, 12 Abb.

Rothpletz A. Geolog. und paläont. Monographie der Vilser Alpen mit besonderer Berücksichtigung der Brachiopodensystematik. – Palaeontographica, 33, 1886, 1887, 180 S., K. 1:25000, 16 Taf. – Bespr. VRA 1887, 188; NJb. 1887/2, 477; Mitt. Geogr. Ges. München, 8, 1913, 59; Bl. 678.
— Nachträgliches zu der geologisch-paläontologischen Monographie der Vilser Alpen. – NJb. 1889/2, 146–147.
— Ein geologischer Querschnitt durch die Ostalpen nebst Anhang über die sog. Glarner Doppelfalte. – Stuttgart 1894, 268 S., 2 T., 115 Abb. – Bespr. Mitt. DÖAV, 1895, 10; Carinthia II, 85, 1895, 36; NJb. 1896/1, 276; Bl. 874; PetMitt., 41, 1895, Litber., 18; EgH 4, 1894, 164; Jber. Natf. Ges. Grbd., NF, 38, Chur 1895, 56; Arch. d. sc. phys. et nat., t. 31, Genève 1894, 254.
— Vorläufige Mitteilung über die Stratigraphie des Säntisgebirges. – Zbl. f. Min., 1910, 321–324. – Bespr. GZ 15/1358; EgH 11, 1910, 639.

Rutishauser W. Fr. Beiträge zur Geologie des Säntisgebirges im Gebiete von Gräppelental zum Rotsteinpaß. – Diss. Zürich, 1920, 31 S.; Jb. St. Gall. Natwiss. Ges., 1919, 56, II, 1–31, 2 Taf., 7 Fig. – Bespr. GZ 28/63.

Sayn G. Observations sur quelques gisements néocomiens des Alpes suisses et du Tyrol. (U. a. Säntis u. Hinterthiersee.) – Bull. Soc. de statist. de l'Isère, t. 2, Grenoble 1894, 89–102. – Bespr. NJb. 1897/1, 336; EgH 4, 1895, 324; Arch. d. sc. phys. et nat. de Genève, 33, Genève 1895, 570.

Schaad H. W. Geologische Untersuchungen in der südlichen Vorarlberger Kreide-Flyschmulde zwischen Feldkirch und Hochfreschen. – Diss. Zürich (A. Peter) 1925, 59 S., K. 1:25000. – Bespr. GZ 33/1198; NJb. 1927/2, B, 377.

Schadler J. Ausbildung des Phosphorits im Gault Vorarlbergs. – Tscherm. Min. u. petr. Mitt., 38, 1925, 206–209.

Schafhäutl K. E. v. Die Nummuliten führenden Schichten des Kressenberges. – NJb. 1865, 769–788, 1 Taf. – Bespr. Bl. 218.

Schlosser M. Zur Geologie von Nordtirol. – VRA 1895, 340–361. – Bespr. NJb. 1898/1, 309; Bl. 911.
— Geologische Notizen aus dem Inntale. (Heuberg, Riesenkopf, Neokom von Sebi und Tristlmühle.) – NJb. 1895/1, 75–97. – Bespr. Mitt. Geogr. Ges. München, 1913, 62; Bl. 912.
— Neue Funde von Versteinerungen der oberen Kreide in den Nordalpen. – Zbl. f. Min., 1904, 654–658, 1 Fig.
— Die Cenomanfauna der bayrischen Alpen. – Zbl. f. Min., 1924, 82–95. – Bespr. GZ 31/1450.
— Sind die Kressenberger Eozänschichten Kreide? – Zbl. f. Min., 1925, Abt. B, 305–309.

Schöning F. Über das Vorkommen von Gosauschichten zwischen Walchsee und Kössen in Tirol. (Vorl. Mitt.) – Zbl. f. Min., 1922, 558.

Schoo J. Zur Diagenese der alpinen Kreide. – Diss. Univ. Zürich, Koblenz 1922, 92 S., Abb. – Bespr. GZ 29/1577.

Seitz O. Zur Morphologie der Ammoniten aus dem Albien. – Jb. Preuß. Geol. Ldsanst., 51, T. 1, Berlin 1930, 8–35, 4 Taf., 3 Abb.; 52, T. 2, 1931, 391–415, 2 Taf., 1 Abb. – Bespr. NJb. 1931/3, 489; GZ 1 B/851, 852.

Söhle U. Geologische Aufnahme des Labergebirges bei Oberammergau mit besonderer Berücksichtigung des Cenomans in den bayerischen Alpen. – Geogn. Jh., 9, 1896 (1897), 1–64, 1 K., 9 Taf., 5 Fig. – Bespr. VRA 1897, 307; NJb. 1900/2, 415; Mitt. Geogr. Ges. München, 1913, 59.
— Das Ammergebirge. – Geogn. Jh., 11, 1898 (1899), 39–89, 1 K., 14 Taf., 2 Abb. – Bespr. Z. f. prakt. Geol., 1900, 195; NJb. 1901/1, 260; Mitt. Geogr. Ges. München, 1913, 59; Bl. 996.

Steinmann G. Bemerkungen über Trias, Jura und Kreide in der Umgebung des Luganer Sees. – In: C. Schmidt u. G. Steinmann, Geol. Mitt. aus der Umgebung von Lugano, EgH 2, 1890, 57–69; Verh. Natf. Ges. Basel, 9, Basel 1890, 301–313.
— Geolog. Beobachtungen in den Alpen. I. Das Alter der Bündner Schiefer. – Ber. Natf. Ges. Freiburg i. Br., 9, 1895, 245–263; 10, 1898, 215–292, Abb. – Bespr. VRA 1895, 362; NJb. 1899/2, 282; PetMitt., 44, 1898, Litber., 24; Bl. 924; Jber. Natf. Ges. Grbd., NF, 39, Chur 1896, 273; 41, 1898, 141; EgH 5, 1897–1898, 93, 132, 381, 420, 427, 449; Ann. de Géogr., 5, Paris 1896, Ann. bibl. 90; 7, 1898, 94; Arch. d. sc. phys. et nat., t. 6, Genève 1898, 284, 346, 349, 355; Boll. Com. geol. d'It., 27, 1896, 458; 30, 1899, 101.

Steinmann H. G. Die Bedeutung der Liasbreccien im Unterostalpin Südbündens. – GR 20, 1929, 281–295, 2 Fig. – Bespr. Ebd. 1929, 387; GZ 41/366.

Stoliczka F. Eine Revision der Gastropoden der Gosauschichten in den Ostalpen. – Sber. Ak. d. Wiss. Wien, math.-natw. Kl., 52, 1. Abt., 1865, 104–223, 1 Taf.

Stoppani A. Paléontologie lombarde ... – Milano 1858–1870, 4 Bände. – Bespr. VRA 1858, 124; NJb. 1858, 766; 1859, 356; 1860, 762; 1869, 126; 1870, 1024; 1874, 103; 1875, 775.

Studer B. Terrain crétacé du Sentis. – Bull. Soc. géol. de France, s. 1, t. 10, Paris 1839, 105–106.

Stur D. Eine flüchtige, die Inoceramenschichten des Wiener Sandsteins betreffende Studienreise nach Italien. – JbRA 1889, 439–450. – Bespr. Boll. Com. geol. d'It., 21, 1890, 532.

Taramelli T. Sopra alcuni Echinidi fossili cretacei e terziari del Friuli. – Atti R. Ist. Ven. d. Sc., Lett. ed A., s. 3, v. 14, 1869.

— Cenni geologici sull'alto Trevignano e sulla valle di Belluno nel Veneto. - Annali d. R. Ist. Tecn. di Udine, 1871. Auszug: Boll. Com. geol. d'It., 3, 1872, 96-99.
— Di un ammonite raccolto nel terreno cretaceo dei colli di Bergamo. - Rend. R. Ist. Lomb. d. Sc. e Let., s. 2, v. 26, f. 4, 9 febbr., Milano 1893. - Bespr. Boll. Com. geol. d'It., 25, 1894, 440.
Teichmüller R. Zur Frage des Alters der tektonischen Bewegungen in den südlichen Kalkalpen (westlich des Tagliamento). - Z. DGeolGes., 81, 1929, 381-410, 18 Abb. - Bespr. GZ 42/59.
Tommasi A. Sul lembo cretaceo di Vernasso nel Friuli. - Ann. R. Ist. Tecnico di Udine, s. 2, a. 7, 1889. - Bespr. NJb. 1893/2, 531.
— Contribuzione allo studio della fauna cretacea del Friuli. - I fossili senoniani di Vernasso presso S. Pietro al Natisone. - Atti R. Ist. Ven. di Sc., Let. ed Arti, s. 7, t. 2, 1891, 1 Taf. - Bespr. NJb. 1893/2, 531.
— Spigolature di paleontologia baldense. - Rend. Ist. Lomb. di Sc. e Lett., v. 41, Milano 1908, 601-616. - Bespr. Boll. Com. geol. d'It., 40, 1909, 606.
— Una nuova specie di Phyllocrinus nel neocomiano di Spiazzi sul Monte Baldo. - Boll. Soc. geol. it., v. 27, f. 3, Roma 1908, 419-422, 1 Taf. - Bespr. NJb. 1914/1, 173; Boll. Com. geol. d'It., 40, 1909, 606.
Tornquist A. Vorläufige Mitteilung über die Allgäu-Vorarlberger Flyschzone. - Sber. Preuß. Ak. d. Wiss., phys.-math. Kl., 30, 1907, 591-599. - Bespr. NJb. 1909/1, 97; GZ 11/58; EgH 10, 1908, 338.
— Noch einmal die Allgäu-Vorarlberger Flyschzone und der submarine Einschub ihrer Klippenzone. - VRA 1908, 326-332. - Bespr. GZ 12/1284; EgH 10, 1908, 666.
— Die Allgäu-Vorarlberger Flyschzone und ihre Beziehung zu den ostalpinen Deckenschüben. - NJb. 1908/1, 63-112, 1 K., 8 Taf., 11 Prof. - Bespr. GZ 11/1471; EgH 10, 1908, 661; Mitt. Geogr. Ges. München, 1911, 443.
— Eine Kritik der von Mylius geäußerten neuen Ansichten über die Herkunft der Juraklippen in der Allgäu-Vorarlberger Flyschzone. - Zbl. f. Min., 1912, 345-352, 1 Fig.; 783-784. - Bespr. NJb. 1915/1, 241; GZ 21/335.
— Intrakretazische und alttertiäre Tektonik der östlichen Zentralalpen. - GR 14, 1923, 110-145. - Bespr. GZ 32/96.
— Neue Untersuchungen ostalpiner Erzlagerstätten. - Metall und Erz, 29, 1932, 431-434, 3 Abb. - Bespr. GZ 49A/34; NJb. 1933/2, 303; Z. f. prakt. Geol., 41, 1933, 103.
Trauth F. Aptychenstudien. - Ann. Nathist. Mus. Wien, 41, 1927, 171-259, 8 Fig., 1 Tab.; 42, 1928, 121-193, 3 Taf.; 44, 1930, 329-411, 2 Fig., 3 Taf.; 45, 1931, 17-136, 3 Fig., 1 Taf. - Bespr. GZ 36/1935, 40/992, 1 B/425; NJb. 1932/3, 252.
Trusheim F. Die Mittenwalder Karwendelmulde. Beiträge zur Lithogenesis und Tektonik der nördlichen Kalkalpen. - Diss. Frankfurt a. M.; Wiss. Veröffentl. DÖAV, Nr. 7, 1930, 67 S., K. 1:25000, 3 Prof., 19 Abb. - Bespr. PetMitt., 77, 1931, 270; GZ 46A/1881.
Uhlig V. Über neokome Fossilien vom Gardenazza in Südtirol nebst einem Anhang über das Neokom von Ischl. - JbRA 1887, 69-108, 3 Taf. - Bespr. NJb. 1890/1, 305.
— Über Neokom vom Gardenazzastock in Südtirol. (Vortr.) - VRA 1887, 156-157.
— Die marinen Reiche des Jura und der Unterkreide. - Mitt. Geol. Ges. Wien, 4, Wien 1911, 329-448, 1 K. - Bespr. GZ 18/1212; PetMitt., 59, 1913/1, 34.
Vacek M. Umgebungen von Hohenambs. - VRA 1875, 229-230.
— Ein neuer Fundort von Gault-Petrefakten in Vorarlberg. - VRA 1876, 127-129.
— Über das Kreidegebiet in Vorarlberg. (Vortr. u. Kartenvorlage.) - VRA 1877, 117-118.
— Die Sette Comuni. - Ital. Übersetzung: I Sette Comuni nel Veneto. - VRA 1877, 211-213; Boll. Com. geol. d'It., v. 8, Roma 1877, 430-433.
— Vorlage der Karte der Sette Comuni. (Vortr.) - Ital. Übersetzung: Sulla geologia di Sette Comuni nel Veneto. - VRA 1877, 301-305; Boll. Com. geol. d'It., v. 9, Roma 1878, 90-94.
— Die Umgebungen von Rovereto in Südtirol. - Ital. Übersetzung: Sui dintorni di Rovereto nel Trentino. - VRA 1878, 341-345; Boll. Com. geol. d'It., v. 10, Roma 1879, 40-45. - Bespr. Bl. 512.
— Über Vorarlberger Kreide. Eine Lokalstudie. - JbRA 1879, 659-758, 3 Taf., 4 Fig.; VRA 1879, 124. (Vortr.) - Bespr. NJb. 1881/2, 393; Bl. 525.
— Über Schweizer Kreide. (Vortr.) - VRA 1879, 33-34.
— Neokomstudie. - JbRA 1880, 493-542, 1 Abb., 1 Tab. - Bespr. NJb. 1881/2, 393; Arch. d. sc. phys. et nat., 5, 227; Rev. géol. suisse p. l'a. 1880, Genève 1881, 76.
— Vorlage der geol. Karte des Nonsberges. (Bl. Cles. - Vortr.). - VRA 1882, 42-47. - Bespr. Bl. 590.
— Über die geologischen Verhältnisse der Umgebung von Rovereto. (Vortr.) - VRA 1899, 184-204. - Bespr. Bl. 1009; Boll. Com. geol. d'It., 31, 1900, 414.
Vardabasso S. Studio geo-idrografico del Bacino dell'Avisio (Valli di Fassa, Fiemme e Cembra). Geologica, morfologia, idrografia, carta della permeabilità delle rocce. - Min. d. Lav. Pubbl., Uff. Idrogr. d. R. Mag. a. Acque, Venezia, Sez. geol., Padova 1930, 98 S., 13 Taf., K. 1:100000.
Villa G. B. Cenni sul terreno cretaceo di Toscana, comparato con quello della Brianza. - Giorn. d. Ing., Archit. ed Agron., an. 16, Milano 1868, 2.
Voigt E. Bryozoen aus dem Gosauvorkommen am Taubensee bei Kössen in den Nordtiroler Kalkalpen. - Zbl. f. Min., Abt. B, 1928, 443-448. - Bespr. GZ 38/1406, 40/2076.
Vortisch W. Ursache und Einteilung der Schichtung. - JbBA 1930, 453-496, 3 Abb. - Bespr. GZ 45/314.
Wähner F. Das Sonnwendgebirge im Unterinntal. Ein Typus alpinen Gebirgsbaues. - Leipzig u. Wien (Deuticke) 1903, 356 S., 19 Taf., 1 K., 96 Abb. - Bespr. GZ 3/1064; NJb. 1903/1, 494; Z. Ges. f. Erdkde Berlin, 1903, 234; Geogr. Z., 9, 1903, 646; Mitt. DÖAV, 1903, 112.
Wepfer E. Die nördliche Flyschzone im Bregenzer Wald. - NJb. 1909, Bbd 27, 1-71, 1 K., 1 Taf., 5 Prof., 2 Abb. - Bespr. VRA 1909, 206; GZ 13/263; EgH 10, 1908, 663; Mitt. Geogr. Ges. München, 1911, 443.
Wilckens O. Über mesozoische Faltungen in tertiären Kettengebirgen Europas. - GR 2, 1911, 251-263. - Bespr. NJb. 1913/2, 110; GZ 17/18, 328; EgH 12, 1912, 315.
Winkler G. G. Versteinerungen aus dem bayerischen Alpengebiet mit geognostischen Erläuterungen. 1. Die Neokomformation des Urschlauerachentals bei Traunstein mit Rücksicht auf ihre Grenzschichten. - München 1868, 48 S., 4 Taf.

Wundt G. Über Kugelkonkretionen aus dem Kreidegestein bei Vils. – VRA 1880, 88–90. – Bespr. Bl. 551.

— Über die Lias-, Jura- und Kreide-Ablagerungen um Vils in Tirol. – JbRA 1882, 165–192, 5 Abb. – Bespr. Bl. 595.

Zekely F. Die Gasteropoden der Gosaugebilde in den nordöstlichen Alpen. – Abh. RA, 1, 2. Abt., Nr. 2, Wien 1852, 124 S., 24 Taf.

Zittel K. v. Die Bivalven der Gosaugebilde in den nordöstlichen Alpen. – Denkschr. Ak. d. Wiss. Wien, 24, u. 25. Bd, 1. T., 1. Hälfte, Wien 1864, 72 S., 10 Taf.; 2. H. u. 2. T., Wien 1866, 122 S., 17 Taf. – Bespr. NJb. 1864, 251; 1865, 108; 1866, 624.

— Paläontologische Notizen über Lias-, Jura- und Kreideschichten in den bayerischen und österreichischen Alpen. – JbRA 1868, 599–610. – Bespr. NJb. 1869, 628; VRA 1868, 413.

— Obere Jura- und Kreideschichten in den Allgäuer und Vorarlberger Alpen. – VRA 1868, 1–4.

— Geologische Beobachtungen aus den Zentralapenninen. III. Vergleich der Lias-, Jura- und Kreidebildungen der Zentralapenninen mit denen der Südalpen und Toscanas. – Geogn.-pal. Beiträge (Benecke), 2, München 1876, 2. H., 158–176.

Zuffardi P. – Comerci R. Contributo alla fauna turoniana di Calloneghe nel Cansiglio. – Giorn. di Geol., s. 2, v. 2, 1927, 75–79.

e) Flysch.

Abel O. Studien in den Tertiärschichten am Außensaum der ostalpinen Flyschzone zwischen der Donau und Erlauf. (Vortr.) – VRA 1903, 65. – S. a. Jb. RA 1903, 91.

— Ein Lösungsversuch des Flyschproblems. – Anz. Ak. d. Wiss. Wien, 62, 1925, 248–251. – Bespr. GZ 35/1119.

— Fossile Mangrovesümpfe. – Paläont. Z., 8, 1926, 130–139. – Bespr. GZ 37/221.

Ampferer O. Bemerkungen zu den von Arn. Heim und A. Tornquist entworfenen Erklärungen der Flysch- und Molassebildungen am nördlichen Alpensaume. – VRA 1908, 189–198. – Bespr. NJb. 1910/1, 105; GZ 12/960; EgH, 10, 1908, 665.

— Über Gosau- und Flyschablagerungen in den tirolischen Nordalpen. (Vortr.) – VRA 1909, 144. – Bespr. GZ 14/828.

— Bespr. über E. Wepfer: Die nördliche Flyschzone im Bregenzer Wald. – VRA 1909, 206–208, 2 Fig.

— Geologische Karte der Lechtaler Alpen. 4 Bl. 1:25000. I. Klostertaler Alpen. II. Arlberggebiet. III. Parseierspitzgruppe. IV. Muttekopf-Heiterwand. Mitarbeiter: Th. Benzinger, W. Hammer, O. Reithofer. – Hiezu ein Erläuterungsbuch, 125 S., 28 Farbzeichngen, 1 Taf., Wien (Geol. Bdsanst.) 1932. – Bespr. VBA 1933, 12; Tiroler Anzeiger, Nr. 47 v. 25. 2. 1933; Innsbr. Nachr., Nr. 66 v. 20. 3. 1933; Alpenländer-Korrespondenz, Nr. röm. 14 v. 6. 4. 1933; Außferner Bote, Nr. 25 v. 1. 4. 1933; Heimat, Vorarlberger Monatshefte, 14, 1933, 69; Geogr. Z., 39, 1933, 181; Mitt. DÖAV, 1933, 100; NJb. 1932/3, 973; 1933/3, 502; Tiroler Heimatblätter, 11, 1933, 223; GR 1933, 264; GZ 50 A/788; Z. f. prakt. Geol., 41, 1933, 151; Z. f. Geomorph., 8, 1934, 90; Z. f. Glkde, 21, 1933, 394.

— Beiträge zur Geologie des Rätikons. – JbBA 1933, 137–172, 24 Zeichnungen. – Bespr. GZ 51 A/402.

Arbenz P. Die helvetische Region. – In: Geol. Führer der Schweiz, herausgeg. v. d. Schwz. Geol. Ges., Basel (Wepf) 1934, Fasz. II, 96–120, 2 Taf.

— Exkursion Nr. 89. Bergün–Aelahütte–Tinzen (Oberhalbstein) oder Preda (Albulatal). – In Geol. Führer der Schweiz, herausgeg. v. d. Schwz. Geol. Ges., Basel (Wepf) 1934, Fasz. XIII, 1023–1025, 1 Fig.

Arni P. Foraminiferen des Senons und Untereozäns im Prätigauflysch. – Beitr. z. geol. K. d. Schw., NF, 65. Lfrg, Bern 1933, 18 S., 11 Fig, 5 Taf.

— Der Ruchbergsandstein. – EgH 26, 1933, 331–333.

Bachmann J. Über petrefaktenreiche exotische Jurablöcke im Flysch des Sihltales und Toggenburg. – Vierteljschr. Natf. Ges. Zürich, 1863.

Baumberger E. Zur Tektonik und Altersbestimmung der Molasse am schweizerischen Alpennordrand. (Vortr.) – EgH 24, 1931, 2 Proftaf., 1 Skz.

Beck P. Bemerkungen über die Herkunft der exotischen Blöcke im Flysch. – In: Discussion à la suite de la communication de Maurice Lugeon: Sur l'origine des blocs exotiques préalpines, 217–219. – EgH 14, 1916, 220–221. – Bespr. Ebd. 15, 1918, 452.

— Über das schweizerische und europäische Pliozän und Pleistozän. – EgH 26, 1933, 335–437, 2 Taf., 7 Fig.

Blüher H. Molasse und Flysch am bayrischen Alpenrand zwischen Ammer und Murnauer Moos. – Diss. Bonn 1932.

Blumenthal M. Der Prätigauflysch und seine Stellung im Penninikum. (Vortr.) – EgH 24, 1931, 225–233.

— Exkursion Nr. 83. Ost-Rätikon: Der Querschnitt des St. Antönientales. – In: Geol. Führer d. Schweiz, herausgeg. v. d. Schwz. Geol. Ges., Basel (Wepf) 1934, Fasz. XIII, 970–975, 1 Fig.

Boden K. Geologische Beobachtungen am Nordende des Tegernseer Flysches. – Geogn. Jh., 33, 1920 (1922), 1–22, K. 1:25000. – Bespr. GZ 29/369; NJb. 1923/2, 116; 1925/2, B, 33.

— Der Flysch im Gebiete des Schliersees. – Geogn. Jh., 35, 1922 (1923), 205–230, K. 1:25000, 1 Taf. – Bespr. NJb. 1925/2, B, 34.

— Das Flyschgebiet zwischen Isar und Loisach bei Tölz in Oberbayern. – Geogn. Jh., 38, 1925, 1–38, K. 1:25000. – Bespr. GZ 33/134.

— Geologisches Wanderbuch für die bayerischen Alpen. – Stuttgart (Enke) 1930, 458 S., 59 Abb. – Bespr. GZ 41/1526; Z. Ges. f. Erdkde Berlin, 1930, 311; Mitt. DÖAV, 1930, 263; Geogr. Z., 36, 1930, 120; NJb. 1930/3, 294; GR 22, 1931, 245; Z. f. prakt. Geol., 38, 1930, 30; Mitt. Geolog. Ges. Wien, 23, 1931, 175.

— Beschaffenheit, Herkunft und Bedeutung des ostalpinen Molasseschuttes. – Abh. d. Geol. Ldsuntersuchung des Bayer. Oberbergamtes, H. 4, München 1931, 33 S. – Bespr. GZ 46 A/469.

Bodmer-Beder A. u. **Tarnuzzer Chr.** Neue Beiträge zur Geologie und Petrographie des östlichen Rhätikons. – Jber. Natf. Ges. Grbd., NF, 42, Chur 1899, 1. T. 37–58, 2. T. 59–85, m. Abb. – Bespr. EgH 6, 1899/1900, 399, 409, 419, 424; Arch. d. sc. phys. et nat. de Genève, 10, Genève 1910, 158, 172, 247.

Boussac J. Interprétation tectonique du Flysch dit autochtone de la Suisse centrale et orientale. – C. R. Acad. sc. Paris, t. 150, 1910, 1148–1150. –

Bespr. EgH 11, 1910, 649; GZ 17/37, 38; NJb. 1912/1, 101.

Buxtorf A. Über die tektonische Stellung der Schlieren- und der Nießen-Flyschmasse. - Verh. Natf. Ges. Basel, 29, 1918, 270-275. - Bespr. GZ 25/263.

Cadisch J. Wildflysch im Unterengadiner Fenster. Vorl. Mitt. - Beiblatt Nr. 10 z. Vierteljschr. Natf. Ges. Zürich, 71, 1926; Mitt. Geol. Ges. Zürich, 26-30. - Bespr. GZ 47 A/326.

— Das Werden der Alpen im Spiegel der Vorlandssedimentation. (Vortr.) - GR 19, 1928, 105-119. - Bespr. GZ 43/114.

— Exkursion Nr. 86. Langwies-Weißfluh-Parsenn-Davos oder Klosters. - In: Geol. Führer der Schweiz, herausgeg. v. d. Schwz. Geol. Ges., Basel (Wepf) 1934, Fasz. XIII, 992-996, 1 Fig.

Cornelius H. P. Zum Problem der exotischen Blöcke und Gerölle im „Flysch" des Allgäu. - JbBA 1924, 229-280. - Bespr. GZ 32/93, 284; NJb. 1926/2, B, 341; 1927/2, B, 374.

Dal Lago D. Note sul Flysch del Vicentino. - Atti Acc. Sc. Ven.-Trent.-Istr., v. 2, f. 2, Padova 1905, 207-212. - Bespr. GZ 13/812; Boll. Com. geol. d'It., 37, 1906, 241.

De Gregorio A. Nota sopra alcuni fossili eocenici estramarini del Veneto. - Il Natur. siciliano, 11, Palermo 1891. - Bespr. NJb. 1895/1, 535.

— Description de certains fossiles extramarins de l'éocène vicentin. - Ann. de géol. et de pal., liv. 10, Palermo 1892, 28 S. - Bespr. NJb. 1895/1, 535.

— Description des faunes tertiaires de la Vénétie. Fossiles des environs de Bassano surtout du Tertiaire inférieur de l'horizon à Conus diversiformis Desh. et Serpula spirulaea Lamk. - Ann. de géol. et de paléon., 13 livr., 1894, 40 S. - Bespr. NJb. 1896/1, 453.

— Description des faunes tertiaires de la Vénétie. Monographie des fossiles éocèniques (Etage Parisien) de Mont Postale. - Turin-Palermo 1894, 55 S.; Ann. de géol. et de pal., 14 livr., 1894, 55 S. - Bespr. NJb. 1896/1, 454.

— Description des faunes tertiaires de la Vénétie. Note sur certains crustacés (brachiures) éocèniques (avec un Catalogue de tous les crustacés de la Vénétie cités par les auteurs). - Ann. de géol. et de pal., 18 livr., 1895. - Bespr. NJb. 1896/2, 172.

— Description des faunes tertiaires de la Vénétie. Fossiles de Lavacille près de Bassano des assises de S. Gonini à Conus diversiformis Desh., Ancillaria anomala Schloth., Eburna Caronis Brongnt. (recueillis par Mr. Andrea Balestra). - Ann. de géol. et de pal., 20, 1895, 24 S.

— Description des faunes tertiaires de la Vénétie. Monographie de la faune éocènique de Roncà avec une appendice sur les fossiles de Monte Pulli. - Annales de géol. et pal., livr. 21, 1896, 163 S. - Bespr. NJb. 1898/1, 334.

Del-Negro W. Zur Alpensynthese. - GR 19, 1928, 493-498; 20, 1929, 341-342.

— Beobachtungen in der Flyschzone und am Kalkalpenrand zwischen Kampenwand und Traunsee. - VBA 1933, 117-125, 8 Prof. - Bespr. GZ 52 A/1826.

De Terra H. Zur Erdölfrage im bayerischen Flysch- und Molassegebiet. - Petroleum, 1925, Nr. 33, 2057-2061.

— Die Erdölbohrung Holz am Tegernsee. - Geogn. Jh., 40, 1927, 7-22. - Bespr. NJb. 1929/2, 319; GZ 41/1685.

Douglass Sh. Fossilien aus dem Kalkstein des eozänen Flysch bei Bludenz in Vorarlberg. - VRA 1867, 64.

Duparc L. u. Ritter E. Le grès de Taveyannaz et ses rapports avec le flysch. - C. rend. Acad. des sc., Paris 1895, 120, Nr. 14, 787-790; Bull. Soc. géol. de France, 3 sér., 23, röm. 87-89. - Bespr. NJb. 1896/1, 305; 1896/2, 289.

Eugster H. Exkursion Nr. 73 B. Weißbad-Fähnern. - - In: Geol. Führer der Schweiz, herausgeg. v. d. Schwz. Geol. Ges., Basel (Wepf) 1934, Fasz. XII, 885-888, 2 Fig.

Fiedler O. Über Versteinerungen aus den Arlbergschichten bei Bludenz und einige neue Fundorte von Flysch und Aptychenkalken im oberen Großen Walsertale Vorarlbergs. - Z. DGeolGes., 1904, Briefl. Mitt., 8-13. - Bespr. Mitt. Geogr. Ges. München, 1911, 444.

Fink W. Der Flysch im Tegernseer Gebiet mit besonderer Berücksichtigung des Erdölvorkommens. - Geogn. Jh., München 1903, 77-104, K. 1:25000. - Bespr. NJb. 1907/2, 127; Mitt. Geogr. Ges. München, 8, 1913, 60.

— Zur Flysch-Petroleumfrage in Bayern. - Z. f. prakt. Geol., 13, 1905, 330-333. - Bespr. GZ 7/1922; NJb. 1907/1, 84.

Förster B. u. Oebbeke K. Tiefbohrungen am Tegernsee. - Geogn. Jh., 35, 1923, 83-160. - Bespr. GZ 31/1388; NJb. 1929/3, 414.

Frech F. Über den Gebirgsbau der Alpen. - PetMitt., 1908, H. 10-12; 219-228, 243-258, 267-283, K. 1:2500000 u. Prof. - Bespr. Mitt. Geogr. Ges. Wien, 1909, 694; GZ 17/555; VRA 1909, 62; EgH 12, 1912, 315; Natwiss. Wochenschr., NF, 8, 533; Boll. Com. geol. d'It., 40, 1909, 628.

Friedl K. Stratigraphie u. Tektonik der Flyschzone des östlichen Wiener Waldes. - Mitt. Geol. Ges. Wien, 13, 1920, 1-80. - Bespr. GZ 29/163.

— Über die Bedeutung der den Außenrand unserer Flyschzone durchsetzenden Querbrüche. - VRA 1922, 132-136. - Bespr. GZ 29/160.

Früh J. Zur Etymologie von „Flysch (m.), Fliesse (f.) und „Flias (m)". - EgH 8, 1903, 217-220. - Bespr. Ebd. 705; GZ 5/2121; NJb. 1909/1, 432.

Fuchs Th. Zur Naturgeschichte des Flysch. - VRA 1872, 22-23. - Bespr. NJb. 1872, 758.

— Über die Natur des Flysches. - Sber. Ak. d. Wiss. Wien, 75, 1877, 23 S. - Bespr. VRA 1877, 214; 1878, 108, 229.

— Beiträge zur Flyschfrage. - VRA 1879, 271-273.

— Welche Ablagerungen haben wir als Tiefseebildungen zu betrachten? - NJb. 1883, Bbd 2, 487-584. - Bespr. Arch. d. sc. phys. et nat., 3e pér., t. 9, Genève 1883, 279-283.

— Studien über Fukoiden und Hieroglyphen. - Wien 1895.

Gagnebin E. La tectonique des Pléiades et le problème du „Wildflysch". - Bull. Soc. vaud. sc. nat., v. 51, Lausanne 1917, proc.-verb., 124-128. - Bespr. EgH 16, 1920-1922, 341; GZ 25/1244.

— Les Préalpes et les „klippes". - In: Geol. Führer der Schweiz, herausgeg. v. d. Schwz. Geol. Ges., Basel (Wepf) 1934, Fasz. II, 79-95, 1 Fig.

Gschwind M. u. Niggli P. Untersuchungen über die Gesteinsverwitterung in der Schweiz. - Beitr. z. Geol. d. Schweiz, Geotechn. Ser., 17. Lfrg, Bern 1931, 132 S., 5 Taf., 43 Fig. - Bespr. GR 23, 1932, 74; GZ 46 A/2066; NJb. 1932/2, 258; Z. Ges. f. Erdkde Berlin, 1933, 236.

Gümbel C. W. v. Allgäu, Vorarlberg und Nordtirol. - NJb. 1855, Briefl. Mitt., 173-179. - Bespr. Bl. 80.

— Spongiennadeln im Flysch. - VRA 1880, 213–215.
— Geologie von Bayern. - I. Teil. Grundzüge der Geologie. - Cassel 1884–1888, 1144 S. - Bespr. NJb. 1886/1, 228; 1888/2, 44; Boll. Com. geol. d'It., 15, 1884, 338. - II. Teil. Geolog. Beschreibung von Bayern. - Cassel 1894, 1184 S. - Bespr. NJb. 1896/1, 431; Bl. 889.
— Nachträge zu der geognostischen Beschreibung des bayerischen Alpengebirges. (Allgäu, Tölz, Tegernsee.) - Geogn. Jh., 1, 1888, 163–178. - Bespr. Mitt. Geogr. Ges. Wien, 1889, 386; Mitt. Geogr. Ges. München, 1911, 444; 1913, 61.
— Vorläufige Mitteilung über Flyschalgen. - NJb. 1896/1, 227–232.
Hahn F. F. Einige Beobachtungen in der Flyschzone Südbayerns. - Z. DGeolGes., 64, 1912, Mber., 528–536. - Bespr. Mitt. Geogr. Ges. München, 1913, 61; Zbl. f. Min., 1915, 215; NJb. 1913/2, 109.
— Versuch zu einer Gliederung der austroalpinen Masse westl. der österr. Traun. - VRA 1912, 337–344, 1 Fig. - Bespr. Zbl. f. Min., 1915, 216.
— Grundzüge des Baues der nördl. Kalkalpen zwischen Inn und Enns. - Mitt. Geol. Ges. Wien, 6, 1913, 238–357, 374–501. - Bespr. GZ 22/774; Zbl. f. Min., 1915, 217.
— Weitere Beobachtungen in der Flyschzone Südbayerns. 2. Zusammensetzung und Bau im Umkreis und Untergrund des Murnauer Mooses. - Z. DGeolGes., 66, 1914, Mber., 46–63. - Bespr. Zbl. f. Min., 1915, 215.
Hauer F. R. v. Über die Gliederung der geschichteten Gebirgsbildungen in den östlichen Alpen. - Sber. Ak. d. Wiss. Wien, 1850, 274ff. - Bespr. Bl. 1.
— Über die geognostischen Verhältnisse des Nordabhanges der nordöstlichen Alpen zwischen Wien und Salzburg. - JbRA 1850, 17–60. - Bespr. Bl. 3.
Heer O. Flora tertiaria Helvetiae. Die tertiäre Flora der Schweiz. - Winterthur (Wurster & Cp.) 1854–1859, 1. Bd 117 S., 2. Bd 110 S., 3. Bd 378 S. (Allgem. Teil u. Atlas.) - Bespr. JbRA 1854, 232; VRA 1860, 15; NJb. 1855, 636; 1859, 500; 1860, 617.
Hegi G. Zur Flyschflora der Gindelalm. (Schlierseegebiet.) - Jber. Ver. f. Alpenpfl., 9, Bamberg 1910, 24 S.
Heim Arn. Zur Frage der exotischen Blöcke im Flysch mit einigen Bemerkungen über die subalpine Nagelfluh. - EgH 9, 1906, 413–424. - Bespr. Ebd., 10, 1908, 440; NJb. 1909/1, 86; GZ 15/616.
— Die Nummuliten- und Flyschbildungen der Schweizer Alpen. Versuch zu einer Revision der alpinen Eozänstratigraphie. - Abh. Schw. pal. Ges., 35, Zürich 1908, 1–301. - Bespr. EgH 11, 1910, 220; NJb. 1910/2, 111, 322; Boll. Com. geol. d'It., 42, 1911, f. 2, 57.
— Spezialkarte der Grenzregion von Molasse und Flysch am Flibach 1:4000. - Beitr. z. geol. K. d. Schw., NF, Lfrg 20, 1910, SpK. Nr. 61.
— Zur Tektonik des Flysches in den östl. Schweizer Alpen. - Beitr. z. geol. K. d. Schw., NF, Lfrg. 31, 3, Bern 1911, 37–48. - Bespr. NJb. 1913/2, 462; EgH 12, 1912, 405; Jber. Natf. Ges. Grbd., NF, 53, 1912, 176.
— Neue Beobachtungen am Alpenrand zwischen Appenzell und Rheintal. Vorläuf. Mitt. - EgH 17, 1922/23, 347–349; Verh. Schw. Natf. Ges., 103. Jvers. Bern, 1922, 222–223. - Bespr. NJb. 1923/2, 266.
— Der Alpenrand zwischen Appenzell und Rheintal (Fähnerngruppe) und das Problem der Kreidenummuliten. - Beitr. z. geol. K. d. Schw., NF, 53, 1. Abt., 1923, 1–51, K. 1:25000.
— Das Problem der Kreidenummuliten in Ostschweiz und Vorarlberg. - GR 15, 1924, 223–226. Bespr. GZ 33/1782.
— Über Bau und Alter des Alpennordrandes. - EgH 21, 1928, 73–80.
— Zum Problem des Alpen-Molasse-Kontaktes. - EgH 25, 1932, 223–231. S. Baumberger. - Bespr. GZ 50 A/140, 52 A/1030.
— Exkursion Nr. 78. Walensee (Amden, Mattstock-Churfirsten). - In: Geol. Führer der Schweiz, herausgeg. v. d. Schwz. Geol. Ges., Basel (Wepf) 1934, Fasz. XII, 924–930, 3 Fig.
Imkeller H. Die zementliefernden Formationen in den bayr. Alpen und das Portlandzementwerk Marienstein bei Tölz. - Natwiss. Wochenschr., Jena 1905, NF, 4 (20), Nr. 32, 502–507. - Bespr. GZ 8/951.
Jaccard F. Belemnite du Flysch du Niesen. - Arch. Sc. phys. et nat. Genève, 22, 1906, 590–591; Bull. Soc. vaud. Sc. nat., 43, Proc. verb., 1906.
Jaeger R. Einige neue Fossilfunde im Flysch des Wienerwaldes. - VRA 1913, 121–123.
— Grundzüge einer stratigraphischen Gliederung der Flyschbildungen des Wienerwaldes. - Mitt. Geol. Ges. Wien, 7, 1914, 122–172.
Jeannet A. Contribution à l'étude du Flysch. - Bull. Soc. vaud. d. Sc. nat., 44, 1908, Proc. verb. 45; Arch. d. Sc. phys. et nat. de Genève, 26, 75–76. - Bespr. EgH 10, 1908, 710; GZ 13/166.
Knauer J. Geologischer Überblick über die Alpen zwischen Tegernsee und Gmunden am Traunsee und das bayerisch-österreichische Tertiärhügelland. - In: Abriß der Geol. v. Bayern r. d. Rh. (M. Schuster), Abt. I, München 1925, 103 S. - Bespr. NJb. 1926/2, B, 342.
— Geologischer Überblick über die Alpen zwischen dem Bodensee und dem Tegernsee und ihr Molassevorland. - In: Abriß der Geologie von Bayern r. d. Rh. (M. Schuster), Abt. II, München 1928, 184 S. - Bespr. Mitt. DÖAV, 1930, 23; NJb. 1929/3, 216; GZ 41/1019.
Kockel C. W., Richter M. u. Steinmann H. G. Geologie der Bayrischen Berge zwischen Lech und Loisach. - Wissensch. Veröff. d. DÖAV, 10, Innsbruck 1931, 231 S., geol. K. 1:25000, 1 Profiltaf., 17 Taf., 57 Abb. - Bespr. GZ 46 A/793; Z. f. Glkde, 20, 1932, 507; VBA 1933, 96; GR 1933, 417.
Kraus E. Geologische Forschungen im Allgäu. Teil 1: Molasse. - Geol. Archiv, 4, München 1926/27, 14–29, 61–70, 124–141, 168–179, 213–223. - Bespr. GZ 36/1685; NJb. 1928/3, 184.
— Neue Spezialforschungen im Allgäu. (Molasse und Flysch.) Ein Beitrag zur Kenntnis geosynklinaler Vorgänge. I. Die Molasse. II. Vom Flysch. - GR 18, 1927, 189–221, 263–298, zugl. Veröff. a. d. Geol.-Pal. Inst. d. Univ. Riga, Nr. 6. - Bespr. GZ 36/1686; NJb. 1928/3, 183. S. a. M. Richter.
— Westalpiner Flysch. Miozän. - In: Abriß der Geologie von Bayern (M. Schuster), Abt. II, München 1928, 111–113, 125–136; Veröffentl. a. d. Geol.-Pal. Inst. d. Univ. Riga, Nr. 14, 14 S. - Bespr. GZ 42/1275; NJb. 1930/3, 399.
— Über Flysch und Molasse im Allgäu. - GR 20, 1929, 146–158. - Bespr. GZ 42/1273; NJb. 1930/3, 397.
— u. **Reis O. M.** Erläuterungen zur Geologischen Karte von Bayern 1:25000, Blatt Immenstadt, Nr. 856. - Geolog. Ldsuntersuchg des Bayr. Oberbergamtes, München 1929, 160 S., 1 T., 1 Skz.,

mehr. Abb. - Bespr. GZ 42/1304, 45/789; Z. f. Glkde, 19, 1931, 207; NJb. 1930/3, 397; GR 22, 1931, 250.

Kraus E. Blatt Oberstdorf der Geolog. Karte von Bayern 1:25000, mit Erläuterungen. - Herausgeg. v. Bayer. Oberbergamt, Geolog. Landesuntersuchung, München 1932. - Bespr. GZ 49 A/182; NJb. 1932/3, 972.

— Calpionella alpina Lorenz als „Leitfossil". - Acta univ. Latviensis, math.-nat. Fak., Ser. II, 4, Riga 1929, 69-80. - Bespr. NJb. 1930/3, 393.

— Neues über die bayerischen Alpen. Referat und vorläufige Mitteilung. - Mitt. Geol. Ges. Wien, 22, 1929, Wien 1930, 133-147. - Bespr. GZ 42/1270; NJb. 1930/3, 398.

— Blatt Fischen der Geol. Karte v. Bayern 1:25000 mit Erläuterungen (38 S., 1 Taf.) - Herausgeg. v. d. Geol. Ldsuntersuchung d. Bayer. Oberbergamtes, München 1931. - Bespr. NJb. 1932/3, 3.

— Der Werdegang der Allgäuer Landschaft. - 49. Ber. Natwiss. Ver. f. Schwab. u. Neuburg, Augsburg 1931, 1-17, 1 Abb. - Bespr. GZ 46 A/794; NJb. 1932/3, 4.

— Der nordalpine Kreideflysch. Geologische Forschungen im Allgäu und in Vorarlberg. - Geol. u. Pal. Abh., NF, 19, H. 2, Jena 1932, 138 S., 58 Abb., 7 Taf. - Bespr. Mitt. Geolog. Ges. Wien, 24, 1931, Wien 1932, 175; GZ 49 A/403; NJb. 1932/3, 967.

— Der bayerisch-österreichische Flysch. - Abhdlgen Geol. Ldsuntersuchg Bayer. Oberbergamt, H. 8, München 1932, 82 S., 16 Fig. (3 Taf.). - Bespr. Mitt. Geolog. Ges. Wien, 24, 1931, Wien 1932, 175; GZ 49 A/404; NJb. 1932/3, 970.

— Über den Schweizer Flysch. - EgH 25, 1932, 39-129, 10 Fig. - Bespr. GZ 49 A/405, 3 B/267; NJb. 1932/3, 971.

Langecker F. Die Jodquellenbohrung am Schliersee. - Berg- u. Hüttenm. Jb., 78, 1930, 20-25. - Bespr. NJb. 1931/3, 12.

Lebling Cl. Molasse und Alpen zwischen Lech und Salzach. - Z. DGeol. Ges., 77, 1925, Abh., 185-197. - Bespr. GZ 37/571.

— Die paläogeographische Bedeutung der oberbayerischen Molasse. - Z. DGeolGes., 80, Abh., 1928 (1929), 511-520. - Bespr. GZ 42/46.

Leuchs K. Geologie von Bayern. 2. Teil, Bayrische Alpen. - Hdbuch d. Geol. u. Bodenschätze Deutschlds (E. Krenkel), 2. Abt., 3. Bd, Berlin 1927, 374 S., 20 Taf., 67 Abb. - Bespr. GZ 36/1550; VBA 1928, 85; Z. f. prakt. Geol., 1928, 47; Mitt. DÖAV, 1929, 42; NJb. 1928/3, 8; Geogr. Z., 34, 1928, 118; GR 22, 1931, 244; PetMitt., 74, 1928, 362.

Leupold W. Neue mikropaläontologische Daten zur Altersfrage der alpinen Flyschbildungen. - EgH 26, 1933, 295-319.

Ludwig A., Eugster H., Bächler E. Berichte über die Exkursion der Schweizerischen Geolog. Ges. im St. Gall.-appenz. Molasseland, im Fähnern- und Wildkirchligebiet vom 9.-11. Sept. 1930. - EgH 24, 1931, 125-157, 3 Abb.

Lugeon M. Les grandes nappes de recouvrement des Alpes suisses. - Bull. Soc. géol. France, t. 2, Paris 1902, 80-81. - Übersetzg: Über die großen Überschiebungsdecken der Schweizer Alpen. - Zbl. f. Min., 1902, 250-251.

— Les grandes nappes de recouvrement des Alpes du Chablais et de la Suisse. - Bull. Soc. géol. France, t. 1, Paris 1902, 723-823, 1 K. - Bespr. EgH 7, 1901/02, 605; 8, 1903, 269; Ann. Géogr. Paris, 12, Bibl. 77-78; GZ 4/2061; Jber. Natf. Ges. Grbd., NF, 46, 107; NJb. 1906/1, 243; PetMitt., 48, Litber., 176. S. W. Koehne.

— Les grandes nappes de recouvrement des Alpes suisses. - C. R. Congr. géol. int., 9 sess. Vienne 1903, 1904, 477-492, Diskuss. 124-133.

— Sur l'origine des blocs exotiques du Flysch. - Bull. Soc. vaud. sc. nat., 51, Lausanne 1916, pr. verb., 84-85. - Bespr. EgH 16, 1920/22, 358; GZ 25/1240.

— Sur l'origine des blocs exotiques du Flysch préalpin. - Verh. Schw. Natf. Ges., 98. Jvers., Schuls 1916, II, 154; EgH 14, 1916, 217-221. - Bespr. EgH 15, 1918, 452; GZ 24/56; NJb. 1922/1, 94.

Maillard G. A. Über einige Algen aus dem Flysch der Schweizer Alpen. - Ber. St. Gallische Natwiss. Ges. f. 1885/86, St. Gallen 1887, 277-283. - Bespr. NJb. 1889/1, 345.

Mojsisovics E. v. Beiträge zur Altersbestimmung einiger Schiefer- und Kalkformationen der östlichen Schweizer Alpen. - VRA 1872, 264-268. - Bespr. Jber. Natf. Ges. Grbd., NF, 18, Chur 1874, 99; Revue scient., s. 2, t. 4, Paris 1873, 782, 950; Revue géol. suisse p. l'a. 1872, Genève 1873, 29, 50; Arch. d. sc. phys. et nat., n. p., t. 46, 327; t. 47, 21.

Muheim P. Die subalpine Molassezone im östlichen Vorarlberg. (Vortragstitel.) - EgH 26, 1933, 215.

— Die subalpine Molassezone im östlichen Vorarlberg. - EgH 27, 1934, 181-296, 1 Fig., 2 Taf. (K. 1:25000 u. Prof.)

Murchison R. J. Über den Gebirgsbau in den Alpen, Apenninen und Karpathen ... und über die Entwicklung eozäner Ablagerungen im südlichen Europa. Bearbeitet v. G. Leonhard. - Stuttgart 1850, 162 S., 1 T. - Bespr. Bl. 7. (Engl.: Quart. Journ. Geol. Soc., 19, London 1849, 312 S., 1 K. - Ital.: von Savi u. Meneghini, Firenze 1850/51.)

Oberholzer J. Wildflysch und helvetischer Flysch in den östlichen Glarner Alpen. - Verh. Schw. Natf. Ges., 99. Jvers. Zürich 1917, Aarau 1918, II, 196-198; EgH 14, 1916, 668-669. - Bespr. Ebd. 16, 1920/22, 359; NJb. 1922/1, 88.

— Exkursion Nr. 80. Glarus-Segnespaß-Flims. - In: Geol. Führer der Schweiz, herausgeg. v. d. Schwz. Geol. Ges., Basel (Wepf) 1934, Fasz. XII, 947-952, 1 Fig.

— Exkursion Nr. 81. Ragaz-Vättis-Kunkelpaß-Reichenau-Bonaduz. - In: Geol. Führer der Schweiz, herausgeg. v. d. Schwz. Geol. Ges., Basel (Wepf) 1934, Fasz. XII, 953-957, 1 Fig.

Omboni G. Série des terrains sédimentaires de la Lombardie. - Bull. Soc. géol. de France, s. 2, t. 12, Paris 1855, 517-533. - Bespr. NJb. 1856, 215; Bl. 84; Hist. d. progr. ... (d'Archiae), t. 7, Paris 1857, 254; Arch. d. sc. phys. et nat., t. 31, Genève 1856, 175.

Oppenheim P. Über die Nummuliten- und Flyschbildungen der Schweizer Alpen im Anschluß an das gleichlautende Werk von Dr. Arn. Heim. - Zbl. f. Min., 1910, 243-249, 280-285. - Bespr. EgH 11, 1910, 650; GZ 15/1559; Boll. Com. geol. d'It., 42, f. 3, 1911, 89.

Paulcke W. Schichtenfolge am Nordrand der Schweizer Alpen. - Freiburg i. Br. (Wagner) 1906, 8 S.

— Tertiär im Antirhätikon und die Beziehungen der Bündner Decke zur Niesenflyschdecke und der helvetischen Region. - Zbl. f. Min., 1910, 540-548, 2 Fig. - Bespr. VRA 1910, 305, 328; EgH 11, 1910, 571; Jber. Natf. Ges. Grbd., NF, 53, 1912, 132. S. Schubert R.

Petrascheck W. Über Inoceramen aus der Gosau

und dem Flysch der Nordalpen. - JbRA 1906, 155-168, 1 Taf., 4 Abb.

Reis O. M. Nachträge zur Geolog. Karte der Vorderalpenzone zwischen Bergen und Teisendorf. - 1. Teil, Geogn. Jh., 33, 1920 (1922), 203-232, 1 K., 1 Abb. - 2. Teil, Geogn. Jh., 34, 1921 (1922), 223-244, 1 T., 3 Abb. - Bespr. GZ 30/693, 694.

— Die Nummulitenschichten im Grüntener Bogen. - Geogn. Jh., 39, 1926, 22-24.

— Erläuterungen zur Geolog. Karte von Bayern 1:25000, Blatt Hindelang Nr. 857. - München (Bayr. Oberbergamt) 1930, 52 S., 1 tekt. K. - Bespr. GZ 45/788.

Reiser K. Geologie der Hindelanger und Pfrontener Berge im Allgäu. - 1. Teil. Geogn. Jh., 33, 1920 (1922), 57-198, K. 1:25000. - 2. Teil. Ebd. 35, 1922 (1923), 1-82. - 3. Teil. Ebd. 37, 1924 (1925), 1-34, 1 T., 3 Abb. - Bespr. GZ 29/443, 32/575; NJb. 1924/2, 241.

Richter M. Die exotischen Blöcke im Flysch bei Oberstdorf. - Zbl. f. Min., 1921, 321-326, 3 Fig. - Bespr. GZ 26/1554; NJb. 1925/1, 105.

— Der Flysch in der Umgebung von Oberstdorf im Allgäu. - JbBA 1922, 49-80, 3 Fig. - Bespr. GZ 29/976; NJb. 1925/1, 105.

— Die nordalpine Flyschzone zwischen Vorarlberg und Salzburg. - Zbl. f. Min., 1922, 242-255, 1 K. - Bespr. GZ 28/59, 29/365; NJb. 1925/1, 111.

— Der nordalpine Flysch zwischen der Ostschweiz und Salzburg. - GR 13, 1922, 186-187. - Bespr. GZ 28/1255; NJb. 1925/1, 110.

— Die Stellung der nördlichen Flyschzone des Bregenzer Waldes. - VBA 1923, 141-147. - Bespr. NJb. 1925/1, 113.

— Beobachtungen am Nordrand der Oberostalpinen Decke im Allgäu. - VBA 1923, 162-170. - Bespr. NJb. 1925/1, 113; GZ 30/691.

— Der Nordrand der oberostalpinen Geosynklinale. - Z. DGeolGes., 75, 1923, Mber., 198-211, 1 Fig. - Bespr. GZ 31/1882; NJb. 1925/1, 114.

— Kreide und Flysch im östlichen Allgäu zwischen Wertach und Halblech. - JbBA 1924, 135-177, 9 Abb. - Bespr. GZ 32/89; NJb. 1926/2, B, 339.

— Die Stellung der nordalpinen Flyschzone im Rahmen der Ostalpen. - GR 15, 1924, 281-287. - Bespr. GZ 31/1148.

— Geologischer Führer durch die Allgäuer Alpen zwischen Iller und Lech. - Berlin 1924, Sammlg Borntraeger Nr. 24, 224 S., 30 Fig., 7 Taf. - Bespr. GR 1924, 366; GZ 33/1318; Geogr. Z., 31, 1925, 184.

— Beiträge zur Geologie der helvet. Zone zwischen Iller und Rhein. - Mitt. Geol. Ges. Wien, 17, 1924, Wien 1925, 12-46, 1 Skz. - Bespr. NJb. 1927/2, B, 375.

— Molasse und Alpen. - Z. DGeolGes., 78, 1926, Mber., 179; 79, 1927, Mber., 124-135. (Vortr.) - Bespr. GZ 36/1650; NJb. 1928/3, 396.

— Das Problem des alpinen Wildflysch. - GR 18, 1927, 155-160. - Bespr. GZ 35/1001; NJb. 1928/3, 397.

— „Neue Spezialforschungen im Allgäu". (Gegen E. Kraus.) - GR 19, 1928, 51-62.

— Tektonik und Fazies im alpinen Deckenbau. (Vortragsauszug.) - Z. DGeolGes., 80, 1928, Mber., 258.

— Der Wert der Sedimentpetrographie. - Steinbruch u. Sandgrube, 1928, 567-571. - Bespr. GZ 40/350.

— Die nordalpine Flyschzone zwischen Salzburg und Wien. - Zbl. f. Min., 1929, B, 369-379, 1 Fig. - Bespr. GZ 41/710.

— Zur Altersfrage der oberbayrischen Oligozänmolasse. - Zbl. f. Min., Abt. B, 1932, 427-434. - Bespr. GZ 48 A/1526.

— Alter-und Stellung der südbayrischen Flyschzone. - Zbl. f. Min., 1933, Abt. B, 496-508, 4 Abb. - Bespr. GZ 51 A/922.

Richthofen F. Frh. v. Die Kalkalpen von Vorarlberg und Nordtirol. - 1. Abt. JbRA 1859, 72-137, 2 Taf., 12 Prof. - 2. Abt. JbRA 1861/62, 87-206, 1 Taf., 39 Prof. - Bespr. NJb. 1860, 843; Bl. 148, 165.

Rohatzsch R. H. Einige Bemerkungen über die sog. Kressenberger Formation und ihre Fortsetzung in südwestlicher Richtung oder die Polythalamienzone der Vorberge der bayrischen Alpen. - Z. DGeolGes., 4, 1852, 190-203.

Rollier L. Die Entstehung der Molasse auf der Nordseite der Alpen. - Vierteljschr. Natf. Ges. Zürich, 49, 1904, 159-170. - Bespr. GZ 5/2079; Mitt. Geogr. Ges. München, 1911, 443.

— Sur les Faciès du Nummulitique dans les Alpes suisses centrales et orientales. - Act. Soc. helv. Sc. nat., 101e sess. Neuchâtel 1920, 2, Aarau 1921, 205-206; EgH 16, 1920-1922, 134-136. (Vortr.) - Bespr. GZ 28/295.

— Supracrétacique et Nummulitique dans les Alpes suisses orientales. - Beitr. z. geol. K. d. Schw., NF, Lfrg 53, Bern 1923, 53-85, 12 Abb.

Rösch A. Der Kontakt zwischen dem Flysch und der Molasse im Allgäu. - Dissert.; Mitt. Geogr. Ges. München, 1, 1905, 313-353, 1 K., 1 Taf. - Bespr. NJb. 1908/1, 409; Mitt. Geogr. Ges. München, 1911, 443.

Rothpletz A. Geolog. u. paläontolog. Monographie der Vilser Alpen mit besonderer Berücksichtigung der Brachiopodensystematik. - Palaeontographica 33, 1886, 1887, 180 S., K. 1:25000, 16 Taf. - Bespr. VRA 1887, 188; NJb. 1887/2, 477; Mitt. Geogr. Ges. München, 8, 1913, 59; Bl. 678.

— Nachträgliches zu der geologisch-paläontologischen Monographie der Vilser Alpen. - NJb. 1889/2, 146-147.

— Ein geol. Querschnitt durch die Ostalpen nebst Anhang über die sog. Glarner Doppelfalte. - Stuttgart 1894, 268 S., 2 T., 115 Abb. - Bespr. Mitt. DÖAV, 1895, 10; NJb. 1896/1, 276; Carinthia II. 85, 1895, 36; Bl. 874; PetMitt., 41, 1895, Litber., 18; EgH 4, 1894, 164; Jber. Natf. Ges. Grbd., NF, 38, Chur 1895, 56; Arch. d. sc. phys. et nat., t. 31, Genève 1894, 254.

— Über die Flyschfukoiden und einige andere fossile Algen sowie über liasische, Diatomeen führende Hornschwämme. - Z. DGeolGes., 48, 1896, 854-914, 3 Taf. - Bespr. NJb. 1900/1, 150.

— Geologische Alpenforschungen. I. Das Grenzgebiet zwischen den Ost- und Westalpen und die rhätische Überschiebung. - München 1900, 176 S., 1 K., 4 Taf., 69 Fig. - Bespr. GZ 1/1492; Zbl. f. Min., 1902, 114; PetMitt., 47, Litber., 16; EgH, 7, 1901-1902, 487; Jber. Natf. Ges. Grbd., NF, 44, 163; Jb. Natwiss., 17, 314.

— Der Kontakt zwischen dem Flysch und der Molasse im Allgäu. Ein Nachtrag zu Dr. A. Rösch' Arbeit von 1905. - Jber. u. Mitt. Oberrhein. geol. Ver., NF, 5, 1916, 145-154, 3 Abb. - Bespr. GZ 22/1463; NJb. 1924/2, 245.

Sacco F. Les conglomérats du Flysch. - Bull. Soc. Belge de Géol., de Pal. et Hydrol., 3, 1889, 149, 1 Taf. - Bespr. NJb. 1891/1, 124.

Sarasin Ch. Die Konglomerate und Breccien des Flysch in der Schweiz. - NJb. 1893, Bbd 8, 180-215.

— De l'origine des roches exotiques du flysch. - Arch. d. sc. phys. et nat., t. 31, Genève 1894, 570-603; t. 32, 67-101. - Bespr. Ann. de géogr., t. 4, Paris 1895, Annexe bibl., 100.

Schardt H. Les régions exotiques du versant nord des Alpes suisses (Préalpes du Chablais et du Stockhorn et des Klippes), leurs relations avec l'origine des blocs et brèches exotiques et la formation du Flysch. - Boll. Soc. vaud. de sc. nat., 34, Lausanne 1898, 113-219, 1 K. - Bespr. Ann. de géogr., 8, bibl. de 1898, Paris 1899, 90; EgH 6, 1900, 188; Archives d. sc. phys. etc., 9, Genève 1900, 54; NJb. 1900/1, 87.

— Remarques sur les origines des blocs exotiques du Flysch. (Vortr.) - EgH 14, 1916, 219-220. - Bespr. Ebd. 15, 1918, 452.

Schlosser M. Geologische Notizen aus dem bayrischen Alpenvorlande und dem Inntale. - VRA 1893, 188-198. - Bespr. Mitt. Geogr. Ges. München, 1913, 62; NJb. 1895/1, 74; 1896/1, 82; Bl. 845.

— Das Eozän und Unteroligozän der bayrischen Alpen. - Zbl. f. Min., 1922, 180-184. - Bespr. GZ 28/80.

— Revision der Unteroligocänfauna von Häring und Reit im Winkl. - NJb. 1923, 47. Bbd, 254-294. - Bespr. GZ 30/1130.

— Die Eozänfaunen der bayerischen Alpen. - Abh. Bayer. Ak. d. Wiss., 30, 7. Abh., München 1925. I. Die Faunen des Unter- u. Mitteleozän, 207 S., 6 Taf. II. Die Obereozänfauna, 68 S., 2 Taf. - Bespr. GZ 34/1313; NJb. 1929/3, 659.

Schmidt C. Die Klippen und exotischen Blöcke im Flysch der Schweizer Alpen. - Actes d. l. Soc. helv. d. sc. nat. réun. à Fribourg en 1891, Freiburg 1892, 499-506; EgH 2, 1890/92, 499-506. - Bespr. Rev. géol. suisse p. l'a. 1891, Arch. d. sc. phys. et nat. de Genève, t. 27, Genève 1892, 455; EgH 3, 1892, 109.

Schubert R. J. Über das „Tertiär im Antirhätikon". - VRA 1910, 328. - Bespr. GZ 15/1811; EgH 11, 1910, 572.

Schuster J. Über ein fossiles Holz aus dem Flysch des Tegernseer Gebietes. - Geogn. Jh., 19, 1906, 139-152, 1 Taf., 3 Fig. - Bespr. GZ 12/705.

Söhle U. Geologische Aufnahme des Labergebirges bei Oberammergau mit besonderer Berücksichtigung des Cenomans in den bayrischen Alpen. - Geogn. Jh., 9, 1896 (1897), 1-64, 1 K., 9 Taf., 5 Fig. - Bespr. VRA 1897, 307; NJb. 1900/2, 415; Mitt. Geogr. Ges. München, 1913, 59.

— Das Ammergebirge. - Geogn. Jh., 11, 1898 (1899), 39-89, 1 K., 14 Taf., 2 Abb. - Bespr. Z. f. prakt. Geol., 1900, 195; NJb. 1901/1, 260; Mitt. Geogr. Ges. München, 1913, 59; Bl. 996.

Straeter H. Geolog. Untersuchungen zwischen Winterstaude und Subersach (Vorarlberg). - Diss. Zürich, Haag 1925, 48 S., K. 1:25000. - Bespr. GZ 35/1400; NJb. 1927/2, B, 375.

Strobel E. Geologische Untersuchungen im Hohen Ifen-Gottesackergebiet. - Z. DGeolGes., 82, 1930, 675-708, 3 Taf., 7 Abb. - Bespr. GZ 44/1501.

Stuchlik H. Geologische Skizze des oberbayerischen Kohlenreviers. - Österr. Z. f. Berg- u. Hüttenw., 30, 1893, 380-382, 1 Taf. - Bespr. NJb. 1895/1, 505; Bl. 858.

— Die Faziesentwicklung der südbayr. Oligozänmolasse. - JbRA 1906, 277-350, 2 Taf., 5 Abb. - Bespr. Zbl. f. Min., 1906, 576; GZ 9/98.

Studer B. Sur la véritable signification du nom de Flysch. - Verh. Schweiz. Natf. Ges., Vers. Solothurn 1848, 32-35; Arch. d. sc. phys. et nat., 11, Genève 1849, 58-60. - Auszug: NJb. 1850, 742-743; L'Institut, 17, s. 1, Paris 1849, 235-236.

— On the Geological Signification of the word „Flysch". - The Edinburgh new Philos. Journ., 48, Edinburgh 1850, 146-147.

Studer, Bachmann, Fraas, Escher. Discussion sur les blocs exotiques du Flysch. - Verh. Schw. Natf. Ges. Einsiedeln, 1868, 63-65.

Stur D. Eine flüchtige, die Inoceramenschichten des Wiener Sandsteins betreffende Studienreise nach Italien. - JbRA 1889, 439-450. - Bespr. Boll. Com. geol. d'It., 21, 1890, 532.

Suess E. Notizen ü. d. geol. Verh. der Vorarlberger Alpen u. des Salzberges bei Hall i. T. - JbRA 1854, 881.

— Die Entstehung der Alpen. - Wien (Braumüller) 1875, 168 S. - Bespr. VRA 1875, 181; NJb. 1876, 84; Verh. Natwiss. Ver. Preuß. Rheinld. u. Westfalen, 1875, Sber., 280; Mitt. DÖAV, 1876, 167.

Tarnuzzer Chr. Der geologische Bau des Rhätikongebirges. - Jber. Natf. Ges. Grbd., NF, 35, 1890/91, Chur 1892, 124 S., 1 K. - Bespr. EgH 3, 1892, 113; Arch. d. sc. phys. et nat., 27, Genève 1892, 459; PetMitt., 39, Litber., 151; Natur, Halle 1892, 453; Bl. 822.

— u. **Bodmer-Beder A.** Neue Beiträge zur Geologie und Petrographie des östlichen Rhätikons. - Jber. Natf. Ges. Grbd., NF, 42, Chur 1899, 1. T. 37-58, 2. T. 59-85, m. Abb. - Bespr. EgH 6, 1899/1900, 399, 409, 419, 424; Arch. d. sc. phys. et nat. de Genève, 10, Genève 1910, 158, 172, 247.

Tarnuzzer Chr. An H. Dr. A. Rothpletz. (Rhätikon betr.) - Zbl. f. Min., 1901, 233-235. - Bespr. Ebd. 1902, 115; EgH 7, 1901/1902, 547; GZ 6/624.

Tornquist A. Vorläufige Mitteilung über die Allgäu-Vorarlberger Flyschzone. - Sber. Preuß. Ak. d. Wiss., phys.-math. Kl., 30, 1907, 591-599. - Besp. NJb. 1909/1, 97; GZ 11/58; EgH 10, 1908, 338.

— Die Allgäu-Vorarlberger Flyschzone und ihre Beziehung zu den ostalpinen Deckenschüben. - NJb. 1908/1, 63-112, 1 K., 8 Taf., 11 Prof. - Bespr. GZ 11/1471; EgH 10, 1908, 661; Mitt. Geogr. Ges. München, 1911, 443.

— Noch einmal die Allgäu-Vorarlberger Flyschzone und der submarine Einschub ihrer Klippenzone. - VRA 1908, 326-332. - Bespr. GZ 12/1284; EgH 10, 1908, 666.

— Eine Kritik der von Mylius geäußerten neuen Ansichten über die Herkunft der Juraklippen in der Allgäu-Vorarlberger Flyschzone. - Zbl. f. Min., 1912, 345-352, 1 Fig.; 783-784. - Bespr. NJb. 1915/1, 241; GZ 21/335.

Troll K. Über Bau und Entstehung des bayrischen Alpenrandes. - Z. DGeolGes., 78, 1926, 35-51, 1 Taf. - Bespr. GZ 34/442; NJb. 1926/2, B, 223.

Uhlig V. Der Deckenbau in den Ostalpen. (Vortr.) - Mitt. Geolog. Ges. Wien, 2, 1909, 462-491, 1 Taf. - Bespr. NJb. 1910/2, 420; GZ 14/780, 19/728; Boll. Com. geol. d'It., 41, 1910, 481.

— Über die Tektonik der Ostalpen. (Vortr.) - Verh. Ges. D. Natf. u. Ärzte, Salzburg 1909 (Leipzig 1910), 178-196; Natwiss. Rdsch., 24, 1909, 625-629, 637-641 (Die Tektonik ...). - Bespr. NJb. 1910/2, 420; GZ 14/780; EgH 11, 1910, 574; Boll. Com. geol. d'It., 41, 1910, 479.

Vacek M. Aufnahmsberichte Bregenzer Wald. - VRA 1912, 12; 1913, 10-11; 1914, 12-13; 1915, 8.

Verdam J. Geologische Forschungen im nördlichen Rätikon. - Inaugdiss. Zürich, 1928, 86 S., K. 1:25000, 3 Taf. - Bespr. GZ 43/865.

Vortisch W. Ursache und Einteilung der Schichtung. – JbBA 1930, 453–496, 3 Abb. – Bespr. GZ 45/314.

Weber Fr. Exkursion Nr. 79 B. Truns–Brigels–Kistenpaß–Muttensee–Linthal. – In: Geol. Führer der Schweiz, herausgeg. v. d. Schwz. Geol. Ges., Basel (Wepf) 1934, Fasz. XII, 942–946.

Weber J. Geologische Wanderungen durch die Schweiz. II. Kalk- und Schieferalpen. – Clubführer des SAC, Zürich 1913, 377 S. – Bespr. EgH 13, 1914, 601; NJb. 1918, 303; PetMitt., 60, 1914/2, 240; Jb. SAC, 51, 1916, 209; Die Natwiss., 1914, 161.

Weithofer K. A. Molasse und Alpenrand in Oberbayern. – Zbl. f. Min., Abt. B, 1932, 225–239. – Bespr. GZ 48 A/166.

— Molasse und Alpenrand in Oberbayern. II. (Ist die oberbayerische Molasse von alpinen Decken überfahren?) – Zbl. f. Min., Abt. B, 1934, 1–12, 3 Abb. – Bespr. GZ 52 A/1421.

Wepfer E. Die nördliche Flyschzone im Bregenzer Wald. – NJb. 1909, Bbd 27, 1–71, 1 K., 1 Taf., 5 Prof., 2 Abb. – Bespr. VRA 1909, 206; GZ 13/263; EgH 10, 1908, 663; Mitt. Geogr. Ges. München, 1911, 443.

— Zur Lagerung des Flysch im vorderen Bregenzer Wald. An Herrn O. Ampferer. – Zbl. f. Min., 1912, 378–380. – Bespr. NJb. 1915/1, 247; GZ 18/849.

Winkler G. G. Algovit (Trapp) in den Allgäuer Alpen Bayerns. – NJb. 1859, 641. – Bespr. Bl. 153.

Zuber R. Über die Entstehung des Flysches. – Z. f. prakt. Geol., 9, 1901, 283–289. – Ergänzung: Zur Flyschentstehungsfrage. – VRA 1904, 200–202. – Bespr. VRA 1903, 400; EgH 7, 1901–1902, 692; GZ 2/1576.

f) Ter Tertiär.

Abel O. Studien in den Tertiärschichten am Außensaum der ostalpinen Flyschzone zwischen der Donau und Erlauf. (Vortr.) – VRA 1903, 65. – S. a. JbRA 1903, 91.

— Fossile Mangrovensümpfe. – Paläont. Z., 8, 1926, 130–139. – Bespr. GZ 37/221.

Aigner A. Zur Frage des geologischen Alters der Vorzeitformen in den östlichen Zentralalpen. – Z. f. Geomorph., 8, 1934, 141–142. – S. a. A. Winkler.

Airaghi C. Echinidi del pliocene lombardo. – Atti d. Soc. it. d. Sc. nat. e del Mus. Civ. di Storia nat. in Milano, v. 37, f. 4, 1898, 357–377. – Bespr. Boll. Com. geol. d'It., 30, 1899, 171.

— Echinofauna oligomiocenica della conca benacense. – Boll. Soc. geol. it., v. 21, f. 2, Roma 1902, 371–388, 1 Taf. – Bespr. Boll. Com. geol. d'It., 34, 1903, 79.

— Alcuni echinidi del Terziario veneto. – Atti Soc. it. Sc. nat., v. 41, f. 4, 1902, Milano 1903, 415–424. – Bespr. GZ 4/1997; Boll. Com. geol. d'It., 35, 1904, 268.

— Appunti d'echinologia fossile. – Atti Soc. it. di Sc. nat. e Mus. Civ. di Stor. nat., v. 44, f. 1, Milano 1905, 1–10, 1 T. – Bespr. Boll. Com. geol. d'It., 37, 1906, 61.

— Brachiuri nuovi o poco noti del Terziario veneto. – Atti Soc. it. di Sc. nat., v. 44, f. 3, Milano 1906, 203–208, 1 T. – Bespr. Boll. Com. geol. d'It., 38, 1907, 110.

— Echinidi terziari del Trentino. – Studi Trent. Sc. Nat., 14, 1933, 3–18.

Ammon L. v. Zur Kenntnis der fossilen Asseln. (Aus dem unteroligozänen Mergel von Häring.) – Sber. Ak. d. Wiss. München, m.-phys. Kl., 1882, H. 4, 4 Taf.

— Die Fauna der brackischen Tertiärschichten in Niederbayern. – Geogn. Jh., 1, 1888, 1–22, 1 Taf. – Bespr. VRA 1889, 98.

— Geologische Bilder aus der Münchner Gegend. – Geogn. Jh., 12, 1899, 109–129.

— Über das Vorkommen von „Steinschrauben" (Daemonhelix in der oligozänen Molasse Oberbayerns. – Geogn. Jh., 1900, München 1901, 55–69, 5 Fig., 2 Taf. – Bespr. NJb. 1902/1, 280.

Ampferer O. Bemerkungen zu den v. Arn. Heim u. A. Tornquist entworfenen Erklärungen der Flysch- und Molassebildungen am nördlichen Alpensaum. – VRA 1908, 189–198. – Bespr. NJb. 1910/1, 105; GZ 12/960; EgH 10, 1908, 665.

— Zur Geologie des Unterinntaler Tertiärs. (Mit Beitrag von B. Sander.) – JbBA 1922, 105–150, K. 1:40000. – Bespr. GZ 28/1615; NJb. 1924/2, 249.

— Über den Bau der Unterinntaler Tertiärmulde. – Österr. Monatsschr. f. d. öff. Baudienst u. d. Berg- u. Hüttenw., Wien 1922, H. 7, 130–133, K. 1:40000. – Bespr. GZ 28/1630.

— Über die tertiäre und diluviale Schuttausstrahlung der Alpen. – VBA 1925, 147–150. – Bespr. GZ 33/730.

— Geologische Profile aus dem Gebiete des Kössener Beckens. – JbBA 1927, 123–148, 18 Zchngen, 1 Taf. – Bespr. GZ 37/868.

— Über den Südrand der Lechtaler Alpen zwischen Arlberg und Ötztal. – JbBA 1930, 407–451, 35 Abb. – Bespr. GZ 44/180.

— Geologischer Führer für das Kaisergebirge. – Wien (Geol. Bdsanst.) 1933, 132 S., 48 Abb., K. 1:25000. – Bespr. Alpenländer-Korr., Nr. 4 v. 25. 1. 1934; Innsbr. Nachr. u. Tir. Anzg., Nr. 20 v. 25. 1. 1934; Tir. Grenzbote, Nr. 10 v. 3. 2. 1934; Z. f. prakt. Geol., 42, 1934, 62; Tir. Heimatblätter, 12, 1934, 192; Wr. Prähist. Z., 21, 1934, 73; Mitt. DÖAV, 1934, 108; Mitt. Geogr. Ges. Wien, 76, 1933, 316; VBA 1934, 13; GR 25, 1934, 212; GZ 53 A/181; Der Bergsteiger, 4, Nr. 7, 1934, 103.

Andrian F. v. Neogenschichten aus dem Pissavaccatal und Coalbatal bei Strigno in Südtirol. – VRA 1868, 50–51.

Angel F. u. **Heritsch F.** Das Alter der Zentralgneise der Hohen Tauern. – Zbl. f. Min., 1931, Abt. B, 516–527. – Bespr. GZ 46A/2181.

Arni P. Foraminiferen des Senons und Untereozäns im Prätigauflysch. – Beitr. z. geol. K. d. Schw., NF, 65. Lfrg, Bern 1933, 18 S., 11 Fig., 5 Taf.

— Der Ruchbergsandstein. – EgH 26, 1933, 331–333.

Bärtling R. Die Molasse und das Glazialgebiet des Hohenpeißenberges und seiner Umgebung. – Geogn. Jh., 1903, 33–62, K. 1:25000. – Bespr. GZ 6/104.

Bassani F. Note paleontologiche. – Atti Soc. Ven.-Trent. Sc. Nat., v. 7, f. 1, 1880, Padova 1881, 16–29, 1 Taf. – Bespr. VRA 1880, 170.

— Sopra una nuova specie di Ephippus scoperta nell'Eocene medio di Val Sordina presso Lonigo (Veronese). – Boll. Soc. geol. it., 7, Roma 1889, 279–281. – Bespr. Boll. Com. geol. d'It., 21, 1890, 206.

— Avanzi di Carcharodon auriculatus, scoperti nel

calcare eocenico di Valle Gallina presso Avesa (prov. di Verona). - Acc. di Verona, v. 71, s. 3, f. 1, Verona 1895. - Bespr. Boll. Com. geol. d'It., 27, 1896, 121.

— Aggiunte all'Ittiofauna eoconica dei monti Bolca e Postale. - Paleont. it., v. 3, Pisa 1898, 77–88. - Bespr. Boll. Com. geol. d'It., 30, 1899, 175.

Baumberger E. Versuch einer Umdeutung der Profile durch die subalpine Molasse der Zentral- und Ostschweiz. - Verh. Schw. Nat. Ges., 105. Jvers. Luzern 1924, II, 150; EgH 19, 1925/26, 192. - Bespr. NJb. 1926/2, B, 228.

— Die Molluskenfauna der Vorarlberger Molasse. - Vierteljschr. Natf. Ges. Zürich, 73, Zürich 1928, 46–61. - Bespr. GZ 2B/106.

— Vorläufige Mitteilung über die Altersbestimmung der subalpinen Süßwassermolassen in der Ostschweiz. - EgH 23, 1930, 555–562. - Bespr. GZ 46A/838; NJb. 1931/3, 697.

— Zur Tektonik und Altersbestimmung der Molasse am schweizerischen Alpennordrand. (Vortr.) - EgH 24, 1931, 2 Proftaf., 1 Skz.

— Die Molasse des Schweizerischen Mittellandes und Juragebietes. - In: Geol. Führer der Schweiz, herausgeg. v. d. Schweiz. Geol. Ges., Basel (Wepf) 1934, Fasz. I, 57–75, 1 Tab., 2 Taf. - Mit Beitrag v. H. G. Stehlin über Säugetiergeschichte.

Baumgartner K. Über Störungen und eigenartige Druckerscheinungen (sog. „Pfeilerschüsse" oder „Kohlenstoßexplosionen") der oberbayrischen tertiären Kohlenmulde auf Grube Hausham. - Österr. Z. f. Berg- u. Hüttenw., 1900, Nr. 36–38. - Bespr. NJb. 1901/2, 445.

Bayan F. Sur les terrains tertiaires de la Vénétie. - Bull. Soc. géol. de France, s. 2, t. 27, Paris 1870, 444. - Auszug: Boll. Com. geol. d'It., 3, Firenze 1872, 33–44.

Beck P. Über autochthone und allochthone Dislokationen in den Schweizer Alpen und ihrem nördlichen Vorland. - EgH 17, 1922/23, 94–111, 1 Taf.

— Über die Gliederung des Quartärs in den Alpen und Nordeuropa und sein Verhältnis zum Pliozän. (Vortragstitel.) - EgH 26, 1933, 186. - S. ebd. 335.

— Über das schweizerische und europäische Pliozän und Pleistozän. - EgH 26, 1933, 335–437, 2 Taf., 7 Fig.

Behrmann W. Die ältesten Züge im Antlitz der Alpen. (Vortr.) - Geogr. Anzg., 1933, 129–136. - Bespr. Z. f. Geomorph., 8, 1934, 85.

Bittner A. Die Brachyuren des vicentinischen Tertiärgebirges. - Denkschr. Ak. d. Wiss. Wien, 34, 1875, 46 S. - Bespr. VRA 1875, 269; NJb. 1875, 975; Boll. Com. geol. d'It., 6, 1875, 196, 396.

— Die Tertiärbildungen von Bassano und Schio. - VRA 1877, 207–210.

— Das Alpengebiet zwischen Vicenza und Verona. - VRA 1877, 226–231. - Ital. in: Boll. Com. geol. d'It., 8, Roma 1877, 433–439.

— Le formazioni terziarie dei dintorni di Bassano nel Veneto. - Boll. Com. geol. d'It., v. 8, Roma 1877, 425–429.

— Das Tertiär von Marostica. - VRA 1878, 127–130.

— Sulla geologica dei Tredici Comuni al Nord di Verona. - Boll. Com. geol. d'It., v. 9, Roma 1878, 95–101.

— Il terreno terziario di Marostica nel Veneto. - Boll. Com. geol. d'It., v. 9, Roma 1878, 101–105.

— Beiträge zur Kenntnis alttertiärer Echinidenfaunen der Südalpen. - Beitr. z. Pal. v. Österr.-Ung. (E. v. Mojsisovics u. M. Neumayr), Wien 1880, 1. Abt., 43–72; 2. Abt., 1881, 73–110.

— Neue Beiträge zur Kenntnis der Brachyurenfauna des Alttertiärs von Vicenza und Verona. - Denkschr. Ak. d. Wiss. Wien, 46, 1883, 17 S. - Bespr. NJb. 1884/2, 409.

— Micropsis Veronensis, ein neuer Echinide des oberitalienischen Eozäns. - Sber. Ak. d. Wiss. Wien, 88, 1883.

— Zur Literatur der österreichischen Tertiärablagerungen. - JbRA 1884, 137–146. - Bespr. NJb. 1884/2, 381.

— Neue Brachyuren des Eozäns von Verona. - Sber. Ak. d. Wiss. Wien, 1886, 94, 1. Abt., 12 S., 1 T. - Bespr. VRA 1887, 103.

— Über Parabrissus und einige andere alttertiäre Echinidengattungen. - VRA 1891, 133–144.

— Einige Bemerkungen zu Gauthiers Besprechung meiner Mitteilungen: Über Parabrissus und einige andere alttertiäre Echinidengattungen. - VRA 1893, 258–261.

— Über zwei ungenügend bekannte brachyure Crustazeen des vicentinischen Eozäns. - Sber. Ak. d. Wiss. Wien, m.-nat. Kl., 104, Abt. 1, Wien 1895. - Bespr. Boll. Com. geol. d'It., 27, 1896, 126.

Blanck E. u. **Scheffer F.** Über rotgefärbte Verwitterungsprodukte der miozänen Nagelfluh von Bregenz am Bodensee. - Chemie der Erde, 2, 1926, 141–148. - Bespr. NJb. 1927/1, B, 174; GZ 44/353.

Blüher H. Molasse und Flysch am bayrischen Alpenrand zwischen Ammer und Murnauer Moos. - Diss. Bonn, 1932.

Blumer S. Über Pliozän und Diluvium im südlichen Tessin. - EgH 9, 1906, 61–74. - Bespr. Boll. Com. geol. d'It., 38, 1907, 421.

Blumrich J. Geologie des Riedersteins und Ölrains in Bregenz. - Schrift. d. Ver. f. Gesch. d. Bodensees, 49. H., Lindau 1921, 5–24, 1 K.

— Geologisches vom Kummerberg bei Götzis. - Vierteljschr. f. Gesch. u. Ldskde Vorarlbergs, 5, Bregenz 1921, 50–56.

— Geologisches von der Ebniter Straße bei Dornbirn. - Heimat, 7, H. 5–9, Bregenz 1926, 14–17.

— Konkretionen mit Schneckeneinschlüssen in der oberen Süßwassermolasse. - Heimat, 8, Bregenz 1927, 285–287.

— Geologie des Rotachtales. - Heimat, 9, Bregenz 1928, 17–23, 192.

— Die gebirgige Umrahmung der Bregenzer Bucht. - Heimat, 9, Bregenz 1928, 140–144.

— Molassekohle von Sättels bei Möggers. - Heimat, 9, Bregenz 1928, 210–211.

— Die miozäne Molasse des Pfänderstockes. - Schr. d. Ver. f. Gesch. d. Bodensees u. s. Umgebg, H. 58, 1930, 39 S., 1 Prof., 1 Abb. - Bespr. GZ 47A/1124.

Bobek H. Ein tertiäres Schuttvorkommen im Tuxer Tale. - JbBA 1930, 87–102. - Bespr. Z. f. Geomorph., 5, 1930, 288; GZ 44/179.

— Die Formentwicklung der Zillertaler und Tuxer Alpen. - Forschungen z. Deutschen Landes- und Volkskunde, 30, Stuttgart (Engelhorn) 1933, 172 S., 13 Abb., 14 Taf. - Bespr. Mitt. DÖAV, 1934, 33; Z. f. Glkde, 21, 1933, 394; Mitt. Geogr. Ges. München, 27, 1934, 126.

Boden K. Die Geröllführung der miozänen und oligozänen Molasseablagerungen im südbayerischen Alpenvorlande zwischen Lech und Inn und deren

Bedeutung für die Gebirgsbildung. – Mitt. Geogr. Ges. München, 18, 1925, 429–504. – Bespr. GZ 34/730.

— Über die Entstehung und Bedeutung der oberbayerischen Molasse. – Zbl. f. Min., 1926, B, 236–240.

— Geologisches Wanderbuch für die bayerischen Alpen. – Stuttgart (Enke) 1930, 458 S., 59 Abb. – Bespr. GZ 41/1526; Z. Ges. f. Erdkde Berlin, 1930, 311; Mitt. DÖAV, 1930, 263; Geogr. Z., 36, 1930, 120; NJb. 1930/3, 294; GR 22, 1931, 245; Z. f. prakt. Geol., 38, 1930, 30; Mitt. Geolog. Ges. Wien, 23, 1931, 175.

— Beschaffenheit, Herkunft und Bedeutung des ostalpinen Molasseschuttes. – Abh. d. Geol. Ldsuntersuchg des Bayer. Oberbergamtes, H. 4, München 1931, 33 S. – Bespr. GZ 46A/469.

Bodensee- (X). Neues zur – -Geologie. – Gaea, Leipzig 1910, 417–420.

Böhndel E. Die obere Süßwassermolasse in der Umgebung des Untersees (Bodensee). – Inaugdiss. Freiburg i. Br., 1916, 48 S.; Mitt. d. Badischen Geol. Ldsanst., 8, 1916, 215–260. – Bespr. GZ 23/1263.

Boussac J. Sur le parallélisme des couches éocènes supérieures de Biarritz et du Vicentin. – Comptes Rend. Acad. d. Sc., t. 141, Nr. 19, Paris 1905, 740–742. – Bespr. Boll. Com. geol. d'It., 37, 1906, 71.

— Sur le terrain nummulitique à Biarritz et dans le Vicentin. – Bull. Soc. géol. de France, 4 s., t. 6, f. 7, Paris 1906–1907, 555–560. – Bespr. Boll. Com. geol. d'It., 39, 1908, 56.

— Sur l'âge des dépôts éocènes du massif armoricain et de la zone de Roncà. – C. R. Acad. sc. Paris, t. 144, Nr. 5, Paris 1907, 292–294. – Bespr. Boll. Com. geol. d'It., 39, 1908, 57.

— Nummulitique helvétique et Nummulitique préalpin dans la Suisse centrale et orientale. – C. R. Acad. sc. Paris, t. 150, 1910, 1555–1557. – Bespr. EgH 11, 1910, 650; GZ 17/61; NJb. 1910/2, 269.

— Rectification (à propos du Nummulitique suisse). – Rev. crit. de Paléozoologie, 14, Paris 1910, 152.

— Distribution des niveaux et des faciès dans le Nummulitique dit autochtone de la Suisse centrale et orientale. – C. R. Acad. sc. Paris, t. 150, 1910, 1272–1274. – Bespr. EgH 11, 1910, 650; GZ 17/38; NJb. 1910/2, 269.

— Etudes paléontologiques sur le Nummulitique alpin. – Mém. p. serv. à l'expl. de la Carte géol. détaillée de la France. – Paris (Impr. nat.) 1911, 437 S. u. Atlas. – Bespr. C. R. somm. séances Soc. géol. France, 1912, 99; EgH 13, 1914, 120; Rev. crit. de Paléozool., 1913, 159; GZ 20/779; NJb. 1912/2, 475; 1914/1, 304.

— Etudes stratigraphiques sur le Nummulitique alpin. – Mém. p. serv. à l'expl. de la Carte géol. dét. de la France. – Paris (Impr. nat.) 1912, 661 S., 10 K. – Bespr. EgH 13, 1914, 124; Rev. génér. des Sc., 26, 1915, 306; NJb. 1913/2, 323; GR 4, 1913, 394.

Brandenberger E. 100 Jahre Molasseforschung (1825–1925). – Natur und Technik, 6, 1924/25, 1925, 336–338.

Bremer E. Das präglaziale Relief der Ostalpen und dessen Bedeutung für den heutigen Formenschatz des Gebirges. Darstellung und Kritik der bisherigen Forschungsergebnisse. – Inaugdiss. Halle, 1933, 112 S., 9 Abb., 4 Tab., 1 Skz. – Bespr. Z. f. Geomorph.. 8, 1934, 259; Mitt. Geogr. Ges. München, 27, 1934, 132.

Brongniart A. Sur les terrains calcaréo-trappéens du pied méridional des Alpes Lombardes. – Bull. d. sc. par la Soc. philomatique de Paris, an. 1821, Paris 1821, 87–92. – Auszug: Annales des mines, 7, Paris 1822, 141–148.

— Mémoire sur les Terrains de sédiments supérieurs calcaréo – trapéens du Vicentin. ... – Paris 1823, 86 S. (Deutsche Übersetzung v. Keferstein.)

Burckhardt C. Die Kontaktzone von Kreide und Tertiär am Nordrande der Schweizer Alpen vom Bodensee bis zum Thunersee. – Beitr. z. geol. K. d. Schw., NF, 2, 1893, 132 S., K. 1:50000. (Mattstock-Speer 22–54, 96–132.)

Cacciamali G. B. Geologia della collina di Castenedolo e connessavi questione dell'uomo pliocenico. – Brescia 1896, 93 S., 3 Taf. – Bespr. Boll. Com. geol. d'It., 28, 1897, 91.

Cadisch J. Das Werden der Alpen im Spiegel der Vorlandssedimentation. (Vortr.) – GR 19, 1928, 105–119. – Bespr. GZ 43/114.

— Geologische Beobachtungen im Molassegebiet zwischen Linth und Thur. – EgH 23, 1930, 567–571, 1 Abb.

Caffi E. Nuove osservazioni sul bacino di Leffe in Val Gandino (Provincia di Bergamo). – Boll. Soc. geol. it., v. 52, 1933, f. 2, Roma 1934, 341–345.

Canestrelli G. Revisione della fauna oligocenica di Laverda nel Vicentino. – Rend. R. Acc. d. Linc., v. 16, f. 8, 2 sem., Roma 1907, 525–528; Atti d. Soc. Ligustica, v. 19, Genova 1908, 97–152. – Bespr. Boll. Com. geol. d'It., 39, 1908, 61; 40, 1909, 86.

Cornelius H. P. Einige Bemerkungen über die Geröllführung der bayrischen Molasse. – VStA 1920, 161–170. – Bespr. GZ 26/1112.

— Beobachtungen über die Geröllführung der Molasse am Allgäuer Alpenrande. – VBA 1923, 183–191.

— Zum Problem der exotischen Blöcke und Gerölle im „Flysch" des Allgäu. – JbBA 1924, 229–280. – Bespr. GZ 32/93, 284; NJb. 1926/2, B, 341; 1927/2, B, 374.

Corti B. Sulla marna di Pianico: osservazioni geologiche e micropaleontologiche. – Rend. Ist. Lomb., Milano 1892, s. 2, v. 25, 13. – Bespr. Boll. Com. geol. d'It., 24, 1893, 189.

— Foraminiferi e diatomee fossili del Pliocene di Castenedolo. – Rend. Ist. Lomb., Milano 1892, s. 2, v. 25, 15–16. – Bespr. Boll. Com. geol. d'It., 24, 1893, 190.

— Sul deposito villafranchiano di Castelnovate presso Somma Lombardo. – Rend. R. Ist. Lomb. di Sc., Let. di Milano, 1893, s. 2, v. 26, f. 13. – Bespr. Boll. Com. geol. d'It., 25, 1894, 193.

— Foraminiferi e diatomee fossili delle sabbie gialle della Folla d'Induno. (Varese.) – Boll. Soc. geol. it., 11, Roma 1893, 223–230. – Bespr. Boll. Com. geol. d'It., 25, 1894, 192.

— Sulla fauna a foraminiferi dei lembi pliocenici prealpini di Lombardia. – Rend. R. Ist. Lomb. di Sc. e Lett. di Milano, s. 2, v. 27, f. 17, Milano 1894, 198–212, 702–711. – Bespr. Boll. Com. geol. d'It., 26, 1895, 346.

— Sul bacino lignitico di Pulli, in comune di Valdagno (Prov. di Vicenza): nota paleontologica. – Boll. scient., v. 15, f. 3, Pavia 1894. – Bespr. Boll. Com. geol. d'It., 26, 1895, 347.

— Ricerche micropaleontologiche sul Villafranchiano della Collina di Castenedolo. – Comm. d. Ateneo di Brescia p. l'a. 1896, Estr. p. 11. – Bespr. Boll. Com. geol. d'It., 28, 1897, 100.

— Sul deposito villafranchiano di Castenedolo. – Atti Soc. it. di Sc. nat. e d. Mus. Civ. di St. nat.,

v. 36, f. 2, Milano 1896, 87–88. – Bespr. Boll. Com. geol. d'It., 28, 1897, 100.
— Appunti di paleontologia sul Miocene dei dintorni di Como. – Rend. R. Ist. Lomb., v. 29, f. 11–12, Milano 1896, 622–628. – Bespr. NJb. 1898/1, 535; Boll. Com. geol. d'It., 28, 1897, 101.
Cotta B. v. Molassekohlen der Bayernschen Voralpen. – Hartm. Berg- u. Hüttenm. Ztg, 1856, 139. – Bespr. NJb. 1856, 139; Bl. 102.
Cozzaglio A. Ricerche sulla topografia preglaciale e neozoica del lago di Garda. – Comm. d. Ateneo di Brescia, 1900; Continuazione ... ebd. 1902, 38–64. – Bespr. NJb. 1905/2, 100; GZ 7/617.
— Sulla origine neogenica della Val Trompia e della Val Camonica. – Comm. d. Ateneo di Brescia p. l'a. 1916, 24 S.
— Topografia neogenica e topografia preglaciale in alcune regioni bresciane e trentine. – Atti d. Acc. d. Agiati di Rovereto, 1928, s. 4, v. 6, 63.
Curioni G. Cenni geologici sui terreni terziarii di Lombardia. – Il Politecnico, t. 2, Milano 1839.
D'Acchiardi A. Corallari fossili delle Alpi Venete. – Mem. Soc. it. Sc. nat., Milano 1866, 53 S., v. 4, 1868, 4 Taf.
— Corallari fossili del terreno nummulitico delle Alpi Venete. Catalogo delle specie e brevi note. – Pisa 1867, 18 S. – Bespr. VRA 1867, 275.
— Corallari fossili del terreno nummulitico dell'Alpi Venete. – Milano 1867, 53 S.
— Studio comparativo fra i Coralli dei terreni terziari del Piemonte e delle Alpi Venete. – Pisa 1868, 74 S.
Dainelli G. Nota preliminare sopra i lamellibranchiati eocenici dei Friuli. – Mem. Soc. Tosc. d. Sc. nat., v. 25, Pisa 1909, 126–144. – Bespr. Boll. Com. geol. d'It., 41, 1910, 114.
— L'Eocene nel Friuli occidentale. – Boll. Soc. geol. it., v. 29, f. 1, Roma 1910, 22 S., 2 T. – Bespr. Boll. Com. geol. d'It., 42, 1911, f. 2, 35.
— Nota preliminare sopra i Gasteropodi eocenici del Friuli. – Mem. Soc. Tosc., v. 28, Pisa 1912, 38. – Bespr. Boll. Com. geol. d'It., 44, 1914, f. 1, 38.
— Nota preliminare sopra gli Echinidi eocenici del Friuli. – Mem. Soc. Tosc., v. 28, Pisa 1912, 91–100. – Bespr. Boll. Com. geol. d'It., 44, 1914, f. 1, 39.
— Nota preliminare sopra alcuni fossili dell'Eocene friulano. – Proc. verb. Soc. Tosc., Ad. 5 magg. 1912; Riv. it. di Pal., an. 18, f. 4, Parma 1912, 107. – Bespr. Boll. Com. geol. d'It., 44, 1914, f. 1, 39.
— L'Eocene friulano, Monografia geologica e paleontologica. – Memoire Geografiche, Firenze 1915.
— L'Eocene friulano. – Riv. it. di Paleont., an. 21, f. 3, Parma 1917, 275–277.
— La struttura delle Prealpi Friulane. – Memorie Geografiche, Firenze (Ricci) 1921, 218 S., 103 Fig., 1 K.
— A proposito di nuovi gasteropodi terziari del Vicentino. – Mem. geol. e geogr. di G. Dainelli, v. 1, Firenze 1929, 71–73 (321–323).
Dal Lago D. Fauna eocenica dei tufi basaltici di Grola in Cornedo (Vicentino). – Riv. it. di Paleont., an. 6, f. 1, Bologna 1901, 17–23. – Bespr. Boll. Com. geol. d'It., 33, 1902, 82.
— La trasgressione del terziario antico, il piano Priabonico e le pubblicazioni del dott. P. Oppenheim. – Atti R. Ist. Ven., Venezia 1902, v. 4, 273–279. – Bespr. Boll. Com. geol. d'It., 34, 1903, 151.
— Note sull'Eocene del Vicentino occidentale. – Atti R. Ist. Ven., s. 8, t. 6, d. 5, Venezia 1904, 605–617. – Bespr. GZ 9/2878; Boll. Com. geol. d'It., 36, 1905, 152.
Dal Piaz G. Sopra alcuni resti di Squalodon dell'arenaria miocenica di Belluno. – Pal. it., 6, Pisa 1901, 303–314. – Bespr. Boll. Com. geol. d'It., 33, 1902, 83.
— Di alcuni resti di Cyrtodelphis sulcatus dell'arenaria miocenica di Belluno. – Palaeontogr. it., v. 7, Pisa 1901, 287–292. – Bespr. Boll. Com. geol. d'It., 33, 1902, 84.
— Note sulla costituzione geologica di Albettone. – Padova 1902.
— Sui Vertebrati delle arenarie mioceniche di Belluno. – Atti Acc. Sc. Veneto-Trent.-Istr., an. 5, Padova 1908, 106–120, 7 Fig. – Bespr. Boll. Com. geol. d'It., 40, 1909, 101.
— Sulla fauna batoniana del Mte Pastello nel Veronese. – Mem. Ist. Geol. R. Univ. di Padova, v. 1, 1912, 215–266. – Bespr. GZ 19/305.
— Sull'esistenza del Pliocene marino nel Veneto. – Atti Accad. Sc. Ven.-Trent.-Istr., s. 3, an. 5, f. 1–2, Padova 1912, 212–215. – Bespr. GZ 19/302; Boll. Com. geol. d'It., 44, 1914, f. 1, 42.
— Gli Odontoceti del miocene bellunese. – Mem. Ist. Geol. R. Univ. di Padova, v. 4, Padova 1916, 1–94, 13 T.
— Gli Odontoceti del miocene bellunese. Parte 3: Squalodelphis Fabianii, Parte 4: Eoplatanista italica. – Mem. Ist. Geol. R. Univ. di Padova, v. 5, 1917–18, Padova 1919, 34 S., 6 T.; 23 S., 2 T.
— Sulla fauna, l'età e l'origine dei tufi basaltici dei dintorni di Brentonico nel Trentino. – Boll. d. Ist. d. Min., Geol. e Geogr. Fis d. R. Univ. d. Padova, v. 1, 1931, 8 S. – Bespr. GZ 46A/1932, 1 B/696.
Dal Piaz G. B. Nuovo genere e nuove specie di Artiodattili dell'Oligocene veneto. – Rend. Acc. Naz. d. Linc., Cl. Sc. fis., mat. e nat., s. 6, v. 12, f. 1–2, Roma 1930, 61–64. – Bespr. GZ 44/965, 969; 45/1706.
— I mammiferi fossili dell'Oligocene veneto. – Trigonias Ombonii. – Mem. Ist. Geol. R. Univ. Padova, 1931, v. 9, 63 S., 20 Taf. – Bespr. GZ 1 B/1190.
— I mammiferi dell'Oligocene veneto. Anthracochoerus n. g. A. Stehlini n. sp. A Fabiani n. sp. – Mem. Ist. Geol. R. Univ. Padova, 1931, v. 9, 36 S., 5 Taf. – Bespr. GZ 1 B/1203.
— I mammiferi dell'Oligocene veneto. Propalaeochoerus Paronae n. sp. – Mem. Ist. Geol. R. Univ. di Padova, v. 7, 14 S., 1 Taf. – Bespr. GZ 44/963, 45/1707.
— I mammiferi dell'Oligocene veneto. Creodonta. – Mem. Ist. Geol. R. Univ. di Padova, v. 8, 17 S., 1 Taf. – Bespr. GZ 44/968, 45/1708.
— I mammiferi dell'Oligocene Veneto. Anthracotherium monsvialense. – Mem. Ist. Geol. R. Univ. Padova, 10, 1932, 1–66, 16 Taf., 4 Fig. – Bespr. GZ 4 B/275.
Dames W. Die Echiniden der vicentinischen und veronesischen Tertiärablagerungen. – Paläont., 25, 3. F., 1, Cassel 1877, 100 S., 11 Taf. – Bespr. NJb. 1878, 428; Boll. Com. geol. d'It., 9, 1878, 77.
De Alessandri G. Osservazioni geologiche sulla Creta e sull'Eocene della Lombardia. – Atti d. Soc. it. Sc. nat., v. 38, f. 3, Milano 1899, 253–320. – Bespr. Boll. Com. geol. d'It., 31, 1900, 196.
De Angelis d'Ossat G. I corallari fossili dei terreni terziarii; collezione del Gabinetto di Storia naturale del R. Istituto tecnico di Udine. Appendice:

Intorno ad una Hydrocorallina fossile. - Riv. it. di Sc. nat., an. 15, Nr. 2-5, 7, Siena 1895. - Bespr. Boll. Com. geol. d'It., 27, 1896, 226.

Deecke W. Exkursion in die Molasse. - Z. DGeol-Ges., B, Mber., 65, 1913, 535-536. (Überlingen.)

— Kritische Studien zu Glazialfragen Deutschlands. - Z. f. Glkde, 21, 1933, 283-318.

Degl'Innocenti G. Nuovi gasteropodi terziarii del Vicentino. - Boll. Soc. geol. it., v. 47, f. 1, 1928, 55-64, 1 Taf. - Bespr. GZ 39/393.

De Gregorio A. Nota sopra alcuni fossili eocenici estramarini del Veneto. - Il Natural. siciliano, 11, Palermo 1891. - Bespr. NJb. 1895/1, 535; Boll. Com. geol. d'It., 23, 1892, 159.

— Description de certains fossiles extramarins de l'éocène vicentin. - Ann. de Géol. et de Pal., 10, Palermo 1892, 28 S. - Bespr. NJb. 1895/1, 535; Boll. Com. geol. d'It., 24, 1893, 196.

— Description des faunes tertiaires de la Vénétie. Fossiles des environs de Bassano surtout du tertiaire inférieur de l'horizon à Conus diversiformis Desh. et Serpula spirulaea Lamk. - Ann. de Géol. et de Pal., 13, 1894, 40 S., - Bespr. NJb. 1896/1, 453; Boll. Com. geol. d'It., 26, 1895, 354.

— Description des faunes tertiaires de la Vénétie. Monographie des fossiles éocéniques (Etage Parisien) de Mont Postale. - Ann. d. Géol. et de Pal., 14e livr., Palermo 1894, 55 S. - Bespr. NJb. 1896/1, 454; Boll. Com. geol. d'It., 26, 1895, 354.

— Description des faunes tertiaires de la Vénétie. Note sur certains crustacés (brachiurus) éocéniques (avec un catalogue de tous les crustacés de la Vénétie cités par les auteurs). - Ann. de Géol. et de Pal., 18, 1895. - Bespr. NJb. 1896/2, 172; Boll. Com. geol. d'It., 27, 1896, 333.

— Description des faunes tertiaires de la Vénétie. Fossiles de Lavacille près de Bassano des assises de S. Gonini à Conus diversiformis Desh., Ancillaria anomale Schloth., Eburna Caronis Brongnt. (recueillis par Mr. Andrea Balestra). - Ann. de Géol. et de Pal., 20, 1895, 24 S. - Bespr. Boll. Com. geol. d'It., 27, 1896, 334.

— Description des faunes tertiaires de la Vénétie. Monographie de la faune éocénique de Roncà avec une appendice sur les fossiles de Monte Pulli. - Annales de Géol. et de Pal., 21, 1896, 163 S. - Bespr. NJb. 1898/1, 334; Boll. Com. geol d'It., 28, 1897, 110.

— Quelques fossiles nouveaux de Lavacille près de Bassano des assisses de S. Gonini. - Ann. d. Géol. et de Pal., 24, Palermo 1899, 1-4, 1 Taf. - Bespr. NJb. 1901/2, 128; Boll. Com. geol. d'It., 31, 1900, 202.

— Description de quelques fossiles miocènes de l'horizon à Cardita Jouanneti de Forabosco (Asolo) et de Romano (Bassano). - Ann. de Géol. et de Pal., 25, Palermo 1899, 1-18, 6 Taf. - Bespr. NJb. 1901/2, 129.

Deicke J. C. Lagerung und Mächtigkeit der Molasseschichten in St. Gallens Nähe. - Verh. Schw. Natf. Ges.; 1851, 331-338.

— Beiträge über die Molasse der Schweiz. (St. Gallen.) - NJb. 1852, 35-46.

— Über die Eindrücke in den Geschieben der Molasseformation der östlichen Schweiz. - NJb. 1853, 797-801.

— Über die Versteinerungsprozesse in den Petrefakten der Molasse. - Verh. allgem. Schw. Ges. f. d. Natwiss., St. Gallen 1854, 42.

— Das Molassegebilde in der östlichen Schweiz. - Verh. St. Gall.-Appenzell. gemeinnütz. Ges. in Berneck, 1854, 1 Proftaf.

— Über ein eigentümliches Vorkommen von Petrefakten in der Meeresmolasse. - NJb. 1855, 795-797.

— Geognostische Skizze des unteren Thurgaus und der Umgebung von Oeningen. - NJb. 1856, 129-134.

— Über säulenförmige Absonderungen in den Gesteinen der Molasse und über polierte Eindrücke im Nagelfluhgerölle. - NJb. 1857, 400-403.

— Übersicht der Molassenformation zwischen den Alpen der Ostschweiz und dem Ostrande des Schwarzwaldes. - NJb. 1857, 779-784.

— Über die Bildung der Molassegesteine in der Schweiz. - NJb. 1864, 659-664.

Deninger K. Beitrag zur Kenntnis der Molluskenfauna der Tertiärbildungen von Reit im Winkel und Reichenhall. - Geogn. Jh., 1901, 221-246. - Bespr. NJb. 1903/2, 420; GZ 4/1378.

D'Erasmo G. Catalogo dei pesci fossili delle Tre Venezie. - Mem. d. Ist. Geol. d. R. Univ. di Padova, 1922, v. 6, 181 S., 6 Taf. - Bespr. GZ 32/1579; Studi Trent. Sc. Nat., 8, 1927, 123.

Desor E. Le paysage morainique, son origine glaciaire et ses rapports avec les formations pliocènes d'Italie. - Neuchâtel 1875, 1-94, 2 K.

— Die Beziehungen der Eiszeit in den Alpen zur pliozänen Formation von Oberitalien. - Verh. Schw. Natf. Ges. Chur, 1874, 105-121, Chur 1875. Abdruck: Gaea, 1875, 714-723; Neue Alpenpost, Zürich 1875, 162-163. - Bespr. Z. f. d. ges. Natwiss., NF, 12, Berlin 1875, 208.

De Terra H. Zur Erdölfrage im bayerischen Flysch- und Molassegebiet. - Petroleum, 1925, Nr. 33, 2057-2061.

— Die Erdölbohrung Holz am Tegernsee. - Geogn. Jh., 40, 1927, 7-22. - Bespr. NJb. 1929/2, 319; GZ 41/1685.

De Zigno A. Bar. Notizen über die Venezianischen Alpen. - JbRA 1852, 2. H., 171.

— Halitherium u. Mastodon Arvernensis in den Tertiärgebilden im Venetianischen. - VRA 1871, 15. - Bespr. Boll. Com. geol. d'It., 4, 1873, 57.

— Reste von Sirenoiden, gefunden in Venetien. - VRA 1873, 25-26.

— Sui Mammiferi fossili del Veneto. - Mem. Accad. d. Sc., L. ed A. di Padova, 1874.

— Catalogo ragionato dei Pesci fossili del calcare eoceno di M. Bolca e M. Postale. - Atti R. Ist. Ven. d. Sc., v. 3, s. 4, Venezia 1874. - Bespr. VRA 1875, 37.

— Squalodonreste von Libano bei Belluno. - VRA 1876, 232-233. - Bespr. Boll. Com. geol. d'It., 7, 1876, 443.

— Über Squalodon Catulli Molin sp. aus der miozänen Molasse von Libano bei Belluno. - VRA 1876, 293-294. - Bespr. Boll. Com. geol. d'It., 7, 1876, 443.

— Sirenii fossili trovati nel Veneto. - R. Ist. Ven. d. Sc., L. ed A., Venezia 1875, v. 18. - Bespr. Boll. Com. geol. d'It., 7, 1876, 169, 443.

— Annotazioni paleontologiche sopra i resti di un Squalodonte, scoperti nell'arenaria miocenica del Bellunese. - Mem. R. Ist. Ven. di Sc., v. 20, Venezia 1876, 1 Taf. - Bespr. VRA 1877, 43.

— Sopra un cranio di Coccodrillo scoperto nel terreno eoceno del Veronese. - Mem. R. Acc. d. Lincei, cl. d. sc. fis., mat. e nat., v. 2, Roma 1880. - Auszug: Boll. Com. geol. d'It., 11, 1880, 313. - Bespr. VRA 1880, 337.

— Nuove osservazioni sull'Halitherium Veronense Z. - Mem. R. Ist. Ven. di Sc., v. 21, p. 2, Venezia 1880, 291. - Bespr. Boll. Com. geol. d'It., 11, 1880, 315.

— Due nuovi pesci fossili della famiglia dei Balistini, scoperti nel terreno eoceno del Veronese. – Mem. Soc. It. di Sc., s. 3, t. 6, Napoli 1884, 8 S., 2 Taf. – Bespr. VRA 1885, 327; NJb. 1887/1, 140.
— Sopra un scheletro fossile di Myliobates esistente nel museo Gazola in Verona. – Mem. Ist. Ven. d. Sc., v. 22, Venezia 1885, 13 S., 1 Taf. – Bespr. VRA 1885, 327; NJb. 1887/1, 141.
— Antracoterio di Monteviale. – Mem. Ist. Ven., v. 23, Venezia 1888. – Bespr. Boll. Com. geol. d'It., 20, 1889, 298.
— Nuove aggiunte alla ittiofauna dell'epoca eocena. (M. Bolca.) – Mem. Ist. Ven., v. 23, Venezia 1888. – Bespr. Boll. Com. geol. d'It., 20, 1889, 297.
— Chelonii scoperti nei terreni cenozoici delle Prealpi venete. – Mem. Ist. Ven. d. Sc., Lett. ed Arti, v. 23, Venezia 1889, 11 S., 2 Taf. – Bespr. VRA 1890, 102; Boll. Com. geol. d'It., 21, 1890, 221.
— Ofidiani trovati allo stato fossile, e descrizione di due colubri scoperti nei terreni terziari del Veneto. – Atti e Mem. Acc. Sc. Lett. ed Arti di Padova, v. 6, 2, Padova 1890. – Bespr. Boll. Com. geol. d'It., 22, 1891, 107.
— Chelonii tertiarii del Veneto. Mem. sec.: Chelonio scoperto nel calcare nummulitico di Avesa presso Verona. – Mem. R. Ist. Ven., v. 23, Venezia 1890, 13 S., 2 Taf. (Atti, s. 4, t. 1, 7). – Bespr. VRA 1891, 277; Boll. Com. geol. d'It., 22, 1891, 107.
— Presentazione alla Societé géologique de France della sua memoria: Chelonii scoperti nei terreni cenozoici delle Prealpi venete. – Bull. géol. de France, s. 3, t. 18, 4, Paris 1890. – Bespr. Boll. Com. geol. d'It., 22, 1891, 108.
— Sur l'Anthracotherium Monsvialense. – Bull. Soc. géol. de France, s. 3, t. 18, 4, Paris 1890. – Bespr. Boll. Com. geol. d'It., 22, 1891, 108. S. A. Gaudry.
— Pesci fossili di Lumezzane in Val Trompia. – Mem. R. Acc. d. Linc., s. 4, v. 7, Roma 1891, 10 S. – Bespr. VRA 1891, 276.
Dreger J. Die Gastropoden von Häring bei Kirchbichl in Tirol. – Ann. Nathist. Hofmus. Wien, 7, 1892, 11–34. – Bespr. NJb. 1892/2, 461.
— Über die unteroligozänen Schichten von Häring und Kirchbichl in Tirol mit einem Verzeichnis der bisher von dort bekannten Lamellibranchiaten. – VRA 1902, 345–351. – Bespr. GZ 3/2488; NJb. 1904/2, 115.
— Die Lamellibranchiaten von Häring bei Kirchbichl in Tirol. – JbRA 1903, 253–284. – Bespr. NJb. 1904/2, 115.
Ebers E. Wanderungen im Isargletschergebiet. Über den Münsinger Höhenrücken. – Münchner Neueste Nachr., April 1931, 3 Sp., 2 Abb.
— Die Eiszeit im Landschaftsbilde des bayerischen Alpenvorlandes. – Deutsche Landschaftskde, 2. Bd, München u. Berlin (Beck) 1934, 167 S., 30 Abb. – Bespr. Mitt. DÖAV, 1934, 197.
Emmrich H. Beitrag zur Kenntnis der südbayerischen Molasse. – JbRA 1855, 433–444 u. Sber. Ak. d. Wiss. Wien, 43, 1861, 13–23. – Bespr. Bl. 79.
— Über das südbayerische Tertiärgebirge. – Z. DGeolGes., 1860, 373–379. – Bespr. Bl. 160.
Erb L. Zur Stratigraphie und Tektonik der Allgäuer Molasse. – Diss. Freiburg i. B., 1921, 58 S.; Geogn. Jh., 35, 1922 (1923), 167–192.
Escher-Hess C. Über einige Vorkommnisse der oligozänen und miozänen Molasse und Nagelfluh der östlichen Schweiz. – Zürich (Orell-Füssli) 1907, 44 S. (Über Speer-Nagelfluh 25–30.) – Bespr. EgH 10, 1908, 442.
Ettingshausen C. Frhr. v. Pflanzenfossilien von Häring in Tirol. – JbRA 1850, 557–558.
— Die tertiäre Flora von Häring in Tirol. – Abh. RA, II, 3. Abt., Nr. 2, 1853, 118 S., 31 Taf. – Bespr. JbRA 1853, 849; NJb. 1854, 376.
Eugster H. Exkursion Nr. 73 B. Weißbad-Fähnern. – In: Geol. Führer der Schweiz, herausgeg. v. d. Schwz. Geol. Ges., Basel (Wepf) 1934, Fasz. XII, 885–888, 2 Fig.
Fabiani R. Studio geo-paleontologico dei Colli Berici. Nota preventiva. – Atti R. Ist. Ven. Sc., L. ed A., 64, Venezia 1905.
— I Molluschi eocenici del Monte Postale conservati nel museo di Geologia dell'Università di Padova. – Atti Acc. Sc. Ven.-Trent.-Istr., n. s., an. 2, f. 2, Padova 1905, 145–158, 1 Taf., 7 Fig.
— Sulla presenza della fauna Lutetiana del Gazzo di Zovencedo in un'altra località dei Colli Berici. – Atti Acc. Sc. Ven.-Trent.-Istr., n. s., a. 4, f. 1–2, Padova 1907, 36–43.
— Paleontologia dei Colli Berici. – Mem. Soc. It. d. Sc. (XL), 1908.
— I Crostacei terziari del Vicentino. – Boll. d. Mus. Civ. di Vicenza, v. 1, f. 1, Vicenza 1910, 40 S., 2 T. – Bespr. GZ 17/528; Boll. Com. geol. d'It., 42, 1911, f. 2, 48.
— Sulle rocce eruttive e piroclastiche dei Colli Berici. – Atti Acc. Sc. Ven.-Trent.-Istr., s. 3, a. 4, f. 1–2, Padova 1911, 3–54, 2 Taf., 5 Fig.
— Nuove osservazioni sul Terziario fra Brenta e l'Astico. – Atti Acc. Sc. Ven.-Trent.-Istr., Padova 1912, an. 5, 94–128, 1 Taf. – Bespr. GZ 19/74, 20/1468; Boll. Com. geol. d'It., 44, 1914, f. 1, 60.
— Contributi alla conoscenza dei vertebrati terziari e quaternari del Veneto. (Il tipo del Crocodilus vicetinus Lioy.) – Mem. Ist. Geol. R. Univ. di Padova, v. 1, Padova 1912, 197–214, 1 T. – Bespr. Boll. Com. geol. d'It., 44, 1914, f. 1, 61.
— I Brachiopodi del Terziario Veneto. Notizie sommarie. – Atti Acc. Sc. Ven.-Trent.-Istr., s. 3, v. 6, Padova 1913, 129–132. – Bespr. GZ 21/770.
— I Brachiopodi terziari del Veneto. – Mem. Ist. Geol. R. Univ. di Padova, v. 2, 1913/14, Padova 1914, 1–43, 4 T. – Bespr. Boll. Com. geol. d'It., 46, 1916, f. 1, 40.
— Sulla posizione degli strati con Nummulites Brongniarti di Roncà nella seria sedimentaria del Veronese e deduzioni cronologiche che ne derivano. – Atti d. Acc. d'Agricolt., Sc. e Lett. di Verona, s. 4, v. 15, Verona 1914, 6 S. – Bespr. GZ 25/134; Boll. Com. geol. d'It., 46, 1916, f. 1, 41.
— Sul Miocene delle colline di Verona. – Atti Acc. Sc. Ven.-Trent.-Istr., s. 3, v. 7, Padova 1915, 282–288, 1 Taf. – Bespr. GZ 22/348; NJb. 1931/3, 64.
— e. **Stefanini G.** Monografia sui terreni terziari del Veneto. – Mem. Ist. Geol. R. Univ. di Padova, v. 3, Padova 1915.
Fabiani R. Il Paleogene Veneto. Prospetto stratigrafico riassuntivo e comparativo del terziario inferiore del Veneto. – Mem. Ist. Geol. R. Univ. di Padova, 1915, v. 3, 69. – Bespr. GZ 25/135.
— Sul Terziario dell'Alta Val di Non (Trentino). – Atti Acc. Sc. Ven.-Trent.-Istr., s. 3, v. 10, Padova 1919, 117–123, 1 Fig. – Bespr. Ebd., v. 20, 1929, 11; GZ 25/133.
— Continuità della serie fra l'Oligocene e il Miocene nel Trentino meridionale. – Atti Accad. Sc.

Ven.-Trent.-Istr., s. 3, v. 12/13, Padova 1922, 119–122. – Bespr. Ebd. v. 20, 1929, 12; Studi Trent. Sc. Nat., 8, 1927, 123.

— Il Terziario del Trentino. – Mem. Ist. Geol. Univ. di Padova, v. 6, Padova 1922, 1–60, 15 Fig., 1 Taf. – Bespr. GZ 32/1562; Atti Acc. Sc. Ven.-Trent.-Istr., v. 20, 1929, 12; Studi Trent. Sc. Nat., 8, 1927, 123.

— Prospetto dei terreni terziari del Trentino. – Padova (Soc. Coop. tip.) 1922. – Bespr. Atti Acc. Sc. Ven.-Trent.-Istr., v. 20, 1929, 12.

— Osservazioni sulla stratigrafia e sulla tettonica dei massicci montuosi del Bondone e del Roen (Alpi Tridentine). – Atti Accad. Sc. Ven.-Trent.-Istr., s. 3, v. 15, 1924, Padova 1925, 7–16, 1 Fig. – Bespr. Ebd. v. 20, 1929, 14; Studi Trent. Sc. Nat., 7, 1926, 183.

— Note illustrative della Carta geologica delle Tre Venezie, Foglio Verona. – Uff. Idr. d. R. Mag. a. Acque, Sez. geol., Padova 1930, 37 S., 1 Proftaf.

— Sviluppo e caratteri del Terziario nel Trentino. – Atti Soc. it. progr. sc., v. 2, Roma 1931, 237–249, 12 Fig. – Bespr. NJb. 1933/1, 252.

Fanck A. Die bruchlose Deformation der Fossilien durch tektonischen Druck und ihr Einfluß auf die Bestimmung der Arten, betrachtet und bearbeitet an Palecypoden der St. Galler Meeresmolasse. – Inaugdiss. Univ. Zürich, 1929, 9 Fig., 16 Taf.

Felix J. Kritische Studien über die tertiäre Korallenfauna des Vicentins nebst Beschreibung einiger neuer Arten. – Z. DGeolGes., 37, 1885, 379–421. – Bespr. Boll. Com. geol. d'It., 16, 1885, 415.

— Über Hydnophyllia und einige andere Korallen aus dem Vicentinischen Tertiär. – Sber. Nat. Ges. Leipzig, 43, 1916, 1–30. – Bespr. NJb. 1920, 94; GZ 24/689.

Feruglio G. Lo studio geoagronomico dei terreni eocenici della Provincia di Udine. (Il bacino di Drenchia.) – Assoc. Agron. Friul., Udine 1910. – Bespr. Boll. Com. geol. d'It., 42, 1911, f. 2, 49.

Fiore M. Il genere Latanites Mass. Illustratione di alcune palme fossili del paleogene veneto. – Boll. dell'Orto Botanico d. R. Univ. di Napoli, t. 10, Napoli 1932, 123–154, 7 Fig., 4 Taf.

Firbas F. Beiträge zur Kenntnis der Schieferkohlen des Inntales und der interglazialen Waldgeschichte der Ostalpen. – Z. f. Glkde, 15, 1927, 261–277. – Bespr. GZ 37/1151.

Fischli H. Zur Kenntnis der fossilen Radiolarien in der Riginagelfluh. – Mitt. Nat. Ges. Winterthur, 1916, 44–47. – Bespr. EgH 15, 1918, 454.

Flurl M. Über das Vorkommen der Steinkohlen zu Häring. – Denkschr. Ak. d. Wiss. München, 1813, 127.

Forti A. Alghe del Paleogene di Bolca (Verona) ed loro affinità con tipi oceanici vivente; conferme di analogia esistente tra la flora terziaria mediterranea e l'attuale indo-pacifica. – Mem. R. Ist. Geol. d. Univ. di Padova (1926) 1928, 19 S., 5 T. – Bespr. NJb. 1927/2, B, 171.

Foetterle F. Über fossile Crustaceen des Grobkalkes von Verona und Vicenza. (T. A. Catullo.) – JbRA 1854, 886.

Frauscher K. Fossile Faunen und Floren in Kärnten. – Carinthia II, 1896, 144–159, 186–203, 224, 268.

Frentzen K. Die fossile Insektenfauna der obermiozänen Insektenmergel von Öningen am Bodensee. – Arch. f. Insektenkde d. Oberrheingeb. u. d. angrenzd. Lder, 2, Freiburg 1927, 137–147. – Bespr. GZ 38/418.

Früh J. Geologische Begründung der Topographie des Sentis und der Molasse. – Ber. ü. d. Tätigkeit d. St. Gall. Natwiss. Ges. 1879/80, St. Gallen 1881, 267–289; C. r. Arch. d. sc. phys. et nat.. Genève 1882, 3e pér., t. 7, 185.

— Reste von Rhinoceronten aus der granitischen Molasse von Appenzell a. Rh. – Ber. d. St. Gall. Natw. Ges. f. 1886/87, St. Gallen 1888, 462–463. – Bespr. NJb. 1889/2, 481; EgH 1, 1890, 540.

— Beiträge zur Kenntnis der Nagelfluh der Schweiz. (Speergebiet: 54–56.) – Neue Denkschr. d. Allgem. Schw. Natf. Ges., 30, Zürich 1890, 203 S. – Bespr. NJb. 1889/1, 470; 1889/2, 481; PetMitt., 35, 1889, Litber., 21.

— Notizen zur Naturgeschichte des Kantons St. Gallen. 1. Isolierte marine Molasse in der Rheinebene östl. Blatten-Rorschach. – Jb. Natw. Ges. St. Gallen, 1903, 492–495. – Bespr. EgH 8, 1903, 721.

— Collines molassiques au S du lac de Constance. – C. R. Trav. Soc. Helv. Sc. nat., 87 sess. Winterthour 1904, 40–41. – Bespr. EgH 8, 1903, 721.

— Zum Begriff Nagelfluh, speziell löcherige Nagelfluh. – EgH 9, 1906, 408–412. – Bespr. EgH 10, 1908, 443; Z. f. Glkde, 2, 1908, 316; NJb. 1910/1, 290; GZ 15/641.

Fuchs Th. Giov. Meneguzzos und Tibaldis Petrefaktensammlungen aus den Vicentinischen Eozänbildungen. – VRA 1868, 80–83.

— Beitrag zur Kenntnis der Conchylienfauna des Vicentinischen Tertiärgebirges. I. Die obere Schichtengruppe oder die Schichten von Gomberto, Laverda und Sangonini. – Denkschr. Ak. d. Wiss. Wien, 30, 1870, 80 S.; Sber., 58, 1868, 10 S. – Bespr. VRA 1868, 360; 1870, 111; NJb. 1869, 634; Boll. Com. geol. d'It., 1, 1870, 97, 165.

— Die Stellung der Schichten von Schio. – VRA 1874, 130–132. – Bespr. NJb. 1874, 782; Boll. Com. geol. d'It., 5, 1874, 166.

— Versteinerungen aus den Eozänbildungen der Umgebung von Reichenhall. – VRA 1874, 132–135.

— Die Versuche einer Gliederung des unteren Neogen im Gebiete des Mittelmeeres. – Z. DGeol-Ges., 1885, 131–172. (Gegen E. Tietze.)

Fussenegger S. Der geologische Aufbau von Dornbirn und Umgebung. – Heimat, 7, H. 5–9, Bregenz 1926, 9–14.

Gastaldi B, Sur les glaciers pliocéniques de Mr. E. Desor. – Atti R. Acc. d. Sc. di Torino, v. 10, febbr. 1875.

Glaessner M. Dekapodenfauna des österreichischen Jungtertiärs. – JbBA 1928, 161–219. – Bespr. GZ 38/419.

Gortani M. Relazione sui Terrazzi fluviali e marini d'Italia. – First Report of the Comm. on Pliocene and Pleistocene Terraces. Internat. Geogr. Union, Oxford 1928, 26–41. – Bespr. Z. f. Glkde, 19, 1931, 356.

— Bibliografia dei Terrazzi marini e fluviali d'Italia. – Com. pres. al Congr. internaz. di Geografia di Parigi, 1931, Comit. naz. it. p. la Geografia, Firenze 1931, 105 S.

Götzinger G. Zur Frage des Alters der Oberflächenformen der östlichen Kalkhochalpen. – Mitt. Geogr. Ges. Wien, 56, 1913, 39–57, 4 Abb.

Gschwind M. u. Niggli P. Untersuchungen über die Gesteinsverwitterung in der Schweiz. – Beitr. z. Geol. d. Schweiz, Geotechn. Ser., 17. Lfrg, Bern 1931, 132 S., 5 Taf., 43 Fig. – Bespr.

GR 23, 1932, 74; GZ 46A/2066; NJb. 1932/2, 258; Z. Ges. f. Erdkde Berlin, 1933, 236.

Gümbel C. W. v. u. **Sandberger F.** Das Alter der Tertiärgebilde in der oberen Donauhochebene am Nordrande der Ostalpen. – Sber. Ak. d. Wiss. Wien, 30, 1858, 212–225.

Gümbel C. W. v. Zahn von Anthracotherium magnum in der bayerischen oligozänen Molasse; neue Ammoniten der Gosaumergel; Foraminiferen in den Streitberger Kalken. – NJb. 1862, 465.

— Analysen von oberbayerischen Pechkohlen, von Bohnerz und Molassemergel. – NJb. 1864, 52–53.

— Die Nummuliten führenden Schichten des Kressenberges in Bezug auf ihre Darstellung in der Lethaea geognostica von Südbayern. – NJb. 1865, 129–170. – Bespr. Bl. 219.

— Comatula oder Belemnites in den Nummulitenschichten des Kressenberges. – NJb. 1866, 564–568.

— Beiträge zur Foraminiferenfauna der nordalpinen Eozängebilde. – Abh. Ak. d. Wiss. München, 10, Abt. 2, 1868, 581.

— Abriß der geognostischen Verhältnisse der Tertiärschichten bei Miesbach und des Alpengebietes zwischen Tegernsee und Wendelstein. – Festschr. Vers. DGeolGes. München, 1875, 76 S., K. 1:50000 und 1:5000. – Bespr. NJb. 1876, 88.

— Geognostische Ausflugskarten in das Tertiärgebiet von Miesbach und in den Hochgebirgsstock zwischen Tegernsee und Wendelstein, 1:50000. – München 1875.

— Über Pfaffs petrographische Untersuchungen über die eozänen Tonschiefer der Glarner Alpen. – Sber. Ak. d. Wiss. München, m.-nat. Kl., 1880, 461–484. – Bespr. NJb. 1881/1, 399.

— Ein Pflanzenbild aus der Tertiärzeit am Fuße unserer Alpen. – Beil. z. Allgem. Zeitg, 1880, Nr. 122.

— Kurze Bemerkung über die Nummulitenschichten am Nordrande der Alpen. – VRA 1886, 367–368.

— Die miozänen Ablagerungen im oberen Donaugebiete und die Stellung des Schliers von Ottnang. – Sber. Ak. d. Wiss. München, m.-nat. Kl., 17, 1887 (1888), 221–326. – Bespr. VRA 1887, 330; EgH 1, 1888, 169.

— Geologie von Bayern. I. Teil. Grundzüge der Geologie. – Cassel 1884–1888, 1144 S. – Bespr. NJb. 1886/1, 228; 1888/2, 44; Boll. Com. geol. d'It., 15, 1884, 338. – II. Teil. Geolog. Beschreibung von Bayern. – Cassel 1894, 1184 S. – Bespr. NJb. 1896/1, 431; Bl. 889.

— Nachträge zu der geognostischen Beschreibuug des bayerischen Alpengebirges. (Allgäu, Tölz, Tegernsee.) – Geogn. Jh., 1, 1888, 163–178. – Bespr. Mitt. Geogr. Ges. Wien, 1889, 386; Mitt. Geogr. Ges. München, 1911, 444; 1913, 61; Mitt. Sekt. f. Natkde ÖTC, 2, 1890, 30.

— Die geologische Stellung der Tertiärschichten von Reit im Winkel. – Geogn. Jh., 2, 1889, 163–175. – Bespr. VRA 1890, 170; NJb. 1891/1, 123; Bl. 764; PetMitt., 1890, Litber., 144.

— Das Vorkommen und der Bergbau tertiärer Pechkohle im Wirtatobel bei Bregenz. – Österr. Z. f. Berg- u. Hüttenw., 44, Nr. 10, Wien 1896, 6 S., 1 Taf. – Bespr. VRA 1897, 198; NJb. 1897/2, 303; 1898/2, 303.

— u. **Ammon L. v.** Das Isarprofil durch die Molasseschichten nördlich von Tölz. – Geogn. Jh., 10, 1897, (1898), 1–23, 6 Fig. – Bespr. NJb. 1899/2, 440.

Gutmann L. G. Gliederung der Molasse und Tektonik des östlichen Hegaus. – Inaugdiss. Freiburg i. B., 1910, m. Skz. 1:100000; Mitt. Großhzgl. Bad. Geol. Ldsanst., 6, Heidelberg 1912, 467–514. – Bespr. GZ 19/1629.

Gutzwiller A. Über die Molasse der Kantone St. Gallen und Appenzell. – Verh. Schw. Nat. Ges. Frauenfeld 1871 (1872), 62–64.

— Molasse und jüngere Ablagerungen, enthalten auf Bl. IX des eidgen. Atlas mit Benützung des Nachlasses von A. Escher v. d. L. (U. a. Säntis- und Rheingletscher.) – Beitr. z. geol. K. d. Schw., 14. Lfrg, 1. Abt., Bern 1877, 149ff.

— Molasse und jüngere Ablagerungen, enthalten auf Bl. IV und V des eidgen. Atlas mit Ausnahme des Gebietes nördlich vom Rhein und vom Bodensee. – Beitr. z. geol. K. d. Schw., Lfrg 19, Abt. 1, Bern 1883, 133 S.

Hahn F. F. Versuch zu einer Gliederung der austroalpinen Masse westl. der österr. Traun. – VRA 1912, 337–344. – Bespr. Zbl. f. Min., 1915, 216.

Haidinger W. Faserkohle von Häring. – VRA 1864, 241.

Häring. Das Kohlenbergwerk –. – Allgem. Tir. Anzg., Nr. 289 u. 290 v. 20. u. 21. 12. 1921.

Harpe Ph. de la. Etude des Nummulites de la Suisse. – III. Mém. Soc. pal. Suisse, 1883.

Hauer F. R. v. Über die Gliederung der geschichteten Gebirgsbildungen in den östlichen Alpen. – Sber. Ak. d. Wiss. Wien, 1850, 274ff. – Bespr. Bl. 1.

— Über die geognostischen Verhältnisse des Nordabhanges der nordöstlichen Alpen zwischen Wien und Salzburg. – JbRA 1850, 17–60. – Bespr. Bl. 3.

Hauer K. R. v. Über das Verhältnis des Brennwertes der fossilen Kohlen in der Österreichischen Monarchie zu ihrem Formationsalter. – JbRA 1863, 302.

Haushalter. Merkwürdige fossile Tierreste der Allgäuer Molasse. – Inaug. Abh. München, 1855.

Hébert E. Sur les terrains nummulitiques de l'Italie septentrionale et des Alpes. – Compt. rend. de l'Acad. d. Sc. Paris, 7 aût 1865.

— Nouvelles recherches sur les terrains tertiaires du Vicentin. – Compt. rend. d. l'Acad. d. Sc., t. 86, Paris 1875, 1310 u. 1486.

— Ricerche sui terreni terziarii dell'Ungheria e del Vicentino. – Boll. Com. geol. d'It., Roma 1877, 350–358. – Bespr. Ebd., 314.

— et **Munier-Chalmas M.** Nouvelles recherches sur les terrains tertiaires du Vicentin. – Compt. rend. d. Séanc. de l'Acad. d. Sc. du 27 Mai 1878 et 17 Juin 1878, t. 85, Paris 1878. – Auszug: Boll. Com. geol. d'It., 9, 1878, 187–195.

Heer J. J., Schröter C., Stierlin G. u. **Heer G.** Oswald Heer, Lebensbild eines Naturforschers. – Zürich 1885–1887, 144 + 693 S., 2 Taf. u. Bild. – Bespr. Mitt. DÖAV, 1886, 232; 1888, 60; The geological Mag., d. 3, v. 5, London 1888, 277; Natur, Halle 1888, 359, 490, 527; PetMitt., 35, 1889, Litber., 11.

Heer O. Physiognomie des fossilen Oeningen. – Verh. Schw. Natf. Ges. zu Winterthur 1846, Winterthur 1847, 159–180.

— Über die fossile Insektenfauna der Tertiärgebilde von Oeningen und Radoboj und die Pflanzen aus gleicher Formation an der hohen Rhone. – NJb. 1847, 161–167.

— Übersicht der Tertiärflora der Schweiz. – Mitt. Natf. Ges. Zürich, 3, 1853, Nr. 84–88, 67 S. – Bespr. NJb. 1853, 497.

— Flora tertiaria Helvetiae. Die tertiäre Flora der Schweiz. – Winterthur 1854–1859. I. Bd,

117 S.; 2. Bd, 110 S.; 3. Bd, 378 S. (Allg. Teil u. Atlas.) - Bespr. JbRA 1854, 232; VRA 1860, 15; NJb. 1855, 636; 1859, 500; 1860, 617.

— Überblick über die gegenwärtige Kenntnis der tertiären Flora der Schweiz. - Verh. Schw. Natf. Ges., Vers. Basel, 1856, 66–67.

— Über das Klima des Tertiärlandes. - Vierteljschr. Natf. Ges. Zürich, 4, 1859, 309–312.

— Über das Klima und die Vegetationsverhältnisse des Tertiärlandes. Flora tertiaria Helvetiae. Die tertiäre Flora der Schweiz. Allg. Teil, Bd 3. - Winterthur 1859, 201–378.

— Über das Aussehen unseres Landes im Laufe der geologischen Zeitalter. - Verh. Schw. Natf. Ges., Vers. Luzern 1862, 147–149.

— Flora fossiles Helvetiae. Die vorweltliche Flora der Schweiz. - 3. Lfrg: Die Pflanzen des Jura, der Kreide und des Eozän. - Zürich 1877, 81 S., Atlas. - Bespr. NJb. 1878, 219.

Heim Alb. Ein Profil am Südrande der Alpen, der Pliozänfjord der Breggiaschlucht. Geol. Nachlese Nr. 15. - Vierteljschr. Natf. Ges. Zürich, 1906, 1–43, K. 1:25000. - Bespr. EgH 9, 1906, 679; VRA 1906, 258; NJb. 1909/1, 93; GZ 9/652; Boll. Com. geol. d'It., 38, 1907, 258.

Heim Arn. Contraste entre la tectonique de la Molasse et celle des chaînes voisines des Alpes externes. - C. R. Trav. Soc. Helv. Sc. nat., 89me sess. St. Gallen 1906, 47–49; Arch. Sc. phys. et nat. Genève, t. 22, 341–343. - Bespr. EgH 9, 1906, 703.

— Die Nummuliten- und Flyschbildungen der Schweizer Alpen. Versuch zu einer Revision der alpinen Eozänstratigraphie. - Abh. Schw. Pal. Ges., 35, Zürich 1908, 1–301. - Bespr. NJb. 1910/2, 111, 322; EgH 11, 1910, 220; Boll. Com. geol. d'It., 42, 1911, f. 2, 57.

— Sur le Nummulitique des Alpes suisses. - Boll. Soc. géol. France, t. 9, 1909, 25–30. - Bespr. EgH 11, 1910, 219; NJb. 1910/1, 119.

— Monographie der Churfirsten-Mattstock-Gruppe, I. Teil. Einleitung und Stratigraphie vom Tertiär bis zur mittleren Kreide. - Beitr. z. geol. K. d. Schw., NF, Lfrg 20, Bern 1910, 272 S., Atlas. - Bespr. EgH 11, 1910, 602; GZ 22/1397; PetMitt., 57, 1911, 2, 226; Ann. d. Géogr., 113, 1911, 115.

— Über die Stratigraphie der autochthonen Kreide und des Eozäns am Kistenpaß, verglichen mit der Fazies der helvetischen Decken. - Beitr. z. geol. K. d. Schw., NF, Lfrg 24, 1910, 21–45. (Walensee 28–45.) - Bespr. EgH 11, 1910, 641; NJb. 1913/1, 342.

— Observations sur le Nummulitique des Alpes suisses. - C. R. somm. séances Soc. géol. France, Paris 1910, 42; Bull. Soc. géol. France, s. 4, t. 10, 1910, 298–304.

— Über Bau und Alter des Alpennordrandes. - Verh. Schw. Natf. Ges., 108. Vers. Basel, 1927, 156–157; EgH 21, 1928, 73–80, 2 Abb. - Bespr. GZ 42/275.

—, **Baumberger E., Stehlin H. G., Fussenegger S.** Die subalpine Molasse des westlichen Vorarlberg. - Vierteljschr. Natf. Ges. Zürich, 73, 1928, 64 S., Skz. 1:50000, 1 Proftaf., 14 Abb. - Bespr. GZ 47 A/308.

Heim Arn. Zum Problem des Alpen-Molasse-Kontaktes. - EgH 25, 1932, 223–231. S. Baumberger. - Bespr. GZ 50A/140, 52 A/1030.

— Exkursion Nr. 78. Walensee (Amden, Mattstock-Churfirsten). - In: Geol. Führer der Schweiz, herausgeg. v. d. Schwz. Geol. Ges., Basel (Wepf) 1934, Fasz. XII, 924–930, 3 Fig.

Helbing H. Carnivoren aus dem Miozän von Ravensburg und Georgensgmünd. - EgH 21, 1928, 377–385.

Hescheler K. Aus der Vorgeschichte der Säugetiere der Schweiz. (Vortr.) - Vierteljschr. Natf. Ges. Zürich, 74, 1929, H. 3 u. 4, röm. 22–23; Jb. St. Gall. Natwiss. Ges., 65 (1929 und 1930), St. Gallen 1930, 17–46. - Bespr. GZ 48 A/587, 2 B/172, 458; NJb. 1932/3, 696.

Hofmann K. Beitr. zur Kenntnis der Fauna des Hauptdolomites und der älteren Tertiärgebilde des Ofen-Kovácsier-Gebirges. - Jb. Ungar. geol. Anstalt, 2, Lfrg 3, Pest 1873, 26 S., 6 T.

Hoernes R. Anthracotherienreste von Zovencedo bei Grancona im Vicentinischen. - VRA 1876, 105–109. Ital.: Boll. Com. geol. d'It., 7, 1876, 227–232.

— Beiträge zur Kenntnis der Tertiärablagerungen in den Südalpen. - VRA 1877, 145–150, 178–181, 275–277; JbRA 1878, 9–36. - Bespr. NJb. 1879, 219.

— Gli strati del Schio nel bacino di Belluno e nei dintorni di Serravalle. - Boll. Com. geol. d'It., 8, Roma 1877, 368–372.

— Il primo piano mediterraneo nella Valsugana e nei Monti Euganei. - Boll. Com. geol. d'It., 8, Roma 1877, 372–375.

— Über das Tertiär von Belluno und Serravalle. - Z. DGeolGes., 1878, 680–683. (Gegen Beyrich.)

Höfer H. Das Konglomerat bei Bleiberg in Kärnten. - VRA 1902, 291–293.

Hradil G. u. Falser H. v. Die Ölschiefer Tirols. - Leipzig (A. Barth) 1930, 122 S., 61 Abb. - Bespr. GZ 42/1426; GR 21, 1930, 74; NJb. 1930/2, 207; Tscherm. Min. u. petr. Mitt., 40, 1930, 446; Bergbauliche Rdsch., 1930, Nr. 8; Tgl. Ber. a. d. Petroleumind., 1930, Nr. 651; Z. f. angew. Chemie, 1930, Nr. 12; Tgl. Montanber., 1930, Nr. 20; Chem. Rdsch., 1930, H. 8; Allgem. Öl- u. Fettztg, 1930, H. 12; Keram. Rdsch., 1930, Nr. 38; Keramos, 9, 1930, H. 10; Neue Techn. Bl., Monatsber. ü. chem.-techn. Litgeb., 1930, H. 6/7; Die Naturwiss., 1930, H. 38; Int. Bergwirtsch. u. Bergtechnik, 1930, H. 23; Chemikerztg, 54, 1930, 87; Chem. Weekblad, 1930, H. 28; Allgem. Österr. Chem.- u. Technikerztg, 1930, H. 19; Z. f. prakt. Geol., 1931, 60.

Imkeller H. Die Kreide- und Eozänbildungen am Stallauer Eck und Enzenauer Kopf bei Tölz. - Progr. z. Jber. d. städt. Handelsschule München pro 1895/96, 1–83, K. 1:10000. - Bespr. NJb. 1902/1, 117; Mitt. Geogr. Ges. München, 8, 1913, 60.

— Die zementliefernden Formationen in den bayr. Alpen und das Portlandzementwerk Marienstein bei Tölz. - Natwiss. Wochenschr., Jena 1905, NF, 4 (20), Nr. 32, 502–507. - Bespr. GZ 8/951.

Jaekel O. Die eozänen Selachier des Monte Bolca. Ein Beitrag zur Morphogenie der Wirbeltiere. - Berlin 1894, 176 S. - Bespr. NJb. 1895/1, 390.

Janensch W. Über eine fossile Schlange aus dem Eozän des Monte Bolca. - Z. DGeolGes., 56, Briefl. Mitt., 1904, 54–56. - Bespr. Boll. Com. geol. d'It., 36, 1905, 222.

— Über Archaeophis proavus Mass., eine Schlange aus dem Eozän des Monte Bolca. - Beitr. z. Pal. u. Geol. Österr.-Ung. u. d. Or., 19, Wien 1906, 1–33, 2 T. - Bespr. Boll. Com. geol. d'It., 38, 1907, 262.

Jooss C. H. Binnenkonchylien aus dem Obermiozän des Pfänders am Bodensee. - Nachrbl. Deutsche

Malakozool. Ges., 42, Frankfurt 1910, 19–29. – Bespr. NJb. 1912/2, 432.
— Zur Altersfrage der Süßwasserablagerungen bei der Ruggburg am Pfänder bei Bregenz. – Zbl. f. Min., 1915, 62–64. – Bespr. GZ 22/88.

Kaufmann F. J. Untersuchungen über die mittel- und ostschweizerische subalpine Molasse. – Neue Denkschr. Allgem. Schw. Nat. Ges., 17, 1860, 133 S., 1 K.

Kautsky F. Die boreale und mediterrane Provinz des europäischen Miozäns und ihre Beziehungen zu den gleichaltrigen Ablagerungen Amerikas. – Mitt. Geol. Ges. Wien, 18, 1925, 35–67.

Kellenberger M. Geologisches aus dem Westallgäu. Gemeinverständliche Betrachtungen für Heimatfreunde. – Sonderbeigabe z. Allgäuer Geschichtsfreund, NF, 31, Westallg. Heimatbl. (Holzer), Weiler i. A. 1930, 19 S., 4 Abb.

Kesseli E. Neue Ansichten über die Tektonik der subalpinen Molasse zwischen Linth und Rhein. (Vortr.) – Jb. St. Gall. Natwiss. Ges., 61, St. Gallen 1925, 147–169, 4 Abb. – Bespr. GZ 47A/462; NJb. 1933/3 931.
— Die Jungmoränenstadien in den Quertälern der St. Gallisch-appenzellischen Molasse. Der letzte Stand der eiszeitlichen Gletscher in der Nähe der Stadt St. Gallen. – Jb. St. Gall. Natwiss. Ges., 62, 1926, 56–80.

Kiderlen H. Zur Kenntnis der süddeutschen Molasse. – Zbl. f. Min., 1928, B, 601–607.

Kieslinger A. Tertiäre Verwitterungsböden in den zentralen Ostalpen. – GR 19, 1928, 464–478. – Bespr. Ebd., 20, 1929, 76.

Klebelsberg R. v. Grundzüge der Geologie Tirols. – In: Tirol, Land, Natur, Volk und Geschichte, herausgeg. vom DÖAV, München (Bruckmann) 1933, 23–91, 1 K., 1 Skz. – Bespr. Mitt. DÖAV, 1934, 51, 147; Der Schlern, 15, 1934, 189; PetMitt. 1934, 317.
— H. Bobek über die Formentwicklung der Zillertaler Alpen. – Mitt. DÖAV, 1934, 33.

Klemm G. Bericht über Untersuchungen an den sog. „Gneisen" und den metamorphen Schiefern der Tessiner Alpen. I–IV. – Sber. Ak. d. Wiss. Berlin, 1, 1904–1907. S. Oberital. Seen.

Klingner F. E. Das Alter der Vererzung des Bleiberger Erzberges (Kärnten). – Vortragsauszug: Z. DGeolGes., 84, 1932, 656. – Abdr.: Berg- u. Hüttenm. Jb., 81, 1933, 61–69, 3 Abb.

Klüpfel W. Über das Alter junger Gebirgserhebung, die Datierung von Hochflächen und die Deutung von Höhenreliefs. – GR 22, 1931, 308–313. – Bespr. GZ 46A/2063.

Knauer J. Braunkohlenvorkommen im Alpenlande. – In: Die mineralischen Rohstoffe Bayerns und ihre Wirtschaft, 1, München (Oldenbourg) 1922, herausgeg. vom Oberbergamt München.
— Geologischer Überblick über die Alpen zwischen Tegernsee und Gmunden am Traunsee und das bayerisch-österreichische Tertiärhügelland. – Abriß der Geol. v. Bayern r. d. Rh. (M. Schuster), Abt. 1, München 1925, 103 S. – Bespr. NJb. 1926/2, B, 342.
— Geologischer Überblick über die Alpen zwischen dem Bodensee und dem Tegernsee und ihr Molassevorland. – Abriß der Geol. v. Bayern r. d. Rh. (Max Schuster), Abt. 2, München 1928, 184 S. – Bespr. Mitt. DÖAV, 1930, 23; NJb. 1929/3, 216; GZ 41/1019.

Knupfer St. Molasse und Tektonik des Südostteiles des Blattes Stockach der topogr. Karte des Großherzogt. Baden. – Inaugdiss. Freiburg i. Br., 1912, 64 S.; Ber. Natf. Ges. Freiburg i. Br., 19, 2, 1912, 273–336, 1 K. – Bespr. GZ 20/719, 21/586.

Kohlenförderung in Österreich, bzw. Tirol. – S. alljährl. Statistik in: Z. f. prakt. Geol. (Lagerstättenchronik), Montanztg, Montan. Rdsch., Glückauf, Mitt. über den österr. Bergbau (Bdsmin. f. Handel u. Verk.) u. a.

Koehne W. Zur Stratigraphie und Tektonik des oberbayerischen Oligozäns. – GR 3, 1912, 407–413; Ber. ü. d. Fortschritte d. Geol., 3, 1912, 212–218.
— u. **Münichsdorfer F.** Blatt Taufkirchen (Nr. 699) der Geologischen Karte von Bayern 1:25000, mit Erläuterungen. – München 1932, 44 S., 4 Abb. – Bespr. GZ 48A/913.

Korschelt F. Die Haushamer Mulde östlich der Leitzach bei Miesbach. – Geogn. Jh., 3, 1890, 44–64.
— Der Bohrmaschinenbetrieb im Auer Erbstollen der Grube Hausham in Oberbayern. – Berg- u. Hüttenm. Jb., 39, Wien 1891, 239–323.

Koschinsky C. Ein Beitrag zur Kenntnis der Bryozoenfauna der älteren Tertiärschichten des südlichen Bayerns. 1. Abt. Cheilostomata. – Paleont., 32, 1. Lfrg, 1885, 1–73. – Bespr. NJb. 1886/2, 130; VRA 1886, 150.

Kramberger-Gorjanović D. Über fossile Fische der südbayerischen Tertiärbildungen. – VRA 1882, 231–235.

Kranz W. Das Tertiär zwischen Castelgomberto, Montecchio Maggiore, Creazzo und Monteviale im Vicentin. – NJb. Bbd 29, 1910, 180–268; 32, 1911, 701–729; 33, 1912, 580–582, 1 K.; 38, 1915, 273–324. – Bespr. GZ 20/364, 22/269, 1030; Boll. Com. geol. d'It., 42, 1911, f. 2, 61; 43, 1913, f. 2–3, 73; 44, 1914, f. 2, 79.

Krasser F. Fossiles Abietineenholz aus der Braunkohle von Häring in Tirol. – Mitt. Natwiss. Ver. Univ. Wien, 1. Jber. 1892/93, 13–18.

Kraus E. Sedimentationsrhythmus im Molassetrog des bayrischen Allgäu. – Abh. Natf. Ges. Danzig, 1, 1923, 1–25. – Bespr. GZ 32/94.
— Geologische Forschungen im Allgäu. Teil I. Molasse. – Geol. Archiv, 4, München 1926/27, 14–29, 61–70, 124–141, 168–179, 213–223. – Bespr. GZ 36/1685; NJb. 1928/3, 184.
— Neue Spezialforschungen im Allgäu (Molasse und Flysch). Ein Beitrag zur Kenntnis geosynklinaler Vorgänge. I. Die Molasse. II. Vom Flysch. – GR 1927, 189–221, 263–298; zugl. Veröff. a. d. Geol.-Pal. Inst. der Univ. Riga, Nr. 6. – Bespr. GZ 36/1686; NJb. 1928/3, 183. S. a. M. Richter.
— Westalpiner Flysch. Miozän. – In: Abriß der Geologie von Bayern, herausgeg. v. M. Schuster, München 1928, 113, 125–136 u. Veröff. a. d. Geol.-Pal. Inst. d. Univ. Riga, Nr. 14. – Bespr. GZ 42/1275; NJb. 1930/3, 399.
— Über Flysch und Molasse im Allgäu. – GR 20, 1929, 146–158. – Bespr. GZ 42/1273; NJb. 1930/3, 397.
— u. **Reis O. M.** Erläuterungen zur geognostischen Karte von Bayern 1:25000, Blatt Immenstadt, Nr. 856. – Geolog. Ldsuntersuchg d. Bayr. Oberbergamtes, München 1929, 160 S., 1 T., 1 Skz., mehr. Abb. – Bespr. GZ 42/1304, 45/789; Z. f. Glkde, 19, 1931, 207; NJb. 1930/3, 397; GR 22, 1931, 250.

Kraus E. Neues über die bayerischen Alpen. Referat und vorläufige Mitteilung. – Mitt. Geol. Ges. Wien, 22, 1929, Wien 1930, 133–147. – Bespr. GZ 42/1270; NJb. 1930/3, 398.

— Blatt Fischen der Geol. Karte v. Bayern 1:25000 mit Erläuterungen (38 S., 1 Taf.). - Herausgeg. v. d. Geol. Ldsuntersuchung d. Bayer. Oberbergamtes, München 1931. - Bespr. NJb. 1932/3, 3.
— Der Werdegang der Allgäuer Landschaft. - 49. Ber. Natwiss. Ver. f. Schwab. u. Neuburg, Augsburg 1931, 1-17, 1 Abb. - Bespr. GZ 46A/794; NJb. 1932/3, 4.
—, **Berz, Blumrich, Kellenberger, Müller, Wanner.** Geol. Ausgabe des Bl. 661 Kempten der Karte d. D. Reiches 1:100000 samt Profiltafel. - München (Piloty u. Loehle) 1931.
Kraus E. Der nordalpine Kreideflysch. Geologische Forschungen im Allgäu und in Vorarlberg. - Geol. u. Pal. Abh., NF, 19, H. 2, Jena 1932, 138 S., 59 Abb., 7 Taf. - Bespr. Mitt. Geol. Ges. Wien, 24, 1931, Wien 1932, 175; GZ 49A/403; NJb. 1932/3, 967.
— Der bayerisch-österreichische Flysch. - Abhdlgen Geol. Ldsuntersuchg Bayer. Oberbergamt, H. 8, München 1932, 82 S., 16 Fig. (3 Taf.) - Bespr. Mitt. Geol. Ges. Wien, 24, 1931, Wien 1932, 175; GZ 49A/404; NJb. 1932/3, 970.
— Über den Schweizer Flysch. - EgH 25. 1932, 39-129, 10 Fig. - Bespr. GZ 49A/405, 3B/267; NJb. 1932/3, 971.
— Geologie des Mittelallgäus (Blatt Kempten 1:100000). - NJb. 1933, 69. Bbd, Abt. B, 189-256, 2 Taf., 1 Abb. - Bespr. GZ 53A/420.
Lahociński Z. Untersuchung von bituminösen Gesteinen. 1. Gewinnung von Steinöl aus Härniger Stinkstein. - Bergbau u. Hütte, 4, Wien 1918, 133-137.
Landgraeber W. Der Kohlenbergbau in Bayern unter besonderer Berücksichtigung der Braunkohlenvorkommen. - Braunkohlen- u. Brikettindustrie, 18, 1925, 341-346.
Laube G. C. Ein Beitrag zur Kenntnis der Echinodermen des Vicentinischen Tertiärgebirges. - Anzg. Ak. d. Wiss. Wien, 18, 1867, 154-163; Sber. Ak. d. Wiss. Wien, 56, 1867, 239-247; Denkschr. Ak. d. Wiss. Wien, 29, 1868, 38 S., 7 T. - Bespr. VRA 1867, 274, 347; 1868; 306.
Lebling Cl. Molasse und Alpen zwischen Lech und Salzach. - Z. DGeolGes., 77, 1925, Abh., 185-197. - Bespr. GZ 37/571.
— Die paläogeographische Bedeutung der oberbayerischen Molasse. - Z. DGeolGes., 80, Abh., 1928 (1929), 511-520. - Bespr. GZ 42/46.
Lepsius R. Das westliche Südtirol, geologisch dargestellt. - Berlin 1878, 375 S., 1 K., mehr. Prof. u. Taf. - Bespr. Mitt. DÖAV, 1878, 247; VRA 1879, 34; NJb. 1881/1, 382; Bl. 502; Boll. Com. geol. d'It., 10, 1879, 64.
Leuchs K. Über Grundfragen alpiner Geologie. - Z. DGeolGes., 73, 1921, Mber., 136-150. - Bespr. NJb. 1925/2, B, 28.
— Kaisergebirgsdecke und Unterinntaler Tertiär. - VBA 1925, 75-91. - Bespr. GZ 32/1554, 33/657; NJb. 1926/2, B, 65.
— Geologie von Bayern. 2. Teil. Bayrische Alpen. - Handbuch d. Geol. u. Bodenschätze Deutschlands (E. Krenkel), 2. Abt., 3. Bd, Berlin 1927, 374 S., 20 Taf., 67 Abb. - Bespr. GZ 36/1550; VBA 1928, 85; Z. f. prakt. Geol., 1928, 47; NJb. 1928/3, 8; Mitt. DÖAV, 1929, 42; Geogr. Z., 34, 1928, 118; GR 22, 1931, 244; PetMitt., 74, 1928, 362.
Leupold W. Neue mikropaläontologische Daten zur Altersfrage der alpinen Flyschbildungen. - EgH 26, 1933, 295-319.
Levy F. Die Entwicklung des Rhein- und Maassystemes seit dem jüngeren Tertiär. - Ber. Natf. Ges. Freiburg i. Br., 23, 1921, 76 S. (Alpenrhein 4-11.)
Liebus A. Über die Foraminiferenfauna des Bryozoenhorizontes von Priabona. - NJb. 1901/1, 111-134. - Bespr. Boll. Com. geol. d'It., 33, 1902, 205.
— Ergebnisse einer mikroskopischen Untersuchung der organischen Einschlüsse der oberbayrischen Molasse. - JbRA 1902, 71-104. - Bespr. GZ 5/1481.
Lombardini G. Sopra il nuovo lembo oligocenico di Osoppo nel Friuli. - Riv. it. di Pal., an. 26, f. 1-2, Parma 1920, 18-41, 1 T.
Longhi P. Contribuzione alla conoscenza della flora fossile del Terziario di Bolzano nel Bellunese, 1a Nota. - Atti R. Ist. Ven., s. 7, t. 5, disp. 1, Venezia 1893. - Bespr. Boll. Com. geol. d'It., 25, 1894, 320.
— Sopra i resti di un cranio di Champsodelphis fossile scoperto nella molassa mioceniac del Bellunese. - Atti Soc. Ven.-Trent. Sc. Nat., s. 2, v. 3, f. 2, 1898, Padova 1899, 323-381, 3 Taf. - Bespr. Boll. Com. geol. d'It., 30, 1899, 272.
— Appunti per uno studio geologico sopra le colline di Albettone, Lovertino e Costa di Vio nel gruppo dei Monti Euganei. - Atti Acc. Sc. Ven.-Trent.-Istr., n. s., an. 2, f. 1, Padova 1905, 37-67, 5 Fig., 2 Skz., 1 Taf.
Lorenzi A. Fenomeni analoghi a quelli carsici nei conglomerati messiniani di Ragogna e Susans nel Friuli. - In: Alto, Cron. d. SAFr, an. 13, Nr. 6, Udine 1902, 69-70; an. 14, Nr. 1, Udine 1903, 13-14. - Bespr. Boll. Com. geol. d'It., 34, 1903, 287.
Louis H. Probleme der Rumpfflächen und Rumpftreppen. (Vortr.) - PetMitt., 1934, H. 7/8, 222.
Ludwig A. Flußgeröll, Molasseproblem und Alpenfaltung. - Jb. SAC, 45, 1910, 225-249. - Bespr. EgH 12, 1912, 313; Jber. Natf. Ges. Grbd., NF, 53, 1912, 138; Globus, 98, 1910, 308.
— Nochmals Molasseprobleme und Alpenfaltung. - Jb. SAC, 46, 1910-1911, Bern 1911, 300-301. - Bespr. EgH 12, 1912, 314.
— Nachträge zur Kenntnis der St. gallisch-appenzellischen Molasse. - Jb. St. Gall. Natwiss. Ges., 58, St. Gallen 1922, 2, 153-175, 1 Abb. - Bespr. GZ 47A/307.
— Zur Stratigraphie und Tektonik der Molasse zwischen Necker und Rhein. - EgH 19, 1925/26, 146-147; Verh. Schw. Nat. Ges., 105. Jvers., Luzern 1924, II, 154-155.
— Aus dem ostschweizerischen Molassegebiet. - Jb. St. Gall. Natwiss. Ges., 62, 1926, 81-100, 5 Prof. - Bespr. GZ 47A/548; NJb. 1933/3, 928.
— Stampische Molasse mit mariner Molluskenfauna am Nordrand des Säntisgebirges. - EgH 20, 1926/27, 245-246; Actes Soc. helv. Sc. nat., 107 sess. Fribourg 1926, p. 2, 194-195.
— Mitteilung über die geolog. Kartierung des St. gallisch-appenzellischen Molassegebietes zwischen Thur und Rhein. (Titel.) - EgH 23, 1930, 578.
—, **Eugster H., Bächler E.** Berichte über die Exkursion der Schweizerischen Geolog. Ges. im St. gallisch-appenzellischen Molasseland, im Fähnern- und Wildkirchligebiet vom 9.-11. Sept. 1930. - EgH 24, 1931, 125-157, 3 Abb.
— Exkursion Nr. 73A. Molasse St. Gallen-Appenzell. - In: Geol. Führer der Schweiz, herausgeg. v. d. Schwz. Geol. Ges., Basel (Wepf) 1934, Fasz. XII, 877-884, 1 Fig.
Maddalena L. Osservazioni geologiche sul Vicentino

e in particolare sul bacino del Posina. – Boll. Soc. geol. it., v. 25, Roma 1906, 659–743, 5 Taf. Auszug: Atti R. Ist. Ven. di Sc., Lett. ed Arti, t. 66, d. 4, Venezia 1906/7, 67–72. – Bespr. GZ 9/497, 11/356; Boll. Com. geol. d'It., 38, 1907, 354.

Malloizel. Oswald Heer; bibliographie et table iconographique. (Nachweis über alle in den Werken Heers beschriebenen fossilen Pflanzen und Tiere.) – Stockholm u. Berlin 1888.

Mariani E. Appunti sulla creta e sul terziario antico della Brianza. – Annali di R. Ist., tecnico di Udine, 1892, s. 2, an. 9. – Bespr. NJb. 1895/2, 134; Boll. Com. geol. d'It., 24, 1893, 290.

— Appunti sull'eocene e sulla creta del Friuli orientale. – Annali di R. Ist. tecnico di Udine, 1892, s. 2, an. 10. – Bespr. NJb. 1895/1, 124; Boll. Com. geol. d'It., 24, 1893, 291.

— Appunti di paleontologia terziaria sull Bellunese. – Ann. Ist. tecn. (Zanon) Udine, s. 2, an. 9, Udine 1893. – Bespr. NJb. 1895/1, 540; Boll. Com. geol. d'It., 25, 1894, 322.

— Sul plioceno marino del sottosuolo di Monza e di Vimercate (Lombardia). – Atti Soc. ital. di Sc. nat. e del Mus. Civ. di St. nat. in Milano, 67, Milano 1928, 136–143. – Bespr. GZ 41/1559.

Marinoni C. Di un lembo eocenico nelle falde settentrionali del Monte Plauris (valle del Fella). – Atti R. Ist. Ven., s. 5, v. 3, 1877.

Marzari-Pencati G. Graf. Notizia sopra un granito in massa terziario sovrapposto al calcare secondario nel fiume Avisio. – Supplem. al nuovo Osserv. venez., Nr. 118–127, Venezia 1820.

— Sur le gisement du Mont Cimadasta et sur les autres terrains cristallisés tertiaires situés entre le Grigno et le Cismon. – Journ. d. phys., d. chim. etc., 94, Paris 1822, 316–321.

— Sur les Granits dits tertiaires observés en Tirol. – Bull. Soc. Philomatique de Paris, 1822.

— Sulla sovrapposizione delle rocce di transizione di Werner al calcare secundario. – Giorn. di Fisica, Pavia 1824.

Massalongo A. Sulle piante fossili di Zovencedo e dei Vegroni. Lettera al prof. R. De Visiani. – Verona 1858.

Mayer-Eymar K. Das Londinian am Säntis. – Vierteljschr. Natf. Ges. Zürich, 24, 1879, 77–86. – Bespr. NJb. 1880/2, 372; Arch. d. sc. phys. et nat., 3, 217; Rev. géol. suisse p. l'a. 1879, Genève 1880, 66.

— Stratigraphie de la molasse d'Appenzell et de St. Gall. – Arch. d. sc. phys. et nat., t. 2, Genève 1879, 687–693. – Bespr. Ebd. t. 3, 221; Rev. géol. suisse p. l'a. 1879, Genève 1880, 70.

— Stromlauf der Flüsse zur Tertiärzeit. – Verh. Schw. Natf. Ges., Aarau 1881, 54.

— Douze espèces nouvelles du Londinien inférieur de Monte Postale (Vicentin). – Bull. Soc. belge de Géol., de Pal. et d'Hydr., Mém., t. 2, Bruxelles 1888; Vierteljschr. Natf. Ges. Zürich, 33, 2, Zürich 1888. – Bespr. Boll. Com. geol. d'It., 20, 1889, 403.

— La faune miraculeuse du Londinien d'Appenzell. – Vierteljschr. Natf. Ges. Zürich, 1890, 167–181. – Bespr. NJb. 1891/1, 123; Arch. d. sc. phys. et nat. de Genève, 25, Genève 1891, 573; EgH 2, 1891, 429; Journ. de conchyl., v. 39, Paris 1891, 40.

— Détails nouveaux sur la faune du Londinien d'Appenzell. – EgH 2, 1890/92, 187–192.

— Faune du Londinien de la Faehnern. – Verh. Schw. Natf. Ges., 73. Jvers., Davos 1891, 71.

Meneghini G. I crinoidi terziarii. – Atti d. Soc. Tosc. di Sc. nat., Pisa 1875, v. 2, f. 1, 26 S. – Bespr. NJb. 1877, 218.

— Goniodiscus Ferrazzii Mgh. nuova Stelleride terziaria del Vicentino. – Atti Soc. Tosc. Sc. nat., v. 8, Pisa 1886. – Bespr. NJb. 1887/2, 191; Boll. Com. geol. d'It., 18, 1887, 313.

Meneguzzo G. Stratigrafia della Provincia Vicentina in correlazione a quella del Veronese e del Trevigiano. – Vicenza 1868.

Merhart G. v. Kreide und Tertiär zwischen Hochblanken und Rhein. – Sonderschr. d. Vorarlbg. Ldsmuseums, 4, Dornbirn 1926, 64 S., K. 1:75000 u. 1:25000, 2 Proftaf. – Bespr. VBA 1927, 63; Z. f. prakt. Geol., 1926, 143; Mitt. Geol. Ges. Wien, 19, 1926, 157; Schr. Ver. f. Gesch. d. Bodensees, 54, 1926, 401.

Meschinelli L. Su di un frutto fossile dell'Eocene inferiore vicentino. – Atti R. Ist. Ven. Sc., Let. ed Arti, v. 80, p. 2, Venezia 1921, 1025–1032, 1 T. – Bespr. GZ 32/1590.

— Su di una nuova specie di Myliobatis dell'Oligocene vicentino. – Atti R. Ist. Ven. Sc., L. ed Arti, v. 83, p. 2, Venezia 1924, 475–480.

Michelotti. Etudes sur le miocène de l'Italie Settentrionale. – Haarlem 1862.

Miller K. Das Molassemeer in der Bodenseegegend. – Schriften d. Ver. f. Gesch. d. Bodensees, 7, 1876, 78 S., K., Prof. u. Abb. – Bespr. NJb. 1878, 90; Bl. 482; Arch. d. sc. phys. et nat., 61, 207; Rev. géol. suisse p. l'a. 1877, Genève 1878, 55; Ann. d. mines, Mém., 17, Paris 1880, 200.

— Die geologischen Bildungen am Untersee und im Höhgau. – Schr. d. Ver. f. Gesch. d. Bodensees und seiner Umgebung, 10, Lindau 1880, 145–150.

Mineralische Rohstoffe. Die – n. R. Bayerns und ihre Wirtschaft. I. Bd: Die jüngeren Braunkohlen. – Bayer. Oberbergamt, München u. Berlin (Oldenbourg) 1921, 128 S., 29 Taf. – Bespr. Berg- u. Hüttenm. Jb., 69/70, H. 2, 47.

Misuri A. Sopra un nuovo Trionichide dell'arenaria miocenica del Bellunese. – Perugia 1911, 2 T. – Bespr. Boll. Com. geol. d'It., 43, f. 2–3, 1913, 91.

Mitterer A. Der Steinkohlenbergbau zu Häring in Tirol. – Österr. Z. f. Berg- u. Hüttenw., 1867, Nr. 26–28. – Bespr. VRA 1867, 276.

— Über den Brand am Belchenberg bei Kufstein i. J. 1558. (Pölven.) – VRA 1869, 163–164.

Modell H. Die Najaden der oberbayerischen Cyrenenschichten. – Palaeontogr., 75, Stuttgart 1931, 63–80, Taf. 13–14. – Bespr. GZ 1 B/408; NJb. 1932/3, 1045.

Mojsisovics E. v. Das Gebiet von Häring und das Kaisergebirge. – VRA 1869, 243–244. – Bespr. Bl. 274.

— Über die altertiären Ablagerungen des Unterinntales mit Bezug auf deren Kohlenführung. – VRA 1869, 388–390.

— Über die mutmaßliche Verbreitung der kohlenführenden Häringer Schichten im Unterinntale. – VRA 1871, 3–4.

— Die Bedeutung der Rheinlinie in der geologischen Geschichte der Alpen. (Vortr.) – VRA 1873, 149–151. – Bespr. Bl. 350; Arch. d. sc. phys. et nat., n. p., t. 50, 291; Rev. géol. suisse p. l'a. 1873, Genève 1874, 23.

Molon F. Sulla flora terziaria delle Prealpi Venete. – Mem. Soc. it. di Sc. nat., Milano 1867.

Mònterin H. Sul lembo pliocenico marino ora scoperto a Casanova Lanza (Como). – Atti R. Accad. d. Sc. d. Torino, v. 61, 1925/26, Torino 1926, 155–161.

Moos A. Zur Bildung von Ablagerungen mit Landsäugetierresten in der süddeutschen Molasse. – GR 17, 1926, 8–21.

Muheim P. Die subalpine Molassezone im östlichen Vorarlberg. (Vortragstitel.) – EgH 26, 1933, 215.

— Die subalpine Molassezone im östlichen Vorarlberg. – EgH 27, 1934, 181–296, 1 Fig., 2 Taf. (K. 1:25000 u. Prof.)

Müller F. Acht Profile und ein paar Worte zur Kenntnis des geologischen Baues der Allgäuer Vorlandmolasse. – 48. Ber. Natwiss. Ver. f. Schwaben u. Neuburg, Augsburg 1930, 11–28, 2 Taf. – Bespr. GZ 47A/1170.

Munier-Chalmas M. Etude du Tithonique, du Cretacé et du Tertiaire du Vicentin. – Paris 1891, 184 S. – Bespr. NJb. 1894/1, 156.

Münster G. Graf. Schreiben an den Herausgeber v. Leonhard. (Über Paläont. von Häring. S. a. NJb. 1838, 1, 53.) – Z. Ferdin., 4, Innsbruck 1838, 228–229.

Murchison R. J. On the relations of the tertiary and secondary rocks forming the southern flanks of the tyrolian Alpes near Bassano. – Philos. Magaz. and Ann., London 1829, 5. Bd, Nr. 39. – Übersetzt in Leonh. u. Bronns Jb., 1830, 97.

Mylius H. Jura, Kreide und Tertiär zwischen Hochblanken und Hohem Ifen. – Mitt. Geol. Ges. Wien, 4, 1911, 483–618, K. 1:25000, 4 T. – Bespr. GZ 18/15, NJb. 1912/1, 324; Mitt. Geogr. Ges. München, 8, 1, 1913, 58.

Negri A. Trionici eocenici ed oligocenici del Veneto. – Mem. di Mat. e di Fis. d. Soc. it. di Sc., s. 2, t. 8, Napoli 1892. – Bespr. NJb. 1898/1, 145; Boll. Com. geol. d'It., 24, 1893, 303.

Nicolis E. Note sulle formazioni eoceniche comprese fra la valle dell'Adige, quella d'Illasi ed i Lessini. – Cronaca Alpina 1879–80, Verona 1880, 50 S., 1 K. – Auszug: Boll. Com. geol. d'It., 12, 1881, 172–175. – Bespr. VRA 1882, 109.

— Sul terziario nelle Prealpi retiche ad oriente del lago di Garda. – Boll. Soc. geol. it., v. 2, f. 2, Roma 1883, 171–175.

— Oligocene e miocene nel sistema del Monte Baldo (Prealpi retiche). – Verona 1884, 48 S., 4 T. – Bespr. VRA 1884, 325; NJb. 1888/1, 306; Bl. 634; Boll. Com. geol. d'It., 15, 1884, 281.

— Le marne di Porcino Veronese ed i loro paralleli. – Atti R. Ist. Ven., s. 6, t. 5, f. 7, Venezia 1887, 32 S., mehr. Abb. – Bespr. Boll. Com. geol. d'It., 19, 1888, 313; VRA 1887, 342; Bl. 714.

— Sopra uno scheletro di teleosteo scoperto nell'Eozene medio di valle d'Avesa. – Atti Acc. Agric., Arti e Comm. di Verona, s. 3, v. 65, Verona 1888. – Bespr. Boll. Com. geol. d'It., 20, 1889, 319.

— Breve illustratione degli spaccati geologici delle prealpi settentrionali. – Atti Acc. Agr., Arti e Comm. di Verona, s. 3, v. 66, Verona 1888. – Bespr. Boll. Com. geol. d'It., 20, 1889, 319.

— Intorno al supposto Miocene medio tipico nelle vicinanze immediate di Verona. – Riv. it. di Pal., 8, 1902, 19–22, 1 Fig. – Bespr. Boll. Com. geol. d'It., 34, 1903, 393.

Omboni G. Série des terrains sédimentaires de la Lombardie. – Bull. Soc. géol. de France, s. 2, t. 12, Paris 1855, 517–533. – Bespr. NJb. 1856, 215; Bl. 84; Hist. d. progr. ... (d'Archiac), t. 7, Paris 1857, 254; Arch. d. sc. phys. et nat., t. 31, Genève 1856, 175.

— Il mare glaciale e il pliocene ai piedi delle Alpi Lombarde. – Atti Soc. it. Sc. nat., v. 19, f. 2, Milano 1876, 372–384, 1 K. – Bespr. NJb. 1877, 955; Arch. d. sc. phys. et nat., t. 61, 210.

— Frutto fossile di Pino (Pinus priabonensis n. sp.) da aggiungersi alla flora fossile terziaria del Veneto. – Atti R. Ist. Ven. Sc., Lett. ed Arti di Venezia, 1892, s. 7, t. 3. – Bespr. Boll. Com. geol. d'It., 24, 1893, 357.

— Denti di Lophiodon degli strati eocenici del Monte Bolca. – Atti R. Ist. Ven., s. 8, t. 3, d. 8, Venezia, 1901, 631–638. – Bespr. Boll. Com. geol. d'It., 33, 1902, 229.

Oppenheim P. Die Land- und Süßwasserschnecken der Vicentiner Eozänbildungen; eine paläontologisch-zoographische Studie. – Sber. Ak. d. Wiss. Wien, m.-n. Kl., 19, 1889. – Bespr. Boll. Com. geol. d'It., 21, 1890, 422; 22, 1891, 192.

— Das Auftreten heterogener Geschiebe in den basaltischen Tuffen des Vicentiner Tertiärs. – Z. DGeolGes., 1890, 372–375. – Bespr. NJb. 1893/2, 168; Boll. Com. geol. d'It., 22, 1891, 189.

— Faunistische Mitteilungen aus dem Vicentiner Tertiär. – Z. DGeolGes., 42, 1890, 607–609. – Bespr. Boll. Com. geol. d'It., 22, 1891, 190; NJb. 1893/2, 169.

— Die Land- und Süßwasserschnecken der Vicentiner Eozänbildungen. – Denkschr. Ak. d. Wiss. Wien, 57, 1890, 113–150, 5 T. – Bespr. NJb. 1892/1, 436; 1893/1, 181; VRA 1891, 198, 302.

— Erwiderung auf L. v. Tausch: „Bemerkungen zu P. Oppenheims Arbeit: Die Land- und Süßwasserschnecken der Vicentiner Eozänbildungen." – VRA 1891, 302–309. – Bespr. Boll. Com. geol. d'It., 23, 1892, 289.

— Neue Fundpunkte von Binnenmollusken im Vicentinischen Eozän. – Z. DGeolGes., 1892, 500–503. – Bespr. NJb. 1894/1, 363; Boll. Com. geol. d'It., 24, 1893, 358.

— Die eozäne Fauna des Monte Pulli bei Valdagno im Vicentino. – Z. DGeolGes., 1894, 309–445. – Bespr. VRA 1897, 171; NJb. 1896/2, 148; Boll. Com. geol. d'It., 26, 1895, 479.

— Über die Nummuliten des Vicentinischen Tertiärs. – Berlin 1894, 28 S. – Bespr. NJb. 1897/1, 191; Boll. Com. geol. d'It., 26, 1895, 479.

— Neue Binnenschnecken aus dem Vicentiner Eozän. – Z. DGeolGes., 47, 1895, 57–193. – Bespr. NJb. 1897/2, 391; Boll. Com. geol. d'It., 27, 1896, 438.

— Das Altteriär der Colli Berici in Venetien, die Stellung der Schichten von Priabona und die oligozäne Transgression im alpinen Europa. – Z. DGeolGes., 48, 1896, 27–152. – Bespr. NJb. 1898/2, 302; VRA 1896, 335; Boll. Com. geol. d'It., 28, 1897, 292.

— Die Eozänfauna des Monte Postale bei Bolca im Veronesischen. – Palaeontographica (Zittel), 43, 1896, 125–221. – Bespr. NJb. 1898/1, 334; Boll. Com. geol. d'It., 28, 1897, 293.

— Il terziario antico nei Colli Berici, le faune di Zovencedo e di Grancona e la posizione del complesso di Priabona. Nota preventiva. – Riv. it. di Pal., an. 2, f. 1, Bologna 1896, 50–54. – Bespr. Boll. Com. geol. d'It., 28, 1897, 291.

— Sui molluschi eocenici del M. Postale, descritti dal Dr. P. E. Vinassa de Regny. – Rivista it. di Pal., an. 2, f. 2, Bologna 1896, 102–106. – Bespr. Boll. Com. geol. d'It., 28, 1897, 291.

— A proposito dei tufi glauconitici di Zovencedo. – Riv. it. di Pal., a. 2, f. 3, Bologna 1896, 164. – Bespr. Boll. Com. geol. d'It., 28, 1897, 291.

— Paläontologische Miszellaneen: Über einige Echiniden des venetianischen und Südtiroler Tertiärs. – Z. DGeolGes., 50, 1898, 150–167. – Bespr. NJb. 1900/2, 161; Boll. Com. geol. d'It., 30, 1899, 290.

— Lambertia Gardinalei, n. g., n. s., ein neuer Spatangide aus dem vicentinischen Tertiär. - Z. DGeolGes., 51, 1899, Prot., 28-32.

— Über Miozän (Helvétien) in der unmittelbaren Umgebung Veronas. - Z. DGeolGes., 51, 1899, 168-174. - Bespr. Boll. Com. geol. d'It., 31, 1900, 303.

— I supposti rapporti dei Crostacei terziarii di Ofen descritti da Loerenthey con quelli veneti. - Riv. it. di Pal., a. 5, f. 2, Bologna 1899, 55-61.

— Über eine riesige Perna (Pachyperna n. sbg. laverdana n. sp.) aus dem Alttertiär Venetiens und die übrigen Perniden des Gebietes. - Z. DGeolGes., 52, 1900, 237-243, 3 Taf. - Bespr. Boll. Com. geol. d'It., 32, 1901, 339.

— Beiträge zur Kenntnis des Oligozäns und seiner Fauna in den venetianischen Voralpen. - Z. DGeol-Ges., 52, 1900, 243-326, 3 T. - Bespr. Boll. Com. geol d'It., 32, 1901, 340.

— Die Priabonaschichten und ihre Fauna im Zusammenhange mit gleichalterigen und analogen Ablagerungen vergleichend betrachtet. - Palaeontographica, 47, 1900, 1901, 348 S., 21 Taf. - Bespr. Boll. Com. geol. d'It., 32, 1901, 343.

— Sopra due nuovi Pecten del Miocene di Bassano. - Riv. it. di Pal., a. 6, f. 1, Bologna 1900, 25-30, 1 T. - Bespr. NJb. 1903/1, 168; Boll. Com. geol. d'It., 32, 1901, 342.

— Nuovi molluschi e vermi oligocenici del Veneto. - Riv. it. di Pal., a. 6, f. 1, Bologna 1900, 30-39, 1 T. - Bespr. Boll. Com. geol. d'It., 32, 1901, 342.

— Il miocene di Verona ed il Pecten Besseri degli autori. - Riv. it. di Pal., a. 4, f. 2, Bologna 1900, 92-95. - Bespr. NJb. 1901/2, 129; Boll. Com. geol. d'It., 32, 1901, 343.

— Über einige alttertiäre Faunen der Österr.-Ung. Monarchie. - Beitr. z. Pal. u. Geol. Öst.-U. u. d. Orients, 13, Wien 1901, 145-277, 9 T., 7 Abb.

— Über das Eozän in Friaul. - In: Über einige alttert. Formen etc. - Beitr. z. Pal. u. Geol. Österr.-Ung. und des Orients, 13, Wien 1901, 169-186. - Bespr. Boll. Com. geol. d'It., 33, 1902, 230.

— Über ein überraschendes Auftreten von Exogyra columba Lk. bei Crespano Veneto. - Zbl. f. Min., 1902, 500-503. - Bespr. Boll. Com. geol. d'It., 34, 1903, 400.

— Revision tertiärer Echiniden Venetiens und des Trentino unter Mitteilung neuer Formen. - Z. DGeolGes., 54, 1902, 159-283, 3 T. - Nachtrag ebd. in Briefl. Mitt., 1902, 66-71. - Bespr. VRA 1902, 335; NJb. 1905/2, 149; Boll. Com. geol. d'It., 34, 1903, 399, 400.

— Ancora il Miocene di Verona. - Riv. it. di Pal., a. 8, f. 2-3, Bologna 1902, 67-69. - Bespr. NJb. 1904/2, 260; GZ 3/858; Boll. Com. geol. d'It., 34, 1903, 400.

— Über die Überkippung von S. Orso, das Tertiär des Tretto und Fauna wie Stellung der Schioschichten. - Z. DGeolGes., 55, 1903, 98-235, 2 T. - Bespr. GZ 5/61; Boll. Com. geol. d'It., 35, 1904, 405.

— Bemerkungen zu der neuen Korallenarbeit der Sign. Osasco. - Zbl. f. Min., 1903, 484-492. - Bespr. Boll. Com. geol. d'It., 35, 1904, 405.

— Über die Nummuliten- und Flyschbildungen der Schweizer Alpen, im Anschlusse an das gleichlautende Werk von Dr. Arnold Heim. - Zbl. f. Min., 1910, 243-249, 280-285. - Bespr. GZ 15/1559; EgH 11, 1910, 650; Boll. Com. geol. d'It., 42, f. 3, 1911, 89.

— Bemerkungen zu W. Kranz: „Das Tertiär zwischen Castelgomberto, Montecchio Maggiore, Creazzo und Monteviale im Vicentin" und Diskussion verschiedener dort berührter Fragen, zumal die Stellung der Schioschichten und der Grenze zwischen Oligozän und Miozän. - NJb. Bbd 35, 1913, 549-627, 1 T. - Bespr. GZ 20/364.

Osswald K. Die Wendelsteingruppe. Abriß der stratigraphischen, tektonischen und morphologischen Geschichte. - Mitt. Geogr. Ges. München, 21, H. 2, 1928, 124 S., 1 g. K. 1:25000, 1 tekt. K. 1:100000, 1 Profiltafel 1:25000, 9 Lehrwanderungen. - Bespr. Z. f. Glkde, 17, 1929, 270; Mitt. Geol. Ges. Wien, 21, 1928, 160; GZ 41/709, 1533; Z. f. prakt. Geol., 37, 1929, 174; Geogr. Z., 35, 1929, 374; Mitt. DÖAV, 1929, 183.

— Geologische Karte und Geschichte der Wendelsteingruppe. Mit Abriß der stratigr., tekton. u. morphol. Geschichte. - Sonderdruck der vorgenannten Arbeit. München (Lindauer) 1929.

Oestreich K. Over den preglacialen vorm der Oost-Alpen. (Ein Rückblick und eine Rechtfertigung.) Vortr. (Holl.) - Tijdschr. van het koninklijk Ned. aardr. genootsch. Leiden, 2. Ser., 42, 1925, 551-567, 2 K., 3 Fig. - Bespr. GZ 32/935; Z. f. Geomorph., 1, 1926, 345.

Paglia E. J. Nota geologica sopra i terreni specialmente terziari delle adiacente del bacino del Garda. - Atti Soc. Ven.-Trent. di Sc. nat., v. 4, Padova 1875, 153.

— Il Villafranchiano nei dintorni del Lago di Garda. - Rend. d. R. Ist. Lomb., s. 2, v. 22, f. 2, Milano 1889. - Bespr. NJb. 1891 1, 136; Bl. 770; Boll. Com. geol. d'It., 21, 1890, 423.

Parona C. F. Sopra i lembi pliocenici situati tra il bacino del lago d'Orta e la val Sesia e sul'altopiano di Boca e di Maggiore. - Boll. Soc. geol. it., v. 1, f. 2, Roma 1882, 239-257. - Bespr. NJb. 1884/2, 383.

Pasini L. Nota sui terreni secondarii e terziarii delle Alpi Venete. - Ann. d. Scienze d. Regno Lomb.-Ven., v. 3 u. 4, 1833.

Patrini P. Contributo allo studio del pliocene lombardo. - Atti Soc. it. d. Sc. nat., 62, Milano 1923, 168-175. - Bespr. GZ 33 1071.

— La fauna nana pliocencia del colle di S. Colombano al Lambro. - Riv. di Pal., a. 36, f. 3-4, Pavia 1930, 33-44, 1 Taf.

Paulcke W. Schichtenfolge am Nordrand der Schweizer Alpen. - Freiburg i. Br. (Wagner) 1906, 8 S.

— Tertiär im Antirhätikon und die Beziehungen der Bündner Decke zur Niesenflyschdecke und der helvetischen Region. - Zbl. f. Min., 1910, 540-548, 2 Fig. - Bespr. VRA 1910, 305, 328; EgH 11, 1910, 571; Jber. Natf. Ges. Grbd., NF, 53, 1912, 132. S. Schubert R.

— Über geologische Forschungen in den Alpen. - Verh. Natwiss. Ver. Karlsruhe, Sber. v. 15. 7. 1910, 24, 1910/11, 2-3. - Bespr. GZ 21/655.

— Neue geologische Beobachtungen in den Alpen. (Vortr.) - Verh. Schw. Natf. Ges., 93. Jvers., Basel 1910, 223-224; EgH 11, 1910, 278-280. (Nephrit, Fossilien im Rötidolomit, Tertiär in den Bündner Schiefern.) - Bespr. NJb. 1913/1, 313; EgH 11, 1910, 572; Jber. Natf. Ges. Grbd., NF, 53, 1912, 132.

— Tertiärfossilien aus der Niesenzone der Freiburger Alpen. - Jber. u. Mitt. Oberrhein. geol. Ver., NF, 1, Karlsruhe (J. Lang) 1911, 55.

Pellegrini G. e **Pizzolari.** Esistenza del terreno plioceno nella Provincia di Verona. - Collettore dell'Adigo, Nr. 28, Verona 1855.

Peters W. Über zwei fossile Wirbeltiere „Probatrachus vicentinus" und „Hemitrichas schisticola" aus den Tertiärbildungen von Ponte bei Laverda im Vicentinischen. - Mber. Ak. d. Wiss. Berlin, 1877, 675-682, mit Taf.

Petrascheck W. Kohlengeologie der österreichischen Teilstaaten. I. Die Kohle führenden Formationen. - Berg- u. Hüttenm. Jb., 69/70, H. 2, Wien 1921/22, 1-20.

— Kohlengeologie der österreichischen Teilstaaten. II. Allgemeine Kohlengeologie. - Berg- u. Hüttenm. Jb., 69/70, H. 3, Wien 1921/22, 1-30. - Bespr. GZ 29/112.

— Kohlengeologie der österr. Teilstaaten. VI. Braunkohlenlager der österr. Alpen (2. Teil). - Berg- u. Hüttenm. Jb., 72, 1924, H. 2, 1-24. - Bespr. NJb. 1933/3, 937.

— Kohlengeologie der österr. Teilstaaten. VII. Die tertiären Senkungsbecken am Fuße der Alpen. - Berg- u. Hüttenm. Jb., 1924, 1-68, 1 K. - Bespr. NJb. 1932/3, 536.

— Die Bedeutung von Schuttausstrahlungen zur Erkenntnis von Gebirgsverschiebungen in den Nordalpen. - VBA 1925, 64-67. - Bespr. GZ 33/729.

— Zur Frage der Braunkohlensümpfe. - Braunkohle, 24, 1925, 593-595.

— Steinkohlenfloren und Karbonfloren, Braunkohlenfloren und Tertiärfloren. - Berg- u. Hüttenm. Jb., 75, 1927, H. 1, 2 S. - Bespr. NJb. 1930/2, 159.

Pfaff F. W. Petrographische Untersuchungen über die eozänen Tonschiefer der Glarner Alpen. - Sber. Ak. d. Wiss. München, m.-nat. Kl., 1880, 461-489. - Bespr. NJb. 1881/1, 399.

Pfister M. Stratigraphie von Tertiär und Quartär am Südfuß der Alpen mit spezieller Berücksichtigung der miozänen Nagelfluh. - Diss. Zürich, 1921, 76 S.

Pichler A. v. Beiträge zur Geognosie Tirols. Aus dem Inn- und Wipptale. - Z. Ferd., 3. F., 8. H., Innsbruck 1859, 137-232, 1 K., 30 Prof. - Bespr. VRA 1859, 45; NJb. 1859, 753; TB 1859, 381; Bl. 150.

— Zur Geologie der nordtirolischen Kalkalpen. (Stratigr.) - Progr. Gymn. Innsbruck, 1864, 2 S., 1 K. - Bespr. NJb. 1865, 346; Bl. 198.

Pini N. Contribuzione alla fauna postpliocenica della Lombardia. - Atti Soc. it. Sc. nat., v. 21, Milano 1879.

— Nuova contribuzione alla fauna fossile postpliocenica della Lombardia. - Atti Soc. it. Sc. nat., Milano 1884, v. 26, f. 1-4, 48.

Pirona G. A. Sulla costituzione geologica dei monti Euganei. - Atti R. Ist. Ven. d. Sc., L. ed A., s. 3, t. 15, Venezia 1869/70; t. 16, 1870/71.

Pongrácz A. Bemerkungen über die Insektenfauna von Oeningen nebst Revision der Heerschen Typen. - Verh. Nathist.-math. Ver. Heidelberg, 17, 1931, 104-125, 9 Taf., 9 Abb. - Bespr. GZ 2 B/129; NJb. 1933/3, 462.

Portis A. Resti di Batraci italiani. - Atti R. Acc. Sc. Torino, v. 20, adun. 21 giugno 1885.

— Di alcune specie di mammiferi del Pliocene superiore e dell'età del deposito lignitico di Leffe. - Boll. Soc. geol. it., v. 17, f. 4, Roma 1898, 244-251.

Potonié R. Einführung in die allgemeine Kohlenpetrographie. - Berlin (Borntraeger) 1924, 285 S., 80 Abb. - Bespr. GR 18, 1927, 471.

Prever P. L. Fauna di alcuni calcari nummulitici dell'Italia centrale e meridionale. - Boll. Soc. geol. it., v. 24, Roma 1905, 667-693, 7 Fig.

Principi P. La flora oligocenica di Chiavon e Salcedo. - Mem. R. Uff. Geol., v. 10, Roma 1926.

— Flora miocenica di Cozzuolo presso Vittorio Veneto. - Arch. Bot., 8, 1932, 159-192, 1 Taf. - Bespr. NJb. 1933/3, 697; GZ 4 B/1221.

Quervain F. de. Zur Petrographie und Geologie der Taveyannazgesteine. - Promotionsarb. Techn. Hochsch. Zürich, 1928, 87 S.; Schw. Min. u. Petr. Mitt., 8, 1930, 1-86, 2 Taf., 11 Fig. - Bespr. GZ 43/1257; Min. u. Petr. Mitt., 1, 1932, R. 305, 323, 354, 358.

Ragazzoni G. B. Cenni geologici sopra una parte dei terreni terziari della provincia di Brescia. - 1860.

Ravagli M. Nummuliti oligoceniche di Laverda nel Vicentino. - Rend. R. Acc. d. Linc., v. 17, 2 sem., Roma 1908, 500-509, 1 Taf. - Bespr. Boll. Com. geol. d'It., 40, 1909, 377.

Reinhardt L. Die prähistorische Chronologie vom Miozän bis zum Ende der Eiszeit. - Ber. ü. d. Prähistorikervers. Köln 1907.

Reis O. M. Die Korallen der Reiter Schichten. - Geogn. Jh., 2, München 1889, 91-162, 4 Taf. - Bespr. VRA 1890, 169.

— Erläuterungen zu der Geol. Karte der Vorderalpenzone zwischen Bergen und Teisendorf südlich von Traunstein. - Geogn. Jh., 8, 1895, Cassel 1896, 1-155, K. 1:25000. - Bespr. Mitt. Geogr. Ges. München, 8, 1913, 63; NJb. 1898/2, 453; Bl. 921.

— Die Fauna der Hachauer Schichten. - Geogn. Jh., 9, 1896 (1897), 67-104, 5 T.; 10, 1897 (1898), 81-130, 8 T. - Bespr. NJb. 1900/2, 295.

— Zur Geologie der Eisenoolithe führenden Eozänschichten am Kressenberg in Bayern. - Geogn. Jh., 10, 1897 (1898), 24-49, 2 T. - Bespr. Mitt. Geogr. Ges. München, 8, 1913, 63.

— Einzelheiten über Gesteinsarten, Schichtung und Aufbau des Niederbayerischen Tertiärs rechts der Isar. - Geogn. Jh., 31/32, 1918/19 (1920), 93-118, 2 T., 1 Skz. - Bespr. NJb. 1922/2, 83.

— Nachträge zur Geolog. Karte der Vorderalpenzone zwischen Bergen und Teisendorf. - 1. Teil, Geogn. Jh., 33, 1920 (1922), 203-232, 1 K., 1 Abb.; 2. Teil, Geogn. Jh., 34, 1921 (1922), 223-244, 1 T., 3 Abb. - Bespr. GZ 30/693, 694.

— Die Nummulitenschichten im Grüntener Bogen. - Geogn. Jh., 39, 1926, 22-24.

— Bemerkungen zu dem Fund eines Baumstammes in der brackischen Molasse von Hausham. - Geogn. Jh., 39, 1926, 25-36.

— Erläuterungen zur Geol. Karte von Bayern 1:25000, Blatt Hindelang Nr. 857. - München (Bayr. Oberbergamt) 1930, 52 S., 1 tekt. K. - Bespr. GZ 45/788.

Reiser K. Geologie der Hindelanger und Pfrontener Berge im Allgäu. - 1. Teil. Geogn. Jh., 33, 1920 (1922), 57-198, K. 1:25000; 2. Teil. Ebd., 35, 1922 (1923), 1-82; 3. Teil. Ebd., 37, 1924 (1925), 1-34, 1 T., 3 Abb. - Bespr. GZ 29/443, 32/575; NJb. 1924/2, 241.

Renevier E. Relations du Pliocène et du Glaciaire aux environs de Côme. - Bull. Soc. géol. de France, s. 3, t. 4, Paris 1876, 187-199. - Bespr. NJb. 1879, 710; Ann. d. mines, s. 7, Mém., t. 10, Paris 1876, 572; Arch. d. sc. phys. et nat., t. 58, 155; Rev. géol. suisse p. l'a. 1876, Genève 1877, 35.

Repossi E. Il conglomerato di Como. - Atti Soc. it. Sc. nat., 61, Milano 1923, 241-255; Rend. R. Acc. naz. d. Linc., Roma 1922, v. 31, s. 5, f. 3, 118-120; f. 7, 262-264. - Bespr. GZ 33/1078, 41/1563.

Reuss A. E. Sugli antozoi e briozoi delle marne del Vicentino. - 1867.

— Paläontologische Studien über die älteren Tertiärschichten der Alpen. 1. Abt. Die fossilen Anthozoen der Schichten von Castelgomberto. - Denkschr. Ak. d. Wiss., Wien, math.-nat. Kl., 28, 1868, 56 S., 16 T. - Auszug: Sber. Ak. d. Wiss. Wien, 56, 1867, 297-304. - Bespr. VRA 1868, 85; NJb. 1869, 117.

— Pal. Studien etc. 2. Abt. Die fossilen Anthozoen und Bryozoen der Schichtengruppe von Crosara. - Denkschr. Ak. d. Wiss. Wien, 29, 1869, 86 S., 20 T. - Auszug: Sber. Ak. d. Wiss. Wien, 58, 1868, 238-283. - Bespr. NJb. 1870, 379; VRA 1870, 66; Boll. Com. geol. d'It., 1, 1870, 164.

— Pal. Studien etc. 3. Abt. Die fossilen Anthozoen der Schichtengruppe von S. Giovanni Ilarione und von Ronca. - Denkschr. Ak. d. Wiss. Wien, 33, 1873, 60 S., 20 T. - Auszug: Sber. Ak. d. Wiss. Wien, 65, 1872, 270-274. - Bespr. VRA 1873, 301; NJb. 1874, 444; Boll. Com. geol. d'It., 5, 1874, 49.

Révil J. Le Nummulitique alpin. - Bull. Soc. d'Hist. nat. de Savoie, 2e sér., t. 17, 1913-1915, Chambéry 1916, 15-18 (nach J. Boussac).

Richter M. Geologischer Führer durch die Allgäuer Alpen zwischen Iller und Lech. - Berlin 1924, Sammlg Borntraeger Nr. 24, 224 S., 30 Fig., 7 Taf. - Bespr. GR 1924, 366; GZ 33/1318; Geogr. Z., 31, 1925, 184.

— Über die untere Meeresmolasse zwischen Lech und Rhein. - Zbl. f. Min., 1925, Abt. B, 309-314. - Bespr. GZ 33/127.

— Beiträge zur Stratigraphie und Tektonik der subalpinen Allgäuer Molasse. - GR 17a, Steinmann-Festschr., 1926, 317-362. - Bespr. NJb. 1927/2, B, 88.

— Molasse und Alpen. - Z. DGeolGes., 78, 1926, Mber., 179; 79, 1927, Mber., 124-135. (Vortr.) - Bespr. GZ 36/1650; NJb. 1928/3, 396.

— Das Problem des alpinen Wildflysch. - GR 18, 1927, 155-160. - Bespr. GZ 35/1001; NJb. 1928/3, 397.

— „Neue Spezialforschungen im Allgäu." (Gegen E. Kraus.) - GR 19, 1928, 51-62.

— Die Alpen und ihr Vorland. Eine tektonisch-morphologische Entwicklungsgeschichte. - Natwiss. Monatsschr. d. deutschen Lehrerver. f. Natkde Aus der Heimat, 44, H. 8, Stuttgart 1931, 225-245, 9 Abb.

— Zur Altersfrage der oberbayrischen Oligozänmolasse. - Zbl. f. Min., Abt. B, 1932, 427-434. - Bespr. GZ 48A/1526.

— Alter und Stellung der südbayrischen Flyschzone. - Zbl. f. Min., 1933, Abt. B, 496-508, 4 Abb. - Bespr. GZ 51A/922.

Richthofen F. Frhr. v. Die Kalkalpen von Vorarlberg und Nordtirol. - 1. Abt. JbRA 1859, 72-137, 2 Taf., 12 Prof.; 2. Abt. JbRA 1861/62, 87-206, 1 Taf., 39 Prof. - Bespr. NJb. 1860, 843; Bl. 148, 165.

Rinaldini B. v. Der postglaziale Vulkan von Köfels im Ötztal und die Kluft bei Piburg. - Z. f. Geomorph., 1, 1926, 294-296. - Bespr. Z. f. Glkde, 15, 1927, 321.

Roger O. Wirbeltierreste aus dem Obermiozän der bayerisch-schwäbischen Hochebene. IV. Teil. - 35. Ber. Natwiss. Ver. f. Schwaben u. Neuburg, Augsburg 1902, 1-63, 3 Taf.

Rollier L. Sur l'âge du conglomérat subalpin ou Nagelfluh de la Suisse. - Bull. Soc. géol. de France, 4, 1, 1901, 684. - Bespr. NJb. 1904/1, 100.

— Die Entstehung der Molasse auf der Nordseite der Alpen. - Vierteljschr. Natf. Ges. Zürich, 49, 1904, 159-170. - Bespr. GZ 5/2079; Mitt. Geogr. Ges. München, 1911, 443.

— Les dislocations orogéniques des Alpes. - Actes Soc. Jur. d'Emulation 1906, St. Imière 1907, 115-215, 6 T. - Bespr. EgH 10, 1908, 359; PetMitt., 55, Litber., 25; VRA 1908, 183. Nachtrag: Le Jura, S. A. Porrentruy 1907, 4 S.; 1908, 101-105.

— Réponse à M. le Dr. Stehlin. (Molasse suisse et du Haut Rhin.) - EgH 11, 1910, 800-803. - Bespr. Ebd., 12, 1912, 407; GZ 19/652.

— Sur la Molasse suisse et du Haut Rhin. - Actes Soc. helv. d. Sc. nat., 1910, t. 1, 93-101. - Bespr. GZ 17/385; EgH 11, 1910, 672.

— Revision de la stratigraphie et de la tectonique de la Molasse au Nord des Alpes en général et de la Molasse subalpine suisse en particulier. - Neue Denkschr. Schw. Natf. Ges., 46, Abt. 1, Zürich 1911, 88 S., 1 K., 2 Taf., 8 Fig. - Bespr. GZ 16/410, 17/479, 19/994; EgH 12, 1912, 408; Boll. Com. geol. d'It., v. 43, f. 4, 1913, 120.

— La genèse des Alpes. - Actes Soc. Jurass. d'Emulation, s. 2, v. 20, 1915, Porrentruy 1916, 135-159. - Bespr. EgH 15, 1918, 363.

— Sur les Faciès du Nummulitique dans les Alpes suisses centrales et orientales. - EgH 16, 1920/22, 134-136. (Vortr.); Act. Soc. helv. Sc. nat., 101e sess. Neuchâtel 1920, 2, Aarau 1921, 205-206. - Bespr. GZ 28/295.

— Supracretacique et Nummulitique dans les Alpes suisses orientales. - Beitr. z. g. K. d. Schw., NF, Lfrg 53, Bern 1923, 53-85, 12 Abb.

Rösch A. Der Kontakt zwischen dem Flysch und der Molasse im Allgäu. - Dissert.; Mitt. Geogr. Ges. München, 1, 1905, 313-353, 1 K., 1 Taf. - Bespr. Ebd. 1911, 443; NJb. 1908/1, 409.

Rothpletz A. Ein geol. Querschnitt durch die Ostalpen nebst Anhang über die sogenannte Glarner Doppelfalte. - Stuttgart 1894, 268 S., 2 T., 115 Abb. - Bespr. Mitt. DÖAV, 1895, 10; NJb. 1896/1, 276; Carinthia II, 85, 1895, 36; Bl. 874; PetMitt., 41, 1895, Litber., 18; EgH 4, 1894, 164; Jber. Natf. Ges. Grbd., NF, 38, Chur 1895, 56; Arch. d. sc. phys. et nat., t. 31, Genève 1894, 254.

— Die fossilen oberoligozänen Wellenfurchen des Peißenberges und ihre Bedeutung für den dortigen Bergbau. - Sber. Ak. d. Wiss. München, 34, 1894, 371-382, 1 T. - Bespr. GZ 7/1954.

— Der Kontakt zwischen dem Flysch und der Molasse im Allgäu. Ein Nachtrag zu Dr. A. Rösch' Arbeit von 1905. - Jber. u. Mitt. Oberrhein. geol. Ver., NF, 5, 1916, 145-154, 3 Abb. - Bespr. GZ 22/1463; NJb. 1924/2, 245.

Rüger L. Zur Altersfrage der Bewegungen und Metamorphosen im Penninikum der Tessiner Alpen. - GR 25, 1934, 1-10.

Rühl L. Beiträge zur Kenntnis der tertiären und quartertiären Ablagerungen in Bayrisch-Schwaben. - 32. Jber. Natwiss. Ver. f. Schwaben u. Neuburg, Augsburg 1896. - Bespr. Mitt. DÖAV, 1896, 243.

Rütimeyer L. Über Pliozän und Eisperiode auf beiden Seiten der Alpen. - Basel, Genf, Lyon 1876, 78 S., 1 K. - Bespr. Mitt. Geogr. Ges. Wien, 1876, 660.

Rutsch R. Die Gastropoden des subalpinen Helvétien der Schweiz und des Vorarlbergs. - Abh. Schw.

Paläont. Ges., 49, Nr. 2, Basel 1929, 77 S., 2 Taf., 3 Fig. – Bespr. NJb. 1931/3, 622; GZ 2 B/676.

Sacco F. Sull'origine delle vallate e dei laghi alpini in rapporto coi sollevamenti delle Alpi e coi terreni pliocenici e quaternari della valle padana. – Atti d. R. Acc. d. Sc. di Torino, v. 20, Torino 1885, 481–505. – Bespr. Arch. d. sc. phys. et nat., t. 15, 319; Rev. géol. suisse p. l'a. 1885, Genève 1886, 50.

— Massima elevazione del plioceno marino al piede delle Alpi. – Atti R. Acc. d. Sc. di Torino, v. 20, 1885.

— Il Villafranchiano al piede delle Alpi. – Boll. Com. geol. d'It., 17, 1886, 421–449. – Bespr. Ebd., 18, 1887, 428.

— Trionici del Monte Bolca. – Atti R. Acc. Sc. di Torino, v. 29, f. 12, 1895. – Bespr. NJb. 1896/2, 360; Boll. Com. geol. d'It., 26, 1895, 491.

— Trionici di M. Viale. – Atti R. Acc. Sc. Torino, v. 30, f. 12, 1896, 1 Taf. – Bespr. NJb. 1899/1, 365; Boll. Com. geol. d'It., 27, 1896, 450.

— I coccodrilli del M. Bolca. – Atti R. Acc. Sc. Torino, s. 2, t. 45, 1896. – Bespr. NJb. 1898/1, 145; Boll. Com. geol. d'It., 27, 1896, 450.

Salomon-Calvi W. Epeirophorese. Teil III. Die vordiluvialen Eiszeiten. A) Die Eiszeiten des Tertiärs und Mesozoikums. – Sber. Heidelberger Ak. d. Wiss., math.-natwiss. Kl., 8. Abh., 1931, 31 S. – Bespr. Z. f. Glkde, 20, 1932, 180; GZ 47 A/988; NJb. 1932/2, 169.

Sandberg C. G. S. Sur l'âge du granite des Alpes occidentales et l'origine des blocs exotiques cristallins des Klippes. – C.-rend. d. séances de l'Acad. d. sc. Paris, 10. 4. 1905, 1072–1073. – Bespr. NJb. 1907/2, 406.

— L'Age du Granit alpin. – Arch. d. Sc. phys. et nat., t. 23, Genève 1907, 581–594. – Bespr. Boll. Com. geol. d'It., 39, 1908, 301.

Sandberger F. v. Das Oberrheintal in der Tertiär- und Diluvialzeit. (Vortrag Versammlg Deutscher Naturf. u. Ä. in Wiesbaden, 23. IX. 1873.) – Ausland 1873, Nr. 50. Engl. v. A. C. Ramsey in The geol. Mag., d. 2, v. 1, London 1874, 215–221. – Bespr. VRA 1874, 47.

Sander B. Bemerkungen zur Petrographie der Häringer Bitumenmergel. – In: Ampferer, Zur Geol. des Unterinntaler Tertiärs. – JbBA 1922, 147–150.

— Über bituminöse und kohlige Gesteine. – Mitt. Geol. Ges. Wien, 15, 1922, Wien 1923, 1–50, 4 Taf. – Bespr. NJb. 1925/2, A, 106; B, 10; GZ 36/340.

Schaad H. W. Beiträge zur Valangien- und Hauterivienstratigraphie in Vorarlberg. – GR 17, 1926, 81–108, 5 Fig. – Bespr. NJb. 1927/1, B, 260; GZ 37/161.

Schaffer F. Die Fauna des glaukonitischen Mergels von Mte Brione bei Riva am Gardasee. – JbRA 1899, 659–662, 1 Taf. – Bespr. Boll. Com. geol. d'It., 32, 1901, 369.

Schafhäutl K. E. v. Über die tertiären Kohlenablagerungen in Bayern. – NJb. 1848, 641–657.

— Beiträge zur näheren Kenntnis der bayerischen Voralpen. (Titel wechselnd.) – NJb. 1853, 299 ff.; 1854, 513–559 (Tertiärkohle); 1864, 812–820 (Teisenberg); 1865, 14–30 (Kressenberg); 1867, 257–272 (Paläont.). – Bespr. VRA 1867, 176; Bl. 51, 65.

— Die Nummulitenführenden Schichten des Kressenberges. – NJb. 1865, 769–788, 1 Taf. – Bespr. Bl. 218.

Schalch F. Bemerkungen über die Molasse der badischen Halbinsel und des Überlingersee-Gebietes. – Mitt. Bad. geol. Ldsanstalt, 1901, 255–338, 1 K. u. Prof.

— Die Molasse der Überlinger Halbinsel und im badischen Seenkreis. – Mitt. Bad. Geolog. Ldsanst., 1903.

— Exkursionen in die Molasse am Überlinger See. – Ber. Oberrh. geol. Ver., 38. Vers. Konstanz, 1905, 30–31. – Bespr. EgH 9, 1906, 730.

Schardt H. Sur l'origine du terme Molasse. (L'orthographe du mot Molasse.) – Boll. Soc. neuchât. sc. nat., 38, 1910/11, Neuchâtel 1912, pr.-verb., 86 (C. R. 24. 3. 1911.); Arch. sc. phys. et nat. Genève, t. 32, 1911, 85. – Bespr. Eg H 12, 1912, 406.

Schaub S. Ein Tapir aus der oligozänen Molasse der Ostschweiz. (Vorl. Mitt.) – EgH 20, 1927, 312–316, 2 Fig. (St. Gallen.)

Schill J. Die Tertiär- und Quartärbildungen des Landes am nördlichen Bodensee und Höhgau. – Jh. d. Ver. f. vaterld. Natkde in Württ., 15, Stuttgart 1859, 129–254. – Bespr. NJb. 1859, 852; Bl. 154.

Schlosser M. Geologische Notizen aus dem bayrischen Alpenvorlande und dem Inntale. – VRA 1893, 188–198. – Bespr. NJb. 1895/1, 74; 1896/1, 82; Mitt. Geogr. Ges. München, 1913, 62; Bl. 845.

— Zur Geologie von Nordtirol. – VRA 1895, 340–361. – Bespr. NJb. 1898/1, 309; Bl. 911

— Über die Bären und bärenähnliche Formen des europäischen Tertiärs. – Palaeontogr., 46, 1899–1900, 95–148, 2 Taf.

— Das Eozän und Unteroligozän der bayerischen Alpen. – Zbl. f. Min., 1922, 180–184. – Bespr. GZ 28/80.

— Revision der Unteroligozänfauna von Häring und Reit im Winkel. – NJb. 47. Bbd, 1923, 254–294. – Bespr. GZ 30/1130.

— Geologischer Überblick über das unterste Inntal. – Tiroler Heimatblätter, 2, 1924, H. 2, 1–3; H. 3, 3–5.

— Die Eozänfaunen der bayrischen Alpen. – Abh. Bayr. Ak. d. Wiss., 30, 7. Abh., München 1925. I. Die Faunen des Unter- und Mitteleozän, 207 S., 6 Taf.; II. Die Obereozänfauna, 68 S., 2 Taf. – Bespr. GZ 34/1313; NJb. 1929/3, 659.

— Sind die Kressenberger Eozänschichten Kreide? – Zbl. f. Min., 1925, Abt. B, 305–309.

Schmidle W. Zur Kenntnis der Molasse und der Tektonik am nordwestlichen Bodensee. – Z. DGeolGes., 63, 1911, 522–551, 1 K. – Bespr. NJb. 1912/1, 516; GZ 18/261, 25/768; EgH 12, 1912, 390.

— Zur Geologie des Untersees. – Jber. u. Mitt. d. Oberrh. geol. Ver., NF, 2, 1912, H. 1, 29–53; Sonderheft „Untersee" in Badische Heimat, 1926. – Bespr. GZ 18/1068, 35/728; Z. f. Glkde, 8, 1914, 63; PetMitt., II, 1912, 222; EgH 13, 1914, 92.

— Über Gerölle in der marinen Molasse bei Überlingen. – Mitt. Großh. Bad. Geolog. Landesanst. Heidelberg, 7, N. 1, 1912, 25–54, 5 Fig. – Bespr. GZ 19/1258; 20/584; EgH 13, 1914, 138.

— Die Untersuchungen der Molasse am nordwestlichen Bodensee. – Verh. Schw. Natf. Ges., 96. Jvers., Frauenfeld 1913, II, 204–206; EgH 12, 1912, 685–688, 1 K. (Vortr.) – Bespr. EgH 13, 1914, 671.

— Die Geologie der Mainau. – Schriften Ver. f. Gesch. d. Bodensees, 44, 1915, 1–13, 3 Fig. – Bespr. GZ 25/734.

— Die Stratigraphie der Molasse und der Bau des Überlinger- und des Unterseebeckens. - Schriften Ver. f. Gesch. d. Bodensees, 47, 1918, 63-82, 1 K. - Bespr. GZ 25/768.

— Die Geologie von Singen und seiner Vulkane. - Stadtverwaltg Singen-Hohentwiel, 1918; Singener Nachr., Singen 1919, 32 S. - Bespr. GZ 25/720.

— Zur Geologie von Heiligenberg und Umgebung. - Schr. d. Ver. f. Gesch. d. Bodensees, 51, Lindau 1922, 14-27, 1 Skz.

— mit **Blumrich J., Bräuhäuser M.** u. **Pratje O.** Geol. Ausgabe des Bl. 660 Lindau der Karte d. D. Reiches 1:100000. Mit Querschnittstafel u. Erläuterungen. - München (Piloty u. Loehle) 1931, 13 S., 1 K., 1 Taf.

Schmidt A. Die Pechkohle am Menelzhoferberg im württembergischen Allgäu. - Braunkohlen- und Brikett-Ind., Halle a. S. 1920, H. 16, v. 5. VI. 1920, 135ff. - Bespr. GZ 25/1106.

Schmidt A. R. Das Braunkohlenflöz zu Häring. - Berg- u. Hüttenm. Ztg, 1871, Nr. 1, 5-6; Nr. 2, 13-15, 4 Fig. - Bespr. VRA 1871, 28.

— Über das Vorkommen der Steinkohle in der Molasse des Unterinntales. - Berg- u. Hüttenm. Ztg, 1873, Nr. 17, 145-148, 11 Fig. - Bespr. Bl. 367.

— Beitrag zur Geschichte des Häringer Kohlenwerkes. - TB 1880, Nr. 221 u. 222.

Schmidt C. u. **Steinmann G.** Geol. Mitteilungen aus der Umgebung von Lugano. Exkursionsgebiet der Schw. Geol. Ges. v. 9.-11. Sept. 1889. - EgH 2, 1890, 1-82, 1 Taf.; Verh. Natf. Ges. Basel, 9, 1891, 245-326, 1 Taf. - Bespr. NJb. 1892/1, 326; Boll. Com. geol. d'It., 22, 1891, 262; 23, 1892, 420; Arch. d. sc. phys. et nat. de Genève, t. 25, Genève 1891, 341, 426, 438, 548, 555, 571; EgH 2, 1891, 369, 380, 392, 404, 411, 427; Ann. géol. univ., t. 7, Paris 1891/92, 260, 269, 290, 351.

Schmidt C. Überblick über die geologischen Verhältnisse der Umgebung von Lugano. - Atti d. Soc. elv. d. sc. nat., Actes d. l. Soc. helv. d. sc. nat., 72e sess., Lugano 1890, 35 S.

— Die pliozänen und glazialen Bildungen am Nordabhang des Monte San Salvatore. - Verh. Natf. Ges. Basel, 9, 1893, 294-301; EgH 2, 1890/92, 51-57. - Bespr. Ebd., 437, 440; Arch. d. sc. phys. et nat. de Genève, t. 25, Genève 1891, 581, 584.

— u. **Müller F.** Die Kohlenflöze in der Molasse bei Bregenz. - Z. f. prakt. Geol., 19, 1911, 355-359, 1 K. - Bespr. GZ 17/836; EgH 12, 1912, 411.

Schmidt M. Allgäuwanderung zwischen Isny und Argenmündung. (Miozän und jüngeres Diluvium.) - In: Engel, Exkursionsführer durch Württemberg, Stuttgart 1911, 12 S.

— Ausflug ins Glazialdiluvium von Hemigkofen und Bad Schachen. Ausflug durch die Flußgebiete der Argen und Leiblach. Molasse und Glazialdiluvium. (Mit M. Bräuhäuser.) Ausflug durch das Flußgebiet der unteren Argen, Schussen und Rotach. Molasse und Glazialdiluvium. - Jber. u. Mitt. Oberrhein. Geol. Ver., NF, 4, H. 1, 1914, 45-49, 1 K. - Bespr. GZ 21/583.

Schmidt W. Zur Phasenfolge im Ostalpenbau. - VBA 1922, 92-114, 3 Fig. - Bespr. GZ 28/1619. (S. Schwinner, VBA 1922, 162-163.)

— Gebirgsbau und Oberflächenform der Alpen. - JbBA 1923, 255-276. - Bespr. GZ 30/688; Z. f. Geomorph., 1925, 67.

Schröder R. Die Conchylien des Münchener Gebiets vom Pleistozän bis zur Gegenwart. - Nachrichtenbl. deutsch. Malakozool. Ges., 47, 1915, 97-133, 145-195. - Bespr. GZ 24/1470; Mitt. Geogr. Ges. München, 1916, 311.

Schröter C. Oswald Heer. - Verh. Schw. Natf. Ges. Zürich, 1883, 165-190.

— u. **Wolf R.** Oswald Heer, Nekrolog. - Vierteljschr. Natf. Ges. Zürich, 28, Zürich 1883, 298-319.

Schröter C. Oswald Heer als Gebirgsforscher. (Vortr.) - Jb SAC, 25, Bern 1890, 412-447.

Schubert R. J. Der Clavulina-Száboi-Horizont im obern Val di Non (Südtirol). - VRA 1900, 79-85. - Bespr. GZ 1/173; Boll. Com. geol. d'It., 32, 1901, 370.

— Über Oligozänbildungen aus dem südl. Tirol. - VRA 1900, 370-372. - Bespr. GZ 1/2198; NJb. 1902/1, 281; Boll. Com. geol. d'It., 32, 1901, 370.

— Über die Foraminiferen des grünen Tuffes von St. Giovanni Ilarione (im Vicentinischen). - Z. DGeolGes., 53, 1901, Briefl. Mitt., 15-23. - Bespr. Boll. Com. geol. d'It., 33, 1902, 359.

— Neue und interessante Foraminiferen aus dem Südtiroler Alttertiär. - Beitr. zur Pal. u. Geol. Österr.-Ungs u. d. Orients, 14, Wien 1902, 9-26, 3 Fig., 1 Taf. - Bespr. GZ 7/2021; Boll. Com. geol. d'It., 35, 1904, 93.

— Über die Foraminiferen-„Gattung" Textularia Defr. und ihre Verwandtschaftsverhältnisse. - VRA 1902, 80-85. - Bespr. GZ 7/2020.

— Über das „Tertiär im Antirhätikon". - VRA 1910, 328. - Bespr. GZ 15/1811; EgH 11, 1910, 572.

Schwager A. Analysen von Gesteinen der Münchener Gegend und einiger anderer Gebietsteile. - Geogn. Jh., 12, 1899, 130-157, 4 Abb. - Bespr. NJb. 1901/1, 397.

Scudder. Oswald Heer. - Science, 1883, Nr. 39, 583-586 mit Bild.

Secco Cav. A. Note geologiche sul Bassanese. - Bassano 1883.

Seefeldner E. Zur Morphologie der Salzburger Alpen. - Geogr. Jber. aus Österr., 13, Wien 1926, 107-149, 8 Abb. - Bespr. GZ 33/1774; Z. f. Geomorph., 2, 1927, 194.

— Die alten Landoberflächen der Salzburger Alpen. - Z. f. Geomorph., 8, 1934, 157-198, 3 Abb.

Seemann R. Die Geologie der Adelegg im württemberg. Allgäu. (Vortr.) - Jh. Ver. vaterld. Ntkde Württemberg, 85, Stuttgart 1929. - Bespr. NJb. 1931/3, 175.

Seidl E. Grundsätzliche Beziehungen zwischen Tektonik und Faziesbildung in den Nördlichen Kalkalpen und den Schweizer Alpen im Mesozoikum und Känozoikum (Vortragsauszug). - Z. DGeol-Ges., 80, 1928, B, Mber., 256-257.

Silvestri A. Orbitoidi cretacee nell'eocene della Brianza. - Mem. della Pontifica Accad. Romana dei nuovi Lincei, s. 2, v. 5, Roma 1920, 31-107. - Bespr. Riv. It. di Pal., 1920, 5.

— Fossili esotici del Paleogene della Brianza. - Atti d. Soc. Ital. Sc. nat., v. 66, f. 1-2, Milano 1927, 105-122, 3 T. - Bespr. GZ 37/1373; NJb. 1928/3, 202.

Sordelli F. Descrizione di alcuni avanzi vegetali delle argille plioceniche lombarde coll'aggiunta di un elenco delle piante fossili finora conosciute in Lombardia. - Atti Soc. It. Sc. nat., v. 16, Milano 1873, 350-429, 4 Taf.

— Le filliti (piante fossili) della Folla d'Induno presso Varese e di Pontegana tra Chiasso e Balerna nel Canton Ticino, paragonate con quelle di altri depositi terziari e postterziari. – Atti Soc. It. Sc. nat., v. 21, Milano 1878, 877–899. – Bespr. NJb. 1880/2, 249; Arch. d. sc. phys. et nat., t. 3, 223; Rev. geol. suisse p. l'a. 1879, Genève 1880, 72.

— Sui fossili e sull'età del deposito terziario della Badia presso Brescia. – Atti Soc. It. Sc. nat., v. 24/25, Milano 1882, 85.

— Cenno preventivo sul giacimento a filliti scoperto dal dott. Beltramini de'Casati presso Bassano Veneto. – Atti Soc. It. Sc. nat., v. 24/25, Milano 1882, 101.

Spitz A. Zur Altersbestimmung der Adamellointrusion. – Mitt. Geol. Ges. Wien, 8, 1915, 227–245, 2 Fig. – Bespr. GZ 23/650; NJb. 1916/2, 308; VRA 1917, 65.

Squinabol S. Su alcune filliti eoceniche del Vicentino. – Riv. It. di Pal., an. 7, f. 3, Bologna 1901, 68–72. – Bespr. Boll. Com. geol. d'It., 34, 1903, 55.

— Le depressioni peri-euganee. – Mem. Acc. Sc., L. ed A. di Padova, v. 18, d. 4, Padova 1902.

Staub R. Zur Kenntnis des jungtertiären Granitmassivs im Bergell. – EgH 14, 1916, 667–668. – Bespr. NJb. 1922/1, 88.

— Das tertiäre Bergeller Massiv. – Verh. Schw. Natf. Ges., 99. Jvers. Zürich 1917, Aarau 1918, II, 199–200. – Bespr. EgH 16, 1920/22, 349.

— Geolog. Beobachtungen am Bergeller Massiv. – Vierteljschr. Natf. Ges. Zürich, 63, 1918, 1–18, 2 Abb. – Bespr. GZ 24/1609; NJb. 1931/3, 895.

Staub W. Neuere Arbeiten über den Aufbau des schweizerischen Mittellandes und die Vorgeschichte seiner Flußläufe. – Z. Ges. f. Erdkde Berlin, 1928, 331–335.

Stefanini G. Osservazioni sul Miocene del Friuli. – Atti R. Ist. Ven. d. Sc., L. ed A., v. 70, Venezia 1911, 751–761. – Bespr. GZ 18/306; Boll. Com. geol. d'It., 43, 1913, f. 4, 130.

— Sulla stratigrafia e sulla tettonica dei terreni miocenici del Friuli. – Uff. Idrogr. d. R. Mag. a. Acque, pubbl. N. 31, Venezia 1911. – Bespr. Boll. Com. geol. d'It., 43, 1913, f. 4, 129.

— Discussione sul Terziario medio in Italia. – Boll. Soc. geol. it., v. 31, 1912, röm. 95–96.

— Due nuovi lembi terziari nel Friuli. – Atti Acc. Ven.-Trent.-Istr., s. 3, an. 5, f. 1 e 2, Padova 1912, 3–5. – Bespr. Boll. Com. geol. d'Ital., 44, 1915, f. 4, 129.

— Mammiferi terrestri del Miocene veneto. – Mem. dell'Ist. Geol. d. R. Univ. di Padova, v. 1, Padova 1912, 267–318, 1 Taf. – Bespr. GZ 19/669, 1700; Boll. Com. geol. d'It., 44, 1915, f. 4, 128.

— Il Neogene veneto. – Mem. Ist. Geol. R. Univ. di Padova, v. 3, 1915, 337–622.

— Sull'esistenza dell'Oligocene in Friuli e sulle mutazioni del Potamides margaritaceus Br. – Atti Acc. Ven.-Trent.-Ist., s. 3, v. 8, Padova 1916, 68–93, 1 Taf.

— Specie nuove del Miocene veneto. – Atti Acc. Ven.-Trent.-Istr., v. 8, Padova 1916, 151–162. – Bespr. GZ 25/132.

— I fossili del Neogene veneto. – Mem. Ist. Geol. Univ. Padova, 1917, v. 4, 1–198, 7 Taf.

— Outline of the History of Venetien during the Neogen. – Am. Journ. of Sc., 44, 1917.

Stehlin H. G. Über die Grenze zwischen Oligozän und Miozän in der Schweizer Molasse. – EgH 7, 1901/02, 360–365. – Bespr. Ebd., 700; GZ 5/2078; NJb. 1904/1, 285.

— Die Säugetiere des schweizerischen Eozäns. Kritischer Katalog der Materialien. 1903–1916. – Abh. Schw. pal. Ges., Teil 1, Bd 30, 1–154, 3 Taf., 5 Fig.; Teil 2, Bd 31, 155–258, 6 Taf., 22 Fig.; 32, 259–445, 2 Taf., 22 Fig.; Teil 3, 32, 447–596, 2 Taf., 34 Fig.; Teil 4, 33, 597–690, 1 Taf., 34 Fig.; Teil 5, 35, 691–838, 2 Taf., 36 Fig.; Teil 6, 36, 839–1164, 6 Taf., 110 Fig.; Teil 7, 38, 1165–1298, 46 Fig.; 41, 1299–1552, 2 Taf., 82 Fig. – Bespr. EgH 8, 311, 705; 9, 321, 721; 11, 214, 653; 13, 118; Rev. crit. Pal., 8, 151; 9, 117; 12, 69; 13, 194; 1911, 16; 1913, 68; 1917, 4; GZ 11/1504; NJb. 1905/1, 492; 1906/2, 282; 1910/1, 446; 1911/2, 121; 1914/2, 329; 1918, 211.

— Säugetierpaläontologische Bemerkungen zu einigen neueren Publikationen von Hr. Dr. L. Rollier. – EgH 11, 1910, 476–483. – Bespr. Ebd., 12, 1912, 407.

— Übersicht über die Säugetiere der schweizerischen Molasseformation, ihre Fundorte und ihre stratigraphische Verbreitung. Nebst einem Anhang: Über das Vorkommen von Hipparion in der Schweiz. – Verh. Natf. Ges. Basel, 25, 1914, 179–202, 2 Fig. – Bespr. GZ 23/1028; NJb. 1916/1, 137; EgH 14, 1916, 462.

— Verzeichnis der Säugetierfunde in der schweizerischen Molasse. – In: Alb. Heim, Geol. d. Schw., 1, Leipzig 1916, 145–152.

— Säugetierpaläont. Bemerkungen zur Gliederung der oligozänen Molasse. – EgH 16, 1920/22, 575–581. – Bespr. GZ 28/499.

— Wichtigste Daten der Säugetiergeschichte Europas. – In: Geol. Führer der Schweiz, herausgeg. v. d. Schwz. Geol. Ges., Basel (Wepf) 1934, Fasz. I, 69–70.

Steinmann G. Die Bedeutung der jüngeren Granite in den Alpen. (Vortr.) – GR 4, 1913, 220–224. – Bespr. EgH 13, 1914, 599; GZ 20/515; Boll. Com. geol. d'It., v. 45, f. 3–4, 1916, 80.

Stiny J. Zur Entstehung von Kohlenmulden. – Mitt. Geol. Ges. Wien, 16, 1923, Wien 1924, 286–294, 2 Fig.

Stitzenberger J. Fossilienlager in der Molasse nächst des Kontaktes mit dem weißen Jura bei Stockach. – EgH 9, 1906, 396–398.

Stolley E. Über die Belemniten des alpinen Eozäns. – Zbl. f. Min., B, 1928, 110–124. – Bespr. GZ 40/1913.

Stoppani A. Paléontologie lombarde. ... – Milano 1858–1870, 4 Bände. – Bespr. VRA 1858, 124; NJb. 1858, 766; 1859, 356; 1860, 762; 1869, 126; 1870, 1024; 1874, 103; 1875, 775.

— Sui rapporti del terreno glaciale col pliocenico nei dintorni di Como (in appendice alla memoria: Il mare glaciale a piedi delle Alpi). – Atti Soc. It. Sc. Sc. nat., v. 18, f. 2, Milano 1875, 172–196. – Bespr. VRA 1875, 320; NJb. 1877, 212.

Stromer E. Myliobatiden aus dem Mitteleozän der bayerischen Alpen. – Z. DGeolGes., 56, 1904, 249–267, 1 Taf., 6 Fig. – Bespr. GZ 6/697.

— u. **Lebling Cl.** Fossilführendes Pliozän in Südbayern. – Zbl. f. Min., 1929, B, 307–314, 1 Skz. – Bespr. GZ 40/1858, 41/748.

Stromer E. Neue Funde fossiler Säugetiere im Obermiozän Bayerisch-Schwabens. – 48. Ber. Natwiss. Ver. f. Schwaben u. Neuburg, 1930, 3 S., 1 Taf. – Bespr. NJb. 1931/3, 305.

Stuchlik H. Geologische Skizze des oberbayerischen Kohlenreviers. – Österr. Z. f. Berg- u. Hüttenw., 30, 1893, 380–382, 1 Taf. – Bespr. NJb. 1895/1, 505; Bl. 858.

— Die Faziesentwicklung der südbayer. Oligozänmolasse. – JbRA 1906, 277–350, 2 Taf., 5 Abb. – Bespr. Zbl. f. Min., 1906, 576; GZ 9/98.

Stur D. Über die Ablagerungen des Neogen (Miozän

u. Pliozän), Diluvium und Alluvium im Gebiete der nordöstlichen Alpen und ihrer Umgebung. - Sber. Ak. d. Wiss. Wien, math.-natw. Kl., 16, 1855, 477-539, 1 K. - Bespr. Bl. 77.

— Fossile Pflanzen vom Tuxer Kofel nächst Kufstein. (Duxer Köpfel.) - VRA 1865, 261-262. - Bespr. Bl. 224.

Stutzer O. Über einige besondere geologische Erscheinungen in den oligozänen Pechkohlenflözen Oberbayerns. - Z. f. prakt. Geol., 28, 1920, 172-175, 1 Fig. - Bespr. GZ 26/579.

Suess E. Über die Gliederung des Vicentinischen Tertiärgebirges. - Sber. Ak. d. Wiss. Wien, 58, 1. Abt., 1868, 265-279. - Bespr. VRA 1868, 394; Bl. 260.

— Sur la structure des dépôts tertiaires du Vicentin. - Atti d. Riun. straord. d. Soc. Ital. d. Sc. nat. Vicenza nel Sett. 1868, v. 11, Milano 1868, 634-649.

Taramelli T. Sopra alcuni Echinidi fossili cretacei e terziari del Friuli. - Atti R. Ist. Ven. d. Sc., Lett. ed A., s. 3, v. 14, 1869.

— Sulla formazione eocenica del Friuli. - Atti Acc. di Udine, 1870. - Bespr. VRA 1871, 121; Boll. Com. geol. d'It., 2, 1871, 37-40.

— Dell'esistenza di un alluvione preglaciale nel versante meridionale delle Alpi; in relazione coi bacini lacustri e dell'origine dei terrazzi alluvionali. - Atti Ist. Ven. d. Sc., s. 3, v. 16, Venezia 1870/1871, 2193-2273, 2 Taf. - Bespr. VRA 1872, 85.

— Alcune osservazioni sul Ferretto della Brianza. - Atti Soc. Sc. nat., v. 19, 1876, 334, K. 1:450000. - Bespr. NJb. 1878, 662; Boll. Com. geol. d'It., 8, 1877, 147.

— Di un giacimento di argille plioceniche, fossilifere, recentemente scoperto presso Taino a levante di Angera. - Rend. Ist. Lomb., 1883.

— Della storia geologica del Lago di Garda. - Atti d. Acc. d. Agiati, a. 11, v. 40, Rovereto 1893, 59 S., 1 K. - Bespr. NJb. 1897/1, 309; Bl. 862; Boll. Com. geol. d'It., 26, 1895, 499.

— Dei giacimenti pliocenici nei dintorni di Almeno in provincia di Bergamo. - Rend. R. Ist. Lomb., s. 2, v. 28, f. 19, Milano 1895. - Bespr. NJb. 1897/2, 341; Boll. Com. geol. d'It., 27, 1896, 461.

— Del deposito lignitico di Leffe, in provincia di Bergamo. - Boll. Soc. geol. it., v. 17, f. 4, Roma 1898, 202-218. - Bespr. Boll. Com. geol. d'It., 30, 1899, 357.

— Di alcuni giacimenti lignitiferi del Vicentino. - Giorn. Geol. prat., v. 1, f. 3, 1903, 141-144. - Bespr. GZ 4/1938, 9/746; Boll. Com. geol. d'It., 35, 1904, 434.

— Sul lembo pliocenico di S. Bartolomeo presso Salò. - Rend. R. Ist. Lomb., v. 46, Milano 1913, 963-967; Atti 973-978. - Bespr. GZ 20/1757, 21/600; Boll. Com. geol. d'It., 45, 1916, f. 3-4, 86.

— Sulla storia geologica del Garda. - La Geografia, an. 2, Nr. 4, Novara 1914. - Bespr. Boll. Com. geol. d'It., 46, 1916, f. 2-3, 97.

— Storia geologica del Trentino. - La Miniera Ital., an. 1, n. 2, Roma 1917, 65-67.

Tausch L. v. Bemerkungen zu P. Oppenheims Arbeit: Die Land- und Süßwasserschnecken der Vicentiner Eozänbildungen. Eine pal.-zoogeogr. Studie. - Denkschr. Ak. d. Wiss. Wien, 57, 1890, 113-150, 5 Taf.; VRA 1891, 198-207; Erwiderung ebd. 302. - Bespr. NJb. 1893/1, 181; Boll. Com. geol. d'It., 23, 1892, 428.

Teichmüller R. Zur Frage des Alters der tektonischen Bewegungen in den südlichen Kalkalpen (westlich des Tagliamento). - Z. DGeolGes., 81, 1929, 381-410, 18 Abb. - Bespr. GZ 42/59.

Thomas H. Stratigraphie und Tektonik der Allgäuer Molasse nördlich vom Weißach- und Alpseetal. - NJb. Bbd 55, Abt. B, 1926, 429-467, 1 K., 1 Taf. - Bespr. GZ 35/1396.

Tietze E. Die Versuche einer Gliederung des unteren Neogen in den österreichischen Ländern. - Z. D. GeolGes., 36, 1884, 68-121. (S. a. Th. Fuchs.)

Tolwinski K. Die Grauen Hörner. - Inaugdiss. Univ. Zürich, 1910, 63 S., 1 Tab., 15 Fig., 2 Taf.; Vierteljschr. Natf. Ges. Zürich, 55, 1910, Zürich 1911, 331-390, 1 Tab., 15 Fig., 2 Taf. - Bespr. EgH 11, 1910, 599; NJb. 1917, 73; Jber. Natf. Ges. Grbd., NF, 53, 1912, 136.

Tornquist A. Das Vicentinische Triasgebirge. Eine geologische Monographie. - Stuttgart (Schweizerbart) 1901, 195 S., 2 K. 1:25000, 14 Abb., 10 Fig. u. tekt. Skz. - Bespr. NJb. 1901/2, 98; GZ 2/43; Mitt. DÖAV, 1903, 49; Boll. Com. geol. d'It., 34, 1903, 60.

— Vorläufige Mitteilung über die Allgäu-Vorarlberger Flyschzone. - Sber. Preuß. Ak. d. Wiss., phys.-math. Kl., 30, 1907, 591-599. - Bespr. NJb. 1909/1, 97; GZ 11/58; EgH 10, 1908, 338.

— Die Allgäu-Vorarlberger Flyschzone und ihre Beziehung zu den ostalpinen Deckenschüben. - NJb. 1908/1, 63-112, 1 K., 8 Taf., 11 Prof. - Bespr. GZ 11/1471; EgH 10, 1908, 661; Mitt. Geogr. Ges. München, 1911, 443.

— Noch einmal die Allgäu-Vorarlberger Flyschzone und der submarine Einschub ihrer Klippenzone. - VRA 1908, 326-332. - Bespr. GZ 12/1284; EgH 10, 1908, 666.

— Eine Kritik der von Mylius geäußerten neuen Ansichten über die Herkunft der Juraklippen in der Allgäu-Vorarlberger Flyschzone. - Zbl. f. Min., 1912, 345-352, 1 Fig.; 783-784. - Bespr. NJb. 1915/1, 241; GZ 21/335.

— Intrakretazische und alttertiäre Tektonik der östlichen Zentralalpen. - GR 14, 1923, 110-145. - Bespr. GZ 32/96.

— Die Vererzungsperioden in den Ostalpen. - Metall und Erz, 26, H. 10, 1929, 241-245. - Bespr. NJb. 1930/2, 253.

— Die Vererzungsphasen der jungen ostalpinen Erzlagerstätten. - Sber. Ak. d. Wiss. Wien, m.-n. Kl., Abt. 1, 140, 1931, 219-229, 1 Taf. - Bespr. GZ 46A/695.

— Neue Untersuchungen ostalpiner Erzlagerstätten. - Metall und Erz, 29, 1932, 431-434, 3 Abb. - Bespr. GZ 49A/34; Z. f. prakt. Geol., 41, 1933, 103; NJb. 1933/2, 303.

Toucas A. Sur l'âge du gisement de Colle di Medea (Frioul). - Bull. d. l. Soc. géol. de France, s. 4, t. 5, 1905.

Troll A. Tierspuren im Schwarzachtobelgestein. - Heimat, 11, Innsbruck 1930, 376-379.

Troll K. Über Bau und Entstehung des bayrischen Alpenrandes. - Z. DGeolGes., 78, 1926, 35-51, 1 Taf. - Bespr. GZ 34/442; NJb. 1926/2, B, 223.

Vacek M. Die Sette Comuni. - Ital. Übersetzung: I Sette Comuni nel Veneto. - VRA 1877, 211-213; Boll. Com. geol. d'It., v. 8, Roma 1877, 430-433.

— Vorlage der Karte der Sette Comuni. (Vortr.) - Ital. Übersetzung: Sulla geologia di Sette Comuni nel Veneto. - VRA 1877, 301-305; Boll. Com. geol. d'It., v. 9, Roma 1878, 90-94.

— Die Umgebungen von Rovereto in Südtirol. - Ital. Übersetzung: Sui dintorni di Rovereto nel Trentino. - VRA 1878, 341-345; Boll. Com. geol. d'It., v. 10, Roma 1879, 40-45. - Bespr. Bl. 512.

— Über Vorarlberger Kreide. Eine Lokalstudie. - JbRA 1879, 659–758, 3 Taf., 4 Fig.; VRA 1879, 124. (Vortr.) - Bespr. NJb. 1881/2, 393; Bl. 525.
— Vorlage der geologischen Karte der Umgebung von Trient. (Vortr.) - VRA 1881, 157–162. - Bespr. Bl. 572.
— Über die geologischen Verhältnisse der Umgebung von Trient. - VRA 1895, 467–483. - Bespr. NJb. 1897/2, 109; Bl. 910; Boll. Com. geol. d'It., 27, 1896, 470.
— Über die geologischen Verhältnisse der Umgebung von Rovereto. (Vortr.) - VRA 1899, 184–204. - Bespr. Bl. 1009; Boll. Com. geol. d'It., 31, 1900, 414.
Vardabasso S. Ittiofauna delle arenarie mioceniche di Belluno. - Mem. Ist. Geol. Univ. di Padova, v. 6, Padova 1922, 1–24, 2 T. - Bespr. GZ 32/1577.
— Risultati di nuove ricerche sopra il territorio eruttivo di Predazzo e Monzoni nel Trentino. - Boll. Soc. geol. it., v. 43, f. 2, Roma 1924, 170–176. - Bespr. GZ 39/155; Atti Acc. Sc. Ven.-Trent.-Istr., v. 20, 1929, 15.
— Rapporti fra attività magmatica e vicende tettoniche nella provincia petrografica di Predazzo (Trentino, Italia). - C. R. XV Congr. géol. intern., Pretoria 1929, Bd 2, 49–62, mit engl. Inhaltsangabe; Studi Trent. Sc. Nat., 11, 1930, 253–272. - Bespr. GZ 45/633, 53 A/128, 388; NJb. 1931/2, 819.
Venzo S. Di alcuni fossili oligocenici del Trentino e del Veronese. - Boll. Soc. Geol. It., v. 52, 1933, f. 1, Roma 1933, 207–216, 1 Taf. - Bespr. GZ 4 B/1063.
— I Fossili del Neogene Trentino, Veronese, Bresciano. Parte I: Pesci, Crostacei e Lamellibranchi. - Palaeont. Ital., v. 34, Siena 1933, 31–84, 4 Taf., 3 Abb.
— Il cattiano di monte Brione presso Riva del Garda e la sua nuova fauna. — Studi Trent. Sc. Nat., 14, 1933, 188–216, 2 Taf. — Bespr. GZ 5 B/336.
Vinassa de Regny P. Un'escursione nelle Alpi Venete. - Atti Soc. Tosc. di Sc. nat. in Pisa, Mem., v. 13, 1893; Pisa Gab. di Geol., ott. 1893, 9. Estr. Proc. verb., v. 9, 1894. - Bespr. NJb. 1896/1, 117; Boll. Com. geol. d'It., 26, 1895, 505.
— I molluschi dei terreni terziarie delle Alpi Venete. Nota preventiva. - Proc. verb. d. Soc. Tosc. d. Sc. nat., 8, Pisa 1893. - Bespr. Boll. Com. geol. d'It., 25, 1894, 453.
— I molluschi delle glauconie bellunesi. - Atti Soc. Tosc. Sc. nat., Prov. verb., 9, Pisa 1895, 261; Boll. Soc. geol. it., 15, 1896, 192–212, 2 Taf. - Bespr. NJb. 1897/2, 338, 521; Boll. Com. geol. d'It., 27, 1896, 471; 28, 1897, 400.
— Prospetto della fauna del Monte Postale e di S. Giovanni Ilarione. - Proc. verb. Soc. Tosc. Sc. nat., v. 10, Pisa 1895. - Bespr. Boll. Com. geol. d'It., 27, 1896, 472.
— Synopsis dei molluschi terziari delle Alpi Venete. I. Strati con Velates Schmiedeliana. 1. Monte Postale, 2. S. Giovanni Ilarione. 3. Roncà. - Palaeontogr. ital., v. 1, Pisa 1895, 211–275, 3 Taf.; v. 2, 1897, 149–184, 2 Taf.; v. 3, 1898, 145–200, 2 Taf. - Bespr. VRA 1897, 111; NJb. 1897/2, 521; 1900/2, 440; Boll. Com. geol. d'It., 28, 1897, 398; 30, 1899, 113, 377.
— Fossili del tufo glauconitico di Zovencedo. - Atti Soc. Tosc. di Sc. nat., Proc. verb., v. 10, Pisa 1896, 55–56. - Bespr. Boll. Com. geol. d'It., 28, 1897, 399.
— A proposito dei tufi glauconitici di Zovencedo. - Riv. it. di Pal., an. 2, f. 2, Bologna 1896, 101–102. - Bespr. Boll. Com. geol. d'It., 28, 1897, 399.
— Prospetto della fauna malacologica di Roncà. - Atti Soc. Tosc. di Sc. nat., Proc. verb., v. 10, Pisa 1896, 188–190. - Bespr. Boll. Com. geol. d'It., 28, 1897, 399.
— Sui molluschi del Monte Postale. - Museo geologico Parma, 1897, 5 S.; Atti Soc. Tosc. di Sc. nat., Proc. verb., v. 10, Pisa 1897, 202–206. - Bespr. Boll. Com. geol. d'It., 30, 1899, 112.
— Alcune osservazioni sul terziario delle Alpi Venete. - Museo geologico Parma, 1897, 3 S.; Atti Soc. Tosc. Sc. nat., Proc. verb., v. 10, Pisa 1897, 206–209. - Bespr. Boll. Com. geol. d'It., 30, 1899, 112.
— I molluschi degli strati con Serpula spirulaea e la posizione del piano di Priabona. - Proc. verb. d. Soc. Tosc. d. Sc. nat., v. 10, Pisa 1897, 259–263. - Bespr. NJb. 1900/2, 288; Boll. Com. geol. d'It., 30, 1899, 113.
— La posizione stratigrafica del piano di Priabona. - Riv. ital. di Paleont., an. 3, Parma 1897, f. 3–4.
— A proposito dei molluschi fossili di Via degli Orti nell'Asolano. - Riv. it. di Paleont., an. 5, f. 3, Bologna 1899, 86–87. - Bespr. Boll. Com. geol. d'It., 31, 1900, 420.
Vortisch W. Ursache und Einteilung der Schichtung. - JbBA 1930, 453–496, 3 Abb. - Bespr. GZ 45/314.
Waagen L. Kohlenbesitz und -bedarf in Deutschösterreich. - Z. Österr. Ing.- u. Arch.-Ver., 72, Wien 1920, 249ff.
— Neuaufschließungen von Kohlenfeldern in Deutschösterreich. - Mitt. d. Inst. f. Kohlenvergasung, 3, Wien 1921, 17–21, 25–28.
Wagner. Über fossile Fische aus einem neu entdeckten Lager in den südbayerischen Tertiärgebilden. - Sber. Bayer. Ak. d. Wiss., m.-n. Abt., München 1860.
Wasmund E. Obermiozäne Entstehungs- und diluviale Entwicklungsgeschichte des Tischberg-Härtlings am Starnberger See. Ein paläolimnologischer Versuch. - JbBA 1929, 571–626, 1 Taf., 3 Fig.
Weiler W. Die Fischfauna der unteren und oberen Meeresmolasse Oberbayerns. - NJb. Bbd 68, Abt. B, 1932, 305–352, 34 Abb., 1 Beilage. - Bespr. GZ 48A/1518, 50A/1783.
Weithofer K. A. Zur Kenntnis der oberen Horizonte der oligozänen Brackwassermolasse Oberbayerns und deren Beziehungen zur miozänen (oberen) Meeresmolasse im Gebiete zwischen Inn und Lech. - VRA 1899, 269–282. - Bespr. NJb. 1903/2, 112.
— Einige Querprofile durch die Molassebildungen Oberbayerns. - JbRA 1902, 39–70, 3 Taf., 1 Fig. - Bespr. GZ 5/1480; NJb. 1903/1, 510.
— Über neuere Aufschlüsse in den jüngeren Molasseschichten Oberbayerns. - VRA 1912, 347–356. - Bespr. GZ 20/985.
— Die Entwicklung der Anschauungen über Stratigraphie und Tektonik im oberbayrischen Molassegebiet. - GR 5, 1914, 65–77. - Bespr. GZ 21/173.
— Die Oligozänablagerungen Oberbayerns. - Mitt. Geol. Ges. Wien, 10, 1917 (1918), 1–125, 2 Taf., 1 Fig. - Bespr. GZ 24/1471; NJb. 1921/1, 186.
— Molasse und Alpenrand in Oberbayern. - Zbl. f. Min., Abt. B, 1932, 225–239. - Bespr. GZ 48 A/166.
— Das Alter der oligozänen Molasse Oberbayerns. - Zbl. f. Min., Abt. B, 1933, 81–90. - Bespr. GZ 50A/200.

— Molasse und Alpenrand in Oberbayern. II. (Ist die oberbayerische Molasse von alpinen Decken überfahren?) – Zbl. f. Min., Abt. B, 1934, 1–12, 3 Abb. – Bespr. GZ 52 A/1421.

Wenz W. Zwei neue Landschnecken aus süddeutschem Burdigal. – Archiv f. Molluskenkunde, 64, H. 1, Frankfurt 1932, 17–22, Taf. 1, Fig. 4–5. – Bespr. GZ 1 B/165.

— Zur Land- und Süßwassermolluskenfauna der subalpinen Molasse des Pfändergebietes. – Senckenbergiana, 15, Frankfurt 1933, 7–12. – Bespr. GZ 4 B/1094.

Wilckens O. Über mesozoische Faltungen in tertiären Kettengebirgen Europas. – GR 2, 1911, 251–263. – Bespr. NJb. 1913/2, 110; GZ 17/18, 328; EgH 12, 1912, 315.

Wilser B. Paläogeographische Untersuchungen über das Eozän und Unteroligozän im Oberrheingebiet. – Jber. u. Mitt. d. Oberrhein. geol. Ver., NF, 12, Stuttgart 1923, 57–79.

Winkler A. Gedanken über die tektonische und geomorphologische Entwicklungsgeschichte der Ostalpen im Jungtertiär. – GR 14, 1923, 315–320. – Bespr. GZ 30/1328; NJb. 1925/2, B, 152; Z. f. Geomorph., 1925, 69.

— Über die Beziehungen zwischen Sedimentation, Tektonik und Morphologie in der jungtertiären Entwicklungsgeschichte der Ostalpen. – Sber. Ak. d. Wiss. Wien, math.-natw. Kl., Abt. 1, 132, 1923, Wien 1924, 343–430. – Bespr. GZ 31/1877; Z. Ges. f. Erdkde Berlin, 1925, 225; Z. f. Geomorph., 1, 1925, 177.

— Zur geomorphologischen und geologischen Entwicklungsgeschichte der Ostabdachung der Zentralalpen in der Miozänzeit. – GR 17, 1926, 36–68, 196–217, 291–310, 2 Fig. – Bespr. GZ 40/1340; NJb. 1929/3, 352.

— Bemerkungen zum Vortrage M. Richters: „Molasse und Alpen". – Z. DGeolGes., 78, 1926, B, Mber., 179.

— Zum jungtertiären Entwicklungsbild der Ostalpen. – Zbl. f. Min., 1926, B, 110–121. – Bespr. GZ 35/467; NJb. 1929/3, 370.

— Das jüngere Entwicklungsbild der Ostalpen. – Z. Ges. f. Erdkde Berlin, 1926, 381–398. – Bespr. GZ 35/64.

— Über neue Studienergebnisse im inneralpinen Tertiär. – Anzg. Nr. 24 d. Ak. d. Wiss. Wien, Sitzg math.-nat. Kl. 24. Nov. 1927, 172–174. – Bespr. GZ 37/876.

— Über Studien in den inneralpinen Tertiärablagerungen und über deren Beziehungen zu den Augensteinfeldern der Nordalpen. – Sber. Ak. d. Wiss. Wien, math.-nat. Kl., Abt. 1, 137. Bd, 1928, 183–225, 6 Fig. – Bespr. GZ 38/255; NJb. 1929/3, 371; Z. f. Geomorph., 4, 1929, 103.

— Zur Deutung der Geröllzusammensetzung der inneralpinen Inntalmolasse. – Zbl. f. Min., 1928, Abt. B, 359–362. – Bespr. GZ 38/1066, 40/1960; NJb. 1929/3, 369.

— Über die Zusammenhänge zwischen geologischer und geomorphologischer Gebirgsentwicklung am Südostende der Zentralalpen im Jungtertiär. – Z. Ges. f. Erdkde Berlin, 1928, 315–331, 2 Fig. – Bespr. NJb. 1929/3, 357; GZ 41/1534.

— Über Probleme ostalpiner Geomorphologie. (Vortrag.) – Mitt. Geogr. Ges. Wien, 72, 1929, 159–188. – Bespr. GZ 45/300; Z. f. Geomorph., 5, 1930, 288.

Winkler-Hermaden A. Aufschüttung, Abtragung und Landformung am Ostrande der Alpen. – Anzg. Ak. d. Wiss. Wien, math.-natw. Kl., 70, 1933, 84–90. S. a. A. Aigner.

— Ergebnisse über junge Abtragung und Aufschüttung am Ostrande der Alpen. – JbBA 1933, 233–274, 1 Proftaf.

Wolff Wilh. Die Fauna der südbayerischen Oligozänmolasse. – Palaeontogr., 43, Stuttgart 1897, 223–320, 9 Taf.

Würtenberger O. Fossilien aus der Thurgauer Molasse. – Mitt. Thurg. natf. Ges., H. 18, 1908, 61–62. – Bespr. EgH 10, 1908, 712; GZ 13/1970.

Würtenberger Th. Der Überlinger Tunnel und seine Bedeutung für die Bodenseegeologie. – Konstanz (W. Meck) 1901, 22 S.; Mitt. d. Thurg. natf. Ges., H. 14, Frauenfeld (Huber) 1900, 99–118. – Bespr. GZ 2/160, 161; NJb. 1903/1, 471.

— Über geologische Funde, die beim Bau des Eisenbahntunnels in Überlingen a. S. gemacht wurden. (Vortr.) – Schr. d. Ver. f. Gesch. d. Bodensees, 30, 1901, 22–30, 1 Fig.

— Die Tertiärflora des Kantons Thurgau mit Berücksichtigung der Tertiärpflanzen der Schweiz nach O. Heer im allgem. sowie der Lokalflora von Oeningen, Schrotzburg, Hohen-Krähen und Staad (am Überlingersee). – Mitt. Thurg. natf. Ges., H. 17, Frauenfeld 1906, 1–44, 5 Taf. – Bespr. EgH 9, 1906, 730; GZ 10/514.

Zeuner F. Die Nervatur der Blätter von Öningen und ihre methodische Auswertung für das Klimaproblem. – Zbl. f. Min., 1932, Abt. B, 260–264. – Bespr. NJb 1933/3, 695.

Gl
Gletscherkunde.
Eiszeit, Gletscher, Eis, Firn, Schnee und Klima.

Abel O. Die Vergletscherung des oberösterr. Alpenvorlandes. (Vortr.) – Mitt. Geogr. Ges. Wien, 1915, 197.

Aeberhardt B. Contribution à l'étude du système glaciaire alpin. – Mitt. Natf. Ges. Bern, 1907, 28 S. – Bespr. GZ 11/1451.

Adams H. Die Entwicklung und der heutige Stand der Moorforschung im Alpengebiet. – Abh. Nat. Ver. Bremen, 1932, v. 2, 18–42.

Afzelius G. Vieljährige Niederschlagsschwankungen im Umkreis der Alpen. – Geogn. Ann., 9, 1925, 222–246. – Bespr. Meteor. Z., 44, 1927, 437.

Aichinger J. Die Julischen und Karnischen Alpen im Kriege. – Z. DÖAV, 1918, 178–204, 9 Abb.

Aigner A. Der Hallstätter See und die Ödenseer Torflager in ihrer Beziehung zur Eiszeit. – Mitt. d. Natwiss. Ver. f. Steiermark, Graz 1902, 406ff.

— Zur eiszeitlichen Vergletscherung der Gurktaler Alpen. – Z. f. Glkde, 13, 1924, 22–28. – Bespr. GZ 34/475.

— Vorzeitformen in den ostalpinen Zentralketten. – Sieger-Festschr., Zur Geogr. der Deutschen Alpen, Wien 1924, 22–36. – Bespr. GZ 30/1327; NJb. 1925/2, B, 154.

— Das Karproblem und seine Bedeutung für die ostalpine Geomorphologie. – Z. f. Geomorph., 5, 1930, 201–223, 1 Abb. – Bespr. Z. f. Glkde, 19, 1931, 355; NJb. 1931/2, 387; 1933/2, 707; GZ 47 A/1209.

— Rhythmische Phänomene der Erdoberfläche nach Henning Kaufmann. – Z. f. Geomorph., 5, 1930, 254–266.

— Bemerkungen über die Beziehungen zwischen Klüften und Doppelgraten. – Z. f. Geomorph., 7, 1933, 298–230.

Aigner D. Das Tölzer Diluvium. Geogr.-geol. Untersuchungen auf dem Gebiete der oberbayerischen Glazialablagerungen zwischen Loisach und Schlierach. – Mitt. Geogr. Ges. München, 5, 1910, 1–159, K. 1:100000. – Bespr. GZ 17/593; NJb. 1915/1, 114; Mitt. Geogr. Ges. München, 1913, 60.

— Forschungen über die Einheitlichkeit der alpinen Eiszeit. – Archiv d. Ver. d. Naturgesch. in Mecklenburg, 64, 1910, 72–100. – Bespr. NJb. 1915/2, 115.

— Über die Entstehung der Drumlins. – Arch. d. Ver. d. Naturgesch. in Mecklenburg, 67, 1913, 201–204. – Bespr. NJb. 1914/1, 323.

— Das Tölzer Diluvium und die Glazialbildungen zwischen Tölz und Holzkirchen. – Mitt. Geogr. Ges. München, 8, 1913, 491–511. – Bespr. NJb. 1915/1, 116.

— Das Murnauer Diluvium. Geogr.-geol. Untersuchung in der Umgebung von Murnau–Weilheim–Starnberg. – Ldskdl. Forsch., 17, 7, 1913 u. Mitt. Geogr. Ges. München, 8, 1913, 77–177, 1 K. – Bespr. NJb. 1915/1, 117.

— Die Höttinger Breccie. – Mitt. Geogr. Ges. München, 15, 1922, 310–312. – Bespr. GZ 29/292.

Alberti A. L'abbassamento postglaciale sul Garda. Saggio di geologia e paleoetnologia. – Atti d. Acc. di Agric., Sc., Let. ed Arti ecc., Verona, v. 60, s. 3, f. 1, 1883, 44 S.

Albricci A. L'Anfiteatro morenico del lago di Garda. – Riv. mil. It., Roma 1897.

Almagià R. Gli studi geografici sulla Venezia Tridentina. – Atti d. Soc. it. p. il progr. d. sc., XIX riun. Bolzano–Trento, 1930, v. 1, Rapporti Cl. A, Soc. it. p. il progr. d. sc., n. 26, Roma 1931.

Altmann A. u. **Oelbaum H.** Überleitung der Mangfall und der Schlierach zum Seehammersee zur Erweiterung des Leitzach-Kraftwerkes der Städt. Elektrow. München. – Die Bautechnik, 8, Berlin 1930, H. 53/54, 809–832, 1 Plan, 50 Abb. – Bespr. GZ 45/717.

Amighetti A. Osservazioni geologiche sul terreno glaciale dei dintorni di Lovere. – Atti Soc. it. sc. nat., 31, Milano 1889. – Bespr. Boll. Com. geol. d'It., 21, 1890, 203.

— Nuove ricerche sui terreni glaciali dei dintorni del lago d'Iseo. – Lovere 1889, 164 S. – Bespr. Boll. Com. geol. d'It., 21, 1890, 204.

— Il fenomeno carsico sul lago d'Iseo. – Riv. di fis., mat. e sc. nat., Nr. 6, Pavia 1900, 472–477. – Bespr. Boll. Com. geol. d'It., 32, 1901, 95.

Ammon L. v. Die Gegend von München geologisch geschildert. – Festschr. Geogr. Ges. München, 1894, 239–388, 1 K. – Bespr. NJb. 1897/1, 87.

— Geologische Bilder aus der Münchner Gegend. – Geogn. Jh., 12, 1899, 109–129. – Bespr. Z. f. prakt. Geol., 1900, 192.

— Über Conchylien aus Münchener Schotterablagerungen und über erratische Blöcke. – Geogn. Jh., 1901, 1–22. – Bespr. NJb. 1903/1, 520.

— Der Gletscherschliff am Tegernsee. – Geogn. Jh., 1903, 25–31. – Bespr. GZ 8/1568; Mitt. Geogr. Ges. München, 1913, 61.

Ammon O. Über die Senkung des Wasserspiegels des Bodensees seit der Gletscherzeit. – Verh. Natwiss. Ver. Karlsruhe, 10, 1888, 28–30 (Sber.).

Ampferer O. Die Mündung des Vomperbaches. – VRA 1903, 231–234. – Bespr. GZ 4/1493; NJb. 1906/1, 299.

— Die Bergstürze am Eingang des Ötztales und am Fernpaß. – VRA 1904, 73–87. – Bespr. GZ 5/909.

— Studien über die Inntalterrassen. – JbRA 1904, 91–160. – Bespr. NJb. 1910/2, 87; GZ 6/424. S. a. Z. f. Glkde 1907 u. VRA 1908.

— Über die Terrassen von Imst-Tarrenz. Ein Beitrag zu den Studien über Inntalterrassen. – JbRA 1905, 369–374. – Bespr. GZ 8/601; NJb. 1910/2, 88; Z. f. Glkde, 1, 1907, 365.

— Aus der geologischen Geschichte des Achensees. – Z. DÖAV, 1905, 1–15. – Bespr. GZ 8/602; Z. f. Glkde, 1, 1907, 365.

— Glazialgeologische Beobachtungen im unteren Inntale. (Vortr.) – VRA 1907, 200–201; Z. f. Glkde, 2, 1908, 29–54, 112–127. – Bespr. GZ 10/2423; VRA 1907, 367.

— Über Gehängebreccien der Nördlichen Kalkalpen. – JbRA 1907, 727–752. – Bespr. GZ 10/2424; Z. f. Glkde, 3, 1909, 318.

— Glazialgeologische Beobachtungen in der Umgebung von Reutte. – VRA 1907, 345–360. – Bespr. GZ 12/808; Mitt. Geogr. Ges. München, 8, 1913, 59; Z. f. Glkde, 3, 1909, 319.

— Glazialgeologische Beobachtungen in der Umgebung von Bludenz. – JbRA 1908, 627–636. – Bespr. GZ 14/815; Z. f. Glkde, 5, 1911, 236.

— Über die Entstehung der Inntalterrassen. – Z. f. Glkde, 3, 1909, 52–67, 111–142; VRA 1908, 87–97. – Bespr. EgH 10, 1908, 719; VRA 1908, 412; GZ 12/807; Mitt. Geogr. Ges. München, 8, 1913, 62.

— Über einige neue Ergebnisse von glazialgeologischen Forschungen im Inn-, Isar-, Loisach-, Lech- und Illgebiete. – Mitt. DÖAV, 1911, 10–11.

— Richtigstellung falscher Prioritätsangaben Prof. V. Hilbers über die Erkennung des interglazialen Alters der Inntalterrassen. – VRA 1912, 165–167.

— Über einige Grundfragen der Glazialgeologie. – VRA 1912, 237–248. – Bespr. NJb. 1913/2, 156, 276; GZ 18/1724; Z. f. Glkde, 8, 1914, 138.

— Entgegnung an Prof. Hilber. (Inntalterrassen.) – VRA 1912, 395–398.

— Über die Aufschließung der Liegendmoräne unter der Höttinger Breccie im östlichen Weiherburggraben bei Innsbruck. – Z. f. Glkde, 8, 1914, 145–159. – Bespr. GZ 21/1771; NJb. 1921/1, 192.

— Bericht über die Aufschließung des Liegenden der Höttinger Breccie im östlichen Weiherburggraben bei Innsbruck. – Anzg. Ak. d. Wiss. Wien, 1914, 65–69.

— Die neuesten Erfahrungen über die Höttinger Breccie. (Vortr.). – Mitt. Geol. Ges. Wien, 7, 1914, 44–45.

— Bemerkungen zu dem Aufsatz von J. Bayer: Identität der Achenschwankung Pencks mit dem Riß-Würm-Interglazial. – VRA 1914, 321–324. – Bespr. GZ 22/429.

— Über die Bedeutung der Überschiebungen für die Bewegung der Gletscher. – Z. f. Glkde, 9, 1915, 270–276.

— Beiträge zur Glazialgeologie des Oberinntales. – JbRA 1915, 289–316. – Bespr. GZ 23/687; PetMitt., 67, 1921, 135.

— Verteidigung des interglazialen Alters der Höttinger Breccie. Erwiderung an A. Rothpletz. – PetMitt., 61, 1915, 336–338. – Bespr. GZ 22/1420; NJb. 1921/1, 197.

— Über die Entstehung der Hochgebirgsformen in den Ostalpen. – Z. DÖAV, 1915, 72–96. – Bespr. GZ 25/855.

—, Pernt M., Redl Th. u. Innerebner K. Der Achensee und die Ausnützung seiner Wasserkräfte. – Die Wasserwirtschaft, Wien 1919 (Sonderheft).

Ampferer O. Über die Bohrung von Rum bei Hall i. T. und quartäre Verbiegungen der Alpentäler. – JbStA 1921, 71–84. – Bespr. GZ 28/1620; NJb. 1922/1, 372; 1925/2, B, 31.

— Über junge Talverbiegungen in den Ostalpen. (Vortr.) – Mitt. Geol. Ges. Wien, 15, 1922 (1923), 331.

— u. **Bayer J.** Die Methoden zur Erforschung des Eiszeitalters. – Mitt. Geol. Ges. Wien, 16, 1923 (1924), 313–318. – Bespr. Z. f. Glkde, 15, 1927, 70–72.

Ampferer O. Über geologische Methoden zur Erforschung des Eiszeitalters. – Die Eiszeit, 1, Leipzig 1924, 2–8. – Bespr. NJb. 1925/2, B, 159; 1926/1, 274; 1928/2, 432; GZ 31/290; Z. f. Glkde, 15, 1927, 70.

— Über die tertiäre und diluviale Schuttausstrahlung der Alpen. – VBA 1925, 147–150. – Bespr. GZ 33/730.

— Über Wachstumsunterschiede zwischen Fern- und Nahgletschern. – Die Eiszeit, 2, Leipzig 1925, 41–49. – Bespr. Z. f. Glkde, 15, 1927, 320; NJb. 1928/2, 638.

— Über die geologischen Verhältnisse des Achensees und die beim Bau des Achenseewerkes geschaffenen neuen Aufschlüsse. – Innsbruck (Tiwag) 1926.

— Beiträge zur Glazialgeologie der westlichen Südtiroler Dolomiten. – Z. f. Glkde, 16, 1928, 242–260. S. a. VBA 1929, 6. – Bespr. GZ 41/1802.

— Über alte Landformen, welche im Schutz von Überschiebungen aufbewahrt wurden. – Z. f. Geomorph., 4, 1929, 139–148, 1 Taf., 5 Fig. – Bespr. Z. f. Glkde, 18, 1930, 268.

— Über die Ablagerungen der Schlußeiszeit in der Umgebung des Arlbergpasses. – JbBA 1929, 307–332. – Bespr. Z. f. Glkde, 17, 1929, 401; GZ 42/358.

— -**Klebelsberg R. v.** „Rückzugsstadien" oder „Schlußeiszeit"? Diskussion. – Z. f. Glkde, 17, 1929, 381–386. – Bespr. GZ 42/856; GR 22, 1931, 247.

Ampferer O. Beiträge zur Geologie des obersten Lechtales. (Petrogr. Teil v. W. Hammer.) – JbBA 1930, 103–146, 2 T., 36 Abb. – Bespr. GZ 44/165.

— Aufnahmsbericht über den kalkalpinen Anteil des Blattes Stuben (5144). – VBA 1930, 51–54. – Bespr. GZ 44/176.

— Über den Südrand der Lechtaler Alpen zwischen Arlberg und Ötztal. – JbBA 1930, 407–451, 35 Abb. – Bespr. GZ 44/180.

— Begründung der Schlußeiszeit. – PetMitt., 1930, 231–233. (S. a. H. Bobek u. R. v. Klebelsberg.) – Bespr. GZ 44/1722; GR 22, 1931, 247.

— Beiträge zur Geologie des obersten Lechtales und des Großen Walsertales. – JbBA 1931, 177–216, 30 Abb. – Bespr. Z. f. Glkde, 19, 1931, 355; GZ 46 A/789.

— Aufnahmsbericht über Blatt Stuben (5144), (kalkalpiner Teil). – VBA 1931, 52–53.

— Josef Bayer †. – VRA 1931, 191–192.

— Gedanken über alpine Probleme. – Österr. Alpenztg, 53, 1931, 278–283.

— Aufnahmsbericht Blatt Stuben (5144). – VBA 1932, 43–44. – Bespr. GZ 48 A/892.

— Geologische Karte der Lechtaler Alpen. – 4 Bl. 1:25000. I. Klostertaler Alpen. II. Arlberggebiet. III. Parseierspitzgruppe. IV. Muttekopf-Heiterwand. – Mitarbeiter: Th. Benzinger, W. Hammer, O. Reithofer. Hiezu ein Erläuterungsbuch, 125 S., 28 Farbzeichngen, 1 Taf. – Wien (Geol. Bdsanst.) 1932. – Bespr. VBA 1933, 12; Tiroler Anzeiger, Nr. 47 v. 25. 2. 1933; Innsbr. Nachr., Nr. 66 v. 20. 3. 1933; Alpenländer-Korrespondenz, Nr. röm. 14 v. 6. 4. 1933; Außferner Bote, Nr. 25 v. 1. 4. 1933; Heimat, Vorarlberger Monatshefte, 14, 1933, 69; Geogr. Z., 39, 1933, 181; Mitt. DÖAV, 1933, 100; NJb. 1932/3, 973; 1933/2, 502; Tiroler Heimatblätter, 11, 1933, 223; GR 1933, 264; GZ 50 A/788; Z. f. prakt. Geol., 41, 1933, 151; Z. f. Geomorph., 8, 1934, 90; Z. f. Glkde, 21, 1933, 394.

— Beiträge zur Geologie des Rätikons. – JbBA 1933, 137–172, 24 Zeichnungen. – Bespr. GZ 51 A/402.

— Aufnahmsbericht über den kalkalpinen Teil des Blattes Stuben (5144) und Blatt Bludenz (5143). – VBA 1933, 35–37. – Bespr. GZ 50 A/741.

— Geologischer Führer für das Kaisergebirge. – Wien (Geol. Bdsanst.) 1933, 132 S., 48 Abb., K. 1:25000. – Bespr. Alpenländer-Korr., Nr. 4 v. 25. 1. 1934; Innsbr. Nachr. u. Tir. Anzg., Nr. 20 v. 25. 1. 1934; Tiroler Grenzbote, Nr. 10 v. 3. 2. 1934; Z. f. prakt. Geol., 42, 1934, 62; Tir. Heimatblätter, 12, 1934, 192; Wr. Prähist. Z., 21, 1934, 73; Mitt. DÖAV, 1934, 108; Mitt. Geogr. Ges. Wien, 76, 1933, 316; Der Bergsteiger, 4, Nr. 7, 1934, 103; VBA 1934, 13; GR 25, 1934, 212; GZ 53 A/181.

— Geologische Bauformen und Baufragen des Rätikongebirges. – JbBA 1934, 13–40, 20 Zeichngen.

— Reisebericht über den Flimser Bergsturz. (Auszug.) – VBA 1934, 6.

— Aufnahmsbericht über Blatt Bludenz (5143). – VBA 1934, 32–34. – Bespr. GZ 53 A/400.

Amsler A. Über die interglaziale Flora von Pianico (Prov. di Bergamo). – Verh. Schw. Nat. Ges., 83. Jvers. Thusis 1900, Chur 1901, 113–114.

Andreatta C. La catena Cevedale – Venezia – Giovaretto – Orecchia. Note geologico-alpinistiche. – Riv. mens. d. CAI, v. 53, n. 9, Roma 1934, 469–476, 2 Abb., 1 Skz.

Anger H. u. **Wittschell L.** Die Lößtheorie von L. S. Berg. – PetMitt., 1929, 7–9.

Angerer F. Entwurf und Bau der Innsbrucker Nordkettenbahn (Hafelekarbahn). – Die Wasserwirtschaft, Wien 1928, H. 24, 12 S., 21 Abb.

Angerer H. Die Gletscherbeobachtungen in der Glockner- und Ankogelgruppe i. J. 1901. – Carinthia II, Mitt. d. nathist. Ldsmus. f. Kärnten, 1901, 217–221. – Bespr. GZ 7/1821.

— Beobachtungen am Pasterzengletscher i. d. J. 1900, 1901 und 1902 nebst einem Rückblick über die Ergebnisse der 20jährigen Studien Seelands. – Carinthia II, 92, 1902, Nr. 4–6, 194–205, 240–253. – Bespr. GZ 7/1823.

— Beobachtungen am Pasterzengletscher in den Jahren 1900, 1901 und 1902. – Mitt. DÖAV. 1903, 231–233.

— Gletscherbeobachtungen im Ankogel-Hohalpenspitzgebiete im Sommer 1902. – Mitt. DÖAV, 1903, 149; Carinthia II, 1903, 205–206.

— Beobachtungen am Pasterzengletscher i. J. 1903. – Carinthia II, 1903, 212–230. – Bespr. GZ 7/1822.

— Gletscherbeobachtungen im Ankogel-Hochalmspitzgebiet im Sommer 1903. – Carinthia II, 1904, 140–153. – ... im Sommer 1904. – Ebd., 185–203. – Bespr. GZ 7/1820.

— Gletscherbeobachtungen im Ankogel-Hochalmspitzgebiete in den Jahren 1898–1904. – Mitt. DÖAV, 1905, 187–189, 201–203.

— Beobachtungen am Pasterzengletscher i. d. J. 1904 u. 1905. - Carinthia II, 95, 1906, 87–95.
— Gletscherbeobachtungen im Ankogelgebiete und an der Pasterze im Sommer 1906. - Carinthia II, 96, 1906, 179–182.
— Notiz über den Goldzechgletscher. - Carinthia II, 1907, 200.
— Beobachtungen am Pasterzengletscher im Sommer 1907. - Carinthia II, 1907, 106–120, 196–200. - Ebenso im Sommer 1908. - Ebd. 1908, 162–169.
— Beobachtungen am Pasterzengletscher im Sommer 1909. - Carinthia II, 100, 1910, 67–91.
— Gletscherbeobachtungen im Ankogel-Hochalmspitzgebiete im Sommer 1909. - Carinthia II, 100, 1910, 187–216.
— Gletscherbeobachtungen an der Pasterze und im Ankogelgebiet im Sommer 1909. - Z. f. Glkde, 5, 1911, 152–154.
— Beobachtungen am Pasterzengletscher im Sommer 1910. - Carinthia II, 101, 1911, 57–62.
— Die Pasterze in der Glocknergruppe 1911. - Z. f. Glkde, 6, 1912, 346–347.
— Beobachtungen am Pasterzengletscher im Sommer 1911. - Carinthia II, 1912, 72–84.
— Bericht über die Beobachtungen am Pasterzengletscher im Sommer 1912. - Carinthia II, 1913, 55–58. - Bespr. GZ 20/351; Z. f. Glkde, 7, 1913, 345–347.
— Beobachtungen am Pasterzengletscher im Sommer 1913. - Z. f. Glkde, 7, 1913, 345–347. - Bespr. GZ 21/1539.
— Gletschermessungen an der Pasterze und in der Ankogelgruppe 1913. - Z. f. Glkde, 8, 1914, 282.
— Gletschernachmessungen im Ankogel- und Glocknergebiet im Sommer 1914. - Z. f. Glkde, 9, 1915, 350.
— Nachmessungen an Gletschern im Ankogelgebiet und an der Pasterze im Sommer 1915. - Z. f. Glkde, 10, 1917, 121–122. - Dass. i. S. 1916. - Ebd., 235.
— Gletscherbeobachtungen im Hochalmgebiet im Sommer 1917 und 1918; im Goldberggebiet i. S. 1917. - Z. f. Glkde, 11, 1920, 195–198, 198–200. - Bespr. GZ 26/108, 109.
— Beobachtungen am Pasterzengletscher im Sommer 1917 u. 1918. - Z. f. Glkde, 11, 1920, 200–201.
Apollonio A. I pozzi glaciali di Vezzano. - Annuario SAT, 6, 1879/80, 37–70, 1 Taf.
Arbenz P. Geologie von Mittelbünden. - PetMitt., 74, 1928, 152–155. - Bespr. GZ 39/989.
Ardito D. Relazioni delle Campagne Glaciologiche del 1928. Gruppo Ortles-Cevedale. - Boll. Com. Glac. It., 9, 1929, 280–281.
Aretin G. Frh. v. Über Bergfälle und die Mittel, denselben vorzubeugen oder wenigstens ihre Schädlichkeit zu vermindern, mit vorzüglicher Rücksicht auf Tirol. - Innsbruck (Fischer) 1808, 86 S.
Argand E. Le modelé préglaciaire des Alpes. - Bull. Soc. neuchât. sc. nat., 39, 1911–1912, Neuchâtel 1913, proc.-verb. 142.
Aribo Th. (Spöttl Th.) Die Gletschermoräne bei Tirol. - Meran (Aribo-Verl.) 1930, 11 S., 4 Abb.
— Ein Naturdenkmal auf dem Kiechlberg. - Meran (Aribo-Verlag) 1930, 14 S., 1 Abb.
— Der Kiechlberg und was er erzählt. - Meran (Aribo-Verlag) 1930, 12 S., 4 Taf.
Arldt Th. Die Ursachen der Klimaschwankungen der Vorzeit, besonders der Eiszeiten. - Z. f. Glkde, 11, 1920, 1–27.
Arlt W. v. Der Keestrachter. (Sonnblickgebiet.) - Mitt. DÖAV, 1897, 59; 1899, 285.
Arnold H. u. Gams H. Interglaziale Bildungen bei Wildhaus (Kanton St. Gallen). - Vierteljschr. Nat. Ges. Zürich, 63, 1918, 19–33. - Bespr. GZ 24/1624.
Ascher H. u. Powondra K. Über geologisch-technische Erfahrungen beim Bau des Stubachwerkes. - JbBA 1930, 261–308, 9 T. - Bespr. Z. f. Geomorph., 5, 1930, 278; GZ 44/164.
Ascher H. Weitere Beiträge zur Geologie des Stubachtales. - JbBA 1932, 103–125, 11 Fig. - Bespr. GZ 48A/898; Z. f. Geomorph., 7, 1932, 271.
Avanzi R. La Chiusa: ghiacciaio ed alluvioni nella valle dell'Adige. - Cronaca alpina 1879 80, Verona 1880, 1–33.
Bach. Beitrag zur Kenntnis der geologischen Verhältnisse der Eiszeit. - Württemb. natwiss. Jh., 25, 1869, 113, 1 K. - Bespr. Bl. 283.
Bächler E. Die Eiszeit in den Alpen in ihren Beziehungen zur Urgeschichte des Menschen mit besonderer Berücksichtigung der schweizerischen Prähistorie. - Jb. St. Gall. Natwiss. Ges., 65, 1930, 369–483.
Bade K. Struktur und Bewegung des Gletschereises. - Inaugdiss. Univ. Bonn (H. Ludwig), 1913, 64 S.
Bahr L. Eine Wanderung am Südabhang unserer Alpen, namentlich über das Eisjoch. (Vortr., Skizze des Marzellferners.) - Jb. ÖAV, 1867, 151–162.
Baier F. Über die Schotterterrassen und Flußverschiebungen im Prättigau. - Jb. Nat. Ges. Grbd., NF, 53, 1910/12, Chur 1912, 50–65. - Bespr. GZ 19/740; 23/1015.
— Beiträge zur Morphologie und Glazialgeologie des Prättigau. - Inaugdiss. Zürich (Überlingen), 1926, 48 S. - Bespr. Z. f. Glkde, 16, 1928, 162.
Baldauf O. Der Bodensee, wie er geworden. - Bergland, H. 12, Innsbruck 1930, 30–33.
Baldus R. Ein Münchner Mathematiker und Gletscherforscher. Sebastian Finsterwalder zu seinem 70. Geburtstag. - Münchner Neueste Nachr., Nr. 269 v. 3. 10. 1932, 4 Sp.
Balestra A. Sullo sviluppo dell'antico ghiacciaio del Brenta. Conferenza. - Boll. d. CA Bass., v. 1, 1894, 17–36.
Ball J. On the formation of alpine valleys and alpine lakes. - Phil. Mag., 25, London 1863, 81–103. - Bespr. Annales des mines, 6, Paris 1864, 486.
— Intorno la formazione dei bacini lacustri e l'origine dei laghi alpini. - Politecnico, v. 24, Milano, marzo 1865.
Baltzer A. Cenni intorno alla geologia del gruppo dell'Adamello. - Boll. CAI, 5, Nr. 18. - Auszug: Boll. Com. geol. d'It., 3, 1872, 197–200.
— Geologische Mitteilungen. (Glazialgeol.) - Mitt. Natf. Ges. Bern, 1886 (1887), 11 S.
— Über das interglaziale Profil von Innsbruck. - Mitt. Natf. Ges. Bern, Sitzg 30. 12. 1890.
— Beiträge zur Interglazialzeit auf der Südseite der Alpen. - Mitt. Natf. Ges. Bern a. d. J. 1891, Bern 1892, 83–88. - Bespr. Boll. Com. geol. d'It., 24, 1893, 73; Arch. d. sc. phys. et nat. de Genève, t. 27, Genève 1892, 653; EgH 3, 1892, 171; Ann. Géol. univ., Paris 1893/94, 357.
— Der Löß des St. Gallischen Rheintales. - Mitt. Natf. Ges. Bern a. d. J. 1891, Bern 1892, 89–90. - Bespr. Arch. d. sc. phys. et nat. de Genève, t. 27, Genève 1892, 655; EgH 3, 1892, 173.
— Glazialgeologisches von der Südseite der Alpen. (Iseosee u. Lugano.) - Mitt. Natf. Ges. Bern a. d. J. 1892, Bern 1893, 77–86. - Bespr. NJb. 1895/I, 285; Boll. Com. geol. d'It., 25, 1894,

170; Arch. d. sc. phys. et nat. de Genève, t. 29, Genève 1893, 611; EgH 3, 1893, 395.

— Beiträge zur Kenntnis der interglazialen Ablagerungen. (Iseosee.) - NJb. 1896/1, 159-186, 3 Taf. - Bespr. Boll. Com. geol. d'It., 28, 1897, 75.

— Nachträge zum Interglazial von Pianico-Sellere (Iseosee). Mit Pflanzenverzeichnis v. E. Fischer. - NJb. 1897/2, 101-106. - Bespr. Boll. Com. geol. d'It., 29, 1898, 144.

— Zur Entstehung der Alpenseen. - EgH 5, 1897, 215-218. - Bespr. NJb. 1900/1, 214; EgH 5, 1898, 414.

— Drumlins und Åsar bei Constanz. - Mitt. Natf. Ges. Bern 1898 (1900), 78-80. - Bespr. EgH 6, 1899/1900, 444.

— Über eine besondere Form erratischer Ablagerungen im alten Rheingletschergebiet. - EgH 6, 1900, 161-162; Verh. Schw. Nat. Ges., 82. Jvers. Neuenburg 1899, 69-70. - Bespr. GZ 1/467.

— Die geologischen Umgebungen des Iseosees in Oberitalien. - EgH 7, 1901/02, 137-138. - Bespr. GZ 4/160.

— Zur Entstehung des Iseosee- und Comerseebeckens. - Zbl. f. Min., 1902, 323-331.

— Sul pozzo glaciale di Tavernola (Lago d'Iseo). - Comm. Ateneo di Brescia pel 1903, Brescia 1903, 107-111. - Bespr. GZ 7/1333; Boll. Com. geol. d'It., 35, 1904, 274.

Bansi H. Beiträge zur Topographie und Naturbeschreibung des Oberengadins. - Alpina, 3, Winterthur 1808, 76-103.

Barbisch H. Vandans. Eine Heimatkunde aus dem Tal Montafon in Vorarlberg. - Innsbruck (Wagner) 1922. - Bespr. Tiroler Heimat, 8, 1927, 189.

— Beschreibung des furchtbaren Lawinenwinters i. J. 1689. - Heimat, 7, Bregenz 1926, 22-24.

Baronio G. Indagini al Ghiacciaio dei Forni. - Boll. Com. Glac. It., 13, 1933, 125-140, K. 1:100000, 9 Fig., 3 Taf.

Barth Hanns. Das Dorfer Tal. - Mitt. DÖAV, 1932, 211-212.

Bärtling R. Die Molasse und das Glazialgebiet des Hohenpeißenberges und seiner Umgebung. - Geogn. Jh., 16, 1903, 33-62, K. 1:25000, 1 Taf. - Bespr. GZ 6/104.

Bastl F. Feststellung von Erdkrustenbewegungen im oberen Lechtale und Flexengebiete. - Geol. u. Bauwesen, 1929, 83-92, 1 Taf. - Bespr. GZ 44/799.

Battisti C. Il Trentino. Saggio di geografia fisica e di antropogeografia. - Trento (Zippel) 1898, 326 S., 1 K., zahlr. Abb. u. Tab. - Bespr. Geogr. Z., 6, 1900, 123.

— e **Trener G. B.** Variazioni del sistema idrografico della valle di Piné. Le piramidi glaciali di Segonzano. - Tridentum, Riv. di Stud. sc., Trento 1900, f. 5, 11.

Bäuerlein. Ein Denkmal der Eiszeit. Der Wasserfall bei Dießen (Ammersee). - Münchner Neueste Nachr., Nr. 176 v. 1932.

Baumberger E. Die diluvialen Schieferkohlen von Wildhaus im Toggenburg (Kt. St. Gallen). Die diluvialen Schieferkohlen der Schweiz. - Beitr. z. Geol. d. Schw., Geotechn. Ser., Lfrg 8, Bern 1923, 496-499.

Bayberger F. Der Inngletscher von Kufstein bis Haag. - PetMitt., Ergzgsh. Nr. 70, 1882, 67 S., 1 K. - Bespr. Mitt. DÖAV, 1883, 159.

— Über die Entstehung der bayrischen Seen des voralpinen Landes. - Himmel und Erde, 1900, 385-399. - Bespr. GZ 2/306.

Bayer J. Das Klima während des Riß-Würm-Interglazials. - Jb. f. Altertumskde, 5, Wien 1911, 98-106.

— Das geologisch-archäologische Verhältnis im Eiszeitalter. - Z. f. Ethnogr., 44, 1912, 1-22.

— Die Chronologie des jüngeren Quartärs. - Mitt. d. prähist. Komm. d. Ak. d. Wiss. Wien, 2, 2, 1912.

— Die Gliederung des Diluviums in Europa. - Mitt. Geol. Ges. Wien, 1913, 188-196. - Bespr. PetMitt., 61, 1915, 395.

— Der Mensch der Eiszeit. - Verh. Ges. Deutscher Nat. u. Ärzte, 85. Vers. Wien 1913, Leipzig 1914, 103-107.

— Identität der Achenschwankung Pencks mit dem Riß-Würm-Interglazial. - Mitt. Geol. Ges. Wien, 7, 1914, 195-204. - Bespr. GZ 22/884.

— Die Chronologie der diluvialen Kulturen und Ablagerungen in den Alpen und in Norddeutschland. - Z. f. Ethnol., 46, Berlin 1914, 465-477, 924. - Bespr. GZ 22/1032.

— Bildet sich heute noch Löß? - Mitt. Anthrop. Ges. Wien, Sber. 1918-1919, Wien 1919, 53.

— „Lößmagdalénien", „warmes Moustérien" und Entstehungszeit der Hoch- und Niederterrasse. - Mitt. Anthrop. Ges. Wien, 51, 1921, 25-30. S. Hilber.

— Die derzeitigen Ansichten über das Inntalquartär. (Vortr.) - Mitt. Geol. Ges. Wien, 15, 1922 (1923), 332-337, 1 Fig.

— Mono- oder Polyglazialismus? - Mitt. Geol. Ges. Wien, 15, 1922, Wien 1923, 51-62.

— Bemerkungen zu vorstehender „Erwiderung". (Hilbers zu Bayers Lößmagdalénien.) - Mitt. Anthrop. Ges. Wien, 52, 1922, 189-190. S. Hilber.

— Die geologische und archäologische Stellung des Hochgebirgspaläolithikums der Schweiz. - Die Eiszeit, 1, Leipzig 1924, 59-67. - Bespr. Z. f. Glkde, 15, 1927, 232, 318. (S. a. Brückner.)

— Kritik der Gams-Nordhagenschen Diluvialchronologie und geologischen Interpretation des Alluviums. - Die Eiszeit, 3, 1926, 6-8. - Bespr. GZ 40/201.

— Sandströms neue Eiszeithypothese. - Die Eiszeit, 3, 1926, 51-52.

— E. Brückners „postglazialer" Rheintallöß. - Die Eiszeit, 3, 1926, 53. - Bespr. GZ 40/203.

— Der Mensch im Eiszeitalter. I. Teil: Der Weg zur relativen Chronologie des Eiszeitalters. II. Teil: Entwurf einer historischen Geologie des Eiszeitalters. - Leipzig u. Wien (F. Deuticke) 1927, 452 S., 1 Taf., 220 Abb. - Bespr. Mitt. Geol. Ges. Wien, 18, 1925, 201; VRA 1927, 209-212; GZ 37/573, 574; Mitt. Anthrop. Ges. Wien, 57, 1927, 216.

— Eduard Brückner †. - Die Eiszeit, 4, 1927, 129.

— H. Wehrlis Diluvialstudien im Gebiete zwischen Rhein und Salzach. - Eiszeit u. Urgesch., 5, 1928, 96-97.

— Zum Problem der Gliederung des Eiszeitalters. - Mannus, 20, 1928, 25-34. (Erwiderung an Soergel.)

— Hat das Hochgebirgspaläolithikum der Schweiz Knochenwerkzeuge geliefert? - Eiszeit und Urgeschichte, 7, 1930, 139-140. - Bespr. GZ 48A/312.

Beaulieu Ch. de. Der Fuscherkamm in der Glocknergruppe und seine Nachbarn. - Z. DÖAV, 1903, 331-366. (Auch Glaz.)

Beck G. v. Die Vegetation der letzten Interglazialperiode in den österr. Alpen. - Lotos, 56, Prag 1908, 67-77, 111-125.

— Über die postglaziale Wärmeperiode in den Ostalpen. - Lotos, 63, Prag 1915, 37–45. - Bespr. Carinthia II, 1923, 157.

Beck P. Demonstration einer Karte 1:500000 der letzten Vergletscherung der Schweizer Alpen. - Verh. Schw. Nat. Ges. 106. Jvers., Aarau 1925, 2. Teil, 128–129; EgH 19, 1926, 668–673.

— Eine Karte der letzten Vergletscherung der Schweizer Alpen. - Mitt. Natf. Ges. Bern, 1925/26, X–XI; Mitt. Natwiss. Ges. Thun, 1926, 1–53.

— Über den eiszeitlichen Aaregletscher und die Quartärchronologie. - Eröffnungsrede 113. Jver., Verhdl. Schw. Natf. Ges., Thun 1932, 193–211.

— Über die Gliederung des Quartärs in den Alpen und Nordeuropa und sein Verhältnis zum Pliozän. (Vortragstitel.) - EgH 26, 1933, 186. - S. ebd. 335.

— Über das schweizerische und europäische Pliozän und Pleistozän. - EgH 26, 1933, 335–437, 2 Taf., 7 Fig.

— Das Quartär. - In: Geol. Führer der Schweiz, herausgeg. v. d. Schw. Geol. Ges., Basel (Wepf) 1934, Fasz. I, 26–41.

Becke F. Über Eis und Schnee. - Schriften d. Ver. z. Verbreitg natwiss. Kenntn. in Wien, 1900, 349–366.

— Glazialspuren in den östlichen Hohen Tauern. (Sonnblick-Hochalm.) - Z. f. Glkde, 3, 1909, 202–214. - Bespr. GZ 19/509.

Becker G. Rosimgletscher. - Mitt. DÖAV, 1885, 257.

Béguinot A. Sulla costituzione della vegetazione steppica della Valle Venosta (Naturno-Malles). - Nuovo Giorn. Botan. It., n. s., v. 38, Firenze (Soc. Bot. It.) 1931, 560–561.

— Ricerche sulla vegetazione steppica della Valle Venosta. - Mem. d. Mus. di Stor. Nat. d. Ven. Trid., v. 2, f. 1, Trento (Scotoni) 1934, 68 S., 1 Skz.

Behm H. W. Das Weltbild von morgen. (Glazialkosmogenie.) - Leipzig (Voigtlaender) 1928, 30 S.

Behrmann W. Morphologische Formengruppen der Erosion. - Z. Ges. f. Erdkde Berlin, 1932, 170–178.

— Die ältesten Züge im Antlitz der Alpen. (Vortr.) - Geogr. Anzg., 1933, 129–136. - Bespr. Z. f. Geomorph., 8, 1934, 85.

Belt Th. On the loess of the Rhine and the Danube. - The Journ. of science, v. 7, London 1877, 67–90. - Bespr. Arch. d. sc. phys. et nat., t. 6, 211; Rev. géol. suisse p. l'a. 1877, Genève 1878, 59.

Berg L. Das Problem der Klimaänderung in geschichtlicher Zeit. - Geogr. Abh., 10, 1914, 70 S. - Bespr. Geogr. Z., 21, 1915, 586.

Berg L. S. The Origin of Loess. - Gerlds Beitr. z. Geophys., 35, 1932, 130–150. - Bespr. GZ 49A/1086.

Berlepsch H. A. v. Schweiz. Oberitalienische Seen und Chamonix. - Richters Reiseführer, Hamburg 1912/13, 504 S. (Gletscher u. Firn S. 14–15.)

Berndl R. Der Feuerberg bei Köfels im Ötztal. - Innsbr. Nachr., Nr. 4 v. 1929.

Bertarelli G. Le gallerie di guerra nei ghiacciai dell'Ortles. - Le Vie d'Italia, 29, 1923, 760–774. - Bespr. The geogr. review, New York 1924, 474–475 „Military tunnels in the glaciers of Ortler"; GZ 32/108.

Bertsch F. Beitrag zur Kenntnis der spätglazialen Waldentwicklung im Alpenvorland. - Z. f. Glkde, 20, 1932, 445–450, 1 Diagr. - Bespr. GZ 49A/1386; NJb. 1933/2, 641.

Bertsch K. Über alpine Seen, insbesondere die Entstehung des Bodensees. (Vortragsauszug.) - Mitt. DÖAV, 1884, 126–127.

— Paläobotanische Untersuchungen im Reichermoos. - Jh. Ver. f. vaterld. Natkde Württ., 80, 1924.

— Die neolithische Flora von Ravensburg. - Bot. Archiv, 7, Königsberg 1924.

— Eine interglaziale Flora aus Oberschwaben. - Allgem. Bot. Z., 1925.

— Naturdenkmäler der Eiszeit in der Pflanzenwelt des Alpenvorlandes. - Aus der Heimat, 38, 1925, 84–88.

— Ein untergegangener Fichtenwald im württembergischen Allgäu. - Veröff. Staatl. Stelle f. Naturschutz Württ., 2, 1925.

— Die Pflanzenreste aus der Kulturschichte der neolithischen Siedlung Riedschachen bei Schussenried. - Schr. Ver. f. Gesch. d. Bodensees u. s. U., 54. H., Lindau 1926, 261–279, 1 Abb.

— Das Blütenstaubdiagramm der spätbronzezeitlichen Siedlung im Federseeried. - Schr. d. Ver. f. Gesch. d. Bodensees u. s. Umgebung, 55. H., Friedrichshafen 1927, 215–220, 1 Diagr.

— Blütenstaubuntersuchungen im Federseegebiet. Das Enzisholzried bei Schussenried. Der Egelsee bei Gornhofen. - Veröffentl. Staatl. Stelle f. Naturschutz Württembg, 4, 1928, 7–49, 15 Abb.; 50–54, 1 Abb.; 55–68, 2 Abb. - Bespr. GZ 38/311, 312, 1416.

— Waldgeschichte des württembergischen Bodenseegebietes. - Schr. d. Ver. f. Gesch. d. Bodensees, 56, 1928, 221–268, 14 Abb.

— Klima, Pflanzendecke und Besiedlung Mitteleuropas in vor- und frühgeschichtlicher Zeit nach den Ergebnissen der pollenanalytischen Forschung. - Deutsch. archäol. Inst., 18, 1928, 191–196, 2 Taf.

— Beitrag zur Waldgeschichte Württembergs. - Veröffentl. d. Staatl. Stelle f. Naturschutz beim württ. Landesamt f. Denkmalpflege, 7, 1930, in Jh. d. Ver. f. vaterl. Naturkunde in Württemberg, 86, 1930, 127–155, 10 Abb. - Bespr. GZ 46A/895.

— Wasserspiegelschwankungen des Bodensees in der älteren Nacheiszeit. - Abh. Nat. Ver. Bremen, 28, 1931, Weber-Festschrift. - Bespr. GZ 47A/1154.

— Paläobotanische Untersuchungen im Federseeried. - Forsch. u. Fortschr., 7, 1931, 386–387, 1 Abb.

— Paläobotanische Monographie des Federseerieds. - Bibl. Bot., Stuttgart 1931, 127 S., 3 Taf., 86 Abb., 8 Tab.

Bettoni P. I venti del Benaco. - Boll. bimens. Soc. meteor. it., 8, v. 41, 1930.

Beurlen K. Die West-Ost-Wanderung der diluvialen Eiszeiten und die Wegener-Köppensche Polwanderung. - Schr. d. Phys.-ökon. Ges. zu Königsberg i. Pr., 65, 1927, 140–141. - Bespr. GZ 36/1222.

— Die Ursachen der Eiszeit. - Natur und Museum, 1927, 449–466.

Biasutti R. Glaciali e interglaciali nel quaternario europea. - Arch. p. l'Antropol. e la Etnolog., 26, 1906. (Höttinger Br. 195.)

Bibliografia glaciologica dall'anno 1895 all'anno 1913. - Boll. Com. Glac. It., n. 1, Roma 1914, 11–12. S. a. Capello u. Mònterin.

Biel E. Die Niederschlagsverhältnisse der Alpen. - Mitt. Geogr. Ges. Wien, 74, 1931, 188–194.

Biermann W. Vermessungen am Schwarzensteingletscher. - Mitt. DÖAV, 1883, 283–284.

— Über das vermutete Vorrücken der Gletscher

des Schwarzensteingrundes. - Mitt. DÖAV, 1883, 323-325.

Billwiller R. VI. u. VII. Bericht der Gletscherkommission der Physik. Gesellschaft Zürich pro 1918/19, bzw. 1919/20. - Ski, 14, Bern 1919, 5-12; 15, Bern 1920, 4-12. (Silvretta.)

— Temperatur und Niederschlag im schweizerischen Alpengebiete während des letzten Gletschervorstoßes. - Annalen d. Schw. Meteorol. Zentralanst., 1930, Zürich 1931, 7 S., 1 Fig. - Bespr. Z. f. Glkde, 20, 1932, 495; GZ 49A/375.

— Der Firnzuwachs pro 1930-1931 in einigen schweizerischen Firngebieten. 18. Ber. d. Zürcher Gletscherkommission. - Vierteljschr. Natf. Ges. Zürich, 76, 1931, 413-419.

— Der Firnzuwachs pro 1931/32 in einigen schweizerischen Firngebieten. 19. Ber. d. Zürcher Gletscherkomm. - Vierteljschr. Natf. Ges. Zürich, 77, 1932, 249-256, 1 Abb.

— Der Firnzuwachs pro 1932/33 in einigen schweizerischen Firngebieten. - Vierteljschr. Natf. Ges. Zürich, 78, 1933, 274-278.

Biolik J. Sehr wichtige Funde im Rosenheimer Becken am Inn. - Kohle und Erz, 1925, 22, Nr. 27, 1055-1060.

Birkner F. Der diluviale Mensch in Europa. - München (Isaria-Verlag) 1910, 56 S.

Blaas J. Notizen über die Glazialformation im Inntal. (Höttinger Breccie.) - VRA 1884, 19-20. - Bespr. Bl. 637.

— Die Zeichen der Eiszeit in Tirol. - Tiroler Schulfreund, Innsbruck 1884, Nr. 7-9, 14 S. - Bespr. NJb. 1886/1, 103.

— Notizen über das Diluvium des Inntales. (Vortr.) - Ber. Natw.-med. Ver. Innsbruck, 14, 1884, röm. 8-9.

— Über Spuren des Kulturmenschen im Löß bei Innsbruck. - Ber. Natw.-med. Ver. Innsbr., 14, 1884, 1-20. - Bespr. NJb. 1886/1, 104; Bl. 639.

— Eine neue Belegstelle für eine wiederholte Vergletscherung der Alpen. (Kitzbühel.) - VRA 1884, 278-281; 1890, 80 (Berichtigung). - Bespr. NJb. 1888/2, 306.

— Über die Glazialformation im Inntale. (Höttinger Breccie.) - Z. Ferdin., 3. F., 29. H., Innsbruck 1885, 120 S., 1 K., 15 Prof. - Bespr. VRA 1885, 93; NJb. 1885/2, 135; Bl. 664.

— Die alten Gletscher des tirolischen Inntalgebietes. - Innsbruck 1886, 28 S. (Auch im TB).

— Skizze der geologischen Geschichte des Inntales. - Der Tourist, Wien 1886, 12 S. - Bespr. NJb. 1888/2, 306.

— Ein Beitrag zu den „pseudoglazialen" Erscheinungen. (Lawinenschliffe.) - VRA 1886, 155. - Bespr. NJb. 1889/2, 288.

— Bilder aus der Urwelt Tirols. (Vortr.) - Wien (C. Fischer) 1887, 20 S. - Bespr. Mitt. DÖAV, 1890, 263.

— Die Höttinger Breccie und ihre Beziehung zur Frage nach einer wiederholten Vergletscherung der Alpen. - Ber. Nat.-med. Ver. Innsbrucks, 18, 1889, 97-115. - Bespr. NJb. 1891/1, 132.

— Über sog. interglaziale Profile. (Höttinger Br., Stefansbrücke, Axamer Bach, Achensee.) - JbRA 1889, 477-482. - Bespr. PetMitt., 1890, Litber., 418; NJb. 1891/1, 134; Bl. 768.

— Ein Profil durch die Achensee-Dammschotter. - VRA 1889, 232-234. - Bespr. PetMitt., 1890, Litber., 418; Bl. 769.

— Erläuterungen zur geolog. Karte der diluvialen Ablagerungen in der Umgebung von Innsbruck. - JbRA 1890, 21-50, 1 K. - Bespr. NJb. 1891/1, 133; Bl. 785.

— Über gekritzte Serpentingeschiebe, die nicht glazial sind. (Navistal.) - VRA 1890, 119-121. - Bespr. Bl. 786.

— Zur Vergletscherung des Inntales. - VRA 1891, 215-218. - Bespr. Bl. 808.

— Notizen über diluvialglaziale Ablagerungen im Inntalgebiete. (Vortr.) - Ber. Nat.-med. Ver. Innsbruck, 19, 1891, 92-136.

— Beiträge zur Geologie von Tirol. (Glaz. Ablagerungen bei Meran und Bozen. Diluviale Breccien bei Trient und Arco.) - VRA 1892, 217-222. - Bespr. Bl. 832; Boll. Com. geol. d'It., 24, 1893, 82.

— Beiträge zur Geologie von Tirol. (Glaziale Ablag. bei Bruneck, Bergsturz von St. Jakob im Ahrntal.) - VRA 1892, 350-353. - Bespr. Bl. 833.

— Diluvialtorf bei Hopfgarten. - VRA 1893, 91.

— Nochmal die Höttinger Breccie. - VRA 1894, 153-155. - Bespr. Bl. 900.

— Der Boden der Stadt Innsbruck. Eine geologische Skizze. - Ber. Nat.-med. Ver. Innsbruck, 22, 1894/95 (1896), 28 S., 1 T.

— Die Seen am Reschenscheideck. - Innsbr. Nachr., Nr. 279 v. 5. 12. 1900.

— Ein geologischer Spaziergang in den Höttinger Graben. - 27. Jber. d. Innsbr. Verschönerungsvereins, Innsbruck 1902, 7 S., 1 Abb.

— Struktur und Relief in den Alpen. - Z. DÖAV, 1904, 1-17. - Bespr. GZ 6/37.

— Zur Wiltener Wasserfrage. - Innsbr. Nachr., Nr. 125 v. 4. 6. 1904.

— Ein alter Innsbrucker. (Prähist.) - Innsbr. Nachr., Nr. 294 v. 24. 12. 1904.

— Landschaftsformen. - Innsbr. Nachr., Nr. 64 v. 18. 3. 1905.

— Unser Mittelgebirge. - Innsbr. Nachr., Nr. 201 v. 2. 9. 1905.

— Zur Hungerburgbahn. - Innsbr. Nachr., Nr. 65 v. 21. 3. 1906.

— Eine neue Fundstelle von Pflanzen der interglazialen Höttinger Breccie bei Innsbruck. - Z. f. Glkde, 1, 1907, 69.

— Die Sage von der Frau Hitt in geologischer Beleuchtung. - Innsbr. Nachr., Nr. 157 v. 12. 7. 1907.

— Über Murbrüche. - Innsbr. Nachr., Nr. 175 v. 1. 8. u. Nr. 176 v. 3. 8. 1908.

— Geologischer Begleiter auf den Innsbrucker Lokalbahnen. - Innsbruck 1911, 67 S., 1 K. - Bespr. GZ 16/1592.

— Neue Pflanzenfunde in der Höttinger Breccie. - VRA 1912, 268-272. - Bespr. GZ 20/643; NJb. 1913/2, 277; Z. f. Glkde, 10, 1917, 128.

— Geologischer Führer für den Ausflug nach Südtirol 31. Mai bis 2. Juni 1912 (18. Deutscher Geographentag). - Innsbruck 1912, 13 S.

— Die Höttinger Breccie. - Innsbr. Nachr. v. 27. 3. 1913, 3 Spalten.

— Geologische Ausblicke vom Wilh. Greilweg. - Innsbr. Nachr., Nr. 130 v. 10. 6. 1914.

— Der Boden von Hötting. - Tir. Anzg., Nr. 274 v. 28. 11. u. Nr. 280 v. 5. 12. 1931.

Blache J. La surface préglaciaire dans les Alpes. - La Géographie, 29, 1914, Mouv. géogr., 283.

Blanck E. Handbuch der Bodenlehre. - Berlin (Springer) 1929 - (geplant 10 Bde), zahlr. Abb. - Bespr. Z. f. prakt. Geol., 37, 1929, 174; 39, 1931, 60, 159; 40, 1932, 93; 41, 1933, 152; Z. f. Geomorph., 5, 1930, 238; 6, 1931, 126; 8, 1934, 148, 259; GZ 42/1118, 43/1266, 46A/31, 47A/1523,

49 A/19, 51 A/986; Z. Ges. f. Erdkde Berlin, 1930, 147; 1931, 62; 1932, 145, 226, 380; 1933, 150; GR 21, 1930, 201; 22, 1931, 269, 350; 23, 1932, 73; 24, 1933, 414; 25, 1934, 214, 301; Zbl. f. Min., 1929, Abt. B, 61; 1930, Abt. B, 172, 237, 447; 1931, Abt. B, 317; 1932, Abt. B, 269, 479; Geogr. Z. 36, 1930, 46; 37, 1931, 556; 39, 1933, 46, 428; PetMitt., 76, 1930, 43; 77, 1931, 40; 80, 1934, 234.

Blodig K. Die klimatischen Verhältnisse des Bodensees. - Heimat, 9, Bregenz 1928, 24-27.

Blümcke A. u. **Finsterwalder S.** Zur Frage der Gletschererosion. - Sber. Ak. d. Wiss. München, m.-phys. Kl., 20, 3, 1890, 10 S.

Blümcke A. u. **Hess H.** Gletschervermessungen im Ötztal. - Mitt. DÖAV, 1893, 268-269; 1899, 149-150.

— — Der Hochjochferner i. J. 1893. - Z.DÖAV, 1895, 5 S., 1 K.

— — Studien am Hintereisferner. - Mitt. DÖAV, 1895, 91-92; 1896, 46-48.

Blümcke A. Studien am Hintereisferner. - Mitt. DÖAV, 1897, 238.

— Einiges über den Vernagtferner. - Mitt. DÖAV, 1898, 218 u. Mitt. Geogr. Ges. Wien, 1898, 608.

— u. **Hess H.** Untersuchungen am Hintereisferner. - Wiss. Ergzgshefte z. Z. DÖAV, I, 2. H., 1899, 87 S., K. 1:10000. - Bespr. NJb. 1901/1, 390; Z. Ges. f. Erdkde Berlin, 1902, 254; Globus, 81, 116; Mitt. DÖAV, 1900, 271; Geogr. Z., 7, 1901, 299.

— — Beobachtungen in den Gletschern des Rofentales. - Mitt. DÖAV, 1900, 39-41.

— — Tiefbohrungen auf dem Hintereisferner. - Mitt. DÖAV, 1901, 280-283; 1902, 254-255; 1904, 33-34; 1905, 45-47.

— — Einiges über den Vernagtferner. - Mitt. DÖAV, 1902, 216.

Blümcke A. Geschwindigkeiten auf dem Vernagt- und Guslarferner 1902-1903. - Mitt. DÖAV, 1904, 47-48.

— u. **Finsterwalder S.** Zeitliche Änderungen in der Geschwindigkeit der Gletscherbewegung. - Sber. Ak. d. Wiss. München, 1905, 109-131. - Bespr. GZ 7/1633.

Blümcke A. Über die Geschwindigkeiten am Vernagt- und Guslarferner im Jahre 1903-1904. - Mitt. DÖAV, 1905, 139-140.

— u. **Finsterwalder S.** Die Gletscherbewegung mit Berücksichtigung ihres senkrechten Anteiles. (Hintereisferner.) - Z. f. Glkde, 1, 1907, 17 S.

— — Zeitliche Änderung in der Geschwindigkeit der Gletscherbewegung. (Hintereisferner.) - Z. f. Glkde, 1, 1907, 73-75.

Blümcke A. Über die Geschwindigkeit am Vernagt- und Guslarferner. - 1904-1905: Z. f. Glkde, 1, 1907, 312-314; 1905-1908: Ebd. 3, 1909, 311-312; 1908-1910: Ebd. 5, 1911. 230-233.

— u. **Hess H.** Untersuchungen am Hintereisferner 1906. - Z. f.Glkde, 2, 1908, 66.

— — Tiefbohrungen am Hintereisferner im Sommer 1908. - Z. f. Glkde, 3, 1909, 232-236. S. a. Z. Ges. f. Erdkde Berlin, 1911, 438.

— — Tiefbohrungen am Hintereisferner 1909. - Dass. 1910. - Z. f. Glkde, 4, 1910, 66-70; 5, 1911, 151-152.

Blumer S. Über Pliocän und Diluvium im südlichen Tessin. - EgH 9, 1906, 61-74. - Bespr. Boll. Com. geol. d'It., 38, 1907, 421.

Blumrich J. Die Eiszeit in Vorarlberg. - 43. Jber. Vorarlb. Mus.-Ver. ü. d. J. 1905, Bregenz 1906, 79-90.

— Das ehemalige Gletscherfeld in Rieden bei Bregenz und seine Umgebung. (Vortr.) - Schriften d. V. f. Gesch. d. Bodensees, 36, 1907, 3-10. - Bespr. Z. f. Glkde, 2, 1908, 317.

— Aus der Umgebung des ehemaligen Gletscherfeldes in Rieden bei Bregenz. - Arch. f. Gesch. u. Ldskde Vorarlbergs, Bregenz 1908.

— Rückzugsstadien der Würmvergletscherung im Argengebiet. - Schr. d. Ver. f. Gesch. d. Bodensees, 40, 1911, 49-50.

— Geologie des Riedersteins und Ölrains in Bregenz. - Schr. d. Ver. f. Gesch. d. Bodensees, 49. H., Lindau 1921, 5-24, 1 K.

— Gletscherschliffe am Kummerberg bei Götzis. - Heimat, 2, Bregenz 1921, 62-64.

— Der geologische Aufbau Vorarlbergs als Grundlage der Entwicklung seiner Oberflächenform. (Vortr.) - Heimat, 2, Bregenz 1921, 105-107; 3, 1922, 5-9, 46-57; Volksschr. d. Heimat, H. 4, 1921, 16 S.

— Geologisches vom Kummerberg bei Götzis. - Vierteljschr. f. Gesch. u. Ldskde Vorarlbergs, 5, Bregenz 1921, 50-56.

— Fossile Eichenstämme im Rheintal bei Lustenau. - Heimat, 5, Bregenz 1924, 201-202.

— Die Feldmoosmulde in Rieden-Bregenz. - Heimat, 6, Bregenz 1925, 46-48.

— Der Laiblachgletscher der Würmeiszeit. - Vierteljschr. f. Gesch. u. Ldskde Vorarlbergs, 9, Bregenz 1925, 44-48.

— Die Moosflora der Gneisfindlinge bei Bregenz. Heimat, 8, Bregenz 1927, 165-167.

— Geologie des Rotachtales. - Heimat, 9, Bregenz 1928, 17-23, 192.

— Die gebirgige Umrahmung der Bregenzer Bucht. - Heimat, 9, Bregenz 1928, 140-144.

— Entstehung und Veränderung des Rheintales und des Bodensees. - Heimat, 10, Innsbruck 1929, 135-137.

— Erdgeschichte Vorarlbergs. - Heimatkde v. Vorarlberg, H. 1, Wien (Schulwiss. Verl. Haase) 1930, 74 S., 1 K., 11 Abb. - Bespr. Heimat, 12, 1931, 120; NJb. 1932/3, 975.

— Wie kam der eiszeitliche Laiblachgletscher zustande? - VBA 1931, 153-157 u. Heimat, Vorarlbg. Mh., 1932, 203-207. - Bespr. GZ 46 A/1025.

— Vorarlbergs Anteil am Bodenseeufer. - Heimat, 12, Innsbruck 1931, 37-44.

— Der Boden von Bregenz. - Heimat, 12, Innsbruck 1931, 74-78.

— Die Mammutreste im Vorarlberger Landesmuseum. - Innsbr. Nachr. v. 24. 7. 1931.

— Zur Frage der vorzeitlichen Siedlungsräume am Rhein. - Heimat, 13, Innsbruck 1932, 17-20.

— Sommereislöcher in Batmund. - Vorarlberger Tagblatt v. 2. 9. 1932.

— Wie das Feldmoos entstanden ist. - Vorarlberger Tagblatt v. 13. 10. 1932.

— Der alte Lauf der Bregenzer Ache hinter dem Ölrain. - Vorarlberger Tagblatt v. 29. 11. 1932.

Blut H. Ein Beitrag zur Theorie der Reflexion und Brechung elastischer Wellen an Unstetigkeitsflächen. - Seism. Untersuchungen d. Geophys. Inst. Göttingen, V. u. Forts. VII; Z. f. Geophys., 8, 1932, 130-144, 13 Fig.; 305-322, 14 Fig. - Bespr. GZ 52 A/359.

Bobek H. Ein tertiäres Schuttvorkommen im Tuxer Tale. - JbBA 1930, 87-102. - Bespr. Z. f. Geomorph., 5, 1930, 288; GZ 44/179.

— Schlußeiszeit oder Rückzugsstadien? - PetMitt., 1930, 227-231, 233-235. (S. a. O. Ampferer u. R. v. Klebelsberg.) - Bespr. GZ 44/1721; GR 22, 1931, 247; NJb. 1931/2, 384.

— Alte Gletscherstände im Gebiet der Zillertaler und Tuxer Alpen. - Z. f. Glkde, 20, 1932, 138-157, 1 Skz. - Bespr. GZ 48A/235; Z. f. Geomorph., 7, 1932, 271.

— Alte Gletscherstände im Seitenbachtal (Rofan, Nordtiroler Kalkalpen). - Z. f. Glkde, 20, 1932, 157-158. - Bespr. GZ 48A/236.

— Die Deutung der Schottervorkommen im Ferwall- und Schönferwalltal. (Zum Aufsatz von O. Reithofer: Über den Nachweis von Interglazialablagerungen zwischen Würmeiszeit und Schlußvereisung im Ferwall- und Schönferwalltal, JbBA 1931, 217-236.) - VBA 1933, 51-59, 1 Fig. - Bespr. GZ 50A/784.

— Die Formentwicklung der Zillertaler und Tuxer Alpen. - Forschungen z. Deutschen Landes- u. Volkskunde, 30, Stuttgart (Engelhorn) 1933, 172 S., 13 Abb., 14 Taf. - Bespr. Mitt. DÖAV, 1934, 33; Z. f. Glkde, 21, 1933, 394; Mit. Geol. Ges. Wien, 26, Wien 1934, 229; Mitt. Geogr. Ges. München, 27, 1934, 126; GR 25, 1934, 363.

Boden K. Geologisches Wanderbuch für die bayerischen Alpen. - Stuttgart (Enke) 1930, 458 S., 59 Abb. - Bespr. GZ 41/1526; Z. Ges. f. Erdkde Berlin, 1930, 311; Mitt. DÖAV, 1930, 263; Geogr. Z., 36, 1930, 120; NJb. 1930/3, 294; GR 22, 1931, 245; Z. f. prakt. Geol., 38, 1930, 30; Mitt. Geol. Ges. Wien, 23, 1931, 175.

— Beschaffenheit, Herkunft und Bedeutung des ostalpinen Molasseschuttes. - Abh. d. Geol. Ldsuntersuchg. d. Bayer. Oberbergamtes, H. 4, München 1931, 33 S. - Bespr. GZ 46A/469.

Bodensee- (X). Neues zur --Geologie. - Gaea, Leipzig 1910, 417-420.

Bogolepow M. Gedanken über die Ursachen der Vereisung. - Z. f. Glkde, 20, 1932, 131-133.

Böhm A. v. Über die Höttinger Breccie und ihre Beziehungen zu den Glazialablagerungen. (Vorl. Mitt.) - VRA 1883, 267-269. - Bespr. Bl. 615.

— Die Höttinger Breccie und ihre Beziehungen zu den Glazialablagerungen. - JbRA 1884, 147-162. - Bespr. Bl. 641.

— Die alten Gletscher der Enns und Steyr. - JbRA 1885, 429-612.

— Die Hochseen der Ostalpen. - Mitt. Geogr. Ges., Wien, 29, 1886, 625-647, 3 Tab., 1 Taf. - Bespr. NJb. 1889/1, 250; Bl. 699; Mitt. Sekt. f. Natkde ÖTC, 1, 1899, 15; Gaea, 23, Leipzig 1887, 213.

— Bodengestaltende Wirkungen der Eiszeit. (Vortr.) - Ver. z. Verbr. nat. Kenntn. Wien, 31, 15, 1891, 35 S. - Bespr. NJb. 1893/1, 484.

— Goldberg- und Ankogelgruppe. - In: E. Richter, Die Erschließung der Ostalpen, 3, Berlin 1894, 244-266.

— Zur Biographie Friedrich Simonys. - Wien (Lechner) 1899, 62 S.

— Geschichte der Moränenkunde. - Abh. Geogr. Ges. Wien, 3, 4. H., 1901, 342 S. - Bespr. VRA 1902, 257; Geogr. Z., 9, 1903, 293.

Bölsche W. Eiszeit und Klimawechsel. - Stuttgart (Franckh) 1919, 76 S. - Bespr. Geogr. Z., 25, 1919, 378.

Bonacossa A. Beiträge zur Topographie und Geologie des oberen Malencotales. - Techn. Diss. München (Vereinigte Kunstanstalt) 1913, 36 S., mit Übersichtsskizze der Gletscherverhältnisse 1:100000 u. 2 geol. K. 1:50000.

Bonardi E. Analisi chimica di alcune argille glaciali e plioceniche dell'Alta Italia. - Boll. Soc. geol. it., 1883, 126-137.

Bonfioli B. Le misurazioni dei ghiacciai trentini. - Boll. SAT, 1911.

Bonney T. G. Die Seen in den nordöstlichen Alpen und ihre Beziehungen zu den Gletschern. - The Quart. Journ. of the Geol. Soc., London 1873, 382-396; The London, Edinb. a. Dublin Phil. Mag. a. Journ. of Science, London 1874, 229-235.

— Das Oberengadin und die italienischen Täler am Monte Rosa und ihre Beziehungen zur Gletschertheorie der Seebecken. (Engl.) - The Quart. Journ. of the Geol. Soc., 30, London 1874, 479-490.

— The sculpture of alpine passes and peaks. - Geol. Mag., London 1888, dek. 3, v. 5. - Bespr. Boll. Com. geol. d'It., 20, 1889, 243.

— Alpine Valleys in relation to glaciers. - The Quart. Journ. of the Geol. Soc., v. 58, Nr. 232, London 1902, 690-702, 1 T. - Bespr. Boll. Com. geol. d'It., 34, 1903, 91.

Bonomini C. L'Anfiteatro morenico del lago di Garda. - L'Universo, Milano 1896, Nr. 17-18.

— Sul glaciale del Garda. - Boll. Soc. geol. it., v. 30, f. 1 e 2, Roma 1911, 20-24. - Bespr. GZ 20/575; Boll. Com. geol. d'It., 43, 1912, f. 1, 18.

— Frammenti di storia geologica del Chiese ed origine dei Colli di Badia e di Sale. - Boll. Soc. geol. it., v. 36 (1917), f. 2-3. Roma 1918, 216-222.

— I dintorni di Preseglie e il glaciale del Chiese. - Comm. d. Ateneo di Brescia p. il 1925, Brescia 1926, 39-70, 2 Skz. - Bespr. Studi Trent. Sc. Nat., 9, 1928, 121.

— **(B. C.)** Traccia di lavoro per il gruppo glaciologico del Comitato scientifico della SAT. - Annuario SAT, Trento 1930. - Bespr. GZ 46A/1898.

Boos K. Die Wünschelrute in ihrer Beziehung zur Wasserversorgung sowie zu verwandten Aufgaben. - Gesundh.-Ing., 53, München 1930, H. 39, 601-606, 7 Abb. (u. a. Mangfall); Handbuch d. Wünschelrute, München 1931, 190-193. - Bespr. GZ 45/718.

Born A. Isostasie und Schweremessung, ihre Bedeutung für geologische Vorgänge. - Berlin (J. Springer) 1923, 160 S.

Börner H. Vergleichende Talgeschichte von Montafon und Paznaun (Silvretta). - Z. f. Geomorph., 7, 1933, 109-166, 1 Fig. - Bespr. Z. f. Glkde, 20, 1932, 507; GZ 50A/691.

— Über randglaziale Formen in Paznaun und Montafon (Silvretta). - Z. f. Glkde, 20, 1932, 134-137. - Bespr. GZ 48A/250; Z. f. Geomorph., 8, 1934, 48.

— Über Wasserscheidenverlegung zwischen Silvretta und Nördlichen Kalkalpen. - Festschr. z. 50jähr. Bestehen d. Sekt. Wiesbaden des DÖAV, 1882-1932, Wiesbaden (Schwab) 1932, 54-65, 2 Fig. - Bespr. Z. f. Geomorph., 8, 1934, 48.

Böse E. Über die Schuttmassen der Rovine di Vedana bei Belluno. - Z. DGeolGes., 44, 1892, 507.

Bossolasco M. Sulla natura delle oscillazioni dei ghiacciai. - La meteorologia pratica, 10, Montecassino 1929, Nr. 5-6, 178-187. - Bespr. GZ 45/145.

— Relazione preliminare sulle Campagne Glaciologiche compiute in Alto Adige negli anni 1929 e 1930. - Boll. Com. Naz. Geodet.-Geofis., n. 21, Roma 1930, 50-53. - Bespr. GZ 47A/280.

— Su di alcuni fenomeni che si presentano nei ghiacciai e che dipendono specialmente delle condizioni del movimento. - Z. f. Glkde, 18, 1930, 9-23. - Bespr. NJb. 1931/2, 379.

— Su di alcuni fattori climatici delle condizioni fisiche dei ghiacciai. - Atti d. Soc. Ital. p. i. Progr. d. Sc. (XIX Riun. Bolzano-Trento), Roma 1931, v. 2, 74. - Bespr. GZ 47A/272.

— Ein Vorschlag für die Messung der Gletscherbewegungen. – Z. f. Glkde, 20, 1932, 82–84, 3 Abb. – Bespr. GZ 48A/219.

Brack P. Die Alpen im Eiszeitalter. – Natur u. Kultur, München 1917/18, 339ff.

— Die Alpen im Eiszeitalter. – Propyläen, München, 18, 10/11, 1920, 4 S.

— Der Illergletscher und das Memminger Trockental. – Der Sammler, Beilage der München-Augsburger Abendzeitung, Nr. 103 v. 11. 9., Nr. 104 v. 14. 9., Nr. 105 v. 16. 9. 1920.

Bräuhäuser M. Die geologischen Verhältnisse des Schussengebietes. – Stuttgart 1930.

Braun J. Die Vegetationsverhältnisse der Schneestufe in den Rätisch-Lepontinischen Alpen. Ein Bild des Pflanzenlebens an seinen äußersten Grenzen. – Neue Denkschr. Schw. Nat. Ges., 48, Basel, Genf, Lyon 1913, 348 S. – Bespr. PetMitt., 61, 1915, 81; Ber. Schw. Bot. Ges., 23. Heft, 1914, 135; Carinthia II, 1913, 230.

Braun-Blanquet J. Die Föhrenregion der Zentralalpentäler, insbesondere Graubündens, in ihrer Bedeutung für die Florengeschichte. – Verh. Schw. Natf. Ges., 1916, II, 59–86. – Bespr. Carinthia II, 1923, 158.

—, **Brunies St. u. a.** Vegetationsentwicklung im Schweizer Nationalpark. Ergebnisse der Untersuchung von Dauerbeobachtungsflächen I. – Dokumente zur Erforschung des Schw. Nationalparkes, 1931, 82 S.

Brehmer M. Das Inntal bei Innsbruck. Landschaftskundliche Beobachtungen. – Diss. Univ. Hamburg, Münster (Helios) 1931, 87 S., 17 Abb. – Bespr. PetMitt., 78, 1932, 272.

Breitschedl W. Gletscherdämmerung. – Bergland, 14, 1932, Nr. 8, 4–7, 9–16, m. Abb.

Bremer E. Das präglaziale Relief der Ostalpen und dessen Bedeutung für den heutigen Formenschatz des Gebirges. Darstellung und Kritik der bisherigen Forschungsergebnisse. – Inaugdiss. Halle, 1933, 112 S., 9 Abb., 4 Tab., 1 Skz. – Bespr. Mitt. Geogr. Ges. München, 27, 1934, 132; Z. f. Geomorph., 8, 1934, 259; GR 25, 1934, 363.

Breslau. Der Erfolg des Preisausschreibens der Sektion –. (Hauptergebnisse: „Die Vergletscherung des österr. Alpenländer".) – Mitt. DÖAV, 1887, 73–74; 1890, 256–259.

Brizio G. Gruppo delle Vedretti Giganti. – Roma 1930.

Brizzi C. Das Massiv der Ötztaler Gebirgsgruppe und seiner Radialtäler. – München 1876, 121 Bl., 44 Taf., 4 Runds.

Brockamp B. u. Mothes H. Seismische Untersuchungen auf dem Pasterzengletscher I. – Z. f. Geophys., 6, H. 8, 1930, 482–500, 5 Abb. – Auszug: Z. f. Glkde, 19, 1931, 1–17, 6 Fig. – Bespr. GZ 47A/1326; NJb. 1932/2, 247.

Brockamp B. Seismische Untersuchungen auf dem Pasterzengletscher II. – Z. f. Geophys., 7, H. 5/6, 1931, 232–240, 5 Fig. – Bespr. Z. f. Glkde, 20, 1932, 179; GZ 47A/1326.

— Bemerkungen zu den seismischen Untersuchungen auf dem Pasterzengletscher. – Z. f. Glkde, 21, 1933, 183–185, 1 Fig.

Brockmann-Jerosch H. Das Alter des schweizerischen diluvialen Lösses. – Vierteljschr. Natf. Ges. Zürich, 54, 1909, 449–462. – Bespr. Z. f. Glkde, 5, 1911, 159; Boll. Com. geol. d'It., 42, 1911, f. 1, 12.

— Die fossilen Pflanzenreste des glazialen Deltas bei Kaltbrunn (bei Uznach, Kanton St. Gallen) und deren Bedeutung für die Auffassung des Wesens der Eiszeit. – Jb. St. Gall. Natw. Ges. f. 1909 (1910), 189 S.; Habil.-Schr. Univ. Zürich, 2. Aufl. Leipzig (Engelmann) 1912. – Bespr. EgH 11, 1910, 696; 5. Jber. Schw. Ges. f. Urgesch., 1912, Zürich 1913, 67; Ber. Schw. Botan. Ges., 20. H., 1911, 49; PetMitt., 59, 1913, 319.

— Die Änderungen des Klimas seit der letzten Vergletscherung in der Schweiz. Akad. Antrittsrede v. 29. 1. 1910. – Wissen u. Leben, 1910, 16 S. – Bespr. GZ 15/1763; EgH 11, 1910, 702; Boll. Com. geol. d'It., 42, 1911, f. 1, 14.

— Die Änderungen des Klimas seit der größten Ausdehnung der letzten Eiszeit in der Schweiz. – In: Die Veränderungen des Klimas seit dem Maximum der letzten Eiszeit. – Herausgeg. vom Exekutivkomitee des XI. Int. Geol.-Kongr. Stockholm 1910, 57–78. – Bespr. EgH 11, 1910, 701; Ber. Schw. Botan. Ges., 20. H., 1911, 50; Geogr. Z., 1910, 627.

— Zwei Grundfragen der Paläophytogeographie. – Botan. Jb. f. Systematik, Pflanzengesch. u. Pflanzengeogr. (A. Engler), 50, Supplembd Festband A. Engler, Leipzig 1914, 249–267. – Bespr. EgH 14, 1917, 459; GZ 21/626; NJb. 1915/1, 122; Ber. Schw. Botan. Ges., 24./25. H., 1916, 256.

— Fundstellen von Diluvialfossilien bei Lugano. – Vierteljschr. Nat. Ges. Zürich, 68, 1923, 7 S.

— Die Vegetation der Schweiz. Bd 1 (Beiträge zur geobotanischen Landesaufnahme 12). – Bern (H. Huber) 1929. – Bespr. Geogr. Z., 37, 1931, 183; PetMitt., 76, 1930, 94; Carinthia II, 1926, 43.

Brockmeier H. Lößbildung und Lößschnecken. (Vortr.) – Z. DGeolGes., 83, 1931, 584–594. – Bespr. GZ 47A/502.

Brückner E. Die Eiszeit in den deutschen Alpen, nach A. Penck. – Kosmos, 1, 1884.

— Die Vergletscherung des Salzachgebietes. – Mitt. DÖAV, 1885, 21–22.

— Die Eiszeit am Nordabhang der Alpen. – Der Naturforscher, 19, 1886.

— Die Vergletscherung des Salzachgebietes nebst Beobachtungen über die Eiszeit in der Schweiz. – Geogr. Abh., I/1, Wien 1886, 183 S., 3 K. – Bespr. VRA 1886, 363; NJb. 1887/2, 489; Mitt. DÖAV, 1887, 296; PetMitt., 33, 1887, Litber., 42; Gaea, 22, Leipzig 1886, 257; Bl. 700.

— Die Hohen Tauern und ihre Eisbedeckung. – Z. DÖAV, 1886, 163–187. – Bespr. VRA 1886, 362; NJb. 1889/1, 251.

— Die Höhe der Schneelinie und ihre Bestimmung. – Meteorol. Z., 1887, 31–32. – Bespr. NJb. 1889/1, 251.

— Die Eiszeit in den Alpen. – Mitt. Geogr. Ges. Hamburg, 1887/88, 10–23. – Bespr. PetMitt., 36, 1890, Litber., 144.

— Über die Eiszeit im deutschen und österreichischen Alpenvorlande und in der Schweiz. – Mitt. Natf. Ges. Bern a. d. J. 1888, Bern 1889, röm. 16.

— Untersuchungen über Klimaschwankungen in historischer Zeit. – Mitt. Natf. Ges. Bern a. d. J. 1889, Bern 1890, röm. 13.

— Klimaschwankungen seit 1700 nebst Bemerkungen über die Klimaschwankungen der Diluvialzeit. – Geogr. Abh. (Penck), 4/2, Wien 1890, 324 S. – Bespr. Das Ausland, Stuttgart 1890, 939; VRA 1891, 76; Mitt. Geogr. Ges. Wien, 1890, 640; Mitt. Sekt. f. Natkde ÖTK, 2, 1890, 84; 4, 1892, 21; 5, 1893, 32.

— Sur le climat de l'époque glaciaire. – Arch. d. sc. phys. et nat., 24, Genève 1890, 391–396; EgH 2, 1890/92, 167–172.

— E. Richters Untersuchungen über die Schwan-

kungen der Alpengletscher. - Meteorol. Z., 8, 1891.
— Das Klima der Eiszeit. - Verh. 73. Jvers. Schw. Nat. Ges., Davos (1890) 1891, 141-156. - Bespr. NJb. 1894/2, 48; Natur, Halle 1891, 58.
— Das Klima der Eiszeit. - Jber. Geogr. Ges. Bern, 10, 1891, 41-44.
— Eiszeitstudien in den südöstlichen Alpen. - Jber. Geogr. Ges. Bern, 10, 1891, 156-164, 1 K. - Bespr. NJb. 1892/1, 150; Arch. d. sc. phys. et nat. de Genève, t. 27, Genève 1892, 654; EgH 3, 1892, 172.
— Die Schwankungen der Alpengletscher. - Allgem. Ztg, 22. 4. 1892, Nr. 112, Beil.-Nr. 94, 2 S.
— Materialien zur Verfolgung mehrjähriger oder säkularer Perioden der Witterung. - Meteorol. Z., 9, 1892.
— Über den Einfluß der Schneedecke auf das Klima der Alpen. - Z. DÖAV, 1893, 21-51.
— Le Système glaciaire des Alpes. - Guide publié à l'occas. du Congr. Géolog. Internat. 6me Sess. à Zürich en 1894; Boll. Soc. d. sc. nat. de Neuchâtel, t. 22, 1893/94.
— Die feste Erdrinde und ihre Formen. - In: Hann, Hochstetter, Pockorny, Allg. Erdkde, 5. Aufl., 2. Abt., Wien 1898, 368 S.
— Die schweizerische Landschaft einst und jetzt. - Jber. Geogr. Ges. Bern, 17, 1900, 121-146. - Bespr. GZ 1/344; PetMitt., 47, Litber., 21.
— Zur Frage der 35jährigen Klimaschwankungen. - PetMitt., 1902.
— Die Beziehung zwischen Schichtung und Bänderung der Gletscher. - Mitt. Nat. Ges. Bern, 1902, Protnotiz.
— Die Eiszeiten in den Alpen. - Verh. Ges. Deutsch. Natforsch. u. Ärzte, 1904, Allgem. Teil.
— Die Eiszeiten in den Alpen. - Geogr. Z., 10, Leipzig 1904, 569-578.
— Alpen und Eiszeit. (Vortragsauszug.) - Z. Ges. f. Erdkde Berlin, 1905, 57-58.
— Ändert sich das Klima? (Vortragsauszug.) - Z. Ges. f. Erdkde Berlin, 1905, 239.
— Höhengrenzen in der Schweiz. - Natwiss. Wochenschr., NF, 4, 1905, 817-825.
— Struktur der Gletscher. Gletschererosion u. Seebildung. - Mitt. Nat. Ges. Bern, 1905, röm. 9ff., Protnot.
— u. **Finsterwalder S.** Protokoll der III. int. Gletscherkonferenz in Maloja vom 6.-9. Sept. 1905. (Fornogletscher.) - PetMitt., 51, 11, 1905, 256-258.
Brückner E. Die Eiszeiten in den Alpen und die „Einheitlichkeit" der Eiszeit. - Geogr. Z., 11, 1905, 292-293.
— Alpen und Eiszeit. - Mitt. Geogr. Ges. Hamburg, 21, 1906.
— Rückgang der Gletscher in der Schweiz (1905). - Z. Ges. f. Erdkde Berlin, 1906, 498-499.
— Die Höhe der Firnlinie am Hüfigletscher und die Methode der Bestimmung der Höhe der Firnlinie im allgemeinen. - Vierteljschr. Nat. Ges. Zürich, 51, 1, 1906, 50-54. - Bespr. EgH 9, 1906, 641.
— Das Alter der alpinen Landschaftsformen. (Vortrag.) - Schw. Geographentag Bern 1907, Jber. Geogr. Ges. Bern, 12, 1906/7, 36.
— u. **Muret E.** Les variations périodiques des glaciers. 12me rapp. 1906. - Ann. Glac., t. 2, 161-198. - Bespr. EgH 10, 1908, 615. - 13me rapp. 1907, ebd. t. 3, 161-185. - Bespr. EgH 11, 1910, 151; GZ 14/808. - 14me rapp. 1908, ebd. t. 4, 161-176. - Bespr. GZ 15/1547.
Brückner E. Die glazialen Züge im Antlitz der Alpen. (Vortr.) - Mitt. Geogr. Ges. Wien, 50, 1907, 183ff.; Nat. Wochenschr., 8, 1909, 785-794. Auszug: C. R. 9 Congr. int. Géogr. Genève 1908 (1910), 2, 323-325. - Bespr. GZ 19/1356; EgH 11, 1910, 688; Z. f. Glkde, 6, 1912, 159; Mitt. Ver. f. Erdkde Leipzig, 1906 (1907), 2 S.; Z. Ges. f. Erdkde Berlin, 1906, 294.
— W. M. Davis über die glazialen Skulpturformen in Gebirgen. - Z. f. Glkde, 2, 1908, 136-140.
— Die periodischen Variationen der Gletscher. XII. Ber. 1906, Ostalpen. - Z. f. Glkde, 2, 1908, 163-166.
— W. Kilian über Glazialerosion und Übertiefung. - Z. f. Glkde, 2, 1908, 220-224.
— Schneeschmelzkegel in den Alpen und Nieve Penitente. - Z. f. Glkde, 2, 1908, 301-303. - Bespr. GZ 11/1450.
— Zur Frage der Entwicklung der Rhein-Rhone-Wasserscheide. - Z. Ges. f. Erdkde Berlin, 1909, 387-395. - Bespr. EgH 11, 1910, 695; Z. f. Glkde, 4, 1910, 239.
— Zur Thermik der Alpenseen und einiger Seen Nordeuropas. - Geogr. Z., 15, 1909, 305-315.
— Entstehung der quartären Schotterterrassen im Umkreis der Alpen. - Z. f. Glkde, 4, 1910, 72-73. - Bespr. EgH 11, 1910, 243. Bemerkungen zu den obigen Ausführungen (Hilbers). Z. f. Glkde, 4, 1910, 305-306.
— Über die Klimaschwankungen der Quartärzeit und ihre Ursachen. - Congr. géol. internat. C. R. XI sess. Stockholm 1910, f. 1; 1912, 379-389. - Bespr. NJb. 1913/1, 504; Geogr. Z., 16, 1910, 626.
— Ergebnisse der Schneemessungen in den Schweizer Hochalpen. (Säntis im Vergleich zu Zugspitze und Sonnblick.) - Z. f. Glkde, 5, 1911, 312-315.
— F. A. Forel †. - Z. f. Glkde, 7, 1913, 65-72. Mit Verz. seiner Schriften ü. Gletscher.
— Moorbildungen und postglaziale Klimaschwankungen am Nordsaum der Alpen. - Z. f. Glkde, 7, 1913, 334-340. - Bespr. GZ 21/1553.
— Interglaziale Torflager in den nördlichen Ostalpen. - Z. f. Glkde, 7, 1913, 344-345. (Brixental, Hopfgarten.) - Bespr. GZ 21/1408.
— Les variations périodiques des glaciers. - XVIIIme rapport, 1912. II. Alpes orientales. - Z. f. Glkde, 8, 1914, 44-48. - Bespr. Z. Ges. f. Erdkde Berlin, 1913, 798.
— Albrecht Penck über die Verschiebung der Klimagürtel in der Quartärzeit. - Z. f. Glkde, 9, 1915, 276-283.
— Prof. James Geikie †. - Z. f. Glkde, 9, 1915, 284-285.
— Beobachtungen über die Größenänderungen der Gletscher der Ostalpen in den Kriegsjahren 1914 und 1915. - Z. f. Glkde, 9, 1915, 349.
— Die Beobachtungen über die Größenänderungen der Gletscher der Ostalpen (1914 und 1915). - Z. Ges. f. Erdkde Berlin, 1915, 462-463.
— Lagerungsverhältnisse und Alter der Höttinger Breccie bei Innsbruck. - Z. f. Glkde, 10, 1917, 46-51. - Bespr. GZ 22/1645.
— Veränderungen im Stande der Gletscher der österr. Alpen nach den Beobachtungen der Jahre 1914, 1915 und 1916. - Z. f. Glkde, 10, 1917, 129-138. - Bespr. GZ 23/383.
— Das Vorrücken der Gletscher in den Ostalpen. - Mitt. DÖAV, 1917, 115-117. - Bespr. Geogr. Z., 24, 1918, 34.
— Die Förderung der Wissenschaft von den Alpen durch den D. u. Ö. Alpenverein in den letzten 25 Jahren. - Z. DÖAV, 1919, 30-46.

— J. Bowman über Schneerosion und Entstehung der Kare. - Z. f. Glkde, 12, 1922, 57–70.
— Verdunstung und Kondensation an Schnee und Eis im Gebirge. - Z. f. Glkde, 12, 1922, 79–82.
— Änderungen der geographischen Breiten und des Klimas in geologischer Zeit. - Z. f. Glkde, 12, 1922, 174–178.
— Alte Züge im Landschaftsbild der Ostalpen. (Vortr.) - Z. Ges. f. Erdkde Berlin, 1923, 95–104. - Bespr. NJb. 1925/2, B, 149; Z. f. Geomorph., 1925, 77.
— Alb. Pencks neue Untersuchungen über die Eiszeit in den nördl. Alpen. - Z. f. Glkde, 13, 1924, 97–120. - Bespr. GZ 34/477.
— W. Köppen und A. Wegener über die Klimate der geologischen Vorzeit. - Z. f. Glkde, 14, 1926, 149–169. - Bespr. GZ 34/601.
— H. F. Osborn über die Gliederung des Quartärs und ihre Beziehung zur Prähistorie. - Z. f. Glkde, 14, 1926, 171–177.
— Bemerkung zu obiger Mitt. (von G. Worm) über Kare und Schneegrenze. - Z. f. Glkde, 14, 1926, 285–286. - Bespr. GZ 34/464.
— Verzeichnis der rezenten Gletscher Italiens. - Z. f. Glkde, 15, 1927, 59–60.
— Otto Ampferer über geologische Methoden zur Erforschung des Eiszeitalters. - Z. f. Glkde, 15, 1927, 70–72.
— Wie viel Jahre sind seit dem Hochstand der letzten Vergletscherung verstrichen? - Z. f. Glkde, 15, 1927, 140–143. - Bespr. NJb. 1929/2, 199.
— Olinto Marinelli †. - Z. f. Glkde, 15, 1927, 150.
— Die geologische und archäologische Stellung des Hochgebirgspaläolithikums der Schweiz. (Bespr. des Aufsatzes von J. Bayer in „Die Eiszeit", 1927, 59–65.) - Z. f. Glkde, 15, 1927, 232–235, 318.
— Dickenmessungen von Gletschern mittels der seismischen Methoden. - Z. f. Glkde, 15, 1927, 241–243.
— Die Ostalpen in der Eiszeit. - In: Die österr. Alpen, herausgeg. v. H. Leitmeier, Leipzig u. Wien 1928, 145–164. - Bespr. Z. f. Glkde, 17, 1929, 270.

Brügger Chr. Aus der Naturchronik der Schweizer Berge. Ein Beitrag zur Geschichte der Föhnstürme, Schneefälle und Lawinen während 8 Jahrhunderten. - Neue Zürcher Ztg, 3.–12. Febr. 1863.
— Beiträge zur Naturchronik der Schweiz, insbesondere der Rhätischen Alpen. Nr. 1–6. - Beilagen zu den Progr. d. bündn. Kantonsschule Chur, 1876, 1877, 1879, 1881, 1882, 1888.

Brunhes J. et **Gobet L.** L'excursion glaciaire du IXe Congrès géologique international. - La Géographie, 8, 1903. (Höttinger Br. 357.)

Brunies St. Streifzüge durch den Schweizerischen Nationalpark. - 2. Aufl. Basel (Schwabe) 1930, 108 S., 39 Abb., 1 K.

Brunlechner A. Oberbergrat Ferdinand Seeland †. - Carinthia II, 1901, 33–42. Mit Bild u. Schriftenverz.

Bruno L. Il lago d'Orta e la morena di Omegna: nota sopra due escursioni fatte al Lago. - Novara 1894. - Bespr. Boll. Com. geol. d'It., 26, 1894, 238.

Bubnoff S. v. Die Verbreitung der Eiszeit und die Großgliederung von Europa. - Die Naturwissenschaften, 1928, H. 49.
— Eiszeit und Untergrundbau. - Mitt. Geol.-pal. Inst. Univ. Greifswald, H. 8, 1931. - Bespr. Z. f. Geomorph., 7, 1932, 172.

Buch L. v. Über die Ursachen der Verbreitung großer Alpengeschiebe. - Abh. Ak. d. Wiss. Berlin, phys. Kl., 1804–1811, Berlin 1815, 161–186; Leonhards Min. Taschenbuch, 12, 1818, 458–501 (Abdruck), 1 K.
— Über die Verbreitung großer Alpengeschiebe. - Annalen d. Phys. u. Chemie (Poggendorff), 9, Leipzig 1827, 575–588.

Büdel J. Kommt eine neue Eiszeit? - Innsbrucker Nachr., Nr. 190 v. 21. 8. 1934, 1 Sp.

Buffa P. Sulle condizioni fisiche e biologiche di taluni laghi alpini del Trentino. - Atti Soc. Ven.-Trent. Sc. Nat. in Padova, v. 4, f. 2, 1902, 5–32.

Bülow K. v. Die Rolle der Toteisbildung beim letzten Eisrückzug in Norddeutschland. - Z. DGeolGes., B, Mber., 1927, 273–283.
— Vorschlag zu einer Reform der Postglazialnomenklatur. - Zbl. f. Min., 1927, Abt. B, 311–314. - Bespr. GZ 36/670.
— Gedanken zur postdiluvialen Klimageschichte in Mitteleuropa. - GR 21, 1930, 97–109. - Bespr. GZ 45/74.

Bumüller J. Aus der Urzeit des Menschen. - 2. Aufl. Köln 1907; 3. Aufl. 1914 (Höttinger Br. 31, bzw. 40); 4. Aufl. Augsburg (Filser) 1925, 365 S., 27 Taf. - Bespr. PetMitt., 74, 1928, 250.

Burchard A. Neue Erkenntnisse zum Stufenbau der Alpentäler, besonders im Ötztal gewonnen. - PetMitt., 69, Gotha 1923, 158–162, 210–212. - Bespr. GZ 30/754; Z. f. Geomorph., 1925, 77.
— Das Gurgler Tal, eine geographische Betrachtung. - Festschr. z. 50jähr. Bestehen d. Sekt. Hamburg d. DÖAV, Hamburg 1925, 11–103. - Bespr. Z. Ges. f. Erdkde Berlin, 1926, 140; Z. f. Geomorph., 2, 1927, 80.
— Formenkundliche Untersuchungen in den nordwestlichen Ötztaler Alpen. - Forschgen z. D. Lds- u. Volkskde, 25, 1927, 149–219, 8 Taf. - Bespr. Z. f. Geomorph., 3, 1928, 312; Mitt. Geogr. Ges. München, 1928, 1. H., 176; Z. Ges. f. Erdkde Berlin, 1928, 345; Geogr. Z., 34, 1928, 246; PetMitt., 74, 1928, 360.
— Der Versuch einer allgemeinen (physikalischen) Morphologie. - Geogr. Anzg., 31, 1930, 83–85.

Burger E. W. Strittige Fragen der Glazialmorphologie. - Geogr. Jber. aus Österr., 16, Leipzig und Wien (Deuticke) 1933, 14–41, 2 Taf., 6 Abb. - Bespr. Z. f. Geomorph., 8, 1934, 254.

Busin P. Un'escursione geologico-alpina (ai ghiacciai della Lobbia e del Mandrone) ed un progetto trigonometrico. - Ann. d. SAT, Trento 1882, v. 16, 369–416.

Büttner K. Strahlungsmessungen auf dem Brandenburger Haus (3300 m). - Meteor. Z., 1929, 25–27. - Bespr. Z. f. Glkde, 17, 1929, 405.

Cacciamali G. B. Sull'anfiteatro morenico sebino. (Iseosee.) - Rend. R. Ist. Lomb. di Sc. e Lett., 40, Milano 1907, 176–185; Riv. It. di Sc. Nat., an. 27, Nr. 1 e 2, Siena 1907, 1–3. - Bespr. GZ 9/3517; Boll. Com. geol. d'It., 39, 1908, 59.
— Sulle glaciazioni quaternarie. - Boll. Soc. geol. it., v. 26, f. 2, Roma 1908, 229–234. - Bespr. Boll. Com. geol. d'It., 39, 1908, 59.
— **ed altri.** Studio geologico-viticolo della parte bresciana dell'anfiteatro morenico benacense. - Brescia 1908, 30 S. - Bespr. Boll. Com. geol. d'It., 40, 1909, 86.

Cacciamali G. B. Appunti sull'anfiteatro morenico benacense. - Rend. R. Ist. Lomb. di Sc. e Lett., v. 47, f. 1, Milano 1914, 431–450. - Bespr. GZ 22/433; Boll. Com. geol. d'It., 46, 1916, f. 1, 13.

— La genesi del Benaco. - Mem. Aten. di Salò, 1, 1930, 46–50.

— Morfogenesi delle Prealpi Lombarde ed in particolare di quelle della Provincia di Brescia. - Brescia (Geroldi) 1930, 308 S., 1 Taf., 109 Abb. - Bespr. Mem. d. Aten. di Salò, 1, 1930, 108.

Cadisch J. Der Bau der Schweizer Alpen, räumlich dargestellt und kurz erläutert. - Habil.-Schr. Techn. Hochsch. Zürich (Füssli) 1925/26, 61 S., 1 K. - Bespr. NJb. 1926/1, 234; GZ 33/1316; GR 1926, 147; Mitt. Geol. Ges. Wien, 18, 1925, 201; Mitt. DÖAV, 1927, 130; Geogr. Z., 32, 1926, 321; PetMitt., 1928, 46; Z. f. prakt. Geol., 1926, 128.

— Zur Talgeschichte von Davos. - Erweit. Jber. Natf. Ges. Grbd. zur Feier der 100j. Bestandes, NF, 64, 1924/26, Chur 1926, 285–299, 2 Abb., 1 K. - Bespr. Z. f. Geomorph., 2, 1927, 194; GZ 47 A/567.

Caldera F. Antica e recente pianura del Chiese. - Boll. Soc. geol. it., v. 35, f. 3, Roma 1916, 329–345.

— Antiche alluvioni del Chiese in rapporto al sistema morenico del Garda. - Mem. d. Ateneo di Salò e bull. d. bibl., 2, 1931, 85–90.

Callegari P. Ricerche sull'idrografia dell'Alta Anaunia. - Atti Acc. Ven.-Trent.-Istr., v. 22, Selci Umbro (Soc. An. Tip. Pliniana) 1931, 57–78, 5 Skz., 1 Abb., 1 Taf.

Calloni S. I depositi lacustro-glaciali nei dintorni di Lugano. (Vortr.) - Atti Soc. elv. sc. nat., 100 congr. Lugano 1919, Aarau 1920, 99.

Canaval R. Das absolute Alter der Eiszeit. - Carinthia II, 85, 1895, 147–148.

— Roter Schnee zu Grafendorf im Gailtal. - Carinthia II, 1901, 77–78. - Bespr. GZ 7/1741.

— Bemerkungen über die Glazialablagerungen der Gailtaler Alpen. - Carinthia II, 1902, 22–30, 254. - Bespr. VRA 1902, 132; GZ 7/1827.

— Die Dauer der Eiszeit. (Sammelref.) - Carinthia II, 1904, 56–57.

— Levico-Vetriolo-Einfluß des alten Gletscherstandes auf die Verwitterung der Erzlagerstätten. - Montanist. Rdsch., 19, 1927, 643–647.

Canestrini G. Cenni sugli avanzi animali della palafitta di Arquà. - Bull. Paletn. Ital., 14, n. 11–12, Parma 1888, 197–204.

Capello C. Bibliografia glaciologica italiana. - Boll. Com. Glac. It., 10, Torino 1930, 281–287; 11, 1931, 265–274; 12, 1932, 321–326. S. a. Bibliographia u. Mònterin.

Castiglioni B. Le traccie glaciali del Col Visentin presso Belluno. - Atti Acc. Ven.-Trent.-Istr., s. 3, v. 14, Padova 1924, 48–66, 2 Abb., 1 Skz.

— Alcuni ghiacciai nelle Dolomiti e il loro ambiente orografico e climatico. - Boll. CAI, 42, Torino 1925, 323–379, 14 Fig. - Bespr. Atti Acc. Sc. Ven.-Trent.-Istr., v. 20, 1929, 5.

— Sulla morfologia della Valle del Biois (Alpi Dolomitiche). - Boll. Soc. geol. it., v. 45, 1926, f. 2, Roma 1926, 193–211. - Bespr. Z. f. Geomorph., 3, 1928, 244; GZ 39/152.

— Ghiacciai delle Alpi Venoste Orientali. - Boll. Com. Glac. Ital., 8, 1928, 91–165, 18 Fig., 9 Skz. - Bespr. Z. f. Glkde, 16, 1928, 279; GZ 42/677; Atti Acc. Sc. Ven.-Trent.-Istr., v. 20, 1929, 5; Studi Trent. Sc. Nat., 9, 1928, 205.

— Relazione della Campagna Glaciologica del 1927. Alpi Atesine: Gruppo delle Alpi Venoste orientali. - Boll. Com. Glac. It., 8, 1928, 205–206. - Bespr. GZ 42/700; Atti Acc. Sc. Ven.-Trent.-Istr., v. 20, 1929, 6.

— Relazione della Campagna Glaciologica del 1927. Alpi Dolomitiche: Gruppi delle Pale e della Marmolada. - Boll. Com. Glac. It., 8, 1928, 206–207. - Bespr. GZ 42/699; Atti Acc. Sc. Ven.-Trent.-Istr., v. 20, 1929, 6.

— Relazioni delle Campagne Glaciologiche del 1928. Gruppo delle Venoste orientali. - Boll. Com. Glac. It., 9, 1929, 285–286. - Bespr. GZ 45/360; Atti Acc. Sc. Ven.-Trent.-Istr., v. 20, 1929, 6.

— Relazioni delle Campagne Glaciologiche del 1928. Gruppo delle Alpi Breonie. - Boll. Com. Glac. It., 9, 1929, 286–287. - Bespr. GZ 45/360; Atti Acc. Sc. Ven.-Trent.-Istr., v. 20, 1929, 6.

— Relazioni delle Campagne Glaciologiche del 1928. Gruppi delle Pale e della Marmolada. - Boll. Com. Glac. It., 9, 1929, 288–290. - Bespr. GZ 45/166; Atti Acc. Sc. Ven.-Trent.-Istr., v. 20, 1929, 6.

— Ghiacciai delle Breonie. - Boll. Com. Glac. It., N. 10, Torino 1930, 141–191. - Bespr. Z. f. Glkde, 19, 1931, 191; GZ 51 A/443.

— Relazioni delle Campagne Glaciologiche nel 1929. Gruppi Alpi Venoste orientali e Breonie. - Boll. Com. Glac. It., N. 10, Torino 1930, 271–273. - Bespr. GZ 46 A/1902.

— Relazioni delle Campagne Glaciologiche nel 1929. Alpi Dolomitiche. Gruppo della Marmolada. Altri Gruppi. - Boll. Com. Glac. It., N. 10, Torino 1930, 276–278. - Bespr. GZ 46 A/1907.

— Osservazioni geologiche nel Gruppo della Civetta (Alpi Dolomitiche). - Atti d. Acc. Ven.-Trent.-Istr., v. 21, Città di Castello 1930, 37–44, 1 Skz. - Bespr. GZ 44/411.

— Risultati di una recente visita ai Ghiacciai Cadorini. - Mem. Geol. e Geogr. di G. Dainelli, v. 1, 1930, 293–317, 9 Skz. u. Abb. - Bespr. Z. f. Glkde, 19, 1931, 192; GZ 45/151.

— Il glacialismo attuale in Alto Adige. - Atti XI Congr. Geogr. It., Napoli 1930.

— Ricerche glaciologiche in Alto Adige. - Atti XI Congr. Geograf. It., v. 2, Napoli 1930, 7 S., 1 K. - Bespr. Z. f. Glkde, 19, 1931, 208; GZ 47 A/284; Z. f. Geomorph., 8, 1934, 257.

— Studio del ghiacciaio di Malavalle. - Boll. Com. naz. Geodet.-Geofis., n. 21, Roma 1930, 45–49. - Bespr. GZ 47 A/281.

— Traccia di lavoro per il gruppo glaciologico del Comitato scientifico della SAT. - Ann. SAT, 25, Trento 1930, 223–230.

— Relazioni delle Campagne Glaciologiche del 1930. Alpi Venoste orientali e Breonie. - Boll. Com. Glac. It., 11, 1931, 253–255. - Bespr. GZ 49 A/361.

— Relazioni delle Campagne Glaciologiche del 1930. Alpi Dolomitiche. Gruppi della Marmolada e delle Pale. - Boll. Com. Glac. It., 11, 1931, 263. - Bespr. GZ 49 A/361.

— Il Gruppo della Civetta (Alpi Dolomitiche). - Mem. d. Ist. Geol. d. R. Univ. di Padova, v. 9, Padova 1931, 83 S., 3 Fig., 3 Taf., K. 1:25000. - Bespr. Z. f. Glkde, 20, 1932, 508; Boll. Soc. geogr. it., s. 6, v. 9, 1932, 568; Z. f. Geomorph., 8, 1934, 255.

— Gli studi glaciologici nella Venezia Tridentina (Relazione dell'attività del Comitato Glaciologico Italiano). - Atti Soc. It. Progr. Sc., v. 2, Roma 1931, 260–263. - Bespr. GZ 47 A/295.

— Di alcune strutture del suolo di tipo artico osservate sulle Alpi. - Boll. Com. Glac. It., 11, 1931, 37–48. - Bespr. GZ 49 A/384; Z. f. Geomorph., 8, 1934, 257.

— Traccie glaciali postwurmiane nelle Dolomiti. - Atti Soc. It. Progr. Sc., v. 2, Roma 1931, 263-265. - Bespr. GZ 47A/670; Z. f. Geomorph., 8, 1934, 257.
— Considerazioni sopra alcune recenti carte della Regione dolomitica. - Boll. d. R. Soc. Geogr. It., s. 6, v. 9, n. 4, Roma 1932, 259-267.
— Rel. d. Camp. Glac. del 1931. Alpi Breonie. - Boll. Com. Glac. It., 12, 1932, 303-307.
— Rel. d. Camp. Glac. del 1931. Alpi Dolomitiche. Gruppo della Marmolada. - Boll. Com. Glac. It., 12, 1932, 315-316.
— Rel. d. Camp. Glac. d. 1932. Alpi Atesine. Alpi Breonie. - Boll. Com. Glac. It., 13, 1933, 227-230.
— Rel. d. Camp. Glac. d. 1932. Alpi Dolomitiche. Gruppo della Marmolada. Gruppo delle Pale. - Boll. Com. Glac. It., 13, 1933, 237-238.
— Sulle cause delle deviazioni dei fiumi. - Z. f. Geomorph., 8, 1934, 224-253, 3 Fig.
Cathrein A. Die geognostischen Verhältnisse der Wildschönau. - Z. Ferdin., Innsbruck 1877, 3. F., 21. H., 125-157. - Bespr. VRA 1878, 159; Bl. 479.
Catoni G. La produzione viticola del Trentino in rapporto con le vicende meteorologiche. Note ed appunti. - Pro Cultura, 3, 1912, 27-36, 4 Diagr.
Catullo T. A. Tratto sopra la costituzione geognostico fisica dei Terreni alluviali o postdiluviali delle provincie venete. - Padova 1838.
— Sui massi erratici. - 1840.
Celli A. Rel. d. Camp. Glac. d. 1931. Alpi Dolomitiche. Gruppo di Cima Undici, del Sorapis, dell'Antelao. - Boll. Com. Glac. It., 12, 1932, 316-320.
— Rel. d. Camp. Glac. d. 1932. Alpi Dolomitiche. Gruppo di Cima Undici. Gruppo del Pelmo. Gruppo dell'Antelao, Gruppo del Cristallo e Gruppo delle Marmarole. - Boll. Com. Glac. It., 13, 1933, 241-246.
Cermenati M. Le „Marmitte dei Giganti" scoperto a Lecco. - Riv. it. d. Sc. nat., an. 10, Siena 1890, Nr. 8 u. 9. - Bespr. Boll. Com. geol. d'It., 22, 1891, 67.
— La ghiacciaia di Moncodeno. - Riv. mens. d. CAI, v. 18, Torino 1899.
Chaix A. Coulées de blocs (Rock-glaciers, Rock-steams) dans le parc national suisse de la Basse-Engadine. - C. R. séances soc. phys. et d'hist. nat. de Genève, vol. 36, Nr. 1. Suppl.: Arch. sc. phys. et nat. Genève, 5 pér., t. 1, 1919, 12-15; Arch. sc. phys. et nat., 5 sér., vol. 5, 33, Genève 1923.
— Le phénomène des „Coulées de blocs" dans notre Parc national. - Le Globe, 60, Bull., Genève 1921, 10.
— A travers le Parc national suisse d'Engadine. - L'Echo des Alpes, Genève 1921, 185-198.
— Les coulées de blocs du Parc national suisse d'Engadine. (Note préliminaire.) - Le Globe, 42, Genève 1923, Mem., 1-34.
Chambers R. Geological Notes on the Valleys of the Rhine and Rhone. - The Edinburgh new Philos. Journal, 46, Edinburgh 1849, 149-161. - Bespr. Arch. d. sc. phys. et nat., 11, Genève 1849, 143.
Charpentier T. Lettre à l'occasion du mém. de M. de Collegno sur le terrain erratique des Alpes méridionales. - Bull. Soc. géol., 3, Paris 1855, 61.
Chelius C. u. **Vogel C.** Zur Gliederung des Löß. - NJb. 1891/1, 104-107.
Chiesa C. Relazioni delle Campagne Glaciologiche nel 1929. Gruppo Ortles-Cevedale. - Boll. Com. Glac. It., N. 10, Torino 1930, 264-265. - Bespr. GZ 46A/1906.
— Rel. d. Camp. Glac. del 1931. Gruppo Ortles-Cevedale. - Boll. Com. Glac. It., 12, 1932, 291-294. - Bespr. GZ 51A/433.
— Rel. d. Camp. Glac. d. 1932. Alpi Retiche. Gruppo Ortles-Cevedale. - Boll. Com. Glac. It., 13, 1933, 213-215.
Chiggiato G. La forcella dell'Orsa tra val d'Angoraz e val di Canali nel gruppo delle Pale. - Riv. CAI, 1908.
Cholnoky E. v. Die Veränderungen des Klimas seit dem Maximum der letzten Eiszeit. - PetMitt., 58, 1912, I, 195-197.
Christa E. Das Greiner-Schwarzensteingebiet der Zillertaler Alpen in geologisch-petrographischer Betrachtung. - Veröffentl. Mus. Ferdin., 13, Innsbruck (Wagner) 1933, 1-114, 40 Abb.
Clar E. Vorbericht über geologische Aufnahmen in der Glocknergruppe. - VBA 1930, 121-126. - Bespr. GZ 44/181.
— Zweiter Vorbericht über geologische Aufnahmen in der Glocknergruppe. - VBA 1931, 107-110. - Bespr. GZ 46A/195; Z. f. Glkde, 20, 1932, 508.
— Eine seltene Abart eines Wildwasser-Geschiebeherdes. - Geol. u. Bauwesen, 1932, H. 1, 47-49, 1 Abb.
Clessin S. Der Ampergletscher. - Korrespondenzblatt d. Zool.-min. Ver. in Regensburg, 29, 1875, 25.
— Die Ausfüllung der Alpenseen zur Zeitbestimmung der Eiszeit verwendbar. - Das Ausland, Stuttgart 1876, 518-519.
— Schnee und Eis in den Alpen. - Z. DÖAV, 1876, 1-19.
— Die Ausfüllung der Alpenseen. - Mitt. DÖAV, 1876, 280-284.
— Die Talbildung in den Alpen. - Mitt. DÖAV, 1877, 96-109.
— Hydrographisches aus den Alpen. - Z. DÖAV, 1878, 157-161.
— Die Moränenlandschaft der bayrischen Hochebene. - Z. DÖAV, 1883, 193-213.
— Eine interglaziale Konchylienfauna aus der Umgebung Münchens. - Geogn. Jh., 18, 1905, 39-42.
Cloos H. Zur Mechanik der Randzonen von Gletschern, Schollen und Plutonen. - GR 20, 1929, 66-75, 7 Fig., 1 Taf. - Bespr. Z. f. Glkde, 17, 1929, 392; GZ 41/431; NJb. 1931/2, 299.
Coaz J. Die Lauinen der Schweizer Alpen. - Im Auftr. d. eidgen. Handels- u. Landwirtsch.-Dep., Bern 1881, 147 S., 1 K., 5 Tab., zahlr. Abb. - Bespr. Mitt. DÖAV, 1880, 126; Neue Alpenpost, 12, Zürich 1880, 149; Echo des Alpes, Genève 1880, 326; Jb. SAC, 16, Bern 1881, 537; Jber. Natf. Ges. Grbd., NF, 24, Chur 1881, 124; Alpine Journ., 10, London 1882, 234; Itin. f. d. Exkursgebiet SAC, Bern 1886, 34.
— Die Lauinenschäden im Schweizerischen Hochgebirge im Winter und Frühjahr 1887/88. - Bearbeitet im Auftrag der Schw. Ind.- u. Ldw.-Depart., Bern 1889, 29 S., zahlr. Tab. - Bespr. Jb. SAC, 25, Bern 1890, 594.
— Statistik und Verbau der Lawinen in den Schweizer Alpen. Im Auftr. d. eidgen. Dep. d. Inn. bearbeitet und veröffentlicht. - Bern (Stämpfli) 1910, 127 S., 1 K. 1:250000, 31 Abb., 31 Taf. - Bespr. Ski, 6, 1910, 162; Boll. ticin. sc. nat., 6, 1910, 97; Ann. de Géogr., 20, 1911, 275; Jber. Natf. Ges. Grbd., NF, 53, 1912, 124; Jb. SAC, 46, 1911, 326.
— Erster Versuch eines Lawinenverbaues und erste

Lawinenstatistik samt Karte. – Bündn. Monatsbl., Chur 1918, 105–109.
Cobelli G. de. Alcune prove del passaggio del ghiacciaio per la Valle dell'Adige; annotazioni. – Programma d. I. R. Scuola reale sup. di Rovereto, 1877. – Bespr. Bl. 486.
— Contribuzione alla storia delle alluvioni del bacino di Rovereto. Memoria. – Progr. d. I. R. Scuola reale sup. di Rovereto, 1877, 22 S. – Bespr. Bl. 487.
— Le marmitte dei giganti della Valle Lagarina finora conosciute. Note illustrative. – IX Pub. del Mus. Civico di Rovereto, 1886, 12 S., 1 Taf. – Bespr. VRA 1886, 224; NJb. 1886/2, 364.
Cobelli R. L'Estate più calda e l'Estate più fredda a Rovereto (1882–1912). – Met. Z., 6, Wien 1913, 17 S.
— L'anno più caldo e l'anno più freddo a Rovereto in trent'un anno di osservazioni (1882–1912). – 54a Pubbl. f. p. c. d. Soc. Mus. Civ. in Rovereto, 1914, 21 S., 2 Tab.
Codara G., Mauro J. e Repossi E. I massi erratici nella regione dei tre laghi. – Pubbl. d. CAI, Sez. di Milano, Pavia 1914, 36 S. – Bespr. GZ 22/434.
Collegno G. Terrains diluviens sur le revers méridional des Alpes. – C. rend. hebd. d. séances de l'Acad. d. sc., t. 18, Paris 1844, 523–526. – Analyse in Hist. d. progr. d. l. géol. de 1834 à 1845, t. 2, Paris 1848, 235–236.
— Note sur le terrain erratique du revers méridional des Alpes. – Bull. Soc. géol. de France, s. 2, t. 2, Paris 1845, 284–303. – Analyse in Hist. d. progr. de la géol. de 1834 à 1845, t. 2, Paris 1848, 235–236.
Collet L. W. Alpine Lakes. – Scottish geogr. Mag., 38, Edinburgh 1922, 71–101.
— Les Lacs, leur mode de formation, leurs eaux, leur destin. – Paris (G. Doin) 1925, 320 S. – Bespr. Z. f. Glkde, 15, 1927, 317.
Collomb E. Quelques observations sur le terrain quaternaire du bassin du Rhin et de relations d'âge sui existent entre le terrain de la plaine et celui de la montagne. De l'origine du lehm. – Bull. Soc. géol. de France, 6, Paris 1849, 479–500. – Bespr. NJb. 1851, 728.
Comel A. Osservazioni sui ferretti vurmiani e rissiani dell'Alta Pianura Friulana. – Ann. Staz. Chim. Agr. Speriment. di Udine, 1928, 21 S. – Bespr. Boll. Soc. Geogr. It., 1930, 948.
Conci I. Nota su alcuni ghiacciai delle Alpi Aurine (Zillertaler A.) e Pusteresi (Rieserfernergruppe). – Boll. Com. Glac. Ital., 8, 1928, 167–181, 13 Fig. – Bespr. Z. f. Glkde, 16, 1928, 279; GZ 42/676; Atti Acc. Sc. Ven.-Trent.-Istr., v. 20, 1929, 6.
— Relazioni delle Campagne Glaciologiche del 1928. Gruppi Alpi Aurine e Pusteresi. – Boll. Com. Glac. It., 9, 1929, 287–288. – Bespr. GZ 45/359.
— e **Peretti L.** Relazioni delle Campagne Glaciologiche nel 1929. Gruppi Alpi Aurine e Pusteresi. – Boll. Com. Glac. It., N. 10, Torino 1930, 273. – Bespr. GZ 46A/1900.
Conci V. Rel. d. Camp. Glac. d. 1932. Alpi Atesine. Alpi Venoste orientali. – Boll. Com. Glac. It., 13, 1933, 224–226.
Conrad V. Eduard Brückner †. – Gerlds Beitr. z. Geophys., 17, 1927, 169–170.
— Klimaskizze von Tirol. – In: Die Heilwerte Tirols. Ein Wegweiser für Ärzte und Laien. Innsbruck (Tir. Ldsverksamt) 1929, 43–56.
Cornelius H. P. Geolog. Beobachtungen im Gebiete des Fornogletschers (Engadin). – Zbl. f. Min., 1913, 246–252. – Bespr. GZ 20/943; EgH 13, 1914, 630.
— Bemerkungen zur Talgeschichte von Balderschwang (Allgäu). – VBA 1929, 96–98.
— u. **Furlani-Cornelius M.** Die insubrische Linie vom Tessin bis zum Tonalepass. – Denkschr. Ak. d. Wiss. Wien, math.-natw. Kl., 102, Wien 1930, 207–302, 16 Fig., 1 K., 1 Taf. – Bespr. Anzg. Ak. d. Wiss. Wien, 67, 1930, 120.
Cornelius H. P. Vorläufiger Bericht über geologische Aufnahmen im Stubach- und Kaprunertale (Glocknergruppe). – VBA 1930, 117–121.
— Zweiter Bericht über geologische Aufnahmen in der nördlichen Glocknergruppe. – VBA 1931, 102–106.
— u. **Clar E.** Dritter Vorbericht über geologische Aufnahmen im Glocknergebiet. – VBA 1932, 75–80. – Bespr. GZ 48A/899.
— — Vierter Vorbericht über geologische Aufnahmen in der Glocknergruppe. – VBA 1933, 76–80. – Bespr. GZ 51A/406.
Corti A. Relazione della Campagna Glaciologica del 1927. Alpi Retiche: Gruppi Badile, Disgrazia, Bernina, Scalino e Gruppo Alpi Orobie. – Boll. Com. Clac. It., 8, 1928, 197–199. – Bespr. GZ 42/840.
— Momenti di storia della vedretta di Scersen. – Riv. mens. d. CAI, v. 48, 1929, 100–106. – Bespr. GZ 46A/1901.
Corti B. Breve nota sul quaternario e i terreni recenti della Vallassina e Alta Brianza. – Boll. Soc. geol. it., 9, 1890, 463–468. – Bespr. NJb. 1893/1, 532; Boll. Com. geol. d'It., 22, 1891, 73.
— Ricerche micropaleontologiche sulle argille del deposito lacustro-glaciale del lago di Pescarenico. Nota preventiva. – Boll. scient., an. 1891, Nr. 3–4, Pavia 1891. – Bespr. Boll. Com. geol. d'It., 23, 1892, 154.
— Ricerche micropaleontologiche sulle argille del deposito lacustro-glaciale del lago di Pescarenico. – Boll. Soc. geol. it., 10, 1891, 691–716. – Bespr. Boll. Com. geol. d'It., 24, 1893, 188.
— Sulle torbe glaciali del Ticino e dell'Olona: ricerche micropaleontologiche. – Boll. scient., Pavia, 1892. – Bespr. Boll. Com. geol. d'It., 24, 1893, 190.
— Il terreno quaternario di Valle di Intelvi; osservazioni geologiche. – Corr. d. Domenica, Como 1892. – Bespr. Boll. Com. geol. d'It., 24, 1893, 191.
— e **Fiorentini A.** Sulle diatomee del lago di Varese. Cenni oro-idrografici e geologici sul lago di Varese. – Boll. scient., Pavia 1892, Nr. 1. – Bespr. Boll. Com. geol. d'It., 24, 1893, 192.
Corti B. Sopra una marmitta dei giganti nella valle della Cosia. (L. di Como.) – Riv. mens. CAI, 12, Torino 1893. – Bespr. Boll. Com. geol. d'It., 25, 1894, 193.
— Di alcuni depositi quaternari di Lombardia. – R. Ist. Lomb. Milano, s. 2, v. 26, fasc. 17, 1893, 691–695; Atti d. Soc. it. di Sc. nat. Milano, 35, f. 1–2, Milano 1895, 41–135. – Bespr. NJb. 1895/2, 149; 1899/1, 535; Boll. Com. geol. d'It., 25, 1894, 194; 27, 1896, 219.
— Diatomee di alcuni depositi quaternari di Lombardia. – Boll. scientifico di Pavia, anno 15, f. 2e 3, 1894.
— Sulla scoperte di avanzi fossili di Arctomys marmotta Schreb. e Talpa europaea Lin. nel terrazzo morenico di Civiglio presso Como. – Atti Soc. it. di Sc. nat., Milano 1896, v. 35, f. 3–4, 245–247. – Bespr. Boll. Com. geol. d'It., 28, 1897, 99.

Cotta B. v. Geologische Briefe aus den Alpen. – Leipzig 1850, 328 S., 2. Aufl. „Die Alpen", Leipzig 1851, 336 S. – Bespr. NJb. 1850, 302; Bl. 6.

— Eindrücke, Reibungsflächen und Quetschungen auf Geschieben aus der Nagelfluhe der Gegend von St. Gallen. – Berg- u. Hüttenm. Ztg, 18, Nr. 38, Freiberg 1859, 348. – Bespr. NJb. 1859, 740.

Cozzaglio A. I paesaggi prealpini e le moderne idee della geologia continentale. – Boll. CAI, 32, 1899, N. 65, 327–348.

— Le moderne teorie sulla formazione dei laghi prealpini. – Comm. d. Ateneo di Brescia, 1899, 121–133.

— Ricerche sulla topografia preglaciale e neozoica del lago di Garda. – Comm. d. Ateneo di Brescia, 1900, 179–193. Continuazione ... ebd. 1902, 38–64. – Bespr. NJb. 1905/2, 100; GZ 7/617; Boll. Com. geol. d'It., 32, 1901, 180; 34, 1903, 106.

— Sul sistema glaciale benacense e sull'origine geologica della pianura fra l'Oglio e l'Adige. – Comm. d. Ateneo di Brescia p. l'a. 1914.

— Nota preliminare sul sistema glaciale del lago di Garda. – Comm. d. Ateneo di Brescia, 1915, 140–155.

— Topografia neogenica e topografia preglaciale in alcune regioni bresciane e trentine. – Atti d. Acc. d. Agiati di Rovereto, 1923, s. 4, v. 6, 63.

— Per una storia geologica delle vallate prealpine. – Comm. d. Ateneo di Brescia, 1928, 9–81.

— Dieci anni di studi sull'anfiteatro morenico del Lago di Garda. – Atti Soc. It. Progr. Sc., v. 2, Roma 1931, 252–256. – Bespr. GZ 47 A/673.

— Le formazioni glaciali del Lago di Garda. Nota preventiva. – Mem. Ateneo di Salò, 1931, 7–14.

— Studi di limnogenia benacense. Origine del Golfo di Salò. – Mem. d. Ateneo di Salò e bull. d. bibl., 2, 1931, 138–148.

Crammer H. Über den Zusammenhang zwischen Schichtung und Blätterung und über die Bewegung der Gletscher. – Zbl. f. Min., 1902, 103–107. – Bespr. GZ 3/846. S. a. Hess H.

— Eis- und Gletscherstudien. – NJb. 18. Bbd, 1903, 57–116. – Bespr. VRA 1905, 99; GZ 4/1928.

— Über Gletscherbewegung und Moränen. – NJb. 1905/2, 33–42. – Bespr. GZ 7/631.

— Die Furchung der Winterschneedecke in den Gebirgstälern. PetMitt., 1905, H. 10, 1–2. – Bespr. GZ 7/1122.

— Die Gletscher. – Aus der Natur, Friedenau-Berlin 1906, 385–390, 425–432, 467–472, 497–505. – Bespr. GZ 8/1713; Z. f. Glkde, 1, 1907, 362.

— Die Temperatur des Gletscher- und Inlandeises im Zusammenhange mit der Eisbewegung. – Z. f. Glkde, 1, 1907, 225–226. – Bespr. GZ 8/1562, 10/463.

— Probleme der Gletscherkunde. (Kritik gegen Hess.) – Z. f. Glkde, 2, 1908, 148–150. – Bespr. GZ 10/2257.

— Über Klüfte im Firnfeld. – Z. f. Glkde, 2, 1908, 60–61. – Bespr. GZ 10/1021.

— Zur Entstehung der Blätterstruktur der Gletscher aus der Firnschichtung. – Z. f. Glkde, 2, 1908, 198–212. – Bespr. GZ 11/699.

— Struktur und Bewegung des Gletschereises. (Vortr.) – Mitt. Geogr. Ges. München, 4, 1909, 97–126. – Bespr. Z. f. Glkde, 4, 1910, 77.

— Struktur und Bewegung des Gletschereises und Schuttführung. – Verh. Ges. d. Natf. Leipzig, 1910, Salzburger 81. Vers. 1909, II, 120.

— Die Moore Salzburgs und ihre Beziehungen zur Eiszeit. – Z. Ges. f. Erdkde Berlin, 1914, 302–306.

Cranz H. Die Jamtalgruppe. – Z. DÖAV, 1909, 213–237 (Geol. 217), K. 1:25000.

Credaro B. Relazione della Campagna Glaciologica del 1927. Alpi Retiche: Gruppi Badile, Disgrazia, Bernina, Scalino. – Boll. Com. Glac. It., 8, 1928, 197–198. – Bespr. GZ 42/837.

Credner R. Die geographische Verbreitung der Alpenseen. – Verh. 2. D. Geographentag, Berlin 1882, 84–93. – Auszug: Neue Alpenpost, 16, Zürich 1882, 197–198, 206–207; Gaea, 18, Köln u. Leipzig 1882, 651–658.

— Die Reliktseen. Eine physisch-geographische Monographie. 1. u. 2. T. – PetMitt., Ergh. 86, 1887, 110 S., 1 K.; 89, 1888, 51 S., 1 K.

— Das Eiszeitproblem. Wesen und Verlauf der diluvialen Eiszeit. – 8. Jber. Geogr. Ges. Greifswald, 1902, 16 S. – Bespr. NJb. 1903/2, 114; Zbl. f. Min., 1904, 280.

Crestani G. L'inverno 1928–29 nelle Tre Venezie. – Estr. Ann. idrologici, 1929, Venezia 1930, 22 S., 17 Fig.

— Il vento a Trento. – Atti Soc. It. p. i. Progr. d. Sc., XIX Riun. (Bolzano-Trento 1930), Roma 1931, v. 2, 67–68.

— La temperatura durante l'inverno nelle Tre Venezie. Breve saggio di Climatologia triveneta. – – Atti R. Ist. Ven. d. sc., lett. ed arti, t. 91, p. 2, 1931–1932, 1195–1217.

Creutzburg N. Die Formen der Eiszeit im Ankogelgebiet. – Ostalp. Formenstud., Abt. 2, H. 1, Berlin 1921, 102 S. – Bespr. NJb. 1922/1, 376; Mitt. Geogr. Ges. München, 15, 1921/22, 332; Z. f. Glkde, 14, 1926, 184; Z. Ges. f. Erdkde Berlin, 1922, 148.

— Methodik morphologischer Kartendarstellung in einem zentralalpinen Gebiet. (Begleitwort zur morph. Karte des Ankogel-Hochalmspitzgebietes.) – PetMitt., 63, Gotha 1922, 2–3, 1 K. – Bespr. GZ 29/81; Z. f. Glkde, 14, 1926, 184; NJb. 1923/1, 287.

— Morphologische Karte der Ankogel-Hochalmspitzgruppe 1:50000. – PetMitt., 1922, 2–3. – Bespr. NJb. 1923/1, 287.

Curioni G. Alcune osservazioni fatte sulla distribuzione dei massi erratici in occasione delle inondazioni nella provincia di Brescia nell'Agosto 1850. – Giorn. d. Ist. Lomb., s. 2, t. 1, Milano 1851.

Czermack R. Veränderungen am Übeltalferner, August 1890. – Mitt. DÖAV, 1890, 221–222.

— Gletscheränderung. (Hangender und Gaiswandferner, Stubaier Alpen.) – Mitt. DÖAV, 1891, 210.

Czerny J. Vier subjektive Lichtbilder. Das Salzachtal zur Eiszeit. Text von E. Fugger. – Jber. Oberrealsch. Salzburg, 1887, 23 S.

Daimer J. Die Katastrophe in den Zillertaler Alpen. – Z. DÖAV, 1879, 1–16. (Hochwasser Taufers.)

— u. **Seyerlen R.** Die Rieserfernergruppe. – Z. DÖAV, 1880, 381–427. (II. Die Gletscher, 401–404, III. Geognostisches, 404–406.)

— — Die Zillertaler Gebirgsgruppe. – Z. DÖAV, 1882, 371–413. (Gletscher 397–400.)

Dainelli G. Studi sul glaciale. – Bologna (Zanichelli) 1924.

— Olinto Marinelli e la sua opera geografica. – Udine 1927, 42 S. Mit Bibl.

Dainelli S. Il IX Congresso Geologico Internationale, l'escursione glaciale nelle Alpi Austriache. – Riv. Geogr. Ital., 11, 1904. (Höttinger Br., 24.)

Dalla Fior G. I pozzi glaciali di giardini di Trento. – Pro Cultura, Riv. bim., 1, Trento 1910, 404–408, 3 Fig. – Bespr. GZ 18/428.

— Le marmitte di Predalta presso Nago. - Pro Cultura, v. 4, Trento 1913, 152.
— Sui primi risultati ottenuti nell'analisi dei Pollini fossili di due Torbiere Trentine. (M. Bondone, 1550 m. u. P. d. Tonale, 1870 m.) - Rend. Sez. Ven. d. Soc. Bot. It. (Padova) all'Adun. 17 magg. 1931 in Nuovo Giorn. Bot. It., v. 38, n. 2, Firenze 1931, 361–362.
— Analisi polliniche di torbe e depositi lacustri della Venezia Tridentina. - Mem. d. Mus. di Stor. Nat. d. Ven. Trid., v. 1, f. 3–4, Trento 1932, 29 S., 8 Fig.
— Analisi polliniche di torbe e depositi lacustri della Venezia Tridentina. II. Torbe del Renon. III. Le argille interglaciali alle „Fornaci" di Civezzano (Trento-Alt. 480 m). - Mem. d. Mus. di Stor. Nat. d. Ven. Trid., v. 1, f. 5, Trento 1933, 17 S., 4 Abb.; 15 S., 2 Abb.
— Analisi di pollini fossili di torbiere trentine. - Communic. sed. 26 mag. 1932 Sez. Ven. (Padova) Soc. Bot. It., Nuovo Giorn. Bot. It., v. 39, Firenze 1932.
— Risultati dell'analisi di pollini fossili in torbiere della Venezia Tridentina. - Nuovo Giorn. Bot. it., n. s., v. 30, n. 2, Soc. Bot. It., Firenze 1933, 308–309.
Dalla Torre K. W. v. Schwarzer Schnee im Zillertal. - TB, Nr. 24 v. 30. 1. 1886.
Dalla Valle G. B. Le risorse idrauliche della Venezia Tridentina. - Relaz. tecn. al II Congr. naz. d. Ing. it., Roma 1931, 201–208.
Dal Piaz G. Note sull'epoca glaciale nel Bellunese. - Atti Soc. Ven.-Trent. d. Sc. nat., Padova, v. 2, f. 2, 1896, 336–347, 2 Fig., 1 Skz. - Bespr. NJb. 1899/2, 443; Boll. Com. geol. d'It., 28, 1897, 105.
— Relazione delle escursioni. - Boll. Soc. geol. it., v. 39, f. 3, Roma 1921, röm. 69–94, 7 Abb.
Dal Piaz G. B. Appunti geologici sulla regione delle Alpi Aurine e delle Vedrette Giganti (Alto Adige). - Rend. Acc. Naz. d. Linc., Cl. Sc. fis., mat. e nat., v. 10, s. 6, f. 5–8, Roma 1929, 270–273, 376, 379. - Bespr. GZ 41/1535; Studi Trent. Sc. Nat., 11, 1930, 79; NJb. 1933/2, 907.
— Ricerche geomorfologiche nell'Alto Adige orientale. Nota preventiva. - Studi Trent. Sc. Nat., an. 11, Trento 1930, f. 3, 27 S., 4 T., 2 Fig.
Damian J. Spuren früherer Vereisung auf der Marzola und Maranza. - Mitt. DÖAV, 1888, 149–151.
— Über Gletscherspuren im Tiersertale. - Z. Ferdin., 3. F., 34. H., Innsbruck 1890, 121–164. - Bespr. NJb. 1891/2, 139; PetMitt., 1892, Litber., 31.
Daublebsky R. R. v. Sterneck. Über die Eislöcher von Eppan in Tirol. - Mitt. Sekt. f. Naturkde ÖTC, 1, Wien 1889, 44–46.
Davis W. M. Glacial erosion in the Valley of Ticino. - Appalachia, 9, 2, Boston 1900, 136–156, 2 T. - Bespr. Boll. Com. geol. d'It., 32, 1901, 189.
— The sculpture of mountain by glaciers. - Scott. Geogr. Mag., 1906.
— The Alps in the glacial period. - Geogr. Journ., 34, 1909, 656ff.
Deecke W. Läßt sich der „Büßerschnee" als vereiste Schneewehen auffassen? - Globus, 87, 1905, 261–262. - Bespr. GZ 8/1031.
— Die geologische Geschichte des Rheinstromes. (Vortr.) - Monatsbl. d. bad. Schwarzwaldver., 31, Nr. 6, Freiburg i. Br. 1928, 75.
— Zur Entstehung der Kare. - Sber. Heidelberger Ak. d. Wiss., math.-nat. Kl., 1929, 9. Abh., 12 S. - Bespr. Z. f. Geomorph., 5, 1930, 136; Z. f. Glkde, 18, 1930, 240; NJb. 1930/2, 420.
— Jahreszeitliche Spuren in der geologischen Stratigraphie. - Ber. Freiburg. Natforsch. Ges., 30, Freiburg 1930, 335–352. - Bespr. GZ 45/73.
— Kritische Studien zu Glazialfragen Deutschlands. - Z. f. Glkde, 21, 1933, 283–318.
Deeley R. M. and **Parr P. H.** The Hintereis Glacier. - Phil. Mag., (6), 27, London 1914, 153–176.
Defant A. Innsbrucker Föhnstudien. II. - Denkschr. Ak. d. Wiss. Wien, 1906, 80; Anzg. Ak. d. Wiss. Wien, 43, 1906, 150–151.
— Schneedichtebestimmungen auf dem Hohen Sonnblick (3106 m). - Sber. Ak. d. Wiss. Wien, math.-nat. Kl., 117, IIa, Wien 1908, 19 S. - Bespr. Z. f. Glkde, 4, 1910, 76.
— Das Klima von Innsbruck ... - Deutsche Rundschau f. Geogr., 1912.
De Gasperi G. B. I terrazzi anteriori all'ultima fase glaciale nella pianura friulana. - In Alto, Cron. SAFr, 22, Udine 1911, 97–105. - Bespr. GZ 18/389; Boll. Com. geol. d'It., 43, 1912, f. 1, 45.
— Osservazioni sui ghiacciai delle valli di Salarno e Adamè (Valcamonica). - Riv. CAI, 31, 3, Torino 1912, 74–76. - Bespr. Boll. Com. geol. d'It., 44, 1914, f. 1, 49.
— Ghiacciai e traccie glaciali nelle Valli di Salarno e Adamè (Gruppo dell'Adamello). - Boll. CAI, v. 41, N. 74, Torino 1913, 53–80. - Bespr. Boll. Com. geol. d'It., 45, 1915, f. 1–2, 24.
— Doline alluvionali nell'anfiteatro morenico del Tagliamento. - Mondo sotterr., an. 9, N. 3, Udine 1913, 65–68. - Bespr. Boll. Com. geol. d'It., 45, 1915, f. 1–2, 25.
— Osservazioni sui ghiacciai di Pisgana, del Venerocolo e d'Avio nel gruppo dell' Adamello (Valcamonica). - Riv. CAI, v. 32, Torino 1913, Nr. 2, 46–48. - Bespr. GZ 21/851.
— I laghi alpini della Conca del Baitone (Adamello). - Mondo sotterr., an. 10, Nr. 1–3, Udine 1914, 21–32. - Bespr. GZ 37/1491; Boll. Com. geol. d'It., 46, 1916, f. 1, 31.
— Osservazioni su ghiacciai del Gruppo dell'Adamello. - Memor. Geogr. di G. Dainelli, Firenze 1922; Scritti vari di Geogr. e Geol., pubbl. postuma, 279–290, 3 T.
Deicke J. C. Eindrücke in den Geröllen des alpinischen Diluviums. (St. Gallen.) - Berg- u. Hüttenm. Ztg, 19, Leipzig u. Freiberg 1860, Nr. 41, 396.
— Die Hebung der Phonolithe und Basalte im Hegau in Bezug zu den Ablagerungen des Erratischen und Diluviums. - Berg- u. Hüttenm. Ztg, Freiberg 1861, 62–64.
— Nachträge über die Quartärgebilde zwischen den Alpen und dem Jura. - Ber. ü. d. Tätigkeit d. St. Gall. Natwiss. Ges. 1860–61, St. Gallen 1861, 17–32.
— Über Eindrücke in den Geschieben der Nagelflue und den Gesteinen der Quartärformation zwischen den Alpen der Ostschweiz und dem Juragebirge. - NJb. 1864, 315–325.
— Über Erdschlüpfe und Schlammströme mit besonderer Beziehung auf den am Fähnernberg. - NJb. 1868, 39–47.
Delebecque A. Sur les lacs de la Haute Engadine. - C. R. Ac. Sc. Paris, 28. 12. 1903, t. 137, 1311–1313. - On the Lakes of the Upper Engadine. - Geol. Mag., X, 1903, 565. - Bespr. NJb. 1906/1, 44; GZ 6/220; EgH 8, 1903, 614; Jb. Natf. Ges. Grbd., NF, 47, 223; PetMitt., 50, Litber., 174.
— Situation géologique et origine des lacs des Sept-Laux. Comparaison avec les lacs de l'Engadine et de la Bernina. Bassins rocheux ou barrages morainiques? - Bull. Serv. Carte géol. France, 15, 1907, 487–497. - Bespr. EgH 9, 1906, 193.

De Marchi L. Le variazioni periodiche dei ghiacciai. – R. Ist. Lomb. di Sc. e Lett. di Milano, 28, 1895, f. 18.

— Variazioni del livello adriatico in corrispondenza colle espansioni glaciali. – Atti Acc. Sc. Ven.-Trent.-Istr., s. 3, v. 12–13, Padova 1922, 3–15.

— Olinto Marinelli †. – Atti Acc. Sc. Ven.-Trent.-Istr., s. 3, v. 18 (1927), Padova 1928, röm. 11.

Denzler H. H. Die untere Schneegrenze während des Jahres vom Bodensee bis zur Säntisspitze. – Zürich 1855, 59 S.

Desio A. Risultati sommari di uno studio sul glaciale del bacino del Fella e dell'Isonzo. – Boll. Soc. geol. it., v. 39 (1920), f. 3, Roma 1921, röm. 109–111.

— Osservazioni glaciologiche nelle Alpi Carniche e Giulie. – In Alto, 32, Udine 1921, 1–10.

— Su di una forma particolare di ghiacciai delle Alpi Venete. – Atti VIII° Congr. geogr. ital., Firenze 1921, 42–46.

— I laghi della Val Venezia e di Sternai (Gruppo del Cevedale). – Alpi Giulie, 26, Trieste 1925, 21–31, 6 Skz., 4 Fig. – Bespr. GZ 47A/920.

— L'evoluzione morfologica del bacino della Fella in Friuli. (Studi di Geomorfologia.) – Atti Soc. it. d. Sc. nat., v. 65, 1926, Pavia (Fusi) 1927, 205–461, zahlr. Abb. – Bespr. Z. f. Glkde, 19, 1931, 209; GZ 51A/599.

— Appunti ed osservazioni sui ghiacciai del gruppo Ortles-Cevedale. (Campagne Glaciologiche del 1925 e 1926.) – Atti Soc. it. Sc. nat., v. 66, f. 3–4, Milano 1927, 209–278. – Bespr. GZ 42/350.

— e **Gortani M.** Note illustrative della carta geologica delle Tre Venezie. Foglio Pontebba. – Pubbl. Min. d. Lav. Pubbl., Uff. Idrogr. d. R. Mag. a. Acque, Sez. Geol., Padova 1927, 1 K. u. Prof. 1:100000. – Bespr. GZ 47A/1208.

Desio A. Relazione della Campagna Glaciologica del 1927. Alpi Retiche: Gruppo Ortles-Cevedale. – Boll. Com. Glac. It., 8, 1928, 199–201. – Bespr. GZ 42/842.

— Su alcuni bacini lacustri singlaciali della Lombardia. – Natura, v. 19, Milano 1928, 158–166, 5 Skz. – Bespr. Z. f. Glkde, 19, 1931, 207; GZ 45/371.

— Nuove ricerche sui ghiacciai del Gruppo Ortles-Cevedale. – Atti Soc. it. Sc. nat., v. 67, Milano 1928, 98–124, 6 Bilder. – Bespr. GZ 41/1548, 42/351; Z. f. Glkde, 19, 1931, 191.

— Relazioni delle Campagne Glaciologiche del 1929. Gruppo Ortles-Cevedale. – Boll. Com. Glac. It., 9, 1929, 280–281. – Bespr. GZ 45/163.

— Relazioni delle Campagne Glaciologiche del 1930. Gruppo Ortles-Cevedale. – Boll. Com. Glac. It., 11, 1931, 243–246. – Bespr. GZ 51A/424.

Desor E. Quelques considérations sur la classification des lacs à propos des bassins du revers méridional des Alpes. – Atti d. Soc. Elv. d. Sc. Nat., riun. Lugano 1861, 15 S.

— Über die Entstehung der Alpenseen. – Verh. Schw. Natforsch. Ges., Versammlung Samaden 1863, 43.

— Die Beziehungen der Eiszeit in den Alpen zur pliozänen Formation von Oberitalien. – Verh. Schw. Natf. Ges. Chur 1874, 105–121, Chur 1875; Abdruck: Gaea, 1875, 714–723; Neue Alpenpost, Zürich 1875, 162–163. – Bespr. Z. f. d. ges. Natwiss., NF, 12, Berlin 1875, 208.

— Le paysage morainique, son origine glaciaire et ses rapports avec les formations pliocènes d'Italie. – Neuchâtel, 1875, 1–94, 2 K.

— Controverse glaciaire. – Arch. d. Sc. d. l. Bibl. Univ. Genève, Décemb. 1876.

De Stefani C. Il ghiacciaio del Brenta e gli altri ghiacciai dei Sette Comuni. – Boll. CAI, 41, 1912/13, Torino 1913, 81–111. – Bespr. Pro Cultura, 5, Trento 1914, 71.

De Stefani St. Del Bacino torboso al Vallese presso Verona e degli avanzi preistorici che vi si rinvengono. – Atti Acc. d'Agr., Comm. ed Arti di Verona, sed. 8 luglio 1869.

Deye A. Kriegsbilder aus den Hochalpen. – Z. DÖAV, 1917, 162–176, 6 Abb.

Diener C. Beobachtungen an den Gletschern des Schwarzensteingrundes. – Mitt. DÖAV, 1883, 77–78.

— Vom Schwarzensteinkees. – Mitt. ÖDAV, 1883, 325.

— Studien an den Gletschern des Schwarzensteingrundes. – Z. DÖAV, 1885, 13 S. – Bespr. NJb. 1886/2, 98.

— Beobachtungen an den Gletschern des Schwarzensteingrundes im September 1884. – Mitt. DÖAV, 1885, 60–61.

— Firn- und Gletscherbildungen in den Sextener Dolomiten. – Mitt. Geogr. Ges. Wien, 1889, 515–518, 1 Skz.

— Die Friulaner Alpen. – In: E. Richter, Die Erschließung der Ostalpen, 3, Berlin 1894, 546–553.

— Alpengletscher ohne Oberflächenmoränen. – VRA 1895, 222–231.

— Zur Erinnerung an Friedrich Simony. – Mitt. Geogr. Ges. Wien, 39, 1896, 761–769.

— Friedrich Simony. – Österreich. Alpenzeitung, 37, 917.

Di Ricco G. e **Melli A.** Caratteri pluviometrici delle regioni italiane durante il periodo estivo. – In: Il Servizio idrogr. Ital., 21 S., 7 Fig., 5 Taf. – XV Congr. Internat. di Navig. Venezia 1931, Roma, 119–139.

Distel L. Zum heutigen Stand der Frage über den Taltrog. – Mitt. Geogr. Ges. München, 4, 1909, 139–140.

— Schliffkehle und Taltrog. – PetMitt., 1912, II, 328–329. – Bespr. NJb. 1912/2, 279.

— Die Formen alpiner Hochtäler, insbesondere im Gebiet der Hohen Tauern und ihre Beziehung zur Eiszeit. – Mitt. Geogr. Ges. München, 7, 1912, 1–130, Ldskdl. Forschgen, 13. – Bespr. NJb. 1913/2, 278; Mitt. Geogr. Ges. Wien, 1912, 402; Mitt. DÖAV, 1915, 54; Geogr. Z., 18, 1912, 708.

— Zur Entstehung des alpinen Taltroges (am Beispiel der Hohen Tauern). – Verh. XVIII. D. Geogrtag Innsbruck, 1912, 141–154. – Bespr. NJb. 1913/2, 278; Natwiss. Wochenschrift, NF, 11, 1912, 573; Geogr. Z., 18, 1912, 459.

— Die Bestimmung der Firnlinie. – PetMitt., 67, Gotha 1921, 122.

— Bergschrund und Randkluft. – In: Freie Wege vergleichender Erdkunde, Festgabe Drygalski z. 60. Geburtstag, München 1925, 4 S. – Bespr. Z. f. Geomorph., 1, 1926, 345.

— Wandel der Anschauung über die Entstehung der Kare in den Ostalpen. – Mitt. Geogr. Ges. München, 22, 1929, 259–261.

Dittus W. Die von Prof. Dr. Penck-Wien in der Memminger Gegend entdeckte 4. Vergletscherung. – Jh. d. Ver. f. vaterl. Naturkunde Württemberg, 57, 1901, 113–114.

Diwald K. Glazialmorphologische Probleme in ihrer Beziehung zu der Lehre von den Eintiefungsfolgen. – Die Eiszeit, 3, Leipzig 1926, 21–46, 18 Abb. – Bespr. GZ 42/1311; PetMitt., 75, 1929, 207.

— Die Lösung hochalpiner Formen. (Morphogenese des oberen Rosannagebietes und ihre Beeinflußung durch die Eiszeit.) – Die Eiszeit, 4, 1927, 26–73.

Dobbert M. Neue Ansichten über Eiszeit und postglaziale Klimaschwankungen. – Geogr. Anzg., 31, 1930, 327ff.

Döhler K. Revision der Gletschermarken in der südlichen Venedigergruppe und in der Glocknergruppe 1912. – Z. f. Glkde, 7, 1913, 340–344. – Bespr. GZ 21/1538.

— Gletscherbeobachtungen im Silvrettagebiet, am Langtauferer, Angelus und Laaser Ferner. – Z. f. Glkde, 9, 1915, 76–78.

— Gletscherbeobachtungen in der Ortlergruppe im Sommer 1914. – Z. f. Glkde, 10, 1917, 119–120.

— Nachmessungen an den Gletschern der Nordseite der Hohen Tauern im Sommer 1918. – Z. f. Glkde, 11, 1920, 138–141.

Dolomiten. Wissenschaftl. Untersuchg über die Eisbedeckung der –. (F. C. Schulz.) – Mitt. DÖAV, 1906, 61.

Domsch P. Gletscherbeobachtungen in den Zillertaler Alpen. – Mitt. DÖAV, 1897, 277; 1899, 8–9; 1900, 224–226.

Donadini G. Delle rocce di alluvione moderne o postdiluviali della provincia Bergamasca. – Pavia (Fusi) 1844.

Dorno C. Grundzüge des Klimas von Muottas-Muraigl (Oberengadin). – Eine meteorol.-physikal.-physiolog. Studie. – Braunschweig (Vieweg) 1927, 172 S. – Bespr. Geogr. Z., 37, 1931, 52.

— Tägliche, jährliche und säkulare Schwankungen der Sonnenstrahlung in Davos. – Rapp. 1. Conf. int. lumière, Paris 1928, 59–95. – Bespr. Z. f. Glkde, 18, 1930, 277.

— Bioklimatische Probleme. – Bäderalmanach, 15, 1930, 167–178.

— Das Klima von Agra (Tessin). – Braunschweig (Vierweg) 1934, 56 S., 7 Abb., 41 Tab. – Bespr. Die Umschau, 38, 1934, H. 44, 885.

Dörrenhaus F. Das deutsche Land an der Etsch. Eine geographische Landeskunde. – Herausgeg. v. DÖAV, Innsbruck-Wien-München (Tyrolia) 1933, 183 S., 113 Abb. – Bespr. PetMitt., 80, 1934, 92; Geogr. Z., 40, 1934, 235; Tir. Heimatbl., 12, 1934, 40.

Droste B. Die elfjährige Sonnenfleckenperiode und die Temperaturschwankung auf der nördlichen Halbkugel in jahreszeitlicher und regionaler Differenzierung. – Meteor. Z., 1924, 261–268. – Bespr. Z. f. Glkde, 15, 1927, 246.

Drygalski E. v. Die Geoiddeformationen der Eiszeit. – Z. Ges. f. Erdkde Berlin, 22, 1887, 189—280, 16 Fig. – Bespr. NJb. 1889/1, 68.

— Über Bewegungen der Kontinente zur Eiszeit und ihren Zusammenhang mit den Wärmeschwankungen in der Erdrinde. – Verh. 8. D. Geogrtag Berlin, 1889, 19 S. – Bespr. NJb. 1890/2, 235.

— Zur Frage der Bewegung von Gletschern und Inlandeis. – NJb. 1890/2, 163–184.

— Die Eisbewegung, ihre physikalischen Ursachen und ihre geographischen Wirkungen. – PetMitt., 1898, H. 3, 10 S. u. Z. DGeolGes., 50, 1898, Prot., 5–10.

— Über die Struktur des grönländischen Inlandeises und ihre Bedeutung für die Theorie der Gletscherbewegung. – NJb. 1900/1, 71–86.

— Struktur und Bewegung des Eises. – NJb. 1901/1, 37–48.

— Die Entstehung der Trogtäler zur Eiszeit. – PetMitt., 1912, II, 8–9. – Bespr. NJb. 1913/2, 279.

— Der glaziale Taltrog. – PetMitt., 1912, II, 329–330. – Bespr. NJb. 1913/2, 279.

— Beobachtungen an Gletschern und Inlandeis. – In: Lehrb. d. prakt. Geol. v. Keilhack, 3. Aufl., Stuttgart 1916, 1. Bd, Kap. 35, 300–317.

— Das Eiszeitalter nach Paul Woldstedt. – Die Naturwissenschaften, 18, 1930, H. 18, 377–380.

— Die Gliederung der Eisformen. – PetMitt., Ergheft Nr. 209, 1930, 157–165. – Bespr. GZ 43/175.

Dücker F. Frh. v. Die Eisperiode in Europa. Drift- und Gletschertheorie, als neue geologische Streitsätze behandelt. – Minden (Bruns) 1881. – Bespr. Mitt. DÖAV, 1882, 95.

Dürr L. Erratisches zwischen Amper und Mangfall. – Allgem. Ztg, München 1873, Beilage Nr. 83.

— Einiges über die Alpenflora, speziell über das Wachstum der Gletscherblumen. – Mitt. DÖAV, 1897, 231–233.

Eberl B. Zur Gliederung und Zeitrechnung des alpinen Glazials. – Z. DGeolGes., 1928, Mber., 107–117. – Bespr. GZ 39/730; Z. f. Glkde, 17, 1929, 269.

— Zur Chronologie und Gliederung des Eiszeitalters im Bereiche des alpinen Glazials. – Anthrop. Anzg., 5, 1928, 250–259.

— Die Eiszeitenfolge im nördlichen Alpenvorlande. – Augsburg (Filser) 1930, 427 S., 19 Abb., 2 T., 1 K. – Bespr. Gerlds Beitr. z. Geophys., 26, 1930, 365; Z. f. Glkde, 18, 1930, 353; GZ 43/1660; Geogr. Z., 37, 1931, 375; Zbl. f. Min., Abt. B, 1930, 351; Mitt. Geogr. Ges. München, 24, 1931, 215; PetMitt., 77, 1931, 99; Reichspost (Wien) v. 1. 6. 1930; NJb. 1930/2, 721; Z. Ges. f. Erdkde Berlin, 1932, 314.

— Die Gliederung und Chronologie des alpinen Glazials im Bereich des Lech- und Illergletschers. – Forschgen u. Fortschr., 1931, 100–101, 2 Abb.

Ebers E. Die bisherigen Ergebnisse der Drumlinforschung. – NJb. 1926, Bbd 53, Abt. B, 153–270.

— Das Eberfinger Drumlinfeld. – Geogn. Jh., 39, 1926, 47–86, 1 K. – Bespr. NJb. 1928/2, 641.

— Warum entstehen Drumlins nicht aus Gletscherspalten? – Zbl. f. Min., Abt. B, 1930, 192–194. – Bespr. GZ 43/185.

— Unvollendete Drumlinlandschaften des Inngletschers und was sie vom Bildungsvorgang der Drumlins berichten. – Zbl. f. Min., Abt. B, 1931, 28–34, 3 Abb. – Bespr. GZ 45/546.

— Eiszeitliche Landschaftsbilder. – Kosmos, 28, 1931, 390–393, 5 Abb. – Bespr. NJb. 1933/2, 641.

— Wanderungen im Isargletschergebiet. Über den Münsinger Höhenrücken. – Münchner Neueste Nachr., April 1931, 3 Sp., 2 Abb.

— Wanderungen im Isargletschergebiet. Das Gleißental – ein Denkmal der Erdgeschichte. – Münchner Neueste Nachr., Nr. 109 v. 23. 4. 1931, 15–16, 2 Abb.

— Wanderungen im Inngletschergebiet. Die Jungmoränenlandschaft bei Kirchseeon und Ebersberg. – Münchner Neueste Nachr., Nr. 142 v. 28. 5. 1931, 3 Sp., 2 Abb.

— Die Innterrassenlandschaft von Gars. Wanderungen im Inngletschergebiet. – Münchner Neueste Nachr., Nr. 204 v. 30. 7. 1931, 3 Sp., 1 Abb.

— Obergünzburg und Günztal. Wanderung im Lech-Illergletschergebiet. – Münchner Neueste Nachr., Nr. 255 v. 1931, 3 Sp., 2 Abb.

— Über erloschene Seen im Salzachgletschergebiet. – Mitt. Geogr. Ges. München, 25, 1932, 77–82, 1 Skz. – Bespr. GZ 48A/1883; NJb 1933/2, 80.

— Ein Tag an den Osterseen. In der Landschaft des „Toteises". – Münchner Neueste Nachr., Nr. 196 v. 1932, 3 Sp., 1 Abb.
— Wanderungen im Inngletschergebiet. Nach Haag und zum Inndurchbruch bei Königswart. – Münchner Neueste Nachr., Juli 1932, 3 Sp., 2 Abb.
— Die Eiszeit im Landschaftsbilde des bayerischen Alpenvorlandes. – Deutsche Landschaftskde, 2. Bd, München u. Berlin (Beck) 1934, 167 S., 30 Abb. – Bespr. Mitt. DÖAV, 1934, 197.
Eckardt W. R. Das Klimaproblem der geologischen Vergangenheit und historischen Gegenwart. – Wissenschaft, 31. H., Braunschweig 1909. – Bespr. Mitt. DÖAV, 1910, 57.
— Die Veränderungen des Klimas seit der Eiszeit. – Die Umschau, 15, Nr. 47, Frankfurt a. M. 1911, 982–985. – Bespr. Ber. Schw. Botan. Ges., 21, 1912, 37.
— Die Veränderungen des Klimas seit dem Maximum der letzten Eiszeit. – Geogr. Z., 17, 1911, 378–386.
— Die Einheitlichkeit der diluvialen Eiszeit vom meteorologisch-klimatologischen Standpunkt. – Prometheus, 23, Leipzig 1911/12, 201–204.
— Pflanzengeographische Probleme unter besonderer Berücksichtigung der Eiszeit und des Akklimatisationsproblems der Pflanzen. – Prometheus, 25, Leipzig 1914, 321–325, 342–347. – Bespr. GZ 21/1182.
— Das Klimaproblem der permokarbonen Eiszeit unter besonderer Berücksichtigung der Forschungen Fritz von Kerners. – GR 9, 1918, 30–46. (S. Kerner.)
— Über das Klima der diluvialen Eiszeit und der Interglazialzeiten. – Nat. Wochenschr., NF, 17, 1918, 553–563. – Bespr. GZ 24/973.
— Ist die diluviale Eiszeit durch Polverschiebungen zu erklären? – PetMitt., 69, 1923, 117.
— Kritik des paläothermalen Problems. – PetMitt., 74, 1928, 331–333. – Bespr. Z. f. Glkde, 17, 1929, 280.
Eder W. Geologie des bayerischen Hochlandes. – In: Die Bayerischen Alpen, Grieben-Führer f. Natur u. Kunst (V. Goldschmidt), Berlin 1926, 7–57, 13 Abb.
Egger E. Gehalt des Rheinwassers an suspendierten und gelösten Substanzen. – Notizblatt d. Ver. f. Erdkde, 4, 1887, 20–21. Auszug: Gaea, Leipzig 1887, 513.
Ehrenberg K. Tierleben Österreichs in der Eiszeit. – Vortr. Ver. z. Verbr. natwiss. Kenntn. in Wien, 1926, 15 S.
Einsele H. Aus dem Reiche der „Sciora". Bergfahrten in den Bergeller Bergen: Vom Forno zur Albigna und Bondasca. – Z. DÖAV, 1932, 194–208, 13 Abb.
Eisenmenger G. Les vallées et les grandes lacs des Alpes. – Bull. Sect. vosgienne, Club Alp. franç., Nancy 1908; Ann. Géogr., Paris, 18, 1908, 93.
— Surcreusement glaciaire du lac de Garde (Italie). – C. R. Ac. Sc., v. 149, Paris 1909, 749–750. – Bespr. GZ 14/462; Boll. Com. geol. d'It., 41, 1910, 203.
Eiszeit. Bemerkungen über die – im südlichen Deutschland. (Sammelreferat.) – Mitt. DÖAV, 1876, 151–154.
— Die – in Münchens Umgebung. – Münchner Neueste Nachr., 381/5, 1920, 6 Sp.
Eiszeiten und tropisches Klima der Vergangenheit. – Gaea, 41, 5, Leipzig 1905, 6 S.
Eiszeittheorie. Vater der –. (P. Perraudin.) – Mitt. DÖAV, 1900, 109.
Ekhart E. Einiges zur Statistik des Innsbrucker Föhns. – Met. Z., 49, 1932, 452–459.
— Klima von Innsbruck. – Ber. Natw.-med. Ver. Innsbruck, 43–44, 1931/32–1933/34, Innsbruck (Selbstverlag) 1934, 245–359, 73 Tab., 6 Fig.
Eisler E. Etwas aus der Geschichte der Innsbrucker Nordkette. – In: Die Hungerburgbahn und das Karwendelgeb. von Zirl bis Hall (R. Greussing). – Innsbruck 1909, 18 S.
Emden R. Über das Gletscherkorn. – Denkschr. Schw. Natf. Ges., 33, Zürich 1892, 44 S., Preisschrift. – Bespr. NJb. 1895/1, 46.
Emmert B. Bibliografia della Venezia Tridentina, 1929. – Soc. p. gli Stud. Trent., Trento 1930. – Bespr. Studi Trent. Sc. Stor., 11, 1930, 294.
Emmrich H. Geologische Geschichte der Alpen. Gletscher, Urzeit, Trias. – In: Schaubach, Deutsche Alpen, 2. Aufl., 1. Teil, Jena 1873, 549–852. – Bespr. VRA 1872, 31; 1873, 302.
Engelmann R. Talnetzstudien. – JbBA 1933, 189–198, 4 Abb. – Bespr. GZ 51 A/114.
Enquist F. Der Einfluß des Windes auf die Verteilung der Gletscher. – Bull. Geol. Inst. Upsala, 14, 1917, 1–108, Skizze: Höhenlage der Vergletscherungsfläche in die Schweiz u. Verteilung. O. M. – Bespr. Natwiss. Wochenschr., 17, 1918, 170–172; NJb. 1917/1, 235; GZ 25/1613.
Erb L. Geolog. Spezialkarte von Baden. Erläuterungen zu Blatt Hilzingen (Nr. 146). Mit einem prähist. Beitr. v. G. Kraft und K. Sulzberger (1:25000). – Freiburg i. Br. (Herder) 1931, 115 S., 10 Abb.
Eredia F. Osservazioni pluviometriche raccolte nel quinquennio 1916–1920 v. 6. Bacini imbriferi della Regione Veneta. – Min. d. Lav. Pubbl., serv. idrogr., Roma 1930, 110 S.
— Sulle particolarità climatologiche nella Valle dell'Adige. – Atti Soc. It. p. i. Progr. d. Sc., 19 riun. Bolzano-Trento 1930, Roma 1931, 58–60.
Erhardt W. Der Staufen. Geolog. Aufnahme der Berge zwischen Reichenhall und Inzell. – Inaugdiss. Univ. München; Wissensch. Veröff. DÖAV, 11, Innsbruck 1931, 50 S., K. 1:25000, 1 Skz., 9 Abb. – Bespr. Z. f. Glkde, 20, 1932, 507; Z. Ges. f. Erdkde Berlin, 1932, 315.
Erosion. Über die – und die transportierende Wirkung reißender Ströme, welche Gletscherzuflüsse erhalten. – Compt. rend. Acad. d. sc., 113, Paris, 235. – Bespr. Mitt. Geogr. Ges. Wien, 1891, 409.
Erratische Blöcke in Chur. – Alpenpost (W. Senn), 5, Glarus 1873, 78.
Ertl H. Neue Bergfahrten in der Ortlergruppe (Königsspitze und Ortler). – Z. DÖAV, 1932, 300–313, 2 Abb.
Escher v. d. Linth A. Beiträge zur Kenntnis der Tiroler und Bayrischen Alpen. – NJb. 1845, 536–561.
— Über die erratischen Granitblöcke mit den Gesteinen des Stammortes verglichen. (Albula- u. Juliergranit.) – Verh. Schw. Natf. Ges., Vers. Winterthur 1846 (1847), 46–54. – Bespr. NJb. 1848, 613.
Etschmann F. Aus der Vorzeit unserer Täler. – Tiroler Anzeiger, Nr. 166 v. 21. 7., Nr. 175 v. 1. 8. 1928.
— Die Inntalterrassen. – Tiroler Anzeiger, Nr. 182, Innsbruck, 9. 8. 1930.
Ettingshausen C. Frh. v. Über die fossile Flora der Höttinger Breccie. – Sber. Ak. d. Wiss. Wien, 90, 1. Abt., 1885, 260–273, 2 Taf. – Bespr. NJb. 1885/2, 135.
Etudes glaciologiques. Tirol autrichien, massif de

Grandes Rousses. (Beiträge v. G. Flusin, Bernard, C. Jakob, J. Offner.) - Grenoble 1909, 118 S., 3 K.

Euringer G. Die Palagruppe. - In: E. Richter, Die Erschließung der Ostalpen, 3, Berlin 1894, 399-441.

Fabiani R. La fauna fossile della grotta di S. Bernardino nei Colli Berici. - Atti R. Ist. Ven., 62, Venezia 1903, 657-671.

— Nota preventiva sui Mammiferi quaternari della Regione Veneta. - Atti Acc. Sc. Ven.-Trent.,-Istr., s. 3, v. 7, Padova 1915, 271-278. - Bespr. GZ 22/278.

— I Mammiferi quaternari della regione Veneta. - Mem. Ist. Geol. R. Univ. di Padova, v. 5, Padova 1919, 174 S., 30 T.

— Note illustrative della Carta geologica delle Tre Venezie, Foglio Verona. - Uff. Idr. d. R. Mag. a. Acque, Sez. geol., Padova 1930, 37 S., 1 Proftaf.

Fabrini E. Sopra due Felis di Romagnano. - Boll. Soc. geol. it., 14, f. 2, Roma 1896, 164-169, 1 Taf.

Facilides C. Beitrag zur Entstehung des Büßerschnees. - Mitt. DÖAV, 1904, 260-261.

Falb R. Über Erdbeben. Kritische Tage. Sintflut und Eiszeit. - Wien (Hartleben) 2 Bde, 1894. - Bespr. Mitt. DÖAV, 1895, 22.

Falbesoner H. Der Fernpaß und seine Umgebung in Bezug auf das Glazialphänomen. - XI. Progr. des fürstbisch. Privatgymn. Brixen, 1886, 41 S. - Bespr. NJb. 1887/2, 298; Bl. 688.

Falke H. Das Oberbergtal. Eine landeskundliche Beschreibung eines alpinen Hochtales mit morphologischen Ausblicken. - Diss. Hamburg, 1934, 44 S., 1 Skz.

Falkner Chr. u. **Ludwig A.** Beiträge zur Geologie der Umgebung St. Gallens. - Jber. St. Gall. Nat. Ges., 1901/02, 474-620, 1 K.; 1903, 374-435. - Bespr. EgH 9, 1906, 284; GZ 4/1736, 6/629; PetMitt., 51, Litber., 102.

Falkner Chr. Vorläufige Mitteilungen aus dem Gebiete des Rheingletscherarmes St. Gallen-Wil. - EgH 9, 1906, 382-383; Verh. Schw. Nat. Ges., 89. Jvers. St. Gallen, 1906, 55. - Bespr. NJb. 1910/1, 289; EgH 10, 1908, 460; Z. f. Glkde, 2, 1908, 316.

— Le bras du glacier du Rhin qui passait par Saint-Gall et Wyl. - C. R. Soc. helv. d. sc. nat. 89e sess. à S. Gall.; Arch. ..., t. 22, Genèe 1906, 337-339. - Bespr. EgH 9, 1906, 750.

— Die südliche Rheingletscherzunge von St. Gallen bis Aadorf. - Jb. St. Gall. Nat. Ges., 1908/09, 190-263, K. 1:100000; Inaugdiss. Zürich, 1910. - Bespr. EgH 11, 1910, 678; Mitt. Natf. Ges. Thurgau, H. 19, 137-140.

Fankhauser F. Über Lawinen und Lawinenverbau. - Die Alpen, 5, Nr. 1, 1929, 2-15, 12 Fig.

Fantoli G. Alcune note di idrografia sulla estensione dei ghiacciai nel dominio dei nostri fiumi alpini, sul tributo e sul regime delle acque glaciali. - Ann. d. util. d. ac., Roma 1925, v. 2, n. 3-4. (S. a. Marinelli.)

Fauth Ph. Hörbigers Glazialkosmogonie. - Kaiserslautern 1913.

— Die Welteislehre Hanns Hörbigers und was sie leistet. - Aus der Heimat, 37, H. 9, 1924. - Bespr. GZ 31/1054.

Favero V. La formazione dei terreni quaternari del Bassanese in ordine di fenomeni glaciali dell'epoca glaciale. - Bassano 1883.

Favre A. On the origine of the alpine lakes. - Phil. Mag., 4, 29 u. Bibl. univ. Genève, 12, 1865.

— Note sur les terrains glaciaires et postglaciaires des revers méridional des Alpes dans le Canton du Tessin et en Lombardie. - Arch. d. sc. phys. et nat., 55, Genève 1876, 24-34, 1 K. - Bespr. VRA 1876, 191.

Faye H. Note sur la période glaciaire. - Compt. rend. Acad. d. sc., 109, Paris 1889, 287. - Bespr. NJb. 1891/1, 130.

Fels E. Der Plansee. (Eine geogr. Studie.) - Mitt. Geogr. Ges. München, 8, 1913, 381-463; Ldskdl. Forschgen, H. 20, 1913. - Bespr. NJb. 1915/1, 120; Geogr. Z., 20, 1914, 418.

— Gehängebreccien im Karwendelgebirge. - Z. Ges. f. Erdkde Berlin, 1920, 307.

— Kare und Wände im Landschaftsbilde des Karwendelgebirges. - Der Sammler, Beilage der München-Augsburger Abendzeitung, Nr. 150 v. 30. 12. 1920.

— Die Kare der Vorderen Karwendelkette. - München (Riedel) 1921, 17 S. u. 18. Jber. S. Hochland DÖAV, 1920. - Bespr. Z. Ges. f. Erdkde Berlin, 1921, 228.

— Vermessung und Morphologie des Walchensee-Beckens. - Arch. f. Hydrobiologie, 6, 1928, 7-56, K. 1:20000. - Bespr. Z. f. Geomorph., 3, 1928, 313; Mitt. Geogr. Ges. München, 1928, 1. H., 172; Z. Ges. f. Erdkde Berlin, 1928, 154; Z. f. Glkde, 16, 1928, 293; PetMitt., 74, 1928, 361.

— Das Problem der Karbildung in den Ostalpen. - PetMitt., Ergzgsh. 202, 1929, 85 S., 30 Abb. - Bespr. Mitt. DÖAV, 1929, 136; Z. f. Geomorph., 1929, 257; Z. f. Glkde, 17, 1929, 402; Mitt. Geogr. Ges. München, 22, 1929, 259; Geogr. Z., 36, 1930, 183; PetMitt., 76, 1930, 96; NJb. 1930/2, 418; Z. Ges. f. Erdkde Berlin, 1930, 152; GZ 43/365; GR 21, 1930, 72.

— Die Mittenwaldbahn. - Einleitung zu Meyers Reiseführer, Mittenwaldbahn, 1932, röm. 8-11.

— Probleme der glazialen Abtragungslandschaft. (Vortr.) - PetMitt., 1934, H. 7/8, 223.

Fenaroli L. Relazione della Campagna Glaciologica del 1927. Alpi Retiche: Gruppo Tambò-Suretta-Stella. - Boll. Com. Glac. It., 8, 1928, 195-197. - Bespr. GZ 42/841.

— Relazioni delle Campagne Glaciologiche del 1928. Alpi Retiche. Gruppo Tambò-Suretta-Stella (Val San Giacomo). - Boll. Com. Glac. It., 9, 1929, 271-273. - Bespr. GZ 45/155.

— Relazione della Camp. Glac. del 1929. Alpi Retiche. Gruppo Tambò-Suretta-Stella. - Boll. Com. Glac. It., 10, 1930, 246-247. - Bespr. GZ 46A/1903.

Ferrari A. Paesaggi locarnesi al lume della morfogenetica e della geografia descrittiva. - Boll. Soc. Tic. d. Sc. Nat., 24, Lugano 1929, 113-119; 25, 1931, 78-85.

— Pontebrolla et les formes du paysage. Essai d'interprétation scientifique. - Boll. Soc. Tic. Sc. Nat., 26, Lugano 1931, 137-146.

Ferri G. Il clima di Lugano nel cinquantennio 1864-1914. - Boll. Soc. Ticin. sc. nat. 1913/14, Lugano 1915, 29-52.

Feruglio E. La temperatura di alcune sorgenti dell'anfiteatro morenico del Tagliamento. - Mondo sotterr., an. 10, N. 1-3, Udine 1914, 33-39. - Bespr. Boll. Com. geol. d'It., 46, 1917, f. 1, 44.

— L'insufficienza della teoria termica per spiegare i movimenti dei ghiacciai. - In Alto, SAFr, 25, N. 5-6, Udine 1914, 128-129. - Bespr. Boll. Com. geol. d'It., 46, 1916, f. 2-3, 45.

— Le traccie glaciali nel bacino di Erto e presso

Cimolais (Prealpi Carniche). - Boll. Soc. geol. it., v. 39 (1920), f. 3, Roma 1921, röm. 101–103.
— La carta geoagrologica dell'anfiteatro morenico del Tagliamento. - Actes d. l. 4 Conférence int. de pédologie, v. 3, Roma 1926, 517–522.
— Nuove ricerche sul quaternario del Friuli. - Giorn. di Geol., s. 2, v. 4, 1929, 1–36. - Bespr. Boll. Soc. Geogr. It., v. 7, 1930, 948; GZ 45/367.
— Una visita alle morene antiche del Garda. - Giorn. di Geol., s. 2, v. 4, Bologna 1929, 37–48, 3 Fig. - Bespr. GZ 45/542; Z. f. Glkde, 19. 1931, 356; Boll. Soc. Geogr. It., 1930, 948.
Feruglio G. Due salite nelle Alpi Venete-Tridentine. Il Pelmo, la Tofana e i loro ghiacciai. - In Alto, 1909.
— Una visita al ghiacciaio orientale dell'Antelao. - In Alto, 1909.
Fessler A. Das Klima von Innsbruck. - Met. Z., Wien 1907 und Innsbruck 1908, 96 S.
Feurstein P. Geschichte des Viller Moores und des Seerosenweihers an den Lanser Köpfen bei Innsbruck. - Beihefte z. Bot. Zentralbl., 1934, 477–526, 3 Taf., 11 Abb.
Ficker H. v. Winterschnee und Lawinenbildung. - Österr. Alpenztg, 27, Wien 1905, 678–685.
— Innsbrucker Föhnstudien. I. Beitrag zur Dynamik des Föhns. - Wien 1905, 81 S. - IV. - Denkschr. Ak. d. Wiss. Wien, 78, 1905; 85, 1910. S. a. Met. Z., 1910–1912.
— Klimatographie von Tirol und Vorarlberg. - Wien (Gerold) 1909, 162 S., 1 K. - In: Klimatogr. v. Österr., herausgeg. v. d. Zentralanstalt f. Met. u. Geodyn.
— Über die Entstehung der Föhnstürme auf der Nordseite der Alpen. - Met. Z., 45, 1910, 439–451, 6 Fig.
— Die Erforschung der Föhnerscheinungen in den Alpen. Eine meteorol. Studie. - München 1912, 25 S. u. Z. DÖAV, 1912, 53–77.
— Wo findet man in den deutsch-österreichischen Alpen einen Ersatz für Davos? - Met. Z., 38, 1921, 307–309.
— Der Innsbrucker Föhn. - Alpenfreund, 6, 15/16, München 1925, 7 S.
Fink J. Die Verkarstung unserer Hochalpen und der Gletscherrückgang. - Reichspost, Nr. 199 v. 1929.
— Waldrückgang und Gletscherschwund. - Tiroler Anzeiger, Nr. 62, Innsbruck 1930.
Fink W. Ein weiterer Gletscherschliff am Tegernsee. - Geognost. Jh., 1909, 286–288. - Bespr. GZ 17/504.
Finsterwalder R. Begleitworte zur Karte der Loferer Steinberge. - Z. DÖAV, 1925, 225–232.
— Begleitworte zur Karte der Glocknergruppe. - Z. DÖAV, 1928, 69–87.
— Geschwindigkeitsmessungen an Gletschern mittels Photogrammetrie. - Z. f. Glkde, 19, 1931, 251–262, 2 Fig. - Bespr. GZ 46A/233, 1345.
Finsterwalder S. Beobachtungen am Gliederferner. - Mitt. DÖAV, 1885, 247–248.
— u. **Schunck H.** Beobachtungen am Suldenferner. - Mitt. DÖAV, 1886, 212–213.
Finsterwalder S. Rosenheim, sein Alpenvorland und seine Berge. - Rosenheim 1886.
— u. **Schunck H.** Der Suldenferner. - Z. DÖAV, 1887, 70–89, K. 1:10000.
Finsterwalder S. Zur Praxis der Gletscheraufnahmen. - Mitt. DÖAV, 1887, 88–90.
— Der Gliederferner. - Z. DÖAV, 1888, 8 S., K. 1:10000.
— u. **Schunck H.** Der Gepatschferner. - Z. DÖAV, 1888, 50–57, 1 K.
Finsterwalder S. Gletscherbeobachtungen am Gepatsch- und Gliederferner. - Mitt. DÖAV, 1888, 49–50.
— u. **Blümcke A.** Die Vermessung des Vernagtferners. - Mitt. DÖAV, 1888, 225–227.
Finsterwalder S. Rückgang des Suldenferners. - Mitt. DÖAV, 1888, 269.
— Photographische Panoramenaufnahmen zu wissenschaftlichen Zwecken. - Mitt. DÖAV, 1888, 290–291.
— Aus den Tagebüchern eines Gletschervermessers. (Vernagtferner, Hintergraslspitze, Platteikogel.) - Z. DÖAV, 1889, 259–282.
— Rückgang einiger Ötztaler Gletscher. - Mitt. DÖAV, 1889, 227.
— Die Vermessung des Vernagtferners II. - Mitt. DÖAV, 1889, 243–245.
— Die Gletscherausbrüche des Martelltales. - Z. DÖAV, 1890, 21–34. - Bespr. PetMitt., 1892, Litber., 32.
— Die Photogrammetrie in den italienischen Hochalpen. - Mitt. DÖAV, 1890, 6–9.
— Das Wachsen der Gletscher in der Ortlergruppe. - Mitt. DÖAV, 1890, 265–269.
— Die Pegelstation in Vent. - In: Wiss. Arbeiten des DÖAV (A. Penck), Mitt. DÖAV, 1891, 65–66.
— Wie erodieren die Gletscher? - Z. DÖAV, 22, 1891, 75–86.
— Die Pegelstation in Sulden. - Mitt. DÖAV, 1892, 90–91.
— Über Gletscherschwankungen im Adamello- und Ortlergebiet. - Mitt. DÖAV, 1896, 20–21, 31–32.
— Der Vernagtferner, seine Geschichte und seine Vermessung in den Jahren 1888 und 1889. - Anhang: Die Nachmessungen am Vernagtferner 1891, 1893 u. 1895 von A. Blümcke u. H. Hess. - Wiss. Ergzgshefte z. Z. DÖAV, I, 1, 1897, 112 S., 2 K. 1:10000. - Bespr. NJb. 1898/2, 45; Mitt. DÖAV, 1899, 156; Mitt. Geogr. Ges. Wien, 42, 1899, 101; Bl. 979c.
— Vom Gepatsch-, Weißsee- und Langtauferer Ferner. - Mitt. DÖAV, 1897, 94–95. - Bespr. Mitt. Geogr. Ges. Wien, 1897, 556.
— u. **Hess H.** Beobachtungen am Vernagt-Guslarferner i. J. 1897. - Mitt. DÖAV, 1897, 267–268 u. Mitt. Geogr. Ges. Wien, 1897, 873–875.
Finsterwalder S. Über die innere Struktur der Mittelmoränen. - Sber. Ak. d. Wiss. München, 30, 1900, 533–540. - Bespr. GZ 2/1711.
— Blümckes und Hess' neue Gletscherstudien. - Mitt. DÖAV, 1900, 271–272.
— Die Erscheinungen, welche einem Gletschervorstoß vorausgehen. - Verh. 13. D. Geogr.-Tag Breslau, Berlin 1901, 180–182. - Bespr. GZ 2/1712.
— u. **Muret E.** Les variations périodiques des glaciers. 6me rapport 1900. - Arch. Sc. phys. et nat. Genève, (4), t. 12, 1901, 56–69, 118–131. - Bespr. EgH 7, 1901/2, 537; GZ 2/1217; NJb. 1902/2, 375; PetMitt., 48, Litber., 407.
Finsterwalder S. Der Diemferner. - Mitt. DÖAV, 1902, 244–245.
— u. **Muret E.** Les variations périodiques des glaciers. 7me rapport 1901. - Arch. Sc. phys. et nat. Genève, (4), t. 14, 1902, 282–302. - Bespr. EgH 7, 1901/2, 663; GZ 4/1620; NJb. 1903/2, 348.
— — Les variations périodiques des glaciers. 8me rapport 1902. - Arch. Sc. phys. et nat. Genève, (4), t. 15, 1903, 661–677; t. 16, 86–104. - Bespr. EgH 8, 1903, 266; GZ 5/647; NJb. 1907/1, 381.
Finsterwalder S. Bericht der internat. Gletscher-

kommission. (Forel-Richtersche Theorie.) - C. R. Congr. géol. int., 9me session, Wien 1903, 161–169.
— Nachmessungen am Gliederferner im Jahre 1904. - Mitt. DÖAV, 1905, 57.
— u. **Brückner E.** Protokoll der III. int. Gletscherkonferenz in Maloja vom 6.–9. Sept. 1905. (Fornogletscher.) - PetMitt., 51, 11, 1905, 256–258.
Finsterwalder S. Ein neues Ergebnis der Bohrungen am Hintereisferner. - Mitt. DÖAV, 1906, 88.
— Die Konferenz ostalpiner Gletscherforscher in Sulden v. 9.–13. 8. 1906. - Z. f. Glkde, 1, 1907, 293–302. - Bespr. GZ 19/632.
— Die Neuvermessung des Suldenferners im August 1906. - Z. f. Glkde, 1, 1907, 302–305.
— Die Theorie der Gletscherschwankungen. - Z. f. Glkde, 2, 1908, 81–103. - Bespr. GZ 10/2001.
— Geschwindigkeitsmessungen in kartographisch unerforschten Gletschergebieten. - Z. f. Glkde, 5, 1911, 2 S.
— Beobachtungen über die Art der Gletscherbewegung. - München 1912, 9 S.
— u. **Lagally M.** Die Neuvermessung des Suldenferners 1906 und dessen Veränderungen in den letzten Jahrzehnten. - Z. f. Glkde, 7, 1913, 145–182, 2 K. 1:10000.
Finsterwalder S. Adolf Blümcke †. - Z. f. Glkde, 9, 1915, 72–75.
— Nachmessungen an Gletschern beiderseits des Brenner im Sommer 1915. - Z. f. Glkde, 10, 1916, 51–56. - Bespr. GZ 22/1545.
— Über die Tiefe der Gletscher. - Z. f. Glkde, 12, 1922, 173–174.
— Der Schlegeisgrund im Zillertal i. T. - Z. f. Glkde, 13, 1924, 1–7. - Bespr. GZ 34/468.
— Mechanismus der Gletscherbewegung und Gletschertextur. (S. H. Philipp u. Fr. Hafferl.) - Z. f. Glkde, 13, 1924, 66–70.
— Über die innere Reibung des Eises und die Bestimmung der Gletschertiefe. - Z. f. Glkde, 15, 1927, 55–59.
— Eduard Brückner †. - Z. f. Glkde, 16, 1928, 1–9.
— Begleitworte zur Karte des Gepatschferners (1:20000). - Z. f. Glkde, 16, 1928, 20–41, 1 K.
— Der Gletscherkurs des D. u. Ö. AV. 1928 an der Pasterze (Glocknergruppe). - Z. f. Glkde, 17, 1929, 203–204.
Firbas F. Pollenanalytische Untersuchungen einiger Moore der Ostalpen. - Lotos, 71, Prag 1924.
— Über einige hochgelegene Moore Vorarlbergs und ihre Stellung in der regionalen Waldgeschichte. - Z. f. Botanik, 18, 1926. - Bespr. NJb. 1928/3, 55.
— Beiträge zur Kenntnis der Schieferkohlen des Inntales und der interglazialen Waldgeschichte der Ostalpen. - Z. f. Glkde, 15, 1927, 261–277. - Bespr. GZ 37/1151; NJb. 1928/3, 55.
— Einige Bemerkungen zur heutigen Anwendung der Pollenanalyse. - Zbl. f. Min., 1929, B, 392–403. - Bespr. GZ 41/536.
— Das Moor auf der Bieler Höhe. - Festschr. z. 50jähr. Bestehen d. Sekt. Wiesbaden d. DÖAV, 1882–1932, Wiesbaden (Schwab) 1932, 66–68.
— Die Beziehungen des Kupferbergbaues im Gebiete von Mühlbach-Bischofshofen zur nacheiszeitlichen Wald- und Klimageschichte. - Materialien zur Urgesch. Österreichs, 6, 1932, 173–179, 3 Fig., 1 Tab.
— Die Vegetationsentwicklung des mitteleuropäischen Spätglazials. - Nachr. Ges. d. Wiss. Göttingen, m.-nat. Kl., Fachgr. 6, Biol., Berlin (Weidmann) 1934, 17–24.
Fischer H. Albrecht Penck. - Geogr. Anzg., 19, Gotha 1918, 169–171.
Fischer O. u. **Lorenz A.** Pollenanalytische Untersuchungen an Mooren der Südostalpen. - Z. f. Botanik, 24, 1930.
Fischer R. Bergstürze und Felsschlipse im Gefolge der Eiszeiten. - Ber. Senckenbg. Nat. Ges., Frankfurt a. M. 1905, 150–152.
Fischer Th. Das Moränenamphitheater des Gardasees. - PetMitt., 44, 1898, 17–21; Riv. geogr. it., an. 5, f. 7–8, Roma 1898, 365–377. - Bespr. Bl. 1005; Boll. Com. geol. d'It., 30, 1899, 198.
Flaig W. Die Geheimnisse des Lünersees. - Heimat, 9, Bregenz 1928, 273–276.
Fleischmann W. Der gegenwärtige Stand der Fragen über die Entstehung des Föhns und über das Verschwinden der Eiszeit. - Schr. d. V. f. Gesch. d. Bodensees, 1, Lindau 1869, 130–138.
Fleury E. Le parc national suisse et les ligues pour la protection de la nature. - La Géographie, 26, Paris 1912, 40–44. (Erratische Blöcke.)
Flix. Eiszeit, Bronzezeit und der „Tiefe Schweb". Seltsames vom Bodensee. Die Pfahlbauten bei Unteruhldingen. - Münchner Neueste Nachr., Nr. 210 v. 1931, 3 Sp.
Flückiger O. Glaziale Felsformen. - PetMitt., Ergzgsheft Nr. 218, Gotha 1934, 55 S., 53 Abb. auf 8 Taf. - Bespr. Z. f. Glkde, 21, 1933, 384; PetMitt., 80, 1934, 143.
Foehr K. Über eine neue Hypothese als Ursache der Eiszeit. - Ber. Freiberger Geol. Ges., 12, 1929, 37–41. - Bespr. NJb. 1929/3, 682; GZ 42/105.
Folta K. Die Birkenkofelgruppe. - Z. DÖAV, 1932, 324–346, 1 KSkz. 1:75000, 8 Abb.
Förderreuther M. Die Zungenbecken des Illergletschers und die Illerdurchbrüche bei Reicholzried und Kempten. (Von M. Kellenberger.) - Mitt. Geogr. Ges. München, 16, 1923, 337–338. - Bespr. GZ 31/1226.
Forel F. A. La grande période de retraite des glaciers des Alpes de 1850 à 1880. - Jb. SAC, 17, Bern 1882, 321–329; C.-r. Arch. d. sc. phys. et nat., 3e pér., Genève 1883, 323–324.
— Forme du fond des lacs de Constance et de Genève. - Bull. d. l. Soc. vaud. d. sc. nat., 22, Lausanne 1886, röm. 1–2.
— Programme d'une étude scientifique du lac de Constance. - Prot. d. Konf. d. Vertr. d. 5 Bodensee-Uferstaaten, Friedrichshafen 1886, 20.
— Rapports de la Commission d'Etudes limnologiques. - Verh. Schw. Nat. Ges.: 70. Jvers. Frauenfeld 1887, 86–88; 71. Jvers. Solothurn 1888, 133–134; 72. Jvers. Lugano 1889 (1890), 97–106; 73. Jvers. Davos 1890 (1891), 114–117; 74. Jvers. Freiburg 1891 (1892), 100–103; 75. Jvers. Basel 1892, 112–115; 76. Jvers. Lausanne 1893, 119–122.
— Les variations périodiques des glaciers des Alpes. Nr. 9. - Jb. SAC, 24, 1889, 345–374. - Bespr. PetMitt. 1890, Litber., 145.
— Transparenz und Farbe des Bodenseewassers. (Übersetzung v. Zeppelin.) - Bodenseeforschungen, 5. Abschn., Schr. d. Ver. f. Gesch. d. Bodensees, 22, Lindau 1893, 33–46, 1 Taf.
— Beobachtung der Gletscherbewegung (Jb. SAC). - Bespr. Mitt. Geogr. Ges. Wien, 1894, 569.
— Présentation de la carte du lac de Constance. - Bull. d. l. Soc. vaud. d. sc. nat., s. 4, v. 32, proc.-verb., Lausanne 1896, 25; Extr. in Arch. d. sc. phys. et nat., Genève 1896, p. 4, t. 2, 80.
— Gletscherkonferenz zu Vent. - Mitt. DÖAV, 1902, 17–18.

Forel Francesco Alfonso †. - Boll. Soc. geogr. it., s. 5, v. 1, Roma 1912, 1038.
Forel F. A. Nachruf. - Jber. Natf. Ges. Grbd., NF, 54, 1912/13, Chur 1913, röm. 8-15.
— Nachruf. - La Géographie, 27, Paris 1913, Nécrologie, 315.
— A la mémoire de -. - Bull. Soc. vaud. d. sc. nat., v. 49, 291-346, Lausanne 1913, 62 S., 5 Abb. - Bespr. Arch. f. Hydrobiol., 11, 1916, 332.
— The late Prof. -. - The Scottish Geographical Magazine, 29, Edinburgh 1913, Geogr. Notes, 36.
Foerster H. Wesen und Wirkungen der Gletscher. - Gaea, 41, Leipzig 1905, 8 S.
Forti A. Vari disegni tratti da preparati di torbe trentine. - Nuovo Giorn. Bot. it., n. s., v. 11, n. 2, Soc. Bot. it., Firenze 1933, 309.
Fortis A. Delle ossa fossili d'Elefante e d'altre curiosità naturali de'Monti di Romagnano. - Vicenza 1786.
Fossa-Mancini E. Appunti sulla geologia di una parte del circondario di Varese. - Boll. R. Uff. geol. d'It., v. 50, n. 8, 1924/25, Roma 1925, 122 S., 4 T. - Bespr. GZ 38/757.
Fraas E. Die Entstehung des Bodensees. - Schrift. Ver. f. Gesch. d. Bodensees, 42, 1913, 3-5.
Fraas O. Glaziales. - NJb. 1880/1, Briefwechsel, 268-273. (Nördlich vom Bodensee.)
Franco M. Varna. - Arch. p. l'Alto Adige, 25, 1930, 759-784, 7 Fig. (Geol. 762-766.)
Fratini F. Sugli antichi ghiacciai del Feltrino. - Annuario SAT, v. 7, Trento 1880/81, v. 10, 1884, 181-234.
Frech F. Aus den Karnischen Alpen. Studien über die Entstehung der Gebirgsformen. - Z. DÖAV, 1890, 373-418. - Bespr. NJb. 1894/2, 81.
— Die Gebirgsformen im südwestlichen Kärnten und ihre Entstehung. - Z. Ges. f. Erdkunde Berlin, 1892, 349-396. - Bespr. Boll. Com. geol. d'It., 24, 1893, 272.
— Vorläufiger Bericht über die wissenschaftliche Untersuchung des Brennergebietes. (Sommer 1892.) - Mitt. DÖAV, 1893, 208-210. - Bespr. Mitt. Geogr. Ges. Wien, 1894, 482; Mitt. Sekt. f. Natkde ÖTC, 5, 1893, 67.
— Über Muren. - Z. DÖAV, 1898, 1-26. - Bespr. Bl. 1002.
— Studien über das Klima der geologischen Vergangenheit. - Z. Ges. f. Erdkde Berlin, 1902, 611-629, 671-693; 1906, 533-553.
— Über das Antlitz der Tiroler Zentralalpen. - Z. DÖAV, 1903, 1-31. - Bespr. VRA 1904, 67.
— Über Eiszeiten und das Klima der geol. Vergangenheit. - Weltall, 3, Berlin 1903, 193-198, 220-223.
— Lethaea geognostica. III. Das Caenozoicum. 2. Bd Quartär. - Stuttgart 1904, 430 S., 4 K.
— Noch einmal die Einheitlichkeit der Eiszeit und die „Eiszeiten" in den Alpen. - Geogr. Z., 11, 1905, 523-526.
— Lawinen und Gletscher in ihren gegenseitigen Beziehungen. - Z. DÖAV, 1908, 55-79. - Bespr. NJb. 1910/2, 213.
— Über das Klima der geologischen Perioden. - NJb. 1908/2, 74-86. - Bespr. GZ 12/1791. S. a. NJb. 1910/2, 88.
— Aus der Vorzeit der Erde. Bd 6: Gletscher einst und jetzt. - Aus Nat. u. Geisteswelt, 61, 1911, 140 S. - Bespr. Mitt. Geogr. Ges. Wien, 1905, 397; GZ 24/620; Geogr. Z., 1912, 295; NJb. 1913/1, 223.
— Über die Lawinen der Alpen. - PetMitt. 1912, Märzheft, 126-128. - Bespr. GZ 18/1324.
— Über die Mächtigkeit des europäischen Inlandeises und das Klima der Interglazialzeiten. - C. r. XI. Int. Geol.-Kongr., Stockholm 1912, 333-357. - Bespr. NJb. 1913/1, 503; Geogr. Z., 1910, 627.
Frei R. Zur Kenntnis des ostschweizerischen Deckenschotters. - EgH 11, 1910, 814-825. - Bespr. Ebd., 12, 1912, 424.
— Monographie des Schweizerischen Deckenschotters. - Beitr. z. geol. K. d. Schw., NF, 37, Bern 1912, 182 S. - Inaugdiss. als: Untersuchungen über den ... - Bespr. EgH 13, 1914, 149-160; NJb. 1916/1, 337.
— Über die Ausbreitung der Diluvialgletscher in der Schweiz. - Beitr. z. geol. K. d. Schw., NF, 41, 1912, 41-59, K. 1:1 Mill.; 1913, 1. - Bespr. EgH 13, 1914, 160.
Fresacher W. Gletscherbeobachtungen im Ankogel- und Hochalmgebiete. - Mitt. DÖAV, 1925, 306.
— Gletschermessung in der Ankogel-Hochalmgruppe (1927). - Z. f. Glkde, 16, 1928, 140-141.
— Gletschermessungen in der Ankogel-Hochalmgruppe 1928. - Z. f. Glkde, 17, 1929, 200-202.
— Gletschermessungen in der Ankogel-Hochalmgruppe 1929 und 1930. - Z. f. Glkde, 18, 1930, 217-220; 19, 1931, 148-150.
— Gletschermessungen in der Ankogel-Hochalmgruppe 1931. - Z. f. Glkde, 20, 1932, 121-123.
— Das Vorgelände des Hochalmkeeses in den östlichen Hohen Tauern (Kärnten) als Beispiel der Veränderlichkeit im Gletschergebiet. - Mitt. DÖAV, 1932, 208-210, 2 Skz.
— Die Gletscherbeobachtung in der Ankogel-Hochalm-Gruppe. - Carinthia II, 121 u. 122, 1932, 1-11. - Bespr. GZ 49A/369.
— Gletschermessungen in der Ankogel-Hochalmspitzgruppe 1932. - Z. f. Glkde, 21, 1933, 180-183.
— Der Eisabbruch vom Hochalmkees. - Der Bergsteiger, 4, 1934, Nr. 8, 501-502, 1 Skz., 4 Abb.
Frey A. Beziehungen der Gletscherzunge zur Umgebung. - Nat. Wochenschr., NF, 14, 1915, Nr. 17, 262-266. - Bespr. GZ 22/344.
Frey M. v. Über die Ursachen der Gletscherschwankungen. - Z. DÖAV, 1883, 14 S.
— Über die Schwankungen der Gletscher und Seen. - Z. DÖAV, 1885, 5 S.
Friedmann L. Die Ortlergruppe. - In: E. Richter, Die Erschließung der Ostalpen, 2, Berlin 1894, 66-176.
Friedrich W. Hochwasser durch ausbrechende Gletscher-Randseen. (Märjelensee). - PetMitt., 1928, 1/2, 37-38.
Frignet M. E. Du phénomène erratique en Tyrol et particulièrement dans la vallée de l'Inn. - Diss. Straßburg, 1846, 127 S., 1 K.
Fritzsch M. Höhengrenzen in den Ortleralpen. - Wiss. Veröffentl. d. Vereins f. Erdkde Leipzig, (2, 1894), 1895 u. Diss., 189 S.
— Über Höhengrenzen in den Ortleralpen. - Mitt. DÖAV, 1895, 169-171.
— Verzeichnis der bis zum Sommer 1896 in den Ostalpen gesetzten Gletschermarken. - Wien 1898, 118-129. - Bespr. Mitt. DÖAV, 1898, 131; Geogr. Z., 4, 1898, 420.
— Vier Arbeitstage im Virgentale. - Mitt. DÖAV, 1898, 83-85, 97-99.
— Zusammenstellung der von Bergführern eingesandten Berichte über Gletscherbeobachtungen in der Zillertaler Gruppe und in den Hohen Tauern. - Mitt. DÖAV, 1898, 176-178.
— Gletscherbeobachtungen in der Ortlergruppe. - Mitt. DÖAV, 1898, 247-249, 259-261.

— Zusammenstellung der von Bergführern eingesandten Berichte über Gletscherbeobachtungen in der Glockner-, Venediger- und Ortlergruppe. - Mitt. DÖAV, 1899, 31-33.
— Gletscherbeobachtungen im Adamello- und Ortlergebiete und in den westlichen Teilen der Ötztalergruppe. - Mitt. DÖAV, 1900, 103-104, 115-117.
— Gletscherbeobachtungen im Sommer 1901. (Gl., Ven., Zill., Ortl.) - Mitt. DÖAV, 1902, 131-133.
— Gletscherbeobachtungen im Sommer 1902. (Silvretta, Ötzt., Ortl., Ven.) - Mitt. DÖAV, 1903, 205-206.
— Revision der Gletschermarken in der Silvrettagruppe und am Langtauferergletscher 1907. - Z. f. Glkde, 3, 1909, 220-224. - Bespr. EgH 11, 1910, 151.
Fromherz C. Alpinische Diluvialbildungen im Bodenseebecken. - NJb. 1850, 641-656.
Früh J. Geologische Exkursion ins Rheintal. - Jber. St. Gallische Natw. Ges. 1883/84, St. Gallen 1885, 101-114. - Bespr. Ebd., St. Gallen 1886, 22.
— Zur Geologie von St. Gallen und Thurgau mit besonderer Berücksichtigung der Kalktuffe. III. Zur Kenntnis des Rheingletschers. - Jber. St. Gallische Natw. Ges. 1884/85, St. Gallen 1886, 109-124, 1 Skz. - Bespr. Rev. géol. suisse p. l'a. 1886, Genève 1887, 98.
— Die Drumlinslandschaft mit spezieller Berücksichtigung des alpinen Vorlandes. - Jber. St. Gallische Natwiss. Gesellsch. 1894/95, St. Gallen 1896, 325-396. - Bespr. NJb. 1897/2, 159; EgH 5, 1898, 343; Globus, 70, 1896, 244; Geogr. Z., 3, 1897, 411; PetMitt., 44, 1898, Litber., 85.
— Überblick über die Drumlinslandschaft. - Verh. Schw. Natf. Ges., 79. Jvers., Zürich 1896, 198.
— Der postglaziale Löß im St. Galler Rheintal mit Berücksichtigung der Lößfrage i. a. - Vierteljschr. Natf. Ges. Zürich, 44, 1899, 157-189. - Bespr. NJb. 1901/2, 448; EgH 6, 1899/1900, 447; Jber. Natf. Ges. Grbd., NF, 43, 1900, 112.
— Neue Drumlinslandschaft innerhalb des diluvialen Rheingletschers. - EgH 8, 1903, 213-216, 409, 1 K. - Bespr. Ebd., 719; NJb. 1906/1, 436; GZ 5/2063.
— Notizen zur Naturgeschichte des Kantons St. Gallen. 1. Isolierte marine Molasse in der Rheinebene östl. Blatten-Rorschach. 2. Flugsand (Dünen) im Rheintal. 3. Hochmoore oberhalb Plons w. Mels. - Jber. Nat. Ges. St. Gallen, 1903, 492-498. - Bespr. EgH 8, 1903, 721.
— Die Entstehung des Rheintales und seiner Formen. - Jber. Nat. Ges. St. Gallen, 1904, 29-32.
— u. **Schröter C.** Die Moore der Schweiz mit Berücksichtigung der gesamten Moorfrage. - Beiträge z. Geol. d. Schw., Geotechn. Serie, 3. Lfrg, Bern 1904, 751 S., 1 K. - Bespr. Z. Ges. f. Erdkde Berlin, 1905, 727; EgH 8, 1903, 622; GZ 6/731; PetMitt., 52, Litber., 35.
Früh J. Zur Morphologie des unteren Thurgau. (Beiträge zur Kenntnis des Rheingletschers.) - Mitt. Natf. Ges. Thurgau, H. 17, 45-67, 1 Skz. - Bespr. EgH 9, 1906, 750; GZ 10/449; PetMitt., 54, Litber., 126.
— Exkursionsberichte 1905 und 1906. II. Hohenklingen bei Stein a. Rh.-Hohentwiel. (Glaz.) - Jber. Geogr.-Ethnogr. Ges. Zürich, 1905/6, 11-20.
— L'érosion glaciaire au point de vue de sa forme et de son importance. - C. R. Trav. Soc. helv. Sc. nat., 89me sess., St. Gallen 1906, 57-59; Arch. sc. phys. et nat., Genève, t. 22, 351-354. - Bespr. EgH 9, 1906, 732.
— Über Form und Größe der glazialen Erosion. - Verh. Schw. Nat. Ges. St. Gallen, 1906, 261-307. - Bespr. EgH 10, 1908, 444; PetMitt., 54, Litber., 111; GZ 10/845; Geogr. Z., 14, 1908, 44.
— Entwicklungsformen und Verbreitung des Büßerschnees. (Säntis.) - PetMitt., 61, 11, 1915, 423-427. - Bespr. GZ 22/1325.
— Geographie der Schweiz. - St. Gallen (Fehr) 1929 -1933, 805 S., 225 Fig., 7 Taf., K. 1:400000. - Bespr. Mitt. DÖAV, 1930, 93, 155; 1933, 183; Z. f. Glkde, 18, 1930, 263; Geogr. Z., 36, 1930, 564; 39, 1933, 51, 436; GZ 46A/349; Mitt. Anthrop. Ges. Wien, 60, 1930, 199; 62, 1932, 311; 63, 1933, 385; PetMitt., 79, 1933, 149.
Fuchs C. W. C. Studien aus der Umgebung von Meran. - Z. DÖAV, 1874, 162-192.
— Die Umgebung von Meran. - NJb. 1875, 812-848, geol. K. 1:36000.
— Zur geolog. Karte von Meran. - Z. DÖAV, 1875, 17 S., 1 K.
— Aus der Umgebung von Meran. Studien über Geologie, Klima und Pflanzenleben. - Meran (Pötzelberger) 1885, 33 S. - Bespr. Mitt. DÖAV, 1886, 44.
Fugger E. Eishöhlen und Windröhren. - Mitt. Geogr. Ges. Wien, 37, 1894, 97ff. - Bespr. Carinthia II, 1893, 178; 1895, 39.
— Die Entstehung der Karseen. (Vortr.) - Bespr. Geogr. Z., 2, 1896, 462.
Furrer E. Pollenanalytische Studien in der Schweiz. - Vierteljschr. Natf. Ges. Zürich, 72, 1927, Beibl. Nr. 14, 38 S., 7 Fig.
Fussenegger S. Der geologische Aufbau von Dornbirn und Umgebung. - Heimat, 7, H. 5-9, Bregenz 1926, 9-14.
Futterer K. Die Entstehung der Lapisinischen Seen. (Bei Belluno.) - Z. DGeolGes., 44, 1892, 123-134. - Bespr. NJb. 1893/1, 483; Boll. Com. geol. d'It., 24, 1893, 273.
Gagel C. Zur Frage des Interglazials. - Zbl. f. Min., 1905, 673-678.
— Probleme der Diluvialgeologie. - Branca-Festschrift, Berlin (Borntraeger) 1914, 124-163.
— Das Klima der Diluvialzeit. - Z. DGeolGes., 1923, 25-33. - Bespr. GZ 30/697.
Galtür. Pegelstation - errichtet. - Mitt. DÖAV, 1893, 251.
Gams H. Zur Chronologie des oberbayerischen Postglazials. - Geogn. Jh., 1921 (1922), 245-246.
— u. **Nordhagen R.** Postglaziale Klimaänderungen und Erdkrustenbewegungen in Mitteleuropa. - Mitt. Geogr. Ges. München, 16, 1923, 13-336, 73 Abb. - Bespr. GZ 30/25; Vierteljschr. f. Gesch. u. Ldskde Vorarlbergs, 8, 1924, 23; Wr. Prähist. Z., 11, 1924, 75. S. a. W. Staub.
Gams H. Die Schesaplana und die Moore bei Langen. - Heimat, 4, Bregenz 1923, 64-68.
— Die Erforschung der Klimaentwicklung in vorgeschichtlicher und geschichtlicher Zeit. Ein Rückblick und Ausblick. (Vortr.) - Tagungsber. Deutsche Anthrop. Ges., 46, Tübingen 1923, Augsburg (Filser) 1926, 20-25. - Bespr. GZ 35/610; NJb. 1928/3, 55.
— Die Waldklimate der Schweizer Alpen, ihre Darstellung und ihre Geschichte. - Christfestschr., Basel 1923.
— Der Ammersee einst und jetzt. - Ammersee-Heimatblätter, Dießen 1924, Nr. 1, 10-17, 2 Abb.

— Aus der Geschichte der Flora und Fauna am Bodensee. - Schr. Ver. f. Gesch. d. Bodensees, 53. H., 1924, 77-113, 311, 10 Fig.
— Zur Entwicklungsgeschichte der Seetypen des Alpengebietes. - Verh. d. Internat. Ver. f. Limnologie, 1924.
— Remarques sur le développement postglaciaire des Alpes et de l'avant-pays alpin. - Boll. de la Murithienne, Soc. valais., f. 42, ann. 1921-1924, Sion 1925, 164-168.
— Die postglaziale Wärmezeit. - Geogr. Z., 1925, 109-111. - Bespr. GZ 32/59.
— Richtung und Ursache von Klimaschwankungen. - Die Erde, 3, 1926, 549. - Bespr. GZ 33/1300; NJb. 1928/3, 55.
— Die Ergebnisse der pollenanalytischen Forschung in bezug auf die Geschichte der Vegetation und des Klimas von Europa (abgeschlossen Ende Febr. 1927). - Z. f. Glkde, 15, 1927, 161-190. - Bespr. GZ 36/1011; NJb. 1928/3, 55.
— Die Wandlungen der alpinen Baumgrenze. - Aus der Heimat, Stuttgart 1927, H. 6, 176-184. - Bespr. Z. f. Glkde, 16, 1928, 283; NJb. 1928/3, 55.
— Über die Vegetationsentwicklung in Mitteleuropa seit der Eiszeit und ihre Beziehung zu postglazialen Klimaänderungen. - Mitt. Natf. Ges. Bern a. d. J. 1927, 1928, röm. 36-37.
— Der Bergsturz von Balderschwang im Allgäu. - 46. Ber. d. Natwiss. Ver. f. Schwaben und Neuburg, 1928, 66-81. - Bespr. Z. f. Glkde, 16, 1928, 293; VBA 1929, 96.
— Die postarktische Geschichte des Lüner Sees im Rätikon. - JbBA 1929, 531-570, K. 1:7500. - Bespr. Z. f. Glkde, 18, 1930, 267; GZ 42/305.
— Nachträge zum Verzeichnis der pollenanalytischen Literatur. - Z. f. Glkde, 17, 1929, 244-248, 389-391. - Bespr. GZ 41/200.
— Sedimentation und Vermoorung der Lunzer Seen und des Lüner Sees. - Verh. Internat. Ver. f. Limnologie, 4, 1927, Rom 1929.
— Bemerkungen über Vorschläge zur Abänderung der Pollendiagramme. - Geol. För. i Stockholm Förhandl. Mai-Okt. 1929. - Bespr. GZ 41/194.
— Frostwirkungen am Ostufer des Bodensees im Winter 1928/29. - Schr. d. Ver. f. Gesch. d. Bodensees, 57. H., 1929, 139-156, 7 Abb.
— Die Bedeutung der Paläobotanik und Mikrostratigraphie für die Gliederung des mittel-, nord- und osteuropäischen Diluviums. - Z. f. Glkde, 18, 1930, 279-336, 22 Diagr. u. Skz.
— Die xerotherme Periode und die postglaziale Klimaverschlechterung. - Der Naturforscher, 7, 1930.
— Aufruf zur Mitarbeit bei der Schaffung von Pflanzenarealkarten für die Ostalpen. - Verh. Zool.-Bot. Ges. Wien, 80, 1930, H. 3-4, 1931, 81-83.
— Dritter Nachtrag zum Verzeichnis der pollenanalytischen Literatur. - Z. f. Glkde, 19, 1931, 328-334.
— Die Waldgeschichte Vorarlbergs. - Heimat, 12, 1931, 97-106, 121-132, 7 Abb.
— Die Fortschritte in der Erforschung der Flora und Vegetation von Tirol in den letzten Jahren. - Ber. Natw.-med. Ver. Innsbruck, 42, 1931, 185-194.
— Die klimatische Begrenzung von Pflanzenarealen und die Verteilung der hygrischen Kontinentalität in den Alpen. - Z. Ges. f. Erdkde Berlin, 1931, 321-346; 1932, 52-68, 178-198, 35 Fig.
— Présentation de diagrammes polliniques du Quaternaire. - Actes d. l. Soc. helv. Sc. nat., 112 sess., La Chaux de Fonds, 1931, 2 part., 329.
— Die Pflanzendecke Vorarlbergs. - Heimatkunde Vorarlbergs, 3, Wien (Haase) 1932, 76 S., 19 Abb., 3 K. - Bespr. Heimat, Vorarlberg. Monatshefte, 13, 1932, 174; PetMitt., 80, 1934, 316.
— Die vegetations- und klimageschichtliche Bedeutung der Alpenseen und Alpenmoore. - Forschungen u. Fortschritte, 8, Berlin 1932, Nr. 15, 197.
— Beiträge zur Kenntnis der Alpenmoore. - Abh. Nat. Ver. Bremen, 28, 1932, Weber-Festschr., 18-42, 6 Taf., 1 K., 1 Abb. - Bespr. GZ 48 A/715.
— Vierter Nachtrag zum Verzeichnis der pollenanalytischen Literatur. - Z. f. Glkde, 21, 1933, 188-196.
— Das Alter des alpinen Endemismus. - Ber. Schw. Botan. Ges., 42, 1933, 467-483, 3 Fig. - Bespr. Z. f. Glkde, 21, 1933, 393.
— Zweiter Bericht über die Fortschritte in der Erforschung der Flora und Vegetation von Tirol. - Ber. d. Natw.-med. Ver. Innsbruck, 43-44, 1931/32-1933/34, Innsbruck (Selbstverlag) 1934, 369-377.

Gardasee. Untersuchungen am - von E. Richter. - Mitt. DÖAV, 1894, 255.

Garwood E. J. François Alphonse Forel, 1841-1910. - Quarterly Journ., 69, Nr. 273, London 1913, röm. 57-60.

Gastaldi B. Sulla escavazione dei bacini lacustri compresi negli anfiteatri morenici. - Atti Soc. it. Sc. nat., v. 5, 1863, 240-247.
— e **Mortillet G.** Sulla escavazione dei bacini lacustri e risposta del secondo degli autori. - Torino 1863.

Gastaldi B. Sulla riescavazione dei bacini lacustri per opera degli antichi ghiacciai. - Mem. Soc. it. Sc. nat., 1865.
— Nuove osservazioni sull'origine dei bacini lacustri. - Atti R. Acc. d. Sc. d. Torino, v. 1, 1865.
— Über die Wirkungen der Gletschererosion auf die Alpentäler. (Engl.) - The Quart. Journ. of the Geol. Soc., London 1873, 396-402; The London, Edinb. a. Dublin Phil. Mag. and Journ. of Science, London 1874, 229-235.
— Sur les glaciers pliocéniques de Mr. E. Desor. - Atti R. Acc. d. Sc. di Torino, v. 10, Febbr. 1875.

Gehl J. Ein stadiales Zungenbecken bei Ellmau. - Mitt. Ver. d. Geogr. a. d. Univ. Leipzig, II, 1912, 32-38.

Geikie J. On the Glacial Succession in Europe. (U. a. Höttinger Breccie.) - Transac. R. Soc. of Edinburgh, 37, 1892, 127-149. - Bespr. NJb. 1895/1, 47.
— The Alps during the Glacial Period. - Bull. of the Americ. Geogr. Soc., v. 42, New York 1910, 192-205.

Geinitz F. E. Die Einheitlichkeit der quartären Eiszeit. - I. Stück, NJb., 16. Bbd, 1903, 1-98. - Bespr. VRA 1902, 338. - II. Stück, ebd., 40. Bbd, 1916, 77-118. - Bespr. GZ 22/130.
— Wesen und Ursache der Eiszeit. (Höttinger Breccie präglazial.) - Archiv d. Ver. d. Freunde d. Nat. Mecklenburg, 59, 1905, 46 S. - Bespr. GZ 6/2175.
— Die Eiszeit. - Braunschweig 1906, 198 S. - Aus: Die Wissenschaft, Sammlg nat. u. math. Monographien, H. 16. - Bespr. GZ 8/1561.
— Einige Bemerkungen zum Wesen der Eiszeit. - Zbl. f. Min., 1909, 449-452. - Bespr. GZ 14/1035.
— Bemerkungen über das Eiszeitproblem. - Arch. d. Ver. d. Freunde d. Nat. i. Mecklenburg, 65, 1911, 1-33. - Bespr. GZ 18/1326.

Geistbeck A. Die Seen der deutschen Alpen. Eine geogr. Monographie. - Mitt. Ver. f. Erdkde Leipzig, 1884, 209-387, 3 K. - Bespr. NJb. 1887/1, 52; Bl. 636.

— Die südbayerischen und Nordtiroler Seen. - Z. DÖAV, 1885, 334-354. - Bespr. NJb. 1887, 52.

— Die Eisverhältnisse der Isar und ihrer Nebenflüsse. - 10. Jber. Geogr. Ges. München f. 1885, München 1886, 1-7.

— Über die Gesetzmäßigkeit in den geographischen Elementen des nordalpinen Seenphänomens und deren wahrscheinliche Ursache. - Ausland, 1886, Nr. 23, 24. - Bespr. NJb. 1887/1, 52.

— Die Seenwelt Südbayerns. - Bayerland, 1890, 111, 123, 138.

— u. **Engleder F.** Geographische Typenbilder, Text: III. Die Berninagruppe als Typus der Zentralalpen. - (Nach 1891), 3 S.

— — Geographische Typenbilder, Text: IX. Der Bodensee als Typus eines alpinen Randsees. - (Nach 1891), 2 S.

— — Geographische Typenbilder, Text: XVI. Südbayerisches Hochmoor im Gebiet des alten Inngletschers bei Rosenheim. 4 S., 1 Abb. Neuausgabe: Torfstich im Rosenheimer Moor, einem verlandeten Innsee. - Gotha (J. Perthes) 1922, 12 S., 6 Abb.

Gepatschferner. Arbeiten am - durch Finsterwalder und Schunck. - Mitt. DÖAV, 1886, 205.

Gerber E. Naturschutz und erratische Blöcke. - Schulpraxis, Beilg. z. Berner Schulblatt, 1931, 5 S.

Gerbing W. Vorrücken der Gletscher der Schweiz und der Ostalpen. - Geogr. Z., 28, Leipzig 1922, 32-33.

Gerland G. Der Mythus von der Sintflut. - Bonn 1912. - Bespr. Mitt. Geogr. Ges. München, 7, 1912, 449.

Gerwig R. Das Erratische in der badischen Bodenseegegend. - Verh. Nat. Ver. Karlsruhe, 5, 1871, 89-105, 2 K.

Geyer D. Helix arbustorum L. und das Klima der Lößperiode. - Jber. u. Mitt. Oberrhein. geol. Ver., NF, 2, Stuttgart 1912, 66-76. - Bespr. EgH, 13, 1914, 165.

— Neue Quartärforschung und die Klimafrage. - Jhefte Ver. vaterld. Naturkunde Württemberg, 80, Stuttgart 1924, 64. - Bespr. GZ 32/58.

Geyer G. Die Schobergruppe. - In: E. Richter, Die Erschließung der Ostalpen, 3, Berlin 1894, 224-243.

Ghiacciai (G. B.). I -. - L'Italia fisica, Nr. 1-2, Milano 1929. - Bespr. GZ 42/346.

Giandotti M. Contributo allo studio dei ghiacciai dell' Ufficio Idrografico del Po. - Annali lavori pubblici, 9, 1927.

— Alcune notizie sulle indagini e ricerche eseguite sui ghiacciai del Cevedale. - Atti X Congr. Geogr. It., Milano 1927, 266-267.

Gignoux M. Les sols polygonaux dans les Alpes et la genèse des sols polaires. - Annales de Géogr., 40, 1931, 610-619, m. Abb.

Ginzberger A. Die Moore Österreichs, ihre Verbreitung und Ausdehnung, die Eigentümlichkeiten ihrer Pflanzenwelt, ihre Ausnutzung und Erhaltung. - Moorschutzheft (H. Conwentz), 5, H. 2, Berlin 1916, 219-232. - Bespr. GZ 23/174.

Girmounsky A. M. Versuch einer vergleichenden Zusammenstellung der westeuropäischen, amerikanischen und russischen Schemen für die Gliederung der Quartärzeit. - Z. f. Glkde, 19, 1931, 28-48, 1 Tab. - Russ. m. franz. Auszug: Bull. of the Geol. and Prospecting serv. of U.S.S.R., 49, 1930, 71-85.

Glaser Th. Zur Geologie und Talgeschichte der Lenzer Heide (Graubünden). - Mitt. a. d. Geol. Inst. d. Univ. Bern, Jb. d. Phil. Fak. 2, Univ. Bern, Bern 1922, Bd 2, 89-99; Beitr. z. geol. K. d. Schw., NF, 49, VII, Bern 1926, 58 S. - Bespr. GZ 29/239; NJb. 1927/2, B, 367.

Glassner F. Spuren der Eiszeit in Südtirol. - Mitt. Sekt. f. Naturkde ÖTC, 18, Wien 1906, 49-50.

Glazialexkursion (K. K.) des Internat. Geologenkongr. Zürich 1894 (Penck, Brückner, du Pasquier) in den Ostalpen. - Vossische Ztg, Nr. 464 u. 474 v. 4. u. 10. Okt. 1894, $4^1/_2$-Spalten.

Gletscherbewegung in der Silvrettagruppe. - Mitt. DÖAV, 1891, 271.

— in der Venedigergruppe. - Mitt. DÖAV, 1893, 165.

— Zeitliche Änderung der -. (Hintereisferner, Finsterwalder.) - Mitt. DÖAV, 1905, 243.

— Ötztaler A., Verhalten 1914 u. 1915. Notiz. - Mitt. Geogr. Ges. Wien, 1916, 57.

— in den Ötztaler Alpen. (S. Breslau.) - Mitt. DÖAV, 1918, 156.

— in den Ostalpen. (Notiz über Zillertaler u. Stubaier Ferner.) - Mitt. DÖAV, 1921, 60.

Gletscherkorn. Mitt. des Standes wissensch. Forschg über das -. - Mitt. Geogr. Ges. Wien, 1893, 397.

Gletscherkurs. Der - des DÖAV auf der Berliner Hütte im Zillertal, 1.-10. Sept. 1913. - Mitt. DÖAV, 1913, 342-344 u. Z. f. Glkde, 8, 1914, 128-131. (S. a. Finsterwalder.)

Gletschermarken in der Goldberggruppe. - Mitt. DÖAV, 1899, 85; 1901, 23.

Gletschermühle bei Gastein. - Mitt. DÖAV, 1905, 207.

Gletscherschliff im Madauertal (nächst der Memminger Hütte). - Mitt. DÖAV, 1895, 175.

Gletscherschliffe bei Rosenheim. - Mitt. DÖAV, 1886, 252.

Gletscherschwankungen 1896/97 in den Ostalpen. Notiz. - Mitt. Geogr. Ges. Wien, 1898, 748.

Gletschertypen. Neue Systematik der -. - Natur u. Technik, 2, Zürich 1921, 292.

Gletscheruntersuchung. Ein neues Projekt zur - (A. Simony u. R. Issler.) - Mitt. DÖAV, 1881, 145-147.

Gogarten E. Messungen der Schlammführung von Gletscherbächen. - Z. f. Glkde, 3, 1909, 271-285. - Bespr. EgH 11, 1910, 155; GZ 14/809.

— Über alpine Randseen und Erosionsterrassen, im besonderen des Linthtales. - PetMitt., Ergh. 165, 1910, 80 S.; Inaugdiss. Zürich, 1910. - Bespr. Z. f. Glkde, 5, 1911, 158; EgH 11, 1911, 690; Boll. Com. geol. d'It., 42, 1911, 54.

Goldberggruppe. Gletschermarken in der -. - Mitt. DÖAV, 1899, 85; 1901, 23.

Goldberg M. Niederschlag und Abfluß im Etschgebiete. - Geogr. Jber. aus Österr., 11, 1915, 182-222, 1 K.

Gortani M. Le piramidi di erosione e i terreni glaziali di Fielis in Carnia. - Mondo sotterr., Riv. p. l. stud. di grotte e d. fenom. cars., ann. 2, Udine 1906, Nr. 5-6 (Riv. d. Circ. Spel. e Idrol. friul., 2, Udine 1906, 73-82). - Bespr. GZ 9/802; Boll. Com. geol. d'It., 38, 1907, 255.

— Olinto Marinelli. - Boll. Soc. geol. it., v. 45, f. 2, Roma 1926, röm. 62-65.

— Relazione sui Terrazzi fluviali e marini d'Italia. - First Report of the Comm. on Pliocene and Pleistocene Terraces. Internat. Geogr. Union, Oxford 1928, 26-41. - Bespr. Z. f. Glkde, 19, 1931, 356.

— Deriva dei continenti e periodi glaciali. - Ann. d.

R. Mus. di Geol. di Bologna, v. 4, 1929, 107–113.
— Bibliografia dei Terrazzi marini e fluviali d'Italia. Com. pres. al Congr. internaz. di Geografia di Parigi, 1931. – Comit. naz. it. p. la Geografia, Firenze 1931, 105 S.
Götsch G. Über die Schnalser Gletscher. – JbRA 1855, 190. (Brief an Haidinger.)
— Das Leben der Gletscher und Andeutungen über die naturwiss. Ausbeute des Ötztaler Gebirgsstockes. – Innsbruck 1864, 84 S., 8 Abb.
— Der alte Etschgletscher. – Z. DAV, 1870, 589–608.
— Bewegung des Hintereisgletschers. – Mitt. DÖAV, 1875, 164–165.
Götzinger G. Die Exkursion der Mitglieder des Geograph. Institutes ins Bayerische Alpenvorland und nach Tirol 1902. – Ber. ü. d. 28. Vereinsjahr, Ver. d. Geogr. Univ. Wien, 1903. (Hötting, 72.)
— Der neu aufgedeckte Doppelgletschertopf bei Bad Gastein. – Deutsche Rdsch. f. Geogr. u. Stat., 28, 3, Wien 1905, 121–126.
— Nachmessungen an den Gletschern der Goldberggruppe in den Hohen Tauern i. J. 1905. – Z. f. Glkde, 1, 1907, 305–312.
— Revision einiger Gletschermarken in der Ortlergruppe i. J. 1905. – Z. f. Glkde, 2, 1908, 63–65. – Bespr. GZ 11/1454.
— Revision einiger Gletschermarken in den Hohen Tauern und in den Zillertaler Alpen im Sommer 1906. – Z. f. Glkde, 3, 1909, 225–228.
— Nachmessungen an einigen Gletschern in den Hohen Tauern im Sommer 1909. – Z. f. Glkde, 4, 1910, 300–303.
— Zur Morphologie der Schneeoberfläche. – Wochenschr. des Alp. Ski Ver. „Der Schnee", Wien 1913, 9 S.; Deutscher Wintersport, 23, 3/6.
— Gletschernachmessungen am Floitenkees in den Zillertaler Alpen und in der Reichenspitzgruppe. – Z. f. Glkde, 8, 1914, 277–280. – Bespr. GZ 21/1640.
— Elemente der Lawinenkunde, nach M. Zdarsky. – Mitt. Geogr. Ges. Wien, 1917, 317.
— Zur nacheiszeitlichen Talbildung der Salzach und des Inn oberhalb Braunau. – Braunauer Heimatkunde, Braunau 1925, 10 S. – Bespr. GZ 33/1180, 36/1723.
— Ein bedrohtes geologisches Naturdenkmal in Berchtesgaden. – Bercht. Anzeiger v. 24. Okt. 1928, 2.
— Die Vereisung der Alpenseen und die Gefahren der Eisdecke. – Wiener Neueste Nachr., 20. 2. 1929; Linzer Tagespost, 21. 2. 1929.
Govi S. L'anfiteatro morenico del Tagliamento. – L'Universo, an. 1, n. 3, Firenze 1920.
Gradmann R. Über die Bedeutung postglazialer Klimaveränderungen für die Siedlungsgeographie. – Z. DGeolGes., 62, Abh., 1910, 117–122.
— Das Problem der Klimaänderung in geschichtlicher Zeit (v. L. Berg). – Geogr. Z., 21, 1915, 586–591.
— Die postglazialen Klimaschwankungen Mitteleuropas. – Geogr. Z., 30, 1924, 241–263. – Bespr. GZ 31/864.
— Die geographische Bedeutung der postglazialen Klimaschwankungen. – Verh. u. wissensch. Abhdlgen des 23. D. Geographentages zu Magdeburg 1929, Breslau (Hirt) 1930, 166–185.
— Unsere Flußtäler im Urzustand. – Z. Ges. f. Erdkunde Berlin, 1932, 1–17.
Grahmann R. Die absolute Zeitrechnung des Quartärs. (Vortr.) – Sber. Natforsch. Ges. Leipzig, 53–55, 1928, 11–22, 6 Abb. – Bespr. GZ 43/1888; Z. f. Glkde, 19, 1931, 196.
— Der Löß in Europa. – Mitt. Ges. f. Erdkde Leipzig 1930–1931, Leipzig (Hirt) 1932, 24 S., 3 Taf., 2 Diagr. – Bespr. GZ 49 A/488; Z. f. Glkde, 21, 1933, 224.
— Bemerkungen über die Begriffe Diluvium, Eiszeit und Vereisung. – Z. f. Glkde, 20, 1932, 470–474. – Bespr. GZ 49 A/356.
— Über Herkunft und Entstehung des Lößes in Mitteleuropa. – Bull. of the Information of the Assoc. for the Study of the European Quaternary, H. 3/4, Leningrad-Moskau 1932 (Deutsch u. Russ.), 1 K. – Bespr. GZ 50 A/1924.
— Der Löß in Europa. (Vortr.) – GR 25, 1934, 220–221.
Gravelius H. Die Bedeutung der Gletscher für die Wasserführung der fließenden Gewässer in der Schweiz. (Betr. spez. d. oberit. Seen.) – Verh. Ges. f. Erdkde Dresden, 1903, 549. – Vortragsauszug: Z. Ges. f. Erdkde Berlin, 1903, 549.
Grebenau H. Zur Beurteilung der Längen- und Flächenmaße von Gletschern, Alpenseen etc. im metrischen Maße. – Z. DAV, 1870, 392–399.
Gredler V. Die Urgletschermoränen aus dem Eggentale. – 18. Progr. Gymn. Bozen, 1868, 29 S. – Bespr. NJb. 1869, 597; Bl. 264.
— Der Seiser Alpengletscher der Vorzeit und seine Trümmer bei Seis. – Korresp.-Bl. d. Zool.-miner. Ver. Regensburg, 27, 1873, 6.
— Eine geologische Studie aus dem Etschtale. (Glaziale Beobachtgen bei Neumarkt-Salurn.) – Mitt. DÖAV, 1893, 100–101, 112–113.
— Geologisches aus Tirol. (Moränen bei Kaltern.) – Ber. Nat.-med. Ver. Innsbruck, 32, 1910, röm. 20–22.
— als Naturforscher. Lebensbild v. R. v. Klebelsberg. – Der Schlern, 4, 1923, 272–274.
Greim G. Der Ausbruch des Schwemserferners (Ötztaler A.). – Globus, 66, 1894, Nr. 15. – Auszug: Mitt. DÖAV, 1894, 286.
— Über einen postglazialen Gletscherstand im Schnalsertal. – Mitt. DÖAV, 1895, 237–238 u. Mitt. Geogr. Ges. Wien, 1896, 77.
— Zum Temperaturgang im Jambach bei Galtür in Tirol. – Notizblatt d. Ver. f. Erdkunde u. d. Großh. geol. Landesanstalt zu Darmstadt, 1896, 4. F., 17. H., 17–22. – Bespr. NJb. 1897/2, 461.
— Die Pegelstation im Jambach bei Galtür. – Mitt. DÖAV, 1896, 83–84.
— Studien am Hintereisferner. – Mitt. DÖAV, 1896, 90.
— Studien aus dem Paznaun. (Jambach.) – Gerlds Beitr. z. Geophysik, 5, 4, Leipzig 1903, 569–662. – Bespr. GZ 3/1645; Mitt. DÖAV, 1903, 262.
— Studien aus dem Paznaun. II. Der Jamtalferner bis 1897. – Gerlds Beitr. z. Geophysik, 8, 1, Leipzig 1906, 79–112. – Bespr. Z. f. Glkde, 3, 1909, 78.
— Beiträge zur Thermik und zum Wasserhaushalt der Gletscherbäche. – IX Congr. internat. de Géogr., Genève 1908, C.-R. d. trav., t. 2, Genève 1910, 335–347. – Bespr. Z. f. Glkde, 6, 1912, 285.
— Mitteilung über 17jährige Gletscheraufnahmen aus der Silvretta. – Verh. Ges. Deutsch. Nat. u. Ärzte, 83. Vers. Karlsruhe, Sept. 1911, Leipzig 1911, 350.
— Ergebnisse von Gletscherbeobachtungen in der Silvrettagruppe. (Vortr.) – GR 25, 1934, 143.
Greinerkees im Zillertal, Gletschersturz. (Notiz.) – Mitt. DÖAV, 1926, 253.
Gremblich J. Beginn der Torfbildung. – Programm Gymnas. Hall i. T. 1876/77, Innsbruck 1877, 1–21.
Greth J. Der Bodensee. – München (Zeller) 1863 (?), 3 Hefte.

Gribaudi D. Movimenti epirogenetici quaternari e ringiovanimento alpino secondo recenti studi. – Riv. Geogr. It., 36, 1929.

Grohmann P. Die Vedretta Marmolata. – Mitt. ÖAV., 1, Wien 1863, 195–222.

Gross H. Das Problem der nacheiszeitlichen Klima- und Florenentwicklung in Nord- und Mitteleuropa. – Beiheft Bot. Zentralbl., Dresden 1930, 110 S., 4 Fig.

Grube A. Vom Bodensee, früheren Rheintalgletscher und aus dem Bregenzer Walde. – Stuttgart 1875, 112 S.

Gruber H. Der Goldberg in den Hohen Tauern. – Z. DÖAV, 1902, 249–280. (Gletscher 253–257.) – Bespr. Carinthia II, 1903, 100.

Gruber O. Neuvermessung des Hochjochferners im Ötztal 1907 und 1908. – Z. f. Glkde, 3, 1909, 361–362. (Zur Karte 1:10000.)

— Der Hochjochferner 1907. Eine Vermessung 1907 und 1908. – Diss. Berlin, 1912 u. Z. DÖAV, 1912, 42 S., 1 K.

— Der Hochjochferner i. J. 1907. Seine Vermessung in d. J. 1907 u. 1908. – Z. f. Glkde, 7, 1913, 1–36.

Grünwald L. Zur Geschichte der Gletscherforschung. – Z. DÖAV, 1882, 330–336.

Gsaller C. Fixierung des Alpeiner Ferners. – Mitt. DÖAV, 1882, 18–19.

Gschwind M. u. **Niggli P.** Untersuchungen über die Gesteinsverwitterung in der Schweiz. – Beitr. z. Geol. d. Schw., Geotechn. Ser., 17. Lfrg, Bern 1931, 132 S., 5 Taf., 43 Fig. – Bespr. GR 23, 1932, 74; GZ 46 A/2066; NJb. 1932/2, 258; Z. Ges. f. Erdkde Berlin, 1933, 236.

Gsell R. Beiträge zur Kenntnis der Schuttmassen im Vorderrheintal. – Diss. Zürich, 1918, 76 S.; Jber. Natf. Ges. Grbd., NF, 58, 1917/18, Chur 1918, 127–202, K. 1:50000, Litverz. ebd., 59, 1918/19, Chur 1919, 200–203. – Bespr. GZ 25/269; Z. f. Glkde, 11, 1920, 93.

Gsteu H. Beiträge zur Anthropogeographie von Vorarlberg. – Forschungen z. D. Lds- u. Volkskunde, 29, H. 2, Stuttgart (Engelhorn) 1932, 120 S., 15 Abb., 8 Taf. (Geol. 11–15.) – Bespr. Heimat, Vorarlbg. Mh., 1932, 159; Mitt. Geogr. Ges. München, 25, 1932, 115; Osttiroler Heimatblätter, 10, 1933, 25.

Guerrini E. Il freddo straordinario dell'inverno 1928–1929. – Riv. di Fisica, Mat. e Sc. nat., Napoli 1930, n. 6, 297–304.

Gugenberger O. Geologische Studien aus Überetsch mit besonderer Berücksichtigung glazialer Fragen. – Sber. Ak. d. Wiss. Wien, math. natw. Kl., Abt. 1, 138, 1929, 273–283, 3 Abb., 1 K. – Bespr. GZ 42/357; NJb. 1930/2, 421.

Gugenhan M. Die Vergletscherung der Erde von Pol zu Pol. – Berlin 1906. (Z. B. Churfirsten: 22, 23, 187.)

Gully E. Über die Beziehungen zwischen Vegetation, chemischer Zusammensetzung und Düngerbedürfnis der Moore, zugleich ein Beitrag zur Kenntnis der Moore Südbayerns. – Mitt. Bayr. Moorkulturanst., 3, 1909.

Gümbel C. W. v. Gletschererscheinungen aus der Eiszeit (Gletscherschliffe und Erdpfeiler im Etsch- und Inntale). – Sber. Ak. d. Wiss. München, 1872, 223–255. – Bespr. VRA 1873, 99; NJb. 1873, 324; Bl. 332.

— Geologisches aus Westtirol und Unterengadin. – VRA 1887, 291–296. – Bespr. NJb. 1889/2, 127; Jber. Natf. Ges. Grbd., NF., 31, Chur 1888, 72; Bl. 711.

Günther S. Glazial- und Drifthypothese, auf bayerischem Boden entstanden. – München 1894, 18 S.

— Der gegenwärtige Stand der Lehre von der Glazialerosion. – Verh. 13. D. Geogr.-Tg 1901, Berlin, 17 S.

— A. Pencks neue Glazialstudien. – Jber. Geogr. Ges. München, 20, 1901/02 (1903), 14 S.

— Glaziale Denudationsgebilde im unteren Eisacktale. – Sber. Ak d. Wiss. München, 32, 1902, 459–486. – Bespr. VRA 1903, 72; GZ 4/669.

— Die Vergletscherung vordem eisfrei gewesener Alpenpässe. – Deutsche Alpenztg, München 1903, 3 S.

— Erdpyramiden und Büßerschnee als gleichartige Erosionsgebilde. – Sber. Ak. d. Wiss. München, 34, 1904, 397–420. – Bespr. GZ 6/1055; NJb. 1907/1, 379.

— Alpine Denudationserscheinungen. (Erdpyramiden am Schabser Plateau. – Vortr.) – Mitt. Geogr. Ges. München, 1, 1904, 155–156.

— Eduard Richter. – Mitt. Geogr. Ges. München, 1, 1905, 371–392, 1 Bild.

— Die Bodenseeforschung in ihrer geschichtlichen Entwicklung. – Schr. d. Ver. f. Gesch. d. Bodensees, H. 35, 1906, 17–32.

— Lebensbilder von E. Richter u. F. Frh. v. Richthofen. – Geogr. Studien, Stuttgart 1907, 172 S.

— Die Eiszeit auf der bayrisch-schwäbischen Hochebene. – Veröff. d. Ges. f. Bayrische Landeskde, H. 1, München (Völler) 1921, 23 S. – Bespr. Geogr. Z., 27, 1921, 183.

Gunz K. Der eiszeitliche und nacheiszeitliche Formenschatz der Umgebung von Feldkirch. – Feldkircher Anzeiger, 1921.

Gürich G. Die Höttinger Breccie und ihre „interglaziale" Flora. – Verh. Natwiss. Ver. Hamburg, 1911, 3. F., 19. – Bespr. GZ 20/137.

— Der Geologensteg und der Versuchsstollen im Weiherburggraben bei Innsbruck. – Zbl. f. Min., 1914, 563–564. – Bespr. GZ 21/2074; NJb. 1921/1, 194.

— Die Höttinger Breccie am Geologenstollen bei Innsbruck. – Z. DGeolGes., 1920, Mber., 257–269. – Bespr. GZ 20/137, 26/892.

Gutzwiller A. Das Verbreitungsgebiet des Sentisgletschers zur Eiszeit. Ein Beitrag zur Karte der Quartärablagerungen der Schweiz. – Ber. St. Gall. Nat. Ges., 1871/72, St. Gallen 1873, 80–155, K. 1:100000.

— Quartärgebilde und erratische Blöcke des Kantons St. Gallen. – Ber. ü. d. Tätigkt d. St. Gall. Natwiss. Ges., St. Gallen 1874, 18–24. – Bespr. Arch. d. sc. phys. et nat., t. 57, 383; Rev. géol. suisse p. l'a. 1875, Genève 1876, 39.

— Molasse und jüngere Ablagerungen, enthalten auf Bl. IX des eidgen. Atlas mit Benutzung des Nachlasses v. A. Escher v. d. L. (U. a. Säntis- u. Rheingletscher.) – Beitr. z. geol. K. d. Schw., 14. Lfrg, 1. Abt., Bern 1877, 149ff.

— Molasse und jüngere Ablagerungen, enthalten auf Bl. IV u. V des eidgen. Atlas mit Ausnahme des Gebietes nördlich vom Rhein und vom Bodensee. – Beitr. z. geol. K. d. Schw., Lfrg 19, Abt. 1, Bern 1883, 133 S.

— Ältere diluviale Schotter in der Nähe von St. Gallen und von Bischofszell. – EgH 6, 1899/1900, 371–377. – Bespr. Ebd. 7, 1901/2, 90; Arch. Sc. phys. et nat. Genève, t. 12, 1900, 464; GZ 2/920; PetMitt., 49, Litber., 39.

Guyot A. Sur les blocs erratiques du bassin du Rhin. – Actes d. l. Soc. helv. d. sc. nat. réun. à Genève en 1845, Genève 1845, 84 85. – Auszug: Les phé-

nomènes erratiques dans les Alpes, in Matériaux pour l'étude des glaciers, t. 3, Strasbourg 1863, 140–150.
— Dépôt erratique enclavé entre les terrains erratiques du Rhin et de la Linth. – Actes d. l. Soc. helv. d. sc. nat., 30e sess., Genève 1845, 89.
— Paroi de marbre gris polie avec stries sur le calcaire du Calanda. – Actes d. l. Soc. helv. d. sc. nat., 30e sess., Genève 1845, 89.
— Note sur le bassin erratique du Rhin. – Bull. d. l. Soc. d. sc. nat. de Neuchâtel, 1, Neuchâtel 1847, 507–516. – Bespr. Hist. d. progr. d. l. géol. de 1834 à 1845, 2, Paris 1848, 266; NJb. 1850, 863.
— On the Erratic Basin of the Rhine. – The Edinburgh new Philos. Journal, 45, Edinburgh 1848, 20–27.

Haas H. Über den heutigen Stand der Glazialgeologie. Die Gletscherforschungen in den Alpen während der letzten Jahre. – Z. f. wiss. Geogr., 5, Nr. 5, Wien 1885, 365–373.

Habenicht H. Europa während der beiden Eiszeiten. (Karte 1:15 Mill. mit 2 Kartons: Die Gletscher der Lombardei und der Schweiz während der Eiszeiten.) – PetMitt., 1878, Nr. 3. – Bespr. Mitt. DÖAV, 1878, 102.
— Die Eiszeitparallele zwischen Norddeutschland und Alpen. – Weltall, 12, Berlin 1912, 265–266.
— Die Ursachen der Eiszeiten. – Das Weltall, 12, 1912, 321–323. – Bespr. GZ 18/1726.
— Der Standpunkt der Eszeitforschung. – Der Forscher, Hannover 1912, 6–10. – Bespr. GZ 18/1725.

Habermehl E. Beitrag zur Kenntnis der geologischen Verhältnisse des Alz- und Salzachgebietes. – Diss. Techn. Hochsch. München, 1913, 98 S., 2 K. 1:100000. – Bespr. Z. f. Glkde, 11, 1920, 94; GZ 22/1219, 24/1270.

Hackel E. Eine alte Gletscherlandschaft im Velbertauerntal. – Mitt. Sekt. f. Natkde ÖTC, 2, Wien 1890, 3–4.

Hacker W. Beobachtungen an den Gletschern des Zemmgrundes in den Zillertaler Alpen im Sommer 1930. – Z. f. Glkde, 19, 1931, 142–143.
— Sichttiefe, Wärmegang und Durchlüftung in Hochgebirgsseen. – Geogr. Jber. aus Österr., 16, Leipzig u. Wien (Deuticke) 1933, 88–105, 2 Taf., 6 Abb.

Hagenbach E. Das Korn des Gletschereises. – Mitt. Geogr. Ges. Wien, 1891, 38.

Haidinger W. Herrn Prof. Ehrenbergs Mitteilungen über die Staubfälle von Gastein und Wien. – Ber. ü. d. Mitt. v. Freunden der Natwiss. in Wien, 4, 1848, 313–315.
— Mitteilung von Oellacher über den Meteoritenstaub aus Tirol. – Ber. ü. d. Mitt. v. Freunden der Natwiss. in Wien, 3, 1848, 390–392.
— Über Götschs Beobachtungen in Bezug auf das Vorwärtsschieben der Gletscher. (Vortr.) – Mitt. Geogr. Ges. Wien, 1, 1857, Ber., 44–45.
— Note über die Sommereisgrube bei Gandegg nächst Eppan in Tirol v. Dr. G. Proell. – Mitt. Geogr. Ges. Wien, 2, 1858, Ber., 114.

Halbfaß W. Zwei Seen in der Moränenlandschaft des Bodensees. (Schlein- u. Degersee, Oberschwaben.) – Globus, 83, 1903, Nr. 18. – Bespr. GZ 5/30.
— Ein Rätsel der Gletscherforschung. – Geogr. Anzg., 15, Gotha 1914, Geogr. Ausguck, 40.

Halfar. Über Moränenfaltung südwestlich von Bozen. (Vortr.) – Z. DGeolGes., 39, 1887, 506.

Hamberg A. Zur Technik der Gletscheruntersuchungen. – C. rend. IX Congr. Géol. Int. Vienne 1903, Wien 1904, 749–766. – Bespr. NJb. 1905/2, 373.
— Über die Parallelstruktur des Gletschereises. – C. rend. IX Congr. Int. d. Géogr. Genf 1908 (1910), II, 352–359. – Bespr. Z. f. Glkde, 6, 1912, 157.
— Die Temperaturverhältnisse der Bodenschichten der Gletscher und Inlandeise. – C. R. XIV Congr. Géol. Internat. 1926, Madrid 1929. – Bespr. Z. f. Geomorph., 5, 1930, 228; Z. f. Glkde, 18, 1930, 238.
— Anleitung zur Messung der periodischen Größenveränderungen der Gletscher. – Geogr. Annaler, 12, Stockholm 1930, 125–129. – Bespr. GZ 45/1248.
— Struktur und Bewegungsvorgänge im Gletschereise nebst Beiträgen zur Morphologie der arktischen Gletscher. – Natwiss. Untersuchungen des Sarek-Gebirges in Schwedisch-Lappland, Bd 1, Abt. 3, Lfrg 2, 1932, 69–129, 5 Fig., 16 Taf. mit 30 Bildern. – Bespr. Z. f. Glkde, 20, 1932, 486.

Hammer W. Eine interglaziale Breccie im Trafoiertal (Tirol). – VRA 1906, 71–75. – Bespr. GZ 8/367.
— Glazialgeol. Mitteilungen aus dem Oberinntal. – VRA 1912, 402–412.
— Der Einfluß der Eiszeit auf die Besiedlung der Alpentäler. – Z. DÖAV, 1914, 61–81. – Bespr. GZ 24/626.
— Geologische Beobachtungen beim Bau des Wasserkraftwerkes bei Mallnitz (Kärnten). – JbBA 1927, 29–62, K. 1:25000. – Bespr. GZ 36/1687.
— Note illustrative della Carta geologica delle Tre Venezie. Foglio Passo di Resia. – Uff. Idr. d. R. Mag. a. Acque, Sez. geol., Padova 1927, 64 S., Prof. – Bespr. GR 1928, 429.
— Zur Deutung des Bimssteinvorkommens bei Köfels im Ötztal. – VBA 1930, 85–93. – Bespr. GZ 42/627.
— Aufnahmsbericht über Blatt Kitzbühel–Zell a. S. (5049). – VBA 1933, 24–25.
— Aufnahmsbericht über Blatt Kitzbühel-Zell am See (5049). – VBA 1934, 23–24.

Handl L. Von der Marmolata-Front. – Z. DÖAV, 1916, 212–218, 6 Abb.; 1917, 149–161, 7 Abb.
— Gletscherforschung und Gletscherkrieg. (Vortr.) – Münchner Neueste Nachr., Nr. 96 v. 4./5. März 1922.
— Mitteilung über Randklüfte an J. Sölch. – Z. f. Glkde, 12, 1922, 33.
— Die Eisstadt in der Marmolata. – Der Alpenfreund, 1922, 75–79, 7 Abb., 1 Skz.
— Der Krieg im Bauche des Gletschers. – In: G. Langes, Die Front in Fels und Eis, München (Bruckmann) 1933, 17–36, 23 Abb.

Hanke H. Aus dem Leben eines Gletschers. (Vernagtferner.) – Beil. z. Schles. Volksztg v. 6. 12. 1931.
— Neues vom Inntalsee. – Tir. Anzg. v. 7. 12. 1931.
— Firn- und Eisrückbildung im Ötztaler Hochgebirge. – Mitt. DÖAV, 1933, 197–198.

Hann J. v. Einführung in die Meteorologie der Alpen. – In: Anleitung zu wissensch. Beobachtungen auf Alpenreisen, Beil. z. Z. DÖAV, 1878, München 1878, 2. Abt., 195–252.
— Klima von Bregenz. – Meteorol. Z., 1889, 359.
— Das Klima von S. Gertrud im Suldental. – Meteor. Z., 6, Wien 1906, 6 S.

Happak R. Der Plenterwald im Hochgebirge Tirols. – Österr. Vierteljahrschr. f. Forstwesen, NF, 47, 1929, 213–223.

Harboe E. G. Vereisung und Vulkanismus. – Z. DGeolGes., 50, 1898, 441–461. (S. Semper.)
— Erwiderung auf die Bemerkung des Herrn Semper zu meinem Aufsatz über „Vereisung und Vulkanismus". – Z. DGeolGes., 51, 1899, 596–607.

Harder R. u. **Lorenz A.** Pollenanalytische Untersuchungen an alpinen Mooren. - Z. f. Bot., 21, 1929, 693–704, 6 Diagr.

Harpprecht Th. Von der Gepatschalpe nach Vent über das Ölgruben- und Sechsegertenjoch. - Z. DAV. 1870, 541–551.

Harrassowitz H. Die Klimate und ihre geologische Bedeutung. - Oberhess. Ges. f. Nat.- u. Heilkde in Gießen, NF, Nat. Abt. 7, 1916–1919, 212–232.

— Fossile Verwitterungsdecken. - Handbuch d. Bodenlehre (E. Blanck), 4, 1930, 225–305, 14 Abb. - Bespr. GZ 50 A/324.

Hartmann V. Das Tal des Weißensees in Kärnten. Ein Beitrag zur näheren Kenntnis der Seen des Landes. - 26. Jber. StORealsch. Klagenfurt 1883, 50 S., 1 K.

Haßler J. Kärtner Seenstudien. (Wasserwirtschaftsfragen an Deutschösterreichs Südgrenze, die Floß- und Plättenschiffahrt und der Ausbau der Drau- und Möllwasserwerke in Kärnten u. a.) - Klagenfurter Zeitung, 1921 u. Sammlung im Selbstverlag d. Verf. - Bespr. Carinthia II, 1923, 167.

Hauer R. Die neueste Eiszeitchronologie. (Gegen Eberl.) - Reichspost (Wien) v. 1. 6. 1930.

Häuser J. Die Niederschlagsverhältnisse in Bayern und in den angrenzenden Staaten. - Atlas mit Tabellen- und Textband. 1901–1925. Veröff. Bayer. Landesstelle f. Gewässerkunde, München (Riedel) 1930, 76 S., 51 K. - Bespr. Z. Ges. f. Erdkde Berlin, 1931, 316; Mitt. Geogr. Ges. München, 25, 1932, 108; Geogr. Z., 39, 1933, 118.

Haushofer M. Die südostbayrische Moränenlandschaft. - Das Bayerland, München (Oldenbourg) 1891, Nr. 29–31.

Hauthal R. Büßerschnee (Nieve penitente). - Veröff. d. deutschen akad. Ver. zu Buenos Aires, I, 1901, 1–27; Z. DÖAV, 1903, 18 S., Nachtr. Mitt. DÖAV, 1904, 174. - Bespr. NJb. 1903/1, 50.

— Ein Beitrag zur Frage: Können Gletscher erodieren? - Verh. D. Nat.- u. Ä.-Tag, Salzburg 1909.

— Zur Entstehung und zum Formenschatz des Büßerschnees. - Kolon. Studien, Berlin 1928, 311–327. - Bespr. PetMitt. 1928, 188.

Hayek A. v. Die postglazialen Klimaschwankungen in den Ostalpen vom botanischen Standpunkte. - Mitt. Sekt. f. Naturkde ÖTC, Wien 1912, 9–11. - Bespr. GZ 19/132.

Heberdey R. Die Bedeutung der Eiszeit für die Fauna der Alpen. - Zoogeographica, Internat. Archiv f. vergl. u. kausale Tiergeographie, 1, H. 3, Jena (Fischer) 1933, 353–412, 12 Abb., 1 Taf. — Bespr. GZ 4 B/1333, 52 A/223.

Heer O. Über das Aussehen unseres Landes im Laufe der geologischen Zeitalter. - Verh. Schw. Natf. Ges., Versammlg Luzern 1862, 147–149.

— Die alten Gletscher der Schweiz. - Aus: Urwelt der Schweiz. - PetMitt., 1865, 106–108.

— Die Urwelt der Schweiz. - Zürich, 1. Aufl. 1865, 2. Aufl. 1879, 713 S., K. 1:1520000. - Bespr. Mitt. DÖAV, 1880, 69; PetMitt., 1864, 74; Jb. SAC, Bern 1879, 570; Natur, Halle 1878, 683; 1879, 177, 423; Globus, 9, Hildburghausen 1865, 265.

— Über die nivale Flora der Schweiz. - Neue Denkschrift. Allgem. Schw. Ges. f. d. ges. Natwiss., 29, Zürich 1885, 114 S. - Bespr. Mitt. DÖAV, 1884, 323.

Hegetschweiler. Bemerkungen über die Berge des Kantons Glarus im allgemeinen, über ihre Schneelinie, Gletscher, Vegetation und Benutzung derselben. - Schweizerische Jahrbücher, Aarau 1823, 511–524, 550–558.

— Reisen in den Gebirgsstock zwischen Glarus und Graubünden in d. J. 1819, 1820 und 1822. - Zürich 1825, 193 S., 10 Abb. - Bespr. Bull. d. sc. nat. et de géol., Paris 1826, 4.

Hegi G. Zur Flora der Maloja. - Vierteljschr. Natf. Ges. Zürich, 73, Beibl. 15, 1928.

Heim Alb. Über Gletscher. - Poggendorffs Annal., 5, Leipzig 1871, 34 S. - Bespr. NJb. 1871, 322; Vierteljschr. Natf. Ges. Zürich, 1871, 58.

— Über die Theorie der Gletscherbewegung. - Jb. SAC, 8, Bern 1873, 330–360.

— Über den jetzigen Stand der Theorie der Gletscherbewegung. - Alpenpost (W. Senn), 5, Glarus 1873, 136.

— Über den Anteil der Gletscher an der Bildung der Täler. - Vierteljschr. Natf. Ges. Zürich, 20, 1875, 205–208. - Bespr. Gaea, 11, 1875, 574.

— Die Lawinen. - Schweizerisches Schularchiv, 5, Zürich 1884.

— Über die Entstehung und Bildung des Gletscherkorns. - Vierteljschr. Natf. Ges. Zürich, 30, 1885, 97–98.

— Handbuch der Gletscherkunde. - Stuttgart 1885, 560 S., 1 K. (Ratzel, Bibl. geogr. Handbücher.) - Bespr. Mitt. Geogr. Ges. Wien, 1885, 473; NJb. 1885/2, 415; Mitt. DÖAV, 1885, 161; PetMitt., 31, 1885, 189; VRA 1885, 90; Verh. Ges. f. Erdkde Berlin, 1885, Nr. 5 u. 6; Natur, 1885, 417.

— Abnahme der Gletscher. - Mitt. DÖAV, 1885, 208. (Schw. Alpenztg.)

— u. **Penck A.** Aus dem Gebiete des alten Isargletschers und des alten Linthgletschers. - Z. DGeolGes., 38, 1886, 161–169. - Bespr. NJb. 1887/2, 297; Mitt. DÖAV, 1886, 180; PetMitt., 32, 1886, Litber., 111; Bl. 694.

Heim Alb. Die klimatischen und orographischen Bedingungen der Gletscherbildung und die Metamorphose des Schnees im Hochgebirge. - Ber. ü. d. Tätigkeit d. St. Gall. Natwiss. Ges. 1885–1886, St. Gallen 1887, 22–23.

— Lawinen und Lawinenschutz. - Die Alpenwelt, St. Gallen 1888; Schw. Bauztg, 12, Zürich 1888, 16–20.

— Sur l'origine des grands lacs alpins. - Arch. d. sc. phys. et nat., p. 3, t. 28, Genève 1892, 449–450 u. EgH 3, 1892, 243–244. - Bespr. EgH 3, 356.

— Über die Entstehung der Seen. - Ber. ü. d. Tätigkeit d. St. Gall. Natwiss. Ges. 1891/92, St. Gallen 1893, 65–66.

— Geologische Nachlese. Nr. 2. Über das absolute Alter der Eiszeit. - Vierteljschr. Natforsch. Ges. Zürich, 39, 1894, 7 S. - Bespr. NJb. 1895/1, 51; Z. f. prakt. Geol., 1894, 440; Gaea, 31, 1895, 239; Mitt. Geogr. Ges. Wien, 1894, 643.

— Geologische Nachlese. Nr. 4. Der diluviale Bergsturz von Glärnisch-Guppen. - Vierteljschr. Nat.-forsch. Ges. Zürich, 40, 1895, 32 S. - Bespr. NJb. 1899/1, 340.

— Über den rückläufigen Deckenschotter. - Verh. Schw. Naturf. Ges., 96. Jvers. Frauenfeld 1913, 2, 200–202; EgH 12, 1912, 682–683. - Bespr. EgH, 13, 1914, 679.

— Karte 1:1,250000, Ausbreitungsgebiete der diluvialen Gletscher der Schweizer Alpen. - Geol. d. Schw., I, Lfrg 3, 1917, 214–215.

Heim Arn. Monographie der Churfirsten-Mattstock-Gruppe, IV. Teil (Schluß). Tektonik und Oberflächengestaltung. - Beitr. z. geol. K. d. Schw., NF, L. 20, 4. Teil, Bern 1917, 575–662, 3 SpK. Nr. 85–87. - Bespr. EgH, 16, 1920/22, 335; GZ 27/153; PetMitt., 67, 1921, 140.

— u. **Gams H.** Interglaziale Bildungen bei Wildhaus (Kanton St. Gallen). - Vierteljschr. Natf.-Ges. Zürich, 63, 1918, 19-33. - Bespr. Z. f. Glkde, 11, 1920, 92; GZ 24/1624.

Heißel W. u. Ladurner Jos. Gletschermessungen Venedigergruppe 1931. - Z. f. Glkde, 20, 1932, 115-119.

Heißel W. Quartärgeologie des Silltales. - JbBA 1932, 429-468, 2 Taf., 2 Fig. - Bespr. Z. f. Geomorph., 8, 1934, 48; Z. f. Glkde, 21, 1932, 247; GZ 50 A/783.

— u. **Hanke H.** Gletschermessungen Kaprun (Glocknergruppe) 1932. - Z. f. Glkde, 21, 1933, 178-179.

— — Gletschermessungen Sonnblickgruppe 1932. - Z. f. Glkde, 21, 1933, 179-180.

Heißel W. Fund eines Mammutzahnes bei Kufstein (Tirol). - Z. f. Glkde, 21, 1933, 196-197.

Heller E. Das Achensee-Kraftwerk. - Z. Österr. Ing.- u. Arch.-Ver., Wien 1926.

— Innsbrucks Achenseewerk. - In: Die Tir. Landeshauptstadt Innsbruck (Tir. Landesverkehrsamt), Innsbruck (Wagner) 1929, 185-192, 9 Abb.

Heller F. u. Nieder R. Geologisch-morphologische Untersuchungen im Partnachtal des Wettersteingebirges. - Mitt. ü. Höhlen- u. Karstforschung, Berlin 1932, H. 4, 119-153, 2 Taf., 5 Abb.

Hellmann G. Über die Alpen als Wetter- und Klimascheide. - Gerlds Beitr. z. Geophys., 22, 1931, 25-26.

Hellriegl H. Das projektierte Achensee-Großkraftwerk. - Elektrojournal, Charlottenburg 1921.

Hellwald F. v. Vortrag über die photographische Gletscherexpedition des Herrn G. Jägermayer. - Wien 1863, 16 S.

— Die Eiszeit der Alpen. - Jb. ÖAV, 1867, 199-222.

Helm A. (Fischer E. A.). Die Gletscher- oder Riesentöpfe des Berchtesgadner Landes. - München (Philotechnik V.) 1927. - Bespr. Mitt. DÖAV, 1927, 289.

— Das Berchtesgadner Land im Wandel der Zeit. - - Berchtesgaden (Vonderthan) 1929, 412 S. (Arch. d. Bercht. Landes II). - Bespr. Mitt. DÖAV, 1931, 73.

— Die Literatur über das Berchtesgadner Land und seine Alpen. - 2. Aufl. Berchtesgaden (Vonderthan) 1930, 159 S. (Archiv des Bercht. Landes, I). - Bespr. Mitt. DÖAV, 1931, 73.

Henkel L. Die Ursache der postglazialen Wärmeperiode. - Geogr. Z., 31, 1925, 42. - Bespr. GZ 31/1693, 32/57.

— Glaziale Krustenbewegungen. - Geogr. Z., 31, 1925, 235-236. - Bespr. GZ 32/998, 1255.

Henne A. Die Lawinenverbauung Schiahorn Dorfberg in Davos. - Im Auftr. d. eidgen. Dep. d. Inn., Bern 1925, 24 S.

Henseling R. Weltentwicklung und Welteislehre. - Potsdam (Verlag: Die Sterne) 1925, 219 S. - Auch „Aus der Heimat", 38, 1925, 97-101.

Heritsch F. Die glazialen Terrassen des Drautales. - Carinthia II, 1905, 127-137, 188-192, 215-218. - Bespr. GZ 7/2278; Z. f. Glkde, 1, 1907, 155; Carinthia II, 1906, 123.

— Glaziale Spuren im Vellachtale. - Mitt. Geogr. Ges. Wien, 1906, 417-435. - Bespr. GZ 8/1569.

— Bemerkungen zum Glazialdiluvium des Drautales. - VRA 1907, 214-216. - Bespr. GZ 14/97.

— Über die Nordgrenze der Karnischen Alpen. - Anzg. Ak. d. Wiss. Wien, math. natw. Kl., 69, 1932, 240-241.

Heritsch H. Geologische Aufnahme im Kristallin des Gailtales. - Anzg. Ak. d. Wiss. Wien, math. natw. Kl., 69, 1932, 244.

Hernegger F. Eine Eishöhle in der Nähe der Obstanserseehütte. - Austria-Nachr., 1932, 165, 1 Abb. - Bespr. Reichspost v. 10. 10. 1933; Tir. Anzg., Nr. 235 v. 11. 10. 1933.

— Eishöhle beim Obstanser See. - Mitt. über Höhlen- und Karstforschung, Berlin (Junk) 1933, H. 1, 43-44.

Herpich H. Die Eisverhältnisse in den südbayer. Seen. - Münchner Geogr. Studien, 26, München 1911, 89 S., mehr. Taf. - Bespr. Mitt. Geogr. Ges. Wien, 1911, 344; Geogr. Z., 17, 1911, 416.

Herrmann E. Gletscherstudien im Kebnekaisegebiet (Schwed. Lappland). II. Zur Mechanik der Gletscherbewegung. (U. a. Zillertaler A.) - Z. f. Glkde, 19, 1931, 272-273, 2 Abb.

Herrmann O. Glazialerscheinungen in der geologischen Vergangenheit. - Hamburg 1896, 63 S.

Herz N. Die Eiszeiten und ihre Ursachen. - Wien (Deuticke) 1909, 306 S. - Bespr. GZ 19/1266.

— Die Eiszeiten. - Scientia, 5, v. 9, Bologna 1911, 41-63.

Hescheler K. Aus der Vorgeschichte der Säugetiere der Schweiz. (Vortr.) - Vierteljschr. Natf. Ges. Zürich, 74, 1929, H. 3 u. 4, röm. 22-23; Jb. St. Gall. Natwiss. Ges., 65 (1929 u. 1930), St. Gallen 1930, 17-46. - Bespr. GZ 48 A/587, 2 B/172, 548; NJb. 1932/3, 696.

Hess H. Die Pegelstation in Ranalt. - Mitt. DÖAV, 1892, 19.

— Gletschermarkierungen im Stubai. - Mitt. DÖAV, 1892, 99-101.

— Gletscherbewegung im Stubai. - Mitt. DÖAV, 1892, 268-269. - Abdr.: Mitt. Geogr. Ges. Wien, 36, 1893, 121-122.

— Über die Grenze zwischen Schmelz- und Sammelgebiet der Gletscher. - Verh. Ges. D. Naturf., Nürnberg 1893, 3 S.

— Die Ötztaler Gruppe. - In: E. Richter, Die Erschließung der Ostalpen, 2, Berlin 1894, 245-376.

— Nachmessung am Alpeiner Ferner. - Z. DÖAV, 1895, 21-24, K. 1:7500.

— Studien am Hintereisferner. - Mitt. DÖAV, 1896, 61.

— Beobachtungen an den Gletschern der Stubaier Gruppe 1898. - Mitt. DÖAV, 1899, 123-124.

— Tätigkeit der S. Nürnberg im Stubaitale. - Festschrift S. Nürnberg DÖAV, 1899, 9 S.

— Über den Zusammenhang zwischen Schichtung und Bänderung der Gletscher. - NJb. 1902/1, 23-34. - Bespr. GZ 3/349; Carinthia II, 1902, 213. S. a. Crammer.

— Zur Mechanik der Gletschervorstöße. - PetMitt., 48, 1902, 113-114. - Bespr. GZ 4/665.

— Elastizität und innere Reibung des Eises. - Annal. Phys., 8, Leipzig 1902, 27 S.

— Einiges über Gletscher. - Zbl. f. Min., 1902, 225-231.

— Gletscherbeobachtungen im Stubai- und Ötztale 1903. - Mitt. DÖAV, 1903, 291-293. - Bespr. VRA 1904, 99.

— Der Taltrog. - PetMitt., 49, Gotha 1903. - Bespr. VRA 1904, 67; Mitt. Geogr. Ges. München, 4, 1909, 139; GZ 5/2144.

— Der Schuttinhalt von Innenmoränen. - PetMitt., 49, 2, 1903, 2 S.

— Die Gletscher. - Braunschweig (Vieweg u. S.) 1904, 426 S., 4 K. - Bespr. Z. f. prakt. Geol., 1905, 83; VRA 1904, 223; Zbl. f. Min., 1905, 567; Z. f. Glkde, 1, 1907, 71; GZ 7/630; Geogr. Z., 10, 1904, 471; Mitt. Anthrop. Ges. Wien, 34, 1904, 316.

— Gletscherschwankungen. - Umschau, 9, 27, Frankfurt a. M. 1905, 5 S.

— Über den Betrag der Gletschererosion. - Mitt. DÖAV, 1905, 107-108.

— Winterwasser der Gletscherbäche. - PetMitt., 52, 3, 1906, 59–64. - Bespr. GZ 8/1250.
— Probleme der Gletscherforschung. - Unterrichtsblatt f. Math., 13, 12, Berlin 1907, 9 S.
— Probleme der Gletscherkunde. - Z. f. Glkde, 1, 1907, 240–254; 2, 1908, 150. S. a. Crammer. - Bespr. GZ 19/631.
— Über den Schuttinhalt der Innenmoränen einiger Ötztaler Gletscher. - Z. f. Glkde, 1, 1907, 287–292. - Bespr. GZ 19/634.
— Die Größe des jährlichen Abtrages durch Erosion im Firnbecken des Hintereisferners. Eine Berichtigung. - Z. f. Glkde, 1, 1907, 355–356. - Bespr. GZ 19/635.
— Fortschritte der Gletscherkunde. - Gaea, 1909.
— Talbildung in den Alpen. - Himmel und Erde, 1909, 537–546.
— Erwiderung auf die Ausführungen v. Crammers zur Frage ineinander geschalteter Taltröge. - Z. f. Glkde, 3, 1909, 155–156.
— Gletscherkunde und Glazialrelief. - GR 1, 1910, 135–142 u. Ber. ü. d. Fortschr. d. Geol., 1910, 95–102.
— Die Alpen im Eiszeitalter. - PetMitt., 56, 1910, 81–85. - Bespr. Boll. Com. geol. d'It., 42, 1911, f. 2, 58.
— Die Schutzwirkung der Eisdecke auf die Alpenformen. - PetMitt., 57, 1911, Kl. Mitt., 78–79.
— Die Schwankungen der Gletscher in der Zeit von 1905–1910. - PetMitt., 1913, Aprilheft. - Bespr. Z. Ges. f. Erdkde Berlin, 1913, 311.
— Die präglaziale Alpenoberfläche. Beobachtungen am Iseosee, im Ogliotal und in Südtirol. - PetMitt., 59, 1913/1, 281–288. - Bespr. GZ 20/514; EgH 13, 1914, 671; NJb. 1915/1, 120; Natwiss. Wochenschr., NF, 13, 1914, 55; Geogr. Anzg., 14, 1913, 186; Boll. Com. geol. d'It., 45, 1915, f. 1–2, 42.
— Adolf Blümcke †. - Mitt. DÖAV, 1914, 249–250.
— Bericht über die Arbeiten am Hintereis- und Vernagtgletscher im Ötztal im Sommer 1915. - Z. f. Glkde, 10, 1917, 117–119.
— Die Gletscher des Rofentales. - Z. f. Glkde, 10, 1917, 144–166. - Bespr. GZ 23/384.
— Der Stausee des Vernagtferners i. J. 1848. - Z. f. Glkde, 11, 1920, 28.
— Beobachtungen an den Gletschern im Hintergrund des Venter Tales im Ötztal 1918 und 1919. - Z. f. Glkde, 11, 1920, 188–190. - Bespr. GZ 26/105.
— Nachmessungen an den Gletschern des Rofentales 1920. - Z. f. Glkde, 12, 1922, 168–169. - Bespr. GZ 29/373.
— Beobachtungen an den Gletschern des Rofentales 1921. - Z. f. Glkde, 13, 1924, 139.
— Der Hintereisferner 1893–1922. Ein Beitrag zur Lösung des Problems der Gletscherbewegung. - Z. f. Glkde, 13, 1924, 145–203. - Bespr. Z. Ges. f. Erdkde Berlin, 1925, 145.
— Scherungsrisse der Gletscher. - PetMitt., 1924, 70, 89.
— Über die Bewegung der Gletscher. - Das Weltall, 27, 1927/28, 17–20.
— Physik der Gletscher. - In: Müller-Pouillet, Lehrbuch der Physik, 2. Aufl., 5. Bd, 1. Hälfte: Physik der Erde, herausgeg. v. A. Wegener, 355–397. - Bespr. Z. f. Glkde, 16, 1928, 274.
— Hintereisferner-Nachlese. - Z. f. Glkde, 17, 1929, 47–65. - Bespr. GZ 42/681.
— Gletschermessungen im Ötztal 1928. - Z. f. Glkde, 17, 1929, 179–180.
— Gerard de Geers „Kurve der Sonnenstrahlung". - PetMitt., 1929, 70. - Bespr. GZ 41/630.
— Beobachtungen am Hintereis- und Vernagtferner 1919–1929. - Z. f. Glkde, 18, 1930, 220–226, K. 1:10000.
— Nachmessungen am Hintereis- und Vernagtferner 1930. - Z. f. Glkde, 19, 1931, 132–133.
— Zur Strömungstheorie der Gletscherbewegung. - Z. f. Glkde, 19, 1931, 221–250, 9 Fig.
— Sebastian Finsterwalder. - Z. f. Glkde, 20, 1932, röm. 13–16.
— Nachmessungen am Hintereis- und Vernagtferner 1931. - Z. f. Glkde, 20, 1932, 107–108.
— Über die Dicke des Fedtschenkogletschers. Mit Betrachtungen über den eiszeitlichen Inngletscher. - Z. f. Glkde, 20, 1932, 222–232. - Bespr. GZ 49 A/745.
— Bemerkung zum Bericht von H. Schatz: Nachmessungen am Hintereis- und Vernagtferner im Sommer 1932. - Z. f. Glkde, 21, 1933, 164–165.
— Gletscherstudien im obersten Ötztal. - Unterrichtsbl. f. Math. u. Naturw., 1934, Nr. 5.

Hess V. Drei Jahre Ultrastrahlenforschung auf dem Hafelekar (2300 m). Die Untersuchung der Intensitätsänderungen der kosmischen Ultrastrahlung in der Zeit vom Sept. 1931 bis Mai 1934. - Forschungen u. Fortschr., 10, 1934, Nr. 25, 305–306.

Hettner A. Die Vorgänge der Umlagerung an der Erdoberfläche und die morphologische Korrelation. - Geogr. Z., 20, 1914, 185–197.

Hibler I. Der Plansee und seine Umgebung. Eine glazialgeol., besiedlgs-, wirtsch.- und kulturgesch. Abhdlg. - Innsbruck (Wagner) 1921, 135 S. - Bespr. Z. f. Erdkde Berlin, 1921, 291.

Hilber V. Bildungszeiten der Flußbaustufen. - Geograph. Anzg., 9, 1908.
— Gegenbemerkungen über Terrassen und mittelsteirische Wanderblöcke. (Gegen Ampferer.) - Z. f. Glkde, 4, 1910, 71–72.
— Entstehung der quartären Schotterterrassen im Umkreis der Alpen. (Mit Gegenbemerkungen Brückners.) - Z. f. Glkde, 4, 1910, 72–73, 304–306.
— Taltreppe, eine geolog.-geogr. Darstellung. - Graz 1912, 50 S., 1 K. - Bespr. Mitt. Geogr. Ges. Wien, 1912, 404; NJb. 1916/1, 207; Z. Ges. f. Erdkde Berlin, 1913, 235.
— Falsche Beschuldigungen seitens Dr. O. Ampferers. - VRA 1912, 306–310. (Inntalterrassen.)
— Entgegnung an Dr. O. Ampferer. - Graz 1913. (Inntalterrassen.)
— Baustufen, Paläolithikum der Lößstellung. - Mitt. Geol. Ges. Wien, 11, 1918, 193–230.
— Die geologische Stellung des Paläolithikums. - Mitt. Anthrop. Ges. Wien, 50, 1920, 69–71.
— Talepigenese. - PetMitt., 67, 1921, 245–247.
— Erwiderung auf Bayer „Lößmagdalénien". - Mitt. Anthrop. Ges. Wien, 52, 1922, 186–189. S. Bayer.

Hildebrandt M. Untersuchungen über die Eiszeiten der Erde, ihre Dauer und ihre Ursachen. - Berlin 1901, 128 S. - Bespr. Geogr. Z., 8, 1902, 239.
— Zur Frage nach der Einheit der Eiszeit. - Natwiss. Wochenschr., 1911, H. 17.

Hillebrand E. Das Problem der Eiszeiten. - Barlangkutatás, 8, Budapest 1920, 48–51. - Bespr. GZ 27/2981.

Hintereisferner. Bohrungen am -. - Mitt.DÖAV, 1902, 210.

Hinzpeter G. Die Bildung der Hochgebirge durch kosmische Katastrophen. - Berlin (Luken u. Luken) 1932, 295 S., 47 Abb. - Bespr. PetMitt., 79, 1933, 36; GZ 50 A/81.

Höfer H. Die Eiszeit in Mittelkärnten. - NJb. 1873, 128–148.

— Gletscher- und Eiszeitstudien. - Sber. Ak. d. Wiss. Wien, 1. Abt., 79, 1879. - Bespr. NJb. 1881/1, 64; Mitt. DÖAV, 1880, 105; Bl. 542.
— Kärnten als Meeresgrund und Festland. (Vortr.) - Carinthia II, 1891, 2-11.
— Das Ostende des diluvialen Draugletschers in Kärnten. - JbRA 1894, 533-546. - Bespr. Carinthia II, 1895, 73, 120.
— Das Konglomerat bei Bleiberg in Kärnten. - VRA 1902, 291-293.

Höfle J. Die Moore der bayrischen Hochebene als Folgeerscheinung der Eiszeit. - Diss. München, 1909, 41 S.

Hofmann S. Landschaftskunde des Lech-Ammergebietes. - 1932, 133 S., 1 K.

Hofmeier W. Die Hochalpen im Winter. - Z. DÖAV, 1924, 246-268, 9 Abb.

Högbom B. Über die geologische Bedeutung des Frostes. - Bull. of the geol. Inst. Univ. of Upsala, v. 12, Upsala 1913/14, 257-390. (Unterengad. 375.)

Hohe Tauern. (s. r.) Sagen aus den -n T. - Der Bergsteiger, 4, 1934, Nr. 8, 474-476.

Holl A. Das Gletscherrätsel. Eine wärmetechnische Plauderei. - Natur und Museum, 61, Frankfurt a. M. 1931, 49-59, 121-134, 169-185, 219-228, zahlr. Abb.

Hölzl P. Die Montiggler Seen und die Eislöcher in der Gand. - Bozner Ztg, Nr. 158 v. 1882.

Hoernes R. Aus der Umgebung von Belluno, Feltre und Agordo. - Z. DÖAV, 1878, 107-156.
— Der Einbruch von Salzburg und die Ausdehnung des interglazialen Salzburger Sees. - Sber. Ak. d. Wiss. Wien, 1908, 117, I, 1177-1193; Anzg. Ak. d. Wiss. Wien, 45, 1908, 489-490. - Bespr. Z. f. Glkde, 4, 1910, 239.

Hörnlimann J. Die Tiefenmessungen und das Kartenmaterial für die Herstellung der neuen Bodenseekarte. - Schr. d. Ver. f. Gesch. d. Bodensees, 22, Lindau 1893, Bodenseeforschgen, 2. Abschnitt, 50-57, 1 Abb. S. a. Zeppelin.

Hoerth O. Der breite Stein von Nonnenhorn. - In des Verf.: Miniaturen vom Bodensee, Stuttgart (Strecker u. Schroeder) 1924, 8-16. (Glaz.) - Bespr. Schr. d. Ver. f. Gesch. d. Bodensees, 53, 1924, 313.

Hotz W. u. Geol. Komm. Die geologischen und tektonischen Karten der Schweiz. - Beitr. z. geol. K. d. Schw., NF, 62. Lfrg, Bern 1931, 101 S., 5 Taf., 2 Fig. - Bespr. Die Alpen (SAC), 8, Nr. 1, Bern 1932, 24; Z. f. prakt. Geol., 40, 1932, 112.

Hradil G. Die geologischen Verhältnisse der Planseeumgebung. - Außferner Bote, 1927, Nr. 56 u. 57.
— Sopra una singolare modellazione glaciale nel sottosuolo di Bolzano. - Estr. d. Annali d. R. Scuola d'Ing. di Padova, an. 4, 1928, Nr. 1.
— Zur Geologie der Planseeumgebung. - Innsbr. Nachrichten, Nr. 59 v. 10. 3. 1928, 1 Sp.
— Geologisches von der neuen Höttinger Höhenstraße. - Innsbr. Nachr. v. 30. 11. 1929.

Huber A. Das Klima der Zugspitze. Beobachtungen der met. Station im Kgr. Bayern, Jg. 1913. - München 1914, 62 S. - Auszug in: Studien über das Klima der Bayer. Alpen und seine Beziehung zum Vorland, Mitt. Geogr. Ges. München, 11, 1916, 145-175. - Bespr. Mitt. DÖAV, 1914, 221.
— Studien über das Klima der Bayerischen Alpen und seine Beziehung zum Vorland. - Mitt. Geograph. Ges. München, 11, 1916, 145-175.
— Die Änderung der Temperatur mit der Höhe im Bayerischen Alpengebiete. - Deutsches Met. Jb. für Bayern, München 1917, 27 S.
— Temperaturunterschiede zwischen Partenkirchen und dem Föhnorte Mittenwald. - Deutsches Met. Jb. f. Bayern, München 1920, 12 S.
— 25 Jahre Zugspitzobservatorium. - 34. Jber. Sonnblick-Ver. f. d. J. 1925, Wien 1927, 9-15, 3 Abb.

Huber G. Monographische Studien im Gebiete der Montiggler Seen (Südtirol). - Dissert. Stuttgart (Nägele) 1905; Arch. f. Hydrobiol. u. Planktonkde, 1, Stuttgart 1905.
— Der Kalterersee (Südtirol). - Arch. f. Hydrobiol., 3, Stuttgart 1907.

Huber J. u. Trentinaglia J. de Das Zillertal mit seinen Nebentälern und Gletschern. - Brixen (Weger) 1868, 67 S.

Hueber A. Die gefährlichsten Gletscher von Tirol, eine geschichtliche Skizze. - Progr. Oberrealschule Innsbruck 1905/6, Innsbruck (Wagner) 1906, 40 S.

Hübl A. Frh. v. Die stereophotogramm. Aufnahme des Goldberggletschers im August d. J. 1909. - Denkschr. Ak. d. Wiss. Wien, math.-nat. Kl., 87, 1911, 153-160, 1 K. 1:10000. - Bespr. Z. f. Glkde, 6, 1912, 79.

Huditz W. Werden und Vergehen der Gebirge. (Vortr.) - Carinthia II, 1915, 53-62.

Hug J. Die Schweiz im Eiszeitalter. - Natur u. Technik, Zürich 1919, 88 S., 1 K.: Die Verbreitung der diluvialen Gletscher der Schweiz während der letzten und vorletzten (größten) Eiszeit (o. M.). - Bespr. GZ 27/1057.

Hug O. Die Mechanik der Gletscher. - Ski, 16, Bern 1921, 34 S.

Hummel K. Welteislehre und Geologie. - Deutsche Bgw. Ztg, Nr. 272 v. 18. 11. 1924, 10; Kohle u. Erz, 21, 1924, Nr. 25, 779-780; 22, 1925, Nr. 4, 145. - In: Weltentwicklung und Welteislehre, herausgeg. v. Bunde der Sternenfreunde (R. Henseling), Potsdam (Verlag „Die Sterne") 1925. - In: Aus d. Heimat, Monatsschrift des Deutschen Lehrervereines f. Naturkunde, 38, 1925, Nr. 7/8, 107-111. - Bespr. GZ 31/1910, 32/1634, 1635.

Ilešič S. Planine ob dolenji Zilji. Die Almen des unteren Gailtales. - Geografski Vestnik, 7, Ljubljana 1931, Nr. 1-4, 120-148, 4 Abb.

Innerebner K. Die Stubaier Hochalpenstraße. (Vortr.) - Innsbr. Nachr., Nr. 265 v. 17. 11. 1932.

Inngletscher. Das Relief des alten -s im Alpinen Museum. - Mitt. DÖAV, 1913, 278-279.

Ippen J. Über den roten Schnee (gefallen am 11. 3. 1901). - Zbl. f. Min., 1901, 578-582 u. Mitt. d. Nat. Ver. f. Steiermark, Graz 1901, Abh., 256-266.

Irmscher E. Pflanzenverbreitung und Entwicklung der Kontinente. Studien zur genetischen Pflanzengeographie. - Mitt. Inst. f. allgem. Botanik, Hamburg 1923.

Jacobi M. Tirols gefürchtetste Gletscherausbrüche. - Natwiss. Wochenschr., 22, 43, Jena 1907, 685-687.

Jaeger J. Steinach am Brenner. - Globus, 78, 1900, Nr. 4. - Bespr. GZ 1/2017.
— Innsbruck. Eine erdgeschichtl. Betrachtung. - Globus, 83, 1903, 157-160. - Bespr. GZ 5/1438.
— Die Chiemseelandschaft. - Globus, 88, 1905, 181 ff.
— Der Tegernsee. - Globus, 88, 1905, 357-362. - Bespr. GZ 8/271.
— Der Schliersee. - Globus, 89, 1906, 363-367. - Bespr. GZ 8/1206.
— Der Würm- oder Starnberger See. - Globus, 96, 1909, Nr. 3, 45-49; Nr. 4, 61-64, 1 K. - Bespr. GZ 15/1506.

— Traunstein und das Gebiet der bayr. Traun. Eine erdgesch. Studie. – Mitt. Geogr. Ges. München, 6, 1911, 209–221. – Bespr. GZ 21/1525.

Jäkel O. Über die Ursache der Eiszeit. – Z. DGeol-Ges., 1905, Mber., 229–232. – Bespr. GZ 8/128.

Janczewsky E. W. Les vallées préglaciaires du Rhin alpin. – Bull. Soc. vaud. d. sc. nat., 52, 1918, Nr. 194, Proc.-Verb. 45–48; Arch. d. sc. phys. et nat., Genève, 46, 1918, 177–179. – Bespr. GZ 26/421.

Jennings A. V. The Geology of the Davos District (Switzerland). – Quart. Journ. Geol. Soc. London, v. 54, 279–289, London 1898; v. 55, 1899, 381–412, illustr., 2 K. – Bespr. NJb. 1901/2, 94; EgH 6, 1899–1900, 209, 398; Arch. sc. phys. et nat., 9, Genève 1900, 62; 10, 1900, 155; Jber. Natf. Ges. Grbd., NF, 43, Chur 1900, 112; PetMitt., 46, 1900, Litber., 27.

Jenny E. Gottlieb Studer, Über Gletscher und Gipfel. Mit Lebensbild. – Erlenbach-Zürich (E. Rentsch) 1931. Illustr. – Bespr. Mitt. DÖAV, 1932, 78.

Jenny F. Über Löß und lößähnliche Bildungen in der Schweiz. – Mitt. Nat. Ges. Bern, 1889 (1890), 115–154. – Bespr. NJb. 1890/2, 129; EgH 1, 1890, 547.

— Diluviale Schotter mit Moränenbedeckung am Eingang ins Sernfttal (Glarus). – EgH, 14, 1916, 706–714, 1 K. – Bespr. GZ 24/51.

Jentzsch A. Über den Schuppenbau der Glazialbildungen. – C. rend. XI Congr. Géol. Int. Stockholm, 1912, 1073–1077. – Bespr. NJb. 1913/1, 506.

Jerosch M. Geschichte und Herkunft der schweizerischen Alpenflora. Eine Übersicht über den gegenwärtigen Stand der Frage. – Leipzig (Engelmann) 1903, 253 S. – Bespr. GZ 4/1180.

Jutz L. Über Versteinerungs- und Vergletscherungssagen in Vorarlberg. – Heimat, 1, Bregenz 1920, 49–53.

Kahler F. Zur Geologie der Karawanken. (Vorl. Mitt.) – Akad. Anzg. Nr. 21 v. 1932, 239–240; Sber. Ak. d. Wiss. Wien, m.-n. Kl., v. 3. 11. 1932, 215–216. – Bespr. GZ 2 B/485.

Kaltenbach E. Beiträge zur Anthropogeographie des Bodenseegebietes. – Diss. Basel (Selbstverlag), 1922, 365 S., 8 K. – Bespr. Vierteljschr. f. Gesch. u. Ldskde Vorarlbergs, 8, 1924, 29.

Kämtz L. F. Bemerkungen ü. d. Ursachen der früheren größeren Ausdehnung der Gletscher in den Alpen und in Skandinavien. – Mitt. Geogr. Ges. Wien, 2, 1858, Ber., 113; Abh., 241–243.

Kanitscheider R. Beiträge zur Mechanik des Föhns. Ergebnisse von Doppelvisierungen in Innsbruck und Umgebung. – Beitr. z. Phys. der freien Atmosphäre, 18, 1931, 27–49, m. Abb.

Kanka K. Der rote Schnee im Pustertale. – Ber. ü. d. Mitt. v. Freunden der Natwiss. in Wien, 3, 1848, 289–292.

Kaßner C. Die Entstehung des Büßerschnees. – PetMitt., 61, 2, 1915, 2 S.

Katschthaler H. Neue Beobachtungen im Gelände der Höttinger Breccie. – JbBA 1930, 17–44, Skz. 1:5000. – Bespr. Z. f. Glkde, 18, 1930, 267; GZ 44/635.

Kaufmann H. Rhythmische Phänomene der Erd-Oberfläche. – Braunschweig (Vieweg) 1929, 348 S., 15 Abb. – Bespr. Z. f. Glkde, 17, 1929, 249; GZ 40/70, 43/1515; Z. Ges. f. Erdkde Berlin, 1930, 143; Z. f. Geomorph., 5, 1930, 254; GR 21, 1930, 321; Geogr. Z., 36, 1930, 46; PetMitt., 76, 1930, 43; Z. f. Krist., 73, 1930, 120; Tscherm. Min. u. petr. Mitt., 40, 1930, 199.

Kayser E. Über die Arrheniussche Theorie der Eiszeiten. – Zbl. f. Min., 1913, 769–771. – Bespr. GZ 19/756, 20/1577.

Keilhack K. Alte Eiszeiten der Erde. – Himmel u. Erde, 7, 1895, 249, 261.

— Die Vergletscherung der Alpen. – Prometheus, 6, 1895, 288–291, 441, 454, 472, 487. – Bespr. Boll. Com. geol. d'It., 27, 1896, 360.

— Erdpyramiden bei Bozen. – Prometheus, 7, 1896, 398–400.

— J. Geikies Gliederung der eiszeitlichen Ablagerungen in Europa. – PetMitt., 1896, 70–72.

— A. Penck und E. Brückner, Die Alpen im Eiszeitalter. – Geogr. Z., 17, 1911, 451–462.

Kellenberger M. Der Iller-Vorlandgletscher und seine Auswirkung in der Umgebung von Kempten. – Geol. Arch., 1924, 295–314. – Bespr. Z. f. Glkde, 15, 1927, 319. (S. M. Förderreuther.)

— Aus dem Eiszeitalter in der Umgebung der Stadt Kempten. – Allgäuer Geschichtsfreund, Beilage zu Nr. 28, NF, Kempten 1929, 38 S., 1 K. – Bespr. Z. f. Glkde, 18, 1930, 266.

— Geologisches aus dem Westallgäu. Gemeinverständliche Betrachtungen für Heimatfreunde. – Sonderbeigabe z. Allgäuer Geschichtsfreund, NF, 31, Westallg. Heimatbl. (Holzer), Weiler i. A. 1930, 19 S., 4 Abb.

Keller H. Die Speisung des Rheins aus dem Alpen- und Mittelgebirgslande bei Niedrigwasser. – Geograph. Z., 14, 1908, 537–552.

Keller-Tarnuzzer K. u. **Reinerth H.** Urgeschichte des Thurgaues. Ein Beitrag zur schweizerischen Heimatkunde. – Frauenfeld (Huber) 1925, 296 S., 54 Fig., 4 Taf. – Bespr. Heimat, 8, Bregenz 1927, 31; Schr. Ver. f. Gesch. d. Bodensees, 54, 1926, 403.

Keller M. Über die Eiszeiten und ihre Ursachen. – Prometheus, 1904, Nr. 776, 753–757; Nr. 777, 769–774. – Bespr. GZ 6/1925.

Keller P. Beiträge zur Kenntnis der nacheiszeitlichen Waldentwicklung in der Ostschweiz. – Beih. z. Bot. Zentralbl., 45, 1928, Abt. 2, Dresden 1928, 28 S. – Bespr. GZ 39/1950.

— Pollenanalytische Untersuchungen an Schweizer Mooren und ihre florengeschichtliche Deutung. – Veröff. Geobot. Inst. Rübel, 5, Bern (Huber) 1928, 163 S. – Bespr. Geogr. Z., 35, 1929, 56.

— Pollenanalytische Untersuchungen an einigen Mooren des St. Gallischen Rheintales. – Jb. St. Gall. Natwiss. Ges., 64, 1929, 16 S., 4 Fig. – Bespr. GZ 42/433.

— Postglaziale Waldperioden in den Zentralalpen Graubündens. – Beih. Bot. Zentralbl., 46, 1930, Abt. 2, 395–489, 3 Taf., 23 Abb.

— Die postglaziale Waldgeschichte des südlichen Tessin. – Vierteljschr. Natf. Ges. Zürich, 75, 1930, 1–35, 9 Abb. – Bespr. GZ 43/2057.

— Die postglaziale Entwicklungsgeschichte der Wälder von Norditalien. – Veröff. Geobot. Inst. Rübel Zürich, Bern-Berlin 1931, 9. H., 187 S., 39 Abb. – Bespr. GZ 47 A/726; Geogr. Z., 38, 1932, 504; Carinthia II, 121 u. 122, 1932, 57.

— Storia postglaciale dei boschi dell'Italia Settentrionale. – Arch. bot., 8, 1932, 1.

— Die postglaziale Waldgeschichte der Gebiete um den südlichen Gardasee in Oberitalien. – Abh. Nat. Ver. Bremen, 28, Weber-Festschrift, Bremen 1932, 60–77, 4 Abb. – Bespr. GZ 48 A/714, 4 B/1250.

— Der postglaziale Eichenmischwald in der Schweiz und in den Nachbargebieten. – Beih. z. Botan. Zentralbl., 49, 1932, Abt. II, 176–204, 43 Abb. – Bespr. GZ 49 A/573.

— Wandlungen des Landschaftsbildes in prähistorischer Zeit. Die Wald- und Klimageschichte des Fürstenlandes. - St. Gallen (Fehr) 1933, 57 S., 13 Abb. - Bespr. PetMitt., 80, 1934, 92; Wr. Prähist. Z., 21, 1934, 72.

Kerner A. v. Über die Entstehung relativ hoher Lufttemperaturen in der Mittelhöhe der Talbecken der Alpen. - Anzg. Ak. d. Wiss. Wien, 1875, Nr. 2; Abdr. Mitt. Geogr. Ges. Wien, 18, 1875, 85.

— Studien über die Flora der Diluvialzeit in den östlichen Alpen. - Sber. Ak. d. Wiss. Wien, 97, 1888, 33 S. - Bespr. VRA 1888, 196; Mitt. DÖAV, 1888, 110; Bl. 754.

Kerner F. v. Untersuchungen über die Schneegrenze im Gebiete des mittleren Inntales. - Denkschr. Ak. d. Wiss. Wien, 54, 1888, 2. Abt., 1–62, 1 T., 11 Abb.

— Die letzte Vergletscherung der Zentralalpen im Norden des Brenner. - Mitt. Geogr. Ges. Wien, 1890; 307–333, 4 Taf. - Bespr. NJb. 1891/2, 138; Mitt. DÖAV, 1890, 263; PetMitt., 1890, Litber., 161; Bl. 788.

— Die Verschiebung der Wasserscheide im Wipptale während der Eiszeit. - Sber. Ak. d. Wiss. Wien, 100, 1891, 16 S. - Bespr. VRA 1892, 228; NJb. 1894/2, 46; Mitt. Sekt. f. Natkde ÖTC, 4, 1892, 5; PetMitt., 1892, Litber., 140; Bl. 804.

— Das Glazialerratikum im Wipptalgebiete. - VRA 1894, 257–268. - Bespr. NJb. 1897/1, 139.

— Sind Eiszeiten durch Polverschiebungen zu erklären? (Bemerkungen zu W. Eckardts „Klimaproblem"). - VRA 1909, 264–275. - Bespr. GZ 14/586.

— Die Bedeutung der extremen thermischen Anomalien für die Frage der geol. Polverschiebungen. - Meteor. Z., Braunschweig 1909, 447–454.

— Synthese der morphogenen Winterklimate Europas zur Tertiärzeit. - Sber. Ak. d. Wiss. Wien, math.-nat. Kl., 122, Abt. 2, 1913.

— Über geographische Ursachen der permischen Eiszeit. - Mitt. Geolog. Ges. Wien, 10, 1917, 154–156.

— Sind aus geologischen Polarverschiebungen erwachsende Wärmeänderungen zu bestimmen? - Sber. Ak. d. Wiss. Wien, 126, Abt. 1, 1917, 445–472.

— Die Polarverschiebungen als Teil von A. Wegeners Hypothese im Lichte des geologischen Zeitbegriffes. - Sber. Ak. d. Wiss. Wien, 131, Abt. 1, 1922, 1–6; Anzg. Ak. d. Wiss. Wien, 1922, 28–29.

— Das Klima des Eiszeitalters nach R. Spitaler. - Mitt. Geogr. Ges. Wien, 1922, 31.

— Spitalers neuer Erklärungsversuch der Eiszeit. - Die Eiszeit, 1, 1924, 68–73. - Bespr. GZ 36/816, 37/381.

— Sandströms neue Eiszeithypothese. - Die Eiszeit, 3, 1, 1926. - Bespr. GZ 37/380.

Kerschensteiner G. u. **Hess H.** Die Vermessung des Hochjochferners. - In: Wissenschaftl. Arbeiten des DÖAV (A. Penck), Mitt. DÖAV, 1891, 37–38.

— — Die Vermessung des Hochjochferners. - Z. DÖAV, 1892, 17–28.

Kerschensteiner G. Die zweite Vermessung des Gepatschferners. - Mitt. DÖAV, 1892, 148–150.

— Die Resultate der zweiten Gepatschfernervermessung. - Progr. Gymnas. Schweinfurt, 1893, 30 S.

— Vermessung des Obersulzbachferners v. 18.–22. Aug. 1897. - Mitt. DÖAV, 1898, 271–273.

Kesseli E. Die Jungmoränenstadien in den Quertälern der St. Gallisch-appenzellischen Molasse. Der letzte Stand der eiszeitlichen Gletscher in der Nähe der Stadt St. Gallen. - Jb. St. Gall. Natw. Ges., 62, 1926, 56–80, 3 Taf. - Bespr. GZ 47 A/664.

Keßler P. Das eiszeitliche Klima und seine geologischen Wirkungen im nicht vereisten Gebiet. - Stuttgart (Schweizerbart) 1925, 210 S. - Bespr. Z. f. Geomorph., 2, 1927, 76.

Kiene H. Neues aus dem Latemar. - Z. DÖAV, 1932, 314–323, 3 Abb.

Kieslinger A. Das Volumen des Eises. - Geol. u. Bauwesen, 2, Wien 1931, 1–9, 5 Abb. - Bespr. GZ 45/1249; Z. f. Glkde, 20, 1932, 172.

Kilian W. Note sur le „surcreusement" (Überlieferung) des vallées Alpines. - Bull. Soc. géol. France, 28, 1003–1005. - Bespr. GZ 1/1799.

Kinkelin F. Über die Eiszeit. Zwei Vorträge: 1. Gletscherwirkung und Moränenlandschaft. 2. Die Geschichte der Verbreitung der alten Gletscher in der Schweiz und in Schwaben und ihres Schwindens. Nachträge. - Ber. d. Senckenbg. Natf. Ges., 1874–1875, Frankfurt 1876, 77–133, 367–372, 1 K. - Bespr. NJb. 1876, 674.

— Der Boden von Lindau im Bodensee und Umgebung. Eine geol. Lokalskizze. - Schr. Ver. f. Gesch. d. Bodensees, 36, 1907, 35 S., 1 K., 11 Fig. - Bespr. Z. f. Glkde, 2, 1908, 79; GZ 9/3513.

— Geologische Vorgeschichte von Lindau und Umgebung. - In: Geschichte der Stadt Lindau im Bodensee, Lindau 1909, 2. Bd, 1–14.

Kinzl H. Bericht über die Gletschermarkenrevision in den Stubaier Alpen i. J. 1922. - Z. f. Glkde, 13, 1924, 208–209.

— Gletschermarkenrevision auf der Südseite der Venedigergruppe im Sommer 1923. - Z. f. Glkde, 14, 1926, 245–246.

— Gletschermarkenrevision in der Silvrettagruppe im Sommer 1924. - Z. f. Glkde, 14, 1926, 246–247.

— Gletschermarkenrevision in den Stubaier Alpen im Sommer 1924. - Z. f. Glkde, 14, 1926, 247–249.

— Gletschermarkenrevision in den Hohen Tauern im Sommer 1924. - Z. f. Glkde, 14, 1926, 290–293.

— Gletschermarkenrevision in der Venedigergruppe im Sommer 1925. - Z. f. Glkde, 15, 1927, 146–148.

— Gletschermarkenrevision in den Hohen Tauern 1926. (Glockner- u. Goldberggruppe.) - Z. f. Glkde, 15, 1927, 293–297.

— Gletschermarkenrevision in den Stubaier Alpen 1926. - Z. f. Glkde, 15, 1927, 297–302.

— Gletschermarkenrevision in der Silvrettagruppe 1926 u. 1927. - Z. f. Glkde, 15, 1927, 302–303; 16, 1928, 125–127.

— Die Landschaft (Südtirols). - In: Südtirol v. Bell, 1927, 9–19, 2 Tab., 1 Skz.

— Die Landschaft von Deutsch-Südtirol. - Die ostbayr. Grenzmarken, 16, 1927, 97–105. Mit Abb.

— Gletschermessungen in den Ötztaler Alpen (1927). - Z. f. Glkde, 16, 1928, 128–131.

— Gletschermessungen in den Stubaier Alpen (1927). - Z. f. Glkde, 16, 1928, 131–133.

— Gletschermessungen in der Venedigergruppe (1927). - Z. f. Glkde, 16, 1928, 133–138.

— Gletschermessung in der Sonnblickgruppe (1927). - Z. f. Glkde, 16, 1928, 139–140.

— Beobachtungen über Strukturböden in den Ostalpen. - PetMitt., 1928, H. 9/10, 261–265. - Bespr. GZ 39/1192; Z. f. Glkde, 17, 1929, 255.

— Gletscherschwankungen in der Venedigergruppe während der letzten 100 Jahre. - Der Bergkamerad, München 1928, Nr. 26 u. 27, 213–216. - Bespr. Z. f. Glkde, 16, 1928, 279.

— Die Gletscher der Sonnblickgruppe in den

Jahren 1896 bis 1928. - 37. Jber. Sonnblick-Ver., 1928, 7 S. - Bespr. Mitt. DÖAV, 1930, 49.
— Beiträge zur Geschichte der Gletscherschwankungen in den Ostalpen. - Z. f. Glkde, 17, 1929, 66–121. - Bespr. GZ 42/682; Mitt. DÖAV, 1930, 263; GR 21, 1930, 202.
— Gletschermessungen in den Stubaier Alpen 1928. - Z. f. Glkde, 17, 1929, 183–189.
— Gletschermessungen in der Glocknergruppe 1928. - Z. f. Glkde, 17, 1929, 197–199.
— Gletschermessungen in der Sonnblickgruppe 1928. - Z. f. Glkde, 17, 1929, 199–200.
— Bemerkungen über tägliche periodische Schwankungen der Gletscherbewegung und ein Hilfsmittel zu ihrer Untersuchung. - Z. f. Glkde, 17, 1929, 205–209.
— Das Hochwasser Ende September 1927 in Tirol. - Z. f. Glkde, 17, 1929, 226–227.
— Gletschermessungen Silvretta 1929. - Z. f. Glkde, 18, 1930, 199–201.
— Gletschermessungen Stubaier Alpen 1929. - Z. f. Glkde, 18, 1930, 205–207.
— Gletschermessungen Venedigergruppe 1929. - Z. f. Glkde, 18, 1930, 211–215.
— Alte Gletscherstände im Oberpinzgau und im Gerlostal. - Z. f. Glkde, 18, 1930, 227–233. - Bespr. Z. f. Geomorph., 6, 1931, 128.
— Gletschermessungen Stubaier Alpen 1930. - Z. f. Glkde, 19, 1931, 137–142.
— Gletschermessungen Kaprun (Glocknergruppe) 1930. - Z. f. Glkde, 19, 1931, 145–147.
— Gletschermessungen Sonnblickgruppe 1930. - Z. f. Glkde, 19, 1931, 147–148.
— Gletschermessungen Stubaier Alpen 1931. - Z. f. Glkde, 20, 1932, 112–114.
— Die größten nacheiszeitlichen Gletschervorstöße in den Schweizer Alpen und in der Mont Blanc-Gruppe. - Z. f. Glkde, 20, 1932, 279–397, 11 Skz. u. Abb., 20 Bilder. - Bespr. GZ 49A/746; Z. Ges. f. Erdkde Berlin, 1934, 61.

Kisser J. Die quantitative Pollenanalyse im Dienste der urgeschichtlichen Forschung. - Wr. Prähist. Z., 12, 1925, 46–57. - Bespr. NJb. 1928/3, 55.

Kittl E. Die Gletscher unserer Alpen. - Mitt. Sekt. f. Natkde ÖTC, 1, Wien 1889, 26–27, 94–96.
— Die Entleerungen des Gletschersees im Martelltale. - Mitt. Sekt. f. Natkde ÖTC, 3, 1891, 60–61.

Kittler Chr. Die Entstehungsgeschichte des Bodensees. (Vortr.) - Auszug: Mitt. Geogr. Ges. München, 1, 3, 1905, 488–490.

Kjerulf Th. Die Eiszeit. - Sammlg gemeinverstdl. Vortr. v. Virchow u. Holtzendorff, Berlin, H. 293/294. - Bespr. Mitt. DÖAV, 1878, 132.

Klautsch A. Die Alpen im Eiszeitalter, von A. Penck und E. Brückner. (Besprechung.) - Z. Ges. f. Erdkde Berlin, 1910, 330–338.

Klebelsberg R. v. Anleitung zum Entwerfen von Skizzen von Gletscherenden, erläutert an den Enden des Taufkar- und des Rofenkar-Ferners. - Z. f. Glkde, 5, 1911, 372–375.
— Gletschernachmessungen im Ötztal 1910. - Z. f. Glkde, 6, 1912, 72–76.
— Totes Gletschereis als Bestandteil der Moränenlandschaft. - Z. f. Glkde, 6, 1912, 338–343.
— Gletschervermessungen in der Rieserfernergruppe i. J. 1911. - Z. f. Glkde, 6, 1912, 349–350.
— Gletschermessungen in den Ostalpen 1912. - Z. Ges. f. Erdkde Berlin, 1912, 534.
— Südtiroler geomorphologische Studien. Das mittlere Eisacktal. I. Teil. - Z. Ferdin., 3. F., 56. H., Innsbruck 1912, 115–231, 1 Prof.
— Der Sommer 1911 und die Gletscher. - Mitt. DÖAV, 1912, 67–68. - Bespr. Geogr. Z., 18, 1912, 341.
— Gletschermessungen in den Ötztaler Alpen i. J. 1911. - Z. f. Glkde, 7, 1913, 48–54.
— Die Wasserführung des Suldenbaches. - Z. f. Glkde, 7, 1913, 183–190.
— Glazialgeologische Notizen vom bayrischen Alpenrande. I. Zwischen Lech und Ammer. II. Die Mündung des Lechtales auf das Alpenvorland. - Z. f. Glkde, 7, 1913, 225–259. - Bespr. GZ 21/1402.
— Gletschermessungen und Gletscherbeobachtungen in den Ötztaler Alpen und in der Rieserfernergruppe i. J. 1912. - Z. f. Glkde, 7, 1913, 265–279. - Bespr. GZ 21/1540.
— Moränen- und Drumlinzonen im Bereich der oberbayerischen Vorlandvergletscherung. - Mitt. Geogr. Ges. München, 8, 1913, 49–54. - Bespr. GZ 21/1401.
— Die eiszeitliche Vergletscherung der Alpen unter besonderer Berücksichtigung der Ostalpen. - Z. DÖAV, 1913, 26–39.
— Gletschernachmessungen in der Rieserfernergruppe i. J. 1913. - Z. f. Glkde, 8, 1914, 137.
— Glazialgeologische Notizen vom bayrischen Alpenrande, III und IV. III. Der Ammergau und sein glaziales Einzugsgebiet. IV. Die Voralpen zwischen Loisach und Isar. - Z. f. Glkde, 8, 1914, 226–262. - Bespr. GZ 21/1773.
— Gletschernachmessungen in den Ötztaler Alpen i. J. 1913. - Z. f. Glkde, 8, 1914, 280–281.
— Glazialgeologische Notizen vom bayrischen Alpenrande. V. Das Becken von Reit im Winkel, sein glaziales Einzugs- und Abflußgebiet. - Z. f. Glkde, 8, 1914, 331–343. - Bespr. GZ 21/1995.
— Bericht über die Gletschermessungen in der Rieserfernergruppe in den Sommern 1914 und 1915. - Z. f. Glkde, 10, 1917, 114.
— Bericht über die Gletschermessungen im Ötztale im Sommer 1915. - Z. f. Glkde, 10, 1917, 115–117.
— Der Etschgletscher auf den Höhen von Vielgereut. - Z. f. Glkde, 11, 1920, 97–117. - Bespr. Atti Acc. Sc. Ven.-Trent.-Istr., s. 3, v. 11, Padova 1921, 93.
— Beobachtungen am Suldenferner Ende Januar 1918. - Z. f. Glkde, 11, 1920, 145–156, 1 K. - Bespr. GZ 26/111.
— Glazialgeologische Erfahrungen aus Gletscherstollen. - Z. f. Glkde, 11, 1920, 156–184. - Bespr. GZ 26/115.
— Bericht über die Gletschermessungen im Ötztal im Sommer 1919. - Z. f. Glkde, 11, 1920, 190–192.
— Übersicht über die Ergebnisse der Messungen an den Ötztaler Gletschern in den 11 Jahren 1909–1919. - Z. f. Glkde, 11, 1920, 192–195. - Bespr. GZ 26/107.
— Der Bergsturz von Stilfes bei Sterzing. - Der Schlern, 1, Bozen 1920, 369–373, 1 Skz.
— Der Schlern als geologisches Musterstück. - Der Schlern, 1, Bozen 1920, 225–230.
— Zur Morphologie der Lessinischen Alpen. - Ostalpine Formenstudien, Abt. 3, H. 1, 1921, 64 S., 1 K. - Bespr. Z. f. Glkde, 14, 1926, 187; Z. Ges. f. Erdkde Berlin, 1921, 228; Geogr. Z., 28, 1922, 288; Studi Trent. Sc. Nat., 7, 1926, 187.
— Der 13. Dezember 1916 ein Katastrophentag in den Alpen. - Der Schlern, 2, 1921, 449–456.
— Die Haupt-Oberflächensysteme der Ostalpen. - VBA 1922, 45–67. - Bespr. GZ 29/444.
— Südtiroler geomorpholog. Studien: Die Höhen zwischen Eisack- und Sarntal (Villanders A.-Ritten). - Veröff. Mus. Ferdin., Innsbruck 1922, 81 S., 1 K. - Bespr. Z. f. Glkde, 14, 1926, 186; Vierteljschr. f. Gesch. u. Ldskde Vorarlbgs, 8, 1924, 107.

— Aus der Geologie Südtirols: Die eiszeitliche Vergletscherung. - Der Schlern, 4, 1923, 129–134.
— P. Vinzenz Gredler als Naturforscher. - Der Schlern, 4, 1923, 272–274.
— Glazialgeologische Notizen vom bayrischen Alpenrande. VI. Die Sachranger Berge. - Z. f. Glkde, 13, 1924, 8–21. - Bespr. GZ 34/476.
— Der Suldenferner 1920–1922. - Z. f. Glkde, 13, 1924, 209–210.
— Gletscherbeobachtungen im Martelltale (Ortlergruppe) i. J. 1922. - Z. f. Glkde, 13, 1924, 210–211.
— Gletschermarken am Marmolatagletscher. - Z. f. Glkde, 13, 1924, 211.
— Trübferner in der Texelgruppe (Ötztaler Alpen). - Z. f. Glkde, 13, 1924, 218.
— Probleme der alpinen Quartärgeologie. (Vortr.) - Z. DGeolGes., 76, 1924 (1925), Mber. Nr. 11–12, 228–240. - Bespr. GZ 33/1063; Z. f. Geomorph., 2, 1927, 81.
— Der alte Etschgletscher. - Der Schlern, 6, 1925, 197–202.
— Glazialgeologische Notizen vom bayrischen Alpenrande. VII. Das Gebiet der Weißen Traun, des Hochfelln und des Hochgern. - Z. f. Glkde, 14, 1926, 39–55. - Bespr. GZ 34/478.
— Gletscherbeobachtungen in der Ortlergruppe 1923. - Z. f. Glkde, 14, 1926, 69–70.
— Der Turkestanische Gletschertypus. - Z. f. Glkde, 14, 1926, 193–209. - Bespr. NJb. 1927/1, B, 388.
— Über die Verbreitung interglazialer Schotter in Südtirol. - Z. f. Glkde, 14, 1926, 266–285. - Bespr. GZ 34/479; Z. f. Geomorph., 3, 1928, 167; Studi Trent. Sc. Nat., 9, 1928, 115.
— Bau und Bild der Südtiroler Dolomiten. - Z. DÖAV, 1926, 1–9.
— Die Ostalpengletscher 1920–1925. - Mitt. DÖAV, 1926, 61–64.
— Beobachtungen am Langtauferer Ferner (Ötztaler Alpen) im Jahre 1925. - Z. f. Glkde, 15, 1927, 143–146.
— Gletscherbeobachtungen in der Ortlergruppe im Jahre 1925. - Z. f. Glkde, 15, 1927, 148–149.
— Neue Forschungen zur Glazialgeologie des bayerischen Alpenvorlandes. (Sammelreferat.) - Z. f. Geomorph., 2, 1927, 188–190.
— Beiträge zur Geologie der Südtiroler Dolomiten. 1. Rückzugsstände der Eiszeitgletscher in den Dolomitentälern. - Z. DGeolGes., 1927, 280–337, 1 Taf. - Bespr. GZ 36/1725; Z. f. Geomorph., 3, 1928, 316; Studi Trent. Sc. Nat., 9, 1928, 116.
— Vom abgesenkten Lünersee. - Mitt. DÖAV, 1927, 38–41.
— Auszeichnung zweier Männer des Alpenvereins (S. Finsterwalder und A. Penck). - Mitt. DÖAV, 1927, 145–146.
— Vinschgauer Wanderungen. 1. Rojen. 2. Auf den Spuren des Langtauferer Gletschers. 3. Die Seen auf der Malserhaide. - Der Schlern, 8, Bozen 1927, 88–89, 148–151, 412–415.
— Geologisches vom Bau der Nordkettenbahn. - Innsbr. Nachr., Nr. 261 v. 11. 11. 1927.
— Das Einzugsgebiet des Hochwassers von Klausen am 9. August 1921. - Pro Chiusa, 1927, 8–13.
— Quartärablagerungen im obersten Drautal (Pustertal, Tirol). - Z. f. Glkde, 16, 1928, 94–113. - Bespr. GZ 39/1719; Studi Trent. Sc. Nat., 11, 1930, 281.
— Ein Mammutzahn-Fund bei Innsbruck. - Z. f. Glkde, 16, 1928, 261–262.
— Das Hochwasser Ende September 1927 in Tirol. - Z. f. Glkde, 16, 1928, 262–263; s. a. ebd., 17, 1929, 226 (H. Kinzl).
— Erratika auf der Hohen Salve (Unterinntal, Tirol). - Z. f. Glkde, 16, 1928, 263.
— Rückzugsmoränen am Karwendelgehänge bei Innsbruck. - Z. f. Glkde, 16, 1928, 263–264.
— Gschnitzmoränen im Fimbertal (Paznaun, Tirol). - Z. f. Glkde, 16, 1928, 264.
— Stadialmoränen im Ahrn-(Tauferer) Tale (Zillertaler Alpen, Südtirol). - Z. f. Glkde, 16, 1928, 265–266.
— Geologischer Führer durch die Südtiroler Dolomiten. - Sammlg Borntraeger, 33, Berlin 1928, 362 S., 1 Kartenskz., 2 Taf., 16 Prof. - Bespr. Geogr. Z., 35, 1929, 306; Z. f. Geomorph., 4, 1929, 184; GR 20, 1929, 378; GZ 40/1818; Mitt. DÖAV, 1929, 167; Studi Trent. Sc. Nat., 10, 1929, 77; Der Schlern, 10, 1929, 116; Z. Ges. f. Erdkde Berlin, 1930, 71.
— Zum 70. Geburtstag Albrecht Pencks. - Mitt. DÖAV, 1928, 181–182.
— Junge und alte Züge im Gossensasser Landschaftsbild. - Der Schlern, 9, 1928, 255–257.
— Von den Gletscherbeobachtungen des D. u. Ö. Alpenvereins im Jahre 1927. - Mitt. DÖAV, 1928, 114–115, Nachtrag 130.
— Albrecht Pencks 70. Geburtstag. - Der Schlern, 9, 1928, 475.
— Ostalpengletscher 1928. (Übersicht.) - Z. f. Glkde, 17, 1929, 176.
— Alte Gletscherspuren Verwall-Montafon. - Z. f. Glkde, 17, 1929, 209–210.
— Endmoräne am Stuibenbach (Ötztal). - Z. f. Glkde, 17, 1929, 210–211.
— Alte Gletscherstände im Vorland der Stubaier Kalkkögel. - Z. f. Glkde, 17, 1929, 211.
— Die Gschnitzmoräne im Arztal bei Innsbruck. - Z. f. Glkde, 17, 1929, 211–212.
— Gschnitzmoräne am Mieslkopf bei Matrei (Brenner). - Z. f. Glkde, 17, 1929, 212.
— Alte Moränen am Brenner. - Z. f. Glkde, 17, 1929, 212–214. - Bespr. Studi Trent. Sc. Nat., 11, 1930, 281.
— Alte Gletscherstände im Ahrntal. - Z. f. Glkde, 17, 1929, 214–218. - Bespr. Studi Trent. Sc. Nat., 11, 1930, 281.
— Alte Gletscherstände in den Dolomitentälern. - Z. f. Glkde, 17, 1929, 218–226. - Bespr. Studi Trent. Sc. Nat., 11, 1930, 281.
— K. Diwalds glazialmorphologische Forschungen und Anschauungen. - Z. f. Glkde, 17, 1929, 240–243.
— Neue Aufschlüsse im Gelände der Höttinger Breccie. - Z. f. Glkde, 17, 1929, 319–323. - Bespr. GZ 42/855; NJb. 1930/2, 421.
— - **Ampferer O.** „Rückzugsstadien" oder „Schlußeiszeit"? Diskussion. - Z. f. Glkde, 17, 1929, 381–386. - Bespr. GZ 42/856.

Klebelsberg R. v. Schneedruckwirkungen auf Drahthindernisse. - Z. f. Glkde, 17, 1929, 387.
— Geologische Einführung: Schichtfolge, Gebirgsbau, Formentwicklung, Vergletscherung mit den geolog. Sonderabschnitten der „Südlichen Ostalpen von der Etsch bis zum Piave". - Der Hochtourist in den Ostalpen, DÖAV, 1929, VII, 17–32, 35–36, 56–57, 64–66, 83, 111–113, 185–186, 192–193, 212–213, 225–226, 276–277, 297–299, 326–327, 416–418, 462–463.
— Von den Gletschermessungen des Deutschen und Österreichischen Alpenvereins in den Ostalpen 1928. - Forschungen u. Fortschritte, 5, Berlin 1929, 78–79.
— Der Sommer 1928 und die Gletscher. Bericht über die Gletschermessungen des D. u. Ö. AV.

in den Ostalpen i. J. 1928. - Mitt. DÖAV, 1929, 24-27. - Bespr. NJb. 1930/2, 416.
— Veränderungen im Brixner Landschaftsbild im Laufe der letzten Jahrzehnte. - Der Schlern, 10, 1929, 426-429.
— Von der Höttinger Breccie. (Vortr.) - Innsbr. Nachr. v. 14. 12. 1929; Tiroler Anzeiger v. 6. 12. 1929.
— Die Gletscher im Sommer 1929. Bericht über die Gletschermessungen des D. u. Ö. AV. in den Ostalpen i. J. 1929. - Mitt. DÖAV, 1930, 28-31.
— Geologische Einführung. (Allgemeines, Karnische A., Südliche Karnische A., Karnische Voralpen). - Der Hochtourist in den Ostalpen, DÖAV, 1930, VIII, 17-25, 27-30, 121-123, 135-137.
— Ostalpengletscher 1929. Zusammenstellung der Berichte. - Z. f. Glkde, 18, 1930, 198-199.
— Fossiles Holz auf dem Schlernplateau (Südtiroler Dolomiten). - Z. f. Glkde, 18, 1930, 233-234.
— Zur Frage: Schlußeiszeit oder Rückzugsstadien? - Z. f. Glkde, 18, 1930, 351-353. (S. Ampferer u. Bobek.) - Bespr. GZ 44/1723; GR 22, 1931, 247.
— B. Eberl über das Iller-Lech-Vorlandgletschergebiet. - Z. f. Glkde, 18, 1930, 353-361. - Bespr. GZ 44/1725.
— Das Bozner Land. - Alpenlandschaften (E. Oberhummer), Bd 3, Deutscher Verl. f. Jugend u. Volk, Wien 1930, 90 S., 26 Abb. - Bespr. GZ 44/875; Mitt. DÖAV, 1930, 223; Mitt. Geogr. Ges. München, 23, 2. H., 1930, 234; Heimat, 11, Innsbruck 1930, 288; Österr. Touristenztg, 51, 1931, 32; Z. f. Geomorph., 6, 1931, 128; Geogr. Z., 36, 1930, 625.
— Ostalpengletscher 1930. Berichte über die Gletschermessungen und -beobachtungen des DÖAV in den Ostalpen i. J. 1930. - Z. f. Glkde, 19, 1931, 127.
— Alte Gletscherstände im Iseltal (Osttirol) und seiner Nachbarschaft. - Z. f. Glkde, 19, 1931, 163-174.
— Alte Gletscherstände in Rain in Taufers (Pustertal, Südtirol). - Z. f. Glkde, 19, 1931, 175-178.
— Die Gletscher im Sommer 1930. Bericht über die Gletschermessungen des DÖAV in den Ostalpen im Jahre 1930. - Mitt. DÖAV, 1931, 57-60. Auszug: Innsbr. Nachr., Nr. 54 v. 6. 3. 1931.
— Aus dem Ahrntal, wo die Gletscher einst standen. - Der Schlern, 12, 1931, 2-6.
— Das Problem der Hangkanäle im Hochgebirge. Geolog. Bedenken zum Tauernwerksprojekt der A.E.G. - Wasserkraft und Wasserwirtschaft, 26, München u. Berlin 1931, 13. H., 153-155.
— Ein prähistorischer Fund bei Innsbruck. - Innsbr. Nachr., Nr. 259 v. 10. 11. 1931; Tir. Anzg. vom 10. 11. 1931. (Fund eines vorzeitlichen Fisches bei Innsbruck.)
— Ostalpengletscher 1931. Berichte über die Gletschermessungen und -beobachtungen des DÖAV in den Ostalpen i. J. 1931. - Z. f. Glkde, 20, 1932, 102-103.
— Zur Frage der „Schlußeiszeit" in den Alpen. - Z. f. Glkde, 20, 1932, 133-134. (S. Reithofer O., Jb BA 1931.) - Bespr. GZ 48A/249.
— Ein Fischfund in den Bändertonen des Inntals (Tirol). - Z. f. Glkde, 20, 1932, 137-138. - Bespr. GZ 48A/252.
— A. Hamberg über Gletscherstruktur und -bewegung. - Z. f. Glkde, 20, 1932, 486-488.
— Die Gletscher im Sommer 1931. - Mitt. DÖAV, 1932, 63-65. - Auszug: Neueste Ztg, Nr. 51, Innsbruck, 3. 3. 1932.
— Prof. Dr. Hans Hess, 45 Jahre ostalpiner Gletscherforschung. - Mitt. DÖAV, 1932, 118.
— Sebastian Finsterwalder. Zum 4. Oktober 1932. - Mitt. DÖAV, 1932, 250-252.
— Geologisches aus Fermunt. - Festschrift z. 50jähr. Bestehen d. S. Wiesbaden d. DÖAV, 1882-1932, Wiesbaden (Schwab) 1932, 52-53.
— Ostalpengletscher 1932. Berichte über die Gletschermessungen und -beobachtungen des DÖAV in den Ostalpen i. J. 1932. - Z. f. Glkde, 21, 1933, 158-159.
— Grundzüge der Geologie Tirols. - In: Tirol, Land, Natur, Volk u. Geschichte, herausgeg. vom DÖAV, München (Bruckmann) 1933, 23-91, 1 K., 1 Skz. - Bespr. Mitt. DÖAV, 1934, 51, 147; Der Schlern, 15, 1934, 189; PetMitt., 1934, 317.
— Südtiroler Mittelgebirgswanderungen. - Z. DÖAV, 1933, 197-208, 8 Taf.
— Die Ostalpengletscher im Sommer 1932. - Mitt. DÖAV, 1933, 53-55.
— Verschwinden die Alpengletscher? - Neueste Ztg, Nr. 58, Innsbruck, 11. 3. 1933, 3 Sp.
— H. Bobek über die Formentwicklung der Zillertaler Alpen. - Mitt. DÖAV, 1934, 33.
— Die Ostalpengletscher im Sommer 1933. - Mitt. DÖAV, 1934, 80-82. Auszug: Neueste Ztg, Nr. 75, Innsbruck, 1. 4. 34.
Kleinschmidt E. Der Einfluß des Bodensees auf die Lufttemperatur seiner Umgebung. - Das Wetter, 38, H. 3/4, 33.
Klima. Über das - unserer höchsten Alpentäler (nach Hann). - Mitt. DÖAV, 1878, 198-199.
Klocke F. Die Art der Gletscherbewegung. - Z. DÖAV, 1880, 65-68. (S. a. Pfaff.)
Kloos J. Zur Entstehung des lößartigen Lehmes. - Z. DGeolGes., 44, 1892, 324-328.
Klute F. Über die Ursachen der letzten Eiszeit. - Geogr. Z., 27, 1921, 199-203. - Bespr. GZ 27/106.
— Die Bedeutung der Depression der Schneegrenze für eiszeitliche Probleme. - Z. f. Glkde, 16, 1928, 70-93, Abb. - Bespr. NJb. 1929/2, 198; 1930/3, 164; PetMitt., 75, 1929, 210.
— Können Polverschiebungen und die Strahlungskurve von M. Milankovitsch die letzte Vereisung erklären? - Bericht d. Oberhess. Ges. f. Nat.- u. Heilkde zu Gießen, 13, 1929, Natwiss. Abt., 31-48. - Bespr. Z. f. Glkde, 18, 1930, 273; 19, 1931, 195; Z. f. Geomorph., 5, 1930, 277; NJb. 1930/2, 716; 1931/3, 458.
— Verschiebung der Klimagebiete der letzten Eiszeit. - PetMitt., Ergh. 209, Gotha 1930, 166-182, 1 K. - Bespr. GZ 43/182; Z. f. Glkde, 19, 1931, 219; NJb. 1930/2, 683; 1931/3, 458.
Knapp Ch. F. A. Forel. - Bull. Soc. neuchât. Géogr., 21, 1911/12, Neuchâtel 1912, 170-172.
Knauer J. Zu Alb. Pencks Ablagerungen und Schichtstörungen der letzten Interglazialzeit in den nördlichen Alpen. (Sber. Preuß. Ak. d. Wiss., 1922, 214-251.) - Geogn. Jh., 35, 1922 (1923), 247-248. - Bespr. GZ 31/1335.
— Geologischer Überblick über die Alpen zwischen Tegernsee und Gmunden am Traunsee und das bayerisch-österreichische Tertiärhügelland. - In: Abriß der Geol. v. Bayern r. d. Rh. (M. Schuster), Abt. 1, München 1925, 103 S. - Bespr. NJb. 1926/2, B, 342.
— „Grundfragen alpiner Formenkunde" - und die Entstehung des Walchenseebeckens. - GR 17, 1926, 113-118. - Bespr. GZ 34/597; NJb. 1926/2, B, 347; 1928/2, 595.
— Glazialgeologische Ergebnisse aus dem Isar-

gletschergebiet. (Vortr.) – Z. DGeolGes., B, Mber., 1928, 294–303. – Bespr. Z. f. Glkde, 17, 1929, 270; GZ 41/340; NJb. 1929/3, 684; 1930/2, 721.

— Geologischer Überblick über die Alpen zwischen dem Bodensee und dem Tegernsee und ihr Molassevorland. – In: Abriß der Geologie v. Bayern r. d. Rh. (M. Schuster), Abt. 2, München 1928, 184 S. – Bespr. Mitt. DÖAV, 1930, 23; NJb. 1929/3, 216; GZ 41/1019.

— Erläuterungen zum Blatt München-West (Nr. XXVII) der Geognostischen Karte von Bayern 1:100000, Teilblatt Landsberg. – München (Piloty u. Loehle) 1929, 47 S., K. 1:100000, 6 Taf. – Bespr. Z. f. Glkde, 18, 1930, 267; GZ 46A/2136.

— Erläuterungen zum Blatt München-West (Nr. XXVII) der Geognostischen Karte von Bayern 1:100000, Teilblatt München-Starnberg. – München (Piloty u. Loehle) 1931, 48 S., K. 1:100000, 5 Taf. – Bespr. GZ 46A/2135.

— Die geologischen Ergebnisse beim Bau der Bayerischen Zugspitzbahn. – Abhdlgen Geol. Ldsuntersuchung am Bayer. Oberbergamt, H. 10, München 1933, 23–50, 5 Abb., 3 Taf., 1 K. – Bespr. GZ 50A/1973.

Knickenberg F. Die Nordgrenze des ehemaligen Rheingletschers. – Jhefte d. Ver. f. vaterld. Naturk. in Württemberg, 46, 1890, 109–124. – Bespr. NJb. 1890/2, 425.

Knoch K. u. **Reichel E.** Verteilung und jährlicher Gang der Niederschläge in den Alpen. – Veröff. d. Preuß. Meteorol. Inst., Nr. 375, Abh. Bd IX, Nr. 6, Berlin 1930, 84 S., 28 K. – Bespr. Mitt. DÖAV, 1931, 49; Z. f. Glkde, 19, 1931, 217; Mitt. Geogr. Ges. München, 1931, 235.

Koch G. A. Über das Vorkommen von Eiskristallen in lockerem Schutte. (St. Anton. – Vortr.) – VRA 1876, 348–349.

— Über Eiskristalle in lockerem Schutte. (St. Anton.) – NJb. 1877, 449–473. – Bespr. VRA 1877, 273.

— Über Wildbäche der Alpen. – Monatsblätter des Wissenschaftl. Clubs, Nr. 5, Wien 1883, 6 S.

— Ein kalbender Gletscher in den Ostalpen. (Gallruttferner, Kaunertal.) – Mitt. Geogr. Ges. Wien, 35, 1892, 176–193. – Bespr. Bl. 840.

Koch K. R. Über künstliche Gletscher. – Z. DÖAV, 1893, 490–495; Ann. d. Phys., NF, 51, 1894, 212–218. – Bespr. NJb. 1894/2, 279.

Koch W. Die höhere Vegetation der subalpinen Seen und Moorgebiete des Val Piora (St. Gotthard-Massiv). – Z. f. Hydrolog., 4, 1928.

Kockel C. W., Richter M. u. **Steinmann H. G.** Geologie der Bayrischen Berge zwischen Lech und Loisach. – Wissensch. Veröff. d. DÖAV, 10, Innsbruck 1931, 231 S., g. K. 1:25000, 1 Profiltaf., 17 Taf., 57 Abb. – Bespr. GZ 46A/793; Z. f. Glkde, 20, 1932, 507; VBA 1933, 96; GR 1933, 417.

Koegel L. Alpin-geographisches Wanderbuch. – München, Alpenfreund-Bücherei, 21, 1927, 142 S., 9 Taf. – Bespr. Geogr. Z., 1927, 484; Mitt. DÖAV, 1927, 95; PetMitt., 75, 1929, 44.

— Vom lebendigen Gletscher. – Natur u. Kultur, 36, 1929, 47–50. – Bespr. Z. f. Glkde, 18, 1930, 238.

— Vom jungen Formenwandel der Alpenlandschaft. – Der Bergkamerad, 7, 1930, 30–32.

— Einige Beobachtungen über Jungformen aus Ötz- und Pitztal. – Z. f. Geomorph., 6, 1931, 113–116. – Bespr. GZ 48A/1108.

— Pflanzengeographisches aus den Alpen. – Deutsche Alpenzeitung, 26, 1931, 103–106, m. Abb.

— Neue Fragen der alpinen Formentwicklung. – Der Bergkamerad, 8, 1931, 20–32, m. Abb.

— Alpenlandschaft in Typenausschnitten. – Deutsche Sammlung, Geographie, Bd 3, hrsg. v. W. Geisler, Karlsruhe (Möninger) 1932, 108 S., 1 Skz., 4 Bild. – Bespr. Mitt. Geogr. Ges. München, 25, 1932, 115; Geogr. Z., 39, 1933, 119; Z. Ges. f. Erdkde Berlin, 1932, 395; PetMitt., 80, 1934, 92.

— Karsterscheinungen und Eislandschaften im Salzachgebiet. – Mitt. DÖAV, 1933, 195–197.

Koehne W. Alter und Entstehung der Gesteine der Lößgruppe in Oberbayern. – Z. DGeolGes., 73, 1921, Mber., 69–76. – Bespr. GZ 27/167.

— u. **Münichsdorfer F.** Blatt Taufkirchen (Nr. 699) der Geologischen Karte von Bayern 1:25000, mit Erläuterungen. – München 1932, 44 S., 4 Abb. – Bespr. GZ 48A/913.

Kofler an der Gosten E. Osttiroler Klammen und Schluchten. – Lienzer Nachrichten, Nr. 8 v. 1929.

Koken E. Bewegung großer Schichtmassen durch glazialen Druck. (Gardasee-Monte Baldo.) – Zbl. f. Min., 1900, 115–117, 1 Abb.

Kölbl L. Geologische Skizze des Habachtales. – Festschrift Sekt. Jena DÖAV, 1932, 20–25, 1 Skz.

Kopfmüller A. Der Land- und Seewind am Bodensee. – Schr. Ver. f. Gesch. d. Bodensees u. s. U., 54. H., Lindau 1926, 280–333, 16 Fig.

Köppen W. Die vorherrschenden Winde und das Baersche Gesetz der Flußbette. – Meteorol. Z., 1890, 34. – Bespr. NJb. 1890/2, 240.

— u. **Wegener A.** Die Klimate der geologischen Vorzeit. – Berlin (Borntraeger) 1924, 255 S. – Bespr. GZ 31/782; Z. f. Glkde, 14, 1926, 149–169; Z. f. Geomorph., 1, 1925, 174; Geogr. Z., 31, 1925, 116. S. a. W. Staub.

Köppen W. Zum Aufsatz von Prof. G. De Geer: Schwankungen der Sonnenstrahlung seit 18000 Jahren. – GR 19, 1928, 314–315. – Bespr. Z. f. Glkde, 17, 1929, 281.

— Mehrjährige Temperaturschwankungen von 8 bis 18 Jahrtausenden. – Meteorol. Z., 45, 1928, 263–265. – Bespr. Z. f. Glkde, 17, 1929, 281.

— Warum folgen Eiszeitalter auf Zeitalter großer Gebirgsbildung? – PetMitt., 75, 1929, 273. – Bespr. Z. f. Glkde, 18, 1930, 273.

— Neueres über Verlauf und Ursachen des europäischen Eiszeitalters. – Gerlds Beiträge zur Geophysik, 26, 1930, 365–394, 6 Fig. – Bespr. Z. f. Glkde, 19, 1931, 195; GZ 44/898; NJb. 1930/3, 516; 1931/2, 376.

— Das Gesetz in der Wiederkehr strenger Winter in Westeuropa. – Meteorol. Z., H. 6, Braunschweig 1930, 205–215.

Kordon F. Touren im Bereiche des Malteintales. – Z. DÖAV, 1895, 201–258, mehr. Abb. – Bespr. Carinthia I, 1905, 30–31. (Kölnbreiner Goldbergbau.)

— Ein Memento mori aus der Bergwelt. (Ankogel.) – Allgem. Bergsteiger-Ztg, 10, Wien-München 1932, Nr. 461, 1–2. S. a. Lucerna R.

— Zwei Naturereignisse im Hochalmgebiet. Felssturz am Malteiner Sonnblick (Kärnten) und ein Bergrutsch beim Blauen Tumpf im Maltatal (Kärnten). – Mitt. DÖAV, 1933, 23–24.

— Der Bergrutsch beim Blauen Tumpf im Maltatal (Kärnten). – Mitt. DÖAV, 1933, 24.

Kossinna E. Neues aus der Geographie und der Geologie. – Natwiss. Wochenschr., NF, 11, Jena 1912, 807–831. (Präglazialtopogr. d. Alpen 822–830.)

— Das Glockturmgebiet und seine Umgebung. - 25 Jahre Sekt. Hohenzollern des DÖAV, 1930, 19–87.

Kowatsch A. Das Inntaler Mittelgebirge. - Mitt. Natwiss. Ver. f. Steiermark, 1910, Graz 1911, 425–427.

Kozler. Der einstige Viller See - heute Ackerland. - Jb. Tir. Bauernbund f. 1928, 186–188, 3 Abb.

Krapf Ph. Die Geschichte des Rheins zwischen dem Bodensee und Ragaz. - Schr. Ver. Gesch. Bodensee, H. 30, 1901, 119–222, 1 K., mehr. Fig.

Kraus E. Die Klimakurve in der Postglazialzeit Süddeutschlands. - Z. DGeolGes., 73, 1921, Mber., 223–227. - Bespr. GZ 28/456.

— Das Klima der Vorwelt. (Vortr.-Auszug.) - Schriften Phys.-Ökon. Ges. Königsberg i. Pr., 64, 1924, 59.

— u. **Reis O. M.** Erläuterungen zur Geologischen Karte von Bayern 1:25000, Blatt Immenstadt, Nr. 856. - Geol. Ldsuntersuchg d. Bay. Oberbergamtes, München 1929, 160 S., 1 T., 1 Skz., mehr. Abb. - Bespr. GZ 42/1304, 45/789; Z. f. Glkde, 19, 1931, 207; NJb. 1930/3, 397; GR 22, 1931, 250.

Kraus E. Blatt Fischen der Geol. Karte v. Bayern 1:25000 mit Erläuterungen (38 S., 1 Taf.). - Herausgeg. v. d. Geol. Ldsuntersuchung d. Bayer. Oberbergamtes, München 1931. - Bespr. NJb. 1932/3, 3.

— Der Werdegang der Allgäuer Landschaft. - 49. Ber. Natwiss. Ver. f. Schwab. u. Neuburg, Augsburg 1931, 1–17, 1 Abb. - Bespr. GZ 46A/794; NJb. 1932/3, 4.

—, **Berz, Blumrich, Kellenberger, Müller, Wanner.** - Geol. Ausgabe des Bl. 661 Kempten der Karte d. D. Reiches 1:100000 samt Profiltafel. - München (Piloty u. Loehle) 1931.

Kraus E. Geologie des Mittelallgäus (Blatt Kempten 1:100000). - NJb. 1933, 69. Bbd, Abt. B, 189–256, 2 Taf., 1 Abb. - Bespr. GZ 53 A/420

Kraus F. Über Gletscherbewegung. - Z. DÖAV, 1879, 69–82.

Krause E. H. L. Die Veränderungen des Klimas seit der letzten Eiszeit. - Z. DGeolGes., 62, 1910, Abh., 123–128.

Krauss Fr. Die heutige Theorie über die Natur des Föhns. - Schr. d. Ver. f. Gesch. d. Bodensees, 28, Lindau 1899, 23–32.

— Die Eiszeit und die Theorien über die Ursachen derselben. - Ravensburg 1899, 232 S. - Bespr. Mitt. DÖAV, 1899, 61.

— Natur und Heimat der in den Alpenvorlanden nördlich des Bodensees zerstreuten erratischen Blöcke und Geschiebe des eiszeitlichen Rheintalgletschers. - Schr. Ver. f. Gesch. d. Bodensees, 38, 1909, 3–10.

Krauß K. Untersuchungen im Grenzgebiet und dem Vorland der größten Gletschervorstöße zwischen Biberach a. Riß und dem Bussen. - Jh. d. Ver. f. vaterld. Natkde i. Württ., 26, Stuttgart 1930, 1–33, 1 K. - Bespr. NJb. 1932/3, 184.

— Über die sogenannten Deckenschotter des Rißtales. - Jb. u. Mitt. Oberrhein. geol. Ver., 81, Stuttgart 1932, 66–74. - Bespr. NJb. 1932/3, 514.

Krautschneider R. Bemerkungen zur Mechanik des Föhns. - Ber. Natw.-med. Ver. Innsbruck, 42, 1931, 198–200.

Kravogl H. Zusammensetzung und Lagerung des Diluviums um Innsbruck. - Ber. Natw.-med. Ver. Innsbruck, 3, 1873, 74–85, 1 Prof. - Bespr. NJb. 1873, 193.

Krebs N. Länderkunde der österreichischen Alpen. - Bibl. länderkdl. Handbücher, Stuttgart (Engelhorn) 1913, 556 S., 26 Taf., 77 Abb. - Bespr. Z. Ges. f. Erdkde Berlin, 1914, 306; Mitt. Geogr. Ges. München, 1913, 523; Z. Ferdin., 3. F., 57. H., Innsbruck 1913, 389; Die Naturwissensch., 1913, 1185; Mitt. Geogr. Ges. Wien, 57, 1914, 114; Geogr. Z., 20, 1914, 712; Carinthia II, 1913, 223.

— Klimatisch bedingte Bodenformen in den Alpen. - Geogr. Z., 1925, 98–108. - Bespr. GZ 32/107; Z. f. Geomorph., 2, 1927, 193.

Krebs W. Ein Relikt der Eiszeit als gesetzlich geschütztes Naturdenkmal. (Zwergbirke, Betula nana.) - Globus, 87, 10, Braunschweig 1905, 2 S.

Krehbiel A. Franz Joseph Hugi in seiner Bedeutung für die Erforschung der Gletscher. - Inaugdiss. Erlangen (Brügel), 1902, 92 S., 2 K.; Münchner Geogr. Studien, 12, 1902, 88 S., 2 K.

Krejci-Graf K. Zur Kritik von Vereisungsanzeichen. - Senckenbergiana, 9, 1927, 157.

Kren K. Beiträge zur Geomorphologie der Venedigergruppe. - Mitt. Natwiss. Ver. f. Steiermark, 69, 1932, 34–53, 5 Tab., 1 K. - Bespr. Z. f. Geomorph., 8, 1934, 86.

Krenkel E. Die Ursachen der diluvialen Aufschotterung und Erosion (nach Soergel). - Natwiss. Wochenschr., NF, 21, Jena 1922, 99–100.

Krige L. J. Magmatic Cycles, Continental Drift and Ice Ages. - Presidential Adress, Proc. Geol. Soc. S. Africa, v. 32, 1929, 21–40, 2 Abb. - Bespr. GZ 42/1444.

Kubart B. u. **Schwinner R.** Interglaziale Schieferkohlen von der oberen Gail (SW Kärnten). 1. Geol. Teil, 2. Botan. Teil. - Österr. botan. Z., Wien 1923, 305–321. - Bespr. GZ 30/449, 31/1334; Carinthia II, 1923, 152; Z. f. Glkde, 14, 1926, 186.

Kuenen Ph. H. Note on Penck and Brückners diagram of the flurio-glacial series. - Leidsche geol. meded. Leiden, dl. II, afl. 1, 23–24. - Bespr. GZ 35/1428.

Kühnelt W. u. **Schmid E.** Beiträge zur Kenntnis der Lebensbedingungen am hochalpinen Schneerand. - Anzg. Ak. d. Wiss. Wien, math.-natw. Kl., 69, 1932, 170–172.

Kuntscher H. Fischereibetrieb am ehemaligen Lanser und Viller See. - Innsbr. Nachr., Nr. 267 v. 18. 11. 1933, 2½ Sp.

Kurowski L. Das reduzierte und wahre Areal der Ötztaler Gletscher. - 14. Jber. d. Geogr. Ver. d. Wiener Universität, 1888. - Bespr. Mitt. DÖAV, 1889, 77.

— Die Verteilung der Vergletscherung in den Ostalpen. - 15. Jber. Ver. d. Geographen Wien, 1889, 12–31, 1 K. - Bespr. NJb. 1890/2, 425; PetMitt., 1890, Litber., 145.

— Die Höhe der Schneegrenze mit besonderer Berücksichtigung der Finsteraarhorn-Gruppe. - Pencks Geogr. Abh., 1891, 119–160. - Bespr. Mitt. DÖAV, 1892, 44.

Kürsinger I. v. u. **Spitaler F.** Der Großvenediger in der norischen Zentralalpenkette, seine erste Besteigung am 3. Sept. 1841 und seine Gletscher in seiner gegenwärtigen und ehemaligen Ausdehnung. Mit einem Anhange: Die zweite Ersteigung am 6. Sept. 1842. - Innsbruck 1843, 320 S., 2 K., 5 Ansichten.

Kürsteiner I. Über den Bakteriengehalt von Erdproben der hochalpinen und nivalen Region. - Jb. SAC, 58, Bern 1924, 15 S.

Kutta W. Der Gepatschferner i. J. 1896. - Mitt. DÖAV, 1901, 133–135.

Kyrle G. Urgeschichte des Kronlandes Salzburg. (Mit O. Klose, M. Hell u. H. Br. Koblitz.) – Österr. Kunsttopogr., 17, Wien (Schroll) 1918, 304 S., 291 Abb., 1 K. – Bespr. Wr. Prähist. Z., 7 u. 8, Wien 1921, 98; Mitt. Anthrop. Ges. Wien, 51, 1921, 158.

Lachmann R. Der Bau des Jackel im Obervintschgau. – Dissertation Berlin, 1907, 39 S., 1 K. (5. u. 6. Teil.) – Beitr. z. Geol. u. Pal. Österr.-Ung., 21, 1908, 1–32. – Bespr. VRA 1908, 350; GZ 14/1437, 19/623; NJb. 1910/1, 408.

Lackner G. u. **Kordon F.** Neues und Seltenes in der Ankogelgruppe. – Z. DÖAV, 1932, 289–299, 5 Abb.

Ladurner Jos. Die Quartärablagerungen des Sellrain. (Stubaier Alpen.) – JbBA 1932, 397–427, 1 Taf. – Bespr. GZ 49A/376; Z. f. Geomorph., 8, 1934, 48; Z. f. Glkde, 21, 1933, 247.

Laeng G. Il Gruppo della Presanella. (Alpi Trentine.) Studio topografico-alpinistico. – Torino (CAI) 1913, 120 S., 1 K. – Bespr. Pro Cultura, 5, Trento 1914, 203.

Lagally M. Revision der Gletschermarken im Sellrain und nördl. Stubai. – Z. f. Glkde, 1, 1906/7, 226–228, 314.

— Abschluß der Vermessungen des Suldenferners. – Z. f. Glkde, 2, 1908, 362–364.

— Markenbeobachtungen am Alpeiner- und Berglasferner. – Z. f. Glkde, 3, 1909, 309–310.

— Gletscherbeobachtungen im Sellrain und nördl. Stubai 1909. – Z. f. Glkde, 4, 1910, 356–358. – Bespr. GZ 9/91.

— Der Alpeiner Ferner im Stubai 1909. – Z. f. Glkde, 5, 1911, 81–86. – Bespr. GZ 18/1323.

— Gletscherbeobachtungen im Stubai 1912. – Z. f. Glkde, 7, 1913, 135–140.

— Versuch einer Theorie der Spaltenbildung in Gletschern. – Z. f. Glkde, 17, 1929, 285–301. – Bespr. GZ 42/678; NJb. 1930/2, 416; 1931/2, 300.

— Die Zähigkeit des Gletschereises und die Tiefe der Gletscher. – Z. f. Glkde, 18, 1930, 1–8. – Bespr. NJb. 1930/2, 719.

— S. Finsterwalder zum 70. Geburtstag. – Z. f. Glkde, 20, 1932, röm. 17–21.

— Zur Thermodynamik der Gletscher. – Z. f. Glkde, 20, 1932, 199–214, 2 Fig. – Bespr. GZ 49A/743.

— Die Bewegung des „toten Eises“ an der Pasterze. – Z. f. Glkde, 20, 1932, 215–221. – Bespr. GZ 49A/744.

— Mechanik und Thermodynamik des stationären Gletschers. – Ergebnisse der kosmischen Physik, 2, Leipzig (Akad. Verl.) 1934, 94 S., 13 Fig. – Bespr. PetMitt., 80, 1934, 236.

Lamprecht F. Die Talformung des Zemmgrundes im Zillertal und seiner Seitentäler. – In: Zwei Beiträge zur Analyse alpiner Formen. Dresdner Geograph. Studien (Techn. Hochsch.). H. 4, Dresden 1933, 30 S., 1 Skz. – Bespr. Z. f. Geomorph., 8, 1934, 205; Z. Ges. f. Erdkde Berlin, 1934, 158; GZ 52A/109.
Dresden 1933, 30 S., 1 Skz.

Lang K. Eine klimatische Studie über die Eiszeit. – Das Wetter, 1885, Nr. 11. – Bespr. NJb. 1886/2, 362.

— Der säkulare Verlauf der Witterung als Ursache der Gletscherschwankungen in den Alpen. – Meteor. Z., 2, Berlin 1885, 15 S. – Bespr. NJb. 1886/2, 362.

Lang O. Beobachtungen an Gletscherschliffen. – Z. DGeolGes., 40, 1888, 119–130.

Langes G. Die Front in Fels und Eis. – München (Bruckmann) 1933, 143 S., 93 Abb.

Langtaler Ferner. Beobachtungen am – (1883). – Mitt. DÖAV, 1883, 15.

Lauscher F. Strahlungsmessungen auf dem Sonnblick. – Jber. Sonnblick-Ver., 37, 1928, 37–42. – Bespr. Z. f. Glkde, 18, 1930, 277.

Lautensach H. Die Alpen im Eiszeitalter von A. Penck u. Ed. Brückner. – Z. f. Glkde, 4, 1910, 1–30.

— Über alpine Randseen und Erosionsterrassen. (Bemerkungen zu Dr. E. Gogartens Arbeit.) – PetMitt., 57, 1911, 1, 9–12. – Bespr. Boll. Com. geol. d'It., 43, 1913, f. 2–3, 74.

— Die Übertiefung des Tessingebietes. Morphologische Studie. – Geogr. Abh., H. 1, NF, Leipzig u. Berlin 1912, 156 S., 2 K.

— Über den heutigen Stand unserer Kenntnis vom präglazialen Aussehen der Alpen. – Z. Ges. f. Erdkde Berlin, 1913, 610–624. – Bespr. GZ 20/1284, 23/647; Natwiss. Wochenschr., NF, 13, 1913, 58.

— Die kleinen Seebecken der Tessiner Alpen. – Z. f. Glkde, 9, 1915, 1–41.

Lauternborn R. Über Staubbildung aus Schotterbänken im Flußbett des Rheins. Ein Beitrag zur Lößfrage. – Verh. Nat.-med. Ver. Heidelberg, NF, 11, 1912, 359–368. – Bespr. GZ 18/921; GR 1913, 571; NJb. 1913/2, 161; Jber. Natf. Ges. Grbd., NF, 54, 1913, 120.

Lawinensturz. Versetzung eines Hauses durch – bei Vrins in Bünden. – Neues Jb. der Berg- u. Hüttenkde (Moll), 4, Nürnberg 1821, 461.

Lebling Cl. Taubenberg und Mangfall-Schlierach. – Wasserkraft u. Wasserwirtschaft, 29, 1934, 4–6, 19–22, 2 Abb.

Lechtaler Alpen. Gletscherschliff im Madauertal nächst der Memminger Hütte. – Mitt. DÖAV, 1895, 175.

Lehmann H. Ein Kurs für Gletschermessung und Hochgebirgsphotogrammetrie des DÖAV. – Z. Ges. f. Erdkde Berlin, 1931, 388. – Bespr. Z. f. Glkde, 20, 1932, 173.

Lehmann O. Bericht über die Exkursion des Wiener Geograph. Seminars nach SO-Tirol im Juli 1905. – Geogr. Jber. aus Österr., 6, 1907, 82–99.

— Die Bodenformen der Adamellogruppe und ihre Stellung in der alpinen Morphologie. 1. Teil. Die allgemeine Bedeutung der U-Täler. – Abh. Geogr. Ges. Wien, 9/1, 1920, 89 S. – Bespr. NJb. 1922/1, 373.

— Die Oberflächengestaltung der österreichischen Alpen. – In: Die österr. Alpen, hrg. v. H. Leitmeier, Leipzig u. Wien 1928, 84–108. – Bespr. Z. f. Geomorph., 3, 1928, 313; Z. f. Glkde, 16, 1928, 292.

— Das Karrenphänomen. (Erwiderung an H. G. Lindner.) – Z. f. Geomorph., 6, 1931, 299–301. (S. Lindner.)

— Morphologische Theorie der Verwitterung von Steinschlagwänden. – Vierteljschr. Natf. Ges. Zürich, 78, 1933, 83–126, 1 Taf., 12 Abb.

Leiningen W. Graf zu. Beschreibung von Mooren in der Umgegend von Schongau mit besonderer Berücksichtigung ihrer Waldvegetation. – Natwiss. Z. f. Land- u. Forstwirtsch., 4, Stuttgart 1906, 1.

— Reiseskizzen aus dem Süden. – Natwiss. Z. f. Land- u. Forstwirtsch., 5, Stuttgart 1907, H. 10, 19 S. – Bespr. GZ 11/1549.

— Die Waldvegetation präalpiner bayerischer Moore, insbesondere der südlichen Chiemseemoore. – Natwiss. Z. f. Land- u. Forstwirtsch., 5, Stuttgart 1907, 1, 125.

— Über Erdpyramiden. – Abh. Nat. Ges. Nürnberg, 18, o. J., 16 S., 2 T. – Bespr. GZ 15/450.

Leitner H. Die einstigen Gletschermühlen bei Kitzbühel. – Tir. Heimatbl., 9, 1931, 10–12, 2 Abb. Auszug: Kosmos, 28, 1931, 365.

Le Monnier F. R. v. Die meteorologische Station am Sonnblick (3090 m). – Mitt. Geogr. Ges. Wien, 30, 1887, 230–231.

Lendenfeld R. v. Gletscher. – Westermanns Monatshefte, Braunschweig 1897, 507–530. – Bespr. Mitt. DÖAV, 1897, 98.

— Die Bildung der Gletscher und ihre Arbeit. – Preuß. Jb., 63, Berlin, Jahr?, 25 S.

Lenk H. Die glazialen und postglazialen Bildungen des Prientales. – Festschr. Univ. Erlangen, Leipzig und Erlangen 1901, 22 S., 1 K. – Bespr. Mitt. Geogr. Ges. München, 8, 1913, 63.

Lenz O. Notizen über den alten Gletscher des Rheintales. – JbRA 1874, 325–352. – Bespr. Bl. 391.

— Die erratischen Erscheinungen im nördlichen Vorarlberg. – VRA 1874, 85–86.

Leonardi P. Su una recente monografia di L. van Houten sul territorio del Pelmo. – L'Universo, 13, Firenze 1932, Nr. 10, 593–605, 1 Fig. – Bespr. GZ 49 A/337.

— Notizie sulla Stratigrafia della Valle Zoldana. – Studi Trent. Sc. Nat., 14, 1933, 19–30, 9 Taf.

— Resti di marmotta nella grotta Mala Peci (Cividale). – Atti Acc. Sc. Ven.-Trent.-Istr., 24, Padova 1933. – Bespr. GZ 5 B/615.

Leppla A. Zur Lößfrage. – Geognost. Jh., 1889, 176–187. – Bespr. S. A. Sauer u. NJb. 1890/2, 425; Mitt. Sekt. f. Natkde ÖTC, 2, 1890, 71.

— Zur Lößfrage. (Eine Entgegnung an Hr. A. Sauer.) – NJb. 1890/2, 194–198.

Lepsius R. Kultur und Eiszeit. – Ges. Deutscher Naturforscher u. Ärzte, Leipzig 1896, 18 S.

— Die Einheit und die Ursachen der diluvialen Eiszeit in Europa. – Die Umschau, Nr. 46, 1910, 914–916.

— Die Einheit und die Ursachen der diluvialen Eiszeit in Europa. – Congr. géol. int. C. R. XI sess. Stockholm 1910 (1912), f. 1, 132; f. 2, 1027–1033, 1037–1038. – Bespr. Geogr. Anzg., 16, 1910, 625; Z. f. Glkde, 6, 1912, 161.

— Über Gletschererosion. – Z. DGeolGes., 62, 1910, Mber., 675–686. – Bespr. GZ 16/1282.

— Die Einheit und die Ursachen der diluvialen Eiszeit in den Alpen. – Abh. Hess. geol. Ldsanst. Darmstadt, 5, 1910, 1–136. – Bespr. GZ 19/1268, 20/354; NJb. 1911/1, 122; VRA 1911, 261; EgH 12, 1912, 411; Geogr. Z., 18, 1912, 460; PetMitt., 57, 1911/1, 318; Natwiss. Wochenschr., NF, 11, 1912, 573.

— Einheit und Ursachen der Eiszeit in den Alpen. (Vortr.) – Verh. 18. Geographentag Innsbruck 1912, 155–165; Disk. röm. 22–25. – Bespr. Mitt. Geogr. Ges. München, 7, 1912, 440. (Höttinger Br.)

— Die Höttinger Breccie. – Die Naturwissensch., Berlin 1913, H. 46, 1122–1127. – Bespr. GZ 22/1644.

— Die Höttinger Breccie bei Innsbruck in Tirol. – Sber. Ak. d. Wiss. Berlin, phys.-math. Kl., 20, 1914, 622–627. – Bespr. GZ 22/696, 1644.

Leuchs K. Geologisches Bild des Kaisergebirges. – Z. DÖAV, 1917, 1–6. (Glaz. 4–5.) – Bespr. GZ 25/845.

— Geologie von Bayern. 2. Teil. Bayrische Alpen. – Handbuch d. Geol. u. Bodenschätze Deutschlands (E. Krenkel), 2. Abt. 3. Bd, Berlin 1927, 274 S., 20 Taf., 67 Abb. – Bespr. GZ 36/1550; VBA 1928, 85; Z. f. prakt. Geol., 1928, 47; NJb. 1928/3, 8; Mitt. DÖAV, 1929, 42; Geogr. Z., 34, 1928, 118; GR 22, 1931, 244; PetMitt., 74, 1928, 362.

— Steinringbildung im oberen Lechtal. – GR 24, 1933, 222–223.

— Über Breccien. – GR 24, 1933, 273–284.

Leutelt R. Gletschermessungen im Pitztal (Ötztaler A. 1927). – Z. f. Glkde, 16, 1928, 127.

— Die Gipfelflur der Alpen. Eine Einführung in das Problem. – GR 20, 1929, 330–337. – Bespr. Z. f. Geomorph., 5, 1930, 143; GZ 42/277.

— Über Diwalds morphologische Arbeiten. – GR 20, 1929, 371–373.

— Gletschermessungen in der Ortlergruppe 1928. – Z. f. Glkde, 17, 1929, 177.

— Gletschermessungen im Kaunertal 1928. – Z. f. Glkde, 17, 1929, 177–178.

— Gletschermessungen im Pitztal 1928. – Z. f. Glkde, 17, 1929, 178–179.

— Die Verschneidung der Terrassen in den Alpentälern (Eckfluren). – Geogr. Z., 35, 1929, 346–349. – Bespr. GZ 40/1780; Z. f. Geomorph., 5, 1930, 143.

— Der andauernde Gletscherrückgang und die Bergsteiger. – Der Bergsteiger (DÖAV), 1, Wien 1930/31, 173–174.

— Beobachtungen an Gletschern der Ortlergruppe. – Z. f. Glkde, 19, 1931, 129–130.

— Gletschermessungen im Kauner Tal 1930. – Z. f. Glkde, 19, 1931, 130–131.

— Gletschermessungen im Pitztal 1930. – Z. f. Glkde, 19, 1931, 131–132.

— Daunstadium im Pinnistal (Stubai). – Z. f. Glkde, 19, 1931, 160–161.

— Gschnitzmoräne im Schlickertal (Stubai). – Z. f. Glkde, 19, 1931, 162.

— Beobachtungen an Gletschern der Ortlergruppe. – Z. f. Glkde, 20, 1932, 103–104.

— Gletschermessungen Silvrettagruppe 1931. – Z. f. Glkde, 20, 1932, 104–105.

— Gletschermessungen Kaunertal und Pitztal (Ötztaler Alpen). – Z. f. Glkde, 20, 1932, 105–106.

— Die Rolle der glazialen Erosion im Formengebäude der Alpen. – GR 23, 1932, 31–38, 3 Abb. – Bespr. GZ 48 A/218.

— Die Formen der Berge. – Der Bergsteiger, Nr. 11, 1932, 701–703, 2 Abb.; Nr. 12, 725–728.

— Gletschermessungen im Kaunertal 1932. – Z. f. Glkde, 21, 1933, 159.

— Gletschermessungen im Pitztal 1932. – Z. f. Glkde, 21, 1933, 159.

— Gletschermessungen Stubaier Alpen 1932. – Z. f. Glkde, 21, 1933, 170–173.

Leverett F. Comparison of North American and European glacial deposits. – Z. f. Glkde, 4, 1910. (Höttinger Br. 279.)

Levy F. Das Tegernseevorland: Oberflächenformen, Aufbau und Versuch einer Entstehungsgeschichte. – Ldskd. Forschgen, H. 19; Mitt. Geogr. Ges. München, 8, 1913, 337–380, 1 K. – Bespr. GZ 22/960; NJb. 1915/1, 119.

— Die Frage der Einheitlichkeit der Eiszeit im bayerischen Alpenvorlande. – PetMitt., 60, 1914, 190–192. – Bespr. GZ 22/430; Z. f. Glkde, 10, 1917, 256.

— Die eiszeitl. Vergletscherung der Südalpen zwischen Dora Riparia u. Etsch. – Z. f. Glkde, 9, 1915, 225–269, 306–348. – Bespr. NJb. 1921/2, 363.

— Diluviale Talgeschichte des Werdenfelser Landes und seiner Nachbargebiete. - Ostalp. Formenstudien, Abt. 1, H. 1, Berlin (Borntraeger) 1920, 192 S. - Bespr. NJb. 1922/1, 379; Mitt. Geogr. Ges. München, 14, 1920, 140; GZ 26/192; Geogr. Z., 27, 1921, 280; Z. Ges. f. Erdkde Berlin, 1921, 223.

— Die Entwicklung des Rhein- und Maassystemes seit dem jüngeren Tertiär. - Ber. Natf. Ges. Freiburg i. Br., 23, 1921, 76 S. (Alpenrhein 4–11.)

— Der Formenschatz des Eiszeitalters. - Geogr. Z., 28, 1922, 75–92. - Bespr. GZ 27/3153.

— Quartäre Formentwicklung der Schlierseer Berge und ihrer Nachbarschaft. - Ostalp. Formenstudien, Abt. 1, H. 2, Berlin 1922, 138 S., 3 Taf. Prof., 1 Skz. - Bespr. GZ 28/1181; GR 1923, 196; Mitt. Geogr. Ges. München, 16, 1923, 346; NJb. 1923/1, 283; Geogr. Z., 29, 1923, 150.

— Quartärstudien in den Chiemgauer Bergen. - Ostalp. Formenstud., Abt. 1, H. 3, Berlin 1922, 80 S., 1 K. - Bespr. GZ 28/1182; Mitt. Geogr. Ges. München, 16, 1923, 347; NJb. 1923/1, 285; Geogr. Z., 30, 1924, 66.

Leyden F. Die Entwicklungen der Alpen zum Hochgebirge. - GR 13, 1922, 18–40. - Bespr. NJb. 1923/1, 285; GZ 31/246.

— Grundfragen alpiner Formenkunde. - GR 15, 1924, 193–215. - Bespr. GZ 31/1835.

— Gliederung des altbayerischen Spätglazials. - GR 16, 1925, 337–350. - Bespr. GZ 33/778.

— Zur Entstehung des Walchensees. - GR 17, 1926, 347–348. - Bespr. GZ 35/1125.

Lex F. Der geol. Aufbau von Kärnten. - Carinthia II, 108, Klagenfurt 1918, 1–26. - Bespr. NJb. 1928/3, 188.

Lichtenecker N. Eiszeitforschung. (Lit.-Ref. über Ampferer, Günther, J. Bayer, K. Diwald u. Kerner-Marilaun.) - Mitt. Geogr. Ges. Wien, 1925, 42–46.

— Die Loferer und die Leoganger Steinberge. Ihr Formenschatz. - Festschr. z. 50. Stiftgsfest d. AVS Passau, 1925.

— Bau und Formenschatz des Loferer und des Leoganger Steinberges. - Z. DÖAV, 1926, 290–312, K. 1:25000. - Bespr. Z. f. Geomorph., 3, 1928, 166; Z. f. Glkde, 15, 1927, 158.

— Verzeichnis der Schriften Eduard Brückners †. - Z. f. Glkde, 16, 1928, 10–19.

— Beobachtungen an den Gletschern des Zemm- und Schlegeisgrundes in den Zillertaler Alpen 1924–1927. - Z. f. Glkde, 16, 1928, 143–147.

— Gletschermessungen in den Zillertaler Alpen 1928. - Z. f. Glkde, 17, 1929, 189–196.

— Bergsturz und Bimssteingang von Köfels im Ötztal (Tirol). - Geogr. Jber. aus Österr., 14 u. 15, Wien 1929, 228–254, K. 1:35000. - Bespr. Z. f. Glkde, 17, 1929, 402; Z. f. Geomorph., 5, 1930, 138.

— Zur Deutung des Bimssteinvorkommens von Köfels im Ötztal. - VBA 1930, 173–179. - Bespr. GZ 45/696; Studi Trent. Sc. Nat., 12, 1931, 72.

— Beobachtungen an den Gletschern des Zemmgrundes in den Zillertaler Alpen im Sommer 1929. - Z. f. Glkde, 18, 1930, 207–211.

— Gletscherbeobachtungen im Zemmgrund (Zillertaler Alpen). - Der Bergsteiger, 8, Wien 1930, 227–245.

— Beobachtungen an den Gletschern des Zemmgrundes in den Zillertaler Alpen im Sommer 1931. - Z. f. Glkde, 20, 1932, 114–115.

— Beobachtungen an den Gletschern des Zemm- und des Schlegeisgrundes in den Zillertaler Alpen im Sommer 1932. - Z. f. Glkde, 21, 1933, 173–175.

Linck G. Über Schutzrinden. - Chemie der Erde, 4, 1930, 67–69. - Bespr. GZ 44/350.

Lindner H. Das Karrenphänomen. - PetMitt., Ergh. 208, 1930, 83 S., 5 T. - Bespr. Z. f. Geomorph., 6, 1931, 31; Erwiderg ebd. 218, 301; Geogr. Z., 36, 1930, 619; Z. Ges. Erdkde Berlin, 1930, 309; PetMitt., 77, 1931, 42; GZ 47 A/475.

Linstow v. Schmetterlinge als nacheiszeitliche Relikte. - Z. f. wiss. Insektenbiologie, 12, 1916, 185–187. - Bespr. GZ 24/1489.

Lipold M. V. Allgemeiner Bericht über die geologische Aufnahme der 1. Sektion. - JbRA 1854, 253–262.

— Die Ersteigung der Löffelspitze im Zillertale. - Mitt. ÖAV, 2, 1864, 39–60. - Bespr. NJb. 1865, 751.

Lipp H. Beiträge zum Strahlungsklima der Zugspitze. - D. Met. Jb. für Bayern, München 1928, D, 49 S. - Bespr. Z. f. Glkde, 18, 1930, 277.

Lippmann K. Verkehrserschließung und Naturschutz am Simssee. - Blätter f. Naturschutz u. Naturpflege, 14, 1931, 34–38, m. Abb.

Loeffelholz L. v. Vibrationsrisse im Kalkgestein. - VRA 1885, 315–317.

Löffelholz K. v. (K. v. L.). Keine Interglazialzeiten während der europäischen quartären Eiszeit. - München (Finsterlins Nfg.) 1908, 17 S.

Lombardini E. Sull'origine dei terreni quaternari di trasporto e specialmente di quello della pianura lombarda. - Mem. Ist. Lomb. Sc. Lett., v. 8, 1861.

Lorber J. Der Millstättersee und die Domitian-Legende. - Carinthia II, 1913, 88–94, 2 Abb.

Lorenz A. Pollenanalytische Untersuchungen zur Waldgeschichte der zentralen und südlichen Ostalpen. - Beih. Bot. Zbl., 50 (1932), 1933, 1–34.

Lorenz J. R. Vergleichende orographisch-hydrographische Untersuchung der Versumpfungen in den oberen Flußtälern der Salzach, Enns und der Mur oder im Pinzgau, Pongau und Lungau. - Sber. Ak. d. Wiss. Wien, 26, 1857, 91–151, 3 K.

— Entstehungsgeschichten einiger Hochmoore in Oberösterreich, Tirol, Lungau und Obersteiermark. - Verh. Zool.-Bot. Ver. Wien, 1858.

Lorenzi A. Le Lavie, torrenti che si perdono nella pianura pedemorenica del Friuli. - Boll. Soc. geol. it., v. 24, Roma 1905, 704–709.

— Osservazioni sul cosidetto „ghiaccio di fondo" dell'Adige. - Mondo sott., 5, Udine 1909, 78–81. - Bespr. GZ 14/1798.

— Intorno alla caratteristica idrografia della pianura pedemorenica del Friuli. - Riv. Geogr. it., an. 16, f. 3, Firenze 1909, 113–135. - Bespr. Boll. Com. geol. d'It., 41, 1910, 215.

— Le piene e il prolungamento dell'alveo della Lavia di Gallariano (pianura pedemorenica del Friuli). - Mondo sotterr., an. 8, Nr. 3, Udine 1912, 49–54. - Bespr. Boll. Com. geol. d'It., 44, 1914, f. 2, 79.

— Olinto Marinelli. Suoi meriti per la conoscenza delle Alpi del Friuli. - In Alto, 37, Udine, SAFr, 1926, 49–69.

Losnitzer H. Die Welteiszeitlehre. - Natur, 16, 1924, 112–117.

Loss G. L'Anaunia, Saggio di Geologia delle Alpi Tridentine. - Trento (Seiser) 1877, 322ff. - Bespr. Bl. 494a.

Lossow v. Vom Bodensee. - Mitt. DÖAV, 1887, 294.

Lovisetto G. Di alcune Marmitte dei Giganti nel Trentino. - Annuario d. SAT, 19, Trento 1896, 17–19.

Loewe F. Strahlungs- und Temperaturmessungen an der Lötschenlücke im August 1926. (Aletschgletscher.) - Beiträge zur Physik der freien Atmosphäre, 13, H. 3, 1927, 183–197. (S. Abschn. IX. Der Wärmehaushalt des Firn.)

Löwl F. Der Lünersee. – Z. DÖAV, 1888, 25–34, 2 K. – Bespr. Jber. Natf. Ges. Grbd., NF, 32, Chur 1889, 80.

Lozinski W. v. Die periglaziale Fazies der mechanischen Verwitterung. – C. rend. XI Congr. géol. int. Stockholm 1912, 1039–1053. – Bespr. NJb. 1913/1, 506.

Lucerna R. Gletschermarkierungen in der Schobergruppe. – Mitt. DÖAV, 1899, 125.

— Die Trogfrage. (Mit Anmerkung von E. Brückner.) – Z. f. Glkde, 5, 1911, 356–371. – Bespr. GZ 16/1621; PetMitt., 58, 1912, 288.

— Methode der glazialmorphologischen Hochgebirgsforschung. – Mitt. Geogr. Ges. Wien, 1915, 63.

— Morphologie der Pasterzenumgebung. – Festband f. A. Penck, Stuttgart (Engelhorn) 1918, 107–116, 1 K. – Bespr. GZ 24/140; Carinthia II, 1921, 39.

— Gletschergarten in Klagenfurt. – Mitt. Geogr. Ges. Wien, 1922, 87–91. – Bespr. GZ 30/450.

— Ins Hüttenbuch der Karlsbader Hütte. (Lienzer Dolomiten.) – Mitt. DÖAV, 1923, 57–58.

— Naturkundliche Beobachtungen am Weg zum Sellajoch. – Mitt. DÖAV, 1924, 39–40.

— Mittelgebirgs- aus Hochgebirgsform. – PetMitt., 71, 1925, 252–254. – Bespr. GZ 35/59; Z. f. Geomorph., 2, 1927, 82.

— Geologie und Glaziologie der Schobergruppe. – In: Böhm-Noßberger, Führer durch die Schobergruppe. – Wien (Artaria) 1925, 6–18.

— Eine neue Methode der Kartendarstellung. – PetMitt., 74, 1928, 13–18, 3 Taf. – Bespr. Z. f. Glkde, 17, 1929, 251; Kartogr. Mitt., 2, Wien 1932, 161.

— Neue Methoden der Kartendarstellung II. (Daunstadium.) – PetMitt., 76, 1930, 17–21, 2 Taf. (Schobergruppe). – Bespr. GZ 44/1731.

— Fazettierung. – PetMitt., 77, 1931, 1–7. – Bespr. GZ 47 A/143.

— Landschaft um Wangenitz. – Fünfzig Jahre „Moravia“, Festschr. DAV „Moravia“, Brünn 1931, 69–84, 8 Abb., 1 K. – Bespr. Z. f. Glkde, 20, 1932, 508.

— Der Gipfelabbruch des Ankogels. – Mitt. DÖAV, 1932, 108. – Abb. in: Der Bergsteiger, 1932, Nr. 7, 146; Bergland, 1932, H. 7, 40. S. a. Kordon F.

— Maximum- und Minimum-Thermometer an der Schneegrenze. – Z. f. Geomorph., 7, 1932, 169–170.

— Die Elberfelder Hütte in der Schobergruppe und ihr Tourengebiet. – Mitt. DÖAV, 1933, 132–135, 1 Skz.

— Luftaufnahmen der augenblicklichen Firn- und Gletschergrenzen. – Z. f. Glkde, 21, 1933, 143–145.

— Gletscher von Gmünd. – Mitt. Geogr. Ges. Wien, 76, 1933, 262–281, 5 Abb., 1 K.

Lücke E. Die Formen der Kare, ihre Verbreitung und kritische Untersuchung über ihre Entstehung. – Diss. Münster, 1923, 68 S.

Lüddecke R. Über Moränenseen. Ein Beitrag zur allgemeinen Erdkunde. (U. a. Stubachtal.) – Halle (Niemeyer) 1880. – Bespr. Mitt. DÖAV, 1881, 164.

Ludwig A. Über glaziale Erosion und über die Ursachen der Eiszeit. – Jb. St. Gall. Natw. Ges., 1906, 161–211. – Bespr. EgH 9, 1906, 733; Zbl. f. Min., 1906, 380; Z. f. Glkde, 2, 1908, 75; GZ 9/385.

— Höhen und Tiefen in den Alpen. Erinnerungen aus dem Rhätikon, der Silvrettagruppe und Tödikette. – St. Gallen 1908, 228 S.

— Über die Entstehung der Alpentäler und der alpinen Randseen. – Jb. St. Gall. Natw. Ges., 1910, St. Gallen 1911, 182–197. – Bespr. EgH 12, 1912, 423.

— Zur Lehre der Talbildung. – Jb. St. Gall. Natw. Ges., 1911, St. Gallen 1912, 122–140. – Bespr. EgH 12, 1912, 424; NJb. 1914/1, 224.

— Über die Vorgänge bei der Talbildung. – EgH 12, 1912, 245–264. – Bespr. Ebd. 13, 1914, 141.

— Über die Entstehung der Drumlins. – EgH 13, 1914, 534–536. – Bespr. Ebd. 15, 1918, 144; NJb. 1921/2, 367; GZ 23/1008.

— Terrassen, Stufen und Talverzweigung in den Alpen. – Jb. SAC, 49, 1913–1914, Bern 1914, 214–234.

— Über die Entstehung des Rheintales und des Bodensees. – Jb. St. Gall. Natwiss. Ges., 1914–1916, 54, St. Gallen 1917, 1–34, 3 Taf. – Bespr. GZ 24/745.

— Über Talbildung in den Alpen und im Vorlande. – Jb. SAC, 53, 1918/19, Bern 1919, 225–244. – Bespr. GZ 25/1224.

— Kleine geologische Mitteilungen. (Glazialmorph.) – Jb. St. Gall. Natwiss. Ges., 56, 1919, Wissensch. Blge, St. Gallen 1920, 32–44. – Bespr. GZ 28/62.

— Die chronologische Gliederung der eiszeitlichen Ablagerungen zwischen Säntis und Bodensee. – EgH, 24, 1931, 35–51 und Jb. St. Gall. Natwiss. Ges., 1930.

—, **Eugster H., Bächler E.** Berichte über die Exkursion der Schweizerischen Geolog. Ges. im St. Gall.-appenz. Molasseland, im Fähnern- und Wildkirchligebiet vom 9.–11. Sept. 1930. – EgH 24, 1931, 125–157, 3 Abb.

Ludwig J. M. Pontresina und seine Umgebung. – 5. Aufl. Chur 1881, 139 S., 1 K.

Ludwig Ph. Die Berge des Winnebachtales. – Z. DÖAV, 1933, 159–172, 4 Taf., 1 Skz.

Lukas G. A. Eduard Richter. – Geogr. Z., 12, 1906, 121–135, 193–212, 252–277 u. Graz 1905, 30 S.

Lütschg O. Ergebnisse der im Alpengebiet aufgestellten Niederschlagssammler für die hydrographischen Jahre 1929/30 und 1930/31. – Ann. Schweiz. Meteorol. Zentralanst., 67 u. 68, Zürich 1930 u. 1931, 4 S.

— Zur Hydrologie des Hochgebirges der Schweizer Alpen. (Vortr.) – Verh. Schw. Natf. Ges. Thun, 1932, 2. T., 263–281, 2 Fig. – Bespr. Z. f. Glkde, 21, 1933, 380.

Machaček (Machatschek) F. Gletschermarken im Goldberggebiete. – Mitt. DÖAV, 1900, 206–207; 1901, 23.

— Neuere Gletscherstudien in den Ostalpen. – Programm Realschule Wien 5. Bez., 1901, 26 S.

— Gletscherbeobachtungen in der Sonnblickgruppe. – Mitt. DÖAV, 1902, 281.

— Tal- und Glazialstudien im unteren Eisacktal. – Mitt. Geogr. Ges. Wien, 1909, 659–683; 1910, 490–509. – Bespr. GZ 19/1472.

— Die Depression der eiszeitlichen Schneegrenze. – Z. f. Glkde, 8, 1913, 104–128; Verh. Ges. D. Nat. u. Ärzte, 85. Vers. Wien 1913, Leipzig 1914, 117–119.

— Gletscherkunde. – Sammlg Göschen, 2. Aufl. 1917, 154. Bd, 120 S., 16 Taf., 5 Abb. – Bespr. Geogr. Z., 9, 1903, 177; 23, 1917, 497; GZ 3/1643; Z. Ges. f. Erdkde Berlin, 1903, 542; Mitt. Geogr. Ges. Wien, 1917, 331; Mitt. Geogr. Ges. München, 1918/19, 156; Geogr. Anzg., 18, 1917, 158; Alpina, 25, 1917, 89; Die Natwiss., 5, 1917, 649; Natwiss. Wochenschr., 16, 1917, 492; VRA 1919, 206; Z. f. Glkde, 11, 1920, 204.

— A. Pencks neue Stellungnahme zu glazialen Fragen. – PetMitt., 70, Gotha 1924, 118.

— Talstudien in der Innerschweiz und Graubünden. – Mitt. Geogr.-Ethnogr. Ges. Zürich, 27 u. 28, 1926/27 u. 1927/28, 1–38, 3 Fig., 2 Taf.

— Zur Morphologie der Schweizer Alpen. - Z. Ges. f. Erdkde Berlin, Sonderband 1928, 232-273, 1 K. - Bespr. GZ 40/405.
— Die Gliederung des Eiszeitalters in Europa. - Wiener Prähist. Z., 17, 1930, 16 S. - Bespr. Z. f. Geomorph., 6, 1931, 127.
— Tal- und Glazialstudien im oberen Inngebiet. - Mitt. Geogr. Ges. Wien, 76, 1933, 48 S., 4 Taf., 7 Abb. - Bespr. Z. f. Geomorph., 8, 1934, 85; GZ 51 A/448; Z. f. Glkde, 21, 1933, 394.
Madauertal. Gletscherschliff im - nächst der Memminger Hütte. - Mitt. DÖAV, 1895, 175.
Maddalena L. Osservazioni geologiche sul Vicentino e in particolare sul bacino del Posina. - Boll. Soc. geol. it., v. 25, Roma 1906, 659-743, 5 Taf. - Auszug: Atti R. Ist. Ven. di Sc., Lett. ed Arti, t. 66, d. 4, Venezia 1906/7, 67-72. - Bespr. GZ 9/497, 11/356; Boll. Com. geol. d'It., 38, 1907, 354.
— Sulla utilizzazione di un interessante livello idrico sovrastante la parte nordorientale dell'Altipiano dei Sette Comuni. - Atti Acc. d. Linc., Rend. d. cl. d. sc. fis., mat. e nat., s. 6, v. 10, f. 10, Roma 1929, 527-530. - Bespr. Boll. Soc. geogr. it., v. 7, 1930, 957; GZ 44/1074.
Maggi L. Relazioni intorno al terreno erratico della Valcuvia. - Atti Soc. It. Sc. Nat., 9, 1869.
— Intorno ai depositi lacustro-glaciale ed in particolare di quelli della Valcuvia. - Mem. d. R. Ist. Lomb. d. Sc. e Let., 11, Milano 1870, 30 S.
— Intorno al conglomerato dell'Adda. - Rend d. R. Ist. Lomb., s. 2, v. 2, 1869. - Auszug: Boll. Com. geol. d'It., 1, 1870, 130-132.
Mahlke A. Einfluß des Eises auf die Ausgestaltung der Hochgebirgstäler. - Die Naturwissenschaften, 1, 19, Berlin 1913, 2 S.
Makowsky A. Über den Vernagtgletscher der Ötztalergruppe i. T. - Verh. Nat. Ver. Brünn, 12, 1874, 32.
Malenco. Il ritiro dei ghiacciai di Val -. - La Geografia, an. 1, Novara 1912, 259.
Manganotti A. Sul terreno alluviale antico della provincia di Verona, sulle colline alluviali che sorgono intorno al lago di Garda, e sulla formazione di questo lago. - Verona 1865. - Bespr. NJb. 1866, 106; Bl. 222.
Marchal L. Höhenlage, Boden und Klima Tirols. - Wr. Ldwirtsch. Ztg, 79, Nr. 14 v. 6. 4. 1929 (Sondernummer Tirol). - Abdruck: Tir. Heimatblätter, 10, 1932, 146-150.
Marchetti M. Rel. d. Camp. Glac. del 1931. Alpi Aurine. - Boll. Com. Glac. It., 12, 1932, 310-311.
— Rel. d. Camp. Glac. del 1931. Alpi Pusteresi. - Boll. Com. Glac. It., 12, 1932, 311-315.
— Rel. d. Camp. Glac. d. 1932. Alpi Pusteresi. - Boll. Com. Glac. It., 13, 1933, 232-237.
Marchi C. Riassunto dei dati meteorologici dell'Osservatorio di S. Michele all'Adige presso l'Istituto Agrario nel quinquennio 1925-1929. - Ann. SAT, 25, Trento 1930, 263-280.
Mariani E. Sopra alcuni pozzi della pianura trevigiana. - Atti Soc. it. di Sc. nat. e d. Mus. Civ. di St. nat., v. 36, f. 1, Milano 1896, 35-40. - Bespr. Boll. Com. geol. d'It., 28, 1897, 201.
— Osservazioni su recenti oscillazioni di alcuni ghiacciai del gruppo Ortler-Cevedale. - Rend. R. Ist. Lomb. d. Sc. e Lett., s. 2, v. 38, 1905.
— Nuovi appunti sulle oscillazioni di alcuni ghiacciai della Valfurva (Valtellina). - Rend. Ist. Lomb. Sc. e Lett., v. 39, 1906.
— Sul retiro attuale del ghiacciaio del Forno nella Valfurva e di alcuni altri ghiacciai della catena alpina. - Rend. R. Ist. Lomb., s. 2, v. 41, f. 20, Milano 1908, 956-963. - Bespr. GZ 13/365, 15/811; Boll. Com. geol. d'It., 40, 1909, 227.
— Sulle recenti oscillazioni del ghiacciaio del Forno dell'Alta Valtellina. - Natura, Riv. mens. d. Sc. nat., v. 3, Pavia 1912, 3-10.
— Nuove osservazioni sui movimenti di alcuni ghiacciai della Valfurva nell'Alta Valtellina. - Rend. R. Ist. Lomb., s. 2, v. 48, Milano 1915, 106-108.
— L'alta valle di Sulden. Osservazioni geologiche. - Natura, v. 16, f. 1, Milano 1925, 1-11.
Marinelli G. Gletscherschwankungen in den italienischen Alpen i. J. 1897 und 1898. (Ital.) - Riv. Geogr. It., 6, 1898, 94ff. - Bespr. Geogr. Z., 4, 1898, 412; 5, 1899, 228.
Marinelli O. I ghiacciai più orientali d'Italia. - Boll. Soc. Ven.-Trent. di Sc. nat., t. 2, Nr. 4, Padova 1883, 193.
— Aggruppamenti principali dei laghi italiani. - Boll. Soc. Geogr. It., 7, 1894, 710-740.
— Ancora sopra i depositi morenici del versante settentrionale del Monte Ciampon. - In Alto, Cron. d. SAFr, an. 7, Nr. 2, Udine 1896, 20-21. - Bespr. Boll. Com. geol. d'It., 28, 1897, 202.
— Risultati sommari di uno studio geologico dei dintorni di Tarcento in Friuli. - In Alto, Cron. d. SAFr, an. 7, Nr. 5, Udine 1896, 59-62. - Bespr. Boll. Com. geol. d'It., 28, 1897, 203.
— Visita al ghiacciaio del Kellerwand (Agosto 1897). - In Alto, 1898.
— Studi orografici nelle Alpi Orientali. - Mem. Soc. Geogr. It., v. 8, p. 2, 1898, Roma 1899, 338-445, 13 Fig., 1 Taf.; Boll. Soc. Geogr. It., 1900, f. 9-11, 776-813, 873-928, 984-1006. - Bespr. VRA 1899, 268; Geogr. Z., 7, 1901, 108.
— Traccie di una più antica glaciazione nell'anfiteatro morenico friulano. - In Alto, Cron. d. SAFr, an. 9, Nr. 6, Udine 1900, 73-74. - Bespr. Boll. Com. geol. d'It., 32, 1901, 277.
— Brevi notizie sul Temerle-Sea presso Sappada. - In Alto, Udine 1900, 19-21.
— Le osservazioni morfologiche sulle Alpi del professore E. Richter. - In Alto, Cron. SAFr, 12, Udine 1901, 45-49.
— Studi orografici nelle Alpi Orientali. III. - Boll. Soc. geogr. it., 1902, 682-716, 757-779, 833-861. - IV. - Ebd. 1904, 13-34, 92-112, 193-223.
— Descrizione geologica dei dintorni di Tarcento in Friuli. - Pubbl. d. R. Ist. di Studi sup., Firenze 1902, 238 S., 1 K., 5 T. - Bespr. GZ 8/731; Boll. Com. geol. d'It., 34, 1903, 381.
— I ghiacciai nel regime di fiumi alpini, secondo una memoria dell'Ing. Gaudenzio Fantoli. - Riv. Geogr. Ital., 1903, 146. (S. a. Fantoli.)
— Due vecchie indicazioni sopra i ghiacciai dell'Antelao. - In Alto, 1905.
— Osservazioni sopra i ghiacciai dei gruppi del Sass Long e di Sella. - Arch. p. l'Alto Adige, 1, 1906, 220-229, 7 Fig.
— Lo studio dei ghiacciai italiani nel 1906. - Riv. Geogr. It., an. 14, f. 9, 1906/7, 495-496. - Bespr. GZ 13/1549.
— Studi sopra i ghiacciai delle Alpi Venete. - Z. f. Glkde, 1, 1907, 357-358.
— Ancora a proposito dei laghi più elevati delle Alpi. - Riv. Geogr. It., a. 16, f. 9, Firenze 1909, 554-555. - Bespr. GZ 16/836; Boll. Com. geol. d'It., 41, 1910, 218.
— I pozzi con neve del Monte Ciampon. - Mondo sotterr., 5, Udine 1909.
— Le Alpi nell'epoca glaciale secondo il prof. Penck e Brückner. - Riv. Geogr. It., Firenze 1909, v. 16.
— La commissione italiana per lo studio dei ghiac-

ciai. - Z. f. Glkde, 5, 1910, 150–151. (Bernina-Disgrazia.) - Bespr. Boll. Com. geol. d'It., 42, 1911, 70.
— Brevi note sopra i ghiacciai del Trentino. - Tridentum, Riv. d. stud. sc., an. 12, f. 3–4, Trento 1910.
— I ghiacciai delle Alpi Venete. - Mem. Geogr., n. 11, Firenze 1910, 289 S., 1 K. - Bespr. GZ 15/1118.
— Materiali per lo studio dei ghiacciai. I ghiacciai delle Alpi Venete. - Riv. Geogr. It., Firenze 1910, Nr. 11. - Bespr. Boll. Com. geol. d'It., 42, f. 3, 1911, 73.
— Limite climatico delle nevi sulle Alpi Venete. - Firenze 1910.
— Prime ricerche sui ghiacciai del gruppo di Brenta. - Tridentum, Riv. d. stud. sc., an. 13, f. 6–7, Trento 1911, 311-313. - Bespr. Boll. Com. geol. d'It., v. 43, f. 2–3, 1913, 83.
— Les variations périodiques des glaciers. XVIIIme rapport, 1912. III. Alpes italiennes. - Z. f. Glkde, 8, 1914, 48–49.
— I ghiacciai delle Alpi Venete. - Mem. Geogr. (Dainelli), Firenze 1919.
— Le piramidi di terra (a Segonzano). - Le Vie d'Italia, Milano, maggio 1920.
— Sui ghiacciai del Gruppo di Brenta. - Atti 8 Congr. geogr. ital., 2, Firenze (1921), 1923, 37–42. - Bespr. GZ 38/639.
— La grotta rifugio della Marmolada in relazione con il vicino ghiacciaio. - In Alto, Udine 1925, n. 1-3.

Marltferner. Ausbruch. (Ortlergruppe.) - Mitt. DÖAV, 1907, 268.

Marmolatagletscher. Messungen 1930, 1931, 1932. - Z. f. Glkde, 19, 1931, 150; 20, 1932, 123–124; 21, 1933, 183.

Marsili F. Osservazioni fisiche intorno al Lago di Garda. - Scritti inediti d. L. F. Marsili. Bologna (Zanichelli) 1930, 1-124.

Marson L. Sui ghiacciai del Massiccio del Monte Disgrazia o Pizzo Bello. - Mem. Soc. Geogr. Ital., v. 6, p. 2, 1896; v. 7, p. 1, 1897.
— Sui ghiacciai del Massiccio del Monte Disgrazia e Bernina. - Mem. Soc. Geogr. It., v. 8, p. 2, 1898; v. 9, 1899.
— Sui ghiacciai italiani del Bernina. Osserv. 1899. - Roma 1900, 18 S. u. Boll. Soc. Geogr. It., 1900, Nr. 12.
— Nevai di circo e tracce carsiche e glaciali nel gruppo del Cavallo con qualche nuovo contributo allo studio dell'antico ghiacciaio della Piave. - Boll. Soc. Geogr. It., 1903.
— Sui ghiacciai dell'Adamello-Presanella (alto bacino del Sarca- Mincio). - Boll. Soc. Geogr. It., 1906, 546–568; 1912, 166–171. - Bespr. Z. f. Glkde, 1, 1907, 233.
— Sulle oscillazioni dei ghiacciai dell'Adamello-Presanella. - Estr. d. Boll. d. Soc. Geogr. It., f. 6, 1906, 546–568. - Bespr. Z. f. Glkde, 2, 1908, 58 –60.
— e **Sangiorgi D.** Variazioni ghiacciai Gruppo Bernina. - Atti Soc. Ligure Sc. Nat. e Geogr., 1908.

Martelltal. Der Ausbruch des Eissees im –. Mitt. DÖAV, 1891, 148, 159–160, 176–178; 1895, 11; Mitt. Geogr. Ges. Wien, 1895, 345; Carinthia II, 1896, 54.

Martin J. Zum Problem der glazialen Denudation und Erosion. - Abh. Nat. Ver. Bremen, 26, H. 3, 1927, 461–480.

Martinengo Villagana C. L'anfiteatro morenico d'Iseo nel periodo glaciale. - Comm. d. Ateneo di Brescia, 1887, 75.

Martins Ch. Note sur les traces et les terrains glaciaires aux environs de Baveno, sur le lac Majeur. - Bull. Soc. géol. de France, s. 2, t. 23, Paris 1866, 445–449; Arch. d. sc. phys. et nat., t. 26, Genève 1866, 225–230.

Martins J. Recherches récentes sur les glaciers actuels et la période glaciaire. - Revue des Deux Mondes, 15 Avr. 1875.

Martonne E. de. Sur la théorie mécanique de l'érosion glaciaire. C. R. Ac. Sc. Paris, t. 150, 1910, 135–138. - Bespr. EgH 11, 1910, 539; NJb. 1913/1, 412; PetMitt., 57, 1911/1, 39.
— Sur la genèse des formes glaciaires alpines. - C. R. Ac. Sc. Paris, t. 150, 1910, 243–246. - Bespr. EgH 11, 1910, 539; PetMitt., 57, 1911, 39.
— L'érosion glaciaire et la formation des vallées alpines. 1. Art. - Ann. de Géogr., 19, Paris 1910, 289–317. - 2. Art. Ebd. 20, 1911, 1–29. - Bespr. EgH, 12, 1912, 714.
— Principes de l'analyse morphologique des niveaux d'érosion appliquée aux vallées alpines. - C. R. Ac. Sc. Paris, v. 153, Paris 1911, 309–312. - Bespr. Boll. Com. geol. d'It., 43, 1913, f. 2–3, 85; Ann. d. Géogr., 1912, 93; EgH 12, 1912, 413; GZ 17/1193.
— Le rôle morphologique de la neige en montagne. - La Géographie, t. 34, Paris 1920, 255—267. (Engadin.) - Bespr. GZ 26/705; PetMitt., 68, 1922, 71; Z. f. Glkde, 13, 1924, 85.
— Quelques données nouvelles sur la jeunesse du relief préglaciaire dans les Alpes. - Recueil de Travaux off. a M. J. Cvijić, Belgrad 1924, 121–141. - Bespr. GZ 34/173.

März Chr. Beiträge zur Biogeographie und Morphologie der Alpen. II. Der Seenkessel der Soiern, ein Karwendelkar. - Wiss. Veröff. d. Ver. f. Erdkde Leipzig, 6, 1904, 213–316, 1 K. - Bespr. VRA 1904, 162; Geogr. Z., 10, 1904, 647; Mitt. DÖAV, 1906, 253.

Massalongo A. Osteologia degli Orsi fossili del Veronese ecc. - Natwiss. Abh., 4, 4. Abt., Wien 1850.

Maurer J. Schneegrenze und mittlere Schmelzwasserhöhen im schweizerischen Alpengebiet. - Ski, 6, Bern 1910, 12 S.
— Die Höhe der Schneegrenze am Säntis und Anteil des Schnees an der jährlichen Niederschlagsmenge der Schweiz. - Globus, 97, Braunschweig 1910, Kleine Nachr., 115–116.
— Die jüngste große Rückzugsphase der Schweizer Gletscher im Lichte der Klimaschwankung. - PetMitt., 60, Gotha 1914, 10–12. - Bespr. GZ 22/346, 23/141.
— Über Gletscherschwund und Sonnenstrahlung. - Meteorol. Z., 31, Braunschweig 1914, 23–27. - Bespr. Natwiss. Wochenschr., NF, 13, 1914, 252; Die Naturwissensch., 2, 1914, 524.
— Ergebnisse unserer höchsten Niederschlagsmesser im Firngebiet. - Meteorol. Z., 1915.
— Die Strahlenwirkung heißer Sommer, beobachtet im Hochgebirge. - Meteorol. Z., 1929, 24–25. - Bespr. Z. f. Glkde, 18, 1930, 272.

Mayer Ch. Das Eismeer am Fuß der Alpen. (La vérité sur la mer glaciale au pied des Alpes.) - Bull. Soc. géol. de France, Paris 1876, s. 3, t. 4, 199–223, Bemerkgen ebd. 223–224. - Bespr. NJb. 1879, 711.

Mayer J. Der Bodensee im Wechsel der Zeiten. - Konstanz (Oberbad. Verl.) 1929, 349 S., 208 Abb., 2 K.

Mayr F. Die Gletscherausbrüche im Martelltale und der Klausenbau am Zufallboden. - Österr. Monatsschrift f. d. öffentl. Baudienst, 1895, 1. H.

Mayr W. Kühne Fahrten in den Zillertaler Alpen. - Z. DÖAV, 1932, 242-262, 5 Abb.
Mayrhofer Th. Die Großglockner-Hochalpenstraße. - Hamburger Fremdenblatt v. 22. 3. 1930.
Mazzoleni C. Una marmitta dei giganti in Val di Pinè. - Studi Trent. Sc. Nat., 10, 1929, 60-61, 2 Fig. - Bespr. GZ 51 A/453.
Mazzuoli L. Sull origine delle rovine di Vedana. - CAI, Sez. di Agordo, Adunanza straordin. 22. 8. 1875. (S. a. Hoernes.)
Meinardus W. Arktische Böden. - In: Handbuch der Bodenlehre (E. Blanck), 3, Berlin (Springer) 1930, 27-96. (Strukturformen 82-96.)
Menghin O. Kleine Beiträge zur Kenntnis des diluvialen Menschen in Österreich. I. Ein Aurignacienfund in Nordtirol? - Wr. Prähist. Z., 1, 1914, 245-248, 1 Abb.
Mercalli G. Osservazioni geologiche sul terreno glaciale nei dintorni di Como. - Atti d. Soc. It. di Sc. nat., v. 19, Milano 1876, 278-284. - Bespr. NJb. 1878, 661; Arch. d. sc. phys. et nat., t. 61, 210; Rev. géol. suisse p. l'a. 1877, Como 1878, 58.
— Sulle marmotte fossili trovate nei dintorni di Como. - Atti Soc. Ital. d. Sc. Nat., v. 21, Milano 1878.
Mercanton P.-L. Les variations périodiques des glaciers des Alpes Suisses. 49. Bericht, 1928. - Die Alpen (Monatsschr. d. SAC), Nr. 5, 1929, 172-200.
— Les variations périodiques des glacies des Alpes Suisses. 50me Rapp. 1929. - Extr. de „Les Alpes", Nr. 6, 1930, Berne 1930, 24 S., 8 Abb. - Bespr. Z. f. Glkde, 19, 1931, 189.
—, **Rabot. Ch., Hamberg A.** (Commission des glaciers). Rapport sur les variations de longueur des glaciers de 1913 à 1928. (Chaîne des Alpes; Scandinavie.) - Venezia (Ferrari) 1930, 53 S.
Mercanton P.-L. Les variations périodiques des glaciers des Alpes Suisses. 51me Rapp., 1930. - Extr. de „Les Alpes", n. 6, 1931, Berne 1931, 20 S., 9 Abb. - Bespr. Z. f. Glkde, 20, 1932, 176.
— Les variations périodiques des glaciers des Alpes Suisses. 52e Rapport, 1931. - Die Alpen, 8, Nr. 6, Bern 1932, 219-239, 11 Abb. - Bespr. Z. f. Glkde, 20, 1932, 494.
— Les variations périodiques des glaciers des Alpes Suisses. 53e Rapport, 1932. - Die Alpen, 9, Nr. 5, Bern 1933, 187-196, 9 Abb. - Bespr. Z. f. Glkde, 21, 1933, 218.
Merciai G. Escursioni e osservazioni nell'alta Valcamonica e nella Valfurva. - Riv. CAI, v. 35, marzo 1915.
— Osservazioni sui ghiacciai del gruppo dell'Adamello. - Boll. Soc. Geogr. It., 1920, 271 ff.
— Attorno ai ghiacciai dell'Adamello. - Relaz. d. Camp. Glac. eseg. nell'est. 1919. - Boll. Com. Glac. It., 4, 1921, 169-184. - Bespr. Z. f. Glkde, 13, 1924, 219.
— Sulle variazioni dei principali ghiacciai del gruppo dell'Adamello. - Boll. Soc. geol. it., v. 40 (1921), f. 1-2, Roma 1921, 129-138.
— Osservazioni sui principali ghiacciai della Presanella. - Boll. Com. Glac. It., n. 5, Roma 1923, 41-49. - Bespr. Z. f. Glkde, 13, 1924, 220.
— La glaciazione attuale sul gruppo dell'Adamello e il limite climatico delle nevi. - Atti IX Congr. Geogr. It. (Genova), v. 2, 1924, 60-66.
— I ghiacciai del gruppo dell'Adamello. - Boll. Com. Glac. It., n. 6, Roma 1925, 86-177, 5 T. - Bespr. Z. f. Glkde, 14, 1926, 297; Studi Trent. Sc. Nat., 8, 1927, 126.
— Relazione della Campagna Glaciologica del 1927. Alpi Retiche: Gruppi Adamello e Presanella. - Boll. Com. Glac. It., 8, 1928, 201-202. - Bespr. GZ 42/703.
— Relazioni delle Campagne Glaciologiche del 1928. Gruppo Adamello-Presanella. - Boll. Com. Glac. It., 9, 1929, 281-282. - Bespr. GZ 45/165.
— I ghiacciai della Presanella. - Boll. Com. Glac. It., N. 10, Torino 1930, 91-140. - Bespr. Z. f. Glkde, 19, 1931, 192; GZ 51 A/432.
— Relazioni delle Campagne Glaciologiche del 1929. Gruppo Adamello-Presanella. - Boll. Com. Glac. It., 10, Torino 1930, 266. - Bespr. GZ 47 A/302.
— Sulla temperatura profonda, trasparenza e colorazione di alcuni laghi della Venezia Tridentina. - Boll. Soc. Geogr. It., s. 6, v. 7, 1930, 700-717, 1 K., 1 T.
— Relazioni delle Campagne Glaciologiche del 1930. Gruppo Adamello-Presanella. - Boll. Com. Glac. It., 11, 1931, 247. - Bespr. GZ 51 A/420.
— La glaciazione attuale nella Venezia Tridentina. - Atti Soc. It. Progr. Sc., v. 2, Roma 1931, 256-260. - Bespr. GZ 47 A/290.
— Rel. d. Camp. Glac. del 1931. Gruppo Presanella. - Boll. Com. Glac. It., 12, 1932, 298-299. - Bespr. GZ 51 A/440.
— e **Morandini G.** Relazione della spedizione ai laghi Serodoli, Gelato e Nambino del Gruppo della Presanella. - XXVI Ann. (1930/31) SAT, Sez. Trento CAI, Trento 1932, 97-114.
Merciai G. Rel. d. Camp. Glac. d. 1932. Alpi Retiche. Gruppo Adamello-Presanella. - Boll. Com. Glac. It., 13, 1933, 217-218.
Merian P. Beiträge zur Geschichte der Gletscher. (Gl. des St. Bernhardins und des Hinterrheintals.) - Ber. ü. d. Verh. d. Natf. Ges. Basel, 7, Basel 1847, 40-50.
— Über die Felsblöcke bei Soazza im Mosoxer Tal. - Ber. ü. d. Verh. d. Natf. Ges. Basel, 7, Basel 1847, 50-55.
Metzler H. K. Schneelagerung und Schneeschichtung in den Alpen. - Diss. Göttingen, 1933, 68 S., 19 Abb., 1 K. - Bespr. Z. Ges. f. Erdkde Berlin, 1933, 236; Mitt. Geogr. Ges. München, 26, 1933, 230; Z. f. Geomorph., 8, 1934, 155; Mitt. DÖAV, 1934, 72.
— Lagerung und Schichtung des Schnees während eines alpinen Winters. - Z. f. Glkde, 21, 1933, 254-258.
Meusburger K. Glazialgeologische Beobachtungen im Brixener Becken. - 62. Progr. St.-Gymn. Brixen, 1911/12, 43 S. - Bespr. GZ 18/1815; Z. f. Glkde, 8, 1914, 139.
— Brixen in der Eiszeit. (Vortr.) - Brixner Chronik v. 8. u. 11. 2. 1913.
— Die Erdpyramiden bei Bruneck. - Z. Ferdin., 3. F., 58. H., Innsbruck 1914, 453-455, 1 T.
— Ein gutes Beispiel glazialer Aufarbeitung des Untergrundes. (Bei Bruneck.) - Z. f. Glkde, 8, 1914, 282. - Bespr. GZ 21/1772.
— Brunecks Umgebung in geologischer Beziehung. - Mitt. Museumsver. Bruneck, 2, 1914, Nr. 2, 5 S.
— Gletscherbeobachtungen im Gebiete der Ötztaler Alpen und der Rieserfernergruppe im Sommer 1916, 1917, 1918. - Z. f. Glkde, 10, 1917, 173-175, 251-254; 11, 1920, 134-138.
— Aus Brixens grauester Vorzeit. - Der Schlern, 1, 1920, 52-57.
— Die Brunecker Erdpyramiden. - Der Schlern, 1, 1920, 129-132.
— Bachbett- und Flußlaufverlegungen in Südtirol. - Der Schlern, 1, 1920, 327-332.
— Von den Tiroler Gletschern. - Tiroler Anzg., Nr. 49 u. 50 v. 2. u. 3. 3. 1921.

— Gletschernachmessungen im Sommer 1920 in der Rieserfernergruppe. - Z. f. Glkde, 12, 1922, 166. - Bespr. GZ 29/376.
— Der Klausener Stausee und andere Stauseen in Südtirol. - Der Schlern, 3, 1922, 20-23.
— Etwas von unseren Gletschern. (Vortr.) - Brixner Bote, Jänner 1922.
— Bericht über die Gletschermessungen in der Rieserfernergruppe i. J. 1922. - Z. f. Glkde, 13, 1924, 211.
— Die geologische Exkursion der Deutschen Naturforscher in unser Gebiet. (Südtirol.) - Der Schlern, 6, 1925, 1-7, 44-51.
— Gletschermessungen in der Rieserfernergruppe 1923. - Z. f. Glkde, 14, 1926, 70.
— Brixner Weinbau und Weinmost. Geologisch-klimatologische Studie. - Der Schlern, 7, 1926, 41-46. - Bespr. Studi Trent. Sc. Nat., 7, 1926, 185.
— Gletschermessungen in der Rieserfernergruppe und an der Marmolata i. J. 1924. - Z. f. Glkde, 14, 1926, 290.
— Messungen am Marmolatagletscher (Südtiroler Dolomiten) i. J. 1925. - Z. f. Glkde, 14, 1926, 290.
— Gletschermessungen und Tiefbohrung in der Rieserfernergruppe i. J. 1925. - Z. f. Glkde, 15, 1927, 72.
— Bericht über die Gletschermessungen in der Rieserfernergruppe i. J. 1926. - Z. f. Glkde, 15, 1927, 243.
— Bericht über die am Marmolatagletscher vorgenommenen Gletschermessungen i. J. 1926. - Z. f. Glkde, 15, 1927, 245.
— Messungen am Marmolatagletscher (1927). - Z. f. Glkde, 16, 1928, 141-142.
— Gletschermessungen am Marmolatagletscher 1928. - Z. f. Glkde, 17, 1929, 202.
— Gletschermessungen Marmolata 1929. - Z. f. Glkde, 18, 1930, 220.

Military tunnels in the glaciers of Ortler. - The geogr. review, New York, 1924, 474-475. - Bespr. GZ 32/108.

Mill H. R. The glacial Land-forms of the Margins of the Alps. - American Journ. of sc., s. 3, v. 49, New Haven 1895; The Geogr. Journ., 5, 1895, 68.

Miller K. Die geologischen Bildungen am Untersee und im Höhgau. - Schr. d. Ver. f. Gesch. d. Bodensees und seiner Umgebung, 10, Lindau 1880, 145-150.
— Das untere Argental. Eine Lokalstudie. - Schr. d. Ver. f. Gesch. d. Bodensees, 14, Lindau 1885, 80-101, 8 Fig., 1 Tab.

Mineralischen Rohstoffe. Die - Bayerns und ihre Wirtschaft. I. Bd. Die jüngeren Braunkohlen. - Bayr. Oberbergamt, München u. Berlin (Oldenbourg) 1921, 128 S., 29 Taf. - Bespr. Berg- u. Hüttenm. Jb., 69/70, H. 2, 1921/22, 47.

Moebus B. Beiträge zur Kenntnis des diluvialen Ogliogletschers. - Inaugdiss. Bern, 1901, 27 S., 1 K. - Bespr. Mitt. DÖAV, 1902, 38.
— Der diluviale Ogliogletscher. - Mitt. Natf. Ges. Bern 1901, Bern 1902, 44-66. - Bespr. GZ 4/534.

Mohaupt W. Beobachtungen über Bodenversetzungen und Kammeisbildungen aus dem Stubai und dem Grödener Tal. - Dissert. Univ. Hamburg (H. Christians), 1932, 69 S., 54 Abb. - Bespr. GZ 48 A/1842; Z. f. Glkde, 21, 1933, 377.

Mojsisovics E. v. Die alten Gletscher der Südalpen. - Mitt. ÖAV, 1, 1863, 157-193. - Bespr. Bl. 194.

Molon F. Sulle ossa fossili della caverna in Zoppega al Monte S. Lorenzo presso S. Bonifazio di Verona. - Atti R. Ist. Ven., s. 5, t. 1, Venezia 1875.

Mònterin U. Bibliografia Glaciologica Italiana (1851-1915). I. Teil. - Boll. Com. Glac. Ital., 2, Roma 1917, 55-65. - Bespr. Z. f. Glkde, 12, 1922, 86. - II. Teil. Ebd. 6, 1925, 179-193. - Bespr. wie oben, 14, 1926, 298.
— Le variazioni periodiche dei Ghiacciai Italiani 1925, 1926, 1927. - CAI, Riv. mens., Torino, giugno 1926, Nr. 6, 7 S.; Boll. Com. glac. it., 7, 1927, 8-24, 25-46; 8, 1928, 5-10. - Bespr. Z. f. Glkde, 16, 1928, 277; GZ 42/112-114.
— Il circo, sua origine e sua importanza nella plastica delle alte regioni montane. - R. Soc. geografica ital., s. 6, v. 5, Nr. 3/4, März/Apr., Roma 1928, 131-142. - Bespr. GZ 38/582.
— Le variazioni periodiche dei Ghiacciai Italiani 1928, 1929. - Boll. Com. Glac. It., 9, 1929, 9-29; 10, 1930, 7-24. - Bespr. GZ 42/115, 51 A/433; Z. f. Glkde, 19, 1931, 188.
— Le variazioni periodiche dei Ghiacciai Italiani 1930. - Boll. Com. Glac. It., 11, 1931, 5-24; Riv. mens. CAI, 50, 1931, 417-431. - Bespr. Z. f. Glkde, 20, 1932, 176.
— Le variazioni periodiche dei Ghiacciai Italiani 1931. - Boll. Com. Glac. It., 12, 1932, 13-28; Riv. mens. CAI, 51, 1932, 543-555, 4 Abb. - Bespr. Z. f. Glkde, 21, 1933, 218.
— Le variazioni periodiche dei Ghiacciai Italiani 1932. - Boll. Com. Glac. It., 13, 1933, 17-38, 2 Abb.; Riv. mens. CAI, 52, 1933, 370-380, 5 Abb.

Monti V. Sull'influenza climatica della elevazione media delle masse montagnose sulla catena alpina. - R. Acc. d. Sc. Torino, v. 47, 1912.
— Nevosità relativa e frequenza relativa della neve sulle Alpi Settentrionali. - Rend. d. Acc. d. Linc. v. 22, sem. 2, Roma 1913.
— Sulla distribuzione mensile della frequenza relativa della neve sulle Alpi Settentrionali. - Rend. Acc. d. Linc., v. 23, sem. 1, Roma 1914.

Morandini G. Risultati delle ricerche sui laghetti dell' Alpe di Soprasasso in val di Rabbi. - XXVI Ann. (1930/31) SAT, Sez. Trento CAI, Trento 1932, 115-138.

Moränenlandschaften. Vortrag über - von Wagner (Überblick der Theorien). - Mitt. DÖAV, 1885, 231-232.

Morawetz S. Beiträge zur Geomorphologie der Kreuzeck- und Reisseckgruppe. - Veröff. a. d. Geograph. Inst. d. Univ. Graz; H. 3, Graz 1930, 32 S., 1 Skz., 1 Proftaf. - Bespr. Z. f. Geomorph., 6, 1931, 308; Mitt. Geogr. Ges. Wien, 74, 1931, 167; GZ 50 A/748. S. a. H. Beck.
— Eiszeitliche Vergletscherung und eiszeitliches Einzugsareal in den Tauern. - Z. f. Glkde, 20, 1932, 398-410. - Bespr. GZ 49 A/747; Z. f. Geomorph., 8, 1934, 48.
— Beobachtungen an Schutthalden, Schuttkegeln und Schuttflecken. - Z. f. Geomorph., 7, 1933, 25-43. - Bespr. GZ 50 A/952.

Morax R. F. A. Forel (1841-1912). - Arch. sc. phys. et nat. Genève, 4 pér., t. 34, 1912, 185-188.

Mordziol C. Die Austiefung des Rheindurchbruchtals während der Eiszeit. - Braunschweig 1912, 43 S., 2 K.

Morlot A. v. Erläuterungen zur geol. Übersichtskarte der nordöstl. Alpen. - Wien 1847, 216 S.
— Erratisches Diluvium in Oberkärnten. - Ber. ü. d. Mitt. v. Freunden d. Natw. in Wien, 6, 1850, 127-128.

Mortensen H. Über die physikalische Möglichkeit der „Brodel"-Hypothese. - Zbl. f. Min., Abt. B, 1932, 417-422. - Bespr. GZ 48 A/1495; Z. f. Geomorph., 8, 1933, 46.

Mortillet G. de. Note géologique sur Palazzolo et le lac d'Iseo en Lombardie. - Bull. Soc. Géol. d. France, s. 2, t. 16, Paris 1859, 888.
— Carte des anciens glaciers du versant méridional des Alpes. - Atti Soc. it. Sc. nat., v. 3, Milano 1861, 459-466, 1 K.; Bibl. univ. de Genève, B. Arch. d. sc. phys. et nat., 1862, 66. - Bespr. Bl. 170.
— Terrains du versant italien des Alpes comparés à ceux du versant français. - Bull. Soc. Géol. de France, s. 2, t. 19, Paris, 5 Mai 1862, 849.
— L'époque quaternaire dans la vallée du Po. - Bull. d. l. Soc. Géol. d. France, s. 2, t. 22, Paris 1864.
— Existenz des Menschen vor der Gletscherperiode. (Frz.) - Bull. Soc. Géol. de France, 1864, 104-105.
Moscheles J. Zur Altersstellung des Lößes. - Z. f. Glkde, 13, 1924, 79-84. - Bespr. GZ 36/932.
Mosing E. Zum Bau der Glocknerstraße. - Neue Freie Presse v. 9. 8. 1930.
Mosna E. Un po'di morfologia della Valle die Cembra (Avisio). - Studi Trent., a. 4, f. 4, Trento 1923, 314-322, 10 Abb.
— Note sui ghiacciai delle Breonie. (Contributo allo studio geologico della regione alpina.) - Arch. p. l'Alto Adige, 19, 1924, 1-12, 17 Abb.
— Le Piramidi di terra: Visione alpina. - Trentino, a. 7, n. 8, Trento 1931, 265-273, ill.
Mothes H. Dickenmessungen von Gletschereis mit seismischen Methoden. (Hintereisferner.) - GR 17, 1926, 397-400, 2 Fig. - Bespr. Z. f. Glkde, 15, 1927, 241; NJb. 1928/2, 86, 637.
— Seismische Dickenmessungen von Gletschereis. - Z. f. Geophys., 3, H. 4, 1927, 121-134. - Bespr. GZ 47 A/1324.
— Neue Ergebnisse der Eisseismik. (Hintereisferner.) - Z. f. Geophysik, 5, H. 3/4, 1929, 120-144. - Bespr. Z. f. Glkde, 18, 1930, 239; GZ 47 A/1324.
— Seismographen im Dienste der Gletscherforschung. - Forschungen u. Fortschritte, 6, Nr. 28, Berlin 1930, 363-365.
— u. **Brockamp B.** Seismische Untersuchungen am Pasterzenkees. - Z. f. Glkde, 19, 1931, 1-17, 6 Fig. - Auszug aus Z. f. Geophys., 6, H. 8, 1930. - Bespr. GZ 45/362.
Mothes H. Messung der Gletscherdicke durch Eisbeben. Wie die Dicke der Grönlandeisdecke gemessen wurde. - Umschau, 35, Frankfurt a. M. 1931, 1017-1020, 7 Abb.
— Alpine Gletscherdickenmessungen. - Mitt. DÖAV, 1932, 118-120.
— Neue Wege und Ziele in der Gletscherforschung. - Geogr. Anzg., 33, 1932, 46-50.
Mottet A. Über Schneeformen im Hochgebirge. - Ski, 7, Bern 1911, 9 S.
Mougin P. La correction des avalanches dans les Grisons. - Rev. des Eaux et Forêts, t. 52, Paris 1913, 513-532. - Bespr. Ann. de Géogr., 1915, 52.
Mousson A. Über den Löß des St. Galler Rheintales. - Vierteljschr. Natf. Ges. Zürich, 1, Zürich 1856, 242-261.
Much M. Kegelförmige Hügel in Tirol. (Nassereith-Fernpaß-Lermoos.) - Mitt. Anthrop. Ges. Wien, 1, 1871, 107.
— Über den Ursprung der europäischen Alpenvegetation. - Mitt. Anthrop. Ges. Wien, 11, 1881, 193-194.
Mügge O. Über die Plastizität der Eiskristalle. - NJb. 1895/2, 211-228. - Auszug: Nachr. d. kurf. Ges. D. Wiss. Göttingen, 1895, 1-4.
Muheim P. Die subalpine Molassezone im östlichen Vorarlberg. (Vortragstitel.) - EgH 26, 1933, 215.
— Die subalpine Molassezone im östlichen Vorarlberg. - EgH 27, 1934, 181-296, 1 Fig., 2 Taf. (K. 1:25000 u. Prof.)
Mühlberg F. Der mutmaßliche Zustand der Schweiz und ihrer Umgebung während der Eiszeit. - Verh. Schw. Natf. Ges., Freiburg 1907, 91-111; EgH 10, 1908, 43-45. - Bespr. Z. f. Glkde, 3, 1909, 319.
Mühlhofer L. Das Achensee-Kraftwerk. - Bergland, Innsbruck 1924 (Februarheft).
— Der Bau des Achensee-Kraftwerkes. (Vortr.) - Bayerisches Ind.- u. Gewerbeblatt, München 1928, Nr. 22 u. 23, 8 S., 6 Abb.
— u. **Reindl C.** Das Achensee-Kraftwerk der Tiroler Wasserkraftwerke A.-G. - Wasserkraft u. Wasserwirtschaft, 1928, H. 19, 27 S., 40 Abb.
Mulder G. I. A. Die Veränderungen des Klimas seit dem Maximum der letzten Eiszeit. Eine Sammlung von Berichten, herausgeg. von dem Exekutivkomitee des XI. Internat. Geologenkongr. Stockholm 1910. - Tijdschrift v. h. Kon. Nederl. Aardrijskkundig Gen., 2. Ser., 28, Leiden 1911, 967-981. (Alpen 975-979.)
Müller A. Über Talbildung durch Gletscher. - Poggendorffs Ann. d. Phys. u. Chem., 1874, 476-482.
Müller C. Ein neues Schaustück im Alpinen Museum. (Die Stellungen in den Gletschern der Alpenfront.) - Mitt. DÖAV, 1934, 166-168.
Müller J. Die diluviale Vergletscherung und Übertiefung im Lech- und Illergebiet. Ein Beitrag zur Frage der Übertiefung. - Jb. Preuß. Geol. Ldsanst., 38, 1918 (f. 1917), 1-138, K. 1:300000, 17 Taf. - Bespr. GZ 24/229; NJb. 1921/2, 85.
— Geologische Gedanken am Arlberg. - Festschr. z. 50jähr. Bestehen d. S. Ulm d. DÖAV, Ulm (Ebner) 1929, 39-48. - Bespr. Z. f. Glkde, 18, 1930, 266.
Müller K. Das Alpine Museum. - Z. DÖAV, 1912, 1-24. (Glaz. 8-12.)
— Gletscherkundliches aus dem Alpinen Museum. - Mitt. DÖAV, 1913, 173-175.
Müller W. Die Entstehung der Erdpyramiden. - Dolomiten, Bolzano, 18. 6. 1932.
Müllner J. Eiszeitliche Untersuchungen auf dem Toblacher Felde und im Sextentale. - Mitt. DÖAV, 1897, 255-258; Mitt. Geogr. Ges. Wien, 1897, 866. - Bespr. NJb. 1898/2, 418; Bl. 977.
— Die Seen am Reschenscheideck. Eine limnologische Studie. - Mitt. DÖAV, 1899, 149; Geogr. Abh., 7, H. 1, 1900, 51 S., 4 T. - Bespr. Innsbr. Nachr., Nr. 279 v. 5. 12. 1900; NJb. 1901/2, 212; Mitt. DÖAV, 1903, 263.
— Die Seen der Umgebung von Kufstein. - Mitt. DÖAV, 1902, 100.
— Die Vereisung der österreichischen Alpenseen in den Wintern 1894/5 bis 1900/1. - Geogr. Abh., 7, 1903, 51 S., 4 Abb., 2 T. - Bespr. Geogr. Z., 10, 1904, 234.
— Die Seen des unteren Inntales in der Umgebung von Rattenberg und Kufstein. - Z. Ferdin., 3. F., 49. H., Innsbruck 1905, 139-264. - Bespr. VRA 1906, 260; GZ 7/871; Z. f. Glkde, 1, 1907, 157.
— Zur Vereisung der Seen der Ostalpen. - Geogr. Annalen, Stockholm 1924, 131-179. - Bespr. GZ 32/106.
— Problematisches im Vereisungsbeginn der Binnenseen. - Geogr. Ann., 1926, H. 3, 177-216, 12 Abb. - Bespr. PetMitt., 74, 1928, 242.
Münichsdorfer F. Das geol. Querprofil v. München. - Geogn. Jh., 34, München 1922, 125-132, 2 Fig.
— Der Löß als Bodenbildung. - GR 17, 1926, 321-332. - Bespr. Z. f. Glkde, 15, 1927, 320; GR 18, 1927, 60; NJb. 1929/2, 100.

— Über Almbildung und einen interglazialen Alm in Südbayern. – Geogn. Jh., 40, München 1927, 59–86. – Bespr. NJb. 1929/3, 220.

— Bayerns Boden. Die natürlichen Grundlagen der Siedlung. 1. T. Südbayern. – München (Knorr u. Hirth) 1932, 167 S., 26 Abb., zahlr. Lichtb., 2 Skz. – Bespr. Mitt. DÖAV, 1932, 179; Z. f. Glkde, 20, 1932, 507; Geogr. Z., 38, 1932, 502; PetMitt., 79, 1933, 103; Z. f. Geomorph., 7, 1933, 321; Z. Ges. f. Erdkde Berlin, 1932, 314; GZ 52A/29.

Münst M. u. Schmidt M. Geolog. Spezialkarte Württemberg, Bl. 180, Tettnang 1:25000. Beiträge von A. Schmidt. Mit Erläuterungen. – Stuttgart 1913. – Bespr. NJb. 1915/1, 378.

Murr J. Eine Umgehung des Höhenberges bei Innsbruck. – Deutsche bot. Monatsschr., 4, 1886, 150ff., 162ff.

— Über die Einschleppung und Verwilderung von Pflanzenarten im mittleren Nordtirol. – Bot. Zentralbl., 33, 1888, 121ff.

— Zur Diluvialflora des nördlichen Tirols. – Österr. bot. Z., 38, 1888, 297ff.

— Zur Diluvialflora der Ostalpen. – Deutsche bot. Monatsschr., 10, 1892, 97ff.

— Frau Hitt und Hafelekar im Innsbrucker Kalkgebirge. – Allgem. bot. Z., 2, 1892, 120ff., 150ff.

— Glazialrelikte in der Flora von Nord- und Südtirol. – Allgem. bot. Z., 4, 1898, 175ff.

— Pflanzengeographische Studien aus Tirol. Die thermophilen Elemente der Innsbrucker Flora. – Allgem. botan. Z., 1903.

— Die pontisch-illyrischen Elemente der Tiroler Flora. – Magy. bot. lapok, 1905.

— Zur Flora der Höttinger Breccie. – Österr. botan. Z., 1913, Nr. 3.

— I resti della flora glaciale nei dintorni di Trento. – Studi Trent., 3, 1922, 128–134.

— Die alte Buchenzone der Innsbrucker Nordkette. – Tiroler Anzeiger v. 27. 9. 1923.

— Auf den Spuren der Nacheiszeit. – Tiroler Anzeiger, Nr. 119 v. 1924.

— Aus Innsbrucks Pflanzenleben. Die fossile interglaziale Flora der Höttinger Breccie. – Tiroler Anzeiger v. 24. 12. 1924, 19. 2., 15. 6., 20. 8. 1925.

— Neue Übersicht über die fossile Flora der Höttinger Breccie. – JbBA, 76, 1926, 153–170. – Bespr. GZ 34/353; Z. f. Glkde, 15, 1927, 320; NJb. 1928/3, 55.

— Die Höttinger Interglazialflora. – Allgem. Bot. Z., Karlsruhe (Kneucker) 1926, 37–39.

— Vegetationsbilder aus dem Fürstentum Liechtenstein. Gesammelte Aufsätze. – Dornbirn 1927, 67 S., 6 Taf.

— Die pflanzliche Besiedlung des Innsbrucker Gebietes seit der Eiszeit. – Tiroler Anzeiger, Nr. 93–96 vom 22.–25. April 1929.

— Im Mentelberger Park. – Tiroler Anzeiger, Nr. 147 v. 1929.

— Eine arktische Oase am Hafelekar. – Tiroler Anzeiger, Nr. 167 v. 1929.

— Zwergfloren. (Beispiele aus Tirol.) – Tiroler Anzeiger, Nr. 172 u. 173, 1929, 3 Sp.

— Meine letzte Fahrt auf die Seegrube. – Tiroler Anzeiger, Nr. 201 v. 1929.

— Am Locherboden und im Stamser Eichenwalde. – Tiroler Anzeiger, Nr. 214 v. 1929.

— Zur Flora von Osttirol. – Lienzer Nachrichten, Nr. 32 v. 1929.

— Neue Beiträge zur Flora der Umgebung von Innsbruck und des übrigen Nordtirol. – Veröff. Mus. Ferdin., H. 11, Innsbruck 1931; 41–80.

— Der dreifache Reliktengürtel der österreichischen Ostalpen. – Ungarische Botanische Blätter, 1931, H. 1/12, 33–41. – Bespr. Z. f. Glkde, 19, 1931, 355; Studi Trent. Sc. Nat., 12, 1931, 73.

— Im zwischeneiszeitlichen Mischwald und im nacheiszeitlichen Buchenwald Innsbrucks. – Der Bergsteiger, 2 (X), 1931, 22–24.

Mutschlechner G. Geologie der St. Vigiler Dolomiten. – JbBA 1932, 163–273, K. 1:25000 (mit P. Maibauer), 1 Taf., 10 Fig. – Bespr. Z. f. Glkde, 20, 1932, 508; GZ 48 A/1089.

— Geologie der Peitlerkofelgruppe. (Südtiroler Dolomiten.) – JbBA 1933, 75–112, K. 1:25000, 1 Proftaf., 2 Fig. – Bespr. Z. f. Glkde, 21, 1933, 249; GZ 51 A/401.

— Geologie des Gebietes zwischen St. Cassian und Buchenstein. – JbBA 1933, 199–232, K. 1:25000, Prof. u. 4 Fig.

Nägele H. Der Lauf des Rheins durch den Bodensee. – Heimat, 9, Bregenz 1928, 268–272.

Nägeli C. Eine wissenschaftliche Aufgabe für die Alpenklubs. (Gletscherforschung.) – Z. DAV, 1, 1870, 562–582.

Nangeroni L. G. Ghiacciai di falda. – Geografia, Nr. 5–6, Novara 1927, 177–179. – Bespr. GZ 42/675.

— Contributo allo studio della formazione dei circhi di valle e di monte. – Atti X Congr. Geograf. Ital., Milano 1927. – Bespr. GZ 42/612.

— Osservazioni preliminari sul glacialismo attuale in Val Màsino. – Atti Soc. it. Sc. nat., v. 66, Milano 1927, 75–88, 1 Skz. – Bespr. GZ 41/1547, 42/671.

— Osservazioni morfologiche sui dintorni di M. Caldenno (Bassa Valtellina). – Riv. Natura, 18, Milano 1927, 137–154. – Bespr. GZ 45/140.

— La testata di Val Torreggio (Valtellina). – Natura, Riv. Soc. Sc. nat., 19, Milano 1928, 113–141. – Bespr. GZ 49 A/383.

— I Ghiacciai della Bassa Valtellina. – Boll. Com. Glac. Ital., 8, 1928, 33–89. – Bespr. Z. f. Glkde, 16, 1928, 278; GZ 42/673.

— I terrazzi della valle del fiume Olona. – Ann. R. Ist. Tecn. F. Daverio, Varese 1928–1930, 26 S., 14 Fig. – Bespr. GZ 52 A/1778.

— I ghiacciai di II° Ordine. – Riv. Natura, 20, Milano 1929, 41–59. – Bespr. GZ 45/152.

— Il glacialismo attuale nella Media Valtellina. – Boll. Com. Glac. Ital., 9, 1929, 145–234. – Bespr. GZ 45/169.

— Rilevamento geologico del territorio della provincia di Varese. Parte I: Varese-Malnate-Solbiate. (Nota illustr., prof.) Parte II. Varese-Angera. – A cura d. Presid. d. R. Ist. Tecn. Daverio, Varese 1929, 45; 1930, 47.

— La glaciazione Günz ed il primo interglaciale nella regione Varese-Malnate. – Atti Soc. it. d. Sc. nat. e d. Mus. Civ. di Stor. nat. di Milano, v. 68, 1929, 146–168, 2 Taf. – Bespr. GZ 41/1995.

— Relazione delle Campagne Glaciologiche del 1929. Gruppi Badile-Disgrazia-Bernina-Scalino. Bacino del Mallero. – Boll. Com. Glac. It., 10, 1930, 249–256. – Bespr. GZ 47 A/292.

— Relazioni delle Campagne Glaciologiche del 1929. Gruppo Alpi Orobie. – Boll. Com. Glac. It., 10, Torino 1930, 258–264. – Bespr. GZ 47 A/299.

— Morene stadionarie nella Val Malenco. – Atti Soc. It. Sc. nat., 69, Milano 1930, 1–21, 4 Fig.

— I laghi della Val Malenco. – Natura, 21, Milano 1930, 49–77, 109–129, 14 Fig. – Bespr. Boll. Soc. geogr. it., 1930, 918; GZ 49 A/499.

— Relazioni delle Campagne Glaciologiche del 1930. Alpi Retiche. Gruppi Badile-Disgrazia-Bernina-

Scalino. Gruppo Alpi Orobie. – Boll. Com. Glac. It., 11, 1931, 233–238, 239–243. – Bespr. GZ 51 A/411.
— Note geomorfologiche sulla Valle di Dezzo (Alpi Orobiche). – Natura, Riv. d. Sc. nat., v. 22, 1931, 117–151, 13 Fig. – Bespr. Boll. R. Soc. Geogr. It., s. 6, v. 9, 1932, 308; GZ 51 A/404.
— La morfologia dei monti di Val Malenco in rapporto alla struttura geolitologica. – Boll. R. Soc. Geogr. It., 8, Nr. 11, Roma 1931, 814–828, Skz., Prof., 12 Abb. – Bespr. GZ 47 A/562, 1872.
— Il glacialismo attuale sulle Alpi Orobie. – Boll. Com. Glac. It., 12, 1932, 227–267, 5 Fig., 1 Tab.
— Rel. d. Camp. Glac. d. 1931. Alpi Retiche. Gruppi Badile, Disgrazia, Bernina, Scalino. Bacino del Mallero. – Boll. Com. Glac. It., 12, 1932, 289, 1 Taf.
— La valle del Braulio. – Natura, 23, Milano 1932, 133–159. – Bespr. Boll. R. Soc. Geogr. It., 10, 1933, 334.
— Noti antropo-geografiche sulla Valle del F. Dezzo (Val Camonica). – Boll. Soc. Geogr. It., s. 6, v. 9, 1932, 731–760.
— Il glacialismo attuale nell'Alta Valtellina (versante destro, politicamente italiano). – Boll. Com. Glac. It., 13, 1933, 141–168, 10 Fig., 1 Tab.
— Rel. d. Camp. Glac. d. 1932. Alpi Retiche. Gruppi Badile, Disgrazia, Bernina, Scalino. – Boll. Com. Glac. It., 13, 1933, 211–213.

Nathan H. Eine zwischeneiszeitliche Molluskenfauna aus Südbayern. – Abh. Geol. Landesuntersuchung d. Bayr. Oberbergamtes, H. 3, München 1931, 31–42, 2 Taf. – Bespr. GZ 46 A/252, 1 B/397.

Neef E. Die Landformung des Bregenzer Waldes. – Badische geogr. Abh., H. 9, Freiburg i. B. 1933, 135 S., 5 Taf., 2 Abb. – Bespr. Mitt. Geogr. Ges. München, 26, 1933, 230.

Negri A. L'anfiteatro morenico dell'Astico e l'epoca glaciale nei Sette Comuni. – Atti R. Ist. Ven., s. 6, t. 5, 1887, 589–634, 3 T. – Bespr. NJb. 1891/1, 135; VRA 1887, 248; Boll. Com. geol. d'It., 19, 1888, 310.
— Osservazioni sopra la caverna della Fornace presso Cornedo e sopra i resti di Mammiferi in essa rinvenuti. – Atti R. Ist. Ven., 6, Venezia 1895, 943–957.

Negri G. La vegetazione e le oscillazioni del clima nel più recente passato geologico. – Atti Soc. it. p. il progr. d. sc., XVIII Riun. Firenze 1929, Roma 1930, 628–640.
— La vegetazione del Bacino Atesino nella storia della flora subalpina. – XIX Riun. Soc. it. p. il progr. d. scienze, 1930. – Somm. in: Nuovo Giorn. Bot. It., v. 37, 1930, 672.

Nehring A. Schneestürme als Todesursache diluvialer Säugetiere. – Natwiss. Wochenschr., 5, 8; Mitt. Geogr. Ges. Wien, 1890, 339.

Neudeck F. Der Kampf um die Tauernstraße. Eine andere Tauernstraße. – Lienzer Nachrichten, Nr. 16 u. Nr. 23 v. 1930.

Neumann R. Ein Beitrag zur Kenntnis der Schmelzformen des Firns in den Alpen. – Z. f. Glkde, 3, 1909, 306–307. – Bespr. EgH 11, 1910, 153.

Neuwirth V. v. Der Grohmanngletscher in der Langkofelgruppe. – Mitt. DÖAV, 1892, 198–199.

Nicolis E. Carta geologica della provincia di Verona. – Estr. d. Mem. d. Accad. d'Agricolt. ecc., Verona 1882, 4 Bl. 1:75000. – Bespr. VRA 1883, 82; NJb. 1883/2, 83. – Boll. Com. geol. d'It., 13, 1882, 221.
— Note illustrative alla Carta geologica della provincia di Verona. – Verona 1882, 140 S., 1 T. – Bespr. VRA 1883, 82; NJb. 1883/2, 83; Boll. Com. geol. d'It., 13, 1882, 221.
— Note di geologia veronese. – Boll. Soc. geol. it., v. 1, f. 2, Roma 1883, 162–164.
— Le marne di Porcino Veronese ed i loro paralleli. – Atti R. Ist. Ven. di Sc., t. 5, s. 6, f. 7, Venezia 1887, 32 S., mehr. Abb. – Bespr. Boll. Com. geol. d'It., 19, 1888, 313; VRA 1887, 342; Bl. 714.
— Il bacino acquigeno di Pastrengo veronese: contribuzione allo studio dell'idrografia interna negli anfiteatri morenici del Garda e dell'Adige. – Atti Ist. Ven. di Sc., Let. ed Arti di Venezia, 1892, s. 7, t. 3. – Bespr. Boll. Com. geol. d'It., 24, 1893, 305.
— Contribuzione alla conoscenza dei terreni quaternari del Veneto occidentale. – Atti R. Ist. Ven., s. 7, t. 5, f. 9, Venezia 1894. – Bespr. Boll. Com. geol. d'It., 26, 1895, 382.
— Depositi quaternari del Veronese. – Atti R. Ist. Ven., s. 7, t. 6, 1894/95, 744–786. – Bespr. NJb. 1896/1, 312; Boll. Com. geol. d'It., 27, 1896, 435.
— Sugli antichi corsi del fiume Adige, contribuzione alla conoscenza della costituzione della pianura veneta. – Boll. Soc. geol. it., v. 17, 1898, 7–75, 1 K. – Bespr. Bl. 1007; NJb. 1899/2, 443; Boll. Com. geol. d'It., 30, 1899, 287.
— Triplice estensione glaciale ad oriente del'Lago di Garda. – Atti R. Ist. Ven. di Sc., Lett. ed Arti, s. 8, t. 1, d. 3, Venezia 1899, 315–319, 1 T. – Bespr. Boll. Com. geol. d'It., 31, 1900, 299.
— Terrazzi e formazioni diluviali in rapporto col bacino del Garda. – Atti R. Ist. Ven. di Sc., Lett. ed Arti, s. 8, t. 2, d. 5, Venezia 1900, 381–387. – Bespr. NJb. 1904/2, 284; GZ 7/619; Boll. Com. geol. d'It., 32, 1901, 335.
— Geologia ed idrologia della regione veronese. Monografia statistica-economico-amministrativa raccolta dal Conte L. Sormani-Moretti del Regno, R. Prefetto di Verona. – La Provincia di Verona, 1900, 60 S., 3 T. – Bespr. Boll. Com. geol. d'It., 32, 1901, 334; GZ 7/1272.
— Successione stratigrafica nella porzione orientale dell'anfiteatro morenico del Garda. – Boll. Soc. geol. it., v. 20, f. 4, Roma 1901, röm. 134–136. – Bespr. NJb. 1904/2, 284; Boll. Com. geol. d'It., 33, 1902, 227.
— Geologia applicata agli estimi del nuovo catasto; con cartina geoagrologica delle valli e delle pianure, provincia di Verona. – Atti d. Acc. d'Agr., Sc., Lett. ecc. di Verona, s. 4, v. 2, f. 1, 1906, Verona 1907, 93 S., 1 K. – Bespr. Boll. Com. geol. d'It., 39, 1908, 230.
— Carta geo-agronomica del rilievo morenico delle valli e della pianura veronese. – Milano 1907. – Bespr. Boll. Com. geol. d'It., 39, 1908, 231.

Niepmann E. Die Ortlergruppe. – Z. DÖAV, 36, 1905, 270–315; 37, 1906, 288–326; 38, 1907, 226–261.

Nievo J. L'anfiteatro morenico del Tagliamento e le successive fasi glaciali. – Boll. Soc. geol. it., v. 27, f. 1, Roma 1908, 45–83. – Bespr. Boll. Com. geol. d'It., 40, 1909, 363.

Nitsche A. u. Marsichky W. Die Gletscherwelt der Inner-Ötztaler Alpen. Das Arbeitsgebiet der Sektion Mark Brandenburg des D. u. Ö. A. V. und die Gebiete der angrenzenden Sektionen. 1:50000, Farbdruck, 1926. – Bespr. Z. Ges. f. Erdkde Berlin, 1928, 77.

Nölke F. Die Entstehung der Eiszeiten. – Deutsche geogr. Blätter, 32, 1909, 30 S. – Bespr. GZ 14/451.
— Neue Erklärung der Entstehung der irdischen Eiszeiten. – Abh. Nat. Ver. Bremen, 20, 1909, 28 S. – Bespr. GZ 14/452, 15/1545.
— Wurde die Eiszeit durch eine Temperaturerniedrigung hervorgerufen oder nicht? – PetMitt., 1912/1,

121–124. – Bespr. GZ 18/1327, 20/972; Z. f. Glkde, 7, 1913, 351.
— Zur Kritik der Welteislehre. – Aus der Heimat, 38, 1925, 101–106.
— Das Klima der geologischen Vorzeit. – PetMitt., 74, 1928, 193–196. – Bespr. GZ 39/665; Z. f. Glkde, 17, 1929, 281.
— Welche Ursachen bewirkten die postglazialen Klimaänderungen? – PetMitt., 77, 1931, 307–308. – Bespr. GZ 47 A/125.

Novarese V. Gli apparati morenici wurminiani del Lago Maggiore e del Lago d'Orta. – Boll. R. Uff. geol. d'It., v. 52, n. 8, 1927, Roma 1927, 64 S. – Bespr. GZ 49 A/390.

Nowak E. Die Entstehung der Inntalterrasse. Ein Überblick über den heutigen Stand der Frage. – GR 9, 1918, 178–189. – Bespr. GZ 25/127.

Nowack E. Hochgebirgsbauten und Geologie. – Geol. u. Bauwesen, 1931, H. 1, 11 S., 7 Abb. – Bespr. NJb. 1932/2. 893.
— Das Problem der Hangkanäle im Hochgebirge. – Wasserkraft und Wasserwirtschaft, 26, 1931, 22. H., 266–268, 2 Fig. (S. a. Klebelsberg.)

Nussbaum F. Die Täler der Schweizer Alpen. Eine geogr. Studie. – Wiss. Mitt. Schw. Alpin. Museum Bern, Bern 1910, 116 S., 12 Abb., 3 T. – Bespr. Z. Ges. f. Erdkde Berlin, 1910, 540; Geogr. Z., 16, 1910, 410; PetMitt., 57, 1911/1, 317; EgH 11, 1910, 685; Jb. SAC, 45, 1910, 417.
— De Martonne's Untersuchungen über Gletschererosion und die Bildung der Alpentäler. – Mitt. Natf. Ges. Bern, 1910 (1911), Sber., röm. 15–16.
— De Martonne's Untersuchungen über Glazialerosion. – Geogr. Z., 17, 1911, 275–278.
— Über die Fortschritte der morphologischen Erforschung der Schweiz in neuer Zeit. – Z. Ges. f. Erdkde Berlin, 1914, 745–771. – Bespr. EgH 14, 1916, 465.
— Karte: Das präglaziale Talsystem der Nordschweiz, nach R. Frei. O. M. – In: Über die Fortschritte etc., 1914, 756.
— Über Talbildung in den Alpen. (Entgegnung an A. Ludwig.) – Jb. SAC, 51, 1916, Bern 1917, 135–147. – Bespr. GZ 23/1067; EgH 16, 1920/22, 363.
— Über Ungleichheiten der Gletschererosion im schweizerischen Mittelland und in den Alpen. – EgH 19, 1925/26, 147–151; Verh. Schw. Natf. Ges. 105. Jvers. Luzern, 1924, II, 154. – Bespr. GZ 33/247; NJb. 1927/1, B, 325.
— Über die Schmutzbänderung der Gletscher. – Geogr. Z., 35, 1929, 453–461; Philippson-Festschrift, 157–165, 2 Taf.; Mitt. Natf. Ges. Bern 1928 (1929), 17 S., 4 Taf., 2 Fig.; Verh. Schw. Natf. Ges., 110. Jvers. Davos, 1929, 2. T., 129–130. – Bespr. GZ 41/338, 42/1308; Z. f. Glkde, 18, 1930, 238; GR 22, 1931, 249; PetMitt., 77, 1931, 38.

Oberholzer J. Monographie einiger prähistorischer Bergstürze in den Glarner Alpen. – Beitr. z. geol. K. d. Schw., NF, 9, 1900, 209 S., 4 T., K. 1:20000. – Bespr. EgH 7, 1901/2, 93; GZ 2/1006; NJb. 1901/2, 209; PetMitt., 47, Litber., 21.

Oberhummer E. Alpenverein und Alpenforschung. – Mitt. DÖAV, 1898, 2–4, 13–15, 29–31.
— E. Brückner †. – Mitt. Geogr. Ges. Wien, 71, 1928, 5–19 u. PetMitt., 73, 1927, 224–225.
— Univ. Prof. Dr. Eduard Brückner zum Gedächtnis. – Mitt. DÖAV, 1932, 113–114.

Obermaier H. Le Quaternaire des Alpes et la nouvelle classification du Prof. A. Penck. – L'Anthropologie, 15, 1904, 25–36.
— Das geologische Alter des Menschengeschlechtes. – Mitt. Geol. Ges. Wien, 1, 1908, 290–315. Diskussion 316–322.
— Les formations glaciaires des Alpes et l'homme paléolithique. – L'Anthropologie, 20, 1909, 497–522. – Bespr. GZ 14/818; Boll. Com. geol. d'It., 41, 1910, 348.
— Der Mensch der Vorzeit. – Berlin-München-Wien (Allgem. Verl. Ges.), 1, 1912, 592 S., mehr. K. – Bespr. PetMitt., 59, 1913/2, 162; Natwiss. Wochenschr., NF, 13, 1914, 750; Prähist. Z., 5, 1913, 577; Wr. Prähist. Z., 1, 1914, 79; Mannus, 6, 1914, 230.
— Vereisungskarte der Alpen. (Nach F. Leverett 1910), 1:5 Mill. – In: Der Mensch der Vorzeit, 1912.

Obersulzbachgletscher. Beobachtungen E. Richters am –. – Mitt. DÖAV, 1885, 184.

Obrutschew W. A. Das Lößproblem. – Priroda (Natur), 1929, Nr. 2, 107–136. (Russisch.) – Bespr. GZ 43/1338.

Obst E. A. Supan, Grundzüge der physischen Erdkunde. – 7. Aufl., Berlin u. Leipzig 1927–1930, 2 Bde, 495 und 820 S., zahlr. Abb. u. Taf. – Bespr. GZ 42/1157; Z. f. Geomorph., 3, 1928, 237; 5, 1930, 276; GR 21, 1930, 334; Geogr. Z., 36, 1930, 490; PetMitt., 77, 1931, 206; Z. Ges. f. Erdkde Berlin, 1931, 136; Zbl. f. Min., Abt. B, 1928, 479; Mitt. Geogr. Ges. Wien, 71, 1928, 406; 74, 1931, 162.

Ogilvie A. G. Observations et théories récentes sur la structure et sur le mouvement des glaciers alpins. – La Géographie, Bull. Soc. d. Géogr., 27, Paris 1913, 331–347. – Bespr. Z. f. Glkde, 7, 1913, 283.

Ogilvie-Gordon M. Geologisches Wanderbuch der westlichen Dolomiten. – Wien (Freytag u. Berndt) 1928, 258 S., K. 1:25000, 3 Taf., 100 Fig. – Bespr. VBA 1929, 99; Österr. Touristenztg, 1929, 45; NJb. 1929/3, 524; GR 22, 1931, 347; GZ 42/1272, 45/138; Mitt. Geolog. Ges. Wien, 21, 1928, 158; Z. f. Geomorph., 5, 1930, 143; Mitt. DÖAV, 1929, 159; Der Schlern, 10, 1929, 331; Studi Trent. Sc. Nat., 10, 1929, 74.

Oellacher J. Der rote Schnee im Pustertale vom 31. März 1847. – Ber. ü. d. Mitt. v. Freunden der Natw. in Wien, 3, 1848, 430–436.

Omboni G. Relazione di una gita nei dintorni del lago d'Iseo dei signori Mortillet, Cornalia, Stoppani, Villa Antonio e Omboni. – Atti Soc. it. Sc. nat., v. 2, Milano 1860.
— Sul terreno erratico della Lombardia. – Atti Soc. it. Sc. nat., v. 2, Milano 1860, 16 S. – Bespr. NJb. 1861, 211.
— I ghiacciai antichi ed il terreno erratico di Lombardia. – Atti Soc. it. Sc. nat., v. 3, 1861, Milano 1862, 232–299, 3 T. – Bespr. Bibl. univ. de Genève. B. Arch. d. sc. phys. et nat., 1862, 64; NJb. 1862, 743.
— Sull'azione riescavatrice esercitata dagli antichi ghiacciai sul fondo delle valli alpine. – Atti Soc. it. d. Sc. nat., v. 5, Milano 1863, 269–274. – Bespr. NJb. 1864, 247.
— Geologia dell'Italia. – Milano (Maisner) 1869, 495 S., 5 K. – Bespr. Boll. Com. geol. d'It., 1, Firenze 1870, 92.
— Gita alle Marocche fatta dai Naturalisti riuniti ad Arco. – Annuario d. SAT, 1875–1878, 78–97. – Bespr. Bl. 459.
— Delle antiche morene vicine ad Arco nel Trentino. – Atti del R. Ist. Ven. di Sc., 1876, s. 5, v. 2. – Bespr. NJb. 1877, 317; Bl. 459.

— Di due antichi ghiacciai che hanno lasciato le loro traccie nei Sette Comuni. - Atti d. R. Ist. Ven., t. 2, s. 5, Venezia 1876, 1093–1098.

— Il mare glaciale e il pliocene ai piedi delle Alpi Lombarde. - Atti Soc. it. Sc. nat., v. 19, f. 2, Milano 1876, 372–384, 1 K. - Bespr. NJb. 1877, 955; Arch. d. sc. phys. et nat., t. 61, 210; Rev. géol. suisse p. l'a. 1877, Genève 1878, 58.

— Le Marocche del Sarca, antiche morene mascherate da franc. - Atti Soc. it. Sc. nat., v. 20, f. 20, Milano 1878, 65. - Bespr. NJb. 1878, 665; Bl. 514.

— Le nostre Alpi e la pianura del Po. Descrizione geol. del Piemonte, della Lombardia, del Trentino, del Veneto e dell'Istria. Come Appendice alla Geologia dell'Italia. - Milano (Maisner) 1879, 495 S., 30 Abb.

— Le Marocche di Drò. - Atti R. Ist. Ven. di Sc., Let. ed Arti, Venezia 1886.

Onestinghel L. Contributo agli studi glaciologi nel Trentino. - Tridentum, Riv. Studi scient., Trento 1901.

Orsi O. Totale congelamento del lago di Molveno. - Studi Trent. Sc. Nat., 10, 1929, 227–228, 1 Abb.

Ortles-Cevedale (P. V.) I ghiacciai del versante nord del gruppo –. - L'Italia fisica, Milano, 6, 1928, 78–88.

Le Oscillazioni dei ghiacciai. Boll. d. R. Soc. geogr. it., s. 6, Nr. 6, Roma 1930, 53–54. (Sammelreferat.)

Osswald K. Das Risserkogelgebiet. Geologie der Berge südlich Tegernsee. - Geogn. Jh., 1924, 37, München 1925, 111–166, K. 1:25000, 3 Prof., 3 Taf.

— Die Wendelsteingruppe. Abriß der stratigraphischen, tektonischen und morphologischen Geschichte. - Mitt. Geogr. Ges. München, 21, H. 2, 1928, 124 S., 1 g. K. 1:25000, 1 tekt. K. 1:100000, 1 Profiltafel 1:25000, 9 Lehrwanderungen. - Bespr. Z. f. Glkde, 17, 1929, 270; Mitt. Geol. Ges. Wien, 21, 1928, 160; GZ 41/709, 1533; Z. f. prakt. Geol., 37, 1929, 174; Geogr. Z., 35, 1929, 374; Mitt. DÖAV, 1929, 183.

— Geologische Karte und Geschichte der Wendelsteingruppe. Mit Abriß der stratigr., tekton. u. morphol. Geschichte. Sonderdruck der vorgenannten Arbeit. - München (Lindauer) 1929.

— Die Wünschelrutenarbeiten an der Mangfallüberleitung. - Umdruck des Städt. Elektr.-Werks München, 1930, 32 S., 4 Abb. - Bespr. GZ 44/1506, 45/716.

— Rutenarbeiten an den Stollen der Mangfall-Überleitung (Oberbayern). - Schriften d. Verbds z. Klärung d. Wünschelrutenfrage, H. 13, 1930, 3–15, 3 Abb.; Hdb. d. Wünschelrute, München (Oldenbourg) 1931, 179–189. - Bespr. GZ 45/715; NJb. 1931/2, 351.

— Wie der Tegernsee entstanden ist. - Alt-Tegernsee, Beilage zum Alpenboten, Rottach-Egern 1931, Nr. 10, 2 Sp.

Oestreich K. Over den preglacialen vorm der Oost-Alpen. Een Herinnering en een Verantwoording. (Vortr.) - Tijdschr. K. Ned. Aardrijkskundig Genootschap, Leiden, 2. Ser., 42, 1925, 551–567, 2 K., 3 Fig. - Bespr. GZ 32/935; Z. f. Geomorph., 1, 1926, 345.

Ötztaler Ferner. Schwankungen einiger –. - Mitt. DÖAV, 1911, 20–21.

Paffrath J. Meteorologische Beobachtungen aus dem Rheingebiet von Chur bis zum Bodensee. - 13. Jber. Gymn. Stella mat. Feldkirch, 1903/04.

Pagani U. Avanzi di vertebrati quaternarii scavati a Navezze (Gussago) presso Brescia. - Boll. Soc. geol. it., v. 29, f. 3–4, Roma 1911, 477–486.

Paglia E. Sulle colline di terreno erratico intorno all'estremità meridionale del Lago di Garda. - Atti d. Soc. it., v. 2, f. 4, Milano 1860, 337. - Bespr. Z. f. allgem. Erdkde, 12, Berlin 1862, 135.

— Sulla morena laterale destra dell'antico ghiacciajo del Adige lungo la sponda occidentale del Lago di Garda. - Atti Soc. Sc. nat., v. 6, f. 3, Milano 1865, 229–237, 1 Taf. - Bespr. NJb. 1865, 503.

— Sui terreni glaciali nelle valli alpine confluenti od adiacenti al bacino del Lago di Garda. - Atti R. Ist. Ven. d. Sc., Lett. ed Arti, s. 5, v. 1, Venezia 1875.

Palazzo L. La meteorologia e la geofisica nella regione Tridentina. - Atti Soc. It. p. i. progr. d. Sc., 9 riun. Bolzano-Trento 1930, Roma 1931, v. 2, 63.

Palla E. Zur Frage der Palmennatur der Cyperites ähnlichen Reste der Höttinger Breccie. - VRA 1887, 136–139.

Pardeller C. Die älteste Wetterbeobachtungsstation in den Alpen. (Höhen nördl. Kitzbühel.) - Z. DÖAV, 1921, 23–27.

Parenzan P. Esplorazione biologica dell'Alpe di Soprasasso (Trento); fauna di laghetti glaciali; considerazioni sui Cladoceri e descrizione di una nuova specie. - Mem. Mus. Stor. Nat. Venez. Trid., a. 1, Trento 1931, f. 1–2, 83–92, 1 Taf., 1 Fig.

Pareto L. Sur les terrains du pied des Alpes dans les environs du Lac Majeur et du Lac de Lugano. - Bull. Soc. géol. de France, s. 2, t. 16, Paris 1859, 49–96, 1 Abb.

Pariset D. L'Altipiano del Renon. - Garda, 1928, 39–42, 7 Abb.

Parona C. F. Descrizione geologica della Valsesia e del Lago d'Orta. - Atti Soc. it. d. Sc. nat., v. 29, f. 2–3, Milano 1886, 141, 1 K., 2 T. - Bespr. Boll. Com. geol. d'It., 18, 1887, 319.

— Olinto Marinelli. - Boll. Com. Glac. It., 7, Torino 1927, 5–7.

Partsch J. Albert Heims Handbuch der Gletscherkunde. - Mitt. DÖAV, 1885, 161–163.

— Gletscherbeobachtungen der Sektion Breslau im Ötztale. - Mitt. DÖAV, 1893, 288–290. - Bespr. Mitt. Geogr. Ges. Wien, 1894, 51.

Paschinger V. Schneegrenze und Klima. Vorläufiger Bericht über die Ergebnisse einer kritischen Schneegrenztabelle. - PetMitt., 57, Gotha 1911, 57–60.

— Die Schneegrenze in den verschiedenen Klimaten. - PetMitt., Ergh. 173, 1912, 93 S. - Bespr. PetMitt., 59, 1913/1, 36; Geogr. Z., 20, 1914, 174; Mitt. Geogr. Ges. Wien, 55, 1912, 406.

— Schneegrenztypen. - Z. f. Glkde, 10, 1917, 231–234. - Bespr. GZ 25/291.

— Schneegrenzbilder. - Z. DÖAV, 1918, 88–100.

— Doppelgrate auf Kärntner Bergen. - Carinthia II, 1923, 8–12, 1 Abb. - Bespr. GZ 30/1326; Z. f. Geomorph., 1, 1925, 78.

— Die Eiszeit, ein meteorologischer Zyklus. - Z. f. Glkde, 13, 1924, 29–65. - Bespr. Carinthia II, 1923, 169.

— Gletschernachmessungen an der Pasterze. - Carinthia II, 114/115, 1925, 17–21, 1 Fig. - Bespr. GZ 34/68.

— Nachmessungen an der Pasterze i. S. 1924. - Z. f. Glkde, 14, 1926, 67–68.

— Die Pasterze. - Festschr. z. 50 Jahrfeier des Glocknerhauses der Sekt. Klagenfurt DÖAV, 1926, 39–53. - Bespr. Z. f. Glkde, 16, 1928, 152; Carinthia II, 1926, 24.

— Gletschermessung am Pasterzenkees. (1927.) – Z. f. Glkde, 16, 1928, 138–139.
— Untersuchungen über Doppelgrate. – Z. f. Geomorph., 3, 1928, 204–236, 10 Abb. – Bespr. PetMitt., 75, 1929, 208; Carinthia II, 1930, 72.
— Beobachtungen an der Pasterze in den Jahren 1926 und 1927. – Carinthia II, 117/118, Klagenfurt 1928, 19–23.
— Gletschermessungen in der Glocknergruppe 1928. – Z. f. Glkde, 17, 1929, 196–197.
— Das vergletscherte Areal der Glocknergruppe. – Z. DÖAV, 1929, 161–167. – Bespr. Z. f. Glkde, 18, 1930, 245.
— Der Gletscherbeobachtungskurs des D. u. Ö. AV. auf der Pasterze. – Mitt. DÖAV, 1929, 56–57.
— Das ewige Eis. Die Gletscher der Glocknergruppe. – In: H. Fischer, Der Großglockner, München (Bergverlag) 1929, 69–80. – Bespr. Carinthia II, 1930, 69.
— Bericht über die Gletscherbeobachtungen an der Pasterze in den Jahren 1928 und 1929. – Carinthia II, Nr. 119/120, Klagenfurt 1930, 47–51.
— Gletschermessungen in der Glocknergruppe (Pasterzenkees) 1929 und 1930. – Z. f. Glkde, 18, 1930, 215–216; 19, 1931, 144–145.
— Nehmen die Sommerniederschläge in Kärnten ab? – Meteorol. Z., 48, 1931, 92–96. – Bespr. Z. f. Glkde, 20, 1932, 198.
— Gletschermessungen am Pasterzenkees (Glocknergruppe) 1931. – Z. f. Glkde, 20, 1932, 119–121.
— Die Gletscherbeobachtungskurse des D. u. Ö. AV. – Der Bergsteiger, Nr. 11, 1932, 671–674, 2 Abb.
— Gletschermessungen am Pasterzenkees (Glocknergruppe) 1932. – Z. f. Glkde, 21, 1933, 175–178.
— Doppelgrate. – Deutsche Alpenzeitung, 27, 7. H., 1932, 225–228, 3 Abb.
— Neue Forschungen an der Pasterze. – Der Bergsteiger, 4 (XII), Nr. 9, 1934, 560–562, 2 Abb., 1 Skz.

Pasquier L. du. Etudes sur les alluvions glaciaires du Nord de la Suisse. – Arch. d. sc. phys. et nat., (3), 26, Genève 1891, 44. – Bespr. NJb. 1893/1, 368; Natwiss. Rundschau, 7, 1892, 297; EgH 2, 1890/92, 455.
— Über die fluvioglazialen Ablagerungen der Nordschweiz (außerhalb der inneren Moränenzone). – Beitr. z. geol. K. d. Schw., Lfrg 31, Bern 1891, 140 S., 2 K.

Passarge S. Morphologische Studien in der Gaul bei Lana. – Z. f. Geomorph., 8, 1934, 67–81, 1 Skz., 4 Abb.

Pasterze. Von der –. – Mitt. DÖAV, 1882, 215.
— Gletschermessung 1895. – Mitt. Geogr. Ges. Wien, 1895, 165.

Pasterzengletscher. Die Eisgrotte am –. Mitt. ÖAV, 1, Wien 1863, 305–306.
— Bericht von F. Seeland über Messungen am – 1892. – Mitt. DÖAV, 1893, 48.

Patrini P. I terrazzi orografici del bacino Verbano. – Rend. R. Ist. Lomb., v. 44, Milano 1911; 1026–1042. – Bespr. GZ 18/400; GR 1913, 569; Z. f. Glkde, 8, 1914, 138.
— I terrazzi orografici della Valle Camonica e del bacino Sebino. – Rend. R. Ist. Lomb. d. Sc. e Lett., s. 2, v. 45, f. 14–15, Milano 1912, 703–720. – Bespr. Z. f. Glkde, 8, 1914, 138; GZ 19/46; Boll. Com. geol. d'It., 44, 1915, f. 4, 152.
— I terrazzi orografici del Benaco. – Rend. R. Ist. Lomb. Sc. e Lett., s. 2, v. 47, f. 13, Milano 1914, 607–625. – Bespr. GZ 22/402; Boll. Com. geol. d'It., 46, 1917, f. 2–3, 75.
— Contributo allo studio orogenetico di alcune valli prealpine. – La Geografia, an. 2, Novara 1914, 294–303. (Verbano.)
— Sulla Morfologia dei Bacini del Ticino e dell'Oglio. – Mem. R. Ist. Lomb. d. Sc. e Lett., v. 21, f. 6, Milano 1914, 185–204, 4 T. – Bespr. GZ 21/663, 823.
— Morene stadiali nel versante settentrionale delle Alpi Orobiche. – Natura, v. 6, 1915.
— Del deposito lacustre di Pianico presso Lovere (lago d'Iseo). – Riv. sc. nat., Natura, v. 12, Pavia 1921, 147–162.
— I laghi delle Alpi Orobie. – La Geografia, 14, Novara 1927, Nr. 1–2, 13–31. – Bespr. GZ 42/360.

Paul H. Über den gegenwärtigen Stand der Torfmoorforschung in Oberbayern. – Ber. Bayr. Botan. Ges., 1905.
— Die Verlandung einiger kleiner Seen im westlichen Chiemseegebiet. – Ber. d. Moorkulturanst. München, (1904), 1905.
— Die Schwarzerlenbestände der südlichen Chiemseemoore. – Z. f. Land- und Forstwirtschaft, 4, 1906.
— Die Moorpflanzen Bayerns. – Ber. Bayer. Bot. Ges., 12, 1910.
— Vorkommen, Pflanzenwelt, Meliorierung und Erhaltung der bayerischen Moore. – Moorschutzheft (H. Conwentz), 5, H. 2, Berlin 1916, 209–219. – Bespr. GZ 23/174.
— Entstehung, Verbreitung und Pflanzenwelt der Moore in Bayern. – Das Bayernland, 35, 1924.
— u. **Ruoff S.** Pollenstatistische und stratigraphische Mooruntersuchungen im südlichen Bayern. I. Moore im außeralpinen Gebiet der diluvialen Salzach-, Chiemsee- und Inngletscher. – Ber. Bayr. Bot. Ges., 19, München 1927, 1–84, 32 Fig., 7 T. – Bespr. GZ 36/518; NJb. 1928/3, 61;
— — Pollenstatistische und stratigraphische Mooruntersuchungen im südlichen Bayern. II. Moore in den Gebieten der Isar-, Allgäu- und Rheinvorlandgletscher. – Ber. Bayer. Bot. Ges., 20, München 1932, 264 S.

Paulcke W. Referat über die geologischen Verhältnisse des Exkursionsgebietes (Bodenseegegend und Konstanz). – Ber. Oberrh. geol. Ver., 1905, 11–19. – Bespr. EgH 9, 1906, 712.
— Über die geologischen Verhältnisse der Bodenseegegend bei Konstanz. – Ber. ü. d. 38. Vers. d. Oberrhein. geol. Ver. zu Karlsruhe am 26. 4. 1905, Stuttgart 1905, 11 S.
— Welche Kräfte haben die Formen unserer Berge und Täler modelliert? (Vortr.) – Verh. Nat. Ver. Karlsruhe, 19, 1905/6, 18–21.
— Glaziallandschaft (Fjordlandschaft) des Comersees (Addagebiet). – GR 1, 1910, Taf. II.
— Gletschertopf mit Abflußrinne bei Nago, Etschgebiet. – GR 1, 1910, Taf. III.
— u. **Welzenbach W.** Schnee, Wächten und Lawinen. Vorläufige Mitt. über schneegeol. Arbeiten in d. J. 1926 u. 1927. – Z. f. Glkde, 16, 1928, 42–69. – Bespr. NJb. 1929/2, 197.

Paulcke W. Wächten und Lawinen, ihre Entstehung, Gefahren und Bekämpfung. (Vortr.) – Z. DGeolGes., 81, 1929, 288. (Titel.)
— Lawinen, ihre Entstehung und ihre Gefahren. Aus meinem „Naturlaboratorium" für Schnee- und Lawinenforschung. – Der Bergsteiger, Nr. 12, 1932, 750–768, 20 Abb.
— Der Schnee und seine Diagenese. – Z. f. Glkde, 21, 1933, 259–282, 6 Fig., 34 Bilder.
— Schnee- und Lawinenforschungen. – Forschungen u. Fortschritte, 10, 1934, Nr. 10, 131–133.

Paulin K. P. Vinzenz Gredler. Erinnerungen zum 100. Geburtstag des Tiroler Naturforschers. – Innsbr. Nachr., Nr. 222 v. 29. 9. 1923.

Pawlow A. P. Die glazialen und interglazialen Zeiten Europas im Zusammenhang mit der Geschichte des fossilen Menschen. (Russisch.) – Jber. Russ. Ak. d. Wiss. St. Petersburg, 1922, 52 S. – Bespr. GZ 30/177.

Pawlowski St. Quelques observations sur le glacie „Pasterzen". – Czasopismo geogr. Lwow-Warszawa, 8, 1930, 187–195. (Poln.)

Payer J. v. Die Adamello-Presanella-Alpen. – PetMitt., Ergh. Nr. 17, 1865, 36 S., 1 K., 1 Abb., 6 Prof. – Bespr. VRA 1866, 7.

— Die Ortleralpen (Suldengebiet und Mte Cevedale). – PetMitt., Ergzgsh. Nr. 18, 1867, 15 S., 1 K., 1 Ansicht. – Bespr. VRA 1867, 68.

— Ersteigung des Madatschberges. – Z. ÖAV, 1867, 350–354.

— Besteigung des Monte Zebru. – Z. ÖAV, 1867, 354–356.

— Die westlichen Ortleralpen (Trafoier Gebiet). – PetMitt., Ergzgsh. Nr. 23, 1868, 30 S., 1 K., 1 Abb. – Bespr. VRA 1868, 262.

— Der Monte Viós. – Jb. ÖAV, 1868, 380–383.

— Die südlichen Ortleralpen. – PetMitt., Ergh. Nr. 27, 1869, 30 S., 1 K., 1 Ansicht, 3 Prof. – Bespr. VRA 1869, 151.

— Über die Firnlinie und die sog. Schneegrenze sowie über die Abnahme der Gletscher. – Mitt. Geogr. Ges. Wien, 1869, 432–434.

— Die zentralen Ortleralpen (Gebiete: Martell, Laas und Saent) nebst einem Anhange zu den Adamello-Presanella-Alpen des Ergh. Nr. 17. – PetMitt., Ergh. Nr. 31, 1872, 36 S., 1 K., 1 Ansicht. – Bespr. VRA 1872, 108.

— Anhang zu den Adamello-Presanella-Alpen. – PetMitt., Ergh. Nr. 31, 1872, 23–36. – Bespr. VRA 1872, 108.

Pechmann E. Notizen zur Höhen- und Profilkarte, nebst dem Verzeichnisse der trigonometrisch bestimmten Höhen von Tirol und Vorarlberg. – Mitt. Geogr. Ges. Wien, 8, 1864, Abh., 228–348, 1 K.; Ber., 3–6.

Pegelstation in Galtür errichtet. – Mitt. DÖAV, 1893, 251.

Pellegrini V. Anfiteatro morenico di Rivoli veronese. – Atti Congr. Nat. It., Milano (1906), 1907.

Penck A. Gletscher und Eiszeit. – Sammlg Virchow-Holtzendorf 59, Prag 1880, 18 S. – Bespr. NJb. 1881/2, 259.

— Die große Eiszeit und das prähistorische Europa. – Deutsche Revue (Fleischer), 6, 1881, 367–383.

— Die letzte Vergletscherung der deutschen Alpen. – Habilitationsschrift, 1882, 128 S. – In: Die Vergletscherung d. D. Alp., Leipzig 1882.

— Der Einfluß der Vergletscherung auf die Bodengestaltung Südbayerns. – Jber. Geogr. Ges. München f. 1880/81, 7, 1882, 43–45; Der Tourist, 14, Wien 1882, 8–9.

— Die Vergletscherung der deutschen Alpen, ihre Ursachen, periodische Wiederkehr und ihr Einfluß auf die Bodengestaltung. – Leipzig 1882, 483 S., 2 K., 2 Tab. – Bespr. VRA 1883, 50; NJb. 1884/1, 41; Bl. 602; Mitt. DÖAV, 1883, 159; Ausland, 1883, 421; Alpine Journ., 11, London 1884, 190; The geol. Mag., dec. 2, v. 10, London 1883, 177; Arch. d. sc. phys. et nat., t. 9, 316; Rev. géol. suisse p. l'a. 1882, Genève 1883, 87.

— Die Alpenseen. – Aus allen Weltteilen, 13, 1882, 453–458.

— Glaziale Bodengestaltung. – Das Ausland, 1882, 348–352, 369–373.

— Die Formen der Erdoberfläche. – Sammlg Gemeinnütz. Vortr. des Ver. z. Verbr. gemeinnütz. Kenntn., Nr. 70, Prag 1882, 20 S.

— Glazialzeit. – Encyklop. d. Natwiss., 2. Abt., 1. Teil. Handwörterbuch d. Zool., Bot., Anthrop. u. Ethnol., 1, 1883, 521–536.

— Einfluß des Klimas auf die Gestalt der Erdoberfläche. – Verh. 3. D. Geogrtag, 1883, 78–92.

— Über pseudoglaziale Erscheinungen. (Vortr.) – Z. DGeolGes., 1884, 184–185.

— Klimate der Vorzeit. – Meteorol. Z., 1, 1884, 473–474.

— Geographische Wirkungen der Eiszeit. (Vortr.) – Verh. 4. D. Geogrtag, Berlin 1884, 66–84, 1 K. – Bespr. NJb. 1885/2, 140; VRA 1885, 87.

— Mensch und Eiszeit. – Arch. f. Anthrop., 15, 3, 1884, 211–228, 2 K. – Bespr. NJb. 1885/1, 457; VRA 1885, 87; Arch. d. sc. phys. et nat., t. 13, 329; Rev. géol. suisse p. l'a. 1884, Genève 1885, 97.

— Pseudoglaziale Erscheinungen. – Das Ausland, Wochenschr. f. Lder- u. Völkerkunde, München, 18. 8. 1884, Nr. 33, 641–646. – Bespr. NJb. 1885/1, 303; VRA 1885, 86.

— Zeiten der Talzuschüttung. – Humboldt, 3, 1884, 121–127.

— Der Alpsee bei Immenstadt. – Der Tourist, 14, Nr. 2, Wien 1884, 3–4.

— Zur Vergletscherung der deutschen Alpen. – Leopoldina, 21, Halle 1885, 15 S.; PetMitt., 32, 1886, Litber., 18. – Bespr. NJb. 1887/2, 143; Bl. 661.

— Über interglaziale Breccien der Alpen. – VRA 1885, 363–366.

— Das Land Berchtesgaden. Die Oberflächengestaltung und ihre Entstehung. – Z. DÖAV, 1885, 219–265. – Bespr. NJb. 1887/1, 54.

— Talbildung in den Alpen. – Mitt. DÖAV, 1885, 83–86.

— Die Eiszeit in den Alpen. – Schriften d. Ver. zur Verbr. natwiss. Kenntn., 25, Wien (A. Holzhausen) 1885, 711–742.

— u. **Heim Alb.** Aus dem Gebiete des alten Isargletschers und des alten Linthgletschers. – Z. DGeolGes., 38, 1886, 161–169. – Bespr. NJb. 1887/2, 297; Mitt. DÖAV, 1886, 180; PetMitt., 32, 1886, Litber., 111; Bl. 694.

Penck A. Die Slavini di San Marco bei Rovereto. – Mitt. Geogr. Ges. Wien, 29, 1886, 395–398. – Bespr. Bl. 695.

— Eiszeitstudien in Tirol. (Höttinger Breccie.) – Mitt. DÖAV, 1886, 185–187.

— Die Höttinger Breccie. – VRA 1887, 140–145. – Bespr. NJb. 1889/2, 163; Bl. 722.

— Der alte Rheingletscher auf dem Alpenvorlande. – Jber. Geogr. Ges. München f. 1886, 11, 1887, 20 S. – Bespr. NJb. 1888/1, 242; PetMitt., 33, 1887, Litber., 101; Arch. d. sc. phys. et nat. de Genève, t. 19, Genève 1888, 362; EgH 1, 1888, 184.

— Über Denudation der Erdoberfläche. (Vortr.) – Schr. d. Ver. z. Verbr. natwiss. Kenntn. Wien, 27, 1887, 431–457. – Bespr. VRA 1887, 304; NJb. 1889/1, 419.

— Der Brenner. – Z. DÖAV, 1887, 1–22. – Bespr. Bl. 721.

— Die größten erratischen Blöcke der deutschen Alpen. – Mitt. DÖAV, 1887, 27–29.

— Die Hochwasserkatastrophe zu Bruneck in Tirol im September 1882. – Mitt. DÖAV, 1887, 106.

— Die Überschwemmungen des Jahres 1888. - Mitt. DÖAV, 1888, 285-288.
— Die Bildung der Durchbruchstäler. (Vortr.) - Schr. d. Ver. z. Verbr. natwiss. Kenntn. Wien, 28, 1888, 433-484. - Bespr. NJb. 1889/2, 54.
— Die Gletscher der Ostalpen. (E. Richter.) - Mitt. DÖAV, 1889, 29-32.
— Über Durchbruchstäler. - NJb. 1890/1, 165-166. (S. a. ebd., 1889/2, 54.)
— Die Glazialschotter in den Ostalpen. (Enthaltend die Hauptergebnisse der von A. Penck, E. Brückner u. A. Böhm bearbeiteten Preisaufgabe über „Die Vergletscherung der österr. Alpenländer".) - Mitt. DÖAV, 1890, 289-292. - Bespr. NJb. 1894/1, 367; Bl. 784.
— Das österreichische Alpenvorland. (Vortr.) - Schr. d. Ver. z. Verbr. natwiss. Kenntn. Wien, 30, 14. H., 1890, 21 S. - Bespr. NJb. 1894/1, 313.
—, **Brückner E.** u. **Böhm A.** Übersicht der Hauptergebnisse der Preisarbeit über die Vergletscherung der Ostalpen. - Mitt. DÖAV, 1890, 257-259.

Penck A. Wissenschaftliche Arbeiten des DÖAV. - Mitt. DÖAV, 1891, 36-38, 65-66, 80-81.
— Neuere Arbeiten über die bayerischen Alpenflüsse. - Mitt. DÖAV, 1891, 162-163.
— Die große Eiszeit. - Himmel und Erde, 4, 1892, 1-14, 74-86, 112-118, 2 Taf., 3 Fig. (Höttinger Breccie 82-84.)
— u. **Brückner E.** Bericht über die Exkursion des X. Deutschen Geographentages nach dem Bodensee. - Verh. X. Deutsch. Geogrtg Stuttgart 1893, Berlin 1893, 216-223. - Bespr. NJb. 1896/2, 339.

Penck A. Sur les lacs de barrage glaciaire de l'ancien glacier du Rhin. - C. R. d. trav. d. l. Soc. Helv. d. sc. nat., 76e sess., Lausanne 1893, 102-104. - Extr. Arch. d. sc. phys. et nat., t. 30, Genève 1893, 493-495; EgH 4, 1894, 123-125. - Bespr. Arch. d. sc., Genève 1894, 498; EgH 4, 1894, 213.
—, **Brückner E.** u. **Du Pasquier L.** Le système glaciaire des Alpes. Guide publié à l'occasion du congrès géologique internat. Zürich 1894. - Bull. Soc. sc. nat., t. 22, Neuchâtel 1894, 70-151, 3 K. - Bespr. Boll. Com. geol. d'It., 26, 1895, 483; Ann. de géogr., t. 4, ann. bibl., Paris 1895, 99; Arch. d. sc. phys. et nat. de Genève, 33, Genève 1895, 574; EgH 4, 1895, 329; PetMitt., 41, 1895, Litber., 20.

Penck A. Morphometrie des Bodensees. - Festschr. Geogr. Ges. München, 1894, 119-155. - Bespr. NJb. 1895/1, 291.
— Die Etsch. - Z. DÖAV, 1895, 1-16.
— Der Gebirgswasserbau im alpinen Etschbecken. (A. v. Weber.) - Mitt. DÖAV, 1895, 6-7.
— Alpengletscher ohne Oberflächenmoränen. - PetMitt., 46, 1895, 21-23, 99-101.
— et **Du Pasquier L.** Sur le löss préalpin, son âge et sa distribution géographique. - Bull. d. l. Soc. d. sc. nat. de Neuchâtel, 23, 1895, 55-66. - Auszug: Geogr. Z., 2, 1896, 109-111.

Penck A. Gletscherstudien im Sonnblickgebiet. - Z. DÖAV, 1897, 52-71, Skizzen 1:10000. - Bespr. NJb. 1898/2, 424.
— Friedrich Simony, Leben und Wirken eines Alpenforschers. Ein Beitrag zur Geschichte der Geographie in Österreich. - Geogr. Abh., 6, H. 3, 1898, 1-72, 22 Taf., 11 Fig. Mit Verz. der Schriften, Biogr. u. Nekrol.
— Finsterwalders Gletscherwerk. - Mitt. DÖAV, 1899, 156-158.
— Die vierte Eiszeit im Bereiche der Alpen. - Schriften d. Ver. z. Verbreitung naturwiss. Kenntnisse in Wien, 39, 1899, 67-86. - Bespr. NJb. 1900/2, 443; Bl. 1026.
— Die Übertiefung der Alpentäler. - Verhdl. 7. Internat. Geogrkongr., II, Berlin 1899, ebd., 1901, 232-240. - Bespr. GZ 1/1798; NJb. 1902/2, 282.
— u. **Brückner E.** Die Alpen im Eiszeitalter. - Leipzig 1901-1909, 3 Bände, 1199 S., 19 K., zahlr. Tab. u. Abb. - Bespr. GZ 3/1524, 2483, 6/100, 10/601, 12/1454, 13/1142, 15/1864; NJb. 1903/2, 51; 1905/2, 39; 1910/2, 48; VRA 1902, 227; 1903, 219; 1905, 261; 1908, 233; 1909, 245; EgH 8, 1903, 323; 9, 1906, 335; Z. f. Glkde, 4, 1910, 1; Z. Ges. f. Erdkde Berlin, 1910, 330; Geogr. Z., 1911, 451; Scottish Geogr. Mag., 1909, 481; PetMitt., Ergh. 56, 81; Mitt. DÖAV, 1902, 37, 100; 1903, 295; 1904, 212; 1910, 25.

Penck A. Einige neuere Ergebnisse der Eiszeitforschung in den Alpen. (Vortr.) - Verh. 13. D. Geogrtag Breslau, 1901, 205-212. - Bespr. GZ 4/1489; NJb. 1903/1, 514; EgH 8, 1903, 340.
— Der Bodensee. (Vortr.) - Schr. d. Ver. z. Verbr. natwiss. Kenntnisse Wien, 42, 6. H., 1902, 123-148, 1 K. - Bespr. NJb. 1903/1, 513; EgH 8, 1903, 263; PetMitt., 50, Litber., 20.
— u. **Richter E.** Glazialexkursion in die Ostalpen. - In: Führer f. d. Exkurs. in Österreich (IX. Internat. Geologenkongr.), Wien 1903, 97 S., 2 K. - Bespr. NJb. 1904/2, 281; GZ 5/224.

Penck A. Die geolog. Verhältnisse der Bodenseegegend. - Bodensee u. Rhein, Freiburg 1903, Nr. 4.
— Über die Gliederung der alpinen Eiszeitbildungen und den prähistorischen Menschen. - Verh. Ges. d. Natf. u. Ärzte in Karlsbad, Leipzig 1903, 133ff.
— Über das Antlitz der Alpen. - Verh. Ges. D. Natf. u. Ärzte in Karlsbad, Leipzig 1903, 136-137. - Bespr. GZ 5/612; Boll. Com. geol. d'It., 35, 1904, 410.
— Die alpinen Eiszeitbildungen und der prähistorische Mensch. - Arch. f. Anthrop., NF, I, 2, Braunschweig 1903, 78-89. - Bespr. NJb. 1906/2, 270; PetMitt., 50, Litber., 91.
— Bericht über die Glazialexkursion. - C. rend. IX Congr. géol. int. de Vienne 1903, Wien 1904, 891-896.
— The Valleys and Lakes of the Alps. - Eighth Int. Geogr. Congr. Washington 1904, 173-184. - Bespr. GZ 8/42.
— † Eduard Richter. - Mitt. DÖAV, 1905, 29-31.
— Das Klima Europas während der Eiszeit. - Naturwiss. Wochenschr. (Potonié), 20, Nr. 38, Berlin 1905, 593-597.
— Glacial Features in the Surface of the Alps. - The Journ. of Geol., 13, 1905, 1-10.
— Die Entwicklung Europas seit der Tertiärzeit. - Wissensch. Ergebn. d. Int. Bot. Kongr., Wien 1905, Jena 1906, 12-24.
— Interglaziale Ablagerungen im Etschtalgebiete. - Z. DGeolGes., 59, 1907, Mber., 4-5. - Bespr. GZ 10/715; Boll. Com. geol. d'It., 39, 1908, 237.
— Das Alter des Menschengeschlechtes. - Z. f. Ethnolog., 1908, 390-407.
— Das eiszeitliche Klima der Alpen. - C. R. des Trav. du 9 Congr. int. de Géogr., Genève 1908, 336-337. - Bespr. GZ 15/812.
— u. **Brückner E.** Les glaciations des Alpes du Sud. - Bull. Soc. d'Hist. Nat. de Savoie, Chambéry 1909, v. 13. - Bespr. Boll. Com. geol. d'It., 41, 1910, 354.

Penck A. Algerters Karte der Ankogel-Hochalmspitzgruppe. - Mitt. DÖAV, 1909, 372.

— Über glaziale Erosion in den Alpen. - Compt. rend. du XI Congr. géol. int. Stockholm 1910, ebd., 1912, I, 443–461; Diskussion 478–479, 487–489, 1034–1035. - Bespr. NJb. 1913/1, 505; Geogr. Z., 16, 1910, 621, 628; Geogr. Anzg., 16, 1910, 624.

— Richard Lepsius über die Einheit und die Ursachen der diluvialen Eiszeit in den Alpen. - Z. f. Glkde, 6, 1912, 161–189. - Bespr. Ber. Schw. Bot. Ges., 22, 1913, 162.

— Über die Schliffkehle. - Sber. Preuß. Ak. d. Wiss., Berlin 1912, 181.

— Schliffkehle und Taltrog. - PetMitt., 63, 1912, II, 125–127. - Bespr. NJb. 1913/2, 279.

— Hebungen und Senkungen. - Himmel u. Erde, 25, 1912, 1–13, 63–73.

— Die Glazialbildungen zwischen Tölz und Holzkirchen. - Z. f. Glkde, 7, 1913, 74–118. - Bespr. NJb. 1915/1, 115; GZ 20/564.

— Die Formen der Landoberfläche und Verschiebungen der Klimagürtel. (Vortr.) - Sber. Preuß. Ak. d. Wiss., Berlin, 3. I. 1913, 77–97. - Bespr. Z. Ges. f. Erdkde Berlin 1913, 65; GZ 20/1406.

— Über das Alter der pflanzenführenden Ablagerungen unter den Moränen der Alpen. - Sber. Preuß. Ak. d. Wiss., Berlin 1920, 293.

— Die Höttinger Breccie und die Inntalterrasse nördlich Innsbruck. - Abh. d. Preuß. Ak. d. Wiss., 1920, Berlin 1921, 136 S., 5 K. - Bespr. GZ 27/498; NJb. 1921/2, 355; Geogr. Z., 28, 1922, 272; Mitt. Anthrop. Ges., 52, 1922, 152.

— Über interglaziale Ablagerungen der Nordalpen. - EgH 16, 1920–22, 507–508; Verh. Schw. Natf. Ges., 102. Jvers., Schaffhausen 1921, II, 122–123. - Bespr. GZ 28/674; NJb. 1923/2, 413.

— Das Alter des Menschengeschlechtes auf deutschem Boden. - Die Umschau, Frankfurt a. M., 25, 1921, 165–170.

— Die Terrassen des Isartales in den Alpen. - Sber. Preuß. Ak. d. Wiss., phys.-math. Kl., Berlin 1922, 182–208. - Bespr. GZ 29/462; NJb. 1923/2, 121.

— Ablagerungen und Schichtstörungen der letzten Interglazialzeit in den nördlichen Alpen. - Sber. Preuß. Ak. d. Wiss., Berlin 1922, 214–251. - Bespr. GZ 29/463; NJb. 1923/2, 122. S. a. J. Knauer.

— Glaziale Krustenbewegungen. - Sber. Pr. Ak. d. Wiss., Berlin 1922, 305–314. - Bespr. GZ 29/434; Z. f. Glkde, 13, 1924, 204.

— Die letzten Krustenbewegungen in den Alpen. - Geol. Föreningens i Stockholm Förhandlingar, 44, Stockholm 1922, 607–622. - Bespr. GZ 29/433, 30/603; NJb. 1923/2, 124.

— Das Antlitz der Alpen. -Die Naturwissenschaften, 12, 1924, 1000–1007. S. a. Klebelsberg, Z. DGeol-Ges., 1925, Abh., 372–390. - Bespr. Z. f. Geomorph., 1, 1926, 345; Mitt. DÖAV, 1925, 162.

— Mittenwald. Zur Geographie der Deutschen Alpen. - Sieger-Festschrift, Wien 1924, 104–132.

— Der postglaziale Vulkan von Köfels im Ötztal. - Sber. Preuß. Ak. d. Wiss., 12, Berlin 1925, 218–225. - Bespr. GZ 33/746, 34/745; VBA 1926, 200; Z. f. Vulk., 9, 1925, 147; NJb. 1926/1, B, 9; 1926/1, A, 183; Z. f. Glkde, 16, 1928, 162.

— Glazialgeol. Beobachtungen in den bayerischen Hochalpen. - Sber. Preuß. Ak. d. Wiss., 17, Berlin 1925, 301–329. - Bespr. GZ 34/203; NJb. 1926/1, 62; PetMitt., 74, 1928, 364.

— Alte Breccien und junge Krustenbewegungen in den bayerischen Hochalpen. - Sber. Preuß. Ak. d. Wiss., 17, Berlin 1925, 330–348. - Bespr. GZ 34/202; NJb. 1926/1, 63; PetMitt., 74, 1928, 364.

— Die Eiszeit in den bayerischen Hochalpen. - Sber. Preuß. Ak. d. Wiss., 17, Berlin 1925, 349–371. - Bespr. NJb. 1926/1, 65; PetMitt., 74, 1928, 364.

— Die Ursachen der Eiszeit. - Sber. Preuß. Ak. d. Wiss., Berlin 1928, 76–85. - Bespr. Z. f. Glkde, 16, 1928, 280; GZ 43/177; NJb. 1930/2, 717.

— Eduard Brückner. - Geogr. Z., 34, 1928, H. 2, 65–87. Mit Litverz.

— Salpausselkä in Oberbayern. (Östl. Mittenwald.) - Fennia, 50, Nr. 28, Helsingfors 1928, 18 S., 1 K. - Bespr. GZ 39/1714; NJb. 1930/2, 722; 1931/3, 692.

— Geographischer Führer durch das Tor von Mittenwald. - Sammlg geogr. Führer, IV, Berlin (Borntraeger) 1930, 216 S., 12 Abb., 2 T. - Bespr. GZ 43/164; Mitt. DÖAV, 1930, 154; Z. f. Geomorph., 6, 1931, 127; Geogr. Z., 36, 1930, 625; GR 22, 1931, 247; Die Umschau, 35, 1931, 606.

— Paläoklimatologie. - Geogr. Z., 38, 1932, 466–484. - Bespr. GZ 49A/291; Z. f. Glkde, 21, 1933, 256.

Peppler. Die Ursachen der Eiszeit. - Natuwiss. Wochenschr., NF, 11, Jena 1912, 270.

Peretti L. Osservazioni glaciologiche in Val di Vizze. - Com. Naz. Geodet.-Geofis., Nr. 21, Pisa 1930, 42 S., 10 T. Auszug: Boll. Com. Glac. It., Nr. 10, 1930, 3 S. - Bespr. Boll. Soc. Geogr. It., s. 6, v. 8, 1931, 361; GZ 45/372; Z. f. Glkde, 19, 1931, 339.

— Relazioni delle Camp. Glac. del 1929. Alpi Atesine: Gruppi Alpi Aurine e Pusteresi. - Boll. Com. Glac. It., 10, 1930, 273–276. - Bespr. GZ 47A/289.

— Relazioni delle Campagne Glaciologiche del 1930. - Alpi Aurine e Pusteresi. Gruppo del Gran Pilastro-Mesule. - Boll. Com. Glac. It., n. 11, 1931, 256–259. - Bespr. GZ 49A/368.

— Rel. d. Camp. Glac. del 1931. Alpi Aurine. - Boll. Com. Glac. It., 12, 1932, 307–310. - Bespr. GZ 51A/430.

— Rel. d. Camp. Glac. d. 1932. Alpi Aurine. - Boll. Com. Glac. It., 13, 1933, 230–232.

Pernt M. Das Achenseewerk und die Energiewirtschaft Österreichs. - Die Wasserwirtschaft, Wien 1924.

Pesta O. Über Hochgebirgsseen der Ostalpen und über die Glazialreliktenhypothese. - Die Eiszeit, 1, 1924, 89–99.

— Aufgaben der Hydrobiologie im Hochgebirge der Ostalpen. (Vortr.) - Anzg. Ak. d. Wiss. Wien, Nr. 24, 1925, 230–231.

— Hydro-biologische Untersuchungen über Hochgebirgsseen der Ostalpen. - Z. DÖAV, 1927, 37–50.

— Der Hochgebirgssee der Alpen. - In: Die Binnengewässer. Einzeldarstellungen aus der Limnologie und ihren Nachbargebieten (A. Thienemann), 8. Bd, Stuttgart (Schweizerbart) 1929, 156 S., 41 Abb., 2 Beilagen. - Bespr. Mitt. DÖAV, 1930, 49; Z. f. Glkde, 18, 1930, 264.

Pestalozzi H. Über die Verhältnisse des Rheins in der Talebene bei Sargans. - Mitt. Natf. Ges. Zürich, 1, Zürich 1849, 179–208, 1 K.

Petersen Th. Aus der Silvrettagruppe. (Orograph. Bemerkungen. Von Guarda nach Klosters. Er-

steigung der Dreiländerspitz.) - Z. DAV, 2, 2. Abt., 1871, 73-84.
— Aus den Ötztaler Alpen. - Z. DÖAV, 1872, 141-197; 1874, 239-295; 1876, 177-228.

Petrascheck W. Kohlengeologie der österreichischen Teilstaaten. I. Die Kohle führenden Formationen. - Berg- u. Hüttenm. Jb., 69/70, H. 2, Wien 1921/22, 1-20.
— Kohlengeologie der österreichischen Teilstaaten. II. Allgemeine Kohlengeologie. - Berg- u. Hüttenm. Jb., 69/70, H. 3, Wien 1921/22, 1-30. - Bespr. GZ 29/112.

Peucker K. Friedrich Simony. (Geb. 30. Nov. 1813 - gest. 20. Juli 1896.) - Geogr. Z., 2, 1896, 657-662.

Pfaff F. Die Naturkräfte in den Alpen oder physikalische Geographie des Alpengebirges. - Die Naturkräfte, 24, München 1877, 281 S., 18 Abb. - Bespr. Mitt. DÖAV, 1878, 51.
— Einige Bemerkungen über die Ursachen der Gletscherbewegungen. - Z. DÖAV, 1878, 83-98.
— Einige Bemerkungen zu den Beobachtungen über Gletscherbewegung von den Herren Koch und Klocke. - Z. DÖAV, 1880, 198-204.
— Untersuchungen über die Bewegung des Pasterzengletschers. - Z. DÖAV, 1881, 1-9.
— Die Gletscher der Alpen, ihre Bewegung und Wirkung. (Vortr.) - Heidelberg 1886, 82 S.

Pfaff W. Zwei merkwürdige Findlinge. (Mendel.) - Der Schlern, 4, 1923, 260-261.
— Die Eislöcher in Überetsch, ihre Vegetationsverhältnisse und ihre Flora. - Schlernschriften, 24, Innsbruck (Wagner) 1933, 72 S., 5 Abb. - Bespr. Mitt. DÖAV, 1934, 71; PetMitt., 1934, 93; Studi Trent. Sc. Nat., 14, 1933, 250.
— Le „Buche di ghiaccio" di Lasès e la loro flora. - Studi Trent. Sc. Nat., 14, 1933, 177-187, 1 Taf.

Pfaundler A. v. Geognostische Nachrichten über die Gebirge von Innsbruck bis Meran und Brixen, dann von Innsbruck bis Bregenz und endlich vom Tale Lisens und einem Teil des Ötztals. - Z. f. Tirol u. V., 1, Innsbruck (Ferdin.), 1825, 281-307.

Pfaundler L. Der Übletalferner und seine Umgebung. - Z. DAV, 1871, 16-46, 6 Taf., 1 K.
— Über die gegenwärtigen Grenzen des Alpeiner Gletschers in der Stubaier Gebirgsgruppe. - Z. DÖAV, 1887, 58-69, 1 K.

Pfeifer X. Beiträge zur Glazialforschung und Teleologie der Eiszeit. - Münster i. W. 1895, 74 S.

Pfeiffer M. Die Alpen in der Vorzeit. Eine geologische Plauderei. - Deutsche Alpenztg, München 1902, Nr. 34/35, 710-712; Nr. 36/37, 13-19.

Pfister M. Stratigraphie von Tertiär und Quartär am Südfuß der Alpen mit spezieller Berücksichtigung der miozänen Nagelfluh. - Diss. Zürich, 1921, 76 S.

Pfister O. v. Die Silvrettagruppe. - In: E. Richter, Die Erschließung der Ostalpen, Berlin 1894, 3-35.

Philipp H. Untersuchungen über Gletscherstruktur und Gletscherbewegung. (Vortr.) - GR 5, 1914, 234-239.
— Geologische Untersuchungen über den Mechanismus der Gletscherbewegung und der Entstehung der Gletschertextur. (Mit Beitr. v. Fr. Hafferl.) - NJb. 1919, 43. Bbd, 439-556, 7 Taf., 28 Fig. - Bespr. GZ 26/889, 28/76; Z. f. Glkde, 13, 1924, 66; Geogr. Anzg., 23, 1922, 101.
— Die geologische Tätigkeit des Eises. - In: Salomon, Grundzüge der Geol., Stuttgart 1924.
— Neuere Beobachtungen zur Mechanik der Gletscher. (Aletsch- u. Rhonegletscher.) - PetMitt., 74, 1928, H. 1/2 u. 3/4, 7-12, 71/74. - Bespr. Z. f. Glkde, 16, 1928, 274; GZ 39/723; NJb. 1931/2, 378.
— Über Glazialerosion. (Vortr.) - GR 20, 1929, 392.
— Die Wirkungen des Eises. - In: E. Blanck, Handbuch der Bodenlehre, 1, Berlin (Springer) 1929, 257-288.
— Gletscheruntersuchungen in den Ostalpen. - Z. f. Glkde, 20, 1932, 233-268, 29 Abb. - Bespr. GZ 50A/167.

Philippi E. Geologie der Umgebung von Lecco und des Resegonemassivs in der Lombardei. - Z. DGeolGes., 49, 1897, 318-367, 2 Taf. - Bespr. VRA 1897, 258; NJb. 1899/1, 104; Boll. Com. geol. d'It., 30, 1899, 82.

Philippson A. Studien über Wasserscheiden. - Mitt. Ver. f. Erdkde Leipzig, 1885 (1886), 241-304. - Bespr. NJb. 1889/1, 232.
— Der glaziale Taltrog. - PetMitt., 1912, II, 277ff. (S. a. ebd., 1886, Ein Beitrag zur Erosionstheorie.) - Bespr. NJb. 1913/2, 279.
— Der Rhein als Naturerscheinung. - Geogr. Z., 39, 1933, 1-10, 65-76. - Bespr. GZ 49A/1580; Z. f. Geomorph., 8, 1934, 90.

Philippson R. Hat Goethe die Eiszeit entdeckt? - Jb. 1927 der Goethe-Gesellschaft. - Bespr. Mitt. DÖAV, 1927, 186.

Picard M. Analyse einer Tonschicht am Mittenberg bei Chur. - Jber. Natf. Ges. Grbd., NF, 15, Chur 1870, 172-173.

Pichler A. v. Sammlung fossiler Pflanzen des Konglomerats bei Innsbruck. (Höttinger Breccie; nach Unger keinesfalls jünger als Miozän.) - JbRA 1857, 367, 780.
— Zur Geognosie Tirols. Naturwissensch. Skizze. (Triasgliederung durch Fossilien, Metamorphismus krist. Gest., Höttinger Breccie miozän, Ursache der Eiszeit, Entwässerung des Achensees früher zum Inn u. a.) - TB 1858, 59, 63, 67, 71-72, 1 K.
— Beiträge zur Geognosie Tirols. Aus dem Inn- und Wipptale. - Z. Ferdin., 3. F., 8. H., Innsbruck 1859, 137-232, 1 K., 30 Prof. - Bespr. VRA 1859, 45; NJb. 1859, 753; TB 1859, 381; Bl. 150.
— Geolog. Notizen aus Tirol. (Östl. Ötztal, Petr. d. Zentralalpen, Haller Salzberg.) - NJb. 1862, 178-180. - Bespr. Bl. 175.
— Zur Geognosie Tirols. I. Die Gruppe des Hocheder. II. Die vulkanischen Reste von Köfels. III. Notizen. - JbRA 1863, 589-594, 1 Skz. - Bespr. TB 1863, 865; Bl. 185.
— Vulkanische Gesteine in den Zentralalpen. (Köfels.) - VRA 1863, 77.
— Beiträge zur Geognosie Tirols. (3. Folge.) (Höhen nördl. Inntal v. Zirl bis z. Achensee, Stanerjoch-Überschiebung.) - Z. Ferdin., 3. F., 11. H., Innsbruck 1863, 48 S., 8 Prof. - Bespr. NJb. 1864, 372; Bl. 184.
— Zur Geologie der nordtirolischen Kalkalpen. (Stratigr.) - Progr. Gymn. Innsbruck, 1864. - Bespr. NJb. 1865, 346; Bl. 198.
— Beiträge zur Geognosie und Mineralogie Tirols. XVI. Aus den oberen Carditaschichten des Achentales. XVII. Die Zone des Ammonites planorbis in Nordtirol. (Leutasch u. Pfonserjoch.) XVIII. Die Gosauformation des Sonnwendjoches. XIX. In der Wildschönau. XX. Findlinge von Eruptivgesteinen bei Innsbruck. XXI. Mineralien aus dem Phyllit bei Innsbruck und vom Maders-

bacher Köpfl. XXII. Eine alte Mineralogie. (Landreim v. G. Rösch, 1558.) – JbRA 1869, 207–216. – Bespr. VRA 1869, 101.

— Einiges Neue für tirolische Mineralogen und Geognosten. (Brixner Granit obertriadisches Alter, Verrucano von Serfaus, Trias von Mauls, Grödner Sandstein von Eppan, Diorit vom Lüsental, Melaphyr von Kaltern, Tirolit von Kogel, Wad von Matrei, Pseudomorphosen von Gips und Steinsalz, Serizit von Pill, Erratica von Grünsteinporphyr bei Hötting, Quarzporphyrit bei Vintl u. a.) – TB 1870, 689, 775, 1266.

— Zur Mineralogie und Geologie von Tirol. (Inn-, Eisack- und Etschtal, Achensee, Min. u. Glaz.) – NJb. 1871, 620–621.

— Geologisches aus Tirol. (Umgebung von Neumarkt, Min. u. Glaz.) – NJb. 1872, 192–193. – Bespr. VRA 1872, 228.

— Erratische Blöcke am Achensee, Fossilfunde in Brandenberg und Pertisau. – NJb. 1872, 407.

— Diluvialtorf bei Innsbruck. – NJb. 1873, 612.

— Beiträge zur Geognosie Tirols. 1. Die Porphyrite. (Töllit [Töll u. Lienz], Vintlit, Ehrwaldit.) 2. Aus der Granitmasse von Brixen. 3. Aus der Porphyrmasse von Bozen. 4. Porphyritische Schiefer. (Fieberbrunn.) 5. Varietäten des Tonglimmerschiefers. (Porphyroide südl. Innsbruck.) 6. Vom Cislon. 7. Zu den Carditaschichten. 8. Vom Sonnwendjoch. 9. Mineralogische Notizen. (Zillertal.) – NJb. 1875, 926–936. – Bespr. VRA 1876, 52; Bl. 400.

— Beiträge zur Geognosie der Tiroler Alpen. (Schalders, Klausen, Schwaz, Gardasee.) – NJb. 1879, 140–144.

— Aus Tirol. (Glimmerporphyrit vom Steinacher Joch, Gletscherschliffe im Silltal.) – NJb. 1880/2, 292–293. – Bespr. Ebd., 293; TB 1880, 1469.

— Gletscherspuren bei Innsbruck. (Gekritzte Geschiebe auf dem Berg Isel, Rundhöcker: Lanser Kopf, Achselkopf u. a., alte Moränen bei Mieders u. Patsch, erratische Blöcke: Zirler Mähder u. Törl, Reichweite des Inngletschers bis Holzkirchen.) – TB 1880, 1102.

— Diluvialtorf bei Mühlau. – TB, Nr. 23 v. 29. 1. 1886, 173.

— Zur Geognosie des Sonnwendjoches. – VRA 1888, 91–93.

— Zur Geologie von Tirol. (Glaziales vom Mieminger Plateau, Stratigr. der Saile, Paläont. der Carditaschichten, Aufbau der Mieminger Berge.) – VRA 1890, 90–95. – Bespr. NJb. 1891/2, 440; TB 1890, 453.

— Zur Geognosie von Tirol. (Foss. u. Glaz. vom Mieminger Plateau.) – VRA 1890, 268. – Bespr. TB 1891, 577.

Pichler Aug. Aus den Vereinsabenden der Sektion Klagenfurt. (Schieferkohlenflöz bei Feistritz an der Gail.) – Beilage zur Österr. Z. f. Berg- u. Hüttenw., 1890, 28.

Pignarelli S. Relazioni delle Campagne Glaciologiche del 1928. Alpi Retiche. Gruppo Badile, Disgrazia, Bernina e Scalino. – Boll. Com. Glac. It., 9, 1929, 273–276. – Bespr. GZ 45/167.

— I ghiacciai della Valle di Lei. – Atti Soc. It. Sc. Nat., v. 69, f. 2, Milano 1930.

— Relazioni delle Camp. Glac. del 1929. Alpi Retiche. Gruppo Badile-Disgrazia-Bernina-Scalino. – Boll. Com. Glac. It., 10, 1930, 247–249. – Bespr. GZ 47 A/300.

— Relazioni delle Campagne Glaciologiche del 1930. Alpi Retiche. Gruppo Tambò-Suretta-Stella. Gruppi Badile-Disgrazia-Bernina-Scalino. – Boll. Com. Glac. It., 11, 1931, 229–233. – Bespr. GZ 51 A/413.

— I laghi della Val San Giacomo (Spluga). – Natura, Riv. Sc. Nat., 22, 1931, 85–101; 23, 1932, 53–65.

— I ghiacciai della Val San Giacomo (Regione dello Spluga) 1930–31. – Boll. Com. Glac. It., 12, 189–225, 9 Abb.

— Relazioni d. Camp. Glac. del 1931. Alpi Retiche. Gruppi Badile, Disgrazia, Bernina, Scalino. – Boll. Com. Glac. It., 12, 1932, 286–287. – Bespr. GZ 51 A/438.

— Relaz. d. Camp. Glac. d. 1932. Alpi Retiche. Gruppo Tambò-Suretta-Stella. Gruppi Badile, Disgrazia, Bernina, Scalino. Bacino del Codèra. – Boll. Com. Glac. It., 13, 1933, 208–209.

Pilar G. Ein Beitrag zur Frage über die Ursache der Eiszeiten. (Vortr.) – Rad, 30, Agram 1876. – Bespr. VRA 1876, 157.

Pilgrim L. u. **Wundt W.** Die Berechnung der Eiszeiten auf astronomisch-physikalischer Grundlage. – Jh. Ver. f. Natkde Württemberg, 84, 1928, 1–19. – Bespr. NJb. 1929/3, 681.

Pirona G. A. Über die Moränen in Friaul. (Ital.) – Atti Soc. it. d. Sc. nat., 2, Milano 1860/61, 348ff. Auszug: Z. Allgem. Erdkde Berlin, 12, 1862, 128.

Pisek A. u. **Cartellieri E.** Zur Kenntnis des Wasserhaushaltes der Pflanzen. III. Alpine Zwergsträucher. – Jahrbücher für wissensch. Botanik, 79, Leipzig 1933, 131–190, 17 Abb.

Ploner P. J. Die Moräne von Kitzbühel. – VRA 1891, 89–91.

Podhorsky J. Der Ausverkauf unserer Gewässer. – Blätter f. Natkde u. Natschutz, 18, H. 5, Wien 1931, 65–72.

Pohlig H. Eiszeit und Urgeschichte des Menschen. – Leipzig 1907, 142 S., 1 Taf., 22 Fig.; Wissensch. u. Bildg, 8, Leipzig 1911. (Höttinger Br. 41.) – Bespr. Mitt. Anthrop. Ges. Wien, 37, 1907, 127.

Pollack V. Die Lawinen Österreichs und der Schweiz und deren Verbauungen. – Z. Österr. Ing.- u. Arch.-Ver., Wien 1891, 32 S., 4 T.

— Über die Mechanik des Lawinensturzes. – Wien 1894.

— Über Erfahrungen im Lawinenverbau in Österreich. – Leipzig und Wien 1906.

— Über Rutschungen im Glazialen und die Notwendigkeit einer Klassifikation loser Massen. – JbRA 1917, 435–460, 7 Taf., 1 Abb.

— Die „Verschüttung" unserer Alpentäler. – Z. Ing.- u. Arch.-Ver., Wien 1917, 425–428, 437–441. – Bespr. Mitt. Geogr. Ges. Wien, 1922, 92.

— Über Frostwirkung, Quellung (Blähen), Quellungsdruck und Gebirgsdruck. – Technische Blätter, Teplitz-Schönau 1921, 16 S.

— Verwitterung in der Natur und an Bauwerken. – Wien (J. Springer) 1923, 580 S.

Polscher H. Die Hochseen der Kreuzeckgruppe. – Geogr. Jber., 8, 1910, 201–245, 3 Taf., 20 Abb. – Bespr. Mitt. Geogr. Ges. Wien, 1912, 149; Carinthia II, 1910, 262.

Porro C. Elenco dei ghiacciai italiani: monografia statistica. – Min. d. Lavori Pubbl., Serv. Idrogr., Parma 1925, 61 S.

— Relazione intorno all'attività del Comitato Glaciologico Italiano sull'anno 1923. – Atti d. Soc. It. Progr. d. Sc. (Napoli), 13, Roma 1925, röm. 44–46.

— La carta corografica dei ghiacciai italiani. – Atti d. X Congr. geogr. it., Milano, v. 1, 1927, 263–265.

— e **Labus P.** Atlante dei ghiacciai italiani. Parte prima: Carta corografica 1:500000. – Comitato

Glaciolog. Ital. 1927. - Bespr. Z. f. Glkde, 16, 1928, 152; GZ 42/111.
Porro C. I ghiacciai quali potenti fattori dell'Economia Nazionale. - Riv. di Roma, Ottobre 1928. - Bespr. GZ 45/153.
Portis A. I chelonii quaternari del bacino di Leffe in Lombardia. - Boll. Com. geol. d'It., 17, Roma 1886, 50-58. - Bespr. Ebd. 19, 1888, 317.
Poser H. Das Problem des Strukturbodens. - GR 24, 1933, 105-121. - Bespr. Z. f. Geomorph., 8, 1934, 89; GZ 52 A/1959.
— Bemerkungen zum Strukturbodenproblem. - Zbl. f. Min., Abt. B, 1934, 39-45. - Bespr. GZ 52 A/1957.
Pozzi F. Il Convegno di idrologia e climatologia sul Garda. - Il Garda, Verona 1930, n. 3, 25-27.
Prättigau. Lawinen im - (17.-19. Jahrhundert). - Alpina, 17, 1909, 74-76, 82-84.
Preller du Riche C. S. Note on the Lakes of Zurich and Wallen. - Geol. Mag., dec. 3, v. 10, Nr. 347, London 1893, 222-225. - Bespr. PetMitt., 39, 1893, Litber., 151.
— On the origin of the Engadine Lakes. - Geol. Mag., New. Ser., dec. 3, v. 10, n. 10, London 1893, 448-453. - Bespr. NJb. 1894/2, 244; Boll. Com geol. d'It., 25, 1894, 339.
— On the three Glaciations in Switzerland. - Geol. Mag., (4), 1, 1894, 27-36. - Bespr. NJb. 1896/1, 134.
Prever P. L. Alcune osservazioni sopra il Quaternario della Brianza comparato a quello del Piemonte. - Rend. R. Ist. Lomb. d. Sc. e Lett., s. 2, v. 41, f. 20, Milano 1908, 992-1006. - Bespr. Boll. Com. geol. d'It., 40, 1909, 376.
— Gli anfiteatri morenici del Piemonte e della Lombardia sino all'Adda. - Boll. Soc. geol. it., v. 44, f. 1, Roma 1925, 33-76. - Bespr. GZ 39/527; Studi Trent. Sc. Nat., 7, 1926, 92.
Prey A. Untersuchungen über die Isostasie in den Alpen auf Grund der Schweremessungen in Tirol. - Sber. Ak. d. Wiss. Wien, m.-nat. Kl., 121, 1912, Abt. IIa, 2467-2518. - Bespr. NJb. 1914/2, 427; Beitr. z. Geophysik, 13, 1913, 62.
Priebsch J. A. u. Steinmaurer R. Ganzjährige Registrierbeobachtungen der kosmischen Ultrastrahlung auf dem Hohen Sonnblick (3106 m). - Anzg. Ak. d. Wiss. Wien, math.-natw. Kl., 69, 1932, 111-113. S. a. Sber. Ak. d. Wiss. Wien, 1928 u. 1930.
Prielmayer M. v. Das Krimmler Achental. - Z. DÖAV, 1891, 234-282, 10 Taf.
— Das Wettersteingebirge. - In: E. Richter, Die Erschließung der Ostalpen, 1, Berlin 1893, 120-168.
— Die Granatspitzgruppe in den Hohen Tauern. - Z. DÖAV, 1895, 174-200, 5 Abb.
Principi P. Florula quaternaria di Magliano dei Marsi sull'orlo della conca fucense. - Rend. Accad. Naz. d. Linc., (VI) 13, Roma 1931, 211-212. - (Vergleich u. a. mit Lombardei.)
Prinzinger A. Das Stubachtal. Ein Naturschutzgebiet der Zukunft. - Z. DÖAV, 1916, 90-113 (Geol. 94-95).
Probst J. Beiträge zur Topographie der Gletscherlandschaft im Württemb. Oberschwaben. - Württemb. naturw. Jhefte, 30, 1875, 40. S. a. H. 5 d. Schr. d. Ver. f. Gesch. d. Bodensees.
Prohaska K. Beobachtungen von Gletscherschliffen in Oberkärnten. - Carinthia, 1889, 81 ff.
— Spuren der Eiszeit in Kärnten. - Mitt. DÖAV, 1895, 260-261, 272-273. - Bespr. NJb. 1898/2, 418; Carinthia II, 1925, 129.
Puppo A. La radiazione globale a Conegliano nel 1930. - Atti R. Ist. Ven. di sc., lett. ed arti, t. 91, p. 2, 1931-1932, 65-78.
— Contributo allo studio del clima solare di Conegliano. - Atti R. Ist. Ven. di sc., lett. ed arti, v. 92, 1932-1933, 151-170.
Purtscheller L. Die Stubaier Gruppe. - In: E. Richter, Die Erschließung der Ostalpen, 2, Berlin 1894, 377-482.
Quaglio J. Die erratischen Blöcke und die Eiszeit nach Prof. O. Torells Theorie. - Wiesbaden (Bregmann). - Bespr. Mitt. DÖAV, 1882, 95.
Quervain de A. Zweiter Bericht über die Tätigkeit der Zürcher Gletscherkommission. - Actes Soc. helv. sc. nat., 97 sess. Genève 1915, 2 part., 174-176; EgH 14, 1916, 18-20 (Silv.). - Bespr. EgH 15, 1818, 49; GZ 24/47.
— Vierter Bericht über die Tätigkeit der Zürcher Gletscherkommission 1916/17. - Verh. Schw. Natf. Ges., 99. Jvers. Zürich 1917, Aarau 1918, 2, 158-159 (Silvr.). - Bespr. EgH 16, 1920/22, 316.
Quiring H. Über die tektonischen Grundlagen der Flußterrassenbildung. - Z. DGeolGes., 78, 1926, Mber., 156-163, 3 Fig. - Bespr. GZ 35/1106, 37/527.
Rainer H. Gletschermessungen in der Rieserfernergruppe. (1927.) - Z. f. Glkde, 16, 1928, 138.
— Gletschermessungen in der Rieserfernergruppe 1928. - Z. f. Glkde, 17, 1929, 196.
— Gletschermessungen Rieserfernergruppe (Südtirol) 1929. - Z. f. Glkde, 18, 1930, 215-217.
— Gletschermessungen Rieserfernergruppe (Südtirol) 1930. - Z. f. Glkde, 19, 1931, 143.
— Gletschermessungen in der Rieserfernergruppe (Südtirol). - Z. f. Glkde, 20, 1932, 119.
— Gletschermessungen Rieserfernergruppe 1932. - Z. f. Glkde, 21, 1933, 175.
Ratzel F. Über die Entstehung der Erdpyramiden. - Jber. Geogr. Ges. München, 1877-79, 12 S.
— Über die Schneeverhältnisse in den bayerischen Kalkalpen. - 10. Jber. Geogr. Ges. München f. 1885, 24 ff. - Bespr. NJb. 1887/1, 276.
— Zur Kritik der sogenannten Schneegrenze. - Leopoldina, Okt. 1886, 186, 201. - Bespr. NJb. 1889/1, 231.
— Fragebogen über die Schneeverhältnisse in Gebirgen. - Mitt. DÖAV, 1886, 137-138.
— Die Bestimmung der Schneegrenze. - Naturforscher, 1886, 12. Juni. - Bespr. NJb. 1889/1, 231; Auszug Mitt. DÖAV, 1886, 151.
— Der Einfluß des Firnes auf Schuttlagerung und Humusbildung. - Mitt. DÖAV, 1887, 97-100.
— Höhengrenzen und Höhengürtel. - Z. DÖAV, 1889, 102-135.
— Zur Gebirgskunde, vorzüglich Beobachtungen über Höhengrenzen und Höhengürtel. - Wiss. Veröff. Ver. f. Erdkde Leipzig, 1895, 542 S., 7 K.
Rehlen R. Geheimer Rat Prof. Dr. Sebastian Finsterwalder. Zu seinem 70. Geburtstage. - Z. f. Glkde, 20, 1932, röm. 9-12.
Rehsteiner C. Unsere erratischen Blöcke. - Ber. Tätigkt Natw. Ges. St. Gallen, 1900/01, 138-168, 3 Taf. - Bespr. EgH 7, 1901/02, 723.
Reich H. Erdmagnetismus und glaziales Diluvium. - Jb. Preuß. Geol. Ldsanst., 1925, 46, 1926, 249-291. - Bespr. GZ 36/1490.
Reichel E. Die Niederschlagsverteilung in den Alpen. - Z. DÖAV, 1931, 21-28, 2 K.
— Gletscherkursus am Glocknerhaus. - Met. Z., 48, 1931, 511. - Bespr. Z. f. Glkde, 20, 1932, 492.

Reichensperger A. Aus dem Leben von Louis Agassiz. – Bull. Soc. frib. Sc. nat., v. 28, 1927, 84–86.

Reid H. Neue Gletscherforschungen. – Aufsätze im Journ. of Geologie, Chicago. – Bespr. Z. Ges. f. Erdkde Berlin, 1902, 344.

Reindl J. Dörfer, Weiler und Einzelhöfe in Südbayern. Anthropogeogr. Studie zur Kenntnis der Siedlgsverh. in Südbayern. – Mitt. Geogr. Ges. München, 1, 1906, 501–560.

— Der Königssee. – Münchner Allgem. Ztg, 111, 9, 1908, 2 S.

Reinhard A. Die diluvialen Eiszeiten des Kaukasus und deren Beziehung zu den alpinen und skandinavischen Eiszeiten. – Trudy Leningr. Obscht. Estestwoisp (Verh. d. Leningr. Natf. Ges.), 57, 1927, 143–151. (Russisch 9 S., deutscher Auszug 1 S.)

Reinhardt L. Die prähistorische Chronologie vom Miozän bis zum Ende der Eiszeit. – Ber. ü. d. Prähistorikervers. Köln 1907.

— Der Mensch zur Eiszeit in Europa und seine Kulturentwicklung bis zum Ende der Steinzeit. – 1. Aufl. München 1906, 504 S., 185 Abb.; 2. Aufl. München 1908, 921 S. (Höttinger Br. 174–177.) – Bespr. Mitt. Anthrop. Ges. Wien, 36, 1906, 42; 39, 1909, 214.

Reinisch J. Erratische Blöcke in der Wildschönau. – Tiroler Heimatblätter, 1924, H. 5, 8.

Reis O. M. Erläuterungen zur Geolog. Karte des Wettersteingebirges. – Geogn. Jh., 23, 1910 (1911), 61–114, 2 K. 1:25000 (mit F. W. Pfaff), 1 Skz., 15 Abb., 1 Blge.

— Einzelheiten über Gesteinsarten, Schichtung und Aufbau des Niederbayerischen Tertiärs rechts der Isar. – Geogn. Jh., 31/32, 1918/19 (1920), 93–118, 2 T., 1 Skz. – Bespr. NJb. 1922/2, 83.

— Nachträge zur Geolog. Karte der Vorderalpenzone zwischen Bergen und Teisendorf. – 1. Teil, Geogn. Jh., 33, 1920 (1922), 203–232, 1 K., 1 Abb.; 2. Teil, Geogn. Jh., 34, 1921 (1922), 223–244, 1. T., 3 Abb. – Bespr. GZ 30/693, 694.

— Über einzelne Beobachtungen im Diluvium der Umgegend von München. – Geogn. Jh., 34, 1921, München 1922, 143–168, 2 Taf., 1 Abb. – Bespr. GZ 29/582.

— Über Furchenfelsen am Walchenseeufer. – Geogn. Jh., 39, 1926, 41–46, 5 Abb. – Bespr. NJb. 1927/1, B, 458.

— Erläuterungen zur Geolog. Karte von Bayern 1:25000, Blatt Hindelang Nr. 857. – München (Bayr. Oberbergamt) 1930, 52 S., 1 tekt. K. – Bespr. GZ 45/788.

Reiser K. Geologie der Hindelanger und Pfrontener Berge im Allgäu. – 1. Teil. Geogn. Jh., 33, 1920 (1922), 57–198, K. 1:25000; 2. Teil. Ebd., 35, 1922 (1923), 1–82; 3. Teil. Ebd., 37, 1924 (1925), 1–34, 1 T., 3 Abb. – Bespr. GZ 29/443, 32/575; NJb. 1924/2, 241.

Reishauer H. Beiträge zur Biogeographie und Morphologie der Alpen. I. Höhengrenzen der Vegetation in den Stubaier Alpen und in der Adamellogruppe. – Wissensch. Veröff. d. Ver. f. Erdkde Leipzig, 6, 1904, 1–210, 2 Taf., 16 Abb. – Bespr. Geogr. Z., 10, 1904, 647; Mitt. DÖAV, 1906, 253.

— Revision einiger Gletschermarken in der Presanella-Adamellogruppe (Sommer 1905). – Z. f. Glkde, 2, 1908, 309–313. – Bespr. GZ 11/1453.

— Revision der Gletschermarken im Venedigergebiete (Sommer 1904). – Z. f. Glkde, 2, 1908, 142–146. – Bespr. GZ 10/2002, 11/1451.

— Revision der Gletschermarken im Ortlergebiete i. d. J. 1904 und 1905. – Z. f. Glkde, 2, 1908, 224–231. – Bespr. GZ 11/1452.

— Revision der Gletschermarken im Venedigergebiete (Sommer 1908). – Z. f. Glkde, 4, 1910, 150–153.

— Gletscherbeobachtungen und Revision einiger Gletschermarken in der Adamello-Presanellagruppe im Sommer 1911. – Z. f. Glkde, 6, 1912, 343–346.

Reissinger A. Untersuchungen über den tietsten Grund des Chiemsees. – Ldskdl. Forschgen (Geogr. Ges. München), H. 28, 1929, 20 S., 1 K. u. Mitt. Geogr. Ges. München, 22, 1929, 238–257, 1 K. – Bespr. Mitt. DÖAV, 1930, 49; GZ 41/1473, 42/1501; Z. f. Glkde, 18, 1930, 267; PetMitt., 77, 1931, 267.

— Untersuchungen über den Niedersonthofener See im bayerischen Allgäu. Versuch einer exakten Zeitbestimmung im postglazialen Zeitalter. – Wissensch. Veröff. d. DÖAV, 6, Innsbruck 1930, 70 S., 2 Taf. – Bespr. Mitt. Geogr. Ges. München, 23, 1930, 96; Mitt. DÖAV, 1930, 92; Z. f. Glkde, 18, 1930, 266; GZ 42/638; PetMitt., 77, 1931, 267.

— Zur Frage der Zeitbestimmung im postglazialen Zeitalter. – Arch. f. Hydrobiologie, 21, H. 3, 1930. – Bespr. Mitt. DÖAV, 1930, 264.

— Zur Frage nach dem Ausmaß der glazialen Erosion. – Mitt. Geogr. Ges. München, 23, München 1930, 224–225.

— Quantitative Untersuchungen über den Schlammabsatz im Alpsee, dem Niedersonthofener See und dem Starnberger See. – Archiv f. Hydrobiol., 24, 1932, 535–542, 1 Taf.

— Die Schotter von Steufzgen und die interglaziale Schieferkohle bei Sonthofen. Glaziale Studien aus dem Allgäu. – Natwiss. Ges. Bayreuth, ebd. 1932, 32 S., 3 Taf.

Reithofer O. Bericht über Kluftmessungen in der Umgebung von Köfels, im Maurach und am Tauferer Berg im vorderen Ötztal. – Anzg. Ak. d. Wiss. Wien, Nr. 27 v. 1930, 3 S. – Bespr. GZ 46 A/459.

— Zur Geologie der Umgebung der Darmstädter Hütte im Moostal bei St. Anton am Arlberg. – Jber. Sekt. Darmstadt DÖAV, 1930, 12 S., 1 geol. KSkz. – Bespr. Mitt. DÖAV, 1932, 171.

— Bericht über die Beendigung der Kluftmessungen in der weiteren Umgebung von Köfels im vorderen Ötztal. – Anzg. Ak. d. Wiss. Wien, math.-natw. Kl., Nr. 27 v. 1931, 285–286.

— Über den Nachweis von Interglazialablagerungen zwischen der Würm- und der Schlußvereisung im Ferwall- und Schönferwalltal. – JbBA 1931, 217–236, 7 Abb. – Bespr. GZ 46 A/251; Z. f. Glkde, 20, 1932, 133. S. a. Bobek H.

— Beiträge zur Geologie der Ferwallgruppe I. – JbBA 1931, 305–330, 1 Taf., 2 Fig. – Bespr. GZ 46 A/201; NJb. 1932/2, 399.

— Aufnahmsbericht über den kristallinen Anteil des Blattes Stuben (5144). – VBA 1931, 29–31; 1932, 30–32. – Bespr. GZ 46 A/198, 48 A/885.

— Geologische Karte der Lechtaler Alpen (zentralalpiner Teil): Parseier Gruppe und Arlberggebiet. 2 Blätter 1:25000. Kalkalpiner Teil von O. Ampferer. – Geol. BdsAnst., Wien' 1932.

— Neue Untersuchungen über das Gebiet von Köfels im Ötztal. – JbBA 1932, 275–342, 1 Tab., 42 Fig. – Bespr. GZ 49 A/939.

— Glazialgeologische Untersuchungen in der Umgebung südlich des Arlbergpasses. – JbBA 1933, 173–188, 1 Fig., 1 Taf. – Bespr. GZ 51 A/450.

— Aufnahmsbericht über den kristallinen Anteil des Blattes Stuben (5144). - VBA 1933, 30–32. - Bespr. GZ 50A/737.
— Aufnahmsbericht über den kristallinen Anteil des Blattes Stuben (5144). - VBA 1934, 30–31.
Renevier E. Relations du Pliocène et du Glaciaire aux environs de Côme. - Bull. Soc. géol. de France, s. 3, t. 4, Paris 1876, 187–199. - Bespr. NJb. 1879, 710; Ann. d. mines, s. 7, Mém., t. 10, Paris 1876, 572; Arch. d. sc. phys. et nat., t. 58, 155; Rev. géol. suisse p. l'a. 1876, Genève 1877, 35.
Renker G. Der Krieg in den Bergen. - Z. DÖAV, 1916, 219–236.
Repossi E. I massi erratici della regione dei tre lohgi. - Natura, v. 5, 1914; CAI, sez. Milano 1914, 36 S., 23 Abb.
— Le piramidi d'erosione di Rezzago in Valsassina. - Natura, v. 14, f. 2, Milano 1923, 62–64.
Reuter L. Der diluviale Inn-Chiemseegletscher. - Mitt. Geogr. Ges. München, 18, 1925, 337–339.
Rheinschlamm. Analyse des -s (nach Kaiser). - Neue Alpenpost, 1, Nr. 21, Zürich 1875, 166–167. - Bespr. Jber. Natf. Ges. Grbd., NF, 19, Chur 1876, 72.
Ricchieri G. Il cañon del medio Adda in relazione coi movimenti tettonici della valle Padana e dei mari Adriatico e Ligure. - Rec. d. trav. off. à M. J. Cvijić, Belgrad 1924, 253–287, 1 K. - Bespr. Z. f. Glkde, 15, 1927, 78; GZ 34/191.
Ricci L. Prime osservazioni fisiche sul ghiacciaio del Trobio (Alpi Bergamasche). - Riv. Geogr. It., an. 18, f. 5, Firenze 1911, 267–278. - Bespr. Boll. Com. geol. d'It., 43, f. 4, 1913, 110.
— Sui tipi ghiacciai delle Alpi Bergamasche (catena Orobia). - Atti VIII Congr. Geogr. It., v. 2, Firenze 1921.
— Osservazioni geografiche nella catena Orobia. - Universo, an. 3, n. 2, 1922.
— Relazione della Campagna Glaciologica del 1927. Alpi Atesine: Gruppo Alpi Venoste occidentali. - Boll. Com. Glac. It., 8, 1928, 202–205. - Bespr. GZ 42/843.
— Relazioni delle Campagne Glaciologiche del 1928. Gruppo delle Alpi Venoste occidentali (Langtaler F.) - Boll. Com. Glac. It., 9, 1929, 282–285. - Bespr. GZ 45/164.
— Relazioni delle Campagne Glaciologiche nel 1929. Gruppo Brenta. - Boll. Com. Glac. It., 10, Torino 1930, 267. - Bespr. GZ 47A/287.
— Relazioni delle Campagne Glaciologiche del 1929. Gruppo Alpi Venoste occidentali. - Boll. Com. Glac. It., 10, Torino 1930, 267-270. - Bespr. GZ 47A/296.
— Relazioni delle Campagne Glaciologiche del 1930. Gruppo Brenta. - Boll. Com. Glac. It., 11, 1931, 248–249. - Bespr. GZ 51A/421.
— Relazioni delle Campagne Glaciologiche del 1930. Alpi Atesine. Alpi Venoste occidentali. - Boll. Com. Glac. It., 11, 1931, 249–251. - Bespr. GZ 51A/421.
— Rel. d. Camp. Glac. del 1931. Gruppo di Brenta. - Boll. Com. Glac. It., 12, 1932, 300–301.
— Rel. d. Camp. Glac. del 1931. Alpi Atesine. Alpi Venoste occidentali. - Boll. Com. Glac. It., 12, 1932, 302–303.
— Rel. d. Camp. Glac. d. 1932. Alpi Retiche. Gruppo di Brenta. - Boll. Com. Glac. It., 13, 1933, 218–220.
— Rel. d. Camp. Glac. d. 1932. Alpi Atesine. Alpi Venoste occidentali. - Boll. Com. Glac. It., 13, 1933, 220–224, 1 Abb.
Richter E. Das Gletscherphänomen. Beitrag zu einer populären Geogr. d. Alpen. - Progr. Gymn. Salzburg, 23, 1873, 40 S. u. Z. DÖAV, 1874, 1–52, 5 Abb.
— Zur Geschichte des Vernagtgletschers. Beiträge zur Geographie u. Gesch. d. Alpen, IV. - Z. DÖAV, 1877, 164–168.
— Beiträge zur Kenntnis von Stadt und Land Salzburg. - Salzburg 1881.
— Beobachtungen am Obersulzbachgletscher. (Vortrag.) - Tageblatt Nr. 8 d. 54. Vers. D. Natf. u. Ärzte in Salzburg, 1881, 3 S.
— Beobachtungen am Obersulzbachgletscher. - Mitt. DÖAV, 1882, 16–18.
— Beobachtungen an den Gletschern der Ostalpen. I. Der Obersulzbachgletscher 1880–82. - Z. DÖAV, 1883, 57 S., 1 K., 3 Taf., 7 Fig. - Bespr. NJb. 1884/1, 221.
— Über Beobachtungen an den gegenwärtigen Gletschern der Alpen. - Sber. 4. D. Geogrtag Berlin, 1884, 7 S.
— Beobachtungen an den Gletschern der Ostalpen. II. Die Gletscher der Ötztaler Gruppe i. J. 1883. - Z. DÖAV, 1885, 54–65, 1 Abb. - Bespr. NJb. 1886/2, 97.
— Der Rückgang der alpinen Gletscher und seine Ursachen. - Z. Österr. Ges. f. Meteorol., 20, Wien 1885, 23–29. - Bespr. Der Naturforscher, 18, Berlin 1885, 97; Gaea (H. J. Klein), 21, Köln u. Leipzig 1885, 501.
— Neue wissenschaftliche Arbeiten über die Alpen. (Bespr. v. Brückner, Salzachgletscher; Böhm, Einteilung der Ostalpen; Finsterwalder und Schunck, Suldenferner; Pfaundler, Karte des Alpeinerferners.) - Mitt. Geogr. Ges. Wien, 30, 1887, 612–622.
— Schneegrenze und Firnfleckenregion. - Mitt. DÖAV, 1887, 49–50.
— Die Gletscher der Ostalpen. - Handbuch z. D. Landes- und Volkskunde, 3, Stuttgart 1888, 306 S., 7 K., 2 Ans., 44 Prof. - Bespr. Jb. SAC, 24, Bern 1889, 444; Natur, Halle 1889, 63, 72; Nature, 39, London and New York 1889, 361; Ann. géol. univ., 6, Paris 1890, 352; Mitt. Geogr. Ges. Wien, 1889, 519; NJb. 1889/2, 288.
— Beobachtungen an den Gletschern der Ostalpen. III. Der Karlingergletscher 1880–1886. IV. Der Obersulzbachgletscher 1885 und 1887. - Z. DÖAV, 1888, 35–41, 2 K.
— Zur Geschichte des Suldenferners. - Mitt. DÖAV, 1888, 242.
— Jahresübersichten der wissenschaftlichen Literatur über die Alpen. I. 1886–1888. I. Allgem. Darstellg u. Einteilg d. Alpen. II. Gletscherforschungen. III. Höhlen. IV. Seen. - Z. DÖAV, 1889, 504–528.
— Der Gletscherausbruch im Martelltal und seine Wiederkehr. - Mitt. DÖAV, 1889, 231–233. - Bespr. Mitt. Sekt. f. Natkde ÖTC, 3, 1891, 79; PetMitt., 1890, Litber., 144.
— Die Hilfsmittel gegen Ausbrüche von Eisseen. - Mitt. DÖAV, 1889, 291–295.
— L'attitudine del limite delle nevi nelle Alpi orientali. - Cronaca SAFr, 7, 8, Udine 1889, 7 S., 1 K.
— Jahresübersichten der wissenschaftlichen Literatur über die Alpen. II. 1886–1889. I. Meteorologie. II. Seen. III. Gletscher. - Z. DÖAV, 1890, 467–487.
— Die Gletscherseen der Alpen. - Globus, 57, Braunschweig 1890, 1–5. - Bespr. PetMitt., 36, 1890, Litber., 144.

— Geschichte der Schwankungen der Alpengletscher. - Z. DÖAV, 1891, 1-74, 1 K., 1 T. - Bespr. NJb. 1893/1, 374; PetMitt., 38, 1892, Litber., 70; Mitt. Sekt. f. Natkde ÖTC, 3, 1891, 70; Globus, 60, Braunschweig 1891, 333; Alpine Journal, 16, London 1893, 72.

— Der Vorstoß der Gletscher in den Ostalpen. - PetMitt., 8, 1891, 202-204. - Bespr. Carinthia II, 1891, 195.

— Urkunden über die Ausbrüche des Vernagt- und Gurglergletschers im 17. und 18. Jahrhundert. Aus den Innsbrucker Archiven. - Forschungen z. Deutschen Landes- und Volkskunde, 6, 1892, 92 S., 2 K. - Bespr. NJb. 1895/1, 50.

— Bericht über die Schwankungen der Gletscher der Ostalpen 1888-1892. - Z. DÖAV, 1893, 473-485.

— Die Erschließung der Ostalpen. - Berlin (DÖAV) 1893/94, 3 Bde, 1625 S., 5 K., 51 T., 4 Rundsichten. Nachtrag: Mitt. DÖAV, 1901, 57, 75.

— Die wissenschaftliche Erforschung der Ostalpen seit der Gründung des Österreichischen und des Deutschen Alpenvereins. - Z. DÖAV, 1894, 1-94.

— † Friedrich Simony. - Mitt. DÖAV, 1896, 174-175.

— Erforschung der Alpen. - Festschrift Geogr. Ges. Wien, 1898, 161-170.

— Eiszeitforschung im Innern der Alpen. - EgH 5, 1898, 4 S. S. a. Mitt. Geogr. Ges. Wien, 42, 1899, 290.

— Vernagthütte. - Mitt. DÖAV, 1898, 22-23.

— Über die Eiszeitforschung in den Alpen. - Verh. Schweiz. Natf. Ges., 81. Jvers., Bern 1898, 99-100; EgH 5, 1898, 483-484, 507-511; Arch. d. sc. phys. et nat., 6, Genève 1898, 489-491. - Bespr. EgH 6, 1900, 244; Arch. d. sc. phys. et nat., 9, Genève 1900, 73.

— Neue Ergebnisse und Probleme der Gletscherforschung. - Abh. Geogr. Ges. Wien, 1, 1899, 1, 13 S.

— Gebirgserhebung und Talbildung. - Z. DÖAV, 1899, 18-27, 1 T. -

— Les variations périodiques des glaciers. 4ème rapport 1898. - Arch. des sc. phys. et nat., 8, Genève 1899, 31-61.

— Geomorphologische Untersuchungen in den Hochalpen. - PetMitt., Ergh. 132, 1900, 103 S., 6 T., 14 Fig. - Bespr. VRA 1902, 255; GZ 2/1089; Carinthia II, 1902, 59; EgH 7, 1901/1902, 40; Boll. Com. geol. d'It., 32, 1901, 354.

— Les observations des glaciers et les associations alpines. - Clermont 1901, 8 S.

— Der Staubfall vom 11. 3. 1901 und die Gletscherforschung. - Zbl. f. Min., 1901, 662-663; Mitt. DÖAV, 1901, 200; Globus, 80, 1901, 145. - Bespr. Geogr. Z., 7, 1901, 592.

Richter M. Geologischer Führer durch die Allgäuer Alpen zwischen Iller und Lech. - Berlin 1924, Sammlg Borntraeger, Nr. 24, 224 S., 30 Fig., 7 Taf. - Bespr. GR 1924, 366; GZ 33/1318; Geogr. Z., 31, 1925, 184.

— Zum Problem der alpinen Gipfelflur. - Z. f. Geomorph., 4, 1929, 149-160. - Bespr. GZ 46A/1222.

— Geolog. Führer durch die Allgäuer Alpen südlich von Oberstdorf. - 1. Aufl. v. C. A. Haniel, München 1914; 2. Aufl. München (Piloty u. Loehle) 1929, 32 S., K. 1:25000. - Bespr. Z. f. Glkde, 18, 1930, 267.

Riedinger. Gletscherbeobachtungen in den Ötztaler Alpen. - Mitt. DÖAV, 1905, 243.

Riemann R. Ansichten über die geolog. Veränderungen des Laufs der Gasteiner Ache vom Böcksteiner bis zum Hofgasteiner Boden. - Mitt. DÖAV, 1879, 19-21.

Ries A. Die Eiszeit im nördlichen Alpenvorland. - Litblge z. Klerusblatt (Eichstätt), 6, 1930, 313-320.

Rinaldini B. v. Die Kitzbüheler Alpen. - Ostalp. Formenstudien, Abt. 2, H. 3, Berlin (Borntraeger) 1923, 144 S., 3 T., 1 Skz., 2 Fig. - Bespr. GR 1924, 362; Mitt. Geogr. Ges. Wien, 1923, 154; NJb. 1924/1, 109; GZ 31/265; Z. f. Geomorph., 1925, 75; Z. f. Glkde, 15, 1927, 157; Mitt. DÖAV, 1924, 178; Geogr. Z., 31, 1925, 250.

— Die Kitzbüheler Alpen. - Berge, Wien-Leipzig (Strohmer) 1923.

— Die Kitzbüheler Alpen. - Sammlg Alpenlandschaften, Wien 1924, 74 S., K. 1:200000. - Bespr. GZ 31/374.

— Der postglaziale Vulkan von Köfels im Ötztal und die Kluft bei Piburg. - Z. f. Geomorph., 1, 1926, 294-296. - Bespr. Z. f. Glkde, 15, 1927, 321.

Roberti G. Il pozzo glaciale di S. Valentino in Agro presso Vezzano. - Pro Cultura, 2, Trento 1911, 100-105, 3 Abb.

— Rocce e ghiacciai del gruppo Ortles-Cevedale. - CAI, Sez. di Milano, Comm. scient., Pavia (Fusi) 1926, 24 S.

Rochata C. Die alten Bergbaue auf Edelmetalle in Oberkärnten. - JbRA 1878, 213-368, 4 Taf.

Röpke W. Die Struktur des Löß. - Leopoldina, Ber. d. Kais. Deutsch. Akad. d. Naturforscher zu Halle, 3, Leipzig 1928, 43-50. - Bespr. GZ 37/1416.

Roschkott A. Die Schneeverhältnisse im Sonnblickgebiet. - Jber. Sonnblick-Ver., 34, 1925, Wien 1927, 21-25, 2 Fig.

Rosenbaum L. Die Perioden der Hochwässer und Eisstöße. - Die Bautechnik, 1930, 237-239. Auszug: Met. Z., 47, 1930, 193. - Bespr. Z. f. Glkde, 19, 1931, 363.

Rossi A. Sopra un anfiteatro morenico a Quero. - 1879.

— Sulla Chiusa di Quero e l'Epoca glaciale nel Piave e nel Brenta. - Boll. Soc. Ven.-Trent. di Sc. nat., Padova 1881, Nr. 5. - Bespr. Boll. Com. geol. d'It., 12, 1881, 353.

— La provincia di Treviso. Sunto geologico. - Boll. Soc. geol. it., v. 1, f. 2, Roma 1883, 203-221.

— Contribuzione alla geologia della provincia di Treviso. Note sull'epoca glaciale. - Boll. Soc. Ven.-Trent. di Sc. nat., t. 2, Nr. 4, Padova 1883, 207. - Bespr. Boll. Com. geol. d'It., 14, 1883, 331.

Rothpletz A. Über eine ausgestorbene Flora des Inntales. - Botan. Zentralbl., 57, 1894, 376. - Bespr. Bl. 875. S. a. Wettstein.

— Geologische Alpenforschungen. I. Das Grenzgebiet zwischen den Ost- und Westalpen und die rhätische Überschiebung. - München 1900, 176 S., 1 K., 4 Taf., 69 Fig. - Bespr. GZ 1/1492; Zbl. f. Min., 1902, 114; PetMitt., 47, Litber., 16; EgH 7, 1901-1902, 487; Jber. Natf. Ges. Grbd., NF, 44, 163; Jb. Natwiss., 17, 314.

— Über die Entstehung des Rheintales oberhalb des Bodensees. - Schr. d. Ver. f. d. Gesch. d. Bodensees, H. 29, 1900, 31-46. - Bespr. EgH 7, 1901-1902, 486.

— Der Rhein-Linth-See der Diluvialzeit. - Umschau, 1901.

— Die Entstehung der Seen und die Ausnützung

der Wasserkräfte. Exkursionsbericht. - Mitt. Geogr. Ges. München, 3, 1908, 114-116.
— Die Geschichte der Bodenseegegend vor der Eiszeit. (Vortr.) - Schr. Ver. Gesch. Bodensee, H. 37, 1908, 7-22. - Bespr. GZ 14/788; EgH 11, 1910, 199.
— Geologische Beobachtungen im Hochgebirge. - In: Keilhack, Lehrb. d. prakt. Geol., 2. Aufl. 1908, Kap. 131; 3. Aufl. 1916, Kap. 32, 247-251.
— Die Strudellöcher im Münchner Deckenschotter. - PetMitt., 59, 1913, 237-242. - Bespr. NJb. 1915/1, 118.
— Die künstlichen Aufschlüsse unter der Höttinger Breccie bei Innsbruck und ihre Deutung. - PetMitt., 61, 1915, 92-95, 138-143, 2 Abb., 338-339 (Erwiderung). - Bespr. GZ 22/1419, 1421; NJb. 1921/1, 195, 197.
— Die Osterseen und der Isar-Vorlandgletscher. Eine geol. Schilderung der Umgebung der Osterseen und ihrer Beziehungen zur Vorlandvergletscherung. - Mitt. Geogr. Ges. München, 12, 1917, 99-314, 1 Taf., 2 K.; Ldskdl. Forschgen, 24, München 1917. - Bespr. GZ 24/1308; NJb. 1921/2, 360; Geogr. Z., 24, 1918, 324.

Rotky O. Nachruf E. Brückner. - Mitt. Geol. Ges. Wien, 20, 1927 (1928), 115-116.

Rovereto G. Un itinerario geomorfologico nel Trentino. - L'Universo, 11, Firenze 1930, Nr. 1, 1-16, 9 Abb., 3 Taf. - Bespr. GZ 42/822, 45/139.

Rozet. Mémoire géologique sur le terrain diluvien de la vallée du Rhin. - Journal de géologie, 1, Paris 1830, 25-50.

Rudel E. Gletscherbeobachtungen im Adamello- und Ortlergebiete. - Mitt. DÖAV, 1902, 265-266.
— Der Obersulzbachgletscher in der Venedigergruppe seit dem letzten Vorstoße. - Z. f. Glkde, 5, 1911, 203-207.
— Der Hintereisferner. - Mitt. Geogr. Ges. München, 18, 1925, 513-518. - Bespr. Z. f. Glkde, 16, 1928, 152.

Rühl F. Beiträge zur Kenntnis der tertiären und quartertiären Ablagerungen in Bayrisch-Schwaben. - 32. Jber. Natwiss. Ver. f. Schw. u. Neuburg, Augsburg 1896. - Bespr. Mitt. DÖAV, 1896, 243.

Rungaldier R. Bemerkungen zur Lößfrage, besonders in Ungarn. - Z. f. Geomorph., 8, 1934, 1-40, 1 K.

Rutgers F. II. Bericht der Gletscherkommission der Physikalischen Gesellschaft Zürich. - Ski, 9, Bern 1915, 9-20. - III. Bericht. Ebd., 12, Bern 1917, 7-17.

Ruthner A. v. Wanderungen auf dem Glocknergebiete. - Mitt. Geogr. Ges. Wien, 1, 1857, 38 S.; 6, 1862, 37 S.
— Über die Verbreitung von Gletschern in den österr. Alpen. (Vortr.) - Mitt. Geogr. Ges. Wien, 1, 1857, Ber., 32-34.
— Wanderung von Kaprun nach der Johanneshütte. (Vortr.) - Mitt. Geogr. Ges. Wien, 1, 1857, Ber., 143.
— Übergang aus dem Ötztale in das Pitztal über den Hochvernagt- und Sechsegertenferner. - Mitt. Geogr. Ges. Wien, 3, 1859, Abh., 130-155.
— Verfallener Bergbau am Kloben. (Böckstein. - Vortr.) - Mitt. Geogr. Ges. Wien, 5, 1861, 96-98.
— Das Maltatal in Kärnten. Ersteigung des Hochalpenspitzes. - Mitt. Geogr. Ges. Wien, 5, 1861, Abh., 149-176.
— Aus dem österr. Hochgebirge: Ersteigung der Hohen Wildspitze im Ötztale. - Mitt. Geogr. Ges. Wien, 6, 1862, Abh., 216-243.
— Berg- und Gletscherreisen in den österr. Hochalpen. - Wien (Gerold) 1864, 414 S., 6 Abb., 1 K. - Bespr. Mitt. Geogr. Ges. Wien, 1864, Ber., 61; Z. f. allgem. Erdkde, 17, Berlin 1864, 495.
— Skizzen aus der Zillertaler Gebirgsgruppe. - Mitt. Geogr. Ges. Wien, 8, 1864, Abh., 113-180.
— Das Gepatschjoch. Übergang von Rofen über den Vernagt- und Gepatschferner nach dem Kaunertal. - Jb. ÖAV, 1865, 28 S.
— Skizzen aus dem Stubaier Gebirge. - Jb. ÖAV, 1866, 24-87, 1 K.
— Die Zugspitze im bayerischen Oberlande. - Jb. ÖAV, 1867, 36 S., 1 Taf.
— Der Olperer im Tuxer Hauptkamme. - Jb. ÖAV, 1867, 42 S.
— Übergang von Stubai nach dem obersten Passeier. - Jb. ÖAV, 1868, 37 S., 1 Taf.
— Exkursion in die Alpen. (Montafon, Ötztaler A., Brentagruppe.) - Mitt. Geogr. Ges. Wien, 1869, 57.
— Der Pfänder bei Bregenz. - Mitt. Geogr. Ges. Wien, 12, 1869, 286-293.
— Aus Tirol. Berg- und Gletscherreisen in den österr. Alpen. - Wien 1869, 472 S., 1 K., 4 Taf. - Bespr. Mitt. Geogr. Ges. Wien, 1869, 538.

Rütimeyer L. Über Tal- und Seebildung. Beiträge zum Verständnis der Oberfläche der Schweiz. - Basel 1869, 160 S., 1 K.; 2. Aufl. 1874. - Bespr. Z. f. d. ges. Natwiss., 34, Berlin 1869, 116; Ausland, 1870, 649; 1874, 91; VRA 1870, 10; NJb. 1870, 242; Arch. d. sc. phys. et nat., t. 37, 313; Rev. géol. suisse, 1870, 25; Boll. Com. geol. d'It., 1, 1870, 170.
— Das Rheinwaldgebirge. - Jb. SAC, 8, Bern 1872-1873, 539-551.
— Über Pliozän und Eisperiode auf beiden Seiten der Alpen. - Basel, Genf, Lyon 1876, 78 S., 1 K. - Bespr. Mitt. Geogr. Ges. Wien, 1876, 660.
— Weitere Mitteilungen zur schweizerischen Ur-Ethnographie aus den Kantonen Wallis, Graubünden und Tessin und deren prähistorischen und ethnographischen Parallelen. - Schw. Ges. f. Volkskunde, Basel (Trübner), Straßburg 1918, 50 S., 12 Taf., 4 Abb.; Verh. Schw. Natf. Ges., 99. Jvers. Zürich 1917, Aarau 1918, II, 288/89.

Rytz W. Über Interglazialfloren und Interglazialklimate, mit besonderer Berücksichtigung der Pflanzenreste von Gondiswil-Zell und Pianico-Sellere. - Schröter-Festschr., Veröff. Geobot. Inst. Rübel, 3, Zürich 1925, 811 S., zahlr. Taf. - Bespr. NJb. 1928/3, 61; PetMitt., 73, 1927, 173.
— Die Pollenanalyse und die Waldgeschichte der Schweiz. - Mitt. Natf. Ges. Bern a. d. J. 1928, 1929, röm. 23-24.

Saccardo A. Ricerche intorno alle erosione del Montello. - Atti Soc. Ven.-Trent. di Sc. nat., 1885, Padova 1886, 283-296, 1 Taf. - Bespr. Boll. Com. geol. d'It., 18, 1887, 424.

Sacco F. Sull'origine delle vallate e dei laghi alpini in rapporto coi sollevamenti delle Alpi e coi terreni pliocenici e quaternari della valle padana. - Atti d. R. Acc. d. Sc. di Torino, v. 20, Torino 1885, 481-505. - Bespr. Arch. d. sc. phys. et nat., t. 15, 319; Rev. géol. suisse p. l'a. 1885, Genève 1886, 50.
— Il Villafranchiano al piede delle Alpi. - Boll. Com. geol. d'It., 17, 1886, 421-449. - Bespr. Ebd., 18, 1887, 428.
— On the Origin of the Great Alpine Lakes. - Proc. Roy. Soc. Edinburgh, 14, 1887, 271-283. - Bespr. NJb. 1888/2, 462; Boll. Com. geol. d'It., 19, 1888, 376; Arch. d. sc. phys. et nat. de Genève, t. 21, Genève 1889, 228; EgH 1, 1889, 342.

— L'anfiteatro morenico del Lago Maggiore: studio geologico. – Annali R. Acc. d'Agr. di Torino, 35, 1892, 56 S., 1 K. – Bespr. Boll. Com. geol. d'It., 24, 1893, 376.
— Gli anfiteatri morenici del Lago di Como. – Ann. R. Acc. d'Agric. Torino, v. 36, 1893.
— L'anfiteatro morenico del lago di Garda. Studio geologico. – Ann. R. Accad. d'Agric. ecc. Torino, v. 38, 1895, 54 S., 1 K. – Bespr. Boll. Com. geol. d'It., 28, 1897, 376.
— L'apparato morenico del lago d'Iseo. – Ann. R. Acc. d'Agricolt. Torino, v. 37, 1895. – Bespr. Boll. Com. geol. d'It, 26, 1895, 492.
— Gli anfiteatri morenici del Veneto. – Ann. R. Accad. d'Agric. Torino, v. 41, 1899, 189–283, 2 K. – Bespr. Boll. Com. geol. d'It., 31, 1900, 385; Bl. 1025.
— Le condizioni meteoro-idrologiche dell'era quaternaria e la causa dei periodi glaciali. – Mem. R. Acc. Lincei, cl. Sc. fis., mat. e nat., an. 317, s. 5, v. 13, f. 3, Roma 1920, 139–159. – Bespr. Revue de Géol., 1921, 26; Bibl. géogr. 1920/21, Paris 1923, 51; GZ 38/393.
— Osservazioni glaciologiche nella regione dolomitica del Veneto. – Boll. Soc. geol. it., Roma 1921, v. 39, 213–220.
— Gli studi glaciologici in Italia. Relazione e bibliografia. – Cons. Naz. d. Ricerche; Com. Geod. e Geofis., Roma 1927. – Bespr. GZ 42/108.
— Come nacquero le Alpi. – Le vie d'It., Milano 1930, maggio, 14 S., 16 Abb.
— Ricerche glaciologiche in Val di Vizze nell'Alto Adige. – Boll. Com. geodet. e geofis. del Cons. Naz. Ricerche, n. 21, 1930.
— La vita di un ghiacciaio. – Le vie d'Italia, 37, 1931, 129–139, m. Abb.
— Le Alpi. – Milano (Tour. C. I.) 1934, 697 S., 1002 Abb. – Bespr. PetMitt., 80, 1934, 316.

Salis C. U. v. Nachricht von dem Gletscher auf Bernina. – Der Sammler, 3, Chur 1781, 182–184, 299–306, 377, 378.

Salis F. v. Notanden über erratische Erscheinungen im Rheingebiet. (Quaternäre Bildungen.) – Jb. SAC, 10, Bern 1875, 457–464. – Bespr. Arch. d. sc. phys. et nat., t. 57, 383; Rev. géol. suisse p. l'a. 1875, Genève 1876, 39.
— Die Gletscher in Graubünden. – Jb. SAC, 18, Bern 1883, 271–294, 455. – Bespr. Jber. Natf. Ges. Grbd., NF, 27, Chur 1884, 67.
— Zur Geschichte der Gletscher im Kanton Graubünden. – Jb. SAC, 22, Bern 1887, 254–261. – Bespr. Jber. Natf. Ges. Grbd, NF, 31, Chur 1888, 73; PetMitt., 34, 1888, Litber., 56.

Salm W. C. Zu der Arbeit von H. Mothes über die Bestimmung der Eisdicke am Hintereisferner. – Gerlds Beitr. z. Geophys., 2, 1932, 401–408, 2 Fig. – Bespr. GZ 51 A/1765.

Salmojraghi F. Alcune osservazioni geologiche sui dintorni del Lago di Comabbio. – Atti Soc. it. d. Sc. Nat., v. 25, Milano 1882. – Bespr. Boll. Com. geol. d'It., 13, 1882, 286.
— Le piramidi di erosione e i terreni glaciali di Zone. Contribuzione alla geologia neozoica del Lago d'Iseo. – Boll. Soc. geol. it., 4, Roma 1886, 117–142, 2 Taf. – Bespr. Boll. Com. geol. d'It., 1886, 116; 1887, 430.
— Giacimenti ed origini della Terra follonica (Argilla smettica) di Marone e Sale Marasino sul Lago d'Iseo. – Atti Soc. it. di Sc. nat., v. 34, Milano 1893, 4. – Bespr. Boll. Com. geol. d'It., 25, 1894, 432.
— Formazioni interglaziali allo sbocco di Val Borlezza nel lago d'Iseo. – Rend. d. R. Ist. Lomb. di Sc. e Lett., s. 2, v. 30, f. 3, Milano 1897, 132–153, 1 K. – Bespr. NJb. 1899/1, 52; Boll. Com. geol. d'It., 30, 1899, 94.
— Il pozzo detto glaciale di Tavernola Bergamasca sul lago d'Iseo. – Boll. Soc. geol. it., v. 21, f. 1, Roma 1902, 221–256. – Bespr. GZ 7/1332; NJb. 1903/1, 133.

Salomon W. Können Gletscher in anstehendem Fels Kare, Seebecken und Täler erodieren? – NJb. 1900/2, 117–139, 1 K., 1 Taf. – Bespr. EgH 7, 1901/02, 41; GZ 4/1618; Mitt. DÖAV, 1900, 267.
— Die Adamellogruppe, ein alpines Zentralmassiv, und seine Bedeutung für die Gebirgsbildung und unsere Kenntnis von dem Mechanismus der Intrusionen. – Abh. RA, 21, 1. Teil 1908, 1–433, 2 K., 6 Taf., 91 Abb.; 2. Teil 1910, 435–603, 3 Taf., 7 Abb. – Bespr. GZ 17/232; GR 1911, 524; NJb. 1911/1, 276; 1912/2, 226; PetMitt., 57, 1911/2, 219; Boll. Com. geol. d'It., 40, 1909, 383.
— Scheinbare Facettengeschiebe in der Grundmoräne des Mte S. Salvadore bei Lugano. – EgH 11, 1910, 810–813. – Bespr. GZ 18/64; EgH 12, 1912, 303.
— Rocce porose del lias nella morena di fondo del Monte S. Salvadore presso Lugano. – Rend. R. Ist. Lomb., s. 2, v. 44, f. 8, Milano 1911, 402–404. – Bespr. GZ 16/1275, 1513; EgH, 12, 1912, 303; GR 1913, 569; Boll. Com. geol. d'It., 42, 1911, f. 4, 110.
— Über zwei altersverschiedene Moränen am Monte Bré bei Lugano. (Vortr.) – GR 3, 1912, 416. – Bespr. GZ 19/508; EgH 13, 1914, 164.
— Gletscherbeobachtungen am Vadret Lischanna (Unterengadin). – Sber. Heidelberger Ak. d. Wiss., math.-natw. Kl., 1929, 4. Abh., 3 S. – Bespr. Z. f. Glkde, 17, 1929, 395; GZ 40/1843; GR 22, 1931, 137; NJb. 1930/2, 417; 1930/3, 35.
— Arktische Bodenformen in den Alpen. – Sber. Heidelberger Ak. d. Wiss., math.-natw. Kl., 1929, 5. Abh., 31 S., 6 Abb. – Bespr. Z. f. Glkde, 17, 1929, 394; GZ 40/1779; NJb. 1930/2, 420; 1930/3, 34; 1931/2, 383; GR 22, 1931, 248; Z. f. Geomorph., 5, 1930, 138.

Salomon-Calvi W. Epeirophorese. Teil III. Die vordiluvialen Eiszeiten. A. Die Eiszeiten des Tertiärs und Mesozoikums. – Sber. Heidelberger Ak. d. Wiss., math.-natw. Kl., 8. Abh., 1931, 31 S. – Bespr. Z. f. Glkde, 20, 1932, 180; GZ 47 A/988; NJb. 1932/2, 169.
— Epeirophorese. Teil III. Die vordiluvialen Eiszeiten. B. Die Eiszeiten des Karbons und Perms. – Sber. Heidelberger Ak. d. Wiss., math.-natw. Kl., 1933, 1. Abh., 8 S. – Bespr. GZ 50/1606; Geogr. Z., 39, 1933, 489; NJb. 1933/3, 799.
— Die permokarbonischen Eiszeiten. – Leipzig (Akad. Verl.) 1933, 156 S., 8 Abb. – Bespr. GZ 50/1605; Mitt. Geol. Ges. Wien, 24, 1932, Wien 1933, 254; Z. Ges. f. Erdkde Berlin, 1934, 61; PetMitt., 80, 1934, 237; NJb. 1933/3, 909.

Sandberg C. G. S. Geodynamische Probleme. I. Isostasie und die ursächliche Einheit von Gebirgsbildung und Vulkanismus. II. A. Tektonik und Metamorphose. B. Widersprüche in der Kontraktionstheorie. – Berlin (Borntraeger) 1924, 69 S. – Bespr. NJb. 1925/2, B, 126.

Sandberger F. v. Das Oberrheintal in der Tertiär- und Diluvialzeit. (Vortrag Versammlg Deutscher Naturf. u. Ärzte in Wiesbaden, 23. IX. 1873.) – Ausland 1873, Nr. 50; Engl. v. A. C. Ramsey in The geol. Mag., d. 2, v. 1, London 1874, 215-221. - Bespr. VRA 1874, 47.

Sander B. Erläuterungen zur geologischen Karte Meran-Brixen. (Mit Beiträgen v. W. Hammer.) - Schlern-Schr., 16, Innsbruck (Wagner) 1929, 1-111 u. Ber. Natw.-mediz. Ver. Innsbruck, 41, 1929, 1-111, 4 Blg. - Bespr. VBA 1930, 225; Mitt. Geol. Ges. Wien, 1930, 165; GZ 43/1153; Der Schlern, 11, 1930, 90; Z. f. prakt. Geol., 38, 1930, 16; Studi Trent. Sc. Nat., 12, 1931, 152.

— Fortschritte der Gefügekunde der Gesteine. Anwendungen. Ergebnisse, Kritik. - Fortschr. d. Min., Krist. u. Petr., 18, 1934, 111-170.

Sangiorgi D. e **Marson L.** Sulle variazioni dei ghiacciai italiani del Gruppo del Bernina. - Atti d. Soc. Lig. di Sc. nat. e geograf., v. 19, Genova 1908, 3-9. - Bespr. GZ 15/1117; Boll. Com. geol. d'It., 40, 1908, 385.

Sangiorgi D. Osservazioni sui ghiacciai italiani del Gruppo del Bernina e del Disgrazia. - Riv. mens. d. CAI, v. 31, Torino 1912, 43-49.

— Osservazioni sui ghiacciai della Val Malenco. (Estate 1911). - Riv. mens. d. CAI, v. 31, Torino 1912, 335-341.

— Osservazioni sui ghiacciai del gruppo montuoso Albigna-Disgrazia. (Estate 1912.) - Boll. Com. Glac. It., 1, Roma 1914, 47-81. - Bespr. Z. f. Glkde, 9, 1915, 286.

— Osservazioni sui ghiacciai dei gruppi montuosi del Pizzo Disgrazia, P. Bernina, P. Scalino. - Boll. Com. Glac. It., 2, 1917, 7-24.

— Relazione preliminare sui ghiacciai della Valtellina (1917). - Boll. Com. Glac. It., 3, 1919, 18-19. - Bespr. Z. f. Glkde, 12, 1921, 88.

— Relazione della Campagna Glaciologica del 1927. Alpi Retiche: Gruppi Badile, Disgrazia, Bernina, Scalino. - Boll. Com. Glac. It., 8, 1928, 197-198. - Bespr. GZ 42/838.

— Relazioni delle Camp. Glac. del 1928. Alpi Retiche. Ghiacciaio del Disgrazia. - Boll. Com. Glac. It., 9, 1929, 276-280. - Bespr. GZ 45/168.

— Relazioni delle Campagne Glaciologiche del 1929. Alpi Retiche. Gruppi Badile-Disgrazia-Bernina-Scalino. - Boll. Com. Glac. It., 10, Torino 1930, 256-258. - Bespr. GZ 47A/291.

— Relazioni delle Campagne Glaciologiche del 1930. Alpi Retiche. Gruppi Badile-Disgrazia-Bernina-Scalino. - Boll. Com. Glac. It., 11, 1931, 238-239. - Bespr. GZ 51A/895.

— Rel. d. Camp. Glac. del 1931. Alpi Retiche. Gruppi Badile, Disgrazia, Bernina, Scalino. - Boll. Com. Glac. It., 12, 1932, 289-291.

— Rel. d. Camp. Glaciol. d. 1932. Alpi Retiche. Gruppi Badile, Disgrazia, Bernina, Scalino. Bacino del Mallero. Ghiacciai del Disgrazia. - Boll. Com. Glac. It., 13, 1933, 209-211.

Sarasin F. Über die mutmaßliche Ursache der Eiszeit. - Verh. Natf. Ges. Basel, 18, 1906, 759ff.

Sardagna M. Ghiacciai antichi del Trentino. - Ann. SAT, Trento 1874, 71-82.

Sauer A. Zur Lößfrage. - NJb. 1890/2, 92-97.

Sauer L. Die Erdpyramiden in den Alpen und verwandte Bildungen. - Stettin 1904. Jber. Realgymn., 40, 1905, 12 S. - Bespr. GZ 6/38; Pet-Mitt., 53, Litber., 102.

Sawicki L. R. v. Ein Beitrag zur Entwicklungsgeschichte der Rhein-Rhone-Wasserscheide. - Z. Ges. f. Erdkde Berlin, 1909, 7-32, 1 Taf. (S. a. Brückner.) - Bespr. Z. f. Glkde, 4, 1910, 239.

Schad. Beitrag zur Kenntnis des Rheingletschers und der Talgeschichte der Donau von Sigmaringen bis Ulm. - Jber. Oberrhein. Geol. Ver., 1911 (1912), NF, 1, 2.

Schafarzik F. Über den Schneefall vom 11. März 1901. - Földtani Közlöny, 31, Budapest 1901, 174-177.

Schaffer F. X. Vergleichung der Gliederung der nordischen Vereisung mit der alpinen. - Extr. du C. R. d. l. Réunion géolog. internat. à Copenhague 1928, 205-207. - Bespr. GZ 43/181; Z. f. Glkde, 19, 1931, 200.

— Über die Erdpyramiden am Ritten bei Bozen. - VBA 1932, 163-165. - Bespr. GZ 50A/317.

Schaltegger F. Franz Alfons Forel †. - Schr. Ver. f. Gesch. d. Bodensees u. s. U., 42. H., Lindau 1913, röm. 17-20, 1 Bild.

Schardt H. Remarques sur les origines des blocs exotiques du Flysch. (Vortr.) - EgH 14, 1916, 219-220. - Bespr. Ebd., 15, 1918, 452.

— u. **Arni P.** Über die Entstehung des Lünersees im Rhätikon. - Vierteljschr. Natf. Ges. Zürich, 71, 1926, 269-290. - Bespr. GZ 36/790; NJb. 1928/3, 395.

Scharff F. Über das Sarganser Seebecken. - NJb. 1872, 936-938. - Bespr. Bl. 338.

Schatz H. Nachmessungen am Hintereis- und Vernagtferner im Sommer 1932. - Z. f. Glkde, 21, 1933, 160-164. S. a. H. Hess.

Scheibener E. Aus der Erforschungsgeschichte des roten Schnees. - Deutsche Alpenztg, 12, 11, München 1912, 8 S.

Schellenberg G. Die Pollenanalyse, ein Hilfsmittel zum Nachweis der Klimaverhältnisse der jüngsten Vorzeit und des Alters der Humusablagerungen. - In: E. Blanck, Handbuch der Bodenlehre, 2, Berlin (Springer) 1929, 139-147.

Scheufele W. Nachmessungen 1914 und 1915 am Gliederferner und Weißkarferner (Zillertaler Alpen). - Z. f. Glkde, 10, 1917, 114-115.

Schibler W. Die Flora des Davoser Landwassertales über 2600 m. - Festschr. f. d. 110. Jvers. Schw. Natf. Ges. in Davos, Basel 1929, 93-118.

Schill J. Über den Ötztaler Gletscher. - NJb. 1853, 786ff. - Bespr. Bl. 59.

— Geologische Beschreibung der Umgebung von Überlingen. - Beitrag z. Statistik d. inn. Verwaltg d. Großh. Baden, 8, Karlsruhe 1859. - Bespr. NJb. 1861, 224.

— Die Tertiär- und Quartärbildungen des Landes am nördlichen Bodensee und Höhgau. - Jh. d. Ver. f. vaterld. Natkde in Württ., 15, Stuttgart 1859, 129-254. - Bespr. NJb. 1859, 852; Bl. 154.

Schiller-Tietz. Büßerschnee und Erdpyramiden. - Deutsche Alpenzeitg, 15, 6, München 1915, 2 S.

Schindler F. Kulturregionen und Ackerbau in den Hohen Tauern. - Z. DÖAV, 1888, 73-82.

Schinz H. Die Brockmannsche Auffassung über das Wesen der Eiszeit. - Natwiss. Wochenschr., NF, 9, Jena 1910, 397-398.

Schjerning W. Der Pinzgau. Physikalisches Bild eines Alpengaues. Die Pinzgauer. - Forschgen z. D. Lds- u. Volkskunde, 10, H. 2, Stuttgart 1897, 133 S., 1 K., 9 T.; H. 3, 104 S., 2 T., 2 Abb. - Bespr. Geogr. Z., 3, 1897, 538; Bl. 974.

Schlagintweit A. Untersuchungen über die Talbildung und die Form der Gebirgszüge in den Alpen. - JbRA 1851, II, 33-57, 2 Fig. - Bespr. Bl. 26.

— Bemerkungen über die Wirkungen der Erosion in den Alpen. - NJb. 1851, 292-308. - Bespr. Bl. 27.

— Über den geologischen Bau der Alpen. (Vortr.) - Berlin 1852, 32 S., 1 Taf.

— u. **H.** Neue Untersuchungen über die physikalische Geographie und die Geologie der Alpen. - Leipzig 1854, 630 S., 1 Atl. - Bespr. C.-R. hebdom. d. séances de l'Acad. d. sc., t. 39, Paris 1854, 278; NJb. 1855, 91; Bl. 73.

Schlagintweit H. u. **A.** Untersuchungen über den Kohlensäuregehalt der Atmosphäre in den Alpen. - Ann. d. Phys. u. Chemie (Poggendorff), 16, Leipzig 1849, 442–457.

— Beiträge zur Topographie der Gletscher. (Pasterze, Ötztaler Grp.) - Z. DGeolGes., 2, 1850, 362–381, 2 Taf.

Schlagintweit H. Über die Regenverhältnisse der Alpen. - JbRA 1850, 280–286, 1 Taf. - Bespr. Ber. ü. d. Mitt. v. Frden d. Natwiss. in Wien, 7, 1851, 11.

Schlagintweit H. u. **A.** Untersuchungen über die physikalische Geographie der Alpen in ihren Beziehungen zu den Phänomenen der Gletscher, zur Geologie, Meteorologie und Pflanzengeographie. - Leipzig 1850, 600 S., 2 K., 11 Taf. - Bespr. Bl. 18; Edinburgh New Philos. Journ., 50, 1851, 287; Arch. d. sc. phys. et nat., 20, Genève 1852, 155.

Schlagintweit H. Über die Verbreitung und die Ausdehnung der Gletscher in den verschiedenen Alpengruppen. - In: Neue Untersuchungen über die physik. Geographie und die Geologie der Alpen v. A. u. H. Schlagintweit, Leipzig 1854, 493–515.

— Beobachtungen über Erosion und Gletscher in der Bernina-, Ötztaler- und Silvrettagruppe. (Vortr.) - Z. DGeolGes., 11, 1859, 5–6.

Schlesinger G. Die eiszeitliche Fauna der Bärenhöhle bei Kufstein. (Vortr.) - Verh. Zoolog.-bot. Ges. Wien, 60, 1910, 151–153.

Schlosser M. Zur Geologie von Nordtirol. - VRA 1895, 340–361. - Bespr. NJb. 1898/1, 309; Bl. 911.

—, **Birkner E.** u. **Obermaier H.** Die Bären- oder Tischoferhöhle im Kaisertal bei Kufstein. - Abh. Bayr. Ak. d. Wiss., 2, 24, 2. Abt., München 1909, 387–506, 5 Taf., 12 Fig. - Bespr. VRA 1910, 196; GZ 14/775, 19/741; NJb. 1910/2, 141; Z. f. Glkde, 8, 1914, 139.

Schmid F. X. Die Ammer einst und jetzt. - Diss. Würzburg, 1913.

Schmid K. Entstehung des Alleghesees. - Diss. Würzburg, 1906, 48 S. - Bespr. GZ 14/1601.

Schmidle W. Zur geologischen Geschichte des nordwestlichen Bodensees bis zum Maximalstand der Würmeiszeit. - Schr. Ver. f. Gesch. d. Bodensees, 35, 1906, 71–122. - Bespr. EgH 10, 1908, 462; Z. f. Glkde, 1, 1907, 366.

— Über den Rückzug des Würmgletschers im nordwestlichen Bodenseegebiet. - Zbl. f. Min., 1907, 257–266. - Bespr. GZ 10/1503; EgH 10, 1908, 462.

— Bericht über die Diluvialexkursion im Bodenseegebiet. - Ber. Vers. Oberrh. Geol. Ver., Nr. 40, 1907, 79–81. - Bespr. GZ 11/1460.

— Über äolische Bildungen während des Rückzuges der letzten Vergletscherung. - Schr. Ver. f. Gesch. d. Bodensees, 37, 1908, 40–49. - Bespr. GZ 14/819.

— Postglaziale Ablagerungen im nordwestlichen Bodenseegebiet. - NJb. 1910/2, 104–122, 2 Fig.; Zbl. f. Min., 1911, 117–127, 153–158, 182–189, 212–218, 249–255. - Bespr. EgH 11, 1910, 681; 12, 1912, 436; GZ 16/87, 1278; Ber. Schw. Bot. Ges., 1912, 45.

— Über Riedel- und Talbildungen am nordwestlichen Bodensee. - Mitt. Großh. Bad. Geol. Ldsanst., 1910, 1–44, 1 K., 3 Taf., 3 Abb. - Bespr. GZ 19/1628.

— Zur Kenntnis der Molasse und der Tektonik am nordwestlichen Bodensee. - Z. DGeolGes., 63, 1911, 522–551, 1 K. - Bespr. NJb. 1912/1, 516; GZ 18/261, 25/768; EgH 12, 1912, 390.

— Zur Geologie des Untersees. - Jber. u. Mitt. Oberrhein. geol. Ver., NF, 2, 1912, H. 1, 29–53; Sonderheft „Untersee" in „Badische Heimat", 1926. - Bespr. GZ 18/1068, 35/728; Z. f. Glkde, 8, 1914, 63; PetMitt., 58, II, 1912, 222; EgH 13, 1914, 92.

— Über Gerölle in der marinen Molasse bei Überlingen. - Mitt. Großh. Bad. Geolog. Landesanst. Heidelberg, 7, H. 1, 1912, 25–54, 5 Fig. - Bespr. GZ 19/1258; 20/584; EgH 13, 1914, 138.

— Die Untersuchungen der Molasse am nordwestlichen Bodensee. - Verh. Schw. Nat. Ges., 96. Jvers. Frauenfeld 1913, II, 204–206; EgH 12, 1912, 685–688, 1 K. (Vortr.) - Bespr. EgH 13, 1914, 671.

— Die diluviale Geologie der Bodenseegegend. - Braunschweig 1914, 113 S., 42 Abb., 7 Taf. (Die Rheinlande, Nr. 8.) - Bespr. GZ 22/1130; Mitt. Geogr. Ges. München, 11, 1916, 313; Z. f. Glkde, 11, 1920, 94; Natwiss. Wochenschr., NF, 14, 1915, 112; Geogr. Anzg., 17, 1916, 51; PetMitt., 63, 1917, 191; Geogr. Z., 21, 1915, 299.

— Die Geologie der Mainau. - Schr. d. Ver. f. Gesch. d. Bodensees, 44, 1915, 1–13, 3 Fig. - Bespr. GZ 25/734.

— Charakterbilder aus der Bodenseelandschaft. - Bodenseebuch, 1915, 169–177. - Bespr. GZ 25/733.

— Geol. Spezialkarte des Großh. Baden, Bl. Konstanz, Nr. 162, 1:25000. Mit Erläuterungen, 51 S. - 1916. - Bespr. GZ 23/228.

— Karte der diluvialen Gletscherränder und Moränen im Badischen Seekreis. O. M. - In: W. Deecke, Geologie von Baden, Berlin (Borntraeger), II, 1917, 531; III, 1918, 125.

— Die Stratigraphie der Molasse und der Bau des Überlinger- und des Unterseebeckens. - Schr. Ver. f. Gesch. d. Bodensees, 47, 1918, 63–82, 1 K. - Bespr. GZ 25/768.

— Die Geologie von Singen und seiner Vulkane. - Stadtverwaltg Singen-Hohentwiel, 1918; Singener Nachr., Singen 1919, 32 S. - Bespr. GZ 25/720.

— Die Geologie des Bodenseebeckens. (Vortr.) - Schr. Ver. f. Gesch. d. Bodensees, 50. H., Lindau 1922, 38–55, 2 Skz.

— Zur Geologie von Heiligenberg und Umgebung. - Schr. Ver. f. Gesch. d. Bodensees, 51, Lindau 1922, 14–27, 1 Skz.

— Der Boden von Konstanz. - Bodenseebuch, Konstanz 1923, 52–59. - Bespr. GZ 25/732.

— Der Konstanzer Gletscher im östlichen Thurgau. (Vortr.) - Schr. Ver. z. Gesch. d. Bodensees u. s. Umgebung, 55. H., Friedrichshafen 1927, 253 - 265, 1 K.

— mit **Blumrich J.**, **Bräuhäuser M.** u. **Pratje O.** - Geol. Ausgabe des Bl. 660 Lindau der Karte d. D. Reiches 1:100000. Mit Querschnittstafel u. Erläuterungen. - München (Piloty u. Loehle) 1931, 13 S., 1 K., 1 Taf.

Schmidle W. Geschichte der geologischen Erforschung des Bodensees. - Bad. Geol. Abhandlungen, 3, Karlsruhe 1931, 1–40, 81–95, 6 Abb. - Bespr. GZ 47 A/1950; NJb. 1932/3, 514.

— Die Drumlinhügel des diluvialen Rheingletschers. - Fortschr. d. Geol. u. Pal., 11, Deecke-Festschr., Berlin 1932, 341–375, 8 Fig. - Bespr. GZ 48 A/263, 49 A/382.

— Die Geologie von Konstanz und seiner näheren

Umgebung. - Bad. Geol. Abhdlgen, 4, Karlsruhe 1932, 9–40, 9 Abb., 1 Taf. - Bespr. GZ 50 A/1329; NJb. 1933/3, 281.
— Der Boden von Konstanz. - Ohne Jahr u. Ort, 8 S. - Bespr. GZ 25/732.
Schmidt C. u. **Steinmann G.** Geol. Mittlgen aus der Umgebung von Lugano. Exkursionsgebiet der Schw. Geol. Ges. v. 9.–11. Sept. 1889. - EgH 2, 1890, 1–82, 1 Taf.; Verh. Natf. Ges. Basel, 9, 1891, 245–326, 1 Taf. - Bespr. NJb. 1892/1, 326; Boll. Com. geol. d'It., 22, 1891, 262; 23, 1892, 420; Arch. d. sc. phys. et nat. de Genève, t. 25, Genève 1891, 341, 426, 438, 548, 555, 571; EgH 2, 1891, 369, 380, 392, 404, 411, 427; Ann. géol. univ., t. 7, Paris 1891/92, 260, 269, 290, 351.
Schmidt C. Überblick über die geologischen Verhältnisse der Umgebung von Lugano. - Atti d. Soc. elv. d. sc. nat., Actes d. l. Soc. helv. d. sc. nat., 72e sess., Lugano 1890, 35 S.
— Die pliozänen und glazialen Bildungen am Nordabhang des Monte San Salvatore. - Verh. Natf. Ges. Basel, 9, 1893, 294–301; EgH 2, 1890/92, 51–57. - Bespr. Ebd. 437, 440; Arch. d. Sc. phys. et nat. de Genève, t. 25, Genève 1891, 581, 584.
— Vivianit in den Diluvialtonen von Noranco bei Lugano. - EgH 9, 1906, 75–76. - Bespr. Ebd. 596; NJb. 1907/2, 189.
Schmidt E. Beiträge zur Morphologie des Wipptales in T. - Diss. Jena (Noske, Leipzig) 1917, 49 S., 2 K.
Schmidt M. Rückzugsstadien der Würmvergletscherung im Argengebiet. - Schr. Ver. f. Gesch. d. Bodensees, 40, Lindau 1911, 26–52, K. 1:150000. - Bespr. GZ 18/731.; PetMitt., 59, 1913/1, 89; Z. f. Glkde, 7, 1913, 354.
— Allgäuwanderung zwischen Isny und Argenmündung. (Miozän und jüngeres Diluvium.) - In: Engel, Exkursionsführer durch Württemberg, Stuttgart 1911, 12 S.
— Über einen glazialen Riesentopf bei Scheffau am Pfänder. - Mitt. DÖAV, 1912, 134–136, 162–164. - Bespr. GZ 18/729; Z. f. Glkde, 7, 1913, 354.
— u. **Bräuhäuser M.** Geolog. Spezialkarte Württemberg, Bl. 181, Neukirch, 1:25000. - Stuttgart 1913. - Bespr. NJb. 1915/1, 378.
Schmidt M. Geolog. Spezialkarte Württemberg, Bl. 184, Langenargen, 1:25000. - Stuttgart 1913. Mit Erläuterungen, 50 S. - Bespr. NJb. 1915/1, 378; PetMitt., 61, 1915, 78.
— Ausflug ins Glazialdiluvium von Hemigkofen und Bad Schachen.· Ausflug durch die Flußgebiete der Argen und Leiblach. Molasse und Glazialdiluvium. (Mit M. Bräuhäuser:) Ausflug durch das Flußgebiet der unteren Argen, Schussen und Rotach. Molasse und Glazialdiluvium. - Jber. u. Mitt. Oberrhein. Geol. Ver., NF, 4, H. 1, 1914, 45–49, 1 K. - Bespr. GZ 21/583.
— Die geologischen Verhältnisse des Oberamts Tettnang. - Aus: Beschreibung des Oberamts T., 2. Bearbeitg, herausgeg. v. Statist. Ldsamt, Stuttgart 1914, 57 S., 20 Abb., 1 K.
Schmidt Th. Das Vorrücken des Vernagtgletschers. - Natur, 19, 38, Halle 1870, 4 S.
— Gletscherbeobachtungen der S. Breslau im Ötztale. - Mitt. DÖAV, 1896, 184–186, 197–199.
Schmitt A. Zur Chronologie der Eiszeit. - Unsere Welt, 5, 1913, 145–152.
Schmitt W. Föhnerscheinungen und Föhngebiete. - Wissensch. Veröff. d. DÖAV, 8, Innsbruck 1930, 64 S., 1 K., 29 Diagr. u. Abb. - Bespr. PetMitt., 77, 1931, 44.
Schmitz H. Pollenregen - Seeblüte und Pollenanalyse - Paläont. Z., 12, 1930, 188–193. - Bespr. GZ 2 B/451.
Schmuck A. - **Morawetz S.** Beiträge zur Geomorphologie der Sonnblickgruppe. - Mitt. Natwiss. Ver. f. Steiermark, 69, 1932, 59–69, 1 Skz.
Schnalsertal. Stauseeausbruch (Schwemser Ferner), Gletscherrückgang. - Mitt. DÖAV, 1891, 197, 282.
Schnarrenberger K. Exkursion in das Eruptivgebiet Hohentwiel-Krähen-Mägdeburg-Welschingen am 13. 8. - Z. DGeolGes., 65, 1913, Mber., 534–535.
Schnee, roter (R. C.). - zu Grafendorf im Gailtal. - Carinthia II, 91, Klagenfurt 1901, 77–78.
Schneehöhen. Beobachtung der -. - Mitt. DÖAV, 1895, 48–49 (Daten einsenden).
Schneelawine. Die - im Prättigau zu St. Antonien. - Schw. Bote, 4, Aarau 1807, 118–119.
Schneelawinenverbauung. Die - im· Schmittentale bei Zell am See. - Zbl. f. d. ges. Forstwesen, 1900.
Schneider J. Die Glazialerscheinungen in der Umgebung von Traunstein. - Progr. Realschule Traunstein, 1891, 40 S.
Schneider J. M. Maxima diluvialer Gletschererosion in verschiedenen Alpenländern. - Verh. Schw. Natforsch. Ges., 105. Jvers., Luzern 1924, II, 152–153.
— Die diluviale Glazialerosion an der Via Mala-Strecke, am Fläscherberg, Gonzen und Schänniserberg. - Verh. Schw. Natf. Ges., 106. Jvers. Aarau 1925, 2. Teil, 132–133. - Bespr. NJb. 1929/3, 227.
— Das St. Gallische Rheintal kein Glazialerosionstal. - EgH 19, 1925/26, 162–165, 1 Fig.; Verh. Schw. Natf. Ges., 105. Jvers. Luzern 1924, II, 151–152.
— Relatives Alter und Erosion der modernen Alpengletscher. - Verh. Schw. Natf. Ges., 106. Jvers. Freiburg 1926, 2. Teil, 174–176.
— Ursachen der Rheintalsenkung. (Vortr.) - EgH 22, 1929/30, 148–151.
— Zur Größe und Dauer der Diluvialerosion nach Hess und Milankovitsch. (Vortr.) - EgH 24, 1931, 196–200.
— Die Rheingletschermoränen bei Altstätten und diluviale Gletscherüberlagerungen. (Vortragstitel.) - EgH 26, 1933, 208.
— Das Eisalter des diluvialen Rheingletscher-Zungenendes. (Vortragstitel.) - EgH 26, 1933, 208.
Schnetzer J. Der Schnee in Vorarlberg. - Vierteljschr. f. Gesch. u. Ldskde Vorarlbergs, 8, 1924, 1–10, 3 Taf.
— Erklärung und Beitrag zum Klima von Bregenz. - Schr. Ver. f. Gesch. d. Bodensees u. s. U., 56. H., 1928, 269–278, 1 Diagr.
Scholtz M. Die Gletscherbeobachtungen der S. Breslau. - Festschr. S. Breslau DÖAV, 1902, 16 S., 2 K.
Schorn J. Der gefärbte Schnee, sein Auftreten und seine Entstehung. - Z. Ferdin., 3. F., 36. H., Innsbruck 1892, 441–509.
Schostakowitsch W. B. Über Altersbestimmung der Gletscher. - Z. f. Glkde, 21, 1933, 139–143.
Schoy C. Das Problem des Büßerschnees. - PetMitt., 60, 11/12, 1914, 7 S.
Schreckenthal G. Einige Eigenschaften von Gletschersand und -schlamm. (Schwarzenstein- und Morteratschgletscher.) - Fortschritte der Landwirtsch. 2, 1927, 5 S. - Bespr. Z. f. Glkde, 17, 1929, 251.
— Beiträge zur Frage des Waldrückganges in Tirol. - Zbl. f. d. ges. Forstwesen, 59, Wien 1933, 65–110, 6 Abb. (Mit ausführlichem Schriftenverz.)
Schreckenthal-Schimitschek G. v. Klima, Boden- und Holzarten an der Wald- und Baumgrenze in einzelnen Gebieten Tirols. - Veröffentl. d. Mus. Fer-

din., 13, Innsbruck (Wagner) 1933, 115-251, 10 Diagr., 8 Bilder. - Bespr. PetMitt., 80, 1934, 317.

Schreiber H. Die Moore Vorarlbergs und des Fürstentums Liechtenstein in natwiss. u. techn. Beleuchtung. - Staab 1910, 177 S., 1 K. - Bespr. Ber. Schw. Bot. Ges., 20, 1911, 73; Tscherm. Min. u. petr. Mitt., 29, 1910, 380; PetMitt., 56, 1910/2, 213; Geogr. Z., 17, 1911, 352; Z. f. Glkde, 7, 1913, 334.

— Vergletscherung und Moorbildung in Salzburg mit Hinweisen auf das Moorvorkommen und das nacheiszeitliche Klima in Europa. - Österr. Moorztschr., 1911/12, Staab 1912, 42 S., 1 K. - Bespr. Z. f. Glkde, 7, 1913, 334; GZ 18/1818. 21/1407-8.

— Die Moore Salzburgs in natwiss., geschichtl., landwirtsch. u. techn. Beziehung. - Staab 1913, 270 S., 1 K.

— Ursachen des Klimawechsels und der schichtenweisen Torfablagerung während und nach den Eiszeiten. - Österr. Moorztschr., 15, 1914/15, Nr. 12/13, 184-190. - Bespr. GZ 22/1327.

— Zeitbestimmung der Eiszeiten und der Moorschichten. - Österr. Moorztschr., 15, 1914/15, Nr. 12/13, 190-192. - Bespr. GZ 22/1328.

— Moorkunde nach dem gegenwärtigen Stande des Wissens auf Grund 30jähriger Erfahrung. - Berlin (Parey) 1927, 192 S., 1 K. 1:5 Mill. - Bespr. GZ 37/70; Z. Ges. f. Erdkde Berlin, 1930, 226; PetMitt., 76, 1930, 44.

Schrepfer H. Ein Beweis für die Wirksamkeit der glazialen Erosion. - PetMitt., 1926, 24. - Bespr. GZ 35/69.

Schröter C. Die Flora der Eiszeit. - Zürich 1883, 41 S. - Bespr. NJb. 1885/1, 144; Mitt. DÖAV, 1883, 161.

Schulz A. Die Wandlungen des Klimas, der Flora, der Fauna und der Bevölkerung der Alpen und ihrer Umgebung vom Beginne der letzten Eiszeit bis zur jüngeren Steinzeit. - Z. d. Natwiss., 77, Halle 1904, 41-70. - Bespr. GZ 8/362; NJb. 1904/2, 436.

— Das Schicksal der Alpenvergletscherung nach dem Höhepunkt der letzten Eiszeit. - Zbl. f. Min., 1904, 266-275. - Bespr. NJb. 1904/2, 436; GZ 8/130.

Schulz F. C. Geomorphologische Studien in den Ampezzaner Dolomiten. - Diss. Erlangen, 1905, 58 S. (Aus dem Geogr. Sem. d. Univ. Erlangen.)

— Wissenschaftliche Untersuchungen über die Eisbedeckung der Dolomiten. - Z. f. Glkde, 1, 1907, 69. S. Mitt. DÖAV, 1906, 61.

— Gletscherforschungen in den südl. Kalkalpen. - Z. f. Glkde, 2, 1908, 364-365. - Bespr. GZ 11/1835.

Schulz K. Die Adamellogruppe. - In: E. Richter, Die Erschließung der Ostalpen, 2, Berlin 1894, 177-244.

— Die Brentagruppe. - In: E. Richter, Die Erschließung der Ostalpen, 3, Berlin 1894, 297-349.

— Die Grödener Alpen. - In: E. Richter, Die Erschließung der Ostalpen, 3, Berlin 1894, 350-379.

Schuster M. Serpentin aus der Pasterzenmoräne vom Großglockner in Kärnten. - VRA 1883, 287.

— Über Findlinge aus dem vicentinischen Basalttuffe. - Sber. Ak. d. Wiss. Wien, m.-nat. Kl., 97, 1888, 8 S. - Bespr. NJb. 1890/2, 260; Boll. Com. geol. d'It., 24, 1889, 391.

— Abriß der Geologie von Bayern rechts des Rheins und der angrenzenden süddeutschen, tirolischen und Schweizer Gebiete in sechs Abteilungen. Zugleich Erläuterungen zu den sechs Blättern der Geolog. Übersichtskarte von Bayern r. d. Rh. 1:250000. - München (Piloty u. Loehle), 1924-1929, 101 S., 127 Abb., 3 Taf. - Bespr. GZ 41/1017; Z. f. prakt. Geol., 33, 1925, 55; PetMitt., 73, 1927, 177; 77, 1931, 99.

Schütz H. Der sterbende Gletscher. Vergehen und Werden zu Ende der Eiszeit. - Leipzig (Haberland) 1929, 203 S., 14 Bilder. - Bespr. Der Schlern, 11, 1930, 37; Z. f. Glkde, 18, 1930, 248; Heimat, 11, Innsbr. 1930, 63; Tiroler Heimatblätter, 8, Innsbruck 1930, 312; Mitt. DÖAV, 1931, 97; Wr. Prähist. Z., 17, 1930, 91; Mitt. Anthrop. Ges. Wien, 60, 1930, 193.

Schwager A. Analysen von Gesteinen der Münchener Gegend und einiger anderer Gebietsteile. - Geogn. Jh., 12, 1899, 130-157, 4 Abb. - Bespr. NJb. 1901/1, 397.

Schwarzweber H. Beitrag zur landeskundlichen Darstellung (des Villgrater Gebirges). - Ber. Akad. Alp. Ver. Innsbruck ü. d. J. 1928-1930, Innsbruck 1931, 6-18.

Schwenkel H. Blütenstaubuntersuchungen an Mooren und ihre wissenschaftliche Bedeutung. - Monatschr. Württemberg, 1932, H. 9, 405-413, 1 Abb. - Bespr. GZ 49 A/577. S. Bertsch.

Schwimmer J. u. **Sulger-Büel E.** Die Flora des Zechwaldes bei Lindau. - 48. Ber. Natwiss. Ver. f. Schwaben u. Neuburg, 1930, 33 S.

Schwimmer J. Zur Geschichte des Naturschutzes in Vorarlberg. - Schwz. Bl. f. Naturschutz, 5, 1930, 80-83.

— Die Gefäßpflanzen des Arlberggebietes. - Veröff. Mus. Ferdin., H. 11, Innsbruck 1931, 81-156, 1 Kartenskizze. - Bespr. Heimat, Vorarlberger Mh., 1932, 174.

— Zur Entwässerung des Feldmooses. - Heimat, Vorarlberger Mh., 14, Innsbruck 1933, 129-130.

Schwinner R. Der Monte Spinale bei Campiglio und andere Bergstürze in den Südalpen. - Inaugdiss. Univ. Zürich, 1912; Mitt. Geol. Ges. Wien, 1912, 5, 128-197, K. 1:25000, 1 Fig. - Bespr. GZ 18/1566; Boll. Com. geol. d'It., 44, 1915, f. 4, 125.

— Kristallines Erratikum in 2650 m Meereshöhe auf dem Hauptkamm der Brentagruppe (Südwesttirol). - VRA 1912, 173-178. - Bespr. GZ 18/1578; NJb. 1913/2, 275; Z. f. Glkde, 8, 1914, 139; Boll. Com. geol. d'It., 44, f. 4, 1915, 125.

— u. **Kubart B.** Interglaz. Schieferkohlen von der oberen Gail (Südwestkärnten). I. Geolog. Teil. II. Botan. Teil. - Österr. Botan. Z., Wien 1923, 305-321. - Bespr. GZ 30/449, 31/1334; Carinthia II, 1923, 152; Z. f. Glkde, 14, 1926, 186.

Schwinner R. Gebirgsbewegungen und Erdmessung in Süddeutschland. - Z. DGDeolGes., 85, 1933, 189-213, 3 Abb. - Bespr. Z. f. Geomorph., 8, 1934, 90.

— Ungleichseitigkeit der Gebirgskämme in den Ostalpen. - Z. f. Geomorph., 7, 1933, 285-290. - Bespr. GZ 52 A/108.

Scortegagna F. O. Notizie risguardanti le ossa fossili degli Animali Mammiferi rinvenute sepolte nel Monte Zoppega di San Lorenzo presso Soave nella Provincia Veronese. - Ann. d. Sc. d. R. Lomb.-Ven., Bim. 5-6, Vicenza 1844.

Seboldt A. Kometen über uns. Sehr gewagte Behauptungen. - Halle a. S. (Selbstverlag) 1928, 56 S., 44 Bild. - Bespr. GZ 38/588.

Seefeldner E. Die Taxenbacher Enge. Eine morphologische Studie. - Mitt. d. Ges. f. Salzburger Landeskunde, 68, 1928, 139-166. - Bespr. Z. f. Geomorph., 4, 1929, 184; Z. f. Glkde, 17, 1929, 271.

— Geographischer Führer durch Salzburg, Alpen und Vorland. - Sammlg. geogr. Führer, III, Berlin (Borntraeger) 1929, 279 S., 4 Abb., 1 K. - Bespr. Geogr. Z., 36, 1930, 307; Z. Ges. f. Erdkde Berlin, 1930, 233; GR 22, 1931, 247; Die Umschau, 35, 1931, 606.

— Zur Altersfrage der Abtragungsflächen in den nördlichen Ostalpen. - Mitt. Geogr. Ges. Wien, 76, 1933, 128-150. - Bespr. Z. f. Geomorph., 8, 1934, 204; GZ 53 A/81.
— Die alten Landoberflächen der Salzburger Alpen. - Z. f. Geomorph., 8, 1934, 157-198, 3 Abb.
Seeland F. Die geolog. Verhältnisse Kärntens. - Jb. Nathist. Mus. Klagenfurt, 1876, 54.
— Die Goldzeche und der Hochnarr. - Z. DÖAV, 1878, 288-302.
— Studien am Pasterzengletscher. I-XIII (XIV) 1880-1893. - Z. DÖAV, 1880, 205-208, 1 Taf.; 1881, 171-177, 1 Abb.; 1882, 110-112, 5 Abb.; 1883, 93-97, 1 Taf., 4 Abb.; 1884, 51-55; 1885, 79-84, 4 Abb.; 1886, 119-126, 5 Abb.; 1887, 90-98, 9 Abb.; 1888, 58-60, 8 Abb.; 1889, 529-533, 5Abb.; 1890, 488-493, 4 Abb.; 1891, 457-463, 7 Abb.; 1892, 427-431, 8 Abb.; 1893, 486-493, 7 Abb. - Bespr. VRA 1884, 236; NJb. 1886/2, 99; PetMitt., 1892, Litber., 79.
— Der Pasterzengletscher. - Mitt. DÖAV, 1885, 247.
— Geologisches Bild von Kärnten. - Carinthia 1887, 73, 97, 116.
— Der Pasterzengletscher 1890/91. - Mitt. DÖAV, 1891, 271. - Bespr. Mitt. Sekt. f. Natkde ÖTC, 3, 1891, 87.
— Die Veränderungen des Pasterzengletschers. - Mitt. Sekt. f. Natkde ÖTC, 3, 1891, 41-46.
— Studien am Pasterzengletscher 1893-1899. - Mitt. DÖAV, 1895, 104-105, 116-118, 295-297, 7 Abb.; 1896, 271-274, 7 Abb.; 1897, 288-291, 7 Abb.; 1898, 294-297, 7 Abb.; 1899, 291-294, 7 Abb. - Bespr. Carinthia II, 1899, 37; 1900, 34.
— Der Möllpegel in Heiligenblut. - Mitt. DÖAV, 1896, 107-108, 140; 1900, 215.
— Bemerkungen über die Tauerngletscher. Fragmente aus dem Nachlaß. - Carinthia II, 91, Nr. 4-5, Klagenfurt 1901, 138-148. - Bespr. GZ 7/1824.
Seemann R. Die Geologie der Adelegg im württemberg. Allgäu. (Vortr.) - Jh. Ver. vaterld. Natkde Württemberg, 85, Stuttgart 1929. - Bespr. NJb. 1931/3, 175.
Seenwelt (Bavaricus). Die - Oberbayerns. - München (Heimatland) 1922, 43 S.
Seidl E. Kerbwirkung in Technik und Wissenschaft; Kerbwirkung in der Geologie. (Vortr.) - Z. DGeolGes., 77, 1925, 300-347, 35 Abb. - Bespr. Z. f. Geomorph., 2, 1927, 307.
— Die Gesetzmäßigkeit der Karbildung in den Nördlichen Kalkalpen. (Vortr.) - Z. DGeolGes., 77, 1925, Mber., 253-255.
Seidlitz W. v. Entstehen und Vergehen der Alpen. Eine gemeinverständliche Einführung besonders für Bergsteiger und Freunde der Alpen. - Stuttgart (Enke) 1926, 238 S., 15 Taf., 122 Abb., 1 K.; 2. Aufl. 1934, 283 S.; 12. Ber. Freiberger Geolog. Ges., 1927, 16-19. (Vortr.) - Bespr. VBA 1926, 186; Mitt. DÖAV, 1926, 252; NJb. 1929/2, 566; Geogr. Z., 33, 1927, 292; PetMitt., 73, 1927, 49; GZ 46 A/732; Allg. Bergsteigerztg, Nr. 588 v. 1934.
— Das Antlitz der Erde. (Zu Ed. Suess' 100. Geburtstag am 20. Aug. 1931.) - Die Naturwissenschaften, 19, 1931, 761-764. - Bespr. GZ 46 A/1153.
Seifert H. Studien an Höhleneis. - Mitt. ü. Höhlen- u. Karstforschg, Z. d. Hptverb. D. Höhlenforscher, 1927, 105-125. - Bespr. GZ 38/364.
Seipp H. Die Höttinger Breccie oder „Innsbrucker Nagelfluh", ein Tiroler Baustein. - Der Steinbruch, 17, 1922, 68-72, 5 Abb. - Bespr. GZ 29/232.
Seitz C. Der Taschach- und Mittelberggletscher im Pitztal. Über das Seiterjöchl nach Vent im Ötztal. - Z. DAV, 1870, 426-441.
Semper S. Eine Bemerkung zu Herrn Harboes Aufsatz über „Vereisung und Vulkanismus". - Z. DGeolGes., 51, 1899, 322-324. S. Harboe.
Senarclens-Grancy W. Beiträge zur Geologie und Petrographie des Deferegger Berglands in Osttirol. - Unveröff. Diss. Univ. Graz, 1931.
— Stadiale Moränen in den Deferegger Alpen (Osttirol). - Z. f. Glkde, 20, 1932, 474-486, 2 Tab., 2 K. - Bespr. GZ 49 A/748.
Senn A. Beiträge zur Geologie des Alpensüdrandes zwischen Mendrisio und Varese. - EgH 18, 1923/24, 550-632, 3 T., 9 Fig.; Diss. Phil. Basel, 1924, 551-632. - Bespr. NJb. 1926/2, B, 357.
Senn F. Der Vernagtferner im Ventertal. - Innsbruck 1866, 23 S.
— Aus der Ötztaler Gebirgsgruppe. - Z. DAV, 1870, 261-295.
— Die Kreuzspitze bei Vent. - Z. DAV, 1871, 2. Abt., 52-67.
Senoner A. Zusammenstellung der bisher gemachten Höhenmessungen im Kronlande Tirol. - JbRA 1851, I, 59-76; II, 133-144. S. a. M. Stotter, Höhen in Tirol und Vorarlberg, Neue Z. d. Ferdin. f. Tirol u. V., 11, Innsbruck 1845, 134-219.
Sestini A. Relazioni delle Campagne Glaciologiche del 1930. Alpi Aurine e Pusteresi. - Boll. Com. Glac. It., 11, 1931, 259-262. - Bespr. GZ 51 A/412.
Seyffertitz K. Frh. v. Mammutzahn aus dem Scesatobel. - VRA 1860, 84-85.
— Ein Beitrag zu des H. Diakonus Alb. Steudels Studie: Erratische Erscheinungen am Bodensee. - Schr. Ver. Gesch. d. Bodensees, 3, 1872, 91-94. Abdruck u. d. Tit.: Über die err. Ersch. in Vorarlberg, Museumsverein Bregenz, 13 Ber., 1873. - Bespr. VRA 1873, 304.
— Die Niederschlagsmengen des Bodenseebeckens und ihre Verteilung. Eine meteorol. Studie. - Schr. d. Ver. f. Gesch. d. Bodensees, 12, Lindau 1883, 61-69, 1 K.
— Der Fallwind der Bregenzer Bucht. - Schr. Ver. f. Gesch. d. Bodensees u. s. U., 25. H., 1897, 27-29.
Sieger R. Neue Beiträge zur Statistik der Seespiegelschwankungen. - 14. Ber. Ver. d. Geogr. a. d. Wiener Universität, 1888. - Bespr. Mitt. Sekt. f. Natkde ÖTC, 1, 1889, 79.
— Gletscher- und Seespiegelschwankungen. - Mitt. DÖAV, 1888, 78-82. - Auszug: Gaea, 25, Leipzig 1889, 120-121.
— Neue Ansichten über Gletscherbewegung und Gletscherschwankungen. - Mitt. DÖAV, 1888, 132-133.
— Zur Geschichte der Gletscherschwankungen. - Mitt. DÖAV, 1888, 268.
— Gletscher- und Klimaschwankungen. - Mitt. Sekt. f. Natkde ÖTC, 2, Wien 1890, 9-12, 24.
— Klimaschwankungen. (Brückner.) - Mitt. DÖAV, 1891, 207-208, 247.
— Postglaziale Uferlinien des Bodensees. - Schr. d. Ver. f. Gesch. d. Bodensees, H. 21, Lindau 1892, 164-182. - Bespr. NJb. 1894/2, 44; PetMitt., 39, 1893, Litber., 147; 40, 1894, 19.
— Der Bodensee-Ausflug des 10. Deutschen Geographentages in Stuttgart 1893. - Globus, 64, Nr. 6, Braunschweig 1893, 95-98. - Bespr. PetMitt., 40, 1894, 19.
— Zur Entstehungsgeschichte des Bodensees. - Richthofen-Festschrift, Berlin 1893, 57-76, 1 K.

- Bespr. NJb. 1894/2, 44; Bl. 867; PetMitt., 40, 1894, Litber., 19.
— Die Glazialexkursion des VI. Internat. Geologenkongresses 1894. - Globus, 56, 1894, 351-354.
— Karstformen der Gletscher. - Geogr. Z., 1, 1895, 182-204.
— Neue Gletschermarkierungen 1895. - Mitt. DÖAV, 1896, 57-59, 68-69.
— Studien über Oberflächenformen der Gletscher. - Mitt. DÖAV, 1896, 247-249, 258-260; 1898, 111-112.
— Die Drumlinlandschaft. - Geogr. Z., 3, 1897, 411-412.
— Gletscherkonferenz am Suldenferner. - Mitt. DÖAV, 1906, 220-221.
— Neue Forschungen in der Almregion. - Mitt. DÖAV, 1913, 85-89.

Sieghardt A. Aus der Vergangenheit des Achensees. - Tir. Grenzbote, 1927, Blge: Der Feierabend, Nr. 9.

Silvrettagruppe. Gletscherbewegung. - Mitt. DÖAV, 1891, 271.

Simon L. Die südbayerischen Seen am Ende der Eiszeit. - Natur u. Kultur, 18, München 1920/21, 329-333.
— Die Entstehung der voralpinen bayerischen Seen. - Forschgen z. bayer. Ldskde, 2, München 1921, 111 S., 3 Taf., 3 Abb.; Diss. Techn. Hochsch. München. - Bespr. Geogr. Z., 28, 1922, 287.
— Die Beziehungen der Eiszeit zur Bildung der südbayerischen Seen. - Der Sammler, Beilage d. München-Augsburger Abendztg, Nr. 13 v. 1921.
— Der Rückzug des würmeiszeitlichen Allgäuvorlandgletschers. Eine glazialgeologische Heimatstudie. - Mitt. Geogr. Ges. München, 19, 1926, 1-37, 1 K. - Bespr. Z. f. Glkde, 15, 1927, 319; GZ 35/886; NJb. 1929/3, 685.
— Die Nagelfluh von Anger bei Reichenhall. - Geogn. Jh., 40, 1927, 6 S.
— Ein Beispiel glazialer Fließdruckwirkung aus dem Gebiete des Isargletschers. (Tölz.) - Z. f. Glkde, 15, 1927, 291-293. - Bespr. NJb. 1929/2, 199.
— Der jungglaziale Lechbrucker See und die Geschichte seines Verschwindens. Ein Beitrag zur südbayerischen Landeskunde. - Mitt. Geogr. Ges. München, 22, 1929, 138-154, 1 Skz. - Bespr. GZ 41/738; NJb. 1929/3, 685.
— Die Gegend von Tölz in der Nacheiszeit. 1. Die Sonderstellung des Tölzer Isar-Sees. 2. Die Beziehungen zwischen Kirch-See, Ellbach-Moor und Tölzer Becken. - Abh. Geol. Ldsuntersuchg d. Bayer. Oberbergamtes, München 1931, H. 3, 21-30, 1 K., 5 Taf.; H. 4, 35-43, 1 K., 2 Abb. - Bespr. GZ 46A/249, 250; NJb. 1932/2, 248; 1933/3, 23.

Simon P. Das Achenseewerk der Tiroler Wasserkraftwerke A. G. - Z. d. Ver. d. Ing., 1928, H. 12, 389-396, 24 Abb.

Simony A. u. **Issler R.** Programm zur systematischen Gletscherbeobachtung. - Deutsche Alpenztg Nr. 11 u. 12 v. 1881. - Bespr. Mitt. DÖAV, 1881, 145.

Simony F. Über die Alluvialgebilde im Etschtal. - Sber. Ak. d. Wiss. Wien, 24, 1857, 455-492, 1 Taf.
— Über die Besteigung des Venedigers. (Vortr.) - Mitt. Geogr. Ges. Wien, 1, 1857, Ber., 76.
— Tableau der wichtigsten Gletschererscheinungen. - Mitt. Geogr. Ges. Wien, 1860, Ber., 109.
— Beitrag zur Kunde der Ötztaler Alpen. - Mitt. ÖAV, 1, Wien 1863, 1-24, 1 Panorama.
— Aus der Venedigergruppe. - Jb. ÖAV, 1865, 1-32, 2 Taf.
— Der Marteller und Suldner Ferner im Jahre 1855. - Jb. ÖAV, 1, 1865, 289-295.
— Eine Wanderung von Mals über das Matscher Joch und Hochjoch nach Vent. - Jb. ÖAV, 1870, 1-20.
— Die erosierenden Kräfte im Alpenlande. - Jb. ÖAV, 1871, 1-48, 1 Taf.
— Gletscher- u. Flußschutt als Objekt wissenschaftl. Detailforschung. (Vortr.) - Mitt. Geogr. Ges. Wien, 15, 1872, 252-275, 327-333.
— Aus dem Pinzgau. - Mitt. Geogr. Ges. Wien, 1872, 427-431, 479-486.
— Einfluß des Winters auf die Alpenseen. - Mitt. DÖAV, 1875, 165-166.
— Das Schlatenkees. - Z. DÖAV, 1883, 6 S., 2 Taf.
— Gletscherphänomene. - Lichtdruck mit Text, 24 S., Wien (Hölzel) o. J. - Bespr. Mitt. DÖAV, 1883, 95.
— Die Schwankungen in der räumlichen Ausdehnung der Gletscher. (Vortr.) - Schr. d. Ver. z. Verbr. natw. Kenntn. in Wien, 1884, 47 S., 2 Taf., 1 Abb.
— Verbreitung der Gletscher in Österreich. - Österr. Revue, 1, Wien, o. J., 15 S.

Singer M. Über Flußregime und Talsperrenbau in den Ostalpen. - Z. Österr. Ing.- u. Arch.-Ver., Wien 1909, 797-803, 813-820; 1910, 383-388, 397-400, 617-626. - Bespr. GZ 15/1510, 17/1099.
— Geologische Erfahrungen im Talsperrenbau. (Vortr.) - Z. Österr. Ing.- u. Arch.-Ver., Wien 1913, 305-311, 321-326, 25 Abb. - Bespr. GZ 20/281, 561.

Sinwel R. Naturschutz für erratische Blöcke (Irrblöcke). - Tiroler Heimatblätter, 9, 1931, 258-259.

Slanar E. Geomorpholog. Probleme in den östl. Zentralalpen. - Mitt. Geogr. Ges. Wien, 59, 1916, 281 ff.

Söhle U. Geologische Aufnahme des Labergebirges bei Oberammergau mit besonderer Berücksichtigung des Cenomans in den bayrischen Alpen. - Geogn. Jh., 9, 1896 (1897), 1-64, 1 K., 9 Taf., 5 Fig. - Bespr. VRA 1897, 307; NJb. 1900/2, 415; Mitt. Geogr. Ges. München, 1913, 59.
— Das Ammergebirge. - Geogn. Jh., 11, 1898 (1899), 39-89, 1 K., 14 Taf., 2 Abb. - Bespr. Z. f. prakt. Geol., 1900, 195; NJb. 1901/1, 260; Mitt. Geogr. Ges. München, 1913, 59; Bl. 996.

Sölch I. Geographie des Iselgebietes in Osttirol. Eine länderkundliche Darstellung. - Badische Geogr. Abh., 12. H., Freiburg i. Br. u. Heidelberg 1933, 162 S., 12 Abb., 8 Fig., 1 Proftaf. - Bespr. Z. f. Glkde, 21, 1933, 396; Mitt. DÖAV, 1934, 71; Mitt. Geogr. Ges. München, 27, 1934, 133; PetMitt., 1934, 317.

Sölch J. Studien über Gebirgspässe mit besonderer Berücksichtigung der Ostalpen. Versuch einer Klassifikation. - Forschgen z. Deutschen Landes- u. Volkskde, 17, 1908, 119-273, 6 Taf., 4 Abb. - Bespr. GZ 12/1545; Mitt. Geogr. Ges. Wien, 1908, 500.
— Zur Entwicklungsgeschichte der Brennergegend. - Deutsche Rdsch. f. Geogr., 24, 9, 1912, 410-418; Alpines Sonderheft, gewidm. d. 18. D. Geogrtag Innsbruck 1912.
— Die Formung der Landoberfläche. - Kende, Hbd. d. geogr. Wiss., I, Berlin 1914, 129-227. - Bespr. NJb. 1915/1, 194.
— Epigenetische Erosion und Denudation. - GR 9, 1918, 161-177, 7 Fig. - Bespr. NJb. 1924/1, 218.
— Eine Frage der Talbildung. - Festband A. Penck.

Bibl. geogr. Handbücher (begr. v. Fr. Ratzel), NF, Stuttgart (Engelhorn) 1918, 66–92.
— Die Höttinger Breccie. - Alpenland, Nr. 349 v. 25. 7. 1921.
— Gletschervermessungen im Zillertal im Sommer 1921. - Z. f. Glkde, 12, 1922, 171–173. - Bespr. GZ 29/374.
— Die Höttinger Breccie und die Inntalterrasse. - Geogr. Z., 28, 1922, 272–275. - Bespr. GZ 28/672.
— Grundfragen der Landformung in den nordöstlichen Alpen. - Geogr. Annaler, Stockholm 1922, H. 2, 147–193. - Bespr. GZ 28/1622, 29/1363.
— V. Hilber „Talepigenese". - PetMitt., 63, Gotha 1922, 85–86.
— Neue Ausblicke und Arbeiten der Glazialforschung in den deutschen Alpen. - Z. Ges. f. Erdkde Berlin, 1923, 212–217.
— Geograph. Führer durch Nordtirol. - Sammlg geogr. Führer, 1, Berlin (Borntraeger) 1924, 258 S., 6 Abb., 1 Skz. - Bespr. GR 1924, 365; GZ 33/1319; Geogr. Z., 31, 1925, 184.
— Fortschritte unserer Kenntnis der exogenen Festlandformung 1914–1924 nebst einem einleitenden Bericht über neuere morphologische Werke allgemeinen Inhalts. - Geogr. Jb., 40, 1924, 100–272.
— Das Formenbild der Alpen. - Geogr. Z., 31, 1925, 193–204. - Bespr. GZ 32/938; Z. f. Geomorph. 1, 1926, 345.
— Zur Geographie des Arlbergs. - Festschr. z. 70. Geburtstag v. R. Schuiling: Gedenkboek, Groningen 1925, 284–306, 1 K., 4 Abb. - Bespr. GZ 32/933.
— W. Soergels Gliederung des Eiszeitalters. - Geogr. Z., 32, 1926, 88–90. - Bespr. GZ 33/1483.
— The Brenner Region. - Sociological Review, London, Okt. 1927, 17 S. (engl.), 9 Abb., 1 Skz. - Bespr. Arch. p. l'Alto Adige, 23, 1928, 234.
— Geomorphological problems of the Alps. - Geography, London 1929, Juniheft, 8 S., 4 Abb. - Bespr. Boll. Soc. Geogr. It., s. 6, v. 7, 759.
— Die Ostalpen. - Jedermanns Bücherei, Breslau (Hirt) 1930, 116 S., 20 Taf. - Bespr. Mitt. DÖAV, 1930, 222; Mitt. Geogr. Ges. München, 23, 1920, 233; Boll. Soc. Geogr. It., s. 6, v. 8, 1931, 350; Z. f. Geomorph., 6, 1931, 128; Geogr. Z., 36, 1930, 627; Heimat, 12, 1931, 286; Z. Ges. f. Erdkde Berlin, 1931, 68; Mitt. Geogr. Ges. Wien, 74, 1931, 83; Tiroler Heimat, 5, 1932, 32; Osttiroler Heimatblätter, 10, 1933, 25.
— Der Rückzug der letzten Vergletscherung. Eine vergleichende Betrachtung. - Sber. Heidelberger Ak. d. Wiss., math.-natw. Kl., 1932, 1. Abhdlg., 25 S. - Bespr. GZ 48A/261.
— Die Einheitlichkeit der Eiszeit in den Alpen. (Gegen Spethmann.) - PetMitt., 80, 1934, 290.

Solger F. Ursache der größeren Ausdehnung der Gletscher zur Eiszeit. - Natwiss. Wochenschr., 1907, NF, 6, 336.

Somigliana C. Relazione sull'attività del Comitato Glaciologico Italiano nel 1928. - Atti Soc. it. p. il progr. d. sc., XVII Riun. Roma 1929, röm. 46–48. - Bespr. GZ 51A/417.
— Relazione sull'attività del Comitato Glaciologico Italiano nel 1930. - Atti Soc. it. p. il progr. d. sc., XVIII Riun. Firenze 1930. Roma 1930, röm. 53–57.
— Relazione sull'attività del Comitato Glaciologico Italiano nel 1929. - Atti Soc. it. p. il progr. d. sc., XIX Riun. Bolzano-Trento 1930, Roma 1931, 885–890; Riv. mens. CAI, 50, 1931, 101–104.
— Sulla teoria del movimento glaciale. - Boll. Com. Glac. It., 11, 1931, 25–36. - Bespr. GZ 49A/355.

Sonklar K. v. Besteigung des Großglockners am 5. Sept. 1854. - Sber. Ak. d. Wiss. Wien, math.-nat. Kl., 18, 1856, 27 S., Abb.
— Der neuerliche Ausbruch des Suldengletschers. - Sber. Ak. d. Wiss. Wien, m.-nat. Kl., 23, 1857, 19 S., 1 K.
— Das Ötztaler Eisgebiet. - Mitt. Geogr. Ges. Wien, 1857, Abh., 1–15, 1 K.
— Über das Ötztaler Gletschergebiet. (Vortr.) - Mitt. Geogr. Ges. Wien, 1857, Ber., 56–57.
— Schichtenkarte des rhätischen Alpenzuges. (Vortrag.) - Mitt. Geogr. Ges. Wien, 1, 1857, Ber., 105–106.
— Reiseskizzen aus den Alpen und Karpathen. (Glaziales vom Großglockner, Zillertal, Ötztal.) - Wien 1857, 356 S. Auszug über Großgl.: Z. f. Allgem. Erdkde, NF, 3, 1857, 50–57.
— Über den Zusammenhang der Gletscherschwankungen mit den meteorologischen Verhältnissen. - Sber. Ak. d. Wiss. Wien, math.-natw. Kl., 32, Wien 1858, 169–206. - Bespr. PetMitt., 1859, 47.
— Über einige Höhenmessungen der Gebrüder A. u. H. Schlagintweit. - Mitt. Geogr. Ges. Wien, 3, 1859, Abh., 58–64.
— Grundzüge einer Hyetographie des österreichischen Kaiserstaates. - Mitt. Geogr. Ges. Wien, 4, 1860, Abh., 205–238, 1 K., 6 Tab.
— Die Ötztaler Gebirgsgruppe, mit besonderer Rücksicht auf Orographie und Gletscherkunde. - Gotha 1860, 292 S., Atlas 1861, 13 K. - Bespr. Bl. 173.
— Von den Gletschern der Diluvialzeit. (Vortr.) - Mitt. Geogr. Ges. Wien, 1862, Ber., 9 (Titel), Abh., 1–9.
— Das Eisgebiet der Hohen Tauern. - Mitt. Geogr. Ges. Wien, 1864, Abh., 12–30.
— Das Raintal bei Taufers und das Ruthnerhorn (Schneebiger Nock). - Mitt. ÖAV, 2, 1864, 20 S.
— Eine Besteigung des Lasörling bei Pregratten. - Mitt. ÖAV, 1864, 111–137.
— Die Val Rendana und Val Genova in Südtyrol. - Mitt. ÖAV, 1864, 263–319, 1 K.
— Die Südseite der Zillertaler Alpen. - Jb. ÖAV, 1865, 108–124.
— Die Gebirgsgruppe der Hohen Tauern, mit besonderer Rücksicht auf Orographie, Gletscherkunde, Geologie und Meteorologie. - Wien 1866, 408 S., 3 Taf. (Karten u. Prof.) - Bespr. Bl. 241; Auszug: PetMitt., 8, 4, 1862, 5 S.
— Von Kaprun nach Stubach. - Jb. ÖAV, 1867, 77–98, 1 Abb.
— Das Floitental und der Floitengletscher in den Zillertaler Alpen. - Z. DAV, München 1870, 3–16, 1 K.
— Die Zillertaler Alpen, mit besonderer Rücksicht auf Orographie, Gletscherkunde und Geologie. - PetMitt., Ergh. Nr. 32, Gotha 1872, 61 S., 3 K.
— Allgemeine Orographie. Die Lehre von den Reliefformen der Erdoberfläche. - Wien (Braumüller) 1873, 254 S., 57 Abb. S. a. Mitt. Geogr. Ges. Wien, 15, 1872, 500–516.
— Studie über den Gurglergletscher in der Ötztaler Gebirgsgruppe. - Z. DÖAV, 1877, 1–14, 1 Fig.
— Orographie und Topographie, Hydrographie, Gletscherwesen. - In: Anleitung zu wiss. Beobachtungen auf Alpenreisen, Beilage z. Z. DÖAV, 1878, München 1878, 1. Abt., 21 S.
— Von den Überschwemmungen. - Wien (Hartleben), Pest, Leipzig 1883, 151 S. - Bespr. Mitt. DÖAV, 1883, 302.

Sordelli F. Observations sur quelques plantes fossiles du Tessin méridional et sur les gisements qui les renferment, à propos de la controverse glaciaire. – Bibl. univ. d. Arch. d. sc. phys. et nat., Genève 1877, 250–271.

— Le filliti (piante fossili) della Folla d'Induno presso Varese e di Pontegana tra Chiasso e Balerna nel Canton Ticino, paragonate con quelle di altri depositi terziari e postterziari. – Atti Soc. It. Sc. nat., v. 21, Milano 1878, 877–899. – Bespr. NJb. 1880/2, 249; Arch. d. sc. phys. et nat., t. 3, 223; Rev. geol. suisse p. l'a. 1879, Genève 1880, 72.

Soergel W. Lösse, Eiszeiten und paläolithische Kulturen oder Gliederung und Altersbestimmung der Lösse. – Jena (Fischer) 1919, 177 S., 14 Abb. – Bespr. Geogr. Z., 27, 1921, 232; Wr. Prähist. Z., 6, 1919, 117.

— Die Ursachen der diluv. Aufschotterung und Erosion. – Berlin (Borntraeger) 1922, 74 S., 1 Abb. – Bespr. GZ 27/2983. S. a. Krenkel.

— Die Gliederung und absolute Zeitrechnung des Eiszeitalters. – Fortschr. d. Geol. u. Pal., H. 13, Berlin (Borntraeger) 1925, 251 S., 3 Taf., 7 Abb. – Bespr. GZ 33/664, 1483; Z. f. prakt. Geol., 1926, 29; Z. f. Glkde, 15, 1927, 315; Zbl. f. Min., 1925, B, 423; Z. f. Geomorph., 2, 1927, 77; Gerlds Beitr. z. Geophys., 26, 1930, 378; GR 17, 1926, 379. S. a. W. Staub u. J. Sölch.

— Diluviale Krustenbewegungen. – PetMitt., 1925, 105–108.

— Josef Bayers Chronologie des Eiszeitalters. Eine kritische Betrachtung. – Mannus, Z. f. Vorgesch., 19, Leipzig 1927, 225–250. – Bespr. GZ 37/574; Z. f. Glkde, 16, 1928, 154.

— Das geologische Alter des Homo heidelbergensis. – Palaeont. Z., 10, 1928, 217–234, 2 Abb. – Bespr. Z. f. Glkde, 17, 1929, 257.

Spandl H. Die Beziehungen der Wassertierwelt zur Eiszeit. – Die Eiszeit, 3, 1926, 67–91. – Bespr. GZ 40/933.

Spengler E. Der zweite Teil von F. Wähners „Sonnwendgebirge". – Zbl. f. Min., 1934, Abt. B, 61–64. – Bespr. GZ 53 A/182; Firgenwald, 7, Reichenberg 1934, H. 2, 62.

Spethmann H. Die Einheit der alpinen Eiszeit. – Langensalza-Berlin-Leipzig (Beltz) 1934, 60 S. – Bespr. PetMitt., 80, 1934, 290.

Spiegel. Das Torflager im Rheintale bei Dornbirn in Vorarlberg. – Verh. Zool.-Bot. Ges., 10, Wien 1860.

Spitaler R. Die Eiszeiten und Polschwankungen der Erde. – Sber. Ak. d. Wiss. Wien, 1912, m.-n. Kl., 121, Abt. 2a, 49 S. – Bespr. VRA 1913, 177; Mitt. DÖAV, 1914, 94.

— Das Klima des Eiszeitalters. – Prag 1921. – Bespr. Carinthia II, 1922, 100; Mitt. Geogr. Ges. Wien, 1922, 31.

— Zur Chronologie des Eiszeitalters. – Gerlds Beitr. z. Geophys., 35, 1932, 102–112. – Bespr. GZ 49 A/1349.

— Die Sonnenbestrahlung und die Temperaturverhältnisse während des Eiszeitalters. – Gerlds Beitr. z. Geophys., 35, 1932, 395–407. – Bespr. GZ 49 A/1508.

— Die sommerliche Temperaturkurve während der Eiszeit. – Gerlds Beitr. z. Geophys., 37, 1932, 94–103, 1 Fig. – Bespr. GZ 49 A/1351.

— Die zeitliche Gliederung der quartären Eiszeit. – Forschungen u. Fortschritte, 8, Berlin 1932, Nr. 19, 246–247, 1 Abb. – Bespr. GZ 49 A/1348.

Sporn H. Neues Projekt einer Tiroler Hochalpenstraße. Innsbruck – Ötztal – Timmeljoch – Passeier – Jaufen – Brenner – Innsbruck. – Innsbr. Nachr., Nr. 296 v. 24. 12. 1932.

Spreafico E. Osservazioni geologiche nei dintorni del lago d'Orta e nella Val Sesia. (Memoria postuma.) – Atti Soc. It. Sc. nat., Milano 1880. – Bespr. Boll. Com. geol. d'It., 11, 1880, 485.

Spreafico F. Conchiglie marine nel terreno erratico di Cassina-Rizzardi, presso Fino, nella provincia di Como. – Atti Soc. It. Sc. nat., v. 17, Milano 1874.

Sprecher F. W. Grundlawinenstudien. (Tamina.) – Jb. SAC, 35, 1899/1900, 268–292. – Bespr. EgH 7, 1901/02, 538.

— Über die Mechanik der Staublawinen. – Deutsche Alpenzeitg, 11, München 1912, 241–249.

Srbik R. R. v. Gletschermessungen in den Ötztaler Alpen im Sommer 1925. – Z. f. Glkde, 14, 1926, 293–295.

— Gletschermessungen in der Ortlergruppe im Sommer 1926. – Z. f. Glkde, 15, 1927, 243–245.

— Gletschermessungen in den Ötztaler Alpen im Sommer 1926. – Z. f. Glkde, 15, 1927, 303–306.

— Gletschermessungen im Ötztal 1928. – Z. f. Glkde, 17, 1929, 180–182.

— Glazialgeologische Beobachtungen in den Lienzer Dolomiten. – Z. f. Glkde, 18, 1930, 63–115, 3 Taf. – Bespr. Mitt. DÖAV, 1931, 219; Österr. Turistenztg, 1931, 100; VBA 1931, 190; GZ 46 A/2145; Z. f. Geomorph., 7, 1933, 256; NJb. 1933/3, 499.

— Gletschermessungen Ötztaler Alpen 1929. – Z. f. Glkde, 18, 1930, 201–204.

— Die Höttinger Breccie, das geologische Wahrzeichen Innsbrucks. – Tiroler Heimatblätter, 8, Innsbruck 1930, 42–47.

— Gletschermessungen Ötztaler Alpen 1930. – Z. f. Glkde, 19, 1931, 133–137.

— Gletscherbeobachtungen in der Karnischen Hauptkette 1930. – Z. f. Glkde, 19, 1931, 150–152, 2 Abb.

— Adolf Pichler als Geologe (1819–1900). Hiezu Schriftenverz. u. ein Anhang. – Ber. Natw.-med. Ver. Innsbruck, 42, 1931, 56 S. – Bespr. Mitt. DÖAV, 1932, 106; GZ 53 A/241.

— Josef Blaas. Ein Gedenkblatt zum 80. Geburtstag. – VBA 1931, 193–200. Mit Schriftenverz.

— Der Tiroler Geologe Professor Josef Blaas. – Tiroler Heimatblätter, 9, H. 4, 1931, 114–121. Auszug: Neueste Ztg, Innsbruck 1931, Nr. 98 v. 29. 4. – Bespr. GZ 45/1104.

— Übersicht der Messungen an den Ötztaler Gletschern in den elf Jahren 1920–1930. – Z. f. Glkde, 19, 1931, 152–157, 2 Tab., 1 Fig.

— Gletschermessungen Ötztaler Alpen 1931. – Z. f. Glkde, 20, 1932, 108–112.

— Gletscherbeobachtungen in der Karnischen Hauptkette 1931. – Z. f. Glkde, 20, 1932, 124–126, 2 Abb.

— Goethe und die Geologie. – GR 23, 1932, 1–12. Auszug: Innsbr. Nachr., Nr. 67 v. 22. 3. 1932. – Bespr. GZ 48 A/317.

— Gletschermessungen Ötztaler Alpen 1932. – Z. f. Glkde, 21, 1933, 165–170.

— Geologisches für den Bergsteiger im Kaisergebirge. – Innsbr. Nachr. und Tiroler Anzeiger, Nr. 20 v. 25. 1. 1934; Tir. Grenzbote, Nr. 10 v. 3. 2. 1934.

Stach E. Eine neue Theorie der Gletscherbewegung. – Natwiss. Wochenschr., NF, 20, Jena 1921, 274–275.

Stache G. u. **John C. v.** Geologische und petrographische Beiträge zur Kenntnis der älteren Eruptiv- und Massengesteine der Mittel- und Ostalpen. I. Zwölferspitzgruppe. II. Cevedalegebiet. - JbRA 1877, 143-242, 2 Taf.; 1879, 317-404, 4 Taf. - Bespr. NJb. 1881/1, 213; Bl. 474, 528.

Stadelmann W. Über Kare und karähnliche Formen in den Ammergauer Bergen. - Ostalpin. Formenstud., Abt. 1, Berlin 1923, 128-158, 9 Taf. (S. a. Koegel.) - Bespr. GZ 30/448; GR 15, 1924, 363; Z. f. Glkde, 14, 1926, 79; Z. f. Geomorph., 1, 1925, 172; Geogr. Z., 30, 1924, 229.

Staff H. v. Wind und Schnee. - Z. DÖAV, 1906, 45-56.

— Zur Morphogenie der Präglaziallandschaft in den Westschweizer Alpen. - Z. DGeolGes., 64, 1912 (1913), 1-80, 3 Taf., 14 Fig. (Ostalpen 63-67). - Bespr. GZ 18/1307; PetMitt., 59, 1913, 91; EgH 13, 1914, 144.

— Die Alpengeologie auf dem XVIII. Deutschen Geographentage in Innsbruck, Pfingsten 1912. (Vortr.) - Z. DGeolGes., 1912, B, Mber. Nr. 6, 310-319.

Stapff F. M. Geologische Beobachtungen im Tessintal. Bau, Strandbilder, Gletscher. - Z. DGeol-Ges., 33, 1881, 604-616; 34, 1882, 41-73, 511-555, 4 Taf. - Bespr. Gaea, 18, Köln u. Leipzig 1882, 684; Arch. d. sc. phys. et nat, t. 9, 308; Rev. geol. suisse p. l'a. 1882, Genève 1883, 79.

Stark F. Die bayerischen Seen und die alten Moränen. Eine Erläuterung zur Karte: Ideale Übersicht von Südostbayern zur Eiszeit. - Z. DAV, 1873, 67-78, 1 Proftaf.

Stark P. Beiträge zur Kenntnis der eiszeitlichen Flora und Fauna Badens. - Diss. Freiburg i. Br., 1912, 120 S.; Ber. Natf. Ges. Freiburg i. Br., 19, 1912, 153-272. - Bespr. GZ 20/567.

— Die Flora der Eiszeit und ihre Spuren in der Gegenwart. - Die Natwiss., 5, Berlin 1917, 199-202, 220-224.

— Zur Entwicklungsgeschichte der badischen Bodenseemoore I. u. II. Teil. - Ber. Deutsch. Bot. Ges., 41, 1923, 361-366, 367-373. (Vorl. Mitt.) - Bespr. GZ 30/720.

— Die Moore des Badischen Bodenseegebietes. I. Die nähere Umgebung von Konstanz. - Ber. Natf. Ges. Freiburg i. B., 24, 1925, 1-123, 2 Fig. - Bespr. NJb. 1926/2, Abt. B, 392; GZ 36/1013.

— Über die Zugehörigkeit des Kiefernpollens in den verschiedenen Horizonten der Bodenseemoore. - Ber. Deutsch. Bot. Ges., 45, 1927. - Bespr. NJb. 1928/3, 61.

— Die Moore des Badischen Bodenseegebietes. II. Das Areal um Hegne, Dettingen usw. - Ber. Natf. Ges. Freiburg i. Br., 28, 1928, 1-239, 24 Fig. - Bespr. GZ 37/627.

— Die pollenanalytische Durchforschung der Schweiz (mit vergleichender Heranziehung der Nachbargebiete). - Z. f. Bot., 21, Jena 1929, 27 S., 10 Fig., 1 Tab. - Bespr. GZ 40/1701.

Staub W. Ergebnisse neuerer Eiszeitforschung in Europa. (Sammelref. über Gams-Nordhagen, Köppen-Wegener u. Soergel.) - Z. Ges. f. Erdkde Berlin, 1927, 63-68.

— Neuere Arbeiten über den Aufbau des schweizerischen Mittellandes und die Vorgeschichte seiner Flußläufe. - Z. Ges. f. Erdkde Berlin, 1928, 331-335.

Staudacher K. Lawine und Gletscher. - Der Schlern, 11, 1930, 293-294.

— Kar. - Der Schlern, 13, 1932, 152-153. (Wortgeschichte.) - Bespr. Z. f. Glkde, 20, 1932, 492.

Staudacher W. Die Verlandungsstadien des oberschwäbischen Federsees. - NJb. 1924, Bbd 50, 448-489, 2 Taf.

Staudigl E. Die Wahrzeichen der Eiszeit am Südrande des Gardasees. - JbRA 1866, 479-500, Sber., 140-141.

Staudinger G. Die Innsbrucker Nordkettenbahn. - Tiroler Anzeiger, 1927, Nr. 111.

Stegagno G. I laghi intermorenici dell'anfiteatro benacense, laghi, stagni e paludi. - Mem. Soc. Geogr. It., v. 12, 1905, f. 8, Roma 1907, 110 S. - Bespr. GZ 13/1533, 1639, 15/780; Boll. Com. geol. d'It., 39, 1908, 311.

Stehlin H. G. Die Säugetierfauna von Leffe (Prov. Bergamo). - Verh. Schw. Natf. Ges., 111. Jvers. St. Gallen, 1930, 349; EgH 23, 1930, 648-681, 9 Fig. - Bespr. GZ 46A/832, 1 B/262; NJb. 1931/3, 680.

Steinböck O. Hydrobiologische Arbeiten im Tiroler Hochgebirge. - Anzg. Ak. d. Wiss. Wien, 66, 1929, 263-264.

— Hydrobiologische Forschungen in den Ostalpen. - Forschungen u. Fortschritte, 1929 (Dez.), 2 S. - Bespr. Z. f. Glkde, 18, 1930, 244.

— Zur Lebensweise einiger Tiere des Ewigschneegebietes. - Z. f. Morph. u. Oekologie der Tiere, 20, 4. H., Berlin (Springer) 1931, 707-718, 4 Abb. - Bespr. Z. f. Glkde, 20, 1932, 493.

— Die Tierwelt des Ewigschneegebietes. - Z. DÖAV, 1931, 29-46, 21 Abb. S. a. Alpines Handbuch u. Mitt. DÖAV, 1932, 213, 252.

Steinhauser F. Ergebnisse neuerer Beobachtungen über die Niederschlagsverhältnisse im Sonnblickgebiet. - Jber. Sonnblick-Ver., 1932, 18-31, 6 Abb. - Bespr. Z. f. Glkde, 21, 1933, 380.

— Neue Ergebnisse von Niederschlagsbeobachtungen in den Hohen Tauern (Sonnblickgebiet). - Meteorol. Z., 1934.

Steinmann G. Über die Ergebnisse der neueren Forschungen im Pleistozän des Rheintales. (Vortr.) - Z. DGeolGes., 44, 1892, 541-546.

— Die Eiszeit und der vorgeschichtliche Mensch. - Natur und Geisteswelt, 302. Bd, Leipzig (Teubner) 1910, 96 S., 24 Abb.; 2. Aufl. Ebd. 1917, 105 S., 24 Abb. - Bespr. Natwiss. Wochenschr., NF, 10, 1911, 330; Geogr. Anzg., 12, 1911, 18; Geogr. Z., 17, 1911, 56; GZ 23/183; Die Natwiss., 5, 1917, 708; Mitt. Geogr. Ges. München, 12, 1917, 362; Mitt. Anthrop. Ges. Wien, 48, 49, 1919, 221.

Stella A. Sui terreni quaternari della Valle del Po in rapporto alla Carta geol. d'Italia. - Boll. Com. geol. d'Ital., v. 26, 1895, N. 1, 108-136. - Bespr. NJb. 1896/2, 156; Bl. 932.

— Rilievo plastico dell'anfiteatro morenico del lago di Garda. - Boll. Soc. geol. it., v. 18, f. 1, Roma 1899, röm. 22-23. - Bespr. Boll. Com. geol. d'It., v. 31, 1900, 395.

Stelzner A. W. Über die Bohnerze der Villacher Alpe. - JbRA 1887, 317-322.

Stentzel A. Eiszeiten. - Natwiss. Wochenschr., 21 (NF, 5), 1906, Nr. 29, 449-455, 2 Fig. - Bespr. GZ 8/1714.

Stern W. Versuch einer elektrodynamischen Dickenmessung von Gletschereis. (Vernagtferner.) - Diss. Frankfurt a. M., 1929; Gerlds Beitr. z. Geophysik, 23, 1929, 292-333, 18 Fig. - Bespr. Z. f. Glkde, 18, 1930, 239; GZ 49A/1354.

— Über Grundlagen, Methodik und bisherige Ergebnisse elektrodynamischer Dickenmessung von Gletschereis. - Z. f. Glkde, 18, 1930, 24-42.

Sterzinger Moos (Isarcus). Das - einst und jetzt. - Dolomiten, 1927, Nr. 84.

Steudel A. Notice sur le phénomène erratique au Nord du lac de Constance et catalogue de soixante-cinq blocs erratiques les plus intéressants de la Souabe supérieure. – Genève 1867 (Tiré des Arch. sc. bibl. univ., t. 29), 1 K. – Bespr. VRA 1868, 87.
— Über die erratischen Blöcke Oberschwabens. – Württembg. natwiss. Jh., 1869, 41–56, 1 K. – Bespr. VRA 1869, 151, 199.
— Die erratischen Erscheinungen in der Bodenseegegend. – Schr. Ver. f. Gesch. d. Bodensees, 2, Lindau 1870, 115–142, 1 K.
— Das Gletscherfeld bei Bregenz. – Schr. Ver. f. Gesch. d. Bodensees, 3, 1872, 139–141.
— Ausdehnung des Bodensees in vorgeschichtlicher Zeit. – Schr. Ver. f. Gesch. d. Bodensees, 5, 1874, 72–91, 2 K. – Bespr. Bl. 393.
— Der gefrorene Bodensee des Jahres 1880. – Schr. Ver. Gesch. d. Bodensees, 11, Lindau 1882, 22–32.

Stiny J. Über Bergstürze im Bereiche des Kartenblattes Rovereto–Riva. – VRA 1908, 320–326, 1 Abb. – Bespr. GZ 12/1094; Boll. Com. geol. d'It., 40, 1909, 599.
— Über einige wenig bekannte Gletschertöpfe in der Umgebung von Nago in Südtirol. – Mitt. d. Deutsch. natwiss. Ver. beider Hochschulen Graz, 24. Ver.-Sem., Juni 1908, 2. H., 2 S. – Bespr. GZ 11/1759; Zbl. f. Min., 1908, 763; Boll. Com. geol. d'It., 40, 1909, 600.
— Zur Erosionstheorie. – Mitt. natwiss. Ver. f. Steierm., 47, 1910, Graz 1911, 83–88.
— Die Muren. Versuch einer Monographie mit besonderer Berücksichtigung der Verhältnisse in den Tiroler Alpen. – Innsbruck (Wagner) 1910, 139 S., 34 Abb. – Bespr. VRA 1910, 138; GZ 14/961; Geogr. Z., 17, 1911, 110; Mitt. Geogr. Ges. Wien, 1910, 402.
— Die Talstufe von Mareit. – Mitt. Geogr. Ges. Wien, 54, 1911, 114–126, 3 K. – Bespr. GZ 16/606.
— Taltröge. – PetMitt., 58, 1912, II, 247–252, 330. – Bespr. GZ 18/1328; NJb. 1913/2, 279.
— Zur Eiszeitgeol. von Predazzo und Primör. – VRA 1919, 302–304. – Bespr. GZ 25/983.
— Die ostalpinen Eiszeitschotterfluren. Ein Beitrag zur Aufklärung ihrer Entstehung. 1. Teil. Allgem. Versuche und Betrachtungen. – Zbl. f. Min., 1923, 202–213, 234–245, 2 Fig.
— Hebung oder Senkung? – PetMitt., 1924, 205–209. – Bespr. GZ 31/1119.
— Massenbewegungen in den Alpen. (Arlberg.) – Z. f. Geomorph., 1, 1926, 156.
— Erdpyramiden im Ötztale. – Z. f. Geomorph., 1, 1926, 156–157.
— Einiges über Gesteinsklüfte und Geländeformen in der Reisseckgruppe (Kärnten). – Z. f. Geomorph., 1, 1926, 254–275, 9 Fig. – Bespr. GZ 34/150; Carinthia II, 1928, 77.
— Zur Geschichte des Millstätter Sees. – Die Eiszeit, 3, 1926, 9–20, 9 Abb. – Bespr. GZ 41/85; Z. f. Geomorph., 3, 1928, 154.
— Straßenwesen und Baugrundgeologie. – Der Straßenbau, Halle a. S., H. 18, 1927, 354–356.
— Faltungen und Überschiebungen durch Gleitung (Rutschungen größten Maßstabes). – Zbl. f. Min., 1929, Abt. B, 116–125. – Bespr. GZ 41/46.
— Schäden durch Naturgewalten in Österreich während des Jahres 1931. – Geologie und Bauwesen, 4, 1932, 91–100. – Bespr. NJb. 1932/2, 893.
— Die Bewährung von Schneezäunen bei der Bahnenverbauung. – Geologie und Bauwesen, 4, 1932, 105–106, 1 Abb.

Stoppani A. Sulla memoria di Lorenzo Pareti: Sui terreni al piede delle Alpi, nei dintorni del Lago Maggiore e del Lago di Como. – Atti Soc. geol., v. 1, Milano 1859.
— Il mare glaciale ai piedi delle Alpi. – Riv. Ital., 1874, 1–58. – Bespr. Arch. d. sc. phys. et nat., t. 52, 302; Rev. géol. suisse p. l'a. 1874, Genève 1875, 40.
— Sui rapporti del terreno glaciale col pliocenico nei dintorni di Como (in appendice alla memoria: Il mare glaciale a piedi delle Alpi). – Atti Soc. It. Sc. nat., v. 18, f. 2, Milano 1875, 172–196 – Bespr. VRA 1875, 320; NJb. 1877, 212.
— Le marmitte dei giganti. – Ann. SAT, Trento 1877.
— Carattere marino dei grandi anfiteatri morenici dell'Alta Italia. – Milano 1878, 77 S., 4 K. (Auszug aus Geologia d'Italia). – Bespr. Boll. Com. geol. d'It., 9, 1878, 530–531; Arch. d. sc. phys. et nat., t. 1, 409; Rev. géol. suisse p. l'a. 1878, Genève 1879, 70; Ann. d. mines, 17, Paris 1880, 268.
— Geologia d'Italia. – Milano 1880.
— L'Era neozoica in Italia ossia descrizione dei terreni glaciali e dei loro equivalenti in Italia. – Estratto dall'opera: La geologia d'Italia per A. Stoppani e G. Negri. – Milano 1880, 362 S., 72 Fig., 22 Taf., 1 K. – Bespr. Atti Soc. It. Sc. nat., v. 23, Milano 1880, 297; Arch. d. sc. phys. et nat., t. 9, 305; Rev. géol. suisse p. l'a. 1881, Genève 1883, 76.
— Carta geografica degli antichi ghiacciai dell'Alta Italia nel periodo degli anfiteatri morenici. – Milano 1881.
— Sull'attuale regresso dei ghiacciai nelle Alpi. – Mem. R. Acc. d. Linc., s. 3, v. 6, Roma 1882, 12 S. – Bespr. Arch. d. sc. phys. et nat., t. 7, 296; Rev. géol. suisse p. l'a. 1881, Genève 1882, 67.
— La Valsassina e il territorio di Lecco. La cascata della Troggia. Le marmitte dei giganti a Spirola presso Lecco. – Lecco 1891.

Stotter M. u. Heufler L. v. Geognostisch-botanische Bemerkungen auf einer Reise durch Ötztal und Schnals. – N. Z. d. Tyrolischen Nationalmuseums, 6, Innsbruck 1840, 45 S., 1 K.

Stotter M. Die Gletscher des Vernagttales in Tirol und ihre Geschichte. – Innsbruck (Wagner) 1846, 75 S., 1 K.
— Nachlaß, mitgeteilt v. A. Pichler. I. Ötztaler-, II. Silvretta-Masse. – Z. Ferdin., 3. F., 8. H., Innsbruck 1859, 1–136. – Bespr. NJb. 1859, 752; Bl. 151.

Strauss W. Die Ferwallgruppe. – In: Ed. Richter, Die Erschließung der Ostalpen, 2, Berlin 1894, 36–65.

Strobel E. Geologische Untersuchungen im Hohen Ifen-Gottesackergebiet. – Z. DGeolGes., 82, 1930, 675–708, 3 Taf., 7 Abb. – Bespr. GZ 44/1501.

Strobel P. Saggio della fauna mammologica delle Stazioni preistoriche dei Monti Lessini veronesi. – Bull. Paletn. It., 16, Parma 1890, 167.

Strobele G. Marmolada. – Riv. mes. d. CAI, v. 53, n. 9, Roma 1934, 494–498, 4 Abb., 1 Skz.

Stromer E. Säugetierfunde im Diluvium Bayerns. 2. Ein Ovibos-Schädel im Altdiluvium Bayrisch-Schwabens. (Obergünzburg bei Kempten.) – Zbl. f. Min., 1928, B, 594–600, 2 Fig.

Stubai. Das Tal – und dessen Bewohner. – Z. f. Tirol u. Vorarlberg, 1, Innsbruck 1825, 166–246.
— Tal und Gebirg, Land und Leute. – Herausgeg. d. d. Ges. von Freunden des Stubaitales, Leipzig

(Duncker u. Humblot) 1891, 742 S., 3 K., 306 Abb. - Bespr. Mitt. DÖAV, 1891, 197; PetMitt., 1892, Litber., 139.

Stuchlik H. Die Faziesentwicklung der südbayerischen Oligozänmolasse. - JbRA 1906, 277–350, 2 Taf., 5 Abb. - Bespr. Zbl. f. Min., 1906, 576; GZ 9/98.

Studer B. Über die neueren Erklärungen des Phänomens erratischer Blöcke. - NJb. 1838, 278–287; Bull. Soc. géol. de France, v. 9, 407. - Bespr. Hist. d. progr. d. l. géol., 2, Paris 1848, 245.

— Notice sur quelques phénomènes de l'époque diluvienne. - Bull. Soc. géol. de France, 11, Paris 1840, 49–52. Engl: On some Phenomena of the Diluvian Epoch. - In: The Edinburgh New Phil. Journ., 29, 1840, 274–279. - Bespr. Hist. d. progr., 2, Paris 1848, 246.

— Aperçu général de la structure géologique des Alpes. - Bibl. univ., 38, Genève 1842, 125–149, 1 K. - Bespr. Hist. d. progr. d. l. géol., 1, Paris 1847, 166; 2, 1848, 231; 1849, 758; 3, 1850, 82; 4, 1851, 588; 7, 1857, 87.

— Korrespondenz aus Bern. (Forbes, Reise nach Bergamo und Innsbruck.) - NJb. 1844, 449–458, 2 Abb.

— Sur les terrains diluviens du Tirol. - Bull. Soc. géol. de France, (2), v. 6, 1849, 445.

— Geologie der Schweiz. - 2 Bde, Bern u. Zürich 1851–1853, 485 u. 487 S., K., Prof. u. Abb. - Bespr. NJb. 1851, 717; 1852, 231; 1854, 355; Arch. f. Min. etc., 25, 1853, 314; Arch. d. sc. phys. et nat., t. 19, Genève 1852, 5; Hist. d. progr. de la géol., 6, Paris 1856, 626, 647; 7, 1857; 8, 1860; Bl. 60.

— De l'origine des lacs suisses. Über den Ursprung der Schweizer Seen. - Bibl. univ. et Rev. Suisse, Arch. d. sc. phys. et nat., 19, Genève 1864, 89–108. - Bespr. NJb. 1864, 725; Ann. d. mines, s. 6, Mém., 8, Paris 1865, 384.

— Notiz über Karrenfelder. - Jb. SAC, 9, Bern 1874, 545. - Bespr. Arch. d. sc. phys. et nat., 52, 279; Rev. géol. suisse p. l'a. 1874, Genève 1875, 17.

Stummer E. Talstudien im Gebiete des Ankogels und der Hochalmspitze. - D. Rundsch. f. Geogr., 33, 4. H., Wien 1910, 5 S., 1 K. - Bespr. Carinthia II, 1912, 106.

Stur D. Der Großglockner und die Besteigung desselben. - JbRA 1854, 814–837, 6 Fig. - Bespr. Bl. 76.

— Über die Ablagerungen des Neogen (Miozän und Pliozän), Diluvium und Alluvium im Gebiete der nordöstlichen Alpen und ihrer Umgebung. - Sber. Ak. d. Wiss. Wien, 16, 1855, 477–539, 1 K. - Bespr. Bl. 77.

— Beitrag zur Kenntnis der Flora des Kalktuffes und der Kalktuffbreccie von Hötting bei Innsbruck. - Abh. RA, 12, 1886, 33–56, 2 Taf., 2 Abb.

— Vorlage der Flora von Hötting nördlich von Innsbruck. - VRA 1886, 124–125. - Bespr. NJb. 1887/1, 479; Bl. 686.

Suda F. Wahrnehmungen über das Zurückweichen der Gletscher in der Adamellogruppe. - Z. DÖAV, 1879, 170–174, 2 K., 2 Fig.

— Die Lavini di Marco im Etschtale. - Z. DÖAV, 1886, 95–118, 2 K., 3 Prof., 3 Fig. - Bespr. Bl. 696.

Suldenferner. Über die Bewegung des -s (1857–1872 nach Hann). - Mitt. DÖAV, 1878, 201–202.

Sulger-Büel E. Das Feldmoos. - Heimat, Vorarlberger Monatshefte, 14, Innsbruck 1933, 125–128.

Supan A. Studien über die Talbildungen des östlichen Graubündens und der Tiroler Zentralalpen als Beiträge zu einer Morphologie der genannten Gebiete. - Mitt. Geogr. Ges. Wien, 20, 1877, 293–399, 2 K., Prof. - Bespr. VRA 1877, 249; NJb. 1878, 89; Bl. 491; Jber. Natf. Ges. Grbd., NF, 21, Chur 1878, 111; Arch. d. sc. phys. et nat., t. 1, 324; Rev. géol. suisse p. l'a. 1878, Genève 1879, 28.

— Grundzüge der physischen Erdkunde. - 7. Aufl. (E. Obst) Berlin u. Leipzig 1927–1930, 2 Bde, 495 u. 820 S., zahlr. Abb. u. Taf. - Bespr. GZ 42/1157; Z. f. Geomorph., 3, 1928, 237; 5, 1930, 276; GR 21, 1930, 334; Geogr. Z., 36, 1930, 490; PetMitt., 77, 1931, 206; Z. Ges. f. Erdkde Berlin, 1931, 136; Zbl. f. Min., Abt. B, 1928, 479; Mitt. Geogr. Ges. Wien, 71, 1928, 406; 74, 1931, 162.

Suess E. Notizen über die geolog. Verh. der Vorarlberger Alpen und des Salzbergs bei Hall i. T. - JbRA 1854, 881.

— Mammutzahn aus dem Scesatobel. (Nach Mitt. v. K. Frh. v. Seyffertitz.) - VRA 1860, 84–85.

— Geolog. Profil der Eisenbahnstrecke von Bozen bis Innsbruck. (Vortragsauszug.) - VRA 1867, 188–192.

— Description of a section of the Brenner Railway from Botzen on the South to Innsbruck on the North. - Quart. Journ. of the Geol. Soc., v. 23, p. 2, London 1867, 25 S.

— Die Entstehung der Alpen. - Wien (Braumüller) 1875, 168 S. - Bespr. VRA 1875, 181; NJb. 1876, 84; Verh. Natwiss. Ver. Preuß. Rheinld. u. Westfalen, 1875, Sber., 280; Mitt. DÖAV, 1876, 167.

Svoboda H. Der Staubfall in der Nacht vom 10. zum 11. März 1901. - Carinthia II, 91, 1901, 73–77, 115–118.

Swerinzew L. Zur Entstehung der Alpenseen. Eine geol.-geogr. Studie. - Inaugdiss. Zürich u. Petersburg, 1896, 36 S. - Bespr. NJb. 1900/1, 212; Jb. SAC, 32, Bern 1897, 377; Mitt. DÖAV, 1897, 123; EgH 5, 1898, 411; Arch. d. sc. phys. et nat., 5, Genève 1898, 344.

Tams E. Isostasie und Erdbeben. - Zbl. f. Min., 1920, 182–189.

— Die Frage der Periodizität der Erdbeben. Eine Darstellung des gegenwärtigen Standes der einschlägigen Untersuchungen. - Sammlg. geophys. Schriften v. C. Mainka, Berlin (Borntraeger) 1926, 128 S., 15 Fig. - Bespr. GR 18, 1927, 412; Z. f. Geomorph., 2, 1927, 192.

Tappolet W. Beiträge zur Kenntnis der Lokalvergletscherung des Säntisgebirges. - Inaugdiss. Univ. Zürich, 1922, 67 S., 1 K.; Jb. St. Gall. Natwiss. Ges., 58, St. Gallen 1922, II, 1–66. - Bespr. GZ 29/1379.

Taramelli T. Sugli antichi ghiacciai nelle valli della Drava, della Sava e dell'Isonzo. - Estr. d. A. d. Soc. It. di Sc. nat., v. 13, f. 3, Milano 1870, 16 S. - Bespr. VRA 1871, 68.

— Dell'esistenza di un'alluvione preglaciale nel versante meridionale delle Alpi in relazione coi bacini lacustri e dell'origine dei terrazzi alluvionali. - Atti Ist. Ven. d. Sc., Lett. ed Arti, s. 3, v. 16, Venezia 1870–1871, 2193–2273, 2 Taf. - Bespr. VRA 1872, 85.

— Dei terreni morenici ed alluvionali del Friuli. - Ann. R. Ist. Tecnico, v. 8, Udine 1874, 1–91, 2 Taf.

— Geologia delle provincie Venete. - Mem. R. Accad. d. Linc., v. 13, Roma 1881–1882, 236 S., 3 Taf. (Gekrönte Preisschrift.) - Bespr. VRA 1883, 84; NJb. 1884/1, 54.

— Di alcuni scoscendimenti postglaciali sulle Alpi meridionali. - Rend. R. Ist. Lomb. d. Sc. e Lett., s. 2, v. 14, Milano 1881, 74–81. - Bespr. Arch. d. sc. phys. et nat., t. 7, 289; Rev. géol. suisse p. l'a. 1881, Genève 1882, 60.
— Note geologiche sul bacino idrografico del fiume Ticino. - Boll. Soc. geol. it., v. 4, 1885, Roma 1886, 239–336, 2 K. - Bespr. Boll. Com. geol. d'It., 18, 1887, 437; Rev. géol. suisse p. l'a. 1886, 31; Arch. d. sc. phys. et nat., t. 18, Genève 1887, 91; Annuaire géol. univ., t. 4, Paris 1888, 573.
— Osservazioni geologiche sul terreno Raibliano e sulle formazioni alluvionali nei dintorni di Gorno, in Valle Seriana, provincia di Brescia. - Boll. Soc. geol. it., v. 6, f. 4, Roma 1888, 525–544.
— Osservazioni geologiche nelle valli della Stabina e della Pioverna, in Lombardia. - Boll. Soc. geol. it., Roma 1892, 33–35. - Bespr. Boll. Com. geol. d'It., 24, 1893, 386.
— I ghiacciai di Val di Genova nel Trentino. - Italia Giovane, 1892.
— Della storia geologica del Lago di Garda. - Atti d. Accad. d. Agiati, a. 11, v. 40, Rovereto 1893, 59 S., 1 K. - Bespr. NJb. 1897/1, 309; Bl. 862; Boll. Com. geol. d'It., 26, 1895, 499.
— Considerazioni geologiche sul Lago di Garda. - Rend. R. Ist. Lomb., s. 2, v. 27, f. 3, Milano 1894. - Bespr. Bl. 862; Boll. Com. geol. d'It., 26, 1895, 500.
— Del deposito lignitico di Leffe, in provincia di Bergamo. - Boll. Soc. geol. it., v. 17, f. 4, Roma 1898, 202–218. - Bespr. Boll. Com. geol. d'It., 30, 1899, 367.
— Geomorfologia dei dintorni di Lugano e di Varese. - Atti quarto Congr. geogr. it. Milano 1901, 121–169.
— I tre laghi. Studio geologico-orografico, con carta geologica. - Milano 1903, 125 S., K. 1:10000. - Bespr. GZ 8/794; PetMitt., 49, Litber., 190; Boll. Com. geol. d'It., 35, 1904, 433.
— Cenni geologici sulle Alpi in rapporto alla regione dell'Alto Adige. - Arch. p. l'Alto Adige, 1, 1906, 12–26.
— Di alcune questioni geologiche riguardanti il lago di Garda. - Atti X Congr. naz. di Idrol., Clim. e Terapia fisica, Salò 1910; Riv. fis., mat., sc. nat., an. 12, Nr. 141, Pisa-Pavia 1911, 280. - Bespr. Boll. Com. geol. d'It., 43, 1913, f. 4, 135; GZ 20/1724.
— L'epoca glaciale in Italia. - Roma 1911, 43 S., 1 T. - Bespr. Boll. Com. geol. d'It., v. 43, 1913, f. 4, 136.
— Appunti per la storia geologica del lago di Varese. - Rend. R. Ist. Lomb., s. 2, v. 47, Pavia 1914, 998–1004. - Bespr. Boll. Com. geol. d'It., v. 46, f. 2–3, 1917, 99.
— Sulla storia geologica del Garda. - La Geografia, an. 2, Nr. 4, Novara 1914, 122–131. - Bespr. Boll. Com. geol. d'It., 46, 1916, f. 2–3, 97.
— Storia geologica del Trentino. - La Miniera Ital., an. 1, n. 2, Roma 1917, 65–67.
— Sull antico decorso del Brenta rispetto al Piave. - Rend. R. Ist. Lomb. di Sc. e Lett., v. 51, f. 10–13, Milano 1918, 501–508.
— Le spiegazioni dei nostri laghi attraverso un secolo. - Rend. R. Ist. Lomb., s. 2, v. 53, Milano 1920, 527–535.

Tarnuzzer Chr. u. **Theobald G.** Naturbilder aus den Rhätischen Alpen. Ein Führer durch Graubünden. - 1. Aufl. 1860; 2. Aufl. 1862; 3. Aufl. v. Tarnuzzer, Chur 1893, 354 S.; 4. Aufl. v. Tarnuzzer, Chur 1920, 335 S. - Bespr. Z. f. allgem. Erdkde, 14, Berlin 1863, 280; Natur, Halle 1893, 321; Z. f. prakt. Geol., 1894, 331; Ausland, Stuttgart 1893, 480.

Tarnuzzer Chr. Die Tomalandschaft von Chur, Ems und Reichenau. - Der freie Rhätier, 1894, Nr. 288–294. - Bespr. EgH 5, 1897, 118.
— Die Gletschermühlen auf Maloja. - Jber. Natf. Ges. Grbd., NF, 39, Chur 1896, 27–53, 1 K. - Bespr. Ann. de Géogr., 6, Paris 1897, bibl. 73; EgH 5, 1897, 120; PetMitt., 43, 1897, Litber., 26.
— Über die Entstehung von Vegetationshügeln und andern Oberflächenbildungen in den Alpen. - Jber. Natf. Ges. Grbd., NF, 40, Chur 1897, 1–18. - Bespr. EgH 5, 1898, 402.
— Die erratischen Schuttmassen der Landschaft Churwalden-Parpan nebst Bemerkungen über das kristallinische Konglomerat in der Parpaner Schwarzhornkette. - Beilage zum Kantonsschulprogramm 1897/98, Chur 1898, 44 S., 1 K. u. Jber. Natf. Ges. Grbd., NF, 41, Chur 1898, 1–55, 1 K. - Bespr. EgH 6, 1900, 207.
— Geologische Beobachtungen in der Umgebung von Chur. - Jber. Natf. Ges. Grbd., NF, 42, Chur 1899, 86–89. - Bespr. EgH 6, 1899/1900, 411, 445; Archives ..., 10, Genève 1900, 235, 278.
— Glazialreste von Chur und Filisur, aufgedeckt 1900. - Jber. Natf. Ges. Grbd., NF, 44, 1900/01, Chur 1901, 87–93. - Bespr. GZ 2/1720; NJb. 1903/2, 416.
— Ein diluvialer Bergsturz der Bündner Schieferzone auf der Flimserbreccie von Valendas. - Jber. Natf. Ges. Grbd., NF, 44, 1900/1901, Chur 1901, 95–105, 1 Taf. - Bespr. GZ 2/1705; NJb. 1903/2, 416; PetMitt., 49, Litber., 39.
— Geologische Beobachtungen während des Baues der Eisenbahn Davos–Filisur. - Jber. Natf. Ges. Grbd., NF, 50, 1908, 33–48. - Bespr. EgH 10, 1908, 640; GZ 13/1932.
— u. **Grubenmann U.** Beiträge zur Geologie des Unterengadins. I. Das Gebiet der Sedimente. II. Die kristallinen Gesteine. - Beitr. z. geol. K. d. Schw., NF, Lfrg 23, Bern 1909, 248 S., K. 1:50000, 1 Taf., 25 Fig. - Bespr. EgH 11, 1910, 561; VRA 1911, 122; NJb. 1911/2, 416; GZ 17/297; PetMitt., 59, 1913/2, 220.

Tarnuzzer Chr. (Naturschutz). Kantonale Jahresberichte. Graubünden. - Verh. Schw. Natf. Ges., 93. Jvers. Basel 1910, II, 181–184 (Erratische Blöcke); ebd., 94, Solothurn 1911, II, 163 (Chasellas bei Campfér).
— Literatur zur physischen Landeskunde Graubündens 1914–1918. - Jber. Natf. Ges. Grbd., NF, 56, Chur 1916, 103–107; 57, 1917, 155–166; 58, 1918, 251–258; 60, 1919–1921, 217–231. - Bespr. GZ 25/188, 28/87.
— Die prähistorischen Bergstürze im oberen Safiental. - Jber. Natf. Ges. Grbd., NF, 58, 1917/18, Chur 1918, 39–53, 2 Fig. Nachtrag: Ebd., 60, Chur 1921, 150–152. - Bespr. GZ 25/260, 28/66.
— Die Eiszeit der Schweiz mit besonderer Berücksichtigung ihrer Spuren in Graubünden. - Natur und Technik, 6, 1924/25, 1925, 169–176.

Tarr R. S. The origin of drumlins. - Amer. Geol., 13, 1894, 393–407. - Bespr. NJb. 1898/2, 307.

Tasche M. Landschaftsgeschichtliche Untersuchungen im Illerquellgebiet. - Mit.DÖAV, 1934, 215.
— Morphologie des Illerquellgebietes. - Frankfurter Geogr. Hefte, 8, 1934, H. 1, 112 S., 3 Taf., 1 Fig.

Tatarinoff E. François Alphonse Forel, 12. Februar 1841 bis 12. August 1912. Aus der Biographie verfaßt von Prof. Dr. Henri Blanc. - 5. Jber.

Schw. Ges. f. Urgeschichte, 1912, Zürich 1913, 41–47. Publikverz. über Urgeschichte.

Täuber C. Allerlei Betrachtungen über die Gletscher, aus alten Alpenklub-Jahrbüchern. – Appenzeller Kalender f. d. J. 1912, 191, Trogen 1911, 5 S. – Bespr. Z. f. Glkde, 6, 1912, 158.

Tauernkraftwerk. Das –, ein Werk von unermeßlicher Bedeutung für Osttirol. – Lienzer Nachrichten, Nr. 52 v. 1930.

Tedeschi R. Rel. d. Camp. Glac. del 1931. Gruppo Adamello. – Boll. Com. Glac. It., 12, 1932, 294–298, 1 Abb. – Bespr. GZ 51 A/439.

— Rel. d. Camp. Glac. d. 1932. Alpi Retiche. Gruppo Adamello-Presanella. – Boll. Com. Glac. It., 13, 1933, 215-216.

Teichmüller R. Zur Frage des Alters der tektonischen Bewegungen in den südlichen Kalkalpen (westlich des Tagliamento). – Z. DGeolGes., 81, 1929, 381–410, 18 Abb. – Bespr. GZ 42/59.

Teller F. Aufnahmen im oberen Ötz- und Passeiertale. – VRA 1877, 231-235.

Tellini A. Sulle traccie lasciate dal ramo orientale dell'antico ghiacciaio del f. Piave. – Rend. R. Acc. d. Linc., Roma 1892, s. 5, v. 2, 1 sem., f. 1, 48. – Bespr. Boll. Com. geol. d'It., 25, 1894, 442.

— L'anfiteatro morenico di Vittorio nella provincia di Treviso. – Boll. Soc. geol. it., v. 12, f. 1, Roma 1893, 27–38.

— Intorno alle traccie abbondante da un ramo dell'antico ghiacciaio del fiume Isonzo nell'alta valle del Natisone. – Ann. R. Ist. Tecn. di Udine, s. 2, v. 15, 1898.

— Sulla distribuzione delle nevi nelle Alpi orientali e nel Veneto. – Atti R. Ist. Ven., Venezia 1908.

Theobald G. u. Tarnuzzer Chr. Naturbilder aus den Rhätischen Alpen. Ein Führer durch Graubünden. – 1. Aufl. 1860; 2. Aufl. 1862, 380 S., 4 K.; 3. Aufl. v. Tarnuzzer, Chur 1893, 354 S.; 4. Aufl. v. Tarnuzzer, Chur 1920, 335 S. – Bespr. Z. f. allgem. Erdkde, 14, Berlin 1863, 280; Natur, Halle 1893, 321; Z. f. prakt. Geol., 1894, 331; Ausland, Stuttgart 1893, 480.

Theobald G. Geolog. Beschreibung der nordöstlichen Gebirge von Graubünden oder geolog. Beschreibung der in den Blättern X und XV des eidgen. Atlasses enth. Gebirge von Graubünden. – Beitr. z. geol. K. d. Schw., 2. Lfrg, Bern 1864, 372 S., 18 Taf., Nachtr. 2 S. – Bespr. VRA 1865, 81–86; Bl. 210.

— Geologische Übersicht von Graubünden. – Progr. d. bünd. Kantonsschule 1864–1866, Chur 1864, 29 S.

— Geolog. Beschreibung der südöstlichen Gebirge von Graubünden und dem angrenzenden Veltlin oder geolog. Beschreibung der im Blatt XX des eidgen. Atlasses enthaltenen Gebirge von Graubünden. – Beitr. z. geol. K. d. Schw., 3. Lfrg, Bern 1866, 359 S., 8 Taf. – Bespr. Ausland, Augsburg 1866, 72; VRA 1867, 220; PetMitt., 1867, 336; Bl. 210.

— Ergebnisse zweier Untersuchungen eines Granitfindlings aus dem Bette der Dornbirner Ach. – X. Rechenschaftsber. des Vorarlbg. Museumsvereins, 1868, 12–14.

— Aufforderung zur Erhaltung der erratischen Blöcke. – Broschüre, Chur 1868.

Thierberg. Die Eiszeitfunde am – bei Kufstein. – Innsbr. Nachr. v. 30. 7. 1932.

Thilenius R. Die Konstruktion des Davoser Frigorimeters. – Meteor. Z., 1931, H. 7, 254-260.

Thöny M. Lawinen im Prätigau. – Alpina, Jb. SAC, 1909.

— Lawinen- und Wasserschaden, Wuhrarbeiten und Kolmation im Prätigau. – Schiers 1910, 96 S. 2. Aufl. ebd., 1911, 90 S., 10 Taf. – Bespr. Alpina, 19, 1911, 110; Jber. Natf. Ges. Grbd., 53, 1912, 126.

Thorington J. M. The Oetztal glaciers in history and cartography before 1800. – The Geogr. Journ., London, 75, Nr. 3, März 1930, 233–241, 8 Abb. u. Skz. – Bespr. GZ 42/1307.

Tietze E. Zur Geschichte der Ansichten über die Durchbruchstäler. – JbRA 1888, 633–656. – Bespr. NJb. 1889/2, 55.

— Bemerkungen zu Prof. Pencks Vortrag über die Formen der Landoberfläche. – VRA 1892, 79–100.

Tollner H. Gletscherwinde in den Ostalpen. – Met. Z., 48, 1931, 414–421, 3 Abb. – Bespr. Z. f. Glkde, 20, 1932, 491.

Tolomei E. u. F. La grande catena alpina di displuvio sopra l'Alto Adige. – Arch. p. l'Alto Adige, 6, 1911, 393–449 (F.); 7, 1912, 460–554; 8, 1913, 252–313, 480–512; 10, 1915, 234; 17, 1922, 173–214; 19, 1924, 11–30; 20, 1925, 11–54. Mit Abb. u. Skz. – Bespr. Tir. Heimat, 8, 1927, 180; 1, 1928, 89; 3, 1930, 139.

Toniolo A. Di alcuni depositi diluviali lungo la valle trasversale del Soligo (versante meridionale delle Prealpi Bellunesi). – Atti Soc. Tosc. d. Sc. nat., Proc. verb., v. 14, Pisa 1905, 179–186. – Bespr. Boll. Com. geol. d'It., 38, 1907, 78.

— Traccie glaciali in Fadalto e Valmareno. Ramo orientale dell'antico ghiacciaio del Piave. – Atti Soc. Tosc. di Sc. nat., Mem., v. 2, Pisa 1905, 181–216, 1 Taf. – Bespr. Boll. Com. geol. d'It., 38, 1907, 77.

— Riscontri su recenti oscillazioni dei ghiacciai dei gruppi Sorapis e Cristallo nelle Alpi Cadorine (Autunno 1905). – Riv. Geogr. It., 13, 1906, 453–467.

— Osservazioni e riscontri sui ghiacciai del Gruppo della Marmolada. – Riv. d. Fisc., Mat. e Sc. nat., v. 8, 1907.

— Nuove ricerche sopra i ghiacciai dei gruppi del Cristallo e del Sorapiss. – Riv. Geogr. It., an. 15, f. 6, Firenze 1908, 321–329. – Bespr. GZ 16/619; Boll. Com. geol. d'It., 40, 1909, 607.

— Altre osservazioni sopra i ghiacciai dei gruppi Sorapiss e Cristallo (estate 1908). – Riv. Geogr. It., an. 16, f. 9, Firenze 1909, 551–554. – Bespr. GZ 15/1116, 17/786; Boll. Com. geol. d'It., 41, 1910, 477.

Toperczer M. Strahlungsmessungen in Innsbruck. – Anzg. Ak. d. Wiss. Wien, m.-n. Kl., 70, 1933, 109–110.

Torfmoore (G.) Über die glaziale Flora und die Flora der Torfmoore. – Mitt. Anthrop. Ges. Wien, 12, 1882, 104–107, 1 Abb.

Tornquist A. Das Vicentinische Triasgebirge. Eine geologische Monographie. – Stuttgart (Schweizerbart) 1901, 195 S., 2 K. 1:25000, 14 Abb., 10 Fig. u. tekt. Skz. – Bespr. NJb. 1901/2, 98; GZ 2/43; Mitt. DÖAV, 1903, 49; Boll. Com. geol. d'It., 34, 1903, 60.

— Geologischer Führer durch Oberitalien. I. Das Gebirge der oberitalienischen Seen. (Beiträge v. A. Baltzer u. C. Porro.) – Sammlg. geol. Führer, IX, Berlin (Borntraeger) 1902, 302 S., 30 Abb. – Bespr. VRA 1902, 352; GZ 3/1062; PetMitt., 49, Litber., 189; EgH 7, 1901–1902, 498; Boll. Com. geol. d'It., 35, 1904, 106; Mitt. DÖAV, 1902, 175.

— Das Gesetz der Wasserbewegung im Gebirge. Die geologische Grundlage für die technische Aus-

nützung der Wasserkräfte. - Graz (Leykam) 1922, 32 S. - Bespr. VBA 1925, 202; GZ 28/1355.
— Die europäische Eiszeit. - Die Umschau, 1927, H. 43, 876-878.
Trauth F. Josef Bayer †. - Mitt. Geol. Ges. Wien, 24, 1931, Wien 1932, 147-149.
Trautwein Th. Über das Kaisergebirge. - Z. DÖAV, 1879, 185-231, 1 K., 1 Taf., 2 Ans., 1 Skz.
— Ein Besuch des Lisenserferners im Jahre 1773. - Mitt. DÖAV, 1893, 119.
Trener G. B. Per un circolo trentino di studi idrologici, glaciologici e speleologici. - Ann. Studi Trent., 4, Firenze 1897-1898.
— e **Battisti C.** Il lago di Terlago ed i fenomeni carsici delle valli della Fricca, del Dess e dei Laghi. - Tridentum, Riv. d. St. sc., a. 1, f. 1-2, Trento 1898, 37-97, 3 Taf. - Bespr. Bl. 992; Boll. Com. geol. d'It., 30, 1899, 372.
Trener G. B. I pozzi glaziali di Nago. - Tridentum, Riv. mens. d. St. sc., an. 2, Trento 1899, 325-333.
— Le piramidi glaciali di Segonzano. - Strenna dell'Alto Adige, an. 1900, 76-77, illustr.
— Le oscillazioni periodiche secolari del clima del Trentino. - Ann. SAT, an. 23, Trento 1904, 78. - Bespr. VRA 1904, 362.
— Le oscillazioni secolari del clima del Trentino. (Mem. prelim.) - Tridentum, Trento 1904, f. 5.
— Geologia delle Marocche. - In: Gli Impianti idroelettrici della città di Trento, p. 2, Trento 1924, 25-83, 1 geol. u. 1 Isobathenkarte 1:25000, 1 Taf., 3 Fig. - Bespr. Studi Trent. Sc. Nat., 8, 1927, 125.
— Appunti geologici sul Gruppo di Sella. - In: Monografia d. Gr. d. S., Ann. 24 d. SAT, Trento 1925, 91-98.
— Cenni geologici sul Gruppo di Brenta. - In: P. Prati, Dolomiti di Brenta, Trento, SAT, 1926, 297-301.
— I depositi interglaciali nella Valle dell'Adige. - Atti Soc. It. Progr. d. Sc., v. 2, Roma 1931, 265. - Bespr. GZ 47A/669.
Trentinaglia-Telvenburg J. R. v. Das Gebiet der Rosanna und Trisanna mit besonderer Berücksichtigung der orographischen, glazialen, botanischen, zoologischen, geognostischen und meteorologischen Verhältnisse dargestellt. - Wien 1875, 204 S.
— Die Rieserferferner- oder Antholzergruppe im Pustertale. - Ber. Natw.-med. Ver. Innsbruck, 6, 1875, 2. H., Innsbruck 1876, 3-16.
Treven K. Das Sommerwetter 1928 und 1929 in den Ostalpen. - Z. f. Glkde, 19, 1931, 157-160.
— Das Sommerwetter 1930 und 1931 in den Ostalpen. - Z. f. Glkde, 20, 1932, 126-128.
Trientl A. Kurzer Bericht über Gletscherbeobachtungen in Gurgl. - Jb. Zentralanstalt f. Met., Wetterübersichten 1859, 8, 12, 16.
— Ein Gang nach Gurgl. - Mitt. ÖAV, 1864, 1-38.
Trinker J. Über die Verbreitung von erratischen Blöcken in dem südwestlichen Teil von Tirol. - JbRA 1851, 2. H., 74-78. - Bespr. Bl. 31.
— Höhenbestimmungen von Tirol und Vorarlberg, neugesammelt und zusammengestellt. - Innsbruck (Wagner) 1852. Wiederabdruck in: H. v. Widmann, Erläuterungen z. geogn. Karte Tirols, Innsbruck (Wagner) 1853, 95 S.
— Die gemessenen Höhen der Provinz Belluno und Umgebung. Ein Beitrag zur hypsometrischen Kenntnis der venetianischen Alpen. - Jb. ÖAV, 1, 1865, 151-188.
— Beiträge zur Orographie und Hydrographie des Pustertales. - Jb. ÖAV, 1867, 141-150.
Troll E. Das Siedlungsbild des Inn-Chiemsee-Vorlandes. Eine hist.-geograph. Untersuchung. - Dissert. Berlin, Ldskdl. Forschungen (Geogr. Ges. München), München 1932, H. 29, 76 S., 4 K., 5 Skz., 4 Taf. - Bespr. Geogr. Z., 39, 1933, 371; Z. Ges. f. Erdkde Berlin, 1934, 73.
Troll K. Geolog.-morpholog. Karte 1:100000. Der diluviale Inn-Chiemsee-Gletscher. - Mitt. Geogr. Ges. München, 16, 1923.
— Der diluviale Inn-Chiemsee-Gletscher. Das geogr. Bild eines typischen Alpenvorlandgletschers. - Forschgen z. D. Lds- u. Volkskde, 23, 1, 1924, 121 S., K. 1:100000. - Bespr. NJb. 1924/1, 437; 1925/2, B, 154; GZ 33/779; Z. f. Glkde, 15, 1927, 155; Geogr. Z., 31, 1925, 372; Mitt. Geogr. Ges. München, 1925, 337.
— Das Inn- und Chiemseevorland. Ein landeskundl. Führer. - Mitt. Geogr. Ges. München, 17, 1924, 1-44, 1 Fig.; Ldskdl. Forschgen, 26, 1924. - Bespr. GZ 31/1157; NJb. 1924/2, 439; 1925/2, B, 157; Z. f. Glkde, 15, 1927, 157.
— Die Rückzugsstadien der Würmvereisung im nördlichen Vorland der Alpen. - Mitt. Geogr. Ges. München, 18, 1925, 281-292, 2 K. - Bespr. GZ 32/1695; Z. f. Glkde, 15, 1927, 153.
— Über Bau und Entstehung des bayerischen Alpenrandes. - Z. DGeolGes., 78, 1926, 35-51, 1 Taf. - Bespr. GZ 34/442; NJb. 1926/2, B, 223.
— Die jungglazialen Schotterfluren im Umkreis der deutschen Alpen, ihre Oberflächengestalt, ihre Vegetation und ihr Landschaftscharakter. - Forschungen z. Deutschen Lds- u. Volkskunde (Gradmann), 24, Stuttgart (Engelhorn) 1926, 159-256, 6 Taf., 11 Fig. - Bespr. Z. f. Geomorph., 3, 1928, 156; Mitt. Geogr. Ges. München, 1927, 306; Z. f. Glkde, 15, 1927, 154; PetMitt., 73, 1927, 314; GZ 40/1632; NJb. 1928/3, 159; Geogr. Z., 33, 1927, 354; Z. Ges. d. Erdkde Berlin, 1928, 260.
— Neue Probleme der Eiszeitforschung. (Zu Paul Woldstedts „Das Eiszeitalter", 1929.) - Geogr. Anzeiger, 1930, H. 7, 209-217.
— Die Eiszeitenfolge im nördlichen Alpenvorland. (Zu B. Eberls gleichnamigem Werk.) - Mitt. Geogr. Ges. München, 24, 1931, 215-226, 2 Fig. - Bespr. GZ 46A/248.
Troll W. Die natürlichen Wälder im Gebiete des Isarvorlandgletschers. Der pflanzengeographische Typus einer nordalpinen Glaziallandschaft. - Mitt. Geogr. Ges. München, 19, 1926, 1-129; 20, 1927, 123-125, 1 K., 2 Skz.
Tröltsch E. v. Die Pfahlbauten des Bodenseegebietes. - Stuttgart 1902, 255 S. - Bespr. PetMitt., 49, Litber., 26; Arch. Anthrop., 28, 201.
Trotha. Die Gletscher. Ein Beitrag zur Geographie des Hochgebirges. - Realschulprogramm Waisenhaus Halle, 1875. - Bespr. Mitt. DÖAV, 1878, 100.
Trumpp J. Welteislehre und Geologie. - Kohle u. Erz, 22, Nr. 1, 1925, 21-22. (Siehe K. Hummel.) - Bespr. GZ 31/1911.
Trümpy E. Beitrag zur Geologie der Grignagruppe am Comersee (Lombardei). - Diss. Bern, 1928; EgH 23, 1930, 379-487, K. 1:50000, 3 Proftaf., 2 Tab., 3 Skz. - Bespr. GZ 46A/788; NJb. 1931/3, 175, 713; Boll. R. Soc. Geogr. It., s. 6, v. 9, 1932, 697.
Trusheim F. Die Mittenwalder Karwendelmulde. Beiträge zur Lithogenesis und Tektonik der nördlichen Kalkalpen. - Diss. Frankfurt a. M.; Wiss. Veröffentl. DÖAV, Nr. 7, 1930, 67 S., K. 1:25000, 3 Prof., 19 Abb. - Bespr. PetMitt., 77, 1931, 270; GZ 46A/1881.

Tscholl J. Das Martelltal. – Dolomiten, 1927, Nr. 73–75.
— Zum Rätsel der Schalensteine. – Der Schlern, 14, 1933, 440–442, 3 Abb.
Tursky F. Der Großglockner und seine Geschichte. – Wien u. Leipzig (Hartleben) 1922, 139 S., 2 K., 13 Abb. – Bespr. Mitt. Geogr. Ges. Wien, 1922, 120; Mitt. Geogr. Ges. München, 1923, 347; Geogr. Z., 29, 1923, 73.
Tursky H. Die alpine Flora in ihrer Abhängigkeit vom Klima und Boden des Hochgebirges. – Z. DÖAV, 1921, 1–22.
Tusch H. Der Achensee in Vergangenheit und Gegenwart. – Tirol, 1927, 260–262, 3 Abb.
Tutton A. E. H. The high alps. A natural history of ice and snow. – London 1931, 335 S., illustr.
Tyndall J. In den Alpen. Autorisierte deutsche Ausgabe. Vorwort v. G. Wiedemann. – Braunschweig 1875, 2. Aufl. 1899, 420 S., Abb. – Bespr. Geogr. Z., 5, 1899, 358.
— Die Gletscher der Alpen. Autorisierte deutsche Ausgabe. Vorwort von G. Wiedemann. – Braunschweig 1898, 550 S., 2 Taf., Abb. – Bespr. NJb. 1899/2, 44; Mitt. DÖAV, 1898, 193; Geogr. Z., 4, 1898, 533; Mitt. Geogr. Ges. Wien, 41, 1898, 527.
Ule W. Die Entstehung und die physikalischen Verhältnisse des Würmsees. – Jb. Geogr. Ges. München f. 1900/01, 19, München 1901, 58–75. – Bespr. GZ 3/300.
— Der Würmsee (Starnbergersee) in Oberbayern. Eine limnologische Studie. – Wissensch. Veröff. Ver. f. Erdkde Leipzig, 5, 1901, 210 S., 15 Fig., 5 Bild., 8 Taf. – Bespr. Mitt. Geogr. Ges. Wien, 1902, 26; GZ 3/299.
— Untersuchungen des Würmsees. (Vortr.) – Z. Ges. f. Erdkde Berlin, 1902, 460.
— Alter und Entstehung des Würmsees. – Z. Ges. f. Erdkde Berlin, 1904, 651–659, 3 Abb. – Bespr. GZ 6/370.
— Das Alter und die Entstehung des Würmsees. – Gaea, 41, 3, Leipzig 1905, 2 S.
— Studien am Ammersee in Oberbayern. – Mitt. Geogr. Ges. München, 1, 1906, 561–624, 1 Taf. – Bespr. GZ 14/1602; Z. f. Glkde, 1, 1907, 237.
Umlauft F. Die Alpen. Handbuch der gesamten Alpenkunde. – Wien, Pest, Leipzig 1887, 488 S., 18 K. – Bespr. PetMitt., 33, 1887, Litber., 40; Mitt. Geogr. Ges. Wien, 30, 1887, 648; Jb. SAC, 22, Bern 1887, 373; Ausland, Stuttgart u. München 1887, 79; Mitt. DÖAV, 1887, 33; Z. DÖAV, 1889, 505.
Urangia-Tazzoli T. La guerra sulle alte vette e sui ghiacciai del gruppo Ortles-Cevedale, settore Valtellina, 1915–1918. – Milano (Alfieri) 1929, 103 S., 19 Taf.
Vacek M. Über die geologischen Verhältnisse des Nonsberges. (Vortr.) – VRA 1894, 431–446. – Bespr. NJb. 1898/1, 495.
— Über die geologischen Verhältnisse der Umgebung von Rovereto. (Vortr.) – VRA 1899, 184–204. – Bespr. Bl. 1009; Boll. Com. geol. d'It., 31, 1900, 414.
— Exkursion durch die Etschbucht. (Mendola, Trient, Rovereto, Riva.) – Führer f. d. Exk. in Österr., IX. Internat. Geol.-Kongr., Wien 1903, VII, 49 S., 2 Abb., 1 Taf. – Bespr. GZ 5/185; Boll. Com. geol. d'It., 36, 1905, 73.
— Erläuterungen zur geol. Spezialkarte Rovereto-Riva. – Wien 1911, 100 S.
— Erläuterungen z. geol. Spezialkarte Trient. – Wien 1911, 104 S.
— Aufnahmsberichte Bregenzer Wald. – VRA 1912, 12; 1913, 10–11; 1914, 12–13; 1915, 8.
Van Bemmelen W. Rezente Betrachtungen in bezug auf die kosmischen und terrestrischen Ursachen der Eiszeiten. (Holld.) – Hemel en Dampkring 1925, 145–156. – Bespr. GZ 32/1557.
Van Holst Pellekaan W. Geologie der Gebirgsgruppe des Piz Scopi. – Diss. Zürich 1913, Amsterdam (Binger) 1913, 79 S., K. 1:50000, 3 Fig., 4 Taf. – Bespr. GZ 21/950.
Van Houten J. Geologie der Kalkalpen am Ostufer des Lago Maggiore. – EgH 22, 1929, 1–40, K. 1:25000, 2 Taf., 2 Fig.; Inaugdiss. Univ. Basel, 1927. – Bespr. GZ 43/429; NJb. 1931/3, 714.
Van Houten L. De Alpen. – Mijnbouwkundige Jaarb., 1926–1928, 426–481. (Holl.)
— De Geologie der Zuid-Tyroolsche Dolomieten. – Jaarbook 1929, 1930, 1931 van de Mijnbouwkundige Vereeniging, 33 S., 15 Abb., 1 Taf. (Holländisch.) – Bespr. GZ 46A/200; Z. f. Geomorph., 8, 1934, 156.
— Geologie des Pelmo-Gebietes in den Dolomiten von Cadore. – JbBA 1930, 147–230, K. 1:25000, 9 Taf. – Bespr. GZ 43/860, 44/404. S. a. Leonardi P.
— Gletscherwaarnemingen in de Oost-Alpen. (Vortrag.) – Auszug: Geol. u. Mijnbouw, Den Haag, 10, H. 15, 1931, 150–155, 9 Abb.
— Verdwijnen de gletschers? (Verschwinden die Gletscher?) – Tijdschr. v. h. Onderwijs i. d. Aardrijkskunde, 9, 1931, 88–89. – Bespr. GZ 45/1244.
Vanni M. Gli apparati morenici Wurmiani del ramo occidentale del Lario. – Boll. Soc. geogr. it., s. 6, v. 10, 1933, 467–487, 7 Fig., 8 Abb. – Bespr. GZ 51A/1197.
Van Valkenburg S. Beiträge zur Frage der präglazialen Oberflächengestalt der Schweizer Alpen. – Inaugdiss. Zürich, 1918, Zürich (Leemann) 1918, 64 S., 2 K., 3 Prof. – Bespr. Bibl. géogr. 1915–1919, Paris 1921, 168; GZ 37/870.
— Die Entstehung der Talformen in den Schweizer Alpen. (Holld.) – Tijdschr. Kon. Ned. Aardrijksk. Gen., s. 2, dl. 1, 37, Leiden 1920, 458–481, 2 Abb. – Bespr. GZ 25/1286.
Van Werveke L. Die Zahl der Vereisungen in den Alpen und in Mittel- und Norddeutschland. – Forschgen u. Fortschr., 1931, 201. – Bespr. GZ 46A/1026.
Vardabasso S. Sopra una singolare modellazione glaciale nel sottosuolo di Bolzano. – Annali R. Scuola d'Ingegn. di Padova, an. 4, n. 1, Padova 1928, 138. S. Hradil G.
Vega del Sella Conde de la. Teoria del Glacialismo cuaternario por desplazamientos polares. – Comisión de investigaciones paléontológicas y prehistoricas. Memoria num. 35, Madrid 1927, 110 S. – Bespr. Z. f. Glkde, 16, 1928, 155.
Veidl E. Die Großglockner-Hochalpenstraße. – Sammlung: Heimatliche Wanderung, Wien (Österreich. Bundesverlag) 1931, 16 S., mehr. Bilder u. Zeichnungen. – Bespr. Osttitroler Heimatblätter, 8, Lienz 1931, 80.
— Die Großglockner-Hochalpenstraße. Bergsteiger und Technik im Hochgebirge. – Der Bergsteiger, 4, 1934, Nr. 8, 491–496, 1 Skz.
Venedigergruppe. Gletscherbewegung in der –. – Mitt. DÖAV, 1893, 165.
Vent. Protokoll der Gletscherkonferenz zu – 1901. (Vernagt-, Guslar- u. Hintereisferner.) – Mitt. DÖAV, 1902, 17–18.
Vercelli F. Sulle temperature lungo la progettata

galleria attraverso allo Spluga. – Rend. R. Ist. Lomb., s. 2, v. 47, Milano 1914, 645–675.

Vernagtferner. Vom –. – Mitt. DÖAV, 1899, 191–192.

Vianello G. e **Benvenuti G.** Rel. d. Camp. Glac. d. 1932. Alpi Dolomitiche. Gruppo delle Pale. – Boll. Com. Glac. It., 13, 1933, 238–241.

Viberal G. Sui campi di battaglia del Trentino, del Pasubio e degli Altipiani. – Trentino, a. 5, 1929, 24–28, 11 Abb.

Vierhapper F. Geobotanische Notizen aus dem Gailtale. – Carinthia II, 1926, 4–11.

Villa G. B. Escursioni geologiche fatte nella Brianza. – Atti Soc. It. d. Sc. nat., Milano 1884, v. 26, f. 1–4, 373.

— Rivista geologica dei terreni della Brianza. – Atti Soc. It. d. Sc. nat., Milano 1884, v. 28, f. 1–4, 79.

Viollier D. † F. A. Forel. – Indicateur d'antiquités suisses, NF, 14, Zürich 1912, 99–100.

Vischer W. Haben das Oberengadin und das Berninagebiet während der letzten Eiszeit den Alpenpflanzen als Refugium gedient? – Verh. Natf. Ges. Basel, 39, 1929, 167–175.

Visser Ph. C. Benennung der Vergletscherungstypen. – Z. f. Glkde, 21, 1933, 137–139. Holländisch in: Tijdschr. v. h. Kon. Aardr. Genootsch., 2. R., 50. T., 2. Nr., März 1933, 148–150. – Bespr. GZ 50A/1038.

Vogt C. Die Eiszeit. – PetMitt., 1867, 461–462. (Aus d. Köln. Ztg.)

Voigt H. Die Ursache der Eiszeit ein mechanisches Problem. – Aus d. Heimat, 37, H. 9, 1924. – Bespr. GZ 31/1054.

Völker K. Eine auf physikalische und mathematische Gesetze gegründete Erklärung der Ursache der Eiszeit und der jetzt viel besprochenen Abnahme der Gletscher. (Vortr.) – Bespr. Mitt. DÖAV, 1878, 135.

Volta L. Dati e raffronti sul regime dei tre laghi lombardi con riguardo all'influenza dei fenomeni di gelo e sgelo. – Rend. Ist. Lomb., s. 2, v. 53, Milano 1920, 561–656.

— Il regime dei laghi Maggiore, di Lugano e di Como durante il quindecimo 1902–1916 in rapporto alla determinazione del contributo glaciale. – Boll. Com. Glac. It., 4, Roma 1921, 3–115, 3 Fig. – Bespr. Z. f. Glkde, 13, 1924, 220.

Vonbun J. F. Volkssagen aus Vorarlberg. – 2. Aufl. Innsbruck 1850, 83 S., Neuaufl. 1889.

Waagen L. Über das „bedrohte" Badgastein. – Z. Österr. Ing.- u. Arch.-Ver., 75, Wien 1923, 49–52. – Bespr. GZ 29/813.

Wachtler W. Zum Rätsel der Schalensteine. – Der Schlern, 14, 1933, 492.

Wagner A. Eine bemerkenswerte 16jährige Klimaschwankung. – Sber. Ak. d. Wiss. Wien, m.-n. Kl., Abt. IIa, 133, 1924, 169–224, 12 Abb. – Bespr. Z. f. Glkde, 15, 1927, 246.

— Die Abnahme der Jahresschwankung der Temperatur in den letzten Dezennien in Europa. – Meteor. Z., 45, 1928, 361–367, 3 Abb. – Bespr. Z. f. Glkde, 17, 1929, 283.

— Schneebeschaffenheit in ihrer Abhängigkeit von Wind und Wetter. – Mitt. DÖAV, 1933, 55–58.

Wagner E. Über die Ausbildung des Diluviums in der nordöstlichen Bodenseelandschaft mit besonderer Berücksichtigung des Schussengebietes. – Jhefte Ver. f. vaterld. Naturkde Württemberg, 67, 1911, 289–329, 1 Taf., 4 Prof. u. Dissert. Tübingen 1910. – Bespr. GZ 16/1509.

Wagner M. Das Vorkommen von Pfahlbauten in Bayern mit einigen Bemerkungen über die bisherigen Hypothesen hinsichtlich des Zweckes und Alters der vorhistorischen Seeansiedlungen. – Sber. Ak. d. Wiss. München, 1866, II, 430–478.

Wähner F. Geologische Bilder von der Salzach. Zur physischen Geschichte eines Alpenflusses. (Vortr.) – Schr. d. Ver. z. Verbreitg natwiss. Kenntnisse in Wien, 34, 1894, H. 17, 461–534, 7 Taf. – Bespr. Bl. 898.

— Das Sonnwendgebirge im Unterinntal. Ein Typus alpinen Gebirgsbaues. – Leipzig u. Wien (Deuticke) 1903, 356 S., 19 Taf., 1 K., 96 Abb. – Bespr. GZ 3/1064; NJb. 1903/1, 494; Z. Ges. f. Erdkde Berlin, 1903, 234; Geogr. Z., 9, 1903, 646; Mitt. DÖAV, 1903, 112.

Wahnschaffe F. Die eiszeitliche Endmoräne am Eingange des Ötztales. – Natwiss. Wochenschr., NF, 1, Nr. 12, Jena 1901, 140–141. – Bespr. GZ 7/724; NJb. 1902/2, 446.

— Bemerkung zu Crammers Arbeit über das Alter, die Entstehung und Zerstörung der Salzburger Nagelfluh. – Z. DGeolGes., 55, 1903, Mber., 16–17. (Vortr.) – Bespr. GZ 5/437.

Waitzenbauer H. Taschacherjoch oder Taschacher Hochjoch? – Z. DAV, 1870, 552–555.

Walcher J. Nachrichten von den Eisbergen in Tyrol. – Wien 1773, 96 S., 5 Taf.; Frankfurt und Leipzig 1773, 99 S., 5 Taf., 1 Abb.

Waldbaur H. Hängetäler im Oberengadin und Bergell. – Ostalpin. Formenstud., II/2, 1923, 127 S., 6 Fig. – Bespr. GR 1924, 88; Z. f. Glkde, 14, 1926, 78; Z. f. Geomorph., 1925, 74; Geogr. Z., 30, 1924, 152.

Walde K. Die Tierwelt unserer Alpen im Eiszeitalter. – Innsbr. Nachr. v. 30. 7. 1932.

Walkmeister Chr. Die Erosionstätigkeit der Plessur und ihrer Seitenbäche. – Jber. Natw. Ges. St. Gallen pro 1905, St. Gallen 1906, 30–34.

— Beobachtungen über Erosionserscheinungen im Plessurgebiete. – Jber. Natw. Ges. St. Gallen 1906, 151–207, 6 Taf. – Bespr. EgH 10, 1908, 333; Jber. Natw. Ges. St. Gallen, NF, 50, 124; PetMitt., 54, Litber., 126.

Wallack F. Gegenwärtiger Stand des Projektes der Großglockner-Hochalpenstraße. – Z. Österr. Ing.- u. Arch.-Ver., 79, 1927, 453–457.

— Die Großglockner-Hochalpenstraße. – Z. Österr. Ing.- u. Arch.-Ver., 82, 1930, Nr. 171–172, 1 Skz.

— Über den gegenwärtigen Stand der Bauarbeiten an der Großglockner-Hochalpenstraße. – Z. Österr. Ing.- u. Arch.-Ver., 84, 1932, 104–108.

— Die bisherigen Arbeiten an der Großglockner-Hochalpenstraße. (Vortr.) – Auszug: Innsbr. Nachr., Nr. 32 v. 8. 2. 1933. – Bespr. N. Freie Presse, Abdbl., Nr. 24564 v. 31. 1. 1933.

Wallmann H. Die Seen in den Alpen. – Jb. ÖAV, 1868, 1–117, 1 Abb. – Bespr. Z. Ges. f. Erdkde Berlin, 1869, 164.

— Das Habachtal. – Jb. ÖAV, 1870, 95–105.

Waltenberger A. Die Rhätikonkette, Lechtaler und Vorarlberger Alpen. – PetMitt., 1875, Ergheft 40, 40 S., 3 K.

Wasmund E. Zur Postglazialgeschichte des Würmseegebietes. Vorl. Mitt. – Verh. Internat. Ver. f. theor. u. angew. Limnologie, III, Stuttgart 1927; 474–476. – Bespr. GZ 36/810.

— Natur und Landschaft der Gemeinde Holzhausen am Würmsee in ihrer erdgeschichtlichen und gegenwärtigen Entwicklung. – Lechisarland, Z. d. Heimatverbands Huosigau, 1928, H. 2–6.

— Obermiozäne Entstehungs- und diluviale Entwicklungsgeschichte des Tischberg-Härtlings am

Starnberger See. Ein paläolimnologischer Versuch. - JbBA 1929, 571-626, 1 Taf., 3 Fig.
— Ein rhätischer Riesenfindling im Allgäuer Rheingletschergebiet. - Zbl. f. Min., 1929, Abt. B, 609-655, 6 Abb. - Bespr. Z. f. Glkde, 18, 1930, 266.
— Der größte Eiszeitfindling Europas im Allgäu. - Bl. f. Naturschutz u. Naturpflanzen Bayerns, 12, München 1929, H. 1/2.
— Klimaschwankungen in jüngerer geologischer Zeit. - In: E. Blanck, Handbuch der Bodenlehre, 2, Berlin (Springer) 1929, 92-139.
— Pollenregen-Seeblüte auf dem Bodensee im Luftbild. Hydrogeologische Bodenseeforschung 4. - Palaeont. Z., 12, Berlin 1930, Nr. 2, 73-99. - Bespr. GZ 45/611.
— Lakustrische Unterwasserböden (Seeablagerungen der nördlichen humiden Breiten). - In: Handbuch der Bodenlehre v. E. Blanck, 5, 1930, 97-189, 33 Abb.
— Rezente unterseeische Bruchstörung im Überlinger See. - GR Sonderband, 1933, 125-135, 1 Abb. - Bespr. NJb. 1933/3, 926.
— Grundwasserverhältnisse und Seespiegelschwankungen im oberbayerischen Osterseegebiet. - Mitt. Geogr. Ges. München, 27, 1934, 87-122, 12 Abb. - Bespr. PetMitt., 80, 1934, 277.

Wasserkraftwerke. Die Osttiroler - und ein Nachwort zu den Westtiroler Wasserkräften. - Tir. Volksbote, Nr. 35 v. 1930 u. Lienzer Nachrichten, Nr. 36 v. 1930.

Weber A. Die Glazialgeologie des Tößtales und ihre Beziehungen zur Diluvialgeschichte der Nordostschweiz. - Mitt. Natwiss. Ges. Winterthur, 1927-1930, H. 17 u. 18, 1-92, 4 Taf., 2 K. - Bespr. NJb. 1931/3, 874.

Weber C. A. Versuch eines Überblicks über die Vegetation der Diluvialzeit in den mittleren Regionen Europas. - Natwiss. Wochenschr., 14, 1899, 525ff. Sonderabdr. Berlin (Dümmler) 1900, 31 S.

Weber J. Geologische Wanderungen durch die Schweiz. II. Kalk- und Schieferalpen. - Clubführer des SAC, Zürich 1913, 377 S. - Bespr. EgH, 13, 1914, 601; NJb. 1918, 303; PetMitt., 60, 1914/2, 240; Jb. SAC, 51, 1916, 209; Die Naturwiss., 1914, 161.
— Geologische Wanderungen durch die Schweiz. III. Kristallinische Alpen und Randgebiete. - Clubführer SAC, Zürich 1915, 356 S. - Bespr. EgH 15, 1918, 86; Boll. Soc. Tic. Sc. nat., 17, 1922, 57; NJb. 1918, 303; Jb. SAC, 51, 1916, 209.

Wegener A. Die Klimate der Vorzeit. - Schr. Natf. Ges. Danzig, NF, 16, H. 1, 1923, 4-5. (Vortragsauszug.) - Bespr. GZ 36/77.

Wehrli H. Glazialgeologische Beobachtungen im Salzachtal zwischen Bruck-Fusch und Paß Luegg. - Die Eiszeit, 4, 1927, 11-25, 19 Abb. - Bespr. Z. f. Glkde, 17, 1929, 271; GZ 43/891; Eiszeit u. Urgesch., 5, 1928, 96.
— Monographie der interglazialen Ablagerungen im Bereiche der nördlichen Ostalpen zwischen Rhein und Salzach. - JbBA 1928, 357-498, 43 Fig., 2 Taf., 2 Tab. - Bespr. Z. f. Glkde, 16, 1928, 293; GZ 39/1193; Eiszeit u. Urgesch., 5, 1928, 96.
— Zur Gliederung des alpinen Diluviums. (Vortr.) - GR 22, 1931, 63-64.
— Glazialgeologische Beobachtungen in der Umgebung von Lugano. - Z. f. Glkde, 21, 1933, 330-341, 8 Abb.

Weigelt J. Das Alter des Löß. - PetMitt., 66, 1920, 90-91.

Weilenmann J. Das Gepatschjoch. - Jb. ÖAV, 1, 1865, 59-82.

Weinberg B. Zur Theorie der Gletscherbewegung. (Betr. d. Hintereisferner). - Z. f. Glkde, 4, 1910, 308-311.

Weinschenk E. Ein interessantes Geschiebe aus der Isar. (Piezokristallisation eines Zentralgranits, Fund bei Tölz.) - NJb. 1898/2, 160-162, 1 Fig.

Weiss J. F. Südbayerns Oberfläche nach ihrer äußeren Gestalt geogn.-topogr. entworfen 1815. - München 1820, 312 S.

Weizsaecker R. Die Großglockner-Hochalpenstraße wird nächstes Jahr eröffnet. - Die Umschau, 38, 1934, 25, 494-497, 6 Abb.

Wellenstein R. Beobachtungen am Schneeferner der Zugspitze. - Strahlentherapie, 47, 1933, 562-594, 15 Abb. - Bespr. Z. f. Glkde, 21, 1933, 380.

Welzenbach W. Untersuchungen über die Stratigraphie der Schneeablagerungen und die Mechanik der Schneebewegungen nebst Schlußfolgerungen auf die Methoden der Verbauung. - Wissensch. Veröff. DÖAV, Nr. 9, Innsbruck 1930, 104 S., zahlr. Abb. - Bespr. Z. f. Glkde, 19, 1931, 183; Mitt. DÖAV, 1934, 47.

Wepfer E. Die nördliche Flyschzone im Bregenzer Wald. - NJb. 1909, Bbd 27, 1-71, 1 K., 1 Taf., 5 Prof., 2 Abb. - Bespr. VRA 1909, 206; GZ 13/263; EgH 10, 1908, 663; Mitt. Geogr. Ges. München, 1911, 443.

Werner L.-G. La faune vertébrée quarternaire du Haut-Rhin. - Boll. Soc. industr., Mulhouse, 93, 1927, 468-476.

Werner O. Kritischer Überblick über den gegenwärtigen Stand der Frage nach der Entstehung der schweizerischen und oberbayer. Seen. - Beil. z. Jber. d. städt. Realschule Erfurt, 1900, 24 S. - Bespr. GZ 1/1583.

Werth E. Das Eiszeitalter. - Sammlg Göschen, Nr. 431, Leipzig 1909, 167 S., 17 Abb., 1 K.; 2. Aufl., 1917, 171 S., 18 Abb., 1 K. (Höttinger Br. 150, bzw. 152.) - Bespr. GZ 13/1831; Z. Ges. f. Erdkde Berlin, 1919, 96; Natwiss. Wochenschr., NF, 16, 1917, 492.
— Zur Kenntnis des Magdaléniens am Bodensee. - Prähist. Z., 1914, 203-210. - Bespr. GZ 24/1336.
— Die Uferterrassen des Bodensees und ihre Beziehungen zu den Magdalénien-Kulturstätten im Gebiete des ehemaligen Rheingletschers. - W. Branca-Festschr., Leipzig (Borntraeger) 1914, 164-202. - Bespr. GZ 24/1337; PetMitt., 63, 1917, 320; 64, 1918, 275; Natwiss. Wochenschr., NF, 15, 1916, 138.

Wettstein R. R. v. Rhododendron Ponticum L. fossil in den Nordalpen. - Sber. Ak. d. Wiss. Wien, 97, Abt. 1, 1888, 38-49. S. a. Akad. Anzg. v. 13. 11. 1890.
— Die fossile Flora der Höttinger Breccie. - Denkschr. Ak. d. Wiss. Wien, 1892, 59, math.-natw. Kl., 479-523, 7 Taf. - Bespr. NJb. 1895/1, 137.
— Die fossile Flora der Höttinger Breccie und deren Bedeutung für die Geschichte der Pflanzenwelt. - Z. DÖAV, 1892, 29-44. - Bespr. Mitt. Sekt. f. Natkde ÖTC, 5, 1893, 20; Bl. 831.
— Bemerkungen zu dem Vortrage von A. Rothpletz: Über eine ausgestorbene Flora des Inntales. - Botan. Zentralblatt, 58, 1894, Nr. 18. - Bespr. VRA 1894, 220; NJb. 1895/1, 139; Bl. 876.

Wichmann H. Mineralogische Zusammensetzung eines Gletschersandes. (Gschlöß.) - Tscherm. Min. u. petr. Mitt., 7, 1886, 452-455. - Bespr. VRA 1886, 254.

Widerin K. Die Wanderblöcke in Vorarlberg. – Jber. Vorarlbg. Landesmuseum, Bregenz 1902/3.

Widmann Hans. Neues und Altes vom Kaprunertal. – Mitt. DÖAV, 1896, 4–7, 21–22.

Wiedemann F. Mineralogisches und Touristisches aus der Zillertaler und Ötztaler Gruppe. – Z. DAV, 1870, 168–190.

Wiegers F. Die geologischen Grundlagen für die Chronologie des Diluvialmenschen. – Z. DGeol-Ges., 64, 1912, B, Mber., 578–606. – Bespr. GZ 19/1014; L'Anthropol., 25, 1914, 121.

— Diluviale Vorgeschichte des Menschen. 1. Bd Allgem. Diluvialprähistorie. Mit einem Beitrag: Die fossilen Menschenreste. Von Dr. H. Weinert. – Stuttgart (F. Enke) 1928, 299 S., 101 Abb. – Bespr. GZ 38/656.

Wieser E. Gletschermessungen im Ötztal im Sommer 1920 und 1921. – Z. f. Glkde, 11, 1920, 77–79; 12, 1922, 164–165. – Bespr. GZ 29/375.

Wilfarth M. Die Welten leben! Eine kosmologische Studie. – Halle a. S. (Mitteldeutscher Verlag) 1927, 102 S.

Williams W. M. Über einige vegetabilische Absätze in dem Achensee, nordöstlich von Innsbruck. – Report of the thirty-fifth Meeting of the Brit. Assoc. f. the Advanc. of Sc., held at Birmingham in Sept. 1865, London 1866. Auszüge aus den Verh., 78.

Wilmer F. Beiträge zur Kenntnis des diluvialen Addagletschers. – Dissert.; Mitt. Natf. Ges. Bern f. 1904, Bern 1905, 56–91, K. 1:100000, 4 Taf. – Bespr. GZ 9/516; Boll. Com. geol. d'It., 38, 1907, 86.

Wissert A. Das Wangenitzkar in der Schobergruppe. – Mitt. Geogr. Ges. Wien, 1905, 561–570.

Witlaczil E. Tier- und Pflanzenleben auf den Gletschern. – Mitt. DÖAV, 1889, 272–273.

— Fortschritte der Geomorphologie in Österreich. (Penck, Brückner, Hassinger, Götzinger.) – Mitt. DÖAV, 1914, 245–247.

— Die für den Alpenfreund bedeutungsvolle populäre naturwissensch. Literatur. (Machatschek, Werth, Steinmann u. a.) – Mitt. DÖAV, 1918, 138–139.

Witzenmann A. Der Bergkranz des Sellrainer Gleirschtales, rund um die Pforzheimer Hütte. – Z. DÖAV, 1932, 148–193, 1 Skz. 1:100000, 6 Abb.

Wolansky D. Strukturböden und arktische Bodenformen. – GR 23, 1932, 132–140, 2 Abb. – Bespr. GZ 48A/215.

Woldstedt P. Die Gliederung des Jüngeren Diluviums in Norddeutschland und seine Parallelisierung mit anderen Glazialgebieten. (Vortr.) – Z. DGeolGes., 79, 1927, Mber., 51–52.

— Die Parallelisierung des nordeuropäischen Diluviums mit dem anderer Vereisungsgebiete. – Z. f. Glkde, 16, 1928, 230–241. – Bespr. GZ 41/736.

— Das Eiszeitalter. Grundlinien einer Geologie des Diluviums. – Stuttgart (Enke) 1929, 406 S., 162 Abb. – Bespr. Z. f. Geomorph., 5, 1930, 141; GZ 41/1536; Mitt. DÖAV, 1930, 69; Die Naturwissenschaften, 18, 1930, H. 18, 377; Geogr. Anzg., 1930, H. 7, 209–217; PetMitt., 78, 1932, 260; Z. f. prakt. Geol., 38, 1930, 190; Zbl. f. Min., 1930, Abt. B, 206; Z. f. Glkde, 18, 1930, 247; Gerlds Beitr. z. Geophys., 26, 1930, 385; Geogr. Z., 36, 1930, 492; GR 22, 1931, 270; Wr. Prähist. Z., 18, 1931, 81.

— Kommen Polverlagerungen als Ursache der diluvialen Eiszeiten in Frage? – Sber. Preuß. Geol. Landesanst., H. 5, Berlin 1930, 52–54. – Bespr. Z. f. Glkde, 19, 1931, 195; GZ 44/629; NJb. 1930/3, 516.

— Die nordamerikanischen Eiszeitbildungen, verglichen mit denen Europas. – Forschungen u. Fortschritte, 6, Nr. 6, Berlin 1930, 77–79. – Bespr. NJb. 1930/3, 516.

Wolf H. v. Beiträge zur Kenntnis der eiszeitlichen Vergletscherung des Achenseegebietes in Tirol. – Diss. München, 1921; Mitt. Geogr. Ges. München, 15, 1922, 147–304, 1 Kartenskz., 1 Taf. – Bespr. GZ 29/289; NJb. 1923/1, 288; Z. f. Glkde, 14, 1926, 250.

— Eine geologische Wanderung durch die Scharfreutergruppe. (Hinterriß–Delphals–Bächental.)– Tölzer Kurier, Sondernummer v. 7. Sept. 1923, 3 Spalten.

— Gletschermessungen im Ötztal im Sommer 1922, 1923, 1924. – Z. f. Glkde, 13, 1924, 206–208, 215–218; 14, 1926, 178–180.

— Eiszeitstudien im Risser Gebirge. – Mitt. Geogr. Ges. München, 17, 1924, 255–274. – Bespr. GZ 32/271.

— Gletscher und Gletscherforschung. – Jb. Alpenfreund, München 1924, 8 S.

— Entwicklungsgänge morphologischer Forschung in den Alpen. – Drygalski-Festschrift, München 1925, 204–224. – Bespr. Z. f. Geomorph., 1, 1926, 345.

— Gletscherbeobachtungen in der Ortlergruppe 1924. – Z. f. Glkde, 14, 1926, 180–181.

Wolf Heinr. Diluvium am Gardasee. – JbRA 1857, 161.

Wolff K. F. Bei den Eislöchern. – Dolomiten, Nr. 59 v. 1931.

Wolff Wilh. Zur Kritik der Interglazialhypothese. – Natwiss. Wochenschr., NF, 2, Nr. 26, Jena 1903, 14 S.

Wollen K. u. **Tschamler J.** Das Gebiet des Goldbergferners in der Rauris, Karte 1:10000, Wien (Milgeogr. Inst.) 1911. – Bespr. Z. Ges. f. Erdkunde Berlin, 1911, 272.

Wopfner H. Die Besiedlung unserer Hochgebirgstäler. Dargestellt an der Siedlungsgeschichte der Brennergegend. – Z. DÖAV, 1920, 25–86, m. Abb.

— Gschnitz. Eine siedlungsgeschichtliche Wanderung. – Jber. Akad. Alpiner Ver., Innsbruck 1922/23.

— Eine siedlungs- und volkskundliche Wanderung durch Villgraten. – Z. DÖAV, 1931, 246–276, 15 Abb.; 1932, 263–288, 1 KSkz., 12 Abb. – Bespr. Osttiroler Heimatblätter, 8, Lienz 1931, 96.

Woerlein G. Die Phanerogamen- und Gefäßkryptogamenflora der Münchener Talebene. – Herausgeg. v. d. Bayer. Bot. Ges., München 1894, m. geol. K.

Worm G. Kare und Schneegrenze. – Z. f. Glkde, 14, 1926, 285–288. – Bespr. Ebd., 288; GZ 34/464.

— Kare und Kartreppen in ihrer Abhängigkeit vor voreiszeitlichen Reliefresten. – Z. f. Glkde, 15, 1927, 277–285. – Bespr. GZ 39/1399; NJb. 1929/2, 450.

— Glaziale Ornamentik oder Architektur? – PetMitt., 73, 1927, 77–78. – Bespr. NJb. 1929/2, 536.

— Beiträge zur Geographie und Morphologie der Kare. – Mitt. Ver. f. Erdkde Dresden, 1927, 49–97. – Bespr. GZ 38/394; NJb. 1929/2, 535.

Wunderlich E. Eibsee- und Fernpaßbergsturz und ihre Beziehungen zum Lermooser Becken. – Mitt. DÖAV, 1913, 333–334.

Wundt Th. v. Wanderungen in den Ampezzaner Dolomiten. - Berlin o. J., 136 S., 32 Taf., 1 K.
Wundt W. Änderungen der Erdalbedo während der Eiszeit. - Meteorol. Z., 1933, 241-250, 4 Abb.
Würtenberger Th. Der Überlinger Tunnel und seine Bedeutung für die Bodenseegeologie. - Konstanz (W. Meck) 1901, 22 S.; Mitt. d. Thurg. Natf. Ges., H. 14, Frauenfeld (Huber) 1900, 99-118. - Bespr. GZ 2/160, 161; NJb. 1903/1, 471.
— Über geologische Funde, die beim Bau des Eisenbahntunnels in Überlingen a. S. gemacht wurden. (Vortr.) - Schr. d. Ver. f. Gesch. d. Bodensees, 30, 1901, 22-30, 1 Fig.
— Über den Konstanzer Trichter. (Vortr.) - Mitt. Thurg. Natf. Ges., H. 15, Frauenfeld 1902, 67-69. - Bespr. GZ 8/721.
Wüst E. Die Bedeutung der geographischen Rassen für die Geschichte der diluvialen Säugetierfaunen. (Vortr.) - Paläont. Z., 12, 1930, 6-13.
Wutke G. Über Ursachen und Wesen der Eiszeiten. - Berlin 1913, 31 S.
Wutte M. Eduard Richter †. - Carinthia II, 1905, 37-48.
Young A. P. Notes on the Structure and Physiography of the Tarntal Mass. - Geol. Mag., dec. 5, v. 6, Nr. 542, London 1909, 339-346, 4 Taf., 2 Fig. - Bespr. Mitt. Geol. Ges. Wien, 2, 1909, 361; GZ 15/89.
— On the glaciation of the Navis Valley in North Tirol. - Geol. Mag., Nr. 552, dec. 5, v. 7, Nr. 6, London 1910, 244-258. - Bespr. GZ 16/107; Boll. Com. geol. d'It., v. 42, 1911, f. 4, 135.
Zadra F. La Valle del Desedan (Bacino idrografico del Piave). - Atti Acc. Sc. Ven.-Trent.-Istr., s. 3, v. 9, Padova 1917, 65-76, 7 Fig., 3 Taf.
Zahn G. W. v. Wüstenrinden am Rand der Gletscher. - Chemie der Erde, 4, 1929, 145-156, 1 Abb. - Bespr. Z. f. Glkde, 17, 1929, 392; Z. f. Geomorph., 5, 1930, 136; Mitt. DÖAV, 1930, 245; GZ 44/355; NJb. 1930/2, 373. Siehe G. Linck.
Zailer V. Das diluviale Torfkohlenlager im Talkessel von Hopfgarten, Tirol. - Z. f. Moorkultur und Torfverwertg, 1910, 267-281, 1 K., 10 Prof. - Bespr. GZ 21/1408; VRA 1912, 172.
Zaniol G. Studi sul lago di Santa Croce (Belluno). - Mondo sotterraneo, Udine 1906-1907, II, 99-111; III, 11-21, 49-55, 119-128. - Bespr. GZ 13/96.
Zanoll K. Zum Rätsel der Schalensteine. - Der Schlern, 14, 1933, 540.
Zeller R. Eduard Brückner, 1862-1927. - Mitt. Natf. Ges. Bern a. d. J. 1927, 1928, 366-367.
Zenetti P. Die Entstehung der schwäb.-bayr. Hochebene. - Rektoratsrede; Natur u. Kultur, München 1914, 23 S. - Bespr. NJb. 1915/1, 83.
— Der geologische Aufbau und Werdegang von Bayerisch-Schwaben. - 47. Ber. Natwiss. Ver. Schwaben u. Neuburg, Augsburg 1929.
Zeppelin E. Graf. Geographische Verhältnisse des Bodensees. - Bodenseeforschungen, 1. Abschn., Lindau 1893, Schr. Ver. f. Gesch. d. Bodensees, 22, Lindau 1893, 7-20.
— Die hydrographischen Verhältnisse des Bodensees. - In: Bodenseeforschungen, Schriften Ver. f. Gesch. des Bodensees, H. 22, Lindau 1893, 59-103, 2 K., 1 Taf. und Knapp-Borel, Geogr. Lex. d. Schw., 1901, 287-304. - Bespr. GZ 2/2099; NJb. 1895/1, 290; Bl. 868.
Zieger F. I pozzi glaciali di Madruzzo. - Boll. Soc. Rododendro, v. 2, Trento 1906.
Ziegler J. M. Über das Verhältnis der Topographie zur Geologie bei Darstellung von Gebirgskarten in größerem Maßstabe. Text zur Karte des Unterengadins. - Winterthur 1869, 46 S., 1 K. (Red. nach Theobald 1:150000), 6 Blgen.
— Geolog. Karte des Unterengadins red. nach d. geol. Karte v. Prof. G. Theobald, Osthälfte von Bl. XV der Eidgen. Karte, 1:50000, mit Topogr. - In: Ziegler, Über das Verhältnis der Topographie zur Geologie, Winterthur 1869. (2 Aufl.)
— Über eine Gletscherkarte vom Oberengadin und der Berninagruppe. - Verh. Schw. Natf. Ges. Schaffhausen v. 1873, Sch. 1874, 97.
— Karte des Oberengadin und des Berninagebirges behufs Übersicht der Ausdehnung dortiger erratischer Spuren 1:150000. - Winterthur 1875. - Bespr. Arch. d. sc. phys. et nat., t. 57, 382; Rev. géol. suisse p. l'a. 1875, Genève 1876, 38.
— Über Orographie und Geologie des Oberengadin und der Berninagruppe. - Vierteljschr. Natf. Ges. Zürich, 20, Zürich 1875, 365-370.
— Karte des Oberengadin und des Berninagebirges mit den umgebenden Tälern behufs Übersicht der Ausdehnung dortiger erratischer Spuren aus der letzten Periode des Gletscherrückganges 1:150000. - Winterthur 1876.
— Über das Verhältnis der Topographie zur Geologie. Text zur topogr. Karte von Engadin u. Bernina, 6 Bl. in 1:50000. Ein Beitrag z. Gesch. der Erdkunde. - Zürich u. Winterthur 1876, 2. Aufl., 119 S., 3 K., 19 Abb. - Bespr. Mitt. DÖAV, 1876, 295; VRA 1876, 243; Ausland, Stuttgart 1877, 241; Jber. Natf. Ges. Grbd., NF, 20, Chur 1877, 153; Arch. d. sc. phys. et nat., n. p., t. 58, 125; Rev. géol. suisse p. l'a. 1876, Genève 1877, 5; Annales des mines, s. 7, Paris 1878, t. 13, 331.
Zierl H. Beiträge zum photochemischen Klima der Zugspitze. - Deutsches Met. Jb. f. Bayern, München 1920, 19 S.
Zingerle A. (Z. A.) Das Stubaital und seine Gletscher. - Der Heimgarten, 2, 45, München 1865, 3 S.
Zittel K. v. Über Gletschererscheinungen in der bayerischen Hochebene. - Sber. Ak. d. Wiss. München, 3, 1874, 252-283. Nachträgliche Bemerkungen: VRA 1875, 46-48. - Bespr. NJb. 1875, 971; VRA 1875, 61; Bl. 392.
— Gletschererscheinungen am Starnberger See. - Münchner Neueste Nachr., 1889.
Zollikofer Th. v. Géologie des environs de Sesto Calende. - Bull. Soc. vaud. sc. nat., Nr. 33, Lausanne 1854, 1-10.
— Sur l'ancien glacier et le terrain erratique de l'Adda. - Bull. séances Soc. vaud. d. sc. nat., t. 3, Lausanne 1854, 214-218, 1 K.
— Beiträge zur Geologie der Lombardei mit besonderer Berücksichtigung der quartären Bildungen des Potales. - Ber. 32. Vers. D. Natf. u. Ärzte Wien 1856, Wien 1858, 10-52, 7 K. u. Prof. - Bespr. JbRA 1856, 830; Bl. 108.
— Contributo alla geologia della Lombardia, con speciale riguardo alle formazioni quaternarie della valle die Pô. - Trad. d. tedesco, Manoscr. ined. nella Civ. Bibl. di Bergamo, 1865.
Zoeppritz A. Gedanken über die Eiszeiten, ihre Ursachen, ihre Folgen und ihre Begleiterscheinungen. - Dresden (H. Schultze) 1903, 80 S.
Zöppritz E. Aus der Silvrettagruppe. (Glaz.) - Mitt. DÖAV, 1882, 257.
— Über die Vergletscherung des Vermuntpasses (Engadin). - Neue Alpenpost, 16, Zürich 1882, 167. S. a. Mitt. DÖAV, 1882, 257.
— Die Umgebung des Jamtalferners. - Z. DÖAV, 1883, 459-465.

Zöppritz K. Die Stubaier Gletscher im September 1878. - Mitt. DÖAV, 1879, 94-96.

— Geologische Untersuchungen im Oberengadin zwischen Albulapass und Livigno. - Ber. Natf. Ges. Freiburg i. Br., 16, 1906, 164-231, 1 K., 3 Taf., 6 Fig. - Bespr. EgH 9, 1906, 660; Jber. Natf. Ges. Grbd., NF, 49, 140; NJb. 1908/2, 225; VRA 1906, 190; GZ 10/711; Boll. Com. geol. d'It., 38, 1907, 420.

Zorell F. Bemerkungen zur Tiefenkarte des Ostersees. - Mitt. Geogr. Ges. München, 17, 1924, 282-286, 1 K. - Bespr. GZ 32/128. S. Rothpletz.

Zschokke F. Die zweite zoologische Exkursion an die Seen des Rhätikon. - Verh. Natf. Ges. Basel, 9, 1891.

— Die Tierwelt der Gebirgsbäche. - Verh. Schw. Natf. Ges., 83. Jvers. Thusis 1900, 64-68.

— Die Tierwelt der Hochgebirgsseen. - Neue Denkschr. Schw. Natf. Ges., 37, 1900, 400 S., 4 K., 8 Taf.

— Die Tierwelt der Schweiz in ihren Beziehungen zur Eiszeit. - Basel (B. Schwabe) 1901, 71 S. - Bespr. PetMitt., 48, Litber., 26; Ann. Géogr. Paris, Bibl., 48. Engl. Übersetzung: The Fauna of Switzerland in relation to the Glacial Period.; Scot. Geogr. Mag. Edinburgh, v. 18, 1902, 236-243.

— Die postglaziale Einwanderung der Tierwelt in die Schweiz. - Verh. Schw. Natf. Ges., 50. Jvers. Freiburg 1907, 1. Bd, 134-150. - Bespr. PetMitt., 55, Litber., 158.

— Die Tiefenfauna hochalpiner Wasserbecken. - Verh. Natf. Ges. Basel, 21, 1910, 145-152. - Bespr. Internat. Rev. d. ges. Hydrobiol., 3, 573.

— Die tierbiologische Bedeutung der Eiszeit. - Fortschr. der Natwiss. Forschung (Abderhalden), Halle a. S. 4, Berlin u. Wien 1912, 103-148. - Bespr. GZ 23/382; Botan. Jb., 48, 1912, 22.

— Leben in der Tiefe der subalpinen Seen Überreste der eiszeitlichen Mischfauna weiter? - Archiv f. Hydrobiol., 8, 1913, Stuttgart 1912, 109-138. - Bespr. Internat. Revue d. ges. Hydrobiol., 6, 1913, 297.

— Histoire de la faune suisse depuis l'époque glaciaire. - Le Globe, Bull. Soc. géogr. de Genève, 56, 1917, 37-38, Mém., 1-31. - Bespr. EgH 16, 1920-1922, 364.

— Der Rhein als Bahn und Schranke der Tierverbreitung. - Verh. Natf. Ges. Basel, 30, Basel 1919, 137-188. - Bespr. GZ 25/158.

— Die Tierwelt der Eiszeit. - Jber. Sekt. Basel SAC f. 1919, Basel 1920, 48 S. - Bespr. Alpina, 28, 1920, 62.

Zsigmondy E. Im Hochgebirge. - Leipzig 1889, 365 S., 17 Taf. - Bespr. Mitt. Geogr. Ges. Wien, 1890, 408.

Zsigmondy O. Die Ampezzaner Alpen. - In: E. Richter, Die Erschließung der Ostalpen, 3, Berlin 1894, 442-499.

Zuffardi P. Gita nella Valle di Esino (Gruppo delle (Grigne). - Boll. Soc. geol. it., v. 30, f. 4, Roma 1912, röm. 249-276, 5 Fig. (Guide alle escurs. d. XXX Congr. S. G. I.)

He
Heilquellen.

Abbene M. A. Neue Analyse des Stahlwassers von St. Moritz in Graubünden. - Giorn. d. R. Acc. d. medic. di Torino, Nr. 6, 1862. Auszug: Schw. Wochenschr. f. Pharmazie, 2, Schaffhausen 1864, 3.

Abmayr F. S. A. Das Bad Ratzes. - Bozen 1721.

— Von den Eigenschaften und Wirkungen des Mineral- und Gesundbrunnens Perfahl im Pustertal. - Bozen (M. Graßmayr) 1734, 64 S.

Albrecht. Zur Auffindung einer neuen Jod-Schwefel-Quelle in Wiessee am Tegernsee. - Kali, 25, 1931, 161-164, 5 Abb. - Bespr. GZ 47 A/1648.

Ammerer. Das Bad Ratzes im Bezirksgericht Kastellruth. - Innsbruck 1832.

Andres A. Sulla formazione del fango termale di Bormio. I-IV. - Rend. R. Ist. Lomb. di Sc. e Lett., 38-40, Milano 1905-1907. - Bespr. GZ 11/1809-1812.

Anselmi E. La sorgente termo-sulfurea di Sermione. - Comm. d. Ateneo di Brescia p. l'a. 1890, Brescia 1891. - Bespr. Boll. Com. geol. d'It., 23, 1892, 74.

Appenzell. Kurze geographisch-statistische Darstellung des Kantons -. - Helvet. Almanach f. d. J. 1808, Zürich 1808, 1-36.

Arduino G. Due lettere al Vallisneri. Nuova raccolta di opusculi. - Venezia 1760. (Geognost. über Recoaro, besonders über die Entstehung der Quellen.)

— Delle acque medicinali di Recoaro. - Giornale d'Italia, t. 3, Vicenza 1767.

— Chymisch-orytktologische Nachricht von dem berühmten mineralischen Wasser zu Recoaro. - Abh. d. H. Arduino, 1778, 73-108.

— Effetti di antichissimi vulcani estinti nei monti della villa di Chiampo ed in altri luoghi del territorio di Vicenza e di quello di Verona. - Nuovo Giornale d'Italia, t. 7, 1782. (Namtl. Gegend von Schio u. Recoaro.)

Arquint A. Die alkalisch-erdigen Stahlquellen von Schuls. - Chur 1879. - Bespr. Jber. Natf. Ges. Grbd., NF, 22, Chur 1879, 182.

Auckenthaler E. Wildbad Möders im 16. Jahrhundert. - Der Schlern, 8, 1927, 351.

Bäder. Almanach der -, Sommerfrisch- und Luftkurorte Tirols. - 2. Aufl. Innsbruck 1901, 192 S.

Bäderalmanach. Mitt. über Bäder, Luftkurorte und Heilanstalten in Deutschland, Österreich-Ungarn, der Schweiz und den angrenzenden Gebieten für Ärzte und Heilbedürftige. - 11. Ausg. Berlin (Mosse) 1910, 681 S.; 12. Ausg. Berlin (Mosse) 1913, 661 S.

Bäderbuch, österreichisches. - Herausgeg. v. Volksgesundheitsamt im Min. f. soz. Verw., Wien 1928. (S. J. Knett.)

Bäderbuch, schweizerisches. Heilquellen, klimatische Kurorte und Sanatorien der Schweiz. - I. A. d. Schw. Ges. f. Baln. u. Klimatol., Zürich (Wagner), 3. Aufl. 1926, 183 S. - Bespr. NJb. 1930/2, 701.

Bäder und Kurorte der Schweiz. Herausgeg. v. d. Schw. Balneolog. Ges., Aarau 1910. Enthält 2 geol. Kapitel v. H. Schardt: 1. Geol. Übersicht, S. 7-15 mit geotekt. Karte 1:1500000 u. Profiltafel 1:750000; Lithologie; horizontale Verbreitung der Formationen, Gebirgsbau. 2. Quellenkunde S. 16-26. - Bespr. GZ 17/127.

Bagni. I - della Venezia Tridentina. - Roma 1925, 51 S., 16 Fig.

Bamberger M. Beiträge zur Kenntnis der Radioaktivität der Mineralquellen Tirols. (I. u. II. Mitt.) - Sber. Akad. d. Wiss. Wien, math.-natwiss. Kl., 116, Abt. IIa, 1907; 117, 1908; 119, 1910, 24 S.; Monatshefte f. Chemie, 29, 1908, 317; 31, 1910, 221.

— u. **Krüse K.** Beiträge zur Kenntnis der Radioaktivität der Mineralquellen Tirols. (III.-V. Mitt.) - Sber. Ak. d. Wiss. Wien, math.-natwiss. Kl., 120, Abt. IIa, 1911, 17 S.; 121, 1912, 1763-1788; 122, 1913, 1009-1027; Monatshefte f. Chemie, 32, 1911, 797; 34, 1913, 403, 1449.

— — Beiträge zur Kenntnis der Radioaktivität der Mineralquellen Tirols. (VI. Mitt.) - JbRA 1914, 189-214. - Bespr. GZ 22/397.

— — Beiträge zur Kenntnis der Radioaktivität der Mineralquellen Vorarlbergs. - Wochenschr. Das österr. Sanitätswesen, 1914, Nr. 8, 3 S.

Barth L. Analyse der Soole und Soolenmutterlauge von Hall i. T. - Erdmann u. Werther, Journ. f. prakt. Chemie, Leipzig 1866, 121-122.

— **Senhofer K.** u. **Kölle R.** Analyse der Therme am Brenner (Brennerbad), der Raniglerquelle bei Bozen und der Pirchabrucker Quellen im Eggental. - Ber. d. Nat.-med. V. Innsbruck, 2, 1871, 26, 29, 31-35. - Bespr. VRA 1872, 228.

Behrmann H. Saison d'été à St. Moritz. Description et vues de l'Engadine avec petit guide. - Kurverein St. Moritz, St. Gallen 1911, 95 S. (Mineralquellen, S. 74-76.)

Bernhard O. Geschichtliches über die Heilquellen von St. Moritz und den Kurort überhaupt. - Ann. Schw. Baln. Ges., 6, Aarau 1910, 7-20.

Berry P. R. Die Eisensäuerlinge von St. Moritz-Bad in physiologisch-chemischer Hinsicht. - 1892, 8 S. - Bespr. Jber. Natf. Ges. Grbd., NF, 36, Chur 1893, 150.

Bertazzi. Analisi dell'acqua salino-termale del Màsino nella Valtellina. - Milano 1864.

Betti M. Indagini chimiche e chimico-fisiche riguardanti le acque minerali dell'Alto Adige (agosto-settembre 1931). - Viaggio di studio ed esplorazioni, n. 1 della R. Acc. d'It., Roma 1933.

Boden K. Geologisches Wanderbuch für die bayerischen Alpen. - Stuttgart (Enke) 1930, 458 S., 59 Abb. - Bespr. GZ 41/1526; Z. Ges. f. Erdkde Berlin, 1930, 311; Mitt. DÖAV, 1930, 263; Geogr. Z., 36, 1930, 120; NJb. 1930/3, 294; GR 22, 1931, 245; Z. f. prakt. Geol., 38, 1930, 30; Mitt. Geol. Ges. Wien, 23, 1931, 175.

Bolley A. P. Chemische Untersuchung (Analyse) des Mineralwassers Fideris im Prättigau im Kanton Graubünden. - Schw. Wochenschr. f. Pharmazie, 2, Schaffhausen 1864, Nr. 16, 113-118.

— Die Mineralquellen von Fideris. Zirkular vom Bad Fideris. - 1870. - Bespr. Jber. Natf. Ges. Grbd., NF, 15, Chur 1870, 140.

Bonadei C. Schizzo geognostico della Valtellina. Guida alla Valtellina ed alle sue acque minerali, con cenni storici, geognostici e botanici. - CAI, Sondrio (libr. Brigola) 1873.

Borgherini. Bad Roncegno. - Wien 1888.

Bosshard E. Beiträge zur Kenntnis bündnerischer Trinkwasser. - Jber. Natf. Ges. Grbd., NF, 33, Chur 1889, 8 S.

— Neue Analysen der Sauerquellen des Kurhauses St. Moritz (Alte Quelle und Paracelsusquelle). - Jber. Natf. Ges. Grbd., NF, 35, Chur 1892, 187-192.

— Chemische Analyse der Trinkquelle Chasellas bei der Unter-Alpina in Campfèr (Oberengadin). - Jber. Natf. Ges. Grbd., Chur 1900, 105-107. - Bespr. NJb. 1902/2, 415; EgH 7, 1901/2, 44.

Bretigny H. de. Les eaux du Tarasp et Schuls et notice sur l'Engadine. - 1861.

Brey G. Statistica delle acque minerali procedenti dalle sorgenti più frequentate comprese nelle tre categorie: d'Italia superiore, ecc. - Milano 1847.

Bröll C. Froy im Villnößtal. - Lana a. Etsch 1911, 163 S. - Bespr. Z. Ferdin., 3. F., 53. H., Innsbruck 1911, 182.

Brügger Chr. Ostrhätische Studien zur Geschichte des Badelebens, insbesondere der Kurorte Bormio und St. Moritz. - Zürich 1863, 58 S.

Bruhin C. Die Tarasper Kuren. - Bern (Bümplitz) 1915, 28 S. (Analysen.)

Buchner. Chemische Untersuchung des Wassers der Schwefelquelle zu Oberdorf im Allgäu. - Sber. Ak. d. Wiss. München, 1868, 407-414.

Buchner G. Münchner Wasser. Auf welche wissenschaftlich erprobte, einfachste und billigste Art ist das Münchner Wasser dem Regen- oder destillierten Wasser ähnlich zu machen? - Fortschritte der Technik, Beilage der Münchner Neuesten Nachr., Nr. 17 v. 18. 10. 1931, 3 Sp.

Bühler A. Bad Reichenhall, seine Lage, sein Klima und seine Heilmittel. - 1., 8.-10., 22. Aufl. Führer durch Reichenhall, Salzburg und Berchtesgaden, Bad Reichenhall 1872-1910, 139 S., 2 K.

Burtscher J. Über ein Trinkwasser, bei welchem der chemische Befund und die geologische Beschaffenheit der Umgebung der Quelle nicht übereinstimmen. (Zöblen im Tannheimer Tale.) - Archiv f. Hyg. u. Bakt., 104, München u. Berlin 1930, 197-202.

Caccianiga A. I Bagni di Comano nei Trentino. Escursioni. 3a ed. Con l'aggiunta dei Bagni di Rabbi. - Milano 1891, 104 S.

Cadisch J. Über Geologie und Radioaktivität der schweizerischen Mineralquellen. - Schw. Min. u. Petr. Mitt., 7, H. 2, 1927, 417.

— Zur Geologie alpiner Thermal- und Sauerquellen. - Jber. Natf. Ges. Grbd., NF, 66, 1927/28, 46 S., 6 Fig. - Bespr. NJb. 1928/2, 633; 1931/2, 369; Z. f. prakt. Geol., 37, 1929, 63; GZ 47A/913.

— Zur Geologie der Schweizer Mineral- und Thermalquellen. - Verh. Natf. Ges. Basel, 42, Basel 1931, 138-176, 1 Taf., 5 Abb., 5 Tab. - Bespr. GZ 48A/1859.

Caffi E. Le fonti termali di Fuipiano al Brembo in provincia di Bergamo. - Riv. d. Sc. fis., mat. e nat., an. 4, Nr. 40, Pavia 1903, 370-372. - Bespr. GZ 7/1236; Boll. Com. geol. d'It., 35, 1904, 284.

Canaval R. Bemerkungen über die „Kriegsquelle" bei Trebesing im Liesertale. - Carinthia II, 1918, 31-39.

— Die Schwefelquelle von Lussnitz (Lusnizza, Val Canale). - Carinthia II, 1925, 21-25.

— Levico-Vetriolo. Einfluß des alten Gletscherstandes auf die Verwitterung der Erzlagerstätten. - Montanist. Rdsch., 19, 1927, 643-647.

Cantu. Nuova communicazione verbale sulla natura delle acque minerali di Recoaro. - Mem. d. R. Acc. di Torino, t. 17, 1858, 155.

Capeller G. W. Chemische Untersuchungen des Fideriser Mineralwassers. - Der neue Sammler, 7, Chur 1812, 321-326.

— u. **Kaiser J. A.** Die Mineralquellen zu St. Moritz, Schuls, Tarasp, Fideris, St. Bernhardin, Peiden,

Vals und Belvedere. – Chur 1826, 92 S. – Bespr. Bull. d. sc. nat. et de géol., t. 13, Paris 1828, 297.
Carlinfanti E. Analisi chimica delle R. R. Acque di Recoaro. – Labor. chim. d. Direz. d. Sanità pubbl., Roma 1895. – Bespr. Boll. Com. geol. d'It., 27, 1896, 213.
Casselmann W. Th. Analyse des Mineralwassers von Tarasp und Fideris in Graubünden. – Liebigs Annalen der Chemie u. Pharm., 51, Heidelberg 1844, 111–113.
Catullo T. A. Memoria epistolare sopra un nuovo filone doleritico scoperto dal Sign. Dom. Trattenero presso le Acidule di Recoaro. – Nuovi Annali di Scienze naturali di Bologna, t. 6, 1841, 167.
Coletti F. Annotazioni intorno le acque minerali della Lombardia e del Veneto. – Padova 1855.
Conrad V. Klimaskizze von Tirol. – In: Die Heilwerte Tirols. Ein Wegweiser für Ärzte und Laien. Innsbruck (Tir. Landesverkehrsamt) 1929, 43–56.
Cotta B. v. Geologische Briefe aus den Alpen. – Leipzig 1850, 328 S., 2. Aufl. „Die Alpen", Leipzig 1851, 336 S. – Bespr. NJb. 1850, 302; Bl. 6.
Dal Piaz G. Relazione geoidrologica sulle sorgenti arsenico-ferruginose del Monte Tesobbo sopra Roncegno. – Venezia (Scarabellin) 1925, 3 S., 1 K. – Bespr. Atti Acc. Sc. Ven.-Trent.-Istr., v. 20, 1929, 9.
— Le sorgenti termali di Comano e la struttura geologica della regione circonstante. – Boll. d. Terme di Comano, 2, 1930, 11–12.
Da Schio A. La fontana ardente di Casale (Vicenza). – Boll. mens. Osservat. centr. Moncalieri, s. 2, v. 11, Nr. 3, Torino 1891. – Bespr. Boll. Com. geol. d'It., 23, 1892, 156.
Decurtins F. Das Tenigerbad im Somwixertal. – Bern 1882, 18 S.
Deecke W. Das innere System im west- und süddeutschen Thermalphänomen. – Z. DGeolGes., 77, A, Abh., 1925, 96–111.
De Marchi L. L'origine delle acque termali di Montegrotto (Euganei). – Rend. Acc. d. Linc., v. 5, Roma 1927, 841–845.
Devarda A. Analyse des Mineralwassers von Costalta im Pinétal (Südtirol). – JbRA 1890, 515–518.
Diem K. u. a. Österreichisches Bäderbuch. – Offiz. Handbuch, Berlin u. Wien 1914, 816 S., 2 K. – Bespr. NJb. 1930/2, 701.
Diem K. Balneologie Tirols. – In: Die Heilwerte Tirols. Ein Wegweiser für Ärzte und Laien. Innsbruck (Tir. Ldsverksamt) 1929, 22–42, 1 K., 1 Tab.
— Hall in Tirol als Kurort. – Tirol, F. 2, H. 10/11, 1930, 11–18.
Ditterich G. L. Sulzbrunn, seine muriatischen Jodquellen etc. (Allgäu). – München 1863, 397 S.
Dorno C. Bioklimatische Probleme. – Bäderalmanach, 15, 1930, 167–178.
— Das Klima von Agra (Tessin). – Braunschweig (Vieweg) 1934, 56 S., 7 Abb., 41 Tab. – Bespr. Die Umschau, 38, 1934, H. 44, 885.
Eblin M. D. Einige Notizen und Betrachtungen auf einer kleinen Reise durch einen Teil von Graubünden im Sommer 1825. – Bericht ü. d. Bestand u. d. Wirksamkeit der natforsch. Kantonalges. in Graubünden v. Okt. 1825 bis z. Mai 1827. – Chur 1827, 34–48.
Ehrharter. Die naturwarmen Quellen in Hintertux. – Innsbruck 1854, 14 S.
Eichleitner C. F. Chemische Untersuchung der Arsen-Eisenquelle von S. Orsola bei Pergine in Südtirol. – JbRA 1907, 529–534. – Bespr. NJb. 1909/2, 373; GZ 10/1937; Boll. Com. geol. d'It., 39, 1908, 134.
Engadin (F. ... M.). Das – und die Engadiner. Mitteilungen an dem Sauerbrunnen bei St. Moritz. ... – Freiburg i. Br. 1837, 278 S., 1 T., 1 Tab.
Escher v. d. L. A. Über die Thermalquellen von Pfäfers. – Mitt. Natf. Ges. Zürich, 1, 1849, 77–86.
Fabiani R. Le risorse del sottosuolo della Provincia di Vicenza. – A cura d. Cons. prov. d. Econ. di Vicenza. Vicenza 1930, 150 S., 1 K. – Bespr. Boll. Soc. geogr. it., s. 6, v. 8, a. 9, n. 2, 1931, 150; Studi Trent. Sc. Nat., 12, 1931, 72.
Fellenberg L. R. v. Analyse de l'eau de Pfäfers. – Bull. d. séanc. d. l. Soc. vaud. d. sc. nat., Lausanne 1847 (1849), 173–179.
— Neue Analyse des Pfäferser Wassers. – Verh. Schw. Nat. Ges. Schaffhausen, 1847, 34–35.
— Résumé de l'analyse de l'eau de Pfäfers. – Verh. Schw. Nat. Ges. Schaffhausen, 1847, 247–248.
Filipuzzi F. Indagine chimica sopra l'acque della fonte felsinea in Valdagno. – Sber. Ak. d. Wiss. Wien, 21, 1856, 561–585.
Fricker B. Wegweiser zu den Heilquellen und Kurorten der Schweiz. – Zürich, 2. Aufl. 1896, 94 S., 1 K. – Bespr. Jber. Natf. Ges. Grbd., NF, 39, Chur 1896, 277.
Frisingen R. v. Drei Bücher von Aderlassen und Schrepfen. – Basel 1579, 298 S.
Gamser Th. Die Mineralquellen Graubündens. Gruppe der Salzwasser. – Inaugdiss. Zürich, 1859, 27 S.
— Die Heilquellen Graubündens. – Chur 1860.
Gasteiger F. v. Der Säuerling und die Schwefelquelle von Obladis in gesch., topogr., chem. u. therap. Bez. – Innsbruck 1858, 80 S.
Gastein. Eine med.-hist.-topogr. Skizze mit Beitr. von E. Richter u. a. – Salzburg 1885, 88 S.
Gasteiner Thermalquellengebiet. – Verh. am 14. 5. 1923 zur Sicherung des -s. – Handschr. Archiv der Geol. Bdsanst., 18 S.
Gasteiner Thermalquellen (X). Die – gefährdet? – Internat. Mineralquellenztg, Nr. 9, 1929, 12–14.
Gazzoletti. Roncegno. – Trient 1895.
Gilm H. v. Chemische Untersuchung des Mineralwassers am Steinhof bei Arzl im Oberinntal. – Z. Ferdin., 3. F., 6. H., Innsbruck 1857, 170–177.
Gläser M. u. **Kahlmann W.** Analyse des Roncegnowassers. – Ber. Deutsch. Chem. Ges., 21, Nr. 8, 1637; Nr. 14, 28–79. – Bespr. VRA 1888, 237, 314.
Gockel A. Radioaktive Emanation im Quellgas von Tarasp (Engadin). – Chemikerztg, 29, 1905, 308.
— Über die Radioaktivität der Gesteine. – Verh. Schw. Natf. Ges., 92. Jvers. Lausanne 1909, 1, 214–215.
— Radioaktivität der Gesteine. – Verh. Schw. Natf. Ges., 93. Jvers. Basel, 1910, 210–212. – Bespr. EgH 11, 1910, 268–269.
— Die Radioaktivität von Gesteinen. – Jb. d. Rad. u. Elektronik, 7, Leipzig 1911, 487–527. (Comersee u. a.) – Bespr. Arch sc. phys. et nat., Genève, 32, 1911, 175.
— Die Radioaktivität von Boden und Quellen. – Sammlg Vieweg, Braunschweig 1914, H. 5, 108 S., 10 Abb. – Bespr. GR 5, 1915, 309; Die Natwiss., 1914, 871; Zbl. f. Min., 1920, 222.
Goldwurm C. Das Mineralbad Roncegno. – Braumüllers Badebibl., 32, Wien 1885, 64 S., 1 K.
Goll H. Les mofettes de Schuols-Tarasp dans l'En-

gadine inférieur. - Bull. Soc. vaud. sc. nat., 14, Lausanne 1877, 91-96.
— Das Mineralbad Pignieu-Andeer. - Zürich 1882, 2. Aufl. 1883. - Bespr. Jber. Natf. Ges. Grbd., NF, 26, Chur 1883, 166; Arch. d. sc. phys. et nat., t. 11, 228; Rev. géol. suisse p. l'a. 1883, Genève 1884, 24.
Grandoni S. Acque minerali della provincia bresciana. - 1827.
Gsell-Fels Th. Die Bäder und klimatischen Kurorte der Schweiz. - Zürich 1880, 524 S., K. u. Abb., 2. Aufl. 1885. - Bespr. Neue Alpenpost, 11, Zürich 1880, 136.
Gümbel C. W. v. Geologisches aus dem Engadin. - Jber. Natf. Ges. Grbd., NF, 31, Chur 1888, 3-71. - Bespr. Bl. 743; EgH 1, 1889, 316; Natur, Halle 1888, 417.
— Geol. Bemerkungen über die Thermen v. Gastein und ihre Umgebung. - Sber. Ak. d. Wiss. München, 19, 3, 1889, München 1890, 341-408.
— Geolog. Bemerkungen über die Thermen von Bormio und das Ortlergebirge. - Sber. Akad. d. Wiss. München, math.-nat. Kl., 21, 1891 (1892), 79-120. - Bespr. Natwiss. Wochenschr., 6, 1891, 479; Jber. Natf. Ges. Grbd., NF, 35, 1892, 207, Bl. 802; Boll. Com. geol. d'It., 23, 1892, 255.
— Geologische Bemerkungen über die warme Quelle des Brennerbades und ihre Umgebung. - Sber. Ak. d. Wiss. München, 22, 1892, 139-187. - Bespr. Bl. 831.
— Geologische Mitteilungen über die Mineralquellen von St. Moritz im Oberengadin und ihre Nachbarschaft nebst Bemerkungen über das Gebirge bei Bergün und die Therme von Pfäfers. - Sber. Ak. d. Wiss. München, 23, 1893 (1894), 19-101. - Bespr. NJb. 1894/1, 98; Z. f. prakt. Geol., 1895, 90; EgH 4, 1894, 166; Jber. Natf. Ges. Grbd., NF, 37, 1894, 229; Boll. Com. geol. d'It., 25, 1894, 314.
Haas H. Über die Wildbäder der Alpen. - Schr. Natwiss. Ver. f. Schleswig-Holstein, 12, H. 2, Kiel 1901. - Bespr. GZ 6/1074.
Haidinger W. Mitteilung einer Note über die Schwefelquelle von Mauritzing bei Bozen von Dr. G. Proell. - Mitt. Geogr. Ges. Wien, 2, 1858, Ber., 114.
Hajek H. v. Untersuchung der Thermalquelle des Brennerbades auf Radioaktivität. - Z. Ferdin., 3. F., 50. H., Innsbruck 1906, 524-539.
Hanimann. Der Eisensäuerling von Disentis (Placidus-Quelle). - Kuranstalt Disentiser Hof, Zürich 1877. - Bespr. Jber. Natf. Ges. Grbd., NF, 21, Chur 1878, 126.
Hartmann A. Zur Entstehung der schweiz. Mineralquellen. - Schw. Rundschau f. Medizin, Nr. 10, 1927, 15 S., 1 Abb.
— Die Entstehung der Mineralquellen von Tarasp-Schuls u. d. andern Bündner Säuerlinge. - Mitt. Geol. Ges. Zürich, H. 6, 1927, 45 S.; Vierteljschr. Natf. Ges. Zürich, 72, 1927, 237-290, 2 Skz., 13 Abb., 10 Tab. - Bespr. GZ 47A/547.
— Natur und Entstehung der bündnerischen Heilquellen und ihr Zusammenhang mit dem Gebirgsbau. - Mitt. Aarg. Natf. Ges., H. 18, 1928, röm. 12.
— Beobachtungen und Erfahrungen bei der Neufassung der Mineralquelle Fideris (Graubünden). - EgH 23, 1930, 571-578, 1 Abb. - Bespr. GZ 46A/779; NJb. 1931/3, 698.
— Neue Beobachtungen an den Mineralquellen des Engadins. (Vortr.) - EgH 24, 1931, 203-204.
Hartmann E. Geologie der Reichenhaller Solequellen. - Abh. Geol. Ldsuntersuchg am Bayer. Oberbergamt, H. 10, München 1933, 3-22, 2 Proftaf., K. 1:20000. - Bespr. GZ 50A/1949.
Hartmann F. u. Mousson A. Aus einem Expertenberichte über die Quellen von Pfäfers, Kanton St. Gallen. - Vierteljschr. d. Natf. Ges. Zürich, 1, Zürich 1856, 162-180.
Hasselbrink Fr. Führer durch Graubündens Kurorte, Sommerfrischen und Sportplätze. - Samaden (Engadin Press) 1913, 188 S.
Hediger St. Klima und Heilquellen von St. Moritz und deren Eignung zur Krankenbehandlung. - Bern u. Leipzig (Haupt) 1926, 2. Aufl., 51 S.
— u. **Wehrli L.** Die St. Moritzer Moorbäder. - St. Moritz (Ebner) 1927, 28 S., 3 Taf. - Bespr. GZ 37/1152.
Heilquellen. Die - und Badeorte der Schweiz. - Herausgeg. v. d. Schweizer Verkehrszentrale in Zürich, Basel (Frobenius A. G.) 1920, 35 S.
Heilwerte. Die - Tirols. Ein Wegweiser für Ärzte und Laien. - Innsbruck (Tir. Ldsverksamt) 1929, 83 S., 2 K., 2 Tab.
Heim Alb. Über den gegenwärtigen Stand der Hochgebirgsquellen. - Neue Alpenpost, 15, Zürich 1882, 55.
— Geol. Nachlese Nr. 28. Die Thermen von Pfäfers. - Vierteljschr. Natf. Ges. Zürich, 73, 1928, 65-140, 3 Taf., 7 Abb.; Vortragsprot. v. 24. Okt. 1927 der Zürcher Natf. Ges. - Bespr. NJb. 1928/2, 541; GZ 47A/916.
Hellwald Fr. v. Krankenheil-Tölz. - München, o. J., 16 S.
Hess E. Reichenhall mit seiner Saline, seinen Bädern und Umgebungen. - 2. Aufl. ebd., 1867, 240 S.
Heufler L. v. Eisenquelle von Villnöß bei Klausen. - VRA 1864, 19.
Hiller F. Die Quellen von Passug bei Chur. - Jber. Natf. Ges. Grbd., NF, 10, Chur 1865, 142-148.
Hintz E. u. Kurz K. Die neue Heilquelle zu Wiessee am Tegernsee. - Chemische Untersuchung (Hintz) u. Untersuchg auf Radioaktivität (Kurz). - Wiesbaden (Kreidel) 1911, 42 S.
Hintz E. Die neue Heilquelle zu Wiessee am Tegernsee. - Z. d. Internat. Ver. d. Bohring., 1913, Nr. 18.
Hirschi H. Anregung zu absoluten Altersbestimmungen radioaktiver Gesteine der Schweiz. - Vierteljschr. Natf. Ges. Zürich, 64, 1919, 65-76 (Heim-Festschrift). - Bespr. GZ 25/245.
— Radioaktivität einiger Schweizer Gesteine. 1. T. Petr.-mikr. Untersuchungen. - Vierteljschr. Natf. Ges. Zürich, 1920, 209-247. - Bespr. GZ 25/1222. - 2. T. Ebd., 545-572. - Bespr. GZ 28/48.
— Ein Pechblendevorkommen in der Schweiz. - Schw. Min.-Petr. Mitt., 4, 1924, 368. - Schweizerische Pechblende, ihr Radium- u. Thoriumgehalt. - Ebd., 5, 1925, 249-250. - Uranerz im tertiären Granit von Bergell. - Ebd., 429-430. - Bespr. NJb. 1927/1, A, 304; 1928/2, 131.
Hlasiwetz H. Analyse des Sauerbrunnens und der Schwefelquelle zu Obladis in Tirol. - Z. d. Ferdin., 3. F., 5. H., Innsbruck 1856, 35-46; Sber. Ak. d. Wiss. Wien, m.-nat. Kl., 18, 1855, 133ff.
Hochenegg H. Beitrag zur Geschichte des Baumkirchner Bades. - Tiroler Heimatblätter, 8, Innsbruck 1930, 54.
Hoffmann C. St. Moritz-Bad. - 1895, ... 1 K. - Bespr. Jber. Natf. Ges. Grbd., NF, 39, Chur 1896, 278.
Hoefler G. Die jod- und schwefelhaltigen doppelkohlensauren Natronquellen zu Krankenheil-Tölz... - Freiburg i. Br. 1870, 134 S.
Hoefler M. Der Isarwinkel. Ärztlich-top.-gesch. - München 1893, 280 S.

— Führer von Tölz und Umgebung. – 3.–5. u. 9. Aufl. München 1878–1924, 189 S., 1 K. – Bespr. Mitt. Geogr. Ges. Wien, 1879, 595.

Hopfgartner K. Chemische und physikalische Untersuchung der Therme des Brennerbades. – Z. Ferdin., 3. F., 49. H., Innsbruck 1905, 395–404. – Bespr. GZ 7/2109.

Hörmann I. v. Die Badeanstalten des Kreises an der Etsch. – Z. Ferd., 2, Innsbruck 1826, 239–286.

Huber A. Pustertaler Bäder im Jahre 1700. – Der Schlern, 8, 1927, 342–346.

Husemann A. Analyse der Sassal-Quellen bei Chur. – Jber. Natf. Ges. Grbd., NF, 17, Chur 1873, 123–126.

— Chemische Untersuchung der Heilquellen von Tarasp. – N Jb. f. Pharmazie, Speyer 1873. Auszug: Jber. Natf. Ges. Grbd., NF, 17, Chur 1873, 140–149.

— Chemische Untersuchung der warmen Mineralquelle von Vals. – Jber. Natf. Ges. Grbd., NF, 18, Chur 1874, 29–44.

— Der Kurort St. Moritz und seine Eisensäuerlinge. – Zürich 1874, 1. Bd, 150 S., 1 K. Auszug: Jber. Natf. Ges. Grbd., NF, 18, Chur 1874, 94–96.

— u. **Lorenz P.** Chemische Untersuchung des neuen Belvedra-Eisensäuerlings in der Rabiusaschlucht bei Chur. – Auszug: Jber. Natf. Ges. Grbd., NF, 18, Chur 1874, 96–97.

Husemann A. Beitrag zur Kenntnis der chemischen Zusammensetzung bündnerischer Mineralquellen. – Progr. d. Bündn. Kantonschule, Chur 1874. – Bespr. Jber. Natf. Ges. Grbd., NF, 18, Chur 1874, 97.

— Die Heilquellen und Bäder von St. Moritz. – Chur 1875. – Bespr. Jber. Natf. Ges. Grbd., NF, 19, Chur 1876, 66.

— Die Ursusquelle und Neue Badequelle von Tarasp. – Archiv f. Pharmazie, 3, 5, 1875. Auszug: Jber. Natf. Ges. Grbd., NF, 19, Chur 1876, 66–68.

— Die arsenhaltigen Eisennatronsäuerlinge im Sinestratal des graubündnerischen Unterengadins. – Archiv der Pharmaz., 207, Halle a. S. 1875, 204–213.

— The chalybdate springs of St. Moritz in the Upper Engadin. – Quarterly Journ. of the chem. Soc., 1, London 1876, 358–359.

— Chemical investigation of the mineral springs on the left bank of the Inn at Tarasp in the Lower Engadin. – Quart. Journ. of the chem. Soc., 1, London 1876, 359–361.

— Analysis of the springs containing arsenic, iron and sodium, in the Sinestratal of the Graubündner Unterengadin. – Quart. Journ. of the chem. Soc., 1, London 1876, 362.

— u. **Killias E.** Die arsenhaltigen Eisensäuerlinge von Val Sinestra bei Sins (Unterengadin). – Chur 1876, 22 S. Auszug: Jber. Natf. Ges. Grbd., NF, 19, Chur 1876, 68–69.

Husemann A. Luftkurort und Schwefelbad Serneus. (Prättigau.) – Chur 1876. Auszug: Jber. Natf. Ges. Grbd., NF, 20, Chur 1877, 157–158.

Jaeger R. Die Therme. – In: A. Waldburger: Ragaz–Pfäfers. – Ragaz (St. Jordy) 1910, 199–214.

— Der „Jungbrunnen" Ragaz–Pfäfers. – Ann. d. Schw. Ges. f. Balneologie u. Klimatologie, 13, Aarau 1917, 68–69.

— Alte Badeordnung des Bades zu Pfäfers. – Ann. d. Schw. Ges. f. Balneologie u. Klimatologie, 13, Aarau 1917, 70–76.

— Die Heilquellen zu Pfäfers. – Ann. d. Schw. Ges. f. Balneologie u. Klimatologie, H. 20, 1925, 30–42.

Kaiser J. A. Vorläufige Deutung der Heilquelle zu Pfeffers. – Übersicht der Verh. d. St. Gall. Natwiss. Ges., St. Gallen 1821, 26–29.

— Die Heilquelle zu Pfäfers, ein historisch-topographischer und heilkundiger Versuch. – Chur 1822, 182 S.

— **(Kayser).** Description des principales sources d'eaux acidules qu'on trouve dans les Grisons, analysées par M. Cappeler. – Bibl. univ. d. sc., belles-let. et arts, 27, Genève 1824, 156–157.

— Übersicht der vorzüglichen Sauerquellen in Graubünden. – Verh. Allgem. Schw. Ges. f. d. ges. Natwiss., Solothurn 1825, 92.

— Ein Fragment über die Heilquellen zu Pfäfers. – Verh. Allgem. Schw. Ges. f. d. ges. Natwiss., Chur 1826, 151.

— Die Heilquelle zu Pfäfers. – Chur 1833, 2 Bde, 3. Aufl. 1843. – Bespr. Bull. d. l. Soc. géol. d. France, t. 5, Paris 1834, 98.

— Die Heilquelle zu Pfäfers und Hof Ragaz samt Umgebungen hist., top., phys. u. med. dargestellt. – St. Gallen 1843, 269 S., 5 T.

— Die Mineralquelle zu Tarasp im Unterengadin. – Chur 1847.

— Über die Mineralquellen Bündens. – Verh. Schw. Natf. Ges., 1850, Aarau 1849, 141.

— Die Therme von Ragaz-Pfäfers. – 5. Aufl. St. Gallen 1869 (3. Aufl. 1843), 210 S.; Abdr.: Liebigs Annalen f. Chemie u. Pharm., 155, Leipzig u. Heidelberg 1870, 118.

Keil F. Das Mineralbad Leopoldsruhe nächst Lienz. – Innsbruck 1856, 44 S.

Keilhack K. Über die Beziehungen zwischen Heilquellen und Geologie. – Veröffentl. d. Zentralst. f. Baln., NF, H. 14, Berlin 1929, 34–39. – Bespr. GZ 41/466.

Kellenberger C. Die Mineralquelle von Pignieu (bei Andeer im Schamsertale). – Jber. Natf. Ges. Grbd., NF, 17, Chur 1873, 140–149.

Keller H. Die Geschichte und die geol.-phys. Bedeutung Rheinfeldens und seiner Umgebung. – Ann. Schw. Baln. Ges., 1905, 80ff.

— Die Heilquellen der Schweiz. – In: Tabell. Zusammenstellung der Kurorte und Heilquellen der Schweiz. – Ann. Schw. Ges. f. Balneologie u. Klimatologie, H. 11/12, Aarau 1916, 57–61.

— Bericht über die Untersuchung der schweizerischen Heilquellen auf ihren Radiumgehalt. – Ann. Schw. Ges. f. Balneologie u. Klimatologie, H. 11/12, Aarau 1916, 86.

— Graphische Darstellung der schweizerischen Mineralwässer, verglichen mit denjenigen des Auslandes. – Ann. Schw. f. Balneologie u. Klimatologie, H. 11/12, Aarau 1916.

— Balneologie der Schweiz. Bäder und Kurorte der Schweiz. – Schw. Bäderbuch (Export-Verl.), Zürich 1918, 20–52.

— Die schweizerischen Mineralwässer und das Bäderbuch. – Ann. Schw. Ges. f. Balneologie und Klimatologie, H. 15, Aarau 1919, 19–24. S. a. Nr. 9 des Bulletin der Schweizer Mustermesse, Basel (o. J.), 7 S.

— Die Heilquellen der Schweiz. Schweizer Badekurorte und ihre Heilquellen. – Herausgeg. v. Verbande Schweizer Badekurorte, Zürich u. Lausanne (Schweizer Verkehrszentrale) 1926, 5–13.

Kerner F. v. Richtigstellung betreffend die geologische Position der sehr stark radioaktiven Quelle

im Siegreiter Graben bei Steinach. - VRA 1915, 119-123. - Bespr. GZ 22/1304.
— Geol. Statistik der radioakt. Quellen von Tirol. - VRA 1918, 103-114. - Bespr. GZ 24/1064.
Kessler P. Die Beziehungen von Erzgängen, Tektonik, Vulkanismus und Schwere zu den bekannten Heilbädern in Südwestdeutschland. - Z. f. prakt. Geol., 1927, 33-38, 55-62. - Bespr. GZ 37/540; NJb. 1928/2, 210.
Killias E. Notiz über die Eisensäuerlinge von Val Sinestra im Unterengadin. - Jber. Natf. Ges. Grbd., NF, 10, 1865, 148-156.
— Die Heilquellen und Mineralbäder von Schuls-Tarasp. - Chur 1865, 6. Aufl. 1874, 9. Aufl. 1886. - Bespr. Jber. Natf. Ges. Grbd., NF, 30, Chur 1887, 193.
— u. **Planta-Reichenau A. v.** Die Mineralquelle von Rothenbrunnen. Eine balneologische Skizze. - Chur 1867, 48 S.
Killias E. Übersicht über die bündnerischen Mineralquellen. - Die Alpenpost (W. Senn), 3, Glarus 1872, 323-324.
— Der Kurgast von Tarasp-Schuls. Ein Führer zu den Heilquellen und ihren Umgebungen. - 2.Aufl. Schuls 1880, 156 S., 1 K.
— Chur und seine Umgebungen. - Europ. Wanderbilder, Nr. 57-58, Zürich 1883, 55 S., 1 K.
— Rätische Kurorte und Mineralquellen. - Chur 1883, 69 S. - Bespr. Jber. Natf. Ges. Grbd., NF, 27, Chur 1884, 79.
— Die intermittierende Quelle von Val d'Assa. - Schw. Alpenztg, 2, Zürich, Nr. 12 v. 31. 5. 1884, 113-118. - Bespr. Jber. Natf. Ges. Grbd., NF, 27, Chur 1884, 69.
— Das Tal von Poschiavo und die Kuranstalt Le Prese am See von Poschiavo. - Europ. Wanderbilder, Nr. 155, Zürich 1889, 40 S.
— Die naturhistorischen Verhältnisse des Engadins, besonders des unteren Teiles desselben. (Vortr.) - Jber. Natf. Ges. Grbd., NF, 35, Chur 1892, röm. 38-68.
Kind A. u. **Lorenz P.** Die Mineralquelle Neu-Belvedra ob Chur in der Rabiusaschlucht. - Chur 1871. Auszug: Jber. Natf. Ges. Grbd., NF, 16, Chur 1871, 124-125.
Kionka H. Die neue Heilquelle zu Wiessee am Tegernsee. Therapeutisches und pharmakologisches Gutachten. - Amsterdam (J. H. De Bussy), o. J., 18 S.
Klaar K. Das Bärenbad im Stubaier Obernberg. - Forschungen u. Mitt. z. Gesch. Tirols u. Vorarlbergs, 5, Innsbruck 1908, 319-320.
Klein H. Nordtiroler Bäderführer. - Innsbruck (Tir. Ldsverkehrsamt) 1926, 89 S., Neuaufl. 1929.
Klöckel J. v. Rosenheim mit seiner Heilquelle und Umgegend. - München 1816, 268 S., 1 K.
Knett J. Die Wirkung der Erdbewegung in Gastein. - Internat. Mineralquellenztg, Wien 1922, Nr. 465/466, 5-6.
— Das Geheimnis von Badgastein. - Gasteiner Kurztg, 1, v. 1. 5. 1924 u. Internat. Mineralquellenztg, 25, Wien 1924, H. 7, S. 6-9; H. 8, S. 5-7.
— Die geolog. u. chem. Verhältnisse der Heilquellen Österreichs. (Vortr.) - Österr. Kurorte u. Heilquellen, 1924, H. 8, 27 S.
— Thermal- und Mineralquellen. - Österr. Bäderbuch, herausgeg. v. Volksgesundheitsamt im Bdsmin. f. soz. Verw., Wien 1928, 60 S.
Krüse K. Über die Radioaktivität von Quellen in Tirol und Vorarlberg. - Ber. Natw.-med. Ver. Innsbruck, 36, 1914-1917 (1917), röm. 27-30.
— Über Schwankungen des Emanationsgehaltes eines Quellwassers. (Kühles Brünnl bei Bozen.) - Jb. d. Radioaktivität u. Elektronik, 14, 3, 1917, 352-371.
— Beiträge zur Kenntnis der Radioaktivität der Mineralquellen Tirols. 7. Mitt. - JbBA 1926, 81-96. - Bespr. GZ 34/282.
Kunisch H. Über den Arsengehalt der Wässer des Oberen und Unteren Pochhardsees und zweier in ihren Bereich gehörigen Quellen. - Mitt. DÖAV, 1881, 118-120.
Labat. Note sur l'origine des eaux de Recoaro. - Bull. Soc. géol. France, s. 3, t. 4, 1876, 443.
Ladis. Luftkurort und Schwefelbad. - München 1915, 4 S.
Langecker F. Die Jodquellenbohrung am Schliersee. - Berg- u. Hüttenm. Jb., 78, 1930, 20-25. - Bespr. NJb. 1931/3, 12.
Lardelli A. Über den Einfluß des Arsens (Val Sinestra-Wasser) auf den Stoffwechsel. - Inaugdiss. Univ. Zürich; Engadin Press, Samaden 1914, 11 S.; Chur (Manatschal) 1909.
Lardelli Th. Die kohlensäurereichen, alkalisch-muriatischen Eisenarsenquellen des Val Sinestra. - Chur 1900.
— Die Arsenquelle der Val Sinestra. (Vortr.) - Ann. Schw. Baln. Ges., 1905, Aarau 1911, 149-163.
— Die Heilfaktoren und Indikationen der Val Sinestra-Arsen-Eisensäuerlinge. - Z. f. Baln., Klimat. u. Kurort-Hygiene, 4, Nr. 7, 1911/12, 5 S.
Launay L. de. Une ville d'eaux suisse au moyen-âge et au dix-septième siècle: Pfaefers-Ragatz. - La Nature, 22, Paris 1894, 97-99.
— Les eaux minérales de Pfaefers-Ragatz (Canton de Saint-Gall, Suisse). - Ann. des mines, 5, 1894, 139-171. - Bespr. NJb. 1895/2, 430.
Lebert H. Das Engadin, seine Heilquellen, seine Natur und seine Bewohner. (Vortr.) Nebst einem mediz. Nachtrage über Tarasp und St. Moritz. - Breslau 1861, 52 S. - Bespr. PetMitt., 1861, 204. (Französ. Übersetzg: „L'Engadine, ses sources ...", Breslau 1861, 52 S.)
Lechner L. Heilquellen am Tegernsee. - Bayerland, 29, 1918.
Leiningen W. Graf zu. Reiseskizzen aus dem Süden. - Natwiss. Z. f. Land- u. Forstwirtsch., 5, Stuttgart 1907, H. 10, 19 S. - Bespr. GZ 11/1549.
Leonardi D. Analisi dell'acqua ferruginosa di Cavelonte in Flemme. - Trento 1857.
Leonhardi G. Das Veltlin nebst einer Beschreibung der Bäder von Bormio. - Leipzig 1860, 207 S., 1 K.
Leva J. Vulpera-Tarasp. - Illustr. Prospekt, o. O., 1916/17, 20 S.
Lieber G. Die Mineralquellen von Ladis und Obladis. - Ber. Natwiss.-med. Ver. Innsbruck, 42, 1931, 57-74. - Bespr. NJb. 1931/2, 711.
Lienau M. Die bronzezeitliche Quellfassung von St. Moritz. - Mannus, 10, 1918, Leipzig u. Würzburg 1919, 25-30.
Liermberger O. Levico und seine Kuren. - Halle a. S. 1906, 22 S.
— Die Kuren und das Klima von Levico und Vetriolo. - 2. Aufl., Wien 1906, 18 S.
— u. **Duschnitz P.** Levico-Führer. (Abschn. Geol. u. Bergmännisches.) - 1. Teil, Wien 1912, 394 S., 1 K.
Lipp A. Analyse einer neu aufgefundenen Jodquelle. (Seeg bei Füssen.) - Ber. d. D. chem. Ges., 30, 1897, 309. - Bespr. NJb. 1899/1, 12.
Lorenz J. Der Oblader und Prutzer Sauerbrunnen. - Tir. Anzeiger, Nr. 228 v. 1930.

Loetscher H. Die Kurorte und Heilquellen in der Schweiz. – 12. Aufl. Zürich 1896, 450 S. – Bespr. Jber. Natf. Ges. Grbd., NF, 40, Chur 1897, 82.

Ludwig E. u. **Panzer Th.** Über die Gasteiner Thermen. – Tscherm. Min. u. petr. Mitt., 19, 1900, 470–488. – Bespr. VRA 1900, 381; GZ 1/1361; NJb. 1902/2, 411.

Lurati C. Sulle acque minerali ticinesi analizzate. ... – Lugano 1846, 65 S.

— Stabio, le sue sorgenti minerali ed i suoi dintorni. – Lugano 1852, 86 S.

— Le sorgenti solforose di Stabio, le acque ferruginose del S. Bernardino e le altre fonti minerali della Svizzera italiana col quadro mineralogico della stessa. – Lugano 1858, 275 S.

— Le fonti termali di Bormio nella Valtellina. Parte prima. Analisi chimica ... del dottor A. de Planta-Reichenau. – Lugano 1861, 24 S.

— (?). Bad Fideris. Eisenhaltiger Natronsäuerling. – Reklamebroschüre Bad Fideris, 8 S. (o. O. u. o. J.); Bibl. Polytechn. Zürich, Analyse von Bolley, 1870.

Mache H. Über die Emanation im Gasteiner Thermalwasser. – Anz. Ak. d. Wiss. Wien, 41, 1904, 228–230.

— u. **Bamberger M.** Über die Radioaktivität der Gesteine und Quellen des Tauerntunnels und über die Gasteiner Therme. – Sber. Ak. d. Wiss. Wien, 123, II a, Febr. 1914, 79 S., 4 Abb. – Bespr. VRA 1916, 97.

Mache H. Neumessungen der Radioaktivität der Gasteiner Thermen. – Sber. Ak. d. Wiss. Wien, 1924, 207.

Mader I. Bäder und Heilquellen im Hochetsch. – Bolletino medico, Etschländer Ärzteblatt, Bolzano 1927, Nr. 1, 4, 23; 1928, Nr. 17 u. a. Gesammelt: Bolzano (Vogelweider) 1929, 175 S., 35 Abb. – Bespr. Innsbr. Nachr. v. 4. 4. 1930; Der Schlern, 11, 1930, 91; Mitt. DÖAV, 1931, 96; GZ 44/398; NJb. 1931/2, 711;

— Medizinisches und Kulturhistorisches von den Bädern südlich des Brenners. – Münchener Medizinische Wochenschrift, 77, Nr. 13, 1930, 546.

Maggiore L. Acque minerali delle provincie di Padova, Verona e Vicenza. – Relaz. Serv. min., Roma 1929, 266–283, 1 Abb.

Maraschini P. Osservazioni litologiche sui contorni di Schio. – Giornale dell'Italiana letteratura, Aprile 1810. (Eruptivgesteine u. Heilquellen.)

Mariani E. Sulle condizioni geologiche delle acque minerali delle „fonti di Baveno". – Rend. R. Ist. Lomb., s. 2, v. 56, f. 6–11, Milano 1923, 374–382.

Marieni L. Saggio sulle principali acque minerali dell'Europa. – Milano 1842.

Masarellos. Das Bad Levico. – München (2. Aufl.) 1885.

Massalongo A., Pazienti A., Pisanello P. e **Bizio G.** Sopra l'arsenico nell'acqua ferruginosa di Civillina. – Atti R. Ist. Ven., s. 3, v. 2, 1857?

Massalongo A., Rossi L. M., Pazienti A., Bizio G., Pisanello P. e **Pirona G. A.** Monografia delle acque minerali delle Provincie Venete. – Venezia 1862, 258 S., 4 Taf. u. Prof.; Atti R. Ist. Ven., s. 3, v. 7, 564–584, 663–702, 791–818; v. 8, 1133–1182; v. 9, 95–104, 273–289, 325–392, 533–537, 1399–1411.

Mayrhofer J. Die Pragser Heilquelle. – Der Schlern, 5, 1924, 84–87.

Meli D. e **Soardi.** Analisi chimica delle acque minerali di Trescorre e loro applicazione ne'varî generi di malattia in seguito alle osservazioni del 1810–1811, fatte dai Sig. Dott. Soardi e Meli. – Milano 1812, 118 S.

Meyer R. Mitteilungen über Quellwasseruntersuchungen aus dem chemischen Laboratorium der Kantonsschule in Chur. – Jber. Natf. Ges. Grbd., 25, Chur 1882, 113–134. – Bespr. Arch. d. sc. phys. et nat., t. 9, 217; Rev. géol. suisse p. l'a. 1882, Chur 1883, 46.

Meyer-Ahrens C. Die Heilquellen und Kurorte der Schweiz. In hist., topogr., chem. u. therapeut. Beziehung geschildert. – Zürich 1860, 936 S., 2 T.; 2. Aufl. 1867, 812 S., 8 Abb. – Bespr. PetMitt., 1869, 77.

— Die Heilquellen zu Tarasp und Schuls im Unterengadin. – Zürich 1860, 11 S. Auch in: Die Heilquellen und Kurorte ... (des Verf.), 1860.

— St. Moritz im Oberengadin, seine Heilquellen und Kuranstalten. – Zürich 1860, 38 S. Auch in: Die Heilquellen und Kuranst. ... (des Verf.), 1860.

— u. **Brügger Chr. G.** Das Schwefelbad Alveneu im Albulatal, Kanton Graubünden. – Zürich 1860, 11 S. Auch in: Die Heilquellen und Kurorte ... (des Verf.), 1860.

— — Die Thermen von Bormio in phys.-chem., therap., klimatol. u. gesch. Beziehung. – Zürich 1869. – Bespr. VRA 1870, 83.

Meyer-Ahrens C. Statistik der Heilquellen und Kurorte der Schweiz. – Allgem. Beschreibg u. Statistik der Schweiz (M. Wirth), 1. Bd, 1. Buch, Zürich 1870, 123–160, 2 Tab.

Mils. Entwurf zur Errichtung eines Soolbades und Kurhauses in – i. T. – Innsbruck 1898, 30 S.

Mitteregger J. Kärntens Mineral- und Heilquellen. – Jb. d. Nathist. Ldsmus. von Kärnten, 1899, 159–180.

Morell B. F. Untersuchung des Salzwassers in Tarasp und des Sauerwassers in Schuls. – Alpina, 2, Winterthur 1807, 362–370.

Morgenstern E. Die Mineralquellen und Kurmittel des Jodbades Tölz. – Hamburg 1916, 100 S.

Mösch C. (oe). Mofetten und Mineralwasser im Unterengadin. – EgH 5, 1897, 253–255.

— Sur l'existence de dégagements importants d'acide carbonique dans la région de Schuls-Tarasp. – Arch. d. sc. phys. et nat., Genève, 4, 1897, 472–473. – Bespr. NJb. 1901/2, 56; Jber. Natf. Ges. Grbd., NF, 42, Chur 1899, 120; EgH 5, 1898, 405; Arch. ..., 6, Genève 1898, 343.

— Nouvelle source minérale acidule dans la région de Schuls. – Verh. Schw. Natf. Ges., 80. Jvers. Luzern 1898, 60.

Mühle K. Topographisches und Geologisches. – In: K. Turban, Davos. 2. Aufl. Davos 1911, 61–72. – Bespr. GZ 22/669.

Müller K. Rhätische Mineralwässer. – Die Natur, 23, Halle 1874, 177–180.

Müller V. Die Mineral- und Soolenbadanstalt zu Traunstein. – Ebd., 1857, 39 S.

Münichsdorfer F. Die Gas- und Schwefelbrunnen im bayerischen Unterinngebiet. – Geogn. Jh., 24, 1911, 233–257. – Bespr. GZ 18/1146.

Nasini R., Levi M. G. e **Ageno F.** Indagini chimico-fisiche e analisi dell'acqua ferrico-arsenicale di Roncegno. – Atti R. Ist. Ven., t. 68, d. 10, Venezia 1909, 935–970. – Bespr. GZ 16/235; Boll. Com. geol. d'It., 41, 1910, 345.

Negri G. B. e **Nicolis E.** Note preliminare analitici e geologiche sulla Fonte termo-minerale sulfureo-salina de Sermione. – Mem. Acc. d'Agricolt., Arti e Comm. di Verona, s. 3, v. 66, 1891, 1–22. – Bespr. NJb. 1892/2, 260; Boll. Com. geol. d'It., 22, 1891, 183.

Noë H. Bäder in Tirol und Kärnten. - Z. DÖAV, 1889, 193–212.

Nolda A. Die St. Maurizius und Paracelsus-Quelle in St. Moritz. - Oberengad. Mediz. Festschr. Herausgeg. u. d. Teilnehmern an d. 10. Deutschen ärztl. Studienreise gew. v. Oberengad. Ärzteverein. - 7. Aufl. St. Moritz Bad, 1910, 75–102.

Nussberger G. Beiträge zur Kenntnis von Mineralwässern im Kanton Graubünden. - Jber. Natf. Ges. Grbd., NF, 39, Chur 1896, 67–76.

— Über die Entstehung bündnerischer Mineralwässer. - Jber. Natf. Ges. Grbd., NF, 42, Chur 1899, 1–35, 1 Tab.

— Chemische Untersuchung der eisenhaltigen Gipsthermen von Vals im Lugnez. - Jber. Nat. Ges. Grbd., NF, 43, Chur 1900, 67–68. - Bespr. EgH 7, 1901/2, 43; NJb. 1902/2, 75; Arch. ... Genève, 12, 1901, 251.

— Chemische Untersuchungen der Mineralquellen von Val sinestra bei Sent (Unt. Eng.) - Jber. Natf. Ges. Grbd., NF, 43, 1899/1900, Chur 1900, 69–103; erweit. Neuaufl. Chur 1905. - Bespr. GZ 1/2191; NJb. 1902/2, 75; EgH 7, 1901/2, 44.

— Beitrag zur Kenntnis der Entstehung von Mineralquellen im Bündner Schiefergebiete. - Beil. z. Kantonsschulprog. pro 1900/01, Chur 1901. - Bespr. GZ 2/1949; Jber. Natf. Ges. Grbd., 45, 161.

— Die chemische Untersuchung der Mineralquelle Chasellas bei Campfèr (Oberengadin). - Jber. Natf. Ges. Grbd., NF, 46, 1904, 29–31. - Bespr. NJb. 1907/2, 87.

— u. **His H.** Die chemische Untersuchung einiger Mineralquellen des Unterengadins. - Jber. Natf. Ges. Grbd., NF, 46, 1904, 33–39. - Bespr. NJb. 1907/2, 87.

Nussberger G. Chemische Analyse der Mineralquellen von Peiden. - Jber. Natf. Ges. Grbd., NF, 49, 1906/07, Chur 1907, 44–54. - Bespr. GZ 13/1927; EgH 11, 1910, 150.

— Die chemische Zusammensetzung der Mineralquelle bei Tomils. - Jber. Natf. Ges. Grbd., NF, 49, 1906/07, Chur 1907, 55–57. - Bespr. GZ 13/1925; EgH 11, 1910, 150.

— Chemische Analyse einer Mineralquelle im Tenigerbad. - Jber. Nat. Ges. Grbd., NF, 50, 1907/08, Chur 1908, 49–56. - Bespr. GZ 13/1926; EgH 11, 1910, 150.

— u. **His H.** Neue Analysen bündnerischer Mineralquellen. - Jber. Natf. Ges. Grbd., NF, 54, 1912/13, Chur 1913, 46–66. - Bespr. GZ 23/1093; EgH 13, 1914, 564.

Nussberger G. Analyse der Mineralquelle von Fiderisbad. - Schw. Wochenschr. f. Chemie u. Pharm., 51, Zürich 1913, 349–353, 365–369.

— Heilquellen und Bäder im Kanton Graubünden. - Verkehrsverein Grbd., Chur 1914, 137 S., geol. K. 1:600000.

— Beitrag zur Kenntnis der Quellenverh. Graubündens und zur Beurteilung von Trinkwasser. - Jber. Natf. Ges. Grbd., NF, 57, 1916/17, Chur 1917, 1–37. - Bespr. GZ 24/751.

— Beitrag zur Kenntnis der Radioaktivität von Quellsedimenten. - Erweit. Jber. Natf. Ges. Grbd. z. Feier ihres 100jähr. Bestehens, NF, 64, Chur 1926, 27–49. - Bespr. NJb. 1927/1, A, 102; B, 142; GZ 47A/536.

— Die Mineralquelle in der Tinzener Ochsenalp. - Jber. Natf. Ges. Grbd., 66, 1928, 47–54. - Bespr. GZ 47A/915.

— Zur Kenntnis der Entstehung von Säuerlingen im Bündner Schiefergebiet. (Bemerkungen zu der Abhandlung von Ad. Hartmann, Die Entstehung der Mineralquellen Tarasp-Schuls und der andern Bündner Säuerlinge.) - Jber. Natf. Ges. Grbd., 66, 1928, 55–83. - Bespr. GZ 47A/914.

Oebbeke K. Die Mineralquellen Bayerns. - Internat. Mineralquellenztg, Nr. 100, 1904. - Bespr. GZ 6/1072.

— Führer zur Ausstellung nutzbarer Mineralien, Gesteine, Mineralwässer Bayerns auf der Bayer. Jub.-Lds-Ind.-, Gew.- und Kunstausstellung zu Nürnberg 1906. ... - München (Lindauer) 1906, 82 S. - Bespr. GZ 8/1786.

— Die neue Jodquelle bei Wiessee am Tegernsee. - Z. d. Internat. Ver. d. Bohrtechn., 1913, Nr. 18, 208–210. - Bespr. GZ 20/710; Z. f. prakt. Geol., 21, 1913, 204.

Oberholzer J. Exkursion Nr. 31. Ragaz - Vättis-Kunkelpaß - Reichenau - Bonaduz. - In: Geol. Führer der Schweiz, herausgeg. v. d. Schwz. Geol. Ges., Basel (Wepf) 1934, Fasz. XII, 953–957, 1 Fig.

Oberosler G. Bagni di Roncegno. - 2. Aufl. Trient 1903, 26 S., 1 K.

Obladis. (I. Th A.) Der Sauerbrunnen zu - im Oberinntal, k.k. Landgerichts Ried, als Trink- und Badkurort. - Neue Z. d. Ferdin. f. Tir. u. V., 1, Innsbruck 1835, 28–66.

— Tiroler Sauerbrunn. - Int. Min.-Quell.-Ztg, 31, Nr. 7, 1930, 10.

Ochsenius C. Über die Bormiothermen und eine Art von Dolomitbildung. - Chemikerztg, 16, 1882, Nr. 12. - Bespr. Jber. Natf. Ges. Grbd., NF, 36, Chur 1893, 133.

Osswald K. Jodwasser und Erdöl bei Bad Wiessee. - In: Das Tegernseer Tal, Kur- u. Fremdenztg, Nr. 2 vom 29. 5. u. Nr. 3 v. 5. 6. 1932.

Ottinger. Die Adelheidsquelle. (Bei Tölz.) - München 1880.

Pacher G. Resoconto medico della stagione 1883 dei bagni di Levico. - Padova 1884, 36 S.

Pagenstecher. Analyse des Pfäffers Wassers. - Atti d. Soc. Elv. d. sc. nat., sess. 18a in Lugano nel 1833, Lugano 1833, 80–81.

Paracelsus Th. Von dem Bad Pfeffers, gelegen in Oberschweiz. Von seinen Tugenden, Kräften und Wertung, Ursprung und Herkommen, Regiment und Ordinanz. - Straßburg 1571, 40 S.

— Vom Ursprung und Herkommen von dem Bade Pfäfers. - Basel 1576.

— Etliche Traktat: 1. Von natürlichen Dingen. 2. Beschreibung etlicher Quellen. 3. Von Metallen. 4. Von Mineralien. 5. Von edlen Gesteinen. - Straßburg 1582, 499 S.

Pasini L. Sopra alcune condizioni geologiche della fonte acidule di Recoaro. - Adun. d. I. R. Ist. Ven., 1, 1841, 131–133.

Passug. (X) Mineralquellen und Kurhaus - (bei Chur). - 1896, 19 S., illustr.; Zürich 1898, 50 S. (Analysen von Treadwell.) - Bespr. Jber. Natf. Ges. Grbd., NF, 41, Chur 1898, 155; 42, Chur 1899, 124.

— Kurze Orientierung über die Mineralquellen von -, Quellengebiet der Rabiusaschlucht bei Chur. - Chur (V. Sprecher) 1914, 16 S.

Pedrotti G. Le stazioni di cura e soggiorno dell'Alto Adige: Bolzano (Bozen)-Merano (Meran). - Riv. d. Ven. Trid., a. 11, 1929, n. 4, 14–17, 7 Abb.

Pernisch J. Das Oberengadin. - Europ. Wanderbilder, Nr. 8, 2. Aufl. 1878, 40 S., 1 K.

— Das Kurhaus Tarasp und seine Umgebungen. - Europ. Wanderbilder, Nr. 132–133, Zürich 1888,

64 S., 1 K. - Bespr. Jber. Natf. Ges. Grbd., NF, 31, Chur 1888, 83.

— Tarasp, Engadin ... Schweiz. Der Bade- und Höhenkurort Tarasp-Schuls. Seine Heilmittel und Indikationen. - 6. Aufl. Engadin Press Co., Samaden 1910, 72 S.

Petrascheck W. Geologisches über die Radioaktivität der Quellen, insb. derer von St. Joachimstal. - VRA 1908, 365-391. - Bespr. GZ 12/1553.

Piatti A. La sorgente termo-solforosa di Sermione nel lago di Garda. - Boll. Com. geol. d'It., 18, 1887, 191-193. - Bespr. Ebd., 19, 1888, 316.

— La sorgente termo-solforosa di Sermione sul lago di Garda. - Boll. Com. geol. d'It., 20, 1889, 288-291. - Bespr. NJb. 1892/2, 260; Boll. Com. geol. d'It., 21, 1890, 427.

— La fonte termale del Garda. - Comm. Ateneo di Brescia, adun. 22. 2. 1891, Brescia 1891. - Bespr. Boll. Com. geol. d'It., 23, 1892, 407.

— Notizie e considerazioni sulla sorgente termale del lago di Garda. - Boll. mens. Oss. centr. Moncalieri, s. 2, v. 11, Nr. 10, Torino 1891. - Bespr. Boll. Com. geol. d'It., 23, 1892, 408.

Picciola A. Le acque minerali e termali della Venezia Giulia. - Giorn. d. sc. e d'industria idrolog., Terme e riviere, Pisa 1924, 14 S.

Planta-Reichenau A. v. u. **Kekulé A.** Chemische Untersuchung der Heilquellen zu St. Moritz im Kanton Graubünden. - Chur 1854, 2. Aufl. 1860, 97 S.

Planta-Reichenau A. v. Chemische Untersuchung der Heilquellen zu Schuls und Tarasp im Kanton Graubünden. - Chur 1858, 97 S.

— Untersuchung der Heilquellen von Schuls und Tarasp. - Jber. Natf. Ges. Grbd., NF, 4, Chur 1859, 4-21.

— Die Schwefelquellen zu Alveneu im Kanton Graubünden. - Jber. Natf. Ges. Grbd., NF, 9, Chur 1864, 17-34.

— Der Brückensäuerling von Tarasp. - Jber. Natf. Ges. Grbd., NF, 10, Chur 1865, 119-122.

— Die Quelle von Tiefenkasten (Kanton Graubünden). - Jber. Natf. Ges. Grbd., NF, 10, Chur 1865, 122-128.

— Die jodhaltige Quelle von Solis (Kanton Graubünden). - Jber. Natf. Ges. Grbd., NF, 10, Chur 1865, 129-142.

— Chemische Untersuchung der Schulser Schwefelquelle in der Val Dragun (Chialzina). - Jber. Natf. Ges. Grbd., NF, 11, Chur 1866, 155-167.

— u. **Killias E.** Die Mineralquelle von Rothenbrunn. - 1. Aufl. 1867, 2. Aufl. Chur 1882. - Bespr. Jber. Natf. Ges. Grbd., NF, 27, Chur 1884, 82.

Planta-Reichenau A. v. Die Heilquellen von Passugg bei Chur. - Chur 1867, 47 S.

— Die Thermen von Ragaz-Pfäfers. - Liebigs Annalen f. Chem. u. Pharm., 155, Leipzig u. Heidelberg 1870, 161-164. - Bespr. Jber. Natf. Ges. Grbd., NF, 15, Chur 1870, 136.

— u. **Geronimi.** Die Heilquelle von St. Bernhardis im Kanton Graubünden in der Schweiz. - Chur 1871, 24 S. Auszug: Jber. Natf. Ges. Grbd., NF, 16, Chur 1871, 122-124.

Planta-Reichenau A. v. Die Heilquelle zu Serneus im Kanton Graubünden. - Chur 1873, 15 S.

— Neue Analysen der Heilquellen von Passugg, Solis und Tiefenkasten. - Jber. Natf. Ges. Grbd., NF, 21, Chur 1878, 98-106. - Bespr. Arch. d. sc. phys. et nat., 64, Genève 1878, 176.

— u. **Weber A.** Über Bad Fideris (Kanton Graubünden). - Jber. Natf. Ges. Grbd., NF, 22, Chur 1879, 181-182.

Planta-Wildenberg J. Kurhaus Tarasp (Engadin). - Die Alpenpost (W. Senn), 2, Glarus 1872, 237-238.

Polli P. e **Lucchetti P.** Nuova analisi chimica delle acque minerali dette di S. Pancrazio in Trescorre Balneario. - Atti Soc. It. Sc. nat., v. 21, Milano 1878.

— La vecchia fonte Berva in Zandobbio. - Atti Soc. It. Sc. nat., v. 22, Milano 1879.

Prossliner K. Das Bad Ratzes. Eine topogr., kunsthist. u. naturwiss. Skizze. - 1. u. 2. Aufl. Bilin 1883/95, 80, bzw. 101 S. - Bespr. Mitt. DÖAV, 1883, 242; 1895, 135; 1896, 74.

Ragaz-Pfäfers. Geol., Klimatologie und Geschichtliches des Kurortes. - St. Gallen 1910.

— Wildbad -. - Illustr. Führer, herausgeg. v. Kur- u. Verkehrsverein Ragaz, Chur 1921, 28 S.

Ramwald. Bad - im Pustertale und seine nähere Umgebung. Hist.-top. Notiz. - Innsbruck 1908, 59 S., 2 K.

Reissacher K. Der neue Quellenstollen in Wildbad Gastein im Jahre 1856. - JbRA 1856, 307-316.

Reyer E. Die Euganeen. Bau und Geschichte eines Vulkanes. - Wien (Hölder) 1877, 95 S., 1 K.

— Theoretische Geologie. - Stuttgart 1888, 867 S., 3 K., 700 Abb. - Bespr. NJb. 1889/1, 406; Bl. 750.

Rheiner. Das Moosberger oder Heinrichsbad. - St. Gallen 1833. - Bespr. Bull. Soc. géol. de France, t. 5, Paris 1834, 98.

Robbi J. Quellenbuch für die Gemeinde St. Moritz (im Oberengadin). 1. Bd: Bibliographie. - Chur (Casanova) 1910, 284 S.

— Historische Skizzen über den Eisensäuerling von St. Moritz bis zum Eingang des 19. Jahrhunderts. - 1. Aufl. Samaden 1910.

Röder (nach - von W. K.). Die geognostischen Verhältnisse und die Mineralien des Kantons Graubünden. - Berg- u. Hüttenm. Ztg, 49, Leipzig 1890, 314-315. (S. Röder u. Tscharner.)

Rohatzsch R. H. Die Formation des Gebirges, aus welchem die Bayrischen Jodquellen zu Krankenheil, zu Heilbronn, zu Benediktbeuren und Sulzbrunnen bei Kempten entspringen. - NJb. 1851, 161 ff.

Roncegno. Sein natürliches arseneisenhaltiges Mineralwasser, seine Badeanstalt. - Milano o. J., 61 S.

Rosenheim. Marienbad -, Voralpenkurort. - Rosenheim 1875, 26 S.

Rothpletz A. Über die Jodquellen bei Tölz. - Sber. Ak. d. Wiss. München, 31, 1901, 127-165. - Bespr..Z. f. prakt. Geol., 1902, 161; GZ 3/298; NJb. 1903/2, 395; Mitt. Geogr. Ges. München, 1913, 60.

— Über den Ursprung der Thermalquellen von St. Moritz. - Sber. Ak. d. Wiss. München, 32, 1902, 193-207. - Bespr. EgH 7, 1901-1902, 648; Jber. Natf. Ges. Grbd., NF, 46, 1902, 108; VRA 1902, 309; GZ 3/1795; Z. f. prakt. Geol., 1903, 396; NJb. 1903/2, 350.

— Die Krankenheiler Jodquellen 1860-1910. Festschrift Bad Tölz, 1910.

Ruata G. I bagni della Venezia Tridentina. - Roma (Enit) 1925.

Ruatti A. Fonti e Stabilimenti di Rabbi dai primordi ad oggi. Guida alla cura idromin. e clim., Trento (Tip. Artigianelli) 1931, 152 S.

Rusch R. Zur Geschichte des Haller Solbades. - Haller Lokalanzg., Nr. 18 u. 19 v. 1930; Schwazer Lokalanzg., Nr. 18 u. 19 v. 1930.

Ruesch G. (= Rüsch). Balneographische Wande-

rung durch den Kanton Graubünden. – Übersicht der Verh. d. St. Gall. Natwiss. Ges., St. Gallen 1826, 39–41.
— Balneologisches aus Bünden. – Verh. Allgem. Schw. Ges. f. d. ges. Natwiss., Chur 1826, 129.
— Nachtrag zu einer schweizerischen Balneographie. – Übersicht der Verh. d. St. Gall. Natwiss. Ges., St. Gallen 1827, 30–31.
— Balneographische Fragmente aus dem Kanton Appenzell. – Übersicht der Verh. d. St. Gall. Natwiss. Ges., Chur 1827, 31–38.
— Der Kanton Appenzell, historisch, geographisch, statistisch geschildert. – Hist.-geogr.-statist. Gemälde der Schweiz, 13, St. Gallen u. Bern 1835, 249 S.

Rüsch v. Speicher. Bericht über seine Reise nach dem Toggenburg und Vorarlberg im Herbst 1829, vorzüglich in balneographischer Hinsicht. – Verh. Allgem. Schw. Ges. f. d. ges. Natwiss., 1830, St. Gallen 1831, 79. – Bespr. Ebd., 7–9.

St. Gallen. Kurze geographisch-statistische Darstellung des Kantons –. – Helvet. Almanach f. d. J. 1808, Zürich 1808, 37–88.

San Maurizio. Cenni sopra le fonti minerali di – nell'Engadina superiore nel Cantone Grigione, loro componenti, efficazia ed uso. – Coira (Chur) 1857.

St. Moritz. Die Bestandteile, Wirkung und Gebrauch der Mineralquellen von –. – Chur 1856.

Sauer A. Über die letzten Ursachen der allgemeinen Verbreitung der Radioaktivität in der Erdrinde. – Jh. Ver. f. Natkde Württemberg, 1925. – Bespr. NJb. 1927/1, B, 142. (Zirkon.)

Scapaccino M. Studio sulla flora medicinale aromatica dell'Altipiano de Sette Comuni. – Vicenza (Tip. Comm.) 1931, 85 S.

Scarpatetti J. Bad Pasugg bei Chur (Schweiz). Mineralquellen. Bad- und Kurhaus mit Dependance. – Chur-St. Moritz 1911, 108 S.

Schäfer G. Bad Krankenheil-Tölz. – Europ. Wanderbilder, 38/9, Zürich o. J., 62 S., 1 K.

Schafhäutl K. E. v. Gebirgsbildung bei der Jodquelle von Krankenheil, Heilbronn, Kressenberg, Gegend am Kochelsee, Zugspitze. – NJb. 1852, Briefl. Mitt., 294ff. – Bespr. Bl. 39.

Schamsertal (V. D.). Die Heilquelle Pignieu-Andeer im –, Kanton Graubünden. – 2. Aufl. Zürich 1883, 56 S.

Schardt H. Mineral- und Thermalquellen. – Geogr. Lexikon der Schweiz, Neuenburg 1908.
— Geologische Übersicht. – In: Bäder und Kurorte der Schweiz, herausgeg. v. d. Schw. Baln. Ges., 1. Aufl. Aarau (Sauerländer) 1910, 7–15, 1 K., 1 Taf. – Bespr. GZ 17/127.
— Quellenkunde. – In: Bäder und Kurorte der Schweiz, herausgeg. v. d. Schw. Balneolog. Ges., 1. Aufl. Aarau (Sauerländer) 1910, 16–26, 1 K. – Bespr. GZ 17/127.

Schauroth K. v. Die Trias und ihre Fossilreste um Recoaro. Geologisches über St. Cassian und Recoaro. – NJb. 1855, 315–317. – Bespr. Bl. 83.

Scheitlin P. Das Heinrichsbad bei Herisau im Appenzellerlande. – Constanz 1828.

Schiller J. Ein neues Kennzeichen für die Wirkung von Heilquellen. – Die Umschau, 36, 1932, H. 31, 605. – Bespr. NJb. 1933/2, 71.

Schlatter M. Der Kur- und Badeort Tarasp-Schuls, 1200 m ü. d. M. – Engadin Press Co. A. G., Samaden-St. Moritz 1916, 108 S. (Geol. Skizzen v. Chr. Tarnuzzer, 26–36.)

Schmidt M. Die neue Stahlquelle zu Mellau. – Bregenz 1880, 7 S.

Schoedler A. Ragaz-Pfäfers. Die Heilwirkungen seiner Therme, Lage und Klima. – O. O. 1886, 64 S., K. u. Abb.

Schrank G. Die jodhaltigen Kochsalzquellen des klimatischen Höhenkurortes Sulzbrunn und ihre Wirkungen. (Allgäu.) – 3. Aufl. Würzburg 1892, 38 S., 1 K. (Wörls Reiseführer.)

Schubert R. J. Über die Thermen und Mineralquellen Österreichs. (Vortr.) – VRA 1911, 419–422. – Bespr. GZ 17/1663; NJb. 1914/1, 49.

Schuls (Scuols). Description des acidules de Scuols dans la basse Engadine. – Etrennes helvétiennes et patriotiques, Vevey 1819, 326–330.

Schweitzer A. Radioaktivität der Heilquellen. – Balneol. Ztg, 20, 1910, 47.
— Sur la radioactivité des sources minérales de la Suisse (Contenu d'émanation de l'Eau). 2me comm. – Arch. sc. phys. et nat. Genève, 4 pér., t. 30, 1910, 46–66. – Bespr. EgH 11, 1910, 536; GZ 16/688.
— Über die Radioaktivität der Heilquellen mit besonderer Berücksichtigung der Quellen der Schweiz. – Ann. d. Schw. Baln. Ges., 8, Aarau 1912, 66–73.
— Über die Radioaktivität der Heilquellen. – Aus: Bericht über die Vorträge etc. v. Nov. 1911 bis Juli 1913 v. A. Hartmann. – Mitt. d. Aaargauischen Natf. Ges., Aarau 1913, Sber., röm. 9–10.
— Radioaktivität der Heilquellen der Schweiz. – Ann. d. Schw. Ges. f. Baln. u. Klim., H. 11/12, Aarau 1916, 1–28.

Senhofer K. u. **Hopfgartner K.** Analyse des Säuerlings zu Obladis bei Prutz im Oberinntale. – Z. Ferd., Innsbruck 1900, 3. F., 44. H., 201–209. – Bespr. VRA 1901, 111.

Siegfried J. J. Neue Mineralquellen in Tarasp und neue Fassung einer Thermalquelle in Baden. – Vierteljschr. Natf. Ges. Zürich, 4, Zürich 1859, 317.
— Über die Schuolser und Tarasper Quellen. – Vierteljschr. Natf. Ges. Zürich, 5, Zürich 1860, 232.
— Notiz über die Thermalquelle von Pfäfers. – Vierteljschr. Natf. Ges. Zürich, 6, Zürich 1861, 328.
— Neue Sauerquelle beim Peidner Badhaus (Graubünden). – Vierteljschr. Natf. Ges. Zürich, 7, Zürich 1862, 224.

Simmler R. Th. Spektralreaktionen einiger bündnerischer Naturprodukte. Chemisch-physik. Mitt. a. d. Laborat. Kantonsschule Chur. 1. System Calanda. 2. Bündnerschiefer und einige seiner Produkte. 3. Mineralwasser. 4. Analyse einiger Kalksteine. – Jber. Natf. Ges. Grbd., 6, Chur 1861, 20 S.

Sinwel R. Das Bad in Mühlau bei Innsbruck. Seine Vorgeschichte und Geschichte. – Innsbr. Nachr., Nr. 94 v. 22. 4., Nr. 100 v. 29. 4. 1933.

Sommer E. Über die Radioaktivitätsverhältnisse der natürlichen Heilquellen des deutschen Sprachgebietes. – München (O. Gmelin) 1910, 58 S.

Spica P. Nuova analisi dell'acqua minerale di Roncegno. – Atti. Ist. Ven. d. Sc., Lett. ed Arti, s. 6, t. 6, disp. 10, Venezia 1888. – Bespr. Boll. Com. geol. d'It., 20, 1889, 392.
— Sull'acqua minerale di Monte di Malo. – Atti Ist. Ven., Venezia 1892, s. 7, t. 3, 1–2; Gazz. chim. it., Palermo 1892, 22, 4. – Bespr. Boll. Com. geol. d'It., 24, 1893, 383.
— Sull'Acqua Aureliana di Recoaro. – Atti R. Ist. Ven., s. 7, t. 9, d. 3, Venezia 1898, 171–177. – Bespr. Boll. Com. geol. d'It., 30, 1899, 365.

— e **Schiavon G.** Sull'acqua minerale di Poleo presso Schio. – Atti R. Ist. Ven., s. 8, t. 3, d. 10, Venezia 1901, 929–940; Gazz. chim. ital., an. 32, f., 1, Roma 1902, 63–74. – Bespr. GZ 14/991; Boll. Com. Geol. d'It., 33, 1902, 366; 35, 1904, 95.

— — Sull'acqua minerale della fonte Jolanda presso Staro (Prov. di Venezia). – Atti R. Ist. Ven., s. 8, t. 3, d. 10, Venezia 1901, 1393–1402; Gazz. chim. it., an. 32, p. 1, f. 1, Roma 1902, 75–83. – Bespr. Boll. Com. geol. d'It., 33, 1902, 367; 35, 1904, 96.

Stenico V. Le stazione climatiche e balneari della Venezia Tridentina. – Trento (Monaui) 1929.

Sternberg K. Graf. Reise durch Tirol in die österreichischen Provinzen Italiens im Frühjahr 1804. – Regensburg (Friedrich) 1806, 166 S., 4 Taf.

Stiny J. Kluftmessung und Quellenkunde. – Internat. Z. f. Bohrtechnik, Erdölbergbau u. Geol., 34, Wien 1926, 97–100, 1 K. – Bespr. Carinthia II, 1928, 76.

— Altes und Neues über Entstehung und Einteilung der Quellen. – Geologie und Bauwesen, 1932, H. 1, 52–91, 35 Abb.

Stoppani A. La valle di Rabbi e le sue acque minerali. – Trento 1890.

Sury J. v. Über die Radioaktivität einiger Schweizerischer Mineralquellen. – Mitt. Natf. Ges. Freiburg i. Schw., 2. T., H. 4, 1906, 72 S. – Bespr. EgH 9, 1906, 631; NJb. 1908/1, 167.

Taramelli T. Osservazioni geologiche nei dintorni di Rabbi nel Trentino. – Rend. R. Ist. Lomb., Milano 1891, s. 2, v. 24, f. 9. – Bespr. Boll. Com. geol. d'It., 23, 1892, 427.

— Osservazioni stratigrafiche a proposito delle fonti di S. Pellegrino in provincia di Bergamo. – Boll. Soc. geol. it., v. 19, f. 3, Roma 1900, 437–442. – Bespr. Boll. geol. d'It., 32, 1901, 382.

— e **Menozzi A.** Sulle acque minerali di S. Caterina in Val Furva. – Rend. R. Ist. Lomb., s. 2, v. 40, f. 4, Milano 1907, 139–140. – Bespr. GZ 10/827; Boll. Com. geol. d'It., 39, 1908, 316.

Taramelli T. Le condizioni geologiche delle Fonti termali di S. Pellegrino. – Giorn. Geol. prat., an. 8, f. 4, Catania 1910, 125–136, 1 K. – Bespr. Boll. Com. geol. d'It., 42, 1911, f. 4, 117.

— Di alcune questioni geologiche riguardanti il Lago di Garda. – Riv. d. sc. fis.-matem., Pisa-Pavia 1911, an. 12, n. 141, 280; Atti X Congr. naz. di Idrol., Clim. e Terapia fis., Salò 1910. – Bespr. GZ 20/1724; Boll. Com. geol. d'It., 43, 1913, f. 4, 135.

Tarnuzzer Chr. u. **Nussberger G.** Über die Mineralquellen von Ganey bei Seewis (Graubünden). – Jber. Natf. Ges. Grbd., NF, 38, Chur 1895, 60–62.

Tarnuzzer Chr. Bad Rothenbrunnen in Graubünden. – Zürich 1897, 60 S. – Bespr. Jber. Natf. Ges. Grbd., NF, 41, Chur 1898, 155.

— Über die Herkunft und Entstehung der Thermen von Pfäfers-Ragaz. – Deutsche Rdsch. f. Geogr., 33, Wien (Hartleben) 1910, 10 S., 2 Fig. – Bespr. EgH 11, 1910, 535; Jber. Natf. Ges. Grbd., NF, 53, 1912, 149.

— Gebirgszonen und Mineralquellen von Graubünden. Geologische Übersicht. – In: G. Nussberger, Heilquellen und Bäder im Kanton Graubünden, Chur 1914, 3–11, 1 K.

— Der Kurort Lenzerheide. – Z. f. Balneologie, 2, 19, 1915, 20 S., 1 K.

— Aus Rätiens Natur und Alpenwelt. – Festgabe Vers. Schw. Natf. Ges. Tarasp-Schuls-Vulpera 1916, Zürich 1916, 266 S., illustr. – Bespr. Alpina, 25, 1917, 89; PetMitt., 65, 1919, 234; Mitt. Geogr. Ges. Wien, 60, 1917, 503; Z. Ges. f. Erdkde Berlin, 1918, 184; Geogr. Z., 24, 1918, 188; Bibl. géogr. 1915–1919, Paris 1921, 167; Mitt. DÖAV, 1919, 11.

— Eröffnungsrede des Jahrespräsidenten. – Verh. Schw. Natf. Ges., 98. Jvers. Schuls, 1916, II, 3–14. (Geol. aus d. Untereng., Mineralquellen, Seismologie etc.) – Bespr. EgH 15, 1918, 408; GZ 25/451.

— Literatur zur physischen Landeskunde Graubündens 1914–1918. – Jber. Natf. Ges. Grbd., NF, 56, Chur 1916, 103–107; 57, 1917, 155–166; 58, 1918, 251–258; 60, 1919–1921, 217–231. – Bespr. GZ 25/188, 28/87.

— Geologische Skizze. – In: M. Schlatter: Der Kur- und Badeort Tarasp-Schuls 1200–1300 m ü. d. M., Engadin Press Co. A. G., Samaden-St. Moritz 1916, 26–36.

Theobald G. Tarasp und seine Umgebung. – Jber. Natf. Ges. Grbd., NF, 3, Chur 1858, 5–37. – Bespr. NJb. 1859, 85.

— Geologisches über die Bäder von Peiden. – In: Rasche, Mineralquellen von Peiden, Chur 1862.

— Geologische Beschreibung der Gegend von Passugg. – Mineralquellen von Passugg, Chur 1865.

— Bormio und seine Bäder. – Chur 1865, 44 S., 1 K.

— Geologisches über die Gegend von Rothenbrunnen. – In: Killias, Mineralquellen von Rothenbrunnen, Chur 1867.

— Geologische Beschreibung von Passugg (Graubünden). – Heilquellen von Passugg bei Chur von Planta-Reichenau, Chur 1867, 6–11.

— Geologische Verhältnisse der Heilquellen von Alveneu, Tiefenkasten und Solis. – Webers Schwefelbad zu Alveneu, Chur 1868.

— Geologische Beschreibung der Gegend von Ragaz und Pfäfers. – Therme von Ragaz-Pfäfers (Kaiser), St. Gallen 1869, 98. – Bespr. Jber. Natf. Ges. Grbd., NF, 15, Chur 1870, 155; Arch. d. sc. phys. et nat., n. p., t. 37, 295; Rev. géol. suisse p. l'a. 1869, Genève 1870, 7.

— u. **Weilenmann J.** Die Bäder von Bormio und die sie umgebende Gebirgswelt. I. Landschaftsbilder, Bergfahrten und naturwissenschaftliche Skizzen. – St. Gallen 1869, 146 S., 1 K. Auszug: Boll. Com. geol. d'It., 1, 1870, 101. – Bespr. VRA 1870, 82; Mitt. Geogr. Ges. Wien, 1869, 181; Z. Ges. f. Erdkde Berlin, 1869, 88.

Theobald G. Über die geologischen Verhältnisse der Fideriser Quellen. – Manuskript im Gemdearch. Fideris, o. J.

Thermen (Rh. ... Fr.). Neuentdeckte – in Bünden. – Die Alpenpost (W. Senn), 5, Glarus 1873, 246–247.

Tioli L. Le acque minerali e termali del Regno d'Italia. – Milano 1894.

Tornquist A. Führer zur montangeologischen Exkursion in die Salzburger Alpen und Kärnten. (Rauris, Gastein, Bleiberg u. a.) – Erläuterungen z. d. Exkurs. d. Tagung der DGeolGes. in Wien, 1928, 8 S. S. a. Mitt. Geol. Ges. Wien, 20, 1927, Wien 1929, 120–127.

— Die geologische Position der Golderzgänge der Hohen Tauern des Thermengebietes von Wildbad Gastein. – Mitt. Geol. Ges. Wien, 20, 1927, Wien 1929, 120–122. – Auch in den Erläuterungen zu den Exkursionen.

— Mineralquellen (Thermen) und Minerallagerstätten in den Ostalpen. – Mitt. Geol. Ges. Wien, 21, 1928, Wien 1930, 15–23. – Bespr. GZ 42/304.

Treadwell F. P. Analyse des neuen St. Moritzer Säuerlings. - Archiv der Pharm., 26, Berlin 1889. - Bespr. Jber. Natf. Ges. Grbd., NF, 33, Chur 1890, 84.
— Analysen der Passugger Mineralquellen (1879). - In: Mineralquellen und Kurhaus Passugg (bei Chur) v. X, Zürich 1898, 50 S., illustr. - Bespr. Jber. Natf. Ges. Grbd., NF, 41, Chur 1898, 156; 42, Chur 1899, 124.
— Die chemische Untersuchung der Heilquellen von Passugg bei Chur. - Zürich 1898, 54 S. - Bespr. Jber. Natf. Ges. Grbd., NF, 42, Chur 1899, 124.
Trentin A. La distribuzione geografica delle sorgenti minerali in Italia. - Riv. di Idrol., Climatol. e Terapia fisica, Torino 1926, 20 S.
Trettenero. Memoria sopra le acidule di Recoaro. - Politecnico di Milano, 1843.
Troxler. Über die Mineralquelle von St. Moritz im obern Engadin. - Schw. Z. f. Nat.- und Heilkunde (Pommer), 4, NF, 1, Zürich 1839, 75-76.
Vacek M. u. **Hammer W.** Erläuterungen z. geol. Spezialkarte Cles. - Wien 1911, 104 S.
Valsuganabahn. Die –. - Innsbr. Nachr. vom 28. und 29. 3. 1893, 6 Sp.
Veraguth C. Der alkalisch-erdige Eisensäuerling von Fideris. - Zürich 1881. - Bespr. Jber. Natf. Ges. Grbd., NF, 25, Chur 1882, 151.
— Sankt Moritz und seine Eisenquellen. - Chur 1894.
— Bad St. Moritz im Engadin 1775 m ü. M. (Prospekt.) - Eng. Press Co., Samaden 1910, 24 S.
— Beschreibung der Funtauna Surpunt. - Oberengad. Mediz. Festschrift, 7. Aufl., Verlag Oberengad. Ärzteverein (St. Moritz-Bad) 1910, 103-106.
Vogelsang A. Erfahrungen über Tarasper Kuren. - 1897. - Bespr. Jber. Natf. Ges. Grbd., NF, 41, Chur 1898, 155.
— Die Heilmittel und Indikationen von Tarasp-Schuls-Vulpera. - Basel 1901, 58 S.
Vogt W. L'établissement des bains de Hof-Ragaz (en Suisse) pour médecins et simples particuliers. - Ragaz 1863, 95 S.
Waagen L. Über das „bedrohte" Badgastein. - Z. Österr. Ing.- u. Arch.-Ver., 75, Wien 1923, 49-52. - Bespr. GZ 29/813.
Waldburger A. Ragaz-Pfäfers. Geologie, Klimatologie und Geschichte des Kurortes und seiner Umgebung. Kritische Darstellung der Thermalquellen und übrigen Kurmittel. - Ragaz (Jordy) 1910, 296 S.
— Die Thermalbäder von Ragaz-Pfäfers. - Ragaz (Jordy) 1912, 64 S.
Walde K. Die Knappenlöcher am Höttingerberg. - Tiroler Heimatblätter, 2, H. 2, 1924, 3-5. S. a. Tiroler Anzg., Nr. 203 v. 3. 9. 1932 von Aloys Sch(attanek).
Wanner E. Die Lage der Thermal- und Mineralquellen der Schweiz und der Ostalpen bezüglich der Erdbebengebiete. - Vierteljschr. Natf. Ges. Zürich, 77, 1932, 155-158, 2 Fig., 1 Skz.
Wassermann. Das Bad Ratzes. - Brixen 1823.
Weber V. Das Schwefelbad zu Alveneu im Kanton Graubünden nebst den benachbarten Mineralquellen von Tiefenkasten und Solis. - Chur 1868. - Bespr. VRA 1870, 84. Neuauflage: Schr. f. Erdgeschichte, Chur 1876, 85 S.
— Alveneu-Bad (Albulatal), St. Peter und Solis. - 1877, 12 S.
Weiss u. **Schreiber.** Führer für Ragaz-Pfäfers. - Ragaz 1871, 64 S., 1 K.
Wetter. Versuch einer Beschreibung der Sauerquelle bei Fideris im Prättigau, Kanton Graubünden. - Übersicht der Verh. d. St. Gall. Natwiss Ges., St. Gallen 1821, 38-40.
Wettstein J. U. Skizzen über die berühmte Sauerwasserquelle bei St. Moritz im Kanton Graubünden. - Chur 1819, 54 S., 2. Aufl. 1833.
— Beschreibung der Sankt Moritzer Brunnen. - Chur 1833. - Bespr. Bull. Soc. géol. de France, t. 5, Paris 1834, 98.
Wick L. Die warmen Quellen und Kurorte Gasteins. - Wien 1902, 153 S.
— Die Gasteiner Thermen. (Vortr.) - Internat. Mineralquellen-Ztg., 8, Nr. 169, Wien 1907.
Wiedemayr L. Obladis, Sauerbrunnen und Schwefelquelle in topogr., hist. u. therap. Bez. - 3. Aufl. Innsbruck 1899, 80 S., 2 K.
Wörndle H. v. u. **Schumacher H.** Aus der Chronik des „Räßprunnens" zu Obladis. Lokalgeschichtliche Beiträge zur 700jährigen Bestandsfeier. - Innsbruck (Wagner) 1912, 47 S., 14 Abb.
Zängerle M. Chemische Untersuchung der Heilquelle zu Tiefenbach im Allgäu. - Journal f. prakt. Chemie (Erdmann u. Werther), Leipzig 1864, 394-406.
Zaniboni. Idrologia minerale del Trentino. - Borgo 1879.
Zanon G. Rabbi coi suoi monti e le sue acidule. - Trento (Artigianelli) 1924, 183 S.
Zehenter J. Die Mineralquellen Tirols mit vorzüglicher Berücksichtigung ihrer chemischen Zusammensetzung auf Grund der vorhandenen Daten. - Z. Ferdin., 3. F., 37. H., Innsbruck 1893, 1-141. - Bespr. VRA 1893, 209.
— Die Mineralquellen Vorarlbergs mit vorzüglicher Berücksichtigung ihrer chemischen Zusammensetzung. - Z. Ferdin., 3. F., 39. H., Innsbruck 1895, 143-180. - Bespr. VRA 1896, 211.
Ziegler J. M. Die Mineralquelle Pfäfers. - An d. Zürch. Jugend a. d. J. 1861 v. d. Natf. Ges., 63, Zürich 1860, 20 S., 2 T. - Bespr. PetMitt., 1861, 162.
Zollikofer. Übersicht der vorzüglichsten Sauerquellen in Graubünden. - Kurze Übersicht der Verh. d. Allgem. Schw. Ges. f. d. ges. Natwiss., 10. Jvers., Schaffhausen 1824, 17-20.

Hö
Höhlenkunde.

Airaghi C. Elenco dei mammiferi fossili delle grotte lombarde. - Atti Soc. it. Sc. nat. e Mus. Civ. Stor. nat., 66, Milano 1927, 142-151. - Bespr. GZ 48 A/593.
Allgäuer Alpen. Höhlenfunde am Hohen Ifen und nächst der Rappenseehütte. (Notiz.) - Mitt. ü. Höhlen- u. Karstforschg, Berlin 1932, H. 4, 165.
Ampferer O. Geologischer Führer für das Kaisergebirge. - Wien (Geol. Bdsanst.) 1933, 132 S., 48 Abb., K. 1:25000. - Bespr. Alpenländer-Korr., Nr. 4 v. 25. 1. 1934; Innsbr. Nachr. u. Tir. Anzg., Nr. 20 v. 25. 1. 1934; Tir. Grenzbote, Nr. 10 v. 3. 2. 1934; Z. f. prakt. Geol., 42, 1934, 62; Tir. Heimatblätter, 12, 1934, 192; Wr. Prähist. Z., 21, 1934, 73; Mitt. DÖAV, 1934, 108; Mitt. Geogr. Ges. Wien, 76, 1933, 316; Der Bergsteiger, 4, Nr. 7, 1934, 103; VBA 1934, 13; GR 25, 1934, 212; GZ 53 A/181.

Angererhöhle. Beschreibung der –. (Nächst Walchensee.) – Mitt. DÖAV, 1888, 133.
Bächler E. Die Flußspathöhle in der Dürrschrennen beim Äscher-Wildkirchli und die neuesten Funde in derselben. – Jb. Natf. Ges. St. Gallen, 1904, 35. – In: H. Rehsteiner, Übersicht der 1903/04 gehaltenen Vorträge, 20–69.
— Beiträge zur Kenntnis der Höhlen des Säntisgebirges. – Jb. St. Gall. Nat. Ges., 1904, 239–309. – Bespr. GZ 9/183; EgH 9, 1906, 187.
— Der winterliche Eispalast in der Wildkirchli-Ebenalp-Höhle. – Jb. Natf. Ges. St. Gallen, 1906, 34–37.
— Die prähistorische Kulturstätte in der Wildkirchli-Ebenalphöhle (Säntisgeb. 1477–1500 m ü. d. M.). – Verh. Schw. Natf. Ges., 89. Jvers. St. Gallen, 1906, 347–420, 4 Taf., 1 Fig. – Bespr. EgH 10, 1908, 469; N Jb. 1908/1, 106; GZ 10/495; Mitt. Anthrop. Ges. Wien, 37, 1907, Sber., 53.
— Die prähistorische Kulturstätte in der Wildkirchlihöhle. – Mitt. Thurg. Nat. Ges., 18, 1908, 163–165.
— Exkursion ins Wildkirchli am 30. u. 31. Mai 1908. – Jber. Geogr.-Ethnogr. Ges., Zürich, 1908/9, 9–21.
— Ein Naturwunder oder der winterliche Eispalast in der Wildkirchlihöhle. – Appenzeller Kalender f. d. J. 1910, 189, Trogen 1910, 3 S.
— Das Wildkirchli, die älteste prähistorische Kulturstation der Schweiz und ihre Beziehungen zu den altsteinzeitlichen Niederlassungen des Menschen in Europa. – Schr. d. Ver. f. Gesch. d. Bodensees u. s. Umgebg, 41. H., Frauenfeld (Huber) 1912, 14–38.
— Naturgeschichtliches aus dem Säntisgebirge. – Aus: G. Lüthi u. C. Egloff, Das Säntisgebiet. – Illustr. Touristenführer, St. Gallen (Fehr) 1913, 155–190.
— Die Stellung der Geologie zur heutigen paläolithischen Höhlenforschung. – Vierteljschr. Nat. Ges. Zürich, 64, 1919, 276–294 (Heim-Festschrift). – Bespr. GZ 25/392.
— Das Drachenloch ob Vättis im Taminatal, 2445 m ü. d. M., und seine Bedeutung als paläontologische Fundstätte und prähistorische Niederlassung aus der Altsteinzeit (Paläolithikum) im Schweizerlande. – Jb. Nat. Ges. St. Gallen, 57, 1921, 1–144. – Bespr. Die Eiszeit, 1, 1924, 75.
— Die Forschungsergebnisse im Drachenloch ob Vättis im Taminatale (2445 m ü. d. M.). Nachtrag und Zusammenfassung. – Jb. St. Gall. Nat. Ges., 59, 1923, 79–118.
— Die ältesten Spuren der Menschheit in der Schweiz. – Mitt. Aarg. Natf. Ges., H. 18, 1928, röm. 11.
— Die Eiszeit in den Alpen in ihren Beziehungen zur Urgeschichte des Menschen. – Jb. St. Gall. Natw. Ges., 65, 1930, 369–483.
— Aus der ältesten Urgeschichte unseres Landes. Die Höhlenbewohner. – 17. Jb. Kant. Lehrerver. St. Gallen, 1930, 72 S., zahlr. Abb. – Bespr. GZ 43/228.
Battaglia R. Note su alcune industrie paleolitiche della cerchia alpina e delle Alpi Apuane. I. Selce paleolitiche rinvenute sui Monti Lessini e nella caverna Pocala. II. La civiltà di Wildkirchli (Musteriano alpino?) e i suoi rapporti con le industrie paleolitiche della Carsia Giulia e delle Alpi Apuane. – Atti Acc. Sc. Ven.-Trent.-Istr., s. 3, v. 22, Selci Umbro 1931, 93–105, 1 Taf.
Baumann J. Eine Höhle im Wendelstein. – Mitt. DÖAV, 1883, 260–262.
Becker H. K. Die moderne Höhlenforschung. – Der Geologe, Nr. 36, Leipzig (M. Weg) 1925, 767–770.
Bernina. Vom Südrand der –. Die Windgrotten in Brusio. – Neue Alpenpost, 1, Zürich 1875, 1 S.
Biese W. Karsterscheinungen in den Klostertaler Alpen. – Mitt. ü. Höhlen- u. Karstforschg, Berlin 1932, H. 1, 27–28.
— Über Höhlenbildung. II. Teil. Entstehung von Kalkhöhlen (Rheinland, Harz, Ostalpen, Karst). – Berlin (Preuß. Geol. Ldsanst.) 1933, Abh., NF, H. 146, 170 S., 20 Taf., 40 Abb. – Bespr. GZ 50/1540.
Bigon G. Grotte del Veneto. – Le Grotte d'Italia, 6, 1932, 143–145, 177–184.
Bizzarro M. Berichte über Höhlenforschungen in Tirol im Sommer 1920. – Ber. d. staatl. Höhlenkomm., 1, Wien 1920, 63–84, 11 Abb.
Blumrich J. Wo befinden sich in Vorarlberg noch wenig bekannte Höhlen? – Heimat, 3, Bregenz 1922, 9–10.
— Höhlenbärenreste in Vorarlberg. (Breg. W.) – Heimat, 5, Bregenz 1924, 44–46.
Bock H. Der Lamprechtsofen bei Lofer. – Mitt. f. Höhlenkunde, 4, H. 3, Graz 1911. – Bespr. GZ 19/599.
— Die Höhlenforschung in Österreich. – Mitt. f. Höhlenkunde, 4, H. 4, Graz 1911. – Bespr. GZ 19/797.
— Ein Museum für Höhlenkunde in Österreich. – Mitt. f. Höhlenkunde, 6, H. 1, Graz 1913. – Bespr. GZ 19/801.
Boegan E. Grotte dell'altipiano del Cansiglio. – Le Grotte d'Italia, 6, 1932, 169–176.
Boldori L. Altri quattro anni di recerche nelle caverne italiane. – Le Grotte d'Italia, 6, 1932, 111–129.
Bosshard E. Beiträge zur Kenntnis bündnerischer Trinkwasser. – Jber. Natf. Ges. Grbd., NF, 33, Chur 1889, 8 S.
Brasavola A. Relazione sull'escursione e sulle ricerche compiute sul Montebaldo dagli Escursionisti del Dopolavoro di Avio (Gruppo Grotte) il giorno 23 ottobre 1932. – Studi Trent. di Sc. Nat., 13, Trento 1932, f. 3–4, 268–270, 4 Skz.
Brugnatelli L. Sopra un nuovo minerale delle cave d'amianto della Valle Lanterna. – Rend. R. Ist. Lomb., s. 2, v. 35, f. 18–19, Milano 1902, 869–874. – Bespr. Boll. Com. geol. d'It., 34, 1903, 94.
Büttner R. Alpenvereinssektion und Alpenforschung. (Eine weitere Anregung und ein praktischer Versuch.) – Mitt. DÖAV, 1933, 240. (Höhlenkunde.)
Cacciamali G. B. Cariadeghe, altopiano carsico sopra Serle. – Boll. d. Sez. di Brescia del CAI, a. 1896, estr. p. 15, Brescia 1897. – Bespr. Boll. Com. geol. d'It., 29, 1898, 154.
— Nota preliminare sulla speleologia bresciana. – Brescia 1902, 37 S.; Comm. d. Ateneo di Brescia p. l'a. 1902, Brescia 1902, 183–217. – Bespr. Boll. Com. geol. d'It., 34, 1903, 97.
Catani u. Pool. Bericht von einigen in den Gebirgen von St. Antönien angestellten Reisen und den daselbst entdeckten unterirdischen Höhlen. – Der Sammler, 6, Chur 1784, 15 S.
Catullo T. A. Su le caverne delle Provincie Venete. – Venezia 1844.
Caverna (G. O.). La – Pierino Delama (pr. Paganella). – Pro Cultura, 1, 1910, 141.
Chini G. Curiosità di Castellano. – Vita Trentina, f. 1, 1910. – Bespr. Boll. Com. geol. d'It., 42, 1911, f. 1, 25.
Cogoli M. Il giacimento fossilifero delle cave di Ca-

stione presso Mori (Trentino). - Studi Trentini, Trento 1926, an. 7, 1926, s. 2, f. 1, 82-91, 1 Taf. - Bespr. Atti Acc. Sc. Ven.-Trent.-Istr., v. 20, 1929, 8.

Cornalia E. Su alcune caverne ossifere dei monti del Lago di Como. - N. Ann. d. Sc. Nat. di Bologna, s. 2, v. 1, Bologna 1850, 9-34.

Cozzaglio A. Sulla possibilità di impinguare alcune falde idriche sotterranee. - Brescia (S. A.) 1933, 4 S. - Bespr. GZ 50 A/1937.

Cramer H. Die Entstehung der Karsthöhlen. - Der Naturforscher, 10, 1933, 214-221, 13 Abb. - Bespr. GZ 52 A/642.

— Höhlenbildung im Karst. - PetMitt., 1933, H. 3/4, 78-81, 6 Abb. - Bespr. GZ 52 A/643.

Curioni G. Antica cava indigena di marmo cipollino, nuovamente scoperta e geologicamente illustrata. - Il Politecnico, t. 2, Milano 1839, 77.

Cvijić J. Das Karstphänomen. Versuch einer morphologischen Monographie. - Pencks Geogr. Abh., 5, 3, Wien 1893, 329 S. - Bespr. Mitt. DÖAV, 1894, 62.

— Hydrographie souterraine et évolution morphologique du Karst. - Inst. de Géogr. Alpine, Grénoble 1918, 56 S. - Bespr. Z. f. Geomorph., 3, 1928, 104-109.

Czoernig-Czernhausen W. Frh. v. Die Höhlen des Landes Salzburg und seiner Grenzgebirge. (Mit Beitrag „Zur Geologie der Salzburger Höhlen" v. M. Hell.) - Salzburg (Verl.Ver. f. Höhlenkde) 1926, 159 S., 1 K., 60 Pläne. - Bespr. Z. Ges. f. Erdkde Berlin, 1928, 156.

— Die Enterische Kirche im Gasteinertal. - Mitt. über Höhlen- u. Karstforschg, Berlin 1931, 61-64, mehr. Skz., 1 Bild.

— Die neuesten Salzburger Höhlenforschungen. - Innsbr. Nachr., Nr. 82 v. 9. 4. 1932.

Dal Piaz G. Grotte e fenomeni carsici del Bellunese. - Mem. Soc. geogr. it., v. 9, Roma 1899, 178-222. - Bespr. Boll. Com. geol. d'It., 31, 1900, 194.

— Sulla fauna fossile della grotta di S. Donà di Lamon. - Atti Soc. it. Sc. nat., v. 39, f. 1, Milano 1900, 51-64. - Bespr. Boll. Com. geol. d'It., 32, 1901, 188.

Damian F. Die Höhle im Tschamintale. - Der Schlern, 2, 1921, 355-356.

Daublebsky R. R. v. Sterneck. Über die Eislöcher von Eppan in Tirol. - Mitt. Sekt. f. Naturkde ÖTC, 1, Wien 1889, 44-46.

De Capitani S. I marmi colorati della Carnia e le cave di Verzegnis. - La Miniera it., an. 10, n. 11, Roma 1926, 329-333.

De Gasperi G. B. e **Feruglio G.** L'altipiano del Cansiglio. Contributo allo studio dei suoi fenomeni carsici. - Mondo sotterraneo, 6, Udine 1910, 41-59. - Bespr. GZ 17/484.

De Gasperi G. B. Catalogo delle grotte e voragini del Friuli. - Mondo sotteraneo, 7, Udine 1911, 24-33, 64-78, 104-106, 1 K. - Bespr. GZ 18/268; Boll. Com. geol. d'It., 43, 1912, f. 1, 46.

— Resti di Mammiferi rinvenuti nella Grotta di Viganti (Friuli). - Mondo sotterr., an. 8, N. 4, Udine 1912, 81-92. - Bespr. Boll. Com. geol. d'It., 44, 1914, f. 1, 47.

— Fenomeni carsici delle Prealpi Bellunesi e Carniche. - Mondo sotterr., an. 8, N. 4, Udine 1912, 97. - Bespr. Boll. Com. geol. d'It., 44, 1914, f. 1, 50.

— I laghi alpini della Conca del Baitone (Adamello). - Mondo sott., 10, Udine, 1914, 21-32. - Bespr. GZ 37/1491.

De Gregorio A. Description de quelques ossements des cavernes des environs de Cornedo et Valdagno dans le Vicentin. - Ann. de Géol. et de Pal., 15, Turin-Palermo 1894, 16 S. - Bespr. NJb. 1896/2, 161; Boll. Com. geol. d'It., 27, 1896, 228.

Del Vecchio C. Osservazioni su alcuni resti di Canidi raccolti nella grotta Guglielmo sul Palanzone (Alta Brianza). - Atti Soc. it. Sc. nat. e Mus. Civ. in Milano, v. 55, f. 4, Pavia 1917, 239-251.

De Zigno A. Bar. Resti di sauriani nel Lombardo-Veneto. - Boll. Soc. geol. it., v. 1, f. 2, Roma 1883, 161.

Dietz E. L'antro delle gallerie in Valganna. Nuove esplorazioni e nuove ipotesi. - Arch. d. Soc. Stor. Varesina, 1, 1931/32, 15-25.

Dolomitenhöhlen. Entdeckung in Südtirol. - Neue Freie Presse v. 27. 8. 1925; Jnnsbr. Nachr. v. 26. 8. 1925.

Durwalder E. Prähistorische Höhlenfunde am Calanda. - Die Alpen, 3, 1927, 52-54.

Egli J. J. Die Höhlen des Ebenalpstocks. - St. Gallen 1865, 74 S.

Eishöhle im Bettelwurfstocke. - Innsbr. Nachr. v. 11. 9. 1925.

Eishöhlen. Entdeckung großer - in den Südtiroler Dolomiten. - Innsbr. Nachr. v. 26. August 1925.

— Neues über die - in Südtirol. - Innsbr. Nachr. v. 23. Sept. 1925.

Fabiani R. I fenomeni carsici dei Colli Berici. - Antologia Veneta, 3, n. 2, Feltre 1901.

— Le grotte dei Colli Berici nel Vicentino. - Antologia Veneta, 3, n. 2, Feltre 1901.

— La fauna fossile della grotta di S. Bernardino nei Colli Berici. - Atti R. Ist. Ven., 62, Venezia 1903, 657-671.

— Nuovi resti di Vertebrati scoperti nella „Velika Jama" in Friuli. - Mondo sotterr., 8, n. 1-2, Udine 1912.

Feruglio E. Fenomeni carsici dell'altipiano di M. Prat. - Mondo sotterr., an. 9, N. 4-5, Udine 1914, 90-93. - Bespr. Boll. Com. geol. d'It., 46, 1916, f. 1, 43.

— Contributo allo studio dei fenomeni carsici nelle Prealpi Carniche. - Mondo sotterr., 10, Udine 1914, 79-87. - Bespr. GZ 37/1212.

— Il Bûs de la Lum nell'altipiano del Cansiglio; alcuni dati sulla distribuzione verticale della temperatura nella voragine. - Le Grotte d'Italia, a. 3, n. 2, Postumia 1929, 110-119, 9 Fig.

— A proposito di altimetria barometrica nelle voragini. - Le Grotte d'Italia, 6, 1932, 190-192.

Franz L. Vorgeschichtliches Leben in den Alpen. - Wien (A. Schroll) 1929, 95 S., 82 Abb. - Bespr. Mitt. DÖAV, 1930, 93; PetMitt., 77, 1931, 269; Mitt. Anthrop. Ges. Wien, 60, 1930, 206.

Frosini P. Cenni sullo stato attuale delle ricerche sulle acque sotterranee in Italia. Comunicazione del Servizio Idrografico centrale. - In: Cons. Naz. d. Ricerche, boll. n. 20 d. Com. naz. it. geod.-geofis., Venezia (Ferrari) 1930, 77-90, 7 Fig.

Fruhwirth C. Über Höhlen. - Z. DÖAV, 1883, 1-37: 1885, 108-130.

Fugger E. Eishöhlen und Windröhren. - Mitt. Geogr Ges. Wien, 37, 1894, 97ff. - Bespr. Carinthia II, 1893, 178; 1895, 39.

Gehring L. Die Lamprechtsofenloch-Höhlen bei Lofer. - Berchtesgaden (K. Ermisch) 1906, 27 S. - Bespr. Mitt. DÖAV, 1906, 150.

Ghidini G. M. Le caverne nei dintorni di Paitone e la loro fauna. - Comm. Aten. di Brescia p. l'a. 1931, 254-300.

Ghislanzoni E. Sanzeno nell'Anaunia. Scavi di abitazioni preromane. – Notizie degli Scavi di antichità, v. 7, s. 6, 1932, 409–471. – Bespr. Studi Trent. Sc. Stor., 13, 1932, 328.

Görlich W. Vorgeschichtliche Grabungen im Heidenloch bei Warmbad-Villach. – Carinthia I, 122, 1932, 151.

Gortani M. La grotta di Corona sol M. Faeit (Carnia). – Riv. it. di Spel., 1, 3, Bologna 1903, 7–10. – Bespr. GZ 8/996.

— Una dolina di sprofondamento presso Treppo Carnico. – Mondo sotterr., Riv. di Circ. Spel. e Idrol. friul., 1, 2, Udine 1904, 40–41. – Bespr. GZ 8/995.

— Fenomeni carsici nei terreni paleozoici della Carnia orientale. – Mondo sotterr., an. 5, Udine 1909, 66–68. – Bespr. GZ 14/1767.

— Avanzi di mammiferi rinvenuti in alcune grotte friulane. – Mondo sotterr., an. 5, Udine 1909, 18 S., 1 T. – Bespr. Boll. Com. geol. d'It., 41, 1910, 208.

Götzinger G. Entstehung und Ausfüllungsprodukte der Höhlen. – Sammlung heimatkundlicher Vorträge, Wien (Bundes-Höhlenkomm.) 1922, H. 3, 17 S.

— Österreichische Phosphatforschung. (Vortr.) – Mitt. Geol. Ges. Wien, 18, 1925, 10 S.; Compt.-R. 14 Congr. Géol. Int. 1926, Madrid 1927, 10 S.

— Dr. Rudolf Willner, der Organisator der österreichischen Höhlenwirtschaft. – Linzer Tagespost v. 7. Aug. 1926.

— Rudolf Willner. Zur Erinnerung. – N. Wr. Tagblatt v. 6. Aug. 1926.

— R. Willner †. – VRA 1926, 203–206.

— Die Phosphate in Österreich. (Rudolf Willner zum Gedächtnis.) – Mitt. Geogr. Ges. Wien, 1926, 126–156.

— † Rudolf Willner. – Mitt. über Höhlen- und Karstforschung, Berlin 1927, H. 2, 71.

Grotte di Lombardia. – Le Grotte d'Italia, 2, 1928, 83–89; 5, 1931, 71–78; 6, 1932, 71–73, 156–160, 185–189.

Gümbel C. W. v. Über Bildung von Höhlen in Bayern. 1. Abt. Die natürlichen Höhlen in Bayern. – Beitr. z. Anthrop. u. Urgesch. Bayerns, 2, 1879, 191–194, 1 K.

Haager. Die Heidenhöhlen (Heidenlöcher) am Bodensee. – Schr. d. Ver. f. Gesch. d. Bodensees u. s. Umgebung, 7, Lindau 1876, 62–82.

Haidinger W. Note über die Sommereisgrube bei Gandegg nächst Eppan i. T. v. Dr. G. Proell. – Mitt. Geogr. Ges. Wien, 2, 1858, Ber., 114.

Hell M. Die Höhlen am Nordende des Gasteiner Tales. – Ber. d. staatl. Höhlenkomm., 2, Wien 1921, 136–142.

Heller F. u. **Nieder R.** Geologisch-morphologische Untersuchungen im Partnachtal des Wettersteingebirges. – Mitt. über Höhlen- und Karstforschung, Berlin 1932, H. 4, 119–153, 2 Taf., 5 Abb.

Hering C. A. Eine Eiskristallgrotte. (Nächst Döllach s. Heiligenblut.) – Mitt. DÖAV, 1896, 132–133.

Hernegger F. Eine Eishöhle in der Nähe der Obstanserseehütte. – Austria-Nachr., 1932, 165, 1 Abb. – Bespr. Reichspost v. 10. 10. 1933; Tir. Anzg., Nr. 235 v. 11. 10. 1933.

— Eishöhle beim Obstanser See. – Mitt. über Höhlen- und Karstforschung, Berlin (Junk) 1933, H. 1, 43–44.

Hescheler K. Aus der Vorgeschichte der Säugetiere der Schweiz. (Vortr.) – Vierteljschr. Natf. Ges. Zürich, 74, 1929, H. 3 u. 4, röm. 22–23; Jb. St. Gall. Natw. Ges., 65 (1929 u. 1930), St. Gallen 1930, 17–46. – Bespr. GZ 48 A/587; 2 B/172, 548; NJb. 1932/3, 696.

Hoffer M. Unterirdisch entwässerte Gebiete in den Nördlichen Kalkalpen. – Mitt. Geogr. Ges. Wien, 49, 1906, 465; 52, 1909, 223; 46 S. – Bespr. GZ 15/1513.

Höhlen am Wildseeloder. (Bei Fieberbrunn.) – Mitt. DÖAV, 1895, 21.

Höhle im Allgäu. Notiz über das Höll-Loch im Mahdertal. – Mitt. DÖAV, 1906, 265.

— im Monte Stivo. Notiz. (Nördl. Mori.) – Mitt. DÖAV, 1906, 265.

Höhlenforschung in Salzburg. – PetMitt., 69, 1923, 272.

Höhlenwesen in Österreich. – Österr. Monatsschr. f. d. öffentl. Baudienst etc., 3, Wien 1922, 219.

Hölzl P. Die Montiggler Seen und die Eislöcher in der Gand. – Bozner Ztg, Nr. 158 v. 1882.

Hoenig T. Die Höhlenforschung in den Alpen. – Mitt. DÖAV, 1914, 86–88.

Huldschiner R. Das Höhlenwunder in den Dolomiten. – Unterhaltgsblatt d. Vossischen Zeitg v. 12. 9. 1925.

Innerebner G. Die Höhle im Tschamintal. – Der Schlern, 3, 1922, 29–31.

— Die Höhle bei der Kemetscharte. (S. Gantkofel.) – Der Schlern, 9, 1928, 464–467, 4 Abb.

Kiene H. Die Höhle in der Kemetscharte. – Der Schlern, 9, 1928, 514.

Kirbach M. B. Die Durchforschung der Sturmannshöhle bei Obermaiselstein (Allgäuer Alpen). – Mitt. f. Höhlenkde, 2, 2, Graz 1909, 4 S. – S. a. Oertel J. u. Sturmannshöhle.

Klähn. Eine neu entdeckte Höhle bei Unteruhldingen am Bodensee. – Schr. d. Ver. f. Gesch. d. Bodensees, 49. H., 1921, 99–100.

Knebel W. v. Höhlenkunde mit Berücksichtigung der Karstphänomene. – Braunschweig 1906, 222 S., 4 Taf. (H. 15 der Wissenschaft, Sammlg natwiss. u. math. Monographien). – Bespr. Mitt. DÖAV, 1907, 218; Mitt. Geogr. Ges. Wien, 49, 1906, 449.

Koegel L. Höhlen in Bayern. – Die Heimat, Blge d. Münchner Neuesten Nachr., Nr. 12 v. 14. 6. 1933, 46.

— Karsterscheinungen und Eislandschaften im Salzachgebiet. – Mitt. DÖAV, 1933, 195–197.

Kraus F. Die Karsterforschungsarbeiten. – Mitt. DÖAV, 1888, 70–73.

Kyrle G. Die Entwicklung der Höhlenkunde in Österreich seit 1919. – Mitt. Geogr. Ges. Wien, 74, 1931, 346–352, 1 Taf.

Lehmann O. Morphologische Beobachtungen. (4. Teil des Berichtes über die Ergebnisse der Höhlenexpedition der Akad. d. W. Wien, 1921, über die große Eishöhle – Eisriesenwelt – im Tennengebirge.) – Speläol. Jb., 3, 1922. – Bespr. Z. f. Geomorph., 1, 1926, 167.

— Die Auswaschungen an Klammwänden und die Richtung des Wasserlaufes. Hinweise für die Deutung der Abflußrichtung ehemaliger Höhlengerinne. – Berichte der Höhlenkommission, 3, Wien 1922. – Bespr. Z. f. Geomorph., 1, 1926, 167.

— Das Karrenphänomen. (Erwiderung an H. G. Lindner.) – Z. f. Geomorph., 6, 1931, 299–301. (S. Lindner.)

— Die Hydrographie des Karstes. – Enzyklop. d. Erdkde, Leipzig u. Wien (Deuticke) 1932, 16, 212 S., 78 Abb., 3 K. – Bespr. Z. f. Geomorph., 8, 1934, 42; Mitt. DÖAV, 1933, 211; Boll. R. Soc. Geogr. It., s. 6, v. 10, Roma 1933, 566;

Geogr. Z., 39, 1933, 357; GZ 50 A/982; Mitt. ü. Höhlen- u. Karstforschg, 1933, H. 1, 39; Z. Ges. f. Erdkde Berlin, 1933, 151; Mitt. Geogr. Ges. München, 26, 1933, 236.

Leonardi P. Resti di marmotta nella grotta Mala Peci (Cividale). – Atti Acc. Sc. Ven.-Trent.-Istr., 24, Padova 1933. – Bespr. GZ 5 B/615.

Lindner H. Unterirdische Flüsse und Bäche. – Natwiss. Wochenschr., NF, 19, Jena 1920, 113–121.

— Das Karstphänomen in den Alpen. – Der Alpenfreund, 2, 7/8, München 1921, 6 S.

— Das Karrenphänomen. – PetMitt., Ergh. 208, 1930, 83 S., 5 T. – Bespr. Z. f. Geomorph., 6, 1931, 31; Erwiderg ebd. 218, 301; Geogr. Z., 36, 1930, 619; Z. Ges. f. Erdkde Berlin, 1930, 309; PetMitt., 77, 1931, 42; GZ 47 A/475.

Lioy P. Sui resti organici trovati in alcune grotte del Vicentino. – Atti R. Ist. Ven. d. Sc., Lett. ed Arti, s. 7, t. 6, d. 3, Venezia 1895. – Bespr. Boll. Com. geol. d'It., 27, 1896, 360.

Luschan F. Die Höhlen bei Villach. – Mitt. Anthrop. Ges. Wien, 2, 1872, 313–322, 6 Fig.

Mariani E. Su alcune grotte lombarde. – Atti d. Soc. it. di Sc. nat e d. Mus. Civ. di Storia nat. Milano, v. 36, 1897, 187–197. – Bespr. Boll. Com. geol. d'It., 29, 1898, 486.

— Su alcune grotte dell'alta Brianza. – In Alto, Cron. SAFr, an. 10, Nr. 3, Udine 1899, 42–43. – Boll. Com. geol. d'It., 31, 1900, 281.

Marinelli O. Fenomeni carsici, grotte e sorgenti nei dintorni di Tarcento in Friuli. – In Alto, Cron. SAFr, an. 8, Nr. 1–4, Udine 1897, 8–14, 22–29, 35–39, 49–51. – Bespr. Boll. Com. geol. d'It., 29, 1898, 488.

— Sulla diffusione e sul carattere prevalente dei fenomeni carsici nei gessi delle Alpi italiane. – Mondo sotterr., an. 1, Nr. 3–4, Udine 1904, 59–61, 72–78. – Bespr. Boll. Com. geol. d'It., 36, 1905, 229.

— Fenomeni carsici nelle regioni gessose d'Italia. – Mem. Geogr. di G. Dainelli, Nr. 34, Firenze 1917, 156 S., 54 Abb. – Bespr. GZ 38/836.

— La grotta rifugio della Marmolada in relazione con il vicino ghiacciaio. – In Alto, Udine 1925, Nr. 1–3.

Meeraus A. Höhlen im oberen Friaul. – Mitt. über Höhlen- u. Karstforschung, Berlin 1930, H. 4, 114–128.

Menghin O. Kleine Beiträge zur Kenntnis des diluvialen Menschen in Österreich. I. Ein Aurignacienfund in Nordtirol? – Wr. Prähist. Z., 1, 1914, 245–248, 1 Abb.

— Das vorgeschichtliche Siedlungswesen in Tirol. – Mitt. Geogr. Ges. Wien, 1919, 84–99.

Merhart G. v. Die Söhlehöhle bei Götzis (Vorarlberg). – Speläol. Jb., 5/6, Wien 1924/25, 96–97.

Meusburger K. Die Höhlen unserer Heimat. – Kassian-Kalender f. d. J. 1934, Brixen 1933, 129–138, 2 Abb.

Molon C. Grotte di Arzignano. – Le Grotte d'Italia, 6, 1932, 68–70.

Molon F. Sulle ossa fossili della caverna in Zoppega al Monte S. Lorenzo presso S. Bonifazio di Verona. – Atti R. Ist. Ven., s. 5, t. 1, Venezia 1875.

Montebaldo. Relazione sull'escursione e sulle ricerche compiute sul – dagli Escursionisti del Dopolavoro di Avio (Gruppo Grotte) il giorno 23 Ottobre 1932. – Studi Trent. Sc. Nat., 13, 1932, 268–273, 4 Abb.

Morton F. Entwicklung und Ziele der pflanzlichen Höhlenkunde. – Veröff. d. Geobot. Inst. Rübel in Zürich, H. 3 (Festschr. f. K. Schröter), 1925, 294–304.

— u. **Gams H.** Höhlenpflanzen. – Wien (E. Hölzel) 1925, 227 S.; Spel. Monogr., herausgeg. v. Spel. Inst. der Bundeshöhlenkomm., Bd 5.

Mosna E. L'esplorazione speleologica della Venezia Tridentina. – Studi Trent. Sc. Nat., 10, 1929, 173–86; Ann. SAT, 25, 1929/30, 149–211; 26, 1930/31, 56 S., 1 Taf., viele Fig.

Müller G. Un nuovo Orotrechus dei dintorni di Rovereto. – Studi Trent. Sc. Nat., a. 14, f. 2, Trento 1933, 114–117, 1 Taf., 1 Skz.

Müller St. Das Loch im Radunder Wald. – Heimat, 3, Bregenz 1922, 79–82.

Negri A. Osservazioni sopra la caverna della Fornace presso Cornedo e sopra i resti di Mammiferi in essa rinvenuti. – Atti R. Ist. Ven., 6, Venezia 1895, 943–957.

Nicolis E. Idrografia sotterranea nell'Alta Pianura Veronese. – Verona 1884.

Nigg Th. Das Drachenloch bei Vättis, eine alpine Jägerstation der Urzeit. – Die Alpen, 4, 1928, 451–466, 4 Fig., 1 Taf.

Nüesch J. Über Grabungen im Keßlerloch bei Thayngen. (Briefl. Mitt.) – Mitt. Anthrop. Ges. Wien, 29, 1899, Sber., 68–69.

— Neue Grabungen und Funde im Keßlerloch. Vortragsnotizen. – Gaea, 1900, 305–310.

— Die prähistorischen Funde am Schweizersbild und im Keßlerloch. – Verh. Anthrop. Ges. Berlin, 1900. – Bespr. EgH 7, 1901–1902, 98; Arch. Sc. phys. et nat. Genève, 12, 476.

— Neuer Fund von Pygmäen aus der neolithischen Zeit. – Anzg. Schw. Altertumskde, NF, 2, 1900, 1–3. – Bespr. EgH 7, 1901–1902, 98; Arch. Sc. phys. et nat. Genève, 12, 476.

— Neue Grabungen und Funde im „Keßlerloch" bei Thayngen, Kt. Schaffhausen. – Anzg. Schw. Altertumskde, NF, 2, 1900, 4–10, 2 Fig.; Korresp-blatt Deutsche Ges. Anthrop., 34, 1903, 152–155. – Bespr. EgH 7, 1901–1902, 98; 8, 1903, 357; Arch. Sc. phys. et nat. Genève, 12, 476.

— Der Dachsenbüel, eine Höhle aus frühneolithischer Zeit, bei Herblingen, Kanton Schaffhausen. Mit Beiträgen von J. Kollmann, O. Schötensack, M. Schlosser und S. Singer. – Neue Denkschrift. Schw. Natf. Ges., 39, 1904, 126 S., 6 Taf. 14 Fig. – Bespr. EgH 8, 1903, 355; PetMitt., 50, Litber., 176.

— Das Keßlerloch, eine Höhle aus paläolithischer Zeit. Neue Grabungen und Funde. Mit Beiträgen von Th. Studer u. O. Schötensack. – Neue Denkschr. Schw. Natf. Ges., 39, 1904, 128 S., 34 Taf., 6 Fig. – Bespr. EgH 8, 1903, 357; PetMitt., 51, Litber., 104.

— Das Keßlerloch bei Thayngen, Kt. Schaffhausen. Neue Grabungen und Funde. Zweite Mitteilung. – Anzg. Schw. Altertumskde, NF, 6, 1905, 185–208, 13 Fig. – Bespr. EgH 8, 1903, 722; GZ 7/659; NJb. 1907/1, 294.

— Exkursion zu den prähistorischen Fundstätten bei Schaffhausen. – Ber. Oberrhein. geol. Ver., 38. Vers., 1905, 34–39.

— Stratigraphie du Schweizersbild et l'âge des différents couches de cette station préhistorique. – C. R. 13me Congr. d'Anthrop., 1906. – Bespr. EgH 10, 1908, 469.

Omboni G. Di alcuni oggetti preistorici delle caverne di Velo nel Veronese. – Atti Soc. it. Sc. nat., v. 18, 1875, 69–82, 1 T. – Bespr. NJb. 1877, 318.

Orsi P. La stazione litica del Colombo di Mori e l'età della pietra nel Trentino. – Pubbl. p. cura d. Bull. di Paletnol. it. e d. Mus. Civ. di Rovereto, an. 8, n. 7–12, 1882, 46 S., 3 T. – Bespr. Mitt. Anthrop. Ges. Wien, 13, 1883, 139.

Oertel J. Die Sturmannshöhle bei Obermaiselstein im Allgäu. – Z. DÖAV, 1878, 229–236. – S. a. Kirbach M. B. u. Sturmannshöhle.
Penck A. Über das Karstphänomen. – Schr. d. Ver. z. Verbr. natwiss. Kenntn. in Wien, 1904, 38 S.
— Das unterirdische Karstphänomen. – Recueil de traveaux (Cvijić), Belgrad 1924, 23 S. – Bespr. Z. f. Geomorph., 1, 1926, 342.
Pfaff W. Die Eislöcher in Überetsch, ihre Vegetationsverhältnisse und ihre Flora. – Schlernschriften, 24, Innsbruck (Wagner) 1933, 72 S., 5 Abb. – Bespr. Mitt. DÖAV, 1934, 71; PetMitt., 1934, 93; Studi Trent. Sc. Nat., 14, 1933, 250.
— Le „Buche di ghiaccio" di Lasès e la loro flora. – Studi Trent. Sc. Nat., 14, 1933, 177–187, 1 Taf.
Ragazzoni G. B. La Caverna di Levrange. (Lomb.) – 1872.
Richter E. Höhlen. (Literaturübersicht.) – Z. DÖAV, 1889, 519–526.
— Die wissenschaftl. Erforschung der Ostalpen seit der Gründung des Österr. und des Deutschen Alpenvereines. – Z. DÖAV, 1894, 1–94.
Roberti G. Il pozzo glaziale di S. Valentino in Agro presso Vezzano. – Pro Cultura, 2, Trento 1911, 100–105, 3 Abb.
— Scavi della Pro Cultura: esplorazione della grotta sepolcrale detta „La Cosina" a Stravino. – Pro Cultura, v. 4, Trento 1913, 354–356, 2 Fig.
— Dimore preistoriche nelle grotte e nelle altre cavità naturali del Trentino. – Ann. d. SAT, 25, 1929/30, 251–258.
Rossi A. La grotta del Marmo a Schiavenin. (Venet. A.) – 1879.
Roewer C. Fr. Arachnoideen aus südostalpinen Höhlen (Schluß). – Mitt. ü. Höhlen- u. Karstforschg, Berlin 1931, H. 3, 69–80, 13 Abb.
Scherer E. Ein Besuch im Drachenloch. – Bruderklausenkalender f. d. J. 1916, Sarnen 1916, 41–45.
Schlesinger G. Die eiszeitliche Fauna der Bärenhöhle bei Kufstein. (Vortr.) – Verh. Zoolog.-bot. Ges. Wien, 60, 1910, 151–153.
Schlosser M. Über die Bären und bärenähnliche Formen des europäischen Tertiärs. – Palaeontogr., 46, 1899–1900, 95–148, 2 Taf.
—, **Birkner E.** u. **Obermaier H.** Die Bären- oder Tischoferhöhle im Kaisertal bei Kufstein. – Abh. Bayr. Ak. d. Wiss., 2, 24, 2. Abt., München 1909, 387–506, 5 Taf., 12 Fig. – Bespr. VRA 1910, 196; GZ 14/775, 19/741; NJb. 1910/2, 141; Z. f. Glkde, 8, 1914, 139.
Schlosser M. Zur Geologie des Unterinntals. – JbRA 1909, 525–574. – Bespr. GZ 15/42; NJb. 1910/2, 426; Mitt. Geogr. Ges. München, 1913, 62.
— Über neuere Untersuchungen von Höhlen in Bayern. – Zbl. f. Min., Abt. B, 1926, 361–365. – Bespr. GZ 36/1207.
Schwerzenbach K. v. Vorgeschichtliche Funde bei Lochau. – Mitt. Zentralkomm. f. Erforschung etc., Wien 1911, 366.
Seifert H. Studien an Höhleneis. – Mitt. ü. Höhlen- u. Karstforschg, Z. d. Hauptverb. D. Höhlenforscher, 1927, 105–125. – Bespr. GZ 38/364.
Sölch J. Neue Beobachtungen und Theorien in der Karsthydrographie. – Geogr. Z., 39, 1933, 357–360. (Bespr. der Hydr. des Karstes v. O. Lehmann.) – Bespr. GZ 50 A/1936.
Speleologia. Gli studi speleologici nel Trentino. – Elenco delle caverne del Trentino. – Studi Trent. Sc. Nat., 7, 1926, 173–177.
— Per l'explorazione speleologica della Venezia Trid. La fondazione del Gruppo Grotte. L'attività del Gruppe Grotte. La tessera speleologica ... – Studi Trent. Sc. Nat., 8, 1927, 116–117, 245–246, 248–249; 9, 1928, 106, 200–201; 10, 1929, 64, 161, 241.
— L'esplorazione speleologica della Venezia Tridentina. – 25° Ann. SAT, Trento 1930, 149–211.
— Attività – della SAT, sottosezione di Rovereto. – Studi Trent. Sc. Nat., 13, 1932, f. 3–4, 292.
Stoppani A. Scoperta di una nuova caverna ossifera. (Lomb.) – 1858.
Sturmannshöhle. Erforschung der – (bei Obermaiselstein). – Mitt. DÖAV, 1904, 234. – S. a. Kirbach M. B. u. Oertel J.
Sulzfluhhöhlen. Notiz über Weg und kurze Beschreibung. – Mitt. DÖAV, 1905, 252.
Szombathy J. Höhlenforschung. – In: Lehrbuch d. prakt. Geol. v. Keilhack, 3. Aufl., Stuttgart 1916, 1. Bd, Kap. 36, 317–338.
Taramelli T. Sopra una grotta ossifera in valle Schiavenin presso Quero. – Belluno 1879.
Tellini A. Fenomeni carsici nella pianura. – In Alto, Cron. d. SAFr, an. 10, Nr. 4, Udine 1899, 52–54. – Bespr. Boll. Com. geol. d'It., 31, 1900, 406.
Terlago. (C. M.) Una caverna nei dintorni di –. – Boll. SAT, 6, Trient 1909, 5 S.
Thöny M. Ein Besuch der Sulzfluhhöhlen. – Jb. SAC, 41, 1905/06, Bern 1906, 90–103, 1 K.
Tröltsch E. v. Die prähistorischen Verhältnisse in Südwestdeutschland und der Schweiz mit besonderer Berücksichtigung jener des Bodensees und seiner Umgebung. – Schr. d. Ver. f. Gesch. d. Bodensees, 10, Lindau 1880, 65–71, 1 K.
Trener G. B. Per un circolo trentino di studi idrologici, glaciologici e speleologici. – Ann. Studi Trent., 4, Firenze 1897–1898.
— Cesare Battisti speleologo. – Riv. Le Grotte d'Italia, 2, n. 2, 1928, 63–64, 1 Abb.
Tschumi O. Neuere steinzeitliche Fundstellen der Schweiz. – Wr. Prähist. Z., 9, 1922, 16–21.
Vinassa de Regny P. Per la difesa delle acque sotterranee. – Atti Soc. it. Progr. Sc., Milano 1932. – Bespr. GZ 50 A/1938.
Weirather L. Höhlen im Kaisergebirge. – Speläolog. Jb., 5/6, Wien 1924/25, 83–88.
Wildseeloder. Höhlen am – (Kitzbühler A.). – Mitt. DÖAV, 1895, 21.
Wolf B. Forschungen im Zugspitzgebiet. (Vorl. Mitt.) – Mitt. ü. Höhlen- u. Karstforschg, Berlin 1932, H. 4, 153–154.
Wolff K. F. Bei den Eislöchern. – Dolomiten, Nr. 59 v. 1931.
Zaniol G. Studi sul lago di Santa Croce (Belluno). – Mondo sotterraneo, Udine 1906–1907; II, 99–111; III, 11–21, 49–55, 119–128. – Bespr. GZ 13/96.

Hy
Hydrologie.

Abel O. Einige Worte über die Entstehung der Hochmure des Ferschbachtales im Oberpinzgau. – VRA 1899, 296–297.
Abmayr F. S. A. Von den Eigenschaften und Wirkungen des Mineral- und Gesundbrunnens Perfahl im Pustertal. – Bozen (M. Grassmayr) 1734, 64 S.
Achenseekraftwerk. Österreichs größtes Wasser-

kraftwerk (–). – Röder, Z. f. Arbeit u. Wiederaufbau, 8, 1927, 644.

Achenseewerk. Ein Markstein für Tirol. (Die Eröffnung des –s.) – Tiroler Anzeiger, 1927, Nr. 214.

— Die feierliche Eröffnung des –s. – Tiroler Anzeiger, 1927, Nr. 216.

— Inbetriebsetzung des –s. – Elektrotechnik u. Maschinenbau, 45, 1927, 850–853.

Adami G. Giuseppe Duile, Ingegniere, 1776–1863. – Studi Trent., a. 10, cl. 2, 1929, 37–45, 1 Bild.

Adda bis zum Naviglio di Paderno. – Veröffentl. d. Amtes f. Wasserwirtsch. B. Wasserverh. d. Schw., 1913.

Adige-Garda. La Derivazione –. – Comune di Verona, Rel. d. Comm. tecn., Padova 1923, 61 S.

L'Adige e la sua sistemazione. – Assoz. p. le Acque Pubbl. d'It., III convegno idrogr. naz., Milano 1926, 16 S., illustr.

Albertario P. I risultati delle irrigazioni lombarde in base alle stime catastali. – Ist. naz. di econ. agr., Roma 1931. – Bespr. Giorn. d. Econom. e Riv. di Statist., 46, 1931, 912.

Alpenseen. Tiefen der –. – Mitt. DÖAV, 1887, 90–91.

Altmann A. u. **Oelbaum H.** Überleitung der Mangfall und der Schlierach zum Seehammersee zur Erweiterung des Leitzach-Kraftwerkes der Städt. Elektrowerke München. – Die Bautechnik, 8, Berlin 1930, H. 53/54, 809–832, 1 Plan, 50 Abb. – Bespr. GZ 45/717.

Alto Adige. Regelung des Flußsystems des –. Innsbr. Nachr., Nr. 264 u. 265 v. 16. u. 17. 11. 1927.

Amighetti A. Il fenomeno carsico sul lago d'Iseo. – Riv. di Fis., Mat. e Sc. nat., Nr. 6, Pavia 1900, 472–477. – Bespr. Boll. Com. geol. d'It., 32, 1901, 95.

Ammann H. Physikal. u. biolog. Beobachtungen an oberbayerischen Seen. – Diss. Techn. Hochschule München, 1912.

Ampferer O. Aus der geologischen Geschichte des Achensees. – Z. DÖAV, 1905, 1–15. – Bespr. GZ 8/602; Z. f. Glkde, 1, 1907, 365.

—, **Pernt M., Redl Th.** u. **Innerebner K.** Der Achensee und die Ausnützung seiner Wasserkräfte. – Die Wasserwirtschaft, Wien 1919 (Sonderheft).

Ampferer O. Landschaft und Geologie des Achensees. – Die Wasserwirtschaft, 1919.

— Über die geologischen Verhältnisse des Achensees und die beim Bau des Achenseewerkes geschaffenen neuen Aufschlüsse. – Innsbruck (Tiwag) 1926.

— u. **Pinter K.** Über geologische und technische Erfahrungen beim Bau des Achenseewerkes in Tirol. – JBA 1927, 279–332, 3 Taf., 19 Zeichngen. – Bespr. GZ 37/869.

Ampferer O. u. **Berger J.** Vom geologischen Aufbau der Achenseeufer, seine Auswirkung bei der Seespiegelabsenkung. – Schwz. Bauztg, 93, 1929, 170–174.

Ampferer O. Geologische Karte der Lechtaler Alpen. 4 Bl. 1:25000. I. Klostertaler Alpen. II. Arlberggebiet. III. Parseierspitzgruppe. IV. Muttekopf-Heiterwand. Mitarbeiter: Th. Benzinger, W. Hammer, O. Reithofer. Hiezu ein Erläuterungsbuch, 125 S., 28 Farbzeichngen, 1 Taf. – Wien (Geol. Bdsanst.) 1932. – Bespr. VBA 1933, 12; Tiroler Anzeiger, Nr. 47 v. 25. 2. 1933; Innsbr. Nachr., Nr. 66 v. 20. 3. 1933; Alpenländer-Korrespondenz, Nr. röm. 14 v. 6. 4. 1933; Außferner Bote, Nr. 25 v. 1. 4. 1933; Heimat, Vorarlberger Monatshefte, 14, 1933, 69; Geogr. Z., 39, 1933, 181; Mitt. DÖAV, 1933, 100; NJb. 1932/3, 973; 1933/3, 502; Tiroler Heimatblätter, 11, 1933, 223; GR 1933, 264; GZ 50 A/788; Z. f. prakt. Geol., 41, 1933, 151; Z. f. Geomorph., 8, 1934, 90; Z. f. Glkde, 21, 1933, 394.

— Beiträge zur Geologie des Rätikons. – JbBA 1933, 137–172, 24 Zeichnungen. – Bespr. GZ 51 A/402.

— Geologische Bauformen und Baufragen des Rätikongebirges. – JbBA 1934, 13–40, 20 Zeichnungen.

Anastasi G. Il Lago di Lugano. Note Scientifiche. Letterarie. – Lugano (Veladini) 1913, 172 S.

— Il Lago di Lugano. Clima, Corografia, Acquicoltura, Navigazione. – 2. Aufl. mit Tiefenkarte v. L. Lavizzari, Lugano (Arnold) 1926, 203 S.

Andertschött F. Die Ausbrüche des Kummersees. (Zur Stadtgeschichte von Meran.) – Des Burggrafenamtes Volks- und Hauskalender f. 1930, 85–89, 2 Abb.

Andreocci A. Wildbachverbauungen im Passeiertal. – Hoch- u. Tiefbau, 30, 1931, 320, 330.

Angerer F. Wehrtypen an Gebirgsbächen. – Wasserkraft u. Wasserwirtschaft, München u. Berlin (Oldenbourg) 1930, H. 15/16, 5 S., 7 Abb.

Angerer J. Die Brennerbahn in ihren Beziehungen zum Lande Tirol. Erinnerungsblätter an das 25 jähr. Jubiläum dieser Bahn. – Innsbruck (Wagner) 1892, 14 S.

— Die Verkehrsverhältnisse auf der Brennerbahn. – Wiener Deutsche Ztg v. 25. 2. 1894.

Aretin G. Frh. v. Über Bergfälle und die Mittel, denselben vorzubeugen oder wenigstens ihre Schädlichkeit zu vermindern, mit vorzüglicher Rücksicht auf Tirol. – Innsbruck (Fischer) 1808, 86 S.

Arni P. u. **Schardt H.** Über die Entstehung des Lünersees im Rätikon. – Vierteljschr. Natf. Ges. Zürich, 71, 1926, 269–290. – Bespr. GZ 36/790.

Arnold F. Erweiterungsbauten beim städtischen Seewasserwerk in Konstanz. – Das Gas- und Wasserfach, H. 29, 1930. – Bespr. NJb. 1931/2, 717.

Artini E. Intorno alla composizione mineralogica delle sabbie di alcuni fiumi del Veneto, con applicazioni della ricerca microscopica allo studio dei terreni di trasporto. – Riv. di Min. e Crist. it., v. 19, f. 3–6, Padova 1898, 33–94. – Bespr. Boll. Com. geol. d'It., 30, 1899, 173.

Ascher H. Das Stubachwerk der österreichischen Bundesbahnen. – Wasserkraft u. Wasserwirtschaft, 1929, H. 11, 12 S., 15 Abb.

— u. **Powondra K.** Über geologisch-technische Erfahrungen beim Bau des Stubachwerkes. – JbBA 1930, 261–308, 9 T. – Bespr. Z. f. Geomorph., 5, 1930, 278; GZ 44/164.

Ascher H. Weitere Beiträge zur Geologie des Stubachtales. – JbBA 1932, 103–125, 11 Fig. – Bespr. GZ 48 A/898; Z. f. Geomorph., 7, 1932, 271.

Asper u. **Heuscher.** Zur Naturgeschichte der Alpenseen. – Ber. d. St. Gallischen Natwiss. Ges. f. 1885/86, St. Gallen 1887, 145.

Auckenthaler E. Wo entspringt die Drau? – Der Schlern, 8, 1927, 350–351.

Auerbach M., Maerker W. u. **Schmalz J.** Hydrographisch-biologische Bodenseeuntersuchungen. I. Ergebnisse d. J. 1920–1922. – Arch. f. Hydrobiol., Suppl.-Bd 3, 1924, 597–738. – Bespr. GZ 30/1296.

Auerbach M. u. **Schmalz J.** Die Oberflächen- und Tiefenströme des Bodensees. – Schr. d. Ver. f. Gesch. d. Bodensees u. s. Umgeb., 1927, H. 55, 179–203, 13 Taf.

Auerbach M. Strommessungen im Bodensee. – Verh. Schw. Natf. Ges., 108. Jvers. Basel, 1927, II, 200.

Aufseß O. Frh. v. Die Farbe der Seen. (Vortr.) - Diss. München, 1903; Schr. d. Ver. f. Gesch. d. Bodensees, 36, 1907, 31-41.

— Temperaturverhältnisse im Walchensee. - PetMitt., 58, 12, 1912, 3 S.

Averone A. Sull'antica idrografia veneta. - R. Mag. Acque, Mantova 1911, 265 S., 2 K. - Bespr. Boll. Com. geol. d'It., 43, 1912, f. 1, 10.

Avisio. Projetto di derivazione dal torrente - per produzione di forza motrice. - Uff. distrett. pol. di Trento. Etitto e Verb. d. tratt. commiss. Trento (Tip. Coop.) 1922, 52 S.

Bachmann H. Hydrobiologische Station der Landschaft Davos. - Arch. f. Hydrol., 11, 2, 1916, 333.

Baggi V. e **Sacco F.** Considerazioni geoidrologiche sopra un nuovo progetto di Canale navigabile dal Mar Ligure al Lago Maggiore. - Torino 1917, 15 S.

— Projetto di Canale navigabile dal Mar Ligure al Lago Maggiore. - Riv. d. Ind. ferroviarie e Lavori pubbl., an. 2, f. 4, Roma 1920, 8 S., 2 Fig. - Bespr. Rev. de géol., 1921, 98; 1922, 76.

Baldauf O. Der Bodensee, wie er geworden. - Bergland, H. 12, Innsbruck 1930, 30-33.

Baldi E. Note zoologiche sopra alcuni laghi della Presanella. I. Il Lago Gelato. II. Il Lago Serodoli. - Mem. Mus. di Stor. Nat. d. Ven. Trid., Trento 1931, v. 1, f. 3-4, 101-113, 2 Taf., 167-192, 1 Fot., 10 Fig.

Ball J. On the formation of alpine valleys and alpine lakes. - Phil. Mag., 25, London 1863, 81-103. - Bespr. Annales des mines, 6, Paris 1864, 486.

— Intorno la formazione dei bacini lacustri e l'origine dei laghi alpini. - Politecnico, v. 24, Milano, marzo 1865.

— Über Sondierungen im Comersee. (Engl.) - The Geol. Mag., London 1871, 359.

Baltzer A. Zur Entstehung der Alpenseen. - EgH 5, 1897, 215-218. - Bespr. NJb. 1900/1, 214; EgH 5, 1898, 414.

— Zur Entstehung des Iseosee- und Comerseebeckens. - Zbl. f. Min., 1902, 323-331.

— Die Entstehung der alpinen Randseen. - Mitt. Natf. Ges. Bern f. 1903, Bern 1904, Protnot., röm. 4. - Bespr. GZ 9/484.

Balzani C. I torrenti della Valtellina e le alluvioni del 1927. - L'Alpe, 17, 1930, 150-158.

Barbarani B. Sulle rive e alle sorgenti dell'Adige. (Gite atesine contro corrente.) - Arch. p. l'Alto Adige, 8, 1913, 468-479.

Barbisch H. Vandans. Eine Heimatkunde aus dem Tale Montafon. - Innsbruck 1922.

Barth H. Das Dorfer Tal. - Mitt. DÖAV, 1932, 211-212.

Bartolini G. L. L'allungamento della punta di Castro (Lago d'Iseo) negli ultimi secoli. - Riv. geogr. it., an. 1, f. 9, Roma 1894. - Bespr. Boll. Com. geol. d'It., 26, 1895, 227.

Bartsch J. Die Pflanzenwelt im Hegau und nordwestlichen Bodenseegebiet. - Bodenseebuch, Schr. d. Ver. f. Gesch. d. Bodensees, 1. Beiheft, Überlingen 1925, 194 S., 18 Abb., 8 Skz. - Bespr. Mitt. Geogr. Ges. München, 1926, 229.

Bassi U. Stato particolare dei torrenti affluenti nell' Adda in Valtellina. - L'Italia fisica, 6, 1928, 229-239.

Battisti C. Il Trentino. Saggio di geografia fisica e di antropogeografia. - Trento (Zippel) 1898, 326 S., 1 K., zahlr. Abb. u. Tab. - Bespr. Geogr. Z., 6, 1900, 123.

— Scandali e ricerche fisiche sui laghi del bacino della Fersina nel Trentino. - Tridentum, 1, Trento 1898, 185.

— u. **Trener G. B.** Il lago di Terlago e i fenomeni carsici delle valli della Fricca, del Dess e dei Laghi. - Tridentum, 1, Trento 1898, 59 S.

Battisti C. Gli studi limnologici italiani nel 1898. - Riv. Geogr. It., 6, Firenze 1899, f. 1.

— e **Trener G. B.** Variazioni del sistema idrografico della valle di Piné. Le piramidi glaciali di Segonzano. - Tridentum, Riv. di Stud. sc., Trento 1900, f. 5, 11.

Bauer H. u. **Vogel H.** Mitteilungen über die Untersuchung von Wassern und Grundproben aus dem Bodensee. - Jhefte d. Ver. f. vaterld. Naturkde in Württembg, 48, Stuttgart 1892, 13-21; Bodenseeforschungen, 7, Lindau 1894, 5-10. - Bespr. VRA 1895, 154; NJb. 1894/2, 273.

Baumann E. Die Kalkablagerungen im Untersee-Bodensee. - Verh. Schw. Natf. Ges., 96. Jvers. 1913, t. II, 207-210. - Bespr. EgH 13, 1914, 562.

— Die Vegetation des Untersees (Bodensee). - Arch. Hydrobiol. Suppl. 1, Stuttgart 1911; Mitt. Thurg. Natf. Ges., H. 21, 1915, 171-200. - Bespr. GZ 23/1275.

— Beiträge zur Flora des Bodensees und des Rheingebietes. - Mitt. Thurg. Natf. Ges., H. 27, 1928, 145-154.

Baumann J. Die Tiroler Wasserkraftfrage, eine Ernährungsfrage. (Vortr.) - Ber. Natwiss.-med. Ver. Innsbruck, 39, 1924, röm. 42-43.

Bayberger E. Der Chiemsee. - Mitt. Ges. f. Erdkde Leipzig, 1889. - Bespr. Mitt. Sekt. f. Natkde ÖTC, 2, 1890, 87.

— Physikalische und geologische Verhältnisse des Chiemsees. - Diss. Leipzig, 1890, 103 S., 1 K.

— Entstehungs- und Entwicklungsgeschichte der Flüsse von Südbayern. - 1912.

— Der ehemalige See von Rosenheim. - 1914, 1 K.

Bayberger F. Über die Entstehung der bayrischen Seen des voralpinen Landes. - Himmel und Erde, 1900, 385-399. - Bespr. GZ 2/306.

Beck P. Karte der Wasserdurchlässigkeit im bündnerischen Rheingebiet 1:300000. - In: E. Roder, Niederschlag und Abfluß im bündnerischen Rheingebiet. - Mitt. d. Abt. f. Landeshydrogr., Nr. 5, Bern 1914; Inaugdiss. Univ. Bern, 1914.

Becker E. Der Walchensee und die Jachenau. Eine Studie. - Innsbruck 1897, 271 S., 1 K. - Bespr. Geogr. Z., 4, 1898, 297.

Becker W. Die Gewässer in Österreich. - 1890.

Béguinot A. Appunti fitogeografici su alcuni laghi della regione del Garda e del Trentino Occidentale. - Nuovo Giorn. Botan. It., n. s., v. 38, Firenze (Soc. Bot. It.) 1931, 559.

Behrmann W. Morphologische Formengruppen der Erosion. - Z. Ges. f. Erdkde Berlin, 1932, 170-178.

Belzoni M. Il problema idroelettrico della Venezia Tridentina. - Trentino, Riv. d. legione trentina, 6, 1930, 333-337.

Benvenuti E. Un trattato idrografico del Trentino e dell'Alto Adige nel 1588. - Arch. p. l'Alto Adige, 6, 1911, 475-476.

Bergell. Die Verwertung der Wasserkräfte im - unter Einbezug des Silsersees als Ausgleichsbecken. Eine zusammenfassende Studie über das Silsersee-Bergeller Wasserkraftprojekt. - Konsortium zur Verwertung ..., 1922, 37 S.

Bernhard H. Stausee-Anlagen im Rheinwald. - Thusis (Roth u. Ko.) 1932, 85 S.

Bertanza G. La navigazione sul lago. - Il Garda, 4, 1929, 55-59.

Bertolini G. L. I fiumi di resorgiva in relazione alle lagune ed al territorio veneto. - Riv. Geogr.

It., an. 4, f. 8, Roma 1897, 449–453. – Bespr. Boll. Com. geol. d'It., 29, 1898, 148.
— Ancora della linea e dei fiumi di resorgiva in relazione alle lagune e ad territorio veneto. – Riv. Geogr. It., an. 6, f. 2–3, Firenze 1899, 98–104. – Bespr. Boll. Com. geol. d'It., 31, 1900, 97.
— Della linea e dei fiumi di resorgiva in relazione al territorio veneto. – Riv. Geogr. It., an. 7, f. 6–7, Roma 1900, 371–387. – Bespr. Boll. Com. geol. d'It., 32, 1901, 108.
— Ancora della linea delle sorgive in relazione alle lagune e al territorio veneto. – Riv. Geogr. It., an. 9, f. 10, Roma 1902, 619–630; an. 10, f. 1 e 2, Firenze 1903, 21–44. — Bespr. Boll. Com. geol. d'It., 34, 1903, 86.
Berton M. Studio del regime del torrente Avisio. – Milano (Casati) 1923, 15 S.
Bertsch K. Über alpine Seen, insbesondere die Entstehung des Bodensees. (Vortragsauszug.) – Mitt. DÖAV, 1884, 126–127.
— Die Pflanzenreste aus der Kulturschichte der neolithischen Siedlung Riedschachen bei Schussenried. – Schr. Ver. f. Gesch. d. Bodensees u. s. U., 54 H., Lindau 1926, 261–279, 1 Abb.
— Wasserspiegelschwankungen des Bodensees in der älteren Nacheiszeit. – Abh. Nat. Ver. Bremen, 28, 1931, Weber-Festschrift. – Bespr. GZ 47 A/1154.
Bettoni P. Il lago di Garda. – Boll. bimens. Soc. Meteor. Ital., 47, 1928, 78–82.
— Studi e ricerche limnologiche sul Benaco. – Salò 1929.
— I venti del Benaco. – Boll. bimens. Soc. Meteor. It., 8, v. 41, 1930.
— Il Mincio e sua importanza nell'economia idraulica del Benaco. – Mem. Ateneo do Salò e bull. d. bibl., 2, 1931, 108–118.
— Notizie e ricerche irdrografiche sulle magre del Benaco. P. 1 e 2. – Salò (Bortolotti) 1931, 158 S. u. Tab.; 1932, 162 S.
Biasioni L. Della cattura di una trota nel Lago Turchino. – Studi Trent. di Sc. Nat., 13, Trento 1932, f. 3–4, 274–275.
Biel E. Die Niederschlagsverhältnisse der Alpen. – Mitt. Geogr. Ges. Wien, 74, 1931, 188–194.
Biese W. Karsterscheinungen in den Klostertaler Alpen. – Mitt. ü. Höhlen- u. Karstforschg, Berlin 1932, H. 1, 27–28.
— Über Höhlenbildung. II. Teil. Entstehung von Kalkhöhlen (Rheinland, Harz, Ostalpen, Karst). – Berlin (Preuß. Geol. Ldsanst.) 1933, Abh., NF, H. 146, 170 S., 20 Taf., 40 Abb. – Bespr. GZ 50/1540.
Bignami P. La regolazione del lago d'Iseo. – Annali d. Lav. Pubbl., 67, 1929, 177–196.
Billwiller R. Temperatur und Niederschlag im schweizerischen Alpengebiete während des letzten Gletschervorstoßes. – Annalen d. Schw. Meteorol. Zentralanstalt, 1930, Zürich 1931, 7 S., 1 Fig. – Bespr. Z. f. Glkde, 20, 1932, 495; GZ 49 A/375.
Bircher H. Il Delta della Maggia nel Lago Maggiore. Rilievo del gennaio-febbraio 1926. – Com. d. Serv. d. Acque, Nr. 21, Bern 1926, 11 S.
Bischof G. Über die Absätze des Rheins. – NJb. 1852, 385–398. – Bespr. Arch. d. sc. phys. et nat., 23, Genève 1853, 299.
Blaas J. Die Trinkwasserquellen der Stadt Innsbruck. – Innsbruck (Wagner) 1890, 34 S. – Abdruck aus: Bote f. Tir. u. V., Nr. 11–18 v. 1890.
— Über die Trinkwasserquellen der Stadt Innsbruck. (Vortr.) – Ber. Nat.-med. Ver. Innsbruck, 19, 1891, röm. 5–7.
— Geologisches Gutachten über die sog. Grubenquellen in Hinterschalders. – In: Maurer M., Denkschr. ü. d. Wasserversorgung der Stadt Brixen, Br. 1896 (Magistr.), 28–36.
— Über die geologische Position einiger Trinkwasserquellen in den Alpen. (Innsbruck, Kufstein, Brixen, Bozen, Eggental.) – Z. f. prakt. Geol., 1896, 59–62, 194–195, 217–219. – Dass. bezgl. Wilten u. Rovereto. Ebd. 1898, 135–139.
— Über Quellen. (Vortr.) – Ber. Natwiss.-med. Ver. Innsbruck, 24, 1899, röm. 9.
— Über Wasserversorgung und Kanalisation. (Vortr.) – Ber. Natwiss.-med. Ver. Innsbruck, 24, 1899, röm. 25–27.
— Die Seen am Reschenscheideck. – Innsbr. Nachr., Nr. 279 v. 5. 12. 1900.
— Über die geolog. Position einiger Trinkwasserquellen in den Alpen. (Hohenems.) – Z. f. prakt. Geol., 1902, 145–147.
— Zur Wiltener Wasserfrage. – Innsbr. Nachr., Nr. 125 v. 4. 6. 1904.
— Technische Bauten und Geologen. – Innsbr. Nachr., Nr. 285 v. 14. 12. 1904.
— Über Grundwasserverhältnisse in der Umgebung von Bregenz am Bodensee. – Z. f. prakt. Geol., 1906, 196–205. – Bespr. NJb. 1908/1, 370; GZ 8/1195.
— Einige interessantere Beispiele praktischer Geologie. (Vortr.) – Ber. Natwiss.-med. Ver. Innsbruck, 29, 1906, röm. 4–5.
— Über Murbrüche. – Innsbr. Nachr., Nr. 175 v. 1. 8. u. Nr. 176 v. 3. 8. 1908.
— Der Terlagosee in Südtirol. – VRA 1914, 287–304. – Bespr. GZ 22/858.
Blanck E. Handbuch der Bodenlehre. – Berlin (Springer) 1929 – (geplant 10 Bde), zahlr. Abb. – Bespr. Z. f. prakt. Geol., 37, 1929, 174; 39, 1931, 60, 159; 40, 1932, 93; 41, 1933, 152; Z. f. Geomorph., 5, 1930, 238; 6, 1931, 126; 8, 1934, 148, 259; GZ 42/1118, 43/1266, 46 A/31, 47 A/1523, 49 A/19, 51 A/986; Z. Ges. f. Erdkde Berlin, 1930, 147; 1931, 62; 1932, 145, 226, 380; 1933, 150; GR 21, 1930, 201; 22, 1931, 269, 350; 23, 1932, 73; 24, 1933, 414; 25, 1934, 214, 301; Zbl. f. Min., 1929, Abt. B, 61; 1930, Abt. B, 172, 237, 447; 1931, Abt. B, 317; 1932, Abt. B, 269, 479; Geogr. Z., 36, 1930, 46; 37, 1931, 556; 39, 1933, 46, 428; PetMitt., 76, 1930, 43; 77, 1931, 40; 80, 1934, 234.
Blendinger H. Das Ammersee-Gebiet. – Wanderbücher der Münchner Neuesten Nachr., H. 9/10, 1. Reihe, München, o. J.
Bley C. Über den Velinofall bei Trient. – Sber. Natwiss. Ges. Isis, Dresden 1876, 2 ff.
Blumer S. Zur Entstehung der glarnerischen Alpenseen. – EgH 7, 1902, 203–244. – Bespr. Ebd. 657–661; GZ 3/2391; Jber. Natf. Ges. Grbd., NF, 45, 156; PetMitt., 49, Litber., 39; NJb. 1905/1, 407.
Blumrich J. Das Strudelloch im Talbach bei Bregenz. – Arch. f. Gesch. u. Ldskde Vorarlbergs, II, Bregenz 1906, 57–60.
— Geologie des Riedersteins und Ölrains in Bregenz. – Schr. d. Ver. f. Gesch d. Bodensees, 49. H., Lindau 1921, 5–24, 1 K.
— Die sogen. Ölflecken des Bodensees. – Heimat, 8, Bregenz 1927, 265–266. S. a. G. Niederer.
— Entstehung und Veränderung des Rheintales und Bodensees. – Heimat, 10, Innsbruck 1929, 135–137.
— Vorarlbergs Anteil am Bodenseeufer. – Heimat, 12, Innsbruck 1931, 37–44.

— Der Boden von Bregenz. – Heimat, 12, Innsbruck 1931, 74–78.
— Der alte Lauf der Bregenzer Ache hinter dem Ölrain. – Vorarlberger Tagblatt v. 29. 11. 1932.
— Bemerkenswerte Moose im Feldmoos. – Heimat, Vorarlberger Monatshefte, 14, Innsbruck 1933, 130–131.
Bock H. Der Lamprechtsofen bei Lofer. – Mitt. f. Höhlenkunde, 4, 3. H., Graz 1911. – Bespr. GZ 19/599.
Bodensee. Prähistorische Karte des Bodensees und Umgebung. – Zum Bericht ü. d. 8. Vers. d. D. Anthrop. Ges. zu Constanz Sept. 1877; Korrespbl. D. Ges. f. Anthrop. etc., Basel 1877.
— Die Tieferlegung des –s. – Globus (Kiepert), 32, Braunschweig 1877, 378–379.
Bodensee (A. P.). Tieferlegung des –s. – Mitt. DÖAV, 1877, 238–239.
Bodensee (X). Die Tieferlegung des –s. – Das Ausland (Hellwald), Stuttgart 1878, 158–160.
Bodensee. Wasserstand im –. (Am niedrigsten 1882 im 19. Jahrh.) – Mitt. DÖAV, 1882, 87.
— Tiefenverhältnisse. – Mitt. Statist. Ldsamt Württemberg, 1889, Nr. 6 u. 7; Auszug: PetMitt., 1890, 132–133, 300.
— Natwiss. Erforschung durch internat. Kommission. – Verh. Ges. f. Erdkde Berlin, 1890, 529–530; Mitt. Sekt. f. Natkde ÖTC, 3, 1891, 23.
— Zur Erforschung des –s. (Sber.) – Mitt. DÖAV, 1890, 296–297.
— Tieferlegung des Hochwasserstandes im –. – Mitt. Geogr. Ges. Wien, 34, 1891, 42, 412–413; Allgem. Ztg, Nr. 29 v. 1891.
Bodensee (X). Über die neue Rheinmündung in den –. – Geogr. Z., 6, 1900, 397.
Bodensee. Der Wasserhaushalt des –s. – Hydrograph. Zentralbüro, Beiträge zur Hydrograph. Österr., 11. H., Wien 1913, 139 S. – Bespr. Mitt. Geogr. Ges. Wien, 1914, 200.
— Statistisches vom –. – Innsbr. Nachr., Nr. 190 v. 21. 8. 1934, 1 Sp.
Böhi K. Die sanktgallische Rheinkorrektion. – Schw. Wasserwirtschaft, 3, Nr. 14, Zürich 1911, 208–211, 2 Abb.; Nr. 16, 1911, 226–230, 1 Abb.; Nr. 17, 1911, 240–243; Nr. 18, 1911, 251–256, 5 Abb.
Böhm A. v. Die Hochseen der Ostalpen. – Mitt. Geogr. Ges. Wien, 29, 1886, 625–647, 3 Tab., 1 Taf. – Bespr. NJb. 1889/1, 250; Bl. 699; Mitt. Sekt. f. Natkde ÖTC, 1, 1889, 15; Gaea, 23, Leipzig 1887, 213.
Bonfioli B. La diga di Mollaro sul torrente Noce. – L'energia elettr., v. 7, f. 9, Milano 1930, 15 S., 23 Fig.
Bonney T. G. Die Seen in den nordöstlichen Alpen und ihre Beziehungen zu den Gletschern. – The Quart. Journ. of the Geol. Soc., London 1873, 382–396; The London, Edinb. a. Dublin Phil. Mag. and Journ. of Science, 1874, 229–235.
— Das Oberengadin und die italienischen Täler am Monte Rosa und ihre Beziehungen zur Gletschertheorie der Seebecken (Engl.). – The Quart. Journ. of the Geol. Soc., 30, London 1874, 479–490.
Bonomini C. Frammenti di storia geologica del Chiese ed origine dei Colli di Badia e di Sale. – Boll. Soc. geol. it., v. 36 (1917), f. 2–3, Roma 1918, 216–222.
Boos K. Die Wünschelrute in ihrer Beziehung zur Wasserversorgung sowie zu verwandten Aufgaben. – Gesundheits-Ing., 53, München 1930, H. 39, 601–606, 7 Abb. (U. a. Mangfall); Handbuch d. Wünschelrute, München 1931, 190–193. – Bespr. GZ 45/718.
Börner H. Über Wasserscheidenverlegung zwischen Silvretta und Nördlichen Kalkalpen. – Festschr. z. 50jähr. Bestehen d. Sekt. Wiesbaden des DÖAV, 1882–1932, Wiesbaden (Schwab) 1932, 54–65, 2 Fig. – Bespr. Z. f. Gemorph., 8, 1934, 48.
Borner L. Faunistische Notizen vom Statzersee im Oberengadin. – Jber. Natf. Ges. Grbd., NF, 57, Chur 1917, 55–64.
Bossard W. E. Gutachten über die Regulierung des Bodensees. – Mitt. Abt. f. Ldshydr., Nr. 3, Bern 1913, 76 S. – Bespr. Schw. Wasserwirtsch., 6, 1913/14, 46, 226.
Braun G. Rheinproblem. – Vortrag in U. Ritter: Tagung des Verbandes der Schw. Geogr. Ges. in Zürich 30./6. u. 1./7. 1917. – Mitt. Geogr.-Ethnograph. Ges. Zürich 1917/18, 18, Zürich 1918, Vorträge, 206.
— Das Rheingebiet oberhalb Basel. Eine morphogenetische Studie. – Z. Ges. f. Erdkde Berlin, 1919, 211–229. – Bespr. GZ 24/1601; Geogr. Anzg., 1920, 69.
Breest Fr. Eine interferometrische Untersuchung des Bodensees. (Das Interferometer, ein neues Hilfsmittel in der Seewissenschaft.) – Internat. Rev. d. g. Hydrobiol., 11, Leipzig 1923, 225–237.
Brehm V. u. Zederbauer. Beiträge zur Planktonuntersuchung alpiner Seen. – Verh. Zool.-Bot. Ges. Wien, 1, 1904.
Brehm V. Beiträge zur faunistischen Durchforschung der Seen Nordtirols. – Ber. Nat.-med. Ver. Innsbruck, 31, 1908, 24 S., 3 Abb.
Breitenlohner J. Wie Murbrüche entstehen, was sie anrichten und wie man sie bändigt. (Vortr.) – Ver. z. Verbr. natwiss. Kenntnisse in Wien, ebd. (Frick) 1883, 29 S., 1 Taf.
— Die Hochwasserkatastrophe zu Bruneck in Tirol im Sept. 1882. – Forsch. auf d. Gebiete der Agrikulturphysik von Wollny, IX, 4, 1885. – Bespr. NJb. 1887/2, 147.
Brennerwerke. Oskar von Millers Jubiläumsfeier in Tirol. O. v. M. und die Entstehung der –. – Innsbr. Nachr., Nr. 163 v. 20. 7. u. Nr. 164 v. 21. 7. 1931.
Brenta. L'integrazione delle magre estive del –. Importanza agricola dell'utilizzazione dell'Avisio attraverso i laghi di Levico e di Caldonazzo. – Comm. p. le irrigazioni dal Brenta, Padova (Soc. Coop. Tip.) 1927, 35 S., 6 Fig. – Bespr. Studi Trent. Sc. Nat., 9, 1928, 122.
Brentari O. Lo spartiacque sul Passo di Toblaco. – Arch. p. l'Alto Adige, 5, 1910, 241–254.
Bretschneider F. Alpenbäche bei der Arbeit. (Rhätikon). – Aus der Heimat, Natwiss. Monatsschr., 42, Stuttgart 1929, H. 2, 49–54, 8 Abb.
Bretterwandbach. Der – in Windisch-Matrei. – Osttiroler Heimatblätter, 11, 1933, H. 6/9, 35–36.
Breu G. Der Kochelsee. Limnologische Studie. – Ber. Nat. Ver. Regensburg, 1906, 10, 100 S., K. 1:12500.
— Der Tegernsee. – Allgem. Ztg, 109, 141/2, München 1906, 6 S.
— Der ehemalige Königs-, Tegern- und Kochelsee. Histor.-geogr. Skizze. – Globus, 91, 1907, Nr. 7, 110–111.
— Der Tegernsee, eine limnologische Studie. – Mitt. Geogr. Ges. München, 2, 2, 1907, 93–196. – Bespr. GZ 14/1603; Z. f. Glkde, 1, 1907, 366.
Brückner E. Über Schwankungen der Seen und Meere. – Verh. 9. Geogrtag Wien, 1891, 209–223. – Bespr. NJb. 1894/2, 43.

— Gletschererosion und Seenbildung. - Mitt. Nat. Ges. Bern, 1905, Protnotiz.
— Gutachten, betreffend die Folgen, die die Ausführung der Millstätter Kraftanlage für den See voraussichtlich haben wird. - Wien (E. Sieger) 1908.
— Über die Temperaturverhältnisse der Flußseen, insbesondere der Alpen. - Compte-rendu des trav. d. IX Congr. int. de Géogr., 1908, T. II (1910), 369–370. - Bespr. EgH, 11, 1910, 535.
— Zur Thermik der Alpenseen und einiger Seen Nordeuropas. - Geogr. Z., 15, 1909, 305–315.
— Bemerkungen zum Aufsatz von K. Fischer: Die Grundgleichungen des Wasserhaushaltes der Flußgebiete. - Meteor. Z., 38, 1921.
Brügger Chr. G. Beiträge zur Naturchronik der Schweiz, insbesondere der Rhätischen Alpen. Nr. 1–6. - Beilagen zu den Progr. d. bündn. Kantonsschule Chur 1876, 1877, 1879, 1881, 1882, 1888.
Brügger Fr., Gelpke R. u. **Frey-Fürst F.** Das Engadin und sein Inn und seine Seen. - St. Moritz 1923.
Brunhes J. La nouvelle embouchure du Rhin dans le lac de Constance. - La Géographie, Paris 1901, 3, 320–322.
Brunner P. Die Tresa als Abfluß des Lago di Lugano. - Mitt. Geogr.-ethnogr. Ges. Zürich, v. 30, 1929–1930, 54–68, 1 Fig., 1 K.
Bruno L. Il lago d'Orta e la morena di Omegna: nota sopra due escursioni fatte al Lago. - Novara 1894. - Bespr. Boll. Com. geol. d'It., 26, 1894, 238.
Brusoni. Die drei oberitalienischen Seen. - Bellinzona 1902.
Buchner G. Münchner Wasser. Auf welche wissenschaftlich erprobte, einfachste und billigste Art ist das Münchner Wasser dem Regen- oder destillierten Wasser ähnlich zu machen? - Fortschritte der Technik. Beilage der Münchner Neuesten Nachr., Nr. 17 v. 18. 10. 1931, 3 Sp.
Buffa P. Sulle condizioni fisiche e biologiche di taluni laghi alpini del Trentino. - Atti Soc. Ven.-Trent. Sc. Nat. in Padova, v. 4, f. 2, 1902, 5–32.
Bühler v. Der Bodensee. - Jh. Ver. f. vaterld. Natkde in Württemberg, 11, Stuttgart 1855, 39–57. - Bespr. Bull. Soc. d. sc. nat. de Neuchâtel, 5, Neuchâtel 1861, 400.
Burckhardt G. Notizen über das Zooplankton südlicher Alpenrandseen. - Internat. Rev. d. ges. Hydrobiol., Biol. Suppl., 6. Ser., 6. Bd, Leipzig 1914, 1–30.
Bürner. Die Bauausführung des Walchenseewerkes. - Deutsche Wasserkraft, 19, 10, München 1924, 39 S.
Burri C. Sedimentpetrographische Untersuchungen an alpinen Flußsanden. I. Die Sande des Tessin. - Schw. Min. u. Petr. Mitt., 9, 1929, 205–240, 9 Abb. - Bespr. GZ 44/517; NJb. 1932/2, 737.
Burtscher J. Über ein Trinkwasser, bei welchem der chemische Befund und die geologische Beschaffenheit der Umgebung der Quelle nicht übereinstimmen. (Zöblen im Tannheimer Tale.) - Archiv f. Hyg. u. Bakt., 104, München u. Berlin 1930, 197–202.
Busse W. Das italienische Meliorationswesen (Bonifica Integrale). - Ber. über Landwirtsch., her. im Reichsmin. f. Ernährg u. Landwirtsch., 74. H., NF, Berlin (Parey) 1933, 123 S., 20 Abb., 6 Skz. - Bespr. PetMitt., 80, 1934, 100.
Cacciamali G. B. Sulle sorgenti di Villa Cogozzo. - Relaz. alla Giunta municip. di Brescia, Brescia 1902, 8 S. - Bespr. Boll. Com. geol. d'It., 34, 1903, 96.
— Le sorgenti dei dintorni di Brescia. - Comm. Ateneo di Brescia, 1904, 24 S. - Bespr. GZ 6/611; Boll. Com. geol. d'It., 36, 1905, 138.
— Nuova ipotesi sull'origine della fonte di Mompiano. - Comm. Ateneo di Brescia p. l'a. 1927, Brescia 1928, 257–258.
— La genesi del Benaco. - Mem. Aten. di Salò, 1, 1930, 46–50.
Cadisch J. Über Geologie und Radioaktivität der schweizerischen Mineralquellen. - Schw. Min. u. petr. Mitt., 7, H. 2, 1927, 417.
— Zur Geologie alpiner Thermal- und Sauerquellen. - Jber. Natf. Ges. Grbd., NF, 66, 1927/28, 46 S., 6 Fig. - Bespr. NJb. 1928/2, 633; 1931/2, 369; Z. f. prakt. Geol., 37, 1929, 63; GZ 47 A/913.
— Über Geologie und Radioaktivität der schweizerischen Mineralquellen. - Schw. Min. u. petr. Mitt., 7, H. 2, 1927, 417.
Cadrobbi M. La stretta di Calliano. Rilievo stratigrafico-tettonico. - 55a Pubbl. Soc. Mus. Civ. in Rovereto, 1930, 60 S., K. 1:50000.
Caffaratti M. Il bacino del Chiampo. Morfologia, idrografia e carta della permeabilità delle rocce. - R. Mag. alle Acque. Uff Idrogr., Pubbl. Nr. 46–47, Venezia 1913. - Bespr. GZ 25/101; Boll. Com. geol. d'It., 45, 1915, f. 1–2, 12.
Caldera F. Antiche alluvioni del Chiese in rapporto al sistema morenico del Garda. - Mem. d. Ateneo di Salò e bull. d. bibl., 2, 1931, 85–90.
Callegari G. V. La valle e il lago di Tovel. - Le Vie d'Italia, 38, 1932, 597–601.
Callegari P. Ricerche sull'idrografia dell'Alta Anaunia. - Atti Acc. Ven.-Trent.-Istr., v. 22, Selci Umbro (Soc. An. Tip. Pliniana) 1931, 57–78, 5 Skz., 1 Abb., 1 Taf.
Canaval R. Bemerkungen über die „Kriegsquelle" bei Trebesing im Liesertale. - Carinthia II, 1918, 31–39.
Canovetti C. Sulle origini delle acque della fonte di Mompiano a Brescia. - Comm. Ateneo di Brescia p. l'a. 1927, Brescia 1928, 1–8.
Capra E. Il fiume Adige e il suo bacino. - Padua 1907.
Capraro R. e **Model E.** Gli impianti idroelettrici della Città di Trento. - Trento (Scotoni) 1924, 10 Abb.
Castelli P. Perforazione di un pozzo profondo nel piano alluvionali di Pallanza. - L'Ingegnere, v. 4, 1930, 754–755.
Castiglioni B. Sulle cause delle deviazioni dei fiumi. - Z. f. Geomorph., 8, 1934, 224–253, 3 Fig.
Cavazzocca-Mazzanti V. Come si tentò altre volte di guastare le bellezze del Garda. - Boll. d. Soc. letterar. di Verona, 8, 1932, 203–209.
Christian J. Tirol und sein Wald. - Österr. Vierteljschr. f. Forstwesen, NF, 47, 1929, 136–174.
— Die Waldwirtschaft Tirols. - Wiener landw. Ztg, 79, 1929, 142; Tiroler Heimatblätter, 10, Innsbruck 1932, 401–403, 436–441.
Clar E. Eine seltene Abart eines Wildwasser-Geschiebeherdes. - Geol. u. Bauwesen, 1932, H. 1, 47–49, 1 Abb.
Clerici V. Riduzione dei laghi a serbatoj artificiali per uso dell'industria manifatturiera. - Roma (tip.Romana) 1876.
Clessin S. Die Molluskenfauna des Starnbergersees. - Malakozool. Bl., 1872, 109.
— Beiträge zur Molluskenfauna der oberbayerischen Seen. - Korrespbl. d. Zool.-min. Ver. Regensburg, 1873, 1874, 1875.
— Die Ausfüllung der Alpenseen. - Mitt. DÖAV, 1876, 280–284.

— Die Ausfüllung der Alpenseen zur Zeitbestimmung der Eiszeit verwendbar. - Das Ausland, Stuttgart 1876, 518–519.
— Hydrographisches aus den Alpen. - Z. DÖAV, 1878, 157–161.
Coaz J. W. Neue Seebildung bei Riein (im Bündner Oberland). - Jber. Natf. Ges. Grbd., NF, 9, Chur 1864, 46–49.
Collet L. W. Alpine Lakes. - Scottish geogr. Mag., 38, Edinburgh 1922, 71–101.
— Les Lacs, leur mode de formation, leurs eaux, leur destin. - Paris (G. Doin) 1925, 320 S. - Bespr. Z. f. Glkde, 15, 1927, 317.
Colombini D. I grandi impianti dello Spluga e di Mese. - Le Vie d'Italia e dell'Amer. lat., 38, 1932, 92–101.
Conci B. Studio geologico sul lago di Caldonazzo e progetto di asciugamento in rapporto colla Ferrovia della Valsugana. - Padova (Salmin) 1878, 147 S.
Condini G. Attività della Venezia Tridentina. Delle industrie idroelettriche, del legno e della attività costruttive. - Trento 1929, 119 S.
Conters K. Tiroler Wasserwirtschaft. - Innsbr. Nachr., Nr. 277 v. 5. 12. 1921.
Contessini F. Una visita ai lavori dell'alta Valle Brembana. - Sincronizzando, 10, 1931, 18–27.
Corazza M. H. Etschkraftwerke. - Deutsche Wasserwirtschaft, 22, 1927, 272–283, 310–318.
— Umbau des Kraftwerkes am Eggenbach bei Bozen der Azienda Elettrica Cons. „Etschwerke", Bozen-Meran. - Wasserkraft u. Wasserwirtschaft, 1931, H. 6, 3 S.
Corti B. Sulle diatomee del lago del Palù in Valle Malenco. - Boll. scientif., an. 1891, Nr. 3–4, Pavia 1891. - Bespr. Boll. Com. geol. d'It., 23, 1892, 153.
— Sulle diatomee del lago di Poschiavo. - Boll. scient., an. 1891, Nr. 3–4, Pavia 1891. - Bespr. Boll. Com. geol. d'It., 23, 1892, 154.
— e **Fiorentini A.** Sulle diatomee del lago di Varese. Cenni oro-idrografici e geologici sul lago di Varese. - Boll. scient., Pavia 1892, Nr. 1. - Bespr. Boll. Com. geol. d'It., 24, 1893, 192.
Corti B. Appunti diatomologici sopra alcuni laghi del Trentino. - XIX Ann. SAT, Rovereto 1896.
Cozzaglio A. Osservazioni geologiche sulla riviera bresciana del Lago di Garda. - Boll. Soc. .geol. ital., v. 10, f. 2, Roma 1891, 247–308, 4 Taf. - Bespr. VRA 1892, 54; Boll. Com. geol. d'It., 23, 1892, 154.
— I laghetti di Esine. - Boll. CAI, 26, Torino 1893. - Bespr. Boll. Com. geol. d'It., 25, 1894, 194.
— Studi geologici ed idrografici sul bacino alimentatore della fonte di Mompiano e sulla derivazione delle acque potabili per la città di Brescia: con aggiunte. - Brescia, 1894. - Bespr. Boll. Com. geol. d'It., 26, 1895, 348.
— Le moderne teorie sulla formazione dei laghi prealpini. - Comm. Ateneo di Brescia, 1899, 121–133.
— Breve schizzo idrogeologico dei dintorni di Brescia. - Comm. Ateneo di Brescia p. l'an. 1924, Brescia 1925, 64–88.
— Il problema geologico-tecnico della presa d'acqua potabile per la città di Brescia. - Comm. Ateneo di Brescia, 1930, 55–102, 5 Taf.
— Studi di limnogenia benacense. Origine del Golfo di Salò. - Mem. d. Ateneo di Salò e bull. d. bibl., 2, 1931, 138–148.
— Sulla possibilità di impinguare alcune falde idriche sotterranee. - Brescia (S. A.) 1933, 4 S. - Bespr. GZ 50 A/1937.
Cramer H. Höhlenbildung im Karst. - PetMitt., 1933, H. 3/4, 78–81, 6 Abb. - Bespr. GZ 52 A/643.
— Die Entstehung der Karsthöhlen. - Der Naturforscher, 10, 1933, 214–221, 13 Abb. - Bespr. GZ 52 A/642.
Craveri M. La fonte d'Adda o bocca d'Adda e il lago delle Scale o di Fraele nell'Alta Valtellina. - Boll. Soc. geol. it., v. 40, f. 2, Roma 1921, 139–144.
Credner R. Die geographische Verbreitung der Alpenseen. - Verh. 2. D. Geographentag, Berlin 1882, 84–93. - Auszug: Neue Alpenpost, 16, Zürich 1882, 197–198, 206–207; Gaea, 18, Köln u. Leipzig 1882, 651–658.
— Die Reliktenseen. Eine physisch-geographische Monographie. 1. u. 2. T. - PetMitt., Ergh. 86, 1887, 110 S., 1 K.; 89, 1888, 51 S., 1 K.
Crestani G. La temperatura durante l'inverno nelle Tre Venezie. Breve saggio di Climatologia triveneta. - Atti R. Ist. Ven. d. Sc., Lett. ed Arti, t. 91, p. 2, 1931–1932, 1195–1217.
Cristofolini T. u. **Trener G. B.** L'acquedotto della città di Trento. - Trento 1926, 42 S., 1 K., 28 Fig., 6 Taf. - Bespr. GZ 34/750; Studi Trent. Sc. Nat., 9, 1928, 120.
Cristofolini T. Lavori subacquei in laghi del Trentino. - Trentino, a. 7, n. 6, Trento 1931, 202–206, illustr.
Culmann C. Untersuchung der schweizerischen Wildbäche, vorgenommen in den Jahren 1858, 1859, 1860 und 1863. - Zürich 1864, 650 S.
Cvijić J. Hydrographie souterraine et évolution morphologique du Karst. - Inst. de Géogr. Alpine, Grénoble 1918, 56 S. - Bespr. Z. f. Geomorph., 3, 1928, 104–109.
Czoernig K. Frh. v. Die Lombardie. Darstellung der natürlichen Verhältnisse des Landes. - Mitt. Geogr. Ges. Wien, 9, 1865, Abh., 101–149, 1 K.
Daimer J. Die Katastrophe in den Zillertaler Alpen. - Z. DÖAV, 1879, 1–16. (Hochwasser Taufers.)
Dalla Valle G. B. Lavori eseguiti in località „Rocchetta" (Trento) per la sistemazione idraulica del bacino del fiume Noce. - Ann. d. Lavori Pubblici, Roma 1930, f. 11, 48 S., 6 Taf., 22 Fig.
— Le risorse idrauliche della Venezia Tridentina. - Relaz. tecn. al II Congr. naz. d. Ing. it., Roma 1931, 201–208.
Dalla Vedova G. Una vecchia idrografia dell'Alto Adige. - Arch. p. l'Alto Adige, 4, 1909, 205–227.
Dal Piaz G. Relazione geoidrologica sulle sorgenti arsenico-ferruginose del Monte Tesobbo sopra Roncegno. - Venezia (Scarabellin) 1925, 3 S., 1 K. - Bespr. Atti Acc. Sc. Ven.-Trent.-Istr., v. 20, 1929, 9.
Damian J. Der Molvenosee in Tirol. - PetMitt., 1890, 262–270, 1 K.
— Der Alleghesee. - Mitt. Sekt. f. Natkde ÖTC, 3, Wien 1891, 1–4, 9–13. - Bespr. Boll. Com. geol. d'It., 23, 1892, 155.
— Seenstudien. 1. Seen in der Umgebung von Trient westl. d. Etsch. - Mitt. Geogr. Ges. Wien, 25, 1892, 471–539, mit K. - Bespr. Bl. 841.
— Der Caldonazzo- und Levico-See. - PetMitt., 38, 1892, 103–112, mit K.
— Einzelne, wenig gewürdigte Hochgebirgsseen und erloschene Seebecken um Sterzing. - Mitt. Geogr. Ges. Wien, 1894, 1–26.
— Seestudien. (L. d. Serraia, L. d. Piazze im Pinétal, Pragser Wildsee, Antholzersee.) - Abh. Geogr. Ges. Wien, 1, 1899, 76–89, mit K.
— Der Durnholzersee im Sarntal und der Brenner-

see. – Z. Ferdin., 3. F., 57. H., Innsbruck 1913, 279–288, 1 K.

De Agostini G. Il lago d'Orta. – Torino 1897, 40 S., 4 Taf. – Bespr. Boll. Com. geol. d'It., 29, 1898, 168; Geogr. Z., 3, 1897, 291; Mitt. Geogr. Ges. Wien, 40, 1897, 297.

— Bathometrie der italienischen Seen. – Verh. 7. int. Geogrkongr., 2, Berlin 1901, 259–262. – Bespr. GZ 1/2413.

Deecke W. Der Zusammenhang von Flußlauf und Tektonik, dargestellt an den Flüssen Südwestdeutschlands. – Fortschr. d. Geol. u. Pal. (W. Soergel), Berlin 1926, H. 16, 74 S. – Bespr. GZ 37/692; Z. f. Geomorph., 3, 1928, 157; NJb. 1927/2, B, 78; Z. Ges. f. Erdkde Berlin, 1928, 347.

— Die geologische Geschichte des Rheinstromes. (Vortr.) – Monatsbl. d. bad. Schwarzwaldver., 31, Nr. 6, Freiburg i. Br. 1928, 75.

Defant A. Über stehende Seespiegelschwankungen (Seiches) in Riva am Gardasee. – Sber. Ak. d. Wiss. Wien, 117, 1908, 697–780; Anzg. Ak. d. Wiss. Wien, 45, 1908, 188–191.

— Berg- und Talwinde in Südtirol (Gardasee). – Anzg. Ak. d. Wiss. Wien, 46, 1909, 131–133.

De Gasperi G. B. Note geologiche sul bacino torboso di Bueris. – In: La sistemazione dei torrenti Urana e Soima e il conseguente prosciugamento delle paludi di Bueris, Zegliacco e Collalto. – Udine (Tip. d. Patronato) 1911.

— Fenomeni carsici delle Prealpi Bellunesi e Carniche. – Mondo sotterr., an. 8, N. 4, Udine 1912, 97. – Bespr. Boll. Com. geol. d'It., 44, 1914, f. 1, 50.

— Alcuni conche sorgentifere nella bassa pianura friulana. – Estr. d. Riv. Geogr. It., 19, 1, Firenze 1912, 7 S. – Bespr. Boll. Com. geol. d'It., 44, 1914, f. 1, 51.

— I laghi alpini della Conca del Baitone (Adamello). – Mondo sotterr., an. 10, N. 1–3, Udine 1914, 21–32. – Bespr. GZ 37/1491; Boll. Com. geol. d'It., 46, 1916, f. 1, 31.

De Giovanni V. La frontiera del Brennero e il patrimonio idroelettrico nazionale. – Arch. p. l'Alto Adige, 16, 1921, 247–252.

Delebecque A. Sur les lacs de la Haute Engadine. – C. R. Ac. Sc. Paris, 28. 12. 1903, t. 137, 1311–1313. – On the Lakes of the Upper Engadine. – Geol. Mag., X, 1903, 565. – Bespr. NJb. 1906/1, 44; GZ 6/220; EgH 8, 1903, 614; Jb. Natf. Ges. Grbd., NF, 47, 223; PetMitt., 50, Litber., 174.

— Situation géologique et origine des lacs des Sept-Laux. Comparaison avec les lacs de l'Engadine et de la Bernina. Bassins rocheux ou barrages morainiques? – Bull. Serv. Carte géol. France, 15, 1907, 487–497. – Bespr. EgH 9, 1906, 193.

De Marchi G. Caratteri idrologici dei bacini italiani. Comunicazione del Servizio Idrografico centrale. – In: Cons. Naz. d. Ricerche, boll. n. 20 d. Com. naz. it. geodet.-geofis., Venezia (Ferrari) 1930, 3–4.

— e **Bandini A.** Caratteri idrologici dei bacini italiani. – In: Il Servizio Idrografico Italiano, 28 S., 27 Fig., 7 Taf.; XV Congr. Internaz. di Nav. Venezia 1931, Roma, 149–176.

De Marchi G. Sviluppo delle utilizzazioni idrauliche in Italia nel quinquennio 1925–1929. – In: Il Servizio Idrogr. Ital., Min. d. Lav. Pubbl., Roma 1931, 373–379.

De Marchi (G.) e **Gherardelli.** Grandi utilizzazioni idrauliche per forza motrice. (Elenco degli impianti in funzione e costruzione aggiornato al 31 dicembre 1930.) – Min. d. Lav. Pubbl., Serv. Idrogr., Roma 1931, 205 S.

De Marchi L. Sull'idrografia carsica nell'Altipiano dei Sette Comuni. – R. Mag. Acque, Uff. Idrogr., Pubbl. n. 22, v. 1, 1911, 47 S., 1 K., 4 Taf. – Bespr. GZ 20/709; Boll. Com. geol. d'It., 43, 1912, f. 1, 47.

— e **Dainelli G.** Studi geofisici sul crollo della diga del Gleno. – Mem. geol. e geogr. d. G. Dainelli, 1, 1929–1930, 72–122.

De Marchi L. La temperatura del lago di Como. – Mem. scientif. 1883–1932, Padova (Cedam) 1932, 579–589.

— L'idrografia dei Colli Euganei nei suoi rapporti colla geologia e la morfologia delle regione. – Mem. scientif. 1883–1932, Padova (Cedam) 1932, 591–634.

Demoll R. u. **Kaiser E.** Der Walchensee vor seiner Umgestaltung zum Stausee. Untersuchungen durchgeführt i. d. J. 1920–1923. – Arch. f. Hydrobiol. (Thienemann), Stuttgart 1928, Suppl.-Bd 6, H. 1, 160 S. – Bespr. NJb. 1928/2, 338.

Desio A., Crestani G. e **Feruglio E.** Le pioggie e le piene dei fiumi friulani nella terza decade del settembre 1920. – Pubbl. Nr. 114 Uff. Idrogr. d. R. Mag. a. Acque, Venezia 1924, 6 Taf., 5 Fig. – Bespr. GZ 47 A/926.

Desio A. I laghi della Val Venezia e di Sternai. (Gruppo del Cevedale.) – Alpi Giulie, 26, Trieste 1925, 21–31, 6 Skz., 4 Fig. – Bespr. GZ 47 A/920.

— Su alcuni bacini lacustri singlaciali della Lombardia. – Natura, v. 19, Milano 1928, 158–166, 5 Skz. – Bespr. Z. f. Glkde, 19, 1931, 207; GZ 45/371.

— L'orografia del bacino della Fella (Friuli) in rapporto con la costituzione geologica. – Boll. R. Soc. Geogr. It., 7, Roma 1929, 531–570, 1 K. – Bespr. GZ 41/997.

Desor E. Quelques considérations sur la classification des lacs à propos des bassins du revers méridional des Alpes. – Atti d. Soc. Elv. d. Sc. Nat. riun., Lugano 1861, 15 S.

— Über die Entstehung der Alpenseen. – Verh. Schw. Natf. Ges., Versammlg Samaden 1863, 43.

De Zigno A. Bar. Cenni sulle condizioni geologiche ed idrografiche del bacino acquifero di Due Ville (in provincia di Vicenza). – Padova 1888. – Bespr. Boll. Com. geol. d'It., 20, 1889, 298.

Dietmann K. Der Cristlsee bei Oberstdorf. – Oberstdorfer Gemeindeblatt, 1929.

Dittes P. Über den Fortgang der Arbeiten zur Elektrisierung unserer Staatsbahnen. – Elektrotechnik u. Maschinenbau, 1921, H. 16; Z. Österr. Ing.- u. Arch.-Ver., 1921, H. 15. Weitere Arbeiten s. Litverz. bei A. Hruschka, Spullersee-Kraftwerk, 1928.

Dörrenhaus F. Das deutsche Land an der Etsch. Eine geographische Landeskunde. – Herausgeg. v. DÖAV, Innsbruck-Wien-München (Tyrolia) 1933, 183 S., 113 Abb. – Bespr. PetMitt., 80, 1934, 92; Geogr. Z., 40, 1934, 235; Tir. Heimatbl., 12, 1934, 40.

Drau. Die Verbauung der – in Osttirol. – Innsbr. Nachr., Nr. 296 v. 24. 12. 1932.

Draugebiet. Das –. – Jb. d. Hydrogr. Zentralbüros, 9, 1901, Wien 1903, 104 S., K. 1:750000; 11, 1903, Wien 1905, 102 S., K. 1:750000; 10, 1923, Wien 1931, 39 S.

Dulla. Mémoire sur un plan de correction du Rhin. – Actes d. l. Soc. helv. d. sc. nat., a. 1828, Lausanne 1829, 106.

Dulle F. Reschenscheideck und das Seenplateau. Teil 1–3. – Innsbruck 1907, 46 S.

Duile J. Über Verbauung der Wildbäche in Gebirgsländern, vorzüglich in der Provinz Tirol und Vorarlberg. – Innsbruck 1826, 2. Aufl. Innsbruck 1834, 179 S.

Ebers E. Über erloschene Seen im Salzachgletschergebiet. – Mitt. Geogr. Ges. München, 25, 1932, 77–82, 1 Skz. – Bespr. GZ 48 A/1883; NJb. 1933/2, 80.

— Die Eiszeit im Landschaftsbilde des bayerischen Alpenvorlandes. – Deutsche Landschaftskde, 2. Bd, München u. Berlin (Beck) 1934, 167 S., 30 Abb. – Bespr. Mitt. DÖAV, 1934, 197.

Ebert E. Seespiegelschwankungen im Starnbergersee 1900/01. – Jber. Geogr. Ges. München, 1900/01, 38–57.

Edelmann A. Die oberbayerischen Seen. – München 1906, 274 S. – Bespr. Mitt. DÖAV, 1906, 244.

Eder A. Die Entstehung und Entwicklung des Achensee-Kraftwerkes. – Bergland, 9, 1927, Nr. 9, 32 Abb.

Egger E. Gehalt des Rheinwassers an suspendierten und gelösten Substanzen. – Notizblatt d. Ver. f. Erdkde, 4, 1887, 20–21. Auszug: Gaea, Leipzig 1887, 513.

Eisack-Werke. – Dolomiten, 1929, Nr. 14–16.

— Die – vor der Vollendung. – Volksbote, 1929, Nr. 6.

Eisenmenger G. Etudes sur l'évolution du Rhin et du Système hydrographique rhénan. – Thèse, Paris 1908, 513 S.; Ann. Géogr., Paris, 17, 1908, 86.

— Les vallées et les grands lacs des Alpes. – Bull. Sect. vosgienne, Club Alp. franç., Nancy 1908; Ann. Géogr., Paris, 18, 1908, 93.

— Le Rhin à travers les âges. Conférence. – Bull. Soc. industr. de Mulhouse, t. 40, mars 1910, 107–119.

— A propos de l'évolution du Rhin. – Beitr. z. Geophysik, 12, Leipzig 1913, 153–155.

Elettrica Tridentina. Impianti della Soc. Generale –. Milano (Calamandrei) 1929, 51 S., 2 K., illustr.

Endrös A. Seeschwankungen (Seiches), beobachtet am Chiemsee. – Inaugdiss. München (Traunstein) 1903, 117 S. – Bespr. GZ 5/1285.

— Die Seeschwankungen (Seiches) des Chiemsees. – Sber. Bayr. Ak. d. Wiss., München, 35, 1905, 297–350. – Bespr. GZ 8/1659.

— Die Seiches des Waginger-Tachingersees. – Sber. Bayr. Ak. d. Wiss., München, 35, 1905, 447–476. – Bespr. GZ 8/790.

— Seeschwankungen am Wagingersee. – PetMitt., 1906, H. 5.

— Der Simssee und seine Seeschwankungen. – Progr. hum. Gymn. Freising, 1912/13.

Energia elettrica. La produzione di – in Italia nel 1930. – Serv. idrogr. d. Min. d. Lav. Pubbl., Roma 1931.

Engelmann R. Talnetzstudien. – JbBA 1933, 189–198, 4 Abb. – Bespr. GZ 51 A/114.

Erb L. Geolog. Spezialkarte von Baden. Erläuterungen zu Blatt Hilzingen (Nr. 146). Mit einem prähist. Beitr. v. G. Kraft u. K. Sulzberger. (1:25000.) – Freiburg i. Br. (Herder) 1931, 115 S., 10 Abb.

Erdbeben und Quellen. – Schw. Wasserwirtsch., 4, Zürich 1911, 66. (Erdbeben v. 16. 11. 1911.)

Eredia F. Osservazioni pluviometriche raccolte nel quinquennio 1916–1920, v. 6, Bacini imbriferi della Regione Veneta. – Min. d. Lav. Pubbl., serv. idrogr., Roma 1930, 110 S.

Erler E. Tiroler Landwirtschaft. – Tirol, Innsbruck (Tir. Landesverkehrsamt) 1927, 10–16, 6 Abb.

Erosion. Über die – und die transportierende Wirkung reißender Ströme, welche Gletscherzuflüsse erhalten. – Compt.-rend. Acad. de sc., 113, Paris, 235. – Bespr. Mitt. Geogr. Ges. Wien, 1891, 409.

Escher B. G. Beobachtung der quantitativen Erosionstätigkeit an einem schweizerischen Gebirgsfluß. (Albula.) – Schw. Wasserwirtsch., 2, Zürich 1910, 144–147. – Bespr. GZ 17/852; EgH 11, 1910, 533.

— De hydrographie van den Zwitserschen Rijn. (Die Hydrographie des schweizerischen Rheins.) – Tijdschr. v. h. kon. Ned. Aardrijsk. Genootsch., 2. R., 46. T., Leiden 1929, 518–529, 1 K. – Bespr. GZ 41/82.

Etschgebiet. Das – mit dem Gebiete des Po und der venetianischen Küstenflüsse. – Jb. d. Hydrogr. Zentralbüros, 9, 1901, Wien 1903, 116 S.; 10, 1902, Wien 1904, 113 S.; 11, 1903, Wien 1905, 105 S. u. je 1 K. 1:750000.

Etschquelle. Notiz über die –. – Mitt. Geogr. Ges. Wien, 34, 1891, 159.

Fabbri S. La regolazione del Lago Maggiore. – Realtà, 4, 1928, 350ff.

— L'utilizzazione dei grandi laghi alpini a scopo agricolo ed industriale. – Atti Soc. It. p. i. progr. Sc., 20 riun. Milano 1931, Roma 1932, v. 1, p. 1.

Fabiani R. I fenomeni carsici dei Colli Berici. – Antologia Veneta, 3, n. 2, Feltre 1901.

— Carta della permeabilità delle rocce del bacino dell'Agno e brevi note illustrative. – R. Mag. a. Acque, Uff. Idrogr., Pubblic. Nr. 6, Venezia 1909, 1–8, 1 T. – Bespr. Boll. Com. geol. d'It., 41, 1910, 203.

— La regione montuosa compresa fra Thiene, Conco e Bassano nel Vicentino. Geologia, morfologia, idrografia e carta della permeabilità delle rocce. – R. Mag. a. Acque, Uff. Idrogr., Pubbl., 41 u. 42, Venezia 1912, 84 S., K. 1:75000 u. 1:100000. – Bespr. GZ 25/103; Boll. Com. geol. d'It., 44, 1914, f. 1, 59.

— I bacini dell'Alpone, del Tramiga e del Progno d'Illasi nei Lessini medi. – Pubbl. n. 44 e 45 Uff. Idr. R. Mag. a. Acque, Venezia 1913, 1 K.

— La regione del Pasubio (Bacini del Leogra, del Timonchio e del Posina e parti superiori del Leno di Vallarsa e del Leno di Terragnolo). – Pubbl. Nr. 110 d. Uff. Idr. del R. Mag. a. Acque, Venezia 1920, 100 S., 1 K., 9 Fig., 12 Taf. – Bespr. NJb. 1922/2, 330; GZ 38/750; Atti Acc. Sc. Ven.-Trent.-Istr., v. 20, 1929, 11.

— Idrografia del Bacino dell'Agno-Guà. Parte I. Struttura geologica. – Pubbl. n. 78 Uff. Idr. R. Mag. a. Acque, Venezia 1920.

— Idrografia del Bacino dell'Adige. I bacini idrografici della regione Lessinea. Parte I. Struttura geologica. – Pubbl. n. 79 d. Uff. Idrogr. d. R. Mag. a. Acque, Venezia 1921, 27 S. – Bespr. Atti Acc. Sc. Ven.-Trent.-Istr., v. 20, 1929, 12.

— I bacini del Terragnolo, della Vallarsa, di S. Valentino e di Ronchi (Trentino). Geologia e Morfologia. – Pubbl. Uff. Idr. d. R. Mag. a. Acque, n. 118, Venezia 1922, 20 S., 3 Taf. – Bespr. NJb. 1923/2, 112; Atti Acc. Sc. Ven.-Trent.-Istr., v. 20, 1929, 12.

— Sulle condizioni geoidrologiche della conoide dell' Adige. – Comune di Verona: La deviazione Adige-Garda. Relaz. Comm. tecn., Padova 1923.

— Note illustrative della Carta geologica delle Tre Venezie, Foglio Verona. – Uff. Idr. d. R. Mag. a. Acque, Sez. geol., Padova 1930, 37 S., 1 Proftaf.

Fantoli G. Sul regime idraulico dei laghi. – 1896? – Bespr. Geogr. Z., 3, 1897, 348.

— Sulle origini di alcune valutazioni e statistiche che riguardano l'idrografia lombarda. – Rend. R. Ist. Lomb. di Sc. e Lett., (2), 44, Milano 1911, 331–343. – Bespr. GZ 19/243.

— Alcune note die idrografia sulla estensione dei ghiacciai nel dominio dei nostri fiumi alpini, sul tributo e sul regime delle acque glaciali. – Ann. d. util. d. ac., Roma 1925, v. 2, n. 3–4. S. a. Marinelli.

— I cicli delle portate naturali dell'Adda alpino. – Ann. Lavori Pubbl., 64, Roma 1926, 1024–1039. – Bespr. GZ 38/856.

Favre A. On the origine of the alpine lakes. – Phil. Mag., 4, 29; Bibl. univ. Genève, 12, 1865.

Fels E. Der Plansee. (Eine geogr. Studie.) – Mitt. Geogr. Ges. München, 8, 1913, 381–463; Landeskdliche Forschgen, H. 20, 1913. – Bespr. NJb. 1915/1, 120; Geogr. Z., 20, 1914, 418.

— Der heutige Stand der Kenntnisse über die bayerischen Seen. – Mitt. Geogr. Ges. München, 9, 1914, 375–400. – Bespr. GZ 24/1229; Z. Ges. f. Erdkde Berlin, 1915, 407.

— Walchenseeprojekt und Seenforschungen. – Münchner Neueste Nachr., 73, 376, 1920, 3 Sp.

— Der Walchensee. – Alpenfreund, 4, 11/12, München 1923, 11 S.

— Die morphologischen Eigentümlichkeiten des Walchensees. Die neue Tiefenkarte des Walchensees. – Z. D. Geol. Ges., 1923, Mber., 79, 155–156. – Bespr. GZ 31/1207.

— Neuauslotung des Walchensees. – Z. Ges. f. Erdkunde Berlin, 1923, 145–147.

— Die bayrische Seenforschung. – Z. DÖAV, 1924, 91–108. – Bespr. GZ 32/406.

— Alpenseen. – Alpenfreund, München, 6, 5/6, 1925, 12 S.

— Vermessung und Morphologie des Walchensee-Beckens. – Arch. f. Hydrobiologie, 6, 1928, 7–56, K. 1:20000. – Bespr. Z. f. Geomorph., 3, 1928, 313; Mitt. Geogr. Ges. München, 1928, 1. H., 172; Z. f. Glkde, 16, 1928, 293; PetMitt., 74, 1928, 361; Z. Ges. f. Erdkde Berlin, 1928, 154.

Ferrari E. Un progresso di difesa e di bonifica nella conca del lago di Terlago. – Pro Cultura, an. 1, f. 5, Trento 1910, 303–318, 1 Fig.

Feruglio E. Fenomeni carsici dell'altipiano di M. Prat. – Mondo sotterr., an. 9, N. 4–5, Udine 1914, 90–93. – Bespr. Boll. Com. geol. d'It., 46, 1916, f. 1, 43.

— La temperatura di alcune sorgenti dell'anfiteatro morenico del Tagliamento. – Mondo sotterr., an. 10, N. 1–3, Udine 1914, 33–39. – Bespr. Boll. Com. geol. d'It., 46, 1916, f. 1, 44.

Feurstein P. Geschichte des Viller Moores und des Seerosenweihers an den Lanser Köpfen bei Innsbruck. – Beihefte z. Bot. Zbl., 1934, 477–526, 3 Taf., 11 Abb.

Findenegg I. Beobachtungen an den Kärntner Seen. – Carinthia II, 121 u. 122, 1932, 41–54, 1 Fig.

— Alpenseen ohne Vollzirkulation. – Internat. Revue der ges. Hydrobiol. u. Hydrographie, 28, Leipzig 1933, H. 3/4, 295–311, 7 Fig.

Flaig W. Die Geheimnisse des Lünersees. – Heimat, 9, Bregenz 1928, 273–276.

Fleury E. L'évolution du cours du Danube en amont de Vienne. – La Géographie, t. 26, Paris 1912, 272–276. (Bodenseegegend.)

Flims (X.). Der Rhein im Bergsturzgebiet von –. 1:150000. – Geogr. Ortslexikon, 4, 1906, 130.

Flix. Eiszeit, Bronzezeit und der „Tiefe Schweb". Seltsames im Bodensee. Die Pfahlbauten bei Unteruhldingen. – Münchner Neueste Nachr., Nr. 210 v. 1931, 3 Sp.

Fontana G. Del Piave, della sua sorgente, del suo corso. – Pieve di Cadore (Tip. Tiziano) 1932, 16 S.

Förderreuther M. Die Zungenbecken des Illergletschers und die Illerdurchbrüche bei Reicholzried und Kempten. – Mitt. Geogr. Ges. München, 16, 1923, 337–338. – Bespr. GZ 31/1226.

Forel F. A. Forme du fond des lacs de Constance et de Genève. – Bull. d. l. Soc. vaud. d. sc. nat., 22, Lausanne 1886, röm. 1–2.

— Programme d'une étude scientifique du lac de Constance. – Prot. d. Konf. d. Vertr. d. 5 Bodensee-Uferstaaten, Friedrichshafen 1886, 20.

— Rapports de la Commission d'Etudes limnologiques. – Verh. Schw. Nat. Ges.: 70. Jvers. Frauenfeld, 1887, 86–88; 71. Jvers. Solothurn, 1888, 133–134; 72. Jvers. Lugano, 1889 (1890), 97–106; 73. Jvers. Davos, 1890 (1891), 114–117; 74. Jvers. Freiburg, 1891 (1892), 100–103; 75. Jvers. Basel, 1892, 112–115; 76. Jvers. Lausanne, 1893, 119–122.

— Transparenz und Farbe des Bodenseewassers. (Übersetzung v. Zeppelin.) – Bodenseeforschungen, 5. Abschn., Schr. d. Ver. f. Gesch. d. Bodensees, 22, Lindau 1893, 33–46, 1 Taf.

— Die Schwankungen des Bodensees (Les seiches). (Übersetzung v. Zeppelin.) – Bodenseeforschungen 6. Abschn., Schr. d. Ver. f. Gesch. d. Bodensees, 22, Lindau 1893, 49–77, 1 Taf.

— Présentation de la carte du lac de Constance. – Bull. d. l. Soc. vaud. d. sc. nat., 4e sér., v. 32, proc.-verb., Lausanne 1896, 25; Extr. in Arch. d. sc. phys. et nat., Genève 1896, 4e pér., t. 2, 80.

Forti A. Sulla possibilità di utilizzare il basso Avisio per forza motrice mediante serbatoi artificiali e sull'influenza di questi per la sistemazione dell'Adige. – Milano (Casati) 1923, 27 S.

— Il lago di Garda e il suo colore. – Riv. Il Garda, 1927, 7 S., 2 Taf. u. Milano (Alfieri e Lacroix) 1927.

— e **Longhena M.** L. F. Marsili e le sue osservazioni sul lago di Garda. – Atti e mem. d. Acc. di Agric., Sc. e Lett. di Verona, s. 5, v. 9, 1932, 5–35.

Fraas E. Die Entstehung des Bodensees. – Schr. d. Ver. f. Gesch. d. Bodensees, 42, 1913, 3–5.

Frank L. Beziehungen zwischen Regenfall und Quellergiebigkeit unter besonderer Berücksichtigung der Münchener Wasserversorgung und der Kissinger Quellen. – Mitt. Geogr. Ges. München, 6, 1911, 44–85, 7 Fig., mehr. Tab.

Fratini F. Lo svuotamento del Lago Nuovo o di Caoria. – Ann. SAT, 9, 1882/83, 225–233.

Frauenstein E. In den wilden Rheinschluchten. Ein geologisches Wanderbild. – Natur, Z. D. Natwiss. Ges. (R. H. Francé), Leipzig 1911, Blge zu H. 18, 138–141, 1 Abb.

Friedrich W. Hochwasser durch ausbrechende Gletscher-Randseen. (Märjelensee.) – PetMitt., 1928, 1/2, 37–38.

Frosini P. Cenni sullo stato attuale delle ricerche sulle acque sotterranee in Italia. Comunicazione del Servizio Idrografico centrale. – In: Cons. Naz. d. Ricerche, boll. n. 20 d. Com. naz. it. geod.-geofis., Venezia (Ferrari) 1930, 77–90, 7 Fig.

Froté E. Wasserkräfte des Rheins im schweizerischen Rheingebiet von den Quellen bis zum Bodensee. (Mit Chr. Tarnuzzer u. K. E. Hilgard.) – Publ. Schw. Wasserwirtschaftsverband, Nr. 4, Zürich 1920, 184 S., K. 1:250000.

Früh J. Zur Kenntnis des Bodensees. – PetMitt., 43, 1897, 217. – Bespr. Bl. 976.

— Geographie der Schweiz. - St. Gallen (Fehr) 1929–1933, 805 S., 225 Fig., 7 Taf., K. 1:400000. - Bespr. Mitt. DÖAV, 1930, 93, 155; 1933, 183; Z. f. Glkde, 18, 1930, 263; Geogr. Z., 36, 1930, 564; 39, 1933, 51, 436; GZ 46 A/349; Mitt. Anthrop. Ges. Wien, 60,. 1930, 199; 62, 1932, 311; 63, 1933, 385; PetMitt., 79, 1933, 149.

Fuchs R. Die Oberrheinfrage. - Festschr. 22. D. Geogr.-Tag Karlsruhe, 1927, 7–20. - Bespr. GZ 36/91.

Fugger E. Salzburgs Seen. - Mitt. d. Ges. für Salzb. Landeskunde, 1890–1903 (Nr. 30, 31, 33, 35, 39, 43), 105 S., 37 K.; z. B.: 31. Bd 1891: Steinkogelsee im Dürrnbachtal; 33. Bd 1893: der Salzachsee; 35. Bd 1895: die Geierseen im Nadernachtal etc.

— Die Entstehung der Karseen. (Vortr.) - Bespr. Geogr. Z., 2, 1896, 462.

— Die Hochseen. - Mitt. Geogr. Ges. Wien, 29, 1996, 638–672. - Bespr. NJb. 1897/1, 461.

— La gorge de Sigmund Thun dans la vallée de Kaprun (Autriche). - Spelunca, t. 6, Nr. 21, 15–19. - Bespr. GZ 1/1686.

Futterer K. Die Entstehung der Lapisinischen Seen. (Bei Belluno.) - Z. DGeolGes., 44, 1892, 123–134. - Bespr. NJb. 1893/1, 483; Boll. Com. geol. d'It., 24, 1893, 273. S. a. Mitt. Geogr. Ges. Wien, 38, 1895, 256.

Galtür. Pegelstation - vernichtet. - Mitt. DÖAV, 1893, 251.

Gams H. u. **Nordhagen R.** Postglaziale Klimaänderungen und Erdkrustenbewegungen in Mitteleuropa. - Mitt. Geogr. Ges. München, 16, 1923, 13–336, 73 Abb. - Bespr. GZ 30/25; Vierteljschr. f. Gesch. u. Ldskde Vorarlbgs, 8, 1924, 23; Wr. Prähist. Z., 11, 1924, 75. S. a. W. Staub.

Gams H. Der Ammersee einst und jetzt. - Ammersee-Heimatblätter, Dießen 1924, Nr. 1, 10–17, 2 Abb.

— Zur Entwicklungsgeschichte der Seetypen des Alpengebietes. - Verh. d. Internat. Ver. f. Limnologie, 1924.

— Die Sedimentation in einigen Alpenseen von Niederösterreich und Vorarlberg. (Vortr.) - Verh. Schw. Natf. Ges., 108. Vers. Basel, 1927, 152.

— Die Fortschritte der Seestratigraphie. - Z. DGeol-Ges., 80, 1928, Mber. 3/4, 94–101. - Bespr. Z. f. Glkde, 16, 1928, 283.

— Sedimentation und Vermoorung der Lunzer Seen und des Lüner Sees. - Verh. Internat. Ver. f. Limnologie, 4, 1927, Rom 1929.

— Die postarktische Geschichte des Lüner Sees im Rätikon. - JbBA 1929, 531–570, K. 1:7500. - Bespr. Z. f. Glkde, 18, 1930, 267; GZ 42/305.

— Zur Schlammnomenklatur. - Arch. f. Hydrobiol., 21, 1930, 493–496. - Bespr. GZ 44/519.

— Die vegetations- und klimageschichtliche Bedeutung der Alpenseen und Alpenmoore. - Forschungen und Fortschritte, 8, Berlin 1932, Nr. 15, 197.

— Beiträge zur Kenntnis der Alpenmoore. - Abh. Nat. Ver. Bremen, 28, 1932, Weber-Festschr., 18–42, 6 Taf., 1 K., 1 Abb. - Bespr. GZ 48 A/715.

Gardasee. Untersuchungen am - von E. Richter. - Mitt. DÖAV, 1894, 255.

Gastaldi B. Sulla escavazione dei bacini lacustri compresi negli anfiteatri morenici. - Atti Soc. it. Sc. nat., v. 5, 1863, 240–247.

— Sulla riescavazione dei bacini lacustri per opera degli antichi ghiacciai. - Mem. Soc. it. Sc. nat., 1865.

— Nuove osservazioni sull'origine dei bacini lacustri. - Atti R. Acc. d. Sc. d. Torino, v. 1, 1865.

Gebbing J. Hydrochemische Untersuchungen des Würm-, Kochel- und Walchensees. - Diss. Leipzig 1902 u. Jber. Geogr. Ges. München, 1901/2, 55.

Geilhofer R. Das Spullersee-Kraftwerk. - Schr. d. Ver. f. Gesch. d. Bodensees u. s. Umgebg, H. 53, Lindau 1924, 123–174, 28 Abb.

Geistbeck A. Die Goldwäscherei an den südbayerischen Flüssen. - 6. Jber. Geogr. Ges. München f. 1877/79, München 1880, 91–106.

— Das Isargebiet von der Mündung der Loisach bis zu der der Amper. - Mit dem 1. Preis ausgezeichnete Lösung der v. d. Techn. Hochsch. München gestellten Preisaufgabe. - 1880. - Ungedruckt.

— Die Seen der deutschen Alpen. Eine geogr. Monographie. - Mitt. Ver. f. Erdkde Leipzig, 1884, 209–387, 3 K. - Bespr. NJb. 1887/1, 52; Bl. 636.

— Die Eisverhältnisse der Isar und ihrer Nebenflüsse. - 10. Jber. Geogr. Ges. München f. 1885, München 1886, 1–7.

— Die südbayerischen und nordtirolischen Seen. - Z. DÖAV, 1885, 334–354. - Bespr. NJb. 1887/1, 52.

— Über die Gesetzmäßigkeit in den geographischen Elementen des nordalpinen Seenphänomens und deren wahrscheinliche Ursache. - Das Ausland, 1886, Nr. 23, 24. - Bespr. NJb. 1887/1, 52.

— Die Seenwelt Südbayerns. - Bayerland, 1890, 111, 123, 138.

— u. **Engleder F.** Geographische Typenbilder, Text: IX. Der Bodensee als Typus eines alpinen Randsees. - Nach 1891, 2 S.

Gelpke R. Das Silsersee-Bergeller-Wasserwerksprojekt. Kritische Bemerkungen zur Silserseefrage. - In: Fr. Brügger ..., Das Engadin ..., St. Moritz 1923, 23–46.

Gentilli A. Über den Ursprung der Gebirgsseen, verglichen mit den ersten Tiefenquerprofilen des Comersees. - Das Ausland, Augsburg 1865, 1213–1218, 1237–1243.

Gerster J. Rhein- u. Bodenseeufer-Regulierung. - Das Ausland, Stuttgart 1891, 398–399; 1893, 645–648.

— Karte der untern Rheinkorrektion 1:75000. - Aarau 1893.

Gewässerkde. Jahrbuch der Bayer. Landesstelle f. –. H. I. Niederschlagsmessungen, H. II. Wasserstandsbeobachtungen. - Hrg. v. d. Minbauabt. Staatsmin. d. Inn. f. d. J. 1929, 31, München 1933, 52 S. - Bespr. PetMitt., 80, 1934, 311.

Giandotti M. Contributo allo studio dei ghiacciai dell'Ufficio Idrografico del Po. - Annali lavori pubblici, 9, 1927.

— Cause ed effetti dell'alluvione Valtellinese nel settembre 1927. - L'Italia fisica, 6, 1928, 161–168.

Gianferrari P. L'energia elettrica. (Trentino.) - Gerarchia, 7, 1927, 654–657.

Giarratana A. Le opere del regime in Alto Adige. - Le Tre Venezie, maggio 1929.

Gogarten E. Messungen der Schlammführung von Gletscherbächen. - Z. f. Glkde, 3, 1909, 271–285. - Bespr. EgH, 11, 1910, 155; GZ 14/809.

— Über alpine Randseen und Erosionsterrassen, im besonderen des Linthtales. - PetMitt., Ergh. 165, 1910, 80 S.; Inaugdiss. Zürich, 1910. - Bespr. Z. f. Glkde, 5, 1911, 158; EgH 11, 1910, 690; Boll. Com. geol. d'It., 42, 1911, 54.

Goldberg M. Niederschlag und Abfluß im Etschgebiete. - Geogr. Jber. aus Österr., 11, 1915, 182–222, 1 K.

Gortani M. Il laghetto di Ladusset sopra Pontebba.

– In: Alto, Cron. SAFr, 1912, Udine 1913, 1–4. – Bespr. GZ 20/294.

Götzinger G. Die seenkundliche Literatur aus Österreich 1897–1912. – Geogr. Jber. aus Österreich, 10, 1915, 31–65. – Bespr. GZ 22/1460.

— Neuere Ergebnisse österr. Alpenseeforschung. – Schr. d. Ver. z. Verbr. natwiss. Kennt. Wien, 56, 1916, 19 S. – Bespr. GZ 24/383.

— Einige neuere Aufgaben der Alpenseeforschung. – Festband f. A. Penck, Bibl. Geogr. Handbücher, NF, Stuttgart (Engelhorn) 1918, 257–276. – Bespr. GZ 24/124, 29/261.

— Die Vereisung der Alpenseen und die Gefahren der Eisdecke. – Wiener Neueste Nachr., 20. 2. 1929; Linzer Tagespost, 21. 2. 1929.

Gradmann R. Unsere Flußtäler im Urzustand. – Z. Ges. f. Erdkde Berlin, 1932, 1–17.

Grandi C. L'elettrificazione della linea ferroviaria Bolzano-Brennero. – Riv. d. Ven. Trid., a. 10, 1929, n. 8, 18, 6 Abb.

Gravelius H. Die Bedeutung der Gletscher für die Wasserführung der fließenden Gewässer in der Schweiz. (Betr. spez. die oberit. Seen.) – Verhdl. Ges. f. Erdkde Dresden, 1903, 549; Vortragsauszug: Z. Ges. f. Erdkde Berlin, 1903, 549.

— Zur Kenntnis der Thermik des Comersees. – Z. f. Gewässerkde, Leipzig, 6, 23–27.

Grebenau H. Zur Beurteilung der Längen- und Flächenmaße von Gletschern, Alpenseen etc. im metrischen Maße. – Z. DAV, 1870, 392–399.

Greim G. Der Ausbruch des Schwemserferners (Ötztaler Alpen). – Globus, 66, 1894, Nr. 15. – Auszug: Mitt. DÖAV, 1894, 286.

— Zum Temperaturgang im Jambach bei Galtür in Tirol. – Notizblatt d. Ver. f. Erdkde u. d. Großh. geol. Landesanstalt zu Darmstadt, 1896, 4. F., 17. H., 17–22. – Bespr. NJb. 1897/2, 461.

— Die Pegelstation in Jambach bei Galtür. – Mitt. DÖAV, 1896, 83–84.

— Studien aus dem Paznaun. (Jambach.) – Gerlds Beitr. z. Geophysik, 5, 4, Leipzig 1903, 569–662. – Bespr. GZ 3/1645; Mitt. DÖAV, 1903, 262.

— Beiträge zur Thermik und zum Wasserhaushalt der Gletscherbäche. – IX Congr. internat. de Géogr., Genève 1908, C.-R. d. trav., t. 2, Genève 1910, 335–347. – Bespr. Z. f. Glkde, 6, 1912, 285.

Gremblich J. Beginn der Torfbildung. – Programm Gymnas. Hall i. T., 1876/77, Innsbruck 1877, 1–21.

Greth J. Der Bodensee. – München (Zeller) 1863 (?), 3 Hefte.

Grinovero C. Le acque del fiume Oglio e l'irrigazione bresciana. – Sec. ed. Milano (Ind. graf. Stucchi) 1930, 218 S.

Grube A. Vom Bodensee, früheren Rheintalgletscher und aus dem Bregenzer Wald. – Stuttgart 1875, 112 S.

Gruber Chr. Über das Quellgebiet und die Entstehung der Isar. Orograph. u. hydrolog. Studien aus dem mittl. Karwendel. – Jber. Geogr. Ges. München, 1887, 12, 68 S., 1 K. – Bespr. Mitt. DÖAV, 1888, 73.

— Zur Hydrographie der mittleren Karwendelketten. – Mitt. DÖAV, 1887, 74–76.

— Die Isar nach ihrer Entwicklung und ihren hydrologischen Verhältnissen. – Progr. Handelsschule München, 1919, 100 S.

Gruber O. u. **Klebelsberg R. v.** Lechlandschaft. Ein Flußberieselungsnetz. – Natwiss. Z. Lotos, 70, Prag 1922, 7 S., 1 K.

Grünhut-Bartoletti C. Bemerkungen zum Tauernkraftwerk. – Die Wasserwirtschaft, 1931, Nr. 12, 171–173.

Grütter O. Über einige Ergebnisse der geologischen Untersuchung der Kraftwerkanlage Monte Piottino (Tessin). – EgH 24, 1931, 1–21, 2 Taf., 2 Abb. - Bespr. NJb. 1933/3, 1121.

Gsell-Fels Th. Der Bodensee. – Bruckmanns Illustr. Reiseführer, Nr. 35/36, 6. Aufl., München 1912/25, 164 S., 1 K.

Guerrini E. Il freddo straordinario dell'inverno 1928–1929. – Riv. di Fisica, Mat. e Sc. nat., Napoli 1930, n. 6, 297–304.

Gumprecht O. Die Aufschüttungsebene von Bellinzona. Beiträge zu einer Entwicklungsgeschichte des Deltas am oberen Ende des Langensees. – Mitt. Ges. f. Erdkde Leipzig, 1914 (1915), 197–239. – Bespr. PetMitt., 63, 1917, 319; GZ 23/655.

Günther S. Die Bodenseeforschung in ihrer geschichtlichen Entwicklung. – Schr. d. Ver. f. Gesch. d. Bodensees, H. 35, 1906, 17–32.

Habicher F. Die Grenze zwischen Etschtal und Inntal. – Der Schlern, 10, 1929, 284.

Hacker W. Neue Lotungen und Temperaturmessungen im südlichen Teile des Achensees. – Mitt. Geogr. Ges. Wien, 71, 1928, 97–122, 1 K.

— Untersuchungen am Zirmsee in der Goldberggruppe. – 41. Jber. Sonnblick-Ver., 1932, 36–40, 1 K., 3 Abb.

— Sichttiefe, Wärmegang und Durchlüftung in Hochgebirgsseen. – Geogr. Jber. aus Österr., 16, Leipzig u. Wien (Deuticke) 1933, 88–105, 2 Taf., 6 Abb.

Haid M. Untersuchungen der Senkungen des Bodenseepegels zu Konstanz. – Karlsruhe 1891, 22 S.

Halbfaß W. Tiefen- und Temperaturverhältnisse einiger Seen des Lechgebietes. – PetMitt., 1895, 225.

— Farbe des Gardasees (nach Garbini). – Geogr. Z., 3, 1897, 171.

— Auslotung des Comersees (durch De Agostini). – Geogr. Z., 5, 1899, 410.

— Beiträge zur Kenntnis der Seen der Lechtaler Alpen. – Globus, 83, 2, 1903, 21–24, 3 K. – Bespr. GZ 3/1037.

— Zwei Seen in der Moränenlandschaft des Bodensees. (Schlein- u. Degersee, Oberschwaben.) – Globus, 83, 1903, Nr. 18. – Bespr. GZ 5/30.

— Zur Thermik der Alpenseen und einiger Seen Nordeuropas. – Z. f. Gewässerkde, 9, 1910, 281–291.

— Der gegenwärtige Stand der Seenforschung. II. Topographie, Hydrographie und Geologie der europäischen Seen. – Fortschr. d. natwiss. Forschg (Abderhalden), 7, Berlin u. Wien 1913, 1–72. – Bespr. Internat. Rev. d. ges. Hydrobiol., 6, 1913, 465; Ann. d. Géogr., 131, 1915, 80.

— Der gegenwärtige Stand der Seenforschung. III. Die Thermik der Seen. – Fortschr. d. natwiss. Forschg (Abderhalden), 9, Berlin u. Wien 1913, 1–54. – Bespr. Ann. d. Géogr., 131, 1915, 80.

— Moderne Aufgaben der geographischen Seenforschung. – Beitr. z. Geophysik, 18, Leipzig 1914, 306–337.

— Ablagerungen von Schweizer Flüssen in Seen. – Z. Ges. f. Erdkde Berlin, 1916, 256–257.

— Methoden der Seenforschung. – Abderhaldens Handbuch der biol. Arbeitsmethoden, Abt. 10, H. 1, 1921, 1–68.

— Die Seen der Erde. Morphometrie derjenigen mindestens ein Quadratkilometer großen Seen, für welche gesicherte Tiefenangaben vorliegen, nebst einem Versuch einer Zusammenstellung unserer sonstigen Kenntnisse über die Seen der Erde, mit besonderer Berücksichtigung der wich-

tigsten unter ihnen. – PetMitt., Ergzgsheft 185, Gotha 1922, 169 S.
— Die Fortschritte der Hydrographie seit dem Jahre 1914. – Intern. Rev. d. ges. Hydrobiol., 10, Leipzig 1922, 513–525, 692–713.
— Grundzüge einer vergleichenden Seenkunde. – Berlin (Borntraeger) 1923, 354 S. – Bespr. Z. f. Geomorph., 1, 1925, 166; Geogr. Z., 29, 1923, 297.
— Die Tiefentemperaturen sehr tiefer Seen. – PetMitt., 1924, 70, 120.
— Der Bodensee uud der Genfer See, eine Parallele. – Geogr. Z., 1927, 433–451. – Bespr. GZ 36/791.
— Wird der Achensee durch Grundwasser gespeist? – PetMitt., 74, 1928, 196.
— Neuere Forschungen über Strömungen im Bodensee. – PetMitt., 74, 1928, 288–289.

Haller J. Th. (H.) Vom Ötztal. – TB, Nr. 88 u. 89 v. 1821, 352, 356.

Hallinger J. Die Nutzbarmachung und Verwertung der Inn- und Tauernwasserkräfte für Industrie- und Elektrizitätsversorgung. – Wasserkraft und Wasserwirtschaft, München u. Berlin (Oldenbourg) 1932, H. 2, 6, 15; 9 S., 2 Abb.

Hamberger E. Die Druckluftarbeiten beim Bau des Entnahmebauwerkes des Achensee-Kraftwerkes. – Wasserkraft u. Wasserwirtschaft, München 1927.

Hammer W. Tätigkeit O. Ampferers beim Bau des Achenseewerkes. – VBA 1928, 7. (Jber.)

Hann J. v. Die meteorologischen Ursachen der letzten Hochwässer auf der Südseite der Ostalpen. – Mitt. DÖAV, 1885, 241–243.
— Klima von Bregenz. – Meteorol. Z., 1889, 359.

Hartmann A. Neue Beobachtungen an den Mineralquellen des Engadins. (Vortr.) – EgH 24, 1931, 203–204.

Hartmann G. L. Versuch einer Beschreibung des Bodensees. – St. Gallen 1808, 2. Aufl.

Hartmann V. Das Tal des Weißensees in Kärnten. Ein Beitrag zur näheren Kenntnis der Seen des Landes. – 26. Jber. StORSchule Klagenfurt, 1883, 50 S., 1 K.

Haßler J. Kärntner Seenstudien. (Wasserwirtschaftsfragen an Deutschösterreichs Südgrenze, die Floß- und Plättenschiffahrt und der Ausbau der Drau- und Möllwasserwerke in Kärnten, u. a.) – Klagenfurter Ztg, 1921 u. Sammlg im Selbstverl. d. Verf. – Bespr. Carinthia II, 1923, 167.

Häuser J. Die Niederschlagsverhältnisse in Bayern und in den angrenzenden Staaten. Atlas mit Tabellen- u. Textband. 1901–1925. – Veröff. Bayer. Ldsstelle f. Gewässerkde, München (Riedel) 1930, 76 S., 51 K. – Bespr. Z. Ges. f. Erdkde Berlin, 1931, 316; Mitt. Geogr. Ges. München, 25, 1932, 108; Geogr. Z., 39, 1933, 118.

Haushofer M. Der Chiemsee. – Zürich 1893, 36 S. (Europ. Wanderbücher, 215.)

Heberdey B. Die Bedeutung der Eiszeit für die Fauna der Alpen. – Zoogeographica, Internat. Archiv f. vergl. u. kausale Tiergeographie, 1, H. 3, Jena (Fischer) 1933, 353–412, 12 Abb., 1 Taf. – Bespr. GZ 52 A/223, 4 B/1333.

Heim Alb. Über Korrektion von Gebirgsgewässern. – Jb. SAC, 6, Bern 1870, 329–349.
— Über den gegenwärtigen Stand der Hochgebirgsquellen. – Neue Alpenpost, 15, Zürich 1882, 55.
— Die Seen des Oberengadin. – Jb. SAC, 15, Bern 1880, 429–436. – Bespr. Jber. Natf. Ges. Grbd., NF, 24, Chur 1881, 126; Gaea, 24, 1888, 402.
— Die Quellen. – Öffentl. Vorträge, geh. in d. Schweiz, Bd 8, H. 9, Basel 1885, 31 S. – Bespr. NJb. 1887/1, 37; PetMitt., 31, 1885, 401.
— Die Quellen. Ihre Entstehung, Beurteilung und Benutzung. – Landwirtsch. Jb. d. Schweiz, 2, Bern 1888, 177–186.
— Sur l'origine des grands lacs alpins. – Arch. d. sc. phys. et nat., 3e pér., t. 28, Genève 1892, 449–450; EgH 3, 1892, 243–244. – Bespr. EgH 3, 356.
— Über die Entstehung der Seen. – Ber. ü. d. Tätigkeit d. St. Gall. Natwiss. Ges. 1891/1892, St. Gallen 1893, 65–66.
—, **Gilly** u. **Kilchmann.** Wasserversorgung Thusis. Expertenbericht. – Thusis 1893, 27 S. (Bibl. Heim.)

Heim Alb. Geolog. Nachlese 1. Die Entstehung der alpinen Randseen. – Vierteljschr. der Natf. Ges. Zürich, 1894, 20 S. S. a. Geogr. Nachr., 8, Basel 1892, 3. S. – Bespr. Bl. 908; Z. f. prakt. Geol., 1894, 258; EgH 4, 1894, 188; Arch. d. sc. phys. et nat. de Genève, 31, Genève 1894, 374.
—, **Cardinaux J., Epper J., Lüchinger J., Peter H.** Die Silsersee-Wasserwerkanlage. Gutachten 1910 an den Kanton Graubünden. – Chur 1910, 40 S.

Heim Alb. Bergsturz und Menschenleben. – Vierteljschr. Natf. Ges. Zürich, 1932, 218 S., 37 Abb. – Bespr. VBA 1933, 81; GR 1933, 258; Z. Ges. f. Erdkde Berlin, 1933, 227; Boll. R. Soc. Geogr. It., s. 6, v. 10, Roma 1933, 568; Z. f. Geomorph., 8, 1934, 199.

Heim F. Die Absenkung des Walchensees und ihre Auswirkungen. – Sonderdruck, 3 S., 4 Fig. – Bespr. GZ 35/1229.

Heller E. Das Achensee-Kraftwerk. – Z. Österr. Ing.- u. Arch.-Ver., Wien 1926.
— Maschinelle und elektrische Anlagen des Achensee-Kraftwerkes. – Elektrotechnik u. Maschinenbau, 45, Wien 1927, 690–697.
— Die technischen Anlagen der Tiroler Wasserkraft-A.-G. – Bergland, 9, 1927, Nr. 9, 32 Abb.
— Innsbrucks Achenseewerk. – In: Die Tir. Landeshauptstadt Innsbruck (Tir. Landesverkehrsamt), Innsbruck (Wagner) 1929, 185–192, 9 Abb.

Heller F. u. **Nieder R.** Geologisch-morphologische Untersuchungen im Partnachtal des Wettersteingebirges. – Mitt. ü. Höhlen- und Karstforschung, Berlin 1932, H. 4, 119–153, 2 Taf., 5 Abb.

Hellmann G. Über die Alpen als Wetter- und Klimascheide. – Gerlds Beitr. z. Geophys., 22, 1931, 25–26.

Hellriegl H. Das projektierte Achensee-Großkraftwerk. – Elektrojournal, Charlottenburg 1921.

Hellwald F. v. Die Elementarereignisse in den Alpen im Herbste 1868. – Jb. ÖAV, 1869, 250–270.

Henkel L. Zur Morphologie der Flußläufe. – GR 17, 1926, 1–3, Nachtr. 280. – Bespr. GZ 37/1205.

Henle E. Mitteilungen über die Münchener Wasserversorgung. – Journ. f. Gasbeleuchtung u. Wasserversorgung, 1913.

Henrich J. Die Verbauung des Schesatobels in Vorarlberg. – Schw. Z. f. Forstwesen, 1924.

Hergesell H. u. **Wilcke.** Photographische Aufnahmen über den Bodensee vom Zeppelinschen Luftschiff aus. – PetMitt., 58, 1912, Taf. 16. (Seegrund.)

Hernegger F. Eine Eishöhle in der Nähe der Obstanserseehütte. – Austria-Nachr., 1932, 165, 1 Abb. – Bespr. Reichspost v. 10. 10. 1933; Tir. Anzg., Nr. 235 v. 11. 10. 1933.
— Eishöhle beim Obstanser See. – Mitt. über Höhlen- und Karstforschung, Berlin (Junk) 1933, H. 1, 43–44.

Herpich H. Die Eisverhältnisse in den südbayerischen Seen. – Münchner geogr. Studien, 26,

München 1911, 89 S., mehr. Taf. - Bespr. Mitt. Geogr. Ges. Wien, 1911, 344; Geogr. Z., 17, 1911, 416.

Hess H. Gerard de Geers „Kurve der Sonnenstrahlung". - PetMitt., 1929, 70. - Bespr. GZ 41/630.

Hettner A. Die Arbeit des fließenden Wassers. - Geogr. Z., 16, 1910, 365-384.

Hibler J. Der Eibsee und der Badersee. Eine kultur- u. wirtschaftsgesch. Studie. - München 1918, 126 S., 1 K.

— Der Plansee und seine Umgebung. Eine glazialgeol., besiedlgs-, wirtsch.- u. kulturgesch. Abhdlg. - Innsbruck (Wagner) 1921, 135 S. - Bespr. Z. Ges. f. Erdkde Berlin, 1921, 291.

Hildenbrand Th. Das Quellgebiet der Iller und ihr Lauf bis Immenstadt. - Z. f. wissenschaftl. Geogr., 5, 1885, 13-29.

— Hydrographische Verhältnisse der Iller. - Z. f. wissenschaftl. Geogr., 6, 1888, 134-145, 239-243.

Hiltebrandt P. Die Gefahr der Talsperren. Nach den Erfahrungen der Glenokatastrophe. - Bozner Nachrichten, Nr. 59 v. 11. 3. 1924.

Hocheisen. Über die Rheinkorrektion von Ragaz bis zum Bodensee und über eine Karte des Pegelstandes und der Wasserabflußmengen aller Schweizer Flüsse. - Jh. d. Ver. f. vaterld. Natkde in Württemberg, 34, Stuttgart 1878, 100-106.

Hochwasser. Skizzen über die Überschwemmung ... im Tauferer- und Ahrntale am 17. Aug. 1878. - Pustertaler Bote, Bruneck 1878, 16 S.

— Unglückstage Brunecks vom 16. bis 22. September 1882. - Pustertaler Bote, Bruneck 1882, 16 S.

Hochwasserschäden in Tirol und Kärnten. - Mitt. DÖAV, 1882, 245-248, 263-270, 303-307.

— Die - in Tirol im Herbst 1882. Betrachtungen über ihre Ursachen und Ratschläge zur Abhilfe für die Zukunft. Von einem Tiroler. - München (Finsterlin) 1882, 12 S. - Bespr. Mitt. DÖAV, 1883, 28.

Hofbauer R. Zeitgemäße Betrachtungen über den projektierten Ausbau der österr. Alpenwasserkräfte mit Bezug auf deren künftige Funktion in der Energiewirtschaft Mitteleuropas. - Die Wasserwirtschaft, 1931, Nr. 12, 169-171.

Hoffer M. Unterirdisch entwässerte Gebiete in den nördlichen Kalkalpen. - Mitt. Geogr. Ges. Wien, 49, 1906, 465; 52, 1909, 223; 46 S. - Bespr. GZ 15/1513.

Hoffmann F. L. Der Gadriabach bei Laas im Vintschgau. Eine Wildbachstudie. - Z. DÖAV, 1885, 18 S., 1 K.

Holler H. u. **Reuter L.** Die Gewinnung von Trink- und Nutzwasser in Bayern. - Gesundheits-Ing., München 1912.

Hölzl P. Die Montiggler Seen und die Eislöcher in der Gand. - Bozner Ztg, Nr. 158 v. 1882.

Honsell M. Der Bodensee nud die Tieferlegung seiner Hochwasserstände. Eine hydrologische Studie auf Grund der Verhandlungen der internat. techn. Komm. f. d. Regulierung der Bodensee-Wasserstände v. 1873-1878 bearbeitet. - Stuttgart 1879, 192 S., 1 Atl.

Hörmann I. v. Die Badeanstalten des Kreises an der Etsch. - Z. f. Tir. u. V., 2, Ferdin., Innsbruck 1826, 239-286.

Hörnlimann J. Unterseeischer Lauf des Rheines und der Rhone in ihren Deltas. ... - Bespr. Ausland, Stuttgart u. München 1886, 418.

— Über Seetiefenmessungen. - Schw. Bauztg, 7, Zürich 1886, 121-124, 127-130, 133-134.

— Die Tiefenmessungen und das Kartenmaterial für die Herstellung der neuen Bodenseekarte. - Schr. d. Ver. f. Gesch. d. Bodensees, 22, Lindau 1893, Bodenseeforschgen, 2. Abschn., 50-57, 1 Abb. S. a. Zeppelin.

Hörstel W. Die oberitalienischen Seen. Mit einer geogr.-geolog. Übersicht v. A. Tornquist. - Bielefeld u. Leipzig (Velhagen u. Klasing) 1925, 136 S., 1 K.

Hörtnagl H. Alt-Innsbrucks Versorgung mit Quellwasser. - In: Ynnsprugg, ebd. (Wagner) 1932, 80-82.

Horwitz L. Quelques rapprochements entre le climat, la glaciation et l'écoulement dans le bassin du Rhin alpin. - Proc. verb. Soc. vaud. d. sc. nat., Lausanne, séance 13. 1. 1912; Arch. d. sc. phys. et nat. de Genève, 1912, t. 33, 452-454. - Bespr. EgH 13, 1914, 35.

— Sur une particularité de l'écoulement du Rhin alpin. - Bull. Soc. vaud. sc. nat., vol. 49, Lausanne 1913, 23-57; Bull. Lab. géol. ... Univ. de Lausanne, Nr. 18, 1913, 39 S. - Bespr. EgH 13, 1914, 558; Ann. de Géogr., 131, 1915, 203.

— Encore sur l'écoulement du Rhin alpin. - Boll. Soc. vaud. sc. nat., vol. 50, Lausanne 1914, 141-162; C. R. vaud. d. sc. nat., séance 3. 6. 1914, 33-34; Arch. d. sc. phys. et nat. de Genève, 38, 1914, 209-210. - Bespr. EgH 14, 1916, 392; GZ 24/743.

Hradil G. Die geologischen Verhältnisse der Plansee-Umgebung. - Außferner Bote, 1927, Nr. 56 u. 57.

— Zur Geologie der Planseeumgebung. - Innsbr. Nachr., Nr. 59 v. 10. 3. 1928, 1 Sp.

— Die Murbruchkatastrophe von Seefeld. - Neueste Zeitung, Nr. 201, Innsbruck, 31. 8. 1929.

— Tirol in der Frage der Ausnutzung der Tauernwasserkräfte. - Die Wasserwirtschaft, 1931, H. 17/18, 294-295.

Hruschka A. u. **Schweitzer F.** Das Spullersee-Kraftwerk der Österr. Bundesbahnen. - Z. Österr. Ing.- u. Arch.-Ver., 1925, H. 29/30.

Hruschka A. Die Kraftwerke und Unterwerke für den elektrischen Betrieb der Arlberg- und der Salzkammergutbahn. I. Das vergrößerte Ruetzkraftwerk. (Vortr.) - Elektrotechnik u. Maschinenbau, Wien 1925, H. 1 u. 2, 26 S., 43 Abb.

— Die Kraftwerke und Unterwerke für den elektrischen Betrieb der Arlberg- und derSalzkammergutbahn. II. Das Spullersee-Kraftwerk mit dem Unterwerk Danöfen. - Elektrotechnik u. Maschinenbau, Z. d. Elektrotechn. Ver. in Wien, H. 47, 48, 49, 51, 1927, 44 S., 68 Abb.

Huber G. Monographische Studien im Gebiete der Montiggler Seen (Südtirol). - Dissert. Stuttgart (Nägele), 1905; Arch. f. Hydrobiol. u. Planktonkde, 1, Stuttgart 1905.

— Der Kalterersee (Südtirol). - Arch. f. Hydrobiol., 3, Stuttgart 1907.

Huditz W. Werden und Vergehen der Gebirge. (Vortr.) - Carinthia II, 1915, 53-62.

Hug J. Der Voralpsee bei Grabs. Eine geolog.-hydrolog. Studie. - Schw. Wasserwirtsch., 3, Nr. 24, Zürich 1911, 345-348.

Hummel K. Über Sedimentbildung im Bodensee. - Geol. Arch., 2, 1923, 35-45. - Bespr. GZ 30/512; Z. DGeolGes., 1923, Mber., 154; NJb. 1924/2, 235.

Idrologici. Annali - 1928. Elaborazione e studi. - Uff. Idrogr. d. R. Mag. a. Acque, Venezia, Roma 1930, 308 S., 447 Abb., K. 1:500000.

Imhof O. E. Über die pelagische und Tiefseefauna einer frößeren Zahl oberbayerischer Seen. - Tagebl. d. 58. Vers. D. Natf. u. Ä., Straßburg 1885, 393, 403.

— Über die mikroskopische Tierwelt hochalpiner Seen. - Zool. Anzg., 1887, 13, 33.
— Zur Kenntnis der Hydrologie des Kantons Graubünden. - Jber. Natf. Ges. Grbd., NF, 32, 1887/88, Chur 1889, 34-54.
Inn. Der regulierte -. - Innsbr. Nachr., Nr. 98 v. 29. 4. 1931, 2 Sp.
Innerhofer F. (I-r.) Der Kummersee in Hinterpasseier. - Der Sammler, Beitr. z. tir. Heimatkde, 2, Meran 1907, 67.
Inngebiet bis zum Schergenbach. - Veröffentl. des Amtes f. Wasserwirtsch., B. Wasserverh. der Schweiz, 1924.
— Wasserstandsverhältnisse des -es. - S. Jb. d. Hydrogr. Zentralbüros Wien.
Inn- und Salzachgebiet. Das -, nebst den in Österreich gelegenen Teilen des Iller-, Lech- und Isargebietes. - Jb. d. Hydrogr. Zentralbüros, NF, 9, Wien 1922 (1929); NF, 13, 1926 (1930).
— Das -. - Jb. d. Hydr. Zentralbüros, NF, 7, 1, Wien 1923, 52 S.; NF, 8, 1921 (1928), 63 S.
Inondazioni. Relazione sulle - del sett. ed ott. 1882 nel Trentino e sulla prima distribuzione sussidie ai danneggiati. - Trento 1882, 44 S.
Isar (ed.) Die Mittlere -. - München-Augsburger Abendztg, Nr. 456 v. 4. 11. 1920.
Isarco (Eisack). Società Idroelettrica dell'-. Derivazione dell'- fra Ponte all'- e Cardano. - L'Energia Elettr., v. 8, f. 11-12, Milano (Calamandrei) 1931, 68 S., 102 Fig.
Jaeger J. Der Tegernsee. - Globus, 88, 1905, 357-362. - Bespr. GZ 8/271.
— Der Schliersee. - Globus, 89, 1906, 363-367. - Bespr. GZ 8/1206.
— Der Würm- oder Starnberger See. - Globus, 96, 1909, Nr. 3, 45-49; Nr. 4, 61-64, 1 K. - Bespr. GZ 15/1506.
Jäggli M. Il delta della Maggia e la sua vegetazione. Contributi a. stud. geobot. d. Svizzera. - Zürich 1922, 174 S.
Jeller J. Messa - Messensee. (Heimatkundliche Erweiterung zu Karl Staudachers Abhandlung über die Römerstraßen im Pustertal, Schlern, 15, 114 ff.) - Der Schlern, 15, 1934, 233-235.
Jenette A. Klüfte und Talrichtung im Gebiete der Trettach und ihrer Nebenflüsse. - Inaugdiss. Univ. München, 1931, 44 S., 12 Abb., 1 Skz.; Mitt. Geogr. Ges. München, 24, 1931, H. 2, 257-300. - Bespr. GZ 47 A/2076.
John C. v. Bericht über die Untersuchung der Bodensee-Grundproben. - Bodensee-Forschungen, 7, Lindau 1894, 11-14. - Bespr. VRA 1895, 155.
Kardaun. Kraftwerk - am Eisack. - Schw. Bauztg, 94, 1928, 241.
— Das Kraftwerk in Cardano (Kardaun). - Ind.- u. Handelsztg, 1929, Nr. 8, 9, 11.
Kargl F. Osttirol und die Tauernwasserkräfte. (Vortr.) - Die Wasserwirtschaft, Wien 1931, H. 17/18, 7 S., 2 Fig.
Kastner G. Die Schaltanlagen des Achensee-Kraftwerkes. - Elektrotechnik u. Maschinenbau. Wien 1928, H. 26, 647-656, 12 Abb.
Kaufmann H. Rhythmische Phänomene der Erdoberfläche. - Braunschweig (Vieweg) 1929, 348 S., 15 Abb. - Bespr. Z. f. Glkde, 17, 1929, 249; GZ 40/70, 43/1515; Z. Ges. f. Erdkde Berlin, 1930, 143; Z. f. Geomorph., 5, 1930, 254; GR 21, 1930, 321; Geogr. Z., 36, 1930, 46; PetMitt., 76, 1930, 43; Z. f. Krist., 73, 1930, 120; Tscherm. Min. u. petr. Mitt., 40, 1930, 199.
Keller H. Die Speisung des Rheins aus dem Alpen- und Mittelgebirgslande bei Niedrigwasser. - Geogr. Z., 14, 1908, 537-552.
— Die Ausnutzung der Wasserkräfte in der Schweiz. - Geogr. Z., 23, 1917, 116-133. - Bespr. GZ 23/270.
Kellermann Chr. Die Rheinregulierung zwischen Vorarlberg und der Schweiz und ihr voraussichtlicher Einfluß auf den Fortbestand der Bregenz-Lindauer Bucht. - Schr. d. Ver. f. Gesch. d. Bodensees, 1895, 24. H., 49-64, 1 K. - Bespr. Bl. 936.
Kennerknecht F. Das Innwerk. (Jettenbach-Töging.) - Münchner Neueste Nachr., Nr. 44 v. 20. 11. 1924, Beilage Fortschritte der Technik.
Kerner F. v. Die Verschiebung der Wasserscheide im Wipptale während der Eiszeit. - Sber. Ak. d. Wiss. Wien, 100, 1891, 16 S. - Bespr. VRA 1892, 228; Bl. 804; NJb. 1894/2, 46; Mitt. Sekt. f. Natkde ÖTC, 4, 1892, 5; PetMitt., 1892, Litber., 140.
— Untersuchungen über die Abnahme der Quellentemperatur mit der Höhe im Gebiete der mittleren Donau und im Gebiete des Inn. - Sber. Ak. d. Wiss. Wien, 112, 1903, Abt. IIa, 421-492; Anzg. Ak. d. Wiss. Wien, 40, 1903, 89-91. - Bespr. GZ 5/166.
— Einfluß geologischer Verhältnisse auf die Quellentemperatur in der Tribulaungruppe. - VRA 1911, 347-358. - Bespr. GZ 18/684.
Kerner-Marilaun F. Anisothermie in Quellhorizonten und ihre geologische Deutung. - Sber. Ak. d. Wiss. Wien, math.-nat. Kl., Abt. 1, 141, 1932, 245-254; Anzg. Ak. d. Wiss. Wien, 69, 1932, 133.
Kininger J. Wo entspringt die Drau, am Toblacherfeld oder am Kreuzberg? - Der Schlern, 8, 1927, 176.
Kinzl H. Das Hochwasser Ende September 1927 in Tirol. - Z. f. Glkde, 17, 1929, 226-227.
— Die größten nacheiszeitlichen Gletschervorstöße in den Schweizer Alpen und in der Mont Blanc-Gruppe. - Z. f. Glkde, 20, 1932, 279-397, 11 Skz. u. Abb., 20 Bilder. - Bespr. GZ 49 A/746; Z. Ges. f. Erdkde Berlin, 1934, 61.
Kittl E. Über Entwaldungen und Hochwässer. - Mitt. Sekt. f. Natkde ÖTC, 2, 1890, 65-66.
— Zu den Hochwasserkatastrophen in Südtirol und Kärnten. - Mitt. Sekt. f. Natkde ÖTC, 3, 1891, 70.
Kittler Chr. Die Entstehungsgeschichte des Bodensees. (Vortr.) - Auszug: Mitt. Geogr. Ges. München, 1, 3, 1905, 488-490.
— Alois Geistbeck †. - Geogr. Z., 32, 1926, 6-8.
Klebelsberg R. v., Weingartner J., Loesch E. u. a. Klausen zum Gedenken an das große Unglück am 9. Aug. 1921. (Hochwasser.) - Bozen 1921, 78 S.
Klebelsberg R. v. Auf den Spuren des Klausener Hochwassers. - Bozener Nachr., 29, 194, 1921, 9 Sp.
— Vinschgauer Wanderungen. 1. Rojen. 2. Auf den Spuren des Langtauferer Gletschers. 3. Die Seen auf der Malserheide. - Der Schlern, 8, 1927, 88-89, 148-151, 412-415.
— Vom abgesenkten Lünersee. - Mitt. DÖAV, 1927, 38-41.
— Das Einzugsgebiet des Hochwassers von Klausen am 9. August 1921. - Pro Chiusa, 1927, 8-13.
— Das Hochwasser Ende September 1927 in Tirol. - Z. f. Glkde, 16, 1928, 262-263; s. a. ebd., 17, 1929, 226 (H. Kinzl).
— Das Bozner Land. - Alpenlandschaften (E. Oberhummer), Bd 3, Deutscher Verl. f. Jugend u.

Volk, Wien 1930, 90 S., 26 Abb. - Bespr. GZ 44/875; Mitt. DÖAV, 1930, 223; Mitt. Geogr. Ges. München, 23, 2. H., 1930, 234; Heimat, 11, Innsbruck 1930, 288; Österr. Touristenztg, 51, 1931, 32; Z. f. Geomorph., 6, 1931, 128; Geogr. Z., 36, 1930, 625.

— Josef Damian †. - Der Schlern, 11, 1930, 245-247; 12, 1931, 159; Mitt. DÖAV, 1930, 151.

— Das Problem der Hangkanäle im Hochgebirge. Geolog. Bedenken zum Tauernwerksprojekt der A.E.G. - Wasserkraft u. Wasserwirtschaft, 26, München u. Berlin 1931, 13. H., 153-155.

— Die Murbrüche im Tauferer und Antholzer Tal am 5. August 1931. - Der Schlern, 12, 1931, 333-338.

Kleinschmidt E. Beiträge zur Limnologie des Bodensees. - Schr. d. Ver. f. Gesch. d. Bodensees, 49, Lindau 1921, 34-69, 2 Fig., zahlr. Tab.

— Der Einfluß des Bodensees auf die Lufttemperatur seiner Umgebung. - Das Wetter, 38, H. 3/4, 33.

Klüpfel W. Die Entstehung der Donau. (Vortr.) - Z. DGeolGes., 1928, B, Mber., 282-287. - Bespr. GZ 41/452.

Knabenhans A. Zur Hydrographie des Rheingebietes zwischen der Landquart und dem Bodensee. - Inaugdiss. Univ. Zürich (Leemann) 1912, 119 S. - Bespr. PetMitt., 60, 1914/2, 239.

Knauer J. Geologische Monographie des Herzogstand-Heimgarten-Gebietes. - Inaugdiss. München, 1906; Geogn. Jh., 18, 1905, 73-112, K. 1:25000, 1 Prof. - Bespr. VRA 1907, 221; GZ 11/928, 15/41; NJb. 1910/1, 104; Mitt. Geogr. Ges. München, 8, 1913, 60.

— Die tektonischen Störungslinien des Kesselberges. - Mitt. Geogr. Ges. München, 5, 1910, 324-346, K. 1:25000; Ldskdl. Forschgen, 9, 1910. - Bespr. GZ 17/366; NJb. 1912/1, 103; Mitt. Geogr. Ges. München, 8, 1913, 60.

— Die geolog. Verhältnisse und Aufschlüsse des Walchensee-Kraftwerkes. - Geogn. Jh., 37, 1924 (1925), 35-66. - Bespr. GZ 30/1324, 34/611; Z. f. prakt. Geol., 1924, 128.

— „Grundfragen alpiner Formenkunde" - und die Entstehung des Walchenseebeckens. - GR 1926, 113-118. - Bespr. GZ 34/597; NJb. 1926/2, B, 347; 1928/2, 597.

— Die Gehängerutsche (Blattanbrüche) bei Garmisch-Partenkirchen. (Ein Beispiel für die erodierende Kraft des Hagels.) - Abhdlgen Geol. Ldsuntersuchung am Bayer. Oberbergamt, H. 11, München 1933, 47-55, 2 Taf. - Bespr. GZ 50A/1925.

Knoch K. u. **Reichel E.** Verteilung und jährlicher Gang der Niederschläge in den Alpen. - Veröff. d. Preuß. Meteorol. Inst., Nr. 375, Abh. Bd IX, Nr. 6, Berlin 1930, 84 S., 28 K. - Bespr. Mitt. DÖAV, 1931, 49; Z. f. Glkde, 19, 1931, 217.

Koch G. A. Über Wildbäche der Alpen. - Monatsblätter des Wissensch. Clubs, Nr. 5, Wien 1883, 6 S.

— Ein Wort zu den letzten Überschwemmungen in Tirol und Kärnten. - Deutsche Rundschau f. Geogr., 5, H. 4, Wien (Hartleben) 1883, 178-183.

— Die Ursachen der Hochwasserkatastrophe in den Südalpen. - Z. DÖAV, 1883, 34 S.

Koch W. Die höhere Vegetation der subalpinen Seen und Moorgebiete des Val Piora (St. Gotthard-Massiv). - Z. f. Hydrolog., 4, 1928.

Kofler H. Die Kultivierung des Zirl-Inzinger Mooses. - Jb. d. Tir. Bauernbundes u. des Tir. Landeskulturrates, 1925.

Kofler O. u. **Gschwendter A.** Das Sterzinger Moos, seine Entsumpfung und Kultivierung. - Der Schlern, 8, 1927, 256-265, 2 Taf.

Koegel L. Alpin-geographisches Wanderbuch. - München, Alpenfreund-Bücherei, 21, 1927, 142 S., 9 Taf. - Bespr. Geogr. Z., 1927, 484; Mitt. DÖAV, 1927, 95; PetMitt., 75, 1929, 44.

— Karsterscheinungen und Eislandschaften im Salzachgebiet. - Mitt. DÖAV, 1933, 195-197.

Koehne W. Das Grundwasser in der südbayerischen Hochfläche. - Mitt. Geogr. Ges. München, 11, 1916, 213-252; Ldskdl. Forschgen, 23. H. - Bespr. GZ 24/1227; Z. Ges. f. Erdkde Berlin, 1918, 87; Geogr. Z., 23, 1917, 554.

Kopfmüller A. Der Land- und Seewind am Bodensee. - Schr. Ver. f. Gesch. d. Bodensees u. s. U., 54. H., Lindau 1926, 280-333, 16 Fig.

Köppen W. Die vorherrschenden Winde und das Baersche Gesetz der Flußbette. - Meteorol. Z., 1890, 34. - Bespr. NJb. 1890/2, 240.

Kordon F. Die Hochwasserkatastrophe vom 13. Sept. im Liser- und Malteinertale. - Mitt. DÖAV, 1903, 247-249.

— Zwei Naturereignisse im Hochalmgebiet. Felssturz am Malteiner Sonnblick (Kärnten) und ein Bergrutsch beim Blauen Tumpf im Maltatal (Kärnten). - Mitt. DÖAV, 1933, 23-24.

— Der Bergrutsch beim Blauen Tumpf im Maltatal (Kärnten). - Mitt. DÖAV, 1933, 24.

Kozler. Der einstige Viller See - heute Ackerland. - Jb. Tir. Bauernbund f. 1928, 186-188, 3 Abb.

Kraft J. Eine Überschwemmung in Schluderns 1737. - Forschungen u. Mitt. z. Gesch. Tirols u. Vorarlbergs, 7, Innsbruck 1910, 288-290.

Kraftwerke. Westtiroler -. Verhandlungsschrift über Obere und Untere Ötzwerke. - Bundesmin. f. Land- und Forstwirtschaft, Z. 34729-1 v. 1931, 257 S. Maschinschrift, 4 Beilagen.

Kranz W. Ein wirklicher geologischer, hydrologischer und Wünschelrutenerfolg beim Mangfall-Stollnbau. - Zbl. f. Min., 1931, B, 376-382. - Bespr. GZ 46A/493.

Krapf Ph. Die Verbauungsarbeiten der Tiroler Gewässerregulierung am Lenobache. - Z. Österr. Ing.- u. Arch.-Ver., 44, Wien 1892, 677.

— Die Geschichte des Rheins zwischen dem Bodensee und Ragaz. - Schr. d. Ver. f. Gesch. d. Bodensees, H. 30, 1901, 119-222, 1 K., mehr. Fig.

— Die Schwemmstofführung des Rheins und anderer Gewässer. - Österr. Wochenschr. f. d. öffentl. Baudienst, Wien 1919, H. 48-50, 54 S. - Bespr. Revue de Géol., 2, 1921, 65.

— Die Verlandungen des abgeleiteten Rheins im Bodensee und ihre Beziehungen zur Rheinregulierung. - Österr. Monatsschrift f. d. öff. Baudienst u. d. Berg- u. Hüttenwesen, 1924, H. 8, 110-113. - Bespr. GZ 31/1124.

— Vom Rhein verursachte Strömungen im Bodensee und ihre Auswirkungen auf den Seegrund in früherer und heutiger Zeit. - Die Rheinquellen, Basel 1929, Nr. 4-6, 14 S.

Kraus F. Die Karsterforschungsarbeiten. - Mitt. DÖAV, 1888, 70-73.

Krebs N. Länderkunde der österreichischen Alpen. - Bibl. länderkdl. Handbücher, Stuttgart (Engelhorn) 1913, 556 S., 26 Taf., 77 Abb. - Bespr. Z. Ges. f. Erdkde Berlin, 1914, 306; Mitt. Geogr. Ges. München, 1913, 523; Z. Ferdin., 3. F., 57. H., Innsbruck 1913, 389; Die Naturwissensch., 1913, 1185; Mitt. Geogr. Ges. Wien, 57, 1914, 114; Geogr. Z., 20, 1914, 712; Carinthia II, 1913, 223.

Krebs W. Über Quellentemperaturen in den österreichischen und an Österreich angrenzenden Bergländern. - Deutsche Rundschau f. Geogr. u. Statistik, 1911, 334ff.

Kreis H. Die Seen im Aela- und Tinzenhorngebiet. - Jber. Natf. Ges. Grbd., NF, 62, 1922/23, Chur 1923, 39–70.

Krucker H. Die Grundlagen einer schweizerischen Binnenschiffahrt. - Geogr. Z., 27, 1921, 9–18.

Kugler J. Die Hochwasser-Verheerungen im Pustertale im Jahre 1882. Zum 50-Jahr-Gedächtnis. - Osttiroler Heimatblätter, 9, Lienz 1932, 65–72.

Kühl F. Untersuchungen über Temperaturverhältnisse und Sichtigkeit im Walchensee und Kochelsee i. d. J. 1921–1923. - Arch. f. Hydrobiol. (Thienemann), Stuttgart 1928, Suppl.-Bd 6, H. 1, 57–95. - Bespr. NJb. 1928/2, 338.

— Untersuchungen über das Zentrifugenplankton und das Netzplankton des Walchensees und des Kochelsees i. d. J. 1921–1923. - Arch. f. Hydrobiologie (Thienemann), Stuttgart 1928, Suppl.-Bd 6, H. 1, 96–160. - Bespr. NJb. 1928/2, 338.

Kunisch H. Über den Arsengehalt der Wässer des Oberen u. d. Unteren Pochhardsees und zweier in ihren Bereich gehörigen Quellen. - Mitt. DÖAV, 1881, 118–120.

Kuntscher H. Fischereibetrieb am ehemaligen Lanser und Viller See. - Innsbr. Nachr., Nr. 267 v. 18. 11. 1933, $2^1/_2$ Sp.

Kurzmann S. Die Lehren der Hochwasserkatastrophe in Nordtirol. (Schmirnerbach, Inntal.) - Die weiße Kohle, 2, Nr. 5, 33. - Bespr. GZ 13/328.

Ladurner-Parthanes M. Zum 600jährigen Bestehen des Algunder Etschwales (1333–1933). - Der Schlern, 14, 1933, 533–535, 1 Abb.

Laghi alpini. Resoconto preliminare delle ricerche compiute sui laghi alpini della Venezia Tridentina dal Museo di Storia naturale della Venezia Tridentina. (XX Riun. Milano 1931.) - Notiziario d. Boll. Soc. Geogr. It., s. 6, v. 8, n. 11, Roma 1931, 840.

Lago Nuovo (Z). Il –. - Ann. SAT, 4, 1877, 48.

Landini P. Il Lago d'Orta. Appunti di Geografia antropica. - Boll. R. Soc. Geogr. It., s. 5, v. 12, Roma 1923, 451–491.

Langhans V. Die Ergebnisse der Planktonfänge im Kochel- und Walchensee. - Kleinwelt, 1909, 161.

La Nicca R. Korrektion des Rheins im Domleschger Tal. - Denkschr. Allgem. Schw. Ges. f. d. ges. Natwiss., 1. Abt. Zürich 1829, 100–129, 1 K. - Bespr. Verh. 1828, Lausanne 1829, 41.

Lanzerotti E. La distribuzione dell'energia elettrica a mezzo delle Aziende Cooperative. - Trento (Monaui) 1930, 64 S.

Largaiolli V. Materiali per una Monografia biolimnologica del Trentino. - Tridentum, a. 1, Trento 1898, f. 1.

— Diatomee del Trentino. - Tridentum, f. 2, Trento 1905; f. 8–10, 1906.

— Ricerche biolimnologiche ecc. III. Lago Santo (Bacino dell'Adige). V. Lago di Cei. - Tridentum, 1906, f. 9–10; 1908, f. 8. - Bespr. Pro Cultura, 1, 1910, 161.

— Ricerche biolimnologiche sui laghi trentini. I. Lago di Lavarone. - Riv. mens. di Pesca, a. 8, 1906, n. 1–3.

— Ricerche biolimnologiche sui laghi trentini. II Lago di Terlago. Il Lago di Tovel (Bacino del Noce). - Atti Acc. Sc. Ven.-Trent.-Istr., n. s., an. 3, f. 1–2, Padova 1906, 33–40, 5 Fig.; an. 4, f. 1–2, 1907, 1–7, 5 Fig.

— Le diatomee del Trentino. XXI. Lago Santo. - Atti Acc. Sc. Ven.-Trent.-Istr., n. s., a. 4, f. 1 e 2, Padova 1907, 125–129. (Bibl. enthält Lit. über die anderen Seen des Gebietes.)

— Ricerche biolimnologiche ecc. VI. Lago di Loppio. - Riv. mens. di Pesca e Idrobiol., a. 5, Pavia 1910, n. 7–9.

— La colorisazione rossa del Lago di Tovel. - In: P. Prati, Dolomiti di Brenta, Trento (SAT) 1926, 295–296.

— La colorazione rossa intermittente del lago di Tovel. - Ann. SAT, 25, 1929/30, 259–262. - Bespr. Boll. Soc. geogr. it., v. 7, 1930, 959.

— Ricerche biolimnologiche sui laghi trentini. VII. Lago di Ledro. - Studi Trent. Sc. Nat., an. 13, Trento 1932, 26–31, 1 Abb.

Lasswitz E. Der Spullersee. - Heimat, 8, Bregenz 1927, 16–20. S. a. M. v. Siegl.

Lautensach H. Über alpine Randseen und Erosionsterrassen. (Bemerkungen zu Dr. E. Gogartens Arbeit.) - PetMitt., 57, 1911, 1, 9–12. - Bespr. Boll. Com. geol. d'It., 43, 1913, f. 2–3, 74.

— Die kleinen Seebecken der Tessiner Alpen. - Z. f. Glkde, 9, 1915, 1–41.

Lauterborn R. Wirkungen des Erdbebens vom 16. 11. 1911 unter dem Spiegel des Bodensees. - Jber. u. Mitt. d. Oberrhein. geol. Ver., NF, 2, 1912, H. 1, 10. - Bespr. GZ 18/1174; EgH 13, 1914, 40.

— Über Staubbildung aus Schotterbänken im Flußbett des Rheins. Ein Beitrag zur Lößfrage. - Verh. Nat.-med. Ver. Heidelberg, NF, 11, 1912, 359–368. - Bespr. GZ 18/921; NJb. 1913/2, 161; Jber. Natf. Ges. Grbd., NF, 54, 1913, 120; GR 1913, 571.

— Die geographische und biologische Gliederung des Rheinstromes. I. Teil. - Sber. Heidelberger Ak. d. Wiss., m.-nat. Kl., Abt. B, Biol. Wiss., 1916, VII, B, 6. Abt., Heidelberg 1916, 61 S. - Bespr. Die Natwiss., 6, 1918, 495.

— Die Kalksinterbildung an den unterseeischen Felswänden des Bodensees und ihre Biologie. - Mitt. Bad. Ldes-Ver. f. Natkde, NF, 1922, 209–215.

— Zur Kenntnis des Planktons des Bodensees und der benachbarten Kleinseen. - Mitt. Bad. Ldsvereins f. Natkde u. Naturschutz, Freiburg i. Br., NF, 1, 1925, 421–436.

— Der Rhein. Naturgeschichte eines deutschen Stromes. 1. Bd. Die erd- und naturkundliche Erforschung des Rheins und der Rheinlande vom Altertum bis zur Gegenwart. 1. Hälfte. Die Zeit vom Altertum bis z. J. 1800. - Ber. Freibg. Natf. Ges., 30, Freiburg 1930, 1–312. - Bespr. GZ 45/336.

Lauterburg R. Flußregulierungen. (U. a. Inn und Ticino.) - Allgem. Beschreibg u. Statistik der Schweiz (M. Wirth), 1, 1, Das Land, Zürich 1870, 93–112 mit Prof.

— u. **Culmann C.** Über den Einfluß der Wälder auf die Quellen- und Stromverhältnisse der Schweiz. - Verh. Schw. Natf. Ges. Basel, 1876, Basel 1877, 187–235.

Lavarone. I laghetti e le argile di –. - Ann. SAT, Trento 1899, 196–210.

Lebling Cl. Taubenberg und Mangfall - Schlierach. - Wasserkraft u. Wasserwirtschaft, 29, 1934, 4–6, 19–22, 2 Abb.

Lehmann F. W. P. Die Wildbäche der Alpen. Eine Darstellung ihrer Ursachen, Verheerungen und Bekämpfung als Beitrag zur physischen Geographie. - Breslau 1879, 75 S. - Bespr. Mitt. DÖAV, 1880, 70.

Lehmann O. Die Auswaschungen an Klammwänden und die Richtung des Wasserlaufes. Hinweise für die Deutung der Abflußrichtung ehemaliger Höhlengerinne. – Ber. d. Höhlenkommission, 3, Wien 1922. – Bespr. Z. f. Geomorph., 1, 1926, 167.

— Das Karrenphänomen. (Erwiderung an H. G. Lindner.) – Z. f. Geomorph., 6, 1931, 299–301. S. Lindner.

— Die Hydrographie des Karstes. – Enzyklop. d. Erdkde, Leipzig u. Wien (Deuticke) 1932, 16, 212 S., 78 Abb., 3 K. – Bespr. Z. f. Geomorph., 8, 1934, 42; Mitt. DÖAV, 1933, 211; Boll. Soc. Geogr. It., s. 6, v. 10, Roma 1933, 566; Geogr. Z., 39, 1933, 357; GZ 50 A/982; Mitt. ü. Höhlen- u. Karstforschg, 1933, H. 1, 39; Z. Ges. f. Erdkde Berlin, 1933, 151; Mitt. Geogr. Ges. München, 26, 1933, 236.

Leiningen W. Graf zu. Die Waldvegetation präalpiner bayerischer Moore, insbesondere der südlichen Chiemseemoore. – Natwiss. Z. f. Land- u. Forstwirtsch., 5, Stuttgart 1907, 1, 125.

Leitich F. Die Vereinigten Westtiroler Kraftwerke. – Die Wasserwirtschaft, Wien 1930, H. 18–19, 14 S.

Leitzachwerke. Übersichtskarte über die Baugebiete der III. Wasserzuleitung und der –. Tiefbauamt München, 1928.

Lendenfeld R. v. Alpenseen. – Westermanns Monatshefte, 42, Braunschweig 1898, 23 S.

Leonhard C. C. v. Messungen am Bodensee. (Zeitungsnachricht.) – Leonhards Taschenbuch, 22, Frankf. a. M. 1828 (Z. f. Min., 1828), 731–732.

Leopoldsberger K. Gefahrmeldeanlagen des Spullerseewerkes. – Siemens-Z., 1925, H. 10; Auszug: Elektrotechn. Z., 1926, 677.

Lepsius R. Der Rheinstrom und seine Überschwemmungen. (Festrede.) – Darmstadt (Winter) 1895, 19 S.

Letsch E. Rheinregulierung oberhalb des Bodensees. – Geogr. Anzg., 15, Gotha 1914, 167–168.

Leutelt-Kipke S. Hydrochemische Beobachtungen an einigen Südtiroler Mittelgebirgs- und Alpenrandseen. – Ber. Natw.-med. Ver. Innsbruck, 43–44, 1931/32–1933/34, 223–244, 11 Tab., 10 Diagr.

— Ein Beitrag zur Kenntnis der hydrographischen und hydrochemischen Verhältnisse einiger Tiroler Hoch- und Mittelgebirgsseen. – Arch. f. Hydrobiol., 27/2, 1934, 286–352, 3 Taf., 2 Text- u. 2 Tabellenbeilagen.

Levy F. Die Entwicklung des Rhein- und Maassystemes seit dem jüngeren Tertiär. – Ber. Natf. Ges. Freiburg i. Br., 23, 1921, 76 S. (Alpenrhein 4–11.)

Leyden F. Zur Entstehung des Walchensees. – GR 17, 1926, 347–348. – Bespr. GZ 35/1125.

Lindner H. Unterirdische Flüsse und Bäche. – Natwiss. Wochenschr., NF, 19, Jena 1920, 113–121.

— Alpine Karrenfelder. – Natwiss. Wochenschr., NF, 19, Jena 1920, 760–764.

— Das Karstphänomen in den Alpen. – Der Alpenfreund, 2, 7/8, München 1921, 6 S.

— Das Karrenphänomen. – PetMitt., Ergh. 208, 1930, 83 S., 5 T. – Bespr. Z. f. Geomorph., 6, 1931, 31; Erwiderg ebd. 218, 301; Geogr. Z., 36, 1930, 619; Z. Ges. f. Erdkde Berlin, 1930, 309; PetMitt., 77, 1931, 42; GZ 47 A/475.

Lipold M. V. Tabellen über das Gefälle der Flüsse in Salzburg. – JbRA 1854, 438–439.

— Das Gefälle der Flüsse im Kronlande Salzburg. – JbRA 1854, 614–624.

Locarno. Inondation de –. (Extrait des rélations de témoins oculaires.) – Conservateur suisse ou Etrennes helvétiennes pour 1828, Nr. 46, Genève 1827, 431–441.

Lorber J. Der Millstättersee und die Domitian-Legende. – Carinthia II, 1913, 88–94, 2 Abb.

Lorenz J. R. Vergleichende orographisch-hydrographische Untersuchung der Versumpfungen in den oberen Flußtälern der Salzach, Enns und der Mur oder im Pinzgau, Pongau und Lungau. – Sber. Ak. d. Wiss. Wien, 26, 1857, 91–151, 3 K.

Lorenzi A. Le Lavie, torrenti che si perdono nella pianura pedemorenica del Friuli. – Boll. Soc. geol. it., v. 24, Roma 1905, 704–709.

— Intorno alla caratteristica idrografia della pianura pedemorenica del Friuli. – Riv. geogr. it., an. 16, f. 3, Firenze 1909, 113–135. – Bespr. Boll. Com. geol. d'It., 41, 1910, 215.

— La provenienza delle acque e la regione sorgentifera del fiume Stella nel Friuli. – Mem. Geogr. di G. Danielli, Nr. 15, Firenze 1911, 182 S., 2 T. – Bespr. Boll. Com. geol. d'It., 43, 1913, f. 2–3, 75.

— Le piene e il prolungamento dell'alveo della Lavia di Gallariano (pianura pedemorenica del Friuli). – Mondo sotterr., an. 8, N. 3, Udine 1912, 49–54. – Bespr. Boll. Com. geol. d'It., 44, 1914, f. 2, 79.

Lossow v. Vom Bodensee. – Mitt. DÖAV, 1887, 294.

Loewengart St. Grundwasserverhältnisse und Wasserversorgung in Bayern. – Württ. med. Korr.-Bl., Nr. 24, 1929, 6 S.

Löwl F. Der Lünersee. – Z. DÖAV, 1888, 25–34, 2 K. (Auch Finstertaler Seen.) – Bespr. Jber. Natf. Ges. Grbd., NF, 32, Chur 1889, 80.

Löwy R. Die Turbinen des Kraftwerkes Spullersee. – Die Wasserkraft, 1926, H. 14/15.

Lucerna R. Landschaft um Wangenitz. – Fünfzig Jahre „Moravia", Festschr. DAV „Moravia", Brünn 1931, 69–84, 8 Abb., 1 K. – Bespr. Z. f. Glkde, 20, 1932, 508.

Lüddecke R. Über Moränenseen. Ein Beitrag zur allgemeinen Erdkunde. (U. a. Stubachtal.) – Halle (Niemeyer) 1880. – Bespr. Mitt. DÖAV, 1881, 164.

Ludwig A. Über die Entstehung der Alpentäler und der alpinen Randseen. – Jb. St. Gall. Natw. Ges. 1910, St. Gallen 1911, 182–197. – EgH, 12, 1912, 423.

— Über die Entstehung des Rheintales und des Bodensees. – Jb. St. Gall. Natw. Ges. 1914–1916, 54, St. Gallen 1917, 1–34, 3 Taf. – Bespr. GZ 24/745.

Lugeon J. Bewegungsformen rasch fließenden Wassers zwischen felsigen Uferrändern und äolischer Erosion ähnliche Rillenbildung an Felsen durch Flußerosion. (Le striage du lit fluvial.) – Ann. de Géogr., Paris, t. 23/24, 1915, 385–393. – Bespr. Mitt. Geogr. Ges. Wien, 1921/22, 132; EgH 15, 1918, 36.

Lugeon M. Le Rhône suisse tributaire du Rhin? – Comptes-rendus de l'Acad. d. sc. d. Paris, 11 janv. 1897, t. 124, Paris 1897, 106–109; Bull. d. l. Soc. vaud. d. sc. nat., 33, Lausanne 1897, 71–78. – Bespr. EgH 5, 1898, 407; Arch. d. sc. phys. et nat. de Genève, 6, Genève 1898, 344; NJb. 1899/1, 56.

Lütschg O. Ergebnisse der im Alpengebiet aufgestellten Niederschlagssammler für die hydrographischen Jahre 1929/30 und 1930/31. – Ann. Schw. Meteorol. Zentralanst., 67 u. 68, Zürich 1930 u. 1931, 4 S.

— Zur Hydrologie des Hochgebirges der Schweizer Alpen. (Vortr.) - Verh. Schw. Natf. Ges. Thun, 1932, 2. T., 263–281, 2 Fig. - Bespr. Z. f. Glkde, 21, 1933, 380.

Maaß F. u. **Kleiner F.** Die Innsbrucker Kraftwerke und der Wassermangel. - Innsbr. Nachr., Nr. 273 v. 30. 11. 1921.

Maaß F. Der Stausee im Gschnitztale. - Innsbr. Nachr. v. 21. 12. 1921.

Maddalena L. Sulla utilizzazione di un interessante livello idrico sovrastante la parte nordorientale dell'Altipiano dei Sette Comuni. - Atti Acc. d. Linc., Rend. d. cl. d. sc. fis., mat. e nat., s. 6, v. 10, f. 10, Roma 1929, 527–530. - Bespr. Boll. Soc. geogr. it., v. 7, 1930, 957; GZ 44/1074.

— Le falde artesiane che alimentano l'acquedotto di Vicenza. - Boll. Soc. geol. it., v. 49, 1929, 313–319.

Mader I. Der Alleghesee, ein Vorbild des Klausner Sees. - Der Schlern, 3, 1922, 28–29.

Magnaghi G. B. Carta idrografica del Verbano (Lago Maggiore), compilata dall'Uff. Idr. d. R. Marina sotto l. dir. di –. - 1893.

Magrini G. Carte annuali delle piogge nella regione veneta per il 1909 e 1910. - Pubbl. n. 33 Uff. Idr. Mag. a. Acque, Venezia 1911. (1911–15 ebd. Pubbl. 69, 1919.)

— La rete idrografica dell'Alto Adige. - Arch. p, l'Alto Adige, 18, 1923, 710–712.

Maier C. u. **E.** Bodenseeregulierung, Hochwasserschutz, Kraftnutzung und Schiffahrt. - Schaffhausen (Selbstverlag) 1924, 51 S., 1 K.

Maironi Da Ponte. Memoria oroidrografica-mineralogica delle montagne spettanti alle valli di Scalve e di Bondino nella provincia di Bergamo. - 1783.

— Fontane intermittenti della provincia di Bergamo. - Bergamo 1825.

Malfer F. Il Benaco. Parte I e II: Oroidrografia e itiologia. - Verona (Cabianca) 1932, 412 S.

Manganotti A. Sul terreno alluviale antico della provincia di Verona, sulle colline alluviali che sorgono intorno al lago di Garda, e sulla formazione di questo lago. - Verona 1865. - Bespr. NJb. 1866, 106; Bl. 222.

Margreiter H. Das Großkraftwerk im Zillertal. - Tir. Fischer, 4, 1929, 83–86.

Marinelli O. La più alta giogaia delle Alpi Carniche. - Boll. CAI, 1889, v. 22.

— Elementi geografici dei principali laghi delle Alpi Carniche. - Estr. d. In Alto, Cron. bim. d. SAFr, n. 2, a. 4, Udine (Doretti) 1893, 10 S.

— Alcune recenti esplorazioni di laghi delle nostre Alpi. - Geografia per Tutti, Nr. 12, 1893, 6 S., 1 Abb.

— Osservazioni batometriche e fisiche eseguite in alcuni laghi del Veneto nel 1894. - Atti R. Ist. Ven. d. Sc., Let. ed Arti, t. 6, s. 7, 1894/95, 63–74, 1 Taf.

— Aggruppamenti principali dei laghi italiani. - Boll. Soc. geogr. it., 7, 1894, 710–740.

— Area e profondità dei principali laghi italiani. - Riv. geogr. it., 1894/95.

— Fenomeni carsici, grotte e sorgenti nei dintorni di Tarcento in Friuli. - In Alto, Cron. SAFr, an. 8, Nr. 1–4, Udine 1897, 8–14, 22–29, 35–39, 49–51. - Bespr. Boll. Com. geol. d'It., 29, 1898, 488.

— Studi orografici nelle Alpi Orientali. - Mem. Soc. geogr. it., v. 8, p. 2, 1898, Roma 1899, 338–445, 13 Fig., 1 Taf.; Boll. Soc. geogr. it., 1900, f. 9–11, 776–813, 873–928, 984–1006. - Bespr. VRA 1899, 268; Geogr. Z., 7, 1901, 108.

— Studi orografici nelle Alpi Orientali. - III. Boll. Soc. geogr. it., 1902, 682–716, 757–779, 833–861; IV. Ebd. 1904, 13–34, 92–112, 193–223.

— I ghiacciai nel regime di fiumi alpini, secondo una memoria dell'Ing. Gaudenzio Fantoli. - Riv. geogr. it., 1903, 146. S. a. Fantoli.

— Sulla diffusione e sul carattere prevalente dei fenomeni carsici nei gessi delle Alpi italiane. - Mondo sotterr., an. 1, Nr. 3–4, Udine 1904, 59–61, 72–78. - Bespr. Boll. Com. geol. d'It., 36, 1905, 229.

— Ancora a proposito dei laghi più elevati delle Alpi. - Riv. geogr. it., a. 16, f. 9, Firenze 1909, 554–555. - Bespr. GZ 16/836; Boll. Com. geol. d'It., 41, 1910, 218.

— Fenomeni carsici nelle regioni gessose d'Italia. - Mem. Geogr. di G. Dainelli, Nr. 34, Firenze 1917, 156 S., 54 Abb. - Bespr. GZ 38/836.

— L'interrimento del lago di Alleghe ed il valore della denudazione nell'alto bacino del Cordevole. - Riv. geogr. it., 1924, v. 31, f. 11/12, 291–295. - Bespr. GZ 32/387.

— Cenni preliminari, Monti ed acque (della Carnia e Canal del Ferro). - In: Guida ecc., 1926, 3–23.

— Orografia, reticolato idrografico e forme del suolo (del Friuli). - In: Gortani, Guida geol. d. Friuli, p. 1, Tolmezzo 1926, 12–31.

— Un lago intermittente del Trentino: il lago d'Andalo. - Riv. geogr. it. (Firenze), 36, 1929, 1–12. - Bespr. GZ 41/90.

Marsili F. Osservazioni fisiche intorno al Lago di Garda. - Scritti inediti d. L. F. Marsili, Bologna (Zanichelli) 1930, 1–124.

Martelltal. Der Ausbruch des Eissees im –. - Mitt. DÖAV, 1891, 148, 159–160, 176–178; 1895, 11; Mitt. Geogr. Ges. Wien, 1895, 345; Carinthia II, 1896, 54.

März Chr. Beiträge zur Biogeographie und Morphologie der Alpen. II. Der Seenkessel der Soiern, ein Karwendelkar. - Wiss. Veröff. d. Ver. f. Erdkde Leipzig, 6, 1904, 213–316, 1 K. - Bespr. VRA 1904, 162; Geogr. Z., 10, 1904, 647; Mitt. DÖAV, 1906, 253.

Maspoli. Il deflusso del Lago di Lugano. - Boll. stor. d. Svizzera it., s. 2, an. 1, Bellinzona 1926, 13–14.

Mathis J. Die hydrographischen Verhältnisse des österreichischen Rheingebietes. - Wien (Manz) 1917, 73 S., 3 Taf. - Bespr. Internat. Rev. d. ges. Hydrobiol., 8, 1918, 411; Geogr. Z., 24, 1918, 189.

Maull O. Geomorphologie und geomorphologische Wirkungen des rheinischen Lebensraumes. - Aus: Der Rhein, sein Lebensraum, sein Schicksal. - Berlin (Vowinckel) 1928, 73–148, 3 Kskz.

Maurer J. Schneegrenze und mittlere Schmelzwasserhöhen im schweizerischen Alpengebiet. - Ski, 6, Bern 1910, 12 S.

— Die Verdunstung auf den Seen am Nordfuß der Alpen während der großen Hitze- und Dürrezeit 1911. - Meteor. Z., 28., Braunschweig 1911, 545–555. - Bespr. Arch. sc. phys. et nat. Genève, 33, 1912, 190; Internat. Rev. d. ges. Hydrobiol., 5, 1912, 151.

— Die Tiefentemperaturen des Zürich- und Walensees. - Schw. Wasserwirtsch., 9, Zürich 1916, 13–15, 28–31.

— Einige Ergebnisse aus den Temperaturlotungen (1904–1912) im Zürich- und Walensee. - Meteor. Z., 34, Braunschweig 1917, 193–197.

— Zur Thermik des Zürich- und Walensees. - Annalen Schw. meteorol. Zentralanst., 1915, Zürich 1917, Anhg Nr. 5, 7 S.

Maurer M. Denkschrift über die Wasserversorgung der Stadt Brixen. – Brixen (Magistrat) 1896, 42 S.
Max. Der Starnberger See. – München 1892.
Mayer J. Der Bodensee im Wechsel der Zeiten. – Konstanz (Oberbad. Verl.) 1929, 349 S., 208 Abb., 2 K.
Mayer-Eymar K. Stromlauf der Flüsse zur Tertiärzeit. – Verh. Schw. Natf. Ges., Aarau 1881, 54.
Mayr F. Die Gletscherausbrüche im Martelltale und der Klausenbau am Zufallboden. – Österr. Monatsschrift f. d. öffentl. Baudienst, 1895, 1. H.
Mayr O. Der Kummersee. (Oberes Passertal.) – Der Schlern, 8, 1927, 158–163.
— Die Wassernamen Nordtirols und verwandte Bezeichnungen. – Z. Ferdin., Innsbruck 1928, 173–263.
Mayr. Das Erdinger Moos und die Ausnützung der Wasserkräfte der Mittleren Isar. – Wegsucher, Techn. Beibl. zum Münch. Beobachter, Nr. 4, München, 6. 8. 1919, 6 Sp., 1 Skz.
Mazzoldi. Della Valtrompia e della inondazione del Mella. – 1851.
Mazzuoli L. Sull origine delle Rovine di Vedana. – CAI, Sez. d. Agordo, Sess. straord. 22. 8. 1875.
Meisser S. Die Nolla und die Geschichte ihrer Verbauung. – Jb. SAC, 46, 1910/1911, Bern 1911, 199–227. – Bespr. Jber. Natf. Ges. Grbd., NF, 53, 1912, 163.
Melli A. La produzione di energia elettrica in Italia nel decennio 1920–1929. – In: Il servizio idrografico italiano, Min. d. Lav. Pubbl., Roma 1931, 381–388.
Menghius C. M. Tiroler Wasserkräfte und deren Verwertung. – Innsbruck 1900 (herausgeg. v. d. Tiroler Handels- u. Gewerbekammer).
Mercanton P.-L. Les variations périodiques des glaciers des Alpes Suisses. 51me Rapp. 1930; Extr. de „Les Alpes", n. 6, 1931, Berne 1931, 20 S., 9 Abb. – Bespr. Z. f. Glkde, 20, 1932, 176.
Merciai G. Sulla temperatura profonda, trasparenza e colorazione di alcuni laghi della Venezia Tridentina. – Boll. Soc. Geogr. It., s. 6, v. 7, 1930, 700–717, 1 K., 1 T.
— I laghi di S. Giuliano in val Rendena. – Mem. Mus. Stor. Nat. Ven. Trid., v. 1, f. 3–4, Trento 1932, 18 S., 3 Taf.
— e **Morandini G.** Relazione della spedizione ai laghi Serodoli, Gelato e Nambino del Gruppo della Presanella. – XXVI Ann. (1930/31) SAT, Sez. Trento CAI, Trento 1932, 97–114.
Merkl F. Bergbau und Wasserkraftnutzung in den Tauern. – Die Wasserwirtschaft, Wien 1930, H. 24 u. 25, 8 S., 3 Fig.
Merlicek E. Österreichs Wasserbau. – Blätter f. Gesch. d. Technik, 1. H., Wien (Springer) 1932, 37–43, 3 Abb. (Enthält auch biogr. Angaben über Josef Duile.)
Meusburger K. Bachbett- und Flußlaufverlegungen in Südtirol. – Der Schlern, 1, 1920, 327–332.
— Der Klausener Stausee und andere Stauseen in Südtirol. – Der Schlern, 3, 1922, 20–23.
— Brüllende Alpenseen. – Der Schlern, 7, 1926, 79–90; 9, 1928, 514. – Bespr. Studi Trent. Sc. Nat., 7, 1926, 185.
— Der Kummersee in Passeier. – Dolomiten, 1927, Nr. 15.
— Ein unterirdischer See. (Bei Prägratten im Virgener Tal.) – Der Schlern, 12, 1931, 273.
Meyer R. Mitteilungen über Quellwasseruntersuchungen aus dem chemischen Laboratorium der Kantonsschule in Chur. – Jber. Natf. Ges. Grbd., 25, Chur 1882, 113–134. – Bespr. Archives d. sc. phys. et nat., t. 9, 217; Rev. géol. suisse p. l'a. 1882, Chur 1883, 46.
Miliani L. Régularisation hydraulique du Bassin de la Vénetie. – Bull. de l'Assoc. internat. perman. d. congrès de navig., 6, 1931, 103–131.
Miller K. Das Molassemeer in der Bodenseegegend. – Schr. d. Ver. f. Geschichte d. Bodensees, 7, Lindau 1876/1877, 78 S. – Bespr. NJb. 1878, 90; Bl. 482; Arch. d. sc. phys. et nat., 61, 207; Rev. géol. suisse p. l'a. 1877, Genève 1878, 55; Ann. d. mines, Mém., 17, Paris 1880, 200.
— Die Tieferlegung der Hochwasserstände des Bodensees. – Schr. d. Ver. f. Gesch. d. Bodensees, 10, Lindau 1880, 151–158.
— Das untere Argental. Eine Lokalstudie. – Schr. d. Ver. f. Gesch. d. Bodensees, 14, Lindau 1885, 80–101, 8 Fig., 1 Tab.
Mittempergher G. Della sistemazione idraulica del bacino dell'Adige nella provincia di Trento. – Trento (Scotoni) 1926, 34 S. (III Convegno idrogr. naz. a Trento, 1926.) – Bespr. Studi Trent. Sc. Nat., 8, 1927, 125.
Model E. Il grande impianto idroelettrico del Ponale. – Boll. Il Comune di Bologna, an. 11, n. 9, 1925, 10 S., ill. – Bespr. Studi Trent. Sc. Nat., 7, 1926, 92; 8, 1927, 126.
— I lavori dell'impianto idroelettrico del Ponale. – Boll. Il Comune di Bologna, an. 12, n. 10, 1926, 10 S., 13 Abb. – Bespr. Studi Trent. Sc. Nat., 8, 1927, 126.
— L'impianto idroelettrico del Ponale. – L'Energia elettr., v. 3, 1926, 12 S., 26 Abb. – Bespr. Studi Trent. Sc. Nat., 7, 1926, 92; 8, 1927, 126.
Möhr J. Die Rüfenverbauungen und Rheinwuhrungen von Maienfeld. – Bündn. Monatsblatt, Chur 1919, 233–241, 272–280.
Mojsisovics E. v. Zur Geologie der Karsterscheinungen. – Z. DÖAV, 1880, 111–116.
Montanari D. Dell'abbassamento dei nostri laghi e soprattutto del Garda. – Ann. d'Ingegn. e Arch., Roma 1920.
Monti R. Limnologia del Lario. – Roma, Min. Econ. Naz., 1924.
— La „fioritura" delle acque sul Lario. – R. Ist. Lomb. Sc. e Let., R. C., 58, 16/20, Milano 1925.
— Limnologia comparata dei laghi insubrici. – Atti Congr. int. d. Limn. teor. ed applic. (Roma 1927), Roma (Prov. gen. d. Stato) 1929, 462–497.
— Per l'esplorazione dei laghi alpini. – Ann. 1929–1930 SAT, Sez. d. CAI, Trento 1930, 213–222. – Bespr. GZ 49 A/357.
Monti R.-Stella E. Il Lago di Molveno. La vita in un lago zootrofo. – Mem. d. Mus. d. Stor. Nat. d. Ven. Trid., v. 2, f. 1, Trento (Scotoni) 1934, 35 S., 4 Taf.
Morais F. L'impianto idro-elettrico del Ponale. – Riv. mens. Il Garda, n. 2, 1927, 11–15, 9 Abb.
Morandi G. La sistemazione dei bacini montani delle Venezia Tridentina. – Trento (Arti Graf. Trident.) 1928, 57 S., zahlr. Abb. – Bespr. Studi Trent. Sc. Nat., 9, 1928, 123.
Morandini G. Risultati delle ricerche sui laghetti dell'Alpe di Soprasasso in val di Rabbi. – XXVI Ann. (1930/31) SAT, Sez. Trento CAI, Trento 1932, 115–138.
Morawetz S. Eine Art von Abtragungsvorgang. – PetMitt., 78, 1932, 231–233, 2 Abb.
Mori A. Il delta conoide del Varone (Lago di Como) e il suo eccezionale avanzamento nel periodo 1909–1925. – Boll. Soc. geol. it, v. 44, f. 2, Roma 1926, 203–212. – Bespr. GZ 39/306.
Morlot A. v. Flußkorrektionen und Wildbachver-

bauungen in der Schweiz 1909. - Schw. Bauztg, 55, Zürich 1910, 237-241.

Moro R. Betrachtungen über das Tauern-Kraftwerkprojekt der A.E.G. (Vortr.) - Die Wasserwirtschaft, 1931, Nr. 8, 109-117.

— Erwiderung auf die Ausführungen des Hr. Prof. Dr. Ing. Thürnau, Darmstadt, über das Tauernwerksprojekt der A.E.G. - Die Wasserwirtschaft, 1931, Nr. 12, 173-175.

Mortillet G. de. Note géologique sur Palazzolo et de lac d'Iseo en Lombardie. - Bull. Soc. Géol. d. France, s. 2, t. 16, Paris 1859, 888.

Mory E., Keller H., Cattani E. Bäder u. Kurorte der Schweiz. Schweizerisches Bäderbuch. - Zürich (Export-Verl.) 1918, 394 S., 4. Aufl. 1930.

Mosna E. L'Adige: Visioni alpine. - Trentino, a. 7, n. 12, Trento 1931, 409-417, ill.

Mühlhofer L. Das Achensee-Kraftwerk. - Bergland, Innsbruck 1924 (Februarheft).

— Der Bau des Achensee-Kraftwerkes. (Vortr.) - Bayerisches Ind.- u. Gewerbeblatt, München 1928, Nr. 22 u. 23, 8 S., 6 Abb.

— u. **Reindl C.** Das Achensee-Kraftwerk der Tiroler Wasserkraftwerke A.G. - Wasserkraft u. Wasserwirtschaft, 1928, H. 19, 27 S., 40 Abb.

Mühlhofer L. Die Geschiebemessungen am Inn bei Kirchbichl. (Vortr.) - Innsbr. Nachr. u. Tir. Anzg., Nr. 290 v. 17. 12. 1932.

— Untersuchungen über die Schwebstoff- und Geschiebeführung des Inn nächst Kirchbichl (Tirol). - Die Wasserwirtschaft, 1933, H. 1-6, 23 S., 24 Abb. - Bespr. GZ 50 A/1524.

— Beobachtungen über den Wasserangriff auf eine Kiesbank. - Z. Österr. Ing.- u. Arch.-Ver., Wien 1933, H. 37/38, 3 S., 3 Abb.

— Rauhigkeitsuntersuchungen in einem Stollen mit betonierter Sohle und unverkleideten Wänden. - Wasserkraft und Wasserwirtschaft, 28, München und Berlin 1933, 8. H., 1-4, 4 Abb., 4 Tab.

— Die Staumauern des Spullerseewerkes. (Ein Rückblick anläßlich der vor zehn Jahren erfolgten Bauinangriffnahme.) - Die Wasserwirtschaft, Wien 1933, H. 17-19, 7 S., 9 Abb.

Müller St. Das Loch im Radunder Wald. - Heimat, 3, Bregenz 1922, 79-82.

Müllner J. Die Seen am Reschenscheideck. Eine limnologische Studie. - Mitt. DÖAV, 1899, 149; Geogr. Abh., 7, H. 1, 1900, 51 S., 4 T. - Bespr. Innsbr. Nachr., Nr. 279 v. 5. 12. 1900; NJb. 1901/2, 212; Mitt. DÖAV, 1903, 263.

— Die Seen der Umgebung von Kufstein. - Mitt. DÖAV, 1902, 100.

— Die Vereisung der österreichischen Alpenseen in den Wintern 1894/5 bis 1900/1. - Geogr. Abh., 7, 1903, 51 S., 4 Abb., 2 Taf. - Bespr. Geogr. Z., 10, 1904, 234.

— Die Seen des unteren Inntales in der Umgebung von Rattenberg und Kufstein. - Z. Ferdin., 3. F., 49. H., Innsbruck 1905, 139-264. - Bespr. VRA 1906, 260; GZ 7/871; Z. f. Glkde, 1, 1907, 157.

— Zur Vereisung der Seen der Ostalpen. - Geogr. Annalen, Stockholm 1924, 131-179. - Bespr. GZ 32/106.

— Problematisches im Vereisungsbeginn der Binnenseen. - Geogr. Ann., 1926, H. 3, 177-216, 12 Abb. - Bespr. PetMitt., 74, 1928, 242.

München. 1.-4. Bericht über die Verhältnisse und Arbeiten der vom Stadtmagistrat - niedergesetzten Kommission für Wasserversorgung usw. - München 1874-1879.

— Die Wasserversorgung der Stadt -. (Führer.) Mit K. der Quellengebiete 1:50000. München 1906.

— Die Versorgung -s mit Gas und Wasser. - Festschr. 53. Vers. Gas u. Wasser, München 1912.

— Verwaltungsberichte über die Wasserversorgung -s 1913-1928. - Tiefbauamt München, 1928 (1925-26 mit K. des Schutzgebietes).

— Die Wasserversorgung der Stadt -. Übersichtskärtchen u. statist. Angaben. - Tiefbauamt München, 1928, 4 S.

Münichsdorfer F. Die Gas- und Schwefelbrunnen im bayerischen Unterinngebiet. - Geogn. Jh., 24, 1911, 233-257. - Bespr. GZ 18/1146.

— Bayerns Boden. Die natürlichen Grundlagen der Siedlung. 1. T. Südbayern. - München (Knorr u. Hirth) 1932, 167 S., 26 Abb., zahlr. Lichtb., 2 Skz. - Bespr. Mitt. DÖAV, 1932, 179; Z. f. Glkde, 20, 1932, 507; Geogr. Z., 38, 1932, 502; PetMitt., 79, 1933, 103; Z. f. Geomorph., 7, 1933, 321; Z. Ges. f. Erdkde Berlin, 1932, 314; GZ 52 A/29.

Nägele H. Der Lauf des Rheins durch den Bodensee. - Heimat, 9, Bregenz 1928, 268-272.

Naif. Der - -Ausbruch vor 25 Jahren. - Dolomiten, 1927, Nr. 99.

Nangeroni L. G. I laghi della Val Malenco. - Natura, 21, Milano 1930, 49-77, 109-129, 14 Fig. - Bespr. Boll. Soc. geogr. it., 1930, 918; GZ 49 A/499.

Natter M. Die Dornbirner Ache als großes Sorgenkind von Altdornbirn. - Heimat, 7, H. 5-9, Bregenz 1926, 146-153.

Naturchronik. Aus der - (in Graubünden). - Jber. Natf. Ges. Grbd., NF, 35, 182-186; 37, 191-197, Chur 1892-1894.

Nauders. Die Wasserkatastrophe in -. - Leipz. Illustr. Ztg, 116, 3026, 1901, 1 S.

Naumann E. Grundzüge der regionalen Limnologie. (Die Binnengewässer, Bd 11.) - Stuttgart (Schweizerbart) 1932, 176 S., 8 Tab., 31 Abb. - Bespr. Geogr. Z., 38, 1932, 232.

Negrelli. Topographisch-hydrotechnische Beschreibung des Rheinstromes von der östlichen Grenze des Kantons St. Gallen bis an den Bodensee, mit besonderer Rücksicht auf das linke Rheinufer von der Zollbrücke bis an die untere Grenze des Bezirkes Werdenberg, nebst Anträgen zu dessen künftiger Verwuhrung. - Übersicht der Verh. d. St. Gall. natwiss. Ges. i. d. J. 1831-1835, St. Gallen 1835, 86-88. Auszug: Verh. Schw. Ges. f. d. ges. Natwiss., 1835, Aarau 1836, 136.

Negri G. B. e **Nicolis E.** Note preliminare analitici e geologiche sulla Fonte termo-minerale sulfureosalina di Sermione. - Mem. Acc. d'Argric., Arti e Comm. di Verona, s. 3, v. 66, 1891, 1-22. - Bespr. NJb. 1892/2, 260; Boll. Com. geol. d'It., 22, 1891, 183.

Nesper F. Die Regulierung der Dornbirner Ache. - Heimat, 7, H. 5-9, Bregenz 1926, 153-157.

Neumann L. Gebirgsbau und Bildung des Rheingebietes. - In: Der Rheinstrom und seine wichtigsten Nebenflüsse von den Quellen bis zum Austritt des Stromes aus dem Deutschen Reich. - Herausgeg. v. d. Zentralbureau f. Met. u. Hydrograph. i. Gh. Baden, Berlin 1889, 359 S., 10 K. - Bespr. PetMitt., 36, 1890, Litber., 143.

Nicolao A. I grandi impianti idroelettrici dell'Alto Adige. - Le Tre Venezie, febbr. 1930.

Nicolis E. Idrografia sotterranea nell'Alta Pianura Veronese. - Verona 1884.

— Contribuzione alla conoscenza degli strati acquosi del sottuolo della bassa pianura del Veronese e dintorni. - Verona 1889. - Bespr. Boll. Com. geol. d'It., 21, 1890, 422.

— Nuova contribuzione alla conoscenza della co-

stituzione della bassa pianura veronese e della relativa idrografia sotterranea. – Boll. Soc. geol. it., 9, Roma 1890, 50–55. – Bespr. Boll. Com. geol. d'It., 22, 1891, 186.
— Intorno all'affioramento delle acque freatiche sul Basso Acquar Veronese. – Acc. Agr., Arti e Comm. di Verona, 1892, s. 3, v. 68. – Bespr. Boll. Com. geol. d'It., 24, 1893, 305.
— Il bacino acquigeno di Pastrengo veronese: contribuzione allo studio dell idrografia interna negli anfiteatri morenici del Garda e dell'Adige. – Atti Ist. Ven. di Sc., Let. ed Arti di Venezia, 1892, s. 7, t. 3. – Bespr. Boll. Com. geol. d'It., 24, 1893, 305.
— Idrologia del Veneto occidentale. Circolazione interna delle acque ecc. Gruppo del Baldo, dei Lessini e della Posta. – Atti R. Ist. Ven., 1896, 298–308.
— Circolazione interna e scaturigini delle acque nel rilievo sedimentare – vulcanico della regione veronese e della finitima. – Dalle Mem. d. Acc, v. 74, f. 1, Verona 1898, 209 S., 2 T. – Bespr. Boll. Com. geol. d'It., 30, 1899, 287; Tridentum, 1899, 48.
— Geologia ed idrologia della regione veronese. Monografia statistica-economico-amministrativa raccolta dal Conte L. Sormani-Moretti del Regno, R. Prefetto di Verona. – La Provincia di Verona, 1900, 60 S., 3 T. – Bespr. Boll. Com. geol. d'It., 32, 1901, 334; GZ 7/1272.
— Sunto preventivo dello studio generale sulla circolazione interna delle acque nei terreni costituiti da materiali di trasporto nel veneto occidentale, regione veronese e finitima. – Giorn. di Geol. prat., 3, f. 5, Perugia 1905, 192–207.
— Acque ascendenti e salienti la riviera veronese del Garda. – Atti del Congr. d. Nat. it. Milano 1906, Milano 1907, 13 S.
— Geologia applicata agli estimi del nuovo catasto; con cartina geoagrologica delle valli e delle pianure, provincia di Verona. – Atti Acc. d'Agric., Sc. ecc. di Verona, s. 4, v. 2, f. 1, 1906, Verona 1907, 93 S., 1 K. – Bespr. Boll. Com. geol. d'It., 39, 1908, 230.
— Carta geo-agronomica del rilievo morenico delle valli e della pianura veronese. – Milano 1907. – Bespr. Boll. Com. geol. d'It., 39, 1908, 231.
— Di un fenomeno carsico collegato all'idrologia delle colline calcari presso Verona. – Giorn. d. Geol. prat., v. 5, f. 2–3, Perugia 1907, 108–120, 1 T. – Bespr. Boll. Com. geol. d'It., 39, 1908, 231.

Niederer G. Die sog. Ölflecken des Bodensees. – Heimat, 9, Bregenz 1928, 23–24. S. a. J. Blumrich.

Nowack E. Hochgebirgsbauten und Geologie. – Geol. u. Bauwesen, 1931, H. 1, 11 S., 7 Abb. – Bespr. NJb. 1932/2, 893.
— Das Problem der Hangkanäle im Hochgebirge. – Wasserkraft und Wasserwirtschaft, 26, 1931, 22. H., 266–268, 2 Fig. S. a. Klebelsberg.

Nussberger G. Beitrag zur Kenntnis der Quellenverhältnisse Graubündens und zur Beurteilung von Trinkwasser. – Jber. Natf. Ges. Grbd., NF, 57, 1916/17, Chur 1917, 1–37. – Bespr. GZ 24/751.

Oberdorfer E. Lichtverhältnisse und Alpenbesiedlung im Bodensee.. – Z. f. Bot., 20, 1928.

Oberholzer J. Überschwemmungen und Korrektion im Walenseegebiet. – Linth, Geogr. Lex. d. Schw., Bd 3, 1905.
— Walensee. – Geogr. Lex. d. Schw., 6, Neuenburg (Attinger) 1909, 508–512.

Oelwein A. Die Regulierung des Rheins zwischen Vorarlberg und der Schweiz und die Entwässerung des Tieflandes. (Vortr.) – Mitt. Geogr. Ges. Wien, 36, 1893, 315–328.

Opere idrauliche. Le –. – Arch. p. l'Alto Adige, 26, 1931, 558–559.

Opere pubbliche. L'attività svolta dallo Stato Italiano per le – nella regione Tridentina, restituita alla Patria. Rapp. pres. a. XIX Riun. d. Soc. It. p. il Progr. d. Sc. – Comp. p. L'Ingegneria d. Cons. Naz. d. Ricerche, Venezia (Ferrari) 1930, 101 S., 15 Taf.

Oppikofer F. Zur Aufklärung in der Rheinkorrektionsfrage. – Zürich 1882, 4 S.

Ornig J. Gewasserkunde und Wasserkraftwirtschaft in den Alpen. – Die Wasserwirtschaft, 1923, H. 17 u. 18, 214–220, 230–236. – Bespr. GZ 30/425.

Orsi O. Totale congelamento del lago di Molveno. – Studi Trent. Sc. Nat., 10, 1929, 227–228, 1 Abb.

Osella E. Gli impianti e le iniziative del Gruppo Montecatini in Alto Adige e nella Venezia Tridentina. – Atti Soc. It. p. il Progr. d. Sc., XIX Riun. Bolzano-Trento 1930; Rapp. Cl. A, Roma 1931, n. 26, 7–15. S. a. Studi Trent. Sc. Nat., 8, 1927, 117.

Osswald K. Die Wünschelrutenarbeiten an der Mangfallüberleitung. – Umdruck d. Städt. Elektr.-Werks München, 1930, 32 S., 4 Abb. – Bespr. GZ 44/1506, 45/716.
— Rutenarbeiten an den Stollen der Mangfall-Überleitung (Oberbayern). – Schr. d. Verbds z. Klärg d. Wünschelrutenfrage, H. 13, 1930, 3–15, 3 Abb.; Hdb. d. Wünschelrute, München (Oldenbourg) 1931, 179–189. – Bespr. GZ 45/715; NJb. 1931/2, 351.
— Wie der Tegernsee entstanden ist. – Alt-Tegernsee, Beilage zum Alpenboten, Rottach-Egern 1931, Nr. 10, 2 Sp.

Otto B. Glückliche Verbesserung einer Brunnenquelle bei Chur. – Der Sammler, 4, Chur 1782, 1 S.

Otto. Vollendung des Achensee-Kraftwerkes in Tirol. – Berliner Tageblatt v. 25. 4. 1928.

Padoan G. La piena dell'Adige nell autunno 1927. – Annali d. Lav. Pubbl., 67, 1929, 1–37.

Paffrath J. Meteorologische Beobachtungen aus dem Rheingebiet von Chur bis zum Bodensee. – 13. Jber. Gymn. Stella mat. Feldkirch, 1903/04.

Palazzo L. La meteorologia e la geofisica nella regione Tridentina. – Atti Soc. It. p. i. Progr. d. Sc., 9 riun. Bolzano-Trento 1930, Roma 1931, v. 2, 63.

Palestrino C. Le forze idrauliche della Venezia Tridentina. – Realtà, Riv. rotariana, 4, Milano 1930, 172–179.

Parenzan P. Esplorazione biologica dell'Alpe di Soprasasso (Trento); fauna di laghetti glaciali; considerazioni sui Cladoceri e descrizione di una nuova specie. – Mem. Mus. Stor. Nat. Venez. Trid., a. 1, Trento 1931, f. 1–2, 83–92, 1 Taf., 1 Fig.

Parolini A. Eigentümliche Erscheinungen an den Quellen bei Oliera im Brentatale. (Brentagruppe.) – VRA 1858, 65–66. – Ital. in: Atti R. Ist. Ven., Venezia 1858, s. 3, v. 6, 226–229. – Bespr. NJb. 1859, 200; Bl. 147.

Pasolli E. Die Floß- und Schiffahrt auf der Etsch. – Der Schlern, 1928, 220–228.

Passarge S. Morphologische Studien in der Gaul bei Lana. – Z. f. Geomorph., 8, 1934, 67–81, 1 Skz., 4 Abb.

Patrini P. Sulla Morfologia dei Bacini del Ticino e dell'Oglio. – Mem. R. Ist. Lomb. d. Sc. e Lett.,

v. 21, f. 6, Milano 1914, 185-204, 4 T. - Bespr. GZ 21/663, 823.
— Del deposito lacustre di Pianico presso Lovere (lago d'Iseo). - Riv. sc. nat., Natura, v. 12, Pavia 1921, 147-162.
— I laghi delle Alpi Orobie. - La Geografia, 14, Novara 1927, Nr. 1-2, 13-31. - Bespr. GZ 42/360.
Paul H. Die Verlandung einiger kleiner Seen im westlichen Chiemseegebiet. - Ber. d. Moorkulturanst. München (1904), 1905.
Paulcke W. Welche Kräfte haben die Formen unserer Berge und Täler modelliert? (Vortr.) - Verh. Nat. Ver. Karlsruhe, 19, 1905/6, 18-21.
Pavesi P. Altra serie di ricerche e studi sulla fauna pelagica dei laghi italiani. - Atti Soc. Ven.-Trent.-Istr. Sc. Nat., v. 8, Padova 1883, f. 2.
Pechmann E. Notizen zur Höhen- und Profilkarte, nebst dem Verzeichnisse der trigonometrisch bestimmten Höhen von Tirol und Vorarlberg. - Mitt. Geogr. Ges. Wien, 8, 1864, Abh., 228-348, 1 K.; Ber., 3-6.
Penck A. Der Einfluß der Vergletscherung auf die Bodengestaltung Südbayerns. - Jber. Geogr. Ges. München f. 1880/81, 7, 1882, 43-45; Der Tourist, 14, Wien 1882, 8-9.
— Die Alpenseen. - Aus allen Weltteilen, 13, 1882, 453-458.
— Der Alpsee bei Immenstadt. - Der Tourist, 14, Nr. 2, Wien 1884, 3-4.
— Das Land Berchtesgaden. Die Oberflächengestaltung und ihre Entstehung. - Z. DÖAV, 1885, 219-265. - Bespr. NJb. 1887/1, 54.
— Wildbachausbrüche im Pflerschtale. - Mitt. DÖAV, 1886, 209-210.
— Die Hochwasserkatastrophe zu Bruneck in Tirol im September 1882. - Mitt. DÖAV, 1887, 106.
— Die Überschwemmungen des Jahres 1888. - Mitt. DÖAV, 1888, 285-288.
— Das Endziel der Erosion und Denudation. - Verhdl. 8. D. Geogrtag Berlin, 1889, 91-100. - Bespr. NJb. 1891/1, 52.
— Neuere Arbeiten über die bayrischen Alpenflüsse. - Mitt. DÖAV, 1891, 162-163.
— Morphometrie des Bodensees. - Festschr. Geogr. Ges. München, 1894, 119-155. - Bespr. NJb. 1895/1, 291.
— Die Etsch. - Z. DÖAV, 1895, 1-16.
— Der Gebirgswasserbau im alpinen Etschbecken. (A. v. Weber.) - Mitt. DÖAV, 1895, 6-7.
— u. **Richter E.** Atlas der österreichischen Alpenseen. - Wien (E. Hölzel) 1895. - Bespr. Mitt. DÖAV, 1895, 215; 1898, 45.
Penck A. Talgeschichte der obersten Donau. - Schr. d. Ver. f. Gesch. d. Bodensees, 28, Lindau 1899, 117-130, 2 Skz.
— u. **Brückner E.** Die Alpen im Eiszeitalter. - Leipzig 1901-1909, 3 Bände, 1199 S., 19 K., zahlr. Tab. u. Abb. - Bespr. GZ 3/1524, 2483, 6/100, 10/601, 12/1454, 13/1142, 15/1864; NJb. 1903/2, 51; 1905/2, 39; 1910/2, 48; VRA 1902, 227; 1903, 219; 1905, 261; 1908, 233; 1909, 245; EgH 8, 1903, 323; 9, 1906, 335; Z. f. Glkde, 4, 1910, 1; Z. Ges. f. Erdkde Berlin, 1910, 330; Geogr. Z., 1911, 451; Scottish Geogr. Mag., 1909, 481; PetMitt., Ergh. 56, 81; Mitt. DÖAV, 1902, 37, 100; 1903, 295; 1904, 212; 1910, 25.
Penck A. Der Bodensee. (Vortr.) - Schr. d. Ver. z. Verbr. natwiss. Kenntn. Wien, 42, 6. H., 1912, 123-148, 1 K. - Bespr. NJb. 1903/1, 513; EgH 8, 1903, 263; PetMitt., 50, Litber., 20.
— Die geologischen Verhältnisse der Bodenseegegend. - Bodensee u. Rhein, Freiburg 1903, Nr. 4.
— The Valleys and Lakes of the Alps. - Eighth. Int. Geogr. Congr. Washington, 1904, 173-184. - Bespr. GZ 8/42.
— Über das Karstphänomen. - Schr. d. Ver. z. Verbr. natwiss. Kenntnisse in Wien, 1904, 38 S.
— Die großen Alpenseen. (Vortr.) - Geogr. Z., 1905, 381-388.
— Das unterirdische Karstphänomen. - Recueil de traveaux (Cvijić), Belgrad 1924, 23 S. - Bespr. Z. f. Geomorph., 1, 1926, 342.
— Salpausselkä in Oberbayern. (Östl. Mittenwald u. a.) - Fennia, 50, Nr. 28, Helsingfors 1928, 18 S., 1 K. - Bespr. GZ 39/1714; NJb. 1930/2, 722; 1931/3, 692.
Pernt M. Das Achenseewerk und die Energiewirtschaft Österreichs. - Die Wasserwirtschaft, Wien 1924.
— Plansee- und Walchenseewerk. - Deutsche Wasserwirtschaft, 22, 1927, 269-272.
— Das Kraftwerk am Zemm- und Tuxbach im Zillertal (Tirol). - Wasserkraft u. Wasserwirtschaft, 26, München u. Berlin 1931, 12. H., 144 ff., 13. H., 155-159.
Pesta O. Über Hochgebirgsseen der Ostalpen und über die Glazialreliktenhypothese. - Die Eiszeit, 1, 1924, 89-99.
— Aufgaben der Hydrobiologie im Hochgebirge der Ostalpen. (Vortr.) - Anzg. Ak. d. Wiss. Wien, Nr. 24, 1925, 230-231.
— Hydro-biologische Untersuchungen über Hochgebirgsseen der Ostalpen. - Z. DÖAV, 1927, 37-50.
— Der Hochgebirgssee der Alpen. - In: Die Binnengewässer. Einzeldarstellungen aus der Limnologie und ihren Nachbargebieten (A. Thienemann), 8. Bd. - Stuttgart (Schweizerbart) 1929, 156 S., 41 Abb., 2 Blgen. - Bespr. Mitt. DÖAV, 1930, 49; Z. f. Glkde, 18, 1930, 264.
— Das Leben in Seen und Tümpeln des Großglocknergebietes. - Z. DÖAV, 1933, 230-239, 7 Abb., 7 Fig.
Pestalozza e Valentini. Sistemazione del deflusso delle acque del Lago di Como. - Milano 1899.
Pestalozzi H. Über die Verhältnisse des Rheins in der Talebene bei Sargans. - Mitt. Natf. Ges. Zürich, 1, Zürich 1849, 179-208, 1 K.
Pestalozzi K. Über die Rheinkorrektion im Kanton St. Gallen. - Vierteljschr. Natf. Ges. Zürich, 17, Zürich 1872, 85-160, 1 K.
Peter H. u. **Wagner H.** Bericht über die Erstellung des Albulawerkes, Dez. 1910. - Zürich (Frey) 1911, 155 S.
Petersen Th. Rhein- und Rhonekorrektion. - Mitt. DÖAV, 1876, 207-208.
Pevc K. Beschreibung zum Relief des Quellgebietes der Münchener Wasserversorgung. - München 1903.
Pfaff F. Die Naturkräfte in den Alpen oder physikalische Geographie des Alpengebirges. - Die Naturkräfte, 24, München 1877, 281 S., 18 Abb. - Bespr. Mitt. DÖAV, 1878, 51.
— Einige Bemerkungen über die Tiefenbestimmungen von Seen. - Z. DÖAV, 1879, 166-169.
— Notizen über Tiefe und Temperatur des Achensees. - Mitt. DÖAV, 1880, 205-206.
Pfannenstiel M. Ein Spülsaum von Anodonta piscinalis Nilsson f. lacustrina Clessin am Strand des Ammersees bei München. - Palaeont. Z., 15, 1933, 341-349, 3 Abb. - Bespr. GZ. 5 B/443.
Pflieger-Haertel H. Die Zwillings-Freistrahlturbinen der Drehstrom-Maschinensätze des Achenseewerkes. - Elektrotechnik u. Maschinenbau, Wien 1928, H. 26, 703-710, 18 Abb.

Philippson A. Studien über Wasserscheiden. – Mitt. Ver. f. Erdkde Leipzig, 1885 (1886), 241–304. – Bespr. NJb. 1889/1, 232.
— Der Rhein als Naturerscheinung. – Geogr. Z., 39, 1933, 1–10, 65–76. – Bespr. GZ 49 A/1580; Z. f. Geomorph., 8, 1934, 90.
Piatti A. La sorgente termo-solforosa di Sermione nel lago di Garda. – Boll. Com. geol. d'It., 18, 1887, 191–193. – Bespr. Ebd. 19, 1888, 316.
— La sorgente termo-solforosa di Sermione sul lago di Garda. – Boll. Com. geol. d'It., 20, 1889, 288–291. – Bespr. NJb. 1892/2, 260; Boll. Com. geol. d'It., 21, 1890, 427.
— La fonte termale del Garda. – Comm. Ateneo di Brescia, adun. 22. 2. 1891, Brescia 1891. – Bespr. Boll. Com. geol. d'It., 23, 1892, 407.
— Notizie e considerazioni sulla sorgente termale del lago di Garda. – Boll. mens. Oss. centr. Moncalieri, s. 2, v. 11, Nr. 10, Torino 1891. – Bespr. Boll. Com. geol. d'It., 23, 1892, 408.
Picciola A. Le acque minerali e termali della Venezia Giulia. – Giorn. d. sc. e d'industria idrolog., Terme e riviere, Pisa 1924, 14 S.
Piepoli P. Contributo allo studio delle alluvioni aurifere dei fiumi Adda e Oglio. – Boll. Soc. geol. it., v. 47, f. 1, Roma 1928, 49–54; La Miniera it., a. 12, n. 9, Roma 1928, 312–314.
Pignarelli S. I laghi della Val San Giacomo (Spluga). – Natura, Riv. Sc. Nat., 22, 1931, 85–101; 23, 1932, 53–65.
Pilz. Der Gardasee und der Iseosee. – Berlin 1904.
Pinsker A. u. **Czermak A.** Der Wasserhaushalt des Bodensees. Beitr. z. Hydrogr. Österreichs. – Zentralbüro d. Min. f. öffentl. Arb., 11. H., Wien 1913, 139 S. – Bespr. Mitt. Geogr. Ges. Wien, 57, 1914, 200.
Plankensteiner H. Verschwundene Höfe im inneren Kaunertal. – Tiroler Heimatblätter, 5, 1927, 332–336.
Podhorsky J. Der Ausverkauf unserer Gewässer. – Blätter f. Natkde u. Natschutz, 18. H. 5, Wien 1931, 65–72.
Pollack V. Über Seeufer-Senkungen und -Rutschungen. – Z. Österr. Ing.- u. Arch.-Ver., 41, H. 1, Wien 1889, 16 S.
— Die Bauarbeiten beim Achenseewerk. – Österr. Wasserwirtsch., Wien 1919, Sonderheft v. 26. Mai 1919; 1924, H. 11–13; 1925, H. 24.
— Über Frostwirkung, Quellung (Blähen), Quelllungsdruck und Gebirgsdruck. – Technische Blätter, Teplitz-Schönau 1921, 16 S.
— Versuch einer Übersicht der Massen- oder Bodenbewegungen. – JbBA 1925, 45–95, 13 Abb.
— Technisch-geologische Bemerkungen für Anlage und Bau von Wasserkraftwerken. – Z. Österr. Ing.- u. Arch.-Ver., Wien 1925, H. 1/2, 4 S.; 1926, H. 15–19, 10 S.
Polscher H. Die Hochseen der Kreuzeckgruppe. – Geogr. Jber., 8, 1910, 201–245, 3 Taf., 20 Abb. – Bespr. Mitt. Geogr. Ges. Wien, 1912, 149; Carinthia II, 1910, 262.
Pool L. Fragmente über die Landquart. – Der neue Sammler, Chur 1812, 89–98, 105–134.
Porro C. I ghiacciai quali potenti fattori dell'Economia Nazionale. – Riv. di Roma, Ottobre 1928. – Bespr. GZ 45/153.
Posselt-Csorich A. Schutzbauten in Tirol. – Mitt. DÖAV, 1884, 123–126.
Pozzi F. Il Convegno di idrologia e climatologia sul Garda. – Il Garda, Verona 1930, n. 3, 25–27.
Preller du Riche C. S. Note on the Lakes of Zurich and Wallen. – Geol. Mag., dec. 3, v. 10, Nr. 347, London 1893, 222–225. – Bespr. PetMitt., 39, 1893, Litber., 151.
— On the origin of the Engadine Lakes. – Geol. Mag., New. Ser., dec. 3, v. 10, n. 10, London 1893, 448–453. – Bespr. NJb. 1894/2, 244; Boll. Com. geol. d'It., 25, 1894, 339.
Proell G. Über die Fürstenquelle in Gastein. – JbRA 1852, 1. H., 197–198.
Puchstein H. Die mittl. Tiefe und das Volumen der Seen der deutschen Alpen. – Mitt. d. Ver. d. Geogr. an d. Univ. Wien, 12, 1886.
Puppini U. Temperatura dell'acqua nel Lago di Ledro. – Boll. Com. geodetico-geofisico, n. 15, 1929; n. 16, 1931, 45–55, 2 Taf.
Pustertal. Über die Elementarereignisse im –. – TB, Nr. 83–85 v. 1821, 332, 336, 340.
Rabensteiner N. Sarner Wasserkatastrophe von 1663. – Dolomiten, 1927, Nr. 92.
Radici L. L'irrigazione in provincia di Bergamo. – Realtà, Riv. Rotariana, 3, 1929, 218–224.
Raisky M. Der Bau des Stubachwerkes. (Vortr.) – Innsbr. Nachr., Nr. 80 v. 7. 4. 1932.
Rajk N. Das Umspannwerk Wilten der Tiroler Wasserkraftwerke A.G. – Elektrotechnik u. Maschinenbau, Wien 1928, H. 26, 656–671, 10 Abb.
Ramsay A. C. Die physikalisch-geologische Geschichte des Rheinstromes. – Gaea (H. J. Klein), 10, Köln u. Leipzig 1874, 594–603; Engl.: Quart. Journ. of the geol. Soc. of London, 30, London 1874, 81–95. – Bespr. The geol. Mag., n. s., dec. 2, v. 1, 1874, 140; Arch. d. sc. phys. et nat., t. 52, 270; Rev. géol. suisse p. l'a. 1874, Genève 1875, 13.
Reale C. Stato presente e passato delle rive del Verbano. – Atti Congr. d. Naturalisti Ital. del 1896, Milano 1897.
— Un cordone litoraneo presso Ispra sul Lago Maggiore. – Mem. d. Soc. geogr. it., v. 6, p. 2, Roma 1897, 331–337. – Bespr. Boll. Com. geol. d'It., 30, 1899, 86.
Reber. Triangulation für die Bodenseekarte. – In: Zeppelin, Ältere und neuere Bodenseeforschungen u. -karten, 1893, 46–49, 1 K. – Schr. d. Ver. f. Gesch. d. Bodensees, 22, Lindau 1893.
Rehbock Th. Bettbildung, Abfluß und Geschiebebewegung bei Wasserläufen. (Vortr.) – Z. DGeol-Ges., 81, 1929, 497–534.
Rehrl F. Das Tauernkraftwerk in der mitteleuropäischen Wirtschaft. – Neues Reich, 12, 1929/1930, 819–821.
Reichel E. Die Niederschlagsverteilung in den Alpen. – Z. DÖAV, 1931, 21–28, 2 K.
Reif H. Zur Frage der Rentabilität bei öffentlichen Bauten. Die Rentabilität der Wildbachverbauung in Österreich. – Architektur u. Bautechnik, 18, Wien 1931, 3. H., 47–49.
Reindl C. 35 Jahre Etsch-Ausnutzung. – Wasserkraft u. Wasserwirtschaft, 26, München u. Berlin 1931, 13. H., 161–162.
Reindl J. Der Königssee. – Münchner Allgem. Ztg, 111, 9, 1908, 2 S.
— Die bayerischen Hochseen. – Deutsche Rundschau f. Geogr., 34, 5, Wien 1911, 12 S., 1 K., 4 Abb.
Reis O. M. Über Furchenfelsen am Walchenseeufer. – Geogn. Jh., 39, 1926, 41–46, 5 Abb. – Bespr. NJb. 1927/1, B, 458.
Reissinger A. Seenstudien. Die Seen des Illergebietes. Eine morphometr. Stud. – Mitt. Geogr. Ges. München, 8, 1913, 464–482, 6 Taf.; Landeskdl. Forschgen, 20. – Bespr. Geogr. Z., 20, 1914, 351.
— Untersuchungen über den tiefsten Grund des

Chiemsees. – Ldskdl. Forschgen, herausgeg. v. d. Geogr. Ges. München, H. 28, München 1929, 20 S.; 1 K.; Mitt. Geogr. Ges. München, 22, 1929, 238–257, 1 K. – Bespr. Mitt. DÖAV, 1930, 49; GZ 41/1473, 42/1501; Z. f. Glkde, 18, 1930, 267; PetMitt., 77, 1931, 267.

— Untersuchungen über den Niedersonthofener See im bayerischen Allgäu. Versuch einer exakten Zeitbestimmung im postglazialen Zeitalter. – Wissensch. Veröff. d. DÖAV, 6, Innsbruck 1930, 70 S., 2 T. – Bespr. Mitt. Geogr. Ges. München, 23, 1930, 96; Z. f. Glkde, 18, 1930, 266; GZ 42/638; Mitt. DÖAV, 1930, 92; PetMitt., 77, 1931, 267.

— Zur Frage der Zeitbestimmung im postglazialen Zeitalter. – Arch. f. Hydrobiol., 21, H. 3, 1930. – Bespr. Mitt. DÖAV, 1930, 264.

— Quantitative Untersuchungen über den Schlammabsatz im Alpsee, dem Niedersonthofener See und dem Starnberger See. – Archiv f. Hydrobiol., 24, 1932, 535–542, 1 Taf.

Reiter F. Politische und wirtschaftliche Bedeutung des Achenseewerkes. – Arbeit u. Wirtschaft, 5, 1927, 1033.

Reitlinger F. Das Achensee-Kraftwerk. – Neue Freie Presse v. 28. Sept. 1927.

Reitzenstein W. Frh. v. Der Eibsee. – München 1885.

Reuter L. Geologische Ausführungen über die Grund- und Quellwasservorräte Südbayerns und ihre Verwertung zur Wasserversorgung. – Gas- u. Wasserfach, 1924, München 1925.

Rhein. L'amélioration du haut Rhin et du haut Rhône. – Ann. d. Géogr., 26, Paris 1917, 315–317.

Rheingebiet bis Taminamündung. – Veröff. d. Amtes f. Wasserwirtsch., B. Wasserverhältn. d. Schw., II, 1 u. 2, 1896.

— Das –. – Jb. d. Hydrogr. Zentralbüros, 9, 1901, Wien 1903, 49 S.; 11, 1903, Wien 1905, 48 S., je 1 K. 1:750000.

— Das –. – Jb. d. Hydr. Zentralbüros im Min. f. öff. Arbeiten, 18, 1910, Wien 1913, 45 S.; 20, 1912, Wien 1917, 50 S.; NF, 1, 1914, Wien 1920, 34 S.; 2, 1915, Wien 1920, 32 S.; 3, 1916, Wien 1920, 33 S.; 4, 1917, Wien 1919, 33 S.

— Das – von der Rhätikonwasserscheide bis zum Bodensee. – Jb. Hydr. Zentr.-B., NF, 7, 5, Wien 1923, 24 S.; NF, 3, 1926, Wien 1930; 10, 1923, Wien 1931, 18 S.

Rheinmündung. Die neue – in den Bodensee. – Schwäb. Merkur, Abdruck: Geogr. Z., 6, 1900, 397.

Rheinregulierung. Die –. Bericht über die Versammlung des Wissenschaftl. Clubs von Vorarlberg in Bregenz am 26. März 1893. – Bregenz 1893, 40 S., 2 K.

Rheinschlamm. Analyse des –s (nach Kaiser). – Neue Alpenpost, 1, Nr. 21, Zürich 1875, 166–167. – Bespr. Jber. Natf. Ges. Grbd., NF, 19, Chur 1876, 72.

Rheinstrom. Der – und seine wichtigsten Nebenflüsse, eine hydrographische, wasserwirtschaftliche und wasserrechtliche Darstellung. – Berlin 1889, 360 S., 22 K. – Bespr. Ann. de Géogr., 1, Paris 1892, 417.

— Zur Physiographie des –es. – Gaea (Klein), 26, Leipzig 1890, 449–461, 528–539.

Rhin-Rhône. L'amélioration du haut Rhin et du haut Rhône. – Ann. d. Géogr., 26, Paris 1917, 315–317.

Ribolotta F. Cardano, la più grande centrale idroelettrica d'Europa. – L'Economia nazionale, a. 21, 1929, n. 9, 67–72, 9 Abb.

Riccardi R. I laghi d'Italia. – Boll. R. Soc. Geogr. d'It., s. 6, v. 2, Nr. 10–12, 1925, 506–587.

Ricek L. G. Österreichs Alpenseen. – DÖAV, Lichtbildervorträge, 46, Wien 1912, 14 S.

Richter E. Seen. (Literaturübersicht.) – Z. DÖAV, 1889, 526–528; 1890, 481–485.

— Der Gletscherausbruch im Martelltal und seine Wiederkehr. – Mitt. DÖAV, 1889, 231–233. – Bespr. Mitt. Sekt. f. Natkde ÖTC, 3, 1891, 79; PetMitt., 1890, Litber., 144.

— Die Hilfsmittel gegen Ausbrüche von Eisseen. – Mitt. DÖAV, 1889, 291–295.

— Ein Programm für Seenforschung. – Mitt. DÖAV, 1890, 115–118.

— Die Gletscherseen der Alpen. – Globus, 57, Braunschweig 1890, 1–5. – Bespr. PetMitt., 36, 1890, Litber., 144.

— Der Vorstoß der Gletscher in den Ostalpen. – PetMitt., 8, 1891, 202–204. – Bespr. Carinthia II, 1891, 195.

— Die wissenschaftl. Erforschung der Ostalpen seit der Gründung des Österr. und des Deutschen Alpenvereines. – Z. DÖAV, 1894, 1–94.

— Untersuchungen am Gardasee. – Mitt. DÖAV, 1894, 255. – Bespr. Mitt. Geogr. Ges. Wien, 1894, 643.

— Wildbachverbauung im Obersulzbachtal. – Mitt. DÖAV, 1895, 70.

— Seestudien. Erläuterungen zur 2. Lfrg des Atlas der österr. Alpenseen. – Geogr. Abh., 6, 2, Wien 1897, 71 S., 3 T., 7 Fig. – Bespr. Geogr. Z., 3, 1897, 300; 4, 1898, 476.

— Geomorphologische Untersuchungen in den Hochalpen. – PetMitt., Ergh. 132, 1900, 103 S., 6 T., 14 Fig. – Bespr. VRA 1902, 255; GZ 2/1089; Carinthia II, 1902, 59; EgH 7, 1901/1902, 40; Boll. Com. geol. d'It., 32, 1901, 354.

Richter R. Die Entstehung des Rheintals von der Quelle bis Mainz. – Ber. Senckenbg. Nat. Ges. Frankfurt a. M., 41, 1910, 213–214.

Riemann R. Ansichten über die geologischen Veränderungen des Laufs der Gasteiner Ache vom Böckstein bis zum Hofgasteiner Boden. – Mitt. DÖAV, 1879, 19–21.

— Die Krimmler Wasserfälle. Sonst und jetzt. – Z. DÖAV, 1880, 81–94.

Risorse idrauliche per forza motrice utilizzate e ancora disponibili. v. l. Adige. – Bacini del comp. d. Mag. a. A., Pubbl. d. Serv. Idrogr., n. 12, f. 7, Roma (Provv. d. Stato) 1931, 149 S., 30 Taf.

Risorse idriche. Le – del compartimento e la possibilità della loro utilizzazione nei riguardi all'agricoltura. – Provv. gen. d. Stato-Libr., Mag. a. Acque Venezia (Off. graf. Ferrari), Roma 1931, 285 S., 32 Taf.

Riva. Un grandioso impianto idroelettrico. (Centrale di –.) – Trentino, 1928, n. 4, 126, 4 Abb.

Roder E. Niederschlag und Abfluß im bündnerischen Rheingebiet während d. J. 1894–1909. – Mitt. d. Abt. f. Ldshydrogr., Nr. 5, Bern 1914, 160 S.; Inaugdiss. Bern, 1914. – Bespr. EgH, 14, 1916, 388.

— Sur les précipitations et l'écoulement du Rhin alpin. Réplique à M. le Dr. L. Horwitz à propos de son compte-rendu donné dans le Nr. 183 du Bull. Soc. vaud. sc. nat. – Bull. Soc. vaud. sc. nat., v. 50, Lausanne 1915, 401–412. – Bespr. EgH 15, 1918, 37; GZ 24/744.

— Seconde réplique à M. Horwitz. – Bull. Soc. vaud. sc. nat., v. 51, Lausanne 1916, 49–53. – Bespr. EgH 15, 1918, 329; GZ 25/1233.

Rogg. Das Becken des Bodensees. – PetMitt., 1863, 1–13.

Rohracher J. A. Die Hochwasserverheerungen im Pustertale i. J. 1882. – Niederdorf 1883, 63 S.

Romani G. Dell'antico corso de'fiumi Po, Oglio e Adda. – Milano (Tip. Silvestri) 1828.

Rosberg J. E. Lago Maggiore. – Helsinfors Geogr. Fören. Tidskr., v. 24, 1912, 167–175.

Rosenbaum L. Die Perioden der Hochwässer und Eisstöße. – Die Bautechnik, 1930, 237–239; Auszug: Met. Z., 47, 1930, 193. – Bespr. Z. f. Glkde, 19, 1931, 363.

Rothpletz A. Der Rhein-Linth-See der Diluvialzeit. – Umschau, 1901.

— Die letzten Hochwasserkatastrophen in Südtirol. (Vortr.) – Mitt. Geogr. Ges. München, 1, 1904, 149–150. – Bespr. Z. Ges. f. Erdkde Berlin, 1902, 839.

— Die Entstehung der Seen und die Ausnützung der Wasserkräfte. (Exkursionsbericht.) – Mitt. Geogr. Ges. München, 3, 1908, 114–116.

Rovereto G. Un itinerario geomorfologico nel Trentino. – L'Universo (Firenze), 11, 1930, Nr. 1, 1–16, 9 Abb., 3 Taf. – Bespr. GZ 42/822, 45/139.

Ruatti A. Fonti e Stabilimenti di Rabbi dai primordi ad oggi. – Guida alla cura idromin. e clim., Trento (Tip. Artigianelli) 1931, 152 S.

Ruatti G. La bonifica del Lago di Loppio. Saggio economico-agrario. – Tridentum, Trento 1930, 29 S., 9 Fig., 1 K.

Ruge S. Etschquelle: Karlinbach. – Mitt. Geogr. Ges. Wien, 1891, 159.

Rusconi A. Il lago d'Orta, sua riviera etc. – Torino 1880.

Rütimeyer L. Über Tal- und Seebildung. Beiträge zum Verständnis der Oberfläche der Schweiz. – Basel 1869, 160 S., 1 K.; 2. Aufl. 1874. – Bespr. Z. f. d. ges. Natwiss., 34, Berlin 1869, 116; VRA 1870, 10; NJb. 1870, 242; Ausland, 1870, 649; 1874, 91; Arch. d. sc. phys. et nat., t. 37, 313; Rev. géol. suisse, 1870, 25; Boll. Com. geol. d'It., 1, 1870, 170.

Sacco F. Sull'origine delle vallate e dei laghi alpini in rapporto coi sollevamenti delle Alpi e coi terreni pliocenici e quaternari della valle padana. – Atti d. R. Acc. d. Sc. di Torino, v. 20, Torino 1885, 481–505. – Bespr. Arch. d. sc. phys. et nat., t. 15, 319; Rev. géol. suisse p. l'a. 1885, Genève 1886, 50.

— On the Origin of the Great Alpine Lakes. – Proc. Roy. Soc. Edinburgh, 14, 1887, 271–283. – Bespr. NJb. 1888/2, 462; Bol.. Com. geol. d'It., 19, Roma 1888, 376; Arch. d. sc. phys. et nat. de Genève, t. 21, Genève 1889, 228; EgH, 1, 1889, 342.

— La Valle Padana. Schema geologico. – Ann. R. Acc. d'Agr. Torino, v. 43, 1900, 252, 1 K.

— Geoidrologia dei pozzi profondi della valle padana. – Acc. d'Agr. di Torino, v. 54, Torino 1912.

— L'origine della pianura padana e le acque sotterranee. – L'Italia fisica, 8, 1930, 194–201.

Sala A. Scorsa in Val Trompia, ai monti metalliferi della provincia ed ai laghi di Garda ed Iseo. – 1812.

Salis A. v. Über den Wasserbau im Gebirge und speziell in unserem Kanton (Graubünden). – Jber. Natf. Ges. Grbd., NF, 6, Chur 1861, 42–64.

— Mitteilungen über die Korrektion von Gebirgsgewässern. – Jb. SAC, 3, Bern 1866, 506–519.

— Das schweizerische Wasserbauwesen: Organisation, Leistungen und Bausystem. – Bern 1883, 80 S., 2 Taf.

— Hydrotechnische Notizen. II. Die Tiefenmessungen im Bodensee mit Seegrundkarte des Bodensees bei der Rheinmündung. – Schweizerische Bauztg, 3, Nr. 22, Zürich 1884, 127.

— Die Wildbachverbauung in der Schweiz. – Bern 1891–1892, 2. H., 60 S. – Bespr. Jber. Natf. Ges. Grbd., NF, 36, Chur 1893, 140; Le Globe, s. 5, t. 3, Genève 1892, Bull., 72.

Salis F. v. Über den Seedammbruch an der Albula. – Jber. Natf. Ges. Grbd., NF, 22, Chur 1879, 3–16.

Salmojraghi F. e **Paladini.** Sulla derivazione del Fiume Tresa e sistemazione del Lago di Lugano ecc. – Milano 1882.

Salmojraghi F. Contributo alla limnologia del Sebino. – Atti Soc. it. di Sc. nat e d. Mus. civ. di Stor. nat., v. 37, f. 2, Milano 1897, 149–207. – Bespr. Boll. Com. geol. d'It., 30, 1899, 94.

— L'avvalamento di Tavernola sul Lago d'Iseo (3–4 marzo 1916) con un cenno sulla instabilità delle rive lacuali. – Atti Soc. it. d. Sc. nat. ecc. in Milano, 1907, v. 46, f. 2, 134–176, 4 Taf. – Bespr. GZ 13/1760, 15/1108; NJb. 1908/2, 58; VRA 1908, 289; Boll. Com. geol. d'It., 39, 1908, 257.

Salomon W. Können Gletscher in anstehendem Fels Kare, Seebecken und Täler erodieren? – NJb. 1900/2, 117–139, 1 K., 1 Taf. – Bespr. EgH 7, 1901/02, 41; GZ 4/1618; Mitt. DÖAV, 1900, 267.

Saluz. Die Wasserversorgung der Stadt Chur. – Amtl. Ber., Chur 1885. – Bespr. Jber. Natf. Ges. Graubd., NF, 30, Chur 1887, 169.

Samaden. Zur Frage der Wasserversorgung von –. (Bericht des Gemeinderats an die Generalversammlung.) – Samaden u. St. Moritz, Engadin Press Co., 1927, 23 S.

— Gutachten und Berichte zur Frage der Wasserversorgung der Gemeinde –. – Samaden u. St. Moritz, Eng. Press Co., 1927, 36 S.

Sartory J. Wasserverhältnisse der Schweiz. Inngebiet von den Quellen bis und mit dem Schergenbach. Anhang: Fimberbach von den Quellen bis zum Vesilbach; Romgebiet von den Quellen bis zur Etsch. Teil 1: Die Flächeninhalte der Einzugsgebiete. – Veröffentl. d. Amtes f. Wasserwirtschaft, Bern 1924, 49 S., 2 K.

Schab. Die Pfahlbauten im Würmsee. – München 1876.

Schachermeyr H. Dammbruch beim Kraftwerk Mittlere Isar. – Die Wasserwirtschaft, 24, 1931, Nr. 22, 359–362.

Schaible. Über Pegelbeobachtungen am Bodensee. – Schr. d. Ver. f. Gesch. d. Bodensees, 2, Lindau 1870, 96–98, 1 Tab.

Schardt H. Quellenkunde. – In: Bäder und Kurorte der Schweiz, herausgeg. v. d. Schw. Balneolog. Ges., 1. Aufl. Aarau (Sauerländer) 1910, 16–26, 1 K. – Bespr. GZ 17/127.

— u. **Arni P.** Über die Entstehung des Lünersees im Rhätikon. – Vierteljschr. Natf. Ges. Zürich, 71, 1926, 269–290. – Bespr. GZ 36/790; NJb. 1928/3, 395.

Scheitlin P. Vorschläge des Herrn J. Waibels von Basel, die Rhein-Korrektion betreffend. – Übersicht der Verh. d. St. Gall. Natwiss. Ges. i. J. 1821–1822, St. Gallen 1822, 27–28.

Schinz H. Die Seebälle des Silser Sees. – Schw. Alpenztg, 2, Zürich 1884, 2 S.

Schjerning W. Der Pinzgau. Physikalisches Bild eines Alpengaues. Die Pinzgauer. – Forschgen z. D. Lds- u. Volkskunde, 10, H. 2, Stuttgart 1897, 133 S., 1 K., 9 T.; H. 3, 104 S., 2 T., 2 Abb. – Bespr. Geogr. Z., 3, 1897, 538; Bl. 974.

Schlagintweit A. Untersuchungen über die Isogeothermen der Alpen. – Annalen der Phys. u. Chemie (Poggendorff), 77, Leipzig 1849, 305–356, 1 K.; Auszug: JbRA 1850, 287–300, 1 Taf. Berichtigt durch O. Sendtner ebd. 301–302. –

Bespr. Ber. ü. d. Mitt. v. Freunden d. Natwiss. in Wien, 7, 1851, 10.
— Über die Regenverhältnisse der Alpen. - JbRA 1850, 280–286, 1 Taf. - Bespr. Ber. ü. d. Mitt. v. Frd. d. Natwiss. in Wien, 7, 1851, 11.
— Bemerkungen über die Wirkungen der Erosion in den Alpen. - NJb. 1851, 292–308. - Bespr. Bl. 27.
Schlagintweit A. u. **H.** Neue Untersuchungen über die physikalische Geographie und die Geologie der Alpen. - Leipzig 1854, 630 S., 1 Atl. - Bespr. C.-R. hebdom. de séances de l'Acad. de sc., t. 39, Paris 1854, 278; NJb. 1855, 91; Bl. 73.
Schlagintweit H. u. **A.** Untersuchungen über die physikalische Geographie der Alpen in ihren Beziehungen zu den Phänomenen der Gletscher, zur Geologie, Meteorologie und Pflanzengeographie. - Leipzig 1850, 600 S., 2 K., 11 Taf. - Bespr. Bl. 18; Edinburgh New Philos. Journ., 50, 1851, 287; Arch. d. sc. phys. et nat., 20, Genève 1852, 155.
Schlagintweit-Sakünlünski H. v. Über die Temperatur von Alpenseen in großen Tiefen nach Beobachtungen im Starnberger- und im Chiemsee. - Sber. Ak. d. Wiss. München, 1867, I, 305–316.
Schmassmann W. Die Bodenfauna hochalpiner Seen. - Inaugdiss. Univ. Basel, 1920, 106 S.; Arch. f. Hydrobiol., Suppl. - Bd 3, Stuttg. 1920.
Schmid A. Die Bodensee-Wasserversorgungsanlagen in Romanshorn, Münsterlingen und Kreuzlingen. - Mitt. Thurg. Natf. Ges., 15, Frauenfeld 1902, 26–42. - Bespr. GZ 8/792.
Schmid F. X. Die Ammer einst und jetzt. - Diss. Würzburg, 1913.
Schmid K. Entstehung des Alleghesees. - Diss. Würzburg, 1906, 48 S. - Bespr. GZ 14/1601.
Schmidle W. Postglaziale Ablagerungen im nordwestlichen Bodenseegebiet. - NJb. 1910/2, 104–122, 2 Fig.; Zbl. f. Min., 1911, 117–127, 153–158, 182–189, 212–218, 249–255. - Bespr. EgH 11, 1910, 681; 12, 1912, 436; GZ 16/87, 1278; Ber. Schw. Bot. Ges., 1912, 45.
— mit **Blumrich J., Bräuhäuser M.** u. **Pratje O.** Geol. Ausgabe des Bl. 660 Lindau der Karte d. D. Reiches 1:100000. Mit Querschnittstafel u. Erläuterungen. - München (Piloty u. Loehle) 1931, 13 S., 1 K., 1 Taf.
Schmidle W. Geschichte der geologischen Erforschung des Bodensees. - Bad. Geol. Abhandlungen, 3, Karlsruhe 1931, 1–40, 81–95, 6 Abb. - Bespr. GZ 47 A/1950; NJb. 1932/3, 514.
Schmidt E. Beiträge zur Morphologie des Wipptales i. T. - Diss. Jena, Leipzig (Noske) 1917, 49 S., 2 K.
Schneider E. Das Wasser von Bozen und Umgebung. - Progr. Staatsrealschule Bozen, 1906/07.
Schnetzer J. Erklärung und Beitrag zum Klima von Bregenz. - Schr. Ver. f. Gesch. d. Bodensees u. s. U., 56. H., 1928, 269–278, 1 Diagr.
— Bewässerung und Klima von Vorarlberg. - Heimatkde v. Vorarlbg, herausgeg. v. Vorarlbg. Landesmuseum in Bregenz, H. 2, Wien 1933, 26 S., 2 Tab., 2 Blgen. - Bespr. Heimat, Vorarlbg. Monatshefte, 14, 1933, 152.
Schröter C. u. **Kirchner O.** Die Vegetation des Bodensees. I. - Bodenseeforschungen, 9, Lindau 1896, 122 S., 5 Taf., mehr. Abb.; 1902, 127 S., 3 Taf., mehr. Abb.
Schuchlandt O. u. **Schmassmann W.** Über das Plankton des Davoser Sees während seiner Umgestaltung zum Stausee. - Festschr. f. d. 110. Jvers. Schw. Natf. Ges. in Davos, 1929, 119–127, 1 Taf.
Schwab G. Der Bodensee. - Stuttgart u. Tübingen (Cotta) 1840.
Schwager A. Hydrochemische Untersuchungen oberbayrischer Seen. - Geogn. Jh., 10, 1897 (1898), 50–80.
Schwaighofer H. Die Seen Nordtirols. - Tirol, F. 2, H. 2, 1929, 27–48, 16 Abb.
Schweyer F. Zur Eröffnung des Achensee-Kraftwerkes. - Wasserkraft u. Wasserwirtschaft, München 1927, H. 19, 258ff.
Seckendorff A. Frh. v. Verbauung der Wildbäche, Aufforstung und Berasung der Gebirgsgründe. - Wien 1884, 327 S., 17 K. - Bespr. Mitt. DÖAV, 1884, 179.
— Zur Geschichte der Wildbachverbauung ... in Österreich. - Wien 1886, 24 S.
— Das forstliche System der Wildbachverbauung. - Wien 1886, 27 S.
— Die Wildbäche, ihr Wesen und ihre Bedeutung im Wirtschaftsleben der Völker. - Wien 1886, 20 S. - Bespr. Mitt. DÖAV, 1886, 231.
Seefelder Seewiesen Entwässerung. - Tir. ldwirtschaftl. Blätter, 1927, Nr. 2.
Seeland F. Der Möllpegel in Heiligenblut. - Mitt. DÖAV, 1896, 107–108, 140; 1900, 215.
Seelaus G. Einiges über das Thinnetal und den Bergbau am Pfundererberg bei Klausen. - Der Schlern, 2, Bozen 1921, 409–418, 2 Abb.
Seenwelt (Bavaricus). Die - Oberbayerns. - München (Heimatland) 1922, 43 S.
Segrè C. Origine e carattere delle sedimentazioni del fiume Avisio (confluente di sinistra dell'Adige), Trentino. - Ann. d. Min., Cons. sup. d. acque pubbl., Roma 1922, v. 4, f. 2–3, 33, 2 Taf.
Seidl E. Kerbwirkung in Technik und Wissenschaft; Kerbwirkung in der Geologie. (Vortr.) - Z. DGeol-Ges., 77, 1925, 300–347, 35 Abb. - Bespr. Z. f. Geomorph., 2, 1927, 307.
Seifert H. Studien an Höhleneis. - Mitt. ü. Höhlen- u. Karstforschg, Z. d. Hptverb. D. Höhlenforscher, 1927, 105–125. - Bespr. GZ 38/364.
Sendtner R. Das Grundwasser in den einzelnen Stadtteilen Münchens. - München 1894, m. Plan (4 Bl.).
Seyffertitz K. Frh. v. Die Niederschlagsmengen des Bodenseebeckens und ihre Verteilung. Eine meteorol. Studie. - Schr. d. Ver. f. Gesch. d. Bodensees, 12, Lindau 1883, 61–69, 1 K.
— Der Fallwind der Bregenzer Bucht. - Schr. d. Ver. f. Gesch. d. Bodensees u. s. Umgeb., 25. H., 1897, 27–29.
Sieger R. Neue Beiträge zur Statistik der Seespiegelschwankungen. - 14. Ber. Ver. d. Geogr. a. d. Wiener Universität, 1888. - Bespr. Mitt. Sekt. f. Natkde ÖTC, 1, 1889, 79.
— Gletscher- und Seespiegelschwankungen. - Mitt. DÖAV, 1888, 78–82. Auszug: Gaea, 25, Leipzig 1889, 120–121.
— Niveauveränderungen an skandinavischen Seen und Küsten. - Verh. 9. D. Geogrtag Wien, 1891, 224-236. - Bespr. NJb. 1894/2, 43.
— Der Atlas der österreichischen Alpenseen. - Mitt. DÖAV, 1898, 45–46.
Siegfried J. J. Notizen über Gewässerkorrektionen. (U. a. Langensee.) - Vierteljschr. Natf. Ges. Zürich, 6, Zürich 1861, 470.
— Die Berg- und Flußgebiete der Schweiz. (Gesamtstatistik der Schweiz.) - Brugg 1869, 80 S.
Sieghardt A. Aus der Vergangenheit des Achensees. - Tir. Grenzbote, 1927, Blge: Der Feierabend, Nr. 9.
Silsersee im Engadin. Industrielle Verwertung. - Mitt. Geogr. Ges. Wien, 1904, 339.
Silvestri G. Irrigazioni e bonifiche nel Veronese. - Natura, 1931, 5–12.

Simon L. Die südbayerischen Seen am Ende der Eiszeit. – Natur u. Kultur, 18, München 1920/21, 329–333.
— Die Entstehung der voralpinen bayerischen Seen. – Forschungen z. bayer. Landeskunde, 2, München 1921, 111 S., 3 Taf., 3 Abb.; Diss. Techn. Hochschule München. – Bespr. Geogr. Z., 28, 1922, 287.
— Die Beziehungen der Eiszeit zur Bildung der südbayerischen Seen. – Der Sammler, Beilage d. München-Augsburger Abendztg, Nr. 13 v. 1921.
— Der jungglaziale Lechbrucker See und die Geschichte seines Verschwindens. Ein Beitrag zur südbayerischen Landeskunde. – Mitt. Geogr. Ges. München, 22, 1929, 138–154, 1 Skz. – Bespr. GZ 41/738; NJb. 1929/3, 685.
— Alois Geistbecks Lebenswerk. – Pädagog. Reihe, Nr. 2, herausgeg. vom Verband bayerischer Philologen, München u. Berlin (Oldenbourg) 1930, 28 S. Mit Schriftenverz.
— Die Gegend von Tölz in der Nacheiszeit. 1. Die Sonderstellung des Tölzer Isar-Sees. 2. Die Beziehungen zwischen Kirch-See, Ellbach-Moor und Tölzer Becken. – Abh. Geol. Ldsuntersuchg d. Bayer. Oberbergamtes, München 1931, H. 3, 21–30, 1 K., 5 Taf.; H. 4, 35–43, 1 K., 2 Abb. – Bespr. GZ 46 A/249, 250; NJb. 1932/2, 248; 1933/3, 23.
Simon P. Das Achenseewerk der Tiroler Wasserkraftwerke A.G. – Z. d. Ver. d. Ing., 1928, H. 12, 389–396, 24 Abb.
Simony F. Über die Alluvialgebilde im Etschtal. – Sber. Ak. d. Wiss. Wien, 24, 1857, 455–492, 1 Taf.
— Die Seen der Alpen. – Österr. Rev., Wien 1864, 30 S.
— Über Kalkalpenquellen. – Österr. Rev., Wien 1865, 11 S.
— Die erosierenden Kräfte im Alpenlande. – Jb. ÖAV, 1871, 48 S., 1 Taf.
— Einfluß des Winters auf die Alpenseen. – Mitt. DÖAV, 1875, 165–166.
— Untersuchungen im Achensee. – Mitt. DÖAV, 1878, 190–191.
Singer M. Über Flußregime und Talsperrenbau in den Ostalpen. – Z. Österr. Ing.- u. Arch.-Ver., Wien 1909, 797–803, 813–820; 1910, 383–388, 397–400, 617–626. – Bespr. GZ 15/1510, 17/1099.
— Geologische Erfahrungen im Talsperrenbau. (Vortr.) – Z. Österr. Ing.- u. Arch.-Ver., Wien 1913, 305–311, 321–326, 25 Abb. – Bespr. GZ 20/281, 561.
— Gutachten über den Lüner See. – Manuskript, 1926, K. u. Prof.
Sölch J. Epigenetische Erosion und Denudation. – GR 9, 1918, 161–177, 7 Fig. – Bespr. NJb. 1924/1, 218.
— Grundfragen der Landformung in den nordöstlichen Alpen. – Geogr. Annaler, Stockholm 1922, H. 2, 147–193. – Bespr. GZ 28/1622, 29/1363.
— Das Formenbild der Alpen. – Geogr. Z., 31, 1925, 193–204. – Bespr. GZ 32/938; Z. f. Geomorph., 1, 1926, 345.
— Neue Beobachtungen und Theorien in der Karsthydrographie. – Geogr. Z., 39, 1933, 357–360. (Bespr. der Hydr. des Karstes v. O. Lehmann.) – Bespr. GZ 50 A/1936.
Sonklar K. v. Grundzüge einer Hyetographie des österreichischen Kaiserstaates. – Mitt. Geogr. Ges. Wien, 4, 1860, Abh., 205–238, 1 K., 6 Tab.
— Die Ötztaler Gebirgsgruppe, mit besonderer Rücksicht auf Orographie und Gletscherkunde. – Gotha 1860, 292 S., Atlas 1861, 13 K. – Bespr. Bl. 173.
— Die Gebirgsgruppe der Hohen Tauern, mit besonderer Rücksicht auf Orographie, Gletscherkunde, Geologie und Meteorologie. – Wien 1866, 408 S., 3 Taf. (Karten u. Prof.). Auszug: PetMitt., 8, 4, 1862, 5 S. – Bespr. Bl. 241.
— Die Zillertaler Alpen, mit besonderer Rücksicht auf Orographie, Gletscherkunde und Geologie. – PetMitt., Ergh. Nr. 32, Gotha 1872, 61 S., 3 K.
— Allgemeine Orographie. Die Lehre von den Reliefformen der Erdoberfläche. – Wien (Braumüller) 1873, 254 S., 57 Abb. S. a. Mitt. Geogr. Ges. Wien, 15, 1872, 500–516.
— Orographie und Topographie, Hydrographie, Gletscherwesen. – In: Anleitung zu wiss. Beobachtungen auf Alpenreisen, Beilage z. Z. DÖAV, 1878, München 1878, 1. Abt., 21 S.
— Von den Überschwemmungen. – Wien (Hartleben), Pest, Leipzig 1883, 151 S. – Bespr. Mitt. DÖAV, 1883, 302.
Sources. Nouvelles – dans le canton des Grisons en Suisse. – Bull. d. sc. nat. et de géol., 22, Paris 1830, 17–18.
Sourdeau A. Frh. v. Die Mineralien des Mte Fronte bei Levico i. T. – Z. Ferdin., 3. F., 37. H., Innsbruck 1893, 311–342. – Bespr. VRA 1895, 181.
Sozzani A. Osservazioni della temperatura del Lago Maggiore. – Rend. R. Ist. Lomb., s. 2, v. 45, f. 14/15, Milano 1912, 749–757; v. 46, 1913, 551–557; v. 47, 1914, 399–407.
Spescha Pl. a. Geographische Beschreibung aller Rheinquellen und der dahin angestellten Bergreisen ... – Manuskr. Rhät. Mus. Chur, 1782–1829, 1 K.
Spullerseewerk. Wasserwirtschaftliche Verbesserung beim – der Österreichischen Bundesbahnen. – Neue Freie Presse, Nr. 24540 v. 7. 1. 1933, 1 Sp., 1 Fig.
Stache G. Über die Versorgung der Stadt Bozen mit Trinkwasser. (Vortr.) – VRA 1871, 41–43.
Stapff F. M. Geologische Beobachtungen im Tessintal. Bau, Strandbilder, Gletscher. – Z. DGeolGes., 33, 1881, 604–616; 34, 1882, 41–73, 511–555, 4 Taf. – Bespr. Gaea, 18, Köln u. Leipzig 1882, 684; Arch. d. sc. phys. et nat., t. 9, 308; Rev. geol. suisse p. l'a. 1882, Genève 1883, 79.
Stark F. Die bayerischen Seen und die alten Moränen. Eine Erläuterung zur Karte: Ideale Übersicht von Südostbayern zur Eiszeit. – Z. DAV, 1873, 67–78, 1 Proftaf.
Statzner L. Die Senkung des Chiemseespiegels. – München 1868, m. 2 Taf.
Staub W. Neuere Arbeiten über den Aufbau des schweizerischen Mittellandes und die Vorgeschichte seiner Flußläufe. – Z. Ges. f. Erdkde Berlin, 1928, 331–335.
Staudacher W. Die Verlandungsstadien des oberschwäbischen Federsees. – NJb. 1924, Bbd 50, 448–489, 2 Taf.
Stefanini G. I bacini della Meduna e del Colvera in Friuli. Geologia, morfologia e idrografia e carta della permeabilità delle rocce. – R. Mag. alle Acque, Uff. Idr., Pubbl. Nr. 20/21, Venezia 1912, 72 S., 9 T., K. 1:75000 u. 1:100000. – Bespr. GZ 25/104; Boll. Com. geol. d'It., 44, 1915, f. 4, 130.
Stegagno G. I laghi intermorenici dell'anfiteatro benacense, laghi, stagni e paludi. – Mem. Soc. geogr. it., v. 12, 1905, f. 8, Roma 1907, 110 S. – Bespr. GZ 13/1533, 1639, 15/780; Boll. Com. geol. d'It., 39, 1908, 311.
Steinböck O. Hydrobiologische Arbeiten im Tiroler Hochgebirge. – Anzg. Ak. d. Wiss. Wien, 66, 1929, 263–264.

— Hydrobiologische Forschungen in den Ostalpen. – Forschungen u. Fortschritte, 1929 (Dez.), 2 S. – Bespr. Z. f. Glkde, 18, 1930, 244.

Stella E. Intorno ad alcuni laghi alpini del Trentino, dell'Ampezzano e dell'Alto Adige. – Mem. d. Mus. d. St. Nat. d. Ven. Trid., v. 1, 1931, f. 1–2, 45–66, 1 Taf., 8 Fig.

Sternbach P. Frh. v. Uttenheimer Wildbachschrecken. Geschichtliches zum jüngsten Ausbruch der Uttenheimer Wildbäche. – Dolomiten, Nr. 73 v. 1929.

— Wildbachverbauung dringlich. Zu den Überschwemmungsschäden im Tauferertale. – Dolomiten, Nr. 96 v. 12. 8. 1931.

Steudel A. Der gefrorene Bodensee des Jahres 1880. – Schr. d. Ver. f. Gesch. d. Bodensees, 11, Lindau 1882, 22–32.

Stiny J. Das Murenphänomen. – Mitt. Deutsch. Natwiss. Ver. beider Hochschulen Graz, 1907, 1. H., 7–22, Abb. – Bespr. Zbl. f. Min., 1908, 46; GZ 10/295.

— Der Erdschlipf im Schmalecker Walde (Zillertal). – Mitt. Geol. Ges. Wien, 1, 1908, 408–412, 1 Fig. – Bespr. GZ 12/1544; NJb. 1912/2, 86.

— Die Berasung und Bebuschung des Ödlandes im Gebirge als wichtige Ergänzung getroffener technischer Maßnahmen und für sich betrachtet. – Graz 1908, 155 S., 4 Taf., 4 Abb. – Bespr. GZ 12/1543.

— Die Ursachen der vorjährigen Vermurungen im Zillertale. – Mitt. Geol. Ges. Wien, 2, 1909, 213–226. – Bespr. GZ 12/1548; 13/906.

— Die jüngsten Hochwässer und Murbrüche im Zillertale. – Österr. Wochenschr. f. d. öffentl. Baudienst, 1909, H. 7, 4 S., 9 Fig. – Bespr. GZ 12/1548; NJb. 1912/2, 86.

— Perm bei Campill (Gadertal). – VRA 1910, 385–389, 1 Abb. – Bespr. GZ 16/607.

— Zur Erosionstheorie. – Mitt. natwiss. Ver. f. Steierm., 47, 1910, Graz 1911, 83–88.

— Die Muren. Versuch einer Monographie mit besonderer Berücksichtigung der Verhältnisse in den Tiroler Alpen. – Innsbruck (Wagner) 1910, 139 S., 34 Abb. – Bespr. VRA 1910, 138; GZ 14/961; Geogr. Z., 17, 1911, 110; Mitt. Geogr. Ges. Wien, 1910, 402.

— Fortschritte des Tiefenschurfes in der Gegenwart. – GR 3, 1912, 166–169. .

— Versuche über Schwemmkegelbildung. – GR 8, 1917, 189–196, 3 Fig. – Bespr. GZ 28/1060.

— Die Geschiebeherde der Wildbäche. – Mitt. Geolog. Ges. Wien, 14, 1921, 275. (Vortragstitel.)

— Die ostalpinen Eiszeitschotterfluren. Ein Beitrag zur Aufklärung ihrer Entstehung. 1. Teil, Allgem. Versuche und Betrachtungen. – Zbl. f. Min., 1923, 202–213, 234–245, 2 Fig.

— Wasserkraftausnutzung und Schlammführung der Gewässer. – Die Wasserwirtschaft, Wien 1923, H. 13/14, 1–5. – Bespr. GZ 30/332.

— Randbemerkungen zur Schurf- und Aufschüttungsfrage. – Mitt. Geol. Ges. Wien, 16, 1923, Wien 1924, 273–285. – Bespr. GZ 31/1130.

— Hebung oder Senkung? – PetMitt., 70, Gotha 1924, 205–209. – Bespr. GZ 31/1119.

— Neigungswinkel von Schutthalden. – Z. f. Geomorph., 1, 1926, 60–61.

— Massenbewegungen in den Alpen. (Arlberg.) – Z. f. Geomorph., 1, 1926, 156.

— Bewegungen der Erdkruste und Wasserbau. – Die Wasserwirtschaft, Wien 1926, H. 7, 8, 9, 11, 15, 17 (24 S., 25 Abb.) – Bespr. GZ 34/1695; PetMitt., 74, 1928, 244.

— Kluftmessung und Quellenkunde. – Internat. Z. f. Bohrtechnik, Erdölbgbau u. Geol., 34, Wien 1926, 97–100, 1 K. – Bespr. Carinthia II, 1928, 76.

— Zur Geschichte des Millstätter Sees. – Die Eiszeit, 3, Leipzig 1926, 9–20, 9 Abb. – Bespr. Z. f. Geomorph., 3, 1928, 154; GZ 41/85.

— Geometrisches über Krustenverbiegungen. – Der Geologe, Nr. 40, Leipzig (M. Weg) 1926, 952–957. – Bespr. GZ 34/1694.

— Rutschungen, Gebirgsdruck, Bergbauschäden und Baugrundbelastung. – Intern. Z. f. Bohrtechnik, Erdölbergbau und Geol., 36, 1928, Nr. 8, 66–72, 8 Abb. – Bespr. GZ 38/53.

— Einige Folgeerscheinungen der Spiegelabsenkung von Speicherbecken; Wege zu ihrer Voraussicht und ihrer Anschätzung. – Geol. u. Bauwesen, 1, 1929, H. 1, 51–59, 8 Abb. – Bespr. GZ 39/1827; NJb. 1930/2, 786.

— Die geologischen Grundlagen der Verbauung der Geschiebeherde in Gewässern. – Wien (Springer) 1931, 120 S., 4 Abb. – Bespr. GZ 46 A/1542; Z. f. prakt. Geol., 40, 1932, 158; GR 24, 1933, 122.

— Altes und Neues über Entstehung und Einteilung der Quellen. – Geologie und Bauwesen, 4, 1932, H. 1, 52–91, 35 Abb.

— Schäden durch Naturgewalten in Österreich während des Jahres 1931. – Geologie und Bauwesen, 4, 1932, 91–100. – Bespr. NJb. 1932/2, 893.

— Ein Felsschlipf an der Vintschgauer Bundesstraße. (Bei Landeck.) – Geologie und Bauwesen, 4, 1932, 101–104, 5 Abb. – Bespr. NJb. 1932/2, 893.

— Wann sollen wir Quellen fassen? – Geologie und Bauwesen, 5, H. 4, 1933, 264–268.

Stolcis T. Il progetto di un grande impianto di compensazione nell'Alto Sarca e gli interessi della regione fra Garda e Po. – Trento (Tip. Naz.) 1925. – Bespr. Studi Trent. Sc. Nat., 8, 1927, 125.

— Le forze idrauliche della Provincia di Trento. – Studi Trent. Sc. Nat., 7, 1926, 37–48, 1 Skz.

— L'energia elettrica nella Venezia Tridentina. – Studi Trent. Sc. Nat., 9, 1928, 103.

Stoppani A. Cenni sulle cause della deficienza di buone acque potabili sul territorio di Rovate, provincia di Brescia. – Politecnico, v. 24, Milano 1876.

— L'Iliade Brembana, ossia difesa del progetto adottato dal Consiglio Comunale di Milano per l'introduzione dell'acqua potabile. – Milano 1883.

Stotter M. Einleitung zur Orographie von Tirol und Vorarlberg. – In: H. v. Widmann, Erläuterungen z. geogn. K. Tirols. Innsbruck (Wagner) 1853, 21 S.

Strele G. Die Wildbäche und ihre Verbauung. – Z. DÖAV, 1899, 110–132, 4 Abb.

— Wildbachverbauung. (Vortr.) – Chur (Bischofsberger) 1930, 15 S.

— Wildbachverbauung. – Schw. Wasserwirtsch. u. Energiewirtsch., 23, 1931, H. 11, 3–15.

— Die Quellen der Geschiebeführung. – Geologie und Bauwesen, 1932, 119–144, 10 Abb. – Bespr. GZ 49 A/479; NJb. 1932/2, 897.

Strobel A. Im Reiche der Tiwag. – Bergland, 9, 1927, Nr. 9.

Stubai. Das Tal – und dessen Bewohner. – Z. f. Tirol u. Vorarlberg, 1, Innsbruck 1825, 166–246.

— Tal und Gebirg, Land und Leute. – Herausgeg. d. d. Ges. von Freunden des Stubaitales, Leipzig (Duncker u. Humblot) 1891, 742 S., 3 K., 306 Abb. – Bespr. Mitt. DÖAV, 1891, 197; PetMitt., 1892, Litber., 139.

Stumpf W. Methode der Deltavermessungen. (Ablagerungen von Schweizer Flüssen in Seen.) – Annalen der Schw. Landeshydrographie, Bd II, 2, Bern 1916. – Bespr. Z. Ges. f. Erdkde Berlin, 1916, 256.
— Rheindelta im Bodensee. Aufnahme vom Frühjahr 1921. – Eidgen. Dep. d. Inn., Mitt. Amt. f. Wasserwirtschaft, Nr. 15, Bern 1923, 15 S. – Bespr. GZ 31/69.
Swerinzew L. Zur Entstehung der Alpenseen. Eine geol.-geogr. Studie. – Inaugdiss. Zürich u. Petersburg, 1896, 36 S. – Bespr. NJb. 1900/1, 212; Jb. SAC, 32, Bern 1897, 377; EgH, 5, 1898, 411; Mitt. DÖAV, 1897, 123; Arch. d. sc. phys. et nat., 5, Genève 1898, 344.
Taccani A. Le forze idrauliche della Venezia Tridentina ed il loro sfruttamento. – L'Energia elettrica, v. 6, 1929, 736–738.
Taramelli T. Dell'esistenza di un'alluvione preglaciale nel versante meridionale delle Alpi in relazione coi bacini lacustri e dell'origine dei terrazzi alluvionali. – Atti Ist. Ven. d. Sc., Lett. ed Arti, Venezia 1870/71, s. 3, v. 16, 2193–2273, 2 Taf. – Bespr. VRA 1872, 85.
— Sorgenti e corsi d'acqua nelle Prealpi. – Rend. R. Ist. Lomb., 1883.
— e **Varisco A.** Delle condizioni orografiche, geologiche e idrauliche del bacino del fiume Brembo. – Nell'opera: Le acque del Brembo e l'acquedotto di Milano. – Bergamo 1883, K. u. Prof.
Taramelli T. Note geologiche sul bacino idrografico del fiume Ticino. – Boll. Soc. geol. it., v. 4, 1885, Roma 1886, 239–336, 2 K. – Bespr. Boll. Com. geol. d'It., 18, 1887, 437; Rev. géol. suisse p. l'a. 1886, 31; Arch. d. sc. phys. et nat., t. 18, Genève 1887, 91; Annuaire géol. univ., t. 4, Paris 1888, 573.
— Lo scoscendimento di Bracca in Valseriana. – Riv. mens. d. CAI, 1888.
— Risposta ai quesiti della Giunta municipale di Vicenza sulle acque sorgive e salienti delle Maddalene e del Morachino. – Vicenza 1892. – Bespr. Boll. Com. geol. d'It., 24, 1893, 387.
— Della storia geologica del Lago di Garda. – Atti d. Accad. d. Agiati, a. 11, v. 40, Rovereto 1893, 59 S., 1 K. – Bespr. NJb. 1897/1, 309; Bl. 862; Boll. Com. geol. d'It., 26, 1895, 499.
— Considerazioni geologiche sul Lago di Garda. – Rend. R. Ist. Lomb., s. 2, v. 27, f. 3, Milano 1894. – Bespr. Bl. 862; Boll. Com. geol. d'It., 26, 1895, 500.
— Di alcuni scoscendimenti nel Vicentino. – Boll. Soc. geol. it., v. 18, f. 3, Roma 1899, 297–308. – Bespr. NJb. 1900/2, 264; Boll. Com. geol. d'It, 31, 1900, 404.
— Di due casi di idrografia sotterranea nelle provincie di Treviso e di Lecce. – Rend. R. Ist. Lomb., s. 2, v. 32, f. 19–20, Milano 1899, 1389–1402. (C. d. Montello.) – Bespr. Boll. Com. geol. d'It., 31, 1900, 402.
— Osservazioni stratigrafiche a proposito delle fonti di S. Pellegrino in provincia di Bergamo. – Boll. Soc. geol. it., v. 19, f. 3, Roma 1900, 437–442. – Bespr. Boll. Com. geol. d'It., 32, 1901, 382.
— Risposte ai quesiti proposti dalla Giunta municipale di Vicenza riguardo alle acque sorgive e salienti della Maddalena e del Moracchino. – Giorn. di Geol. prat., v. 1, f. 6, Genova 1903, 262–274. – Bespr. Boll. Com. geol. d'It., 36, 1905, 67.
— I tre laghi. Studio geologico-orografico, con carta geologica. – Milano 1903, 125 S., K. 1:100000. – Bespr. GZ 8/794; PetMitt., 49, Litber., 190; Boll. Com. geol. d'It., 35, 1904, 433.
— Presa d'acqua per la città di Verona. – Scritti di Geol. prat., Genova 1904, 13–18. – Bespr. Boll. Com. geol. d'It., 36, 1905, 338.
— Sulle condizioni geologiche dei dintorni di Coltura presso Polcenigo. – Giorn. di Geol. prat., v. 2, 1904.
— Le condizioni idrologiche dei dintorni di Bassano. – Giorn. Geol. prat., v. 2, f. 4, Perugia 1904, 97–107. – Bespr. Boll. Com. geol. d'It., 36, 1905, 337; GZ 9/1039.
— Cenni geologici sui dintorni di Caltrano nel Vicentino, ove stanno le sorgenti di Val Gaverdina e Piasano. – Scritti di Geol. prat., Genova 1904, 1–8. – Bespr. Boll. Com. geol. d'It., 36, 1905, 337.
— Della utilizzazione dei laghi e dei piani lacustri di alta montagna per sopperire alle magre dei nostri fiumi. – Boll. Soc. geol. it., v. 26, Roma 1908, 235–238.
— Di alcune questioni geologiche riguardanti il Lago di Garda. – Atti X Congr. naz. di Idrol., Clim. e Terapia fisica, Salò 1910; Riv. d. Sc. fis.-nat., Pisa-Pavia 1911, an. 12, n. 141, 280. – Bespr. GZ 20/1724; Boll. Com. geol. d'It., 43, 1913, f. 4, 135.
— Il nubifragio valtellinese dello scorso agosto. – Rend. R. Ist. Lomb., s. 2, v. 44, Milano 1911, 975–985. – Bespr. GZ 18/242; Riv. Geogr. It., 19, 1912, 718.
— Il nubifragio del 21 e 22 Agosto 1911 in Valtellina in relazione alle condizioni del suolo. – Boll. Soc. geol. ital., 30, 1911, Roma 1912, 969–980. – Bespr. GZ 18/242; Riv. Geogr. Ital., 19, 1912, 718.
— Appunti per la storia geologica del lago di Varese. – Rend. R. Ist. Lomb., s. 2, v. 47, Pavia 1914, 998–1004. – Bespr. Boll. Com. geol. d'It., v. 46, f. 2–3, 1917, 99.
— Sulla storia geologica del Garda. – La Geografia, an. 2, Nr. 4, Novara 1914. – Bespr. Boll. Com. geol. d'It., 46, 1916, f. 2–3, 97.
— Sull antico decorso del Brenta rispetto al Piave. – Rend. R. Ist. Lomb. di Sc. e Lett., v. 51, f. 10 – 13, Milano 1918, 501–508.
— Le spiegazioni dei nostri laghi attraverso un secolo. – Rend. R. Ist. Lomb., s. 2, v. 53, Milano 1920, 527–535.
Tarnuzzer Chr. Verbreitung und Entstehung von Gebirgsseen im Unterengadin. – Jber. Natf. Ges. Grbd., NF, 49, 1, 1906/07, Chur 1907, röm. 13.
— Temperaturmessungen unter der Eisdecke des Canovasees im Domleschg. – Jber. Natf. Ges. Grbd., NF, 49, 1907, 30–38, 2 Fig. – Bespr. GZ 13/1929.
— u. **Grubenmann U.** Beiträge zur Geologie des Unterengadins. I. Das Gebiet der Sedimente. II. Die kristallinen Gesteine. – Beitr. z. geol. K. d. Schw., NF, Lfrg 23, Bern 1909, 248 S., K. 1:50000, 1 Taf., 25 Fig. – Bespr. EgH 11, 1910, 561; VRA 1911, 122; NJb. 1911/2, 416; GZ 17/297; PetMitt., 59, 1913/2, 220.
Tarnuzzer Chr. Der Felssturz von Valdätscha bei Trimmis (1910). – Jber. Natf. Ges. Grbd., NF, 52, Chur 1910, 53–59, 1 Fig. – Bespr. GZ 23/1071; EgH 11, 1910, 541.
— Nollakorrektion und Lüschersee. Ein Beispiel der Wildbachverbauung. – PetMitt., 56, 1910/2, 234–235, 1 K. – Bespr. EgH 11, 1910, 534; Jber. Natf. Ges. Grbd., NF, 53, 1912, 143.
— Geologische Verhältnisse von Akkumulationsbecken in den Einzugsbecken des Hinterrheins. – Schweiz. Wasserwirtschaft, 5, Nr. 10, Zürich 1913, 127–129.
— Literatur zur physischen Landeskunde Grau-

bündens 1914–1918. – Jber. Natf. Ges. Grbd., NF, 56, Chur 1916, 103–107; 57, 1917, 155–166; 58, 1918, 251–258; 60, 1919–1921, 217–231. – Bespr. GZ 25/188, 28/87.

— Das Versinken des Tuorsbaches von Bergün im Sommer 1919. – Jber. Natf. Ges. Grbd., NF, 60, 1919/20 u. 1920/21, Chur 1921, 139–149. – Bespr. GZ 28/51.

Tauernkraftwerk. Das –, ein Werk von unermeßlicher Bedeutung für Osttirol. – Lienzer Nachrichten, Nr. 52 v. 1930.

— Stellungnahme der Ingenieurkammer für Tirol und Vorarlberg und des Vereines der Ingenieure in Tirol und Vorarlberg zu den Projekten der Allgem. Elektr.-Ges. Berlin (A.E.G.) und der Österr. Kraftwerke-A.G. (ÖKA) für das –. – Die Wasserwirtschaft, 1931, Nr. 11, 158–162.

Tauernprojekt. Die „Öka" und ihr Tauernprojekt. – Bergland, 13, 1931, 39–54, m. Abb.

Tauernwasserkräfte. Projekte einer Verwertung der Wasserkräfte im Bereich der Tauernkette. – Deutsche Wasserwirtschaft, 24, 1929, 21–25.

— Der Ausbau der –. Stand der Verhandlungen. – Tiroler Anzeiger, Nr. 117 v. 23. 5. 1931.

Tellini A. Le acque sotterranee del Friuli e la loro utilizzazione. – Ann. R. Ist. Tecn. A. Zanon, s. 2, an. 16–17, Udine 1899, 175–260; an. 18, 1900, 27–155; an. 19, 1901, 103–200. – Bespr. Boll. Com. geol. d'It., 31, 1900, 406; 32, 1901, 383; 34, 1903, 56.

— Carta delle pioggie delle Alpi Orientali e del Veneto. – Udine 1905.

Theobald G. Sturz bei Felsberg. – Jber. Natf. Ges. Grbd., NF, 5, Chur 1859, 1 S.

— Die Rheinquellen. – Die Natur, 10, Halle 1861, 217–219, 237–238, 245–246, 253–254. – Bespr. PetMitt., 1861, 445.

Thiem A. Die Wasserversorgung der Stadt München. (Vorprojekt.) – München 1876.

Thiem G. Die Grundwasserströme von München. – Münchner Neueste Nachr. v. 9. 3. 1924.

Thienemann A. Zur Hydrophysik des Zürich- und des Walensees, nebst Beitrag zur Hydrochemie und Hydrobakteriologie des Zürichsees. – Die Natwiss., 6, Berlin 1918, Mitt., 456.

Thöny M. Lawinen im Prätigau. – Alpina, Jb. SAC, 1909.

— Lawinen- und Wasserschaden, Wuhrarbeiten und Kolmation im Prättigau. – Schiers 1910, 96 S.; 2. Aufl. ebd. 1911, 90 S., 10 Taf. – Bespr. Alpina, 19, 1911, 110; Jber. Natf. Ges. Grbd., 53, 1912, 126.

Thorbecke M. P. Der junge Rhein. – Kölnische Zeitung v. 1. 1. 1928.

Thürnau. Das Tauernwerksprojekt der A.E.G. – Die Wasserwirtschaft, 1931, Nr. 11, 157–158.

Tietze E. Einige Bemerkungen über die Bildung von Quertälern. – JbRA 1878, 581–610; 1882, 685–768. Auszug: VRA 1878, 212–213.

— Zur Geschichte der Ansichten über die Durchbruchstäler. – JbRA 1888, 633–656. – Bespr. NJb. 1889/2, 55.

Toblino (W. G.). – Der See von –. – Z. DÖAV, 1878, 1–3.

Todaro U. La sistemazione della Val Passiria. – Italia Augusta, a. 5, 1928, 21–49.

— Per la bonifica atesina: dal Passirio all'Avisio. – Quad. mens. d. Op. Naz. p. i Comb., 7, 1929, n. 3, 5–28; n. 5, 9–44.

Tolomei E. Particolare della linea spartiacque sul Passo di Toblaco. – Arch. p. l'Alto Adige, 5, 1910, 254–261, 3 Fig., 1 Skz.

Tolomei E. u. F. La grande catena alpina di displuvio sopra l'Alto Adige. – Arch. p. l'Alto Adige, 6, 1911, 393–449 (F.); 7, 1912, 460–554; 8, 1913, 252–313, 480–512; 10, 1915, 234; 17, 1922, 173–214; 19, 1924, 11–30; 20, 1925, 11–54. Mit Abb. u. Skz. – Bespr. Tir. Heimat, 8, 1927, 180; 1, 1928, 89; 3, 1930, 139.

Tolomei E. La spartiacque italo-germanico in una carta del Museo Tedesco di Monaco. – Arch. p. l'Alto Adige, 6, 1911, 474, 1 K.

— La nuova terra italiana dell'Alto Adige. – Arch. p. l'Alto Adige, 14, 1919, 5–90. (Geol. 15–17, Hydr. 17–20, Wasserkraft 62–65 u. a.)

— Lavori per l'arginazione di fiumi e torrenti. Le acque. Centrali elettriche. (Notizie.) – Arch. p. l'Alto Adige, 17, 1922, 419–421.

— La catena spartiacque delle Alpi fra il Monte Pater e il Passo di Toblàco. – Arch. p. l'Alto Adige, 2, 1907, 263–299, Abb. u. Skz.

Toma R. Aspetti del problema montano e suoi riflessi sull'incremento demografico e zootecnico. – Catt. amb. d'Agricolt. di Bolzano, Trento (Tip. mut. e inv.) 1931, 41 S., 4 Taf., 9 Abb.

Toniolo A. Carta della permeabilità delle roccie del Bacino d'Alpago e brevi note illustrative. – R. Mag. Acque, Uff. Idrogr., Pubbl. Nr. 10, Venezia 1910. – Bespr. Boll. Com. geol. d'It., 42, 1911, f. 4, 127.

— L'idrografia del „Quartier di Piave". – Giorn. Geol. prat., an. 12, f. 4, Parma e Pisa 1914, 137–191, 2 Taf. – Bespr. Boll. Com. geol. d'It., 46, 1917, f. 2–3, 100.

Tornquist A. Geologischer Führer durch Oberitalien. I. Das Gebirge der oberitalienischen Seen. (Beiträge v. A. Baltzer u. C. Porro.) – Sammlg geol. Führer, IX, Berlin (Borntraeger) 1902, 302 S., 30 Abb. – Bespr. VRA 1902, 352; GZ 3, 1062; PetMitt., 49, Litber., 189; EgH 7, 1901–1902, 498; Boll. Com. geol. d'It., 35, 1904, 106; Mitt. DÖAV, 1902, 175.

— Das Gesetz der Wasserbewegung im Gebirge. Die geologische Grundlage für die technische Ausnützung der Wasserkräfte. – Graz (Leykam) 1922, 32 S. – Bespr. VBA 1925, 202; GZ 28/1355.

Torrenti. I – delle Alpi ed i mezzi diretti alla loro difesa. – Milano 1859.

Toula F. Über Wildbachverheerungen und die Mittel, ihnen zu begegnen. – Z. Österr. Ing.- u. Arch.-Ver., 1892, Nr. 43 u. Vorträge d. Ver. z. Verbreitung natwiss. Kenntnisse Wien, 32, H. 15, 1892, 124 S., 11 Abb. – Bespr. NJb. 1893/2, 323; 1894/1, 457.

— Der Bergsturz am Arlberge und die Katastrophe von Saint-Gervais. – Vortr. d. Ver. z. Verbr. natwiss. Kenntn. Wien, 33, H. 14, 1893, 56 S., 5 Taf., 12 Abb. – Bespr. Mitt. Geogr. Ges. München, 1911, 446; NJb. 1894/1, 457.

Trabert W. Verteilung der Niederschlagshöhen im Donaugebiete. – Mitt. Geogr. Ges. Wien, 36, 1893, Donaustudien, 1. Abh., Gebiet des Inn mit der Salzach, 26–36.

— Die kubischen Niederschlagsmengen im Donaugebiete. – Mitt. Geogr. Ges. Wien, 36, 1893, Donaustudien, 2. Abh., 61 S., zahlr. Tab.

Trener G. B. Per un circolo trentino di studi idrologici, glaciologici e speleologici. – Ann. Studi Trent., 4, Firenze 1897–1898.

— e **Battisti C.** Il lago di Terlago ed i fenomeni carsici delle valli della Fricca, del Dess e dei Laghi. – Tridentum, Riv. d. St. sc., a. 1, f. 1–2, Trento 1898, 37–97, 3 Taf. – Bespr. Bl. 992; Boll. Com. geol. d'It., 30, 1899, 372.

Trener G. B. Le oscillazioni secolari del clima del Trentino. (Mem. prelim.) - Tridentum, Trento 1904, f. 5.
— Le oscillazioni periodiche secolari del clima nel Trentino. - 23. Ann. SAT, Trento 1904, 78. - Bespr. VRA 1904, 362.
— Osservazioni geologiche sulla portata solida dell' Avisio (nel Trentino). - Trento 1923, 22 S. - Bespr. Studi Trent. Sc. Nat., 8, 1927, 251.
— Geologia delle Marocche. - In: Gli Impianti idroelettrici della Città di Trento, p. 2, Trento 1924, 25–83, 1 geol. u. 1 Isobathenkarte 1:25000, 1 Taf., 3 Fig. - Bespr. Studi Trent. Sc. Nat., 8, 1927, 125.
— L'acquedotto della Città di Trento. II. Studio geologico. - Trento (Municipio d. Tr.) 1926, 19–42, 1 K., 17 Fig., 12 Taf.
Trento. L'Acquedotto della Città di –. - Municipio di Trento, Trento 1926, 42 S., 9 Taf., 17 Abb. - Bespr. Z. Ges. f. Erdkunde Berlin, 1927, 449.
Trinker J. Beiträge zur Orographie und Hydrographie des Pustertales. - Jb. ÖAV, 1867, 141–150.
Troll K. Geolog.-morpholog. Karte 1:100000. Der diluviale Inn-Chiemsee-Gletscher. - Mitt. Geogr. Ges. München, 16, 1923.
— Das Inn- und Chiemseevorland. Ein landeskundl. Führer. - Mitt. Geogr. Ges. München, 17, 1924, 1–44, 1 Fig.; Ldskdl. Forschgen, 26, 1924. - Bespr. GZ 31/1157; NJb. 1924/2, 439; 1925/2, B, 157; Z. f. Glkde, 15, 1927, 157.
Trübswetter P. Die Flußdichte des oberbayerischen Gebietes zwischen Inn und Salzach. - Diss. Techn. Hochsch. München, 1930, 81 S., 2 K. 1:400000. - Bespr. Geogr. Z., 37, 1931, 503; PetMitt., 78, 1932, 271.
Trusheim F. Die Mittenwalder Karwendelmulde. Beiträge zur Lithogenesis und Tektonik der nördlichen Kalkalpen. - Diss. Frankfurt a. M.; Wiss. Veröffentl. DÖAV, Nr. 7, 1930, 67 S., K. 1:25000, 3 Prof., 19 Abb. - Bespr. PetMitt., 77, 1931, 270; GZ 46 A/1881.
Tscharner J. F. v. Ein Wort über die Rhein- und Nollaeindämmung im Domleschg. - Der neue Sammler, 3, Chur 1807, 252–269, 353–355.
Tschöll H. Stauseen in Passeier. - Der Schlern, 3, 1922, 126–127.
Tscholl J. Das Martelltal. - Dolomiten, 1927, Nr. 73 -75.
Tusch H. Der Achensee in Vergangenheit und Gegenwart. - Tirol, 1927, 260–262, 3 Abb.
Überschwemmungen. Die Berichte der Expertenkommission über die Ursachen und den Betrag des durch die - i. J. 1868 in den Kantonen ... Graubünden, Tessin ... angerichteten Schadens. - Bern 1869, 191 S., 12 Tab.
Ule O. Die wütende Nolla. Alpenbilder, 2. - Die Natur, 8, Halle 1859, 28–31, 44–46, 49–51, 59–61.
Ule W. Die Entstehung und die physikalischen Verhältnisse des Würmsees. - Jb. Geogr. Ges. München f. 1900/01, 19, München 1901, 58–75. - Bespr. GZ 3/300.
— Der Würmsee (Starnbergersee) in Oberbayern. Eine limnologische Studie. - Wissensch. Veröff. Ver. f. Erdkde Leipzig, 5, 1901, 210 S., 15 Fig., 5 Bild., 8 Taf. - Bespr. Mitt. Geogr. Ges. Wien, 1902, 26; GZ 3/299.
— Untersuchungen des Würmsees. (Vortr.) - Z. Ges. f. Erdkde Berlin, 1902, 460.
— Alter und Entstehung des Würmsees. - Z. d. Ges. f. Erdkde Berlin, 1904, 651–659, 3 Abb. - Bespr. GZ 6/370.
— Das Alter und die Entstehung des Würmsees. - Gaea, 41, 3, Leipzig 1905, 2 S.
— Studien am Ammersee in Oberbayern. - Mitt. Geogr. Ges. München, 1, 1906, 561–624, 1 Taf. - Bespr. GZ 14/1602; Z. f. Glkde, 1, 1907, 237.
Umlauft F. Die Alpen. Handbuch der gesamten Alpenkunde. - Wien, Pest, Leipzig 1887, 488 S., 18 K. - Bespr. PetMitt., 33, 1887, Litber., 40; Mitt. Geogr. Ges. Wien, 30, 1887, 648; Jb. SAC, 22, Bern 1887, 373; Ausland, Stuttgart u. München 1887, 79; Mitt. DÖAV, 1887, 33; Z. DÖAV, 1889, 505.
Ungarelli P. La Valle dell'Adige nel tratto Egna-Zambana prima e dopo la rettificazione del Fiume. - Trento (Tip. Mut. e Inval.) 1923.
Valär J. v. Topographische Beschreibung der Landschaft Davos. - Der neue Sammler, 2, Chur 1806, 3–68.
Vardabasso S. Studio geo-idrografico del Bacino dell'Avisio (Valli di Fassa, Fiemme e Cembra). Geologia, morfologia, idrografia, carta della permeabilità delle rocce. - Min. d. Lav. Pubbl., Uff. Idrogr. d. R. Mag. a. Acque-Venezia, Sez. geol., Padova 1930, 98 S., 13 Taf., K. 1:100000.
Vercelli F. Relazione e ricerche sulle osservazioni della temperatura del Lago di Como fatte negli anni 1898–1905. - Mem. R. Ist. Lomb., v. 21, Milano 1911, 145–184. - Bespr. GZ 20/293.
— La temperatura dei laghi. - In: Note e Comunicazioni della Sezione Nazionale Italiana d'Idrologia Scientifica. - Cons. Internaz. d. Ricerche, Unione Geodet. e Geofis. Internaz., Boll. n. 16, Venezia 1931, 41–44.
Vermuntwerk. Das - der Vorarlberger Illwerke-A.G. - Wasserkraft und Wasserwirtschaft, 1928, H. 23. - Bespr. NJb. 1929/2, 426.
— Ausbau und Verwertung der Großwasserkräfte der Ill durch die Vorarlberger Illwerke A.G. - Festschrift z. 50jähr. Bestehen d. S. Wiesbaden des DÖAV, 1882–1932, Wiesbaden (Schwab) 1932, 49–51.
Veronese G. Lo stato attuale dell'approvvigionamento idrico nella provincia di Venezia. - Venezia (Fed. d. Credito) 1926.
Versell W. Gemeinschaftliche Ausnutzung bündnerischer Wasserkräfte durch eine Bündner Kraftwerk A.-G. Eine technische und volkswirtschaftliche Orientierung im Auftrag der Genossenschaft f. gemeinwirtsch. Ausnutzung Bündn. Wasserkräfte in Chur. - Chur 1918, 47 S.
— u. **Schmid A.** Bericht über Wildbachverbauungen im bündnerischen Rheingebiet zur Sicherung der Rheinregulierung oberhalb des Bodensees; im Auftrage des Rheinverbandes erstattet. - Chur (Bündner Tabl.) 1928, 47 S., 12 Taf., 3 K.
Vinassa de Regny P. Per la difesa delle acque sotterranee. - Atti Soc. it. Progr. Sc., Milano 1932. - Bespr. GZ 50 A/1938.
Visentini G. Criteri idraulici per la utilizzazione in parallelo delle acque del Garda e dell'Adige. - Ann. d. Lav. Pubbl., 68, 1930, 702–720.
Volk F. Wasserwerksanlagen in den Alpen. (Lechtaler A.) - Mitt. DÖAV, 1926, 30–31.
Völser See. Die Wiederherstellung des historischen –. - Innsbr. Nachr., Nr. 156 v. 11. 6. 1934, 3 Sp.
Volta L. Dati e raffronti sul regime dei tre laghi lombardi con riguardo all'influenza dei fenomeni di gelo e sgelo. - Rend. Ist. Lomb., s. 2, v. 53, Milano 1920, 561–676.
— Il regime dei laghi Maggiore, di Lugano e di Como durante il quindicennio 1902–1916 in rapporto alla determinazione del contributo glaciale. - Boll. Com. Glac. It., 4, Roma 1921, 3–115, 3 Fig. - Bespr. Z. f. Glkde, 13, 1924, 220.

Wachtler A. Die Hochwasserkatastrophe bei Kollmann im Eisacktale. – Mitt. DÖAV, 1891, 218.
Wagner C. J. Die geologischen Verhältnisse des Tunnels am Unterstein mit Einbeziehung des Terrains zwischen Lend und Taxenbach. – JbRA 1879, 493–536, 2 Taf., 15 Abb.
Wähner F. Geologische Bilder von der Salzach. Zur physischen Geschichte eines Alpenflusses. (Vortr.) – Schr. d. Ver. z. Verbr. natwiss. Kenntnisse in Wien, 34, 1894, H. 17, 461–534, 7 Taf. – Bespr. Bl. 898.
Walcher J. Nachrichten von den Eisbergen in Tyrol. – Wien 1773, 96 S., 5 Taf.; Frankfurt und Leipzig 1773, 99 S., 5 Taf., 1 Abb.
Waldfrage. Zur – in den österreichischen Alpengebieten. – Eine Denkschrift des DÖAV, Prag (Dominicus) 1883, 24 S.
Waldwirtschaft. Riflessioni e proposte della Soc. d. Alp. Trid. sulla questione degli unboschimenti. – Trento 1882, 16 S.
— Zur – in Tirol. – Deutsche Ztg v. 19. 6. 1891; Abdruck in Mitt. Sekt. f. Natkde ÖTC, 3, 1891, 53–54.
Walkmeister Chr. Die Erosionstätigkeit der Plessur und ihrer Seitenbäche. – Jber. Natf. Ges. St. Gallen pro 1905, St. Gallen 1906, 30–34.
— Beobachtungen über Erosionserscheinungen im Plessurgebiete. – Jber. Natf. Ges. St. Gallen, 1906, 151–207, 6 Taf. – Bespr. EgH 10, 1908, 333; Jber. Natf. Ges. St. Gallen, NF, 50, 124; PetMitt., 54, Litber., 126.
Wallmann H. Die Seen in den Alpen. – Jb. ÖAV, 1868, 1–117, 1 Abb. – Bespr. Z. Ges. f. Erdkde Berlin, 1869, 164.
Walter H. Der Bau des Druckstollens für das Kraftwerk Vermunt. – Z. Öster. Ing.- u. Arch.-Ver., H. 25/26, Wien 1931, 4 S., 2 Abb.
Wang F. Zur Wildbachverbauung in den österreichischen Alpenländern. – Mitt. Sekt. f. Natkde ÖTC, 1, Wien 1889, 68–69.
Wasmund E. Die meteorologischen Bedingungen des Grundgewells im Bodensee. – PetMitt., 73, Gotha 1927, 265–274, 4 Abb.
— Zur Postglazialgeschichte des Würmseegebietes. (Vorl. Mitt.) – Verh. Internat. Ver. f. theor. u. angew. Limnologie, III, Stuttgart 1927, 474–476. – Bespr. GZ 36/810.
— Die Strömungen im Bodensee, verglichen mit bisher in Binnenseen bekannten Strömen. – Internat. Revue d. ges. Hydrobiologie u. Hydrographie, Leipzig 1927/28, 18, H. 1/2, 3/4; 19, H. 1/2, 194 S., 36 K., 4 Abb., 1 Blge. – Bespr. GZ 38/240.
— Obermiozäne Entstehungs- und diluviale Entwicklungsgeschichte des Tischberg-Härtlings am Starnberger See. Ein paläolimnologischer Versuch. – JbBA 1929, 571–626, 1 Taf., 3 Fig.
— Seebälle als Scheingerölle. – Hydrogeol. Bodenseeforschung, II.; Natwiss., 17, 1929, 758–766, 6 Fig. – Bespr. NJb. 1930/3, 361.
— Flugbeobachtungen über mittel- und osteuropäischen Gewässern. – Geogr. Z., 36, 1930, 528–546, 593–611, 1 Skz.
— Pollenregen-Seeblüte auf dem Bodensee im Luftbild. Hydrogeologische Bodenseeforschung 4. – Palaeont. Z., 12, Berlin 1930, Nr. 2, 73–99. – Bespr. GZ 45/611.
— Lakustrische Unterwasserböden (Seeablagerungen der nördlichen humiden Breiten). – In: Handbuch der Bodenlehre v. E. Blanck, 5, 1930, 97–189, 33 Abb.
— Rieselfelder und Blattfächerabdrucke auf rezentem und fossilem Süßwasserflachstrand. Hydrogeol. Bodenseeforschgen 3. – Senckenbergiana, 12, Frankf. a. M. 1930, 139–151, 4 Abb. – Bespr. NJb. 1931/3, 326; GZ 47 A/1370, 2 B/464.
— Illuft. Begründung einer Aero-Limnologischen Zentrale. – Arch. f. Hydrobiol., 21, 1930, 502–536.
— Bitumen, Sapropel und Gyttja. – Geolog. Föreningens i Stockholm, Förhandlingar, Mai–Okt. 1930, 315–350. – Bespr. GZ 44/1060; NJb. 1931/2, 480; 1933/2, 694.
— Algenteppiche und Flytäfja am Bodensee. – Internat. Rev. Hydrobiol. u. Hydrogr., 25, 1931, 184–203, 14 Abb. – Bespr. GZ 45/1208, 46 A/959; NJb. 1931/2, 481, 751.
— Die Gewinnung von Kies und Sand im Bodensee. (Hydrogeol. Bodenseeforschgen 6.) – Geol. u. Bauwesen, 3, H. 4, Wien 1931, 167–226, 36 Abb. – Bespr. NJb. 1932/2, 917.
— Rezente unterseeische Bruchstörung im Überlinger See. – GR Sonderband, 1933, 125–135, 1 Abb. – Bespr. NJb. 1933/3, 926.
— Grundwasserverhältnisse und Seespiegelschwankungen im oberbayerischen Osterseegebiet. – Mitt. Geogr. Ges. München, 27, 1934, 87–122, 12 Abb. – Bespr. PetMitt., 80, 1934, 277.
Wasserkräfte Tirols. Weiterer Ausbau der –. – Nachrichtenztg d. Ver. Deutschtir. Ing., 9, 1929, Nr. 23.
Wasserkraftprojekte. Westösterreichische –. (Ötztal.) – Reichspost v. 4. 2. 1930.
Wasserkraftwerk. Das größte – Österreichs. (Achensee.) – Innsbr. Nachr., 1927, Nr. 217.
Wasserkraftwerke. Die Osttiroler – und ein Nachwort zu den Westtiroler Wasserkräften. – Tir. Volksbote, Nr. 35 v. 1930 u. Lienzer Nachr., Nr. 36 v. 1930.
— Zur Frage der Westtiroler –. (Heimatschutzverein für Tirol.) – Tiroler Heimatblätter, 9, 1931, 257–258.
Wassernot. Die – im St. Gallischen Rheintale vom 27. September bis 7. Oktober 1868. – Ber. ü. d. Tätigkeit d. St. Gall. Natwiss. Ges. 1867/68, St. Gallen 1868, 191–195.
Wasserversorgung in Graubünden und im St. Gallischen Rheintal. (Armeearzt.) – Basel (E. Birkhäuser) 1915, 72 S.
Weber A. v. Die Aufgaben der Gewässerregulierung, Wildbachverbauung und Wasserverwaltung in Österreich mit bes. Berücks. der Alpenländer. – Danubius, Wien 1886, 62 S.
— Etschregulierung in Tirol und in Italien. – Z. Österr. Ing.- u. Archit.-Ver., 44, Wien 1892, 493 ff.
— Der Gebirgswasserbau (Flußregulierung und Hauptschluchtverbauung) im alpinen Etschbecken und seine Beziehungen zum Flußbau des oberitalienischen Schwemmlandes. – Wien 1892, 421 S., 17 K. – Bespr. Mitt. DÖAV, 1895, 6.
Weidmann K. Die Wasserversorgung der Stadt München. – Fortschritte der Technik, Beilage der Münchner Neuesten Nachr., Nr. 1 v. 8. 1. 1933.
Weigelin M. Tauernwerke-Projekt der Württ. El. Akt. Ges. Stuttgart. – Deutsche Wasserwirtschaft, 24, Nr. 6, 1929, 81–88, 4 Abb.
Werner O. Kritischer Überblick über den gegenwärtigen Stand der Frage nach der Entstehung der schweizerischen und oberbayr. Seen. – Beil. z. Jber. d. Städt. Realschule Erfurt, 1900, 24 S. – Bespr. GZ 1/1583.
Westenrieder L. Beschreibung des Würm- oder Starembergersees und der umliegenden Schlösser. – München 1784.

Westtiroler Kraftwerke. – Tiroler Bauernzeitung, Nr. 24 u. 25 v. 1930, 3 Skz.
— Ausbau der –. Das endgültige Projekt. – Innsbrucker Nachr., Nr. 288 v. 1930.
— Verhandlungsschrift über Obere und Untere Ötzwerke. – Bundesministerium f. Land- u. Forstwirtschaft, Z. 34729-1 v. 1931, 257 S. Maschinenschrift, 4 Blgen.
Wetzel A. Zur Frage der Verunreinigung des Bodenseewassers durch den Zufluß der Schussen und der Möglichkeit ihrer Beurteilung durch die Beobachtung der Protozoenbiocönosen. – Internat. Rev. Hydrobiol. u. Hydrogr., 19, 1928.
Wey J. Das Rheinhochwasser vom 28. Sept. 1885. – Ber. ü. d. Tätigkeit d. St. Gall. Natwiss. Ges., St. Gallen 1887, 24–25.
— Die Umgestaltung der Ausmündung des Rheins und der Bregenzer Ach. – Schw. Bauztg, 6, 1887.
— Die technischen Verhältnisse der Rheindurchstichs-Angelegenheit. (Vortr.) – Buchs 1890, 30 S., 1 K.
— Die Rheinregulierung zwischen Österreich und der Schweiz. (Vortr.) – Buchs 1893, 30 S.
Wiederrecht. Die Kraftwasserstraße Basel–Bodensee. – Bayer. Ind.- u. Hdlsztg, 1931, H. 1/2, 4 S.
Wildbachverbauung. Die – in den Jahren 1883–1894. – K. k. Ackerbauministerium, Wien 1895.
Williams W. M. Über einige vegetabilische Absätze in dem Achensee, nordöstlich von Innsbruck. (Engl.) – Report of the thirty-fifth Meeting of the Britich Assoc. f. the Advanc. of Sc., held at Birmingham in Sept. 1865, London 1866. Auszüge aus den Verh., 78.
Winter K. Der Lech. Seine Entstehung, sein Lauf und die Ausbildung seines Tales in verschiedenen geologischen Zeiträumen. – 1896, 55 S., 1 K.
Winz H. Beiträge zur Kulturgeographie des Oberinntales. – Berliner Geogr. Arbeiten, H. 2, Stuttgart (Engelhorn) 1933, 117 S., 14 Skz. – Bespr. Tir. Heimatbl., 11, 1933, 292; Geogr. Z., 40, 1934, 71.
Woditschka A. Die Fersina und ihre Verbauung. – Mitt. DÖAV, 1886, 286–287.
Wolf B. Forschungen im Zugspitzgebiet. (Vorl. Mitt.) – Mitt. ü. Höhlen- und Karstforschung, Berlin 1932, H. 4, 153–154.
Wondrak F. Bewaldung und Hochwasser. – Z. DÖAV, 1883, 170–186.
Wopfner H. Die Besiedlung unserer Hochgebirgstäler. Dargestellt an der Siedlungsgeschichte der Brennergegend. – Z. DÖAV, 1920, 25–86, m. Abb.
Wunderlich E. Eibsee- und Fernpaßbergsturz und ihre Beziehungen zum Lermooser Becken. – Mitt. DÖAV, 1913, 333–334.
Würm- u. **Walchensee.** Zur Hydrographie des -s. (Besprechung des Stauprojektes) – Mitt. DÖAV, 1878, 191–194.
Zadra F. La Valle del Desedan (Bacino idrografico del Piave). – Atti Acc. Sc. Ven.-Trent.-Istr., s. 3, v. 9, Padova 1917, 65–76, 7 Fig., 3 Taf.
Zallinger F. De causis et remediis inundationum in Tyroli. – Innsbruck 1778; 2. erw. u. verb. Aufl. (deutsch) 1779.
Zamboni C. La navigazione sull'Adige in rapporto al commercio veronese. – Quaderno 40 (luglio-ag. 1925) d. Ist. fed. di cred. p. il Risorg. d. Venezia, 108 S., 29 Taf. – Bespr. Studi Trent. Sc. Nat., 8, 1927, 250.
Zaniol G. Studi sul lago di Santa Croce (Belluno). – Mondo sotterraneo, Udine 1906–1907, II, 99–111; III, 11–21, 49–55, 119–128. – Bespr. GZ 13/96.
— Sulla provenienza della falda freatica che alimenta le resorgive fra Brenta e Livenza. – IX Ann. d. Ist. prov. e paregg. Jacopo Riccati, Treviso (Longo e Zoppelli) 1931, 65–67.
Zeppelin E. Graf. Geschichte der Dampfschiffahrt auf dem Bodensee 1824–1884. – Schr. d. Ver. f. Gesch. d. Bodensees, 14, Lindau 1885, 39–79.
— Über die Erforschung des Bodensees. – Verh. 9. Deutsch. Geogrtag, 1891, 198.
— Über die Untersuchung des Bodensees. – Verh. 10. Deutsch. Geogrtag, Stuttgart 1893. – Bespr. Globus, 63, Braunschweig 1893, 331.
— Über die neue Bodenseekarte und die Gestaltung (Relief) des Bodenseegrundes. – Verh. 10. Deutsch. Geogrtag 1893, 79 u. Schr. d. Ver. f. Gesch. d. Bodensees, 22, 1893.
— Geographische Verhältnisse des Bodensees. – Bodenseeforschungen, 1. Abschn., Lindau 1893, Schr. d. Ver. f. Gesch. d. Bodensees, 22, Lindau 1893, 7–20.
— Ältere und neuere Bodenseeforschungen und -karten. – Bodenseeforschungen, 2. Abschn., Lindau 1893, Schr. d. Ver. f. Gesch. d. Bodensees, 22, Lindau 1893, 23–45. S. a. Rober u. Hörnlimann.
— Die hydrographischen Verhältnisse des Bodensees. – In: Bodenseeforschungen, Schr. d. Ver. f. Gesch. d. Bodensees, H. 22, Lindau 1893, 59–103, 2 K., 1 Taf. und Knapp-Borel, Geogr. Lex. d. Schw., 1901, 287–304. – Bespr. GZ 2/2099; NJb. 1895/1, 290; Bl. 868.
— Zum sogenannten „Seeschießen". – Schr. d. Ver. f. Gesch. d. Bodensees, 25, 1896, 30–68. – Bespr. NJb. 1897/2, 52.
— Vom „Laufen" bzw. „An- und Auslaufen", d. h. den „Seiches" und andern Phänomenen am Bodensee. – Schr. d. Ver. f. Gesch. d. Bodensees, 30. H., Lindau 1901, 230–240.
Ziegler J. M. Über das Verhältnis der Topographie zur Geologie. Text zur topogr. K. von Engadin und Bernina, 6 Bl. in 1:50000. Ein Beitrag z. Gesch. der Erdkunde. – Zürich u. Winterthur 1876, 2. Aufl., 119 S., 3 K., 19 Abb. – Bespr. Mitt. DÖAV, 1876, 295; VRA 1876, 243; Ausland, Stuttgart 1877, 241; Jber. Natf. Ges. Grbd., NF, 20, Chur 1877, 153; Arch. d. sc. phys. et nat., n. p., t. 58, 125; Rev. géol. suisse p. l'a. 1876, Genève 1877, 5; Annales des mines, s. 7, Paris, t. 13, 331.
Zikeli E. L'Azienda Elettrica Consorziale delle città di Bolzano e Merano ed i suoi impianti. – Merano (Poetzelberger) 1930, 36 S.
Zillertaler Kraftwerke. Ausbau der –. – Wiener Neueste Nachr. v. 4. 1. 1928.
— (F. K.). Die –. – Tiroler Anzeiger, Nr. 145 v. 1930.
Zimmermann W. Über Algenbestände aus der Tiefenzone des Bodensees. – Z. f. Bot., 20, 1927.
Zollikofer. Bericht und Bemerkungen über die Überschwemmungen des Rheins und Bodensees in den Tagen vom 12.–18. August 1821 betreffend. – Übersicht der Verh. d. St. Gall. Natwiss. Ges. i. J. 1821–1822, St. Gallen 1822, 24–27.
Zollikofer Th. v. Bassin hydrographique du Pô. – Bull. Soc. vaud. sc. nat., t. 5, Lausanne 1857, 1–9.
— Beiträge zur Geologie der Lombardei mit besonderer Berücksichtigung der quartären Bildungen des Potales. – Ber. 32. Vers. D. Natf. u. Ärzte Wien, 1856, Wien 1858, 10–52, 7 K. u. Prof. – Bespr. JbRA 1856, 830; Bl. 108.
— Contributo alla geologia della Lombardia, con speciale riguardo alle formazioni quaternarie della valle di Pô. – Trad. d. Tedesco, Manoscr. ined. nella Civ. Bibl. di Bergamo, 1865.

Zorell F. Bemerkungen zur Tiefenkarte des Ostersees. – Mitt. Geogr. Ges. München, 17, 1924, 282–286, 1 K. – Bespr. GZ 32/128. S. Rothpletz.

Zschokke F. Die zweite zoologische Exkursion an die Seen des Rhätikon. – Verh. Natr. Ges. Basel, 9, 1891.

— Die Tierwelt der Gebirgsbäche. – Verh. Schw. Natf. Ges., 83. Jvers., Thusis 1900, 64–68.

— Die Tierwelt der Hochgebirgsseen. – Neue Denkschr. Schw. Natf. Ges., 37, 1900, 400 S., 4 K., 8 Taf.

— Die Tiefenfauna hochalpiner Wasserbecken. – Verh. Natf. Ges. Basel, 21, Basel 1910, 145–152. – Bespr. Internat. Revue d. ges. Hydrobiol., 3, 573.

— Leben in der Tiefe der subalpinen Seen Überreste der eiszeitlichen Mischfauna weiter? – Archiv f. Hydrobiol., 8, 1913, Stuttgart 1912, 109–138. – Bespr. Internat. Revue d. ges. Hydrobiol., 6, 1913, 297.

Zuber. Bemerkungen betreffend die große österreichische Rheinlaufs- und Rheinkorrektionskarte vom Liechtensteinischen bis in den Bodensee. – Verh. Allgem. Schw. Ges. f. d. ges. Natwiss., 1830, St. Gallen 1831, 81.

— Einige Bemerkungen, die große österreichische Rheinlaufs- und Rheinkorrektionskarte betreffend. – Übersicht der Verh. d. St. Gall. Natwiss. Ges. i. d. J. 1831–1835, St. Gallen 1835, 13–15.

MP
Mineralogie und Petrographie.

a) Min Minerale und Gesteine.

Acerbi. Cenni geologici e mineralogici sulle provincie venete e sul Tirolo. – Vicenza 1829.

Aigner A. Bemerkungen über die Beziehungen zwischen Klüften und Doppelgraten. – Z. f. Geomorph., 7, 1933, 298–230.

Aigner F. Die Kupferkiesbergbaue der Mitterberger Kupferaktiengesellschaft bei Bischofshofen. – Berg- u. Hüttenmänn. Jb., 78, Wien 1930, 69–75, 79–103, 115–132.

Allenspach G. Dünnschliffe von gefältetem Röthidolomit-Quartenschiefer am Piz Urlaun. – Vierteljschr. Natf. Ges. Zürich, 45, Zürich 1901, 227–237. – Bespr. EgH 7, 1901, 34; Archives ..., 12, Genève 1901, 171; NJb. 1902/1, 219; GZ 1/2100.

Ambühl E. Petrographie und Geologie des zentralen Gotthardmassivs südlich Andermatt. – Schw. Min. u. Petr. Mitt., 9, 1929, 265–441. – Bespr. NJb. 1933/2, 438.

Aminoff G. Gedenkworte für Friedrich Becke und C. A. Weber. – Geol. Fören. Förh., 53, 1931, 362–363.

Amoretti L. Sur le trapp du M. Simmolo près de Intra sur le Lac Majeur. – Mem. R. Acc. d. Sc. Torino, s. 1, v. 11, 1884–1885, 87.

Ampferer O. u. Ohnesorge Th. Über exotische Gerölle in der Gosau und verwandten Ablagerungen der tirolischen Nordalpen. – JbRA 1909, 289–332. – Bespr. GZ 14/829; Mitt. Geogr. Ges. München, 1911, 445; 1913, 59.

Ampferer O. Beiträge zur Geologie des obersten Lechtales. (Petrogr. Teil v. W. Hammer.) – JbBA 1930, 103–146, 2 T., 36 Abb. – Bespr. GZ 44/165.

— Geologische Karte der Lechtaler Alpen. 4 Bl. 1:25000. I. Klostertaler Alpen. II. Arlberggebiet. III. Parseierspitzgruppe. IV. Muttekopf–Heiterwand. Mitarbeiter: Th. Benzinger, W. Hammer, O. Reithofer. – Hiezu ein Erläuterungsbuch, 125 S., 28 Farbzeichngen, 1 Taf. – Wien (Geol. Bdsanst.) 1932. – Bespr. VBA 1933, 12; Tiroler Anzeiger, Nr. 47 v. 25. 2. 1933; Innsbr. Nachr., Nr. 66 v. 20. 3. 1933; Alpenländer-Korrespondenz, Nr. röm. 14 v. 6. 4. 1933; Außferner Bote, Nr. 25 v. 1. 4. 1933; Heimat, Vorarlberger Monatshefte, 14, 1933, 69; Geogr. Z., 39, 1933, 181; Mitt. DÖAV, 1933, 100; NJb. 1932/3, 973; 1933/3, 502; Tiroler Heimatblätter, 11, 1933, 223; GR 1933, 264; GZ 50 A/788; Z. f. prakt. Geol., 41, 1933, 151; Z. f. Geomorph., 8, 1934, 90; Z. f. Glkde, 21, 1933, 394.

Andesner G. Mineralogische und chemische Zusammensetzung der Amphibolite von Kals in Tirol ... – Progr. d. K. Fr. Jos. Hdlsakad. Brünn, 1912/13.

Andreae A. Biotitaplite im Granitit von Baveno. – Mitt. a. d. Römer-Mus. Hildesheim, Nr. 13, 1900, 3 S. – Bespr. GZ 1/619; Boll. Com. geol. d'It., 32, 1901, 96.

Andreatta C. Sulle Arsenopiriti dei giacimenti minerari di Calceranica e Caldonazzo nel Trentino. – Studi Trent. Sc. Nat., 9, Trento 1928, 90–102, 5 Fig. – Bespr. Atti Acc. Sc. Ven.-Trent.-Istr., v. 20, 1929, 3.

— Sull'Arsenopirite di Nogarè (Trentino). – Studi Trent. Sc. Nat., 9, Trento 1928, 139–148, 5 Fig. – Bespr. Atti Acc. Sc. Ven.-Trent.-Istr., v. 20, 1929, 3.

— Di un'interessante roccia filoniana dei laghi d'Aje nel Lagorai (Trentino). – Studi Trent. Sc. Nat., 9, 1928, 173–184, 2 Fig., 1 Taf. – Bespr. Atti Acc. Sc. Ven.-Trent.-Istr., v. 20, 1929, 3.

— Bibliografia mineralogica della Venezia Tridentina. – Arch. p. l'Alto Adige, 23, 1928, 127–168. – Bespr. Atti Acc. Sc. Ven.-Trent.-Istr., v. 20, 1929, 4.

— Su alcune Calcopiriti della Venezia Tridentina. – Atti Acc. Sc. Ven.-Trent.-Istr., v. 20, 1929, 21–28, 2 Fig. – Bespr. Studi Trent. Sc. Nat., 11, 1930, 182.

— Alcuni interessanti filoni nella massa intrusiva di Cima d'Asta. – Atti Ist. Ven. d. Sc., Let. ed Arti, t. 89, 1929–1930, 826–862, 2 Fig. – Bespr. Studi Trent. Sc. Nat., 11, 1930, 280; GZ 53 A/13.

— Pickeringite di Canezza (Trentino). – Studi Trent. Sc. Nat., 11, 1930, 62–68.

— Bianchite, nuovo minerale. – Rend. R. Acc. Naz. d. Linc., Cl. d. Sc. fis., mat. e nat., v. 11, s. 6, f. 8, Roma 1930, 760–769, 1 Diagr. – Bespr. NJb. 1931/1, 238.

— Un gruppo di interessanti filoni nella massa intrusiva di Cima d'Asta. – Atti Soc. it. progr. sc., v. 2, Roma 1931, 265.

— Rilevamenti geologici e notizie petrografiche sulla regione Cevedale – Val d'Ultimo (Alto Adige). – Atti Acc. Ven.-Trent.-Istr., v. 23, Selci Umbro 1932, 16 S., 1 Skz.

— Ricerche petrografiche sulla regione di Cima d'Asta. – Mem. d. Ist. Geol. d. R. Univ. di Padova, v. 10, Padova 1932, 62 S., 2 Taf., 2 Fig. – Bespr. Per. di Min., 4, 1933, 314; NJb. 1933/2, 901.

— Nuove ricerche sulla bianchite: bianchite sintetica. – Rend. R. Acc. Naz. d. Linc., Cl. d. Sc. fis., mat. e nat., v. 16, s. 6, sem. 2, f. 1–2, Roma 1932, 62–69, 2 Fig. – Bespr. NJb. 1933/1, 260.
— Analisi strutturale di rocce metamorfiche I, II (Quarzo-tettoniti). – Periodico di Min., 3, Roma 1932, 18 S., 4 Taf.; 4, 1933, 12 S., 5 Taf.
— Ricerche di petrografia strutturale. – In: Viaggi di Studio ed Esplorazioni. R. Acc. d'Italia (Volta), Roma 1933, 11 S., 2 Fig. – Bespr. GZ 53 A/7.
— Analisi strutturali di rocce metamorfiche III. La disposizione dei microliti micacei nel plagioclasi di ortogneis. – Per. di Mineralogia, 4, Roma 1933, 20 S., 6 Taf.
— La catena Cevedale-Venezia-Giovaretto-Orecchia. Note geologico-alpinistiche. – Riv. mens. d. CAI, v. 53, n. 9, Roma 1934, 469–476, 2 Abb., 1 Skz.

Andrée K. Wesen, Ursache und Arten der Schichtung. – GR 6, 1916, 351–397. – Bespr. GZ 23/63.
— Die wichtigsten Faktoren der marinen Sedimentbildung jetzt und einst. – Geol. Archiv, 2, 1923, 257–297.

Andrée Th. Die geognostischen Verhältnisse und Mineralien des Kantons Graubünden. (Nach Roeder.) – Berg- u. Hüttenm. Ztg, Leipzig 1890, 314.

Angel F. Gesteine der Lonza bei Mallnitz, Kärnten. – Mitt. Natwiss. Ver. f. Steiermark, 62, Graz 1926, 21–36. – Bespr. NJb. 1928/2, 136.
— Gesteinskundliche und geologische Beiträge zur Kenntnis der Schobergruppe in Osttirol. – VBA 1928, 153–182; 1929, 126–135, 146–152, 153–166, 185–190, 213–224; 1930, 101–116. – Bespr. GZ 39/1004; 42/98–100, 443; 44/400–402; NJb. 1929/3, 98, 523; 1930/2, 80; 1932/2, 395.
— Der Stüdlgrat (Großglockner). – VBA 1929, 69–89. – Bespr. GZ 42/441.
— Gesteine vom südlichen Großvenediger. – NJb. 1929, 59. Bbd, Abt. A, 223–272. – Bespr. GZ 41/1860.
— Gesteinskundliche und geologische Beobachtungen in Osttirol. Venediger-Abschnitt der Hohen Tauern. – Mitt. Natwiss. Ver. f. Steiermark, 66, Graz 1929, 55–63, 1 Proftaf. – Bespr. GZ 46 A/379; NJb. 1931/2, 814.
— Stubachit und Stubachitserpentin vom Ganoz (bei Kals in Osttirol). Ein Beitrag zum chemischen und physiographischen Studium von Serpentinmineralien. – Z. f. Krist., 72, 1929, 1–41, 1 Taf., 7 Fig. – Bespr. NJb. 1930/1, 453; 1931/2, 243; GZ 45/272.
— Der Windbacher Typus floititischer Amphibolite. – Zbl. f. Min., Abt. A, 1930, 124–139, 3 Abb.
— Gesteine der Kreuzeckgruppe. – Mitt. Natwiss. Ver. f. Steiermark, 67, Graz 1930, 7–35. – Bespr. GZ 46 A/378; NJb. 1931/2, 815.
— Einige neuerliche Pseudotachylitfunde in den österreichischen Zentralalpen. – VBA 1931, 143–153. – Bespr. GZ 46 A/683; NJb. 1932/2, 394.
— u. **Heritsch F.** Das Alter der Zentralgneise der Hohen Tauern. – Zbl. f. Min., 1931, Abt. B, 516–527. – Bespr. GZ 46 A/2181.

Angel F. Um Tilisuna. Vergleichend gesteinskundliche Studie. – NJb. Bbd 62, 1931, Abt. A, 385–422, 2 Taf. – Bespr. GZ 45/1540.
— Cornelius Doelter †. – Mitt. Natwiss. Ver. f. Steiermark, 69, 1932, 84–85.
— Diabase und deren Abkömmlinge in den Ostalpen. – Mitt. Natwiss. Ver. f. Steiermark, 69, Graz 1932, 5–24.
— u. **Metz K.** Notizen zur Gesteinskunde der österreichischen Ostalpen. 1. Granit von Nötsch am Dobratsch (Kärnten). – Z. f. Krist., Abt. B, Min. u. petr. Mitt., 43, 1933, 175–177. – Bespr. NJb. 1933/2, 440.

Angel F. Baustoff und Bau der Hohen Tauern. – Der Bergsteiger, 4, 1934, Nr. 8, 413–424.

Angerer J. Die Steinindustrie im deutschen Südtirol. – Bozen (Promperger) 1881, 34 S.

Arbenz P. Probleme der Sedimentation und ihre Beziehungen zur Gebirgsbildung in den Alpen. – Mitt. Natf. Ges. Bern, 1918, Sber., röm. 17 u. 18; Vierteljschr. Natf. Ges. Zürich, 64, Heim-Festschrift, 1919, 246–275. – Bespr. GZ 24/1419, 25/396; NJb. 1925/1, 395.
— Blitzspuren vom Monte del Forno (3220 m) im Oberengadin. – Mitt. Natf. Ges. Bern, 1923 (1924), 1 S. – Bespr. GZ 36/940.
— Über Saluvergesteine. – Mitt. Natf. Ges. Bern, 1923 (1924), 2 S. – Bespr. GZ 36/839; NJb. 1927/2, B, 381.

Arduino G. Delle miniere di allume e di altre scoperte mineralogiche fatte nel Vicentino. – Giornale d'Italia, 1, 1765.
— Estratto di una memoria includente molte notizie mineralogiche spettanti al territorio di Vicenza. – Giorn. d'It., t. 3, Venezia 1767, 310.
— Saggio fisico-mineralogico di Lithogenia e Orogenia. – Venezia-Milano 1775.
— Alcune lettere di – (Lessin. A.). – Pubblicate a Venezia 1830.

Artini E. Natrolite della Regione Veneta. (Mte Baldo, Montecchio Magg. u. a.) – Mem. d. R. Acc. d. Linc., 4, 1887, 76–88; Riv. di Min. it., 1, 1887, 71. – Bespr. NJb. 1889/2, 19; VRA 1888, 315; Z. f. Krist., 14, 1888, 507.
— Sopra alcuni nuovi cristalli interessanti di natrolite di Monte Baldo. – Transunti d. R. Acc. d. Linc., v. 3, sem. 2, 9, Roma 1887, 245–246, 2 Fig.; Riv. Crist. it., v. 2, 14. – Bespr. NJb. 1889/2, 21; VRA 1888, 315.
— Contribuzione alla mineralogia del Vicentino. – Atti R. Acc. d. Linc., s. 4, Mem., v. 4, Roma 1887, 89–99, 1 T.
— Ricerche cristallografiche sulla Natrolite del Veneto. – Mem. R. Acc. d. Linc., Roma 1887, f. 4.
— Quarzo di Val Malenco. – R. Acc. d. Linc. Mem. d. cl. sc. fis., mat. e nat., s. 4, v. 5, 8 Aprile 1888, 13 S. – Bespr. NJb. 1890/2, 212; Boll. Com. geol. d'It., 20, 1889, 402; Antwort NJb. 1893/1, 25.
— Studio cristallografico dell'Heulandite di Montecchio Maggiore. – Rend. R. Acc. Linc., 4, sem. 1, Roma 1888. – Bespr. Z. f. Krist., 18, 1891, 81.
— Alcune nuove osservazioni sulle Zeoliti di Montecchio Maggiore. – Rend. d. R. Acc. d. Linc., cl. di sc. fis, mat. e nat., v. 4, Roma 1888, 536–541; Giorn. di Min., Crist. e Petr. (Sansoni), Milano 1891, 262–269. – Bespr. NJb. 1889/2, 23; 1893/2, 27.
— Studi petrografici su alcune roccie del Veneto. – Giorn. di Min., Crist. e Petr. (Sansoni), v. 1, f. 2, Milano 1890, 139–158, 2 T. – Bespr. NJb. 1891/2, 423; Boll. Com. geol. d'Ital., 22, 1891, 53.
— Risposta ad alcune osservazioni fatte dal prof. A. Cathrein alla mia memoria „Quarzo di Val Malenco“. – Giorn. di Min., Crist. e Petr., 2, Milano 1891, 220–222. – Bespr. Boll. Com. geol. d'It., 23, 1892, 75.
— Alcune ulteriori osservazioni sulle Zeoliti di Montecchio Maggiore. – Giorn. d. Min., Crist. e Petr. (Sansoni), v. 2, f. 4, Pavia 1891, 262–269. – Bespr. Z. f. Krist., 23, 1894, 292.
— Sopra alcune roccie dei dintorni del lago d'Orta. – Giorn. di Min., Crist. e Petr. (Sansoni), Pavia

1892, v. 3, f. 3–4, 243–254; Rend. R. Ist. Lomb., s. 2, v. 25, 14. – Bespr. NJb. 1893/2, 57; Boll. Com. geol. d'It., 25, 1893, 72.

— Appunti petrografici sopra alcune roccie del Veneto. I basalti del Veronese. – Atti R. Ist. Ven. di Sc., Let. ed Arti, 6, 1894/95, 252–276. – Bespr. NJb. 1896/1, 246; Boll. Com. geol. d'It., 27, 1896, 115.

— Intorno alla composizione mineralogica delle sabbie di alcuni fiumi del Veneto, con applicazioni della ricerca microscopica allo studio dei terreni di trasporto. – Riv. di Min. e Crist. it., v. 19, f. 3–6, Padova 1898, 33–94. – Bespr. Boll. Com. geol. d'It., 30, 1899, 173.

— e **Mariani E.** Appunti geologici e petrografici sull'alta Val Trompia. – Atti Soc. it. di Sc. nat., v. 37, f. 3, Milano 1898, 244–259. – Bespr. Boll. Com. geol. d'It., 30, 1899, 174.

— e **Melzi G.** Ricerche petrografiche e geologiche sulla Valsesia. – Mem. Ist. Lomb. Sc. e Lett., v. 18, f. 11, Milano 1900, 219–390, 21 T., 1 K. – Bespr. Boll. Com. geol. d'It., 32, 1901, 99.

Artini E. Intorno ad alcuni minerali di Laorca e Ballabio. – Rend. R. Ist. Lomb., s. 2, v. 33, f. 18–19, Milano 1900, 1177–1183; Riv. di Min. e Crist., v. 26, f. 1–4, Padova 1901, 58–64. – Bespr. GZ 1/1781; Boll. Com. geol. d'It., 32, 1901, 98.

— I sedimenti attuali del lago di Como. – Rend. R. Ist. Lomb. Sc. e Lett., s. 2, v. 36, f. 14, Milano 1903, 796–802. – Bespr. GZ 7/66; Boll. Com. geol. d'It., 35, 1904, 271.

— Note mineralogiche sulla Valsassina. – Atti Soc. it. di Sc. nat. e Mus. Civ. di Stor. nat., v. 42, f. 2, Milano 1903, 101–117, 2 T. – Bespr. Boll. Com. geol. d'It., 35, 1904, 272.

— Un basalto nefelinico a Noseana di Recoaro. – Rend. R. Ist. Lomb. di Sc. e Lett., (2), v. 40, f. 9, Milano 1907, 498–507. – Bespr. GZ 10/763.

— Brugnatellite, nuova specie minerale trovata in Val Malenco. – Rend. R. Acc. Linc., (5), 18, 1 sem., Roma 1909, 3–6; Riv. di Min. e Crist. it., v. 37, Padova 1909, 119–123. – Bespr. GZ 16/1317; Boll. Com. geol. d'It., 41, 1910, 99.

— Due minerali di Baveno contenenti terre rare: Weibyite e Bazzite. – Atti R. Acc. d. Linc., Rend. cl. fis., mat. e nat., s. 5, v. 24, 1 sem., Roma 1915, 313–319. – Bespr. NJb. 1917, 30.

— Cassiterite e titanite di Baveno. – Atti R. Acc. d. Linc., Rend. cl. fis., mat. e nat., s. 5, v. 29, 2 sem., Roma 1920, 13–16. – Bespr. NJb. 1923/2, 24.

Arzruni A. Neue Beobachtungen am Nephrit und Jadeit. – Z. f. Ethnol., 15, 1883.

Ascher H. u. **Powondra K.** Über geologisch-technische Erfahrungen beim Bau des Stubachwerkes. – JbBA 1930, 261–308, 9 T. – Bespr. Z. f. Geomorph., 5, 1930, 278; GZ 44/164.

Ascher H. Weitere Beiträge zur Geologie des Stubachtales. – JbBA 1932, 103–125, 11 Fig. – Bespr. GZ 48 A/898; Z. f. Geomorph., 7, 1932, 271.

Azzini F. Ricerche petrografiche sul M. Panarotta (Trentino). – Atti R. Ist. Sc., Lett. ed Arti, t. 41, f. 60, Venezia 1932, 1125–1148, 2 Taf.

Bachinger J. Über ein Mineralvorkommen aus der Fusch. – Tscherm. Min. u. petr. Mitt., 6, 1884, 40–52. – Bespr. VRA 1885, 156.

Bächler E. Neue seltene Funde von Flußspat aus dem Säntisgeb. u. d. St. Gallischen Rheintal. – Jb. St. Gall. Natw. Ges., 53, 1913, 72–101, 1 Taf. – Bespr. GZ 23/1044; EgH, 13, 1914, 548.

Backlund H. G. Friedrich Becke †. – Geol. Fören. i Stockholm, Förhandl., 53, Mai-Okt. 1931, 329–337.

Baier E. Lamellenbau und Entmischungsstruktur der Feldspäte. – Z. f. Krist., 73, 1930, 465–560, 14 Fig., 2 Taf.

Balestra A. Almandin aus der Valle di Zuccanti und Natrolith von neuen Fundorten im Vicentinischen. (Ital.) – Riv. di Min. it., 1, 1887, 6–7. – Bespr. NJb. 1889/2, 25.

Ball J. Serpentine and associated Rocks of Davos. – Dissert. Zürich, 1897, 47 S. – Bespr. NJb. 1900/1, 221.

Baltzer A. Adamellogranit und Adamellogranitglimmer. – Vierteljschr. Natf. Ges. Zürich, 16, 1871, 175–184; Boll. d. CAI, Torino, v. 5, Nr. 18, 1871. – Bespr. VRA 1873, 99.

Balzac F. Su alcuni notevoli cristalli di fluoriti del granito di Baveno. – Atti R. Acc. sc. di Torino, t. 52, 1916/17, Torino 1917, 1014–1020.

Bär O. Beitrag zum Thema Dolomitentstehung. – Zbl. f. Min., Abt. A, 1932, 46–62, 7 Fig. – Bespr. GZ 47 A/2054.

Bardelli L. Contributo alla mineralogia dell'Alta Italia. – Rend. R. Ist. Lomb., s. 2, v. 28, Milano 1895. – Bespr. Boll. Com. geol. d'It., 27, 1896, 120.

Baroldi L. Fra le rupi di Fassa. Quattro settimane di escursioni. – Il Popolo Trentino, Giorn. di Trento, 1889.

Bauer A. Dünger aus – Felsen. (Martinswand.) – Neue Freie Presse, Nr. 24533 v. 31. 12. 1932, 1 Sp., 1 Abb.

Baumhauer H. Über die Winkelverhältnisse des Apatit von verschiedenen Fundorten. – Z. f. Krist., 18, Leipzig 1890, 31–43. – Bespr. NJb. 1891/2, 33.

— Gelber Diopsid von Graubünden. – Z. f. Krist., 21, 1893, 200–202. – Bespr. NJb. 1894/2, 23.

Bearth P. Die Diabasgänge der Silvretta. – Schw. Min. u. Petr. Mitt., 12, 1932, 147–179, 1 Skz., 3 Fig. – Bespr. NJb. 1933/2, 925.

— Die Ganggesteine des Malcantone. – Schwz. Min. u. Petr. Mitt., 12, 1932, 180–203, 2 Fig.

— Geologie und Petrographie der Keschgruppe. – Schw. Min. u. Petr. Mitt., 12, 1932, 256–279, m. Abb. u. K.

— **Spaenhauer F. u. Streckeisen A.** Exkursion Nr. 9. Davos-Flüelapaß-Grialetschhütte-Scalettapaß-Engadin. – In: Geol. Führer der Schweiz, herausgeg. v. d. Schw. Geol. Ges., Basel (Wepf) 1934, Fasz. XIII, 1034–1039.

Beck H. Aufnahmsbericht über Blatt Mölltal (5250). – VBA 1930, 31–33; 1931, 26–29. – Bespr. GZ 44/174, 46 A/199.

— Aufnahmsbericht über Blatt Mölltal (5250). – VBA 1933, 25–28. – Bespr. GZ 50 A/742.

Becke F. Analysen aus dem Labor. d. Hr. Prof. E. Ludwig. Fahlerz vom Kleinkogel bei Brixlegg in Tirol. – Tscherm. Min. Mitt., 1877, 273–274.

— Euklas aus den Alpen. (Rauris?) – Tscherm Min. u. petr. Mitt., 4, 1882, 147–153.

— Glaseinschlüsse in Kontaktmineralien von Canzacoli bei Predazzo. – Tscherm. Min. u. petr. Mitt., 5, 1883, 174–175. – Bespr. NJb. 1883/1, 61.

— Ein Beitrag zur Kenntnis der Kristallformen des Dolomit. – Tscherm. Min. u. petr. Mitt., 10, 1889, 93–152. – Bespr. NJb. 1889/2, 399; VRA 1888, 303.

— Über Dolomit und Magnesit und über die Ursache der Tetartoëdrie des ersteren. – Tscherm. Min. u. petr. Mitt., 11, 1890, 224–260. – Bespr. NJb. 1891/2, 409.

— Petrographische Studien am Tonalit der Rieserferner. - Tscherm. Min. u. petr. Mitt., 13, 1892, 379-430, 433-464. - Bespr. VRA 1895, 150; NJb. 1895/1, 309; Bl. 828.

— Über alpine Intrusivgesteine. (Vortr.) - Verh. Ges. Deutscher Natf. u. Ärzte, 66, 1894, 188.

— Bericht der Kommission für die petrographische Erforschung der Zentralkette der Ostalpen. - Anzeig. Ak. d. Wiss. Wien, 32, 1895, 45-49; 33, 1896, 15-21; 34, 1897, 8-11; 35, 1898, Nr. 3, 8 S.; 36, 1899, 5-10. - Bespr. NJb. 1898/1, 317; 1899/2, 287; Bl. 991, 1014.

— Olivinfels und Antigoritserpentin aus dem Stubachtale (Hohe Tauern). - Tscherm. Min. u. petr. Mitt., 14, 1895, 271-276. - Bespr. NJb. 1895/2, 261.

— Scheelit im Granit von Predazzo. - Tscherm. Min. u. petr. Mitt., 14, 1895, 277-278. - Bespr. NJb. 1895/2, 423; Boll. Com. geol. d'It., 26, 1895, 227.

— Uralit aus den Ostalpen (Rieserferner). - Tscherm. Min. u. petr. Mitt., 14, 1895, 476. - Bespr. VRA 1896, 130; NJb. 1897/1, 430.

— Untersuchung der Lagerungsverhältnisse der bei Mayrhofen das Zillertal durchziehenden Kalkzone. - Anzg. Ak. d. Wiss. Wien, math.-nat. Kl., 35, 1898, 13-16.

— Mineralvorkommen im Zillertal. - Tscherm. Min. u. petr. Mitt., 17, 1898, 107. - Bespr. NJb. 1898/1, 454.

— Über Eis und Schnee. - Schr. d. Ver. z. Verbr. natwiss. Kenntn. Wien, 1900, 349-366.

— Bericht über die geologischen Untersuchungen beim Baue des Tauerntunnels. - Anzg. Ak. d. Wiss. Wien, 39, 1902, 117-118, 281-284.

— Über kristalline Schiefer der Alpen. (Vortr.) - Tscherm. Min. u. petr. Mitt., 21, 1902, 356-357.

— Einiges über kristalline Schiefer. - Schr. d. Ver. z. Verbr. natwiss. Kenntnisse in Wien, 42, 1902, 341-357.

— Calcit vom oberen Klammtunnel an der Strecke Schwarzach-St. Veit-Gastein. - Mitt. Wiener Min. Ges., 1902, 460.

— Blaugrüne Hornblende aus dem Grünschiefer vom Lämmerbüchl bei Lanersbach. - Mitt. Wiener Min. Ges., Nr. 6, 1902, 33-34; Tscherm. Min. u. petr. Mitt., 21, 1902, 247-248. - Bespr. NJb. 1903/1, 25.

— Über Mineralbestand und Struktur der kristallinischen Schiefer. - C. R. IX Congr. géol. int. de Vienne, 1903, 553-570; Anzg. Ak. d. Wiss., 40, 1903, 111-115; Denkschr. Ak. d. Wiss. Wien, math.-nat. Kl., 75, 1913, 1-53.

— Bericht über den Fortgang der geologischen Beobachtungen an der Nordseite des Tauerntunnels. - Anzg. Ak. d. Wiss. Wien, 40, 1903, 157-158, 269-270; 41, 1904, 119-121, 200-201; 407-410; 42, 1905, 150-153; 43, 1906, 29-32; 44, 1907, 162-164; 45, 1908, 201-204.

— Einfluß der Zwillingsbildung auf die Kristallform beim Orthoklas. (Val Floriana, Avisio.) - Tscherm. Min. u. petr. Mitt., 22, 1903, 195-197.

— Mehrere neue Mineralvorkommen aus dem Zillertale. - Tscherm. Min. u. petr. Mitt., 23, 1904, 84-86.

— Zur Physiographie der Gemengteile der kristallinen Schiefer. - Anzg. Ak. d. Wiss. Wien, 43, 1906, 342-344; Denkschr. Ak. d. Wiss. Wien, m.-nat. Kl., 75, 1913, 97-151.

— u. **Uhlig V.** Erster Bericht über petrographische und geotektonische Untersuchungen im Hochalmmassiv und in den Radstädter Tauern. - Sber. Ak. d. Wiss. Wien, Abt. 1, 115, 1906, 1693-1737. - Bespr. GZ 11/184; NJb. 1910/1, 411.

Becke F. Minerale der österreichischen Salzlagerstätten. - Tscherm Min. u. petr. Mitt., 26, 1907, 6-7.

— Bericht über die Aufnahmen am Nord- und Ostrande des Hochalmmassivs. - Sber. Ak. d. Wiss. Wien, 117, Abt. 1, 1908, 371-404. - Bespr. NJb. 1910/1, 411.

— Über Myrmekit. (Vortr.) - Tscherm. Min. u. petr. Mitt., 27, 1908, 377-390 u. Ges. Deutscher Natf. u. Ärzte, 80, 1908, 177.

— Bericht über geologische und petrographische Untersuchungen am Ostende des Hochalmkerns. - Sber. Ak. d. Wiss. Wien, 118, Abt. 1, 1909, 1045-1072. - Bespr. NJb. 1910/2, 423; 1911/2, 380; GZ 15/1812.

— Skolecit aus dem Tauerntunnel. (Vortr.) - Tscherm. Min. u. petr. Mitt., 28, 1909, 188-189.

— Über Diaphthorite. (Vortr.) - Tscherm. Min. u. petr. Mitt., 28, 1909, 369-375. - Bespr. NJb. 1911/2, 382.

— Die Entstehung des kristallinen Gebirges. (Vortr.) - Natwiss. Rundschau, Braunschweig 1909, 7 S. - Ges. Deutscher Natf. u. Ärzte, 81/1, 1909, 164-177.

— Der Einfluß des Gesteins auf das Landschaftsbild. - Schr. d. Ver. z. Verbr. natwiss. Kenntn. Wien, 50, 1910, 197-210.

— Das spezifische Gewicht der Tiefengesteine. - Sber. Ak. d. Wiss. Wien, Abt. 1, 120, 1911, 265-301; Anzg. Ak. d. Wiss. Wien, 48, 1911, 184-185.

— Über das spezifische Gewicht der Tiefengesteine. (Vortr.) - Ges. D. Natf. u. Ärzte, 83, II/1, 1911, 366-370.

— Fortschritte auf dem Gebiete der Metamorphose. - Fortschr. d. Min., Krist. u. Petr., 1, 1911, 221-256.

— Chemische Analysen von kristallinen Gesteinen aus der Zentralkette der Ostalpen. - Denkschr. Ak. d. Wiss. Wien, 75, 1913, 153-229; Anzg. Ak. d. Wiss. Wien, 49, 1912, 324.

— Intrusivgesteine der Ostalpen. (Vortr.) - Ges. D. Natf. u. Ärzte, 84, II/1, 1912, 232-234; Tscherm. Min. u. petr. Mitt., 31, 1912, 545-558. - Bespr. NJb. 1915/2, 349.

— Ostrand des „lepontinischen Tauernfensters" und Zentralgneis. - GR 3, 1912, 528-536; Führer zu den geol. Exk. in Grbd. und in den Tauern, Wien 1913, 48-55.

— Gips im Ahrntal. (Vortr.) - Tscherm. Min. u. petr. Mitt., 32, 1914, 138-140.

— Über den Monzonit. - Doelter-Festschrift, Leipzig 1920, 5-14.

— Friedrich Martin Berwerth. - Mitt. Wiener Min. Ges., Nr. 81, 1921, 4-5; Tscherm. Min. u. petr. Mitt., 35, 1922.

— Stoffwanderung bei der Metamorphose. - Anzg. Ak. d. Wiss. Wien, 59, 1922, 195-197; Tscherm. Min. u. petr. Mitt., 36, 1923, 25-41. - Bespr. GZ 43/272.

— Differentiationserscheinungen im Zentralgneis der Hohen Tauern. (Vortr.) - Auszug: Z. f. Krist., 57, 1922, 556-557; NJb. 1923/1, 234-238.

— Zur Faziesklassifikation der metamorphen Gesteine. - Tscherm. Min. u. petr. Mitt., 35, 1922, 215-230.

— Gustav Tschermak zur Erinnerung. - Gedenkrede v. 23. 11. 1927, Univ. Wien; Tscherm. Min. u. petr. Mitt., 39, 1928, röm. 1-10.

Beder R. Über die basischen Eruptivgesteine im ostschweizerischen Verrucano. - Inaugdiss. Zürich, 1909, 28 S., 1 K. - Bespr. GZ 13/2031.

Bellinzona G. Thomsonite associata a Cabasite nei Monzoni. - Rend. R. Acc. Linc., s. 5, Cl. sc. fis., mat. e nat., v. 32, f. 7, 1923, Roma 1923, 346-348.

Benesch F. v. Beiträge zur Gesteinskunde des östlichen Bachergebirges. – Mitt. Geol. Ges. Wien, 10, 1917, 161–183. (Zum Vergleich mit Brixner Granit.) – Bespr. GZ 27/424.

Ben-Saude A. Über den Analcim. – NJb. 1882/1, 41–74, 2 Taf.

Bentivoglio T. Ricerche sulla Dolomite. – Atti d. Soc. d. Naturalisti di Modena, (III) XI. – Bespr. NJb. 1894/2, 406.

Berg G. Granitstöcke und Gneismassive. – GR 4, 1913, 225–228.

Bergbau- (Löwl F.). Die Resultate der Untersuchung des --terrains in den Hohen Tauern. – K. K. Ackerbauministerium, Wien (Staatsdruckerei) 1895, 114 S., 17 Fig., 1 K. – Bespr. NJb. 1896/1, 427; Mitt. DÖAV, 1895, 253; Carinthia II, 1896, 131. S. a. E. Richter u. Goldbergbau.

Bernauer F. Gebänderte Karbonatgesteine und ihre Umwandlung. I. Teil: Der Bänderdolomit von Bürs. II. Teil: Umwandlung gebänderter Gesteine. – NJb. 66. Bbd, Abt. A, 1933, 319–361, 4 Taf., 8 Abb.; 362–380, 1 Taf., 2 Abb. – Bespr. GZ 50/1535.

Berndl R. Der Feuerberg bei Köfels im Ötztal. – Innsbr. Nachr., Nr. 4 v. 1929.

Bertrand-Geslin U. Observations rélatives aux terrains pyroxéniques et tufacés de Seisser Alp. – Bull. Soc. Géol. de France, 6, 1834.

Berwerth F. Kommt Nephrit in den Alpen vor? – NJb. 1881/1, 99–100.

— Vorläufige Anzeige eines neuen Vorkommens von Herderit und Jadeit. (Borgo nuovo in Graubünden.) – Annalen Naturhist. Hofmus. Wien, 2, 3, 1887, 94. – Bespr. NJb. 1888/2, 221; Arch. d. sc. phys. et nat., 23, Genève 1890, 287; EgH, 1, 1890, 496.

— Vesuvian-Pyroxenfels vom Piz Longhin. – Ann. Nat. Hofmus. Wien, 4, 1889, 87–92. – Bespr. NJb. 1891/2, 236; Z. f. Krist., 20, 1892, 291.

— Die Nephrit-Jadeit-Frage. – Mitt. Anthrop. Ges. Wien, 20, 1890, Sber., 54–58.

— u. **Wachter F.** Mineralogisches und Geologisches aus der Umgebung des Sonnblicks. I. Die Minerale der Rauris. – 7. Jber. Sonnblick-Ver., 1898, 13–39. – Bespr. NJb. 1900/2, 359. S. a. Wachter.

Berwerth F. Neue Scheelitvorkommen in den östlichen Zentralalpen. – Tscherm. Min. u. petr. Mitt, 18, 1899, 559. – Bespr. NJb. 1900/2, 33.

— Apatit vom Ankogel, Hohe Tauern, Oberkärnten. – Tscherm. Min. u. petr. Mitt., 20, 1901, 356. – Bespr. NJb. 1902/1, 353.

— Chemische Analyse von Jadeitbeilen. – Tscherm. Min. u. petr. Mitt., 20, 1901, 357–358. – Bespr. NJb. 1902/1, 351.

— Über Nephrit und Jadeit. (Vortr.) – Tscherm. Min. u. petr. Mitt., 24, 1905, 228–240.

Bettanini G. Celestina di Montecchio Maggiore. – Riv. Sc.-ind. di Firenze, 1887. – Bespr. Riv. d. Min. e Crist. it., 1, 1887, 444; Z. f. Krist., 14, 1888, 507.

Beust F. C. Frh. v. Über das Auftreten des Syenites in der Umgegend von Predazzo. (Vortr.) – Berg- u. Hüttenm. Ztg, 21, NF, 16, Freiberg 1861, $2^1/_2$ S.

— Die Gänge der baryritischen Bleiformation. – Berg- u. Hüttenm. Ztg, 23, 1864, Nr. 14, 116–117. – Bespr. NJb. 1864, 481.

Bianchi A. Appunti petrografici rulla regione delle Alpi Aurine e delle Vedrette Giganti (Alto Adige). Parte 1 e 2. – Rend. R. Acc. Linc., s. 6, v. 9, Roma 1929, 1145–1150; v. 10, 105–111, 376–380. – Bespr. Studi Trent. Sc. Nat., 11, 1930, 79.

— e **Dal Piaz G. B.** Ricerche geologico-petrogratiche su le Alpi Aurine e Pusteresi (Alto Adige). – Boll. Soc. Geol. Ital., v. 48, f. 2, 1929, Roma 1930, 333–359, 1 K. – Bespr. Studi Trent. Sc. Nat., 11, 1930, 79; GZ 44/1219.

— — Carta geologica della alta Valle Aurina e regioni vicine 1:25000. – Sez. Geol. d. Uff. Idrogr. d. R. Mag. a. Acque, Venezia 1930. – Bespr. VBA 1931, 247.

— **Dal Piaz G., Merla G.** Carta geologica delle Tre Venezie, F. Monguelfo (= Welsberg) 1:100000. – Pubbl. Uffic. Idrogr. d. R. Mag. a. Acque, Venezia 1930. – Bespr. VBA 1931, 247.

Bianchi A. Ricerche petrografiche e mineralogiche nelle Alpi Aurine e Pusteresi. – Atti Soc. it. progr. sc., v. 2, Roma 1931, 235.

— e **Dal Piaz G. B.** Contributo alla conoscenza geologica dell'Alto Adige. – Atti Soc. it. progr. sc., v. 2, Roma 1931, 236.

Bianchi A. Studi petrografici sull'Alto Adige orientale. – Mem. Ist. Geol. Padova, v. 10, 1933.

— Studio petrografico dell'Alto Adige. (Vortr.) – Boll. Soc. Geol. It., v. 52, 1933, f. 2, Roma 1934, röm. 120–121.

Bläsch H. Morphologische Untersuchungen am Hämatit unter besonderer Berücksichtigung des Vorkommens vom Piz Cavradi (Tavetsch). – Z. f. Krist., 70, 1929, 1–159, 50 Fig., 2 Taf.; Diss. Techn. Hochschule Zürich, 1929. – Bespr. NJb. 1930/1, 60.

Billows E. Zeoliti, Prehnite, Rodonite ed altri minerali del l'Agordino superiore. – Riv. di Min. e Crist. ital., 27, Padova 1901, 49–90. – Bespr. GZ 9/2496; Boll. Com. geol. d'It., 33, 1902, 58.

— Sulla celestite di Monte Viale nel Vicentino. – Riv. di Min. e Crist. it., v, 31, Padova 1904, 3–28. – Bespr. GZ 9/2511; Boll. Com. geol. d'It., 36, 1905, 131.

— Ricerche petrografiche intorno ad alcune roccie eruttive del Vicentino. – Riv. di Min. e Crist. it., v. 32, f. 2–6, Padova 1905, 31–40. – Bespr. Boll. Com. geol. d'It., 37, 1906, 69.

— Analisi di alcuni minerali del Veneto. I. Arduinite, un nuovo minerale. – Riv. di Min. e Crist. it., 41, Padova 1912, 14. – Bespr. GZ 19/112; Z. f. Krist., 55, 1915–1920, 389; Boll. Com. geol. d'It., 44, 1914, f. 1, 14.

— Ricerche petrografiche intorno ad alcune rocce del Vicentino. Nota II. – Riv. di Min. e Crist. it., 41, Padova 1912, 65–74. – Bespr. GZ 19/7; Boll. Com. geol. d'It., 44, 1914, f. 1, 14.

— Lessico mineralogico per la Regione Veneta. – Padova 1919, 54 S.

— Le Zeoliti e gli altri minerali di Montecchio Maggiore nel Vicentino. – Atti Acc. Scient. Ven.-Trent.-Istr., s. 3, v. 11, Padova 1921, 66–86.

Blaas J. Über die Kristallform des Quecksilberoxychlorids. – Ber. Nat.-med. Ver. Innsbruck, 8, 1877 (1879), 85–89.

— u. **Pichler A. v.** Die porphyrischen Gesteine von Brandenberg bei Brixlegg. – Tscherm. Min. u. petr. Mitt., 4, 1882, 270–279. – Bespr. VRA 1882, 330; NJb. 1882/2, 71; Bl. 587.

Blaas J. „Pseudomorphose" von Feldspat nach Granat. – Tscherm. Min. u. petr. Mitt., 4, 1882, 279–280.

— u. **Pichler A. v.** Die Quarzphyllite bei Innsbruck. – Tscherm. Min. u. petr. Mitt., 4, 1882, 503–518. – Bespr. VRA 1882, 331; NJb. 1882/2, 263; Bl. 582.

Blaas J. Die Quarzphyllite aus der Umgebung von Innsbruck. (Vortragsauszug.) – TB, Extrablge Nr. 68 v. 23. 3. 1882 u. Ber. Natwiss.-med. Ver. Innsbruck, 12, 1882, röm. 10–14.

— Kohlensäure als geologisches Agens. (Vortr.) - Ber. Natw.-med. Ver. Innsbruck, 13, 1883, röm. 11–12.

— Zur Genesis der kristallinen Schiefer. (Vortr.) - Ber. Natw.-med. Ver. Innsbruck, 13, 1883, röm. 31–34.

— Über Serpentin und Schiefer aus dem Brennergebiet. - Nova Acta Leop. Carol. Akad. d. Natf., 64, Halle 1894, 1–60, 2 Taf., 6 Abb. - Bespr. VRA 1895, 152; Bl. 899.

— (Katechismus der) Petrographie. - Leipzig (Weber) 2. Aufl. 1898, 3. Aufl. 1912, 324 S., 124 Abb. - Bespr. Z. f. prakt. Geol., 1900, 254; NJb. 1900/1, 47.

Blanck E. Vorläufiger Bericht über die Ergebnisse einer bodenkundlichen Studienreise im Gebiet der südlichen Etschbucht und des Gardasees. - Chemie der Erde, 2, 1926, 175–208. - Bespr. NJb. 1927/1, B, 173; GZ 44/306.

— u. **Giesecke F.** mit **Rieser A.** u. **Scheffer F.** Über die Entstehung der Roterde im nördlichen Verbreitungsgebiet ihres Vorkommens. - Chemie der Erde, 3, 1928, 44–90, 2 Abb. - Bespr. GZ 46 A/109.

Blanck E. Handbuch der Bodenlehre. - Berlin (Springer) 1929 - (geplant 10 Bde), zahlr. Abb. - Bespr. Z. f. prakt. Geol., 37, 1929, 174; 39, 1931, 60, 159; 40, 1932, 93; 41, 1933, 152; Z. f. Geomorph., 5, 1930, 238; 6, 1931, 126; 8, 1934, 148, 259; GZ 42/1118, 43/1266, 46 A/31, 47 A/1523, 49 A/19, 51 A/986; Z. Ges. f. Erdkde Berlin, 1930, 147; 1931, 62; 1932, 145, 226, 380; 1933, 150; GR 21, 1930, 201; 22, 1931, 269, 350; 23, 1932, 73; 24, 1933, 414; 25, 1934, 214, 301; Zbl. f. Min., 1929, Abt. B, 61; 1930, Abt. B, 172, 237, 447; 1931, Abt. B, 317; 1932, Abt. B, 269, 479; Geogr. Z., 36, 1930, 46; 37, 1931, 556; 39, 1933, 46, 428; PetMitt., 76, 1930, 43; 77, 1931, 40; 80, 1934, 234.

— Nochmals zur Frage der Entstehung der „Terra rossa" als Lösungsrest mariner Kalkgesteine. - Chemie der Erde, 5, Jena (Fischer) 1930, 43–47. - Bespr. GZ 48 A/410.

Bleiberger Marmor. Nachricht von dem schönen opalisierenden Muschelmarmor aus Kärnten. - Schr. d. Berlinischen Ges. natf. Freunde, 3, Berlin 1782, 415–423.

Blöchliger G. Kleinlebewesen und Gesteinsverwitterung. - Z. f. Geomorph., 7, 1933, 273–284.

Block J. Über das Vorkommen von Kupfererzen und Scheelit im Eruptivgestein von Predazzo u. a. O. sowie über den Marmor Südtirols. - Sber. d. Niederrh. Ges. f. Nat.- u. Heilkde, Bonn 1905, 15 S. - Bespr. GZ 9/631.

Blum R. Über eine Pseudomorphose von Epidot und Quarz nach Fassait. - NJb. 1864, 41–44.

— Über einige Pseudomorphosen. (U. a. Pfitsch.) - NJb. 1865, 257–273.

Blumenthal M. Der Prätigauflysch und seine Stellung im Penninikum. (Vortr.) - EgH 24, 1931, 225–233.

Blumrich J. Kalzitkristalle aus Vorarlberg. (Bei Nenzing.) - Tscherm. Min u. petr. Mitt., 12, 1891, 170–172. - Bespr. VRA 1891, 300; NJb. 1893/1, 28.

— Die Minerale der Iferwiese. - Progr. Staatsgymn. Bregenz, 1911/12, 10 S.

— Furchensteine aus dem Bodensee. - Heimat, 9, Bregenz 1928, 344–346.

— Die mineralogisch-geologische Sammlung. - 75 Jahre Vorarlberger Landesmuseum, Bregenz (Selbstverlag) 1933, 19–22.

Boden K. Über Konglomerate und Breccien in den Bayerischen Alpen. - Z. DGeolGes., 75, 1923, 155–183. - Bespr. NJb. 1924/2, 253; GZ 31/97.

— Beschaffenheit, Herkunft und Bedeutung des ostalpinen Molasseschuttes. - Abh. d. Geol. Ldsuntersuchg d. Bayer. Oberbergamtes, H. 4, München 1931, 33 S. - Bespr. GZ 46 A/469.

Bodewig C. Chemische Zusammensetzung des Danburit aus der Schweiz. - Z. f. Krist., 7, 1882, 391. - Bespr. NJb. 1883/2, 11.

Bodmer-Beder A. Über Olivindiabase aus dem Plessurgebirge (Graubünden). - NJb. 1899, 12. Bbd, 238–367. - Bespr. Jber. Natf. Ges. Grbd., NF, 42, Chur 1899, 118; EgH 6, 1900, 218; Archives..., 9, Genève 1900, 66.

— u. **Tarnuzzer Chr.** Neue Beiträge zur Geologie und Petrographie des östlichen Rhätikons. - Jber. Natf. Ges. Grbd., NF, 42, Chur 1899, 1. T. 37–58, 2. T. 59–85, m. Abb. - Bespr. EgH, 6, 1899/1900, 399, 409, 419, 424; Arch. d. sc. phys. et nat. de Genève, 10, Genève 1910, 158, 172, 247.

Bodmer-Beder A. Beiträge zur Petrographie des östlichen Rhätikons. - NJb. 1900/1, 120–128. - Bespr. GZ 1/8.

— Der Malencoserpentin und seine Asbeste auf Alp Quadrata bei Poschiavo, Graubünden. - Zbl. f. Min., 1902, 488–492. - Bespr. GZ 3/1007; EgH 7, 1901/2, 645; Boll. Com. geol. d'It., 34, 1903, 87. S. a. Tarnuzzer.

Böhm A. Eine Pseudomorphose nach Disthen. (Pregratten.) - Tscherm. Min. u. petr. Mitt., 2, 1880, 522–523.

Bombicci L. Sull'aerolito caduto presso Alfianello e Verolanuova (Prov. di Brescia). - R. Acc. d. Linc., Roma, an. 280, 1882/3, 11 S. - Bespr. NJb. 1883/2, 188; 1884/2, 30.

Böhne E. Die Kupfererzgänge von Mitterberg in Salzburg. Gangverhalten und Erzfolge. - Archiv f. Lagerstättenforschung, H. 49, Berlin (Preuß. Geol. Ldsanst.) 1931, 106 S., 6 Taf., 69 Abb. - Bespr. NJb. 1933/2, 188; GZ 52 A/341; Z. f. prakt. Geol., 41, 1933, 40.

Bonardi E. Il Gruppo cristallino dell'Albegna e della Disgrazia, studio stratigrafico e chimicolitologico. - Rend. Ist. Lomb. di Sc. e Let., s. 2, v. 15, 1882, 554.

Bonarelli G. Ricerche analitiche sopra una roccia sedimentaria di Lombardia. - Boll. Soc. geol. it., v. 19, f. 1, Roma 1900, 1–9. - Bespr. NJb. 1902/1, 407; Boll. Com. geol. d'It., 32, 1901, 112.

Bonney T. G. On some serpentines from the Rhaetien Alps. - Geol. Mag., dec. 2, v. 7, London 1880, 538–542. - Bespr. NJb. 1881/1, 396.

— Notes on two traverses of the cristalline rocks of the Alps. - Proc. of the Geolog. Soc. of London, 5. 12. 1888. - Bespr. Boll. Com. geol. d'It., 20, 1889, 52, 242; 21, 1890, 209.

— u. **Raisin C.** The microscopic Structure of Minerals forming Serpentine and their relation to its history. - Quart. Journ. Geol. Soc., 61, 1905, 690. - Bespr. VRA 1906, 166.

Born A. Gefügestudien an Gesteinen des varistischen Gebirges. Beiträge zum Mechanismus der Gebirgsbildung. - NJb. 1925, Bbd 52, 123–161.

— Über Druckschieferung im varistischen Gebirgskörper. - Fortschr. d. Geol. u. Pal. (W. Soergel), 7, H. 22, Berlin (Borntraeger) 1929, 99 S., 9 Taf., 18 Fig. - Bespr. GZ 40/1078.

Born J. v. Lettre sur la tourmaline du Tirol. - Bruxelles 1779.

Bosshard L. Der Bau der Tessiner Kulmination. - EgH 5, 1925, 504–521. S. a. Preiswerk H.

— Zur Petrographie der unterpenninischen Decken

im Gebiete der Tessiner Kulmination. - Schw. Min. u. Petr. Mitt., 9, 1929, 47-106, 1 Tab. - Bespr. GZ 44/526; NJb. 1932/2, 385.
— Petrographie der mesozoischen Gesteine im Gebiete der Tessiner Kulmination. - Schw. Min. u. Petr. Mitt., 9, 1929, 107-159, 1 Tab. - Bespr. GZ 44/297; NJb. 1932/2, 386.
Bozzi L. Sulle filliti cretacee di Vernasso in Friuli. - Atti Soc. It. Sc. Nat., v. 31, 1889.
Brandenberger E. u. **Winterhalter R. U.** Über ein neues Realgarvorkommen bei Walenstadt. - Schw. Min. u. Petr. Mitt., 9, 1929, 242-246, 3 Fig.
Breislak S. Sulla giacitura di alcune roccie porfiritiche e granitose osservate nel Tirolo. - Mem. geogn. letta n. I. R. Ist. Lomb. di Sc. ecc., Milano 1821, 86.
— Osservazioni intorno alla giacitura dei graniti nel Tirolo meridionale. - Milano 1824, 12 S.
— Sulle osservazioni fatte da alcuni celebri geologi posteriormente a quelle del Marzari sui graniti. - Milano 1824.
Breithaupt A. Über ein neues epidotartiges Mineral, Beustit genannt, von Predazzo ... - Verh. Bergmänn. Ver. Freiberg, 25. 11. 1862.
— Mineralogische Studien. - Berg- u. Hüttenm. Ztg, 1865/66, Leipzig 1866.
Brezina A. Die Sulzbacher Epidote im Wiener Hofmuseum. - Tscherm. Min. Mitt., 1871, 49-52.
— Neues Vorkommen von Scheelit. - Tscherm. Min. Mitt., 1872, 57, 114.
— Bergkristalle von der Grieswiesalpe, Rauris. - Tscherm. Min. Mitt., 1872, 60-61.
— Bergkristall vom Hochnarr, Rauris. - Tscherm. Min. Mitt., 1872, 61.
— Bergkristall von Kals. - Tscherm. Min. Mitt., 1872, 61-62.
— Anatas und Brookit vom Pfitscherjoch in Tirol. - Tscherm. Min. Mitt., 1873, 49.
— Leonhardit aus dem Floitental. - Tscherm. Min. Mitt., 1877, 98. - Bespr. NJb. 1877, 644.
— Über ein neues Mineral, den Schneebergit. - VRA 1880, 313-314.
— Weitere Nachrichten über den Meteoriten von Alfianello. (Unweit Brescia.) - VRA 1883, 93-94. - Bespr. NJb. 1883/2, 188; 1884/2, 30.
— Apatit aus dem Stillupgrunde. - Annalen Naturhist. Hofmuseum Wien, I, 1886, Notizen, 12. - Bespr. NJb. 1887/1, 253.
— Der Meteorsteinfall zu Meran. - D. kgl. Danske vid. selsk. skrifter, 7 rankke, naturvid. og. math. afd VI, 3, Kopenhagen 1909.
Brignoli di Brunhoff G. Dissertazione intorno alla Clorite o terra verde di Verona. - Modena 1819.
Brinkmann R. Sedimentation und Schichtung. (Vortragsref.) - GR 18, 1927, 147-148.
Brocchi G. B. Trattato mineralogico e chimico delle miniere di ferro del dipartimento del Mella. - Brescia 1808.
— Analisi chimiche delle calci di Lombardia. - Atti Soc. d'incoragg., Milano 1809.
— Memoria mineralogica sulla Valle di Fassa in Tirolo. - Milano (Silvestri) 1811, röm. 25-233. Deutsch: „Mineralogische Abhdlg über das Tal von Fassa" v. K. A. Blöde, Dresden (Veger) 1817, 300 S., 1 K. Französ.: Annales des Mines ou Recueil des Mémoires concernant la Chimie, Paris, sér. 1, vol. 1, 1817. Auszug: Mineral. Taschenbuch, Frankfurt a. M. 1823, 438-453.
— Catalogo raggionato di una raccolta di rocce per servire alla Geognosia dell'Italia. - Milano 1817.
Brögger W. C. Die Eruptivgesteine des Kristianiagebietes. II. Die Eruptionsfolge der triadischen Eruptivgesteine bei Predazzo in Südtirol. - Videnskabs selskabets Skrift. I. math.-nat. Kl. Nr. 7, Kristiania 1895, 1-183. - Bespr. NJb. 1896/2, 433; Bl. 917.
Brückmann F. E. Magnalia dei in locis subterraneis oder Unterirdische Schatzkammer ... Ausführliche Beschreibung und Designation aller Bergwerke in Europa. - Braunschweig 1727, 368 S., 13 Taf. (Schweiz 39-46, Italien 47-56, Kärnten 61-63, Bayern 69-70, Tirol 71-74, Salzburg 74-76.
Brugnatelli L. Über flächenreiche Magnetitkristalle aus den Alpen. - Z. f. Krist., 14, 1888, 237-249. - Bespr. NJb. 1890/1, 232; VRA 1888, 305; Boll. Com. geol. d'It., 20, 1889, 244.
— Beiträge zur Kenntnis des Epidot. (Pfitschtal u. Oberhollersbach.) - Z. f. Krist., 17, 1890, 529-540, 1 Taf. - Bespr. VRA 1890, 335.
— Studio petrografico di due porfiriti dioritiche dei dintorni di Rabbi. - Giorn. di Min., Crist. e Petr. (Sansoni), 2, Milano 1891, 215-219. - Bespr. NJb. 1892/1, 521; Boll. Com. geol. d'It., 23, 1892, 84.
— Prime contribuzioni allo studio dei giacimenti di amianto della Valle Malenco. - Riv. it. di Min. e Crist., Padova, v. 18, f. 3-6, 1898, 44-54; Rend. R. Ist. Lomb. di Sc. e Lett., s. 2, v. 30, f. 16, 1897, 1109-1119. - Bespr. NJb. 1899/1, 211; Boll. Com. Geol. d'It., 29, 1898, 152.
— Über ein wahrscheinlich neues Mineral aus den Asbestgruben im Val Brutta (Veltlin). - Z. f. Krist., 31, 1899, 54-55. - Bespr. NJb. 1900/2, 17; Boll. Com. geol. d'It., 31, 1900, 104.
— Über eine interessante Mineralassoziation der Asbestgruben vom Val Lanterna (Veltlin). - Z. f. Krist., 31, 1899, 55-56. - Bespr. Boll. Com. geol. d'It., 31, 1900, 105.
— Über ein alpines Vorkommen von Chrysoberyll. - Z. f. Krist., 32, 1899, 81-82. - Bespr. Boll. Com. geol. d'It., 31, 1900, 105.
— Ottaedrite e brookite della Piattagrande presso Sondalo in Valtellina. - Rend. R. Ist. Lomb., s. 2, v. 32, f. 19-20, Milano 1899, 1405-1411; Riv. di Min. e Crist. it., v. 23, f. 1-3, Padova 1899, 37-43. - Bespr. Boll. Com. geol. d'It., 31, 1900, 106.
— Über Anatas und Brookit von der Piattagrande bei Sondalo in Veltlin. - Z. f. Krist., 32, 1900, 355-358. - Bespr. Boll. Com. geol. d'It., 32, 1901, 115.
— Berillo ed altri minerali delle pegmatiti di Sondalo in Valtellina. - Rend. R. Ist. Lomb. di Sc. e Lett. Milano, 11, 7, 1901, 34, 914-920; Riv. Min. e. Petr. it., 27, Padova 1901, 28-35; Z. f. Krist., 36, 1902, 97-101. - Bespr. GZ 9/2495; NJb. 1902/1, 358; 1903/2, 32; EgH 7, 1901/2, 635; Boll. Com. geol. d'It., 33, 1902, 62; 34, 1903, 93.
— Über einen Fundort von Titanolivin im Val Malenco (Veltlin). - Z. f. Krist., 36, 1902, 151. - Bespr. NJb. 1903/2, 331.
— Sopra un nuovo minerale delle cave d'amianto della Valle Lanterna. - Rend. R. Ist. Lomb., s. 2, v. 35, f. 18-19, Milano 1902, 869-874. - Bespr. Boll. Com. geol. d'It., 34, 1903, 94.
— Sopra un giacimento di titanolivina in Val Malenco. - Riv. Min. e Crist. it., 28, Padova 1902, 3-4. - Bespr. GZ 9/2493; Boll. Com. geol. d'It., 34, 1903, 93.
— Über Artinit, ein neues Mineral der Asbestgruben von Val Lanterna (Veltlin). - Zbl. f. Min., 1903, 144-148.
— Sulla titanolivina dei dintorni di Chiesa in Val Malenco. - Riv. Min. e Crist. it., 30, Padova

1904, 69–83. – Bespr. GZ 9/2494; Boll. Com. geol. d'It., 36, 1905, 135.
— Über den Titanolivin der Umgebung von Chiesa im Val Malenco; ein Beitrag zur Kenntnis des Titanolivins. – Z. f. Krist., 39, 1904, 209–219. – Bespr. Boll. Com. geol. d'It., 36. 1905, 135.
Brunlechner A. Die Minerale des Herzogtums Kärnten. – Klagenfurt 1884.
Brunner A. Affioramenti di solfati nelle filliti presso la galleria di Sonnenburg sulla ferrovia del Brenner. – Riv. Min. e Crist. it. 40, Padova 1911, 34 S., 1 K. – Bespr. GZ 17/815; NJb. 1913/1, 42.
Bubnoff S. v. Die Methode der Granitmessung und ihre bisherigen Ergebnisse. – GR 13, 1922, 151–170.
Buch L. v. Über das Südtirol. (Brief an Weiss v. 14. Okt. 1821.) – Gedenkworte z. 100. Geburtstag Weiss' 1880, v. 28–30.
— Über den Dolomit als Gebirgsart. – Abh. Ak. d. Wiss. Berlin, 1822.
— Über den Dolomit in Tirol. (Schreiben an A. v. Pfaundler.) – TB, 1822, Nr. 64–66. Abdruck in: Leonhards Min. Taschenbuch, 2, 1824, 36–51; Z. f. Tirol u. Vorarlberg, Beiträge zur Gesch., Stat., Naturkunde etc. Tirols, Innsbruck 1826, 2, 296–308.
— Über geognostische Erscheinungen im Fassatale. (Schreiben an den Geh. Rat v. Leonhard aus Berlin, 1. Apr. 1824.) – Leonhards Min. Taschenbuch, 1824, 2. Abt., 343–396; Beitr. z. Gesch., Stat., Natkde etc. Tirols, 3, Innsbruck 1827, 205–241.
— Sur quelques phénomènes géognostiques que présente la position rélative du porphyre et des calcaires dans les environs du Lac de Lugano. – Ann. Sc. Nat., t. 10, Paris 1827, 195–206.
Buchrucker L. Die Mineralien der Erzlagerstätten von Leogang in Salzburg. – Z. f. Krist., 19, 1891, 113–166. – Bespr. NJb. 1893/1, 13.
Buck E. Gefügestudien aus dem Vorderen Pitztal. – Inaugdiss. Tübingen, Stuttgart (Zuffenhausener Druck) 1928, 47 S., 2 T. – Bespr. VBA 1931, 157.
Bukeisen. Desmin- (Puflerit-) analyse von der Seisser Alp. – Sber. Ak. d. Wiss. Wien, math.-nat. Kl., 24, 1857, 286–287.
Bückling H. Bronzit vom Ultental. – Groths Mineraliensammlung der Univ. Straßburg, 1878.
Buning W. L. De geologie van den Cimone di Margno en den Monte di Muggio. – Diss. Univ. Leiden, 1932, 79 S.; Leidsche Geol. Mededeel., IV, 323–399, K. 1:25000, 13 Prof.-Zusammenfassung französisch, 392–396. Außerdem: Bijdrage tot de Geologie der Bergamasker Alpen, Nr. 7. – Bespr. GZ 49 A/937.
Burri C. Sedimentpetrographische Untersuchungen an alpinen Flußsanden. I. Die Sande des Tessin. – Schw. Min. u. Petr. Mitt., 9, 1929, 205–240, 9 Abb. – Bespr. GZ 44/517; NJb. 1932/2, 737.
— u. **Kündig E.** Exkursion Nr. 68. Umgebung von Locarno. — In: Geol. Führer der Schweiz, herausgeg. v. d. Schwz. Geol. Ges., Basel (Wepf) 1934, Fasz. XI, 838–845, 1 Fig.
Buetz G. Die Mineralvorkommen Oberitaliens. – Z. f. prakt. Geol., 26, 1918, 75–78. – Bespr. GZ 26/16.
Cacciamali G. B. Le roccie di Valcamonica. – Illustr. Camuna, an. 6, n. 11–12, Breno 1909, 3–7. – Bespr. GZ 16/251; Boll. Com. geol. d'It., 41, 1910, 105.
Cadisch J. Zur Geologie der Schweizer Mineral- und Thermalquellen. – Verh. Natf. Ges. Basel, 42, Basel 1931, 138–176, 1 Taf., 5 Abb., 5 Tab. – Bespr. GZ 48 A/1859.
Camerana E. Igiacimenti italiani di scisti bituminosi. – La Min. It., 14, 1931, 109–114. – Bespr. Per. di Min., 3, 1931, 45; GZ 53 A/330.
Canaval R. Beiträge zur Kenntnis der Gesteine und Erzlagerstätten des Weißenbachtales in Oberkärnten. – JbRA 1890, 527–558.
— Die Blei- und Zinkerzlagerstätte des Bergbaues Radnig bei Hermagor in Kärnten. – Carinthia II, 1898, 60–72.
— Mineralogische Mitteilungen aus Kärnten. – Carinthia II, 1900, 21–32.
— Über das Vorkommen von Turmalin auf den Fundkofelgängen. (Zwickenberg nächst Oberdrauburg.) – Z. f. Krist., 51, 1913, 624–630. – Bespr. Z. f. prakt. Geol., 1913, 247; GZ 19/332; Carinthia II, 1913, 124. S. a. Berg- u. Hüttenm. Jb., 1920, H. 2/3, 94.
Cathrein A. Die geognostischen Verhältnisse der Wildschönau. – Z. Ferdin., Innsbruck 1877, 3. F., 21. H., 125–157. – Bespr. VRA 1878, 159; Bl. 479.
— Petrographische Notizen aus den Alpen. (Proterobas von Leogang, Pechsteinporphyr von S. Lugano.) – NJb. 1883/2, 183–186. – Bespr. NJb. 1890/2, 259.
— Über einige Mineralvorkommen bei Predazzo. 1. Magneteisen von der Scalotta. 2. Scheelit vom Monte Mulat. 3. Hornblende von Roda. 4. Granat von der Malgola. 5. Kalkspat von Le Selle dei Monzoni. – Z. f. Krist., 8, 1884, 219–225, 3 Fig. – Bespr. NJb. 1885/2, 249.
— Neue Kristallformen tirolischer Mineralien. (Fahlerz von Brixlegg, Idokras von Canzacoli, Hornblende von Roda, Magnetit von Scalotta.) – Z. f. Krist., 9, 1884, 353–367. – Bespr. NJb. 1885/2, 249; VRA 1885, 135.
— Über den Orthoklas von Valfloriana in Fleims. – Z. f. Krist., 9, 1884, 368–378. – Bespr. NJb. 1885/2, 250; VRA 1885, 135.
— Über Umwandlungspseudomorphosen von Skapolith nach Granat. – Z. f. Krist., 9, 1884, 378–385. – Bespr. NJb. 1885/2, 251; VRA 1885, 135.
— Umwandlung von Granaten in Anphibolschiefern der Tiroler Zentralalpen. – Z. f. Krist., 10, 1885, 433–446, 5 Fig. – Bespr. NJb. 1887/2, 456.
— Mitteilungen aus dem mineralog. Laboratorium des Polytechnikums zu Karlsruhe, XII–XIV. – Z. f. Krist., 12, 1886, 34–49.
— Neue Flächen am Adular vom Schwarzenstein. – Z. f. Krist., 11, 1886, 113–119; 13, 1887, 332. – Bespr. VRA 1886, 125; 1887, 318; NJb. 1889/1, 39.
— Über Wildschönauer Gabbro. – Tscherm. Min. u. petr. Mitt., 7, 1886, 189–194. – Bespr. NJb. 1886/2, 365; Bl. 653.
— Über die Verbreitung umgewandelter Granaten in den Ötztaler Alpen. – NJb. 1886/1, 84–87.
— Über den Augitporphyr von Pillersee. (Pletzertal südl. Fieberbrunn.) – VRA 1887, 86–87. – Bespr. NJb. 1888/2, 249.
— Über den Proterobas von Leogang. – NJb. 1887/1, 113–114. – Bespr. VRA 1887, 131; NJb. 1890/2, 259.
— Beiträge zur Petrographie Tirols. (Staurolith, Porphyr, Turmalingranit etc.) – NJb. 1887/1, 147–172. – Bespr. VRA 1887, 160; Bl. 717.
— Über Uralitporphyrit von Pergine. – VRA 1887, 215–219. – Bespr. NJb. 1888/2, 58.
— Über Mineralien von Predazzo. 1. Kokkolith von Viezzena, 2. Brucit von Canzacoli, 3. Granit von Canzacoli, 4. Orthoklas von Mulat, 5. Analyse des Magneteisens von Scalotta. – Z. f. Krist., 12, 1887, 34, 1 Taf. – Bespr. NJb. 1887/2, 434.

— Über Chloritschiefer von Großarl. – Tscherm. Min. u. petr. Mitt., 8, 1887, 331–337. – Bespr. VRA 1887, 195; NJb. 1888/1, 242.
— Beiträge zur Mineralogie Tirols. (Stillupp, Schwarzenstein, Greiner, Monzoni, Fassatal.) – Tscherm. Min. u. petr. Mitt., 8, 1887, 400–413. – Bespr. VRA 1887, 234; NJb. 1888/2, 220.
— Über die Hornblende von Roda. – Z. f. Krist., 13, 1888, 9–14. – Bespr. VRA 1887, 233.
— Über Calciostrontianit (Emmonit) von Brixlegg. – Z. f. Krist., 14, 1888, 366–374. – Bespr. VRA 1888, 270; NJb. 1890/1, 412.
— Chloritoidphyllit von Gerlos. – VRA 1888, 159–162.
— Neue Kristallformen am Pinzgauer Pyroxen. – Ann. Naturhist. Hofmus. Wien, 4, 1889, 181–182. – Bespr. VRA 1889, 332; NJb. 1891/1, 374.
— Petrographische Notizen aus den Salzburger und Tiroler Alpen. (Leogang, Pillersee, Gerlos, Stubaier u. a.) – VRA 1889, 171–177. – Bespr. NJb. 1890/2, 259; Bl. 766.
— Beiträge zur Mineralogie Tirols. (Baryt von Kogel, Magnetit des Greiners, Granat vom Rothenkopf, Fahlerz von Kogel, Adular vom Schwarzenstein, Diaspor vom Greiner.) – Tscherm. Min. u. petr. Mitt., 10, 1889, 52–66. – Bespr. VRA 1888, 306; NJb. 1891/1, 212.
— Beiträge zur Mineralogie Tirols. (Turmalin vom Furtschagl, Apatit, Desmin, Laumontit, Prehnit vom Floitental, Amphibol von Roda, Monzonigesteine etc.) – Tscherm. Min. u. petr. Mitt., 10, 1889, 387–403. – Bespr. VRA 1889, 333; NJb. 1891/1, 215.
— Kristallformen des Baryts von Valsugana. – VRA 1889, 107–109; Riv. di Min. e Crist. ital., 5, 1889, 4 S. – Bespr. NJb. 1890/2, 26.
— Neue Flächen am Quarz. – Z. f. Krist., 17, 1889, 19–24. – Bespr. VRA 1889, 333; NJb. 1891/1, 217.
— Mikroskopische Präparate der Gesteinstypen Tirols. 1. Serie. 30 Dünnschliffe der Eruptivgesteine. Mit Erläuterungen. – 1889.
— Über den sog. Augitporphyr von Ehrwald. – VRA 1890, 1–9. – Bespr. NJb. 1892/1, 285; Bl. 776.
— Zur Dünnschliffsammlung der Tiroler Eruptivgesteine. – NJb. 1890/1, 71–82.
— Dioritische Gang- und Stockgesteine aus dem Pustertale. – Z. DGeolGes., 50, 1898, 257–278. – Bespr. NJb. 1900/1, 381; Bl. 982. S. a. Salomon.
— Bestätigung und Begründung der Kritik über Salomons Darstellungen. – Z. DGeolGes., 51, 1899, 574–577. – Bespr. NJb. 1902/1, 64.
— Über Monazit (Turnerit) aus Tirol. (Prägratten.) – NJb. 1899/2, 137–141.
— Die Symmetrie im Reiche der Kristalle. – Inaugrede, Innsbruck 1901, 22 S.
— Mineralogie und Petrographie des Pitztales. – Z. DÖAV, 1906, 264–269. – Bespr. NJb. 1908/1, 205.
— Mineralogisch-petr. Skizze des Vinschgaues. – In: Plant, Reiseführer durch V. u. dessen Seitentäler. – 1. u. 2. Aufl. Meran 1907/09, 117 S.

Catullo T. A. Memoria epistolare sopra alcune specie minerali di Agordo. – Giorn. di fis., chim. ecc., 6, Padova 1819, 17 S.

Cavinato A. Studio petrografico di alcune rocce dell'Adamello. – Studi Trentini Sc. Nat., a. 8, f. 2, Trento 1927, 129–156, 2 T. – Bespr. Atti Acc. Sc. Ven.-Trent.-Istr., v. 20, 1929, 4.
— Note di Cristallografia. II. Albite di Monte Rischuna (Grigioni). – Atti Acc. Sc. Ven.-Trent.-Istr., s. 3, v. 18 (1927), Padova 1928, 7–9.
— Apatite di Valle Aurina (Alto Adige). – Studi Trent. Sc. nat., v. 10, Trento 1929, 19 S. – Bespr. Atti Acc. Sc. Ven.-Trent.-Istr., v. 20, 1929, 4.
— Euclasio di Valle Aurina (Alto Adige). – Rend. R. Acc. d. Linc., v. 10, Roma 1929, 656–664.
— Nuove ricerche sull'Euclasio. Euclasio di Valle Aurina (Alto Adige). – Atti Acc. Ven.-Trent.-Istr., v. 20, Padova 1929/30, 69–88.
— I minerali di Valle Aurina e i loro giacimenti. – Studi Trent. Sc. Nat., 11, Trento 1930, 26–58, 93–115.

Cermenati M. La priorità italiana nell'illustrazione geo-mineralogica tridentina. – La Miniera italiana, Roma 1917, v. 1, f. 3, 95–99.

Charpentier Jn. de. Sur l'exploitation d'une mine d'or dans le Galanda. – Verh. Allgem. Schweiz. Ges. f. d. ges. Natwiss., 1830, St. Gallen 1831, 83.

Christa E. Über Myrmekit in zentralalpinen Gesteinen. – NJb. Bbd 57, Abt. A/2, 1928, 1185–1196, 1 Fig., 1 Taf. – Bespr. GZ 40/1736.
— Das Gebiet des Oberen Zemmgrundes in den Zillertaler Alpen. – JbBA 1931, 533–636, geol.-petr. K. 1:15000, 15 Taf., 3 Fig. – Bespr. GZ 46 A/1972, 48 A/1090; NJb. 1932/2, 395.
— Das Greiner-Schwarzensteingebiet der Zillertaler Alpen in geologisch-petrographischer Betrachtung. – Veröffentl. Mus. Ferdin., 13, Innsbruck (Wagner) 1933, 1–114, 40 Abb.

Chrustschoff K. v. Über den Granit des Monte Mulatto bei Predazzo. – NJb. 1885/2, 66–72. – Bespr. Bl. 660.
— Mikrolithologische Mitteilungen. – VRA 1886, 230–239.

Clar E. Zur Frage der Entstehung der Bänderung von Kalken. – Geol. Archiv, 4, München 1926, 38–40.
— Vorbericht über geologische Aufnahmen in der Glocknergruppe. – VBA 1930, 121–126. – Bespr. GZ 44/181.
— Zweiter Vorbericht über geologische Aufnahmen in der Glocknergruppe. – VBA 1931, 107–110. – Bespr. GZ 46 A/195; Z. f. Glkde, 20, 1932, 508.
— Schneeberg in Tirol. Einige Beobachtungen zur Kennzeichnung des Lagerstättentypus. – Zbl. f. Min., 1931, Abt. A, 105–124, 10 Abb.
— Zwei Erzentmischungen von Schneeberg in Tirol. – Zbl. f. Min., Abt. A, 1931, 147–153, 4 Abb. – Bespr. GZ 45/1153.
— u. **Friedrich O.** Über einige Zusammenhänge zwischen Vererzung und Metamorphose in den Ostalpen. – Z. f. prakt. Geol., 41, 1933, 73–79.

Clark R. W. Beiträge zur Petrographie der Eruptivgesteine Kärntens. (Kreuzeckgruppe.) – VRA 1909, 277–283.

Cloos H. Tektonik und Magma. Untersuchungen zur Geol. der Tiefen. – Abh. Preuß. Geol. Ldsanst., NF, H. 89, Bd 1, 1922, 141 S., 3 Taf., 41 Fig.
— Das Batholithenproblem. – Fortschr. d. Geol. u. Pal., 1923, 80 S. – Bespr. Z. f. Geomorph., 3, 1928, 71.
— Einführung in die tektonische Behandlung magmatischer Erscheinungen (Granittektonik). – Berlin (Borntraeger) 1925, 194 S. – Bespr. Z. Ges. f. Erdkde Berlin, 1926, 363.
— Zur Kritik der Granittektonik. – Zbl. f. Min., Abt. B, 1926, 481–492. (S. Zur Mühlen.) – Bespr. GZ 36/529.
— Zur Tektonik alpiner Granitplutone. – GR 18, 1927, 396–398. – Bespr. GZ 37/925; NJb. 1928/2, 448.
— Zur Mechanik der Randzonen von Gletschern, Schollen und Plutonen. – GR 20, 1929, 66–75, 7 Fig., 1 Taf. – Bespr. Z. f. Glkde, 17, 1929, 392; GZ 41/431; NJb. 1931/2, 299.

Cornalia E. Notizie geomineralogiche sopra alcune valli meridionali del Tirolo. – Dissert. inaug. Milano (Guglielmini), 1848, 1 K.

Cornelius H. P. Petrogr. Untersuchungen in den Bergen zwischen Septimer- und Julierpaß. – Inaugdiss. Zürich, 1912; NJb. Bbd 35, 1913, 374–498, 1 K. – Bespr. VRA 1913, 203; GZ 20/1175, 22/1450; EgH 13, 1914, 27; Mitt. Geol. Ges. Wien, 5, 1912, 488.

— Ein alpines Vorkommen von Sapphirin. (Veltlin.) – Zbl. f. Min., 1916, 265–269. – Bespr. EgH 15, 1918, 318; GZ 23/250.

— Zur Frage der Beziehungen von Kristallisation und Schieferung in metamorphen Gesteinen. – Zbl. f. Min., 1921, 1–11.

— Über ein neues Andalusitvorkommen in der Ferwallgruppe (Vorarlberg) und seine regionalgeologische Bedeutung. – Zbl. f. Min., 1921, 290–293. – Bespr. GZ 27/131.

— Über Funde von Aegirin in Graubündner Gabbrogesteinen. – Zbl. f. Min., 1922, 449–451.

— Zur Vergleichung der mechanischen Metamorphose kristalliner Gesteine am westlichen Ostalpenrande. – Zbl. f. Min., 1923, 225–234. – Bespr. GZ 29/1551.

— Petrographische Beschreibung der Saluverbreccie. – In: Eugster, Die westliche Piz Uertsch-Kette. – Beitr. z. geol. K. d. Schw., NF, 49. Lfrg, 4. Abt., 1924, 13–14.

— Über einige Gesteine der „Fedozserie" aus dem Disgraziagebiet. – NJb. Bbd 52, Abt. A, 1925, 1–50. – Bespr. GZ 32/335.

— Über tektonische Breccien, tektonische Rauhwacken und verwandte Erscheinungen. – Zbl. f. Min., 1927, Abt. B, 120–130.

— Über Vorkommen von Helsinkit im Albulamassiv. – Schw. Min. u. Petr. Mitt., 7, 1927, 28–31. – Bespr. NJb. 1930/2, 42; GZ 43/737.

— Über Auftreten und Mineralführung der Pegmatite im Veltlin und seinen Nachbartälern. – Zbl. f. Min., A, 1928, 281–287. – Bespr. GZ 40/1735; Z. f. Krist., Min. u. Petr. Mitt., RT 1, 1932, R 61.

— Das Sapphirinvorkommen von Alpe Brasciadega, Val Codera. (Vortr.) – Mitt. Wr. Min. Ges., 1929, Nr. 92, 1–2. (Tscherm. Min. u. petr. Mitt., 40, 1930.)

— u. **Dittler E.** Zur Kenntnis des Sapphirinvorkommens von Alpe Brasciadega in Val Codera (Italien, Prov. Sondrio). – NJb. Bbd 59, Abt. A, 1929, 27–64, 4 Fig. – Bespr. GZ 41/1861.

Cornelius H. P. u. **Furlani-Cornelius M.** Die insubrische Linie vom Tessin bis zum Tonalepass. – Denkschr. Ak. d. Wiss. Wien, math.-natw. Kl., 102, Wien 1930, 207–302, 16 Fig., 1 K., 1 Taf. – Bespr. Anzg. Ak. d. Wiss. Wien, 67, 1930, 120.

Cornelius H. P. Vorläufiger Bericht über geologische Aufnahmen im Stubach- und Kaprunertale (Glocknergruppe). – VBA 1930, 117–121.

— Zur Frage der Beziehungen von Kristallisation und Schieferung in metamorphen Gesteinen. – Zbl. f. Min., 1921, 1–11.

— Zur Frage der Beziehungen von Metamorphose und Tektonik in den französischen Alpen. – Mitt. Geol. Ges. Wien, 23, 1930, Wien 1931, 142–151. – Bespr. GZ 47 A/1135; NJb. 1933/2, 869.

— Zweiter Bericht über geologische Aufnahmen in der nördlichen Glocknergruppe. – VBA 1931, 102–106.

— u. **Clar E.** Dritter Vorbericht über geologische Aufnahmen im Glocknergebiet. – VBA 1932, 75–80. – Bespr. GZ 48 A/899.

— — Vierter Vorbericht über geologische Aufnahmen in der Glocknergruppe. – VBA 1933, 76–80. – Bespr. GZ 51 A/406.

Cornelius H. P. Über einige seltenere Gesteinstypen aus dem Grüngesteingebiet von Zermatt (Wallis). Ein Beitrag zur Vergleichung penninischer Serien der West- und Ostalpen. – Mitt. Geol. Ges. Wien, 26, 1933, Wien 1934, 154–161.

Cornu F. Eine neue Reaktion zur Unterscheidung von Dolomit und Kalzit. – Zbl. f. Min., 1906, 550.

Cortese E. Gli scisti bituminosi in Italia. – Rassegna Min. e Metallurg. Ital., v. 70, Roma 1931, n. 12, dicembre 1930. – Bespr. Studi Trent. Sc. Nat., 12, 1931, 72; Periodico di Min., 2, 1931, 142; GZ 53 A/331.

Cossa A. Sopra un granato verde di Val Malenco (Valtellina). – Atti d. R. Accad. d. Linc., s. 3, v. 4, Roma 1880.

— Sopra la composizione di alcune roccie della Valtellina. – Atti d. R. Acc. d. Linc., Mem., Roma 1881, 105.

— Presentazione di un pezzo di aerolite caduto il 16 febbr. scorso ad Aspianetta nel Bresciano. – Atti d. R. Accad. d. Sc. di Torino, v. 18, 1883, 352.

Costanzi V. Gli scisti bituminosi. – La Min. It., a. 16, 1932, 161–164.

Crivelli B. Nota sul Rinoceronte esistente nell' I. R. Gabinetto de'minerali nel locale d. S. Teresa in Milano. Descrizione di alcuni denti di Rinoceronte e d'una nuova specie d'Juglandite trovati nella lignite di Leffe, e Cenni sovra alcuni altri fossili riscontrati nel calcareo nero sopra Varenna e presso Bellagio. – Bibl. Ital., t. 95, Milano 1840, 6 S.

Crommelin R. D. La géologie de la Valsassina et de la région adjacente au nord. – Öffentl. Diss. Univ. Leiden 1932, 59 S.; Leidsche Mededeel., IV, 403–459, K. 1:25000, 9 Prof. Außerdem: Contribution à la géologie des Alpes Bergamasques, Nr. 8. – Bespr. GZ 49 A/938.

Crook T. On Dedolomitisation. – Geol. Mag., 8, 1911, 337–345, 2 Fig. – Bespr. NJb. 1914/1, 416.

Cushing H. P. u. **Weinschenk E.** Zur genauen Kenntnis der Phonolithe des Hegaus. – Tscherm. Min. u. petr. Mitt., 13, 1892, 18–38. – Bespr. NJb. 1893/2, 487.

Czermak F. Einige Bemerkungen zur Frage der „Tiefenstufen" bei der Gesteinsumprägung. – VBA 1928, 244–245. (S. a. Stiny.)

— Ein bemerkenswerter Erzfund bei Wattens im Unterinntal. – Veröff. d. Ferd., H. 11, Innsbruck 1931, 159–166. – Bespr. GZ 53 A/317.

— u. **Schadler J.** Vorkommen des Elementes Arsen in den Ostalpen. – Min. u. petr. Mitt., 44, Leipzig 1933, 67 S., 7 Fig.

Čžjžek J. Marmorarten in Österreich. – JbRA 1851, 89–109.

Dal Monte G. Monografia litologica Vicentina. Illustrazione per la raccolta delle pietre naturali della prov. di Vicenza. – Vicenza 1884, 16 S.

Dal Piaz G. Note sulla costituzione geologica di Albettone. – Padova 1902.

— Relazione della Commissione giudicatrice del concorso a premio sul tema (svolto da S. Vardabasso): Sull'origine e l'età delle masse intrusive delle Alpi orientali in relazione alla struttura ed alla formazione delle catene montuose. – Atti R. Ist. Ven., 85, Venezia 1926, 123–126.

Dal Piaz G. B. Appunti geologici sulla regione delle Alpi Aurine e delle Vedrette Giganti (Alto Adige). – Rend. Acc. Naz. d. Linc., Cl. Sc. fis., mat. e nat., v. 10, s. 6, f. 5–8, Roma 1929, 270–273, 376, 379. – Bespr. GZ 41/1535; NJb. 1933/2, 907; Studi Trent. Sc. Nat., 11, 1930, 79.

— Sulla fauna, l'età e l'origine dei tufi basaltici dei dintorni di Brentonico nel Trentino. – Boll. d. Ist. d. Min., Geol. e Geogr. Fis. d. R. Univ. d. Padova, v. 1, 1931, 8 S. – Bespr. GZ 46 A/1932, 1 B/696.

— Risultati di escursioni geologiche nella vallata dello Zemmgrund (Zillertaler Alpen, Austria). – Atti d. Soc. It. p. i. Progr. d. Sc., XXI Riun. Roma, Ottobre 1932, X, v. 2, Pavia 1933, 4 S.

— Studi geologici sull'Alto Adige orientale e regioni limitrofi. – Mem. Ist. Geol. Padova, v. 10, 1933.

— Sui rapporti geologici che intercedono fra la serie delle Cime Bianche di Telve e il complesso del Tribulaun, nella regione del Brennero. – Atti Acc. Scient. Veneto-Trent.-Istr., v. 24, 1933, 14 S., 2 Fig.

— Studi nel settore centrale dell'Alto Adige. (Vortr.) – Boll. Soc. Geol. It., v. 52, 1933, f. 2, Roma 1934, röm. 119–120.

Damour A. Analyse ... et: Nouvelles analyses de la Prédazzite. – Bull. Soc. Géol. de France, Paris 1847, s. 2, 1050–1056; s. 12, v. 4.

— Analyse des Gehlenits aus dem Fassatale. – Pogg. Ann. d. Physik u. Chem., v. 10.

Dana E. Hofrat Dr. Gustav Tschermak. – Amer. J. Sci., 14, 1927, Nr. 79, p. 87.

— Hofrat Prof. Dr. Gustav Tschermak, 1836–1927. – The Am. Min., 12, 1927, 293.

D'Anna G. La zona di contatto di Canzacoli. Appunti geologici e mineralogici. – Annuario SAT, 1886, v. 12, 203–214.

Daubeny Ch. Dolomitzerlegung in Südtirol. – L'Institut, Xme ann., Paris 1842, Nr. 419–425, 4.

Dauber H. Kristallmessung am Pfitscher Zirkon. – Pogg. Ann. d. Phys. u. Chem., v. 107, 1854, 275.

De Angelis M. Osservazioni sui minerali dei porfidi quarziferi di Cuasso al Monte e di Valganna. – R. Ist. Lomb. di Sc. e Let. Milano, Estr. dai Rend. 1924, f. 6–10, 1–23 u. Notiz im Boll. Soc. geol. it., 1925, f. 2, 95, Escurs. d. Soc. geol. ital. – Bespr. NJb. 1927/1, A, 226.

— Intorno alla presenza della Vesuvianite nei giacimenti amiantiferi della Val Malenco. – Atti R. Acc. naz. d. Linc. R.-C. el. sc. fis., mat. e nat., an. 322, s. 6, v. 1, f. 2, Roma 1925, 80–82. – Bespr. NJb. 1928/1, 37.

Deecke W. Vier Kapitel aus der petrographischen Geologie. – Ber. Natf. Ges. Freiburg i. Br., 22, 1. H. 1919, 1–73. – Bespr. GZ 24/738, 1528.

Deicke J. C. Über das Vorkommen von Humussäure und Dopplerit im Torfmoor. (Gonten, Kl. Appenzell.) – Berg- u. Hüttenm. Ztg, Freiberg 1858, 383.

Denti V. Il filone di Berthierite nella Val Cresta in comune di Viconago, provincia di Como. – Giorn. di Min., Crist. e Petr., v. 2, 3, Milano 1891. – Bespr. Boll. Com. geol. d'It., 23, 1892, 161.

Denza. Chute d'une météorite à Alfianello, territoire de Brescia (Italie). – Compt. rend. de l'Acad. d. sc., Paris 1883, 1 sem., 96, Nr. 12, 805–808. – Bespr. NJb. 1883/2, 188; 1884/2, 30.

Desclabissac. Analyse eines Albits aus dem grünen Schiefer von Oberhalbstein (Berninamassiv). – Z. DGeolGes., 10, 1858, 207 (Zitat). Auszug· NJb. 1859, 622.

De Sitter L. U. Les porphyres luganais entre le Lac de Lugano et la Valganna. – Diss. Leiden, 1925; Leidsche Geol. Meded. I, Leiden 1925, 187–254, 2 K. – Bespr. GZ 33/168.

Dessau G. Misure di radioactività in una miniera di zinco nella Valle Seriana. – Boll. Soc. geol. it., v. 60, 1932, f. 2, Roma 1932, 265–276.

De Stefani C. Come l'età dei graniti si debba determinare con criteri stratigrafici. – Boll. Soc. geol. it., Roma 1899, v. 18, f. 2, 79–115.

De Toni A. Studio mineralogico della sabbia della Piave. – R. Mag. a. Acque, Uff. Idrograf., pubblic. Nr. 12, Venezia 1910, 8. – Bespr. GZ 19/326.

De Zigno A. Bar. Über die geschichteten Gebirge der Venetianer Alpen. – NJb. 1849, 281–284.

— Übersicht der geschichteten Gebirge der Venetianischen Alpen. – JbRA 1850, 181–196, 1 Taf. – Bespr. Bl. 9.

— Coup d'oeil sur les terrains stratifiés des Alpes Vénétiennes. – Natwiss. Abhandlungen, Wien 1850, 15 S., 1 Taf.

— Prospetto dei terreni sedimentari del Veneto. – Atti R. Ist. Ven. d. Sc., t. 4, s. 3, Venezia 1858, 233–244.

— Sulla costituzione geologica dei Monti Euganei. – Acc. d. Sc., L. ed A. di Padova, 1861.

Dittler E. Wad von der Walderalpe in Tirol. – Zbl. f. Min., 1925, Abt. A, 104–105.

— Neue Beryllaufschlüsse in der Masullschlucht, Südtirol. – Tscherm Min. u. petr. Mitt., 40, 1929, 188–189. – Bespr. NJb. 1930/1, 534.

— Cornelio Doelter †. – Zbl. f. Min., Abt. A, 1930, 476–477.

— Kornelius Doelter. Der Nestor der österreichischen Mineralogen. Nachruf. – Neue Freie Presse, Wien, 13. 8. 1930.

— Über den Chemismus des Sapphiringesteins von Val Codera und der Mineral Sapphirin. (Vortr.) – Mitt. Wr. Min. Ges., 1929, Nr. 92, 2–4. (Tscherm. Min. u. petr. Mitt., 40, 1930.)

— u. **Hueber H.** Über den Chemismus der neuen Mineralvorkommen von den Totenköpfen im Stubachtal. – Annalen Nathist. Museum, 46, Wien 1932, 185–199. – Bespr. NJb. 1933/1, 417.

Dittler E. Über chemische Untersuchungen an Mineralien von den Totenköpfen im Stubachtale. (Vortr.) – Z. f. Krist., Abt. B, Min. u. petr. Mitt., 43, 1933 (Mitt. Wr. Min. Ges., Nr. 96 v. 1932), 71–74 (75–76 Beschreibung der Ausstellung und Fundorte).

Doblicka C. Tirols Mineralien. – Wien 1852.

Doeglas D. J. Die Geologie des Monte San Giorgio und des Val Mara. – Diss. Leiden, 1930; Beitr. z. Geol. d. Luganoer Porphyrgebietes. Leidsche Geol. Meded., 3. T., 6. H., Leiden 1930, 336–391, 13 Fig., 1 Taf., K. 1:25000. – Bespr. GZ 44/876, 45/1236.

Dolomieu D. de. Sur un genre de pierres calcaires très-peu effervescente etc. – Journal de physique, 39, Paris 1791, 8 S.

Dolomit. Zur Erklärung der Bildung des -s. (Sammelreferat.) – Mitt. DÖAV, 1876, 157–158.

Doelter C. Vorläufige Mitteilung über Untersuchungen von Dolomiten und Kalksteinen aus Südtirol. – VRA 1873, 166–168.

— Bemerkungen über die Tuffbildungen in Südtirol. – NJb. 1873, 569–574.

— Porphyritvorkommen bei Lienz. – VRA 1874, 146–147; JbRA, Min. Mitt., 1874, 89–91. – Bespr. NJb. 1874, 648.

— Das obere Fleimsertal. – VRA 1874, 322–324.

— Beiträge zur Mineralogie des Fassa- und Fleimsertales. – JbRA 1875, Min. Mitt., 175–182; 1877, Min. Mitt., 65–82, 312. – Bespr. NJb. 1876, 67; 1877, 647; Boll. Com. geol. d'It., 7, 1876, 84.

— Der geologische Bau, die Gesteine und Mineral-

fundstätten des Monzonigebirges in Tirol. – JbRA 1875, 207–246, K. 1:12500. – Bespr. Bl. 409.
— u. **Hoernes R.** Chemisch-genetische Betrachtungen über Dolomit mit besonderer Berücksichtigung der Dolomitvorkommnisse Südosttirols. – JbRA 1875, 293–332. Italienisch: Boll. Com. geol. d'It., 7, Roma 1876, 41–51. – Bespr. NJb. 1876, 310; Bl. 412.
Doelter C. Über die min. Zusammensetzung der Melaphyre und Augitporphyre Südosttirols. – JbRA 1875, Min. Mitt., 289–308. – Bespr. NJb. 1876, 563.
— Bemerkungen zu dem Artikel d. H. G. v. Rath in Nr. 14 VRA, S. 247. (Monzoni.) – VRA 1875, 289–290.
— Über einige neue Mineralfunde aus Südosttirol. (Vortr.) – VRA 1875, 295–296.
— Thomsonit (Comptonit) vom Monzoni. – VRA 1875, 304–305.
— Über die alten Vulkane Südtirols. – Gebirgsbote, 1875, Nr. 11.
— Über die Eruptivgebilde von Fleims nebst einigen Bemerkungen über den Bau älterer Vulkane. – Sber. Ak. d. Wiss. Wien, 74, 1876, 27 S. – Bespr. VRA 1877, 213; NJb. 1877, 846; Bl. 448.
— u. **Mattesdorf E.** Chemisch mineralogische Notizen (Val di Fassa). – 1. Apophyllit von Cipit. 2. Magnetit von Viezzena. 3. Fassait von der Ricoletta. 4. Monzonit vom Agnelloberg. – VRA 1876, 32–33; Boll. Com. geol. d'It., 7, 1876, 165–166. (Ital.)
Doelter C. Das Porphyrterrain im Fleimsertale. (Vortr.) – VRA 1876, 150–151.
— u. **Hoernes R.** Osservazioni chimico-genetiche sulle Dolomiti del Tirolo meridionale. – Boll. Com. geol. d'It., 7, 1876, 41–51.
Doelter C. Zur Kenntnis der chemischen Zusammensetzung des Augits. – JbRA 1877, Min. Mitt., 279–296.
— Die Eruptivgesteine des westlichen Südtirols. (Bespr. von Lepsius, Das westliche Südtirol.) – VRA 1878, 349–351. Italienisch: Boll. Com. geol. d'It., an. 10, Roma 1879, 55–58.
— Vorläufige Mitteilung über die chemische Zusammensetung einiger Ganggesteine vom Monzoni. – Anzg. Ak. d. Wiss. Wien, 39, 1902, 229–231. – Bespr. Boll. Com. geol. d'It., 34, 1903, 169.
— Der Monzoni und seine Gesteine. I. u. II. Teil. – Sber. Ak. d. Wiss. Wien, math.-nat. Kl., 111, 1902, 1. Abt., 929; 112, 1903, 169, K. 1:25000; Anzg. Ak. d. Wiss. Wien, 39, 1902, 351; 40, 1903, 4; Nachtrag VRA 1904, 303–304. – Bespr. GZ 4/1022, 1023; Boll. Com. geol. d'It., 35, 1904, 311; 36, 1905, 165.
— Chemische Zusammensetzung und Genesis der Monzonigesteine. – Tscherm. Min. u. petr. Mitt., 21, 1902, 65–76, 97–106, 191–225. – Bespr. NJb. 1904/1, 66; GZ 3/2215.
— Bericht über seine Arbeiten am Monzoni. – Anzg. Ak. d. Wiss. Wien, 1902, 285–286, 309–312. – Bespr. GZ 3/1942; Boll. Com. geol. d'It., 34, 1903, 169.
— u. **Went K.** Über ein neues Ganggestein vom Monzoni. (Rizzonit.) – Anzg. Ak. d. Wiss. Wien, 40, 1903, 9–10. – Bespr. NJb. 1904/1, 388; GZ 3/1943.
— Zur Altersfolge der Eruptivgesteine von Predazzo. – VRA 1903, 225–230. – Bespr. GZ 4/1025; NJb. 1904/2, 211; Boll. Com. geol. d'It., 35, 1904, 312.
— Axinit von Monzoni. – Tscherm. Min. u. petr. Mitt., NF, 23, 1904, 217. – Bespr. Boll. Com. geol. d'It., 36, 1905, 165.
— u. **Leitmeier H.** Neue Untersuchungen im Monzonigebiet. – Sber. Ak. d. Wiss. Wien, 127, 1918, 672–713. – Bespr. NJb. 1926/1, A, 81.
Drasche R. v. Über Serpentine und serpentinähnliche Gesteine. – Tscherm. Min. u. petr. Mitt., 1871, 1–12, 1 Taf.
Drescher F. K. u. **Storz M.** Ergebnisse petrographisch-tektonischer Untersuchungen im Bergeller Granit. (Vorl. Ber.) – NJb. 1926, Bbd 54, A, 284–291, 1 tekt. K.
— — Zur Tektonik und Genese des Bergeller Massivs. (Versuch zur Behebung einiger Einwände.) – Zbl. f. Min., 1929, A, 239–251. – Bespr. GZ 42/1494.
Du Bois J. Rapport sur les gisements de mispickel aurifères d'Astano (Tessin). – Beitr. z. Geol. d. Schweiz, Geotechn. Ser., 16. Lfrg, H. 2, Bern 1931, 71–104, 1 K., 24 Fig. – Bespr. NJb. 1933/2, 731.
Duftschmid-Wilser B. Probleme aus der nördlichen Grauwackenzone der Ostalpen. – Z. DGeolGes., 82, 1930, 65–78. – Bespr. GZ 42/1276.
Eakle A. S. u. **Muthmann W.** Über den sog. Schneebergit. – Z. f. Krist., 24, 1895, 583. – Bespr. VRA 1896, 196.
Elterlein A. v. Ein neues Tiroler Kalkspatvorkommen. (Floitental.) – Z. f. Krist., 17, 1890, 280–291, 1 Taf. – Bespr. VRA 1890, 334.
Enderle J. Die Melaphyre und Tuffe der Seiser Alpe und Umgebung. – Unveröffentl. Diss. Tübingen, 1914.
Enzinger M. Goethe und Tirol. – Innsbruck (Wagner) 1932, 168 S., 8 Bilder, mehr. Abb. (Geol. 43–51). – Bespr. Mitt. DÖAV, 1932, 133; Tiroler Heimatblätter, 10, 1932, 155; Der Schlern, 13, 1932, 388; Heimat, Vorarlbg. Mh, 1932, 160; Osttiroler Heimatblätter, 9, 1932, 32.
Erb J. Ein Vorkommen von Fuchsit (Chromglimmer) in den Schweizer Alpen. – Vierteljschr. Natf. Ges. Zürich, 43, 1898, 276–278. – Bespr. NJb. 1900/1, 189; EgH, 7, 1901/1902, 23.
Erb L. Geolog. Spezialkarte von Baden. Erläuterungen zu Blatt Hilzingen (Nr. 146). Mit einem prähist. Beitr. v. G. Kraft u. K. Sulzberger (1:25000). – Freiburg i. Br. (Herder) 1931, 115 S., 10 Abb.
Erdmannsdörffer O. H. Zur Petrographie des Silvrettakristallins. – NJb. 1931, Bbd 64, Abt. A, Brauns-Festb., 603–614, 4 Abb. – Bespr. GZ 50 A/621.
Escher B. G. Vorläufige Mitteilung über die Geologie und Petrographie der San Salvatore-Halbinsel bei Lugano. – EgH 12, 1912, 722–735. – Bespr. Ebd. 13, 1914, 644; GZ 21/1637.
Escher F. Petrographische Untersuchungen in den Bergen zwischen Davos und Piz Kesch. – Jber. Natf. Ges. Grbd., NF, 60, 1919–1921, 61–111, Skz. 1:50000. – Bespr. GZ 28/97.
Escher-Hess C. Mikroskopische Untersuchungen einiger Sedimente Trias-Lias. – Zürich (Orell-Füssli) 1903, 28 S. – Bespr. EgH 8, 1903, 288; Jber. Natf. Ges. Grbd., 46, 106.
Fabian K. Über einige Porphyrite und Melaphyre des Fassa- und Fleimsertales. – Mitt. Natwiss. Ver. f. Steiermark, 39, 1902, Graz 1903, 122–156. – Bespr. GZ 3/2216; Boll. Com. geol. d'It., 35, 1904, 313.
Fabiani R. Studio geo-paleontologico dei Colli Berici. Nota preventiva. – Atti R. Ist. Ven. Sc., L. ed A., 64, Venezia 1905.

— Sulla probabile origine del caolino del Tretto in provincia di Vicenza. – Atti Acc. Sc. Ven.-Trent.-Istr., n. s., a. 4, f. 1 e 2, Padova 1907, 67–74. – Bespr. Boll. Com. geol. d'It., 39, 1908, 136.

— Sulle rocce eruttive e piroclastiche del Colli Berici. – Atti Acc. Sc. Ven.-Trent.-Istr., s. 3, a. 4, f. 1–2, Padova 1911, 3–54, 2 Taf., 5 Fig.

— Il basalte colonnare dei Panarotti presso S. Giovanni Ilarione nei Lessini. – Padova 1911, 6 S., 1 T. – Bespr. Boll. Com. geol. d'It., 43, 1913, f. 2–3, 58.

— Formes singulières d'érosion dans les breccioles basaltiques des monts Lessini. – Estr. d. Bull. d. l. Soc. d. Géogr., Paris 1912, 6 S. – Bespr. Boll. Com. geol. d'It., 44, 1914, f. 1, 60.

— Brevi notizie geologiche sulla „Pietra tenera" del Vicentino. – In: La pietra tenera, sue applicazioni artistiche ed edilizie, Vicenza 1929, 5–9.

Favre A. Über den Ursprung des Dolomites in Südtirol. (Vortr.) – Ber. ü. d. Mitt. v. Freunden der Natwiss. in Wien, 5, 1849, 191–195.

— Notice sur la géologie du Tyrol allemand et sur l'origine de la dolomie. – Bull. d. l. Soc. géol. de France, s. 2, v. 6, Paris 1849, 318–322; Arch. d. sc. phys. et nat. de Genève, t. 10, Genève 1849, 177–206; C.-R. d. séances de l'Acad. d. sc., v. 28, Paris 1849, 364–366. – Bespr. Hist. d. prog. ... (d'Archiac), Paris 1857, 263.

Fehr W. Injektions- und Intrusionserscheinungen im zentralen Teil der südlichen Gneise des Aarmassivs. – Schw. Min. u. Petr. Mitt., 1923, 331–341. – Bespr. NJb. 1927/2, B, 23.

Feigl F. u. **Leitmeier H.** Eine Reaktion zur Unterscheidung von Dolomit und Magnesit. – Zbl. f. Min., Abt. A, 1928, 74–87. – Bespr. Min. u. Petr. Mitt., RT 1, 1932, R 31, R 273.

Felkel E. Gefügestudien an Kalktektoniten. – JbBA 1929, 33–86, 64 Fig.

Fellenberg E. v. Paymentit aus Graubünden. – Verh.Schw. Natf. Ges., 65. Jvers., Glarus 1882, 33; Sur la paymentite. Arch. d. sc. phys. et nat., 3e pér., t. 8, Genève 1882, 396.

— Zur Nephritfrage. – Verh. Berliner Anthropol. Ges., Berlin, Mai 1884, 5 S. – Bespr. NJb. 1887/1, 9.

— Über ein neues Nephritoid aus dem Bergell. – Mitt. Natf. Ges. Bern, 1889, 219–223. – Bespr. Arch. d. sc. phys. et nat., 25, Genève 1891, 421; EgH 2, 1891, 375.

— Über Jadeit vom Piz Longhin, Bergell. – NJb. 1889/1, 103–110. – Bespr. Z. f. Krist., 19, 1891, 305; EgH 1, 1889, 332.

Fellenberg L. R. v. Analyse eines Kalk- und Eisenoxydulepidot im Serpentin der Schmilsalp oberhalb Stalla. – Verh. Schw. Natf. Ges., Basel 1838, 171.

— Resultate von Analysen von drei Gemengteilen eines Syenits aus Bündten. – Verh. Schw. Natf. Ges., Bern 1839, 144–145.

— Analysen einiger neuen Mineralien. Serpentin aus dem Malenkertal in Graubünden. – Mitt. Natf. Ges. Bern, 1866 (1867), 268–281. – Bespr. NJb. 1867, 197.

Fenoglio M. Studi petrografici sulla zona del Canavese: il granito di Belmonte. – Rend. R. Acc. d. Linc., v. 9, s. 6, 1 sem., f. 12, Roma 1929; Period. d. Min., 1, n. 2, Roma 1930. – Bespr. GZ 53 A/258.

— Studi petrografici sulla zona del Canavese: porfidi e tufi. – Period. d. Min., 2, n. 3, Roma 1931, 213–258, 4 Taf., 1 Abb.

Ferrari M. Sul Berillo di Piona (Lago di Como). – Rend. Acc. Linc., v. 30, f. 5, Roma 1921, 89–92. – Bespr. NJb. 1924/1, 171.

Ferro A. Contributo alla conoscenza dei fenomeni di metamorfismo di contatto nell'alta valle di Zebrù. – Rend. R. Ist. Lomb. di Sc., s. 2, v. 39, Milano 1906, 288–298. – Bespr. GZ 8/686.

Festari G. Viaggio nel Friuli, ossia diario orittologico diviso in alcune lettere. – Vicenza 1762, 56 S.

— Saggio di osservazioni sopra alcune montagne e Alpi altissime del Vicentino confinanti collo Stato austriaco. – In: Raccolta di memorie clinico-mineralogiche e orittografiche del signor G. Arduino e di alcuni suoi amici, Venezia 1775. S. a. Giorn. d'It., t. 9, Venezia 1773, 332.

Feuchter A. Der Bergbau „Kelchalpe". Ein gesteinskundlicher und zeitgeschichtlicher Blick aus dem Rahmen der Gegenwart bis in die Anfänge des Bergbaues. – Montanist. Rdsch., 23, Nr. 5, 1931, 8 S. – Bespr. NJb. 1933/2, 837.

Finckh L. Zur Nephritfrage. – Z. DGeolGes., 64, 1912, Mber. Nr. 1, 18–24. – Bespr. GZ 18/800.

Fischer G. Gefügeregelung und Granittektonik. – NJb. 1926, 54. Bbd, B, 95–114.

Fischer H. Über die in den Pfahlbauten gefundenen Nephrite und nephritähnlichen Mineralien. – Arch. f. Anthrop., H. 3, 1867, 337–344. – Bespr. NJb. 1868, 85.

— Kritische mikroskopisch-mineralogische Studien. – Ber. Natf. Ges. Freiburg i. Br., 5, H. 2, 1–64; auch Festschr., Art. 1; 6, H. 2, 1–95, Freiburg 1870–1873. (U. a. Grünerde aus dem Fassatal.)

— Mikroskopische Untersuchung verschiedener Nephritproben aus den Pfahlbauten von Maurach bei Überlingen am Bodensee. – NJb. 1883/2, 80–82.

Fischer O. Über die Bildung kristalliner Schiefer. – Aus: Bericht über die Vorträge usw. vom Nov. 1911 bis Juli 1913, v. A. Hartmann. – Mitt. Aarg. Natf. Ges., 13. H., Aarau 1913, röm. 14/15.

Flight W. Examination of the meteorite which fell on the 16th February 1883, at Alfianello, in the district of Verolanuova, in the province of Brescia, Italy. – Geol. Mag., (II), X, Nr. 10, London 1883, 464–466. – Bespr. NJb. 1884/2, 30.

Focke F. Regelmäßige Verwachsung von Nemaphyllit und Dolomit vom Wildkreuzjoch (Pfitschertal). – Tscherm. Min. u. petr. Mitt., 21, 1902, 323–345. – Bespr. VRA 1902, 312.

— Über ein neues Skolezitvorkommen in Salzburg. (Habachtal.) – Tscherm. Min. u. petr. Mitt., 21, 1902, 354–355. – Bespr. NJb. 1903/1, 393.

Foetterle F. Mineralien aus dem Fleimsertal und vom Monzoni. – JbRA 1851, 3. H., 163.

Foullon H. Frh. v. Über Eruptivgesteine von Recoaro. – Tscherm. Min. u. petr. Mitt., 2, 1879, 449–488. – Bespr. NJb. 1881/1, 382.

— Über Minerale führende Kalke aus Val Albiolo in Südtirol. – VRA 1880, 146–151.

— Über die mineralogische und chemische Zusammensetzung des am 16. Febr. bei Alfianello gefallenen Meteorsteines. – Sber. Ak. d. Wiss. Wien, 88, Juni 1883, 433–443. (S. L. Bombicci.) – Bespr. NJb. 1883/2, 188; 1884/2, 30.

— Über die petrographische Beschaffenheit kristallinischer Schiefer aus den Radstädter Tauern und deren westlicher Fortsetzung. – JbRA 1884, 635–658. – Bespr. NJb. 1885/1, 421.

— Über die petrographische Beschaffenheit der vom Arlbergtunnel durchfahrenen Gesteine. – VRA 1884, 168–173.

— Über die im Arlbergtunnel vorgekommenen Minerale. – VRA 1884, 393.

— Über die Gesteine und Minerale des Arlbergtunnels. - JbRA 1885, 47-104. - Bespr. NJb. 1886/1, 412.
— Über Porphyrite aus Tirol. - JbRA 1886, 747-777. - Bespr. NJb. 1888/1, 65.
— Über die Diabasporphyrite von Rabenstein im Sarntale. - VRA 1887, 200-201. - Bespr. NJb. 1889/1, 96.
— Mineralogische und petrographische Notizen. (Hall, Imst.) - JbRA 1888, 1-33. - Bespr. NJb. 1889/2, 414.
— Über den Prehnit aus dem Floitental. - VRA 1889, 197-201. - Bespr. NJb. 1890/2, 379.

Franchi S. Bibliografia ragionata ... dei terreni a „facies piemontese" (zona delle pietre verdi, schistes lustrés, Bündner Schiefer, Schieferhütte). - Boll. Com. geol. d'It., Roma 1909, s. 4, v. 10, f. 4, 552-591.

Francke H. Zur Literatur über das Muttergestein des Datoliths von Theiß in Tirol. - NJb. 1891/1, 102-103.

Franzenau A. Untersuchungen über die Beständigkeit der Winkelwerte des Datoliths von der Seisseralpe. - Math. és term. tud. Ért., 1887, Bd 5, 233-239. - Bespr. Z. f. Krist., 1888, 390-392; VRA 1888, 315.

Frech F. Die Karnischen Alpen. Ein Beitrag zur vergleichenden Gebirgstektonik. Mit petrogr. Anhang von L. Milch. - Abh. Natf. Ges. Halle, 1892-1894, 515 S., 3 K., zahlr. Abb. - Bespr. NJb. 1896/2, 300; Mitt. DÖAV, 1895, 164; Carinthia II, 1894, 243; Bl. 894.

Friedheim C. Über die chemische Zusammensetzung der Meteoriten von Alfianello ... - Sber. Preuß. Ak. d. Wiss. Berlin, 12-13, 8. März 1888, 345-367. - Bespr. NJb. 1889/2, 278.

Friedländer C. Erzvorkommnisse des Bündner Oberlandes und ihre Begleitgesteine. - Beitr. z. Geol. d. Schw., Geotechn. Ser., Lfrg 16, H. 1, 1930, 70 S., 8 Fig., 3 Taf. - Bespr. GZ 44/1437; NJb. 1931/2, 114; 1933/2, 307; Z. f. prakt. Geol., 1931, 128.

Frischholz J. Über die Mineralien der Seisser Alp. - Leonhards Taschenbuch f. Min., 13, 1819, 89-104, 1 K.
— Mineralogische Reise in Tirol. - Molls Jahrbücher, 1821, 130-137.

Frischknecht G. Geologie der östlichen Adula. V. Petrographie und Stratigraphie. - Diss. Zürich, 1923; Beitr. z. geol. Karte d. Schw., NF, 51, 1923, 70-87; Geol. SpK. 104, 1:50000.

Früh J. Beiträge zur Kenntnis der Nagelfluh der Schweiz. (Speergebiet: 54-56.) - Neue Denkschr. d. Allgem. Schw. Natforsch. Ges., 30, Zürich 1890, 203 S.
— Zum Begriff Nagelfluh, speziell löcherige Nagelfluh. - EgH 9, 1906, 408-412. - Bespr. Ebd. 10, 1908, 443; Z. f. Glkde, 2, 1908, 316; NJb. 1910/1, 290; GZ 15/614.

Fuchs Th. Über eine transversale Schieferung im Werfener Schiefer. (Bei Saalfelden.) - NJb. 1900/1, 141-143.

Fugger E. Die Mineralien des Herzogtums Salzburg. - 11. Jber. Oberrealschule Salzburg, 1878, 124 S., 1 K.

Futterer K. Über Granitporphyr von der Griesscharte in den Zillertaler Alpen. - NJb. 1894 und 1895, 9. Bbd, 509-553, 2 Taf. - Bespr. VRA 1896, 255; Bl. 883.

Gallia J. Meteorsteinfall bei Alfianello unweit Brescia. - VRA 1883, 92-93. - Bespr. NJb. 1883/2, 188; 1884/2, 30. S. a. Bombicci, Brezina, Denza, Flight u. Foullon.

Gamper J. Anorthit vom Monzoni. - VRA 1877, 134-135.

Gams H. Sedimentation und Vermoorung der Lunzer Seen und des Lüner Sees. - Verh. Internat. Ver. f. Limnologie, 4, 1927, Rom 1929.
— Zur Schlammnomenklatur. - Arch. f. Hydrobiol., 21, 1930, 493-496. - Bespr. GZ 44/519.
— Über Reliktföhrenwälder und das Dolomitphänomen. Ergebnisse der Internat. Pflanzengeogr. Exkursion d. Tschechoslow. u. Polens 1928. - Bern (Huber) 1930; Veröffentl. d. Geobot. Inst. Rübel in Zürich, H. 6, 1930, 32-80, 10 Fig.

Gardinale L. Sulla presenza del Quarzo nel Basalto amigdaloide di Montecchio Maggiore nel Vicentino. - Giorn. di Min. etc., 1, 1890, 63. - Bespr. NJb. 1891/2, 429; Boll. Com. geol. d'It., 22, 1891, 156.

Gasser G. Die industrielle Verwertung der Südtiroler Mineralvorkommen. (Vortr.) - Bozner Ztg v. 1906, Nr. 120-123.
— Einige interessante Mineralneuvorkommen aus der Umgebung von Bozen in Südtirol. (Pyrit im Quarzporphyr, Gips, Haarsalz u. a.) - Z. f. Min., Geol. u. Pal. (R. Zimmermann), 1, Stuttgart 1907, 182-184.
— Kobaltblüte (Erythrin) vom Vinschgau (im Etschtal), Tirol. - Z. f. Min., Geol. u. Pal. (R. Zimmermann), 1, Stuttgart 1907, 97.
— Die Mineralien in der Umgebung des Brenner. - Fremdenliste für Gossensass, Meran (Pötzelberger) 1909.
— Die Mineralien Tirols einschl. Vorarlbergs und der Hohen Tauern. Nach der eigentüml. Art ihres Vorkommens an den verschiedenen Fundorten und mit besonderer Berücksichtigung der neuen Vorkommen. - Innsbruck (Wagner) 1913, 548 S., 1 K. (1. u. 2. Lfrg auch Rochlitz [R. Zimmermann] 1904-1906.) - Bespr. Zbl. f. Min., 1905, 218; 1914, 31.
— Das „Theiserkugel"-Vorkommen in Villnöß bei Klausen. - Der Schlern, 3, 1922, 197-198.
— Amethyste im Bozner Porphyr. - Der Schlern, 4, 1923, 59-60. S. a. 93.
— Die Mineralien des Sarntaler Gebietes. - Der Schlern, 4, 1923, 290-294.
— Mineralogische Rundschau im Dolomitengebiete. - Der Schlern, 9, 1928, 91-96, 142-150. - Bespr. Studi Trent. Sc. Nat., 9, 1928, 205.

Gasteiner Tal. Mineralvorkommen. - Tscherm. Min. u. petr. Mitt., 22, 1903, 490-492.

Gebhardt T. Präzisionsmessung der Gitterkonstante von Magnetit vom Greiner in Tirol. - Zbl. f. Min., 1933, Abt. A, 40-41.

Gehlen A. F. Analyse des Prehnits aus dem Fassatal. Mineralanalysen aus Fassa und Gröden. - Ber. Bayr. Ak. d. Wiss., math.-nat. Kl., 4, 1811, 215-216, 226-230.
— Untersuchung noch unbestimmter Steinarten von Hafnerzell bei Fassa und zweier Prehnite aus Tirol mit Bemerkungen über die chemische Analyse der Mineralien überhaupt. - Denkschr. Bayer. Ak. d. Wiss., 4, München 1813.

Gehmacher A. Die Kristallform des Pfitscher Zirkons. - Z. f. Krist., 12, 1887, 50-54. - Bespr. NJb. 1887/2, 20; VRA 1887, 104.

Geol. Führer der Schweiz, herausgeg. v. d. Schweiz. Geol. Ges. bei Anlaß ihrer 50sten Jahresfeier. - Basel (Wepf) 1934, XIV Fasz., 1145 S., zahlr. Taf., Prof. u. Fig.

Gevers T. W. Zur Sedimentpetropraphie des oberfränkischen Muschelkalkes. - Zbl. f. Min., Abt. B, 1926, 417-428. - Bespr. GZ 36/1273.

Gilli A. I minerali utilizzabili del Trentino. - Ann. d. SAT, Trento 1884, 10, 123-154; 1885, 11, 235-253; 12, 269-281.

Giovanoli G. Von den Lavezsteinen des Veltlins und Graubündens und ihrer Verwendung, mit geschichtl. Notizen. (Min. v. Chr. Tarnuzzer.) - Jber. Natf. Ges. Graubündens, NF, 53, 1910/11 u. 1911/12, Chur 1912, 1-49. - Bespr. GZ 19/813, 23/1058.

Gisser A. Zur Petrographie der Klausenite. - Schlernschriften (Veröff. z. Ldskde v. Südtirol), H. 11, Innsbruck (Wagner) 1926, 64 S., 3 Taf. - Bespr. GZ 34/1233; NJb. 1927/1, A, 350; VRA 1927, 115; Mitt. Geol. Ges. Wien, 19, 1926, 156.

Gissinger Th. Über Kalzitkristalle von Feldkirch. - Z. f. Krist., 22, 4, 1894, 359-366. - Bespr. NJb. 1895/2, 13.

Glatzel E. Über einen kristallinischen Normaldolomit von der Kneifelspitze bei Berchtesgaden in Bayern. - Zbl. f. Min., 1919, 289-293.

Gmelin L. Analyse des Dolomits von Ampezzo. (Brief an A. v. Pfaundler.) - TB, Blge Nr. 7 v. 29. 7. 1822.

Gockel A. Über die Radioaktivität der Gesteine. - Verh. Schw. Natf. Ges., 92. Jvers. Lausanne, 1909, 1, 214-215.

— Radioaktivität der Gesteine. - Verh. Schw. Natf. Ges., 93. Jvers. Basel, 1910, 210-212. - Bespr. EgH 11, 1910, 268-269.

— Die Radioaktivität von Gesteinen. - Jb. d. Rad. u. Elektronik, 7, Leipzig 1911, 487-527. (Comersee u. a.) - Bespr. Arch. sc. phys. et nat., Genève, 32, 1911, 175.

— Die Radioaktivität von Boden und Quellen. - Braunschweig (Sammlg Vieweg) 1914, H. 5, 108 S., 10 Abb. - Bespr. GR 5, 1915, 309; Die Natwiss., 1914, 871; Zbl. f. Min., 1920, 222.

Goldschmidt V. Über Danburit vom Piz Casanel im Peterstal (Graubünden). - Zbl. f. Min., 1904, 725-727. - Bespr. EgH 8, 1903, 578.

— u. **Schroeder R.** Diopsid von Ala. - Z. f. Krist., 49, 1911, 136-137. - Bespr. NJb. 1912/1, 20.

Goldschmidt V. F. Becke †. - Nachr. Ges. d. Wiss. Göttingen, 1932, 70-73.

Gortani M. Studi sulle rocce eruttive delle Alpi Carniche. - Atti Soc. Tosc. d. Sc. nat., Mem., v. 22, Pisa 1906, 166-198, 2 T. - Bespr. GZ 9/610; NJb. 1908/2, 212; Boll. Com. geol. d'It., 38, 1907, 255.

Goethe W. v. Trappformation im Tal von Fassa. (1817.) - Weimarer Ausgabe der ges. Werke, Abt. 2, 13, 419.

— Zu Brocchis Fassatal. (1817.) - Weimarer Ausgabe der ges. Werke, Abt. 2, 10, 269.

Gottfried C. Die Mineralien der Adamellogruppe. 1. Teil. - Mitt. a. d. Kaiser Wilh.-Inst. f. Silikatforschg, Berlin-Dahlem. VBA 1928, 182-184. - Bespr. NJb. 1929/1, 430.

— Die Mineralien der Adamellogruppe. 2. Hornblende aus dem Riesentonalit des Val di Dois. - VBA 1929, 230-231. - Bespr. NJb. 1930/1, 437.

— Die Mineralien der Adamellogruppe. (Granat u. Vesuvian.) - Chemie der Erde, 5, Linck-Festband, 1930, 106-112. - Bespr. GZ 43/540; NJb. 1931/1, 55.

— Über kontaktmetamorphe Gesteine des Baitonegebietes in der Adamellogruppe. - Sber. Heidelberger Ak. d. Wiss., m.-nat. Kl., 1930, 1. Abh., 1-11 u. Jh. 1930, röm. 10-11. - Bespr. NJb. 1930/2, 534.

— Über endogene basische Einschlüsse in sauren Tiefengesteinen. I. Die basischen Einschlüsse im Tonalit des Adamello. - Chemie der Erde, 7, 1932, 586-593, 1 Abb. - Bespr. GZ 49 A/1403.

Graber V. Vergleichende Beobachtungen an den Erstarrungsgesteinen des periadriatischen Bogens. - Anzg. Ak. d. Wiss. Wien, math.-natw. Kl., 68, 1931, 283-284.

— Neubegehungen im Gebiete der kristallinischen Schiefer- und Massengesteine von Eisenkappel in Südkärnten. - Anzg. Ak. d. Wiss. Wien, m.-n. Kl., 70, 1933, 44-48. (Vergleich mit Adamello u. Rieserferner.)

Grahmann R. Der Löß in Europa. - Mitt. Ges. f. Erdkde Leipzig, 1930-1931, Leipzig (Hirt) 1932, 24 S., 3 Taf., 2 Diagr. - Bespr. GZ 49 A/488; Z. f. Glkde, 21, 1933, 224.

— Über Herkunft und Entstehung des Lößes in Mitteleuropa. - Bull. of the Information of the Assoc. for the Study of the European Quaternary, H. 3/4, Leningrad-Moskau 1932 (Deutsch u. Russ.), 1 K. - Bespr. GZ 50 A/1924.

— Der Löß in Europa. (Vortr.) - GR 25, 1934, 220-221.

Gramann A. Über die Andalusitvorkommnisse im rhätischen Flüela- und Scalettagebiet und die Färbung der alpinen Andalusite. - Diss.; Vierteljahrschr. Natf. Ges. Zürich, 45, 1899, 302-352. - Bespr. Z. f. prakt. Geol., 1902, 200; GZ 1/1545.

Granigg B. Geologische und petrographische Untersuchungen im Obermölltal in Kärnten. - JbRA 1906, 367-404. - Bespr. GZ 8/1478; NJb. 1908/2, 358.

— Die stoffliche Zusammensetzung der Schneeberger Lagerstätten. - Österr. Z. f. Berg- u. Hüttenw., Wien 1908, Nr. 27, 28, 30-32. (S. a. Nutzbare Lagerstätten.

— Über die Erzführung der Ostalpen. - Mitt. Geol. Ges. Wien, 5, 1912, 345-367 u. Leoben (Nüssler) 1913, 37 S.; Montan. Rdsch., Wien 1912, 944; Bericht allgem. Bergmannstag, Wien 1912. - Bespr. Z. f. prakt. Geol., 1913, 517.

— u. **Koritschoner J. H.** Die turmalinführende Kupferkies-Scheelitlagerstätte am Monte Mulatto (Predazzo). - Z. f. prakt. Geol., 21, 1913, 481-497. - Bespr. GZ 21/29, 1122; NJb. 1916/2, 194; Mitt. Geol. Ges. Wien, 6, 1913, 365-372.

Granigg B. Bilder über Verdrängungsprozesse auf alpinen Erzlagerstätten. - Österr. Z. f. Berg- u. Hüttenw., Wien 1913, 57-58.

— Die turmalinführende Kupferkies-Scheelitlagerstätte am Monte Mulatto (Predazzo). - Österr. Z. f. Berg- u. Hüttenw., 61, Wien 1913, 479-481.

Gränzer J. Kristallographische Untersuchungen des Epidots aus dem Habach- und dem Krimler Achentale in den Salzburger Tauern. - Tscherm. Min. u. petr. Mitt., 9, 1888, 361-396. - Bespr. VRA 1888, 122; NJb. 1891/1, 28.

Grattarola G. Cerussite di Val Fontana, media Valtellina. - Proc. verb. Soc. Tosc. Sc. nat., 5, Pisa 1887. - Bespr. Boll. Com. geol. d'It., 19, 1888, 269.

— Sulla determinazione della cerussite di Val Fontana. - Proc. verb. Soc. Tosc. Sc. nat., 5, Pisa 1887. - Bespr. Boll. Com. geol. d'It., 19, 1888, 270.

Gredler V. Die Porphyre der Umgebung von Bozen und ihre mineralogischen Einschlüsse. Skizzen zu einer petrographisch-oryktognostischen Lokalstudie. - Bozen 1895, 40 S. - Bespr. VRA 1896, 92; Boll. Com. geol. d'It., 27, 1896, 357.

Grengg R. Über Ferrithöfe um Zirkon in Quarzpor-

phyren und denselben nahestehenden Gesteinen. (Betr. Quarzporphyr aus Südtirol.) - Zbl. f. Min., 1914, 518-530.
— Verwitterungserscheinungen an Bauwerken. (Vortr.) - Mitt. Geol. Ges. Wien, 24, 1931, Wien 1932, 157-162, 1 Taf. (U. a. Bozen u. Schwaz.)
Groth P. Die Mineraliensammlung der Universität Straßburg. - 1878.
— Vorkommen des Euklases in den Alpen. (Rauris.) - Z. f. Krist., 14, 1888, 412, Fußnote. - Bespr. NJb. 1890/1, 210.
— Führer durch die Mineraliensammlung des bayerischen Staates in München. - 1891.
— Die alpinen Mineralien. - Mitt. DÖAV, 1894, 157-159, 170-173.
Grubenmann U. Über die Gesteine der sedimentären Mulde von Airolo. Ein Beitrag zur Kenntnis metamorphosierter Gesteine. - Mitt. Thurg. Natf. Ges., H. 8, Frauenfeld 1888, 15-39.
— Petrographische Durchforschung der Zentralkette der Ostalpen. - Sber. Ak. d. Wiss. Wien, math.-nat. Kl., 14, II, 1895; 23, I, 1896; 14, I, 1897; 20, I, 1898; 12, I, 1899.
— Bericht über die Aufnahmen im Gebiete nördlich von Meran. - Sber. Ak. d. Wiss. Wien, math.-nat. Kl., 33, 1896.
— Bericht über die Aufnahmen in den Ötztaler Alpen. (Gneis u. Granit.) - Anzg. Ak. d. Wiss. Wien, 1896, 21; 1897, 11; 1898, 16.
— Über den Tonalitkern des Iffinger bei Meran. Eine geol.-petr. Skizze. - Festschrift Natf. Ges. Zürich, 41, 1896, 14 S. - Bespr. NJb. 1899/1, 443; Bl. 954.
— Über einige Ganggesteine aus der Gefolgschaft der Tonalite. - Tscherm. Min u. petr. Mitt., 16, 1897, 185-196. - Bespr. NJb. 1898/1, 280.
— Über einige Gesteine aus dem Stollen des Elektrizitätswerkes Schuls im Unterengadin. - EgH 8, 1903, 201-210. - Bespr. NJb. 1905/2, 384; EgH 8, 1903, 605; GZ 5/880; Jber. Natf. Ges. Grbd., NF, 47, 228.
— Die kristallinen Schiefer. I u. II. - Berlin (Borntraeger) 1904 und 1907. 2. Aufl. 1910, 298 S. - Bespr. EgH 8, 1903, 586; 9, 1906, 601; GR 1910, 348; GZ 6/4, 1990; 15/1482; NJb. 1912/1, 64; Zbl. f. Min., 1905, 430.
— Über 3 Alkaligesteine aus dem Berninagebiet. - Schweiz. Chemikerztg, 1, 1904, 6 S. - Bespr. GZ 21/487; EgH 14, 1916, 381.
— Über Pneumatolyse und Pegmatite mit einem Anhang über den Turmalinpegmatit vom Piz Cotschen im Unterengadin. - Vierteljschr. Natf. Ges. Zürich, 49, 1904, 376-391. - Bespr. NJb. 1905/2, 384; GZ 6/1990; EgH 8, 1903, 605; Jber. Natf. Ges. Grbd., NF, 47, 229.
— Prinzipien und Vorschläge zu einer Klassifikation der kristallinen Schiefer. - Congr. int. de géol. Mexiko 1906, 16 S. - Bespr. EgH 9, 1906, 609.
— Vorläufige Mitteilung über einen schweizerischen Sillimanitgneis. (Ronco am Langensee.) - Vierteljschr. Natf. Ges. Zürich, 52, 1907, 279-282. - Bespr. EgH 10, 1908, 324; GZ 11/1345.
— Der Granatolivinfels des Gordunotales und seine Begleitgesteine. - Vierteljschr. Natf. Ges. Zürich, 53, 1908, 129-156. - Bespr. EgH 10, 1908, 591; GZ 11/1337.
— Über einige tiefe Gneise aus den Schweizer Alpen. (Tessin.) - Congr. géol. int., C. R. XI sess. Stockholm 1910, 1. fasz.; 1912, 625-631. - Bespr. EgH 13, 1914, 23.
— Struktur und Textur der metamorphen Gesteine. - Fortschr. d. Min., Krist. u. Petr., 2, Jena 1912, 208-226. - Bespr. EgH 13, 1914, 18.
— Mineral- und Gesteinsbildung auf dem Wege der Metamorphose. - Handwörterbuch der Natwiss., 6, Jena (G. Fischer) 1912, 934-944. - Bespr. EgH 13, 1914, 19.
— Über die Entwicklung der neueren Gesteinslehre. - Verh. Schw. Natf. Ges., 96. Jvers., Frauenfeld 1913, 2. Teil, 17-28. - Bespr. EgH 13, 1914, 551.
— Gesteinsstruktur und Gesteinstextur. - Handwörterbuch der Natwiss., 4, Jena (G. Fischer) 1913, 1064-1071. - Bespr. EgH 13, 1914, 553.
— Zur Klassifikation der metamorphen Gesteine. - Fortschr. d. Min., Krist. u. Petr., 3, Jena 1913, 228-244. - Bespr. EgH; 13, 1914, 551.
— Der Granat aus dem Maigelstal im Bündner Oberland und seine Begleitmineralien. - Festschr. Univ. Zürich, 1914, 18 S. - Bespr. NJb. 1916/1, 295; EgH 14, 1916, 377; GZ 21/488.
— u. **Niggli P.** Die Gesteinsmetamorphose. I. Allg. Teil. - Berlin (Borntraeger) 1924, 539 S.
Grütter O. Petrographische und geologische Untersuchungen in der Region von Bosco (Valle Maggia), Tessin. - Verh. Natf. Ges. Basel, 40, 1928/29, 1. T., 78-152, 1 K., 2 Taf., 12 Fig.
— Über einige Ergebnisse der geologischen Untersuchung der Kraftwerkanlage Monte Piottino (Tessin). - EgH 24, 1931, 1-21, 2 Taf., 2 Abb. - Bespr. NJb. 1933/3, 1121.
— Ein Skolezitfund in der Valle Maggia (Tessin). - Schw. Min. u. Petr. Mitt., 11, 1931, 266. - Bespr. NJb. 1932/2, 382.
Gschwind M. u. **Niggli P.** Untersuchungen über die Gesteinsverwitterung in der Schweiz. - Beitr. z. Geol. d. Schw., Geotechn. Ser., 17. Lfrg, Bern 1931, 132 S., 5 Taf., 43 Fig. - Bespr. GR 23, 1932, 74; GZ 46 A/2066; NJb. 1932/2, 258; Z. Ges. f. Erdkde Berlin, 1933, 236.
Gschwind M. u. **Brandenberger E.** Über zwei neue Zeolithvorkommen im Tessin. - Schw. Min. u. Petr. Mitt., 12, 1932, 445-449, 2 Fig. - Bespr. NJb. 1933/1, 600.
Gümbel C. W. v. Weitere Mitteilungen über das Vorkommen von Phosphorsäure in den Schichtgesteinen Bayerns. (U. a. Allgäu.) - Sber. Ak. d. Wiss. München, 2, 1867, 147-157. - Bespr. NJb. 1868, 109.
— Mikroskopische Untersuchung alpiner Triaskalke und Dolomite. (U. a. Navis, Trins, Arlberg u. Dolom.) - VRA 1873, 141-144.
— Das Gestein der Julliersäule, der Lavezstein im Oberengadin und Serizitgneis in den Bündener Alpen. - NJb. 1878, 296-300. - Bespr. Jber. Natf. Ges. Grbd., NF, 22, 1879, 175.
— Phyllit- oder Serizitgneis. - NJb. 1878, 383-385.
— Geognostische Mitteilungen aus den Alpen. VI. Ein geognostischer Streifzug durch die Bergamasker Alpen. - Sber. Ak. d. Wiss. München, 10, 1880, 164-240. - Bespr. NJb. 1881/1, 404; Bl. 549.
— Über Pfaffs petrographische Untersuchungen über die eozänen Tonschiefer der Glarner Alpen. - Sber. Ak. d. Wiss. München, m.-nat. Kl., 1880, 461-484. - Bespr. NJb. 1881/1, 399.
— Röthikalk. Magnesit von Elmau. (Brief an Hofrat v. Hauer v. 10. 11. 1880.) - VRA 1880, 276-277.
— Geologisches aus Westtirol und Unterengadin. - VRA 1887, 291-296. - Bespr. NJb. 1889/2, 127; Jber. Natf. Ges. Grbd., NF, 31, Chur 1888, 72; Bl. 711.
— Geologisches aus dem Engadin. - Jber. Natf. Ges. Grbd., 31, 1888 (1889), 3-71.
— Über anstehenden Radiolarienjaspis in der Schweiz. - NJb. 1892/2, 162-163.

— Geol. Mitteilungen über die Mineralquellen von St. Moritz im Oberengadin und ihre Nachbarschaft nebst Bemerkungen über das Gebirge bei Bergün und die Therme von Pfäfers. - Sber. Ak. d. Wiss. München, 23, 1893 (1894), 19-101. - Bespr. NJb. 1894/1, 98; Z. f. prakt. Geol., 1895, 90; EgH 4, 1894, 166; Jber. Natf. Ges. Grbd., NF, 37, 1894, 229.

Gutzwiller E. Injektionsgneise aus dem Kanton Tessin. - EgH 12, 1912, 5-64, 1 Fig.; Inaugdiss. Univ. Zürich, 1912, 64 S., 1 Fig. - Bespr. Ebd. 13, 1914, 24; GZ 19/322.

— Zwei gemischte Hornfelse aus dem Tessin. - Zbl. f. Min., 1912, 354-361. - Bespr. EgH 13, 1914, 23.

— 50 Dünnschliffe von Injektionsgneisen aus dem Tessin. - Göttingen (Voigt u. Hochgesang) 1913, 7 S.

— Zwei besondere Typen von Injektionsgneisen aus dem Tessin. - Zbl. f. Min., 1914, 329-334. - Bespr. EgH 14, 1916, 381; GZ 21/1092.

Haarmann E. „Tektogenese" oder „Gefügebildung" statt „Orogenese" oder „Gebirgsbildung". - Z. DGeolGes., 78, 1926, Mber., 105-107. - Bespr. NJb. 1927/2, B, 309.

Haarmann G. A. Mikroskopische Untersuchungen über die Struktur und Zusammensetzung der Melaphyre. - Inaugdiss. Leipzig, 1872, 34 S.; Z. DGeolGes., 1873, 436-460. - Bespr. NJb. 1874, 313.

Haas A. Über bemerkenswerte Mineralvorkommen in Versteinerungen der Nordtiroler Kalkalpen. - NJb. 1912/1, 1-20, 1 Taf., 3 Fig.

Haas H. Aus der Sturm- und Drangperiode der Erde. 3. Einzeldarstellungen aus dem Gebiete der Mineralogie und Geologie. - Berlin 1902, 316 S.

Habert P. C. Natur und Verbreitung der Zeolithe in den Schiefern der Alpen. - Z. Ferdin., 3. F., 41. H., Innsbruck 1897, 131-185. - Bespr. VRA 1897, 335; NJb. 1898/1, 247; Carinthia II, 1899, 36.

— Neue Zeolithvorkommen in den Tiroler Zentralalpen. - Z. f. Krist., 28, 1897, 239-263. - Bespr. NJb. 1898/1, 250.

Hacquet B. Mineralogisch-botanische Lustreise vom Berg Terglou in Krain zu dem Berge Glokner in Tyrol i. d. J. 1779 und 1781. - 2. Aufl. Wien 1784, 149 S., 4 Taf.

Haefele P. E. Über Andalusite vom Pitztal in Tirol. - Z. f. Krist., 23, 1894, 551-564. - Bespr. NJb. 1896/2, 24.

Hafner F. Beitrag zur Mineralogie der Umgebung von Bozen und Meran. - Manuskr. i. d. Gymn.-Bibl. Meran.

Hafner J. Der Marmor von Schlanders. - VRA 1870, 207-209.

Haidinger W. Bericht über die Mineraliensammlung der k. k. Hofkammer im Münz- und Bergwesen. - Wien 1843.

— Brandisit, eine neue Mineralspezies vom Monzoniberge im Fassatale. - Wienerzeitung 1846, Nr. 131.

— Brandisit, eine neue Mineralspezies aus Monzoni. - Ber. ü. d. Mitt. v. Freunden der Natwiss. in Wien, 1, 1847, 4.

— Spodumen von Passeyer. - Ber. ü. d. Mitt. v. Freunden der Natw. in Wien, 3, 1848, 114—115.

— Mitteilung von Oellacher über den Meteoritenstaub aus Tirol. - Ber. ü. d. Mitt. v. Freunden der Natwiss. in Wien, 3, 1848, 390-392.

— Herrn Prof. Ehrenbergs Mitteilungen über die Staubfälle von Gastein und Wien. - Ber. ü. d. Mitt. v. Freunden der Natwiss. in Wien, 4, 1848, 313-315.

— Über Pseudomorphosen von Monzoni. - Berichte ü. d. Mitt. v. Freunden der Natwiss., 6, 1850, 77-81 u. JbRA 1853, 4. H., 160-162.

— Der Gymnit von Fleims. - JbRA 1850, 607-609.

— Über Magneteisenstein, pseudomorph nach Glimmer, aus dem Fassatal. - JbRA 1852, 3. H., 31.

Hamberg A. Natürliche Korrosionserscheinungen und neue Kristallflächen am Adular vom Schwarzenstein. - Bih. till K. Sv. Vet.-Akad. Handl., 13, Afd. II, Nr. 4, Stockholm 1887. Auszug: Z. f. Krist., 15, 1888, 84-85. - Bespr. VRA 1889, 139; NJb. 1889/1, 210.

Hammer W. Olivingesteine aus dem Nonsberg, Sulzberg und Ultental. - Z. f. Natwiss., 72, Stuttgart 1899, 1-48, 1 K. - Bespr. NJb. 1900/2, 392; Bl. 1017.

— Porphyrite und Diorit aus den Ultentaler Alpen. - JbRA 1903, 65-90. - Bespr. GZ 4/1016.

— Über die Pegmatite der Ortler Alpen. - VRA 1903, 345-361. - Bespr. GZ 4/1849; NJb. 1904/2, 208.

— u. **John C. v.** Augengneise und verwandte Gesteine aus dem oberen Vintschgau. - JbRA 1909, 691-732. - Bespr. GZ 15/1087; NJb. 1912/1, 267.

Hammer W. Neue Vorkommen von Anhydrit in Tirol. - Z. Ferdin., 3. F., 55. H., Innsbruck 1911, 157-159.

— Über einige Erzvorkommen im Umkreis der Bündnerschiefer des Oberinntales. - VRA 1914, 101 (Vortr.); Z. Ferdin., 3. F., 59. H., 1915, 63-94, 1 K. - Bespr. GZ 22/1292, 24/563; EgH 14, 1916, 379; 15, 1918, 318.

— Die Phyllitzone von Landeck. - VRA 1915, 96-97 (Vortr.); JbRA 1918, 205-258. - Bespr. GZ 22/333, 24/1086; NJb. 1922/2, 315.

— Die basische Fazies des Granits von Remüs (Unterengadin). - VRA 1915, 302-305. - Bespr. GZ 22/1183, 24/184; EgH 15, 1918, 327.

— Die Erzführung des Verrucano in Westtirol. - VStA 1920, 77-88. - Bespr. GZ 25/692.

— Geologischer Führer durch die Westtiroler Zentralalpen. - Sammlg geol. Führer, 22, Berlin (Borntraeger) 1922, 150 S. - Bespr. GZ 29/1028; GR 14, 1923, 203; Z. f. prakt. Geol., 1923, 62; Geogr. Z., 30, 1924, 152; Studi Trent. Sc. Nat., 10, 1929, 74.

— Einige Ergebnisse der geolog. Landesaufnahme in den Westtiroler Zentralalpen. (Vortr.) - GR 16, 1925, 147-160. - Bespr. GZ 32/934.

— Bemerkungen zur Phasenfolge im Kristallin der Ostalpen. - VBA 1925, 155-159.

— Cordieritführende metamorphe Granite aus den Ötztaler Alpen. - Tscherm. Min. u. petr. Mitt., 38 (Becke-Festschr.), 1925, 67-87. - Bespr. GZ 33/1703, 42/1397; NJb. 1926/1, A, 288.

— Eklogit und Peridotit in den mittleren Ötztaler Alpen. - JbBA 1926, 97-123. - Bespr. GZ 33/1701; NJb. 1927/1, A, 348.

— u. **Klebelsberg R. v.** Die Gesteine der Zentralen Ostalpen zwischen Rhein und Brenner. - Der Hochtourist in den Ostalpen, DÖAV, 1926, IV, 16-21.

Hammer W. Note illustrative della Carta geologica delle Tre Venezie, Foglio Passo di Resia. - Uff. Idr. d. R. Mag. a. Acque, Sez. geol., Padova 1927, 64 S., Prof. - Bespr. GR 1928, 429.

— Über Pseudotachylit in den Ostalpen. - JbBA 1930, 571-585. - Bespr. GZ 44/13; NJb. 1932/2, 394.

— Cornelius Doelter †. - VBA 1930, 213-214.

— Die Gesteinswelt im Umkreis der Hauerseehütte bei Längenfeld im Ötztal. - Festschr. Sekt. Jung-

Leipzig DÖAV, Leipzig 1932, 43-51, 1 Prof. - Bespr. GZ 50 A/1328.
— Aufnahmsbericht über Blatt Kitzbühel-Zell a. S. (5049). - VBA 1933, 24-25.
— Über die Peridotite am Loibiskogel im Ötztal. - VBA 1933, 59-63, 1 Abb. - Bespr. GZ 50 A/1172.

Handmann R. Was ist Dolomit und wie werden magnesiahaltige Mineralien und Gesteine geprüft? - Z. f. Min., Geol. u. Pal. (R. Zimmermann), 1, Stuttgart 1907, 168-169.
— Die Bildung der Korallenriffe (Atolle). - Neue Z. f. Min., Geol. u. Pal. (R. Zimmermann), 1, Berlin 1910, 17-20.

Hansel V. Die petrographische Beschaffenheit des Monzonits von Predazzo. - JbRA 1878, 449-466. - Bespr. NJb. 1879, 162.

Hartmann E. Der Schuppenbau der Tarntaler Berge am Westende der Hohen Tauern. (Tuxer Voralpen.) - JbRA 1913, 207-388, K. 1:12500 (Petr. Teil 283-338). - Bespr. GZ 21/330.
— Geologische Übersicht über die Tarntaler Berge. (Tuxer Voralpen und Tauern Westende.) - VRA 1913, 109-121. - Bespr. GZ 20/320; 21/329.

Hartmann P. Pl. Die Entstehung der kristallinen Schiefer in der Anschauung der modernen Petrographie. (Vortr.) - Mittelschule, math.-nat. Ausgabe, Einsiedeln 1915, 15 S. - Bespr. EgH 15, 1918, 328. (Lochseitenkalk.)

Hatch F. H. Über den Gabbro aus der Wildschönau in Tirol und die aus ihm hervorgehenden schieferartigen Gesteine. - Tscherm. Min. u. petr. Mitt., 7, 1886, 75-87. - Bespr. VRA 1885, 373; NJb. 1886/2, 365.

Hauenschild P. Mikr. Untersuchung des Predazzites und Pencatites. - Anzg. u. Sber. Ak. d. Wiss. Wien, 60, 1. Abt., 1869, 777-794, 3 Taf. - Bespr. VRA 1869, 402; 1870, 130.

Hauer F. R. v. Über die Gesteine der Südalpen. - Haidingers Ber. ü. Mitt. v. Freunden d. Natwiss., 3, Wien 1847, 312.
— Analyse von Kalkgesteinen und Dolomiten aus den Venetianer Alpen. - JbRA 1856, 810.
— Nickelgymnit von Pregratten. - VRA 1880, 66-67.

Hauer K. R. v. Analysen südtyrolischer Gesteine. (Vortr.) - VRA 1875, 331-334; Boll. Com. geol. d'It., 7, 1876, 146-149.

Haushofer K. Über einen Thomsonit von der Seiseralpe. - Journ. f. prakt. Chemie (Erdmann u. Werther), 1868, 305-307. - Bespr. VRA 1868, 203.
— Mineralogische Notizen: Meteoreisen von der Collina di Brianza. - Journ. f. prakt. Chemie (Erdmann u. Werther), Leipzig 1869, 328.

Hecker O. Petrographische Untersuchungen der Gabbrogesteine des oberen Veltlin. - NJb. Bbd 17, 1903, 313-354, 6 Taf., 7 Fig. - Bespr. GZ 6/2097; EgH 8, 1903, 251; Boll. Com. geol. d'It., 35, 1904, 322.

Heierli J. Die Nephritfrage mit spezieller Berücksichtigung der schweizerischen Funde. - Anzg. Schw. Altertumskde, NF, 4, 1902, 1-7. - Bespr. GZ 6/1717.

Heim Alb. Lagerungsverhältnisse zwischen kristallinem Schiefer und Sediment. - Verh. Schw. Natf. Ges. Schaffhausen, 1873, 88-90.
— Vortrag über den Mechanismus der Gesteinsumformung bei der Gebirgsbildung. - Vierteljahrschr. Natf. Ges. Zürich, 22, 1877, 115-116.
— Gipfelgesteine. - Jb. SAC, 18, Bern 1883, 434-435. - Bespr. Arch. d. sc. phys. et nat., t. 11, 386; Rev. géol. suisse p. l'a. 1883, Genève 1884, 76.
— Über die Umlagerung, welche die kleinsten Gesteinsteile bei der Gebirgsbildung, die oft in einer Faltung der Erdrinde besteht, erlitten haben. - Actes d. l. Soc. helv. d. sc. nat., Neuchâtel 1886, 46-47.
— Zur Klassifikation der kristallinischen Schiefer. - C. R. 4e sess. Congr. géol. int., Londres 1888, Londres 1891, 80-85, discuss. 206-207, 214-215, 218.
— Rapporti fra gli scisti cristallini e le roccie mesozoiche e paleozoiche nelle Alpi. - Quart. Journ. of the Geol. Soc., Proc. Nr. 549, v. 46, Nr. 182, London 1890. - Bespr. Boll. Com. geol. d'It., 22, 1891, 161.
— Geologie der Hochalpen zwischen Reuss und Rhein. - Text z. geol. K. d. Schw. 1:100000, Bl. XIV, 1885. Beitr. z. geol. K. d. Schw., 25. Lfrg, Bern 1891, 503 S. Petr. Beitr. v. C. Schmidt. - Bespr. EgH 3, 1893, 312, 339, 344, 353.
— Groupes de stalactite, calcite et aragonite bleu-vert, provenant d'une fente thermale des schistes des Grisons à Rothenbrunnen. - EgH 6, 1899/1900, 466; 7, 1901/2, 22; Arch. Sc. phys. et nat. Genève, (4), t. 12, 1900, 154.
— Die Entstehung und die Struktur der Tonschiefer. - Mitt. Materialprüfungskomm. Polytechn. Zürich, 1899, 1. - Bespr. EgH 7, 1901/2, 35.
— Gneisfältelung im alpinen Zentralmassiv, ein Beitrag zur Kenntnis der Stauungsmetamorphose. - Vierteljschr. Natf. Ges. Zürich, 45, 1900, 205-226, 2 Taf. - Bespr. EgH 7, 1901/2, 33; Arch. Sc. phys. et nat. Genève, t. 12, 1900, 169; GZ 1/2099; NJb. 1902/1, 218; PetMitt., 48, Litber., 164.
— Vorlage sehr schöner, ungewöhnlich geformter Gruppen von stalaktitischen Kalzitsekretionen und blaugrün schimmernden Aragonitsekretionen. - Verh. Schw. Natf. Ges., 83. Jvers. Thusis, 1900, 104; Arch. Sc. phys. et nat. Genève, (4), t. 12, 154. - Bespr. EgH, 7, 1901/2, 22.
— Echantillons de calcite concrétionée et d'aragonite bleu-verdâtre de Rothenbrunnen (Grisons). - C. R. Trav. Soc. helv. sc. nat., 83e sess. Thusis, 1900, 26; Arch. Sc. phys. et nat. Genève, (4), t. 10, 461.
— Geol. Nachlese Nr. 14. Tunnelbau und Gebirgsdruck. - Vierteljschr. Natf. Ges. Zürich, 1905, 1-22 u. Der Steinbruch, 7, H. 2, Frankf. a. M. 1912, 16-18. - Bespr. GZ 9/634.
— Geol. Nachlese Nr. 19. Nochmals über Tunnelbau und Gebirgsdruck und über die Gesteinsumformung bei der Gebirgsbildung. - Vierteljahrschr. Natf. Ges. Zürich, 53, 1908, 33-73. - Bespr. EgH 10, 1908, 618.
— Geol. Nachlese Nr. 21. Einige Gedanken über Schichtung. - Vierteljschr. Natf. Ges. Zürich, 1909, 320-342. - Bespr. EgH 11, 1910, 157-158; GZ 19/710.
— Der Gesteinsaufbau Graubündens. Zur Erinnerung an die Beendigung der Elektrifizierung aller Schmalspurbahnen (400 km) und an den Ausbau der größten Elektrizitätswerke in Graubünden. - Chur 1922, 23-32.
— Bergsturz und Menschenleben. - Vierteljschr. Natf. Ges. Zürich, 1932, 218 S., 37 Abb. - Bespr. VBA 1933, 91; GR 1933, 258; Z. Ges. f. Erdkde Berlin, 1933, 227; Boll. R. Soc. Geogr. It., s. 6, v. 10, Roma 1933, 568; Z. f. Geomorph., 8, 1934, 199.

Heim Arn. Über rezente und fossile subaquatische Rutschungen und deren lithologische Bedeutung. - NJb. 1908/2, 136-157. (Amden 147-150.) - Bespr. EgH 10, 1908, 613; VRA 1909, 59.

— Über submarine Denudation und chemische Sedimente. - GR 15, 1924, 1-47. - Bespr. NJb. 1926/1, B, 213.

Heim F. Die Sedimente des Walchensees. - Suppl. Arch. f. Hydrobiol. (In Vorbereitung.)

Heimerl A. Über ein Vorkommen von Bornitkristallen in Tirol. (Prägratten.) - Tscherm. Min. u. petr. Mitt., 17, 1897, 289-290. - Bespr. NJb. 1898/2, 193.

Heritsch F. Die Frage der Wurzeln für die Decken der Karnischen Alpen. - Anzg. Ak. d. Wiss. Wien, math.-natw. Kl., 69, 1932, 258-259.

— Eruptiva der Karnischen Alpen. - Anzg. Ak. d. Wiss. Wien, math.-natw. Kl., 69, 1932, 259-260.

— Die Stellung der Eklogitfazies im oberostalpinen Kristallin der Ostalpen. - Zbl. f. Min., Abt. B, 1932, 27-31. - Bespr. GZ 47 A/1069.

— u. H. Malchite aus dem Gailtal. - Mitt. Natwiss. Ver. f. Steiermark, 69, 1932, 9 S., 2 Abb.

Heritsch H. Über ein Konglomerat aus dem Karbon der Hochwipfelschichten der Karnischen Alpen. - Zbl. f. Min., 1930, Abt. B, 386-391, 3 Fig. - Bespr. GZ 44/436.

— Aufnahmen im Kristallin des Gailtales. - Sber. Ak. d. Wiss. Wien, math.-natw. Kl., v. 5. 11. 1931 (Akad. Anzg. Nr. 21), $^1/_4$ S.

— Geologische Aufnahme im Kristallin des Gailtales. - Anzg. Ak. d. Wiss. Wien, math.-natw. Kl., 69, 1932, 244.

Hessenberg Fr. Über die Kristallform des Sphens (von Bünden). - Jber. Natf. Ges. Grbd., NF, 4, Chur 1859, 56-58.

— Lazulit auf dem Bernina. - Jber. Natf. Ges. Grbd., NF, 5, Chur 1860, 112.

— Notizen über den Pfitscher Zirkon. - Abh. Senkkenberg. Natf. Ges., 4, Frankfurt 1861, 17.

— Perowskit in Tirol. (Pfitsch.) - Abh. Senckenberg. Natf. Ges., 4, Frankfurt a. M. 1862, 20-23. - Bespr. NJb. 1862, 196.

— Mineralogische Notizen. 4. Forts. (Albit v. d. Nolla, Axinit vom Scopi u. a.) - Abh. Senckenberg. Natf. Ges., 4, Frankfurt a. M. 1862-1863, 181-225. - Bespr. NJb. 1863, 367.

— Über den Sphen vom Rothenkopf im Zillertal. - Mineral. Notizen, Nr. 6, S. 9-31. - Bespr. NJb. 1864, 850.

— Klinochlor aus dem Zillertal. - Min. Not., Nr. 7, 28-32, 3 Fig. - Bespr. NJb. 1866, 365.

— Über Sphen vom Schwarzenstein. - Min. Notizen, Nr. 7, 33-35. - Bespr. NJb. 1866, 595.

— Über Sphen aus dem Zillertal. - Min. Notizen, Nr. 8, 1868, 11-14. - Bespr. NJb. 1868, 605.

— Über den Perowskit vom Wildkreuzjoch (Pfitschtal). - Min. Notizen, Nr. 10, 38-44; Nr. 11, 1873, 1-9. - Bespr. NJb. 1871, 640; 1873, 77.

— Sphen von der Eisbruckalp (Zillertaler A.). - Min. Notizen, Nr. 11, 1873, 21. - Bespr. NJb. 1873, 182.

Hezner L. Ein Beitrag zur Kenntnis der Eklogite und Amphibolite mit besonderer Berücksichtigung der Vorkommnisse des mittleren Ötztales. - Tscherm. Min. u. petr. Mitt., 22, 1903, 437-471, 505-580. - Bespr. VRA 1904, 145; NJb. 1905/2, 58; EgH 8, 1903, 253.

Hillebrand S. Über Porphyrite und diesen entsprechende Gesteine in der Umgebung von Bruneck. - Tscherm. Min. u. petr. Mitt., 26, 1907, 469-480. - Bespr. NJb. 1909/2, 220; VRA 1908, 186; GZ 13/224.

Himmelbauer A. Die Paragenesis der Zeolithe aus den Melaphyren Südtirols. - Mitt. Natwiss. Ver. Univers. Wien, 8, 1910.

— Neue Mineralvorkommen: Zwei alpine Fluoritvorkommen. (Haselburg bei Bozen und Axelalpe im Hollersbachtal.) - Tscherm. Min. u. petr. Mitt., 32, 1914, 142.

— Gustav Tschermak †. - VBA 1927, 149-151.

— Der petrographische Aufbau der österreichischen alpinen Salzlagerstätten, verglichen mit dem Staßfurter Permsalz. - Sber. Ak. d. Wiss. Wien, math.-natw. Kl., Abt. 1, 140, 1931, 347-357. - Bespr. NJb. 1932/2, 505.

— Friedrich Becke †. - VBA 1931, 239-241.

— Zur Erinnerung an Friedrich Becke. (Gedenkrede.) - Z. f. Krist., Abt. B, Min. u. Petr. Mitt., 42, Leipzig 1932, 3. u. 4. H., röm. 1-8.

Hinden Fr. Neue Reaktionen zur Unterscheidung von Kalzit und Dolomit. - Verh. Natf. Ges. Basel, 15, H. 2, 1903, 5 S. - Bespr. NJb. 1905/1, 23.

Hintze C. Über ein neues Vorkommen von kristallisiertem Danburit von Scopi. - Verh. Nathist. Ver. d. Preuß. Rheinlande u. Westf. (C. Andrä), Bonn 1882, 121-125.

— Über kristallisierten Danburit aus der Schweiz. - Z. f. Krist., 7, 1882, 296. - Bespr. NJb. 1883/2, 11.

— Nachtrag zum Danburit von Scopi. - Z. f. Krist., 7, 1882, 591. - Bespr. NJb. 1883/2, 166.

Hirschi H. Anregung zu absoluten Altersbestimmungen radioaktiver Gesteine der Schweiz. - Vierteljschr. Natf. Ges. Zürich, 64, 1919, 65-76 (Heim-Festschr.) - Bespr. GZ 25/245.

— Radioaktivität einiger Schweizer Gesteine. 1. T. Petr.-mikr. Untersuchungen. - Vierteljschr. Natf. Ges. Zürich, 1920, 209-247. - Bespr. GZ 25/1222. - 2. Teil Ebd. 545-572. - Bespr. GZ 28/48. -

— Prof. Dr. U. Grubenmann 1850-1924. - Schweiz. Min. u. Petr. Mitt., 4, Zürich 1924, 1 S.

— Ein Pechblendevorkommen in der Schweiz. - Schw. Min. u. Petr. Mitt., 4, 1924, 368. - Schweizerische Pechblende, ihr Radium- und Thoriumgehalt. - Ebd. 5, 1925, 249-250. - Uranerz im tertiären Granit von Bergell. - Ebd. 429-430. - Bespr. NJb. 1927/1, A, 304; 1928/2, 131.

Hlawatsch C. u. **Osann A.** Über einige Gesteine aus der Gegend von Predazzo. - Tscherm. Min. u. petr. Mitt., 17, 1898, 556-566. - Bespr. NJb. 1899/2, 385.

Hlawatsch C. Über den Nephalinsyenitporphyr von Predazzo. - Tscherm. Min. u. petr. Mitt., 20, 1901, 40-54. - Bespr. GZ 2/483; NJb. 1903/1, 415.

— Bestimmung der Doppelbrechung für verschiedene Farben an einigen Mineralien. (U. a. von Predazzo.) - Tscherm. Min. u. petr. Mitt., 21, 1902, 107-156. - Bespr. Boll. Com. geol. d'It., 34, 1903, 282.

— Titanit von Moos im Passeier. - Tscherm. Min. u. petr. Mitt., 22, 1903, 501-502. - Bespr. NJb. 1904/1, 170.

— Ein Chabasitvorkommen von Predazzo. - Tscherm. Min. u. petr. Mitt., 22, 1903, 502. - Bespr. NJb. 1904/1, 175; Boll. Com. geol. d'It., 35, 1904, 323.

— Wolfsbergit von Schwaz. - Tscherm. Min. u. petr. Mitt., 35, 1921; Mitt. d. Wr. Min. Ges., 17-19.

— Über einen Fund von Titanit aus dem Hollersbachtale. - Mitt. Min. Ges. Wien, 91, 1928, 1; Tscherm. Min. u. petr. Mitt., 39, 1928.

— Ein neuer Titanitfund aus dem Hollersbachtal. - Annalen Nathist. Mus. Wien, 42, 1928, 275-284, 4 Abb., 1 Taf. - Bespr. NJb. 1929/1, 279; Min. u. petr. Mitt., 1, Leipzig 1932, R. 89.

— Ein neues Apatit- und Magnetit-Vorkommen von den Totenköpfen im Stubachtal. (Vortr.) -

Z. f. Krist., 41, 1931, 481–482; Mitt. Wr. Min. Ges., 1930, Nr. 94.

Hockauf J. Halotrichit aus dem Villnößtal in Tirol. – VRA 1887, 152–154. – Bespr. NJb. 1888/2, 58.

Höfer H. Mineralogische Beobachtungen. Flußspat von Sarntal bei Rabenstein (Tirol). – Tscherm. Min. u. petr. Mitt., 10, 1889, 153–160. – Bespr. NJb. 1890/2, 18.

Hofmann A. Vorläufiger Bericht über turmalinführende Kupferkiese von Mte Mulatto. – Sber. kgl. böhm. Ges. d. Wiss. Prag, 1903, 6. 2. 1903, 8 S. – Bespr. VRA 1903, 102; Z. f. prakt. Geol., 1903, 395; NJb. 1904/2, 184; GZ 3/1775; Boll. Com. geol. d'It., 35, 1904, 324.

Hofsteenge G. L. La géologie de la Vallée du Brembo et de ses affluents entre Lenna et San Pellegrino. – Diss. Leiden, 1931, 58 S., 5 Fig., K. 1:25000, 1 Taf.; Contr. à la géol. d. Alpes Bergam. Nr. 5, Leidsche Geol. Meded., Leiden, IV. T., 27–82, 2 Taf. – Bespr. GZ 47 A/560.

Högbom A. Über Dolomitbildung und dolomitische Kalkorganismen. – NJb. 1894/1, 262–274.

Hopfner J. Zur Verwendung des Vinschgauer Marmors. – Der Schlern, 8, 1927, 351–352.

— Laaser Marmor. – Der Schlern, 8, 1927, 352.

Hoppe-Seyler F. Über die Bildung von Dolomit. – Z. DGeolGes., 1875, 495–530. – Bespr. VRA 1876, 88; Bl. 413.

Hoernes R. Zur Genesis der Südtiroler Dolomite. – VRA 1875, 290–292.

— Zur Bildung des Dolomites. – VRA 1876, 76–80.

Hottinger A. Über geologische Untersuchungen in den zentralen Hohen Tauern. (Vorl. Mitt.) – EgH 24, 1931, 167–190, 6 Fig. – Bespr. NJb. 1933/3, 505.

— Zur Geologie des Nordrandes des Tauernfensters in den zentralen Hohen Tauern. – Mitt. a. d. Geol. Inst. d. Eidgen. Techn. Hochsch. u. d. Univ. Zürich, Ser. A, Nr. 4, Basel (Birkhäuser) 1934; EgH 27, 1934, 11–23, 1 Tab., 1 Taf.

Howe M. A. The Building of „Coral" Reefs. – Science, N. Ser. 35, New York 1912, 837.

Hradil G. Die Gneiszone des südlichen Schnalsertales in Tirol. – JbRA 1909, 669–690. – Bespr. GZ 15/979; NJb. 1912/2, 371.

— Über einige Ganggesteine aus der Brixener Granitmasse. – VRA 1909, 187–191. – Bespr. NJb. 1912/2, 373; GZ 14/718.

— Petrographische Notizen über einige Gesteine aus den Ötztaler Alpen. – VRA 1910, 233–236. – Bespr. GZ 19/538; NJb. 1913/1, 439.

— Über Gneise der Ötztalermasse. – JbRA 1911, 181–202. – Auch in: Steinbruch u. Sandgrube, Über kristalline Gesteine und Gesteinstechnik, Halle a. S., 11, 1912, H. 33–35; 12, H. 1. – Bespr. GZ 17/628.

— Der Granitzug der Rensenspitze bei Mauls in Tirol. – Sber. Ak. d. Wiss. Wien, math.-nat. Kl., 121, Abt. 1, 1912, 859–914, K. 1:106250; Anzg. Ak. d. Wiss. Wien, 49, 1912, 286. – Bespr. NJb. 1913/2, 102.

— Über einen Augengneis aus dem Pustertal. – VRA 1914, 49–51. – Bespr. GZ 22/8.

— Notizen über einige Eruptivgesteine aus der Kitzbühler Grauwackenzone. – VBA 1924, 192–199. – Bespr. GZ 32/6; NJb. 1925/1, 550.

— Über Ölschiefer und ihre Verbreitung in Tirol. – Petroleum, 24, 3, 1928, 87–100. – Bespr. GZ 39/254, 40/641; NJb. 1928/2, 579.

— Über „Dirschenit" und die Verbreitung des Bitumengehaltes im Ölschiefer von Seefeld in Tirol. – Petroleum, 25, 14, 1929, 431–436, 7 Abb. – Bespr. GZ 41/1687, 46 A/2008; NJb. 1930/2, 208.

— u. **Falser H. v.** Die Ölschiefer Tirols. – Leipzig (A. Barth) 1930, 122 S., 61 Abb. – Bespr. GZ 42/1426; GR 21, 1930, 74; NJb. 1930/2, 207; Tscherm. Min. u. petr. Mitt., 40, 1930, 446; Bergbauliche Rdschau, 1930, Nr. 8; Tägl. Berichte a. d. Petroleumind., 1930, Nr. 651; Z. f. angew. Chemie, 1930, Nr. 12; Tägl. Montanber., 1930, Nr. 20; Chem. Rdschau, 1930, H. 8; Allgem. Öl- u. Fettztg, 1930, H. 12; Keram. Rdsch., 1930, Nr. 38; Keramos, 9, 1930, H. 10; N. Techn. Bl., Monatsber. ü. chem.-techn. Litgeb., 1930, H. 6/7; Die Natwiss., 1930, H. 38; Int. Bergwirtsch. u. Bergtechnik, 1930, H. 23; Chemikerztg, 54, 1930, 87; Chem. Weekblad, 1930, H. 28; Allgem. Österr. Chem.- u. Techn. Ztg, 1930, H. 19; Z. f. prakt. Geol., 1931, 60.

Hradil G. Zur Petrographie der Bitumenmergel von Meride am Luganersee. – Schweiz. Min. u. Petr. Mitt., 12, 1932, 280–285, 2 Abb. – Bespr. GZ 49 A/818.

Huber O. v. Beitrag zur Kenntnis der Eruptivgesteine von Predazzo und des Monzoni. – Z. DGeolGes., 51, 1899, 89–103. – Bespr. Bl. 1016; Boll. Com. geol. d'It., 31, 1900, 224.

— Beitrag zu einer geol. Karte des Fleimser Eruptivgebietes. – JbRA 1900, 395–408. – Bespr. GZ 1/2342; NJb. 1903/1, 59.

Hubert A. v. Analysen von 24 verschiedenen Kalksteinen aus Südtirol. – JbRA 1850, 729–734.

Hugi E. Über neuentdeckte Fundstellen von Nephrit in den Alpen. – Mitt. Natf. Ges. Bern a. d. J. 1911, Bern 1912, Sber., röm. 15–16.

— u. **Hirschi H.** Dumortierit aus den südlichen Schweizer Alpen. (Bergeller Granit.) – Schw. Min. u. Petr. Mitt., 5, 1925, 251–252. – Bespr. NJb. 1928/2, 132.

Hugi E. Das Aarmassiv. – In: Geol. Führer der Schweiz, herausgeg. v. d. Schwz. Geol. Ges., Basel (Wepf) 1934, Fasz. II, 130–138, 1 Taf., 1 Fig.

Hummel K. Über Sedimentbildung im Bodensee. – Geol. Archiv, 2, 1923, 35–45. – Bespr. GZ 30/512; Z. DGeolGes., 1923, Mber., 154; NJb. 1924/2, 235.

— Die Dolomitisierung der mitteltriadischen Kalke in Südtirol. (Vortr.) – Z. DGeolGes., 1928, B, Mber., 287–290. – Bespr. GZ 39/1572; NJb. 1933/2, 688.

— Grünerden Südtirols und sonstige halmyrolitische Eisensilikate. – Chemie d. Erde (Linck u. Blanck), 6, Jena (Fischer) 1931, 468–551, 3 Abb., 2 Taf. – Bespr. GZ 46 A/2097.

— Gangförmige, vanadiumreiche Sekundärkohle in den ladinischen Schichten des Cordevolegebiets (Südalpen). – Zbl. f. Min., 1932, Abt. B, 10–15. – Bespr. GZ 47 A/1311.

— Oberflächennahe Intrusionen und Trümmerlaven in der südalpinen Trias. – Fortschr. d. Geol. u. Pal., 11, H. 33, 1932 (Deecke-Festschr.), 44–74, 5 Fig. – Bespr. GZ 47 A/1390, 48 A/1408.

Hussak E. Über einige alpine Serpentine. – Tscherm. Min. u. petr. Mitt., 5, 1883, 61–81. – Bespr. NJb. 1883/1, 252; Bl. 596.

Huttenlocher H. Metallogenese und Metallprovinzen der Alpen. – Metall u. Erz, 23, 1926, 607–612. – Bespr. NJb. 1927/2, B, 188.

Imhof K. Die Goldfelder der Ostalpen, eine Zukunft? – Metall u. Erz, 28, 1931, H. 22, 528–531. – Bespr. GZ 49 A/54. S. a. Müller J.

— Das Adelsgesetz für das Goldfeld der Hohen Tauern im Sonnblickmassiv. – Berg- und Hüttenm.

Jb., 82, Wien 1934, 1–16, einige Abb., Prof., Pläne u. Tab. – Bespr. GZ 53 A/41.

Ippen J. Über den roten Schnee (gefallen am 11. 3. 1901). – Zbl. f. Min., 1901, 578–582 u. Mitt. d. Nat. Ver. f. Steiermark, 1901, Abh., 256–266.

— Analyse eines nephelinporphyritischen Gesteines (Allochetit) von Allochet (Monzoni). – Anzg. d. Ak. d. Wiss. Wien, 21, 1902, 287–289. – Bespr. NJb. 1904/1, 389; GZ 3/2217.

— Über einige Ganggesteine von Predazzo. – Sber. Ak. d. Wiss. Wien, 111, 1. 3. 1902, Abt. 1, 219–276; Anzg. d. Ak. d. Wiss., 39, 1902, 90. – Bespr. Boll. Com. geol. d'It., 34, 1903, 283.

— Über einige aplitische Ganggesteine von Predazzo. – Zbl. f. Min., 1902, 369–375. – Bespr. GZ 3/1944; Boll. Com. geol. d'It., 34, 1903, 283.

— Über den Allochetit vom Monzoni. – VRA 1903, 133–143. – Bespr. GZ 4/1026; NJb. 1904/2, 210; Boll. Com. geol. d'It., 35, 1904, 325.

— Über einen Alkalisyenit von Mga Gardone (Predazzo). – NJb. 1903/2, 11–19. – Bespr. GZ 4/1028; Boll. Com. geol. d'It., 35, 1904, 380.

— Über Melaphyre vom Cornon und theralitische Gesteine vom Viezzenatal bei Predazzo. – Zbl. f. Min., 1903, 6–13. – Bespr. GZ 3/2218; Boll. Com. geol. d'It., 35, 1904, 324.

— Über dioritporphyritische Gesteine vom Monzoni. – Zbl. f. Min., 1903, 383–389. – Bespr. GZ 4/1024; Boll. Com. geol. d'It., 35, 1904, 325.

— Petrogr.-chem. Untersuchungen aus dem Fleimser Eruptivgebiet: I. Über ein kersantitähnliches Gestein vom Monzoni. II. Zwei Ganggesteine von Boscampo. – Zbl. f. Min., 1903, 636–643. – Bespr. GZ 5/275; Boll. Com. geol. d'It., 35, 1904, 380.

— Petrogr.-chem. Untersuchungen aus dem Fleimser Eruptivgebiet: III. Über einen Kersantit vom Mulatto. IV. Über ein allochetitisches Gestein vom Pizmeda, SO-Tirol. – Zbl. f. Min., 1904, 417–433. – Bespr. GZ 6/1000. – Boll. Com. geol. d'It., 36, 1905, 220.

Isser M. v. Beiträge zu den Mineralien Tirols. – Manuskript im Besitze des † A. Gasser, Bozen.

Jakob J. Vier Mangansilikate aus dem Val d'Err (Graubünden). – Schw. Min. u. Petr. Mitt., 3, 1923, 227–237.

— Die Tinzenit-Varietäten aus dem Val d'Err (Graubünden). – Schw. Min. u. Petr. Mitt., 6, 1926, 200–202. – Bespr. NJb. 1927/1, A, 302.

— Sursassit, ein Mangansilikat aus dem Val d'Err (Graubünden). – Schw. Min. u. Petr. Mitt., 6, 1926, 376–380. – Bespr. NJb. 1927/1, A, 300.

— Über den Chemismus des Muskowites von Brissago. – Verh. Schw. Natf. Ges., 108. Jvers. Basel 1927, 164; Schw. Min. u. Petr. Mitt., 7, 1927, 414.

— Beiträge zur chemischen Konstitution der Glimmer. VI. Mitt.: Die nichtpegmatitischen Muskowite, I. T. (Tessin, Graubünden.) – Z. f. Krist., 69, 1928, 511–515. – Bespr. Min. u. Petr. Mitt,. 1, 1932, R 344, 346.

—, **Parker R. L.** u. **Brandenberger E.** Über einen neuen Skapolithfund im Tessin. – Schw. Min. u. Petr. Mitt., 10, 1930, 373; 11, 1931, 267–284, 10 Fig. – Bespr. NJb. 1931/1, 343; 1932/1, 326.

Jannasch P. Über den Wassergehalt des Klinochlors von der Mussa-Alpe. – NJb. 1885/1, 92–95.

— Über das Vorkommen von Strontian im Heulandit. – Ber. d. D. Chem. Gesellsch., 20, 1887, 346–349. – Bespr. VRA 1887, 131.

— Die Zusammensetzung des Heulandits vom Andreasberg und vom Fassatal. – NJb. 1887/2, 39–44. – Bespr. VRA 1887, 317.

Jenette A. Klüfte und Talrichtung im Gebiete der Trettach und ihrer Nebenflüsse. – Inaugdiss. Univ. München, 1931, 44 S., 12 Abb., 1 Skz.; Mitt. Geogr. Ges. München, 24, 1931, H. 2, 257–300. – Bespr. GZ 47 A/2076.

Jennings A. V. The Geology of the Davos District (Switzerland). – Quart. Journ. Geol. Soc. London, v. 54, 279–289, London 1898; v. 55, 1899, 381–412, illustr., 2 K. – Bespr. NJb. 1901/2, 94; EgH 6, 1899–1900, 209, 398; Arch. sc. phys. et nat., 9, Genève 1900, 62; 10, 1900, 155; Jber. Natf. Ges. Grbd., NF, 43, Chur 1900, 112; PetMitt. 46, 1900, Litber., 27.

John C. v. Über die chemische Zusammensetzung des sog. Taraspits von Vulpera bei Tarasp in der Schweiz und der Mimite überhaupt. – VRA 1891, 67–69. – Bespr. Z. f. Krist., 23, 1894, 290; NJb. 1894/1, 257.

— (u. Hammer W.). Augengneise und verwandte Gesteine aus dem oberen Vintschgau. II. Chemischer Teil. – JbRA 1909, 725–732. – Bespr. GZ 15/1087; NJb. 1912/1, 267.

John K. Thomsonit u. Amphibol vom Monzoni. – VRA 1875, 305–306.

Kaech M. Vorläufige Mitteilung über Untersuchungen in den Porphyrgebieten zwischen Luganer-See und Val Sesia. – EgH 7, 1901/2, 129–135. – Bespr. Ebd. 523; GZ 3/2362.

— Porphyrgebiet zwischen Lago Maggiore und Valsesia. – EgH 8, 1903, 47–164, K. 1:100000. – Bespr. Ebd., 243; GZ 5/1989; NJb. 1905/2, 64; PetMitt., 50, Litber., 173; Boll. Com. geol. d'It., 35, 1904, 381.

Kahler F. v. Kleine Beiträge zur Versteinerungskunde Kärntens. – Carinthia II, 116, Klagenfurt 1926, 1–3; 117/118, 1928, 33–37.

Kamptner E. Nannoconus steinmanni nov. gen., nov. spec., ein merkwürdiges gesteinsbildendes Mikrofossil aus dem jüngeren Mesozoikum der Alpen. – Palaeont. Z., 13, 1931, 288–298, 3 Abb. – Bespr. GZ 47 A/1363.

Kanka K. Der rote Schnee im Pustertale. – Ber. ü. d. Mitt. v. Freunden der Natwiss. in Wien, 3, 1848, 289–292.

Karrer F. Baumaterialien von Salzburg, Innsbruck und Bregenz. – Annalen Nathist. Hofmuseum, 3, Notizen, Wien 1888, 113–117.

Karsten C. J. B. Metallurgische Reise durch einen Teil von Bayern und durch die süddeutschen Provinzen Österreichs. – Halle 1821.

Keim A. Laaser Marmor. – Der Schlern, 8, 1927, 426.

Kelterborn P. Geologische und petrographische Untersuchungen im Malcantone (Tessin). – Diss. Basel, 1922; Verh. Natf. Ges. Basel, 34, 1923.

Kenngott A. Über die Achatmandeln in den Melaphyren, insbesondere über die von Theiß in Tirol. – Haidingers Natwiss. Abh., 4, 1850, 71–104.

— Beschreibung des Vorhauserits vom Monzoni. – JbRA 1857, 358–361.

— Über die rote Farbe des Stilbits aus dem Fassatale in Südtirol. – Vierteljschr. Natf. Ges. Zürich, 1858.

— Bemerkungen über den Feldspat des Tonalits. – Z. DGeolGes., 17, 1865, 569–578.

— Korrespondenz aus Zürich. (Wiserit vom Gonzen bei Sargans.) – NJb. 1866, 439–441.

— Baryt aus dem Tavetsch in Graubünden. – Vierteljschr. Natf. Ges. Zürich, 14, 1869, 310–311. – Bespr. NJb. 1870, 354; Jber. Natf. Ges. Grbd., NF, 15, Chur 1870, 157.

— Über Topas, Pyrrhotin (aus dem Tavetschtale in Graubünden) und Pseudobrookit. – NJb. 1880/1, 164–166.

Kerner F. v. Geologische Statistik der radioaktiven Quellen Tirols. - VRA 1918, 103-114. - Bespr. GZ 24/1064.
Kerner-Marilaun F. Paläogeographie mit besonderer Rücksicht auf die Fehlerquellen. - Berlin (Borntraeger) 1934, 410 S., 27 Abb. (Gebirgsbildungslehre 168-244, Sedimentpetrographie 6-123.)
Keyserling H. Graf. Geologisch-petrographische Studien im Gebiete der Melaphyre und Augitporphyre Südtirols. - JbRA 1902, 311-352. - Bespr. GZ 6/2096; NJb. 1905/2, 63; Boll. Com. geol. d'It., 35, 1904, 382.
Killias E. Über Jadeit aus Borgonovo. - Jber. Natf. Ges. Grbd., NF, 31, Chur 1888, 74.
— Der Vesuvian vom Piz Longhin. - Jber. Natf. Ges. Grbd., NF, 32, Chur 1889, 64-75. - Bespr. EgH 1, 1890, 496.
Kittl E. Über das Vorkommen von Molybdänglanz bei Ginzling in Tirol (Zillertal). - Zbl. f. Min., 1914, 143-148. - Bespr. GZ 21/1128.
Kjerulf Th. Chemisch-geognostische Untersuchungen über das Christiania-Territorium. (Analysen von Mte Mulatto u. Malgola.) - NJb. 1854, 299-305.
Klähn H. Über Süßwasserdolomite. - Z. DGeolGes., 1926, B, Mber., 78, 212-215. - Bespr. NJb. 1927/2, B, 169; 1928/2, 27; GZ 40/351.
Klebelsberg R. v. Neuere geologische Forschungen, die Südtiroler Dolomiten betreffend. (Sammelreferat.) - Mitt. Geol. Ges. Wien, 4, 1911, 156-172.
— Die Gesteine der zentralen Ostalpen östlich vom Brenner. - Der Hochtourist in den Ostalpen, DÖAV, 1928, V, 16-25.
— Der Laaser „Onyx". - Der Schlern, 9, 1928, 509-510.
— Die geologisch-mineralogisch-paläontologischen Sammlungen des Museum Ferdinandeum. - Tirol, F. 2, H. 12/13, Innsbruck 1930, 13.
— Grundzüge der Geologie Tirols. - In: Tirol, Land, Natur, Volk und Geschichte, herausgeg. vom DÖAV, München (Bruckmann) 1933, 23-91, 1 K., 1 Skz. - Bespr. Mitt. DÖAV, 1934, 51, 147; Der Schlern, 15, 1934, 189; PetMitt., 1934, 317.
Klein C. Apatit vom Obersulzbachtal im Pinzgau und von Poncione della Fibia am St. Gotthard. - NJb. 1871, 485-486.
— Mineralogische Mitteilungen. Nr. 22. Perowskit von Pfitsch in Tirol. - NJb. 1884/1, 245-253. - Bespr. VRA 1885, 156.
— Flußspat von Rabenstein bei Sarntheim (Tirol). - Z. DGeolGes., 43, 1891, 556. - Bespr. NJb. 1893/2, 14.
Klement C. Sur la formation de la dolomie. - Bull. Soc. Belge de Géol. etc., 8, 1894, 6 S. - Bespr. NJb. 1896/1, 243.
— Über die Bildung des Dolomites. - Tscherm. Min. u. petr. Mitt., NF, 14, 1895, 526-544. - Bespr. VRA 1895, 317.
— Sur l'origine de la dolomie. - Bull. Soc. Belge de Géol. etc., 9, 1895, 3-23. - Bespr. NJb. 1896/1, 243.
Klemm G. Bericht über Untersuchungen an den sog. „Gneisen" und den metamorphen Schiefergesteinen der Tessiner Alpen. I. - Sber. Ak. d. Wiss. Berlin, 1, 1904, 46-65. - Bespr. EgH 8, 1903, 607; GZ 5/358; NJb. 1905/1, 242; VRA 1905, 256; Boll. Com. geol. d'It., 36, 1905, 222.
— Bericht über Untersuchungen an den sog. „Gneisen" und den metamorphen Schiefergesteinen der Tessiner Alpen. II. - Sber. Ak. d. Wiss. Berlin, 1, 1905, 442-453. - Bespr. EgH 9, 1906, 614; NJb. 1906/2, 208; Boll. Com. geol. d'It., 37, 1906, 324.
— Bericht über Untersuchungen an den sog. „Gneisen" und den metamorphen Schiefergesteinen der Tessiner Alpen. III. - Sber. Ak. d. Wiss. Berlin, 1, 1906, 420-431. - Bespr. EgH 9, 1906, 615; GZ 8/922; NJb. 1908/2, 198; Boll. Com. geol. d'It., 38, 1907, 267.
— Bericht über Untersuchungen an den sog. „Gneisen" und den metamorphen Schiefern der Tessiner Alpen. IV. - Sber. Ak. d. Wiss. Berlin, 1, 1907, 245-258. - Bespr. EgH 10, 1908, 320; GZ 11/182; NJb. 1908/2, 200; Boll. Com. geol. d'It., 39, 1908, 148.
— Über die Tessiner „Gneise". - Z. DGeolGes., 62, 1910, Mber., 722-723. - Bespr. EgH 11, 1910, 532; GZ 19/1036; NJb. 1913/1, 254.
— Über die genetischen Verhältnisse der Tessiner Alpen. - Z. DGeolGes., 63, 1911, Mber., 464-469. - Bespr. EgH 12, 1912, 283; NJb. 1913/2, 64.
Klingner F. E. Das Alter der Vererzung des Bleiberger Erzberges (Kärnten). - Vortragsauszug: Z. DGeolGes., 84, 1932, 656; Abdr.: Berg- u. Hüttenm. Jb., 81, 1933, 61-69, 3 Abb.
Klompé Th. Die Geologie des Val Mora und des Val Brembo di Mezzoldo. Beiträge zur Geol. d. Bergamasker Alpen. Nr. 3. - Dissert. Univ. Leiden, 1929, Leidsche Geol. Meded., 3. T., 229-319, K. 1:25000 u. Prof. - Bespr. GZ 42/104; NJb. 1931/3, 896.
Kloos J. H. Kalkspat von Brigels, Tavetschtal in der Schweiz. - NJb. 1876, 413-415.
Knauer J. Geologischer Überblick über die Alpen zwischen Tegernsee und Gmunden am Traunsee und das bayerisch-österreichische Tertiärhügelland. - In: Abriß der Geol. v. Bayern r. d. Rh. (M. Schuster), Abt. 1, München 1925, 103 S. - Bespr. NJb. 1926/2, B, 342.
— Geologischer Überblick über die Alpen zwischen dem Bodensee und dem Tegernsee und ihr Molassevorland. - In: Abriß der Geologie von Bayern r. d. Rh. (M. Schuster), Abt. 2, München 1928, 184 S. - Bespr. Mitt. DÖAV, 1930, 23.
— Die geologischen Ergebnisse beim Bau der Bayerischen Zugspitzbahn. - Abhdlgen Geol. Ldsuntersuchung am Bayer. Oberbergamt, H. 10, München 1933, 23-50, 5 Abb., 3 Taf., 1 K. - Bespr. GZ 50 A/1973.
Knoblauch P. Exkursion Nr. 67. Umgebung von Bellinzona. - In: Geol. Führer der Schweiz, herausgeg. v. d. Schwz. Geol. Ges., Basel (Wepf) 1934, Fasz. XI, 830-837, 3 Fig.
Kobell F. v. Über den dichten Gehlenit von der Monzoni-Alpe bei Pozza. - Gießen (Heyer) 1825, v. 4, H. 3.
— Über Vesuvian von Mussa und Monzoni. - Arch. f. d. ges. Natlehre, v. 7, H. 4, Nürnberg 1826.
— Analyse de la Vésuvienne de Mussa et de Monzoni. - Ann. d. Chimie ou Rec. d. Mém. concern. la Chimie, s. 12, v. 1, Paris 1827.
— Neues Vorkommen von Zirkon in Tirol. - Münchner gelehrter Anzeiger, 1845, v. 20, 827.
— Zerlegung des Brandisits vom Monzoni. - Leonh. u. Bronn Jb., 1848 217.
— Über den Gymnit von Fleims. - Münchner gelehrter Anzeiger, 31, 1851, 1-11; L'Institut, 19, 1851, 923-934.
— Zwilling von Toneisengranat von der Stillupe im Zillertal. - NJb. 1854, 183.
— Über den kristallisierten Spessartin von Aschaffenburg und über eine dichte Varietät von Pfitsch. - Poggendorffs Annalen der Physik u. Chemie, Leipzig 1868, 193-197 u. Sber. Ak. d. Wiss. München, 1868, 290-295.

— Über einen Paragonit vom Virgental in Tyrol. – Sber. Ak. d. Wiss. München, 1869, Sitz. v. 6. März, 366–368. – Bespr. NJb. 1869, 748.
— Über den Monzonit, eine neue Mineralspezies. – Sber. Ak. d. Wiss. München, 2, 1871, 6. Mai. – Bespr. NJb. 1871, 640; VRA 1872, 86.
Kober L. Vorlage von Gesteinen aus den Hohen Tauern. – Mitt. Wiener Min. Ges., Nr. 88, Wien 1926, 20–21.
Köchlin R. Über ein neues Euklasvorkommen aus den österreichischen Tauern.. (Großglockner.) – Annalen Nathist. Hofmus. Wien, 1, 237. – Bespr. VRA 1887, 104; NJb. 1888/1, 205.
— Über ein neues Vorkommen von farblosem Titanit. (Floitental.) – Tscherm. Min. u. petr. Mitt., 19, 1900, 342–344.
— Zur Schneebergitfrage. – Tscherm. Min. u. petr. Mitt., 21, 1902, 15–23. – Bespr. NJb. 1904/1, 167.
— Cölestin von Häring in Tirol. – Tscherm. Min. u. petr. Mitt., 24, 1905, 114–118. – Bespr. NJb. 1906/2, 23.
— Über Berthierit aus der Umgebung der Cinque valli. – Mitt. Wiener Min. Ges., 1914, 17–20; Tscherm. Min. u. petr. Mitt., 32, 1914, H. 4. – Bespr. NJb. 1916/1, 12.
— Skolezit aus dem Floitental, eine Berichtigung. – Mitt. Wiener Mineral. Ges., 1915, 69; Tscherm. Min. u. petr. Mitt., 33, 1915, 516. – Bespr. NJb. 1918, 24.
— Vorläufige Mitteilung über ein drittes Datolithvorkommen aus dem Fassatal. – Mitt. Wiener Min. Ges., 1915, 71–72; Tscherm. Min. u. petr. Mitt., 33, 1915, 517–518. – Bespr. NJb. 1919, 32.
— Über den Datolith von der Rodella bei Campitello. – Ann. Nathist. Hofmus. Wien, 31, 1917, 139–146. – Bespr. NJb. 1919, 19.
— Über Turnerit aus dem Floitental in Tirol. – Annalen Nathist. Mus. Wien, 33, 1919, 1–8. – Bespr. NJb. 1923/2, 179.
Köhler A. Einige Mineralfunde aus Badgastein und Umgebung. – Tscherm. Min. u. petr. Mitt., 35, 1921, 245–247.
— Über einen Floitit aus dem Zentralgneis der Hohen Tauern. – Tscherm. Min. u. petr. Mitt., 36, 1923, 65–79. – Bespr. GZ 31/3, 42/1405.
— Verzeichnis der Arbeiten F. Beckes, nach Jahren geordnet. – Tscherm. Min. u. petr. Mitt., 38, 1925, röm. 7–19.
— u. **Marchet A.** Die Gesteine der österreichischen Alpen. – In: Die österr. Alpen, herausgeg. v. H. Leitmeier, Leipzig u. Wien 1928, 40–56.
Köhler A. u. **Leitmeier H.** Thermolumineszenz an Mineralien. (Vorl. Mitt.) – Anzg. Ak. d. Wiss. Wien, math.-natw. Kl., 69, 1932, Nr. 18, 163–168.
— — Ergebnisse der Untersuchungen über natürliche Thermoluminiszenz bei Mineralien und Gesteinen. – Anzg. Ak. d. Wiss. Wien, math.-natw. Kl., 70, 1933, Nr. 21, 251–252.
Koehne W. Alter und Entstehung der Gesteine der Lößgruppe in Oberbayern. – Z. DGeolGes., 73, 1921, Mber., 69–76. – Bespr. GZ 27/167.
Kokscharow N. v. Über Kristalle des Chlorits von der Achmatowschen Grube im Ural und ihre Beziehung zum Chlorit vom Schwarzenstein in Tirol ... – Annalen d. Phys. u. Chemie (Poggendorff), 85, Leipzig 1852, 519–543.
Kokscharow N. v. Sohn. Genaue Messungen der Epidotkristalle aus der Knappenwand im oberen Sulzbachtal. – St. Petersburg 1879, 93 S. – Bespr. NJb. 1880/1, 29.
Kölbl L. Bemerkungen zu H. Cloos „Zur Kritik der Granittektonik". – Zbl. f. Min., B, 1927, 104–108. – Bespr. GZ 36/529.
— u. **Schiener A.** Zur Petrographie und Tektonik der Groß-Venediger Gruppe in den Hohen Tauern. – Zbl. f. Min., B, 1928, 174–179. – Bespr. GZ 40/1816; Studi Trent. Sc. Nat., 9, 1928, 112.
Kölbl L. Petrographisch-Geologisches über das Venedigergebiet. (Vortr.) – Mitt. Wr. Min. Ges., 1929, Nr. 92, 10–11; Tscherm. Min. u. petr. Mitt., 40, 1930.
— Zur Tektonik des Tauernfensters. – Anzg. Ak. d. Wiss. Wien, math.-natw. Kl., 68, 1931, 242–244.
— Der Nordrand des Tauernfensters zwischen Mittersill und Kaprun. – Anzg. Ak. d. Wiss. Wien, math.-natw. Kl., 69, 1932, 266–268.
— Das Nordostende des Großvenedigermassivs. (Ein Beitrag zur Frage des Tauernfensters.) – Sber. Ak. d. Wiss. Wien, math.-nat. Kl., Abt. 1, 141, 1932, 39–66, 2 Fig. – Bespr. GZ 48 A/901.
— Geologische Skizze des Habachtales. – Festschrift Sekt. Jena DÖAV, 1932, 20–25, 1 Skz.
Kolenec F. Über einige leukokrate Ganggesteine v. Monzoni und Predazzo. – Mitt. Natwiss. Ver. f. Steiermark, 1903, Graz 1904, 161–212. – Bespr. GZ 5/274; Boll. Com. geol. d'It., 35, 1904, 382.
Königsberger J. Beryll aus dem Valsertal. – EgH 9, 1907, 438. – Bespr. Ebd., 10, 1908, 308; Z. f. Krist., 47, 202.
— Geologische Beobachtungen am Pizzo Forno und Beschreibung der Minerallagerstätten des Tessinermassivs. – NJb. Bbd 26, 1908, 488–564, 1 K. – Bespr. EgH 10, 1908, 593; GZ 12/1810.
—, **Thoma E.** u. **Gölz H.** Versuche über primäre und sekundäre Beeinflußung der normalen geothermischen Tiefenstufe und über die Temperaturen im Albula-, Arlberg-, Simplon-, Ricken-, Tauern- und Bosrucktunnel. – EgH 10, 1908, 506–525. – Bespr. Ebd. 622; VRA 1909, 79.
Königsberger J. Erläuterungen zur Geolog. und Mineralog. Karte des östlichen Aarmassivs von Disentis bis zum Spannort. – Freiburg i. B. (Speyer u. Kaerner) u. Leipzig 1910, 63 S., 1 K. 1:50000. – Bespr. EgH 11, 1910, 575; VRA 1910, 382; GZ 19/754; Jber. Natf. Ges. Grbd., NF, 53, 1912, 137; Alpina, 18, 1910, 237; Jb. SAC, 46, 1911, 320.
— Über Minerallagerstätten und Gesteinsmetamorphismus in den Alpen. – Verh. Ges. Deutscher Nat. u. Ärzte, 83. Vers. Karlsruhe, Sept. 1911, Leipzig 1911, 394–396. – Bespr. EgH 12, 1912, 276; GZ 20/29; GR 1913, 570. S. a. Z. DGeolGes., 64, 1912, 501–519.
— Über Mineralfundorte in den Alpen und über Gesteinsmetamorphismus. – Z. DGeolGes., 64, 1912, 501–529. – Bespr. EgH 13, 1914, 19.
— Die kristallinen Schiefer der zentralschweizerischen Massive und Versuch einer Einteilung der kristallinen Schiefer. – C. R. XI Congr. géol. internat., Stockholm 1910, fasc. 1, Stockholm 1912, 639–671. – Bespr. EgH 13, 1914, 20.
— Versuch einer Einteilung der ostalpinen Minerallagerstätten. – Z. f. Krist., 52, 1913, 151–174. – Bespr. NJb. 1914/1, 26.
— Über alpine Minerallagerstätten. I–III. – Abh. Ak. d. Wiss. München, 28, Nr. 10, 1917, 25 S., 1 K.; Nr. 11, 1919, 23 S.; Nr. 12, 1919, 108 S. – Bespr. GZ 24/1394–1396; NJb. 1921/1, 23, 25; 1921/2, 286; EgH 16, 1920/22, 301; Natwiss. Wochenschr., 17, 1918, 591; Z. f. prakt. Geol., 1921, 14.
— Das experimentelle und theoretische Studium des Faltungsvorganges in der Natur. (U. a. Similaun.) – Die Naturwissenschaften, 12, H. 28, 1924, 568–575.

— Die Differentiation in Minerallagerstätten am Beispiel der zentralalpinen Vorkommen dargelegt. - Zbl. f. Min., Abt. A, 1925, 150–155. - Bespr. GZ 33/1016.
— Über alpine Minerallagerstätten, Mineralklüfte und ·ihre Differentiation ihrer Paragenese. - Schw. Min. u. Petr. Mitt., 5, 1925, 67–127. - Bespr. NJb. 1928/2, 129.
— Alpine Mineralklüfte in der Val Puntaiglias. - Schw. Min. u. Petr. Mitt., 5, 1925, 239–242. - Bespr. NJb. 1928/2, 130.
— Zum Alter der Gneismetamorphose in den Alpen und deren Beziehung zum Karbon. - GR 17a, Steinmann-Festschr., 1926, 363–372.
— Beobachtungen im Gotthardmassiv. - Schw. Min. u. Petr. Mitt., 10, 1930, 140–151, 7. Fig.

Konrad F. Über einige Porphyrite und Melaphyre des Fassa- und Fleimsertales. - Mitt. Natwiss. Ver. f. Steiermark, Graz 1902, 122–156. - Bespr. VRA 1903, 267.

Köstler H. Passeirer Granaten. - Der Schlern, 4, 1923, 321–324.

Kraynag A. v. Analyse von Asphaltgesteinen aus Seefeld. - JbRA 1856, 372.

Krebs B. Der Albit von Rischuna in morphologischer Beziehung. - Z. f. Krist., 56, 1921, 386–407, 34 Fig.

Krusch P. Stellung des Gelbbleierzes (Wulfenits) in der Reihe der Leiterze im Lichte der im Kriege geschaffenen Aufschlüsse (Kärnten, Werdenfels, Höllental, Dirstentritt bei Nassereith usw.). - Berlin 1918.

Küchler H. Chemische und optische Untersuchungen an Hornblenden und Augiten aus dem Diorit-Gabbromassiv des oberen Veltlin. - Chemie der Erde, 1, Jena 1914, 58–100. - Bespr. GZ 25/206; NJb. 1915/2, 312.

Kumm A. Über die Entstehungszeit der Eindrücke und ihre geol. Bedeutung unter besonderer Berücksichtigung oolithischer Gesteine. - GR 16, 1925, 178–189, 257–284.

Kündig E. Beiträge zur Geologie und Petrographie der Gebirgskette zwischen Val Calanca und Misox. - Schw. Min. u. Petr. Mitt., 6, 1926, 1–101; Diss. Univ. Zürich (Lehmann), 1926, 100 S., 4 Taf. - Bespr. GZ 46 A/1282.

Kunisch H. Über den Arsengehalt der Wässer des Oberen und des Unteren Pochhardsees und zweier in ihren Bereich gehörigen Quellen. - Mitt. DÖAV, 1881, 118–120.

Künzli E. Die Kontaktzone und die Ulten-Iffingermasse bei Meran. - Tscherm. Min. u. petr. Mitt., 18, 1899, 412–442. - Bespr. NJb. 1900/2, 391; Bl. 1018.

Lagally M. Mechanik und Thermodynamik des stationären Gletschers. - Ergebnisse der kosmischen Physik, 2, Leipzig (Akad. Verl.) 1934, 94 S., 13 Fig. - Bespr. PetMitt., 80, 1934, 236.

Lahociński Z. Untersuchung von bituminösen Gesteinen. 1. Gewinnung von Steinöl aus Häringer Stinkstein. - Bergbau u. Hütte, 4, Wien 1918, 133–137.

Lang H. O. Beiträge zur Systematik der Eruptivgesteine. - Tscherm. Min. u. petr. Mitt., 13, 1893, 115–169, 496–531. - Bespr. NJb. 1893/2, 484; 1895/2, 74.

Langenbeck R. Die Theorien über die Entstehung der Koralleninseln und Korallenriffe und ihre Bedeutung für geophysische Fragen. - Leipzig 1891, 120 S. - Bespr. Mitt. Geogr. Ges. Wien, 1891, 303; NJb. 1892/2, 169.
— Der gegenwärtige Stand der Korallenriffrage. - Geogr. Z., 13, 1907, 24–44, 92–111.

Lardy Ch. Axinite du Scopi. - Verh. Allgem. Schw. Ges. f. d. ges. Natwiss., 1834, Luzern 1835, 62.

Largaiolli F. Bibliografia del Trentino (1475–1903). - Sec. ediz. p. c. d. SAT, Trento (G. Zippel) 1904, 296 S.; sez. X, Geol., Min., Paleont. 237–261.

Lasaulx A. v. Über die Eruptivgesteine des Vicentinischen. - Z. DGeolGes., 25, 1874, 286–340. Auszug: Boll. Com. geol. d'It., 5, 1874, 16–30.

Lassaigne J. L. Analyse d'une varieté de fer spathique trouvée à Tinzen, Canton des Grisons (Suisse). - Ann. d. chim. et de phys., 35, Paris 1827, 93–95. Auszug: Bull. d. sc. nat. et de géol., 12, Paris 1827, 227; Annales des mines, 3, Paris 1828, 240.

Laubmann H. Studien über Mineralpseudomorphose. - NJb. 1921/1, 15–34; 1921/2, 35–49; 1922/2, 1–17.
— Die Minerallagerstätten von Bayern r. d. Rh. - München (Piloty) 1924, 111 S. - Bespr. Z. f. prakt. Geol., 1925, 103; Zbl. f. Min., 1925, A, 159.

Lautensach H. Die chemischen Methoden der Untersuchung des Karrenphänomens. Bemerkungen zu H. G. Lindners Arbeit. - PetMitt., 77, 1931, 83–85, 190. Erwiderg Lindners ebd. 190–191. - Bespr. GZ 47 A/476; Mitt. ü. Höhlen- u. Karstforschg, 1932, H. 3, 116.

Lauterborn R. Die Kalksinterbildung an den unterseeischen Felswänden des Bodensees und ihre Biologie. - Mitt. Bad. Lds.-Ver. f. Natkde, NF, 1922, 209–215.
— Der Rhein. Naturgeschichte eines deutschen Stromes. 1. Bd. Die erd- und naturkundliche Erforschung des Rheins und der Rheinlande vom Altertum bis zur Gegenwart. 1. Hälfte. Die Zeit vom Altertum bis z. J. 1800. - Ber. Freibg. Natf. Ges., 30, Freiburg 1930, 1–312. - Bespr. GZ 45/336.

Lazarević M. Zur Systematik der Lagerstätte „Schneeberg“ in Tirol. - Z. f. prakt. Geol., 19, 1911, 316–321, 468–469; 20, 1912, 166–167. (S. Granigg.) - Bespr. GZ 17/735; NJb. 1914/2, 91; Z. f. Krist., 55, 1915–1920, 102.

Lechleitner H. Eine neue Lagerstätte dioritischer Gesteine bei Vahrn am Eisack, im Spilukertale. Die Porphyrite und „roten Granite“ des Flaggertales. - VRA 1892, 277–280. - Bespr. NJb. 1893/2, 331; Bl. 826.
— Neue Beiträge zur Kenntnis der dioritischen Gesteine Tirols. (Valsugana u. Klausen.) - Tscherm. Min. u. petr. Mitt., 13, 1892, 1–17. - Bespr. NJb. 1893/2, 487; Boll. Com. geol. d'It., 25, 1894, 320.

Lehmann O. Das Karrenphänomen. (Erwiderung an H. G. Lindner.) - Z. f. Geomorph., 6, 1931, 299–301. (S. Lindner.)
— Morphologische Theorie der Verwitterung von Steinschlagwänden. - Vierteljschr. Natf. Ges. Zürich, 78, 1933, 83–126, 1 Taf., 12 Abb.

Leitmeier H. Der heutige Stand der Dolomitfrage. - Tscherm. Min. u. petr. Mitt., 33, 1915, 532–547.
— Mineralvorkommen in den österreichischen Alpen. - In: Die österr. Alpen, herausgeg. vom Autor, Leipzig u. Wien 1928, 16–39.
— Bau und Bausteine. Die Gesteine und Minerale der Glocknergruppe. - In: H. Fischer, Der Großglockner. München (Bergverlag) 1929, 55–66.
— Das Smaragdvorkommen im Habachtal. (Vortr.) - Tscherm. Min. u. petr. Mitt., 40, 1930; Mitt. Wr. Min. Ges., 1929, Nr. 92, 11–15. (Beschreibung der Ausstellung und Angaben über Fundorte, 15–16.)

Lemberg J. Über die Kontaktbildungen bei Predazzo. - Z. DGeolGes., 24, 1872, 187–264. - Bespr. VRA 1872, 333.
— Über Gesteinsumbildungen bei Predazzo und am Monzoni. - Z. DGeolGes., 27, 1877, 457–511.

— Zur mikrochemischen Untersuchung von Kalzit, Dolomit und Predazzit. - Z. DGeolGes., 39, 1887, 489–492. - Bespr. NJb. 1888/2, 246.

— Zur mikroskopischen Untersuchung von Kalzit, Dolomit und Predazzit. - Z. DGeolGes., 40, 1888, 357–359.

Leneček O. Über Predazzit und Pencatit. - Tscherm. Min. u. petr. Mitt., 12, 1891, 429–442, 447–456.

Leonardi D. Analisi delle mesotipi di Pais sopra Tiarno nel circolo di Rovereto, dell'Alabastro di Castello e del marmo bianco di Predazzo in Val di Fiemme. - Rovereto (Marchesani) 1831, 48.

Leonhard K. C. v. Verzeichnis tirolischer Mineralien. - Leonhards Min. Taschenbuch, 4, 1811, 199–211.

— Mineralogisch-chemische Untersuchung des in Tirol aufgefundenen Triphans (Spodumen). - Mineral. Taschenbuch, Frankf. a. M. 1819. (Ratschinges.)

Lepsius R. Über die Dolomite des westlichen Südtirol und die Kontaktzone am Tonalitstock des Adamello. - Z. DGeolGes., 30, 1878, 557–558.

— Über Dr. Staches Reisebericht, betreffend die Umrandung des Adamellostockes. - VRA 1879, 339–343.

— Über die Zeit der Entstehung der Tonalitmasse des Adamello in Südtirol. - Notizbl. d. Ver. f. Erdkde u. d. geol. Ldsanst. Darmstadt, 1898, 50–55. - Bespr. NJb. 1900/1, 51; Bl. 1004; Boll. Com. geol. d'It., 30, 1899, 271.

— Über das Verhältnis der Decken zur Metamorphose der Gesteine in den Alpen. - Notizbl. d. Ver. f. Erdkde u. d. geol. Ldsanst. Darmstadt, 4. F., H. 33, 1912, 5–16. - Bespr. VRA 1912, 398; EgH 13, 1914, 600.

Leuchs K. Lithogenetische Untersuchungen in den Kalkalpen. - Zbl. f. Min., 1925, B, 213–223. - Bespr. GZ 32/1647, 33/826.

— Über Einflüsse der Triasriffe auf die Liassedimentation in den Nördlichen Kalkalpen. - Senkenbergiana, 7, Frankfurt a. M. 1925, 247–249. - Bespr. GZ 34/263; NJb. 1926/2, B, 341.

— Sedimentationsverhältnisse im Mesozoikum der Nördlichen Kalkalpen. - GR 17, 1926, 151–159. - Bespr. GZ 34/160.

— Der Wert der Gesteinsuntersuchung für die Paläogeographie. - 56. Ber. Senckenb. Natforsch. Ges., 1926, 307.

— u. **Udluft H.** Entstehung und Bedeutung roter Kalke der Berchtesgadener Alpen. - Senckenbergiana, 8, 1926, 174–199. - Bespr. GZ 34/731; NJb. 1929/2, 438.

Leuchs K. Beiträge zur Lithogenesis kalkalpiner Sedimente. I. Teil: Beobachtungen an Riffgesteinen der nordalpinen Trias. II. Teil: Gesteinsausbildung und Fossilien in der bayrisch-nordtiroler Fazies der norischen Trias. - NJb. Bbd 59, B, 1928, 357–430, 11 Taf. - Bespr. GZ 40/719.

— Polygene Konglomerate im nordalpinen Rhät und die altkimmerische Phase. - GR 19, 1928, 72–75. - Bespr. GZ 37/1381, 40/1066; NJb. 1929/2, 11.

— Die Oberjura-Breccien des Aalbachtales östlich Tegernsee. - Zbl. f. Min., 1929, B, 417–425. - Bespr. GZ 41/850.

— Der Bau der Südrandstörung des Wettersteingebirges. - GR 21, 1930, 81–96, 8 Fig., 1 Taf. - Bespr. GZ 42/1271, 43/427.

— Druckkegel im homogenen Kalkstein. - Zbl. f. Min., 1931, Abt. B, 385–390.

— Die Bedeutung von Staubstürmen für die Sedimentation. - Zbl. f. Min., Abt. B, 1932, 145–156. Bespr. GZ 47 A/1828.

— Die Bitumenführung des Hauptdolomites der norischen Trias. - Kali, verwandte Salze u. Erdöl, 26, 1932, 91–92. - Bespr. GZ 47 A/1785, 49 A/1527.

— Feinschichten, Gleitfaltung, Algenrasen und Trümmerlagen im Wettersteinkalk. (Beiträge zur Lithogenesis kalkalpiner Sedimente, 3. Teil.) - Chemie der Erde, 7, 1932, 95–112, 8 Abb. - Bespr. GZ 47 A/1839, 2 B/943.

— Über Breccien. - GR 24, 1933, 273–284.

Leuze A. Kalkspäte aus dem Bündner Schiefer, insbesondere von Churwalden. - Ber. 19. Vers. d. Oberrhein. geol. Ver., 1886, 6 S. - Bespr. EgH 1, 1890, 497.

— Magnesit und Dolomit von Dissentis. Eisenspat vom Cavradi bei Tachamut an der Rheinquelle. - Ber. 20. Vers. d. Oberrhein. geol. Ver., 1887, 9 S. - Bespr. NJb. 1889/1, 34; Z. f. Krist., 17, 1890, 223; EgH 1, 1889, 335.

— Kalkspäte aus Graubünden (Tavetsch und Churwalden). - Ber. 21. Vers. Oberrhein. geol. Ver., Stuttgart 1888, 20–28. - Bespr. Z. f. Krist., 18, 1891, 668; NJb. 1890/1, 14; Jber. Natf. Ges. Grbd., NF, 32, Chur 1889, 81.

— Eine scheinbare Spaltfläche des Dolomits von Dissentis. - Ber. 27. Vers. d. Oberrhein. geol. Ver., Landau 1894. - Bespr. NJb. 1895/2, 412; Z. f. Krist., 27, 1897, 532.

Levi G. Sulle Celadoniti di alcune località venete. - Riv. di Min. e Crist. it., v. 43, f. 3–6, Padova 1914, 72–75. - Bespr. Boll. Com. geol. d'It., 46, 1917, f. 2–3, 54.

Liebener L. u. **Vorhauser J.** Die Mineralien Tirols nach ihrem eigentümlichen Vorkommen in den verschiedenen Fundorten. - Innsbruck (Wagner) 1852, 304 S. Nachtrag 1866, 33 S.

Liebener L. Mineralien vom Greiner. - VRA 1864, 66.

Liebus A. Ergebnisse einer mikroskopischen Untersuchung der organischen Einschlüsse der oberbayrischen Molasse. - JbRA 1902, 71–104. - Bespr. GZ 5/1481.

Linck G. Über Hercynit aus dem Veltlin. - Sber. Ak. d. Wiss. Berlin, 6, 1893, 47–53. - Bespr. NJb. 1894/2, 21; Boll. Com. geol. d'It., 25, 1894, 320; Jber. Natf. Ges. Grbd., NF, 37, Chur 1894, 228.

— Die Pegmatite des oberen Veltlin. - Jenaische Z. f. Natwiss., 33, 1900, 345–360. - Bespr. GZ 1/1542; NJb. 1900/2, 360; Boll. Com. geol. d'It., 32, 1901, 262.

— Orthoklas aus dem Dolomit von Campolongo. - NJb. 1907/1, 21–31. - Bespr. EgH 10, 1908, 307.

— Über die Entstehung der Dolomite. - Z. DGeolGes., 1909, Mber., 230–241. - Bespr. NJb. 1911/1, 18.

— Über Schutzrinden. - Chemie der Erde, 4, 1930, 67–69. - Bespr. GZ 44/350.

— Goethes mineralogisch-geologische Grundideen. - Forschgen u. Fortschritte, 8, Berlin 1932, 94–97. - Bespr. GZ 47 A/1734, 1 B/1040.

Lindemann B. Über einige wichtige Vorkommnisse von körnigen Karbonatgesteinen mit besonderer Berücksichtigung ihrer Entstehung und Struktur. - Diss. Stuttgart, 1904; NJb. 1904, Bbd 19, 197–318, 3 Taf., 1 Fig. - Bespr. VRA 1904, 360; GZ 7/684.

— Petrographische Studien in der Umgebung von Sterzing in Tirol. 1. Teil: Das kristalline Schiefergebirge. - NJb. 1906, Bbd 22, 454–554, 2 Fig. - Bespr. VRA 1906, 414; GZ 9/329.

Lindner H. Das Karrenphänomen. - PetMitt., Ergh. 208, 1930, 83 S., 5 T. - Bespr. Z. f. Geomorph., 6, 1930, 31; Erwiderg ebd. 218, 301; Geogr. Z.,

36, 1930, 619; Z. Ges. f. Erdkde Berlin, 1930, 309; PetMitt., 77, 1931, 42; GZ 47 A/475.
— Neue Ergebnisse über die Bildungsweise der Karren. - Der Bergkamerad, 8, 1931, 84–85.
Lipold M. V. Über das Vorkommen von Smaragden im Habachtale des Oberpinzgaues im Salzburgischen. - VRA 1863, 147–148. - Bespr. NJb. 1864, 233.
List L. Analyse des Tarasper Bitterspates (Taraspit). - Jber. Natf. Ges. Grbd., NF, 22, Chur 1878, 2 S. - Bespr. Arch. d. sc. phys. et nat., 5, 157; Rev. géol. suisse p. l'a. 1880, Genève 1881, 29.
Loeffelholz L. v. Vibrationsrisse im Kalkgestein. - VRA 1885, 315–317.
Loehr A. v. Mitteilungen über die Fundorte von Seiser Zeolithen. - Tscherm. Min. u. petr. Mitt., 24, 1905, 321–322. - Bespr. NJb. 1907/2, 28.
— Minerale aus Tirol. (Vortr.) - Tscherm. Min. u. petr. Mitt., 28, 1909, 167–168.
Longhi P. Appunti per uno studio geologico sopra le colline di Albettone, Lovertino e Costa di Vio nel gruppo dei Monti Euganei. - Atti Acc. Sc. Ven.-Trent.-Istr., n. s., an. 2, f. 1, Padova 1905, 37–67, 5 Fig., 2 Skz., 1 Taf.
Loretz H. Untersuchungen über Kalk und Dolomit. I. Südtiroler Dolomit. - Z. DGeolGes., 30, 1878, 387–416. - Bespr. NJb. 1879, 175.
— Untersuchungen über Kalk und Dolomit. II. Einige Kalksteine und Dolomite der Zechsteinformation. - Z. DGeolGes., 36, 1878, 756–774. - Bespr. NJb. 1881/2, 238.
Löwl F. Die Tonalitkerne der Rieserferner in Tirol. - PetMitt., 1893, 73–82, 112–116, 1 K. - Bespr. NJb. 1895/1, 309; Bl. 855.
— Die gebirgsbildenden Felsarten. Eine Gesteinskunde für Geographen. - Stuttgart (Enke) 1893, 159 S. - Bespr. Mitt. DÖAV, 1894, 102; Mitt. Geogr. Ges. Wien, 1894, 742.
— Die Resultate der Untersuchung des Bergbauterrains in den Hohen Tauern. - Wien (Ackerbauministerium) 1895. S. Bergbau.
Lucchetti P. Un anfibolo senza magnesia (Bergamaschite). - Mem. Ist. di Bologna, s. 4, t. 2, 1881.
Lüdecke O. Über Datolith. Mineralogische Monographie. - Z. d. Natwiss., 61, 1889, 235–404.
Ludewig P. u. **Lorenser E.** Untersuchung der Grubenluft in den Schneeberger Gruben auf den Gehalt an Radiumemanation. - Z. f. Phys., 22, 1924, Nr. 3, 178–185.
Ludwig E. Chemische Untersuchung des Danburits vom Scopi in Graubünden. - Anzg. Ak. d. Wiss. Wien, Nr. 24, 1882; Sber. Ak. d. Wiss. Wien, math.-natw. Kl., 86, Abt. 1, Wien 1883, 270–272. - Bespr. NJb. 1883/2, 11; Z. f. Krist., 10, 1885, 409.
— et **Renard.** Analyse de la Vesuvienne d'Ala (in Piemonte) et de Monzoni. - Bull. d. Musée royal d'hist. nat. de Belgique, 1, Bruxelles 1882.
Lun A. Ein Orthoklasvorkommen bei Terlano. - Der Schlern, 14, 1933, 133.
— Wunder und Wirkungen der Steine. Eine Plauderei aus Naturwissenschaft und Aberglauben. - Der Schlern, 14, 1933, 345–351.
— Eine Richtigstellung auf dem Gebiete der Steinkunde. (Iffingergebiet.) - Der Schlern, 14, 1933, 490–491, 1 Skz.
Lunder D. L'industria mineraria italiana. - La Coltura Geografica (Triest), 2, 1931, 15–20, 1 Skz. - Bespr. GZ 45/1135.
Lupin R. Frh. v. Mineralogische Briefe, geschrieben auf einer Reise durch Schwaben und Tirol im Sommer 1805. - Alpina (Winterthur), 4, 1809, 74–201.
Lutz A. Die Diorite von St. Lorenzen im Pustertale. - Progr. Staatsgymn. Landskron, 1907/8.
Luzzato G. Analisi della natrolite di Mte Baldo. - Riv. di Min. e Crist. it. (R. Panebianco), 4, Padova 1889, 54–55. - Bespr. NJb. 1889/2, 28.
Machatschki F. Chemische Untersuchung zweier sog. Ölschiefer aus dem Kirchbichler Revier (Häring) in Tirol. - Zbl. f. Min., 1924, 233–241. - Bespr. GZ 31/198.
Mache H. u. **Bamberger M.** Über die Radioaktivität der Gesteine und Quellen des Tauerntunnels und über die Gasteiner Therme. - Sber. Ak. d. Wiss. Wien, 123, IIa, Febr. 1914, 79 S., 4 Abb. - Bespr. VRA 1916, 97.
Maddalena L. Osservazioni geologiche sul Vicentino e in particolare sul bacino del Posina. - Boll. Soc. geol. it., v. 25, Roma 1906, 659–743, 5 Taf. Auszug: Atti R. Ist. Ven. di Sc., Lett. ed Arti, t. 66, d. 4, Venezia 1906/7, 67–72. - Bespr. GZ 9/497, 11/356; Boll. Com. geol. d'It., 38, 1907, 354.
— Über Eruptivgesteinsgänge im Vicentinischen. - Z. DGeolGes., 59, 1907, 377–400. - Bespr. GZ 11/440; Boll. Com. geol. d'It., 39, 1908, 156.
— Le mineralizzazioni del calcare del Mt. Spitz di Recoaro e le masse eruttive che lo circondano. - Boll. Soc. geol. it., 27, 1, Roma 1908, 25–39, 1 Fig. - Bespr. GZ 14/13; Boll. Com. geol. d'It., 40, 1909, 222.
— Un nuovo filone di basalto nefelinico a noseana nel Vicentino. - Atti R. Acc. d. Linc. Rend., s. 5, v. 17, Roma 1908, 802–810. - Bespr. Boll. Com. geol. d'It., 40, 1909, 223.
— Studio petrografico dei basalti di Bragonze nel Vicentino. - Atti Soc. it. d. Sc. Nat. e d. Mus. Civ. di Stor. Nat., v. 47, f. 1 u. 2, Milano 1908, 121–133. - Bespr. GZ 14/1160; Boll. Com. geol. d'It., 40, 1909, 224.
— Roccia a noseana nel Vicentino. - Boll. Soc. geol. it., v. 27, Roma 1909, röm. 28–29.
— Osservazioni riassuntive sulle roccie filoniane dell'Alto Vicentino. - Atti Acc. Sc. Ven.-Trent.-Istr., s. 3, a. 2, Padova 1909, 137–143.
— Studio petrografico delle roccie porfiriche del bacino del Posina nell'Alto Vicentino. - Atti R. Acc. Ven. d. Sc., L. ed A., t. 68, d. 9, Venezia 1909, 839–848. - Bespr. GZ 14/896; Boll. Com. geol. d'It., 41, 1910, 217.
— Über einen neuen nephelin- und noseanführenden Basaltgang im Vicentinischen. - Z. DGeolGes., 62, 1910, Mber. Nr. 2, 164–170. - Bespr. GZ 15/1180; NJb. 1912/2, 224; Boll. Com. geol. d'It., 42, f. 3, 1911, 70.
— Le nuove vedute sull'origine del caolino ed il giacimento di Tretto (Vicenza). - Rass. min., v. 34, n. 4, Torino 1911, 50–53. - Bespr. Boll. Com. geol. d'It., 43, f. 2-3, 1913, 80.
— Studio geologico e petrografico delle roccie eruttive del bacino di Tretto (Alto Vicentino). - Boll. Soc. geol. it., v. 30, f. 3, Roma 1912, 722–724; Atti Soc. It. d. Sc. Nat. e d. Mus. Civ. di Stor. Nat. in Milano, v. 50, f. 4, Pavia 1912, 315–338. - Bespr. GZ 18/809; Boll. Com. geol. d'It., 44, f. 2, 1914, 82.
— Contributo allo studio petrografico delle rocce del Veneto - Mem. Ist. Geol. R. Univ. di Padova, v. 2, 1913–14, Padova 1914, 237–247, 1 T. - Bespr. Boll. Com. geol. d'It., 46, Roma 1917, f. 2-3, 58.
Magistretti L. Osservazioni sui minerali delle cave di pietra ollare al Sasso di Chiesa (Val Malenco). - R. Acc. Linc., Rend., cl. fis., mat. e nat., s. 5, v. 19,

Roma 1910, 758–762. – Bespr. Boll. Com. geol. d'It., v. 42, f. 3, 1911, 70; GZ 18/633; Z. f. Krist., 52, 1913, 305.
— Ilmenite delle cave di pietra ollare al Sasso di Chiesa (Val Malenco). – R. Acc. Linc., Rend., cl. fis., mat. e nat., s. 5, v. 21, Roma 1912, 688, 761–767. – Bespr. Boll. Com. geol. d'It., v. 44, f. 2, 1914, 83; GZ 20/1191; NJb. 1913/1, 198; Z. f. Krist., 55, 1915, 280.
Maier W. Vulkanismus und Isostasie. – Z. DGeolGes., 85, 1933, 273–299, 14 Abb.
— Zerreißungsspalten in Gosaukonglomeraten bei Reichenhall. – Z. DGeolGes., 84, 1932, 65–66, 1 Taf. – Bespr. GZ 48 A/1063.
Maironi Da Ponte. Memoria oroidrografica – mineralogica delle montagne spettanti alle valli di Scalve e di Bondino nella provincia di Bergamo. – 1783.
— Osservazioni geo-mineralogiche sulla montagna di Barbellino (Lomb.) – 1808.
— Dei cristalli quarzosi di Selvino. – 1810.
Malacarne G. C. Lettera al Barone Isimbardi intorno alcuni fatti mineralogici scoperti da Marzari-Pencati. – Bibl. ital., 1818, 1–13.
Mann O. Zur Kenntnis einiger Mineralien vom Campolongo. – Leipzig 1904, 16 S. – Bespr. Boll. Com. geol. d'It., 36, 1905, 227.
Maraschini P. Osservazioni litologiche sui contorni di Schio. – Giorn. d. It. letteratura, Apr. 1810. (Eruptivgesteine u. Heilquellen.)
— Memoria sui filoni pirossenici. (Pyroxen.) – Bibl. ital., Milano 1823.
— Über einige vulkanische Gesteine im Val di Fiemme von den Herren Bertrand-Geslin, Trettenero u. Maraschini. – Deutsch in Leonh. Min. Taschenbuch, 1829 u. Z. Ferd., Innsbr., 7, 1832, 222–242. Ital. in Bibl. it, 32, Milano 1823, 352.
Marconi M. Per la conoscenza degli oli di schisto nel Trentino. – Atti XX Congr. d. Chimica, 1925.
Mariani E. Ricerche micropaleontologiche su alcune rocce della Creta lombarda. – Atti d. Soc. it. d. Sc. nat. e d. Mus. Civ. d. Stor. nat. in Milano, v. 38, f. 1–2, Milano 1899, 195–202. – Bespr. Boll. Com. geol. d'It., 31, 1900, 282.
Marignac C. Notice minéralogique. (U. a. Monzonigesteine.) – Arch. d. sc. phys. et nat., p. 1, t. 6, Genève 1847, 293–304; Journ. d. Pharm. et d. Sc. access., s. 2, v. 13, Paris 1848. – Bespr. NJb. 1848, 584; 1849, 207.
Marinoni C. Sui minerali del Friuli e sulle industrie relative. – Ann. Statist. d. Prov. d. Udine, 3–4, Udine 1881, 18.
Marmi e pietre. La produzione italiana di – – La Relazione sul Servizio minerario nel 1930, pubbl. 1932, Boll. R. Soc. Geogr. It., v. 10, Roma 1933, 306–308.
Martelli A. Sul porfido quarzifero della Val d'Ega. – Periodico di Min. (Millosevich), Roma 1930, n. 3, 193–200.
Marzari-Pencati G. Graf. Cenni geologici e mineralogici sulle provincie Venete e sul Tirolo. – Vicenza 1819, 1–54. S. a. Suppl. a. Gazzetta privil. Venezia 1820, Nr. 117, 118.
— Lettera geologica diretta a Gius. Dembscher intorno ai graniti, gneis, micaschisti ecc. egli altri terreni inferioramente metalliferi, i quali fra la Piave e l'Adige coronano e metallizzano la sottoposta formazione secondaria. – Gazzetta priv. Venezia, 1823, 18. 2. u. 18. 8.; Abdruck: Vicenza, tip. Paris 1823; Fortsetzg im Supplemento alla Gazzetta di Venezia, 1823, Nr. 32, 39, 58, 94, 99, 185, 259. (Schreiben an die Ak. d. W. Paris u. an Isimbardi über Val Travaglia.)
Masserotti. Minerali di Lombardia. – Riv. ginnas. Milano, 1855.
Mauro F. I minerali della Val Malenco (Valtellina). – Boll. CAI, 40, 1910, 107–122. – Bespr. NJb. 1911/1, 218; Z. f. Krist., 52, 1913, 410.
May W. Die neueren Forschungen über die Bildung der Korallenriffe. – Zool. Zentralbl., 9, Leipzig 1902, 229.
Mayer Fr. Geologisch-mineralogische Studien aus dem Berchtesgadener Land. – Geogn. Jh., 25, 1912, 121–160. – Bespr. GZ 22/1466.
Mayr K. M. Kustos Georg Gasser †. – Der Schlern, 12, 1931, 248–249, 1 Bild.
Meigen W. Neuere Arbeiten über die Entstehung des Dolomits. – Ber. ü. d. Fortschr. d. Geol., 1, 1910, 3. H., 81–86 u. GR 1, 1910, 121–126.
Meixner H. Neue Mineralfunde in den österreichischen Ostalpen. – Mitt. Natwiss. Ver. f. Steiermark, 67, Graz 1930, 104–115, 138–149; 68, 1931, 146–156; 69, 1932, 54–58. – Bespr. NJb. 1933/1, 602.
Melczer G. Pyrit von Monzoni. – Földtani Közlöny, 32, H. 5–6, Suppl., Budapest 1902, 261–264; Z. f. Krist., 37, 1903, 268–270. – Bespr. Boll. Com. geol. d'It., 34, 1907, 386.
Melzi G. Di un nuovo giacimento mineralogico interessante sulle sponde del laghetto di Piona, in provincia di Como. – Giorn. di Min., Crist. e Petr. (Sansoni), Milano 1890, v. 1, f. 1.
— Sunto di alcune osservazioni stratigrafiche e petrografiche sul versante valtellinese delle Prealpi Orobiche occidentali. – Rend. Ist. Lomb., s. 2, v. 24, Milano 1891. – Bespr. Boll. Com. geol. d'It., 23, 1892, 277.
— Ricerche microscopiche sulle rocce del versante valtellinese della catena Orobica occidentale. – Giorn. d. Min., Crist. e Petr. (Sansoni), v. 2, f. 1, Pavia 1891. – Bespr. Boll. Com. geol. d'It., 23, 1892, 278.
— Osservazioni geologiche sulla Valle di Masino. – Rend. Ist. Lomb., v. 25, 1892.
— Ricerche geologiche e petrografiche sulla Valle di Masino. – Giorn. di Min., Crist. e Petr., v. 4, 1893, 89–134. – Bespr. Boll. Com. geol. d'It., 25, 1894, 322.
— Le porfiriti della catena Orobica settentrionale. – Rend. Ist. Lomb., s. 2, v. 28, 1895, 11 S. – Bespr. NJb. 1896/2, 292; Boll. Com. geol. d'It., 27, 1896, 429.
Meschinelli L. u. **Balestra A.** Über einen neuen Fundpunkt von Zeolithen. (Nächst Marostica.) – Riv. di Min. e Crist. it., v. 2, 1887, 13–15. – Bespr. NJb. 1889/2, 27.
Meteoriten Mühlau und Natters. Notiz. – Extrabeilage d. TB, Nr. 245 v. 1878, 2. Bd, S. 1895.
Metzler H. K. Schneelagerung und Schneeschichtung in den Alpen. – Diss. Göttingen, 1933, 68 S., 19 Abb., 1 K. – Bespr. Z. Ges. f. Erdkde Berlin, 1933, 236; Mitt. Geogr. Ges. München, 26, 1933, 230; Z. f. Geomorph., 8, 1934, 155; Mitt. DÖAV, 1934, 72.
— Lagerung und Schichtung des Schnees während eines alpinen Winters. – Z. f. Glkde, 21, 1933, 254–258.
Meusburger K. Der Klausenit, das Gestein des Säbner Felsens. – Pro Chiusa, Bolzano-Chiusa 1927, 50–55.
— Zum Gedächtnis eines heimischen Mineralogen. (Michael Junger.) – Der Schlern, 12, 1931, 350–352.
— Die Höhlen unserer Heimat. – Kassiankalender f. d. J. 1934, Brixen 1933, 129–138, 2 Abb.

Meyer A. B. Notiz über die Sprechensteiner Chloritschiefer und die Bedeutung der Rohnephrite Norddeutschlands für die Ethnologie. – Korrbl. D. Ges. Anthrop., Dresden 1883, April, 29–30.
— Der sog. Jadeit vom Piz Longhin, Bergell, Schweiz. – NJb. 1889/1, 270–271. – Bespr. Arch. d. sc. phys. et nat., 23, Genève 1890, 286; EgH, 1, 1890, 495; Z. f. Krist., 19, 1891, 305.
Meyer O. Einiges über die mineralogische Natur des Dolomits. – Z. DGeolGes., 31, 1879, 445–452. – Bespr. NJb. 1880/2, 148.
Michel H. Amaryl, ein neuer synthetischer hellgrüner Saphir der Cristallo-A.-G. Thusis. – Deutsche Goldschmiedeztg, 1927, H. 51.
Milch L. Petrographische Untersuchung einiger ostalpiner Gesteine. – Aus: F. Frech, Die Karnischen Alpen, 1894, Petrogr. Anhang, 176–190. Mit Vorwort von F. Frech, Über das geol. Vorkommen der beschriebenen Gesteine. – 1902, 19 S.
— Die heutigen Ansichten büer Wesen und Entstehung der kristallinen Schiefer. – GR 1, 1910, 36–58. – Bespr. Journ. of Geol., vol. 20, 1912, 272.
Model A. Molybdänverbindungen im Serpentin des Rothenkopfs (Zillertal). – Tscherm. Min. u. petr. Mitt., 13, 1892, 532–533. – Bespr. VRA 1895, 180.
Mohr H. Über einige Beziehungen zwischen Bau und Metamorphose in den Ostalpen. – Z. DGeolGes., 75, 1923, Mber., 114–133. – Bespr. GZ 31/1884.
— Das Schürfen auf technisch verwertbaren Glimmer in den Ostalpen. – Berg- u. Hüttenm. Jb., 71, 1923, H. 2, 29–33.
— Zur Entstehungsfrage der alpinen Spatmagnesite vom Typus Veitsch. – Tscherm. Min. u. petr. Mitt., 38, 1925, 137–158. – Bespr. Z. f. prakt. Geol., 1926, 125; GZ 37/327.
Mojsisovics E. v. Trachytfund in den Ortler Alpen. – VRA 1865, 52–53, 120. – Bespr. Bl. 225.
— Zur Altersbestimmung der kristallinen Formationen der Alpen. – VRA 1872, 46–47. – Bespr. Arch. d. sc. phys. et nat., n. p., t. 44, 11; Rev. géol. suisse p. les an. 1870 et 1871, Genève 1872, 7; Bl. 322.
— Beiträge zur Altersbestimmung einiger Schiefer- und Kalkformationen der östlichen Schweizer Alpen. – VRA 1872, 264–268. – Bespr. Jber. Natf. Ges. Grbd., NF, 18, Chur 1874, 99; Rev. scient., s. 2, t. 4, Paris 1873, 782, 950; Rev. géol. suisse p. l'a. 1872, Genève 1873, 29, 50; Arch. d. sc. phys. et nat., n. p., t. 46, 327; t. 47, 21.
— Die Dolomitriffe von Südtirol und Venetien. Beiträge zur Bildungsgeschichte der Alpen. – Wien (Hölder) 1879, 552 S., 30 T., 3 K., 110 Abb. – Bespr. NJb. 1879, 91, 176, 681; Mitt. Geogr. Ges. Wien, 21, 1878, 348; 22, 1879, 543; VRA 1879, 14–17 (Vortr.); Mitt. DÖAV, 1879, 75; Bl. 523; Arch. d. sc. phys. et nat., 3e pér., t. 1, 300; Rev. géol. suisse p. l'a. 1878, Genève 1879, 4; Boll. Com. geol. d'It., 10, 1879, 169.
Molinari F. La datolite nel granito di Baveno. – Atti Soc. it. sc. nat., v. 27, Milano 1884, 176–183.
— Nuove osservazioni sui minerali del granito di Baveno. – Atti Soc. it. sc. nat., v. 28, Milano 1885, 58–59, 1 Abb.
Monti R. Appunti petrografici sopra alcune roccie della provincia di Brescia. – Giorn. di Min., Crist. e Petr., v. 3, 1892, 263–266. – Bespr. NJb. 1893/2, 58; Boll. Com. geol. d'It., 24, 1893, 302.
— Studi petrografici sopra alcune roccie della Valle Camonica. Nota preventiva. – Rend. R. Ist. Lomb. di Sc. e Let. di Milano, s. 2, v. 26, f. 16, 1893; Giorn. di Min., Crist. e Petr. (Sansoni), v. 4, f. 4; v. 5, f. 1–2, 44–71, Milano 1894. – Bespr. NJb. 1895/2, 264; Boll. Com. geol. d'It., 25, 1894, 326; 26, 1895, 380.
Moretti, De Visiani e Parlatore. Sulle filliti di Montescano (Lomb.). – Atti d. 6 riun. d. Scienz. It. ten. in Milano nel Sett. 1844; Milano 1845, 512–526.
Moretti E. Esplorazioni geofisiche e rabdomantiche dei giacimenti di pirite nell'Agordino. – La Miniera it., 1927, n. 3, 68–73.
Morgante S. La differenziazione chimica del massiccio intrusivo delle Vedrette di Ries (Alto Adige.) – Atti R. Ist. Ven. di Sc., Lett. ed Arti, v. 43, 1933, 215–247. – Bespr. GZ 53 A/263.
Moritz H. Geologisches vom Dolomit. – Tonindustrieztg, 35, 1931, 645–647, 684–685. – Bespr. GZ 46 A/1545.
Mortillet G. de. Über die Gesteinsgruppen an dem italienischen Abhange der Alpen im Vergleich zu jenen an den nördlichen Abhängen. (Franz.) – Bull. Soc. Géol. de France, 19, 849–907. – Bespr. NJb. 1864, 102.
Moesch C. Geolog. Beschreibung der Kalkstein- und Schiefergebilde der Kantone Appenzell, St. Gallen, Glarus und Schwyz. – Beiträge z. geol. K. d. Schw., 14. Lfrg, 3. Abt., Bern 1881, 336 S., Abb. u. Prof. – Bespr. Arch. d. sc. phys. et nat., t. 7, 181; Rev. géol. suisse p. l'a. 1881, Genève 1882, 6.
Moschetti A. Giacimenti minerali nel Trentino. –La Miniera it., Roma 1925, n. 12, 3 S. – Bespr. Studi Trent. Sc. Nat., 8, 1927, 251.
— Giacimenti minerali nel Trentino. Miniere erariale dell'Alto Adige. – La Miniera it., Roma 1926, s. 2, 6 S. – Bespr. Studi Trent. Sc. Nat., 8, 1927, 251.
Moser L. K. Mineral-gegnostische Beobachtungen, gesammelt auf einer Reise durch das Fassatal in Südtirol etc. – Progr. Staatsgymnas. Triest, 1878, 24 ff.
Mügge O. Glimmerporphyrit vom Steinacher Joch. – NJb. 1880/2, 293–294.
Mühlen L. v. zur. Erwiderung auf den Artikel von H. Cloos „Zur Kritik der Granittektonik". – Zbl. f. Min., Abt. B, 1927, 108. – Bespr. GZ 36/529.
Mühlhofer L. Untersuchungen über die Schwebstoff- und Geschiebeführung des Inns nächst Kirchbichl (Tirol). – Die Wasserwirtschaft, 1933, H. 1 –6, 23 S., 24 Abb. – Bespr. GZ 50 A/1524.
Müller A. Brandisit nach Fassait vom Monzoni. – Verh. Natforsch. Ges. Basel, 1857, 569–573.
Müller F. P. Über einige Mineralien aus den Manganerz-Lagerstätten des Oberhalbstein (Graubünden). – Zbl. f. Min., 1916, 457–459. – Bespr. Z. f. prakt. Geol., 1918, 187; GZ 23/869.
— Die Manganerz-Lagerstätten des Oberhalbstein. – Z. f. prakt. Geol., 1916, 219–228. – Bespr. GZ 26/48; NJb. 1918, 49.
Müller J. Genesis und Wirtschaftlichkeit ostalpiner Erzvorkommen. – Montanist. Rundschau, 22, Wien-Berlin 1930, Nr. 8, 189–195. – Bespr. NJb. 1932/2, 586.
— Bleiberg, ein Typus? – Metall und Erz, 28, 1931, 396–397. – Bespr. GZ 49 A/35.
— Die Goldfelder der Ostalpen, eine Zukunft? – Metall u. Erz, 28 (N. f. 19), 1931, H. 18, 446–447. – Bespr. GZ 49 A/53. S. a. Imhof.
— Vererzung an Gleitschiefern. – Z. f. prakt. Geol., 40, 1932, 107–109, 1 Skz. – Bespr. GZ 49 A/1203.
Müller K. Der Jadeit aus Borgonovo. – Die Natur, Halle 1889, 570.
Multner R. Kustos Georg Gasser. – Dolomiten, 1927, Nr. 48.
Münichsdorfer F. Über Almbildung und einen inter-

glazialen Alm in Südbayern. – Geogn. Jh., 40, 1927, 59–86. – Bespr. NJb. 1929/3, 220.

Münster G. Graf zu. Fische und Caulerpit von Seefeld. – Leonh. u. Bronns Jb., 1836, 581.

Münzing L. Über den Aufbau des Periklins aus dem Pfitschtale und seine Stellung im System der Feldspate. – NJb. 1891/2, 1–11. – Bespr. VRA 1891, 232.

Murchison R. J. On the Bituminous Schist and Fossil Fish of Seefeld in Tyrol. – The Philos. Mag. or Ann. of Chem. etc., v. 5, Nr. 31, London 1829, July-Dec., 19.

Musy M. La Néphrite du Val Faller p. Mühlen, Oberhalbstein (Grisons). – Bull. Soc. fribourg. des sc. nat., C. R. 1912/13, v. 21, Fribourg 1913, 48–49. – Bespr. EgH 13, 1914, 551.

— Déformation secondaire d'un quartz par la pression orogénique. – Bull. Soc. fribourg. sc. nat., C. R. 1912/13, v. 21, Fribourg 1913, 53–54.

Nangeroni L. G. La morfologia dei monti di Val Malenco in rapporto alla struttura geolitologica. – Boll. R. Soc. Geogr. It., 8, Nr. 11, Roma 1931, 814–828, Skz., Prof., 12 Abb. – Bespr. GZ 47 A/562, 1872.

Necker L. A. Notize sur l'hyperstène et la siénite hypersténique de la Valtelline. – Bibl. univ. d. sc., belles-lettres et arts, part. sc. et arts, n. s., t. 41, Genève 1829, 123–135. – Bespr. Bull. d. l. Soc. géol. de France, t. 2, Paris 1831/32, 153.

Negri G. B. Forme cristalline dell'Apofillite di Montecchio Maggiore. – Atti R. Ist. Ven., s. 6, v. 5, 1886, 55. – Bespr. NJb. 1889/2, 25.

— Celestina incrostante una brecciola basaltica di Montecchio Maggiore. – Riv. d. Min. e Crist. it., 1, 33, 1887. – Bespr. Z. f. Krist. u. Min., 14, 1888, 514.

— Zircone di Lonedo (Vicenza). – Riv. d. Min. e Crist., v. 1, f. 2, 1887, 4 S. – Bespr. NJb. 1888/1, 401.

— Nota cristallografica sullo zircone di Lonedo (Vicenza). – Atti Ist. Ven., s. 6, t. 5, Venezia 1887. – Bespr. Boll. Com. geol. d'It., 19, 1888, 311.

— Gmelinite della Regione Veneta. – Riv. di Min. e Crist. it., 1888, v. 2, 3–13. – Bespr. NJb. 1889/2, 26; Z. f. Krist., 14, 1888, 583; Boll. Com. geol. d'It. 20, 1889, 318.

— Cerussite di Auronzo. – Riv. di Min. e Crist. ital. (R. Panebianco), Padova 1889, v. 4.

— Studio cristallografico della cerussite di Auronzo. – Atti d. R. Ist. Ven. di Sc., Let. ed Arti, t. 7, ser. 4, 1889, 24 S.; Riv. di Min. e Crist. it., 4, 1889, 41. – Bespr. NJb. 1891/, 9; Boll. Com. geol. d'It., 21, 1890, 420.

— Studio cristallografico della Baritina di Levico. – Riv. di Min. e Crist. (R. Panebianco), v. 5, 1889, 6–26, 1 T. – Bespr. NJb. 1890/2, 27.

— Studio chimico su di alcune Natroliti venete. – Riv. di Min. e Crist. it., v. 7, Padova 1890, 16–20. – Bespr. Boll. Com. geol. d'It., 22, 1891, 184; NJb. 1891/2, 230; Z. f. Krist., 20, 1892, 628.

— Note cristallografiche su di alcune Natroliti venete e appunti critici. Natrolite di Monte Baldo. – Riv. di Min. e Crist. it., v. 7, 1890, 69–90. – Bespr. NJb. 1892/1, 231; Z. f. Krist., 20, 1892, 628.

— Sulla Heulandite di Montecchio Maggiore. – Riv. di Min. e Crist. it., v. 7, 1890, 90–93. – Bespr. NJb. 1892/1, 233; Z. f. Krist., 20, 1892, 630.

— Studio micrografico di alcuni basalti dei Colli Euganei. – Atti Soc. Ven.-Trent. Sc. nat., v. 12, f. 1, 1891, Padova 1892, 369–376; Riv. di Min. e Crist. it., v. 8, f. 4–6, Padova 1891. – Bespr. Boll. Com. geol. d'It., 23, 1892, 285.

Neumayr M. Erdgeschichte. 3. Aufl. (Fr. E. Suess.) 1. Bd Dynamische Geologie. – Leipzig u. Wien (Bibliogr. Inst.) 1920, 543 S., 132 Abb., 32 Taf. u. K. – Bespr. Mitt. Geogr. Ges. Wien, 65, 1922, 112; GZ 25/1478; Natwiss. Wochenschr., NF, 21, 1922, 199; Mitt. Geol. Ges. Wien, 13, 1920 (1921), 112; Geogr. Z., 28, 1922, 42; Die Natwiss., 9, 1921, 35; Tscherm. Min. u. petr. Mitt., 35, 1921, 55.

Nicolis E. e Negri G. B. Sulla giacitura e natura petrografica dei basalti veronesi. – Atti R. Ist. Ven. di Sc. etc., t. 1, s. 7, Venezia 1890, 469–479. – Bespr. NJb. 1892/1, 286; Boll. Com. geol. d'It., 22, 1891, 187.

Nicolis E. Sull'alterazione delle roccie nella regione veronese e nella finitima. – Atti R. Ist. Ven., s. 7, v. 9, f. 6, Venezia 1898, 638–664. – Bespr. Boll. Com. geol. d'It., 30, 1899, 286.

— Marmi, pietre e terre coloranti della provincia di Verona. – Mem. d. Acc. d. Agr., Lett. ecc. di Verona, s. 4, v. 2, n. 1, Verona 1900, 62 S. – Bespr. Boll. Com. geol. d'It., 32, 1901, 337.

— e **Marchetti G.** Materiali litoidi di manutenzione stradale del Veneto. – Giorn. d. Geol. prat., an. 7, f. 1–2, Catania 1909, 8–67. – Bespr. Boll. Com. geol. d'It., 41, 1910, 346.

Niederer J. Beiträge zur Petrographie des östlichen Aarmassivs. – Diss. Bern 1932, Weida (Thür.) 1932, 1 K., 6 Taf., 4 Fig. – Bespr. NJb. 1933/2, 926.

Niedzwiedzki J. Aus den Tiroler Zentralalpen. – JbRA 1872, 241–252. – Bespr. Bl. 329.

Niggli P. Über Gesteinsserien metamorphen Ursprungs. – Tscherm. Min. u. petr. Mitt., NF, 31, Wien 1912, 477–494. – Bespr. EgH 13, 1914, 554; GZ 20/1045.

— u. **Johnston J.** Einige physikalisch-chemische Prinzipien der Gesteinsmetamorphose. – NJb. Bbd 37, 1914, 495–576.

Niggli P. Petrographische Provinzen der Schweiz. – Verh. Schw. Natf. Ges., 99. Jvers. Zürich, 1917, Aarau 1918, II, 209–211. – Bespr. EgH 16, 1920–1922, 309; Vierteljschr. Natf. Ges. Zürich, 64, 1919, 179–212, 31 Fig. (Heim-Festschrift). – Bespr. GZ 25/203.

— Systematik der Eruptivgesteine. – Zbl. f. Min., 1920, 161–174.

— Der Taveyannazsandstein und die Eruptivgesteine der jungmediterranen Kettengebirge. – Schw. Min. u. Petr. Mitt., 1923, 169–275. – Bespr. NJb. 1927/1, A, 99.

— Ulrich Grubenmann (1850–1924). – Vierteljschr. Natforsch. Ges. Zürich, 69, 1924, 344–349; Verh. Schw. Natforsch. Ges., 105. Jvers. Luzern II, Nekrologe 20–25, Publikationen 25–29.

— Erzlagerstätten, magmatische Aktivität und Großtektonik. – Z. f. prakt. Geol., 36, 1928, 159–164, 185–191. – Bespr. NJb. 1929/2, 344.

— Das Gotthardmassiv. – In: Geol. Führer der Schweiz, herausgeg. v. d. Schwz. Geol. Ges., Basel (Wepf) 1934, Fasz. II, 139–145, 2 Taf.

— und **Winterhalter R. U.** Exkursion Nr. 63. Lukmaniergebiet. – In: Geol. Führer der Schweiz, herausgeg. v. d. Schwz. Geol. Ges., Basel (Wepf) 1934, Fasz. XI, 802–814, 4 Fig.

— — Exkursion Nr. 64. Truns–Alp Nadèls–Tenigerbad–Val Somvix–Rabius–Truns (oder Disentis). – In: Geol. Führer der Schweiz, herausgeg. v. d. Schwz. Geol. Ges., Basel (Wepf) 1934, Fasz. XI, 815–818, 1 Fig.

Novarese V. L'età delle filliti di Rè in Val Vigezzo (Ossola). – Atti R. Acc. Sc. Torino, v. 42, 1927, 638–642.

— La formazione diorito-kinzigitica in Italia. - Boll. R. Uff. geol. d'It., v. 56, N. 7, 1931, 1-62, 6 Fig. - Bespr. GZ 47 A/1516.
— Una singolare conferma indiretta dell'estensione della formazione diorito-kinzigitica del Canton Ticino. (Vortr.) - Boll. Soc. Geol. It., v. 51, 1932, f. 2, Roma 1932, röm. 82-83.
— L'età del granito del Lago Maggiore. - Boll. Uff. geol. d'It., v. 58, N. 11-12, Roma 1933, 1-32.
Nowak E. Sedimentation und Gebirgsbildung. - Die Natwiss., 9, Berlin 1921, 892-897.
Nussberger G. u. **His H.** Über vermeintliche Asphaltvorkommnisse im Bündner Schiefer. - Jber. Natf. Ges. Grbd., NF, 54, Chur 1913, 67-70. - Bespr. GZ 23/1055; EgH 13, 1914, 680.
Nussberger G. Beitrag zur Kenntnis der Radioaktivität von Quellsedimenten. - Erweit. Jber. Natf. Ges. Grbd. z. Feier ihres 100jähr. Bestehens, NF, 64, Chur 1926, 27-49. - Bespr. NJb. 1927/1, A, 102; B, 142; GZ 47 A/536.
Oebbeke K. Mikroklin und Muskowit von Forst bei Meran (Tirol). - Z. f. Krist., 11, 1886, 3, 256-257. - Bespr. NJb. 1888/2, 24; VRA 1886, 366.
— Führer zur Ausstellung nutzbarer Mineralien, Gesteine, Mineralwässer Bayerns auf der Bayer. Jub.-Lds-Ind.-, Gew.- und Kunstausstellung zu Nürnberg 1906 ... - München (Lindauer) 1906, 82 S. - Bespr. GZ 8/1786.
Ochsenius C. Über die Bormiothermen und eine Art von Dolomitbildung. - Chemikerztg, 16, 1882, Nr. 12. - Bespr. Jber. Natf. Ges. Grbd, NF, 36, Chur 1893, 133.
Ohnesorge Th. Der Schwazer Augengneis. - JbRA 1903, 373-384, 1 T. - Bespr. GZ 7/1475.
— Die vorderen Kühetaier Berge (Hochedergruppe). - VRA 1905, 175-182. - Bespr. GZ 7/1590; NJb. 1908/2, 66.
— Über kontaktmetamorphen Amphibolit von Klausen und die Gesteine des Patscherkofelgebietes. - Tscherm. Min. u. petr. Mitt., 31, Wien 1912, 113-116. - Bespr. NJb. 1915/2, 340.
Oellacher J. Der rote Schnee im Pustertale vom 31. März 1847. - Ber. ü. d. Mitt. v. Freunden der Natwiss. in Wien, 3, 1848, 430-436.
— Über den Gymnit von Fleims. - Z. DGeolGes., 1851, 222-234.
— Analyse des Margarits (Perlglimmers) aus dem Pfitschtal bei Sterzing. - Kenngotts Übersicht d. Result. min. Forsch. i. J. 1860, 49. - Bespr. NJb. 1862, 351.
Onorato E. Sulla natura della dolomite. - Periodico di Min. (Millosevich), Roma 1930, n. 3, 216-220, 3 Fig. - Bespr. NJb. 1932/1, 222.
Osann A. u. **Hlawatsch C.** Über einige Gesteine aus der Gegend von Predazzo. - Tscherm. Min. u. petr. Mitt., 17, 1898, 556-566. - Bespr. NJb. 1899/2, 385; Bl. 989; Boll. Com. geol. d'It., 30, 1899, 290.
Osann A. Versuch einer chemischen Klassifikation der Eruptivgesteine. - Tscherm. Min. u. petr. Mitt., 19, 1900, 351-499, 5 T.; 20, 1901, 399-558, 7 T.; 21, 1902, 365-448, 4 T.; 22, 1903, 403-436. - Bespr. GZ 2/581, 1909, 3/2207, 6/1996, 1997; NJb. 1902/1, 212; 1903/1, 226; 1903/2, 356; 1905/1, 412.
Ottenthal E. v. Zur Verwendung des Vinschgauer Marmors. - Der Schlern, 8, 1927, 282.
Palache Ch. Titanit von Rauris. - Z. f. Krist., 24, 1895, 591. - Bespr. VRA 1896, 211; NJb. 1897/1, 247.
Pallas P. S. Einige Bemerkungen über den Labradorstein oder schillernden Quarzspat. - Neue Nordische Beiträge zur phys. u. geogr. Erd- u. Völkerbeschreibung, Naturgesch. u. Ökonomie, 2, St. Petersburg 1781, 233. (Bleiberg in Kärnten.)
Panebianco R. Catalogo dei principali minerali Veneti. - Padova 1883, 8 S.
— Celestina del Vicentino. - Atti d. Soc. Ven.-Trent. di Sc. nat., v. 9, f. 1, Padova 1884, 142-148.
— Berillo ed altre gemme di Lonedo. - Atti d. R. Ist. Ven. di Sc., Let. ed Arti, s. 6, t. 5, Venezia 1887, 387. - Bespr. Boll. Com. geol. d'It., 19, 1888, 314.
Panzer W. Talrichtung und Gesteinsklüfte. - PetMitt., 69, 1923. - Bespr. Z. f. Geomorph., 1, 1926, 78.
Paracelsus Th. Etliche Traktat: 1. Von natürlichen Dingen. 2. Beschreibung etlicher Quellen. 3. Von Metallen. 4. Von Mineralien. 5. Von edlen Gesteinen. - Straßburg 1582, 499 S.
Parker R. L. Die Gesteine der Talklagerstätten von Disentis und Surrhein im Bündner Oberland. - Inaugdiss. Zürich (Freiburg i. Br.), 1920, 78 S.
— Serpentin und Talk von Disentis-Surrhein. - Schw. Min. u. Petr. Mitt., 1, 1921, 7-43. - Bespr. GZ 29/794.
— Turmalinführende Pyritgänge bei Disentis. - Verh. Schw. Natf. Ges., 105. Jvers. Luzern, 1924, 2. Teil, 160; Schw. Min. u. Petr. Mitt., 4, Zürich 1924, 357-358.
— Prof. Dr. U. Grubenmann †. - Zbl. f. Min., 1924, 379-381.
— Bemerkungen über einige Mineralien des Piottinostollens (Tessin). - Schw. Min. u. Petr. Mitt., 10, 1930, 363-366. - Bespr. NJb. 1933/2, 439.
Passarge S. Morphologische Studien in der Gaul bei Lana. - Z. f. Geomorph., 8, 1934, 67-81, 1 Skz., 4 Abb.
Patriciu V. u. **Teichmüller R.** Die kretazischen Ölschiefer und Globigerinenkalke des Nonsberges und der nördlichen Brentagruppe. - Z. DGeolGes., 82, 1930, 241-252, 1 T., 5 Abb. - Bespr. GZ 44/202, 45/490; NJb. 1932/2, 552.
Paulcke W. Alpiner Nephrit und die Nephritfrage. - Verh. Natwiss. Ver. Karlsruhe, 23, 1910, 77-86, 1 T. - Bespr. VRA 1910, 305; NJb. 1911/1, 356; GZ 21/717; EgH 11, 1910, 532; Boll. Com. geol. d'It., 43, 1913, f. 4, 100.
— Der Schnee und seine Diagenese. - Z. f. Glkde, 21, 1933, 259-282, 6 Fig., 34 Bilder.
— Schnee- und Lawinenforschungen. - Forschungen u. Fortschritte, 10, 1934, Nr. 10, 131-133.
Pelikan A. Ein neues Cordieritgestein vom Mte Doja in der Adamellogruppe. - Tscherm. Min. u. petr. Mitt., 12, 1891, 156-166. - Bespr. NJb. 1892/1, 286; VRA 1891, 299; Boll. Com. geol. d'It., 23, 1892, 406.
Pelloux A. Anatasio dell'Alpe Pirlo in Val Malenco. - Ann. d. Mus. Civ. d. Stor. nat. di Genova, s. 3, v. 6 (46), Genova 1913-1915, 193-196.
— La miniera di Scheelite della Bedovina in Val di Fiemme (Venezia Tridentina). - La Miniera it., a. 3, n. 3, Roma 1919, 91-95.
Penck A. Der postglaziale Vulkan von Köfels im Ötztal. - Sber. Preuß. Ak. d. Wiss., 12, Berlin 1925, 218-225. - Bespr. GZ 33/746, 34/745; VRA 1926, 200; Z. f. Vulk., 9, 1925, 147; NJb. 1926/1 B, 9; 1926/1 A, 183; Z. f. Glkde, 16, 1928, 162.
Penck W. Der geologische Bau des Gebirges von Predazzo. - Diss. Heidelberg, 1911; NJb. 1911, Bbd 32, 239-382, K. 1:25000, 2 Taf., 10 Fig. - Bespr. GZ 17/566; VRA 1911, 333; Boll. Com. geol. d'It., 43, 1913, f. 4, 101.
— Studien im Eruptivgebiet von Predazzo. - Mitt. Geolog. Ges. Wien, 5, 1912, 8-12.

— Die Melaphyrausbrüche von Buffaure. - Mitt. Geol. Ges. Wien, 5, 1912, 20–86, K. 1:25000, 3 Prof., 5 Abb. - Bespr. VRA 1912, 217; GZ 18/1306; NJb. 1913/1, 322.
— Anteil der Schmelzflüsse an den Bewegungen der Erdkruste. - Die Naturwissenschaften, 12, H. 41, Berlin 1924, 847–851.

Perego. Conchilie fossili e Volpinite della provincia basciana. - 1840.
— Sulla Volpinite. - 1841.

Perini A. La Liebenerite, nuovo minerale trentino. - Giorn. agr. d. distr. trent. e roveret., Trento 1844, n. 28.

Perriraz J. Dalle de granit de Baveno déformée. - Bull. Soc. vaud. sc. nat., v. 47, Lausanne 1911, pr.-verb. p. 3; Arch. sc. phys. et nat. Genève, 4 pér., t. 31, 1911, 270.

Peruzzi L. Sui calcari·a brucite di Teulada e sulla composizione mineralogica della Predazzite. - Remd. R. Acc. Linc., s. 5, v. 14, f. 2, 2 sem., Roma 1905, 83–88. - Bespr. GZ 7/1477; Boll. Com. geol. d'It., 37, 1906, 345.

Petersen Th. Analcim und Datholit von Fassa. - Taschenbuch f. d. ges. Min., 10, Frankfurt a. M. 1816.
— Desmin von der Seisser Alpe in Tyrol. - 14. Ber. d. Offenbacher Ver. f. Natkde. - Bespr. NJb. 1874, 430.
— Plagioklas aus dem hornblendeführenden Melaphyr des Monte Mulatto. - Z. f. Krist., 10, 1884, H. 4.

Petrascheck W. Über Gesteine der Brixener Masse und ihrer Randbildungen. - JbRA 1904, 47–74, 1 Taf., 1 Abb. - Bespr. NJb. 1905/2, 379.
— Geologisches über die Radioaktivität der Quellen, insbesondere derer von St. Joachimstal. - VRA 1908, 365–391. - Bespr. GZ 12/1553.
— Kohlengeologie der österreichischen Teilstaaten. I. Die Kohle führenden Formationen. - Berg- u. Hüttenm. Jb., 69/70, H. 2, Wien 1921/22, 1–20.
— Kohlengeologie der österreichischen Teilstaaten. II. Allgemeine Kohlengeologie. - Berg- u. Hüttenmänn. Jb., 69/70, H. 3, Wien 1921/22, 1–30. - Bespr. GZ 29/112.
— Kohlengeologie der österr. Teilstaaten. VI. Braunkohlenlager der österr. Alpen (2. Teil). - Berg- u. Hüttenm. Jb., 72, 1924, H. 2, 1–24. - Bespr. NJb. 1933/3, 937.
— Zur Tektonik der alpinen Zentralzone in Kärnten. - VBA 1927, 151–164.
— Die Industrie der kristallinen Magnesite. - Internat. Bergw. und Bergtechnik, 23, 1930, 155–160. - Bespr. NJb. 1931/2, 105.
— Die mechanischen Gesetzmäßigkeiten der Bruchtektonik in Bleiberg (Kärnten). - Zbl. f. Min., Abt. B, 1931, 477–483, 5 Abb.
— Die Magnesite und Siderite der Alpen. Vergleichende Lagerstättenstudien. - Sber. Ak. d. Wiss. Wien, math.-natw. Kl., Abt. 1, 141, 1932, 195–242, 6 Fig. - Bespr. GZ 48 A/1039; Z. f. prakt. Geol., 41, 1933, 55.

Petzholdt A. Über Dolomit und Melaphyr. (Aus: Beiträge z. Geognosie von Tirol.) - Berg- u. Hüttenm. Ztg, 2, 1843, 753–764.

Peucker C. Das Innsbrucker Gesteinrelief der Tiroler Alpen, seine Entstehung und sein Wert. - Mitt. DÖAV, 1889, 74–75, 87–89, 99–101.

Peverelli G. I graniti del lago d'Orta. - Boll. Consiglio prov. Novara, n. 1, Novara 1930, 20–21.

Pfaff F. Petrographische Untersuchungen über die eozänen Tonschiefer der Glarner Alpen. - Sber. Ak. d. Wiss. München, m.-nat. Kl., 1880, 461–489. - Bespr. NJb. 1881/1, 399.
— Einiges über Kalksteine und Dolomite. - Sber. Ak. d. Wiss. München, 2. Kl., IV, 1882, 552–594. - Bespr. NJb. 1883/1, 66.

Pfaff F. W. Beiträge zur Erklärung über die Entstehung des Magnesits und Dolomits. - NJb. Bbd 9, 1894/95, 485–507.
— Über Dolomitbildung. - Zbl. f. Min., 1903, 659–660.
— Über Dolomit und seine Entstehung. - NJb. Bbd 23, 1907, 529–580.

Pfaundler A. v. Über die merkwürdige Gegend von Fassa in Tirol. - Annalen der Berg- u. Hüttenkde, 2, Salzburg 1803.
— (F. R. v. P.) Mineralogische Exkursion in der Gegend von Neustift im Tale Stubai. - Z. f. Tirol u. V., Innsbruck (Ferd.), 7, 1832, 243–249.
— Kurze Notizen und Bemerkungen über die von Augustin auf Kommission des Ferdinandeums in d. J. 1833 und 1834 vorgenommenen mineralogischen Gebirgsreisen. - Neue Z. d. Ferdin., 1, Innsbruck 1835, 119–122.
— Verschiedenes über Mineralogie und Geognosie von Tirol. - Neue Z. d. Ferdin., 3, Innsbruck 1837, 164–168.
— Versuch über die min.-geogn. Arbeiten, Nachrichten und Entdeckungen in Tirol und Vorarlberg. - Innsbruck 1846, 19 S.

Pferschy A. Karte der nutzbaren Minerallagerstätten der Provinzen Bolzano (Bozen) und Trento. - Berg- u. Hüttenm. Jb., 77, 1929, 97–104, 1 K. - Bespr. NJb. 1930/2, 255; Arch. p. l'Alto Adige, 25, 1930, 877.

Philipp H. Neue Untersuchungen über Trias- und Eruptivgesteine von Predazzo. (Vortr.) - Nat.-med. Ver. Heidelberg, NF, 7, 1903/04.
— Paläontologisch-geologische Untersuchungen aus dem Gebiete von Predazzo. - Z. DGeolGes., 56, 1904, 1–98, K. 1:50000, 5 Taf. - Bespr. VRA 1904, 361; Boll. Com. geol. d'It., 36, 1905, 244.

Philippi E. Zwillingslamellierung am Schwerspat von Primaluna. (Valsassina Lombardei.) - NJb. 1895/2, 202–203. - Bespr. Boll. Com. geol. d'It., 27, 1896, 443.
— Geologie der Umgebung von Lecco und des Resegonemassivs in der Lombardei. - Z. DGeolGes., 49, 1897, 318–367, 2 Taf. - Bespr. VRA 1897, 258; NJb. 1899/1, 104; Boll. Com. geol. d'It., 30, 1899, 82.
— Über einen Dolomitisierungsvorgang an südalpinem Conchodondolomit. - NJb. 1899/1, 32–46, 1 Taf. - Bespr. Boll. Com. geol. d'It., 31, 1900, 311.
— Über Dolomitbildung und chem. Abscheidung von Kalk in den heutigen Meeren. - NJb. Festband 1907, 397–445.

Pia J. v. Pflanzen aus Gesteinsbildner. - Berlin (Borntraeger) 1926, 355 S. - Bespr. GR 18, 1927, 69.
— Zur Korallenrifftheorie des Schlerndolomites. (Vortr.) - Mitt. Geol. Ges. Wien, 22, 1929, Wien 1930, 156–157.
— Die rezenten Kalksteine. - Ergbd Z. f. Krist., Min. u. Petr., Abt. B, Leipzig 1933, 420 S., 4 Taf., 22 Abb. - Bespr. GR 1933, 413.

Picard M. Analyse einer Tonschicht am Mittenberg bei Chur. - Jber. Natf. Ges. Grbd., NF, 15, Chur 1870, 172–173.

Pichler A. v. Zur Geognosie Tirols. 'Naturwissenschaftl. Skizze. (Triasgliederung durch Fossilien, Metamorphismus krist. Gesteine, Höttinger Brec-

cie miozän, Ursache der Eiszeit, Entwässerung des Achensees früher zum Inn u. a.) – TB 1858, 59, 63, 67, 71–72, 1 K.
— Beiträge zur Geognosie Tirols. Aus dem Inn- und Wipptale. – Z. Ferdin., 3. F., 8. H., Innsbruck 1859, 137–232, 1 K., 30 Prof. – Bespr. VRA 1859, 45; NJb. 1859, 753; TB 1859, 381; Bl. 150.
— Zur Geognosie Tirols. (Zweite Folge.) I. Am Schwazer Bergbau. – Z. Ferdin., 3. F., 9. H., Innsbruck 1860, 1–16, 1 K., 2 Prof. – Bespr. Bl. 158.
— Geolog. Notizen aus Tirol. (Östl. Ötztal, Petrogr. d. Zentralalpen, Haller Salzberg.) – NJb. 1862, 178–180. – Bespr. Bl. 175.
— Zur Geognosie Tirols. I. Die Gruppe des Hocheder. II. Die vulkanischen Reste von Köfels. III. Notizen. – JbRA 1863, 589–594, 1 Skz. – Bespr. TB 1863, 865; Bl. 185.
— Vulkanische Gesteine in den Zentralalpen. (Köfels.) – VRA 1863, 77.
— Beiträge zur Geognosie Tirols. (3. Folge.) (Höhen nördl. Inntal v. Zirl bis zum Achensee, Stanerjoch-Überschiebung.) – Z. Ferdin., 3. F., 11. H., Innsbruck 1863, 48 S., 8 Prof. – Bespr. NJb. 1864, 372; Bl. 184.
— Der Ötztaler Stock in Tirol. – JbRA 1864, 436–438. – Bespr. VRA 1864, 141; NJb. 1865, 243; Bl. 197.
— Beiträge zur Geognosie Tirols (4. Folge). Zur Ötztaler Masse. – Z. Ferdin., 3. F., 12. H., Innsbruck 1865, 17 S., 1 K. – Bespr. NJb. 1865, 345; Bl. 199.
— Neue Mineralvorkommen in Tirol. – VRA 1866, 6—7.
— Beiträge zur Geognosie Tirols. VI. Keuperpflanzen der „oberen Carditaschichten". (Weißenbach bei Reutte, Kochental bei Telfs, Zirl.) VII. Tonerdehydrat von Zirl. – VRA 1867, 50–51. – Bespr. Bl. 244.
— Beiträge zur Geognosie Tirols. VII. Die erzführenden Kalke von Hopfgarten bis Schwaz. Auszüge: VIII. Gneis aus der Gegend von Schwaz. IX. Asphalt im Hauptdolomit. (Zirl.) X. Fossiles Harz. (Telfs.) XI. Megalodon triqu. im Hauptdolomit. (Zirl.) XII. Trias des Stubai. – VRA 1867, 236–237, 367–368.
— Beiträge zur Geognosie Tirols. VIII. Gneis aus der Gegend von Schwaz. IX. Asphalt im Hauptdolomit. (Telfs.) X. Megalodon triqueter im Hauptdolomit. (Zirl.) XI. Fossiles Harz. (Telfs.) XII. Die Trias des Stubai. XIII. Bactryllienmergel von Arzl. XIV. Zur Fauna der „oberen Carditaschichten". (Zirl.) XV. Mineralogisches. (Zirl.) – JbRA 1868, 45–52. – Bespr. NJb. 1870, 112.
— Geognostische Spaziergänge in Tirol. (Gebirgsbildung durch Hebung, Abtrag, Alter der krist. Gest., Steinkohlenformation des Steinacher Joches, Steinacher Kalke den Schwazer Kalken zeitlich nahestehend.) – TB 1868, 929.
— Beiträge zur Geognosie und Mineralogie Tirols. XVI. Aus den oberen Carditaschichten des Achentales. XVII. Die Zone des Amm. plan. in Nordtirol. (Leutasch und Pfonserjoch.) XVIII. Die Gosauformation des Sonnwendjoches. XIX. In der Wildschönau. XX. Findlinge von Eruptivgesteinen bei Innsbruck. XXI. Mineralien aus dem Phyllit bei Innsbruck und vom Madersbacher Köpfl. XXII. Eine alte Mineralogie. (Landreim v. G. Rösch, 1558.) – JbRA 1869, 207–216. – Bespr. VRA 1869, 101.
— Einiges Neue für tirolische Mineralogen und Geognosten. (Brixner Granit obertriadisches Alter, Verrucano von Serfaus, Trias von Mauls, Grödner Sandstein von Eppan, Diorit vom Lüsental, Melaphyr von Kaltern, Tirolit von Kogel, Wad von Matrei, Pseudomorphosen von Gips und Steinsalz, Serizit von Pill, Erratica von Grünsteinporphyr bei Hötting, Quarzporphyrit bei Vintl u. a.) – TB 1870, 689, 775, 1266.
— Beiträge zur Mineralogie Tirols. (Zillertaler A., Sill, Pfundererberg, Kogel, Plumserjoch, Matrei, Amras, Flaggertal, Hall, Klausen, Inntal, Villnöß, Pertisau, Telfs, Ridnaun u. a.) – NJb. 1871, 52–57. – Bespr. VRA 1871, 30.
— Beiträge zur Geognosie von Tirol. I. Die Granitmasse von Brixen. II. Diorit und Melaphyr bei Klausen. III. Diorit im Lüsental. – NJb. 1871, 256–274. – Bespr. VRA 1871, 158; Bl. 302.
— Zur Mineralogie und Geologie von Tirol. (Inn-, Eisack- u. Etschtal, Achensee, Min. u. Glaz.) – NJb. 1871, 620–621.
— Geologisches aus Tirol. (Umgebung von Neumarkt, Min. u. Glaz.) – NJb. 1872, 192–193. – Bespr. VRA 1872, 228.
— Hohle Geschiebe im Pustertal. – NJb. 1872, 935.
— Spinell im Glimmerschiefer von Sterzing. – NJb. 1873, 56–57.
— Neues Vorkommen von Sphen in Tirol. (Brenner-Pfitschtal.) – NJb. 1873, 60.
— Geologisches aus Tirol. (Dioritporphyr bei Meran.) – NJb. 1873, 940–941.
— Steinwaffenfunde in Tirol. (Rovereto, Ampaß, Tonglimmerschiefer bei Innsbruck.) – NJb. 1874, 961.
— Zirlit, ein neues Mineral. (Zirl, Nassereith. Bolus von Rovereto.) – NJb. 1875, 51.
— Beiträge zur Geognosie Tirols. 1. Die Porphyrite. (Töllit [Töll und Lienz], Vintlit, Ehrwaldit.) 2. Aus der Granitmasse von Brixen. 3. Aus der Porphyrmasse von Bozen. 4. Porphyrische Schiefer. (Fieberbrunn.) 5. Varietäten des Tonglimmerschiefers. (Porphyroide südl. Innsbruck.) 6. Vom Cislon. 7. Zu den Carditaschichten. 8. Vom Sonnwendjoch. 9. Mineralogische Notizen. (Zillertal.) – NJb. 1875, 926–936. – Bespr. VRA 1876, 52; Bl. 400.
— Zur Geologie Tirols. (Literaturübersicht, Vintlit, Töllit, porphyrische Schiefer von Fieberbrunn, Kochenit u. a.) – TB 1875, 1994.
— Beiträge zur Geognosie und Mineralogie Tirols. I. Aus dem Achental. (Stanerjoch.) II. Aus der Pensermasse. III. Aus dem Quarzphyllit bei Innsbruck. (Min.) – NJb. 1876, 919–923. – Bespr. TB 1876, 1401.
— Tirolische Mineralien. (Pfunders, Navis.) – NJb. 1877, 63.
— Kupferschwärze und Rutil in Tirol. (Wilten und Birkkogel südl. Stams.) – NJb. 1877, 394.
— Mitteilungen aus den Alpen. (Min. von Nassereith, Profil bei Schwaz, Stanerjoch.) – NJb. 1877, 620–621. – Bespr. Bl. 467.
— Jamesonit von Wiltau. – Tscherm. Min. Mitt., 1877, 355.
— Beiträge zur Geognosie Tirols. (Porphyr von der Trostburg, Wildschönauer Gabbro u. a.) – NJb. 1878, 185–188.
— Beiträge zur Geognosie der Tiroler Alpen. (Schalders, Klausen, Schwaz, Gardasee.) – NJb. 1879, 140–144.
— Beiträge zur Geognosie Tirols. (Serpentin von Sprechenstein, Porphyr vom Kuntersweg, Diorit von Klausen, Basalttuffe bei Torbole, Melaphyr bei Pergine u. a.) – NJb. 1880/1, 172–174.

— Aus Tirol. (Glimmerporphyrit vom Steinacher Joch.) – NJb. 1880/2, 292–293. – Bespr. Ebd. 293; TB 1880, 1469.
— Über den Kalzit vom Steinacher Joche. – VRA 1882, 142.
— Flußspat vom Sarntal. – Tscherm. Min. u. petr. Mitt., 4, 1882, 280. – Bespr. NJb. 1882/2, 11.
— Beiträge zur Geognosie Tirols. (Basalt bei Mori und Isera, Brixner Granit, Bozner Porphyr.) – NJb. 1882/2, 283–284. – Bespr. TB 1881, 2679.
— u. **Blaas J.** Die porphyrischen Gesteine von Brandenberg bei Brixlegg. – Tscherm. Min. u. petr. Mitt., 4, 1882, 270–279. – Bespr. NJb. 1882/2, 71; Bl. 587.
— — Die Quarzphyllite bei Innsbruck. – Tscherm. Min. u. petr. Mitt., 4, 1882, 503–518. – Bespr. NJb. 1882/2, 263; Bl. 582.
Pichler A. v. Serizit von Wiltau. – Tscherm. Min. u. petr. Mitt., 5, 1883, 188.
— Zur Kenntnis der Phyllite in den tirolischen Zentralalpen. – Tscherm. Min. u. petr. Mitt., 5, 1883, 293–303. – Bespr. VRA 1883, 206; NJb. 1883/2, 366; TB 1881, 2679; 1882, 2535; Bl. 605.
— Zinnober, Rauschrot und Rauschgelb in Tirol. (Kitzbühl. A., Karw., Lecht. A., Arzl bei Imst, Pustertal.) – Tscherm. Min. u. petr. Mitt., 5, 1883, 381.
— Notizen zur Geologie von Tirol. (Silzergneise, Hornsteine: Karw., Sonnwendgeb., Virgl, Gardasee, Rovereto.) – VRA 1885, 77–78. – Bespr. NJb. 1885/2, 279.
— Zur Geologie Tirols. (Quarzphyllite an der Trisanna, Glimmerdiabase am Steinacher Joch.) – VRA 1885, 216–217.
— Beiträge zur Mineralogie und Geologie Tirols. (Einzelheiten von Sulferbruck, Höttinger Graben, Achental, Oberinntal.) – VRA 1888, 298–300.
— Emmonit bei Brixlegg und Keramohalit bei Sulferbruck. – TB 1888, 1397.
Piepoli P. Contributo allo studio delle alluvioni aurifere dei fiumi Adda e Oglio. – Boll. Soc. geol. it., v. 47, f. 1, Roma 1928, 49–54; La Miniera it., a. 12, n. 9, Roma 1928, 312–314.
Piners M. Über Topazolith und Melanit. (Cipitbach.) Z. f. Krist., 21, 1894, 479–496. – Bespr. NJb. 1895/2, 238.
Pisani F. Examen chimique de la turnérite (de Tavetsch). – C.-rend. séances Ac. d. sc., 84, Paris 1877, 462–464, 626. – Bespr. Ann. d. mines, 15, Paris 1879, 289; Jber. Natf. Ges. Grbd., NF, 22, Chur 1879, 174; Archives d. sc. phys. et nat., 5, 155; Revue géol. suisse p. l'a. 1880, Genève 1881, 27.
— Notices minéralogiques. Idocrase de Settimo (Alpes Rhétiques). – Bull. d. l. Soc. franç. de minéralogie, 15, Paris 1892, 47–49.
Pisek A. u. **Cartellieri E.** Zur Kenntnis des Wasserhaushaltes der Pflanzen. III. Alpine Zwergsträucher. – Jahrbücher f. wissensch. Botanik, 79, Leipzig 1933, 131–190, 17 Abb.
Piutti A. e **Stoppani E.** Sulla presenza del Bismuto nelle piriti di Agordo. – Rend. Acc. Sc. fis. e mat., s. 3, v. 10, n. 12, Napoli 1904, 362–365; Gazzetta chim. ital., a. 35, p. 2, f. 1, Roma 1905, 29–32. – Bespr. Boll. Com. geol. d'It., 36, 1905, 245.
Ploner P. J. Über die Kristallform des Apophyllits der Seiseralpe. – Z. f. Krist., 18, 1890, 337–354; Riv. di Min. e Crist. it. (Panebianco), 11, f. 1 u. 2, 1892. – Bespr. VRA 1890, 336; NJb. 1893/1, 34.
— Über Granat-Granulit in Tirol. (Pescarabach-Ultental.) – Tscherm Min. u. petr. Mitt., 12, Wien 1891, 313–327. – Bespr. NJb. 1893/1, 490.
Pohl O. Über Turnerit und Anatas von Prägratten in Tirol. – Tscherm. Min. u. petr. Mitt., 22, 1903, 472–484. – Bespr. NJb. 1904/2, 15, 29.
Pollack V. Verwitterung in der Natur und an Bauwerken. – Wien (I. Springer) 1923, 580 S.
— Versuch einer Übersicht der Massen- oder Bodenbewegungen. – JbBA 1925, 45–95, 13 Abb.
Polli P. e **Luchetti P.** I minerali di ferro nelle valli Bergamasche. – Atti Soc. it. Sc. nat., v. 22, Milano 1879.
Porro C. Geognostische Skizze der Umgegend von Finero. – Z. DGeolGes., 47, 1895, 377–422, 2 Taf. Bespr. NJb. 1898/1, 522.
— Rocce granitoidi della Valsassina. Cenni preliminari. – Rend. R. Ist. Lomb., s. 2, v. 31, f. 15–16, Milano 1898, 1053–1064. – Bespr. Boll. Com. geol. d'It., 30, 1899, 295.
Pošepný F. Über alpine Erzlagerstätten. (Vortr.) – VRA 1870, 124–126.
— Die Blei- und Galmei-Erzlagerstätten von Raibl in Kärnten. – JbRA 1873, 317–424, 3 Taf.
— Die Goldbergbaue der Hohen Tauern mit besonderer Berücksichtigung des Rauriser Goldberges. – Arch. f. prakt. Geol., 1, Wien 1880, 1–256, K. 1:75000, 3 Taf. – Bespr. VRA 1879, 330.
— Die Erzlagerstätten von Kitzbühel in Tirol und dem angrenzenden Teile Salzburgs. – Arch. f. prakt. Geol., 1, Wien 1880, 257–440, K. 1:75000, 4 Taf. – Bespr. VRA 1880, 311.
— Die Erzlagerstätten am Pfundererberg bei Klausen in Tirol. – Arch. f. prakt. Geol., 1, Wien 1880, 441–487, K. 1:7500 u. Skz. – Bespr. VRA 1880, 311.
Potonié R. Einführung in die allgemeine Kohlenpetrographie. – Berlin (Borntraeger) 1924, 285 S., 80 Abb. – Bespr. GR 18, 1927, 471.
— Die mikroskopischen Haupttypen der „Ölschiefer" und ihrer Verwandten. – Pompeckj-Festbd, NJb, Bbd 58, Abt. B, 1927, 335–352, 4 Taf. – Bespr. GZ 36/2.
— Allgemeine Petrographie der „Ölschiefer" und ihrer Verwandten mit Ausblicken auf die Erdölentstehung (Petrographie der Sapropelite). – Berlin (Borntraeger) 1928, 173 S., 27 Abb. – Bespr. GZ 38/441.
Preiswerk H. Tessinergneis. (Vortr.) – EgH 19, 1925/26, 177–187, 1 Taf.
— Bemerkungen zu Boßhardt, Der Bau der Tessiner Alpen. – Schw. Min. u. Petr. Mitt., 6, 1926, 370–375. – Bespr. GZ 43/1873.
— Coccogneis und Verzascagneis in den zentralen Tessiner Alpen. – Schw. Min. u. Petr. Mitt., 9, 1929, 454–456. – Bespr. GZ 44/9.
— Der Quarzdiorit des Coccomassivs (zentrale Tessineralpen) und seine Beziehungen zum Verzascagneis. – Schw. Min. u. Petr. Mitt., 11, 1931, 27–55, 12 Fig. – Bespr. NJb. 1933/2, 439.
— u. **Reinhard M.** Geologische Übersicht über das Tessin. – In.: Geol. Führer der Schweiz, herausgeg. v. d. Schwz. Geol. Ges., Basel (Wepf) 1934, Fasz. III, 190–204, 1 Taf., 2 Fig.
Přibram R. Analyse des Berylls vom Ifinger. – Tscherm. Min. u. petr. Mitt., 8, 1887, 190. – Bespr. VRA 1887, 104; NJb. 1887/2, 260.
Proboscht H. Über den Analcimmelaphyr von Pizmeda. – Zbl. f. Min., 1904, 79–86, 2 Fig. – Bespr. GZ 6/999; Boll. Com. geol. d'It., 36, 1905, 247.
— Zur Petrographie des Fassatales. – Zbl. f. Min., 1905, 46–54. – Bespr. Boll. Com. geol. d'It., 38, 1907, 57.
Quervain F. de. Zur Petrographie und Geologie der

Taveyannazgesteine. - Promotionsarb. Techn. Hochsch. Zürich, 1928, 87 S.; Schw. Min. u. Petr. Mitt., 8, 1930, 1-86, 2 Taf., 11 Fig. - Bespr. GZ 43 1257; Min. u. Petr. Mitt., 1, 1932, R. 305, 323, 354, 358.
— Die Erzlagerstätten am Parpaner Rothorn. Histor. Abschn. v. A. Streckeisen. - Beitr. z. Geol. d. Schw., Geotechn. Ser., 16. Lfrg, H. 2, Bern 1931, 49-70, 2 Taf., 4 Fig. - Bespr. GZ 46 A/1759; GR 23, 1932, 75; NJb. 1933/2, 730.
— Petrographische Untersuchungen an Schotter- und Pflastersteinmaterialien. I. Sandsteine und Echinodermenbreccien der Gargasienstufe (Mittlere Kreide) der helvetischen Kalkvoralpen. - Beitr. z. Geol. d. Schw., Geotechn. Ser., Kleinere Mitt. Nr. 1, Zürich (Leemann) 1931, 44 S., 2 Taf., 16 Abb.; Schw. Min. u. Petr. Mitt., 11, H. 2, 1931, 183-226, 2 Taf., 16 Abb. - Bespr. GZ 47 A/2011, 48 A/991; Z. f. prakt. Geol., 40, 1932, 191; GR 24, 1933, 122.
— Pegmatitbildungen von Brissago. - Verh. Schwz. Natf. Ges., 113. Jvers. Thun, 1932, 2 T., 356; Schwz. Min. u. Petr. Mitt., 12, 1932, 539-540.
— u. **Gschwind M.** Die nutzbaren Gesteine der Schweiz. (Einführung von P. Niggli.) - Hrg. v. d. Geotechn. Komm. d. Schwz. Natf. Ges., Bern (Huber) 1934, 456 S., 65 Abb., 4 Taf. - Bespr. PetMitt., 80, 1934, 316; Mitt. Geol. Ges. Wien, 26, Wien 1934, 222; GR 25, 1934, 362.
Quervain F. de. Nutzbare Gesteine und Mineralien der Schweiz. - In: Geol. Führer der Schweiz, herausgeg. v. d. Schwz. Geol. Ges., Basel (Wepf) 1934, Fasz. I, 15—25.
Ragazzoni G. B. Di un nuovo minerale nella provincia Bresciana. - 1829.
— Osservazioni stratigrafiche sulla provincia Bresciana, in ispecie sul terreno ferrifero e sulle formazioni porfiriche; lavorature dei minerali ferriferi in confronto coi processi esteri, specialmente in Inghilterra. - Comm. Aten. di Brescia, 1862-1864.
— Saggio di minerali bresciani adoprati od atti ad adoprarsi nelle arti decorative ed edilizie. - 1879.
Rammelsberg C. Über die Zusammensetzung des Epidots vom Sulzbachtal. - Z. DGeolGes., 1872, 69-72.
— Über Aerinit und Ginilsit. (In Graubünden.) - Z. DGeolGes., 28, 1876, 234-237. - Bespr. Jber. Natf. Ges. Grbd., NF, 22, Chur 1879, 174; Archives ... 5, 153; Rev. géol. suisse p. l'a. 1880, Genève 1881, 25.
— Über den Vesuvian von Piz Longhin. - NJb. 1889/1, 229-230. - Bespr. Arch. d. sc. phys. et nat., 23, Genève 1890, 286; EgH 1, 1890, 495; Z. f. Krist., 19, 1891, 305.
Ramsay W. Über die Absorption des Lichtes im Epidot vom Sulzbachtal. - Z. f. Krist., 13, 1887, 97-134. - Bespr. NJb. 1890/1, 1.
Rasch W. Petrographische Untersuchung der dioritischen Gesteine aus dem Gabbrogebiet des oberen Veltlin. - Inaugdiss. Jena, 1911; NJb. Bbd 32, 1911, 197-238, 1 Taf. - Bespr. GZ 17/726; Boll. Com. geol. d'It., 43, 1913, f. 4, 110.
Rasser E. O. Ausländische Marmor- und Kalksandsteinarten. - Der Geologe, Nr. 20, 1917, 365-368. - Bespr. GZ 24/882.
Rath G. v. Syenitische und andere Gebirgsarten aus den Bündtner Alpen. - Verh. Niederrhein. Ges. f. Natkde zu Bonn, 1856. - Bespr. NJb. 1858, 339.
— Über von Buchs und Studers sog. Juliergranit, welcher die nördlichen Quellgebirge des Inns zusammensetzt. - Sber. Niederrhein. Ges. f. Nat.- u. Heilkde zu Bonn, 1858. - Bespr. NJb. 1860, 726.
— Über die Gesteine der Berninaspitze. (Briefl. Mitt.) - Z. DGeolGes., 11, 1859, 353.
— Pfitscher Zirkonkristalle. - Pogg. Ann. d. Physik u. Chemie, 108, 1859, 353.
— Geognostisch-mineralogische Beobachtungen im Quellgebiete des Rheins. - Z. DGeolGes., 14, 1862, 369-532, 770.
— Die Granitmasse der Cima d'Asta. - Niederrhein. Ges. f. Nat.- u. Heilkde, Sitzg 4. Dez. 1862. - Bespr. NJb. 1863, 206; Bl. 181.
— Die Lagoraikette und das Cima d'Asta-Gebirge. - JbRA 1863, 121-128.
— Beiträge zur Kenntnis der eruptiven Gesteine der Alpen. - Z. DGeolGes., 1864, 249-266, 1 Taf. - Bespr. NJb. 1864, 718; Bl. 204.
— Geognostische Mitteilungen über die Euganeischen Berge bei Padua. - Z. DGeolGes., 1864, 461-529, 2 Taf. - Bespr. NJb. 1865, 337.
— Über eine Fundstätte von Monticellitkristallen in Begleitung von Anorthit auf der Pesmeda-Alpe am Monzoniberge in Tyrol. - Mber. Ak. d. Wiss. Berlin, Sitzg 19. 11. 1874. - Bespr. NJb. 1875, 413.
— Über einige Punkte der Mineralogie des Monzoniberges in Tirol. - Verh. Nathist. Ver. d. preuß. Rheinlande u. Westf., Bonn 1874.
— Bemerkung zu Doelters Arbeiten über das Monzonigebirge. - VRA 1875, 247-252. - Bespr. Bl. 415.
— Beiträge zur Petrographie. II. Über die Gesteine des Monzoni. - Z. DGeolGes., 27, 1875, 343-402.
— Der Monzoni im südöstlichen Teil. - Vortr. geh. i. d. Niederrhein. Ges. f. Nat.- u. Heilkde, 28, Bonn 1875. - Bespr. VRA 1875, 165; NJb. 1875, 535.
— Über Kalkspate von Ahren. - Sber. Verh. Nathist. Ver. d. Preuß. Rheinlande u. Westfalen (A. Andrae), Bonn 1875, 40-42.
— Über den Monzoni im südlichen Tirol. - Sber. Verh. Nathist. Ver. d. Preuß. Rheinlande u. Westfalen (A. Andrae), Bonn 1875, 85-124. - Bespr. Boll. Com. geol. d'It., 6, 1875, 322.
— Mineralog. Mittlgen: Pseudomorphe Monticellite von Pesmeda am Monzoni. - Poggendorffs Annalen d. Phys. u. Chem., 155, 1875, 24.
— Kalkspat aus dem Ahrental bei Bruneck in Tyrol. - Poggendorffs Ann. d. Phys. u. Chem., 155, 1875, 48 ff. - Bespr. NJb. 1875, 647.
— Über eine neue Ausbildung des Anatas von Cavradi im Tavetsch. - Mber. Preuß. Ak. d. Wiss. Berlin, 1876, 536-538. - Bespr. NJb. 1876, 64.
— Über das Mineral von Le Selle am Monzoni. (Augit oder Aktinolith?) - NJb. 1876, 402-403.
— Über rosarote Anorthite von der Alp Pesmeda. - Sber. Niederrhein. Ges. f. Nat.- u. Heilkde, 2. Juli 1877. - Bespr. NJb. 1878, 78.
— Über ungewöhnliche und anormale Flächen am Granat aus dem Pfitschtal in Tirol. - Z. f. Krist., 2, 1878. - Bespr. NJb. 1878, 531.
— Kristallsystem des Cyanits (vom Greiner). (Vortr.) - Sber. Niederrhein Ges. f. Nat.- u. Heilkunde, Bonn, 1. 7. 1878, 5 S.
— Über Skapolit von Monzoni. - Verh. Nathist. Ver. d. preuß. Rheinlande u. Westf., 6, Bonn 1879.
— Mineralien von Skopi am Lukmanierpaß. - Sber. Niederrhein. Ges. für Nat.- u. Heilkde, Bonn 1880.
— Mineralogische Mitteilungen. Neue Folge. Albite vom Skopi in Graubünden und von Viesch im Wallis. - Z. f. Krist., 5, 1881, 27-31.

— Quarz und Feldspate von Dissentis. – Z. f. Krist., 5, 1881, 490–495.

Redlich K. A. Mineralien von Cinque Valli und seiner nächsten Umgebung in Südtirol. – Tscherm. Min. u. petr. Mitt., 17, Wien 1898, 520–525. – Bespr. Boll. Com. geol. d'It., 30, 1899, 298.

— Die Bildung des Magnesits und sein natürliches Vorkommen. (Vortr.) – Fortschr. d. Min., 4, 1914, 9–42, 1 Fig.

— Sind die ostalpinen Carbonatlagerstätten und die mit ihnen genetisch verwandten Talke sedimentären Ursprungs? – Z. f. prakt. Geol., 34, 1926, 65–67. – Bespr. NJb. 1927/1, A, 127; GZ 36/1358.

— Die Geologie der innerösterreichischen Eisenerzlagerstätten. – Beitr. z. Gesch. d. österr. Eisenwesens, Abt. 1, H. 1, Wien–Berlin–Düsseldorf 1931, 165 S., 78 Abb., 7 K. – Bespr. GZ 47 A/1767; Z. f. prakt. Geol., 40, 1932, 143; GR 24, 1933, 122; Z. f. Krist., Abt. B, Min. u. Petr. Mitt., 43, 1933, 196.

Reinhard M. u. **Preiswerk H.** Exkursion Nr. 65. Cristallina–Val Bavona–Bignasco–Locarno. – In: Geol. Führer der Schweiz, herausgeg. v. d. Schwz. Geol. Ges., Basel (Wepf) 1934, Fasz. XI, 819–823, 1 Fig.

— Exkursion Nr. 66. Campolungopaß. – In: Geol. Führer der Schweiz, herausgeg. v. d. Schwz. Geol. Ges., Basel (Wepf) 1934, Fasz. XI, 824–829, 1 Fig.

Reinhard M. Exkursion Nr. 69. Bellinzona–Monte-Ceneri–Manno–Malcantone–Lugano. – In: Geol. Führer der Schweiz, herausgeg. v. d. Schwz. Geol. Ges., Basel (Wepf) 1934, Fasz. XI, 846–848.

Reis O. M. Erläuterungen zur Geolog. Karte des Wettersteingebirges. – Geogn. Jh., 23, 1910 (1911), 61–114, 2 K. 1:25000 (mit F. W. Pfaff), 1 Skz., 15 Abb., 1 Blge.

— Einzelheiten über Gesteinsarten, Schichtung und Aufbau des Niederbayerischen Tertiärs rechts der Isar. – Geogn. Jh., 31/32, 1918/19 (1920), 93–118, 2 T., 1 Skz. – Bespr. NJb. 1922/2, 83.

— Cenomaner Brockenmarmor vom „Weißen Haus" in Tirol. (Nächst Füssen.) – VBA 1931, 84–88. – Bespr. GZ 46 A/424. •

Reiser K. Über die Eruptivgesteine des Allgäu. – Tscherm. Min. u. petr. Mitt., 10, 1889, 500–548, 1 Taf., 2 Abb. – Bespr. NJb. 1891/2, 84; Mitt. Geogr. Ges. München, 1911, 445; Bl. 765.

— Geologie der Hindelanger und Pfrontener Berge im Allgäu. 1. Teil: Geogn. Jh., 33, 1920 (1922), 57–198, K. 1:25000. 2. Teil: Ebd., 35, 1922 (1923), 1–82. 3. Teil: Ebd., 37, 1924 (1925), 1–34, 1 T., 3 Abb. – Bespr. GZ 29/443, 32/575; NJb. 1924/2, 241.

Reissinger A. Untersuchungen über den tiefsten Grund des Chiemsees. – Ldskdl. Forschgen (Geogr. Ges. München), H. 28, 1929, 20 S., 1 K.; Mitt. Geogr. Ges. München, 22, 1929, 238–257, 1 K. – Bespr. Mitt. DÖAV, 1930, 49; GZ 41/1473, 42/1501; Z. f. Glkde, 18, 1930, 267; PetMitt., 77, 1931, 267.

— Untersuchungen über den Niedersonthofener See im bayerischen Allgäu. Versuch einer exakten Zeitbestimmung im postglazialen Zeitalter. – Wissensch. Veröff. d. DÖAV, 6, Innsbruck 1930, 70 S., 2 Taf. – Bespr. Mitt. Geogr. Ges. München, 23, 1930, 96; Z. f. Glkde, 18, 1930, 266; GZ 42/638; Mitt. DÖAV, 1930, 92; PetMitt., 77, 1931, 267.

— Quantitative Untersuchungen über den Schlammabsatz im Alpsee, dem Niedersonthofener See und dem Starnberger See. – Archiv f. Hydrobiol., 24, 1932, 535–542, 1 Taf.

Reithofer O. Bericht über Kluftmessungen in der Umgebung von Köfels, im Maurach und am Tauferer Berg im vorderen Ötztal. – Anzg. Ak. d. Wiss. Wien, Nr. 27 v. 1930, 3 S. – Bespr. GZ 46 A/459.

— Bericht über die Beendigung der Kluftmessungen in der weiteren Umgebung von Köfels im vorderen Ötztal. – Anzg. Ak. d. Wiss. Wien, math.-natw. Kl., Nr. 27 v. 1931, 285–286.

— Beiträge zur Geologie der Ferwallgruppe I. – JbBA 1931, 305–330, 1 Taf., 2 Fig. – Bespr. GZ 46 A/201; NJb. 1932/2, 399.

— Neue Untersuchungen über das Gebiet von Köfels im Ötztal. – JbBA 1932, 275–342, 1 Tab., 42 Fig. – Bespr. GZ 49 A/939.

Reitzenstein W. Frh. v. Mineralien von Kolm bei Dellach. – Carinthia II, 101, 1911, 139–144, 4 Fig.

Repossi E. Osservazioni geologiche e petrograf. sui dintorni di Musso (Lago di Como). – Atti Soc. it. Sc. nat. e Mus. Civ. di St. nat., v. 43, f. 3, Milano 1904, 261–304, 2 T. – Bespr. Boll. Com. geol. d'It., 36, 1905, 249.

— Appunti mineralogici sulla pegmatite di Olgiasca (Lago di Como). – Rend. R. Acc. d. Linc., s. 5, v. 13, f. 4, Roma 1904, 186–190. – Bespr. NJb. 1905/1, 203; Boll. Com. geol. d'It., 36, 1905, 248.

— Su alcuni minerali della Gaeta (Lago di Como). – Atti Soc. it. d. Sc. nat. e Mus. Civ. d. St. nat., v. 43, f. 4, Milano 1905, 422–436. – Bespr. GZ 14/1170; Boll. Com. geol. d'It., 38, 1907, 58.

— Il quarzo di Guggiate (Lago di Como). – Atti Soc. it. d. Sc. nat. e Mus. Civ. d. St. nat., v. 44, f. 2, Milano 1905, 106–114. – Bespr. GZ 7/687; Boll. Com. geol. d'It., 38, 1907, 58.

— Su alcuni minerali del granito di S. Fedelino (Lago di Como). – Rend. R. Acc. d. Linc., s. 5, v. 15, f. 9, 1 sem., Roma 1906, 505–512. – Bespr. GZ 8/765; NJb. 1907/2, 34; Boll. Com. geol. d'It., 38, 1907, 387.

— Il crisoberillo nella pegmatite di Olgiasca (Lago di Como). – Atti Congr. Nat. it. prom. da Soc. it. Sc. nat. Milano, 15–19 sett. 1906, Milano 1907, 246–248, 1 Abb.

— Osservazioni sopra alcuni minerali di Besano. – Atti Soc. it. Sc. nat. e Mus. Civ. d. Stor. nat., v. 47, Milano 1908, 86–99, 9 Abb.

— L'andalusite di Musso (Lago di Como). – Rend. R. Acc. d. Linc., v. 19, Roma 1910, 291–295. – Bespr. NJb. 1911/1, 212; GZ 15/1604; Z. f. Krist., 52, 1913, 303.

— I filoni pegmatitici di Olgiasca. – Atti Soc. it. Sc. nat., v. 52, 1914, 487–513, 2 Abb.

— Osservazioni geologiche e petrografiche sulla valle della Mera (Alpi Lombarde). Nota preliminare. – Atti Soc. it. Sc. nat. e Mus. Civ. St. nat. in Milano, v. 53, f. 2, Pavia 1914, 243–281, 10 Taf. – Bespr. Boll. Com. geol. d'It., v. 46, f. 2/3, 1917, 82.

— La bassa valle della Mera. Studi petrografici e geologici. – Soc. it. d. Sc. nat. e Mus. Civ. d. St. nat. d. Milano, Mem., Pavia, Ia, v. 8, f. 1, 1915, 3–46; IIa, v. 8, f. 2, 1916, 47–185.

— La bassa Valle della Mera. – Mem. Soc. it. Sc. nat., v. 8, 1915/1916.

Resch O. Bergkristall. – Der Schlern, 6, 1925, 116–118.

Reuss A. E. Geognostische Beobachtungen, gesammelt auf einer Reise durch Tyrol i. J. 1838. – NJb. 1840, 127–165.

Reyer E. Die Euganeen. Bau und Geschichte eines Vulkanes. – Wien (Hölder) 1877, 95 S., 1 K.

— Über die Tektonik der granitischen Gesteine von

Predazzo. - VRA 1880, 231-232. - Bespr. NJb. 1883/1, 45; Bl. 558.
— Über Predazzo. - VRA 1880, 232-233, 304; 1881, 83-84. - Bespr. NJb. 1883/1, 45; Bl. 558, 575.
— Predazzo. - JbRA 1881, 1-56, 1 T. - Bespr. NJb. 1883/1, 45; Bl. 574.
— Über Tuffe und tuffogene Sedimente. - JbRA 1881, 57-66.
— Über die Tuffe der massigen Eruptivgesteine. (Vortr.) - VRA 1881, 74.
— Die Eruptivmassen des südlichen Adamello. - NJb. 1881, Bbd 1, 419-450, 13 Abb. - Bespr. Bl. 576.
— Theoretische Geologie. - Stuttgart 1888, 867 S., 3 K., 700 Abb. - Bespr. NJb. 1889/1, 406; Bl. 750.

Rheinschlamm. Analyse des -s (nach Kaiser). - Neue Alpenpost, 1, Nr. 21, Zürich 1875, 166-167. - Bespr. Jber. Natf. Ges. Grbd., NF, 19, Chur 1876, 72.

Ricciardi L. Sulla composizione chimica di alcune rocce eruttive comprese tra il lago Maggiore e quello di Orta. - Atti Acc. Gioenia, s. 3, t. 18, Catania 1885.

Richter M. Ein neues Vorkommen von Diabasen im Karwendel. - VRA 1928, 117-120, 1 Fig. - Bespr. GZ 39/1000; NJb. 1930/2, 14.
— Der Wert der Sedimentpetrographie. - Steinbruch u. Sandgrube, 1928, 567-571. - Bespr. GZ 40/350.

Richthofen F. Frh. v. Über den Melaphyr. - Z. DGeolGes., 8, 1856, 589-659.
— Notiz über die Kontaktwirkungen des Syenites in Südtirol. (Canzacoli bei Predazzo.) - JbRA 1857, 164-165. - Bespr. NJb. 1858, 85.
— Über die Bildung und Umbildung einiger Mineralien in Südtirol. - Sber. Ak. d. Wiss. Wien, 27, 1858, 293-374.
— Über den Quarzporphyr von Südtirol. - VRA 1858, 7-8. - Bespr. Bl. 133.
— Bemerkungen über die Trennung von Melaphyr und Augitporphyr. - Sber. Ak. d. Wiss. Wien, 34, 1859, 367-434. - Bespr. Bl. 149.
— Geognostische Beschreibung der Umgegend von Predazzo, St. Cassian und der Seisser Alpe in Südtirol. - Gotha (Perthes) 1860, 327 S., K. 1: 130000, 4 Proftaf. - Bespr. VRA 1860, 62; Bl. 157.
— Über Mendola- und Schlerndolomit. - Z. DGeolGes., 26, 1874, 225-256. - Bespr. NJb. 1875, 102; VRA 1874, 350; Bl. 375.

Riechelmann R. Datolith von der Seisser Alp. - Z. f. Krist., 12, 1887, 436-438. - Bespr. VRA 1887, 132; NJb. 1888/2, 377.

Rinaldini B. v. Der postglaziale Vulkan von Köfels im Ötztal und die Kluft bei Piburg. - Z. f. Geomorph., 1, 1926, 294-296. - Bespr. Z. f. Glkde, 15, 1927, 321.
— Zwei Vorkommen jungvulkanischen Gesteines in Tirol. - Mitt. Geogr. Ges. Wien, 1927, 5-14, 1 Abb. - Bespr. GZ 37/1083; Z. f. Geomorph., 3, 1928, 166.

Riva C. Sopra alcune roccie della Val Sabbia (Prov. di Brescia). - Rend. R. Ist. Lomb. Sc. e Let., s. 2, v. 26, f. 11-12, Milano 1892, 17 S.; Giorn. di Min., Crist e Petr., v. 4, f. 3, 1893, 194-210. - Bespr. NJb. 1893/2, 494; 1895/1, 59; Boll. Com. geol. d'It., 25, 1894, 423.
— Sulle rocce paleovulcaniche del gruppo dell' Adamello. - Mem. R. Ist. Lomb. di Sc. mat. e nat., v. 17, f. 6, Milano 1896, 159-228, 4 Taf. - Bespr. NJb. 1897/2, 62; Boll. Com. geol. d'It., 28, 1897, 372.
— Sopra un dicco di diorite quarzoso-micacea presso Rino in Val Camonica. - Atti Soc. it. Sc. nat., v. 36, f. 1, Milano 1896, 21 S., 1 Taf. - Bespr. NJb. 1897/2, 65; Boll. Com. geol. d'It., 28, 1897, 373.
— Nuove osservazioni sulle roccie filoniane del gruppo dell'Adamello. - Atti d. Soc. it. Sc. nat., Milano 1897, v. 37, f. 1, 67-90. - Bespr. Boll. Com. geol. d'It., 30, 1899, 88.
— Sul metamorfismo subito dai gneiss a contatto coi porfiri quarziferi nelle vicinanze di Porto Ceresio (Lago di Lugano). - Rend. R. Ist. Lomb. Sc. nat., s. 2, v. 33, f. 2-3, Milano 1900, 146-152. - Bespr. NJb. 1902/1, 407; GZ 7/153; Boll. Com. geol. d'It., 32, 1901, 356.

Roberti G. Rocce e ghiacciai del gruppo Ortles-Cevedale. - CAI, Sez. di Milano, Comm. scient., Pavia (Fusi) 1926, 24 S.
— Ricerche sugli olii e gli scisti di S. Romedio. - Annali di chimica applicata, v. 21, 1931. - Bespr. Per. di Mineral., 3, 1932, 63.

Roccati A. Pegmatite grafitifera nella Valle Strona (Lago d'Orta). - Boll. Soc. geol. it., v. 40, f. 3, Roma 1922, 205-208.

Röder (nach - von W. K.). Die geognostischen Verhältnisse und die Mineralien des Kantons Graubünden. - Berg- u. Hüttenm. Ztg, 49, Leipzig 1890, 314-315. (S. Röder u. Tscharner.)

Rodewyk A. Die Titanitkristalle im Brennergneis. - Tscherm Min. u. petr. Mitt., 17, 1898, 544-555.

Rolle F. Übersicht der geologischen Verhältnisse der Landschaft Chiavenna in Oberitalien (1875-1877). - Wiesbaden (Bergmann) 1878, 68 S. - Bespr. NJb. 1878, 420; Mitt. DÖAV, 1878, 133; Jber. Natf. Ges. Grbd., NF, 21, Chur 1878, 109; Arch. d. sc. phys. et nat., 3e pér., t. 1, 312, 324; Rev. géol. suisse p. l'a. 1878, Genève 1879, 16, 28.
— Mikropetrographische Beiträge aus den Rhätischen Alpen. - Wiesbaden 1879, 45 S. - Bespr. VRA 1879, 211; NJb. 1880/2, 54; Mitt. DÖAV, 1880, 106; Jber. Natf. Ges. Grbd., NF, 22, Chur 1879, 173; Arch. ... t. 3, Genève 1880, 104; Rev. géol. suisse p. l'a. 1879, Genève 1880, 24.
— Studio geologico sulle Alpi dei dintorni di Chiavenna. - Boll. Com. geol. d'It., 10, Roma 1879, 474-506.

Romberg J. Vorarbeiten zur geologisch-petrographischen Untersuchung des Gebietes von Predazzo. - Sber. Ak. d. Wiss. Berlin, 1901, H. 20-21, 457-460. - Bespr. GZ 2/2034; NJb. 1903/1, 415; 1903/2, 68; Boll. Com. geol. d'It., 33, 1902, 345.
— Geologisch-petrographische Studien im Gebiete von Predazzo. I-III. - Sber. Ak. d. Wiss. Berlin, 1902, 675-702, 731-762; 1903, 43-68. - Bespr. VRA 1903, 267; GZ 4/1541; NJb. 1903/2, 68; 1904/2, 210; Boll. Com. geol. d'It., 35, 1904, 87, 419.
— Entgegnung. (Zu M. Weber, Beiträge zur Kenntnis des Monzonigebietes.) - Zbl. f. Min., 1902, 13-15. - Bespr. GZ 3/212.
— Schlußwort. (Gegen M. Weber.) - Zbl. f. Min., 1902, 139-140. - Bespr. GZ 3/214.
— Zur Richtigstellung. (Gegen J. A. Ippen.) - VRA 1903, 245-249. - Bespr. GZ 4/1678; NJb. 1904/2, 211.
— Über die Altersbeziehungen der Eruptivgesteine im Fassa- und Fleimstale. - VRA 1903, 365-380. - Bespr. GZ 7/1676; NJb. 1904/2, 213; Boll. Com. geol. d'It., 35, 1904, 420.

— Zur Abwehr. (Gegen J. A. Ippen.) – Zbl. f. Min., 1903, 497–503. – Bespr. GZ 4/1677.

— Über die chemische Zusammensetzung der Eruptivgesteine in den Gebieten von Predazzo und Monzoni. – Abh. Ak. d. Wiss. Berlin, Anhang, Physik. Abh. Nr. 5, 1904, 135 S., 1 Taf. – Bespr. GZ 8/330; NJb. 1906/1, 57; Boll. Com. geol. d'It., 36, 1905, 319.

— Über Melaphyr und Camptonit aus dem Monzonigebiete. – Zbl. f. Min., 1904, 275–279. – Bespr. GZ 7/1675; Boll. Com. geol. d'It., 36, 1905, 319.

— Zur Würdigung der gegen meine Veröffentlichungen von C. Doelter und K. Went gerichteten Angriffe. – Tscherm. Min. u. petr. Mitt., 23, 1904, 59–83. – Bespr. GZ 7/803.

— Berichtigung. (Gegen H. Proboscht.) – Zbl. f. Min., 1905, 185–186. – Bespr. GZ 7/804.

Romberg J.-Burri C. Neue Beiträge zur Petrographie von Predazzo und Monzoni. – Aus dem Nachlaß herausgeg. v. C. Burri. Mit Anhang: Übersicht über den heutigen Stand unserer Kenntnisse der Differentiation in den Gebieten von Predazzo und Monzoni. Von C. Burri. – NJb. 1928, Bbd 58, A, 109–140.

Rompel J. Ein neuer Fundort für Andalusit auf der Heimspitze in Vorarlberg. – Tscherm. Min. u. petr. Mitt., 14, 1895, 565–568. – Bespr. NJb. 1897/1, 437.

— Chloritschiefer (Pseudophit Wartha) von Gurtipohl in Vorarlberg. – Tscherm. Min. u. petr. Mitt., 15, Wien 1896, 192–194. – Bespr. VRA 1896, 130; NJb. 1897/1, 276.

— Schiefriger, strahlsteinführender Topfstein von Tafamont (oberes Montafon, Vorarlberg). – Tscherm. Min. u. petr. Mitt., 15, 1896, 351–352. – Bespr. NJb. 1897/1, 276.

Roothaan H. Petrographische Untersuchungen in den Bergen der Umgebung von Vals, .Bündner Oberland. – Jber. Natf. Ges. Grbd., NF, 59, Chur 1919, 69–151, K. 1:75000. – Bespr. GZ 24/1529; NJb. 1923/2, 241.

Rosenbusch H. Über die chemischen Beziehungen der Eruptivgesteine. – Tscherm. Min. u. petr. Mitt., 11, 1890, 144–178, Berichtigg ebd. 438. – Bespr. NJb. 1891/2, 57.

— Zur Auffassung der chemischen Natur des Grundgebirges. – Tscherm. Min. u. petr. Mitt., 12, 1891, 49–61. – Bespr. NJb. 1892/1, 275.

— Über Struktur und Klassifikation der Eruptivgesteine. – Tscherm. Min. u. petr. Mitt., 12, 1891, 351–396. – Bespr. NJb. 1893/1, 70.

Rosiwal A. Petrographische Notizen. Enstatitporphyrit und Porphyrtuff in den Karnischen Alpen. – VRA 1895, 436–444. – Bespr. Boll. Com. geol. d'It., 27, 1896, 446.

Rossi A. Marni e pietre della provincia Veronese. – Verona 1873.

Rossignoli D. Studio cristallografico del Quarzo di Val Malenco. – Riv. di Min. e Crist. it. (Panebianco), Padova 1891, v. 10, f. 1, 3–29. – Bespr. NJb. 1893/2, 18; Boll. Com. geol. d'It., 23, 1892, 413.

Rosthorn F. u. **Canaval J. L.** Beiträge zur Mineralogie und Geognosie von Kärnten. – Jb. Nathist. Mus. Klagenfurt, 1853. – Bespr. NJb. 1855, 583. S. a. JbRA 1854, 212.

Rósza M. Die Entstehung des Dolomits vom Gesichtspunkt der Sedimentation primären Magnesiumkarbonats. – Zbl. f. Min., Abt. A, 1926, 217–233. – Bespr. GZ 34/580.

— Über die Entstehung der kristallinen Magnesitlagerstätten der Alpen. – Földtani Közlöny, 55, Budapest 1926, 385–386. – Bespr. GZ 36/1821.

Rota G. Ricerche chimico-mineralogiche su alcuni minerali poco noti di Val Lanterna (Valtellina) eseguite nel laboratorio chimico della R. Università di Torino. – Sondrio 1888. – Bespr. Boll. Com. geol. d'It., 20, 1889, 382.

Roth J. Bemerkungen über die Verhältnisse von Predazzo. – Z. DGeolGes., 1851, 140–148. – Bespr. Bl. 28.

— Über den Kalk von Predazzo im Fleimsertal. – Erdmanns Journ. f. prakt. Chemie, 1851, 346–353.

— Über die Wirkung verdünnter Essigsäure auf dolomitische Kalke. (Marmolata.) – JbRA 1876, Min. Mitt., 1. H., 69.

— Die Einteilung und die chemische Beschaffenheit der Eruptivgesteine. – Z. DGeolGes., 43, 1891, 1–42. – Bespr. NJb. 1892/1, 61.

Rothpletz A. Über die Bildung der Oolithe. – Botan. Zentralbl., 1892, 4 S.

— Über das Alter der Bündner Schiefer. – Z. DGeolGes., 47, 1895, 1–56, 2 Taf., 9 Fig. – Bespr. VRA 1895, 362; NJb. 1898/1, 500; Bl. 923; PetMitt., 41, 1895, Litber., 148; Jber. Natf. Ges. Grbd., NF, 39, Chur 1896, 271; Ann. de Géogr., t. 5, Paris 1896, An. bibl., 89; EgH 5, 1897, 91, 119, 129.

— Über die Flyschfukoiden und einige andere fossile Algen sowie über liasische, Diatomeen führende Hornschwämme. – Z. DGeolGes., 48, 1896, 854–914, 3 Taf. – Bespr. NJb. 1900/1, 150.

Rotky O. Nachruf Dr. G. Tschermak. – Mitt. Geol. Ges. Wien, 20, 1927 (1928), 115.

Rüetschi G. Zur Kenntnis des Rofnagesteines. Ein Beitrag zur Gesteinsmetamorphose. – Inaugdiss. Zürich; EgH 8, 1903, 5–45, 1 K., 1 Taf. – Bespr. Ebd. 248; GZ 4/1544; Jber. Natf. Ges. Grbd., 46, 1903, 110; NJb. 1904/2, 387.

Rüger L. Gefügeanalyse und Tektonik, erläutert an einem Granulit. (Vortr.) – Z. DGeolGes., 81, 1929, 286. (Auszug.)

— Zur Frage des metamorphen Karbons (Carbonoids) im nördlichen Luganeser Seengebirge. – Zbl. f. Min., 1930, Abt. B, 379–386.

— Methoden zur petrographischen Untersuchung bituminöser Gesteine. – Erdöl, IV, 2. Aufl., Leipzig 1930, 454–483, 10 Abb. (Englersches Handbuch, V, 1930.) – Bespr. GZ 44/1004.

— Über „Faserkieselknollen" (Sillimanitquarzite) aus den Biotitgneisen des Monte Arbino (Tessin) und ihre Deutung als Gerölle. – Zbl. f. Min., 1931, Abt. B, 488–493.

— Zur Altersfrage der Bewegungen und Metamorphosen im Penninikum der Tessiner Alpen. – GR 25, 1934, 1–10. – Bespr. GZ 52 A/1987.

Rumpf J. Pennin aus dem Zillertal. – JbRA 1873, Min. Mitt., 33.

— Dolomit von Vigo im Fassatal. (Chem. An.) – JbRA 1873, Min. Mitt., 33.

— Einfache Albitkristalle aus dem Schneeberg bei Passeier. – Tscherm. Min. u. petr. Mitt., 1874, 97–101, 1 Taf. – Bespr. NJb. 1874, 868.

Russegger J. Über den Asphalt, sein Vorkommen in Tirol, seine technische Bedeutung und seine Gewinnung. – Ber. ü. d. 7. Gen.-Vers. d. Geogn.-mont. Ver., Innsbruck 1845, 23–46.

Sagni C. L. Un nuovo prodotto minerale italiano: le Ematiti da colore del Latemar (Trentino). – La Miniera ital., a. 8, n. 1, Roma 1924, 8–10.

Sala A. Stato delle scienze naturali in Brescia e catalogo dei minerali dell'Ateneo. – 1835.

Salis-Marschlins C. U. v. Die Landschaft Davos. – Alpina, 1, Winterthur 1806, 54–70.

Salmojraghi F. Steatite nella dolomia principale del Monte Bogno (Lago d'Iseo). – Atti Soc. it. d.

Sc. nat. ecc., v. 40, f. 2–3, Milano 1901, 115–128. – Bespr. Boll. Com. geol. d'It., 33, 1902, 354.

Salomon W. Geologische und petrographische Studien am Monte Aviolo im italienischen Anteil der Adamellogruppe. – Z. DGeolGes., 42, 1890, 450–556, 1 Taf. Ital. in Giorn di Min. ecc., Pavia 1890, v. 3, 38–124. – Bespr. NJb. 1892/1, 69; Boll. Com. geol. d'It., 22, 1891, 258.

— Über einige Einschlüsse metamorpher Gesteine im Tonalit. – NJb. Bbd 7, 1891, 471–487. Ital.: Giorn. di Min. ecc., v. 3, 1892, 9–22. – Bespr. VRA 1892, 55; Boll. Com. geol. d'It., 23, 1892, 418.

— Studi geologici e petrografici sul Monte Aviolo nella regione lombarda del gruppo dell'Adamello. – Giorn. di Min., Crist. e Petr., 2, 1–2, Milano 1891, 48–122. – Bespr. Boll. Com. geol. d'It., 23, 1892, 419.

— Neue Beobachtungen aus den Gebieten der Cima d'Asta und des Mte Adamello. – Tscherm. Min. u. petr. Mitt., 12, 1892, 408–415; Giorn. di Min., Crist. e Petr., Milano 1892, 141–148. – Bespr. NJb. 1893/2, 51; Bl. 823; Boll. Com. geol. d'It., 24, 1893, 380.

— Nuove osservazioni nelle regioni di Cima d'Asta e dell'Adamello. – Giorn. d. Min., Crist. e Petr., Milano 1892, 141–148. – Bespr. Boll. Com. geol. d'It., 24, 1893, 380.

— Sul metamorfismo di contatto subito dalle arenarie permiane della Valle di Daone. – Giorn. Min. ecc., v. 5, f. 1–2, Pavia 1894, 97–147. – Bespr. Boll. Com. geol. d'It., 26, 1895, 494; NJb. 1895/2, 90.

— Sul metamorfismo di contatto nel gruppo dell' Adamello. – Boll. Soc. geol. it., 14, Roma 1895, 286–289. – Bespr. Boll. Com. geol. d'It., 27, 1896, 452; NJb. 1897/1, 64.

— Geologisch-petrographische Studien im Adamellogebiet. – Sber. Ak. d. Wiss. Berlin, 50, 1896, 1033–1048. – Bespr. NJb. 1898/2, 279; Bl. 939; Boll. Com. geol. d'It., 28, 1897, 378.

— Über die Kontaktmineralien der Adamellogruppe. I. Wernerit (Dipyr) von Breno. – Tscherm. Min. u. petr. Mitt., 15, 1896, 159–183; Rend. Ist. Lomb., 1895, s. 2, v. 28, 763–786. – Bespr. VRA 1896, 128; NJb. 1899/1, 223; Boll. Com. geol. d'It., 27, 1896, 453.

— Age des roches granitiques périadriatiques. – Extr. d. Arch. d. Sc. phys. et nat., pér. 4, t. 2, Genève 1896. – Bespr. Bl. 940.

— Über Alter, Lagerungsform und Entstehungsart der periadriatischen granitisch-körnigen Massen. – Habilitationsschrift, Wien 1897; Tscherm. Min. u. petr. Mitt., 17, 1898, 109–284. – Bespr. NJb. 1898/1, 281; VRA 1897, 332; Bl. 966; Boll. Com. geol. d'It., 30, 1899, 96.

— Über das Alter der periadriatischen granitischkörnigen Massen. – EgH 5, 1897, 33–38; Atti Soc. it. Sc. nat., Milano 1897, v. 36, 209–214. – Bespr. NJb. 1898/1, 281.

— Gequetschte Gesteine des Mortirolotales. – NJb. Bbd 11, 1897, 355–402, 1 Taf. Franz.: Arch. d. sc. phys. et nat., Geneve, 4, v. 2, 1896, 8. – Bespr. VRA 1897, 335; Boll. Com. geol. d'It., 30, 1899, 97.

— Sull'origine, sull'età e sulla forma di giacitura della masse granitoidi della conca periadriatica. – Atti Soc. it. Sc. nat. e del Mus. Civ. di Storia nat., v. 36, f. 3–4, Milano 1897, 209–214. – Bespr. Boll. Com. geol. d'It., 30, 1899, 96.

— Über das Alter des Astagranits. – VRA 1898, 327–333. – Bespr. NJb. 1900/1, 51; Bl. 985; Boll. Com. geol. d'It., 30, 1899, 360.

— Bemerkungen zu der Cathreinschen Arbeit: Dioritische Gang- und Stockgesteine aus dem Pustertale. – Z. DGeolGes., 50, 1898, 589–590. – Bespr. NJb. 1900/1, 382.

— Neue Beobachtungen aus dem Gebiete des Adamello und des St. Gotthard. – Sber. Ak. d. Wiss. Berlin, 1899, I, 27–41. – Bespr. NJb. 1900/1, 51; Bl. 1015; EgH 6, 1900, 401; Arch. d. sc. phys. et nat., 10, Genève 1900, 160; Boll. Com. geol. d'It., 31, 1900, 389.

— Neue Bemerkungen zu den von A. Cathrein gegen mich gerichteten Angriffen. – Z. DGeolGes., 52, 1900, 183–188. – Bespr. NJb. 1902/1, 64.

— Über neue geologische Aufnahmen in der östlichen Hälfte der Adamellogruppe. – Sber. Ak. d. Wiss. Berlin, 1901, Nr. 8, 170–185; Nr. 31, 729–747. – Bespr. VRA 1901, 242; GZ 2/1957, 2111; NJb. 1902/1, 65; Boll. Com. geol. d'It., 33, 1902, 355.

— Über die Lagerungsform und das Alter des Adamellotonalits. – Sber. Ak. d. Wiss. Berlin, 14, 1903, 307–319. – Bespr. VRA 1903, 196; GZ 3/2210; NJb. 1904/1, 68; Boll. Com. geol. d'It., 35, 1904, 426.

— Sulla forma di giacitura e sull'età della tonalite dell'Adamello. – Comm. d. Ateneo Brescia, 1903. – Bespr. GZ 16/1276.

— Die alpino-dinarische Grenze. – VRA 1905, 341–343. – Bespr. GZ 8/1344.

— Die Entstehung der Serizitschiefer in der Val Camonica (Lomb.). – Bericht üb. d. 40. Vers. d. Oberrhein. Geolog. Vereines zu Lindau 1907, Heidelberg 1907, 7 S. – Bespr. VRA 1907, 312; GZ 10/1129; NJb. 1909/1, 221; Boll. Com. geol. d'It., 39, 1908, 301.

— Die Adamellogruppe, ein alpines Zentralmassiv, und seine Bedeutung für die Gebirgsbildung und unsere Kenntnis von dem Mechanismus der Intrusionen. – Abh. RA, 21, 1. Teil 1908, 1–433, 2 K., 6 Taf., 91 Abb.; 2. Teil 1910, 435–603, 3 Taf., 7 Abb. – Bespr. GZ 17/232; GR 1911, 524; NJb. 1911/1, 276; 1912/2, 266; PetMitt., 57, 1911/2, 219; Boll. Com. geol. d'It., 40, 1909, 383.

— L'origine degli scisti sericitici in Valle Camonica. – Comm. d. Aten. Brescia p. il 1907, 1908, 199–212. – Bespr. GZ 11/874; Boll. Com. geol. d'It., 40, 1909, 384.

— Neue geologische Beobachtungen im Baitonegebiet des Adamello. – Sber. Heidelberger Akad. d. Wiss., math.-nat. Kl., 1928, 15. Abh., 10 S. – Bespr. GZ 39/988; NJb. 1929/2, 520; 1930/3, 34; Z. f. Krist., Min. u. Petr. Mitt., RT 1, 1932, R 74.

Sandberg C. G. S. Sur l'âge du granite des Alpes occidentales et l'origine des blocs exotiques cristallins des Klippes. – C.-rend. d. séances de l'Acad. d. sc. Paris, 10. 4. 1905, 1072–1073. – Bespr. NJb. 1907/2, 406.

— L'Age du Granit alpin. – Arch. d. Sc. phys. et nat., t. 23, Genève 1907, 581–594. – Bespr. Boll. Com. geol. d'It., 39, 1908, 301.

— Über den Zusammenhang zwischen Metamorphismus und Tektonik in intensiv gefalteten Gebieten und über das tertiäre Alter der Alpengranite. (Holländ.) – Verlagen Geol.-Mijn. Gen. vor Nederland, 1. Teil, 1912–1914, 153–157. (Vortr.)

Sandberger F. v. Über Skleroklas von Hall i. T. – VRA 1869, 21–22. – Bespr. NJb. 1869, 369.

— Das Erzvorkommen von Cinquevalli bei Roncegno im Valsugana, ca. 30 km östl. v. Trient. – Sber. Ak. d. Wiss. München, 23, 1893, 199–216. – Bespr. Z. f. prakt. Geol., 1, 1893, 320; Boll. Com. geol. d'It., 25, 1894, 433.

— Zinckenit von Cinquevalli im Valsugana (Südtirol. - NJb. 1894/1, 196. - Bespr. VRA 1895, 181; Boll. Com. geol. d'It., 26, 1895, 495.

Sander B. Geologische Beschreibung des Brixner Granits. - JbRA 1906, 707-744, 1 K., 22 Abb. - Bespr. GZ 10/1795; NJb. 1909/1, 385.

— Vorläufige Mitteilungen über Beobachtungen am Westende der Hohen Tauern und in dessen weiterer Umgebung. - VRA 1909, 204-206. - Bespr. GZ 14/778, 17/40; NJb. 1912/2, 375.

— Abbildung der bei geologischen Experimenten auftretenden Klüfte und Verschiebungen im Material. - VRA 1909, 357-360, 1 Abb.

— Porphyrite aus den Sarntaler Alpen. - Z. Ferdin., 3. F., 53. H., Innsbruck 1909, 1-29, 7 K. - Bespr. VRA 1909, 411.

— Über neue geologische Forschungen im Gebiete der Tarntaler Köpfe (Navistal, Tirol). - VRA 1910, 43-50, 2 Abb. - Bespr. GZ 17/230.

— Zur Systematik zentralalpiner Decken. - VRA 1910, 357-368. - Bespr. GZ 16/391, 17/120; NJb. 1920, 357; Boll. Com. geol. d'It., 42, 1911, f. 4, 111.

— Geologische Studien am Westende der Hohen Tauern. I. Bericht. - Denkschr. Ak. d. Wiss. Wien, math.-natw. Kl., 82, 1911, 257-318, 4 Taf., 17 Fig. - Bespr. GZ 17/41; VRA 1911, 423; NJb. 1920, 357.

— Zum Vergleich zwischen Tuxer und Prättigauer Serien. - VRA 1911, 339-346, 1 Fig. - Bespr. GZ 18/58; NJb. 1920, 361; EgH 12, 1912, 324.

— Über Zusammenhänge zwischen Teilbewegung und Gefüge in Gesteinen. - Tscherm. Min. u. petr. Mitt., 30, 1911, 281-314, 2 Taf. - Bespr. VRA 1912, 216; GZ 18/2; NJb. 1915/2, 340.

— Über tektonische Gesteinsfazies. - VRA 1912, 249-257. - Bespr. GZ 18/1505; NJb. 1917, 44.

— Westende der Tauern (Tuxer Alpen). - GR 3, 1912, 453-456, 520-523, 2 Skz., 3 Prof. (Exkursionsführer). - Bespr. NJb. 1920, 364.

— Über den Stand der Aufnahmen am Tauernwestende. (Vortr.) - VRA 1913, 174-177. - Bespr. GZ 21/333; NJb. 1920, 364.

— Über die Tuxer-, Zillertaler und Pfundererberge. (Vortr.) - Ber. Natw.-med. Ver. Innsbruck, 34, 1913, röm. 41-42.

— Beiträge aus den Zentralalpen zur Deutung der Gesteinsgefüge. - JbRA 1914, 567-634, 12 Taf. - Bespr. NJb. 1921/1, 212.

— Bemerkungen über tektonische Gesteinsfazies und Tektonik des Grundgebirges. - VRA 1914, 220-240. - Bespr. GZ 22/755.

— Aufnahmsbericht über das Blatt Sterzing-Franzensfeste. - VRA 1914, 324-327. - Bespr. GZ 22/779; NJb. 1921/1, 216.

— Über einige Gesteinsgefüge. - Tscherm. Min. u. petr. Mitt., 33, 1915, 547-557. - Bespr. NJb. 1917, 45.

— Zur Geologie der Zentralalpen. I. Alpinodinarische Grenze in Tirol. II. Ostalpin und Lepontin. III. Stand der Deckentheorie in den Zentralalpen. - VRA 1916, 206-215, 223-231. - Besp. NJb. 1921/1, 216; GZ 25/266.

— Notizen zu einer vorläufigen Durchsicht der von O. Ampferer zusammengestellten exotischen Gerölle der nordalpinen Gosau. - VRA 1917, 138-142. - Bespr. GZ 23/722.

— Tektonik des Schneeberger Gesteinszuges zwischen Sterzing und Meran. - JbStA 1920, 225-234, 1 Taf. - Bespr. NJb. 1922/2, 319.

— Geologische Studien am Westende der Hohen Tauern. II. Bericht. - JbStA 1920, 273-296, 1 K., 1 Taf. - Bespr. NJb. 1922/2, 320.

— Über bituminöse Mergel. - JbStA 1921, 135-148, 4 Fig. - Bespr. NJb. 1925/2, A, 106; B, 10.

— Zur Geologie der Zentralalpen. (Mit Beiträgen von O. Ampferer u. E. Spengler.) - JbStA 1921, 173-224, 1 K., 6 Fig.

— Bemerkungen zur Petrographie der Häringer Bitumenmergel. - In: Ampferer, Zur Geologie des Unterinntaler Tertiärs. - JbBA 1922, 147-150.

— Zur Granittektonik, Mikrotektonik usw. - VBA 1923, 80-86. - Bespr. NJb. 1925/1, 623.

— Zur petrographisch-tektonischen Analyse. I-III. - JbBA 1923, 183-253, 3 Fig. (Mit Beitr. v. M. Pernt); 1925, 181-236; 1926, 323-406, 39 Fig. (Mit Beitr. v. O. Schmidegg.) - Bespr. VBA 1926, 171; NJb. 1925/1, 619; 1926/2, B, 28; 1927/1, A, 341, 344; 1927/2, B, 25; Studi Trent. Sc. Nat., 7, 1926, 186.

— Über bituminöse und kohlige Gesteine. - Mitt. Geol. Ges. Wien, 15, 1922, Wien 1923, 1-50, 4 Taf. - Bespr. NJb. 1925/2, A, 106; B, 10; GZ 36/340.

— Aufnahmsbericht über das Kartenblatt Matrei. - VBA 1924, 26-27; 1925, 12-13.

— Bemerkungen zu Machatschki, Chemische Untersuchung zweier sog. Ölschiefer etc. - Zbl. f. Min., 1925, B, 140-141.

— Über das Gefüge einiger Gesteinsfalten. - Zbl. f. Min., 1926, Abt. B, 168-173.

— Rückblick auf die Entwicklung einiger Begriffe der neueren Gesteinskunde. - Geol. Arch., 4, 1926, 1. u. 3. Heft, 29-35, 141-150.

— Bericht über Ergebnisse von im min.-petr. Institut in Innsbruck ausgeführten Gefügeanalysen. - Sber. Ak. d. Wiss. Wien, math.-nat. Kl., Abt. 1, 136, 1927, 159-165. - Bespr. NJb. 1930/2, 91.

— Versuch zur Behebung einiger Einwände. (Zur petr.-tekt. Analyse.) - VBA 1927, 111-115. - Bespr. NJb. 1928/2, 448.

— Zu H. Cloos' Gegenkritik betr. Granittektonik. - Zbl. f. Min., Abt. B, 1927, 97-103. - Bespr. GZ 36/527-529.

— Über einige Glimmergefüge. (Beiträge v. O. Schmidegg u. D. Korn.) - Notizbl. d. Ver. f. Erdkde u. d. Hess. Geol. Ldsanst. Darmstadt f. d. J. 1927, 5. F., 10. H., 180-208, 25 Abb. - Bespr. NJb. 1930/2, 76; 1931/2, 199; GZ 43/1901.

— Vorläufiger Bericht über Ergebnisse im min.-petr. Institut Innsbruck ausgeführter Gefügeanalysen (Sander, Schmidegg, Felkel). - Z. f. Krist., 65, 1927, 501-506.

— Über einen Fall von Kristallisationsschieferung mit Internregelung. - NJb. Bbd 57, Abt. A/2, 1928, 1149-1184, 12 Fig.

— Über Tektonite mit Gürtelgefüge. (Mit Litverz. über Gefügeregelung und ihre Analyse.) - Fennia, 50, Nr. 14, Helsingfors 1928, 25 S., 18 Abb. - Bespr. GZ 39/1514; NJb. 1930/2, 75.

—, **Felkel E. u. Reithofer O.** Zur tektonischen Analyse von Schmelztektoniten. - Sber. Heidelbg. Ak. d. Wiss., m.-nat. Kl., 1929, 13. Abh., 40 S.

—, **Felkel E., Drescher F. K.** Festigkeit und Gefügeregel am Beispiele eines Marmors. (Spertental, Kitzb. A.) - NJb. Bbd 59, Abt. A, 1929, 1-26, 21 Abb.

Sander B. Erläuterungen zur geologischen Karte Meran-Brixen. (Mit Beiträgen v. W. Hammer.) - Schlern-Schr., 16, Innsbruck (Wagner) 1929, 1-111 u. Ber. Natw.-mediz. Ver. Innsbruck, 41, 1929, 1-111, 4 Blg. - Bespr. Mitt. Geol. Ges. Wien, 1930, 165; GZ 43/1153; Der Schlern, 11,

1930, 90; VBA 1930, 225; Z. f. prakt. Geol., 38, 1930, 16; Studi Trent. Sc. Nat., 12, 1931, 152.
— Typisierung von deformierten Tonschiefern mit optischen und röntgenoptischen Mitteln. - Z. f. Krist., (A) 89, 1934, 97-124, 14 Abb.
— Fortschritte der Gefügekunde der Gesteine. Anwendungen, Ergebnisse, Kritik. - Fortschr. d. Min., Krist. u. Petr., 18, 1934, 111-170.
Sansoni F. Sulla serpentina d'Oira (Lago d'Orsa) e sopra alcune roccie ad essa associate. Note litologiche. - Rend. Ist. Lomb., Milano 1892, s. 2, v. 25; Giorn. di Min. ecc. (Sansoni), v. 4, f. 1, Milano 1893. - Bespr. Boll. Com. geol. d'It., 24, 1893, 381; 25, 1894, 433.
Santoni. Analisi di una Marna della Val di Non. - Giorn. agrar. d. distr. trent. e roveret., Trento 1840, n. 29.
Sartorio A. Sulla costituzione geo-mineralogica della Val Ganna. (Lomb.) - Pavia 1875.
Sauer A. Über die letzten Ursachen der allgemeinen Verbreitung der Radioaktivität in der Erdrinde. - Jh. Ver. f. Natkde Württemberg, 1925. - Bespr. NJb. 1927/1, B, 142. (Zirkon.)
Sauerbrei W. Petrographische Untersuchungen sedimentogener kristalliner Schiefer aus dem oberen Veltlin. - NJb. Bbd 34, 1912, 1-41, 4 Taf.; Inaugdiss. Jena, 1912, 43 S. - Bespr. GZ 18/1508.
Schadler J. Phosphoritvorkommen in Vorarlberg. (Bizau.) - VRA 1925, 197-198.
— Ausbildung des Phosphorits im Gault Vorarlbergs. - F. Becke Festband von Tscherm. Min. u. petr. Mitt., 38, 1925, 206-209. - Bespr. NJb. 1927/1, A, 90.
— Geologische Beobachtungen am Ostrand des Defreggengebirges (Michelbachtal). - Mitt. Natwiss. Ver. f. Steiermark, 66, 1930, 64-71, 1 K., 2 Taf. - Bespr. GZ 46 A/189; NJb. 1932/3, 5.
Schäfer R. Was uns die Gesteine der Alpen erzählen. Eine kurze Einführung in die Geologie der Alpen. - Z. DÖAV, 1893, 81-127, 35 Abb. - Bespr. Bl. 859.
Scheerer Th. Vorlfg. Bericht ü. kristallin. Silikatgesteine des Fassatales und benachbarter Gegenden Südtirols. - NJb. 1864, 385-411. - Bespr. Bl. 209.
— Bericht über die chemische Konstitution der Plutonite. - Dresden 1865.
— Beiträge zur Erklärung der Dolomitbildung mit besonderer Rücksicht auf die Dolomite Südtirols. - NJb. 1866, 1-33. - Bespr. Bl. 237.
Schierl A. Analysen von Kupferkies aus Kitzbühel. - 23. Jber. Ldsoberrealschule M. Ostrau, 1906. - Bespr. GZ 9/111.
Schinz J. J. u. H. U. Grubenmann zum 70. Geburtstag. Verzeichnis seiner Schriften. - Vierteljahrschr. Natf. Ges. Zürich, 65, 1920, 93-99.
Schischka H. Die Goldberggruppe und ihre Mineralien. - Allgem. Bergsteigerztg, 9, 1931, Nr. 405.
Schmid H. Die modernen Marmore und Alabaster, deren Einteilung, Entstehung, Eigenschaften und Verwendung nebst einer Übersicht der wichtigsten Marmorsorten. - Leipzig u. Wien (Deuticke) 1897, 77 S.
Schmidegg O. Über geregelte Wachstumsgefüge. (Seefeld, Hafelekar, Paß Thurn, Zürs, Ellmau.) - JbBA 1928, 51 S., 54 Abb.
— Geol. SpK. 1:75000, Bl. Sölden-St. Leonhard (5246). Beiträge v. W. Hammer. - Wien 1932. - Bespr. GZ 50 A/790.
— Der Bau der südlichen Ötztal-Stubaier Alpen. - Mitt. DÖAV, 1933, 130-132.
— Neue Ergebnisse in den südlichen Ötztaler Alpen. - VBA 1933, 83-95, 1 Skz. - Bespr. GZ 51 A/125.
Schmidt A. Axinit von Veszverés und Medels (Graubünden). - Természetrajzi Füzetek, 3, 1879, röm. 4. - Bespr. NJb. 1881/1, 371; Z. f. Krist., 6, 1882, 98.
— Apatit von Tavetsch und Floitental. - Z. f. Krist., 7, 1883, 551-554. - Bespr. NJb. 1884/1, 15.
Schmidt C. Petrographische Untersuchungen verschiedener Gesteine aus dem nordwestlichen Bünden. - Verh. Schw. Natf. Ges., Genf 1886, 72-73.
— Communications pétrographiques sur le NO des Grisons. I. Schistes des Grisons. - Archives d. sc. phys. et nat., t. 16, Genève 1886, 234-236.
— Communications pétrographiques sur le NO des Grisons. II. Gneis du massif de l'Adula. - Arch. d. sc. phys. et nat., t. 16, Genève 1886, 236-239. - Bespr. Rev. géol. suisse p. l'a. 1886, 17; Arch. d. sc. phys. et nat., t. 18, Genève 1887, 77.
— Geolog.-petrogr. Mitteilungen über einige Porphyre der Zentralalpen und die in Verbindung mit denselben auftretenden Gesteine. - NJb. Bbd 4, 1886, 388-472, 1 K. - Bespr. Z. f. Krist., 14, Leipzig 1888, 400; Rev. géol. suisse p. l'a. 1886, 18, 56; Arch. d. sc. phys. et nat., t. 18, Genève 1887, 78, 131; Bull. mens. d. Cl. alp. fr., Nr. 8, Paris 1886, 312; Ann. géol. univ., t. 3, Paris 1887, 552.
— u. **Steinmann G.** Geol. Mittlgen aus der Umgebung von Lugano. Exkursionsgebiet der Schw. Geol. Ges. v. 9.-11. Sept. 1889. - EgH 2, 1890, 1-82, 1 Taf.; Verh. Natf. Ges. Basel, 9, 1891, 245-326, 1 Taf. - Bespr. NJb. 1892/1, 326; Boll. Com. geol. d'It., 22, 1891, 262; 23, 1892, 420; Arch. d. sc. phys. et nat. de Genève, t. 25, Genève 1891, 341, 426, 438, 548, 555, 571; EgH 2, 1891, 369, 380, 392, 404, 411, 427; Ann. géol. univ., t. 7, Paris 1891/92, 260, 269, 290, 351.
Schmidt C. Überblick über die geologischen Verhältnisse der Umgebung von Lugano. - Atti d. Soc. elv. d. sc. nat., Actes d. l. Soc. helv. d. sc. nat., 72e sess., Lugano 1890, 35 S.
— Beiträge zur Kenntnis der im Gebiete von Blatt XIV der geol. Karte d. Schw. in 1:100000 auftretenden Gesteine. - Beitr. z. geol. Karte d. Schw., 25. Lfrg, Anhang, Bern 1891, 76 S., 1 T. - Bespr. Archives ... 29, Genève 1893, 394, 401, 407; EgH 3, 1893, 333, 340, 346; NJb. 1894/1, 293.
— Über das Alter des Bündner Schiefers im nordöstlichen Graubünden. - Ber. Vers. Oberrhein. Geol. Ver. Freiburg i. Br., 1902, 25-30. - Bespr. NJb. 1908/1, 253; GZ 3/2114; EgH 7, 1901/02, 676; Jber. Natf. Ges. Grbd., NF, 46, 106.
— Vivianit in den Diluvialtonen von Noranco bei Lugano. - EgH 9, 1906, 75-76. - Bespr. Ebd. 596; NJb. 1907/2, 189.
— Asbest und Nephrit von Poschiavo in Grbd. - Z. f. prakt. Geol., 25, 1917, 77-81, 2 Fig. - Bespr. GZ 26/148; NJb. 1921/1, 29.
Schmidt W. Zum Bewegungsbild liegender Falten. - VRA 1912, 112-119, Berichtigung ebd. 172.
— Mechanische Probleme der Gebirgsbildung. - Mitt. Geol. Ges. Wien, 8, 1915, 62-115, 1 Taf., 2 Fig. - Bespr. VRA 1916, 47; GZ 22/1210.
— Statistische Methoden beim Gefügestudium kristalliner Schiefer. - Sber. Ak. d. Wiss. Wien, Abt. 1, 126, Wien 1917, 515-538.
— Bewegungsspuren in Porphyroblasten kristalliner Schiefer. - Sber. Ak. d. Wiss. Wien, Abt. 1, 127, 1918, 293-310, 2 Taf.
— Grauwackenzone und Tauernfenster. - JbStA

1921, 101–116, 1 Fig. – Bespr. GZ 28/1618; NJb. 1922/2, 322.
— Über Gebirgsbildungshypothesen. – JbBA 1922, 1–18, 2 Fig. – Bespr. GZ 28/1603.
— Die Gesteinsumformung. – Denkschr. Ak. d. Wiss. Wien, 3, 1925, 64 S.
— Untersuchungen über die Regelung des Quarzgefüges kristalliner Schiefer. – Zbl. f. Min., 1925, Abt. A, 367–369.
— Gefügestatistik. – Tscherm. Min. u. petr. Mitt., 38 (Becke-Festbd), 1925, 392–423. – Bespr. VBA 1926, 125.
— Gefügesymmetrie und Tektonik. – JbBA 1926, 407–426, 19 Diagr. – Bespr. NJb. 1927/1, A, 340.
— Zu Sanders „Zur petrographisch-tektonischen Analyse, II". – VBA 1926, 171–176.

Schmitz Chr. Über die für Fabriken und die Gewerbe, die Baukunst und den Handel dienlichen Mineralien des bayr. Alpengebirges. – Kunst- und Gewerbeblatt Polytechn. Verein f. Bayern, 29, 1843, 510ff., 1 K.

Schnee, roter (R. C.). – zu Grafendorf im Gailtal. – Carinthia II, 91, Klagenfurt 1901, 77–78.

Schneider K. Zur Frage über die Ursachen geotektonischer Bewegungen. – GR 8, 1917, 1–35, 3 Fig. – Bespr. GZ 24/896.

Schober J. B. Über den Polyhalit von Berchtesgaden in Bayern. – Inaug.-Abh. München, 1868, 21. – Bespr. NJb. 1869, 578.

Schoklitsch K. Gesteinskundliche und geologische Studien im Gebiete zwischen Venediger- und Rieserfernergruppe. – NJb. 1933, 66. Bbd, Abt. A, 226–274, 17 Abb.; 67. Bbd, Abt. A, 486–488. – Bespr. GZ 50 A/163, 52 A/972.
— Bericht über die geologisch-petrographische Aufnahme des hintersten Defereggen- und Iseltales. – VBA 1934, 63–64.

Schoo J. Zur Diagenese der alpinen Kreide. – Diss. Univ. Zürich, Koblenz 1922, 92 S., Abb. – Bespr. GZ 29/1577.

Schötensack O. Zur Nephritfrage. – Ethnologie, 36, 1909, 141–143. – Bespr. GZ 13/861.

Schrauf A. Über das Vorkommen von Brookit im Eisenglanz von Piz Cavradi. – Sber. Ak. d. Wiss. Wien, Nr. 27, 1869, 214. – Bespr. NJb. 1870, 355.
— Sphenzwillinge vom Obersulzbachtale. – Sber. Ak. d. Wiss. Wien, 62, 1870, Okt.-Heft. – Bespr. NJb. 1871, 404.
— Anatas mit Rutil von Rauris. – Tscherm. Min. Mitt., 1872, 195.
— Analyse des Danburit vom Scopi. – Z. f. Krist., 7, 1882, 391. – Bespr. NJb. 1883/2, 11.

Schreckenthal G. Einige Eigenschaften von Gletschersand und -schlamm. (Schwarzenstein- und Morteratschgletscher.) – Fortschritte der Landwirtschaft, 2, 1927, 5 S. – Bespr. Z. f. Glkde, 17, 1929, 251.

Schröder A. Beiträge zur Kenntnis des Feinbaues des Brookits und des physikalischen Verhaltens sowie der Zustandsänderungen der drei natürlichen Titanoxyde. (Froßnitzalpe, Virgental.) – Z. f. Krist., 67, 1928, 485–542, 27 Fig. – Bespr. Min. u. Petr. Mitt., 1, 1932, R. 257, 271.

Schroll C. M. B. Geographisch-mineralogische Übersicht der salzburgischen Berg- u. Hüttenwerke. (U. a. Rettenbach, Felbertal). – Jbücher d. Berg- u. Hüttenkde (Moll), 3, Salzburg 1799, 53–73 (7. Brief).

Schröter J. S. Nachricht von einem neuentdeckten Muschelmarmor aus dem Herzogtum Kärnten mit Schillerflecken. – Der Naturforscher, 16. St., Halle 1781, 160ff. Nachtrag ebd., 18. St., 1782. (Bleiberg in Kärnten.)

Schucht R. Das Pitztal. (Min. u. Petr. v. A. Cathrein, 266–269.) – Z. DÖAV, 1906, 264–287.

Schuler J. Das Innsbrucker Gesteinrelief der Tiroler Alpen. Erwiderung und Begleitwort zu demselben. – Mitt. DÖAV, 1889, 194–196.

Schumann H. Vorweisung von Amphibolgarbenschiefern aus dem Ötztale. – Tscherm. Min. u. petr. Mitt., 39, 1928; Mitt. Min. Ges. Wien, Nr. 89, 1926, 1–2.

Schuppli H. S. Petrographische Untersuchungen im Gebiete des Piz Languard (Ob. Engadin). – Diss. Phil. Fak. II, Zürich (Frauenfeld) 1921, 107 S.; Schw. Min. u. Petr. Mitt., 1921, 61–159. – Bespr. GZ 29/793; NJb. 1926/1 A, 293; 1926/2 B, 32.

Schurk L. Der Flugkogelgneis aus dem Hochalm-Ankogelmassiv. – Tscherm. Min. u. petr. Mitt., 33, Wien 1915, 1–26, 2 Taf. – Bespr. GZ 22/741; NJb. 1916/1, 315.

Schuster M. Studien über die Flächenbeschaffenheit und die Bauweise der Danburitkristalle vom Scopi in Graubünden. – Tscherm. Min. u. petr. Mitt., 5, 1883, 397–457; 6, 1885, 301–514. – Bespr. NJb. 1886/1, 199; Z. f. Krist., 11, 1886, 277.
— Über das neue Beryllvorkommen am Ifinger. – Tscherm. Min. u. petr. Mitt., 7, Wien 1886, 452–458. – Bespr. NJb. 1887/2, 260.

Schwager A. Analysen von Gesteinen der Münchener Gegend und einiger anderer Gebietsteile. – Geogn. Jh., 12, 1899, 130–157, 4 Abb. – Bespr. NJb. 1901/1, 397.

Schwarz F. Beitrag zur mineralogischen und geologischen Charakteristik der Lagerstätte Leogang. – Berg- u. Hüttenm. Jb., 78, 1930, 60–69, 1 Skz. – Bespr. NJb. 1931/1, 169.

Schwarzenbach. Analyse des Psilomelans in Graubünden. – Mitt. Natf. Ges. Bern a. d. J. 1881, H. 1, Sber., Bern 1881, 26–27. Auszug: Jber. Natf. Ges. Grbd., NF, 25, Chur 1882, 144.

Schwinner R. Vorläufige Mitteilungen über die geologischen Verhältnisse des Nambinotales (SW-Tirol). – VRA 1917, 145–164. – Bespr. GZ 25/261.
— Neuere Anschauungen über den Alpenbau, gewonnen an den Ostalpen, bes. an der östl. Zentralzone. (Vortr.) – Z. DGeolGes., 75, 1923, B, Mber., 164–176. – Bespr. GZ 31/1883.
— Scherung, der Zentralbegriff der Tektonik. – Zbl. f. Min., 1924, 469–479, 5 Fig.
— Das Paläozoikum am Brenner. Vergleiche und Wertungen. – Zbl. f. Min., 1925, Abt. B, 241–249, 273–281, 1 Skz. – Bespr. GZ 33/753, 34/653.
— Kristallisation und gerichteter Druck. – Tscherm. Min. u. petr. Mitt., 37, 1926, 219–235, 1 Abb. – Bespr. NJb. 1928/2, 446.
— Der Bau des Gebirges östlich von der Lieser (Kärnten). Vorläuf. Mitt.; Anhang: Über die Schichtenfolge im Kristallin der Ostalpen im allgemeinen. – Sber. Ak. d. Wiss. Wien, m.-nat. Kl., Abt. 1, 136, 1927, 333–382, 2 Abb.
— Der Begriff „Scherung" in der Tektonik. – Zbl. f. Min., 1928, Abt. B, 31–43, 1 Abb. – Bespr. GZ 47 A/461.
— Geröllführende Schiefer und andere Trümmergesteine aus der Zentralzone der Ostalpen. – GR 20, 1929, 211–244, 343–370. – Bespr. GZ 41/515; NJb. 1933/2, 19.
— Das Schwereprofil der Tauernbahn. – Gerlds Beitr. z. Geophys., 29, 1931, 352–416, 5 Fig. – Bespr. GZ 47 A/93.
— Das Bewegungsbild des Klammkalkzuges. (Eine

tektonische Verknüpfung zwischen Nord- und Zentralalpen.) – Zbl. f. Min., Abt. B, 1933, 280–290, 6 Abb. – Bespr. GZ 52 A/375.

— Variscisches und alpines Gebirgssystem. – GR 24, 1933, 144–159, 1 Abb. – Bespr. GZ 52 A/376.

Sederholm J. J. Faltung und Metamorphose im Grundgebirge und in alpinen Gebieten. – Geol. Fören. i Stockholm Förhandlingar, Nr. 332, Bd 41, H. 3, Stockholm 1919, 249–256. (Zu Alb. Heims 70. Geburtstag.)

Seeland F. Die Goldzeche und der Hochnarr. – Z. DÖAV, 1878, 288–302.

Segrè C. Origine e carattere delle sedimentazioni del fiume Avisio (confluente di sinistra dell'Adige), Trentino. – Ann. d. Min., Cons. sup. d. Acque pubbl., Roma 1922, v. 4, f. 2–3, 33, 2 Taf.

Seidl E. Kerbwirkung in Technik und Wissenschaft; Kerbwirkung in der Geologie. (Vortr.) – Z. DGeolGes., 77, 1925, 300–347, 35 Abb. – Bespr. Z. f. Geomorph., 2, 1927, 307.

— Chemische und geologische Voraussetzungen für das Vorhandensein größerer nutzbarer Erdöllager in Deutschland und am Rande der Alpen- und Böhmischen Masse; Erdölbildung aus Steinkohle in tiefversenkten zerspaltenen Muldengebieten (Geosynklinalen); eine Arbeitshypothese. – Z. DGeolGes., 79, 1927, Mber., 14–20, 5 Abb. – Bespr. GZ 37/524; NJb. 1929/2, 319.

— Grundsätzliche Beziehungen zwischen Tektonik und Faziesbildung in den Nördlichen Kalkalpen und den Schweizer Alpen im Mesozoikum und Känozoikum. (Vortragsauszug.) – Z. DGeolGes., 80, 1928, B, Mber., 256–257.

— Ableitung der Knick- und Biegeform in Technik und Geologie aus ihren Elementen; Anwendung auf den Alpenbogen. – Gerlds Beiträge z. Geophysik, 22, 1929, 175–202, 28 Fig., 1 K. – Bespr. GZ 49 A/299.

— Unterschiedlichkeit von Faltensystemen, die durch Zusammenziehung oder durch Biegung entstanden sind. (Vortragsauszug.) – Z. DGeolGes., 83, 1931, 694–699. 8 Abb.

— Bruch- und Fließformen der technischen Mechanik und ihre Anwendung auf Geologie und Bergbau. Bd I: Das Formenprinzip und das Strukturprinzip als Grundlage von Grenzgebietforschungen, der technischen Mechanik und Geomechanik über bleibende Formänderungen. Bd III: Zerreißform. Bd V: Krümmungsformen (Biegung, Knickung, Faltung). Berlin (V. D. I.-Verl.) 1934.

Seidlitz W. v. Über Granit-Mylonite und ihre tektonische Bedeutung. – GR 1, 1910, 188–197; Ber. ü. d. Fortschr. d. Geol., 1, 1910, 140–149.

— Sur les granites écrasés (mylonites) des Grisons, du Vorarlberg et de l'Allgäu. – C.-Rend. Acad. d. Sc. Paris, 1910, 944–946. – Bespr. GZ 15/300; NJb. 1911/2, 92; EgH 11, 1910, 574; Boll. Com. geol. d'It., 42, 1911, f. 4, 115.

— Über die Bildung von Konglomoraten. – Mitt. der Philomat. Ges. in Elsaß-Lothr., 18, 1910, Straßburg i. E. 1911, 237–249.

Seipp H. Comersee-Marmor und seine Verwendung. – Architektur und Bauwesen, 18, Wien 1930, H. 23, 368f.

— Die Pfarrkirche zu Hall in Tirol. Eine werkstoffliche Studie. – Architektur und Bauwesen, 18, Wien 1931, H. 3, 39–46, 15 Abb.

Seisser H. Titanit von der Rauris. Ein Beitrag zur Kenntnis des Titanits. – Z. f. Krist., 47, 1910, 321–345, 3 Taf. – Bespr. NJb. 1911/2, 15.

Selb. Reise nach Graubünden und den dortigen Bergwerken von Reichenau i. d. J. 1810 und 1811. – Mineralog. Studien von Leonhard u. Selb, Nürnberg 1812, 1, 189–289, 1 K.

— Beiträge zur Mineralogie. Nachträge, Berichtigungen und Rückerinnerungen, meine Reise nach Graubünden betreffend. – Leonh. Taschenbuch, 9, Frankfurt a. M. 1815, 342–359.

Seligmann G. Über verschiedene Mineralien. (U. a. Tavetsch.) – Verh. Nathist. Ver. d. Preuß. Rheinlande u. Westf., 40, Korresp.-Bl. 2, Bonn 1883, 100–108. – Bespr. NJb. 1885/2, 240.

Sella A. Über die Kristallform des Dolomit und des Magnesit. – Tscherm. Min. u. petr. Mitt., 11, 1890, 438. – Bespr. NJb. 1891/2, 410.

Semerano G. Sulla composizione di alcuni gneiss della regione tra le Alpi Aurine e le Vedrette Giganti (Alto Adige). – Atti Acc. Sc. Ven.-Trent.-Istr., s. 3, v. 10, Padova 1929, 29–40. – Bespr. Studi Trent. Sc. Nat., 11, 1930, 182; GZ 53 A/268.

Senarclens W. Die geologischen Verhältnisse am Ostende des Tonalites der Rieserferner in Osttirol. – Zbl. f. Min., Abt. B, 1930, 150–153. – Bespr. GZ 42/1116.

Senarclens-Grancy W. Beiträge zur Geologie und Petrographie des Deferegger Berglands in Osttirol. – Unveröff. Diss. Univ. Graz, 1931.

— Beiträge zur Geologie der Deferegger Berge und der westlichen Schobergruppe in Osttirol. (2. Vorber.) – Zbl. f. Min., 1932, Abt. B, 481–490. – Bespr. GZ 49 A/162.

Senger W. v. Versuch einer Oryctographie der gef. Grfsch. Tirol. – Innsbruck (Wagner) 1821, 95 S.

Senoner A. Enumerazione sistematica dei minerali delle Provincie Venete. – Atti R. Ist. Ven., s. 3, t. 8, 1863.

Sigmund A. Petrographische Studie am Granit und Orthoklasporphyr der Umgebung von Predazzo. – VRA 1878, 340–341.

— Petrographische Studien am Granit von Predazzo. – JbRA 1879, 305–316. – Bespr. NJb. 1881/1, 238; Bl. 537.

Simmler R. Th. Spektralreaktionen einiger bündnerischer Naturprodukte. Chemisch-physik. Mitt. a. d. Laborat. Kantonsschule Chur. 1. System Calanda. 2. Bündnerschiefer und einige seiner Produkte. 3. Mineralwasser. 4. Analyse einiger Kalksteine. – Jber. Natf. Ges. Grbd., 6, Chur 1861, 20 S.

Simon M. Über Sodaeffloreszenzen im Haller Salzberg und ihre Genese. – NJb. 1914/1, 1–14, 1 Taf., 1 Fig. – Bespr. GZ 20/1526.

Simony O. Über Gipfelformen und deren praktisches Studium. – Öst. Alp.-Ztg, Wien, 17, 1895, 9 S., 1 Fig., 6 Taf.

Skeats E. W. On the chemical and mineralogical Evidence as to the Origin of the Dolomites of Southern Tyrol. – Quart. Journ. Geol. Soc., v. 61, Nr. 241, London 1905, 97–139, 5 Taf. – Bespr. NJb. 1906/2, 206; GZ 7/156; Boll. Com. geol. d'It., 38, 1907, 70.

Slavik F. Über einen Granathornfels von Predazzo. – Zbl. f. Min., 1904, 661–666, 3 Fig. – Bespr. GZ 6/1184; Boll. Com. geol. d'It., 36, 1905, 330.

— **and Spencer L. J.** Place-names of mineral-localities in Central Europe. – Mineral. Mag., v. 21, n. 121, London 1928, 441–479. – Bespr. Studi Trent. Sc. Nat., 9, 1928, 205.

Smita A. Analyse des Leonhardit aus dem Floitentale. – Tscherm. Min. Mitt., 1877, 268–271. – Bespr. NJb. 1878, 81.

Sonklar K. v. Die Gebirgsgruppe der Hohen Tauern, mit besonderer Rücksicht auf Orographie, Gletscherkunde, Geologie und Meteorologie. – Wien 1866, 408 S., 3 Taf. (Karten u. Prof.). – Bespr. Bl. 241. Auszug: PetMitt., 8, 4, 1862, 5 S.

— Die Zillertaler Alpen, mit besonderer Rücksicht auf Orographie, Gletscherkunde und Geologie. – PetMitt., Ergh. Nr. 32, Gotha 1872, 61 S., 3 K.

Sourdeau A. Frh. v. Die Mineralien des Monte Fronte bei Levico in Tirol. – Z. Ferdin., 3. F., 37. H., Innsbruck 1893, 311–342. – Bespr. VRA 1895, 181.

Spangenberg, K. Die künstliche Darstellung des Dolomits. – Z. f. Krist., 52, 1913, 529–567 u. Diss. Jena, 1913. – Bespr. NJb. 1914/1, 195.

— Cornelio Doelter. – Handwörterbuch d. Natwiss., II, 1933, 1116.

Spaenhauer F. Petrographie und Geologie der Grialetsch-Vadret-Sursura-Gruppe. – Schw. Min. u. Petr. Mitt., 12, S. 2, 1932, 27–146, K. 1:50000, Prof., 2 Taf.; Diss. Phil. Basel.

Spechtenhauser B. Diorit- und Noritporphyrite von St. Lorenzen im Pustertale. – Z. DGeolGes., 50, 1898, 279–322. – Bespr. NJb. 1900/1, 383.

Speciale S. I Basalti del Vicentino. – Boll. Com. geol. d'It., 12, 1881, 473–474.

Spencer L. J. Biographical notices of mineralogists recently deceased (5 th Series). – Min. Mag., 6, 1933, v. 23, Nr. 141, 337–366. – Bespr. GZ 51 A/482.

Spengler E. Der zweite Teil von F. Wähners „Sonnwendgebirge". – Zbl. f. Min., 1934, Abt. B, 61–64. – Bespr. Firgenwald, 7, Reichenberg 1934, H 2, 62; GZ 53 A/182.

Speyer K. Die Triasfossilien der Adamellogruppe. – VBA 1927, 142–145. – Bespr. GZ 39/1206; NJb. 1928/3, 227.

Spitz A. Basische Eruptivgesteine aus den Kitzbühler Alpen. – Tscherm. Min. u. petr. Mitt., 28, 1909, 497–534, 15 Fig. – Bespr. NJb. 1912/1, 264; GZ 20/7.

— u. **Dyhrenfurth G.** Monographie der Engadiner Dolomiten zwischen Schuls, Scanfs und dem Stilfserjoch. – Beitr. z. geol. K. d. Schw., NF, 44. Lfrg, Bern 1915, 235 S., 72 Fig., K. 1:50000, 3 Taf. – Bespr. VRA 1916, 215; GZ 23/207, 25/1144, 27/3058; NJb. 1916/2, 81; EgH 15, 1918, 118; Geogr. Anzg., 17, 1916, 245.

Spitz A. Zur Altersbestimmung der Adamellointrusion. – Mitt. Geol. Ges. Wien, 8, 1915, 227–245, 2 Fig. – Bespr. GZ 23/650; NJb. 1916/2, 308; VRA 1917, 65.

— Studien über die fazielle und tektonische Stellung des Tarntaler und Tribulaun-Mesozoikums. – JbRA 1918, 171–204, 1 Taf., 7 Fig. – Bespr. GZ 26/429.

Stach E. Zur Petrographie und Entstehung der Peißenberger Pechkohle. – Z. DGeolGes., 77, 1925, 260–299, 6 Taf. – Bespr. NJb. 1926/1, 298; GZ 33/1244.

Stache G. Die kristallinischen Schiefergesteine im Zillertale in Tirol. – VRA 1870, 216–219. – Bespr. Bl. 291.

— Aus dem Zillertale. – VRA 1870, 260–261. – Bespr. Bl. 291.

— Aus der nördlichen Schieferzone des Zentralstockes der Zillertaler Alpen. – VRA 1871, 217–220. – Bespr. Bl. 305.

— Der Gneis von Bruneck im Pustertale und einige Bemerkungen über den Begriff „Zentralgneis". – VRA 1872, 251–253. – Bespr. NJb. 1873, 98; Bl. 328.

— Über die als „Lias" gedeuteten Kalke und Kalkschiefer südlich von Landeck im Oberinntal. – VRA 1872, 253–254.

— Notizen aus den Tiroler Zentralalpen. Augengneis im Ventertal. Neues Granitvorkommen im Ortlergebiet. Die Lias?-Kalkschichten bei Finstermünz. – VRA 1873, 221–223. – Bespr. Bl. 361.

— Die paläozoischen Gebiete der Ostalpen. – JbRA 1874, 135–273, 333–424, 1 K., 3 Taf. Auszug: VRA 1874, 214–218, 345–347. – Bespr. NJb. 1876, 88; Bl. 383.

— Eruptivgesteine aus dem Ortlesgebiet und der Gebirgsgruppe des Zwölferspitz im oberen Vintschgau. – VRA 1875, 234–238.

— Die Eruptivgesteine des Zwölferspitz. Nachtrag und Berichtigung. – VRA 1875, 327–328.

— Geolog. Karte des oberen Vintschgau. (Vortr.) – VRA 1876, 176.

— Aus dem Ortlergebiete. – VRA 1876, 314–318. – Bespr. Bl. 449.

— Über die alten andesitischen Eruptivgesteine des Ortlergebietes. – VRA 1876, 346–347.

— Die Eruptivgesteine des oberen Addagebietes (Veltlin) zwischen Bormio und Boladore. Über die Zusammensetzung einer eruptiven Lagermasse im Gneisphyllit des Zwölferspitz. (Vortr.) – VRA 1876, 357–358. – Bespr. Boll. Com. geol. d'It., 8, 1877, 86.

— u. **John C. v.** Geologische und petrographische Beiträge zur Kenntnis der älteren Eruptiv- und Massengesteine der Mittel- und Ostalpen. – I. Zwölferspitzgruppe. – JbRA 1877, 143–242, 2 Taf. – II. Cevedalegruppe. – JbRA 1879, 317–404, 4 Taf. – Bespr. NJb. 1881/1, 213; Bl. 474, 528.

Stache G. Aufnahmen in Westtirol. (Vortr.) – VRA 1877, 106–107.

— Orientierungstouren im Aufnahmsgebiete der 1. Sekt. südwärts und nordwärts vom unteren Vintschgau. – VRA 1877, 205–207.

— Die geologischen Verhältnisse des Gebietes zwischen Bormio und Passo del Tonale. (Vortr.) – VRA 1878, 174–175.

— Die Eruptivgesteine des Cevedalegebietes. – VRA 1879, 66–70. – Bespr. NJb. 1881/1, 213.

— Die Umrandung des Adamellostockes und die Entwicklung der Permformation zwischen Valbuona, Giudicaria und Val Camonica. – VRA 1879, 300–310. – Bespr. Bl. 530.

— Erwiderung auf die voranstehende Kritik meines Reiseberichtes über die Umrandung des Adamellostockes. (Gegen Lepsius.) – VRA 1879, 344–350.

— Die geolog. Verhältnisse der Gebirgsabschnitte im NW und SO des unteren Ultentales in Tirol. (Vortr.) – VRA 1880, 127–131.

— 1. Durchschnitt durch die kristallinische Zentralmasse und die paläolithischen Randzonen der Alpen vom Gailtaler Gebirge über das Tauernkreuzjoch nach dem Inntal bei Wörgl. 2. Der kristallinische Gebirgsabschnitt zwischen dem hinteren Ultengebiet und Untersulzberg. 3. Aus den Randgebieten des Adamellogebirges. – VRA 1880, 249–255. – Bespr. Bl. 553.

— Über das Vorkommen von Olivingesteinen in Südtirol. (Vortr.) – VRA 1880, 287–288.

— Über die Gesteine des Adamellogebirges. (Vortr.) – VRA 1881, 37.

— Neue Daten über das Vorkommen von Olivingesteinen im Sulzberg-Ultentaler Gneisgebirge. – VRA 1881, 298–299.

— Über die Silurbildungen der Ostalpen mit Bemerkungen über die Devon-, Karbon- und Permschichten dieses Gebietes. - Z. DGeolGes., 36, 1884, 277-378, 1 Tab. - Bespr. NJb. 1885/2, 93; VRA 1885, 153; Bl. 627.

Stahl A. F. v. Bituminöse Schiefer und ihre Beziehung zum Erdöl. - Petroleum, 24, Wien 1928, Nr. 28, 1171-1172. - Bespr. NJb. 1929/2, 318.

Stark M. Grünschiefer mit Diabasreliktstruktur aus dem Großarl- und Gasteinertal. (Vortr.) - Tscherm. Min. u. petr. Mitt., 26, 1907, 142-143, 487-491; Mitt. Wiener Min. Ges., 36, 1907, 39-43. - Bespr. GZ 10/2301, 12/1377; NJb. 1909/2, 222.

— Geologisch-petrographische Aufnahme der Euganeen. - Tscherm. Min. u. petr. Mitt., NF, 27, 1908, 399-588, 22 Fig. - Bespr. GZ 16/245.

— Vorläufiger Bericht über geologische Aufnahmen im östlichen Sonnblickgebiet und über die Beziehungen der Schieferhüllen des Zentralgneises. - Sber. Ak. d. Wiss. Wien, 1912, math.-natw. Kl., 121, Abt. 1, 195-226. - Bespr. VRA 1913, 234; GZ 19/730; NJb. 1913/2, 283.

— Vorläufiger Bericht über die geologisch-petrographischen Aufnahmsarbeiten in den Euganeen im Jahre 1911. - Sber. Ak. d. Wiss. Wien, math-natw. Kl., 121, 1912, 227-237. - Bespr. GZ 20/1288.

— Beiträge zum geologisch-petrographischen Aufbau der Euganeen und zur Lakkolithenfrage. - Tscherm. Min. u. petr. Mitt., 31, 1912, 1-80. - Bespr. GZ 18/1692.

— Petrographische Provinzen. - Fortschr. d. Min., 4, 1914, 251-336. (Alpen 271-275.)

— Die Augite in den Gesteinen der Euganeen. - NJb. 1926, Bbd 55, Abt. A, 1-35.

— Das Empordringen vulkanischer Massen. Mit vornehmlicher Bezugnahme auf die Euganeen. - Lotos, Prag 1928, 327-333, 1 Sk. - Bespr. GZ 40/458.

— Über Pseudomorphosen im Grünschiefer des Großglockners und über Formermittlung aus dem Gesteinsgewebe nicht herauslösbarer Komponenten. - Zbl. f. Min., Abt. A, 1930, 481-492, 2 Fig.

Staub R. Petrographische Untersuchungen im westlichen Berninagebirge. - Diss. Zürich; Vierteljschr. Natf. Ges. Zürich, 60, 1915, 55-336, 2 Taf. - Bespr. GZ 22/1185, 23/1048; VRA 1917, 179; EgH 15, 1918, 25.

— Über granitische und monzonitische Gesteine im westlichen Berninagebirge. Ein Beitrag zur Gesteinsmetamorphose. - Diss. Univ. Zürich; Vierteljschr. Natf. Ges. Zürich, 60, 1915, 61-221. - Bespr. EgH 15, 1918, 10.

— Über Wesen, Alter und Ursachen der Gesteinsmetamorphosen in Graubünden. - Vierteljschr. Natf. Ges. Zürich, 65, 1920, 323-376. - Bespr. GZ 25/1198.

— Über ein neues Vorkommen von Glaukophangesteinen in Graubünden. - EgH 16, 1920-1922, 26-28. - Bespr. GZ 28/208; NJb. 1923/2, 250.

— Über ein Glaukophangestein aus dem Avers (Graubünden). - EgH 16, 1920-1922, 217-219. - Bespr. GZ 28/618; NJb. 1923/2, 250.

— Über die Verteilung der Serpentine in den alpinen Ophiolithen. - Schw. Min. u. Petr. Mitt., 2, 1922, 78-149. - Bespr. GZ 31/6; NJb. 1926/2, A, 253; B, 294.

— Über Glaukophan in einem Obechalbsteiner Gabbro. - Schw. Min. u. Petr. Mitt., 4, 1924, 361-364.

— Zur Kenntnis der Bergeller Berylle. - Schw. Min. u. Petr. Mitt., 4, 1924, 364-367. - Bespr. NJb. 1926/2, A, 210.

— Über einen Nephritgang im Malencoserpentin. (Erwähng.) - Verh. Schw. Natf. Ges., 106. Jvers. Aarau 1925, 2. Teil, 140.

— Nephrit als Gang im Malencoserpentin. - Schw. Min. u. Petr. Mitt., 5, 1925, 435.

— Die geologischen Verhältnisse eines Septimertunnels. B. Die vom Septimertunnel zu durchfahrenden Gesteine. - Vierteljschr. Natf. Ges. Zürich, 73, 1928, 161-194, 2 Taf., B. 175-183. - Bespr. GZ 47 A/573.

— Übersicht über die Geologie Graubündens. - In: Geol. Führer der Schweiz, herausgeg. v. d. Schwz. Geol. Ges., Basel (Wepf) 1934, Fasz. III, 205-239.

— Exkursion Nr. 98. Silsersee-Bergellermassiv. - In: Geol. Führer der Schweiz, herausgeg. v. d. Schwz. Geol. Ges., Basel (Wepf) 1934, Fasz. XIV, 1112-1123, 6 Fig.

Stein. Über Dolomite, deren Vorkommen und Benutzung. - Sber. Niederrhein. Ges. f. Nat.- u. Heilkde, Bonn 1895, 1. Hälfte, 31.

Steinhäusser J. u. **Hafner J.** Der Tiroler Marmor und seine Eigenschaften in technischer Beziehung. - VRA 1870, 207-209. - Bespr. NJb. 1871, 90.

Steinmann G. Über die Natur der Hornsteine in den mesozoischen Schichten der lombardischen Alpen. - Verh. Natf. Ges. Basel, 9, Basel 1890, 69-73 (313-317).

— Geolog. Beobachtungen in den Alpen. I. Das Alter der Bündner Schiefer. - Ber. Natf. Ges. Freiburg i. Br., 9, 1895, 245-263; 10, 1898, 215-292, Abb. - Bespr. VRA 1895, 362; NJb. 1899/2, 282; PetMitt., 44, 1898, Litber., 24; Bl. 924; Jber. Natf. Ges. Grbd., NF, 39, Chur 1896, 273; 41, 1898, 141; EgH 5, 1897-1898, 93, 132, 381, 420, 427, 449; Ann. de Géogr., 5, Paris 1896, Ann. bibl., 90; 7, 1898, 94; Arch. d. sc. phys. et nat., t. 6, Genève 1898, 284, 346, 349, 355; Boll. Com. geol. d'It., 27, 1896, 458; 30, 1899, 101.

— Geolog. Beobachtungen in den Alpen. II. Die Schardtsche Überfaltungstheorie und die geol. Bedeutung der Tiefseeabsätze und der ophiolithischen Massengesteine. - Ber. Natf. Ges. Freiburg i. Br., 16, 1906, 18-67. - Bespr. GZ 10/708; NJb. 1906/2, 88; EgH 9, 1906, 224; Jber. Natf. Ges., Grbd., NF, 49, 136; PetMitt., 52, Litber., 17.

— Über die Stellung und das Alter des Hochstegenkalkes. - Mitt. Geol. Ges. Wien, 3, 1910, 285-299, 2 Prof. - Bespr. NJb. 1910/2, 424; GZ 15/706.

— u. **Welter O. A.** Diskussion: Auffindung des Nephrits im Harze. - Sber. Niederrh. Ges. f. Nat.- u. Heilkde Bonn, Natw. Abt., 11. 7. 1910, 1 S.

Steinmann G. Über Serpentinkontakt am Longhinpaß. - Verh. Ges. Deutsch. Natf. u. Ä., Karlsruhe 1911, 2. T., 1. Hälfte, Leipzig 1911, 377-378. Bespr. GR 4, 1913, 569.

— Gibt es fossile Tiefseeablagerungen von erdgeschichtlicher Bedeutung? - GR 16, 1925, 435-468, 1 Taf., 2 Fig. - Bespr. NJb. 1927/1, A, 88.

— Die ophiolithischen Zonen in den mediterranen Kettengebirgen. - Extrait du Compte-Rendu 14e Congr. Géol. Internat. 1926, Madrid 1927, 637-667. - Bespr. GZ 41/572.

Steinmann H. G. Die Bedeutung der Liasbreccien im Unterostalpin Südbündens. - GR 20, 1929, 281-295, 2 Fig. - Bespr. Ebd. 1929, 387; GZ 41/366.

Stella A. Contributo alla geologia delle formazioni petriasiche nel versante meridionale delle Alpi Centrali. - Boll. Com. geol. d'It., v. 25, f. 1, Roma

1894, 83–114, 4 Fig. – Bespr. NJb. 1896/1, 87, 285; Boll. Com. geol. d'It., 26, 1895, 497; PetMitt., 40, 1894, Litber., 161.
— Intorno a nuovi studi sui giacimenti pirito-cupriferi della zona delle pietre verdi alpine. (Vortr.) – Boll. Soc. Geol. It., v. 50, f. 1, Roma 1931, röm. 28–29.

Sternberg K. Graf. Reise durch Tirol in die österreichischen Provinzen Italiens im Frühjahr 1804. – Regensburg (Friedrich) 1806, 166 S., 4 Taf.

Stier K. Die ostalpinen Blei-Zink-Erzvorkommen der Wettersteinkalke, deren regionale Verbreitung, Tektonik, Anreicherung, Genesis und wirtschaftliche Bedeutung. – Metall u. Erz, 26, 1929, 427–428; Kohle und Erz, 26, 1929, 835–837; Internat. Bergwirtsch. u. Bergtechnik, 22, 1929, 309–310.

Stiny J. Epidot-Amphibolit aus dem Ederbache bei Ötz (Ötztal). – Mitt. d. Deutsch. natwiss. Ver. beider Hochschulen in Graz, Juni 1908, 2. H., 4 S. – Bespr. Zbl. f. Min., 1908, 763.
— Die Muren. Versuch einer Monographie mit besonderer Berücksichtigung der Verhältnisse in den Tiroler Alpen. – Innsbruck (Wagner) 1910, 139 S., 34 Abb. – Bespr. VRA 1910, 138; GZ 14/961; Geogr. Z., 17, 1911, 110; Mitt. Geogr. Ges. Wien, 1910, 402.
— Böden unserer nördlichen Kalkalpen. – Zbl. f. d. gesamte Forstwesen, 47, Wien 1921, 317–335. – Bespr. GZ 28/958.
— Gesteinsklüfte und alpine Aufnahmsgeologie. – JbBA 1925, 97–127, 3 Abb. – Bespr. GZ 33/737; NJb. 1926/2, B, 144; Carinthia II, 1928, 77.
— Kluftmessung und Quellenkunde. – Internat. Z. f. Bohrtechnik, Erdölbergbau u. Geol., 34, Wien 1926, 97–100, 1 K. – Bespr. Carinthia II, 1928, 76.
— Einiges über Gesteinsklüfte und Geländeformen In der Reisseckgruppe (Kärnten). – Z. f. Geomorph., 1, 1926, 254–275, 9 Fig. – Bespr. GZ 34/150; Carinthia II, 1928, 77.
— Kluftmessung und Erdölgeologie. – Internat. Z. f. Bohrtechn., Erdölbergbau u. Geol., 34, Wien 1926, 137–138.
— Zur Geschichte des Millstätter Sees. – Die Eiszeit, 3, Leipzig 1926, 9–20. – Bespr. Z. f. Geomorph., 3, 1928, 154; GZ 41/85.
— Straßenwesen und Baugrundgeologie. – Der Straßenbau, H. 18, Halle a. S. 1927, 354–356.
— Die Untersuchung von natürlichen Gesteinsvorkommen für Bauzwecke und die Klüftigkeit der Felsarten. – Steinbruch und Sandgrube, Halle a. S. 1927, Nr. 25–27, 6 S.; Der Straßenbau, H. 28, 1927.
— Falten und Überschiebungen durch Gleitung (Rutschungen größten Maßstabes). – Zbl. f. Min., 1929, Abt. B, 116–125. – Bespr. GZ 41/46.
— Zur Vorausbestimmung der Erdwärme im Bauwesen besonders in Stollen und Tunnels. – Geol. u. Bauwesen, 5, H. 2, Wien (Springer) 1933, 77–123, 6 Abb.

Stockfisch K. u. **Fulda E.** Stinkschiefer und Hauptdolomit und ihre Beziehungen zum Erdöl. – Kali, 27, 1933, 111–113. – Bespr. GZ 51 A/264.

Stois A. Schalenverwitterung an Marmor. – Geol. u. Bauwesen, 5, H. 4, 1933, 256–263, 7 Abb. – Bespr. GZ 51 A/1916.

Stotter M. Nachlaß, mitgeteilt v. A. Pichler. I. Ötztaler-, II. Silvretta-Masse. – Z. Ferdin., 3. F., 8. H., Innsbruck 1859, 1–136. – Bespr. NJb. 1859, 752; Bl. 151.

Strange. Dei monti colonnari. – Milano 1778. (Basalt im Vicentinischen.)

Streckeisen A. Geologie und Petrographie der Flüelagruppe (Graubünden). – Inaugdiss. Zürich 1928, 154 S., K. 1:50000; Schw. Min. u. Petr. Mitt., 8, 1928, 85–239, 6 Taf., 3 Fig. – Bespr. Verh. Schw. Natf. Ges., 108. Jvers. Basel, 1927, 168; VBA 1928, 231; GZ 43/1255; NJb. 1930/2, 39; Min. u. Petr. Mitt., 1, 1932, R. 293, 304, 323, 367.

Strüver J. Sulla Perowskite di Val Malenco. – Transunti R. Acc. d. Linc., s. 3, v. 4, 2 S. Sitzg 6. 6. 1880. – Bespr. NJb. 1881/2, 166.

Studer B. Analysen des Dolomits der Umgebungen von Lugano. – Leonhards Taschenbuch, 21, Frankfurt a. M. 1827, 149. – Bespr. Bull. d. sc. nat. e. d. géol., 11, Paris 1827, 420.
— Analyses de quelques dolomies des environs de Lugano par M. Brunner. – Annales de sc. nat., t. 11, Paris 1827, 112. – Bespr. Bull. d. sc. nat. et de géol., t. 12, Paris 1827, 318.
— Collections de roches des Grisons. – Bull. Soc. géol. de France, 11, Paris 1840, 128–129.
— Brief über Südtirol. – NJb. 1850, 826. – Bespr. Bl. 12.
— Geologie der Schweiz. – 2 Bde, Bern u. Zürich 1851–1853, 485 + 487 S., K., Prof. u. Abb. – Bespr. NJb. 1851, 717; 1852, 231; 1854, 355; Arch. f. Min. etc., 25, 1853, 314; Arch. d. sc. phys. et nat., t. 19, Genève 1852, 5; Hist. de progr. de la géol., 6, Paris 1856, 626, 647; 7, 1857; 8, 1860. – Bespr. Bl. 60.
— Gneis und Granit der Alpen. – Z. DGeolGes., 24, 1872, 551–558, 1 Taf. – Bespr. VRA 1873, 98; NJb. 1873, 774; Arch. d. sc. phys. et nat., n. p., t. 46, 321; Rev. géol. suisse p. l'a. 1872, Genève 1873, 23.
— Index der Petrographie und Stratigraphie der Schweiz und ihrer Umgebungen. – Bern 1872, 272 S. – Bespr. NJb. 1872, 547; Ann. d. mines, Mém., 2, Paris 1872, 500; Boll. Com. geol. d'It., 3, 1872, 301; Jb. SAC, 7, 1872, 504; Arch. d. sc. phys. et nat., t. 46, 303; Rev. géol. suisse, Genève 1873, 5; Itin. f. d. Exkursgebiet SAC, Bern 1886, 33.
— Die Porphyre des Luganer Sees. I porfidi del Lago di Lugano. – Z. DGeolGes., 27, 1875, 417–421; Boll. Com. geol. d'It., 6, 1875, 372–378. – Bespr. NJb. 1875, 881; Extr. de géol. p. 1874 et 1875; Ann. d. mines, s. 7, Mém. 8, Paris 1875, 561; Arch. d. sc. phys. et nat., n. p., t. 57, 356; Rev. géol. suisse p. l'a. 1875, Genève 1876, 12.

Stur D. Die geologische Beschaffenheit der Zentralalpen zwischen dem Hochgolling und dem Venediger. – JbRA 1854, 818–852, 6 Taf. – Bespr. Bl. 62.
— Die geologischen Verhältnisse der Täler der Dran, Isel, Möll und Gail in der Umgebung von Lienz, ferner der Carnia im venetianischen Gebiete. – JbRA 1856, 405–459, 3 Taf., 4 Fig. – Bespr. NJb. 1857, 619; Bl. 91.

Stutzer O. Lagerstättensuite von Schneeberg in Tirol und von Brixlegg. – 3. Jber. Freiberger Geol. Ges., Freiberg 1910, 16. – Bespr. GZ 14/1167.
— Oberbayrische Pechkohle. (Vortr.) – Z. DGeol-Ges., 86, 1934, 29–36, 2 Abb., 4 Taf. – Bespr. GZ 5 B/218.

Supan A. Neuere Beiträge zur Korallenrifftheorie. – PetMitt., 35, H. 8, 1889, 3 S.

Suess E. Reisebericht über Ortler-Martell. – VRA 1865, 207.
— Über die Gliederung des Vicentinischen Tertiärgebirges. – Sber Ak. d. Wiss. Wien, 58, 1. Abt., 1868, 265–279. – Bespr. VRA 1868, 394; Bl. 260.
— Sur la structure des dépôts tertiaires du Vicen-

tin. - Atti d. Riun. straord. d. Soc. It. d. Sc. nat. Vicenza nel Sett. 1868, v. 11, Milano 1868, 634-649.

— Der Vulkan Venda bei Padua (Euganeen). - Sber. Ak. d. Wiss. Wien, 71, 1875, 7-13.

— Die Zukunft des Goldes. - Wien (Braumüller) 1877, 389 S. (Alpenländer: 239-244.)

— Über den Kalkglimmerschiefer der Tauern. - Anzg. Ak. d. Wiss. Wien, 1890.

— Vorläufiger Bericht über seinen Anteil an der wissenschaftlichen Untersuchung des Brennergebietes. - Mitt. DÖAV, 1894, 259-260.

— Sur la nature des charriages. - Compt.-Rend. Ac. Sc. Paris, 139, 1904, 714-716. - Bespr. GZ 7/1223; NJb. 1907/1, 270; 1907/2, 49.

— Über Zerlegung der gebirgsbildenden Kraft. - Mitt. Geolog. Ges. Wien, 6, 1913, 13-60, 2 Taf., 1 Fig.

Suess F. E. Das Gebiet der Triasfalten im Nordosten der Brennerlinie. - JbRA 1894, 589-670, 4 Taf., 2 Abb. - Bespr. NJb. 1897/1, 303; Bl. 881.

— Zur Geologie der Tarntaler Köpfe und der umgebenden Berge südöstlich von Innsbruck. (Vortr.) - VRA 1894, 176.

— Kristallinische Schiefer innerhalb und außerhalb der Alpen. - Compt.-Rend. IXe Congr. Géol. Intern. Vienne, 1903, Wien 1904, 603-608.

— Ausgewählte Kapitel aus E. Suess: Antlitz der Erde, III, 2. (Vortr.) - Mitt. Geol. Ges. Wien, 3, 1910, 330-341.

— Friedrich Martin Berwerth †. - VRA 1918, 244-247.

— Skizze des Baues der Alpen nach dem Schema der Deckenlehre 1:5000000. - In: M. Neumayr, Erdgeschichte, 3. Aufl. v. Fr. E. Suess, 1920, 425. S. M. Neumayr.

— Der innere Bau des variszischen Gebirges. (Vorl. Mitt.) - Mitt. Geol. Ges. Wien, 14, 1921 (1922), 266-271.

— Zum Vergleiche zwischen variszischem und alpinem Bau. - GR 14, 1923, 1-2. - Bespr. GZ 30/163.

— Über die Bedeutung der sogenannten Tiefenstufen im Grundgebirge der variszischen Horste. - Tscherm. Min. u. petr. Mitt., 38, 1925, 565-582. - Bespr. GZ 40/1077.

— Intrusionstektonik und Wandertektonik im variszischen Grundgebirge. - Berlin (Borntraeger) 1926, 268 S., 28 Fig., 2 Taf. - Bespr. VBA 1927, 145; Z. f. Geomorph., 3, 1928, 62; NJb. 1927/2, B, 310; Z. f. prakt. Geol., 1927, 92; GR 21, 1930, 320; GZ 40/1075, 44/1062.

— Über den Bau des Grundgebirges der variszischen Horste und seine Bedeutung für die allgemeinen Fragen der Gebirgsbildung. - Extr. d. Compt.-Rend. XIVe Congr., Géolog. Internat. 1926, Madrid 1928, III, 1087-1090.

— Zur Gliederung des variszischen Deckenbaues. (Franz.: Les terrains cristallins des horsts hercyniens et leur signification pour la tectonique générale.) - Mitt. Geol. Ges. Wien, 20, 1927 (1929), 110-111; Rev. gén. d. Sc., 39, Paris 1928, Nr. 11.

— Begriff und Bedeutung der Intrusionstektonik. (Vortr.) - GR 18, 1927, 149-154. - Bespr. GZ 40/1076.

— Ostalpines und Böhmisches Grundgebirge. - Mitt. Geol. Ges. Wien, 24, 1931, Wien 1932, 28-37.

— Friedrich Becke. - Mitt. Geol. Ges. Wien, 24, 1931, Wien 1932, 137-146.

Sussmann O. Zur Kenntnis einiger Blei- und Zinkvorkommen der alpinen Trias bei Dellach in Oberkärnten. - JbRA 1901, 265-300, 1 K., 5 Fig. - Bespr. NJb. 1904/1, 396; GZ 3/1780; Carinthia II, 1903, 62.

Sustschinsky P. v. Über den Cölestin aus dem Zementstein-Bergwerk Marienstein bei Tegernsee in Bayern. - Z. f. Krist., 34, 1901, 563-568. - Bespr. NJb. 1902/2, 202.

Suzuki J. Über die Staurolith-Andalusit-Paragenesis im Glimmergneis von Piodina bei Brissago (Tessin). - Schw. Min. u. Petr. Mitt., 10, 1930, 117-132, 5 Fig. - Bespr. NJb. 1932/2, 384.

— Über einen Skapolith-Amphibolit von Losone bei Ascona (Tessin). - Schw. Min. u. Petr. Mitt., 10, Zürich 1930, 133-139, 2 Fig. - Bespr. NJb. 1932/2, 384.

Svoboda H. Der Staubfall in der Nacht vom 10. zum 11. März 1901. - Carinthia II, 91, Klagenfurt 1901, 73-77, 115-118.

Tacconi E. Di un interessante giacimento di minerali presso Leffe in provincia di Bergamo. - Rend. R. Ist. Lomb., s. 2, v. 36, f. 15-16, Milano 1903, 899-902. - Bespr. Boll. Com. geol. d'It., 35, 1904, 433.

— Datolite di Buffaure (Val di Fassa). - Rend. R. Acc. d. Linc., s. 5, v. 14, f. 12, 2 sem., Roma 1905, 705-708. - Bespr. NJb. 1907/1, 205; GZ 7/2053; Boll. Com. geol. d'It., 38, 1907, 73.

Taddei C. Galleria Monte Piottino Faido (Ticino). - Schw. Min. u. Petr. Mitt., 10, 1930, 367-372. - Bespr. NJb. 1931/1, 519.

Tanton T. L. Die mandelsteinartigen Kersantitgänge bei Thal in Tirol. (Lienzer Klause.) - Tscherm. Min. u. petr. Mitt., 32, 1914, 469-484. - Bespr. VRA 1914, 285; GZ 22/221; NJb. 1916/1, 315.

Taramelli T. Catalogo ragionato delle rocce del Friuli. - Mem. R. Accad. d. Linc., s. 3, v. 1, Roma 1877, 67 S., 7 Taf.

— Sunto di alcune osservazioni stratigrafiche sulle formazioni precarbonifere della Valtellina e della Calabria. - Rend. Ist. Lomb., s. 2, v. 12, 1879, 904-914. - Bespr. Boll. Com. geol. d'It., 11, 1880, 121.

— Sulla determinazione cronologica del porfidi luganesi. - Rend. R. Ist. Lomb. d. Sc. e Let., v. 13, Milano 1880, 164-176. - Bespr. Boll. Com. geol. d'It., 11, 1880, 305; Archives ... 5, 145; Rev. géol. suisse p. l'a. 1880, Genève 1881, 17.

— Dell'origine della terra rossa. - Estr. d. Rend. d. R. Ist. Lomb., Milano 1880. - Bespr. VRA 1880, 336.

— Sulla posizione stratigrafica della zona fillitica di Rozzo e dei calcari marini che la comprendono. - Atti R. Ist. Lomb., Milano 1881, s. 2, v. 14, 214-218. - Bespr. Bl. 583; Boll. Com. geol. d'It., 12, 1881, 255.

— Osservazioni geologiche nel raccogliere alcuni campioni di Serpentini (Valtellina). - Boll. Soc. geol. it., v. 1, Roma 1882, 80-128.

— Sulla tectonica del Verbano. - Rend. R. Ist. Lomb., s. 2, v. 44, f. 18-19, Milano 1911-1912, 1020-1025. - Bespr. GZ 18/396; GR 4, 1913, 569; Boll. Com. geol. d'It., 45, 1916, f. 3-4, 103.

Tarnuzzer Chr. Die Manganerze bei Rofna im Oberhalbstein (Graubünden). - Z. f. prakt. Geol., 1893, 234-237, 1 Abb. - Bespr. Jber. Natf. Ges. Grbd., N.F., 37, Chur 1894, 236; EgH 4, 1894, 174, 179; Rev. géol. suisse p. l'a. 1893; Archives ..., 31, Genève 1894, 360, 365.

— u. **Bodmer-Beder A.** Neue Beiträge zur Geologie und Petrographie des östlichen Rhätikons. - Jber. Natf. Ges. Grbd., NF, 42, Chur 1899, 1 T. 37-58, 2. T. 59-85, m. Abb. - Bespr. EgH 6, 1899/1900,

399, 409, 419, 424; Arch. d. sc. phys. et nat. de Genève, 10, Genève 1910, 158, 172, 247.

Tarnuzzer Chr., Nussberger G., Lorenz P. Notice sur quelques gisements métallifères du Canton des Grisons. – Jber. Natf. Ges. Grbd., NF, 43, Chur 1900, 1–47, 3 K. – Bespr. EgH 7, 1901, 25, 54; Archives ..., 12, Genève 1901, 159, 349; NJb. 1902/2, 81; GZ 1/17; Z. f. prakt. Geol., 1900, 345.

Tarnuzzer Chr. Gesteine an der Albulabahn zwischen Filisur und Bellaluna. – Jber. Natf. Ges. Grbd., NF, 44, Chur 1900–1901, 91–93. – Bespr. NJb. 1903/2, 395.

— Die Asbestlager der Alp Quadrata bei Poschiavo. Mit einem petrograph. Beitrag v. A. Bodmer-Beder. – Jber. Natf. Ges. Grbd., NF, 45, 1902, 133–147, 2 Fig.; Z. f. prakt. Geol., 10, 1902, 217–223, 2 Fig.; 2. Aufl. 1904, Die Asbestlager im Puschlav. (Brosch.) – Bespr. EgH 7, 1901–1902, 645; Jber. Natf. Ges. Grbd , NF, 47, 230; GZ 3/1007; NJb. 1904/1, 401; Boll. Com. geol. d'It., 35, 1904, 104; 36, 1905, 339

— Geologische Verhältnisse des Albulatunnels. – Jber. Natf. Ges. Grbd., NF, 46, 1904, 3–17, 1 Taf. – Bespr. EgH 8, 1903, 640; NJb. 1905/2, 89; GZ 6/1095; PetMitt., 50, Litber., 173.

— Übersicht der Marmorvorkommnisse in Graubünden. – Jber. Natf. Ges. Grbd., NF, 47, 1905, 149–160. – Bespr. GZ 7/1009; NJb. 1907/2, 69; EgH 9, 1906, 623.

— Notiz über den Marmor von Lavin. – Jber. Natf. Ges. Grbd., NF, 49, 1906/7, 39–43. – Bespr. EgH 10, 1908, 332; GZ 13/1872.

— Serpentingestein und Asbest im Puschlaver Tale, Kanton Graubünden. – Der Steinbruch, 3, 1908. – Bespr. Jber. Natf. Ges. Grbd., NF, 52, 129.

— u. **Grubenmann U.** Beiträge zur Geologie des Unterengadins. I. Das Gebiet der Sedimente. II. Die kristallinen Gesteine. – Beitr. z. geol. Karte d. Schw., NF, Lfrg 23, Bern 1909, 248 S., K. 1:50000, 1 Taf., 25 Fig. – Bespr. EgH 11, 1910, 561; VRA 1911, 122; NJb. 1911/2, 416; GZ 17/297; PetMitt., 59, 1913/2, 220.

Tarnuzzer Chr. Quarzporphyr im obertriadischen Dolomit vom Piz Starlex (Graubünden). – EgH 11, 1910, 803–808, 2 Fig. – Bespr. Ebd. 12, 1912, 323; Jber. Natf. Ges. Grbd., NF, 54, 1913, 116; VRA 1912, 233.

— Diopsidfels im Serpentin unter dem Stallerbergpaß (Oberhalbstein). – Jber. Natf. Ges. Grbd., NF, 54, Chur 1913, 25–29. – Bespr. EgH 13, 1914, 550; GZ 23/947.

— Literatur zur physischen Landeskunde Graubündens 1914–1918. – Jber. Natf. Ges. Grbd., NF, 56, Chur 1916, 103–107; 57, 1917, 155–166; 58, 1918, 251–258; 60, 1919–1921, 217–231. – Bespr. GZ 25/188, 28/87.

— Talkschiefer und Lavezsteine des Bündner Oberlandes. – Jber. Natf. Ges. Grbd., NF, 58, 1917/18, Chur 1918, 1–38, 7 Fig. – Bespr. GZ 24/1526.

— Nickelhydrosilikat im Triasdolomit von Val Nandrò, Oberhalbstein. – Jber. Natf. Ges. Grbd., NF, 59, 1918/19, Chur 1919, 66–68. – Bespr. GZ 25/13.

— Über die Bildung und Verbreitung des Dolomits. – Natur und Technik, 14, Zürich 1922, 23–26.

Teichmüller R. Zur Frage des Alters der tektonischen Bewegungen in den südlichen Kalkalpen (westlich des Tagliamento). – Z. DGeolGes., 81, 1929, 381–410, 18 Abb. – Bespr. GZ 42/59.

— Die kretazischen Ölschiefer und Globigerinenkalke des Nonsberges und der nördlichen Brentagruppe. – Z. DGeolGes., 82, 1930, 241–252.

Teller F. Aufnahmen im oberen Ötz- und Passeiertale. – VRA 1877, 231–235.

— Geologische Mitteilungen aus der Ötztaler Gruppe. (Vorlage des Blattes Sölden–St. Leonhard. Vortr.) – VRA 1878, 64–66.

— Über die Aufnahmen im unteren Vintschgau und im Iffingergebiete bei Meran. (Vortr.) – VRA 1878, 392–396.

— Über die Aufnahme im Gebiete zwischen Etsch und Eisack. (Vortr.) – VRA 1880, 91–98. – Bespr. Bl. 555.

— Verbreitung und Lagerung der Diorite in der Umgebung von Klausen und Lüsen. – VRA 1880, 261–264. – Bespr. Bl. 556.

— Vorlage des Blattes Klausen. (Vortr.) – VRA 1880, 303–304.

— Zur Tektonik der Brixner Granitmasse und ihrer nördlichen Umrandung. – VRA 1881, 69–74. – Bespr. Bl. 579.

— u. **John C. v.** Geologisch-petrographische Beiträge zur Kenntnis der dioritischen Gesteine von Klausen in Südtirol. – JbRA 1882, 589–684, 2 Taf., 6 Fig. – Bespr. NJb. 1883/2, 200; Bl. 594.

— Über die Lagerungsverhältnisse im Westflügel der Tauernkette. – VRA 1882, 241–243. – Bespr. Bl. 592.

— Über die Aufnahmen im Hochpustertal, speziell im Bereiche der Antholzer Granitmasse. (Vortr.) – VRA 1882, 342–346. – Bespr. Bl. 593.

— Neue Vorkommnisse diploporenführender Dolomite und dolomitischer Kalke im Bereiche der altkristallinen Schichtreihe Mitteltirols. – VRA 1883, 193–200. – Bespr. Bl. 606.

— Über die geologischen Aufnahmen im Pustertale. (Vortr.) – VRA 1883, 294.

— Über porphyritische Eruptivgesteine aus den Tiroler Zentralalpen. – JbRA 1886, 715–746. – Bespr. NJb. 1888/1, 65; Bl. 684.

— Über ein neues Vorkommen von Diabasporphyrit bei Rabenstein im Sarntale, Tirol. – VRA 1887, 198–200. – Bespr. NJb. 1889/1, 96.

Tellini A. Determinazione del calcare di alcune terre coltivabili e sabbie fluviali principalmente friulane. – Estr. Boll. Ass. agrar. friul., an. 1901, Nr. 8–9, Udine 1901, 22. – Bespr. Boll. Com. geol. d'It., 34, 1903, 56.

Teppner W. Die Nephritfrage mit besonderer Berücksichtigung Steiermarks. – Mitt. Natwiss. Ver. f. Steiermark, 49, Graz 1912, 91–102. – Bespr. GZ 19/320.

Terletzki P. Die Entstehung der Südtiroler Kalkalpen. (Vortr.) – Festgabe Sekt. Danzig DÖAV, 1909, 30 S., 20 Abb. Auszug: Schr. Nat. Ges. Danzig, NF, 11, H. 3, 1905, röm. 21.

Termier P. Sur quelques analogies de faciès géologiques entre la zone centrale des Alpes orientales et la zone interne des Alpes occidentales. – C. R. Ac. Sc. Paris, t. 137, 16. 11. 1903, 807–808. – Bespr. VRA 1904, 118; GZ 6/231; NJb. 1907/1, 267.

— Sur la structure des Hohe Tauern. (Alpes du Tyrol.) – C. R. Acad. Sc. Paris, t. 137, 23. 11. 1903, 875–876. – Bespr. VRA 1904, 118; NJb. 1907/1, 267; GZ 6/232.

— Sur la synthèse géologique des Alpes orientales. – C. R. Acad. Sc. Paris, t. 137, 30. 11. 1903, 939–941. – Bespr. VRA 1904, 118; NJb. 1907/1, 268; GZ 6/233.

— Nouvelles observations géologiques sur les nappes de la région du Brenner. – C. R. Acad. Sc. Paris, 139, II, 10. 10. 1904, 578–579. – Bespr. NJb. 1907/2, 263, 435; GZ 7/1252; EgH 8, 1903, 632.

— Sur la fenêtre de la Basse-Engadine. – C. R. Acad. Sc. Paris, 139, II, 20. 10. 1904, 648–650. – Bespr. VRA 1905, 64; NJb. 1907/2, 262, 436; GZ 7/1254; EgH 8, 1903, 633.

— Die wissenschaftlichen Ergebnisse der Alpenexkursion der Geologischen Vereinigung. Aus dem Französischen: Résultats scientifiques de l'excursion alpine de la „Geolog. Vereinigung". Les nappes lépontines à l'ouest d'Innsbruck. Les n. lép. dans les Tauern. – GR 4, 1913, 42–50; C. R. Acad. Sc. Paris, t. 155, 1912, 602–608, 678–683. – Bespr. VRA 1913, 160.

— Sur la structure des Alpes orientales: Rapports des Dinarides et des Alpes. – C. R. Acad. Sc. Paris, 175, 1922, 1173–1178. – Bespr. NJb. 1930/3, 14.

Thaddéeff C. Die Olivingruppe (Val Malenco). – Z. f. Krist., 26, 1896, 28–78.

Theobald G. Untersuchungen über den Bündner Schiefer. – Verh. Allgem. Schw. Ges. f. d. ges. Natwiss. Vers. Trogen, 1857, 63–67.

— Geognostische Beobachtungen. 1. Piz Doan und das Albinagebirge im Bergell. 2. Zur Kenntnis des Bündner Schiefers. – Jber. Natf. Ges. Grbd., NF, 5, Chur 1860, 4–23, 23–57.

— Das Bündner Oberland oder der Vorderrhein mit seinen Seitentälern. – Chur 1861, 215 S., 5 Abb., 1 K.

Thienemann A. Mückenlarven bilden Gesteine. (Partenkirchen.) – Natur u. Mus., H. 11, 1933, 370–378, 5 Abb. – Bespr. GZ 52 A/637, 5 B/414.

Thugutt St. J. Sur la mordénite tyrolienne et faroërienne. (Seiser Alpe.) – C. R. Soc. Sc. Varsovie, 5, 1912, 76–79. – Bespr. NJb. 1913/2, 33; GZ 18/1131.

— Etudes microchimiques sur la lintonite, la féroélite, la galactite et la seebachite. – C. R. Soc. Sc. Varsovie, 5, 1912, 100–103. – Bespr. NJb. 1913/2, 34.

Thurn-Valsassina O. Graf. Über den Alm, sein Auftreten in Südbayern, seine Zusammensetzung und Bedeutung für die Landwirtschaft. – Diss. Techn. Hochsch. München, 1921.

Thurner A. Entstehung von Linsen in Gesteinen. – Zbl. f. Min., 1928, Abt. A, 147–158.

— Versuch einer Gliederung der kristallinen Paraschiefer an der Hand der kristallinen Gesteine von Innerkrems bei Gmund in Kärnten. – Zbl. f. Min., Abt. A, 1929, 151–166. – Bespr. GZ 41/3.

Till A. Das geologische Profil von Berg Dienten nach Hofgastein. – VRA 1906, 323–335. – Bespr. GZ 10/1950.

Toniolo A. Carta della permeabilità delle roccie del Bacino d'Alpago e brevi note illustrative. – R. Mag. Acque, Uff. Idrogr., Pubbl. Nr. 10, Venezia 1910. – Bespr. Boll. Com. geol. d'It., 42, 1911, f. 4, 127.

Tornquist A. Das Vicentinische Triasgebirge. Eine geologische Monographie. – Stuttgart (Schweizerbart) 1901, 195 S., 2 K. 1:25000, 14 Abb., 10 Fig. u. tekt. Skz. – Bespr. NJb. 1901/2, 98; GZ 2/43; Mitt. DÖAV, 1903, 49; Boll. Com. geol. d'It., 34, 1903, 60.

— Geologischer Führer durch Oberitalien. I. Das Gebirge der oberitalienischen Seen. (Beiträge v. A. Baltzer u. C. Porro.) – Sammlg. geol. Führer, IX, Berlin (Borntraeger) 1902, 302 S., 30 Abb. – Bespr. VRA 1902, 352; GZ 3/1062; PetMitt., 49, Litber., 189; EgH 7, 1901–1902, 498; Boll. Com. geol. d'It., 35, 1904, 106; Mitt. DÖAV, 1902, 175.

— Vorläufige Mitteilung über die Allgäu-Vorarlberger Flyschzone. – Sber. Preuß. Ak. d. Wiss., phys.-math. Kl., 30, 1907, 591–599. – Bespr. NJb. 1909/1, 97; GZ 11/58; EgH 10, 1908, 338.

— Die Allgäu-Vorarlberger Flyschzone und ihre Beziehung zu den ostalpinen Deckenschüben. – NJb. 1908/1, 63–112, 1 K., 8 Taf., 11 Prof. – Bespr. GZ 11/1471; EgH 10, 1908, 661; Mitt. Geogr. Ges. München, 1911, 443.

— Noch einmal die Allgäu-Vorarlberger Flyschzone und der submarine Einschub ihrer Klippenzone. – VRA 1908, 326–332. – Bespr. GZ 12/1284; EgH 10, 1908, 666.

— Die Annahme der submarinen Erhebung des Alpenzuges und über Versuche, Vorstellungen über submarine Gebirgsbewegungen zu erlangen. – Sber. Preuß. Ak. d. Wiss. Berlin, 1909, Nr. IV, 87–104. – Bespr. GZ 13/1608; EgH 11, 1910, 162.

— Eine Kritik der von Mylius geäußerten neuen Ansichten über die Herkunft der Juraklippen in der Allgäu-Vorarlberger Flyschzone. – Zbl. f. Min., 1912, 345–352, 1 Fig., 783–784. – Bespr. NJb. 1915/1, 241; GZ 21/335.

— Intrakretazische und alttertiäre Tektonik der östlichen Zentralalpen. – GR 14, 1923, 110–145. – Bespr. GZ 32/96.

— Die Blei-Zinkerz-Lagerstätte von Bleiberg-Kreuth in Kärnten. Alpine Tektonik, Vererzung und Vulkanismus. – Wien (Springer) 1927, 106 S., 31 Abb. – Bespr. VBA 1928, 103; GZ 40/1755; NJb. 1928/2, 502; Berg- u. Hüttenm. Jb., 1928, 40.

— Die geologischen Probleme der Blei-Zink-Vererzung der Ostalpen. – VBA 1928, 234–240; Z. DGeolGes., 80, 1928, B, Mber., 275–276. (Vortragsauszug.) – Bespr. GZ 42/39; NJb. 1930/2, 126.

— Führer zur montangeologischen Exkursion in die Salzburger Alpen und Kärnten. (Rauris, Gastein, Bleiberg u. a.) – Erläutergen z. d. Exkurs. d. Tagung der DGeolGes. in Wien, 1928, 8 S. S. a. Mitt. Geol. Ges. Wien, 20, 1927, Wien 1929, 120–127.

— Die geologische Position der Golderzgänge der Hohen Tauern des Thermengebietes von Wildbad Gastein. – Mitt. Geol. Ges. Wien, 20, 1927, Wien 1929, 120–122. Auch in den Erläuterungen zu den Exkursionen.

— Die metasomatische Blei-Zinkerz-Lagerstätte von Bleiberg-Kreuth bei Villach. – Mitt. Geol. Ges. Wien, 20, 1927, Wien 1929, 125–127. Auch in Erläuterungen zu den Exkursionen.

— Die Blei-Zinkvererzung der Ostalpen. – Metall und Erz, 26, 1929.

— Die Vererzungsperioden in den Ostalpen. – Metall und Erz, 26, H. 10. 1929, 241–245. – Bespr. NJb. 1930/2, 253.

— Perimagmatische Typen ostalpiner Erzlagerstätten. – Sber. Ak. d. Wiss. Wien, math.-nat. Kl., Abt. 1, 139, 1930, 291–308, 1 Taf. – Bespr. GZ 43/1046.

— Der Arsengehalt in ostalpinen apomagmatischen Blenden und Bleiglanzen. – VBA 1930, 197–202. – Bespr. GZ 44/320.

— Mineralquellen (Thermen) und Minerallagerstätten in den Ostalpen. – Mitt. Geol. Ges. Wien, 21, 1928, Wien 1930, 15–23. – Bespr. GZ 42/304.

— Der Bleierzbergbau und die Bleierzlagerstätten der Ostalpen. – Mitt. Geol. Ges. Wien, 21, 1928, Wien 1930, 155–157.

— Die Vererzungsphasen der jungen ostalpinen Erzlagerstätten. – Sber. Ak. d. Wiss. Wien, m.-n. Kl., Abt. 1, 140, 1931, 219–229, 1 Taf. – Bespr. GZ 46 A/695.

— Eine Erzlagerstätte vom Typus Raibl-Bleiberg in den Dolomiten. - Sber. Ak. d. Wiss. Wien, math.-natw. Kl., Abt. 1, 141, 1932, 31–38, 1 Taf. - Bespr. GZ 48A/1032; Z. f. prakt. Geol., 41, 1933, 39.

— Neue Untersuchungen ostalpiner Erzlagerstätten. - Metall und Erz, 29, 1932, 431–434, 3 Abb. - Bespr. GZ 49A/34; NJb. 1933/2, 303; Z. f. prakt. Geol., 41, 1933, 103.

— Erforschung von Erzlagerstätten durch das Auflichtmikroskop. - Umschau, 36, 1932, 146.

— Vererzung und Wanderung des Goldes in den Erzen der Hohen Tauern-Gänge. - Sber. Ak. d. Wiss. Wien, math.-nat. Kl., Abt. 1, 142, 1933, 41–80, 2 Fig., 3 Taf. - Bespr. GZ 51A/84; Anzg. Ak. d. Wiss. Wien, math.-nat. Kl., 70, 1933, 55.

— Die Wanderung des Goldes in den Erzen der Hohen Tauern. - Forschgen u. Fortschr., 9, Berlin 1933, 190. - Bespr. NJb. 1933/2, 732.

— Die Erzlagerstätten der Dolomiten und Venetiens. I. Der Kiesstock von Agordo. - Anzg. Ak. d. Wiss. Wien, math.-nat. Kl., 70, 1933, 276; Sber. Ak. d. Wiss. Wien, 1, 142, 1933, 263–273. - Bespr. GZ 52 A/1653.

— Eine perimagmatische Antimon-Silber-Erzlagerstätte südlich Abfaltersbach, Osttirol. - Z. DGeol-Ges., 85, 1933, 53–77, 1 Taf., 1 Skz.

Toula F. Beiträge zur Kenntnis der „Grauwackenzone" der nördlichen Alpen. - VRA 1877, 240–244. - Bespr. NJb. 1878, 425.

Trener G. B. Bericht aus der Gegend von Borgo. - VRA 1901, 252. - Bespr. NJb. 1902/2, 420; 1903/1, 122; GZ 2/1702; Boll. Com. geol. d'It., 34, 1903, 62.

— Reisebericht aus der Cima d'Asta-Gruppe (bzw. Gegend der C. d'A.) - VRA 1901, 278–280, 317–322. - Bespr. NJb. 1902/2, 420; GZ 2/1702; Boll. Com. geol. d'It., 34, 1903, 62.

— Aufnahmsbericht aus dem Raume Borgo-Fiera di Primiero. -VRA 1902, 20; 1903, 19–20; 1905, 11.

— Vorlage der geolog. Karte des Lagorai- und Cima d'Asta-Gebirges. - VRA 1902, 180–184. - Bespr. GZ 3/2453; Boll. Com. geol. d'It., 35, 1904, 108.

— Über das Vorkommen von Vanadium, Molybdän und Chrom in Silikatgesteinen. (Vortr.) - VRA 1903, 66.

— Gasförmige Elemente in Eruptivgesteinen. (Vortragstitel.) - VRA 1904, 117.

— Über die Gliederung der Quarzporphyrtafel im Lagoraigebirge. - VRA 1904, 390–394. - Bespr. NJb. 1905/2, 382; Boll. Com. geol. d'It., 36, 1905, 342.

— Über die geologischen Verhältnisse des nördlichen Abhanges der Presanella-Gruppe. (Vortr.) - VRA 1905, 174–175.

— Über Diffusion von festen Metallen in feste kristallinische Gesteine. (Vortr.) - VRA 1905, 372. - Bemerkungen hiezu: ebd. 366–370.

— Geologische Aufnahme im nördlichen Abhang der Presanellagruppe. - JbRA 1906, 405–496, 3 Taf., 1 Skz., 7 Prof. - Bespr. NJb. 1908/2, 361; Boll. Com. geol. d'It., 38, 1907, 409.

— Lagerung und Alter des Cima d'Asta Granits. (Vortr.) - VRA 1906, 188.

— Die Barytvorkommnisse vom Mte Calisio bei Trient und Darzo in Judikarien und die Genesis des Schwerspates. - JbRA 1908, 387–468, 4 Prof., 11 Diagr. - Bespr. Boll. Com. geol. d'It., 40, 1909, 609.

— Über das Alter der Adamello-Eruptivmasse. - VRA 1910, 91–118, 4 Abb. - Bespr. GZ 16/389; Boll. Com. geol. d'It., v. 42, 1911, f. 4, 128.

— Die Lagerungsverhältnisse und das Alter der Corno alto-Eruptivmasse in der Adamellogruppe. (Vorl. Mitt.) - VRA 1910, 373–382, 1 Fig. - Bespr. GZ 17/1684; NJb. 1913/1, 441; Boll. Com. geol. d'It., v. 42, 1911, f. 4, 129.

— Età e giacitura del massiccio granitico del Corno Alto (Adamello). - Tridentum, Riv. mens. di Stud. sc., an. 13, Trento 1911, 48–54, K. 1:100000. - Bespr. Boll. Com. geol. d'It., 43, 1913, f. 4, 146.

— Die sechsfache Eruptionsfolge des Adamello. Das postrhätische Alter der Tonalitzwillingsmasse. (Vorl. Mitt.) - VRA 1912, 98–112, 5 Fig.

— Bibliografia geologica della Venezia Tridentina. - Arch. per l'Alto Adige, 21, 1926, 331–446.

— Le miniere (della Venetia Tridentina). - La Ven. Trid., n. 8 d. Riv. Gerarchia, Milano 1927, 658–662.

— Bibliografia mineraria della Venezia Tridentina. - Gleno, Archivio per l'Alto Adige, 22, 1928, 18 S.

Trientl A. Die Bimssteine von Köfels (Ötztal). - Tiroler Landzeitung, 1895, Nr. 50. - Bespr. Bl. 916.

Trinker J. Petrographische Erläuterungen zur geognostischen Karte von Tirol. - In: H. v. Widmann, Erläuterungen zur geogn. Karte Tirols. - Innsbruck (Wagner) 1853, 69 S., 1 Abb. - Bespr. Bl. 44.

Tröger E. Zur Sippenteilung magmatischer Gesteine. - NJb. 1931, Bbd 62, Abt. A, 249–330, 10 Abb.

Tromp S. W. La géologie du Valle del Bitto et la tectonique des Alpes Lombardes. - Diss. Leiden, 1932, Leiden (E. Ydo) 1932, 198 S.; Leidsche Geol. Mededeel., IV. Tl., 125–320, 5 Taf. mit K. 1:50000 und Prof., 3 Fig. - Bespr. GZ 48A/1091.

Trusheim F. Die Mittenwalder Karwendelmulde. Beiträge zur Lithogenesis und Tektonik der nördlichen Kalkalpen. - Diss. Frankfurt a. M.; Wiss. Veröffentl. DÖAV, Nr. 7, 1930, 67 S., K. 1:25000, 3 Prof., 19 Abb. - Bespr. PetMitt., 77, 1931, 270; GZ 46A/1881.

Tschermak G. Nochmals der Trachyt aus den Ortler Alpen. - VRA 1865, 137–138. (S. Hochstetter.)

— Quarzführende Plagioklasgesteine. (S. Pellegrino u. Fassa.) - Sber. Ak. d. Wiss. Wien, 1867, 56ff.

— Beobachtungen über die Verbreitung des Olivin in den Felsarten. - Sber. Ak. d. Wiss. Wien, 56, 1867, 2. H., 202.

— Quarzporphyrit aus dem Val San Pellegrino (Südtirol). - VRA 1867, 31.

— Über die mikroskopische Untersuchung des Predazzites und Pencatites. - Sber. Ak. d. Wiss. Wien, 1869, Nr. 25. - Bespr. NJb. 1870, 233; Journ. f. prakt. Chemie (Erdmann u. Werther), 1869, 59.

— Die Porphyrgesteine Österreichs aus der mittleren geologischen Epoche. - Preisschr. Ak. d. Wiss. Wien, 1869, 281 S., 3 Taf. - Bespr. NJb. 1869, 866.

— Sahlit von Greiner. - Tscherm. Min. Mitt., 1872, 58.

— Scheelit aus dem Sulzbachtal. - Tscherm. Min. Mitt., 1872, 57, 114.

— Anatas mit Rutil von Rauris. - Tscherm. Min. Mitt., 1872, 195–196.

— Adular-Albit von Sulzbach. - Tscherm. Min. Mitt., 1872, 196–197.

— Mineralvorkommen im Oberhollersbach. - JbRA 1873, Min. Mitt., 46–47.

— Apatit von Unter-Sulzbach. - JbRA 1875, Min. Mitt., 208.
— Der Vesuvian in chemischer Beziehung. - Sber. Ak. d. Wiss. Wien, math.-nat. Kl., Abt. 1, Wien 1919, 351-375.
Tućan F. Kurze Notiz über Dolomit. - Zbl. f. Min., 1909, 506-509, 1 Abb.
Tunner P. Der nördliche Spateisenstein-Hauptzug in den Alpen von Innerösterreich, Salzburg und Tirol. - Jb. f. d. österr. Berg- u. Hüttenmann (Vordernberg), 3.-6. Jg., 1843-1846, Wien 1847, 389-406.
Udluft H. Über ein gemeinsames Grundprinzip für die Entstehung einiger Dolomitvorkommen. (Vortrag.) - Z. DGeolGes., 82, 1930, 253-254.
— Ein neuer Beitrag zum Dolomitproblem. - Z. DGeolGes., 83, 1931, 1-13, 1 Abb. - Bespr. GZ 45/1195; NJb. 1931/2, 754.
Uhlig J. Über Nephrit. - Aus der Natur, Z. f. Naturfreunde, Leipzig (Quelle u. Meyer) 1911, 37-45.
Uhlig V. Zur Gliederung des roten Ammonitenkalkes in der Umgebung von Rovereto. - VRA 1880, 275-276.
— u. **Becke F.** Erster Bericht über petrographische und geotektonische Untersuchungen im Hochalmmassiv und in den Radstätter Tauern. - Sber. Ak. d. Wiss. Wien, 115, 1. Abh. 1906, 1693-1737. - Bespr. GZ 11/184; NJb. 1910/1, 411.
Uhlig V. Der Deckenbau in den Ostalpen. (Vortr.) - Mitt. Geolog. Ges. Wien, 2, 1909, 462-491, 1 Taf. - Bespr. NJb. 1910/2, 420; GZ 14/780, 19/728; Boll. Com. geol. d'It., 41, 1910, 481.
— Über die Tektonik der Ostalpen. (Vortr.) - Verh. Ges. D. Natf. u. Ärzte, Salzburg 1909 (Leipzig 1910), 178-196; Natwiss. Rdsch., 24, 1909, 625-629, 637-641 (Die Tektonik ...). - Bespr. NJb. 1910/2, 420; GZ 14/780; EgH 11, 1910, 574; Boll. Com. geol. d'It., 41, 1910, 479.
Untergasser S. Contributo allo studio dei materiali da costruzione della provincia di Trento. - Riv. Studi Trentini Sc. Nat., 7, Trento 1926, 97-107.
Urban K. Gefügeanalytische Untersuchungen an skapolithführenden Gesteinen aus den Tessiner Alpen. - NJb. 1934, Bbd 68, Abt. A, 1-18, 3 Blgen. - Bespr. GZ 53 A/5.
Vaccari L. Appunti di mineralogia veneta. - Riv. di Min. e Crist. it., v. 16, f. 3-4, Padova 1896, 93-95. - Bespr. Boll. Com. geol. d'It., 28, 1897, 396.
Vacek M. Über die Schichtfolge in der Gegend der Glarner Doppelfalte. (Vortr.) - VRA 1881, 43-51. - Bespr. Arch. d. sc. phys. et nat., t. 7, 179-181, 200-201; Rev. géol. suisse p. l'a. 1881, Genève 1882, 4-6, 25-26.
— Beitrag zur Kenntnis der Glarner Alpen. - JbRA 1884, 233-262, 1 Taf. - Bespr. Arch. d. sc. phys. et nat., t. 13, 172; Rev. géol. suisse p. l'a. 1884, Genève 1885, 12.
— Einige Bemerkungen zur Theorie der Glarner Doppelfalte. - JbRA 1892, 91-112, 3 Fig. - Bespr. Jber. Natf. Ges. Grbd., NF, 36, Chur 1893, 135; EgH 3, 1893, 320; Rev. géol. suisse p. l'a. 1892; Arch. d. sc., phys. etc., t. 29, Genève 1893, 282.
— Über die geologischen Verhältnisse des obersten Val Sugana. (Vortr.) - VRA 1896, 459-473. - Bespr. NJb. 1898/2, 460; Bl. 937; Boll. Com. geol. d'It., 28, 1897, 396.
— Über die geologischen Verhältnisse des südlichen Teiles der Brentagruppe. - VRA 1898, 200-215. - Bespr. Bl. 981; Boll. Com. geol. d'It., 30, 1899, 373.
Van Holst Pellekaan W. Geologie der Gebirgsgruppe des Piz Scopi. - Diss. Zürich 1913, Amsterdam (Binger) 1913, 79 S., K. 1:50000, 3 Fig., 4 Taf. - Bespr. GZ 21/950.
Van Houten L. Die Erzlagerstätten des Pflerschtales in Südtirol. - JbBA 1930, 339-349, 2 T. - Bespr. GZ 45/283; Studi Trent. Sc. Nat., 12, 1931, 73.
— Zur Altersfrage der Pflerscher Erzlagerstätten. - Zbl. f. Min., 1931, Abt. A, 325-326. - Bespr. GZ 46 A/687.
Vardabasso S. Il Problema geologico di Predazzo in un secolo di ricerche con alcune osservazioni sull origine e la distribuzione delle roccie eruttive in generale. - Atti Acc. Sc. Ven.-Tr.-Istr., s. 3, v. 12-13, Padova 1922, 155-213, 1 Fig. - Bespr. Ebd. v. 20, 1929, 14; Studi Trent. Sc. Nat., 8, 1927, 124.
— Nuovi rinvenimenti di materiali piroclastici nei dintorni di Moena e loro importanza per la interpretazione tettonica della regione. Contributo alla conoscenza del territorio eruttivo di Predazzo e Monzoni nel Trentino. - Atti R. Ist. Ven., v. 83, p. 2, Venezia 1924, 849-858, 1 K. - Bespr. Atti Acc. Sc. Ven.-Trent.-Istr., v. 20, 1929, 14.
— Risultati di nuove ricerche sopra il territorio eruttivo di Predazzo e Monzoni nel Trentino. - Boll. Soc. geol. it., v. 43, f. 2, Roma 1924, 170-176. - Bespr. GZ 39/155; Atti Acc. Sc. Ven.-Trent.-Istr., v. 20, 1929, 15.
— Di un incluso calcareo a minerali di contatto nella monzonite di Predazzo. - Atti Acc. Sc. Ven.-Trent.-Istr., s. 3, v. 15, 1924, Padova 1925, 55-58, 1 Abb. - Bespr. Ebd. v. 20, 1929, 15; Studi Trent. Sc. Nat., 7, 1926, 184.
— I lamprofiri della provincia petrografica di Predazzo. - Annali d. R. Scuola d'Ing. di Padova, an. 4, 1928, n. 2, 195-216, 18 Fig. - Bespr. Atti Acc. Sc. Ven.-Trent.-Istr., v. 20, 1929, 17; Studi Trent. Sc. Nat., 10, 1929, 79.
— Excursioni geologiche attraverso le Dolomiti di Fiemme (Trentino). - Ann. d. R. Scuola d'Ing. di Padova, an. 4, 1928, n. 3, 295-308, 14 Fig. - Bespr. Atti Acc. Sc. Ven.-Trent.-Istr., v. 20, 1929, 17; Studi Trent. Sc. Nat., 10, 1929, 78.
— Rapporti fra attività magmatica e vicende tettoniche nella provincia petrografica di Predazzo (Trentino, Italia). - C. R. XV Congr. géol. intern., Pretoria 1929, Bd 2, 49-62, mit engl. Inhaltsangabe; Studi Trent. Sc. Nat., 11, 1930, 253-272. - Bespr. GZ 45/633, 53 A/128, 388; NJb. 1931/2, 819.
— Studio geo-idrografico del Bacino dell'Avisio (Valli di Fassa, Fiemme e Cembra). Geologia, morfologia, idrografia, carta della permeabilità delle rocce. - Min. d. Lav. Pubbl., Uff. Idrogr. d. R. Mag. a. Acque, Venezia, Sez. geol., Padova 1930, 98 S., 13 Taf., K. 1:100000.
— Carta geologica del territorio eruttivo di Predazzo e Monzoni nelle Dolomiti di Fiemme e Fassa. Sc. 1:25000. - Min. d. Lav. Pubbl., Uff. Idrogr. d. R. Mag. a. A., Venezia 1930.
—, **Cornelius-Furlani M.**, **Castiglioni B.** Carta geologica d. Tre Venezie, F. Mte Marmolada, 1:10000. - Uff. Idr. d. R. Mag. a. Acque, Venezia 1930.
Vardabasso S. Ricerche geologici sopra il territorio eruttivo di Predazzo e Monzoni nelle Dolomiti del Trentino. - Mem. Ist. Geol. Univ. di Padova, 1931, v. 11, 12 S., 12 Taf., Prof. 1:25000 u. 1:12500. - Bespr. GZ 53 A/14.

— Nuovi orizzonti aperti all'indagine geologica dalla moderna strutturologia delle rocce. (Commento all'opera di B. Sander, „Gefügekunde der Gesteine".) – Periodico di Mineralogia, An. 3, n. 1, Roma 1932, 12 S., 4 Taf.

— La piattaforma porfirica atesina, sua struttura geologica e funzione tettonica. – Atti Soc. It. p. i. Progr. d. Sc.. XX Riun. Milano 1931, v. 2, Roma 1932, 279–280.

Vavrinecz G. Ásványelemzések (Mineralanalysen). – Magyar chem. folyóirat, 38, 1932, 140–144. – Bespr. NJb. 1933/1, 419. (U. a. Helminth, Zillertal.)

Vendl M. Kristallogr. Untersuchungen. (Epidot v. Obersulzbach ...) – Földtani Közlöny, 43, Budapest 1913, 292–302, 1 Taf. (Ungar.)

Verdam J. Geologische Forschungen im nördlichen Rätikon. – Inaugdiss. Zürich, 1928, 86 S., K. 1:25000, 3 Taf. – Bespr. GZ 43/865.

Vesterberg A. Chemische Studien über Dolomit und Magnesit. – Bull. of the geol. Inst. of the Univ. of Upsala, 4, 1900, 97; 6, 1902–1903, 254. – Bespr. NJb. 1903/1, 190; 1906/1, 333.

Vigo G. Sulle porfiriti del Monte Guglielmo. – Rendic. R. Ist. Lomb., s. 2, v. 29, f. 18, Milano 1896, 1114–1124. – Bespr. NJb. 1899/1, 161; Boll. Com. geol. d'It., 28, 1897, 397.

— Di alcune rocce filoniane della valle di Scalve. – Rend. Acc. Linc. Roma, v. 7, sem. 1, Roma 1898, 172–176. – Bespr. NJb. 1899/1, 62.

— Studio petrografico su alcune roccie della Carnia. – Rend. Accad. Linc. Roma, s. 5, v. 8, f. 10, sem. 1, Roma 1899, 497–503. – Bespr. NJb. 1900/2, 396; Boll. Com. geol. d'It., 31, 1900, 418.

Villa G. B. Le rocce dei dintorni di Morbegno. – Atti Soc. It. Sc. nat., v. 8, Milano, 28 genn. 1866.

— Altre osservazioni sulle rocce dei dintorni di Morbegno. – Atti Soc. It. Sc. nat., v. 8, Milano, 22 nov. 1866.

Villa L. Di alcuni marmi e rocce della Valtellina. – Giorn. d. Ing., Arch. ed Agron., an. 14, Milano 1866, 2.

Vinassa de Regny P. Sull'orgine della „terra rossa". – Boll. Soc. geol. it., v. 23, f. 1, Roma 1904, 158–170.

— Le miniere e i minerali utili del Trentino e dell'Alto Adige. – Atti Soc. It. del progresso delle Sc., 10a riun. Pisa 1919, Roma 1920.

Viola C. Contribuzione allo studio delle roccie. Fisiografia del Granito di S. Fedelino sul Lago Maggiore. – Boll. Soc. geol. it., v. 6, 1887, 163–168, 4 Taf.

— Optische Studien über italienische Mineralien. II. Muskowit von Monte Orfano (Lago Maggire). – Z. f. Krist., 32, 1899, 113–124. – Bespr. Boll. Com. geol. d'It., 31, 1900, 424.

Virchow R. Neuere Pfahlbaufunde aus dem Bodensee, namentlich Nephrit und Jadeit. Mit Anhang von A. Arzruni. – Verh. Berliner Anthrop. Gesellsch., 14, 1882, 563–567.

Vivenot F. v. Beiträge zur mineralogischen Topographie von Österr.-Ung. Alphabetisches Verzeichnis der von neuen Fundorten bekanntgewordenen Mineralien. – JbRA 1869, 595–612.

Vortisch W. Oberrhätischer Riffkalk und Lias in den nordöstlichen Alpen. I. Teil. – JbBA 1926, 1–64, 4 Abb., 1 Taf. – Bespr. GZ 35/169; NJb. 1927/2, B, 5.

— Oberrhätischer Riffkalk und Lias in den nordöstlichen Alpen. II. Teil. – Vorl. Mitt. VBA 1926, 184–186; JbBA 1927, 93–122, 7 Abb. – Bespr. NJb. 1927/2, B, 5; GZ 39/1205.

— Ursache und Einteilung der Schichtung. – JbBA 1930, 453–496, 3 Abb. – Bespr. GZ 45/314.

— Tektonik und Breccienbildung in der Kammerker-Sonntagshorngruppe. – JbBA 1931, 81–96, 4 Abb. – Bespr. GZ 46A/734.

Vrba C. Mineralog. Notizen: Anatas von Rauris in Salzburg, Datolith von Theiß in Tirol. – Z. f. Krist., 1881, 417.

— V. Ritter von Zepharovich † 24. 2. 1890. – NJb. 1890/2, 8 S. Mit Schriftenverz.

Waagen L. Die alten Goldbergbaue des Lungau. (Vortr.) – VRA 1912, 170–171.

— Die Goldbergbaue der Tauern. (Vortr.) – Mitt. Geol. Ges. Wien, 5, 1912, 113–118.

Wachter F. II. Die Minerale der Rauris. Nachträge und Berichtigungen. – 8. Jber. d. Sonnblick-Ver., 1899, 34–49. – Bespr. NJb. 1900/2, 359. (S. Berwerth u. Wachter.)

Wähner F. Aus der Urzeit unserer Kalkalpen. – Z. DÖAV, 1891, 87–124, 4 Taf. – Bespr. Bl. 813.

— Korallenriffe und Tiefseeablagerungen in den Alpen. – Schr. d. Ver. z. Verbr. natwiss. Kenntn. in Wien, 32, 1892, 207ff.

— Über Gesteinsschichtung und deren Einfluß auf die Gestaltung der Landschaft. – Schr. d. Ver. z. Verbr. natwiss. Kenntn. in Wien, 37, 1898, 21 S.

— Das Sonnwendgebirge im Unterinntal. Ein Typus alpinen Gebirgsbaues. – Leipzig u. Wien (Deuticke) 1903, 356 S., 19 Taf., 1 K., 96 Abb. – Bespr. GZ 3/1064; NJb. 1903/1, 494; Z. Ges. f. Erdkde Berlin, 1903, 234; Geogr. Z., 9, 1903, 646; Mitt. DÖAV, 1903, 112. S. Spengler E.

Waldmann L. Atlantische Ganggesteine aus den Lessinischen Alpen (Sieben Gemeinden). – Tscherm. Min. u. petr. Mitt., 37, Wien 1927, 57–73. – Bespr. NJb. 1929/2, 521; GZ 42/1107.

— Ein cordieritreicher Kinzigit vom Rieserferner Tonalit in Osttirol. – Mitt. Geol. Ges. Wien, 22, 1929, Wien 1930, 1–15. – Bespr. GZ 44/28; NJb. 1931/2, 814.

Waldmüller R. Ein mineralogischer Ausflug auf die Seiseralpe. – Der Schlern, 12, 1931, 406–408.

Walther J. Die Entstehung der Korallenriffe. – Mitt. Geogr. Ges. Wien, 1898, 501.

Warnecke A. C. Bituminöser Schiefer. – Allgem. österr. Chem.-Techn. Ztg, 46, Wien 1928, N. 17. – Bespr. NJb. 1929/2, 318.

Wasmund E. Lakustrische Unterwasserböden (Seeablagerungen der nördlichen humiden Breiten). – In: Handbuch der Bodenlehre v. E. Blanck, 5, 1930, 97–189, 33 Abb.

— Bitumen, Sapropel und Gyttja. – Geolog. Föreningens i Stockholm Förhandlingar, Stockholm 1930, 315–350. – Bespr. GZ 44/1060; NJb. 1931/2, 480; 1933/2, 694.

— Die Gewinnung von Kies und Sand im Bodensee. (Hydrogeol. Bodenseeforschgen 6.) – Geol. u. Bauwesen, 3, H. 4, Wien 1931, 167–226, 36 Abb. – Bespr. NJb. 1932/2, 917.

Weber Frdr. Über den Kalisyenit des Piz Giuf und Umgebung (östliches Aarmassiv) und seine Ganggefolgschaft. – Beitr. z. geol. K. d. Schw., NF, 14, 1904, 181 S., 5 Taf., 14 Fig. – Bespr. EgH 8, 1903, 593; GZ 5/2129; NJb. 1906/1, 371; Natwiss. Wochenschr., NF, 3, 1005.

— Geol. Karte des Tödi-Vorderrheintalgebietes 1:50000. – Beitr. z. geol. K. d. Schw., SpK. Nr. 100A u. B, 1924 u. 1922. – Bespr. NJb. 1926/2, B, 350.

— u. **Quervain F. de.** Exkursion Nr. 70. Umgebung von Lugano. – In.: Geol. Führer der Schweiz, herausgeg. v. d. Schwz. Geol. Ges., Basel (Wepf) 1934, Fasz. XI, 849–863.

Weber Frdr. Exkursion Nr. 79 A. Linthal–Tierfehd–Sandalp–Clariden–Tödi–Ponteglias–Truns. – In: Geol. Führer der Schweiz, herausgeg. v. d. Schwz. Geol. Ges., Basel (Wepf) 1934, Fasz. XII, 931–941.

— Exkursion Nr. 79 B. Truns–Brigels–Kistenpaß–Muttensee–Linthal. – In: Geol. Führer der Schwz., herausgeg. v. d. Schwz. Geol. Ges., Basel (Wepf) 1934, Fasz. XII, 942–946.

Weber J. Geologische Wanderungen durch die Schweiz. II. Kalk- und Schieferalpen. – Clubführer des SAC, Zürich 1913, 377 S. – Bespr. EgH 13, 1914, 601; NJb. 1918, 303; PetMitt., 60, 1914/2, 240; Jb. SAC, 51, 1916, 209; Die Naturwiss., 1914, 161.

— Geologische Wanderungen durch die Schweiz. III. Kristallinische Alpen und Randgebiete. – Clubführer SAC, Zürich 1915, 356 S. – Bespr. EgH 15, 1918, 86; Boll. Soc. Tic. Sc. nat., 17, 1922, 57; NJb. 1918, 303; Jb. SAC, 51, 1916, 209.

Weber L. Mineralien der Lukmanierschlucht (Bündner Oberland). – Schw. Min. u. Petr. Mitt., 2, 1922, 69–77. – Bespr. NJb. 1926/2, A, 209.

Weber M. Petrograph. Untersuchungen im Monzonigebiet. Die Kontaktverhältnisse vom Monzonital nach Allochet. – Dissert. München, 1899.

— Beiträge zur Kenntnis des Monzonigebietes. – Zbl. f. Min., 1901, 673–678. Erwiderung (geg. Romberg): Ebd. 1902, 81–82. – Bespr. GZ 2/2035; Boll. Com. geol. d'It., 34, 1903, 69.

— Die Verbreitung der Erstarrungsgesteine in Südtirol. – Z. f. Natur u. Schule, Leipzig (Teubner) 1902, 282–294; Monatsschr. f. Min.-, Gest.- u. Petrefaktensammler, 2, Rochlitz i. Sa. 1904/5, 13–18, 48–52.

Wegelin H. Prof. Dr. Ulrich Grubenmann, 15. Apr. 1850 bis 16. März 1924. – Mitt. Thurg. Natf. Ges., Frauenfeld 1924, 25. H., 243–246.

Wehrli L. Das Dioritgebiet von Schlans im Bündner Oberland. Geologisch-petrographische Studie. – Inaugdiss.; Beitr. z. geol. K. d. Schw., NF, 6, Bern 1896, 67 S., SpK. 17, 1:50000, 6 Abb. – Bespr. Jber. Natf. Ges. Grbd., NF, 40, Chur 1897, 68; EgH 5, 1898, 286, 295, 321; Arch. d. sc. phys. et nat., t. 4, Genève 1897, 560, 563; PetMitt., 43, 1897, 157; Ann. de Géogr., 6, Paris 1897, 74.

— Über dynamometamorphe Diorite im Bündner Oberland und über die Fortsetzung der Urserenmulde nach Osten. – Verh. Schw. Natf. Ges., 79. Jvers. Zürich 1896, 98–99; EgH 5, 1897–1898, 10, 30–32. – Bespr. NJb. 1899/1, 257.

— Diorites métamorphiques de l'Oberland grison et sur la continuation vers l'est du synclinal d'Urseren. – Arch. d. sc. phys. et nat., t. 2, Genève 1896, 276–278.

Weinschenk E. Über Serpentine aus den östlichen Zentralalpen und deren Kontaktbildungen. – Habilitationsschrift, München 1891, 56 S., 3 Abb. – Bespr. VRA 1892, 115; NJb. 1892/1, 105; Bl. 800.

— Ganggestein aus dem Habachtal, Oberpinzgau. – Tscherm. Min. u. petr. Mitt., 12, Wien 1891, 328–331, 2 Fig. – Bespr. NJb. 1893/1, 490.

— Zur genauen Kenntnis der Phonolithe des Hegaus. (Nachtrag.) – Tscherm. Min. u. petr. Mitt., 13, 1892, 170. (S. a. Cushing u. Weinschenk.) – Bespr. NJb. 1893/2, 487.

— Beiträge zur Petrographie der östlichen Zentralalpen, speziell des Großvenedigerstockes. I. Über die Peridotite und die aus ihnen hervorgegangenen Serpentingesteine. II. Über das granitische Zentralmassiv und die Beziehung zwischen Granit und Gneis. – Abh. Bayr. Ak. d. Wiss., II. Kl., 18, 3. Abt., 1894, 651–713, 715–746, 4 Taf. – Bespr. VRA 1895, 151; NJb. 1895/1, 479; Carinthia II, 1895, 229; Jber. Natf. Ges. Freiburg, 19, 173; Bl. 885.

— Topazolith aus dem Cipitbach, Seiser Alpe. – Z. f. Krist., 12, Leipzig 1894, 5. u. 6. H., 553. – Bespr. VRA 1895, 179; NJb. 1895/2, 238.

— Zur Kenntnis der Entstehung der Gesteine und Minerallagerstätten der östlichen Zentralalpen. – NJb. 1895/1, 221–231. – Bespr. Bl. 915.

— Beiträge zur Kenntnis der Granatgruppe. – Z. f. Krist., 25, 1896, 365–378. – Bespr. NJb. 1897/1, 16.

— Die Minerallagerstätten des Großvenedigers und der Hohen Tauern. Ein Beitrag zur Kenntnis der „Alpinen Minerallagerstätten". – Z. f. Krist., 26, 1896, 337–508, 4 Taf., 1 Fig. – Bespr. NJb. 1898/1, 24; Bl. 959a.

— Weitere Beiträge zur Kenntnis der Minerallagerstätten der Serpentine in den östlichen Zentralalpen. – Z. f. Krist., 27, 1897, 559–573. – Bespr. NJb. 1898/1, 36.

— Fuggerit, ein neues Mineral aus dem Fassatal. – Z. f. Krist., 27, 1897, 577–582. – Bespr. NJb. 1898/1, 243; Boll. Com. geol. d'It., 28, 1897, 408.

— Mineralogische Wanderungen in den östlichen Zentralalpen. – Mitt. DÖAV, 1897, 1–4, 13–15, 1 Abb. – Bespr. NJb. 1898/1, 38.

— Ein interessantes Geschiebe aus der Isar. (Piezokristallisation eines Zentralgranits, Fund bei Tölz.) – NJb. 1898/2, 160–162, 1 Fig.

— Beiträge zur Petrographie der östlichen Zentralalpen, speziell des Großvenedigerstockes. III. Die kontaktmetamorphische Schieferhülle und ihre Bedeutung für die Lehre vom allgemeinen Metamorphismus. – Abh. Bayr. Ak. d. Wiss., II. Kl., 1903, 22, 2. Abt., 261–340. – Bespr. GZ 4/1855.

— Die Resultate der petrographischen Untersuchung des Großvenedigerstockes in den Hohen Tauern und die daraus sich ergebenden Beziehungen für die Geologie der Zentralalpen überhaupt. – Zbl. f. Min., 1903, 401–409. – Bespr. GZ 4/1854.

— Einige Beobachtungen über die Erzlagerstätte im Pfunderer Berg bei Klausen in Südtirol. – Z. f. prakt. Geol., 11, 1903, 66–68, 1 Fig. – Bespr. VRA 1903, 68; GZ 3/1617; NJb. 1904/2, 239.

— Die Tiroler Marmorlager. – Z. f. prakt. Geol., 11, 1903, 131–147, 2 Fig. – Bespr. GZ 4/457; VRA 1903, 126; NJb. 1904/1, 380.

— Die Erzlagerstätte des Schneebergs in Tirol und ihr Verhältnis zu jener des Silberbergs bei Bodenmais im Bayr. Wald. – Z. f. prakt. Geol., 11, 1903, 231–237. – Bespr. GZ 4/451; NJb. 1904/2, 239.

— Korund aus Tirol. (Ridnauntal.) – Tscherm. Min. u. petr. Mitt., 22, 1903, 77–78. – Bespr. NJb. 1903/2, 325.

Weiss K. Der Staurolith in den Alpen. – Z. Ferdin., 3. F., 45. H., Innsbruck 1901, 129–171, 1 K. – Bespr. NJb. 1902/2, 352.

— In den kristallinen Schiefern der Ostalpen. – Jber. 1913/14 Gymn. Urfahr-Linz, 1914, 57 S.

Weithofer K. A. Über Gebirgsspannungen und Gebirgsschläge. – JbRA 1914, 99–142. – Bespr. NJb. 1916/1, 44; GZ 22/304.

Welter O. A. Über anstehenden Nephrit in den Alpen. – Verh. Natwiss. Ver. Karlsruhe, 23, 1909/10, 87–91, 15 Fig., 21 Taf. – Bespr. EgH 11, 1910, 532; GZ 18/362, 21/718; Jber. Natf. Ges. Grbd.,

NF, 53, 1912, 134; Boll. Com. geol. d'It., 43, 1913, f. 4, 150.

— Ein Nachtrag zu meiner Notiz über alpine Nephrite. - Zbl. f. Min., 1910, 722. - Bespr. GZ 16/179, 18/357-362.

— Bericht über neuere Nephritarbeiten. - GR 2, 1911, 75-87; Ber. ü. d. Fortschr. d. Geol., 1911, 27-39. - Bespr. NJb. 1913/1, 381; GZ 18/361-362; EgH 12, 1912, 290; Jber. Natf. Ges. Grbd., NF, 54, 1913, 115.

— Ein Beitrag zur Geologie des Nephrits in den Alpen und im Frankenwald. - NJb. 1911/2, 86-106, 3 Fig., 2 Taf.; Nachtr. ebd. 163. - Bespr. GZ 18/360-362; EgH 12, 1912, 290; Jber. Natf. Ges. Grbd., NF, 54, 1913, 114; Boll. Com. geol. d'It., v. 43, 1913, f. 4, 150.

— Die Herkunft des Nephrits. - Sber. Anthrop. Ges. Bonn, 13. 12. 1910, 43, 1912, 13-15. - Bespr. GZ 18/362.

Welzenbach W. Untersuchungen über die Stratigraphie der Schneeablagerungen und die Mechanik der Schneebewegungen nebst Schlußfolgerungen auf die Methoden der Verbauung. - Wissensch. Veröff. DÖAV, Nr. 9, Innsbruck 1930, 104 S., zahlr. Abb. - Bespr. Z. f. Glkde, 19, 1931, 183; Mitt. DÖAV, 1934, 47.

Wencélius A. Eisen und Mangangruben der Schweiz. - Berg- u. Hüttenm. Ztg, 1903, 541-545, 629-631. - Bespr. GZ 5/986.

Wenk E. Der Gneiszug Pra Putèr-Nauders im Unterengadin und das Verhältnis der Umbraildecke zur Silvretta-Ötztaldecke. - EgH 27, 1934, 135-146, 1 Fig.

— Beiträge zur Petrographie und Geologie des Silvrettakristallins (Graubünden). - Schwz. Min. u. Petr. Mitt., 14, 1934, 196-278, 7 Fig., 1 Taf., je 1 K. 1:50000 u. 1:100000.

Wennekers J. H. L. De geologie van het Val Brembo di Foppolo en de Valle di Carisole. - Beiträge zur Geol. d. Bergamasker Alpen, 4. H., Leidsche Geol. Meded., Leiden 1930, 3. T., 6. H., 265-334, 9 Fig., K. 1:25000, 1 T.; Diss. Univ. Leiden, 1930. - Bespr. GZ 44/1117; Boll. Soc. Geogr. It., s. 6, v. 8, 1931, 68.

— The structure of the Bergamo Alps compared with that of the north-west Highlands of Scotland. - Leidsche Geol. Med., v. 4, 1932, 83-92, 2 Taf. - Bespr. Boll. R. Soc. Geogr. It., v. 10, Roma 1933, 323.

Went K. Über einige melanokrate Gesteine des Monzoni. - Sber. Ak. d. Wiss. Wien, 112, Abt. 1, 1903, 237-287, 1 Taf., 6 Fig.; Akad. Anzg. Wien, 40, 1903, 40-41. - Bespr. GZ 4/1027; Boll. Com. geol. d'It., 36, 1905, 78. S. a. Doelter.

Wenzel E. Magnesit in Deutschösterreich. - Steinbruch u. Sandgrube, 20, Halle 1921, 109.

Westergård A. H. Über Klinozoisit von der Gosslerwand bei Prägraten. - Z. f. Krist., 42, 1906, 279-280, 1 Fig. - Bespr. NJb. 1908/1, 27.

Wichmann H. Mineralogische Zusammensetzung eines Gletschersandes. (Gschlöß.) - Tscherm. Min. u. petr. Mitt., 7, 1886, 452-455. - Bespr. VRA 1886, 254.

— Brookit vom Schwarzkopf, Fusch. - Tscherm. Min. u. petr. Mitt., 8, 1887, 338-339. - Bespr. VRA 1887, 162.

Widmann H. v. Erläuterungen zur geognostischen Karte Tirols und Schlußbericht des Geogn.-mont. Ver. f. Tirol und Vorarlberg. - Innsbruck (Wagner) 1853, 212 S. - Bespr. Bl. Einleitung zur „Geol. Erforschung".

Widtermann V. Die Gymnitvarietäten von Fleims. - JbRA 1853, 525-527.

Wiedemann F. Mineralogisches und Touristisches aus der Zillertaler und Ötztalergruppe. - Z. DAV, 1870, 168-190.

— Aus dem Fassatal. - Z. DÖAV, 1872, 117-126. (Monzonit 124.)

Wiik F. J. Vergleich der kristallinischen Gesteine im südlichen Finnland mit jenen der Zentralalpen. - VRA 1873, 121-123.

Wilckens O. Über Faltung im Adulagebirge (Graubünden). - NJb. 1910/1, 79-90, 6 Taf., 3 Fig. - Bespr. GZ 15/1097; EgH 11, 1910, 560; Jber. Natf. Ges. Grbd., 53, 1912, 131.

— Neuere Fortschritte in der geologischen Erforschung Graubündens. - GR 3, 1912, 15-29, 1 Tab.; Ber. ü. d. Fortschritte d. Geol., 3, 1912, 9-23, 1 Tab. - Bespr. GZ 19/49; EgH 13, 1914, 59.

— Das Oberengadiner Gebirge, seine Schicht- und Eruptivgesteine sowie der Bau und die Wurzeln seiner Überschiebungsdecken. - GR 8, 1917, 210-251. - Bespr. GZ 24/512; NJb. 1926/2, B, 367.

— Die Wurzeln der alpinen Überschiebungsdecken. I. Teil. Die Wurzeln der ostalpinen Decken im südlichen Graubünden und der bündnerischen Gneisdeckfalten. - GR 9, 1918, 125-144, 1 Fig. - Bespr. GZ 24/489; NJb. 1926/2, B, 367.

— Beiträge zur Geologie des Rheinwalds und von Vals (Adulageb., Graubünden). - GR 11, 1920, 44-102, 5 Taf., 14 Fig. - Bespr. GZ 25/1246; NJb. 1923/2, 104.

Wilhelm O. Beitrag zur Glaukophanfrage in Graubünden. - EgH 16, 1920/22, 482-485. - Bespr. GZ 28/617; NJb. 1923/2, 250.

— Versuch einer neuen tektonischen Interpretation der Rofnagneise. - EgH 16, 1920/22, 537-544, 1 Fig.

— Die Eisen-Manganerzlager im unteren Averssertal (Val Ferrera), Graubünden. - Diss. Basel (Halle) 1922; Z. f. prakt. Geol., 30, 1922, 149-164, 6 Fig., 2 Taf. - Bespr. GZ 30/493.

Winkler A. Bemerkungen zur Geologie der östlichen Tauern. - VBA 1923, 89-111, 3 Fig., 177. (Gegen L. Kober.) - Bespr. GZ 29/1281.

— Tektonische Probleme in den östlichen Hohen Tauern. (Vortr.) - GR 15, 1924, 373-384. - Bespr. GZ 31/1886.

— Über die Bildung mesozoischer Hornsteine. Ein Beitrag zur Sedimentpetrographie der Julischen Alpen. - Tscherm. Min. u. petr. Mitt., 38, 1925, 424-455, 1 Taf., 8 Fig. (Becke-Festband.)

— Geologische Probleme in den östlichen Tauern. I. Teil. - JbBA 1926, 245-322, 2 Taf., 25 Fig. - Bespr. GZ 35/511.

— Zum Schichtungsproblem. Ein Beitrag aus den Südalpen. - NJb. 1926, Bbd 53, Abt. B, 1926, 271-314, 2 Taf., 4 Fig. - Bespr. GZ 37/1051.

— Exkursion in das Goldberggebiet der Hohen Tauern. - Erläuterungen zu den Exkurs. der Geolog. Hauptversammlung, Wien 1928.

— Der geologische Bau des Goldbergbaugebietes in den östlichen Hohen Tauern. - Mitt. Geol. Ges. Wien, 20, 1927, Wien 1929, 122-125. Auch in den Erläuterungen zu den Exkurs.

Winkler G. G. Algovit (Trapp) in den Allgäuer Alpen Bayerns. - NJb. 1859, 641. - Bespr. Bl. 153.

— Geologisches und Paläontologisches aus Tirol. - NJb. 1865, 41-46, 2 Fig.

Winterhalter R. Die karbonischen Sedimente der

Schweizer Alpen. – C. R. Congr. stratigr. carbonif., Heerlem 1927, Liège 1928, 755–778, 6 Abb., 1 Taf., 1 Tab. – Bespr. GZ 41/502.
— Zur Petrographie und Geologie des östlichen Gotthardmassivs. – Promotionsarb. Natwiss. Techn. Hochsch. Zürich; Schw. Min. u. Petr. Mitt., 10, 1930, 37–116, 6 Taf. u. Abb.

Wiser D. Fr. Mineralien aus Uri, Graubünden und Tessin. – Verh. Schw. Natf. Ges., Bern 1839, 181.
— Über die in den Eisengruben am Gonzen bei Sargans im Kanton St. Gallen vorkommenden Mineralien. ... – NJb. 1842, 505–527.
— Korrespondenz aus Zürich. Manganerz von Gonzen. – NJb. 1843, 461–465.
— Korrespondenz aus Zürich. Hyazinthgranaten von Dissentis. – NJb. 1851, 571–572.
— Bericht über Mineralien der Schweiz. ... Periklin und Adular aus dem Pfitschtal in Tirol. (Hinweis.) – NJb. 1854, 26–30.
— Bericht über die Mineralien der Schweiz. ... Titanit von Sumvix und vom Cuolmdavi bei Sedrun (Graubünden). – NJb. 1856, 11–18.
— Kristallographische Mitteilungen. ... Rauchquarz mit eingeschlossenen Epidotkristallen am Kreutzlipaß ... Graubünden. – NJb. 1860, 784–787.
— Korrespondenz aus Zürich. ... Flußspat und Rauchquarz von Vrin, Apatit vom Cavordjatobel bei Sedrun (Graubünden). – NJb. 1861, 672–673.
— Chlorit, Adular und Eisenspat als Einschluß in Amethyst vom Zillertal. – NJb. 1864, 217.
— Mineralien aus dem Bündner Oberlande. – NJb. 1871, 188–192. – Bespr. Jber. Natf. Ges. Grbd., NF, 18, Chur 1874, 101.
— Korrespondenz aus Zürich. ... Aragonit aus Graubünden. – NJb. 1872, 189–192.

Witlaczil E. Fortschritte in der Gesteinslehre. (Weinschenk.) – Mitt. DÖAV, 1914, 50–51.
— Bericht über bemerkenswerte Neuerscheinungen auf dem Gebiete der Erdgeschichte und Gesteinslehre sowie der Erdkunde. (Suess, Heim, Weinschenk u. a.) – Mitt. DÖAV, 1918, 22–23.

Wolff F. v. Vorstudien zu einer geologisch-petrographischen Untersuchung des Quarzporphyrs der Umgegend von Bozen (Südtirol). – Sber. Ak. d. Wiss. Berlin, 44, 1902, 1044–1050. – Bespr. VRA 1904, 161; GZ 3/1945.
— Bericht über die Ergebnisse der petrographischen-geologischen Untersuchungen des Quarzporphyrs der Umgegend von Bozen. – Sber. Ak. d. Wiss. Berlin, 50, 1905, 1043–1055. – Bespr. GZ 8/395, 12/1374; NJb. 1907/1, 230.
— Beiträge zur Petrographie und Geologie des „Bozener Quarzporphyrs". I. Die Gliederung und petrographische Beschaffenheit des Quarzporphyrsystems der Umgegend von Bozen (Südtirol). – NJb. 1909, 27. Bbd, 72–156, 2 Taf., 16 Fig. – Bespr. VRA 1908, 413; GZ 12/1374; Boll. Com. geol. d'It., 41, 1910, 485.

Worobieff V. v. Über Antimonit von Brixlegg, Tirol. – Z. f. Krist., 31, 1899, 52. – Bespr. NJb. 1900/2, 9.

Wulfen X. Abhandlung vom kärntenischen pfauenschweifigen Helmintholith oder dem sog. opalisierenden Muschelmarmor. – Erlangen 1793, 124 S., 1 Proftaf., 32 Farbtaf.

Wülfing E. A. Untersuchung zweier Glimmer aus den Gneisen des Rheinwaldhorn-Massivs, Graubünden. – Ber. d. Deutsch. chem. Ges., 19, H. 13, 1886, 2432–2438. – Bespr. NJb. 1887/2, 296; Z. f. Krist., 14, 1888, 98; Rev. géol. suisse p. l'a. 1886, 18; Arch. d. sc. phys. et nat., t. 18, Genève 1887, 78.

Wundt G. Über Kugelkonkretionen aus dem Kreidegestein bei Vils. – VRA 1880, 88–90. – Bespr. Bl. 551.

Wurm H. Wie die Zillertaler Granaten gefunden und ausgebeutet wurden. – Tir. Heimatbl., 12, 1934, 340–342.

Wyss Th. Die statischen Probleme der Gebirgsbildung. (Vortr.) – Z. DGeolGes., 76, 1924, 172–189, 11 Abb.

Young A. P. On a Serpentine-rock from the mass of the Tarntaler Köpfe, Tirol. – Mineralog. Magaz., v. 14, Nr. 67, London 1907, 365–372. – Bespr. NJb. 1908/2, 309.
— On the Stratigraphy and Structure of the Tarntal Mass (Tyrol). – Quart. Journ. Geol. Soc., v. 64, London 1908, 596–603, 4 Fig. – Bespr. Mitt. Geol. Ges. Wien, 2, 1909, 361.

Zaccagna D. Sui marmi di Breguzzo e Roncone nel Tirolo Meridionale. – Rass. Min., v. 28, Nr. 15, Torino 1908, 197–199. – Bespr. GZ 16/1443; Boll. Com. geol. d'It., 40, 1909, 619.

Zambonini F. Apophyllit von der Seiser Alpe. – Z. f. Krist., 34, Leipzig 1901, 561–562.
— Über die Drusenmineralien des Syenits von Biella. – Z. f. Krist., 1905, 206.

Zanda-Wenbacher M. Note cristallografiche sull'apofillite di Montecchio Maggiore. – Boll. Soc. geol. it., v. 42, f. 1, Roma 1924, 1–6.

Zanolli V. Studio petrografico d'una roccia d'aspetto basaltico di Monteviale (Vicenza). – Todi 1905, 17 S., 1 Taf.
— Compendio sui giacimenti di zeoliti della regione veneta. – Rovigo 1905, 32 S.

Zapf A. Petrogr. Untersuchungen der granatführenden Erstarrungsgesteine des oberen Veltlin. – Diss. Jena, 1910, 68 S., 1 Fig., 4 Taf. – Bespr. GZ 18/106, 19/206; NJb. 1912/2, 225.

Zedlitz O. Die Kristallstrukturen von Romeit und Schneebergit. – Z. f. Krist., 81, 1932, 253–263. – Bespr. NJb. 1932/1, 291.

Zeiske F. Korund aus Tirol. (Lazzacher Tal bei Ridnaun.) – Tscherm. Min. u. petr. Mitt., 23, 1904, 100.

Želísko J. V. Mineralog Friedrich Becke (†). – Věda přírodní, 12, Prag 1931, 286–287. – Bespr. GZ 50/1650.

Zeller R. Ein geologisches Profil durch die Zentralalpen. (Schweiz.) – Inaugdiss. Bern, 1895, 68 S.; Mitt. der Natf. Ges. Bern, 1896, 45–112, Prof. u. Abb., Nachträge ebd. 1897, 1–7. – Bespr. NJb. 1898/2, 274; EgH 5, 1897, 80; PetMitt., 41, 1895, Litber., 147; 42, 1896, Litber., 152; Ann. de Géogr., 5, Paris 1896, ann. bibl., 90; Jb. SAC, 31, Bern 1896, 399; Boll. Com. geol. d'It., 30, Roma 1899, 124.

Zeolithe. Fundorte in Tirol. – Tscherm. Min. u. petr. Mitt. 24, 1905, 326–327.

Zepharovich V. v. Beschreibendes Verzeichnis der Mineraliensammlung in der K. k. Geolog. Reichsanstalt zu Wien. – Im Min. Lex., 1. Bd, 1859.
— Mineralogisches Lexikon für das Kaisertum Österreich. – Wien, 3 Bde, 1. 1859, 2. 1873, 3. 1893. – Bespr. Mitt. Geogr. Ges. Wien, 3, 1859, 28.
— Barytocölestin vom Greiner in Tyrol. – In: Mineralog. Mitt. Nr. III. – Sber. Ak. d. Wiss. Wien, 1. Abt., 57, 1868. – Bespr. NJb. 1869, 87.
— Sphen vom Zillertal. – In: Mineral. Mitt. Nr. IV, Sber. Ak. d. Wiss. Wien, 1869.

— Über Epidotkristalle aus dem Oberpinzgau. – In: Mineralog. Notizen. – JbRA 1869, 233–234. – Bespr. NJb. 1870, 349.
— Galenit von Habach in Salzburg. – Z. f. Krist., 1, 1877, 155–161, 1 Taf. – Bespr. NJb. 1877, 529.
— Magnetit vom Monte Mulatto in Südtirol. – Jber. Nathist. Ver. Lotos 1877, Prag 1878. – Bespr. NJb. 1878, 310.
— Enargit vom Matzenköpfl bei Brixlegg in T. – Z. f. Krist., 3, 1879, H. 5 u. 6. – Bespr. NJb. 1880/1, 160.
— Neue Mineralfundstätten in den Zillertaler Alpen. – In: Mineral. Not., Lotos (Prag) 1881.
— Amphibol-Antophyllit vom Schneeberg in Passeyr (Tirol). – Mineral. Not. Nr. VIII, Lotos, Prag 1883, 1 S.
— Über Brookit, Wulfenit und Skolezit. Brookitkristalle aus Tirol. – Z. f. Krist., 8, 1884, 577–582.
— Mineralog. Notizen. Neue Mineralfundstätten in den Salzburger Alpen: 1. Pyroxen aus dem Krimler- und Stubachtal. 2. Scheelit aus dem Krimlertal. – Lotos, Prag 1885, 20 S. – Bespr. NJb. 1887/2, 21; VRA 1887, 314.
— Neue Pyroxenfunde in den Salzburger Alpen. (Sulzbachtäler, Habachtal.) – Z. f. Krist., 13, 1887, 45. – Bespr. VRA 1887, 314; NJb. 1888/2, 218.
— Über Vizinalflächen an Adularzwillingen nach dem Bavenogesetze. (Obersulzbachtal.) – Sber. Ak. d. Wiss. Wien, math.-natw. Kl., 98, Abt. 1, 1889, 1–16, 7 Abb. – Bespr. VRA 1889, 332; NJb. 1891/2, 231.
— Mineralog. Notizen. Nr. XI. (Pyroxenkristalle aus dem Ober-Sulzbachtale in Salzburg, Rutil aus Rauris, Granatmetam. vom Schneeberg in Tirol.) – Lotos 1889, 12 S., m. Abb. – Bespr. VRA 1889, 331; NJb. 1891/1, 374.
— Notizen über das Vorkommen von Mineralien im Kaiserstaate Österreich, gesammelt an Fundorten. . . – Manuskript im Bes. des † G. Gasser, Bozen.
Zeuschner. Über den Dolomit im Tale von Fassa. – Z. f. Min., N. 6, 1829, 401–414; Z. f. Tirol u. V., Ferdin., 7, Innsbruck 1832, 271–280; Leonh. Min. Taschenbuch, 1829, 401.
— Brief über den Muschelkalk von Recoaro bei Schio. – NJb. 1844, 54.
— Über das Alter der Karpathen- und Alpengesteine. – Ber. ü. d. Mitt. v. Freund. d. Natwiss. in Wien (Haidinger), 1847, II, 426; III, 129.
Zimanyi K. Mineral. Notizen: Über Brookit aus Tirol. (Froßnitztal.) – Földtany Közlöny, 21, Budapest 1891, 211–213. – Bespr. VRA 1891, 300.
Zimmermann R. Tiroler Kalkspäte. (Fassa- und Ahrntal.) – Monatsschr. f. Min.-, Gest.- u. Petref.-Sammler, 3, Rochlitz i. Sa. 1906, Nr. 1, 13.
Zöppritz K. Geologische Untersuchungen im Oberengadin zwischen Albulapaß und Livigno. – Ber. Natf. Ges. Freiburg i. Br., 16, 1906, 164–231, 1 K., 3 Taf., 6 Fig. – Bespr. EgH 9, 1906, 660; Jber. Natf. Ges. Grbd., NF, 49, 140; NJb. 1908/2, 225; VRA 1906, 190; GZ 10/711; Boll. Com. geol. d'It., 38, 1907, 420.
Zschau E. Über flächenreiche Apatitkristalle aus Tyrol. – Sber. Nat. Ges. Isis, Dresden 1866, Nr. 1–3, 23; Nr. 4–6, 29–68.
Zuber R. Über die Entstehung des Flysches. – Z. f. prakt. Geol., 9, 1901, 283–289; Ergänzung: Zur Flyschentstehungsfrage; VRA 1904, 200–202. – Bespr. VRA 1903, 400; EgH 7, 1901–1902, 692; GZ 2/1576.
Zur Mühlen L. v. Erwiderung auf den Artikel von H. Cloos „Zur Kritik der Granittektonik". – Zbl. f. Min., Abt. B, 1927, 108. – Bespr. GZ 36/529.
Züst O. Über granitische und diabasische Gesteine in der Umgebung von Ardez im Unterengadin. – Inaugdiss. Zürich (Markwalder), 1905; Jber. Natf. Ges. Grbd., NF, 49, 1905, 118–119. – Bespr. EgH 9, 1906, 185.
Zyndel F. Kurze Mitteilung über die Bündner Schieferregion des Schams und Avers. – EgH 12, 1912, 498–500. – Bespr. Ebd. 13, 1914, 633.
— Quarzzwilling nach dem Zinnwalder Gesetze von Crapsteig (Viamala) Graubünden. – Jber. Natf. Ges. Grbd., NF, 54, 1912/13, 30–33, 1 Fig. – Bespr. EgH 13, 1914, 548; NJb. 1914/2, 188; GZ 23/949.
— Über Quarzzwillinge mit nicht parallelen Hauptaxen. – Z. f. Krist., 53, Leipzig 1913, 15–52, 3 Taf. (Disentis.) – Bespr. EgH 14, 1916, 374; NJb. 1914/2, 186.

b) Erst Erstarrungsgesteine.

Ambühl E. Petrographie und Geologie des zentralen Gotthardmassivs südlich Andermatt. – Schw. Min. u. Petr. Mitt., 9, 1929, 265–441. – Bespr. NJb. 1933/2, 438.
Amoretti L. Sur le trapp du M. Simmolo près de Intra sur le Lac Majeur. – Mem. R. Acc. d. Sc. Torino, s. 1, v. 11, 1884–1885, 87.
Ampferer O. u. **Ohnesorge Th.** Über exotische Gerölle in der Gosau und verwandten Ablagerungen der tirolischen Nordalpen. – JbRA 1909, 289–332, 28 Zeichngen. – Bespr. Mitt. Geogr. Ges. München, 1911, 445; 1913, 59; GZ 14/829.
Ampferer O. Beiträge zur Geologie des obersten Lechtales. (Petrogr. Teil v. W. Hammer.) – JbBA 1930, 103–146, 2 T., 36 Abb. – Bespr. GZ 44/165.
— Beiträge zur Geologie des obersten Lechtales und des Großen Walsertales. – JbBA 1931, 177–216, 30 Abb. – Bespr. Z. f. Glkde, 19, 1931, 355; GZ 46 A/789.
— Geologische Karte der Lechtaler Alpen. 4 Bl. 1:25000. I. Klostertaler Alpen. II. Arlberggebiet. III. Parseierspitzgruppe. IV. Muttekopf-Heiterwand. Mitarbeiter: Th. Benzinger, W. Hammer, O. Reithofer. – Hiezu ein Erläuterungsbuch, 125 S., 28 Farbzeichnungen, 1 Taf. – Wien (Geol. Bdsanst.) 1932. – Bespr. VBA 1933, 12; Tiroler Anzeiger, Nr. 47 v. 25. 2. 1933; Innsbr. Nachr., Nr. 66 v. 20. 3. 1933; Alpenländer-Korrespondenz, Nr. röm. 14 v. 6. 4. 1933; Außferner Bote, Nr. 25 v. 1. 4. 1933; Heimat, Vorarlberger Monatshefte, 14, 1933, 69; Geogr. Z., 39, 1933, 181; Mitt. DÖAV, 1933, 100; NJb. 1932/3, 973; 1933/3, 502; Tiroler Heimatblätter, 11, 1933, 223; GR 1933, 264; GZ 50A/788; Z. f. prakt. Geol., 41, 1933, 151; Z. f. Geomorph., 8, 1934, 90; Z. f. Glkde, 21, 1933, 394.
Andreatta C. Alcuni interessanti filoni nella massa intrusiva di Cima d'Asta. – Atti Ist. Ven. d. Sc., Let. ed Arti, t. 89, 1929/30, 826–862, 2 Fig. – Bespr. Studi Trent. Sc. Nat., 11, 1930, 280.
— Pickeringite di Canezza (Trentino). – Studi Trent. Sc. Nat., 11, 1930, 62–68.
— Un gruppo di interessanti filoni nella massa intrusiva di Cima d'Asta. – Atti Soc. it. progr. sc., v. 2, Roma 1931, 265.

— Rilevamenti geologici e notizie petrografiche sulla regione Cevedale - Val d'Ultimo (Alto Adige). - Atti Acc. Ven.-Trent.-Istr., v. 23, Selci Umbro 1932, 16 S., 1 Skz.
— Ricerche petrografiche sulla regione di Cima d'Asta. - Mem. d. Ist. Geol. d. R. Univ. di Padova, v. 10, Padova 1932, 62 S., 2 Taf., 2 Fig. - Bespr. Per. di min., 4, 1933, 314; NJb. 1933/2, 901.
— La catena Cevedale-Venezia-Giovaretto-Orecchia. Note geologico-alpinistiche. - Riv. mens. d. CAI., v. 53, n. 9, Roma 1934, 469-476, 2 Abb., 1 Skz.
Angel F. Gesteine vom südlichen Großvenediger. - NJb. 1929, 59. Bbd, A, 223-272. - Bespr. GZ 41/1860.
— Stubachit und Stubachitserpentin vom Ganoz (bei Kals in Osttirol). Ein Beitrag zum chemischen und physiographischen Studium von Serpentinmineralien. - Z. f. Krist., 72, 1929, 1-41, 1 Taf., 7 Fig. - Bespr. NJb. 1930/1, 453; 1931/2, 243; GZ 45/272.
— Gesteinskundliche und geologische Beobachtungen in Osttirol. Venediger-Abschnitt der Hohen Tauern. - Mitt. Natwiss. Ver. f. Steiermark, 66, Graz 1929, 55-63, 1 Proftaf. - Bespr. GZ 46A/379; NJb. 1931/2, 814.
— Der Windbacher Typus floititischer Amphibolite. - Zbl. f. Min., Abt. A, 1930, 124-139, 3 Abb.
— Gesteine der Kreuzeckgruppe. - Mitt. Natwiss. Ver. f. Steiermark, 67, Graz 1930, 7-35. - Bespr. GZ 46A/378; NJb. 1931/2, 815.
— Einige neuerliche Pseudotachylitfunde in den österreichischen Zentralalpen. - VBA 1931, 143-153. - Bespr. GZ 46A/683; NJb. 1932/2, 394.
— Um Tilisuna. Vergleichend gesteinskundliche Studie. - NJb. Bbd 62, 1931, Abt. A, 385-422, 2 Taf. - Bespr. GZ 45/1540.
— Diabase und deren Abkömmlinge in den Ostalpen. - Mitt. Natwiss. Ver. f. Steiermark, 69, Graz 1932, 5—24.
— u. **Metz K.** Notizen zur Gesteinskunde der österreichischen Ostalpen. 1. Granit von Nötsch am Dobratsch (Kärnten). - Z. f. Krist., Abt. B, Min. u. Petr. Mitt., 43, 1933, 175-177. - Bespr. NJb. 1933/2, 440.
Angel F. Baustoff und Bau der Hohen Tauern. - Der Bergsteiger, 4, 1934, Nr. 8, 413-424.
Arduino G. Effetti dei vulcani antichi nel Vicentino. - 1769.
Artini E. Studi petrografici su alcune roccie del Veneto. - Giorn. di Min., Crist. e Petr. (Sansoni), v. 1, f. 2, Milano 1890, 139-158. - Bespr. NJb. 1891/2, 423; Boll. Com. geol. d'It., 22, 1891, 53.
— Appunti petrografici sopra alcune roccie del Veneto. I basalti del Veronese. - Atti R. Ist. Ven. di Sc., Let. ed Arti, 6, 1894/95, 252-276. - Bespr. NJb. 1896/1, 246; Boll. Com. geol. d'It., 27, 1896, 115.
— Un basalto nefelinico a noseana di Recoaro. - Rend. R. Ist. Lomb. di Sc. e Lett., s. 2, v. 40, f. 9, Milano 1907, 498-507. - Bespr. GZ 10/763; Boll. Com. geol. d'It., 39, 1908, 49.
— I basalti del Veronese. - Riv. di Min. e Crist., Padova, 15, f. 3.
Azzini F. Filone diabasico negli scisti di Edolo. - Atti Soc. Tosc. Sc. nat., Mem., v. 30, Pisa 1915, 85-100.
— Roccie basaltiche del Vicentino presso Valdagno. - Atti Soc. Tosc. Sc. nat., Mem., v. 32, Pisa 1919, 81-112.
Baltzer A. Geologische Notizen aus der Adamellogruppe. - Jb. SAC, St. Gallen 1870, 421-436. - Bespr. NJb. 1872, 653.
— Adamellagranit und Adamellogranitglimmer. - Vierteljschr. Natf. Ges. Zürich, 16, 1871, 3. H.; Boll. d. CAI, Torino, v. 5, Nr. 18, 1879. - Bespr. VRA 1873, 99.
Bearth P. Die Diabasgänge der Silvretta. - Schw. Min. u. Petr. Mitt., 12, 1932, 147-179, 1 Skz., 3 Fig. - Bespr. NJb. 1933/2, 925.
— Die Ganggesteine des Malcantone. - Schwz. Min. u. Petr. Mitt., 12, 1932, 180-203, 2 Fig.
—, **Spaenhauer F.** u. **Streckeisen A.** Exkursion Nr. 9. Davos-Flüelapaß-Grialetschhütte-Scalettapaß-Engadin. - In: Geol. Führer der Schweiz, herausgeg. v. d. Schwz. Geol. Ges., Basel (Wepf) 1934, Fasz. XIII, 1034-1039.
Beck H. Aufnahmsbericht über Blatt Mölltal (5250). - VBA 1930, 31-33; 1931, 26-29. - Bespr. GZ 44/174, 46A/199.
— Aufnahmsbericht über Blatt Mölltal (5250). - VBA 1933, 25-28. - Bespr. GZ 50A/742.
Becke F. Petrographische Studien am Tonalit der Rieserferner. - Tscherm. Min. u. petr. Mitt., 13, 1892, 379-430, 433-464. - Bespr. VRA 1895, 150; NJb. 1895/1, 309; Bl. 828.
— Über alpine Intrusivgesteine. (Vortr.) - Verh. Ges. Deutscher Natforscher u. Ärzte, 66, 1894, 188.
— Bericht der Kommission für die petrographische Erforschung der Zentralkette der Ostalpen. - Anzg. Ak. d. Wiss. Wien, 32, 1895, 45-49; 33, 1896, 15-21; 34, 1897, 8-11; 35, 1898, Nr. 3, 8 S.; 36, 1899, 5-10. - Bespr. NJb. 1898/1, 317; 1899/2, 287; Bl. 991, 1014.
— Olivinfels und Antigoritserpentin aus dem Stubachtale (Hohe Tauern). - Tscherm. Min. u. petr. Mitt., 14, 1895, 271-276. - Bespr. NJb. 1895/2, 261.
— Calcit vom oberen Klammtunnel an der Strecke Schwarzach-St. Veit-Gastein. - Mitt. Wiener Min. Ges., 1902, 460.
— Zur Physiographie der Gemengteile der kristallinen Schiefer. - Denkschr. Ak. d. Wiss. Wien, 75, 1906, 97-151; Anzg. Ak. d. Wiss. Wien, 43, 1906, 342-344.
— Die Entstehung des kristallinen Gebirges. (Vortr.) - Natwiss. Rundschau, Braunschweig 1909, 7 S.; Ges. Deutscher Natf. u. Ärzte, 81/1, 1909, 164-177.
— Skolecit aus dem Tauerntunnel. (Vortr.) - Tscherm. Min. u. petr. Mitt., 28, 1909, 188-189.
— Das spezifische Gewicht der Tiefengesteine. - Sber. Ak. d. Wiss. Wien, Abt. 1, 120, 1911, 265-301; Anzg. Ak. d. Wiss. Wien, 48, 1911, 184-185.
— Über das spezifische Gewicht der Tiefengesteine. (Vortr.) - Ges. Deutscher Natf. u. Ärzte, 83, II/1, 1911, 366-370.
— Chemische Analysen von kristallinen Gesteinen aus der Zentralkette der Ostalpen. - Denkschr. Ak. d. Wiss. Wien, 75, 1913, 153-229; Anzg. Ak. d. Wiss. Wien, 49, 1912, 324.
— Differentiationserscheinungen im Zentralgneis der Hohen Tauern. (Vortr.) - Auszug: Z. f. Krist., 57, 1922, 556-557; NJb. 1923/1, 234-238.
— Zur Faziesklassifikation der metamorphen Gesteine. - Tscherm. Min. u. petr. Mitt., 35, 1922, 215-230.
Beder R. Über die basischen Eruptivgesteine im ostschweizerischen Verrucano. - Inaugdiss. Zürich, 1909, 28 S., 1 K. - Bespr. GZ 13/2031.

Bertrand-Geslin U. – **Trettenero-Maraschini.** Osservazioni sulle roccie pirigene in Val di Fassa. – Bibl. ital. Milano, v. 32, 1823. – Deutsch in: Beiträge zur Gesch., Stat., Naturkunde etc. Tirols, Innsbruck 1832. S. a. Osservatore veneto, 1820, Nr. 118, 127.

Bertrand-Geslin U. Observations rélatives aux terrains pyroxéniques et tufacés der Seisser Alpe. – Bull. Soc. Géol. de France, Paris 1834, v. 6.

Berwerth F. Vesuvian-Pyroxen-Fels vom Piz Longhin. – Annalen Nathist. Hofmus. Wien, 4, 1889, 87–92. – Bespr. NJb. 1891/2, 236.

Beust F. C. Frh. v. Über das Auftreten des Syenites in der Umgegend von Predazzo. (Vortr.) – Berg- u. Hüttenm. Ztg, 21, NF, 16, Freiberg 1861, $2^1/_2$ S.

Billows E. Ricerche petrografiche intorno ad alcune roccie eruttive del Vicentino. – Riv. di Min. e Crist. it., v. 32, f. 2–6, Padova 1905, 31–40. – Bespr. Boll. Com. geol. d'It., 37, 1906, 69.

Blaas J. u. **Pichler A. v.** Die porphyrischen Gesteine von Brandenberg bei Brixlegg. – Tscherm. Min. u. petr. Mitt., 4, 1882, 270–279. – Bespr. VRA 1882, 320; NJb. 1882/2, 71; Bl. 587.

Blaas J. Über Serpentin und Schiefer aus dem Brennergebiet. – Nova Acta Leop. Carol. Akad. d. Natf., 64, Halle 1894, 1–60, 2 Taf., 6 Abb. – Bespr. VRA 1895, 152; Bl. 899.

Block J. Über das Vorkommen von Kupfererzen und Scheelit im Eruptivgestein von Predazzo u. a. O. sowie über den Marmor Südtirols. – Sber. d. Niederrhein. Ges. f. Nat.- u. Heilkde, Bonn 1905, 15 S. – Bespr. GZ 9/631.

Bodmer-Beder A. Über Olivindiabase aus dem Plessurgebirge (Graubünden). – NJb. 1899, 12. Bbd, 238–367. – Bespr. Jber. Natf. Ges. Grbd., NF, 42, Chur 1899, 118; EgH 6, 1900, 218; Archives ..., 9, Genève 1900, 66.

— Der Malencoserpentin und seine Asbeste auf Alp Quadrata bei Poschiavo, Graubünden. – Zbl. f. Min., 1902, 488–492. – Bespr. GZ 3/1007; EgH 7, 1901/2, 645; Boll. Com. geol. d'It., 34, 1903, 87. S. a. Tarnuzzer.

Bolla A. Il Gneis centrale nella Valtellina. – Rend. Acc. Linc., 7, Roma 1891, 101. – Bespr. Boll. Com. geol. d'It., 23, 1892, 79.

Bonney T. G. Notes on two traverses of the cristalline rocks of the Alps. – Proc. of the Geolog. Soc. of London, 5. 12. 1888; Quart. Journ. of the G. Soc. of L., v. 45, London 1889, 67–109. – Bespr. Boll. Com. geol. d'It., 20, 1889, 52, 242; 21, 1890, 209; The geol. Mag., dec. 3, v. 6, London 1889, 40; Ann. géol. univ., t. 5, Paris 1889, 814.

— u. **Raisin C.** The microscopic Structure of Minerals forming Serpentine and their relation to its history. – Quart. Journ. Geol. Soc., 61, 1905, 690. – Bespr. VRA 1906, 166.

Breislak S. Sulla giacitura di alcune roccie porfiritiche e granitose osservate nel Tirolo dal Sign. Conte Marzari-Pencati. – Mem. geognost. letta n. I. R. Ist. Lomb. di Sc. ecc., Milano 1821, 86.

— Osservazioni intorno alla giacitura dei graniti nel Tirolo meridionale. – Milano 1824, 12 S.

— Sulle osservazioni fatte da alcuni celebri geologi posteriormente a quelle del Marzari sui graniti. – Milano 1824.

Brögger W. C. Die Eruptivgesteine des Kristianagebietes: II. Die Eruptionsfolge der triadischen Eruptivgesteine bei Predazzo in Südtirol. – Videnskabs selskabets Skrift. I. Math.-nat. Kl., Nr. 7, Kristiania 1895, 1–183. – Bespr. NJb. 1896/2, 433; Bl. 917; Boll. Com. geol. d'It., 27, 1896, 211.

Brugnatelli L. Studio petrografico di due porfiriti dioritiche nei dintorni di Rabbi. – Giorn. di Min., Crist. e Petr. (Sansoni), 2, Milano 1891, 215–219. – Bespr. NJb. 1892/1, 521; Boll. Com. geol. d'It., 23, 1892, 84.

— Über einen Fundort von Titanolivin im Val Malenco (Veltlin). – Z. f. Krist., 36, 1902, 151. – Bespr. NJb. 1903/2, 331.

— Sopra un giacimento di titanolivina in Val Malenco. – Riv. Min. e Crist. it., 28, Padova 1902, 3–4. – Bespr. GZ 9/2493; Boll. Com. geol. d'It., 34, 1903, 93.

— Über den Titanolivin der Umgebung von Chiesa im Val Malenco; ein Beitrag zur Kenntnis des Titanolivins. – Z. f. Krist., 39, 1904, 209–219. – Bespr. Boll. Com. geol. d'It., 36, 1905, 135.

— Sulla titanolivina dei dintorni di Chiesa in Val Malenco. – Riv. Min. e Crist. it., 30, Padova 1904, 69–83. – Bespr. GZ 9/2494; Boll. Com. geol. d'It., 36, 1905, 135.

Buch L. v. Über das südliche Tirol: Die Basalte von Fassa. – Molls Jb., 3, 1799.

— Über die Lagerung von Melaphyr und Granit in den Alpen von Mailand. – Abh. Ak. d. Wiss. Berlin, 1827, Berlin 1830, 205–215, 1 K.; Ges. Schriften, 4, Berlin 1885, 36–46. – Bespr. NJb. 1834, 421.

— Sur quelques phénomènes géognostiques que présente la position rélative du porphyre et des calcaires dans les environs du Lac de Lugano. – Ann. Sc. Nat., t. 10, Paris 1827, 195–206.

— Über das Südtirol. (Brief an Weiß v. 14. Okt. 1921.) – Gedenkworte z. 100. Geburtstag Weiß' 1880, v. 28–30.

— Geognostisches Gemälde von Südtirol. (Schreiben an A. v. Humboldt.) Mit Profilen. – Beitr. z. Gesch. etc. v. Tir. u. V., Innsbruck, Ferdin., 3, 1827, 242–267.

Burri C. u. **Kündig E.** Exkursion Nr. 68. Umgebung von Locarno. – In: Geol. Führer der Schweiz, herausgeg. v. d. Schwz. Geol. Ges., Basel (Wepf) 1934, Fasz. XI, 838–845, 1 Fig.

Cathrein A. Die geognostischen Verhältnisse der Wildschönau. – Z. Ferdin., Innsbruck 1877, 3. F., 21. H., 125–157. – Bespr. VRA 1878, 159; Bl. 479.

— Petrographische Notizen aus den Alpen. (Proterobas von Leogang, Pechsteinporphyr von S. Lugano.) – NJb. 1883/2, 183–186. – Bespr. NJb. 1890/2, 259.

— Über die chemische Zusammensetzung des Diallags von Wildschönau und Ehrsberg. – Z. f. Krist., 7, 1883, 249.

— Über Wildschönauer Gabbro. – Tscherm. Min. u. petr. Mitt., 7, 1885, 189–194. – Bespr. VRA 1885, 374; NJb. 1886/2, 265; Bl. 653.

— Mitteilungen aus dem mineralog. Laboratorium des Polytechnikums zu Karlsruhe, XII–XIV. – Z. f. Krist., 12, 1886, 34–49.

— Über den Augitporphyr von Pillersee. (Pletzertal südl. Fieberbrunn.) – VRA 1887, 86–87. – Bespr. NJb. 1888/2, 249.

— Über Uralitporphyrit von Pergine. – VRA 1887, 215–219. – Bespr. NJb. 1888/2, 58.

— Über den Proterobas von Leogang. – NJb. 1887/1, 113–114. – Bespr. VRA 1887, 131; NJb. 1890/2, 259.

— Beiträge zur Petrographie Tirols. (Staurolith, Porphyr, Turmalingranit etc.) – NJb. 1887/1, 147–172. – Bespr. VRA 1887, 160; Bl. 717.

— Neue Kristallformen am Pinzgauer Pyroxen. - Ann. Nathist. Hofmus. Wien, 4, 1889, 181–182. - Bespr. VRA 1889, 332; NJb. 1891/1, 374.
— Mikroskopische Präparate der Gesteinstypen Tirols. 1. Serie. 30 Dünnschliffe der Eruptivgesteine. Mit Erläuterungen. - 1889.
— Petrographische Notizen aus den Salzburger und Tiroler Alpen. (Leogang, Pillersee, Gerlos, Stubai u. a.) - VRA 1889, 171–177. - Bespr. NJb. 1890/2, 259; Bl. 766.
— Über den sogenannten Augitporphyr von Ehrwald. - VRA 1890, 1–9. - Bespr. NJb. 1892/1, 285; Bl. 776.
— Zur Dünnschliffsammlung der Tiroler Eruptivgesteine. - NJb. 1890/1, 71–82.
— Dioritische Gang- und Stockgesteine aus dem Pustertale. - Z. DGeolGes., 1898, 257–278. - Bespr. NJb. 1900/1, 381; Bl. 982. S. auch Salomon.

Catullo T. A. Lettera al sig. Lorenzoni (pietre verdi e porfido di Agordo). - Giorn. d. sc. e lett. d. Prov. austro-venete, 1828, v. 15, 272.

Cavinato A. Studio petrografico di alcune rocce dell'Adamello. - Studi Trentini Sc. Nat., a. 8, f. 2, Trento 1927, 129–156, 2 T. - Bespr. Atti Acc. Sc. Ven.-Trent.-Istr., v. 20, 1929, 4.

Chelussi I. I porfidi quarziferi del colle di Buccione e del Monte Mesma sul lago d'Orta. - Giorn. di Min., Crist. e Petr. (Sansoni), Pavia 1890, v. 1, f. 3, 224–231. - Bespr. NJb. 1891/2, 427; Boll. Com. geol. d'It., 22, 1891, 67.
— Il diabase di Pettenasco sul Lago d'Orta. - Giorn. di Min., Crist. e Petr. (Sansoni), Pavia 1891, v. 1, f. 4, 316–320. - Bespr. Boll. Com. geol. d'It., 22, 1891, 68.

Christa E. Das Gebiet des Oberen Zemmgrundes in den Zillertaler Alpen. - JbBA 1931, 533–636, geol.-petr. K. 1:15000, 15 Taf., 3 Fig. - Bespr. GZ 46A/1972, 48A/1090; NJb. 1932/2, 395.

Chrustschoff K. v. Über den Granit des Mte Mulatto bei Predazzo. - NJb. 1885/2, 66–72. - Bespr. Bl. 660.
— Mikrolithologische Mitteilungen. - VRA 1886, 230–239.

Clark R. W. Beiträge zur Petrographie der Eruptivgesteine Kärntens. (Kreuzeckgruppe.) - VRA 1909, 277–283.

Cloos H. Tektonik und Magma. Untersuchungen zur Geologie der Tiefen. - Abh. Preuß. Geol. Ldsanst., NF, H. 89, Bd 1, 1922, 141 S., 3 Taf., 41 Fig.
— Das Batholithenproblem. - Fortschr. d. Geol. u. Pal., 1923, 80 S. - Bespr. Z. f. Geomorph., 3, 1928, 71.
— Einführung in die tektonische Behandlung magmatischer Erscheinungen (Granittektonik). - Berlin (Borntraeger) 1925, 194 S. - Bespr. Z. Ges. f. Erdkde Berlin, 1926, 363.
— Zur Kritik der Granittektonik. - Zbl. f. Min., Abt. B, 1926, 481–492. - Bespr. GZ 36/529. (S. a. L. v. Zur Mühlen.)
— Zur Tektonik alpiner Granitplutone. - GR 18, 1927, 396–398. - Bespr. GZ 37/925.
— Zur Mechanik der Randzonen von Gletschern, Schollen und Plutonen. - GR 20, 1929, 66–75, 7 Fig., 1 Taf. - Bespr. Z. f. Glkde, 17, 1929, 392; GZ 41/431; NJb. 1931/2, 299.

Cornelius H. P. u. Furlani-Cornelius M. Über gangförmige Eruptivbreccien aus dem Villnößtal (Südtirol). - Zbl. f. Min., 1922, 110–114. - Bespr. GZ 28/267.

Cornelius H. P. Über Funde von Aegirin in Graubündner Gabbrogesteinen. - Zbl. f. Min., 1922, 449–451.
— u. **Furlani-Cornelius M.** Zur Geologie der Tuffbildungen im Marmolatagebiet. - Zbl. f. Min., 1924, 366–373. - Bespr. GZ 32/97.

Cornelius H. P. Über einige Gesteine der „Fedozserie“ aus dem Disgraziagebiet. - NJb. 1925, Bbd 52, Abt. A, 1–50. - Bespr. GZ 32/335.
— Zur Tektonik und Altersfrage der dioritischen Gesteine von Klausen (Südtirol). - Zbl. f. Min., 1926, Abt. B, 177–183. - Bespr. GZ 37/955.
— Über Vorkommen von Helsinkit im Albulamassiv. - Schw. Min. u. Petr. Mitt., 7, 1927, 28–31. - Bespr. NJb. 1930/2, 42; GZ 43/737.
— Zur Altersbestimmung der Adamello- und Bergeller Intrusion. - Sber. Ak. d. Wiss. Wien, math.-nat. Kl., Abt. 1, 137, 1928, 541–562, 2 Fig. - Bespr. Anzg. Ak. d. Wiss. Wien, 65, 1928, 201; GZ 42/152; NJb. 1930/2, 73.
— u. **Furlani-Cornelius M.** Die insubrische Linie vom Tessin bis zum Tonalepass. - Denkschr. Ak. d. Wiss. Wien, math.-natw. Kl., 102, Wien 1930, 207–302, 16 Fig., 1 K., 1 Taf. - Bespr. Anzg. Ak. d. Wiss. Wien, 67, 1930, 120.

Cornelius H. P. Über einige seltenere Gesteinstypen aus dem Grüngesteingebiet von Zermatt (Wallis). Ein Beitrag zur Vergleichung penninischer Serien der West- und Ostalpen. - Mitt. Geol. Ges. Wien, 26, 1933, Wien 1934, 154–161.

Cornet L. Die Glimmerdiabase von Steinach a.Br. in T. - JbRA 1888, 591–602. - Bespr. NJb. 1890/1, 63.

Cotta B. v. Alter der granitischen Gesteine von Predazzo und Monzon in Südtirol. - NJb. 1863, 16–29. - Bespr. Bl. 188.

Cozzaglio A. Roccie eruttive delle prealpi bresciane e loro influenza sulla struttura e sul meccanismo delle montagne. - Comm. Ateneo di Brescia p. l'a. 1927, Brescia 1928, 139-172, 2 Prof. - Bespr. Boll. Soc. geogr. it., v. 7, 1930, 94.

Crommelin R. D. La géologie de la Valsassina et de la région adjacente au nord. - Öffentl. Diss. Univ. Leiden, 1932, 59 S.; Leidsche Mededeel., IV, 403–459, K. 1:25000, 9 Prof. Außerdem: Contribution à la géologie des Alpes Bergamasques, Nr. 8. - Bespr. GZ 49A/938.

Curioni G. Ricerche geologiche sull'epoca dell'emersione delle rocce sienitiche (tonalite) della catena di monti dell'Adamello nella prov. di Brescia. - Mem. R. Ist. Lomb. di Sc. e Lett. Milano, v. 9, 1863; v. 12, 1872, 341–360. - Bespr. VRA 1873, 95.
— Ricerche geologiche sulle rocce sienitiche (tonalite) della catena dell'Adamello (prov. di Brescia). - Auszug aus Mem. d. R. Ist. Lomb., 12: Boll. Com. geol. d'It., 4, 1873, 103–111.

Cushing H. P. u. Weinschenk E. Zur genauen Kenntnis der Phonolithe des Hegaus. - Tscherm. Min. u. petr. Mitt., 13, 1892, 18–38. - Bespr. NJb. 1893/2, 487.

Dal Lago D. Fauna eocenica dei tufi basaltici di Grola in Cornedo (Vicentino). - Riv. it. di Paleont., an. 6, f. 1, Bologna 1901, 17–23. - Bespr. Boll. Com. geol. d'It., 33, 1902, 82.

Dalmer K. Beitrag zur Kenntnis der Granitmassen des Oberengadins. - Z. DGeolGes., 38, 1886, 139–149. - Bespr. NJb. 1887/2, 83; Jber. Natf. Ges. Grbd., NF, 30, Chur 1887, 178; Rev. géol. suisse p. l'a. 1886, 26; Arch. ..., 18, Genève 1887, 86; Annuaire géol. univ., Paris 1887, 554.

Dal Piaz G. Note sulla costituzione geologica di Albettone. - Padova 1902.

— Relazione della Commissione giudicatrice del concorso a premio sul tema (svolto da S. Vardabasso): Sull'origine e l'età delle masse intrusive delle Alpi orientali in relazione alla struttura ed alla formazione delle catene montuose. – Atti R. Ist. Ven., 85, Venezia 1926, 123–126.
— Il confine alpino-dinarico dall'Adamello al massiccio di Monte Croce nell'Alto Adige. – Atti Acc. Sc. Ven.-Trent.-Ist., v. 17, Padova 1926, 3–7. – Bespr. Ebd., v. 20, 1929, 9; Studi Trent. Sc. Nat., 9, 1928, 121.
— A proposito della scoperta di un presunto filone di roccia volcanica postglaciale nei dintorni di Bressanone nell'Alto Adige. – Rend. d. R. Accad. naz. dei Linc., cl. mat.-nat., v. 4, s. 6, f. 3–4, Roma 1926, 86–91. – Bespr. VBA 1927, 195; GZ 41/1742; Studi Trent. Sc. Nat., 7, 1926, 183. (S. R. v. Klebelsberg.)
— Sulla fauna, l'età e l'origine dei tufi basaltici dei dintorni di Brentonico nel Trentino. – Boll. d. Ist. d. Min., Geol. e Geogr. Fis. d. R. Univ. d. Padova, v. 1, 1931, 8 S. – Bespr. GZ 46A/1932, 1 B/696.
Dal Piaz G. B. Sull'andamento delle linee di dislocazione che accompagnano i massicci intrusivi di M. Croce, Ivigna e Bressanone nell'Alto Adige. – Atti Acc. Linc., Roma 1931, v. 14, f. 7–8, 310–312.
De Angelis M. Osservazioni sui minerali dei porfidi quarziferi di Cuasso al Monte e di Valganna. – R. Inst. Lomb. di Sc. e Let. Milano, Estr. d. Rend. 1924, f. 6–10, 1–23 u. Notiz im Boll. Soc. geol. it., 1925, f. 2, 95, Escurs. d. Soc. geol. ital. – Bespr. NJb. 1927/1, A, 226.
— Intorno alla presenza della vesuvianite nei giacimenti amiantifere di Val Malenco. – Rend. Acc. Linc. Roma, s. 6, 1, 1925, 80–82. – Bespr. NJb. 1928/1, 37.
De Sitter L. U. Les porphyres luganais entre le lac de Lugano et la Valganna. – Dissert. (Acad. proefschrift), Leiden 1925; Leidsche Geol. Meded., I, 1925, 187–254, 2 K. – Bespr. GZ 33/168.
De Stefani C. Come l'età dei graniti si debba determinare con criteri stratigrafici. – Boll. Soc. geol. it., Roma 1899, v. 18, f. 2, 79–115.
De Zigno A. Bar. Über die geschichteten Gebirge der Venetianer Alpen. – NJb. 1849, 281–284.
— Übersicht der geschichteten Gebirge der Venetianischen Alpen. – JbRA 1850, 181–196, 1 Taf. – Bespr. Bl. 9.
— Coup d'oeil sur les terrains stratifiés des Alpes Vénétiennes. – Naturwissensch. Abhandlungen, Wien 1850, 15 S., 1 Taf.
— Prospetto dei terreni sedimentari del Veneto. – Atti R. Ist. Ven. d. Sc., t. 4, s. 3, Venezia 1858, 233–244.
— Sulla costituzione geologica dei Monti Euganei. – Acc. d. Sc., L. ed A. di Padova, 1861.
Doeglas D. J. Die Geologie des Monte San Giorgio und des Val Mara. – Diss. Leiden, 1930; Beitr. z. Geol. d. Luganoer Porphyrgebietes. Leidsche Geol. Meded., 3. T., 6. H., Leiden 1930, 336–391, 13 Fig., 1 Taf., K. 1:25000. – Bespr. GZ 44/876, 45/1236.
Doelter C. Bemerkungen über die Tuffbildungen in Südtirol. – NJb. 1873, 569–574.
— Porphyritvorkommen bei Lienz. – VRA 1874, 146–147; JbRA, Min. Mitt., 1874, 89–91. – Bespr. NJb. 1874, 648.
— Das obere Fleimsertal. – VRA 1874, 322–324.
— Der geologische Bau, die Gesteine und Mineralfundstätten des Monzonigebirges in Tirol. – JbRA 1875, 207–246, K. 1:12500. – Bespr. Bl. 409.
— Beiträge zur Mineralogie des Fassa- und Fleimstales. – JbRA 1875, Min. Mitt., 175–182; 1877, 65–82, 312. – Bespr. NJb. 1876, 67; 1877, 647.
— Über die mineral. Zusammensetzung der Melaphyre und Augitporphyre Südosttirols. – JbRA 1875, Min. Mitt., 289–308. – Bespr. NJb. 1876, 563.
— Bemerkungen zu dem Artikel d. H. G. v. Rath in Nr. 14, VRA, S. 247. (Monzoni.) – VRA 1875, 289–290.
— Über einige neue Mineralfunde aus Südosttirol. (Vortr.) – VRA 1875, 295–296.
— Über die alten Vulkane Südtirols. – Gebirgsbote, 1875, Nr. 11.
— Über die Eruptivgebilde von Fleims nebst einigen Bemerkungen über den Bau älterer Vulkane. – Sber. Ak. d. Wiss. Wien, 74, 1876, 27 S. – Bespr. VRA 1877, 213; NJb. 1877, 846; Bl. 448.
— u. **Mattesdorf E.** Chemisch-mineralogische Notizen. (Val di Fassa.) 1. Apophyllit von Cipit. 2. Magnetit von Viezzena. 3. Fassait von der Ricoletta. 4. Monzonit vom Agnelloberg. – VRA 1876, 32–33; Boll. Com. geol. d'It., 7, 1876, 165–166. (Ital.)
— Das Porphyrterrain im Fleimsertale. (Vortr.) – VRA 1876, 150–151.
— u. **Hoernes R.** Osservazioni chimico-genetiche sulle Dolomiti del Tirolo meridionale. – Boll. Com. geol. d'It., 7, 1876, 41.
Doelter C. Zur Kenntnis der chemischen Zusammensetzung des Augits. – JbRA 1877, Min. Mitt., 279–296.
— Die Eruptivgesteine des westlichen Südtirols. (Bespr. von Lepsius, Das westl. Südtirol.) – VRA 1878, 349–351 u. Boll. Com. geol. d'It., an. 10, Roma 1879, 55–58. (Ital.)
— Vorläufige Mitteilung über die chemische Zusammensetzung einiger Ganggesteine vom Monzoni. – Anzg. Ak. d. Wiss. Wien, 39, 1902, 229–231. – Bespr. Boll. Com. geol. d'It., 34, 1903, 169.
— Der Monzoni und seine Gesteine. I. u. II. Teil. – Sber. Ak. d. Wiss. Wien, math.-nat. Kl., 111, 1902, 1. Abt., 929; 112, 1903, 169, K. 1:25000; Anzg. Ak. d. Wiss. Wien, 39, 1902, 351; 40, 1903, 4; Nachtrag VRA 1904, 303–304. – Bespr. GZ 4/1022, 1023; Boll. Com. geol. d'It., 35, 1904, 311.
— Chemische Zusammensetzung und Genesis der Monzonigesteine. – Tscherm. Min. u. petr. Mitt., 21, 1902, 65–76, 97–106, 191–225. – Bespr. NJb. 1904/1, 66; GZ 3/2215.
— Bericht über seine Arbeiten am Monzoni. – Anz. Ak. d. Wiss. Wien, 1902, 285–286, 309–312. – Bespr. GZ 3/1942; Boll. Com. geol. d'It., 34, 1903, 169.
— u. **Went K.** Über ein neues Ganggestein vom Monzoni. (Rizzonit.) – Anzg. Ak. d. Wiss. Wien, 40, 1903, 9–10. – Bespr. NJb. 1904/1, 388; GZ 3/1943.
Doelter C. Zur Altersfolge der Eruptivgesteine von Predazzo. – VRA 1903, 225–230. – Bespr. GZ 4/1025; NJb. 1904/2, 211; Boll. Com. geol. d'It., 35, 1904, 312.
— u. **Leitmeier H.** Neue Untersuchungen im Monzonigebiet. – Sber. Ak. d. Wiss. Wien, 127, 1918, 672–713. – Bespr. NJb. 1926/1, A, 81.
Drasche R. v. Über Serpentin und serpentinähnliche Gesteine. – Tscherm. Min. Mitt., 1871, 1–12, 1 Taf.

Drescher F. K. u. **Storz M.** Ergebnisse petrographisch-tektonischer Untersuchungen im Bergeller Granit. (Vorl. Ber.) – NJb. 1926, Bbd 54, Abt. A, 284–291, 1 tekt. K.

— — Zur Tektonik und Genese des Bergeller Massivs. (Versuch zur Behebung einiger Einwände.) – Zbl. f. Min., 1929, A, 239–251. – Bespr. GZ 42/1494.

Duparc L. L'âge du Granit alpin. – Archives ..., Genève 1906, 297–312. – Bespr. EgH 9, 1906, 621.

Enderle J. Die Melaphyre und Tuffe der Seiser Alpe und Umgebung. – Unveröffentl. Diss. Tübingen, 1914.

Erb L. Geolog. Spezialkarte von Baden. Erläuterungen zu Blatt Hilzingen (Nr. 146). Mit einem prähist. Beitr. v. G. Kraft u. K. Sulzberger. (1:25000.) – Freiburg i. Br. (Herder) 1931, 115 S., 10 Abb.

Escher B. G. Vorläufige Mitteilung über die Geologie und Petrographie der San Salvatore-Halbinsel bei Lugano. – EgH 12, 1912, 722–735. – Bespr. Ebd. 13, 1914, 644; GZ 21/1637.

— Frühere und jetzige Ansichten über die Geologie der Porphyrgebiete von Lugano. (Holländisch.) – XIV. Niederld. Nat. – Kongr. Delft 1913, 8 S. – Bespr. EgH 13, 1914, 645; GZ 21/1636–37.

Fabian K. Über einige Ganggesteine von Predazzo. – Sber. Ak. d. Wiss. Wien, 1902, v. 111, 219.

— Über einige Porphyrite und Melaphyre des Fassa- u. Fleimsertales. – Mitt. d. Nat. Ver. f. Steiermark, 39, 1902, Graz 1903, 122–156. – Bespr. GZ 3/2216; Boll. Com. geol. d'It., 35, 1904, 313.

Fabiani R. Studio geo-paleontologico dei Colli Berici. Nota preventiva. – Atti R. Ist. Ven. Sc., L. ed A., 64, Venezia 1905.

— La Regione dei Berici. – Pubbl. n. 28 e 29 Uff. Idr. R. Mag. a. Acque, Venezia 1910, 1 K.

— Il basalte colonnare dei Ponarotti presso S. Giovanni Ilarione nei Lessini. – Padova 1911, 6 S., 1 T. – Bespr. Boll. Com. geol. d'It., 43, 1913, f. 2–3, 58.

— Sulle rocce eruttive e piroclastiche dei Colli Berici. – Atti Acc. Sc. Ven.-Trent.-Istr., s. 3, a. 4, f. 1–2, Padova 1911, 3–54, 2 Taf., 5 Fig.

Fehr W. Injektions- und Intrusionserscheinungen im zentralen Teil der südlichen Gneise des Aarmassivs. – Schw. Min. u. Petr. Mitt., 1923, 331–341. – Bespr. NJb. 1927/2, B, 23.

Fellenberg L. R. v. Resultate von Analysen von drei Gemengteilen eines Syenits aus Bündten. – Verh. Schw. Natf. Ges., Bern 1839, 144–154.

Fenoglio M. Studi petrografici sulla zona del Canavese: il granito di Belmonte. – Rend. R. Acc. d. Linc, v. 9, s. 6, f. 12, Roma 1929; Period. d. Min., 1, n. 2, Roma 1930. – Bespr. GZ 53 A/258.

— Studi petrotrafici sulla zona del Canavese: porfidi e tufi. – Period. d. Min., 2, n. 3, Roma 1931, 213–258, 4 Taf., 1 Abb.

Ferro A. Contributo alla conoscenza dei fenomeni di metamorfismo di contatto nell'alta valle di Zebrù. – Rend. R. Ist. Lomb. di Sc., s. 2, v. 39, Milano 1906, 288–298. – Bespr. GZ 8/686.

Foullon H. Frh. v. Über Eruptivgesteine von Recoaro. – Tscherm. Min. u. petr. Mitt., 1880, 449–488. – Bespr. NJb. 1881/1, 382.

— Über Porphyrite aus Tirol. – JbRA 1886, 747–777. – Bespr. NJb. 1888/1, 65.

— Über die Diabasporphyrite von Rabenstein im Sarntale. – VRA 1887, 200–201. – Bespr. NJb. 1889/1, 96.

Fournet M. J. Aperçu sur diverses questions géologiques. – Boll. Soc. géol., 6, 1849, 502–518. (506–507 über Melaphyr von Tirol.)

Freudenberg W. Das mesozoische Alter des Adulagneises. – Ber. ü. d. Vers. d. Oberrhein. geol. Ver., 41. Vers. Ulm 1908/1909, 61–68. – Bespr. GZ 14/667; NJb. 1910/1, 254; EgH 11, 1910, 172.

— Der Trias-Gneiskontakt am Ostende des Adulamassivs (Graubünden). Ein Beitrag zur Altersfolge der alpinen Zentralmassive und Massengesteine. – NJb. 1913, Bbd 36, 282–311. – Bespr. GZ 21/331; EgH 13, 1914, 627.

— Pflanzenführendes Karbon, triadischer (?) Quarzporphyr am Fluchthorn und eine obere Glimmerschieferdecke bei Gaschurn (Montavon). – Jber. u. Mitt. d. Oberrhein. geol. Ver., NF, 12, 1923, 47–48. – Bespr. GZ 29/367.

Friedländer C. Erzvorkommnisse des Bündner Oberlandes und ihre Begleitgesteine. – Beitr. z. Geol. d. Schw., Geotechn. Ser., Lfrg 16, H. 1, 1930, 70 S., 8 Fig., 3 Taf. – Bespr. GZ 44/1437; NJb. 1931/2, 114; 1933/2, 307; Z. f. prakt. Geol., 1931, 128.

Futterer K. Über Granitporphyr von der Griesscharte in den Zillertaler Alpen. – NJb. 1894 u. 1895, 9. Bbd, 509–553. – Bespr. VRA 1896, 255; Bl. 883.

Gardinale L. Sulla presenza del Quarzo nel Basalto amigdaloide di Montecchio Maggiore nel Vicentino. – Giorn. di Min. etc., 1, 1890, 63. – Bespr. NJb. 1891/2, 429; Boll. Com. geol. d'It., 22, 1891, 156.

Gasser G. Amethyste im Bozner Porphyr. – Der Schlern, 4, 1923, 59–60. S. a. 93.

Geol. Führer der Schweiz, herausgeg. v. d. Schweiz. Geol. Ges. bei Anlaß ihrer 50sten Jahresfeier. – Basel (Wepf) 1934, XIV Fasz., 1145 S., zahlr. Taf., Prof. u. Fig.

Giacomelli P. Alcune note sui basalti nei dintorni di Mori. – Ann. SAT, 12, Trento 1896, 31.

Gisser A. Zur Petrographie der Klausenite. – Schlern-Schr. (Veröff. zur Ldskde v. Südtirol), H. 11, Innsbruck (Wagner) 1926, 64 S., 3 Taf. – Bespr. GZ 34/1233; NJb. 1927/1, A, 350; VBA 1927, 115; Mitt. Geol. Ges. Wien, 19, 1926, 156.

Gortani M. Studi sulle rocce eruttive della Alpi Carniche. – Atti Soc. Tosc. d. Sc. nat., Mem., v. 22, Pisa 1906, 166–198, 2 T. – Bespr. GZ 9/610; NJb. 1908/2, 212; Boll. Com. geol. d'It., 38, 1907, 255.

Goethe W. v. Zu Brocchis Fassatal. (1817.) – Weimarer Ausgabe der ges. Werke, Abt. 2, 10, 269.

— Trappformation im Tal von Fassa. (1817.) – Weimarer Ausgabe der ges. Werke, Abt. 2, 13, 419.

Gottfried C. Die Mineralien der Adamellogruppe. 1. Teil. – Mitt. a. d. Kaiser Wilh.-Inst. f. Silikatforschg, Berlin-Dahlem; VBA 1928, 182–184. – Bespr. NJb. 1929/1, 430.

— Die Mineralien der Adamellogruppe. 2. Hornblende aus dem Riesentonalit des Val di Dois. – VBA 1929, 230–231. – Bespr. NJb. 1930/1, 437.

— Die Mineralien der Adamellogruppe. (Granat u. Vesuvian.) – Chemie der Erde, 5, Linck-Festband, 1930, 106–112. – Bespr. GZ 43/540; NJb. 1931/1, 55.

— Über kontaktmetamorphe Gesteine des Baitonegebietes in der Adamellogruppe (Italien). – Sber. Heidelberger Ak. d. Wiss., m.-n. Kl., 1930, 1. Abh., 1–11 u. Jh. 1930, röm. 10–11. – Bespr. NJb. 1930/2, 534.

— Über endogene basische Einschlüsse in sauren Tiefengesteinen. I. Die basischen Einschlüsse im Tonalit des Adamello. – Chemie der Erde, 7, 1932, 586–593, 1 Abb. – Bespr. GZ 49A/1403.

Graber V. Vergleichende Beobachtungen an den Erstarrungsgesteinen des periadriatischen Bogens. – Anzg. Ak. d. Wiss. Wien, math.-natw. K., 68, 1931, 283–284.

— Neubegehungen im Gebiete der kristallinischen Schiefer- und Massengesteine von Eisenkappel in Südkärnten. – Anzg. Ak. d. Wiss. Wien, m.-n. Kl., 70, 1933, 44–48. (Vergleich mit Adamello u. Rieserferner.)

Gredler V. Die Porphyre der Umgebung von Bozen und ihre mineralogischen Einschlüsse. Skizzen zu einer petrographisch-oryktognostischen Lokalstudie. – Bozen 1895, 40 S. – Bespr. VRA 1896, 92; Boll. Com. geol. d'It., 27, 1896, 357.

Grengg R. Über Ferrithöfe um Zirkon in Quarzporphyren und denselben nahestehenden Gesteinen. (Betr. Quarzporphyr aus Südtirol.) – Zbl. f. Min., 1914, 518–530.

Grubenmann U. Bericht über die Aufnahmen in den Ötztaler Alpen. – Anzg. Ak. d. Wiss. Wien, 1896, 21; 1897, 11; 1898, 16. (Gneis und Granit.)

— Bericht über die Aufnahmen im Gebiete nördlich von Meran. – Sber. Ak. d. Wiss. Wien, math.-nat. Kl., 33, 1896.

— Über den Tonalitkern des Iffinger bei Meran. Eine geol.-petr. Skizze. – Festschrift Natf. Ges. Zürich, 41, 1896, 14 S. – Bespr. NJb. 1899/1, 443; Bl. 954.

— Über einige Ganggesteine aus der Gefolgschaft der Tonalite. – Tscherm. Min. u. petr. Mitt., 16, 1897, 185–196. – Bespr. NJb. 1898/1, 280.

— Vorläufige Mitteilung über einen schweizerischen Sillimanitgneis. (Ronco am Langensee.) – Vierteljschr. Natf. Ges. Zürich, 52, 1907, 279–282. – Bespr. EgH 10, 1908, 324; GZ 11/1345.

— Der Granatolivinfels des Gordunotales und seine Begleitgesteine. – Vierteljschr. Natf. Ges. Zürich, 53, 1908, 129–156. – Bespr. EgH 10, 1908; 591; GZ 11/1337.

— Über einige tiefe Gneise aus den Schweizer Alpen. (Tessin.) – Congr. géol. int., C. R. XI sess. Stockholm 1910, 1. f., Stockholm 1912, 625–631. – Bespr. EgH 13, 1914, 23.

— Über dekorativ verwendete schweizerische Grünsteine. (Serpentin- u. Lavezsteine.) – Schw. Min. u. Petr. Mitt., 2, 1923, 345–350. – Bespr. GZ 31/225; NJb. 1927/1, A, 232.

Gugenberger O. Geologische Studien aus Überetsch mit besonderer Berücksichtigung glazialer Fragen. – Sber. Ak. d. Wiss. Wien, math.-nat. Kl., Abt. 1, 138, 1929, 273–283, 3 Abb., 1 K. – Bespr. GZ 42/357; NJb. 1930/2, 421.

Gümbel C. W. v. Geognostische Mitteilungen aus den Alpen. IV. Der Pechsteinporphyr in Südtirol. – Sber. Ak. d. Wiss. München, 1876, 270–292. – Bespr. VRA 1877, 108; NJb. 1877, 736; Bl. 441.

— Geologie von Bayern. I. Teil. Grundzüge der Geologie. – Cassel 1884–1888, 1144 S. – Bespr. NJb. 1886/1, 228; 1888/2, 44; Boll. Com. geol. d'It., 15, 1884, 338. – II. Teil. Geolog. Beschreibung von Bayern. – Cassel 1894, 1184 S. – Bespr. NJb. 1896/1, 431; Bl. 889.

— Nachträge zu der geognostischen Beschreibung des bayerischen Alpengebirges. (U. a. Rettenschwangtal bei Hindelang.) – Geogn. Jh., 1, 1888, 163–178. – Bespr. Mitt. Geogr. Ges. Wien, 1889, 386; Mitt. Geogr. Ges. München, 1911, 444; 1913, 61.

Gutzwiller E. Injektionsgneise aus dem Kanton Tessin. – EgH 12, 1912, 5–64, 1 Fig.; Inaugdiss. Univ. Zürich, 1912, 64 S., 1 Fig. – Bespr. Ebd. 13, 1914, 24; GZ 19/322.

— Zwei gemischte Hornfelse aus dem Tessin. – Zbl. f. Min., 1912, 354–361. – Bespr. EgH 13, 1914, 23.

— 50 Dünnschliffe von Injektionsgneisen aus dem Tessin. – Göttingen (Voigt u. Hochgesang) 1913, 7 S.

— Zwei besondere Typen von Injektionsgneisen aus dem Tessin. – Zbl. f. Min., 1914, 329–334. – Bespr. EgH 14, 1916, 381; GZ 21/1092.

Haarmann G. A. Mikroskopische Untersuchungen über die Struktur und Zusammensetzung der Melaphyre. – Inaugdiss. Leipzig, 1872, 34 S.; Z. DGeolGes., 1873, 436–460. – Bespr. NJb. 1874, 313.

Hammer W. Olivingesteine aus dem Nonsberg, Sulzberg und Ultental. – Z. f. Natwiss., 72, Stuttgart 1899, 1–48, 1 K. – Bespr. NJb. 1900/2, 392; Bl. 1017.

— Die kristallinen Bildungen im Bereiche des Blattes Cles. (Vortr.) – Bespr. VRA 1902, 127; GZ 3/1061; NJb. 1904/1, 64.

— Porphyrite und Diorit aus den Ultentaler Alpen. – JbRA 1903, 65–90. – Bespr. GZ 4/1016.

— Über die Pegmatite der Ortler Alpen. – VRA 1903, 345–361. – Bespr. GZ 4/1849; NJb. 1904/2, 208.

— u. **John C. v.** Augengneise und verwandte Gesteine aus dem oberen Vintschgau. – JbRA 1909, 691–732. – Bespr. GZ 15/1087; NJb. 1912/1, 267.

Hammer W. Beiträge zur Geologie der Sesvennagruppe. IV. Die Ganggesteine der Elferspitzgruppe und des Rasassergrates. – VRA 1912, 121–149. – Bespr. GZ 12/789; NJb. 1917, 79; Jber. Natf. Ges. Grbd., NF, 54, 1913, 116.

— Die basische Fazies des Granits von Remüs (Unterengadin.) – VRA 1915, 302–305. – Bespr. GZ 22/1183, 24/184; EgH 15, 1918, 327.

— u. **Schubert Fr.** Die Tonalitgneise des Langtauferertales. – Sber. Ak. d. Wiss. Wien, math.-nat. Kl., I, 126, 1917, 421–444. – Bespr. GZ 24/185; NJb. 1925/1, 549.

Hammer W. Bemerkungen zur Phasenfolge im Kristallin der Ostalpen. – VBA 1925, 155–159.

— Einige Ergebnisse der geol. Landesaufnahme in den Westtiroler Zentralalpen. (Vortr.) – GR 16, 1925, 147–160. – Bespr. GZ 32/934.

— Cordieritführende metamorphe Granite aus den Ötztaler Alpen. – Tscherm. Min. u. petr. Mitt., 38 (Becke-Festschrift), 1925, 67–87. – Bespr. GZ 33/1703, 42/1397; NJb. 1926/1, A, 288.

— u. **Klebelsberg R. v.** Die Gesteine der Zentralen Ostalpen zwischen Rhein und Brenner. – Der Hochtourist in den Ostalpen, DÖAV, 1926, IV, 16–21.

Hammer W. Über Pseudotachylit in den Ostalpen. – JbBA 1930, 571–585. – Bespr. GZ 44/13; NJb. 1932/2, 394.

— Die Gesteinswelt im Umkreis der Hauerseehütte bei Längenfeld im Ötztal. – Festschr. Sekt. Jung-Leipzig DÖAV, Leipzig 1932, 43–51, 1 Prof. – Bespr. GZ 50A/1328.

— Aufnahmsbericht über Blatt Kitzbühel-Zell a. S. (5049). – VBA 1933, 24–25.

— Über die Peridotite am Loibiskogel im Ötztal. – VBA 1933, 59–63, 1 Abb. – Bespr. GZ 50A/1172.

Hansel V. Die petrographische Beschaffenheit des

Monzonits von Predazzo. – JbRA 1878, 449–466. – Bespr. NJb. 1879, 162.

Harada T. Das Luganer Eruptivgebiet. – NJb. 1883, Bbd 2, 1–48. – Bespr. VRA 1882, 328.

Harloff Ch. E. A. The geology of the porphyry district of Lugano between Ponte Tresa and Luino. – Leidsche Geol. Meded., v. 2, Leiden 1927, 115–222, K. 1:25000. – Bespr. GZ 37/712.

Hartmann E. Der Schuppenbau der Tarntaler Berge am Westende der Hohen Tauern. (Tuxer Voralpen.) – JbRA 1913, 207–388, K. 1:12500. – Bespr. GZ 21/330.

— Geologische Übersicht über die Tarntaler Berge. (Tuxer Voralpen und Tauern-Westende.) – VRA 1913, 109–121. – Bespr. GZ 20/320, 21/329.

Hatch F. H. Über den Gabbro aus der Wildschönau in Tirol und die aus ihm hervorgegangenen schieferartigen Gesteine. – Tscherm. Min. u. petr. Mitt., 7, 1886, 75–87. – Bespr. VRA 1885, 373; NJb. 1886/2, 365.

Hauenschild P. Mikr. Untersuchung des Predazzites und Pencatites. – Anzg. u. Sber. Ak. d. Wiss. Wien, 60, 1. Abt., 1869, 777–794, 3 Taf. – Bespr. VRA 1869, 402; 1870, 130.

Hecker O. Petrographische Untersuchungen der Gabbrogesteine des oberen Veltlin. – NJb. 1903, Bbd 17, 313–354, 6 Taf., 7 Fig. – Bespr. GZ 6/2097; EgH 8, 1903, 251; Boll. Com. geol. d'It., 35, 1904, 322.

Heim Alb. Rapporti fra gli scisti cristallini e le roccie mesozoiche e paleozoiche nelle Alpi. – Quart. Journ. of the Geol. Soc., Proc. Nr. 549, vol. 46, Nr. 182, London 1890. – Bespr. Boll. Com. geol. d'It., 22, 1891, 161.

Heritsch F. Granitgang im Unterkarbon von Nötsch am Dobratsch. – VBA 1930, 194–196. – Bespr. GZ 45/8; NJb. 1932/3, 12.

— Die Frage der Wurzeln für die Decken der Karnischen Alpen. – Anzg. Ak. d. Wiss. Wien, math.-natw. Kl., 69, 1932, 258–259.

— Eruptiva der Karnischen Alpen. – Anzg. Ak. d. Wiss. Wien, math.-natw. Kl., 69, 1932, 259–260.

— Die Stellung der Eklogitfazies im oberostalpinen Kristallin der Ostalpen. – Zbl. f. Min., Abt. B, 1932, 27–31. – Bespr. GZ 47A/1069.

— u. **H.** Malchite aus dem Gailtal. – Mitt. Natwiss. Ver. f. Steiermark, 69, 1932, 9 S., 2 Abb.

Hezner L. Ein Beitrag zur Kenntnis der Eklogite und Amphibolite mit besonderer Berücksichtigung der Vorkommnisse des mittleren Ötztales. – Tscherm. Min. u. petr. Mitt., 22, 1903, 437–471, 505–580. – Bespr. VRA 1904, 145; NJb. 1905/2, 58; EgH 8, 1903, 253.

Hillebrand S. Über Porphyrite und diesen entsprechende Gesteine in der Umgebung von Bruneck. – Tscherm. Min. u. petr. Mitt., 26, 1907, 469–480. – Bespr. NJb. 1909/2, 220; VRA 1908, 186; GZ 13/224.

Himmelbauer A. Die Paragenesis der Zeolithe aus den Melaphyren Südtirols. – Mitt. d. Nat. Ver. a. d. Univ. Wien, 8, 1910.

Hirschi H. Anregung zu absoluten Altersbestimmungen radioaktiver Gesteine der Schweiz. – Vierteljschr. Natf. Ges. Zürich, 64, 1919, 65–76 (Heim-Festschr.). – Bespr. GZ 25/245.

— Radioaktivität einiger Schweizer Gesteine. 1. T. Petr.-mikr. Untersuchungen. – Vierteljschr. Natf. Ges. Zürich, 1920, 209–247. – Bespr. GZ 25/1222. – 2. T. Ebd. 545–572. – Bespr. GZ 28/48.

— Ein Pechblendevorkommen in der Schweiz. – Schw. Min. u. Petr. Mitt., 4, 1924, 368. – Schweizerische Pechblende, ihr Radium- und Thoriumgehalt. – Ebd. 5, 1925, 249–250. – Uranerz im tertiären Granit von Bergell. – Ebd. 429–430. – Bespr. NJb. 1927/1, A, 304; 1928/2, 131.

Hlawatsch C. u. **Osann A.** Über einige Gesteine aus der Gegend von Predazzo. – Tscherm. Min. u. petr. Mitt., 17, 1898, 556–566. – Bespr. NJb. 1899/2, 385.

Hlawatsch C. Über den Nephelinsyenitporphyr von Predazzo. – Tscherm. Min. u. petr. Mitt., 20, 1901, 40–54. – Bespr. GZ 2/483; NJb. 1903/1, 415; Boll. Com. geol. d'It., 33, 1902, 203.

— Ein Chabasitvorkommen von Predazzo. – Tscherm. Min. u. petr. Mitt., 22, 1903, 502. – Bespr. NJb. 1904/1, 175; Boll. Com. geol. d'It., 35, 1904, 323.

— Über Predazzo. – Mitt. d. Sekt. f. Naturkde ÖTC, 17, Wien 1905, 17–21. – Bespr. GZ 7/1677; Boll. Com. geol. d'It., 37, 1906, 323.

Hochstetter F. v. Der angebliche Trachytfund in den Ortler Alpen. – VRA 1864, 120–121.

Hoernes M. Über einige neue Gastropoden aus den östlichen Alpen. – Denkschr. Ak. d. Wiss. Wien, m.-nat. Kl., 10, 1855, 173–178.

— Über Gastropoden aus der Trias der Alpen. – Denkschr. Ak. d. Wiss. Wien, math.-nat. Kl., 12, 1857, 21–34. – Auszug: Sber. Ak. d. Wiss. Wien, 20, 1856, 3 S.

Hradil G. Die Gneiszone des südlichen Schnalsertales in Tirol. – JbRA 1909, 669–690. – Bespr. GZ 15/979; NJb. 1912/2, 371.

— Über einige Ganggesteine aus der Brixner Granitmasse. – VRA 1909, 187–191. – Bespr. NJb. 1912/2, 373; GZ 14/718.

— Der Granitzug der Rensenspitze bei Mauls in Tirol. – Sber. Ak. d. Wiss. Wien, math.-nat. Kl., 121, Abt. 1, 1912, 859–914, K. 1:106250; Anzg. Ak. d. Wiss. Wien, 49, 1912, 286. – Bespr. NJb. 1913/2, 102.

— Notizen über einige Eruptivgesteine aus der Kitzbühler Grauwackenzone. – VBA 1924, 192–199. – Bespr. GZ 32/6; NJb. 1925/1, 550.

Huber O. v. Beitrag zur Kenntnis der Eruptivgesteine von Predazzo und des Monzoni. – Z. DGeolGes., 51, 1899, 89–103. – Bespr. Bl. 1016; Boll. Com. geol. d'It., 31, 1900, 224.

— Beitrag zu einer geol. Karte des Fleimser Eruptivgebietes. – JbRA 1900, 395–408, 1 K. – Bespr. GZ 1/2342; NJb. 1903/1, 59; Boll. Com. geol. d'It., 33, 1902, 204.

Hugi E. Das Aarmassiv. – In: Geol. Führer der Schweiz, herausgeg. v. d. Schwz. Geol. Ges., Basel (Wepf) 1934, Fasz. II, 130–138, 1 Taf., 1 Fig.

Humboldt A. v. Über die Lagerungsverhältnisse des Granits im Fassatale. – Ann. d. Chimie ou Recueil etc., Paris, 23, 1822, 261ff.; Abdruck in Leonhards Min. Taschenbuch, 2, 1824, 98–105.

Hummel K. Oberflächennahe Intrusionen und Trümmerlaven in der südalpinen Trias. – Fortschr. d. Geol. u. Pal., 11, H. 33, 1932 (Deecke-Festschr.), 44–74, 5 Fig. – Bespr. GZ 47A/1390, 48A/1408.

— Zur Stratigraphie und Faziesentwicklung der südalpinen Mitteltrias. – NJb. Bbd 68, Abt. B, 1932, 403–462, 2 Taf., 1 Fig. – Bespr. GZ 48A/1133.

Hussak E. Über einige alpine Serpentine. – Tscherm. Min. u. petr. Mitt., 5, 1883, 61–81. – Bespr. NJb. 1883/1, 252; Bl. 596.

Ippen J. Über einige Ganggesteine von Predazzo. – Sber. Ak. d. Wiss. Wien, 111, 1. 3. 1902,

Abt. 1, 219–276; Anzg. Ak. d. Wiss. Wien, 39, 1902, 90. – Bespr. Boll. Com. geol. d'It., 34, 1903, 283.
— Analyse eines nephelinporphyritischen Gesteins (Allochetit) von Allochet (Monzoni). – Anz. Ak. d. Wiss. Wien, 21, 1902, 287–289. – Bespr. NJb. 1904/1, 389; GZ 3/2217.
— Über einige aplitische Ganggesteine von Predazzo. – Zbl. f. Min., 1902, 369–375. – Bespr. GZ 3/1944; Boll. Com. geol. d'It., 34, 1903, 283.
— Über den Allochetit vom Monzoni. – VRA 1903, 133–143. – Bespr. GZ 4/1026; NJb. 1904/2, 210; Boll. Com. geol. d'It., 35, 1904, 325.
— Über einen Alkalisyenit von Malga Gardone (Predazzo). – NJb. 1903/2, 11–19. – Bespr. GZ 4/1028; Boll. Com. geol. d'It., 35, 1904, 380.
— Über Melaphyre vom Cornon und theralitische Gesteine vom Viezzenatal bei Predazzo. – Zbl. f. Min., 1903, 6–13. – Bespr. GZ 3/2218; Boll. Com. geol. d'It., 35, 1904, 324.
— Über dioritporphyritische Gesteine vom Monzoni. – Zbl. f. Min., 1903, 383–389. – Bespr. GZ 4/1024; Boll. Com. geol. d'It., 35, 1904, 325.
— Petr.-chem. Untersuchungen aus dem Fleimser Eruptivgebiet: I. Über ein kersantitähnliches Gestein vom Monzoni. II. Zwei Ganggesteine von Boscampo. – Zbl. f. Min., 1903, 636–643. – Bespr. GZ 5/275; Boll. Com. geol. d'It., 35, 1904, 380.
— Petrogr.-chem. Untersuchungen aus dem Fleimser Eruptivgebiet: III. Über einen Kersantit vom Mulatto. IV. Über ein allochetitisches Gestein vom Pizmeda, Südosttirol. – Zbl. f. Min., 1904, 417–433. – Bespr. GZ 6/1000; Boll. Com. geol. d'It., 36, 1905, 220.
John C. v. (u. Hammer W.) Augengneise und verwandte Gesteine aus dem oberen Vintschgau. II. Chemischer Teil. – JbRA 1909, 725–732. – Bespr. GZ 15/1087; NJb. 1912/1, 267.
Kaech M. Vorläufige Mitteilung über Untersuchungen in den Porphyrgebieten zwischen Luganer See und Val Sesia. – EgH 7, 1901/2, 129–135. – Bespr. Ebd. 523; GZ 3/2362.
— Porphyrgebiet zwischen Lago Maggiore und Valsesia. – EgH 8, 1903, 47–164, K. 1:100000. – Bespr. Ebd. 243; GZ 5/1989; NJb. 1905/2, 64; PetMitt., 50, Litber., 173; Boll. Com. geol. d'It., 35, 1904, 381.
Karrer F. Die Monumentalbauten in Wien und ihre Baumaterialien. (Vortr.) – Monatsblätter des Wissensch. Clubs, Wien 1886, Nr. 6, 11 S. – Bespr. VRA 1886, 148.
— Die Baumaterialsammlung des k. k. Nathist. Hofmuseums und ihre Bedeutung. (Vortr.) – Ao. Blge Nr. 7 der Monatsblätter des Wissensch. Clubs, Wien 1888, 12 S.
Kenngott A. Über die Achatmandeln in den Melaphyren, insbesondere über die von Theiß in Tirol. – Haidingers Natwiss. Abh., 4, 1850, 71–104.
— Bemerkungen über den Feldspat des Tonalits. – Z. DGeolGes., 1865, 569–578.
Keyserling H. Graf. Geologisch-petrographische Studien im Gebiete der Melaphyre und Augitporphyre Südtirols. – JbRA 1902, 311–352. – Bespr. GZ 6/2096; NJb. 1905/2, 63; Boll. Com. geol. d'It., 35, 1904, 382.
Killias E. Der Vesuvian vom Piz Longhin. – Jber. Natf. Grbd., NF, 32, Chur 1889, 64–75. – Bespr. EgH 1, 1890, 496.
Kjerulf Th. Om forholdene ved Monzoni og Predazzo i Sydtyrol. – Nyt. Mag. f. Naturvid., 8, Kristiania 1853, 117–163.
— Chemisch-geognostische Untersuchungen über das Christiania-Territorium. (Analysen von Mte Mulatto u. Malgola.) – NJb. 1854, 299–305.
Klebelsberg R. v. Neuere geologische Forschungen, die Südtiroler Dolomiten betreffend. (Sammelreferat.) – Mitt. Geol. Ges. Wien, 4, 1911, 156–172.
— Aus der Geologie Südtirols: Die Porphyrplatte. – Der Schlern, 3, Bozen 1922, 258–262.
— Zur Geologie der Porphyrplatte zwischen Eisack- und Sarntal. – VBA 1923, 49–59. – Bespr. GZ 29/966.
— Ein Vorkommen jungvulkanischen Gesteins bei Brixen a. E. (Südtirol). – Z. DGeolGes., 77, 1925, Mber., 269–275. – Bespr. GZ 33/1189; VBA 1927, 195; Studi Trent. Sc. Nat., 7, 1926, 183. S. a. Dal Piaz u. H. Reck.
— Postglazialer Vulkanismus der Brixner Gegend. – Der Schlern, 7, 1926, 151–154. – Bespr. Studi Trent. Sc. Nat., 7, 1926, 183.
— Geologischer Führer durch die Südtiroler Dolomiten. – Sammlg Borntraeger, 33, Berlin 1928, 362 S., 1 Kartenskizze, 2 T., 16 Prof. – Bespr. Geogr. Z., 35, 1929, 306; Z. f. Geomorph., 4, 1929, 184; GR 20, 1929, 378; GZ 40/1818; Mitt. DÖAV, 1929, 167; Studi Trent. Sc. Nat., 10, 1929, 77; Der Schlern, 10, 1929, 116; Z. Ges. f. Erdkde Berlin, 1930, 71.
— Das Schlackenvorkommen am Elvaser Bühel. – Der Schlern, 9, 1928, 510–511.
— Die Gesteine der Zentralen Ostalpen östlich vom Brenner. – Der Hochtourist in den Ostalpen, DÖAV, 1928, V, 16–25.
— Geologische Einführung: Schichtfolge, Gebirgsbau, Formentwicklung, Vergletscherung, mit den geologischen Sonderabschnitten der „Südlichen Ostalpen von der Etsch bis zum Piave". – Der Hochtourist in den Ostalpen, DÖAV, 1929, VII, 17–32, 35–36, 56–57, 64–66, 83, 111–113, 185–186, 192–193, 212–213, 225–226, 276–277, 297–299, 326–327, 416–418, 462–463.
— Gründzüge der Geologie Tirols. – In: Tirol, Land, Natur, Volk und Geschichte, herausgeg. vom DÖAV, München (Bruckmann) 1933, 23–91, 1 K., 1 Skz. – Bespr. Mitt. DÖAV, 1934, 51, 147; Der Schlern, 15, 1934, 189; PetMitt., 1934, 317.
Klemm G. Bericht über Untersuchungen an den sog. „Gneisen" und den metamorphen Schiefergesteinen der Tessiner Alpen. I. – Sber. Akad. d. Wiss. Berlin, 1, 1904, 46–65. – Bespr. EgH 8, 1903, 607; GZ 5/358; NJb. 1905/1, 242; VRA 1904, 256; Boll. Com. geol. d'It., 36, 1905, 222.
— Bericht über Untersuchungen an den sog. „Gneisen" und den metam. Schiefergersteinen der Tessiner Alpen. II. – Sber. Ak. d. Wiss. Berlin, 1, 1905, 442–453. – Bespr. EgH 9, 1906, 614; NJb. 1906/2, 208; Boll. Com. geol. d'It., 37, 1906, 324.
— Bericht über Untersuchungen an den sog. „Gneisen" und den metamorphen Schiefergesteinen der Tessiner Alpen. III. – Sber. Ak. d. Wiss. Berlin, 1, 1906, 420–431. – Bespr. EgH 9, 1906, 615; GZ 8/922; NJb. 1908/2, 198; Boll. Com. geol. d'It., 38, 1907, 267.
— Bericht über Untersuchungen an den sog. „Gneisen" und den metamorphen Schiefern der Tessiner Alpen. IV. – Sber. Ak. d. Wiss. Berlin, 1, 1907, 245–258. – Bespr. EgH 10, 1908, 320; GZ 11/182; NJb. 1908/2, 200; Boll. Com. geol. d'It., 39, 1908, 148.
— Über die Tessiner „Gneise". – Z. DGeolGes., 62,

1910, Mber., 722–723. – Bespr. EgH 11, 1910, 532; GZ 19/1036; NJb. 1913/1, 254.

— Über die genetischen Verhältnisse der Tessiner Alpen. – Z. DGeolGes., 63, 1911, Mber., 464–469. – Bespr. EgH 12, 1912, 283; NJb. 1913/2, 64.

Klingner F. E. Das Alter der Vererzung des Bleiberger Erzberges (Kärnten). – Vortragsauszug: Z. DGeolGes., 84, 1932, 656; Abdr.: Berg- u. Hüttenm. Jb., 81, 1933, 61–69, 3 Abb.

Klipstein A. v. Geologische Fragmente aus dem Tagebuch einer Reise durch Bayern nach den östlichen Alpen. – Karstens Archiv, 16, Berlin 1842. (U. a. porphyrische Intrusionen bei Bruneck.)

Klompé Th. Die Geologie des Val Mora und des Val Brembo di Mezzoldo. Beiträge zur Geol. d. Bergamasker Alpen. Nr. 3. – Diss. Univ. Leiden, 1929; Leidsche geol. Meded., 3. T., 229–319, K. 1:25000 u. Prof. – Bespr. GZ 42/104; NJb. 1931/3, 896.

Knoblauch P. Exkursion Nr. 67. Umgebung von Bellinzona. – In: Geol. Führer der Schweiz, herausgeg. v. d. Schwz. Geol. Ges., Basel (Wepf) 1934, Fasz. XI, 830–837, 3 Fig.

Kobell F. v. Über Vesuvian von Mussa und Monzoni. – Arch. f. d. ges. Natlehre, v. 7, H. 4, Nürnberg 1826.

— Analyse de la Vésuvienne de Mussa et de Monzoni. – Ann. d. Chimie ou Rec. d. Mém. concern. la Chimie, s. 12, v. 1, Paris 1827.

Koken E. Geologische Beiträge aus Südtirol. – NJb. 1906/2, 1–19. – Bespr. GZ 10/1667.

— Zur Geologie Südtirols. – Zbl. f. Min., 1911, 561–572. – Bespr. GZ 17/678.

Kölbl L. Zur Tektonik des Tauernfensters. – Anzg. Ak. d. Wiss. Wien, math.-natw. Kl., 68, 1931, 242–244.

— Geologische Skizze des Habachtales. – Festschrift Sekt. Jena DÖAV, 1932, 20–25, 1 Skz.

Kolenec F. Über einige leukokrate Ganggesteine von Monzoni und Predazzo. – Mitt. Natwiss. V. f. Steiermark, 1903, Graz 1904, 161–212. – Bespr. GZ 5/274; Boll. Com. geol. d'It., 35, 1904, 382.

Königsberger J. Über Mineralfundorte in den Alpen und über Gesteinsmetamorphismus. – Z. DGeolGes., 64, 1912, 501–529. – Bespr. EgH 13, 1914, 19.

— Zum Alter der Gesteinsmetamorphose in den Alpen und deren Beziehung zum Karbon. – GR 17a, Steinmann-Festschr., 1926, 363–372.

— Beobachtungen im Gotthardmassiv. – Schw. Min. u. Petr. Mitt., 10, 1930, 140–151, 7 Fig.

Konrad F. Über einige Porphyrite und Melaphyre des Fassa- und Fleimsertales. – Mitt. Natwiss. Ver. f. Steiermark, 1902, 122–156. – Bespr. VRA 1903, 267.

Krafft A. v. Das Alter des Granits der Cima d'Asta. – VRA 1898, 184–189. – Bespr. NJb. 1899/2, 387; Bl. 984; Boll. Com. geol. d'It., 30, 1899, 270.

Küchler H. Chemische und optische Untersuchungen an Hornblenden und Augiten aus dem Diorit-Gabbromassiv des oberen Veltlin. – Chemie der Erde, 1, Jena 1914, 58–100. – Bespr. GZ 25/206; NJb. 1915/2, 312.

Kuenen Ph. H. The porphyry district of Lugano west of the Valganna. – Inaugdiss. Leiden, 1925; Leidsche Geol. Meded., Dl. 1, Lfrg 1, Leiden 1925, 129–185. – Bespr. GZ 33/709.

Künzli E. Die Kontaktzone um die Ulten-Iffingermasse bei Meran. – Tscherm. Min. u. petr. Mitt., 18, 1899, 412–442. – Bespr. NJb. 1900/2, 391; Bl. 1018.

Lang H. O. Beiträge zur Systematik der Eruptivgesteine. – Tscherm. Min. u. petr. Mitt., 13, 1893, 115–169, 496–531. – Bespr. NJb. 1893/2, 484; 1895/2, 74.

Lasaulx A. v. Über die Eruptivgesteine des Vicentinischen. – Z. DGeolGes., 25, 1874, 286–340. Auszug: Boll. Com. geol. d'It., 5, 1874, 16–30.

Laubmann H. Studien über Mineralpseudomorphose. – NJb. 1921/1, 15–34; 1921/2, 35–49; 1922/2, 1–17.

Lechleitner H. Eine neue Lagerstätte dioritischer Gesteine bei Vahrn am Eisack im Spilukertale. Die Porphyrite und „roten Granite" des Flaggertales. – VRA 1892, 277–280. – Bespr. NJb. 1893/2, 331; Bl. 826.

— Neue Beiträge zur Kenntnis der dioritischen Gesteine Tirols. (Valsugana u. Klausen.) – Tscherm. Min. u. petr. Mitt., 13, 1892, 1–17. – Bespr. NJb. 1893/2, 487; Boll. Com. geol. d'It., 25, 1894, 320.

Lemberg J. Über die Kontaktbildungen bei Predazzo. – Z. DGeolGes., 24, 1872, 187–264. – Bespr. VRA 1872, 333.

— Über Gesteinsumbildungen bei Predazzo und am Monzoni. – Z. DGeolGes., 27, 1877, 457–511.

— Zur mikrochemischen Untersuchung von Kalzit, Dolomit und Predazzit. – Z. DGeolGes., 39, 1887, 489–492. – Bespr. NJb. 1888/2, 246.

— Zur mikroskopischen Untersuchung von Kalzit, Dolomit und Predazzit. – Z. DGeolGes., 40, 1888, 357–359.

Leneček O. Über Predazzit und Pencatit. – Tscherm. Min. u. petr. Mitt., 12, 1891, 429–442, 447–456.

Leonhard K. C. v. Über das südliche Tirol: Die Basalte von Fassa. – Moll Jb., 3, 1799.

— Min.-chem. Untersuchung des in Tirol aufgefundenen Triphans (Spodumen). – Min. Taschenbuch, Frankfurt a. M. 1819. (Ratschinges.)

— Die Basaltgebilde. 2. Abt. Augitporphyr. (Fassatal.) – Stuttgart 1832. Auszug in: Beitr. z. Gesch. etc. Tirols, Z. Ferdin., 8, 1834, 181–185.

Lepsius R. Einteilung der alpinen Trias und ihr Verhältnis zur außeralpinen. – NJb. 1876, 742–744. – Bespr. Bl. 456.

— Über Röth und Muschelkalk in den Südalpen. – Habil.-Schr. Univ. Heidelberg; Straßburg (Heitz) 1876, 41 S.

— Das westliche Südtirol, geologisch dargestellt. – Berlin 1878, 375 S., 1 K., mehr. Prof. u. Taf. – Bespr. VRA 1879, 34; NJb. 1881/1, 382; Mitt. DÖAV, 1878, 247; Bl. 502; Boll. Com. geol. d'It., 10, 1879, 64.

— Über die Dolomite des westlichen Südtirol und die Kontaktzone am Tomalitstock des Adamello. – Z. DGeolGes., 30, 1878, 557–558.

— Berichtigung Doelters über die Eruptivgesteine des Adamello. – VRA 1879, 31–32.

— Über Dr. Staches Reisebericht, betreffend die Umrandung des Adamellostockes. – VRA 1879, 339–343.

— Über die Zeit der Entstehung der Tonalitmasse des Adamello in Südtirol. – Notizblatt d. Ver. f. Erdkde u. d. Geol. Ldsanst. Darmstadt, 1898, 50–55. – Bespr. NJb. 1900/1, 51; Bl. 1004; Boll. Com. geol. d'It., 30, 1899, 271.

— Über die wesentlichen Unterschiede zwischen diskordanten und konkordanten Granitstöcken und zwischen Kontakt- und Regionalmetamorphose der Granite. – GR 3, 1912, 1–6.

— Über das Verhältnis der Decken zur Metamorphose der Gesteine in den Alpen. – Notizbl. d. Ver. f. Erdkde u. d. Geol. Ldsanst. Darmstadt,

4. F., H. 33, 1912, 5–16. – Bespr. VRA 1912, 398; EgH 13, 1914, 600.

Lévy M. Über die Porphyrgesteine in den Umgebungen des Luganer Sees. – Boll. Soc. géol. de France, Paris 1876, 111–116.

Lichtenecker N. Bergsturz und Bimssteingang von Köfels im Ötztal (Tirol). – Geogr. Jber. aus Österr., 14. u. 15, Wien 1929, 228–254, K. 1:35000. – Bespr. Z. f. Glkde, 17, 1929, 402; Z. f. Geomorph., 5, 1930, 138.

— Zur Deutung des Bimssteinvorkommens von Köfels im Ötztal. – VBA 1930, 173–179. – Bespr. GZ 45/696; Studi Trent. Sc. Nat., 12, 1931, 72.

Linck G. Die Pegmatite des oberen Veltlin. – Jenaische Z. f. Natwiss., 33, 1900, 345–360. – Bespr. GZ 1/1542; NJb. 1900/2, 360; Boll. Com. geol. d'It., 32, 1901, 262.

Lindemann B. Über einige wichtige Vorkommnisse von körnigen Karbonatgesteinen mit besonderer Berücksichtigung ihrer Entstehung und Struktur. – Diss. Stuttgart, 1904; NJb. 1904, Bbd 19, 197–318, 3 Taf., 1 Fig. – Bespr. GZ 7/684; VRA 1904, 360.

— Petrographische Studien in der Umgebung von Sterzing in Tirol. 1. Teil: Das kristalline Schiefergebirge., – NJb. 1906, Bbd 22, 454–554, 2 Fig. – Bespr. VRA 1906, 414; GZ 9/329.

Longhi P. Appunti per uno studio geologico sopra le colline di Albettone, Lovertino e Costa di Vio nel gruppo dei Monti Euganei. – Atti Acc. Sc. Ven.-Trent.-Istr., n. s., an. 2, f. 1, Padova 1905, 37–67, 5 Fig., 2 Skz., 1 Taf.

Löwl F. Die Tonalitkerne der Rieserferner in T. – PetMitt., 1893, 73–82, 112–116, 1 K. – Bespr. NJb. 1895/1, 309; Bl. 855.

Ludwig E. et **Renard.** Analyse de la Vésuvienne d'Ala (in Piemonte) et de Monzoni. – Bull. d. Musée royal d'hist. nat. de Belgique, 1, Bruxelles 1882.

Lutz A. Die Diorite von St. Lorenzen im Pustertale. – Progr. Staatsgymnas. Landskron, 1907/8.

Maddalena L. Osservazioni geologiche sul Vicentino e in particolare sul bacino del Posina. – Boll. Soc. geol. it., v. 25, Roma 1906, 659–743, 5 Taf. Auszug: Atti R. Ist. Ven. di Sc., Lett. ed Arti, t. 66, d. 4, Venezia 1906/7, 67–72. – Bespr. GZ 9/497, 11/356; Boll. Com. geol. d'It., 38, 1907, 354.

— Über Eruptivgesteinsgänge im Vicentinischen. – Z. DGeolGes., 59, 1907, 377–400. – Bespr. GZ 11/440; Boll. Com. geol. d'It., 39, 1908, 156.

— Le mineralizzazioni del calcare del Mt. Spitz di Recoaro e le masse eruttive che lo circondano. – Boll. Soc. geol. it., 27, 1, Roma 1908, 25–39. – Bespr. GZ 14/13; Boll. Com. geol. d'It., 40, 1909, 222.

— Un nuovo filone di basalto nefelinico a noseana nel Vicentino. – Atti R. Acc. d. Linc. Rend., s. 5, v. 17, Roma 1908, 802–810. – Bespr. Boll. Com. geol. d'It., 40, 1909, 223.

— Studio petrografico dei basalti di Bragonze nel Vicentino. – Atti Soc. it. d. Sc. Nat. ed. Mus. Civ. di Stor. Nat., v. 47, f. 1 u. 2, Milano 1908, 121–133. – Bespr. GZ 14/1160; Boll. Com. geol. d'It., 40, 1909, 224.

— Roccia a noseana nel Vicentino. – Boll. Soc. geol. it., v. 27, Roma 1909, röm. 28–29.

— Osservazioni riassuntive sulle roccie filoniane dell'Alto Vicentino. – Atti Acc. Sc. Ven.-Trent.-Istr., s. 3, a. 2, Padova 1909, 137–143.

— Studio petrografico delle roccie porfiriche del bacino del Posina nell'Alto Vicentino. – Atti R. Acc. Ven. d. Sc., L. ed A., t. 68, d. 9, Venezia 1909, 839–848. – Bespr. GZ 14/896; Boll. Com. geol. d'It., 41, 1910, 217.

— Über einen neuen nephelin- und noseanführenden Basaltgang im Vicentinischen. – Z. DGeolGes., 62, 1910, Mber. Nr. 2, 164–170. – Bespr. GZ 15/1180; NJb. 1912/2, 224; Boll. Com. geol. d'It., 42, f. 3, 1911, 70.

— Le nuove vedute sull'origine del caolino ed il giacimento di Tretto (Vicenza). – Rass. min., v. 34, n. 4, Torino 1911, 50–53. – Bespr. Boll. Com. geol. d'It., 43, f. 2–3, 1913, 80.

— Studio geologico e petrografico delle roccie eruttive del bacino di Tretto (Alto Vicentino). – Boll. Soc. geol. it., v. 30, f. 3, Roma 1912, 722–724; Atti Soc. It. di Sc. Nat. e d. Mus. Civ. d. Stor. Nat. in Milano, v. 50, f. 4, Pavia 1912, 315–338. – Bespr. GZ 18/809; Boll. Com. geol. d'It., 44, f. 2, 1914, 82.

Maier W. Vulkanismus und Isostasie. – Z. DGeolGes., 85, 1933, 273–299, 14 Abb.

Maraschini P. Osservazioni litologiche sui contorni di Schio. – Giorn. dell'Italiana letteratura, Aprile 1810. (Eruptivgesteine u. Heilquellen.)

— Memoria sui filoni pirossenici. – Bibl. ital., Agosto 1823.

— Über einige vulkanische Gesteine im Val di Fiemme von den Herren Bertrand-Geslin, Trettenero und Maraschini. – Deutsch in Leonh. Min. Taschenbuch, 1829, 109 u. Z. Ferdin., Innsbruck, 7, 1832, 222–242; Ital. in Bibl. it., 32, Milano 1823, 352.

Martelli A. Sul porfido quarzifero dell Val d'Ega. – Periodico di Min. (Millosevich), Roma 1930, n. 3, 193–200.

Marzari-Pencati G. Graf. Sur le gisement du Mont Cimadasta et sur les autres terrains cristallisés tertiaires situés entre le Grigno et le Cismon. – Journ. de phys., de chimie etc., 94, Paris 1822, 316–321.

— Lagerungsverhältnisse einiger Porphyr- und Granitgesteine, besonders in Südtirol. – Leonh. Min. Taschenbuch, Frankfurt a. M. 1823, 625–644. (Italienisch: Memoria geogn. dal Sc. Breislak, 8, Milano 1821.)

— Lettera geologica diretta a Gius. Dembscher intorno ai graniti, gneis, micaschisti ecc. e gli altri terreni inferioramente metalliferi, i quali fra la Piave e l'Adige coronano e metallizzano la sottoposta formazione secondaria. – Gazzetta priv. Venezia, 1823, 18. 2. e 18. 8.; Abdruck Vicenza (tip. Paris) 1823; Fortsetzg im Supplem. alla Gazz. di Venezia, 1823, Nr. 32, 39, 58, 94, 99, 185, 259 (Schreiben an d. Ak. d. Wiss. Paris u. an Isimbardi über Val Travaglia).

— Sulla sovrapposizione delle rocce di transizione di Werner al calcare secondario. – Giorn. di Fisica, Pavia 1824.

Melzi G. Le porfiriti della catena Orobica settentrionale. – Rend. Ist. Lomb. d. Sc. e Let., s. 2, v. 28, 1895, 11 S. – Bespr. NJb. 1896/2, 292; Boll. Com. geol. d'It., 27, 1896, 429.

Mercalli G. Su alcune rocce eruttive comprese tra il Lago Maggiore e quello d'Orta. – Rend. R. Ist. Lomb., s. 2, v. 18, 1885, 184–194. – Bespr. NJb. 1886/1, 260.

Meusburger K. Der Klausenit, das Gestein des Säbner Felsens. – Pro Chiusa, Bolzano-Chiusa 1927, 50–55.

Miller K. Die geologischen Bildungen am Untersee und im Höhgau. – Schr. d. Ver. f. Gesch. d.

Bodensees u. seiner Umgebung, 10, Lindau 1880, 145–150.

Mojsisovics E. v. Trachytfund in den Ortler Alpen. - VRA 1865, 52–53 u. 120. - Bespr. Bl. 225.

— Notizen zur Geologie des südtirolischen triadischen Tuffgebietes. - VRA 1874, 290–292.

— Untersuchungen in der Umgebung der Seiseralpe und von St. Cassian. - VRA 1874, 321–322.

— Über die Ausdehnung und Struktur der südosttirolischen Dolomitstöcke. - Anzg. Ak. d. Wiss. Wien v. 13. 5. 1875, 116; Sber. Ak. d. Wiss. Wien, 71, 1. Abt., 1875, 18 S. - Bespr. VRA 1875, 165; NJb. 1876, 325, 567; Bl. 403; Boll. Com. geol. d'It., 6, 1875, 324.

— Das Gebiet von Zoldo und Agordo in den Venetianischen Alpen - VRA 1875, 220–221; Boll. Com. geol. d'It., 6, 1875, 294–296. (Ital.)

— Über die Südtiroler Quarzporphyrtafel. - VRA 1878, 58–59. - Bespr. Bl. 501.

— Die Dolomitriffe von Südtirol und Venetien. Beiträge zur Bildungsgeschichte der Alpen. - Wien (Hölder) 1879, 552 S., 30 T., 3 K., 110 Abb. - Bespr. VRA 1879, 14–17 (Vortr.); NJb. 1879, 91, 176, 681; Mitt. Geogr. Ges. Wien, 21, 1878, 348; 22, 1879, 543; Mitt. DÖAV, 1879, 75; Bl. 523; Arch. d. sc. phys. et nat., 3e pér., t. 1, 300; Rev. géol. suisse p. l'a. 1878, Genève 1879, 4; Boll. Com. geol. d'It., 10, 1879, 169.

Molinari F. La datolite nel granito di Baveno. - Atti Soc. it. sc. nat., v. 27, Milano 1884, 176–183.

— Nuove osservazioni sui minerali del granito di Baveno. - Atti Soc. it. sc. nat., v. 28, Milano 1885, 58–59, 1 Abb.

Molon F. I Colli Berici del Vicentino. Sunto geologico. - Boll. Soc. geol. it., v. 1, Roma 1882, 47–79, 1 K., 2 T.

Monti R. Studi petrografici sopra alcune rocce della Valle Camonica. Nota preventiva. - R. Ist. Lomb. di Sc. e Let. di Milano, s. 2, v. 26, f. 16, 1893; Giorn. di Min., Crist. e Petr. (Sansoni), v. 4, f. 4; v. 5, f. 1–2, 44–71, Milano 1894. - Bespr. NJb. 1895/2, 264; Boll. Com. geol. d'It., 25, 1894, 326; 26, 1895, 380.

Morgante S. La differenziazione chimica del massiccio intrusivo delle Vedrette di Ries (Alto Adige). - Atti R. Ist. Ven. di Sc., Lett. ed Arti, v. 43, 1933, 215–247. - Bespr. GZ 53 A/263.

Mügge O. Glimmerporphyrit vom Steinacher Joch. - NJb. 1880/2, 293–294.

Mutschlechner G. Geologie der Peitlerkofelgruppe. (Südtiroler Dolomiten.) - JbBA 1933, 75–112, K. 1:25000. 1 Proftaf., 2 Fig. - Bespr. Z. f. Glkde. 21, 1933, 249; GZ 51 A/401.

Necker L. A. Notice sur l'hyperstène et la siénite hyperstènique de la Valteline. - Bibl. univ. d. sc., belles-lettres et arts, part. sc. et arts, n. s., t. 41, Genève 1829, 123–135. - Bespr. Bull. d. l. Soc. géol. de France, t. 2, Paris 1831/32, 153.

Negri G. B. Studio micrografico di alcuni basalti dei Colli Euganei. - Atti Soc. Ven.-Trent. Sc. nat., v. 12, f. 1, 1891, Padova 1892, 369–376; Riv. di Min. e Crist. it., v. 8, f. 4–6, Padova 1891. - Bespr. Boll. Com. geol. d'It., 23, 1892, 285.

Neumayr M. Erdgeschichte. - 3. Aufl. (Fr. E. Suess.) 1. Bd: Dynamische Geologie. - Leipzig u. Wien (Bibliogr. Inst.) 1920, 543 S., 132 Abb., 32 Taf. u. K. - Bespr. Mitt. Geogr. Ges. Wien, 65, 1922, 112; GZ 25/1478; Natwiss. Wochenschr., NF, 21, 1922, 199; Mitt. Geol. Ges. Wien, 13, 1920 (1921), 112; Geogr. Z., 28, 1922, 42; Die Natwiss., 9, 1921, 35; Tscherm. Min. u. petr. Mitt., 35, 1921, 55.

Nicolis E. e **Negri G. B.** Sulla giacitura e natura petrografica dei basalti veronesi. - Atti R. Ist. Ven. di Sc. ecc., t. 1, s. 7, Venezia 1890, 469–479. - Bespr. NJb. 1892/1, 286; Boll. Com. geol. d'It., 22, 1891, 187.

Niederer J. Beiträge zur Petrographie des östlichen Aarmassives. - Diss. Bern, 1932, Weida (Thür.) 1932, 1 K., 6 Taf., 4 Fig. - Bespr. NJb. 1933/2, 926.

Niggli P. Systematik der Eruptivgesteine. - Zbl. f. Min., 1920, 161–174.

— Der Taveyannazsandstein und die Eruptivgesteine der jungmediterranen Kettengebirge. - Schw. Min. u. Petr. Mitt., 1923, 169–275. - Bespr. NJb. 1927/1, A, 99.

— Erzlagerstätten, magmatische Aktivität und Großtektonik. - Z. f. prakt. Geol., 1928, 159–164, 185–191. - Bespr. GZ 42/1125.

— Das Gotthardmassiv. - In: Geol. Führer der Schweiz, herausgeg. v. d. Schwz. Geol. Ges., Basel (Wepf) 1934, Fasz. II, 139–145, 2 Taf.

Nopcsa F. Bar. Beiträge zur Verteilung der Eruptivgesteine. - Földtani Közlöny, 56, Budapest 1927, 149–160. - Bespr. GZ 36/1444.

Novarese V. La formazione diorito-kinzigitica in Italia. - Boll. R. Uff. geol. d'It., v. 56, N. 7, 1931, 1–62, 6 Fig. - Bespr. GZ 47 A/1516.

— Una singolare conferma indiretta dell'estensione della formazione diorito-kinzigitica del Canton Ticino. (Vortr.) - Boll. Soc. geol. it., v. 51, 1932, f. 2, Roma 1932, röm. 82–83.

— L'età del granito del Lago Maggiore. - Boll. Uff. geol. d'It., v. 58, N. 11–12, Roma 1933, 1–32.

Ogilvie-Gordon M. Monzoni and Upper Fassa. - Geol. Mag., London 1902, dec. 4, v. 9, 309–317. - Bespr. GZ 3/810; Boll. Com. geol. d'It., 34, 1903, 397.

— The geological structure of Monzoni and Fassa. - Transact. Edinburgh Geol. Soc., 8, 1902–1903, Spec. part., 179 S., 4 Taf., 2 K., 1 Tab., 51 Abb. - Bespr. NJb. 1904/1, 247; Boll. Com. geol. d'It., 35, 1904, 404.

— The Fassa-Monzoni District, or Simultaneous duplex crust movements. - The Geolog. Mag., NS, dec. 4, v. 10, Nr. 4, London 1903, 189–191. - Bespr. Boll. Com. geol. d'It., 35, 1904, 403.

— Über Lavadiskordanzen und Konglomeratbildungen in den Dolomiten Südtirols. - VRA 1911, 212–222. - Bespr. GZ 17/770; NJb. 1913/1, 321; Boll. Com. geol. d'It., 43, 1913, f. 4, 93.

— Leithorizonte in der Eruptivserie des Fassa-Grödengebietes. - VRA 1913, 163–170. - Bespr. GZ 21/759.

Ohnesorge Th. Über Silur und Devon in den Kitzbüheler Alpen. - VRA 1905, 373–377. - Bespr. GZ 9/215, 12/1477; NJb. 1909/1, 415.

Oppenheim P. Das Auftreten heterogener Geschiebe in den balsatischen Tuffen des Vicentiner Tertiär. - Z. DGeolGes., 1890, 372–375. - Bespr. NJb. 1893/2, 168; Boll. Com. geol. d'It., 22, 1891, 189.

— A proposito dei tufi glauconitici di Zovencedo. - Riv. it. di Pal., a. 2, f. 3, Bologna 1896, 164. - Bespr. Boll. Com. geol. d'It., 28, 1897, 291.

Osann A. u. **Hlawatsch C.** Über einige Gesteine aus der Gegend von Predazzo. - Tscherm. Min. u. petr. Mitt., 17, 1898, 556–566. - Bespr. NJb. 1899/2, 385; Bl. 989; Boll. Com. geol. d'It., 30, 1899, 290.

Osann A. Versuch einer chemischen Klassifikation der Eruptivgesteine. - Tscherm. Min. u. petr. Mitt., 19, 1900, 351–499, 5 T.; 20, 1901, 399–558, 7 T.; 21, 1902, 365–448, 4 T.; 22, 1903, 403–436.

– Bespr. GZ 2/581, 1909; 3/2207; 6/1996, 1997; NJb. 1902/1, 212; 1903/1, 226; 1903/2, 356; 1905/1, 412.

Passarge S. Morphologische Studien in der Gaul bei Lana. – Z. f. Geomorph., 8, 1934, 67–81, 1 Skz., 4 Abb.

Pelikan A. Ein neues Cordieritgestein vom Mte Doja in der Adamellogruppe. – Tscherm. Min. u. petr. Mitt., 12, 1891, 156–166. – Bespr. NJb. 1892/1, 286; VRA 1891, 299; Boll. Com. geol. d'It., 23, 1892, 406.

Penck A. Der postglaziale Vulkan von Köfels im Ötztal. – Sber. Preuß. Ak. d. Wiss., 12, Berlin 1925, 218–225. – Bespr. GZ 33/746, 34/745; VBA 1926, 200; Z. f. Vulk., 9, 1925, 147; NJb. 1926/1, B, 9; 1926/1, A, 183; Z. f. Glkde, 16, 1928, 162.

Penck W. Der geologische Bau des Gebirges von Predazzo. – Diss. Heidelberg, 1911; NJb. 1911, Bbd 32, 239–382, K. 1:25000, 2 Taf., 10 Fig. – Bespr. GZ 17/566; VRA 1911, 333; Boll. Com. geol. d'It., 43, 1913, f. 4, 101.

— Studien im Eruptivgebiet von Predazzo. (Vortr.) – Mitt. Geol. Ges. Wien, 1912, 8–12.

— Die Melaphyrausbrüche von Buffaure. – Mitt. Geol. Ges. Wien, 5, 1912, 20–86, K. 1:25000, 3 Prof., 5 Abb. – Bespr. GZ 18/1306; VRA 1912, 217; NJb. 1913/1, 322.

— Anteil der Schmelzflüsse an den Bewegungen der Erdkruste. – Die Naturwissenschaften, 12, H. 41, Berlin 1924, 847–851.

Petersen Th. Plagioklas aus dem hornblendeführenden Melaphyr des Monte Mulatto. – Z. f. Krist., 10, 1884, H. 4.

Petrascheck W. Über Gesteine der Brixener Masse und ihrer Randbildungen. – JbRA 1904, 47–74, 1 Taf., 1 Abb. – Bespr. NJb. 1905/2, 379.

Petzholdt A. Über Dolomit und Melaphyr. (Aus: Beiträge z. Geognosie von Tirol.) – Berg- u. Hüttenm. Ztg, 2, 1843, 753–764.

Peverelli G. I graniti del lago d'Orta. – Boll. Consiglio prov. Novara, n. 1, Novara 1930, 20–21.

Pfaff F. Petrographische Untersuchungen über die eozänen Tonschiefer der Glarner Alpen. – Sber. Ak. d. Wiss. München, math.-nat. Kl., 1880, 461–489. – Bespr. NJb. 1881/1, 399.

Pfaundler A. v. Über die merkwürdige Gegend von Fassa in Tirol. – Annalen der Berg- u. Hüttenkde, 2, Salzburg 1803.

Philipp H. Neue Untersuchungen über Trias- und Eruptivgesteine von Predazzo. (Vortr.) – Natwiss.-med. Ver. Heidelberg, NF, 7, 1903/04.

— Paläontologisch-geologische Untersuchungen aus dem Gebiete von Predazzo. – Z. DGeolGes., 56, 1904, 1–98, K. 1:50000, 5 Taf. – Bespr. VRA 1904, 361; Boll. Com. geol. d'It., 36, 1905, 244.

Pichler A. v. Zur Geognosie Tirols. I. Die Gruppe des Hocheder. II. Die vulkanischen Reste von Köfels. III. Notizen. – JbRA 1863, 589–594, 1 Sk. – Bespr. TB 1863, 865; Bl. 185.

— Vulkanische Gesteine in den Zentralalpen. (Köfels.) – VRA 1863, 77.

— Beiträge zur Geognosie Tirols. I. Megalodon triqueter Wulf. in den „oberen Schichten der Cardita crenata". (Zirl.) II. Bonebed und Jura in der Ötztaler Masse. (Imsterberg.) III. Über Seeben. IV. Eruptivgesteine vom Wetterstein. V. Asphaltschiefer bei Tarrenz. – JbRA 1866, 501–504. – Bespr. VRA 1866, 141; TB 1866, 1097, 1101; Bl. 230.

— Beiträge zur Geognosie und Mineralogie Tirols. XVI. Aus den oberen Carditaschichten des Achentales. XVII. Die Zone des Ammonites planorbis in Nordtirol. (Leutasch u. Pfonserjoch.) XVIII. Die Gosauformation des Sonnwendjoches. XIX. In der Wildschönau. XX. Findlinge von Eruptivgesteinen bei Innsbruck. XXI. Mineralien aus dem Phyllit bei Innsbruck und vom Madersbacher Köpfl. XXII. Eine alte Mineralogie. (Landreim v. G. Rösch, 1558.) – JbRA 1869, 207–216. – Bespr. VRA 1869, 101.

— Einiges Neue für tirolische Mineralogen und Geognosten. (Brixner Granit obertriadisches Alter, Verrucano von Serfaus, Trias von Mauls, Grödner Sandstein von Eppan, Diorit vom Lüsental, Melaphyr von Kaltern, Tirolit von Kogel, Wad von Matrei, Pseudomorphosen von Gips und Steinsalz, Serizit von Pill, Erratica von Grünsteinporphyr bei Hötting, Quarzporphyrit bei Vintl u. a.) – TB 1870, 689, 775, 1266.

— Beiträge zur Geognosie von Tirol. I. Die Granitmasse von Brixen. II. Diorit und Melaphyr bei Klausen. III. Diorit im Lüsental. – NJb. 1871, 256–274. – Bespr. VRA 1871, 158; Bl. 302.

— Geologisches aus Tirol. (Dioritporphyr bei Meran.) – NJb. 1873, 940–941.

— Beiträge zur Geognosie Tirols. 1. Die Porphyrite. (Töllit [Töll u. Lienz], Vintlit, Ehrwaldit.) 2. Aus der Granitmasse von Brixen. 3. Aus der Porphyrmasse von Bozen. 4. Porphyrische Schiefer. (Fieberbrunn.) 5. Varietäten des Tonglimmerschiefers. (Porphyroide südl. Innsbruck.) 6. Vom Cislon. 7. Zu den Carditaschichten. 8. Vom Sonnwendjoch. 9. Mineralogische Notizen. (Zillertal.) – NJb. 1875, 926–936. – Bespr. VRA 1876, 52; Bl. 400.

— Zur Geologie Tirols. (Literaturübersicht, Vintlit, Töllit, porphyrische Schiefer von Fieberbrunn, Kochenit u. a.) – TB 1875, 1994.

— Beiträge zur Geognosie Tirols. (Porphyr von der Trostburg, Gabbro in der Wildschönau etc.) – NJb. 1878, 185–188.

— Beiträge zur Geognosie der Tiroler Alpen. (Schalders, Klausen, Schwaz, Gardasee.) – NJb. 1879, 140–144.

— Beiträge zur Geognosie Tirols. (Serpentin v. Sprechenstein, Porphyr vom Kuntersweg, Diorit von Klausen, Basalttuffe bei Torbole, Melaphyr bei Pergine u. a.) – NJb. 1880/1, 172–174. – Bespr. TB 1880, 447.

— Aus Tirol. (Glimmerporphyrit vom Steinacher Joch.) – NJb. 1880/2, 292–293. – Bespr. Ebd. 293; TB 1880, 1469.

— u. **Blaas J.** Die porphyrischen Gesteine von Brandenberg bei Brixlegg. – Tscherm. Min. u. petr. Mitt., 4, 1882, 270–279. – Bespr. NJb. 1882/2, 71; Bl. 587.

— — Die Quarzphyllite bei Innsbruck. – Tscherm. Min. u. petr. Mitt., 4, 1882, 503–518. – Bespr. NJb. 1882/2, 263; Bl. 582.

Pichler A. v. Beiträge zur Geognosie Tirols. (Basalt bei Mori und Isera, Brixner Granit, Bozner Porphyr.) – NJb. 1882/2, 283–284. – Bespr. TB 1881, 2679.

— Zur Geologie Tirols. (Quarzphyllite an der Trisanna, Glimmerdiabase am Steinacher Joch.) – VRA 1885, 216–217.

— Beiträge zur Geognosie Tirols. (Konglomerate im Kuntersweg, Profile durch den Tschirgant.) – VRA 1887, 205–207. – Bespr. NJb. 1888/2, 102; 1889/2, 85.

— Beiträge zur Mineralogie und Geologie Tirols. (Einzelheiten von Sulferbruck, Höttinger Graben, Karw., Achental, Oberinntal.) – VRA 1888, 298–300.

Pirona G. A. Sulla costituzione geologica dei monti Euganei. – Atti R. Ist. Ven. d. Sc., L. ed A., s. 3, t. 15, Venezia 1869/70; t. 16, 1870/71.

Ploner J. Über Granat-Granulit in Tirol. (Pescarabach, Ultental.) – Tscherm. Min. u. petr. Mitt., 12, 1892, 313–327. – Bespr. NJb. 1893/1, 490.

Porro C. Rocce granitoidi della Valsassina. Cenni preliminari. – Rend. R. Ist. Lomb., s. 2, v. 31, f. 15–16, Milano 1898, 1053–1064. – Bespr. Boll. Com. geol. d'It., 30, 1899, 295.

Preiswerk H. Tessinergneis. (Vortr.) – EgH 19, 1925/26, 177–187, 1 Taf.

— Coccogneis und Verzascagneis in den zentralen Tessiner Alpen. – Schw. Min. u. Petr. Mitt., 9, 1929, 454–456. – Bespr. GZ 44/9.

— Der Quarzdiorit des Coccomassivs (zentrale Tessiner Alpen) und seine Beziehungen zum Verzascagneis. – Schw. Min. u. Petr. Mitt., 11, 1931, 27–55, 12 Fig. – Bespr. NJb. 1933/2, 439.

— u. **Reinhard M.** Geologische Übersicht über das Tessin.– In: Geol. Führer der Schweiz, herausgeg. v. d. Schwz. Geol. Ges., Basel (Wepf) 1934, Fasz. III, 190–204, 1 Taf., 2 Fig.

Příbram R. Analyse des Berylls vom Ifinger. – Tscherm. Min. u. petr. Mitt., 8, 1887, 190. – Bespr. VRA 1887, 104; NJb. 1887/2, 260.

Proboscht H. Über den Analcimmelaphyr von Pizmeda. – Zbl. f. Min., 1904, 79–86, 4 Fig. – Bespr. GZ 6/999; Boll. Com. geol. d'It., 36, 1905, 247.

— Zur Petrographie des Fassatales. – Zbl. f. Min., 1905, 46–54. – Bespr. Boll. Com. geol. d'It., 38, 1907, 57.

Quervain F. de. Zur Petrographie und Geologie der Taveyannazgesteine. – Promotionsarb. T.H. Zürich, 1928, 87 S.; Schw. Min. u. Petr. Mitt., 8, 1930, 1–86, 2 Taf., 11 Fig. – Bespr. GZ 43/1257; Min. u. Petr. Mitt., 1, 1932, R. 305, 323, 354, 358.

— Pegmatitbildungen von Brissago. – Verh. Schwz. Natf. Ges., 113. Jvers. Thun, 1932, 2. T., 356; Schwz. Min. u. Petr. Mitt., 12, 1932, 539–540.

Ragazzoni G. B. Osservazioni stratigrafiche sulla provincia Bresciana, in ispecie sul terreno ferrifero e sulle formazioni porfiriche; lavorature dei minerali ferriferi in confronto coi processi esteri, specialmente in Inghilterra. – Comm. Aten. di Brescia, 1862–1864.

Rammelsberg C. Über den Vesuvian vom Piz Longhin. – NJb. 1889/1, 229–230. – Bespr. Arch. d. sc. phys. et nat., 23, Genève 1890, 286; EgH 1, 1890, 495; Z. f. Krist., 19, 1891, 305.

Rasch W. Petrographische Untersuchung der dioritischen Gesteine aus dem Gabbrogebiet des oberen Veltlin. – Inaugdiss. Jena, 1911; NJb. Bbd 32, 1911, 197–238, 1 Taf. – Bespr. GZ 17/726; Boll. Com. geol. d'It., 43, 1913, f. 4, 110.

Rath G. v. Syenitische und andere Gebirgsarten aus den Bündtner Alpen. – Verh. Niederrhein. Ges. f. Nat- u. Heilkde zu Bonn, 1856. – Bespr. NJb. 1858, 339.

— Über von Buchs und Studers sog. Juliergranit, welcher die nördlichen Quellgebirge des Inns zusammensetzt. – Sber. Niederrhein. Ges. f. Nat.- u. Heilkde zu Bonn, 1858. – Bespr. NJb. 1860, 726.

— Die Granitmasse der Cima d'Asta. – Niederrhein. Ges. f. Nat.- u. Heilkde, Sitzg 4. Dez. 1862. – Bespr. NJb. 1863, 206; Bl. 181.

— Die Lagoraikette und das Cima d'Asta-Gebirge. – JbRA 1863, 121–128.

— Beiträge zur Kenntnis der eruptiven Gesteine der Alpen. – Z. DGeolGes., 1864, 249–266, 1 Taf. – Bespr. NJb. 1864, 718; Bl. 204.

— Geognostische Mitteilungen über die Euganeischen Berge bei Padua. – Z. DGeolGes., 1864, 461–529, 2 Taf. – Bespr. NJb. 1865, 337.

— Über eine Fundstätte von Monticellitkristallen in Begleitung von Anorthit auf der Pesmedaalpe am Monzoniberge in Tirol. – Mber. Preuß. Ak. d. Wiss., 1874, Berlin 1875. – Bespr. NJb. 1875, 413.

— Bemerkung zu Doelters Arbeiten über das Monzonigebirge. – VRA 1875, 247–252. – Bespr. Bl. 415.

— Der Monzoni im südöstlichen Tirol. – Vortr. geh. i. d. Niederrhein. Ges. f. Nat.- u. Heilkde, 28, Bonn 1875. – Bespr. VRA 1875, 165; NJb. 1875, 535.

— Über den Monzoni im südlichen Tirol. – Sber. Nathist. Ver. d. Preuß. Rheinlande u. Westfalen (A. Andrae), Bonn 1875, 85–124. – Bespr. Boll. Com. geol. d'It., 6, 1875, 322.

— Beiträge zur Petrographie. II. Über die Gesteine des Monzoni. – Z. DGeolGes., 27, 1875, 343–402.

— Mineralogische Mitteilungen: Pseudomorphe Monticellite von Pesmeda am Monzoni. – Poggendorffs Annal. d. Phys. u. Chem., 155, 1875, 24.

— Über das Mineral von Le Selle am Monzoni. (Augit oder Aktinolith?) – NJb. 1876, 402–403.

Reck H. Über die Basaltvulkane des Hegaues. – Z. DGeolGes., 74, Mber., 1922, 137–156. – Bespr. GZ 28/1607.

— Die Hegau-Vulkane. – Berlin (Borntraeger) 1923, 248 S., K. 1:200000, 18 T., 23 Abb. – Bespr. GZ 29/929; Geogr. Z., 30, 1924, 150.

— u. **Klebelsberg R. v.** Das Schlackenvorkommen von Elvas bei Brixen, Südtirol. – Z. f. Vulkanologie, 11, 1928, 175–180, 2 Taf. – Bespr. GZ 39/200; NJb. 1931/2, 663.

Reinhard M. u. **Preiswerk H.** Exkursion Nr. 65. Cristallina-Val Bavona-Bignasco-Locarno. – In: Geol. Führer der Schweiz, herausgeg. v. d. Schwz. Geol. Ges., Basel (Wepf) 1934, Fasz. XI, 819–823, 1 Fig.

— — Exkursion Nr. 66. Campolungopaß. – In: Geol. Führer der Schweiz, herausgeg. v. d. Schwz. Geol. Ges., Basel (Wepf) 1934, Fasz. XI, 824–829, 1 Fig.

Reinhard M. Exkursion Nr. 69. Bellinzona–Monte Ceneri–Manno–Malcantone–Lugano. – In: Geol. Führer der Schweiz, herausgeg. v. d. Schwz. Geol. Ges., Basel (Wepf) 1934, Fasz. XI, 846–848.

Reis O. M. Erläuterungen zur Geolog. Karte des Wettersteingebirges. – Geogn. Jh, 23, 1910 (1911), 61–114, 2 K. 1:25000 (mit F. W. Pfaff), 1 Skz., 15 Abb., 1 Blge.

Reiser K. Über die Eruptivgesteine des Allgäu. – Tscherm. Min. u. petr. Mitt., 10, 1889, 500–548, 1 Taf., 2 Abb. – Bespr. NJb. 1891/2, 84; Mitt. Geogr. Ges. München, 1911, 445; Bl. 765.

— Geologie der Hindelanger und Pfrontener Berge im Allgäu. 1. Teil. – Geogn. Jh, 33, 1920 (1922), 57–198, K. 1:25000. – 2. Teil. – Ebd., 35, 1922 (1923), 1–82. – 3. Teil. – Ebd., 37, 1924 (1925), 1–34, 1 T., 3 Abb. – Bespr. GZ 29/443, 32/575; NJb. 1924/2, 241.

Reyer E. Über die Tektonik der granitischen Gesteine von Predazzo. – VRA 1880, 231–232. – Bespr. NJb. 1883/1, 45; Bl. 558.

— Über Predazzo. – VRA 1880, 232–233, 304; 1881, 83–84. – Bespr. NJb. 1883/1, 45; Bl. 558, 575.

— Predazzo. – JbRA 1881, 1–56, 1 T. – Bespr. NJb. 1883/1, 45; Bl. 574.

— Über Tuffe und tuffogene Sedimente. – JbRA 1881, 57–66.

— Über die Tuffe der massigen Eruptivgesteine. (Vortr.) - VRA 1881, 74.
— Die Eruptivmassen des südlichen Adamello. - NJb. 1881, Bbd 1, 419–450, 13 Abb. - Bespr. Bl. 576.
— Theoretische Geologie. - Stuttgart 1888, 867 S., 3 K., 700 Abb. - Bespr. NJb. 1889/1, 406; Bl. 750.

Ricciardi L. Sulla composizione chimica di alcune rocce eruttive comprese tra il lago Maggiore e quello di Orta. - Atti Acc. Gioenia, s. 3, t. 18, Catania 1885.

Richter M. Ein neues Vorkommen von Diabasen im Karwendel. - VRA 1928, 117–120, 1 Fig. - Bespr. GZ 39/1000; NJb. 1930/2, 14.

Richthofen F. Frh. v. Ergebnisse einer geognostischen Studienreise in Südtirol. - JbRA 1856, 841–842.
— Über den Melaphyr. - Z. DGeolGes., 8, 1856, 589–659.
— Notiz über die Kontaktwirkungen des Syenites in Südtirol. - JbRA 1857, 164–165. - Bespr. NJb. 1858, 85.
— Über die Bildung und Umbildung einiger Mineralien in Südtirol. - Sber. Ak. d. Wiss. Wien, 27, 1858, 293–374.
— Über den Quarzporphyr von Südtirol. - VRA 1858, 7–8. - Bespr. Bl. 133.
— Bemerkungen über die Trennung von Melaphyr und Augitporphyr. - Sber. Ak. d. Wiss. Wien, 34, 1859, 367–434. - Bespr. Bl. 149.
— Geognostische Beschreibung der Umgegend von Predazzo, St. Cassian und der Seisser Alpe in Südtirol. - Gotha (Perthes) 1860, 327 S., K. 1:130000, 4 Proftaf. - Bespr. VRA 1860, 62; Bl. 157.

Rinaldini B. v. Der postglaziale Vulkan von Köfels im Ötztal und die Kluft bei Piburg. - Z. f. Geomorph., 1, 1926, 294–296. - Bespr. Z. f. Glkde, 15, 1927, 321.
— Zwei Vorkommen jungvulkanischen Gesteines in Tirol. - Mitt. Geogr. Ges. Wien, 1927, 5–14, 1 Abb. - Bespr. GZ 37/1083; Z. f. Geomorph., 3, 1928, 166.

Riva C. Sopra alcune roccie della Val Sabbia (Prov. di Brescia). - Rend. R. Ist. Lomb. Sc. e Let., s. 2, v. 26, f. 11–12, Milano 1892, 17 S.; Giorn. di Min., Crist. e Petr., v. 4, f. 3, 1893, 194–210. - Bespr. NJb. 1893/2, 494; 1895/1, 59; Boll. Com. geol. d'It., 25, 1894, 423.
— Sopra un dicco di diorito quarzoso - micacea presso Rino in Val Camonica. - Atti Soc. ital. Sc. nat., v. 36, f. 1, Milano 1896, 21 S., 1 Taf. - Bespr. NJb. 1897/2, 65; Boll. Com. geol. d'It., 28, 1897, 373.
— Sulle rocce paleovulcaniche del gruppo dell'Adamello. - Mem. R. Ist. Lomb. di Sc. mat. e nat., v. 17, f. 6, Milano 1896, 159–228, 4 Taf. - Bespr. NJb. 1897/2, 62; Boll. Com. geol. d'It., 28, 1897, 372.
— Nuove osservazioni sulle roccie filoniane del gruppo dell'Adamello. - Atti d. Soc. ital. Sc. nat., v. 37, f. 1, Milano 1897, 67–90. - Bespr. Boll. Com. geol. d'It., 30, 1899, 88.
— Sul metamorfismo subíto dai gneiss a contatto coi porfiri quarziferi nelle vicinanze di Porto Ceresio (Lago di Lugano). - Rend. R. Ist. Lomb. di Sc., s. 2, v. 33, f. 2–3, Milano 1900, 146–152. - Bespr. NJb. 1902/1, 407; GZ 7/153; Boll. Com. geol. d'It., 32, 1901, 356.

Romberg J. Vorarbeiten zur geologisch-petrographischen Untersuchung des Gebietes von Predazzo. - Sber. Ak. d. Wiss. Berlin, 1901, H. 20–21, 457–460. - Bespr. GZ 2/2034; NJb. 1903/1, 415; 1903/2, 68; Boll. Com. geol. d'It., 33, 1902, 345.
— Geologisch-petrographische Studien im Gebiete von Predazzo. I–III. - Sber. Ak. d. Wiss. Berlin, 1902, 675–702, 731–762; 1903, 43–68. - Bespr. VRA 1903, 267; GZ 4/1541; NJb. 1903/2, 68; 1904/2, 210; Boll. Com. geol. d'It., 35, 1904, 87, 419.
— Entgegnung. (Zu M. Weber, Beiträge zur Kenntnis des Monzonigebietes.) - Zbl. f. Min., 1902, 13–15. - Bespr. GZ 3/212.
— Schlußwort. (Gegen M. Weber.) - Zbl. f. Min., 1902, 139–140. - Bespr. GZ 3/214.
— Zur Richtigstellung. (Gegen J. A. Ippen.) - VRA 1903, 245–249. - Bespr. GZ 4/1678; NJb. 1904/2, 211.
— Über die Altersbeziehungen der Eruptivgesteine im Fassa- und Fleimstale. - VRA 1903, 365–380. - Bespr. GZ 7/1676; NJb. 1904/2, 213; Boll. Com. geol. d'It., 35, 1904, 420.
— Zur Abwehr. (Gegen J. A. Ippen.) - Zbl. f. Min., 1903, 497–503. - Bespr. GZ 4/1677.
— Über die chemische Zusammensetzung der Eruptivgesteine in den Gebieten von Predazzo und Monzoni. - Abh. Ak. d. Wiss. Berlin, Anhang, Physik. Abh. Nr. 5, 1904, 135 S., 1 Taf. - Bespr. GZ 8/330; NJb. 1906/1, 57; Boll. Com. geol. d'It., 36, 1905, 319.
— Über Melaphyr und Camptonit aus dem Monzonigebiete. - Zbl. f. Min., 1904, 275–279. - Bespr. GZ 7/1675; Boll. Com. geol. d'It., 36, 1905, 319.
— Zur Würdigung der gegen meine Veröffentlichungen von C. Doelter und K. Went gerichteten Angriffe. - Tscherm. Min. u. petr. Mitt., 23, 1904, 59–83. - Bespr. GZ 7/803.
— Berichtigung. (Gegen H. Proboscht.) - Zbl. f. Min., 1905, 185–186. - Bespr. GZ 7/804.
— - **Burri C.** Neue Beiträge zur Petrographie von Predazzo und Monzoni. - Aus dem Nachlaß, herausgeg. v. C. Burri. Mit Anhang: Übersicht über den heutigen Stand unserer Kenntnisse der Differentation in den Gebieten von Predazzo und Monzoni. Von C. Burri. - NJb. 1928, Bbd 58, A, 109–140.

Rosenbusch H. Über die chemischen Beziehungen der Eruptivgesteine. - Tscherm. Min. u. petr. Mitt., 11, 1890, 144–178, Berichtigg, ebd. 438. - Bespr. NJb. 1891/2, 57.
— Über Struktur und Klassifikation der Eruptivgesteine. - Tscherm. Min. u. petr. Mitt., 12, 1891, 351–396. - Bespr. NJb. 1893/1, 70.

Rosiwal A. Vorlage von Erz- und Gesteinsproben aus Cinque Valli. - VRA 1894, 172–176. - Bespr. Boll. Com. geol. d'It., 26, 1895, 489.
— Petrographische Notizen. Enstatitporphyrit und Porphyrtuff in den Karnischen Alpen. - VRA 1895, 436–444. - Bespr. Boll. Com. geol. d'It., 27, 1896, 446.
— Vorlage und Besprechung einer neuen Suite von Gesteins- und Erzproben aus Cinque Valli in Südtirol. - VRA 1896, 144–149. - Bespr. NJb. 1897/2, 286; Boll. Com. geol. d'It., 28, 1897, 373.

Roth J. Bemerkungen über die Verhältnisse von Predazzo. - Z. DGeolGes., 1851, 140 - 148.- Bespr. Bl. 28.
— Die Einteilung und die chemische Beschaffenheit der Eruptivgesteine. - Z. DGeolGes., 43, 1891, 1–42. - Bespr. NJb. 1892/1, 61.

Rothpletz A. Geologische Alpenforschungen. I. Das

Grenzgebiet zwischen den Ost- und Westalpen und die rhätische Überschiebung. – München 1900, 176 S., 1 K., 4 Taf., 69 Fig. – Bespr. GZ 1/1492; Zbl. f. Min., 1902, 114; PetMitt., 47, Litber., 16; EgH 7, 1901–1902, 487; Jber. Natf. Ges. Grbd., NF, 44, 163; Jb. Natwiss., 17, 314.

— Geolog. Alpenforschungen. II. Ausdehnung und Herkunft der rhätischen Schubmasse. – München 1905, 259 S., 1 K., 99 Fig. – Bespr. VRA 1906, 265; GZ 8/998; NJb. 1910/1, 98, 105; EgH 9, 1906, 211.

Rüetschi G. Zur Kenntnis des Rofnagesteins. Ein Beitrag zur Gesteinsmetamorphose. – Inaugdiss. Zürich; EgH 8, 1903, 5–45, 1 K., 1 Taf. – Bespr. Ebd. 248; GZ 4/1544; Jber. Natf. Ges. Grbd., 46, 1903, 110; NJb. 1904/2, 387.

Rüger L. Zur Altersfrage der Bewegungen und Metamorphosen im Penninikum der Tessiner Alpen. – GR 25, 1934, 1–10. – Bespr. GZ 52 A/1987.

Salomon W. Über einige Einschlüsse metamorpher Gesteine im Tonalit. – NJb. 1891, Bbd 7, 471–487. – Bespr. VRA 1892, 55; Boll. Com. geol. d'It., 23, 1892, 418.

— Nuove osservazioni nelle regioni di Cima d'Asta e dell'Adamello. – Giorn. d. Min., Crist. e Petr., Milano 1892, 141–148. – Bespr. Boll. Com. geol. d'It., 24, 1893, 380.

— Sul metamorfismo di contatto nel gruppo dell'Adamello. – Boll. Soc. geol. it., 14, Roma 1895, 286–289. – Bespr. Boll. Com. geol. d'It., 27, 1896, 452; NJb. 1897/1, 64.

— Geologisch-petrographische Studien im Adamellogebiet. – Sber. Ak. d. Wiss. Berlin, 50, 1896, 1033–1048. – Bespr. NJb. 1898/2, 279; Bl. 939; Boll. Com. geol. d'It., 28, 1897, 378.

— Über die Kontaktmineralien der Adamellogruppe. I. Wernerit (Dipyr) von Breno. – Tscherm. Min. u. petr. Mitt., 15, 1896, 159–183; Rend. Ist. Lomb., 1895, s. 2, v. 28, 763–786. – Bespr. VRA 1896, 128; NJb. 1899/1, 223; Boll. Com. geol. d'It., 27, 1896, 453.

— Age des roches granitiques périadriatiques. – Extr. d. Arch. d. Sc. phys. et nat., pér. 4, t. 2, Genève 1896. – Bespr. Bl. 940.

— Über Alter, Lagerungsform und Entstehungsart der periadriatischen, granitisch-körnigen Massen. – Habil.-Schr. Wien (Hölder), 1897; Tscherm. Min. u. petr. Mitt., 17, 1898, 109–284. – Bespr. NJb. 1898/1, 281; VRA 1897, 332; Bl. 966; Boll. Com. geol. d'It., 30, 1899, 96.

— Über das Alter der periadriatischen granitisch-körnigen Massen. – EgH 5, 1897, 33–38; Atti Soc. it. Sc. nat., Milano 1897, v. 36, 209–214. – Bespr. NJb. 1898/1, 281.

— Sull'origine, sull'età e sulla forma di giacitura della masse granitoidi della conca periadriatica. – Atti Soc. it. Sc. nat. e del Mus. civ. di Storia nat., v. 36, f. 3–4, Milano 1897, 209–214. – Bespr. Boll. Com. geol. d'It., 30, 1899, 96.

— Bemerkungen zu der Cathreinschen Arbeit: Dioritische Gang- und Stockgesteine aus dem Pustertale. – Z. DGeolGes., 50, 1898, 589–590. – Bespr. NJb. 1900/1, 382.

— Neue Beobachtungen aus den Gebieten des Adamello und des St. Gotthard. – Sber. Ak. d. Wiss. Berlin, 1899, I, 27–41. – Bespr. NJb. 1900/1, 51; EgH 6, 1900, 401; Bl. 1015; Boll. Com. geol. d'It., 31, 1900, 389; Archives ..., 10, Genève 1900, 160.

— Neue Bemerkungen zu den von A. Cathrein gegen mich gerichteten Angriffen. – Z. DGeolGes., 52, 1900, 183–188. – Bespr. NJb. 1902/1, 64.

— Über neue geologische Aufnahmen in der östlichen Hälfte der Adamellogruppe. – Sber. Ak. d. Wiss. Berlin, 1901, Nr. 8, 170–185; Nr. 31, 729–747. – Bespr. VRA 1901, 242; GZ 2/1957, 2111; NJb. 1902/1, 65; Boll. Com. geol. d'It., 33, 1902, 355.

— Über die Lagerungsform und das Alter des Adamellotonalits. – Sber. Ak. d. Wiss. Berlin, 14, 1903, 307–319. – Bespr. VRA 1903, 196; GZ 3/2210; NJb. 1904/1, 68; Boll. Com. geol. d'It., 35, 1904, 426.

— Sulla forma di giacitura e sull'età della tonalite dell'Adamello. – Comm. d. Ateneo Brescia, 1903. – Bespr. GZ 16/1276.

— Die alpino-dinarische Grenze. – VRA 1905, 341–343. – Bespr. GZ 8/1344.

— Die Adamellogruppe, ein alpines Zentralmassiv, und seine Bedeutung für die Gebirgsbildung und unsere Kenntnis von dem Mechanismus der Intrusionen. – Abh. RA, 21, 1. Teil 1908, 1–433, 2 K., 6 Taf., 91 Abb.; 2. Teil 1910, 435–603, 3 Taf., 7 Abb. – Bespr. GZ 17/232; GR 1911, 524; NJb. 1911/1, 276; 1912/2, 226; PetMitt., 57, 1911/2, 219; Boll. Com. geol. d'It., 40, 1909, 383.

— Neue geologische Beobachtungen im Baitonegebiet des Adamello. – Sber. Heidelberger Ak. d. Wiss., math.-nat. Kl., 1928, 15. Abh., 10 S. – Bespr. GZ 39/988; NJb. 1929/2, 520; 1930/3, 34; Z. f. Krist., Min. u. Petr. Mitt., RT 1, 1932, R 74.

Sandberger F. v. Das Erzvorkommen von Cinquevalli bei Roncegno im Valsugana, ca. 30 km östl. von Trient. – Sber. Ak. d. Wiss. München, 23, 1893, 199–216. – Bespr. Z. f. prakt. Geol., 1, 1893, 320; Boll. Com. geol. d'It., 25, 1894, 433.

— Zinckenit von Cinquevalli im Val Sugana (Südtirol). – NJb. 1894/1, 196. – Bespr. Boll. Com. geol. d'It., 26, 1895, 495.

Sander B. Geologische Beschreibung des Brixner Granits. – JbRA 1906, 707–744, 1 K., 22 Abb. – Bespr. GZ 10/1795; NJb. 1909/1, 385.

— Vorläufige Mitteilungen über Beobachtungen am Westende der Hohen Tauern und in dessen weiterer Umgebung. – VRA 1909, 204–206. – Bespr. GZ 14/778, 17/40; NJb. 1912/2, 375.

— Porphyrite aus den Sarntaler Alpen. – Z. Ferd., 3. F., 53. H., Innsbruck 1909, 1–29, 1 K. – Bespr. VRA 1909, 411.

— Geologische Studien am Westende der Hohen Tauern. I. Bericht. – Denkschr. Ak. d. Wiss. Wien, math.-natwiss. Kl., 82, 1911, 257–318, 4 Taf., 17 Fig. – Bespr. GZ 17/41; VRA 1911, 423; NJb. 1920, 357.

— Über einige Gesteinsgruppen des Tauernwestendes. – JbRA 1912, 219–288, 3 Taf., 3 Fig. – Bespr. NJb. 1920, 362; GZ 18/1513.

— Beiträge aus den Zentralalpen zur Deutung der Gesteinsgefüge. – JbRA 1914, 567–634, 12 Taf. – Bespr. NJb. 1921/1, 212.

— Zur Geologie der Zentralalpen. I. Alpinodinarische Grenze in Tirol. II. Ostalpin und Lepontin. III. Stand der Deckentheorie in den Zentralalpen. – VRA 1916, 206–215, 223–231. – Bespr. NJb. 1921/1, 216; GZ 25/266.

— Zur Geologie der Zentralalpen. (Mit Beiträgen von O. Ampferer u. E. Spengler.) – JbStA 1921, 173–224, 1 K., 6 Fig.

—, **Felkel E.** u. **Reithofer O.** Zur tektonischen Analyse von Schmelztektoniken. – Sber. Heidelbg. Ak. d. Wiss., math.-nat. Kl., 1929, 13. Abh., 40 S.

Sander B. Erläuterungen zur geologischen Karte

Meran-Brixen. (Mit Beiträgen v. W. Hammer.) – Schlern-Schr., 16, Innsbruck (Wagner) 1929, 1–111 u. Ber. Natwiss.-mediz. Ver. Innsbruck, 41, 1929, 1–111, 4 Blg. – Bespr. VBA 1930, 225; Mitt. Geol. Ges. Wien, 1930, 165; GZ 43/1153; Der Schlern, 11, 1930, 90; Z. f. prakt. Geol., 38, 1930, 16; Studi Trent. Sc. Nat., 12, 1931, 152.

Sansoni F. Sulla serpentina d'Oira (Lago d'Orta) e sopra alcune roccie ad essa associate. Note litologiche. – Rend. Ist. Lomb., Milano 1892, s. 2, v. 25; Giorn. di Min. ecc. (Sansoni), v. 4, f. 1, Milano 1893. – Bespr. Boll. Com. geol. d'It., 24, 1893, 381; 25, 1894, 433.

Scheerer Th. Vorläufiger Bericht über kristallinische Silikatgesteine des Fassatales und benachbarter Gegenden Südtirols. – NJb. 1864, 385–411. – Bespr. Bl. 209.

— Bericht über die chemische Konstitution der Plutonite. – Dresden 1865.

Schmidegg O. Neue Ergebnisse in den südlichen Ötztaler Alpen. – VBA 1933, 83–95, 1 Skz. – Bespr. GZ 51 A/125.

Schmidle W. Der Hohentwiel. (Vortr.) – Schr. d. V. f. Gesch. d. Bodensees, 42. H., Lindau 1913, 71–79, 1 K.

Schmidt C. Geolog.-petrogr. Mitteilungen über einige Porphyre der Zentralalpen und die in Verbindung mit denselben auftretenden Gesteine. – NJb. Bbd 4, 1886, 388–472, 1 K. – Bespr. Z. f. Krist., 14, Leipzig 1888, 400; Rev. géol. suisse p. l'a. 1886, 18, 56; Arch. d. sc. phys. et nat., t. 18, Genève 1887, 78, 131; Bull. mens. d. Cl. alp. fr., Nr. 8, Paris 1886, 312; Ann. géol. univ., t. 3, Paris 1887, 552.

Schnarrenberger K. Exkursion in das Eruptivgebiet Hohentwiel-Krähen-Mägdeburg-Welschingen am 13. 8. – Z. DGeolGes., 65, 1913, Mber., 534–535.

Schoklitsch K. Bericht über die geologisch-petrographische Aufnahme des hintersten Defereggen- und Iseltales. – VBA 1934, 63–64.

Schurk L. Der Flugkogelgneis aus dem Hochalm-Ankogelmassiv. – Tscherm. Min. u. petr. Mitt., 33, Wien 1915, 1–26, 2 Taf. – Bespr. GZ 22/741; NJb. 1916/1, 315.

Schwinner R. Vorläufige Mitteilungen über die geologischen Verhältnisse des Nambinotales (SW-Tirol). – VRA 1917, 145–164. – Bespr. GZ 25/261.

Seidlitz W. v. Sur les granites écrasés (mylonites) des Grisons, du Vorarlberg et de l'Allgäu. – C. Rend. Acad. d. sc. Paris, 1910, 944–946. – Bespr. GZ 15/300; NJb. 1911/2, 92; EgH 11, 1910, 574; Boll. Com. geol. d'It., 42, 1911, f. 4, 115.

Semerano G. Sulla composizione di alcuni gneiss della regione tra le Alpi Aurine e le Vedrette Giganti (Alto Adige). – Atti Acc. Ven.-Trent.-Istr., s. 3, v. 10, Padova 1929, 29–40. – Bespr. Studi Trent. Sc. Nat., 11, 1930, 182; GZ 53 A/268.

Senarclens W. Die geologischen Verhältnisse am Ostende des Tonalites der Rieserferner in Osttirol. – Zbl. f. Min., Abt. B, 1930, 150–153. – Bespr. GZ 42/1116.

Senarclens-Grancy W. v. Beiträge zur Geologie der Deferegger Berge und der westlichen Schobergruppe in Osttirol. (2. Vorber.) – Zbl. f. Min., 1932, Abt. B, 481–490. – Bespr. GZ 49A/162.

Sigmund A. Petrographische Studie am Granit und Orthoklasporphyr der Umgebung von Predazzo. – VRA 1878, 340–341.

— Petrographische Studien am Granit von Predazzo. – JbRA 1879, 305–316. – Bespr. NJb. 1881/1, 238; Bl. 537.

Slavik F. Über einen Granathornfels von Predazzo. – Zbl. f. Min., 1904, 661–666, 3 Fig. – Bespr. GZ 6/1184; Boll. Com. geol. d'It., 36, 1905, 330.

Sonklar K. v. Die Gebirgsgruppe der Hohen Tauern, mit besonderer Rücksicht auf Orographie, Gletscherkunde, Geologie und Meteorologie. – Wien 1866, 408 S., 3 Taf. (Karten u. Prof.) – Auszug: PetMitt., 8, 4, 1862, 5 S. – Bespr. Bl. 241.

— Die Zillertaler Alpen, mit besonderer Rücksicht auf Orographie, Gletscherkunde und Geologie. – PetMitt., Ergh. Nr. 32, Gotha 1872, 61 S., 3 K.

Spechtenhauser B. Diorit- und Noritporphyrite von St. Lorenzen im Pustertale. – Z. DGeolGes., 50, 1898, 279–322. – Bespr. NJb. 1900/1, 383.

Speciale S. I Basalti del Vicentino. – Boll. Com. geol. d'It., 12, 1881, 473–474.

Spitz A. Basische Eruptivgesteine aus den Kitzbühler Alpen. – Tscherm. Min. u. petr. Mitt., 28, 1909, 497–534, 15 Fig. – Bespr. NJb. 1912/1, 264; GZ 20/7.

— u. **Dyhrenfurth G.** Monographie der Engadiner Dolomiten zwischen Schuls, Scanfs und dem Stilfserjoch. – Beitr. z. geol. K. d. Schw., NF, 44. Lfrg, Bern 1915, 235 S., 72 Fig., K. 1:50000, 3 Taf. – Bespr. VRA 1916, 215; GZ 23/207, 25/1144, 27/3058; NJb. 1916/2, 81; EgH 15, 1918, 118; Geogr. Anzg., 17, 1916, 245.

Spitz A. Zur Altersbestimmung der Adamellö-intrusion. – Mitt. Geol. Ges. Wien, 8, 1915, 227–245, 2 Fig. – Bespr. GZ 23/650; NJb. 1916/2, 308; VRA 1917, 65.

Stache G. Die kristallinischen Schiefergesteine im Zillertale in Tirol. – VRA 1870, 216–219. – Bespr. Bl. 291.

— Aus dem Zillertale. – VRA 1870, 260–261. – Bespr. Bl. 291.

— Der Gneis von Bruneck im Pustertal und über den Begriff „Zentralgneis". – VRA 1872, 251–253. – Bespr. NJb. 1873, 98; Bl. 328.

— Notizen aus den Tiroler Zentralalpen: Augengneis im Ventertal. Neues Granitvorkommen im Ortlergebiet. Die Lias (?)-Kalkschichten bei Finstermünz. – VRA 1873, 221–223. – Bespr. Bl. 361.

— Die paläozoischen Gebiete der Ostalpen. – JbRA 1874, 135–273, 333–424, 1 K., 3 Taf. Auszug: VRA 1874, 214–218, 345–347. – Bespr. NJb. 1876, 88; Bl. 383.

— Eruptivgesteine aus dem Ortlergebiet und der Gebirgsgruppe des Zwölferspitz im oberen Vintschgau. – VRA 1875, 234–238.

— Die Eruptivgesteine des Zwölferspitz. Nachtrag und Berichtigung. – VRA 1875, 327–328.

— Geolog. Karte des oberen Vintschgau. (Vortr.) – VRA 1876, 176.

— Aus dem Ortlergebiete. – VRA 1876, 314–318. – Bespr. Bl. 449.

— Über die alten andesitischen Eruptivgesteine des Ortlergebietes. (Vortr.) – VRA 1876, 346–347.

— Die Eruptivgesteine des oberen Addagebietes (Veltlin) zwischen Bormio und Boladore. Über die Zusammensetzung einer eruptiven Lagermasse im Gneisphyllit des Zwölferspitz. (Vortr.) – VRA 1876, 357–358. – Bespr. Boll. Com. geol. d'It., 8, 1877, 86.

— u. **John C. v.** Geologische und petrographische Beiträge zur Kenntnis der älteren Eruptiv- und Massengesteine der Mittel- und Ostalpen. I. Zwölferspitzgruppe. – JbRA 1877, 143–242, 2 Taf. – II. Cevedalegruppe. – JbRA 1879, 317–404, 4 Taf. – Bespr. NJb. 1881/1, 213; Bl. 474, 528.

Stache G. Orientierungstouren im Aufnahmegebiete der 1. Sekt. südwärts und nordwärts vom unteren Vintschgau. - VRA 1877, 205-207.
— Die geolog. Verhältnisse des Gebietes zwischen Bormio u. Passo del Tonale. (Vortr.) - VRA 1878, 174-175.
— Die Eruptivgesteine des Cevedalegebietes. - VRA 1879, 66-70. - Bespr. NJb. 1881/1, 213.
— Die geolog. Verhältnisse der Gebirgsabschnitte im NW und SO des unteren Ultentales in Tirol. (Vortr.) - VRA 1880, 127-131.
— Durchschnitt durch die kristallinische Zentralmasse und die paläolithischen Randzonen der Alpen vom Gailtaler Gebirge über das Tauernkreuzjoch nach dem Inntal bei Wörgl. - VRA 1880, 249-250. - Bespr. Bl. 553.
— Aus den Randgebieten des Adamellogebirges. - VRA 1880, 252-255. - Bespr. Bl. 553.
— Über das Vorkommen von Olivingesteinen in Südtirol. (Vortr.) - VRA 1880, 287-288.
— Über die Gesteine des Adamellogebirges. (Vortr.) - VRA 1881, 37.
— Neue Daten über das Vorkommen von Olivingesteinen im Sulzberg-Ultentaler Gneisgebirge. - VRA 1881, 298-299.

Stark M. Grünschiefer mit Diabasreliktstruktur aus dem Großarl- und Gasteinertal. (Vortr.) - Tscherm. Min. u. petr. Mitt., 26, 1907, 142-143, 487-491; Mitt. Wiener Min. Ges., 36, 1907, 39-43. - Bespr. GZ 10/2301, 12/1377; NJb. 1909/2, 222.
— Geologisch-petrographische Aufnahme der Euganeen. - Tscherm. Min. u. petr. Mitt., NF, 27, 1908, 399-588, 22 Fig. - Bespr. GZ 16/245.
— Vorläufiger Bericht über geologische Aufnahmen im östlichen Sonnblickgebiet und über die Beziehungen der Schieferhüllen des Zentralgneises. - Sber. Ak. d. Wiss. Wien, 1912, math.-natw. Kl., 121, Abt. 1, 195-226. - Bespr. VRA 1913, 234; NJb. 1913/2, 283; GZ 19/730.
— Vorläufiger Bericht über die geologisch-petrographischen Aufnahmsarbeiten in den Euganeen im Jahre 1911. - Sber. Ak. d. Wiss. Wien, math.-natw. Kl., 121, 1912, 227-237. - Bespr. GZ 20/1288.
— Beiträge zum geologisch-petrographischen Aufbau der Euganeen und zur Lakkolithenfrage. - Tscherm. Min. u. petr. Mitt., 31, 1912, 1-80. - Bespr. GZ 18/1692.
— Die Augite in den Gesteinen der Euganeen. - NJb. 1926, Bbd 55, Abt. A, 1-35.
— Das Empordringen vulkanischer Massen. Mit vornehmlicher Bezugnahme auf die Euganeen. - Lotos, Prag 1928, 327-333, 1 Skz. - Bespr. GZ 40/458.

Staub R. Petrographische Untersuchungen im westlichen Berninagebirge. - Diss. Zürich; Vierteljschr. Natf. Ges. Zürich, 60, 1915, 55-336, 2 Taf. - Bespr. GZ 22/1185, 23/1048; VRA 1917, 179; EgH 15, 1918, 25.
— Über granitische und monzonitische Gesteine im westlichen Berninagebirge. Ein Beitrag zur Gesteinsmetamorphose. - Diss. Univ. Zürich; Vierteljschr. Natf. Ges. Zürich, 60, 1915, 61-221. - Bespr. EgH 15, 1918, 10.
— Geologische Beobachtungen im Avers und Oberhalbstein. - Atti Soc. elvet. Sc. nat., 100 Congr. Lugano 1919, Aarau 1920, II, 106-107; EgH 15, 1918, 492-501. - Bespr. GZ 25/846; NJb. 1924/2, 88.
— Über die Verteilung der Serpentine in den alpinen Ophiolithen. - Schw. Min. u. Petr. Mitt,, 2, 1922, 78-149. - Bespr. GZ 31/6; NJb. 1926/2, A, 253; B, 294.
— Über Glaukophan in einem Oberhalbsteiner Gabbro. - Schw. Min. u. Petr. Mitt., 4, 1924, 361-364.
— Über einen Nephritgang im Malencoserpentin. (Erwähng.) - Verh. Schw. Natf. Ges., 106. Jvers., Aarau 1925, 2. Teil, 140.
— Nephrit als Gang im Malencoserpentin. - Schw. Min. u. Petr. Mitt., 5, 1925, 435.
— Geolog. Karte des Avers Piz Platta-Duan. 1:50000, 1920-21. - Beitr. z. geol. K. d. Schw., SpK. Nr. 97, 1926. - Bespr. NJb. 1926/2, B, 352.
— Übersicht über die Geologie Graubündens. - In: Geol. Führer der Schweiz, herausgeg. v. d. Schwz. Geol. Ges., Basel (Wepf) 1934, Fasz. III, 205-239.
— Exkursion Nr. 98. Silsersee-Bergellermassiv. - In: Geol. Führer der Schweiz, herausgeg. v. d. Schwz. Geol. Ges., Basel (Wepf) 1934, Fasz. XIV, 1112-1123, 6 Fig.

Steinmann G. Geolog. Beobachtungen in den Alpen. II. Die Schardtsche Überfaltungstheorie und die geol. Bedeutung der Tiefseeabsätze und der ophiolithischen Massengesteine. - Ber. Natf. Ges. Freiburg i. Br., 16, 1906, 18-67. - Bespr. GZ 10/708; NJb. 1906/2, 88; EgH 9, 1906, 224; Jber. Natf. Ges. Grbd., NF, 49, 136; PetMitt., 52, Litber., 17.
— Über Serpentinkontakt am Longhinpass. - Verh. Ges. Deutsch. Natf. u. Ärzte, Karlsruhe 1911, 2. T., 1. Hälfte, Leipzig 1911, 377-378. - Bespr. GR 4, 1913, 569.
— Die Bedeutung der jüngeren Granite in den Alpen. (Vortr.) - GR 4, 1913, 220-224. - Bespr. EgH 13, 1914, 599; GZ 20/515; Boll. Com. geol. d'It., v. 45, f. 3-4, 1916, 80.
— Die ophiolithischen Zonen in den mediterranen Kettengebirgen. - Extrait du Compte-Rendu 14e Congrès Géolog. Internat. 1926, Madrid 1927, 637-667. - Bespr. GZ 41/572.

Stella A. Contributo alla geologia delle formazioni pretriasiche nel versante meridionale delle Alpi Centrali. - Boll. Com. geol. d'It., v. 25, N. 1, Roma 1894, 83-114, 4 Fig. - Bespr. NJb. 1896/1, 87, 285; Boll. Com. geol. d'It., 26, 1895, 497; PetMitt., 40, 1894, Litber., 161.
— I giacimenti minerarii di Predazzo nella sistematica dei giacimenti metalliferi eruttivi. - Boll. Soc. geol. it., v. 39, f. 3, Roma 1921, röm. 104-108.

Strange. Dei monti colonnari. - Milano 1778. (Basalt im Vicentinischen.)

Streckeisen A. Geologie und Petrographie der Flüelagruppe. (Graubünden.) - Inaugdiss. Zürich, 1928, 154 S., K. 1:25000; Schw. Min. u. Petr. Mitt., 8, 1928, 85-239, 6 Taf., 3 Fig. - Bespr. Verh. Schw. Natf. Ges., 108. Jvers. Basel, 1927. 168; VBA 1928, 231; NJb. 1930/2, 39; GZ 43/1255; Min. u. Petr. Mitt., 1, 1932, R. 293, 304, 323, 367.

Studer B. Brief über Südtirol. - NJb. 1850, 826. - Bespr. Bl. 12.
— Gneis und Granit der Alpen. - Z. DGeolGes., 24, 1872, 551-558, 1 Taf. - Bespr. VRA 1873, 98; NJb. 1873, 774; Arch. d. sc. phys. et nat., n. p., t. 46, 321; Rev. géol. suisse p. l'a. 1872, Genève 1873, 23.
— Die Porphyre des Luganer Sees. I porfidi del Lago di Lugano. - Z. DGeolGes., 27, 1875, 418-421; Boll. Com. geol. d'It., 6, 1875, 372-378. - Bespr. NJb. 1875, 881; Extr. de géol. p. 1874 et 1875, Ann. d. mines, s. 7, Mém., t. 8, Paris 1875,

561; Arch. d. sc. phys. et nat., n. p., t. 57, 356; Rev. géol. suisse p. l'a. 1875, Genève 1876, 12.

Stur D. Die geolog. Beschaffenheit der Zentralalpen zwischen dem Hochgolling und dem Venediger. - JbRA 1854, 818-852, 6 Taf. - Bespr. Bl. 62.

— Die geologischen Verhältnisse der Täler der Drau, Isel, Möll und Gail in der Umgebung von Lienz, ferner der Carnia im venetianischen Gebiete. - JbRA 1856, 405-459, 3 Taf., 4 Fig. - Bespr. NJb. 1857, 619; Bl. 91.

Suess E. Reisebericht über Ortler-Martell. - VRA 1865, 207.

— Über die Äquivalente des Rotliegenden in den Südalpen. - Sber. Ak. d. Wiss. Wien, 57, 1. Abt., 1868, 230-276, 763-807, 2 Taf.; Auszug: NJb. 1868, 329-332; Boll. Com. geol. d'It., 1, 1870, 207-211. - Bespr. VRA 1868, 268, 356; Bl. 259; Arch. d. sc. phys. et nat., n. p., t. 31, Genève 1868, 263.

— Über die Gliederung des Vicentinischen Tertiärgebirges. - Sber. Ak. d. Wiss. Wien, 58, 1. Abt., 1868, 265-279. - Bespr. VRA 1868, 394; Bl. 260.

— Sur la structure des dépôts tertiaires du Vicentin. - Atti d. Riun. straord, d. Soc. It. d. Sc. nat. Vicenza nel Sett. 1868, v. 11, Milano 1868, 634-649.

— Der Vulkan Venda bei Padua (Euganeen). - Sber. Ak. d. Wiss. Wien, 71, 1875, 7-13.

— Sur la nature des charriages. - Compt.-Rend. Ac. Sc., 139, Paris 1904, 714-716. - Bespr. GZ 7/1223; NJb. 1907/1, 270; 1907/2, 49.

— Über Zerlegung der gebirgsbildenden Kraft. - Mitt. Geol. Ges. Wien, 6, 1913, 13-60, 2 Taf., 1 Fig.

Suess F. E. Das Gebiet der Triasfalten im Nordosten der Brennerlinie. - JbRA 1894, 589-670, 4 Taf., 2 Abb. - Bespr. NJb. 1897/1, 303; Bl. 881.

— Zur Geologie der Tarntaler Köpfe und der umgebenden Berge südöstlich von Innsbruck. (Vortr.) - VRA 1894, 176.

— Skizze des Baues der Alpen nach dem Schema der Deckenlehre 1:5 Mill. - In: M. Neumayr, Erdgeschichte, 3. Aufl. von Fr. E. Suess, 1920, 425. S. M. Neumayr.

— Der innere Bau des variszischen Gebirges. (Vorl. Mitt.) - Mitt. Geol. Ges. Wien, 14, 1921 (1922), 266-271.

— Zum Vergleiche zwischen variszischem und alpinem Bau. - GR 14, 1923, 1-2. - Bespr. GZ 30/163.

— Über die Bedeutung der sog. Tiefenstufen im Grundgebirge der variszischen Horste. - Tscherm. Min. u. petr. Mitt., 38, 1925, 565-582. - Bespr. GZ 40/1077.

— Intrusionstektonik und Wandertektonik im variszischen Grundgebirge. - Berlin (Borntraeger) 1926, 268 S., 28 Fig., 2 Taf. - Bespr. VBA 1927, 145; Z. f. Geomorph., 3, 1928, 62; NJb. 1927/2, B, 310; Z. f. prakt. Geol., 1927, 92; GR 21, 1930, 320; GZ 40/1075, 44/1062.

— Über den Bau des Grundgebirges der variszischen Horste und seine Bedeutung für die allgemeinen Fragen der Gebirgsbildung. - Extr. d. Compt.-Rend. XIVe Congr. Geolog. Internat. 1926, Madrid 1928, III, 1087-1090.

— Zur Gliederung des variszischen Deckenbaues. (Französisch: Les terrains cristallins des horsts hercyniens et leur signification pour la tectonique générale.) - Mitt. Geol. Ges. Wien, 20, 1927 (1929), 110-111; Rev. gén. d. Sc., 39, Paris 1928, Nr. 11.

— Begriff und Bedeutung der Intrusionstektonik. (Vortr.) - GR 18, 1927, 149-154. - Bespr. GZ 40/1076.

— Ostalpines und Böhmisches Grundgebirge. - Mitt. Geol. Ges. Wien, 24, 1931, Wien 1932, 28-37.

Tacconi E. Datolite di Buffaure (Val di Fassa). - Rend. R. Acc. d. Linc., s. 5, v. 14, f. 12, 2 sem., Roma 1905, 705-708. - Bespr. NJb. 1907/1, 205; GZ 7/2053; Boll. Com. geol. d'It., 38, 1907, 73.

Tanton T. L. Die mandelsteinartigen Kersantitgänge bei Thal in Tirol. (Lienzer Klause.) - Tscherm. Min. u. petr. Mitt., 32, 1914, 469-484. - Bespr. VRA 1914, 285; GZ 22/221; NJb. 1916/1, 315.

Taramelli T. Sulla determinazione cronologica dei porfidi luganesi. - Rend. R. Ist. Lomb. d. Sc. e Let., v. 13, Milano 1880, 164-176. - Bespr. Boll. Com. geol. d'It., 11, 1880, 305; Archives ..., 5, 145; Rev. géol. suisse p. l'a. 1880, Genève 1881, 17.

— Osservazioni geologiche nel raccogliere alcuni campioni di Serpentini (Valtellina). - Boll. Soc. geol. it., v. 1, Roma 1882, 80-128.

— Sulla tectonica del Verbano. - Rend. R. Ist. Lomb., s. 2, v. 44, f. 18-19, Milano 1911-1912, 1020-1025. - Bespr. GR 1913, 569; GZ 18/396; Boll. Com. geol. d'It., 45, 1916, f. 3-4, 103.

Tarnuzzer Chr. Serpentingestein und Asbest im Puschlaver Tale, Kanton Graubünden. - Der Steinbruch, 3, 1908. - Bespr. Jber. Natf. Ges. Grbd., NF, 52, 129.

— u. **Grubenmann U.** Beiträge zur Geologie des Unterengadins. I. Das Gebiet der Sedimente. II. Die kristallinen Gesteine. - Beitr. z. geol. K. d. Schw., NF, Lfrg 23, Bern 1909, 248 S., K. 1:50000, 1 Taf., 25 Fig. - Bespr. EgH 11, 1910, 561; VRA 1911, 122; NJb. 1911/2, 416; GZ 17/297; PetMitt., 59, 1913/2, 220.

Teller F. Aufnahmen im oberen Ötz- und Passeiertale. - VRA 1877, 231-235.

— Geologische Mitteilungen aus der Ötztaler Gruppe. (Vorlage des Blattes Sölden-St. Leonhard. Vortr.) - VRA 1878, 64-66.

— Über die Aufnahmen im unteren Vintschgau und im Iffingergebiete bei Meran. (Vortr.) - VRA 1878, 392-396.

— Über die Aufnahmen im Gebiet zwischen Etsch und Eisack. (Vortr.) - VRA 1880, 91-98. - Bespr. Bl. 555.

— Verbreitung und Lagerung der Diorite in der Umgebung von Klausen und Lüsen. - VRA 1880, 261-264. - Bespr. Bl. 556.

— Vorlage des Blattes Klausen. (Vortr.) - VRA 1880, 303-304.

— Zur Tektonik der Brixner Granitmasse und ihrer nördlichen Umrandung. - VRA 1881, 69-74. - Bespr. Bl. 579.

— u. **John C. v.** Geologisch-petrographische Beiträge zur Kenntnis der dioritischen Gesteine von Klausen in Südtirol. - JbRA 1882, 589-684, 2 Taf., 6 Fig. - Bespr. NJb. 1883/2, 200; Bl. 594.

Teller F. Über die Lagerungsverhältnisse im Westflügel der Tauernkette. - VRA 1882, 241-243. - Bespr. Bl. 592.

— Über die Aufnahmen im Hochpustertal, speziell im Bereiche der Antholzer Granitmasse. (Vortr.) - VRA 1882, 342-346. - Bespr. Bl. 593.

— Über porphyritische Eruptivgesteine aus den Tiroler Zentralalpen. - JbRA 1886, 715-746. - Bespr. NJb. 1888/1, 65; Bl. 684.

— Über ein neues Vorkommen von Diabasporphyrit

bei Rabenstein im Sarntale, Tirol. - VRA 1887, 198-200. - Bespr. NJb. 1889/1, 96.

Thaddéeff C. Die Olivingruppe (Val Malenco). - Z. f. Krist., 26, 1896, 28-78.

Tornquist A. Das Vicentinische Triasgebirge. Eine geologische Monographie. - Stuttgart (Schweizerbart) 1901, 195 S., 2 K. 1:25000, 14 Abb., 10 Fig. u. tekt. Skz. - Bespr. NJb. 1901/2, 98; GZ 2/43; Mitt. DÖAV, 1903, 49; Boll. Com. geol. d'It., 34, 1903, 60.

— Geologischer Führer durch Oberitalien. I. Das Gebirge der oberitalienischen Seen. (Beiträge v. A. Baltzer u. C. Porro.) - Sammlg. geol. Führer, IX, Berlin (Borntraeger) 1902, 302 S., 30 Abb. - Bespr. VRA 1902, 352; GZ 3/1062; PetMitt., 49, Litber., 189; EgH 7, 1901-1902, 498; Boll. Com. geol. d'It., 35, 1904, 106; Mitt. DÖAV, 1902, 175.

— Intrakretazische und alttertiäre Tektonik der östlichen Zentralalpen. - GR 14, 1923, 110-145. - Bespr. GZ 32/96.

— Eine perimagmatische Antimon-Silber-Erzlagerstätte südlich Abfaltersbach, Osttirol. - Z. DGeolGes., 85, 1933, 53-77, 1 Taf., 1 Skz.

Trener G. B. Bericht aus der Gegend von Borgo. - VRA 1901, 252. - Bespr. NJb. 1902/2, 420; 1903/1, 122; GZ 2/1702; Boll. Com. geol. d'It., 34, 1903, 62.

— Reisebericht aus der Cima d'Asta-Gruppe (bzw. Gegend der C. d'A.) - VRA 1901, 278-280, 317-322. - Bespr. NJb. 1902/2, 420; GZ 2/1702; Boll. Com. geol. d'It., 34, 1903, 62.

— Aufnahmsberichte aus dem Raume Borgo-Fiera di Primiero. - VRA 1902, 20; 1903, 19-20; 1905, 11.

— Vorlage der geolog. Karte des Lagorai- und Cima d'Asta-Gebirges. - VRA 1902, 180-184. - Bespr. GZ 3/2453; Boll. Com. geol. d'It., 35, 1904, 108.

— Über das Vorkommen von Vanadium, Molybdän und Chrom in Silikatgesteinen. (Vortr.) - VRA 1903, 66.

— Gasförmige Elemente in Eruptivgesteinen. (Vortragstitel.) - VRA 1904, 117.

— Über die Gliederung der Quarzporphyrtafel im Lagoraigebirge. - VRA 1904, 390-394. - Bespr. NJb. 1905/2, 382; Boll. Com. geol. d'It., 36, 1905, 342.

— Über die geologischen Verhältnisse des nördlichen Abhanges der Presanella-Gruppe. (Vortr.) - VRA 1905, 174-175.

— Über Diffusion von festen Metallen in feste kristallinische Gesteine. (Vortr.) - VRA 1905, 372. Bemerkungen hiezu: ebd. 366-370.

— Geologische Aufnahme im nördlichen Abhang der Presanellagruppe. - JbRA 1906, 405-496, 3 Taf., 1 Skz., 7 Prof. - Bespr. NJb. 1908/2, 361; Boll. Com. geol. d'It., 38, 1907, 409.

— Lagerung und Alter des Cima d'Asta-Granits. (Vortr.) - VRA 1906, 188.

— Die Barytvorkommnisse vom Mte Calisio bei Trient und Darzo in Judikarien und die Genesis des Schwerspates. - JbRA 1908, 387-468, 4 Prof., 11 Diagr. - Bespr. Boll. Com. geol. d'It., 40, 1909, 609.

— Über das Alter der Adamello-Eruptivmasse. - VRA 1910, 91-118, 4 Abb. - Bespr. GZ 16/389; Boll. Com. geol. d'It., v. 42, 1911, f. 4, 128.

— Die Lagerungsverhältnisse und das Alter der Corno Alto-Eruptionsmasse in der Adamellogruppe. (Vorl. Mitt.) - VRA 1910, 373-382, 1 Fig. - Bespr. GZ 17/1684; NJb. 1913/1, 441; Boll. Com. geol. d'It., v. 42, 1911, f. 4, 129.

— Età e giacitura del massiccio granitico del Corno Alto (Adamello). - Tridentum, Riv. mens. d. Stud. sc., an. 13, Trento 1911, 48-54, K. 1:100000. - Bespr. Boll. Com. geol. d'It., 43, 1913, f. 4, 146.

— Die sechsfache Eruptionsfolge des Adamello. Das postrhätische Alter der Tonalitzwillingsmasse. (Vorl. Mitt.) - VRA 1912, 98-112, 5 Fig.

Trinker J. Petrographische Erläuterungen zur geognostischen Karte von Tirol. - In: H. v. Widmann, Erläuterungen zur geognostischen Karte Tirols. - Innsbruck (Wagner) 1853, 69 S., 1 Abb. - Bespr. Bl. 44.

Tröger E. Zur Sippenteilung magmatischer Gesteine. - NJb. 1931, Bbd 62, Abt. A, 249-330, 10 Abb.

Tromp S. W. La géologie du Valle del Bitto et la tectonique des Alpes Lombardes. - Diss. Leiden, 1932; Leiden (E. Ydo) 1932, 198 S.; Leidsche Geol. Mededeel., IV. Tl., 125-320, 5 Taf. mit K. 1:50000 und Prof., 3 Fig. - Bespr. GZ 48A/1091.

Tschermak G. Nochmals der Trachyt aus den Ortler Alpen. - VRA 1865, 137-138. (S. Hochstetter.)

— Quarzführende Plagioklasgesteine (S. Pellegrino u. Fassa). - Sber. Ak. d. Wiss. Wien, 1867, 56ff.

— Beobachtungen über die Verbreitung des Olivin in den Felsarten. - Sber. Ak. d. Wiss. Wien, 56, 1867, 2. H., 202.

— Quarzporphyrit aus dem Val San Pellegrino, Südtirol. - VRA 1867, 31.

— Über die mikroskopische Untersuchung des Predazzites und Pencatites. - Sber. Ak. d. Wiss. Wien, 1869, Nr. 25. - Bespr. NJb. 1870, 233; Journ. f. prakt. Chemie (Erdmann u. Werther), 1869, 59.

— Die Porphyrgesteine Österreichs aus der mittleren geologischen Epoche. - Preisschr. Ak. d. Wiss. Wien, 1869, 281 S., 3 Taf. - Bespr. NJb. 1869, 866.

— Der Vesuvian in chemischer Beziehung. - Sber. Ak. d. Wiss. Wien, math.-natw. Kl., Abt. 1, Wien 1919, 351-375.

Urban K. Gefügeanalytische Untersuchungen an skapolithführenden Gesteinen aus den Tessiner Alpen. - NJb. 1934, Bbd 68, Abt. A, 1-18, 3 Blgen. - Bespr. GZ 53 A/5.

Vacek M. Über die geologischen Verhältnisse der Umgebung von Trient. - VRA 1895, 467-483. - Bespr. NJb. 1897/2, 109; Bl. 910; Boll. Com. geol. d'It., 27, 1896, 470.

— Über die geologischen Verhältnisse des obersten Val Sugana. (Vortr.) - VRA 1896, 459-473. - Bespr. NJb. 1898/2, 460; Bl. 937; Boll. Com. geol. d'It., 28, 1897, 396.

— Über die geologischen Verhältnisse des südlichen Teiles der Brentagruppe. - VRA 1898, 200-215. - Bespr. Bl. 981; Boll. Com. geol. d'It., 30, 1899, 373.

Vardabasso S. Il Problema geologico di Predazzo in un secolo di ricerche con alcune osservazioni sull origine e la distribuzione delle roccie eruttive in generale. - Atti Acc. Sc. Ven.-Tr.-Istr., s. 3, v. 12-13, Padova 1922, 155-213, 1 Fig. - Bespr. Ebd. v. 20, 1929, 14; Studi Trent. Sc. Nat., 8, 1927, 124.

— Nuovi rinvenimenti di materiali piroclastici nei dintorni di Moena e loro importanza per la interpretazione tettonica della regione. Contributo alla conoscenza del territorio eruttivo di Predazzo e Monzoni nel Trentino. - Atti R. Ist. Ven., v. 83, p. 2, Venezia 1924, 849-858, 1 K. - Bespr. Atti Acc. Sc. Ven.-Trent.-Istr., v. 20, 1929, 14.

— Risultati di nuove ricerche sopra il territorio

eruttivo di Predazzo e Monzoni nel Trentino. – Boll. Soc. geol. it., v. 43, f. 2, Roma 1924, 170–176. – Bespr. GZ 39/155; Atti Acc. Sc. Ven.-Trent.-Istr., v. 20, 1929, 15.

— Di un incluso calcareo a minerali di contatto nella monzonite di Predazzo. – Atti Acc. Sc. Ven.-Trent.-Istr., s. 3, v. 15, 1924, Padova 1925, 55–58, 1 Abb. – Bespr. Ebd. v. 20, 1929, 15; Studi Trent. Sc. Nat., 7, 1926, 184.

— I lamprofiri della provincia petrografica di Predazzo. – Annali d. R. Scuola d'Ing. di Padova, an. 4, 1928, n. 2, 195–216, 18 Fig. – Bespr. Atti Acc. Sc. Ven.-Trent.-Istr., v. 20, 1929, 17; Studi Trent. Sc. Nat., 10, 1929, 79.

— Excursioni geologiche attraverso le Dolomiti di Fiemme (Trentino). – Ann. d. R. Scuola d'Ing. di Padova, an. 4, 1928, n. 3, 295–308, 14 Fig. – Bespr. Atti Acc. Sc. Ven.-Trent.-Istr., v. 20, 1929, 17; Studi Trent. Sc. Nat., 10, 1929, 78.

— La linea della Vallarsa (Brantental bei Leifers). Nuovo contributo alla conoscenza della tettonica della piattaforma porfirica atesina. – Atti Acc. Sc. Ven.-Trent.-Istr., v. 19, 1928, Padova 1929, 7 S., 2 Fig. – Bespr. Ebd. v. 20, 1929, 16; Studi Trent. Sc. Nat., 10, 1929, 78.

— Rapporti fra attività magmatica e vicende tettoniche nella provincia petrografica di Predazzo (Trentino, Italia). – R. XV Congr. géol. intern., Pretoria 1929, Bd 2, 49–62, mit engl. Inhaltsangabe. – Studi Trent. Sc. Nat., 11, 1930, 253–272. – Bespr. GZ 45/633, 53 A/128, 388; NJb. 1931/2, 819.

— Studio geo-idrografico del Bacino dell'Avisio (Valli di Fassa, Fiemme e Cembra). Geologia, morfologia, idrografia, carta della permeabilità delle rocce. – Min. d. Lav. Pubbl., Uff. Idrogr. d. R. Mag. a. Acque, Venezia, Sez. geol., Padova 1930, 98 S., 13 Taf., K. 1:100000.

— Carta geologica del territorio eruttivo di Predazzo e Monzoni nelle Dolomiti di Fiemme e Fassa. Sc. 1:25000. – Min. d. Lav. Pubbl., Uff. Idrogr. d. R. Mag. a. A., Venezia 1930.

— Profili geologici attraverso le Dolomiti occidentali (1:50000). – Min. d. Lav. Pubbl., Uff. Idrogr. d. R. Mag. a. Acque, Venezia, Sez. geol., Padova 1931.

— Ricerche geologici sopra il territorio eruttivo di Predazzo e Monzoni nelle Dolomiti del Trentino. – Mem. Ist. Geol. Univ. di Padova, 1931, v. 11, 12 S., 12 Taf., Prof. 1:25000 und 1:12500. – Bespr. GZ 53 A/14.

Vigo G. Sulle porfiriti del Mte Guglielmo. – Rend. R. Ist. Lomb., s. 2, v. 29, f. 18, Milano 1896, 1114–1124. – Bespr. NJb. 1899/1, 61; Boll. Com. geol. d'It., 28, 1897, 397.

— Di alcune rocce filoniane della valle di Scalve. – Rend. Acc. Linc. Roma, v. 7, sem. 1, Roma 1898, 172–176. – Bespr. NJb. 1899/1, 62.

— Studio petrografico su alcune roccie della Carnia. – Rend. Acc. Linc. Roma, s. 5, v. 8, f. 10, sem. 1, Roma 1899, 497–503. – Bespr. NJb. 1900/2, 396; Boll. Com. geol. d'It., 31, 1900, 418.

Viola C. Contribuzione allo studio delle roccie. Fisiografia del Granito di S. Fedelino sul Lago Maggiore. – Boll. Soc. geol. it., v. 6, 1887, 163–168, 4 Taf.

Waldmann L. Atlantische Ganggesteine aus den Lessinischen Alpen (Sieben Gemeinden). – Tscherm. Min. u. petr. Mitt., 37, Wien 1927, 57–73. – Bespr. NJb. 1929/2, 521; GZ 42/1107.

— Ein cordieritreicher Kinzigit vom Rieserferner Tonalit in Osttirol. – Mitt. Geol. Ges. Wien, 22, 1929, Wien 1930, 1–15. – Bespr. GZ 44/28; NJb. 1931/2, 814.

Weber Frdr. Über den Kalisyenit des Piz Giuf und Umgebung (östliches Aarmassiv) und seine Ganggefolgschaft. – Beitr. z. geol. K. d. Schw., NF, 14, 1904, 181 S., 5 Taf., 14 Fig. – Bespr. EgH 8, 1903, 593; GZ 5/2129; NJb. 1906/1, 371; Natwiss. Wochenschr., NF, 3, 1005.

— Geol. Karte des Tödi-Vorderrheintalgebietes 1:50000. – Beitr. z. geol. K. d. Schw., SpK. Nr. 100A u. B, 1924 u. 1922. – Bespr. NJb. 1926/2, B, 350.

— u. **Quervain F. de.** Exkursion Nr. 70. Umgebung von Lugano. – In: Geol. Führer der Schweiz, herausgeg. v. d. Schwz. Geol. Ges., Basel (Wepf) 1934, Fasz. XI, 849–863.

Weber Frdr. Exkursion Nr. 79A. Linthal–Tierfehd–Sandalp–Clariden–Tödi–Ponteglias–Truns. – In: Geol. Führer der Schweiz, herausgeg. v. d. Schwz. Geol. Ges., Basel (Wepf) 1934, Fasz. XII, 931–941.

— Exkursion Nr. 79 B. Truns–Brigels–Kistenpaß–Muttensee–Linthal. – In: Geol. Führer der Schweiz, herausgeg. v. d. Schwz. Geol. Ges., Basel (Wepf) 1934, Fasz. XII, 942–946.

Weber J. Geologische Wanderungen durch die Schweiz. III. Kristallinische Alpen und Randgebiete. – Clubführer SAC, Zürich 1915, 356 S. – Bespr. EgH 15, 1918, 86; Boll. Soc. Tic. Sc. nat., 17, 1922, 57; NJb. 1918, 303; Jb. SAC, 51, 1916, 209.

Weber M. Petrograph. Untersuchungen im Monzonigebiet. Die Kontaktverhältnisse vom Monzonital nach Allochet. – Dissert. München, 1899.

— Beiträge zur Kenntnis des Monzonigebietes. – Zbl. f. Min., 1901, 673–678; Erwiderung (geg. Romberg): Ebd. 1902, 81–82. – Bespr. GZ 2/2035; Boll. Com. geol. d'It., 34, 1903, 69.

— Die Verbreitung der Erstarrungsgesteine in Südtirol. – Z. f. Natur u. Schule, Leipzig (Teubner) 1902, 282–294; Monatsschr. f. Min.-, Gest.- u. Petrefaktensammler, 2, Rochlitz i. Sa. 1904/5, 13–18, 48–52.

Wehrli L. Das Dioritgebiet von Schlans im Bündner Oberland. Geologisch-petrographische Studie. – Inaugdiss.; Beitr. z. geol. K. d. Schw., NF, 6, Bern 1896, 67 S., SpK. 17, 1:50000, 6 Abb. – Bespr. Jber. Natf. Ges. Grbd., NF, 40, Chur 1897, 68; EgH 5, 1898, 286, 295, 321; Arch. d. sc. phys. et nat., t. 4, Genève 1897, 560, 563; PetMitt., 43, 1897, 157; Ann. d. Géogr., 6, Paris 1897, 74.

— Über dynamometamorphe Diorite im Bündner Oberland und über die Fortsetzung der Urserenmulde nach Osten. – Verh. Schw. Natf. Ges., 79. Jvers. Zürich 1896, 98–99; EgH 5, 1897–1898, 10, 30–32. – Bespr. NJb. 1899/1, 257.

— Diorites métamorphiques de l'Oberland grison et sur la continuation vers l'est du synclinal d'Urseren. – Arch. d. sc. phys. et nat., t. 2, Genève 1896, 276–278.

Weinschenk E. Über Serpentine aus den östlichen Zentralalpen und deren Kontaktbildungen. – Habilitationsschrift München, 1891, 56 S., 3 Abb. – Bespr. VRA 1892, 115; NJb. 1892/1, 105; Bl. 800.

— Ganggestein aus dem Habachtal, Oberpinzgau. – Tscherm. Min. u. petr. Mitt., 12, Wien 1891, 328–331, 2 Fig. – Bespr. NJb. 1893/1, 490.

— Zur genauen Kenntnis der Phonolithe des Hegaus. (Nachtrag.) – Tscherm. Min. u. petr. Mitt., 13, 1892, 170. (S. a. Cushing und Weinschenk.) – Bespr. NJb. 1893/2, 487.

— Beiträge zur Petrographie der östlichen Zentralalpen, speziell der Großvenedigergruppe. I. Über die Peridotite und die aus ihnen hervorgegangenen Serpentingesteine. II. Über das granitische

Zentralmassiv und die Beziehung zwischen Granit und Gneis. – Abh. Bayer. Ak. d. Wiss., II. Kl., 18, 3. Abt., 1894, 651–713, 717–746, 4 Taf. – Bespr. VRA 1895, 151; Carinthia II, 1895, 229; NJb. 1895/1, 479; Jb. Natf. Ges. Freiburg, 19, 173; Bl. 885.

— Zur Kenntnis der Entstehung der Gesteine und Minerallagerstätten der östlichen Zentralalpen. – NJb. 1895/1, 221–231. – Bespr. Bl. 915.

— Die Minerallagerstätten des Großvenedigers in den Hohen Tauern. Ein Beitrag zur Kenntnis der „Alpinen Minerallagerstätten". – Z. f. Krist., 26, 1896, 337–508, 4 Taf., 1 Fig. – Bespr. NJb. 1898/1, 24; Bl. 959a.

— Weitere Beiträge zur Kenntnis der Minerallagerstätten der Serpentine in den östlichen Zentralalpen. – Z. f. Krist., 27, 1897, 559–573. – Bespr. NJb. 1898/1, 36.

— Mineralogische Wanderungen in den östlichen Zentralalpen. – Mitt. DÖAV, 1897, 1–4, 13–15, 1 Abb. – Bespr. NJb. 1898/1, 38.

— Die Resultate der petrographischen Untersuchung des Großvenedigerstockes in den Hohen Tauern und die daraus sich ergebenden Beziehungen für die Geologie der Zentralalpen überhaupt. – Zbl. f. Min., 1903, 401–409. – Bespr. GZ 4/1854.

— Einige Beobachtungen über die Erzlagerstätte im Pfunderer Berg bei Klausen in Südtirol. – Z. f. prakt. Geol., 11, 1903, 66–68, 1 Fig. – Bespr. VRA 1903, 68; GZ 3/1617; NJb. 1904/2, 239.

— Die Tiroler Marmorlager. – Z. f. prakt. Geol., 11, 1903, 131–147, 2 Fig. – Bespr. GZ 4/457; VRA 1903, 126; NJb. 1904/1, 380.

— Die Erzlagerstätte des Schneebergs in Tirol und ihr Verhältnis zu jenen des Silberberges bei Bodenmais im Bayrischen Wald. – Z. f. prakt. Geol., 11, 1903, 231–237. – Bespr. GZ 4/451; NJb. 1904/2, 239.

— Beiträge zur Petrographie der östlichen Zentralalpen, speziell des Großvenedigerstockes. III. Die kontaktmetamorphische Schieferhülle und ihre Bedeutung für die Lehre vom allgemeinen Metamorphismus. – Abh. Bayr. Ak. d. Wiss., II. Kl., 1903, 22, 2. Abt., 261–340. – Bespr. GZ 4/1855.

Wenk E. Der Gneiszug Pra Putèr-Nauders im Unterengadin und das Verhältnis der Umbraildecke zur Silvretta-Ötztaldecke. – EgH 27, 1934, 135–146, 1 Fig.

— Beiträge zur Petrographie und Geologie des Silvrettakristallins (Graubünden). – Schw. Min. u. Petr. Mitt., 14, 1934, 196–278, 7 Fig. 1 Taf., je 1 K. 1:50000 u. 1:100000.

Went K. Über einige melanokrate Gesteine des Monzoni. – Sber. Ak. d. Wiss. Wien, 112, Abt. 1, 1903, 237–287, 1 Taf., 6 Fig.; Akad. Anzg. Wien, 40, 1903, 40–41. – Bespr. GZ 4/1027; Boll. Com. geol. d'It., 36, 1905, 78. S. a. Doelter.

Wiedemann F. Aus dem Fassatal. – Z. DÖAV, 1872, 117–126. (Monzonit 124.)

Wiik F. J. Vergleich der kristallinischen Gesteine im südlichen Finnland mit jenen der Zentralalpen. – VRA 1873, 121–123.

Wilckens O. Das Oberengadiner Gebirge, seine Schicht- und Eruptivgesteine sowie der Bau und die Wurzeln seiner Überschiebungsdecken. – GR 8, 1917, 210–251. – Bespr. GZ 24/512; NJb. 1926/2, B, 367.

— Beiträge zur Geologie des Rheinwalds und von Vals (Adulageb., Graubünden). – GR 11, 1920, 44–102, 5 Taf., 14 Fig. – Bespr. GZ 25/1246; NJb. 1923/2, 104.

Winkler A. Bemerkungen zur Geologie der östlichen Tauern. – VBA 1923, 89–111, 3 Fig., 177. (Gegen L. Kober). – Bespr. GZ 29/1281.

— Tektonische Probleme in den östlichen Hohen Tauern. (Vortr.) – GR 15, 1924, 373–384. – Bespr. GZ 31/1886.

— Geologische Probleme in den östlichen Tauern. I. Teil. – JbBA 1926, 245–322, 2 Taf., 25 Fig. – Bespr. GZ 35/511.

Winkler G. G. Algovit (Trapp) in den Allgäuer Alpen Bayerns. – NJb. 1859, 641. – Bespr. Bl. 153.

— Geologisches und Paläontologisches aus Tirol. – NJb. 1865, 41–46, 2 Fig.

Winterhalter R. Zur Petrographie und Geologie des östlichen Gotthardmassivs. – Promotionsarb. Natwiss. Techn. Hochsch. Zürich; Schw. Min. u. Petr. Mitt., 10, 1930, 37–116, 6 Taf. u. Abb.

Wolff F. v. Vorstudien zu einer geologisch-petrographischen Untersuchung des Quarzporphyrs der Umgegend von Bozen (Südtirol). – Sber. Ak. d. Wiss. Berlin, 44, 1902, 1044–1055. – Bespr. VRA 1904, 161; GZ 3/1945.

— Bericht über die Ergebnisse der petrographisch-geol. Untersuchungen des Quarzporphyrs der Umgegend von Bozen. – Sber. Ak. d. Wiss. Berlin, 50, 1905, 1043–1055. – Bespr. GZ 8/395, 12/1374; NJb. 1907/1, 230.

— Beiträge zur Petrographie und Geologie des „Bozener Quarzporphyrs". I. Die Gliederung und petrographische Beschaffenheit des Quarzporphyrsystems der Umgegend von Bozen (Südtirol). – NJb. 1909, 27. Bbd, 72–156, 2 Taf., 16 Fig. – Bespr. VRA 1908, 413; GZ 12/1374; Boll. Com. geol. d'It., 41, 1910, 485.

Young A. P. On a Serpentine-rock from the mass of the Tarntaler Köpfe, Tirol. – Mineralog. Magaz., v. 14, Nr. 67, London 1907, 365–372. – Bespr. NJb. 1908/2, 309.

— On the Stratigraphy and Structure of the Tarntal Mass (Tyrol). – Quart. Journ. Geol. Soc., v. 64, London 1908, 596–603, 4 Fig. – Bespr. Mitt. Geol. Ges. Wien, 2, 1909, 361.

Zambonini F. Über die Drusenmineralien des Syenits von Biella. – Z. f. Krist., 1905, 206.

Zanda-Wenbacher M. Note cristallografiche sull'apofillite di Montecchio Maggiore. – Boll. Soc. geol. it., v. 42, f. 1, Roma 1924, 1–6.

Zanolli V. Studio petrografico d'una roccia d'aspetto basaltico di Monteviale (Vicenza). – Todi 1905, 17 S., 1 Taf.

— Compendio sui giacimenti di zeoliti della regione veneta. – Rovigo 1905, 32 S.

Zapf A. Petrogr. Untersuchungen der granatführenden Erstarrungsgesteine des oberen Veltlin. – Diss. Jena, 1910, 68 S., 1 Fig., 4 Taf. – Bespr. GZ 18/106, 19/206; NJb. 1912/2, 225.

Zeller R. Ein geologisches Profil durch die Zentralalpen (Schweiz). – Inaugdiss. Bern, 1895, 68 S.; Mitt. der Natf. Ges. Bern, 1896, 45–112, Prof. u. Abb.; Nachträge ebd. 1897, 1–7. – Bespr. NJb. 1898/2, 274; EgH 5, 1897, 80; PetMitt., 41, 1895, Litber., 147; 42, 1896, Litber., 152; Ann. de Géogr., 5, Paris 1896, ann. bibl., 90; Jb. SAC, 31, Bern 1896, 399; Boll. Com. geol. d'It., 30, Roma 1899, 124.

Zur Mühlen L. v. Erwiderung auf den Artikel von H. Cloos „Zur Kritik der Granittektonik". – Zbl. f. Min., Abt. B, 1927, 108. – Bespr. GZ 36/529.

Züst O. Über granitische und diabasische Gesteine in der Umgebung von Ardez im Unterengadin. – Inaugdiss. Zürich (Markwalder), 1905; Jber. Natf. Ges. Grbd., NF, 49, 1905, 118–119. – Bespr. EgH 9, 1906, 185.

c) Met Metamorphe Gesteine.

Ambühl E. Petrographie und Geologie des zentralen Gotthardmassivs südlich Andermatt. – Schw. Min. u. Petr. Mitt., 9, 1929, 265–441. – Bespr. NJb. 1933/2, 438.

Ampferer O. Geologische Karte der Lechtaler Alpen. 4. Bl. 1:25000. I. Klostertaler Alpen. II. Arlberggebiet. III. Parseierspitzgruppe. IV. Muttekopf-Heiterwand. – Mitarbeiter: Th. Benzinger, W. Hammer, O. Reithofer. – Hiezu ein Erläuterungsbuch, 125 S., 28 Farbzeichngen, 1 Taf. – Wien (Geol. Bdsanst.) 1932. – Bespr. VBA 1933, 12; Tiroler Anzeiger, Nr. 47 v. 25. 2. 1933; Innsbr. Nachr., Nr. 66 v. 20. 3. 1933; Alpenländer-Korrespondenz, Nr. röm. 14 v. 6. 4. 1933; Außferner Bote, Nr. 25 v. 1. 4. 1933; Heimat, Vorarlberger Monatshefte, 14, 1933, 69; Geogr. Z., 39, 1933, 181; Mitt. DÖAV, 1933, 100; NJb. 1932/3, 973; 1933/3, 502; Tiroler Heimatblätter, 11, 1933, 223; GR 1933, 264; GZ 50A/788; Z. f. prakt. Geol., 41, 1934, 151; Z. f. Geomorph., 8, 1934, 90; Z. f. Glkde, 21, 1933, 394.

Andreatta C. Analisi strutturale di rocce metamorfiche, I, II (Quarzo-tettoniti). – Periodico di Min., 3, Roma 1932, 18 S., 4 Taf.; 4, 1933, 12 S., 5 Taf.

— Rilevamenti geologici e notizie petrografiche sulla regione Cevedale – Val d'Ultimo (Alto Adige). – Atti Acc. Ven.-Trent.-Istr., v. 23, Selci Umbro 1932, 16 S., 1 Skz.

— Ricerche di petrografia strutturale. – In: Viaggi di Studio ed Esplorazioni. – R. Acc. d'Italia (Volta), Roma 1933, 11 S., 2 Fig. – Bespr. GZ 53 A/7.

— Analisi strutturali di rocce metamorfiche, III. La disposizione dei microliti micacei nei plagioclasi di ortogneis. – Per. di Mineralogia, 4, Roma 1933, 20 S., 6 Taf.

— La catena Cevedale-Venezia-Giovaretto-Orecchia. Note geologico-alpinistiche. – Riv. mens. d. CAI, v. 53, n. 9, Roma 1934, 469–476, 2 Abb., 1 Skz.

Angel F. Gesteinskundliche und geologische Beiträge zur Kenntnis der Schobergruppe in Osttirol. – VBA 1928, 153–182; 1929, 126–135, 146–152, 153–166. – Bespr. GZ 39/1004.

— Gesteine vom südlichen Großvenediger. – NJb. 1929, 59. Bbd, Abt. A, 223–272. – Bespr. GZ 41/1860.

— Gesteinskundliche und geologische Beobachtungen in Osttirol. Venediger-Abschnitt der Hohen Tauern. – Mitt. Natwiss. Ver. f. Steiermark, 66, Graz 1929, 55–63, 1 Proftaf. – Bespr. GZ 46A/379; NJb. 1931/2, 814.

— Der Windbacher Typus floititischer Amphibolite. – Zbl. f. Min., Abt. A, 1930, 124–139, 3 Abb.

— Gesteine der Kreuzeckgruppe. – Mitt. Natwiss. Ver. f. Steiermark, 67, Graz 1930, 7–35. – Bespr. GZ 46A/378.

— Einige neuerliche Pseudotachylitfunde in den österreichischen Zentralalpen. – VBA 1931, 143–153. – Bespr. GZ 46A/683; NJb. 1932/2, 394.

— Um Tilisuna. Vergleichend gesteinskundliche Studie. – NJb., Bbd 62, 1931, Abt. A, 385–422, 2 Taf. – Bespr. GZ 45/1540.

— u. **Heritsch F.** Das Alter der Zentralgneise der Hohen Tauern. – Zbl. f. Min., 1931, Abt. B, 516–527. – Bespr. GZ 46A/2181.

Angel F. Baustoff und Bau der Hohen Tauern. – Der Bergsteiger, 4, 1934, Nr. 8. 413–424.

Arbenz P. Exkursion Nr. 84. Chur-Parpan-Lenzerheide-Tiefenkastel. – In: Geol. Führer der Schweiz, herausgeg. v. d. Schwz. Geol. Ges., Basel (Wepf) 1934, Fasz. XIII, 976–984, 2 Fig.

Ascher H. u. **Powondra K.** Über geologisch-technische Erfahrungen beim Bau des Stubachwerkes. – JbBA 1930, 261–308, 9 T. – Bespr. Z. f. Geomorph., 5, 1930, 278; GZ 44/164.

Ascher H. Weitere Beiträge zur Geologie des Stubachtales. – JbBA 1932, 103–125, 11 Fig. – Bespr. GZ 48A/898; Z. f. Geomorph., 7, 1933, 271.

Baltzer A. Adamellogranit und Adamellogranitglimmer. – Vierteljschr. Natf. Ges. Zürich, 16, 1871, 175–184; Boll. CAI, Torino, 5, Nr. 18, 1871. – Bespr. VRA 1873, 99.

Beck H. Aufnahmsbericht über Blatt Mölltal (5250). – VBA 1930, 31–33; 1931, 26–29. – Bespr. GZ 44/174, 46A/199.

— Aufnahmsbericht über Blatt Mölltal (5250). – VBA 1933, 25–28. – Bespr. GZ 50A/742.

Becke F. Petrographische Studien am Tonalit der Rieserferner. – Tscherm. Min. u. petr. Mitt., 13, 1892, 379–430, 433–464. – Bespr. VRA 1895, 150; NJb. 1895/1, 309; Bl. 828.

— Bericht der Kommission für die petrographische Erforschung der Zentralkette der Ostalpen. – Anzg. Ak. d. Wiss. Wien, 32, 1895, 45–49; 33, 1896, 15–21; 34, 1897, 8–11; 35, 1898, Nr. 3, 8 S.; 36, 1899, 5–10. – Bespr. NJb. 1898/1, 317; 1899/2, 287; Bl. 991, 1014.

— Über kristalline Schiefer der Alpen. (Vortr.) – Tscherm. Min. u. petr. Mitt., 21, 1902, 356–357.

— Einiges über kristalline Schiefer. – Schr. d. Ver. z. Verbr. natwiss. Kenntnisse in Wien, 42, 1902, 341–357.

— Über Mineralbestand und Struktur der kristallinen Schiefer. – C. R. IX Congr. géol. int. de Vienne, 1903, 553–570; Anzg. Ak. d. Wiss. Wien, 40, 1903, 111–115; Denkschr. Ak. d. Wiss. Wien, 75, 1913, 1–53.

— Zur Physiographie der Gemengteile der kristallinen Schiefer. – Denkschr. Ak. d. Wiss. Wien, 75, 1913, 97–151; Anzg. Ak. d. Wiss. Wien, 43, 1906, 342–344.

— Die Entstehung des kristallinen Gebirges. (Vortrag.) – Ges. Deutscher Natf. u. Ärzte, 81/1, 1909, 164–177; Natwiss. Rundschau, Braunschweig 1909, 7 S.

— Intrusivgesteine der Ostalpen. (Vortr.) – Ges. Deutscher Natf. u. Ärzte, 84, II/1, 1912, 232–234; Tscherm. Min. u. petr. Mitt., 31, 1912, 545–558. – Bespr. NJb. 1915/2, 349.

— Chemische Analysen von kristallinen Gesteinen aus der Zentralkette der Ostalpen. – Denkschr. Ak. d. Wiss. Wien, 75, 1913, 153–229; Anzg. Ak. d. Wiss. Wien, 49, 1912, 324.

— Differentiationserscheinungen im Zentralgneis der Hohen Tauern. (Vortr.) – Auszug: Z. f. Krist., 57, 1922, 556–557; NJb. 1923/1, 234–238.

— Stoffwanderung bei der Metamorphose. – Anzg. Ak. d. Wiss. Wien, 59, 1922, 195–197; Tscherm. Min. u. petr. Mitt., 36, 1923, 25–41. – Bespr. GZ 43/272.

— Zur Faziesklassifikation der metamorphen Gesteine. – Tscherm. Min. u. petr. Mitt., 35, 1922, 215–230.

Berg G. Neuere Anschauungen über die Entstehung der kristallinen Schiefer. – Z. f. phys.-chem. Unterr., 41, 271–275. – Bespr. GZ 42/970.

Blaas J. u. **Pichler A. v.** Die Quarzphyllite bei Innsbruck. – Tscherm. Min. u. petr. Mitt., 4, 1882,

503–518. – Bespr. VRA 1882, 331; NJb. 1882/2, 263; Bl. 582.

Blaas J. Die Quarzphyllite aus der Umgebung von Innsbruck. (Vortragsauszug.) – TB, Extrablge Nr. 68 v. 23. 3. 1882 u. Ber. Nat.-med. Ver. Innsbruck, 12, 1882, röm. 10–14.

— Zur Genesis der kristallinen Schiefer. (Vortr.) – Ber. Natw.-med. Ver. Innsbruck, 13, 1883, röm. 31–34.

— Über Serpentin und Schiefer aus dem Brennergebiet. – Nova Acta Leop. Carol. Akad. d. Naturf., 64, Halle 1894, 1–60, 2 Taf., 6 Abb. – Bespr. VRA 1895, 152; Bl. 899.

Bodmer-Beder A. u. Tarnuzzer Chr. Neue Beiträge zur Geologie und Petrographie des östlichen Rhätikons. – Jber. Natf. Ges. Grbd., NF, 42, Chur 1899, 1. T. 37–58, 2. T. 59–85, m. Abb. – Bespr. EgH 6, 1899/1900, 399, 409, 419, 424; Arch. d. sc. phys. et nat. de Genève, 10, Genève 1910, 158, 172, 247.

Bodmer-Beder A. Beiträge zur Petrographie des östlichen Rhätikons. – NJb. 1900/1, 120–128. – Bespr. GZ 1/8.

Bonney T. G. Notes on two traverses of the cristalline rocks of the Alps. – Proc. of the Geolog. Soc. of London, 5. 12. 1888. – Bespr. Boll. Com. geol. d'It., 20, 1889, 52, 242; 21, 1890, 209.

Born A. Über Druckschieferung im varistischen Gebirgskörper. – Fortschr. d. Geol. u. Pal. (W. Soergel), Breslau, 7, H. 22, Berlin (Borntraeger) 1929, 99 S. – Bespr. GZ 40/1078.

Buning W. L. De geologie van den Cimone di Margno en den Monte di Muggio. – Diss. Univ. Leiden, 1932, 79 S.; Leidsche Geol. Mededeel., IV, 323–399, K. 1:25000, 13 Prof.; Zusammenfassung französisch, 392–396. Außerdem: Bijdrage tot de Geologie der Bergamasker Alpen, Nr. 7. – Bespr. GZ 49A/937.

Cathrein A. Die geognostischen Verhältnisse der Wildschönau. – Z. Ferdin., Innsbruck 1877, 3. F., 21. H., 125–157. – Bespr. VRA 1878, 159; Bl. 479.

— Ein Beitrag zur Kenntnis der Wildschönauer Schiefer und der Tonschiefernädelchen. – NJb. 1881/1, 169–183. – Bespr. Bl. 581.

— Berichtigung bezüglich der Wildschönauer Schiefer. – Tscherm. Min. u. petr. Mitt., 5, 1883, 531–532. – Bespr. NJb. 1884/2, 369.

— Umwandlungen der Granaten der Amphibolschiefer der Tiroler Zentralalpen. – Z. f. Krist., 10, 1885, 433–446. – Bespr. NJb. 1887/2, 456.

— Beiträge zur Petrographie Tirols. (Staurolith, Porphyr, Turmalingranit etc.) – NJb. 1887/1, 147–172. – Bespr. Bl. 717.

— Über Chloritschiefer von Großarl. – Tscherm. Min. u. petr. Mitt., 8, 1887, 331–337. – Bespr. NJb. 1888/1, 242.

— Chloritoidphyllit von Gerlos. – VRA 1888, 159–162.

— Mineralogie und Petrographie des Pitztales. – Z. DÖAV, 1906, 4 S. – Bespr. NJb. 1908/1, 205.

Cavinato A. I minerali di Valle Aurina e i loro giacimenti. – Studi Trent. Sc. Nat., 11, Trento 1930, 26–58, 93–115.

Christa E. Das Gebiet des Oberen Zemmgrundes in den Zillertaler Alpen. – JbBA 1931, 533–636, geol.-petr. K. 1:15000, 15 Taf., 3 Fig. – Bespr. GZ 46A/1972, 48A/1090; NJb. 1932/2, 395.

— Das Greiner-Schwarzensteingebiet der Zillertaler Alpen in geologisch-petrographischer Betrachtung. – Veröffentl. Mus. Ferdin., 13, Innsbruck (Wagner) 1933, 1–114, 40 Abb.

Clar E. Vorbericht über geologische Aufnahmen in der Glocknergruppe. – VBA 1930, 121–126. – Bespr. GZ 44/181.

— Zweiter Vorbericht über geologische Aufnahmen in der Glocknergruppe. – VBA 1931, 107–110. – Bespr. GZ 46A/195; Z. f. Glkde, 20, 1932, 508.

— Modereckdecke oder Rote Wandgneisdecke? – VBA 1932, 153–157, 1 Prof. (S. L. Kober.) – Bespr. GZ 50A/723; NJb. 1933/2, 937.

Cornelius H. P. Zur Vergleichung der mechanischen Metamorphose kristalliner Gesteine am westlichen Ostalpenrande. – Zbl. f. Min., 1923, 225–234. – Bespr. GZ 29/1551.

— u. **Furlani-Cornelius M.** Die insubrische Linie vom Tessin bis zum Tonalepaß. – Denkschr. Ak. d. Wiss. Wien, math.-natw. Kl., 102, Wien 1930, 207–302, 16 Fig., 1 K., 1 Taf. – Bespr. Anzg. Ak. d. Wiss. Wien, 67, 1930, 120.

Cornelius H. P. Vorläufiger Bericht über geologische Aufnahmen im Stubach- und Kaprunertale (Glocknergruppe). – VBA 1930, 117–121.

— Zur Frage der Beziehungen von Metamorphose und Tektonik in den französischen Alpen. – Mitt. Geol. Ges. Wien, 23, 1930, Wien 1931, 142–151. – Bespr. GZ 47A/1135; NJb. 1933/2, 869.

— Zweiter Bericht über geologische Aufnahmen in der nördlichen Glocknergruppe. – VBA 1931, 102–106.

— Bericht über Revisionen auf Blatt Kitzbühel-Zell am See (5049) sowie Anschlußbegehungen auf Blatt Großglockner (5149). – VBA 1934, 31—32. — Bespr. GZ 53/A 406.

— Über einige seltenere Gesteinstypen aus dem Grüngesteingebiet von Zermatt (Wallis). Ein Beitrag zur Vergleichung penninischer Serien der West- und Ostalpen. – Mitt. Geol. Ges. Wien, 26, 1933, Wien 1934. 154–161.

Crommelin R. D. La géologie de la Valsassina et de la région adjacente au nord. – Öffentl. Diss. Univ. Leiden, 1932, 59 S.; Leidsche Mededeel., IV, 403–459, K. 1:25000, 9 Prof. Außerdem: Contribution à la géologie des Alpes Bergamasques, Nr. 8. – Bespr. GZ 49A/938.

Dal Piaz G. Su alcune impronte vegetali nei micascisti del Trentino. – Boll. Soc. geol. it., 21, Roma 1902, 64–66. – Bespr. NJb. 1905/2, 90.

Duftschmid-Wilser B. Probleme aus der nördlichen Grauwackenzone der Ostalpen. – Z. DGeolGes., 82, 1930, 65–78. – Bespr. GZ 42/1276.

Erdmannsdörffer O. H. Zur Petrographie des Silvrettakristallins. – NJb. 1931, Bbd 64, Abt. A, Brauns-Festb., 603–614, 4 Abb. – Bespr. GZ 50A/621.

Fisch W. Zur Geologie der Gasteiner Klamm bei Lend (Österreich). – EgH 25, 1932, 131–138, 1 Taf., 2 Fig. – Bespr. GZ 52 A/971.

Fischer O. Über die Bildung kristalliner Schiefer. – Aus: Bericht über die Vorträge usw. vom Nov. 1911 bis Juli 1913, v. A. Hartmann. – Mitt. Aarg. Natf. Ges., 13. H., Aargau 1913, röm. 14/15.

Focke F. Regelmäßige Verwachsung von Nemaphyllit und Dolomit vom Wildkreuzjoch (Pfitschertal). – Tscherm. Min. u. petr. Mitt., 21, 1902, 323–345. – Bespr. VRA 1902, 312.

Foullon H. Frh. v. Über die petrographische Beschaffenheit kristallinischer Schiefer aus den Radstädter Tauern und deren westlicher Fortsetzung. – JbRA 1884, 635–658. – Bespr. NJb. 1885/1, 421.

— Über Porphyrite aus Tirol. – JbRA 1886, 747–777. – Bespr. NJb. 1888/1, 65.

Franchi S. Bibliografia ragionata .. dei terreni a „facies piemontese" (zona delle pietre verdi, schistes lustrés, Bündner Schiefer, Schieferhülle). – Boll. Com. geol. d'It., 1909, s. 4, v. 10, f. 4, 552–591.

Frantzius A. v. Über die in der Umgebung von Meran vorkommende Grauwacke. – NJb. 1851, 667–673; JbRA 1851, III, 6–10.

Freudenberg W. Das mesozoische Alter des Adulagneises. – Ber. ü. d. Vers. d. Oberrhein. geol. Ver., 41. Vers. Ulm, 1908/9, 61–68. – Bespr. GZ 14/667; NJb. 1910/1, 254; EgH 11, 1910, 172.

— Pflanzenführendes Karbon, triadischer (?) Quarzporphyr am Fluchthorn und eine obere Glimmerschieferdecke bei Gaschurn (Montavon). – Jber. u. Mitt. d. Oberrhein. geol. Ver., NF, 12, 1923, 47–48. – Bespr. GZ 29/367.

Geol. Führer der Schweiz, herausgeg. v. d. Schweiz. Geol. Ges. bei Anlaß ihrer 50sten Jahresfeier. – Basel (Wepf) 1934, XIV Fasz. 1145 S., zahlr. Taf., Prof. u. Fig.

Gottfried C. Über kontaktmetamorphe Gesteine des Baitonegebietes in der Adamellogruppe (Ital.). – Sber. Heidelberger Ak. d. Wiss., m.-n. Kl., 1930, 1. Abh., 1–11 u. Jh. 1930, röm. 10–11. – Bespr. NJb. 1930/2, 534.

Grubenmann U. Über die Gesteine der sedimentären Mulde von Airolo. Ein Beitrag zur Kenntnis metamorphosierter Gesteine. – Mitt. Thurg. Natf. Ges., H. 8, Frauenfeld 1888, 15–39.

— Die kristallinen Schiefer. – I. u. II., Berlin (Borntraeger) 1904 u. 1907; 2. Aufl. Berlin 1910, 298 S. – Bespr. GR 1910, 348; GZ 6/4, 1990, 15/1482; NJb. 1912/1, 64; Zbl. f. Min., 1905, 430; EgH 8, 1903, 586; 9, 1906, 601.

— Prinzipien und Vorschläge zu einer Klassifikation der kristallinen Schiefer. – Congr. int. de géol., Mexiko 1906, 16 S. – Bespr. EgH 9, 1906, 609.

— u. **Tarnuzzer Chr.** Beiträge zur Geologie des Unterengadins. II. Teil. Die kristallinen Schiefer. – Beitr. z. geol. K.•d. Schw., NF, 23. Lfrg, Bern 1909, 147–247, SpK. Nr. 58, 1:50000. – Bespr. GZ 17/297; VRA 1911, 122; NJb. 1911/2, 416.

Grubenmann U. Struktur und Textur der metamorphen Gesteine. – Fortschr. d. Min., Krist. u. Petr., 2, Jena 1912, 208–226. – Bespr. EgH 13, 1914, 18.

— Mineral- u. Gesteinsbildung auf dem Wege der Metamorphose. – Handwörterbuch der Natwiss., 6, Jena (G. Fischer) 1912, 934–944. – Bespr. EgH 13, 1914, 19.

— Zur Klassifikation der metamorphen Gesteine. – Fortschr. d. Min., Krist. u. Petr., 3, Jena 1913, 228–244. – Bespr. EgH 13, 1914, 551.

— u. **Niggli P.** Die Gesteinsmetamorphose. I. Allgem. Teil. – Berlin (Borntraeger) 1924, 539 S.

Grütter O. Petrographische und geologische Untersuchungen in der Region von Bosco (Valle Maggia), Tessin. – Verh. Natf. Ges. Basel, 40, 1928/29, 1. T., 78–152, 1 K., 2 Taf., 12 Fig.

— Über einige Ergebnisse der geologischen Untersuchung der Kraftwerkanlage Monte Piottino (Tessin). – EgH 24, 1931, 1–21, 2 Taf., 2 Abb. – Bespr. NJb. 1933/3, 1121.

Habert P. C. Natur und Verbreitung der Zeolithe in den Schiefern der Alpen. – Z. Ferdin., 3. F., 41. H., Innsbruck 1897, 131–185. – Bespr. VRA 1897, 335; NJb. 1898/1, 247.

Hammer W. u. **John C. v.** Augengneise und verwandte Gesteine aus dem oberen Vintschgau. – JbRA 1909, 691–732. – Bespr. GZ 15/1087; NJb. 1912/1, 267.

Hammer W. Bemerkungen zur Phasenfolge im Kristallin der Ostalpen. – VBA 1925, 155–159.

— Einige Ergebnisse der geolog. Landesaufnahme in den Westtiroler Zentralalpen. – GR 16, 1925, 147–160. – Bespr. GZ 32/934.

— Cordieritführende metamorphe Granite aus den Ötztaler Alpen. – Tscherm. Min. u. petr. Mitt., 38 (Becke-Festschr.), 1925, 67–89. – Bespr. GZ 33/1703, 42/1397; NJb. 1926/1, A, 288.

— u. **Klebelsberg R. v.** Die Gesteine der Zentralen Ostalpen zwischen Rhein und Brenner. – Der Hochtourist in den Ostalpen, DÖAV, 1926, IV, 16–21.

Hammer W. Die Gesteinswelt im Umkreis der Hauerseehütte bei Längenfeld im Ötztal. – Festschr. Sekt. Jung-Leipzig DÖAV, Leipzig 1932, 43–51, 1 Prof. – Bespr. GZ 50 A/1328.

— Aufnahmsbericht über Blatt Kitzbühel-Zell a. S. (5049). – VBA 1933, 24–25; 1934, 23–24.

Hartmann P. Pl. Die Entstehung der kristallinen Schiefer in der Anschauung der modernen Petrographie. (Vortr.) – Mittelschule, math.-nat. Ausgabe, Einsiedeln 1915, 15 S. – Bespr. EgH 15, 1918, 328.

Hatch F. H. Über den Gabbro aus der Wildschönau in Tirol und die aus ihm hervorgegangenen schieferartigen Gesteine. – Tscherm. Min. u. petr. Mitt., 7, 1886, 75–87. – Bespr. VRA 1885, 373; NJb. 1886/2, 365.

Hauer F. R. v. Vorlage der geol. Übersichtskarte von Tirol. – VRA 1858, 74–75.

Heim Alb. Lagerungsverhältnisse zwischen kristallinem Schiefer und Sediment. – Verh. Schw. Natf. Ges. Schaffhausen, 1873, 88–90.

— Zur Klassifikation der kristallinischen Schiefer. – Compte-rendu d. l. 4e sess. Londres 1888, Congr. géol. int., Londres 1891, 80–85, discuss. 206–207, 214–215, 218.

— Rapporti fra gli scisti cristallini e le roccie mesozoiche e paleozoiche nelle Alpi. – Quart. Journ. of the Geol. Soc., Proc. Nr. 549, v. 46, Nr. 182, London 1890. – Bespr. Boll. Com. geol. d'It., 22, 1891, 161.

— Die Entstehung und die Struktur der Tonschiefer. – Mitt. Materialprüfgskomm. Polyt. Zürich, 1899, 1. – Bespr. EgH 7, 1901/02, 35.

— Gneisfältelung im alpinen Zentralmassiv, ein Beitrag zur Kenntnis der Stauungsmetamorphose. – Vierteljschr. Natf. Ges. Zürich, 45, 1900, 205–226, 2 Taf. – Bespr. EgH 7, 1901/02, 33; Arch. Sc. phys. et nat. Genève, t. 12, 1900, 169; GZ 1/2099; NJb. 1902/1, 218; PetMitt., 48, Litber., 164.

Heritsch F. Die Frage der Wurzeln für die Decken der Karnischen Alpen. – Anzg. Ak. d. Wiss. Wien, math.-natw. Kl., 69, 1932, 258–259.

Heritsch H. Aufnahmen im Kristallin des Gailtales. – Sber. Ak. d. Wiss. Wien, math.-natw. Kl. v. 5. 11. 1931 (Akad. Anzg. Nr. 21), $^1/_4$ S.

— Geologische Aufnahme im Kristallin des Gailtales. – Anzg. Ak. d. Wiss. Wien, math.-natw. Kl., 69, 1932, 244.

Hofsteenge G. L. La géologie de la Vallée du Brembo et de ses affluents entre Lenna et San Pellegrino. – Diss. Leiden, 1931, 58 S., 5 Fig., K. 1:25000, 1 Taf.; Contr. à la géol. d. Alpes Bergam. Nr. 5, Leidsche Geol. Meded., Leiden, IV. T., 27–82, 2 Taf. – Bespr. GZ 47 A/560.

Hoernes R. Das Erzvorkommen am Monte Avanza bei Forni Avoltri. Bemerkungen über die paläozoischen Gesteine des Pustertales. – VRA 1876, 60–66. – Bespr. Bl. 445.

Hottinger A. Über geologische Untersuchungen in den zentralen Hohen Tauern. (Vorl. Mitt.) – EgH

24, 1931, 167–190, 6 Fig. – Bespr. NJb. 1933/3, 505.
— Zur Geologie des Nordrandes des Tauernfensters in den zentralen Hohen Tauern. – Mitt. a. d. Geol. Inst. d. Eidgen. Techn. Hochsch. u. d. Univ. Zürich, Ser. A, Nr. 4, Basel (Birkhäuser) 1934; EgH 27, 1934, 11–23, 1 Tab., 1 Taf.

Hradil G. Die Gneiszone des südlichen Schnalsertales in Tirol. – JbRA 1909, 669–690. – Bespr. GZ 15/979; NJb. 1912/2, 371.

Jakob J. Beiträge zur chemischen Konstitution der Glimmer. VI. Mitt.: Die nichtpegmatitischen Muskowite, I. T. (Tessin, Graubünden). – Z. f. Krist., 69, 1928, 511–515. – Bespr. Min. u. Petr. Mitt., 1, 1932, R 344, 346.

John C. v. (u. Hammer W.). Augengneise und verwandte Gesteine aus dem oberen Vintschgau. II. Chemischer Teil. – JbRA 1909, 725–732. – Bespr. GZ 15/1087; NJb. 1912/1, 267.

Kerner F. v. Die Quarzphyllite in den Rhätschichten des mittleren Gschnitztales. – JbRA 1911, 385–452. – Bespr. GZ 17/364.

Klebelsberg R. v. Ein neues Vorkommen von Arsennickelkies im Südtiroler Quarzphyllit. (Krakofl bei Brixen.) – Z. Ferdin., 3. F., 54. H., Innsbruck 1910, 353.
— Geologischer Führer durch die Südtiroler Dolomiten. – Sammlg Borntraeger, 33, Berlin 1928, 362 S., 1 Kartenskz., 2 T., 16 Prof. – Bespr. Geogr. Z., 35, 1929, 306; Z. f. Geomorph., 4, 1929, 184; GR 20, 1929, 378; GZ 40/1818; Mitt. DÖAV, 1929, 167; Studi Trent. Sc. Nat., 10, 1929, 77; Der Schlern, 10, 1929, 116; Z. Ges. f. Erdkde Berlin, 1930, 71.
— Die Gesteine der Zentralen Ostalpen östlich vom Brenner. – Der Hochtourist in den Ostalpen, DÖAV, 1928, V, 16–25.
— Geologische Einführung: Schichtfolge, Gebirgsbau, Formentwicklung, Vergletscherung, mit den geologischen Sonderabschnitten der „Südlichen Ostalpen von der Etsch bis zum Piave". – Der Hochtourist in den Ostalpen, DÖAV, 1929, VII, 17–32, 35–36, 56–57, 64–66, 83, 111–113, 185–186, 192–193, 212–213, 225–226, 276–277, 297–299, 326–327, 416–418, 462–463.
— Grundzüge der Geologie Tirols. In: Tirol, Land, Natur, Volk u. Geschichte, herausgeg. vom DÖAV, München (Bruckmann) 1933, 23–91, 1 K., 1 Skz. – Bespr. Mitt. DÖAV, 1934, 51, 147; Der Schlern, 15, 1934, 189; Pet.Mitt., 1934, 317.

Klemm G. Bericht über Untersuchungen an den sog. „Gneisen" und den metamorphen Schiefergesteinen der Tessiner Alpen. I. – Sber. Ak. d. Wiss. Berlin, 1, 1904, 46–65. – Bespr. EgH 8, 1903, 607; GZ 5/358; NJb. 1905/1, 242; VRA 1904, 256; Boll. Com. geol. d'It., 36, 1905, 222.
— Bericht über Untersuchungen an den sog. „Gneisen" und den metam. Schiefergesteinen der Tessiner Alpen. II. – Sber. Ak. d. Wiss. Berlin, 1, 1905, 442–453. – Bespr. EgH 9, 1906, 614; NJb. 1906/2, 208; Boll. Com. geol. d'It., 37, 1906, 324.
— Bericht über Untersuchungen an den sog. „Gneisen" und den metamorphen Schiefergesteinen der Tessiner Alpen. III. – Sber. Ak. d. Wiss. Berlin, 1, 1906, 420–431. – Bespr. EgH 9, 1906, 615; GZ 8/922; NJb. 1908/2, 198; Boll. Com. geol. d'It., 38, 1907, 267.
— Bericht über Untersuchungen an den sog. „Gneisen" und den metamorphen Schiefern der Tessiner Alpen. IV. – Sber. Ak. d. Wiss. Berlin, 1, 1907, 245–258. – Bespr. EgH 10, 1908, 320; GZ 11/182; NJb. 1908/2, 200; Boll. Com. geol. d'It., 39, 1908, 148.
— Über die Tessiner „Gneise". – Z. DGeolGes., 62, 1910, Mber., 722–723. – Bespr. EgH 11, 1910, 532; GZ 19/1036; NJb. 1913/1, 254.
— Über die genetischen Verhältnisse der Tessiner Alpen. – Z. DGeolGes., 63, 1911, Mber., 464–469. – Bespr. EgH 12, 1912, 283; NJb. 1913/2, 64.

Kober L. Mesozoische Breccien in der Schieferhülle der Sonnblickgruppe. – Zbl. f. Min., Abt. B, 1928, 607–608; Anzg. Ak. d. Wiss. Wien, 65, 1928, 275–276. – Bespr. GZ 40/2059.
— Modereckdecke oder Rote Wandgneisdecke? – VBA 1933, 131–132. (S. E. Clar.)

Koch G. A. Die Gneisinseln und kristallinen Gesteine zwischen Rells- und Gauertal im Rhätikon. – VRA 1894, 327–346. – Bespr. NJb. 1896/1, 87.

Kölbl L. Zur Tektonik des Tauernfensters. – Anzg. Ak. d. Wiss. Wien, math.-natw. Kl., 68, 1931, 242–244.
— Der Nordrand des Tauernfensters zwischen Mittersill und Kaprun. – Anzg. Ak. d. Wiss. Wien, math.-natw. Kl., 69, 1932, 266–268.
— Das Nordostende des Großvenedigermassivs. (Ein Beitrag zur Frage des Tauernfensters.) – Sber. Ak. d. Wiss. Wien, math.-natw. Kl., Abt. 1, 141, 1932, 39–66, 2 Fig. – Bespr. GZ 48 A/901.
— Geologische Skizze des Habachtales. – Festschrift Sekt. Jena DÖAV, 1932, 20–25, 1 Skz.

Königsberger J. Die kristallinen Schiefer der zentralschweizerischen Massive und Versuch einer Einteilung der kristallinen Schiefer. – C. R. XI Congr. géol. int., Stockholm 1910, f. 1, Stockholm 1912, 639–671. – Bespr. EgH 13, 1914, 20.
— Über Mineralfundorte in den Alpen und über Gesteinsmetamorphismus. – Z. DGeolGes., 64, 1912, 501–529. – Bespr. EgH 13, 1914, 19.
— Zum Alter der Gneismetamorphose in den Alpen und deren Beziehung zum Karbon. – GR 17, 1926, 362–372.
— Beobachtungen im Gotthardmassiv. – Schw. Min. u. Petr. Mitt., 10, 1930, 140–151, 7 Fig.

Lepsius R. Das westliche Südtirol, geologisch dargestellt. – Berlin 1878, 375 S., 1 K., mehr. Prof. u. Taf. – Bespr. Mitt. DÖAV, 1878, 247; VRA 1879, 34; NJb. 1881/1, 382; Bl. 502; Boll. Com. geol. d'It., 10, 1879, 64.

Lindemann B. Petrographische Studien in der Umgebung von Sterzing i. T. 1. Teil: Das kristalline Schiefergebirge. – NJb. 1906, Bbd 22, 454–554, 2 Fig. – Bespr. VRA 1906, 414; GZ 9/329.

Löwl F. Ein Profil durch den Westflügel der Hohen Tauern. – JbRA 1881, 445–452. – Bespr. Bl. 580.
— Die Tonalitkerne der Rieserferner in Tirol. – PetMitt., 1893, 73–82, 112–116, 1 K. – Bespr. NJb. 1895/1, 309; Bl. 855.
— Der Großvenediger. – JbRA 1894, 515–532. – Bespr. NJb. 1895/2, 295; Mitt. DÖAV, 1895, 83; Bl. 882.
— Der Granitspitzkern. – JbRA 1895, 615–640. – Bespr. Bl. 914.
— Rund um den Großglockner. – Z. DÖAV, 1898, 27–54, K. 1:125000. – Bespr. VRA 1899, 168; Bl. 1003.

Marzari-Pencati G. Graf. Lettera geologica diretta a Gius. Dembscher intorno ai graniti, gneis, micaschisti ecc. e gli altri terreni inferioramente metalliferi, i quali fra la Piave e l'Adige coronano e metallizzano la sottoposta formazione secondaria. – Gazzetta priv. Venezia, 1823, 18. 2. e 18. 8.; Abdruck Vicenza (tip. Paris) 1823; Fortsetzg im Supplemento alla Gazzetta di Venezia, 1823,

Nr. 32, 39, 58, 94, 99, 185, 259 (Schreiben an d. Ak. d. W. Paris u. an Isimbardi über Val Travaglia).

Massalongo A. Sulle Filliti del Vicentino. – (1847?)

Milch L. Die heutigen Ansichten über Wesen und Entstehung der kristallinen Schiefer. – GR 1, 1910, 36–58. – Bespr. Journ. of Geol., v. 20, 1912, 272.

Mojsisovics E. v. Beiträge zur Altersbestimmung einiger Schiefer- und Kalkformationen der östlichen Schweizer Alpen. – VRA 1872, 264–268. – Bespr. Jber. Natf. Ges. Grbd., NF, 18, Chur 1874, 99; Rev. scient., s. 2, t. 4, Paris 1873, 782, 950; Rev. géol. suisse p. l'a. 1872, Genève 1873, 29, 50; Arch. d. sc. phys. et nat., n. p., t. 46, 327; t. 47, 21.

— Zur Altersbestimmung der kristallinen Formationen der Alpen. – VRA 1872, 46–47. – Bespr. Arch. d. sc. phys. et nat., n. p., t. 44, 11; Rev. géol. suisse p. les an. 1870 et 1871, Genève 1872, 7; Bl. 322.

Moretti, De Visiani e Parlatore. Sulle filliti di Montescano. (Lomb.) – Atti d. 6 riun. d. Sc. It., ten. in Milano nel Sett. 1844, Milano 1845, 512–526.

Mösch C. Geologische Beschreibung der Kalkstein- und Schiefergebirge der Kantone St. Gallen, Appenzell und Glarus. – Beitr. z. geol. K. d. Schw., Lfrg 14, 3. Abt., Bern 1881, 336 S., Abb. u. Prof. – Bespr. Arch. d. sc. phys. et nat., t. 7, 181; Rev. géol. suisse p. l'a. 1881, Genève 1882, 6.

Murchison R. J. Über den Gebirgsbau in den Alpen, Apenninen und Karpathen ... und über die Entwicklung eozäner Ablagerungen im südlichen Europa. Bearbeitet von G. Leonhard. – Stuttgart 1850, 162 S., 1 Taf. Engl.: Quart. Journ. Geol. Soc., 19, London 1849, 312 S., 1 K. Ital.: von Savi u. Meneghini, Firenze 1850/51. – Bespr. Bl. 7.

Niederer J. Beiträge zur Petrographie des östlichen Aarmassives. – Diss. Bern 1932, Weida (Thür.) 1932, 1 K., 6 Taf., 4 Fig. – Bespr. NJb. 1933/2, 926.

Niggli P. u. **Johnston J.** Einige physikalisch-chemische Prinzipien der Gesteinsmetamorphose. – NJb 1914, Bbd 37, 495–576.

Niggli P. Das Gotthardmassiv. – In: Geol. Führer der Schweiz, herausgeg. v. d. Schw. Geol. Ges., Basel (Wepf) 1934, Fasz. II. 139–145, 2 Taf.

Novarese V. L'età delle filliti di Rè in Val Vigezzo (Ossola). – Atti R. Acc. Sc. Torino, v. 42, 1927, 638–642.

— L'età del granito del Lago Maggiore. – Boll. Uff. geol. d'It., v. 58, N. 11–12, Roma 1933, 1–32.

Ohnesorge Th. Der Schwazer Augengneis. – JbRA 1903, 373–384, 1 T. – Bespr. GZ 7/1475.

— Die vorderen Kühetaier Berge (Hochedergruppe). – VRA 1905, 175–182. – Bespr. GZ 7/1590; NJb. 1908/2, 66.

— Über Silur und Devon in den Kitzbüheler Alpen. – VRA 1905, 373–377. – Bespr. GZ 9/215, 12/1477; NJb. 1909/1, 415.

— Über Gneise des Kellerjochgebietes und der westlichen Hälfte der Kitzbühler Alpen und über die Tektonik dieser Gebiete. – VRA 1908, 119–136. – Bespr. NJb. 1910/1, 103, 221.

— Über Schichtfolge und Bau in der Umgebung von Kitzbühel. – VRA 1909, 350–351.

— Über kontaktmetamorphen Amphibolit von Klausen und die Gesteine des Patscherkofelgebietes. – Tscherm. Min. u. petr. Mitt., 31, 1912, 113–116. – Bespr. NJb. 1915/1, 340.

Peters K. Die geologischen Verhältnisse des Oberpinzgaues, insbesondere der Zentralalpen. – JbRA 1854, 766–808. – Bespr. Bl. 63.

Petrascheck W. Über Gesteine der Brixener Masse und ihrer Randbildungen. – JbRA 1904, 47–74, 1 Taf., 1 Abb. – Bespr. NJb. 1905/2, 379.

Pichler A. v. Beiträge zur Geognosie Tirols. Aus dem Inn- und Wipptale. – Z. Ferdin., 3. F., 8. H., Innsbruck 1859, 137–232, 1 K., 30 Prof. – Bespr. VRA 1859, 45; NJb. 1859, 753; TB 1859, 381; Bl. 150.

— Zur Geognosie Tirols. I. Die Gruppe des Hocheder. II. Die vulkanischen Reste von Köfels. III. Notizen. – JbRA 1863, 589–594, 1 Skz. – Bespr. TB 1863, 865; Bl. 185.

— Beiträge zur Geognosie Tirols. I. Megalodon triqueter Wulf. in den „oberen Schichten der Cardita crenata". (Zirl.) II. Bonebed und Jura in der Ötztaler Masse. (Imsterberg.) III. Über Seeben. IV. Eruptivgestein vom Wetterstein. V. Asphaltschiefer bei Tarrenz. – JbRA 1866, 501–504. – Bespr. VRA 1866, 141; TB 1866, 1097, 1101; Bl. 230.

— Beiträge zur Geognosie und Mineralogie Tirols. XVI. Aus den oberen Carditaschichten des Achentales. XVII. Die Zone des Ammonites planorbis in Nordtirol. (Leutasch u. Pfonserjoch.) XVIII. Die Gosauformation des Sonnwendjoches. XIX. In der Wildschönau. XX. Findlinge von Eruptivgesteinen bei Innsbruck. XXI. Mineralien aus dem Phyllit bei Innsbruck und vom Madersbacher Köpfl. XXII. Eine alte Mineralogie. (Landreim v. G. Rösch, 1558.) – JbRA 1869, 207–216. – Bespr. VRA 1869, 101.

— Beiträge zur Geognosie von Tirol. I. Die Granitmasse von Brixen. II. Diorit und Melaphyr bei Klausen. III. Diorit im Lüsental. – NJb. 1871, 256–274. – Bespr. VRA 1871, 158; Bl. 302.

— Erdstöße bei Innsbruck, Fossilien vom Sonnwendjoch und von Nassereith, Quarzphyllit bei Lienz. – NJb. 1875, 173–174. – Bespr. TB 1874, 2094.

— Beiträge zur Geognosie der Tiroler Alpen. (Schalders, Klausen, Schwaz, Gardasee.) – NJb. 1879, 140–144.

— u. **Blaas J.** Die Quarzphyllite bei Innsbruck. – Tscherm. Min. u. petr. Mitt., 4, 1882, 503–518. – Bespr. NJb. 1882/2, 263; Bl. 582.

— Zur Kenntnis der Phyllite in den tirolischen Zentralalpen. – Tscherm. Min. u. petr. Mitt., 5, 1883, 293–303. – Bespr. VRA 1883, 206; NJb. 1883/2, 366; TB 1881, 2679; 1882, 2535; Bl. 605.

— Notizen zur Geologie von Tirol. (Silzergneise, Hornsteine: Karwendel, Sonnwendgeb., Virgl, Gardasee, Rovereto.) – VRA 1885, 77–78. – Bespr. NJb. 1885/2, 279.

— Zur Geologie Tirols. (Quarzphyllite an der Trisanna, Glimmerdiabase am Steinacher Joch.) – VRA 1885, 216–217.

— Ein Aufschluß in der Gneisformation der Zentralalpen zwischen Kematen und Sellrain. – VRA 1888, 181–182.

Ploner P. J. Über die Kristallform des Apophyllits der Seiseralpe. – Z. f. Krist. u. Min. (P. Groth), 18, Leipzig 1890, 337–354. – Bespr. VRA 1890, 336; NJb. 1893/1, 34.

— Über Granat-Granulit in Tirol. (Pescarabach-Ultental.) – Tscherm. Min. u. petr. Mitt., 12, 1892, 313–327. – Bespr. NJb. 1893/1, 490.

Porro C. Osservazioni geologiche nella regione compresa fra il Pizzo Tre Signori e Monte Ponteranica. – Rend. R. Ist. Lomb. d. sc. e lett., s. 2, v. 65, 1932, 1047–1055.

— Dall Pizzo dei Tre Signori al M. Ponteranica (Alpi bergamasche valtellinesi). – Mem. R. Ist.

Lomb., Cl. sc. nat. e mat., v. 22, f. 5, Milano 1933, 144 S., zahlr. Sk., 7 Taf., 1 Profilserie, g. K. 1:25.000. - Bespr. GZ 52 A/965.

Reinhard M. u. **Preiswerk H.** Exkursion Nr. 65. Cristallina-Val Bavona-Bignasco-Locarno. - In: Geol. Führer der Schweiz, herausgeg. v. d. Schwz. Geol. Ges., Basel (Wepf) 1934, Fasz. XI, 819-823, 1 Fig.

— — Exkursion Nr. 66. Campolungopaß. - In: Geol. Führer der Schweiz, herausgeg. v. d. Schwz. Geol. Ges., Basel (Wepf) 1934, Fasz. XI, 824-829, 1 Fig.

Reithofer O. Beiträge zur Geologie der Ferwallgruppe I. - JbBA 1931, 305-330, 1 Taf., 2 Fig. - Bespr. GZ 46 A/201; NJb. 1932/2, 399.

Rothpletz A. Ein geol. Querschnitt durch die Ostalpen nebst Anhang über die sog. Glarner Doppelfalte. - Stuttgart 1894, 268 S., 2 T., 115 Abb. - Bespr. Mitt. DÖAV, 1895, 10; NJb. 1896/1, 276; Carinthia II, 85, 1895, 36; Bl. 874; PetMitt., 41, 1895, Litber., 18; EgH 4, 1894, 164; Jber. Natf. Ges. Grbd., NF, 38, Chur 1895, 56; Arch. d. sc. phys. et nat., t. 31, Genève 1894, 254.

— Geologische Alpenforschungen. I. Das Grenzgebiet zwischen den Ost- und Westalpen und die rhätische Überschiebung. - München 1900, 176 S., 1 K., 4 Taf., 69 Fig. - Bespr. GZ 1/1492; Zbl. f. Min., 1902, 114; PetMitt., 47, Litber., 16; EgH, 7, 1901-1902, 487; Jber. Natf. Ges. Grbd., NF, 44, 163; Jb. Natwiss., 17, 314.

Rüetschi G. Zur Kenntnis des Rofnagesteins. Ein Beitrag zur Gesteinsmetamorphose. - Inaugdiss. Zürich; EgH 8, 1903, 5-45, 1 K., 1 Taf. - Bespr. Ebd. 248; GZ 4/1544; NJb. 1904/2, 387; Jber. Natf. Ges. Grbd., 46, 1903, 110.

Rüger L. Über „Faserkieselknollen" (Sillimanitquarzite) aus den Biotitgneisen des Monte Arbino (Tessin) und ihre Deutung als Gerölle. - Zbl. f. Min., 1931, Abt. B, 488-493.

— Zur Altersfrage der Bewegungen und Metamorphosen im Penninikum der Tessiner Alpen. - GR 25, 1934, 1-10.

Salomon W. Age des roches granitiques périadriatiques. - Extr. d. Arch. d. Sc. phys. et nat., pér. 4, t. 2, Genève 1896. - Bespr. Bl. 940.

— Über Alter, Lagerungsform und Entstehungsart der periadriatischen, granitisch-körnigen Massen. - Habilitationsschr. Wien, 1897 u. Tscherm. Min. u. petr. Mitt., 17, 1898, 109-284. - Bespr. VRA 1897, 332; NJb. 1898/1, 281; Bl. 966; Boll. Com. geol. d'It., 30, 1899, 96.

— Über das Alter der periadriatischen granitischkörnigen Massen. - EgH 5, 1897, 33-38; Atti Soc. it. Sc. nat., Milano 1897, v. 36, 209-214. - Bespr. NJb. 1898/1, 281.

— Sull'origine, sull'età e sulla forma di giacitura della masse granitoidi della conca periadriatica. - Atti Soc. it. Sc. nat. e del Mus. Civ. di Storia nat., v. 36, f. 3-4, Milano 1897, 209-214. - Bespr. Boll. Com. geol. d'It., 30, 1899, 96.

— Über neue geologische Aufnahmen in der östlichen Hälfte der Adamellogruppe. - Sber. Ak. d. Wiss. Berlin, 1901, Nr. 8, 170-185; Nr. 31, 729 -747. - Bespr. VRA 1901, 242; GZ 2/1957, 2111; NJb. 1902/1, 65; Boll. Com. geol. d'It., 33, 1902, 355.

— Die Entstehung der Serizitschiefer in der Val Camonica (Lomb.). - Bericht üb. d. 40. Vers. d. Oberrhein. Geolog. Ver. zu Lindau 1907, Heidelberg 1907, 7 S. - Bespr. VRA 1907, 312; GZ 10/1129; NJb. 1909/1, 221; Boll. Com. geol. d'It., 39, 1908, 301.

— L'origine degli scisti sericitici in Valle Camonica. - Comm. d. Aten. Brescia p. il 1907, 1908, 199-212. - Bespr. GZ 11/874; Boll. Com. geol. d'It., 40, 1909, 384.

— Die Adamellogruppe, ein alpines Zentralmassiv, und seine Bedeutung für die Gebirgsbildung und unsere Kenntnis von dem Mechanismus der Intrusionen. - Abh. RA, 21, 1. Teil 1908, 1-433, 2 K., 6 Taf., 91 Abb.; 2. Teil 1910, 435-603, 3 Taf., 7 Abb. - Bespr. GZ 17/232; GR 1911, 524; NJb. 1911/1, 276; 1912/2, 266; PetMitt., 57, 1911/2, 219; Boll. Com. geol. d'It., 40, 1909, 383.

Sander B. Geologische Beschreibung des Brixner Granits. - JbRA 1906, 707-744, 1 K., 22 Abb. - Bespr. GZ 10/1795; NJb. 1909/1, 385.

— Vorläufige Mitteilungen über Beobachtungen am Westende der Hohen Tauern und in dessen weiterer Umgebung. - VRA 1909, 204-206. - Bespr. GZ 14/778, 17/40; NJb. 1912/2, 375.

— Über neue geologische Forschungen im Gebiete der Tarntaler Köpfe (Navistal, Tirol). - VRA 1910, 43-50, 2 Abb. - Vespr. GZ 17/230.

— Geologische Studien am Westende der Hohen Tauern. I. Bericht. - Denkschr. Ak. d. Wiss. Wien, math.-natw. Kl., 82, 1911, 257-318, 4 Taf., 17 Fig. - Bespr. GZ 17/41; VRA 1911, 423; NJb. 1920, 357.

— Über Zusammenhänge zwischen Teilbewegung und Gefüge in Gesteinen. - Tscherm. Min. u. petr. Mitt., 30, 1911, 281-314, 2 Taf. - Bespr. VRA 1912, 216; GZ 18/2; NJb. 1915/2, 340.

— Zum Vergleich zwischen Tuxer und Prättigauer Serien. - VRA 1911, 339-346, 1 Fig. - Bespr. GZ 18/58; NJb. 1920, 361; EgH 12, 1912, 324.

— Über einige Gesteinsgruppen des Tauernwestendes. - JbRA 1912, 219-288, 3 Taf., 3 Fig. - Bespr. GZ 18/1513; NJb. 1920, 362.

— Über tektonische Gesteinsfazies. - VRA 1912, 249-257. - Bespr. GZ 18/1505; NJb. 1917, 44.

— Über den Stand der Aufnahmen am Tauernwestende. (Vortr.) - VRA 1913, 174-177. - Bespr. GZ 21/333; NJb. 1920, 364.

— Beiträge aus den Zentralalpen zur Deutung der Gesteinsgefüge. - JbRA 1914, 567-634, 12 Taf. - Bespr. NJb. 1921/1, 212.

— Aufnahmsbericht über das Blatt Sterzing-Franzensfeste. - VRA 1914, 324-327. - Bespr. GZ 22/779; NJb. 1921/1, 216.

— Über einige Gesteinsgefüge. - Tscherm. Min. u. petr. Mitt., 33, 1915, 547-557. - Bespr. NJb. 1917, 45.

— Zur Geologie der Zentralalpen. I. Alpinodinarische Grenze in Tirol. II. Ostalpin und Lepontin. III. Stand der Deckentheorie in den Zentralalpen. - VRA 1916, 206-215, 223-231. - Bespr. NJb. 1921/1, 216; GZ 25/266.

— Notizen zu einer vorläufigen Durchsicht der von O. Ampferer zusammengestellten exotischen Gerölle der nordalpinen Gosau. - VRA 1917, 138-142. - Bespr. GZ 23/722.

— Tektonik des Schneeberger Gesteinszuges zwischen Sterzing und Meran. - JbStA 1920, 225-234, 1 Taf. - Bespr. NJb. 1922/2, 319.

— Geologische Studien am Westende der Hohen Tauern. II. Bericht. - JbStA 1920, 273-296, 1 K., 1 Taf. - Bespr. NJb. 1922/2, 320.

— Zur Geologie der Zentralalpen. (Mit Beiträgen v. O. Ampferer u. E. Spengler.) - JbStA 1921, 173-224, 1 K., 6 Fig.

— Zur petrographisch-tektonischen Analyse. I-III. - JbBA 1923, 183-253, 3 Fig. (Mit Beitrag v. M. Pernt); 1925, 181-236; 1926, 323-406, 39 Fig. (Mit Beitr. v. O. Schmidegg.) - Bespr. VBA 1926,

171; NJb. 1925/1, 619; 1926/2, B, 28; 1927/1, A, 341, 344; 1927/2, B, 25; Studi Trent. Sc. Nat., 7, 1926, 186.

— Über einige Glimmergefüge. (Beiträge v. O. Schmidegg u. D. Korn.) - Notizbl. d. Ver. f. Erdkunde u. d. Hess. Geol. Ldsanst. Darmstadt f. d. J. 1927, 5. F., 10. H., 180–208, 25 Abb. - Bespr. NJb. 1930/2, 76; 1931/2, 199; GZ 43/1901.

— Über einen Fall von Kristallisationsschieferung mit Internregelung. - NJb. 1928, Bbd 57, Abt. A/2, 1149–1184, 12 Fig.

— Über Tektonite mit Gürtelgefüge. (Mit Litverz. über Gefüge und ihre Analyse.) - Fennia, 50, Nr. 14, Helsingfors 1928, 25 S., 18 Abb. - Bespr. GZ 39/1514; NJb. 1930/2, 75.

— Erläuterungen zur geologischen Karte Meran-Brixen. (Mit Beiträgen v. W. Hammer.) - Schlern-Schr., 16, Innsbruck (Wagner) 1929, 1–111 u. Ber. Natw.-mediz. Ver. Innsbruck, 41, 1929, 1–111, 4 Blg. - Bespr. VBA 1930, 225; Mitt. Geol. Ges. Wien, 1930, 165; GZ 43/1153; Der Schlern, 11, 1930, 90; Z. f. prakt. Geol., 38, 1930, 16; Studi Trent. Sc. Nat., 12, 1931, 152.

— Fortschritte der Gefügekunde der Gesteine. Anwendungen, Ergebnisse, Kritik. - Fortschr. d. Min., Krist. u. Petr., 18, 1934, 111–170.

— Typisierung von deformierten Tonschiefern mit optischen und röntgenoptischen Mitteln. - Z. f. Krist., (A) 89, 1934, 97–124, 14 Abb.

Sauerbrei W. Petrographische Untersuchungen sedimentogener kristalliner Schiefer aus dem oberen Veltlin. - NJb. 1912, Bbd 34, 1–41, 4 Taf.; Inaug.-diss. Jena, 1912, 43 S. - Bespr. GZ 18/1508.

Scheerer Th. Vorläufiger Bericht über kristallinische Silikatgesteine des Fassatales und benachbarter Gegenden Südtirols. - NJb. 1864, 385–411. - Bespr. Bl. 209.

Schmidegg O. Geol. SpK. 1:75000, Bl. Sölden-St. Leonhard (5246). Beiträge v. W. Hammer. - Wien 1932. - Bespr. GZ 50 A/790.

— Neue Ergebnisse in den südlichen Ötztaler Alpen. - VBA 1933, 83–95, 1 Skz. - Bespr. GZ 51 A/125.

Schmidt C. Geol.-petr. Mitteilungen über einige Porphyre der Zentralalpen und die in Verbindung mit denselben auftretenden Gesteine. - NJb. 1886, Bbd 4, 388–472, 1 K. - Bespr. Z. f. Krist., 14, Leipzig 1888, 400; Rev. géol. suisse p. l'a, 1886, 18, 56; Arch. d. sc. phys. et nat., t. 18, Genève 1887, 78, 131; Bull. mens. d. Cl. alp. fr., Nr. 8, Paris 1886, 312; Ann. Géol. univ., t. 3, Paris 1887, 552.

— Beiträge zur Kenntnis der im Gebiete von Blatt XIV der geol. K. d. Schw. in 1:100000 auftretenden Gesteine. - Beitr. z. geol. K. d. Schw., 25. Lfrg, Anhang, Bern 1891, 76 S., 1 T. - Bespr. Archives..., 29, Genève 1893, 394, 401, 407; EgH 3, 1893, 333, 340, 346; NJb. 1894/1, 293.

Schmidt W. Statistische Methoden beim Gefügestudium kristalliner Schiefer. - Sber. Ak. d. Wiss. Wien, Abt. 1, 126, Wien 1917, 515–538.

— Bewegungsspuren in Porphyroblasten kristalliner Schiefer. - Sber. Ak. d. Wiss. Wien, Abt. 1, 127, 1918, 293–310, 2 Taf.

— Untersuchungen über die Regelung des Quarzgefüges kristalliner Schiefer. - Zbl. f. Min., 1925, Abt. A, 367–369.

Schoklitsch K. Gesteinskundliche und geologische Studien im Gebiete zwischen Venediger- und Rieserferner-Gruppe. - NJb. 1933, 66. Bbd, Abt. A, 226–274, 17 Abb.; 67. Bbd, Abt. A, 486–488. - Bespr. GZ 50 A/163, 52 A/972.

— Bericht über die geologisch-petrographische Aufnahme des hintersten Defereggen- und Iseltales. - VBA 1934, 63–64.

Schumann H. Vorweisung von Amphibolgarbenschiefern aus dem Ötztale. - Tscherm. Min. u. petr. Mitt., 39, 1928; Mitt. Min. Ges. Wien, Nr. 89, 1926, 1–2.

Schwinner R. Vorläufige Mitteilungen über die geologischen Verhältnisse des Nambinotales (SW-Tirol). - VRA 1917, 145–164. - Bespr. GZ 25/261.

— Der Bau des Gebirges östlich von der Lieser (Kärnten). Vorläuf. Mitt. Anhang: Über die Schichtenfolge im Kristallin der Ostalpen im allgemeinen. - Sber. Ak. d. Wiss. Wien, m.-nat. Kl., Abt. 1, 136, 1927, 333–382, 2 Abb.

— Geröllführende Schiefer und andere Trümmergesteine aus der Zentralzone der Ostalpen. - GR 20, 1929, 211–244, 343–370. - Bespr. GZ 41/515; NJb. 1933/2, 19.

Senarclens-Grancy W. Beiträge zur Geologie und Petrographie des Deferegger Berglands in Osttirol. - Unveröff. Diss. Univ. Graz, 1931.

Sonklar K. v. Die Gebirgsgruppe der Hohen Tauern, mit besonderer Rücksicht auf Orographie, Gletscherkunde, Geologie und Meteorologie. - Wien 1866, 408 S., 3 Taf. (Karten u. Prof.) Auszug: PetMitt., 8, 4, 1862, 5 S. - Bespr. Bl. 241.

— Die Zillertaler Alpen, mit besonderer Rücksicht auf Orographie, Gletscherkunde und Geologie. - PetMitt., Egh. Nr. 32, Gotha 1872, 61 S., 3 K.

Spitz A. u. **Dyhrenfurth G.** Monographie der Engadiner Dolomiten zwischen Schuls, Scanfs und dem Stilfserjoch. - Beitr. z. geol. K. d. Schw., NF, 44. Lfrg, Bern 1915, 235 S., 72 Fig., K. 1:50000, 3 Taf. - Bespr. VRA 1916, 215; GZ 23/207, 25/1144, 27/3058; NJb. 1916/2, 81; EgH 15, 1918, 118; Geogr. Anzg., 17, 1916, 245.

Stache G. Die kristallinischen Schiefergesteine im Zillertale in Tirol. - VRA 1870, 216–219. - Bespr. Bl. 291.

— Aus dem Zillertale. - VRA 1870, 260–261. - Bespr. Bl. 291.

— Der Gneis von Bruneck im Pustertal und einige Bemerkungen über den Begriff „Zentralgneis". - VRA 1872, 251–253. - Bespr. NJb. 1873, 98; Bl. 328.

— Entdeckung von Graptolitenschiefern in den Südalpen. - VRA 1872, 234–235. - Bespr. NJb. 1873, 218.

— Über die als Lias gedeuteten Kalke und Kalkschiefer südlich Landeck im Oberinntal. - VRA 1872, 253–254.

— Der Graptolitenschiefer am Osternigberg in Kärnten und seine Bedeutung für die Kenntnis des Gailtaler Gebirges und für die Gliederung der paläozoischen Schichtenreihe der Alpen. - JbRA 1873, 175–248; VRA 1873, 215–217. - Bespr. NJb. 1875, 329.

— Notizen aus den Tiroler Zentralalpen: Augengneis im Ventertal. Neues Granitvorkommen im Ortlergebiet. Die Lias?-Kalkschichten bei Finstermünz. - VRA 1873, 221–223. - Bespr. Bl. 361.

— Die palöozoischen Gebiete der Ostalpen. - JbRA 1874, 135–273, 333—424, 1 K., 3 Taf. Auszug: VRA 1874, 214–218, 345–347. - Bespr. NJb. 1876, 88; Bl. 383.

— u. **John C. v.** Geologische und petrographische Beiträge zur Kenntnis der älteren Eruptiv- und Massengesteine der Mittel- und Ostalpen. - I. Zwölferspitzgruppe. - JbRA 1877, 143–242, 2 Taf. - II. Cevedalegruppe. - JbRA 1879, 317–

404, 4 Taf. - Bespr. NJb. 1881/1, 213; Bl. 474, 528.

Stache G. Orientierungstouren im Aufnahmsgebiete der 1. Sektion südwärts und nordwärts vom unteren Vintschgau. - VRA 1877, 205-207.

— Die geologischen Verhältnisse der Gebirgsabschnitte im Nordwesten und Südosten des unteren Ultentales in Tirol. (Vortr.) - VRA 1880, 127-131.

— Durchschnitt durch die kristallinische Zentralmasse und die paläolithischen Randzonen der Alpen vom Gailtaler Gebirge über das Tauernkreuzjoch nach dem Inntal bei Wörgl. - VRA 1880, 249-250. - Bespr. Bl. 553.

— Der kristallinische Gebirgsabschnitt zwischen dem hinteren Ultental und Untersulzberg. - VRA 1880, 250-252. - Bespr. Bl. 553.

— Über die Silurbildungen der Ostalpen mit Bemerkungen über die Devon-, Karbon- und Permschichten dieses Gebietes. - Z. DGeolGes., 36, 1884, 277-378, 1 Tab. - Bespr. NJb. 1885/2, 93; VRA 1885, 153; Bl. 627.

Stark M. Geologisch-petrographische Aufnahme der Euganeen. - Tscherm. Min. u. petr. Mitt., NF, 27, 1908, 399-588, 22 Fig. - Bespr. GZ 16/245.

— Vorläufiger Bericht über geologische Aufnahmen im östlichen Sonnblickgebiet und über die Beziehungen der Schieferhüllen des Zentralgneises. - Sber. Ak. d. Wiss. Wien, 1912, math.-natw. Kl., 121, Abt. 1, 195-226. - Bespr. VRA 1913, 234; NJb. 1913/2, 283; GZ 19/730.

Staub R. Petrographische Untersuchungen im westlichen Berninagebirge. - Diss. Zürich; Vierteljschr. Natf. Ges. Zürich, 60, 1915, 55-336, 2 Taf. - Bespr. GZ 22/1185, 23/1048; VRA 1917, 179; EgH 15, 1918, 25.

— Über granitische und monzonitische Gesteine im westlichen Berninagebirge. Ein Beitrag zur Gesteinsmetamorphose. - Diss. Univ. Zürich; Vierteljschr. Natf. Ges. Zürich, 60, 1915, 61-221. - Bespr. EgH 15, 1918, 10.

— Über Wesen, Alter und Ursachen der Gesteinsmetamorphosen in Graubünden. - Vierteljschr. Natf. Ges. Zürich, 65, 1920, 323-376. - Bespr. GZ 25/1198.

— Übersicht über die Geologie Graubündens. - In: Geol. Führer der Schweiz, herausgeg. v. d. Schwz. Geol. Ges., Basel (Wepf) 1934, Fasz. III, 205-239.

Stella A. Contributo alla geologia delle formazioni pretriasiche nel versante meridionale delle Alpi Centrali. - Boll. Com. geol. d'It., v. 25, N. 1, Roma 1894, 83-114, 4 Fig. - Bespr. NJb. 1896/1, 87, 285; Boll. Com. geol. d'It., 26, 1895, 497; PetMitt., 40, 1894, Litber., 161.

Streckeisen A. Geologie und Petrographie der Flüelagruppe (Graubünden). - Inaugdiss. Zürich, 1928, 154 S., K. 1:50000; Schw. Min. u. Petr. Mitt., 8, 1928, 85-239, 6 Taf., 3 Fig. - Bespr. VBA 1928, 231; Verh. Schw. Natf. Ges., 108. Jvers. Basel, 1927, 168; GZ 43/1255; NJb. 1930/2, 39; Min. u. Petr. Mitt., 1, 1932, R. 293, 304, 323, 367.

Studer B. Brief über Südtirol. - NJb. 1850, 826. - Bespr. Bl. 12.

— Gneis und Granit der Alpen. - Z. DGeolGes., 24, 1872, 551-558, 1 Taf. - Bespr. VRA 1873, 98; NJb. 1873, 774; Arch. d. sc. phys. et nat., n. p., t. 46, 321; Rev. géol. suisse p. l'a. 1872, Genève 1873, 23.

Stur D. Die geologische Beschaffenheit der Zentralalpen zwischen dem Hochgolling und dem Venediger. - JbRA 1854, 818-852, 6 Taf. - Bespr. Bl. 62.

— Die geologischen Verhältnisse der Täler der Drau, Isel, Möll und Gail in der Umgebung von Lienz, ferner der Carnia im venetianischen Gebiete. - JbRA 1856, 405-459, 3 Taf., 4 Fig. - Bespr. NJb. 1857, 619; Bl. 91.

Suess E. Über den Kalkglimmerschiefer der Tauern. - Anz. Ak. d. Wiss. Wien, 1890.

Suess F. E. Das Gebiet der Triasfalten im Nordosten der Brennerlinie. - JbRA 1894, 589-670, 4 Taf., 2 Abb. - Bespr. NJb. 1897/1, 303; Bl. 881.

— Zur Geologie der Tarntaler Köpfe und der umgebenden Berge südöstlich von Innsbruck. (Vortr.) - VRA 1894, 176.

— Kristallinische Schiefer innerhalb und außerhalb der Alpen. - Comp. Rend. IXe Congr. Géol. Intern. Vienne 1903, Wien 1904, 603-608.

— Über die Bedeutung der sog. Tiefenstufen im Grundgebirge der variszischen Horste. - Tscherm. Min. u. petr. Mitt., 38, 1925, 565-582. - Bespr. GZ 40/1077.

Tarnuzzer Chr. Der geologische Bau des Rhätikongebirges. - Jber. Natf. Ges. Grbd., NF, 35, 1890/91, Chur 1892, 124 S., 1 K. - Bespr. EgH 3, 1892, 113; Arch. d. sc. phys. et nat., 27, Genève 1892, 459; PetMitt., 39, Litber., 151; Natur, Halle 1892, 453; Bl. 822.

— Über das kristallinische Konglomerat in der Falkniskette. - Jber. Natf. Ges. Grbd., NF, 37, Chur 1894, 48-78. - Bespr. Z. f. prakt. Geol., 1894, 331; EgH, 4, 1895, 303; Rev. géol. suisse p. l'a. 1894, Arch. ..., t. 33, Genève 1895, 456.

— u. **Bodmer-Beder A.** Neue Beiträge zur Geologie und Petrographie des östlichen Rhätikons. - Jber. Natf. Ges. Grbd., NF, 42, Chur 1899, 1. T. 37-58, 2. T. 59-85, m. Abb. - Bespr. EgH 6, 1899/1900, 399, 409, 419, 424; Arch. d. sc. phys. et nat. de Genève, 10, Genève 1910, 158, 172, 247.

Tarnuzzer Chr. An H. Dr. A. Rothpletz. (Rhätikon betr.) - Zbl. f. Min., 1901, 233-235. - Bespr. Ebd. 1902, 115; EgH 7, 1901/1902, 547; GZ 6/624.

— u. **Grubenmann U.** Beiträge zur Geologie des Unterengadins. I. Das Gebiet der Sedimente. II. Die kristallinen Gesteine. - Beitr. z. geol. K. d. Schw., NF, Lfrg 23, Bern 1909, 248 S., K. 1:50000, 1 Taf., 25 Fig. - Bespr. EgH 11, 1910, 561; VRA 1911, 122; NJb. 1911/2, 416; GZ 17/297; PetMitt., 59, 1913/2, 220.

Tarnuzzer Chr. Quarzporphyr im obertriadischen Dolomit vom Piz Starlex (Graubünden). - EgH 11, 1910, 803-808, 2 Fig. - Bespr. Ebd. 12, 1912, 323; Jber. Natf. Ges. Grbd., NF, 54, 1913, 116; VRA 1912, 233.

Teller F. Aufnahmen im oberen Ötz- und Passeiertale. - VRA 1877, 231-235.

— Geologische Mitteilungen aus der Ötztaler Gruppe. (Vorlage des Blattes Sölden-St. Leonhard. Vortr.) - VRA 1878, 64-66.

— Über die Aufnahmen im untern Vintschgau und im Iffinger Gebiete bei Meran. (Vortr.) - VRA 1878, 392-396.

— Zur Tektonik der Brixner Granitmasse und ihrer nördlichen Umrandung. - VRA 1881, 69-74. - Bespr. Bl. 579.

— Über die Lagerungsverhältnisse im Westflügel der Tauernkette. - VRA 1882, 241-243. - Bespr. Bl. 592.

— Über die Aufnahmen im Hochpustertal, speziell im Bereiche der Antholzer Granitmasse. (Vortr.) - VRA 1882, 342-346. - Bespr. Bl. 593.

— Neue Vorkommnisse diploporenführender Dolomite und dolomitischer Kalke im Bereiche der altkristallinen Schichtreihe Mitteltirols. - VRA 1883, 193-200. - Bespr. Bl. 606.

— Über die geologischen Aufnahmen im Pustertale. (Vortr.) - VRA 1883, 294.

Termier P. Sur la structure des Hohe Tauern. (Alpes du Tyrol.) - C. R. Acad. Sc. Paris, t. 137, 23. 11. 1903, 875-876. - Bespr. VRA 1904, 118; NJb. 1907/1, 267; GZ 6/232.

— Sur la synthèse géologique des Alpes orientales. - C. R. Acad. Sc. Paris, t. 137, 30. 11. 1903, 939-941. - Bespr. VRA 1904, 118; NJb. 1907/1, 268; GZ 6/233.

— Nouvelles observations géologiques sur les nappes de la région du Brenner. - C. R. Acad. Sc. Paris, 139, II, 10. 10. 1904, 578-579. - Bespr. NJb. 1907/2, 263, 435; GZ 7/1252; EgH 8, 1903, 632.

— Sur les nappes de la région de l'Ortler. - C. R. Acad. Sc. Paris, 139, II, 17. 10. 1904, 617-618. - Bespr. VRA 1905, 64; GZ 7/1253; NJb. 1907/2, 262, 436; EgH 8, 1903, 633.

— Sur la fenêtre de la Basse-Engadine. - C. R. Acad. Sc. Paris, 139, II, 20. 10. 1904, 648-650. - Bespr. VRA 1905, 64; NJb. 1907/2, 262, 436; GZ 7/1254; EgH, 8, 1903, 633.

— Die wissenschaftlichen Ergebnisse der Alpenexkursion der Geologischen Vereinigung. - Aus dem Französischen: Résultats scientifiques de l'excursion alpine de la „Geolog. Vereinigung". Les nappes lépontines à l'ouest d'Innsbruck. Les n. lép. dans les Tauern. - GR 4, 1913, 42-50; C. R. Acad. Sc. Paris, t. 155, 1912, 602-608, 678-683. - Bespr. VRA 1913, 160.

— Sur la structure des Alpes orientales: Rapports des Dinarides et des Alpes. - C. R. Acad. Sc. Paris, 175, 1922, 1173-1178. - Bespr. NJb. 1930/3, 14.

Theobald G. Untersuchungen über den Bündner Schiefer. - Verh. Allgem. Schw. Ges. f. d. ges. Natwiss., Vers. Trogen 1857, 63-67.

— Geognostische Beobachtungen. 1. Piz Doan und das Albinagebirge im Bergell. 2. Zur Kenntnis des Bündner Schiefers. - Jber. Natf. Ges. Grbd., NF, 5, Chur 1860, 4-23, 23-57.

Thurner A. Entstehung von Linsen in Gesteinen. - Zbl. f. Min., 1928, Abt. A, 147-158.

— Versuch einer Gliederung der kristallinen Paraschichten an der Hand der kristallinen Gesteine von Innerkrems bei Gmünd in Kärnten. - Zbl. f. Min., Abt. A, 1929, 151-166. - Bespr. GZ 41/3.

Till A. Das geolog. Profil von Berg Dienten nach Hofgastein. - VRA 1906, 323-335. - Bespr. GZ 10/1950.

Tornquist A. Das Vicentinische Triasgebirge. Eine geologische Monographie. - Stuttgart (Schweizerbart) 1901, 195 S., 2 K. 1:25000, 14 Abb., 10 Fig. u. tekt. Skz. - Bespr. NJb. 1901/2, 98; GZ 2/43; Mitt. DÖAV, 1903, 49; Boll. Com. geol. d'It., 34, 1903, 60.

— Geologischer Führer durch Oberitalien. I. Das Gebirge der oberitalienischen Seen. (Beiträge v. A. Baltzer u. C. Porro.) - Sammlg geol. Führer, IX, Berlin (Borntraeger) 1902, 302 S., 30 Abb. - Bespr. VRA 1902, 352; GZ 3/1062; PetMitt., 49, Litber., 189; EgH 7, 1901-1902, 498; Boll. Com. geol. d'It., 35, 1904, 106; Mitt. DÖAV, 1902, 175.

— Intrakretazische und alttertiäre Tektonik der östlichen Zentralalpen. - GR 14, 1923, 110-145. - Bespr. GZ 32/96.

Toula F. Beiträge zur Kenntnis der „Grauwackenzone" der nördlichen Alpen. - VRA 1877, 240-244. - Bespr. NJb. 1878, 425.

Trener G. B. Bericht aus der Gegend von Borgo. - VRA 1901, 252. - Bespr. NJb. 1902/2, 420; 1903/1, 122; GZ 2/1702; Boll. Com. geol. d'It., 34, 1903, 62.

— Reisebericht aus der Cima d'Asta-Gruppe (bzw. Gegend der C. d'A.). - VRA 1901, 278-280, 317-322. - Bespr. NJb. 1902/2, 420; GZ 2/1702; Boll. Com. geol. d'It., 34, 1903, 62.

— Aufnahmsbericht aus dem Raume Borgo-Fiera di Primiero. - VRA 1902, 20; 1903, 19-20; 1905, 11.

— Vorlage der geolog. Karte des Lagorai- und Cima d'Asta-Gebirges. - VRA 1902, 180-184. - Bespr. GZ 3/2453; Boll. Com. geol. d'It., 35, 1904, 108.

— Über die geologischen Verhältnisse des nördlichen Abhanges der Presanella-Gruppe. (Vortr.) - VRA 1905, 174-175.

— Geologische Aufnahme im nördlichen Abhang der Presanellagruppe. - JbRA 1906, 405-496, 3 Taf., 1 Skz., 7 Prof. - Bespr. NJb. 1908/2, 361; Boll. Com. geol. d'It., 38, 1907, 409.

— Über das Alter der Adamello-Eruptivmasse. - VRA 1910, 91-118, 4 Abb. - Bespr. GZ 16/389; Boll. Com. geol. d'It., v. 42, 1911, f. 4, 128.

— Die Lagerungsverhältnisse und das Alter der Corno Alto-Eruptionsmasse in der Adamellogruppe. (Vorl. Mitt.) - VRA 1910, 373-382, 1 Fig. - Bespr. GZ 17/1684; NJb. 1913/1, 441; Boll. Com. geol. d'It., v. 42, 1911, f. 4, 129.

— Età e giacitura del massiccio granitico del Corno Alto (Adamello). - Tridentum, Riv. mens. d. Stud. sc., an. 13, Trento 1911, 48-54, K. 1:100000. - Bespr. Boll. Com. geol. d'It., 43, 1913, f. 4, 146.

Trinker J. Petrographische Erläuterungen zur geognostischen Karte von Tirol. - In: H. v. Widmann, Erläuterungen zur geogn. Karte Tirols. Innsbruck (Wagner) 1853, 69 S., 1 Abb. - Bespr. Bl. 44.

Vacek M. Über die geologischen Verhältnisse des südlichen Teiles der Brentagruppe. - VRA 1898, 200-215. - Bespr. Bl. 981; Boll. Com. geol. d'It., 30, 1899, 373.

Vardabasso S. Carta geologica del territorio eruttivo di Predazzo e Monzoni nelle Dolomiti di Fiemme e Fassa. Sc. 1:25000. - Min. d. Lav. Pubbl., Uff. Idrogr. d. R. Mag. a. A., Venezia 1930.

Weinschenk E. Über Serpentine aus den östlichen Zentralalpen und deren Kontaktbildungen. - Habil.-Schr. München, 1891, 56 S., 3 Abb. - Bespr. VRA 1892, 115; NJb. 1892/1, 105; Bl. 800.

— Beiträge zur Petrographie der östlichen Zentralalpen, speziell des Großvenedigerstockes. I. Über die Peridotite und die aus ihnen hervorgegangenen Serpentingesteine. II. Über das granitische Zentralmassiv und die Beziehung zwischen Granit und Gneis. - Abh. Bayr. Ak. d. Wiss., II. Kl., 18, 3. Abt., 1894, 651-713, 715-746, 4 Taf. - Bespr. VRA 1895, 151; NJb. 1895/1, 479; Carinthia II, 1895, 229; Jber. Natf. Ges. Freiburg, 19, 173; Bl. 885.

— Zur Kenntnis der Entstehung der Gesteine und Minerallagerstätten der östlichen Zentralalpen. - NJb. 1895/1, 221-231. - Bespr. Bl. 915.

— Die Minerallagerstätten des Großvenedigerstockes in den Hohen Tauern. Ein Beitrag zur Kenntnis der „Alpinen Minerallagerstätten". - Z. f. Krist., 1896, 337-508, 4 Taf., 1 Fig. - Bespr. NJb. 1898/1, 24; Bl. 959a.

— Weitere Beiträge zur Kenntnis der Minerallagerstätten der Serpentine in den östlichen Zentralalpen. - Z. f. Krist., 27, 1897, 559-573. - Bespr. NJb. 1898/1, 36.

— Mineralogische Wanderungen in den östlichen Zentralalpen. - Mitt. DÖAV, 1897, 1-4, 13-15, 1 Abb. - Bespr. NJb. 1898/1, 38.

— Beiträge zur Petrographie der östlichen Zentralalpen, speziell des Großvenedigerstockes. III. Die kontaktmetamorphische Schieferhülle und ihre Bedeutung für die Lehre vom allgemeinen Metamorphismus. - Abh. Bayr. Ak. d. Wiss., II. Kl., 1903, 22, 2. Abt., 261-340. - Bespr. GZ 4/1855.
— Die Resultate der petrographischen Untersuchung des Großvenedigerstockes in den Hohen Tauern und die daraus sich ergebenden Beziehungen für die Geologie der Zentralalpen überhaupt. - Zbl. f. Min., 1903, 401-409. - Bespr. GZ 4/1854.
Weiss K. Der Staurolith in den Alpen. - Z. Ferdin., 3. F., 45. H., Innsbruck 1901, 129-171, 1 K. - Bespr. NJb. 1902/2, 352.
— In den kristallinen Schiefern der Ostalpen. - Jber. 1913/14 Gymn. Urfahr-Linz, 1914, 57 S.
Wenk E. Beiträge zur Petrographie und Geologie des Silvrettakristallins (Graubünden). - Schwz. Min. u. Petr. Mitt., 14, 1934, 196-278, 7 Fig., 1 Taf., je 1 K. 1:50000 u. 1:000000.
Wennekers J. H. L. De geologie van het Val Brembo di Foppolo en de Valle di Carisole. - Beiträge zur Geol. d. Bergamasker Alpen, 4. H., Leidsche Geol. Meded., Leiden 1930, 3. T., 6. H., 265-334, 9 Fig., K. 1:25000, 1 T.; Diss. Univ. Leiden, 1930. - Bespr. GZ 44/1117; Boll. Soc. Geogr. It., s. 6, v. 8, 1931, 68.
— The structure of the Bergamo Alps compared with that of the north-west Highlands of Scotland. - Leidsche Geol. Med., v. 4, 1932, 83-92, 2 Taf. - Bespr. Boll. Soc. Geogr. It., v. 10, Roma 1933, 323.
Wiik F. J. Vergleich der kristallinischen Gesteine im südlichen Finnland mit jenen der Zentralalpen. - VRA 1873, 121-123.
Wilckens O. Beiträge zur Geologie des Rheinwalds und von Vals (Adulageb., Graubünden). - GR 11, 1920, 44-102, 5 Taf., 14 Fig. - Bespr. GZ 25/1246; NJb. 1923/2, 104.
Winkler A. Bemerkungen zur Geologie der östlichen Tauern. - VBA 1923, 89-111, 3 Fig., 177. (Gegen L. Kober.) - Bespr. GZ 29/1281.
— Tektonische Probleme in den östlichen Hohen Tauern. (Vortr.) - GR 15, 1924, 373-384. - Bespr. GZ 31/1886.
— Geologische Probleme in den östlichen Tauern. I. Teil. - JbBA 1926, 245-322, 2 Taf., 25 Fig. - Bespr. GZ 35/511.
Winterhalter R. Zur Petrographie und Geologie des östlichen Gotthardmassivs. - Promotionsarb. Natw. Techn. Hochsch. Zürich; Schw. Min. u. Petr. Mitt., 10, 1930, 37-116, 6 Taf. u. Abb.
Wülfing E. A. Untersuchung zweier Glimmer aus den Gneisen des Rheinwaldhorn-Massivs, Graubünden. - Ber. d. deutsch. chem. Ges., 19, H. 13, 1886, 2432-2438. - Bespr. NJb. 1887/2, 296; Z. f. Krist., 14, 1888, 98; Rev. géol. suisse p. l'a. 1886, 18; Arch. d. sc. phys. et nat., t. 18, Genève 1887, 78.
Zambonini F. Apophyllit von der Seiser Alpe. - Z. f. Krist., 34, Leipzig 1901, 561-562.
Zöppritz K. Geologische Untersuchungen im Oberengadin zwischen Albulapaß und Livigno. - Ber. Natf. Ges. Freiburg i. Br., 16, 1906, 164-231, 1 K., 3 Taf., 6 Fig. - Bespr. EgH 9, 1906, 660; Jber. Natf. Ges. Grbd., NF, 49, 140; NJb. 1908/2, 225; VRA 1906, 190; GZ 10/711; Boll. Com. geol. d'It., 38, 1907, 420.

Mor
Morphologie.

Abel O. Einige Worte über die Entstehung der Hochmure des Ferschbachtales im Oberpinzgau. - VRA 1899, 296—297.
Aigner A. Geomorphologische Beobachtungen in den Gurktaler Alpen. - Sber. Ak. d. Wiss. Wien, m.-n. Kl., Abt. 1, 131. Bd, 1922, 243-278.
— Vorzeitformen in den ostalpinen Zentralketten. - Sieger-Festschrift, Zur Geogr. d. deutsch. Alpen, Wien 1924, 22-36. - Bespr. GZ 30/1327; NJb. 1925/2, B, 154.
— Die geomorphologischen Probleme am Ostrande der Alpen. - Z. f. Geomorph., 1, Leipzig 1926, 29-44, 105-153, 187-253. - Bespr. NJb. 1927/2, B, 365; GZ 47 A/1126. S. a. A. Winkler u. J. Stiny.
— Zur Morphologie des Ostrandes der Alpen. (Stellungnahme zu A. Winkler.) - Z. f. Geomorph., 2, 1927, 328-344; 3, 1928, 148-150. - Bespr. GZ 47 A/1126. S. a. A. Winkler u. J. Stiny.
— Das Karproblem und seine Bedeutung für die ostalpine Geomorphologie. - Z. f. Geomorph., 5, 1930, 201-223, 1 Abb. - Bespr. Z. f. Glkde, 19, 1931, 355. - NJb. 1931/2, 387; 1933/2, 707; GZ 47 A/1209.
— Rhythmische Phänomene der Erdoberfläche nach Henning Kaufmann. - Z. f. Geomorph., 5, 1930, 254-266.
— Bemerkungen über die Beziehungen zwischen Klüften und Doppelgraten. - Z. f. Geomorph., 7, 1933, 298-300.
— Zur Frage des geologischen Alters der Vorzeitformen in den östlichen Zentralalpen. - Z. f. Geomorph., 8, 1934, 141-142. S. a. A. Winkler.
Albricci A. L'Anfiteatro morenico del lago di Garda. - Riv. mil. It., Roma 1897.
Almagià R. Gli studi geografici sulla Venezia Tridentina. - Atti d. Soc. it. p. il progr. d. sc., XIX riun. Bolzano-Trento, 1930, v. 1, Rapporti Cl. A, Soc. it. p. il progr. d. sc., n. 26, Roma 1931.
Amighetti A. Il fenomeno carsico sul lago d'Iseo. - Riv. di fis., mat. e sc. nat., Nr. 6, Pavia 1900, 472-477. - Bespr. Boll. Com. geol. d'It., 32, 1901, 95.
Ampferer O. Über Wandbildung im Karwendelgebirge. - VRA 1903, 198-204. - Bespr. NJb. 1906/1, 406; GZ 4/1435.
— Studien über die Inntalterrassen. - JbRA 1904, 91-160. - Bespr. NJb. 1910/2, 87; GZ 6/424. S. a. Z. f. Glkde 1907 u. VRA 1908.
— Über die Terrassen von Imst-Tarrenz. Ein Beitrag zu den Studien über Inntalterrassen. - JbRA 1905, 369-374. - Bespr. GZ 8/601; NJb. 1910/2, 88; Z. f. Glkde, 1, 1907, 365.
— Aus der geologischen Geschichte des Achensees. - Z. DÖAV, 1905, 1-15. - Bespr. GZ 8/602; Z. f. Glkde, 1, 1907, 365.
— Über Gehängebreccien der nördlichen Kalkalpen. - JbRA 1907, 727-752. - Bespr. GZ 10/2424; Z. f. Glkde, 3, 1909, 318.
— Über die Entstehung der Inntalterrassen. - VRA 1908, 87-97 u. Z. f. Glkde, 3, 1909, 52-64, 111-142. - Bespr. GZ 12/807; VRA 1908, 412; EgH 10, 1908, 719; Mitt. Geogr. Ges. München 8, 1913, 62.
— Über die Entstehung der Hochgebirgsformen in den Ostalpen. - Z. DÖAV, 1915, 72-96. - Bespr. GZ 25/855.
— Über die Bohrung von Rum bei Hall i. T. und quartäre Verbiegungen der Alpentäler. - JbStA

1921, 71–84. – Bespr. GZ 28/1620; NJb. 1922/1, 372; 1925/2, B, 31.
— Über morphologische Arbeitsmethoden. – JbBA 1922, 205–223. – Bespr. NJb. 1923/2, 118; GZ 29/165.
— Über junge Talverbindungen in den Ostalpen. (Vortr.) – Mitt. Geol. Ges. Wien, 15, 1922 (1923), 331.
— Über das Verhältnis von Aufbau und Abtrag in den Alpen. – JbBA 1923, 121–137. – Bespr. GZ 30/399; NJb. 1925/2, B, 157; Z. f. Geomorph., 1925, 68.
— Über die Verwendung der Schuttausstrahlung zur Erkennung von Gebirgsverschiebungen. – JbBA 1924, 117–134. – Bespr. GZ 31/605; NJb. 1925/2, B, 158.
— Beiträge zur Morphologie und Tektonik der Kalkalpen zwischen Inn und Saalach. – JbBA 1925, 19–44. – Bespr. GZ 33/750; NJb. 1926/2, B, 341.
— Über die tertiäre und diluviale Schuttausstrahlung der Alpen. – VBA 1925, 147–150. – Bespr. GZ 33/730.
— Über einige Beziehungen zwischen Tektonik und Morphologie. – Z. f. Geomorph., 1, 1925, 83–104.
— Über größere junge Formänderungen in den nördlichen Kalkalpen. – Z. f. Geomorph., 1, 1926, 276–291. – Bespr. GZ 35/83.
— Über die geologischen Verhältnisse des Achensees und die beim Bau des Achenseewerkes geschaffenen neuen Aufschlüsse. – Innsbruck (Tiwag) 1926.
— Beiträge zur Glazialgeologie der westlichen Südtiroler Dolomiten. – Z. f. Glkde, 16, 1928, 242–260. S. a. VBA 1929, 6. – Bespr. GZ 41/1802.
— Einige Beispiele von Kerbwirkung und Reliefüberschiebung aus den Südtiroler Dolomiten. – JbBA 1929, 241–256, 8 Fig. – Bespr. GZ 42/61.
— Über die Ablagerungen der Schlußeiszeit in der Umgebung des Arlbergpasses. – JbBA 1929, 307–332. – Bespr. Z. f. Glkde, 17, 1929, 401; GZ 42/358.
— Über alte Landformen, welche im Schutz von Überschiebungen aufbewahrt wurden. – Z. f. Geomorph., 4, 1929, 139–148, 1 Taf., 5 Fig. – Bespr. Z. f. Glkde, 18, 1930, 268.
— Beiträge zur Geologie des obersten Lechtales. (Petrogr. Teil v. W. Hammer.) – JbBA 1930, 103–146, 2 T., 36 Abb. – Bespr. GZ 44/165.
— Über den Südrand der Lechtaler Alpen zwischen Arlberg und Ötztal. – JbBA 1930, 407–451, 35 Abb. – Bespr. GZ 44/180.
— Einige Bemerkungen zu der Oszillationstheorie von E. Haarmann. – VBA 1931, 99–102. – Bespr. GZ 46 A/727.
— Geologische Karte der Lechtaler Alpen. 4 Bl. 1:25000. I. Klostertaler Alpen. II. Arlberggebiet. III. Parseierspitzgruppe. IV. Muttekopf-Heiterwand. Mitarbeiter: Th. Benzinger, W. Hammer, O. Reithofer. – Hiezu ein Erläuterungsbuch, 125 S., 28 Farbzeichnungen, 1 Taf., Wien (Geol. Bdsanst.) 1932. – Bespr. VBA 1933, 12; Tir. Anzeiger, Nr. 47 v. 25. 2. 1933; Innsbrucker Nachr., Nr. 66 v. 20. 3. 1933; Alpenländer-Korrespondenz, Nr. röm. 14 v. 6. 4. 1933; Außferner Bote, Nr. 25 v. 1. 4. 1933; Heimat, Vorarlberger Monatshefte, 14, 1933, 69; Geogr. Z., 39, 1933, 181; Mitt. DÖAV, 1933, 100; NJb. 1932/3, 973; 1933/3, 502; Tiroler Heimatblätter, 11, 1933, 223; GR 1933, 264; GZ 50 A/788; Z. f. prakt. Geol., 41, 1933, 151; Z. f. Geomorph., 8, 1934, 90; Z. f. Glkde, 21, 1933, 394.
— Aufnahmsbericht Blatt Stuben (5144). – VBA 1932, 43–44. – Bespr. GZ 48 A/892.
— Beiträge zur Geologie des Rätikons. – JbBA 1933, 137–172, 24 Zeichnungen. – Bespr. GZ 51 A/402.
— Aufnahmsbericht über den kalkalpinen Teil des Blattes Stuben (5144) und Blatt Bludenz (5143). – VBA 1933, 35–37. – Bespr. GZ 50 A/741.
— Geologischer Führer für das Kaisergebirge. – Wien (Geol. Bdsanst.) 1933, 132 S., 48 Abb., K. 1:25000. – Bespr. Alpenländer-Korr., Nr. 4 v. 25. 1. 1934; Innsbr. Nachr., u. Tir. Anzg., Nr. 20 v. 25. 1. 1934; Tir. Grenzbote, Nr. 10 v. 3. 2. 1934; Z. f. prakt. Geol., 42, 1934, 62; Tir. Heimatblätter, 12, 1934, 192; Wr. Präh. Z., 21, 1934, 73; Mitt. DÖAV, 1934, 108; Mitt. Geogr. Ges. Wien, 76, 1933, 316; Der Bergsteiger, 4, Nr. 7, 1934, 103; VBA 1934, 13; GR 25, 1934, 212; GZ 53 A/181.
— Neue Wege zum Verständnis des Flimser Bergsturzes. – Sber. Ak. d. Wiss. Wien, m.-n. Kl., Abt. 1, 143, 1934, 123–135, 5 Abb.
— Geologische Bauformen und Baufragen des Rätikongebirges. – JbBA 1934, 13–40, 20 Zeichngen.

Aeppli A. Die Bodenbewegung von Campo im Maggiatal (Tessin). – Die Schweiz, 3, Zürich 1899, 331–334.

Arbenz P. Die Karrenbildungen (Frutt, Kanton Oberwalden). – Deutsche Alpenzeitung, 9, 1911, 195–199, 224–227. – Bespr. GZ 19/713, 24/894.
— u. **Heim Arn.** Karrenbildungen in den Schweizer Alpen. – Geol. Charakterbilder (Stille), 10. H., Berlin 1912. – Bespr. GZ 19/818.

Arbenz P. Über Karrenbildungen. – Neujahrsblatt, Naturf. Ges. Zürich für d. J. 1913, Zürich, 115. Stück, 18 S. – Bespr. EgH 13, 1915, 565; GZ 24/894; PetMitt., 61, 1915, 198.
— Geologie von Mittelbünden. – PetMitt., 74, 1928, 152–155. – Bespr. GZ 39/989.

Aretin G. Frh. v. Über Bergfälle und die Mittel, denselben vorzubeugen oder wenigstens ihre Schädlichkeit zu vermindern, mit vorzüglicher Rücksicht auf Tirol. – Innsbruck (Fischer) 1808, 86 S.

Argand E. Le modelé préglaciaire des Alpes. – Bull. Soc. neuchât. sc. nat., 39, 1911–1912, Neuchâtel 1913, pr.-v. 142.

Arldt Th. Talbildung. – PetMitt., 1922, Jan.- u. Febr.-Heft. – Bespr. GZ 28/976.

Avanzi R. Le nostre pianure ed il lago. – Acc. d. Agric., Arti e Comm., Verona 1882, v. 58, s. 3, 1–29.
— I terrazzi dell'Adige. – Acc. Agric., Arti e Comm., Verona 1884, v. 59, s. 3, 1–30.

Averone A. Sull'antica idrografia veneta. – R. Mag. a. Acque, Mantova 1911, 265 S., 2 K. – Bespr. Boll. Com. geol. d'It., 43, 1912, f. 1, 10.

Bächler E. Der „Tschuder" im Wasserauental. – Clubnachr. Sekt. St. Gallen SAC, 3, 1931, 89–93, 103–107, m. Abb.

Baier F. Über die Schotterterrassen und Flußverschiebungen im Prättigau. – Jber. Natf. Ges. Grbd., NF, 53, 1910/12, Chur 1912, 50–65. – Bespr. GZ 19/740, 23/1015.
— Beiträge zur Morphologie und Glazialgeologie des Prättigau. – Inaugdiss. Zürich (Überlingen), 1926, 48 S. – Bespr. Z. f. Glkde, 16, 1928, 162.

Bakker J. P. Cyclustheorie en morphologische analyse. (Die Zyklustheorie und die morphologische Analyse.) – Tijdschr. v. h. Kon. Ned. Aardrijksk. Genootsch., Leiden, 48. Tl., 1. H., Jan. 1931, 43–54, 1 Fig. – Bespr. GZ 45/80.

Ball J. On the formation of alpine valleys and alpine

lakes. – Phil. Mag., 25, London 1864, 81–103. – Bespr. Ann. des mines, 6, Paris 1864, 486.
— Intorno la formazione dei bacini lacustri e l'origine dei laghi alpini. – Politecnico, v. 24, Milano, marzo 1865.
Baltzer A. Über Bergstürze in den Alpen. – Zürich 1875, 50 S. – Bespr. NJb. 1875, 970.
Barbisch H. Über die Entstehung und Beschaffenheit des Talbodens von Vandans. – Heimat, 4, Bregenz 1923, 114–115.
Bargmann A. Der jüngste Schutt der nördlichen Kalkalpen. – Diss. Leipzig (Altenburg), 1894, 103 S.; Veröff. d. Ver. f. Erdkunde Leipzig, 1894.
Barth Hanns. Das Dorfer Tal. – Mitt. DÖAV, 1932, 211–212.
Bastl Fr. Feststellung von Erdkrustenbewegungen im oberen Lechtale und Flexengebiete. – Geologie u. Bauwesen, 1, Wien 1929, 83–92, 1 T. – Bespr. GZ 44/799.
Battisti C. Il Trentino. Saggio di geografia fisica e di antropogeografia. – Trento (Zippel) 1898, 326 S., 1 K., zahlr. Abb. u. Tab. – Bespr. Geogr. Z., 6, 1900, 123.
— e **Trener G. B.** Il lago di Terlago e i fenomeni carsici delle valle della Fricca, del Dess e dei Laghi. – Tridentum, 1, Trento 1898, 59 S.
Battisti C. Scandali e ricerche fisiche sui laghi del bacino della Fersina nel Trentino. – Tridentum, Trento 1898, 185.
— e **Trener G. B.** Variazioni del sistema idrografico della valle di Piné. Le piramidi glaciali di Segonzano. – Tridentum, Riv. di Stud. sc., Trento 1900, fasc. 5, 11.
Bayberger F. Der Inngletscher von Kufstein bis Haag. – PetMitt., Ergh. 70, 1882, 67 S., 1 K. – Bespr. Mitt. DÖAV, 1883, 159.
Bayer J. „Lößmagdalénien", „warmes Moustérien" und Entstehungszeit der Hoch- und Niederterrasse. – Mitt. Anthrop. Ges. Wien, 51, 1921, 25–30. S. Hilber.
— Bemerkungen zu vorstehender „Erwiderung" (Hilbers zu Bayers Lößmagdalénien). – Mitt. Anthrop. Ges. Wien, 52, 1922, 189–190. S. Hilber.
— H. Wehrlis Diluvialstudien im Gebiete zwischen Rhein und Salzach. – Eiszeit u. Urgesch., 5, 1928, 96–97.
Beck P. Über den eiszeitlichen Aaregletscher und die Quartärchronologie. – Eröffnungsrede 113. Jvers., Verhdl. Schw. Natf. Ges., Thun 1932, 193–211.
— Über das schweizerische und europäische Pliozän und Pleistozän. – EgH 26, 1933, 335–437, 2 Taf., 7 Fig.
— Das Quartär. – In: Geol. Führer der Schweiz, herausgeg. v. d. Schwz. Geol. Ges., Basel (Wepf) 1934, Fasz. I, 26–41.
Becker H. Die Bergstürze in den Alpen 1886–88. – Deutsche Rundschau Gymnasium, Wien 1890, 7 S.
— „Treppenfaltung", eine Großform der Gebirgsbildung. – Zbl. f. Min., Abt. B, 1933, 625–632, 3 Abb. – Bespr. GZ 52 A/1216.
Behrmann W. Morphologische Formengruppen der Erosion. – Z. Ges. f. Erdkde Berlin, 1932, 170–178.
— Die ältesten Züge im Antlitz der Alpen. (Vortr.) – Geogr. Anzg., 1933, 129–136. – Bespr. Z. f. Geomorph., 8, 1934, 85.
Bergsturz. Der – bei Bregenz im Sept. 1831. Von einem Augenzeugen. – Lindau 1831.
— im oberen Fassatal (Mortiz nördl. Canazei). – Mitt. DÖAV, 1880, 17–18.
Berndl R. Der Feuerberg bei Köfels im Ötztal. – Innsbr. Nachr., Nr. 4 v. 1929.
Biese W. Karsterscheinungen in den Klostertaler Alpen. – Mitt. ü. Höhlen- u. Karstforschg, Berlin 1932, H. 1, 27–28.
— Über Höhlenbildung. II. Teil. Entstehung von Kalkhöhlen (Rheinland, Harz, Ostalpen, Karst). – Berlin (Preuß. Geol. Ldsanst.) 1933, Abh. NF, H. 146, 170 S., 20 Taf., 40 Abb. – Bespr. GZ 50/1540.
Blaas J. Skizze der geologischen Geschichte des Inntales. – Der Tourist, Wien 1886, 12 S. – Bespr. NJb. 1888/2, 306.
— Bilder aus der Urwelt Tirols. (Vortr.) – Wien (C. Fischer) 1887, 20 S. – Bespr. Mitt. DÖAV, 1890, 263.
— Struktur und Relief in den Alpen. – Z. DÖAV, 1904, 1–17. – Bespr. GZ 6/37.
— Landschaftsformen. – Innsbr. Nachr., Nr. 64 v. 18. 3. 1905.
— Unser Mittelgebirge. – Innsbr. Nachr., Nr. 201 v. 2. 9. 1905.
— Über Murbrüche. – Innsbr. Nachr., Nr. 175 v. 1. 8. u. Nr. 176 v. 3. 8. 1908.
— Der geologische Bau der Tiroler Alpen. – Innsbruck (Ldsverbd f. Fremdenverk.) 1909, 28 S.
— Geologische Ausblicke vom Wilh. Greilweg. – Innsbr. Nachr., Nr. 130 v. 10. 6. 1914.
Blache J. La surface préglaciaire dans les Alpes. – La Géographie, 29, 1914, Mouv. géogr. 283.
Blanck E. Handbuch der Bodenlehre. – Berlin (Springer) 1929 – (geplant 10 Bde), zahlr. Abb. – Bespr. Z. f. prakt. Geol., 37, 1929, 174; 39, 1931, 60, 159; 40, 1932, 93; 41, 1933, 152; Z. f. Geomorph., 5, 1930, 238; 6, 1931, 126; 8, 1934, 148, 259; GZ 42/1118, 43/1266, 46 A/31, 47 A/1523, 49 A/19, 51 A/986; Z. Ges. f. Erdkde Berlin, 1930, 147; 1931, 62; 1932, 145, 226, 380; 1933, 150; GR 21, 1930, 201; 22, 1931, 269, 350; 23, 1932, 73; 24, 1933, 414; 25, 1934, 214, 301; Zbl. f. Min., 1929, Abt. B, 61; 1930, Abt. B, 172, 237, 447; 1931, Abt. B, 317; 1932, Abt. B, 269, 479; Geogr. Z., 36, 1930, 46; 37, 1931, 556; 39, 1933, 46, 428; PetMitt., 76, 1930, 43; 77, 1931, 40; 80, 1934, 234.
Blöchliger G. Kleinlebewesen und Gesteinsverwitterung. – Z. f. Geomorph., 7, 1933, 273–284.
Blümcke A. u. **Finsterwalder S.** Zur Frage der Gletschererosion. – Sber. Ak. d. Wiss. München, m.-phys. Kl., 20, 3, 1890, 10 S.
Blumrich J. Geologie des Riedersteins und Ölrains in Bregenz. – Schr. d. Ver. f. Gesch. d. Bodensees, 49. H., Lindau 1921, 5–24, 1 K.
— Der geologische Aufbau Vorarlbergs als Grundlage der Entwicklung seiner Oberflächenform. – Heimat, 2, Bregenz 1921, 105–107; 3, 1922, 5–9, 46–57; Volksschr. d. Heimat, H. 4, 1921, 16 S.
— Geologie des Rotachtales. – Heimat, 9, Bregenz 1928, 17–23, 192.
— Entstehung und Veränderung des Rheintales und Bodensees. – Heimat, 10, Innsbruck 1929, 135–137.
— Erdgeschichte Vorarlbergs. – Heimatkde v. Vorarlberg, H. 1, Wien (Schulwiss. Verl. Haase) 1930, 74 S., 1 K., 11 Abb. – Bespr. Heimat, 12, 1931, 120; NJb. 1932/3, 975.
— Wie kam der eiszeitliche Laiblachgletscher zustande? – VBA 1931, 153–157 u. Heimat, Vorarlbg. Mh., 1932, 203–207. – Bespr. GZ 46 A/1025.
— Vorarlbergs Anteil am Bodenseeufer. – Heimat, 12, Innsbruck 1931, 37–44.
— Der Boden von Bregenz. – Heimat, 12, Innsbruck 1931, 74–78.
Bobek H. Ein tertiäres Schuttvorkommen im Tuxer Tale. – JbBA 1930, 87–102. – Bespr. Z. f. Geomorph., 5, 1930, 288; GZ 44/179.

— Die Formentwicklung der Zillertaler und Tuxer Alpen. - Forschungen z. Deutschen Landes- und Volkskunde, 30, Stuttgart (Engelhorn) 1933, 172 S., 13 Abb., 14 Taf. - Bespr. Mitt. DÖAV, 1934, 38; Z. f. Glkde, 21, 1933, 394; Mitt. Geogr. Ges. München, 27, 1934, 126; Mitt. Geol. Ges. Wien, 26, Wien 1934, 229; GR 25, 1934, 363.

Boden K. Die Geröllführung der miozänen und oligozänen Molasseablagerungen im südbayerischen Alpenvorland zwischen Lech und Inn und ihre Bedeutung für die Gebirgsbildung. - Mitt. Geogr. Ges. München, 18, 1925, 429-504. - Bespr. GZ 34/730.

— Beschaffenheit, Herkunft und Bedeutung des ostalpinen Molasseschuttes. - Abh. d. Geol. Landesuntersuchg d. Bayer. Oberbergamtes, H. 4, München 1931, 33 S. - Bespr. GZ 46 A/469.

Bodmer A. Terrassen und Talstufen der Schweiz, ein Beitrag zur Erklärung der Talbildung. - Inaugdiss. Zürich, 1880, 43 S. Auszug: Vierteljschr. Natf. Ges. Zürich, 25, 1880, 353-364, 2 Taf. - Bespr. Arch. d. sc. phys. et nat., p. 3, t. 5, 171; Rev. géol. suisse p. l'a. 1880, Genève 1881, 43.

Böhm A. v. Die alten Gletscher der Enns und Steyr. - JbRA 1885, 429-612.

— Bodengestaltende Wirkungen der Eiszeit. (Vortrag.) - Ver. z. Verbr. natwiss. Kenntnisse Wien, 31, 15, 1891, 35 S. - Bespr. NJb. 1893/1, 484.

— Die erklärende Beschreibung der Landformen nach Davis. - PetMitt., 59, 1913, März-H., 123-125.

Bonney T. G. Das Oberengadin und die italienischen Täler am Monte Rosa und ihre Beziehungen zur Gletschertheorie der Seebecken. - The Quart. Journ. of the Geol. Soc., London 1874, 470-490.

— The sculpture of alpine passes and peaks. - Geol. Mag., London 1888, Dek. 3, v. 5. - Bespr. Boll. Com. geol. d'It., 20, 1889, 243.

— Alpine Valleys in relation to glaciers. - The Quat. Journ. of the Geol. Soc., v. 58, Nr. 232, London 1902, 690-702, 1 T. - Bespr. Boll. Com. geol. d'It., 34, 1903, 91.

Bonomini C. Frammenti di storia geologica del Chiese ed origine dei Colli di Badia e di Sale. - Boll. Soc. geol. it., v. 36 (1917), f. 2-3, Roma 1918, 216-222.

Börner H. Über Wasserscheidenverlegung zwischen Silvretta und Nördlichen Kalkalpen. - Festschr. z. 50 jähr. Bestehen d. Sekt. Wiesbaden des DÖAV, 1882-1932, Wiesbaden (Schwab) 1932, 54-65, 2 Fig. - Bespr. Z. f. Geomorph., 8, 1934, 48.

— Über randglaziale Formen in Paznaun und Montafon (Silvretta). - Z. f. Glkde, 20, 1932, 134-137. - Bespr. GZ 48 A/250; Z. f. Geomorph., 8, 1934, 48.

— Vergleichende Talgeschichte von Montafon und Paznaun (Silvretta). - Z. f. Geomorph., 7, 1933, 109-166, 1 Fig. - Bespr. Z. f. Glkde, 20, 1932, 507; GZ 50 A/691.

Brack P. Der Illergletscher und das Memminger Trockental. - Der Sammler, Beilage der München-Augsburger Abendzeitung, Nr. 103 v. 11. 9., Nr. 104 v. 14. 9., Nr. 105 v. 16. 9. 1920.

Bräuhäuser M. Die geologischen Verhältnisse des Schussengebietes. - Stuttgart 1930.

Braun G. Das Rheingebiet oberhalb Basel. Eine morphogenetische Studie. - Z. Ges. f. Erdkde Berlin, 1919, 211-229. - Bespr. GZ 24/1601; Geogr. Anzg., 1920, 69.

— Synthetische Morphologie der Erdoberfläche. - Z. f. Geomorph., 4, 1928, 7 S.

— Synthetische Morphologie. (Vortragsauszug.) - Forschungen u. Fortschritte, 4, Nr. 14, Berlin, 10. Mai 1928, 139-140.

— Synthetische Morphologie. Studien in Lappland und den deutschen Mittelgebirgen. - Pommersche Geogr. Ges., Sitz Greifswald, 45/46, 1927/28, Greifswald 1928, 23 S. (Alpen 16-23).

— Grundzüge der Physiogeographie. - Bd 1. Spezielle Ph., 3. Aufl., Leipzig (Teubner) 1930, 177 S., 103 Abb. - Bespr. Mitt. Geol. Ges. Wien, 22, 1929 (1930), 165; Z. f. Geomorph., 5, 1930, 238; Geogr. Z., 22, 1916, 637; 24, 1918, 373; 25, 1919, 128; 37, 1931, 177; GR 22, 1931, 42; Mitt. Geogr. Ges. München, 1931, 249; PetMitt., 77, 1931, 41.

— Grundzüge der Physiogeographie. - Bd 2. Allgem. vergleichende Ph., 3. Aufl., Leipzig u. Berlin 1930, 256 S., 117 Abb., 1 Taf. - Bespr. Z. f. Geomorph., 6, 1931, 125; Geogr. Z., 37, 1931, 177; Mitt. Geogr. Ges. München, 1931, 249; Mitt. Geolog. Ges. Wien, 1931, 174; PetMitt., 77, 1931, 207; GR 23, 1932, 76.

Brehmer M. Das Inntal bei Innsbruck. Landschaftskundliche Beobachtungen. - Diss. Univ. Hamburg, Münster (Helios) 1931, 87 S., 17 Abb. - Bespr. PetMitt., 78, 1932, 272.

Breitenlohner J. Wie Murbrüche entstehen, was sie anrichten und wie man sie bändigt. (Vortr.) - Ver. z. Verbr. natwiss. Kenntnisse in Wien, ebd. (Frick) 1883, 29 S., 1 Taf.

Bremer E. Das präglaziale Relief der Ostalpen und dessen Bedeutung für den heutigen Formenschatz des Gebirges. Darstellung und Kritik der bisherigen Forschungsergebnisse. - Inaug.-Diss. Halle, 1933. 112 S., 9 Abb., 4 Tab., 1 Skz. - Bespr. Z. f. Geomorph., 8, 1934, 259; Mitt. Geogr. Ges. München, 27, 1934, 132; GR 25, 1934, 363.

Brinkmann R. Gipfelflur und Lagerstättenstockwerke in den Alpen. - Nachr. d. Ges. d. Wiss. zu Göttingen, math.-phys. Kl., 1928, 217-232, 7 Abb. - Bespr. GR 20, 1929, 388, 458; Z. f. Geomorph., 5, 1930, 137; GZ 48 A/118.

Brizzi C. Das Massiv der Ötztaler Gebirgsgruppe und seiner Radialtäler. - München 1876, 121 Bl., 44 Taf., 4 Runds.

Brockmann-Jerosch H. Die Vegetation der Schweiz. Bd. 1 (Beiträge zur geobotanischen Landesaufnahme 12). - Bern (H. Huber) 1929. - Bespr. Geogr. Z., 37, 1931, 183; PetMitt., 76, 1930, 94; Carinthia II, 1926, 43.

Brückner E. Über die Eiszeit im deutschen und österreichischen Alpenvorlande und in der Schweiz. - Mitt. Natf. Ges. Bern a. d. J. 1888, Bern 1889, röm. 16.

— Über die Geschwindigkeit der Gebirgsbildung und Gebirgsabtragung. - Himmel und Erde, 6, 1, 1893, 25 S.

— Die feste Erdrinde und ihre Formen. - In: Hann, Hochstetter, Pokorny, Allg. Erdkunde, 5. Aufl., 2. Abt., Wien 1898, 368 S.

— Die schweizerische Landschaft einst und jetzt. - Jber. Geogr. Ges. Bern, 17, 1900, 32 S. - Bespr. GZ 1/344; PetMitt., 47, Litber., 21.

— Höhengrenzen in der Schweiz. - Natwiss. Wochenschrift, NF, 4, 1905, 817-825.

— Die glazialen Züge im Antlitz der Alpen. (Vortr.) - Mitt. Geogr. Ges. Wien, 50, 1907, 183ff.; Nat. Wochenschr., 8, 1909, 785-794; Auszug: C. R. IX Congr. int. Géogr. Genève 1908 (1910), 2, 323-325. - Bespr. GZ 19/1356; EgH 11, 1910, 688; Z. f. Glkde, 6, 1912, 159; Mitt. Ver. f. Erdkde Leipzig, 1906 (1907), 2 S.; Z. Ges. f. Erdkde Berlin, 1906, 294.

— Das Alter der alpinen Landschaftsformen. (Vortr.) - Schw. Geographentag Bern 1907; Jber. Geogr. Ges. Bern, 12, 1906/07, 36.
— W. M. Davis über die glazialen Skulpturformen in Gebirgen. - Z. f. Glkde, 2, 1908, 136-140.
— W. Kilian über Glazialerosion und Übertiefung. - Z. f. Glkde, 2, 1908, 220-224.
— Zur Frage der Entwicklung der Rhein-Rhone-Wasserscheide. - Z. Ges. f. Erdkde Berlin, 1909, 387-395. - Bespr. EgH 11, 1910, 695: Z. f. Glkde, 4, 1910, 239.
— Entstehung der quartären Schotterterrassen im Umkreis der Alpen. - Z. f. Glkde, 4, 1910, 72-73. - Bespr. EgH 11, 1910, 243. Bemerkungen zu den obigen Ausführungen (Hilbers): Z. f. Glkde, 4, 1910, 305-306.
— Die Förderung der Wissenschaft von den Alpen durch den DÖAV in den letzten 25 Jahren. - Z. DÖAV, 1919, 30-46.
— J. Bowman über Schneerosion und Entstehung der Kare. - Z. f. Glkde, 12, 1922, 57-70.
— Alte Züge im Landschaftsbild der Ostalpen. (Vortr.) - Z. Ges. f. Erdkde Berlin, 1923, 95-104. - Bespr. NJb. 1925/2, B, 149; Z. f. Geomorph., 1925, 77.
— Bemerkung zu ob. Mitt. (von G. Worm) über Kare und Schneegrenze. - Z. f. Glkde, 14, 1926, 285-286. - Bespr. GZ 34/464.

Brügger Chr. G. Beiträge zur Naturchronik der Schweiz, insbesondere der Rhätischen Alpen. Nr. 1-6. - Beilagen z. d. Progr. d. bündn. Kantonsschule Chur, 1876, 1877, 1879, 1881, 1882, 1888.

Burchard A. Einige Beobachtungen über die Tätigkeit des fließenden Wassers im Hochgebirge. - Geogr. Anzg., Gotha 1923, 193-196.
— Neue Erkenntnisse zum Stufenbau der Alpentäler, bes. im Ötztal gewonnen. - PetMitt., 69, Gotha 1923, 158-162, 210-212. - Bespr. GZ 30/754; Z. f. Geomorph., 1925, 77.
— Das Gurgler Tal, eine geographische Betrachtung. - Festschrift zum 50jähr. Bestehen der Sekt. Hamburg des DÖAV, Hamburg 1925, 11-103. - Bespr. Z. Ges. f. Erdkde Berlin, 1926, 140; Z. f. Geomorph., 2, 1927, 80.
— Formenkundliche Untersuchungen in den nordwestlichen Ötztaler Alpen. - Forschungen z. D. Lds- u. Volkskunde, 25, 1927, 149-219, 8 Taf. - Bespr. Z. f. Geomorph., 3, 1928, 312; Mitt. Geogr. Ges. München, 1928, 1. H., 176; Z. Ges. f. Erdkde Berlin, 1928, 345; Geogr. Z., 34, 1928, 246; PetMitt., 74, 1928, 360.
— Der Versuch einer allgemeinen (physikalischen) Morphologie. - Geogr. Anzg., 31, 1930, 83-85.

Burger E. W. Strittige Fragen der Glazialmorphologie. - Geogr. Jber. aus Österr., 16, Leipzig u. Wien (Deuticke) 1933, 14-41, 2 Taf., 6 Abb. - Bespr. Z. f. Geomorph., 8, 1934, 254.

Buss E. u. Heim Alb. Der Bergsturz von Elm. - Zürich (Wurster) 1881. (S. a. Rothpletz u. Heim.)

Buxtorf A. Aus der Talgeschichte der Via Mala. - Festschrift z. 70. Gebtag Alb. Heims, Vierteljschr. Natf. Ges. Zürich, 64, 1919, 434-457. - Bespr. GZ 25/446; NJb. 1922/2, 306.
— Neue Beobachtungen über die Flußverlegungen der Breggia und die Konglomerate von Pontegana (Südtessin). - EgH 18, 1923/24, 522-524. - Bespr. GZ 33/1072, 34/1573.

Cacciamali G. B. Morfogenesi delle Prealpi Lombarde ed in particolare di quelle della Provincia di Brescia. - Brescia (Geroldi) 1930, 308 S., 1 Taf., 109 Abb. - Bespr. Mem. d. Aten. d. Salò, 1, 1930, 108.

Cadisch J. Zur Talgeschichte von Davos. - Erweit. Jber. Natf. Ges. Grbd. zur Feier des 100jähr. Bestandes, NF, 64, 1924/26, Chur 1926, 285-299, 2 Abb., 1 K. - Bespr. Z. f. Geomorph., 2, 1927, 194; GZ 47 A/567.
— Der Bau der Schweizer Alpen, räumlich dargestellt und kurz erläutert. - Habil.-Schr. Techn. Hochsch. Zürich (Füßli) 1925/26, 61 S., 1 K. - Bespr. NJb. 1926/1, 234; GZ 33/1316; GR 1926, 147; Mitt. Geol. Ges. Wien, 18, 1925, 201; Mitt. DÖAV, 1927, 130; Geogr. Z., 32, 1926, 321; PetMitt., 1928, 46; Z. f. pr. Geol., 1926, 128.
— Das Werden der Alpen im Spiegel der Vorlandssedimentation. (Vortr.) - GR 19, 1928, 105-119. - Bespr. GZ 43/114.

Cadrobbi M. La stretta di Calliano. Rilievo stratigrafico-tettonico. - 55a Pubbl. Soc. Mus. Civ. in Rovereto, Rovereto 1930, 60 S., 2 Taf.

Caffaratti M. Il bacino del Chiampo. Morfologia, idrografia e carta della permeabilità delle rocce. - R. Mag. alle Acque. Uff. Idrogr., Pubbl., Nr. 46-47, Venezia 1913. - Bespr. GZ 25/101; Boll. Com. geol. d'It., 45, 1915, f. 1-2, 12.

Caldera F. Antica e recente pianura del Chiese. - Boll. Soc. geol. it., Roma 1916, v. 35, f. 3, 329-345.

Callegari G. V. La valle e il lago di Tovel. - Le Vie d'Italia, 38, 1932, 597-601.

Callegari P. Ricerche sull'idrografia dell'Alta Anaunia. - Atti Acc. Ven.-Trent.-Istr., v. 22, Selci Umbro (Soc. An. Tip. Pliniana) 1931, 57-78, 5 Skz., 1 Abb., 1 Taf.

Castiglioni B. Osservazioni morfologiche in Val di Fassa. - Atti Acc. Scient. Ven.-Trent.-Istr., s. 3, v. 12-13, Padova 1922, 141-145. - Bespr. Studi Trent. Sc. Nat., 8, 1927, 123.
— Note tettoniche sulla Valle del Biois (Alpi Dolomitiche). - Atti Acc. Sc. Ven.-Trent.-Istr., v. 17, Padova 1926, 27-48, 4 Taf., 4 Fig. - Bespr. Ebd. v. 20, 1929, 7; Studi Trent. Sc. Nat., 9, 1928, 121.
— Sulla morfologia della Valle del Biois (Alpi Dolomitiche). - Boll. Soc. geol. it., v. 45, f. 2, Roma 1926, 193-211, 8 Fig., 1 K. - Bespr. Z. f. Geomorph., 3, 1928, 244; GZ 39/152; Atti Acc. Sc. Ven.-Trent.-Istr., v. 20, 1929, 7; Studi Trent. Sc. Nat., 8, 1927, 123.
— Di alcune strutture del suolo di tipo artico osservate sulle Alpi. - Boll. Com. Glac. It., 11, 1931, 37-48. - Bespr. GZ 49 A/384; Z. f. Geomorph., 8, 1934, 257.
— Il Gruppo della Civetta (Alpi Dolomitiche). - Mem. d. Ist. Geol. d. R. Univ. di Padova, v. 9, Padova 1931, 83 S., 3 Fig., 3 Taf., K. 1:25000. - Bespr. Z. f. Glkde, 20, 1932, 508; Boll. R. Soc. geogr. it., s. 6, v. 9, 1932, 568; Z. f. Geomorph., 8, 1934, 255.
— Traccie glaciali postwurmiane nelle Dolomiti. - Atti Soc. It. Progr. Sc., v. 2, Roma 1931, 263-265. - Bespr. GZ 47 A/670; Z. f. Geomorph., 8, 1934, 257.
— Sulle cause delle deviazioni dei fiumi. - Z. f. Geomorph., 8, 1934, 224-253, 3 Fig.

Christa E. Zum Problem der Stufenlandschaften. - Zbl. f. Min., 1924, 426-444, 460-469.
— Über naturgetreue Darstellung orogen-tektonischer Erscheinungsformen. - JbBA 1932, 1-16, 1 Taf. - Bespr. GZ 47 A/443, 48 A/1066.
— Das Greiner-Schwarzensteingebiet der Zillertaler Alpen in geologisch-petrographischer Betrachtung. - Veröffentl. Mus. Ferdin., 13, Innsbruck (Wagner) 1933, 1-114, 40 Abb.

Christian J. Tirol und sein Wald. - Österr. Vierteljahrschr. f. Forstwesen, NF, 47, 1929, 136-174.

— Die Waldwirtschaft Tirols. – Wiener landw. Ztg, 79, 1929, 142; Tiroler Heimatblätter, 10, Innsbruck 1932, 401–403, 436–441.

Clar E. Vorbericht über geologische Aufnahmen in der Glocknergruppe. – VBA 1930, 121–126. – Bespr. GZ 44/181.

— Zweiter Vorbericht über geologische Aufnahmen in der Glocknergruppe. – VBA 1931, 107–110. – Bespr. GZ 46 A/195; Z. f. Glkde, 20, 1932, 508.

— Eine seltene Abart eines Wildwasser-Geschiebeherdes. – Geol. u. Bauwesen, 1932, H. 1, 47–49, 1 Abb.

Clessin S. Die Ausfüllung der Alpenseen zur Zeitbestimmung der Eiszeit verwendbar. – Das Ausland, Stuttgart 1876, 518–519.

— Die Talbildung in den Alpen. – Mitt. DÖAV, 1877, 96–109.

— Die Moränenlandschaft der bayerischen Hochebene. – Z. DÖAV, 1883, 193–213.

Coppadoro A. Contributo allo studio dei fenomeni carsici dell'altipiano del Cansiglio. – In Alto, Cron. d. SAFr, an. 14, Nr. 2 Udine 1903, 19–23. – Bespr. Boll. Com. geol. d'It., 35, 1904, 295.

Cornelius H. P. Bemerkungen zur Talgeschichte von Balderschwang (Allgäu). – VBA 1929, 96–98.

— u. **Furlani-Cornelius M.** Die insubrische Linie vom Tessin bis zum Tonalepaß. – Denkschr. Ak. d. Wiss. Wien, math.-natw. Kl., 102, Wien 1930, 207–302, 16 Fig., 1 K., 1 Taf. – Bespr. Anzg. Ak. d. Wiss. Wien, 67, 1930, 120.

Cornelius H. P. Vorläufiger Bericht über geologische Aufnahmen im Stubach- und Kaprunertale (Glocknergruppe). – VBA 1930, 117–121.

— Zweiter Bericht über geologische Aufnahmen in der nördlichen Glocknergruppe. – VBA 1931, 102–106.

— u. **Clar E.** Vierter Vorbericht über geologische Aufnahmen in der Glocknergruppe. – VBA 1933, 76–80. – Bespr. GZ 51 A/406.

Cozzaglio A. Valore e modalità degli spostamenti della regione veneta in confronto della lombarda. – Comm. d. Ateneo di Brescia, 1889, 16–19.

— I paesaggi prealpini e le moderne idee della geologia continentale. – Boll. CAI, 32, 1899, N. 65, 327–348.

— Le moderne teorie sulla formazione dei laghi prealpini. – Comm. d. Ateneo di Brescia, 1899, 121–133.

— Ricerche sulla topografia preglaciale e neozoica del Lago di Garda. – Comm. d. Ateneo di Brescia, 1900; Continuazione ... ebd. 1902, 38–64. – Bespr. NJb. 1905/2, 100; GZ 7/617.

— Sul sistema glaciale benacense e sull'origine geologica della pianura fra l'Oglio e l'Adige. – Comm. d. Ateneo di Brescia p. l'a. 1914.

— Sulla origine neogenica della Val Trompia e della Val Camonica. – Comm. d. Ateneo di Brescia p. l'a. 1916, 24 S.

— Topografia neogenica e topografia preglaciale in alcune regioni bresciane e trentine. – Atti d. Acc. d. Agiati di Rovereto, 1923, s. 4, v. 6, 63.

— Per una storia geologica delle vallate prealpine. – Comm. d. Ateneo di Brescia, 1928, 9–81.

— Dieci anni di studi sull'anfiteatro morenico del Lago di Garda. – Atti Soc. It. Progr. Sc., v. 2, Roma 1931, 252–256. – Bespr. GZ 47 A/673.

— Le formazioni glaciali del Lago di Garda. Nota preventiva. – Mem. Ateneo di Salò, 1931, 7–14.

— Studi di limnogenia benacense. Origine del Golfo di Salò. – Mem. d. Ateneo di Salò e bull. d. bibl., 2, 1931, 138–148.

Cramer H. Höhlenbildung im Karst. – PetMitt., 1933, H. 3/4, 78–81, 6 Abb. – Bespr. GZ 52 A/643.

— Die Entstehung der Karsthöhlen. – Der Naturforscher, 10, 1933, 214–221, 13 Abb. – Bespr. GZ 52 A/642.

Crammer H. Zur Frage ineinandergeschalteter Taltröge in den Alpen. – Z. f. Glkde, 3, 1909, 148–155. Erwiderung s. Hess. – Bespr. GZ 12/1452; EgH 11, 1910, 250.

— u. **Stummer E.** Überschiebungen und Formenwelt bei Salzburg. – Festschr. A. Penck, Stuttgart 1918, 12 S.

Credner R. Die geographische Verbreitung der Alpenseen. – Verh. 2. D. Geographentag, Berlin 1882, 84–93. Auszug: Neue Alpenpost, 16, Zürich 1882, 197–198, 206–207; Gaea, 18, Köln u. Leipzig 1882, 651–658.

— Die Reliktseen. Eine physisch-geographische Monographie. 1. u. 2. T. – PetMitt., Ergh. 86, 1887, 110 S., 1 K.; 89, 1888, 51 S., 1 K.

Creutzburg N. Die Formen der Eiszeit im Ankogelgebiet. – Ostalp. Formenstud., Abt. 2, H. 1, Berlin 1921, 102 S. – Bespr. NJb. 1922/1, 376; Mitt. Geogr. Ges. München, 15, 1921/22, 332; Z. f. Glkde, 14, 1926, 184; Z. Ges. f. Erdkde Berlin, 1922, 148.

— Methodik morphologischer Kartendarstellung in einem zentralalpinen Gebiet. (Begleitwort zur morph. Karte des Ankogel-Hochalmspitzgebietes.) – PetMitt., 63, Gotha 1922, 2–3, 1 K.; Z. f. Glkde, 14, 1926, 184. – Bespr. GZ 29/81; NJb. 1923/1, 287.

Cvijić J. Das Karstphänomen. Versuch einer morphologischen Monographie. – Pencks Geogr. Abh., 5, 3, Wien 1893, 329 S. – Bespr. Mitt. DÖAV, 1894, 62.

— Hydrographie souterraine et évolution morphologique du Karst. – Inst. d. Géogr. Alpine, Grénoble 1918, 56 S. – Bespr. Z. f. Geomorph., 3, 1928, 104–109.

Dainelli G. La struttura delle Prealpi Friulane. – Memorie Geografiche, Firenze (Ricci) 1921, 218 S., 103 Fig., 1 K.

— A proposito di morfologia dell'alta montagna alpina. – L'Universo, an. 5, n. 6, Firenze 1924, 443–449.

Dal Piaz G. Grotte e fenomeni carsici del Bellunese. – Mem. Soc. geogr. it., v. 9, Roma 1899, 178–222. – Bespr. Boll. Com. geol. d'It, 31, 1900, 194.

Dal Piaz G. B. Ricerche geomorfologiche nell'Alto Adige orientale. Nota preventiva. – Studi Trentini d. Sc. Nat., an. 11, Trento 1930, f. 3, 27 S., 4 T., 2 Fig.

Damian J. Die Bergstürze von St. Anna und Castelier in Südtirol. – Z. f. wiss. Geogr., Wien, 8, 1891, 172–183.

— Bergstürze in Südtirol bei Eichholz, Mezzolombardo und Tezze. – Z. Ferdin., 3. F., 55. H., Innsbruck 1911, 109–123.

Daneš J. V. Jovan Cvijić. – Editions spéciales de la societé de géographie de Belgrade, H. 1, Beograd 1927, 1–56. Mit Litverz. – Bespr. GZ 38/928.

Dantone. Bergsturz im oberen Fassatal. – Mitt. DÖAV, 1880, 17–18.

Davis W. M. The Geographical Cycle. – Geogr. Journ., 14, 1899.

— Glacial erosion in the Valley of Ticino. – Appalachia, 9, 2, Boston 1900, 136–156, 2 T. – Bespr. Boll. Com. geol. d'It., 32, 1901, 189.

— The sculpture of mountain by glaciers. – Scott. Geogr. Mag., 1906.

— u. **Braun G.** Grundzüge der Physiogeographie. –

Leipzig u. Berlin 1911, 322 S. - Bespr. Z. Ges. f. Erdkde Berlin, 1911, 560; NJb. 1913/1, 66; Natwis Wochenschr., NF, 10, 1911, 764; Mitt. Geogr. Ges. München, 7, 1912, 139; Geogr. Z., 18, 1912, 413; Zbl. f. Min., 1922, 415.

Davis W. M. Die erklärende Beschreibung der Landformen. - Deutsch v. A. Rühl, Leipzig u. Berlin (Teubner) 1912, 562 S. - Bespr. Mitt. DÖAV, 1913, 100; Z. Ges. f. Erdkde Berlin, 1913, 301-310; Mitt. Geogr. Ges. München, 8, 1913, 70.

— u. **Braun G.** Grundzüge der Physiogeographie. II. Morphologie zum Gebrauch beim Studium und auf Exkursionen. - 2. Aufl., Leipzig u. Berlin (Teubner) 1915, X, 226 S. - Bespr. Geogr. Z., 22, 1916, 637; Die Naturw., 4, 1916, 532; Natwiss. Wochenschr., NF, 15, 1916, 310.

— — Grundzüge der Physiogeographie. I. Grundlagen und Methodik zum Gebrauch beim Studium und auf Exkursionen. - 2. Aufl., Leipzig u. Berlin (Teubner) 1917, XI, 209 S. - Bespr. GZ 24/105; Geogr. Anzg., 19, 1918, 160; Geogr. Z., 24, 1918, 373; Die Naturw., 6, 1918, 578; Z. f. prakt. Geol., 27, 1919, 97.

Davis W. M. The cycle of erosion and the summit level of the Alpes. - Journ. of Geol., 31, 1923, 1-41. - Bespr. GZ 33/320.

— Die Entstehung von Korallenriffen. - Z. Ges. f. Erdkde Berlin, 1928, 359-391. - Bespr. GZ 39/1822. S. a. Geogr. Z., 22, 1916, 226.

Deecke W. Der Zusammenhang von Flußlauf und Tektonik, dargestellt an den Flüssen Südwestdeutschlands. - Fortschr. d. Geol. u. Pal. (W. Soergel), Berlin 1926, H. 16, 74 S. - Bespr. GZ 37/692; Z. f. Geomorph., 3, 1928, 157; NJb. 1927/2, B, 78; Z. Ges. f. Erdkde Berlin, 1928, 347.

— Zur Entstehung der Kare. - Sber. Heidelberger Ak. d. Wiss., math.-nat. Kl., 1929, 9. Abh., 12 S. - Bespr. Z. f. Geomorph., 5, 1930, 136; Z. f. Glkde, 18, 1930, 240; NJb. 1930/2, 420.

De Gasperi G. B. e **Feruglio G.** L'altipiano del Cansiglio. Contributo allo studio dei suoi fenomeni carsici. - Mondo sott., 6, Udine 1910, 41-59. - Bespr. GZ 17/484.

De Gasperi G. B. I terrazzi anteriori all'ultima fase glaciale nella pianura friulana. - In Alto, Cron. d. SAFr, 22, Udine 1911, 97-105. - Bespr. GZ 18/389; Boll. Com. geol. d'It., 43, 1912, f. 1, 45.

— Fenomeni carsici delle Prealpi Bellunesi e Carniche. - Mondo sotterr., an. 8, N. 4, Udine 1912, 97. - Bespr. Boll. Com. geol. d'It., 44, 1914, f. 1, 50.

Deicke J. C. Über die Verheerungen orkanartiger Föhnstürme mit besonderer Beziehung auf die Umgebungen von Appenzell und St. Gallen. - Vierteljschr. Natforsch. Ges. Zürich, 1863, 141-160.

— Über Erdschlüpfe und Schlammströme mit besonderer Beziehung auf den am Fähnernberg. - NJb. 1868, 39-47.

De Marchi L. Variazioni del livello adriatico in corrispondenza colle espansioni glaciali. - Atti Acc. Ven.-Trent.-Istr., s. 3, v. 12-13, Padova 1922, 3-15.

— L'idrografia dei Colli Euganei nei suoi rapporti colla geologia e la morfologia delle regione. - Mem. scientif. 1883-1932, Padova (Cedam) 1932, 591-634.

Desio A. La frana di Peghera in Val Taleggio (Alpi Bergamasche). - Giorn. di Geol. prat., 19, Bologna 1924, 1-12. - Bespr. GZ 37/1443.

— L'evoluzione morfologica del bacino della Fella in Friuli. (Studi di Geomorfologia.) - Atti d. Soc. it. d. Sc. Nat., v. 65, 1926, Pavia (Fusi) 1927, 205-461, zahlr. Abb. - Bespr. Z. f. Glkde, 19, 1931, 209; GZ 51 A/599.

— e **Gortani M.** Note illustrative della carta geologica delle Tre Venezie. Foglio Pontebba. - Pubbl. Min. d. Lav. Pubbl., Uff. Idrogr. d. R. Mag. a. Acque, Sez. Geol., Padova 1927, 1 K. u. Prof. 1:100000. - Bespr. GZ 47 A/1208.

Diener C. Zur Hypsometrie des südtirolischen Hochlandes und der Venetianer Alpen. - Mitt. Geogr. Ges. Wien, 32, 1889, 338-356. - Bespr. PetMitt., 1890, Litber., 143.

— Die Durchbruchstäler der nordöstlichen Kalkalpen. (Inn, Saalach.) - Mitt. Geogr. Ges. Wien, 1899, 140-145.

— Über den Einfluß der Erosion auf die Struktur der südosttirolischen Dolomitstöcke. - Mitt. Geogr. Ges. Wien, 1900, 25-30. - Bespr. GZ 2/313; NJb. 1901/2, 417; Boll. Com. geol. d'It., 32, 1901, 243.

— Die Großformen der Erdoberfläche. - Mitt. Geogr. Ges. Wien, 1915, 268-270, 329-349.

Dietrich B. Alexander Supan. - Geogr. Z., 27, 1921, 193-198.

Distel L. Zum heutigen Stand der Frage über den Taltrog. - Mitt. Geogr. Ges. München, 4, 1909, 139-140.

— u. **Scheck F.** Das Plateau des Zahmen Kaisers. Kartogr.-morphol. Studie. - Mitt. Geogr. Ges. München, 6, 1911, 97-166, Morphol. K. 1:2500. - Bespr. GZ 21/1528; NJb. 1913/2, 280; Mitt. Geogr. Ges. Wien, 1912, 235; Mitt. DÖAV, 1913, 99; Geogr. Z., 19, 1913, 118, 240.

Distel L. Schliffkehle und Taltrog. - PetMitt., 1912, II, 328-329. - Bespr. NJb. 1913/2, 279.

— Die Formen alpiner Hochtäler, insbes. im Gebiet der Hohen Tauern und ihre Beziehungen zur Eiszeit. - Mitt. Geogr. Ges. München, 7, 1912, 1-130; Landeskundl. Forschungen, 13. - Bespr. NJb. 1913/2, 278; Mitt. Geogr. Ges. Wien, 1912, 402; Mitt. DÖAV, 1915, 54.

— Zur Entstehung des alpinen Taltroges (am Beispiel der Hohen Tauern). - Verh. XVIII. D. Geogrtag Innsbruck, 1912, 141-154. - Bespr. NJb. 1913/2, 278; Natwiss. Wochenschr., NF, 11, 1912, 573; Geogr. Z., 18, 1912, 459.

— Bergschrund und Randkluft. - Freie Wege vergleichender Erdkde, Festgabe Drygalski z. 60. Geburtstag, München 1925, 4 S. - Bespr. Z. f. Geomorph., 1, 1926, 345.

— Walther Pencks morphologische Analyse. - Geogr. Anzg., 1926, 145-148.

— Wandel der Anschauung über die Entstehung der Kare in den Ostalpen. - Mitt. Geogr. Ges. München, 22, 1929, 259-261.

Diwald K. Neue Grundlagen zur praktischen Analyse der Landschaft. - Die Eiszeit, 1924, I, 8-38. - Bespr. GZ 31/245; Z. f. Geomorph., 1, 1926, 67.

— Die Schräge der Talsohle. - PetMitt., 1925, H. 7/8. - Bespr. Z. f. Geomorph., 1, 1926, 346.

— Glazialmorphologische Probleme in ihrer Beziehung zu der Lehre von den Eintiefungsfolgen. - Die Eiszeit, 3, Leipzig 1926, 21-46, 18 Abb. - Bespr. GZ 42/1311; PetMitt., 75, 1929, 207.

— Die Lösung hochalpiner Formen. (Morphogenese des oberen Rosannagebietes und ihre Beeinflußung durch die Eiszeit.) - Die Eiszeit, 4, 1927, 26-73, 17 Abb. - Bespr. GZ 43/793.

— Beiträge zur Morphologie des Erosionstales. - Z. f. Geomorph., 3, 1928, 1-38. - Bespr. GZ 47 A/1127. (S. R. Leutelt.)

Dörrenhaus F. Das deutsche Land an der Etsch.

Eine geographische Landeskunde. – Herausgeg. v. DÖAV, Innsbruck-Wien-München (Tyrolia) 1933, 183 S., 113 Abb. – Bespr. PetMitt., 80, 1934, 92; Geogr. Z., 40, 1934, 235; Tir. Heimatbl., 12, 1934, 40.

Drygalski E. v. Die Geoideformationen der Eiszeit. – Z. Ges. f. Erdkde Berlin, 22, 1887, 189–280, 16 Fig. – Bespr. NJb. 1889/1, 68.

— Die Eisbewegung, ihre physikalischen Ursachen und ihre geographischen Wirkungen. – PetMitt., 1898, H. 3, 10 S.; Z. DGeolGes., 50, 1898, Prot., 5–10.

— Die Entstehung der Trogtäler zur Eiszeit. – PetMitt., 1912, II, 8–9. – Bespr. NJb. 1913/2, 279.

— Der glaziale Taltrog. – PetMitt., 1912, II, 329–330. – Bespr. NJb. 1913/2, 279.

— Das Eiszeitalter nach Paul Woldstedt. – Die Naturwissenschaften, 18, 1930, H. 18, 377–380.

Eberl B. Zur Gliederung und Zeitrechnung des alpinen Glazials. – Z. DGeolGes., 1928, Mber., 107–117. – Bespr. GZ 39/730; Z. f. Glkde, 17, 1929, 269.

— Die Eiszeitenfolge im nördlichen Alpenvorlande. – Augsburg (Filser) 1930, 427 S., 19 Abb., 2 T., 1 K. – Bespr. Gerlands Beitr. z. Geophysik, 26, 1930, 365; Z. f. Glkde, 18, 1930, 353; GZ 43/1660; Reichspost (Wien) v. 1. 6. 1930; Zbl. f. Min., 1930, Abt. B, 351; NJb. 1930/2, 721; Mitt. Geogr. Ges. München, 24, 1931, 215; Geogr. Z., 37, 1931, 375; PetMitt., 77, 1931, 99; Z. Ges. f. Erdkde Berlin, 1932, 314.

— Die Gliederung und Chronologie des alpinen Glazials im Bereich des Lech- und Illergletschers. – Forschungen u. Fortschritte, 1931, 100–101, 2 Abb.

Ebers E. Die bisherigen Ergebnisse der Drumlinforschung. – NJb. 1926, Bbd. 53, Abt. B, 153–270.

— Das Eberfinger Drumlinfeld. – Geogn. Jh., 39, 1926, 47–86. – Bespr. NJb. 1928/2, 641.

— Unvollendete Drumlinlandschaften des Inngletschers und was sie vom Bildungsvorgang der Drumlins berichten. – Zbl. f. Min., Abt. B, 1931, 28–34, 3 Abb. – Bespr. GZ 45/546.

— Eiszeitliche Landschaftsbilder. – Kosmos, 28, 1931, 390–393, 5 Abb. – Bespr. NJb. 1933/2, 641.

— Wanderungen im Isargletschergebiet. Über den Münsinger Höhenrücken. – Münchner Neueste Nachr., April 1931, 3 Sp., 2 Abb.

— Wanderungen im Isargletschergebiet. Das Gleißentäl – ein Denkmal der Erdgeschichte. – Münchner Neueste Nachr., Nr. 109 v. 23. 4. 1931, 15–16, 2 Abb.

— Wanderungen im Inngletschergebiet. Die Jungmoränenlandschaft bei Kirchseeon und Ebersberg. – Münchner Neueste Nachr., Nr. 142 v. 28. 5. 1931, 3 Sp., 2 Abb.

— Die Innterrassenlandschaft von Gars. Wanderungen im Inngletschergebiet. – Münchner Neueste Nachr., Nr. 204 v. 30. 7. 1931, 3 Sp., 1 Abb.

— Obergünzburg und Günztal. Wanderung im Lech-Illergletschergebiet. – Münchner Neueste Nachr., Nr. 255 v. 1931, 3 Sp., 2 Abb.

— Über erloschene Seen im Salzachgletschergebiet. – Mitt. Geogr. Ges. München, 25, 1932, 77–82, 1 Skz. – Bespr. GZ 48 A/1883; NJb. 1933/2, 80.

— Wanderungen im Inngletschergebiet. Nach Haag und zum Inndurchbruch bei Königswart. – Münchner Neueste Nachr., Juli 1932, 3 Sp., 2 Abb.

— Ein Tag an den Osterseen. In der Landschaft des „Toteises". – Münchner Neueste Nachrichten, Nr. 196 v. 1932, 3 Sp., 1 Abb.

— Die Eiszeit im Landschaftsbilde des bayerischen Alpenvorlandes. – Deutsche Landschaftskde, 2. Bd, München u. Berlin (Beck) 1934, 167 S., 30 Abb. – Bespr. Mitt. DÖAV, 1934, 197.

Eckert M. Das Karrenproblem, die Geschichte seiner Lösung. – Halle 1895. Abdruck: Z. f. Natwiss., 68, Leipzig 1896, 326–432. – Bespr. Geogr. Z., 2, 1896, 648.

— Die Karren oder Schratten. Resultate der Untersuchungen über Karrenfelder in den deutschen Alpen. – PetMitt., 44, 1898, 69–71. – Bespr. NJb. 1900/1, 214.

— Das Gottesackerplateau (ein Karrenfeld) in der Gebirgsgruppe des Hohen Ifen. – Z. DÖAV, 1900, 52–60, 13 Fig.

— Das Gottesackerplateau, ein Karrenfeld im Allgäu. – Wiss. Ergzheft DÖAV, I, 3, 1902, 108 S., K. 1:7500. – Bespr. VRA 1903, 127; Mitt. Geogr. Ges. München, 1911, 443; Geogr. Z., 9, 1903, 223; Mitt. DÖAV, 1903, 5.

— Die Verwitterungsformen in den Alpen, insbes. in den Kalkalpen. – Z. DÖAV, 1905, 16–35, 6 Abb.

Eder W. Geologie des bayerischen Hochlandes. – In: Die Bayerischen Alpen, Grieben-Führer f. Natur u. Kunst (V. Goldschmidt), Berlin 1926, 7–57, 13 Abb.

Eisenmenger G. Les vallées et les grands lacs des Alpes. – Bull. Sect. vosgienne, Club Alp. franç., Nancy 1908; Ann. Géogr., 18, Paris 1908, 93.

Engelmann R. Talnetzstudien. – JbBA 1933, 189–198, 4 Abb. – Bespr. GZ 51 A/114.

Erhardt W. Der Staufen. Geolog. Aufnahme der Berge zwischen Reichenhall und Inzell. – Inaugdiss. Univ. München; Wissensch. Veröff. DÖAV, 11, Innsbruck 1931, 50 S., 1 K., 1 Skz., 9 Abb. – Bespr. Z. Ges. f. Erdkde Berlin, 1932, 315; Z. f. Glkde, 20, 1932, 507.

Erosion. Über die – und die transportierende Wirkung reißender Ströme, welche Gletscherzuflüsse erhalten. – C. r. Acad. de. sc., 113, Paris, 235. – Bespr. Mitt. Geogr. Ges. Wien, 1891, 409.

Escher B. G. Beobachtung der quantitativen Erosionstätigkeit an einem schweizerischen Gebirgsfluß. (Albula.) – Schweiz. Wasserwirtschaft, 2, Zürich 1910, 144–147. – Bespr. GZ 17/852: EgH 11, 1910, 533.

Etschmann F. Aus der Vorzeit unserer Täler. – Tiroler Anzeiger, Nr. 166 v. 21. 7., Nr. 175 v. 1. 8. 1928.

— Die Inntalterrassen. – Tiroler Anzeiger, Nr. 182, Innsbruck, 9. 8. 1930.

Fabiani R. Cenni preliminari sui fenomeni carsici della regione posta fra Priabona, Cerèda e Valdagno. – Atti R. Ist. Ven., s. 8, t. 6, d. 6, Venezia 1904, 727–731. – Bespr. Boll. Com. geol. d'It., 36, 1905, 166.

— Formes singulières d'érosion dans les breccioles basaltiques des monts Lessini. – Estr. d. Bull. d. l. Soc. d. Géogr., Paris 1912, 6 S. – Bespr. Boll. Com. geol. d'It., 44, 1914, f. 1, 60.

— La regione montuosa compresa fra Thiene, Conco e Bassano nel Vicentino. Geologia, morfologia, idrografia e carta della permeabilità delle rocce. – R. Mag. a. Acque, Uff. Idr., Pubbl. Nr. 41 e 42, Venezia 1912, 84 S., K. 1:75000 u. 1:100000. – Bespr. GZ 25/103; Boll. Com. geol. d'It., 44, 1914, f. 1, 59.

— La regione del Pasubio (Bacini del Leogra, del Timonchio e del Posina e parti superiori del Leno di Vallarsa e del Leno di Terragnolo). – Pubbl. Nr. 110 d. Uff. Idr. d. R. Mag. a. Acque, Venezia 1920, 100 S., 1 K., 9 Fig., 12 Taf. – Bespr. NJb.

1922/2, 330; GZ 38/750; Atti Acc. Sc. Ven.-Trent.-Istr., v. 20, 1929, 11.
— I bacini del Terragnolo, della Vallarsa, di S. Valentino e di Ronchi (Trentino). Geologia e Morfologia. - Pubbl. Uff. Idr. d. R. Mag. a. Acque, n. 118, Venezia 1922, 20 S., 3 Taf. - Bespr. N Jb. 1923/2, 112; Atti Acc. Sc. Ven.-Trent.-Istr., v. 20, 1929, 12.
— Rapporti tettonici fra il massiccio cristallino di Cima d'Asta e gli altipiani vicentini. - Atti R. Accad. d. Linc., Roma 1923, fasc. 2, 92–94.
— Sulle condizioni geoidrologiche della conoide dell'Adige. - Comune di Verona: La derivazione Adige-Garda, Relazione Comm. tecn., Padova 1923.
— Note illustrative della Carta geologica delle Tre Venezie, Foglio Verona. - Uff. Idr. d. R. Mag. a. Acque, Sez. geol., Padova 1930, 37 S., 1 Proftaf.

Falbesoner H. Der Fernpaß und seine Umgebung in Bezug auf das Glazialphänomen. - XI. Progr. Gymn. Brixen, 1886. - Bespr. NJb. 1887/2, 298; Bl. 688.

Falke H. Das Oberbergtal. Eine landeskundliche Beschreibung eines alpinen Hochtales mit morphologischen Ausblicken. - Diss. Hamburg, 1934, 44 S., 1 Skz.

Favero V. La formazione dei terreni quaternari del Bassanese in ordine ai fenomeni glaciali dell'epoca glaciale. - Bassano 1883.

Favre A. On the origine of the alpine lakes. - Phil. Mag., 4, 29 u. Bibl. univ. Genève, 12, 1865.
— Note sur les terrains glaciaires et postglaciaires des revers méridional des Alpes dans le Canton du Tessin et en Lombardie. - Arch. d. sc. phys. et nat., t. 55, Genéve 1876, 24–34, 1 K. - Bespr. VRA 1876, 191.

Fels E. Kare und Wände im Landschaftsbilde des Karwendelgebirges. - Der Sammler, Beilage der München-Augsburger Abendzeitung, Nr. 150 v. 30. 12. 1920.
— Die Kare der Vorderen Karwendelkette. - München (Riedel) 1921, 17 S. u. 18. Jber. S. Hochland DÖAV, 1920. - Bespr. Z. Ges. f. Erdkde Berlin, 1921, 228.
— Das Problem der Karbildung in den Ostalpen. - PetMitt., Ergh. 202, 1929, 85 S., 30 Abb. - Bespr. Mitt. DÖAV, 1929, 136; Z. f. Geomorph., 1929, 257; Z. f. Glkde, 17, 1929, 402; Mitt. Geogr. Ges. München, 22, 1929, 259; Z. Ges. f. Erdkde Berlin, 1930, 152; PetMitt., 76, 1930, 96; NJb. 1930/2, 418; GZ 43/365; GR 21, 1930, 72; Geogr. Z., 36, 1930, 183.
— Die Mittenwaldbahn. - Einleitung zu Meyers Reiseführer, Mittenwaldbahn, 1932, röm. 8–11.
— Probleme der glazialen Abtragungslandschaft. (Vortr.) - PetMitt., 1934, H. 7/8, 223.

Ferrari A. Paesaggi locarnesi al lume della morfogenetica e della geografia descrittiva. - Boll. Soc. Tic. d. Sc. Nat., 24, Lugano 1929, 113–119; 25, 1931, 78–85.
— Pontebrolla et les formes du paysage. - Essai d'interprétation scientifique. - Boll. Soc. Tic. Sc. Nat., 26, Lugano 1931, 137–146.

Feruglio E. Fenomeni carsici dell'altipiano di M. Prat. - Mondo sotterr., an. 9, N. 4–5, Udine 1914, 90–93. - Bespr. Boll. Com. geol. d'It., 46, 1916, f. 1, 43.
— Contributo allo studio dei fenomeni carsici nelle Prealpi Carniche. - Mondo sotterr., 10, Udine 1914, 79–87. - Bespr. GZ 37/1212.
— Studio delle frane di Anduins. (Prealpi dell'Arzino.) - In Alto, Cron. bim. SAFr, 26, n. 4–6, Udine 1915, 70–80.
— Terrazzi antichi sulle colline di Rosazzo nel Friuli. - In Alto, Cron. bim. SAFr, 28–30 (1917–1919), Firenze 1919, 11–13.

Feruglio G. Nota preliminare sulle frane d'Anduins (Valle dell'Arzino). - Mondo sotterr., an. 9, N. 4–5, Udine 1914, 93–95. - Bespr. Boll. Com. geol. d'It., 46, 1916, f. 1, 44.

Feurstein P. Geschichte des Viller Moores und des Seerosenweihers an den Lanser Köpfen bei Innsbruck. - Beihefte z. Bot. Zentralbl., 1934, 477–526, 3 Taf., 11 Abb.

Fink J. Die Verkarstung unserer Hochalpen und der Gletscherrückgang. - Reichspost, Nr. 199 v. 1929.

Finsterwalder R. Begleitworte zur Karte der Loferer Steinberge. - Z. DÖAV, 1925, 225–232.
— Begleitworte zur Karte der Glocknergruppe. - Z. DÖAV, 1928, 69–87.

Finsterwalder S. Rosenheim, sein Alpenvorland und seine Berge. - Rosenheim 1886.

Fischer R. Bergstürze und Felsschlipse im Gefolge der Eiszeiten. - Ber. Senckenbg. Nat. Ges., 1905, 150–152.

Fischer Th. Das Moränenamphitheater des Gardasees. - PetMitt., 44, 1898, 17. - Bespr. Bl. 1005.

Flückiger O. Glaziale Felsformen. - PetMitt., Ergh. Nr. 218, Gotha 1934, 55 S., 53 Abb. auf 8 Taf. - Bespr. Z. f. Glkde, 21, 1933, 384; PetMitt., 80, 1934, 143.

Förderreuther M. Die Zungenbecken des Illergletschers und die Illerdurchbrüche bei Reicholzried und Kempten. - Mitt. Geogr. Ges. München, 16, 1923, 337–338. - Bespr. GZ 31/1226.

Fratini F. Lo svuotamento del Lago Nuovo o di Caoria. - Ann. SAT, 9, 1882/83, 225–233.

Frauenstein E. In den wilden Rheinschluchten. Ein geologisches Wanderbild. - Natur, Z. D. Natwiss. Ges. (R. H. Francé), Leipzig 1911, Blge zu H. 18, 138–141, 1 Abb.

Frech F. Aus den Karnischen Alpen. Studien über die Entstehung der Gebirgsformen. - Z. DÖAV, 1890, 373–418. - Bespr. NJb. 1894/2, 81; PetMitt., 1892, Litber., 77.
— Die Gebirgsformen im südwestlichen Kärnten und ihre Entstehung. - Z. Ges. f. Erdkde Berlin, 27, 1892, 349–396. - Bespr. Boll. Com. geol. d'It., 24, 1893, 272.
— Vorläufiger Bericht ü. d. wissensch. Untersuchung des Brennergebietes (Sommer 1892). - Mitt. DÖAV, 1893, 208–210. - Bespr. Mitt. Geogr. Ges. Wien, 1894, 482; Mitt. Sekt. f. Natkde ÖTC, 5, 1893, 67.
— Über Muren. - Z. DÖAV, 1898, 1–26. - Bespr. Bl. 1002.
— Über das Antlitz der Tiroler Zentralalpen. - Z. DÖAV, 1903, 1–31. - Bespr. VRA 1904, 67.
— Über den Gebirgsbau der Tiroler Zentralalpen mit besonderer Rücksicht auf den Brenner. - Wiss. Ergh. DÖAV, II, 1, 1905, 98 S., K. 1:75000. - Bespr. VRA 1906, 75; NJb. 1909/2, 420.
— Das Antlitz der Hochgebirge. - Aus der Natur, 2, 1906. - Bespr. NJb. 1910/2, 211.
— Landschaftsform und Landschaftsbild im Mittelgebirge. - Aus der Natur, 3, 1907/08. - Bespr. NJb. 1910/2, 217.
— Über den Gebirgsbau der Alpen. - PetMitt., 1908, H. 10–12, 219–228, 242–258, 267–268. - Bespr. VRA 1909, 62; GZ 17/555; EgH 12, 1912, 315; Mitt. Geogr. Ges. Wien, 1909, 694; Natwiss. Wochenschr., NF, 8, 533.
— Zur Frage der Karentstehung. (Gegen Lepsius.) - Z. DGeolGes., B, Mber., 66, 1914, 335–338. - Bespr. GZ 21/1895.

Frei R. Monographie des Schweizerischen Deckenschotters. – Beitr. z. geol. K. d. Schw., NF, 37, Bern 1912, 182 S.; Inaugdiss. als „Untersuchungen über den ...“ – Bespr. EgH 13, 1914, 149–160; NJb. 1916/1, 337.

Fresacher W. Das Vorgelände des Hochalmkeeses in den östlichen Hohen Tauern (Kärnten) als Beispiel der Veränderlichkeit im Gletschergebiet. – Mitt. DÖAV, 1932, 208–210, 2 Skz.

Früh J. Die Drumlinslandschaft mit spezieller Berücksichtigung des alpinen Vorlandes. – Jber. St. Gall. Natwiss. Ges. 1894/95, St. Gallen 1896, 325–396. – Bespr. NJb. 1897/2, 159; EgH 5, 1898, 343; Globus, 70, 1896, 244; Geogr. Z., 3, 1897, 411; PetMitt., 44, 1898, Litber., 85.

— Überblick über die Drumlinslandschaft. – Verh. Schw. Natforsch. Ges., 79, Jvers., Zürich 1896, 198.

— Zur Kritik einiger Talformen und Talnamen der Schweiz. – Festschr. Naturf. Ges. Zürich, 1896, 318–339. – Bespr. NJb. 1899/1, 442; EgH 5, 1898, 305; PetMitt., 43, 1897, Litber., 26.

— Neue Drumlinslandschaft innerhalb des diluvialen Rheingletschers. – EgH 8, 1903, 213–216, 409, 1 K. – Bespr. Ebd. 719; NJb. 1906/1, 436; GZ 5/2063.

— Inselberge im Rheintal. – EgH 8, 1903, 409. – Bespr. NJb. 1909/1, 400.

— Die Entstehung des Rheintales und seiner Formen. – Jber. Natf. Ges. St. Gallen, 1904, 29–32.

— Zur Morphologie des unteren Thurgau (Beiträge zur Kenntnis des Rheingletschers). – Mitt. Natf. Ges. Thurgau, H. 17, 1906, 45–67, 1 Skz., 2 Taf. – Bespr. EgH, 9, 1906, 750; GZ 10/449; PetMitt., 54, Litber., 126.

— Phénomènes morphologiques des Alpes et de leurs avantmonts. – Livr. d. excurs. scient. IX. Congr. int. d. Géogr. Genève, 1908.

— Geographie der Schweiz. – St. Gallen (Fehr) 1929–1933, 805 S., 225 Fig., 7 Taf., K. 1:400000. – Bespr. Mitt. DÖAV, 1930, 93, 155; 1933, 183; Z. f. Glkde, 18, 1930, 263; Geogr. Z., 36, 1930, 564; 39, 1933, 51, 436; GZ 46 A/349; Mitt. Anthrop. Ges. Wien, 60, 1930, 199; 62, 1932, 311; 63, 1933, 385; PetMitt., 79, 1933, 149.

Fuchs Th. Über die Grundform der Erosionstäler. – JbRA 1877, 453–457.

Fugger E. Die Entstehung der Karseen. (Vortr.) – Bespr. Geogr. Z., 2, 1896, 462.

— La gorge de Sigmund Thun dans la vallée de Kaprun (Autriche). – Spelunca, t. 6, Nr. 21, 15–19. – Bespr. GZ 1/1686.

Furrer E. Bemerkung über einen Bergsturz bei Bormio. – Vierteljschr. Natforsch. Ges. Zürich, 60, 1915, 48–55. – Bespr. GZ 22/1381, 23/1072; NJb. 1917, 76; EgH 15, 1918, 144.

Futterer K. Durchbruchstäler in den Südalpen. – Z. Ges. f. Erdkde Berlin, 30, 1895, 94 S. – Bespr. VRA 1895, 177; NJb. 1897/1, 267; Sber. Niederrhein. Ges. f. Nat.- u. Heilkde, Bonn 1895, 94; Geogr. Z., 1, 1895, 243; Boll. Com. geol. d'It., 27, 1896, 354.

Gams H. u. **Nordhagen R.** Postglaziale Klimaänderungen und Erdkrustenbewegungen in Mitteleuropa. – Mitt. Geogr. Ges. München, 16, 1923, 13–336, 73 Abb. – Bespr. GZ 30/25; Vierteljschr. f. Gesch. u. Ldskde Vorarlbergs, 8, 1924, 23; Wr. Prähist. Z., 11, 1924, 75. S. a. W. Staub.

Gams H. Der Bergsturz von Balderschwang im Allgäu. – 46. Ber. d. Natwiss. Ver. f. Schwaben u. Neuburg, Augsburg 1928, 66–81, 4 Abb. – Bespr. Z. f. Glkde, 16, 1928, 293; VBA 1929, 96.

— Die postarktische Geschichte des Lüner Sees im Rätikon. – JbBA 1929, 531–570, K. 1:7500. – Bespr. Z. f. Glkde, 18, 1930, 267; GZ 42/305.

— Frostwirkungen am Ostufer des Bodensees im Winter 1928/29. – Schr. d. Ver. f. Gesch. d. Bodensees, 57. H., 1929, 139–156, 7 Abb.

— Die Bedeutung der Paläobotanik und Mikrostratigraphie für die Gliederung des mittel-, nord- und osteuropäischen Diluviums. – Z. f. Glkde, 18, 1930, 279–336, 22 Diagr. u. Skz.

Gastaldi B. Sulla escavazione dei bacini lacustri compresi negli anfiteatri morenici. – Atti Soc. it. Sc. nat., v. 5, 1863, 240–247.

— e **Mortillet G. de.** Sulla escavazione dei bacini lacustri e risposta del secondo degli autori. – Torino 1863.

Gastaldi B. Sulla riescavazione dei bacioni lacustri per opera degli antichi ghiacciai. – Mem. Soc. it. Sc. nat., 1865.

— Nuove osservazioni sull'origine dei bacini lacustri. – Atti R. Acc. d. Sc. d. Torino, v. 1. 1865.

— Über die Wirkungen der Gletschererosion auf die Alpentäler. (Engl.) – The Quart. Journ. of the Geol. Soc., London 1873, 396–402; The London, Edinb. a Dublin Phil. Mag. and Journ. of Science, London 1874, 229–235.

— Sur les glaciers pliocéniques de Mr. E. Desor. – Atti R. Acc. d. Sc. di Torino, v. 10, Febbr. 1875.

Gauß P. Die Brescianer Voralpen. Eine landeskundliche Skizze. – Geogr. Z., 1928, 129–149. – Bespr. GZ 37/1296.

Gerber E. Zur Morphologie wachsender Wände. – Z. f. Geomorph., 8, 1934, 213–223, 5 Fig. (S. a. Lehmann O.)

Gignoux M. Les sols polygonaux dans les Alpes et la genèse des sols polaires. – Annales de Géogr., 40, 1931, 610–619, m. Abb.

Giovanelli B. Graf. Der eingestürzte Berg bei dem Dorfe Marco unter Roveredo, „I slavini di Marco“ genannt. – Beitr. z. Gesch., Stat. u. Natkde etc. Tirols, 8, Innsbruck (Ferdin.) 1834, 90–132; Ital. Trento (Küpper-Fronza) 1869.

Girardin P. Une synthèse des études morphologiques sur la Suisse. – La Géographie, 55, Paris 1931, Nr. 1–2 65–67. – Bespr. GZ 46/349.

Glaser Th. Zur Geologie und Talgeschichte der Lenzer Heide (Graubünden). – Mitt. a. d. Geol. Inst. d. Univ. Bern, Jb. d. Phil. Fak. 2, Univ. Bern 1922, Bd 2, 89–99; Beitr. z. geol K. d. Schw., NF, 49, VII, Bern 1926, 58 S. – Bespr. GZ 29/239; NJb. 1927/2, B, 367.

Gogarten E. Über alpine Randseen und Erosionsterrassen, im besonderen des Linthtales. – PetMitt., Ergh. 165, 1910, 80 S.; Inaugdiss. Zürich, 1910. – Bespr. Z. f. Glkde, 5, 1911, 158; EgH 11, 1910, 690; Boll. Com. geol. d'It., 42, 1911, 54.

Gortani M. Le piramidi di erosione e i terreni glaziali di Fielis in Carnia. – Mondo sotterr., Riv. p. l. stud. d. grotte e d. fenom. cars., ann. 2, Udine 1906, Nr. 5–6. (Riv. d. Circ. Spel. e Idrol. friul., 2, Udine 1906, 73–82.) – Bespr. GZ 9/802; Boll. Com. geol. d'It., 38, 1907, 255.

— Fenomeni carsici nei terreni paleozoici della Carnia orientale. – Mondo sotterr., 5, Udine 1909, 66–68. – Bespr. GZ 14/1767.

— Di un'antica frana presso Tolmezzo. – In Alto, Cron. d. SAFr, 22, Udine 1911, 106–111. – Bespr. GZ 18/406; Boll. Com. geol. d'It., 43, 1913, f. 2–3, 63.

— Falde di detrito e coni di deiezione nella valle del Tagliamento. – Mem. Geogr., N. 20, 7, Firenze

1912, 339–434. – Bespr. Boll. Com. geol. d'It., 44, 1914, f. 2, 72.
— Cenni di geologia applicata sui coni di deiezione delle Prealpi venete. – Giorn. di Geol. prat., 11, Parma-Torino 1913, 40–43. – Bespr. GZ 20/269.
— La frana di Clauzetto (marzo-aprile 1914). – Pubbl. Nr. 65 d. R. Mag. a. Acque, Uff. Idrogr., Venezia 1915, 28 S., K. 1:25000. – Bespr. GZ 25/39, 37/1445.
— Relazione sui Terrazzi fluviali e marini d'Italia. – First Report of the Comm. on Pliocene and Pleistocene Terraces. Internat. Geogr. Union, Oxford 1928, 26–41. – Bespr. Z. f. Glkde, 19, 1931, 356.
— Bibliografia dei Terrazzi marini e fluviali d'Italia. – Com. pres. al Congr. internaz. di Geografia di Parigi, 1931. Comit. naz. it. p. la Geografia, Firenze 1931, 105 S.
Götzinger G. Beiträge zur Entstehung der Bergrückenformen. – Geogr. Abh., 9, 1907, 179 S.
— Neue Funde von Augensteinen auf den östlichen Kalkhochalpenplateaus. – VRA 1913, 61–65. – Bespr. GZ 20/88.
— Zur Frage des Alters der Oberflächenformen der östlichen Kalkhochalpen. – Mitt. Geogr. Ges. Wien, 56, 1913, 39–57, 4 Abb.
— Weitere neue Funde von Augensteinen auf den östlichen Kalkhochalpenplateaus. – VRA 1915, 272–284. – Bespr. GZ 22/777.
— Gestein und Landschaft. – Festschr. Deutsches Staatsgymn. Znaim, 1924, 27–32. – Bespr. GZ 36/1495.
— Zur nacheiszeitlichen Talbildung der Salzach und des Inn oberhalb Braunau. – Braunauer Heimatkunde, Braunau 1925, 10 S. – Bespr. GZ 33/1180, 36/1723.
Gradmann R. Unsere Flußtäler im Urzustand. – Z. Ges. f. Erdkde Berlin, 1932, 1–17.
Grahmann R. Bemerkungen über die Begriffe Diluvium, Eiszeit und Vereisung. – Z. f. Glkde, 20, 1932, 470–474. – Bespr. GZ 49 A/356.
Gredler V. Die Porphyre der Umgebung von Bozen und ihre mineralogischen Einschlüsse. Skizzen zu einer petrographisch-oryktognostischen Lokalstudie. – Bozen 1895, 40 S. – Bespr. VRA 1896, 92.
Greim G. Die Muren von Nauders und Tschaffein in Tirol. – Globus, 82, 1902, Nr. 11, 168–172. – Bespr. GZ 5/1412.
Gribaudi D. Movimenti epirogenetici quaternari e ringiovanimento alpino secondo recenti studi. – Riv. Geogr. It., 36, 1929.
Gsaller C. Der mittlere Neigungswinkel der Stubaier kämme. – Mitt. DÖAV, 1887, 116–118.
Gsell R. Beiträge zur Kenntnis der Schuttmassen im Vorderrheintal. – Diss. Zürich, 1918, 76 S.; Jber. Natf. Ges. Grbd., NF, 58, 1917/18, Chur 1918, 127–202, K. 1:50000. Litverz. ebd., 59, 1918/19, Chur 1919, 200–203. – Bespr. GZ 25/269; Z. f. Glkde, 11, 1920, 93.
Gugenberger O. Geologische Studien aus Überetsch mit besonderer Berücksichtigung glazialer Fragen. Sber. Akad. d. Wiss. Wien, math.-nat. Kl., Abt. 1, 138, 1929, 273–283, 3 Abb., 1 K. – Bespr. GZ 42/357; NJb. 1930/2, 421.
Gümbel C. W. v. Gletschererscheinungen aus der Eiszeit (Gletscherschliffe und Erdpfeiler im Etsch- und Inntale). – Sber. Ak. d. Wiss. München, 1872, 223–255. – Bespr. VRA 1873, 99; NJb. 1873, 324; Bl. 332.
Gumprecht O. Die Aufschüttungsebene von Bellinzona. Beiträge zu einer Entwicklungsgeschichte des Deltas am oberen Ende des Langensees. – Mitt. Ges. f. Erdkde Leipzig, 1914 (1915), 197–239. – Bespr. PetMitt., 63, 1917, 319; GZ 23/655.
Günther S. Glaziale Denudationsgebilde im mittleren Eisacktal. – Sber. Ak. d. Wiss. München, 32, 1902 (1903), 459–486. – Bespr. VRA 1903, 72; GZ 4/669.
— Erdpyramiden und Büßerschnee als gleichartige Erosionsgebilde. – Sber. Ak. d. Wiss. München, 34, 1904, 397–420. – Bespr. GZ 6/1055; NJb. 1907/1, 379.
— Alpine Denudationserscheinungen. (Vortr.) [Erdpyramiden am Schabser Plateau.] – Mitt. Geogr. Ges. München, 1, 1904, 155–156.
— Neue Beiträge zur Theorie der Erosionsfiguren. – Sber. Ak. d. Wiss. München, 35, 1905, 477–494. – Bespr. GZ 8/962.
— Die Bodenseeforschung in ihrer geschichtlichen Entwicklung. – Schr. d. Ver. f. Gesch. d. Bodensees, H. 35, 1906, 17–32.
— Die Lehre von den Bergstürzen in ihren Anfängen. – Alpenfreund, 1, 2, München 1920, 4 S.
Gunz K. Der innere Walgau und seine Nebentäler, eine geomorphologische Skizze. – Progr. d. Staatsgymn. Feldkirch, 1915 (14 S.), 1916, 1926 u. 1927.
— Der eiszeitliche und nacheiszeitliche Formenschatz der Umgebung von Feldkirch. – Feldkircher Anzeiger, 1921.
Haarmann E. Über Stauung und Zerrung durch einmalige und wiederholte Störungen. – Z. DGeol-Ges., 72, 1920, 218–245. – Bespr. NJb. 1927/2, B, 308.
— Zur Terminologie der Falten und Flexuren. – Z. DGeolGes., 74, 1922, Mber., 121–125. – Bespr. NJb. 1927/2, B, 309.
— Über die Kraftquelle der Tektogenese. – Z. DGeol-Ges., 78, 1926, Mber., 71–83. – Bespr. NJb. 1927/2, B, 309; GZ 40/678.
— „Tektogenese" oder „Gefügebildung" statt „Orogenese" oder „Gebirgsbildung". – Z. DGeolGes., 78, 1926, Mber., 105–107. – Bespr. NJb. 1927/2, B, 309; GZ 40/456, 1061.
— Die Oszillationstheorie. – Resumen de las Comunicaciones anunciadas Intern. Geol. – Kongr. Madrid, 5, V, 1926, 133f., Stuttgart (Enke) 1930. – Bespr. GR 21, 1930, 315; VBA 1931, 99.
— Die Oszillationstheorie. Eine Erklärung der Krustenbewegungen von Erde und Mond. – Stuttgart (Enke) 1930, 260 S., 1 K., 78 Abb. – Bespr. GZ 43/113, 45/93, 1400; Z. f. Geomorph., 6, 1931, 303; Z. f. prakt. Geol., 38, 1930, 109; Z. DGeolGes., 83, H. 5, 1931, 257–367; Z. Ges. f. Erdkde Berlin, 1931, 146; Zbl. f. Min., B, 1931, 508.
— Bemerkungen zur Aussprache über die Oszillationstheorie. – Z. DGeolGes., 83, 1931, 368–388 (mit Litverz.). S. a. Nopcsa u. Van Bemmelen. – Bespr. NJb. 1932/2, 173.
— Die Erklärung der Erdkrustenbewegungen durch die Oszillationstheorie. – Forschungen u. Fortschr., 1931, 294–295, 2 Abb.
— Die Zeitlichkeit der Erdkrustenbewegungen. – NJb. 1934, Bbd 71, Abt. B, 48–87, 3 Abb. – Bespr. PetMitt., 80, 1934, 28; Z. f. Geomorph., 8, 1934, 148; GZ 51/A 1897.
Habicher F. Die Grenze zwischen Etschtal und Inntal. – Der Schlern, 10, 1929, 284.
Hackel E. Eine alte Gletscherlandschaft im Velbertauerntal. – Mitt. Sekt. f. Natkde ÖTC, 2, 1890, 3–4.
Hager K. Die Quellfluren der Erosionsmulden des Acletta- und Vorderrheins bei Disentis, 1150 m

ü. M., Bündner Oberland. - Verh. Schw. Natf. Ges., 98. Jvers. Schuls, 1916, II, 172-173.

Hammer W. Der Einfluß der Eiszeit auf die Besiedlung der Alpentäler. - Z. DÖAV, 1914, 61-81. - Bespr. GZ 24/626.

— Zur Deutung des Bimsteinvorkommens bei Köfels im Ötztal. - VBA 1930, 85-93. - Bespr. GZ 42/627.

Harrassowitz H. Studien über mittel- und südeuropäische Verwitterung. - Steinmann-Festschrift, GR 17a, 1926, 122-210. - Bespr. GZ 34/1366.

— Fossile Verwitterungsdecken. - Handbuch d. Bodenlehre (E. Blanck), 4, 1930, 225-305, 14 Abb. - Bespr. GZ 50 A/324.

Hartmann V. Das Tal des Weißensees in Kärnten. Ein Beitrag zur näheren Kenntnis der Seen des Landes. - 26. Jber. StORschule Klagenfurt, 1883, 50 S., 1 K.

Heim Alb. Einiges über die Verwitterungsformen der Berge. - Neujahrsblatt Natf. Ges. Zürich f. d. J. 1874, Zürich 1873, 35 S. - Bespr. NJb. 1874, 323.

— Über den Anteil der Gletscher an der Bildung der Täler. - Vierteljschr. Natf. Ges. Zürich, 20, 1875, 205-208. - Bespr. Gaea, 11, 1875, 574.

— Über die Karrenfelder. - Jb. SAC, 13, Bern 1878, 13 S.

— Über Talstufen und Terrassen in den Alpen. - Verh. Schw. Natf. Ges. Bern, 1879, 88-89; Vierteljschr. Natf. Ges. Zürich, 23, 1878 (Vortr.).

— Über die Verwitterung im Gebirge. - Öffentl. Vorträge, V, 5, Basel (Schweighauser) 1879, 40 S. - Bespr. Mitt. DÖAV, 1879, 183.

— Gutachten betr. die Gemeinde Fetan. (Bergschlipf von Fetan und Chur.) - Chur 1881.

— Gutachten über den am 11. Sept. 1881 stattgefundenen Bergsturz bei Elm. - Glarus 1881, 14 S.

— Über den Bergsturz von Elm. - Z. DGeolGes., 34, 1882, 74-115, 435-439. (S. a. Buss u. Rothpletz.)

— Bergstürze. - Gaea, 18, Köln u. Leipzig 1882, 231-237.

— Über Bergstürze. - Neujahrsblatt Natf. Ges. Zürich, 1882, 31 S. - Bespr. PetMitt., 28, 1882, 62; Jb. SAC, 17, 1882, 483; Jber. Natf. Ges. Grbd., NF, 25, Chur 1882, 145; Ausland (Stuttgart) 1882, 143; Natur (Halle) 1882, 83; Mitt. Geogr. Ges. Wien, 1883, 92.

— Gipfelgesteine. - Jb. SAC, 18, Bern 1883, 434-435. - Bespr. Arch. d. sc. phys. et nat., t. 11, 386; Rev. géol. suisse p. l'a. 1883, Genève 1884, 76.

— Relief des Bergsturzes von Elm 1:4000. - Geol. Sammlg Polytechn. Zürich, 1883.

— Der alte Bergsturz von Flims (Graubündner Oberland). - Jb. SAC, 18, Bern 1883, 295-309. - Bespr. Jber. Natf. Ges. Grbd., NF, 27, Chur 1884, 66. S. Ampferer.

— u. **Penck A.** Aus dem Gebiete des alten Isargletschers und des alten Linthgletschers. - Z. DGeol-Ges., 38, 1886, 161-169. - Bespr. NJb. 1887/2, 297; Mitt. DÖAV, 1886, 180; PetMitt., 32, 1886, Litber., 111; Bl. 694.

Heim Alb. Sur l'origine des grands lacs alpins. - Arch. d. sc. phys. et nat., 3e pér., t. 28, Genève 1892, 449-450; EgH 3, 1892, 243-244. - Bespr. EgH 3, 356.

— Über die Entstehung der Seen. - Ber. ü. d. Tätigkeit d. St. Gall. Natwiss. Ges. 1891/92, St. Gallen 1893, 65-66.

— Die Bodenbewegungen von Campo im Maggiatal, Kanton Tessin. - Vierteljschr. Natf. Ges. Zürich, 43, 1898, 1-24.

— Über den rückläufigen Deckenschotter. - Verh Schw. Natforsch. Ges., 96. Jvers. Frauenfeld, 1913, 2, 200-202; EgH 12, 1912, 682-683. - Bespr. EgH 13, 1914, 679.

— u. **Arbenz P.** Karrenbildungen in den Schweizer Alpen. - Geol. Charakterbilder (H. Stille), 10. H., Berlin 1912, 7 Taf. - Bespr. EgH 13, 1914, 38; GZ 19/818; NJb. 1914/1, 42.

Heim Alb. Über die Gipfelflur der Alpen. - Geol. Nachlese, Nr. 27; Vierteljschr. Natf. Ges. Zürich, 67, 1922, 45-66. - Bespr. GZ 29/150; NJb. 1924/2, 55.

— Rélations de la profondeur du plissement avec la gravitation et la hauteur des montagnes dans les Alpes. - Soc. géol. de Belgique, 50, Liv. jubil. 1874-1924, Liège 1924, 14-28.

— Die Gipfelflur der Alpen. - Vierteljschr. Natf. Ges. Zürich, 70, 1925, Sber., 24, 25.

— Die Gipfelflur der Alpen. - Neujahrsblatt Natf. Ges. Zürich a. d. J. 1927, 129. St., 25 S., 11 Abb., 1 Taf. - Bespr. GZ 36/771; Z. Ges. f. Erdkde Berlin, 1927, 529; Z. f. prakt. Geol., 1927, 95; PetMitt., 74, 1928, 355.

— Von der Entstehung der Alpen. - Das Alpenbuch der Eidgen. Postverwaltg, 2, Bern 1930, 23-41. - Bespr. GZ 43/163; NJb. 1930/3, 523; GR 21, 1930, 338; Mitt. Geolog. Ges. Wien, 23, 1931, 180.

— Bergsturz und Menschenleben. - Vierteljschr. Natf. Ges. Zürich, 1932, 218 S., 37 Abb. - Bespr. VBA 1933, 81; GR 1933, 258; Z. Ges. f. Erdkde Berlin, 1933, 227; Boll. R. Soc. Geogr. It., s. 6, v. 10, Roma 1933, 568; Z. f. Geomorph., 8, 1934, 199.

Heim Arn. u. **Arbenz P.** Karrenbildungen in den Schweizer Alpen. - Geol. Charakterbilder (H. Stille), 10. H., Berlin 1912, 7 Taf. - Bespr. EgH 13, 1914, 38; GZ 19/818; NJb. 1914/1, 42.

Heim F. Die Absenkung des Walchensees und ihre Auswirkungen. - Sonderdruck, 3 S., 4 Fig. - Bespr. GZ 35/1229.

Heißel W. Quartärgeologie des Silltales. - JbBA 1932, 429-468, 2 Taf., 2 Fig. - Bespr. Z. f. Geomorph., 8, 1934, 48; Z. f. Glkde, 21, 1933, 247; GZ 50 A/783.

Heller F. u. **Nieder R.** Geologisch-morphologische Untersuchungen im Partnachtal des Wettersteingebirges. - Mitt. ü. Höhlen- u. Karstforschung, Berlin 1932, H. 4, 119-153, 2 Taf., 5 Abb.

Henkel L. Zur Morphologie der Flußläufe. - GR 17, 1926, 1-3, Nachtrag 280. - Bespr. GZ 37/1205.

— Einwände gegen wichtige Punkte in W. Pencks Erosionstheorie. - PetMitt., 1926, 263f. - Bespr. GZ 35/298.

Hennig E. Neue Beiträge zur Entwicklung des Erdoberflächenbildes. - PetMitt., 71, 1925, 53-55.

Heritsch F. Die glazialen Terrassen des Drautales. - Carinthia II, 1905, 29 S. - Bespr. GZ 7/2278; Z. f. Glkde, 1, 1907, 155.

— Glaziale Spuren im Vellachtale. - Mitt. Geogr. Ges. Wien, 1906, 417-435. - Bespr. GZ 8/1569.

— Bemerkungen zum Glazialdiluvium des Drautales. - VRA 1907, 214-216. - Bespr. GZ 14/97.

— Morphologie des Alpenostrandes in der Grazer Bucht. - PetMitt., 1923, 113-115. - Bespr. GZ 31/83.

— Die jugendliche Hebung der östlichen Zentralalpen. - Z. f. Geomorph., 1, Leipzig 1925, 45-48.

— Die Entstehung der Hochgebirgsformen. Ein Buch für Bergsteiger. - Graz (Leuschner u. Lubensky) 1927, 170 S. - Bespr. Z. f. Geomorph., 3, 1928, 165.

— Über die Nordgrenze der Karnischen Alpen. -

Anzg. Ak. d. Wiss. Wien, math.-natw. Kl., 69, 1932, 240–241.

Hernegger F. Eine Eishöhle in der Nähe der Obstanserseehütte. – Austria-Nachr., 1932, 165, 1 Abb. – Bespr. Reichspost v. 10. 10. 1933; Tir. Anzg., Nr. 235 v. 11. 10. 1933.

— Eishöhle beim Obstanser See. – Mitt. über Höhlen- und Karstforschung, Berlin (Junk) 1933, H. 1, 43–44.

Hess H. Der Taltrog. – PetMitt., 49, Gotha 1903, 73–77. – Bespr. VRA 1904, 67; GZ 5/2144; Mitt. Geogr. Ges. München, 4, 1909, 139.

— Erwiderung auf die Ausführungen v. Crammers zur Frage ineinander geschalteter Taltröge. – Z. f. Glkde, 3, 1909, 155–156.

— Der Abtrag in den Schweizer Alpen. – PetMitt., 55, 1909, 360–362.

— Talbildung in den Alpen. – Himmel u. Erde, 21, 1909, 537–546.

— Gletscherkunde und Glazialrelief. – GR 1910, 135–142 u. Ber. ü. d. Fortschr. d. Geol., 1910, 95–102.

— Die Alpen im Eiszeitalter. – PetMitt., 56, 1910, 81.

— Die Schutzwirkung der Eisdecke auf die Alpenformen. – PetMitt., 57, 1911, Kl. Mitt., 78–79.

— Die präglaziale Alpenoberfläche. Beobachtungen am Iseosee, im Ogliotal und in Südtirol. – PetMitt., 59, 1913/1, 281–288. – Bespr. GZ 20/514; EgH 13, 1914, 671; NJb. 1915/1, 120; Natwiss. Wochenschr., NF, 13, 1914, 55; Geogr. Anzg., 14, 1913, 186; Boll. Com. geol. d'It., 45, 1915, f. 1–2, 42.

— Gerard de Geers „Kurve der Sonnenstrahlung". – PetMitt., 1929, 70. – Bespr. GZ 41/630.

— Über die Dicke des Fedtschenkogletschers. Mit Betrachtungen über den eiszeitlichen Inngletscher. – Z. f. Glkde, 20, 1932, 222–232. – Bespr. GZ 49 A/745.

Hettner A. Über die Oberflächenformen der Hochalpen. Nach den Untersuchungen E. Richters. – Geogr. Z., 7, 1901, 447–459.

— Die Arbeit des fließenden Wassers. – Geogr. Z., 16, 1910, 365–384.

— Die Terminologie der Oberflächenformen. – Geogr. Z., 17, 1911, 135–144.

— Alter und Form der Täler. – Geogr. Z., 18, 1912, 665–682. – Bespr. NJb. 1913/2, 47.

— Die Entstehung des Talnetzes. – Geogr. Z., 19, 1913, 153–161.

— Die Abhängigkeit der Form vom inneren Bau. – Geogr. Z., 19, 1913, 435–445.

— Rumpfflächen und Pseudorumpfflächen. – Geogr. Z., 19, 1913, 185–202.

— Die Entwicklung der Landoberfläche. – Geogr. Z., 20, 1914, 129–145.

— Die Vorgänge der Umlagerung an der Erdoberoberfläche und die morphologische Korrelation. – Geogr. Z., 20, 1914, 185–197.

— Die morphologische Forschung. – Geogr. Z., 25, 1919, 341–352. – Bespr. GZ 24/579.

— Die morphologische Darstellung. – Geogr. Z., 26, 1920, 131–136.

— Die Oberflächenformen des Festlandes. Ihre Untersuchung und Darstellung. Probleme und Methoden der Morphologie. – 1. Aufl. Leipzig 1921, 258 S. – Bespr. Mitt. Geogr. Ges. München, 1921, 332. – 2. Aufl. Leipzig-Berlin 1928, 178 S. – Bespr. Ebd. 1929, 173; GZ 40/407; Z. Ges. f. Erdkde Berlin, 1929, 312; PetMitt., 75, 1929, 207; Geogr. Z., 27, 1921, 179; 34, 1928, 558; GR 22, 1931, 250.

— Noch einmal die leidigen Fastebenen. – Geogr. Z., 30, 1924, 286–290. – Bespr. GZ 31/873.

Heydweiller E. Geologische und morphologische Untersuchungen in der Gegend des St. Bernhardinpasses (Südwestliches Graubünden). – Inaugdiss. Univ. Zürich, 1918; EgH 15, 1918, 149–296, K. 1:50000. – Bespr. GZ 24/603; NJb. 1923/2, 247.

Hilber V. Asymmetrische Täler. – PetMitt., 1886, 171–177.

— Die Entstehung der Talungleichseitigkeit. – Mitt. Natwiss. Ver. f. Steiermark, 1889, Graz 1890. – Bespr. VRA 1890, 181; NJb. 1890/2, 240. – Erwiderung. – VRA 1890, 266–268.

— Die Bildung der Durchgangstäler. – PetMitt., 1889.

— Bildungszeiten der Flußbaustufen. – Geogr. Anz., 9, 1908, H. 6, 123–124.

— Gegenbemerkungen über Terrassen und mittelsteirische Wanderblöcke. (Gegen Ampferer.) – Z. f. Glkde, 4, 1910, 71–72.

— Entstehung der quartären Schotterterrassen im Umkreis der Alpen. (Mit Gegenbemerkungen Brückners.) – Z. f. Glkde, 4, 1910, 72–73, 304–306.

— Taltreppe, eine geol.-geogr. Darstellung. – Graz 1912, 50 S., 1 K. – Bespr. Mitt. Geogr. Ges. Wien, 1912, 404; NJb. 1916/1, 207; Z. Ges. f. Erdkde Berlin, 1913, 235; Geogr. Z., 19, 1913, 411.

— Falsche Beschuldigungen seitens Dr. O. Ampferers. – VRA 1912, 306–310. (Inntalterrassen.)

— Entgegnung an Dr. O. Ampferer. – Graz 1913. (Inntalterrassen.)

— Talepigenese. – PetMitt., 67, 1921, 245–247.

— Erwiderung auf Bayer „Lößmagdalénien". – Mitt. Anthrop. Ges. Wien, 52, 1922, 186–189. S. Bayer.

Hinzpeter G. Die Bildung der Hochgebirge durch kosmische Katastrophen. – Berlin (Luken u. Luken) 1932, 295 S., 47 Abb. – Bespr. PetMitt., 79, 1933, 36; GZ 50 A/81.

Hoffmann F. L. Der Gadriabach bei Laas im Vintschgau. Eine Wildbachstudie. – Z. DÖAV, 1885, 18 S., 1 K.

Hol J. B. L. De morphologische problemen op een excursie in de Kalkalpen en over de Pfandlscharte. – Tijdschr. v. h. kon. Ned. Aardrijksk. Genootsch. 2. Reihe, 42, Leiden 1925, 596–597.

Hölzl P. Die Montiggler Seen und die Eislöcher in der Gand. – Bozner Ztg, Nr. 158 v. 1882.

Hradil G. Zur Geologie der Planseeumgebung. – Innsbr. Nachr., Nr. 59 v. 10. 3. 1928, 1 Sp.

— Die Baustoffe in der Tiroler Gesteinswelt. (Vortr.) – Innsbr. Nachr., Nr. 261 v. 13. 11. 1934, 4—5.

Huditz W. Werden und Vergehen der Gebirge. (Vortrag.) – Carinthia II, 1915, 53–62.

Hundhausen J. Über die Gebirgsformen in den Alpen. (Vortr.) – Wissensch. Ver. zu Hamm in Westf., 1884, 76 S.

Ilešić S. Planine ob dolenji Zilji. Die Almen des unteren Gailtales. – Geografski Vestnik, 7, Ljubljana 1931, Nr. 1–4, 120–148, 4 Abb.

Inngletscher. Das Relief des alten -s im Alpinen Museum. – Mitt. DÖAV, 1913, 278–279.

Janczewski E. W. Les vallées préglaciaires du Rhin alpin. – Bull. Soc. vaud. d. sc. nat., 52, 1918, Nr. 194, Proc.-Verb. 45–48; Arch. d. sc. phys. et nat., Genève, 46, 1918, 177–179. – Bespr. GZ 26/421.

Jenette A. Klüfte und Talrichtung im Gebiete der Trettach und ihrer Nebenflüsse. – Inaugdiss. Univ. München, 1931, 44 S., 12 Abb., 1 Skz.; Mitt. Geogr. Ges. München, 24, 1931, H. 2, 257–300. – Bespr. GZ 47 A/2076.

Kaufmann H. Rhyhthmische Phänomene der Erdoberfläche. – Braunschweig (Vieweg) 1929, 348 S., 15 Abb. – Bespr. Z. f. Glkde, 17, 1929, 249; GZ 40/70, 45/1515; Z. Ges. f. Erdkde Berlin, 1930, 143; Z. f. Geomorph., 5, 1930, 254; GR 21, 1930, 321; Geogr. Z., 36, 1930, 46; PetMitt., 76, 1930, 43; Z. f. Krist., 73, 1930, 120; Tscherm. Min. u. petr. Mitt., 40, 1930, 199.

Kautsky F. Die jüngeren Verbiegungen in den Ostalpen und ihr Ausdruck im Schwerebild. – Sber. Ak. d. Wiss. Wien, Abt. 1, 133, Wien 1924, 411–421, 1 K., 1 Fig. – Bespr. GZ 33/728; NJb. 1927/1, B, 26.

Keilhack K. Erdpyramiden bei Bozen. – Prometheus, 7, 1896, 398–400.

Kerner F. v. Die Verschiebung der Wasserscheide im Wipptale während der Eiszeit. – Sber. Ak. d. Wiss. Wien, 100, 1891, 16 S. – Bespr. VRA 1892, 228; NJb. 1894/2, 46; Bl. 804; Mitt. Sekt. f. Natkde ÖTC, 4, 1892, 5; PetMitt., 1892, Litber., 140.

Kieslinger A. Tertiäre Verwitterungsböden in den zentralen Ostalpen. – GR 19, 1928, 464–478. – Bespr. Ebd. 20, 1929, 76.

Kilian W. Note sur le „surcreusement" (Übertiefung) des vallées Alpines. – Bull. Soc. géol. France, 28, 1003–1005. – Bespr. GZ 1/1799.

Kinkelin F. Über die Eiszeit. Zwei Vorträge: 1. Gletscherwirkung und Moränenlandschaft. 2. Die Geschichte der Verbreitung der alten Gletscher in der Schweiz und in Schwaben und ihres Schwindens. Nachträge. – Ber. d. Senckenbg. Natf. Ges. 1874–1875, Frankfurt 1876, 77–133, 367–372, 1 K. – Bespr. NJb. 1876, 674.

— Der Boden von Lindau im Bodensee und Umgebung. Eine geologische Lokalskizze. – Schr. d. Ver. f. Geschichte d. Bodensees, 36, 1907, 35 S., 1 K., 11 Fig. – Bespr. Z. f. Glkde, 2, 1908, 79; GZ 9/3513.

— Die Drumlinlandschaft in der Umgebung von Lindau am Bodensee. – 1912.

Kinzl H. Die Landschaft (Südtirols). – In: Südtirol v. Bell, 1927, 9–19, 2 Tab., 1 Skz.

— Die Landschaft von Deutsch-Südtirol. – Die ostbayr. Grenzmarken, 16, 1927, 97–105. Mit Abb.

— Die tirolische Inntallandschaft. – In: Erdkundl. Quellenbuch v. Schnaß-Wilckens, 1927, Europa I, 176–179.

— Bilder von der Dolomitenstraße. – In: Erdkundl. Quellenbuch v. Schnaß-Wilckens, 1927, Europa I, 180–183.

— Beobachtungen über Strukturböden in den Ostalpen. – PetMitt., 1928, H. 9/10, 261–265. – Bespr. GZ 39/1192; Z. f. Glkde, 17, 1929, 255.

— Beiträge zur Geschichte der Gletscherschwankungen in den Ostalpen. – Z. f. Glkde, 17, 1929, 66–121. – Bespr. GZ 42/682; Mitt. DÖAV, 1930, 263; GR 21, 1930, 202.

— Die größten nacheiszeitlichen Gletschervorstöße in den Schweizer Alpen und in der Mont Blanc-Gruppe. – Z. f. Glkde, 20, 1932, 279–397, 11 Skz. u. Abb., 20 Bilder. – Bespr. GZ 49 A/746; Z. Ges. f. Erdkde Berlin, 1934, 61.

Kittl E. Bergstürze und Rutschungen. – Mitt. Sekt. Naturkde ÖTC, 11, 1900, 1–41.

Kittler Chr. Über die geogr. Verbreitung und Natur der Erdpyramiden. – Münchener Geogr. Studien, 3, 1897, 5 S.; Inaugdiss. Erlangen, Ansbach 1897, 56 S. – Bespr. NJb. 1899/1, 442.

Klebelsberg R. v. Südtiroler geomorphologische Studien. Das mittlere Eisacktal. 1. Teil. – Z. Ferdin., 3. F., 56. H., Innsbruck 1912, 115–231, 1 Prof.

— Moränen- und Drumlinzonen im Bereiche der oberbayerischen Vorlandvergletscherung. – Mitt. Geogr. Ges. München, 8, 1913, 49–54. – Bespr. GZ 21/1401.

— Die eiszeitliche Vergletscherung der Alpen unter besonderer Berücksichtigung der Ostalpen. – Z. DÖAV, 1913, 26–39.

— Der Brenner. Geologisch betrachtet. – Z. DÖAV, 1920, 1–24.

— Der Bergsturz von Stilfes bei Sterzing. – Der Schlern, 1, Bozen 1920, 369–373, 1 Skz.

— Zur Morphologie der Lessinischen Alpen. – Ostalp. Formenstudien, Abt. 3, H. 1, 1921, 64 S., 1 K. – Bespr. Z. f. Glkde, 14, 1926, 187; Z. Ges. f. Erdkde Berlin, 1921, 228; Geogr. Z., 28, 1922, 288; Studi Trent. Sc. Nat., 7, 1926, 187.

— Die Haupt-Oberflächensysteme der Ostalpen. – VBA 1922, 45–67. – Bespr. GZ 29/444.

— Südtiroler geomorphol. Studien: Die Höhen zwischen Eisack- und Sarntal. (Villanders Alpe und Ritten.) – Veröff. Mus. Ferdin., Innsbruck 1922, 81 S., 1 K. – Bespr. Z. f. Glkde, 14, 1926, 186; Vierteljschr. f. Gesch. u. Ldskde Vorarlbergs, 8, 1924, 107.

— Die Böden unserer Gegenden. – Der Schlern, 4, 1923, 344–351.

— Die morphologische Erforschung der Ostalpen. (Sammelref.) – Mitt. DÖAV, 1923, 135–136.

— Aus der Geologie Südtirols: Die eiszeitliche Vergletscherung. – Der Schlern, 4, 1923, 129–134.

— Probleme der alpinen Quartärgeologie. (Vortr.) – Z. DGeolGes., 76, 1924 (1925), Mber. Nr. 11/12, 228–240. – Bespr. GZ 33/1063; Z. f. Geomorph., 2, 1927, 81.

— Die Erhebung der Alpen. (Nach ostalpinen Befunden.) – Z. DGeolGes., 77, 1925, Mber., 275–284. – Bespr. GZ 40/1286.

— Das Antlitz der Alpen. (Zum Vortrage A. Pencks auf der Innsbrucker Naturforscherversammlung.) – Z. DGeolGes., 77, A, Abh., 1925, 372–390. – Bespr. GZ 33/1320, 37/570; Z. f. Geomorph., 2, 1927, 81.

— A. Penck über das Antlitz der Alpen. – Mitt. DÖAV, 1925, 161–163.

— Ein geologischer Spaziergang von Gossensaß nach Sterzing. – Der Schlern, 6, 1925, 73–76.

— Über die Verbreitung interglazialer Schotter in Südtirol. – Z. f. Glkde, 14, 1926, 266–285. – Bespr. GZ 34/479; Z. f. Geomorph., 3, 1928, 167; Studi Trent. Sc. Nat., 9, 1928, 115.

— Bau und Bild der Südtiroler Dolomiten. – Z. DÖAV, 1926, 1–9.

— Die Südtiroler Erdpyramiden. – Geol. Charakterbilder (Stille-Andrée), H. 35, Berlin (Borntraeger) 1927, 16 S., 12 T. – Bespr. GZ 37/1081.

— Vinschgauer Wanderungen. 1. Rojen. 2. Auf den Spuren des Langtauferer Gletschers. 3. Die Seen auf der Malserhaide. – Der Schlern, 8, Bozen 1927, 88–89, 148–151, 412–415.

— Vom abgesenkten Lünersee. – Mitt. DÖAV, 1927, 38–41.

— Geologischer Führer durch die Südtiroler Dolomiten. – Sammlg Borntraeger, 33, Berlin 1928, 362 S., 1 Kartenskz., 2 Taf., 16 Prof. – Bespr. Geogr. Z., 35, 1929, 306; Z. f. Geomorph., 4, 1929, 184; GR 20, 1929, 378; GZ 40/1818; Mitt. DÖAV, 1929, 167; Studi Trent. Sc. Nat., 10, 1929, 77; Der Schlern, 10, 1929, 116; Z. Ges. f. Erdkde Berlin, 1930, 71.

— Junge und alte Züge im Gossensasser Landschaftsbild. – Der Schlern, 9, 1928, 255–257.
— K. Diwalds glazialmorphologische Forschungen und Anschauungen. – Z. f. Glkde, 17, 1929, 240–243.
— Vinschgauer Wanderungen. 4. Gschneier-Tanás. 5. Über Vallnair ins Suldner Tal. – Der Schlern, 10, 1929, 6–9, 388–390.
— Geologische Einführung: Schichtfolge, Gebirgsbau, Formentwicklung, Vergletscherung mit den geolog. Sonderabschnitten der „Südlichen Ostalpen von der Etsch bis zum Piave". – Der Hochtourist in den Ostalpen, DÖAV, 1929, VII, 17–32, 35–36, 56–57, 64–66, 83, 111–113, 185–186, 192–193, 212–213, 225–226, 276–277, 297–299, 326–327, 416–418, 462–463.
— Veränderungen im Brixner Landschaftsbild im Laufe der letzten Jahrzehnte. – Der Schlern, 10, 1929, 426–429.
— B. Eberl über das Iller-Lech-Vorlandgletschergebiet. – Z. f. Glkde, 18, 1930, 353–361. – Bespr. GZ 44/1725.
— Das Bozner Land. – Alpenlandschaften (E. Oberhummer), Bd 3, Deutscher Verl. f. Jugend u. Volk, Wien 1930, 90 S., 26 Abb. – Bespr. GZ 44/875; Mitt. DÖAV, 1930, 223; Mitt. Geogr. Ges. München, 23, 2. H., 1930, 234; Heimat, 11, Innsbruck 1930, 288; Österr. Touristenztg, 51, 1931, 32; Z. f. Geomorph., 6, 1931, 128; Geogr. Z., 36, 1930, 625.
— Die Murbrüche im Tauferer und Antholzer Tal am 5. August 1931. – Der Schlern, 12, 1931, 333–338.
— Grundzüge der Geologie Tirols. – In: Tirol, Land, Natur, Volk u. Geschichte, herausgeg. vom DÖAV, München (Bruckmann) 1933, 23–91, 1 K., 1 Skz. – Bespr. Mitt. DÖAV, 1934, 51, 147; Der Schlern, 15, 1934, 189; PetMitt., 1934, 317.
— Südtiroler Mittelgebirgswanderungen. – Z. DÖAV, 1933, 197–208, 8 Taf.
— H. Bobek über die Formentwicklung der Zillertaler Alpen. – Mitt. DÖAV, 1934, 33.

Klüpfel W. Über Reliefmorphogenie und zyklische Landschaftsgenerationen. – GR 17, 1926, 401–417. – Bespr. GZ 35/974, 36/1494; Z. f. Geomorph., 3, 1928. 152.
— Morphologie und Paläomorphologie. – Forschungen u. Fortschritte, Berlin 1927, 2 S. – Bespr. Z. f. Geomorph., 3, 1928, 152.
— Die Entstehung der Donau. (Vortr.) – Z. DGeol-Ges., B, Mber., 1928. 282–287.
— Über das Alter junger Gebirgserhebung, die Datierung von Hochflächen und die Deutung von Höhenreliefs. – GR 22, 1931, 308–313. – Bespr. GZ 46 A/2063.

Knauer J. Geologischer Überblick über die Alpen zwischen Tegernsee und Gmunden am Traunsee und das bayerisch-österreichische Tertiärhügelland. – Abriß der Geol. v. Bayern r. d. Rh. (M. Schuster), Abt. 1, München 1925, 103 S. – Bespr. NJb. 1926/2, B, 342.
— „Grundfragen alpiner Formenkunde" und die Entstehung des Walchenseebeckens. – GR 1926, 113–118. – Bespr. GZ 34/597; NJb. 1926/2, B, 347; 1928/2, 595.
— Glazialgeologische Ergebnisse aus dem Isargletschergebiet. (Vortr.) – Z. DGeolGes., B, Mber., 1928, 294–303. – Bespr. Z. f. Glkde, 17, 1929, 270; GZ 41/340; NJb. 1929/3, 684; 1930/2, 721.
— Geologischer Überblick über die Alpen zwischen dem Bodensee und dem Tegernsee und ihr Molassevorland. – Abriß der Geol. v. Bayern r. d. Rh. (M. Schuster), Abt. 2. München 1928, 184 S. – Bespr. Mitt. DÖAV, 1930, 23; NJb. 1929/3, 216; GZ 41/1019.
— Die Gehängerutsche (Blattanbrüche) bei Garmisch-Partenkirchen. (Ein Beispiel für die erodierende Kraft des Hagels.) – Abhdlgen. Geol. Ldsuntersuchung am Bayer. Oberbergamt, H. 11, München 1933, 47–55, 2 Taf. – Bespr. GZ 50 A/1925.

Knebel W. v. Höhlenkunde, mit Berücksichtigung der Karstphänomene. – Braunschweig 1906, 222 S. (H. 15 der Wissenschaft, Sammlg natwiss. u. math. Monographien). – Bespr. Mitt. DÖAV, 1907, 218; Mitt. Geogr. Ges. Wien, 49, 1906, 449.

Knoblauch P. Die Bewegungen am Motto d'Arbino bei Bellinzona. – Die Alpen, 3, 1927, 361–373, 4 Taf., 4 Fig.

Kober L. Über Bau und Oberflächenform der östlichen Kalkalpen. – Mitt. Nat. Ver. Univ. Wien, 9, Nr. 5, 1911, 73–84.
— Das alpine Europa. Ein geologisches Gestaltungsbild. – Berlin (Borntraeger) 1931, 310 S., 33 Abb., 3 Taf. – Bespr. Geogr. Z., 38, 1932, 435; Z. f. Geomorph., 7, 1933, 254; PetMitt., 79, 1933, 94; NJb. 1932/2, 630; Boll. R. Soc. géogr. it., s. 6, v. 9, 1932, 297. S. a. Sestini.

Koch G. A. Über Murbrüche in Tirol. – JbRA 1875, 97–128; VRA 1875, 82–83. (Vortr.) – Bespr. NJb. 1876, 90.
— Über Wildbäche der Alpen. – Monatsblätter des Wissenschaftl. Clubs, Nr. 5, Wien 1883, 6 S.
— Ein kalbender Gletscher in den Ostalpen. (Gallruttferner, Kaunertal.) – Mitt. Geogr. Ges. Wien, 35, 1892, 176–193. – Bespr. Bl. 840.

Kockel C. W. Ideal-Schichtstufenland und Wirklichkeit. – GR 19, 1928, 478–481.
—, **Richter M.** u. **Steinmann H. G.** Geologie der Bayrischen Berge zwischen Lech und Loisach. – Wissensch. Veröff. d. DÖAV, 10, Innsbruck 1931, 231 S., K. 1:25000, 1 Profiltaf., 17 Taf., 57 Abb. – Bespr. GZ 46 A/793; Z. f. Glkde, 20, 1932, 507; VBA 1933, 96; GR 1933, 417.

Kofler an der Gosten E. Osttiroler Klammen und Schluchten. – Lienzer Nachr., Nr. 8 v. 1929.

Kofler O. u. **Gschwenter A.** Das Sterzinger Moos, seine Entsumpfung und Kultivierung. – Der Schlern, 8, 1927, 256–265, 2 Taf.

Koegel L. Beobachtungen an Schuttkegeln aus den Ammergauer Bergen. – Mitt. Geogr. Ges. München, 1920, 97–118. – Bespr. GZ 26/402; Z. Ges. f. Erdkde Berlin, 1920, 308.
— Die Pflanzendecke in ihren Beziehungen zu den Formen des alpinen Hochgebirges, untersucht am Beispiele der Ammergauer Berge. – Ostalp. Formenstud., Abt. 1, 5, 1923, 126 S. – Bespr. NJb. 1924/1, 108; GR 1924, 363; GZ 30/475; Z. f. Glkde, 14, 1926, 79; Z. f. Geomorph., 1, 1926, 172; Geogr. Z., 30, 1924, 229.
— Gipfelschau von der Erlspitze im Karwendel als Schlüssel zum Verständnis alpiner Formentwicklung. – Mitt. DÖAV, 1923, 121–122.
— Der Schuttmantel unserer Berge. (Sein Werden, Wandel und seine Bedeutung.) – Z. DÖAV, 1924, 1–23.
— Zur Geschichte der Landschaft im südwestlichen Karwendel. – Innsbr. Nachr. v. 18. 5. 1925.
— Alpine Schuttformen. – Die Naturwissenschaften, 13, 1925, H. 46.
— Der alpine Vegetationsmantel. – Die Naturwissenschaften, 14, 1926, H. 29, 680–685.
— Junge Formen im alpinen Hochgebirge. – Die Erde, 1926, 561–568.

— Alpin-geographisches Wanderbuch. – München, Alpenfreund-Bücherei, 21, 1927, 142 S., 9 Taf. – Bespr. Mitt. DÖAV, 1927, 95; Geogr. Z., 1927, 484; PetMitt., 75, 1929, 44.
— Vom lebendigen Gletscher. – Natur u. Kultur, 36, 1929, 47–50. – Bespr. Z. f. Glkde, 18, 1930, 238.
— Vom jungen Formenwandel der Alpenlandschaft. – Der Bergkamerad, 7, 1930, 30–32.
— Einige Beobachtungen über Jungformen aus Ötz- und Pitztal. – Z. f. Geomorph., 6, 1931, 113–116. – Bespr. GZ 48 A/1108.
— Neue Fragen der alpinen Formentwicklung. – Der Bergkamerad, 8, 1931, 20–22, m. Abb.
— Alpenlandschaft in Typenausschnitten. – Deutsche Sammlung, Geographie, Bd 3, herausgeg. v. W. Geisler, Karlsruhe (Moninger) 1932, 108 S., 1 Skz., 4 Bild. – Bespr. Mitt. Geogr. Ges. München, 25, 1932, 115; Geogr. Z., 39, 1933, 119; Z. Ges. f. Erdkde Berlin, 1932, 395; PetMitt., 80, 1934, 92.
— Karsterscheinungen und Eislandschaften im Salzachgebiet. – Mitt. DÖAV, 1933, 195–197.
Kohn H. Entstehung der heutigen Oberflächenformen der Erde und deren Beziehung zum Erdmagnetismus. – Annalen der Natur- und Kulturphilosophie, 12, 1 u. 2, 1913. – Bespr. Mitt. Geogr. Ges. Wien, 1914, 195.
Koken E. Bewegung großer Schichtmassen durch glazialen Druck. (Gardasee-Mte Baldo.) – Zbl. f. Min., 1900, 115–117, 1 Fig.
Kölbl L. Geologische Skizze des Habachtales. – Festschrift Sekt. Jena DÖAV, 1932, 20–25, 1 Skz.
Köppen W. Die vorherrschenden Winde und das Baersche Gesetz der Flußbette. – Meteorolg. Z., 1890, 34. – Bespr. NJb. 1890/2, 240.
Kordon F. Ein Memento mori aus der Bergwelt. (Ankogel.) – Allgem. Bergsteiger-Ztg, 10, Wien-München 1932, Nr. 461, 1–2. S. a. Lucerna R.
— Zwei Naturereignisse im Hochalmgebiet. Felssturz am Malteiner Sonnblick (Kärnten) und ein Bergrutsch beim Blauen Tumpf im Maltatal (Kärnten). – Mitt. DÖAV, 1933, 23–24.
— Der Bergrutsch beim Blauen Tumpf im Maltatal (Kärnten). – Mitt. DÖAV, 1933, 24.
Kossinna E. Neues aus der Geographie und der Geologie. – Natwiss. Wochenschr., NF, 11, Jena 1912, 817–831. (Präglazialtopogr. d. Alpen 822–830.)
— Das Glockturmgebiet und seine Umgebung. – 25 Jahre Sekt. Hohenzollern des DÖAV, 1930, 19–87.
Kowatsch A. Das Inntaler Mittelgebirge. – Mitt. Natwiss. Ver. f. Steiermark, 1910, Graz 1911, 425–427.
Kranz W. Vulkanexplosionen, Sprengtechnik, praktische Geologie und Ballistik. – Z. DGeolGes., 80, 1928 (1929), 257–307. (Köfels 293–296.)
Kraus E. Bodenkunde als Methode in der Morphologie. – PetMitt., 1923, H. 1/2, 1–6. – Bespr. GZ 29/1256.
— Der orogene Zyklus und seine Stadien. – Zbl. f. Min., 1927, B, 216–233 u. Nr. 4 der Veröffentl. a. d. Geol.-Pal. Inst. d. Univ. Riga. – Bespr. GZ 36/1651.
— u. **Reis O. M.** Erläuterungen zur Geologischen Karte von Bayern 1:25000, Blatt Immenstadt, Nr. 856. – Geolog. Ldsuntersuchg d. Bayr. Oberbergamts, München 1929, 160 S., 1 T., 1 Skz., mehr. Abb. – Bespr. GZ 42/1304, 45/789; Z. f. Glkde, 19, 1931, 207; NJb. 1930/3, 397; GR 22, 1931, 250.
Kraus E. Der Werdegang der Allgäuer Landschaft. – 49. Ber. Natwiss. Ver. f. Schwab. u. Neuburg, Augsburg 1931, 1–17, 1 Abb. – Bespr. GZ 46 A/794; NJb. 1932/3, 4.
— **Berz, Blumrich, Kellenberger, Müller, Wanner.** Geol. Ausgabe des Bl. 661 Kempten der Karte d. D. Reiches 1:100000 samt Profiltafel. – München (Piloty u. Loehle) 1931.
— Geologie des Mittelallgäus (Blatt Kempten 1:100000). – NJb. 1933, 69. Bbd. Abt. B, 189–256, 2 Taf., 1 Abb. – Bespr. GZ 53 A/420.
Kraus E. Überlegungen zur Geodynamik. – NJb. 1933, Bbd 70, Abt. B, 393–448, 3 Abb. – Bespr. GZ 53 A/68.
— Zur Erdgeschichte der Allgäulandschaft. – In: Regierungsbezirk Schwaben, herg. v. Dr. Deml, Berlin (Schulze) 1934, 19–26, 10 Abb. – Bespr. GZ 53 A/410.
Kraus F. Die Karsterforschungsarbeiten. – Mitt. DÖAV, 1888, 70–73.
Krebs N. Streifzüge in den Pragser Dolomiten. – Deutsche Rdsch. f. Geogr., Wien 1910.
— Länderkunde der österreichischen Alpen. – Bibl. länderkdl. Handbücher, Stuttgart (Engelhorn) 1913, 556 S., 26 Taf., 77 Abb. – Bespr. Z. Ges. f. Erdkde Berlin, 1914, 306; Mitt. Geogr. Ges. München, 1913, 523; Z. Ferdin., 3. F., 57. H., Innsbruck 1913, 389; Die Naturwissensch., 1913, 1185; Mitt. Geogr. Ges. Wien, 57, 1914, 114; Geogr. Z., 20, 1914, 712; Carinthia II, 1913, 223.
— Eine Karte der Reliefenergie Süddeutschlands. – PetMitt., 1922, März-Heft, K. 1:1500000. – Bespr. GZ 28/1081.
— Klimatisch bedingte Bodenformen in den Alpen. – Geogr. Z., 1925, 98–108. – Bespr. GZ 32/107; Z. f. Geomorph., 2, 1927, 193.
Krekeler B. Über die Entstehung und Abtragung der Gebirge, insbesondere der Alpen. – 72. Progr. Gymnasium Recklinghausen, 1902, 24 S.
Kren K. Beiträge zur Geomorphologie der Venedigergruppe. – Mitt. Natwiss. Ver. f. Steiermark, 69, 1932, 34–53, 5 Tab., 1 K. – Bespr. Z. f. Geomorph., 8, 1934, 86; GZ 53 A/402.
Krenkel E. Die Ursachen der diluvialen Aufschotterung und Erosion (nach Soergel). – Natwiss. Wochenschr., NF, 21, Jena 1922, 99–100.
Kurowski L. Die Verteilung der Vergletscherung in den Ostalpen. – 15. Jber. Ver. d. Geogr. Wien, 1889, 12–31, 1 K. – Bespr. NJb. 1890/2, 425; PetMitt., 1890, Litber., 145.
Kyrle G. Die Entwicklung der Höhlenkunde in Österreich seit 1919. – Mitt. Geogr. Ges. Wien, 74, 1931, 346–352, 1 Taf.
Ladurner Jos. Die Quartärablagerungen des Sellrain. (Stubaier Alpen.) – JbBA 1932, 397–427, 1 Taf. – Bespr. GZ 49 A/376; Z. f. Geomorph., 8, 1934, 48; Z. f. Glkde, 21, 1933, 247.
Lamprecht F. Die Talformung des Zemmgrundes im Zillertal und seiner Seitentäler. – In: Zwei Beiträge zur Analyse alpiner Formen, Dresdner Geograph. Studien (Techn. Hochsch.), H. 4, Dresden 1933, 30 S., 1 Skz. – Bespr. Z. f. Geomorph., 8, 1934, 205; GZ 52 A/109; Z. Ges. f. Erdkde Berlin, 1934, 158.
Langenbeck R. Die Theorien über die Entstehung der Koralleninseln und Korallenriffe und ihre Bedeutung für geophysische Fragen. – Leipzig 1891, 120 S. – Bespr. Mitt. Geogr. Ges. Wien, 1891, 303; NJb. 1892/2, 169.
Lautensach H. Über alpine Randseen und Erosionsterrassen. (Bemerkungen zu Dr. E. Gogartens Arbeit.) – PetMitt., 57, 1911, 1, 9–12. – Bespr. Boll. Com. geol. d'It., 43, 1913, f. 2–3, 74.

— Die Übertiefung des Tessingebietes. Morphologische Studie. – Geogr. Abh., H. 1, NF, Leipzig u. Berlin 1912, 156 S., 2 K.

— Über den heutigen Stand unserer Kenntnis vom präglazialen Aussehen der Alpen. – Z. Ges. f. Erdkde Berlin, 1913, 610–624. – Bespr. GZ 20/1284, 23/647; Natwiss. Wochenschr., NF, 13, 1913, 58.

— Die kleinen Seebecken der Tessiner Alpen. – Z. f. Glkde, 9, 1915, 1–41.

— Die chemischen Methoden der Untersuchung des Karrenphänomens. Bemerkungen zu H. G. Lindners Arbeit. – PetMitt., 77, 1931, 83–85, 190. Erwiderung Lindners ebd. 190–191. – Bespr. GZ 47 A/476; Mitt. ü. Höhlen- u. Karstforschg, 1932, H. 3, 116.

Lebling Cl. Taubenberg und Mangfall-Schlierach. – Wasserkraft u. Wasserwirtschaft, 29, 1934, 4–6, 19–22, 2 Abb.

Lehmann K. Bewegungsvorgänge bei der Bildung von Pingen und Trögen. – Glückauf, 55, 1919, 933–941. – Bespr. GZ 25/553.

— Die Trogtheorie, eine neue Erklärung der Gebirgsbildung. – Z. DGeolGes., 1921, Mber., 227–228.

Lehmann O. Bericht über die Exkursion des Wiener Geograph. Seminars nach SO-Tirol im Juli 1905. – Geogr. Jber. aus Österr., 6, 1907, 82–99.

— Die Talbildung durch Schuttgerinne. – Penck-Festschrift, 1918, 48 ff.

— Die Bodenformen der Adamellogruppe und ihre Stellung in der alpinen Morphologie. 1. Teil. Die allgemeine Bedeutung der U-Täler. – Abh. Geogr. Ges. Wien, 11/1, 1920, 89 S. – Bespr. NJb. 1922/1, 373.

— Beiträge zur gesetzmäßigen Erfassung des Formenablaufs bei ständig bewegter Erdrinde und fließendem Wasser. – Mitt. Geogr. Ges. Wien, 65, 1922. – Bespr. Z. f. Geomorph., 1, 1926, 70; GZ 30/320.

— Die Auswaschungen an Klammwänden und die Richtung des Wasserlaufes. Hinweise für die Deutung der Abflußrichtung ehemaliger Höhlengerinne. – Berichte der Höhlenkommission, 3, Wien 1922. – Bespr. Z. f. Geomorph., 1, 1926, 167.

— Morphologische Beobachtungen. (4. Teil des Berichtes über die Ergebnisse der Höhlenexpedition der Ak. d. Wiss. Wien 1921 über die große Eishöhle – Eisriesenwelt – im Tennengebirge.) – Speläol. Jb., 3, 1922. – Bespr. Z. f. Geomorph., 1, 1926, 167.

— Das Tote Gebirge als Hochkarst. – Mitt. Geogr. Ges. Wien, 70, 1927, 203–242.

— Die Oberflächengestaltung der österreichischen Alpen. – In: Die österr. Alpen, herausgeg. v. H. Leitmeier, Leipzig u. Wien 1928, 84–108. – Bespr. Z. f. Geomorph., 3, 1928, 313; Z. f. Glkde, 16, 1928, 292.

— Das Karrenphänomen. (Erwiderung an H. G. Lindner.) – Z. f. Geomorph., 6, 1931, 299–301. (S. Lindner.)

— Die Hydrographie des Karstes. – Enzyklop. d. Erdkunde, Leipzig u. Wien (Deuticke) 1932, 16, 212 S., 78 Abb., 3 K. – Bespr. Z. f. Geomorph., 8, 1934, 42; Mitt. DÖAV, 1933, 211; Boll. Soc. Geogr. It., s. 6, v. 10, Roma 1933, 566; Geogr.Z., 39, 1933, 357; GZ 50 A/982; Mitt. ü. Höhlen- u. Karstforschg, 1933, H. 1, 39; Z. Ges. f. Erdkde Berlin, 1933, 151; Mitt. Geogr. Ges. München, 26, 1933, 236.

— Morphologische Theorie der Verwitterung von Steinschlagwänden. – Vierteljschr. Natf. Ges. Zürich, 78, 1933, 83–126, 1 Taf., 12 Abb.

Lehmann R. Die Gestaltung der Erdoberfläche. – Braunschweig (Vieweg) 1925, 240 S. – Bespr. GZ 36/71; Z. f. Geomorph., 2, 1927, 79; Z. f. prakt. Geol., 1927, 176.

Leiningen W. Graf zu. Über Erdpyramiden. – Abh. Nat. Ges. Nürnberg, 18, o. J., 16 S., 2 T. – Bespr. GZ 15/450.

Leiter H. Die Bedeutung der Geomorphologie für Geländeaufnahme und Geländedarstellung. – Mitt. Geogr. Ges. Wien, 65, 1922, 78–91. – Bespr. GZ 30/319.

Leitmeier H. Der heutige Stand der Dolomitfrage. – Tscherm. Min. u. petr. Mitt., 33, 1915, 532–547.

Leonardi P. Su una recente monografia di L. van Houten sul territorio del Pelmo. – L'Universo, 13, Firenze 1932, Nr. 10, 593–605, 1 Fig. – Bespr. GZ 49 A/337.

Leuchs K. Die Ursachen des Bergsturzes am Reintalanger (Wettersteingebirge). – GR 12, 1921, 189–192. – Bespr. GZ 27/2623; NJb. 1925/2, B, 27.

— Augensteinschotter im Kaisergebirge (Nordtirol). – VBA 1924, 201–204. – Bespr. GZ 32/475, 1553; NJb. 1926/2, B, 64.

— Geologie von Bayern. 2. Teil. Bayrische Alpen. – Handbuch d. Geol. u. Bodenschätze Deutschlands (E. Krenkel), 2. Abt., 3. Bd, Berlin 1927, 374 S., 20 Taf., 67 Abb. – Bespr. GZ 36/1550; VBA 1928, 85; Mitt. DÖAV, 1929, 42; Z. f. prakt. Geol., 1928, 47; NJb. 1928/3, 8; Geogr. Z., 34, 1928, 118; GR 22, 1931, 244; PetMitt. 74, 1928, 362.

— Bemerkungen zu Haarmanns Oszillationstheorie. – Z. D. Geol. Ges., 83, 1931, 328–331. – Bespr. GZ 46 A/715.

— Über Breccien. – GR 24, 1933, 273–284.

Leutelt R. Ein Karrenvorkommen in den Stubaier Zentralalpen. – Z. f. Geomorph., 4, 1929, 95–96, 1 Abb. Bemerkg. v. Aigner hinzu ebd. S. 96. – Bespr. GZ 46 A/1502.

— Die Gipfelflur der Alpen. Eine Einführung in das Problem. – GR 20, 1929, 330–337. – Bespr. Z. f. Geomorph., 5, 1930, 143; GZ 42/277.

— Über Diwalds morphologische Arbeiten. – GR 20, 1929, 371–373.

— Die Verschneidung der Terrassen in den Alpentälern (Eckfluren). – Geogr. Z., 35, 1929, 346–349. – Bespr. GZ 40/1780; Z. f. Geomorph., 5, 1930, 143.

— Die Methoden der Rekonstruktion alpiner Landoberflächen. – GR 21, 1930, 293–299. – Bespr. GZ 44/78.

— Junge Krustenbewegungen in den Alpen. – GR 22, 1931, 156–160. – Bespr. GZ 46 A/137.

— Die Rolle der glazialen Erosion im Formengebäude der Alpen. – GR 23, 1932, 31–38, 3 Abb. – Bespr. GZ 48 A/218.

— Die Formen der Berge. – Der Bergsteiger, Nr. 11, 1932, 701–703, 2 Abb.; Nr. 12, 725–728.

Levy F. Das Tegernseevorland. Oberflächenformen, Aufbau und Versuch einer Entstehungsgeschichte. – Mitt. Geogr. Ges. München, 8, 1913, 337–380, 1 K.; Ldskd. Forschgen, H. 19. – Bespr. GZ 22/960; NJb. 1915/1, 119.

— Diluviale Talgeschichte des Werdenfelser Landes und seiner Nachbargebiete. – Ostalp. Formenstud., Abt. 1, H. 1, Berlin (Borntraeger) 1920, 192 S. – Bespr. NJb. 1922/1, 379; GZ 26/192; Mitt. Geogr. Ges. München, 14, 1920, 140; Z. Ges. f. Erdkde Berlin, 1921, 223; Geogr. Z., 27, 1921, 280.

— Die Gipfelflur der westlichen Ostalpen. – PetMitt., 1921, 94–95.
— Die Entwicklung des Rhein- und Maassystemes seit dem jüngeren Tertiär. – Ber. Natf. Ges. Freiburg i. Br., 23, 1921, 76 S. (Alpenrhein 4–11).
— Quartäre Formentwicklung der Schlierseer Berge und ihrer Nachbarschaft. – Ostalp. Formenstudien, Abt. 1, H. 2, Berlin 1922, 138 S., 3 Taf. Prof., 1 Skz. – Bespr. GZ 28/1181; GR 1923, 196; Mitt. Geogr. Ges. München, 16, 1923, 346; NJb. 1923/1, 283; Geogr. Z., 29, 1923, 150.
— Quartärstudien in den Chiemgauer Bergen. – Ostalp. Formenstud., Abt. 1, H. 3, Berlin 1922, 80 S., 1 K. – Bespr. GZ 28/1182; Mitt. Geogr. Ges. München, 16, 1923, 347; NJb. 1923/1, 285; Geogr. Z., 30, 1924, 66.
— Der Formenschatz des Eiszeitalters. – Geogr. Z., 28, 1922, 75–92. – Bespr. GZ 27/3153.

Leyden F. Die Entwicklung der Alpen zum Hochgebirge. – GR 13, 1922, 18–40. – Bespr. NJb. 1923/1, 285; GZ 31/246.
— Grundfragen alpiner Formenkunde. – GR 15, 1924, 193–215. – Bespr. GZ 31/1835.
— Gliederung des altbayerischen Spätglazials. – GR 16, 1925, 337–350. – Bespr. GZ 33/778.
— Zur Entstehung des Walchensees. – GR 17, 1926, 347–348. – Bespr. GZ 35/1125.

Lichtenecker N. Der Südrand der Kalkalpen zwischen Großache und Saalach. – Diss. Wien, 1923.
— Die Loferer und die Leoganger Steinberge. Ihr Formenschatz. – Festschr. z. 50. Stiftsgfest der AVS. Passau, 1925.
— Das Bewegungsbild der Ostalpen. – Die Naturwissensch., 13, Berlin 1925, 739–743. – Bespr. GZ 33/656.
— Bau und Formenschatz des Loferer und des Leoganger Steinberges. – Z. DÖAV, 1926, 290–312, K. 1:25000. – Bespr. Z. f. Geomorph., 3, 1928, 166; Z. f. Glkde, 15, 1927, 158.
— Die Gliederung der österreichischen Alpen. Ein Überblick. – In: die österr. Alpen (H. Leitmeier), Leipzig u. Wien (Deuticke) 1928, 1–15.
— Bergsturz und Bimssteingang von Köfels im Ötztal (Tirol). – Geogr. Jber. aus Österr., 14 u. 15, Wien 1929, 228–254, K. 1:35000. – Bespr. Z. f. Glkde, 17, 1929, 402; Z. f. Geomorph., 5, 1930, 138.
— Zur Deutung des Bimssteinvorkommens von Köfels im Ötztal. – VBA 1930, 173–179. – Bespr. GZ 45/696; Studi Trent. Sc. Nat., 12, 1931, 72.

Lindner H. Unterirdische Flüsse und Bäche. – Natwiss. Wochenschr., NF, 19, Jena 1920, 113–121.
— Alpine Karrenfelder. – Natwiss. Wochenschr., NF, 19, Jena 1920, 760–764.
— Das Karstphänomen in den Alpen. – Der Alpenfreund, 2, 7/8, München 1921, 6 S.
— Das Karrenphänomen. – PetMitt., Ergh. 208, 1930, 83 S., 5 T. – Bespr. Z. f. Geomorph., 6, 1931, 31. Erwiderung ebd. 218, 301; Geogr. Z., 36, 1930, 619; Z. Ges. f. Erdkde Berlin, 1930, 309; PetMitt., 77, 1931, 42; GZ 47 A/475.
— Neue Ergebnisse über die Bildungsweise der Karren. – Der Bergkamerad, 8, 1931, 84–85.

Lipold M. V. Tabellen über das Gefälle der Flüsse in Salzburg. – JbRA 1854, 438–439.
— Das Gefälle der Flüsse im Kronlande Salzburg. – JbRA 1854, 614–624.

Lippmann K. Verkehrserschließung und Naturschutz am Simssee. – Blätter f. Naturschutz u. Naturpflege, 14, 1931, 34–38, m. Abb.

Lorenzi A. Fenomeni analoghi a quelli carsici nei conglomerati messiniani di Ragogna e Susans nel Friuli. – In Alto, Cron. d. SAFr, an. 13, Nr. 6, Udine 1902, 69–70; an. 14, Nr. 1, Udine 1903, 13–14. – Bespr. Boll. Com. geol. d'It., 34, 1903, 287.

Louis H. Probleme der Rumpfflächen und Rumpftreppen. (Vortr.) – PetMitt., 1934, H. 7/8, 222.

Löwl F. Über den Terrassenbau der Alpentäler. – PetMitt., 28, 1882, 132 ff. – Bespr. Bl. 604.
— Über das Problem der Flußdurchbrüche. – VRA 1883, 90–92.
— Über Talbildung. – Prag (Dominicus) 1884, 142 S. – Bespr. NJb. 1885/2, 37; Bl. 642.
— Die gebirgsbildenden Felsarten. – Stuttgart (Enke) 1893, 159 S. — Bespr. Mitt. Geogr. Ges. Wien, 1894, 742; Mitt. DÖAV, 1894, 102.
— Einige Bemerkungen zu Pencks Morphologie der Erdoberfläche. – VRA 1894, 455–475. – Bespr. NJb. 1898/2, 231.

Lucerna R. Die Trogfrage. (Mit Anmerkung von Ed. Brückner.) – Z. f. Glkde, 5, 1911, 356–371. – Bespr. GZ 16/1621; PetMitt., 58, 1912, 288.
— Die Bilder der „Zeitschrift" 1911 vom Standpunkt der Hochgebirgsmorphologie. – Mitt. DÖAV, 1912, 109–111.
— Der Bauplan der Gebirgsoberfläche. – Mitt. DÖAV, 1913, 260–262.
— Methode der glazialmorphologischen Hochgebirgsforschung. – Mitt. Geogr. Ges. Wien, 1915, 63.
— Morphologie der Pasterzenumgebung. – Festband f. A. Penck, Stuttgart (Engelhorn) 1918, 107–116, 1 K. – Bespr. GZ 24/140; Carinthia II, 1921, 39.
— Ins Hüttenbuch der Karlsbader Hütte (Lienzer Dolomiten). – Mitt. DÖAV, 1923, 57–58.
— Naturkundliche Beobachtungen am Weg zum Sellajoch. – Mitt. DÖAV, 1924, 39–40.
— Mittelgebirgs- und Hochgebirgsform. – PetMitt., 71, 1925, 252–254. – Bespr. GZ 35/59; Z. f. Geomorph., 2, 1927, 82.
— Geologie und Glaziologie der Schobergruppe. – In: Böhm-Noßberger, Führer durch die Schobergruppe, Wien (Artaria) 1925, 6–18.
— Eine neue Methode der Kartendarstellung. – PetMitt., 74, 1928, 13–18, 3 Taf. – Bespr. Z. f. Glkde, 17, 1929, 251; Kartogr. Mitt., 2, Wien 1932, 161.
— Neue Methoden der Kartendarstellung II (Daunstadium). – PetMitt., 76, 1930, 17–21, 2 Taf. (Schobergruppe.) – Bespr. GZ 44/1731.
— Fazettierung. – PetMitt., 77, 1931, 1–7. – Bespr. GZ 47 A/143.
— Landschaft um Wangenitz. – Fünfzig Jahre „Moravia", Festschr. DAV „Moravia" Brünn, 1931, 69–84, 8 Abb., 1 K. – Bespr. Z. f. Glkde, 20, 1932, 508.
— Der Gipfelabbruch des Ankogels. – Mitt. DÖAV, 1932, 108; Abb. in: Der Bergsteiger, 1932, Nr. 7, 146; Bergland, 1932, H. 7, 40. S. a. Kordon F.
— Die Elberfelder Hütte in der Schobergruppe und ihr Tourengebiet. – Mitt. DÖAV, 1933, 132–135, 1 Skz.
— Gletscher von Gmünd. – Mitt. Geogr. Ges. Wien, 76, 1933, 262–281, 5 Abb., 1 K.

Lücke E. Die Formen der Kare, ihre Verbreitung und kritische Untersuchung über ihre Entstehung. – Diss. Münster, 1923, 68 S., 12 Abb. – Bespr. Geogr. Z., 30, 1924, 304.

Ludwig A. Über die Entstehung der großen Alpenpässe. – Alpina, 14, 1906, 148–150. – Bespr. GZ 9/454.

— Höhen und Tiefen in den Alpen. Erinnerungen aus dem Rhätikon, der Silvrettagruppe und Tödikette. - St. Gallen 1908, 228 S.
— Flußgeröll, Molasseproblem und Alpenfaltung. - Jb. SAC, 45, 1910, 225-249. - Bespr. EgH 12, 1912, 313; Jber. Natf. Ges. Grbd., NF, 53, 1912, 138; Globus, 98, 1910, 308.
— Über die Entstehung der Alpentäler und der alpinen Randseen. - Jb. St. Gall. Natwiss. Ges., 1910, St. Gallen 1911, 182-197. - Bespr. EgH 12, 1912, 423.
— Zur Lehre der Talbildung. - Jb. St. Gall. Natwiss. Ges., 1911, St. Gallen 1912, 122-140. - Bespr. EgH 12, 1912, 424; NJb. 1914/1, 224.
— Über die Vorgänge bei der Talbildung. - EgH 12, 1912, 245-264. - Bespr. Ebd. 13, 1914, 141.
— Über die Entstehung der Drumlins. — EgH 13, 1914, 534-536. - Bespr. Ebd. 15, 1918, 144; NJb. 1921/2, 367; GZ 23/1008.
— Terrassen, Stufen und Talverzweigung in den Alpen. - Jb. SAC, 49, 1913-1914, Bern 1914, 214-234.
— Über die Entstehung des Rheintales und des Bodensees. - Jb. St. Gall. Natwiss. Ges. 1914-1916, 54, St. Gallen 1917, 1-34, 3 Taf. - Bespr. GZ 24/745.
— Über Talbildung in den Alpen und im Vorlande. - Jb. SAC, 53, 1918/19, Bern 1919, 225-244. - Bespr. GZ 25/1224.
— Kleine geologische Mitteilungen. (Glazialmorph.) - Jb. St. Gall. Natwiss. Ges., 56, 1919, Wissensch. Blge, St. Gallen 1920, 32-44. - Bespr. GZ 28/62.

Lugeon J. Bewegungsformen rasch fließenden Wassers zwischen felsigen Uferrändern und äolischer Erosion ähnliche Rillenbildung an Felsen durch Flußerosion. (Le striage du lit fluvial.) - Ann. de Géogr., Paris, t. 23/24, 1915, 385-393. - Bespr. Mitt. Geogr. Ges. Wien, 1921/22, 132; EgH 15, 1918, 36.

Machatschek F. Tal- und Glazialstudien im unteren Eisacktal. - Mitt. Geogr. Ges. Wien, 1909, 659-683; 1910, 490-509. - Bespr. GZ 19/1472.
— Davis, W. M.: Die erklärende Beschreibung der Landformen. - Z. Ges. f. Erdkde Berlin, 1913, 301-310.
— Verebnungsflächen und junge Krustenbewegungen im alpinen Gebirgssystem. - Z. Ges. f. Erdkde Berlin, 1916, 602-623, 675-687. - Bespr. GZ 23/431; NJb. 1917, 205.
— Geomorphologie. - Aus Natur u. Geisteswelt, 627, Leipzig 1919, 129 S. - Bespr. Mitt. Geogr. Ges. München, 1920, 132; GZ 24/577; Geogr. Z., 26, 1920, 99; Die Naturw., 8, 1920, 585.
— Morphologische Untersuchungen in den Salzburger Kalkalpen. - Ostalpine Formenstudien, I, 4, Berlin 1922, 304 S. - Bespr. NJb. 1924/1, 103; GZ 29/212; Z. f. Glkde, 14, 1925/26, 80; Geogr. Z., 30, 1924, 153; Z. f. Geomorph., 1926, 71.
— Morphologische Probleme in den Alpen. - Mitt. Geogr.-Ethnogr. Ges. Zürich 1924/25, 25, 1926, 5-21.
— A. Pencks neue Stellungnahme zu glazialen Fragen. - PetMitt., 70, Gotha 1924, 118.
— Morphologische Analyse. - Mitt. Geogr.-Ethnogr. Ges. Zürich 1925/26, 13 S.
— Über morphologische Probleme in den Alpen. - Mitt. Geol. Ges. Zürich (Beilage z. Vierteljschr. Naturforsch. Ges., 71), Zürich 1926, 5-7.
— Talstudien in der Innerschweiz und Graubünden. - Mitt. Geogr.-Ethnogr. Ges. Zürich, 27 u. 28, 1926/27 u. 1927/28, 1-38, 3 Fig., 2 Taf.
— Jovan Cvijić †. - PetMitt., 73, 1927, 102-103. Mit Litverz.
— Zur Morphologie der Schweizer Alpen. - Z. Ges. f. Erdkde Berlin, Sonderband 1928, 232-273, 1 K. - Bespr. GZ 40/405.
— Neuere Ergebnisse der Hochgebirgsmorphologie. - Geogr. Anzg., H. 10, 1930, 305-311.
— Tal- und Glazialstudien im oberen Inngebiet. - Mitt. Geogr. Ges. Wien, 76, 1933, 48 S., 4 Taf., 7 Abb. - Bespr. Z. f. Geomorph., 8, 1934, 85; GZ 51 A/448; Z. f. Glkde, 21, 1933, 394.

Mader I. Der Alleghesee, ein Vorbild des Klausner Sees. - Der Schlern, 3, 1922, 28-29.

Mahlke A. Einfluß des Eises auf die Ausgestaltung der Hochgebirgstäler. - Die Naturwissenschaften, 1, 19, Berlin 1913, 2 S.

Maier W. Vulkanismus und Isostasie. - Z. DGeolGes., 85, 1933, 273-299, 14 Abb.

Manganotti A. Sul terreno alluviale antico della provincia di Verona, sulle colline alluviali che sorgono intorno al lago di Garda, e sulla formazione di questo lago. - Verona 1865. - Bespr. NJb. 1866, 106; Bl. 222.

Marchal L. Höhenlage, Boden und Klima Tirols. - Wr. Ldwirtsch. Ztg, 79, Nr. 14 v. 6. 4. 1929 (Sondernummer Tirol). Abdruck: Tir. Heimatblätter, 10, 1932, 146-150.

Marek R. Dr. Eckert: Das Gottesackerplateau, ein Karrenfeld im Allgäu. - Mitt. DÖAV, 1903, 5-6.

Marinelli O. Fenomeni carsici, grotte e sorgenti nei dintorni di Tarcento in Friuli. - In Alto, Cron. d. SAFr, an. 8, Nr. 1-4, Udine 1897, 8-14, 22-29, 35-39, 49-51. - Bespr. Boll. Com. geol. d'It., 29, 1898, 488.
— Le osservazioni morfologiche sulle Alpi del professore E. Richter. - In Alto, Cron. SAFr, 12, Udine 1901, 45-49.
— Descrizione geol. dei dintorni di Tarcento in Friuli. - Pubbl. del R. Ist. di Studi sup., Firenze 1902, 238 S., 1 K., 5 T. - Bespr. GZ 8/731; Boll. Com. geol. d'It., 34, 1903, 381.
— Sulla diffusione e sul carattere prevalente dei fenomeni carsici nei gessi delle Alpi italiane. - Mondo sotterr., an. 1, Nr. 3-4, Udine 1904, 59-61, 72-78. - Bespr. Boll. Com. geol. d'It., 36, 1905, 229.
— Fenomeni carsici nelle regioni gessose d'Italia. - Mem. Geogr. di G. Dainelli, Nr. 34, Firenze 1917, 156 S., 54 Abb. - Bespr. GZ 38/836.
— Le piramidi di terra (a Segonzano). - Le Vie d'Italia, Milano, maggio 1920.
— L'interrimento del lago di Alleghe ed il valore della denudazione nell'alto bacino del Cordevole. - Riv. geogr. it., 1924, v. 31, f. 11/12, 291-295. - Bespr. GZ 32/387.
— Cenni preliminari, Monti ed acque (della Carnia e Canal del Ferro). - In: Guida ecc., 1926, 3-23.
— Orografia, reticolato idrografico e forme del suolo (del Friuli). - In: Gortani, Guida geol. d. Friuli, p. 1, Tolmezzo 1926, 12-31.

Martin J. Zum Problem der glazialen Denudation und Erosion. - Abh. Nat. Ver. Bremen, 26, H. 3, 1927, 461-480.

Martonne E. de. Sur la théorie mécanique de l'érosion glaciaire. - C. R. Ac. Sc. Paris, t. 150, 1910, 135-138. - Bespr. EgH 11, 1910, 539; NJb. 1913/1, 412; PetMitt., 57, 1911/1, 39.
— Sur la genèse des formes glaciaires alpines. - C. R. Ac. Sc. Paris, t. 150, 1910, 243-246. - Bespr. EgH 11, 1910, 539; PetMitt., 57, 1911, 39.
— L'érosion glaciaire et la formation des vallées alpines. - 1. Art. Ann. d. Géogr., 19, Paris 1910,

289–317; 2. Art. Ebd. 20, 1911, 1–29. – Bespr. EgH 12, 1912, 714.
— Principes de l'analyse morphologique des niveaux d'érosion appliquée aux vallées alpines. – C. R. Ac. Sc. Paris, t. 153, 1911, 309–312. – Bespr. EgH 12, 1912, 413; GZ 17/1193; Ann. de Géogr., 1912, 93; Boll. Com. geol. d'It., 43, 1913, f. 2–3, 85.
— Etude morphologique des Alpes Orientales (Tauern). – Bull. de géogr., hist. e déscript., Nr. 3, 1911.
— Le rôle morphologique de la neige en montagne. – La Géographie, t. 34, Paris 1920, 255–267. (Engadin.) – Bespr. GZ 26/705; PetMitt., 68, 1922, 71; Z. f. Glkde, 13, 1924, 85.
— Quelques données nouvelles sur la jeunesse du relief préglaciaire dans les Alpes. – Recueil de Travaux off. à M. J. Cvijić, Belgrad 1924, 121–131. – Bespr. GZ 34/173.
März Chr. Beiträge zur Biogeographie und Morphologie der Alpen: II. Der Seenkessel der Soiern, ein Karwendelkar. – Wiss. Veröff. d. Ver. f. Erdkde Leipzig, 6, 1904, 213–316, 1 K. – Bespr. VRA 1904, 162; Geogr. Z., 10, 1904, 647; Mitt. DÖAV, 1906, 253.
Maull O. Geomorphologie und geomorphologische Wirkungen des rheinischen Lebensraumes. – Aus: Der Rhein, sein Lebensraum, sein Schicksal, Berlin (Vowinckel) 1928, 73–148, 3 KSkz.
Mayer J. Der Bodensee im Wechsel der Zeiten. – Konstanz (Oberbad. Verl.) 1929, 349 S., 208 Abb., 2 K.
Mayer R. Die Verbreitung der Kulturflächen in den Ostalpen nach ihrer Grenze, geomorphologisch betrachtet. – Geogr. Z., 33, 1927, 113–138, 338. – Bespr. GZ 35/713.
— Über morphologische Karten. – Z. f. Geomorph., 2, 1927, 160–170.
Mayr O. Der Kummersee. (Oberes Passertal.) – Der Schlern, 8, 1927, 158–163.
Mercanton P.-L. Les variations périodiques des glaciers des Alpes Suisses. 52e Rapport, 1931. – Die Alpen, 8, Nr. 6, Bern 1932, 219–239, 11 Abb. – Bespr. Z. f. Glkde, 20, 1932, 494.
— Les variations périodiques des glaciers des Alpes Suisses. 53e Rapport, 1932. – Die Alpen, 9, Nr. 5, Bern 1933, 187–196, 9 Abb. – Bespr. Z. f. Glkde, 21, 1933, 218.
Merla G. Osservazioni morfologiche e tettoniche sugli altipiani ampezzani (Fosses-Sennes-Fanes). – Atti Soc. Tosc. di Sc. Nat., Mem., v. 42, Pisa 1932, 45 S., 1 K., 2 Diagr., 13 Fig.
Meusburger K. Brixen in der Eiszeit. (Vortr.) – Brixner Chronik v. 8. u. 11. 2. 1913.
— Die Erdpyramiden bei Bruneck. – Z. Ferdin., 3. F., 58. H., Innsbruck 1914, 453–455, 1 Taf.
— Brunecks Umgebung in geologischer Beziehung. – Mitt. Museumsver. Bruneck, 2, 1914, Nr. 2, 5 S.
— Aus Brixens grauester Vorzeit. – Der Schlern, 1, 1920, 52–57.
— Die Brunecker Erdpyramiden. – Der Schlern, 1, 1920, 129–132.
— Bachbett- und Flußlaufverlegungen in Südtirol. – Der Schlern, 1, 1920, 327–332.
— Von den Tiroler Gletschern. – Tiroler Anzeiger, Nr. 49 u. 50 v. 2. u. 3. 3. 1921.
— Der Klausener Stausee und andere Stauseen in Südtirol. – Der Schlern, 3, 1922, 20–23.
Meyer W. M. Bergstürze. – Die Woche, 3, 14, Berlin 1901, 2 S.
Michieli A. L'altopiano di Asiago. – La Geografia, v. 8, Novara 1921, 145–159.
Mill H. R. The glacial land-forms of the margins of the Alps. – American Journ. of sc., s. 3, v. 49, New Haven 1895.
Miller K. Das untere Argental. Eine Lokalstudie. – Schr. d. Ver. f. Gesch. d. Bodensees, 14, Lindau 1885, 80–101, 8 Fig., 1 Tab.
Mohaupt W. Beobachtungen über Bodenversetzungen und Kammeisbildungen aus dem Stubai und dem Grödener Tal. – Dissert. Univ. Hamburg (H. Christians), 1932, 69 S., 54 Abb. – Bespr. GZ 48 A/1842; Z. f. Glkde, 21, 1933, 377.
Mojsisovics E. v. Die Dolomitriffe von Südtirol und Venetien. Beiträge zur Bildungsgeschichte der Alpen. – Wien (Hölder) 1879, 552 S., 30 T., 3 K., 110 Abb. – Bespr. NJb. 1879, 91, 176, 681; VRA 1879, 14–17 (Vortr.); Mitt. Geogr. Ges. Wien, 21, 1878, 348; 22, 1879, 543; Mitt. DÖAV, 1879, 75; Bl. 523; Arch. d. sc. phys. et nat., 3e pér., t. 1, 300; Rev. géol. suisse p. l'a. 1878, Genève 1879, 4; Boll. Com. geol. d'It., 10, 1879, 169.
— Zur Geologie der Karsterscheinungen. – Z. DÖAV, 1880, 111–116.
Mònterin U. Il circo, sua origine e sua importanza nella plastica delle alte regioni montane. – R. Soc. geogr. ital., s. 6, v. 5, f. 3/4, marzo/aprile, Roma 1928, 131–142. – Bespr. GZ 38/582.
Morandi G. La sistemazione dei bacini montani della Venezia Tridentina. – Trento (Arti Graf. Trident.) 1928, 57 S., zahlr. Abb. – Bespr. Studi Trent. Sc. Nat., 9, 1928, 123.
Morawetz S. Beiträge zur Geomorphologie der Kreuzeck- und Reisseckgruppe. – Veröff. a. d. Geograph. Inst. d. Univ. Graz, H. 3, Graz 1930, 32 S., 1 Skz., 1 Proftaf. – Bespr. Z. f. Geomorph., 6, 1931, 308; Mitt. Geogr. Ges. Wien, 74, 1931, 167; GZ 50 A/748. S. a. H. Beck.
— Eiszeitliche Vergletscherung und eiszeitliches Einzugsareal in den Tauern. – Z. f. Glkde, 20, 1932, 398–410. – Bespr. GZ 49 A/747; Z. f. Geomorph., 8, 1934, 48.
— Beobachtungen an Schutthalden, Schuttkegeln und Schuttflecken. – Z. f. Geomorph., 7, 1933, 25–43. – Bespr. GZ 50 A/952.
— Eine Art von Abtragungsvorgang. – PetMitt., 78, 1932, 231–233, 2 Abb.
Mori A. Il delta conoide del Varone (Lago di Como) e il suo eccezionale avanzamento nel periodo 1909–1925. – Boll. Soc. geol. it., v. 44, f. 2, Roma 1926, 203–212. – Bespr. GZ 39/306.
Morilla G. C. I lavini di Marco. – Rovereto 1871.
Morphologie. Die – auf der 88. Vers. Deutsch. Naturforscher und Ärzte in Innsbruck (1924). (Übersicht der Vorträge.) – Z. f. Geomorph., 1925, 61–62.
Morstadt J. Über die Terraingestaltung im südwestlichen Tirol, verglichen mit jener der Lombardei. – Z. DÖAV, 1874, 193–214, 401–406. – Bespr. VRA 1874, 352.
— Zur Terraingestaltung in Südtirol. – Z. DÖAV, 6, 1875, 129–143, 1 T. – Bespr. VRA 1875, 273.
— Zur Geologie von Südtirol. (Erwiderung an R. Hoernes.) – Z. DÖAV, 1876, 20–31.
— Die Gebirgsbildung Südtirols, ein Versuch über Geodynamik. – Mitt. Geogr. Ges. Wien, 1882, 411 ff., 1 K. Nachtr. ebd. 1885, 28.
Mortensen H. Über die physikalische Möglichkeit der „Brodel"-Hypothese. – Zbl. f. Min., Abt. B, 1932, 417–422. – Bespr. GZ 48 A/1495; Z. f. Geomorph., 8, 1933, 46.
Mortillet G. de. Carte des anciens glaciers du versant méridional des Alpes. – Att. Soc. it. Sc. Nat., v. 3, Milano 1861, 459–466, 1 K.; Bibl. univ. de

Genève, B. Arch. d. sc. phys. et nat., 1862, 66. - Bespr. Bl. 170.

— Terrains du versant italien des Alpes comparés à ceux du versant français. - Bull. Soc. Géol. de France, s. 2, t. 19, Paris, 5 Mai 1862, 849.

Moscheles J. Die Darwinsche Rifftheorie im Lichte geomorphologischer Forschung. - GR 11, 1920, 103–115.

— Über Eckfluren und andere Probleme der Talbildung. - GR 13, 1922, 137–150. - Bespr. GZ 31/363, 874.

Mosna E. Un po' di morfologia della Valle di Cembra (Avisio). - Studi Trentini, a. 4, f. 4, Trento 1923, 314–322, 10 Abb.

— Le Piramidi di terra: Visione alpina. - Trentino, a. 7, n. 8, Trento 1931, 265–273, ill.

Much M. Kegelförmige Hügel in Tirol. (Nassereith–Fernpaß–Lermoos.) - Mitt. Anthrop. Ges. Wien, 1, 1871, 107.

Muheim P. Die subalpine Molassezone im östlichen Vorarlberg. (Vortragstitel.) - EgH, 26, 1933, 215.

— Die subalpine Molassezone im östlichen Vorarlberg. - EgH, 27, 1934, 181–296, 1 Fig., 2 Taf. (K. 1:25000 u. Prof.)

Mühlemann R. Geologische und morphologische Untersuchungen im Gebiete der Tambodecke zwischen Val Mesolcina und Val San Giacomo (Italien). - Inaugdiss. Univ. Zürich, 1928, 63 S., K. 1:50000, 2 Fig., 4 Taf.

Müller A. Über Talbildung durch Gletscher. - Poggendorffs Ann. d. Phys. u. Chem., 1874, 476–482.

Müller C. Das Glocknerrelief von Dr. Adolf Puff. - Mitt. DÖAV, 1913, 7–8.

Müller F. Acht Profile und ein paar Worte zur Kenntnis des geologischen Baues der Allgäuer Vorlandmolasse. - 48. Ber. Natwiss. Ver. f. Schwaben u. Neuburg, Augsburg 1930, 11–28, 2 Taf. - Bespr. GZ 47 A/1170.

Müller J. Die diluviale Vergletscherung und Übertiefung im Lech- und Illergebiet. Ein Beitrag zur Frage der Übertiefung. - Jb., Preuß. Geol. Ldsanst., 38, 1918 (für 1917), 1–138, K. 1:300000. - Bespr. GZ 24/229; NJb. 1921/2, 85.

— Geologische Gedanken am Arlberg. - Festschr. z. 50jähr. Bestehen d. S. Ulm d. DÖAV, Ulm (Ebner) 1929, 39 48. - Bespr. Z. f. Glkde, 18, 1930, 266.

Müller W. Die Entstehung der Erdpyramiden. - Dolomiten, Bolzano, 18. 6. 1932.

Müllner J. Eiszeitliche Untersuchungen auf dem Toblacher Felde und im Sextentale. - Mitt. DÖAV, 1897, 255–258; Mitt. Geogr. Ges. Wien, 1898, 866. - Bespr. NJb. 1898/2, 418; Bl. 977.

— Die Seen am Reschenscheideck. Eine limnologische Studie. - Mitt. DÖAV, 1899, 149; Geogr. Abh., 7, H. 1, 1900, 51 S., 4 T. - Bespr. Innsbrucker Nachrichten, Nr. 279 v. 5. 12. 1900; NJb. 1901/2, 212; Mitt. DÖAV, 1903, 263.

Münichsdorfer F. Das geologische Querprofil von München. - Geognost. Jh., 34, München 1922, 125–132, 2 Fig.

— Bayerns Boden. Die natürlichen Grundlagen der Siedlung. 1. T. Südbayern. - München (Knorr & Hirth) 1932, 167 S., 26 Abb., zahlr. Lichtb., 2 Skz. - Bespr. Mitt. DÖAV, 1932, 179; Z. f. Glkde, 20, 1932, 507; Geogr. Z., 38, 1932, 502; PetMitt., 79, 1933, 103; Z. f. Geomorph., 7, 1933, 321; Z. Ges. f. Erdkde Berlin, 1932, 314; GZ 52 A/29.

Mutschlechner G. Geologie der St. Vigiler Dolomiten. - JbBA 1932, 163–273, K. 1:25000 (mit P. Maibauer), 1 Taf., 10 Fig. - Bespr. Z. f. Glkde, 20, 1932, 508; GZ 48 A/1089.

— Geologie der Peitlerkofelgruppe. (Südtiroler Dolomiten.) - JbBA 1933, 75–112, K. 1:25000, 1 Proftaf., 2 Fig. - Bespr. Z. f. Glkde, 21, 1933, 249; GZ 51 A/401.

— Geologie des Gebietes zwischen St. Cassian und Buchenstein. - JbBA 1933, 199–232, K. 1:25000, Prof. u. 4 Fig. - Bespr. GZ 53 A/404.

Nangeroni L. G. Contributo allo studio della formazione dei circhi di valle e di monte. - Atti X Congr. Geograf. Ital., Milano 1927. - Bespr. GZ 42/612.

— Osservazioni morfologiche sui dintorni di M. Caldenno (Bassa Valtellina). - Riv. Natura, 18, Milano 1927, 137–154. - Bespr. GZ 45/140.

— La testata di Val Torreggio. (Valtellina.) - Natura, Riv. Soc. Sc. nat., 19, Milano 1928, 113–141. - Bespr. GZ 49 A/383.

— I terrazzi della valle del fiume Olona. - Ann. R. Ist. Tecn. F. Daverio, Varese 1928–1930, 26 S., 14 Fig. - Bespr. GZ 52 A/1778.

— Note geomorfologiche sulla Valle di Dezzo (Alpi Orobiche). - Natura, Riv. Sc. nat., v. 22, 1931, 117–151, 13 Fig. - Bespr. Boll. R. Soc. Geogr. It., s. 6, v. 9, 1932, 308; GZ 51 A/404.

— La morfologia dei monti di Val Malenco in rapporto alla struttura geolitologica. - Boll. R. Soc. Geogr. It., 8, Nr. 11, Roma 1931, 814–828, Skz., Prof., 12 Abb. - Bespr. GZ 47 A/562, 1872.

— La valle del Braulio. - Natura, 23, Milano 1932, 133–159. - Bespr. Boll. R. Soc. Geogr. It., 10, 1933, 334.

— La forma delle montagne alpine. - Natura, v. 24, f. 2, Milano 1933, 57–81, 14 Fig. - Bespr. GZ 52 A/1949.

Neef E. Die Landformung des Bregenzer Waldes. - Badische geogr. Abh., H. 9, Freiburg i. B. 1933, 135 S., 5 Taf., 2 Abb. - Bespr. Mitt. Geogr. Ges. München, 26, 1933, 230.

Neumayr M. Ketten- und Massengebirge. - Z. DÖAV, 1888, 1–24.

— Über Bergstürze. (Slavini di S. Marco, Bocca di Brenta, Elm u. a.) - Z. DÖAV, 1889, 19–56.

Nicolis E. Idrologia del Veneto occidentale. Circolazione interna delle acque ecc. Gruppo del Baldo, dei Lessini e della Posta. - Atti R. Ist. Ven., 1896, 298–308.

— Sugli antichi corsi del fiume Adige, contribuzione alla conoscenza della costituzione della pianura veneta. - Boll. Soc. geol. it., v. 17, 1898, 7–75, 1 K. - Bespr. NJb. 1899/1, 443; Bl. 1007; Boll. Com. geol. d'It., 30, 1899, 287.

— Terrazzi e formazioni diluviali in rapporto col bacino del Garda. - Atti R. Ist. Ven. d. Sc., Let. ed Arti, s. 8, t. 2, d. 5, Venezia 1900, 381–387. - Bespr. NJb. 1904/2, 284; GZ 7/619; Boll. Com. geol. d'It., 32, 1901, 335.

— Di un fenomeno carsico collegato all'idrologia delle colline calcari presso Verona. - Giorn. d. Geol. prat., v. 5, f. 2–3, Perugia 1907, 108–120, 1 T. - Bespr. Boll. Com. geol. d'It., 39, 1908, 231.

Nopcsa F. Bar. Glossen zu E. Haarmanns Oszillationstheorie. - Zbl. f. Min., Abt. B, 1932, 265–268. - Bespr. GZ 48 A/93.

Nowack E. Die Entstehung der Inntalterrasse. Ein Überblick über den heutigen Stand der Frage. - GR 9, 1918, 178–189. - Bespr. GZ 25/127.

— Das Werden der Landschaft. I. Band: Einführung in das Verständnis der Entwicklung der Landformen. - Wien-Leipzig-New York (Deutscher Verl. f. Jugend u. Volk) 1924, 123 S., 6 T., 4 Abb. - Bespr. Mitt. Geogr. Ges. Wien, 1925, 227.

— Neue Wege der geomorphologischen Forschung. - GR 16, 1925, 487–494. - Bespr. GZ 35/60.

— Hochgebirgsbauten und Geologie. - Geol. u. Bauwesen, 1931, H. 1, 11 S., 7 Abb. - Bespr. NJb. 1932/2, 893.

Nussbaum F. Die Täler der Schweizer Alpen. Eine geographische Studie. - Wiss. Mitt. Schw. Alpin. Museum Bern, Bern 1910, 116 S., 12 Abb., 3 T. - Bespr. Z. Ges. f. Erdkde Berlin, 1910, 540; Geogr. Z., 16, 1910, 410; PetMitt., 57, 1911/1, 317; EgH 11, 1910, 685; Jb. SAC, 45, 1910, 417.

— De Martonnes Untersuchungen über Gletschererosion und die Bildung der Alpentäler. - Mitt. Natf. Ges. Bern, 1910 (1911), Sber., röm. 15–16.

— De Martonnes Untersuchungen über Glazialerosion. - Geogr. Z., 17, 1911, 275–278.

— Über die Fortschritte der morphologischen Erforschung der Schweiz in neuer Zeit. - Z. Ges. f. Erdkde Berlin, 1914, 745–771. - Bespr. EgH 14, 1916, 465.

— Karte: Das präglaziale Talsystem der Nordschweiz, nach R. Frei. O. M. - In: Über die Fortschr. der morphol. Erforschung der Schw. in neuer Zeit, 1914, 756.

— Über Talbildung in den Alpen. (Entgegnung an A. Ludwig.) - Jb. SAC, 51, 1916, Bern 1917, 135–147. - Bespr. GZ 23/1067; EgH 16, 1920/22, 363.

— Über Ungleichheiten der Gletschererosion im schweizerischen Mittelland und in den Alpen. - EgH 19, 1925/26, 147–151; Verh. Schw. Natf. Ges., 105. Jvers., Luzern 1924, II, 154. - Bespr. GZ 33/247; NJb. 1927/1, B, 325.

Oberholzer J. Monographie einiger prähistorischer Bergstürze in den Glarner Alpen. - Beitr. z. geol. Karte d. Schw., NF, 9, 1900, 209 S., 4 T., K. 1:20000. - Bespr. EgH 7, 1901/02, 93; GZ 2/1006; NJb. 1901/2, 209; PetMitt., 47, Litber., 21.

Obst E. A. Supan, Grundzüge der physischen Erdkunde. - 7. Aufl., Berlin u. Leipzig 1927–1930, 2 Bde, 495 u. 820 S., zahlr. Abb. u. Taf. - Bespr. GZ 42/1157; Z. f. Geomorph., 3, 1928, 237; 5, 1930, 276; GR 21, 1930, 334; Geogr. Z., 36, 1930, 490; PetMitt., 77, 1931, 206; Z. Ges. f. Erdkde Berlin, 1931, 136; Zbl. f. Min., Abt. B, 1928, 479; Mitt. Geogr. Ges. Wien, 71, 1928, 406; 74, 1931, 162.

Ogilvie-Gordon M. Geologisches Wanderbuch der westlichen Dolomiten. - Wien (Freytag u. Berndt) 1928, 258 S., K. 1:25000, 3 Taf., 100 Fig. - Bespr. Österr. Touristenztg, 1929, 45; VBA 1929, 99; NJb. 1929/3, 524; GR 22, 1931, 347; GZ 42/1272, 45/138; Mitt. Geol. Ges. Wien, 21, 1928, 158; Z. f. Geomorph., 5, 1930, 143; Mitt. DÖAV, 1929, 159; Der Schlern, 10, 1929, 331; Studi Trent. Sc. Nat., 10, 1929, 74.

Omboni G. Sull'azione riescavatrice esercitata dagli antichi ghiacciai sul fondo delle valli alpine. - Milano 1863, 6 S.; Atti d. Soc. it. d. Sc. nat., v. 5, Milano 1863, 269–274. - Bespr. NJb. 1864, 247.

Osswald K. Das Risserkogelgebiet. Geologie der Berge südlich Tegernsee. - Geogn. Jh., 37, 1924, München 1925, 111–166, K. 1:25000, 3 Prof., 3 Taf.

— Die Wendelsteingruppe. Abriß der stratigraphischen, tektonischen und morphologischen Geschichte. - Mitt. Geogr. Ges. München, 21, H. 2, 1928, 124 S., 1 geol. K. 1:25000, 1 tekt. K. 1:100000, 1 Profiltafel 1:25000, 9 Lehrwanderungen. - Bespr. Z. f. Glkde, 17, 1929, 270; Mitt. Geol. Ges. Wien, 21, 1928, 160; GZ 41/709, 1533; Z. f. prakt. Geol., 37, 1929, 174; Geogr. Z. 35, 1929, 374; Mitt. DÖAV, 1929, 183.

— Geologische Karte und Geschichte der Wendelsteingruppe. Mit Abriß der stratigraphischen, tektonischen und morphologischen Geschichte. - Sonderdruck der vorgenannten Arbeit, München (Lindauer) 1929.

— Wie der Tegernsee entstanden ist. - Alt-Tegernsee, Beilage zum Alpenboten, Rottach-Egern 1931, Nr. 10, 2 Sp.

Oestreich K. Over den preglacialen vorm der Oost-Alpen. Een Herinnering en een Verantwoording. (Vortr.) - Tijdschr. K. Ned. Aardrijkskundig Genootschap, 2. Ser., 42, Leiden 1925, 551–567, 2 K., 3 Fig. - Bespr. GZ 32/935; Z. f. Geomorph., 1, 1926, 345.

Pampanini R. La frana del Monte Antelao (21 aprile 1814). - L'Universo, Firenze 1924, Bd 5, Nr. 12, 883–892, 1 K., 1 Abb. - Bespr. GZ 32/386.

Panzer W. Talrichtung und Gesteinsklüfte. - PetMitt., 69, 1923. - Bespr. Z. f. Geomorph., 1, 1926, 78.

Pariset D. L'Altipiano del Renon. - Garda, 1928, 39–42, 7 Abb.

Paschinger V. Doppelgrate auf Kärntner Bergen. - Carinthia II, 1923, 8–12, 1 Abb. - Bespr. Z. f. Geomorph., 1, 1926, 78; GZ 30/1326.

— Untersuchungen über Doppelgrate. - Z. f. Geomorph., 3, 1928, 204–236, 10 Abb. - Bespr. PetMitt., 75, 1929, 208; Carinthia II, 1930, 72; GZ 47 A/1121.

— Das ewige Eis. Die Gletscher der Glocknergruppe. - In: H. Fischer, Der Großglockner, München (Bergverlag) 1929, 69–80. - Bespr. Carinthia II, 1930, 69.

— Doppelgrate. - Deutsche Alpenzeitung, 27, 7. H., 1932, 225–228, 3 Abb.

Passarge S. Morphologie der Erdoberfläche. - Breslau (F. Hirt) 1929, 152 S. - Bespr. Mitt. Geogr. Ges. München, 1929, 166.

— Das Problem der Inselberglandschaften. - Z. f. Geomorph., 4, 1929, 109–122.

— Einführung in die Landschaftskunde. - Leipzig u. Berlin (Teubner) 1933, 100 S., 16 Taf., 2 Skz., 4 Prof. (Beispiel: Lana–Meran.) - Bespr. Der Schlern, 14, 1933, 226; Mitt. Geogr. Ges. München, 26, 1933, 235; Z. f. Geomorph., 8, 1934, 147.

— Morphologische Studien in der Gaul bei Lana. - Z. f. Geomorph., 8, 1934, 67–81, 1 Skz., 4 Abb.

Patrini P. I terrazzi orografici del bacino Verbano. - Rend. R. Ist. Lomb., v. 44, Milano 1911, 1026–1042. - Bespr. GZ 18/400; GR 1913, 569; Z. f. Glkde, 8, 1914, 138.

— I terrazzi orografici della Valle Camonica e del bacino Sebino. - Rend. R. Ist. Lomb. d. Sc. e Lett., s. 2, v. 45, f. 14–15, Milano 1912, 703–720. - Bespr. Z. f. Glkde, 8, 1914, 138; GZ 19/46; Boll. Com. geol. d'It., 44, 1915, f. 4, 152.

— I terrazzi orografici del Benaco. - Rend. R. Ist. Lomb. d. Sc. e Lett., s. 2, v. 47, f. 13, Milano 1914, 607–625. - Bespr. GZ 22/402; Boll. Com. geol. d'It., 46, 1917, f. 2–3, 75.

— Contributo allo studio orogenetico di alcune valli prealpine. - La Geografia, an. 2, Novara 1914, 294–303. (Verbano.)

— Sulla Morfologia dei Bacini del Ticino e dell'Oglio. - Mem. R. Ist. Lomb. d. Sc. e Lett., v. 21, f. 6, Milano 1914, 185–204, 4 T. - Bespr. GZ 21/663, 823.

— I laghi delle Alpi Orobie. - La Geografia, 14, Novara 1927, Nr. 1-2, 13-31. - Bespr. GZ 42/360.

Paulcke W. Welche Kräfte haben die Formen unserer Berge und Täler modelliert? (Vortr.) - Verh. Nat. Ver. Karlsruhe, 19, 1905/6, 18-21.

Payer J. v. Die Adamello-Presanella-Alpen. - PetMitt., Ergh. Nr. 17, 1865, 36 S., 1 K., 1 Abb., 6 Prof. - Bespr. VRA 1866, 7.

— Die Ortleralpen (Suldengebiet und Mte Cevedale). - PetMitt., Ergh. Nr. 18, 1867, 15 S., 1 K., 1 Ansicht. - Bespr. VRA 1867, 68.

— Die westlichen Ortleralpen (Trafoier Gebiet). - PetMitt., Ergh. Nr. 23, 1868, 30 S., 1 K., 1 Abb. - Bespr. VRA 1868, 262.

— Die südlichen Ortleralpen. - PetMitt., Ergh. Nr. 27, 1869, 30 S., 1 K., 1 Ansicht, 3 Prof. - Bespr. VRA 1869, 151.

— Anhang zu den Adamello-Presanella-Alpen. - PetMitt., Ergh. Nr. 31, 1872, 23-36. - Bespr. VRA 1872, 108.

— Die zentralen Ortleralpen (Gebiete: Martell, Laas und Saent) nebst einem Anhange zu den Adamello-Presanella-Alpen des Ergh. Nr. 17. - PetMitt., Ergh. Nr. 31, 1872, 36 S., 1 K., 1 Ansicht. - Bespr. VRA 1872, 108.

Pechmann E. Notizen zur Höhen- und Profilkarte, nebst dem Verzeichnisse der trigonometrisch bestimmten Höhen von Tirol und Vorarlberg. - Mitt. Geogr. Ges. Wien, 8, 1864, Abh., 228-348, 1 K.; Ber., 3-6.

Penck A. Die Vergletscherung der deutschen Alpen, ihre Ursachen, periodische Wiederkehr und ihr Einfluß auf die Bodengestaltung. - Leipzig 1882, 483 S., 2 K., 2 Tab. - Bespr. VRA 1883, 50; NJb. 1884/1, 41; Bl. 602; Mitt. DÖAV, 1883, 159; Ausland, 1883, 421; Alpine Journ., 11, London 1884, 190; Geol. Mag., d. 2, v. 10, London 1883, 177; Arch. d. sc. phys. et nat., t. 9, 316; Rev. géol. suisse p. l'a. 1882, Genève 1883, 87.

— Die Alpenseen. - Aus allen Weltteilen, 13, 1882, 453-458.

— Der Einfluß der Vergletscherung auf die Bodengestaltung Südbayerns. - Jber. Geogr. Ges. München f. 1880/81, 7, 1882, 43-45; Der Tourist, 14, Wien 1882, 8-9.

— Glaziale Bodengestaltung. - Das Ausland, 1882, 348-352, 369-373.

— Die Formen der Erdoberfläche. - Sammlg Gemeinnütz. Vortr. d. Ver. z. Verbr. gemeinnütz. Kenntn., Nr. 70, Prag 1882, 20 S.

— Glazialzeit. - Encyklop. d. Natwiss., 2. Abt., 1. Teil. Handwörterbuch d. Zool., Bot., Anthrop. u. Ethnol., 1, 1883, 521-536.

— Einfluß des Klimas auf die Gestalt der Erdoberfläche. - Verh. 3. D. Geogrtag Frankfurt a. M., 1883, 78-92.

— Über pseudoglaziale Erscheinungen. (Vortr.) - Z. D. Geol. Ges., 1884, 184-185.

— Geographische Wirkungen der Eiszeit. (Vortr.) - Verh. 4. D. Geogrtag Berlin, 1884, 66-84, 1 K. - Bespr. NJb. 1885/2, 140; VRA 1885, 87.

— Pseudoglaziale Erscheinungen. - Das Ausland, Wochenschr. f. Lder- u. Völkerkde, München, 18. 8. 1884, Nr. 33, 641-646. - Bespr. NJb. 1885/1, 303; VRA 1885, 86.

— Zeiten der Talzuschüttung. - Humboldt, 3, 1884, 121-127.

— Zur Vergletscherung der deutschen Alpen. - Leopoldina, 21, Halle 1885, 15 S. - Bespr. NJb. 1887/2, 143; PetMitt., 32, 1886, Litber., 18.

— Die Oberflächengestaltung und ihre Entstehung. - In: Penck u. Ed. Richter, Das Land Berchtesgaden, Z. DÖAV, 1885, 219-265. - Bespr. NJb. 1887/1, 54.

— Talbildung in den Alpen. - Mitt. DÖAV, 1885, 83-86.

— Die Eiszeit in den Alpen. - Schriften d. Ver. z. Verbr. natwiss. Kenntn., 25, Wien (A. Holzhausen) 1885, 711-742.

— u. **Heim Alb.** Aus dem Gebiete des alten Isargletschers und des alten Linthgletschers. - Z. D. Geol. Ges., 38, 1886, 161-169. - Bespr. NJb. 1887/2, 297; Mitt. DÖAV, 1886, 180; PetMitt., 32, 1886, Litber., 111; Bl. 694.

Penck A. Die Slavini di San Marco bei Rovereto. - Mitt. Geogr. Ges. Wien, 1886, 395-396. - Bespr. Bl. 695.

— Der alte Rheingletscher auf dem Alpenvorlande. - Jber. Geogr. Ges. München f. 1886, 11, 1887, 1-19. - Bespr. NJb. 1888/1, 242; PetMitt., 33, 1887, Litber., 101; Arch. d. sc. phys. et nat. de Genève, t. 19, Genève 1888, 362; EgH 1, 1888, 184.

— Über Denudation der Erdoberfläche. (Vortr.) - Schr. d. Ver. z. Verbreitg natwiss. Kenntn. Wien, 27, 1887, 431-457. - Bespr. VRA 1887, 304; NJb. 1889/1, 419.

— Die Höhen der Berge. - Humboldt, 6, 1887, 53-55. - Bespr. VRA 1887, 72.

— Die Bildung der Durchbruchstäler. (Vortr.) - Schr. d. Ver. z. Verbr. natwiss. Kenntn. Wien, 28, 1888, 433-484. - Bespr. NJb. 1889/2, 54.

— Das Endziel der Erosion und Denudation. - Verhdl. 8. D. Geogrtag Berlin, 1889, 91-100. - Bespr. NJb. 1891/1, 52.

— Über Durchbruchstäler. - NJb. 1890/1, 165-166. (S. a. ebd. 1889/2, 54.)

— Die Glazialschotter in den Ostalpen. Mit einem Anhang enthaltend die Hauptergebnisse der von A. Penck, E. Brückner und A. Böhm bearbeiteten Preisaufgabe über „Die Vergletscherung der österr. Alpenländer". - Mitt. DÖAV, 1890, 289-292. - Bespr. NJb. 1894/1, 367; Bl. 784.

— Die Formen der Landoberfläche. - Verh. 9. D. Geogrtag Wien, 1891, 28-37. - Bespr. VRA 1892, 79; NJb. 1894/1, 277.

—, **Brückner E., Du Pasquier L.** Le système glaciaire des Alpes. - Guide publié à l'occasion du congrès géologique internat. Zürich 1894, Bull. Soc. sc. nat., t. 22, Neuchâtel 1894, 70-151, 3 K. - Bespr. Boll. Com. geol. d'It., 26, 1895, 483; Ann. d. Géogr., t. 4, ann. bibl., Paris 1895, 99; Arch. d. sc. phys. et nat. de Genève, 33, Genève 1895, 574; EgH 4, 1895, 329; PetMitt., 41, 1895, Litber., 20.

Penck A. Morphologie der Erdoberfläche. - Bibl. geogr. Handbücher (Ratzel), Stuttgart 1894, 2 Bde, 471 u. 696 S. - Bespr. VRA 1894, 455; Mitt. DÖAV, 1895, 67; NJb. 1898/2, 231.

— Über Bergformen. - Himmel und Erde, 7, Berlin 1895, 1-15, 79-87; Urania, 33, Berlin 1895, 29 S.

— Die Geomorphologie als genetische Wissenschaft. Eine Einleitung zur Diskussion über geomorphologische Nomenklatur. - Ber. 6. Internat. Geogrkongr. London, 1895, 1896, 735-752. - Bespr. NJb. 1898/2, 228.

— Oberlerchers Glocknerrelief. - Mitt. DÖAV, 1896, 105-107.

— Die Übertiefung der Alpentäler. - Verhdl. 7. Internat. Geogrkongr., II, Berlin 1899, ebd. 1901, 232-240. - Bespr. GZ 1/1798; NJb. 1902/2, 282.

— Einige neuere Ergebnisse der Eiszeitforschung in den Alpen. (Vortr.) - Verh. 13. D. Georgtag

Breslau, 1901, 205–212. – Bespr. GZ 4/1489; NJb. 1903/1, 514; EgH 8, 1903, 340.
— u. **Richter E.** Glazialexkursion in die Alpen. – In: Führer f. d. Exkurs. in Österr. (IX. Internat. Geolkongr.), Wien 1903, 97 S., 2 K. – Bespr. NJb. 1904/2, 281; GZ 5/224.
Penck A. Über das Antlitz der Alpen. – Verh. Ges. D. Natf. u. Ärzte in Karlsbad, Leipzig 1903, 136–137. – Bespr. GZ 5/612; Boll. Com. geol. d'It., 35, 1904, 410.
— Bericht über die Glazialexkursion. – C. rend. IX Congr. géol. int. de Vienne 1903, Wien 1904, 891–896.
— Neue Reliefs der Alpen. – Geogr. Z., 10, 1904, 26–38, 95–101.
— The Valleys and Lakes of the Alps. – Eighth. Int. Geogr. Congr. Washington, 1904, 173–184. – Bespr. GZ 8/42.
— Über das Karstphänomen. – Schriften d. Ver. z. Verbr. natwiss. Kenntn. in Wien, 1904, 38 S.
— Glacial Features in the Surface of the Alps. – The Journ. of Geol., 13, 1905, 1–10.
— Die Entwicklung Europas seit der Tertiärzeit. – Wissensch. Ergebn. d. Int. Bot.-Kongr. in Wien 1905, Jena 1906, 12–24.
— Interglaziale Ablagerungen im Etschtalgebiete. – Z. DGeolGes., 59, 1907, Mber., 4–5. – Bespr. GZ 10/715; Boll. Com. geol. d'It., 39, 1908, 237.
— u. **Brückner E.** Die Alpen im Eiszeitalter. – Leipzig 1901–1909, 3 Bde, 1199 S., 19 K., zahlr. Tab. u. Abb. – Bespr. GZ 3/1524, 2483, 6/100, 10/601, 12/1454, 13/1142, 15/1864; NJb. 1903/2, 51; 1905/2, 39; 1910/2, 48; VRA 1902, 227; 1903, 219; 1905, 261; 1908, 233; 1909, 245; EgH 8, 1903, 323; 9, 1906, 335; Z. f. Glkde, 4, 1910, 1; Z. Ges. f. Erdkde Berlin, 1910, 330; Geogr. Z., 1911, 451; Scottish Geogr. Mag., 1909, 481; PetMitt., Ergh. 56, 81; Mitt. DÖAV, 1902, 37, 100; 1903, 295; 1904, 212; 1910, 25.

Penck A. Aegerters Karte der Ankogel-Hochalmspitzgruppe. – Mitt. DÖAV, 1909, 372.
— Über glaziale Erosion in den Alpen. – C. r. du XI Congr. géol. int. Stockholm 1910, ebd. 1912, I, 443–461; Diskussion 478–479, 487–489, 1034–1035. – Bespr. NJb. 1913/1, 505; Geogr. Z., 16, 1910, 621, 628; Geogr. Anzg., 16, 1910, 624.
— Die Physiogeographie von Davis und Braun. – Z. Ges. f. Erdkde Berlin, 1911, 560–570.
— Über die Schliffkehle. – Sber. Preuß. Ak. d. Wiss., Berlin 1912, 181.
— Schliffkehle und Taltrog. – PetMitt., 63, 1912, II, 125–127. – Bespr. NJb. 1913/2, 279.
— Hebungen und Senkungen. – Himmel und Erde, 25, 1912, 1–13, 63–73.
— Die Formen der Landoberfläche und Verschiebungen der Klimagürtel. (Vortr.) – Sber. Preuß. Ak. d. Wiss., Berlin, 3. 1. 1913, 77–97. – Bespr. Z. Ges. f. Erdkunde Berlin, 1913, 65; GZ 20/1406.
— Felswände. – 50. Jber. Sekt. Berlin DÖAV f. 1919, Berlin 1918, 19–26.
— Die Gipfelflur der Alpen. – Sber. Preuß. Ak. d. Wiss. Berlin, 17, 1919, 256–268. – Bespr. GZ 24/891; GR 1919, 88; Naturw. Wochenschr., NF, 18, 1919, 349; Geogr. Anzg., 1919, 203; Z. Ges. f. Erdkunde Berlin, 1919, 186.
— Die Höttinger Breccie und die Inntalterrasse nördlich Innsbruck. – Abh. Preuß. Ak. d. Wiss. 1920, Berlin 1921, 136 S., 5 K. – Bespr. GZ 27/498; NJb. 1921/2, 355; Geogr. Z., 28, 1922, 272; Mitt. Anthrop. Ges., 52, 1922, 152.
— Die Terrassen des Isartales in den Alpen. – Sber. Preuß. Ak. d. Wiss., phys.-math. Kl., Berlin 1922, 182–208. – Bespr. GZ 29/462; NJb. 1923/2, 121.
— Ablagerungen und Schichtstörungen der letzten Interglazialzeit in den nördlichen Alpen. – Sber. Preuß. Ak. d. Wiss., Berlin 1922, 214–251. – Bespr. GZ 29/463; NJb. 1923/2, 122. S. a. J. Knauer.
— Die letzten Krustenbewegungen in den Alpen. – Geol. Föreningens i Stockholm Förhandlingar, 44, Stockholm 1922, 607–622. – Bespr. GZ 29/433, 30/603; NJb. 1923/2, 124.
— Mittenwald. Zur Geographie der deutschen Alpen. – Sieger-Festschrift, Wien 1924, 104–132.
— Das Antlitz der Alpen. – Die Naturwissenschaften, 12, 1924, 1000–1007. S. a. Kabelsberg, Z. DGeolGes., 1925, Abh., 372–390. – Bespr. Mitt. DÖAV, 1925, 162; Z. f. Geomorph., 1, 1926, 345.
— Walter Penck. 1888–1923. – Aus: Die Morph. Analyse, Vorwort, 1924.
— Das unterirdische Karstphänomen. – Recueil de traveaux (Cvijić), Belgrad 1924, 23 S. – Bespr. Z. f. Geomorph., 1, 1926, 342.
— Der postglaziale Vulkan von Köfels im Ötztal. – Sber. Preuß. Ak. d. Wiss., 12, Berlin 1925, 218–225. – Bespr. GZ 33/746, 34/745; VBA 1926, 200; Z. f. Vulk., 9, 1925, 147; NJb. 1926/1, B, 9; 1926/1, A, 183; Z. f. Glkde, 16, 1928, 162.
— Glazialgeologische Beobachtungen in den bayerischen Hochalpen. – Sber. Preuß. Ak. d. Wiss., 17, Berlin 1925, 301–329. – Bespr. GZ 34/203; NJb. 1926/1, B, 62; PetMitt., 74, 1928, 364.
— Alte Breccien und junge Krustenbewegungen in den bayerischen Hochalpen. – Sber. Preuß. Ak. d. Wiss., 17, Berlin 1925, 330–348. – Bespr. GZ 34/202; NJb. 1926/1, B, 63; PetMitt., 74, 1928, 364.
— Die Eiszeit in den bayerischen Hochalpen. – Sber. Preuß. Ak. d. Wiss., 17, Berlin 1925, 349–371. – Bespr. NJb. 1926/1, B, 65; PetMitt., 74, 1928, 364.
— Salpausselkä in Oberbayern. (Östl. Mittenwald.) – Fennia, 50, Nr. 28, Helsingfors 1928, 18 S., 1 K. – Bespr. GZ 39/1714; NJb. 1930/2, 722; 1931/3, 692.
— Geographischer Führer durch das Tor von Mittenwald. – Sammlg. geogr. Führer, IV, Berlin (Borntraeger) 1930, 216 S., 12 Abb. u. 2 Taf. – Bespr. GZ 43/164; Mitt. DÖAV, 1930, 154; Z. f. Geomorph., 6, 1931, 127; Geogr. Z., 36, 1930, 625; GR 22, 1931, 247; Die Umschau, 35, 1931, 606.

Penck W. Naturgewalten im Hochgebirge. – Stuttgart 1912, 122 S., 36 Abb. – Bespr. GZ 18/1046; Mitt. Geogr. Ges. München, 7, 1912, 452; Geogr. Anzg., 14, 1913, 64; Jb. SAC, 48, 1913, 314; Alpina, 20, 1912, 179; Scientia, 18, 1915, 274.
— Wesen und Grundlage der morphologischen Analyse. – Ber. ü. d. Verh. d. math.-phys. Kl. d. Sächs. Ak. d. Wiss., 52, Leipzig 1920, 65–102 u. Verh. D. Geogrtag Leipzig, 1921.
— Neue Methoden der Geomorphologie. (Vortr.-Auszug.) – Z. Ges. f. Erdkde Berlin, 1921, 82–83.
— Morphologische Analyse. (Vortr.) – Verh. 20. Deutschen Geogrtag Leipzig, 17.–19. 5. 1921, Berlin 1922, 122–128.
— Die Morphologische Analyse. Ein Kapitel der physikalischen Analyse. (Vorwort v. A. Penck.) – Geogr. Abh., 2, Stuttgart 1924, 283 S., 12 Taf., 21 Abb. Auszug: Verh. Natf.-Vers. Leipzig 1924, 122–128. – Bespr. VRA 1925, 201; GR 1925, 395; NJb. 1925/2, B, 13; GZ 33/741, 1884, 34/1365; Zbl. f. Min., 1925, B, 303; Z. f. Geomorph., 1, 1926, 165; Z. Ges. f. Erdkde Berlin, 1926, 323;

Mitt. Geogr. Ges. München, 1926, 227; Geogr. Z., 32, 1926, 31; Geogr. Anzg., 1926, 145; Deutsche Litztg, 24, 1924, 1709.

— Anteil der Schmelzflüsse an den Bewegungen der Erdkruste. - Die Naturwissenschaften, 12, H. 41, Berlin 1924, 847-851.

— Über den Gang der Abtragung. - Mitt. Geogr. Ges. Wien, 71, 1928, 200-218.

Pesta O. Der Hochgebirgssee der Alpen. - In: Die Binnengewässer. Einzeldarstellungen aus der Limnologie und ihren Nachbargebieten (A. Thienemann, 8. Bd, Stuttgart (Schweizerbart) 1929, 156 S., 41 Abb., 2 Beilagen. - Bespr. Mitt. DÖAV, 1930, 49; Z. f. Glkde, 18, 1930, 264.

Petrascheck W. Die Bedeutung von Schuttausstrahlungen zur Erkenntnis von Gebirgsverschiebungen in den Nordalpen. - VBA 1925, 64-67. - Bespr. GZ 33/729.

— Die Magnesite und Siderite der Alpen. Vergleichende Lagerstättenstudien. - Sber. Ak. d. Wiss. Wien, math.-natwiss. Kl., Abt. 1, 141, 1932, 195-242, 6 Fig. - Bespr. GZ 48 A/1039; Z. f. prakt. Geol., 41, 1933, 55.

Peucker K. Der mittlere Neigungswinkel des Bodens. - Mitt. DÖAV, 1890, 10.

Pfaff F. Die Naturkräfte in den Alpen oder physikalische Geographie des Alpengebirges. - Die Naturkräfte, 24, München 1877, 281 S., 18 Abb. - Bespr. Mitt. DÖAV, 1878, 51.

— Der Mechanismus der Gebirgsbildung. - Heidelberg (Winter) 1880, 151 S., 57 Abb. - Bespr. Mitt. DÖAV, 1880, 30; VRA 1879, 360; NJb. 1880/2, 45; Natur, Halle a. S. 1880, 126; Arch. d. sc. phys. et nat., 3, Rev. géol. suisse p. l'a. 1879, Genève 1880, 34.

Pfaff W. Die Eislöcher in Überetsch, ihre Vegetationsverhältnisse und ihre Flora. - Schlernschriften, 24, Innsbruck (Wagner) 1933, 72 S., 5 Abb. - Bespr. Mitt. DÖAV, 1934, 71; PetMitt., 1934, 93; Studi Trent. Sc. Nat., 14, 1933, f. 3, 250.

— Le „Buche di ghiaccio" di Lasès e la loro flora. - Studi Trent. Sc. Nat., 14, 1933, 177-187, 1 Taf.

Pfaundler L., Trentinaglia J. v. u. Graf zu Enzenberg H. Zur Hypsometrie und Orographie von Nordtirol. Versuch einer hypsometrisch-orographischen Skizze aus dem Gleirsch- und Hinterautal. - Z. Ferdin., 3. F., 9. H., Innsbruck 1860, Beitr. z. Natgesch., 21-51, 1 Taf.

Pfaundler L. Über die Massenerhebung der Ötztaler und Stubaier Gebirgsgruppen und die bei deren Berechnung angewendeten Methoden. (Vortr.) - Ber. Nat.-med. Ver. Innsbruck, 4, 1874, röm. 22-27.

Philipp H. Die geologische Tätigkeit des Eises. - In: Salomon, Grundzüge der Geologie, Stuttgart 1924.

— Die Wirkungen des Eises. - In: E. Blanck, Handbuch der Bodenlehre, 1, Berlin (Springer) 1929, 257-288.

— Über Glazialerosion. (Vortr.) - GR 20, 1929, 392.

— Gletscheruntersuchungen in den Ostalpen. - Z. f. Glkde, 20, 1932, 233-268, 29 Abb. - Bespr. GZ 50 A/167.

Philippson A. Studien über Wasserscheiden. - Mitt. Ver. f. Erdkde Leipzig, 1885 (1886), 241-304. - Bespr. NJb. 1889/1, 232.

— Der glaziale Taltrog. - PetMitt., 1912, II, 277ff. (S. a. ebd. 1886, Ein Beitrag zur Erosionstheorie.) - Bespr. NJb. 1913/2, 279.

— Der Rhein als Naturerscheinung. - Geogr. Z., 39, 1933, 1-10, 65-76. - Bespr. GZ 49 A/1580; Z. f. Geomorph., 8, 1934, 90.

Pichler A. v. Zur Geognosie Tirols. I. Die Gruppe des Hocheder. II. Die vulkanischen Reste von Köfels. III. Notizen. - JbRA 1863, 589-594, 1 Skz. - Bespr. TB 1863, 865; Bl. 185.

— Vulkanische Gesteine in den Zentralalpen. (Köfels.) - VRA 1863, 77.

Piwowar A. Über Maximalböschungen trockener Schuttkegel und Schutthalden. - Vierteljschr. Natf. Ges. Zürich, 48, 1903, 335-359. - Bespr. GZ 5/2015; NJb. 1907/1, 380.

Pollack V. Über Seeufer-Senkungen und -Rutschungen. - Z. Österr. Ing.- u. Arch.-Ver., 41, H. 1, Wien 1889, 16 S.

— Der Bergsturz im „Großen Tobel" nächst Langen am Arlberg am 9. Juli 1892. - JbRA 1892, 661-671. - Bespr. NJb. 1894/1, 285. S. a. J. R. v. Stefanović, Mitt. Geogr. Ges. Wien, 1892, 607.

— Der Bergsturz bei Langen am Arlberg. (Techn.) - Z. Österr. Ing.- u. Arch.-Ver., Wien 1893, 405. - Bespr. NJb. 1894/2, 41.

— Die „Verschüttung" unserer Alpentäler. - Z. Österr. Ing.- u. Arch.-Ver., 1917, 425-428, 437-441. - Bespr. Mitt. Geogr. Ges. Wien, 1922, 92.

— Über Frostwirkung, Quellung (Blähen), Quellungsdruck und Gebirgsdruck. - Technische Blätter, Teplitz-Schönau 1921, 16 S.

— Verwitterung in der Natur und an Bauwerken. - Wien (J. Springer) 1923, 580 S.

— Versuch einer Übersicht der Massen- oder Bodenbewegungen. - JbBA 1925, 45-95, 13 Abb.

— Über bisherige Klassifikation der Boden- oder Massenbewegungen und deren Verwertung. - Z. f. Geomorph., 1, 1926, 302-339.

Porro C. Le ragioni geografiche della Italianità del bacino montano dell'Adige. - Arch. p. l'Alto Adige, 25, 1930, 421-431.

Poser H. Das Problem des Strukturbodens. - GR 24, 1933, 105-121. - Bespr. Z. f. Geomorph., 8, 1934, 89; GZ 52 A/1959.

— Bemerkungen zum Strukturbodenproblem. - Zbl. f. Min., Abt. B, 1934, 39-45. - Bespr. GZ 52 A/1957.

Prielmayer M. v. Das Krimmler Achental. - Z. DÖAV, 1891, 234-282, 10 Taf.

— Das Wettersteingebirge. - In: E. Richter, Die Erschließung der Ostalpen, 1, Berlin 1893, 120-168.

— Die Granatspitzgruppe in den Hohen Tauern. - Z. DÖAV, 1895, 174 200, 5 Abb.

Pustertal. Über die Elementarereignisse im –. - Bote f. Tirol u. Vorarlberg, Nr. 83-85 v. 1821, 332, 336, 340.

Quiring H. Über die tektonischen Grundlagen der Flußterrassenbildung. - Z. DGeolGes., 78, 1926, Mber., 156-163, 3 Fig. - Bespr. GZ 35/1106, 37/527.

Ratzel F. Über die Entstehung der Erdpyramiden. - Jber. Geogr. Ges. München, 1877-79, 12 S.

— Der Einfluß des Firnes auf Schuttlagerung und Humusbildung. - Mitt. DÖAV, 1887, 07 100.

— Höhengrenzen und Höhengürtel. - Z. DÖAV, 1889, 102-135.

— Zur Gebirgskunde, vorzüglich Beobachtungen über Höhengrenzen und Höhengürtel. - Wiss. Veröff. Ver. f. Erdkde Leipzig, 1895, 542 S., 7 K.

— Der Berg. Eine landschaftl.-morphologische Betrachtung. - Mitt. DÖAV, 1898, 147-149, 161-163.

Reale C. Stato presente e passato delle rive del Verbano. - Atti Congr. d. Naturalisti Ital. del 1896, Milano 1897.

— Un cordone litoraneo presso Ispra sul Lago Maggiore. – Mem. d. Soc. geogr. it., v. 6, p. 2, Roma 1897, 331–337. – Bespr. Boll. Com. geol. d'It., 30, 1899, 86.

Regelmann C. Neuzeitliche Schollenverschiebungen der Erdkruste im Bodenseegebiet. – Oberrhein. Geol. Ver., 40, 1907, 11–17. – Bespr. EgH 10, 1908, 692; GZ 12/122.

Reindl J. Dörfer, Weiler und Einzelhöfe in Südbayern. Anthropogeogr. Studie zur Kenntnis der Siedlgsverh. in Südbayern. – Mitt. Geogr. Ges. München, 1, 1906, 501–560.

Reis O. M. Erläuterungen zur Geolog. Karte des Wettersteingebirges. – Geogn. Jh., 23, 1910 (1911), 61–114, 2 K. 1:25000 (mit F. W. Pfaff), 1 Skz., 15 Abb., 1 Blge.

— Über einzelne Beobachtungen im Diluvium der Umgegend von München. – Geogn. Jh., 34, 1921, München 1922, 143–168, 2 Taf., 1 Abb. – Bespr. GZ 29/582.

— Der Schollenaufbau des voralpinen Untergrunds und die neuzeitlichen Bewegungen in Oberbayern. – Geogn. Jh., 37, 1924 (1925), 253–260, 1 K. – Bespr. NJb. 1926/2, B, 346.

Reiser K. Geologie der Hindelanger und Pfrontener Berge im Allgäu. – 1. Teil. Geogn. Jh., 33, 1920 (1922), 57–198, K. 1:25000. 2. Teil. Ebd., 35, 1922 (1923), 1–82. 3. Teil. Ebd., 37, 1924 (1925), 1–34, 1 T., 3 Abb. – Bespr. GZ 29/443, 32/575; NJb. 1924/2, 241.

Reishauer H. Beiträge zur Biogeographie und Morphologie der Alpen. I. Höhengrenzen der Vegetation in den Stubaier Alpen und in der Adamellogruppe. – Wiss. Veröff. Ver. f. Erdkde Leipzig, 6, 1904, 1–210, 2 Taf., 16 Abb. – Bespr. Mitt. DÖAV, 1906, 253; Geogr. Z., 10, 1904, 647.

Reissinger A. Zur Frage nach dem Ausmaß der glazialen Erosion. – Mitt. Geogr. Ges. München, 23, München 1930, 224–225.

Reithofer O. Bericht über Kluftmessungen in der Umgebung von Köfels, im Maurach und am Tauferer Berg im vorderen Ötztal. – Anzg. Ak. d. Wiss. Wien, Nr. 27 v. 1930, 3 S. – Bespr. GZ 46 A/459.

— Zur Geologie der Umgebung der Darmstädter Hütte im Moostal bei St. Anton am Arlberg. – Jber. Sekt. Darmstadt DÖAV, 1930, 12 S., 1 geol.-KSkz. – Bespr. Mitt. DÖAV, 1932, 171.

— Bericht über die Beendigung der Kluftmessungen in der weiteren Umgebung von Köfels im vorderen Ötztal. – Anzg. Ak. d. Wiss. Wien, math.-natwiss. Kl., Nr. 27 v. 1931, 285–286.

— Neue Untersuchungen über das Gebiet von Köfels im Ötztal. – JbBA 1932, 275–342, 1 Tab., 42 Fig. – Bespr. GZ 49 A/939.

— Glazialgeologische Untersuchungen in der Umgebung südlich des Arlbergpasses. – JbBA 1933, 173–188, 1 Fig., 1 Taf. – Bespr. GZ 51 A/450.

Repossi E. Le piramidi d'erosione di Rezzago in Valsassina. – Natura, v. 14, f. 2, Milano 1923, 62–64.

Richter E. Der Bergsturz an der Bocca di Brenta. – Mitt. DÖAV, 1885, 72–73.

— Die Erschließung der Ostalpen. – Berlin (DÖAV) 1893/94, 3 Bde, 1625 S., 5 K., 51 T., 4 Runds. Nachtrag: Mitt. DÖAV, 1901, 57, 75.

— Die wissenschaftliche Erforschung der Ostalpen seit der Gründung des Österr. und des Deutschen Alpenvereines. – Z. DÖAV, 1894, 1–94.

— Morphologie der Erdoberfläche (A. Penck). – Mitt. DÖAV, 1895, 67–68.

— Gebirgshebung und Talbildung. – Z. DÖAV, 1899, 18–27, 1 T.

— Geomorphologische Untersuchungen in den Hochalpen. – PetMitt., Ergh. 132, 1900, 103 S., 6 T., 14 Fig. – Bespr. VRA 1902, 255; GZ 2/1089; Carinthia II, 1902, 59; EgH 7, 1901/1902, 40; Boll. Com. geol. d'It., 32, 1901, 354.

Richter M. Geologischer Führer durch die Allgäuer Alpen zwischen Iller und Lech. – Berlin 1924, Sammlg Borntraeger Nr. 24, 224 S., 30 Fig., 7 Taf. – Bespr. GR 1924, 366; GZ 33/1318; Geogr. Z., 31, 1925, 184.

— Beiträge zur Stratigraphie und Tektonik der subalpinen Allgäuer Molasse. – GR 17a, Steinmann-Festschr., 1926, 317–362. – Bespr. NJb. 1927/2, B, 88.

— Zum Problem der alpinen Gipfelflur. – Z. f. Geomorph., 4, 1929, 149–160. – Bespr. GZ 46 A/1222.

— Der ostalpine Deckenbogen. Eine neue Synthese zum alpinen Deckenbau. – JbBA 1930, 497–540, 1 tekt. K., 7 Abb. Auszug: GR 21, 1930, 205–206 (Vortr.). – Bespr. GZ 45/298.

— Die Alpen und ihr Vorland. Eine tektonisch-morphologische Entwicklungsgeschichte. – Natwiss. Monatsschr. d. deutschen Lehrerver. f. Natkde Aus der Heimat, 44, H. 8, Stuttgart 1931, 225–245, 9 Abb.

— Morphologie und junge Bewegungen beiderseits vom nördlichen Alpenrand. – Z. f. Geomorph., 7, 1933, 10–24, 3 Fig. – Bespr. GZ 50 A/688.

Richter R. Die Entstehung des Rheintals von der Quelle bis Mainz. – Ber. Senckenbg. Nat. Ges. Frankfurt a. M., 41, 1910, 213–214.

Riedl E. Über Bergsturz und Rutschung. – NJb. 1877, 914–924.

Riemann R. Ansichten über die geologischen Veränderungen des Laufs der Gasteiner Ache vom Böcksteiner bis zum Hofgasteiner Boden. – Mitt. DÖAV, 1879, 19–21.

Rinaldini B. v. Die Kitzbühler Alpen. – „Berge", Bd 1, Wien-Leipzig (Strohmer-Verlag) 1923.

— Die Kitzbüheler Alpen. – Ostalp. Formenstudien, Abt. 2, H. 3, Berlin (Borntraeger) 1923, 144 S., 3 T., 1 Skz., 2 Fig. – Bespr. GR 1924, 362; Mitt. Geogr. Ges. Wien, 1923, 154; NJb. 1924/1, 109; GZ 31/265; Z. f. Geomorph., 1926, 75; Mitt. DÖAV, 1924, 178; Z. f. Glkde, 15, 1927, 157; Geogr. Z., 31, 1925, 250.

— Die Kitzbüheler Alpen. – Sammlung Alpenlandschaften, Wien 1924, 74 S., K. 1:200000. – Bespr. GZ 31/374.

— Der postglaziale Vulkan von Köfels im Ötztal und die Kluft bei Piburg. – Z. f. Geomorph., 1, 1926, 294–296. – Bespr. Z. f. Glkde, 15, 1927, 321.

— Zwei Vorkommen jungvulkanischen Gesteines in Tirol. – Mitt. Geogr. Ges. Wien, 1927, 5–14, 1 Abb. – Bespr. GZ 37/1083; Z. f. Geomorph., 3, 1928, 166.

Romani G. Dell'antico corso de' fiumi Po, Oglio e Adda. – Milano (Tip. Silvestri) 1828.

Rothpletz A. Über die Entstehung des Rheintales oberhalb des Bodensees. – Schr. d. Ver. f. d. Gesch. d. Bodensees, H. 29, 1900, 31–46. – Bespr. EgH 7, 1901–1902, 486.

Rovereto G. Un itinerario geomorfologico nel Trentino. – L'Universo, Firenze, 11, 1930, Nr. 1, 1–16, 9 Abb., 3 Taf. – Bespr. GZ 42/822, 45/139.

Rucktäschel Th. Ungleichseitigkeit der Täler und Wirkung der vorherrschend westlichen Regenwinde auf die Talformen. – PetMitt., 1889, 224. – Bespr. NJb. 1890/2, 240.

Rudolphi H. Die Bedeutung der Wasserscheide für

den Landverkehr. – Mitt. Geogr. Ges. Wien, 1911, 247.

Rueger L. „Akroorogene" Bewegungen. – Zbl. f. Min., Abt. B, 1927, 50–54. – Bespr. GZ 36/444.

— Geotektonische Hypothesen. – Geogr. Z., 37, 1931, 577–599, 3 Fig.

Rüetschi G. Über die morphologischen Verhältnisse von St. Gallen und deren Einfluß auf die Kultur. – Mitt. Ostschw. Geogr.-commerz. Ges. St. Gallen, 1926–1928, 73–102, 3 Taf., 7 Abb.

Rühl A. Eine neue Methode auf dem Gebiet der Geomorphologie. – Fortschr. d. Natwiss. Forschg, 6, 1912, 1–67.

Rungaldier R. Bemerkungen zur Lößfrage, besonders in Ungarn. – Z. f. Geomorph., 8, 1934, 1–40, 1 K.

Rutger. Die in histor. Zeit erfolgten Bergstürze in Bayern. – Natwiss. Wochenschr., 1907, 377–380.

Rütimeyer L. Über Tal- und Seebildung. Beiträge zum Verständnis der Oberfläche der Schweiz. – Basel 1869, 160 S., 1 K.; 2. A. 1874. – Bespr. Z. f. d. ges. Natwiss., 34, Berlin 1869, 116; Ausland, 1870, 649; 1874, 91; NJb. 1870, 242; VRA 1870, 10; Arch. d. sc. phys. et nat., t. 37, 313; Rev. géol. suisse, 1870, 25; Boll. Com. geol. d'It., 1, 1870, 170.

Saccardo A. Ricerche intorno alle erosione del Montello. – Atti Soc. Ven.-Trent. di Sc. nat., 1885, Padova 1886, 283–296, 1 Taf. – Bespr. Boll. Com. geol. d'It., 18, 1887, 424.

Sacco F. Sull'origine delle vallate e dei laghi alpini in rapporto coi sollevamenti delle Alpi e coi terreni pliocenici e quaternari della valle padana. – Atti d. R. Acc. d. Sc. di Torino, v. 20, Torino 1885, 481–505. – Bespr. Arch. d. sc. phys. et nat., t. 15, 319; Rev. géol. suisse p. l'a. 1885, Genève 1886, 50.

— On the Origin of the Great Alpine Lakes. – Proc. Roy. Soc. Edinburgh, 14, 1887, 271–283. – Bespr. NJb. 1888/2, 462; Boll. Com. geol. d'It., 19, Roma 1888, 376; Arch. d. sc. phys. et nat. de Genève, t. 21, Genève 1889, 228; EgH 1, 1889, 342.

— Gli anfiteatri morenici del Veneto. – Ann. R. Acc. d'Agric. Torino, v. 41, 1899, 189–283, 2 K. – Bespr. Boll. Com. geol. d'It., 31, 1900, 385; Bl. 1025.

— L'origine della pianura padana e le acque sotterranee. – L'Italia fisica, 8, 1930, 194–201.

— Come nacquero le Alpi. – Le vie d'It., Milano 1930, maggio, 14 S., 16 Abb.

— La vita di un ghiacciaio. – Le vie d'Italia, 37, 1931, 129–139, m. Abb.

— Le Alpi. Milano (Tour. C. I.) 1934, 697 S., 1002 Abb. – Bespr. PetMitt., 80, 1934, 316.

Salmojraghi F. Le piramidi di erosione e i terreni glaciali di Zone. Contribuzione alla geologia neozoica del Lago d'Iseo. – Boll. Soc. geol. it., 4, Roma 1886, 117–142, 2 Taf. – Bespr. Boll. Com. geol. d'It., 1886, 116; 1887, 430.

Salomon W. Können Gletscher in anstehendem Fels Kare, Seebecken und Täler erodieren? – NJb. 1900/2, 117–139, 1 K., 1 Taf. – Bespr. EgH 7, 1901/02, 41; GZ 4/1618; Mitt. DÖAV, 1900, 267.

— Die Adamellogruppe, ein alpines Zentralmassiv, und seine Bedeutung für die Gebirgsbildung und unsere Kenntnis von dem Mechanismus der Intrusionen. – Abh. RA, 21, 1. Teil 1908, 1–433, 2 K., 6 Taf., 91 Abb.; 2. Teil 1910, 435–603, 3 Taf., 7 Abb. – Bespr. GZ 17/232; GR 1911, 524; NJb. 1911/1, 276; 1912/2, 226; PetMitt., 57, 1911/2, 219; Boll. Com. geol. d'It., 40, 1909, 383.

— Arktische Bodenformen in den Alpen. – Sber. Heidelberger Ak. d. Wiss., math.-nat. Kl., 1929, 5. Abh., 31 S., 6 Abb. – Bespr. Z. f. Geomorph., 5, 1930, 138; NJb. 1930/2, 420; 1930/3, 34; 1931/2, 383; Z. f. Glkde, 17, 1929, 394; GZ 40/1779; GR 22, 1931, 248.

Salomon-Calvi W. Die Beweglichkeit der Festländer. (Vortr.) – Forschungen und Fortschritte, 8, 1932, 335–336. – Bespr. GZ 48 A/1450.

Sandberg C. G. S. Magmakratismus als Ursache der tektonischen Großformen der Kettengebirge. – Z. f. Vulk., 11, 1927, 110–127, 19 Fig., 1 Taf. – Bespr. GZ 38/593; NJb. 1931/2, 626.

Sander B. Erläuterungen zur geologischen Karte Meran-Brixen. (Mit Beiträgen von W. Hammer.) – Schlern-Schr., 16, Innsbruck (Wagner) 1929, 1–111 u. Ber. Natwiss.-med. Ver. Innsbruck, 41, 1929, 1–111, 4 Blg. – Bespr. VBA 1930, 225; Mitt. Geol. Ges. Wien, 1930, 165; GZ 43/1153; Der Schlern, 11, 1930, 90; Z. f. prakt. Geol., 38, 1930, 16; Studi Trent. Sc. Nat., 12, 1931, 152.

Sapper K. Geologischer Bau und Landschaftsbild. – Die Wissenschaft, Braunschweig (Vieweg) 1918, 208 S. – Bespr. Mitt. DÖAV, 1918, 68.

— Schuttabtragung unter der Vegetationsdecke. – Z. f. Geomorph., 5, 1930, 267–269.

Sauer L. Die Erdpyramiden in den Alpen und verwandte Bildungen. – Stettin 1904, Jber. Realgymn. Stettin, 40, 1905, 12 S. – Bespr. GZ 6/38; PetMitt., 53, Litber., 102.

Sawicki L. R. v. Ein Beitrag zur Entwicklungsgeschichte der Rhein-Rhone-Wasserscheide. – Z. Ges. f. Erdkde Berlin, 1909, 7–32, 1 Taf. (S. a. Brückner.) – Bespr. Z. f. Glkde, 4, 1910, 239.

Schaffer F. X. Über Miozän im Bereiche der Alpen. – Mitt. Geol. Ges. Wien, 8, 1915, 216–226. – Bespr. GZ 23/398.

— Das Bewegungsbild der Erdoberfläche. – Gedenkb. Schuiling, Groningen 1925, 249–270. – Bespr. GZ 32/999.

— Die Bewegungen der Erdrinde. – Forschungen u. Fortschritte, 1926, Nr. 15. – Bespr. GZ 35/985.

— Die Großformen der Erdrinde und ihre Bewegungen. – Scientia, Milano 1927, 333–342. – Bespr. GZ 35/1375.

— Wandlungen der Großformen der Erdoberfläche. – Földtani Közlöny, 61, 1931. – Bespr. GZ 49 A/1489.

— Über die Erdpyramiden am Ritten bei Bozen. – VBA 1932, 163–165. – Bespr. GZ 50 A/317.

Schardt H. u. Arni P. Über die Entstehung des Lünersees im Rätikon. – Vierteljschr. Natf. Ges. Zürich, 71, 1926, 269–290. – Bespr. GZ 36/790; NJb. 1928/3, 395.

Scharff F. Über das Sarganser Seebecken. – NJb. 1872, 936–938. – Bespr. Bl. 338.

Schiller-Tietz. Büßerschnee und Erdpyramiden. – Deutsche Alpenztg, 15, 6, München 1915, 2 S.

Schindler F. Kulturregionen und Ackerbau in den Hohen Tauern. – Z. DÖAV, 1888, 73–82.

Schlagintweit A. Über Talbildung in den Alpen. (Vortr.) – Z. DGeolGes., 2, 1850, 68–69.

— Untersuchungen über die Talbildungen und die Form der Gebirgszüge in den Alpen. – JbRA 1851, II, 33–57, 2 Fig. – Bespr. Bl. 26.

— Bemerkungen über die Wirkungen der Erosion in den Alpen. – NJb. 1851, 292–308. – Bespr. Bl. 27.

— Über den geologischen Bau der Alpen. (Vortr.) – Berlin 1852, 32 S., 1 Taf.

— Neigungsverhältnisse der Talsohlen, der Bergabhänge und der freien Gipfel in den Alpen. (Vortrag.) – Z. DGeolGes., 4, 1852, 208–210.

— u. **H.** Neue Untersuchungen über die physikalische Geographie und die Geologie der Alpen. – Leipzig 1854, 630 S., 1 Atl. – Bespr. C.-R. hebdom. de séances de l'Acad. de sc., t. 39, Paris 1854, 278; NJb. 1855, 91; Bl. 73.

Schlagintweit H. u. **A.** Untersuchungen über die physikalische Geographie der Alpen in ihren Beziehungen zu den Phänomenen der Gletscher, zur Geologie, Meteorologie und Pflanzengeographie. – Leipzig 1850, 600 S., 2 K., 11 Taf. – Bespr. Bl. 18; Edinburgh New Philos. Journ., 50, 1851, 287; Arch. d. sc. phys. et nat., 20, Genève 1852, 155.

Schlagintweit H. Beobachtungen über Erosion und Gletscher in der Bernina-, Ötztaler- und Silvrettagruppe. (Vortr.) – Z. DGeolGes., 11, 1859, 5–6.

Schmid F. X. Die Ammer einst und jetzt. – Diss. Würzburg, 1913.

Schmid K. Entstehung des Alleghesees. – Diss. Würzburg, 1906, 48 S. – Bespr. GZ 14/1601.

Schmidle W. Über Riedel- und Talbildungen am nordwestlichen Bodensee. – Mitt. Großh. Bad. Geol. Ldsanst., 1910, 1–44, 1 K., 3 Taf., 3 Abb. – Bespr. GZ 19/1628.

— Die diluviale Geologie der Bodenseegegend. – Braunschweig 1914, 113 S., 42 Abb., 7 Taf. (Die Rheinlande, Nr. 8). – Bespr. GZ 22/1130; Mitt. Geogr. Ges. München, 11, 1916, 313; Z. f. Glkde, 11, 1920, 94; Natwiss. Wochenschr., NF, 14, 1915, 112; Geogr. Anzg., 17, 1916, 51; PetMitt., 63, 1917, 191; Geogr. Z., 21, 1915, 299.

— Charakterbilder aus der Bodenseelandschaft. – Bodenseebuch, 1915, 169–177. – Bespr. GZ 25/733.

— Karte der diluvialen Gletscherränder und Moränen im Badischen Seekreis (o. M.). – In: W. Deecke, Geol. v. Baden, Berlin (Borntraeger), II, 1917, 531; III, 1918, 125.

— Die Geologie des Bodenseebeckens. (Vortr.) – Schr. d. Ver. f. Gesch. d. Bodensees, 50, Lindau 1922, 38–55, 2 Skz.

— Zur Geologie von Heiligenberg und Umgebung. – Schr. d. Ver. f. Gesch. d. Bodensees, 51, Lindau 1922, 14–27, 1 Skz.

— Der Konstanzer Gletscher im östlichen Thurgau. (Vortr.) – Schr. d. Ver. z. Gesch. d. Bodensees u. s. Umgebung, 55. H., Friedrichshafen 1927, 253–265, 1 K.

— mit **Blumrich J., Bräuhäuser M.** u. **Pratje O.** – Geol. Ausgabe des Bl. 660 Lindau der Karte d. D. Reiches 1:100000. Mit Querschnittstafel u. Erläuterungen. – München (Piloty u. Loehle) 1931, 13 S., 1 K., 1 Taf.

Schmidle W. Geschichte der geologischen Erforschung des Bodensees. – Bad. Geol. Abhandlungen, 3, Karlsruhe 1931, 1–40, 81–95, 6 Abb. – Bespr. GZ 47 A/1950; NJb. 1932/3, 514.

— Die Drumlinhügel des diluvialen Rheingletschers. – Fortschr. d. Geol. u. Pal., 11, Deecke-Festschr., Berlin 1932, 341–375, 8 Fig. – Bespr. GZ 48 A/263, 49 A/382.

— Die Geologie von Konstanz und seiner näheren Umgebung. – Bad. Geol. Abhdlgen, 4, Karlsruhe 1932, 9–40, 9 Abb., 1 Taf. – Bespr. GZ 50 A/1329; NJb. 1933/3, 281.

Schmidt C. u. **Steinmann G.** Geol. Mitteilungen aus der Umgebung von Lugano. Exkursionsgebiet der Schw. Geol. Ges. v. 9.–11. Sept. 1889. – EgH 2, 1890, 1–82, 1 Taf.; Verh. Natf. Ges. Basel, 9, 1891, 245–326, 1 Taf. – Bespr. NJb. 1892/1, 326; Boll. Com. geol d'It., 22, 1891, 262; 23, 1892, 420; Arch. d. sc. phys. et nat. de Genève, t. 25, Genève 1891, 341, 426, 438, 548, 555, 571; EgH 2, 1891, 369, 380, 392, 404, 411, 427; Ann. géol. univ., t. 7, Paris 1891/92, 260, 269, 290, 351.

Schmidt C. Überblick über die geologischen Verhältnisse der Umgebung von Lugano. – Atti d. Soc. elv. d. sc. nat., Actes d. l. Soc. helv. d. sc. nat., 72 e sess., Lugano 1890, 35 S.

Schmidt E. Beiträge zur Morphologie des Wipptales in T. – Diss. Jena (Noske, Leipzig) 1917, 49 S., 2 K.

Schmidt M. Die südbayerische Dreieckskette. – Sber. Bayer. Ak. d. Wiss., m.-phys. Kl., 1906, München 1907, 139–149.

— Ergänzungsmessungen zum bayerischen Präzisionsnivellement. – H. 1, München (Franz) 1908, 79 S., 1 Taf. – Bespr. GZ 12/531.

— Koordinatenberechnung und Netzanschlüsse der südbayerischen Dreieckskette. – Sber. Bayer. Ak. d. Wiss., m.-phys. Kl., 1910, 11. Abh., 36 S.

— Untersuchung regionaler und lokaler Bodensenkungen im oberbayerischen Alpenvorland durch Feinnivellement. – Ak. d. Wiss. München, m.-ph. Kl., Sber., 44, 1914, 71–98. – Bespr. GZ 22/1609.

— Untersuchung von Höhen- und Lageänderungen von Messungspunkten im bayerischen Alpenvorland. – Sber. Bayer. Ak. d. Wiss., München 1918, 373–384, 1 K. – Bespr. GZ 24/109.

— Westwanderung von Hauptdreieckspunkten infolge neuzeitlicher tektonischer Bewegungen im bayerischen Alpenvorland. – Sber. Bayer. Ak. d. Wiss., München 1920, 297–310, 1 Abb. – Bespr. GZ 26/858.

— Neuberechnung des südlichen Netzteiles der bayerischen Landestriangulierung zwischen Donau und der Nordkette der Alpen. – Sber. Bayer. Ak. d. Wiss., m.-phys. Kl., 1920, München 1921, 1–8.

Schmidt W. Gebirgsbau und Oberflächenform der Alpen. – JbBA 1923, 255–276. – Bespr. GZ 30/688; Z. f. Geomorph., 1926, 67.

Schmitthenner H. Abendanons Großfaltentheorie. – Geogr. Z., 1916, 399–404. – Bespr. GZ 22/1604.

Schmuck A.-Morawetz S. Beiträge zur Geomorphologie der Sonnblickgruppe. – Mitt. Natwiss. Ver. f. Steiermark, 69, 1932, 59–69, 1 Skz. – Bespr. GZ 53 A/401.

Schneider J. M. Maxima diluvialer Gletschererosion in verschiedenen Alpenländern. – Verh. Schw. Natf. Ges., 105. Jvers. Luzern, 1924, II, 152–153.

— Die diluviale Glazialerosion an der Via Mala-Strecke, am Fläscherberg, Gonzen und Schänniserberg. – Verh. Schw. Natf. Ges., 106. Jvers. Aarau, 1925, 2. Teil, 132–133; EgH 19, 1925/26, 678–681. – Bespr. NJb. 1929/3, 227.

— Das St. Gallische Rheintal kein Glazialerosionstal. – EgH 19, 1925/26, 162–165, 1 Fig.; Verh. Schw. Natf. Ges., 105. Jvers. Luzern, 1924, II, 151–152.

— Relatives Alter und Erosion der modernen Alpengletscher. – Verh. Schw. Natf. Ges., 106. Jvers. Freiburg, 1926, 2. Teil, 174–176.

— Ursachen der Rheintalsenkung. (Vortr.) – EgH 22, 1929/30, 148–151.

— Zur Größe und Dauer der Diluvialerosion nach Hess und Milankovitsch. (Vortr.) – EgH 24, 1931, 196–200.

Schneider K. Zur Frage über die Ursachen geotektonischer Bewegungen. – GR 8, 1917, 1–35, 3 Fig. – Bespr. GZ 24/896.

Schreckenthal G. Beiträge zur Frage des Waldrückganges in Tirol. - Zbl. f. d. ges. Forstwesen, 59, Wien 1933, 65-110, 6 Abb. (Mit ausführlichem Schriftenverz.)

Schreiber H. Vergletscherung und Moorbildung in Salzburg mit Hinweisen auf das Moorvorkommen und das nacheiszeitliche Klima in Europa. - Österr. Moorztschr., 1911/12, Staab 1912, 42 S., 1 K. - Bespr. Z. f. Glkde, 7, 1913, 334; GZ 18/1818, 21/1407-8.

Schrepfer H. Die morphologische Analyse nach Walther Penck. - Z. Ges. f. Erdkde Berlin, 1926, 323-335.

— Ein Beweis für die Wirksamkeit der glazialen Erosion. - PetMitt., 1926, 24. - Bespr. GZ 35/69.

Schulz F. C. Geomorphologische Studien in den Ampezzaner Dolomiten. - Diss. Erlangen, 1905, 58 S. (Aus dem geogr. Seminar d. Univ. Erlangen.)

Schwarzweber H. Beitrag zur landeskundlichen Darstellung (des Villgrater Gebirges). - Ber. Akad. Alpin. Ver. Innsbruck ü. d. J. 1928-1930, Innsbruck 1931, 6-18.

Schwinner R. Der Mte Spinale bei Campiglio und andere Bergstürze in den Südalpen. - Inaugdiss. Univ. Zürich, 1912; Mitt. Geol. Ges. Wien, 1912, 128-197, K. 1:25000, 1 Abb. - Bespr. GZ 18/1566; Boll. Com. geol. d'It., 44, 1915, f. 4, 125.

— Die Oberflächengestaltung des östlichen Suganergebietes (SO-Tirol). - Ostalp. Formenstudien, 3/2, Berlin (Borntraeger) 1923, 138 S., 1 Abb., 2 Taf. - Bespr. GZ 30/692; NJb. 1924/1, 110; Z. f. Geomorph., 1926, 72; Z. f. Glkde, 15, 1927, 78; Geogr. Z., 30, 1924, 311; Studi Trent. Sc. Nat., 7, 1926, 188.

— Gebirgsbewegungen und Erdmessung in Süddeutschland. - Z. DGeolGes., 85, 1933, 189-213, 3 Abb. - Bespr. Z. f. Geomorph., 8, 1934, 90; GZ 52 A/374.

— Ungleichseitigkeit der Gebirgskämme in den Ostalpen. - Z. f. Geomorph., 7, 1933, 285-290. - Bespr. GZ 52 A/108.

— Die südbayrische Dreieckskette, ihre Bedeutung, insbesondere auch für die Geologie. - Allgem. Vermessungsnachr., Nr. 20, Liebenwerda (R. Reiß) 1933, 9 S., 2 Tab., 1 Skz. - Bespr. GZ 52 A/153.

Sedgwick A. u. **Murchison R. J.** Über die östlichen Alpen. - Phil. Mag. and Annals of Phil., v. 8, London, August 1830.

— A Sketch of the Structure of the Eastern Alps .... - Transactions Geol. Soc., s. 2, v. 3, London 1832, 301-420, 1 K., 5 Taf.

Seefeldner E. Zur Morphologie der Salzburger Alpen. - Geogr. Jber. aus Österr., 13, Wien 1926, 107-149, 8 Abb. - Bespr. GZ 33/1774; Z. f. Geomorph., 2, 1927, 194.

— Die Taxenbacher Enge. Eine morphologische Studie. - Mitt. d. Ges. f. Salzburger Landeskunde, 68, 1928, 139-166. - Bespr. Z. f. Geomorph., 4, 1929, 184; Z. f. Glkde, 17, 1929, 271.

— Geographischer Führer durch Salzburg, Alpen und Vorland. - Sammlg geogr. Führer, III, Berlin (Borntraeger) 1929, 279 S., 4 Abb., 1 K. - Bespr. GR 22, 1931, 247; Die Umschau, 35, 1931, 606; Geogr. Z., 36, 1930, 307; Z. Ges. f. Erdkde Berlin, 1930, 233.

— Zur Altersfrage der Abtragungsflächen in den nördlichen Ostalpen. - Mitt. Geogr. Ges. Wien, 76, 1933, 128-150. - Bespr. Z. f. Geomorph., 8, 1934, 204; GZ 53 A/81; Mitt. Geol. Ges. Wien, 26, Wien 1934, 226.

— Die alten Landoberflächen der Salzburger Alpen. - Z. f. Geomorph., 8, 1934, 157-198, 3 Abb.

Seenwelt. (Bavaricus.) Die - Oberbayerns. - München (Heimatland) 1922, 43 S.

Seidl E. Die Gesetzmäßigkeit der Karbildung in den Nördlichen Kalkalpen. (Vortr.) - Z. DGeolGes., 77, 1925, Mber., 253-255.

— Kerbwirkung in Technik und Wissenschaft; Kerbwirkung in der Geologie. (Vortr.) - Z. DGeolGes., 77, 1925, 300-347, 35 Abb. - Bespr. Z. f. Geomorph., 2, 1927, 307.

Seidlitz W. v. Entstehen und Vergehen der Alpen. Eine gemeinverständliche Einführung besonders für Bergsteiger und Freunde der Alpen. - Stuttgart (Enke) 1926, 238 S., 15 Taf., 122 Abb., 1 K.; 2. Aufl. ebd. 1934, 267 S., 15 Taf., 122 Abb., 1 K., 1 Tab.; 12. Ber. Freiberger Geolog. Ges., 1927, 16-19. (Vortr.) - Bespr. VBA 1926, 186; Mitt. DÖAV, 1926, 252; NJb. 1929/2, 566; Geogr. Z., 33, 1927, 292; PetMitt., 73, 1927, 49; GZ 46 A/732, 53 A/356; Allg. Bgstztg, Nr. 588 v. 1934.

— Das Antlitz der Erde. (Zu Ed. Suess' 100. Geburtstag am 20. Aug. 1931.) - Die Naturwissenschaften, 19, 1931, 761-764. - Bespr. GZ 46 A/1153.

— Über den Mechanismus alpiner Bewegungen. - Zahn-Festschrift, Geogr. Mitt. f. Thüringen, 39, 1931, 9-16.

— Der Bau der Erde und die Bewegungen ihrer Oberfläche. Eine Einführung in die Grundfragen der allgemeinen Geologie. - Verständliche Wissenschaft, 17, Berlin (Springer) 1932, 152 S., 54 Abb. - Bespr. Geogr. Z., 38, 1932, 497; GZ 48 A/1449; Die Umschau, 37, 1933, 57; Z. f. Geomorph., 7, 1933, 270; Z. f. prakt. Geol., 40, 1932, 190; PetMitt., 79, 1933, 38.

— Wachsen die Berge? - Natur und Museum, H. 6, 1932 (Senckenbergische Natf. Ges. Frankfurt a. M.), 195-197, 1 Abb.

— Hebungen und Senkungen. Ein Schlüsselproblem der Geologie. - Die Naturwissenschaften, 20, H. 32, Berlin (Springer) 1932, 583-586.

Senarclens-Grancy W. v. Stadiale Moränen in den Defereggcr Alpen (Osttirol). - Z. f. Glkde, 20, 1932, 474-486, 2 Tab., 2 K. - Bespr. GZ 49 A/748.

Senoner A. Zusammenstellung der bisher gemachten Höhenmessungen im Kronlande Tirol. - JbRA 1851, I, 59-76; II, 133-144. S. a. M. Stotter, Höhen in Tirol und Vorarlberg, Neue Z. d. Ferdin. f. Tirol u. V., 11, Innsbruck 1845, 134-219.

Sestini A. La struttura dell'Europa alpina secondo una recente opera. - Riv. Geogr. It., 39, H. 3, Firenze 1932, 86-89. S. a. Kober.

Sieger R. Niveauveränderungen an skandinavischen Seen und Küsten. - Verh. 9. D. Geogrtag Wien, 1891, 224-236. - Bespr. NJb. 1894/2, 43.

— Karstformen der Gletscher. - Geogr. Z., 1, 1895, 182-204.

— Die Drumlinlandschaft. - Geogr. Z., 3, 1897, 411-412.

Sieghardt A. Der „laufende Berg" in Tirol. (Heinzenberg bei Zell a. Z.) - Alpenld. Monatshefte, 1926/27, 691.

Siegl F. Der Bergsturz am Ankogel. -Der Bergsteiger, 3, 1932, 164-167, m. Abb.

Simon L. Die Entstehung der voralpinen bayerischen Seen. - Forschungen z. bayer. Landeskunde, 2, München 1921, 111 S., 3 Taf., 3 Abb.; Diss. Techn. Hochsch. München. - Bespr. Geogr. Z., 28, 1922, 287.

— Die Morphologie des Auerberges bei Schongau. - Geogn. Jh., 39, 1926, 11-21, 6 Taf.

— Der Rückzug des würmeiszeitlichen Allgäuvorlandgletschers. Eine glazialgeologische Heimat-

studie. – Mitt. Geogr. Ges. München, 19, 1926, 1–37, 1 K. – Bespr. Z. f. Glkde, 15, 1927, 319; GZ 35/886; NJb. 1929/3, 685.
— Der jungglaziale Lechbrucker See und die Geschichte seines Verschwindens. Ein Beitrag zur südbayerischen Landeskunde. – Mitt. Geogr. Ges. München, 22, 1929, 138–154, 1 Skz. – Bespr. GZ 41/738; NJb. 1929/3, 685.
— Die Gegend von Tölz in der Nacheiszeit. 1. Die Sonderstellung des Tölzer Isar-Sees. 2. Die Beziehungen zwischen Kirch-See, Ellbach-Moor und Tölzer Becken. – Abh. Geol. Ldsuntersuchg d. Bayer. Oberbergamtes, München 1931, H. 3, 21–30, 1 K., 5 Taf.; H. 4, 35–43, 1 K., 2 Abb. – Bespr. GZ 46 A/249, 250; NJb. 1932/2, 248; 1933/3, 23.

Simony F. Über die Alluvialgebilde im Etschtal. – Sber. Ak. d. Wiss. Wien, 24, 1857, 455–492, 1 Taf.
— Tableau der wichtigsten Gletschererscheinungen. – Mitt. Geogr. Ges. Wien, 1860, Ber., 109.
— Die erosierenden Kräfte im Alpenlande. – Jb. ÖAV, 1871, 1–48, 1 Taf.
— Gletscher- und Flußschutt als Objekt wissenschaftl. Detailforschung. (Vortr.) – Mitt. Geogr. Ges. Wien, 15, 1872, 252–275, 327–333.
— Gletscherphänomene. – Lichtdruck mit Text, 24 S., Wien (Hölzel) o. J. – Bespr. Mitt. DÖAV, 1883, 95.

Simony O. Über Gipfelformen und deren praktisches Studium. – Öst. Alp. Ztg, Wien, 17, 1895, 9 S., 1 Fig., 6 Taf.

Slanar E. Geomorpholog. Probleme in den östl. Zentralalpen. – Mitt. Geogr. Ges. Wien, 59, 1916, 281 ff.

Sölch I. Geographie des Iselgebietes in Osttirol. Eine länderkundliche Darstellung. – Badische Geogr. Abh., 12. H., Freiburg i. Br. u. Heidelberg 1933, 162 S., 12 Abb., 8 Fig., 1 Proftaf. – Bespr. Z. f. Glkde, 21, 1933, 396; Mitt. DÖAV, 1934, 71; Mitt. Geogr. Ges. München, 27, 1934, 133; PetMitt., 1934, 317.

Sölch J. Studien über Gebirgspässe mit besonderer Berücksichtigung der Ostalpen. Versuch einer Klassifikation. – Forschungen z. Deutsch. Lds- u. Volkskunde, 17, 1908, 119–273, 6 Taf., 4 Abb. – Bespr. GZ 12/1545; Mitt. Geogr. Ges. Wien, 1908, 500.
— Zur Entwicklungsgeschichte der Brennergegend. – Deutsche Rdsch. f. Geogr., 24, 9, 1912, 410–418; Alpines Sonderheft, gewidm. d. 18. D. Geogrtag Innsbruck, 1912.
— Die Formung der Landoberfläche. – Kende, Hdb. d. geogr. Wiss., I, Berlin 1914, 129–227. – Bespr. NJb. 1915/1, 194.
— Epigenetische Erosion und Denudation. – GR 9, 1918, 161–177, 7 Fig. – Bespr. NJb. 1924/1, 218.
— Eine Frage der Talbildung. – Festband A. Penck, Bibl. geogr. Handbücher (begr. v. Fr. Ratzel), NF, Stuttgart (Engelhorn) 1918, 66–92.
— Die Höttinger Breccie und die Inntalterrasse. – Geogr. Z., 28, 1922, 272–275. – Bespr. GZ 28/672.
— Grundfragen der Landformung in den nordöstlichen Alpen. – Geogr. Annaler, Stockholm 1922, H. 2, 147–193. – Bespr. GZ 28/1622, 29/1363.
— V. Hilber „Talepigenese“. – PetMitt., 63, Gotha 1922, 85–86.
— Neue Ausblicke und Arbeiten der Glazialforschung in den deutschen Alpen. – Z. Ges. f. Erdkunde Berlin, 1923, 212–217.
— Fortschritte unserer Kenntnis der exogenen Festlandformung 1914–1924 nebst einem einleitenden Bericht über neuere morphologische Werke allgemeinen Inhalts. – Geogr. Jb., 40, 1924, 100–272.
— Geograph. Führer durch Nordtirol. – Sammlg geogr. Führer, 1, Berlin (Borntraeger) 1924, 258 S., 6 Abb., 1 Skz. – Bespr. GR 1924, 365; GZ 33/1319; Geogr. Z., 31, 1925, 184.
— Das Formenbild der Alpen. – Geogr. Z., 31, 1925, 193–204. – Bespr. GZ 32/938; Z. f. Geomorph., 1, 1926, 345.
— Zur Geographie des Arlbergs. – Festschr. z. 70. Gebtag v. R. Schuiling „Gedenkboek“, Groningen 1925, 284–306, 1 K., 4 Abb. – Bespr. GZ 32/933.
— W. Pencks morphologische Analyse. – Geogr. Z., 32, 1926, 31–36. – Bespr. GZ 33/741.
— The Brenner Region. – Sociological Review, London, Okt. 1927, 17 S. (engl.), 9 Abb., 1 Skz. – Bespr. Arch. p. l'Alto Adige, 23, 1928, 234.
— Geomorphological problems of the Alps. – Geography, London 1929, Juniheft, 8 S., 4 Abb. – Bespr. Boll. Soc. Geogr. It., s. 6, v. 7, 759.
— Die Ostalpen. – Jedermanns Bücherei, Breslau (Hirt) 1930, 116 S., 20 Taf. – Bespr. Mitt. DÖAV, 1930, 222; Mitt. Geogr. Ges. München, 23, 1930, 233; Boll. Soc. Geogr. It., s. 6, v. 8, 1931, 350; Z. f. Geomorph., 6, 1931, 128; Geogr. Z. 36, 1930, 627; Heimat, 12, 1931, 296; Z. Ges. f. Erdkde Berlin, 1931, 68; Mitt. Geogr. Ges. Wien, 74, 1931, 83; Osttiroler Heimatblätter, 10, 1933, 25; Tiroler Heimat, 5, 1932, 32.
— Neue Beobachtungen und Theorien in der Karsthydrographie. – Geogr. Z., 39, 1933, 357–360. (Bespr. der Hydr. des Karstes v. O. Lehmann.)
— Die Einheitlichkeit der Eiszeit in den Alpen. (Gegen Spethmann.) – PetMitt., 80, 1934, 290.

Sölder O. v. Topographische und geologische Rundschau über die Umgebung von Meran. – In Festschr. z. 77. Vers. D. Natforscher u. Ärzte, gew. v. Kurort Meran, 1905, 9–26, ill.

Sonklar K. v. Schichtenkarte des rhätischen Alpenzuges. (Vortr.) – Mitt. Geogr. Ges. Wien, 1, 1857, Ber., 105–106.
— Über einige Höhenmessungen der Gebrüder A. und H. Schlagintweit. – Mitt. Geogr. Ges. Wien, 3, 1859, Abh., 58–64.
— Die Ötztaler Gebirgsgruppe, mit besonderer Rücksicht auf Orographie und Gletscherkunde. – Gotha 1860, 292 S., Atlas 1861, 13 K. – Bespr. Bl. 173.
— Von den Gletschern der Diluvialzeit. (Vortr.) – Mitt. Geogr. Ges. Wien, 1862, Ber., 9 (Titel), Abh., 1–9.
— Die Gebirgsgruppe der Hohen Tauern, mit besonderer Rücksicht auf Orographie, Gletscherkunde, Geologie und Meteorologie. – Wien 1866, 408 S., 3 Taf. (Karten u. Prof.). Auszug: PetMitt., 8, 4, 1862, 5 S. – Bespr. Bl. 241.
— Die Zillertaler Alpen, mit besonderer Rücksicht auf Orographie, Gletscherkunde und Geologie. – PetMitt., Ergh. Nr. 32, Gotha 1872, 61 S., 3 K.
— Allgemeine Orographie. Die Lehre von den Reliefformen der Erdoberfläche. – Wien (Braumüller) 1873, 254 S., 57 Abb. S. a. Mitt. Geogr. Ges. Wien, 15, 1872, 500–516.
— Orographie und Topographie, Hydrographie, Gletscherwesen. – In: Anleitung zu wiss. Beobachtungen auf Alpenreisen, Beilage z. Z. DÖAV, 1878, München 1878, 1. Abt., 21 S.

Soergel W. Die Ursachen der diluvialen Aufschotterung und Erosion. – Berlin (Borntraeger) 1922, 74 S., 1 Abb. – Bespr. GZ 27/2983. S. a. Krenkel.
— Diluviale Krustenbewegungen. – PetMitt., 1925, 105–108.

Spengler E. Der zweite Teil von F. Wähners „Sonnwendgebirge". - Zbl. f. Min., 1934, Abt. B, 61-64. - Bespr. Firgenwald, 7, Reichenberg 1934, H. 2, 62; GZ 53 A/182.

Spethmann H. Die Einheit der alpinen Eiszeit. - Langensalza-Berlin-Leipzig (Beltz) 1934, 60 S. - Bespr. PetMitt., 80, 1934, 290.

Srbik R. R. v. Glazialgeologische Beobachtungen in den Lienzer Dolomiten. - Z. f. Glkde, 18, 1930, 63-115, 3 Taf. - Bespr. Mitt. DÖAV, 1931, 219; Österr. Touristenztg, 1931, 100; VBA 1931, 190; GZ 46 A/2145; Z. f. Geomorph., 7, 1932, 256; NJb. 1933/3, 499.

— Geologisches für den Bergsteiger im Kaisergebirge. - Innsbr. Nachr. u. Tiroler Anzeiger, Nr. 20 v. 25. 1. 1934; Tiroler Grenzbote, Nr. 10 v. 3. 2. 1934; Der Bergsteiger, 4, Nr. 7, 1934, 103-104.

Stadelmann W. Über Kare und karähnliche Formen in den Ammergauer Bergen. - Ostalp. Formenstudien, Abt. 1, Berlin 1923, 128-158, 9 Taf. (S. a. Koegel.) - Bespr. GZ 30/448; GR 15, 1924, 363; Z. f. Glkde, 14, 1926, 79; Z. f. Geomorph., 1, 1926, 172; Geogr. Z., 30, 1924, 229.

Staff H. v. Zur Morphogenie der Präglaziallandschaft in den Westschweizer Alpen. - Z. DGeolGes., 64, 1912 (1913), 1-80, 3 Taf., 14 Fig. (Ostalpen 63-67). - Bespr. GZ 18/1307; PetMitt., 59, 1913, 91; EgH 13, 1914, 144.

— Die Alpengeologie auf dem XVIII. Deutschen Geographentage in Innsbruck, Pfingsten 1912. (Vortr.). - Z. DGeolGes., 1912, B, Mber. Nr. 6, 310-319.

Stark F. Die bayerischen Seen und die alten Moränen. Eine Erläuterung zur Karte: Ideale Übersicht von Südostbayern zur Eiszeit. - Z. DAV, 1873, 67-78, 1 Proftaf.

Staub R. Exkursion Nr. 98. Silsersee-Bergellermassiv. - In: Geol. Führer der Schweiz, herausgeg. v. d. Schwz. Geol. Ges., Basel (Wepf) 1934, Fasz. XIV, 1112-1123, 6 Fig.

Staub W. Die Tomalandschaften im Rheintal von Reichenau bis Chur. Ein Beitrag zur Kenntnis der Bergsturzablagerungen im Rheintal. - Jber. Geogr. Ges. Bern, 22, 1910 (1911), 1-28, 1 Fig., 3 Taf., 1 K. - Bespr. EgH 11, 1910, 682; Jber. Natf. Ges. Grbd., NF, 53, 1912, 129.

— Neuere Arbeiten über den Aufbau des schweizerischen Mittellandes und die Vorgeschichte seiner Flußläufe. - Z. Ges. f. Erdkde Berlin, 1928, 331-335.

Staudacher K. Kar. - Der Schlern, 13, 1932, 152-153. (Wortgeschichte.) - Bespr. Z. f. Glkde, 20, 1932, 492.

Staudigl E. Die Wahrzeichen der Eiszeit am Südrande des Gardasees. - JbRA 1866, 479-500, Sber., 140-141.

Stefanini G. I bacini della Meduna e del Colvera in Friuli. Geologia, morfologia e idrografia e carta della permeabilità delle rocce. - R. Mag. alle Acque, Uff. Idr., Pubbl. Nr. 20/21, Venezia 1912, 72 S., 9 T., K. 1:75000 u. 1:100000. - Bespr. GZ 25/104; Boll. Com. geol. d'It., 44, 1915, f. 4, 130.

Steudel A. Notice sur le phénomène erratique au Nord du lac de Constance et catalogue de soixante-cinq blocs erratiques les plus intéressants de la Souabe supérieure. - Genève 1867 (Tiré des Arch. sc. bibl. univ., t. 29), 1 K. - Bespr. VRA 1868, 87.

— Über die erratischen Blöcke Oberschwabens. - Württembg. natwiss. Jh., 1869, 41-56, 1 K. - Bespr. VRA 1869, 151, 199.

— Die erratischen Erscheinungen in der Bodenseegegend. - Schr. Ver. f. Gesch. d. Bodensees, 2, Lindau 1870, 115-142, 1 K.

— Das Gletscherfeld bei Bregenz. - Schr. d. Ver. f. Gesch. d. Bodensees, 3, 1872, 139-141.

— Ausdehnung des Bodensees in vorgeschichtlicher Zeit. - Schr. d. Ver. f. Gesch. d. Bodensees, 5, 1874, 72-91, 2 K. - Bespr. Bl. 393.

Stiny J. Über Bergstürze im Bereiche des Kartenblattes Rovereto-Riva. - VRA 1908, 320-326, 1 Abb. - Bespr. GZ 12/1094; Boll. Com. geol. d'It., 40, 1909, 599.

— Zur Erosionstheorie. - Mitt. natwiss. Ver. f. Steierm., 47, 1910, Graz 1911, 83-88.

— Die Muren. Versuch einer Monographie mit besonderer Berücksichtigung der Verhältnisse in den Tiroler Alpen. - Innsbruck (Wagner) 1910, 139 S., 34 Abb. - Bespr. VRA 1910, 138; GZ 14/961; Geogr. Z., 17, 1911, 110; Mitt. Geog Ges. Wien, 1910, 402.

— Die Talstufe von Mareit. - Mitt. Geogr. Ges. Wien, 54, 1911, 114-126, 3 K. - Bespr. GZ 16/606.

— Taltröge. - PetMitt., 58, 1912, II, 247-252, 330. - Bespr. GZ 18/1328; NJb. 1913/2, 279.

— Fortschritte des Tiefenschurfes in der Gegenwart. - GR 3, 1912, 166-169.

— Die ostalpinen Eiszeitschotterfluren. Ein Beitrag zur Aufklärung ihrer Entstehung. 1. Teil: Allgem. Versuche und Betrachtungen. - Zbl. f. Min., 1923, 202-213, 234-245, 2 Fig.

Randbemerkungen zur Schurf- und Aufschüttungsfrage. - Mitt. Geol. Ges. Wien, 16, 1923, Wien 1924, 273-285. - Bespr. GZ 31/1130.

— Hebung oder Senkung? - PetMitt., 1924, 205-209. - Bespr. GZ 31/1119.

— Neigungswinkel von Schutthalden. - Z. f. Geomorph., 1, 1926, 60-61.

— Erdpyramiden im Ötztale. - Z. f. Geomorph., 1, 1926, 156-157.

— Einiges über Gesteinsklüfte und Geländeformen in der Reisseckgruppe (Kärnten). - Z. f. Geomorph., 1, 1926, 254-275, 9 Fig. - Bespr. GZ 34/150; Carinthia II, 1928, 77.

— Zur Frage der „Doppelgrate". - Z. f. Geomorph., 1, 1926, 299-301, 2 Abb. - Bespr. GZ 34/151; Carinthia II, 1928, 77. S. V. Paschinger.

— Bewegungen der Erdkruste und Wasserbau. - Die Wasserwirtschaft, Wien 1926, H. 7, 8, 9, 11, 15, 17 (24 S., 25 Abb.). - Bespr. GZ 34/1695; PetMitt., 74, 1928, 244.

— Zur Geschichte des Millstätter Sees. - Die Eiszeit, 3, Leipzig 1926, 9-20, 9 Abb. - Bespr. Z. f. Geomorph., 3, 1928, 154; GZ 41/85.

— Geometrisches über Krustenverbiegungen. - Der Geologe, 1926, Nr. 40, 952-957. - Bespr. GZ 34/1694.

— Zur Morphologie des Ostalpenrandes. Entgegnung an A. Winkler. - Z. f. Geomorph., 3, 1928, 62. - Bespr. GZ 47 A/1126.

— Rutschungen, Gebirgsdruck, Bergbauschäden und Baugrundbelastung. - Internat. Z. f. Bohrtechnik, Erdölbgbau u. Geol., 36, 1928, Nr. 8, 66-72, 8 Abb. - Bespr. GZ 38/53.

— Faltungen und Überschiebungen durch Gleitung (Rutschungen größten Maßstabes). - Zbl. f. Min., 1929, Abt. B, 116-125. - Bespr. GZ 41/46.

Stoppani A. Carta geografica degli antichi ghiacciai dell'Alta Italia nel periodo degli anfiteatri morenici. - Milano 1881.

Strele G. Die Quellen der Geschiebeführung. - Geologie und Bauwesen, 1932, 119-144, 10 Abb. - Bespr. GZ 49 A/478; NJb. 1932/2, 897.

— Grundriß der Wildbachverbauung. - Wien (Springer) 1934, 279 S., 150 Abb.

Strobel E. Geologische Untersuchungen im Hohen Ifen-Gottesackergebiet. – Z. DGeolGes., 82, 1930, 675–708, 3 Taf., 7 Abb. – Bespr. GZ 44/1501.

Studer B. Orographie der Schweizer Alpen. – Jb. SAC, 5, Bern 1869, 473–493, 1 K.; Frz.: Ann. du CAS Bâle et Genève 1869, 449–473; 2. Aufl. PetMitt., 1869, 241–247, 1 K. – Bespr. NJb. 1870, 908; Ausland, Augsburg 1869, 542; Arch. d. sc. phys. et nat., n. p., t. 37, 312; Rev. géol. suisse p. l'a. 1869, Genève 1870, 24.

— Notiz über Karrenfelder. – Jb. SAC, 9, Bern 1874, 545. – Bespr. Arch. d. sc. phys. et nat., 52, 279; Rev. géol. suisse p. l'a. 1874, Genève 1875, 17.

Stummer E. Talstudien im Ankogel-Hochalmspitzgebiet. – D. Rdsch. f. Geogr., 33, 4. H., Wien 1910, 5 S., 1 K. – Bespr. Carinthia II, 1912, 106.

Suda F. Die Lavini di Marco im Etschtale. – Z. DÖAV, 1886, 95–118, 2 K., 3 Prof., 3 Fig. – Bespr. Bl. 696.

Supan A. Studien über die Talbildungen des östlichen Graubündens und der Tiroler Zentralalpen als Beiträge zu einer Morphologie der genannten Gebiete. – Mitt. Geogr. Ges. Wien, 20, 1877, 293–399, 2 K., Prof. – Bespr. VRA 1877, 249; NJb. 1878, 89; Bl. 491; Jber. Natf. Ges. Grbd., NF, 21, Chur 1878, 111; Arch. d. sc. phys. et nat., t. 1, 324; Rev. géol. suisse p. l'a. 1878, Genève 1879, 28.

— Grundzüge der physischen Erdkunde. – 7. Auflage (E. Obst), Berlin u. Leipzig 1927–1930, 2 Bde, 495 u. 820 S., zahlr. Abb. u. Taf. – Bespr. GZ 42/1147; Z. f. Geomorph., 3, 1928, 237; 5, 1930, 276; GR 21, 1930, 334; Geogr. Z., 36, 1930, 490; PetMitt., 77, 1931, 206; Z. Ges. f. Erdkde Berlin, 1931, 136; Zbl. f. Min., Abt. B, 1928, 479; Mitt. Geogr. Ges. Wien, 71, 1928, 406; 74, 1931, 162.

Suess E. Vorläufiger Bericht über seinen Anteil an der wissenschaftlichen Untersuchung des Brennergebietes. – Mitt. DÖAV, 1894, 259–260.

Swerinzew L. Zur Entstehung der Alpenseen. Eine geol.-geogr. Studie. – Inaugdiss. Zürich u. Petersburg, 1896, 36 S. – Bespr. NJb. 1900/1, 212; Jb. SAC, 32, Bern 1897, 377; Mitt. DÖAV, 1897, 123; EgH 5, 1898, 411; Arch. d. sc. phys. et nat., 5, Genève 1898, 344.

Taramelli T. Dell'esistenza di un'alluvione preglaciale nel versante meridionale delle Alpi in relazione coi bacini lacustri e dell'origine dei terrazzi alluvionali. – Atti Ist. Ven. d. Sc., Let. ed Arti, s. 3, v. 16, Venezia 1870/71, 2193–2273, 2 Taf. – Bespr. VRA 1872, 85.

— Lo scoscendimento di Bracca in Valseriana. – Riv. mens. d. CAI, 1888.

— Della storia geologica del Lago di Garda. – Atti d. Accad. d. Agiati, a. 11, v. 40, Rovereto 1893, 59 S., 1 K. – Bespr. NJb. 1897/1, 309; Bl. 862; Boll. Com. geol. d'It., 26, 1895, 499.

— Considerazioni geologiche sul Lago di Garda. – Rend. R. Ist. Lomb., s. 2, v. 27, f. 3, Milano 1894. – Bespr. Bl. 862; Boll. Com. geol. d'It., 26, 1895, 500.

— Di alcune delle nostre Valli epigenetiche. – Atti d. Congr. geogr. it. di Firenze 1899, v. 2, 90–102. – Bespr. Boll. Com. geol. d'It., 31, 1900, 400.

— Di alcuni scoscendimenti nel Vicentino. – Boll. Soc. geol. it., v. 18, f. 3, Roma 1899, 297–308. – Bespr. NJb. 1900/2, 264; Boll. Com. geol. d'It., 31, 1900, 404.

— Geomorfologia dei dintorni di Lugano e di Varese. – Atti quarto Congr. geogr. it., Milano 1901, 121–169.

— Cenni geologici sulle Alpi in rapporto alla regione dell'Alto Adige. – Arch. p. l'Alto Adige, 1, 1906, 12–26.

— Di alcune questioni geologiche riguardanti il Lago di Garda. – Atti X Congr. naz. di Idrol., Clim. e Terapia fisica, Salò 1910; Riv. d. Sc. fis.-nat., Pisa-Pavia 1911, an. 12, n. 141, 280. – Bespr. GZ 20/1724; Boll. Com. geol. d'It., 43, 1913, f. 4, 135.

— L'epoca glaciale in Italia. – Roma 1911, 43 S., 1 T. – Bespr. Boll. Com. geol. d'It., v. 43, 1913, f. 4, 136.

— Appunti per la storia geologica del lago di Varese. – Rend. R. Ist. Lomb., s. 2, v. 47, Pavia 1914, 998–1004. – Bespr. Boll. Com. geol. d'It., v. 46, f. 2–3, 1917, 99.

— Sulla storia geologica del Garda. – La Geografia, an. 2, Nr. 4, Novara 1914. – Bespr. Boll. Com. geol. d'It., 46, 1916, f. 2–3, 97.

— Osservazioni circa la frana di Clauzetto. – Atti Acc. di Udine, s. 4, v. 4, an. 1914, Udine 1915, 12 S.

— Sull antico decorso del Brenta rispetto al Piave. – Rend. R. Ist. Lomb. di Sc. e Lett., v. 51, f. 10–13, Milano 1918, 501–508.

— Le spiegazioni dei nostri laghi attraverso un secolo. – Rend. R. Ist. Lomb., s. 2, v. 53, Milano 1920, 527–535.

Tarnuzzer Chr. Wanderungen in der bündnerischen Triaszone. – Jber. Natf. Ges. Grbd., NF, 36, Chur 1893, 1–64, 7 K. – Bespr. NJb. 1895/1, 484; Bl. 860; Z. f. prakt. Geol., 1894, 331; Arch. d. sc. phys. et nat., 31, Genève 1894, 483; EgH 4, 1894, 179.

— Die Tomalandschaft von Chur, Ems und Reichenau. – Der freie Rhätier, 1894, Nr. 288–294. – Bespr. EgH 5, 1897, 118.

— Über die Entstehung von Vegetationshügeln und andern Oberflächenbildungen in den Alpen. – Jber. Natf. Ges. Grbd., NF, 40, Chur 1897, 1–18. – Bespr. EgH 5, 1898, 402.

— Die Schuttfacetten der Alpen und des hohen Nordens. – PetMitt., 57, 1911/2, 262–264, 1 Taf. – Bespr. EgH 12, 1912, 303; GZ 17/847.

— Die Eiszeit der Schweiz mit besonderer Berücksichtigung ihrer Spuren in Graubünden. – Natur und Technik, 6, 1924/25, 1925, 169–176.

— Von den Steinströmen des schweizerischen Nationalparks. – Natur und Technik, 6, 1924–1925, 1925, 239–241, 2 Taf.

Tarr R. S. The origin of drumlins. – Amer. Geol., 13, 1894, 393–407. – Bespr. NJb. 1898/2, 307.

Tasche M. Morphologie des Illerquellgebietes. – Frankfurter Geogr. Hefte, 8, 1834, H. 1, 112 S., 3 Taf., 1 Fig.

— Landschaftsgeschichtliche Untersuchungen im Illerquellgebiet. – Mitt. DÖAV, 1934, 215.

Teichmüller R. Zur Frage des Alters der tektonischen Bewegungen in den südlichen Kalkalpen (westlich des Tagliamento). – Z. DGeolGes., 81, 1929, 381–410, 18 Abb. – Bespr. GZ 42/59.

Tellini A. Fenomeni carsici nella pianura. – In Alto, Cron. d. SAFr, an. 10, Nr. 4, Udine 1899, 52–54. – Bespr. Boll. Com. geol. d'It., 31, 1900, 406.

Teppner W. Hilber Vinzenz †. – Mitt. Natwiss. Ver. f. Steiermark, 69, 1932, 87–89.

Tietze E. Einige Bemerkungen über die Bildung von Quertälern. – JbRA 1878, 581–610; 1882, 685–768. Auszug: VRA 1878, 212–213.

— Zur Geschichte der Ansichten über die Durchbruchstäler. – JbRA 1888, 633–656. – Bespr. NJb. 1889/2, 55.

— Ungleichseitigkeit der Täler. (Gegen Hilber.) – VRA 1890, 282.

— Bemerkungen zu Prof. Pencks Vortrag über die Formen der Landoberfläche. - VRA 1892, 79-100.

Till A. Das große Naturereignis von 1348 und die Bergstürze des Dobratsch. - Mitt. Geogr. Ges. Wien, 1907, 534ff. - Bespr. Carinthia II, 1908, 69.

Toma R. Aspetti del problema montano e suoi riflessi sull'incremento demografico e zootecnico. - Catt. amb. d'Agricolt. di Bolzano, Trento (Tip. mut. e inv.) 1931, 41 S., 4 Taf., 9 Abb.

Tornquist A. Geologischer Führer durch Oberitalien. I. Das Gebirge der oberitalienischen Seen. (Beiträge v. A. Baltzer u. C. Porro.) - Sammlg geol. Führer, IX, Berlin (Borntraeger) 1902, 302 S., 30 Abb. - Bespr. VRA 1902, 352; GZ 3/1062; PetMitt., 49, Litber., 189; EgH 7, 1901-1902, 498; Boll. Com. geol. d'It., 35, 1904, 106; Mitt. DÖAV, 1902, 175.

— Vorläufige Mitteilung über die Allgäu-Vorarlberger Flyschzone. - Sber. Preuß. Ak. d. Wiss., phys.-math. Kl., 30, 1907, 591-599. - Bespr. NJb. 1909/1, 97; GZ 11/58; EgH 10, 1908, 338.

— Die Allgäu-Vorarlberger Flyschzone und ihre Beziehung zu den ostalpinen Deckenschüben. - NJb. 1908/1, 63-112, 1 K., 8 Taf., 11 Prof. - Bespr. GZ 11/1471; EgH 10, 1908, 661; Mitt. Geogr. Ges. München, 1911, 443.

— Noch einmal die Allgäu-Vorarlberger Flyschzone und der submarine Einschub ihrer Klippenzone. - VRA 1908, 326-332. - Bespr. GZ 12/1284; EgH 10, 1908, 666.

— Eine Kritik der von Mylius geäußerten neuen Ansichten über die Herkunft der Juraklippen in der Allgäu-Vorarlberger Flyschzone. - Zbl. f. Min., 1912, 345-352, 1 Fig., 783-784. - Bespr. NJb. 1915/1, 241; GZ 21/335.

— Das Gesetz der Wasserbewegung im Gebirge. Die geologische Grundlage für die technische Ausnützung der Wasserkräfte. - Graz (Leykam) 1922, 32 S. - Bespr. VBA 1925, 202; GZ 28/1355.

Torrenti. I - delle Alpi ed i mezzi diretti alla loro difesa. - Milano 1859.

Trauth F. Über den geologischen Bau der Südseite der Salzburger Kalkalpen. (Vorläufige Mittlg.) - Sber. Ak. d. Wiss. Wien, m.-nat. Kl., 10. 2. 1916 (Akad. Anzg. Nr. 5), 4 S.

— Die geologischen Verhältnisse an der Südseite der Salzburger Kalkalpen. - Mitt. Geol. Ges. Wien, 9, 1916, Wien 1917, 77-86, 1 Taf., 1 Fig. - Bespr. NJb. 1921/1, 210.

— Der geologische Bau der Salzburger Kalkalpen. - Mitt. Sekt. f. Naturk. d. ÖTC, 29, Wien 1917, 20 S., 3 Fig. - Bespr. NJb. 1921/1, 208.

Trener G. B. e Battisti C. Il lago di Terlago ed i fenomeni carsici delle valli della Fricca, del Dess e dei Laghi. - Tridentum, Riv. d. St. sc., a. 1, f. 1-2, Trento 1898, 37-97. - Bespr. Bl. 992; Boll. Com. geol. d'It., 30, 1899, 372.

Trener G. B. Le piramidi glaciali di Segonzano. - Strenna dell'Alto Adige, an. 1900, 76-77.

— Geologia delle Marocche. - In: Gli Impianti idroelettrici della città di Trento, p. 2, Trento 1924, 25-83, 1 geol. u. 1 Isobathenkarte 1:25000, 1 Taf., 3 Fig. - Bespr. Studi Trent. Sc. Nat., 8, 1927, 125.

— I depositi interglaciali nella Valle dell'Adige. - Atti Soc. It. Progr. d. Sc., v. 2, Roma 1931, 265. - Bespr. GZ 47 A/669.

Trientl A. Die Bimssteine von Köfels (Ötztal). - Tiroler Landzeitung, 1895, Nr. 50. - Bespr. Bl. 916.

Trinker J. Höhenbestimmungen von Tirol und Vorarlberg, neugesammelt und zusammengestellt. - Innsbruck (Wagner) 1852. Wiederabdruck in: H. v. Widmann, Erläuterungen z. geogn. Karte Tirols, Innsbruck (Wagner) 1853, 95 S.

— Die gemessenen Höhen der Provinz Belluno und Umgebung. Ein Beitrag zur hypsometrischen Kenntnis der venetianischen Alpen. - JbÖAV, 1, 1865, 151-188.

— Beiträge zur Orographie und Hydrographie des Pustertales. - JbÖAV, 1867, 141-150.

Troll E. Das Siedlungsbild des Inn-Chiemsee-Vorlandes. Eine hist.-geograph. Untersuchung. - Dissert. Berlin; Ldskdl. Forschungen (Geogr. Ges. München), München 1932, H. 29, 76 S., 4 K., 5 Skz., 4 Taf. - Bespr. Geogr. Z., 39, 1933, 371; Z. Ges. f. Erdkde Berlin, 1934, 73.

Troll K. Geolog.-morphol. Karte 1:100000. Der diluviale Inn-Chiemsee-Gletscher. - Mitt. Geogr. Ges. München, 16, 1923.

— Der diluviale Inn-Chiemsee-Gletscher. Das geogr. Bild eines typischen Alpenvorlandgletschers. - Forschgen z. D. Lds.- u. Volkskde, 23, 1, 1924, 121 S., K. 1:100000. - Bespr. NJb. 1924/1, 437; 1925/2, B, 154; GZ 33/779; Z. f. Glkde, 15, 1927, 155; Geogr. Z., 31, 1925, 372; Mitt. Geogr. Ges. München, 1925, 337.

— Das Inn- und Chiemseevorland. Ein landeskundlicher Führer. - Mitt. Geogr. Ges. München, 17, 1924, 1-44, 1 Fig.; Ldskdl. Forschgen, 26, 1924. - Bespr. GZ 31/1157; NJb. 1924/2, 439; 1925/2, B, 157; Z. f. Glkde, 15, 1927, 157.

— Über Bau und Entstehung des bayrischen Alpenrandes. - Z. DGeolGes., 78, 1926, 35-51, 1 Taf. - Bespr. GZ 34/442; NJb. 1926/2, B, 223.

— Die jungglazialen Schotterfluren im Umkreis der deutschen Alpen, ihre Oberflächengestalt, ihre Vegetation und ihr Landschaftscharakter. - Forschgen z. D. Lds.- u. Volkskde (Gradmann), Stuttgart (Engelhorn), 24, 1926, 159-256, 6 Taf., 11 Fig. - Bespr. Z. f. Geomorph., 3, 1928, 156; Mitt. Geogr. Ges. München, 1927, 306; Z. f. Glkde, 15, 1927, 154; GZ 40/1632; NJb. 1928/3, 159; Geogr. Z., 33, 1927, 354; Z. Ges. f. Erdkde Berlin, 1928, 260; PetMitt., 73, 1927, 314.

— Die Eiszeitenfolge im nördlichen Alpenvorland. (Zu B. Eberls gleichnamigem Werk.) - Mitt. Geogr. Ges. München, 24, 1931, 215-226, 2 Fig. - Bespr. GZ 46 A/248.

Trümpy E. Beitrag zur Geologie der Grignagruppe am Comersee (Lombardei). - Diss. Bern 1928; EgH 23, 1930, 379-487, K. 1:50000, 3 Proftaf., 2 Tab., 3 Skz. - Bespr. GZ 46 A/788; NJb. 1931/3, 175, 713; Boll. R. Soc. Geogr. It., s. 6, v. 9, 1932, 697.

Truog. Die sogenannte Steinmäure auf Jeruschpel ob Schliers im Brättigau. - Der neue Sammler, 2, Chur 1806, 1 S.

Trusheim F. Die Mittenwalder Karwendelmulde. Beiträge zur Lithogenesis und Tektonik der nördlichen Kalkalpen. - Diss. Frankfurt a. M.; Wiss. Veröffentl. DÖAV, Nr. 7, 1930, 67 S., K. 1:25000, 3 Prof., 19 Abb. - Bespr. PetMitt., 77, 1931, 270; GZ 46 A/1881.

Tscharner J. F. v. Etwas über Bergstürze, Bergfälle, Erdstürze, Schlipfe und Erdsinken. - Der neue Sammler, 3, Chur 1807, 3-30.

Tschernig E. Über Gebirgsschläge in den Kärntner Blei-Zinkerz-Lagerstätten. - Berg- u. Hüttenm. Jb., 80, 1932, H. 3 u. 4, 79-86, 117-136, 30 Fig. - Bespr. NJb. 1933/2, 543.

Tutton A. E. H. The high alps. A natural history of ice and snow. - London 1931, 335 S., illustr.

Ule W. Die Entstehung und die physikalischen Verhältnisse des Würmsees. – Jb. Geogr. Ges. München f. 1900/01, 19, München 1901, 58–75. – Bespr. GZ 3/300.
— Der Würmsee (Starnbergersee) in Oberbayern. Eine limnologische Studie. – Wiss. Veröffentl. Ver. f. Erdkunde Leipzig, 5, 1901, 210 S., 8 Taf., 15 Fig., 5 Bild. – Bespr. Mitt. Geogr. Ges. Wien, 1902, 26; GZ 3/299.
— Untersuchungen des Würmsees. (Vortr.) – Z. Ges. f. Erdkde Berlin, 1902, 460.
— Alter und Entstehung des Würmsees. – Z. Ges. f. Erdkde Berlin, 1904, 651–659, 3 Abb. – Bespr. GZ 6/370.
— Das Alter und die Entstehung des Würmsees. – Gaea, 41, 3, Leipzig 1905, 2 S.
— Studien am Ammersee in Oberbayern. – Mitt. Geogr. Ges. München, 1, 1906, 561–624, 1 Taf. – Bespr. GZ 14/1602; Z. f. Glkde, 1, 1907, 237.
Umlauft F. Die Alpen. Handbuch der gesamten Alpenkunde. – Wien, Pest, Leipzig, 1887, 488 S., 18 K. – Bespr. PetMitt., 33, 1887, Litber., 40; Mitt. Geogr. Ges. Wien, 30, 1887, 648; Jb. SAC, 22, Bern 1887, 373; Ausland, Stuttgart u. München 1887, 79; Mitt. DÖAV, 1887, 33; Z. DÖAV, 1889, 505.
Vacek M. Über die geologischen Verhältnisse des Nonsberges. (Vortr.) – VRA 1894, 431–446. – Bespr. NJb. 1898/1, 495.
Van Bemmelen R. W. Magma- und Krustenundationen. (Eine Ergänzung von Haarmanns Oszillationstheorie.) – Handelingen Zesde Nederl.-Ind. Natuurw. Congres, 1931, 646–653, 2 Fig. – Bespr. GZ 48 A/94; NJb. 1932/2, 629.
— Kritische beschouwingen over geotektonische hypothesen. (Krit. Betrachtungen über –.) – Natuurk. Tijdschr. v. Ned.-Indië, 91, Batavia 1931, 93–117, 4 Abb. – Bespr. NJb. 1932/2, 172.
— De bicausaliteit der bodenbewegingen (undatie en glijding). (Die Bikausalität der Bodenbewegungen [Undation und Gleitung].) – Natuurk. Tijdschr. v. Ned.-Indië, 91, Batavia 1931, 363–413, 3 Abb. (Zusammenfassung englisch.) – Bespr. NJb. 1932/2, 176.
Van Holst Pellekaan W. Geologie der Gebirgsgruppe des Piz Scopi. – Diss. Zürich 1913, Amsterdam (Binger) 1913, 79 S., K. 1:50000, 3 Fig., 4 Taf. – Bespr. GZ 21/950.
Van Houten L. De Alpen. – Mijnbouwkundige Jaarb. 1926–1928, 426–481. (Holl.)
— De Geologie der Zuid-Tyroolsche Dolomieten. – Jaarbook 1929, 1930, 1931 van de Mijnbouwkundige Vereeniging, 33 S., 15 Abb., 1 Taf. (Holändisch.) – Bespr. GZ 46 A/200; Z. f. Geomorph., 8, 1934, 156.
— Geologie des Pelmo-Gebietes in den Dolomiten von Cadore. – JbBA 1930, 147–230, K. 1:25000, 9 Taf. – Bespr. GZ 43/860, 44/404. S. a. Leonardi P.
Vanni M. L'Alta Brianza; nota di morfologia. – Boll. Soc. geogr. it., s. 5, v. 10, n. 1, Roma 1921, 19–36.
— Gli apparati morenici Wurmiani del ramo occidentale del Lario. – Boll. Soc. geogr. it., s. 6, v. 10, 1933, 467–487, 7 Fig., 8 Abb. – Bespr. GZ 51 A/1197.
Van Valkenburg S. Beiträge zur Frage der präglazialen Oberflächengestalt der Schweizer Alpen. – Inaugdiss. Zürich 1918, Zürich (Leemann) 1918, 64 S., 2 K., 3 Prof. – Bespr. Bibliogr. géogr. 1915–1919, Paris 1921, 168; GZ 37/870.
— Die Entstehung der Talformen in den Schweizer Alpen. (Holl.) – Tijdschr. Kon. Ned. Aardrijksk. Gen., s. 2, dl. 37, Leiden 1920, 458–481, 2 Abb. – Bespr. GZ 25/1286.
Vardabasso S. Studio geo-idrografico del Bacino dell'Avisio (Valli di Fassa, Fiemme e Cembra). Geologia, morfologia, idrografia, carta della permeabilità delle rocce. – Min. d. Lav. Pubbl., Uff. Idrogr. d. R. Mag. a. Acque, Venezia, Sez. geol., Padova 1930, 98 S., 13 Taf., K. 1:100000.
Vecchietti C. La nuova tesi sulla ruina dantesca di Trento. (Bergsturz Sardagna.) – La Riv. d. Venez. Trid., marzo-aprile 1927, 4 S.
Vorreith. Wiederinstandbringung der entwaldeten oberen Berglagen in den Alpen. Mit besonderer Berücksichtigung der Verhältnisse in Tirol. – Wiener allgem. Forst- u. Jagdztg, 47, 1929, 176, 182.
Waagen L. Die morphologische Analyse der Verwerfungen im Gebirge. – Z. f. Geomorph., 2, 1927, 319–327. – Bespr. GZ 38/709.
Wagner E. Über die Ausbildung des Diluviums in der nordöstlichen Bodenseelandschaft mit besonderer Berücksichtigung des Schussengebietes. – Jhefte Ver. f. vaterld. Naturkde Württemberg, 67, 1911, 289–329, 1 Taf., 4 Prof. u. Dissert. Tübingen, 1910. – Bespr. GZ 16/1509.
Wähner F. Geologische Bilder von der Salzach. Zur physischen Geschichte eines Alpenflusses. (Vortr.) – Schriften d. Ver. z. Verbreitg natwiss. Kenntnisse in Wien, 34, 1894, H. 17, 461–534, 7 Taf. – Bespr. Bl. 898.
— Über Gesteinsschichtung und deren Einfluß auf die Gestaltung der Landschaft. – Schrift. d. Ver. z. Verbr. natwiss. Kenntn. Wien, 37, 1898, 21 S.
Wahnschaffe F. Die eiszeitliche Endmoräne am Eingange des Ötztales. – Natwiss. Wochenschr., NF, 1, Nr. 12, Jena 1901, 140–141. – Bespr. GZ 7/724; NJb. 1902/2, 446.
Waldbaur H. Schuttglättung und Steinströme im Oberengadin. – PetMitt., 67, Gotha 1921, 195.
— Hängetäler im Oberengadin und Bergell. – Ostalp. Formenstudien, II/2, 1923, 127 S., 6 Fig. – Bespr. GR 1924, 88; Z. f. Glkde, 14, 1926, 78; Z. f. Geomorph., 1925, 74; Geogr. Z., 30, 1924, 152.
Walkmeister Chr. Die Erosionstätigkeit der Plessur und ihrer Seitenbäche. – Jber. Natf. Ges. St. Gallen pro 1905, St. Gallen 1906, 30–34.
— Beobachtungen über Erosionserscheinungen im Plessurgebiete. – Jber. Natf. Ges. St. Gallen, 1906, 151–207, 6 Taf. – Bespr. EgH 10, 1908, 333; Jber. Natf. Ges. St. Gallen, NF, 50, 124; PetMitt., 54, Litber., 126.
Waltenberger A. Die Rhätikonkette, Lechtaler und Vorarlberger Alpen. – PetMitt., 1875, Ergh. 40, 40 S., 3 K.
Wasmund E. Obermiozäne Entstehungs- und diluviale Entwicklungsgeschichte des Tischberg-Härtlings am Starnberger See. Ein paläolimnologischer Versuch. – JbBA 1929, 571–626, 1 Taf., 3 Fig.
— Lakustrische Unterwasserböden (Seeablagerungen der nördlichen humiden Breiten). – In: Handbuch der Bodenlehre v. E. Blanck, 5, 1930, 97–189, 33 Abb.
— Grundwasserverhältnisse und Seespiegelschwankungen im oberbayerischen Osterseegebiet. – Mitt. Geogr. Ges. München, 27, 1934, 87–122, 12 Abb. – Bespr. PetMitt., 80, 1934, 277.
Weber A. Die Glazialgeologie des Tößtales und ihre Beziehungen zur Diluvialgeschichte der Nordostschweiz. – Mitt. Natwiss. Ges. Winterthur, 1927–

1930, H. 17 u. 18, 1–92, 4 Taf., 2 K. – Bespr. NJb. 1931/3, 874.

Wehrli H. Glazialgeologische Beobachtungen im Salzachtal zwischen Bruck-Fusch und Paß Luegg. – Die Eiszeit, 4, 1927, 11–25, 19 Abb. – Bespr. Z. f. Glkde, 17, 1929, 271; GZ 43/891; Eiszeit u. Urgesch., 5, 1928, 96.

— Monographie der interglazialen Ablagerungen im Bereiche der nördlichen Ostalpen zwischen Rhein und Salzach. – JbBA 1928, 357–498, 43 Fig., 2 Taf., 2 Tab. – Bespr. Z. f. Glkde, 16, 1928, 293; GZ 39/1193; Eiszeit u. Urgesch., 5, 1928, 96.

Weiss J. F. Südbayerns Oberfläche nach ihrer äußeren Gestalt geogn.-topogr. entworfen 1815. – München 1820, 312 S.

Werner O. Kritischer Überblick über den gegenwärtigen Stand der Frage nach der Entstehung der schweizerischen und oberbayrischen Seen. – Beil. z. Jber. d. städt. Realschule. Erfurt, 1900, 24 S. – Bespr. GZ 1/1583.

Wilmer F. Beiträge zur Kenntnis des diluvialen Addagletschers. – Dissert.; Mitt. Natf. Ges. Bern f. 1904, Bern 1905, 56–91, K. 1:100000, 4 Taf. – Bespr. GZ 9/516; Boll. Com. geol. d'It., 38, 1907, 86.

Wilser J. L. Zum Bewegungsmechanismus der Erdkruste. – Die Naturwissenschaften, 16, Jena 1928, H. 39, 737–741.

— Heutige Bewegungen der Erdkruste, erkennbar an Ingenieurbauten im Oberrheingebiet. – Stuttgart (Schweizerbart) 1929, 36 S., 2 K., 1 Taf. – Bespr. PetMitt., 77, 1931, 101.

Winkler A. v. Gedanken über die tektonische und geomorphologische Entwicklungsgeschichte der Ostalpen im Jungtertiär. – GR 14, 1923, 315–320. – Bespr. GZ 30/1328; NJb. 1925/2, B, 152; Z. f. Geomorph., 1925, 69.

— Über die Beziehungen zwischen Sedimentation, Tektonik und Morphologie in der jungtertiären Entwicklungsgeschichte der Ostalpen. – Sber. Ak. d. Wiss. Wien, math.-natwiss. Kl., Abt. 1, 132, 1923, Wien 1924, 343–430. – Bespr. GZ 31/1877; Z. Ges. f. Erdkde Berlin, 1925, 225; Z. f. Geomorph., 1, 1926, 177.

— Zur geomorphologischen und geologischen Entwicklungsgeschichte der Ostabdachung der Zentralalpen in der Miozänzeit. – GR 17, 1926, 36–68, 196–217, 291–310, 2 Fig. – Bespr. GZ 40/1340; NJb. 1929/3, 352.

— Das jüngere Entwicklungsbild der Ostalpen. – Z. Ges. f. Erdkde Berlin, 1926, 381–398. – Bespr. GZ 35/64.

— Über neue Studienergebnisse im inneralpinen Tertiär. – Anzg. Nr. 24 d. Ak. d. Wiss. Wien, Sitzg math.-nat. Kl. 24. Nov. 1927, 172–174. – Bespr. GZ 37/876.

— Zur Morphologie des Ostalpenrandes. Eine Stellungnahme zu A. Aigners „Die geomorphologischen Probleme am Ostrande der Alpen". – Z. f. Geomorph., 2, 1927, 278–293. – Bespr. GZ 47 A/1126.

— Über Studien in den inneralpinen Tertiärablagerungen und über deren Beziehungen zu den Augensteinfeldern der Nordalpen. – Sber. Ak. d. Wiss. Wien, math.-nat. Kl., Abt. 1, 137, 1928, 183–225, 6 Fig. – Bespr. NJb. 1929/3, 371; Z. f. Geomorph., 4, 1929, 103; GZ 38/255.

— Stratigraphisch-tektonisch-morpholog. Grundfragen der jungtertiären Ostalpenentwicklung. (Vortragstitel.) – Z. DGeolGes., 80, 1928, B, Mber., 259.

— Zur Deutung der Geröllzusammensetzung der inneralpinen Inntalmolasse. – Zbl. f. Min., 1928, Abt. B, 359–362. – Bespr. GZ 38/1066, 40/1960; NJb. 1929/3, 369.

— Bemerkungen zu A. Aigners Aufsatz „Zur Morphologie des Ostrandes der Alpen". – Z. f. Geomorph., 3, 1928, 141–148. – Bespr. GZ 47 A/1126.

— Über die Zusammenhänge zwischen geologischer und geomorphologischer Gebirgsentwicklung am Südostende der Zentralalpen im Jungtertiär. – Z. Ges. f. Erdkde Berlin, 1928, 315–331, 2 Fig. – Bespr. NJb. 1929/3, 357; GZ 41/1534.

— Über Probleme ostalpiner Geomorphologie. (Vortrag.) – Mitt. Geogr. Ges. Wien, 72, 1929, 159–188. – Bespr. GZ 45/300; Z. f. Geomorph., 5, 1930, 288.

Winkler-Hermaden A. Vinzenz Hilber. – Mitt. Geol. Ges. Wien, 24, 1931, Wien 1932, 151–153.

— Aufschüttung, Abtragung und Landformung am Ostrande der Alpen. – Anzg. Ak. d. Wiss. Wien, math.-natwiss. Kl., 70, 1933, 84–90. S. a. A. Aigner.

— Ergebnisse über junge Abtragung und Aufschüttung am Ostrande der Alpen. – JbBA 1933, 233–274, 1 Proftaf. – Bespr. GZ 52 A/1998.

Winter K. Der Lech. Seine Entstehung, sein Lauf und die Ausbildung seines Tales in verschiedenen geologischen Zeiträumen. – 1896, 55 S., 1 K.

Winz H. Beiträge zur Kulturgeographie des Oberinntales. – Berliner Geogr. Arbeiten, H. 2, Stuttgart (Engelhorn) 1933, 117 S., 14 Skzn. – Bespr. Tir. Heimatbl., 11, 1933, 292; Geogr. Z., 40, 1934, 71.

Wissert A. Das Wangenitzkar in der Schobergruppe. – Mitt. Geogr. Ges. Wien, 1905, 561–570.

Witlaczil E. Fortschritte der Geomorphologie in Österreich. (Penck, Brückner, Hassinger, Götzinger.) – Mitt. DÖAV, 1914, 245–247.

— Die für den Alpenfreund bedeutungsvolle populäre natwissenschaftliche Literatur. (Machatschek, Werth, Steinmann u. a.) – Mitt. DÖAV, 1918, 138–139.

Wittmann O. Biogeographie und Beweisbarkeit der Epeirophorese. – GR Sonderband, 1933, 136–142. – Bespr. GZ 50 A/95.

Wolansky D. Strukturböden und arktische Bodenformen. – GR 23, 1932, 132–140, 2 Abb. – Bespr. GZ 48 A/215.

Woldstedt P. Das Eiszeitalter. Grundlinien einer Geologie des Diluviums. – Stuttgart (Enke) 1929, 406 S., 162 Abb. – Bespr. Z. f. prakt. Geol., 38, 1930, 190; Z. f. Geomorph., 5, 1930, 141; GZ 41/1536; Mitt. DÖAV, 1930, 69; Die Naturwissenschaften, 18, 1930, H. 18, 377; Geogr. Anzg., 1930, H. 7, 209–217; Zbl. f. Min., 1930, Abt. B, 206; Z. f. Glkde, 18, 1930, 247; Gerlands Beitr. z. Geophys., 26, 1930, 385; Geogr. Z., 36, 1930, 492; GR 22, 1931, 270; PetMitt., 78, 1932, 260; Wr. Prähist. Z., 18, 1931, 81.

Wolf H. v. Beiträge zur Kenntnis der eiszeitlichen Vergletscherung des Achenseegebietes in Tirol. – Diss. München, 1921; Mitt. Geogr. Ges. München, 15, 1922, 147–304, 1 Skz., 1 Taf. – Bespr. GZ 29/289; NJb. 1923/1, 288; Z. f. Glkde, 14, 1926, 250.

— Eiszeitstudien im Risser Gebirge. – Mitt. Geogr. Ges. München, 17, 1924, 255–274. – Bespr. GZ 32/271.

— Zur Geologie der Hochfellngruppe im Chiemgau. – Z. DGeolGes., 77, 1925, Mber., 66–71.

— Entwicklungsgänge morphologischer Forschung in den Alpen. – Drygalski-Festschrift, München

1925, 204–224. – Bespr. Z. f. Geomorph., 1, 1926, 345.

Wopfner H. Die Besiedlung unserer Hochgebirgstäler. Dargestellt an der Siedlungsgeschichte der Brennergegend. – Z. DÖAV, 1920, 25–86, m. Abb.

— Gschnitz. Eine siedelungsgeschichtliche Wanderung. – Jber. Akad. Alpiner Ver., Innsbruck 1922/23.

— Eine siedlungs- und volkskundliche Wanderung durch Villgraten. – Z. DÖAV, 1931, 246–276, 15 Abb.; 1932, 263–288, 1 KSkz., 12 Abb. – Bespr. Osttiroler Heimatblätter, 8, Lienz 1931, 96.

Worm G. Kare und Schneegrenze. – Z. f. Glkde, 14, 1926, 285–288. – Bespr. Ebd. 288; GZ 34/464.

— Kare und Kartreppen in ihrer Abhängigkeit von voreiszeitlichen Reliefresten. – Z. f. Glkde, 15, 1927, 277–285. – Bespr. GZ 39/1399; NJb. 1929/2, 450.

— Glaziale Ornamentik oder Architektur? – PetMitt., 73, 1927, 77–78. – Bespr. NJb. 1929/2, 536.

— Beiträge zur Geographie und Morphologie der Kare. – Mitt. Ver. f. Erdkde Dresden, 1927, 49–97. – Bespr. GZ 38/394; NJb. 1929/2, 535.

Wunderlich E. Eibsee- und Fernpaßbergsturz und ihre Beziehungen zum Lermooser Becken. – Mitt. DÖAV, 1913, 333–334.

Young A. P. Notes on the Structure and Physiography of the Tarntal Mass. – Geol. Mag., dec. 5, v. 6, Nr. 542, London 1909, 339–346, 4 Taf., 2 Fig. – Bespr. Mitt. Geol. Ges. Wien, 2, 1909, 361; GZ 15/89.

Zadra F. La Valle del Desedan (Bacino idrografico del Piave). – Atti Acc. Sc. Ven.-Trent.-Istr., s. 3, v. 9, Padova 1917, 65–76, 7 Fig., 3 Taf.

Zittel K. v. Gletschererscheinungen am Starnberger See. – Münchner Neueste Nachr., 1889.

Zorell F. Bemerkungen zur Tiefenkarte des Ostersees. – Mitt. Geogr. Ges. München, 17, 1924, 282–286, 1 K. – Bespr. GZ 32/128. S. Rothpletz.

NL

Nutzbare Lagerstätten

und ihre Verwertung durch Bergbau und Industrie.

Agordo. Beschreibung des Kupferbergwerkes zu –. – Molls Jb. d. Berg- u. Hüttenkde, 5, 1801, 140–184. (Histoire de la mine de Val Imperina près d'Agordo par un auteur inconnu.)

— Das Ärarialkupferwerk –. – Herausgeg. vom k. k. Finanzministerium, Wien 1869.

Aigner Aug. Die Salzbergbaue in den Alpen vom Standpunkte ihrer Stabilität. – Österr. Z. f. Berg- u. Hüttenw., 35, Wien 1887, Nr. 7 u. 8. – Bespr. NJb. 1888/1, 241.

— Analogien der alpinen Salzlagerszätten. – Österr. Z. f. Berg- u. Hüttenw., 36, Wien 1888, 80–83, 97–101. – Bespr. NJb. 1890/1, 59.

— Die Salinen der Alpen in ihrer geschichtlichen Entwicklung. – Österr. Z. f. Berg- u. Hüttenw., Wien, 1888, Nr. 42.

— Die Existenzdauer des alpinen Salzberges. – Berg- u. Hüttenm. Jb., 36, 1888, 137–153.

— Die bayerischen Salinen. – Berg- u. Hüttenm. Jb., 36, 1888, 325–339.

— Das Salinenwesen vom Standpunkte der Literatur und Praxis. – Berg- u. Hüttenm. Jb., 37, 1889, 269–368.

— Der Salzbergbau in den österr. Alpen. – Berg- u. Hüttenm. Jb., 40, Wien 1892, 203–380.

— Die Salzberge der Alpen am Ende des neunzehnten Jahrhunderts. – Österr. Z. f. Berg- u. Hüttenw., 46, Wien 1898, Nr. 6–8, 69 ff. – Bespr. NJb. 1900/2, 408.

— Die Salzlagerstätten der Alpen. – Mitt. d. Natwiss. Vereins f. Steiermark, Graz 1901, 135–152. – Bespr. VRA 1902, 337; GZ 3/1670.

— Über die Polyhalite der alpinen Salzberge. – Österr. Z. f. Berg- u. Hüttenw., 49, Wien 1901, 686–689.

— Die Salzbergbaue in den Alpen von ihrem Beginn bis zur Jetztzeit. – Mont. Rdsch., Wien 1913, 293, 349, 450, 621.

Aigner F. Der ehemalige Schwefelkies-Bergbau Rettenbach. – Österr. Monatsschr. f. d. öff. Baudienst u. Berg- u. Hüttenw., 5, Wien 1924, 113–115.

— Die Kupferkiesbergbaue der Mitterberger Kupferaktiengesellschaft bei Bischofshofen. – Berg- u. Hüttenm. Jb., 78, Wien 1930, 69–75, 79–103, 115–132.

Alberti A. e Cessi R. La politica mineraria della Repubblica veneta. – Pubbl. d. Min. d. Economia naz., Roma 1927, 455 S., 6 Taf. – Bespr. Studi Trent. Sc. Nat., 8, 1927, 250.

Albertini J. U. v. Beschreibung des Eisenwerkes Bellaluna in Graubünden. – Chur 1835, 14 S.

Alton J. Beiträge zur Ortskunde und Geschichte von Enneberg und Buchenstein. (U. a. die Erzgänge von Fursil 131–132.) – Z. DÖAV, 1890, 85–152.

Ambühl G. Über die Herstellung von Kochgeschirren aus Lavezstein am Südrande der Alpen. – Ber. Natw. Ges. St. Gallen f. 1898/99, St. Gallen 1900, 240–251. – Bespr. GZ 1/1670; Jber. Natf. Ges. Grbd., NF, 44, 171.

Ammon L. v. Geognostische Beobachtungen aus den bayrischen Alpen. B) Das Zementstein-Bergwerk Marienstein. – Geogn. Jh., 7, 1894 (1895), 95–102. – Bespr. VRA 1895, 265; Mitt. Geogr. Ges. München, 1913, 61.

— Die oberbayrische Pechkohle. – Geogn. Jh., 1909, 289–302. – Bespr. GZ 17/438.

— Bayrische Braunkohlen und ihre Verwertung. – Bericht an das Staatsministerium, München 1911, 82 S.

Amoretti C. Ragionamento sulle torbiere del dipartimento d'Olona e dei limitrofi. – Mem. Ist. Naz. Ital., v. 1; N. scelta d. Opusc. interess., v. 2, Milano 1809.

Ampferer O. Über die kohleführenden Gosauschichten des Brandenberger- und Thierseertales in Tirol. – JbStA 1921, 149–158. – Bespr. GZ 28/1372; NJb. 1925/2, B, 32.

— Über bituminöse und kohlige Gesteine. – Österr. Monatsschr. f. d. öffentl. Baudienst u. d. Berg- u. Hüttenw., 4, Wien 1923, 60–62, 134.

— Über die Einfügung der Salzstöcke in den Bau der Nordalpen. – Z. Kali und verwandte Salze, Berlin-Halle a. S., 22, 5, 1928, 58–62. – Bespr. GZ 39/439; NJb. 1929/2, 333.

— Über den Südrand der Lechtaler Alpen zwischen Arlberg und Ötztal. – JbBA 1930, 407–451, 35 Abb. – Bespr. GZ 44/180.

— Geologische Karte der Lechtaler Alpen. 4 Bl. 1:25000. I. Klostertaler Alpen. II. Arlberggebiet. III. Parseierspitzgruppe. IV. Muttekopf-Heiterwand. Mitarbeiter: Th. Benzinger, W. Hammer, O. Reithofer. Hiezu ein Erläuterungsbuch, 125 S., 28 Farbzeichngen, 1 Taf. - Wien (Geol. Bdsanst.) 1932. - Bespr. VBA 1933, 12; Tiroler Anzeiger, Nr. 47 v. 25. 2. 1933; Innsbr. Nachr., Nr. 66 v. 20. 3. 1933; Alpenländer-Korrespondenz, Nr. röm. 14 v. 6. 4. 1933; Außferner Bote, Nr. 25 v. 1. 4. 1933; Heimat, Vorarlberger Monatshefte, 14, 1933, 69; Geogr. Z., 39, 1933, 181; Mitt. DÖAV, 1933, 100; NJb. 1932/3, 973; 1933/3, 502; Tiroler Heimatblätter, 11, 1933, 223; GR 1933, 264; GZ 50 A/788; Z. f. prakt. Geol., 41, 1933, 151; Z. f. Geomorph., 8, 1934, 90; Z. f. Glkde, 21, 1933, 394.

— Aufnahmsbericht Blatt Stuben (5144). - VBA 1932, 43-44. - Bespr. GZ 48 A/892.

— Aufnahmsbericht über den kalkalpinen Teil des Blattes Stuben (5144) und Blatt Bludenz (5143). - VBA 1933, 35-37. - Bespr. GZ 50 A/741.

— Geologischer Führer für das Kaisergebirge. - Wien (Geol. Bdsanst.) 1933, 132 S., 48 Abb., K. 1:25000. - Bespr. Alpenländer-Korr., Nr. 4 v. 25. 1. 1934; Innsb. Nachr. u. Tiroler Anzeiger, Nr. 20 v. 25. 1. 1934; Tiroler Grenzbote, Nr. 10 v. 3. 2. 1934; Z. f. prakt. Geol., 42, 1934, 62; Tiroler Heimatblätter, 12, 1934, 192; Wr. Prähist. Z., 21, 1934, 73; Mitt. DÖAV, 1934, 108; Mitt. Geogr. Ges. Wien, 76, 1933, 316; Der Bergsteiger, 4, Nr. 7, 1934, 103-104; VBA 1934, 13; GR 25, 1934, 212; GZ 53 A/181.

Andreatta C. Sulle Arsenopiriti dei giacimenti minerari di Calceranica e Caldonazzo nel Trentino. - Studi Trent. Sc. Nat., 9, Trento 1928, 90-102, 5 Fig. - Bespr. Alti Acc. Sc. Ven.-Trent.-Istr., v. 20, 1929, 3.

— Sull'Arsenopirite di Nogarè (Trentino). -Studi Trent. Sc. Nat., 9, 1928, 139-148, 5 Fig. - Bespr. Atti Acc. Sc. Ven.-Trent.-Istr., v. 20, 1929, 3.

— Bibliografia mineralogica della Venezia Tridentina. - Arch. per l'Alto Adige, v. 23, 1929, 127-168. - Bespr. Atti Acc. Sc. Ven.-Trent.-Istr., v. 20, 1929, 4.

Andrian F. v. Über die Gegend von Brixlegg und Kitzbühel in Tirol. - VRA 1858, 69.

Angerer J. Die Steinindustrie im deutschen Südtirol. - Bozen (Promperger) 1881, 34 S.

Anselm H. Die Stubaier Kleineisenindustrie. - Schriftenreihe des Deutschen Museums, Abh. u. Ber., 2, H. 3, Berlin (VDI-Verlag) 1930, 65-81. - Bespr. Geogr. Z., 37, 1931, 184.

Anthrazitfunde am Brenner. - Innsbr. Nachr., Nr. 32 v. 8. 2. 1933. S. a. Hradil.

Antonucci C. Terre minerarie bergamasche nel secolo XII. - Bergomum, Atti d. Aten. d. Brescia, 1929, n. 3, 49-55.

Appenzell. Kurze geographisch-statistische Darstellung des Kantons -. - Helvet. Almanach f. d. J. 1808, Zürich 1808, 1-36.

Arbenz P. u. **Chr. Tarnuzzer.** Die Manganerze im Radiolarienhornstein in Mittelbünden. - In: Die Eisen- u. Manganerze der Schweiz, Beitr. z. Geol. d. Schw., Geotechn. Ser., 13. Lfrg, 1. Bd, Bern 1923 (1926), 255-277. - Bespr. GZ 34/1497.

Arduino G. Delle miniere di allume e di altre scoperte mineralogiche fatte nel Vicentino. - Giornale d'Italia, 1, 1765.

— Sulle miniere ed altri fossili delle prov. di Feltre e Belluno. - 1780.

Asphaltgesteine. Freischürfe auf - in den pol. Bezirken Innsbruck, Reutte, Schwaz und Imst. Stand mit Ende Dezember 1899. - Handschrift. Nachlaß Isser im Geol. Inst. der Univ. Innsbruck.

Atzinger S. Ein Gang durch die Stubaier Eisenwerke. - Innsbr. Nachr., Nr. 297 v. 27. 12. 1932, 1 Sp.

Auckenthaler E. Eine Nachricht über die Lieferung von Sterzinger Marmor im Jahre 1561. - Der Schlern, 13, 1932, 336.

Autzinger L. Das Talkum- und Smaragdbergwerk in Habach im Pinzgau. - Montanztg, 1922, H. 24, 232-233. - Bespr. GZ 29/428.

Avers (X). Beiträge zu einer Topographie von -. - Der neue Sammler, 7, Chur 1812, 184-207.

Bächtold. Der Staatswald und das Bergwerk am Gonzen. - Jb. SAC, 25, Bern 1890, 358-379. - Bespr. Archives..., 25, Genève 1891, 425; EgH 2, 1891, 379.

Baier H. Goldwäscherei am Rhein. - Chem. Ztg, 1925, 1069.

Balardini L. e Grandoni S. Sulla torba della provincia di Brescia. - 1842.

Balling C. Die Montanindustrie in Tirol. - Techniker, Wien 1872. - Bespr. VRA 1873, 100.

— Das Erzvorkommen am Schneeberg in Tirol. - Österr. Z. f. Berg- u. Hüttenw., 1872, 409.

Barbisch H. Vandans. Eine Heimatkunde aus dem Tal Montafon in Vorarlberg. - Innsbruck (Wagner) 1922. - Bespr. Tiroler Heimat, 8, 1927, 189.

Barth L. Analyse der Soole und Soolenmutterlauge von Hall i. T. - Erdmann u. Werther, Journ. f. prakt. Chemie, Leipzig 1866, 121-122.

Bärtling R. Die Molasse und das Glazialgebiet des Hohenpeißenberges und seiner Umgebung. - Geogn. Jh., 16, 1903, 33-62, K. 1:25000, 1 Taf. - Bespr. GZ 6/104.

— Zur Tektonik des Hohenpeißenberges. - Z. f. prakt. Geol., 20, 1912, 97-112. - Bespr. GZ 18/571.

Barzano G. Di alcune ricchezze naturali nella Val Brembana. - Atti Acc. fis.-med.-statist. di Milano, s. 2, Milano 1857, 67-80.

Bassani F. Intorno ad un nuovo giacimento ittiolitico nel Monte Moscal (Veronese). - Atti d. Soc. Ven.-Trent. di Sc. Nat. in Padova, 1884, v. 9, f. 1, 38.

Battisti C. Il Trentino. Saggio di geografia fisica e di antropogeografia. - Trento (Zippel) 1898, 326 S., 1 K., zahlr. Abb. u. Tab. - Bespr. Geogr. Z., 6, 1900, 123.

Bauer A. Dünger aus - Felsen. (Martinswand.) - Neue Freie Presse, Nr. 24533 v. 31. 12. 1932, 1 Sp., 1 Abb.

Bauer J. Über die Gedingarbeit beim Kupferbergbau in Agordo. - Jb. f. d. Berg- u. Hüttenm., 1, Wien 1848, 40-41.

— Kupferwerk Agordo. Geschichtliche, geognostische und bergmännische Notizen über die Grubengebäude dieses Werkes. - Jb. f. d. Berg- u. Hüttenm., 3, Wien 1852, 223-233.

Baumberger E. Die diluvialen Schieferkohlen von Wildhaus im Toggenburg (Kt. St. Gallen). Die diluvialen Schieferkohlen der Schweiz. - Beitr. z. Geol. d. Schw., Geotechn. Ser., Lfrg 8, Bern 1923, 496-499.

— Die Eisen- und Manganerze der Schweiz. - Beitr. z. Geol. d. Schw., Geotechn. Ser., Lfrg 13, Bd 1, Bern 1923, 283 S. - Bespr. Z. f. prakt. Geol., 1927, 93.

Baumgartner K. Über Störungen und eigenartige Druckerscheinungen (sog. „Pfeilerschüsse" oder

„Kohlenstoßexplosionen") der oberbayrischen tertiären Kohlenmulde auf Grube Hausham. – Österr. Z. f. Berg- u. Hüttenw., 1900, Nr. 36–38, 2 Taf. – Bespr. NJb. 1901/2, 445.

Beck H. Aufnahmsbericht über Blatt Mölltal (5250). – VBA 1930, 31–33; 1931, 26–29. – Bespr. GZ 44/174, 46 A/199.

— Die Goldvorräte Österreichs. – The Gold Resources of the World, XV. Int. Geol.-Kongr., Pretoria 1931, 35–46, 1 K.

— Aufnahmsbericht über Blatt Mölltal (5250). – VBA 1933, 25–28; 1934, 24–26. – Bespr. GZ 50 A/742.

Beck-Berg. Abriß der Lehre von den Erzlagerstätten. – Berlin (Borntraeger) 1922, m. 144 Fig. – Bespr. GZ 30/6.

Becke F. Analysen aus dem Labor. d. Hr. Prof. E. Ludwig. Fahlerz vom Kleinkogel bei Brixlegg in Tirol. – Tscherm. Min. Mitt., 1877, 273–274.

— Minerale der österreichischen Salzlagerstätten. – Tscherm Min. u. petr. Mitt., 26, 1907, 6–7.

— Die Goldbergbaue in den Hohen Tauern. (Vortr.) – Schr. d. Ver. z. Verbr. natwiss. Kenntn. Wien, 49, 1909, 265–287. – Bespr. GZ 15/1489.

Behrend F. Die Goldbergbaue im Katschtal (Liesertal) und Maltatal in Kärnten. – Z. f. prakt. Geol., 1924, 65–70. – Bespr. NJb. 1925/2, 81; GZ 33/20; Carinthia II, 1925, 126.

Belani. Das Silber- und Kupfererz vom Röhrerbühel in Tirol. – Kohle u. Erz, 26, 1929, 263–266.

Bellinzona. – A.G. Schweiz. Granitwerke Bellinzona, Bellinzona 1912, 21 S.

Bercugi G. Le miniere del Trentino. – La Libertà, Trento, 25. 5. 1923, Nr. 1520.

Bergbau (X). Über – in Graubünden. – Bündnerisches Volksblatt zur Belehrung und Unterhaltung, 4, Chur 1832.

— Der – in der Schweiz. – Eidgen. Ztg, 11, Zürich 1855, 29–30, 59, 61, 89–90, 117–118.

— Statistische Notizen über – in der Schweiz. – Z. f. Schw. Statistik, 11, Bern 1875, 270–274.

— **(F. Löwl).** Die Resultate der Untersuchung des -terrains in den Hohen Tauern. – K. k. Ackerbauministerium, Wien (Staatsdruckerei) 1895, 114 S., 17 Fig., 1 K. – Bespr. NJb. 1896/1, 427; Mitt. DÖAV, 1895, 253; Carinthia II, 1896, 131. S. a. E. Richter u. Goldbergbau.

— (K. J.). Über den – im oberen Reuß- und Rheintal. – Alpina, Mitt. SAC, 7, Zürich 1899, 91–93. – Bespr. Jber. Natf. Ges. Grbds, NF, 43, Chur 1900, 117.

Bergbau in Österreich. Produktion in den Jahren 1905–1919. A. Stein-, B. Braunkohle. – Montanztg, 27, Graz 1920, 272–275.

Bergbau. Statistik des -es in Österreich f. d. J. 1911. – Ministerium d. öff. Arbeiten, Wien 1913.

— Österreichs – im Jahre 1921. (Aus Mitt. über den österr. Bergbau, herausgeg. vom Bundesmin., 3, 1922.) – Z. f. prakt. Geol., 1923, Lagerst.-Chron., 21. Für 1922: ebd. 143.

— Mitteilungen über den österreichischen –. – Verfaßt im Staatsamt (Bundesmin.) f. Handel usw., herausgeg. v. Ver. d. Bgwbes. Österreichs, Wien (Staatsdruckerei bzw. Verlag f. Fachlit.) 1, 1920 ... 9, 1928. – Bespr. Z. f. prakt. Geol., z. B. 1928, 53, 59, 127, 128. S. jährl. Auszug in Z. f. prakt. Geol., Lagerst.-Chron.

— Stirbt der – in den Alpenländern? – Der Bergsteiger (DAÖV), Nr. 12, Sept. 1931, 269–270.

Bergbaubetrieb in Tirol und Vorarlberg im Jahre 1921. – Montanztg, 29, Graz 1922, 42–45, 72–75, 82–87.

Bergbaustatistik Österreichs für 1924. – Z. f. prakt. Geol., 1925, Lagerst.-Chron., 138. Ebd. auch f. Folgezeit.

Bergbauterrain. Das – in den Hohen Tauern. – Jb. Naturhist. Landesmus. Kärnten, Klagenfurt 1897, 153 S. S. A. Frh. v. May.

Berghänel O. Das alte Arsenikwerk Rotgülden im Kronland Salzburg. – Montanztg, 8, Graz 1901, Nr. 12.

Bergwerke (X). Über den Betrieb der Gold- und Silber-, Blei- und Zink-, Kupfer- und Eisen- – im Kanton Graubünden. – Schweizer Bote, 16, Aarau 1819, 81–84, 97–101, 105–109, 113–115.

Bergwerke. Alte – in den Ostalpen. Der Goldbergbau in den Hohen Tauern. – Berg- u. Hüttenm. Ztg, 51, Leipzig 1892, 49.

Bergwerksanstalten (X). Über die neuen – in Bündten. – Alpina, 1, Winterthur 1806, 391–392.

Bergwerksbetrieb. Der – Österreichs im Jahre 1891. – Stat. Jb. d. Ackerbaumin. f. 1891, II, 1–2, Wien 1892.

Bergwerksbücher. (Johannes.) Handschriftliche und handkolorierte alte Tiroler –. – Neueste Ztg, Nr. 275, Innsbruck, 1. Dez. 1933, 1 Sp., 3 Abb.

Bernoulli C. Über die Bergwerke Graubündens. – Schw. Arch. f. Statistik, 1, Basel 1827, 34–35. – – Bespr. Bull. d. sc. nat. et de géol., 14, Paris 1828, 412.

Bertrand M. Rapports de structure des Alpes de Glaris et du bassin houiller du Nord. – Bull. Soc. géol. de France, s. 3, t. 12, 1884, 328.

Berwerth F. Zwei neue Magnetkiesvorkommen in Tirol. (Versuchsstollen bei einem Einzelhof zwischen Astfeld und Aberstückl im Sarntal, ferner im Zieltal bei Partschins.) – Tscherm. Min. u. petr. Mitt., 26, 1907, 254–255. – Bespr. GZ 10/2333; NJb. 1908/2, 295.

Beust F. C. Frh. v. Die Gänge der baryritischen Bleiformation. – Berg- u. Hüttenm. Ztg, 23, 1864, Nr. 14, 116–117. – Bespr. NJb. 1864, 481.

— Über die Verkokungsfähigkeit der Braunkohlen von Häring u. Johnsdorf. (Vortr.) – Bespr. VRA 1868, 383.

— Über die Erzlagerstätten vom Schneeberg unweit Sterzing in Tirol. – JbRA 1870, 505–518. – Bespr. VRA 1870, 305; NJb. 1871, 310.

— Über das Blei- und Zinkerzvorkommen im Oberinntal. – Österr. Z. f. Berg- u. Hüttenw., 1871, Nr. 15, 113.

— Metallbergbaue in den Alpenländern. – Denkbuch d. österr. Berg- u. Hüttenw., Wien 1873, 151–155.

— Die Bergbaue am Pfundererberge, am Schneeberge und bei Pflersch. – Denkbuch d. österr. Berg- u. Hüttenw. a. Anlaß d. Wiener Weltausstellung, Wien 1873, 156–159.

— Über den Erzbergbau von Val Sugana. – Österr. Z. f. Berg- u. Hüttenw., 31, 1883, Nr. 10, 129–130.

— Über den alten Erzbergbau in Val Sugana. – Österr. Z. f. Berg- u. Hüttenw., Wien 1885, Nr. 34.

— Zur Wiederaufnahme der Goldbergbaue in den Tauern. – Österr. Z. f. Berg- u. Hüttenw., 1888.

Bevilacqua-Lazise I. Dei combustibili fossili esistenti nella provincia veronese e di alcuni altri loco contigui ecc. nel Tirolo. Memoria mineralogico-economica. – Verona 1816, 116 S., 1 Taf. u. Bibl. ital. Milano, v. 1, t. 6, n. 16, 1817, 122.

Bewersdorff. Einiges über die Erzvorkommen an der zukünftigen Bahnstrecke Landeck-Mals i. T. – Erzbergbau, Berlin 1909, 212–215.

Beyschlag F. Der Salzstock von Berchtesgaden als Typus alpiner Salzlagerstätten, verglichen mit norddeutschen Salzhorsten. – Z. f. prakt. Geol., 30, 1922, 1–6. – Bespr. GZ 30/224; NJb. 1923/1, 376.

— Der Goldbergbau Schellgaden in den Lungauer Tauern. – Z. f. prakt. Geol., 1897, 210–212.

Bibolini A. La Miniera di rame di Canal S. Bovo o Pralongo. – La Miniera italiana, v. 1, Nr. 10, Roma 1917, 365–368.

— Gli affioramenti piritiferi di Valle S. Valentino in Comune di Javré (Trentino). – La Miniera it., v. 2, Nr. 7, Roma 1918, 258; Boll. Soc. geol. it., v. 36 (1917), f. 2–3, Roma 1918, röm. 78–80.

— Le miniere di Agordo (Sunto). – Boll. Soc. geol. it., v. 43, f. 2, Roma 1924, 243–244

Biolik J. u. **Douglas V.** Gutachten über das Kohlenvorkommen bei Bregenz der Süddeutschen Bergwerksgesellschaft Kempten (Allgäu). – Januar 1910. (Gedruckt.)

Biolik J. Sehr wichtige Funde im Rosenheimer Becken am Inn. – Kohle u. Erz, 1925, 22, Nr. 27, 1055–1060.

Bischoff A. v. Lithographische Schiefer in Südtirol. (Mitt. v. Haidinger.) – Berichte ü. d. Mitt. von Freunden der Natwiss. in Wien, 2, 1847, 55–56.

Blaas J. Diluvialtorf bei Hopfgarten. – VRA 1893, 91.

— Über ein Eisenerzvorkommen im Stubaitale. – Z. f. prakt. Geol., 1900, 369–370. – Bespr. NJb. 1903 1, 86; GZ 2/701.

— Der Schatzgräber. – Innsbr. Nachr., Nr. 31 v. 9. 2. 1903.

— Steinkohlen. – Innsbr. Nachr., Nr. 82 v. 11. 4. 1903.

Bleiberger Marmor. Nachricht von dem schönen opalisierenden Muschelmarmor aus Kärnten. – Schriften d. Berlinischen Ges. natf. Freunde, 3, Berlin 1782, 415–423.

Bleiglanz-, Zinkspat-. Ein neues – und Zinkblendevorkommen in Tirol. (Sonnwendgeb.) – Montanztg, 9, Graz 1902, 105–106. – Bespr. GZ 3/1424.

Blei- und Zinkerzvorkommen (E. W.) Ein neuerschlossenes – in Tirol. (Sarntaler Alpen.) – Ungar. Montan-, Ind.- u. Handelsztg, 15, Nr. 17, Budapest, 1. Sept. 1909, 5–6; Organ des Ver. d. Bohrtechniker, 16, Nr. 15, Wien, 1. Aug. 1909, 172–173.

Block J. Über das Vorkommen von Kupfererzen und Scheelit im Eruptivgestein von Predazzo u. a. O. sowie über den Marmor Südtirols. – Sber. Niederrh. Ges. f. Nat.- u. Heilkde, Bonn 1905 (1906), 68–82. – Bespr. GZ 9/631; Boll. Com. geol. d'It., 38, 1907, 119.

Blumrich J. Das Kohlevorkommen im Wirtatobel bei Bregenz. – 13. Jber. Staatsgymn. Bregenz, 1908.

— Molassekohle von Sättels bei Möggers. – Heimat, 9, Bregenz 1928, 210–211.

— Die miozäne Molasse des Pfänderstockes. – Schr. d. Ver. f. Gesch. d. Bodensees u. s. Umgebg, H. 58, 1930, 39 S., 1 Prof., 1 Abb. – Bespr. GZ 47 A/1124.

Boden K. Geologisches Wanderbuch für die bayerischen Alpen. – Stuttgart (Enke) 1930, 458 S., 59 Abb. – Bespr. GZ 41/1526; Z. Ges. f. Erdkde Berlin, 1930, 311; Mitt. DÖAV, 1930, 263; Geogr. Z., 36, 1930, 120; NJb. 1930/3, 294; GR 22, 1931, 245; Z. f. prakt. Geol., 38, 1930, 30; Mitt. Geol. Ges. Wien, 23, 1931, 175.

Bodmer-Beder A. Der Malencoserpentin und seine Asbeste auf Alp Quadrata bei Poschiavo, Graubünden. – Zbl. f. Min., 1902, 488–492. – Bespr. GZ 3/1007; EgH 7, 1901/2, 645; Boll. Com. geol. d'It., 34, 1903, 87. S. a. Tarnuzzer.

Böhm E. Der Bergbau der deutschösterreichischen Alpenländer. Geol.-bergtechn. Reiseskizzen. – Z. f. Berg-, Hütten- u. Salinenwesen im Preuß. Staate, 70, Berlin 1922, 75–96. – Bespr. GZ 33/16.

Böhne E. Die Kupfererzgänge von Mitterberg in Salzburg. Gangverhalten und Erzfolge. – Archiv f. Lagerstättenforschg, H. 49, Berlin (Preuß. Geol. Ldsanst.) 1931, 106 S., 6 Taf., 69 Abb. – Bespr. NJb. 1933/2, 188; GZ 52 A/341; Z. f. prakt. Geol., 41, 1933, 40.

Bolley A. P. Analyse einer Suite von Kupfererzen vom Calanda. – Chem. Zentralbl., 6, Leipzig 1861, 860.

Bosshard E. Das Goldbergwerk „zur Goldenen Sonne" am Calanda. – Jb. SAC, 25, Bern 1890, 341–357. – Bespr. Archives..., 25, Genève 1891, 425; EgH 2, 1891, 379; Jber. Natf. Ges. Grbd., NF, 34, Chur 1891, 151.

Brassert H. Das Bergrecht der Schweiz. – Z. f. Bergrecht, 11, Bern 1871, 130 S. Auszug: Ausland, Augsburg 1871, 278–284.

Bräuhäuser M. Goldfunde und Goldgewinnung zwischen Rätien und Mittelrhein. – Der schwäbische Bund, 1, Stuttgart 1920, 71–88, 190–201, 279–286, 357–363. (Parpaner Rothorn u. Calanda.) – Bespr. GZ 25/1090.

Braunkohlenlager in Tirol, Erschürfung. – Montanztg, 32, Wien-Graz 1925, 107.

Breguzzo. La miniera di Val – nel distretto di Tione. – Gazzetta di Trento, 1860, Nr. 207.

Brignoli di Brunhoff G. Dissertazione intorno alla Clorite o terra verde di Verona. – Modena 1819.

Brinkmann R. Vergleichende tektonische Lagerstättenanalyse der Alpen und Variszіden. (Vortragsauszug.) – Z. D. Geol. Ges., B, Mber., 1928, 266.

— Gipfelflur und Lagerstättenstockwerke in den Alpen. – Nachr. d. Ges. d. Wiss. zu Göttingen, math.-phys. Kl., 1928, 217–232, 7 Abb. – Bespr. GR 20, 1929, 388, 458; Z. f. Geomorph., 5, 1930, 137; GZ 48 A/118.

Brocchi G. B. Sul ferro spatico delle miniere di Val Trompia. 1805.

— Trattato mineralogico e chimico delle miniere di ferro del dipartimento del Mella. – Brescia 1808.

— Analisi chimica d'un acciaio di Valtellina. – 1808.

— Sulla miniera di piombo argentifero di Viconago, dip. del Lario. – Giorn. Soc. d'incor. d. Sc. e d. Arti stab. Milano, t. 7, f. 1 e 3, 1809.

— Sui carboni fossili del dipartimento del Mella. – 1811.

— Sulla lignite di Val Gandino. – Giorn. Soc. d'incoragg., t. 4, Milano 1838.

Brückmann F. E. Magnalia dei in locis subterraneis oder Unterirdische Schatzkammer... Ausführliche Beschreibung und Designation aller Bergwerke in Europa. – Braunschweig 1727, 368 S., 13 Taf. (Schweiz 39–46, Italien 47–56, Kärnten 61–63, Bayern 69–70, Tirol 71–74, Salzburg 74–76.)

Brügger Chr. Der Bergbau in den 10 Gerichten und der Herrschaft Rhäzüns... 1588–1618. – Jber. Natf. Ges. Grbds., NF, 11, Chur 1866, 47–80.

Brugnatelli L. Über flächenreiche Magnetitkristalle aus den Alpen. – Z. f. Krist., 1888, 237–249. – Bespr. VRA 1888, 305; NJb. 1890/1, 232.

Bruner H. Die Tiroler Berg- und Schmelzwerks-

beamtenfamilie von Schmuck. - Tir. Heimatbl., 12, 1934, 243-248.
— Die von Schmuck in Fügen (Zillertal). - Tir. Heimatbl., 12, 1934, 312-316.
Buchrucker L. Die Mineralien der Erzlagerstätten von Leogang im Kronlande Salzburg. - Z. f. Krist., 19, 1891, 113-166. - Bespr. NJb. 1893/1, 13.
Büeler H. de Florin. Schweizer Erzbergbau. Über die Bedeutung der Fortschritte im Berg- und Hüttenwesen für die schweiz. Erzlagerstätten. - Der Erzbergbau, Frankfurt a. M. 1906, 62 S.
Bühler H. Aus der Vergangenheit des alpenländischen Erzbergbaues. - Deutsche Alpenztg, 27, 1932, 30-32, m. Abb.
Bukowski S. Über den Kupfererz-Bergbau Birgstein bei St. Johann in Salzburg. - VRA 1867, 375-377.
Buttmann H. Die Kupferkieslagerstätten von Mitterberg. - Diss. Freiberg i. S., 1913, 76 S., K. 1:75000. S. a. Lopes Cardozo. - Bespr. GZ 24/1038.
Cacciamali G. B. Catalogo dei prodotti minerali della provincia di Brescia per uso edilizio e decorativo. - Brescia 1904, 8 S. - Bespr. Boll. Com. geol. d'It., 36, 1905, 138.
— Scisti bituminosi e torbe nel Bresciano. - La Miniera it., an. 1, N. 3, Roma 1917, 107.
— I giacimenti ferriferi del Bresciano. - La Miniera it., an. 1, N. 10, Roma 1917, 368-369.
— Concomitanza tra fratture, rigetti e filoni metalliferi nel Bresciano. - La Miniera it., an. 2, N. 3, Roma 1918, 110-112.
— Sui giacimenti metalliferi della Lombardia orientale. - La Miniera it., an. 2, N. 7, Roma 1918, 255-257.
Caccioppoli L. Il carbone dell'Arsa. - Boll. mens. d. Sind. prov. fasc. ingegn. di Trieste, 1930, 1-22.
Camerana E. I giacimenti italiani di scisti bituminosi. - La Miniera it., 14, 1931, 109-114. - Bespr. Per. di Mineral., 3, 1931, 45; GZ 53 A/330.
Canaval R. Die Goldseifen von Tragin bei Paternion in Kärnten. - JbRA 1885, 105-122.
— Beiträge zur Kenntnis der Gesteine und Erzlagerstätten des Weißenbachtales in Oberkärnten. - JbRA 1890, 527-558.
— Vom Kupferbergbau in Großfragant. - Carinthia (Jb. Nat. Ldsmus. Kärnten, Klagenfurt), 1890, 79 ff.
— Notizen über die Edelmetall-Bergbaue des Drau- und Gitschtales. - Carinthia, 1890, 209 ff.
— Notizen über die Eisenstein-Bergbaue Oberkärntens. - Carinthia II, 1891, 11, 64, 143-151; 1893, 157-161.
— Das Gold, die Haupttypen seiner Lagerstätten und sein Vorkommen in Kärnten. - Carinthia II, 1894, 70-73.
— Das Erzvorkommen in Plattach und auf der Assamalm bei Greifenburg in Kärnten und die sie begleitenden Porphyrgesteine. - JbRA 1895, 103-124.
— Das Glaserz der kärntnerischen Edelmetall-Bergbaue des 16. Jahrhunderts. - Carinthia II, 1897, 22-33. Berichtigg zu May, S. 1098.
— Die Blei- und Zinklagerstätte des Bergbaues Radnig bei Hermagor in Kärnten. - Carinthia II, 1898, 60-72.
— Zur Kenntnis der Erzvorkommen des Lamnitz- und Wöllatales in Kärnten. - Carinthia II, 1898, 183-203.
— Zur Kenntnis der Erzlagerstätten in der Umgebung von Irschen und Zwickenberg bei Oberdrauburg in Kärnten. - Jb. Nathist. Mus. Klagenfurt, 1899, 25. H., 97-157. - Bespr. NJb. 1901/1, 248.
— Mineralogische Mitteilungen aus Kärnten. - Carinthia II, 1900, 21-32.
— Zur Kenntnis des Goldvorkommens von Lengholz und Siflitz in Kärnten. - Carinthia II, 1900, 161-176, 210-223.
— Über zwei Magnesitvorkommen in Kärnten. - Carinthia II, 1904, 268-274.
— Das Kiesvorkommen am Laitenkofel ob Rangersdorf im Mölltale. - Jb. Nathist. Mus. Klagenfurt, 27, 1905, 417 ff. - Bespr. Z. f. prakt. Geol., 1905, 374.
— Zur Frage der Edelmetallproduktion Oberkärntens im 16. Jahrhundert. - Carinthia II, 1906, 28-35.
— Zur Kenntnis der Goldzecher Gänge. - Carinthia II, 1906, 165-179; 1907, 21-42, 71-91. - Bespr. GZ 10/922.
— Bemerkungen über einige Erzvorkommen am Südabhange der Gailtaler Alpen. - Carinthia II, 1906, 81-87. - Bespr. GZ 8/1122.
— Das Erzvorkommen im Knappenwalde bei Döllach im Mölltale. - Carinthia II, 1908, 43-52.
— Die Erzgänge von Dechant und Ladelnig in der Teichl in Kärnten. - Carinthia II, 1908, 140-162; 1909, 12-21; 1910, 45-66.
— Natur und Entstehung der Erzlagerstätten am Schneeberg in Tirol. - Z. f. prakt. Geol., 16, 1908, 479-483. - Bespr. GZ 12/921; VRA 1908, 393; NJb. 1910/2, 248.
— Anthrazit in den Karnischen Alpen. - Carinthia II, 1910, 250-256. - Bespr. NJb. 1915/1, 35; GZ 16/637; Boll. Com. geol. d'It., 42, 1911, f. 1, 17.
— Die Erzgänge der Siglitz bei Böckstein in Salzburg. - Z. f. prakt. Geol., 1911, 257-278, 7 Fig. - Bespr. GZ 17/207; NJb. 1912/1, 472; 1914/2, 90.
— Das Magnesitvorkommen von Trens bei Sterzing in Tirol. - Z. f. prakt. Geol., 1912, 320-325. - Bespr. GZ 18/1161; NJb. 1915/2, 80; Z. f. Krist., 55, 1915-1920, 107.
— Über das Vorkommen von Turmalin auf den Fundkofelgängen. (Zwickenberg nächst Oberdrauburg.) - Z. f. Krist., 51, 1913, 624-630. - Bespr. GZ 19/332; Z. f. prakt. Geol., 1913, 247; Carinthia II, 1913, 124. S. a. Berg- u. Hüttenm. Jb., 1920, H. 2/3, 94.
— Das Erzvorkommen von Obernberg bei Gries am Brenner in Tirol. - Z. f. prakt. Geol., 21, 1913, 293-299. - Bespr. NJb. 1915/1, 375; GZ 20/42.
— Über den Silbergehalt der Bleierze in den triassischen Kalken der Ostalpen. - Z. f. prakt. Geol., 22, 1914, 157-163. - Bespr. NJb. 1916/2, 194; Carinthia II, 1914, 81.
— Das Vorkommen silberhaltiger Bleierze am Calesberg (Monte Calisio) bei Trient. - Z. f. prakt. Geol., 24, 1916, 18-26, 29-38, 85-100. - Bespr. GZ 23/190, 426; NJb. 1922/1, 336; 1925/2, A, 90.
— Das Goldfeld der Ostalpen und seine Bedeutung für die Gegenwart. - Berg- u. Hüttenm. Jb., 68, Wien 1920, 67-110; 73, 1924, H. 2, 25-48. - Bespr. GZ 32/25.
— Die Goldschätze der Hohen Tauern. - Reichspost, Wien, v. 28. 1. 1921.
— Die Goldschätze Kärntens und das große Goldfeld der Hohen Tauern. - Montan. Rdsch., 14, Wien 1922, 219-221, 243-245. - Bespr. GZ 29/338.
— Zinn und Platin in Kärnten. - Carinthia II,

1922, 28–30. S. a. Berg- u. Hüttenm. Jb., 1920, H. 2/3, 94. (Fundkofel bei Zwickenberg nächst Oberdrauburg.)

— Die Erzvorkommen nächst der Großglockner-Hochalpenstraße. – Berg- u. Hüttenm. Jb., 74, Wien 1926, 22–27, 1 K. – Bespr. NJb. 1929/3, 100.

— Die Goldvorkommen von Walzentratten und Räderzeche bei Weißbriach im Gitschtale (Kärnten). – Berg- u. Hüttenm. Jb., 74, Wien 1926, 139–152. – Bespr. NJb. 1929/3, 101.

— Levico-Vetriolo-Einfluß des alten Gletscherstandes auf die Verwitterung der Erzlagerstätten. – Montan. Rdsch., 19, 1927, 643–647.

— Zur Frage der Goldgewinnung aus den Gefällen des Goldfeldes der Ostalpen. – Berg- u. Hüttenm. Jb., 77, 1929, 76–84.

— Bemerkungen über einige kleinere Eisensteinvorkommen in den Ostalpen. – Montan. Rdsch., 22, 1930, 21–27, 53–63. – Bespr. GZ 44/315; NJb. 1932/2, 491; Carinthia I, 121, 1931, 80.

— Der Blei- und Galmeibergbau Jauken bei Dellach im Drautale. – Berg- u. Hüttenm. Jb., 79, 1931, H. 1, 1–7, 3 Abb. – Bespr. NJb. 1932/2, 129.

— Die bestandenen Messingwerke des oberen Drautales. – Montan. Rdsch., 24, 1932, Nr. 15, 1–9. – Bespr. GZ 48 A/1033; Carinthia I, 122, 1932, 167.

— Die Goldfelder der Ostalpen eine Zukunft? – Berg- u. Hüttenm. Jb., 80, 1932, H. 1, 35–39. – Bespr. NJb. 1932/2, 585. S. a. Imhof K. u. Müller J.

— Das Goldfeld der Ostalpen und seine Bedeutung für die Gegenwart. (Mit Anhang von K. Imhof.) – Bg.- u. Hüttenm. Jb., 81, 1933, 146–150. – Bespr. GZ 52 A/1658.

Castelli G. Le miniere delle terre redente. – Rass. min. it., v. 56, n. 4, Roma 1922, 60–62; L'Industria mineraria, v. 38, n. 6–7, Milano 1924, 23.

— Le miniere di rame di Canal San Bovo nel Trentino. – Rass. min., v. 59, n. 2, Roma 1923, 30–34.

— Gli scisti bituminosi di S. Romedio nel Trentino. – Boll. Soc. geol. it., Roma 1924, v. 43, f. 1, 35–40. – Bespr. GZ 39/370.

Catullo T. A. Lettera al signor Boué sopra la pietra verde che vedesi inclusa sotto forma di Dike nei terreni di sedimento inferiore dell'Agordino e del Zoldiano. – Giorn. d. sc. e lett. d. Prov. austrovenete, 1828, v. 15, 268.

— Lettera al sig. Lorenzoni (pietre verdi e porfido di Agordo). – Giorn. d. sc. e lett. d. Prov. austrovenete, 1828, v. 15, 272.

Cavinato A. I minerali di Valle Aurina e i loro giacimenti. – Studi Trent. Sc. Nat., 11, Trento 1930, 26–58, 93–115.

Charpentier Jn. de. Sur l'exploitation d'une mine d'or dans le Galanda. – Verh. Allgem. Schw. Ges. f. d. ges. Natwiss., 1830, St. Gallen 1831, 83.

Chelodi L. Le miniere di Trento. – Boll. R. Provved. a. stud. d. Ven. Trid., 4, 1927, 25–30, 1 Taf. – Bespr. Studi Trent. Sc. Nat., 9, 1928, 122.

Cipolletti E. Il problema dell'alluminio nella economia italiana. – L'Economia Nazionale, 23, 1931, 11–15.

Clar E. Über die Blei- Zinklagerstätte St. Veit bei Imst (Nordtirol). – JbBA 1929, 333–356. – Bespr. GZ 42/239; Z. f. prakt. Geol., 38, 1930, 96.

— Schneeberg in Tirol. Einige Beobachtungen zur Kennzeichnung des Lagerstättentypus. – Zbl. f. Min., 1931, Abt. A, 105–124, 10 Abb. – Bespr. GZ 45/1154.

— Zwei Erzentmischungen von Schneeberg in Tirol. – Zbl. f. Min., Abt. A, 1931, 147–153, 4 Abb. – Bespr. GZ 45/1153.

Clar E. u. Friedrich O. Über einige Zusammenhänge zwischen Vererzung und Metamorphose in den Ostalpen. – Z. f. prakt. Geol., 41, 1933, 73–79. – Bespr. GZ 52 A/1104.

Coppadoro A. Su le antiche miniere di Timau. – In Alto, Cronaca d. SAFr, an. 13, Nr. 5, Udine 1902, 51–53. – Bespr. Boll. Com. geol. d'It., 34, 1903, 105.

— Gli scisti bituminosi della Val di Non nel Trentino. – Giorn. di chimica industriale ed applicata, an. 3, n. 1, Milano, Gennaio 1921, 3–9.

Cornelius H. P. Ein Bohnerzfund auf dem Latemar. -VBA 1926, 193–195. – Bespr. NJb. 1928/3, 392.

Coronedi G. e Salvatori R. L'industria italiana dell'ittiolo nel Trentino. – Archiv. internat. de Pharm. et Thérapie, Bruxelles et Paris, v. 29, f. 1–2, 64–72.

Cortese E. Giacimenti cupriferi italiani. – Nuovi Ann. d. Agricoltura, ed. d. Min. d. Econ., an. 7, 1927, Roma 1928, 471–498. – Bespr. Studi Trent. Sc. Nat., 9, 1928. 124.

— Gli scisti bituminosi in Italia. – Rassegna Min. e Metallurg. Ital., v. 70, Roma 1931, n. 12, dicembre 1930. – Bespr. Studi Trent. Sc. Nat., 12, 1931, 72; Periodico di Min., 2, 1931, 142; GZ 53 A/331.

Cossa e Taramelli. Sui combustibili fossili del Friuli. – Ann. R. Ist. Tecn. Udine, 1, 1867.

Costanzi V. Gli scisti bituminosi. – La Min. It., a. 16, 1932, 161–164.

Cotta B. v. Geologische Briefe aus den Alpen. – Leipzig 1850, 328 S., 2. Aufl. „Die Alpen", Leipzig 1851, 336 S. – Bespr. NJb. 1850, 302; Bl. 6.

— Erzvorkommen im Alpenkalkstein bei Partenkirchen. – Berg- u. Hüttenm. Ztg, 1856, Nr. 25. – Bespr. NJb. 1856, 568.

— Molassekohlen der Bayernschen Voralpen. – Berg- u. Hüttenm. Ztg, 1856, 139. – Bespr. NJb. 1856, 707; Bl. 102.

— Kohlenformation von Häring in Tirol. – Berg- u. Hüttenm. Ztg, 17, 1858, 319. – Bespr. NJb. 1859, 199; Bl. 135.

— Der Pfundererberg bei Klausen. – Berg- u. Hüttenm. Ztg, 21, Freiberg 1862, 381–382. – Bespr. NJb. 1863, 205; Bl. 189.

— Über Agordo. – Berg- u. Hüttenm. Ztg, 21, 1862, 425–427. – Bespr. NJb. 1863, 103; Bl. 182.

— Über die Blei u. Zinkerzlagerstätten Kärntens. – Berg- u. Hüttenm. Ztg, Freiberg 1863.

Cozzaglio A. Gli schisti bituminosi di Tignale. – Il Cittadino di Brescia, 15. Febbr. 1917.

— Sulle condizioni geologiche dei giacimenti di ferro della Val Trompia. – Brescia (Apollonio) 1920.

— Sopra alcuni filoni di bitume nei dintorni di Brescia. – Comm. Aten. d. Brescia, 1929, Brescia 1930, 37–54, 2 Taf. – Bespr. Boll. Soc. geogr. it., v. 7, 1930, 941; GZ 53 A/338.

Curioni G. Sulla giacitura della lignite di Brentonico e della miniera di ferro di Besagno. – Milano 1839.

— Sulla giacitura dei minerali di ferro in Lombardia. – Il Politecnico, v. 5, Milano 1841.

— Nota geologica sugli scisti bituminosi di Tignale sul Lago di Garda. – Giorn. d. Ist. Lomb., t. 6, Milano 1855, 1–7.

— Intorno agli schisti bituminosi della valle di Setarolo (presso Salò). – Atti d. R. Ist. Lomb., v. 3, Milano 1862.

— Sui giacimenti metalliferi e bituminosi nei ter-

reni triasici di Besano. – Mem. Ist. Lomb. di Sc., v. 9, Milano 1863, 1–30; s. 3, v. 12, 1872, 341–360.
— Sui giacimenti metalliferi e bituminosi di Besano (Como). – Atti R. Ist. Lomb. Sc., v. 3, Milano 1863, 263–265.
— Geologia. I. Geologia applicata delle Prov. lombarde. II. Descrizione ragionata delle sostanze estrattive utili, metalliche e terree raccolte nelle Prov. lombarde. – Milano 1877, 418 u. 296 S., K. 1:172800. – Bespr. VRA 1877, 305; Boll. Com. geol. d'It., 1877, 308.
Czelechowski A. Hall – der Salzort Tirols. – Tirol, 1927, 158–162.
Czermak F. Ein bemerkenswerter Erzfund bei Wattens im Unterinntal. – Veröff. d. Ferd., H. 11, Innsbruck 1931, 159–166. – Bespr. GZ 53 A/317.
— u. **Schadler J.** Vorkommen des Elementes Arsen in den Ostalpen. – Min. u. Petrogr. Mitt., 44, Leipzig 1933, 67 S., 7 Fig.
Čžjžek J. Marmorarten in Österreich. – JbRA 1851, 89–109.
Dalla Fior G. Sui primi risultati ottenuti nell'analisi dei Pollini fossili di due Torbiere Trentine. (M. Bondone, 1550 m und P. d. Tonale, 1870 m.) – Rend. Sez. Ven. d. Soc. Bot. It. (Padova) all'Adun. 17 magg. 1931 in Nuovo Giorn. Bot. It., v. 38, n. 2, Firenze 1931, 361–362.
Dal Lago D. Combustibili fossili nel Vicentino. – La Miniera it., an. I, n. 7, Roma 1917, 275–277.
Dalla Torre K. W. v. Tirol, Vorarlberg und Liechtenstein. – Junks Naturführer. Berlin 1913, 486 S., K. 1:500000. – Bespr. Z. Ges. f. Erdkde Berlin, 1914, 232, 814; Natwiss. Wochenschr., NF 12, 1913, 653; Geogr. Z., 19, 1913, 712; Mitt. DÖAV, 1913, 184.
— Zur Geschichte der Ichthyolgewinnung in Seefeld (Tirol). – Tiroler Heimatblätter, 4, 1926, 162–165, 1 Abb.
De Filippi F. Sui combustibili fossili della Lombardia. – Ann. d. Statist., Milano 1837.
De Gasperi G. B. Note geologiche sul bacino torboso di Bueris. – In: La sistemazione dei torrenti Urana e Soima e il conseguente prosciugamento delle paludi di Bueris, Zegliacco e Collalto. Udine (Tip. d. Patronato) 1911.
Deicke J. C. Über die Kalkstein- und die Kalkbrennereien in den Kantonen St. Gallen und Appenzell. – Verh. St. Gall.-Appenz. gemeinnützig. Ges., 2, St. Gallen u. Bern 1845, 6 S.
— Über das Vorkommen der Eisenerze und die Eisenproduktion in der Schweiz. – Berg- u. Hüttenm. Ztg, Freiberg 1858, 329–331, 337–339.
— Über das Vorkommen der Blei-, Kupfer-, Nickel- und Silbererze in der Schweiz. – Berg- u. Hüttenm. Ztg, Freiberg 1859, Nr. 20, 177–180.
— Über das Vorkommen des Goldes in der Schweiz. (Calanda.) – Berg- u. Hüttenm. Ztg, 18, Freiberg 1859, 329–330. – Bespr. Annales d. mines, s. 5, t. 20, Paris 1861, 470.
— Nachträge über das Vorkommen des Goldes im Goldbergwerk zur goldenen Sonne im Kanton Graubünden. – Berg- u. Hüttenm. Ztg, Freiberg 1860 119–120.
— Die nutzbaren Mineralien der Kantone St. Gallen und Appenzell. – Ber. ü. d. Tätigkeit d. St. Gall. natwiss. Ges. 1861–62, St. Gallen 1862, 90–112.
— Geschichtliche Notizen über das Eisenbergwerk des Gonzen bei Sargans im Kanton St. Gallen. – St. Galler-Blätter, 1863.
Delesse A. Über die Grünerde von Verona. – NJb. 1848, 545.
Demaret L. Die Kupferlagerstätten der Erde. (Kitzbühel.) – Z. f. prakt. Geol., 1901, 65.
Denti V. La regione metallifera e le miniere del circondario di Varese. – Industria, 5, Milano 1891, Nr. 13–18, 21–22. – Bespr. Boll. Com. geol. d'It., 23, 1892, 160.
Dessau G. Misure di radioactività in una miniera di zinco nella Valle Seriana. – Boll. Soc. Geol. It., v. 60, 1932, f. 2, Roma 1932, 265–276.
De Terra H. Zur Erdölfrage im bayerischen Flysch- und Molassegebiet. – Petroleum, 1925, Nr. 33, 2057–2061.
— Die Erdölbohrung Holz am Tegernsee. – Geognost. Jh., 40, 1927, 7–22, 1 Skz., 5 Fig. – Bespr. NJb. 1929/2, 319; GZ 41/1685.
Diem K. Hall in Tirol als Kurort. – Tirol, F. 2, H. 10/11, 1930, 11–18.
Diener C. Montangeologische Streifzüge auf dem südtirolisch-italienischen Kriegsschauplatz. – In: Diener C., Von Bergen, Sonnen- und Nebelländern. Sammlg: Große Bergsteiger, München (Rother) 1929.
Dieseldorff. Eine neue Zinnobergrube in Kärnten. (Wiederschwing bei Paternion.) – Der Erzbergbau, Frankfurt a. M. 1906, 461. – Bespr. Carinthia II, 96, 1906, 141.
Dittler E. Mennige aus Biberwier in Tirol. – Zbl. f. Min., 1916, 521.
— Neue Beryllaufschlüsse in der Masullschlucht, Südtirol. – Tscherm. Min. u. petr. Mitt., 40, 1929, 188–189. – Bespr. NJb. 1930/1, 534.
Dittus C. Der Kohlenbergbau im Menelzhoferberg bei Isny v. 1620 bis heute. – Staatsanzg. f. Württembg., Besdr. Beilage Nr. 9 v. 31. 8. 1920, 204–208. – Bespr. GZ 25/1105.
Dolch M. u. **Gerstendörfer G.** Die brennstofftechnische Untersuchung der österr. Kohlen. – Berg- u. Hüttenm. Jb., 69/70, H. 2, Wien 1921/22, 20–40. – Bespr. GZ 29/113.
Döll E. Gold im Breunnerit von Pregratten. – VRA 1892, 353–360. – Bespr. NJb. 1894/1, 438.
Doelter C. Über die Genesis einiger ungar. u. österr. Kupferlagerstätten. (U. a. auch Großfragant.) – Mitt. Geol. Ges. Wien, 1915, 134–138.
Dompè L. La Miniera di lignite di Val Gandino. (Bergamo.) – Riv. d. Serv. min., n. 1909, Roma 1910, 272–276; Rass. min., v. 33, Nr. 10, Torino 1910, 147–149. – Bespr. Boll. Com. geol. d'It., 42, 1911, f. 2, 47.
Douglas V. Das Kohlenvorkommen bei Bregenz in Vorarlberg. – Gedrucktes Gutachten, 17. 10. 1910.
Druetti A. Dei giacimenti zinciferi nelle valli bergamasche e di un nuovo processo di fabbricazione del bianco di zinco e del zinco metallico. – Torino 1898, 35 S. – Bespr. Boll. Com. geol. d'It., 30, 1899, 194.
Du Bois J. Rapport sur les gisements de mispickel aurifères d'Astano (Tessin). – Beitr. z. Geol. d. Schweiz, Geotechn. Ser., 16. Lfrg, H. 2, Bern 1931, 71–104, 1 K., 24 Fig. – Bespr. NJb. 1933/2, 731.
Ducommun C. Le Gonzen (mine de fer). – Alpenpost, 7, Zürich 1874, 85–87.
Dufour (le général). Découverte de marbre statuaire dans les Grisons. – Verh. Schw. Ges. f. d. ges. Natwiss., Glarus 1851, 203.
Duschnitz P. Der Erzbergbau in Tirol. – Montan. Ztg, 26, Graz 1919, 280–281.
Ebers E. Über erloschene Seen im Salzachgletschergebiet. – Mitt. Geogr. Ges. München, 25, 1932, 77–82, 1 Skz. – Bespr. GZ 48 A/1883; NJb. 1933/2, 80.

Eblin M. D. Einige Notizen und Betrachtungen auf einer kleinen Reise durch einen Teil von Graubünden im Sommer 1825. - Bericht ü. d. Bestand u. d. Wirksamkeit der natf. Kantonalges. in Grbd. v. Okt. 1825 bis zum Mai 1827. - Chur 1827, 34-48.

— Reise durch einen Teil von Bünden. - Ber. ü. d. Verh. d. Natf. Ges. Zürich, 3, 1828, 57-58.

— Reise durch verschiedene Täler Graubündens mit Beachtung mancher landwirtschaftlichen, botanischen, geognostischen und besonders bergmännischen Verhältnisse. - Actes d. l. Soc. helv. d. sc. nat. (Verh. d. Schw. Natf. Ges.), 1828, Lausanne 1829, 42 S.

Eder J. Tauerngold? - Reichspost, Nr. 15, Wien, 15. 1. 1932, 2 Sp.

— Das Gold von Zell. — Reichspost, Nr. 314, Wien, 11. 11. 1934, 17-18.

Eder W. Geologie des bayerischen Hochlandes. - In: Die Bayerischen Alpen, Grieben-Führer f. Natur u. Kunst (V. Goldschmidt), Berlin 1926, 7-57, 13 Abb.

Egenter P. Die Marmorlagerstätten Kärntens. - Z. f. prakt. Geol., 1909, 419-439. Dissert. München, 1909, 23 S. - Bespr. GZ 18/139.

Eichelter R. Goldgewinnung im Ausland und in Österreich. - Innsbr. Nachr., Nr. 51 v. 2. 3. 1932, 5 Sp.

— Zur Wiederaufnahme des Erzbergbaues in Tirol. - Innsbr. Nachr., Nr. 266 v. 18. 11., Nr. 273 v. 26. 11. 1932.

Einberger H. Der Hagauer Marmor in Kramsach. - Tir. Heimatbl., 9, 1931, 334-336, 2 Abb.

Eisen- und Manganerze. Die - der Schweiz. - Beitr. z. Geol. d. Schw., Geotechn. Ser., 1, 13. Lfrg. - Bespr. NJb. 1927/1, B, 334.

Eisenerzvorräte Österreichs. Bericht d. Geol. Ges. Wien f. d. 11. Int. Geolkongreß Stockholm. - Mitt. Wiener Geol. Ges., 3, 1910, 434-477.

Elber R. Tiroler Bergleute in Serbien. — Innsbrucker Nachr., Nr. 188 v. 18. 8. 1934, $2^1/_2$ Sp.

Elterlein A. v. Beiträge zur Kenntnis der Erzlagerstätten des Schneeberges bei Mayrn in Südtirol. - JbRA 1891, 289-348.

Erb L. Geologische Spezialkarte von Baden. Erläuterungen zu Blatt Hilzingen (Nr. 146). Mit einem prähist. Beitr. v. G. Kraft u. K. Sulzberger (1:25000). - Freiburg i. Br. (Herder) 1931, 115 S., 10 Abb.

Erhard L. Haymon und Thyrsus am Riesenhause zu Leithen. - Tir. Heimatblätter, 11, Innsbruck 1933, 347-349, 1 Abb.

Ernst C. v. Studie über die Eisenindustrien in der Lombardei. - Österr. Z. f. Berg- u. Hüttenw., 1899, Nr. 31, 32. - Bespr. NJb. 1901/2, 431.

Erzbergbau (W. K.) in Tirol. - Ungar. Montan-Ind.- u. Hdlsztg, 13, Budapest 1907, Nr. 12.

Erzbergbau Österreichs im Jahre 1920. - Montanztg, 28, Graz 1921, 282-283, 294-295.

Erzlagerstätten an der Rotlahn am Pfundererberg unfern Klausen in Tirol. - Österr. Z. f. Berg- u. Hüttenw., 1853, 182.

Eschstruth G. Die Ölschiefer in Tirol. (Zu den Ausführungen des U.-Doz. Dr. Hradil.) - Innsbr. Nachr. v. 27. 6. 1925.

Ettingshausen C. Frh. v. Die tertiäre Flora von Häring in Tirol. - Abh. RA, II, 3. Abt., Nr. 2, 1853, 118 S., 31 Taf. - Bespr. JbRA 1853, 849.

Eugster H. Die Eisenerzlagerstätten im Val Tisch und Val Pazbi. - In: Die Eisen- und Manganerze der Schweiz, Beitr. z. Geol. d. Schw., Geotekt. Ser., 13. Lfrg, 1. Bd, Bern 1923 (1926), 207-218. - Bespr. GZ 34/1495.

Fabiani R. Sulla probabile origine del caolino del Tretto in provincia di Vicenza. - Atti Acc. Sc. Ven.-Trent.-Istr., n. s., a. 4, f. 1 e 2, Padova 1907, 67-74. - Bespr. Boll. Com. geol. d'It., 39, 1908, 136.

— Giacitura ed età degli scisti bituminosi di Mollaro in Val di Non (Trentino). - Natura, v. 14, 1923, 33-41, 3 Fig.; Miniera Italiana, Roma 1924, luglio. - Bespr. Atti Acc. Sc. Ven.-Trent.-Istr., v. 20, 1929, 13; GZ 46 A/2026.

— Brevi notizie geologiche sulla „Pietra tenera" del Vicentino. - In: La pietra tenera, sue applicazioni artistiche ed edilizie, Vicenza 1929, 5-9.

— Le risorge del sottusuolo della Provincia di Vicenza. - A cura d. Cons. prov. d. Econ. di Vicenza. Vicenza 1930, 150 S., 1 K. - Bespr. Boll. Soc. geogr. it., s. 6, v. 8, a. 9, n. 2, 1931, 150; Studi Trent. Sc. Nat., 12, 1931, 72.

— Note illustrative della Carta geologica delle Tre Venezie, Foglio Verona. - Uff. Idr. d. R. Mag. a. Acque, Sez. geol., Padova 1930, 37 S., 1 Proftaf.

— L'industrie dei marmi in provincia di Verona. - Marmi, pietre, graniti, 9, 1931, 28-36, 10 Abb.

Fabris U. Il Conte Gius. Marzari Pencati nella storia della scoperta d. Litantrace nel canale di Brenta. (Steinkohle.) - Arch. per gli studi stor. d. medic. e la sc. nat., Nr. 4, Ottobr. 1926, Napoli 1926.

Falser. Übersicht der Bergbaue und Schürfe der Umgegend von Kitzbühel. - Handschrift, Bergverw.-Archiv Kitzbühel, o. J.

Fehlmann H. Der schweizerische Bergbau während des Weltkrieges. - Schw. Volkswirtschaftsdepartement, Bern (Kümmerly u. Frey) 1919, 316 S. - Bespr. Revue de Géol., 1922, 222.

— Die schweizerische Eisenerzeugung, ihre Geschichte und wirtschaftliche Bedeutung. (Mit Beitrag von R. Durrer.) - Beitr. z. Geol. d. Schw., Geotechn. Ser., Lfrg 13, Bd 3, 1932, 255 S., 76 Abb. - Bespr. GZ 49 A/655; PetMitt., 79, 1933, 149; GR 24, 1933, 257; NJb. 1933/2, 306; Z. f. prakt. Geol., 41, 1933, 71.

Feil K. Bemerkungen über Anwendungen der Bickfordschen Sicherheitszünder beim Bergbaue und deren Erzeugung zu Jenbach in Tirol. - Berg- u. Hüttenm. Jb. Leoben, 3, Wien 1853, 275-281; Lithogr. Verhdlgen der Gesellsch. zur Förderung der montanist. Zwecke in Tirol u. Vorarlberg.

Fenoglio M. Alcune osservazioni sui giacimenti auriferi dell'Ossola. - Boll. Soc. geol. It., v. 48, f. 2, Roma 1930, 233-239. - Bespr. GZ 44/753.

— Osservazioni sui giacimenti auriferi dell'Ossola. L'industria min., v. 5, Roma 1931, 485-488.

Ferrero. Sulle torbe lombarde e sulla loro lavorazione. - Atti Soc. It. d. Sc. Nat., v. 11, Milano 1868.

— Saggio di combustibili, calcari, cementi e minerali lombardi. - Atti Soc. It. d. Sc. Nat., v. 11, Milano 1868.

Ferro A. L'origine delle terre gialle veronesi. - Atti Soc. Ligustica di S. nat. e geogr., v. 16, Nr. 3, Genova 1905, 179-197. - Bespr. Boll. Com. geol. d'It., 37, 1906, 255.

Feuchter A. Beschreibendes und Geschichtliches vom k. k. Bergbaue Schneeberg bei Sterzing. - Festschr. S. Teplitz DÖAV, 1911, 9 S.

— Zink in Tirol. - Montan. Rdschau, 18, Wien 1926, 445-446; Montanztg, 38, Wien 1926, 227-228.

— Der Bergbau „Kelchalpe". Ein gesteinskundlicher und zeitgeschichtlicher Blick aus dem Rahmen der Gegenwart in die Anfänge des Berg-

baues. – Montan. Rdschau, 23, Nr. 5, 1931, 8 S. – Bespr. NJb. 1933/2, 837.
— Der Schwazer Bergreim. – Montan. Rdschau, 23, Wien u. Berlin 1931, Nr. 13, 16 S., 4 Abb. – Bespr. Tir. Heimatbl., 9, 1931, 315.
Fichter H. Verteilung der Mikrofauna im helvetischen Malmkalk (Quintnerkalk) am Gonzen bei Sargans. (Vortr.) – EgH 24, 1931, 222–225, 1 Fig. – Bespr. GZ 2 B/969.
Ficker A. Beiträge zur Statistik der Landwirtschaft und Montanindustrie in den österreichischen Alpenländern. – Jb. ÖAV, 1870, 224–278.
Fink W. Der Flysch im Tegernseer Gebiet mit besonderer Berücksichtigung des Erdölvorkommens. – Geogn. Jh., München 1903, 77–104, K. 1:25000. – Bespr. Mitt. Geogr. Ges. München, 8, 1913, 60; NJb. 1907/2, 127.
— Zur Flysch-Petroleumfrage in Bayern. – Z. f. prakt. Geol., 13, 1905, 330–333. – Bespr. GZ 7/1922; NJb. 1907/1, 84.
Firbas F. Beiträge zur Kenntnis der Schieferkohlen des Inntals und der interglazialen Waldgeschichte der Ostalpen. – Z. f. Glkde, 15, 1927, 261–277. – Bespr. GZ 37/1151.
— Die Beziehungen des Kupferbergbaues im Gebiete von Mühlbach-Bischofshofen zur nacheiszeitlichen Wald- und Klimageschichte. – Materialien zur Urgesch. Österreichs, 6, 1932, 173–179, 3 Fig., 1 Tab.
Flurl M. Über das Vorkommen der Steinkohlen zu Häring. – Denkschr. Ak. d. Wiss. München, 1813, 127.
— Einige Notizen über das Vorkommen des Brandschiefers und die Benützung desselben zur Gewinnung von Steinöl in der Gegend von Seefeld, Landgericht Telfs. – Aus den Neuen Jahrbüchern der Berg- und Hüttenkde, 8, Nürnberg 1818, 3. Bd, 196–203; Z. f. Tir. u. V. (Beitr. zur Gesch. etc.), 5, Innsbruck (Ferdin.) 1829, 282–295.
Förster B. u. **Oebbeke K.** Tiefbohrungen am Tegernsee. – Geogn. Jh, 35, 1923, 83–160. – Bespr. GZ 31/1388; NJb. 1929/3, 414.
Foetterle F. Produktion des Asphaltwerkes Sr. K. Hoheit d. H. Erzh. Maximilian Este zu Seefeld i. T. – JbRA 1856, 196.
— Lagerungsverhältnisse der Steinkohlen- und der Triasgebilde im südwestlichen Teil von Kärnten. – JbRA 1856, 372–373.
— Trinkers Mitteilung über die Braunkohle von Zovencedo (Vicenza). – JbRA 1860, 5. H., 95.
— Über das Braunkohlenvorkommen bei Valdagno. – VRA 1861, 154–155. – Bespr. NJb. 1862, 214.
— Mitteilung über das Fahlerzvorkommen im Avanzagraben im Venetianischen. – JbRA 1861/62, 107–108.
Foullon H. Frh. v. Mineralogische und petrogr. Notizen. (Salzburg, Hall, Imst.) – JbRA 1888, 1–33. – Bespr. NJb. 1889/2, 414.
Francé R. Weltgeschichte wurde mit Kupfer gemacht. (Schwaz.) – Innsbr. Nachr., Nr. 245 v. 22. 10. 1932.
Francfort. Relazione sulla miniera di galena argentifera di Brusimpiano. – Pallanza 1859.
Frantzius A. Naturhistorische Reiseskizzen, gesammelt während einer Reise durch das Salzkammergut und Tirol. – Z. v. Siebold u. Kölliker, 3, 1851, 333–346.
Franz L. Vorgeschichtliches Leben in den Alpen. – Wien (A. Schroll) 1929, 95 S., 82 Abb. – Bespr. Mitt. DÖAV, 1930, 93; PetMitt., 77, 1931, 269; Mitt. Anthrop. Ges. Wien, 60, 1930, 206.
Fratini F. Una gita sotterranea all'antica miniera di arsenico sul Monte Tesobo, presso Roncegno. – Ann. SAT, Trento 1878, 1 K.
Fravi G. Die Bergwerke von Andeer in Bünden. – Die Alpenpost, 2, Glarus 1872, 27–28.
Friedländer C. Erzvorkommnisse des Bündner Oberlandes und ihre Begleitgesteine. – Beitr. z. Geol. d. Schw., Geotechn. Ser., Lfrg 16, H. 1, 1930, 70 S., 8 Fig., 3 Taf. – Bespr. GZ 44/1437; NJb. 1931/2, 114; 1933/2, 307; Z. f. prakt. Geol., 1931, 128.
Friedrich O. Über den Vererzungstypus Rotgülden. – Sber. Ak. d. Wiss. Wien, m.–n. Kl., Abt. 1, 143, 1934, 95–108, 2 Fig.
Friese F. M. R. v. Über die Tiefe der Schächte des verlassenen Bergbaues am Röhrerbühel. – Handschr., 1856.
— Geschichtliche Mitt. aus dem Gebiete des Bergwesens in Tirol. – Österr. Berg- u. Hüttenm. Ztg, Nr. 3, 1883, 33. – Bespr. VRA 1884, 31.
— Bilder von den Kupferkies-Lagerstätten bei Kitzbühel. . . — Wien 1890, 21 S., herausgeg. v. k. k. Ackerbaumin. Grf. Falkenhayn. – Berichtigung von J. Blaas, VRA 1890, 80.
— u. **Göbl A. W.** Geolog.-bergmännische Karte mit Profilen von Joachimstal nebst Bildern von den Erzgängen in Joachimstal und von den Kupferkieslagerstätten bei Kitzbühel. – Wien 1891, 58 S., herausgeg. v. k. k. Ackerbaumin. Grf. Falkenhayn.
Friese J. Revisionsbegehung des Kreises Vorarlberg. – Bericht ü. d. 5. Gen.-Vers. d. Geogn.-mont. Ver., Innsbruck 1843, 49–51.
Fromm H. Bayerns Kohlenschätze und die Aussichten ihrer Verwertung. – Z. d. Ver. Deutsch. Ing., 1925, 573. – Bespr. GZ 37/660.
Früh J. Gasausströmungen im Rheintal oberhalb des Bodensees. – Jber. Nat. Ges. St. Gallen 1895/96, St. Gallen 1897, 110–117. – Bespr. NJb. 1897/2, 474; EgH 5, 1898, 309; Bl. 959.
— Geographie der Schweiz. – St. Gallen (Fehr) 1929–1933, 805 S., 225 Fig., 7 Taf., K. 1:400000. – Bespr. Mitt. DÖAV, 1930, 93, 155; 1933, 183; Z. f. Glkde, 18, 1930, 263; Geogr. Z., 36, 1930, 564; 39, 1933, 51, 436; GZ 46 A/349; Mitt. Anthrop. Ges. Wien, 60, 1930, 199; 62, 1932, 311; 63, 1933, 385; PetMitt., 79, 1933, 149; Z. Ges. f. Erdkde Berlin, 1934, 303.
Fuchs E. Etude sur les gisements metallifères des Vallées Trompia, Sabbia et Sassia. – Ann. d. Mines, s. 6, t. 12, 1868, 411.
Fuchs W. Beiträge zur Lehre von den Erzlagerstätten mit besonderer Berücksichtigung der vorzüglichsten Bergreviere der k. k. Österr. Monarchie. – Wien (C. Gerold) 1846, 86 S.
Fugger E. Die Bergbaue Salzburgs. – 1881.
— Das Dientner Tal und seine alten Bergbaue. – Mitt. d. Ges. f. Salzburger Landeskde, 1909, 123–136. – Bespr. VRA 1910, 137.
Fugger. Jakob – und seine Bedeutung für das Montanwesen. – Braunkohlen- u. Brikettind., 20, 1927, 277 f.
Fulda E. Die Salzlagerstätten in den Alpen. 1924. – Handschr. in der GBdAnst. Wien.
Gallo G. Cenni sui giacimenti minerari di Val di Zoldo (Belluno). – La Miniera Ital., 15, 1931, 361–365. – Bespr. Per. di Mineral., 3, 1932, 154.
Gams H. u. **Nordhagen R.** Postglaziale Klimaänderungen und Erdkrustenbewegungen in Mitteleuropa. (U. a. prähist. Bergbau.) – Mitt. Geogr. Ges. München, 16, 1923, 13–336, 73 Abb. – Bespr. GZ 30/25; Vierteljschr. f. Gesch. u. Ldskde Vorarlbergs, 8, 1924, 23; Wr. Prähist. Z., 11, 1924, 75. S. a. W. Staub.
Gams H. Die Erforschung der Klimaentwicklung in

vorgeschichtlicher und geschichtlicher Zeit. Ein Rückblick und Ausblick. (Vortr.) - Tagungsber. Deutsche Anthrop. Ges., 46, Tübingen 1923, Augsburg (Filser) 1926, 20-25. - Bespr. GZ 35/610.

— Zur Schlammnomenklatur. - Arch. f. Hydrobiol., 21, 1930, 493-496. - Bespr. GZ 44/519.

Garda. Industrie trentine. La fabbrica cementi del –. (In Ceole.) - Trentino, 1928, n. 5, 171, 1 Abb.

Gasser G. Die geplanten Neuschürfe am Kohlererberg. - Bozner Nachr. v. 4. April 1906.

— Die industrielle Verwertung der Südtiroler Mineralvorkommen. (Vortr.) - Bozner Ztg v. 1906, Nr. 120-123.

— Alte und neue Erzbergbaue in der Umgebung von Bozen. - Der Schlern, 2, Bozen 1921, 152-154.

Gawalowski A. Tirol im bohr- und hüttentechn. Gesichtswinkel besehen. - Z. d. Internat. Ver. d. Bohring. u. Bohrtechniker, 30, Wien 1922, 117.

— Tirol in seiner wirtschaftl., industriell. u. montan. Bedeutung. - Z. d. Internat. Ver. d. Bohring. u. Bohrtechniker, 30, Wien 1922, 150.

— Steinöle in Tirol. - Allgem. österr. Chemiker- u. Techniker-Ztg, 40, Wien 1922, 157.

— Die Brandschiefer und das Salz Tirols. - Z. d. Internat. Ver. d. Bohring. u. Bohrtechniker, 31, Wien 1923, 125.

Gehring L. Das Berchtesgadener Salzbergwerk, seine Geschichte, Anlage, Einrichtungen und sein Betrieb. - Berchtesgaden 1913; 4. Aufl. 1916 (K. Ermisch), 30 S.; 6. Aufl. Berchtesgaden 1923.

Geistbeck A. Die Goldwäscherei an den südbayerischen Flüssen. - 6. Jber. Geogr. Ges. München f. 1877/79, München 1880, 91-106.

Geognostisch-mont. Verein f. T. u. V. Abriß der montanist. Kenntnisse, mit einer Darstellung der benützungsfähigen Mineralprodukte Tirols und Vorarlbergs. - Innsbruck (Wagner) 1839, 95 S. (Min., Geognosie, Bergbau-, Markscheidekunst, Hüttenkunde.)

— Berichte über die Generalversammlungen 1841-1846. - Innsbruck 1841-1846, 22, 18, 12, 15, 17, 12 S.

— Geognostische Karte Tirols. - Innsbruck 1849, 10 Bl. Erläuterungen s. Trinker u. Widmann, 1853. - Bespr. Z. DGeolGes., 1852, 211-215.

Geyer R. Die Silberbergwerke in den niederösterreichischen Ländern unter Maximilian I. (U. a. Lienz.) - Schlern-Schriften, 9, 1925 (Ottenthal-Festschr.), 199-218.

Gierner G. Eine Bergwerkssage aus dem Bregenzer Wald. - Heimat, 4, Bregenz 1923, 73-74.

Gilli A. I minerali utilizzabili del Trentino. - Ann. d. SAT, Trento 1884, 10, 123-154; 1885, 11, 235-253; 12, 269-281.

Gillitzer G. Geologie der alpinen Salzlager im Berchtesgadener Gebiet mit besonderer Berücksichtigung der Reichenhaller Solquellen. - Z. f. prakt. Geol., 1914, 263-272. - Bespr. NJb. 1916/2, 189; GZ 21/1948.

— Geologie des Südgebietes des Peißenberger Kohlenreviers im kgl. bayr. Reservatfeld. - JbRA 1914, 149-188, 1 K. - Bespr. GZ 22/328; NJb. 1919, 184.

Giovanoli G. Von den Lavezsteinen des Veltlins und Graubündens und ihrer Verwendung, mit geschichtl. Notizen. (Min. v. Chr. Tarnuzzer.) - Jber. Natf. Ges. Grbd., NF, 53, 1910/11 u. 1911/12, Chur 1912, 1-49. - Bespr. GZ 19/813, 23/1058.

Gmachl-Pammer J. Die Haller Münze, die Wiege des deutschen Talers. - Tiroler Heimatblätter, 8, 1930, 332-337, 2 Abb.

Göbl W. Die Art des Abbaues der Kupferkieslager zu Kitzbühel in Nordtirol. - Österr. Berg- u. Hüttenm. Ztg, 1883, Nr. 46.

Goldbergbau. Über den - zu Zell. - Handschr., Montanbibl., 1825.

— (E. R.) - in den Hohen Tauern. - Mitt. DÖAV, 1895, 253-254 u. 1897, 146; Mitt. Geogr. Ges. Wien, 1896, 80; 1897, 560.

Goldbergbau. Zell am Ziller. - Mont. Ztg f. Österr.-Ung., die Balkanlder u. d. Deutsche Reich, 8, Graz 1901, Nr. 13, 345.

— Wiederaufnahme des Gasteiner-es. - Innsbrucker Nachr., Nr. 211 v. 14. 9. 1934, $^1/_2$ Sp.

Goldfeld. Das - der Hohen Tauern. - Braunkohlen- u. Brikettindustr., 1922, 518.

— Das - der Gewerkschaft Rathausberg im Sonnblickmassiv der Hohen Tauern. - Festschr. d. Österr. Ing.- u. Archit.-Ver., Wien 1923, 48-55. - Bespr. GZ 29/1331.

Goldschätze (L. Waagen). Ungehobene - in Österreich. - Neue Freie Presse, Nr. 25129 v. 28. 8. 1934; Innsbr. Nachr., Nr 198 v. 30. 8. 1934, 1 Sp.

Goldwäschereien. Salzburgische - 1524-1797. - Handschrift, Montanbibl.

Gonzen (X.). Bummeltour nach dem altbekannten Eisenbergwerk am - (Sekt. Alvier SAC). - Alpenpost (W. Senn), 5, Glarus 1873, 229.

— Schweizerisches Eisenbergwerk am -. - Schw. Bauztg, 69, Zürich 1917, 265; 71, 1918, 23.

— Les Mines de fer du -. - Revue techn. Sulzer, Sargans 1922, Nr. 4, 13—14.

Görgey R. Salzvorkommen aus Hall i. T. - Tscherm. Min. u. petr. Mitt., 28, 1909, 334-346. - Bespr. GZ 14/323; NJb. 1911/1, 178.

— Minerale alpiner Salzlagerstätten. (Vortr.) - Tscherm. Min. u. petr. Mitt., 29, 1910, 148-153.

— Zur Kenntnis der Minerale der Salzlagerstätten. - Tscherm. Min. u. petr. Mitt., 29, 1910, 192-210.

— Die Entwicklung der Lehre von den Salzlagerstätten. - Berichte ü. d. Fortschritte der Geol., 2, 1911, 125-149.

— Bericht über die bisherigen Untersuchungen der österreichischen Salzlagerstätten. - Anzg. Ak. d. Wiss. Wien, 1913, 283-285.

— Über die alpinen Salzgesteine. - Sber. Ak. d. Wiss. Wien, 123, 1914, 931-941. - Bespr. GZ 23/511.

Gortani M. I marmi della Carnia. - Rass. min., v. 61, n. 4, Roma 1927, 73-74.

— I marmi rosei e neri di Timau in Carnia. - In Alto, 38, SAFr, Udine 1927, 13-16; Il Marmo, 5, 1, Carrara 1927. - Bespr. GZ 37/1433.

Götting A. Das Kupferkiesvorkommen im Untersulzbachtale des salzburg. Pinzgaus in Österreich. - Mont. Ztg, 17, Graz 1910, 41-44.

— Neue Kohlenfunde in Vorarlberg bei Bregenz, am Bodensee und im bayrischen Allgäu. - Z. f. prakt. Geol., 1910, Bgw. Mitt., 228-229.

— Bericht über die Bedeutung des Steinkohlenbeckens im Wirtatobel bei Bregenz am Bodensee. - Gedrucktes Gutachten vom 22. Juli 1910.

Götzinger G. Entstehung und Ausfüllungsprodukte der Höhlen. - Sammlg heimatkdl. Vortr., Wien 1922, herausgeg. v. d. Bdshöhlenkomm., H. 3, 17 S.

— Zur Erdölfrage in Deutschösterreich. - Z. d. Internat. Ver. der Bohringenieure u. Bohrtechniker, 32, Nr. 16, Wien 1923, 4 S.

— Österreichische Phosphatforschung. (Vortr.) - Mitt. Geol. Ges. Wien, 18, 1925, 10 S.; Compt.-R. 14 Congr. Géol. Int. 1926, Madrid 1927, 10 S.

— Dr. Rudolf Willner, der Organisator der österr.

Höhlenwirtschaft. – Linzer Tagespost, 7. Aug. 1926. (S. a. Biographien.)
— Die Phosphate in Österreich. (Rudolf Willner zum Gedächtnis.) – Mitt. Geogr. Ges. Wien, 1926, 126–156.
Granigg B. Geologische und petrographische Untersuchungen im Obermölltal in Kärnten. – JbRA 1906, 367–404. – Bespr. GZ 8/1478; NJb. 1908/2, 358.
— Über die Ausbisse der Hangendlagerstätte am Schneeberg bei Sterzing i. T. – Österr. Z. f. Berg- u. Hüttenw., Wien 1907, 122–125. – Bespr. GZ 10/911.
— Ein Beitrag zur Kenntnis der Tektonik der Erzlagerstätten am Schneeberg bei Sterzing in Tirol. – Österr. Z. f. Berg- u. Hüttenw., 54, Wien 1907, Nr. 27, 329–334; Nr. 28, 341–344; Nr. 29, 360–363. – Bespr. GZ 10/2141.
— Die stoffliche Zusammensetzung der Schneeberger Lagerstätten. – Österr. Z. f. Berg- u. Hüttenw., Wien 1908, Nr. 27, 28, 30–32, 2 Taf.
— Die Bauwürdigkeit der Schneeberger Lagerstätten. – Österr. Z. f. Berg- u. Hüttenw., Wien 1908, Nr. 43–45, 1 Taf.
— Zur Systematik der Lagerstätte „Schneeberg" in Tirol. – Z. f. prakt. Geol., 19, 1911, 467–468. (Bemerkgen zum gleichlaut. Artikel v. M. Lazarević, ebd., 316–321, dessen Erwiderg, ebd., 468–469. Fortsetzg 1912, 164–167.)
— Über die Erzführung der Ostalpen. – Mitt. Geol. Ges. Wien, 5, 1912, 345–367 u. Leoben (Nüssler) 1913, 37 S.; Montan. Rdsch., Wien 1912, 944; Bericht allgem. Bergmannstag Wien, 1912. – Bespr. Z. f. prakt. Geol., 1913, 517.
— u. **Koritschoner J. H.** Die turmalinführende Kupferkies-Scheelitlagerstätte am Monte Mulatto (Predazzo). – Z. f. prakt. Geol., 21, 1913, 481–497. – Bespr. GZ 21/29, 1122; NJb. 1916/2, 194; Mitt. Geol. Ges. Wien, 6, 1913, 365–372.
Granigg B. Die turmalinführende Kupferkies-Scheelitlagerstätte am Monte Mulatto (Predazzo). – Österr. Z. f. Berg- u. Hüttenw., 61, Wien 1913, 479–481.
Graubünden (X.) Referat über Reisen durch einzelne Gegenden von –. – Jb. Berg- u. Hüttenkunde (Moll), 4, 1 Abt., Salzburg 1799, 311–312.
Gribaudi P. La produzione italiana dell'alluminio. – Boll. Soc. Geogr. it., s. 6, v. 8, n. 8–9, Roma 1931, 611–633. – Bespr. Per. di Mineralogia, 3, 1932, 55.
Groth P. Über neuere Untersuchungen ostalpiner Erzlagerstätten. (Leogang, Schneeberg.) – Z. f. prakt. Geol., 1, 1893, 20–24.
Grubenmann U. Über dekorativ verwendete schweizerische Grünsteine. (Serpentin u. Lavezsteine.) – Schw. Min. u. Petr. Mitt., 2, 1923, 345–350. – Bespr. GZ 31/225; NJb. 1927/1, A, 232.
Gruber H. Der Goldberg in den Hohen Tauern. – Z. DÖAV, 1902, 249–280. (Gletscher 253–257.) – Bespr. Carinthia II, 1903, 100.
Grünberger. Die Kohlenvorräte Österreichs. – Österr. Monatsschr. f. d. öff. Baudienst u. d. Berg- u. Hüttenw., 3, Wien 1922, 13–14.
Gsteu H. Beiträge zur Anthropogeographie von Vorarlberg. – Forschungen z. D. Lds- u. Volkskunde, 29, H. 2, Stuttgart (Engelhorn) 1932, 120 S., 15 Abb., 8 Taf. (Geol. 11–15). – Bespr. Heimat, Vorarlbg. Mh., 1932, 159; Mitt. Geogr. Ges. München, 25, 1932, 115; Osttiroler Heimatblätter, 10, 1933, 25.
Gümbel C. W. v. Analysen von oberbayerischen Pechkohlen, von Bohnerz und Molassemergel. – NJb. 1864, 52–53.
— Weitere Mitteilungen über das Vorkommen von Phosphorsäure in den Schichtgesteinen Bayerns. (U. a. Allgäu.) – Sber. Ak. d. Wiss. München, 2, 1867, 147–157. – Bespr. NJb. 1868, 109.
— Beiträge zur Kenntnis der Texturverhältnisse der Mineralkohlen. – Sber. Ak. d. Wiss. München, math.-nat. Kl., 1883, 111–216.
— Geologie von Bayern. I. Teil. Grundzüge der Geologie. – Cassel 1884–1888, 1144 S. – Bespr. NJb. 1886/1, 228; 1888/2, 44; Boll. Com. geol. d'It., 15, 1884, 338. – II. Teil. Geolog. Beschreibung von Bayern. – Cassel 1894, 1184 S. – Bespr. NJb. 1896/1, 431; Bl. 889.
— Das Petroleum vom Tegernsee. – Allgem. Ztg, München 1886, 13. u. 14. Febr., 2. Blge.
— Das Petroleumvorkommen am Tegernsee. – Aus: Nachträge z. geogn. Beschrbg d. bayr. Alpengeb., Geogn. Jh., 1, 1888, 175–178. – Bespr. Mitt. Geogr. Ges. Wien, 1889, 386; Mitt. Geogr. Ges. München, 1911, 444; 1913, 61; Mitt. Sekt. f. Natkde ÖTC, 2, 1890, 30.
— Geologische Bemerkungen über die warme Quelle des Brennerbades und ihrer Umgebung. – Sber. Ak. d. Wiss. München, 22, 1892, 139–187. – Bespr. Bl. 821.
— Das Vorkommen und der Bergbau tertiärer Pechkohle im Wirtatobel bei Bregenz. – Österr. Z. f. Berg- u. Hüttenw., 44, Wien 1896, Nr. 10, 6 S., 1 Taf. – Bespr. VRA 1897, 198; NJb. 1897/2, 303; 1898/2, 303.
— Über die Grünerde von Mte Baldo. – Sber. Ak. d. Wiss. München, 26, 1896, 545–604. – Bespr. NJb. 1897/2, 33; Boll. Com. geol. d'It., 29, 1898, 316.
Gutzwiller A. Das Bergwerk am Gonzen. B. Geognost. Verh. – Ber. St. Gall. Nat. Ges. 1875/76, St. Gallen 1877, 190–200, 1 Skz.
Haberfelner J. Über Erzgänge am Cinque Valli bei Roncegno in Südtirol. – VRA 1892, 318. – Bespr. NJb. 1894/2, 66.
— Das Erzvorkommen von Cinque Valli bei Roncegno in Südtirol. – Z. f. prakt. Geol., 1893, 307–310. – Bespr. Ebd. 320 u. NJb. 1895/2, 443.
— Geologische Verhältnisse des Erzreviers von Cinque Valli und Umgebung. – Z. f. prakt. Geol., 1894, 134–142. – Bespr. NJb. 1895/2, 443; Boll. Com. geol. d'It., 26, 1895, 368.
— Zur Geologie der Valsugana und des Pinètales. – Z. f. prakt. Geol., 1897, 224–226. – Bespr. Bl. 971.
— Der Zink- und Bleibergbau am Kolm in Kärnten. – Montanztg, Graz 1909, 334ff.
Häberle D. Das Rheingold, seine Herkunft, Gewinnung und Verwertung. – Geogr. Z., 36, 1930, 385–403. – Bespr. GR 22, 1931, 342; NJb. 1932/2, 47.
— Vom Ursprungsort unseres Rheingoldes in der Schweiz. – Pfälz. Mus. – Pfälz. Heimat, 47, Kaiserslautern 1930.
Hafner J. Der Marmor von Schlanders. – VRA 1870, 207–209.
Haidinger W. Kupferkies mit Steinssalz von Hall. – Ber. ü. d. Mitt. v. Freunden der Natwiss. in Wien, 4, 1848, 415–417.
— Über Magneteisensteine, pseudomorph nach Glimmer, aus dem Fassatal. – JbRA 1852, H. 4, 31–33.
— Vorkommen von Kohle in Valsugana. – Berg- u. Hüttenm. Z., 1853, 262.
— Faserkohle von Häring. – VRA 1864, 241.
Hall. Die Münze in –. – TB 1862, 329, 337, 341.
— Des Talers Ende. (Münze in –.) – Innsbr. Nachr., Nr. 74 v. 1903.

— (X.) Erzfund nächst – in Tirol. – Internat. Z. f. Bohrtechnik, 35, 1927, 231.

Haller F. Beschreibung der 1827 von – angefertigten Hauptmappe von der Kelchalpe bis zur Wildalpe. – Handschrift Montanbibl., 1833.

Hammer W. Neue Vorkommen von Anhydrit in Tirol. (Martelltal u. Schwaz.) – Z. Ferdin., 3. F., 53. H., Innsbruck 1911, 157–159.

— Über einige Erzvorkommen im Umkreis der Bündnerschiefer des Oberinntales. – VRA 1914, 101 (Vortr.); Z. Ferdin., 3. F., 59. H., 1915, 63–94, 1 K. – Bespr. GZ 22/1292, 24/563; EgH 14, 1916, 379; 1918, 318.

— Über Gelbbleierz im Oberinntal. (Höllental u. Dirstentritt.) – VRA 1916, 47 (Vortr.); Z. Ferdin., 59, 1915, 270–277. – Bespr. GZ 24/98, 364.

— Die Erzführung des Verrucano in Westtirol. – VStA 1920, 77–88. – Bespr. GZ 25/692.

— Das Quarzkonglomerat am Hohen Burgstall im Stubai (Tirol) und seine Vererzung. – VBA 1928, 73–84.

Handmann R. Das ist Dolomit und wie werden magnesiahaltige Mineralien und Gesteine geprüft? – Z. f. Min., Geol. u. Pal. (R. Zimmermann), 1, Stuttgart 1907, 168–169.

Hanisch A. Resultate der Untersuchungen mit Bausteinen der Österr.-Ung. Monarchie. – Wien 1892.

Hanke H. Vorgeschichtlicher Bergbau in den Ostalpen. – Innsbr. Ztg, Nr. 198, 201, 202, 204 v. 1933.

Harald. Die Berg- und Hüttenwerksproduktion Österreichs i. J. 1911. – Mont. Rdsch., Wien 1912, 1097–1103.

Häring. Das Kohlenbergwerk –. – Allgem. Tir. Anzg., Nr. 289 u. 290 v. 20. u. 21. 12. 1921.

Hartmann E. Geologie der Reichenhaller Solequellen. – Abh. Geol. Landesuntersuchung am Bayer. Oberbergamt, H. 10, München 1933, 3–22, 2 Proftaf., K. 1:20000. – Bespr. GZ 50A/1949.

Hassler Th. Frd. v. Einiges über die Erzvorkommen des Ortlergebietes. – Der Sammler, Beiträge z. tir. Heimatkunde, 2, Meran 1907, 33–36, 59–61.

— Altes und Neues über das Erzvorkommen des Ortlergebietes. – Mont. Ztg, Graz 1907, 338–340; Der Sammler, Beiträge zur tirolischen Heimatkunde, Meran 1908.

Haton N. Mémoire sur l'établissement d'Agordo (Haute-Vénétie). – Ann. d. Mines, s. 5, t. 8, livr. 6, Paris 1856, 407.

Hauenfels A. Die Mineralkohlen- und Salzbergbaue in den Alpenländern. – Denkbuch des österr. Berg- und Hüttenwesens, Wien 1873, 71 ff.

Hauer F. R. v. u. **Foetterle F.** Geologische Übersicht der Bergbaue der Österreichischen Monarchie. – Wien 1855. – Bespr. JbRA 1855, 862.

Hauer K. R. v. Über das Verhältnis des Brennwertes der fossilen Kohlen in der Österreichischen Monarchie zu ihrem Formationsalter. – JbRA 1863, 302.

— Der Salinenbetrieb an den Sudwerken zu Hallein und Hall in chemischer Beziehung. – JbRA 1865, 369–385.

— u. **Horinek A.** Der Salinenbetrieb zu Hallein und Hall in chemischer Beziehung. – Berg- u. Hüttenmänn. Ztg, Leipzig 1866, 269–271.

Haupt Th. Die Erzformation im Rörerbühel. – Freiberger Berg- u. Hüttenm. Ztg, 1862, 385.

Häusing. Die Grube Silberleithen und die neuen Aufschlußarbeiten im Liegenden der Wasserkluft. – Österr. Z. f. Berg- u. Hüttenw., Wien 1898, 100.

— Resultate der neuen Aufschlußarbeiten der Grube Silberleithen im Liegenden der Wasserkluft (Biberwier). – Österr. Z. f. Berg- u. Hüttenw., 48, Wien 1900, 67.

Heckel J. Bericht über das Vorkommen fossiler Fische zu Seefeld in Tirol und Mte Bolca im Venetianischen. – JbRA 1850, 696–701. – Bespr. Bl. 14.

Heim Alb. Die Eisenerze des Avers und die Manganerze des Oberhalbstein. – EgH 6, 1899/1900, 491–493.

— Sur les minerais de fer et de manganèse d'Avers et d'Oberhalbstein (Grisons). – Arch. d. sc. phys. et nat., 4e pér., t. 10, Genève 1900, 460–461.

— Über das Eisenerz am Gonzen, sein Alter und seine Lagerung. Geol. Nachlese Nr. 11. – Vierteljschr. Natf. Ges. Zürich, 45, 1900, 183–198. – Bespr. Z. f. prakt. Geol., 1900, 342; NJb. 1903/1, 85; EgH 7, 1901/2, 24, 61; GZ 1/525, 2179.

— Über die Erze des Avers- und Oberhalbsteinertales in Graubünden. – Verh. Schw. Natf. Ges., 83. Jvers. Thusis 1900, Chur (Casanova) 1901, 101–104. (Protok. d. geol. Sekt.) – Bespr. GZ 1/2394.

Heim Arn. Der Talkbergbau von Disentis in Graubünden. – Z. f. prakt. Geol., 1918, 2–11. – Bespr. GZ 26/160; NJb. 1924/2, 362.

— Die Eisen- und Manganerzlagerstätten im Val Ferrera. – In: Die Eisen- und Manganerze der Schweiz, Beitr. z. Geol. d. Schw., Geotechn. Ser., 13. Lfrg, 1. Bd, Bern 1923 (1926), 221–251. – Bespr. GZ 34/1496.

Helbok A. Kartographische Heimatkunde. Fundkarten der Vor- und Frühzeit. – Heimat, 12, 1931, 321–325, 1 K.; 13, 1932, 11–17, 2 K.

Hell M. Eine bronzezeitliche Höhensiedlung bei St. Johann i. P. in Salzburg und ihre Beziehungen zum alpinen Kupferbergbau. – Mitt. Anthrop. Ges. Wien, 51, 1921, 194–202, 4 Abb.

— Zur vorgeschichtlichen Besiedlung des Landes Salzburg. – Mitt. Ges. f. Salzburger Landeskunde, 1922, 1–20.

— Der Götschenberg bei Bischofshofen in Salzburg und seine Beziehung zum Beginn des alpinen Kupferbergbaues. – Wr. Prähist. Z., 1927, 8–23.

Helm A. (Fischer E. A.). Das Berchtesgadner Land im Wandel der Zeit. – Berchtesgaden (Vonderthan) 1929, 412 S. (Arch. d. Bercht. Lds II). – Bespr. Mitt. DÖAV, 1931, 73.

— Die Literatur über das Berchtesgadner Land und seine Alpen. – 2. Aufl. Berchtesgaden (Vonderthan) 1930, 159 S. (Arch. d. Bercht. Lds I). – Bespr. Mitt. DÖAV, 1931, 73.

Helmhacker R. Alte Bergwerke in den Tauern. – Berg- u. Hüttenm. Ztg, 41, Leipzig 1892, Nr. 6.

Helmreicher S. v. Resultate der geogn.-mont. Bereisung des östlichen Pustertals. – Berichte ü. d. Leistungen des Geogn.-mont. V. etc. i. J. 1839, Innsbruck 1840, 16–22.

Hentze E. Zur Geologie und Technologie der Ölschiefer Deutschlands und Tirols. – Braunkohlen- u. Brikettind., 1922, 1109–1111. – Bespr. GZ 28/1598.

Hering C. A. Das Gold in den Tauern. – Südafrik. Wochenschr., Berlin 1898, Nr. 287 u. 288, 3 S. – Bespr. VRA 1898, 190.

— Das Goldvorkommen in der Umgebung von Zwickenberg bei Oberdrauburg in Kärnten. – Südafrik. Wochenschr., Berlin 1899, Nr. 348, 4 S.

Heritsch F. Gebirgsbildende Bewegungen im südlichen Kärnten. – Grazer Tagespost, Nr. 15 v. 15. 1. 1933, 3 Sp.

Hermann H. Über den Verfall des Bergbaues auf Gold und Silber in Kärnten. – Carinthia 1832, 199, 204, 208.

Herndl F. Verlassenes Eisenbergwerk. (Göbra bei Kitzbühel.) - Weltguck (Blge z. Tir. Anzeiger), Nr. 42 v. 21. 10. 1933, 2 Sp., 1 Abb.

Hertle. Das oberbayrische Kohlenvorkommen und seine Ausbeute. - Bayr. Industrie- u. Gewerbeblatt, 1894, Nr. 5–7; Glückauf, 1898, Nr. 244.

Hess E. Reichenhall mit seiner Saline, seinen Bädern und Umgebungen. - 2. Aufl. ebd. 1867, 240 S.

Heyrowsky E. Das Kohlenvorkommen und der Kohlenbergbau in Oberbayern. - Österr. Z. f. Berg- u. Hüttenw., Wien 1884, Nr. 31 ff.

Hießleitner G. Nicht atembare Luft im hochalpinen Erzbergbau. (Rathausberg bei Gastein.) - Montan. Rdsch., Wien 1928, H. 18, 4 S., 2 Abb. - Bespr. GZ 40/433.

— Sulfidisch-arsenidisches Ni-Co auf alpinen Erzlagerstätten. - Z. f. prakt. Geol., 37, 1929, 152–159. - Bespr. GZ 42/31.

— Über die Vererzungsfolge auf der Bleizinkerzlagerstätte Lafatsch in Nordtirol. - VBA 1934, 49–58, 2 Abb.

Himmelbauer A. Der Haller Salzbergbau. - Mitt. Wiener Min. Ges., Nr. 87, Wien 1926, 9–10; Tscherm. Min. u. petr. Mitt., 37, 1926.

— Alpine Salzlagerstätten. - Hdb. d. Mineralchemie (C. Doelter u. H. Leitmeier), 4 Bde, Dresden u. Leipzig 1929, 1340–1349.

— Der petrographische Aufbau der österreichischen alpinen Salzlagerstätten, verglichen mit dem Staßfurter Permsalz. - Sber. Ak. d. Wiss. Wien, math.-natw. Kl., Abt. 1, 140, 1931, 347–357. - Bespr. NJb. 1932/2, 505.

Hirschi H. Anregung zu absoluten Altersbestimmungen radioaktiver Gesteine der Schweiz. - Vierteljschr. Natf. Ges. Zürich, 1919, 65–76 (Heim-Festschrift). - Bespr. GZ 25/245.

— Radioaktivität einiger Schweizer Gesteine. 1. T. Petr.-mikr. Untersuchungen. - Vierteljschr. Natf. Ges. Zürich, 1920, 209–247. - Bespr. GZ 25/1222. - 2. T. Ebd. 545–572. - Bespr. GZ 28/48.

— Ein Pechblendevorkommen in der Schweiz. - Schw. Min.-Petr. Mitt., 4, 1924, 368. - Schweizerische Pechblende, ihr Radium- und Thoriumgehalt. - Ebd. 5, 1925, 249–250. - Uranerz im tertiären Granit von Bergell. - Ebd., 429–430. - Bespr. NJb. 1927/1, A, 304; 1928/2, 131.

Hitz u. **Capeller.** Goldstufen vom Calanda. - Verh. Allgem. Schw. Ges. f. d. ges. Natwiss., Zürich 1827, 110.

Hlawatsch C. Besuch auf dem Blei- und Zinkbergwerke Schneeberg in Tirol - Mitt. Natwiss. Ver. Univ. Wien, 1. Jber., 1892/3, 8 S.

Hocheder I. C. Bericht über den Goldbergbau und Aufbereitung zu Böckstein. - Handschr., 2 Bde, Montanbibl., 1826.

Hochstetter C. Der Bau des Dr. Karl Buresch-Stollens bei Hall durch den freiwilligen Arbeitsdienst. (Vortr.) - Innsbr. Nachr., Nr. 259 v. 10. 11. 1934, 1 Sp.

Höfer H. Vorläufige Notiz über das Anthrazitvorkommen in der Nähe der Ofenalpe bei Pontafel - Jb. Nathist. Ldsmuseum Kärnten, 10, 1871, 182–189.

— Die Edelmetallproduktion Kärntens. - Archiv f. prakt. Geol., 1, 1880, 489–518. - Bespr. VRA 1880, 311.

— Das geologische Alter des Salzstockes bei Hall in Tirol. - Österr. Z. f. Berg- u. Hüttenw., 1899, 355.

— Die Erzvorkommen in den deutschösterr. Alpen. - Wirtsch. Verh. Deutschösterr., herg. v. Ver. f. Sozialpolitik, München (Duncker u. Humblot) 1919, 72–106. - Bespr. GZ 24/1034.

— Allgemeine Geologie der Salzlagerstätten. - Berg- u. Hüttenm. Jb., Wien 1919, 219–274. - Bespr. GZ 24/1043.

Höfer M. Der Goldbergbau in Salzburg. - Mont. Ztg, Graz 1914, 182–183.

Hoffingott A. v. Das Erzgebiet um Sterzing. - Montan.Ztg, 1922, H. 14, 136–137. - Bespr. GZ 29/335.

Hoffmann G. Das Kupfererzvorkommen am Röhrerbühel bei Oberndorf zwischen Kitzbühel und St. Johann in Tirol. - Glückauf, 54, 1918, Nr. 28, 435–437; Nr. 29, 453–458. - Bespr. GZ 25/534.

Hofmann A. Vorläufiger Bericht über turmalinführende Kupferkiese von Monte Mulatto. - Sber. kgl. böhm. Ges. d. Wiss. Prag, 1903, 6. 2. 1903, 8 S. - Bespr. VRA 1903, 102; Z. f. prakt. Geol., 1903, 395; NJb. 1904/2, 184; GZ 3/1775; Boll. Com. geol. d'It., 35, 1904, 324.

Hofsteenge G. L. La géologie de la Vallée du Brembo et de ses affluents entre Lenna et San Pellegrino. - Diss. Leiden, 1931, 58 S., 5 Fig., K. 1:25000, 1 Taf.; Contr. à la géol. d. Alpes Bergam. Nr. 5, Leidsche Geol. Meded., Leiden, IV. T., 27–82, 2 Taf. - Bespr. GZ 47 A/560.

Hohenauer L. Der Kupfererzbau in Großfragant. - Carinthia, 1829, 201 ff.

Höllental. Bleibergwerk im - bei Garmisch. - Mitt. DÖAV, 1915, 167.

— in Oberbayern, Deutschlands höchstgelegenes Bergwerk im -. - Der Bergbau, 33, 1920.

Holler H., Kahler F., Tschernig E. Das System der Blei-Zink-Vererzung im Bleiberger Gebiet und in den Karawanken. - Sber. Ak. d. Wiss. Wien v. 23. 2. 1933, Akad. Anzg. Nr. 7 v. 1933, 2 S.

Hopfner J. Zur Verwendung des Vinschgauer Marmors. - Der Schlern, 8, 1927, 351–352.

— Laaser Marmor. - Der Schlern, 8, 1927, 352.

Hoernes M. Bericht über eine vorbereitende geologische Rundreise. - Sber. Ak. d. Wiss. Wien, 1, 1850, 156. - Bespr. Bl. 10.

Hoernes R. Das Erzvorkommen am Monte Avanza bei Forni Avoltri. Bemerkungen über die paläozoischen Gesteine des Pustertales. - VRA 1876, 60–66; Boll. Com. geol. d'It., 7, 1876, 139–146. - Bespr. Bl. 445.

Hörtnagl H. (H. H.) Die Schmelzhütten Sigmunds des Münzreichen. - Innsbr. Nachr., Nr. 251 v. 29. 10. 1932.

Horvath S. Der Kupfererzbergbau Rotenstein bei Serfaus, Oberinntal. - Berg- u. Hüttenm. Jb., 74, Wien 1926, 109–116.

Hradil G. Über schätzungsweise Bestimmung des Rohölausbringens in Ölschiefern. - Petroleum, 20, Berlin-Wien 1924, Nr. 36.

— Tiroler Bergbausorgen. - Tiroler Anzg. v. 14. 2. 1925.

— Zur Frage der Zinkverhüttung in Tirol. - Tiroler Anzg. v. 7. 3. 1925.

— Das Ölschiefervorkommen von Kufstein und Reutte i. T. - Petroleum, 21, Berlin-Wien 1925, 1195–1196.

— Zinkerzfunde in Tirol. - Montanztg, 32, Wien-Graz, Nr. 24, 1925, 397.

— Zink in Tirol. - Innsbr. Nachr., Nr. 96 v. 27. 4. 1926.

— Über Ölschiefer und ihre Verbreitung in Tirol. - Petroleum, 24, 3, 1928, 87–100. - Bespr. GZ 39/254, 40/641; NJb. 1928/2, 579.

— Max v. Isser †. - Innsbr. Nachr. v. 30. 1. 1928.

— Über „Dirschenit" und die Verbreitung des Bitumengehaltes im Ölschiefer von Seefeld in Tirol. - Petroleum, 25, 14, 1929, 431–436, 7 Abb. - Bespr. GZ 41/1687, 46 A/2008; NJb. 1930/2, 208.

— Die Murbruchkatastrophe von Seefeld. - Neueste Zeitung, Nr. 201, Innsbruck 31. 8. 1929.
— u. **Falser H. v.** Die Ölschiefer Tirols. - Leipzig (A. Barth) 1930, 122 S., 61 Abb. - Bespr. GZ 42/1426; GR 21, 1930, 74; NJb. 1930/2, 207; Tscherm. Min. u. petr. Mitt., 40, 1930, 446; Bergbauliche Rdschau, 1930, Nr. 8; Tägl. Berichte a. d. Petroleumindustrie, 1930, Nr. 651; Z. f. angew. Chemie, 1930, Nr. 12; Tägl. Montanber., 1930, Nr. 20; Chem. Rdschau, 1930, H. 8; Allgem. Öl- u. Fettztg, 1930, H. 12; Keramos, 9, 1930, H. 10; N. Techn. Bl. Monatsber. ü. chem.-techn. Litgebiete, 1930, H. 6/7; Die Naturwissensch., 1930, H. 38; Int. Bergwirtsch. u. Bergtechnik, 1930, H. 23; Chemikerztg, 54, 1930, 87; Chemisches Weekblad, 1930, H. 28; Allgem. Österr. Chemiker- u. Techn.-Ztg, 1930, H. 19; Keramische Rundsch., 1930, Nr. 38; Z. f. prakt. Geol., 1931, 60.
Hradil G. Zur Geschichte des Schwazer Bergbaues. - In: 100 Jahre Tabakfabrik Schwaz, Innsbruck (Wagner) 1930, 18–22, 4 Abb.
— Das Tiroler Bergbaumuseum in Hall i. T. - Tirol, F. 2, H. 10/11, Innsbruck 1930, 61–70.
— Zur Petrographie der Bitumenmergel von Meride am Luganersee. - Schw. Min. u. Petr. Mitt., 12, 1932, 280–285, 2 Abb. - Bespr. GZ 49A/818.
— Der Geistschacht am Röhrerbühel in Tirol. - Blätter f. Gesch. d. Technik, 1. H., Wien (Springer) 1932, 81–90, 3 Abb. - Bespr. Wr. Prähist. Z., 20, 1933, 43.
— Die Anthrazitfunde bei Steinach a. Br. - Innsbr. Nachr., Nr. 17 v. 21. 1. 1933, 1 Sp.
— Die Baustoffe in der Tiroler Gesteinswelt. (Vortr.) - Innsbr. Nachr., Nr. 261 v. 13. 11. 1934, 4–5.
— Fluoreszenzspektrographie im Dienste der Bitumenforschung. - Petroleum, 30, 1934, Nr. 47, 1–3.
Hummel K. Grünerden Südtirols und sonstige halmyrolitische Eisensilikate. - Chemie der Erde (Linck u. Blanck), 6, Jena (Fischer) 1931, 468–551, 3 Abb., 2 Taf. - Bespr. GZ 46A/2097.
— Gangförmige, vanadiumreiche Sekundärkohle in den ladinischen Schichten des Cordevolegebietes (Südalpen). - Zbl. f. Min., 1932, Abt. B, 10–15. - Bespr. GZ 47A/1311.
Husemann A. Chemische Untersuchung einiger Eisenerze von Ferrera. - Jber. Natf. Ges. Grbd., NF, 17, Chur 1873, 119–122.
Huttenlocher H. Metallogenese und Metallprovinzen der Alpen. - Metall und Erz, 23, 1926, 607–612. - Bespr. NJb. 1927/2, B, 188.
Imhof K. Denkschrift betr. das Goldfeld des Hohen Tauern im Sonnblickmassiv. - Böckstein 1921 (Druck R. Kiesel, Salzburg), 22 S., 1 Profiltaf. - Bespr. GZ 28/1058.
— Das Goldfeld der Gewerkschaft Rathausberg im Sonnblickmassiv der Hohen Tauern. - In: Festschrift d. Österr. Ing.- u. Arch.-Ver., Wien 1923, 48–55.
— Die Goldfelder der Ostalpen, eine Zukunft? - Metall und Erz, 28, 1931, H. 22, 528–531. - Bespr. GZ 49A/54. S. a. Müller J.
— Das Adelsgesetz für das Goldfeld der Hohen Tauern im Sonnblickmassiv. - Berg. u. Hüttenm. Jb., 82, Wien 1934, 1–16, einige Abb., Prof., Pläne u. Tab. - Bespr. GZ 53 A/41.
Imkeller H. Die zementliefernden Formationen in den bayr. Alpen und das Portlandzementwerk Marienstein bei Tölz. - Natwiss. Wochenschr., Jena 1905, NF, 4 (20), Nr. 32, 502–507. - Bespr. GZ 8/951.
Isser M. v. Die Blei- und Zinkwerke der Gewerkschaft Silberleithen zu Biberwier im Oberinntal in Tirol. - Z. Ferdin., 1881, 3. F., 25. H., 139–188; Österr. Z. f. Berg- u. Hüttenw., Wien 1881, Nr. 7, 8, 10.
— Beitrag zur Geschichte des Röhrerbühler Bergbaues. - Österr. Z. f. Berg- u. Hüttenw., Wien 1883, Nr. 6–8, 10–13. - Bespr. VRA 1884, 31.
— Der alte Kupfer- und Silberbergbau am Röhrerbühl bei Kitzbühel. - Z. DÖAV, 1884, 28–50.
— Mitteilungen über einige alte Erzbergbaue im Nordtiroler Kalkalpenzuge. - Österr. Z. f. Berg- u. Hüttenw., 36, 1888, Nr. 15–25. - Bespr. VRA 1888, 235.
— Die Bitumenschätze von Seefeld. - Berg- u. Hüttenmänn. Jb., 36, Wien 1888, 1–31, 1 Taf. - Bespr. VRA 1888, 168.
— Die Montanwerke und Schurfbaue Tirols der Vergangenheit und Gegenwart. - Berg- u. Hüttenmänn. Jb., 36, Wien 1888, 226–324.
— Neue Bergbauunternehmungen in Tirol. - Österr. Z. f. Berg- u. Hüttenw., 39, Wien 1891, Nr. 7, 71 ff.
— Beitrag zur Schwazer Bergwerksgeschichte. - Z. Ferdin. 3. F., 37. H., Innsbruck 1893, 143–201. - Bespr. Z. f. prakt. Geol., 1, 1893, 476.
— Freischürfe auf Asphaltgesteine in Nordtirol in d. pol. Bez. Innsbruck, Reutte, Schwaz, Imst des Hr. Gust. Hermanni, Hamburg. Stand mit Ende Dez. 1899. - Verz. aus dem Nachlaß, im Geol. Inst. d. Univ. Innsbruck.
— Schwazer Bergwerksgeschichte. - Berg- u. Hüttenm. Jb., 52, Wien 1904, 407–478; 53, 1905, 39–84. - Bespr. Z. Ferdin., 1905, 482.
— Schwazer Bergwerksgeschichte. Eine Monographie über die Schwazer Erzbergbaue. - Maschinschrift und nahezu gleichlautende Handschrift a. d. Nachlaß (336 S., 4 K.) im Geol. Inst. d. Univ. Innsbruck, 1905.
— Sage und Geschichte über die Entdeckung der Tiroler Bergwerke. - Der Sammler, 1, 1906–1907, H. 8–12.
— Aus der Schwazer Bergchronik. - Der Sammler, Blätter f. tir. Heimatkunde und Heimatschutz, 2, Meran 1907, 138–145, 193–198, 217–221, 241–246, 265–278.
— Wiederaufnahme des Bergwerksbetriebes in Rabenstein im Sarntal i. T. - Österr. Z. f. Berg- u. Hüttenw., 57, Wien 1909, 329–331.
— Ein neuerschlossenes Blei- und Zinkerzvorkommen in Tirol. (Brixner Granit.) - Techn. Zentralbl. f. Berg-, Hütten- u. Masch.-Bau, 19, Nr. 15, 171–173. - Bespr. GZ 13/23.
— Das Blei- und Zinkerzvorkommen im Eggertal nächst Sterzing. - Der Erzbergbau, 1909, 362.
— Das Kupfererzvorkommen im Salzburger Pinzgau. - Erzbergbau, Berlin 1910, 19–20.
— Das Kupfererzvorkommen in San Lugano im Fleimstal, Südtirol. - Ungar. Montan-Ind.- u. Handelsztg, 16, Budapest 1910, Nr. 9.
— u. **Delkeskamp R.** Gutachten über das Bleiglanz-Zinkblende-Bergwerk Rabenstein im Sarntal bei Bozen (Tirol). - Sterzing-Frankfurt 1911, Maschinschrift, 53 S., zahlr. Blgen. Aus dem Nachlaß Isser. Im Geol. Inst. d. Univ. Innsbruck.
Isser M. v. Einige neue Erzaufschlüsse in Tirol. - Österr. Z. f. Berg- u. Hüttenw., 59, Wien 1911, 567–569; Montanztg, 18, Graz 1911, 276–278.
— Gutachten über alpine Erzvorkommen. (Dirstentritt, 1912; Eggertal bei Sterzing, o. J.; Höllental bei Garmisch, o. J.; Iseltal bei Lienz, 1920; Katschtal in Kärnten, 1917; Kirchberg bei Kitzbühel, 1913; Kössen, o. J.; Mariatal im Brandenbergertal, o. J.; Mollaro im Nonsberg,

o. J.; Nörsach östl. Lienz, o. J.; Obernberg am Brenner, 1915 u. 1919; Oberpinzgau, o. J.; Pillersee, 1917; Seefeld, Spertental bei Kirchberg, 1917 u. 1918; Sterzing, o. J.; Stubaital, 1915; Vompertal, 1908; Zell a. Z., 1917. - Handschriften aus dem Nachlaß, im Geol. Inst. der Univ. Innsbruck.

— Die Tiroler Asphaltschiefervorkommen. - Mont. Rdsch., Wien 1915, 267-268; Petroleum, 10, Berlin 1914/1915, 578-580; Grazer Montanztg, 1916. - Bespr. GZ 24/1202.

— Bericht über einige wertvolle alpine Erzvorkommen. (Nassereith-Dirstentritt, Vompertal, Obernberg a. Br., Eggertal bei Sterzing, Rabenstein i. Sarntal, Spertental bei Kitzbühel, Oberpinzgau, Martelltal, Prettau i. Ahrntal, Iseltal, Froßnitz.) - Handschrift aus dem Nachlaß, im Geol. Inst. d. Univ. Innsbr. (o. J.)

— Der Bergbau auf Edelerze in Tirol. - Montanztg, 26, Graz 1919, 62-64.

— Mitteilungen über neuerschlossene Erzvorkommen in den Alpenländern. (Dirstentritt, Rabenstein, Prettau, Pregraten, Eggertal.) - Bergbau u. Hütte, 5, Wien 1919, 91-98, 117-125, 133-139, 4 K., 7 Prof., 13 Abb. - Bespr. GZ 26/463; Z. f. prakt. Geol., 1920, 162.

— Die Blei- und Molybdänvorkommen im Oberinntal. - Bergbau u. Hütte, Wien 1919, 91-95. - Bespr. Z. f. prakt. Geol., 1920, 162; GZ 26/463.

— Die neuerschürften Kupfererzvorkommen im Iseltal. - Mont. Rdsch., 11, 1919, 511-513. - Bespr. GZ 25/14; Z. f. prakt. Geol., 1919, 163; NJb. 1921/1, 280.

— Das Eisen- und Kupfererzvorkommen am „Arzberg" bei Schwaz im Unterinntal in Tirol. - Mont. Rdsch., 11, Wien 1919, 547-549.

— Mineralölersatz aus bituminösen Schiefern. - Petroleum, 15, Berlin-Wien 1919, 73-75.

— Die bituminösen Schiefervorkommen in Tirol und ihre technische Verwertung. - Montanztg, 26, Graz 1919, 40-42.

— Das Goldvorkommen im Katschtal in Kärnten. - Mont. Rdsch., 12, Wien 1920, 241-245. - Bespr. NJb. 1925/2, 80.

— Die Bergbau- u. Schurftätigkeit in Tirol i. J. 1920. - Montan. Rdsch., 13, Wien 1921, 123-125.

Jäger A. Beitrag zur tirolisch-salzburgischen Bergwerksgeschichte. - Archiv f. österr. Gesch., 53, Wien 1875, 335-456.

Jahne L. Aus Kärntens alter Eisenzeit. (Vortr.) - Carinthia II, 1918, 108-110.

— Die alten Goldbergbauten im Gebiete der Pasterze. - Glocknerhaus-Festschrift der Sekt. Klagenfurt DÖAV, 1926, 59-62.

Jakob J. Vier Mangansilikate aus dem Val d'Err (Graubünden). - Schw. Min. u. Petr. Mitt., 3, 1923, 227-237.

— Sursassit, ein Mangansilikat aus dem Val d'Err (Graubünden). - Schw. Min. u. Petrogr. Mitt., 6, 1926, 376-380. - Bespr. NJb. 1927/1, A, 300.

Jansen M. Die Anfänge der Fugger (bis 1494). (Studien zur Fugger-Geschichte.) - 1. H., Leipzig (Duncker u. Humblot) 1907, 200 S. - Bespr. Z. Ferdin., 3. F., 52. H., 1908, 308. (Einfluß auf Tiroler Bergbau.)

Jentzsch H. Der Bergsegen Tirols. - München-Augsburger Abendztg v. 14. 7. 1920.

Kallab O. Der Goldbergbau in den Hohen Tauern. (Vortr.) - Auszug: Innsbr. Nachr., Nr. 43 v. 21. 2. 1933, 2 Sp.

Kaempf H. Beiträge zur Geschichte des österr. Kohlenbergbaues. - Mont. Rdsch., 18, Wien 1926, 35-38.

— Beiträge zur Geschichte des österreichischen Bergbaues. Geschichtliches über den österr. Salzbergbau. - Mont. Rdsch., 18, Wien 1926, 148-149.

— Gewinnungsdaten vom Goldbergbau bei Böckstein aus den Jahren 1616-1836. - Mont. Rdsch., 18, Wien 1926, 326-328.

Kaempf M. Die Entstehung des Erdöls und das Vorkommen in Bayern. - Münchner Neueste Nachr. v. 15. 6. 1924.

— Die Erdölbohrung Holz am Tegernsee. - Petrol., 1925, 21, Nr. 35, 2169-2170.

Kapeller N. Das k. k. und zu einem Dritteil mitgewerkschaftliche Eisenwerk Pillersee. - Piller 1855, 9 S. (lith.)

— Das k. k. und gewerkschaftliche Eisenwerk Pillersee. - Jb. d. k. k. Montanlehranstalten, 6, 274.

Karrer F. Die Monumentalbauten in Wien und ihre Baumaterialien. (Vortr.) - Monatsbl. des Wissensch. Clubs, Wien 1886, Nr. 6, 11 S. - Bespr. VRA 1886, 148.

— Die Baumaterialsammlung des k. k. Nathist. Hofmuseums und ihre Bedeutung. (Vortr.) - Außerord. Blge Nr. 7 der Monatsblätter des Wissensch. Clubs, Wien 188, 12 S.

— Baumaterialien von Salzburg, Innsbruck und Bregenz. - Annalen Nathist. Hofmuseum, 3, Notizen, Wien 1888, 113-117.

Karsten C. J. B. Metallurgische Reise durch einen Teil von Bayern und durch die süddeutschen Provinzen Österreichs. - Halle 1821.

Keim A. Laaser Marmor. - Der Schlern, 8, 1927, 426.

Kellner W. Der Bergbau in Tirol. - Berg- u. Hüttenm. Ztg (Kerl u. Wimmer), Leipzig 1884, Nr. 31, 321, 329. - Bespr. VRA 1885, 171.

Kerner F. v. Die geologischen Verhältnisse der Blei- u. Zinkerzlagerstätte bei Obernberg am Brenner. - VRA 1919, 270-277. - Bespr. GZ 24/1036.

Kessler P. Die Beziehungen von Erzgängen, Tektonik, Vulkanismus und Schwere zu den bekannten Heilbädern in Südwestdeutschland. - Z. f. prakt. Geol., 1927, 33-38, 55-62. - Bespr. GZ 37/540; NJb. 1928/2, 210.

Keyserling H. Graf. Über ein Kohlenvorkommen in den Wengener Schichten der Südtiroler Trias (Cordevole). - VRA 1902, 57-61. - Bespr. NJb. 1902/2, 114; GZ 4/688; Boll. Com. geol. d'It., 34, 1903, 284.

Kieslinger F. Das Bergwesen in Österreich in den letzten 25 Jahren. - Festschr. Öst. Ing.- u. Arch.-Ver., Wien 1923, 44-48. - Bespr. GZ 29/1144.

Kirchmair J. Das Heinzenberger Goldbergwerk. - Tir. Heimatblätter, 5, 1927, 28.

Kittl E. Beitrag zur Kenntnis des Kieslagers von Panzendorf (Pustertal). - Z. f. prakt. Geol., 1912, 95-96. - Bespr. NJb. 1914/2, 84.

— u. **Lazarević M.** Einige Untersuchungen der kupferkiesführenden Mineralgänge am Mte Mulatto bei Predazzo. - Österr. Z. f. Berg- u. Hüttenw., 61, Wien 1913, 407-412, 421-430.

Kittl E. Das Kiesvorkommen am SO-Hang des Allochet (Monzoni) und einige Bemerkungen zur Entstehung der Kiese. - Österr. Z. f. Berg- u. Hüttenw., Wien 1914, 57-62, 77-80. - Bespr. GZ 22/24.

— Über das Vorkommen von Molybdänglanz bei Ginzling in Tirol. (Zillertal.) - Zbl. f. Min., 1914, 143-148. - Bespr. GZ 21/1128.

Kitzbüheler Bergbau. Über die Bergbaue von Sinnwell, Schattberg, Ehrenlehen, Jochberg, Kupferplatte, Kelchalpe. - Handschrift, Montanbibl., 1839.

Klaar K. Ein Kupfer- und Silberbergwerk in St. Bartlmeberg im Montafon zka 1730. - Forschungen u. Mitt. z. Gesch. Tirols u. Vorarlbergs, 11, Innsbruck 1914, 182-184.

Klausen (v. P. R.) Nachrichten von dem Blei-, Silber- und Kupferberg und Schmelzwerke zu -. - Molls Jb. d. Berg- u. Hüttenkde, 2, 1798, 116-155.

Klausen (von B.). Das k. k. Berg- und Hüttenwerk -. - Österr. Z. f. Berg- u. Hüttenw., 1, Wien 1853, 182ff. (S. Pfunderer Berg.)

Klebelsberg R. v. Ein neues Vorkommen von Arsennickelkies im Südtiroler Quarzphyllit. (Krakofl bei Brixen.) - Z. Ferdin., 3. F., 54. H., Innsbruck 1910, 353.

— Grundzüge der Geologie Tirols. - In: Tirol, Land, Natur, Volk und Geschichte, herausgeg. vom DÖAV, München (Bruckmann) 1933, 23-91, 1 K., 1 Skz. - Bespr. Mitt. DÖAV, 1934, 51, 147; Der Schlern, 15, 1934, 189; PetMitt., 80, 1934, 317.

Klein C. Über einen ausgezeichneten Buntkupfererz-Kristall vom Froßnitzgletscher, Großvenedigerstock, Tirol. - Sber. Ak. d. Wiss. Berlin, 23. Juni 1898, 385-386. - Bespr. NJb. 1898/2, 193.

— Über Buntkupfererz aus Tirol. - Sber. Ak. d. Wiss. Berlin, 1898, 521-523. - Bespr. NJb. 1899/1, 16.

Klingler Fr. u. **Trinker J.** Summarischer Bericht über die geogn.-bergm. Untersuchung eines Teiles des Oberinntaler Kreises i. J. 1842. - Bericht ü. d. 5. Gen.-Vers. d. Geogn.-mont. Ver., Innsbruck 1843, 3-20, 1 K.

Klingler Fr. Resultate über die geogn.-mont. Bereisung des westlichen Teiles des Unterinntaler Kreises i. J. 1843. - Ber. ü. d. 6. Gen.-Vers. d. Geogn.-mont. Ver., Innsbruck 1844, 3-36, 1 K.

Klingner F. E. Das Alter der Vererzung des Bleiberger Erzberges (Kärnten). - Vortragsauszug: Z. DGeolGes., 84, 1932, 656. - Abdr.: Berg- u. Hüttenm. Jb., 81, 1933, 61-69, 3 Abb.

Klipstein A. v. Einige Mitteilungen über die Campillberge und deren Umgebungen. (Vortr.) - Tageblatt d. 43. Vers. D. Natf. u. Ärzte in Innsbruck 1869, I. (Wagner) 1869, 144-145.

Klose O. Die prähistorischen Funde vom Mitterberge bei Bischofshofen im Städtischen Museum Carolino-Augusteum in Salzburg und zwei prähistorische Schmelzöfen auf dem Mitterberge. - Österr. Kunsttopogr., 17, 1918, Beitrag II.

— Die zeitliche Stellung des prähistorischen Kupferbergbaues in den Ostalpen. - Mitt. Anthrop. Ges. Wien, 61, 1931, 137-155, 10 Abb. - Bespr. GZ 47A/1254.

Knapp L. Die erste Siedlung von Schwaz. - Schwazer Lokalanzeiger, 1927, Nr. 13 u. 14.

— Das Werden von Schwaz. - Tiroler Heimatblätter, H. 7/8, 1929, 202-208.

— Der Beginn der Bergbaue um Schwaz, insonderheit des Bergbaues am Falkenstein. - Tiroler Heimatblätter, H. 7/8, 1929, 209-215.

— Die ersten Rechtsgrundlagen des Schwazer Bergbaues. - Tiroler Heimatblätter, 10, H. 1, 1932, 14-17.

Knauer J. Zu Albr. Pencks Ablagerungen und Schichtstörungen der letzten Interglazialzeit in den nördlichen Alpen. (Sber. Preuß. Ak. d. Wiss. 1922, 214-251.) - Geogn. Jh., 35, 1922 (1923), 247-248. - Bespr. GZ 31/1335.

— Braunkohlenvorkommen im Alpenlande. - In: Die mineralischen Rohstoffe Bayerns und ihre Wirtschaft, 1, München (Oldenbourg) 1922, herausgeg. v. Oberbergamt München.

— Geologischer Überblick über die Alpen zwischen Tegernsee und Gmunden am Traunsee und das bayerisch-österreichische Tertiärhügelland. - In: Abriß der Geol. v. Bayern r. d. Rh. (M. Schuster), Abt. 1, München 1925, 103 S. - Bespr. NJb. 1926/2, B, 342.

— Geologischer Überblick über die Alpen zwischen dem Bodensee und dem Tegernsee und ihr Molassevorland. - In: Abriß der Geologie v. Bayern r. d. Rh. (M. Schuster), Abt. 2, München 1928, 184 S. - Bespr. Mitt. DÖAV, 1930, 23.

— Erläuterungen zum Blatt München-West (Nr. XXVII) der Geognostischen Karte von Bayern 1:100000, Teilblatt Landsberg. - München (Piloty u. Loehle) 1929, 47 S., K. 1:100000, 6 Taf. - Bespr. Z. f. Glkde, 18, 1930, 267; GZ 46A/2136.

— Erläuterungen zum Blatt München-West (Nr. XXVII) der Geognostischen Karte von Bayern 1:100000, Teilblatt München-Starnberg. - München (Piloty u. Loehle) 1931, 48 S., K. 1:100000, 5 Taf. - Bespr. GZ 46A/2135.

Knochenhauer B. Beiträge zur Vor- und Frühgeschichte des Berg-, Hütten- und Salinenwesens in Deutschland. - Z. f. B.-, H.- u. S.-Wesen, 80, 1932, B, 121-128.

Kobell F. v. Über das Erdöl von Tegernsee. - 1837.

Koch A. Bergbau und Industrie in Nordtirol. 1. Im Jenbacher Sensenwerke. - Kathol. Volksschule, 46, 1930, 199-202, mit Abb.

Kohlenförderung in Österreich, bzw. Tirol. - S. alljährliche Statistik in: Z. f. prakt. Geol. (Lagerstättenchronik), Montan. Rdsch., Montanztg, Glückauf, Mitt. über den österr. Bergbau (Bdsmin. f. Handel u. Verk.) u. a.

Kohlenlager. Neue - in Tirol. - Montanztg, 29, Graz 1922, 151.

Kohlenvorkommen. Val Sugana. - v. Hingenaus Berg- u. Hüttenmänn. Ztg, 1853, 262.

Kohler E. Über die sogenannten Steinsalzzüge des Salzstockes von Berchtesgaden. - Geogn. Jh., 16, 1903 (1905), 105-124.

Koehne W. Über die neueren Aufschlüsse im Peißenberger Kohlenrevier. - Geogn. Jh., 22, München 1909 (1910), 303-312. - Bespr. GZ 17/1075; NJb. 1912/1, 517; Mitt. Geogr. Ges. München, 1911, 334.

— Zur Geologie des Peißenberger Kohlenreviers. - Geogn. Jh., 24, 1911 (1912), 209-213. - Bespr. GZ 17/1076; NJb. 1912/1, 517.

— Stratigraphische Ergebnisse einer Tiefbohrung am Bühlach im oberbayerischen Kohlenrevier. - Z. DGeolGes., 64, 1912, Mber., 63-64.

Königsberger J. Über alpine Minerallagerstätten. I-III. - Abh. Ak. d. Wiss. München, 28, Nr. 10, 1917, 25 S., 1 K.; Nr. 11, 1919, 23 S.; Nr. 12, 1919, 108 S. - Bespr. Z. f. prakt. Geol., 1921, 14; GZ 24/1394-1396; EgH 16, 1920/22, 301; NJb. 1921/1, 23, 25; 1921/2, 286; Natwiss. Wochenschr., 17, 1918, 591.

Könlein. Über einige Bergwerke der östlichen Schweiz. - Verh. Schw. Ges. f. d. ges. Natwiss., 20. Vers. Aarau 1835, A. 1836, 40-41.

Kopf M. Beschreibung des Salzbergbaues zu Hall in Tirol. - Archiv f. Min. etc. (Karsten u. v. Dechen), 15, 1841, 425ff.

Kordon F. Touren im Bereiche des Malteintales. - Z. DÖAV, 1895, 201-258, mehr. Abb. - Bespr. Carinthia I, 95, 1905, 30-31. (Kölnbreiner Goldbergbau.)

Korntauern. Eine Privatstraße der Fugger in den Tauern. (Nachweis v. E. Reinhardt.) - Mitt. DÖAV, 1934, 250.

Korschelt F. Die Haushamer Mulde östlich der Leitzach bei Miesbach. – Geogn. Jh., 3, 1890, 44–64.
— Der Bohrmaschinenbetrieb im Auer Erbstollen der Grube Hausham in Oberbayern. – Berg- u. Hüttenm. Jb., 39, Wien 1891, 239–323.
Kossmat F. Eisenerzlagerstätten der Ostalpen. – In: Eisenerzvorräte Österreichs, Bericht d. Geol. Ges. Wien f. d. XI. Internat. Geol.-Kongr. Stockholm, Mitt. Geol. Ges. Wien, 3, 1910, 455–457.
Koestler J. Das Goldvorkommen in den Tauern. (Vortr.) – Bespr. Neueste Nachrichten, Nr. 26, Innsbruck, 2. 2. 1933.
Kovač K. Schurfversuche in Vorarlberg durch tirolische Bergknappen in den Jahren 1772–1773. – Forschungen u. Mitt. z. Gesch. Tirols u. Vorarlbergs, 6, Innsbruck 1909, 277–279.
Krahmann M. Das Erz- und Flußspatvorkommen am Rabenstein im Sarntal. – Z. f. prakt. Geol., 14, 1906, 8–10. – Bespr. NJb. 1908/1, 242; GZ 8/1631.
Kranz W. Ein wirklicher geologischer, hydrologischer und Wünschelrutenerfolg beim Mangfall-Stollnbau. – Zbl. f. Min., 1931, B, 376–382. – Bespr. GZ 46A/493.
Krasser F. Über ein fossiles Abietineenholz aus der Braunkohle von Häring in Tirol. – Mitt. Natwiss. Ver. Univ. Wien, 1. Jber., 1892/3, 13–18.
Kraus E. u. **Reis O. M.** Erläuterungen zur geologischen Karte von Bayern 1:25000, Blatt Immenstadt, Nr. 856. – Geol. Ldsuntersuchung des Bay. Oberbergamtes, München 1929, 160 S., 1 T., 1 Skz., mehr. Abb. – Bespr. GZ 42/1304, 45/789; Z. f. Glkde, 19, 1931, 207; NJb. 1930/3, 397; GR 22, 1931, 250.
Kraus M. Über einige alpine Erzlagerstätten. (Serfaus, Habachtal, Glücksgrat im Stubai, Eggertal bei Stilfes u. a.) – Bergbau u. Hütte, 2, Wien 1916, 203–210, 221–226.
Kraynag A. v. Analyse von Asphaltgesteinen aus Seefeld. – JbRA 1856, 372.
Krebs N. Länderkunde der österreichischen Alpen. – Bibl. länderkdl. Handbücher, Stuttgart (Engelhorn) 1913, 556 S., 26 Taf., 77 Abb. – Bespr. Z. Ges. f. Erdkde Berlin, 1914, 306; Mitt. Geogr. Ges. München, 1913, 523; Z. Ferdin., 3. F., 57. H., Innsbruck 1913, 389; Die Natwiss., 1913, 1185; Mitt. Geogr. Ges. Wien, 57, 1914, 114; Geogr. Z., 20, 1914, 712; Carinthia II, 1913, 223.
Krenkel E. Die Eisenerze Europas. – Die Naturwissensch., 14, Berlin 1926, 173–183. (Österr. 181.)
Krusch P. Die Goldlagerstätten in den Hohen Tauern. (Sonnblick-Ankogelgruppe.) – Z. f. prakt. Geol., Berlin 1897, 77–88.
— Stellung des Gelbbleierzes (Wulfenits) in der Reihe der Leiterze im Lichte der im Kriege geschaffenen Aufschlüsse (Kärnten, Werdenfels, Höllental, Dirstentritt bei Nassereith usw.). – Berlin 1918.
— Über den Goldbergbau und den Goldmarkt und ihre zukünftige Entwicklung. – Metall u. Erz, 29, 1932, H. 14.
Kubart B. u. **Schwinner R.** Interglaziale Schieferkohlen von der oberen Gail (SW-Kärnten). 1. Geol. Teil, 2. Botan. Teil. – Österr. botan. Z., Wien 1923, 305–321. – Bespr. GZ 30/449, 31/1334; Carinthia II, 1923, 152; Z. f. Glkde, 14, 1926, 186.
Kühnel J. Geologie des Berchtesgadener Salzberges. – Inaugdiss. Leipzig, 1929; NJb. 1929, Bbd 61, B, 447–558, K. 1:25000.
Kunisch H. Über den Arsengehalt der Wässer des Oberen und des Unteren Pochhardsees und zweier in ihren Bereich gehörigen Quellen. – Mitt. DÖAV, 1881, 118–120.
Kuntscher H. Aufgelassene Bergwerke in der Umgebung Innsbrucks. – Innsbr. Nachr., Nr. 235 v. 11. 10. 1933, $2^1/_2$ Sp.
Kyrle G. Die zeitliche Stellung der prähistorischen Kupfergruben auf dem Mitterberge bei Bischofshofen. – Mitt. Anthrop. Ges. Wien, 1912, 196–207.
— Urgeschichte des Kronlandes Salzburg. (Mit O. Klose, M. Hell u. H. Br. Koblitz.) – Österr. Kunsttopogr., 17, Wien (Schroll) 1918, 304 S., 291 Abb., 1 K. – Bespr. Wr. Prähist. Z., 7 u. 8, Wien 1921, 98; Mitt. Anthrop. Ges. Wien, 51, 1921, 158.
— Der prähistorische Bergbaubetrieb in den Salzburger Alpen. – Österr. Kunsttopographie, 17, Wien 1918, Beitrag I.
— Urgeschichtliche Bergbaue in den Ostalpen. – Österr. Monatsschr. f. d. öff. Baudienst u. d. Berg- u. Hüttenwesen, Wien 1920, 170–173, 190–193, 256–260, 282–285. – Bespr. GZ 29/333.
— Bergbau. – Ebert, Reallexikon, 1, 1924.
— Höttinger Kultur. – Ebert, Reallexikon, 5, 1926.
— Die Höttinger Kultur in ihrer Beziehung zu den endbronzezeitlichen Kupferbergwerken der nördlichen Ostalpen. (Mit besonderer Berücksichtigung des Gräberfeldes von Hötting.) – Wr. Prähist. Z., 19, 1932, 9–24, Skze.
— Die Gold-, Silber, Blei- und Kupfergewinnung in urgeschichtlicher Zeit in den österr. Alpen. – Blätter f. Gesch. d. Technik, Wien (Springer) 1932, 1. H., 63–72. – Bespr. Wr. Prähist. Z., 20, 1933, 43.
Ladurner J. Etwas über das Silberbergwerk bei Schwaz und Gossensaß. – Archiv f. Gesch. u. Altertumskunde Tirols, 1, Innsbruck 1864, 316–318.
— Anfang der Torfbenützung in Tirol. – Arch. f. Gesch. u. Altertumskde Tirols, 2, Innsbruck 1865, 374–375.
— Anfang des Steinölbrennens in Tirol. – Archiv f. Gesch. u. Altertumskde Tirols, 2, Innsbruck 1865, 375–377.
— Asbesthandel in Tirol. – Arch. f. Gesch. u. Altertumskde Tirols, 2, Innsbruck 1865, 377–378.
Lahociński Z. Untersuchung von bituminösen Gesteinen. 1. Gewinnung von Steinöl aus Häringer Stinkstein. – Bergbau und Hütte, 4, Wien 1918, 133–137.
Lamprecht H. Das Salz und der Chiemgau. – Heimatbilder aus dem Chiemgau, 42/43, Traunstein 1925, 6 S.
Landgraeber W. Die Bleizinkerzvorkommen in den Mieminger-Wetterstein-Alpen. – Der Bergbau, 29, Gelsenkirchen 1916, Nr. 40, 7 S., 1 Skz.
— Molybdänerzgewinnung im Höllental bei Garmisch-Partenkirchen. – 1919.
— Die Erzvorkommen in den Mieminger- und Wetterstein-Alpen. – Techn. Blätter, 1, 1924, Nr. v. 2. 8. 1924; Kohle und Erz, 24, 1927, 385–390, 427–430.
— Der Kohlenbergbau in Bayern unter besonderer Berücksichtigung der Braunkohlenvorkommen. – Braunkohlen- u. Brikettindustrie, 18, 1925, 341–346.
Langecker F. Gebirgsdruckerscheinungen im Kohlenbergbau, erläutert an der Grube Hausham in Oberbayern. – Berg- u. Hüttenm. Jb., 76, 1928, 25–38.
— Die Jodquellenbohrung am Schliersee. – Berg- u. Hüttenm. Jb., 78, 1930, 20–25. – Bespr. NJb. 1931/3, 12.

Lazarević M. Zur Systematik der Lagerstätte „Schneeberg" in Tirol. – Z. f. prakt. Geol., 19, 1911, 316–321, 468–469; 20, 1912, 166–167. (S. Granigg.) – Bespr. GZ 17/735; NJb. 1914/2, 91; Z. f. Krist., 55, 1915–1920, 102.

Lenicque. Gisements de cuivre gris argentifère d'Ursèra. – Paris 1884, ... 3 K. – Bespr. Jber. Natf. Ges. Grbd., NF, 30, Chur 1887, 168.

Leonardi D. Analisi delle mesotipi di Pais sopra Tiarno nel circolo di Rovereto, dell'Alabastro di Castello e del marmo bianco di Predazzo in Val di Fiemme. – Rovereto (Marchesani) 1831, 48.

Leonardi P. Su una recente monografia di L. van Houten sul territorio del Pelmo. – L'Universo, 13, Firenze 1932, Nr. 10, 593–605, 1 Fig. – Bespr. GZ 49A/337.

Lergetporer B. Die Erzförderung am Schwazer Eisenbergbau. – Z. DÖAV, 1878, 173–178.

Leuchs K. Geologie von Bayern. 2. Teil. Bayrische Alpen. – Hdbuch d. Geol. u. Bodenschätze Deutschlands (E. Krenkel), 2. Abt., 3. Bd, Berlin 1927, 374 S., 20 Taf., 67 Abb. – Bespr. GZ 36/1550; VBA 1928, 85; Z. f. prakt. Geol., 1928, 47; Mitt. DÖAV, 1929, 42; NJb. 1928/3, 8; Geogr. Z., 34, 1928, 118; GR 22, 1931, 244; PetMitt., 74, 1928, 362.

— Die Bitumenführung des Hauptdolomites der norischen Trias. – Kali, verwandte Salze u. Erdöl, 26, 1932, 91–92. – Bespr. GZ 47A/1785, 49A/1527.

Ligniti nelle prealpi venete. – La Miniera ital., an. 4, n. 3–4, Roma 1920, 102.

Lipold M. V. Kupfererz von Agordo und Hüttenprodukte daraus. – Berg- u. Hüttenm. Ztg, 7, 1848, 126.

— Der Nickelbergbau Nöckelberg im Leogangtale, nebst geologischer Skizze des letzteren. – JbRA 1854, 148–160. – Bespr. Bl. 67.

— Die Grauwackenformation und die Eisensteinvorkommen im Kronlande Salzburg. – JbRA 1854, 369–386. – Bespr. Bl. 66.

Lob E. Das Vorkommen von bituminösen Schiefern in Nonsberg (nächst Mollaro-St. Romedius). – Montanztg, Graz 1917, 107–108.

Loehr A. v. Blendekristalle aus Porphyr im Sarntal. – Tscherm. Min. u. petr. Mitt., 26, 1907, 494–495.

— Altösterreichische Münzstätten. – Blätter f. Gesch. d. Technik, 1. H., Wien (Springer) 1932, 91–96, 7 Abb. – Bespr. Wr. Prähist. Z., 20, 1933, 43.

Lopes Cardozo A. De Mitterberger Kopermijnbou. (Der Mitterberger Kupferbergbau.) – In: Verslagen van de geol.-ertskund. excursie ... 1931 ... (Berichte ü. d. geol.-erzkundl. Exkurs. nach Sachsen, Schlesien u. Kärnten ... 1931 ...) Lustrum Jaarboekje van de Mijnbouwkundige Vereeniging te Delft, 1931–1932, 230–241, 1 Prof., 2 K. S. a. Buttmann.

Lorenz P. Weitere chemische Analysen von Bündner Erzen. – Jber. Natf. Ges. Grbd., NF, 43, 1900, 41–47. – Bespr. NJb. 1903/1, 86.

— Zur Geschichte des Bergbaues im Albulatal. – Jber. Natf. Ges. Grbd., NF, 44, 1900/01, Chur 1901, röm. 24 (Protokollnotiz).

— Histoire de l'eploitation des mines dans le Canton des Grisons. – Jber. Natf. Ges. Grbd., 43, 1902, 3–8. – Bespr. NJb. 1902/2, 82.

— Zur Geschichte des Hochgerichtes Greifenstein. – Chur (Sprecher) 1914, 281 S. (Bergwerke.)

Löwl F. Die Resultate der Untersuchung des Bergbauterrains in den Hohen Tauern. – Wien (Ackerbaumin.), 1895. S. Bergbau.

Ludewig P. u. Lorenser E. Untersuchung der Grubenluft in den Schneeberger Gruben auf den Gehalt an Radiumemanation. – Z. f. Phys., 22, 1924, Nr. 3, 178–185.

Lun A. Wunder und Wirkungen der Steine. Eine Plauderei aus Naturwissenschaft und Aberglauben. – Der Schlern, 14, 1933, 345–351.

— Eine Richtigstellung auf dem Gebiete der Steinkunde. (Iffingergebiet.) – Der Schlern, 14, 1933, 490–491, 1 Skz.

Lunder D. L'industria mineraria italiana. – La Coltura Geografica (Triest), 2, 1931, 15–20, 1 Skz. – Bespr. GZ 45/1135.

Lürzer J. v. Bergbau Brenntal bei Mühlbach im Pinzgau. – Österr. Z. f. Berg- u. Hüttenw., 48, Wien 1900, 264.

Machatschki F. Chemische Untersuchung zweier sog. Ölschiefer aus dem Kirchbichler Revier (Häring) i. T. – Zbl. f. Min., 1924, 233–241. – Bespr. GZ 31/198.

Mader I. Der Turm und der Salzstadel in Lermoos. – Veröffentl. Mus. Ferdin., H. 12 (Voltelini-Festschr.), Innsbruck 1932, 233–238.

Magnesit in den Kitzbüheler Bergen. – Mont. Rundsch., 24, 1932, Nr. 23.

Magnesitvorkommen. Das – im Spertentale. – Innsbr. Nachr., Nr. 263 v. 15. 11. 1932.

Maier A. Geognostische Notizen über Tirol. – Beiträge zur Gesch. etc., Z. Ferdin., 6, Innsbruck 1831, 269–284.

— Relation über die Untersuchung des Berg- und Hüttenkomplexes von Pergine und Roncegno. 1825. – Handschr., Montanbibl.

Mair W. Das Inntal in Tirol und seine Nebentäler. – Innsbruck (Wagner) 1860, 128 S., 2 K.

Maironi Da Ponte. Dei carboni fossili o antraciti bituminosi di Gandino. – 1785.

— Analisi chimica del ferro spatico delle Miniere di Artarolo e di Manina sulla valle di Scalve. – 1815.

Maister K. Schwaz um 1700. – Tir. Heimatbl., 12, 1934, 217–223, 2 Abb.

Manz W. Der Eisenbergbau am Gonzen bei Sargans (Kt. St. Gallen). – Ragaz-Sargans 1923, 30 S.

Manzoni A. Note sullo stabilimento montanistico di Valalta. (Bei Agordo.) – Venezia 1871. – Bespr. VRA 1872, 87.

Marconi M. Per la conoscenza degli oli di schisto nel Trentino. – Atti XX Congr. d. Chimica, 1925.

Marcusson J. Der chemische Aufbau der Braunkohlen. – Z. f. angew. Chemie, 40, 1927, 1104–1106. – Bespr. GZ 36/1510.

Mariani E. Die alcune recenti ricerche su calcari da cemento nella Lombardia. – Giorn. Geol. prat., an. 9, f. 1–2, Catania 1911, 1–8. – Bespr. Boll. Com. geol. d'It., 43, 1913, f. 2–3, 83; GZ 19/456, 20/1541.

— L'industria delle coti bergamasche. – Rendic. R. Ist. Lomb. di Sc. e Lett., s. 2, v. 64, 1931, 1123–1133; La Min. Ital., 16, 1932, 20–24.

Marmi e pietre. La produzione italiana di –. – La Relazione sul Servizio minerario nel 1930, pubbl. 1932; Boll. R. Soc. Geogr. It., v. 10, Roma 1933, 306–308.

Martel. Zur Geschichte des Tiroler Bergbaues. – Glückauf, 1907, 1050ff.

Martell. Alte Bergwerke und Schmelzhütten in –. – Der Sammler, 1, 1907, 9–10.

Marzari-Pencati G. Graf. Lettera geologica diretta a Gius. Dembscher intorno ai graniti, gneis, micaschisti ecc. e gli altri terreni inferioramente metalliferi, i quali fra la Piave e l'Adige coronano e metallizzano la sottoposta formazione secon-

daria. – Gazzetta priv. Venezia, 1823, 18. 2. e 18. 8.; Abdruck Vicenza (tip. Paris) 1823. Fortsetzg im Suppl. alla Gazz. di Venezia, 1823, Nr. 32, 39, 58, 94, 99, 185, 259. (Schreiben an die Ak. d. Wiss. Paris u. an Isimbardi über Val Travaglia.)
— Fatti e congetture generali sui giacimenti gessosi e saligeri in particolare. – Journ. de phys., de chimie etc., Paris 1824, Nr. 112–128.
Massano G. Le piccole industrie montane. – Riv. mens. d. CAI, Torino 1930, Aprile.
May A. Frh. de Madiis. Nachträge über die Goldbergbaue in Kärnten. – Österr. Z. f. Berg- u. Hüttenw., Wien 1874, 47 ff.
— **(A. x. m. y).** Das Bergbauterrain in den Hohen Tauern. – Jb. Nathist. Mus. Klagenfurt, 1897, 1–153. (Lösung falsch; Verf. ist R. Canaval.)
— Nachträge zu der Besprechung: Das Bergbauterrain in den Hohen Tauern. – Jb. Nathist. Ldsmus. f. Kärnten, 1897, 24. H., 8 S. (Canaval.)
— Goldfunde in Kärnten. – Österr. Z. f. Berg- u. Hüttenw., Wien 1902, 381 ff.
May L. v. de Madiis. Über den Goldbergbau in den Tauern. – Mitt. DÖAV, 1888, 13–16.
Mayer Fr. Das Schwazer Bergwerksbuch vom Jahre 1556. – Beiträge zur Geschichte der Technik und Industrie; Jb. d. Vereins Deutscher Ingenieure, Berlin 1928, 15–18.
— Das Vorkommen von Erzen und Kohlen in Südbayern und deren Gewinnung durch Bergbau und Bergbauversuche in früherer Zeit. – 48. Ber. Natwiss. Ver. f. Schwaben u. Neuburg, 1930, 18 S. – Bespr. GZ 47 A/1075.
Mayr M. Die industriellen Anlagen zu Mühlau am Ende des Mittelalters. (Gußwerkstätten etc.; Vortr.) – Ber. Nat.-med. Ver. Innsbruck, 26, 1901, röm. 18–19.
Mazzetti L. I giacimenti di zinco del Bergamasco. – Riv. d. serv. miner. nel 1897, Roma 1898, 218–219; Rassegna miner., v. 9, Nr. 15, Roma 1898, 236. – Bespr. Boll. Com. geol. d'It., 30, 1899, 278.
Mazzoleni C. Superstizioni minerarie in Pinè. – Pro Cultura, v. 4, Trento 1913, 147–148.
Merhart G. v. Das Bergwerk zu Haslach. Ein Beitrag zur Kenntnis vorarlbergischen Bergbaues. – Archiv f. Gesch. u. Ldskde Vorarlbergs, 7, 1911, 45–48.
Merkl F. Bergbau und Wasserkraftnutzung in den Tauern. – Die Wasserwirtschaft, Wien 1930, H. 24 u. 25, 8 S., 3 Fig.
— Projekt: Goldwäscherei mit Wasserkraftnutzung in den Tauern. – Hdschr. Ergänzg 1931, 25 S., 3 Taf. zu den Projekten in: Die Wasserwirtschaft, 1930, H. 24 u. 25.
Metallurgische Briefe (von P. R.) geschrieben während einer Reise durch Tyrol und einen Teil von Venedig. – Molls Jb. f. Berg- u. Hüttenkde, 1, 1797, 1–94; 2, 1798, 43–188.
Metz F. Der Bergbau und seine Bedeutung für die Ausbreitung des Deutschtums. – Geogr. Z., 1929, 131–149. – Bespr. GZ 40/1719.
Meusburger K. Vom Prettauer Bergwerk und von den Prettauer Wäldern. – Der Schlern, 7, 1926, 447–453. (S. Schwärzler.)
— Der Klausenit, das Gestein des Säbner Felsens. – Pro Chiusa, Bolzano-Chiusa 1927, 50–55.
— Unsere heimischen Gold-, Erz- und Mineraliensucher. – Der Schlern, 12, 1931, 251–257.
— Die Höhlen unserer Heimat. – Kassiankalender f. d. J. 1934, Brixen 1933, 129–139, 2 Abb.
Michel H. Die Erze der Goldgänge der Hohen Tauern. (Vortr.). – Österr. Monatsschr. f. d. öffentl. Baudienst etc., 5, Wien 1924, 168–170.
— Die goldführenden Erze des Siglitz-Pochhart-Erzwieser Gangzuges in den Hohen Tauern. – Tscherm. Min. u. petr. Mitt., 38 (Becke-Festschrift), Wien 1925, 541–564, 11 Fig. – Bespr. NJb. 1926/2, A, 391, B, 149.
Mielichhofer. Berichtigungen und Zusätze zu Russeggers Darstellung über das Vorkommen des Goldes in Salzburg. – Handschr., Montanbibl., 1831.
Migliorini E. Bibliografia geografica della Venezia Tridentina (1925–1930). – Boll. Soc. Geogr. It., v. 7, Nr. 8/9, Roma 1930, 743–763. – Bespr. GZ 44/990.
Miller A. Das Vorkommen des Steinsalzes in den Alpen. – Berg- u. Hüttenm. Jb., 3, Wien 1853, 21–29.
— Haushaltungsverhältnisse des k. k. Goldbergbaues am Rathausberge. – Jb. d. k. k. Montanlehranstalten, 6, 1857, 197.
Mils. Entwurf zur Errichtung eines Solbades und Kurhauses in – in Tirol. – Innsbruck 1898, 30 S.
Mineralische Rohstoffe. Die –n R. Bayerns und ihre Wirtschaft. I. Bd. Die jüngeren Braunkohlen. – Bayer. Oberbergamt, München u. Berlin (Oldenbourg) 1921, 128 S., 29 Taf. – Bespr. Berg- u. Hüttenm. Jb., 69/70, H. 2, 1921/22, 47.
Mineralkohlen. Die – Österreichs. – K. K. Ackerbauministerium, Wien 1878.
— Die – Österreichs. – Herausgeg. vom Komitee des allgem. Bergmanntages, Wien 1903.
Mineralproduktion Österreichs i. J. 1925. – Z. f. prakt. Geol., 1926, Lgerst.-Chronik, 107.
Mineraria. L'industria – italiana nel 1930. – La Miniera It., 15, 1931, 117–124, 227–230, 419–430, 472–474, 513–515.
Mineraria italiena (la). I distretti minerari di Trento e Trieste. – An. 6, Nr. 8, Roma 1923, 243.
Minerari e Miniere. Distretti –. (Notizie, Gazz. Uffic., 10 maggio 1923.) – Arch. p. l'Alto Adige, 18, 1923, 870–872.
Minerario. Relazione sul Servizio – nel 1926, 1927. – Min. d. Econ. Naz., an. 37 e 38, Roma 1927, 1929.
— Relazione sul Servizio – nell'anno 1928. – Min. d. Corpor., 39, Roma 1930, 807 S. – Per 1929. – Roma (tip. op. Romana) 1931, 379 S., 4 Taf.
Miniere. Ispettorato centrale delle –. – Riv. d. Servizio minerario nel 1921 (1922–1924), Roma 1922 (1923–1925). (Ministero dell'Agricoltura.)
— Direzione generale dell'Industria e delle –. Corpo Reale delle Miniere. – Rivista d. serviz. min. nel 1925, Roma 1926, an. 36, Nr. 66, 455. (Ministero dell'Agricoltura.)
— Elenco delle concessioni vigenti al 1 settembre 1927 con le variazioni avvenute dal 31 dicembre 1919 e delle miniere di proprietà privata conosciute dagli Uffici minerari al 1 settembre 1927. – Corpo Reale d. Min. (Repert. d. Min.), Roma (Ist. Poligr. d. St.) 1931, 461 S.
— Direzione generale della produzione industriale e degli scambi. Corpo R. d. Miniere. Relazione sul servizio minerario nell'anno 1930. Parte prima. – Roma (Ist. Poligraf. d. St.) 1931, anno 41, num. 54, 123 S. (Min. d. Corporazioni.)
Mitterer A. Der Steinkohlenbergbau zu Häring in Tirol. – Österr. Z. f. Berg- u. Hüttenw., 1867, Nr. 26–28. – Bespr. VRA 1867, 276.
— Über den Brand am Belchenberg bei Kufstein i. J. 1558. (Pölven.) – VRA 1869, 163–164.
Mohr H. Über einen alten Goldbergbau auf der Schiedalpe bei Fusch (Salzburg). – Mont. Rdsch., 3, Wien-Berlin 1911, 324–326.

— Über einen genetisch interessanten Bleizinkerz-Bergbau bei Dellach im Oberdrautale. - Mont. Rdsch., Wien 1913, 9–12.
— Das Schürfen auf technisch verwertbaren Glimmer in den Ostalpen. - Berg- u. Hüttenm. Jb., 71, 1923, H. 2, 29–33.
— Zur Entstehungsfrage der alpinen Spatmagnesite vom Typus Veitsch. - Tscherm. Min. u. petr. Mitt., 38, 1925, 137–158. - Bespr. Z. f. prakt. Geol., 1926, 125; GZ 37/327.
— Ein geolog. Profil durch den Kolm bei Dellach im Oberdrautal nebst einigen Erwägungen über die Wurzelnatur des Kristallins nördlich des Drauflusses. - VBA 1925, 96–105. - Bespr. Carinthia II, 1925, 128.

Mojsisovics E. v. Bericht über die im Sommer 1868 durch die IV. Sektion der k. k. Geol. R. A. ausgeführte Untersuchung der alpinen Salzlagerstätten. - JbRA 1869, 151–174. - Bespr. NJb. 1870, 119; Bl. 275.
— Über die Salzlagerstätten der Alpen. (Vortr.) - VRA 1869, 37.
— Das Gebiet von Häring und das Kaisergebirge. - VRA 1869, 243–244. - Bespr. Bl. 274.
— Über die alttertiären Ablagerungen des Unterinntales mit Bezug auf deren Kohlenführung. - VRA 1869, 388–390.
— Über die mutmaßliche Verbreitung der kohlenführenden Häringer Schichten im Unterinntale. - VRA 1871, 3–4.
— Über die tektonischen Verhältnisse des erzführenden Triasgebirges zwischen Drau und Gail. - VRA 1872, 351–353.

Moll K. E. Frh. v. Nachrichten von einigen oberdeutschen Salzwerken, aus Briefen eines Reisenden. (Reichenhall, Schellenberg.) - Jbücher d. Berg- u. Hüttenkde, 3, Salzburg 1799, 81–120.

Molon F. Sopra gli schisti bituminosi e combustibili fossili dell'Alta Italia. - Venezia 1865, 71 S.

Mons Argentarius. Le Miniere Argentifere di Trento. - Rovereto 1914. (Bergbaugesellschaft Trient.)

Monselice G. Intorno ad alcune torbe recentemente scoperte nella provincia di Mantova. - Boll. Com. Agr. di Mantova, 1877.

Montefiori. Über ein Nickelwerk bei Locarno (Val Sesia). - Atti Soc. it. Sc. nat., Milano 1865, 8, 418–425.

Montibelli A. Miniera di Canal San Bovo. - L'Industria, v. 41, 1927, 4 S.
— La miniera Bedovina. (Predazzo.) - L'Industria, v. 41, 1927, 114–117.

Moore. Nachweis der - in ... Tirol und Vorarlberg. - Wien 1911, 109 S. Im Auftr. d. k. k. Ackerbaumin. herausgeg. v. d. Ldwirtsch.-chem. Versuchsstation. (S. Rieder K.)

Moretti E. I giacimenti di minerali di ferro nelle Alpi Dolomitiche. - La Miniera it., an. 11, n. 1, Roma 1927, 9–14.
— Esplorazioni geofisiche e rabdomantiche dei giacimenti di pirite nell'Agordino. - La Miniera it., 1927, n. 3, 68–73.
— L'oro nella regione a nord del Pasubio? - La Miniera it., 1927, n. 10, 308.
— Il petrolio nelle Alpi dolomitiche. - La Miniera it., an. 12, n. 10, Roma 1928, 358.
— Le miniere di mercurio di Vallalta e Sagron in territorio di Gosaldo (Belluno) e di Sagron (Trento). - L'industria mineraria, a. 5, Roma 1931, 13–20. - Bespr. Per. di Mineral., 2, 1931, 101.
— I marmi bellunesi ed il „nero di Col di Lana". - Marmi, pietre, graniti, 9, 1931, 35–37, 2 Abb.

Morgante S. La miniera di Corvara in val di Pennes (Bolzano). - Atti Soc. It. p. il Progr. d. Sc., XXI riun. Roma, ottob. 1932, v. 2, Rapp. e Com. Cl. A, Roma 1933, 427–428.

Moschetti A. Le miniere della Venezia Tridentina. - La Miniera it., a. 6, n. 8, Roma 1922, 231–236.
— Le miniere del Trentino. - Rass. min., metall. e chim., v. 60, n. 2–3, Roma 1924, 23–29.
— Giacimenti minerali nel Trentino. - La Miniera ital., Roma 1925, Nr. 12, 3 S. - Bespr. Studi Trent. Sc. Nat., 8, 1927, 251.
— Giacimenti minerali nel Trentino. Miniere erariali dell'Alto Adige. - La Miniera ital., Roma 1926, s. 2, 6 S. - Bespr. Studi Trent. Sc. Nat., 8, 1927, 251.

Much M. Das vorgeschichtliche Kupferbergwerk auf dem Mitterberge. - Mitt. Zentralkomm. f. Kunst etc., 1878, röm. 140–152; 1879, röm. 18–36.
— Die Kupferzeit in Europa und ihr Verhältnis zur Kultur der Indogermanen. - Mitt. Zentralkomm. f. Erhaltung etc., 1885 u. 1886; Separ. Wien 1886, 87 S.; 2. Aufl. Jena 1893, 376 S., 112 Abb. - Bespr. Mitt. Anthrop. Ges. Wien, 16, 1886, 58; 23, 1893, 216.
— Die Kupferzeit. - Jena 1893.
— Prähistorischer Bergbau in den Alpen. - Z. DÖAV, 1902, 1–31, 46 Abb.

Müller F. P. Über einige Mineralien aus den Manganerz-Lagerstätten des Oberhalbstein (Graubünden). - Zbl. f. Min., 1916, 457–459. - Bespr. Z. f. prakt. Geol., 1918, 187; GZ 23/869.
— Die Manganerz-Lagerstätten des Oberhalbstein. - Z. f. prakt. Geol., 1916, 219–228. - Bespr. GZ 26/48; NJb. 1918, 49.

Müller J. Geologische Gedanken am Arlberg. - Festschr. z. 50jähr. Bestehen d. S. Ulm d. DÖAV, Ulm (Ebner) 1929, 39–48. - Bespr. Z. f. Glkde, 18, 1930, 266.
— Genesis und Wirtschaftlichkeit ostalpiner Erzvorkommen. - Montanist. Rdsch., 22, Wien-Berlin 1930, Nr. 8, 189–195. - Bespr. NJb. 1932/2, 586.
— Bleiberg, ein Typus? - Metall und Erz, 28, 1931, 396–397. - Bespr. GZ 49A/35.
— Die Goldfelder der Ostalpen, eine Zukunft? - Metall u. Erz, 28 (NF, 19), 1931, H. 18, 446–447. - Bespr. GZ 49A/53. S. a. Imhof.
— Vererzung an Gleitschiefern. - Z. f. prakt. Geol., 40, 1932, 107–109, 1 Skz. - Bespr. GZ 49A/1203.

Müller R. W. Die Salinenanlage von Reichenhall. - Kali, 26, 1932, 253–265.

Müller St. Vorarlbergs Bergbau zur Karolingerzeit. - Vierteljschr. f. Gesch. u. Ldskde Vorarlbergs, 8, Bregenz 1924, 61–70.
— Eine alte Bergmannshalde in St. Anton. - Heimat, 5, Bregenz 1924, 46–47.
— Zur Geschichte des spätmittelalterlichen Bergbaues im Montafon. - Vierteljschr. f. Gesch. u. Ldskde Vorarlbergs, 9, Bregenz 1925, 33–44.

Müllner A. Der Bergbau der Alpenländer in seiner geschichtlichen Entwicklung. Nach archivalischen Quellen. - Berg- u. Hüttenm. Jb., 53, Wien 1905, 205–249, 339–382, 1 Taf.; 54, 1906, 167–202, 245–260, 361–414, 4 Abb.

Münichsdorfer F. Bayerns Boden. Die natürlichen Grundlagen der Siedlung. 1. T. Südbayern. - München (Knorr u. Hirth) 1932, 167 S., 26 Abb., zahlr. Lichtb., 2 Skz. - Bespr. Mitt. DÖAV, 1932, 179; Z. f. Glkde, 20, 1932, 507; Geogr. Z., 38, 1932, 502; PetMitt., 79, 1933, 103; Z. f. Geomorph., 7, 1933, 321; Z. Ges. f. Erdkde Berlin, 1932, 314; GZ 52 A/29.

Murchison R. J. On the Bituminous Schist and Fossil Fish of Seefeld in Tyrol. - The Philos. Mag. or Ann. of Chem. etc., v. 5, Nr. 31, London 1829, July-Dec., 19.

— Über die bituminösen Schiefer und fossilen Fische von Seefeld. - Leonh. u. Bronns Jb., 1830, 125.

Musil F. Über die brennbaren Gase in Vorarlberg, im Bodensee und in der Schweiz. - Allg. österr. Chemiker- u. Technikerztg, 44, Wien 1926, 49-50.

Mutschlechner G. Geologie der St. Vigiler Dolomiten. - JbBA 1932, 163-273, K. 1:25000 (mit P. Maibauer), 1 Taf., 10 Fig. - Bespr. Z. f. Glkde, 20, 1932, 508; GZ 48A/1089.

Nagl A. Das Tiroler Geldwesen. (Münze in Hall.) — Wiener Numism. Z., 1907, 38.

Naumann J. K. F. Not schürft Kohle. (Wirtatobel, Vorarlberg.) - Innsbr. Nachr., Nr. 271 v. 24. 11. 1932.

Nehring K. Die Bergwirtschaft Italiens. - Z. f. Berg-, Hütten- u. Salinenwesen im preuß. Staate, 79, 1931, 303-317. - Bespr. NJb. 1932/2, 130.

Nentwich J. Goldhaltiger Schwefelkies im Angerbach, Gastein. - Ber. ü. d. Mitt. v. Freunden der Natwiss. in Wien, 5, 1849, 195.

Neumayr M. Vom Halter Salzberg. (Vortr.) - VRA 1871, 306-307.

Neuner L. Reiche Erzfunde im Finsinggrund. Aussichten für ein neues Bergwerksleben in Tirol. Das Ergebnis der bisherigen Versuchsschürfungen. - Neueste Zeitung, Nr. 40, Innsbruck 1931, 3 Sp. S. a. Innsbr. Nachr., Nr. 243 v. 20. 10. u. Nr. 245 v. 22. 10. 1932.

— Wo stand die erste Salzpfanne in Tirol? - Innsbrucker Nachr., Nr. 174 v. 1. 8. 1934, 1 Sp.

Nicolis E. Marmi, pietre e terre coloranti della provincia di Verona. - Mem. d. Acc. d. Agr., Lett. ecc. di Verona, s. 4, v. 2, n. 1, Verona 1900, 62 S. - Bespr. Boll. Com. geol. d'It., 32, 1901, 337.

Niederrist J. Relation über die geognostisch-bergmännische Untersuchung des Großarltales. - Handschr., Montanbibl., 1841.

Niggli P. Erzlagerstätten, magnatische Aktivität und Großtektonik. - Z. f. prakt. Geol., 1928, 159-164, 185-191. - Bespr. GZ 42/1125.

Nischer E. Hötting. - Fundberichte aus Österreich, Wien 1931, 75.

Novarese V. I geologi italiani a Congresso nel Trentino redento. - La Miniera it., a. 4, f. 5-6, Roma 1921, 162-165.

Nussberger G. Über vermeintliche Asphaltvorkommnisse im Kanton Graubünden. - Jber. Natf. Ges. Grbd., NF, 51, Chur 1909, röm. 17.

— u. **His H.** Über vermeintliche Asphaltvorkommnisse im Bündner Schiefer. - Jber. Natf. Ges. Grbd., NF, 54, Chur 1913, 67-70. - Bespr. GZ 23/1055; EgH 13, 1914, 680.

Oebbeke K. Führer zur Ausstellung nutzbarer Mineralien, Gesteine, Mineralwässer Bayerns auf der Bayer. Jub.-Lds.-Ind.-, Gew.- u. Kunstausstellung zu Nürnberg 1906 ... - München (Lindauer) 1906, 82 S. - Bespr. GZ 8/1786.

— u. **Kernaul M.** Die Braunkohlenvorkommen Bayerns. - Z. f. Gewinnung u. Verwertung der Braunkohle, 5, 1907, Nr. 50, 799-806. - Bespr. GZ 10/284.

— — Geologische Verbreitung der Braunkohlen in Bayern. - Handbuch f. d. deutschen Braunkohlen-Bergbau, Halle a. S. 1907, 63-73 (3. Aufl. 93-104). - Bespr. GZ 10/1863.

Oebbeke K. Die neue Jodquelle bei Wiessee am Tegernsee. - Z. d. Internat. Ver. d. Bohrtechn., 1913, Nr. 18, 208-210. - Bespr. GZ 20/710; Z. f. prakt. Geol., 21, 1913, 204.

Oberholzer J. Das Eisenerzvorkommen am Gonzen bei Sargans. - In: Die Eisen- u. Manganerze der Schweiz, Beitr. z. Geol. d. Schw., Geotechn. Ser., 13. Lfrg, 1. Bd, Bern 1923 (1926), 155-204. - Bespr. GZ 34/1494.

Obermayer A. v. † (Pošepný F.) Biographische Notizen. Die Bergbauverhältnisse im Rauriser Goldberggebiete. - Jber. Sonnblick-Ver., 23, 1914, Wien 1915, 1 K.

Obpacher H. Moderne angewandte Geophysik in Geologie und Bergbau. (Vortr.) - Ber. Nat.-med. Ver. Innsbruck, 39, 1924, röm. 42.

Obrutschew W. A. Die Bildung der Gebirge und der Erzlagerstätten. - Akad. d. Wiss. N.S.S.R., Wiss. popul. Lit., Leningrad 1932, 149 S., 26 Abb. (Russisch.) - Bespr. GZ 48A/395.

Ohnesorge Th. Die Fahlerzvorkommen von Schwaz (Tirol). (Vortr.) - Bespr. VRA 1906, 188-189.

— Über Beziehungen zwischen Erzlagerstätten und Gebirgsbau in der Umgebung von Schwaz und Brixlegg in Tirol. - Österr. Z. f. Berg- u. Hüttenw., 59, 1911, 601-603; Z. d. Österr. Ing.- u. Arch.-Ver., 63, Wien 1911, 44. - Bespr. GZ 18/1250.

— Geologisches Gutachten über das Arsenkiesvorkommen Rotgülden. - Leoben 1917. (Unveröffentlicht.)

— Aufnahmsberichte aus den Kitzbüheler Alpen. - VStA 1920, 18-19; 1921, 13-14; VBA 1922, 18; 1923, 16-18; 1924, 17-18; 1925, 13.

— Bericht über geologische Untersuchungen um Wald und Krimml im Oberpinzgau. - Anzg. Ak. d. Wiss. Wien, 66, 1929, 200-202. - Bespr. GZ 45/142.

Okorn F. Erdbebenbeobachtungen in Bergbauen. - Österr. Z. f. Berg- u. Hüttenw., 57, Wien 1909, 171-173.

Oreglia E. Notizie sull'industria mineraria nella Venezia sotto il dominio della Repubblica. - Riv. d. serv. min., Roma 1913, appendice.

Oertelius F. u. **Reis O. M.** Die wirtschaftliche Bedeutung des Kössener Beckens. Geolog. Skizze der Umgebung von Schwendt bei Kössen. - Innsbruck-München (G. Schuh) 1908, 18 S., 1 K. - Bespr. VRA 1908, 182.

Oss-Mazzurana F. u. **Hesse R.** Die Betriebe der Kupfererz-Bergbaugesellschaft „Oss-Mazzurana" in Predazzo. - Metallurgie, 6, H. 18-19, 1909, 569-596, 1 Taf.

Osswald K. Jodwasser und Erdöl bei Bad Wiessee. - In: Das Tegernseer Tal, Kur- und Fremdenzeitung, Nr. 2 vom 29. 5. u. Nr. 3 v. 5. 6. 1932.

Ottenthal E. v. Zur Verwendung des Vinschgauer Marmors. - Der Schlern, 8, 1927, 282.

Pacchioni A. L'industria della distillazione del carbon fossile in Italia (1838-1930). - La Ricercha Scient, 1931, 315-340.

Pallas P. S. Einige Bemerkungen über den Labradorstein oder schillernden Quarzspat. - Neue Nordische Beiträge zur phys. u. geogr. Erd- u. Völkerbeschreibung, Naturgesch. u. Ökonomie, 2, St. Petersburg 1781, 233. (Bleiberg in Kärnten.)

Paracelsus Th. Etliche Traktat: 1. Von natürlichen Dingen. 2. Beschreibung etlicher Quellen. 3. Von Metallen. 4. Von Mineralien. 5. Von edlen Gesteinen. - Straßburg 1582, 499 S.

Paret O. Bergbau auf Metalle im Altertum. - Natwiss. Monatsschr. Aus der Heimat, 45, 1932, H. 1, 305-316, 5 Abb. - Bespr. GZ 50A/1182.

Parker R. L. Die Gesteine der Talklagerstätten von

Disentis und Surrhein im Bündner Oberland. – Inaugdiss. Zürich (Freiburg i. Br.), 1920, 78 S.

— Serpentin und Talk von Disentis-Surrhein. – Schw. Min. u. Petr. Mitt., 1, 1921, 7—43. – Bespr. GZ 29/794.

— Turmalinführende Pyritgänge bei Disentis. – Verh. Schw. Natf. Ges., 105. Jvers. Luzern, 1924, 2. Teil, 160; Schw. Min. u. Petr. Mitt., 4, Zürich 1924, 357–358.

Patriciu V. u. **Teichmüller R.** Die kretazischen Ölschiefer und Globigerinenkalke des Nonsberges und der nördlichen Brentagruppe. – Z. DGeolGes., 82, 1930, 241–252, 1 T., 5 Abb. – Bespr. GZ 44/202, 45/490; NJb. 1932/2, 552.

Paul H. Über den gegenwärtigen Stand der Torfmoorforschung in Oberbayern. – Ber. Bayr. Botan. Ges., 1905.

— Vorkommen, Pflanzenwelt, Meliorierung und Erhaltung der bayerischen Moore. – Moorschutzheft (H. Conwentz), 5, H. 2, Berlin 1916, 209–219. – Bespr. GZ 23/174.

Paweck H. Über die Erz-, Metall- und Kunstdüngerversorgung Deutschösterreichs. – Z. Öst. Ing.- u. Arch.-Ver., 72, Wien 1920, 281–283, 288–291.

Pegger E. In alten Bergwerksstollen bei Laces. (Latsch.) – Dolomiten, v. 3. 3. 1934, S. 6.

Pellegrini G. Notiz über eingesendete Marmorarten aus dem Venetianischen. – JbRA 1856, 813–814.

Pelloux A. La miniera di Scheelite della Bedovina in Val di Fiemme (Venezia Tridentina). – La Miniera it., a. 3, n. 3, Roma 1919, 91–95.

Penck A. Das Land Berchtesgaden. Die Oberflächengestaltung und ihre Entstehung. – Z. DÖAV, 1885, 219–265. – Bespr. NJb. 1887/1, 54.

Perscha J. Das Blei- u. Galmeibergwerk auf der Jauken in Oberkärnten. – Carinthia, 1873, 215ff.

Peters K. Einige Bemerkungen über blei- und zinkerzführende Lagerstätten in Kärnten. – Berg- u. Hüttenm. Ztg, Freiberg 1863, 125ff. u. Österr. Z. f. Berg- u. Hüttenw., Wien 1863, 187ff.

Petersen Th. Nickelhaltiges Magneteisen von Pregratten in Tirol. – NJb. 1867, 836–838.

Petrascheck W. Die Kohlenversorgung Deutschösterreichs südlich der Donau. (Antrittsvorlesung.) – Bergbau u. Hütte, 1919. – Bespr. GZ 24/1197.

— Tektonische Untersuchungen am Alpen- und Karpathenrande. – JbStA 1920, 255–272, 4 Abb. – Bespr. GZ 27/96.

— Die Kohlenlager und Kohlenbergbaue Österreich-Ungarns und ihre Aufteilung auf die Nationalstaaten. – Wien (Verlag f. Fachlit.) 1920, 62 S., 1 K. – Bespr. GZ 25/1017, 27/3.

— Die Heizwerte der Kohlen Österreichs und der Nationalstaaten. – Montan. Rdschau, 12, Wien 1920, 345ff.

— Kohlengeologie der österreichischen Teilstaaten. I. Die Kohle führenden Formationen. – Berg- u. Hüttenm. Jb., 69/70, H. 2, Wien 1921/22, 1–20.

— Kohlengeologie der österreichischen Teilstaaten. II. Allg. Kohlengeologie. – Berg- u. Hüttenm. Jb., 69/70, H. 3, Wien 1921/22, 1–30. – Bespr. GZ 29/112.

— Kohlengeologie der österreichischen Teilstaaten. I. Teil. – Wien (Verl. f. Fachlit.) 1922/24, 212 S., 124 Fig., 6 Taf. – Bespr. VBA 1924, 207.

— Kohlengeologie der österreichischen Teilstaaten. VI. Braunkohlenlager der österreichischen Alpen. (2. Teil.) – Berg- u. Hüttenm. Jb., 72, 1924, H. 2, 1–24. – Bespr. NJb. 1933/3, 937.

— Zur Frage der Braunkohlensümpfe. – Braunkohle, 24, 1925, 593–595.

— Das Alter alpiner Erze. (Vortr.) – VBA 1926, 108–109. – Bespr. GZ 36/742; NJb. 1928/2, 188.

— Zur Klärung der Begriffe Steinkohle und der Braunkohlenarten. – Braunkohle, Halle a. S. 1926, H. 33, 4 S.

— Die Steinkohlen der Alpen (Deutschösterr. u. ital. Gebiet). – Z. d. Oberschles. Berg- u. Hüttenm. Ver. Kattowitz, 1926, 516–525, 593–605.

— Metallogenetische Zonen der Alpen. – Resumen de las communic. annunciad. 14. Intern. Geol.-Kongr. Madrid, 1926, 97–98.

— Metallogenetic Zones in Eastern Alps. – The Pan Americ. Geol. 47, Des Moines 1927, 109–120. Deutsch: Metallogenetische Zonen in den Ostalpen. Extr. d. Compt.-Rend. XIVe Congr. Géolog. Internat. 1926, Madrid 1928, 1243–1253. – Bespr. GZ 41/23.

— Steinkohlenfloren und Karbonfloren, Braunkohlenfloren und Tertiärfloren. – Berg- u. Hüttenm. Jb., 75, 1927, H. 1, 2 S.

— Übersicht der Karbonablagerungen im Bereiche des ehemaligen Österreich-Ungarns. – Congrès de stratigraphie carbonifère, Liège 1928, 513–515.

— Die Industrie der kristallinen Magnesite. – Internat. Bergw. und Bergtechnik, 23, 1930, 155–160. – Bespr. NJb. 1931/2, 105.

— Die mechanischen Gesetzmäßigkeiten der Bruchtektonik in Bleiberg (Kärnten). – Zbl. f. Min., Abt. B, 1931, 477–483, 5 Abb.

— Die Magnesite und Siderite der Alpen. Vergleichende Lagerstättenstudien. – Sber. Ak. d. Wiss. Wien, math.-natw. Kl., Abt. 1, 141, 1932, 195–242, 6 Fig. – Bespr. GZ 48A/1039; Z. f. prakt. Geol., 41, 1933, 55.

Pfaundler A. v. Geognostische Nachrichten über die Gebirge von Innsbruck bis Meran und Brixen, dann von Innsbruck bis Bregenz und endlich vom Tale Lisens und einem Teil des Ötztals. – Z. f. Tirol u. V., Innsbruck (Ferd.), 1, 1825, 281–307.

— (F. R. v. P.) Mineralogische Exkursion in der Gegend von Neustift im Tale Stubai. – Z. f. Tirol u. V., 7, Innsbruck (Ferd.), 1832, 243–249.

Pf(aundler) A. v. Kurze Notizen und Bemerkungen über die von Augustin auf Kommission des Ferdinandeums in d. J. 1833 u. 1834 vorgenommenen mineralogischen Gebirgsreisen. – Neue Z. d. Ferdin., 1, Innsbruck 1835, 119–122.

— Verschiedenes über Mineralogie und Geognosie von Tirol. – Neue Z. des Ferdin., 3, Innsbruck 1837, 164–168.

Pfaundler A. v. Versuch über die mineralogisch-geognostischen Arbeiten, Nachrichten und Entdeckungen in Tirol und Vorarlberg. – Innsbruck 1846, 19 S.

Pfeffer A. Bergfahrten in den Goldtauern. – Österr. Z. f. Berg- u. Hüttenw., 40, Wien 1892, 221ff. – Bespr. NJb. 1893/2, 79.

Pferschy A. Karte der nutzbaren Minerallagerstätten der Provinzen Bolzano (Bozen) und Trento. – Berg- u. Hüttenm. Jb., 77, 1929, 97–104, 1 K. – Bespr. NJb. 1930/2, 255; Arch. p. l'Alto Adige, 25, 1930, 877.

Pfund K. Bergbauversuche im Isarwinkel und Werdenfelser Gebiete im 15. Jahrhundert. – Z. DÖAV, 1895, 36–43.

Pfunderer Berg. (Trinker J.?.) Erzlagerstätten an der Rothlahn am – unfern Klausen in Tirol. – Österr. Z. f. Berg- u. Hüttenw., Wien 1853, 182. – Bespr. Bl. 56.

Pichler A. v. Zur Geologie des Kaisergebirges in Tirol. (Stratigraphie, Berichtigung der Brüder

Schlagintweit, Kohle von Häring.) - NJb. 1858, 444-446.
— Beiträge zur Geognosie Tirols. Aus dem Inn- und Wipptale. - Z. Ferdin., 3. F., 8. H., Innsbruck 1859, 137-232, 1 K., 30 Prof. - Bespr. VRA 1859, 45; NJb. 1859, 753; TB 1859, 381; Bl. 150.
— Zur Geognosie Tirols. (Zweite Folge.) I. Am Schwazer Bergbau. - Z. Ferdin., 3. F., 9. H., Innsbruck 1860, 1-16, 1 K., 2 Prof. - Bespr. Bl. 158.
— Zur Geognosie Tirols. (Stanerjoch, Walderalm, Stratigr.) - JbRA 1861/62, 531-532. - Bespr. TB 1862, 933; Bl. 176.
— Zur Geognosie des Haller Salzberges. (Pflanzenabdrücke und Kohle im Salzton.) - VRA 1861/62, 194-195.
— Zur Geognosie Tirols. (Stanerjoch, Stratigr. u. Paläont. Karw.) - NJb. 1862, 868-869. - Bespr. Bl. 177.
— Beiträge zur Geognosie Tirols. (3. Folge.) (Höhen nördl. Inntal v. Zirl bis z. Achensee, Stanerjoch-Überschiebung.) - Z. Ferdin., 3. F., 11. H., Innsbruck 1863, 48 S., 8 Prof. - Bespr. NJb. 1864, 372; Bl. 184.
— Nach Schwaz. - Heimgarten, 1, 30, München 1864, 474-478.
— Beiträge zur Geognosie Tirols. I. Megalodon triqueter Wulf. in den „oberen Schichten der Cardita crenata". (Zirl.) II. Bonebed und Jura in der Ötztaler Masse. (Imsterberg.) III. Über Seeben. IV. Eruptivgestein vom Wetterstein. V. Asphaltschiefer bei Tarrenz. - JbRA 1866, 501-504. - Bespr. VRA 1866, 141; TB 1866, 1097, 1101; Bl. 230.
— Beiträge zur Geognosie Tirols. VII. Die erzführenden Kalke von Hopfgarten bis Schwaz. Auszüge: VIII. Gneis aus der Gegend von Schwaz. IX. Asphalt im Hauptdolomit. (Zirl.) X. Fossiles Harz. (Telfs.) XI. Megalodon triqu. im Hauptdol. (Zirl.) XII. Trias des Stubai. - VRA 1867, 236-237, 367-368.
— Beiträge zur Geognosie Tirols. VIII. Gneis aus der Gegend von Schwaz. IX. Asphalt im Hauptdolomit. (Telfs.) X. Megalodon triqueter im Hauptdolomit. (Zirl.) XI. Fossiles Harz. (Telfs.) XII. Die Trias des Stubai. XIII. Bactryllienmergel von Arzl. XIV. Zur Fauna der „oberen Carditaschichten". (Zirl.) XV. Mineralogisches. (Zirl.) - JbRA 1868, 45-52. - Bespr. NJb. 1870, 112.
— Beiträge zur Geognosie und Mineralogie Tirols. XVI. Aus den oberen Carditaschichten des Achentales. XVII. Die Zone des Ammonites planorbis in Nordtirol. (Leutasch u. Pfonserjoch.) XVIII. Die Gosauformation des Sonnwendjoches. XIX. In der Wildschönau. XX. Findlinge von Eruptivgesteinen bei Innsbruck. XXI. Mineralien aus dem Phyllit bei Innsbruck und vom Madersbacher Köpfl. XXII. Eine alte Mineralogie. (Landreim v. G. Rösch, 1558.) - JbRA 1869, 207-216. - Bespr. VRA 1869, 101.
— Tirolische Mineralien. (Pfunders, Navis.) - NJb. 1877, 63.
— Alpine Salzformation am Vorderen Sonnwendjoch. - TB 1881, 2019.
— Zinnober, Rauschrot und Rauschgelb in Tirol. (Kitzbühl. A., Karw., Lecht. A., Arzl bei Imst, Pustertal.) - Tscherm. Min. u. petr. Mitt., 5, 1883, 381.
— Beiträge zur Mineralogie und Geologie Tirols. (Einzelheiten von Sulferbruck, Höttinger Graben, Karw., Achental, Oberinntal.) - VRA 1888, 298-300.
Pichler Aug. Aus den Vereinsabenden der Sektion Klagenfurt. (Schieferkohlenflöz bei Feistritz an der Gail.) - Blge zur Österr. Z. f. Berg- u. Hüttenw., 1890, 28.
— Der Zink- u. Bleibergbau Kolm bei Dellach in Kärnten nach dem Stande vom 26. Jänner 1901. - Montanztg, Graz 1908, 172ff.
Piepoli P. Contributo allo studio delle alluvioni aurifere dei fiumi Adda e Oglio. - Boll. Soc. geol. it., v. 47, f. 1, Roma 1928, 49-54; La Miniera it., a. 12, n. 9, Roma 1928, 312-314.
Piersanti C. Le principali ricchezze industriali, agricole e minerarie di Merano. - Ann. R. Lic. Scient. Evang. Torricelli, an. 9, Meran (Pötzelberger) 1931/32, 5-37, ill.
Pietsch O. Die Molassekohle des Pfändergebietes. - Z. Braunkohle, 1910, 645.
Pinamonti. Le miniere d'oro di Tassullo. Le miniere di ferro della Val di Rabbi. - Giorn. agr. dei distr. Trentini e Roveretani, Trento, an. 6, 1845, Nr. 35-36.
Piperoff Chr. Geologie des Calanda. - Beitr. z. geol. Karte d. Schw., NF, 7, Bern 1897, 66 S., 1 Taf., K. 1:50000. - Bespr. VRA 1898, 116; NJb. 1900/1, 254; PetMitt., 44, 1898, Litber., 25; Jber. Natf. Ges. Grbd., NF, 41, Chur 1898, 146; EgH 5, 1898, 380, 399, 406, 445, 455; Arch. d. sc. phys. et nat., 6, Genève 1898, 283, 340, 343, 357; Ann. d. Géogr., 7, Paris 1897, 92.
Pittioni R. Einiges über die Urgeschichte Tirols. - Tiroler Heimatblätter, 9, 1931, 331-333, 369-373, 411-414, 6 Abb.
— Bergknappen vor 4000 Jahren. Ein Lebensbild. - Natur und Kultur, 30, Innsbruck (Tyrolia) 1933, 207-212.
— Die Wissenschaft vom Spaten. - Tir. Heimatbl., 12, 1934, 233-237.
Plank H. Führer durch das Bergbaumuseum zu Hall in Tirol. - Ebd. (Bergbaumuseum) 1931, 14 S.
Plattner P. Geschichte des Bergbaues der östlichen Schweiz. - Chur 1878, 112 S. - Bespr. Jber. Natf. Ges. Grbd., NF, 21, Chur 1878, 107.
Platzer H. Geschichte des Bergbaues an der Goldzeche. - Handschr., Montanbibl., 1827.
— Der Großfraganter Kupferbergbau. - Carinthia, 1870, 176ff.
Ployer C. v. Extrakt über den Betrieb und Wohlstand der Bergwerke im 15. Jahrhundert und die Emigrationsgeschichte der Evangelischen i. J. 1600, dessen Zustand in Kärnten nach den alten Oberberg- und Fronamtsamten. - 1789.
— Fragment von dem Zustande der Bergwerke in Kärnten im 16. Jahrhunderte. - In: Bergbaukunde von v. Born u. Trebra, 1, Leipzig 1789.
— Über die Flintensteinfabrikation in Südtirol. - Molls Jb. f. Berg- u. Hüttenkde, 4, 1800, 151-160
Pöll J. Die Ölbrennereien in Seefeld. - Tiroler Heimatblätter, 9, 1931, 15-17.
Polli P. u. **Lucchetti P.** I minerali di ferro nelle valli Bergamasche. - Atti Soc. It. Sc. nat., v. 22, Milano 1879.
Portis A. Di alcune specie di mammiferi del Pliocene superiore e dell'età del deposito lignitico di Leffe. - Boll. Soc. geol. it., v. 17, f. 4, Roma 1898, 244-251.
Pösendeiner H. Die Wiederaufrichtung der Stubaier Kleineisenindustrie. - Blätter f. Gesch. d. Technik, 1. H., Wien (Springer) 1932, 128-137, 1 Abb.
Pošepný F. Über alpine Erzlagerstätten. (Vortr.) - VRA 1870, 124-126.

— Die Blei- und Galmei-Erzlagerstätten von Raibl in Kärnten. - JbRA 1873, 317-424, 3 Taf.
— Das Goldvorkommen in den Alpen. - Österr. Z. f. Berg- u. Hüttenw., Wien 1878, 517-519.
— Über die Erzlagerstätten am Schneeberg in Tirol. - Österr. Z. f. Berg- u. Hüttenw., Wien 1879, 106ff.
— Die Goldbergbaue der Hohen Tauern mit besonderer Berücksichtigung des Rauriser Goldberges. - Arch. f. prakt. Geol., 1, Wien 1880, 1-256, K. 1:75000, 3 Taf. - Bespr. VRA 1879, 330.
— Die Erzlagerstätten von Kitzbühel in Tirol und dem angrenzenden Teile Salzburgs. - Arch. f. prakt. Geol., 1, Wien 1880, 257-440, K. 1:75000, 4 Taf. - Bespr. VRA 1880, 311.
— Die Erzlagerstätten am Pfundererberg bei Klausen in Tirol. - Arch. f. prakt. Geol., 1, Wien 1880, 441-487, K. 1:7500 u. Skz. - Bespr. VRA 1880, 311.
— Über den alten Bergbau von Trient. - Archiv f. prakt. Geol., 1, Wien 1880, 519-528, 2 Fig.
— Geologie und Bergbau in ihren gegenseitigen Beziehungen. - Archiv f. prakt. Geol., 1, Wien 1880, 529-631.
Pothmann W. Die Kohlenwirtschaft Bayerns bis Ende 1920. (Ref.) - Die Braunkohle, 20, 1921, Nr. 8, 122-125.
Potonié R. Einführung in die allgemeine Kohlenpetrographie. - Berlin (Borntraeger) 1924, 285 S., 80 Abb. - Bespr. GR 18, 1927, 471.
— Die mikroskopischen Haupttypen der „Ölschiefer" und ihrer Verwandten. - Pompeckj-Festband, NJb., Bbd 58, Abt. B, 1927, 335-352, 4 Taf. - Bespr. GZ 36/2.
— Allgemeine Petrographie der „Ölschiefer" und ihrer Verwandten mit Ausblicken auf die Erdölentstehung (Petrographie der Sapropelite). - Berlin (Borntraeger) 1928, 173 S., 27 Abb. - Bespr. GZ 38/441.
Prettner J. Die höchste Menschenwohnung in Europa. (Goldzeche in der Goldberggruppe.) - Carinthia, 65, 9, 10, Klagenfurt 1875, 8 S.
Prinz. Die Kohlenfrage in Bayern. - Dinglers polytechn. Journal, 1920, 49.
Prinzinger H. Geolog. Notizen aus der Umgebung des Salzbergwerkes zu Hall i. T. Mit Anmerkungen von M. V. Lipold. - JbRA 1855, 328-350. - Bespr. NJb. 1856, 360; Bl. 81.
Přiwoznik E. Das Berg- u. Hüttenwerk in Agordo. - Monographien des Museums für Geschichte der österr. Arbeit, H. 7, Wien (A Hölder) 1896, 28 S.
Quenstedt W. Fossile Evertebraten in Verwendung als Schmuck, Gerät, Amulett und Verwandtes. - Die Rohstoffe des Tierreiches, 2, 2. Lfrg, Berlin (Borntraeger) 1929, 281-293, 3 Abb.
Quervain F. de. Die Erzlagerstätten am Parpaner Rothorn. Histor. Abschn. v. A. Streckeisen. - Beitr. z. Geol. d. Schw.. Geotechn. Ser., 16. Lfrg, H. 2, Bern 1931, 49-70, 2 Taf., 4 Fig. - Bespr. GZ 46A/1759; GR 23, 1932, 75; NJb. 1933/2, 730.
— Petrographische Untersuchungen an Schotter- und Pflastersteinmaterialien. I. Sandsteine und Echinodermenbreccien der Gargasienstufe (Mittlere Kreide) der helvetischen Kalkvoralpen. - Beitr. z. Geol. d. Schw., Geotechn. Ser., Kleinere Mitt. Nr. 1, Zürich (Leemann) 1931, 44 S., 2 Taf., 16 Abb.; Schw. Min. u. Petr. Mitt., 11, H. 2, 1931, 183-226, 2 Taf., 16 Abb. - Bespr. GZ 47A/2011, 48A/991; Z. f. prakt. Geol., 40, 1932, 191; GR 24, 1933, 122.
— Nutzbare Gesteine und Mineralien der Schweiz. - In: Geol. Führer der Schweiz, herausgeg. v. d. Schweiz. Geol. Ges., Basel (Wepf) 1934, Fasz. I, 15-25.
— u. **Gschwind M.** Die nutzbaren Gesteine der Schweiz. (Einführung von P. Niggli.) - Herausgeg. v. d. Geotechn. Komm. d. Schwz. Natf. Ges., Bern (Huber) 1934, 456 S., 65 Abb., 4 Taf. - Bespr. PetMitt., 80, 1934, 316; Mitt. Geol. Ges. Wien, 26, Wien 1934, 222; GR 25, 1934, 362.
Ragazzoni G. B. Sulla Blenda della Val Trompia. - 1826.
— Della pietra litografica rinvenuta presso Brescia. - 1831/32.
— Sulle miniere di piombo e di rame delle valli Trompia e Sabbia. - 1853.
— Notizie sopra alcune nuove miniere della provincia Bresciana. - 1857.
— Osservazioni stratigrafiche sulla provincia Bresciana, in ispecie sul terreno ferrifero e sulle formazioni porfiriche; lavorature dei minerali ferriferi in confronto coi processi esteri, specialmente in Inghilterra. - Comm. Aten. di Brescia, 1862-1864.
Ragsky Fr. Nickelgewinnung zu Nöckelberg in Salzburg. - JbRA 1854, 437-438.
Raich M. Der Salzverkehr von Hall nach Bregenz. - Westallgäuer Heimatbl., 4, 1930, 49-52, 57, 65, 73, 81-83, 89-91.
Rainer L. St. Promemoria über die Zillertaler Goldbergbaue. - Handschrift o. J. (nach 1877), 10 S.
— Die alpinen Goldbergbaue und die Goldtiefenfrage. - Ber. 4. Allgem. Bergmannstag, Wien 1888. - Bespr. Mitt. Sekt. f. Natkde ÖTC, 1, 1889, 31.
— Bergmännische Streifzüge in den Tauern. - Mitt. Sekt. f. Natkde ÖTC, 2, Wien 1890, 17-21, 25-27.
— Gold in Österreich-Ungarn. - Mitt. Sekt. f. Natkde ÖTC, 4, 1892, 1-3, 12-13.
— Großfraganter Kupferbergbau. - Villach (J. Muhr) 1895, 7 S.
— Der Bergbau in den Ostalpen. - Österr. Touristenztg, 19, 1899, 146, 157.
— Die versuchte Unterteufung des Hohen Goldberges in der Rauris. (Vortr.) - Z. Österr. Ing.- u. Arch.-Ver., 52, Wien 1900, 378.
— Wiederaufnahme des Goldbergbaues in den Hohen Tauern. - Montanztg, 17, Graz 1910, 398-399.
— Ein neuer Golderzaufschluß in den Hohen Tauern. (Siglitztal.) - Österr. Z. f. Berg- u. Hüttenw., 59, 1911, 43-50. - Bespr. Z. Österr. Ing.- u. Arch.-Ver., 63, Wien 1911, 154; GZ 16/935; Mitt. Geol. Ges. Wien, 5, 1912, 118.
— Die Pinzgauer Kupferbergbaue. - Österr. Z. f. Berg- u. Hütten.w, Wien 1914, 249-250.
— Der Großfraganter Kiesbergbau. - Bergbau u. Hütte, 5, Wien 1919, 237-245, 259-264. - Bespr. GZ 26/575.
Rákóczy S. A Muraköz és a Györ melleti Dunaszakasz aranyfövenye, összefüggésben a „Tauern" havas arany telézeivel. (Der Goldsand der Muraköz und des Donauabschnittes bei Györ im Zusammenhang mit den Goldgängen des Tauerngebirges.) - Bányáaszati és Kohászati Lapok, 38, Bd 1, 537-553, Budapest 1905. (Ung.) - Bespr. GZ 8/935, 936.
Rasch R. Über Ölschiefervorkommen in Kärnten. (Unteres Gailtal.) - Die Wasserwirtschaft, Wien 1924, 133. - Bespr. GZ 31/200.
Rath G. v. Über die Quecksilbergrube Vallalta in den Venetianischen Alpen. - Z. DGeolGes., 1864, 121-135, 1 Taf. - Bespr. NJb. 1864, 722; Bl. 211.

Reck H. u. **Klebelsberg R. v.** Das Schlackenvorkommen von Elvas bei Brixen, Südtirol. - Z. f. Vulkanologie, 11, 1928, 175-180, 2 Taf. - Bespr. GZ 39/200; NJb. 1931/2, 663.

Redlich K. A. Die Typen der Magnesitlagerstätten. (Hall, Greiner u. a.) - Z. f. prakt. Geol., 1909, 300-310. - Bespr. GZ 14/751.

— Ein Beitrag zur Genesis der alpinen Kieslagerstätten. - Z. f. prakt. Geol., 20, 1912, 197-200, 6 Abb. - Bespr. GZ 18/440; Z. f. Krist., 55, 1915-1920, 106.

— Das Schürfen auf Erze von ostalpinem Charakter. - Mont. Rdsch., 1912, 1145-1153.

— Die Bildung des Magnesits und sein natürliches Vorkommen. (Vortr.) - Fortschr. d. Min., 4, 1914, 9-42, 1 Fig.

— Das Bergrevier des Schwarzleotales (Nöckelberg, Vogelhalten, Schwarzleo). - Z. f. prakt. Geol., 1917, 41-49. - Bespr. GZ 26/41.

— Sind die ostalpinen Karbonatlagerstätten und die mit ihnen genetisch verwandten Talke sedimentären Ursprungs? - Z. f. prakt. Geol., 34, 1926, 65-67. - Bespr. GZ 36/1358; NJb. 1927/1, A, 127.

— Bemerkungen zu H. Mohrs: Zur Entstehungsfrage der alpinen Spatmagnesite vom Typus Veitsch. - Z. f. prakt. Geol., 1926, 125-126. - Bespr. GZ 37/327.

— Beobachtungen an schichtigen Kieslagerstätten der Alpen und Karpathen. - Resumen de las communic. annunc. 14. Intern. Geol.-Kongr. Madrid 1926, 99; C. R. 14 Congr. géol. int. Madrid 1926, III (1928), 1255-1266.

— Die Geologie der innerösterreichischen Eisenerzlagerstätten. - Beitr. z. Gesch. d. österr. Eisenwesens, Abt. 1, H. 1, Wien-Berlin-Düsseldorf 1931, 165 S., 78 Abb., 7 K. - Bespr. GZ 47A/1767; Z. f. prakt. Geol., 40, 1932, 143; GR 24, 1933, 122; Z. f. Krist., Abt. B, Min. u. Petr. Mitt., 43, 1933, 196.

Reh A. Das Kupferkies- u. Schwefelkiesvorkommen von Prettau im Ahrentale (Südtirol). - Z. f. d. Berg-, Hütten- u. Salinenwesen im Preuß. Staate, Berlin 1883, 166.

Reindl J. Das Erdölvorkommen von Tegernsee. - Petroleum, 1911.

Reinecke P. Die Bedeutung der Kupferbergwerke der Ostalpen für die Bronzezeit Mitteleuropas. - Schumacher-Festschr., Mainz 1930, 107-115.

— Zur Geschichte des prähistorischen Kupferbergbaues um Bischofshofen. - Mitt. Anthrop. Ges. Wien, 63, 1933, 223-228. - Bespr. GZ 51 A/323.

Reis O. M. Zur Geologie der Eisenoolithe führenden Eozänschichten am Kressenberg in Bayern. - Geogn. Jh., 10, 1897 (1898), 24-49, 2 T. - Bespr. Mitt. Geogr. Ges. München, 8, 1911, 63.

— Geolog. Skizze der Umgebung von Schwendt bei Kössen. - Innsbruck-München (G. Schuh) 1908, 6 S., K. 1:50000. - Bespr. VRA 1908, 182. (S. a. Oertelius.)

— Über die Kohlenfunde im bayrischen Allgäu und in Vorarlberg der Süddeutschen Bergwerksgesellschaft Kempten. - Gutachten, April 1911.

— Über neue alpin-geologische Aufschlüsse und tektonische Folgerungen. (Peißenberg.) - Geogn. Jh., 29/30, 1916/17 (1919), 327-329.

— Einzelzelheiten über Gesteinsarten, Schichtung und Aufbau des Niederbayerischen Tertiärs rechts der Isar. - Geogn. Jh., 31/32, 1918/19 (1920), 93-118, 2 T., 1 Skz. - Bespr. NJb. 1922/2, 83.

— Nachträge zur Geolog. Karte der Vorderalpenzone zwischen Bergen und Teisendorf. - 1. Teil, Geogn. Jh., 33, 1920 (1922), 203-232, 1 K., 1 Abb.; 2. Teil, Geogn. Jh., 34, 1921 (1922), 223-244, 1 T., 3 Abb. - Bespr. GZ 30/693, 694.

— Die Nummulitenschichten im Grüntener Bogen. - Geogn. Jh., 39, 1926, 22-24.

— Bemerkungen zu dem Fund eines Baumstammes in der brackischen Molasse von Hausham. - Geogn. Jh., 39, 1926, 25-36.

— Cenomaner Brockenmarmor vom „Weißen Haus" in Tirol. (Nächst Füssen.) - VBA 1931, 84-88. - Bespr. GZ 46A/424.

Reiser K. Geschichte der Blei- und Galmeibergwerke am Rauschenberg und Staufen. - München 1895.

Reissacher K. Die goldführenden Gangstreichen der Salzburgischen Zentralalpenkette. - Haidingers Natwiss. Abh., Wien 1848, 2. Bd, 2. T., 17.

— Bruchstücke aus der Geschichte des Salzburger Goldbergbaues. - Jber. Carolino-Augusteum, Salzburg 1860.

— Die geognostische Sammlung des k. k. Bergamtes in Böckstein. - Mitt. Ges. f. Salzb. Ldskde, Salzburg 1862.

— Mitteilungen aus dem Bergbaurevier Gastein und Rauris. - Mitt. ÖAV, 1, Wien 1863, 73-105.

— Der Rathauskogel und der Kreuzkogel in der Gastein. - Mitt. ÖAV, 1864, 183-215.

Reitzenstein W. Frh. v. Beiträge zur Kenntnis der Großfraganter Kieslagerstätte. - Z. f. prakt. Geol., 22, 1914, 197-212, 4 Abb. (Enthält auch Handschriftenangabe.)

Repossi E. Gli scisti bituminosi di Besano in Lombardia. - Rend. R. Acc. d. Linc., s. 5, v. 18, f. 4, 1 sem., Roma 1909, 197-201; Atti Soc. it. Sc. nat., v. 48, f. 1, Milano 1909, 1-34, 1 Taf. - Bespr. Boll. Com. geol. d'It., 41, 1910, 363; GZ 14/944, 15/609.

— Gli scisti bituminosi di Besano e la loro utilizzazione dal punto di vista industriale. - Riv. mens. di Sc. nat. „Natura", v. 2, Milano 1911, 338-348, 353-360, 8 Fig. - Bespr. GZ 18/234.

— Il caolino di Oleggio Castello presso Arona. - Atti Soc. it. Sc. nat. e Mus. civ. Milano, v. 54, Pavia 1915, 52-62.

— Galeno e blenda nella dolomia di Bisuschio (Varese). - Natura, v. 13, Milano 1923, 97-99.

Richter E. Waldpflege in der Vorzeit. - Mitt. DÖAV, 1883, 295-297.

— Über den Goldbergbau in den Hohen Tauern. - Mitt. DÖAV, 1897, 146; Mitt. Geogr. Ges. Wien, 40, 1897, 560. S. a. Goldbergbau.

Richter M. Zur Frage des Erdöls am Tegernsee. - Petroleum, 20, Nr. 9, 1924, 315.

Rieder K. u. **Zailer V.** Nachweis der Moore in Niederösterreich, Oberösterreich, Steiermark, Kärnten, Krain, Tirol und Mähren. - Im Auftr. d. Ackerbaumin. herausgeg. v. d. landwirtsch.-chem. Versuchsstation Wien; Z. f. Moorkultur u. Torfverwertung, Wien 1911. - Bespr. Carinthia II, 1923, 147.

Riedl E. Die Goldbergbaue Kärntens und ihre Bedeutung für die Jetztzeit. Vom histor. wie vom bergmänn. Standpunkte. - Österr. Z. f. Berg- u. Hüttenw., Wien 1873; Sep.-Abd. 32 S.

Riepenhausen A. u. **Lechner H.** Die Tarntaler oder Lizumer Berge. - Z. DÖAV, 1931, 227-245, 10 Abb.

Riepl. Geologische Verhältnisse des Bergbaues am Rathausberge. - Bull. d. l. Soc. géol. d. France, 3, 1832-1833, 142; 7, 1835-1836, 13.

Ritter U. Das Eisenbergwerk am Gonzen bei Sargans. - Mitt. Geogr.-ethnogr. Ges. Zürich, 21, 1920/21 (1922), 5-34.

Roberti G. Ricerche sugli olii e gli scisti di S. Romedio. - Annali di chimica applicata, v. 21, 1931. - Bespr. Per. di Mineral., 3, 1932, 63.

Roccati A. Pegmatite grafitifera nella Valle Strona (Lago d'Orta). - Boll. Soc. geol. it., v. 40, f. 3, Roma 1922, 205-208.

Rocco J. B. Die bergbaulichen Untersuchungen auf Gold am Calanda (Graubünden). - Bern 1899, 29 S.

Rochata C. Die alten Bergbaue auf Edelmetalle in Oberkärnten. - JbRA 1878, 213-368, 4 Taf.

Rochelt A. Aufbereitung von Erzen mittels dem Schwimmverfahren. Aufbereitungsanlage beim Bergbau Kogl bei Brixlegg. - Z. Österr. Ing.- u. Arch.-Ver., 81, 1929, 135-138.

Rohatzsch R. H. Einige Bemerkungen über die sog. Kressenberger Formation und ihre Fortsetzung in südwestlicher Richtung oder die Polythalamienzone der Vorberge der bayrischen Alpen. - Z. DGeolGes., 4, 1852, 190-203.

Röhrerbühel. Der -. (Einstiger Bergbau.) - Mitt. DÖAV, 1878, 80-81.

Roncati G. L'industria mineraria nel Trentino e nell'Alto Adige. - Studi Trent., 1, Trento 1920, 368-370.

Rosa G. Sulle miniere di ferro della Lombardia. - 1843.

Rose. Tiroler Bergbau. - Preuß. Z. f. d. Berg-, Hütten- u. Salinenwesen, 1905, 177-218.

Rosenthal L. Bodenschätze, die noch der Erschließung harren. - Steinbruch und Sandgrube, 18, Halle a. S. 1919, 535-538. (Graubünden, Calanda.) - Bespr. GZ 25/801.

Rosina G. Intorno ai prodotti minerari della Valseriana e della Valcamonica. - Bibl. Ital., t. 17, Milano 1824.

Rosiwal A. Über die neuesten Publikationen, betreffend die geologischen und bergbaulichen Verhältnisse von ... Kitzbühel. - Z. Österr. Ing.- u. Arch.-Ver., 44, Wien 1892, 687ff.

— Vorlage von Erz- und Gesteinsproben aus Cinque Valli. - VRA 1894, 172-176. - Bespr. Boll. Com. geol. d'It., 26, 1895, 489.

— Vorlage und Besprechung einer neuen Suite von Gesteins- und Erzproben aus Cinque Valli in Südtirol. - VRA 1896, 144-149. - Bespr. NJb. 1897/2, 286; Boll. Com. geol. d'It., 28, 1897, 373.

Rosthorn F. u. Canaval J. L. Beiträge zur Mineralogie und Geognosie von Kärnten. - Jb. Nathist. Museum, Klagenfurt 1853. - Bespr. NJb. 1855, 583. S. a. JbRA 1854, 212.

Rósza M. Über die Entstehung der kristallinen Magnesitlagerstätten der Alpen. - Földtani Közlöny, 55, Budapest 1926, 385-386. - Bespr. GZ 36/1821.

Rothpletz A. Die fossilen oberoligozänen Wellenfurchen des Peißenberges und ihre Bedeutung für den dortigen Bergbau. - Sber. Ak. d. Wiss. München, 34, 1904, 371-382, 1 T. - Bespr. GZ 7/1954.

Rüger L. Methoden zur petrographischen Untersuchung bituminöser Gesteine. - Erdöl, IV, 2.Aufl. Leipzig 1930, 454-483, 10 Abb. (Englersches Handbuch, V, 1930.) - Bespr. GZ 44/1004.

Rusch R. Zur Geschichte des Haller Solbades. - Haller Lokalanzeiger, Nr. 18 u. 19 v. 1930; Schwazer Lokalanzeiger, Nr. 18 u. 19 v. 1930.

Russegger J. Über das Vorkommen des Goldes in Salzburg. - Handschr., Montanbibl., 1830. (S. a. Mielichhofer.)

— Über das Goldvorkommen am Rathausberge. - Leonhardts Jb., 1832, 89; 1835, 182, 203, 379, 505; 1836, 199.

— Über den Asphalt, sein Vorkommen in Tirol, seine technische Bedeutung und seine Gewinnung. - Bericht über die 7. Gen.-Vers. des Geogn.-mont. Ver. f. Tirol und Vorarlberg, Innsbruck 1845, 23-46.

Ruthner A. v. Verfallener Bergbau am Kloben. (Böckstein. Vortr.) - Mitt. Geogr. Ges. Wien, 5, 1861, 96-98.

— Wanderungen auf dem Glocknergebiete. - Mitt. Geogr. Ges. Wien, 1, 1857, 105-142; 6, 1862, 27-63.

Rütimeyer L. Zur Geschichte der Goldwäscherei in der Schweiz. - Verh. Natf. Ges. Basel, 38, 1927, 34-61, 3 Fig.

Rzehak A. Die Zinnoberlagerstätte von Vallalta-Sagron. - Z. f. prakt. Geol., 1905, 325-330. - Bespr. Ebd., 1906, 156; Boll. Com. geol. d'It., 38, 1907, 65.

Sabatti A. Della torba della provincia Bresciana. - 1840.

— Saggio sopra un pezzo di litantrace della Provincia Bresciana. - 1842.

Sabelli A. Il giacimento di scisti bituminosi ittiolitici di S. Romedio (Venezia Tridentina). - La Miniera ital., an. 8, n. 1, Roma 1924, 10 S.

Sagni C. L. Un nuovo prodotto minerale italiano: le Ematiti da colore del Latemar (Trentino). - La Miniera ital., a. 8, n. 1, Roma 1924, 8-10.

Sala A. Scorsa in Val Trompia, ai monti metalliferi della provincia ed ai laghi di Garda ed Iseo. - 1812.

Salis-Marschlins C. U. v. Versuch einer Beschreibung der Gebürge der Republik Graubünden, im Großen gezeichnet. - Bibl. d. Schw. Staatskde, Erdbeschreibung u. Lit. (Fäsi), Zürich 1796, 588-621; Alpina, 2, Winterthur 1807, 167-205.

— Die Landschaft Davos. - Alpina, 1, Winterthur 1806, 54-70.

— Über den Bergbau in Bünden. - Der neue Sammler, 2, Chur 1806, 491-562. - Bespr. Alpina, 1, Winterthur 1806, 391.

Salis F. v. Beiträge zur Geschichte des bündnerischen Bergbauwesens. (Das Silberbergwerk bei Davos und der Bergbau im Oberland.) - Jber. Natf. Ges. Grbd., NF, 6, 1859/60, 219-235; 8, 1861/62, 173-189.

Salomon-Calvi W. Italien. - Erdöl, II, 2. Teil, 2. Aufl. Leipzig (Hirzel) 1930, 359-395, 1 K., 3 Fig.

— Die Erdölhöffigkeit von Süddeutschland. - Mitt. u. Arb. a. d. Geol.-pal. Inst. d. Univ. Heidelberg, NF, 226 v. 1932; Brennstoff-Chemie, 13, Essen 1932, 108-109.

Sandberger F. v. u. Gümbel C. W. v. Das Alter der Tertiärgebilde in der oberen Donau-Hochebene am Nordrande der Ostalpen. -Sber. Ak. d. Wiss. Wien, 30, 1858, 212-228. - Bespr. NJb. 1858, 717; Bl. 138.

Sandberger F. v. Das Erzvorkommen von Cinquevalli bei Roncegno im Valsugana, ca. 30 km östl. v. Trient. - Sber. Ak. d. Wiss. München, 23, 1893, 199-216. - Bespr. Z. f. prakt. Geol., 1, 1893, 320; Boll. Com. geol. d'It., 25, 1894, 433.

— Zinckenit von Cinquevalli im Val Sugana (Südtirol). - NJb. 1894/1, 196. - Bespr. VRA 1895, 181; Boll. Com. geol. d'It., 26, 1895, 495.

Sander B. Über bituminöse Mergel. - JbStA 1921, 135-148, 4 Fig. - Bespr. NJb. 1925/2, A, 106; B, 10.

— Bemerkungen zur Petrographie der Häringer Bitumenmergel. - In: Ampferer, Zur Geol. des Unterinntaler Tertiärs, JbBA 1922, 147-150.

— Über bituminöse und kohlige Gesteine. – Mitt. Geol. Ges. Wien, 15, 1922, Wien 1923, 1–50, 4 Taf. – Bespr. NJb. 1925/2, A, 106; B, 10; GZ 36/340.

— Bemerkung zu: Machatschki, Chemische Untersuchung zweier sogenannter Ölschiefer etc. – Zbl. f. Min., 1925, B, 140–141.

— Erläuterungen zur geologischen Karte Meran-Brixen. (Mit Beiträgen v. W. Hammer.) – Schlern-Schr., 16, Innsbruck (Wagner) 1929, 1–111 u. Ber. Natw.-med. Ver. Innsbruck, 41, 1929, 1–111, 4 Blg. – Bespr. VBA 1930, 225; Mitt. Geol. Ges. Wien, 1930, 165; GZ 43/1153; Der Schlern, 11, 1930, 90; Z. f. prakt. Geol., 38, 1930, 16; Studi Trent. Sc. Nat., 12, 1931, 152.

Sander K. Resultate der geognostisch-montanistischen Bereisung eines Teiles des Kreises Oberinntal. – Bericht über die Leistungen des Geogn.-mont. V. f. T. u. V. i. J. 1840, Innsbruck 1841, 3–16, 1 K.

— Resultate der geognostisch-bergmännischen Begehung eines Teiles des Oberinntaler Kreises i. J. 1841. – Bericht ü. d. 4. Gen.-Vers. d. Geogn.-mont. V., Innsbruck 1842, 27–46, 1 K.

St. Gallen. Kurze geographisch-statistische Darstellung des Kantons –. – Helvet. Almanach f. d. J. 1808, Zürich 1808, 37–88.

Santoni. Analisi di una Marna della Val di Non. – Giorn. agrar. d. distr. trent. e roveret., Trento 1840, n. 29.

Savoia U. Miniere di zinco lombardo. – Milano (U. Hoepli ed.) 1911, 38 S. – Bespr. GZ 17/941.

Schadelbauer K. Der Schwazer Bergreim. – Tiroler Heimatblätter, H. 7/8, 1929, 216–220.

— Ärzte und Heilkunde im 16. Jahrhundert (in Schwaz). – Tiroler Heimatblätter, H. 7/8, 1929 247–249.

— Ein Schwazer Bergwerkskodex in der fürstl. Dietrichsteinschen Handschriftensammlung zu Nikolsburg. – Tir. Heimat, 3, Innsbruck 1930, 202.

Schadler J. Geologische Beobachtungen am Ostrand des Defereggengebirges (Michelbachtal). – Mitt. Natwiss. Ver. f. Steiermark, 66, 1930, 64–71, 1 K., 2 Taf. – Bespr. GZ 46A/189; NJb. 1932/3, 5.

Schafhäutl K. E. v. Über die tertiären Kohlenablagerungen in Bayern. – NJb. 1848, 641–657.

— Der Teisenberg oder Kressenberg in Bayern. – NJb. 1852, 129ff. – Bespr. Bl. 38.

— Beiträge zur näheren Kenntnis der bayerischen Voralpen. (Titel wechselnd.) – NJb. 1853, 299ff; 1854, 513–559 (Tertiärkohle); 1864, 812–820 (Teisenberg); 1865, 14–30 (Kressenberg); 1867 257–272 (Paläont.). – Bespr. VRA 1867, 176; Bl. 51, 65.

Schattberg. Fortsetzung des Kupferkieslagers aus dem Tonschiefer in die tertiäre Breccie am –. – Österr. Z. f. Berg- u. Hüttenw., 2, 1852, 25.

Scheibenpflug H. Tauerngold. Neue Versuche an alten Bergen. – Allgem. Bergsteigerztg, Nr. 590, Wien-München, 31. 8. 1934, 1–2.

Schernthanner A. Beschreibung einiger prähistorischer Ausgrabungen in Tirol. (Welzelach, Wd. Matrei, Nieder- und Obermauer bei Virgen, Kitzbühel.) – Mitt. Anthrop. Ges. Wien, 23, 1893, Sber., 59–62.

Scheuchenstuel K. v. Über den vormaligen Bergbau im Mölltale, Oberkärnten. – Carinthia, 1829, Nr. 17 u. 18, 69–76.

Scheuermann L. Die Fugger als Montanindustrielle in Tirol und Kärnten, ein Beitrag zur Wirtschaftsgeschichte des 16. und 17. Jahrhunderts. – Studien zur Fuggergeschichte (J. Strieder), 8. Bd, München u. Leipzig (Duncker u. Humblot) 1929, 500 S. – Bespr. Vierteljschr. f. Soz.- u. Wirtsch.-gesch., 24, H. 1, 1931, 90; Tiroler Heimat, 5, Innsbruck 1932, 105.

Schierghofer G. Traunstein und das Salz. Ein Beitrag z. Gesch. d. Salzwesens. – Traunstein 1911, 133 S.

Schierl A. Analysen von Kupferkies aus Kitzbühel. – 23. Jber. Ldsoberrealschule M. Ostrau, 1906. – Bespr. GZ 9/111.

Schiffer H. Zur Deutung der Sage von Haymon und Thyrsus. – Tir. Heimatblätter, 11, Innsbruck 1933, 349–350.

Schischka H. Die Goldberggruppe und ihre Mineralien. – Allgem. Bergsteigerzeitung, 9, 1931, Nr. 405.

Schlaginhaufen O. Protokoll der Exkursion nach dem Eisenbergwerk Gonzen bei Sargans. – Vierteljschr. Natf. Ges. Zürich, 70, H. 3 u. 4, Sber., Zürich 1925, röm. 23.

— Exkursion nach dem Eisenbergwerk Gonzen am 28. Juni 1925. – Vierteljschr. Natf. Ges. Zürich, 71, H. 3 u. 4, Sber., Zürich 1926, röm. 18–19.

Schläpfer. Über das Vorkommen des natürlichen Glaubersalzes im Kanton Appenzell. – Übersicht der Verh. d. St. Gall. Natwiss. Ges., St. Gallen 1828, 27–28.

Schlier K. Einiges über den Bergbau auf Blei und Zinkerze an der Silberleithen und am Wamperten Schroffen in Tirol. – Erzbergbau, 1907, 468–470; 1908, 33–35.

— Über ein Molybdänbleierz-Vorkommen in Oberbayern. (Garmisch-Partenkirchen.) – Öst. Z. f. Berg- u. Hüttenw., 1911, Nr. 35, 475.

Schmid H. Die modernen Marmore und Alabaster, deren Einteilung, Entstehung, Eigenschaften und Verwendung nebst einer Übersicht der wichtigsten Marmorsorten. – Leipzig u. Wien (Deuticke) 1897, 77 S.

Schmidt A. Die Pechkohle am Menelzhoferberg im württembergischen Allgäu. – Braunkohlen- und Brikett-Ind., Halle a. S. 1920, H. 16 v. 5. VI. 1920, 135ff. – Bespr. GZ 25/1106.

Schmidt A. R. Resultate der geogn.-mont. Bereisung Vorarlbergs. – Bericht ü. d. Leistungen des Geogn.-mont. V. etc. i. J. 1839. – Innsbruck 1840, 7–15, 1 K.

— Resultate der zweiten geogn.-mont. Bereisung des Kreises Vorarlberg ... i. J. 1840. – Bericht ü. d. Leistgen des Geogn.-mont. V. etc. i. J. 1840, Innsbruck 1841, 17–42.

— Resultate der geogn.-bergmännischen Begehung im Kreise Vorarlberg i. J. 1841. (Auszug.) – Bericht ü. d, 4. Gen.-Vers. d. Geogn.-mont. Ver., Innsbruck 1842, 1–26.

— Vorarlberg, nach den v. Geogn.-montan. Verein für Tirol u. Vorarlberg veranlaßten Begehungen geognostisch beschrieben. Anhang von J. N. Friese. – Innsbruck 1843, 158 S., 1 K.

— Übersicht der geognost. Verhältnisse vom östlichen Teil des Kreises Unterinntal als Ergebnis der Begehung i. J. 1842. – Bericht ü. d. 5. Gen.-Vers. d. Geogn.-mont. Ver., Innsbruck 1843, 21–48.

— Geognostisch-bergmännische Skizze über den Kiesstock zu Agordo. – Berg- u. Hüttenm. Ztg, 1867, Nr. 28, 240–241, 3 Fig. – Bespr. VRA 1867, 269.

— Geogn.-bergmännische Skizzen über die Erzlagerstätten Tirols. I. Klausen (Südtirol). – Berg- u. Hüttenm. Ztg, 1867, Nr. 31, 267–269, 2 Fig. – Bespr. VRA 1867, 269.

— Geogn.-bergmännische Skizzen über die Erzlagerstätten Tirols. II. Silberleiten. – Berg- u. Hüttenm. Ztg, 1867, Nr. 32, 273–274, 2 Fig. – Bespr. VRA 1867, 269.

— Geogn.-bergmännische Skizzen über die Erzlagerstätten Tirols. III. Der alte Bergbau am Röröbichel und der Erzfund am Kleinbergel. – Berg- u. Hüttenm. Ztg, 1867, Nr. 47, 400–402, 3 Fig.; Nr. 49, 415–417. – Bespr. VRA 1867, 383.

— Geogn.-bergmännische Skizzen über die Erzlagerstätten Tirols. IV. Die Bergbaue im Unterinntale. – Berg- u. Hüttenm. Ztg, 1868, Nr. 1, 1–3; Nr. 2, 9–11; Nr. 7, 53–55; Nr. 8, 61–62; Nr. 9, 69, 10 Fig. – Bespr. VRA 1868, 203.

— Geogn.-bergmännische Skizzen über die Erzlagerszätten Tirols. V. Eisenstein- und Kupferbergbaue bei Schwaz. – Berg- u. Hüttenm. Ztg, 1868, Nr. 9, 69–71; 12, 97–99; Nr. 32, 271–273, mehr. Fig. – Bespr. VRA 1868, 203, 410.

— Geogn.-bergmännische Skizzen über die Erzlagerstätten Tirols. VI. Silber- und Kupferbergbau bei Schwaz. – Berg- u. Hüttenm. Ztg, 1868, Nr. 33, 279–282; Nr. 35, 296–298; Nr. 40, 337–338, mehr. Fig. – Bespr. VRA 1868, 410.

— Über das Kupferwerk im Tale Ahrn in Tirol. – Berg- u. Hüttenm. Ztg, 1868, Nr. 48, 403–404, 2 Fig. – Bespr. VRA 1868, 410.

— Geogn.-bergmännische Skizzen über die Erzlagerstätten Tirols. Bergbaue im Unterinntale. Silber- und Kupferbergbaue bei Brixlegg. – Berg- u. Hüttenm. Ztg, 1868, Nr. 50, 419–421; Nr. 51, 425–427; Nr. 52, 433–435, 7 Fig.

— Skizze der geognostischen Verhältnisse der östlichen Gruppe des unterinntalischen Erzgebirges. – Berg- u. Hüttenm. Ztg, 1869, Nr. 41, 349–351.

— Nachrichten über die alten verlassenen Gasteiner Bergbaue. – Österr. Z. f. Berg- u. Hüttenw., 18, 1870, Nr. 21, 147–150, 1 K.; Nr. 22, 154–155. – Bespr. VRA 1870, 220.

— Über die Kupferbergbaue im Pinzgau (Brenntal, Untersulzbach, Lien und Limburg). – Österr. Z. f. Berg- u. Hüttenw., 18, 1870, Nr. 23, 163–165; Nr. 24, 172–174; Nr. 25, 182. – Bespr. VRA 1870, 220.

— Erzlagerstätten und Bergbauverhältnisse in der östlichen Gruppe des unterinntalischen Erzgebirges. – Berg- u. Huttenm. Ztg, 29, NF, 24, 1870, Nr. 2, 18–19, 4 Fig.; Nr. 4, 31–33, 2 Fig.; Nr. 21, 173–175; Nr. 22, 187–189, 4 Fig.

— Über das Vorkommen der Blei- und Zinkerze im Oberinntal i. Tirol. – Berg- u. Hüttenm. Ztg, 1870, Nr. 35, 297–298; Nr. 37, 313–315, 2 Fig. – Bespr. VRA 1870, 263.

— Geogn.-bergmännische Notizen über die Eisenerzlagerstätten im Lande Salzburg. – Österr. Z. f. Berg- u. Hüttenw., 18, 1870, 383–386, 391–395, 1 Taf.

— Tabellarische Übersicht der im Gange befindlichen Bergbaue Tirols. – Berg- u. Hüttenm. Ztg Berggeist, Köln 1870, Nr. 104.

— Geognostisches aus Kitzbühel und Umgebung. – Handschr., 1871.

— Das Braunkohlenflöz zu Häring. – Berg- u. Hüttenm. Ztg, 1871, Nr. 1, 5–6; Nr. 2, 13–15, 4 Fig. – Bespr. VRA 1871, 28.

— Eisenerzvorkommen im Tale Stubai in Tirol. – Berg- u. Hüttenm. Ztg, 1873, Nr. 1, S. 5. – Bespr. VRA 1873, 72; Bl. 366.

— Über das Vorkommen der Steinkohle in der Molasse des Unterinntales. – Berg- u. Hüttenm. Ztg, 1873, Nr. 17, 145–148, 11 Fig. – Bespr. Bl. 367.

— Die Quellensalinen bei Hall und Thaur vor Entdeckung des dortigen Salzberges. – Österr. Z. f. Berg- u. Hüttenw., 1874, Nr. 11, 93–95; Nr. 12, 105–106; Nr. 13, 113–114.

— Beiträge zur Geschichte des Salzberges bei Hall in Tirol. – Österr. Z. f. Berg- u. Hüttenw., 22, 1874, 269–271, 281–283, 311–314.

— Über die Beschaffenheit und den bisherigen Aufschluß der Salzlagerstätten bei Hall i. T. – Z. Berg- u. Hüttenm. Verein für Kärnten, Klagenfurt 1874, Nr. 7 u. 8, 103–112; Nr. 9 u. 10, 141–144; Nr. 11 u. 12, 175–178; Nr. 13 u. 14, 209–216; Nr. 15 u. 16, 240–245.

— Bergbaue, Erz- und Kohlenfunde und besonders nutzbare Gesteinsarten in Vorarlberg. – Österr. Z. f. Berg- und Hüttenw., 27, Wien 1879, Nr. 29, 349–351; Nr. 30, 361–363; Nr. 31, 376–378, 1 Abb.

— Kohlen- und Eisenvorkommen bei Mori in Südtirol. – Österr. Z. f. Berg- u. Hüttenw., 1879, Nr. 44, 521–522, 2 Fig.

— Einiges vom alten Bleibergbau in Pillersee. – Österr. Z. f. Berg- u. Hüttenw., 28, Wien 1880, Nr. 35, 433–435; Nr. 36, 448–449, 2 Fig.

— Beitrag zur Geschichte des Häringer Kohlenwerkes. – TB 1880, Nr. 221 u. 222.

— Beiträge zur neueren Geschichte des tirolischen Eisenwesens. – Österr. Z. f. Berg- u. Hüttenw., Wien 1881, Nr. 30, 31.

— Über den alten Silber- und Kupferbergbau am Rehrerbicnl, behufs einer allfälligen Wiederaufnahme desselben. – Berg- u. Hüttenm. Jb., 30, Wien 1882, 280–300, 4 Fig. – Bespr. VRA 1882, 352.

— Erzählungen aus der Geschichte des Haller Salzbergbaues im 16., 17. und 18. Jahrhundert. – Berg- u. Hüttenm. Jb., 30, Wien 1882, 327–358.

— Geschichte der Erbauung eines neuen Salzsudhauses bei der Saline zu Hall in Tirol in den Jahren 1712–1721. – Berg- u. Hüttenm. Jb., 31, Wien 1883, 267–292.

— Beiträge zur Geschichte der tirolischen Bergbaue. (Kitzbühel, Schwaz, Sterzing, Imst mit Vorarlberg.) – Österr. Z. f. Berg- u. Hüttenw., 31, 1883, Nr. 4, 54–56; Nr. 5, 62–65; Nr. 7, 94–97. – Bespr. VRA 1884, 30.

— Über die Unterteufung des Goldberges in Rauris. – Berg- u. Hüttenm. Jb., 32, 1884, 7–15, 3 Fig. – Bespr. VRA 1885, 172; NJb. 1889/1, 98.

— Salzbergstudien. – Berg- u. Hüttenm. Jb., 32, 1884, 339–359. – Bespr. NJb. 1889/1, 97.

— Beitrag zur Geschichte der Saline Hall. – Österr. Z. f. Berg- u. Hüttenw., Wien 1884, Nr. 15, 201–204.

— Geschichte des Haller Salzsudwesens von 1718 bis 1822, d. i. bis zum großen Brande. – Handschrift v. 1886 im Mus. Ferdin., Innsbruck.

— Ein merkwürdiger Erzfund im Leuckental i. T. – Österr. Z. f. Berg- u. Hüttenw., 1888, Nr. 29, 381–382. – Bespr. VRA 1888, 270.

— Über die Dauer der Ausnützung des Haller Salzgebirges. – Tiroler Tagblatt, Nr. 268 u. 270 v. 1896.

— Miszellen vom Haller Salzberge. – Tiroler Tagblatt, Nr. 292 v. 1897; Nr. 9, 10, 21 v. 1898.

Schmidt C. Asphalt, Steinsalz, Erz. – Hdwörterbuch d. Schw. Volkswirtsch., Sozialpol. u. Verwaltg, Bd III, 1907, 130–131, Lit. 150.

— u. **Müller F.** Die Kohlenflöze in der Molasse bei Bregenz. – Z. f. prakt. Geol., 19, 1911, 355–359, 1 K. – Bespr. GZ 17/836; EgH 12, 1912, 411.

Schmidt C. Geologische Übersicht der Eisenerze der

Schweiz. – In: Die L. v. Rollschen Eisenwerke ... 1914, Gerlafingen (Rollsche Eisenwerke) 1915, 12 S.
— Vorkommen von Gelbbleierz im Höllental bei Garmisch. – Z. f. prakt. Geol., 1915, 93–105. – Bespr. GZ 22/1197.
— Asbest und Nephrit von Poschiavo in Graubünden. – Z. f. prakt. Geol., 25, 1917, 77–81, 2 Fig. – Bespr. GZ 26/148; NJb. 1921/1, 29.
— Erläuterungen zur Karte der Fundorte von mineralischen Rohstoffen in der Schweiz. 1:500000. I. Kohlen, Asphalt, Erdöl, Bituminöse Schiefer, Erdgas. II. Salze. III. Erze. – Beitr. z. Geol. d. Schw., herausgeg. v. d. Geotechn. Komm. d. Schw. Natf. Ges., Basel 1917, 76 S., 1 Tab., 1 K. – Bespr. EgH 16, 1921, 309; NJb. 1920, 324; GR 8, 1917, 265; PetMitt., 67, 1921, 140; Geogr. Anzg., 19, 1918, 203.

Schmoranzer J. Topographie der prähistorischen Fundorte des Überetsch-Gebietes. – Der Schlern, 11, 1930, 312–324, K. 1:40000; 12, 1931, 69–72.

Schneeberg (P. R.). Das k. k. Blei- und Silberbergwerk zu – und das Bleibergwerk zu Flersch bei Sterzing in Tirol. – Jb. d. Berg- u. Hüttenkde v. Moll, 2, 1798, 141 ff.

Schneider H. Die Erzminen am Parpaner Rothorn. – Der freie Rätier, Chur, 2. u. 3. Juli 1920.

Schopfer H. Rhätische Erzgebirge ... der Kantone Graubünden, St. Gallen und Glarus. ... – St. Gallen 1835, K. 1:4000. (Univ.-Bibl. Straßburg i. E.)

Schraml C. Die Salinenkonvention zwischen Bayern und Österreich. – Berg- u. Hüttenm. Jb., 52, Wien 1904, 333–349, 1 Taf.
— Die Tiefenaufschlüsse der österr. Salzberge. – Z. Österr. Ing.- u. Arch.-Ver., 78, Wien 1926, 263–265.

Schreckenthal G. Beiträge zur Frage des Waldrückganges in Tirol. – Zbl. f. d. ges. Forstwesen, 59, Wien 1933, 65–110, 6 Abb. (Mit ausführlichem Schriftenverz.)

Schreiber H. Die Moore Vorarlbergs und des Fürstentums Liechtenstein in naturwiss. u. techn. Beleuchtung. – Staab 1910, 177 S., 1 K. – Bespr. Ber. Schw. Bot. Ges., 20, 1911, 73; Tscherm. Min. u. petr. Mitt., 29, 1910, 380; PetMitt., 56, 1910/2, 213; Geogr. Z., 17, 1911, 352; Z. f. Glkde, 7, 1913, 334.
— Die Moore Salzburgs in natwiss., geschichtl., landwirtsch. und technischer Beziehung. – Staab 1913, 270 S., 1 K.

Schroll C. M. B. Bergbau auf der Brunnalpe (Kitzbühel). – Köhlers bergmännisches Journal, 1, 1789, 146.
— Geographisch-mineralogische Übersicht der salzburgischen Berg- u. Hüttenwerke. (U. a. Rettenbach, Felbertal.) – Jbücher d. Berg- u. Hüttenkde (Moll), 3, Salzburg 1799, 53–73 (7. Brief).
— Übersicht der k. k. Berg- und Hüttenwerke in Salzburg. – Handschr., Montanbibl., 1816.
— Über einige salzburgische Goldvorkommen. – Molls Jb. d. Berg- u. Hüttenkde; I, 142; III, 64.

Schröter J. S. Nachricht von einem neuentdeckten Muschelmarmor aus dem Herzogtum Kärnten mit Schillerflecken. – Der Naturforscher, 16. St., Halle 1781, 160ff; Nachtrag ebd., 18. St., 1782. (Bleiberg in Kärnten.)

Schuh Fr. Salztektonik. – Z. Kali 1922, 16, H. 17 u. 18. – Bespr. Z. f. prakt. Geol., 31, 1923, 126.

Schwackhöfer F. Die Kohlen Österreich-Ungarns u. Preuß. Schlesiens. – Wien 1901.
— Die Kohlen Österreichs, Deutschlands, der Tschechoslowakei, Polens, Ungarns usw. – 4. Aufl. Wien (Gerold) 1928. – Bespr. Tscherm. Min. u. petr. Mitt., 39, 1928, 330.

Schwaiger O. Über die Entwicklung des Edelmetall- und Arsenbergbaues im Goldfeld der Hohen Tauern. – Mont. Ztg, 1924, 558–560. – Bespr. GZ 31/1017.

Schwaighofer H. Kramsach. – Tirol, 1927, 165–167.

Schwarz F. Beitrag zur mineralogischen und geologischen Charakteristik der Lagerstätte Leogang. – Berg- u. Hüttenm. Jb., 78, 1930, 60–69, 1 Skz. – Bespr. NJb. 1931/1, 169.

Schwärzler A. Zum Aufsatz „Vom Prettauer Bergwerk und von den Prettauer Wäldern". – Der Schlern, 7, 1926, 509. (S. Meusburger.)

Schwaz. Auflassung des Silberbergbaues. – Neueste Ztg, Innsbruck, 30. 11. u. 7. 12. 1932.
— Das Silberbergwerk von –. – Mont. Rdsch., 24, 1932, Nr. 24.

Schweizer B. Die Geschichte der Kleinzinngießerei in Dießen am Ammersee. – Ebd. Zinnspielwaren-Fabrik, 1930. – Bespr. Tir. Heimatblätter, 8, 1930, 59.

Schwind F. R. v. Der Abbau unreiner Salzlagerstätten in Österreich. – Berg- u. Hüttenm. Jb., 19, Prag 1870, 81–169.

Schwinner R. u. **Kubart B.** Interglaziale Schieferkohlen von der oberen Gail (Südwestkärnten). 1. Geol. Teil. 2. Botan. Teil. – Österr. botan. Z., Wien 1923, 305–321. – Bespr. GZ 30/449, 31/1334; Carinthia II, 1923, 152; Z. f. Glkde, 14, 1926, 186.

Schwinner R. Das Paläozoikum am Brenner. Vergleiche und Wertungen. – Zbl. f. Min., 1925, Abt. B, 241–249, 273–281, 1 Skz. – Bespr. GZ 33/753, 34/653.
— Der Dawennastock bei Bludenz. – Heimat, 10, Bregenz 1929, 77–81, 1 Fig. – Bespr. GZ 47 A/553.

Schwippel C. Vorkommen und Produktion der Kohle in Österreich-Ungarn. – Mitt. Sekt. f. Natkde ÖTC, 6, 1894, 17–26 (Tirol u. Vorarlberg 25), 33–37, 43–46.

Sedlacek F. Thyrsenblut. – Blätter für Gesch. d. Technik, 1. H., Wien (Springer) 1932, 73–80, 6 Abb. – Bespr. Wr. Prähist. Z., 20, 1933, 43.

Seeland F. Die Goldzeche und der Hochnarr. – Z. DÖAV, 1878, 288–302.

Seelaus G. Einiges über das Thinnetal und den Bergbau am Pfundererberg bei Klausen. – Der Schlern, 2, Bozen 1921, 409–418, 2 Abb.

Seidl E. Kerbwirkung in Technik und Wissenschaft; Kerbwirkung in der Geologie. (Vortr.) – Z. DGeol-Ges., 77, 1925, 300–347, 35 Abb. – Bespr. Z. f. Geomorph., 2, 1927, 307.
— Chemische und geologische Voraussetzungen für das Vorhandensein größerer nutzbarer Erdöllager in Deutschland und am Rande der Alpen- und Böhmischen Masse; Erdölbildung aus Steinkohle in tiefversenkten zerspaltenen Muldengebieten (Geosynklinalen); eine Arbeitshypothese. – Z. DGeolGes., 79, 1927, Mber., 14–20, 5 Abb. – Bespr. GZ 37/524; NJb. 1929/2, 319.
— Die Salzstöcke des deutschen (germanischen) und des Alpen-Permsalz-Gebietes; ein allgemeinwissenschaftliches Problem. – Z. Kali, 21, 1927, 34–38, 77–84, 109–111, 205–209, 240–244, 259–264, 295–312, 346–360. – Bespr. GZ 38/814; NJb. 1928/2, 374.
— Die Bedeutung des permischen Salzlagers für die Geologie der Kalkalpen. – Z. Kali, 22, 1928, 277–282, 300–304. – Bespr. GZ 39/438, 439, 440.
— Unterschiedlichkeit von Faltensystemen, die durch Zusammenziehung oder durch Biegung

entstanden sind. (Vortragsauszug.) - Z. DGeol-Ges., 83, 1931, 694-699, 8 Abb.

— Bruch- und Fließformen der technischen Mechanik und ihre Anwendung auf Geologie und Bergbau. Bd I: Das Formenprinzip und das Strukturprinzip als Grundlage von Grenzgebietsforschungen der technischen Mechanik und Geomechanik über bleibende Formänderungen. Bd III: Zerreißform. Bd V: Krümmungsformen (Biegung, Knickung, Faltung). - Berlin (V.D.I.-Verl.) 1934.

Seipp H. Comersee-Marmor und seine Verwendung. - Architektur und Bauwesen, 18, Wien 1930, H. 23, 368f.

— Die Pfarrkirche zu Hall in Tirol. Eine werkstoffliche Studie. - Architektur u. Bautechnik, 18, Wien 1931, 3. H., 39-46, 15 Abb.

Selb. Reise nach Graubünden und den dortigen Bergwerken von Reichenau in d. J. 1810 und 1811. - Mineralog. Studien von Leonhard u. Selb, Nürnberg 1812, 1, 189-289, 1 K.

— Beiträge zur Mineralogie. Nachträge, Berichtigungen und Rückerinnerungen, meine Reise nach Graubünden betreffend. - Leonh. Taschenbuch, 9, Frankfurt a. M. 1815, 342-359.

Senger J. v. Beiträge zur Geschichte des Bergbaues in Tirol. - Sammler f. Gesch., Statistik etc. von Tirol, 1, Innsbruck 1806, 97-150.

— Eine Gebirgsreise in die Täler von Fleims und Fassa. - Sammler f. Gesch., Stat. etc. von Tirol, 3, Innsbruck 1808, 58-88.

— Von dem ehemaligen Reichtume und Ansehen der tirolischen Bergbaue. - Sammler f. Gesch., Statistik etc. von Tirol, 5, Innsbruck 1809, 266-275.

— Das verlassene Bergwerk am Röhrerbühel. - Z. f. Tirol u. V. (Beitr. z. Gesch. usw.), Ferdin., 1, Innsbruck 1825, 247-280, 1 K.

Senger W. v. Ergebnisse der geogn.-mont. Bereisung einiger Teile des Oberinntales und des Vintschgaues. - Bericht über d. Leistgen des Geogn.-mont. Ver. etc. i. J. 1839, Innsbruck 1840, 23-29.

Senn W. Der Gonzen. - Charakterbilder Schweizerischen Landes, Lebens und Strebens. - Glarus 1870, 285-295.

Sennhofer. Bergbau und Hütte in Klausen. - Handschr. o. J., Montanbibl.

Senoner A. Goldwäscherei am Ticino. - Hammerschmieds Östrr. Z. f. d. Landwirtsch., Nr. 46, 1847, 546-548.

— Zusammenstellung der bisher gemachten Höhenmessungen im Kronlande Tirol. - JbRA 1851, I, 59-76; II, 133-144. - S. a. M. Stotter, Höhen in Tirol und Vorarlberg, Neue Z. d. Ferdin. f. Tirol u. V, 11, Innsbruck 1845, 134-219.

Sieghardt A. Der „laufende Berg" in Tirol. (Heinzenberg bei Zell a. Z.) - Alpenld. Monatshefte, 1926/27, 691.

Simon M. Über Sodaeffloreszenzen im Haller Salzberg und ihre Genese. - NJb. 1914/1, 1-14, 1 Taf., 1 Fig. - Bespr. GZ 20/1526.

Simoncelli. La riforma del diritto minerario italiano. - 2 Bde, 1930, 1928 S.

Simony F. Die Schwankungen in der räumlichen Ausdehnung der Gletscher. (Vortr.) - Schr. d. Ver. z. Verbr. natwiss. Kenntn. in Wien, 1884, 47 S., 2 Taf., 1 Abb.

Sinwel R. Aus der Vergangenheit des Kaisergebirges. - Z. DÖAV, 1917, 7-30.

— Kastengstatt und sein alter Brunnen. (U. a. Bergbau.) - Tir. Heimatbl., 12, 1934, 214-216, 1 Abb.

Sirovátka J. Alpiner Goldbergbau. - Z. f. prakt. Geol., 17, 1909, 494-495.

Slavik F. and **Spencer L. J.** Place-names of mineral-localities in Central Europe. - Mineral. Mag., v. 21, n. 121, London 1928, 441-479. - Bespr. Studi Trent. Sc. Nat., 9, 1928, 205.

Sölch I. Geographie des Iselgebietes in Osttirol. Eine länderkundliche Darstellung. - Badische Geogr. Abh., 12. H., Freiburg i. Br. u. Heidelberg 1933, 162 S., 12 Abb., 8 Fig., 1 Proftaf. - Bespr. Z. f. Glkde, 21, 1933, 396; Mitt. DÖAV, 1934, 71; Mitt. Geogr. Ges. München, 27. 1934, 133; PetMitt., 80, 1934, 317.

Sonklar K. v. Die Zillertaler Alpen, mit besonderer Rücksicht auf Orographie, Gletscherkunde und Geologie. - PetMitt., Ergh. Nr. 32, Gotha 1872, 61 S., 3 K.

Sourdeau A. Frh. v. Die Mineralien des Monte Fronte bei Levico in Tirol. - Z. Ferdin., 3. F., 37. H., Innsbruck 1893, 311-342. - Bespr. VRA 1895, 181.

Spengler E. Bemerkungen zu der Arbeit E. Seidl „Die Salzstöcke des deutschen (germanischen) und des Alpen-Permsalz-Gebirges". - Z. Kali u. verwandte Salze, Berlin-Halle a. S. 1928, 22, H. 7, 85-89, 2 Fig. - Bespr. GZ 39/438; NJb. 1929/2, 333.

Sperges J. v. Tirolische Bergwerksgeschichte. - Wien (Trattner) 1765, 336 S.

— Eine Grubenfahrt am Falkenstein bei Schwaz um die Mitte des 18. Jahrhunderts. - Abdruck mit Erläuterungen aus der Tir. Bergwgesch., Wien 1765 in: Berg- u. Hüttenm. Jb., 42, Wien 1894, 455-486.

Spiegel. Das Torflager im Rheintale bei Dornbirn in Vorarlberg. - Verh. Zool.-Bot. Ges., 10, Wien 1860.

Splügen (X.). Beschreibung der Gemeinde im Rheinwald. - Der neue Sammler, 5, Chur 1809, 117-150.

Spöttl J. Das Haller Münzhaus. - Monatsblätter Numism. Ges., Bd 2, 35ff.

Sprecher J. A. v. Geschichte der Republik der 3 Bünde im 18. Jahrhundert. - Chur 1875, 2. Bd, 135-138. (Bergw.).

Sprecher J. U. v. Bernegg. Eröffnungsrede. (Bergbau u. Geol. von Graubünden.) - Verh. Allgem. Schw. Ges. f. d. ges. Natwiss., 12. Jvers. Chur, 1926, 3-22.

Srbik H. R. v. Studien zur Geschichte des österr. Salzwesens. - Forschgen z. inneren Gesch. Österreichs, Innsbruck (Wagner) 1917, 229 S. - Bespr. Mitt. u. Forschgen z. Gesch. Tirols u. V., 14, 1917, 205; Wr. Prähist. Z., 4, 1917, 115; Mitt. Inst. f. österr. Geschforschg, 38, 664; Literar. Zentralbl., Nr. 49, 1919, 6. Dez.; Z. hist. Ver. f. Steiermark, 16, 186; Deutsche Literaturztg, Nr. 30, 1918, 3. Aug.; Schmollers Jb. f. Gesetzgebg, 41, 496; Monatsbl. herald. Ges. Adler, Sept. 1917; Grazer Tagespost v. 2. 6. 1917.

Srbik R. R. v. Überblick des Bergbaues von Tirol und Vorarlberg in Vergangenheit und Gegenwart. - Ber. Natwiss.-mediz. Ver. Innsbruck, 41, 1929, 113-279, 20 Skz., zahlr. Tab. - Bespr. Innsbr. Nachr. v. 24. 12. 1929; Münchner Neueste Nachr. v. 21. 1. 1930; Mitt. DÖAV, 1930, 48; VBA 1930, 148; Mitt. Geogr. Ges. München, 23, 1930, 99; Etudes Rhodaniennes, 6, 1930, Nr. 2, 219; Mitt. Geol. Ges. Wien, 1930, 163; GR 1930, 323; GZ 43/1047; Der Schlern, 11, 1930, 89; NJb. 1930/2, 253; Z. f. prakt. Geol., 38, 1930, 16; Vierteljschr. f. Soz.- u. Wirtschgesch.,

24, 1931, 94; Mitt. z. Gesch. d. Med. u. d. Natwiss., 29, 1931, 219; Jber. f. Deutsche Gesch., 5 (1929), Leipzig 1931, 571; Tir. Heimatbl., 10, H. 2, 1932, 75.

— Einiges über den Bergbau in Vorarlberg. - Heimat, 11, Innsbruck 1930, 25–28.

— Angewandte Geologie in den Lechtaler Alpen. - Z. f. prakt. Geol., 41, 1933, 151.

— Angewandte Geologie im Kaisergebirge. - Z. f. prakt. Geol., 42, 1934, 62.

Stach E. Zur Petrographie und Entstehung der Peißenberger Pechkohle. - Z. DGeolGes., 77, 1925, 260–299, 6 Taf. - Bespr. NJb. 1926/1, 298; GZ 33/1244.

Stach H. Zur Chemie der oberbayerischen Pechkohlen. (Vortr.) - Bespr. Z. DGeolGes., 85, 1933, 80.

Stahl A. F. v. Bituminöse Schiefer und ihre Beziehung zum Erdöl. - Petroleum, 24, Wien 1928, Nr. 28, 1171–1172. - Bespr. NJb. 1929/2, 318.

Stapff F. Über das Erzvorkommen am Kleinkogl in Tirol. - Berg- u. Hüttenm. Ztg, 21, 1862, 134.

— Geographische Notizen über einige alpine Kupferlagerstätten. - Berg- u. Hüttenm. Ztg, 24, 1865, 6, 18, 29.

Stauber E. Vom Bergwerk bei Sufers (Rheinwald). - Anzg. f. Schw. Altertumskunde, NF, 13, Zürich 1911, 256–260, 1 Abb.

Stauffacher J. Das Nickelerzvorkommen in der Clemgiaschlucht (Graubünden). - In: H. Fehlmann, Der Schw. Bergbau während des Weltkrieges, Bern 1919, K. 1:50000 (Taf. 24).

Stauffer H. Grube Aela pleuna bei Truns. - In: H. Fehlmann, Der Schw. Bergbau während des Weltkrieges, Bern 1919, 209, 1 Abb.

— Grube Predora auf Alpe Sovenedo (Val Peccia). - In: H. Fehlmann, Der Schw. Bergbau während des Weltkrieges, Bern 1919, 212, 1 Abb.

Steinhäusser J. u. **Hafner J.** Der Tiroler Marmor und seine Eigenschaften in technischer Beziehung. - VRA 1870, 207–209. - Bespr. NJb. 1871, 90.

Stella A. I nostri combustibili fossili. - La Miniera It., an. 1, n. 1, Roma 1917, 5–9.

— I giacimenti minerarii di Predazzo nella sistematica dei giacimenti metalliferi eruttivi. - Boll. Soc. geol. it., v. 39, f. 3, Roma 1921, röm. 104–108.

— Le miniere di ferro dell'Italia. - Torino-Genova (Lattes) 1921, 426 S. - Bespr. Berg- u. Hüttenm. Jb., 71, 1923, H. 2, 43.

— Piemonte e Lombardia. - R. Uff. geol. d'It., Studi geolog' per la ricerca del petrolio in Italia, Mem. descr., v. 20, Roma 1926, 269–272.

— Intorno a nuovi studi sui giacimenti piritocuprifere della zona delle pietre verdi alpine. (Vortr.) - Boll. Soc. Geol. It., v. 50, f. 1, Roma 1931, röm. 28–29.

Stelzner A. W. Über die Bohnerze der Villacher Alpe. - JbRA 1887, 317–322.

Sternberg K. Graf. Reise durch Tirol in die österreichischen Provinzen Italiens im Frühjahr 1804. - Regensburg (Friedrich) 1806, 166 S., 4 Taf.

Stier K. Die ostalpinen Blei-Zink-Erzvorkommen der Wettersteinkalke, deren regionale Verbreitung, Tektonik, Anreicherung, Genesis und wirtschaftliche Bedeutung. - Metall und Erz, 26, 1929, 427–428; Kohle und Erz, 26, 1929, 835–837; Internat. Bergwirtsch. u. Bergtechnik, 22, 1929, 309–310.

Stinglwagner A. Oberbayerischer Kohlenbergbau. - Das Bayerland, 34, 18, München 1924, Märzheft, 292–297.

Stiny J. Zur Entstehung von Kohlenmulden. - Mitt. Geol. Ges. Wien, 16, 1923, Wien 1924, 286–294, 2 Fig.

— Kluftmessung und Erdölgeologie. - Internat. Z. f. Bohrtechnik, Erdölbergbau u. Geol., 34, Wien 1926, 137–138.

— Die Untersuchung von natürlichen Gesteinsvorkommen für Bauzwecke und die Klüftigkeit der Felsarten. - Steinbruch und Sandgrube, Halle a. S. 1927, Nr. 25–27, 6 S.; Der Straßenbau, H. 28, 1927.

— Rutschungen, Gebirgsdruck, Bergbauschäden und Baugrundbelastung. - Internat. Z. f. Bohrtechnik, Erdölbergbau u. Geol., 36, 1928, Nr. 8, 66–72, 8 Abb. - Bespr. GZ 38/53.

— Zur Vorausbestimmung der Erdwärme im Bauwesen besonders in Stollen und Tunnels. - Geol. u. Bauwesen, 5, H. 2, Wien (Springer) 1933, 77–123, 6 Abb.

Stockfisch K. u. **Fulda E.** Stinkschiefer und Hauptdolomit und ihre Beziehungen zum Erdöl. - Kali, 27, 1933, 111–113. - Bespr. GZ 51 A/264.

Stöckl H. Kolm-Saigurn mit dem Sonnblick in der Rauris. - Z. DÖAV, 1885, 384–389, 1 Abb.

Stois A. Schalenverwitterung an Marmor. - Geol. u. Bauwesen, 5, H. 4, 1933, 256–263, 7 Abb. - Bespr. GZ 51 A/1916.

Stolz F. Nochmals der Name „Hall". - Z. Ferdin., 3. F., 55. H., Innsbruck 1911, 159–164. S. a. Zösmair.

Stolz O. Anschauung und Kenntnis der Hochgebirge Tirols vor dem Erwachen des Alpinismus. - Z. DÖAV, 1927, 8–36; 1928, 14–66.

— Die Anfänge des Bergbaues und Bergrechtes in Tirol. - Z. f. Rechtsgesch., Germ. Abt., 48, Weimar 1928, 207–263.

— Primör. Geschichtliche Bemerkungen zur Palakarte. - Z. DÖAV, 1931, 361–376.

— Das Alter des Bergregales der Tiroler Landesfürsten. - Tiroler Heimatblätter, 10, 1932, 171–173.

Stolzissi P. R. Die Stadt Hall i. T., der Salzberg im Halltale, die Saline und der Bezirk Hall. - Hall 1889, 156 S.

Stotter M. Bericht in der am 16. Mai 1845 abgeh. 7. Gen.-Vers. d. Ver. z. geogn.-mont. Durchforschung des Landes Tirol u. Vorarlberg über alte Gruben bei Trient und Meano. - Innsbruck (Wagner) 1845, 9–11.

— Nachlaß, mitgeteilt v. A. Pichler. I. Ötztaler-, II. Silvretta-Masse. - Z. Ferdin., 3. F., 8. H., Innsbruck 1859, 1–136. - Bespr. NJb. 1859, 752; Bl. 151.

Strieder J. Entstehung eines deutschen frühkapitalistischen Montanunternehmertums im Zeitalter Jakob Fugger des Reichen, 1459–1525. - Beitr. z. Gesch. d. Technik u. Industrie, 19, 1929, 1–12.

Strippelmann L. Die Petroleumfundpunkte in den Vorbergen der Bayerischen Alpen auf der West- u. Ostseite des Tegernsees. - Berg- u. Hüttenm. Ztg, 40, Leipzig 1881, Nr. 46.

Stubai. Das Tal - und dessen Bewohner. - Z. f. Tirol u. Vorarlberg, 1, Innsbruck 1825, 166–246.

— Tal und Gebirg, Land und Leute. - Herausgeg. d. d. Ges. von Freunden des Stubaitales, Leipzig (Duncker u. Humblot) 1891, 742 S., 3 K., 306 Abb. - Bespr. Mitt. DÖAV, 1891, 197; PetMitt., 1892, Litber., 139.

Stuchlik H. Geologische Skizze des oberbayerischen Kohlenreviers. - Österr. Z. f. Berg- u. Hüttenw., 30, 1893, 380–382, 1 Taf. - Bespr. NJb. 1895/1, 505; Bl. 858.

— Die Faziesentwicklung der südbayr. Oligozän-

molasse. - JbRA 1906, 277-350, 2 Taf., 5 Abb. - Bespr. Zbl. f. Min., 1906, 576; GZ 9/98.
— Die Peißenberger Tiefbohrungen im oberbayr. Kohlenrevier. - Z. f. prakt. Geol., 19, 1911, 225-233. - Bespr. NJb. 1914/1, 442.
Studer B. Geologie der Schweiz. - 2 Bde, Bern u. Zürich 1851-1853, 485 u. 487 S., K., Prof. u. Abb. - Bespr. NJb. 1851, 717; 1852, 231; 1854, 355; Arch. f. Min. etc., 25, 1853, 314; Arch. d. sc. phys. et nat., t. 19, Genève 1852, 5; Hist. d. progr. de la Géol., 6, Paris 1856, 626, 647; 7, 1857; 8, 1860; Bl. 60.
— Steinkohlenpflanzen bei Manno. (N. v. Lugano.) - NJb. 1871, 624-626.
Stur D. Die geolog. Beschaffenheit der Zentralalpen zwischen dem Hochgolling und dem Venediger. - JbRA 1854, 818-852, 6 Taf. - Bespr. Bl. 62.
Stutzer O. Lagerstättensuite von Schneeberg i. T. u. von Brixlegg. - III. Jber. Freiberger Geol. Ges., Freiberg 1910, 16. - Bespr. GZ 14/1167.
— Über einige besondere geologische Erscheinungen in den oligozänen Pechkohlenflözen Oberbayerns. - Z. f. prakt. Geol., 28, 1920, 172-175, 1 Fig. - Bespr. GZ 26/579.
— Über den neueren Bergbau in Bayern. - Der Bergbau, 33, 1920.
— Fossile Holzkohle. - Braunkohle, 19, 1920, 93.
— Zusammenhänge zwischen Bewegungen der Erdkruste und der Bildung von Kohlenlagern. - Glückauf, 56, 1920, 249-251.
— Über einige auf Druck und Zerrung zurückzuführende Strukturen, Verbandsverhältnisse und Absonderungsformen von Kohle. - Glückauf, 56, 1920, 389-392.
— Über Augenkohle von Pensberg in Oberbayern. - Z. DGeolGes., 74, 1922, Mber., 163-166. - Bespr. GZ 30/165; NJb. 1926/1, A, 284; B, 114.
— Erdöl und Bitumina. - Handwörterbuch d. Nat.-wiss., 3, Jena (Fischer) 1933, 2. Aufl., 774-790, 13 Abb. - Bespr. GZ 52 A/832.
— Oberbayrische Pechkohle. (Vortr.) - Z. DGeol-Ges., 86, 1934, 29-36, 2 Abb., 4 Taf. - Bespr. GZ 5 B/218.
Suess E. Notizen über die geologischen Verhältnisse der Vorarlberger Alpen und des Salzberges bei Hall i. T. - JbRA 1854, 881.
— Die Zukunft des Goldes. - Wien (Braumüller) 1877, 389 S. (Alpenländer: 239-244).
Suess F. E. Das Gebiet der Triasfalten im Nordosten der Brennerlinie. - JbRA 1894, 589-670, 4 Taf., 2 Abb. - Bespr. NJb. 1897/1, 303; Bl. 881.
Sussmann O. Zur Kenntnis einiger Blei- u. Zinkvorkommen der alp. Trias bei Dellach in Oberkärnten. - JbRA 1901, 265-300, 1 K., 5 Fig. - Bespr. NJb. 1904/1, 396; GZ 3/1780; Carinthia II, 1903, 62.
Sustschinsky P. v. Über den Cölestin aus dem Zementstein-Bergwerk Marienstein bei Tegernsee in Bayern. - Z. f. Krist., 34, 1901, 563-568. - Bespr. NJb. 1902/2, 202.
Taramelli T. Del deposito lignitico di Leffe, in provincia di Bergamo. - Boll. Soc. geol. it., v. 17, f. 4, Roma 1898, 202-218. - Bespr. Boll. Com. geol. d'It., 30, 1899, 367.
— Di alcuni giacimenti lignitiferi del Vicentino. - Giorn. Geol. prat., v. 1, f. 3, 1903, 141-144. - Bespr. GZ 4/1938, 9/746; Boll. Com. geol. d'It., 35, 1904, 434.
— A proposito del giacimento carbonifero di Manno presso Lugano. - Rend. R. Ist. Lomb., s. 2, v. 45, Milano 1912, 721-730. - Bespr. GZ 19/383; EgH 13, 1914, 47; Boll. Com. geol. d'It., v. 44, f. 4, 1915, 135.
Tarnuzzer Chr. Ausschnitt aus der Dufourkarte der Schweiz mit Einzeichnungen von Erzen, Bausteinen und Bergwerken, im Auftr. d. Com. d. bündn. Zentralbahn (Chur-Filisur) 1:100000, Chur 1888. - Bespr. Jber. Natf. Ges. Grbd., NF, 43, Chur 1900, 8.
— Die Manganerze bei Rofna im Oberhalbstein (Graubünden). - Z. f. prakt. Geol., 1893, 234-237, 1 Abb. - Bespr. Jber. Natf. Ges. Grbd., NF, 37, Chur 1894, 236; EgH 4, 1894, 174, 179; Rev. géol. suisse p. l'a. 1893, Arch. d. sc. phys. et nat., 31, Genève 1894, 360, 365.
— Neue Fundstellen von Manganerz in Graubünden. - EgH 4, 1896, 414-416. - Bespr. Ebd. 5, 1897, 105; Jber. Natf. Ges. Grbd., NF, 40, Chur 1897, 76.
—, **Nussberger G., Lorenz P.** Notice sur quelques gisements métallifères du Canton des Grisons. - Jber. Natf. Ges. Grbd., NF, 43, Chur 1900, 1-47, 3 K. - Bespr. EgH 7, 1901, 25, 54; Archives ..., 12, Genève 1901, 159, 349; NJb. 1902/2, 81; GZ 1/17; Z. f. prakt. Geol., 1900, 345.
Tarnuzzer Chr. Die Asbestlager der Alp Quadrata bei Poschiavo. Mit einem petrograph. Beitrag v. A. Bodmer-Beder. - Jber. Natf. Ges. Grbd., NF, 45, 1902, 133-147, 2 Fig.; Z. f. prakt. Geol., 10, 1902, 217-223, 2 Fig.; 2. Aufl. 1904, Die Asbestlager im Puschlav. (Brosch.) - Bespr. EgH 7, 1901-1902, 645; Jber. Natf. Ges. Grbd., NF, 47, 230; GZ 3/1007; NJb. 1904/1, 401; Boll. Com. geol. d'It., 35, 1904, 104; 36, 1905, 339.
— Übersicht der Marmorvorkommnisse in Graubünden. - Jber. Natf. Ges. Grbd., NF, 47, 1905, 149-160. - Bespr. GZ 7/1009; NJb. 1907/2, 69; EgH 9, 1906, 623.
— Notiz über den Marmor von Lavin. - Jber. Natf. Ges. Grbd., NF, 49, 1906/7, 39-43. - Bespr. EgH 10, 1908, 332; GZ 13/1872.
— Serpentingestein und Asbest im Puschlaver Tale, Kanton Graubünden. - Der Steinbruch, 3, 1908. - Bespr. Jber. Natf. Ges. Grbd., NF, 52, 129.
— Neuer Fund von Calandagold. - Alpina (Mitt. SAC) 18, Zürich 1910, 198-199. - Bespr. GZ 17/13; EgH 12, 1912, 277; Jber. Natf. Ges. Grbd., NF, 53, 1912, 140.
— Talkschiefer und Lavezsteine des Bündner Oberlandes. - Jber. Natf. Ges. Grbd., NF, 58, 1917/18, Chur 1918, 1-38, 7 Fig. - Bespr. GZ 24/1526.
— Notiz über das Gipslager von Giera-Valendas (Graubünden) 1400 m ü. d. M. - Jber. Natf. Ges. Grbd., NF, 58, 1917/18, Chur 1918, 53-56. - Bespr. GZ 25/21.
— Nickelhydrosilikat im Triasdolomit von Val Nandrò, Oberhalbstein. - Jber. Natf. Ges. Grbd., NF, 59, 1918/19, Chur 1919, 66-68. - Bespr. GZ 25/13.
— Die Eisen- und Kupferkieslager der Nordseite des Piz Mondin im Unterengadin. - Jber. Natf. Ges. Grbd., NF, 61, 1921/22, Chur 1922, 1-11. - Bespr. GZ 29/18.
— Das Manganerzvorkommen auf der Danatzalp (Splügen). - In: Eisen- u. Manganerze der Schweiz, Beitr. z. Geol. d. Schw., Geotechn. Ser., 13. Lfrg, 1. Bd, Bern 1923 (1926), 281-284. - Bespr. GZ 34/1498.
Tatti. Notizie sugli scavi di lignite in Valgandino. (Lomb.) - Giorn. d. Ing. ed Archit., 1854.
Tegernsee. Das Petroleumvorkommen am -. - Mitt. Geogr. Ges. Wien, 32, 1889, 386-387.
Teichmüller R. Die kretazischen Ölschiefer und

Globigerinenkalke des Nonsberges und der nördlichen Brentagruppe. – Z. DGeolGes., 82, 1930, 241–252.

Teller F. Verbreitung und Lagerung der Diorite in der Umgebung von Klausen und Lüsen. – VRA 1880, 261–264. – Bespr. Bl. 556.

— Vorlage des Blattes Klausen. (Vortr.) – VRA 1880, 303–304.

— u. **John C. v.** Geol.-petr. Beiträge zur Kenntnis der dioritischen Gesteine von Klausen in Südtirol. – JbRA 1882, 589–684, 2 Taf., 6 Fig. – Bespr. NJb. 1883/2, 200; Bl. 594.

Teller F. Über ein neues Vorkommen von Diabasporphyrit bei Rabenstein im Sarntale, Tirol. – VRA 1887, 198–200. – Bespr. NJb. 1889/1, 96.

Tertsch H. Die Erzbergbaue Österreich-Ungarns. – Wien 1918, 131 S., K. 1:15 Mill.; 2. Aufl. 1919. – Bespr. GZ 25/1013; Geogr. Z., 25, 1919, 228.

Testa L. I giacimenti italiani di pirite di ferro e di fosfati. – Miniera It., an. 9, Nr. 1, Roma 1927.

Tommasi A. Il Trias inferiore delle nostre Alpi coi suoi giacimenti metalliferi. Il Pizzo dei Tre Signori. – Prem. e pubbl. d. Soc. promotr. d. esplorazioni scient. in Milano, 1882, 1 Taf., 1 K. – Bespr. Boll. Com. geol. d'It., 13, 1882, 280.

Torfmoore (G.). Über die glaziale Flora und die Flora der Torfmoore. – Mitt. Anthrop. Ges. Wien, 12, 1882, 104–107, 1 Abb.

Tornquist A. Geologischer Führer durch Oberitalien. I. Das Gebirge der oberitalienischen Seen. (Beiträge v. A. Baltzer u. C. Porro.) – Sammlg. geol. Führer, IX, Berlin (Borntraeger) 1902, 302 S., 30 Abb. – Bespr. VRA 1902, 352; GZ 3/1062; PetMitt., 49, Litber., 189; EgH 7, 1901–1902, 498; Boll. Com. geol. d'It., 35, 1904, 106; Mitt. DÖAV, 1902, 175.

— Die Blei-Zinkerz-Lagerstätte von Bleiberg-Kreuth in Kärnten. Alpine Tektonik, Vererzung und Vulkanismus. – Wien (Springer) 1927, 106 S., 31 Abb. – Bespr. VBA 1928, 103; GZ 40/1755; NJb. 1928/2, 502; Berg- u. Hüttenm. Jb., 1928, 40.

— Die geologischen Probleme der Blei-Zink-Vererzung der Ostalpen. – VBA 1928, 234–240; Z. DGeolGes., 80, 1928, B, Mber., 275–276. (Vortragsauszug.) – Bespr. GZ 42/39; NJb. 1930/2, 126.

— Führer zur montangeologischen Exkursion in den Salzburger Alpen und Kärnten. (Rauris, Gastein, Bleiberg u. a.) – Erläutergen z. d. Exkurs. d. Tagung d. DGeolGes. in Wien, 1928, 8 S. S. a. Mitt. Geol. Ges. Wien, 20, 1927, Wien 1929, 120–127.

— Die geologische Position der Golderzgänge der Hohen Tauern des Thermengebietes von Wildbad Gastein. – Mitt. Geol. Ges. Wien, 20, 1927, Wien 1929, 120–122. Auch in den Erläuterungen zu den Exkursionen.

— Die metasomatische Blei-Zinkerz-Lagerstätte von Bleiberg-Kreuth bei Villach. – Mitt. Geol. Ges. Wien, 20, 1927, Wien 1929, 125–127. Auch in Erläuterungen zu den Exkursionen.

— Die Blei-Zinkvererzung der Ostalpen. – Metall und Erz, 26, 1929.

— Die Vererzungsperioden in den Ostalpen. – Metall und Erz, 26, H. 10, 1929, 241–245. – Bespr. NJb. 1930/2, 253.

— Perimagmatische Typen ostalpiner Erzlagerstätten. – Sber. Ak. d. Wiss. Wien, m.-n. Kl., Abt. 1, 139, 1930, 291–308, 1 Taf. – Bespr. GZ 43/1046.

— Der Arsengehalt in ostalpinen apomagmatischen Blenden und Bleiglanzen. – VBA 1930, 197–202. – Bespr. GZ 44/320.

— Mineralquellen (Thermen) und Minerallagerstätten in den Ostalpen. – Mitt. Geol. Ges. Wien, 21, 1928, Wien 1930, 15–23. – Bespr. GZ 42/304.

— Der Bleierzbergbau und die Bleierzlagerstätten der Ostalpen. – Mitt. Geol. Ges. Wien, 21, 1928, Wien 1930, 155–157.

— Die Vererzungsphasen der jungen ostalpinen Erzlagerstätten. – Sber. Ak. d. Wiss. Wien, m.-n. Kl., Abt. 1, 140, 1931, 219–229, 1 Taf. – Bespr. GZ 46 A/695.

— Eine Erzlagerstätte vom Typus Raibl-Bleiberg in den Dolomiten. – Sber. Ak. d. Wiss. Wien, m.-n. Kl., Abt. 1, 141, 1932, 31–38, 1 Taf. – Bespr. GZ 48 A/1032; Z. f. prakt. Geol., 41, 1933, 39.

— Neue Untersuchungen ostalpiner Erzlagerstätten. – Metall und Erz, 29, 1932, 431–434, 3 Abb. – Bespr. GZ 49 A/34; NJb. 1933/2, 303; Z. f. prakt. Geol., 41, 1933, 103.

— Erforschung von Erzlagerstätten durch das Auflichtmikroskop. – Umschau, 36, 1932, 146.

— Die Wanderung des Goldes in den Erzen der Hohen Tauern. – Forschgen u. Fortschr., 9, Berlin 1933, 190. – Bespr. NJb. 1933/2, 732.

— Vererzung und Wanderung des Goldes in den Erzen der Hohen Tauern-Gänge. – Sber. Ak. d. Wiss. Wien, m.-n. Kl., Abt. 1, 142, 1933, 41–80, 2 Fig., 3 Taf. – Bespr. GZ 51 A/84; Anzg. Ak. d. Wiss. Wien, m.-n. Kl., 70, 1933, 55.

— Die Erzlagerstätten der Dolomiten und Venetiens. I. der Kiesstock von Agordo. – Anzg. Ak. d. Wiss. Wien, m.-n. Kl., 70, 1933, 276.

— Eine perimagmatische Antimon-Silber-Erzlagerstätte südlich Abfaltersbach, Osttirol. – Z. DGeolGes., 85, 1933, 53–77, 1 Taf., 1 Skz.

Tosana C. Brevo cenno sui giacimenti cupriferi di Barghe (Valle Sabbia). – Brescia 1890. – Bespr. Boll. Com. geol. d'It., 22, 1891, 277.

Toso P. Miniera di Valle Imperina presso Agordo. – Riv. Serv. minerario pel 1886, Roma 1888. – Bespr. Boll. Com. geol. d'It., 20, 1889, 397.

Tourneur N. Mining Salt in Bavaria. – Eng. and Min. Journ. Press vom 26. 12. 1925, 1017. (Berchtesgaden.) – Bespr. GZ 37/920.

Tramberger F. Von der Geschichte des Bergwerkes in Prettau. – Der Schlern, 2, Bozen 1921, 3 S.

Trautwein Th. Das Berchtesgadener Salzbergwerk. – Z. DÖAV, 1876, 32–47.

— Notizen über Ridnaun und Schneeberg. – Z. DÖAV, 1877, 139–141.

Trener G. B. Le antiche miniere di Trento (storia e geologia). – Ann. d. SAT, v. 20, 1896–98, Trento 1899, 27–90.

— Bericht aus der Gegend von Borgo. – VRA 1901, 252. – Bespr. NJb. 1902/2, 420; 1903/1, 122; GZ 2/1702; Boll. Com. geol. d'It., 34, 1903, 62.

— Reisebericht aus der Cima d'Asta-Gruppe (bzw. Gegend der C. d'A.) – VRA 1901, 278–280, 317–322. – Bespr. NJb. 1902/2, 420; GZ 2/1702; Boll. Com. geol. d'It., 34, 1903, 62.

— Notizie sulle antiche miniere di Trento. – Tridentum, Riv. di Stud. sc., Trento 1901, f. 9, 9 S.

— Über Diffusion von festen Metallen in feste kristallinische Gesteine. (Vortr.) – VRA 1905, 372. Bemerkungen hiezu: ebd. 366–370.

— Die Barytvorkommnisse v. Mte Calisio bei Trient und Darzo in Judikarien und die Genesis des Schwerspates. – JbRA 1908, 387–468, 4 Prof., 11 Diagr. – Bespr. Boll. Com. geol. d'It., 40, 1909, 609.

— I carboni fossili della Valsugana. – Tridentum, an. 12, f. 9–10, Trento 1910.

— Le miniere argentifere di Trento. - La Min. It., an. 1, Roma 1917, n. 2, 59–65; n. 3, 99–104; n. 8, 296–298, 1 Taf., 22 Fig. Abdruck aus: Mons argentarius, Rovereto (Grandi) 1914, 41 S. - Bespr. Boll. Com. geol. d'I., v. 46, 1917, f. 2–3, 101.
— Il problema dell'industria mineraria nella Venezia Tridentina. - Atti VI Congr. naz. Ven.-Trid., 18–24 maggio 1924 d. Feder. naz. d. Cav. d. lav., Roma 1924, 6 S. - Abdruck in La Miniera It., Roma 1924, v. 8, n. 6, 161–163, 5 Abb. - Bespr. Studi Trent. Sc. Nat., 8, 1927, 251.
— Le miniere (della Venezia Tridentina). - La Venezia Tridentina, n. 8 d. Rivista Gerarchia, Milano 1927, 658–662.
— Bibliografia mineraria della Venezia Tridentina. - Gleno, Archivio per l'Alto Adige, 22, 1928, 18 S.
— Per lo studio delle torbiere nella Venezia Tridentina. - Trento 1929, 16 S.; Estr. da Studi Trent. d. Sc. Nat., dir. dal Mus. Civ. di Stor. nat.; Riv. d. Soc. per gli Studi Trent., an. 9, 1928, f. 2, 125–138.
— Progetto di struttamento delle miniere argentifere di Trento. - Als Ms. gedruckt.
Treptow E. Die Tiroler Markscheider (Schiener) im 15. und 16. Jahrhundert. - Z. f. Bg.-, Hütten- u. Salwesen, 81, 1933, Sber., 497–507. - Bespr. GZ 53 A/244.
Trinker J. Bericht über die im Sommer 1844 vorgenommene geogn.-mont. Begehung. - Ber. ü. d. 7. Gen.-Vers. d. Geogn.-mont. Ver. etc., Innsbruck 1845, 3–69.
— Bericht über die im Sommer 1845 vorgenommene geogn.-mont. Reise in Südtirol. - Ber. ü. d. 8. Gen.-Vers. d. Geogn.-mont. Ver. etc., Innsbruck 1846, 3–35, 1 Proftaf.
— Die lithographischen Schiefer von Südtirol. - Ber. ü. d. Mitt. von Freunden der Natwiss. in Wien, 2, 1846, 55.
— Bericht über die im Sommer 1846 vorgenommene geogn.-mont. Reise in Südtirol. - Ber. ü. d. 9. Gen.-Vers. d. Geogn.-mont. Ver. etc., Innsbruck 1847, 3–30, 1 Proftaf.
— Der Adelsvorschub am Heinzenberg und Kleinkogl. Ein Beitrag zur Physiographie der besonderen Lagerstätten Nordtirols. - JbRA 1850, 213–220, 1 Taf.
— Erläuternde Bemerkungen zu der am 25. 9. 1851 in Hall den vers. Mitgliedern d. bergm. Vereins vorgelegten Sammlung von Erzen aus dem Neuschurf am Madersbacher Köpfl bei Brixlegg. - Brixlegg 1851, 10 S. (lith.)
— Der Aufschluß der tieferen westlichen Reviere am Pfundererberge bei Klausen. Ein Beitrag zur Geschichte der Tiroler Bergbaue. - Lithogr. Hall 1853.
— Petrographische Erläuterungen zur geognostischen Karte von Tirol. - In: H. v. Widmann, Erläuterungen z. geognost. Karte Tirols, Innsbruck (Wagner) 1853, 69 S., 1 Abb. - Bespr. Bl. 44.
— Erzlagerstätten an der Rothlahn am Pfundererberg unfern Klausen in Tirol. - Österr. Berg- u. Hüttenm. Ztg, 1853, 182.
— Der Tiefbau am Röhrerbühel. - Österr. Z. f. Berg- u. Hüttenw., 1856, 65, Ergänzungen v. 1597 ebd. 113.
— Die Entstehung und der erste Aufschwung der Quecksilbergrube Vallalta bei Agordo. - JbRA 1858, 442–444. - Bespr. Bl. 144.
— Die Bergbauunternehmung in Vallalta. - VRA 1858, 122.
— Notiz über das Braunkohlenvorkommen von Zovencedo bei Vicenza. - VRA 1860, 95.
Tromp S. W. La géologie du Valle del Bitto et la tectonique des Alpes Lombardes. - Diss. Leiden 1932, Leiden (E. Ydo) 1932, 198 S.; Leidsche Geol. Mededeel., IV. Tl., 125–320, 5 Taf. mit K. 1:50000 u. Prof., 3 Fig. - Bespr. GZ 48A/1091.
Tscharner V. B. Bericht über den Bergbau am Silberberg in der bündnerischen Landschaft Davos. - Bern 1809.
Tschernig E. Über Gebirgsschläge in den Kärntner Blei-Zinkerz-Lagerstätten. - Berg- u. Hüttenm. Jb., 80, 1932, H. 3 u. 4, 79–86, 117–136, 30 Fig. - Bespr. NJb. 1933/2, 543.
Tunner P. Der nördliche Spateisenstein-Hauptzug in den Alpen von Innerösterreich, Salzburg und Tirol. - Jb. f. d. österr. Berg- u. Hüttenmann (Vordernberg), 3–6, 1843–1846, Wien 1847, 389–406.
Unger F. Anthrazitlager in Kärnten. - Sber. Ak. d. Wiss. Wien, 60, 1, 1869, 777–794, 3 Taf.
Untergasser S. Contributo allo studio dei materiali da costruzione della provincia di Trento. - Studi Trentini Sc. Nat., 7, Trento 1926, 97–107.
Untchj G. Beiträge zur Kenntnis der Fahlerze in Tyrol (Brixlegg). - Mitt. Natwiss. Ver. f. Steiermark, 9, Graz 1872, 60–63. - Bespr. NJb. 1872, 874.
Vacek M. Über die geologischen Verhältnisse des obersten Val Sugana. (Vortr.) - VRA 1896, 459–473. - Bespr. NJb. 1898/2, 460; Bl. 937; Boll. Com. geol. d'It., 28, 1897, 396.
— u. **Hammer W.** Erläuterungen z. geol. Spezialkarte Cles. - Wien 1911, 104 S.
Vacek M. Erläuterungen zur geol. Spezialkarte Rovereto-Riva. - Wien 1911, 100 S.
— Erläuterungen z. geol. Spezialkarte Trient. - Wien 1911, 104 S.
Valsuganabahn. Die –. - Innsbr. Nachr. vom 28. und 29. 3. 1893, 6 Sp.
Van Houten L. De Alpen. - Mijnbouwkundige Jaarb., 1926–1928, 426–481. (Holl.)
— Geologie des Pelmo-Gebietes in den Dolomiten von Cadore. - JbBA 1930, 147–230, K. 1:25000, 9 Taf. - Bespr. GZ 43/860, 44/404. S. a. Leonardi P.
— Die Erzlagerstätten des Pflerschtales in Südtirol. - JbBA 1930, 339–349, 2 T. - Bespr. GZ 45/283; Studi Trent. Sc. Nat., 12, 1931, 73.
— De Geologie der Zuid-Tyroolsche Dolomieten. - Jaarbook 1929, 1930, 1931 van de Mijnbouwkundige Vereeniging, 33 S., 15 Abb., 1 Taf. (Holländisch.) - Bespr. GZ 46A/200; Z. f. Geomorph., 8, 1934, 156.
— Zur Altersfrage der Pflerscher Erzlagerstätten. - Zbl. f. Min., 1931, Abt. A, 325–326. - Bespr. GZ 46A/687.
Vardabasso S. Carta geologica del territorio eruttivo di Predazzo e Monzoni nelle Dolomiti di Fiemme e Fassa. Sc. 1:25000. - Min. d. Lav. Pubbl., Uff. Idrogr. d. R. Mag. a. A., Venezia 1930.
Villa A. Gite malacologiche nella Brianza e nei dintorni di Lecco e particolarmente alle nuova miniera di piombo argentifero della Valsassina. - Atti Soc. It. Sc. nat., Milano 1862, 299–311.
Villa G. B. Notizie sulle torbe della Brianza. - Giorn. d. Ing., Arch. ed Agron., an. 12, Milano 1864, 1–3.
Villa L. Di alcuni marmi e rocce della Valtellina. - Giorn. d. Ing., Arch. ed Agron., an. 14, Milano 1866, 2.

Villeneuve H. de. Mémoire sur l'extraction du zinc contenu dans la blende de Davos (canton des Grisons). – Annales des mines, 4, Paris 1828, 103–120.

Vinassa de Regny P. Le miniere e i minerali utili del Trentino e dell'Alto Adige. – Atti Soc. It. del progresso delle Sc., 10 a riun. Pisa 1919, Roma 1920.

Virlet T. Notes sur une couche de fer oxidé hématite des environs de Sargans, canton de Saint-Gall (Suisse) et les modifications auxquelles elle paraît avoir été soumise postérieusement à son dépôt. – Bull. Soc. géol. de France, t. 6, Paris 1835, 263, 313–320.

Vital A. Las minieras in Scharl. – Il Chalender latin, 7. ann., Samaden 1917, 25–26.

Vogel O. Das Salzbergwerk Hall i. T. i. J. 1782. – Österr. Z. f. Berg- u. Hüttenw., Wien 1908, Nr. 44.

Vogl K. Bergbau und vorgeschichtliche Funde um Kitzbühel. – Wr. Prähist. Z., 16, 1929, 34–39, 1 Skz.

Vonbun J. F. Volkssagen aus Vorarlberg. – 2. Aufl. Innsbruck 1850, 83 S., Neuaufl. 1889.

Waagen L. Der neue Fundort in den Hallstätter Kalken. Der Berchtesgadener Versuchsstollen. – JbRA 1899, 545–558, 4 Fig.

— Die alten Goldbergbaue des Lungau. (Vortr.) – VRA 1912, 170–171.

— Die Goldbergbaue der Tauern. (Vortr.) – Mitt. Geol. Ges. Wien, 5, 1912, 113–118.

— Bergbau und Bergwirtschaft. – Wirtschgeogr. Karten u. Abhdlgen z. Wirtschkde Österreichs, herausgeg. v. F. Heiderich, H. 10, Wien 1919.

— Kohle und Eisen in Deutschösterreich. – Montan. Rdsch., 11, Wien 1919, 780–782; Bergbau u.Hütte, 6, Wien 1920, 19–30.

— Kohlenbesitz u. -bedarf in Deutschösterreich. – Z. Österr. Ing.- u. Arch.-Ver., 72, Wien 1920, 249ff.

— Die Bergwirtschaft Deutschösterreichs. – Österr. Monatsschr. f. d. öff. Baudienst u. d. Berg- u. Hüttenw., 1, Wien 1920, 153–158; Montanztg, 27, Graz 1920, 214–220, 233–235. – Bespr. GZ 29/334; Z. f. prakt. Geol., 28, 1920, 178.

— Neuaufschließungen von Kohlenfeldern in Deutschösterreich. – Mitt. d. Inst. f. Kohlenvergasung, 3, Wien 1921, 17–21, 25–28.

— Die Bergschätze Deutschösterreichs. – Technik und Kultur, 1, 1921, 33–36.

— Deutschösterreichs Bergschätze. – Berichte aus den neuen Staaten, V, Nr. 11, Wien 1922, 390–395. In engl. Übersetzg: The mining assets from German Austria. Reports from Austria, Wien 1922, Nr. 9–10, 101–107.

— Die Aussichten von Erdölbohrungen in Österreich. – Österr. Monatsschr. f. d. öffentl. Baudienst u. d. Berg- u. Hüttenw., 1924, 83–85. – Bespr. GZ 31/199.

— Die Pflege der praktischen Geologie in Österreich. – Z. f. prakt. Geol., 33, 1925, 21–23. – Bespr. NJb. 1926/1, 101; GZ 33/862.

— Zur Mechanik der Brüche und Verwerfungen. – Z. f. prakt. Geol., 35, 1927, 1–7.

— Die morphologische Analyse der Verwerfungen im Gebirge. – Z. f. Geomorph., 2, 1927, 319–327. – Bespr. GZ 38/709.

Walde K. Die Knappenlöcher am Höttingerberg. – Tiroler Heimatblätter, 2, H. 2, 1924, 3–5. S. a. Tiroler Anzg., Nr. 203 v. 3. 9. 1932 v. Aloys Sch(attanek).

Walkmeister Chr. Aus der Geschichte des Bergbaues in den Kantonen Glarus und Graubünden. – Ber. ü. d. Tätigkeit der St. Gall. Natwiss. Ges., 1887/1888, St. Gallen 1889, 268–317. – Bespr. Ebd. 1890, 20; Jber. Natf. Ges. Grbd., NF, 33, Chur 1890, 78; Archives ..., t. 23, Genève 1890, 291; EgH 1, 1890, 500.

Wallnöfer H. Über alte Bergmannsbräuche in unserer Heimat. – Der Schlern, 9, 1928, 193.

Warnecke A. C. Bituminöse Schiefer. – Allgem. österr. Chem.-Techn. Ztg, 46, Wien 1928, Nr. 17. – Bespr. NJb. 1929/2, 318.

Wasmund E. Lakustrische Unterwasserböden (Seeablagerungen der nördlichen humiden Breiten). – In: Handbuch der Bodenlehre v. E. Blanck, 5, 1930, 97–189, 33 Abb.

Wegmann C. E. Über die Formen magmatischer Erzlagerstätten in Gebirgen. – Z. f. prakt. Geol., 36, 1928, 181–184. – Bespr. NJb. 1929/2, 237.

Weidenbusch H. Analyse des quecksilberhaltigen Fahlerzes von Schwaz in Tirol. – Ann. d. Phys. u. Chemie (Poggendorff), 16, Leipzig 1849, 86–88.

Weinold L. Vom ehemaligen Bergbau und Hüttenwesen in der Gegend von Kirchberg im Brixentale. – Tiroler Heimatblätter, 9, 1931, 373–378.

Weinschenk E. Über Serpentine aus den östlichen Zentralalpen und deren Kontaktbildungen. – Habilitationsschrift München, 1891, 56 S., 3 Abb. – Bespr. VRA 1892, 115; NJb. 1892/1, 105; Bl. 800.

— Die Minerallagerstätten des Großvenedigers und der Hohen Tauern. Ein Betrag zur Kenntnis der „Alpinen Minerallagerstätten". – Z. f. Krist., 26, 1896, 337–508, 4 Taf., 1 Fig. – Bespr. NJb. 1898/1, 24; Bl. 959a.

— Weitere Beiträge zur Kenntnis der Minerallagerstätten der Serpentine in den östlichen Zentralalpen. – Z. f. Krist., 27, 1897, 559–573. – Bespr. NJb. 1898/1, 36.

— Mineralogische Wanderungen in den östlichen Zentralalpen. – Mitt. DÖAV, 1897, 1–4, 13–15, 1 Abb. – Bespr. NJb. 1898/1, 38.

— Einige Beobachtungen über die Erzlagerstätten im Pfundererberg bei Klausen in Südtirol. – Z. f. prakt. Geol., 11, 1903, 66–68, 1 Fig. – Bespr. VRA 1903, 68; GZ 3/1617; NJb. 1904/2, 239.

— Die Tiroler Marmorlager. – Z. f. prakt. Geol., 11, 1903, 131–147, 2 Fig. – Bespr. GZ 4/457; VRA 1903, 126; NJb. 1904/1, 380.

— Die Erzlagerstätte des Schneebergs in Tirol und ihr Verhältnis zu jener des Silberberges bei Bodenmais im Bayr. Wald. – Z. f. prakt. Geol., 11, 1903, 231–237. – Bespr. GZ 4/451; NJb. 1904/2, 239.

Weithofer K. A. Zur Kenntnis der oberen Horizonte der oligozänen Brackwassermolasse Oberbayerns und deren Beziehungen zur miozänen (oberen) Meeresmolasse im Gebiete zwischen Inn und Lech. – VRA 1899, 269–282. – Bespr. NJb. 1903/2, 112.

— Einige Querprofile durch die Molassebildungen Oberbayerns. – JbRA 1902, 39–70, 3 Taf., 1 Fig. – Bespr. NJb. 1903/1, 510; GZ 5/1480.

— Über neuere Aufschlüsse in den jüngeren Molasseschichten Oberbayerns. – VRA 1912, 347–356. – Bespr. GZ 20/985.

— Über Gebirgsspannungen und Gebirgsschläge. – JbRA 1914, 99–142. – Bespr. NJb. 1916/1, 44; GZ 22/304.

— Die Entwicklung der Anschauungen über Stratigraphie und Tektonik im oberbayrischen Molassegebiet. – GR 5, 1914, 65–77. – Bespr. GZ 21/173.

— Die Oligozänablagerungen Oberbayerns. – Mitt. Geol. Ges. Wien, 10, 1917 (1918), 1–125, 2 Taf., 1 Fig. – Bespr. GZ 24/1471; NJb. 1921/1, 186.

— Das Pechkohlengebiet des bayerischen Voralpenlandes u. die Oberbayerische Aktiengesellschaft für Kohlenbergbau. - Denkschr., München 1920.
— Die Erzlagerstätten des Röhrerbühels bei Kitzbühel in Tirol. - Montan. Rdsch., 16, Wien 1924, 611-620.
Wencélius A. Eisen- und Mangangruben der Schweiz. - Berg- u. Hüttenm. Ztg, 1903, 541-545, 629-631. Bespr. GZ 5/986.
Wenger M. Ein Beitrag zur Statistik und Geschichte des Bergbaubetriebes in den österreichischen Alpenländern im 16. Jahrhundert. - Mont. Rdsch., 23, 1931, 225-232, 239-246, 247-250. - Bespr. Carinthia I, 1932, H. 1, 96.
— Der Verfall des Edelmetall-Bergbaues in Kärnten gegen Ende des 16. Jahrhunderts und seine Ursachen. - Carinthia I, 122, 1932, 101-123.
Wenzel E. Magnesit in Deutschösterreich. - Steinbruch u. Sandgrube, 20, Halle 1921, 109.
Wiedemann F. Mineralogisches und Touristisches aus der Zillertaler und Ötztalergruppe. - Z. DAV, 1870, 168-190.
Wieser F. R. v. Die vorgeschichtlichen Verhältnisse von Tirol und Vorarlberg. - Kronprinzenwerk, 13, Wien 1893, Sonderabdruck Wien 1892, 12 S., illustr.
— Der Urnenfriedhof von Schwaz. - Z. Ferdin., 3. F., 48. H., Innsbruck 1904, 360-363.
— Neu aufgedeckte Urnenfriedhöfe in Tirol. - Z. Ferdin., 3. F., 53. H., Innsbruck 1909, 195-199.
Wilhelm O. Die Eisen-Manganerzlager im unteren Aversertal (Val Ferrera), Graubünden. - Diss. Basel (Halle), 1922; Z. f. prakt. Geol., 30, 1922, 149-164, 6 Fig., 2 Taf. - Bespr. GZ 30/493.
Wilser J. L. Sollen wir die Goldwäscherei am Oberrhein wieder aufnehmen? - Natwiss. Wochenschr., NF, 21, Jena 1922, 393-397.
Winkler A. v. Aufnahmsbericht über Blatt Hofgastein. - VStA 1921, 20; VBA 1922, 24; 1923, 25; 1924, 23; 1925, 12; 1926, 10. - Bespr. GZ 33/1756.
— Geologische Probleme in den östlichen Tauern. I. Teil. JbBA 1926, 245-322, 2 Taf., 25 Fig. - Bespr. GZ 35/511.
— Die Gold führenden Massive der Hohen Tauern. - Der Pflug, Wien 1926.
— Exkursion in das Goldberggebiet der Hohen Tauern. - Erläuterungen zu den Exkurs. der Geolog. Hauptversammlung, Wien 1928.
— Der geologische Bau des Goldbergbaugebietes in den östlichen Hohen Tauern. - Mitt. Geol. Ges. Wien, 20, 1927, Wien 1929, 122-125. Auch in den Erläuterungen zu den Exkurs.
Winkler L. Thyrsenblut und Thyrsenöl. Tiroler Heimatblätter, 4, 1926, 310-312.
Winterhalter R. Die karbonischen Sedimente der Schweizer Alpen. - C. R. Congr. stratigr. carbonif. Heerlem 1927, Liège 1928, 755-778, 6 Abb., 1 Taf., 1 Tab. - Bespr. GZ 41/502.
Winz H. Beiträge zur Kulturgeographie des Oberinntales. - Berliner Geogr. Arbeiten, H. 2, Stuttgart (Engelhorn) 1933, 117 S., 14 Skzn. - Bespr. Tir. Heimatbl., 11, 1933, 292; Geogr. Z., 40, 1934, 71.
Wiser D. Fr. Über die in den Eisengruben am Gonzen bei Sargans im Kanton St. Gallen vorkommenden Mineralien. ... - NJb. 1842, 505-527,
— Korrespondenz aus Zürich. - Manganerz von Gonzen. - NJb. 1843, 461-465.
Witter W. Das Goldfeld der Tauern. - Umschau, 36, 1932, 583-584. - Bespr. NJb. 1933/2, 305.
Wolf W. Das silberne Zeitalter im Montafon. - Heimat, 4, Bregenz 1923, 33-35.
Wolff C. F. Zur Vorgeschichte der Ostalpenländer. - Deutsche Alpenztg, 23, 1928, 266-272.
Wolff F. v. Deutschlands Goldlagerstätten. (U. a. am Nordrand der Alpen.) - Glückauf, 1918, I, 54, Nr. 10, 137-143.
Wolff Wilh. Die Fauna der südbayerischen Oligozänmolasse. - Palaeontogr., 43, Stuttgart 1897, 223-320, 9 Taf.
Wolfskron M. R. v. Das k. k. Montanwerk Brixlegg. - Österr. Z. f. Berg- u. Hüttenw., 1868, 306, 386.
— Zur Geschichte des Lungauer Bergbaues mit besonderer Berücksichtigung von Ramingstein und Schellgaden. - Mitt. Ges. f. Salzburger Landeskde, 24, 1884, 133-250. - Bespr. VRA 1885, 171.
— Geschichte des Lungauer Bergbaues. - Österr. Z. f. Berg- u. Hüttenw., 32, Wien 1885, Nr. 20-23.
— Zur Geschichte des alten Kupferwerkes Panzendorf im Pustertale. - Österr. Z. f. Berg- u. Hüttenw., 1887, Nr. 34, 395. - Bespr. VRA 1887, 339.
— Zur Bergbaugeschichte der einst erzstiftlich salzburgischen Herrschaft Windisch-Matrei. - Z. Ferdin., 3. F., 31. H., Innsbruck 1887, 71-149.
— Der Bergbaubetrieb in Tirol und Vorarlberg im Jahre 1888. - TB Nr. 47 v. 26. 2. 1890, 404-405; Nr. 48 v. 27. 2. 1890, 412-413.
— Lungaus alte Goldbergbaue. - Österr. Z. f. Berg- u. Hüttenw., 40, Wien 1892, Nr. 21-26, 23 S. - Bespr. NJb. 1893/2, 80.
— Zur Geschichte des Zeller Goldbergbaues. - Österr. Z. f. Berg- u. Hüttenw., 43, 1895, 30 S.
— Salzsole im Rörerpichler Erzbergbau. - Österr. Z. f. Berg- u. Hüttenw., 45, 1897, 94.
— Beitrag zur Geschichte des Tiroler Erzbergbaues. - Z. Ferdin., 3. F., 41. H., Innsbruck 1897, 49-110; 42. H., 1898, 297-336; 43. H., 1899, 125-177.
— Beitrag zur Geschichte der Bergbaue v. Kitzbühel mit besonderer Berücksichtigung des Rörerbühel 1540-1665. - Berg- u. Hüttenm. Jb., 48, Wien 1900, 431-484.
— Die Baue des Berggerichtes Schwaz (Tirol) zur Zeit ihres beginnenden Verfalles (1540-1594). - Österr. Z. f. Berg- u. Hüttenw., Wien 1900, Nr. 47-49; 599, 616, 630. - Bespr. GZ 1/1794.
— Beitrag zur Geschichte der Baue des Berggerichtes an der Etsch (1472-1659). - Österr. Z. f. Berg- u. Hüttenw., 49, 1901, 91-94, 107-111, 121-123.
— Die Baue des Berggerichtes Sterzing-Gossensaß 1423-1663. - Berg- u. Hüttenm. Jb., 50, Wien 1902, 19-48.
— Die Tiroler Erzbergbaue 1301-1665. - Innsbruck (Wagner) 1903, 473 S. - Bespr. NJb. 1904/2, 238; Z. Ferdin., 3. F., 48. H., Innsbruck 1904, 371.
Wöllner F. Nachrichten über den vormaligen Gold- und Silberbergbau in Oberkärnten. - Kärntner Z., 1820, 88-188.
Wopfner H. Die Besiedlung unserer Hochgebirgstäler. Dargestellt an der Siedlungsgeschichte der Brennergegend. - Z. DÖAV, 1920, 25-86, m. Abb.
Worms St. Schwazer Bergbau im 15. Jahrhundert. Ein Beitrag zur Wirtschaftsgeschichte. - Wien (Manz) 1904, 177 S. - Bespr. Z. Ferdin., 3. F., 49. H., Innsbruck 1905, 482.
Wulfen X. Abhandlung vom kärntenschen pfauenschweifigen Helmintholith oder dem sogenannten opalisierenden Muschelmarmor. - Erlangen 1793, 124 S., 1 Proftaf., 32 Farbtaf.
Wurm H. Wie die Zillertaler Granaten gefunden und ausgebeutet wurden. - Tir. Heimatbl., 12, 1934, 340-342.

Wurzinger H. Goldbergbau in Österreich. – Innsbr. Nachr. u. Tiroler Anzeiger, Nr. 76 v. 2. 4. 1932, 3 Sp.

Young A. P. On a Serpentine-rock from the mass of the Tarntaler Köpfe, Tirol. – Mineralog. Magaz., v. 14, Nr. 67, London 1907, 365–372. – Bespr. NJb. 1908/2, 309.

— On the Stratigraphy and Structure of the Tarntal Mass (Tyrol). – Quart. Journ. Geol. Soc., v. 64, London 1908, 596–603, 4 Fig. – Bespr. Mitt. Geol. Ges. Wien, 2, 1909, 361.

— Notes on the Structure and Physiography of the Tarntal Mass. – Geol. Mag., dec. 5, v. 6, Nr. 542, London 1909, 339–346, 4 Taf., 2 Fig. – Bespr. Mitt. Geol. Ges. Wien, 2, 1909, 361; GZ 15/89.

Zaccagna D. Sui marmi di Breguzzo e Roncone nel Tirolo Meridionale. – Rass. Min., v. 28, Nr. 15, Torino 1908, 197–199. – Bespr. GZ 16/1443; Boll. Com. geol. d'It., 40, 1909, 619.

Zailer V. Das diluviale Torfkohlenlager im Talkessel von Hopfgarten, Tirol. – Z. f. Moorkultur u. Torfverwertg, 1910, 267–281, 1 K., 10 Prof. – Bespr. GZ 21/1408; VRA 1912, 172.

Zedinek H. Die Glashütte zu Hall. – Altes Kunsthandwerk, 1927, H. 6.

Zentzytzki St. Verarbeitung des Ölschiefers mittels Schwelverfahrens. – Münchner Neueste Nachr., Nr. 33 vom 7. 9. 1924, Blge Fortschritte der Technik.

Zepharovich V. v. Magnetit vom Monte Mulatto in Südtirol. – Jber. Nathist. Ver. Lotos 1877, Prag 1878. – Bespr. NJb. 1878, 310.

Zerdik H. Die Kohlenversorgung Deutschösterreichs. – Bergbau und Hütte, 5, Wien 1919, 140–143; Mont. Ztg, 26, Graz 1919, 685–686.

Zillertaler Magnesitwerke. Die Eröffnung der –. – Innsbr. Nachr., Nr. 113 v. 1927.

Zimmermann A. Das Gold von Parpan. – Aarau (Sauerländer), o. J.

Zindel-Kressig A. Sargans. – Illustr. Führer, herausgeg. v. Verkehrsverein in Sargans, Mels 1914, 32 S., 27 Abb. (Eisenbergw. Gonzen.)

Zoppetti V. Stato attuale dell'industria del Ferro in Lombardia e cenno sul possibile sviluppo della Siderurgia in Italia. – Milano 1873. – Bespr. Boll. Com. geol. d'It., 4, 1873, 248.

Zösmair J. Zeit der Entdeckung und älteste Geschichte des Haller Salzbergwerkes. – Z. Ferdin., 3. F., 54. H., Innsbruck 1910, 283–335.

— Zur Bergwerksgeschichte Vorarlbergs. – Feierabend-Beilage des Vorarlberger Tagblattes, Bregenz 1922.

Zschocke M. u. **Preuschen E.** Das urzeitliche Bergbaugebiet von Mühlbach-Bischofshofen. Mit Beiträgen von R. Pittioni, F. Firbas, J. Kisser u. F. Netolitzky. – Materialien zur Urgeschichte Österreichs, H. 6, Wien 1932, 287 S., 28 Taf. – Bespr. Z. f. prakt. Geol., 40, 1932, 189; Wr. Prähist. Z., 20, 1933, 33; NJb. 1933/2, 305.

Zschokke H. Über den Goldsand des Rheins. – Archiv f. d. ges. Naturkunde (Kastner), 2, Nürnberg 1824, 35. Auszug: Gold in den Schweizer Flüssen, Leonhards Taschenbuch (Z. f. Min.), 1, Frankfurt a. M. 1825, 371.

Zweifel B. Das Bergwerk am Gonzen. A. Geschichte und Betrieb. – Ber. ü. d. Tätigkeit d. St. Gall. Natwiss. Ges., St. Gallen 1877, 174–190, 1 K.

Zweifel-Weber B. Die Salzwerke und Salinen der Schweiz. Naturhist. Skizze. – Ber. ü. d. Tätigkeit d. St. Gall. Natwiss. Ges., St. Gallen 1887, 226–276. – Bespr. Ebd. 1888, 17. (U. a. Rhein.)

Zwiedinek O. v. Zur Statistik der Siedelung und der Bevölkerungsbewegung in den Alpenländern. – Z. DÖAV, 1914, 82–101.

Pal
Paläontologie.

Abel O. Über Halitherium Bellunese, eine Übergangsform zur Gattung Metaxytherium. – JbRA 1905, 393–398, 1 Abb. – Bespr. GZ 13/1684.

— Der erste Fund einer Tetrapodenfährte in der unteren alpinen Trias. – Paläont. Z., 7, 1, 1926, 22–23, 1 Abb. – Bespr. GZ 35/795.

— Lebensbilder aus der Tierwelt der Vorzeit. – 2. Aufl. Jena (G. Fischer) 1927, 714 S., 551 Abb., 2 Taf. – Bespr. GR 18, 1927, 468.

— Die vorzeitliche Tierwelt der Alpen. – In: Die österr. Alpen, herausgeg. v. H. Leitmeier, Leipzig u. Wien 1928, 137–144.

— Eine Reptilienfährte aus dem Oberen Perm (Grödener Sandstein) aus der Gegend von Bozen in Südtirol. – Palaeobiologica, II, Wien 1929, 1–14, 1 Taf., 2 Abb. – Bespr. GZ 43/487.

— Goethe als Biologe. – Forsch. u. Fortschr., 8, Berlin 1932, 98–99.

Agassiz L. Recherches sur les poissons fossiles. – Neuchâtel 1833–1843, 5 Bde m. Atlas. (U. a. auch Seefeld.)

Aigner G. u. **Heritsch F.** Das Genus Isogramma im Karbon der Südalpen. – Anzg. Ak. d. Wiss. Wien, 67, 1930, 217; Denkschr. Ak. d. Wiss. Wien, math.-nat. Kl., 102, 1931, 303–316, 5 Taf. – Bespr. GZ 1 B/376; NJb. 1932/3, 17, 649.

Aigner G. Silurische Versteinerungen aus der Grauwackenzone bei Fieberbrunn in Tirol. – VBA 1930, 222–224. – Bespr. GZ 45/577, 1 B/761; VBA 1930, 244.

— Die Brachiopoden des Karbons von Nötsch im Gailtal. 1. Teil. – Mitt. Natwiss. Ver. f. Steiermark, 66, Graz 1930, 9–42, 6 T. – Bespr. NJb. 1930/3, 304; 1932/3, 11; GZ 46A/587, 1 B/793.

— u. **Heritsch F.** Cephalopoden aus dem Unterkarbon von Nötsch. – Mitt. Natwiss. Ver. f. Steiermark, 66, 1930, 43–50, 1 Taf., 1 Fig. – Bespr. NJb. 1930/3, 305; 1931/3, 484; 1932/3, 12; GZ 46A/588, 1 B/823.

Aigner G. Eine Graptolithenfauna aus der Grauwackenzone von Fieberbrunn in Tirol nebst Bemerkungen über die Grauwackenzone von Dienten. – Sber. Ak. d. Wiss. Wien, math.-nat. Kl., Abt. 1, 140, Wien 1931, 23–55, 21 Abb., 2 Tab. – Bespr. GZ 46A/1069, 1 B/767; Akad. Anzg. Nr. 1 v. 1931, 1; NJb. 1932/3, 21.

— Die Brachiopoden des Karbons von Nötsch. II. Teil. – Mitt. Natwiss. Ver. f. Steiermark, 68, 1931, 3–15, 1 Taf., 1 Abb. – Bespr. GZ 3 B/574.

Airaghi C. Echinidi del pliocene lombardo. – Atti d. Soc. it. d. Sc. nat. e del Mus. Civ. di Storia nat. in Milano, v. 37, f. 4, 1898, 357–377. – Bespr. Boll. Com. geol. d'It., 30, 1899, 171.

— Nuovi cefalopodi del calcare di Esino. – Palaeontogr. ital., v. 8, Pisa 1902, 21–41, 2 T. – Bespr. Boll. Com. geol. d'It., 34, 1903, 80.

— Echinofauna oligomiocenica della conca benacense. - Boll. Soc. geol. it., v. 21, f. 2, Roma 1902, 371–388, 1 Taf. - Bespr. Boll. Com. geol. d'It., 34, 1903, 79.

— Alcuni echinidi del Terziario veneto. - Atti Soc. it. Sc. nat., v. 41, f. 4, 1902, Milano 1903, 415–424. - Bespr. GZ 4/1997; Boll. Com. geol. d'It., 35, 1904, 268.

— Echinidi della Scaglia cretacea veneta. - Mem. R. Acc. d. Torino, 1903, v. 53, s. 2, 315–330. - Bespr. Boll. Com. geol. d'It., 35, 1904, 268.

— Inocerami del Veneto. - Boll. Soc. geol. it., v. 23, f. 1, Roma 1904, 178–199, 1 T. - Bespr. GZ 6/964; Boll. Com. geol. d'It., 36, 1905, 121.

— Ammoniti triasici (Muschelkalk) del M. Rite in Cadore. - Boll. Soc. geol. it., v. 24, f. 1, Roma 1905, 237–255, 1 T. - Bespr. Boll. Com. geol. d'It., 37, 1906, 62.

— Appunti d'echinologia fossile. - Atti Soc. it. di Sc. nat. e Mus. Civ. di Stor. nat., v. 44, f. 1, Milano 1905, 1–10, 1 T. - Bespr. Boll. Com. geol. d'It., 37, 1906, 61.

— Brachiuri nuovi o poco noti del Terziario veneto. - Atti Soc. it. di Sc. nat. Milano, v. 44, f. 3, 1906, 203–208, 1 T. - Bespr. Boll. Com. geol. d'It., 38, 1907, 110.

— Coralli dei calcari grigi del Veneto. - Atti d. Congr. Nat. it. Milano, 1907, 18 S., 1 T. - Bespr. GZ 11/595; Boll. Com. geol. d'It., 39, 1908, 324.

— Fossili permiani dei dintorni di Recoaro. - Atti Soc. it. Sc. nat. Milano, v. 46, f. 1, 1907, 38–57, 1 T. - Bespr. Boll. Com. geol. d'It., 39, 1908, 46.

— Revisione degli Asteroidi e degli Echinidi lombardi. - Rend. R. Ist. Lomb. di Sc. e Lett., s. 2, v. 41, Milano 1908, 244–259, 5 Fig. - Bespr. NJb. 1910/1, 153; GZ 11/1868, 13/397; Boll. Com. geol. d'It., 40, 1909, 73.

— Di un „Polidophorus" del Retico lombardo. - Rend. R. Ist. Lomb., s. 2, v. 40, Milano 1908, 768–772. - Bespr. Boll. Com. geol. d'It., 40, 1909, 73.

— Cenni geologici sull M. Barco di Lecco. - Rend. R. Ist. Lomb., 2, 43, Milano 1910, 499–503. - Bespr. GZ 16/241, 244, 18/584; Riv. it. di Pal., 1910, 89.

— Ammoniti degli scisti bituminosi di Besano in Lombardia. - Boll. Soc. geol. it., 30, 4, Roma 1912, 1048–1050. - Bespr. GZ 19/411.

— I molluschi degli scisti bituminosi di Besano in Lombardia. - Atti Soc. it. Sc. nat. Milano, v. 51, f. 1, Pavia 1912, 5–30, 4 T. - Bespr. NJb. 1914/2, 444; GZ 18/464; Riv. it. di Pal., 1912, 37; Boll. Com. geol. d'It., 44, 1914, f. 1, 3.

— Gli orsi fossili della Lombardia. - Atti d. Soc. it. di Sc. nat. Milano, 61, 1922, 307–331. - Bespr. GZ 33/1113.

— Elenco dei mammiferi fossili delle grotte lombarde. - Atti Soc. it. Sc. nat. e Mus. Civ. Stor. nat., 66, Milano 1927, 142–151. - Bespr. GZ 48A/593.

— Contributo allo studio delle Ammoniti del Giura e dell'Infracretaceo in Lombardia. - Atti Soc. it. Sc. nat., v. 67, Milano 1928, 284–289, 3 Taf. - Bespr. GZ 41/1841, 48A/294.

— Fossili della scaglia cretacea del Trentino. - Atti Soc. it. di Sc. nat., v. 70, Milano 1931, 240–244, 18 Fig. - Bespr. GZ 48A/288, 2B/283, 1122.

— Echinidi terziari del Trentino. - Studi Trent. Sc. Nat., 14, 1933, 3–18.

Alberti A. L'abbassamento postglaciale sul Garda: saggio di geologia e paleontologia. - Atti d. Acc. di Agric., Sc., Lett. ed Arti ecc. Verona, v. 60, s. 3, f. 1, 1833, 44 S.

Alberti F. v. Überblick über die Trias, mit besonderer Berücksichtigung ihres Vorkommens in den Alpen. - Stuttgart (Cotta) 1864, 353 S.

Aldinger H. Über Reste von Birgeria (Pisces, Palaeoniscidae) aus der alpinen Trias. - NJb. 1931, 66. Bbd, 167–180, 1 Taf., 8 Abb. - Bespr. GZ 1 B/218.

Alma Fr. H. Eine Fauna des Wettersteinkalkes bei Innsbruck. - Annalen Nathist. Mus., 40, Wien 1926, 111–129, 1 Taf.

Ammon L. v. Die Gastropoden des Hauptdolomits und Plattenkalkes der Alpen. - Abh. zool.-min. Ver. zu Regensburg, 11. H., 1878, 72 S. - Bespr. NJb. 1879, 212; VRA 1879, 213.

— Zur Kenntnis der fossilen Asseln. (Aus dem unteroligozänen Mergel von Häring.) - Sber. m.-phys. Kl. Ak. d. Wiss. München, 1882, H. 4, 4 Taf.

— Die Fauna der brackischen Tertiärschichten in Niederbayern. - Geogn. Jh., 1, 1888, 1–22, 1 Taf. - Bespr. VRA 1889, 98.

— Die Gastropodenfauna des Hochfellenkalkes und über Gastropodenreste aus Ablagerungen von Adnet, vom Monte Nota und den Raibler Schichten. - Geogn. Jh., 5 (1892), 1893, 161–201, 39 Fig. - Bespr. VRA 1893, 265; NJb. 1896/1, 162; Boll. Com. geol. d'It., 25, 1894, 458.

— Das Isarprofil durch die Molasseschichten nördl. von Tölz. II. Palaeont. Teil. - Geogn. Jh., 10, 1897, München 1898, 7–23. (S. Gümbel.) - Bespr. NJb. 1899/2, 440.

— Über das Vorkommen von „Steinschrauben" (Daemonhelix) in der oligozänen Molasse Oberbayerns. (Peißenberg.) - Geogn. Jh., 1900, München 1901, 55–69, 5 Fig., 2 Taf. - Bespr. NJb. 1902/1, 280.

— Über Conchylien aus Münchener Schotterablagerungen und über erratische Blöcke. - Geogn. Jh., 1901, 1–22, 8 Fig. - Bespr. NJb. 1903/1, 520.

Ampferer O. Über Gosau- und Flyschablagerungen in den tirolischen Nordalpen. (Vortr.) - VRA 1909, 144. - Bespr. GZ 14/828.

— Über die Gosau des Muttekopfes. - JbRA 1912, 289–310, 3 Taf., 4 Fig. - Bespr. NJb. 1913/1, 292; Mitt. Geogr. Ges. München, 8, 1913, 58.

— Neue Funde in der Gosau des Muttekopfes. VRA 1912, 120. - Bespr. GZ 20/146.

— Prof. Carl Diener †. - VRA 1928, 89–93.

— Geologische Karte der Lechtaler Alpen. 4 Bl. 1:25000. I. Klostertaler Alpen. II. Arlberggebiet. III. Parseierspitzgruppe. IV. Muttekopf-Heiterwand. - Mitarbeiter: Th. Benzinger, W. Hammer, O. Reithofer. Hiezu ein Erläuterungsbuch, 125 S., 28 Farbzeichngen, 1 Taf. Wien (Geol. Bdsanst.) 1932. - Bespr. VBA 1933, 12; Tiroler Anzeiger, Nr. 47 v. 25. 2. 1933; Innsbr. Nachr., Nr. 66 v. 20. 3. 1933; Alpenländer-Korrespondenz, Nr. röm. 14 v. 6. 4. 1933; Außferner Bote, Nr. 25 v. 1. 4. 1933; Heimat. Vorarlberger Monatshefte, 14, 1933, 69; Geogr. Z., 39, 1933, 181; Mitt. DÖAV, 1933, 100; NJb. 1932/3, 973; 1933/3, 502; Tiroler Heimatblätter, 11, 1933, 223; GR 1933, 264; GZ 50A/788; Z. f. prakt. Geol., 41, 1933, 151; Z. f. Geomorph., 8, 1934, 90; Z. f. Glkde, 21, 1933, 394.

Amsler A. Über die interglaziale Flora von Pianico (Prov. di Bergamo). - Verh. Schw. Natf. Ges., 83. Jvers. Thusis 1900, Chur 1901, 113–114.

Am Stein J. G. Die Mollusken Graubündens. - Jber. Natf. Ges. Grbd., Beilage zu Jg. 1883–1884, Chur 1885, 108 S.

Andreae A. Ein Beitrag zur Molluskenfauna der Südalpen. - Nachrichtsblatt d. D. malakozoolog. Ges., 15, 1883, Nr. 9 u. 10.

Andrian F. v. Neogenschichten aus dem Pissavaccatal u. Coalbatal bei Strigno i. Südtirol. - VRA 1868, 50-51.

Anelli F. Fossili retici della Valle Adrara (Prealpi Bergamasche). - Giorn. di Geol., s. 2, v. 3, Bologna 1928, 153-155. - Bespr. GZ 41/1036.

Arbenz P. Über Diploporen aus dem Schrattenkalk im Säntisgebiet. - Vierteljschr. Natf. Ges. Zürich, 53, 1908, 387-392. - Bespr. NJb. 1909/1, 154; EgH 10, 1908, 710.

— Crinoidenfunde im Lias der Dent Blanchedecke am Mt. Dolin bei Arolla und in den Bündner Schiefern der Alp Monterascio südlich der Greina (Kanton Tessin). - EgH 23, 1930, 564-565. - Bespr. NJb. 1932/3, 1033.

Arduino G. Sui denti di coccodrillo al Colle della Favorita. - 1760.

— Sulle miniere ed altri fossili delle prov. di Feltre e Belluno. - 1780.

Arni P. Über tektonische und stratigraphische Probleme im Scesaplana-Lünersee-Gebiet. - EgH 26, 1933, 93-99, 1 Fig.

— Der Ruchbergsandstein. - EgH 26, 1933, 331-333.

— Foraminiferen des Senons und Untereozäns im Prätigauflysch. - Beitr. z. geol. K. d. Schw., NF, 65. Lfrg, Bern 1933, 18 S., 11 Fig., 5 Taf.

Arthaber G. v. Die Cephalopodenfauna der Reiflingerkalke. - Beitr. z. Pal. Österr.-Ungs, 10, 1896, 1-112, 192-242, 15 Taf. - Bespr. NJb. 1898/1, 154.

— Vorläufige Mitteilung über neue Aufsammlungen in Judicarien und Berichtigung, den „Ceratites nodosus" aus dem Tretto betreffend. - VRA 1896, 265-274. - Bespr. NJb. 1898/1, 154; Boll. Com. geol. d'It., 28, 1897, 72.

— Die alpine Trias des Mediterrangebietes. - Lethaea geogn., 2. Teil, 1. Bd, Trias, Stuttgart 1905, 223-472, zahlr. Taf. u. Abb. - Bespr. VRA 1906, 106; NJb. 1906/1, 416.

— Über die Horizontierung der Fossilfunde am Mte Cucco (ital. Carnia) und über die system. Stellung von Cuccoceras Dien. - JbRA 1912, 333-358, 2 Taf., 2 Fig. - Bespr. GZ 18/1003.

— Die Fossilführung der anisischen Stufe in der Umgebung von Trient. - JbRA 1915, 239-260, 3 Taf., 3 Fig. - Bespr. GZ 23/1141.

— Karl Diener † (6. 1. 1928). - Neue Freie Presse, 7. 1. 1928.

— Gedächtnisrede z. Erinnerung an C. Diener. - Mitt. Geol. Ges. Wien, 21, 1928, 14 S. Mit Litverz.

Bächler E. Die prähistorische Kulturstätte in der Wildkirchli-Ebenalphöhle (Säntisgeb. 1477-1500 m ü. d. M.). - Verh. Schw. Natf. Ges., 89. Jvers. St. Gallen, 1906, 347-420, 4 Taf., 1 Fig. - Bespr. EgH 10, 1908, 469-472; NJb. 1908/1, 106-109; GZ 10/495; Mitt. Anthrop. Ges. Wien, 37, 1907, Sber., 53.

— Der Elch und fossile Elchfunde aus der Ostschweiz. - Jb. St. Gall. Natw. Ges., 1910, St. Gallen 1911, 72-181. - Bespr. EgH 12, 1912, 439.

— Das Drachenloch ob Vättis im Taminatale, 2445 m ü. M., und seine Bedeutung als paläontologische Fundstätte und prähistorische Niederlassung aus der Altsteinzeit (Palaeolithikum) im Schweizerlande. - Jb. St. Gall. Natw. Ges., 57, 1921, 1-144. - Bespr. Die Eiszeit, 1, 1924, 75.

— Die Forschungsergebnisse im Drachenloch ob Vättis im Taminatale (2445 m ü. M.). Nachtrag und Zusammenfassung. - Jb. St. Gall. Natw. Ges., 59, 1923, 79-118.

— Die ältesten Spuren der Menschheit in der Schweiz. - Mitt. Aarg. Natf. Ges., H. 18, 1928, röm. 11.

Bachmann I. Über petrefaktenreiche exotische Jurablöcke im Flysch des Sihltales und Toggenburg. - Vierteljschr. Natf. Ges. Zürich, 1863.

— Über die Juraformation im Kanton Glarus. (Petrefakten der Gegend von Walenstadt 158, 160, 161.) - Mitt. Natf. Ges. Bern, 1863.

Balestra A. Contribuzione geologica al periodo cretaceo del Bassanese. - Boll. Ann. CABass., v. 3, Bassano 1896.

Balsamo-Crivelli G. Descrizione di un nuovo rettile fossile della famiglia dei Teleosauri e di due pesci fossili, trovati nel calcare nero sopra Varenna, sul lago di Como, dal nob. Lod. Trotti, con alcune riflessioni geologiche. - Politecnico, v. 2, Milano 1839.

— Nota sul Rinoceronte fossile esistente nell' I. R. Gabinetto de'minerali nel locale di Santa Teresa in Milano; Descrizione di alcuni denti di Rinoceronte e d'una nuova specie d'Juglandite trovati nella lignite di Leffe, e Cenni sovra alcuni altri fossili riscontrati nel calcareo nero sopra Varenna e presso Bellagio. - Bibl. Ital., t. 95, Milano 1840, 6 S.

— Cenni sopra alcuni fossili riscontrati nel calcare nero. - Bibl. Ital., t. 95, Milano 1842.

— Memoria per servire all'illustrazione dei grandi mammiferi fossili esistenti nell' I. R. Gabinetto di S. Teresa; e cenni sopra due mammiferi fossili trovati nella lignite di Leffe. - Giorn. d. Ist. Lomb., t. 3, Milano 1842.

— Sul vortice di Gorle presso Bergamo. - Giorn. d. Ist. Lomb., t. 4, Milano 1845, 416.

Baltzer A. u. **Fischer E.** Fossile Pflanzen vom Comersee. - Mitt. Natf. Ges. Bern a. d. J. 1890, Bern 1891, 139-145. - Bespr. NJb. 1892/2, 467; Boll. Com. geol. d'It., 23, 1892, 76; Arch. d. sc. phys. et nat. de Genève, t. 25, Genève 1891, 588; EgH 2, 1891, 444; Ann. géol. univ., 8, Paris 1892/93, 336.

Baltzer A. Beiträge zur Interglazialzeit auf der Südseite der Alpen. - Mitt. Natf. Ges. Bern a. d. J. 1891, Bern 1892, 83-88. - Bespr. Boll. Com. geol. d'It., 24, 1893, 73; Arch. d. sc. phys. et nat. de Genève, t. 27, Genève 1892, 653; EgH 3, 1892, 171; Ann. géol. univ., Paris 1893/94, 357.

— Beiträge zur Kenntnis der interglazialen Ablagerungen. (Iseosee.) - NJb. 1896/1, 159-186, 3 Taf. - Bespr. Boll. Com. geol. d'It., 28, 1897, 75.

— Nachträge zum Interglazial von Pianico-Sellere (Iseosee). Mit Pflanzenverzeichnis von E. Fischer. - NJb. 1897/2, 101-106. - Bespr. Boll. Com. geol. d'It., 29, 1898, 144.

— Geologie der Umgebung des Iseosees. - Geol. u. pal. Abh. von Dames u. Kayser (Koken), NF, 5, 1901, 69-114, K. 1:100000. - Bespr. NJb. 1902/2, 255; VRA 1902, 203; GZ 4/741; Mitt. DÖAV, 1902, 73; EgH 7, 1901/2, 496, 567, 584; Boll. Com. geol. d'It., 33, 1902, 51.

Baroldi L. Memoria sul Cerithium giganteum di Lamarck, trovato sotto Castel Penede. - Il popolo trentino, giorn. Trento, 1889, Estr. 15 S.

— I fossili della Marmolata. - Rivista tridentina, a. 2, Trento 1902, 27-43, 151-166.

Barpi U. Brevi cenni intorno agli avanzi fossili animali della torbiera di Lonato. - Milano 1894.

Bassani F. Ittiodontoliti del Veneto. – Atti Soc. Ven.-Trent. Sc. Nat., v. 5, f. 2, 1877, Padova 1878, 275–308. – Bespr. Boll. Com. geol. d'It., 8, 1877, 456.
— Su due ittiolitiferi nei dintorni di Crespano. – Padova 1880.
— Note paleontologiche. – Atti Soc. Ven.-Trent. Sc. Nat., v. 7, f. 1, 1880, Padova 1881, 16–29, 1 Taf. – Bespr. VRA 1880, 170.
— Appunti su alcuni pesci fossili d'Austria e di Württemberg. – Atti Soc. Ven.-Trent. Sc. Nat., v. 7, f. 1, 1880, Padova 1881, 74–109, 1 Taf.
— Intorno ad un nuovo giacimento ittiolitico nel Mte Moscal (Veronese). – Atti d. Soc. Ven.-Trent. di Sc. Nat. in Padova, 1884, v. 9, f. 1, 149–150.
— Avanzi di pesci oolitici nel Veronese. – Atti d. Soc. It. di Sc. Nat. Milano, 1885, v. 28, f. 1–4, 142. – Bespr. VRA 1885, 407.
— Sull'età degli strati a pesci di Castellavazzo nel Bellunese. – Boll. Soc. geol. it., 4, 1885, Roma 1886, 143–148. – Bespr. Boll. Com. geol. d'It., 17, 1886, 117; 18, 1887, 243; VRA 1885, 408.
— Sui fossili e sull'età degli schisti bituminosi triasici di Besano in Lombardia. – Atti Soc. it. Sc. Nat., v. 29, 1886, 15. – Bespr. Boll. Com. geol. d'It., 18, 1887, 243.
— Su alcuni pesci del deposito quaternario di Pianico in Lombardia. – Atti d. Soc. it. d. Sc. Nat. Milano, 1887, v. 29, f. 1–4, 344ff. – Bespr. Boll. Com. geol. d'It., 18, 1887, 244.
— Ricerche sui pesci fossili di Chiavon (Vicentino). – Rend. Acc. Sc. Napoli, s. 2, v. 2, 7, Napoli 1888. – Bespr. Boll. Com. geol. d'It., 20, 1889, 240. S. Kramberger-Gorjanović.
— Colonna vertebrale di Oxyrhina Mantelli Ag. scoperta nel calcare senoniano di Castellavazzo nel Bellunese. – Mem. d. Mat. e d. Fis. d. Soc. It. di Sc., s. 3, t. 7, Napoli 1888, 3 Taf. – Bespr. Boll. Com. geol. d'It., 20, 1889, 241.
— Sopra una nuova specie di Ephippus scoperta nell'Eocene medio di Val Sordina presso Lonigo (Veronese). – Boll. Soc. geol. it., 7, Roma 1889, 279–281. – Bespr. Boll. Com. geol. d'It., 21, 1890, 206.
— Avanzi di vertebrati inferiori nel calcare marnoso triasico di Dogna in Friuli. – Atti d. R. Acc. d. Linc. Roma, Rend., s. 5, v. 1, f. 1–10, 1892, 284. – Bespr. NJb. 1895/1, 342.
— Gli ittioliti delle marne di Salcedo e di Novale nel Vicentino. – Atti R. Ist. Veneto di Sc., Let. ed Arti di Venezia, 1892, s. 7, t. 8. – Bespr. Boll. Com. geol. d'It., 24, 1893, 80.
— Appunti di ittiologia fossile italiana. – Avanzi del genere „Dercetis" nel calcare senoniano di Vernasso (prov. di Udine). – Atti Acc. d. Sc. Fis. e Nat. di Napoli, s. 2, v. 7, 1895.
— Avanzi di Carcharodon auriculatus, scoperti nel calcare eocenico di Valle Gallina presso Avesa (prov. di Verona). – Acc. di Verona, v. 71, s. 3, f. 1, Verona 1895. – Bespr. Boll. Com. geol. d'It., 27, 1896, 121.
— Aggiunte all'Ittiofauna eocenica dei monti Bolca e Postale. – Paleont. it., v. 3, Pisa 1898, 77–88. – Bespr. Boll. Com. geol. d'It., 30, 1899, 175.
— Sopra un pesce fossile degli scisti calcareo-marnosi triassici del Galletto presso Laveno sul Lago Maggiore (Peltopleurus humilis Kner). – Boll. Com. geol. d'It., v. 44, 1913/14, f. 2, Roma 1914, 101–105. – Bespr. Rev. crit. de Pal., Nr. 2, aprile 1915, 476; Riv. ital. di Pal., 1915, 3; Boll. Com. geol. d'It., v. 46, f. 1, 1916, 9.
Bather F. A. Apiocrinus recubariensis Crema, from the Muschelkalk, is a primitive Millericrinus. (Recoaro.) – Geol. Mag., dec. (4) 3, Nr. 393, März 1897. – Bespr. NJb. 1898/2, 545.
— Harpes bucco, a new Silurian trilobite from the Carnic Alps. – Riv. ital. Pal., v. 15, 1910, 116–120. – Bespr. GZ 14/1278.
— Ordovician Cystidea from the Carnic Alps. – Riv. it. Pal., 16, 1910, 38–54, pl. II. – Bespr. GZ 15/1446.
Battaglia R. Le industrie e le faune pleistoc. d'Italia. – Riv. di Antrop., 22, 1917–1918.
— Note su alcune industrie paleolitiche della cerchia alpina e delle Alpi Apuane. I. Selce paleolitiche rinvenute sui Monti Lessini e nella caverna Pocala. II. La civiltà di Wildkirchli (Musteriano alpino?) e i suoi rapporti con le industrie paleolitiche della Carsia Giulia e delle Alpi Apuane. – Atti Acc. Sc. Ven.-Trent.-Istr., s. 3, v. 22, Selci Umbro 1931, 93–105, 1 Taf.
Baumberger E., Heim Arn. u. **Buxtorf A.** Paläontolog.-stratigr. Untersuchung zweier Fossilhorizonte an der Valangien-Hauterivien-Grenze im Churfirsten-Mattstockgebiet. – Abh. Schw. pal. Ges., 34, 1907, 33 S., 1 Taf. – Bespr. NJb. 1908/1, 425; GZ 13/2049; EgH 10, 1908, 431–433.
Baumberger E. Die Molluskenfauna der Vorarlberger Molasse. – Vierteljschr. Natf. Ges. Zürich, 73, Zürich 1928, 46–61. – Bespr. GZ 2B/106.
— Vorläufige Mitteilung über die Altersbestimmung der subalpinen Süßwassermolassen in der Ostschweiz. – EgH 23, 1930, 555–562. – Bespr. GZ 46A/838; NJb. 1931/3, 697.
— Zur Tektonik und Altersbestimmung der Molasse am schweizerischen Alpennordrand. (Vortr.) – EgH 24, 1931, 2 Proftaf., 1 Skz.
— Die Molasse des Schweizerischen Mittellandes und Juragebietes. – In: Geol. Führer der Schweiz, herausgeg. v. d. Schwz. Geol. Ges., Basel (Wepf) 1934, Fasz. I, 57–75, 1 Tab., 2 Taf. – Mit Beitrag v. H. G. Stehlin über Säugetiergeschichte.
Bayan F. Sur les terrains tertiaires de la Vénétie. – Bull. Soc. géol. de France, s. 2, t. 27, Paris 1870, 444; Auszug: Boll. Com. geol. d'It., 3, Firenze 1872, 33–44.
Bayer J. Der Mensch der Eiszeit. – Verh. Ges. Deutscher Natf. u. Ärzte, 85. Vers. Wien, 1913, Leipzig 1914, 103–107.
— Der Mensch im Eiszeitalter. 1. Teil: Der Weg zur relativen Chronologie des Eiszeitalters. 2. Teil: Entwurf einer historischen Geologie des Eiszeitalters. – Leipzig u. Wien (Deuticke) 1927, 452 S. – Bespr. Mitt. Geol. Ges. Wien, 18, 1925, 201; VRA 1927, 209–212; GZ 37/573, 574.
Beaux O. de. Mammiferi raccolti dal Museo Regionale di Storia Naturale in Trento durante l'anno 1928 (VI–VII). I° Contributo. – Studi Trent. Sc. Nat., 10, 1929, 1–18.
— Mammiferi raccolti dal Museo di Storia Naturale della Venezia Tridentina in Trento durante l'anno 1929 (VII–VIII). II° Contributo. – Studi Trent. Sc. Nat., 12, 1931, 37–48.
Beck G. v. Die Vegetation der letzten Interglazialperiode in den österr. Alpen. – Lotos, 56, Prag 1908, 67ff.
Beck P. Über das schweizerische und europäische Pliozän und Pleistozän. – EgH 26, 1933, 335–437, 2 Taf., 7 Fig.
Benecke E. W. Über den Jura in Südtirol. (Rovereto, Volano, Val di Ledro.) – NJb. 1864, 802–806. – Bespr. Bl. 203.
— Über Trias und Jura in den Südalpen. – Geogn.-palaeont. Beitr., 1, München 1866, 1–202, 11 Taf. – Bespr. NJb. 1866, 370; Bl. 231.

— Über die Umgebungen von Esino in der Lombardei. – Geogn.-pal. Beitr., 1, 3, München 1876, 257–317, 1 K., 3 Taf. – Bespr. VRA 1876, 328; NJb. 1877, 429; Boll. Com. geol. d'It., 7, 1876, 506.

Bertsch K. Paläobotanische Untersuchungen im Reichermoos. – Jh. Ver. f. vaterld. Natkde Württ., 80, 1924.

— Die neolithische Flora von Ravensburg. – Bot. Archiv, 7, Königsberg 1924.

— Eine interglaziale Flora aus Oberschwaben. – Allgem. Bot. Z., 1925.

— Die Pflanzenreste aus der Kulturschichte der neolithischen Siedlung Riedschachen bei Schussenried. – Schr. Ver. f. Gesch. d. Bodensees u. s. U., 54. H., Lindau 1926, 261–279, 1 Abb.

— Die Pflanzenreste der Pfahlbauten von Sipplingen und Langenrain am Bodensee. – Badische Fundberichte, Amtl. Nachrbl. f. d. ur- u. frühgesch. Forschg, herausgeg. v. Ausschuß f. d. Ur- u. Frühgesch. Badens durch W. Deecke, II, 9. 1. 1932, 305–320, 2 Abb.; Schr. d. Ver. f. Gesch. d. Bodensees, 59, 1932. – Bespr. GZ 47A/2179.

Bettoni A. Fossili domeriani della provincia di Brescia. – Abh. Schw. Pal. Ges., 27, 1900, 88 S., 9 T. – Bespr. NJb. 1902/1, 441; Boll. Com. geol. d'It., 32, 1901, 109.

— Gli strati a Posidonomya alpina nei dintorni di Brescia. – Boll. Soc. geol. it., v. 23, Roma 1904, 403–408. – Bespr. GZ 11/1491.

Bevilacqua-Lazise I. Dei combustibili fossili esistenti nella provincia veronese e di alcuni altri loro contigui ecc. nel Tirolo. Memoria mineralogico-economica. – Verona 1816, 116 S., 1 Taf.; Bibl. ital. Milano, v. 1, t. 6, n. 16, 1817, 122.

Beyrich E. Über die Crinoiden des Muschelkalkes. – Abhdl. Ak. d. Wiss. Berlin, Phys. Kl., 1857, 1–49.

— Encrinus gracilis und Melocrinus triasinus von Recoaro. – Abh. Ak. d. Wiss. Berlin, Phys. Kl., 1857, 42–44.

— Über das Vorkommen St. Cassianer Versteinerungen bei Füssen. – Monatsber. Ak. d. Wiss. Berlin, 1862.

— Muschelkalkpetrefakten von Reutte in Tyrol. – Z. DGeolGes., 1865, 9.

— Über einige Cephalopoden aus dem Muschelkalke der Alpen und über verwandte Arten. – Abh. Ak. d. Wiss. Berlin, 1866 (1867), 105–149. – Bespr. NJb. 1868, 123; VRA 1867, 268.

— Über die Parallelisierung der Muschelkalkablagerungen von Ampezzo und Recoaro. – Z. DGeolGes., 27, 1875, 470. (Vortragstitel.)

— Vorkommen von Ammoniten in der Vicentinischen Trias. – Z. DGeolGes., 27, 1875, 727.

Bistram A. Frh. v. Beiträge zur Kenntnis der Fauna des unteren Lias in der Val Solda. Geolog.-pal. Studien in den Comasker Alpen I. – Ber. Natf. Ges. Freiburg i. Br., 13, 1903, 116–214, 8 T. (Inaugdiss.). – Bespr. GZ 6/1936; Boll. Com. geol. d'It., 35, 1904, 277.

— Das Dolomitgebiet der Luganer Alpen. Geologisch-paläontolog. Studien in den Comasker Alpen II. – Ber. Natf. Ges. Freiburg i. Br., 14, 1904, 1–84, K. 1:50000. – Bespr. EgH 8, 1903, 636; GZ 8/202; NJb. 1904/2, 244; Boll. Com. geol. d'It., 36, 1905, 133.

Bittner A. Die Brachyuren des vicentinischen Tertiärgebirges. – Denkschr. Ak. d. Wiss. Wien, 34, 1875, 46 S., 5 Taf. – Bespr. VRA 1875, 269; NJb. 1875, 975; Boll. Com. geol. d'It., 6, 1875, 196, 396.

— Beiträge zur Kenntnis alttertiärer Echinidenfaunen der Südalpen. – Beitr. z. Pal. von Österr.-Ung. (E. v. Mojsisovics u. M. Neumayr), Wien 1882, 1. Abt. 43–72, 4 Taf.; 2. Abt. 73–110, 4 Taf.

— Neue Beiträge zur Kenntnis der Brachyurenfauna des Alttertiärs von Vicenza und Verona. – Denkschr. Ak. d. Wiss. Wien, 46, 1883, 17 S., 2 Taf. – Bespr. NJb. 1884/2, 409; Boll. Com. geol. d'It., 14, 1883, 257.

— Miscropsis Veronensis, ein neuer Echinide des oberitalienischen Eozäns. – Sber. Ak. d. Wiss. Wien, 88, 1883, 1–5, 1 Taf. – Bespr. NJb. 1884/2, 262.

— Nachträge zum Berichte über die geologischen Aufnahmen in Judicarien und Val Sabbia. – JbRA 1883, 405–442. Auszug: Boll. Com. geol. d'It., 14, 1883, 235–241. – Bespr. NJb. 1884/1, 207; Bl. 608.

— Bericht über die geologischen Aufnahmen im Triasgebiete von Recoaro. – JbRA 1883, 563–634. Auszug: Boll. Com. geol. d'It., 15, 1884, 249–260. – Bespr. NJb. 1885/1, 271; Bl. 607.

— Zur Literatur der österreichischen Tertiärablagerungen. – JbRA 1884, 137–146. – Bespr. NJb. 1884/2, 381.

— Aus den Salzburger Kalkhochgebirgen. Zur Stellung der Hallstätter Kalke. – VRA 1884, 99–113.

— Zur Stellung der Raibler Schichten. – VRA 1885, 59–70. – Bespr. NJb. 1886/1, 301.

— Neue Brachyuren des Eozäns von Verona. – Sber. Ak. d. Wiss. Wien, 94, 1886, 1. Abt., 12 S., 1 T. – Bespr. VRA 1887, 103.

— Über das Vorkommen von Koninckinen und verwandten Brachiopodengattungen im Lias der Ostalpen und in der alpinen Trias. – VRA 1886, 52–56. – Bespr. NJb. 1888/1, 350.

— Über die Koninckiniden von St. Cassian. – VRA 1886, 117–119. – Bespr. NJb. 1888/1, 351.

— Bemerkungen zu Hr. G. Geyers Arbeit: Über die Lagerungsverhältnisse der Hierlatzschichten. – VRA 1886, 130–134. – Bespr. NJb. 1889/1, 458.

— Neue Petrefaktenfunde im Werfener Schiefer der Nordostalpen. – VRA 1886, 387–390. – Bespr. NJb. 1888/1, 299.

— Über das Auftreten gesteinsbildender Posidonomyen in Jura und Trias der Nordalpen. – VRA 1886, 448–450. – Bespr. NJb. 1888/1, 444.

— Über Koninckiniden des alpinen Lias. – JRA 1887, 281–292, 1 Taf. – Bespr. NJb. 1888/1, 475.

— Über das Auftreten von Terebrateln aus der Subfamilie der Centronellinen in der alpinen Trias. – VRA 1888, 125–127. – Bespr. NJb. 1890/2, 333.

— Über das Auftreten von Arten der Gattung Thecospira Zugmayer in der alpinen Trias. – VRA 1888, 127–128. – Bespr. NJb. 1890/2, 333.

— Revision der Brachiopoden von St. Cassian. – VRA 1889, 159–170. – Bespr. NJb. 1890/2, 333.

— Brachiopoden der alpinen Trias. Mit Nachtrag. – Abh. RA, 14, 1890, 1–325, 41 Taf.; 17, 1892, 1–40, 4 Taf. – Bespr. NJb. 1892/1, 437; 1893/2, 418.

— Über die Brachiopoden der alpinen Trias. (Vortr.) – VRA 1890, 169.

— Triasbrachipoden von der Raxalpe und vom Wildangergebirge bei Hall i. T. – VRA 1891, 55–60.

— Über Parabrissus und einige andere alttertiäre Echinidengattungen. – VRA 1891, 133–144.

— Was ist norisch? – JbRA 1892, 387–396. – Bespr. NJb. 1894/2, 104; Mitt. Sekt. f. Naturkunde ÖTC, 5, 1893, 6.

— Zur Kenntnis der Bellerophonkalke Südtirols. - VRA 1892, 50-51. - Bespr. NJb. 1893/1, 120; Bl. 815.
— Neue Koninckiniden des alpinen Lias. - JbRA 1893, 133-144, 1 Taf.
— Einige Bemerkungen zu Gauthiers Besprechung meiner Mitteilungen: Über Parabrissus und einige andere alttertiäre Echinidengattungen. - VRA 1893, 258-261.
— Bemerkungen zu der letzten Mitteilung von E. Böse und H. Finkelstein über die Brachiopodenschichten von Castel Tesino. - VRA 1893, 286-287. - Bespr. Boll. Com. geol. d'It., 25, 1894, 177.
— Entgegnung an Herrn A. Rothpletz in München. (Paläont. Kontroverse.) - VRA 1894, 61-68.
— Einige Bemerkungen zu A. Rothpletz': „Ein geologischer Querschnitt durch die Ostalpen." - VRA 1894, 87-102.
— Zur Kenntnis der Nuculiden und Arciden der Fauna von St. Cassian. - VRA 1894, 186-191. - Bespr. NJb. 1896/1, 164.
— Die Lamellibranchiaten der alpinen Trias. I. Revision der L. von St. Cassian. - Abh. RA, 18, 1895, 1-235, 24 Taf.; VRA 1895, 115-128. - Bespr. NJb. 1897/1, 558; 1902/2, 486; Boll. Com. geol. d'It., 27, 1896, 204.
— Zur definitiven Feststellung des Begriffes „norisch" in der alpinen Trias. - Wien (Hollinck) 1895, 16 S. - Bespr. NJb. 1896/1, 294.
— Über zwei ungenügend bekannte brachyure Crustaceen des Vicentinischen Eozäns. - Sber. Ak. d. Wiss. Wien, math.-nat. Kl., 104, Abt. 1, Wien 1895. - Bespr. Boll. Com. geol. d'It., 27, 1896, 126.
— Rhynchonella Geyeri, ein neuer Brachiopode aus den Gailtaler Alpen. - JbRA 1897, 387-392, 2 Taf.
— Über zwei neue Brachipoden aus dem Lias und der Gosaukreide. - Mitt. Ges. f. Salzburger Landeskunde, 48, 1898, 1.
— Über die triadische Lamellibranchiatengattung Mysidioptera Sal. u. deren Beziehungen zu paläoz. Gattungen. - JbRA 1900, 59-66, 1 Taf.
— Über Pseudomonotis Telleri u. verwandte Arten der unteren Trias. - JbRA 1900, 559-592, 3 Taf.
— Lamellibranchiaten aus der Trias des Bakonyerwaldes. - In: Resultate der wissensch. Erforschg des Balatonsees, I, 1, Budapest 1901, 106 S., 9 T.
— Brachiopoden und Lamellibranchiaten aus der Trias von Bosnien, Dalmatien und Venetien. - JbRA 1902, 495-642, 10 T. - Bespr. Boll. Com. geol. d'It., 35, 1904, 277.
Blaas J. Dem Andenken Mojsisovics'. - Innsbr. Nachr., Nr. 230 v. 7. 10. 1907.
— Eine neue Fundstelle von Pflanzen der interglazialen Höttinger Breccie bei Innsbruck. - Z. f. Glkde, 1, 1907, 69.
— Neue Pflanzenfunde in der Höttinger Breccie. - VRA 1912, 268-272. - Bespr. GZ 20/643; NJb. 1913/2, 277; Z. f. Glkde, 10, 1917, 128.
Blaschke F. Die Gastropodenfauna der Pachycardientuffe der Seiseralpe in Südtirol nebst einem Nachtrag zur Gastropodenfauna der roten Raibler Schichten vom Schlernplateau. - Beitr. z. Pal. u. Geol. Österr.-Ungs u. d. Orients, 17, Wien 1905, 161-221, 2 Taf. - Bespr. GZ 9/398.
Blumenthal M. Der Prätigauflysch und seine Stellung im Penninikum. (Vortr.) - EgH 24, 1931, 225-233.
Blumrich J. Höhlenbärenreste in Vorarlberg. (Breg. W.) - Heimat, 5, Bregenz 1924, 44-46.
— Fossile Eichenstämme im Rheintal bei Lustenau. - Heimat, 5, Bregenz 1924, 201-202.
— Konkretionen mit Schneckeneinschlüssen in der oberen Süßwassermolasse. - Heimat, 8, Bregenz 1927, 285-287.
— Die miozäne Molasse des Pfänderstockes. - Schr. d. Ver. f. Gesch. d. Bodensees u. s. Umgebg, H. 58, 1930, 39 S., 1 Prof., 1 Abb. - Bespr. GZ 47A/1124.
— Die Mammutreste im Vorarlberger Landesmuseum. - Innsbr. Nachr. v. 24. 7. 1931.
— Die mineralogisch-geologische Sammlung. - 75 Jahre Vorarlberger Landesmuseum, Bregenz (Selbstverlag) 1933, 19-22.
Boden K. Beschaffenheit, Herkunft und Bedeutung des ostalpinen Molasseschuttes. - Abh. d. Geol. Ldsuntersuchg d. Bayer. Oberbergamtes, H. 4, München 1931, 33 S. - Bespr. GZ 46A/469.
Böhm G. Geologisches aus Oberitalien. (Umgebg v. Verona.) - Z. DGeolGes., 1884, 180-181.
— Neue Versteinerungen aus den grauen Kalken von Oberitalien. - Z. DGeolGes., 1884, 190-191. - Bespr. VRA 1885, 96.
— Beitrag zur Kenntnis der grauen Kalke in Venetien. - Z. DGeolGes., 1884, 737-782. Auszug: Boll. Com. geol. d'It., 16, 1885, 156-165. - Bespr. NJb. 1886/1, 89; Bl. 626.
— Über Lithiotis problematica Gümbel. - Z. DGeolGes., 1891, 531-532.
— Ein Beitrag zur Kenntnis der Kreide in den Venetianer Alpen. - Ber. Natf. Ges. Freiburg i. Br., 6, 1892, 134-148. - Bespr. NJb. 1893/2, 555; Boll. Com. geol. d'It., 24, 1893, 82.
— Beiträge zur Kenntnis der Kreide der Südalpen. I. Die Schiosi- und Calloneghe-Fauna. - Palaeontogr., 41, 1894, 81-148, 8 Taf. - Bespr. VRA 1897, 365; Boll. Com. geol. d'It., 27, 1896, 204.
— Beitrag zur Gliederung der Kreide in den Venetianer Alpen. - Z. DGeolGes., 1897, 160-181, 3 Taf. - Bespr. NJb. 1900/2, 121; Boll. Com. geol. d'It., 29, 1898, 149.
— Geologische Beobachtungen am Lago di Santa Croce. - Z. DGeolGes., 1898, 430-431. - Bespr. NJb. 1900/2, 121; Boll. Com. geol. d'It., 30, 1899, 177.
Böhm J. Über südalpine Kreideablagerungen. - Z. DGeolGes., 1885, 544-549. Auszug: Boll. Com. geol. d'It., 16, 1885, 408-412. - Bespr. NJb. 1886/1, 448; VRA 1885, 326.
— Flysch des Fürberges, Sulzberges, Teissenberges und vom Muntigl mit den Nierentalschichten. - VRA 1890, 241-242.
— Die Kreidebildungen des Fürberges und Sulzberges bei Siegsdorf in Oberbayern. - Paläontogr., 38, 1891, 1-106, 5 Taf. - Bespr. Mitt. Geogr. Ges. München, 8, 1913, 63; NJb. 1892/2, 108; VRA 1892, 141.
— Die Gastropoden des Marmolatakalkes. - Palaeontographica, 42, 1895, 211-308, 7 Taf., 98 Fig. - Bespr. NJb. 1897/1, 376.
Bonardi E. e Parona C. F. Ricerche micropaleontologiche sulle argille del bacino lignitico di Leffe in Val Gandino. - Atti Soc. it. d. Sc. Nat., 26, Milano 1883, 182-209, 1 T.
Bonarelli G. Contribuzione alla conoscenza del Giura-Lias lombardo. - Atti R. Acc. Sc. di Torino, v. 30, f. 2, 1894, 81-96. - Bespr. Boll. Com. geol. d'It., 26, 1895, 234.
— Fossili domeriani della Brianza. - Rend. R. Ist. Lomb. di Sc. e Lett. di Milano, 28, 1895, f. 6-7. - Bespr. Boll. Com. geol. d'It., 27, 1896, 211.
— Miscellanea di note geologiche e paleontologiche per l'anno 1901. - Boll. Soc. geol. it., v. 21, f. 3, Roma 1902, 544-570. (Prealpi bresciane.) - Bespr. Boll. Com. geol. d'It., 34, 1903, 89.

Bonomini C. Brevi note preventive sul gruppo di M. Pizzocolo. – Boll. Soc. geol. it., v. 49, f. 1, Roma 1930, 64–66. – Bespr. GZ 44/1113.

Böse E. Die Fauna der liasischen Brachiopodenschichten bei Hindelang. – JbRA 1892, 627–650, 2 Taf. – Bespr. NJb. 1893/2, 379; Bl. 817.

— u. **Finkelstein H.** Die mitteljurassischen Brachiopodenschichten bei Castel Tesino im östlichen Südtirol. – Z. DGeolGes., 1892, 265–302, 2 Taf. – Bespr. VRA 1893, 184; NJb. 1894/1, 485; Boll. Com. geol. d'It., 24, 1893, 83.

Böse E. Ein neues Vorkommen von oberem Lias und unterem Dogger in den bayerischen Alpen. (Hochgern.) – NJb. 1892/2, 86–87. – Bespr. Mitt. Geogr. Ges. München, 1913, 63.

— u. **Finkelstein H.** Nochmals die mitteljurassischen Brachiopodenschichten von Castel Tesino. – VRA 1893, 239–241. – Bespr. Boll. Com. geol. d'It., 25, 1894, 181.

Böse E. Geologische Monographie der Hohenschwangauer Alpen. – Geogn. Jh., 6, 1893 (1894), 1–48, K. 1:25000. – Bespr. Mitt. Geogr. Ges. München, 1913, 59; VRA 1894, 192; NJb. 1897/1, 88; Bl. 844.

— Über liasische und mitteljurassische Fleckenmergel in den bayerischen Alpen. – Z. DGeolGes., 1894, 703–768. – Bespr. VRA 1895, 244; NJb. 1897/1, 117.

— Die mittelliasische Brachiopodenfauna der östl. Nordalpen. Nebst einem Anhange über die Fauna des unteren Dogger im bayerischen Inntal. – Palaeontogr., 44, 1897/98, 145–236, 6 Taf.

— Beiträge zur Kenntnis der alpinen Trias. 1. Die Berchtesgadener Trias und ihr Verhältnis zu den übrigen Triasbezirken der nördl. Kalkalpen. – Z. DGeolGes., 50, 1898, 468–586. – Bespr. Bl. 998. – 2. Die Faziesbezirke der Trias in den Nordalpen. – Ebd. 695–761. – Bespr. Bl. 999.

— u. **Schlosser M.** Über die mittelliasische Brachiopodenfauna von Südtirol. – Palaeontogr., 46, 1900, 175–212, 2 Taf. – Bespr. NJb. 1901/1, 166; Boll. Com. geol. d'It., 32, 1901, 114.

Botto-Micca L. Fossili degli „Strati a Lioceras opalinum Rein. e Ludwigia Murchisonae Sow. della Croce di Valpore" (M. Grapa), Prov. di Treviso. – Boll. Soc. geol. it., 12, Roma 1893, 143–194, 1 Taf. – Bespr. NJb. 1894/1, 505.

Boué A. Über Koprolithen von Seefeld. – Journ. de Géol., 1, 1830, 107.

— Fundstätten fossiler Körper in Tirol. – Journ. de Géol., I, 1830, 290–292; Leonh. u. Bronns Jb., 1833, 713.

Boulenger G. A. On a Stegosaurian Dinosaur from the Trias of Lombardy. – Ann. mag. nat. hist., s. 6, V, 8, 1891, 292.

— On a Nothosaurian Reptile from the Trias of Lombardy. – Transact. Zool. Soc. London, v. 14, 1896, 1.

Boussac J. Sur le terrain nummulitique à Biarritz et dans le Vicentin. – Bull. Soc. géol. de France, s. 4, t. 6, f. 7, Paris 1906–1907, 555–560. – Bespr. Boll. Com. geol. d'It., 39, 1908, 56.

— Sur l'âge des dépôts éocènes du massif armoricain et de la zone de Roncà. – C. R. Acad. sc. Paris, t. 144, Nr. 5, Paris 1907, 292–294. – Bespr. Boll. Com. geol. d'It., 39, 1908, 57.

— Nummulitique helvétique et Nummulitique préalpin dans la Suisse centrale et orientale. – C. R. Acad. sc. Paris, t. 150, 1910, 1555–1557. – Bespr. EgH 11, 1910, 650; GZ 17/61; NJb. 1910/2, 269.

— Rectification (à propos du Nummulitique suisse). – Rev. crit. de Paléozool., 14, Paris 1910, 152.

— Distribution des niveaux et des faciès dans le Nummulitique dit autochtone de la Suisse centrale et orientale. – C. R. Acad. sc. Paris, t. 150, 1910, 1272–1274. – Bespr. EgH 11, 1910, 650; GZ 17/38; NJb. 1910/2, 269.

— Etudes paléontologiques sur le Nummulitique alpin. – Mém. p. serv. à l'expl. de la Carte géol. détaillée de la France, Impr. nat. Paris 1911 437 S. u. Atlas. – Bespr. C. R. somm. séances Soc. géol. France, 1912, 99; EgH 13, 1914, 120; Rev. crit. de Pal., 1913, 159; GZ 20/779; NJb. 1912/2, 475; 1914/1, 304.

Bozzi L. La flora carbonifera del Mte Pizzul in Carnia. – Boll. Soc. geol. it., v. 9, Roma 1890, 71–85. – Bespr. NJb. 1894/2, 192; Boll. Com. geol. d'It., 22, 1890, 59.

— La flora cretacea di Vernasso nel Friuli. – Boll. Soc. geol. it., v. 10, f. 3, Roma 1892, 371–382, 2 T.

Branco (Branca) W. Karl Alfred von Zittel †. – Z. DGeolGes., 1904, Mber., 1–7.

— Über den gegenwärtigen Stand unserer Kenntnis vom fossilen Menschen. – Z. DGeolGes., 63, 1911, Mber. 3, 145–151. – Bespr. GZ 17/803, 804.

Brehm V. u. **Zederbauer.** Beiträge zur Planktonuntersuchung alpiner Seen. – Verh. Zool.-Bot. Ges. Wien, I, 1904.

Brinkmann R. Sedimentation und Schichtung. (Vortragsref.) – GR 18, 1927, 147–148.

— Statistisch-phylogenetische Untersuchungen an Ammoniten. – Verh. 5. Int. Kongr. f. Vererbgswissenschaft, Berlin 1927, 496–513.

Brocchi G. B. Sui carboni fossili del dipartimento del Mella. – 1811.

Brockmann-Jerosch H. Die fossilen Pflanzenreste des glacialen Delta bei Kaltbrunn (bei Uznach, Kanton St. Gallen) und deren Bedeutung für die Auffassung des Wesens der Eiszeit. – Jber. St. Gall. Natw. Ges. f. 1909 (1910), 189 S.; Habil.-Schr. Univ. Zürich, 2. Aufl. Leipzig (Engelmann) 1912. – Bespr. EgH 11, 1910, 696; 5. Jber. Schw. Ges. f. Urgesch., 1912, Zürich 1913, 67; Ber. Schw. Botan. Ges., 20. H., 1911, 49; PetMitt., 59, 1913, 319.

— Zwei Grundfragen der Paläophytogeographie. – Botan. Jb. f. Systematik, Pflanzengesch. u. Pflanzengeogr. (A. Engler), 50, Supplembd, Festband A. Engler, Leipzig 1914, 249–267. – Bespr. EgH 14, 1917, 459; GZ 21/626; NJb. 1915/1, 122; Ber. Schw. Botan. Ges., 24/25. H., 1916, 256.

— Fundstellen von Diluvialfossilien bei Lugano. – Vierteljschr. Natf. Ges. Zürich, 68, 1923, 7 S.

Brockmeier H. Lößbildung und Lößschnecken. (Vortr.) – Z. DGeolGes., 83, 1931, 584–594. – Bespr. GZ 47 A/502.

Broili F. Zur (Die) Fauna der Pachycardientuffe der Seiser Alp. – Zbl. f. Min., 1900, 369–373; Paläont., 50, 1903, 145–227, 11 Taf.; 54, 1907, 69–138, 6 Taf. – Bespr. VRA 1904, 330; GZ 1/1590, 4/1954, 7/1646, 12/425; NJb. 1904/1, 118; Mitt. Geol. Ges. Wien, 1, 1908, 510.

— **-Read A.** Die Gastropoden der Pachycardientuffe. – Zbl. f. Min., 1905, 176–177. – Bespr. GZ 7/1171.

Broili F. Ein Stegocephalenrest aus den bayrischen Alpen. (Kampenwand, Aschau.) – Zbl. f. Min., 1906, 568–571, 3 Abb. – Bespr. GZ 12/1501.

— Über die Reste eines Nothosauriden aus den Kössener Schichten. (Wendelstein.) – Zbl. f. Min., 1907, 337–339, 2 Fig. – Bespr. GZ 12/1499.

— Ein neuer Placodontier aus dem Rhät der bayrischen Alpen. (Wendelstein.) – Sber. Bayr.

Ak. d. Wiss., m.-phys. Kl., München 1920, 311–320, 2 Fig. – Bespr. GZ 26/918; NJb. 1927/1, B, 123.

— Ein Sauropterygier aus den Arlbergschichten. (Bürserberg.) – Sber. Bayr. Ak. d. Wiss., 1927, 205–228. – Bespr. GZ 37/1691.

— Eine Muschelkalkfauna aus der Nähe von Saalfelden. – Sber. Bayr. Ak. d. Wiss., 1927, 229–242. – Bespr. GZ 38/406.

— Ein Sauropterygier aus der Trias von Vorarlberg. (Bürserberg.) – Forschungen und Fortschritte, 4, Nr. 14, 10. Mai 1928, Berlin 1928, 140–141.

— Joseph Felix Pompeckj, 10. Mai 1867 bis 8. Juli 1930. – Palaeontogr., 74, Stuttgart 1931, 3 S., m. Bild.

— Ein Hybodontidenrest aus dem Arlbergschichten. – Zbl. f. Min., B, 1932, 619–622, 2 Fig. – Bespr. GZ 5 B/550.

— Max Schlosser †. – Zbl. f. Min., Abt. B, 1933, 69–78, m. Schriftenverzeichnis.

Brongniart A. Mémoire sur les terrains de sédiments supérieurs calcaréo-trapéens du Vicentin. – Paris 1823, 86 S. Deutsche Übersetzung v. Keferstein.

Bubnoff S. v. Die ladinische Fauna von Forno (Mezzovalle) bei Predazzo. – Verh. Nat.-med. Ver. Heidelberg, NF, 14, 1921, 257–636, 3 Taf. – Bespr. GZ 26/119; NJb. 1928/3, 227.

Buch L. v. Briefl. Mitt. an Prof. Braun über Fossilien vom Kressenberg bei Traunstein. – NJb. 1834, 534–535.

— Trigonia Whateleyae von S. Pellegrino. – NJb. 1845, 177.

— Versteinerungen aus dem Muschelkalk von Oberitalien. – Mber. Berliner Ak. d. Wiss., 1845, 25–48 u. Leonh. u. Bronns Jb., 1845, 509.

— Sur l'existence du Muschelkalk dans les Alpes Lombardes et sur une Trigonia qui paraît le caractériser. – Bull. Soc. géol. de France, 2, 1845, 348–349.

— Paläontologische Beobachtungen. – Leonh. u. Bronns Jb., 1848, 53–56.

— Über Ceratiten. – Abh. Ak. d. Wiss. Berlin, 1849.

Buchauer G. Ein geologisches Profil bei Niederaudorf (nördl. v. Kufstein). – JbRA 1887, 63–68, 3 Fig.

Cacciamali G. B. Geologia della collina di Castenedolo e connessavi questione dell'uomo pliocenico. – Brescia 1896, 93 S., 3 Taf. – Bespr. Boll. Com. geol. d'It., 28, 1897, 91.

Cadisch J. Wildflysch im Unterengadiner Fenster. Vorl. Mitt. – Beibl. Nr. 10 z. Vierteljschr. Natf. Ges. Zürich, 1926, Mitt. Geol. Ges. Zürich, 26–30. – Bespr. GZ 47 A/326.

— Ein Beitrag zum Calpionellen-Problem. – GR 23, 1932, 241–257, 3 Abb. – Bespr. GZ 3 B/516.

Canavari M. e **Parona C. F.** Brachiopodi oolitici di Monte La Grappa, di S. Vigilio e della Croce di Segan. – Atti Soc. Tosc. di Sc. nat., Proc. verb., v. 3, Pisa 1881, 7.

Canavari M. Discussione in proposito al lavoro del Vacek (Fauna von S. Vigilio). – Atti Soc. Tosc. di Sc. nat., Proc. verb., v. 5, Pisa 1886, 155–162.

— Descrizione di un notevole esemplare di Ptycodus Agassiz trovato nel calcare bianco della Creta superiore di Gallio nei Sette Comuni (Veneto). – Paleont. it., v. 22, Pisa 1916, 33–102.

Canestrelli G. Revisione della fauna oligocenica di Laverda nel Vicentino. – Rend. R. Acc. d. Linc., v. 16, f. 8, 2 sem., Roma 1907, 525–528; Atti d. Soc. Ligustica, v. 19, Genova 1908, 97–152. – Bespr. Boll. Com. geol. d'It., 39, 1908, 61; 40, 1909, 86.

— Di un altro teleosteo fossile nel Senoniano di Vernasso. – Proc. Verb. Soc. Tosc. d. Sc. nat., v. 24, 1915.

Canestrini G. Cenni sugli avanzi animali della palafitta di Arquà. – Bull. Paletn. Ital., 14, n. 11–12, Parma 1888, 197–204.

Caneva G. Über die Bellerophonkalkfauna. Zur Frage der Perm-Triasgrenzen. – NJb. 1906/1, 52–60. – Bespr. Boll. Com. geol. d't., 38, 1907, 124.

— La fauna del calcare a Bellerophon. Contributo alla conoscenza dei limiti permotriasici. – Boll. Soc. geol. it., v. 25, f. 3, Roma 1906, 427–452, 1 T. – Bespr. Boll. Com. geol. d'It., 38, 1907, 125.

Capellini G. Il Chelonio veronese (Protosphargis Veronensis) scoperto nel 1852 nel Cretaceo superiore presso Sant'Anna di Alfaedo in Valpolicella. – Mem. d. Cl. d. sc. fis., mat. e nat. d. R. Acc. d. Linc., s. 3, v. 18, Roma 1884, 1–36, Atti 291. – Bespr. NJb. 1885/2, 353; VRA 1885, 97; Boll. Com. geol. d'It., 15, 1884, 277.

— Le piastre marginali della Protosphargis Veronensis. – Rend. R. Acc. Sc. Istit. di Bologna, n. s., v. 2, f. 3, Bologna 1898, 97–113. – Bespr. Boll. Com. geol. d'It., 30, 1899, 183.

— Avanzi di Squalodonte nella arenaria di Grumi dei Frati presso Schio. – Mem. R. Acc. Sc. Bologna, s. 5, t. 10, Bologna 1903, 12 S. – Bespr. GZ 4/1156; Boll. Com. geol. d'It., 35, 1904, 285.

Castelfranco P. Paleontologia Lombarda; escursioni e ricerche durante del'autunno dell 1875. – Milano 1876, 369–390.

Cathrein A. Petrefaktenfunde bei Brixlegg i. T. – NJb. 1886/2, 257–258. – Bespr. Bl. 683.

Catullo T. A. Die versteinerungsführenden Gebilde der venetianischen Provinzen. (Ital.) – Giorn. di Fisica di Pavia, 1818–1824.

— Zoologia fossile delle Alpi Venete. – Padova (Tip. del Seminario) 1827, 348 S.

— Saggio di zoologia fossile ovvero osservazioni sopra li petrefatti delle provincie Austro-Venete con la descrizione dei monti entro di quali si trovano. – Padova 1827.

— Calcarea ad ammoniti ed altri rocce alligue nel Vicentino. – 1832.

— Memoria geognostico-zoologica sopra alcune conchiglie fossili del calcare jurese che si eleva presso il lago di Santa Croce nel territorio di Belluno. – Nuovi Saggi d. I. R. Acc. d. Sc., Lett. ed Arti di Padova, v. 4, 1834.

— Catalogo delle specie organiche fossili raccolte nelle Alpi Venete dal prof. T. A. Catullo e da esso donate al Gab. di Storia Nat. d. I. R. Univ. di Padova. – Padova 1842.

— Cenni sul sistema cretaceo delle Alpi Venete e descrizione di alcuni cefalopodi trovati nella calcaria rossa ammonitica e nel biancone (Vallarsa) – Atti R. Ist. Lomb.-Ven. di Sc., Milano 1846, v. 5; Mem. originali edite ed inedite del prof. Zantedeschi, v. 1, Venezia 1846. Auszug: NJb. 1846.

— Sopra un scritto sulla non promiscuità dei fossili etc. – Padova 1847.

— Memoria sopra le Nummuliti delle Alpi Venete. – Ann. di Fis. d. prof. Zantedeschi, f. 4, 1849/50.

— Priorität der in der „Zoologia fossile delle Provincie Venete" angegebenen Beobachtungen in Hinsicht der Stelle, welche der rote Ammonitenkalk in der geol. Reihe der Sedimentformation einnimmt. – JbRA 1852, 3. H., 126–130.

— Fortsetzung und Schluß der Abhandlung über die Priorität der in der „Zoologia fossile delle Provincie Venete" aufgestellten Beobachtungen und Bemerkungen über das Werk des Hr. Prof. Dr. Massalongo „Sulle Filliti del Vicentino". – JbRA 1853, 113–120.

— Krusterarten am Monte Bolca. – NJb. 1854, 572.

Cerri L. Gli Heliolites del Nucleo centrale carnico. – Riv. ital. di Paleont., 37, Pavia 1931, 52–64, 1 Taf. – Bespr. GZ 2B/815.

Charlesworth J. K. Über Riffkorallen aus dem Unterdevon der Karnischen Alpen. – Diss. Breslau, 1914, 44 S. – Bespr. GZ 22/719.

— Das Devon der Ostalpen. Die Fauna des devonischen Riffkalkes. III. Crinoiden, IV. Korallen und Stromatoporiden. – Z. DGeolGes., 66, 1914, 330–407, 2 Taf., 5 Fig. – Bespr. NJb. 1915/1, 102; GZ 21/2106.

Clark W. B. Über die geologischen Verhältnisse nordwestlich vom Achensee mit besonderer Berücksichtigung der Bivalven und Gasteropoden des unteren Lias. – Diss. München, 1887, 45 S., 2 Taf., 1 K. – Bespr. VRA 1888, 130; NJb. 1888/2, 283; Bl. 709.

— A new Ammonite which throws additional sight upon the geological position of the Alpine Rhaetic. (Nordwestl. v. Achensee). – Amer. Journ. of Science, 35, 1888. – Bespr. NJb. 1890/1, 155.

Clessin S. Die Molluskenfauna des Starnbergersees. – Malakozool. Bl., 1872, 109.

— Beiträge zur Molluskenfauna der oberbayerischen Seen. – Korrbl. d. Zool.-min. Ver. Regensburg, 1873, R. 1874, 1875.

— Eine interglaziale Konchylienfauna aus der Umgebung Münchens. – Geogn. Jh., 18, 1905, 39–42.

Cogoli M. Il giacimento fossilifero delle cave di Castione presso Mori (Trentino). – Studi Trentini, Trento 1926, ann. 7, 1926, s. 2, f. 1, 82–91, 1 Taf. – Bespr. Atti Acc. Sc. Ven.-Trent.-Istr., v. 20, 1929, 8.

Cornalia E. Su alcune caverne ossifere dei monti del Lago di Como. – N. Ann. d. Sc. Nat. di Bologna, s. 2, v. 1, Bologna 1850, 9–34.

— Cenni geologici e paleontologici. – Man. d. prov. di Como, 1852.

— Notizie zoologiche sul Pachypleura Edwarsii Corn.; nuovo sauro acrodonte degli schisti triasici di Lombardia. – Giorn. d. Istit. Lomb., t. 6, Milano 1854, 1–13.

— Sull' elefante trovato nella lignite di Leffe. – Perseveranza, Milano, 28 febbr. 1865.

Corti B. Sulle diatomee del lago del Palù in Val Malenco. – Boll. scientif., an. 1891, Nr. 3–4, Pavia 1891. – Bespr. Boll. Com. geol. d'It., 23, 1892, 153.

— Sulle diatomee del lago di Poschiavo. – Boll. scient., an. 1891, Nr. 3–4, Pavia 1891. – Bespr. Boll. Com. geol. d'It., 23, 1892, 154.

— Ricerche micropaleontologiche sulle argille del deposito lacustro-glaciale del lago di Pescarenico. Nota preventiva. – Boll. scient., an. 1891, Nr. 3–4, Pavia 1891. – Bespr. Boll. Com. geol. d'It., 23, 1892, 154.

— Ricerche micropaleontologiche sulle argille del deposito lacustro-glaciale del lago di Pescarenico. – Boll. Soc. geol. it., 10, 1891, 691–716, 1 Taf. – Bespr. Boll. Com. geol. d'It., 24, 1893, 188.

— Sulla marna di Pianico: osservazioni geologiche e micropaleontologiche. – Rend. Ist. Lomb., Milano 1892, s. 2, v. 25, 13. – Bespr. Boll. Com. geol. d'It., 24, 1893, 189.

— Fossili della maiolica di Campora, presso Como: nota preventiva. –Rend. Ist. Lomb., Milano 1892, s. 2, v. 25, 6. – Bespr. Boll. Com. geol. d'It., 24, 1893, 189.

— Foraminiferi e diatomee fossili del Pliocene di Castenedolo. – Rend. Ist. Lomb., Milano 1892, s. 2, v. 25, 15–16. – Bespr. Boll. Com. geol. d'It., 24, 1893, 190.

— Sulle torbe glaciali del Ticino e dell'Olona: ricerche micropaleontologiche. – Boll. scient., Pavia 1892. – Bespr. Boll. Com. geol. d'It., 24, 1893, 190.

— Osservazioni strat. e pal. sulla regione compresa fra i due rami del L. d. Como e limitato a sud dai laghi della Brianza. – Boll. Soc. geol. it., 11, 1892 (1893), 99 S., 1 K. – Bespr. NJb. 1895/2, 104; Boll. Com. geol. d'It., 25, 1894, 193.

— Sul deposito villafranchiano di Castelnovate presso Somma Lombardo. – Rend. R. Ist. Lomb. di Sc., Let. ed Arti di Milano 1893, s. 2, v. 26, f. 13. – Bespr. Boll. Com. geol. d'It., 25, 1894, 193.

— Sopra due nuove specie di fossili infraliasici. Contribuzione alla paleontologia dell'Infralias lombardo. – Boll. scient., Pavia 1893, Nr. 1. – Bespr. Boll. Com. geol. d'It., 25, 1894, 192.

— Foraminiferi e diatomee fossili delle sabbie gialle della Folla d'Induno. (Varese.) – Boll. Soc. geol. it., 11, Roma 1893, 223–230. – Bespr. Boll. Com. geol. d'It., 25, 1894, 192.

— Di alcuni depositi quaternari di Lombardia. – R. Ist. Lomb. Milano, s. 2, v. 26, f. 17, 1893; Atti d. Soc. it. d. Sc. nat. Milano, 35, f. 1–2. – Bespr. NJb. 1895/2, 149; 1899/1, 535.

— Sulla fauna a foraminiferi dei lembi pliocenici prealpini di Lombardia. – Rend. R. Ist. Lomb. di Sc. e Lett. di Milano, s. 2, v. 27, f. 17, Milano 1894, 198–212, 702–711. – Bespr. Boll. Com. geol. d'It., 26, 1895, 346.

— Sulla fauna giurese e cretacea di Campora presso Como. – Rend. R. Ist. Lomb., s. 2, v. 27, f. 8, Milano 1894. – Bespr. Boll. Com. geol. d'It., 26, 1895, 346.

— Sul bacino lignitico di Pulli, in comune di Valdagno (Prov. di Vicenza): nota paleontologica. – Boll. scient., v. 15, f. 3, Pavia 1894. – Bespr. Boll. Com. geol. d'It., 26, 1895, 347.

— Diatomee di alcuni depositi quaternari di Lombardia. – Boll. scientifico di Pavia, an. 15, f. 2 e 3, 1894.

— Sulle Diatomee dei laghi della Brianza e del Segrino. – Rend. R. Ist. Lomb., 33, 2, 2. – Bespr. GZ 1/2492.

— Sulla scoperte di avanzi fossili di Arctomys marmotta Schreb. e Talpa europaea Lin. nel terreno morenico di Civiglio presso Como. – Atti Soc. it. di Sc. nat., Milano 1896, v. 35, f. 3–4, 245–247. – Bespr. Boll. Com. geol. d'It., 28, 1897, 99.

— Ricerche micropaleontologiche sul Villafranchiano della Collina di Castenedolo. – Comm. d. Ateneo di Brescia p. l'a. 1896, Estr. p. 11. – Bespr. Boll. Com. geol. d'It., 28, 1897, 100.

— Sul deposito villafranchiano di Castenedolo. – Atti Soc. it. di Sc. nat. e d. Mus. Civ. di St. nat., v. 36, f. 2, Milano 1896, 87–88. – Bespr. Boll. Com. geol. d'It., 28, 1897, 100.

— Appunti di paleontologia sul Miocene dei dintorni di Como. – Rend. R. Ist. Lomb., v. 29, f. 11–12, Milano 1896, 622–628. – Bespr. NJb. 1898/1, 535; Boll. Com. geol. d'It., 28, 1897, 101.

— Sulla fauna a radiolarie dei noduli selciosi della maiolica di Campora presso Como. – Rend. R. Ist. Lomb., s. 2, v. 29, f. 17, Milano 1896, 990–994. – Bespr. Boll. Com. geol. d'It., 28, 1897, 101.

Cossa e **Taramelli.** Sui combustibili fossili del Friuli. – Ann. R. Ist. Tecn. Udine, 1, 1867.

Craveri M. Avanzi fossili animali e vegetali di Civezzano alle „Fornaci" nel Trentino. - Boll. Soc. geol. it., v. 30, 1911, Roma 1912, 877-894. - Bespr. GZ 18/390; Boll. Com. geol. d'It., 43, 1912, f. 1, 40.
Crema C. Addizioni agli Echinodermi del Muschelkalk di Recoaro. - Atti d. R. Ist. Ven. di Sc., Lett. ed Arti, v. 7, Venezia 1895/96, 854-861. - Bespr. NJb. 1898/2, 545; Boll. Com. geol. d'It., 28, 1897, 102.
Crick G. C. Notes on two Cephalopods collected by Dr. A. P. Young, F. G. S., on the Tarntaler Köpfe in Tyrol. - Geol. Magaz., dec. 5, v. 6, Nr. 544, London 1909, Nr. 10, 443-446, 1 Taf. - Bespr. GZ 13/1856; VRA 1910, 59; Mitt. Geol. Ges. Wien, 2, 1909, 362.
Crivelli B. Nota sul Rinoceronte esistente nell'I. R. Gabinetto de'minerali nel locale d. S. Teresa in Milano. Descrizione di alcuni denti di Rinoceronte e d'una nuova specie d'Juglandite trovati nella lignite di Leffe, e Cenni sovra alcuni altri fossili riscontrati nel calcareo nero sopra Varenna e presso Bellagio. - Bibl. Ital., t. 95, Milano 1840, 6 S. - S. Balsamo-Crivelli B.
Curioni G. Sui combustibili fossili del Regno Lombardo-Veneto. - Ann. d. Statist. di Milano, 1838.
— Cenni sopra un nuovo saurio fossile dei monti di Perledo sul Lario e sul terreno che lo racchiude. - Giorn. I. R. Ist. Lomb. Sc. ecc., t. 8, Milano 1847.
— Buntsandsteinfossilien in den Bergamasker Gebirgen. - Ber. ü. d. Mitt. v. Freunden d. Natwiss. in Wien, 6, Wien 1850, 20.
— Lista dei fossili del Trias nelle Alpi Lombarde. - Giorn. d. Ist. Lomb., t. 2, Milano 1851.
— Di alcuni vegetali dell'epoca carbonifera scoperti nei monti della Val Camonica. - Rend. R. Ist. Lomb., v. 2, Milano 1866, 214-217. - Bespr. VRA 1866, 8.
D'Acchiardi A. Corallari fossili delle Alpi Venete. - Mem. Soc. it. Sc. nat., Milano 1866, 53 S.; v. 4, 1868, 4 Taf.
— Corallari fossili del terreno nummulitico delle Alpi Venete. Catalogo delle specie e brevi note. - Pisa 1867, 18 S. - Bespr. VRA 1867, 275.
— Studio comparativo fra i Coralli dei terreni terziari del Piemonte e delle Alpi Venete. - Pisa 1868, 74 S.
— Coralli giurassici dell'Italia settentrionale. Atti Soc. Tosc. di Sc. nat., Pisa 1880, v. 4, 77 S., 4 T. Auszug: Boll. Com. geol. d'It., 11, 1880, 474-478. - Bespr. VRA 1880, 338.
— Coralli fossili di Vall'Orcana. - 1882.
Dacqué E. Gedenken an Max Schlosser. - Münchner Neueste Nachr., Nr. 220 v. 14. 10. 1932, 2 Sp.
Dainelli G. Nota preliminare sopra i Lamellibranchiati eocenici dei Friuli. - Mem. Soc. Tosc. d. Sc. nat., v. 25, Pisa 1909, 126-144. - Bespr. Boll. Com. geol. d'It., 41, 1910, 114.
— Nota preliminare sopra i Gasteropodi eocenici del Friuli. - Mem. Soc. Tosc., v. 28, Pisa 1912, 38. - Bespr. Boll. Com. geol. d'It., 44, 1914, f. 1, 38.
— Nota preliminare sopra gli Echinidi eocenici del Friuli. - Mem. Soc. Tosc., v. 28, Pisa 1912, 91-100. - Bespr. Boll. Com. geol. d'It., 44, 1914, f. 1, 39.
— Nota preliminare sopra alcuni fossili dell'Eocene friulano. - Proc. verb. Soc. Tosc., Ad. 5 magg. 1912; Riv. it. di Pal., an. 18, f. 4, Parma 1912, 107. - Bespr. Boll. Com. geol. d'It., 44, 1914, f. 1, 39.
— L'Eocene friulano, Monografia geologica e paleontologica. - Memorie Geografiche, Firenze 1915.
— L'Eocene friulano. - Riv. it. di Pal., an. 21, f. 3, Parma 1917, 275-277.
— A proposito di nuovi Gasteropodi terziari del Vicentino. - Mem. Geol. e Geogr. di G. Dainelli, v. 1, Firenze 1929, 71-73 (321-323).
Dalla Fior G. Sui primi risultati ottenuti nell'analisi dei Pollini fossili di due Torbiere Trentine. (M. Bondone, 1550 m u. P. d. Tonale, 1870 m.) - Rend. Sez. Ven. d. Soc. Bot. It. (Padova) all'Adun. 17 magg. 1931 in Nuovo Giorn. Bot. It., v. 38, n. 2, Firenze 1931, 361-362.
— Analisi polliniche di torbe e depositi lacustri della Venezia Tridentina. I. Metodo. Distribuzione. La torbiera di Fiavè (654 m). La Palù dei Fornasi (900 m). La Palude del Bondone (1550 m). La torbiera del Tonale (Alt. med. 1880 m). Conclusioni. - Mem. d. Mus. d. Stor. Nat. d. Ven. Trid., v. 1, f. 3-4, Trento 1932, 139-166, 1 Skz., 7 Diagr.
— Analisi polliniche di torbe e depositi lacustri della Venezia Tridentina. II. Torbe del Renon. III. Le argille interglaciali alle „Fornaci" di Civezzano (Trento-Alt. 480 m). - Mem. d. Mus. di Stor. Nat. d. Ven. Trid., v. 1, f. 5, Trento 1933, 17 S., 4 Abb.; 15 S., 2 Abb.
— Risultati dell'analisi di pollini fossili in torbiere della Venezia Tridentina. - Nuovo Giorn. Bot. it., n. s., v. 40, n. 2, Soc. Bot. It., Firenze 1933, 308-309.
Dal Lago D. Fauna eocenica dei tufi basaltici di Grola in Cornedo (Vicentino). - Riv. it. di Paleont., an. 6, f. 1, Bologna 1901, 17-23. - Bespr. Boll. Com. geol. d'It., 33, 1902, 82.
— Sui fossili estramarini di nuove località nella Val d'Agno (Vicentino.) - Riv. di Paleont., an. 7, f. 4, Bologna 1901, 111-116. - Bespr. Boll. Com. geol. d'It., 33, 1902, 82.
— La trasgressione del terziario antico, il piano Priabonico e le pubblicazioni del dott. P. Oppenheim. - Atti R. Ist. Ven., Venezia 1902, v. 4, 273-279.
— Combustibili fossili nel Vicentino. - La Miniera it., an. 1, n. 7, Roma 1917, 275-277.
Dal Piaz G. Il Lias nella provincia di Belluno. - Atti d. R. Ist. Ven. di Sc., Lett. ed Arti, t. 58, p. 2, Venezia 1899, 579-583. - Bespr. VRA 1899, 327.
— Sulla fauna fossile della Grotta di S. Donà di Lamon. - Atti Soc. it. Sc. nat., 39/1, 1900, 51-64.
— Sopra alcuni resti di Squalodon dell'arenaria miocenica di Belluno. - Pal. it., 6, Pisa 1901, 303-314. - Bespr. Boll. Com. geol. d'It., 33, 1902, 83.
— Di alcuni resti di Cyrtodelphis sulcatus dell'arenaria miocenica di Belluno. - Palaeontogr. it., v. 7, Pisa 1901, 287-292. - Bespr. Boll. Com. geol. d'It., 33, 1902, 84.
— Su alcune impronte vegetali nei micascisti del Trentino. - Boll. Soc. geol. it., v. 21, f. 3, Roma 1902, röm. 64-66. - Bespr. NJb. 1905/2, 90; Boll. Com. geol. d'It., 34, 1903, 154.
— Note sulla costituzione geologica di Albettone. - Padova 1902.
— Sulla natura delle credute equisetazee del gneis di Rezzano e dei micascisti del Trentino. - Boll. Soc. geol. it., v. 22, f. 2, Roma 1903, röm. 67-69. - Bespr. Boll. Com. geol. d'It., 35, 1904, 301.
— Sugli avanzi di Cyrtodelphis sulcatus dell'arenaria di Belluno. - Pal. it., v. 9, 1903, 187-218; v. 11, 1905, 253-279, 4 T. - Bespr. GZ 6/945; Boll. Com. geol. d'It., 35, 1904, 302; 37, 1906, 242.

— Sui Vertebrati delle arenarie mioceniche di Belluno. – Atti Acc. Sc. Ven.-Trent.-Istr., an. 5, Padova 1908, 106–120, 7 Fig. – Bespr. Boll. Com. geol. d'It., 40, 1909, 101.

— Nuovo giacimento fossilifero del Lias inf. dei Sette Comuni. – Mem. Soc. pal. suisse, v. 35, Genève 1909, 10 S. – Bespr. GZ 14/492; Boll. Com. geol. d'It., 41, 1910, 114.

— Sull'esistenza del Pliocene marino nel Veneto. – Atti Accad. Sc. Ven.-Trent.-Istr., s. 3, an. 5, f. 1–2, Padova 1912, 212–215. – Bespr. GZ 19/302; Boll. Com. geol. d'It., 44, 1914, f. 1, 42.

— Sulla fauna batoniana del Mte Pastello nel Veronese. – Mem. Ist. Geol. Univ. Padova, v. 1, 1912, 215–266. – Bespr. GZ 19/305; Boll. Com. geol. d'It., 44, 1914, f. 1, 40.

— Gli Odontoceti del miocene bellunese. – Mem. Ist. Geol. R. Univ. di Padova, v. 4, Padova 1916, 1–94, 13 T.

— Gli Odontoceti del miocene bellunese. Parte 3: Squalodelphis Fabianii. Parte 4: Eoplatanista italica. – Mem. Ist. Geol. R. Univ. di Padova, v. 5, 1917–18, Padova 1919, 34 S., 6 T.; 23 S., 2 T.

— L'alce nel Quaternario del Veneto. – Mem. Ist. Geol. Univ. Padova, v. 6, 1922, 1–7.

— Sull'esistenza dell'Uomo paleolitico nel Veneto: Utensili di selce e resti di Elephas primigenius scoperti nelle alluvioni del Musone (Asolo). – Mem. Ist. Geol. Univ. Padova, v. 6, 1922, 1–12, 1 T. – Bespr. GZ 32/1571.

— Sulla fauna, l'età e l'origine dei tufi basaltici dei dintorni di Brentonico nel Trentino. – Boll. d. Ist. d. Min., Geol. e Geogr. Fis d. R. Univ. d. Padova, v. 1, 1931, 8 S. – Bespr. GZ 46A/1932, 1 B/696.

— Scoperta degli avanzi di un rettile (lacertide) nei tufi compresi entro i porfidi quarziferi permiani del Trentino. Comunicazione. – Atti Soc. it. p. i. Progr. d. Sc., XX Riun. Milano 1931, v. 2, Roma 1932.

Dal Piaz G. B. I mammiferi fossili e vivente delle Tre Venezie. – Studi Trent. Sc. Nat., 8, 1927, 61–84, 171–198; 9, 1928, 15–33; 10, 1929, 20–36, 103–158, illustr. – Bespr. GZ 41/796; Atti Acc. Sc. Ven.-Trent.-Istr., v. 20, 1929, 10.

— Su due piccoli Artiodattili di Cadibona e sulla loro importanza cronologica. – Atti Acc. Sc. Ven.-Trent.-Istr., v. 19, Padova 1929, 11 S.

— Nuovo genere e nuove specie di Artiodattili dell'Oligocene veneto. – Rend. Acc. Naz. d. Linc., Cl. Sc. fis., mat. e nat., s. 6, v. 12, f. 1–2, Roma 1930, 61–64. – Bespr. GZ 44/965, 969; 45/1706.

— I mammiferi dell'Oligocene veneto. Propalaeochoerus Paronae n. sp. – Mem. Ist. Geol. R. Univ. Padova, v. 7, 14 S., 1 Taf. – Bespr. GZ 44/963, 45/1707.

— I mammiferi dell'Oligocene veneto. Creodonta. – Mem. Ist. Geol. R. Univ. Padova, 1930, v. 8, 17 S., 1 Taf. – Bespr. GZ 44/968, 45/1708.

— I mammiferi fossili dell'Oligocene veneto. Trigonias Ombonii. – Mem. Ist. Geol. R. Univ. Padova, 1931, v. 9, 63 S., 20 Taf. – Bespr. GZ 1 B/1190.

— I mammiferi dell'Oligocene veneto. Anthracochoerus n. g., A. Stehlini n. sp., A. Fabiani n. sp. – Mem. Ist. Geol. R. Univ. Padova, 1931, v. 9, 36 S., 5 Taf. – Bespr. GZ 1 B/1203.

— I mammiferi dell'Oligocene Veneto. Anthracotherium monsvialense. – Mem. Ist. Geol. R. Univ. Padova, 10, 1932, 1–66, 16 Taf., 4 Fig. – Bespr. GZ 4 B/275.

Dames W. Die Echiniden der vicentinischen und veronesischen Tertiärablagerungen. – Palaeont., 25, 3. F., 1, Cassel 1877, 100 S., 11 Taf. – Bespr. NJb. 1878, 428; Boll. Com. geol. d'It., 9, 1878, 77.

De Alessandri G. Fossili cretacei della Lombardia. – Pal. it., v. 4, 1898, 169–202. – Bespr. Boll. Com. geol. d'It., 31, 1900, 195.

— Osservazioni geologiche sulla Creta e sull'Eocene della Lombardia. – Atti Soc. it. Sc. nat., v. 38, f. 3, Milano 1899, 253–320. – Bespr. Boll. Com. geol. d'It., 31, 1900, 196.

— Nuovi fossili del Senoniano lombardo. – Rend. R. Ist. Lomb., s. 2, v. 34, f. 3, Milano 1901, 183–202. – Bespr. GZ 2/799; Boll. Com. geol. d'It., 33, 1902, 125.

— Studi sui pesci triasici della Lombardia. – Atti Soc. it. Sc. nat. di Milano, Mem., 7, Pavia 1910, 147 S., 9 T. – Bespr. NJb. 1912/2, 152; GZ 17/1134; Riv. it. di Pal., 1910, 6–8; Boll. Soc. Ticin. Sc. nat., 7, 1911, 79; Boll. Com. geol. d'It., 42, 1911, f. 2, 36.

— Sopra alcuni avanzi di pesci triasici della Lombardia. – Atti Soc. it. Sc. nat. e Mus. Civ. di Milano, v. 59, Milano 1920, 85–104. – Bespr. GZ 32/1580; Riv. it. di Pal., 1920, 46.

De Angelis d'Ossat G. I Corallari fossili del Carbonifero e del Devoniano della Carnia. – Boll. d. Soc. geol. it., v. 14, Roma 1895, 88–90. – Bespr. VRA 1896, 158; NJb. 1897/2, 558; Boll. Com. geol. d'It., 27, 1896, 225.

— I corallari fossili dei terreni terziarii; collezione del Gabinetto di Storia naturale del R. Istituto tecnico di Udine. Appendice: Intorno ad una Hydrocorallina fossile. – Riv. it. di Sc. nat., an. 15, Nr. 2–5, 7, Siena 1895. – Bespr. Boll. Com. geol. d'It., 27, 1896, 226.

— Contribuzione allo studio della fauna fossile paleozoica delle Alpi Carniche. I–III. – I. Mem. d. R. Accad. d. Linc., Roma 1896, v. 2, 1–34. – Bespr. VRA 1897, 87; NJb. 1897/2, 558; Boll. Com. geol. d'It., 28, 1897, 108. – II. Ebd. 1899, v. 3, 32 S. – Bespr. VRA 1899, 225; Boll. Com. geol. d'It., 31, 1900, 197. – III. Ebd. 1901, v. 4, 298–337. – Bespr. VRA 1902, 162; Boll. Com. geol. d'It., 33, 1902, 127.

— Il genere „Heliolites" nel Devoniano delle Alpi Carniche italiane. – Boll. Soc. geol. it., v. 18, f. 1, Roma 1899, 33–40. – Bespr. VRA 1899, 226; Boll. Com. geol. d'It., 31, 1900, 197.

— Coralli triasici in quel di Forni di Sopra-Carnia. Nota.-Boll. d. Soc. geol. it., v. 22, f. 2, Roma 1903, 166–168. – Bespr. NJb. 1907/1, 486; Boll. Com. geol. d'It., 35, 1904, 306.

Deecke W. Beiträge zur Kenntnis der Raibler Schichten in den lombardischen Alpen. – NJb. Bbd 3, 1885, 429–521, 3 Taf., 1 Abb.; Auszug: Boll. Com. geol. d'It., 16, 1885, 213–246. – Bespr. VRA 1885, 217.

— Über Lariosaurus und einige andere Saurier der lombardischen Trias. – Z. DGeolGes., 38, 1886, 170–197, 2 T. – Bespr. VRA 1887, 182.

— Über Fische aus verschiedenen Horizonten der Trias. – Palaeontographica, 35, Stuttgart 1889, 97–138, 2 T.

— Vier Kapitel aus der petrographischen Geologie. – Ber. Nat. Ges. Freiburg i. Br., 22, 1. H., 1919, 1–73, Kap. 4: Über fossile Riffbildungen. – Bespr. GZ 24/738, 1528.

De Filippi F. Sui combustibili fossili della Lombardia. – Ann. d. Statist., Milano 1837.

De Gasperi G. B. Resti di Mammiferi rinvenuti nella Grotta di Viganti (Friuli). – Mondo sotterr., an. 8,

N. 4, Udine 1912, 81–92. – Bespr. Boll. Com. geol. d'It., 44, 1914, f. 1, 47.

— Un nuovo reperto del „Gulo luscus" Lin. (Gulo borealis Nilss.) in Italia. – Arch. p. l'Antrop. e la Etnol., 42, f. 1, Firenze 1912.

Degl'Innocenti G. Nuovi gasteropodi terziarii del Vicentino. – Boll. Soc. geol. it., v. 47, f. 1, 1928, 55–64, 1 Taf. – Bespr. GZ 39/393.

De Gregorio A. Fossili del Giura-Lias (Alpiniano de Greg.) di Segan e di Valpore (Cima d'Asta e Monte Grappa). Memoria paleontologia. – Mem. R. Acc. d. Sc. di Torino, 1885, s. 2, t. 37, 1–30. – Bespr. VRA 1886, 180; NJb. 1886/2, 301; 1887/2, 504.

— Monographie des fossiles de Ghelpa du sous-horizon ghelpin De Greg. – Annales de Géol. et de Paléont., 1, Palermo 1886. – Bespr. Boll. Com. geol. d'It., 18, 1887, 254.

— Monographie des fossiles de Valpore (Mont Grappa) de sous-horizon Grappin. Fossiles tithoniques de Stramberg Schichten du „Biancone" de „Rovere di Velo" des Alpes de Verone. Monographie des fossiles de San Vigilio du sous-horizon grappin De Greg. – Annales de Géol. et de Pal., 1, 1886. – Bespr. NJb. 1887/2, 504; Boll. Com. geol. d'It., 18, 1887, 254.

— A propos de l'ouvrage de Mr. Vacek sur la fauna de l'Oolite de S. Vigilio publié dans les Abhandlungen der k. k. Geolog. Reichsanstalt de Vienne le 1er Juillet 1886. – Extr. de la 5e livr. des Annales de Géol. et de Paléont. publ. à Palerme. – Bespr. NJb. 1889/2, 491.

— Nota intorno ad alcuni fossili di Asiago (Alpi dei Sette Comuni) del sottorizonte Ghelpino De Greg. Ossia della zona a Posidonomya alp. Gras. – Boll. Soc. malac., 12, Pisa 1886, 96–101. – Bespr. Boll. Com. geol. d'It., 18, 1887, 255.

— Intorno all'opusculo del sig. dott. Gioli sui fossili di San Vigilio. – Proc. verb. d. Soc. Tosc. di Sc. nat. in Pisa, v. 7, adun. d. d. 2 marzo 1890. – Bespr. Boll. Com. geol. d'It., 22, 1891, 104.

— Raffronto di taluni fossili del Calloviano di Francia descritti dal signor De Grossouvre, e di altri dei sottorizzonti Ghelpino e Grappino delle Alpi. – Il Naturalista siciliano, an. 10, Nr. 8–10, Palermo 1891. – Bespr. Boll. Com. geol. d'It., 23, 1892, 158.

— Nota sopra alcuni fossili cocenici estramarini del Veneto. – Il Natural. siciliano, 11, Palermo 1891. – Bespr. NJb. 1895/1, 535.

— Description de certains fossiles extramarins de l'éocène vicentin. – Ann. de Géol. et de Pal., 10, Palermo 1892, 28 S. – Bespr. NJb. 1895/1, 535; Boll. Com. geol. d'It., 23, 1892, 159; 24, 1893, 196.

— Description des faunes tertiaires de la Vénétie. Fossiles des environs de Bassano surtout du tertiaire inférieur de l'horizon à Conus diversiformis Desh. et Serpula spirulaea Lamk. – Ann. de Géol. et de Paléont., 13, 1894, 40 S. – Bespr. NJb. 1896/1, 453; Boll. Com. geol. d'It., 26, 1895, 354.

— Description des faunes tertiaires de la Vénétie. Monographie des fossiles éocéniques (Etage Parisien) de Mont Postale. – Ann. de Géol. et de Pal., 14, Palermo 1894, 55 S. – Bespr. NJb. 1896/1, 454; Boll. Com. geol. d'It., 26, 1895, 354.

— Description de quelques ossements des cavernes des environs de Cornedo et Valdagno dans le Vicentin. – Annal. de Géol. et de Pal., 15, Turin-Palermo 1894, 16 S. – Bespr. NJb. 1896/2, 161; Boll. Com. geol. d'It., 27, 1896, 228.

— Description des faunes tertiaires de la Vénétie. Note sur certains crustacés (brachiures) éocéniques (avec un Catalogue de tous les crustacés de la Vénétie cités par les auteurs). – Ann. de Géol. et de Pal., 18, 1895. – Bespr. NJb. 1896/2, 172; Boll. Com. geol. d'It., 27, 1896, 333.

— Description des faunes tertiaires de la Vénétie. Fossiles de Lavacille près de Bassano des assises de S. Gonini à Conus diversiformis Desh., Ancillaria anomale Schloth., Eburna Caronis Brongnt. (recueillis par Mr. Andrea Balestra). – Ann. de Géol. et de Pal., 20, 1895, 24 S. – Bespr. Boll. Com. geol. d'It., 27, 1896, 334.

— Description des faunes tertiaires de la Vénétie. Monographie de la faune éocénique des Roncà avec une appendice sur les fossiles de Monte Pulli. – Annales de Géol. et Pal., 21, 1896, 163 S. – Bespr. NJb. 1898/1, 334; Boll. Com. geol. d'It., 28, 1897, 110.

— Quelques fossiles nouveaux de Lavacille près de Bassano des assises de S. Gonini. – Ann. de Géol. et de Pal., 24, Palermo 1899, 1–4, 1 Taf. – Bespr. NJb. 1901/2, 128; Boll. Com. geol. d'It., 31, 1900, 202.

— Description de quelques fossiles miocènes de l'horizon à Cardita Jouanneti de Forabosco (Asolo) et de Romano (Bassano). – Ann. de Géol. et de Pal., 25, Palermo 1899, 1–18, 6 Taf. – Bespr. NJb. 1901/2, 129.

Deicke J. C. Über die Versteinerungsprozesse in den Petrefakten der Molasse. – Verh. allgem. Schw. Ges. f. d. Natwiss., St. Gallen 1854, 42.

— Über ein eigentümliches Vorkommen von Petrefakten in der Meeresmolasse. – NJb. 1855, 795–797.

— Geognostische Skizze des unteren Thurgaus und der Umgebung von Oeningen. – NJb. 1856, 129–134.

Del Campana D. I Cefalopodi del Medolo di Val Trompia. – Boll. Soc. geol. it., v. 19, f. 3, Roma 1900, 555–644. – Bespr. Boll. Com. geol. d'It., 32, 1901, 231.

— Fossili del Giura superiore nei Sette Comuni. – Rend. R. Acc. d. Linc., s. 5, v. 12, f. 9, 2 sem., Roma 1903, 382–387. – Bespr. Boll. Com. geol. d'It., 35, 1904, 308.

— Faunula del Giura superiore di Collalto di Solagna (Bassano). – Boll. Soc. geol. it., 23, Roma 1904, 239–268, 1 T. – Bespr. NJb. 1906/1, 316; Boll. Com. geol. d'It., 36, 1905, 156.

— Fossili del Giura superiore dei Sette Comuni in provincia di Vicenza. – Pubbl. R. Ist. di studi sup. in Firenze, sez. sc. fis. e nat., Nr. 28, Firenze 1905, 140 S. – Bespr. GZ 9/3520; Boll. Com. geol. d'It., 37, 1906, 246.

— Fossili del Lias inferiore del Canal del Brenta. – Riv. Ital. di Pal., Pisa 1907, v. 13.

— Sulla fauna della breccia ossifera del Serbaro (Romagnano). – Riv. It. di Paleont., Perugia 1907.

— Fossili della Dolomia principale della Valle del Brenta. – Boll. Soc. geol. it., v. 26, 1907 (1908), 465–494. – Bespr. Boll. Com. geol. d'It., 40, 1909, 102.

Del Vecchio C. Su alcuni resti di Bovini del Quaternario lombardo. – Atti Soc. it. Sc. nat. e Mus. Civ. in Milano, v. 54, Pavia 1916, 169–178. (Como, Brianza.) – Bespr. Riv. di Pal. it., 1916, 25.

— Osservazioni su alcuni resti di Canidi raccolti nella grotta Guglielmo sul Palanzone (Alta Brianza). – Atti Soc. it. Sc. nat. e Mus. Civ. in Milano, v. 55, f. 4, Pavia 1917, 239–251.

Deninger K. Beitrag zur Kenntnis der Molluskenfauna der Tertiärbildungen von Reit im Winkl und Reichenhall. – Geogn. Jh., 1901, 221–246, 2 Taf. – Bespr. NJb. 1903/2, 420; GZ 4/1378.

D'Erasmo G. Su due specie di pesci delle arenarie langhiane bellunesi. – Rend. Acc. sc. fis. e mat., s. 3, v. 27, f. 4–7, Napoli 1921, 226–232, 1 T.

— Catalogo dei pesci fossili delle Tre Venezie. – Mem. d. Ist. Geol. d. R. Univ. Padova, v. 6, 1922, 181 S., 6 Taf. – Bespr. GZ 32/1579; Studi Trent. Sc. Nat., 8, 1927, 123.

— Su alcuni ittioliti del Museo Civico di Storia naturale di Trento. – Riv. Studi Trent. Sc. Nat., Trento 1927, an. 8, 199–208, 2 Taf. – Bespr. GZ 39/222.

De Stefani C. e **Taramelli T.** Discussione sulla Terebratula Rotzoana. – Boll. Soc. geol. it., v. 12, Roma 1893, 507–508.

De Stefani St. Del Bacino torboso al Vallese presso Verona e degli avanzi preistorici che vi si rinvengono. – Atti Acc. d'Agr., Comm. ed Arti di Verona, sed. 8 luglio 1869.

— Fossilfunde aus dem Veronesischen. – VRA 1883, 77–78.

De Toni A. La fauna liasica di Vedana (Belluno). Parte prima: Brachiopodi. – Mém. d. l. Soc. Paléont. Suisse, v. 37, 1910/11, Genève 1911, 29 S., 1 T. – Bespr. Boll. Com. geol. d'It., 43, 1912, f. 1, 52.

— La fauna liasica di Vedana (Belluno). Parte secunda: Molluschi. – Mém. d. l. Soc. Pal. Suisse, v. 38, Basel 1912, 33–51. – Bespr. Boll. Com. geol. d'It., 44, 1914, f. 1, 57.

— Brachiopodi della Zona a Ceratites trinodosus di Mte Rite in Cadore. – Mem. Ist. Geol. R. Univ. Padova, v. 1, 1912, 319–351. – Bespr. NJb. 1913/1, 171; GZ 18/1635; Boll. Com. geol. d'It., 44, 1914, f. 1, 58.

— Illustrazione della fauna triasica di Valdepena (Cadore). – Mem. Ist. Geol. d. R. Univ. di Padova, 2, 1913, 113–194. – Bespr. NJb. 1914/2, 290; Boll. Com. geol. d'It., 46, 1916, f. 1, 38.

— Sulla fauna triasica di Valdepena (presso Lorenzago di Cadore). – Atti Acc. Sc. Ven.-Tren.-Istr., s. 3, a. 6, Padova 1914, 42–45. – Bespr. GZ 18/1603.

De Zigno A. Bar. Sui cenni del Prof. Catullo sul sistema cretaceo delle Alpi Venete. – Padova 1846.

— Sulla non promiscuità dei fossili del biancone colle calcarie giurassiche. – Padova 1846.

— Sul terreno cretaceo dell'Italia Settentrionale. – Nuovi saggi d. Acc. d. Padova, v. 3, 1846, 1 Taf.

— Nouvelles observations sur les terrains crétacés de l'Italie Septentrional. – Bull. Soc. géol. de France, Paris 1849.

— Über die geschichteten Gebirge der Venetianer Alpen. – NJb. 1849, 281–284.

— Übersicht der geschichteten Gebirge der Venetianischen Alpen. – JbRA 1850, 181–196, 1 Taf. – Bespr. Bl. 9.

— Coup d'oeil sur les terrains stratifiés des Alpes Vénétiennes. – Naturwissensch. Abhandlungen, Wien 1850, 15 S., 1 Taf.

— Notizen über die Venetianischen Alpen. – JbRA 1852, 2. H., 171.

— Sui terreni giurassici delle Alpi Venete e sulla Flora fossile che li distingue. – Padova 1852, 16 S.

— Entdeckung fossiler Pflanzen in den Juragebilden der Venetianer Alpen. – NJb. 1854, 31–35.

— Memorie sulla Flora dell'Oolite. – Mem. Ist. Ven. Sc., Lett. ed Arti, v. 6, Venezia 1856, 15 S.

— Flora fossilis formationis oolithicae. – Padova 1856–85. – Bespr. VRA 1885, 284.

— Instruktion in Beziehung des Vorkommens von Fossilien des Ooliths. – Abh. Geogr. Ges. Wien, 1857, 64.

— Del terreno carbonifero delle Alpi Venete. – Atti R. Ist. Ven. d. Sc., t. 4, s. 3, 1857–58, 353–360.

— Prospetto dei terreni sedimentari del Veneto. – Atti R. Ist. Ven. d. Sc., t. 4, s. 3, Venezia 1858, 233–244.

— Sulle piante fossili del Trias di Recoaro. – Mem. Ist. Ven. d. Sc., v. 11, Venezia 1862, 1–32, 10 Taf. – Bespr. NJb. 1864, 251.

— Osservazioni sulle Felci fossili dell'Oolite ed enumerazione delle specie. – Acc. d. Sc. Padova, 1865. – Bespr. VRA 1866, 28.

— Descrizione di una nuova specie di Folidoforo. – Atti Ist. Ven., v. 11, s. 3, Venezia 1866.

— Descrizioni di alcune Cicadeae fossili rinvenuti nell'Oolite delle Alpi Venete. – 1868.

— Über die jurassischen Bildungen in den Sette Comuni. – VRA 1869, 291–292.

— Sui resti di mastodonte trovati nel Veneto. – 1870.

— Halitherium und Mastodon Arvernensis in den Tertiärgebilden im Venetianischen. – VRA 1871, 15. – Bespr. Boll. Com. geol. d'It., 4, 1873, 57.

— Fossile Pflanzen aus Marmorschichten im Venetianischen. – VRA 1871, 54–55.

— Reste von Sirenoiden, gefunden in Venetien. – VRA 1873, 25–26.

— Catalogo ragionato dei pesci fossili del calcare eoceno di M. Bolca e M. Postale. – Atti R. Ist. Ven. d. Sc., v. 3, s. 4, Venezia 1874. – Bespr. VRA 1875, 37.

— Sui Mammiferi fossili del Veneto. – Mem. Accad. d. Sc., L. ed A. di Padova, 1874.

— Sirenii fossili trovati nel Veneto. – R. Ist. Ven. d. Sc., Let. ed A., Venezia 1875, v. 18. – Bespr. Boll. Com. geol. d'It., 7, 1876, 169, 443.

— Squalodonreste von Libano bei Belluno. – VRA 1876, 232–233. – Bespr. Boll. Com. geol. d'It., 7, 1876, 443.

— Über Squalodon Catulli Molin sp. aus der miozänen Molasse von Libano bei Belluno. – VRA 1876, 293–294. – Bespr. Boll. Com. geol. d'It., 7, 1876, 443.

— Annotazioni paleontologiche sopra i resti di un Squalodonte, scoperti nell'arenaria miocenica del Bellunese. – Mem. R. Ist. Ven. di Sc., v. 20, Venezia 1876, 1 Taf. – Bespr. VRA 1877, 43.

— Sulla distribuzione geologica e geografica delle conifere fossili. – Atti Acc. Sc., Padova 1878.

— Annotazioni paleontologiche sulla Lithiotis problematica di Gümbel. – Mem. Ist. Ven., v. 21, Venezia 1879, 129–136. – Bespr. Boll. Com. geol. d'It., 10, 1879, 665.

— Sopra un cranio di Coccodrillo scoperto nel terreno eoceno del Veronese. – Mem. R. Acc. d. Lincei, cl. d. sc. fis., mat. e nat., v. 2, Roma 1880. Auszug: Boll. Com. geol. d'It., 11, 1880, 313. – Bespr. VRA 1880, 337.

— Nuove osservazioni sull'Halitherium Veronense Z. – Mem. R. Ist. Ven. di Sc., v. 21, p. 2, Venezia 1880, 291. – Bespr. Boll. Com. geol. d'It., 11, 1880, 315.

— Sui vertebrati fossili dei terreni mesozoici delle Alpi Venete. – R. Accad. di Sc., Lett. ed Arti di Padova, 1883. – Bespr. Boll. Com. geol. d'It., 14, 1883, 194.

— Resti di sauriani nel Lombardo-Veneto. – Boll. Soc. geol. it., v. 1, f. 2, Roma 1883, 161.

— Due nuovi pesci fossili della famiglia dei Bali-

stini, scoperti nel terreno eoceno del Veronese. - Mem. Soc. It. di Sc., s. 3, t. 6, Napoli 1884, 8 S., 2 Taf. - Bespr. VRA 1885, 327; NJb. 1887/1, 140.
— Sopra un scheletro fossile di Myliobates esistente nel Museo Gazola in Verona. - Mem. Ist. Ven. d. Sc., v. 22, Venezia 1885, 13 S., 1 Taf. - Bespr. VRA 1885, 327; NJb. 1887/1, 141.
— Antracoterio di Monteviale. - Mem. Ist. Ven., v. 23, Venezia 1888. - Bespr. Boll. Com. geol. d'It., 20, 1889, 298.
— Nuove aggiunte alla ittiofauna dell'epoca eocena. (M. Bolca.) - Mem. Ist. Ven., v. 23, Venezia 1888. - Bespr. Boll. Com. geol. d'It., 20, 1889, 297.
— Chelonii scoperti nei terreni cenozoici delle Prealpi venete. - Mem. Ist. Ven. d. Sc., Lett. ed Arti, v. 23, Venezia 1889, 11 S., 2 Taf. - Bespr. VRA 1890, 102; Boll. Com. geol. d'It., 21, 1890, 221.
— Ofidiani trovati allo stato fossile, e descrizione di due colubri scoperti nei terreni terziari del Veneto. - Atti e Mem. Acc. Sc., Lett. ed Arti di Padova, v. 6, 2, Padova 1890. - Bespr. Boll. Com. geol. d'It., 22, 1891, 107.
— Chelonii tertiarii del Veneto. Mem. sec.: Chelonio scoperto nel calcare nummulitico di Avesa presso Verona. - Mem. Ist. Ven., v. 23, Venezia 1890, 13 S., 2 Taf. (Atti, s. 4, t. 1, 7). - Bespr. VRA 1891, 277; Boll. Com. geol. d'It., 22, 1891, 107.
— Presentazione alla Societé géologique de France della sua memoria: Chelonii scoperti nei terreni cenozoici delle Prealpi venete. - Bull. géol. de France, s. 3, t. 18, 4, Paris 1890. - Bespr. Boll. Com. geol. d'It., 22, 1891, 108.
— Sur l'Anthracotherium Monsvialense. - Bull. Soc. géol. de France, s. 3, t. 18, 4, Paris 1890. - Bespr. Boll. Com. geol. d'It., 22, 1891, 108. S. A. Gaudry.
— Pesci fossili di Lumezzane in Val Trompia. - Mem. R. Accad. d. Lincei, s. 4, v. 7, Roma 1891, 10 S. - Bespr. VRA 1891, 276.
— Cenno necrologico. - Boll. Com. geol. d'It., v. 23, Roma 1892, 96-99. Mit. Litverz. (Nachruf über -.)
— Nota intorno alla non promiscuità dei fossili e la calcarea ammonitica delle Alpi Venete. - Atti R. Ist. Ven. di Sc., Lett. ed Arti, Venezia 1896, s. 1, v. 5, 573-585. (Aus dem Nachlaß.)

Diener C. Über ein Vorkommen von Ammoniten und Orthoceren im südtirolischen Bellerophonkalke. (Sextental.) - Sber. Ak. d. Wiss. Wien, 106, 1897, 61-67. - Bespr. VRA 1897, 196; NJb. 1899/2, 173; Boll. Com. geol. d'It., 29, 1898, 295.
— Neue Cephalopodenfunde im Ammonitenhorizonte des Muschelkalkes der Kaminspitzen bei Innsbruck. - VRA 1900, 208-209. - Bespr. GZ 1/804.
— Über die systematische Stellung der Ammoniten des südalpinen Bellerophonkalkes. - Zbl. f. Min., 1901, 436-440, 1 Fig.
— Mitteilungen über einige Cephalopodensuiten aus der Trias der Südalpen. - NJb. 1901/2, 23-36, 1 Taf. - Bespr. GZ 4/689; Boll. Com. geol. d'It., 33, 1902, 137.
— Zur Erinnerung an K. A. v. Zittel. - Beilage z. Wiener Zeitung, Jänner 1904.
— Edmund v. Mojsisovics. Eine Skizze seines Lebensganges und seiner wissenschaftlichen Tätigkeit. - Beitr. z. Pal. u. Geol. Österr.-Ung. u. d. Orients, 20, H. 4, Wien u. Leipzig 1907, 272-284. Mit Bild und Schriftenverz.
— Edmund von Mojsisovics †. - Mitt. DÖAV, 1907, 245-247.
— Cephalopoda triadica. Fossilium catalogus. I. Animalia. - Edit. F. Frech, Pars 8. - Berlin (Junk) 1915, 369 S. - Brachiopoda triadica. - Ebd. 1920, Pars 10, 109 S. - Cridaria triadica. - Ebd. 1921, Pars 13, 46 S.
— Die marinen Reiche der Triasperiode. - Denkschr. Ak. d. Wiss. Wien, 92, 1915, 405-549, 1 K. - Bespr.·NJb. 1916/1, 362; VRA 1916, 74; Natwiss. Wochenschr., NF, 16, 1917, 122.
— Nachträge zur Kenntnis der Nautiloideenfauna der Hallstätter Kalke. - Denkschr. Ak. d. Wiss. Wien, 96, 1919, 751-778, 19 Fig., 3 Taf. - Bespr. NJb. 1921/2, 371.
— Neue Ammonoidea leiostraca aus den Hallstätter Kalken des Salzkammergutes. - Denkschr. Ak. d. Wiss. Wien, 97, 1919, 341-389, 19 Fig., 4 Taf.
— Neue Tropitoidea aus den Hallstätter Kalken des Salzkammergutes. - Denkschr. Ak. d. Wiss. Wien, 97, 1919, 465-517, 20 Fig., 9 Taf. - Bespr. NJb. 1921/2, 372.
— Die Bedeutung der Zonengliederung für die Frage der Zeitmessung in der Erdgeschichte. - NJb. Bbd 42, 1919, 65-172.
— Paläontologie und Abstammungslehre. - Sammlung Göschen 1920, 137 S., 9 Abb. - Bespr. Zbl. f. Min., 1921, 640.
— Neue Ceratitoidea aus den Hallstätter Kalken des Salzkammergutes. - Sber. Ak. d. Wiss. Wien, math.-nat. Kl., 129, 1920, 513-538, 1 Taf. - Bespr. NJb. 1921/2, 374.
— Ammonoidea permiana. - Frech, Fossil. cat. Berlin (Junk) 1921, 36 S.
— Lamellibranchiata triadica. - Frech, Foss. cat., Berlin (Junk) pars 19, 1923, 260 S.
— Die Leitfossilien der Trias. Wirbellose Tiere und Kalkalgen. - In: Gürich, Leitfoss., Berlin (Borntraeger) 1925, 4. Lfrg, 8, 118. - Bespr. NJb. 1128/3, 227.
— Grundzüge der Biostratigraphie. - Leipzig u. Wien 1925, 304 S., 40 Abb. - Bespr. Mitt. Geogr. Ges. Wien, 1925, 223; NJb. 1925/2, B, 233; GZ 36/828; Geol. Arch., 1926, 1. H., 3 S.; Berg- u. Hüttenm. Jb., 73, 1925, H. 4, 199.
— Die Fossillagerstätten in den Hallstätter Kalken des Salzkammergutes. - Sber. Ak. d. Wiss. Wien, math.-nat. Kl., 135, 1926, 73-101.

Dietrich W. O. Joseph Felix Pompeckj, 10. Mai 1867 bis 8. Juli 1930. - Geol. u. Pal. Abh., NF, 18 (22), Jena 1931, 3, röm. 1-10, m. Bild.

Dittmar A. v. Die Contortazone (Zone der Avicula contorta Portl.), ihre Verbreitung und ihre organischen Einschlüsse. - München 1864, 217 S., 1 K.
— Zur Fauna der Hallstätter Kalke. - München 1866, 79 S., 9 Taf. (Geogn.-pal. Beiträge von Benecke, Schloenbach u. Waagen, 2. H.)

Douglass Sh. Fossilien vom Margarethenkopf bei Feldkirch. - VRA 1863, 146..
— Fossilien vom Pfänder und Gebhartsberg bei Bregenz. - VRA 1866, 57.
— Neokompetrefakten von Klien bei Dornbirn. - VRA 1866, 143.
— Fossilien aus dem Kalkstein des eozänen Flysch bei Bludenz in Vorarlberg. - VRA 1867, 64.
— (Hoernes M.) Petrefakten aus der Molasse von Vorarlberg. - VRA 1867, 219-220.
— (Fuchs Th.) Petrefakten aus der Molasse vom Wirtatobel im Bregenzer Wald. - VRA 1868, 58-59.
— Petrefaktenführender Kalkstein aus dem Gargellental in Vorarlberg. - VRA 1871, 35.
— Petrefakten aus Vorarlberg. (Fluh bei Bregenz,

Thüringen bei Bludenz, Feldkirch, Bezeck im Brg. W., Klien bei Dornbirn, Scesaplana.) - VRA 1871, 119.

Dreger J. Die Gastropoden von Häring bei Kirchbichl i. T. - Annalen Nathist. Hofmus. Wien, 7, 1892, 11-34, 4 Taf. - Bespr. NJb. 1892/2, 461.

— Über die unteroligozänen Schichten von Häring und Kirchbichl in Tirol mit einem Verzeichnis der bisher von dort bekannten Lamellibranchiaten. - VRA 1902, 345-351. - Bespr. GZ 3/2488; NJb. 1904/2, 115.

— Die Lamellibranchiaten von Häring bei Kirchbichl in Tirol. - JbRA 1903, 253-284, 3 Taf., 1 Abb. - Bespr. NJb. 1904/2, 115.

Drygalski E. v. Das Eiszeitalter nach Paul Woldstedt. - Die Naturwissenschaften, 18, 1930, H. 18, 377-380.

Eastman C. R. Description of Bolca fishes. - Bull. Mus. Comp. Zool. Harward College, v. 46, Cambridge 1904, 1-36, 2 T. - Bespr. Boll. Com. geol. d'It., 36, 1905, 166.

— Les types de poissons fossiles du Monte Bolca au Museum d'histoire naturelle de Paris. - Mém. Soc. géol. d. Fr., t. 13, Paris 1905, 31 S., 5 T. - Bespr. Boll. Com. geol. d'It., 37, 1906, 252.

Ebert Th. Die Raninen des Kressenberges. - Jb. Preuß. geol. Ldsanstalt f. 1888, 129-133, 7 Fig. - Bespr. NJb. 1889/2, 184.

Eck H. Über die Verbreitung der Crinoidenschichten im Muschelkalke Vorarlbergs. - Z. DGeolGes., 1889, 559-562.

Edinger T. Der sogenannte „Neue Pithekanthropus-Schädel". - Natur und Museum, 57, 1927, H. 12, 589-591.

Egger J. G. Fossile Foraminiferen vom Monte Bartolomeo am Gardasee. - 16. Jber. Nathist. Ver. Passau, 1895, 49 S., 5 Taf. - Bespr. NJb. 1897/1, 190; Boll. Com. geol. d'It., 27, 1896, 345.

— Foraminiferen und Ostrakoden aus den Kreidemergeln der Oberbayerischen Alpen. - Abh. Bayr. Ak. d. Wiss., II. Kl., 21, 1900, 1-230, 27 T. - Bespr. GZ 7/2022.

— Foraminiferen der Seewener Kreideschichten. - Sber. Bayr. Ak. d. Wiss., II. Kl., 1909

Emmrich H. Brief über eine Alpenreise. - Z. DGeolGes., 1850, 298-300. - Bespr. Bl. 17.

— Versteinerungen vom Kramer bei Garmisch. - NJb. 1852, 593. - Bespr. Bl. 41.

Erhardt W. Der Staufen. Geolog. Aufnahme der Berge zwischen Reichenhall und Inzell. - Inaugdiss. Univ. München; Wissensch. Veröff. DÖAV, 11, Innsbruck 1931, 50 S., 1 K., 1 Skz., 9 Abb. - Bespr. Z. f. Glkde, 20, 1932, 507; Z. Ges. f. Erdkde Berlin, 1932, 315.

— Der Roß- und Buchstein und sein Gebiet. - In: Das Tegernseer Tal, Kur- und Fremdenzeitung, Nr. 11 v. 31. 7. 1932, 5 Abb.

Escher v. d. Linth A. Geolog. Bemerkungen über das nördliche Vorarlberg und einige angrenzende Gegenden. - Neue Denkschr. d. Allgem. Schw. Ges. f. d. ges. Natwiss., 13, Zürich 1853, 135 S. - Bespr. Bl. 47.

— Bemerkungen über Versteinerungen von der Scesaplana und von Hall. - Z. DGeolGes., 1854, 519-520. - Bespr. Bl. 69.

Ettingshausen C. Frh. v. Pflanzenfossilien von Häring in Tirol. - JbRA 1850, 557-558; 1852, 171.

— Die tertiäre Flora von Häring in Tirol. - Abh. RA, II, 3. Abt., Nr. 2, 1853, 118 S., 31 Tafeln. - Bespr. JbRA 1853, 849; NJb. 1854, 376.

— Über die fossile Flora der Höttinger Breccie. - Sber. Ak. d. Wiss. Wien, 90, 1. Abt., 1885, 260-273, 2 Taf. - Bespr. NJb. 1885/2, 135.

Fabiani R. Le grotte dei Colli Berici nel Vicentino. - Antol. Veneta, 3, n. 2, Feltre 1901.

— La fauna fossile della grotta di S. Bernardino nei Colli Berici. - Atti R. Ist. Ven., 62, Venezia 1903, 657-671.

— Studio geo-paleontologico dei Colli Berici. Nota preventiva. - Atti R. Ist. Ven. Sc., L. ed A., 64, Venezia 1905.

— I Molluschi eocenici del Monte Postale conservati nel Museo di Geologia dell'Università di Padova. - Atti Acc. Sc. Ven.-Trent.-Istr., n. s., an. 2, f. 2, Padova 1905, 145-158, 1 Taf., 7 Fig.

— Sulla presenza della fauna Lutetiana del Gazzo di Zovencedo in un'altra località dei Colli Berici. - Atti Acc. Sc. Ven.-Trent.-Istr., n. s., a. 4, f. 1-2, Padova 1907, 36-43.

— Paleontologia dei Colli Berici. - Mem. Soc. It. d. Sc. (XL), 1908.

— Nuovi giacimenti a Lepidocyclina elephantina nel Vicentino e osservazioni sui cosidetti strati di Schio. - Atti R. Ist. Ven. Sc. Lett. ed. Art., 68, Venezia 1909, 821-828. - Bespr. NJb. 1909/2, 487; GZ 14/1808; Boll. Com. geol. d'It., 41, 1910, 204.

— I Crostacei terziari del Vicentino. - Boll. d. Mus. Civ. di Vicenza, v. 1, f. 1, Vicenza 1910, 40 S., 2 T. - Bespr. GZ 17/528; Boll. Com. geol. d'It., 42, 1911, f. 2, 48.

— Fauna dei Calcari grigi della Valle del Chiampo. (Vicenza.) - Atti R. Ist. Ven., Venezia 1910-11, v. 70, 1445-1470. - Bespr. GZ 67/1234; Boll. Com. geol. d'It., 43, 1913, f. 2-3, 56.

— Sulle rocce eruttive e piroclastiche dei Colli Berici. - Atti Acc. Sc. Ven.-Trent.-Istr., s. 3, a. 4, f. 1-2, Padova 1911, 3-54, 2 Taf., 5 Fig.

— Nuove osservazioni sul Terziario fra Brenta e l'Astico. - Atti Acc. Sc. Ven.-Trent.-Istr., Padova 1912, an. 5, 94-128, 1 Taf. - Bespr. GZ 19/74, 20/1468; Boll. Com. geol. d'It., 44, 1914, f. 1, 60.

— Contributi alla conoscenza dei vertebrati terziari e quaternari del Veneto. (Il tipo del Crocodilus vicetinus Lioy.) - Mem. Ist. Geol. R. Univ. di Padova, v. 1, Padova 1912, 197-214, 1 T. - Bespr. Boll. Com. geol. d'It., 44, 1914, f. 1, 61.

— Nuovi resti di Vertebrati scoperti nella „Velika Jama" in Friuli. - Mondo sotterr., 8, n. 1-2, Udine 1912.

— Relazione preliminare di nuovi rilievi geologici compiuti nei Lessini Vicentini e Veronesi. - Atti Acc. Sc. Ven.-Trent.-Istr., s. 3, v. 5, Padova 1912, 216-219. - Bespr. GZ 25/102; Boll. Com. geol. d'It., 44, 1914, f. 1, 60.

— La serie stratigrafica del Monte Bolca e dei suoi dintorni. - Mem. Ist. Geol. R. Univ. di Padova, v. 2, 1913-14, Padova 1914, 223-235, 2 T. - Bespr. Boll. Com. geol. d'It., 46, 1916, f. 1, 39.

— I Brachiopodi del Terziario Veneto. Notizie sommarie. - Atti Acc. Sc. Ven.-Trent.-Istr., s. 3, v. 6, Padova 1914, 129-132. - Bespr. GZ 21/770.

— I Brachiopodi terziari del Veneto. - Mem. Ist. Geol. d. R. Univ. Padova, v. 2, 1913/14, Padova 1914, 1-43, 4 T. - Bespr. Boll. Com. geol. d'It., 46, 1916, f. 1, 40.

— Sulla posizione degli strati con Nummulites Brongniarti di Roncà nella seria sedimentaria del Veronese e deduzioni cronologiche che ne derivano. - Atti d. Acc. d'Agricolt., Sc. e Lett. di Verona, s. 4, v. 15, Verona 1914, 6 S. - Bespr. GZ 25/134; Boll. Com. geol. d'It., 46, 1916, f. 1, 41.

— Cenni sugli avanzi di Mammiferi quaternari posseduti dal Museo di Verona. - Madonna Verona, an. 8, Nr. 2/3, f. 30/31, Verona 1914, 140-144. - Bespr. GZ 25/163; Boll. Com. geol. d'It., 46, 1916, f. 1, 42.
— Nota preventiva sui Mammiferi quaternari della Regione Veneta. - Atti Acc. Sc. Ven.-Trent.-Istr., s. 3, v. 7, Padova 1915, 271-278. - Bespr. GZ 22/278.
— Sul Miocene delle colline di Verona. - Atti Acc. Sc. Ven.-Trent.-Istr., s. 3, v. 7, Padova 1915, 282-288, 1 Taf. - Bespr. GZ 22/348; NJb. 1931/3, 64.
— e **Stefanini G.** Monografia sui terreni terziari del Veneto. - Mem. Ist. Geol. R. Univ. di Padova, v. 3, Padova 1915.
Fabiani R. Il Paleogene Veneto. Prospetto stratigrafico riassuntivo e comparativo del terziario inferiore del Veneto. - Mem. Ist. Geol. R. Univ. di Padova, 1915, v. 3, 69. - Bespr. GZ 25/135.
— I Mammiferi quaternari della regione Veneta. - Mem. Ist. Geol. R. Univ. di Padova, v. 5, Padova 1919, 174 S., 30 T.
— Sul Terziario dell'Alta Val di Non (Trentino). - Atti Acc. Sc. Ven.-Trent.-Istr., s. 3, v. 10, Padova 1919, 117-123, 1 Fig. - Bespr. Ebd. v. 20, 1929, 11; GZ 25/133.
— Continuità della serie fra l'Oligocene e il Miocene nel Trentino meridionale. - Atti Accad. Sc. Ven.-Trent.-Istr., s. 3, v. 12/13, Padova 1922, 119-122. - Bespr. Ebd. v. 20, 1929, 12; Studi Trent. Sc. Nat., 8, 1927, 123.
— Il Terziario del Trentino. - Mem. Ist. Geol. R. Univ. di Padova, v. 6, Padova 1922, 1-60, 15 Fig., 1 Taf. - Bespr. GZ 32/1562; Atti Acc. Sc. Ven.-Trent.-Istr., v. 20, 1929, 12; Studi Trent. Sc. Nat., 8, 1927, 123.
— Prospetto dei terreni terziari del Trentino. - Padova (Soc. Coop. tip.) 1922. - Bespr. Atti Acc. Sc. Ven.-Trent.-Istr., v. 20, 1929, 12.
— La legge dell'irradiamento adattativo nell'evoluzione dei Vertebrati. - Natura, Riv. d. Sc. Nat., 15, Pavia 1924, 45-66.
— Osservazioni sulla stratigrafia e sulla tettonica dei massicci montuosi del Bondone e del Roen (Alpi Tridentine). - Atti Acc. Sc. Ven.-Trent.-Istr., s. 3, v. 15, 1924, Padova 1925, 7-16, 1 Fig. - Bespr. Ebd. v. 20, 1929, 14; Studi Trent. Sc. Nat., 7, 1926, 183.
— Note illustrative della Carta geologica delle Tre Venezie, Foglio Verona. - Uff. Idr. d. R. Mag. a. Acque, Sez. geol., Padova 1930, 37 S., 1 Proftaf.
Fabrini E. Sopra due Felis di Romagnano. - Boll. Soc. geol. it., 14, f. 2, Roma 1896, 164-169, 1 Taf.
Fanck A. Die bruchlose Deformation der Fossilien durch tektonischen Druck und ihr Einfluß auf die Bestimmung der Arten, betrachtet und bearbeitet an Pelecypoden der St. Galler Meeresmolasse. - Inaugdiss. Univ. Zürich, 1929, 9 Fig., 16 Taf.
Fauna, Flora e Gea. Commentario della - del Veneto e del Trentino. - Il Trentino, Trento 1868, Nr. 37.
Fauna preistorica. La - al Castelar de la Groa. - Studi Trent. Sc. Nat., 10, 1929, 65, 239.
Felix J. Kritische Studien über die tertiäre Korallenfauna des Vicentins nebst Beschreibung einiger neuer Arten. - Z. DGeolGes., 37, 1885, 379-421, 3 Taf. - Bespr. Boll. Com. geol. d'It., 16, 1885, 415.
— Studien über die korallenführenden Schichten der oberen Kreideformation in den Alpen und den Mediterrangebieten. I. Teil. Die Anthozoen der Gosauschichten in den Ostalpen. - Palaeontogr., 49, 1903, 163-360, 8 Taf., 67 Abb. - Bespr. NJb. 1904/2, 150; GZ 3/1657.
— Über Hippuritenhorizonte in den Gosauschichten der nordöstlichen Alpen. - Zbl. f. Min., 1905, 77-81; 1907, 417-422, 1 Abb.; 1910, 396-399, 2 Abb.
— Studien über die Schichten der oberen Kreideformation in den Alpen und den Mediterrangebieten. II. Teil. Die Kreideschichten der Gosau. - Palaeont., 54, 1908, 251-339, 2 Taf. - Bespr. NJb. 1909/1, 427; Boll. Com. geol. d'It., 40, 1909, 628.
— Fossilium Catalogus. Anthozoa cretacea. - Berlin 1914.
— Über Hydnophyllia und einige andere Korallen aus dem Vicentinischen Tertiär. - Sber. Nat. Ges. Leipzig, 43, 1916, 1-30. - Bespr. NJb. 1920, 94; GZ 24/689.
— Studien über fossile Korallen. - Festschrift Gorjanović-Kramberger, Zagreb 1925, 2. pal. Teil, 22 S., 6 Abb. - Bespr. NJb. 1927/2, B, 147.
Feruglio E. Una vertebra di Cervus elaphus Linn. nelle argille lacustri di Val di Mea (alto bacino del Torre). - In Alto, Cron. SAFr, 25, N. 5-6, Udine 1914, 117-119. - Bespr. Boll. Com. geol. d'It., 46, 1917, f. 2-3, 45.
Fichter H. Verteilung der Mikrofauna im helvetischen Malmkalk (Quintnerkalk) am Gonzen bei Sargans. (Vortr.) - EgH 24, 1931, 222-225, 1 Fig. - Bespr. GZ 2 B/969.
Fiedler O. Über Versteinerungen aus den Arlbergschichten bei Bludenz und einige neue Fundorte von Flysch und Aptychenkalken im oberen Großen Walsertale Vorarlbergs. - Z. DGeolGes., 1904, Briefl. Mitt., 8-13. - Bespr. Mitt. Geogr. Ges. München, 1911, 444.
Finkelstein H. Über ein Vorkommen der Opalinus- (und Murchisonae?-) Zone im westlichen Südtirol. - Z. DGeolGes., 1889, 49-78. - Bespr. VRA 1890, 26; NJb. 1891/2, 321; Bl. 761.
— Der Laubenstein bei Hohenaschau. Ein Beitrag zur Kenntnis der Brachiopodenfazies des unteren Doggers. - NJb. 1889, Bbd 6, 36-104, geol. K. 1:50000, 3 Taf. - Bespr. Mitt. Geogr. Ges. München, 8, 1913, 63.
— Nachträge zur Brachiopodenfauna des Laubensteins. - NJb. 1889/1, 201.
— u. **Böse E.** Die mitteljurassischen Brachiopodenschichten bei Castel Tesino im östlichen Südtirol. - Z. DGeolGes., 1892, 265-302, 2 Taf. - Bespr. VRA 1893, 184; NJb. 1894/1, 485; Boll. Com. geol. d'It., 24, 1893, 83.
— — Nochmals die mitteljurassischen Brachiopodenschichten bei Castel Tesino im östlichen Südtirol. - VRA 1893, 239-241; Boll. Com. geol. d'It., 25, 1894, 181.
Fiore M. Il genere Latanites Mass. Illustrazione di alcune palme fossili del paleogene veneto. - Boll. dell'Orto Botanico d. R. Univ. di Napoli, t. 10, Napoli 1932, 123-154, 7 Fig., 4 Taf.
Fischli H. Zur Kenntnis der fossilen Radiolarien in der Riginagelfluh. - Mitt. Nat. Ges. Winterthur, 1916, 44-47. - Bespr. EgH 15, 1918, 454.
Flurl M. Beschreibung der Gebirge von Bayern und der oberen Pfalz mit den darin vorkommenden Fossilien... - München 1792, 642 S., 1 K.
Förster B. u. **Oebbeke K.** Tiefbohrungen am Tegernsee. - Geogn. Jh., 35, 1923, 83-160. - Bespr. GZ 31/1388; NJb. 1929/3, 414.
Forti A. Alghe del Paleogene di Bolca (Verona) ed loro affinità con tipi oceanici vivente, conferme

di analogia esistente tra la flora terziaria mediterranea e l'attuale indo-pacifica. – Mem. R. Ist. Geol. d. Univ. di Padova (1926), 1928, 19 S., 5 T. – Bespr. NJb. 1927/2, B, 171.

— Vari disegni tratti da preparati di torbe trentine. – Nuovo Giorn. Bot. it., n. s., v. 11, n. 2, Soc. Bot. it., Firenze 1933, 309.

Fortis A. Delle ossa fossili d'Elefante e d'altre curiosità naturali de'Monti di Romagnano. – Vicenza 1786.

Fortis G. B. Mémoire pour servir à l'histoire naturelle ... d'Italie ... 1802. – Essay du géologie du Vicentin, Bd I, 10. (Erste Erwähnung der Terebrateln von Recoaro.)

Fossa-Mancini E. Le ammoniti dell'Alta Brianza descritte e figurate da H. Rassmuss. -Riv. it. di Pal., 21, Parma 1915, 119–122.

— Appunti sulla geologia di una parte del circondario di Varese. – Boll. R. Uff. geol. d'Ital., v. 50, n. 8, Roma 1925, 122 S., 4 T. – Bespr. GZ 38/757.

Foetterle F. Über fossile Crustaceen des Grobkalkes von Verona und Vicenza. (T. A. Catullo.) – JbRA 1854, 886.

— Petrefakten aus der Umgebung von Belluno. – VRA 1866, 121–122.

Frank M. Beiträge zur vergleichenden Stratigraphie und Bildungsgeschichte der Trias-Lias-Sedimente im alpin-germanischen Grenzgebiet der Schweiz. – NJb. Bbd 64, Abt. B, 1930, 325–426, 3 Taf., 2 Tab. (Mitt. a. d. Min.-Geol. Inst. d. T. H. in Stuttgart, Nr. 17.) – Bespr. GZ 44/1529.

— Marine Straßen und Faunenwanderwege in Süddeutschland zur Triaszeit. – GR 22, 1931, 1–11. – Bespr. GZ 45/79.

Frauenfelder A. Beiträge zur Geologie der Tessiner Kalkalpen. – EgH 14, 1916, 247–367, K. 1:50000, 5 Taf., 5 Fig.; Inaugdiss. Zürich, 1916. – Bespr. EgH 15, 1918, 429; GZ 24/32; PetMitt., 61, 1921, 139; Boll. Soc. Ticin. sc. nat., 1923, 75.

Frauscher K. Fossile Faunen und Floren in Kärnten. – Carinthia II, 1896, 144–159, 186–203, 224, 268.

— Karl Alfred v. Zittel †. – Carinthia II, 1903, 251–252.

Frech F. Über das Devon der Ostalpen nebst Bemerkungen über das Silur und einem paläontologischen Anhange. – Z. DGeolGes., 1887, 659–738; 1891, 672–687; 1894, 446–479. – Bespr. NJb. 1892/2, 297; 1896/1, 442.

— Über die Korallenfaunen der nordalpinen Trias. Vorläufige Mitteilung. – JbRA 1889, 489–496.

— Die Korallenfauna der Trias. I. Die Korallen der juvavischen Triasprovinz. – Palaeont., 37, 1–4, 1890, 1–110; 43, 1896, 1–124, 21 Taf., zahlr. Abb. – Bespr. NJb. 1893/1, 191.

— Die Karnischen Alpen. Ein Beitrag zur vergleichenden Gebirgstektonik. Mit petr. Anhang v. L. Milch. – Abh. Natf. Ges. Halle, 18, 1892–1894, 515 S., 3 K., zahlr. Abb. – Bespr. NJb. 1896/2, 300; Mitt. DÖAV, 1895, 164; Carinthia II, 1894, 243; Bl. 894.

— Die Fauna des unterdevonischen Riffkalkes. – Z. DGeolGes., 1894, 446–479, 8 Taf.

— Über unterdevonische Korallen aus den Karnischen Alpen. – Z. DGeolGes., 48, 1896, 199–201. – Bespr. NJb. 1898/1, 401; Boll. Com. geol. d'It., 28, 1897, 189.

— Lethaea geognostica. I. Leth. palaeozoica, 2.Bd. – Stuttgart (Schweizerbart) 1897–1902, 788 S., 6 K. S. a. F. Römer.

— Über Korallenriffe und ihren Anteil an dem Aufbau der Erde. – Himmel u. Erde, 9, 97–120, 165–174. – Bespr. NJb. 1898/2, 349.

— Über tektonische Veränderungen in der Form unterkarbonischer Calamarien. – NJb. 1899/1, 259–261.

— Über devonische Ammoneen. – Beiträge z. Geol. und Pal. Österreich-Ungarns, 14, 1902, 27–112, 4 Taf.

— Über Diceras-ähnliche Zweischaler aus der mittleren Alpentrias. – NJb. 1902/2, 127–132, 2 Taf. – Bespr. GZ 4/570.

— Lethaea geognostica. II, 1. Bd, Trias. – Stuttgart (Schweizerbart) 1903–1908, 623 S., 1 K., zahlr. Blgen.

— Gliederung des Dachsteinkalkes mit Hilfe der Megalodonten. – Leth. geogn., II, 1. Bd, Trias, 1903–1908, 327–333.

— Die Trias der Zentralalpen und der Lombardei. – Leth. geogn., 1903–1908, II, 1. Bd, 3. Abt., Kap. 5, 391–413.

— Lethaea geognostica. III. Das Caenozoicum. 2. Bd, Quartär. – Stuttgart 1904, 430 S., 4 K.

— Lethaea geognostica. II. Teil, Das Mesozoikum. 3. Bd, Kreide (W. Kilian). – Stuttgart 1907–1913, 398 S., 2 K., 14 Taf., zahlr. Tab. u. Abb.

— Die Leitfossilien der Werfener Schichten und Nachträge zur Fauna des Muschelkalkes, der Cassianer Schichten und Raibler Schichten sowie des Rhät und des Dachsteindolomites (Hauptdolomit). – Resultate der wiss. Erforschung des Balatonsees, 1, I. Teil. Pal. Anhg, Budapest 1909, 95 S., 16 Taf., 27 Abb. – Bespr. NJb. 1910/2, 451.

Frederiks G. Über die Trogkofelschichten und ihre Analogen im Ural. – Zbl. f. Min., Abt. B, 1929, 548–552. – Bespr. GZ 42/1346.

Frentzen K. Die fossile Insektenfauna der obermiozänen Insektenmergel von Öningen am Bodensee. – Arch. f. Insektenkde d. Oberrheingeb. u. d. angr. Lder, 2, Freiburg 1927, 137–147. – Bespr. GZ 38/418.

Freudenberg W. Pflanzenführendes Karbon, triadischer (?) Quarzporphyr am Fluchthorn und eine obere Glimmerschieferdecke bei Gaschurn (Montavon). – Jber. u. Mitt. d. Oberrhein. geol. Ver., NF, 12, 1923, 47–49. – Bespr. GZ 29/367.

— Die altquartären Proboscidier im Oberrheingebiet. – Paläont. Z., 8, 1926, 68–69. – Bespr. GZ 37/382.

Fritsch K. Richard Wettstein †. – Mitt. Natwiss. Ver. f. Steiermark, 69, 1932, 95–96.

Früh J. Reste von Rhinoceronten aus der granitischen Molasse von Appenzell a. Rh. – Ber. St. Gall. Natf. Ges. f. 1886/87, St. Gallen 1888, 462–463. – Bespr. NJb. 1889/2, 481; EgH 1, 1890, 540.

— Zur Kenntnis der gesteinsbildenden Algen der Schweizer Alpen, mit besonderer Berücksichtigung des Säntisgebietes. (Wildhaus 23–26.) – Abh. Schw. paläont. Ges., 17, Basel u. Genf 1890, 32 S., 1 Abb. – Bespr. EgH 2, 1891, 383; Jber. St. Gall. Nat. Ges., St. Gallen 1892, 22.

Fuchs Th. Giov. Meneguzzos und Tibaldis Petrefaktensammlungen aus den Vicentinischen Eozänbildungen. – VRA 1868, 80–83.

— Beitrag zur Kenntnis der Conchylienfauna des Vicentinischen Tertiärgebirges. I. Die obere Schichtengruppe oder die Schichten von Gomberto, Laverda und Sangonini. – Denkschr. Ak. d. Wiss. Wien, 30, 1870, 80 S., 11 Taf.; Sber., 58, 1868, 10 S. – Bespr. VRA 1868, 360; 1870, 111; NJb. 1869, 634; Boll. Com. geol. d'It., 1, 1870, 97, 165.

— Über die lokale Anhäufung kleiner Organismen und insbesondere über die Fauna von St. Cassian. - VRA 1871, 204–206.
— Die Stellung der Schichten von Schio. - VRA 1874, 130–132. - Bespr. NJb. 1874, 782; Boll. Com. geol. d'It., 5, 1874, 166.
— Versteinerungen aus den Eozänbildungen der Umgebung von Reichenhall. - VRA 1874, 132–135.
— Über die Entstehung der Aptychenkalke. - Sber. Ak. d. Wiss. Wien, 76, 1877. - Bespr. VRA 1877, 306.
— Zur Frage der Aptychenkalke. - VRA 1878, 167–168.
— Welche Ablagerungen haben wir als Tiefseebildungen zu betrachten? - NJb. 1883, Bbd 2, 487–584. - Bespr. Arch. d. sc. phys. et nat., p. 3, t. 9, Genève 1883, 279–283.
— Die Versuche einer Gliederung des unteren Neogen im Gebiete des Mittelmeeres. - Z. DGeol-Ges., 1885, 131–172. (Gegen E. Tietze.)
— Studien über Fukoiden und Hieroglyphen. - Wien 1895.
Fucini A. Fossili della Oolite inferiore del Mte Grappa nel Trevisano. - Atti Soc. Tosc. di Sc. nat., Proc. verb., v. 8, Pisa 1893, 225. - Bespr. VRA 1894, 182; NJb. 1894/1, 505; 1898/1, 359; Boll. Com. geol. d'It., 25, 1894, 309.
— Nuovi fossili della Oolite inf. del Capo San Vigilio sul lago di Garda. - Boll. Soc. malac. it., v. 18, Pisa 1893, 118–137. - Bespr. VRA 1894, 255; NJb. 1899/1, 537; Boll. Com. geol. d'It., 26, 1895, 364.
— Sulla fauna di Ballino; ill. dal dott. O. Haas. - Atti Soc. Tosc. di Sc. nat., Proc. verb., v. 22, Nr. 4, Pisa 1913, 46–48. - Bespr. Boll. Com. geol. d'It., 45, 1915, f. 1–2, 33.
Furlani M. Zur Stratigraphie der Jura- und Neokomschichten der Karwendelmulde bei Landl in Nordtirol. - Anz. Ak. d. Wiss. Wien, 1921, 9–11. - Bespr. NJb. 1923/2, 116.
Furlani-Cornelius M. Stratigraphische Studien in Nordtirol. (Jura u. Neokom der Karwendelmulde bei Landl.) - VStA 1921, 90–94. - Bespr. NJb. 1922/2, 319.
Futterer K. Die Gliederung der oberen Kreide in Friaul. - Sber. Ak. d. Wiss. Berlin, 40, 1893, 847–878. - Bespr. VRA 1897, 364.
— Über einige Versteinerungen aus der Kreideformation der Karnischen Voralpen. - Paläont. Abh. (Dames u. Kayser), NF, 2, (Bd 6), H. 6, Jena 1896, 239ff., 7 Taf., 2 Abb. - Bespr. NJb. 1897/2, 211; Boll. Com. geol. d'It., 28, 1897, 192.
Gams H. Aus der Geschichte der Flora und Fauna am Bodensee. - Schr. Ver. f. Gesch. d. Bodensees, 53. H., 1924, 77–113, 311, 10 Fig.
— Die postarktische Geschichte des Lüner Sees im Rätikon. - JbBA 1929, 531–570, K. 1:7500. - Bespr. Z. f. Glkde, 18, 1930, 267; GZ 42/305.
— Das Alter des alpinen Endemismus. - Ber. Schw. Botan. Ges., 42, 1933, 467–483, 3 Fig. - Bespr. Z. f. Glkde, 21, 1933, 393.
Gaertner H. R. v. Geologie der Zentralkarnischen Alpen. - Denkschr. Ak. d. Wiss. Wien, 102, Wien 1930, 113–199, 5 Taf., 16 Fig. - Bespr. Anzg. Ak. d. Wiss. Wien, 67, 1930, 3; GZ 47A/549; NJb. 1932/3, 18.
— Silurische und tiefunterdevonische Trilobiten und Brachiopoden aus den Zentralkarnischen Alpen. - Jb. Preuß. Geol. Ldsanst. Berlin, 51, T. 1, Berlin 1930, 188–252, 3 Taf. - Bespr. GZ 45/1059; NJb. 1932/3, 13.
— Die Eingliederung des ostalpinen Paläozoikums. (Erweit. Vortr.) - Z. D.Geol.Ges., 86, 1934, 241–265, 1 Taf., 5 Abb.
Gaudry A. Sur le fossile décrit par M. De Zigno sous le nom d',,Anthracotherium Monsvialense". - Bull. Soc. géol. de France, s. 3, t. 18, 4, Paris 1890. - Bespr. Boll. Com. geol. d'It., 22, 1891, 156.
Geinitz H. B. Über fossile Pflanzenreste aus der Dyas von Val Trompia. - NJb. 1869, 456–461, 1 Taf. - Bespr. VRA 1869, 200.
Germain L. Etudes sur les mollusques terrestres et fluviatiles de quelques formations quaternaires des bassins du Rhône et du Rhin. - Arch. Mus. d'hist. nat. Lyon, 11, 1912, 1–194. - Bespr. L'Anthropologie, 33, 1912, 435; Rev. crit. de Paléozool., 1913, 171; Journ. de Conchyliologie, 61, 1913, 230.
Geslin B. Versteinerungen in den breccienförmigen, mit schwarzem Porphyr verbundenen Tuffen der Seisser Alp. - Bull. Soc. géol., 5, Paris 1835, 8–9.
Geyer D. Helix arbustorum L. und das Klima der Lößperiode. - Jber. u. Mitt. Oberrhein. geol. Ver., NF, 2, Stuttgart 1912, 66–76. - Bespr. EgH 13, 1914, 165.
— Zur Biologie der Mollusken des Bodensees. - Natwiss. Monatsschr. Aus der Heimat (Stuttgart) 1929, 201–216.
Geyer G. Über die liasischen Cephalopoden des Hierlatz bei Hallstatt. - Abh. RA, 12, 1886, 75 S., 4 Taf.
— Über die liassischen Brachiopoden des Hierlatz bei Hallstatt. - Abh. RA, 15, 1889, 1–88, 9 Taf. - Bespr. NJb. 1891/1, 160.
— Die mittelliasische Cephalopodenfauna des Hinter-Schafberges in Oberösterreich. - Abh. RA, 15, 4, 1889–1893, 76 S., 9 Taf.
— Zur Stratigraphie der paläozoischen Schichtenserie in den Karnischen Alpen. - VRA 1894, 102–129. - Bespr. NJb. 1896/2, 306; Carinthia II, 1895, 175.
— Aus dem paläozoischen Gebiete der Karnischen Alpen. - VRA 1895, 60–90. - Bespr. NJb. 1896/2, 306; Carinthia II, 1896, 260; Boll. Com. geol. d'It., 27, 1896, 355.
— Ein neues Vorkommen fossilführender Silurbildungen in den Karnischen Alpen. - VRA 1895, 308.
— Über die geologischen Verhältnisse im Pontafeler Abschnitt der Karnischen Alpen. - JbRA 1896, 127–233, K. 1:75000. - Bespr. NJb. 1898/2, 88; Boll. Com. geol. d'It., 28, 1897, 193.
— Ein Beitrag zur Stratigraphie und Tektonik der Gailtaler Alpen. - JbRA 1897, 295–364. - Bespr. NJb. 1899/2, 97; Carinthia II, 1897, 254; Bl. 972.
— Zur Stratigraphie der Gailtaler Alpen in Kärnten. - VRA 1897, 114–127. - Bespr. NJb. 1899/2, 97; Carinthia II, 1898, 205.
— Über neue Funde von Graptolithenschiefern in den Südalpen und deren Bedeutung für den alpinen Kulm. - VRA 1897, 237–252. - Bespr. Carinthia II, 1898, 51.
— Über ein neues Vorkommen paläozoischer, wahrscheinlich karbonischer Schichten bei Kötschach in den Gailtaler Alpen. - VRA 1897, 341–342.
— Über ein neues Cephalopodenvorkommen aus dem Niveau der Buchensteiner Schichten bei Sappada im Bellunesischen. - VRA 1898, 132–143. - Bespr. Boll. Com. geol. d'It., 30, 1899, 202.
— Über neue Funde von Triasfossilien im Bereiche des Diploporenkalk- und Dolomitzuges nördlich von Pontafel. - VRA 1898, 242–253.

— Uggowitzer Breccie und Verrucano. (Sexten, Kreuzberg.) - VRA 1899, 418-432. - Bespr. Carinthia II, 1900, 79.

— Über die Verbreitung und stratigraphische Stellung der schwarzen Tropiteskalke bei S. Stefano in Cadore. - VRA 1900, 355-370. - Bespr. NJb. 1901/1, 462; GZ 1/2365; Boll. Com. geol. d'It., 32, 1901, 253.

— Professor Dr. Karl Diener †. - Mitt. DÖAV, 1928, 69-70.

Giebel H. Über das Alter der Cassianer Schichten. - Hallesche Z. f. d. ges. Natwiss., 1853, 34.

Ginzberger A. Die Moore Österreichs, ihre Verbreitung und Ausdehnung, die Eigentümlichkeiten ihrer Pflanzenwelt, ihre Ausnutzung und Erhaltung. - Moorschutzheft (H. Conwentz), 5, H. 2, Berlin 1916, 219-232. - Bespr. GZ 23/174.

Gioli G. Fossili della Oolite di San Vigilio. - Proc. verb. Soc. Tosc. di Sc. nat., 5, Pisa 1887, 195. - Bespr. NJb. 1887/2, 343.

— Fossili della Oolite inferiore di S. Vigilio e di Monte Grappa. - Atti Soc. Tosc. Sc. nat., 10, 1888, 1-18. - Bespr. VRA 1889, 138; NJb. 1889/2, 490; Boll. Com. geol. d'It., 21, 1890, 313.

Girard H. Über die Variation der Terebratula vicinalis aus dem Brocatello d'Arzo. - NJb. 1851.

Glaessner M. Dekapodenfauna des österreichischen Jungtertiärs. - JbBA 1928, 161-219, 2 Taf., 8 Abb. - Bespr. GZ 38/419.

Goldfuß A. Petrefacta Germaniae. - II. Teil, Düsseldorf 1834-1840, 312 S., III. Teil, Düsseldorf 1841-1843, 124 S., beide mit zahlr. Taf.

Gortani M. Sul rinvenimento del calcare a Fusuline presso Forni Avoltri nell'Alta Carnia occidentale. - Rend. Acc. d. Linc., v. 11, s. 5, f. 11, Roma 1902, 316-318. - Bespr. VRA 1903, 309; GZ 3/2126; NJb. 1905/2, 91; Boll. Com. geol. d'It., 34, 1903, 281.

— Nuovi fossili raibliani della Carnia. - Riv. it. di Pal., 8, 1902, 76-94, 2 T. - Bespr. GZ 3/875; NJb. 1906/1, 424; Boll. Com. geol. d'It., 34, 1903, 280.

— Fossili rinvenuti in un primo saggio del calcare a Fusuline di Forni Avoltri (Alta Carnia occidentale) - Riv. it. di Pal., v. 9, f. 1-2, Bologna 1903, 35-50. - Bespr. VRA 1903, 309; GZ 7/276; Boll. Com. geol. d'It., 35, 1904, 321.

— Sugli strati a Fusulina di Forni Avoltri. - Boll. Soc. geol. it., v. 22, f. 2, Roma 1903, röm. 127-128. - Bespr. VRA 1904, 100; GZ 7/277; Boll. Com. geol. d'It., 35, 1904, 322.

— e **Vinassa de Regny P.** Fossili carboniferi del M. Pizzul e del Piano di Lanza nelle Alpi Carniche. - Boll. Soc. geol. it., Roma 1905, v. 24, 461-605. - Bespr. VRA 1906, 189; NJb. 1915/2, 226.

Gortani M. Sopra alcuni fossili neocarboniferi delle Alpi Carniche. - Boll. Soc. geol. it., v. 25, f. 2, Roma 1906, 257-275. - Bespr. NJb. 1915/2, 230; GZ 9/809; Boll. Com. geol. d'It., 38, 1907, 254.

— Bibliografia geologica ragionata del Friuli, 1737-1905. - Boll. Soc. geol. it., v. 25, f. 2, Roma 1906, 377-410.

— La fauna degli strati a Bellerophon della Carnia. - Riv. it. di Pal., an. 12, f. 2-3, Perugia 1906, 93-131, 3 T. - Bespr. Boll. Com. geol. d'It., 38, 1907, 253.

— Contribuzioni allo studio del Paleozoico carnico. I. La fauna permocarbonifera del Col Mezzodi presso Forni Avoltri. - Pal. it., v. 12, Pisa 1906, 1-85, 3 T. - Bespr. NJb. 1915/2, 228; GZ 9/805; Boll. Com. geol. d'It., 38, 1907, 254.

— Contribuzioni allo studio del Paleozoico carnico. II. Faune devoniane. - Pal. it., v. 13, Pisa 1907, 1-63. - Bespr. GZ 11/578; NJb. 1915/2, 230; Boll. Com. geol. d'It., 39, 1908, 142.

— Contribuzioni allo studio del Paleoz. carnico. III. La fauna a Climenie del Mte Primosio. - Mem. d. R. Acc. d. Sc. d. Ist. d. Bologna, s. 6, t. 4, Bologna 1907, 201-246. - Bespr. NJb. 1915/2, 232; GZ 11/579; Boll. Com. geol. d'It., 39, 1908, 143.

— Sopra l'esistenza del Devoniano inferiore fossilifero nel versante italiano delle Alpi Carniche. - Rend. d. R. Acc. d. Linc., v. 16, f. 2, Roma 1907, 108-110. - Bespr. NJb. 1915/2, 249; VRA 1907, 130; Boll. Com. geol. d'It., 39, 1908, 143.

— Pholidophorus faccii, n. f. del Raibliano di Cazzaso in Carnia. - Riv. it. di Pal., 13, Perugia 1907, 117-122.

— Sui metodi di determinazione delle Fusuline. - Proc. verb. Soc. Tosc. d. Sc. nat., v. 18, Nr. 2, 1909, 3 S.

— Avanzi di Mammiferi rinvenuti in alcune grotte friulane. - Mondo sotterr., an. 5, Udine 1909, 18 S., 1 T. - Bespr. Boll. Com. geol. d'It., 41, 1910, 208.

— e **Vinassa de Regny P.** Fossili neosilurici del Pizzo di Timau e dei Pal nell'Alta Carnia. - Mem. R. Acc. d. Sc., Bologna 1909, s. 6, 183-216. - Bespr. NJb. 1915/2, 235; GZ 14/1816.

Gortani M. Retico, Lias e Giura nelle Prealpi dell'Arzino. - Boll. Com. geol. d'It., 41, 1910, 157-172. - Bespr. Ebd., 42, 1911, f. 2, 56.

— Osservazioni geologiche sui terreni paleozoici dell'alta valle di Gorto in Carnia. Nota. - Rend. d. R. Accad. di Sc. d. Ist. di Bologna, 1910/11, Bologna 1910, 58-64. - Bespr. GZ 15/1265; NJb. 1915/2, 243.

— Contribuzioni allo studio del Paleozoico carnico. IV. La fauna mesodevonica di Monumenz. - Pal. it., 17, Pisa 1911, 141-228. - Bespr. NJb. 1915/2, 244; GZ 18/452; Boll. Com. geol. d'It., 43, 1913, f. 2-3, 62.

— Sopra la fauna mesodevonica di Monumenz in Carnia. - Rend. d. R. Acc. d. Sc. Bologna, 1911, 5 S. - Bespr. NJb. 1915/2, 244; GZ 18/452.

— Rinvenimento di filliti neocarbonifere al Piano di Lanza (Alpi Carniche). - Boll. Soc. geol. it., v. 30, f. 3, 1912, 909-912. - Bespr. NJb. 1915/2, 247; GZ 18/292; Boll. Com. geol. d'It., 44, 1914, f. 2, 72.

— Stromatoporidi devoniani del Mte Coglians (Alpi Carn.). - Riv. it. di Pal., 18, 4, 1912, 117-128, 1 T. - Bespr. NJb. 1915/2, 247; GZ 19/1199; Boll. Com. geol. d'It., 44, 1914, f. 2, 73.

— La serie devoniana nella giogaia del Coglians. - Boll. Com. geol. d'It., 43, Roma 1913, 235-280. - Bespr. GZ 20/799; NJb. 1915/2, 252; Boll. Com. geol. d'It., 45, 1915, f. 1-2, 39.

— Contribuzioni allo studio del Paleozoico carnico. V. Fossili eodevonici della base del Capolago (Seekofelsockel). - Pal. it., 21, Pisa 1915, 117-187. - Bespr. NJb. 1922/2, 335.

— e **Vinassa P. E.** La trasgressione neocarbonifera nelle Alpi Carniche e nelle Caravanche. - Rend. di R. Acc. d. Linc., 23, s. 5, Roma 1919, 143-146. - Bespr. NJb. 1922/2, 332; GZ 46A/2158.

Gortani M. Contribuzione allo studio del Paleozoico carnico. VI. Faune a Graptolite. - Pal. it., 26, 1920, 1-56, 3 T., 2 Fig. - Bespr. GZ 30/625; NJb. 1930/2, 8.

— Progressi nella conoscenza geologica delle Alpi Carniche principali. - Estr. d. Atti d. Soc. Tosc.

d. Sc. nat., Mem., v. 34, Pisa 1921, 58 S. – Bespr. GZ 37/1295; NJb. 1930/3, 11.
— La serie paleozoica delle Alpi Carniche. – Rend. R. Acc. Linc., (5), 30, 2 sem., Roma 1921, 100–103. – Bespr. GZ 37/1544; NJb. 1930/3, 10.
— u. **Vinassa de Regny P.** Su l'età e posizione di alcuni scisti delli Alpi. – Rend. Acc. Linc., (5), 30, 2 sem., Roma 1921, 107–112, 140–142. – Bespr. NJb. 1930/3, 13; GZ 46A/1880.
Gortani M. Contribuzione allo studio del Paleozoico carnico. VII. Graptoliti del Monte Hochwipfel. – Palaeont. ital., 29, 1923, 1–24, 1 Taf., 10 Fig. – Bespr. NJb. 1930/3, 15.
— Graptoliti del M. Hochwipfel nelle Alpi Carniche. Nota prel. – R. Ist. Lomb. d. Sc. e Let., 57, Milano 1924, 1–4. – Bespr. GZ 31/304; NJb. 1930/3, 15.
— Nuove ricerche geologiche nelle Alpi Carniche. – Boll. Soc. geol. it., v. 43, Roma 1924, 101–111. – Bespr. GZ 37/1644; NJb. 1930/3, 17.
— La serie graptolitica delle Alpi Carniche. – Rend. R. Acc. Sc. Bologna, maggio 1925, 6 S. – Bespr. NJb. 1930/3, 18.
— Graptoliti del piano di Wenlock nelle Alpi Carniche. – Rend. d. Sess. d. R. Acc. d. Sc. d. Ist. di Bologna, Cl. d. Sc. fis., NF, 29, 1925, 172–175; Giorn. di Geol., s. 2, v. 1, Bologna 1926, 1–16, 2 T. – Bespr. GZ 36/1610; NJb. 1930/3, 20.
— Le condizioni geologiche della conca di Volaia (Alpi Carniche). – Rend. R. Acc. sc. Bologna, 1925/26, Bologna 1926, 9 S. – Bespr. GZ 37/1542; NJb. 1930/3, 21.
— Ricerche geologiche nelle Alpi Carniche. – Boll. Soc. geol. it., v. 44, f. 2, Roma 1926, 213–222. – Bespr. NJb. 1930/3, 19.
— Cenni geologici (della Carnia e Canal del Ferro). – In: Marinelli G., Guida della Carnia e del Canal del Ferro, SAFr, Tolmezzo 1926, 24–35.
— La serie paleozoica nelle Alpi Carniche e nella Sardegna. – C. r. Internat. Geol.-Kongr. Spanien 1926, 2, Madrid 1927, 713–717. – Bespr. NJb. 1932/3, 13.
Gottardi G. B. Briozoi fossili di Montecchio Maggiore. – Atti Soc. Ven.-Trent. Sc. nat., v. 9, f. 2, 1885, Padova 1886, 297–308.
Grandori L. Intorno alla flora dei Calcari grigi studiata da Achille De Zigno. Nota preliminare. – Atti Acc. Sc. Ven.-Trent.-Istr., s. 3, v. 6, Padova 1914, 143–148.
— La flora dei Calcari grigi del Veneto. Parte 1. – Mem. Ist. Geol. R. Univ. di Padova, v. 2, 1913–14, Padova 1914, 45–112, 9 T. – Bespr. Boll. Com. geol. d'It., 46, 1916, f. 2-3, Roma 1917, 52.
Gruber A. Triasfossilien der Adamellogruppe. – VBA 1931, 200–205; Mitt. u. Arb. a. d. Geol.-pal. Inst. d. Univ. Heidelberg, NF, N. 221. – Bespr. GZ 2 B/99.
Gümbel C. W. v. Verzeichnis neuer Arten von organischen Überresten aus verschiedenen Schichten der Bayerischen Alpen. – Korrespblatt Zool.-min. Ver. Regensburg, 15, 1861, 41–94.
— Die Dachsteinbivalve (Megalodon triqueter) und ihre alpinen Verwandten. – Sber. Ak. d. Wiss. Wien, 45, 1862, 325–377. – Bespr. VRA 1861/62, 130; Bl. 178.
— Zahn von Anthracotherium magnum in der bayerischen oligozänen Molasse; neue Ammoniten der Gosaumergel; Foraminiferen in den Streitberger Kalken. – NJb. 1862, 465.
— Mitteilungen aus den bayerischen Alpen. (Semionotus Bergeri im Plattenkalk.) – NJb. 1864, 49–50.
— Die Nummuliten führenden Schichten des Kressenberges in Bezug auf ihre Darstellung in der Lethaea geognostica von Südbayern. – NJb. 1865, 129–170. – Bespr. Bl. 219.
— Comatula oder Belemnites in den Nummulitenschichten des Kressenberges. – NJb. 1866, 564–568.
— Beiträge zur Foraminiferenfauna der nordalpinen Eozängebilde. – Abh. Ak. d. Wiss. München, 10, Abt. 2, 1868, 581.
— Foraminiferen in den Cassianer und Raibler Schichten. – VRA 1868, 275–276.
— Über Foraminiferen, Ostrakoden und mikroskopische Tierüberreste in den St. Cassianer und Raibler Schichten. – JbRA 1869, 175–186, 2 Taf. – Bespr. NJb. 1870, 1034.
— Vergleichung der Foraminiferenfauna aus den Gosaumergeln und den Belemnitenschichten der bayerischen Alpen. – Sber. Ak. d. Wiss. München, 1870, 278–288. – Bespr. NJb. 1871, 541.
— Über die sogenannten Nulliporen. Anhang: Lithiotis problematica. – Abh. Ak. d. Wiss. München, 11, 1871.
— Mikroskopische Untersuchung alpiner Triaskalke und Dolomite. (U. a. Navis, Trins, Arlberg u. Dolom.) – VRA 1873, 141–144.
— Geognostische Mitteilungen aus den Alpen. II. Ein geognostisches Profil aus dem Kaisergebirge der Nordalpen. – Sber. Ak. d. Wiss. München, 2, 1874, 177–203. – Bespr. NJb. 1875, 326; Bl. 377.
— Über neue Gyroporellen aus dem Gailtaler Gebirge. – VRA 1874, 79–80.
— Die pflanzenführenden Schichten bei Neumarkt in Südtirol. – NJb. 1877, 805–806.
— Vorläufige Mitteilung über das Vorkommen der Flora von Fünfkirchen im sog. Grödner Sandstein Südtirols (Ullmaniensandstein.) – VRA 1877, 23–26.
— Geognostische Mitteilungen aus den Alpen: V. Die Pflanzenreste fuhrenden Sandsteinschichten von Recoaro. – Sber. Ak. d. Wiss. München, 1879, 33–85. Auszug: Boll. Com. geol. d'It., Roma 1879, 249–270. – Bespr. VRA 1879, 210; NJb. 1880/1, 75; Bl. 522.
— Spongiennadeln im Flysch. – VRA 1880, 213–215.
— Geologie von Bayern. I. Teil. Grundzüge der Geologie. – Cassel 1884–1888, 1144 S. – Bespr. NJb. 1886/1, 228; 1888/2, 44; Boll. Com. geol. d'It., 15, 1884, 338. – II. Teil. Geolog. Beschreibung von Bayern. – Cassel 1894, 1184 S. – Bespr. NJb. 1896/1, 431; Bl. 889.
— Kurze Bemerkung über die Nummulitenschichten am Nordrande der Alpen. – VRA 1886, 367.
— Algenvorkommen im Tonschiefer des Schwarzleogangtales bei Saalfelden. – VRA 1888, 189–190.
— Vorläufige Mitteilung über Flyschalgen. – NJb. 1896/1, 227–232.
Günther S. Die Bedeutung Zittels † für die Wissenschaft. (Vortr.) – Mitt. Geogr. Ges. München, 1, 1905, 306–307.

Haas A. Über bemerkenswerte Mineralvorkommen in Versteinerungen der Nordtiroler Kalkalpen. – NJb. 1912/1, 1–20, 1 Taf., 3 Fig.
Haas F. Die Najadenfauna des Oberrheins vom Diluvium bis zur Jetztzeit. – Abh. Senckenberg. nat. Ges., 32, Frankfurt a. M. 1910, 143–177.
Haas H. Beiträge zur Kenntnis der liasischen Brachiopodenfauna von Südtirol und Venetien. – Kiel 1884, 32 S. – Bespr. VRA 1884, 187.
— Über die Brachiopodenfauna von Südtirol und Venetien. – NJb. 1885/1, 168–170.
— Bemerkungen bezüglich der Brachiopodenfauna von Castel Tesino. – VRA 1885, 395–397.

Haas O. Die Fauna des mittleren Lias von Ballino in Südtirol. 1. Teil. Beitr. z. Pal. u. Geol. Ö.-Ungs u. d. Orients, 25, Wien 1912, 223–285. – 2. Teil Ebd. 26, Wien 1913, 1–161, 9 Taf. – Bespr. NJb. 1913/2, 485.

Haberfelner E. Geologische Aufnahmen zwischen dem Kronhofgraben und dem Fuchsgraben. – Sber. Ak. d. Wiss. Wien, math.-natw. Kl., v. 5. 11. 1931 (Akad. Anz. Nr. 21), 1 S.

— Graptolithen aus dem Obersilur der Karnischen Alpen. 1. Teil. Hochwipfel, Nordseite. – Sber. Ak. d. Wiss. Wien, math.-natw. Kl., Abt. 1, 140, 1931, 89–168, 2 Fig., 3 Taf. – Bespr. GZ 46A/623, 1 B/766; NJb. 1932/3, 15.

— Graptolithen aus dem Obersilur der Karnischen Alpen. 2. Teil. Unter-Llandoverylydite vom Polinik und von der Weidegger Höhe. – Sber. Ak. d. Wiss. Wien, math.-natw. Kl., Abt. 1, 140, 1931, 879–892, 3 Fig. – Bespr. GZ 48A/1351, 3 B/278.

— Zur Entwicklungsgeschichte der Monograptiden. (Vorl. Mitt.) – Anzg. Ak. d. Wiss. Wien, math.-natw. Kl., 69, 1932, 134–136.

— Geologische Aufnahmen zwischen Plöckenpass und Hochwipfel. – Anzg. Ak. d. Wiss. Wien, math.-natw. Kl., 69, 1932, 260–261.

— u. **Heritsch F.** Obersilurische Lydite am nördlichen Valentintörl, Karnische Alpen. – VBA 1932, 113–116, 1 Fig. – Bespr. GZ 49A/553.

Haberfelner E. Muskeleindrücke an Monograptiden. – Firgenwald, 5, Reichenberg 1932, 370. – Bespr. NJb. 1932/3, 915.

Haeberle D. Paläontologische Untersuchung triadischer Gastropoden aus dem Gebiete von Predazzo. – Verh. Nathist.-med. Ver. Heidelberg, NF, 9, 1908, 247–631, 5 Taf., 24 Abb. – Bespr. Mitt. Geol. Ges. Wien, 1, 1908, 513; GZ 11/1642; Boll. Com. geol. d'It., 40, 1909, 208.

— Cirripedier (?) aus der alpinen Trias. – Z. DGeol-Ges., 62, 1910, Mber., 71–72. – Bespr. GZ 14/1670; Boll. Com. geol. d'It., 42, 1911, f. 2, 57.

Hahn F. F. Geologie der Kammerker-Sonntagshorngruppe. – Inaugdiss. Univ. München; JbRA 1910, I. Teil (stratigr.-pal.) 311–429; II. Teil (tekt.) 637–712, K. 1:25000 u. Prof. – Bespr. NJb. 1911/1, 266; 1912/1, 104; GZ 15/1025, 16/1594; Z. f. Glkde, 8, 1914, 333.

— Neue Funde im nordalpinen Lias der Achenseegegend und bei Ehrwald. – NJb. Bbd 32, 1911, 535–577. – Bespr. GZ 18/79, 24/807.

Haidinger W. Herrn Prof. Ehrenbergs Mitteilungen über die Staubfälle von Gastein und Wien. – Ber. ü. d. Mitt. v. Freunden der Natwiss. in Wien, 4, 1848, 313–315.

Hanke H. Neues vom Inntalsee. – Tir. Anzg. v. 7. 12. 1931.

Harpe Ph. de la. Etude des Nummulites de la Suisse. – III Mém. Soc. pal. Suisse, 1883.

Hartnigg P. Petrefakten aus den Venetianischen Alpen. – VRA 1858, 89.

Hauer F. R. v. Die Cephalopoden des Salzkammergutes aus der Sammlung Sr. Durchlaucht des Fürsten von Metternich. Ein Beitrag zur Paläontologie der Alpen. – Wien (Braumüller u. Seidel) 1846, 47 S., 11 T.

— Versteinerungen der Venetianischen Alpen. – Ber. ü. d. Mitt. von Freunden der Natwiss. in Wien, 4, 1848, 373–377.

— Über die vom H. Bergrat W. Fuchs in den Venetianischen Alpen gesammelten Fossilien. – Denkschr. Ak. d. Wiss. Wien, math.-nat. Kl., 2, 1850, 109–126.

— Versteinerungen aus der Gegend von Agordo. – Denkschr. Ak. d. Wiss. Wien, 1850, 109–127; JbRA 1850, 167–168.

— Fossilienfunde von Lugano, Mendrisio, Rovereto u. a. – JbRA 1854, 216–217.

— Beiträge zur Kenntnis der Cephalopoden-Fauna der Hallstätter Schichten. – Denkschr. Ak. d. Wiss. Wien, 9, 1855, 141–166.

— Über einige Fossilien aus dem Dolomite des Monte Salvatore bei Lugano. – Sber. Ak. d. Wiss. Wien, 15, 1855, 407–417. – Bespr. NJb. 1855, 479.

— Über die Cephalopoden aus dem Lias der nordöstlichen Alpen. – Denkschr. Ak. d. Wiss. Wien, 11, 1856, 1–86.

— Petrefakten aus den nordöstlichen Kalkalpen Tirols. – JbRA 1856, 851.

— Paläontologische Notizen. Über Cephalopoden aus der unteren Trias vom Val Inferna bei Zoldo im Venetianischen. – Sber. Ak. d. Wiss. Wien, 24, 1857, 145–149, 2 Taf.

— Fossilien vom Monte Salvatore bei Lugano. – Sber. Ak. d. Wiss. Wien, 24, 1857, 149–154.

— Fossilien aus dem Kalkstein von Lenna in Val Brembana. – Sber. Ak. d. Wiss. Wien, 24, 1857, 154–156.

— Ein Beitrag zur Kenntnis der Fauna der Raibler Schichten. – Sber. Ak. d. Wiss. Wien, 25, 1857, 557–566.

— Petrefakten aus dem Werfner Schiefer von Cencenighe. – JbRA 1857, 157.

— Schichten mit echten Muschelkalkpetrefakten aus den Südalpen. – JbRA 1857, 166–167.

— Ammoniten aus den Juraschichten der Südalpen. – JbRA 1858, Verh., 47–48.

— Über die Ammoniten aus dem sog. Medolo der Berge Domaro und Guglielmo im Val Trompia, Prov. Brescia. – Sber. Ak. d. Wiss. Wien, 44, 1861, 44, 403–422. – Bespr. NJb. 1862, 767.

— Die Cephalopoden der unteren Trias der Alpen. – Sber. Ak. d. Wiss. Wien, math.-nat. Kl., 52, 1865, 605 (36 S.) – Bespr. NJb. 1866, 767.

— Über die Stellung der Esinokalke in der Lombardie von G. Curioni. – VRA 1865, 109–112.

— Neue Cephalopoden aus den Gosaugebilden der Alpen. – Sber. Ak. d. Wiss. Wien, 53, 1866, 9 S. – Bespr. NJb. 1866, 864.

Hauer K. R. v. Über das Verhältnis des Brennwertes der fossilen Kohlen in der Österreichischen Monarchie zu ihrem Formationsalter. – JbRA 1863, 302.

Haug E. Über sog. Chaetetes aus mesozoischen Ablagerungen. (U. a. Recoaro.) – NJb. 1883/1, 171–179.

— Beiträge zu einer Monographie der Ammonitengattung Harpoceras. – NJb. Bbd 3, 1885, 585–722, 2 Taf.

— Beitrag zur Kenntnis der oberneokomen Ammonitenfauna der Puezaalpe bei Corvara, Südtirol. – Beitr. z. Pal. Österr.-Ung. ... (Mojs. u. Neumayr), 7, 1889, 3, 193, 6 Taf. – Bespr. VRA 1889, 283.

Haushalter. Merkwürdige fossile Tierreste der Allgäuer Molasse. – Inaug.Abh. München, 1855.

Heberdey R. Die Bedeutung der Eiszeit für die Fauna der Alpen. – Zoogeographica, Internat. Archiv f. vergl. u. kausale Tiergeographie, 1, H. 3, Jena (Fischer) 1933, 353–412, 12 Abb., 1 Taf. – Bespr. GZ 52 A/223, 4 B/1333.

Hébert E. Sur les terrains nummulitiques de l'Italie septentrionale et des Alpes. – Compt. rend. de l'Acad. d. Sc., Paris 7 aût 1865.

— Nouvelles recherches sur les terrains tertiaires

du Vicentin. - Compt. rend. de l'Acad. d. Sc, 86, Paris 1875, 1310 u. 1486.
— Ricerche sui terreni terziarii dell'Ungheria e del Vicentino. - Boll. Com. geol. d'It., Roma. 1877, 350–358. - Bespr. Ebd. 314.
— e **Munier-Chalmas M.** Nouvelles recherches sur les terrains tertiaires du Vicentin. - Compt. rend. d. Séanc. d. l'Acad. d. Sc. du 27 Mai 1878 et 17 Juin 1878, t. 85, Paris 1878. Auszug: Boll. Com. geol. d'It., 9, 1878, 187–195.

Heckel J. Bericht über das Vorkommen fossiler Fische bei Seefeld in Tirol und Mte Bolca im Venetianischen. - JbRA 1850, 696–701. - Bespr. Bl. 14.

Heer J. J., Schröter C., Stierlin G. u. Heer G. Oswald Heer, Lebensbild eines Naturforschers. - Zürich 1885–1887, 144 u. 693 S., 2 Taf. u. Bild. - Bespr. Mitt. DÖAV, 1886, 232; 1888, 60; The geological Mag., d. 3, v. 5, London 1888, 277; Natur, Halle 1888, 359, 490, 527; PetMitt., 35, 1889, Litber., 11.

Heer O. Physiognomie des fossilen Oeningen. - Verh. Schw. Natf. Ges. zu Winterthur 1846, Winterthur 1847, 159–180.
— Über die fossile Insektenfauna der Tertiärgebilde von Oeningen und Radoboj und die Pflanzen aus gleicher Formation an der hohen Rhone. - NJb. 1847, 161–167.
— Übersicht der Tertiärflora der Schweiz. - Mitt. Natf. Ges. Zürich, 3, 1853, Nr. 84–88, 67 S. - Bespr. NJb. 1853, 497.
— Flora tertiaria Helvetiae. Die tertiäre Flora der Schweiz. - Winterthur 1854–1859, 1. Bd 117 S., 2. Bd 110 S., 3. Bd 378 S. (Allg. Teil u. Atlas.) - Bespr. JbRA 1854, 232; VRA 1860, 15; NJb. 1855, 636; 1859, 500; 1860, 617.
— Überblick über die gegenwärtige Kenntnis der tertiären Flora der Schweiz. - Verh. Schw. Natf. Ges., Vers. Basel 1856, 66–67.
— Über das Klima und die Vegetationsverhältnisse des Tertiärlandes. Flora tertiaria Helvetiae. Die tertiäre Flora der Schweiz. Allg. Teil, Bd 3. - Winterthur 1859, 201–378.
— Die Pflanzen der Pfahlbauten. - Neujahrsbl. Natf. Ges. Zürich (1866), 1865, 54 S. Auszug: Mitt. Antiquar. Ges. Zürich, 15, H. 7, 1866, 310–318. - Bespr. PetMitt., 1866, 355.
— Flora fossilis Helvetiae. Die vorweltliche Flora der Schweiz. - 1. Lfrg: Die Steinkohlen. Zürich 1876, 44 S. - Bespr. VRA 1876, 110; NJb. 1876, 573. - 2. Lfrg: Die Pflanzen der Trias u. des Jura. Zürich 1877, 55 S. - Bespr. NJb. 1877, 968. - 3. Lfrg: Die Pflanzen des Jura, der Kreide und des Eozän. Zürich 1877, 81 S. Atlas. - Bespr. NJb. 1878, 219.
— Die Urwelt der Schweiz. - Zürich, 1. Aufl. 1865, 2. Aufl. 1879, 713 S., K. 1:1520000. - Bespr. Mitt. DÖAV, 1880, 69; PetMitt., 1864, 74; Jb. SAC, Bern 1879, 570; Natur, Halle 1878, 683; 1879, 177, 423; Globus, 9, Hildburghausen 1865, 265.

Heierli J., mit Henking, Hescheler K., Meister J. u. Neuweiler E. Das Keßlerloch bei Thayngen. - Neue Denkschr. Allg. Schwz. Ges. ges. Natwiss., 43, 1907, 214 S., 32 Taf., 14 Fig.; Auszug: EgH 10, 1908, 464–468. - Bespr. Zbl. Anthrop., Ethnol., Urgesch., 13, 302; Korrespbl. D. Ges. Anthrop., 39, 47; Globus, 94, 1907, 193; Mitt. Anthrop. Ges. Wien, 38, 189; NJb. 1908/2, 261.

Heim Alb. Sur les zones paléontologiques et lithologiques du Crétacique moyen dans les Alpes suisses. - Bull. Soc. géol. France, s. 4, t. 9, 1909, 101-127. (Churfirsten-Mattstock-Grp. 114–126). - Bespr. EgH 11, 1910, 205.

Heim Arn. Die Nummuliten- und Flyschbildungen der Schweizer Alpen. Versuch zu einer Revision der alpinen Eozänstratigraphie. - Abh. Schw. Pal. Ges., 35, 1908, 1–301, 8 Taf. - Bespr. EgH 11, 1910, 220; NJb. 1910/2, 111, 322.
— Sur le Nummulitique des Alpes suisses. - Bull. Soc. géol. France, t. 9, 1909, 25–30. - Bespr. EgH 11, 1910, 219; NJb. 1910/1, 119.
— Über die Stratigraphie der autochthonen Kreide und des Eozäns am Kistenpaß, verglichen mit der Fazies der helvetischen Decken. - Beitr. z. geol. K. d. Schw., NF, 24, 1910, 21–45. (Walensee 28–45.) - Bespr. EgH 11, 1910, 641; NJb. 1913/1, 342.
— Observations sur le Nummulitique des Alpes suisses. - C. R. somm. séances Soc. géol. France, Paris 1910, 42; Bull. Soc. géol. France, s. 4, t. 10, 1910, 298–304.
— Der Alpenrand zwischen Appenzell und Rheintal (Fähnerngruppe) und das Problem der Kreidenummuliten. - Beitr. z. geol. K. d. Schw., NF, 53, 1. Abt., 1923, 1–51, K. 1:25000. - Bespr. Bibl. d. Sc. Géol., Soc. géol. d. France, f. 1, 78.
— Das Problem der Kreidenummuliten in Ostschweiz und Vorarlberg. - GR 15, 1924, 223–226. - Bespr. GZ 33/1782.
—, **Baumberger E. u. Stehlin H. G.** Die subalpine Molasse des westlichen Vorarlberg. - Vierteljschr. Natf. Ges. Zürich, 73, 1928, 64 S., Kartensk. 1:50000, 1 Proftaf.

Heim Arn. Zum Problem des Alpen-Molasse-Kontaktes. - EgH 25, 1932, 223–231. S. Baumberger. - Bespr. GZ 50 A/140, 52 A/1030.

Heißel W. Fund eines Mammutzahnes bei Kufstein (Tirol). - Z. f. Glkde, 21, 1933, 196–197.

Heitzer I. Die Radiolarienfauna der mitteljurassischen Kieselmergel im Sonnwendgebirge. - JbBA 1930, 381–406, 3 T. - Bespr. GZ 45/208.

Helbing H. Carnivoren aus dem Miozän von Ravensburg und Georgensgmünd. - EgH 21, 1928, 377–385, 5 Abb.

Hennig E. Joseph Felix Pompeckj. - Zbl. f. Min., B, 1930, 353–366, m. Bild.

Heritsch F. Beiträge zur geologischen Kenntnis der Steiermark. IX. Die Faunen des unterdevonischen Korallenkalkes der Mittelsteiermark nebst Bemerkungen über das Devon der Ostalpen. - Mitt. Natwiss. Ver. f. Steiermark, 54, Graz 1918, 51 S.
— Fossilien aus dem Unterkarbon von Nätsch in Kärnten. - Carinthia II, 108, 1918, 39–49. - Bespr. NJb. 1928/3, 187.
— Fossilien aus der Schieferhülle der Hohen Tauern. - VRA 1919, 155-160. - Bespr. GR 11, 1920, 185.
— Zwei neue Tabulaten aus dem alpinen Mesozoikum. (Barricata südwestlich Grigno.) - Zbl. f. Min., 1921, 564–571, 3 Abb. - Bespr. GZ 28/1095.
— u. **Schwinner R.** Zur Geologie der Karnischen Alpen. I u. II. - JbBA 1925, 249–272, 2 Prof. - Bespr. GZ 33/751; NJb. 1930/3, 17.

Heritsch F. Materialien zur Kenntnis des Karbons der Karnischen Alpen und der Karawanken. - Sber. Ak. d. Wiss. Wien, math.-nat. Kl., Abt. 1, 136, 1927, 295–332, 3 Taf., 6 Fig. - Bespr. GZ 39/1036; NJb. 1930/3, 24.
— u. **Schwinner R.** Zur Geologie der Karnischen Alpen. III. R. Schwinner, Die Schichtfolge des Seeberggebietes. Ein Vergleich. - JbBA 1927, 81–91. - Bespr. NJb. 1930/3, 23.

Heritsch F. Notizen zum unteren Perm der Karnischen Alpen. - Sber. Ak. d. Wiss. Wien, Abt. 1, 137, 5. u. 6. H., 1928, 339-343. - Bespr. Anzg. Ak. d. Wiss. Wien, 65, 1928, 91; NJb. 1930/3, 28.

— Führer zur geol. Exkursion in die Karnischen Alpen. - Erläutergen zu den Exkurs. der Tagung der DGeolGes. in Wien 1928, 13-22; Mitt. Geol. Ges. Wien, 20, 1927 (1929), 132-141. - Bespr. NJb. 1930/3, 26.

— Die Stratigraphie des Silurs der Karnischen Alpen. (Vortr.) - Z. DGeolGes., B, Mber., 1928, 326-335. - Bespr. NJb. 1929/3, 522; GZ 42/531.

— Faunistische Beziehungen des e ß von Böhmen zum e α der Alpen. - Vestnik Statniho geol. Ustavu Č Sl. Rep., 4, 1928, 6 S. - Bespr. NJb. 1929/3, 518.

— Michelinia Abichi Waagen et Wentzel aus dem Oberkarbon des Naßfeldes in den Karnischen Alpen. - Sber. Ak. d. Wiss. Wien, math.-nat. Kl., I, 137, 10. H., 1928, 759-766, 1 Taf. - Bespr. NJb. 1929/3, 596; 1930/3, 29.

— Die tektonische Stellung von Hochwipfelfazies und Naßfeldfazies des Karbons der Karnischen Alpen. - Sber. Ak. d. Wiss. Wien, math.-natw. Kl., Abt. 1, 138, 1929, 413-423, 4 Fig. - Bespr. Anzg. Ak. d. Wiss. Wien, 66, 1929, 235; NJb. 1930/3, 29; 1932/3, 10.

— Faunen aus dem Silur der Ostalpen. - Abh. BA, 23, H. 2, 1929, 183 S., 8 T., 19 Fig. - Bespr. NJb. 1929/3, 519; GZ 45/581, 2 B/277.

— The Ordovician and Silurian of the Carnic Alps. - Geol. Mag., 66, London 1929, 121-128.

— Das Alter der Trogkofelschichten. - Zbl. f. Min., Abt. B, 1930, 146-150. - Bespr. GZ 42/1345.

— Trilobitenreste aus dem Unterkarbon von Nötsch. - Mitt. Natwiss. Ver. f. Steiermark, 66, Graz 1930, 51-54, 1 Fig. - Bespr. NJb. 1930/3, 305; 1932/3, 12; GZ 3 B/109.

— Über den tektonischen Bau der Karnischen Alpen. - Sber. Ak. d. Wiss. Wien, math.-natw. Kl., v. 5. 11. 1931 (Akad. Anz. Nr. 21), 2 S.

— Versteinerungen aus dem Karbon der Karawanken und Karnischen Alpen. - Abh. BA, 23, 1931, H. 3, 56 S., 9 Abb., 4 Taf. - Bespr. GZ 46A/885, 2 B/470; Mitt. Geogr. Ges. Wien, 74, 1931, 166; NJb. 1932/3, 8, 17.

— Orthoceren aus dem Muschelkalk von Han Bulog bei Sarajewo und aus den Hallstätter Kalken der Alpen. - Bull. internat. Acad. Yougoslave Sci., Cl. math.-nat., livr. 25, Zagreb 1931, 38-58, 1 Taf. - Bespr. GZ 1 B/820.

— Über die Nordgrenze der Karnischen Alpen. - Anzg. Ak. d. Wiss. Wien, math.-natw. Kl., 69, 1932, 240-241.

— Die Frage der Wurzeln für die Decken der Karnischen Alpen. - Anzg. Ak. d. Wiss. Wien, math.-natw. Kl., 69, 1932, 258-259.

— Zur Tektonik des Gebietes um Eisenerz. (Hinweis auf Karnische Alpen.) - VBA 1932, 103-108.

— Versteinerungen aus der „hellen Bank" des nördlichen Valentintörls, Karnische Alpen. - VBA 1932, 116-120, 1 Fig. - Bespr. GZ 49A/554.

— u. H. Malchite aus dem Gailtal. - Mitt. Natwiss. Ver. f. Steiermark, 69, 1932, 9 S., 2 Abb.

Heritsch F. Neue geologische Untersuchungen in den Karnischen Alpen. - Forsch. u. Fortschr., 8, 1932, 57-58. - Bespr. GZ 49A/1343.

— Brachiopodenfaunen aus den Naßfeldschichten der Karnischen Alpen. - Anzg. Ak. d. Wiss. Wien, Nr. 18, Sitzg math.-natw. Kl. v. 6. 7. 1933, 2 S.

— Das Alter der Trogkofelkalke der Karnischen Alpen. - Anzg. Ak. d. Wiss. Wien, Nr. 18, Sitzg math.-natw. Kl. v. 6. 7. 1933, 2 S. - Bespr. GZ 53 A/740.

— Rugose Korallen aus dem Trogkofelkalk der Karawanken und der Karnischen Alpen. - Prirodoslovne Razprave, kn. 2, Ljubljana 1933, 42-55, 2 Taf.

— Rugose Korallen aus dem Unterkarbon von Nötsch im Gailtal (Kärnten). - NJb. 1934, Bbd 71, Abt. B, 139-164, 2 Taf. - Bespr. GZ 4 B/1386.

— Die Stratigraphie von Oberkarbon und Perm in den Karnischen Alpen. (Mit Beiträgen v. F. Kahler u. K. Metz.) - Mitt. Geol. Ges. Wien, 26, 1933, Wien 1934, 162-190, 2 Tab.

—, **Kahler F., Metz K.** Die Schichtenfolge von Oberkarbon und Unterperm. - In: Heritsch F., Die Stratigr. von Oberkarbon u. Perm i. d. Karn. A. - Mitt. Geol. Ges. Wien, 26, 1933, Wien 1934, 163-180.

Hescheler K. Aus der Vorgeschichte der Säugetiere der Schweiz. (Vortr.) - Vierteljschr. Natf. Ges. Zürich, 74, 1929, H. 3 u. 4, röm. 22-23; Jb. St. Gall. Natwiss. Ges., 65 (1929 u. 1930), St. Gallen 1930, 17-46. - Bespr. GZ 48A/587, 2 B/172, 548; NJb. 1932/3, 696.

Hildebrand E. u. **Pia J.** Zwei Crinoidenkelche aus der Anisischen Stufe der Südalpen. - Palaeont. Z., 11, 1929, 129-140, 2 Abb. - Bespr. GZ 43/2025.

Höfer H. Vorläufige Notiz über das Anthrazitvorkommen in der Nähe der Ofenalpe bei Pontafel. - Jb. Nathist. Ldsmuseum Kärnten, 10, 1871, 182-189.

— Kärnten als Meeresgrund und Festland. (Vortr.) - Carinthia II, 1891, 2-11.

Hofmann K. Beitr. zur Kenntnis der Fauna des Hauptdolomits und der älteren Tertiärgebilde des Ofen-Kovácsier Gebirges. - Jb. Ungar. Geol. Anstalt, 2, Lfrg 3, Pest 1873, 26 S., 6 T.

Högbom A. Über Dolomitbildung und dolomitische Kalkorganismen. - NJb. 1894/1, 262-274.

Horn M. Vorläufige Mitteilung über den ladinischen Knollenkalkkomplex der Südalpen. - Zbl. f. Min., 1913, 508-512. - Bespr. GZ 20/1587.

— Über die ladinische Knollenkalkstufe der Südalpen. - Dissert. Königsberg, 1914, 100 S.; Jber. d. Schles. Ges. f. vaterld. Kultur, 92, I, 1914, Sekt. f. Geol. etc., 69, Breslau 1915. - Bespr. VRA 1915, 132; GZ 21/1282; NJb. 1915/2, 258.

Hoernes R. Vorlage von Petrefakten des Bellerophonkalkes aus Südosttirol. - VRA 1876, 38-44. - Bespr. Bl. 444.

— Ein Beitrag zur Kenntnis der Megalodonten. - VRA 1876, 46-48.

— Anthracotherienreste von Zovencedo bei Grancona im Vicentinischen. - VRA 1876, 105-109; Boll. Com. geol. d'It., 7, 1876, 227-232. (Ital.)

— Petrefakte des obersten Jura (Tithon und Acanthicusschichten) vom Mte Lavarelle bei St. Cassian i. Südtirol. - VRA 1876, 129-131.

— Neokomfundorte in der Gegend von Ampezzo und Enneberg in Südtirol. - VRA 1876, 140-141.

— Versteinerungen aus dem Dachsteinkalk der Marmarole und des Antelao vom Val di Rin bei Auronzo und Val Oten bei Pieve di Cadore. - VRA 1876, 183-187; Boll. Com. geol. d'It., 7, 1876, 232-236. (Ital.)

— Fundorte von Versteinerungen des Jura in der Umgebung von Belluno, Feltre und Agordo. - VRA 1877, 110-114; Boll. Com. geol. d'It., 1877, 197-200. (Ital.)

— Beiträge zur Kenntnis der Tertiärablagerungen in den Südalpen. - VRA 1877, 145-150, 178-181, 275-277; JbRA 1878, 9-36. - Bespr. NJb. 1879, 219.

— Materialien zu einer Monographie der Gattung Megalodus mit bes. Berücksichtigung der mesozoischen Formen. - Denkschr. Ak. d. Wiss. Wien, 42, 1880, II, 91.

— Die Herkunft des Menschengeschlechtes. - Vortrag in d. Jvers. des Natwiss. Ver. in Graz, 1891, 26 S.

— Zur Erinnerung an Constantin Freih. v. Ettingshausen. - Graz (Natwiss. Ver. f. Steiermark) 1898, 79–106. Mit Schriftenverz.

Hradil G. Fluoreszenzspektrographie im Dienste der Bitumenforschung. - Petroleum, 30, 1934, Nr. 47, 1–3.

— Neues vom Tiroler Ölschiefer. - Auszug aus Vortr.: Physiologische Wirkstoffe und Restkörper in Gesteinen. - Innsbr. Nachr., Nr. 268 v. 21. 11. 1934, 5–6.

Hummel K. Zur Stratigraphie und Faziesentwicklung der südalpinen Mitteltrias. - NJb. Bbd 6, Abt. B, 1932, 403–462, 2 Taf., 1 Fig. - Bespr. GZ 48A/1133.

Huene F. v. Shastasaurus-Reste in der alpinen Trias. - Zbl. f. Min., 1925, B, 412–417, 5 Fig. (Wind. Bleiberg in Kärnten.)

Imhof O. E. Über die pelagische und Tiefseefauna einer größeren Zahl oberbayerischer Seen. - Tagebl. d. 58. Vers. D. Natf. u. Ärzte, Straßburg 1885, 392, 403.

— Über die mikroskopische Tierwelt hochalpiner Seen. - Zool. Anzg., 1887, 13, 33.

Imkeller H. Die Kreide- und Eozänbildungen am Stallauer Eck und Enzenauer Kopf bei Tölz. - Progr. z. Jber. d. städt. Handelsschule München pro 1895/96, 1–83, K. 1:10000. - Bespr. NJb. 1902/1, 117; Mitt. Geogr. Ges. München, 8, 1913, 60.

— Die Kreidebildungen und ihre Fauna am Stallauer Eck und Enzenauer Kopf bei Tölz. Ein Beitrag zur Geologie der bayerischen Alpen. - Palaeontograph., 48, 1901, 64 S., 3 Taf., 2 Fig. - Bespr. NJb. 1902/1, 117; GZ 2/1536.

Issel A. Cenni sulla giacitura dello scheletro umano recentemente scoperto nel Pliocene di Castenedolo (Prov. di Brescia). - Bull. Paleont. It., s. 2, t. 5, Parma 1889. - Bespr. Boll. Com. geol. d'It., 21, 1890, 316.

Jaccard F. Belemnite du Flysch du Niesen. - Arch. Sc. phys. et nat. Genève, 22, 1906, 590–591; Bull. Soc. vaud. Sc. nat., 43, Proc. verb., 1906.

Jacob Ch. Sur les fossiles et l'âge du gault inférieur avec détermination des fossiles trouvés par Arn. Heim dans le „Glaukonitsandstein" des Churfirsten. - In: Ber. ü. d. Exkurs. d. Schw. Geol. Ges., 1905.

Jaeger R. Einige neue Fossilfunde im Flysch des Wienerwaldes. - VRA 1913, 121–123.

— Grundzüge einer stratigr. Gliederung der Flyschbildungen des Wienerwaldes. - Mitt. Geol. Ges. Wien, 7, 1914, 122–172.

Jaekel O. Die eozänen Selachier des Monte Bolca. Ein Beitrag zur Morphogenie der Wirbeltiere. - Berlin 1894, 176 S., 8 Taf., 36 Abb. - Bespr. NJb. 1895/1, 390.

— Zur Urgeschichte des Menschen. - 6. Mitt. a. d. Geol.-pal. Inst. d. Univ. Greifswald, 1928, 20 S.

Janensch W. Über eine fossile Schlange aus dem Eozän des Monte Bolca. - Z. DGeolGes., 56, Briefl. Mitt., 1904, 54–56. - Bespr. Boll. Com. geol. d'It., 36, 1905, 222.

— Über Archaeophis proavus Mass., eine Schlange aus dem Eozän des Monte Bolca. - Beitr. zur Pal. u. Geol. Österr.-Ung. u. d. Or., 19, Wien 1906, 1–33, 2 T. - Bespr. Boll. Com. geol. d'It., 38, 1907, 262.

— Joseph Felix Pompeckj †. - Sber. Ges. Natf. Freunde Berlin (1930), Berlin 1931, 281–286.

Jeannet A. Sur quelques Echinides néocomiens du Vorarlberg. (Vortr.) - EgH 26, 1933, 233–234.

Jentzsch A. Gedächtnisrede auf Oswald Heer. - Schriften d. phys.-ökon. Ges. Königsberg i. Pr., 25, Königsberg 1885, 1–26.

Johnsen A. Broyozoen aus dem karnischen Fusulinenkalk. - NJb. 1906/2, 135–160, 2 T. - Bespr. GZ 10/1538; Boll. Com. geol. d'It., 38, 1907, 263.

Jones R. Über Estheria minuta in den Cassianer Schichten (?). - Ann. of nat. hist., 19, London 1857, 104–106.

Jooss C. H. Binnenkonchylien aus dem Obermiozän des Pfänders am Bodensee. - Nachrbl. Deutsche Malakozool. Ges., 42, Frankfurt 1910, 19–29. - Bespr. NJb. 1912/2, 432.

— Zur Altersfrage der Süßwasserablagerungen bei der Ruggburg am Pfänder bei Bregenz. - Zbl. f. Min., 1915, 62–64. - Bespr. GZ 22/88.

Jüssen E. Über die Klausschichten von Madonna del Monte und Serrada in Südtirol. - VRA 1890, 144–145.

Jutz L. Über Versteinerungs- und Vergletscherungssagen in Vorarlberg. - Heimat, 1, Bregenz 1920, 49–53.

Kahler F. Kleine Beiträge zur Versteinerungskunde Kärntens. - Carinthia II, 116, Klagenfurt 1926, 1–3; 117/118, 1928, 33–37.

— Eine neue Leitschichte im Oberkarbon der Karnischen Alpen. - VRA 1930, 137–140. - Bespr. GZ 44/431; NJb. 1931/3, 20.

— Untersuchungen an Fusuliniden des Karnischen Oberkarbons. - Sber. Ak. d. Wiss. Wien, math.-natw. Kl., v. 5. 11. 1931 (Akad. Anzg. Nr. 21), $1^1/_2$ S.

— Das Karbon der Rattendorfer Alm und des Naßfeldgebietes. - Anzg. Ak. d. Wiss. Wien, math.-natw. Kl., 69, 1932, 241–242.

— u. **Heritsch F.** Die stratigraphische Gliederung der Naßfeldschichten. - Anzg. Ak. d. Wiss. Wien, math.-natw. Kl., 69, 1932, 242–243.

Kamptner E. Nannoconus steinmanni nov. gen., nov. spec., ein merkwürdiges gesteinsbildendes Mikrofossil aus dem jüngeren Mesozoikum der Alpen. - Palaeont. Z., 13, 1931, 288–298, 3 Abb. - Bespr. GZ 47A/1363.

Kerner A. v. Studien über die Flora der Diluvialzeit in den östlichen Alpen. - Sber. Ak. d. Wiss. Wien, 97, 1888, 33 S. - Bespr. VRA 1888, 196; Mitt. DÖAV, 1888, 110; Bl. 754.

Kerner F. v. Bericht über eine Studienreise in mehrere alpine Karbongebiete. - VRA 1895, 324–330. - Bespr. NJb. 1897/2, 497.

— Die Karbonflora des Steinacher Joches. - JbRA 1897, 365–386, 3 Taf.

— Begleitworte zur Demonstration eines Florenbildes des alpinen Oberkarbon. - VRA 1902, 125–127.

— Mein geologisches Lokalmuseum bei Trins im Gschnitztal. - VBA 1932, 109–111. - Bespr. GZ 50A/444.

Kerner-Marilaun F. Das Klimazeugnis der Gosauformation. - Sber. Ak. d. Wiss. Wien, m.-n. Kl., Abt. IIa, 143, 1934, 267–284.

Keßler P. Die Beziehungen von Erzgängen, Tektonik, Vulkanismus und Schwere zu den bekannten Heilbädern in Südwestdeutschland. - Z. f. prakt. Geol., 1927, 33–38, 55–62. - Bespr. GZ 37/540.

Kieslinger A. Ein neuer Ammonitenfund aus den

Buchensteiner Schichten Südtirols. - VBA 1927, 228.
— C. Diener †. - Reichspost (Wien) v. 8. 1. 1928.
— Das Lebenswerk Carl Dieners. - Der Geologe, Leipzig (M. Weg) 1928, Nr. 43 u. 44, 1123–1132, 1201–1218. Mit Litverz.
Kilian W. Lethaea geognostica. 2. Teil, Das Mesozoikum. 3. Bd, Kreide. - Stuttgart 1907–1913, 398 S., 2 K., 14 Taf., zahlr. Tab. u. Abb.
Killias E. Professor Dr. Oswald Heer. - Jber. Natf. Ges. Grbd., NF, 27, Chur 1884, röm. 17–20.
Kittl E. Die Gastropoden der Schichten von St. Cassian der südalpinen Trias. I.–III. Teil. - Ann. Nathist. Hofmus. Wien, 6, 1891, 166–262; 7, 1892, 35–98; 9, 1894, 142–278. - Bespr. NJb. 1895/1, 195; 1898/1, 390; Boll. Com. geol. d'It., 23, 1892, 264; 24, 1893, 284; 26, 1895, 371.
— Saurierfährte von Bozen. (Mte Cislon bei Neumarkt.) - Mitt. Sekt. f. Natkde ÖTC, 3, 1891, 7.
— Die triadischen Gastropoden der Marmolata und verwandter Fundstellen in den weißen Riffkalken Südtirols. - JbRA 1894, 99–182, 6 Taf. - Bespr. NJb. 1897/1, 376; Boll. Com. geol. d'It., 26, 1895, 372.
— Die Gastropoden der Esinokalke nebst einer Revision der Gastropoden der Marmolatakalke. - Annalen Nathist. Hofmus. Wien, 14, 1899, 1–238, 18 Taf., 112 Abb. - Bespr. NJb. 1902/1, 141.
— Materialien zu einer Monographie der Halobidae und Monotidae der Trias. - Result. d. wiss. Erforschg der Umgebg des Balatonsees, Budapest, 1, 1912, 33–187.
Klebelsberg R. v. Neuere geologische Forschungen, die Südtiroler Dolomiten betreffend. (Sammelreferat.) - Mitt. Geol. Ges. Wien, 4, 1911, 156–172.
— Die marine Fauna der Ostrauer Schichten. - JbRA 1912, 461–556, 5 Taf., 1 Abb.
— Trias-Ammoniten aus dem südlichen Karwendelgebirge. - VStA 1920, 185–189.
— Toldts Forschungen zur Anthropologie Tirols. - Der Schlern, 2, 16, Bozen 1921, 5 S.
— Ein Mammutzahn-Fund bei Innsbruck. - Z. f. Glkde, 16, 1928, 261–262.
— Die geologisch-mineralogisch-paläontologischen Sammlungen des Museums Ferdinandeum. - Tirol, F. 2, H. 12/13, Innsbruck 1930, 13.
— Ein prähistorischer Fund bei Innsbruck. - Innsbr. Nachr., Nr. 559 v. 10. 11. 1931; Tiroler Anzg. v. 10. 11. 1931. (Fund eines vorzeitlichen Fisches bei Innsbruck.)
— Ein Fischfund in den Bändertonen des Inntals (Tirol). - Z. f. Glkde, 20, 1932, 137–138. - Bespr. GZ 48A/252.
— Die Vorarlberger naturwissenschaftlichen Sammlungen zu Dornbirn. - Vorarlberger Tagblatt v. 3. 6. 1932.
Klinghardt F. Vorläufige Mitteilung über eine Kreidefauna aus Friaul. - Zbl. f. Min., 1912, 318–320. - Bespr. Boll. Com. geol. d'It., 44, 1914, f. 2, 79.
— Vergleichend-anatomische und biologische Untersuchungen einer neuen Rudistenfauna aus Friaul. - Z. DGeolGes., 65, 1913, Mber., 448–450. - Bespr. GZ 21/1062.
Klipstein A. v. Mitteilungen aus dem Gebiete der Geologie und Paläontologie. - I. Bd. Beiträge zur geol. Kenntnis der östlichen Alpen. - Gießen 1845, 311 S., 20 T.
— Vorläufige Notiz über ein bemerkenswertes neues Vorkommen von Juraversteinerungen im Gebirge zwischen dem Gader- und Ampezzanertal. (Fanesalpe.) - VRA 1876, 137–140. - Bespr. Bl. 457.
— Über die Gosaukreide der Ladoialpe auf dem Sonnwendjoch bei Brixlegg im Unterinntal. - VRA 1885, 113–117. - Bespr. NJb. 1886/1, 303.
— Erwiderung an Hr. Dr. Lechleitner bez. der Kreideversteinerungen von der Ladoialpe. - VRA 1888, 289–290.
Knauer J. Geologischer Überblick über die Alpen zwischen Tegernsee und Gmunden am Traunsee und das bayerisch-österreichische Tertiärhügelland. - In: Abriß der Geol. v. Bayern r. d. Rh. (M. Schuster), Abt. I, München 1925, 103 S. - Bespr. NJb. 1926/2, B, 342.
— Geologischer Überblick über die Alpen zwischen dem Bodensee und dem Tegernsee und ihr Molassevorland. - In: Abriß der Geol. v. Bayern r. d. Rh. (M. Schuster), Abt. II, München 1928, 184 S. - Bespr. Mitt. DÖAV, 1930, 23.
Kner R. Die fossilen Fische der Asphaltschiefer von Seefeld in Tirol. - Sber. Ak. d. Wiss. Wien, 53, 1866, 32 S.; Nachtrag 1 u. 2: Zur foss. Fauna der Asphaltschiefer von Seefeld in Tirol; Ebd. 56, 4. u. 5. H., 1867, 898ff. u. 909, 4 Taf. - Bespr. VRA 1868, 154, 155.
Koch G. A. Petrefakten vom Plateau der Sulzfluh. - VRA 1876, 371–375. - Bespr. Jber. Natf. Ges. Grbd., NF, 20, Chur 1877, 154.
Koch M. Mitteilung über einen Fundpunkt von Unterkarbonfauna in der Grauwackenzone der Nordalpen. (Steiermark.) - Z. DGeolGes., 45, 1893, 294–298.
Koken E. Über die Gastropoden der roten Schlernschichten nebst Bemerkungen über Verbreitung und Herkunft einiger triassischer Gattungen. - NJb. 1892/2, 25–36.
— Die Gastropoden der Trias um Hallstatt. - Abh. RA, 17, 4, 1892–1903 (1897), 1–112, 23 Taf., 31 Abb.; JbRA 1896, 37–126, 28 Abb.
— Geologische Beiträge aus Südtirol. - NJb. 1906/2, 1–19. - Bespr. GZ 10/1667.
— Zur Geologie Südtirols. - Zbl. f. Min., 1911, 561–572. - Bespr. GZ 17/678.
— Beiträge zur Kenntnis der Schichten von Heiligenkreuz (Abteital, Südtirol). - Abh. RA, 16, 4, 1913, 43 S. - Bespr. NJb 1914/1, 140; GZ 23/923.
Koller. Ettingshausen zum Gedächtnis. - Mitt. Natwiss. Ver. f. Steiermark, 69, 1932, 85–87.
Königsberger J. Zum Alter der Gneismetamorphose in den Alpen und deren Beziehung zum Karbon. - GR 17a, Steinmann-Festschr., 1926, 363–372.
Koschinsky C. Beiträge zur Kenntnis von Terebratula vulgaris Schloth. - Z. DGeolGes., 30, 1878, 375–386.
— Ein Beitrag zur Kenntnis der Bryozoenfauna der älteren Tertiärschichten des südlichen Bayerns. I. Abt. Cheilostomata. - Palaeontogr., 32, 1. Lfrg, 1885, 1–73, 7 Taf. - Bespr. NJb. 1886/2, 130; VRA 1886, 150.
Kossinna E. Neues aus der Geologie und Paläontologie. - Natwiss. Wochenschr., NF, 11, Jena 1912, 358–364, 369–374.
Kramberger-Gorjanović D. Über fossile Fische der südbayerischen Tertiärbildungen. - VRA 1882, 231–235.
— Über Fr. Bassanis Ricerche sui pesci fossili di Chiavon. - VRA 1889, 86–89. - Bespr. Boll. Com. geol. d'It., 21, 1890, 410.
Kranz W. Das Tertiär zwischen Castelgomberto, Montecchio Maggiore, Creazzo und Monteviale im Vicentin. - NJb. Bbd 29, 1910, 180–268; 32,

1911, 701–729; 33, 1912, 580–582, 1 K.; 38, 1915, 273–324. – Bespr. GZ 20/364, 22/269, 1030; Boll. Com. geol. d'It., 42, 1911, f. 2, 61; 43, 1913, f. 2–3, 73; 44, 1914, f. 2, 79.

Krasser F. Fossiles Abietineenholz aus der Braunkohle von Häring in Tirol. – Mitt. Natwiss. Ver. Univ. Wien, 1. Jber., 1892/3, 13–18.

Krassuski W. Geologische Aufnahme der östlichen Karnischen Alpen und der Westkarawanken. – Sber. Ak. d. Wiss. Wien, math.-natw. Kl., v. 5. 11. 1931 (Akad. Anzg. Nr. 21), 1 S.

Kraus E. Über Flysch und Molasse im Allgäu. – GR 20, 1929, 146–158.

— Calpionella alpina Lorenz als „Leitfossil". – Acta univ. Latviensis, math.-nat. Fak., Ser. II, 4, Riga 1929, 69–80. – Bespr. NJb. 1930/3, 393.

— Der nordalpine Kreideflysch. Geologische Forschungen im Allgäu und in Vorarlberg. – Geol. u. Pal. Abh., NF, 19, H. 2, Jena 1932, 138 S., 58 Abb., 7 Taf. – Bespr. Mitt. Geolog. Ges. Wien, 24, 1931, Wien 1932, 175; GZ 49A/403; NJb. 1932/3, 967.

— Der bayerisch-österreichische Flysch. – Abhdlgen Geol. Ldsuntersuchg. Bayer. Oberbergamt, H. 8, München 1932, 82 S., 16 Fig. (3 Taf.) – Bespr. Mitt. Geolog. Ges. Wien, 24, 1931, Wien 1932, 175; GZ 49A/404; NJb. 1932/3, 970.

— Über den Schweizer Flysch. – EgH 25, 1932, 39–129, 10 Fig. – Bespr. GZ 49A/405, 3 B/267; NJb. 1932/3, 971.

— Geologie des Mittelallgäus (Blatt Kempten 1:100000). – NJb. 1933, 69. Bbd, Abt. B, 189–256, 2 Taf., 1 Abb. – Bespr. GZ 53 A/420.

Krause P. G. Über das Vorkommen von Kulm in der Karnischen Hauptkette. – VRA 1906, 64–68. – Bespr. GZ 8/999; NJb. 1915/2, 227; Carinthia II, 1901, 145; Boll. Com. geol. d'It., 38, 1907, 268.

— Über Asterocalamites scrobiculatus (Schloth.) Zeiller im Kulm der Karnischen Hauptkette. – Jb. Preuß. Geol. Lds-A., 1928, 634–640, 1 Taf. – Bespr. GZ 39/1491.

Kraynag A. v. Analyse von Asphaltgesteinen aus Seefeld. – JbBA 1856, 372.

Kühn O. Studien über die „Poritida" der Kreideformation. – Z. österr. Mittelschulen, 1, 1924, 237–244. – Bespr. NJb. 1927/1, B, 275.

— Die Echinodermen der Gosauformation. – Annal. Naturhist. Mus. Wien, 39, 1925, 177–189, 1 Taf., 2 Abb. – Bespr. NJb. 1927/1, B, 102; GZ 40/2068.

— Variationsuntersuchungen an rezenten Korallen und ihre Anwendbarkeit auf die fossilen. – Verh. Zool.-Bot. Ges. Wien, 1925, 74/75, 129–134, m. Abb. – Bespr. NJb. 1927/1, B, 97.

— Die Stromatoporen der Karnischen Alpen. – Mitt. Natwiss. Ver. f. Steiermark, 64/65, Graz 1929, 224–235. – Bespr. GZ 40/2073, 1 B/750; NJb. 1930/3, 26; 1932/3, 10.

Kühnelt W. u. **Schmid E.** Beiträge zur Kenntnis der Lebensbedingungen am hochalpinen Schneerand. – Anzg. Ak. d. Wiss. Wien, math.-natw. Kl., 69, 1932, 170–172.

Kuntschnig A. Neuer Korallenfund aus dem Unterkarbon von Nötsch in Kärnten. – Mitt. Natwiss. Ver. f. Steiermark, 62, Graz 1926, 3–9, 1 Taf., 2 Fig. – Bespr. NJb. 1928/3, 187; Carinthia II, 1928, 72.

Kutschker J. F. Situationsplan der Petrefaktenlokalitäten des Vilstales. – VRA 1863, 5.

— Einsendung von Muschelkalkpetrefakten von „Sintwag" bei Ehrenbüchl südl. von Reutte i. T. – Bespr. VRA 1868, 172–174.

Kyrle G. Die Entwicklung der Höhlenkunde in Österreich seit 1919. – Mitt. Geogr. Ges. Wien, 74, 1931, 346–352, 1 Taf.

Laffon. Ammoniten der Eisenwerke des Gonzen bei Sargans. – Verh. Schw. Natf. Ges. Schaffhausen, 1847, 31.

Langenbeck R. Die Theorien über die Entstehung der Koralleninseln und Korallenriffe und ihre Bedeutung für geophysische Fragen. – Leipzig 1891, 120 S. – Bespr. Mitt. Geogr. Ges. Wien, 1891, 303; NJb. 1892/2, 169.

— Der gegenwärtige Stand der Korallenriffrage. – Geogr. Z., 13, 1907, 24–44, 92–111.

Langhans V. Die Ergebnisse der Planktonfänge im Kochel- und Walchensee. – Kleinwelt, 1909, 161.

Largaiolli F. Bibliografia del Trentino (1475–1903). – Sec. ediz. p. c. d. SAT, Trento (G. Zippel) 1904, 296 S., sez. X, Geol., Min., Paleont. 237–261.

Largaiolli V. Diatomee del Trentino. – Tridentum, f. 2, Trento 1905; f. 8–10, 1906.

— Le diatomee del Trentino. – XXI. Lago Santo. – Atti Acc. Sc. Ven.-Trent.-Istr., n. s., a. 4, f. 1 e 2, Padova 1907, 125–129. (Bibl. enthält Lit. über die anderen Seen des Gebietes.)

Laube G. C. Die Fauna der Schichten von St. Cassian, ein Beitrag zur Paläontologie der alpinen Trias. – Sber. Ak. d. Wiss. Wien, 50, 1864, 319–326; 53, 1866, 558–563; 57, 1868, 537–544, 661–667, 8 Taf. – Bespr. NJb. 1867, 242; 1868, 637; 1870, 124.

— Bemerkungen über die Münsterschen Arten von St. Cassian in der Münchener paläont. Sammlung. – JbRA 1864, 402–412. – Bespr. VRA 1864, 112.

— Die Fauna der Schichten von St. Cassian. Ein Beitrag zur Paläontologie der alpinen Trias. – Denkschr. Ak. d. Wiss. Wien, math.-natw. Kl., 24, 1865, I. Spongitarien, Korallen, Echiniden u. Crinoiden, 76 S., 10 T.; 25, 1865, II. Brachiopoden u. Bivalven, 76 S., 10 T.; 28, 1868, III. Gastropoden, 1. Hälfte, 66 S., 8 T.; 29, 1869, IV. Gastropoden, 2. Hälfte, 48 S., 7 T.; 30, 1869/70, V. Cephalopoden. Schluß. 58 S., 8 T. – Bespr. VRA 1868, 84, 360; 1869, 397; NJb. 1865, 893; 1866, 508; 1868, 637; 1870, 377.

— Die Brachiopoden und andere Bivalven aus den Schichten von St. Cassian. – The Quart. Journ. of the Geol. Soc. London, 1866, 22, Misz. 1–10.

— Ein Beitrag zur Kenntnis der Echinodermen des Vicentinischen Tertiärgebirges. – Sber. Ak. d. Wiss. Wien, 56, 1867, 239–247; Anzg. Ak. d. Wiss. Wien, 18, 1867, 154–163; Denkschr. Ak. d. Wiss. Wien, 29, 1868, 38 S., 7 T. – Bespr. VRA 1867, 274, 347; 1868, 306.

— Geologische Notizen aus der Gegend von St. Cassian. (Vortr.) – Bespr. VRA 1868, 118–119.

Lavizzari L. Catalogo delle rocce sedimentarie e dei fossili o petrefatti dei dintorni di Mendrisio e di Lugano nel cantone Ticino. – Locarno 1860, 22 S.

Lechleitner H. Notizen über den Gebirgsstock des Sonnwendjochs im Unterinntale (Tirol). – VRA 1884, 204–208. – Bespr. NJb. 1886/1, 79.

Leiter H. C. Diener †. – Mitt. Geogr. Ges. Wien, 71, 1928, 93–96.

Lenz O. Die brachiopodenreiche Austernbank von Klien. – VRA 1873, 249.

Leonardi P. Sul Permiano dei dintorni di Cavalese in Val di Fiemme. – Atti Acc. Ven.-Trent.-Istr., v. 19, 1928, Padova 1929, 5 S., 2 Fig. – Bespr. Studi Trent. Sc. Nat., 10, 1929, 250.

— Nota preliminare sul Werfeniano inferiore (Strati di Siusi) di Valle di Fiemme nel Trentino. – Atti Acc. Ven.-Trent.-Istr., v. 20, 1929, 61–68.

— Una nuova faunetta permiana di Val di Fiemme nel Trentino. – Studi Trent. Sc. Nat., 11, 1930, 189–194, 1 Taf.

— Risultati di uno studio monografico sul Trias inferiore delle Venezie. – Atti Soc. it. progr. sc., 19 riun., v. 2, Roma 1931, 265–267.

— Nuove forme del Trias inferiore delle Venezie. Nota preliminare. – Studi Trent. Sc. Nat., 13, 1932, 32–36, 1 Taf. – Bespr. GZ 3 B/1285.

— Notizie sulla Stratigrafia della Valle Zoldana. – Studi Trent. Sc. Nat., 14, 1933, 19–30, 9 Taf.

— Resti di marmotta nella grotta Mala Peci (Cividale). – Atti Acc. Sc. Ven.-Trent.-Istr., 24, Padova 1933. – Bespr. GZ 5 B/615.

Lepsius R. Über Röth und Muschelkalk in den Südalpen. – Habil.-Schr. Univ. Heidelberg, Straßburg (Heitz) 1876, 41 S.

— Einteilung der alpinen Trias und ihr Verhältnis zur außeralpinen. – NJb. 1876, 742–744. – Bespr. Bl. 456.

— Das westliche Südtirol, geologisch dargestellt. – Berlin 1878, 375 S., 1 K., mehr. Prof. u. Taf. – Bespr. Mitt. DÖAV, 1878, 247; VRA 1879, 34; NJb. 1881/1, 382; Bl. 502.

— Über die wesentlichen Unterschiede zwischen diskordanten und konkordanten Granitstöcken und zwischen Kontakt- und Regionalmetamorphose der Granite. – GR 3, 1912, 1–6.

Leuchs K. Sphaerocodium im nordalpinen Plattenkalk. – Zbl. f. Min., 1925, B, 5–8. – Bespr. GZ 32/314, 1319; NJb. 1925/2, B, 199.

— Ganoidenreste aus dem norischen Plattenkalk Nordtirols. (Pendling.) – Zbl. f. Min., 1927, B, 539–545, 1 Abb. – Bespr. GZ 37/1399.

— Beiträge zur Lithogenesis kalkalpiner Sedimente. I. Teil: Beobachtungen an Riffgesteinen der nordalpinen Trias. II. Teil: Gesteinsausbildung und Fossilien in der bayrisch-nordtiroler Fazies der norischen Trias. – NJb. Bbd 59, B, 1928, 357–430, 11 Taf. – Bespr. GZ 40/719.

— Polygene Konglomerate im nordalpinen Rhät und die altkimmerische Phase. – GR 19, 1928, 72–75. – Bespr. GZ 37/1381, 40/1066.

— Die Bitumenführung des Hauptdolomites der norischen Trias. – Kali, verwandte Salze und Erdöl, 26, 1932, 91–92. – Bespr. GZ 47 A/1785, 49 A/1527.

— Feinschichten, Gleitfaltung, Algenrasen und Trümmerlagen im Wettersteinkalk. (Beiträge zur Lithogenesis kalkalpiner Sedimente, 3. Teil.) – Chemie der Erde, 7, 1932, 95–112, 8 Abb. – Bespr. GZ 47 A/1839, 2 B/943.

— Eine anormale Belemnitenform. – Zbl. f. Min., Abt. B, 1932, 212–216, 1 Abb. – Bespr. GZ 47 A/1938, 2 B/352.

— Lepidotus-Reste aus dem norischen Plattenkalk Nordtirols. – Zbl. f. Min., Abt. B, 1932, 252–254, 1 Abb. – Bespr. GZ 48 A/482.

Leupold W. Neue mikropaläontologische Daten zur Altersfrage der alpinen Flyschbildungen. – EgH 26, 1933, 295–319.

Liebus A. Über die Foraminiferenfauna des Bryozoenhorizontes von Priabona. – NJb. 1901/1, 111–134, 1 Taf. – Bespr. Boll. Com. geol. d'It., 33, 1902, 205.

— Ergebnisse einer mikroskopischen Untersuchung der organischen Einschlüsse der oberbayr. Molasse. – JbRA 1902, 71–104, 1 Taf., 7 Abb. – Bespr. GZ 5/1481.

Linck G. Goethes mineralogisch-geologische Grundideen. – Forschgen u. Fortschritte, 8, Berlin 1932, 94–97. – Bespr. GZ 47 A/1734, 1 B/1040.

Linstow v. Schmetterlinge als nacheiszeitliche Relikte. – Z. f. wiss. Insektenbiologie, 12, 1916, 185–187. – Bespr. GZ 24/1489.

Lioy P. Sopra alcuni vertebrati fossili del Vicentino. Note. – Atti Soc. It. Sc. Nat., v. 8, Milano 1866.

— Sui resti organici trovati in alcune grotte del Vicentino. – Atti R. Ist. Ven. d. Sc., Lett. ed Arti, s. 7, t. 6, d. 3, Venezia 1895. – Bespr. Boll. Com. geol. d'It., 27, 1896, 360.

— I coccodrilli fossili del Veneto. – Atti d. R. Ist. Ven. di Sc., Lett. ed Arti, t. 7, Venezia 1895/96, 753–783. – Bespr. Boll. Com. geol. d'It., 28, 1897, 196.

Lipold M. Geologische Stellung der Alpenkalksteine, welche die Dachsteinbivalve enthalten. – NJb. 1854, 88.

Longhi P. Contribuzione alla conoscenza della flora fossile del Terziario di Bolzano nel Bellunese, 1ª Nota. – Atti R. Ist. Ven., s. 7, t. 5, disp. 1, Venezia 1893. – Bespr. Boll. Com. geol. d'It., 25, 1894, 320.

— Della pietra da coti o da mola Bellunese e di alcuni suoi fossili (Schizodelphis squalodontis Capellini n. sp. ecc.) – Atti Soc. Ven.-Trent. Sc. Nat., s. 2, v. 3, f. 1, Padova 1897, 41–86, 3 Taf.

— Sopra i resti di un cranio di Champsodelphis fossile scoperta nella molassa miocenica del Bellunese. – Atti Soc. Ven.-Trent. Sc. Nat., s. 2, v. 3, f. 2, 1898, Padova 1899, 323–381, 3 Taf. – Bespr. Boll. Com. geol. d'It., 30, 1899, 272.

— Di alcune Gymnites della nuova fauna triassica di Val di Pena presso Lorenzago (in Prov. di Belluno). – Atti Soc. Ven.-Trent. di Sc. Nat., s. 2, v. 4, f. 1, 1899, Padova 1900, 3–32, 4 Taf. – Bespr. NJb. 1901/2, 151; Boll. Com. geol. d'It., 32, 1901, 263.

— Di una varietà di Caprina schiosensis Boehm. – Riv. it. di Paleont., an. 6, f. 2, Bologna 1900, 88–91, 1 T. – Bespr. Boll. Com. geol. d'It., 32, 1901, 264.

— Cefalopodi della fauna triassica di Val di Pena presso Lorenzago. – Riv. it. di Pal., 8, 1902, 53–61. – Bespr. NJb. 1903/2, 149; GZ 3/901; Boll. Com. geol. d'It., 34, 1903, 285.

— Contribuzione alla conoscenza della fauna del calcare cretaceo di Calloneghe presso il Lago di S. Croce nelle Alpi Venete. I e II. – Riv. it. di Pal., 8, 1902, 23–26; 9, 1903, 22–34. – Bespr. NJb. 1903/2, 273; 1905/1, 317; Boll. Com. geol. d'It., 34, 1903, 285; 35, 1904, 384.

— Appunti per uno studio geologico sopra le colline di Albettone, Lovertino e Costa di Vio nel gruppo dei Monti Euganei. – Atti Acc. Sc. Ven.-Trent.-Istr., n. s., an. 2, f. 1, Padova 1905, 37–67, 5 Fig., 2 Skz., 1 Taf.

Lorenz Th. Geologische Studien im Grenzgebiete zwischen helvetischer und ostalpiner Fazies. – EgH 6, 1899, 155–156. – Bespr. Ebd. 397; GZ 1/345.

— Über seine geologischen Studien in der Gegend des Fläscherberges und des Falknisses in Nordgraubünden. – Actes (Verh.) d. l. Soc. helv. d. sc. nat., 82 sess., Neuchâtel 1900, 68.

— Monographie des Fläscherberges. – Beitr. z. geol. K. d. Schw., NF, 10, Bern 1900, 63 S., K. 1:25000; Inaugdiss. Freiburg i. Br., 1900/01 als Geol. Studien im Grenzgebiete zwischen helv. und ostalp. Fazies, 1. Teil: Fläscherberg. – Bespr. Jber. Natf. Ges. Grbd., NF, 44, 1900, 162; EgH 7, 1901/02, 14, 57, 81; VRA 1902, 114; GZ 2/612; PetMitt., 47, Litber., 22.

— Geologische Studien im Grenzgebiete zwischen

helvetischer und ostalpiner Fazies. 2. Teil: Der südliche Rhätikon. - Ber. Natf. Ges. Freiburg i. Br., 12, 1901, 34-95, K. 1:25000. - Bespr. Zbl. f. Min., 1902, 120; Mitt. Geol. Ges. Wien, 1, 1908, 136; EgH 7, 1901/02, 493, 553, 567, 578; GZ 6/1815; VRA 1902, 116; Jber. Natf. Ges. Grbd., NF, 45, 154; PetMitt., 48, Litber., 175.

Loretz H. Geognostische Beobachtungen in der alpinen Trias der Gegend von Niederdorf, Sexten und Cortina in Südtirol. - NJb. 1873, 271-291, 337-366. - Bespr. VRA 1873, 302.

— Einige Petrefakten der alpinen Trias aus den Südalpen. - Z. DGeolGes., 27, 1875, 784-841, 3 Taf. - Bespr. VRA 1876, 190; NJb. 1876, 577.

Ludwig A. Stampische Molasse mit mariner Molluskenfauna am Nordrand des Säntisgebirges. - EgH 20, 1926/27, 245-246; Actes Soc. helv. Sc. nat., 107 sess. Fribourg 1926, 2 part., 194-195.

—, **Eugster H., Bächler E.** Berichte über die Exkursion der Schweizerischen Geolog. Ges. im St. gall.-appenz. Molasseland, im Fähnern- und Wildkirchligebiet vom 9.-11. Sept. 1930. - EgH 24, 1931, 125-157, 3 Abb.

Maddalena L. Osservazioni geologiche sul Vicentino e in particolare sul bacino del Posina. - Boll. Soc. geol. it., v. 25, Roma 1906, 659-743, 5 Taf.; Auszug: Atti R. Ist. Ven. di Sc., Lett. ed Arti, t. 66, d. 4, Venezia 1906/7, 67-72. - Bespr. GZ 9/497, 11/356; Boll. Com. geol. d'It., 38, 1907, 354.

Maffei L. Contributo allo studio della flora fossile del deposito lacustre de Pianico. - Atti Ist. Bot. Pavia, s. 3, v. 1, 1924, 57-69, 3 Taf. - Bespr. NJb. 1932/3, 321.

Maillard G. A. Über einige Algen aus dem Flysch der Schweizer Alpen. - Bericht St. Gallischen Natwiss. Ges. f. 1885/86, St. Gallen 1887, 277-283, 1 Taf. - Bespr. NJb. 1889/1, 345.

Maironi Da Ponte. Osservazioni sopra alcune petrificazioni particolari del monte Misma. - 1812.

Malfatti G. Bibliografia degli insetti fossili finora conosciuti. - Atti Soc. It. d. Sc. Nat., v. 24, 1882.

Malloizel. Oswald Heer: bibliographie et table iconographique. (Nachweis über alle in den Werken Heers beschriebenen fossilen Pflanzen und Tiere.) - Stockholm u. Berlin 1888.

Mariani E. Foraminiferi del calcare cretaceo del Costone di Gavarno in Val Seriana. - Boll. Soc. geol. it., v. 7, f. 3, 1888, 283-292, 1 Taf.

— La fauna a foraminiferi delle marne che affiorano da alcuni tufi vulcanici di Viterbo. - Boll. Soc. geol. it., 10, Roma 1891, 169-177, 1 Taf. - Bespr. Boll. Com. geol. d'It., 23, 1892, 271.

— Note paleontologiche sul trias superiore della Carnia occidentale. - Annal. R. Ist. tecn. Udine, 2, 1893, 13-35, 2 Taf. - Bespr. NJb. 1895/2, 306; VRA 1894, 86; Boll. Com. geol. d'It., 25, 1894, 322.

— Appunti di paleontologia terziaria nell Bellunese. - Ann. Ist. tecn. (Zanon), Udine, s. 2, an. 9, 1893. - Bespr. NJb. 1895/1, 540; Boll. Com. geol. d'It., 25, 1894, 322.

— Appunti di paleontologia lombarda. - Atti di Soc. it. di Sc. nat., v. 36, f. 2, Milano 1896, 113-137. - Bespr. Boll. Com. geol. d'It., 28, 1897, 202.

— Contributo alla conoscenza della fauna retica lombarda. - Rend. R. Ist. Lomb., s. 2, v. 30, f. 2, Milano 1897, 62-67. - Bespr. Boll. Com. geol. d'It., 29, 1898, 485.

— Osservazioni geologiche e paleontologiche sul gruppo del Monte Albenza. - Rend. R. Ist. Lomb., s. 2, v. 30, f. 16, Milano 1897, 1001-1006. - Bespr. Boll. Com. geol. d'It., 29, 1898, 487.

— Ammoniti del Senoniano lombardo. - Mem. R. Ist. Lomb. v. 18, f. 4, Milano 1898, 51-58. - Bespr. Boll. Com. geol. d'It., 30, 1899, 274.

— Sul calcare puddingoide pseudo-giurese di Biandronno e su una Rhynchonellina del Lias inferiore dell'Alta Brianza. - Rend. Ist. Lomb, s. 2, v. 32, f. 10, Milano 1899, 726-732. - Bespr. Boll. Com. geol. d'It., 31, 1900, 283.

— Ricerche micropaleontologiche su alcune rocce della Creta lombarda. - Atti d. Soc. it. di Sc. nat. e del Mus. Civ. di Stor. nat. in Milano, v. 38, f. 1-2, Milano 1899, 195-202. - Bespr. Boll. Com. geol. d'It., 31, 1900, 282.

— Appunti geologici e paleontologici sui dintorni di Schilpario e sul gruppo della Presolana. - Rend. R. Ist. Lomb., s. 2, v. 32, f. 17, Milano 1899, 1241-1255. - Bespr. Boll. Com. geol. d'It., 31, 1900, 284.

— Nuove osservazioni geologiche e paleontologiche sul gruppo delle Presolana e sulla Cima di Camino. - Rend. R. Ist. Lomb., s. 2, v. 33, f. 18-19, Milano 1900, 1249-1260. - Bespr. Boll. Com. geol. d'It., 32, 1901, 274.

— Fossili del giura e dell'infracretaceo nella Lombardia. - Atti Soc. it. Sc. nat., v. 38, f. 4, Milano 1900, 367-447. - Bespr. Boll. Com. geol. d'It., 32, 1901, 273.

— Note geologiche sul gruppo delle Grigne. - Rend. R. Ist. Lomb., s. 2, v. 34, f. 20, Milano 1901, 1259-1271; v. 39, 1902, 15 S. - Bespr. Boll. Com. geol. d'It., 33, 1902, 217; GZ 3/1474, 2124.

— Su alcuni fossili del Trias medio dei intorni di Porto Valtravaglia e sulla fauna della dolomia del M. San Salvatore presso Lugano. - Atti d. Soc. it. di Sc. nat., v. 40, f. 1, Milano 1901, 39-63. - Bespr. Boll. Com. geol. d'It., 33, 1902, 216.

— Su alcune ittiodoruliti della Creta lombarda. - Atti Soc. it. Sc. nat. e Mus. Civ. Stor. nat., v. 41, f. 4, Milano 1903, 437-447. - Bespr. GZ 4/889; Boll. Com. geol. d'It., 35, 1904, 391.

— Su alcuni fossili del Mte Antelao in Cadore. - Rend. R. Ist. Lomb., s. 2, v. 38, f. 9, Milano 1905, 563-572. - Bespr. Boll. Com. geol. d'It., 37, 1906, 334.

— Caratteri triasici della fauna retica lombarda. - Rend. R. Ist. Lomb. Sc. e Lett., s. 2, v. 38, f. 17, Milano 1905, 854-858. - Bespr. Boll. Com. geol. d'It., 37, 1906, 334.

— Contributo allo studio delle Bivalvi del calcare di Esino nella Lombardia. - Atti Soc. it. Sc. nat., v. 46, Milano 1908, 24 S., 2 T. - Bespr. Boll. Com. geol. d'It., 40, 1909, 227.

— Su una nuova forma di Temnocheius della Dolomia ladinica della Grigna di Campione nella Lombardia. - Atti Soc. it. Sc. nat. e Mus. Civ. in Milano, v. 53, Pavia 1914, 465-467. - Bespr. Riv. it. di Pal., 1915, 16; GZ 22/444.

— Resti di bovini fossili nella Lombardia. - Natura, 5 (1915-17), 2 S. - Bespr. GZ 22/277.

— Sulla fauna retica lombarda. - Atti Soc. it. Sc. nat. e Mus. Civ. in Milano, v. 58, Pavia 1919, f. 1, 104-106; f. 2, 107-146, 1 T. - Bespr. Riv. it. di Pal., 1919, 56.

— Osservazioni sugli strati di San Cassiano e di Raibl. - Natura, v. 12, Milano 1921, 81-98.

— Su un nuovo esemplare di Lariosaurus Balsami Cuv. trovato negli scisti di Perledo sopra Varenna (Lago di Como). - Atti Soc. it. Sc. nat., v. 62, f. 3-4, Milano 1924, 218-225.

Marinelli O. Risultati sommari di uno studio geologico dei dintorni di Tarcento in Friuli. - In Alto, Cron. d. SAFr, an. 7, Nr. 7, Udine 1896,

59–62. – Bespr. Boll. Com. geol. d'It., 28, 1897, 203.

Marinoni C. Di un lembo eocenico nelle falde settentrionali del Monte Plauris (valle del Fella). – Atti R. Ist. Ven., s. 5, v. 3, 1877.

Massalongo A. Piante fossili dei terreni terziari del Vicentino. – (1847?). S. Catullo.

— Osteologia degli Orsi fossili del Veronese ecc. – Natwiss. Abh., 4, 4. Abt., Wien 1850.

— Nota sopra due frutti fossili di noce nel bacino lignitico di Leffe nel Bergamasco. – N. Ann. Sc. Nat., s. 3, t. 6, Bologna 1852, 258, 1 T.

— Zoophycos, novum genus plantarum fossilium. – Verona 1855, 3 T.

— Studî paleontologici. – Verona 1856.

— Sulle piante fossili di Zovencedo e dei Vegroni. Lettera al prof. R. De Visiani. – Verona 1858.

Mayer-Eymar K. Das Londinian am Säntis. – Vierteljschr. Natf. Ges. Zürich, 24, 1879, 77–86. – Bespr. NJb. 1880/2, 372; Arch. d. sc. phys. et nat., 3, 217; Rev. géol. suisse p. l'a. 1879, Genève 1880, 66.

— Stratigraphie de la molasse d'Appenzell et de St. Gall. – Arch. d. sc. phys. et nat., t. 2, Genève 1879, 687–693. – Bespr. Ebd. t. 3, 221; Rev. géol. suisse p. l'a. 1879, Genève 1880, 70.

— Douze espèces nouvelles du Londinien inférieur de Monte Postale (Vicentin). – Bull. Soc. belge de Géol., de Pal. et d'Hydr., Mém., t. 2, Bruxelles 1888; Vierteljschr. Natf. Ges. Zürich, 33, 2, Zürich 1888. – Bespr. Boll. Com. geol. d'It., 20, 1889, 403.

— La faune miraculeuse du Londinien d'Appenzell. – Vierteljschr. Natf. Ges. Zürich, 1890, 167–181. – Bespr. NJb. 1891/1, 123; Arch. d. sc. phys. et nat. de Genève, 25, Genève 1891, 573; EgH 2, 1891, 429; Journ. de conchyl., v. 39, Paris 1891, 40.

— Détails nouveaux sur la faune du Londinien d'Appenzell. – EgH 2, 1890/92, 187–192.

— Faune du Londinien de la Faehnern. – Verh. Schw. Natf. Ges., 73. Jvers. Davos 1891, 71.

Mazzetti G. Intorno ad alcuni echinidi dei dintorni di Schio. – Mem. Acc. Pont. N. Lincei, v. 5, Resoconto d. sess., a. 17, sess. 3, Roma 1889. – Bespr. Boll. Com. geol. d'It., 21, 1890, 415.

— Echinidi fossili del Vicentino o nuovi o poco noti. – Mem. Accad. Pont. Nuovi Linc., 10, Roma 1894, 12 S. – Bespr. Boll. Com. geol. d'It., 26, 1895, 379.

Meneghini G. Monographie des fossiles appartenant du calcaire rouge ammonitique (Lias supérieur) de Lombardie et de l'Apennin de l'Italie centrale. – Pal. Lomb. (Stoppani), s. 4, Nr. 1, 2, Lfrg 39, 40; Nr. 3, 4, Lfrg 45, 46, Milano 1867–1881. – Bespr. VRA 1867, 295; 1870, 162.

— Nuove specie di Phylloceras e di Lythoceras del Liasse superiore d'Italia. – Atti Soc. Tosc. d. Sc. nat., v. 1, f. 2, Pisa 1874.

— I crinoidi terziarii. – Atti d. Soc. Tosc. di Sc. nat., Pisa 1875, v. 2, f. 1, 26 S. – Bespr. NJb. 1877, 218.

— Fossili titoniani di Lombardia. – Atti Soc. Tosc. d. Sc. nat., Proc. verb., v. 1, 11 magg., Pisa 1879, röm. 104–109.

— Fossili oolitici di Mte Pastello nella Prov. di Verona. – Atti d. Soc. Tosc. d. Sc. nat., v. 2, f. 2, Pisa 1880, 336. – Bespr. Boll. Com. geol. d'It., 11, 1880, 547; VRA 1880, 293.

— Goniodiscus Ferrazzii Mgh. nuova Stelleride terziaria del Vicentino. – Atti Soc. Tosc. Sc. nat., v. 8, Pisa 1886. – Bespr. NJb. 1887/2, 191; Boll. Com. geol. d'It., 18, 1887, 313.

— e **Canavari M.** Sulla fauna del Capo di San Vigilio illustrata dal Vacek. – Atti Soc. Tosc. di Sc. nat., Proc. verb., v. 5, Pisa 1886, 152. – Bespr. Boll. Com. geol. d'It., 18, 1887, 314.

Merian P. Versteinerungen von Arzo bei Mendrisio. – Verh. Natf. Ges. Basel, 8, Basel 1849, 31–32. – Bespr. NJb. 1849, 866; Quart. Journ., v. 6, London 1850, Notices, 58; Hist. d. progrès d. l. géol., 7, Paris 1857, 247.

— Muschelkalkversteinerungen im Dolomite des Mt. San Salvadore bei Lugano. – Verh. Natf. Ges. Basel, 1, Basel 1853, 84–90. – Bespr. NJb. 1855, 479.

— Petrefakten vom Comersee und den Bergamasker Alpen. – Verh. Natf. Ges. Basel, 2, 1855, 314–319.

— Über verschiedene Petrefakten aus der Stockhornkette, den italienischen Alpen und der Umgebung von Lugano. – Verh. Natf. Ges. Basel, 1, Basel 1857, 314–319.

— Belemnit aus den Kössener Schichten der Scesa plana. – Verh. Natf. Ges. Basel, 1, Basel 1857, 410.

— Petrefakten aus den Kössener Schichten der Scesa plana im Prättigau. – Verh. Natf. Ges. Basel, 2, Basel 1860, 346–437.

Merla G. La Fauna del calcare a Bellerophon della Regione Dolomitica. – Mem. Ist. Geol. d. R. Univ. di Padova, v. 9, 1930, 220 S., 11 Taf. – Bespr. GZ 3 B/499.

Meschinelli L. Avanzi preistorici della Valle di Fontega in provincia di Vicenza. – Boll. Pal. it., s. 2, t. 5, Parma 1889. – Bespr. Boll. Com. geol. d'It., 21, 1890, 418.

— Studio sugli avanzi preistorici della Valle di Fontega. – Atti Soc. Ven.-Trent. d. Sc. nat., 11, Padova 1889, 144–173, 2 Taf. – Bespr. Boll. Com. geol. d'It., 21, 1890, 418.

— Studio sulla flora fossile di Monte Piano. – Atti Soc. Ven.-Trent. Sc. nat., v. 10, f. 2, Padova 1889, 29 S., 1 T. – Bespr. NJb. 1890/2, 170; Boll. Com. geol. d'It., 21, 1890, 417.

— Su di un frutto fossile dell'Eocene inferiore vicentino. – Atti R. Ist. Ven. Sc., Let. ed Arti, v. 80, p. 2, 1921, 1025–1032, 1 T. – Bespr. GZ 32/1590.

— Su di una nuova specie di Myliobatis dell'Oligocene vicentino. – Atti R. Ist. Ven. Sc., Let. ed Arti, v. 83, p. 2, Venezia 1924, 475–480.

Metz K. Detailaufnahme der Naßfeldschichten in der Umgebung der Ahornachalpe. – Sber. Ak. d. Wiss. Wien, math.-natw. Kl., v. 5. 11. 1931 (Akad. Anzg. Nr. 21), $^1/_4$ S.

— Über eine Fauna aus den Hochwipfelschichten der Karnischen Alpen. – Anzg. Ak. d. Wiss. Wien, math.-natw. Kl., 69, 1932, 243.

— Detailaufnahme der Naßfeldschichten vom Schulterkofel nach West. – Anzg. Ak. d. Wiss. Wien, math.-natw. Kl., 69, 1932, 243–244.

Meusburger K. Die Höhlen unserer Heimat. – Kassiankalender f. d. J. 1934, Brixen 1933, 129–138, 2 Abb.

Meyer H. v. Über das Vorkommen von Conchosaurus in St. Cassian. – Leonh. u. Bronns Jb., 1844, 337.

— Saurierknochen vom Val Gorno. (Lomb.) – NJb. 1852, 301.

— Psephoderma alpinum aus dem Dachsteinkalk der Alpen. (Ruhpolding.) – Palaeontogr., 6, Cassel 1856–1858, 246–252, 1 T.

Miller K. Das Molassemeer in der Bodenseegegend. – Schr. d. Ver. f. Gesch. d. Bodensees, 7, 1876, 78 S., K., Prof. u. Abb. – Bespr. NJb. 1878, 90;

Bl. 482; Arch. d. sc. phys. et nat., 61, 207; Rev. géol. suisse p. l'a. 1877, Genève 1878, 55; Ann. d. mines, Mém., 17, Paris 1880, 200.
— Die geologischen Bildungen am Untersee und im Höhgau. - Schr. d. Ver. f. Gesch. d. Bodensees u. seiner Umgebung, 10, Lindau 1880, 145–150.

Misch P. Pseudorthoceras knoxense Girty im Karnischen Oberkarbon. - Mitt. Natwiss. Ver. f. Steiermark, 67, 1930, 121–122, 1 Abb. - Bespr. NJb. 1932/3, 7.

Misuri A. Sopra un nuovo Trionichide dell'arenaria miocenica del Bellunese. - Perugia 1911, 2 T. - Bespr. Boll. Com. geol. d'It., 43, f. 2–3, 1913, 91.

Mitzopoulos M. u. **Renz C.** Der Oberlias in der Umgebung des Comersees (Lago di Como). - Verhdl. d. Athener Akad., 4, 1929, 49–53, 64–71. - Bespr. GZ 40/2060.

Mitzopoulos M. K. Beiträge zur Cephalopodenfauna des oberen Lias der Alta Brinza. - Inaugdiss. München, 1927; Pragmata der Akad. Athen, 2, 1930, 115 S., 8 Taf. - Bespr. NJb. 1932/3, 444; 1933/3, 1266.

Modell H. Die Najaden der oberbayerischen Cyrenenschichten. - Palacontogr., 75, Stuttgart 1931, 63–80, Taf. 13–14. - Bespr. GZ 1 B/408; NJb. 1932/3, 1045.

Mohr H. Ein neuer Pflanzenfund im metamorphen Karbon der Ostalpen und seine Stellung im alpinen Bauplan. - Zbl. f. Min., Abt. B, 1933, 98 - 107. - Bespr. GZ 50 A/558, 5 B/646.

Mojsisovics E. v. Über die Gliederung der oberen Triasbildungen der östlichen Alpen. - JbRA 1869, 91–150, 3 Taf.; Ergänzg: NJb. 1869, 562–566. Vortrag: VRA 1869, 65–66. - Bespr. NJb. 1870, 119; Bl. 273.
— Beiträge zur Kenntnis der Cephalopodenfauna des alpinen Muschelkalks. (Zone der Arcestes Studeri.) - JbRA 1869, 567-595, 5 Taf. - Bespr. NJb. 1870, 517.
— Petrefakten von Haller Salzberg. - VRA 1869, 376.
— Beitr. zur Cephalopodenfauna der oenischen Gruppe. - JbRA 1870, 93–113, 2 Taf.
— Das Kalkalpengebiet zwischen Schwaz und Wörgl im Norden des Inn. - VRA 1870, 183–185.
— Beiträge zur topischen Geologie der Alpen. 1. Die Nordtiroler Kalkalpen vom Achensee im Westen bis zur salzburgischen Grenze im Osten. 2. Das Schiefergebirge bei Kitzbühel und im Süden von Brixlegg. - JbRA 1871, 189–210, 2 Taf. - Bespr. Bl. 306.
— Über die Stellung der Nordtiroler Cardita-schichten mit Amm. floridus und Halobia rugosa und das Alter des Wettersteinkalkes. - VRA 1871, 212–215.
— Der nordwestliche Teil des Wettersteingebirges. - VRA 1871, 215–217.
— Parallelen in der oberen Trias der Alpen. - VRA 1872, 5–13. - Bespr. NJb. 1872, 756.
— Über ein erst kürzlich aufgefundenes unteres Cephalopodenniveau im Muschelkalk der Alpen. - VRA 1872, 190–191.
— Das Gebirge um Hallstatt. 1. Teil. Die Molluskenfaunen der Zlambach- und Hallstätter-Schichten. - Abh. RA, 6, 1873, 174 S., 74 T.; Suppl. 177–356, 23 T.
— Über einige Triasversteinerungen aus den Südalpen. - JbRA 1873, 425–438, 2 Taf. - Bespr. VRA 1873, 309; NJb. 1874, 445.
— Zur Unterscheidung und Parallelisierung der zwei alpinen Muschelkalketagen. - VRA 1873, 296–299.
— Über die triadischen Pelecypodengattungen Daonella und Halobia. - Abh. RA, 7, 2, 1874, 37 S., 5 T.
— Faunengebiete und Faziesgebilde der Triasperiode in den Ostalpen. (Vortr.) - JbRA 1874, 81–134, 5 Fig., mehr. Tab. - Bespr. Mitt. DÖAV, 1875, 176; Bl. 376.
— Über alpine Triasprovinzen. (Vortr.) - VRA 1874, 90–91.
— Über triadische Faziesgebilde in den Ostalpen. (Vortr.) - VRA 1874, 122.
— Abwehrende Bemerkungen zu Herrn Gümbels neuester Schrift über das Kaisergebirge. - VRA 1874, 329–332.
— Vorläufige kurze Übersicht der Ammonitengattungen der mediterranen und juvavischen Trias. - VRA 1879, 133–143.
— Die Cephalopoden der mediterranen Triasprovinz. - Abh. RA, 10, 1882, 1–322, 94 Taf. Auszug: VRA 1882, 199–202. - Bespr. NJb. 1883/1, 486.
— Über die Struktur des Sipho bei einigen triadischen Ammoneen. - NJb. 1885/2, 151–162, 2 Taf.
— Die Hallstätter Entwicklung der Trias. - Sber. Ak. d. Wiss. Wien, 101, Abt. 1, 1892, 769–779. - Bespr. NJb. 1893/2, 378; Mitt. Sekt. f. Naturkunde ÖTC, 5, 1893, 6; Bl. 843.
— Das Gebirge um Hallstatt. I. Abt. Die Cephalopoden der Hallstätter Kalke. (2 Bde u. Suppl.) - 2. Bd: Abh. RA, 6, 1893, 835 S., Atl. mit 130 T. - Bespr. NJb. 1895/1, 167.
—, **Waagen W.** u. **Diener C.** Entwurf einer Gliederung der pelagischen Sedimente des Triassystems. - Sber. Ak. d. Wiss. Wien, math.-nat. Kl., 104, Abt. 1, Dez. 1895, 1279–1302; Anzg. Ak. d. Wiss. Wien, 32, 1895, 282. - Bespr. NJb. 1897/1, 495.

Mojsisovics E. v. Über den chronologischen Umfang des Dachsteinkalkes. - Sber. Ak. d. Wiss. Wien, 105, Abt. 1, 1896, 1–36; Anzg. Ak. d. Wiss. Wien, 33, 1896, 2–3. - Bespr. NJb. 1897/1, 329.

Molon F. Sopra gli schisti bituminosi e combustibili fossili dell'Alta Italia. - Venezia 1865, 71 S.
— Sulla flora terziaria delle Prealpi Venete. - Mem. Soc. it. di Sc. nat., Milano 1867.
— Sulle ossa fossili della caverna in Zoppega al Monte S. Lorenzo presso S. Bonifazio di Verona. - Atti R. Ist. Ven., s. 5, t. 1, Venezia 1875.

Moos A. Zur Bildung von Ablagerungen mit Landsäugetierresten in der süddeutschen Molasse. - GR 17, 1926, 8–21.

Morton F. Entwicklung und Ziele der pflanzlichen Höhlenkunde. - Veröff. d. Geobot. Inst. Rübel in Zürich, H. 3 (Festschr. f. K. Schröter), 1925, 294–304.
— u. **Gams H.** Höhlenpflanzen. - Wien (Hölzel) 1925, 227 S.; Spel. Monogr., herausgeg. v. Spel. Inst. d. Bdshöhlenkomm., Bd 5.

Moesch C. (Mösch.) Der Jura in den Alpen der Ostschweiz. - Diss. Zürich, 1872, 33 S., 1 T. - Bespr. VRA 1872, 317; NJb. 1872, 767; Arch. d. sc. phys. et nat., 47, 9, 11, 16; Rev. géol. suisse p. l'a. 1872, Genève 1873, 38, 40, 45; Ann. d. mines, Mém., t. 4, Paris 1874, 541, 544.
— Geologische Beschreibung der Säntisgruppe. Text zur Spezialkarte des Säntis von Arnold Escher von der Linth. - Beitr. z. geol. K. d. Schw., 13. Lfrg, Bern 1878, 262 S., 144 Abb., 6 T.
— Zur Paläontologie des Säntisgebirges. (Petrefakten aus d. Kreide.) - Beiträge z. geol. K. d. Schw., 13. Lfrg, Nachtr., Bern 1878, 15 S. u. Zürich (Füßli) 1878, 15 S.

— Nachweis vom roten Liaskalk mit Pentacriniten auf der Laretalp bei St. Moritz. - EgH 5, 1897, 232.
— Sur un gisement de calcaire rouge du lias avec débris de pentacrines sur l'Alp Laret près de St. Moritz. - Arch. d. sc. phys. et nat., 4, Genève 1897, 473. - Bespr. Ebd. 6, 1898, 351; EgH 5, 1898, 430; Jber. Natf. Ges. Grbd. NF, 42, Chur 1899, 120.
Moscheles J. Die Darwinsche Rifftheorie im Lichte geomorphologischer Forschung. - GR 11, 1920, 103-115.
Münichsdorfer F. Über Almbildung und einen interglazialen Alm in Südbayern. - Geogn. Jh., 40, 1927, 59-86. - Bespr. NJb. 1929/3, 220.
Münster G. Graf zu. Die Kalkmergellager von St. Cassian und die darin befindlichen Ceratiten. - Leonh. u. Bronns Jb., 1834, 1-15, 2 Taf.
— Fische und Caulerpit von Seefeld. - Leonh. u. Bronns Jb., 1836, 581.
— Schreiben an den Herausgeber von Leonhard. (Über Paläont. von Häring. S. auch NJb. 1838, 1, 53). - Z. Ferdin., 4, Innsbruck 1838, 228-229.
— u. **Wissmann H. L.** Beiträge zur Geognosie und Petrefaktenkunde des südöstlichen Tirols, vorzüglich der Schichten von St. Cassian. - Beitr. z. Petrefaktenkunde, 4, Bayreuth 1841, 152 S., 16 Taf.
Murchison R. J. On the Bituminous Schist and Fossil Fish of Seefeld in Tyrol. - The Philos. Mag. or Ann. of Chem. etc., v. 5, Nr. 31, London 1829, July-Dec., 19.
— Über die bituminösen Schiefer und fossilen Fische von Seefeld. - Leonh. u. Bronns Jb., 1830, 125.
— Über den Gebirgsbau in den Alpen, Apenninen und Karpathen ... und über die Entwicklung eozäner Ablagerungen im südlichen Europa. - Bearbeitet von G. Leonhard. Stuttgart 1850, 162 S., 1 T. - Bespr. Bl. 7. (Engl.: Quart. Journ. Geol. Soc., 19, London 1849, 312 S., 1 K.; Ital : von Savi u. Meneghini, Firenze 1850/51.)
Murr J. Eine Umgehung des Höhenberges bei Innsbruck. - Deutsche bot. Monatsschr., 4, 1886, 150ff., 162ff.
— Zur Diluvialflora des nördlichen Tirols. - Österr. bot. Z., 38, 1888, 297ff.
— Über die Einschleppung und Verwilderung von Pflanzenarten im mittleren Nordtirol. - Bot. Zentralbl., 33, 1888, 121ff.
— Frau Hitt und Hafelekar im Innsbrucker Kalkgebirge. - Allgem. bot Z., 2, 1892, 120ff., 150ff.
— Zur Diluvialflora der Ostalpen. - Deutsche bot. Monatsschr., 10, 1892, 97ff.
— Glazialrelikte in der Flora von Nord- und Südtirol. - Allgem. bot. Z., 4, 1898, 175 ff.
— Zur Flora der Höttinger Breccie. - Österr. bot. Z., 1913, Nr. 3.
— Der Feldkircher Gaultsandstein. - Feldkircher Anzeiger, 1920, Nr. 53, 58.
— Aus Innsbrucks Pflanzenleben. Die fossile interglaziale Flora der Höttinger Breccie. - Tiroler Anzeiger v. 24. 12. 1924, 19. 2., 15. 6. u. 20. 8. 1925.
— I resti della flora glaciale nei dintorni di Trento. - Riv. di studi trentini, Trento 1925, a. 3, f. 3.
— Neue Übersicht über die fossile Flora der Höttinger Breccie. - JbBA 1926, 153-170, 2 Taf. - Bespr. GZ 34/353; Z. f. Glkde, 15, 1927, 320; NJb. 1928/3, 55.
— Die Höttinger Interglazialflora. - Allgem. Bot. Z., Karlsruhe (Kneucker) 1926, 37-39.
— Die pflanzliche Besiedlung des Innsbrucker Gebietes seit der Eiszeit. - Tiroler Anzeiger, Nr. 93-96 vom 22.-25. April 1929.
— Vom Ursprung des Menschen. - Tiroler Anzeiger, Nr. 236 v. 12. 10. 1929, 3 Sp.
— Der dreifache Reliktengürtel der österreichischen Ostalpen. - Ungarische Botanische Blätter, 1931, H. 1/12, 33-41. - Bespr. Z. f. Glkde, 19, 1931, 355.
Mutschlechner G. Geologie der St. Vigiler Dolomiten. - JbBA 1932, 163-273, K. 1:25000 (mit P. Maibauer), 1 Taf., 10 Fig. - Bespr. Z. f. Glkde, 20, 1932, 508; GZ 48 A/1089.
— Ein Ammonitenfund in den Partnachschichten an der Saile bei Innsbruck. - VBA 1933, 63-65. - Bespr. GZ 50 A/1078, 4 B/1111.
— Cephalopodenfauna im Grödner Sandstein. (Vorbericht.) - VBA 1933, 136. - Bespr. GZ 52 A/1837.
Nathan H. Eine zwischeneiszeitliche Molluskenfauna aus Südbayern. - Abh. Geol. Ldsuntersuchg d. Bayer. Oberbergamtes, H. 3, München 1931, 31-42, 2 Taf. - Bespr. GZ 46 A/252, 1 B/397.
Naumann E. Die Fauna der Pfahlbauten im Starnberger See. - Inaugdiss.; Arch. f. Anthrop., 8, Braunschweig 1875, 52 S.
Negri A. Rapporti della paleontologia colla geologia stratigrafica, dimonstrata con esempli tratti dallo studio della regione veneta. - Atti d. Soc. Ven.-Trent. di Sc. Nat. di Padova, v. 12, f. 1, 1890, Padova 1891, 74-133. - Bespr. NJb. 1895/1, 143; Boll. Com. geol. d'It., 23, 1892, 285.
— Sopra alcuni fossili raccolti nei calcari grigi dei Sette Comuni. - Boll. d. Soc. geol. it., v. 10, f. 2, Roma 1891, 309-331. - Bespr. VRA 1892, 202; Boll. Com. geol. d'It., 23, 1892, 285.
— Trionici eocenici ed oligocenici del Veneto. - Mem. di Mat. e di Fis. d. Soc. it. di Sc., s. 2, t. 8, Napoli 1892. - Bespr. NJb. 1898/1, 145; Boll. Com. geol. d'It., 24, 1893, 303.
— Osservazioni sopra la caverna della Fornace presso Cornedo e sopra i resti di Mammiferi in essa rinvenuti. - Atti R. Ist. Ven., 6, Venezia 1895, 943-957.
Neumayr M. Aus den Sette Comuni. - VRA 1871, 165-169.
— Die Umgebung von Reutte in Tirol. (Lechtal.) - VRA 1872, 270-271.
— Die Fauna der Schichten mit Aspidoceras acanthicum. - Abh. RA, 5, H. 6, 1873, 141-257, 13 T.
— Die Zone der Terebratula Aspasia in den Südalpen. - VRA 1877, 177-178.
— Zur Kenntnis der Fauna des untersten Lias in den Nordalpen. - Abh. RA, 7, H. 5, 1879, 1-46, 7 T.
— Über den Lias im südöstlichen Tirol und in Venetien. - NJb. 1881/1, 207-226. - Bespr. Boll. Com. geol. d'It., 12, 1881, 257; Bl. 573.
— Die Tierwelt der Juraformation. - Schr. d. Ver. z. Verbr. natwiss. Kenntn., 24, Wien 1884, 381-427.
Neviani A. Sulla „Ophioglypha (Acroura) granulata" Benecke sp., del Muschelkalk di Recoaro. - Boll. Soc. geol. it., 11, Roma 1893, 214-221. - Bespr. Boll. Com. geol. d'It., 24, 1893, 304.
Nicolis E. Note sulle formazioni eoceniche comprese fra la valle dell'Adige, quella d'Illasi ed i Lessini. - Cronaca Alpina 1879-80, Verona 1880, 50 S., 1 K.; Auszug: Boll. Com. geol. d'It., 12, 1881, 172-175. - Bespr. VRA 1882, 109.
— Carta geologica della provincia di Verona. - Estr. d. Mem. d. Accad. d'Agricolt. ecc., Verona

1882, 4 Bl. 1:75000. - Bespr. VRA 1883, 82; NJb. 1883/2, 83; Boll. Com. geol. d'It., 13, 1882, 221.

— Sistema liasico-giurese della provincia di Verona. - Estr. d. Memor. d. Accad. d'Agricoltura ecc. di Verona, v. 58, s. 3, f. 2, Verona 1882, 94 S. - Bespr. VRA 1883, 82; NJb. 1883/2, 83; Boll. Com. geol. d'It., 13, 1882, 221.

— Note illustrative alla Carta geologica della provincia di Verona. - Verona 1882, 140 S., 1 T. - Bespr. VRA 1883, 82; NJb. 1883/2, 83; Boll. Com. geol. d'It., 13, 1882, 221.

— Note di geologia veronese. - Boll. Soc. geol. it., v. 1; f. 2, Roma 1883, 162-164.

— Sul terziario nelle Prealpi retiche ad oriente del lago di Garda. - Boll. Soc. geol. it., v. 2, f. 2, Roma 1883, 171-175.

— Oligocene e miocene nel sistema del Monte Baldo (Prealpi retiche). - Verona 1884, 48 S., 4 T. - Bespr. VRA 1884, 325; NJb. 1888/1, 306; Bl. 634; Boll. Com. geol. d'It., 15, 1884, 281.

— Della posizione stratigrafica delle palme e del coççodrillo fossili scoperti nel bacino di Bolca. - Verona 1884, 8 S. - Bespr. NJb. 1887/1, 385; Boll. Cam. geol. d'It., 15, 1884, 285.

— e **Parona C. F.** Note stratigrafiche e paleontologiche sul giura superiore della provincia di Verona. - Boll. Soc. geol. it., v. 4, 1885, Roma 1886, 1-96, 4 T. - Bespr. NJb. 1886/2, 79; VRA 1885, 405; Bl. 657; Boll. Com. geol. d'It., 1886, 114; 1887, 316.

Nicolis E. Le marne di Porcino Veronese ed i loro paralleli. - Atti R. Ist. Ven., s. 6, t. 5, f. 7, Venezia 1887, 32 S., mehr. Abb. - Bespr. Boll. Com. geol. d'It., 19, 1888, 313; VRA 1887, 342; Bl. 714.

— Sopra uno scheletro di teleosteo scoperto nell'Eozene medio di valle d'Avesa. - Atti Acc. d'Agric., Arti e Comm. di Verona, s. 3, v. 65, Verona 1888. - Bespr. Boll. Com. geol. d'It., 20, 1889, 319.

— Breve illustrazione degli spaccati geologici delle prealpi settentrionali. - Atti Acc. d'Agr., Arti e Comm. di Verona, s. 3, v. 66, Verona 1888. - Bespr. Boll. Com. geol. d'It., 20, 1889, 319.

— Cenni storici, guida e catalogo ragionato del Museo dell'Accademia d'Agricoltura, Arti e Commercio di Verona. - Atti Acc. d'Agr., Arti e Comm. di Verona, s. 3, v. 65, Verona 1889. - Bespr. Boll. Com. geol. d'It., 21, 1890, 422.

— Resti di Mosasauriano nella scaglia rossa (cretaceo superiore) di Valpantena in provincia di Verona. - Atti R. Ist. Ven., s. 8, t. 2, d. 7, Venezia 1900, 497-503. - Bespr. Boll. Com. geol. d'It., 32, 1901, 336.

Nopcsa F. Bar. Bericht über die i. J. 1902 durchgeführte Untersuchung von Tribelesodon longobardicus Bass. - Sber. Ak. d. Wiss. Wien, math.-nat. Kl., 1922, 2 S.

— Neubeschreibung des Trias-Pterosauriers Tribelesodon. - Paläont. Z., 5, 1922, 161-181, 1 Taf., 7 Abb.

— Bemerkungen und Ergänzungen zu G. v. Arthabers Arbeit über Entwicklung und Absterben der Pterosaurier. - Paläont. Z., 6, 1924, 80-91.

— Die Reptilien der Gosau in neuer Beleuchtung. - Zbl. f. Min., Abt. B, 1926, 520-523.

Nöth L. Über Ophiurenreste aus den Werfener Schichten der Dolomiten. - Zbl. f. Min., 1927, Abt. B, 426-432, 3 Abb.

Nüesch J. Arbeiten über das Schweizersbild. - Siehe Abschn. Rheingebiet u. Höhlenkunde.

Obermaier H. Das geologische Alter des Menschengeschlechtes. - Mitt. Geol. Ges. Wien, 1, 1908, 290-315. Diskussion 316-322.

— Les formations glaciaires des Alpes et l'homme paléolithique. - L'Anthropologie, 20, 1909, 497-522. - Bespr. GZ 14/818; Boll. Com. geol. d'It., 41, 1910, 348.

— Der Mensch der Vorzeit. - Berlin-München-Wien (Allgem. Verl. Ges.), 1, 1912, 592 S., mehr. K. - Bespr. PetMitt., 59, 1913/2, 162; Naturwiss. Wochenschr., NF, 13, 1914, 750; Prähist. Z., 5, 1913, 577; Wr. Prähist. Z., 1, 1914, 79; Mannus, 6, 1914, 230.

Obst E. Fritz Frech †. - PetMitt., 64, 1918, 29.

Odoardi. Dei testacei ed altri marini corpi che nel Feltrino distretto si ritrovano. - 1768.

Ogilvie M. Preliminary Note on the Sequence and Fossils of the Upper Triassic Strata of the Neighbourhood of St. Cassian, Tyrol. - Geol. Mag., NS, dec. 3, v. 9, London 1892, 145. - Bespr. NJb. 1894/1, 132; Boll. Com. geol. d'It., 24, 1893, 306.

— Contributions to the Geology of the Wengen and St. Cassian Strata in Southern Tyrol. - Absts. of the Proceed. of the Geol. Soc. of London, n. 594, 1892; Quart. Journ. Geol. Soc., v. 49, London 1893, 78 S. - Bespr. NJb. 1894/1, 132; Bl. 850; Boll. Com. geol. d'It., 24, 1893, 306; 25, 1894, 329.

— Corals in the „Dolomits" of South Tyrol. - Geol. Mag., dec. 4, v. 1, Nr. 355, 356, London 1894, 1-10, 49-60. - Bespr. NJb. 1895/1, 103; Bl. 879; Boll. Com. geol. d'It., 26, 1895, 478.

— Die Korallen der Stramberger Schichten. - 7. Abt. der „Pal. Studien ...", Stuttgart (Schweizerbart) 1896 u. 1897, 73-282, Atlas. - Bespr. VRA 1898, 175; NJb. 1898/2, 150.

Ogilvie-Gordon M. Über die obere Cassianer Zone an der Falzaregostraße (Südtirol). - VRA 1900, 306-322. - Bespr. NJb. 1901/2, 121; GZ 1/1282; Boll. Com. geol. d'It., 32, 1901, 338.

— On the Fauna of the Upper Cassian Zone in the Falzarego Valley, South-Tyrol. - Geol. Mag., dec. 4, v. 7, 1900, 337-349. - Bespr. NJb. 1903/1, 123; GZ 1/551.

— Leithorizonte in der Eruptivserie des Fassa-Grödengebietes. - VRA 1913, 163-170. - Bespr. GZ 21/759.

— Das Vorkommen von Diplopora annulatissima im Langkofelgebiet. - VBA 1925, 187-192. - Bespr. NJb. 1928/3, 227.

— Geologisches Wanderbuch der westlichen Dolomiten. - Wien 1928 (Freytag u. Berndt), 258 S., K. 1:25000, 3 Taf., 100 Fig. - Bespr. VBA 1929, 99; Österr. Touristenztg, 1929, 45; NJb. 1929/3, 524; GR 22, 1931, 347; GZ 42/1272, 45/138; Mitt. Geolog. Ges. Wien, 21, 1928, 158; Z. f. Geomorph., 5, 1930, 143; Der Schlern, 10, 1929, 331; Mitt. DÖAV, 1929, 159; Studi Trent. Sc. Nat., 10, 1929, 74.

— Geologie des Gebietes von Pieve (Buchenstein), St. Cassian und Cortina d'Ampezzo. - JbBA 1929, 357-424, 2 K. 1:25000, 2 Taf., 17 Abb. - Bespr. GZ 45/136.

Ohnesorge Th. Bericht über geologische Untersuchungen um Wald und Krimml im Oberpinzgau. - Anz. Ak. d. Wiss. Wien, 66, 1929, 200-202. - Bespr. GZ 45/142.

Omboni G. Denti di ippopotamo d. aggiungersi a. fauna foss. d. Veneto. - 1880.

— Su due denti d'Hippopotamus major scoperti presso Asolo. - 1880.

— Dei fossili triasici del Veneto che furono descritti e figurati dal prof. T. A. Catullo. - Atti d.

R. Ist. Ven. di Sc., Let. ed Arti, v. 8, s. 5, Venezia 1882. - Bespr. NJb. 1883/1, 287.
— Delle Ammoniti del Veneto che furono descritte e figurate da T. A. Catullo. - Atti R. Ist. Ven. di Sc., Let. ed Arti, t. 2, s. 6, 1884, 41 S. - Bespr. NJb. 1885/2, 184.
— Penne fossili del Monte Bolca. - Atti R. Ist. Ven. d. Sc., Let. ed Arti, t. 3, s. 6, Venezia 1885, 7 S. - Bespr. NJb. 1886/1, 109.
— Di alcuni insetti fossili del Veneto. - Atti R. Ist. Ven. di Sc., Let. ed Arti, 1886, t. 4, s. 6, 14 S. - Bespr. NJb. 1889/1, 312; Boll. Com. geol. d'It., 18, 1887, 317.
— Il Coccodrillo fossile (Steneosaurus Barettoni Zigno) di Tresche, nei Sette Comuni. - Atti R. Ist. Ven. di Sc., Let. ed Arti, t. 1, s. 7, Venezia 1890, 987–1006. - Bespr. NJb. 1892/1, 414; Boll. Com. geol. d'It., 22, 1891, 188.
— Frutto fossile di Pino (Pinus priabonensis n. sp.) da aggiungersi alla flora fossile terziaria del Veneto. - Atti R. Ist. Ven. Sc., Let. ed Arti di Venezia, 1892, s. 7, t. 3. - Bespr. Boll. Com. geol. d'It., 24, 1893, 357.
— Denti di Lophiodon degli strati eocenici del Monte Bolca. - Atti R. Ist. Ven., s. 8, t. 3, d. 8, Venezia 1901, 631–638. - Bespr. Boll. Com. geol. d'It., 33, 1902, 229.

Oppel A. Die Juraformation Englands, Frankreichs und des südwestlichen Deutschland. - Stuttgart 1856–1858.
— Entdeckung von Kreidegestein in der Schichtenfolge bei Vils. - NJb. 1861, 675.
— Über die Brachiopoden des unteren Lias. - Z. DGeolGes., 13, 1861, 529–550, 4 T.
— Über die weißen und roten Kalke von Vils in Tirol. - Württembg. natwiss. Jh., 17, 1861, 40 S., 2 Taf. - Bespr. NJb. 1861, 353; Bl. 166.
— Paläontologische Mitteilungen aus dem Museum des K. Bayr. Staates. 1. Jurassische Crustaceen. 2. Fährten im lithogr. Schiefer. 3. Über Cephalopoden. - Stuttgart 1862, 266 S., 74 Taf. - Bespr. NJb. 1863, 374; 1864, 503.
— Über das Vorkommen von jurassischen Posidonomyen-Gesteinen in den Alpen. - Z. DGeolGes., 15, 1863, 188–217, 3 T. - Bespr. NJb. 1863, 625; Bl. 191.
— Die tithonische Etage. - Z. DGeolGes., 17, 1865, 535–558. - Bespr. NJb. 1866, 239.
— Über neue Erfunde aus dem schwarzen Kalke von Sintwag bei Reutte in Tirol. - NJb. 1866, 75–76.
— u. **Zittel K. A.** Paläontolog. Mitteilungen aus dem Museum des Kgl. Bayer. Staates. 2. Bd, 1. Abt. Die Cephalopoden der Stramberger Schichten. - Stuttgart 1868, 118 S., Atlas. - Bespr. NJb. 1869, 251.

Oppenheim P. Die Land- und Süßwasserschnecken der Vicentiner Eozänbildungen; eine paläontologisch-zoographische Studie. - Sber. Ak. d. Wiss. Wien, math.-natw. Kl., 19, 1889. - Bespr. Boll. Com. geol. d'It., 21, 1890, 422; 22, 1891, 192.
— Die Land- und Süßwasserschnecken der Vicentiner Eozänbildungen. - Denkschr. Ak. d. Wiss. Wien, 57, 1890, 113–150, 5 T. - Bespr. VRA 1891, 198, 302; NJb. 1892/1, 436; 1893/1, 181; Boll. Com. geol. d'It., 22, 1891, 192.
— Faunistische Mitteilungen aus dem Vicentinischen Tertiär. - Z. DGeolGes., 42, 1890, 607–609. - Bespr. Boll. Com. geol. d'It., 22, 1891, 190; NJb. 1893/2, 169.
— Erwiderung auf L. v. Tausch: „Bemerkungen zu P. Oppenheims Arbeit: Die Land- und Süßwasserschnecken der Vicentiner Eozänbildungen." - VRA 1891, 302–309. - Bespr. Boll. Com. geol. d'It., 23, 1892, 289.
— Neue Fundpunkte von Binnenmollusken im Vicentinischen Eozän. - Z. DGeolGes., 1892, 500–503. - Bespr. NJb. 1894/1, 363; Boll. Com. geol. d'It., 24, 1893, 358.
— Die eozäne Fauna des Monte Pulli bei Valdagno im Vicentino. - Z. DGeolGes., 1894, 309–445, 10 Taf. - Bespr. VRA 1897, 171; NJb. 1896/2, 148; Boll. Com. geol. d'It., 26, 1895, 479.
— Über die Nummuliten des Vicentinischen Tertiärs. - Berlin 1894, 28 S., 1 Taf. - Bespr. NJb. 1897/1, 191; Boll. Com. geol. d'It., 26, 1895, 479.
— Neue Binnenschnecken aus dem Vicentiner Eozän. - Z. DGeolGes., 47, 1895, 57–193, 2 Taf. - Bespr. NJb. 1897/2, 391; Boll. Com. geol. d'It., 27, 1896, 438.
— Das Alttertiär der Colli Berici in Venetien, die Stellung der Schichten von Priabona und die oligozäne Transgression im alpinen Europa. - Z. DGeolGes., 48, 1896, 27–152, 4 Taf. - Bespr. NJb. 1898/2, 302; VRA 1896, 335; Boll. Com. geol. d'It., 28, 1897, 292.
— Die Eozänfauna des Monte Postale bei Bolca im Veronesischen. - Palaeontographica v. Zittel, 43, 1896, 125–221, 3 Taf. - Bespr. NJb. 1898/1, 334; Boll. Com. geol. d'It., 28, 1897, 293.
— Il terziario antico nei Colli Berici, le faune di Zovencedo e di Grancona e la posizione del complesso di Priabona. Nota preventiva. - Riv. it. di Pal., an. 2, f. 1, Bologna 1896, 50–54. - Bespr. Boll. Com. geol. d'It., 28, 1897, 291.
— Sui molluschi eocenici del M. Postale, descritti dal Dr. P. E. Vinassa de Regny. - Rivista it. di Pal., an. 2, f. 2, Bologna 1896, 102–106. - Bespr. Boll. Com. geol. d'It., 28, 1897, 291.
— A proposito dei tufi glauconitici di Zovencedo. - Riv. it. di Pal., a. 2, f. 3, Bologna 1896, 164. - Bespr. Boll. Com. geol. d'It., 28, 1897, 291.
— Paläontologiche Miszellaneen: Über einige Echiniden des venetianischen und Südtiroler Tertiärs. - Z. DGeolGes., 50, 1898, 150–167, 2 Taf. - Bespr. NJb. 1900/2, 161; Boll. Com. geol. d'It., 30, 1899, 290.
— Lambertia Gardinalei n. g., n. s., ein neuer Spatangide aus dem Vicentinischen Tertiär. - Z. DGeolGes., 51, 1899, Prot., 28–32.
— Über Miozän (Helvétien) in der unmittelbaren Umgebung Veronas. - Z. DGeolGes., 51, 1899, 168–174. - Bespr. Boll. Com. geol. d'It., 31, 1900, 303.
— I supposti rapporti dei Crostaçei terziarii di Ofen descritti da Loerenthey con quelli veneti. - Riv. it. di Pal., a. 5, f. 2, Bologna 1899, 55–61.
— Il miocene di Verona ed il Pecten Besseri degli autori. - Riv. it. di Pal., a. 4, f. 2, Bologna 1900, 92–95. - Bespr. NJb. 1901/2, 129; Boll. Com. geol. d'It., 32, 1901, 343.
— Über eine riesige Perna (Pachyperna n. sbg. laverdana n. sp.) aus dem Alttertiär Venetiens und die übrigen Perniden des Gebietes. - Z. DGeolGes., 52, 1900, 237–243, 3 Taf. - Bespr. Boll. Com. geol. d'It., 32, 1901, 339.
— Beiträge zur Kenntnis des Oligozän und seiner Fauna in den venetianischen Voralpen. - Z. DGeolGes., 52, 1900, 243–326, 3 T. - Bespr. Boll. Com. geol. d'It., 32, 1901, 340.
— Sopra due nuovi Pecten del Miocene di Bassano. - Riv. it. di Pal., a. 6, f. 1, Bologna 1900, 25–30, 1 T. - Bespr. NJb. 1903/1, 168; Boll. Com. geol. d'It., 32, 1901, 342.

— Nuovi molluschi e vermi oligocenici del Veneto. - Riv. it. di Pal., a. 6, f. 1, Bologna 1900, 30–39, 1 T. - Bespr. Boll. Com. geol. d'It., 32, 1901, 342.

— Die Priabonaschichten und ihre Fauna im Zusammenhang mit gleichalterigen und analogen Ablagerungen vergleichend betrachtet. - Palaeontographica, 47, Stuttgart 1900/1901, 348 S., 21 Taf. - Bespr. Boll. Com. geol. d'It., 32, 1901, 343.

— Über einige alttertiäre Faunen der Öst.-Ung. Monarchie. - Beitr. z. Pal. u. Geol. Öst.-Ung. u. des Orients, 13, Wien 1901, 145–277, 9 Taf., 7 Abb.

— Über das Eozän in Friaul. - In: Über einige alttertiäre Faunen etc. In: Beitr. zur Pal. u. Geol. Österr.-Ung. u. des Orients, 13, Wien 1901, 169–186, 2 Abb. - Bespr. Boll. Com. geol. d'It., 33, 1902, 230.

— Zur venetianischen Kreide. - Z. DGeolGes., 54, 1902, Briefl. Mitt., 94–99. - Bespr. GZ 3/1702; Boll. Com. geol. d'It., 34, 1903, 400.

— Revision der tertiären Echiniden Venetiens und des Trentino unter Mitteilung neuer Formen. - Z. DGeolGes., 54, 1902, 159–283, 3 T.; Nachtrag, ebd. in Briefl. Mitt., 1902, 66–71. - Bespr. VRA 1902, 335; NJb. 1905/2, 149; Boll. Com. geol. d'It., 34, 1903, 399, 400.

— Ancora il Miocene di Verona. - Riv. it. di Pal., a. 8, f. 2–3, Bologna 1902, 67–69. - Bespr. NJb. 1904/2, 260; GZ 3/858; Boll. Com. geol. d'It., 34, 1903, 400.

— Über ein überraschendes Auftreten von Exogyra columba Lk. bei Crespano Veneto. - Zbl. f. Min., 1902, 500–503. - Bespr. Boll. Com. geol. d'It., 34, 1903, 400.

— Über die Überkippung von S. Orso, das Tertiär des Tretto und Fauna wie Stellung der Schioschichten. - Z. DGeolGes., 55, 1903, 98–235, 2 T. - Bespr. GZ 5/61; Boll. Com. geol. d'It., 35, 1904, 405.

— Bemerkungen zu der neuen Korallenarbeit der Sign. Osasco. - Zbl. f. Min., 1903, 484–492. - Bespr. Boll. Com. geol. d'It., 35, 1904, 405.

— Über die Nummuliten- u. Flyschbildungen der Schweizer Alpen, im Anschlusse an das gleichlautende Werk von Dr. Arnold Heim. - Zbl. f. Min., 1910, 243–249, 280–285. - Bespr. GZ 15/1559; EgH 11, 1910, 650; Boll. Com. geol. d'It., 42, f. 3, 1911, 89.

— Bemerkungen zu W. Kranz: „Das Tertiär zwischen Castelgomberto, Montecchio Maggiore, Creazzo und Monteviale im Vicentin" und Diskussion verschiedener dort berührter Fragen, zumal der Stellung der Schioschichten und der Grenze zwischen Oligozän und Miozän. - NJb. Bbd 35, 1913, 549–627, 1 T. - Bespr. GZ 20/364.

— Die Anthozoen der Gosauschichten in den Ostalpen. - Berlin-Lichterfelde 1930, 576 S., 48 Taf.; Auszug: Der Geologe, Nr. 48, Leipzig (Weg) 1931, 1486–1488. - Bespr. NJb. 1931/3, 88; GZ 2 B/659.

Osasco E. Contribuzione allo studio dei coralli cenozoici del Veneto. - Palaeontogr. it., 8, Pisa 1902, 99–120, 2 T. - Bespr. Boll. Com. geol. d'It., 34, 1903, 401; 35, 1904, 405; Zbl. f. Min., 1903, 484.

Osswald K. Mesozoische Conulariiden. - Zbl. f. Min., 1918, 337–344, 4 Abb.

— Raineria nov. gen. Ein Selachier-Rostrum aus dem alpinen Rhät. (Risserkogelgruppe.) - Z. DGeolGes., 80, Abh., 1928 (1929), 496–510, 1 Taf. - Bespr. GZ 41/377; NJb. 1931/3, 293.

— Über einige Rätfossilien aus dem Risserkogelgebiete (südlich Tegernsee). - Jb. Preuß. Geol. Lds-Anst., 50, T. 2, Berlin 1930, 733–750, 1 Taf., 3 Abb. - Bespr. GZ 44/1135.

Otto B. Mutmaßliche Versteinerung in Bündten. - Der Sammler, 3, Chur 1782, 192–197.

Pagani U. Avanzi di vertebrati quaternarii scavati a Navezze (Gussago) presso Brescia. - Boll. Soc. geol. it., v. 29, f. 3–4, Roma 1911, 477–486.

Paglia E. Il Villafranchiano nei dintorni del Lago di Garda. - Rendic. di R. Istit. Lomb., s. 2, v. 22, f. 2, Milano 1889. - Bespr. NJb. 1891/1, 136; Bl. 770; Boll. Com. geol. d'It., 21, 1890, 423.

Paleobotaniche ricerche sulle torbiere. - Studi Trent. Sc. Nat., 10, 1929, 236–237.

Palla E. Zur Frage der Palmennatur der Cyperites ähnlichen Reste der Höttinger Breccie. - VRA 1887, 136–139.

Parenzan P. Esplorazione biologica dell'Alpe di Soprasasso (Trento); fauna di laghetti glaciali; considerazioni sui Cladoceri e descrizione di una nuova specie. - Mem. Mus. Stor. Nat. Venez. Trid., a. 1, Trento 1931, f. 1–2, 83–92, 1 Taf., 1 Fig.

Parona C. F. Contribuzione allo studio della fauna liasica di Lombardia. - Rend. d. R. Ist. Lomb. di Sc. e Let., s. 2, v. 12, f. 14–18, Milano 1879, 654–664.

— Il calcare liassico di Gozzano e i suoi fossili. - Atti R. Acc. d. Linc., Roma 1880.

— Di alcuni fossili titonici nei dintorni di Caprino e Longarone nel Veneto. - Atti R. Ist. Ven., Venezia 1880, v. 6, sez. 5.

— I fossili degli strati a Posidonomya alpina di Camporovere nei Sette Comuni. - Atti Soc. it. d. Sc. nat., v. 23, Milano 1880, 244–277. - Bespr. Boll. Com. geol. d'It., 12, 1881, 254.

— Di alcuni fossili del Giura superiore racc. nelle alpi Venete occidentali. - Estr. d. Rend. d. R. Ist. Lomb., s. 2, v. 4, f. 14–17, Milano 1881, 647–655. - Bespr. NJb. 1882/2, 282.

— Sopra i lembi pliocenici situati tra il bacino del lago d'Orta e la val Sesia e sul'altopiano di Boca e di Maggiore. - Boll. Soc. geol. it., v. 1, f. 2, Roma 1882, 239–257. - Bespr. NJb. 1884/2, 383.

— Esame comparativo della fauna dei varî lembi pliocenici lombardi. - Rend. Ist. Lomb., s. 2, v. 16, f. 12, Milano 1883, 13 S. - Bespr. Arch. d. sc. phys. et nat., t. 11, 371; Rev. géol. suisse p. l'a. 1883, Genève 1884, 61.

— e **Bonardi E.** Ricerche micropaleontologiche sulle argille del bacino lignitico di Leffe in Val Gandino. - Atti Soc. it. Sc. nat., 26, Milano 1883, 182–209, 1 T.

Parona C. F. u. Canavari M. Brachiopodi oolitici di alcune località dell'Italia settentrionale (Croce di Segan in Val Tesino, S. Vigilio, Monte Grappa). - Atti d. Soc. Tosc., Mem., v. 5, f. 2, Pisa 1883, 331–350, 3 T. - Bespr. VRA 1883, 162; NJb. 1884/1, 365; Boll. Com. geol. d'It., 14, 1883, 256.

Parona C. F. Sopra alcuni fossili des Lias inferiore di Carenno, Nese ed Adrara nelle Prealpi Bergamasche. - Atti Soc. it. d. Sc. nat., 27, Milano 1884, 12 S., 1 T. - Bespr. NJb. 1885/2, 110; VRA 1885, 96.

— I Brachiopodi liassici di Saltrio e Arzo nelle Prealpi Lombarde. - Mem. d. R. Ist. Lomb., 15, 1885, 227–262, 6 T. - Bespr. NJb. 1886/2, 129; Arch. d. sc. phys. et nat., 15, 233; Rev. géol. suisse p. l'a. 1885, Genève 1886, 33.

— Sulla età degli strati a Brachiopodi della Croce di Segan in Val Tesino. - Estr. d. proc. verb. d.

Soc. Tosc. d. Sc. nat., Pisa 1885, v. 1, 5 S. - Bespr. VRA 1885, 204.

— Contributo alla studio dei Megalodonti. - Atti Soc. it. di Sc. nat., v. 30, Milano 1888, 355–363.

— Note paleontologiche sul Lias inferiore nelle Prealpi Lombarde. - Rend. R. Ist. Lomb., s. 2, v. 22, f. 8, Milano 1889, 299–311. - Bespr. NJb. 1890/1, 438; Boll. Com. geol. d'It., 21, 1890, 425.

— Studio monografico della fauna Raibliana di Lombardia. - Mem. prem. d. R. Ist. Lomb. d. Sc. e Let., Pavia 1889, 156 S., 13 T. - Bespr. VRA 1889, 328; NJb. 1890/1, 112; Bell. Com. geol. d'It., 21, 1890, 425.

— Brevi notizie sulla fauna carbonifera del Mte Pizzul in Carnia. - Boll. Soc. geol. it., v. 9, f. 1, 1890, 56–85. - Bespr. NJb. 1893/2, 376; Boll. Com. geol. d'It., 22, 1891, 246.

— Radiolarie nei noduli selciosi del calcare giurese di Cittiglio presso Laveno. - Boll. Soc. geol. it., v. 9, f. 1, 1890, 132–175, 6 T. - Bespr. Boll. Com. geol. d'It., 22, 1891, 246.

— Sopra alcuni fossili del Biancone veneto. - Atti R. Ist. Ven. di Sc. ecc., s. 7, v. 1, Venezia 1890, 277–301. - Bespr. Boll. Com. geol. d'It., 22, 1891, 245.

— I fossili del Lias inf. di Saltrio in Lombardia. Gasteropodi. - Atti Soc. it. di Sc. nat., 33, Milano 1890, 3–37, 3 T.; Boll. Soc. malacol. it., 18, 1894, 161–184, 2 T. - Bespr. NJb. 1892/1, 560; 1895/2, 178; Boll. Com. geol. d'It., 22, 1891, 245; 26, 1895, 482.

— La fauna fossile (calloviana) di Acque Fredde sulla sponda veronese del Lago di Garda. - Mem. R. Acc. d. Linc., s. 4, v. 7, Roma 1894, 365 ff., 1 T. - Bespr. VRA 1894, 179; NJb. 1895/1, 369; Boll. Com. geol. d'It., 26, 1895, 483.

— Appunti per lo studio del Lias lombardo. - Rend. R. Ist. Lomb., s. 2, v. 27, f. 14, Milano 1894. - Bespr. NJb. 1897/2, 323; Boll. Com. geol. d'It., 26, 1895, 482.

— Nuove osservazioni sopra la fauna e l'età degli strati con Posidonomya alpina nei Sette Comuni. - Pal. ital. Mem. di Pal. pubbl. nel Museo Geol. d. R. Univ. di Pisa sotto la dir. d. prof. M. Canavari, 1, Pisa 1895, 1–42, 2 T. - Bespr. VRA 1897, 108; NJb. 1897/1, 119; 1898/1, 357; Boll. Com. geol. d'It., 28, 1897, 296.

— Contribuzione alla conoscenza delle Ammoniti liasiche di Lombardia. - Parte I: Ammoniti del Lias inf. del Saltrio; Abh. Schw. pal. Ges., v. 23, Genf 1896, 45 S., 8 T. - Bespr. VRA 1897, 182; NJb. 1898/1, 556; EgH 5, 1898, 320; Boll. Com. geol. d'It., 30, 1899, 79; Arch. d. sc. phys. et nat. de Genève, 4, Genève 1897, 571.

— Considerazioni sulla serie del giura superiore e dello infracretaceo in Lombardia a proposito del rinvenimento di fossili del piano barremiano. - Rend. R. Ist. Lomb. d. Sc. e Lett., s. 2, v. 29, f. 4, 1896, 243–246. - Bespr. Boll. Com. geol. d'It., 28, 1897, 296.

— I fossili del Lias inferiore di Saltrio in Lombardia. Parte terza: Nautili. - Boll. Soc. malac. ital., v. 20, Modena 1896, 7–20. - Bespr. Boll. Com. geol. d'It., 28, 1897, 296; NJb. 1897/2, 551.

— Contribuzione alla conoscenza delle Ammoniti liasiche di Lombardia. - Parte II. Di alcune Ammoniti del Lias medio. - Mém. Soc. pal. Suisse, 24, 1897, 19 S., 3 T. - Bespr. NJb. 1899/2, 160; EgH 5, 1898, 445; Boll. Com. geol. d'It., 30, 1899, 79. - Parte III. Ammoniti del Calcare nero di Moltrasio, Careno, Civate nel bacino Lariano. - Ebd. 25, 1898, 26 S., 4 T. - Bespr. NJb. 1899/2, 470; EgH 6, 1900, 257; Boll. Com. geol. d'It., 30, 1899, 293.

— Descrizione di alcune Ammoniti del Neocomiano veneto. - Pal. italica, v. 3, Pisa 1898, 137–144, 2 T. - Bespr. NJb. 1899/2, 471; Boll. Com. geol. d'It., 30, 1899, 293.

— Una rudista della scaglia veneta. - Atti R. Acc. d. Sc. di Torino, v. 39, d. 5, Torino 1904, 303–307, 1 T. - Bespr. Boll. Com. geol. d'It., 36, 1905, 243.

— Saggio per un studio sulle Caprinidi dei calcari di scogliera (orizzonte de Col dei Schiosi) nelle Prealpi venete orientali. - Mem. R. Acc. Linc., s. 5, v. 7, Roma 1908, 319–346, 30 Fig. - Bespr. NJb. 1913/1, 151; GZ 13/195; Boll. Com. geol. d'It., 40, 1909, 368.

— Sopra alcune rudiste del Cretaceo superiore del Cansiglio nelle Prealpi venete. - Mem. R. Acc. d. Sc. d. Torino, s. 2, t. 59, Torino 1908, 139–156, 1 T. - Bespr. Boll. Com. geol. d'It., 40, 1909, 369.

— Per lo studio del Neocretaceo nel Friuli occidentale. - Atti R. Acc. Sc. Torino, v. 46, d. 15, Torino 1911, 887–892. - Bespr. Boll. Com. geol. d'It., 43, f. 4, 1913, 98.

— Rudiste della scaglia veneta. - Atti R. Accad. Sc. Torino, v. 47, 1912, 468–477, 1 T., 2 Fig. - Bespr. Boll. Com. geol. d'It., 44, f. 2, 1914, 98.

— Breve relazione sulla collezione dei Megalodonti del Museo di Storia Naturale in Trento. - Studi Trent. Sc. Nat., 11, 1930, 69–70.

— I fossili del Giura superiore di Cima Campo nell'Altipiano di Lavarone. - Mem. d. Mus. di Stor. Nat. d. Ven. Trid., a. 1, f. 1–2, Trento 1931, 3–14, 1 Taf. - Bespr. GZ 2 B/1182.

— Di un particolare carattere paleontologico del Retico di Riva di Sotto (Iseo). - Atti R. Acc. Sc. Torino, 67, Torino 1932. - Bespr. GZ 3 B/749.

Patellani L. Il Buco dell'Orso sul lago di Como e le sue ossa fossili. - Milano 1850, 46 S.

Patriciu V. u. **Teichmüller R.** Die kretazischen Ölschiefer und Globigerinenkalke des Nonsberges und der nördlichen Brentagruppe. - Z. DGeolGes., 82, 1930, 241–252, 1 T., 5 Abb. - Bespr. GZ 44/202, 45/490; NJb. 1932/2, 552.

Patrini P. Del deposito lacustre di Pianico presso Lovere (lado d'Iseo). - Natura, Riv. sc. nat., v. 12, Pavia 1921, 147–162.

— Contributo allo studio del pliocene lombardo. - Atti Soc. it. d. Sc. nat., 62, Milano 1923, 168–175. - Bespr. GZ 33/1071.

— I fossili della scogliera dolomitica di Costa Pagliari presso Lenna (Valle Brembana). - Riv. it. Pal., a. 33, f. 3–4, 1927, 47–60, 1 T.

— La fauna nana pliocenica del colle di S. Colombano al Lambro. - Riv. it. Pal., a. 36, f. 3–4, Pavia 1930, 33–44, 1 Taf.

Paul H. Über den gegenwärtigen Stand der Torfmoorforschung in Oberbayern. - Ber. Bayr. Botan. Ges., 1905.

— Vorkommen, Pflanzenwelt, Meliorierung und Erhaltung der bayerischen Moore. - Moorschutzheft (H. Conwentz), 5, H. 2, Berlin 1916, 209–219. - Bespr. GZ 23/174.

— u. **Ruoff S.** Pollenstatistische und stratigraphische Mooruntersuchungen im südlichen Bayern. I. Moore im außeralpinen Gebiet der diluvialen Salzach-, Chiemsee- und Inngletscher. - Ber. Bayer. Botan. Ges., 19, München 1927, 1–84, 32 Fig., 7 T. - Bespr. GZ 36/518; NJb. 1928/3, 61.

— — Pollenstatistische und stratigraphische Mooruntersuchungen im südlichen Bayern. II. Moore in den Gebieten der Isar-, Allgäu- und Rheinvorlandgletscher. - Ber. Bayer. Botan. Ges., 20, München 1932, 264 S.

Paulcke W. Tertiär im Antirhätikon und die Beziehungen der Bündner Decke zur Niesenflyschdecke und der helv. Region. - Zbl. f. Min., 1910, 540-548, 2 Fig. - Bespr. VRA 1910, 305, 328; EgH 11, 1910, 571; Jber. Natf. Ges. Grbd., NF, 53, 1912, 132. S. Schubert R.

— Neue geologische Beobachtungen in den Alpen. (Vortr.) - Verh. Schw. Natf. Ges., 93. Jvers. Basel, 1910, 223-224; EgH 11, 1910, 278-280. (Nephrit, Fossilien im Rötidolomit, Tertiär in den Bündner Schiefern.) - Bespr. NJb. 1913/1, 313; EgH 11, 1910, 572; Jber. Natf. Ges. Grbd., NF, 53, 1912, 132.

— Über geologische Forschungen in den Alpen. - Verh. Natwiss. Ver. Karlsruhe, Sber. v. 15. 7. 1910, 24, 1910/11, 2-3. - Bespr. GZ 21/655.

— Fossilführender „Röthidolomit". - Zbl. f. Min., 1911, 15-19, 1 Abb.

— Tertiärfossilien aus der Niesenzone der Freiburger Alpen. - Jber. u. Mitt. Oberrhein. geolog. Ver., NF, 1, Karlsruhe (J. Lang) 1911, 55.

— Über drei wichtige geologische Entdeckungen. - Verh. Natwiss. Ver. Karlsruhe, Sber. 15. 12. 1911, 25, 1911/12, 7-9. (Innertkirchen, Niesenflysch, Nephrit.) Bespr. GZ 21/656.

— Geologische Beobachtungen im helvetischen und lepontinischen Gebiet. - GR 6, 1915, 207-216. - Bespr. GZ 22/76, 1393; NJb. 1922/2, 306.

Pavesi P. Altra serie di ricerche e studi sulla fauna pelagica dei laghi italiani. - Atti Soc. Ven.-Trent.-Istr. Sc. Nat., v. 8, Padova 1883, f. 2.

Peltzmann I. Amblysiphonella und Bryozoen aus dem Oberdevon der Karawanken. - Mitt. Natwiss. Ver. Steiermark, 67, Graz 1930, 121-127, 9 Abb. - Bespr. GZ 2 B/487.

— Graptolithen von der Dellacher (Zollner) Alm. - Sber. Ak. d. Wiss. Wien, math.-natw. Kl., v. 5. 11. 1931 (Akad. Anzg. Nr. 21), 1 S.

— Silurnachweis durch einen Graptolithenfund in der Grauwacke Vorarlbergs. - VBA 1932, 160-161. - Bespr. GZ 50 A/1108, 4 B/443; NJb. 1933/3, 589.

— Graptolithen aus dem Gotlandium (Obersilur) der Karnischen Alpen, insbesondere der Dellacher Alpe am Zollner. - Sber. Ak. d. Wiss. Wien, m.-n. Kl., Abt. 1, 143, Wien 1934, 195-211, 7 Fig., 1 Taf., 1 K.

Penck A. K. A. v. Zittels Grundzüge der Paläontologie. - Mitt. DÖAV, 1896, 97.

Penecke K. A. Aus der Trias von Kärnten. - VRA 1884, 382-384.

— Über die Fauna und das Alter einiger paläozoischen Korallenriffe der Ostalpen. - Z. DGeolGes., 39, 1887, 267-276, 1 Taf. - Bespr. NJb. 1888/2, 97.

Perego. Conchilie fossili e Volpinite della provincia bresciana. - 1840.

Pesta O. Kritische Bemerkung zur Frage der Sprungschichte und zum Charakter der in den Hochgebirgsseen unserer Alpen lebenden Wasserfauna. - Arch. f. Hydrobiol., 25, 1933, 533-536. (Gegen O. Steinböck.)

Peters K. Aptychen der österreichischen Neocomien- und Oberjuraschichten. - JbRA 1854, 439-444. (U. a. Agordo.)

— Über Foraminiferen im Dachsteinkalk. - JbRA 1863, 293-298.

Peters W. Über zwei fossile Wirbeltiere „Probatrachus vicentinus" und „Hemitrichas schisticola" aus den Tertiärbildungen von Ponte bei Laverda im Vicentinischen. - Mber. Ak. d. Wiss. Berlin, 1877, 675-682, mit Taf.

Petrascheck W. Über Inoceramen aus der Gosau und dem Flysch der Nordalpen. - JbRA 1906, 155-168, 1 Taf., 4 Abb.

— Kohlengeologie der österreichischen Teilstaaten. I. Die Kohle führenden Formationen. - Berg- u. Hüttenm. Jb., 69/70, H. 2, Wien 1921/22, 1-20.

— Kohlengeologie der österreichischen Teilstaaten. II. Allgemeine Kohlengeologie. - Berg- u. Hüttenm. Jb., 69/70, H. 3, Wien 1921/22, 1-30.

— Kohlengeologie der österreichischen Teilstaaten. I. Teil. - Wien (Verl. f. Fachlit.) 1922/24, 212 S., 124 Fig., 6 Taf. - Bespr. VBA 1924, 207.

— Kohlengeologie der österreichischen Teilstaaten. VI. Braunkohlenlager der österreichischen Alpen (2. Teil). - Berg- u. Hüttenm. Jb., 72, 1924, H. 2, 1-24. - Bespr. NJb. 1933/3, 937.

— Kohlengeologie der österreichischen Teilstaaten. VII. Die tertiären Senkungsbecken am Fuße der Alpen. - Berg- u. Hüttenm. Jb., 1924, 1-68, 1 K. - Bespr. NJb. 1932/3, 536.

— Zur Frage der Braunkohlensümpfe. - Braunkohle, 24, 1925, 593-595.

— Steinkohlenfloren und Karbonfloren, Braunkohlenfloren und Tertiärfloren. - Berg- u. Hüttenm. Jb., 75, 1927, H. 1, 2 S. - Bespr. NJb. 1930/2, 159.

Peyer B. Cerosiosaurus Calcagnii, ein neuer Nothosauride aus der Trias der Tessiner Kalkalpen. Verh. Schw. Natf. Ges., 110. Jvers. Davos, 1929, 2. T., 196.

— Tanystropheus longobardicus Bass. sp. - Zbl. f. Min., Abt. B, 1930, 336-337. - Bespr. GZ 44/259, 2 B/1027.

— Paraplacodus broilii n. gen., n. sp., ein neuer Placodontier aus der Tessiner Trias. Vorl. Mitt. - Zbl. f. Min., Abt. B, 1931, 570-573, 5 Abb. - Bespr. GZ 2 B/151, 1031.

— Über einen Placodontierzahn aus dem Lias von Arzo. (Vortr.) - EgH 24, 1931, 271-274, 2 Fig.; Act. Soc. Helv. Sc. Nat., 112e sess., Aarau 1931, 325. - Bespr. GZ 2 B/152.

— Die Triasfauna der Tessiner Kalkalpen. - Schw. Paleont. Ges., 50, Basel 1931, T. 1: 5 S., T. 2: 7-110, 14 Taf., 28 Abb.; T. 3: 51, 1932, 1-25, 3 Taf., 5 Abb.; T. 4: 51, 1931, 1-68, 7 Taf., 31 Abb.; T. 5: 52, 1932, 1-18, 5 Taf., 7 Abb. - Bespr. GZ 1 B/320, 48 A/413, 2 B/1026, 1029, 1032, 1033, 1034; NJb. 1932/3, 690.

— Ein abenteuerliches Reptil. - Vierteljschr. Natf. Ges. Zürich, 76, VI, Zürich 1931. - Bespr. GZ 2 B/1028.

Pfaff F. Die Theorie Darwins und die Tatsachen der Geologie. - Frankfurt 1876. - Bespr. VRA 1876, 109.

Pfaff W. Studienrat Professor Dr. Josef Murr. - Der Schlern, 13, 1932, 147-148, 1 Bild.

Pfannenstiel M. Ein Spülsaum von Anodonta piscinalis Nilsson f. lacustrina Clessin am Strand des Ammersees bei München. - Paläont. Z., 15, 1933, 341-349, 3 Abb. - Bespr. GZ 5 B/443.

Philipp H. Paläontologisch-geologische Untersuchungen aus dem Gebiete von Predazzo. - Z. DGeol-Ges., 56, 1904, 1-98, K. 1:50000, 5 Prof. - Bespr. VRA 1904, 361; Boll. Com. geol. d'It., 36, 1905, 244.

Philippi E. Beitrag zur Kenntnis des Aufbaues und der Schichtenfolge im Grignagebirge. - Z. DGeol-Ges., 47, 1895, 665-734, K. 1:25000, 2 Taf. - Bespr. VRA 1897, 99; NJb. 1897/2, 109; Boll. Com. geol. d'It., 27, 1896, 443.

Pia J. v. Neue Studien über die triadischen Siphoneae verticillatae. – Beitr. z. Pal. u. Geol. Österr.-Ung. u. d. Orients, 25, Wien 1912, 25–81, 7 Tf., 24 Fig. – Bespr. GZ 18/1487; Österr. bot. Z., 62, 1912, 139; Botan. Zbl., 120, 1912, 149.

— Untersuchungen über die liassischen Nautitoidea. – Beitr. z. Pal. u. Geol. Österr.-Ung. u. d. Orients, 27, Wien 1914, 19–86, 7 Taf., einige Abb. – Bespr. GZ 22/445.

— Zur Frage der Lückenhaftigkeit des alpinen Jura, besonders in den Lessinischen Alpen. – Mitt. Geol. Ges. Wien, 1919, 116–134. – Bespr. GZ 31/389.

— Bericht über die mit Unterstützung der Akademie der Wissenschaften ausgeführten geologischen Aufnahmen. (Karn. A.) – Anzg. Ak. d. Wiss. Wien, 57, 1920. – Bespr. NJb. 1930/3, 7.

— Die Siphoneae verticillatae vom Karbon bis zur Kreide. – Abh. Zool.-Bot. Ges. Wien, 11, 1920, 1–263, 8 Taf., 27 Fig. – Bespr. GZ 26/362; NJb. 1922/1, 266.

— Geologische Skizze der Südwestecke des Steinernen Meeres bei Saalfelden mit besonderer Rücksicht auf die Diploporengesteine. – Sber. Ak. d. Wiss. Wien, math.-natw. Kl., 132, Wien 1923, 35–79, 1 K., 1 Taf., 1 Fig.

— Untersuchungen über die Tektonik der Lessinischen Alpen und über die Verwendung statistischer Methoden in der Tektonik. 1. Teil. – Denkschr. Nathist. Mus. Wien, 2, Geol.-Pal. Reihe 2, 1923, 230 S., 5 Taf., zahlr. Fig. – Bespr. GZ 29/1022; GR 1923, 195; VBA 1925, 164; NJb. 1923/2, 117; Studi Trent. Sc. Nat., 7, 1926, 188.

— Über einen merkwürdigen Landpflanzenrest aus den Nötscher Schichten. (Karbon der Gegend von Bleiberg in den östlichen Gailtaler Alpen.) – Sber. Ak. d. Wiss. Wien, math.-natw. Kl., Abt. 1, 133, 10. H., 1924, 543–558, 1 Taf. – Bespr. Akad. Anzg., 61, 1924, 197; NJb. 1930/3, 16; Carinthia II, 1925, 131.

— Die Gliederung der alpinen Mitteltrias auf Grund der Diploporen. – Anzg. Ak. d. Wiss. Wien, Nr. 23, 1925, 214–217.

— Die Diploporen der deutschen Trias und die Frage der Gleichsetzung der deutschen und alpinen Triasstufen. (Vortr.) – Z. DGeolGes., 78, 1926, Mber., 192–201. – Bespr. GZ 36/1268; NJb. 1927/2, B, 165.

— Pflanzen als Gesteinsbildner. – Berlin (Borntraeger) 1926, 355 S., 166 Abb. – Bespr. GR 18, 1927, 69.

— Neue Beobachtungen über die geologische Verbreitung fossiler Kalkalgen. (U. a. Sextener Dolom.) – Anzg. Ak. d. Wiss. Wien, Nr. 14, 1927, 92–96. – Bespr. GZ 46A/2074, 1 B/522.

— Neue Arbeiten über fossile Kalkalgen aus den Familien der Dasycladaceae und Codiaceae. (Sammelreferat.) – NJb. 1928/3, 227–240.

— Zur Korallenrifftheorie des Schlerndolomites. (Vortr.) – Mitt. Geolog. Ges. Wien, 22, 1929, Wien 1930, 156–157.

— Grundbegriffe der Stratigraphie. Mit ausführlicher Anwendung auf die europäische Mitteltrias. – Leipzig u. Wien (Deuticke) 1930, 252 S., 3 Abb.; Auszug: Z. DGeolGes., 81, 1929, 305–312 (Vortr.). – Bespr. Mitt. Geol. Ges. Wien, 23, 1930, Wien 1931, 168; NJb. 1931/3, 242; GR 1933, 412.

— Grundsätzliches zum Vergleiche germanischer und alpiner Trias. (Vortr.) – Mitt. Geol. Ges. Wien, 23, 1930, Wien 1931, 160–163. – Bespr. GZ 47A/1232.

— Vorliassische Diatomeen? (Sammelbericht.) – NJb. 1931/3, 107–131. – Bespr. GZ 1 B/534.

— Die rezenten Kalksteine. – Ergbd Z. f. Krist., Min. u. Petr., Abt. B, Leipzig 1933, 420 S., 4 Taf., 22 Abb. – Bespr. GR 1933, 413.

Picard E. Beiträge zur Kenntnis der Gastropoden der mitteldeutschen Trias. – Diss. Halle a. S., 1902, 99 S.

Pichler A. v. Zur Geognosie der nordöstlichen Kalkalpen Tirols. (Inntal, Karw., Sonnwendgeb., Brenner, Tuxer Voralpen.) – JbRA 1856, 717–738, 1 K., 5 Prof. – Bespr. Ebd. 851; NJb. 1856, 616, 661; Bl. 98.

— Zur Geognosie der Tiroler Alpen. (Auszug aus voriger Arbeit.) – NJb. 1856, 661.

— Zur Geognosie Tirols. (Zweite Folge.) II. Die Knochenhöhle bei Kufstein. – Z. Ferdin., 3. F., 9. H., Innsbr. 1860, Beitr. zur Natgesch., 16. – Bespr. TB 1859, 417.

— Zur Geognosie Tirols. (Zweite Folge.) III. Orthoceratiten aus dem obern Lias der Kammerkar. – Z. Ferdin., 3. F., 9. H., Innsbruck 1860, Beitr. z. Natgesch., 17–18.

— Zur Geognosie Tirols. (Stanerjoch, Walderalm, Stratigr.) – JbRA 1861/62, 531–532. – Bespr. TB 1862, 933; Bl. 176.

— Fossilien der Hierlatzschichten in Tirol. (Sonnwendjoch bei Brixlegg.) – VRA 1861/62, 130–131.

— Zur Geognosie des Haller Salzberges. (Pflanzenabdrücke u. Kohle im Salzton.) – VRA 1861/62, 194–195.

— Zur Geognosie Tirols. (Stanerjoch, Stratigr. u. Paläont. Karw.) – NJb. 1862, 868–869. – Bespr. Bl. 177.

— Beiträge zur Geognosie Tirols. (3. Folge.) (Höhen nördl. Inntal v. Zirl bis z. Achensee, Stanerjoch-Überschiebung.) – Z. Ferdin., 3. F., 11. H., Innsbruck 1863, 48 S., 8 Prof. – Bespr. NJb. 1864, 372; Bl. 184.

— Zur Geologie der nordtirolischen Kalkalpen. (Stratigr.) – Progr. Gymn. Innsbruck, 1864, 2 S., 1 K. – Bespr. NJb. 1865, 346; Bl. 198.

— Carditaschichten und Hauptdolomit. – JbRA 1866, 73–81. – Bespr. VRA 1864, 10; NJb. 1866, 751; Bl. 229.

— Beiträge zur Geognosie Tirols. I. Megalodon triqueter Wulf. in den „oberen Schichten der Cardita crenata". (Zirl.) II. Bonebed und Jura in der Ötztaler Masse. (Imsterberg.) III. Über Seeben. IV. Eruptivgestein vom Wetterstein. V. Asphaltschiefer bei Tarrenz. – JbRA 1866, 501–504. – Bespr. VRA 1866, 141; TB 1866, 1097, 1101; Bl. 230.

— Reste von Ursus spelaeus bei Matrei. – VRA 1866, 87–88.

— Beiträge zur Geognosie Tirols. VI. Keuperpflanzen der „oberen Carditaschichten". (Weißenbach bei Reutte, Kochental bei Telfs, Zirl.) VII. Tonerdehydrat von Zirl. – VRA 1867, 50–51. – Bespr. Bl. 244.

— Sammlung von Petrefakten aus den alpinen Gesteinsschichten Nordtirols. (Pflanzenreste von Zirl, Telfs u. Weißenbach, Ammoniten bei Ehrwald.) – Bespr. VRA 1867, 218.

— Beiträge zur Geognosie Tirols. VII. Die erzführenden Kalke von Hopfgarten bis Schwaz. Auszüge: VIII. Gneis aus der Gegend von Schwaz. IX. Asphalt im Hauptdolomit. (Zirl.) X. Fossiles Harz. (Telfs.) XI. Megalodon triqu. im Hauptdol. (Zirl.) XII. Trias des Stubai. – VRA 1867, 236–237, 367–368.

— Beiträge zur Geognosie Tirols. VIII. Gneis aus

der Gegend von Schwaz. IX. Asphalt im Hauptdolomit. (Telfs.) X. Megalodon triqueter im Hauptdolomit. (Zirl.) XI. Fossiles Harz. (Telfs.) XII. Die Trias des Stubai. XIII. Bactryllienmergel von Arzl. XIV. Zur Fauna der „oberen Carditaschichten". (Zirl.) XV. Mineralogisches. (Zirl.) - JbRA 1868, 45-52. - Bespr. NJb. 1870, 112.

— Beiträge zur Geognosie und Mineralogie Tirols. XVI. Aus den oberen Carditaschichten des Achentales. XVII. Die Zone des Ammonites planorbis in Nordtirol. (Leutasch u. Pfonserjoch.) XVIII. Die Gosauformation des Sonnwendjoches. XIX. In der Wildschönau. XX. Findlinge von Eruptivgesteinen bei Innsbruck. XXI. Mineralien aus dem Phyllit bei Innsbruck und vom Madersbacher Köpfl. XXII. Eine alte Mineralogie. (Landreim v. G. Rösch, 1558.) - JbRA 1869, 207-216. - Bespr. VRA 1869, 101.

— Über Vorkommen von Steinkohlen im Hauptdolomit bei Pertisau, von fossilem Harz u. Fischschuppen. - VRA 1869, 318.

— Zur Gliederung des Lias in den Nordalpen. - NJb. 1869, 724-725.

— Beiträge zur Geognosie Tirols. XXIII. Aus der Steinkohlenformation des Steinacher Joches. XXIV. Zur Trias in Südtirol. (Kohlen im Grödner Sandstein bei Eppan.) - JbRA 1870, 273-274; XXIII auch NJb. 1870, 1025-1026.

— Beiträge zur Paläontologie Tirols. (Ißjöchl, Inn- und Achental, Sonnwendgeb., Nonsberg.) - NJb. 1871, 61-62. - Bespr. VRA 1871, 28.

— Erratische Blöcke am Achensee, Fossilfunde in Brandenberg und Pertisau. - NJb. 1872, 407.

— Geologisches aus Tirol. (Fossilien bei Nassereith.) - NJb. 1874, 61.

— Erdstöße bei Innsbruck, Fossilien vom Sonnwendjoch und von Nassereith, Quarzphyllit bei Lienz. - NJb. 1875, 173-174. - Bespr. TB 1874, 2094.

— Aus der Trias der nördl. Kalkalpen Tirols. (Martinswand, Nordkette, Stanerjoch.) - NJb. 1875, 265-278. - Bespr. VRA 1875, 125; Bl. 399.

— Beiträge zur Geognosie Tirols. 1. Die Porphyrite. (Töllit [Töll u. Lienz], Vintlit, Ehrwaldit.) 2. Aus der Granitmasse von Brixen. 3. Aus der Porphyrmasse von Bozen. 4. Porphyrische Schiefer. (Fieberbrunn.) 5. Varietäten des Tonglimmerschiefers. (Porphyroide südl. Innsbr.) 6. Vom Cislon. 7. Zu den Carditaschichten. 8. Vom Sonnwendjoch. 9. Mineralogische Notizen. (Zillertal.) - NJb. 1875, 926-936. - Bespr. VRA 1876, 52; Bl. 400.

— Zur Paläontologie Tirols. (Knochenhöhle bei Kufstein, Ursus sp. von Matrei, Geweihreste von Wilten.) - TB 1875, 2049.

— Beiträge zur Geognosie und Mineralogie Tirols. I. Aus dem Achental. (Stanerjoch.) II. Aus der Pensermasse. III. Aus dem Quarzphyllit bei Innsbruck. (Min.) - NJb. 1876, 919-923. - Bespr. TB 1876, 1401.

— Araucarites auf der Pletzachalpe. - TB 1881, 1136.

— Zur Geognosie des Sonnwendjoches. - VRA 1888, 91-93.

— Zur Geologie von Tirol. (Glaziales vom Mieminger Plateau, Stratigr. der Saile, Paläont. der Carditaschichten, Aufbau der Mieminger Berge.) - VRA 1890, 90-95. - Bespr. NJb. 1891/2, 440; TB 1890, 453.

— Zur Geognosie von Tirol. (Foss. u. Glaz. vom Mieminger Pl.) - VRA 1890, 268. - Bespr. TB 1891, 577.

Picozzi A. Sulla scoperta di alcune ossa fossili nella marna bianca farinacea di Pianico presso Lovere. - Atti Soc. It. Sc. nat., v. 1, Milano 1859.

Pini N. Contribuzione alla fauna postpliocenica della Lombardia. - Atti Soc. It. Sc. nat., v. 21, Milano 1879.

— Nuova contribuzione alla fauna fossile postpliocenica della Lombardia. - Atti d. Soc. It. di Sc. nat., v. 26, f. 1-4, Milano 1884, 48.

Pini P. E. Sopra alcuni fossili singolari della Lombardia austriaca e di altre parti d'Italia. - Milano 1790.

Pirona G. A. Synodontides, nuovo genere di Rudiste. - Atti R. Ist. Ven. d. Sc., Lett. ed A., s. 3, v. 12, 1867.

— I Ippuritidi del Colle di Medea. - Mem. R. Ist. Ven., s. 3, v. 14, 1869.

— Sulla costituzione geologica dei monti Euganei. - Atti R. Ist. Ven. d. Sc., L. ed A., s. 3, t. 15, Venezia 1869/70; t. 16, 1870/71.

— Sulla fauna fossile giurese del Monte Cavallo in Friuli. - Mem. R. Ist. Ven. di Sc., Lett. ed A., v. 20, 1878.

— Nuovi fossili del terreno cretaceo del Friuli. - Mem. R. Ist. Ven. d. Sc., Lett. ed A., v. 22, 1884.

— Due Chamacee nuove del terreno cretaceo del Friuli. - Mem. R. Ist. Ven. d. Sc., Lett. ed A., v. 22, 1886.

— Nuova contribuzione alla fauna fossile del terreno cretaceo del Friuli. - Atti R. Ist. Ven. d. Sc., Lett. ed A., s. 6, v. 5, 1887.

Plieninger F. Über Dogger und oberen Lias in den Chiemgauer Alpen. - Zbl. f. Min., 1901, 361-367. - Bespr. Mitt. Geogr. Ges. München, 8, 1913, 63.

Polifka S. Beitrag zur Kenntnis der Fauna des Schlerndolomits. - JbRA 1886, 595-606. - Bespr. NJb. 1888/1, 318.

Pöll J. Studienrat Professor Dr. Murr †. - Heimat, 13, Innsbruck 1932, 46-48.

Pompeckj J. F. Paläontologische Beziehungen zwischen den untersten Liaszonen der Alpen und Schwabens. - Jh. Ver. f. vaterld. Naturk. in Württemberg, 42, 1893. (Vortr.) - Bespr. NJb. 1894/1, 483.

— Über Aucellen und Aucellen-ähnliche Formen. - NJb. 1901, Bbd 14, 319-368, 3 Taf., 2 Fig.

— Karl Alfred von Zittel. 25. Sept. 1839 - 5. Januar 1904. - Palaeontogr., 50, Stuttgart 1903-1904, 28 S., 1 Bild, Schriftenverz.

— Die Bedeutung Zittels † für die Wissenschaft. (Vortr.) - Mitt. Geogr. Ges. München, 1, 1905, 305-306.

— Fritz Frech. 16. 3. 1861 - 28. 9. 1917. - NJb. 1919, röm. 1-38, 1 Bild u. Schriftenverz.

— Fritz Frech. Gedächtnisworte an seinem Todestage. - Pal. Z., 10, 1928, 109-111.

Pongrácz A. Bemerkungen über die Insektenfauna von Oeningen nebst Revision der Heerschen Typen. - Verh. Nathist.-math. Ver. Heidelberg, 17, 1931, 104-125, 9 Taf., 9 Abb. - Bespr. GZ 2 B/129; NJb. 1933/3, 462.

Portis A. Resti di Batraci italiani. - Atti R. Acc. Sc. Torino, v. 20, adun. 21 giugno 1885.

— I chelonii quaternari del bacino di Leffe in Lombardia. - Boll. Com. geol. d'It., 17, Roma 1886, 50-58. - Bespr. Ebd. 19, 1888, 317.

— Di alcune specie di mammiferi del Pliocene superiore e dell'età del deposito lignitico di Leffe. - Boll. Soc. geol. it., v. 17, f. 4, Roma 1898, 244-251.

Prever P. L. Fauna di alcuni calcari nummulitici dell'Italia centrale e meridionale. - Boll. Soc. geol. it., v. 24, Roma 1905, 667-693, 7 Fig.

Principi P. La flora oligocenica di Chiavon e Salcedo. – Mem. R. Uff. Geol., v. 10, Roma 1926.
— Florula quaternaria di Magliano dei Marsi sull'orlo della conca fucense. – Rend. Accad. Naz. d. Linc. (VI), 13, Roma 1931, 211–212. (Vergleich u. a. mit Lombardei.)
— Flora miocenica di Cozzuolo presso Vittorio Veneto. – Arch. Bot., 8, 1932, 159–192, 1 Taf. – Bespr. NJb. 1933/3, 697; GZ 4B/1221.
Prinzinger H. Geologische Notizen aus der Umgebung des Salzbergwerkes zu Hall in Tirol. Mit Anmerkungen von M. V. Lipold. – JbRA 1855, 328–350, 13 Abb. – Bespr. NJb. 1856, 360; Bl. 81.
— Halobia Lom. Wissm. vom Haller Salzberge. – VRA 1867, 125–126.
Quenstedt A. Der rote Ammonitenton von Roveredo. (Brief an Bronn.) – Leonh. u. Bronns Jb., 1845, 86–91.
— Über St. Cassian. (Brief an Bronn.) – Leonh. u. Br. Jb., 1845, 680–684.
Quenstedt W. Fossile Evertebraten in Verwendung als Schmuck, Gerät, Amulett und Verwandtes. – Die Rohstoffe des Tierreiches, 2, 2. Lfrg, Berlin (Borntraeger) 1929, 281–293, 3 Abb.
Quervain F. de. Petrographische Untersuchungen an Schotter- und Pflastersteinmaterialien. I. Sandsteine und Echinodermenbreccien der Gargasienstufe (Mittlere Kreide) der helvetischen Kalkvoralpen. – Beitr. z. Geol. d. Schw., Goetechn. Ser., Kleinere Mitt. Nr. 1; Zürich (Leemann) 1931, 44 S., 2 Taf., 16 Abb.; Schw. Min. u. Petr. Mitt., 11, H. 2, 1931, 183–226, 2 Taf., 16 Abb. – Bespr. GZ 47A/2011, 48A/991; Z. f. prakt. Geol., 40, 1932, 191; GR 24, 1933, 122.
Ragazzoni G. B. Vari fossili della provincia Bresciana. – 1823/24.
— Descrizione di alcuni fossili. (Lomb.) – 1827.
— Un pezzo di cranio a Coglione. (Lomb.) – 1872.
Raineri R. Dasycladaceae nel Liburnico del colle di Medea (Friuli). – Mem. Ist. Geol. Univ. Padova, v. 8, Padova 1930, 10 S., 3 Abb.
Rakovec I. Beiträge zur Fauna aus dem Oberkarbon von Javornik in den Karawanken. – Prirodoslovne rasprave, 1, Ljubljana 1931, 67–88, 1 Taf. – Bespr. GZ 2 B/471.
Rassmuss H. Zur Geologie der Alta Brianza. – Zbl. f. Min., 1910, 764–768. – Bespr. GZ 16/388; NJb. 1915/2, 86; Boll. Com. geol. d'It., 42, 1911, f. 4, 98.
— Zur Kenntnis der Werfener Schichten bei Berchtesgaden. – Z. DGeolGes., 63, 1911, Mber. Nr. 11, 553–557. – Bespr. GZ 18/983.
— Beiträge zur Stratigraphie und Tektonik der südöstlichen Alta Brianza. – Kokens Geol. u. Pal., NF, 10, 5, Jena 1912, 339–466, K. 1:25000, 6 Taf., 4 Fig. u. Inaugdiss. Berlin, 33 S. – Bespr. GZ 18/1612.
— Über die Parallelisierung des deutschen und alpinen Muschelkalkes. – Z. DGeolGes., 65, 1913, Mber. Nr. 5, 229–238. – Bespr. GZ 21/458.
Rauff H. Glossophoren aus Roncà, Mte Postale, S. Giovanni Ilarione. – Sber. Niederrhein. Ges. in Bonn (Verh. Nathist. Ver. d. Preuß. Rheinlande), 41, 1884; 42, 1885.
Ravagli M. Nummuliti oligoceniche di Laverda nel Vicentino. – Rend. R. Acc. d. Linc., v. 17, 2 sem., Roma 1908, 500–509, 1 T. – Bespr. Boll. Com. geol. d'It., 40, 1909, 377.
Read A. (F. Broili.) Die Gastropoden der Pachycardientuffe. – Zbl. f. Min., 1905, 176–177. – Bespr. GZ 7/1171.
Redlich K. A. Berichtigung Arbeit zur Gustava Aigner: Silurische Versteinerungen aus der Grauwackenzone bei Fieberbrunn in Tirol. – VBA 1930, 244.
Redtenbacher A. Die Cephalopoden der Gosauschichten in den nordöstlichen Alpen. – Abh. RA, 5, H. 5, 1873, 91–140, 9 Taf.; Auszug: VRA 1873, 37–38. (Vortr.)
Regazzoni J. Le marmotte fossili dei dintorni di Como. – Atti d. Soc. It. di Sc. nat., v. 22, f. 1–2, Milano 1879, 22–26.
Rehsteiner C. Bärenzahn vom Wildkirchli. – Verh. Schw. Natf. Ges., Vers. Glarus, 1851, 182.
Reich H. Über ein neues Vorkommen von Fossilien im Servino des Luganersees. – Zbl. f. Min., 1912, 702–704. – Bespr. GZ 18/1737; EgH 13, 1914, 102.
Reichardt W. Eine Flora aus den höchsten „Auernigschichten" des Schulterkofels (Karnische Alpen). – Anzg. Ak. d. Wiss. Wien, math.-natw. Kl., 70, 1933, 130–131. – Bespr. GZ 53 A/741.
Reis O. M. Die Korallen der Reiter Schichten. – Geogn. Jh., 2, München 1889, 91–162, 4 T. – Bespr. VRA 1890, 169.
— Erläuterungen zu der Geologischen Karte der Vorderalpenzone zwischen Bergen und Teisendorf südlich von Traunstein. – Geogn. Jh., 8, 1895, Cassel 1896, 1–155, K. 1:25000. – Bespr. Mitt. Geogr. Ges. München, 8, 1913, 63; NJb. 1898/2, 453; Bl. 921.
— Die Fauna der Hachauer Schichten. – Geogn. Jh., 9, 1896 (1897), 67–104, 5 T.; 10, 1897 (1898), 81–130, 8 T. – Bespr. NJb. 1900/2, 295.
— Eine Fauna des Wettersteinkalkes. 1. Teil. Gastropoden. – Geogn. Jh., 13, 1900 (1901), 71–105, 6 Taf. – 2. Teil. Nachtrag hiezu. – Ebd., 18, 1905 (1907), 113–152, 4 Taf., 19 Fig. – 3. Teil. Gastropoden, Bivalven, Brachiopoden etc. – Ebd. 39, 1926, 87–138, 10 Taf., 3 Fig. – Bespr. GZ 10/2039; NJb. 1928/3, 227.
— Nachträge zur Geolog. Karte der Vorderalpenzone zwischen Bergen und Teisendorf. 1. Teil. – Geogn. Jh., 33, 1920 (1922), 203–232, 1 K., 1 Abb. – 2. Teil. – Geogn. Jh., 34, 1921 (1922), 223–244, 1 T., 3 Abb. – Bespr. GZ 30/693, 694.
— Die Nummulitenschichten im Grüntener Bogen. – Geogn. Jh., 39, 1926, 22–24.
— Bemerkungen zu dem Fund eines Baumstammes in der brackischen Molasse von Hausham. – Geogn. Jh., 39, 1926, 25–36.
Reissinger A. Die Schotter von Steufzgen und die interglaziale Schieferkohle bei Sonthofen. Glaziale Studien aus dem Allgäu. – Natwiss. Ges. Bayreuth, ebd. 1932, 32 S., 3 Taf.
Renz C. Beiträge zur Kenntnis der Juraformation im Gebiete des Monte Generoso (Kanton Tessin). – EgH 15, 1918, 523–584, 1 Fig.
— Einige Tessiner Oberlias-Ammoniten. – EgH 17, 1922/23, 137–166, 2 Taf., 1 Fig.
— Vergleiche zwischen dem südschweizerischen, apenninischen und westgriechischen Jura. – Verh. Natf. Ges. Basel, 34, 1923, 264–296, 1 Taf., 3 Fig.
— Paroniceraten, Frechiellen und Leukadiellen der Österr. u. Bayer. Alpen, nebst schwäbischen und französischen Vergleichsstücken. – Verh. Natf. Ges. Basel, 36, 1925, 200–219, 2 Taf., 1 Fig. – Bespr. GZ 32/1055.
— Frechiellen und Paroniceraten aus der Brianza und dem Tessin. – EgH 19, 1925/26, 383–420, 6 Taf., 2 Fig.
— Brachiopoden des südschweizerischen und westgriechischen Lias. – Abh. Schw. Paläont. Ges., 52, Basel 1932, 1–61, 3 Taf. – Bespr. GZ 2 B/671.

Repossi E. Il Mixosauro degli strati triasici di Besano in Lombardia. - Atti Soc. it. Sc. nat., v. 41, f. 3, Milano 1902, 361-372, 2 T. - Bespr. Boll. Com. geol. d'It., 35, 1904, 84; NJb. 1904/1, 139.

Reuss A. E. Kritische Bemerkungen über die von Herrn Zekeli beschriebenen Gastropoden der Gosaugebilde. - Sber. Ak. d. Wiss. Wien, math.-natw. Kl., 11, 1853, 44 S., 1 T.

— Beiträge zur Charakteristik der Kreideschichten in den Ostalpen. - Denkschr. Ak. d. Wiss. Wien, math.-natw. Kl., 7, 1854.

— Anthozoen der Kössener Schichten und der alpinen Trias. - Sber. Ak. d. Wiss. Wien, math.-natw. Kl., 1856.

— Über einige Anthozoen der Kössener Schichten und der alpinen Trias. - Sber. Ak. d. Wiss. Wien, 50, 1864, 153-169.

— Korallen in der alpinen Trias. - Sber. Ak. d. Wiss. Wien, 23. 6. 1864. - Bespr. NJb. 1864, 759; Quart. Journ. of the Geol. Soc. London, 1865, 5-8.

— Zwei neue Anthozoen aus den Hallstätter Schichten. - Sber. Ak. d. Wiss. Wien, 51, 1865, 1-15. - Bespr. NJb. 1866, 502.

— Über einige Crustaceenreste aus der alpinen Trias Österreichs. - Sber. Ak. d. Wiss. Wien, 55, 1, 1867, 277-285. - Bespr. NJb. 1867, 762.

— Sugli antozoi e briozoi delle marne del Vicentino. - 1867.

— Paläontologische Studien über die älteren Tertiärschichten der Alpen. 1. Abt. Die fossilen Anthozoen der Schichten von Castelgomberto. - Denkschr. Ak. d. Wiss. Wien, math.-natw. Kl., 28, 1868, 56 S., 16 T.; Auszug: Sber. Ak. d. Wiss. Wien, 56, 1867, 297-304. - Bespr. VRA 1868, 85; NJb. 1869, 117.

— Paläontolog. Beiträge: 8. Foraminiferen und Ostracoden aus den Schichten von St. Cassian. - Sber. Ak. d. Wiss. Wien, math.-natw. Kl., 57, 1, 1868.

— Sulla fauna corallina degli strati e marne di Crosara e Lavarda. - 1868.

— Pal. Studien etc. 2. Abt. Die fossilen Anthozoen und Bryozoen der Schichtengruppe von Crosara. - Denkschr. Ak. d. Wiss. Wien, 29, 1869, 86 S., 20 T.; Auszug: Sber. Ak. d. Wiss. Wien, 58, 1868, 238-283. - Bespr. VRA 1870, 66; NJb. 1870, 379; Boll. Com. geol. d'It., 1, 1870, 164.

— Pal. Studien etc. 3. Abt. Die fossilen Anthozoen der Schichtengruppe von S. Giovanni Ilarione und von Ronca. - Denkschr. Ak. d. Wiss. Wien, 33, 1873, 60 S., 20 T.; Auszug: Sber., 65, 1872, 270-274. - Bespr. VRA 1873, 301; NJb. 1874, 444; Boll. Com. geol. d'It., 5, 1874, 49.

Révil J. Le Nummulitique alpin. - Bull. Soc. d'Hist. nat. de Savoi, s. 2, t. 17, 1913-1915, Chambéry 1916, 15-18. (Nach J. Boussac.)

Riccabona V. La Vita nei mari dell'Anaunia e delle Giudicarie. - Ann. SAT, Trento 1880, 152-182.

Richard C. Paleontologia delle palafitte del Lago di Ledro. - Mem. Mus. di Storia Nat. d. Venezia Trid., 1, Trento 1931, 67-82, 6 Taf.

Richter M. Beiträge zur Geologie der helvetischen Zone zwischen Iller und Rhein. - Mitt. Geol. Ges. Wien, 17, 1924, Wien 1925, 12-46, 1 Skz. - Bespr. NJb. 1927/2, B, 375.

— Die Fähnernmulde am Nordrand des Säntis und das Problem der Kreidenummuliten. - GR 16, 1925, 81-99. - Bespr. NJb. 1927/2, B, 375.

— Beiträge zur Stratigraphie und Tektonik der subalpinen Allgäuer Molasse. - GR 17a, Steinmann-Festschr., 1926, 317-362. - Bespr. NJb. 1927/2, B, 88.

— Zur Altersfrage der oberbayerischen Oligozänmolasse. - Zbl. f. Min., Abt. B, 1932, 427-434. - Bespr. GZ 48A/1526.

Richthofen F. Frh. v. Trias- und Liasgebilde in Vorarlberg und dem Fürstentum Liechtenstein. - JbRA 1857, 796.

— Gliederung der Kreideformation in Vorarlberg. - JbRA 1857, 787, 809-810. - Bespr. Bl. 120.

— Die Kalkalpen von Vorarlberg und Nordtirol. - 1. Abt. JbRA 1859, 72-137, 2 Taf., 12 Prof.; 2. Abt. JbRA 1861/62, 87-206, 1 Taf., 39 Prof. - Bespr. NJb. 1860, 843; Bl. 148, 165.

— Geognostische Beschreibung der Umgegend von Predazzo, St. Cassian und der Seisser Alpe in Südtirol. - Gotha (Perthes) 1860, 327 S., K. 1:130000, 4 Proftaf. - Bespr. VRA 1860, 62; Bl. 157.

— Über Mendola- und Schlerndolomit. - Z. DGeol-Ges., 26, 1874, 225-256. - Bespr. NJb. 1875, 102; VRA 1874, 350; Bl. 375.

Riedel L., Stach E., Solger F. u. Roethe O. Dem Andenken an Joseph Felix Pompeckj. - Berlin 1930, 29 S., m. Bild.

Ristori G. Sopra un crostaceo fossile del Veronese. - Boll. Soc. geol. it., 7, Roma 1889, 249-250. - Bespr. Boll. Com. geol. d'It., 21, 1890, 515.

— I crostacei fossili di Chiavòn. - Atti Soc. Tosc. Sc. nat., Proc. verb., Pisa 1892, 8. - Bespr. Boll. Com. geol. d'It., 24, 1893, 371.

Roberti G. Appunti di paletnologia trentina. - Boll. Paletn. it., an. 35, Parma 1910, Nr. 10-12, 155-158. - Bespr. Boll. Com. geol. d'It., v. 42, f. 4, 1911, 101.

Rodighiero A. Il Neocomiano dei dintorni di Gallio (Sette Comuni). Nota preventiva. - Atti Acc. Sc. Ven.-Trent.-Istr., v. 8, Padova 1916, 119-124.

Roger O. Wirbeltierreste aus dem Obermiozän der bayerisch-schwäbischen Hochebene. IV. Teil. - 35. Ber. Natwiss. Ver. f. Schwaben u. Neuburg, Augsburg 1902, 1-63, 3 Taf.

Rollier L. Alpine Kreide und Nummulitenformation. - Verh. Schw. Natf. Ges., 99. Jvers. Zürich 1917, Aarau 1918, II, 198-199. (Vortr.); EgH 14, 1916, 669-674. - Bespr. Ebd 16, 1920-1922, 358; NJb. 1922/1, 88; GZ 24/55.

— Sur les Faciès du Nummulitique dans les Alpes suisses centrales et orientales. - Act. Soc. helv. Sc. nat., 101e sess, Neuchâtel 1920, 2, Aarau 1921, 205-206; EgH 16, 1920-1922, 134-136. (Vortr.) - Bespr. GZ 28/295.

— Supracrétacique et Nummulitique dans les Alpes suisses orientales. - Beitr. z. geol. K. d. Schw., NF, Lfrg 53, Bern 1923, 53-85, 12 Abb.

Römer F. Lethaea geognostica oder Beschreibung und Abbildung der für die Gebirgsformationen bezeichnendsten Versteinerungen. - I. Teil Leth. pal., Stuttgart 1876, Atlas mit 62 Taf. - Bespr. NJb. 1876, 581; Boll. Com. geol. d'It., 10, 1879, 667.

— u. **Frech F.** Lethaea geognistica. - I. Leth. palaeozoica, 1. Bd 688 S., 226 Fig., 2 Taf.; 2. Bd 788 S., 6 K., 551 Fig., 35 Taf., Stuttgart 1880, 1897, 1902. - Bespr. VRA 1880, 25.

Rösch A. Der Kontakt zwischen dem Flysch und der Molasse im Allgäu. - Dissert.; Mitt. Geogr. Ges. München, 1, 1905, 313-353, 1 K., 1 Taf. - Bespr. Ebd. 1911, 443; NJb. 1908/1, 409.

Rossi A. Note illustrative alla carta geologica della provincia di Treviso. - Boll. Com. geol. d'It., v. 2, f. 2, 1883, 171; v. 3, f. 2, 1884, 131-160.

Rothpletz A. Oswald Heer. - Bot. Zbl., 1884.

— Geolog. u. paläont. Monographie der Vilser

Alpen mit besonderer Berücksichtigung der Brachiopodensystematik. – Palaeontographica, 33, 1886, 1887, 180 S., K. 1:25000, 16 Taf. – Bespr. VRA 1887, 188; NJb. 1887/2, 477; Mitt. Geogr. Ges. München, 8, 1913, 59; Bl. 678.

— Nachträgliches zu der geologisch-paläontologischen Monographie der Vilser Alpen. – NJb. 1889/2, 146–147.

— Über Sphaerocodium Bornemanni, eine neue fossile Kalkalge aus den Raibler Schichten der Ostalpen. – Botan. Zentralbl., 41, 9, Cassel 1890. – Bespr. NJb. 1894/1, 231.

— Ein geol. Querschnitt durch die Ostalpen nebst Anhang über die sog. Glarner Doppelfalte. – Stuttgart 1894, 268 S., 2 T., 115 Abb. – Bespr. Mitt. DÖAV, 1895, 10; NJb. 1896/1, 276; Bl. 874; Carinthia II, 85, 1895, 36; PetMitt., 41, 1895, Litber., 18; EgH 4, 1894, 164; Jber. Natf. Ges. Grbd., NF, 38, Chur 1895, 56; Arch. d. sc. phys. et nat., t. 31, Genève 1894, 254.

— Über eine ausgestorbene Flora des Inntales. – Botan. Zentralbl., 57, 1894, 376. – Bespr. Bl. 875. S. a. Wettstein.

— Über das Alter der Bündner Schiefer. – Z. DGeolGes., 47, 1895, 1–56, 2 Taf., 9 Fig. – Bespr. VRA 1895, 362; NJb. 1898/1, 500; Bl. 923; PetMitt., 41, 1895, Litber., 148; Jber. Natf. Ges. Grbd., NF, 39, Chur 1896, 271; Ann. de Géogr., t. 5, Paris 1896, An. bibl., 89; EgH 5, 1897, 91, 119, 129.

— Über die Flyschfukoiden und einige andere fossile Algen sowie über liasische, Diatomeenführende Hornschwämme. – Z. DGeolGes., 48, 1896, 854–914, 3 Taf. – Bespr. NJb. 1900/1, 150.

— K. A. v. Zittel. – Beil. z. Münchn. Allgem. Ztg v. 14. 1. 1904; München 1905, 23 S.; Mitt. DÖAV, 1904, 2–3; Gedächtnisrede S. Bayr. Ak. d. Wiss., 15. 3. 1905.

— Vorläufige Mitteilung über die Stratigraphie des Säntisgebirges. – Zbl. f. Min., 1910, 321–324. – Bespr. GZ 15/1358; EgH 11, 1910, 639.

Rühl F. Beiträge zur Kenntnis der tertiären und quartertiären Ablagerungen in Bayrisch-Schwaben. – 32. Jber. Natwiss. Ver. f. Schw. u. Neuburg, Augsburg 1896. – Bespr. Mitt. DÖAV, 1896, 243.

Russegger J. Über den Asphalt, sein Vorkommen in Tirol, seine technische Bedeutung und seine Gewinnung. – Ber. ü. d. 7. Gen.-Vers. d. Geogn.-mont. Ver., Innsbruck 1895, 23–46.

Rutsch R. Die Gastropoden des subalpinen Helvétien der Schweiz und des Vorarlbergs. – Abh. Schw. Paläont. Ges., 49, Nr. 2, Basel 1929, 77 S., 2 Taf., 3 Fig. – Bespr. NJb. 1931/3, 622; GZ 2 B/676.

Sabelli A. Il giacimento di scisti bituminosi ittiolitici di S. Romedio (Venezia Tridentina). – La Miniera ital., an. 8, n. 1, Roma 1924, 10 S.

Sacco F. Trionici del Monte Bolca. – Atti R. Acc. Sc. Torino, v. 29, f. 12, 1895. – Bespr. NJb. 1896/2, 360; Boll. Com. geol. d'It., 26, 1895, 491.

— Trionici di M. Viale. – Atti R. Acc. Sc. Torino, v. 30, f. 12, 1896, 1 Taf. – Bespr. NJb. 1899/1, 365; Boll. Com. geol. d'It., 27, 1896, 450.

— I coccodrilli del M. Bolca. – Atti R. Acc. Sc. Torino, s. 2, t. 45, 1896. – Bespr. NJb. 1898/1, 145; Boll. Com. geol. d'It., 27, 1896, 450.

Salomon W. Über den geologischen Bau und die Fossilien der Marmolata. – VRA 1893, 89–90. – Bespr. NJb. 1894/2, 106; Boll. Com. geol. d'It., 25, 1894, 432.

— Geologische und paläontologische Studien über die Marmolata. – Palaeontographica, 42, 1895, 210 S., 8 Taf., 14 Fig. – Bespr. Bl. 913; Boll. Com. geol. d'It., 27, 1896, 454.

— Über Pseudomonotis und Pleuronectites. – Z. DGeolGes., 52, 1900, 348–359, 1 Taf.

— Über die Familienzugehörigkeit der Pleuronectiten. – Zbl. f. Min., 1902, 19–22, 1 Abb.

— Der Mensch in der Erdgeschichte. – Mensch u. Erde (H. Keyserling), Darmstadt 1927, 347–355.

Salomon-Calvi W. Vorwort zum Oberrheinischen Fossilkatalog. – Mitt. u. Arb. a. d. Geol. Inst. d. Univ. Heidelberg, NF, Nr. 196, 1931, 8 S.

Sandberger F. v. Über das Äquivalent des (oberen) Muschelkalkes in den Südalpen. – NJb. 1869, 211–212. – Bespr. VRA 1869, 119.

Sander B. Über Mesozoikum der Tiroler Zentralalpen. I. Kalkkögel. – VRA 1915, 140–148, 1 Skzz. – Bespr. GZ 22/1322; NJb. 1921/1, 216.

Sapper C. Über die geologischen Verhältnisse des Juifen und seiner Umgebung, mit besonderer Berücksichtigung der Liasablagerungen. – Inaug.-diss. München (Stuttgart), 1888, 34 S., 1 Taf.

Sartorio A. Il Colle di S. Colombano e i suoi fossili. (Lomb.) – Cron. d. Liceo Forteguerri, Pistoia (Tip. Cino) 1879/80.

Sayn G. Observations sur quelques gisements néocomiens des Alpes suisses et du Tyrol. (U. a. Säntis u. Hinterthiersee.) – Bull. soc. de statistique de l'Isère, t. 2, Grenoble 1894, 89–102. – Bespr. NJb. 1897/1, 336; EgH 4, 1895, 324; Arch. d. sc. phys. et nat. de Genève, 33, Genève 1895, 570.

Scalia S. Sulla fauna degli strati a Spirigera trigonella Schloth. spec. della Val di Sinello presso Camposilvano in Vallarsa (Trentino merid.). – Boll. Soc. geol. it., Roma 1918, v. 36, f. 2–3, 205–215.

Schaffer F. Die Fauna des glaukonitischen Mergels von Mte Brione bei Riva am Gardasee. – JbRA 1899, 659–662, 1 Taf. – Bespr. Boll. Com. geol. d'It., 32, 1901, 369.

Schafhäutl K. E. v. Ammoniten in den bayerischen Alpen. – NJb. 1846, Briefl. Mitt.

— Einige Bemerkungen über die Nummuliten, vorzüglich des bayerischen östlichen Vorgebirges. – NJb. 1846, 406.

— Rote Ammonitenmarmore zu Oberalm und Adneth in Hinsicht auf rote Marmore der bayerischen Voralpen. – NJb. 1848, 136 ff.

— Geognostische Untersuchungen des südbayerischen Alpengebirges. – München 1851, 206 S., 44 Taf., 1 K., 2 Tab. – Bespr. Bl. 22.

— Gliederung des südbayerischen Alpenkalkes. – NJb. 1851. – Bespr. Bl. 23.

— Über einige neue Petrefakten des südbayerischen Vorgebirges. – NJb. 1851, 407 ff.

— Geognostische Bemerkungen über den Kramerberg bei Garmisch. – NJb. 1852, 282 ff. – Bespr. Bl. 40.

— Beiträge zur näheren Kenntnis der bayerischen Voralpen. (Titel wechselnd.) – NJb. 1853, 299 ff.; 1854, 513–559 (Tertiärkohle); 1864, 812–820 (Teisenberg); 1865, 14–30 (Kressenberg); 1867, 257–272 (Paläont.). – Bespr. VRA 1867, 176; Bl. 51, 65.

— Über die geognostischen Horizonte in den bayerischen Voralpen. – NJb. 1853, 399 ff. – Bespr. Bl. 51.

— Die Versteinerungen des Kressenberges. Keuper- und Liaspflanzen der bayerischen Alpen. – NJb. 1856, Briefl. Mitt., 819. – Bespr. Bl. 101.

— Südbayerns Lethaea geognostica. Der Kressen-

berg und die südlich von ihm gelegenen Hochalpen, geognostisch betrachtet in ihren Petrefakten. – Leipzig 1863. Mit Karten u. Atlas.
— Die nummulitenführenden Schichten des Kressenberges. – NJb. 1865, 769–788, 1 Taf. – Bespr. Bl. 218.
— Der weiße Jura im Wettersteingebirgsstock und der Lias im Hochfelln der bayerischen Alpen. – NJb. 1865, 789–802. – Bespr. Bl. 217.
Schaub S. Ein Tapir aus der oligozänen Molasse der Ostschweiz. (Vorl. Mitt.) – EgH 20, 1927, 312–316, 2 Fig. (St. Gallen.)
Schauroth K. v. Übersicht der geognostischen Verhältnisse der Gegend von Recoaro. – Sber. Ak. d. Wiss. Wien, 17, 1855, 481–562, 1 K. – Bespr. NJb. 1856, 213; Bl. 82.
— Die Trias und ihre Fossilreste um Recoaro. Geologisches über St. Cassian und Recoaro. – NJb. 1855, 315–317. – Bespr. Bl. 83.
— Keuper- und Liasgrenze im Venetianischen. – NJb. 1856, 823ff.
— Kritisches Verzeichnis der Versteinerungen der Trias im Vicentinischen. – Sber. Ak. d. Wiss. Wien, 34, 1859, 283–356.
— Verzeichnis der Versteinerungen im Herzoglichen Naturalienkabinett zu Coburg. – Coburg 1865, 135 S., 30 Taf.
Schellwien E. Die Fauna des karnischen Fusulinenkalkes. – Inaugdiss. Halle a. S., 1891; Palaeont. 39, 1892, 1–56, 8 Taf.; 44, 1898, 237–282, 8 Taf. – Bespr. VRA 1898, 338; NJb. 1899/2, 475.
— Bericht über die Ergebnisse einer Reise in die Karnischen Alpen und die Karawanken. – Sber. Ak. d. Wiss. Berlin, 44, 1898, 693–700. – Bespr. NJb. 1901/2, 118; Carinthia II, 1899, 85.
— Die Auffindung einer permokarbonischen Fauna in den Ostalpen. – VRA 1898, 358–363. – Bespr. NJb. 1901/2, 118.
— Die Fauna der Trogkofelschichten in den Karnischen Alpen und den Karawanken. I. Brachiopoden. – Abh. RA, 16, 1900, H. 1, 122 S., 15 Taf. – Bespr. NJb. 1901/2, 118; Carinthia II, 1901, 30.
— Beiträge zur Systematik der Strophomeniden des oberen Paläozoikums. – NJb. 1900/1, 1–15, 1 Taf., 6 Fig.
— Vorläufiger Bericht über eine von Hr. F. Kossmat und ihm im alpinen Bellerophonkalk aufgefundene neue Fauna. (Vortr.) – Z. DGeolGes., 57, 1905, Mber., 357–359.
Schenk A. Pflanzenreste des Muschelkalkes von Recoaro. – In: Benecke, Geogn. u. pal. Beiträge, 2, H. 1, München 1868, 69–87. – Bespr. VRA 1869, 16.
— Bemerkungen über einige Pflanzenreste aus den triasischen und liasischen Bildungen der Umgebung des Comersees. – Ber. d. math.-phys. Kl. d. Sächs. Ak. d. Wiss., Januar 1889, 13 S., 1 Taf. – Bespr. NJb. 1890/2, 167; Boll. Com. geol. d'It., 21, 1890, 524.
Schlagintweit O. Über fossilführende rhätische Mergel am Hochkalter. – Geogn. Jh., 29/30, 1916/17, München 1919, 321–323, 1 Abb. – Bespr. GZ 25/778.
Schlesinger G. Die eiszeitliche Fauna der Bärenhöhle bei Kufstein. (Vortr.) – Verh. Zoolog.-bot. Ges. Wien, 60, 1910, 151–153.
Schlönbach U. Geolog. Untersuchungen in den Südtiroler und Venetianer Alpen. – VRA 1867, 158.
— Gliederung der rhätischen Schichten bei Kössen. – VRA 1867, 211–212.
— Tithonische Fauna in Spanien verglichen mit der Südtirols. – VRA 1867, 254–255.
Schlosser M. Geologische Notizen aus dem bayrischen Alpenvorlande und dem Inntale. – VRA 1893, 188–198. – Bespr. Mitt. Geogr. Ges. München, 1913, 62; NJb. 1895/1, 74; 1896/1, 82; Bl. 845.
— Geologische Notizen aus dem Inntale. (Heuberg, Riesenkopf, Neokom von Sebi u. Tristlmühle.) – NJb. 1895/1, 75–97. – Bespr. Mitt. Geogr. Ges. München, 1913, 62; Bl. 912.
— Ein neuer Fundplatz von Hallstätter Kalk in den bayrischen Alpen. (Bei Berchtesgaden.) – Z. DGeolGes., 49, 1897, 925–926.
— Über die Bären und bärenähnliche Formen des europäischen Tertiärs. – Palaeontogr., 46, 1899–1900, 95–148, 2 Taf.
— u. **Böse E.** Über die mittelliasische Brachiopodenfauna von Südtirol. – Palaeontogr., 46, 1900, 175–212, 2 Taf. – Bespr. NJb. 1901/1, 166; Boll. Com. geol. d'It., 32, 1901, 114.
Schlosser M. Neue Funde von Versteinerungen der oberen Kreide in den Nordalpen. – Zbl. f. Min., 1904, 654–658, 1 Fig.
—, **Birkner E.** u. **Obermaier H.** Die Bären- oder Tischoferhöhle im Kaisertal bei Kufstein. – Abh. Bayr. Ak. d. Wiss., 2, 24, 2. Abt., München 1909, 387–506, 5 Taf., 12 Fig. – Bespr. VRA 1910, 196; GZ 14/775, 19/741; NJb. 1910/2, 141; Z. f. Glkde, 8, 1914, 139.
Schlosser M. Das Eozän und Unteroligozän der bayrischen Alpen. – Zbl. f. Min., 1922, 180–184. – Bespr. GZ 28/80.
— Revision der Unteroligozänfauna von Häring und Reit im Winkel. – NJb. 47. Bbd, 1923, 254–294. – Bespr. GZ 30/1130.
— Die Cenomanfauna der bayrischen Alpen. – Zbl. f. Min., 1924, 82–95. – Bespr. GZ 31/1450.
— Geologischer Überblick über das unterste Inntal. – Tiroler Heimatblätter, 2, 1924, H. 2, 1–3; H. 3, 3–5.
— Die Eozänfaunen der bayerischen Alpen. – Abh. Bayr. Ak. d. Wiss., 30, 7. Abh., München 1925. I. Die Faunen des Unter- u. Mitteleozän, 207 S., 6 Taf. II. Die Obereozänfauna, 68 S., 2 Taf. – Bespr. GZ 34/1313; NJb. 1929/3, 659.
— Sind die Kressenberger Eozänschichten Kreide? – Zbl. f. Min., 1925, Abt. B, 305–309.
— Über neuere Untersuchungen von Höhlen in Bayern. – Zbl. f. Min., Abt. B, 1926, 361–365. – Bespr. GZ 36/1207.
Schmidle W. Postglaziale Ablagerungen im nordwestlichen Bodenseegebiet. – NJb. 1910/2, 104–122, 2 Fig.; Zbl. f. Min., 1911, 117–127, 153–158, 182–189, 212–218, 249–255. – Bespr. EgH 11, 1910, 681; 12, 1912, 436; GZ 16/87, 1278; Ber. Schw. Bot. Ges., 1912, 45.
— Zur Kenntnis der Molasse und der Tektonik am nordwestlichen Bodensee. – Z. DGeolGes., 63, 1911, 522–551, 1 K. – Bespr. NJb. 1912/1, 516; GZ 18/261, 25/768; EgH 12, 1912, 390.
— Die Untersuchungen der Molasse am nordwestl. Bodensee. – Verh. Schw. Natf. Ges., 96. Jvers. Frauenfeld 1913, II, 204–206; EgH 12, 1912, 685–688, 1 K. (Vortr.) – Bespr. EgH 13, 1914, 671.
Schmidt C. Zur Geologie der Alta Brianza. – Compterendu Congr. Géol. Int. à Zürich 1894, Z. 1896, 503–518, 1 Taf. – Bespr. VRA 1897, 101; Boll. Com. geol. d'It., 28, 1897, 379.
— Über das Alter des Bündner Schiefers im nordöstlichen Graubünden. – Ber. Vers. Oberrhein. Geol. Ver. Freiburg i. Br. 1902, 25–30. – Bespr. NJb. 1908/1, 253; GZ 3/2114; EgH 7, 1901/02, 676; Jber. Natf. Ges. Grbd., NF, 46, 106.

Schmidt H. Bau und Anheftungsweise des Brachiopoden Isogramma aus dem Oberkarbon Kärntens. - Palaeont. Z., 13, Berlin 1931, 278–283, 1 Taf. - Bespr. GZ 1 B/377; NJb. 1932/3, 650.

Schmitz H. Pollenregen-Seeblüte und Pollenanalyse. - Paläont. Z., 12, 1930, 188–193. - Bespr. GZ 2 B/451.

Schöning F. Über das Vorkommen von Gosauschichten zwischen Walchsee und Kössen in Tirol. (Vorl. Mitt.) - Zbl. f. Min., 1922, 558.

Schröder J. Die jurassischen Fleckenmergel der bayerischen Alpen. - NJb. Bbd 52, Abt. B, 1925, 214–283. - Bespr. GZ 33/260.

— Die Ammoniten der jurassischen Fleckenmergel in den bayerischen Alpen. - Palaeontographica, 68, Stuttgart 1926, 111–235; 69, 1927, 1–110, 11 Taf. - Bespr. GZ 33/260; NJb. 1932/3, 439.

— Aus Münchens Erdgeschichte. - Führer zur Vorgeschichtsausstellung München 1927, 1–7.

Schröder R. Die Conchylien des Münchener Gebiets vom Pleistozän bis zur Gegenwart. - Nachrichtenbl. Deutsch. Malakozool. Ges., 47, 1915, 97–133, 145–195. - Bespr. GZ 24/1470; Mitt. Geogr. Ges. München, 1916, 311.

Schröter C. Oswald Heer. - Verh. Schw. Natf. Ges. Zürich, 1883, 165–190.

— u. **Wolf R.** Oswald Heer, Nekrolog. - Vierteljschr. Natf. Ges. Zürich, 28, Zürich 1883, 298–319.

Schröter C. Oswald Heer als Gebirgsforscher. (Vortr.) - JbSAC, 25, Bern 1890, 412–447.

Schubert R. J. Der Clavulina-Száboi-Horizont im oberen Val di Non (Südtirol). - VRA 1900, 79–85. - Bespr. GZ 1/173; Boll. Com. geol. d'It., 32, 1901, 370.

— Über Oligozänbildungen aus dem südlichen Tirol. - VRA 1900, 370–372. - Bespr. GZ 1/2198; NJb. 1902/1, 281; Boll. Com. geol. d'It., 32, 1901, 370.

— Über die Foraminiferen des grünen Tuffes von St. Giovanni Ilarione (im Vicentinischen). - Z. DGeolGes., 53, 1901, Briefl. Mitt., 15–23. - Bespr. Boll. Com. geol. d'It., 33, 1902, 359.

— Neue und interessante Foraminiferen aus dem Südtiroler Alttertiär. - Beitr. z. Pal. u. Geol. Österr.-Ungs u. d. Or., IV, Wien 1902, 9–26, 1 Taf., 3 Fig. - Bespr. GZ 7/2021; Boll. Com. geol. d'It., 35, 1904, 93.

— Über die Foraminiferen-„Gattung" Textularia Defr. u. ihre Verwandtschaftsverhältnisse. - VRA 1902, 80–85. - Bespr. GZ 7/2020.

— Über das „Tertiär im Antirhätikon". - VRA 1910, 328. - Bespr. GZ 15/1811; EgH 11, 1910, 572.

Schuchert Ch. Carl Diener 1862–1928. - Amer. J. Sci., 1928, 453.

Schuster J. Über ein fossiles Holz aus dem Flysch des Tegernseer Gebietes. - Geogn. Jh., 19, 1906, 139–152, 1 Taf., 3 Fig. - Bespr. GZ 12/705.

— Paläobotanische Notizen aus Bayern. - Ber. d. Bayr. Bot. Ges., 12, 1909, 1–20, 2 Taf. - Bespr. NJb. 1909/1, 467; GZ 14/1688.

Schütz H. Der sterbende Gletscher. Vergehen und Werden zu Ende der Eiszeit. - Leipzig (Haberland) 1929, 203 S., 14 Bilder. - Bespr. Der Schlern, 11, 1930, 37; Z. f. Glkde, 18, 1930, 248; Heimat, 11, Innsbruck 1930, 63; Tiroler Heimatblätter, 8, Innsbruck 1930, 312; Mitt. DÖAV, 1931, 97; Wr. Prähist. Z., 17, 1930, 91; Mitt. Anthrop. Ges. Wien, 60, 1930, 193.

Schwinner R. u. **Heritsch F.** Stratigraphisches und Paläont. aus dem Jura der Lessinischen Berge. (Col Santo.) - Mitt. Geol. Ges. Wien, 10, 1917, 184–217, 1 Taf. - Bespr. NJb. 1921/1, 181; GZ 25/300.

Schwinner R. Das Gebirge westlich von Ballino. (Südwesttirol.) Vorläufige Mitteilung. - VRA 1918, 149–178, 184–198, 1 Skz., 10 Prof.

— Geröllführende Schiefer und andere Trümmergesteine aus der Zentralzone der Ostalpen. - GR 20, 1929, 211–244, 343–370. - Bespr. GZ 41/515; NJb. 1933/2, 19.

Scortegagna F. O. Notizie risguardanti le ossa fossili degli Animali Mammiferi rinvenute sepolte nel Monte Zoppega di San Lorenzo presso Soave nella Provincia Veronese. - Ann. d. Sc. d. R. Lomb.-Ven., Bim. 5–6, Vicenza 1844.

Scudder. Oswald Heer. - Science, 1883, Nr. 39, 583–586 mit Bild.

Scupin H. Das Devon der Ostalpen. IV. Die Fauna des devonischen Riffkalkes. II. Lamellibranchiaten und Brachiopoden. - Z. DGeolGes., 57, 1905, 91–111, 2 Taf., 3 Fig.; 58, 1906, 213–306, 7 Taf., 16 Fig. - Bespr. VRA 1907, 157; NJb. 1915/2, 228; GZ 8/1059.

Seelmeier H. Graptolithen von der Gugel (Gebiet der Stranigeralm). - Anzg. Ak. d. Wiss. Wien, math.-natw. Kl., 69, 1932, 261.

Seidlitz W. v. Geologische Untersuchungen im östlichen Rhätikon. - Ber. Natf. Ges. Freiburg i. Br., 16, 1906, 232–367, 5 Taf., 20 Abb. (Inaugdiss.). - Bespr. VRA 1906, 274; NJb. 1909/1, 88; Mitt. Geol. Ges. Wien, 1, 1908, 136; GZ 10/709; Jber. Natf. Ges. Grbd., NF, 49, 141; PetMitt., 53, Litber., 108; EgH 9, 1906, 671.

— Josef Felix Pompeckj. - Handwörterbuch der Nat.-wiss., röm. 8, 1933, 30–31.

Seitz O. Zur Morphologie der Ammoniten aus dem Albien. - Jb. Preuß. Geol. Ldsanst., 51, T. 1, Berlin 1930, 8–35, 4 Taf., 3 Abb.; 52, T. 2, 1931, 391–415, 2 Taf., 1 Abb. - Bespr. NJb. 1931/3, 489; GZ 1 B/851, 852.

Seyffertitz K. Frh. v. Mammutzahn aus dem Scesatobel. - VRA 1860, 84–85.

Sickenberg O. Geologische Untersuchungen in der nördlichen Osterhorngruppe (Salzburg). - Anzg. Ak. d. Wiss. Wien, math.-natw. Kl., 68, 1931, 287–289.

— Zweite Mitteilung über geologische und paläontologische Untersuchungen in der nördlichen Osterhorngruppe (Salzburg). - Anzg. Ak. d. Wiss. Wien, math.-natw. Kl., 69, 1932, 283–287.

— Ein rhaetisches Korallenriff aus der Osterhorngruppe. - Verhdlgen Zool.-Bot. Ges. Wien, 82, 1932.

Sieber R. Paläobiologische Untersuchungen an der Fauna der Rötelwand-Riffmasse in der nördlichen Osterhorngruppe (Salzburg). - Anzg. Ak. d. Wiss. Wien, math.-natw. Kl., 70, 1933, 238–240.

Silvestri A. Orbitoidi cretacee nell'eocene della Brianza. - Mem. d. Pontifica Accad. Romana d. nuovi Lincei, s. 2, v. 5, Roma 1919, 31–107. - Bespr. Riv. It. di Pal., 1920, 5.

— Revisione di fossili della Venezia e Venezia Giulia. - Atti Acc. Sc. Ven.-Trent.-Istr., s. 3, v. 14, Padova 1924, 7–12.

— Sulle Ellissonodosarine della molassa di Varano in Lombardia; nota critica. - Atti Soc. It. Sc. nat., v. 64, f. 1, Milano 1925, 49–60.

— Fossili esotici del paleogene della Brianza. - Atti d. Soc. Ital. Sc. nat., v. 66, f. 1–2, Milano 1927, 105–122, 3 Taf. - Bespr. GZ 37/1373; NJb. 1928/3, 202.

Skuphos Th. Die stratigraphische Stellung der Partnach- und der sog. „Unteren Carditaschichten" in den Nordtiroler und bayerischen Alpen. – Geogn. Jh., 4, 1891, Cassel 1892, 87–142, 12 Abb., 1 Tab. – Bespr. VRA 1892, 307; NJb. 1893/2, 524; Bl. 795.

— Über Partanosaurus Zitteli Skuph. und Microleptosaurus Schlosseri n. g. n. sp. aus den Vorarlberger Partnachschichten. (Braz.) – Abh. RA 1893, 15, H. 5, 16 S., 3 Taf., 1 Fig. – Bespr. NJb. 1895/1, 529.

— Über die Entwicklung und Verbreitung der Partnachschichten in Vorarlberg und im Fürstentum Liechtenstein. – JRA 1893, 145–178, 1 Taf., 9 Abb. – Bespr. Mitt. Geogr. Ges. München, 1911, 446; NJb. 1893/2, 524; Bl. 846.

— Vorläufige Anzeige über Partanosaurus Zitteli etc. (Braz.) – Zool. Anzg., Nr. 413, 1893, 67.

Söhle U. Geologische Aufnahme des Labergebirges bei Oberammergau mit besonderer Berücksichtigung des Cenomans in den bayerischen Alpen. – Geogn. Jh., 9, 1896 (1897), 1–64, 1 K., 9 Taf., 5 Fig. – Bespr. VRA 1897, 307; NJb. 1900/2, 415; Mitt. Geogr. Ges. München, 1913, 59.

— Das Ammergebirge. – Geogn. Jh., 11, 1898 (1899), 39–89, 1 K., 14 Taf., 2 Abb. – Bespr. Z. f. prakt. Geol., 1900, 195; NJb. 1901/1, 260; Mitt. Geogr. Ges. München, 1913, 59; Bl. 996.

Solger F. Joseph Felix Pompeckj †. – Forsch. u. Fortschr., 6, Berlin 1930, 301.

Sordelli F. Sulle tartarughe fossili di Leffe. (Emys europaea.) – Atti Soc. It. Sc. nat., v. 15, f. 3, Milano 1872.

— Descrizione di alcuni avanzi vegetali delle argille plioceniche lombarde coll'aggiunta di un elenco delle piante fossili finora conosciute in Lombardia. – Atti Soc. It. Sc. nat., v. 16, Milano 1873, 350–429, 4 Taf.

— La fauna marina di Cassina-Rizzardi. Osservazioni paleontologiche. – Atti Soc. It. Sc. nat., v. 18, Milano 1875.

— Nuove osservazioni sulla fauna fossile di Cassina-Rizzardi. – Atti Soc. It. Sc. nat., v. 18, Milano 1876.

— Observations sur quelques plantes fossiles du Tessin méridional et sur les gisements qui les renferment, à propos de la controverse glaciaire. – Bibl. univ. d. Arch. d. sc. phys. et nat., Genève 1877, 250–271.

— Brevi appunti alla memoria del prof. Mercalli: Sulle marmotte fossili trovate nei dintorni di Como. – Atti Soc. It. Sc. nat., v. 21, Milano 1878.

— Le filliti (piante fossili) della Folla d'Induno presso Varese e di Pontegana tra Chiasso e Balerna nel Canton Ticino, paragonate con quelle di altri depositi terziarii e postterziarii. – Atti Soc. It. Sc. nat., v. 21, Milano 1878, 877–899. – Bespr. NJb. 1880/2, 249; Arch. d. sc. phys. et nat., t. 3, 223; Rev. géol. suisse p. l'a. 1879, Genève 1880, 72.

— Sulle piante fossili recentemente scoperte a Besano nel circondario di Varese. – Atti Soc. It. Sc. nat., v. 22, f. 1–2, Milano 1879, 80–94.

— Sulle piante della torbiera e della stazione preistorica della Lagozza. – Atti Soc. It. Sc. nat., v. 23, Milano 1880, 219.

— Sui fossili e sull'età del deposito terziario della Badia presso Brescia. – Atti Soc. It. Sc. nat., v. 24/25, Milano 1882, 85.

— Cenno preventivo sul giacimento a filliti scoperto dal dott. Beltramini de'Casati presso Bassano Veneto. – Atti Soc. It. Sc. nat., v. 24/25, Milano 1882, 101.

— Flora fossilis insubrica. Studi sulla vegetazione di Lombardia durante i tempi geologici. – Milano 1896, 298 S., 44 Taf. – Bespr. Boll. Com. geol. d'It., 28, 1897, 385.

Spandl H. Die Beziehungen der Wassertierwelt zur Eiszeit. – Die Eiszeit, 3, 1926, 67–91. – Bespr. GZ 40/933.

Spengler E. Der zweite Teil von F. Wähners „Sonnwendgebirge". – Zbl. f. Min., 1934, Abt. B, 61–64. – Bespr. Firgenwald, 7, Reichenberg 1934, H. 2, 62; GZ 53 A/182.

Speyer K. Die Triasfossilien der Adamellogruppe. – VBA 1927, 142–145. – Bespr. GZ 39/1206; NJb. 1928/3, 227.

Spitz A. Die Gastropoden des Karnischen Unterdevons. – Beitr. z. Pal. u. Geol. Österr.-Ungarns u. d. Orients, 20, Wien 1907, 115–190, 6 Taf., 3 Fig. – Bespr. NJb. 1915/2, 230; GZ 13/193.

— Geologische Studien in den Zentralkarnischen Alpen. – Mitt. Geol. Ges. Wien, 2, 1909, 278–334, 2 Taf., 1 K. – Bespr. Carinthia II, 1911, 145; GZ 15/43; NJb. 1915/2, 236; Boll. Com. geol. d'It., 43, f. 4, 1913, 129.

— u. **Dyhrenfurth G.** Monographie der Engadiner Dolomiten zwischen Schuls, Scanfs und dem Stilfserjoch. – Beitr. z. geol. K. d. Schw., NF, 44. Lfrg, Bern 1915, 235 S., 72 Fig., K. 1:50000, 3 Taf. – Bespr. VRA 1916, 215; GZ 23/207, 25/1144, 27/3058; NJb. 1916/2, 81; EgH 15, 1918, 118; Geogr. Anzg., 17, 1916, 245.

Spreafico F. Conchiglie marine nel terreno erratico di Cassina-Rizzardi, presso Fino, nella provincia di Como. – Atti Soc. It. Sc. nat., v. 17, Milano 1874.

Squinabol S. Su alcune filliti eoceniche del Vicentino. – Riv. It. di Pal., an. 7, f. 3, Bologna 1901, 68–72. – Bespr. Boll. Com. geol. d'It., 34, 1903, 55.

— Le depressioni peri-euganee. – Mem. Acc. Sc., L. ed A. di Padova, v. 18. d. 4, Padova 1902.

— Resti di coccodrillo fossile a Cornedo nel Vicentino. – Atti R. Ist. Ven., s. 8, t. 4, d. 3, Venezia 1902, 183–187, 1 Taf. – Bespr. Boll. Com. geol. d'It., 35, 1904, 99.

— Contributo alla conoscenza dei Radiolari fossili del Veneto. – Mem. Ist. Geol. R. Univ. di Padova, v. 2, 1913–14, Padova 1914, 249–281. – Bespr. Boll. Com. geol. d'It., 46, 1917, f. 2–3, 96.

Stabile G. Dei fossili del terreno triassico nei dintorni del Lago di Lugano. – Verh. Allgem. Schw. Ges. f. d. ges. Natwiss., Versammlg St. Gallen, 1854, 43–44, 153–160; Forts. Mem. II, Vers. Basel, 1856, 141–152.

— Fossiles des environs du lac de Lugano. – Atti Soc. elv. Sc. nat., riun. Lugano nel 1860, Lugano 1861, 135–162. – Bespr. NJb. 1861, 728.

— Sur les fossiles de la dolomie compacte des environs du lac de Lugano (Monte Salvatore). – Atti Soc. elv. d. Sc. nat., riun. in Lugano nel 1860, Lugano 1861, 22–23. – Bespr. Archives d. sc. phys. et nat., 9, Genève 1860, 145; Atti Soc. It. d. Sc. nat., 2, Milano 1861, 317.

Stache G. Über die Steinkohlenformation der Zentralalpen. – VRA 1872, 78–81. – Bespr. NJb. 1872, 772; Bl. 327.

— Entdeckung von Graptolithenschiefern in den Südalpen. – VRA 1872, 234–235. – Bespr. NJb. 1873, 218.

— Neue Fundstellen von Fusulinenkalk zwischen Gailtal und Kanaltal in Kärnten. – VRA 1872, 283–287. – Bespr. NJb. 1873, 218.

— Über die Graptolithen der schwarzen Kieselschiefer am Osternig zwischen Gailtal und Fellatal in Kärnten. (Vortr.) – VRA 1872, 323.

— Der Graptolithenschiefer am Osternigberg in Kärnten und seine Bedeutung für die Kenntnis des Gailtaler Gebirges und für die Gliederung der paläozoischen Schichtenreihe der Alpen. - JBRA 1873, 175–248; VRA 1873, 215–217. - Bespr. NJb. 1875, 329.
— Über die Fusulinenkalke in den Südalpen. (Vortr.) - VRA 1873, 291–292. - Bespr. NJb. 1874, 438.
— Die paläozoischen Gebiete der Ostalpen. - JbRA 1874, 135–273, 333–424, 1 K., 3 Taf.; Auszug: VRA 1874, 214–218, 345–347. - Bespr. NJb. 1876, 88; Bl. 383.
— Über eine Vertretung der Permformation (Dyas) von Nebraska in den Südalpen. Neue Fusulinenfunde in den Karawanken. Wahrscheinliche Äquivalente der oberen Dyas in den Zentralalpen. (Vortr.) - VRA 1874, 87–90. - Bespr. Bl. 382.
— Vertretung der Permformation in den Südalpen. (Vortr.) - VRA 1874, 365–367. - Bespr. Bl. 382.
— Die Fauna der Bellerophonkalke Südtirols. - VRA 1876, 257–261. - Bespr. NJb. 1876, 887.
— Beiträge zur Kenntnis der Fauna der Bellerophonkalke Südtirols. - JbRA 1877, 271–318, 3 Taf.; 1878, 93–168, 4 Taf. - Bespr. Bl. 476.
— Zur Fauna der Bellerophonkalke Südtirols. (Vortr.) - VRA 1878, 104–108.
— Neue Beobachtungen in der paläozoischen Schichtenreihe des Gailtaler Gebirges und der Karawanken. 1. Petrefaktenfundorte. 2. Uggowitzer Breccie. - VRA 1878, 306–313.
— Die Stellung der Uggowitzer Kalkbreccie innerhalb der im Gailtaler und Karawankengebirge vertretenen Äquivalente der Permformation. (In: Neue Beobachtungen in der pal. Schichtenreihe...) - VRA 1878, 310–313.
— Über die Verbreitung der silurischen Schichten in den Ostalpen. - VRA 1879, 216–223.
— Die Umrandung des Adamellostockes und die Entwicklung der Permformation zwischen Valbuona, Giudicaria und Val Camonica. - VRA 1879, 300–310. - Bespr. Bl. 530.
— Erwiderung auf die voranstehende Kritik meines Reiseberichtes über die Umrandung des Adamellostockes. (Gegen Lepsius.) - VRA 1879, 344–350.
— Die geologischen Verhältnisse des Gebirgsabschnittes im NW und SO des unteren Ultentales in Tirol. (Vortr.) - VRA 1880, 127–131.
— Aus dem Silurgebiete der Karnischen Alpen. - VRA 1881, 296–298.
— Aus dem Westabschnitte der Karnischen Hauptkette. Die Silurformation des Wolayer Gebirges und des Paralba-Silvella-Rückens. - VRA 1883, 210–216.
— Elemente zur Gliederung der Silurbildung der Alpen. (Vortr.) - VRA 1884, 25–29.
— Über die Silurbildungen der Ostalpen mit Bemerkungen über die Devon-, Karbon- und Permschichten dieses Gebietes. - Z. DGeolGes., 36, 1884, 277–378, 1 Tab. - Bespr. NJb. 1885/2, 93; VRA 1885, 153; Bl. 627.
— Nachweis des südtirolischen Bellerophonkalkhorizontes in Kärnten. (Vortr.) - VRA 1888, 320–322. - Bespr. NJb. 1892/1, 117.
— Die Silurfaunen der Ostalpen. (Vortr.) - VRA 1890, 121–126.

Stark P. Die Flora der Eiszeit und ihre Spuren in der Gegenwart. - Die Naturwiss., 5, Berlin 1917, 199–202, 220–224.
— Zur Entwicklungsgeschichte der badischen Bodenseemoore I. u. II. Teil. - Ber. Deutsch. Bot. Ges., 41, 1923, 361–366, 367–373. (Vorl. Mitt.) - Bespr. GZ 30/720.
— Die Moore des Badischen Bodenseegebietes. I. Die nähere Umgebung von Konstanz. - Ber. Natf. Ges. Freiburg i. Br., 24, 1925, 1–123, 2 Fig. - Bespr. NJb. 1926/2, Abt. B, 392; GZ 36/1013.
— Die Moore des Badischen Bodenseegebietes. II. Das Areal um Hegne, Dettingen usw. - Ber. Natf. Ges. Freiburg i. Br., 28, 1928, 1–239, 24 Fig. - Bespr. GZ 37/627.

Stefanini G. Osservazioni sul Miocene del Friuli. - Atti R. Ist. Ven. d. Sc., L. ed A., v. 70, Venezia 1911, 751–761. - Bespr. GZ 18/306; Boll. Com. geol. d'It., 43, 1913, f. 4, 130.
— Sulla stratigrafia e sulla tettonica dei terreni miocenici del Friuli. - Uff. Idrogr. d. R. Mag. a. Acque, pubbl. N. 31, Venezia 1911. - Bespr. Boll. Com. geol. d'It., 43, 1913, f. 4, 129.
— Discussione sul Terziario medio in Italia. - Boll. Soc. geol. it., v. 31, 1912, röm. 95–96.
— Due nuovi lembi terziari nel Friuli. - Atti Acc. Ven.-Trent.-Istr., s. 3, an. 5, f. 1 e 2, Padova 1912, 3–5. - Bespr. Boll. Com. geol. d'Ital., 44, 1915, f. 4, 129.
— Mammiferi terrestri del Miocene veneto. - Mem. dell'Ist. Geol. d. R. Univ. di Padova, v. 1, Padova 1912, 267–318, 1 Taf. - Bespr. GZ 19/669, 1700; Boll. Com. geol. d'It., 44, 1915, f. 4, 128.
— Il Neogene Veneto. - Mem. Ist. Geol. R. Univ. di Padova, 1915, v. 3, 337–622.
— Fossili del Neogene Veneto. I. Mem. Ist. Geol. R. Univ. Padova, 1915. II. Palaeont. Ital., v. 25, 1919.
— Sull'esistenza dell'Oligocene in Friuli e sulle mutazioni del Potamides margaritaceus Br. - Atti Acc. Ven.-Trent.-Ist., s. 3, v. 8, Padova 1916, 68–93, 1 Taf.
— Specie nuove del Miocene Veneto. - Atti Acc. Ven.-Trent.-Istr., v. 8, Padova 1916, 151–162. - Bespr. GZ 25/132.
— I fossili del Neogene Veneto. - Mem. Ist. Geol. Univ. Padova, 1917, v. 4, 1–198, 7 Taf.
— Outline of the History of Venetien during the Neogen. - Am. Journ. of Sc., 44, 1917.

Stehlin H. G. Über die Grenze zwischen Oligozän und Miozän in der Schweizer Molasse. - EgH 7, 1901/02, 360–365. - Bespr. Ebd. 700; GZ 5/2078; NJb. 1904/1, 285.
— Die Säugetiere des schweizerischen Eozäns. Kritischer Katalog der Materialien. 1903–1916. - Abh. Schw. pal. Ges., Teil 1, Bd 30, 1–154, 3 Taf., 5 Fig.; Teil 2, Bd 31, 155–258, 6 Taf., 22 Fig.; 32, 259–445, 2 Taf., 22 Fig.; Teil 3, 32, 447–596, 2 Taf., 34 Fig.; Teil 4, 33, 597–690, 1 Taf., 34 Fig.; Teil 5, 35, 691–838, 2 Taf., 36 Fig.; Teil 6, 36, 839–1164, 6 Taf., 110 Fig.; Teil 7, 38, 1165–1298, 46 Fig.; 41, 1299–1552, 2 Taf., 82 Fig. - Bespr. EgH 8, 311, 705; 9, 321, 721; 11, 214, 653; 13, 118; Rev. crit. Pal., 8, 151; 9, 117; 12, 69; 13, 194; 1911, 16; 1913, 68; 1917, 4; GZ 11/1504; NJb. 1905/1, 492; 1906/2, 282; 1910/1, 446; 1911/2, 121; 1914/2, 329; 1918, 211.
— Säugetierpaläontologische Bemerkungen zu einigen neueren Publikationen von Dr. L. Rollier. - EgH 11, 1910, 476–483. - Bespr. Ebd. 12, 1912, 407.
— Übersicht über die Säugetiere der schweizerischen Molasseformation, ihre Fundorte und ihre stratigraphische Verbreitung. Nebst einem Anhang: Über das Vorkommen von Hipparion in der Schweiz. - Ver. Natf. Ges. Basel, 25, 1914, 179–202, 2 Fig: - Bespr. GZ 23/1028; NJb. 1916/1, 137; EgH 14, 1916, 462.

— Verzeichnis der Säugetierfunde in der schweizerischen Molasse. - In: Alb. Heim, Geol. d. Schw., 1, Leipzig 1916, 145-152.

— Säugetierpaläont. Bemerkungen zur Gliederung der oligozänen Molasse. - EgH 16, 1920/22, 575-581. - Bespr. GZ 28/499.

— Die Säugetierfauna von Leffe (Prov. Bergamo). - Verh. Schw. Natf. Ges., 111. Jvers. St. Gallen, 1930, 349; EgH 23, 1930, 648-681, 9 Fig. - Bespr. GZ 46A/832, 1 B/262; NJb. 1931/3, 680.

— Wichtigste Daten der Säugetiergeschichte Europas. - In: Geol. Führer der Schweiz, herausgeg. v. Schweiz. Geol. Ges., Basel (Wepf) 1934, Fasz. I, 69-70.

Steinböck O. Die Tierwelt des Ewigschneegebietes. - Z. DÖAV, 1931, 29-46, 21 Abb. S. a. Alpines Handbuch u. Mitt. DÖAV, 1932, 213, 252.

— Zur Frage der Sprungschicht in Hochgebirgsseen. - Arch. f. Hydrobiol., 27, 1934, 397-415, 1 Abb., 1 Tab. (Gegen O. Pesta.)

Steinmann G. Zur Kenntnis fossiler Kalkalgen (Siphoneen). - NJb. 1880/2, 130-140, 1 Taf.

— Pharetronenstudien. - NJb. 1882/2, 139-191, 4 Taf.

— Geolog. Beobachtungen in den Alpen. I. Das Alter der Bündner Schiefer. - Ber. Natf. Ges. Freiburg i. Br., 9, 1895, 245-263; 10, 1898, 215-292, Abb. - Bespr. VRA 1895, 362; NJb. 1899/2, 282; PetMitt., 44, 1898, Litber., 24; Bl. 924; Jber. Natf. Ges. Grbd., NF, 39, Chur 1896, 273; 41, 1898, 141; EgH 5, 1897-1898, 93, 132, 381, 420, 427, 449; Ann. d. Géogr., 5, Paris 1896, Ann. bibl., 90; 7, 1898, 94; Arch. d. sc. phys. et nat., t. 6, Genève 1898, 284, 346, 349, 355; Boll. Com. geol. d'It., 27, 1896, 458; 30, 1899, 101.

Stella A. I nostri combustibili fossili. - La Miniera It., an. 1, n. 1, Roma 1917, 5-9.

Stitzenberger J. Couches fossilifères entamées par le chemin de fer du Bregenzerwald. - EgH 8, 1903, 221-222. - Bespr. NJb. 1906/1, 427.

— Fossilienlager in der Molasse nächst des Kontaktes mit dem weißen Jura bei Stockach. - EgH 9, 1906, 396-398.

Stoliczka F. Über die Gastropoden und Acephalen der Hierlatzschichten. - Sber. Ak. d. Wiss. Wien, math.-natw. Kl., 43, 1. Abt., 1861, 157-204, 7 Taf.

— Eine Revision der Gastropoden der Gosauschichten in den Ostalpen. - Sber. Ak. d. Wiss. Wien, math.-natw. Kl., 52, 1. Abt., 1865, 104-223, 1 Taf.

Stolley E. Über einige Brachyuren aus der Trias und dem Dogger der Alpen. - JbRA 1914, 675-682, 1 Taf. - Bespr. GZ 22/1349.

— Über die Belemniten des alpinen Eozäns. - Zbl. f. Min., B, 1928, 110-124. - Bespr. GZ 40/1913.

Stolz R. Appunti sull'anisico del gruppo delle Grigne (Lombardia). - Estr. d. „Natura", Riv. d. Sc. nat., v. 17, 1926.

Stoppani A. Scoperta di una nuova caverna ossifera. (Lomb.) - 1858.

— Studii geologici e paleontologici sulla Lombardia. - Milano 1858, 1-461, 3 Taf.

— Notizen über die oberen Triasgebilde der lombardischen Alpen. - JbRA 1858, 137-142.

— Paléontologie lombarde ... - Milano 1858-1870, 4 Bände. - Bespr. VRA 1858, 124; NJb. 1858, 766; 1859, 356; 1860, 762; 1869, 126; 1870, 1024; 1874, 103; 1875, 775.

— Les pétrifications d'Esino ou description des fossiles appartenants au dépôt supérieur des environs d'Esino en Lombardie. - Pal. Lomb., s. 1, Milano 1858-1860, 30 Taf.

— Sulla memoria di Lorenzo Pareti: Sui terreni al piede delle Alpi, nei dintorni del Lago Maggiore e del Lago di Como. - Atti Soc. geol., v. 1, Milano 1859.

— Risultati paleontologici e geologici dedotti dallo studio dei petrefatti d'Esino. - Atti Soc. It. Sc. nat., v. 2, Milano 1860, 66.

— Géologie et paléontologie des couches à Avicula contorta en Lombardie ... - Pal. lomb., s. 3, v. 1, Milan 1860-1865, 267 S., 60 Taf., 1 Tab.

— Sulla dolomia del Monte S. Salvatore presso Lugano. Nota paleontologica. - Atti Soc. It. Sc. nat., v. 2, Milano 1861, 233-244.

— Sulle condizioni generali degli strati ad Avicula contorta, sulla loro costituzione in Lombardia e sulla costituzione definitiva del piano infraliasico. - Atti Soc. It. Sc. nat., v. 3, Milano 1862, 86-176, 1 Tab. - Bespr. Arch. d. sc. phys. et nat., t. 13, Genève 1862, 67.

— Sulla concordanza geologica tra i due versanti delle Alpi, dedotta dagli studi dell'infralias sul versante nord-ovest. - Atti Soc. It. Sc. nat., v. 5, Milano 1863, 124-148. - Bespr. NJb. 1864, 764; Ann. d. mines, Mém., t. 8, Paris 1865, 428.

— Risultati geologici dedotti dallo studio delle grandi bivalvi cardiformi ai limiti superiore ed inferiore della zona ad Avicula contorta. - Atti Soc. It. Sc. nat., v. 7, Milano 1864.

Strobel P. Saggio della fauna mammologica delle Stazioni preistoriche dei Monti Lessini veronesi. - Bull. Paletn. It., 16, Parma 1890, 167.

Stromer E. Myliobatiden aus dem Mitteleozän der bayerischen Alpen. - Z. DGeolGes., 56, 1904, 249-267, 1 Taf., 6 Fig. - Bespr. GZ 6/697.

— Säugetierfunde im Diluvium Bayerns. 2. Ein Ovibos-Schädel im Altdiluvium Bayerisch-Schwabens. (Obergünzburg bei Kempten.) - Zbl. f. Min., 1928, B, 594-600, 2 Fig.

— u. **Lebling Cl.** Fossilführendes Pliozän in Südbayern. - Zbl. f. Min., 1929, Abt. B, 307-314, 1 Skz. - Bespr. GZ 40/1858, 41/748.

Stromer E. Neue Funde fossiler Säugetiere im Obermiozän Bayerisch-Schwabens. - 48. Ber. Natwiss. Ver. f. Schwaben u. Neuburg, 1930, 3 S., 1 Taf. Bespr. NJb. 1931/2, 305.

Stuchlik H. Die Faziesentwicklung der südbayr. Oligozänmolasse. - JbRA 1906, 277-350, 2 Taf., 5 Abb. - Bespr. Zbl. f. Min., 1906, 576; GZ 9/98.

Studer B. Beiträge zur geogn. Kenntnis der südl. Alpen. - Z. f. T. u. V., 7, Ferdin., Innsbruck 1832, 250-270.

— Geologie der Schweiz. - 2 Bde, Bern u. Zürich, 1851-1853, 485 u. 487 S., K., Prof. u. Abb. - Bespr. NJb. 1851, 717; 1852, 231; 1854, 355; Arch. f. Min. etc., 25, 1853, 314; Arch. d. sc. phys. et nat., t. 19, Genève 1852, 5; Hist. de progr. de la géol., 6, Paris 1856, 626, 647; 7, 1857; 8, 1860; Bl. 60.

— Steinkohlenpflanzen bei Manno (n. v. Lugano). - NJb. 1871, 624-626.

— Index der Petrographie und Stratigraphie der Schweiz und ihrer Umgebungen. - Bern 1872, 272 S. - Bespr. NJb. 1872, 500; Ann. d. mines, Mém., 2, Paris 1872, 500; Boll. Com. geol. d'It., 3, 1872, 301; Jb. SAC, 7, 1872, 504; Arch. d. sc. phys. et nat., t. 46, 303; Rev. géol. suisse, Genève 1873, 5; Itin. f. d. Exkursgebiet SAC, Bern 1886, 33.

Stur D. Über die Ablagerungen des Neogen (Miozän und Pliozän), Diluvium und Alluvium im Gebiete der nordöstlichen Alpen und ihrer Umgebung. – Sber. Ak. d. Wiss. Wien, 16, 1855, 477–539, 1 K. – Bespr. Bl. 77.

— Geolog. Aufnahmen im Comelico und in der Carnia. – JbRA 1856, 178–179.

— Die geologischen Verhältnisse der Täler Drau, Isel, Möll und Gail in der Umgebung von Lienz, ferner der Carnia im venetianischen Gebiete. – JbRA 1856, 405–459, 3 Taf., 4 Fig. – Bespr. NJb. 1857, 619; Bl. 91.

— Fossile Pflanzen vom Tuxer Kofel (Duxer Köpfel) nächst Kufstein. – VRA 1865, 261–262. – Bespr. Bl. 224.

— Petrefakten aus der Umgebung von Bregenz. – VRA 1866, 57–58.

— Eine Exkursion in die Umgebung von St. Cassian. – JbRA 1868, 529–568, 2 Taf., 1 Fig. – Bespr. Bl. 257.

— Über das Niveau der Halobia Haueri. Ein Beitrag zur Kenntnis der alpinen Trias. – JbRA 1869, 281–288. – Bespr. Bl. 278.

— Die Gliederung der alpinen Trias. St. Cassian. Nordtirol und Vorarlberg. Haller Salzberg. – In: Geol. d. Steiermark, Graz 1871, 268–271, 276–278, 304–305, 307, 309–313.

— Beitrag zur Kenntnis der Flora des Kalktuffes und der Kalkbreccie von Hötting bei Innsbruck. – Abh. RA, 12, 1886, 33–56, 2 Taf., 2 Abb.

— Vorlage der Flora von Hötting nördlich von Innsbruck. – VRA 1886, 124–125. – Bespr. NJb. 1887/1, 479; Bl. 686.

— Die Silurfaunen der Ostalpen. (Vortr.) – VRA 1890, 121–126.

Stutzer O. Über einige besondere geologische Erscheinungen in den oligozänen Pechkohlenflözen Oberbayerns. – Z. f. prakt. Geol., 28, 1920, 172–175, 1 Fig. – Bespr. GZ 26/579.

— Fossile Holzkohle. – Braunkohle, 19, 1920, 93.

Suess E. Brachiopoden der Kössener Schichten. – JbRA 1852, 1. H., 180–181.

— Über die Brachiopoden der Kössener Schichten. – Sber. Ak. d. Wiss. Wien, 10, 1853, 283–287; Denkschr. d. Ak. d. Wiss. Wien, 7, 1854, 29–65, 4 Taf. – Bespr. NJb. 1854, 87.

— Versteinerungen in den bayrischen Alpen. – JbRA 1856, 378–380.

— Säugetierreste von Zovencedo bei Grancona. (Vicent. A.) – VRA 1858, 121.

— Mammutzahn aus dem Scesatobel. (Nach Mitt. v. K. Frh. v. Seyffertitz.) – VRA 1860, 84–85.

— Über die Äquivalente des Rotliegenden in den Südalpen. – Sber. Ak. d. Wiss. Wien, 57, 1. Abt., 1868, 230–276, 763–807, 2 Taf.; Auszug: NJb. 1868, 329–332; Boll. Com. geol. d'It., 1, 1870, 207–211. – Bespr. VRA 1868, 268, 356; Bl. 259; Arch. d. sc. phys. et nat., n. p., t. 31, Genève 1868, 263.

— Über die Gliederung des Vicentinischen Tertiärgebirges. – Sber. Ak. d. Wiss. Wien, 58, 1 Abt., 1868, 265–279. – Bespr. VRA 1868, 394; Bl. 260.

— Sur la structure des dépôts tertiaires du Vicentin. – Atti d. Riun, straord. d. Soc. It. d. Sc. nat. Vicenza nel Sett. 1868, v. 11, Milano 1868, 634–649.

— Über das Rotliegende in Val Trompia. – Sber. Ak. d. Wiss. Wien, 59, 1869, 107–119, 2 Taf. Auszug: Boll. Com. geol. d'It., 1, 1870, 155–159. – Bespr. VRA 1869, 57, 175; Bl. 279.

— Über das Vorkommen von Fusulinen in den Alpen. – VRA 1870, 4–5.

— Die Entstehung der Alpen. – Wien (Braumüller) 1875, 168 S. – Bespr. VRA 1875, 181; NJb. 1876, 84; Verh. Natwiss. Ver. Preuß. Rheinld. u. Westfalen, 1875, Sber., 280; Mitt. DÖAV, 1876, 167.

— u. **Mojsisovics E. v.** Briefe zur Nomenklatur der oberen Trias. – Wien 1898, 9 S.

Taramelli T. Osservazioni stratigrafiche sulle valli dell'Aupa e della Fella. – Ann. R. Ist. Tecn. di Udine, v. 2, 1868.

— Sopra alcuni Echinidi fossili cretacei e terziari del Friuli. – Atti R. Ist. Ven. d. Sc., Lett. ed A., s. 3, v. 14, 1869.

— Osservazioni stratigrafiche sulle Valli del Degano e della Vinadia in Carnia. – An. R. Ist. Tecn. di Udine, v. 3, 1869, 43–68, 1 Taf.

— Dei primi risultati di uno studio stratigrafico sulla Carnia. – Atti Accad. Udine, s. 2, v. 2, 1869–1873, 21–27.

— Sulla formazione eocenica del Friuli. – Atti Acc. di Udine, 1870. – Bespr. VRA 1871, 121; Boll. Com. geol. d'It., 2, 1871, 37–40.

— Osservazioni stratigrafiche sulle valli del Bût e del Chiarsò in Carnia. – Ann. d. R. Ist. Tecn. di Udine, 4, 1870, 27 S., 1 Taf. Auszug: Boll. Com. geol. d'It., 2, 1871, 63–70. – Bespr. VRA 1871, 100.

— Escursioni geologiche fatte nell'anno 1871. – Ann. sc. R. Ist. Tecn. Udine, 5, 1871, 68–135.

— Cenni geologici sull'alto Trevignano e sulla valle di Belluno nel Veneto. – Annali d. R. Ist. Tecn. di Udine, 1871; Auszug: Boll. Com. geol. d'It., 3, 1872, 96–99.

— Osservazioni geologiche fatte in Carnia (Alpi Venete). – Annali d. R. Ist. Tecn. di Udine, 5; Boll. CAI, f. 5, 18; Auszug: Boll. Com. geol. d'It., 3, 1872, 261–269.

— Cenni sui terreni paleozoici delle Alpi Carniche. – Boll. CAI, Nr. 18, 1872.

— Escursioni geologiche fatte nell'anno 1872. – Ann. sc. d. R. Ist. Tecn. di Udine, v. 6, 1873.

— Cenni stratigrafici sul gruppo del Monte Cavallo (Veneto). – Boll. Com. geol. d'It., v. 4, Firenze 1873, 167–169; Estr. d. Ann. d. R. Ist. Tecn. di Udine, an. 6, 1873.

— Stratigrafia della serie paleozoica nelle Alpi Carniche. – Mem. R. Ist. Ven., v. 18, 1874, 18 S. – Bespr. VRA 1874, 178.

— Alcune osservazioni sul Ferretto della Brianza. – Atti Soc. Sc. nat., v. 19, 1876, 334, K. 1:450000. – Bespr. NJb. 1878, 662; Boll. Com. geol. d'It., 8, 1877, 147.

— Appunti geologici sulla provincia di Belluno. – Atti Soc. Ital. d. Sc. nat., v. 21, Milano 1879. – Bespr. Boll. Com. geol. d'It., 10, 1879, 295.

— Sunto di alcune osservazioni stratigrafiche sulle formazioni precarbonifere della Valtellina e della Calabria. – Rend. Ist. Lomb., s. 2, v. 12, 1879, 904–914. – Bespr. Boll. Com. geol. d'It., 11, 1880, 121.

— Sopra una grotta ossifera in valle Schiavenin presso Quero. – Belluno 1879.

— Monografia stratigrafica e paleontologica del Lias nelle provincie Venete. – Append. al t. 5, s. 5 d. Atti dell'Ist. Venet. d. Sc., Lett. ed Arti, Venezia 1880, 89 S., 10 Taf.; Auszug: Boll. Com. geol. d'It., 11, 1880, 381–385. – Bespr. VRA 1881, 54; Bl. 566.

— Scoperta di Graptoliti nella Carnia. – Boll. Com. geol. d'It., 12, 1881, 360.

— Sulla recente scoperta di fossili siluriani nella provincia di Udine. – Rend. R. Ist. Lomb. di Sc. e Let., s. 2, v. 14, Milano 1881, 590.

— Comunicazione sui terreni paleozoici e mesozoici

Alpini. - Boll. Soc. geol. it., v. 2, f. 2, Roma 1883, 106-107.
— Di un giacimento di argille plioceniche, fossilifere, recentemente scoperto presso Taino a levante di Angera. - Rend. Ist. Lomb., 1883.
— Osservazioni geologiche sul terreno Raibliano e sulle formazioni alluvionali nei dintorni di Gorno, in Valle Seriana, provincia di Brescia. - Boll. Soc. geol. it., v. 6, f. 4, Roma 1888, 525-544.
— Sugli studî relativi alla geologia e paleontologia della Lombardia. Discorso letto alla Soc. Geol. It. nela sua 9a Adunanza Generale tenuta in Bergamo nel settembre 1890. - Boll. Soc. geol. it., v. 9, f. 3, 1890, 718-735.
— Di un ammonite raccolto nel terreno cretaceo dei colli di Bergamo. - Rend. R. Ist. Lomb. di Sc. e Let., s. 2, v. 26, f. 4, 9 febbr. Milano 1893. - Bespr. Boll. Com. geol. d'It., 25, 1894, 440.
— Osservazioni sul Paleozoico delle Alpi Carniche. - Boll. Soc. geol. it., 14, Roma 1895, 277-280. - Bespr. NJb. 1897/2, 319; Boll. Com. geol. d'It., 27, 1896, 462.
— Sugli strati a Posidonomya nel sistema liasico del Monte Albenza in provincia di Bergamo. - Rend. R. Ist. Lomb., s. 2, v. 28, f. 10, Milano 1895. - Bespr. Boll. Com. geol. d'It., 27, 1896, 461.
— Osservazioni stratigrafiche sui terreni paleozoici nel versante italiano delle Alpi Carniche. - Rend. R. Acc. d. Linc., s. 5, v. 4, sem. 2, f. 9, Roma 1895, 185-193. - Bespr. VRA 1896, 207; NJb. 1898/2, 95; Boll. Com. geol. d'It., 27, 1896, 462.
— Sui terreni paleozoici delle Alpi Carniche. - Atti Soc. It. di Sc. nat., v. 36, f. 1, Milano 1896, 55-57. - Bespr. Boll. Com. geol. d'It., 28, 1897, 388.
— A proposito del giacimento carbonifero di Manno presso Lugano. - Rend. R. Ist. Lomb., s. 2, v. 45, Milano 1912, 721-730. - Bespr. GZ 19/383; EgH 13, 1914, 47; Boll. Com. geol. d'It., v. 44, f. 4, 1915, 135.
Tausch L. v. Über die Beziehungen der neuen Gattung Durga G. Böhm zu den Megalodontiden, speziell zu Pachymegalodon Gümbel. - VRA 1885, 163-166.
— Einiges über die Fauna der grauen Kalke der Südalpen. (Vortr.) - VRA 1887, 187.
— Bemerkungen zu P. Oppenheims Arbeit: Die Land- und Süßwasserschnecken der Vicentiner Eozänbildungen. Eine pal.-zoogeogr. Studie. - Denkschr. Ak. d. Wiss. Wien, 57, 1890, 113-150, 5 Taf. - VRA 1891, 198-207; Erwiderung ebd. 302. - Bespr. NJb. 1893/1, 181; Boll. Com. geol. d'It., 23, 1892, 428.
— Zur Kenntnis der Fauna der „Grauen Kalke" der Südalpen. - Abh. RA, 15, 1890, 42 S., 9 Taf. - Bespr. NJb. 1892/1, 396.
— Über die Bivalvengattung Conchodus und Conchodus Schwageri n. f. aus der obersten Trias der Nordalpen. - Abh RA, 17, 1892, 1-8, 3 Taf., 2 Fig.
Teichmüller R. Zur Frage des Alters der tektonischen Bewegungen in den südlichen Kalkalpen (westlich des Tagliamento). - Z. DGeolGes, 81, 1929, 381-410 18 Abb. - Bespr. GZ 42/59.
— Die kretazischen Ölschiefer und Globigerinenkalke des Nonsberges und der nördlichen Brentagruppe. - Z.DGeolGes., 82, 1930, 241-252, 1 Taf., 5 Abb.
Teller F. Über die Aufnahmen im Gebiet zwischen Etsch und Eisack. (Vortr.) - VRA 1880, 91-98. - Bespr. Bl. 555.
— Zur Tektonik der Brixner Granitmasse und ihrer nördlichen Umrandung. - VRA 1881, 69-74. - Bespr. Bl. 579.
— Neue Vorkommnisse diploporenführender Dolomite und dolomitischer Kalke im Bereiche der altkristallinen Schichtreihe Mitteltirols. - VRA 1883, 193-200. - Bespr. Bl. 606.
Termier P. Sur la fenêtre de la Basse - Engadine. - C. R. Acad. Sc. Paris, 139, II, 20. 10. 1904, 648-650. - Bespr. VRA 1905, 64; NJb. 1907/2, 262, 436; GZ 7/1254; EgH 8, 1903, 633.
Thienemann A. Mückenlarven bilden Gesteine. (Partenkirchen.) - Natur u. Mus., H. 11, 1933, 370-378, 5 Abb. - Bespr. GZ 52 A/637, 5 B/414.
Thierberg. Die Eiszeitfunde am - bei Kufstein. - Innsbr. Nachr. v. 30. 7. 1932.
Thöne J. Tiergeschichte oder Erdgeschichte? - GR 19, 1928, 315-319.
Tietze E. Beiträge zur Kenntnis der älteren Schichtgebilde Kärntens. - JbRA 1870, 259-272, 6 Fig.
— Die Versuche einer Gliederung des unteren Neogen in den österreichischen Ländern. - Z. DGeolGes., 36, 1884, 68-121. (S. a. Th. Fuchs.)
— Nachruf für Dr. Alexander Bittner. - VRA 1902, 165-170.
Tommasi A. Il Trias inferiore delle nostre Alpi coi suoi giacimenti metalliferi. Il Pizzo dei Tre Signori. - Prem. e pubbl. d. Soc. promotr. d. esplorazioni scient. in Milano 1882, 1 Taf., 1 K. - Bespr. Boll. Com. geol. d'It., 13, 1882, 280.
— Note paleontologiche. 1. I fossili (triasici) della Rasa (presso Varese). 2. Su alcuni fossili triasici del Veneto (Marmolata-Recoaro-Raveo). - Boll. Soc. geol. it., v. 4, 1885, Roma 1886, 199-217, 5 Taf.
— Appunti geologici da Dogna ad Ampezzo Forni di sotto e Monte Najarda. - Annali R. Ist. Tecn. A. Zanon, s. 2, a. 4, Udine 1886, 55. - Bespr. Boll. Com. geol. d'It., 18, 1887, 441.
— Alcuni brachiopodi della zona raibeliana di Dogna nel Canal del Ferro. - Annali d. R. Ist. Tecn. Ant. Zanon in Udine, s. 2, a. 5, 1887, 109.
— Sul lembo cretaceo di Vernasso nel Friuli. - Ann. R. Ist. Tecnico di Udine, s. 2, a. 7, 1889. - Bespr. NJb. 1893/2, 531.
— Sulla scoperta del Carbonifero del Mte Pizzùl nell'Alta Carnia. - Boll. Soc. geol. it., v. 8, Roma 1889, 564-565. - Bespr. Boll. Com. geol. d'It., 22, 1891, 276.
— Contribuzione allo studio della fauna cretacea del Friuli. I fossili senoniani di Vernasso presso S. Pietro al Natisone. - Atti R. Ist. Ven. di Sc., Let. ed Arti, s. 7, t. 2, 1891, 1 Taf. - Bespr. NJb. 1893/2, 531.
— La fauna del calcare conchigliare (Muschelkalk) di Lombardia. - Mem. prem. d. R. Ist. Lomb. di Sc. e Lett., Pavia 1894, 168 S., 2 Taf., 1 Tab. - Bespr. NJb. 1896/2, 343; Boll. Com. geol. d'It., 26, 1895, 501.
— Contributo alla fauna del calcare bianco del Latemar e della Marmolada. - Atti I. R. Accad. d. Agiati Rovereto, s. 3, v. 1, 1895, 7 S., 1 Taf.; Ann. d. SAT, Trento 1896, v. 19, 251-257. - Bespr. NJb. 1897/1, 117; Boll. Com. geol. d'It., 27, 1896, 464.
— Sulla fauna del Trias inferiore nel versante meridionale delle Alpi. - Rend. Ist. Lomb. Sc. e Lett., s. 2, v. 28, 1895, 4 S. (Mat. faun. d. Mus. di Rovereto.) - Bespr. NJb. 1897/1, 117; Boll. Com. geol. d'It., 27, 1896, 464.
— La fauna del Trias inferiore nel versante meridionale delle Alpi. - Pal. It., Mem. di Pal., pubbl.

p. cura del prof. M. Canavari, v. 1, 1895, Pisa 1896, 43–76, 2 Taf. – Bespr. VRA 1897, 105; NJb. 1896/2, 344; Boll. Com. geol. d'It., 28, 1897, 391.
— Sul recente rinvenimento di fossili nel calcare a Bellerophon della Carnia. – Rend. R. Acc. d. Linc., v. 5, f. 6, Roma 1896, 216–221. – Bespr. Boll. Com. geol. d'It., 28, 1897, 391.
— Nuovi fossili dei calcari rossi e grigi del Monte Clapsavon in Carnia. Nota preliminare. – Rend. R. Ist. Lomb. d. Sc. e Let, s. 2, v. 30, f. 16, Milano 1897, 1120–1122. – Bespr. Boll. Com. geol. d'It., 30, 1899, 107.
— Alcuni fossili nel Trias inferiore delle nostre Alpi. – Rend. R. Ist. Lomb., s. 2, v. 32, f. 11, Milano 1899, 771–774. – Bespr. Boll. Com. geol. d'It., 31, 1900, 407.
— La fauna dei calcari rossi e grigi del Monte Clapsavon nella Carnia occidentale. – Palaeontogr. Ital., 5, 1899, Pisa 1900, 1–54, 7 Taf. – Bespr. NJb. 1901/2, 134; Boll. Com. geol. d'It., 32, 1901, 384.
— Contribuzione alla paleontologia della Valle del Dezzo. – Mem. Ist. Lomb. d. sc. mat. e nat., v. 19, 1901.
— Due nuovi Dinarites nel Trias inferiore della Val del Dezzo. – Boll. Soc. geol. it., v. 21, f. 2, Roma 1902, 344–348, 1 Taf. – Bespr. Boll. Com. geol. d'It., 35, 1904, 105.
— Alcuni fossili nuovi del Trias inferiore delle nostre Alpi. – Rend. R. Ist. Lomb., v. 2, Milano 1902, 32–35, 1 Taf. – Bespr. GZ 3/876.
— Sulla estensione laterale dei calcari rossi e grigi a cefalopodi del Monte Clapsavon. – Rend. R. Ist. Lomb., s. 2, v. 36, f. 9, Milano 1903, 431–439. – Bespr. Boll. Com. geol. d'It., 36, 1905, 69.
— Revisione della fauna a molluschi della dolomia principale di Lombardia. – Palaeontogr. It., v. 9, Pisa 1903, 95–124, 3 Taf. – Bespr. Boll. Com. geol. d'It., 36, 1905, 70.
— Una Lima nuova ed una Pinna del Muschelkalk di Recoaro. – Boll. Soc. geol. it., v. 23, f. 2, Roma 1904, 301–305. – Bespr. GZ 6/961; Boll. Com. geol. d'It., 36, 1905, 341.
— Spigolature di paleontologia baldense. – Rend. Ist. Lomb. di Sc. e Lett., v. 41, Milano 1908, 601–616. – Bespr. Boll. Com. geol. d'It., 40, 1909, 606.
— Una nuova specie di Phyllocrinus nel neocomiano di Spiazzi sul Monte Baldo. – Boll. Soc. geol. it., v. 27, f. 3, Roma 1908, 419–422, 1 Taf. – Bespr. NJb. 1914/1, 173; Boll. Com. geol. d'It., 40, 1909, 606.
— Cenni preventivi per una nuova fauna triasica della Valsecca in Val Brembana. – Rend. R. Ist. Lomb., v. 42, Milano 1909, 366–369. – Bespr. Boll. Com. geol. d'It., 41, 1910, 476.
—, **Mariani E.** e **De Alessandri G.** Il gruppo delle Grigne. – Boll. Soc. geol. it., v. 30, f. 4, Roma 1912, röm. 83–102, 1 Fig. (Guide a. escurs. d. 30 Congr. naz. in Lecco d. S. G. I.) u. Milano (Tip. Operai) 1911, 30 S., 1 Fig. – Bespr. Boll. Com. geol. d'It., v. 43, f. 4, 1913, 145; Riv. di Paleont., 1911, 59; GZ 17/870.
Torfmoore. (G.) Über die glaziale Flora und die Flora der Torfmoore. – Mitt. Anthrop. Ges. Wien, 12, 1882, 104–107, 1 Abb.
Tornquist A. Über den Fund eines Ceratites nodosus aut. in der vicentinischen Trias und über die stratigraphische Bedeutung desselben. – Nachr. Ges. d. Wiss. Göttingen, math.-phys. Kl., 1896, 28 S., 1 Abb. – Bespr. NJb. 1897/2, 128; VRA 1897, 102; Boll. Com. geol. d'It., 28, 1897, 392.
— Neue Beiträge zur Geologie und Paläontologie der Umgebung von Recoaro und Schio (im Vicentin). I. Die nodosen Ceratiten. – Z. DGeolGes., 50, 1898, 209–233, 3 Taf. – II. Die Subnodosus-Schichten. – Ebd. 637–694, 4 Taf. – III. Der Spitzkalk. – Ebd. 51, 1899, 341–377. – IV. Die Sturia-Kalke (Trinodosus-Niveau). – Ebd. 52, 1900, 118–153, 3 Taf. – Bespr. NJb. 1900/1, 115, 274; 1900/2, 433; GZ 1/67, Bl. 988; Boll. Com. geol. d'It., 30, 1899, 370; 31, 1900, 407; 32, 1901, 384.
— Das Vicentinische Triasgebirge. Eine geologische Monographie. – Stuttgart (Schweizerbart) 1901, 195 S., 2 K. 1:250000, 14 Abb., 10 Fig. u. tekt. Skz. – Bespr. NJb. 1901/2, 98; GZ 2/43; Mitt. DÖAV, 1903, 49; Boll. Com. geol. d'It., 34, 1903, 60.
— Vorläufige Mitteilung über die Allgäu-Vorarlberger Flyschzone. – Sber. Preuß. Ak. d. Wiss., phys.-math. Kl., 30, 1907, 591–599. – Bespr. NJb. 1909/1, 97; GZ 11/58; EgH 10, 1908, 338.
— Die Allgäu-Vorarlberger Flyschzone und ihre Beziehung zu den ostalpinen Deckenschüben. – NJb. 1908/1, 63–112, 1 K., 8 Taf., 11 Prof. – Bespr. GZ 11/1471; EgH 10, 1908, 661; Mitt. Geogr. Ges. München, 1911, 443.
— Noch einmal die Allgäu-Vorarlberger Flyschzone und der submarine Einschub ihrer Klippenzone. – VRA 1908, 326–332. – Bespr. GZ 12/1284; EgH 10, 1908, 666.
— Eine Kritik der von Mylius geäußerten neuen Ansichten über die Herkunft der Juraklippen in der Allgäu-Vorarlberger Flyschzone. – Zbl. f. Min., 1912, 345–352, 1 Fig.; 783–784. – Bespr. NJb. 1915/1, 241; GZ 21/335.
— Die Buchensteiner Schichten. – Zbl. f. Min., 1916, 130–135.
Toula F. Beiträge zur Kenntnis der „Grauwackenzone" der nördlichen Kalkalpen. – VRA 1877, 240–244. – Bespr. NJb. 1878, 425.
— 1. Vorkommen der Raibler Schichten mit Corbis Mellingi zwischen Villach und Bleiberg in Kärnten. 2. Bemerkungen über die Hangendschichten der Krone (Pontafel Nord). 3. Anzeichen des Vorkommens der oberen Trias im Karnischen Hauptzuge zwischen Uggowitz und Feistritz. – VRA 1887, 296–298, 2 Fig. – Bespr. NJb. 1899/2, 126.
Trauth F. Über die Stellung der „pieninischen Klippenzone" und die Entwicklung des Jura in den niederösterr. Voralpen. – Mitt. Geol. Ges. Wien, 14, 1921, Wien 1922, 105–265, 1 Tab., 2 Taf. – Bespr. GZ 29/162.
— Aptychenstudien. – Ann. Naturhist. Mus. Wien, 41, 1927, 171–259, 8 Fig., 1 Tab.; 42, 1928, 121–193, 3 Taf.; 44, 1930, 329–411, 2 Fig., 3 Taf.; 45, 1931, 17–136, 3 Fig., 1 Taf. – Bespr. GZ 36/1935, 40/992, 1 B/425; NJb. 1932/3, 252.
Trener G. B. Über ein oberjurassisches Grundbreccienkonglomerat in Judikarien (Ballino) und die pseudoliassische Breccie des Mte Agaro in Val Sugana. (Vortr.) – VRA 1909, 162–178, 4 Fig. – Bespr. GZ 14/833.
— Über eine Fossilienfundstelle in den Acanthicusschichten bei Lavarone. – VRA 1910, 398–401. – Bespr. GZ 19/772.
— Callovien und Oxfordien in der Etschbucht. (Vortr., Lavarone u. a.) – VRA 1913, 157–158. – Bespr. GZ 20/367.
Trevisan L. Aggiunte alla fauna anisica del Vicentino. – Atti Acc. Sc. Ven.-Trent.-Istr., s. 3, v. 22, 1931, 115–117.

Trinker J. Notiz über das Braunkohlenvorkommen von Zovencedo bei Vicenza. – VRA 1860, 95.

Troll A. Tierspuren im Schwarzachtobelgestein. – Heimat, 11, Innsbruck 1930, 376–379.

Troll O. R. v. Geologische Beobachtungen am Mte Zebio, Sette Comuni. – VRA 1918, 208–209. – Bespr. GZ 25/1605.

Trümpy E. Beitrag zur Geologie der Grignagruppe am Comersee (Lombardei). – Diss. Bern, 1928; EgH 23, 1930, 379–487, K. 1:50000, 3 Proftaf., 2 Tab., 3 Skz. – Bespr. GZ 46A/788; NJb. 1931/3, 175, 713; Boll. R. Soc. Geogr. It., s. 6, v. 9, 1932, 697.

Trusheim F. Makroskopische Fossilien im Hauptdolomit. – Senckenbergiana, 10, Frankfurt a. M. 1928, 292–294. – Bespr. GZ 43/2046.

— Die Mittenwalder Karwendelmulde. Beiträge zur Lithogenesis und Tektonik der nördlichen Kalkalpen. – Diss. Frankfurt a. M.; Wiss. Veröffentl. DÖAV, Nr. 7, 1930, 67 S., K. 1:25000, 3 Prof., 19 Abb. – Bespr. PetMitt., 77, 1931, 270; GZ 46A/1881.

Tschurtschenthaler L. Geognostische Notizen über St. Cassian und die südtirolische Triasformation. – Programm Gymnasium Brixen, 1853, 30 S. – Bespr. Bl. 52.

Uhlig V. Über die liassische Brachiopodenfauna von Sospirolo bei Belluno. – Sber. Ak. d. Wiss. Wien, 80, 1879, 52 S., 5 Taf.; Auszug: Boll. Com. geol. d'It., 12, 1881, 71–74. – Bespr. NJb. 1880/2, 395.

— Zur Gliederung des roten Ammonitenkalkes in der Umgebung von Rovereto. – VRA 1880, 275–276.

— Über neokome Fossilien vom Gardenazza in Südtirol nebst einem Anhang über das Neokom von Ischl. – JbRA 1887, 69–108, 3 Taf. – Bespr. NJb. 1890/1, 305.

— Über Neokom vom Gardenazzastock in Südtirol. – VRA 1887, 156–157.

— Über einige Liasbrachiopoden aus der Provinz Belluno. – VRA 1891, 91–92. – Bespr. NJb. 1893/1, 408; Boll. Com. geol. d'It., 23, 1892, 440.

— Die marinen Reiche des Jura und der Unterkreide. – Mitt. GeolGes. Wien, 4, Wien 1911, 329–448, 1 K. – Bespr. GZ 18/1212; PetMitt., 59, 1913/1, 34.

Unger F. Anthrazitlager in Kärnten. – Sber. Ak. d. Wiss. Wien, 60, 1, 1869, 777–794, 3 Taf.

Vacek M. Umgebungen von Hohenembs. – VRA 1875, 229–230.

— Ein neuer Fundort von Gault-Petrefakten in Vorarlberg. – VRA 1876, 127–129.

— Über das Kreidegebiet in Vorarlberg. (Vortr. u. Kartenvorlage.) – VRA 1877, 117–118.

— Die Sette Comuni. – Ital. Übersetzung: I Sette Comuni nel Veneto. – VRA 1877, 211–213; Boll. Com. geol. d'It., v. 8, Roma 1877, 430–433.

— Vorlage der Karte der Sette Comuni. (Vortr.) – Ital. Übersetzung: Sulla geologia di Sette Comuni nel Veneto. – VRA 1877, 301–305; Boll. Com. geol. d'It., v. 9, Roma 1878, 90–94.

— Die Umgebungen von Rovereto in Südtirol. – Ital. Übersetzung: Sui dintorni di Rovereto nel Trentino. – VRA 1878, 341–345; Boll. Com. geol. d'It., v. 10, Roma 1879, 40–45. – Bespr. Bl. 512.

— Über Vorarlberger Kreide. Eine Lokalstudie. – JbRA 1879, 659–758, 3 Taf., 4 Fig.; VRA 1879, 124. (Vortr.) – Bespr. NJb. 1881/2, 393; Bl. 525.

— Neokomstudie. – JbRA 1880, 493–542, 1 Abb., 1 Tab. – Bespr. NJb. 1881/2, 393; Arch. d. sc. phys. et nat., 5, 227; Rev. géol. suisse p. l'a. 1880, Genève 1881, 76.

— Vorlage der geol. Karte des Nonsberges. (Bl. Cles. – Vortr.) – VRA 1882, 42–47. – Bespr. Bl. 590.

— Über die Fauna der Oolithe von Cap S. Vigilio, verbunden mit einer Studie über die obere Liasgrenze. – Abh. RA, 12, 1886, 57–209, 20 Taf. – Bespr. NJb. 1887/2, 181; Bl. 680; Rev. géol. suisse p. l'a. 1886, 29; Arch. d. sc. phys. et nat., 18, Genève 1887, 89.

— Über neue Funde von Mastodon aus den Alpen. (Wirtatobel. Vortr.) – VRA 1887, 120–123.

— Über die geolog. Verhältnisse des Nonsberges. (Vortr.) – VRA 1894, 431–446. – Bespr. NJb. 1898/1, 495.

— Über die geologischen Verhältnisse der Umgebung von Trient. – VRA 1895, 467–483. – Bespr. NJb. 1897/2, 109; Bl. 910; Boll. Com. geol. d'It., 27, 1896, 470.

— Über die geologischen Verhältnisse des obersten Val Sugana. (Vortr.) – VRA 1896, 459–473. – – Bespr. NJb. 1898/2, 460; Bl. 937; Boll. Com. geol. d'It., 28, 1897, 396.

— Über die geologischen Verhältnisse des südlichen Teiles der Brentagruppe. – VRA 1898, 200–215. – Bespr. Bl. 981; Boll. Com. geol. d'It., 30, 1899, 373.

— Über die geologischen Verhältnisse der Umgebung von Rovereto. (Vortr.) – VRA 1899, 184–204. – Bespr. Bl. 1009; Boll. Com. geol. d'It., 31, 1900, 414.

— Exkursion durch die Etschbucht. (Mendola, Trient, Rovereto, Riva.) – Führer f. d. Exk. in Österr., IX. Internat. Geol.-Kongr., Wien 1903, VII, 49 S., 2 Abb., 1 Taf. – Bespr. GZ 5/185; Boll. Com. geol. d'It., 36, 1905, 73.

— Geheimrat K. A. v. Zittel †. – VRA 1904, 45–47.

Vardabasso S. Ittiofauna delle arenarie mioceniche di Belluno. – Mem. Ist. Geol. Univ. di Padova, v. 6, Padova 1922, 1–24, 2 T. – Bespr. GZ 32/1577.

Varisco A. Descrizione del Museo di storia naturale di Bergamo. – Ann. R. Ist. Tecn. di Bergamo, 1880.

Venzo S. I fossili del Neogene Trentino, Veronese, Bresciano. Parte I: Pesci, Crostacei e Lamellibranchi. – Paleont. Ital., v. 34, Siena 1933, 31–84, 4 Taf., 3 Abb.

— Di alcuni fossili oligocenici del Trentino e del Veronese. – Boll. Soc. geol. it., v. 52, 1933, f. 1, Roma 1933, 207–216, 1 Taf. – Bespr. GZ 4 B/1063.

— Il cattiano di monte Brione presso Riva del Garda e la sua nuova fauna. – Studi Trent. Sc. Nat., 14, 1933, 188–216, 2 Taf. – Bespr. GZ 5 B/336.

Villa A. e G. B. Della giacitura in posto del calcare conchiglifero d'Esino. Lettera al conte C. Porro. – Rivista Europea, 1840.

Villa A. Intorno agli studî geologici e paleontologici nella Lombardia del prof. A. Stoppani. – Milano 1858.

Vimercati-Sozzi. Sulle Belemniti di Entratico. (Lomb.) – Bergamo (Tip. Mazzoleni) 1846, 23 S., 1 Taf.

Vinassa de Regny P. Nuove fucoidi liasiche. (Nota preventiva.) – Proc. verb. d. Soc. Tosc. di Sc. nat., 15 maggio 1892.

— Un'escursione nelle Alpi Venete. – Atti Soc. Tosc. di Sc. nat. in Pisa, Mem., v. 13, 1893; Pisa Gab. di Geol., ott. 1893, 9; Estr. Proc. verb., v. 9,

1894. – Bespr. NJb. 1896/1, 117; Boll. Com. geol. d'It., 26, 1895, 505.
— I molluschi dei terreni terziarie delle Alpi Venete. Nota preventina. – Proc. verb. d. Soc. Tosc. d. Sc. nat., v. 8, Pisa 1893. – Bespr. Boll. Com. geol. d'It., 25, 1894, 453.
— I molluschi delle glauconie bellunesi. – Atti Soc. Tosc. Sc. nat., Proc. verb., 9, Pisa 1895, 261; Boll. Soc. geol. it., 15, 1896, 192–212, 2 Taf. – Bespr. NJb. 1897/2, 338, 521; Boll. Com. geol. d'It., 27, 1896, 471; 28, 1897, 400.
— Prospetto della fauna del Monte Postale e di S. Giovanni Ilarione. – Proc. verb. Soc. Tosc. Sc. nat., v. 10, Pisa 1895. – Bespr. Boll. Com. geol. d'It., 27, 1896, 472.
— Synopsis dei molluschi terziari delle Alpi Venete. I. Strati con Velates Schmiedeliana. 1. Monte Postale, 2. S. Giovanni Ilarione. 3. Roncà. – Paleontogr. ital., v. 1, Pisa 1895, 211–275, 3 Taf.; v. 2, 1897, 149–184, 2 Taf.; v. 3, 1898, 145–200, 2 Taf. – Bespr. VRA 1897, 111; NJb. 1897/2, 521; 1900/2, 440; Boll. Com. geol. d'It., 28, 1897, 398; 30, 1899, 113, 377.
— Fossili del tufo glauconitico di Zovencedo. – Atti Soc. Tosc. di Sc. nat., Proc. verb., v. 10, Pisa 1896, 55–56. – Bespr. Boll. Com. geol. d'It., 28, 1897, 399.
— A proposito dei tufi glauconitici di Zovencedo. – Riv. it. di Pal., an. 2, f. 2, Bologna 1896, 101–102. – Bespr. Boll. Com. geol. d'It., 28, 1897, 399.
— Prospetto della fauna malacologica di Roncà. – Atti Soc. Tosc. Sc. nat., Proc. verb., v. 10, Pisa 1896, 188–190. – Bespr. Boll. Com. geol. d'It., 28, 1897, 399.
— Sui molluschi del Monte Postale. – Museo geologico Parma 1897, 5 S.; Atti Soc. Tosc. Sc. nat., Proc. verb., v. 10, Pisa 1897, 202–206. – Bespr. Boll. Com. geol. d'It., 30, 1899, 112.
— Alcune osservazioni sul terziario delle Alpi Venete. – Museo geologico Parma 1897, 3 S.; Atti Soc. Tosc. Sc. nat., Proc. verb., v. 10, Pisa 1897, 206–209. – Bespr. Boll. Com. geol. d'It., 30, 1899, 112.
— I molluschi degli strati con Serpula spirulaea e la posizione del piano di Priabona. – Proc. verb. d. Soc. Tosc. Sc. nat., v. 10, Pisa 1897, 259–263. – Bespr. NJb. 1900/2, 288; Boll. Com. geol. d'It. 30, 1899, 113.
— La posizione stratigrafica del piano di Priabona. – Riv. ital. di Paleont., an. 3, Parma 1897, f. 3–4.
— A proposito dei molluschi fossili di Via degli Orti nell'Asolano. – Riv. it. di Paleont., an. 5, f. 3, Bologna 1899, 86–87. – Bespr. Boll. Com. geol. d'It., 31, 1900, 420.
— e **Gortani M.** Osservazioni geologiche sui dintorni di Paularo (Alpi Carniche). – Boll. Soc. geol. it., v. 24, f. 1, Roma 1905, 1–16, 1 K., 1 Taf., 3 Fig. – Bespr. VRA 1905, 224; GZ 7/218; NJb. 1915/2, 224; Boll. Com. geol. d'It., 38, 1907, 83.
Vinassa de Regny P. Scoperta del Carbonifero alla Forca Morarèt. – Boll. Soc. geol. it., v. 24, 1905, röm. 56–57. – Bespr. GZ 9/1760.
— e **Gortani M.** Fossili carboniferi del M. Pizzùl e del Piano di Lanza nelle Alpi Carniche. – Boll. Soc. geol. it., v. 24, f. 2, Roma 1905, 461–605, 4 Taf. – Bespr. NJb. 1915/2, 226; VRA 1906, 189; Boll. Com. geol. d'It., 38, 1907, 84.
— — Nuove ricerche geologiche sui terreni compresi nella tavoletta Paluzza. – Boll. Soc. geol. it., v. 24, f. 2, Roma 1905, 720–723. – Bespr. NJb. 1915/2, 225; Boll. Com. geol. d'It., 38, 1907, 85.
Vinassa de Regny P. Zur Kulmfrage in den Karnischen Alpen. – VRA 1906, 238–240. – Bespr. NJb. 1915/2, 227; GZ 9/2323; Boll. Com. geol. d'It., v. 38, 1907, 413.
— A proposito della esistenza del Culm nelle Alpi Carniche. – Rend. R. Acc. d. Linc. Roma, s. 5, v. 15, f. 11, 1 sem., Roma 1906, 647–649. – Bespr. GZ 9/1765; Boll. Com. geol. d'It., 38, 1907, 413.
— Sull'estensione del Carbonifero superiore nelle Alpi Carniche. – Boll. Soc. geol. it., v. 25, Roma 1906, 221–232, 4 Fig. – Bespr. NJb. 1915/2, 229; GZ 9/1761; Boll. Com. geol. d'It., v. 38, 1907, 413.
— Graptoliti carniche. – Atti d. Congr. d. nat. it. Milano 1906, 28 S. – Bespr. NJb. 1915/2, 226; Boll. Com. geol. d'It., 38, 1907, 412.
— Nuove osservazioni geologiche sul nucleo centrale delle Alpi Carniche. – Atti Soc. Tosc. Sc. nat., Proc. verb., v. 17, Pisa 1907/8, 39–47. – Bespr. NJb. 1915/2, 232; Boll. Com geol. d'It., 40, 1909, 614.
— Fauna dei calcari con Rhynchonella Megaera del Passo di Volaia. – Boll. Soc. geol. it., v. 27, f. 4, Roma 1908, 547–592, 1 Taf., 1 Fig. – Bespr. NJb. 1915/2, 233; Boll. Com. geol. d'It., 41, 1910, 484.
— e **Gortani M.** Nuove ricerche geologiche sul nucleo centrale delle Alpi Carniche. – Rend. R. Acc. d. Linc. Roma, s. 5, v. 17, 2 sem., f. 10, Roma 1908, 603–612. – Bespr. NJb. 1915/2, 234; GZ 13/1645; Boll. Com. geol. d'It., 40, 1909, 616.
Vinassa de Regny P. Fossili dei Monti di Lodin. – Pal. it., v. 14, Pisa 1908, 171–190, 1 Taf. – Bespr. Boll. Com. geol. d'It., 40, 1909, 613.
— Il Devoniano medio nella Giogaia del Coglians. – Riv. it. di Pal., 14, Perugia 1908, 3–12, 1 Taf. – Bespr. GZ 13/1988; NJb. 1915/2, 235; Boll. Com. geol. d'It., 40, 1909, 615.
— Fossili ordoviciani nel nucleo centrale carnico. – Atti d. Acc. Gioenia d. Sc. nat. Catania, an. 87, 1910, s. 5, v. 3, Mem., 12, 48 S., 3 Taf. – Bespr. GZ 16/314; VRA 1910, 355; NJb. 1915/2, 242; Boll. Com. geol. d'It., v. 42, 1911, f. 2, 132.
— Rilevamento geologico della Tavoletta Paluzza. – Boll. Com. geol. d'It., v. 41, f. 1, Roma 1910, 29–66, 1 Taf., 2 Fig. – Bespr. VRA 1910, 353; NJb. 1915/2, 239; GZ 16/249.
— Fossili mesozoici delle Prealpi dell'Arzino. – Boll. Com geol. d'It., 41, 1910, 173–200, 1 T. – Bespr. Ebd. 42, 1911, f. 4, 132.
— e **Gortani M.** Le paléozoique des Alpes Carniques. – C. R. du XIe Congr. Géol. Internat. Stockholm (1910), 1911, 1005–1012, 1 K. – Bespr. GZ 19/889; NJb. 1914/1, 113; Boll. Com. geol. d'It., v. 44, f. 4, 1915, 143.
Vinassa de Regny P. Studi nelle Alpi Venete. (Rel. prel. s. camp. geol. del 1911, F. 13, Tav. Prato Carnico.) – Boll. Com. geol. d'It., v. 43, f. 1, Roma 1912, 85–87. – Bespr. GZ 19/739; NJb. 1915/2, 246; Boll. Com. geol. d'It., v. 44, f. 4, 1915, 142.
— Rilevamento nelle Tavolette di Paluzza e Prato Carnico (Alpi Venete). – Boll. Com. geol. d'It., v. 42, f. 3, Roma 1912, 213–232, 1 Taf. – Bespr. NJb. 1915/2, 248; GZ 19/857; Boll. Com. geol. d'It., v. 44, 1915, f. 4, 140.
— Piante neocarbonifere del Piano di Lanza (Carnia). – Riv. it. di Pal., an. 18, f. 1, Parma 1912, 12–17, 1 Taf. – Bespr. NJb. 1915/2, 246; GZ 19/796; Boll. Com. geol. d'It., v. 44, f. 4, 1915, 140.

— e **Gortani M.** Le condizioni geologiche della Conca di Volaia e dell'Alta Valentina. (Alpi Carniche.) - Boll. Soc. geol. it., v. 32, f. 3, Roma 1913, 445-450. - Bespr. GZ 21/657; NJb. 1915/2, 251; Boll. Com. geol. d'It., v. 45, 1916, f. 3-4, 99.

Vinassa de Regny P. Rilevamento dell'Avanza e della Val Pesarina. - Boll. Com. geol. d'It., v. 43, f. 4, Roma 1913, 364-370, 1 Fig. - Bespr. NJb. 1915/1, 395; 1915/2, 250.

— Fossili ordoviciani di Uggwa (Alpi Carniche). - Mem. Ist. Geol. Univ. di Padova, II, 4, Padova 1913/14, 195-221, 1 Taf. - Bespr. NJb. 1915/2, 253; GZ 21/872; Boll. Com. geol. d'It., v. 46, f. 2-3, 1917, 105.

— Die geol. Verhältnisse am Wolayersee. - VRA 1914, 52-56, 1 Prof. - Bespr. GZ 22/65; NJb. 1915/2, 251; Boll. Com. geol. d'It., v. 46, 1917, f. 2-3, 104.

— Ordoviciano e Neosilurico nei gruppi del Germula e di Lodin. - Boll. Com. geol. d'It., v. 44, f. 3, Roma 1915, 295-308, 1 Taf. - Bespr. NJb. 1922/2, 334.

— Fossili ordoviciani del Capolago (Seekopf) presso il passo di Volaia (Alpi Carniche). -Pal. it., 21, Pisa 1915, 97-115, 2 Taf. - Bespr. NJb. 1922/2, 333.

— La Carnia e le Alpi Carniche. - R. Soc. geogr. it., Racc. di conferenza, 1917.

— Coralli devoniani della Carnia. - Riv. it. di Pal., 23, 1917.

— Coralli mesodevonici della Carnia. - Pal. it., 24, 1918, 59-120, 7 Taf. - Bespr. NJb. 1922/2, 92.

— L'Ordoviciano del Passo di Volaia (Alpi Carniche). - Riv. it. di Paleont., a. 31, f. 3-4, Pavia 1925, 45-48. - Bespr. NJb. 1930/3, 18.

Vogel R. Tierreste aus vor- und frühgeschichtlichen Siedlungen Schwabens. I. Die Tierreste aus den Pfahlbauten des Bodensees. - Zoologica, H. 82, Lfrg 1, Stuttgart 1933, 109 S., 14 Taf., 3 Tab., 4 Abb. - Bespr. NJb. 1933/3, 1107; GZ 52 A/789, 5 B/146.

Voigt E. Bryozoen aus dem Gosauvorkommen am Taubensee bei Kössen in den Nordtiroler Kalkalpen. - Zbl. f. Min., Abt. B, 1928, 443-448. - Bespr. GZ 38/1406, 40/2076.

Voelcker J. Triasfossilien der Adamellogruppe. Cephalopoden. - JbBA 1931, 447-465, 1 Taf. - Bespr. GZ 48 A/1130.

Vollrath P. Zur Bildungsgeschichte der obernorischen und rätischen Stufe im Karwendelgebirge. - Mitt. a. d. Min.-Geol. Inst. d. Techn. Hochsch. Stuttgart, Nr. 7, 1929; Zbl. f. Min., 1929, Abt. B, 326-335, 1 Fig. - Bespr. GZ 41/706.

Volz W. Über die Korallenfauna der St. Cassianer Schichten. Vorläufige Mittlg. - Jber. Schles. Ges. f. vaterld. Kultur Breslau, 1894, 8 S. - Bespr. NJb. 1896/1, 167; VRA 1895, 108.

— Die Korallen der Schichten von St. Cassian in Südtirol. - In: Frech u. Volz: Die Korallenfauna der Trias, Palaeontogr., 43, 1897, 124 S., 11 Taf., 49 Fig.; Diss. Breslau (Stuttgart), 1895. - Bespr. VRA 1895, 108; NJb. 1898/1, 171; Boll. Com. geol. d'It., 27, 1896, 474; 28, 1897, 404.

Vortisch W. Oberrhätischer Riffkalk und Lias in den nordöstlichen Alpen. I. Teil. - JbBA 1926, 1-64, 4 Abb., 1 Taf. - Bespr. GZ 35/169; NJb. 1927/2, B, 5.

— Oberrhätischer Riffkalk und Lias in den nordöstlichen Alpen. II. Teil. - Vorläufige Mitt. VBA 1926, 184-186; JbBA 1927, 93-122, 7 Abb. - Bespr. NJb. 1927/2, B, 5; GZ 39/1205.

Waagen L. Der neue Fundort in den Hallstätter Kalken. Der Berchtesgadener Versuchsstollen. - JbRA 1899, 545-558, 4 Fig.

— Brachiopoden aus den Pachycardientuffen der Seiser Alpe. - JbRA 1903, 443-452, 6 Fig. - Bespr. GZ 5/2088; NJb. 1905/1, 179.

— Über die Lamellibranchiaten der Frombachtuffe nebst Bemerkungen über deren verwandtschaftliche Beziehungen. (Vortr.) - VRA 1906, 385-395.

— Die Lamellibranchiaten der Pachycardientuffe der Seiser Alpe nebst vergleichend paläont. und phylogenet. Studien. - Abh. RA, 18, 1907, 180 S., 10 Taf. - Bespr. NJb. 1907/2, 335; GZ 10/1352; Boll. Com. geol. d'It., 39, 1908, 321.

Waagen W. Die Formenreihe des Ammonites subradiatus. - In: Geogn.-pal. Beitr. v. Benecke, 2, München 1876, 179-256, 5 Taf.

Wagner. Über fossile Fische aus einem neu entdeckten Lager in den südbayerischen Tertiärgebilden. - Sber. Bayer. Ak. d. Wiss., m.-n. Abt., München 1860.

Wähner F. Beiträge zur Kenntnis der tieferen Zonen des unteren Lias in den nordöstlichen Alpen. - Beiträge z. Paläont. Österr.-Ungarns u. d. Orients, II-VI, VIII, IX, XI, 1882-1898, 226 S., 26 Taf. - Bespr. NJb. 1885/2, 109; 1887/1, 468; 1889/1, 502; 1892/2, 362; 1896/1, 327; 1900/1, 312.

— Zur heteropischen Differenzierung des alpinen Lias. (Vortr.) - VRA 1886, 168-176, 190-206. - Bespr. NJb. 1888/1, 446.

— Über die stratigraphischen Beziehungen des alpinen Lias zum Dachsteinkalk. (Vortr.) - VRA 1887, 186. - Bespr. NJb. 1888/1, 449; Bl. 703.

— Aus der Urzeit unserer Kalkalpen. - Z. DÖAV, 1891, 87-124, 4 Taf. - Bespr. Bl. 813.

— Das Sonnwendgebirge im Unterinntal. Ein Typus alpinen Gebirgsbaues. - Leipzig und Wien (Deuticke) 1903, 356 S., 19 Taf., 1 K., 96 Abb. - Bespr. GZ 3/1064; NJb. 1903/1, 494; Z. Ges. f. Erdkde Berlin, 1903, 234; Geogr. Z., 9, 1903, 646; Mitt. DÖAV, 1903, 112. S. Spengler E.

Wahrmann S. Nachruf auf L. Rütimeyer. - Mitt. Anthrop. Ges. Wien, 26, 1896, Sber., 18.

Walde K. Studienrat Prof. Dr. Josef Murr †. - Innsbrucker Nachr., Nr. 4 v. 7. 1. 1932, 1 Sp.

— Die Tierwelt unserer Alpen im Eiszeitalter. - Innsbr. Nachr. v. 30. 7. 1932.

Walther C. Untersuchungen über die Mitteldevon-Oberdevongrenze. - Z. DGeolGes., 28, 1928, 97-152, 34 Abb.

Walther J. Die Entstehung der Korallenriffe. - Mitt. Geogr. Ges. Wien, 1898, 501.

Wanner J. Zur Altersfrage des oberjurassischen Aptychenkalkes im Balderschwanger Klippengebiet. - GR 18, 1927, 455-456. - Bespr. GZ 39/1198; NJb. 1928/3, 392.

Wasmund E. Pollenregen-Seeblüte auf dem Bodensee im Luftbild. Hydrogeologische Bodenseeforschung 4. - Palaeont. Z., 12, Berlin 1930, Nr. 2, 73-99. - Bespr. GZ 45/611.

— Rieselfelder und Blattfächerabdrucke auf rezentem und fossilem Süßwasser-Flachstrand. Hydrogeol. Bodenseeforschungen 3. - Senckenbergiana, 12, Frankfurt a. M. 1930, 139-151, 4 Abb. - Bespr. NJb. 1931/3, 326; GZ 47 A/1370, 2 B/464.

Waters A. W. North-Italian Bryozoa. - Quart. Journ. of the Geol. Soc., 47, Nr. 185, London 1891. - Bespr. Boll. Com. geol. d'It., 23, 1892, 442.

Weber C. A. Versuch eines Überblicks über die Vegetation der Diluvialzeit in den mittleren Regionen Europas. – Natwiss. Wochenschr., 14, 1899, 525ff.; Sonderabdruck Berlin (Dümmler) 1900, 31 S.

Weiler W. Die Fischfauna der unteren und oberen Meeresmolasse Oberbayerns. – NJb. Bbd 68, Abt. B, 1932, 305–352, 34 Abb., 1 Beilage. – Bespr. GZ 48A/1518, 50 A/1783.

Weiß E. Über die Entwicklung der fossilen Floren in den geologischen Perioden. (U. a. Funde von Neumarkt.) – Z. DGeolGes., 29, 1877, 252–258.

Weithofer K. A. Zur Kenntnis der oberen Horizonte der oligozänen Brackwassermolasse Oberbayerns und deren Beziehungen zur miozänen (oberen) Meeresmolasse im Gebiete zwischen Inn und Lech. – VRA 1899, 269–282. – Bespr. NJb. 1903/2, 112.

— Einige Querprofile durch die Molassebildungen Oberbayerns. – JbRA 1902, 39–70, 3 Taf., 1 Fig. – Bespr. NJb. 1903/1, 510; GZ 5/1480.

— Über neuere Aufschlüsse in den jüngeren Molasseschichten Oberbayerns. – VRA 1912, 347–356. – Bespr. GZ 20/985.

— Die Entwicklung der Anschauungen über Stratigraphie und Tektonik im oberbayerischen Molassegebiet. – GR 5, 1914, 65–77. – Bespr. GZ 21/173.

— Die Oligozänablagerungen Oberbayerns. – Mitt. Geol. Ges. Wien, 10, 1917, Wien 1918, 1–125, 2 Taf., 1 Fig. – Bespr. GZ 24/1471; NJb. 1921/1, 186.

— Das Alter der oligozänen Molasse Oberbayerns. – Zbl. f. Min., Abt. B, 1933, 81–90. – Bespr. GZ 50 A/200.

Wenz W. Zwei neue Landschnecken aus süddeutschem Burdigal. – Archiv f. Molluskenkunde, 64, H. 1, Frankfurt 1932, 17–22, Taf. 1, Fig. 4–5. – Bespr. GZ 1 B/165.

— Zur Land- und Süßwassermolluskenfauna der subalpinen Molasse des Pfändergebietes. – Senkkenbergiana, 15, Frankfurt 1933, 7–12. – Bespr. GZ 4 B/1094.

Wepfer E. Die nördliche Flyschzone im Bregenzer Wald. – NJb. 1909, Bbd 27, 1–71, 1 K., 1 Taf., 5 Prof., 2 Abb. – Bespr. VRA 1909, 206; GZ 13/263; EgH 10, 1908, 663; Mitt. Geogr. Ges. München, 1911, 443.

Werner L.-G. La faune vertébrée quaternaire du Haut-Rhin. – Boll. Soc. industr., Mulhouse, 93, 1927, 468–476.

Wettstein R. R. v. Rhododendron Ponticum L. fossil in den Nordalpen. – Sber. Ak. d. Wiss. Wien, 97, Abt. 1, 1888, 38–49. S. a. Akad. Anzg. v. 13. 11. 1890.

— Die fossile Flora der Höttinger Breccie. – Denkschr. Ak. d. Wiss. Wien, 1892, math.-natw. Kl., 59, 479–523, 7 Taf. – Bespr. NJb. 1895/1, 137.

— Die fossile Flora der Höttinger Breccie und deren Bedeutung für die Geschichte der Pflanzenwelt. – Z. DÖAV, 1892, 29–44. – Bespr. Mitt. Sekt. f. Natkde ÖTC, 5, 1893, 20; Bl. 831.

— Bemerkungen zu dem Vortrage von A. Rothpletz: Über eine ausgestorbene Flora des Inntales. – Botan. Zentralbl., 58, 1894, Nr. 18. – Bespr. VRA 1894, 220; NJb. 1895/1, 139; Bl. 876.

Wilckens R. Paläontologische Untersuchung triadischer Faunen aus der Umgebung von Predazzo in Südtirol. – Verh. Nathist.-med. Ver. Heidelberg, 10, 1909, 81–230, 4 Taf. – Bespr. GZ 14/1255; NJb. 1911/1, 111.

Winkler G. G. Die Schichten der Avicula contorta innerhalb und außerhalb der Alpen. – Habil.-Schrift, München 1859.

— Der Oberkeuper, nach Studien in den bayrischen Alpen. – Z. DGeolGes., 13, 1861, 459–521, 5 Taf. – Bespr. Bl. 169.

— Die „Vilser Schichten" bei Berchtesgaden. – NJb. 1863, 809–811.

— Beiträge zur Geologie der bayerischen Alpen. – NJb. 1864, 295–314, 456, 2 Taf.

— Geologisches und Paläontologisches aus Tirol. – NJb. 1865, 41–46, 2 Fig.

— Versteinerungen aus dem bayerischen Alpengebiet mit geognostischen Erläuterungen. 1. Die Neokomformation des Urschlauerachentals bei Traunstein mit Rücksicht auf ihre Grenzschichten. – München 1868, 48 S., 4 Taf. – Bespr. NJb. 1869, 632.

— Neue Nachweise über den unteren Lias in den bayrischen Alpen. (Lenggries.) – NJb. 1886/2, 1–34, 2 Taf. – Bespr. VRA 1886, 396.

Winkler H. Ein neuer Fundort von Posidonomya alpina-Schichten in den Sieben Gemeinden. – VBA 1932, 137–140, 1 Fig. – Bespr. GZ 49A/980, 4 B/29.

Winterhalter R. Die karbonischen Sedimente der Schweizer Alpen. – C. R. Congr. stratigr. carbonif. Heerlem 1927, Liège 1928, 755–778, 6 Abb., 1 Taf., 1 Tab. – Bespr. GZ 41/502.

Wissmann H. L. u. Münster G. Graf zu. Beiträge zur Geognosie und Petrefaktenkunde des südöstlichen Tirols, vorzüglich der Schichten von St. Cassian. – Münsters Beiträge zur Petrefaktenkunde, f. 4, Bayreuth 1841, 152 S., 16 Taf.

Wittenburg P. v. Beiträge zur Kenntnis der Werfener Schichten Südtirols. – Geol. u. pal. Abh., NF, 8, H. 5, Jena 1908, 44 S., 5 Taf., 15 Fig. – Bespr. GZ 14/1058; NJb. 1910/2, 454.

— Neue Beiträge zur Geologie und Paläontologie der Werfener Schichten Südtirols mit Berücksichtigung der Schichten von Wladiwostok. – Zbl. f. Min., 1908, 67–89, 18 Fig. – Bespr. GZ 12/424.

— Einige neue Fossilien aus den Werfener Schichten Südtirols. – NJb. 1908/1, 16–21, 1 Taf., 2 Fig. – Bespr. GZ 19/779; Boll. Com. geol. d'It., 40, 1909, 619.

Wittmann O. Biogeographie und Beweisbarkeit der Epeirophorese. – GR Sonderband, 1933, 136–142. – Bespr. GZ 50A/95.

Wöhrmann S. Frh. v. Über die untere Grenze des Keupers in den Alpen. – JbRA 1888, 69–76. – Bespr. NJb. 1890/1, 102.

— Die Fauna der sog. Cardita- und Raibler Schichten in den Nordtiroler und bayerischen Alpen. – JbRA 1889, 181–258, 6 Taf. – Bespr. NJb. 1890/1, 102; Bl. 759.

— u. **Koken E.** Die Fauna der Raibler Schichten vom Schlernplateau. – Z. DGeolGes., 44, 1892, 167–223, 11 Taf. – Bespr. VRA 1892, 306.

Wöhrmann S. Frh. v. Die Raibler Schichten nebst kritischer Zusammenstellung ihrer Fauna. – JbRA 1893, 617–768, 1 Taf. – Bespr. NJb. 1895/1, 100; Bl. 852.

— Alpine und außeralpine Trias. – NJb. 1894/2, 1–50. – Bespr. Boll. Com. geol. d'It., 26, 1895, 507.

Woldstedt P. Das Eiszeitalter. Grundlinien einer Geologie des Diluviums. – Stuttgart (Enke) 1929, 406 S., 162 Abb. – Bespr. Z. f. prakt. Geol., 38, 1930, 190; Z. f. Geomorph., 5, 1930, 141; GZ 41/1536; Mitt. DÖAV, 1930, 69; Die Naturwissenschaften, 18, 1930, H. 18, 377; Geogr. Anzg., 1930, H. 7, 209–217; Zbl. f. Min., 1930,

Abt. B, 206; Z. f. Glkde, 18, 1930, 247; Gerlands Beitr. z. Geophys., 26, 1930, 385; Geogr. Z., 36, 1930, 492; GR 22, 1931, 270; PetMitt., 78, 1932, 260; Wr. Prähist. Z., 18, 1931, 81.

Wolf Heinr. Ein geologischer Durchschnitt vom Lago di Garda bis zur Höhe der Mti Lessini. - VRA 1865, 47-48.

Wolff Wilh. Die Fauna der südbayerischen Oligozänmolasse. - Palaeontogr., 43, Stuttgart 1897, 223-320, 9 Taf.

Wulfen X. Abhandlung vom kärntenischen pfauenschweifigen Helmintholith oder dem sogenannten opalisierenden Muschelmarmor. - Erlangen 1793, 124 S., 1 Proftaf., 32 Farbtaf.

Wundt G. Über Kugelkonkretionen aus dem Kreidegestein bei Vils. - VRA 1880, 88-90. - Bespr. Bl. 551.

— Über die Lias-, Jura- und Kreideablagerungen um Vils in Tirol. - JbRA 1882, 165-192, 5 Abb. - Bespr. Bl. 595.

— Bemerkungen in Sachen des Jura von Vils. - VRA 1888, 88-91. - Bespr. NJb. 1889/1, 461.

Würtenberger O. Fossilien aus der Thurgauer Molasse. - Mitt. Thurg. Natf. Ges., H. 18, 1908, 61-62. - Bespr. EgH 10, 1908, 712; GZ 13/1970.

Würtenberger Th. Der Überlinger Tunnel und seine Bedeutung f. d. Bodenseegeologie. - Konstanz (W. Meck) 1901, 22 S.; Mitt. d. Thurg. Natf. Ges., H. 14, Frauenfeld (Huber) 1900, 99-118. - Bespr. GZ 2/160, 161; NJb. 1903/1, 471.

— Über geologische Funde, die beim Bau des Eisenbahntunnels in Überlingen a. S. gemacht wurden. (Vortr.) - Schr. d. Ver. f. Gesch. d. Bodensees, 30, 1901, 22-30, 1 Fig.

— Die Tertiärflora des Kantons Thurgau mit Berücksichtigung der Tertiärpflanzen der Schweiz nach O. Heer im allgem. sowie der Lokalflora von Oeningen, Schrotzburg, Hohen-Krähen und Staad (am Überlingersee). - Mitt. Thurg. Natf. Ges., H. 17, Frauenfeld 1906, 1-44, 5 Taf. - Bespr. EgH, 9, 1906, 730; GZ 10/514.

Wüst E. Ludwig Rütimeyer (1825-1895), als Begründer der historischen Paläontologie. - Paläont. Z., 8, 1927, 34-39.

— Die Bedeutung der geographischen Rassen für die Geschichte der diluvialen Säugetierfaunen. (Vortr.) - Paläont. Z., 12, 1930, 6-13.

Young A. P. Notes on the Structure and Physiography of the Tarntal Mass. - Geol. Mag., dec. 5, v. 6, Nr. 542, London 1909, 339-346, 4 Taf., 2 Fig. - Bespr. Mitt. Geol. Ges. Wien, 2, 1909, 361; GZ 15/89.

Zanon V. Diatomee di una marna torbosa di Venezia. - Atti Pont. Acc. sc. Nuovi Linc., a. 80, sess. 2 e 3, Roma 1927, 113-121.

Zekely F. Die Gastropoden der Gosaugebilde in den nordöstlichen Alpen. - Abh. RA, 1, 2. Abt., Nr. 2, Wien 1852, 124 S., 24 Taf.

Zeuner F. Die Nervatur der Blätter von Öningen und ihre methodische Auswertung für das Klimaproblem. - Zbl. f. Min., 1932, Abt. B, 260-264. - Bespr. NJb. 1933/3, 695.

Zeuschner. Über den Dolomit im Tale von Fassa. - Z. f. Min., N. 6, 1829, 401-414; Z. f. Tirol u. V., Ferdin., 7, Innsbruck 1832, 271-280; Leonh. Min. Taschenbuch, 1829, 401.

Zimmermann E. H. Stratigraphische und paläontologische Studie über das deutsche und alpine Rhät. - Inaugdiss. Jena, 1884. - Bespr. NJb. 1885/1, 269.

Zittel K. v. Die Bivalven der Gosaugebilde in den nordöstlichen Alpen. - Denkschr. Ak. d. Wiss. Wien, 24. u. 25. Bd, 1. T., 1. Hälfte, Wien 1864, 72 S., 10 Taf.; 2. H. u. 2. T., Wien 1866, 122 S., 17 Taf. - Bespr. NJb. 1864, 251; 1865, 108; 1866, 624.

— Paläontologische Notizen über Lias-, Jura- und Kreideschichten in den bayerischen und österreichischen Alpen. - JbRA 1868, 599-610. - Bespr. VRA 1868, 413; NJb. 1869, 628.

— Obere Jura- und Kreideschichten in den Allgäuer und Vorarlberger Alpen. - VRA 1868, 1-4.

— Die Fauna der älteren Cephalopoden führenden Tithonbildungen. - Suppl.-Bd II Paläontogr., Cassel 1870, 1. u. 2. Abt., 1-92, 15 Taf.

— Die Gastropoden der Stramberger Schichten. - Suppl.-Bd II z. Palaeontogr., 3. Abt., Cassel 1873, 193-373, 13 Taf.

— Über Gletschererscheinungen in der bayerischen Hochebene. - Sber. Ak. d. Wiss. München, 3, 1874, 252-283; Nachträgliche Bemerkungen: VRA 1875, 46-48. - Bespr. NJb. 1875, 971; VRA 1875, 61; Bl. 392.

— Über das Alter der Kalke mit Terebratula Rotzoana. (Vortr.) - Z. DGeolGes., 29, 1877, 634.

— Über Anaulocidaris. - VRA 1884, 149-150.

— Über Wengener, St. Cassianer und Raibler Schichten auf der Seiser Alpe in Tirol. - Sber. Ak. d. Wiss. München, 29, 1899, 341-359. - Bespr. NJb. 1900/2, 416; Bl. 1011; Boll. Com. géol. d'It., 32, 1901, 399.

— Über die Entwicklung der Wengener, St. Cassianer und Raibler Schichten auf der Seiser Alpe in Tirol. (Vortr.) - Z. DGeolGes., 51, 1899, Verh., 102-104.

Zschokke F. Die zweite zoologische Exkursion an die Seen des Rhätikon. - Verh. Natf. Ges. Basel, 9, 1891.

— Die Tierwelt der Gebirgsbäche. - Verh. Schw. Natf. Ges., 83. Jvers. Thusis 1900, 64-68.

— Die Tierwelt der Hochgebirgsseen. - Neue Denkschr. Schw. Natf. Ges., 37, 1900, 400 S., 4 K., 8 Taf.

— Die Tierwelt der Schweiz in ihren Beziehungen zur Eiszeit. - Basel (B. Schwabe) 1901, 71 S. - Bespr. PetMitt., 48, Litber., 26; Ann. Géogr. Paris, Bibl., 48. - Engl. Übersetzung: The Fauna of Switzerland in relation to the Glacial Period. - Scot. Geogr. Mag. Edinburgh, v. 18, 1902, 236-243.

— Die postglaziale Einwanderung der Tierwelt in die Schweiz. - Verh. Schw. Natf. Ges., 50. Jvers. Freiburg 1907, 1. Bd, 134-150. - Bespr. PetMitt., 55, Litber., 158.

— Die Tiefenfauna hochalpiner Wasserbecken. - Verh. Natf. Ges. Basel, 21, Basel 1910, 145-152. - Bespr. Internat. Revue d. ges. Hydrobiol., 3, 573.

— Die tierbiologische Bedeutung der Eiszeit. - Fortschr. der Natwiss. Forschung (Abderhalden), Halle a. S., 4, Berlin und Wien 1912, 103-148. - Bespr. GZ 23/382; Botan. Jb., 48, 1912, 22.

— Leben in der Tiefe der subalpinen Seen Überreste der eiszeitlichen Mischfauna weiter? - Archiv f. Hydrobiol., 8, 1913, Stuttgart 1912, 109-138. - Bespr. Internat. Revue d. ges. Hydrobiol., 6, 1913, 297.

— Histoire de la faune suisse depuis l'époque glaciaire. - Le Globe, Bull. Soc. géogr. de Genève, 56, 1917, 37-38, Mém., 1-31. - Bespr. EgH 16, 1920-1922, 364.

— Der Rhein als Bahn und Schranke der Tierverbreitung. - Verh. Natf. Ges. Basel, 30, Basel 1919, 137–188. - Bespr. GZ 25/158.
— Die Tierwelt der Eiszeit. - Jber. Sekt. Basel SAC f. 1919, Basel 1920, 48 S. - Bespr. Alpina, 28, 1920, 62.
Zuffardi P. Gita nella Valle di Esino (Gruppo delle Grigne). - Boll. Soc. geol. it., v. 30, f. 4, Roma 1912, röm. 249–276, 5 Fig. (Guide alle escurs. d. XXX Congr. S. G. I.)
— **-Comerci R.** Contributo alla fauna turoniana di Calloneghe nel Cansiglio. - Giorn. di Geol., s. 2, v. 2, 1927, 75–79.
Zugmayer H. Untersuchungen über rhätische Brachiopoden. - Beitr. z. Paläont. Österr.-Ung. u. d. Orients, 1, Wien 1882, 1–42, 4 Taf.; Auszug: JbRA 1880, 149–156, 4 Fig.
Zwanziger G. A. Die urweltliche Pflanzendecke Kärntens. - Carinthia, 1872, 99–100.
— Die urweltlichen Pflanzen Kärntens nach ihrem Alter und ihren Lagerstätten verzeichnet. - Jb. Nathist. Ldsmuseum Kärnten, 12, 1876, 77–81. (S. a. ebd. 9, 1870, 6).
— Die Steinkohlenflora der Kronalpe und ihre Stellung gegen jene der Stangalpe. ... - Carinthia II, 1891, 91–95.

Sch

Schwere,

Erdmagnetismus und -elektrizität.

Ampferer O. Über die geologische Deutung der Schwereabweichungen. - VRA 1918, 38–50.
Ansel E. A. Die Alpen im Lichte ihrer Schwerestörungen. - Z. Geophysik, 1, 1924/25, 36–46.
Barton D. C. A geophysical survey of southern Bavaria. - XVI. Internat. Geol.-Congr. Washington, 1933, Astr. of papers. - Bespr. GZ 51A/1625.
Beck P. Über autochthone und allochthone Dislokationen in den Schweizer Alpen und ihrem nördlichen Vorland. - EgH 17, 1922/23, 94–111, 1 Taf.
Borraß E. Bericht über die relativen Messungen der Schwerkraft mit Pendelapparaten in der Zeit von 1808 bis 1909 und über ihre Darstellung im Potsdamer Schweresystem. - Verh. 16. Allgem. Konferenz der Internat. Erdmessung in London und Cambridge 1909, 3. T. Spezialbericht über die rel. Schweremessungen, Berlin (Reimer) 1911, 288 S., 2 K.
Born A. Isostasie und Schweremessung, ihre Bedeutung für geologische Vorgänge. - Berlin (J. Springer) 1923, 160 S.
— Beziehungen zwischen Schwerezustand und der geol. Struktur Deutschlands. - Leipzig 1928.
Brinkmann R. Gipfelflur und Lagerstättenstockwerke in den Alpen. - Nachr. d. Ges. d. Wiss. zu Göttingen, math.-phys. Kl., 1928, 217–232, 7 Abb. - Bespr. GR 20, 1929, 388, 458; Z. f. Geomorph., 5, 1930, 137; GZ 48A/118.
Brückmann W. Erdmagnetische Vermessung der Schweiz. I. Allgemeines. Deklination. - Ann. Schw. Meteorol. Zentralanstalt, 67, 1930, Nr. 7. Mit K. 1:1 Mill. - Bespr. GZ 49A/67.
— Erdmagnetische Vermessung der Schweiz. - Ann. Schw. Meteorol. Zentralanstalt, 68, 1931, Nr. 6, 10 S., 3 K.
Burmeister F. Erdmagnetische Landesaufnahme von Bayern. - Veröff. d. Erdphys. Warte bei der Sternwarte in München, 5. H., München 1928, 88 S., 2 Taf., 6 K. 1:1 Mill. - Bespr. PetMitt., 78, 1932, 265.
Costanzi G. La distribuzione della gravità in Europa specialmente in relazione coi sollevamenti montuosi. Appendice. - Riv. di Fisica, Mat. e Scienze Nat., 11, Nr. 122–129, Pavia 1910, 123 S., 3 K.
Etschmann F. Die Inntalterrassen. - Tiroler Anzeiger, Nr. 182, Innsbruck 9. 8. 1930.
Gutenberg B. Die Verteilung der Massen an der Erdoberfläche. Bemerkungen zu dem Aufsatz von L. Kober. - Gerlands Beitr. z. Geophys., 26, 1930, 158–160. - Bespr. GZ 49A/1487.
Haas K. Die Fortschritte der Schweremessung in Österreich. - Festschr. Geogr. Ges. Wien, 1898, 21–28.
Heim Alb. Bemerkungen zur schweizerischen Karte der Schwereabweichungen. - Verh. Schw. Natf. Ges., 1914, II, 168.
— Vorlage der Karte der Schwereabweichungen in der Schweiz. - EgH 14, 1916, 24–25.
— Die Schwereabweichungen der Schweiz in ihrem Verhältnis zum geologischen Bau. Geol. Nachl. Nr. 24. - Vierteljschr. Natf. Ges. Zürich, 61, 1916, 93–106. - Bespr. GZ 24/1215; EgH 15, 1918, 55; Z. Ges. f. Erdkde Berlin, 1916, 52.
— Das Gewicht der Berge. - Vierteljschr. Natf. Ges. Zürich, 63, Sitzg 25. 11. 1918, 35–36; Jb. SAC, 53, 1918, 179–201, 1 K. - Bespr. GZ 25/1221; Geogr. Anzg., 20, 1919, 245.
— Rélations de la profondeur du plissement avec la gravitation et la hauteur des montagnes dans les Alpes. - Soc. géol. de Belgique, 50, Liv. jubil. 1874–1924, Liège 1924, 14–28.
— Von der Entstehung der Alpen. - Das Alpenbuch der Eidgen. Postverwaltg, 2, Bern 1930, 23–41. - Bespr. GZ 43/163; NJb. 1930/3, 523; GR 21, 1930, 338; Mitt. Geol. Ges. Wien, 23, 1931, 180.
Heiskanen W. Zur isostatischen Kompensation der Randsenken der Kettengebirge. - GR 17, 1926, 4–8. - Bespr. NJb. 1928/2, 406; 1929/2, 81, 579.
— Die Undulationen des Geoids und die Schwereanomalien. - Gerlands Beitr. z. Geophys., 25, 1930, 148–154. - Bespr. GZ 49A/673.
Helmert F. R. Die Schwerkraft im Hochgebirge, insbesondere in den Tiroler Alpen, in geodätischer und geologischer Beziehung. - Veröffentl. d. preuß. geodät. Inst. Berlin, 1890. - Bespr. NJb. 1892/1, 53; Mitt. DÖAV, 1891, 306.
— Die Schwerkraft im Hochgebirge. - Mitt. Geogr. Ges. Wien, 1891, 52.
Kautsky F. Die jüngeren Verbiegungen in den Ostalpen und ihr Ausdruck im Schwerebild. - Sber. Ak. d. Wiss. Wien, Abt. 1, 133, 1924, 411–421, 1 K., 1 Fig. - Bespr. GZ 33/728; NJb. 1927/1, B, 26.
— Die Erdbeben des östlichen Teiles der Ostalpen, ihre Beziehungen zur Tektonik und zu den Schwereanomalien. - Mitt. d. Erdb. Komm. d. Ak. d. Wiss. Wien, NF, 58, Wien 1924, 1–48. - Bespr. GZ 33/871; NJb. 1927/1, B, 25.
Kessler P. Die Beziehungen von Erzgängen, Tektonik, Vulkanismus und Schwere zu den bekannten Heilbädern in Südwestdeutschland. -

Z. f. prakt. Geol., 1927, 33-38, 55-62. - Bespr. GZ 37/540; NJb. 1928/2, 210.
Kober L. Beiträge zur Geologie der Schwereanomalien. - Sber. Ak. d. Wiss. Wien, math.-nat. Kl., 133, Abt. 1, 1924, 361-378, 3 Fig.
— Die Verteilung der Massen an der Erdoberfläche. - Anzg. Ak. d. Wiss. Wien, 67, 1930, 21-23. S. a. Machatschek. - Bespr. GZ 49A/1487.
— Einige Worte zu den „Bemerkungen von B. Gutenberg". - Gerl. Beitr. z. Geophys., 26, 1930, 161.
— Das alpine Europa. Ein geologisches Gestaltungsbild. - Berlin (Borntraeger) 1931, 310 S., 33 Abb., 3 Taf. - Bespr. Geogr. Z., 38, 1932, 435; Z. f. Geomorph., 7, 1933, 254; PetMitt., 79, 1933, 94; NJb. 1932/2, 630; Boll. R. Soc. geogr. it., s. 6, v. 9, 1932, 297. S. a. Sestini.
Königsberger J. Variometrisch bestimmtes magnetisches Profil Offenburg-Chiasso; Folgerungen über säkulare Änderungen; Einfluß von Gesteinssuszeptibilität und Tektonik. - Gerlands Beitr. z. Geoph., Ergh. f. angew. Geoph., 2, 1932, 374-400, 6 Fig. - Bespr. GZ 51 A/1664.
Kossmat F. Die Beziehungen zwischen Schwereanomalien und Bau der Erdrinde. - GR 12, 1921, 165-189, 2 Fig.
— Zur Frage der isostatischen Kompensationen der Gebirge und der Randsenken. - GR 17, 1926, 385-391. - Bespr. NJb. 1928/2, 407; 1929/2, 81.
— u. **Born A.** Die Bedeutung der Gravimetrie für die Geologie. - Zbl. f. Min., Abt. B, 1933, 250-253.
Kraus E. Überlegungen zur Geodynamik. - NJb. 1933, Bbd 70, Abt. B, 393-448, 3 Abb. - Bespr. GZ 53 A/68.
Lehner M. Beiträge zur Untersuchung der isostatischen Kompensation der schweizerischen Gebirgsmassen. - Verh. Natf. Ges. Basel, 41, 1930, 1-76, 2 Taf., 19 Fig. - Bespr. GZ 51 A/1687; NJb. 1933/2, 538.
Machatschek F. Bemerkungen zu der Frage der Verteilung der Massen an der Erdoberfläche. - Anzg. Ak. d. Wiss. Wien, 67, 1930, 23. S. a. Kober.
Müller B. Schwerkraftzunahme und Erdgeschichte. Natwiss. Wochenschr., NF, 11, Jena 1910, 145-153.
Niethammer Th. Methoden und neuere Ergebnisse der Schweremessungen. - Fortschr. d. Natwiss. Forschung (Abderhalden), 1, Berlin 1910, 141-176.
— Vermessungsresultate der Schweiz 1900-1914. 1:200000. - In: Alb. Heim: Die Schwereabweichungen der Schweiz in ihrem Verhältnis zum geologischen Bau. Geol. Nachlese Nr. 24. - Vierteljschr. Natf. Ges. Zürich, 61, 1916, 93-106. S. A. Heim.
— Zur Theorie der isostatischen Reduktion der Schwerebeschleunigung. - Verh. Natf. Ges. Basel, 28, 2. Teil, Basel 1917, 206-235.
— Schwerebestimmungen in den Jahren 1915-1918. - Astron.-geodät. Arbeiten in der Schw., 16, Bern 1921, 192 S., 1 K.
— Die Schwerebestimmungen der Schweizerischen geodätischen Kommission und ihre Ergebnisse. - Verh. Schw. Natf. Ges., 102. Jvers. Schaffhausen 1921, II, 50-64.
Nopcsa F. Bar. Zur Geschichte der Adria, eine tektonische Studie. - Z. DGeolGes., 84, 1932, 280-316, 1 Taf., 3 Abb. - Bespr. GZ 49 A/1102.
Oberguggenberger V. Die durchdringende Strahlung des Bodens und der Atmosphäre in der weiteren Umgebung Innsbrucks. - In: Beitr. z. Kenntn. d. Atmosph. Elektr., Nr. 64, Akad. d. Wiss. Wien, math.-natw. Kl., Abt. 2, 132, 1923, 59-68, Nr. 1-2.
— Elektrische Erdstöße im Gebirge. - Mitt. DÖAV, 1925, 258.
— Erdstrombeobachtungen im Gebirge. - Anzg. Ak. d. Wiss. Wien, Nr. 3, 1926, 36-37; Sber. Akad. d. Wiss. Wien, m.-n. Kl., Abt. IIa, 135, Wien 1926, 99-116, 7 Fig.
Orff K. v. Bemerkungen über die Beziehung zwischen Schweremessungen und geologischen Untersuchungen und Bericht über die in Bayern begonnenen Pendelbestimmungen. - Sber. Ak. d. Wiss. München, math.-phys. Kl., 1897, 155-180.
Penck A. Schweremessungen in den Alpen. - Mitt. DÖAV, 1890, 68.
Pfaff F. W. Über Änderung der Schwerkraft. - Z. DGeolGes., 51, 1899, 125-150.
— Über Schwereänderungen und Bodenbewegungen in München. - Geogn. Jh., 15, München 1902, 1-9, 1 Fig. - Bespr. GZ 5/367.
— Beziehungen zwischen geologischem Aufbau und erdmagnetischen Messungen im rechtsrheinischen Bayern. - Geogn. Jh., 26, München 1913, 187-233, 1 Taf.
— Beziehungen zwischen geologischen und erdmagnetischen Verhältnissen. 2. Mitteilung· Das Wettersteingebirge. - Z. f. prakt. Geol., 1930, 129-135, 154-159, 2 Abb. - Bespr. GZ 45/679.
Prey A. Untersuchungen über die Isostasie in den Alpen auf Grund der Schweremessungen in Tirol. - Sber. Ak. d. Wiss. Wien, math.-natw. Kl., 121, 1912, Abt. IIa, 2467-2518. - Bespr. NJb. 1914/2, 427; Beitr. z. Geophys., 13, 1913, 62.
Reich H. Erdmagnetismus und glaziales Diluvium. - Jb. Preuß. Geol. Ldsanst., 1925, 46, 1926, 249-291. - Bespr. GZ 36/1490.
Reindl J. Die Erdbeben Bayerns 1903 und ihre Ursachen. - Münchner Allgem. Ztg, 296, 1903, 2 S.
Richter M. Morphologie und junge Bewegungen beiderseits vom nördlichen Alpenrand. - Z. f. Geomorph., 7, 1933, 10-24, 3 Fig. - Bespr. GZ 50 A/688.
Salonen E. Über die Erdkrustendicke und die isostatische Kompensation in den Schweizer Alpen. - Annal. Acad. Sci. Fennicae, ser. A, t. 37, Nr. 3, Helsinki 1932, 28 S., 2 Tab., 4 Fig., 7 Taf. - Bespr. GZ 51 A/1613; NJb. 1933/2, 538.
Schedler A. u. **Toperczer M.** Kurzer Bericht über die Verteilung der erdmagnetischen Kraft zur Epoche 1930.0. - Anzg. Ak. d. Wiss. Wien, math.-natw. Kl., 70, 1933, 74-77.
Schmidt M. Ergänzungsmessungen zum Bayr. Präzisionsnivellement. - H. 1, München (Franz) 1908, 79 S., 1 Taf. - Bespr. GZ 12/531.
Schneider K. Zur Frage über die Ursachen geotektonischer Bewegungen. - GR 8, 1917, 1-35, 3 Fig. - Bespr. GZ 24/896.
Schütte K. Karte der Schwereabweichungen von Süddeutschland. - Veröff. d. Bayr. Komm. f. d. internat. Erdmessg. München 1930, 21 S., 1 K. - Bespr. NJb. 1930/2, 643; PetMitt., 77, 1931, 268.
— Relative Schweremessungen in Bayern sowie auf den Referenzstationen in den Jahren 1921/22 und 1926-30. - Veröffentl. d. Bayer. Komm. f. d. internat. Erdmessung. Astron.-geodät. Arbeiten, H. 11, München 1931, 96 S., 6 Taf.; Vorw. v. S. Finsterwalder. - Bespr. PetMitt., 78, 1932, 270.

Schwinner R. Zu W. Schmidts Ostalpenbau. – VRA 1922, 162–163. – Bespr. GZ 29/348.
— Zur isostatischen Kompensation der Randsenken der Kettengebirge. – GR 17, 1926, 268–274. – Bespr. NJb. 1928/2, 407; 1929/2, 81.
— Zur Verwertung der Schwerestörungen in der tektonischen Geologie. – Z. f. Geophysik, H. 4, Braunschweig 1926.
— Geophysikalische Zusammenhänge zwischen Ostalpen und Böhmischer Masse. – Gerlands Beiträge zur Geophysik, 23, 1929, 35–92, 1 Taf., 13 Fig. – Bespr. NJb. 1930/2, 332; GZ 47 A/82.
— Zur Deutung der Transversalbeben in den nordöstlichen Alpen. – Z. f. Geophys., 5, 1929, 16–31, 2 Fig. – Bespr. NJb. 1929/2, 597; GZ 47 A/904.
— Das Schwereprofil der Tauernbahn. – Gerlds Beitr. z. Geophys., 29, 1931, 352–416, 5 Fig. – Bespr. GZ 47 A/93.
— Gebirgsbewegungen und Erdmessung in Süddeutschland. – Z. DGeolGes., 85, 1933, 189–213, 3 Abb. – Bespr. Z. f. Geomorph., 8, 1934, 90; GZ 52 A/374.
— Die südbayrische Dreieckskette, ihre Bedeutung, insbesondere auch für die Geologie. – Allgem. Vermessungsnachr., Nr. 20, Liebenwerda (R. Reiss) 1933, 9 S., 2 Tab., 1 Skz. – Bespr. GZ 52 A/153.
— Gebirgsbau und Erdmagnetismus in Böhmischer Masse und Ostalpen. – Gerlds Beitr. z. Geophys., 39, 1933, 58–81, 6 Fig., 1 Taf. – Bespr. GZ 52 A/955.
— Variscisches und alpines Gebirgssystem. – GR 24, 1933, 144–159, 1 Abb. – Bespr. GZ 52 A/376.
Sestini A. La struttura dell'Europa alpina secondo una recente opera. – Riv. Geogr. It., 39, H. 3, Firenze 1932, 86–89. S. a. Kober.
Sölch J. Schwereverteilung in der Erdrinde, Gebirgsbildung und Vulkanismus. – Geogr. Z., 28, 1922, 165–177.
Soler E. Campagne gravimetriche nel Trentino e in Alto Adige. – Atti d. Soc. it. p. il progr. d. sc., XIX Riun. Bolzano-Trento 1930, Rapp. Cl. A, Roma 1931, n. 26, 288–292.
Sterneck R. v. Über Schwerebestimmungen. (Vortr.) – Mitt. Geogr. Ges. Wien, 32, 1889, 8–29.
— Die Schwerkraft in den Alpen und Bestimmung ihres Wertes für Wien. – Mitt. Milgeogr. Inst. Wien, 11, 1892. – Bespr. Mitt. Geogr. Ges. Wien, 1892, 556; NJb. 1893/1, 481.
— Relative Schwerebestimmungen, ausgeführt i. J. 1892 in Berlin, Potsdam und Hamburg, in den Ostalpen, Karpaten und der ungar. Tiefebene. – Mitt. Milgeogr. Inst., 12, 1892, 187. – Bespr. NJb. 1896/1, 234; Mitt. Geogr. Ges. Wien, 36, 1893, 451.
— Relative Schwerebestimmungen, ausgeführt i. J. 1893. – Mitt. Milgeogr. Inst., 13, 1893, 208. – Bespr. NJb. 1896/1, 234; Mitt. Geogr. Ges. Wien, 37, 1894, 666.
— Relative Schwerebestimmungen, ausgeführt i. J. 1894, nebst einem Anhang über Barymeterbeobachtungen. – Mitt. Milgeogr. Inst., 14, 1894, 242. – Bespr. NJb. 1896/1, 234; Mitt. Geogr. Ges. Wien, 40, 1897, 784.
— Die Ergebnisse der neuesten Schwerebestimmungen. – Astronomischer Kalender f. 1896, Wien. – Bespr. NJb. 1896/1, 234.
— Relative Schwerebestimmungen, ausgeführt in den Jahren 1895 u. 1896. – Mitt. Milgeogr. Inst. Wien, 17, 1898, 61 S. – Bespr. NJb. 1899/1, 50.
Tams E. Isostasie und Erdbeben. – Zbl. f. Min., 1920, 182–189.
— Die Frage der Periodizität der Erdbeben. Eine Darstellung des gegenwärtigen Standes der einschlägigen Untersuchungen. – Sammlg. geophys. Schriften v. C. Mainka, Berlin (Borntraeger) 1926, 128 S., 15 Fig. – Bespr. GR 18, 1927, 412; Z. f. Geomorph., 2, 1927, 192.
Tornquist A. Die Tektonik Deutschlands und die Beziehung geophysikalischer Verhältnisse und der Ausbreitung der Erdbebenbewegungen zu dieser Tektonik. (Vortr.) – Z. DGeolGes., 64, 1912, Mber., 466–476.
Wilhelm J. Beitrag zur Frage der Bewertung der verschiedenen Schwerestörungen. – Abh. d. Preuß. Geol. Ldsanst., NF, 110, Berlin 1928, 50 S. – Bespr. GZ 38/827; NJb. 1930/2, 320.
Wurm A. Zur geophysikalischen Durchforschung Bayerns. – GR 22, 1931, 273–281. – Bespr. GZ 46 A/1820; NJb. 1933/2, 555.

TG
Technische Geologie.

Bahn-, Straßen-, Wasserbauten und Kulturtechnik.

Abel O. Einige Worte über die Entstehung der Hochmure des Ferschbachtales im Oberpinzgau. – VRA 1899, 296–297.
Achenseestraße (Th.). – Die –. – Neueste Ztg, Nr. 3, Innsbruck, 3. 1. 1934, m. 1 Skz.
Achenseewerk. Ein Markstein für Tirol. (Die Eröffnung des -s.) – Tir. Anzg., 1927, Nr. 214.
— Die feierliche Eröffnung des -s. – Tir. Anzg., 1927, Nr. 216.
— Inbetriebsetzung des -s. – Elektrotechnik u. Maschinenbau, 45, 1927, 850–853.
Achenseekraftwerk. Österreichs größtes Wasserkraftwerk (–). – Röder, Z. f. Arbeit u. Wiederaufbau, 8, 1927, 644.
Adami G. Giuseppe Duile, Ingegniere, 1776–1863. – Studi Trent., a. 10, cl. 2, 1929, 37–45, 1 Bild.
Adige-Garda. La Derivazione –. – Comune di Verona, Rel. d. Comm. tecn., Padova 1923, 61 S.
L'Adige e la sua sistemazione. – Assoz. p. le Acque Pubbl. d'It., III convegno idrogr. naz., Milano 1926, 16 S., illustr.
Aichinger J. Die Julischen und Karnischen Alpen im Kriege. – Z. DÖAV, 1918, 178–204, 9 Abb.
Albertario P. I risultati delle irrigazioni lombarde in base alle stime catastali. – Ist. naz. di econ. agr., Roma 1931. – Bespr. Giorn. d. Econom. e Riv. di Statist., 46, 1931, 912.
Altmann A. u. Oelbaum H. Überleitung der Mangfall und der Schlierach zum Seehammersee zur Erweiterung des Leitzach-Kraftwerkes der Städt. Elektrowerke München. – Die Bautechnik, 8, Berlin 1930, H. 53/54, 809–832, 1 Plan, 50 Abb. – Bespr. GZ 45/717.
Alto Adige. Regelung des Flußsystems des –. – Innsbr. Nachr., Nr. 264 u. 265 v. 16. u. 17. 11. 1927.
Ambühl G. Über die Herstellung von Kochgeschirren aus Lavezstein am Südrande der Alpen. – Ber.

Nat. Ges. St. Gallen f. 1898/99 (St. Gallen 1900), 240–251. – Bespr. GZ 1/1670.

Ameida L. Großglockner-Hochalpenstraße. – Münchner Zeitung v. 30. u. 31. 8. 1930.

Ampferer O., Pernt M., Redl Th. u. Innerebner K. Der Achensee und die Ausnützung seiner Wasserkräfte. – Die Wasserwirtschaft, Wien 1919 (Sonderheft).

Ampferer O. Geologische Bemerkungen zum Druckstollenproblem. – Z. Öst. Ing.- u. Arch.-Ver., 75, Wien 1923, 283–285.

— Über bituminöse u. kohlige Gesteine. – Österr. Monatsschr. f. d. öff. Baudienst u. d. Berg- u. Hüttenwesen, 4, Wien 1923, 60–62, 134.

— u. **Ascher H.** Über geologisch-technische Erfahrungen beim Bau des Spullerseewerkes. – JbBA 1925, 365–422, K. 1:25000, 8 Taf., 27 Zeichnungen. – Bespr. GZ 33/749; NJb. 1928/3, 393.

Ampferer O. Über die geologischen Verhältnisse des Achensees und die beim Bau des Achenseewerkes geschaffenen neuen Aufschlüsse. – Innsbruck (Tiwag) 1926.

— u. **Pinter K.** Über geologische und technische Erfahrungen beim Bau des Achenseewerkes in Tirol. – JbBA 1927, 279–332, 3 Taf., 19 Zeichnungen. – Bespr. GZ 37/869.

— u. **Berger J.** Vom geologischen Aufbau der Achenseeufer, seine Auswirkung bei der Spiegelabsenkung. – Schweizerische Bauzeitung, 93, 1929, 170–174.

Ampferer O. Beiträge zur Geologie des Rätikons. – JbBA 1933, 137–172, 24 Zeichnungen. – Bespr. GZ 51 A/402.

— Neue Wege zum Verständnis des Flimser Bergsturzes. – Sber. Ak. d. Wiss. Wien, m.-n. Kl., Abt. 1, 143, 1934, 123–135, 5 Abb.

— Reisebericht über den Flimser Bergsturz. (Auszug.) – VBA 1934, 6.

Andertschött F. Die Ausbrüche des Kummersees. (Zur Stadtgeschichte von Meran.) – Des Burggrafenamtes Volks- und Hauskalender f. 1930, 85–89, 2 Abb.

Andreae K. Probleme der Alpendurchstiche. – Vierteljschr. Natf. Ges. Zürich, 70, Heft 3 u. 4, Sber. röm. 7–9, Zürich 1925.

Andreocci A. Wildbachverbauungen im Passeiertal. – Hoch- u. Tiefbau, 30, 1931, 320, 330.

Angerer F. Entwurf und Bau der Innsbrucker Nordkettenbahn (Hafelekarbahn). – Die Wasserwirtschaft, Wien 1928, H. 24, 12 S., 21 Abb.

— Wehrtypen an Gebirgsbächen. – Wasserkraft u. Wasserwirtschaft, München u. Berlin (Oldenbourg) 1930, H. 15/16, 5 S., 7 Abb.

Angerer J. Die Steinindustrie im deutschen Südtirol. – Bozen (Promberger) 1881, 34 S.

— Die Brennerbahn in ihren Beziehungen zum Lande Tirol. Erinnerungsblätter an das 25jähr. Jubiläum dieser Bahn. – Innsbruck (Wagner) 1892, 14 S.

— Die Verkehrsverhältnisse auf der Brennerbahn. – Wiener Deutsche Ztg v. 25. 2. 1894.

Aretin G. Frh. v. Über Bergfälle und die Mittel, denselben vorzubeugen oder wenigstens ihre Schädlichkeit zu vermindern, mit vorzüglicher Rücksicht auf Tirol. – Innsbruck (Fischer) 1808, 86 S.

Arlbergbahn. Denkschrift der k. k. Direktion für Staats-Eisenbahnbauten über den Fortschritt der Projektierungs- und Bauarbeiten der –. – Wien (Hof- u. Staatsdruckerei) 1881, 23 S., K. 1:700000, 3 Tab., 1 Prof.

— Denkschrift der k. k. Direktion für Staats-Eisenbahnbauten über den Fortschritt der Projektierungs- und Bauarbeiten der – im Jahre 1881. – Wien (Hof- u. Staatsdruckerei) 1882, 37 S., Tab. A-N, 15 Taf.

— Denkschrift der k. k. Generaldirektion der Österr. Staatsbahnen über den Fortschritt der Projektierungs- und Bauarbeiten der –. – Wien (Hof- u. Staatsdruckerei) 1890, 91 S., 29 T.

— Die –. Denkschrift aus Anlaß des zehnjährigen Betriebes 1884–1894. – Staatsbahndir. Innsbruck, 1896, 377 S., 37 Blgen.

— Ein halbes Jahrhundert Bahnlinie Innsbruck-Landeck. – Innsbr. Nachr., Nr. 149 v. 1. 7. 1933.

— Die Gedächtnisausstellung der – in Innsbruck eröffnet. – Innsbrucker Nachr., Nr. 211 v. 14. 9. 1934, 1 Sp.

— (Alp. Pr.-D.) 50 Jahre –. – Innsbrucker Nachr., Nr. 212 v. 15. 9. 1934, 4 Sp., 4 Abb.

— Die Entstehung der – und ihre Weiterentwicklung. – Innsbrucker Nachr., Nr. 215 v. 19. 9. 1934, 5 Sp., 4 Abb.

Arlberglinie. Die – im elektrischen Betriebe. Ein Erinnerungsblatt anläßlich der Aufnahme des elektr. Eisenbahnverkehrs auf der Strecke Innsbruck bis Bludenz im Frühjahr 1925. – Im Selbstverlage der Österr. Bundesbahnen, Wien 1925, 56 S., 1 K., zahlr. Abb.

Arlbergtunnel Westseite. Geolog. Profile. Sohlstollen 891 Blätter; Firststollen 331 Blätter. – Archiv Geolog. Bundesanstalt Wien.

Armbruster K. Die Tiroler Bergbahnen. Technisch u. landschaftlich dargestellt. – Wien, Berlin, London (Verl. f. Fachlit.), o. J. (1914), 248 S.

Arnold F. Erweiterungsbauten beim städtischen Seewasserwerk in Konstanz. – Das Gas- und Wasserfach, H. 29, 1930. – Bespr. NJb. 1931/2, 717.

Ascher H. Erfahrungen bei der Fundierung von Staumauern im Hochgebirge. – Wasserkraft u. Wasserwirtschaft, 1929, H. 23, 4 S., 4 Abb.

— Das Stubachwerk der Österreichischen Bundesbahnen. – Wasserkraft u. Wasserwirtschaft, 1929, H 11, 12 S., 15 Abb.

— u. **Powondra K.** Über geologisch-technische Erfahrungen beim Bau des Stubachwerkes. – JbBA 1930, 261–308, 9 T. – Bespr. Z. f. Geomorph., 5, 1930, 278; GZ 44/164.

Ascher H. Weitere Beiträge zur Geologie des Stubachtales. – JbBA 1932, 103–125, 11 Fig. – Bespr. GZ 48A/898; Z. f. Geomorph., 7, 1933, 271.

Avisio. Projetto di derivazione dal torrente – per produzione di forza motrice. – Uff. distrett. pol. di Trento. Etitto e Verb. d. tratt. commiss. Trento (Tip. Coop.) 1922, 52 S.

Baggi V. e Sacco F. Considerazioni geoidrologiche sopra un nuovo progetto di Canale navigabile dal Mar Ligure al Lago Maggiore. – Torino 1917, 15 S.

— — Projetto di Canale navigabile dal Mar Ligure al Lago Maggiore. – Riv. d. Ind. ferroviarie e Lavori pubbl. an. II, f. 4, Roma 1920, 8 S., 2 Fig. – Bespr. Rev. d. géol., 1921, 98; 1922, 76.

Barth Hanns. Die deutschen Schwebebahnen. – Daheim, 68, 1931/32, Nr. 27, 10–12, m. Abb.

— (H. B.) 50 Jahre Arlbergbahn. – Mitt. DÖAV, 1934, 252.

Bäseler W. Ein neues Fernpaß-Bahnprojekt. – Das Bayerland, 43, 1932, 124–126, m. Abb. u. K.

Bastl F. Feststellung von Erdkrustenbewegungen im oberen Lechtale und Flexengebiete. – Geol. u. Bauwesen, 1929, 83–92, 1 Taf. – Bespr. GZ 44/799.

Bauer A. Dünger aus – Felsen. (Martinswand.) – Neue Freie Presse, Nr. 24533 v. 31. 12. 1932, 1 Sp., 1 Abb.
Baumann J. Die Tiroler Wasserkraftfrage, eine Ernährungsfrage. (Vortr.) – Ber. Natwiss.-med. Ver. Innsbruck, 39, 1924, röm. 42–43.
Becke F. Bericht über die geologischen Untersuchungen beim Baue des Tauerntunnels. – – Anzg. Ak. d. Wiss. Wien, 39, 1902, 117–118, 281–284.
— Calcit vom oberen Klammtunnel an der Strecke Schwarzach-St. Veit-Gastein. – Mitt. Wiener Min. Ges., 1902, 460.
— Bericht über den Fortgang der geologischen Beobachtungen an der Nordseite des Tauerntunnels. – Anzg. Ak. d. Wiss. Wien, 40, 1903, 157–158, 269–270; 41, 1904, 119–121, 200–201, 407–410; 42, 1905, 150–153; 43, 1906, 29–32; 44, 1907, 162–164; 45, 1908, 201–204.
— Geologisches von der Tauernbahn. – Schrift. d. Ver. z. Verbr. natwiss. Kenntn. Wien, 46, 1906, 329–343. – Bespr. GZ 9/653.
Behrens F. Die Bayerische Zugspitzbahn und andere Bergbahnen. – Technik voran (Deutscher Ausschuß f. techn. Schulwesen), 1932, 118–125, m. Abb.
Belzoni M. Il problema idroelettrico della Venezia Tridentina. – Trentino, Riv. d. legione trentina, 6, 1930, 333–337.
Benischke G. u. **Döry J.** 25 Jahre Stubaitalbahn. – Elektrotechnik u. Maschinenbau, 47, 1929, 183.
Bergbahnen und ihre Technik. Die Wankbahn bei Partenkirchen, die Nebelhornbahn und ihr Tourengebiet, die Bayer. Zugspitzbahn, die Wendelsteinbahn, die gigantische Österr. Zugspitzbahn, die Kreuzeckbahn, Predigtstuhlbahn. – Dießen bei München (C. Huber) 1931, 48 Bl. mit Abb.
Bergell. Die Verwertung der Wasserkräfte im – unter Einbezug des Silsersees als Ausgleichsbecken. Eine zusammenfassende Studie über das Silsersee-Bergeller Wasserkraftprojekt. – Konsortium zur Verwertung ..., 1922, 37 S.
Bernhard H. Stausee-Anlagen im Rheinwald. – Thusis (Roth u. Ko.) 1932, 85 S.
Bertarelli G. Le gallerie di guerra nei ghiacciai dell' Ortles. – Le Vie d'It., 29, 1923, 760–774. – Bespr. The geogr. review, Newyork 1924, 474–475 „Military tunnels in the glaciers of Ortler"; GZ 32/108.
Berton M. Studio del regime del torrente Avisio. – Milano (Casati) 1923, 15 S.
Berwerth F. Bericht über die geologischen Untersuchungen beim Bau des Tauerntunnels. – Anzg. Ak. d. Wiss. Wien, 39, 1902, 118–119.
— Bericht über den Fortgang der geologischen Untersuchungen beim Baue des Tauerntunnels. – Anzg. Ak. d. Wiss. Wien, 39, 1902, 333–335.
— Bericht über den Fortgang der geologischen Beobachtungen im Südflügel des Tauerntunnels. – Anzg. Ak. d. Wiss. Wien, 40, 1903, 165–166; 41, 1904, 211–214.
— Bericht über den Fortgang der geologischen Beobachtungen im Südflügel des Tauerntunnels. – Anzg. Ak. d. Wiss. Wien, 42, 1905, 3–5, 280–282; 44, 1907, 142–147, 280–289, 486–488.
— Bericht über die geologisch-petrographischen Aufschlüsse an der Südrampe der Tauernbahn. – Anzg. Ak. d. Wiss. Wien, 45, 1908, 294–298.
Bettoni P. Notizie e ricerche idrografiche sulle magre del Benaco. P. 1. e 2. – Salò (Bortolotti) 1931, 158 S. u. Tab.; 1932, 162 S.
Biemmi A. La grande strada Gargnano – Riva. – Realtà, Riv. rot., 4, 1930, 523–538.
Bignami P. La regolazione del lago d'Iseo. – Annali d. Lav. Pubbl., 67, 1929, 177–196.
Blaas J. Die Trinkwasserquellen der Stadt Innsbruck. – Innsbruck (Wagner) 1890, 34 S. – Abdruck aus: TB, Nr. 11–18 v. 1890.
— Über die Trinkwasserquellen der Stadt Innsbruck (Vortr.) – Ber. Natwiss.-med. Ver. Innsbruck, 19, 1891, röm. 5–7.
— Bericht über den am 9. Juli 1892 bei Langen am Arlberg niedergegangenen Bergsturz. – VRA 1892, 261–266. – Bespr. Mitt. Geogr. Ges. München, 1911, 446; NJb. 1894/1, 285; Mitt. Sekt. f. Natkde ÖTC, 4, 1892, 84.
— Über die geologische Position einiger Trinkwasserquellen in den Alpen. (Innsbruck u. Wilten, Kufstein, Brixen, Bozen, Eggental, Rovereto, Hohenems.) – Z. f. prakt. Geol., Berlin 1896, 59–62, 194–195, 217–219; 1898, 135–139; 1902, 145–147, zahlr. Skzen.
— Über Quellen. (Vortr.) – Ber. Natwiss.-med. Ver. Innsbruck, 24, 1899, röm. 9.
— Über Wasserversorgung und Kanalisation. (Vortr.) – Ber. Natwiss.-med. Ver. Innsbruck, 24, 1899, röm. 25–27.
— Zur Wiltener Wasserfrage. – Innsbr. Nachr., Nr. 125 v. 4. 6. 1904.
— Technische Bauten und Geologen. – Innsbr. Nachr., Nr. 285 v. 14. 12. 1904.
— Einige interessantere Beispiele praktischer Geologie. (Vortr.) – Ber. Natwiss.-med. Ver. Innsbruck, 29, 1906, röm. 4–5.
— Zur Hungerburgbahn. – Innsbr. Nachr., Nr. 65 v. 21. 3. 1906.
— Über Murbrüche. – Innsbr. Nachr., Nr. 175 v. 1. 8. u. Nr. 176 v. 3. 8. 1908.
— Der Terlagosee in Südtirol. – VRA 1914, 287–304, 3 Skz. – Bespr. GZ 22/858.
— Geologie und Krieg. – Innsbr. Nachr., Nr. 122 v. 11. 3. 1916.
Blumrich J. Der Untergrund der Pfänderbahn-Talstation. – Heimat, 8, Bregenz 1927, 96–98.
Bodensee. (A. P.) Tieferlegung des –s. – Mitt. DÖAV, 1877, 238–239.
Bodensee. Die Tieferlegung des –s. – Globus (Kiepert), 32, Braunschweig 1877, 378–379.
— (X). Die Tieferlegung des –s. – Das Ausland (Hellwald), Stuttgart 1878, 158–160.
Bodensee. Tieferlegung des Hochwasserstandes im –. – Mitt. Geogr. Ges. Wien, 34, 1891, 42, 412–413; Allgem. Ztg, Nr. 29 v. 1891.
Böhi K. Die sanktgallische Rheinkorrektion. – Schw. Wasserwirtschaft, 3, Nr. 14, Zürich 1911, 208–211, 2 Abb.; Nr. 16, 1911, 226–230, 1 Abb.; Nr. 17, 1911, 240–243; Nr. 18, 1911, 251–256, 5 Abb.
Bonfioli B. La diga di Mollaro sul torrente Noce. – L'energia elettr., v. 7, f. 9, Milano 1930, 15 S., 23 Fig.
Boos K. Die Wünschelrute in ihrer Beziehung zur Wasserversorgung sowie zu verwandten Aufgaben. – Gesundheits-Ing., 53, München 1930, H. 39, 601–606, 7 Abb. (u. a. Mangfall); Handbuch d. Wünschelrute, München 1931, 190–193. – Bespr. GZ 45/718.
Bossard W. E. Gutachten über die Regulierung des Bodensees. – Mitt. Abt. f. Landeshydrogr., Nr. 3, Bern 1913, 76 S. – Bespr. Schw. Wasserwirtschaft, VI, 1913/14, 46, 226.
Breitenlohner J. Wie Murbrüche entstehen, was sie anrichten und wie man sie bändigt. (Vortr.) –

Ver. z. Verbr. natwiss. Kenntn. in Wien, ebd. (Frick) 1883, 29 S., 1 Taf.

Breitschedl W. Die Großglockner-Hochalpenstraße. – Velhagen u. Klasings Monatshefte, 46, 1932, 413–420, m. Abb.

Brennerbahn. 60 Jahre –. – Tiroler Anzeiger, 1927, Nr. 279; Innsbr. Nachr., 1927, Nr. 280; Dolomiten, 1927, Nr. 96.

Brennerwerke. Oskar von Millers Jubiläumsfeier in Tirol. O. v. M. und die Entstehung der –. – Innsbr. Nachr., Nr. 163 v. 20. 7. u. Nr. 164 v. 21. 7. 1931.

Brenta. L'integrazione delle magre estive del –. – Importanza agricola dell'utilizzazione dell'Avisio attraverso i laghi di Levico e di Caldonazzo. – Comm. p. le irrigazioni dal Brenta, Padova (Soc. Coop. Tip.) 1927, 35 S., 6 Fig. – Bespr. Studi Trent. Sc. Nat., 9, 1928, 122.

Bretschneider F. Alpenbäche bei der Arbeit. (Rhätikon.) – Aus der Heimat, Natwiss. Monatsschr., 42, Stuttgart 1929, H. 2, 49–54, 8 Abb.

Bretterwandbach. Der – in Windisch-Matrei. – Osttiroler Heimatblätter, 11, 1933, H. 6/9, 35–36.

Brückner E. Gutachten, betreffend die Folgen, die die Ausführung der Millstätter Kraftanlage für den See voraussichtlich haben wird. – Wien (E. Sieger) 1908.

Brügger Fr., Gelpke R. u. **Frey-Fürst F.** Das Engadin und sein Inn und seine Seen. – St. Moritz 1923.

Brunner H. Die Rutschungen von Saas. – Jber. Natf. Ges. Graubds, N. F., 70, 1931/32, 1932, 2–12, 1 Taf.

Buhle M. Seilschwebebahnen für Personenbeförderung. (U. a. Lana-Vigiljoch.) – Deutsche Bauztg, 1910.

Bürner. Die Bauausführung des Walchenseewerkes. – Deutsche Wasserkraft, 19, 10, München 1924, 39 S.

Busse W. Das italienische Meliorationswesen (Bonifica Integrale). – Ber. über Landwirtsch., her. im Reichsmin. f. Ernährg u. Landwirtsch., 74. H., NF, Berlin (Parey) 1933, 123 S., 20 Abb., 6 Skz. – Bespr. PetMitt., 80, 1934, 100.

Büttner R. Alpenvereinssektion und Alpenforschung. (Eine weitere Anregung und ein praktischer Versuch.) – Mitt. DÖAV, 1933, 240. (Höhlenkunde.)

Capraro R. e **Model E.** Gli impianti idroelettrici della Città di Trento. – Trento (Scotoni) 1924, 10 Abb.

Castelli P. Perforazione di un pozzo profondo nel piano alluvionali di Pallanza. – L'Ingegnere, v. 4, 1930, 754–755.

Cavazzocca-Mazzanti V. Come si tentò altre volte di guastare le bellezze del Garda. – Boll. d. Soc. letterar. di Verona, 8, 1932, 203–209.

Christian J. Tirol und sein Wald. – Österr. Vierteljschr. f. Forstwesen, NF, 47, 1929, 136–174.

— Die Waldwirtschaft Tirols. – Wiener landw. Ztg, 79, 1929, 142; Tiroler Heimatblätter, 10, Innsbruck 1932, 401–403, 436–441.

— Waldbewirtschaftung einst und jetzt. – Jb. Tir. Bauernbund f. 1931, 214–219.

Cimonegipfel. Die Erstürmung des –s. 23. Sept. 1916. – Österr. Soldatenkalender f. 1930, 102–107.

Cipolletti E. Il problema dell'alluminio nella economia italiana. – L'Economia Nazionale, 23, 1931, 11–15.

Clar E. Eine seltene Abart eines Wildwasser-Geschiebeherdes. – Geol. u. Bauwesen, 1932, H. 1, 47–49, 1 Abb.

Coaz J. Die Lauinenschäden im Schweizerischen Hochgebirge im Winter und Frühjahr 1887/88. – Bearbeitet im Auftr. d. Schw. Ind.- u. Ldw.Dep., Bern 1889, 29 S., zahlr. Tab. – Bespr. Jb. SAC, 25, Bern 1890, 594.

— Statistik und Verbau der Lawinen in den Schweizer Alpen. Im Auftr. d. eidgen. Dep. d. Inn. bearb. u. veröff. – Bern (Stämpfli) 1910, 127 S., K. 1:250000, 31 Abb., 31 T. – Bespr. Ski, 6, 1910, 162; Boll. ticin. sc. nat., 6, 1910, 97; Ann. de Géogr., 20, 1911, 275; Jber. Natf. Ges. Grbd., NF, 53, 1912, 124; Jb. SAC, 46, 1911, 326.

— Erster Versuch eines Lawinenverbaues und erste Lawinenstatistik samt Karte. – Bündn. Monatsbl., Chur 1918, 105–109.

Colombini D. I grandi impianti dello Spluga e di Mese. – Le Vie d'Italia e dell'Amer. lat., 38, 1932, 92–101.

Conci B. Studio geologico sul lago di Caldonazzo e projetto di asciugamento in rapporto colla Ferrovia della Valsugana. – Padova (Salmin) 1878, 147 S.

Condini G. Attività della Venezia Tridentina. Delle industrie idroelettriche, del legno e della attività costruttive. – Trento 1929, 119 S.

Conters K. Tiroler Wasserwirtschaft. – Innsbr. Nachr., Nr. 277 v. 5. 12. 1921.

Contessini F. Una visita ai lavori dell'alta Valle Brembana. – Sincronizzando, 10, 1931, 18–27.

Corazza M. H. Etschkraftwerke. – Deutsche Wasserwirtschaft, 22, 1927, 272 283, 310 318.

— Umbau des Kraftwerkes am Eggenbach bei Bozen der Azienda Elettrica Cons. „Etschwerke", Bozen-Meran. – Wasserkraft u. Wasserwirtschaft, 1931, H. 6, 3 S.

Corradini S. Le foreste e il commercio e l'industria del legname in Val di Fiemme. – La Rivista d. Ven. Trid., Bolzano 1930, 29 S.

Cozzaglio A. Studi geologici ed idrografici sul bacino alimentatore della fonte di Mompiano e sulla derivazione delle acque potabili per la città di Brescia: con aggiunte. – Brescia 1894. – Bespr. Boll. Com. geol. d'It., 26, 1895, 348.

— La grande linea stradale Milano-Brennero. – Riva-Mori 1927.

— Il problema geologico-tecnico della presa d'acqua potabile per la città di Brescia. – Comm. d. Ateneo di Brescia, 1930, 55–102, 5 Taf.

— Sulla possibilità di impinguare alcune falde idriche sotterranee. – Brescia (S.A.) 1933, 4 S. – Bespr. GZ 50A/1937.

Craveri M. A proposito della ferrovia Domodossola-Valle Vigezzo-Locarno. – Giorn. Geol. prat., an. 10, f. 1, Parma 1912, 1–12. – Bespr. Boll. Com. geol. d'It., 44, 1914, f. 1, 33.

— La conoscenza geologica del terreno nella guerra moderna. – Boll. Soc. geol. it., v. 35, f. 1, Roma 1916, 43–79.

— Osservazioni geologiche sommarie di un ufficiale del genio in guerra su alcune località del fronte italo-austriaco (1915–1918). – Cassino 1921, 40 S.

Cristofolini T. – **Trener G. B.** L'acquedotto della Città di Trento, II. studio geologico. – Trento 1926, 42 S., K. 1:5000, 28 Fig., 6 Taf. – Bespr. GZ 34/750; Studi Trent. Sc. Nat., 9, 1928, 120.

Cristofolini T. Lavori subacquei in laghi del Trentino. – Trentino, a. 7, n. 6, Trento 1931, 202–206, illustr.

Culmann C. Untersuchung der schweizerischen Wildbäche, vorgenommen in den Jahren 1858, 1859, 1860 und 1863. – Zürich 1864, 650 S.

Curioni G. Di alcuni fatti geologici interessanti l'industria, che si osservano presso Menaggio. – Il Politecnico, v. 3, Milano 1840.

— Come la geologia possa concorrere più direttamente ai progressi delle industrie. – Giorn. d. Ist. Lomb., t. 9, Milano 1857, 1–11. – Bespr. JbRA 1858, Verh., 33.

Czelechowski A. Fünfzig Jahre Arlbergbahn. – Innsbr. Nachr., Nr. 191 v. 22. 8. 1934, 5 Sp.

Czoernig K. Frh. v. Die Lombardie. Darstellung der natürlichen Verhältnisse des Landes. – Mitt. Geogr. Ges. Wien, 9, 1865, Abh., 101–149, 1 K.

Daimer J. Die Katastrophe in den Zillertaler Alpen. – Z. DÖAV, 1879, 1–16. (Hochwasser Taufers.)

Dalla Valle G. B. Lavori eseguiti in località „Rocchetta" (Trento) per la sistemazione idraulica del bacino del fiume Noce. – Ann. d. Lavori Pubblici, Roma 1930, f. 11, 48 S., 6 Taf., 22 Fig.

— Le risorse idrauliche della Venezia Tridentina. – Relaz. tecn. al II Congr. naz. d. Ing. it., Roma 1931, 201–208.

De Gasperi G. B. Note geologiche sul bacino torboso di Bueris. – In: La sistemazione dei torrenti Urana e Soima e il conseguente prosciugamento delle paludi di Bueris, Zegliacco e Collalto. – Udine (Tip. d. Patronato) 1911.

De Giovanni V. La frontiera del Brennero e il patrimonio idroelettrico nazionale. – Arch. p. l'Alto Adige, 16, 1921, 247–252.

De Marchi G. Sviluppo delle utilizzazioni idrauliche in Italia nel quinquennio 1925–1929. – In: Il servizio idrogr. ital., Min. d. Lav. Pubbl., Roma 1931, 373–379.

De Marchi (G.) e **Gherardelli.** Grandi utilizzazioni idrauliche per forza motrice. (Elenco degli impianti in funzione e costruzione aggiornato al 31 dicembre 1930.) – Min. d. Lav. Pubbl., serv. idrogr., Roma 1931, 205 S.

De Marchi L. e **Dainelli G.** Studi geofisici sul crollo della diga del Gleno. – Mem. geol. e geogr. d. G. Dainelli, 1, 1929–1930, 72–122.

De Martini E. La grande strada delle Dolomiti. – L'Economia Nazionale, n. 8, Milano 1931, 63–65, ill.

Demoll R. u. **Kaiser E.** Der Walchensee vor seiner Umgestaltung zum Stausee. Untersuchungen durchgeführt i. d. J. 1920–1923. – Arch. f. Hydrobiol. (Thienemann), Stuttgart 1928. Suppl.-Bd 6, H. 1, 160 S. – Bespr. NJb. 1928/2, 338.

Desor E. Coupes géologiques des tunnels projetés dans les Alpes: St. Gotthard, Lukmanier, Splügen. – Bull. Soc. d. sc. nat. de Neuchâtel, t. 7, 1866, 302.

Deye A. Kriegsbilder aus den Hochalpen. – Z. DÖAV, 1917, 162–176, 6 Abb.

Diavolezzabahnprojekt. Notiz. – Der Bergsteiger, 3, 1933, Nr. 8, 131–132.

Dittes P. Über den Fortgang der Arbeiten zur Elektrisierung unserer Staatsbahnen. – Elektrotechnik u. Maschinenbau, 1921, H. 16; Z. Öst. Ing.- u. Arch.-Ver., 1921, H. 15. Weitere Arbeiten siehe Litverz. bei A. Hruschka, Spullersee-Kraftwerk, 1928.

Doblhoff J. Die Alpenbahnfrage in Frankreich und der Westschweiz, ihre Geschichte und ihre Bedeutung seit der Eröffnung der Gotthardbahn. – Mitt. Geogr. Ges. Wien, 26, 1883, 122–137, 145–160, 193–216, 267–293, 1 K., 1 Taf. Prof.

Dörrenhaus F. Das deutsche Land an der Etsch. Eine geographische Landeskunde. – Herausgeg. v. DÖAV, Innsbruck-Wien-München (Tyrolia) 1933, 183 S., 113 Abb. – Bespr. PetMitt., 80, 1934, 92; Geogr. Z., 40, 1934, 235; Tir. Heimatbl., 12, 1934, 40.

Drau. Die Verbauung der – in Osttirol. – Innsbr. Nachr., Nr. 296 v. 24. 12. 1932.

Duila. Mémoire sur un plan de correction du Rhin. – Actes d. l. Soc. helv. d. sc. nat., a. 1828, Lausanne 1829, 106.

Duile J. Über Verbauung der Wildbäche in Gebirgsländern, vorzüglich in der Provinz Tirol und Vorarlberg. – Innsbruck 1826. 2. Aufl. Innsbruck 1834, 179 S.

Eder A. Die Entstehung und Entwicklung des Achensee-Kraftwerkes. – Bergland, 9, 1927, Nr. 9, 32 Abb.

Eisack-Werke. Die – vor der Vollendung. – Volksbote, 1929, Nr. 6.

— Dolomiten, 1929, Nr. 14–16.

Elettrica Tridentina. Impianti della Soc. Generale –. – Milano (Calamandrei) 1929, 51 S., 2 K., illustr.

Endriß G. St. Anton am Arlberg und die Arlbergbahn. – Geogr. Wochenschrift, 1933.

Energia elettrica. La produzione di – in Italia nel 1930. – Serv. idrogr. d. Min. d. Lav. Pubbl., Roma 1931.

Escher B. G. Geologie und Tunnelbau. (Holländisch, betr. Schweiz.) – Öffentl. Antrittsrede, Delft 1914, 31 S. – Bespr. GZ 21/1722; EgH 14, 1916, 422.

Fabbri S. La regolazione del Lago Maggiore. – Realtà, 4, 1928, 350 ff.

— L'utilizzazione dei grandi laghi alpini a scopo agricolo ed industriale. – Atti Soc. It. p. i. progr. Sc., 20 riun. Milano 1931, Roma 1932, v. 1, 1.

Fabiani R. Sulle condizioni geoidrologiche della conoide dell'Adige. – Comune di Verona: La deviazione Adige-Garda; Relaz. Comm. tecn., Padova 1923.

— Le risorse del sottosuolo della Provincia di Vicenza. – A cura d. Cons. prov. d. Econ. di Vicenza. Vicenza 1930, 150 S., 1 K., 44 Fig. – Bespr. Boll. Soc. geogr. it., s. 6, v. 8, a. 9, n. 2, 1931, 150; Studi Trent. Sc. Nat., 12, 1931, 72.

Fankhauser F. Über Lawinen und Lawinenverbau. – Die Alpen, 5, Nr. 1, 1929, 2–15, 12 Fig.

Felbertauern-Straßenprojekt, Aufrollung durch den Handelskammertag in Innsbruck und durch den Tiroler Landtag. – Lienzer Nachrichten, Nr. 13 v. 1930.

Fels E. Walchenseeprojekt und Seenforschungen. – Münchner Neueste Nachr., 73, 376, 1920, 3 Sp.

Ferrari A. Frane ed alluvioni nel Ticino superiore. – Boll. Soc. tic. sc. nat., 25, 1930, 1931, 4–7.

Ferrari E. Un progresso di difesa e di bonifica nella conca del lago di Terlago. – Pro Cultura, an. 1, f. 5, Trento 1910, 303–318, 1 Fig.

Feßler J. Die elektrische Bahn Dornbirn-Lustenau. – Heimat, 7, H. 5–9, Bregenz 1926, 191–198.

Findeis R. Der Schrägaufzug für das Spullerseewerk. – Z. Öst. Ing.- u. Arch.-Ver., 1922, H. 31/32.

— Die Zugspitzbahn. – Tirol, Innsbruck (Tir. Ldsverkehrsamt) 1927, 184–190, 9 Abb.

Finsterwalder S. Die Gletscherausbrüche des Martelltales. – Z. DÖAV, 1890, 21–34, m. Abb. – Bespr. PetMitt., 1892, Litber., 32.

— Der Vernagtferner, seine Geschichte und seine Vermessung in den Jahren 1888 und 1889. Anhang: Die Nachmessungen am Vernagtferner 1891, 1893 u. 1895 von A. Blümcke u. H. Hess. – Wiss. Ergzgsh. z. Z. DÖAV, I, 1, 1897, 112 S., 2 K. 1 : 10000. – Bespr. NJb. 1898/2, 45; Mitt. Geogr. Ges. Wien, 42, 1899, 101; Mitt. DÖAV, 1899, 156; Bl. 979c.

— Die Erscheinungen, welche einem Gletschervorstoß vorausgehen. – Verh. 13. D. Geogrtag Breslau, Berlin 1901, 180–182. – Bespr. GZ 2/1712.

Fisch W. Zur Geologie der Gasteiner Klamm bei Lend (Österreich). – EgH 25, 1932, 131–138, 1 Taf., 2 Fig. – Bespr. GZ 52 A/971.

Fischer-Poturzyn F. A. v. Gesprengte Gipfel. – Z. DÖAV, 1921, 28–39, 9 Abb. – Bespr. GZ 33/863.

Fischnaler K. Zum 60. Geburtstag der Brennerbahn. – Bergland, 9, 1927, Nr. 7, 8 Abb.

Flat K. Drahtseilbahnen neuester Zeit. – Z. Österr. Ing.- u. Arch.-Ver., 1921, H. 17. (U. a. Spullersee.)

Fontana G. Del Piave, della sua sorgente, del suo corso. – Pieve di Cadore (Tip. Tiziano) 1932, 16 S.

Forti A. Sulla possibilità di utilizzare il basso Avisio per forza motrice mediante serbatoi artificiali e sull'influenza di questi per la sistemazione dell'Adige. – Milano (Casati) 1923, 27 S.

Foullon H. Frh. v. Über die petrographische Beschaffenheit der vom Arlbergtunnel durchfahrenen Gesteine. – VRA 1884, 168–170.

— Über die Wärmeverhältnisse der Ostseite des Arlbergtunnels nach den Beobachtungen des Herrn k. k. Obering. u. Sektionsleiters C. Wagner. – VRA 1884, 333–334.

— Über die im Arlbergtunnel vorgekommenen Minerale. – VRA 1884, 393.

— Über die Gesteine und Minerale des Arlbergtunnels. – JbRA 1885, 47–104. – Bespr. NJb. 1886/1, 412.

Frank L. Beziehungen zwischen Regenfall und Quellergiebigkeit unter besonderer Berücksichtigung der Münchener Wasserversorgung und der Kissinger Quellen. – Mitt. Geogr. Ges. München, 6, 1911, 44–85, 7 Fig., mehr. Tab.

Frech F. Über Muren. – Z. DÖAV, 1898, 1–26, 8 Abb. – Bespr. Bl. 1002.

Froté E. Wasserkräfte des Rheins im schweizerischen Rheingebiet von den Quellen bis zum Bodensee. (Mit Chr. Tarnuzzer u. K. E. Hilgard.) – Publ. Schw. Wasserwirtschaftsverband, Nr. 4, Zürich 1920, 184 S., K. 1:250000.

Fühles G. Die Lana-Vigiljochbahn in Tirol. – Z. Ver. Deutsch. Ing., 1912.

Garda. Industrie trentine. La fabbrica cementi del – (in Ceole). – Trentino, 1928, n. 5, 171, 1 Abb.

Gawalowski A. Tirol im bohr- und hüttentechn. Gesichtswinkel besehen. – Z. d. Internat. Ver. d. Bohring. u. Bohrtechniker, 30, Wien 1922, 117.

— Tirol in seiner wirtsch., industr. und mont. Bedeutung. – Z. d. Internat. Ver. d. Bohring. u. Bohrtechniker, 30, Wien 1922, 150.

— Steinöle in Tirol. – Allgem. öst. Chemiker- u. Techniker-Ztg, 40, Wien 1922, 157.

— Die Brandschiefer und das Salz Tirols. – Z. d. Internat. Ver. d. Bohring. u. Bohrtechniker, 31, Wien 1923, 125.

Geilhofer R. Das Spullersee-Kraftwerk. – Schriften d. Ver. f. Gesch. d. Bodensees und seiner Umgebung, H. 53, Lindau 1924, 123–174, 8 Abb.

Gelpke R. Das Silsersee-Bergeller-Wasserwerksprojekt. Kritische Bemerkungen zur Silserseefrage. – In: Fr. Brügger ... Das Engadin ... St. Moritz 1923, 23–46.

Geognostisch-montanistischer V. f. Tirol u. V. Abriß der montanistischen Kenntnisse, mit einer Darstellung der benützungsfähigen Mineralprodukte Tirols und Vorarlbergs. – Innsbruck (Wagner) 1839, 95 S. (Min., Geognosie, Bergbaukunst, Markscheidekunst, Hüttenkunde.)

Gerber E. Zur Morphologie wachsender Wände. – Z. f. Geomorph., 8, 1934, 213–223, 5 Fig. (S. a. Lehmann O.)

Gerster J. Rhein- und Bodenseeufer-Regulierung. – Das Ausland, Stuttgart 1891, 398–399; 1893, 645–648.

— Karte der untern Rheinkorrektion 1:75000. – Aarau 1893.

Geyer G. Bericht über die Untersuchung der künstlichen Kriegsaufschlüsse entlang der aufgelassenen Südwestfront am Kamm der Karnischen Hauptkette in Kärnten und Tirol. – Anzg. Ak. d. Wiss. Wien, 56, 1919, 31–33.

Ghezzi C. Progetto per la Sistemazione del Lago Ceresio (Lago di Lugano). – Comm. d. Divisione dell'Idrogr. naz., Bern 1913, 48 S., Atl. – Bespr. Schweiz. Wasserwirtsch., 6, 1913/14, 226.

Gianferrari P. L'energia elettrica. (Trentino.) – Gerarchia, 7, 1927, 654–657.

Giarratana A. Le opere del regime in Alto Adige. – Le Tre Venezie, maggio 1929.

Glocknerstraße. Die Eröffnung der –. – Neue Freie Presse, Nr. 25156 v. 24. 9. 1934, 2 Sp.

— Tirol und die –. – Innsbrucker Nachr., Nr. 222 v. 27. 9. 1934, 1½ Sp.

Großglockner-Hochalpenstraße. (R. A.) Die Nordrampe der – vollendet. – Innsbrucker Nachr., Nr. 218 v. 22. 9. 1934, 3 Sp., 7 Abb.; in Nr. 220 v. 25. 9. weitere 3 Abb.

Goiginger L. Kämpfe um den Col di Lana. – Schw. Monatsschr. f. Offiz. aller Waffen, 41, 1929, 182–188.

Gottsleben F. Lokal- und Kleinbahnwesen. (U. a. Hungerburgbahn.) – Eisenbahnministerium Wien, 1909.

Grandi C. L'elettrificazione della linea ferroviaria, Bolzano-Brennero. – Riv. d. Ven. Trid., a. 10, 1929, n. 8, 18, 6 Abb.

Granichstädten-Czerva R. Tirol braucht die Felbertauernstraße. – Tiroler Anzeiger, Nr. 111 v. 1930.

Granigg B. Die Wasserkraftnutzung in Österreich und deren geographische Grundlagen. – Wien (J. Springer) 1925, 123 S. – Bespr. GZ 35/480.

Greim G. Der Ausbruch des Schwemserferners (Ötztaler Alpen). – Globus, 66, 1894, Nr. 15. Auszug: Mitt. DÖAV, 1894, 286.

Grinovero C. Le acque del fiume Oglio e l'irrigazione bresciana. – Sec. ed. Milano (Ind. graf. Stucchi) 1930, 218 S.

Grubenmann U. Über einige Gesteine aus dem Stollen des Elektrizitätswerkes Schuls im Unterengadin. – EgH 8, 1903, 201–210. – Bespr. NJb. 1905/2, 384; EgH 8, 1903, 605; GZ 5/880; Jber. Natf. Ges. Grbd., NF, 47, 228.

Grünhut-Bartoletti C. Bemerkungen zum Tauernkraftwerk. – Die Wasserwirtschaft, 1931, Nr. 12, 171–173.

Grütter O. Über einige Ergebnisse der geologischen Untersuchung der Kraftwerkanlage Monte Piottino (Tessin). – EgH 24, 1931, 1–21, 2 Taf., 2 Abb. – Bespr. NJb. 1933/3, 1121.

Gutzwiller A. Über die bei St. Gallen und Rorschach ausgeführten Bohrversuche zur Herstellung artesischer Brunnen, mit einem Gutachten. – Ber. Verh. St. Gall. Natf. Ges. 1873/74, St. Gallen 1875, 370–418.

Halbfaß W. Wird der Achensee durch Grundwasser gespeist? – PetMitt., 74, 1928, 196.

Hallinger J. Die Nutzbarmachung und Verwertung der Inn- und Tauernwasserkräfte für Industrie- und Elektrizitätsversorgung. – Wasserkraft und Wasserwirtschaft, München u. Berlin (Oldenbourg) 1932, H. 2, 6, 15; 9 S., 2 Abb.

Hamberger E. Die Druckluftarbeiten beim Bau des

Entnahmebauwerkes des Achensee-Kraftwerkes. – Wasserkraft u. Wasserwirtschaft, München 1927.

Hammer W. Geologische Beobachtungen beim Bau des Wasserkraftwerkes bei Mallnitz (Kärnten). – JbBA 1927, 29–62, K. 1:25000. – Bespr. GZ 36/1687.

— Tätigkeit O. Ampferers beim Bau des Achenseewerkes. – VBA 1928, 7. (Jber.)

Handl L. Von der Marmolata-Front. – Z. DÖAV, 1916, 212–218, 6 Abb.; 1917, 149–161, 7 Abb.

— Die Eisstadt in der Marmolata. – Der Alpenfreund, 1922, 75–79, 7 Abb., 1 Skz.

— Gletscherforschung und Gletscherkrieg. (Vortr.) – Münchner Neueste Nachr., Nr. 96 v. 4./5. März 1922.

— Der Krieg im Bauche des Gletschers. – In: G. Langes, Die Front in Fels und Eis, München (Bruckmann) 1933, 17–36, 23 Abb.

Happak R. Der Plenterwald im Hochgebirge Tirols. – Österr. Vierteljschr. f. Forstwesen, NF, 47, 1929, 213–223.

Hardmeyer J. Die Monte Generoso-Bahn. – Europ. Wanderbilder, Nr. 180, Zürich 1890, 32 S.

Haßler J. Kärntner Seenstudien. (Wasserwirtschaftsfragen an Deutschösterreichs Südgrenze, die Floß- und Plättenschiffahrt und der Ausbau der Drau- und Möllwasserwerke in Kärnten u. a.) – Klagenfurter Zeitung, 1921 u. Sammlung im Selbstverlag d. Verf. – Bespr. Carinthia II, 1923, 167.

Heim Alb. Über Korrektion von Gebirgsgewässern. – Jb. SAC, 6, Bern 1870, 329–349.

— Lawinen und Lawinenschutz. – Die Alpenwelt, St. Gallen, 1888; Schw. Bauztg, 12, Zürich 1888, 16–20.

— Gutachten für die projektierte Scalettabahn 1890. – Manuskript im Besitze der Direktion der Rhätischen Bahnen in Chur.

— Geologisches Gutachten der Splügenbahn. Projekt für eine normalspurige Alpenbahn von Chiavenna nach Chur von R. Moser. – Zürich 1890, 24 S. – Bespr. Jber. Natf. Ges. Grbd., NF, 35, Chur 1892, 210.

— Über Geologie und Alpenbahnen. (Vortr.) – Bespr. Schw. Alpenztg, 8, Zürich 1890, 91–92.

— Geologisches Gutachten über das Projekt „Rheinlinie" der Bündner-Oberländer-Bahn, erstattet an das Tit. „Oberländer Eisenbahnkomitee". – Zürich 1898, 15 S. (Bibl. Heim.)

— Geolog. Nachlese Nr. 14. Tunnelbau und Gebirgsdruck. – Vierteljschr. Natf. Ges. Zürich, 1905, 1–22; Der Steinbruch, 7, H. 2, Frankfurt a. M. 1912, 16–18. – Bespr. GZ 9/634.

— Geolog. Begutachtung der Greinabahn (Proj. Moser). – In: R. Moser u. Alb. Heim: Ostalpenbahn, Zürich 1905, 60 S.; Geol. Nachlese Nr. 16: Geol. Begutachtung der Greinabahn, Vierteljschr. Natf. Ges. Zürich, 51, 1906, 378–396. – Bespr. EgH 9, 1906, 690; Jber. Natf. Ges. Grbd., NF, 49, 134; GZ 9/651; NJb. 1910/2, 258.

— Über die Verbauungen am Flibach. – Schw. Bauztg, 58, 1906, 251–254.

— Geol. Nachlese Nr. 19. Nochmals über Tunnelbau und Gebirgsdruck und über die Gesteinsumformung bei der Gebirgsbildung. – Vierteljschr. Natf. Ges. Zürich, 53, 1908, 33–73. – Bespr. EgH 10, 1908, 618.

— Einiges über Tunnelgeologie. – Mitt. Geol. Ges. Wien, 1, 1908, 151–158. – Bespr. EgH 10, 1908, 621.

—, **Cardinaux J., Epper J., Lüchinger J., Peter H.** Die Silsersee-Wasserwerkanlage. Gutachten 1910 an den Kanton Graubünden. – Chur 1910, 40 S.

Heim Alb. Zum 70. Geburtstag von Prof. Dr. –. – Schw. Bauztg, 73, Zürich 1919, 179.

— Der Gesteinsaufbau Graubündens. Zur Erinnerung an die Beendigung der Elektrifizierung aller Schmalspurbahnen (400 km) und an den Ausbau der größten Elektrizitätswerke in Graubünden. – Chur 1922, 23–32.

— Bergsturz und Menschenleben. – Vierteljschr. Natf. Ges. Zürich, 1932, 218 S., 37 Abb. – Bespr. VBA 1933, 81; GR 1933, 258; Z. Ges. f. Erdkde Berlin, 1933, 227; Boll. R. Soc. Geogr. It., s. 6, v. 10, Roma 1933, 568; Z. f. Geomorph., 8, 1934, 199.

Heim F. Die Absenkung des Walchensees und ihre Auswirkungen. – Sonderdruck, 3 S., 4 Fig. – Bespr. GZ 35/1229.

Heller E. Das Achensee-Kraftwerk. – Z. Österr. Ing.- u. Arch.-Ver., Wien 1926.

— Maschinelle und elektrische Anlagen des Achensee-Kraftwerkes. – Elektrotechnik u. Maschinenbau, 45, Wien 1927, 690–697.

— Die technischen Anlagen der Tiroler Wasserkraft-A.-G. – Bergland, 9, 1927, Nr. 9, 32 Abb.

— Innsbrucks Achenseewerk. – In: Die Tir. Landeshauptstadt Innsbruck (Tir. Ldsverkamt), Innsbruck (Wagner) 1929, 185–192, 9 Abb.

Hellriegl H. Das projektierte Achensee-Großkraftwerk. – Elektrojournal, Charlottenburg 1921.

Henle E. Mitteilungen über die Münchener Wasserversorgung. – Journ. f. Gasbeleuchtg u. Wasserversorgg, 1913.

Henne A. Die Lawinenverbauung Schiahorn-Dorfberg in Davos. – Im Auftr. d. eidgen. Dep. d. Innern, Bern 1925, 24 S.

Hennings F. Projekt und Bau der Albulabahn. – Chur 1908.

Henrich J. Die Verbauung des Schesatobels in Vorarlberg. – Schw. Z. f. Forstwesen, 1924.

Hiltebrandt P. Die Gefahr der Talsperren. Nach den Erfahrungen der Glenokatastrophe. – Bozner Nachrichten, Nr. 59 v. 11. 3. 1924.

Hocheisen. Über die Rheinkorrektion von Ragaz bis zum Bodensee und über eine Karte des Pegelstandes und der Wasserabflußmengen aller Schweizer Flüsse. – Jh. d. Ver. f. vaterld. Natkde in Württemberg, 34, Stuttgart 1878, 100–106.

Hochstetter C. Der Bau des Dr. Karl Buresch-Stollens bei Hall durch den Freiwilligen Arbeitsdienst. (Vortr.) – Innsbr. Nachr., Nr. 259 v. 10. 11. 1934, 1 Sp.

Hochwasserschäden. Die – in Tirol im Herbste 1882. Betrachtungen über ihre Ursachen und Ratschläge zur Abhilfe für die Zukunft. Von einem Tiroler. – München (Finsterlin) 1882, 12 S. – Bespr. Mitt. DÖAV, 1883, 28.

Hofbauer R. Zeitgemäße Betrachtungen über den projektierten Ausbau der österr. Alpenwasserkräfte mit Bezug auf deren künftige Funktion in der Energiewirtschaft Mitteleuropas. – Die Wasserwirtschaft, 1931, Nr. 12, 169–171.

Hoffmann F. L. Der Gadriabach bei Laas im Vintschgau. Eine Wildbachstudie. – Z. DÖAV, 1885, 18 S., 1 K.

Holler H. u. **Reuter L.** Die Gewinnung von Trink- und Nutzwasser in Bayern. – Gesundheits-Ing., München 1912.

Honsell M. Der Bodensee und die Tieferlegung seiner Hochwasserstände. Eine hydrologische Studie auf Grund der Verhandlungen der internat. techn. Komm. f. d. Regulierung der Boden-

see-Wasserstände von 1873–1878 bearbeitet. – Stuttgart 1879, 192 S., 1 Atl.
Hörtnagl H. Alt-Innsbrucks Versorgung mit Quellwasser. – In: Ynnsprugg, ebd. (Wagner) 1932, 80–82.
Hradil G. Zur Geologie der Planseeumgebung. – Innsbrucker Nachr., Nr. 59 v. 10. 3. 1928, 1 Sp.
— Die Murbruchkatastrophe von Seefeld. – Neueste Zeitung, Nr. 201, Innsbruck, 31. 8. 1929.
— Geologisches von der Höttinger Höhenstraße. – Innsbr. Nachr. v. 30. 11. 1929.
— Zur Frage des Tauernkraftwerkes. – Tiroler Anzeiger, Nr. 104 v. 7. 5. 1931.
— Tirol in der Frage der Ausnutzung der Tauernwasserkräfte. – Die Wasserwirtschaft, 1931, H. 17/18, 294–295.
— Die Baustoffe in der Tiroler Gesteinswelt. (Vortr.) – Innsbr. Nachr., Nr. 261 v. 13. 11. 1934, 4–5.
Hruschka A. u. **Schweitzer F.** Das Spullersee-Kraftwerk der Österreichischen Bundesbahnen. – Z. Österr. Ing.- u. Arch.-Ver., 1925, H. 29/30.
Hruschka A. Die Kraftwerke und Unterwerke für den elektrischen Betrieb der Arlberg- und der Salzkammergutbahn. I. Das vergrößerte Ruetzkraftwerk. (Vortr.) – Elektrotechnik u. Maschinenbau, Wien 1925, H. 1 u. 2, 26 S., 43 Abb.
— Die Kraftwerke und Unterwerke für den elektrischen Betrieb der Arlberg- und der Salzkammergutbahn. II. Das Spullersee-Kraftwerk mit dem Unterwerk Danöfen. – Elektrotechnik u. Maschinenbau, Z. d. Elektrotechn. Ver. in Wien, H. 47, 48, 49, 51, 1927, 44 S., 68 Abb.
Hug J. Der Voralpsee bei Grabs. Eine geolog.-hydrolog. Studie. – Schw. Wasserwirtsch., 3, Nr. 24, Zürich 1911, 345–348.
Inn. Der regulierte –. – Innsbr. Nachr., Nr. 98 v. 29. 4. 1931, 2 Sp.
Innerebner K. Die Stubaier Hochalpenstraße. (Vortrag.) – Innsbr. Nachr., Nr. 265 v. 17. 11. 1932.
Isar (ed.). Die Mittlere –. – München-Augsburger Abendzeitung, Nr. 456 v. 4. 11. 1920.
Isarco (Eisack). Società Idroelettrica dell'–. Derivazione dell'– fra Ponte all'– e Cardano. – L'Energia Elettr., v. 8, f. 11–12, Milano (Calamandrei) 1931, 68 S., 102 Fig.
Jacobi M. Tirols gefürchtetste Gletscherausbrüche. – Natwiss. Wochenschrift, 22, 43, Jena 1907, 685–687.
Jaufenpass. Straßenbau. – Mitt. Geogr. Ges. Wien, 1905, 167.
Jenny A. Arosa und die Chur-Arosa-Bahn. – Orell Füßlis Wanderbilder, Nr. 371–374; Zürich, o. J., 101 S., 32 Abb. – Bespr. Geogr. Z., 23, 1917, 108.
Kardaun. Kraftwerk – am Eisack. – Schw. Bauztg, 94, 1928, 241.
— Das Kraftwerk in Cardano (–). – Ind. -u. Handelztg, 1929, Nr. 8, 9, 11.
Kargl F. Osttirol und die Tauernwasserkräfte. (Vortr.) – Die Wasserwirtschaft, Wien 1931, H. 17/18, 7 S., 2 Fig.
Kastner G. Die Schaltanlagen des Achensee-Kraftwerkes. – Elektrotechnik u. Maschinenbau, Wien 1928, H. 26, 647–656, 12 Abb.
Keller H. Die Ausnutzung der Wasserkräfte in der Schweiz. – Geogr. Z., 23, 1917, 116–133. – Bespr. GZ 23/270.
Kellermann Chr. Die Rheinregulierung zwischen Vorarlberg und der Schweiz und ihr voraussichtlicher Einfluß auf den Fortbestand der Bregenz-Lindauer Bucht. – Schr. d. Ver. f. Gesch. d. Bodensees, 1895, 24. H., 49–64, 1 K. – Bespr. Bl. 936.
Kellner W. Der Arlbergtunnel. – Mitt. DÖAV, 1883, 53–55.
Kennerknecht F. Das Innwerk. (Jettenbach-Töging.) – Münchner Neueste Nachr., Nr. 44 v. 20. 11. 1924, Beilage Fortschritte der Technik.
Kieslinger A. Das Volumen des Eises. – Geol. u. Bauwesen, 2, Wien 1931, 1–9, 5 Abb. – Bespr. GZ 45/1249; Z. f. Glkde, 20, 1932, 172.
Kittl E. Über Entwaldungen und Hochwässer. – Mitt. Sekt. f. Natkde ÖTC, 2, 1890, 65–66.
— Die Entleerungen des Gletschersees im Martelltale. – Mitt. Sekt. f. Natkde ÖTC, 3, 1891, 60–61.
— Zu den Hochwasserkatastrophen in Südtirol und Kärnten. – Mitt. Sekt. f. Natkde ÖTC, 3, 1891, 70.
Klebelsberg R. v. Der 13. Dezember 1916 ein Katastrophentag in den Alpen. – Der Schlern, 2, 1921, 449–456.
— Vom abgesenkten Lünersee. – Mitt. DÖAV, 1927, 38–41.
— Das Problem der Hangkanäle im Hochgebirge. Geolog. Bedenken zum Tauernwerksprojekt der A.E.G. – Wasserkraft u. Wasserwirtschaft, 26, München u. Berlin 1931, 13. H., 153–155.
— Die Murbrüche im Tauferer und Antholzer Tal am 5. August 1931. – Der Schlern, 12, 1931, 333–338.
Kleiner F. Die österreichische Zugspitzbahn. (Vortr.) – Auszug: Innsbr. Nachr., Nr. 82 v. 10. 4. 1926 u. Tir. Anzg., Nr. 82 v. 10. 4. 1926.
Knauer J. Die tektonischen Störungslinien des Kesselberges. – Mitt. Geogr. Ges. München, 5, 1910, 324–346, K. 1:25000; Ldskd. Forschgen, 9, 1910. – Bespr. GZ 17/366, 367; NJb. 1912/1, 103; Mitt. Geogr. Ges. München, 8, 1913, 60; Z. f. prakt. Geol., 18, 1910, 459.
— Die geolog. Verhältnisse und Aufschlüsse des Walchensee-Kraftwerkes. – Geogn. Jh., 37, 1924 (1925), 35–66, 3 Abb., 1 Skz. – Bespr. GZ 30/1324, 34/611; Z. f. prakt. Geol., 1924, 128.
— Geologischer Aufbau des Wettersteingebirges. – Das Bayerland, 41, München 1930, Nr. 10, 2. Mai-Heft, 299–302, 4 Abb., 2 Prof.
— Die geologischen Ergebnisse beim Bau der Bayerischen Zugspitzbahn. – Abhdlgen Geol. Ldsuntersuchung am Bayer. Oberbergamt, H. 10, München 1933, 23–50, 5 Abb., 3 Taf., 1 K. – Bespr. GZ 50A/1973.
— Die Gehängerutsche (Blattanbrüche) bei Garmisch-Partenkirchen. (Ein Beispiel für die erodierende Kraft des Hagels.) – Abhdlgen Geol. Ldsuntersuchung am Bayer. Oberbergamt, H. 11, München 1933, 47–55, 2 Taf. – Bespr. GZ 50A/1925.
Knett J. Die Wirkung der Erdbewegung in Gastein. – Internat. Mineralquellenztg, Wien 1922, Nr. 465/466, 5–6.
Koch A. Bergbau und Industrie in Nordtirol. 1. Im Jenbacher Sensenwerke. – Kathol. Volksschule, 46, 1930, 199–202, mit Abb.
Koch G. A. Über Murbrüche in Tirol. – JbRA 1875, 97–128; VRA 1875, 82–83. (Vortr.) – Bespr. NJb. 1876, 90.
— Geolog. Detailkarte des engeren Gebietes der letzten Tunneltrasse am Arlberg. Entworfen nach eigenen Aufnahmen im Herbst 1875 im Maßstab 1:2000 nach der Natur. – Archiv Geolog. Bundesanstalt Wien.
— Zur Geologie des Arlbergs. Vorlage der geol. Detailkarte der im Sommer 1875 abgesteckten

, Tunnelaxe am Arlberg 1:2000. – VRA 1876, 84–86.
— Über die Tunnelfrage bei der Arlbergbahn. – Wien (Lehmann u. Wentzel) 1880, m. K. 1:75000.
— Erdwärme und Tunnelbau im Hochgebirge. – Z. DÖAV, 1882, 69–99. – Bespr. Natur (Halle) 1882, 414.
— Ein Wort zu den letzten Überschwemmungen in Tirol und Kärnten. – Deutsche Rundschau f. Geogr., 5, H. 4, Wien (Hartleben) 1883, 178–183.
— Über Wildbäche der Alpen. – Monatsblätter des Wissenschaftl. Clubs, Nr. 5, Wien 1883, 6 S.
— Die Ursachen der Hochwasserkatastrophe in den Südalpen. – Z. DÖAV, 1883, 34 S.
— Die Zahnradbahn von Zell a. S. auf die Schmittenhöhe. – Wien (Spielhagen u. Schurich) 1887. – Bespr. VRA 1888, 294.
— Ein kalbender Gletscher in den Ostalpen. (Gallruttferner, Kaunertal.) – Mitt. Geogr. Ges. Wien, 35, 1892, 176–193. – Bespr. Bl. 840.
— Die geologischen Verhältnisse der Tauernbahn... – Ber. ü. d. 2. Eisenbahnverbindung nach Triest. Beilage z. Gesetzentwurf. Wien 1900.

Kofler A. Vom Werdegang der Stubaitalbahn. – Tirol, F. 2, H. 6, 1929, 11–20.

Kofler H. Meliorationswesen in Tirol. – Wr. landwirtsch. Ztg, 79, 1929, 144.
— Bodenmeliorationstätigkeit in Tirol. – Tir. ldw. Blätter, 47, 1929, 11–13, 2 Abb.
— Gegenwärtiger Stand der Meliorationstätigkeit in Tirol. – Tir. ldw. Blätter, 47, 1929, 53–59, 4 Abb.

Kofler O. u. **Gschwenter A.** Das Sterzinger Moos, seine Entsumpfung und Kultivierung. – Der Schlern, 8, 1927, 256–265, 2 Taf.

Königsberger J., Thoma E. u. **Gölz H.** Versuche über primäre und sekundäre Beeinflußung der normalen geothermischen Tiefenstufe und über die Temperaturen im Albula-, Arlberg-, Simplon-, Riken-, Tauern- und Bosrucktunnel. – EgH 10, 1908, 506–525. – Bespr. Ebd. 622; VRA 1909, 79.

Königsberger J. Über die Methoden zur Bestimmung der Isothermenfläche in der Erde für Tunnelgutachtung. (Splügen.) – Z. f. prakt. Geol., 21, 1913, 55–56. – Bespr. NJb. 1914/2, 383.

Korger J. Die Rittnerbahn. – Z. Öst. Ing.- u. Arch.-Ver., Wien 1908.

Kraft J. Eine Überschwemmung in Schluderns 1737. – Forschungen u. Mitt. z. Gesch. Tirols u. Vorarlbergs, 7, Innsbruck 1910, 288–290.

Kraftwerke. Westtiroler –. Verhandlungsschrift über Obere und Untere Ötzwerke. – Bundesmin. f. Land- und Forstwirtschaft, Z. 34729–1 v. 1931, 257 S. Maschinschrift, 4 Beilagen.

Kranz W. Ein wirklicher geologischer, hydrologischer und Wünschelrutenerfolg beim Mangfall-Stollnbau. – Zbl. f. Min., 1931, B, 376–382. – Bespr. GZ 46A/493.

Krapf Ph. Die Verbauungsarbeiten der Tiroler Gewässerregulierung am Lenobache. – Z. Österr. Ing.- u. Arch.-Ver., Wien, 44, 1892, 677.
— Die Geschichte des Rheins zwischen dem Bodensee und Ragaz. – Schr. d. Ver. f. Gesch. d. Bodensees, 1901, H. 30, 119–222, 1 K., mehr. Fig.
— Die Schwemmstofführung des Rheins und anderer Gewässer. – Österr. Wochenschr. f. d. öffentl. Baudienst, Wien 1919, H. 48–50, 54 S. – Bespr. Revue de Géol., 2, 1921, 65.
— Die Verlandungen des abgeleiteten Rheins im Bodensee und ihre Beziehungen zur Rheinregulierung. – Österr. Monatsschrift f. d. öffentl. Baudienst u. d. Berg- u. Hüttenwesen, 1924, H. 8, 110–113, 4 Abb. – Bespr. GZ 31/1124.
— Etwas über das Wesen und die Behandlung von Gebirgsflüssen mit besonderer Berücksichtigung des Rheins ob dem Bodensee. – Wasserkraft u. Wasserwirtsch., 1933, H. 12–15, 15 S., 8 Abb.
— Besprechung einiger an fließenden Gewässern vorgenommenen Schwemmstoffmessungen (Schwebstoffe und Geschiebe). – Die Wasserwirtschaft, 1934, H. 16–21, 8 S., 4 Abb. S. Mühlhofer L.

Kraus F. (F. Hennersdorf.) Die Stilfserjochbahn. – Volk und Reich, 3, 1927, 443–451, 3 Skz.

Kreuter F. Von der Erbauung der Brennerbahn. – Tiroler Anzeiger, 1927, Nr. 284.

Kugler J. Die Hochwasser-Verheerungen im Pustertale im Jahre 1882. Zum 50-Jahr-Gedächtnis. – Osttiroler Heimatblätter, 9, Lienz 1932, 65–72.

Kurzmann S. Die Lehren der Hochwasserkatastrophe in Nordtirol. (Schmirnerbach, Inntal.) – Die weiße Kohle, 2, Nr. 5, 33. – Bespr. GZ 13/328.

Ladurner-Parthanes M. Zum 600jährigen Bestehen des Algunder Etschwaldes (1333–1933). – Der Schlern, 14, 1933, 533–535, 1 Abb.

Langes G. Die Front in Fels und Eis. – München (Bruckmann) 1933, 143 S., 93 Abb. Ital. Übersetzung von M. Broglio, La guerra fra roccie e ghiacci, Milano (Agnelli) 1934, 324 S., 15 Taf. – Bespr. Bibl. Fasc., a. 9, n. 9, Roma 1934, 741.

Langhans J. E. Die Seilbahn auf die Innsbrucker Nordkette. – In: Die Landeshauptstadt Innsbruck, Städtische Verkehrssektion, 1930, 20–24, 6 Abb.

La Nicca R. Korrektion des Rheins im Domleschger Tal. – Denkschr. Allgem. Schw. Ges. f. d. ges. Natwiss., 1. Abt., Zürich 1829, 100–129, 1 K. – Bespr. Verh. 1828, Lausanne 1829, 41.

Lanser O. Die Fern-Ortlerbahn. – Außferner Bote, 1927, Nr. 45–50.

Lanzerotti E. La distribuzione dell'energia elettrica a mezzo delle Aziende Cooperative. – Trento (Monaui) 1930, 64 S.

Laßwitz E. Der Spullersee. – Heimat, 8, Bregenz 1927, 16–20. S. a. M. v. Siegl.

Lauterborn R. Über Staubbildung aus Schotterbänken im Flußbett des Rheins. Ein Beitrag zur Lößfrage. – Ver. Nat.-med. Ver. Heidelberg, NF, 11, 1912, 359–368. – Bespr. GZ 18/921; NJb. 1913/2, 161; Jber. Natf. Ges. Grbd., NF, 54, 1913, 120; GR 1913, 571.

Lauterburg R. Flußregulierungen. (U. a. Inn und Ticino.) – Allgem. Beschreibung u. Statistik der Schweiz (M. Wirth), 1, 1, Das Land, Zürich 1870, 93–112, mit Prof.
— u. **Culmann C.** Über den Einfluß der Wälder auf die Quellen- und Stromverhältnisse der Schweiz. – Verh. Schw. Natf. Ges. Basel, 1876, Basel 1877, 187–235.

Lebling Cl. Taubenberg und Mangfall-Schlierach. – Wasserkraft u. Wasserwirtschaft, 29, 1934, 4–6, 19–22, 2 Abb.

Lehmann F. W. Die Wildbäche der Alpen. Eine Darstellung ihrer Ursachen, Verheerungen und Bekämpfung. – Breslau 1879, 75 S. – Bespr. Mitt. DÖAV, 1880, 70.

Lehmann O. Die Hydrographie des Karstes. – Enzyklop. d. Erdkunde, Leipzig u. Wien (Deuticke) 1932, 16, 212 S., 78 Abb., 3 K. – Bespr. Z. f. Geomorph., 8, 1934, 42; Mitt. DÖAV, 1933, 211; Boll. R. Soc. Geogr. It., s. 6, v. 10, Roma 1933, 566; Geogr. Z., 39, 1933, 357; GZ 50A/982; Mitt. ü. Höhlen- und Karstforschung, 1933,

H. 1, 39; Z. Ges. f. Erdkde Berlin, 1933, 151; Mitt. Geogr. Ges. München, 26, 1933, 236.

Leiter H. Die Großglockner-Hochalpenstraße. – Mitt. Geogr. Ges. Wien, 76, 1933, 282–283.

Leitich F. Die Vereinigten Westtiroler Kraftwerke. – Die Wasserwirtschaft, Wien 1930, H. 18–19, 14 S.

Leitzachwerke. Übersichtskarte über die Baugebiete der III. Wasserzuleitung und der –. – Tiefbauamt München, 1928.

Lempruch M. Frh. v. Der König der Deutschen Alpen und seine Helden. (Ortlerkämpfe 1915–1918.) – Stuttgart (Belser) 1925, 153 S., 2 Taf., 1 K., über 200 Abb. – Bespr. Mitt. DÖAV, 1926, 252.

Leopoldsberger K. Gefahrmeldeanlagen des Spullerseewerkes. – Siemens-Z., 1925, H. 10. Auszug: Elektrotechn. Z., 1926, 677.

Lepsius R. Der Rheinstrom und seine Überschwemmungen. (Festrede.) – Darmstadt (Winter) 1895, 19 S.

Letsch E. Rheinregulierung oberhalb des Bodensees. – Geogr. Anzg., 15, Gotha 1914, 167–168.

Leuchs K. Die Aufschlüsse der neuen Straßenverbindung Kufstein–Ellmau und die Beziehungen des Eiberger Beckens zu seiner Umgebung. – Mitt. Geol. Ges. Wien, 5, 1912, 232–251, 4 Abb. – Bespr. GZ 20/316; NJb. 1913/1, 290.

Lombardini E. Appendice alla Memoria intorno al progetto di abbassare le piane del Lago Maggiore. – Rend. R. Ist. Lomb. di Sc. e Lett., cl. d. Sc. mat. e nat., v. 1, Milano 1864, 17–28.

Lorenz J. R. Vergleichende orographisch-hydrographische Untersuchung der Versumpfungen in den oberen Flußtälern der Salzach, Enns und der Mur oder im Pinzgau, Pongau und Lungau. – Sber. Ak. d. Wiss. Wien, 26, 1857, 91–151, 3 K.

Löwy R. Die Turbinen des Kraftwerkes Spullersee. – Die Wasserkraft, 1926, H. 14/15.

Lüers F. Die „Holzbringung" in den Bayerisch-Nordtiroler Bergen. – Bayer. Wochenschr. f. Pflege v. Heimat u. Volkstum, 9, 1931, H. 5–10.

Maaß F. u. Kleiner F. Die Innsbrucker Kraftwerke und der Wassermangel. – Innsbr. Nachr., Nr. 273 v. 30. 11. 1921.

Maaß F. Der Stausee im Gschnitztale. – Innsbr. Nachr. v. 21. 12. 1921.

Mache H. u. Bamberger M. Über die Radioaktivität der Gesteine und Quellen des Tauerntunnels und über die Gasteiner Therme. – Sber. Ak. d. Wiss. Wien, 123, IIa, Febr. 1914, 79 S., 4 Abb. – Bespr. VRA 1916, 97.

Maddalena L. Osservazioni geologiche sopra il tracciato della ferrovia Schio-Recoaro. – Giorn. di Geol. prat., v. 4, f. 2–3, Perugia 1906, 99–109, 1 T. – Bespr. Boll. Com. geol. d'It., 38, 1907, 352.

— Sulla utilizzazione di un interessante livello idrico sovrastante la parte nordorientale dell'Altipiano dei Sette Comuni. – Atti Acc. d. Linc., Rend. d. cl. d. Sc. fis., mat. e nat., s. 6, v. 10, f. 10, Roma 1929, 527–530. – Bespr. Boll. Soc. geogr. it., v. 7, 1930, 957; GZ 44/1074.

— Le falde artesiane che alimentano l'acquedotto di Vicenza. – Boll. Soc. geol. it., v. 49, 1929, 313–319.

Maier C. u. E. Bodenseeregulierung, Hochwasserschutz, Kraftnutzung und Schiffahrt. – Schaffhausen (Selbstverlag) 1924, 51 S., 1 K.

Margreiter H. Das Großkraftwerk im Zillertal. – Tir. Fischer, 4, 1929, 83–86.

Mariani E. Osservazioni geologiche sulla galleria dello Stelvio e sulle sue linee d'accesso da Milano. – Rend. R. Ist. Lomb. di Sc. e Lett., s. 2, v. 62, Milano 1929, 923–932.

— L'industria delle coti bergamasche. – Rendic. R. Ist. Lomb. di Sc. e Lett., s. 2, v. 64, 1931, 1123–1133; La Min. Ital., 16, 1932, 20–24.

Marinelli O. I ghiacciai nel regime di fiumi alpini, secondo una memoria dell' Ing. Gaudenzio Fantoli. – Riv. geogr. it., 1903, 146. (S. a. Fantoli.)

Marini D. I primordi dell'industria del legname in Alto Adige. – Riv. d. Ven. Trid., a. 10, 1929, v. 5, 13; Trentino, a. 5, 1929, 153–156.

— L'industria del legno nella Venezia Tridentina. – Bolzano 1930.

Marinoni C. Sui minerali del Friuli e sulle industrie relative. – Ann. Statist. d. Prov. d. Udine, 3–4, Udine 1881, 18.

Martelltal. Der Ausbruch des Eissees im –. – Mitt. DÖAV, 1891, 148, 159–160, 176–178; 1895, 11; Mitt. Geogr. Ges. Wien, 1895, 345; Carinthia II, 1896, 54.

Massano G. Le piccole industrie montane. – Riv. mens. d. CAI, Torino 1930, Aprile.

Maurer M. Denkschrift über die Wasserversorgung der Stadt Brixen. – Brixen (Magistrat) 1896, 42 S.

Mayer F. Das Schwazer Bergwerksbuch vom Jahre 1556. – Beiträge zur Gesch. der Technik und Industrie, Jb. d. Ver. Deutscher Ing., Berlin 1928, 15–18.

Mayer H. Der Schrägaufzug für den Bau des Großkraftwerkes Achensee. – Die Wasserwirtschaft, Wien 1926.

Mayr F. Die Gletscherausbrüche im Martelltale und der Klausenbau am Zufallboden. – Österr. Monatsschrift f. d. öffentl. Baudienst, 1895, 1. H.

Mayr M. Die industriellen Anlagen zu Mühlaus am Ende des Mittelalters. (Gußwerkstätten etc., Vortr.) – Ber. Nat.-med. Verein Innsbruck, 26, 1901, röm. 18–19.

Mayr O. Der Kummersee. (Oberes Passertal.) – Der Schlern, 8, 1927, 158–163.

Mayr. Das Erdinger Moos und die Ausnützung der Wasserkräfte der Mittleren Isar. – Wegsucher, Techn. Beibl. zum Münch. Beobachter, Nr. 4, München, 6. 8. 1919, 6 Sp., 1 Skz.

Mayrhofer Th. v. Die Großglockner-Hochalpenstraße. – Hamburger Fremdenblatt v. 22. 3. 1930.

— Zur Vollendung der Nordrampe der Großglocknerstraße. – Innsbrucker Nachr., Nr. 221 v. 26. 9. 1934, 2½ Sp.

Meisser S. Die Nolla und die Geschichte ihrer Verbauung. – Jb. SAC, 46, 1910/1911, Bern 1911, 199–227. – Bespr. Jber. Natf. Ges. Grbd., NF, 53, 1912, 163.

Melli A. La produzione di energia elettrica in Italia nel decennio 1920–1929. – In: Il servizio idrografico italiano, Min. d. Lav. Pubbl., Roma 1931, 381–388.

Menghius C. M. Tiroler Wasserkräfte und deren Verwertung. – Innsbruck 1900 (herausgeg. v. d. Tiroler Handels- u. Gewerbekammer.)

Merkl F. Bergbau und Wasserkraftnutzung in den Tauern. – Die Wasserwirtschaft, Wien 1930, H. 24 u. 25, 8 S., 3 Fig.

— Projekt: Goldwäscherei mit Wasserkraftnutzung in den Tauern. – Hdschr. Ergänzung 1931, 25 S., 3 Taf. zu den Projekten in: Die Wasserwirtschaft, 1930, H. 24 u. 25.

Merlicek E. Österreichs Wasserbau. – Blätter f. Gesch. d. Technik, 1. H., Wien (Springer) 1932, 37–43, 3 Abb. (Enthält auch biogr. Angaben über Josef Duile.)

Messerer K. Die Vermessung beim Bau des Zugspitztunnels. – Das Bayerland, 41, München 1930, Nr. 10, 2. Mai-Heft, 308–309, 2 Abb.

Messikommer J. Die neuentdeckte Pfahlbaute Bleiche-Arbon. – Das Ausland, Stuttgart u. München 1885, 1003–1004.

Meusburger K. Der Kummersee in Passeier. – Dolomiten, 1927, Nr. 15.

— Unsere Bergbahnen. – St. Kassian-Kalender f. 1930, 162–170, 3 Abb.

— Die Höhlen unserer Heimat. – Kassiankalender f. d. J. 1934, Brixen 1933, 129–138, 2 Abb.

Miliani L. Régularisation hydraulique du Bassin de la Vénétie. – Bull. d. l'Assoc. internat. perman. d. congrès de navig., 6, 1931, 103–131.

Military tunnels in the glaciers of Ortler. – The geogr. review, Newyork 1924, 474–475. – Bespr. GZ 32/108.

Miller K. Die Tieferlegung der Hochwasserstände des Bodensees. – Schr. d. V. f. Gesch. d. Bodensees, 10, Lindau 1880, 151–158.

Mineraria. L'industria – italiana nel 1930. – La Miniera It., 15, 1931, 117–124, 227–230, 419–430, 472–474, 513–515.

Mittempergher G. Della sistemazione idraulica del bacino dell'Adige nella provincia di Trento. – Trento (Scotoni) 1926, 34 S. (III Convegno idrogr. naz. a Trento, 1926.) – Bespr. Studi Trent. Sc. Nat., 8, 1927, 125.

Model E. Il grande impianto idroelettrico del Ponale. – Boll. Il Comune di Bologna, an. 11, n. 9, 1925, 10 S., ill. – Bespr. Studi Trent. Sc. Nat., 7, 1926, 92; 8, 1927, 126.

— L'impianto idroelettrico del Ponale. – L'Energia elettr., v. 3, 1926, 12 S., 26 Abb. – Bespr. Studi Trent. Sc. Nat., 7, 1926, 92; 8, 1927, 126.

— I lavori dell'impianto idroelettrico del Ponale. – Boll. Il Comune di Bologna, an. 12, n. 10, 1926, 10 S., 13 Abb. – Bespr. Studi Trent. Sc. Nat., 8, 1927, 126.

Möhr J. Die Rüfenverbauungen und Rheinwuhrungen von Maienfeld. – Bündn. Monatsbl., Chur 1919, 233–241, 272–280.

Montanari D. Dell'abbassamento dei nostri laghi e soprattutto del Garda. – Ann. d'Ingegn. e Arch., Roma 1920.

Monti R. Per l'esplorazione dei laghi alpini. – Ann. 1929–1930 SAT, Sez. d. CAI Trento, 1930, 213–222. – Bespr. GZ 49A/357.

Morais F. L'impianto idro-elettrico del Ponale. – Riv. mens. Il Garda, n. 2, 1927, 11–25, 9 Abb.

Morandi G. La sistemazione dei bacini montani della Venezia Tridentina. – Trento (Arti Graf. Trident.) 1928, 57 S., zahlr. Abb. – Bespr. Studi Trent. Sc. Nat., 9, 1928, 123.

Morlot A. v. Flußkorrektionen und Wildbachverbauungen in der Schweiz 1909. – Schw. Bauztg, 55, Zürich 1910, 237–241.

Moro R. Betrachtungen über das Tauern-Kraftwerkprojekt der A.E.G. (Vortr.) – Die Wasserwirtschaft, 1931, Nr. 8, 109–117.

— Erwiderung auf die Ausführungen des Hr. Prof. Dr.-Ing. Thürnau, Darmstadt, über das Tauernwerksprojekt der A.E.G. – Die Wasserwirtschaft, 1931, Nr. 12, 173–175.

Moser R. u. **Heim Alb.** Ostalpenbahn. Projekt f. eine normalspurige Bahn von Biasca nach Chur. Greinabahn. – Herausgeg. v. d. Reg. Kant. Tessin 1905, Zürich (Berichthaus) 1905, 60 S. – Bespr. PetMitt., 52, Litber., 35.

Mosing E. Zum Bau der Glocknerstraße. – Neue Freie Presse v. 9. 8. 1930.

Möslein F. W. Die Bayerische Zugspitzbahn. – Das Bayerland, 41, München 1930, Nr. 10, 2. Mai-Heft, 309–313, 7 Abb.

Mougin P. La correction des avalanches dans les Grisons. – Rev. des Eaux et Forêts, t. 52, Paris 1913, 513–532. – Bespr. Ann. de Géogr., 1915, 52.

Mühlhofer L. Das Achensee-Kraftwerk. – Bergland, Innsbruck 1924 (Februarheft).

— Der Bau des Achensee-Kraftwerkes. (Vortr.) – Bayerisches Ind.- u. Gewerbeblatt, München 1928, Nr. 22 u. 23, 8 S., 6 Abb.

— u. **Reindl C.** Das Achensee-Kraftwerk der Tiroler Wasserkraftwerke A.-G. – Wasserkraft u. Wasserwirtschaft, 1928, H. 19, 27 S., 40 Abb.

Mühlhofer L. Die Geschiebemessungen am Inn bei Kirchbichl. (Vortr.) – Innsbr. Nachr. u. Tir. Anzg., Nr. 290 v. 17. 12. 1932.

— Untersuchungen über die Schwebstoff- und Geschiebeführung des Inn nächst Kirchbichl (Tirol). – Die Wasserwirtschaft, 1933, H. 1–6, 23 S., 24 Abb. – Bespr. GZ 50A/1524.

— Beobachtungen über den Wasserangriff auf eine Kiesbank. – Z. Österr. Ing.- u. Arch.-Ver., Wien 1933, H. 37/38, 3 S., 3 Abb.

— Rauhigkeitsuntersuchungen in einem Stollen mit betonierter Sohle und unverkleideten Wänden. – Wasserkraft und Wasserwirtschaft, 28, München u. Berlin 1933, 8. H., 1–4, 4 Abb., 4 Tab.

— Die Staumauern des Spullerseewerkes. (Ein Rückblick anläßlich der vor zehn Jahren erfolgten Bauinangriffnahme.) – Die Wasserwirtschaft, Wien 1933, H. 17–19, 7 S., 9 Abb.

— Besprechung einiger an fließenden Gewässern vorgenommenen Schwemmstoffmessungen (Schwebstoffe und Geschiebe). – Wasserwirtschaft u. Technik, 1934, H. 3–4, 3½ S. – S. Krapf Ph.

Müller C. Ein neues Schaustück im Alpinen Museum. (Die Stellungen in den Gletschern der Alpenfront.) – Mitt. DÖAV, 1934, 166–168.

München. 1.–4. Bericht über die Verhältnisse und Arbeiten der vom Stadtmagistrat – niedergesetzten Kommission für Wasserversorgung usw. – München 1874–1879.

— Die Wasserversorgung der Stadt –. (Führer.) Mit K. der Quellengebiete 1 : 50000. – München 1906.

— Die Versorgung –s mit Gas und Wasser. – Festschr. 53. Vers. Gas und Wasser, München 1912.

— Verwaltungsberichte über die Wasserversorgung –s 1913–1928. – Tiefbauamt München, 1928 (1925–26 mit K. des Schutzgebietes).

— Die Wasserversorgung der Stadt –. – Übersichtskärtchen u. statist. Angaben. – Tiefbauamt München, 1928, 4 S.

Muneghina G. La linea elettrica a 135 kv: Lavis-Feltre (Valsugana). – Sincronizzando, 10, 1931, 735–750.

Nägele H. Der Lauf des Rheins durch den Bodensee. – Heimat, 9, Bregenz 1928, 268–272.

Naif. Der --Ausbruch vor 25 Jahren. – Dolomiten, 1927, Nr. 99.

Natter M. Die Dornbirner Ache als großes Sorgenkind von Altdornbirn. – Heimat, 7, H. 5–9, Bregenz 1926, 146–153.

Nauders. Die Wasserkatastrophe in –. – Leipziger Illustr. Ztg, 116, 3026, 1901, 1 S.

Naumann J. K. F. Die schönste Hochalpenstraße Europas vor ihrer Vollendung. (Glocknerstraße.) – Innsbrucker Nachr., Nr. 187 v. 17. 8. 1934, 1 S., 1 Skz., 5 Abb.

Negrelli. Topographisch-hydrotechnische Beschreibung des Rheinstromes von der östlichen Grenze des Kantons St. Gallen bis an den Bodensee, mit besonderer Rücksicht auf das linke Rheinufer von der Zollbrücke bis an die untere Grenze des Bezirkes Werdenberg, nest Anträgen zu dessen künftiger Verwuhrung. – Übersicht der Verh. d. St. Gall. Natwiss. Ges. i. d. J. 1831–1835, St. Gallen 1835, 86–88; Auszug: Verh. Schw. Ges. f. d. ges. Natwiss., 1835, Aarau 1836, 136.

***Nesper F.** Die Regulierung der Dornbirner Ache. – Heimat, 7, H. 5–9, Bregenz 1926, 153–157.

Neudeck F. Der Kampf um die Tauernstraße. Eine andere Tauernstraße. – Lienzer Nachrichten, Nr. 16 u. Nr. 23 v. 1930.

Neumann L. Gebirgsbau und Bildung des Rheingebietes. – In: Der Rheinstrom und seine wichtigsten Nebenflüsse von den Quellen bis zum Austritt des Stromes aus dem Deutschen Reich. Herausgeg. v. d. Zentralbureau f. Met. u. Hydrogr. i. Gh. Baden, Berlin 1889, 359 S., 10 K. – Bespr. PetMitt., 36, 1890, Litber., 143.

Neumayr M. Über Bergstürze. (Slavini di S. Marco, Bocca di Brenta, Elm u. a.) – Z. DÖAV, 1889, 19–56.

Nicolao A. I grandi impianti idroelettrici dell'Alto Adige. – Le Tre Venezie, febbr. 1930.

Nicolis E. Contribuzione alla conoscenza degli strati acquosi del sottuolo della bassa pianura del Veronese e dintorni. – Verona 1889. – Bespr. Boll. Com. geol. d'It., 21, 1890, 422.

— Nuova contribuzione alla conoscenza della costituzione della bassa pianura veronese e della relativa idrografia sotterranea. – Boll. Soc. geol. it., 9, Roma 1890, 50–55. – Bespr. Boll. Com. geol. d'It., 22, 1891, 186.

— Intorno all'affioramento delle acque freatiche sul Basso Acquar Veronese. – Acc. Agr., Arti e Comm. di Verona, 1892, s. 3, v. 68. – Bespr. Boll. Com. geol. d'It., 24, 1893, 305.

— Sunto preventivo dello studio generale sulla circolazione interna delle acque nei terreni costituiti da materiali di trasporto nel veneto occidentale, regione veronese e finitima. – Giorn. d. Geol. prat., 3, f. 5, Perugia 1905, 192–207.

— Geologia applicata agli estimi del nuovo catasto; con cartina geoagrologica delle valli e delle pianure, provincia di Verona. – Atti Acc. d'Agr., Sc., Lett. ecc. di Verona, s. 4, v. 2, f. 1, 1906, Verona 1907, 93 S., 1 K. – Bespr. Boll. Com. geol. d'It., 39, 1908, 230.

— Carta geo-agronomica del rilievo morenico delle valli e della pianura veronese. – Milan 1907. – Bespr. Boll. Com. geol. d'It., 39, 1908, 231.

— e **Marchetti G.** Materiali litoidi di manutenzione stradale del Veneto. – Giorn. d. Geol. prat., an. 7, f. 1–2, Catania 1909, 8–67. – Bespr. Boll. Com. geol. d'It., 41, 1910, 346.

Nowack E. Hochgebirgsbauten und Geologie. – Geol. u. Bauwesen, 1931, H. 1, 11 S., 7 Abb. – Bespr. NJb. 1932/2, 893.

— Das Problem der Hangkanäle im Hochgebirge. – Wasserkraft und Wasserwirtschaft, 26, 1931, 22. H., 266–268, 2 Fig. (S. a. Klebelsberg.)

Oberholzer J. Überschwemmungen und Korrektion im Walenseegebiet. – Linth, Geogr. Lexikon d. Schweiz, Bd 3, 1905.

— Exkursion Nr. 80. Glarus – Segnespaß – Flims. – In: Geol. Führer der Schweiz, herausgeg. v. d. Schwz. Geol. Ges., Basel (Wepf) 1934, Fasz. XII, 947–952, 1 Fig.

Oelwein A. Die Regulierung des Rheins zwischen Vorarlberg und der Schweiz und die Entwässerung des Tieflandes. (Vortr.) – Mitt. Geogr. Ges. Wien, 36, 1893, 315–328.

Omboni G. Sulle condizioni geologiche delle ferrovie progettate per arrivare a Coira passando per le Spluga, il Settimo e il Lucomagno. Relazione. – Atti Soc. it. Sc. nat., v. 8, Milano 1865, 96–104. – Bespr. NJb. 1868, 865.

Opere idrauliche. Le –. – Arch. p. l'Alto Adige, 26, 1931, 558–559.

Opere pubbliche. L'attività svolta dallo Stato Italiano per le – nella regione Tridentina, restituita alla Patria. – Rapp. pres. a. XIX Riun. d. Soc. it. p. il progr. d. sc., Com. p. L'Ingegneria d. Cons. Naz. d. Ricerche, Venezia (Ferrari) 1930, 101 S., 15 Taf.

Oppikofer F. Zur Aufklärung in der Rheinkorrektionsfrage. – Zürich 1882, 4 S. .

Ornig J. Gewässerkunde und Wasserkraftwirtschaft in den Alpen. – Die Wasserwirtschaft, 1923, H. 17 u. 18, S. 214–220, 230–236. – Bespr. GZ 30/425.

Ortler–Fernpaßbahn. Münchener Ztg v. 13. 4. 1928.

Osella E. Gli impianti e le iniziative del Gruppo Montecatini in Alto Adige e nella Venezia Tridentina. – Atti Soc. it. p. il progr. d. sc., XIX Riun. Bolzano-Trento 1930, Rapp. Cl. A, Roma 1931, n. 26, 7–15. S. a. Studi Trent. Sc. Nat., 8, 1927, 117.

Osswald K. Die Wünschelrutenarbeiten an der Mangfallüberleitung. – Umdruck d. Städt. Elektr.-Werks München, 1930, 32 S., 4 Abb. – Bespr. GZ 44/1506, 45/716.

— Rutenarbeiten an den Stollen der Mangfallüberleitung (Oberbayern). – Schr. d. Verbds z. Klärung d. Wünschelrutenfrage, H. 13, 1930, 3–15, 3 Abb.; Hdb. d. Wünschelrute, München (Oldenbourg) 1931, 179–189. – Bespr. GZ 45/715; NJb. 1931/2, 351.

Otto. Vollendung des Achensee-Kraftwerkes in Tirol. – Berliner Tageblatt v. 25. 4. 1928.

Palestrino C. Le forze idrauliche della Venezia Tridentina. – Realtà, Riv. rotariana, 4, Milano 1930, 172–179.

Paschinger V. Nehmen die Sommerniederschläge in Kärnten ab? – Meteorol. Z., H. 3, 1931, 92–96. (Betr. auch Tauernkraftwerk.)

Patroni A. La conquista dei ghiacciai. (Adamello.) – L'Eroica, Milano 1934, 200 S., 54 Taf., Abb.

Paulcke W. Alpengeologie und Tunnelbau. – Verh. Nat. Ver. Karlsruhe, Sber. v. 13. 5. 1910, 23, 1910, 21–22. – Bespr. GZ 21/736.

— u. **Welzenbach W.** Schnee, Wächten und Lawinen. Vorläufige Mitteilung über schneegeologische Arbeiten in den Jahren 1926 und 1927. – Z. f. Glkde, 16, 1928, 42–69, 23 Abb. – Bespr. NJb. 1929/2, 197.

Paulcke W. Wächten und Lawinen, ihre Entstehung, Gefahren und Bekämpfung. (Vortr.) – Z. DGeol-Ges., 81, 1929, 288 (Titel).

— Lawinen, ihre Entstehung und ihre Gefahren. Aus meinem „Naturlaboratorium" für Schnee- und Lawinenforschung. – Der Bergsteiger, Nr. 12, 1932, 750–768, 20 Abb.

— Schnee- und Lawinenforschungen. – Forschungen u. Fortschritte, 10, 1934, Nr. 10, 131–133.

Penck A. Die Etsch. – Z. DÖAV, 1895, 1–16.

— Der Gebirgswasserbau im alpinen Etschbecken. (A. v. Weber.) – Mitt. DÖAV, 1895, 6–7.

Penz J. Seilaufzüge der Osttiroler Bergbauern. – Scholle u. Schule, 4, H. 2, 1930, 13–20.

Pernt M. Das Achenseewerk und die Energiewirt-

schaft Österreichs. – Die Wasserwirtschaft, Wien 1924.
— Plansee- und Walchenseewerk. – Deutsche Wasserwirtschaft, 22, 1927, 269–272.
— Das Kraftwerk am Zemm- und Tuxbach im Zillertal (Tirol). – Wasserkraft u. Wasserwirtschaft, 26, München u. Berlin 1931, 12. H., 144ff., 13. H., 155–159.
Pernter E. La strada dello Stelvio. In occasione del primo centenario 1825–1925. – Merano (Pernter) 1925, 62 S., ill. Ebd. auch deutsch.
Pestalozzi K. Über die Rheinkorrektion im Kanton St. Gallen. – Vierteljschr. Natf. Ges. Zürich, 17, Zürich 1872, 85–160, 1 K.
Peter H. u. **Wagner H.** Bericht über die Erstellung des Albulawerkes, Dez. 1910. – Zürich (Frey) 1911, 155 S.
Petersen Th. Rhein- und Rhonekorrektion. – Mitt. DÖAV, 1876, 207–208.
Pevc K. Beschreibung zum Relief des Quellgebietes der Münchener Wasserversorgung. – München 1903.
Pfänderbahn (P. K.) Die –, eine Seilschwebebahn. – Heimat, 8, Bregenz 1927, 91–96.
Pflieger-Haertel H. Die Zwillings-Freistrahlturbinen der Drehstrom-Maschinensätze des Achenseewerkes. – Elektrotechnik u. Maschinenbau, Wien 1928, H. 26, 703–710, 18 Abb.
Piva G. Il nuovo passo di Lavardet tra Carnia e Cadore e la Val Pesarina. – Le Vie d'It. e d. America lat., 36, 1930, 1014–1020.
Plankensteiner H. Verschwundene Höfe im inneren Kaunertal. – Tiroler Heimatblätter, 5, 1927, 332–336.
Podhorsky J. Der Ausverkauf unserer Gewässer. – Blätter f. Natkde u. Natschutz, 18, H. 5, Wien 1931, 65–72.
— Zum Bau der Glocknerstraße. – ÖTZtg, 51, Wien 1931, 71.
Pollack V. Über Projektierung und Bau der schwierigeren Strecken der Arlbergbahn. – Allgem. Bauztg, Wien 1886, 15 S.
— Über Seeufer-Senkungen und -Rutschungen. – Z. Österr. Ing.- u. Arch.-Ver., 41, H. 1, Wien 1889, 16 S.
— Die Lawinen Österreichs und der Schweiz und deren Verbauungen. – Z. Österr. Ing.- u. Arch.-Ver., Wien, 1891, 32 S., 4 T.
— Der Bergsturz im „Großen Tobel" nächst Langen am Arlberg am 9. Juli 1892. – JbRA 1892, 661–671, 3 Taf. – Bespr. NJb. 1894/1, 285. S. a. J. R. v. Stefanović, Mitt. Geogr. Ges. Wien, 1892, 607.
— Der Bergsturz bei Langen am Arlberg. (Techn.) – Z. Österr. Ing.- u. Archit.-Ver., Wien 1893, 405. – Bespr. NJb. 1894/2, 41.
— Über Erfahrungen im Lawinenverbau in Österreich. – Leipzig und Wien 1906, 90 S., 87 Abb., 1 Taf.
— Über Rutschungen im Glazialen und die Notwendigkeit einer Klassifikation loser Massen. – JbRA 1917, 435–460, 7 Taf., 1 Abb.
— Die Bauarbeiten beim Achenseewerk. – Österr. Wasserwirtsch., Wien 1919, Sonderheft v. 26. Mai 1919; 1924, H. 11–13; 1925, H. 24.
— Über Frostwirkung, Quellung (Blähen), Quellungsdruck und Gebirgsdruck. – Technische Blätter, Teplitz-Schönau 1921, 16 S.
— Verwitterung in der Natur und an Bauwerken. – Wien (J. Springer) 1923, 580 S.
— Versuch einer Übersicht der Massen- oder Bodenbewegungen. – JbBA 1925, 45–95, 13 Abb.
— Technisch-geologische Bemerkungen für Anlage und Bau von Wasserkraftwerken. – Z. Österr. Ing.- u. Arch.-Ver., Wien 1925, H. 1/2, 4 S.; 1926, H. 15–19, 10 S.
Porro C. I ghiacciai quali potenti fattori dell'Economia Nazionale. – Riv. di Roma, Ottobre 1928. – Bespr. GZ 45/153.
Pösendeiner H. Die Wiederaufrichtung der Stubaier Kleineisenindustrie. – Blätter f. Gesch. d. Technik, 1. H., Wien (Springer) 1932, 128–137, 1 Abb.
Posselt-Csorich A. Schutzbauten in Tirol. – Mitt. DÖAV, 1884, 123–126.
Post G. A. Felssturz am Arlberg. – Z. Österr. Ing.- u. Arch.-Ver., 44, Wien 1892, 441.
Quervain F. de. Petrographische Untersuchungen an Schotter- und Pflastersteinmaterialien. I. Sandsteine und Echinodermenbreccien der Gargasienstufe (Mittlere Kreide) der helvetischen Kalkvoralpen. – Beitr. z. Geol. d. Schw., Geotechn. Ser., Kleinere Mitt. Nr. 1, Zürich (Leemann) 1931, 44 S., 2 Taf., 16 Abb.; Schw. Min. u. Petr. Mitt., 11, H. 2, 1931, 183–226, 2 Taf., 16 Abb. – Bespr. GZ 47A/2011, 48A/991; Z. f. prakt. Geol., 40, 1932, 191; GR 24, 1933, 122.
— u. **Gschwind M.** Die nutzbaren Gesteine der Schweiz. (Einführung von P. Niggli.) – Hrg. v. d. Geotechn. Komm. d. Schwz. Natf. Ges., Bern (Huber) 1934, 456 S., 65 Abb., 4 Taf. – Bespr. PetMitt., 80, 1934, 316; Mitt. Geol. Ges. Wien, 26, Wien 1934, 222; GR 25, 1934, 362.
Rabensteiner N. Sarner Wasserkatastrophe von 1663. – Dolomiten, 1927, Nr. 92.
Radici L. L'irrigazione in provincia di Bergamo. – Realtà, Riv. Rotariana, 3, 1929, 218–224.
Raisky M. Der Bau des Stubachwerkes. (Vortr.) – Innsbr. Nachr., Nr. 80 v. 7. 4. 1932.
Rajk N. Das Umspannwerk Wilten der Tiroler Wasserkraftwerke A.G. – Elektrotechnik u. Maschinenbau, Wien 1928, H. 26, 656–671, 10 Abb.
Reckenschuß R. v. Die Albulabahn. – Schr. d. Ver. z. Verbr. natwiss. Kenntn. in Wien, 44, 1904, 379–412.
Rehbock Th. Bettbildung, Abfluß und Geschiebebewegung bei Wasserläufen. (Vortr.) – Z. DGeol-Ges., 81, 1929, 497–534.
Rehrl F. Das Tauernkraftwerk in der mitteleuropäischen Wirtschaft. – Neues Reich, 12, 1929/1930, 819–821.
— Über den Bau der Großglocknerstraße. (Auszug.) – Innsbrucker Nachr., Nr. 221 v. 26. 9. 1934, 1½ Sp.
Reif H. Zur Frage der Rentabilität bei öffentlichen Bauten. Die Rentabilität der Wildbachverbauung in Österreich. – Architektur u. Bautechnik, 18, Wien 1931, 3. H., 47–49.
Reindl C. 35 Jahre Etsch-Ausnutzung. – Wasserkraft u. Wasserwirtschaft, 26, München u. Berlin 1931, 13. H., 161–162.
Reis O. M. Die tektonischen Störungslinien des Kesselberges. – Z. f. prakt. Geol., 18, 1910, 459–460. – Bespr. GZ 17/367.
— Über Furchenfelsen am Walchenseeufer. – Geogn. Jh., 39, 1926, 41–46, 5 Abb. – Bespr. NJb. 1927/1, B, 458.
— Cenomaner Brockenmarmor vom „Weißen Haus" in Tirol. (Nächst Füssen.) – VBA 1931, 84–88. – Bespr. GZ 46A/424.
Reiter F. Politische und wirtschaftliche Bedeutung des Achenseewerkes. – Arbeit u. Wirtschaft, 5, 1927, 1033.
Reitlinger F. Das Achensee-Kraftwerk. – Neue Freie Presse v. 28. Sept. 1927.

Renker G. Der Krieg in den Bergen. – Z. DÖAV, 1916, 219–236.
Repp K. 25 Jahre Stubaitalbahn. – Tirol, F. 2, H. 6, 1929, 21–28.
Reuter L. Geologische Ausführungen über die Grund- und Quellwasservorräte Südbayerns und ihre Verwertung zur Wasserversorgung. – Gas- und Wasserfach, 1924, München 1925.
Rhein. L'amélioration du haut Rhin et du haut Rhône. – Ann. d. Géogr., 26, Paris 1917, 315–317.
Rheinberger P. Karte der Arlbergbahn und der schweizerischen Rheintalbahnen 1:100000. – Zürich (Orell, Füssli) 1885. – Bespr. Mitt. Geogr. Ges. Wien, 28, 1885, 159.
Rheinregulierung. Die –. Bericht über die Versammlung des Wissensch. Clubs von Vorarlberg in Bregenz am 26. März 1893. – Bregenz 1893, 40 S., 2 K.
Rhin-Rhône. L'amélioration du haut Rhin et du haut Rhône. – Ann. d. Géogr., 26, Paris 1917, 315–317.
Ribolotta F. Cardano, la più grande centrale idroelettrica d'Europa. – L'Economia nazionale, a. 21, 1929, n. 9, 67–72, 9 Abb.
Richter E. Der Gletscherausbruch im Martelltal und seine Wiederkehr. – Mitt. DÖAV, 1889, 231–233. – Bespr. PetMitt. 1890, Litber., 144; Mitt. Sekt. f. Natkde ÖTC, 3, 1891, 79.
— Die Hilfsmittel gegen Ausbrüche von Eisseen. – Mitt. DÖAV, 1889, 291–295.
— Der Vorstoß der Gletscher in den Ostalpen. – PetMitt., 8, 1891, 202–204. – Bespr. Carinthia II, 1891, 195.
— Die wissenschaftl. Erforschung der Ostalpen seit der Gründung des Österr. und des Deutschen Alpenvereines. – Z. DÖAV, 1894, 1–94.
— Wildbachverbauung im Obersulzbachtal. – Mitt. DÖAV, 1895, 70.
Risorse idrauliche per forza motrice utilizzate e ancora disponibili. v. 1. Adige. – Bacini del comp. d. Mag. a. A., Pubbl. d. serv. idrogr., n. 12, f. 7, Roma (Provv. d. Stato) 1931, 149 S., 30 Taf.
Risorse idriche. Le – del compartimento e la possibilità della loro utilizzazione nei riguardi all'agricoltura. – Provv. gen. d. Stato-Libr., Mag. a. Acque Venezia (Off. graf. Ferrari), Roma 1931, 285 S., 32 Taf.
Riva. Un grandioso impianto idroelettrico. (Centrale di –.) – Trentino, 1928, n. 4, 126, 4 Abb.
Rochelt A. Aufbereitung von Erzen mittels dem Schwimmverfahren. Aufbereitungsanlage beim Bergbau Kogl bei Brixlegg. – Z. Österr. Ing.- u. Arch.-Ver., 81, 1929, 135–138.
Rohracher J. A. Die Hochwasserverheerungen im Pustertale i. J. 1882. – Niederdorf 1883, 63 S.
Rothpletz A. Die letzten Hochwasserkatastrophen in Südtirol. (Vortr.) – Mitt. Geogr. Ges. München, 1, 1904, 149–150. – Bespr. Z. Ges. f. Erdkde Berlin, 1902, 839.
— Die Entstehung der Seen und die Ausnützung der Wasserkräfte. – Exkursionsbericht: Mitt. Geogr. Ges. München, 3, 1908, 114–116.
Rotky O. Nachruf V. Pollack. – Mitt. Geol. Ges. Wien, 20, 1927 (1928), 117.
Ruatti G. La bonifica del Lago di Loppio. Saggio economico-agrario. – Tridentum, Trento 1930, 29 S., 9 Fig., 1 K.
Russegger J. Über den Asphalt, sein Vorkommen in Tirol, seine techn. Bedeutung und seine Gewinnung. – Ber. 7. Gen.-Vers. Geogn.-mont. Ver., Innsbruck 1845, 23–46.
Salis A. v. Über den Wasserbau im Gebirge und speziell in unserem Kanton (Graubünden). – Jber. Natf. Ges. Grbd., NF, 6, Chur 1861, 42–64.
— Mitteilungen über die Korrektion von Gebirgsgewässern. – Jb. SAC, 3, Bern 1866, 506–519.
— Das schweizerische Wasserbauwesen: Organisation, Leistungen und Bausystem. – Bern 1883, 80 S., 2 Taf.
— Hydrotechnische Notizen. II. Die Tiefenmessungen im Bodensee mit Seegrundkarte des Bodensees bei der Rheinmündung. – Schweizezerische Bauztg, 3, Nr. 22, Zürich 1884, 127.
— Die Wildbachverbauung in der Schweiz. – Bern 1891–1892, 2 H., 60 S. – Bespr. Jber. Natf. Ges. Grbd., NF, 36, Chur 1893, 140; Le Globe, s. 5, t. 3, Genève 1892, Bull., 72.
Samaden. Zur Frage der Wasserversorgung von –. (Bericht des Gemeinderats an die Generalversammlung.) – Samaden u. St. Moritz (Engadin Press Co.) 1927, 23 S.
— Gutachten und Berichte zur Frage der Wasserversorgung der Gemeinde –. – Samaden u. St. Moritz (Eng. Press Co.) 1927, 36 S.
Säntis- und Berninabahnprojekt. Zwei große Bergbahnprojekte. (Notiz.) – Der Bergsteiger, 1, 1930/31, 2–3.
Schachermeyr H. Dammbruch beim Kraftwerk Mittlere Isar. – Die Wasserwirtschaft, 24, 1931, Nr. 22, 359–362.
Scheitlin P. Vorschläge des Herrn J. Waibels von Basel, die Rhein-Korrektion betreffend. – Übersicht der Verh. d. St. Gall. Natwiss. Ges. i. J. 1821–1822, St. Gallen 1822, 27–28.
Schmid A. Die Bodensee-Wasserversorgungsanlagen in Romanshorn, Münsterlingen und Kreuzlingen. – Mitt. Thurg. Natf. Ges., 15, Frauenfeld 1902, 26–42. – Bespr. GZ 8/792.
Schmidt C., Stella A., Koenigsberger J. Rapports sur les conditions géologiques d'un tunnel du Splügen présenté par C. Schmidt (Bâle) et A. Stella (Turin), avec un résumé des études thermiques de Joh. Koenigsberger (Fribourg en B.). – Bâle 1911, 36 S., 1 K.
Schmidt H. W. Der Wendelstein und seine Bergbahn. – Deutsche Erde, 3, 1931/32, Natur u. Technik, 25–27, m. Abb.
Schmitt Frd. Zur Geschichte der Bayerischen Zugspitzbahn. – Das Bayerland, 41, München 1930, Nr. 10, 2. Mai-Heft, 306–307, 2 Abb.
Schmitz Chr. Über die für Fabriken und die Gewerbe, die Baukunst und den Handel dienlichen Mineralien des bayr. Alpengebirges. – Kunst- und Gewerbeblatt Polytechn. Verein f. Bayern, 29, 1843, 510ff., 1 K.
Schnalsertal. Stauseeausbruch (Schwemser Ferner), Gletscherrückgang. – Mitt. DÖAV, 1891, 197, 282.
Schneelawinenverbauung. Die – im Schmittentale bei Zell am See. – Zbl. f. d. ges. Forstwesen, 1900.
Schuchlandt O. u. Schmassmann W. Über das Plankton des Davoser Sees während seiner Umgestaltung zum Stausee. – Festschr. f. d. 110. Jvers. Schw. Natf. Ges. in Davos, 1929, 119–127, 1 Taf.
Schwaighofer H. 60 Jahre Brennerbahn. – Tiroler Anzeiger, 1927, Nr. 169.
Schwarz E. Die Virglbahn. – Organ für die Fortschritte im Eisenbahnwesen, 1908.
Schweyer F. Zur Eröffnung des Achensee-Kraftwerkes. – Wasserkraft u. Wasserwirtschaft, München 1927, H. 19, 258ff.
Seckendorff A. Frh. v. Verbauung der Wildbäche, Aufforstung und Berasung der Gebirgsgründe. – Wien 1884, 327 S., 17 K. – Bespr. Mitt. DÖAV, 1884, 179.

— Zur Geschichte der Wildbachverbauung ... in Österreich. - Wien 1886, 24 S.
— Das forstliche System der Wildbachverbauung. - Wien 1886, 27 S.
— Die Wildbäche, ihr Wesen und ihre Bedeutung im Wirtschaftsleben der Völker. - Wien 1886, 20 S. - Bespr. Mitt. DÖAV, 1886, 231.
Seefehlner E. Die Stubaitalbahn. - Elektr. Kraftbetriebe und Bahnen, 1905.
— Die Rittnerbahn (Tirol). - Elektrische Kraftbetriebe und Bahnen, 1908.
— Beiträge zur Theorie und Praxis der Seilbahnen. Die Hungerburgbahn (Tirol) und die Seilbahn auf die Tarajka (Ungarn). - A.E.G. Union E. G., Wien 1909.
Seeland F. Der Möllpegel in Heiligenblut. - Mitt. DÖAV, 1896, 107–108, 140; 1900, 215.
Seelaus G. Einiges über das Thinnetal und den Bergbau am Pfundererberg bei Klausen. - Der Schlern, 2, Bozen 1921, 409–418, 2 Abb.
Seidl E. Kerbwirkung in Technik und Wissenschaft; Kerbwirkung in der Geologie. (Vortr.) - Z. DGeol-Ges., 77, 1925, 300–347, 35 Abb. - Bespr. Z. f. Geomorph., 2, 1927, 307.
— Bruch- und Fließformen der technischen Mechanik und ihre Anwendung auf Geologie und Bergbau. Bd I: Das Formenprinzip und das Strukturprinzip als Grundlage von Grenzgebietsforschungen der technischen Mechanik und Geomechanik über bleibende Formänderungen. Bd III: Zerreißform. Bd V: Krümmungsformen (Biegung, Knickung, Faltung). - Berlin (V.D.I.-Verl.) 1934.
Seipp H. Die Höttinger Breccie oder „Innsbrucker Nagelfluh", ein Tiroler Baustein. - Der Steinbruch, 17, 1922, 68–72, 5 Abb. - Bespr. GZ 29/232.
Siedentop I. Tunnelgeographie der Alpen. - PetMitt., Ergzgsh. Nr. 214, 1932, 67–78, 1 Taf.
— Eisenbahngeographie der Schweiz. - Geogr. Wochenschr., Beiheft 1, Halle (John) 1933, 126 S., 28 Abb. - Bespr. Z. Ges. f. Erdkde Berlin, 1933, 228.
Siegfried J. J. Notizen über Gewässerkorrektionen. (U. a. Langensee.) - Vierteljschr. Natf. Ges. Zürich, 6, Zürich 1861, 470.
Sieghardt A. Aus der Vergangenheit des Achensees. - Tir. Grenzbote, 1927, Blge: Der Feierabend, Nr. 9.
Siegl M. v. Die Arlbergbahn. Überblick über Vorgeschichte, den Bau und die erste Zeit des Betriebes derselben. - Heimat, 10, Innsbruck 1929, 335–350, 375–393.
— Die Arlbergbahn. Vorgeschichte, Bau und erste Zeit ihres Betriebes. - Sonderabdr. aus Wochenbeilage „Feierabend" des Vorarlbg. Tagblattes, Bregenz (Selbstverlag) 1934, 16 S., 13 Abb., mehr. Prof. u. Tab.
Silsersee im Engadin. Industrielle Verwertung. - Mitt. Geogr. Ges. Wien, 1904, 339.
Silvestri G. Irrigazioni e bonifiche nel Veronese. - Natura, 1931, 5–12.
Simon P. Das Achenseewerk der Tiroler Wasserkraftwerke A.G. - Z. d. Ver. D. Ing., 1928, H. 12, 389–396, 24 Abb.
Singer M. Über Flußregime und Talsperrenbau in den Ostalpen. - Z. Österr. Ing.- u. Arch.-Ver., Wien 1909, 797–803, 813–820; 1910, 383–388, 397–400, 617–626. - Bespr. GZ 15/1510, 17/1099.
— Geologische Erfahrungen im Talsperrenbau. (Vortr.) - Z. Österr. Ing.- u. Arch.-Ver., Wien 1913, 305–311, 321–326, 25 Abb. - Bespr. GZ 20/281, 561.
— Über Talverlegung und Tunnelbau. - Österr. Wochenschr. f. d. öffentl. Baudienst, 1915, H. 35.
— Gutachten über den Lüner See. - Manuskript, 1926, K. u. Prof.
— Professor Vinzenz Pollack †. - VBA 1927, 181–184. Mit Verz. seiner Werke.
Sölch J. Neue Beobachtungen und Theorien in der Karsthydrographie. - Geogr. Z., 39, 1933, 357–360. (Bespr. der Hydr. des Karstes v. O. Lehmann.) - Bespr. GZ 50A/1936.
Sonklar K. v. Von den Überschwemmungen. - Wien (Hartleben), Pest, Leipzig 1883, 151 S. - Bespr. Mitt. DÖAV, 1883, 302.
Soulavy O. Die neue Personenschwebebahn auf den Kohlernberg bei Bozen. - Z. Öst. Ing.- u. Arch.-Ver., Wien 1913.
Sporn H. Neues Projekt einer Tiroler Hochalpenstraße. Innsbruck-Ötztal-Timmeljoch-Passeier-Jaufen-Brenner-Innsbruck. - Innsbr. Nachr., Nr. 296 v. 24. 12. 1932.
Spullerseewerk. Wasserwirtschaftliche Verbesserung beim - der Österreichischen Bundesbahnen. - Neue Freie Presse, Nr. 24540 v. 7. 1. 1933, 1 Sp., 1 Fig.
Srbik R. R. v. Der Martinswandtunnel. - Tiroler Heimatblätter, 9, 1931, 188–189.
— Angewandte Geologie in den Lechtaler Alpen. - Z. f. prakt. Geol., 41, 1933, 151.
— Angewandte Geologie im Kaisergebirge. - Z. f. prakt. Geol., 42, 1934, 62.
Stache G. Über die Versorgung der Stadt Bozen mit Trinkwasser. (Vortr.) - VRA 1871, 41–43.
Staub R. Die geologischen Verhältnisse eines Septimertunnels. B. Die vom Septimertunnel zu durchfahrenden Gesteine. - Vierteljschr. Natf. Ges. Zürich, 73, 1928, 161–194, 2 Taf., B, 175–183. - Bespr. GZ 47A/573.
Staudinger G. Die Innsbrucker Nordkettenbahn. - Tiroler Anzeiger, 1927, Nr. 111.
Stefanović J. v. Die Eisenbahn im Klostertal in Vorarlberg und die Katastrophe am 9. 7. 1892. (Vortr.) - Mitt. Geogr. Ges. Wien, 35, 1892, 607–612.
Steinitzer A. Die Berninabahn. - Alp. Monatshefte, 4, 1931, 89–92, mit Abb.
Sternbach P. Frh. v. Uttenheimer Wildbachschrecken. Geschichtliches zum jüngsten Ausbruch der Uttenheimer Wildbäche. - Dolomiten, Nr. 73 v. 1929.
— Wildbachverbauung dringlich. Zu den Überschwemmungsschäden im Tauferertale. - Dolomiten, Nr. 96 v. 12. 8. 1931.
Sterzinger Moos. (Isarcus.) Das - einst und jetzt. - Dolomiten, 1927, Nr. 84.
Stier K. Die ostalpinen Blei-Zink-Erzvorkommen der Wettersteinkalke, deren regionale Verbreitung, Tektonik, Anreicherung, Genesis und wirtschaftliche Bedeutung. - Metall und Erz, 26, 1929, 427–428; Kohle und Erz, 26, 1929, 835–837; Internat. Bergwirtsch. u. Bergtechnik, 22, 1929, 309–310.
Stilfserjochbahn. Das italienische Eisenbahnprojekt einer -. - Basler Nachrichten v. 9. 12. 1929.
— Die -. - Nationalztg (Basel) v. 14. 10. 1930.
— Die - und die Schweiz. - Bund (Bern) v. 10. 11. 1930.
— Neues Projekt zur -. - Dolomiten, Nr. 124 v. 1930.
Stiny J. Das Murenphänomen. - Mitt. Deutsch. Natwiss. Ver. beider Hochschulen, Graz 1907, 1. H., 7–22, Abb. - Bespr. Zbl. f. Min., 1908, 46; GZ 10/295.

— Der Erdschlipf im Schmalecker Walde (Zillertal). - Mitt. Geol. Ges. Wien, 1, 1908, 408–412, 1 Fig. - Bespr. GZ 12/1544; NJb. 1912/2, 86.
— Die Berasung und Bebuschung des Ödlandes im Gebirge als wichtige Ergänzung getroffener technischer Maßnahmen und für sich betrachtet. - Graz 1908, 155 S., 4 Taf., 4 Abb. - Bespr. GZ 12/1543.
— Die Ursachen der vorjährigen Vermurungen im Zillertale. - Mitt. Geol. Ges. Wien, 2, 1909, 213–226. - Bespr. GZ 12/1548; 13/906.
— Die jüngsten Hochwässer und Murbrüche im Zillertale. - Österr. Wochenschr. f. d. öffentl. Baudienst, 1909, H. 7, 4 S., 9 Fig. - Bespr. GZ 12/1548; NJb. 1912/2, 86.
— Perm bei Campill (Gadertal). - VRA 1910, 385–389, 1 Abb. - Bespr. GZ 16/607.
— Die Muren. Versuch einer Monographie mit besonderer Berücksichtigung der Verhältnisse in den Tiroler Alpen. - Innsbruck (Wagner) 1910, 139 S., 34 Abb. - Bespr. VRA 1910, 138; GZ 14/961; Geogr. Z:, 17, 1911, 110; Mitt. Geogr. Ges. Wien, 1910, 402.
— Fortschritte des Tiefenschurfes in der Gegenwart. - GR 3, 1912, 166–169.
— Versuche über Schwemmkegelbildung. - GR 8, 1917, 189–196, 3 Fig. - Bespr. GZ 28/1060.
— Die Geschiebeherde der Wildbäche. - Mitt. Geol. Ges. Wien, 14, 1921, 275. (Vortragstitel.)
— Böden unserer nördlichen Kalkalpen. - Zbl. f. d. ges. Forstwesen, 47, Wien 1921, 317–335. - Bespr. GZ 28/958.
— Die ostalpinen Eiszeitschotterfluren. Ein Beitrag zur Aufklärung ihrer Entstehung. 1. Teil. Allgem. Versuche und Betrachtungen. - Zbl. f. Min., 1923, 202–213, 234–245, 2 Fig.
— Wasserkraftausnutzung und Schlammführung der Gewässer. - Die Wasserwirtschaft, Wien 1923, H. 13/14, 1–5. - Bespr. GZ 30/332.
— Randbemerkungen zur Schurf- und Aufschüttungsfrage. - Mitt. Geol. Ges. Wien, 16, 1923, Wien 1924, 273–285. - Bespr. GZ 31/1130.
— Massenbewegungen in den Alpen (Arlberg.) - Z. f. Geomorph., 1, 1926, 156.
— Bewegungen der Erdkruste und Wasserbau. - Die Wasserwirtschaft, Wien 1926, H. 7, 8, 9, 11, 15, 17 (24 S., 25 Abb.). Bespr. GZ 34/1695; PetMitt., 74, 1928, 244.
— Zur Geschichte des Millstätter Sees. - Die Eiszeit, 3, 1926, 9–20, 9 Abb. - Bespr. GZ 41/85; Z. f. Geomorph., 3, 1928, 154.
— Geometrisches über Krustenverbiegungen. - Der Geologe, 1926, Nr. 40, 952–957. - Bespr. GZ 34/1694.
— Straßenwesen und Baugrundgeologie. - Der Straßenbau, Halle a. S. 1927, H. 18, 354–356.
— Die Untersuchung von natürlichen Gesteinsvorkommen für Bauzwecke und die Klüftigkeit der Felsarten. - Steinbruch und Sandgrube, Halle a. S. 1927, Nr. 25–27, 6 S.; Der Straßenbau, H. 28, 1927.
— Rutschungen, Gebirgsdruck, Bergbauschäden und Baugrundbelastung. - Intern. Z. f. Bohrtechnik, Erdölbergbau und Geol., 36, 1928, Nr. 8, 66–72, 8 Abb. - Bespr. GZ 38/53.
— Einige Folgeerscheinungen der Spiegelabsenkung von Speicherbecken; Wege zu ihrer Voraussicht und Anschätzung. 1. Teil. - Geol. u. Bauwesen, 1, 1929, H. 1, 51–59, 8 Abb. - Bespr. GZ 39/1827; NJb. 1930/2, 786.
— Ein nicht gewöhnlicher Felssturz bei Langen am Arlberg. - Geologie u. Bauwesen, 3, 1931, H. 3, 148–150, 2 Abb. - Bespr. GZ 47A/879; NJb. 1932/2, 894.
— Die geologischen Grundlagen der Verbauung der Geschiebeherde in Gewässern. - Wien (Springer) 1931, 120 S., 4 Abb. - Bespr. GZ 46A/1542; Z. f. prakt. Geol., 40, 1932, 158; GR 24, 1933, 122.
— Altes und Neues über Entstehung und Einteilung der Quellen. - Geologie und Bauwesen, 1932, H. 1, 52–91, 35 Abb.
— Schäden durch Naturgewalten in Österreich während des Jahres 1931. - Geologie u. Bauwesen, 4, 1932, 91–100. - Bespr. NJb. 1932/2, 893.
— Ein Felsschlipf an der Vintschgauer Bundesstraße. (Bei Landeck.) - Geologie und Bauwesen, 4, 1932, 101–104, 5 Abb. - Bespr. NJb. 1932/2, 893.
— Die Bewährung von Schneezäunen bei der Lahnenverbauung. - Geologie und Bauwesen, 4, 1932, 105–106, 1 Abb.
— Zur Vorausbestimmung der Erdwärme im Bauwesen, besonders in Stollen und Tunnels. - Geologie u. Bauwesen, 5, H. 2, Wien (Springer) 1933, 77–123, 6 Abb.
— Wann sollen wir Quellen fassen? - Geologie u. Bauwesen, 5, H. 4, 1933, 264–268.
— Geologie und Bauen im Hochgebirge. - Geol. u. Bauwesen, 6, 1934, H. 1, 24–30; H. 2, 33–65, 14 Abb. - Bespr. GZ 53 A/635.
— Geologische Randbemerkungen zum neuzeitlichen Straßenbau. - Wiener Neueste Nachr., Nr. 3192 v. 16. 6. 1934, 2 Sp.
Stois A. Der Felbertauern und seine Geschichte. Alte und neue Straßenbaupläne. Der Weg über den „Tauern". - Osttiroler Heimatblätter, 11, Lienz 1933, 1–21.
Stolcis T. Il progetto di un grande impianto di compensazione nell'Alto Sarca e gli interessi della regione fra Garda e Po. - Trento (Tip. Naz.) 1925. - Bespr. Studi Trent. Sc. Nat., 8, 1927, 125.
— Le forze idrauliche della Provincia di Trento. - Studi Trent. Sc. Nat., 7, 1926, 37–48, 1 Skz.
— L'energia elettrica nella Venezia Tridentina. - Studi Trent. Sc. Nat., 9, 1928, 103.
Stoppani A. Cenni sulle cause della deficienza di buone acque potabili sul territorio di Rovate, provincia di Brescia. - Politecnico, v. 24, Milano 1876.
— L'Illade Brembana, ossia difesa del progetto adottato dal Consiglio Comunale di Milano per l'introduzione dell'acqua potabile. - Milano 1883.
Strele G. Die Wildbäche und ihre Verbauung. - Z. DÖAV, 1899, 110–132, 4 Abb.
— Wildbachverbauung. (Vortr.) - Chur (Bischofsberger) 1930, 15 S.
— Wildbachverbauung. - Schw. Wasserwirtsch. u. Energiewirtsch., 23, 1931, H. 11, 3–15.
— Die Quellen der Geschiebeführung. - Geologie u. Bauwesen, 1932, 119–144, 10 Abb. - Bespr. GZ 49A/478; NJb. 1932/2, 897.
— Grundriß der Wildbachverbauung. - Wien (Springer) 1934, 279 S., 150 Abb. - Bespr. GZ 53 A/634.
Strobel A. Im Reiche der Tiwag. - Bergland, 9, 1927, Nr. 9.
Strobele G. Marmolada. - Riv. mes. d. CAI, v. 53, n. 9, Roma 1934, 494–498, 4 Abb., 1 Skz.
Strub E. Die Mendelbahn. - Schw. Bauztg, 1903.
Suess E. Geolog. Profil der Eisenbahnstrecke von Bozen bis Innsbruck. (Vortragsauszug.) - VRA 1867, 188–192.

— Description of a Section of the Brenner Railway from Botzen on the South to Innsbruck on the North. – Quart. Journ. of the Geol. Soc., v. 23, p. 2, London 1867, 25 S.
— Über Zerlegung der gebirgsbildenden Kraft. – Mitt. Geolog. Ges. Wien, 6, 1913, 13–60, 2 Taf., 1 Fig.
Suess F. E. Friedrich Martin Berwerth †. – VRA 1918, 244–247.
Taccani A. Le forze idrauliche della Venezia Tridentina ed il loro sfruttamento. – L'Energia elettrica, v. 6, 1929, 736–738.
Taramelli T. Osservazioni stratigrafiche a proposito delle fonti di S. Pellegrino in provincia di Bergamo. – Boll. Soc. geol. it., v. 19, f. 3, Roma 1900, 437–442. – Bespr. Boll. Com. geol. d'It., 32, 1901, 382.
— Sulle condizioni geologiche dei dintorni di Coltura presso Polcenigo. – Giorn. di Geol. prat., v. 2, 1904.
— Presa d'acqua per la città di Verona. – Scirtti di Geol. prat., Genova 1914, 13–18. – Bespr. Boll. Com. geol. d'It., 36, 1905, 338.
— Della utilizzazione dei laghi e dei piani lacustri di alta montagna per sopperire alle magre dei nostri fiumi. – Boll. Soc. geol. it., v. 26, Roma 1908, 235–238.
— Osservazioni geologiche lungo le nuove strade militari della provincia di Como al confine svizzero. – Boll. Com. geol. d'It., v. 47, 1919, Roma 1920, 41–56. – Bespr. GZ 38/743.
Tarnuzzer Chr. Geologische Beobachtungen während des Baues der Rhätischen Bahn bei Chur und Reichenau. – Jber. Natf. Ges. Grbd., 39, Chur 1896, 55–63. – Bespr. EgH 5, 1898, 290, 303, 350; Archives .., 4, Genève 1897, 565.
— Geolog. Gutachten für die Anlage einer normalspurigen Bahn Chur–Albula–Ofenberg–Münster (Engadin-Orientbahn). – Die Schweizer Bahnen, 1, Zürich 1896, 337–340, 347–349, 355–358, 363–366, 370–374, 381–386. – Bespr. EgH 5, 1898, 285; Archives ..., 4, Genève 1897, 559; Jber. Natf. Ges. Grbd., NF, 40, Chur 1897, 75; Z. f. prakt. Geol., 1898, 336.
— u. **Rothpletz A.** Geologisches Gutachten über die Verhältnisse einer Rheinlinie der Oberländerbahn. – Chur 1897, 15 S. – Bespr. Jber. Natf. Ges. Grbd., NF, 41, Chur 1898, 148.
Tarnuzzer Chr. Gesteine an der Albulabahn zwischen Filisur und Bellaluna. – Jber. Natf. Ges. Grbd., NF, 44, Chur 1900–1901, 91–93. – Bespr. NJb. 1903/2, 395.
— Geologische Verhältnisse des Albulatunnels. – Jber. Natf. Ges. Grbd., NF, 46, 1904, 3–17, 1 Taf. – Bespr. EgH 8, 1903, 640; NJb. 1905/2, 89; GZ 6/1095; PetMitt., 50, Litber., 173.
— Geologische Beobachtungen während des Baues der Eisenbahn Davos-Filisur. – Jber. Natf. Ges. Grbd., NF, 50, 1908, 33–48. – Bespr. EgH 10, 1908, 640; GZ 13/1932.
— Die Albulabahn nach dem Engadin mit Zweiglinie Filisur-Davos. – 4. Aufl. Chur 1909.
— Der Felssturz von Valdätscha bei Trimmis (1910). – Jber. Natf. Ges. Grbd., NF, 52, Chur 1910, 53–59, 1 Fig. – Bespr. GZ 23/1071; EgH 11, 1910, 541.
— Nollakorrektion und Lüschersee. Ein Beispiel der Wildbachverbauung. – PetMitt., 56, 1910/2, 234–235, 1 K. – Bespr. EgH 11, 1910, 534; Jber. Natf. Ges. Grbd., NF, 53, 1912, 143.
— Geologische Verhältnisse von Akkumulationsbecken in den Einzugsbecken des Hinterrheins. – Schw. Wasserwirtschaft, 5, Nr. 10, Zürich 1913, 127–129.
— Literatur der physischen Landeskunde Graubündens 1914–1918. – Jber. Natf. Ges. Grbd., 56, Chur 1916, 103–107; 57, 1917, 155–166; 58, 1918, 251–258; 60, 1919–1921, 217–231. – Bespr. GZ 25/188, 28/87.
Tauernkraftwerk. Das – ‚ein Werk von unermeßlicher Bedeutung für Osttirol. – Lienzer Nachr., Nr. 52 v. 1930.
— Stellungnahme der Ingenieurkammer für Tirol und Vorarlberg und des Vereines der Ingenieure in Tirol und Vorarlberg zu den Projekten der Allgem. Elektr.-Ges. Berlin (A.E.G.) und der Österr. Kraftwerke-A.G. (OeKA) für das –. – Die Wasserwirtschaft, 1931, Nr. 11, 158–162.
Tauernprojekt. Die „Öka“ und ihr Tauernprojekt. – Bergland, 13, 1931, 39–54, m. Abb.
Tauerntunnel (Gen.-Dir. Ö. B. B.). Könnte der – als Autostraße benützt werden? – Innsbr. Nachr., Nr. 27 v. 2. 2. 1934. S. a. ebd. Nr. 22 v. 27. 1. 1934.
Tauernwasserkräfte. Projekte einer Verwertung der Wasserkräfte im Bereich der Tauernkette. – Deutsche Wasserwirtsch., 24, 1929, 21–25.
— Der Ausbau der –. Stand der Verhandlungen. – Tiroler Anzg., Nr. 117 v. 23. 5. 1931.
Tellini A. Le acque sotterranee del Friuli e la loro utilizzazione. – Ann. R. Ist. Tecn. A. Zanon, s. 2, an. 16–17, Udine 1899, 175–260; an. 18, 1900, 27–155; an. 19, 1901, 103–200. – Bespr. Boll. Com. geol. d'It., 31, 1900, 406; 32, 1901, 383; 34, 1903, 56.
Thiem A. Die Wasserversorgung der Stadt München. (Vorprojekt.) – München 1876.
Thomann. Die Mendelbahn. – Elektr. Kraftbetriebe und Bahnen, 1904.
Thöny M. Lawinen im Prätigau. – Alpina, Jb. SAC, 1909.
— Lawinen- und Wasserschaden, Wuhrarbeiten und Kolmation im Prätigau. – Schiers 1910, 96 S. 2. Aufl. ebd. 1911, 90 S., 10 Taf. – Bespr. Alpina, 19, 1911, 110; Jber. Natf. Ges. Grbd., 53, 1912, 126.
Thürnau. Das Tauernwerksprojekt der AEG. – Die Wasserwirtschaft, 1931, Nr. 11, 157–158.
Thurner H. Eine Liliputbahn längs des Nordkettengrates. – Innsbr. Nachr. v. 24. 9. 1930, 2 Sp.
— Ein kühnes Projekt. Eine 3 km lange Liliputbahn in 2000 m Höhe vom Hafelekar zur Arzler Scharte. – Tir. Anzeiger, Nr. 220 von 1930.
Todaro U. La sistemazione della Val Passiria. – Italia Augusta, a. 5, 1928, 21–49.
— Per la bonifica atesina: dal Passirio all'Avisio. – Quad. mens. d. Op. Naz. p. i Comb., 7, 1929, n. 3, 5–28; n. 5, 9–44.
Tolomei E. La nuova terra italiana dell'Alto Adige. – Arch. p. l'Alto Adige, 14, 1919, 5–90. (Geol. 15–17, Hydr. 17–20, Wasserkraft 62–65 u. a.)
— Lavori per l'arginazione di fiumi e torrenti. Le acque. Centrali elettriche. (Notizie.) – Arch. p. l'Alto Adige, 17, 1922, 419–421.
Toma R. Aspetti del problema montano e suoi riflessi sull'incremento demografico e zootecnico. – Catt. amb. d'Agricolt. di Bolzano, Trento (Tip. mut. e inv.) 1931, 41 S., 4 Taf., 9 Abb.
Tornquist A. Das Gesetz der Wasserbewegung im Gebirge. Die geologische Grundlage für die technische Ausnützung der Wasserkräfte. – Graz (Leykam) 1922, 32 S. – Bespr. VBA 1925, 202; GZ 28/1355.
Torrenti. I – delle Alpi ed i mezzi diretti alla loro difesa. – Milano 1859.

Toula F. Über Wildbachverheerungen und die Mittel, ihnen vorzubeugen. – Vortr. d. Ver. z. Verbr. natwiss. Kenntn. in Wien, 32, Wien 1892, H. 15, 124 S., 11 Abb.; Z. Österr. Ing.- u. Arch.-Ver., 1892, Nr. 43. – Bespr. NJb. 1893/2, 323; 1894/1, 457.
— Der Bergsturz am Arlberge und die Katastrophe von Saint-Gervais. – Vortr. d. Ver. z. Verbr. natwiss. Kenntnisse Wien, 33, H. 14, 1893, 56 S., 5 Taf., 12 Abb. – Bespr. NJb. 1894/1, 457; Mitt. Geogr. Ges. München, 1911, 446.
Trebesius E. Die bayerische Zugspitzbahn. – Deutsche Erde, 2, 1930/31, 89–92, mit Abb.
Trener G. B. Osservazioni geologiche sulla portata solida dell'Avisio (nel Trentino). – Trento 1923, 22 S. – Bespr. Studi Trent. Sc. Nat., 8, 1927, 251.
— Geologia delle Marocche. – In: Gli Impianti idroelettrici della Città di Trento. p. 2, Trento 1924, 25–83, 1 geol. u. 1 Isobathenkarte 1:25000, 1 Taf., 3 Fig. – Bespr. Studi Trent. Sc. Nat., 8, 1927, 125.
— L'acquedotto della Città di Trento. II. Studio geologico. – Trento (Municipio di Tr.) 1926, 19–42, 1 K., 17 Fig., 12 Taf. – Bespr. Z. f. Erdkde Berlin, 1927, 449.
Tscharner J. F. v. Etwas über Bergstürze, Bergfälle, Erdstürze, Schlipfe und Erdsinken. – Der neue Sammler, 3, Chur 1807, 3–30.
— Ein Wort über die Rhein- und Nollaeindämmung im Domleschg. – Der neue Sammler, 3, Chur 1807, 252–269, 353–355.
Tschernig E. Über Gebirgsschläge in den Kärntner Blei-Zinkerz-Lagerstätten. – Berg- u. Hüttenm. Jb., 80, 1932, H. 3 u. 4, 79–86, 117–136, 30 Fig. – Bespr. NJb. 1933/2, 543.
Tschöll H. Stauseen in Passeier. – Der Schlern, 3, 1922, 126–127.
Tscholl J. Das Martelltal. – Dolomiten, 1927, Nr. 73–75.
Tunnelbau. Die Gefahren des Tunnelbaues. (Simplon.) – Innsbrucker Nachr. v. 21. 8. 1934, ½ Sp.
Tusch H. Der Achensee in Vergangenheit und Gegenwart. – Tirol, 1927, 260–262, 3 Abb.
Überschwemmungen. Die Berichte der Expertenkommission über die Ursachen und den Betrag des durch die i. J. 1868 in den Kantonen ... Graubünden, Tessin ... angerichteten Schadens. – Bern 1869, 191 S., 12 Tab.
Ule O. Die wütende Nolla. Alpenbilder, 2. – Die Natur, 8, Halle 1859, 28–31, 44–46, 49–51, 59–61.
Ungarelli P. La Valle dell'Adige nel tratto Egna-Zambana prima e dopo la rettificazione del Fiume. – Trento (Tip. Mut. e Inval.) 1923.
Urangia-Tazzoli T. La guerra sulle alte vette e sui ghiacciai del gruppo Ortles-Cevedale, settore Valtellina, 1915–1918. – Milano (Alfieri) 1929, 103 S., 19 Taf.
Valsuganabahn. Die –. – Innsbr. Nachr. vom 28. 29. 3. 1893, 6 Sp.
Vardabasso S. La struttura geologica delle Alpi Venete (con accenni alla pratica dell'Ingegnere). Annali d. R. Sc. d'Ingegneria, a. 2, n. 2, Padova 1926, 100–121, 1 K., 1 Taf., 18 Fig.
Veidl E. Die Großglockner-Hochalpenstraße. – Sammlung: Heimatliche Wanderung, Wien (Österreich. Bundesverlag) 1931, 16 S., mehr. Bilder u. Zeichnungen. – Bespr. Osttiroler Heimatblätter, 8, Lienz 1931, 80.
— Die Großglockner-Hochalpenstraße. Bergsteiger und Technik im Hochgebirge. – Der Bergsteiger, 4, 1934, Nr. 8, 491–496, 1 Skz.
Vercelli F. Sulle temperature lungo la progettata galleria attraverso allo Spluga. – Rend. R. Ist. Lomb., s. 2, v. 47, Milano 1914, 645–675.
Verdroß I. Pasubio! – Österr. Soldatenkalender f. 1930, 77–81.
Vermuntwerk. Das – der Vorarlberger Illwerke-A.G. – Wasserkraft und Wasserwirtschaft, 1928, H. 23. – Bespr. NJb. 1929/2, 426.
— Ausbau und Verwertung der Großwasserkräfte der Ill durch die Vorarlberger Illwerke A.G. – Festschrift z. 50jähr. Bestehen d. S. Wiesbaden des DÖAV, 1882–1932, Wiesbaden (Schwab) 1932, 49–51.
Versell W. Gemeinschaftliche Ausnutzung bündnerischer Wasserkräfte durch eine Bündner Kraftwerk-A.-G. Eine technische und volkswirtschaftliche Orientierung im Auftrag der Genossenschaft f. gemeinwirtsch. Ausnutzung Bündn. Wasserkräfte in Chur. – Chur 1918, 47 S.
— u. **Schmid A.** Bericht über Wildbachverbauungen im bündnerischen Rheingebiet zur Sicherung der Rheinregulierung oberhalb des Bodensees; im Auftrage des Rheinverbandes erstattet. – Chur (Bündner Tagbl.), 1928, 47 S., 12 Taf., 3 K.
Viberal G. Sui campi di battaglia del Trentino, del Pasubio e degli Altipiani. – Trentino, a. 5, 1929, 24–28, 11 Abb.
Vinassa de Regny P. Per la difesa delle acque sotterranee. – Atti Soc. it. Progr. Sc., Milano 1932. – Bespr. GZ 50A/1938.
Visentini G. Criteri idraulici per la utilizzazione in parallelo delle acque del Garda e dell'Adige. – Ann. d. Lav. Pubbl., 68, 1930, 702–720.
Volk F. Wasserwerksanlagen in den Alpen. (Lechtaler A.) – Mitt. DÖAV, 1926, 30–31.
Waagen L. Über das „bedrohte" Badgastein. – Z. Österr. Ing.- u. Arch.-Verein, 75, Wien 1923, 49–52. – Bespr. GZ 29/813.
— Die Pflege der praktischen Geologie in Österreich. – Z. f. prakt. Geol., 33, 1925, 21–23. – Bespr. NJb. 1926/1, 101; GZ 33/862.
Wachtler A. Die Hochwasserkatastrophe bei Kollmann im Eisacktale. – Mitt. DÖAV, 1891, 218.
Wagner C. J. Die geologischen Verhältnisse des Tunnels am Unterstein mit Einbeziehung des Terrains zwischen Lend und Taxenbach. – Jb. RA 1879, 493–536, 2 Taf., 15 Abb.
— Über die Wärmeverhältnisse in der Osthälfte des Arlbergtunnels. – JbRA 1884, 743–750; VRA 1887, 185–186. – Bespr. NJb. 1885/1, 423; 1888/2, 59.
Walcher J. Nachrichten von den Eisbergen in Tyrol. – Wien 1773, 96 S., 5 Taf.; Frankfurt und Leipzig 1773, 99 S., 5 Taf., 1 Abb.
Waldfrage. Zur – in den österreichischen Alpengebieten. – Eine Denkschrift des DÖAV, Prag (Dominicus) 1883, 24 S.
Waldwirtschaft. Zur – in Tirol. – Deutsche Ztg v. 19. 6. 1891. Abdruck in Mitt. Sekt. f. Natkde ÖTC, 3, 1891, 53–54.
Wallack F. Gegenwärtiger Stand des Projektes der Großglockner Hochalpenstraße. – Z. Österr. Ing.- u. Arch.-Ver., 79, 1927, 453–457.
— Die Großglockner-Hochalpenstraße. – Z. Österr. Ing.- u. Arch.-Ver., 82, 1930, Nr. 171–172, 1 Skz.
— Großglockner-Hochalpenstraße im Bau. – Technik voran, 1932, 125–132, m. Abb.
— Über den gegenwärtigen Stand der Bauarbeiten an der Großglockner-Hochalpenstraße. – Z. Österr. Ing.- u. Arch.-Ver., 84, 1932, 104–108.
— Die bisherigen Arbeiten an der Großglockner-Hochalpenstraße. (Vortr.) Auszug: Innsbr. Nach-

richten, Nr. 32 v. 8. 2. 1933. – Bespr. Neue Freie Presse, Abdbl., Nr. 24564 v. 31. 1. 1933.
— Die Bauarbeiten an der Großglockner-Hochalpenstraße. (Vortr.) – Innsbr. Nachr., Nr. 259 v. 10. 11. 1934, 1 Sp.

Walter H. Der Bau des Druckstollens für das Kraftwerk Vermunt. – Z. Österr. Ing.- u. Arch.-Ver., H. 25/26, Wien 1931, 4 S., 2 Abb.

Wang F. Zur Wildbachverbauung in den österreichischen Alpenländern. – Mitt. Sekt. f. Natkde ÖTC, 1, Wien 1889, 68–69.

Wasmund E. Die Gewinnung von Kies und Sand im Bodensee. (Hydrogeol. Bodenseeforschgen 6.) – Geol. u. Bauwesen, 3, H. 4, Wien 1931, 167–226, 36 Abb. – Bespr. NJb. 1932/2, 917.

Wasserkräfte Tirols. Weiterer Ausbau der –. – Nachrichtenztg d. Ver.- Deutschtir. Ing., 9, 1929, Nr. 23.

Wasserkraftprojekte. Westösterreichische –. (Ötztal.) – Reichspost v. 4. 2. 1930.

Wasserkraftwerk. Das größte – Österreichs. (Achensee.) – Innsbr. Nachr., 1927, Nr. 217.

Wasserkraftwerke. Die Osttiroler – und ein Nachwort zu den Westtiroler Wasserkräften. – Tir. Volksbote, Nr. 35 v. 1930 u. Lienzer Nachr., Nr. 36 v. 1930.
— Zur Frage der Westtiroler –. (Heimatschutzverein für Tirol.) – Tiroler Heimatblätter, 9, 1931, 257–258.

Wassernot. Die – im St. Gallischen Rheintale vom 27. September bis 7. Oktober 1868. – Ber. ü. d. Tätigkeit d. St. Gall. Natwiss. Ges. 1867/68, St. Gallen 1868, 191–195.

Weber A. v. Die Aufgaben der Gewässerregulierung, Wildbachverbauung und Wasserverwaltung in Österreich mit bes. Berücks. der Alpenländer. – Wien (Danubius) 1886, 62 S.
— Etschregulierung in Tirol und in Italien. – Z. Österr. Ing.- u. Archit.-Ver., 44, Wien 1892, 493ff.
— Der Gebirgswasserbau (Flußregulierung und Hauptschluchtverbauung) im alpinen Etschbecken und seine Beziehungen zum Flußbau des oberitalienischen Schwemmlandes. – Wien 1892, 421 S., 17 K. – Bespr. Mitt. DÖAV, 1895, 6.

Weidmann K. Die Wasserversorgung der Stadt München. – Fortschritte der Technik, Beilage der Münchner Neuesten Nachr., Nr. 1 v. 8. 1. 1933.

Weigelin M. Tauernwerke-Projekt der Württ. El. Akt. Ges. Stuttgart. – Deutsche Wasserwirtschaft, 24, Nr. 6, 1929, 81–88, 4 Abb.

Weinberger E. Die Hahnenkammbahn bei Kitzbühel. – Tir. Verkehr, 1927, Nr. 17.

Weizsaecker R. Die Großglockner-Hochalpenstraße wird nächstes Jahr eröffnet. – Die Umschau, 38, 1934, 25, 494–497, 6 Abb.

Welzenbach W. Untersuchungen über die Stratigraphie der Schneeablagerungen und die Mechanik der Schneebewegungen nebst Schlußfolgerungen auf die Methoden der Verbauung. – Wissensch. Veröff. DÖAV, Nr. 9, Innsbruck 1930, 104 S., zahlr. Abb. – Bespr. Z. f. Glkde, 19, 1931, 183; Mitt. DÖAV, 1934, 47.

Westland R. v. Arlbergtunnel. Baufortschritt. – Mitt. DÖAV, 1883, 297–298.

Westtiroler Kraftwerke. Ausbau der –. Das endgültige Projekt. – Innsbr. Nachr., Nr. 288 v. 1930.
— Tir. Bauernztg, Nr. 24 u. 25 v. 1930, 3 Skz.
— Verhandlungsschrift über Obere und Untere Ötzwerke. – Bundesministerium f. Land- u. Forstwirtschaft, Z. 34729-1 v. 1931, 257 S. Maschinschrift, 4 Blgen.

Wey J. Das Rheinhochwasser vom 28. Sept. 1885. – Ber. ü. d. Tätigkeit d. St. Gall. Natwiss. Ges., St. Gallen 1887, 24–25.
— Die Umgestaltung der Ausmündung des Rheins und der Bregenzer Ach. – Schw. Bauztg, 6, 1887.
— Die technischen Verhältnisse der Rheindurchstichs-Angelegenheit. (Vortr.) – Buchs 1890, 30 S., 1 K.
— Die Rheinregulierung zwischen Österreich und der Schweiz. (Vortr.) – Buchs 1893, 30 S.

Wiederrecht. Die Kraftwasserstraße Basel–Bodensee. – Bayer. Ind.- u. Hdlsztg, 1931, H. 1/2, 4 S.

Wildbachverbauung. Die – in den Jahren 1883–1894. – K. k. Ackerbauministerium, Wien 1895.

Willmann E. v. Die Gipfelstrecke der bayerischen Zugspitzbahn. – Zentralbl. d. Bauverwaltg, 51, 1931, 236–239, m. Abb.

Wilser J. L. Zum Bewegungsmechanismus der Erdkruste. – Die Naturwissenschaften, 16, Jena 1928, H. 39, 737–741.
— Heutige Bewegungen der Erdkruste, erkennbar an Ingenieursbauten im Oberrheingebiet. – Stuttgart (Schweizerbart) 1929, 36 S., 2 K., 1 Taf. – Bespr. PetMitt., 77, 1931, 101.
— Beispiele aus der Geologie für Wasserkraftausbau. (Vortr.) – Wasserkraft u. Wasserwirtschaft, 1931, H. 5, Sonderdr. 8 S.

Winternitz W. Die Mittenwaldbahn in Tirol. – Allgem. Bauztg, H. 3, Wien 1913, 48 S., 7 T., 20 Abb.

Winz H. Beiträge zur Kulturgeographie des Oberinntales. – Berliner Geogr. Arbeiten, H. 2, Stuttgart (Engelhorn) 1933, 117 S., 14 Skzn. – Bespr. Tir. Heimatbl., 11, 1933, 292; Geogr. Z., 40, 1934, 71.

Woditschka A. Die Fersina und ihre Verbauung. – Mitt. DÖAV, 1886, 286–287.

Wolf Heinr. Projekt der Eisenbahntrasse von Bludenz nach Landeck. Geolog. Längenprofil längs der Tunneltrasse III durch den Arlberg 1:2000. 1871. – Archiv Geolog. Bundesanstalt Wien.
— Der Arlberg. Eine geologische Studie für die Wahl der zweckmäßigsten Tunneltrasse zur Verbindung der Eisenbahnstrecken in Tirol und Vorarlberg. – Handschrift im Archiv Geol. Bundesanstalt Wien. O. J. (1871?)
— Über den Tunnel durch den Arlberg. (Vortr.) – VRA 1872, 138–142.
— Technischer Bericht über das Projekt der Arlbergbahn etc. (Geolog. Teil.) – Herausgeg. i. A. d. Handelsmin. v. d. Bauabtlg der Generalinspektion d. österr. Eisenbahnen, Wien 1872, 2 Taf., K. 1:28800.
— Der Bergsturz bei Unterstein auf der Salzburger-Tyroler Bahn. – VRA 1875, 175–181.

Wondrak F. Bewaldung und Hochwasser. – Z. DÖAV, 1883, 170–186.

Würm- und Walchensee. Zur Hydrographie des –s. (Besprechung des Stauprojektes.) – Mitt. DÖAV, 1878, 191–194.

Würtenberger Th. Der Überlinger Tunnel und seine Bedeutung für die Bodenseegeologie. – Konstanz (W. Meck) 1901, 22 S.; Mitt. d. Thurg. Natf. Ges., H. 14, Frauenfeld (Huber) 1900, 99–118. – Bespr. GZ 2/160, 161; NJb. 1903/1, 471.
— Über geologische Funde, die beim Bau des Eisenbahntunnels in Überlingen a. S. gemacht wurden. (Vortr.) – Schr. d. Ver., f. Gesch. d. Bodensees, 30, 1901, 22–30, 1 Fig.
— Über den Konstanzer Trichter. (Vortr.) – Mitt. Thurg. Natf. Ges., H. 15, Frauenfeld 1902, 67–69. – Bespr. GZ 8/721.

Zallinger F. De causis et remediis inundationum in Tyroli. – Innsbruck 1778; 2. erw. u. verb. Aufl. (deutsch) 1779.

Zaniol G. Sulla provenienza della falda freatica che alimenta le resorgive fra Brenta e Livenza. – IX Ann. d. Ist. prov. e paregg. Jacopo Riccati, Treviso (Longo e Zoppelli) 1931, 65–67.

Zeech F. Die Zugspitzbahn. – Siemens-Z., 7, 1927, 618–628.

Zentzytzki St. Verarbeitung des Ölschiefers mittels Schwelverfahrens. – Münchner Neueste Nachr., Nr. 33 vom 7. 9. 1924, Beilage Fortschritte der Technik.

Zeppelin E. Graf. Geschichte der Dampfschiffahrt auf dem Bodensee 1824–1884. – Schr. d. Ver. f. Gesch. d. Bodensees, 14, Lindau 1885, 39–79.

Zikeli E. L'Azienda Elettrica Consorziale delle città di Bolzano e Merano ed i suoi impianti. – Merano (Poetzelberger) 1930, 36 S.

Zillertaler Kraftwerke. Ausbau der –. – Wiener Neueste Nachrichten v. 4. 1. 1928.

— (F. K.) Die –. – Tiroler Anzeiger, Nr. 145 v. 1930.

Zollikofer. Bericht und Bemerkungen über die Überschwemmungen des Rheins und Bodensees in den Tagen vom 12.–18. August 1821 betreffend. – Übersicht der Verh. d. St. Gall. Natwiss. Ges. i. J. 1821–1822, St. Gallen 1822, 24–27.

Zuber. Bemerkungen betreffend die große österreichische Rheinlaufs- und Rheinkorrektionskarte vom Liechtensteinischen bis in den Bodensee. – Verh. Allgem. Schw. Ges. f. d. ges. Natwiss., 1830, St. Gallen 1831, 81.

— Einige Bemerkungen, die große österreichische Rheinlaufs- und Rheinkorrektionskarte betreffend. – Übersicht der Verh. d. St. Gall. Natwiss. Ges. i. d. J. 1831–1835, St. Gallen 1835, 13–15.

Zugspitzbahn. Die –. – Mitt. DÖAV, 1924, 236–237.

— Mit der Bayrischen – zum Sporthotel Schneefernerhaus und auf den Zugspitzgipfel. – München (Bayerland-Verl.) 1931, 32 S.

Zugspitze. Drahtseilbahn zur –. – Energie, 32, Berlin 1927, 206–210.

— Die – und ihre Bahnen. – Innsbr. Nachr., Nr. 47 v. 25. 2. 1933, 4 Sp.

Ur
Urgeschichte.

Ala-Santa Margherita. Frühzeitliche Funde. – Mitt. Zentralkomm. f. Erforschung usw., Wien 1909, 614.

Ambrosi F. Gli utensili in pietra selce del Museo di Trento. – Patriotta, 1, 13. 1. 1866.

— Oggetti preistorici trentini conservati al Museo di Trento. – Boll. di Paletnologia it., 2, 1876, 138ff.

— Tracce dell'uomo preistorico nel Trentino in proposito ai limiti da assegnarsi alle stazioni lacustri in Italia. – Atti III Congr. geogr. internat. Venezia, 1881, v. 2.

Ampferer O. Josef Bayer †. – VBA 1931, 191–192.

— Geologischer Führer für das Kaisergebirge. – Wien (Geol. Bdsanst.) 1933, 132 S., 48 Abb., K. 1:25000. – Bespr. Alpenländer-Korr., Nr. 4 v. 25. 1. 1934; Innsbr. Nachr. u. Tir. Anzg., Nr. 20 v. 25. 1. 1934; Tir. Grenzbote, Nr. 10 v. 3. 2. 1934; Z. f. prakt. Geol., 42, 1934, 62; Tir. Heimatblätter, 12, 1934, 192; Wr. Prähist. Z., 21, 1934, 73; Mitt. DÖAV, 1934, 108; Mitt. Geogr. Ges. Wien, 76, 1933, 316; Der Bergsteiger, 4, Nr. 7, 1934, 103; VBA 1934, 13; GZ 53 A/181; GR 25, 1934, 212.

Archäologische Funde im Bodenseegebiet. – Schr. d. Ver. f. Gesch. d. Bodensees, 27, Lindau 1898, 161–162. (U. a. Pfahlbauten bei Bodman.)

Artini E. I manufatti litici del Museo Ponti all'Isola Virginia (lago di Varese). – Rend. R. Ist. Lomb. di Sc. e Lett., s. 2, v. 42, f. 15, Milano 1909, 720–727. – Bespr. Boll. Com. geol. d'It., 41, 1910, 99.

Arzruni A. Beue Beobachtungen am Nephrit und Jadeit. – Z. f. Ethnol., 1883, 15.

Außerer K. Neu entdeckte Wallburgen (Caslir) in Wälschtirol (Judikarien). – Z. Ferdin., 3. F., 47. H., Innsbruck 1903, 290–292.

— Über den Stand der Wallburgforschung im Gebiet des ehemaligen Fürstentums Tirol. – Korrespondenzblatt des Gesamtvereins der deutschen Gesch.- u. Altertumsvereine, 1912.

— Die Besiedelung des Kastelruter Berges. Eine siedlungsgeschichtliche und namenkundliche Studie. – Schlern-Schriften, 25, Innsbruck (Wagner) 1934, 72 S., 8 Abb., 1 K. – Bespr. Mitt. DÖAV, 1934, 198; Dolomiten, Nr. 71, Bolzano, 13. 6. 1934.

Bächler E. Die Flußspathöhle in der Dürrschrennen beim Äscher-Wildkirchli und die neuesten Funde in derselben. – Jb. Natf. Ges. St. Gallen, 1904, 35. In: H. Rehsteiner, Übersicht der 1903/04 gehaltenen Vorträge, 20–69.

— Die prähistorische Kulturstätte in der Wildkirchli-Ebenalphöhle (Säntisgeb. 1477–1500 m ü. d. M.) – Verh. Schw. Natf. Ges., 89. Jvers. St. Gallen 1906, 347–420, 4 Taf., 1 Fig. – Bespr. EgH 10, 1908, 469–472; NJb. 1908/I, 106–109; GZ 10/495; Mitt. Anthrop. Ges. Wien, 37, 1907, Sber., 53.

— Die prähistorische Kulturstätte in der Wildkirchlihöhle. – Mitt. Thurg. Natf. Ges., 18, 1908, 163–165.

— Exkursion ins Wildkirchli am 30. u. 31. Mai 1908. – Jber. Geogr. Ethnogr. Ges. Zürich, 1908/9, 9–21.

— Der Elch und fossile Elchfunde aus der Ostschweiz. – Jb. St. Gall. Natwiss. Ges. 1910, St. Gallen 1911, 72–181, 8 Taf. – Bespr. EgH 12, 1912, 439.

— Ein Naturwunder oder der winterliche Eispalast in der Wildkirchlihöhle. – Appenzeller Kalender f. d. J. 1910, 189, Trogen 1910, 3 S.

— Das Wildkirchli, die älteste prähistorische Kulturstation der Schweiz und ihre Beziehungen zu den altsteinzeitlichen Niederlassungen des Menschen in Europa. – Schriften d. Ver. f. Gesch. d. Bodensees u. seiner Umgebg, 41. H., Lindau 1912, 14–38, 4 Taf.

— Naturgeschichtliches aus dem Säntisgebirge. – In: G. Lüthi u. C. Egloff, Das Säntisgebiet. – Illustr. Touristenführer, St. Gallen (Fehr) 1913, 155–190.

— Die Stellung der Geologie zur heutigen paläolithischen Höhlenforschung. – Vierteljschr. Natf. Ges. Zürich, 64, 1919, 276–294. (Heim-Festschrift.) – Bespr. GZ 25/392.

— Das Drachenloch ob Vättis im Taminatal, 2445 m ü. M., und seine Bedeutung als paläontologische Fundstätte und prähistorische Niederlassung aus

der Altsteinzeit (Paläolithikum) im Schweizerlande. - Jb. St. Gall. Nat. Ges., 57, 1921, 1-144. - Bespr. Die Eiszeit, 1, 1924, 75.
— Die Forschungsergebnisse im Drachenloch ob Vättis im Taminatale (2445 m ü. M.). Nachtrag und Zusammenfassung. - Jb. St. Gall. Nat. Ges., 59, 1923, 79-118.
— Die ältesten Spuren der Menschheit in der Schweiz. - Mitt. Aarg. Natf. Ges., H. 18, 1928, röm. 11.
— Aus der ältesten Urgeschichte unseres Landes. Die Höhlenbewohner. - Jb. St. Galler Lehrerverein, St. Gallen (Fehr) 1930, 72 S., zahlr. Abb. - Bespr. GZ 43/228.
— Die Eiszeit in den Alpen in ihren Beziehungen zur Urgeschichte des Menschen. - Jb. St. Gall. Natwiss. Ges., 65, 1930, 369-483.

Baserga G. Osservazioni sopra la prima età del ferro nel Comasco. - Riv. archeol. d. Prov. e antica Diocesi di Como, f. 94-95, 1928, 6-19.

Battaglia R. Nota preliminare sul paleolitico della Venezia Giulia. - Atti Acc. Sc. Ven.-Trent.-Istr., s. 3, v. 8, Padova 1915, 195-207.
— Le industrie e le faune pleistoc. d'Italia. - Riv. di Anthrop., 22, 1917-1918.
— Notizie preliminarie sulle ricerche eseguite sui M. Lessini nell'anno 1930. - Arch. Antrop. Etnol., 60-61, 1930-1931, 408-436.
— Tracce di un santuario veneto-gallico sul M. Loffa. - Not. degli scavi, 1930-1931.
— Note su alcune industrie paleolitiche della cerchia alpina e delle Alpi Apuane. I. Selce paleolitiche rinvenute sui Monti Lessini e nella caverna Pocala. II. La civiltà di Wildkirchli (Musteriano alpino?) e i suoi rapporti con le industrie paleolitiche della Carsia Giulia e delle Alpi Apuane. - Atti Acc. Sc. Ven.-Trent.-Istr., s. 3, v. 22, Selci Umbro 1931, 93-105, 1 Taf.
— Incisioni rupestri di Valcamonica. - Boll. di Paletnologia It., 52, 1932, 69-74, 3 Taf.
— Scoperta di selci musteriana nei Monti Lessini (Verona). - Atti Soc. It. p. i. Progr. d. Sc., XX Riun. Milano 1931, v. 2, Roma 1932, 447-448.
— Le statue antropomorphe di Lagundo. - Studi Trent. Sc. Stor., 15, 1934, 105-125. - Bespr. Der Schlern, 15, 1934, 433.

Battisti Carlo. Gli strati prelatini dell'Alto Adige. - Atti Soc. it. Progr. Sc., in Firenze, Pavia (Fusi) 1929, 18 S.; Arch. p. l'Alto Adige, 24, 1929, 393-409.

Bayer J. Die Chronologie des jüngeren Quartärs. - Mitt. d. prähist. Komm. d. Ak. d. Wiss. Wien, 2. 2. 1912.
— Das geologisch-archäologische Verhältnis im Eiszeitalter. - Z. f. Ethnogr., 44, 1912, 1-22.
— Die Gliederung des Diluviums in Europa. - Mitt. Geol. Ges. Wien, 1913, 188-196. - Bespr. Pet-Mitt., 61, 1915, 395.
— Urgeschichtlicher Jahresbericht aus Österreich 1909-1911. I. ... Salzburg, Tirol und Vorarlberg. - Wr. Prähist. Z., 1, 1914, 88-102.
— Die Chronologie der diluvialen Kulturen und Ablagerungen in den Alpen und in Norddeutschland. - Z. f. Ethnol., 46, Berlin 1914, 465-477, 924. - Bespr. GZ 22/1032.
— Der Mensch der Eiszeit. - Verh. Ges. Deutscher Nat. u. Ärzte, 85. Vers. Wien 1913, Leipzig 1914, 103-107.
— Identität der Achenschwankung Pencks mit dem Riß-Würm-Interglazial. - Mitt. Geol. Ges. Wien, 7, 1914, 195-204. - Bespr. GZ 22/884.
— „Lößmagdalénien", „warmes Moustérien" und Entstehungszeit der Hoch- und Niederterrasse. - Mitt. Anthrop. Ges. Wien, 51, 1921, 25-30. S. Hilber.
— Bemerkungen zu vorstehender „Erwiderung" (Hilbers zu Bayers Lößmagdalénien). - Mitt. Anthrop. Ges. Wien, 52, 1922, 189-190. S. Hilber.
— Die geologische und archäologische Stellung des Hochgebirgs-Paläolithikums der Schweiz. - Die Eiszeit, 1, 1924, 59-67. - Bespr. Z. f. Glkde, 15, 1927, 232, 318. (S. auch Brückner.)
— E. Brückners „postglazialer" Rheintallöß. - Die Eiszeit, 3, 1926, 53. - Bespr. GZ 40/203.
— Der Mensch im Eiszeitalter. I. Teil. Der Weg zur relativen Chronologie des Eiszeitalters. II. Teil. Entwurf einer historischen Geologie des Eiszeitalters. - Leipzig u. Wien (F. Deuticke) 1927, 452 S., 1 Taf., 220 Abb. - Bespr. Mitt. Geol. Ges. Wien, 18, 1925, 201; VRA 1927, 209-212; GZ 37/573, 574; Mitt. Anthrop. Ges. Wien, 57, 1927, 216.
— Zum Problem der Gliederung des Eiszeitalters. - Mannus, 20, 1928, 25-34. (Erwiderg an Soergel.)
— Wildkirchlikultur. Eiszeit u. Urgesch., 6, 1929, 142. - Bespr. GZ 46 A/1109.
— Hat das Hochgebirgspaläolithikum der Schweiz Knochenwerkzeuge geliefert? - Eiszeit u. Urgeschichte, 7, 1930, 139-140. - Bespr. GZ 48 A/312.

Beck P. Über das schweizerische und europäische Pliozän und Pleistozän. - EgH 26, 1933, 335-437, 2 Taf., 7 Fig.
— Das Quartär. - In: Geol. Führer der Schweiz, herausgeg. v. d. Schwz. Geol. Ges., Basel (Wepf) 1934, Fasz. I, 26-41.

Beltrami G. Una stazione litica a Monte Albano presso Mori. - Alto Adige, 1908.
— Due parole sull'età neolitica in Val Lagarina. - Messaggero, n. 123-124, Rovereto 1910.

Bernardi R. Gli avanzi umani della stazione litica sotto il Doss Trento. - Arch. Trent., 24, 1909, 54-60. S. a. Roberti, Boll. Paletnol. It., 36, 204.

Bertsch K. Die neolithische Flora von Ravensburg. - Bot. Archiv, 7, Königsberg 1924.
— Die Pflanzenreste aus der Kulturgeschichte der neolithischen Siedlung Riedschachen bei Schussenried. - Schr. Ver. f. Gesch. d. Bodensees u. s. U., 54. H., Lindau 1926, 261-279, 1 Abb.
— Das Blütenstaubdiagramm der spätbronzezeitlichen Siedlung im Federseeried. - Schr. d. Ver. f. Gesch. d. Bodensees u. s. Umgebung, 55. H., Friedrichshafen 1927, 215-220, 1 Diagr.
— Blütenstaubuntersuchungen im Federseegebiet. Das Enzisholzried bei Schussenried. Der Egelsee bei Gornhofen. - Veröffentl. Staatl. Stelle f. Naturschutz Württembg, 4, 1928, 7-49, 15 Abb.; 50-54, 1 Abb.; 55-68, 2 Abb. - Bespr. GZ 38/311, 312, 1416.
— Klima, Pflanzendecke und Besiedlung Mitteleuropas in vor- und frühgeschichtlicher Zeit nach den Ergebnissen der pollenanalytischen Forschung. - Deutsch. archäol. Inst., 18, 1928, 191-196, 2 Taf.
— Wasserspiegelschwankungen des Bodensees in der älteren Nacheiszeit. - Abh. Nat. Ver. Bremen, 28, 1931, Weber-Festschrift. - Bespr. GZ 47 A/1154.
— Paläobotanische Untersuchungen im Federseeried. - Forsch. u. Fortschr., 7, 1931, 386-387, 1 Abb.
— Die Pflanzenreste der Pfahlbauten von Sipplingen und Langenrain am Bodensee. - Badische

Fundberichte, Amtl. Nachrbl. f. d. ur- u. frühgesch. Forschg, herausgeg. v. Ausschuß f. d. Ur- u. Frühgesch. Badens durch W. Deecke, II, 9. 1. 1932, 305–320, 2 Abb.; Schr. d. Ver. f. Gesch. d. Bodensees, 59, 1932. – Bespr. GZ 47 A/2179.

Berwerth F. Kommt Nephrit in den Alpen vor? – NJb. 1881/1, 99–100.

— Die Nephrit-Jadeit-Frage. – Mitt. Anthrop. Ges. Wien, 20, 1890, Sber., 54–58.

— Chemische Analyse von Jadeitbeilen. – Tscherm. Min. u. petr. Mitt., 20, 1901, 357–358. – Bespr. NJb. 1902/1, 351.

— Über Nephrit u. Jadeit. (Vortr.) – Tscherm. Min. u. petr. Mitt., 24, 1905, 228–240.

Bierbaum G. Vesuvian- und Fibrolithbeilchen aus dem Bodensee. – Abh. Nat. Ges. Isis, Dresden 1919, 3–29.

Birkner F. Der diluviale Mensch in Europa. – München (Isaria) 1910, 56 S.

Bizzarro M. Berichte über Höhlenforschungen in Tirol im Sommer 1920. – Ber. d. staatl. Höhlenkomm., 1, Wien 1920, 63–84, 11 Abb.

Blaas J. Die Zeichen der Eiszeit in Tirol. – Tiroler Schulfreund, Innsbruck 1884, Nr. 7–9, 14 S. – Bespr. NJb. 1886/1, 103.

— Über Spuren des Kulturmenschen im Löß bei Innsbruck. – Ber. Natw.-mediz. Ver. Innsbruck, 14, 1884, 1–20. – Bespr. NJb. 1886/1, 104; Bl. 639.

— Bilder aus der Urwelt Tirols. (Vortr. – Wien (C. Fischer) 1887, 20 S. – Bespr. Mitt. DÖAV, 1890, 263.

— Ein alter Innsbrucker. (Prähist.) – Jnnsbr. Nachr., Nr. 294 v. 24. 12. 1904.

— Der Boden von Hötting. – Tiroler Anzg., Nr. 274 v. 28. 11. u. Nr. 280 v. 5. 12. 1931.

Blumrich J. Zur Frage der vorzeitlichen Siedlungsräume am Rhein. – Heimat, 13, Innsbruck 1932, 17–20.

Bodensee. Prähistorische Karte des Bodensees und Umgebung. – Zum Bericht ü. d. 8. Vers. d. D. Anthrop. Ges. zu Constanz Sept. 1877; Korrespbl. D. Ges. f. Anthrop. etc., Basel 1877.

— (E. N.) Die bedeutendsten Ausgrabungen am – im Jahre 1933. – Innsbrucker Nachr., Nr. 188 v. 18. 8. 1934, $1^1/_2$ Sp.

Böhne E. Die Kupfererzgänge von Mitterberg in Salzburg. Gangverhalten und Erzfolge. – Archiv f. Lagerstättenforschung, H. 49, Berlin (Preuß. Geol. Ldsanst.) 1931, 106 S., 6 Taf., 69 Abb. – Bespr. NJb. 1933/2, 188; GZ 52A/341; Z. f. prakt. Geol., 41, 1933, 40.

Böll A. Die neuesten Pfahlbaufunde am Überlinger See. – Schr. d. Ver. f. Gesch. d. Bodensees, 11, Lindau 1882, 93–100.

Bölsche W. Der Mensch der Vorzeit. II. Teil. Der Mensch der Pfahlbauzeit. (Kosmos.) – Stuttgart (Franckh) 1911, 96 S.

Bonafini G. Interessanti incisioni preistoriche a Cemmo. – Brescia, 3, 1930, n. 8, 27–29.

— Il parco nazionale preistorico della Val Camonica. – Brescia, 5, 1932, n. 12, 24–30.

Branca W. Über den gegenwärtigen Stand unserer Kenntnis vom fossilen Menschen. – Z. DGeolGes., 63, 1911, Mber. 3, 145–151. – Bespr. GZ 7/803, 804.

Brockmann-Jerosch H. Die fossilen Pflanzenreste des glazialen Delta bei Kaltbrunn (bei Uznach, Kanton St. Gallen) und deren Bedeutung für die Auffassung des Wesens der Eiszeit. – Jb. St. Gall. Natwiss. Ges. f. 1909 (1910), 189 S.; Habil.-Schr. Univ. Zürich, 2. Aufl. Leipzig (Engelmann) 1912. – Bespr. EgH 11, 1910, 696; 5. Jber. Schw. Ges. f. Urgesch., 1912, Zürich 1913, 67; Ber. Schw. Botan. Ges., 20. H., 1911, 49; PetMitt., 59, 1913, 319.

Brückner E. H. F. Osborn über die Gliederung des Quartärs und ihre Beziehung zur Prähistorie. – Z. f. Glkde, 14, 1926, 171–177.

— Die geologische und archäologische Stellung des Hochgebirgspaläolithikums der Schweiz. (Bespr. des Aufsatzes von J. Bayer in: Die Eiszeit, 1927, 59–65.) – Z. f. Glkde, 15, 1927, 232–235, 318.

Buechl A. La ceramica delle palafitte del Garda. – Boll. d. Paletnologia it., 49, 1929, 46–58.

Bumüller J. Aus der Urzeit des Menschen. – 2. Aufl. Köln 1907, 3. Aufl. 1914 (Höttinger Br. 31, bzw. 40). 4. Aufl. Augsburg (Filser) 1925, 365 S., 27 Taf. – Bespr. PetMitt., 74, 1928, 250.

Burgstaller Kopf (R. Pz.) – prähist. Siedlung. – Der Schlern, 12, 1931, 355.

Buttmann H. Die Kupferkieslagerstätten von Mitterberg. – Diss. Freiberg i. S., 1913, 76 S., K. 1:75000. S. a. Lopes Cardozo. – Bespr. GZ 24/1038.

Cacciamali G. B. Geologia della collina di Castenedolo e connessavi questione dell'uomo pliocenico. – Brescia 1896, 93 S., 3 Taf. – Bespr. Boll. Com. geol. d'It., 28, 1897, 91.

Calestani V. Masso preistorico a copelle rinvenuto in Val di Sole. – Studi Trent. d. Sc. Stor., 14, 1933, 285–289.

Canestrini G. Ancora della stazione litica di Mezzocorona. – Arch. Trent., 7, 1888, 125.

— Cenni sugli avanzi animali della palafitta di Arquà. – Bull. Paletn. Ital., 14, n. 11–12, Parma 1888, 197–204.

Cathrein A. Neue Mikrodiagnose an einem Jadeitmeißel vom Bondone. – Z. Ferdin., 59, Innsbruck 1915, 239–254, 1 Taf. – Bespr. NJb. 1917, 20.

Chierici G. Speciali forme dell'ascia di pietra levigata in Italia. – Boll. Paletnol. it., 1881, 7, 13.

Cles. (Sr. = Senoner.) Prähistorische Funde. – Mitt. Anthrop. Ges. Wien, 7, 1877, 245. S. a. Bull. di Paletnol. it., d. 3 de 33.

Cobelli G. de. Scoperte preistoriche nel Roveretano. – Boll. Paletn. it., 18, 1892.

Conze A. Oggetti di Bronzo trovati nel Tirolo Meridionale. (Lett. a W. Helbig.) – Estr. d. Ann. d. Ist. d. corr. Arch., 1877.

Cordenons F. Antichità preistoriche anariane della Regione Euganea. – Atti Soc. Ven.-Trent. Sc. Nat., v. 11, f. 1, 1887, Padova 1888, 67–99, 4 Taf.

Dalla Fior G. Analisi polliniche di torbe e depositi lacustri della Venezia Tridentina. II. Torbe del Renon. III. Le argille interglaciali alle „Fornaci" di Civezzano (Trento-Alt. 480 m). – Mem. d. Mus. di Stor. Nat. d. Ven. Trid., v. 1, f. 5, Trento 1933, 17 S., 4 Abb.; 15 S., 2 Abb.

Dal Piaz G. Sull'esistenza dell'Uomo paleolitico nel Veneto. Utensili di selce e resti di Elephas primigenius scoperti nelle alluvioni del Musone (Asolo). – Mem. Ist. Geol. Univ. Padova, v. 6, 1922, 1–12, 1 T. – Bespr. GZ 32/1571.

— A proposito della scoperta di un presunto filone di roccia volcanica postglaciale nei dintorni di Bressanone nell'Alto Adige. – Rend. d. R. Acc. naz. d. Linc., Cl. mat.-nat., v. 55, s. 6, f. 3–4, Roma 1926, 86–91. – Bespr. VBA 1927, 195; GZ 41/1742; Atti Acc. Sc. Ven.-Trent.-Istr., v. 20, 1929, 9; Studi Trent. Sc. Nat., 7, 1926, 183. (S. a. Klebelsberg.)

— Comunicazione sulla scoperta di selci paleolitiche nei Lessini (Verona). - Atti R. Ist. Ven. d. Sc., L. ed A., 90, p. 2, Venezia 1930–1931, 223–226.

De Campi L. Antike Funde im Val di Non. - Mitt. Zentralkomm. z. Erhaltg u. Erforschg der Kunst- u. hist. Denkmäler, 10, NF., Wien 1884, röm. 189–190.

— Alcuni bronzi trovati nella Naunia. - Arch. Trent., 3, 1884, 119 ff.

— Rinvenimenti di antichità nella Naunia. - Arch. Trent., 3, 1884; 4, 1885.

— Il Sepolcreto di Meclo nella Naunia. - Arch. Trent., 3, 1884, 191–208; 4, 1885, 61–112, 209–256, 14 Taf.

— Die Ausgrabungen in Meclo (Mechel) im Val di Non im Jahre 1884. - Mitt. Anthrop. Ges. Wien, 15, 1885, Verh., 100–101, 18 Fig.

— Tombe della prima età del ferro scoperte presso Romagnano nel Trentino. - Arch. Trent., 5, 1886, 251 ff., 1 Taf. Deutsch: Wien 1888. - Bespr. Mitt. Anthrop. Ges. Wien, 17, 1887, 70.

— Kupfergegenstände aus den tridentinischen Alpen. - Antiqua, Spez.-Z. f. Prähist., 6, 1886, 6f.

— Ein Massenfund alter Bronzen bei Obervintl im Pustertal. - Mitt. Zentralkomm. z. Erforschg etc., 13, 1887, röm. 71–76, 6 Abb. - Bespr. Mitt. Anthrop. Ges. Wien, 17, 1887, 189.

— Stazione preistorica al Dos del Gianicol. - Arch. Trent., 6, 1887, 213 ff.

— I Campi Neri sopra Cles nella Naunia. - Ann. SAT, Rovereto 1887/88.

— Di alcune spade di bronzo trovate nel Veneto, nel Trentino e nel Tirolo. - Boll. di Paletn. it., Parma 1888.

— Scavi e scoperte fatte negli anni 1885–86 a Valemporga di Meclo nell'Anaunia. - Arch. Trent., 7, 1888, 129–184, 6 Taf.; 8, 1889, 209–261, 7 Taf.

— Archäologisches aus Val di Non. - Blge Allgem. Ztg, München 1889.

— Ripostiglio di bronzi arcaici rinvenuti al bosco della Pozza nel tenere di Mezzocorona. - Arch. Trent., 10, 1891, 241 ff.

— Scoperte archeologiche fatte a Vervò nell'Anaunia. - Ann. SAT, 16, 1891/92, 29–39, 1 Taf.

— I Campi Neri di Cles. - Ann. SAT, 16, 1891/92, 133–159, 2 Taf.

— Nuove scoperte archeologiche a Mechel nella Naunia. - Arch. Trent., 15, 1900, 3–43, 2 Taf.

— Tombe della prima età di ferro ed altri avanzi romani riconosciuti presso S. Giacomo di Riva. - Arch. Trent., 16, 1901, 129 ff. Deutsch: Wien 1901.

— Rinvenimenti preistorici, romani e medioevali nella Naunia. - Arch. Trent., 19, 1904, 140–152.

— Rinvenimenti del basso impero sulla via della Méndola. - Arch. p. l'Alto Adige, 2, 1907, 359–365, 1 Taf.

— Ripostiglio di bronzi dell'età di ferro riconosciuti presso Ober-Vintl. - Arch. p. l'Alto Adige, 4, 1909, 368–382, 8 Fig.

— Ripostiglio di aghi crinali trovato nei Campi Neri presso Cles. - Atti d. Acc. d. Ag. di Rovereto, s. 3, v. 15, 1909, 307–312. Deutsch im Jb. f. Altertumskunde, 3, 1909, 161–164.

Deicke J. C. Nachricht über neuentdeckte Pfahlbauten am Bodensee. - Anzg. f. schweiz. Gesch. u. Altertumskde, 2, Zürich 1862, 15–17.

Delago H. Schalensteine in Nordtirol. - Tir. Heimatbl., 12, 1934, 342–343.

De Stefani St. Del Bacino torboso al Vallese presso Verona e degli avanzi preistorici che vi si rinvengono. - Atti Acc. d'Agr., Comm. ed Arti di Verona, sed. 8 luglio 1869.

— Sopra gli scavi fatti nella palafitta centrale del golfo di Peschiera ed in quella del Mincio. - Accad. d'Agric., Arti e Comm., s. 3, v. 60, Verona 1884, f. 1, 1 Taf. - Bespr. Mitt. Anthrop. Ges. Wien, 14, 1884, 228.

Dietz E. L'antro delle gallerie in Valganna. Nuove esplorazioni e nuove ipotesi. - Arch. d. Soc. Stor. Varesina, 1, 1931/32, 15–25.

Drygalski E. v. Das Eiszeitalter nach Paul Woldstedt. - Die Naturwissenschaften, 18, 1930, H. 18, 377–380.

Durwalder E. Prähistorische Höhlenfunde am Calanda. - Die Alpen, 3, 1927, 52–54.

Eberl B. Zur Chronologie und Gliederung des Eiszeitalters im Bereiche des alpinen Glazials. - Anthrop. Anzg., 5, 1928, 250–259.

Edinger T. Der sogenannte „Neue Pithekanthropus-Schädel". - Natur und Museum, 57, 1927, H. 12, 589–591.

Egger A. Vorgeschichtliche Funde bei St. Andrä nächst Brixen. - Mitt. Zentralkomm. f. Erforschung etc., Wien 1911, 477, 588.

— u. **Menghin O.** Die prähistorische Ansiedlung von Stufels (Brixen a. E.) in Südtirol. - Wr. Prähist. Z., 1, 1914, 172–188, 9 Abb.

Egger A. Prähistorische Topographie des Feldthurner Plateaus. - Forschungen u. Mitt. z. Gesch. Tirols u. Vorarlbergs, 12, 1915, 116–120.

— Prähistorische Stationen auf dem St. Andräer Berge bei Brixen. - Mitt. Zentralkomm. f. Erforschg etc., 3. F., 15, Wien 1916/17, 130–145, 11 Abb. - Bespr. Wr. Prähist. Z., 4, 1917, 114.

— Vorgeschichtliche Ortsbeschreibung des Natzerberges bei Brixen. - Forschungen u. Mitt. z. Gesch. Tirols und Vorarlbergs, 14, Innsbruck 1917, 129–146, 8 Abb. - Bespr. Wr. Prähist. Z., 4, 1917, 114.

— Prähistorische Besiedlung des Villnößtales. - Mitt. Anthrop. Ges. Wien, Sber. 1917–1918, Wien 1918, 6–9.

— Aus Lüsens Urzeit. - Der Schlern, 1, 1920, 122–124.

— Urgeschichtliches aus dem Villnößtale. - Der Schlern, 2, 1921, 17–19.

— Die Besiedlung von Brixen und Umgebung in vorgeschichtlicher Zeit. - Der Schlern, 6, 1925, 292–300.

— Zwei vorgeschichtliche Siedlungen am St. Cyrill-Bühel bei Tils. - Der Schlern, 8, 1927, 208–211, 2 Taf.

— Illyrisch-norisch-römische Burgsiedlungen im Pustertale. - Der Schlern, 15, 1934, 246–265.

Eisenstecken P. Ein neuer Ringwall auf Nova Ponente. - Der Schlern, 12, 1931, 238–239.

— Prähistorische Funde im Leuchtenburger Forst. - Der Schlern, 14, 1933, 176.

— Prähistorische Grabversuche in Glaning. - Der Schlern, 14, 1933, 220, 1 Taf.

— Ausgrabungen im Leuchtenburger Forst. - Der Schlern, 14, 1933, 275, 1 Skz.

Eisterer F. Ein Einzelfund aus Kufstein-Zell (Tirol). - Wr. Prähist. Z., 20, 1933, 8–9, 1 Abb.

— Eine Bronzenadel aus Kufstein-Sparchen (Tirol). - Wr. Prähist. Z., 20, 1933, 9, 1 Abb.

— Noch etwas über die Grabungen im Wörgler Urnenfriedhof. - Tiroler Grenzbote, Nr. 34 v. 28. 4. 1934.

— Noch eine Bronzenadel aus Kufstein-Zell (Tirol). - Wr. Prähist. Z., 21, 1934, 47–48, 1 Abb.

Erb L. Geolog. Spezialkarte von Baden. Erläuterungen zu Blatt Hilzingen (Nr. 146). Mit einem prähist. Beitr. v. G. Kraft und K. Sulzberger

(1:25000). – Freiburg i. Br. (Herder) 1931, 115 S., 10 Abb.

Eugster H. Exkursion Nr. 74. Säntis (Alpstein). – In: Geol. Führer der Schweiz, herausgeg. v. d. Schw. Geol. Ges., Basel (Wepf) 1934, Fasz. XII, 889–905, 2 Fig.

Falsirol O. Di una stazione preistorica scoperta a Marano di Valpolicella nel Veronese. – Verona (T. Oper.) 1930, 13 S., 1 Taf.

Fauna preistorica. La – al Castelar de la Groa. – Studi Trent. Sc. Nat., 10, 1929, 65, 239.

Fellenberg E. v. Zur Nephritfrage. – Verh. Berliner Anthropol. Ges., Berlin, Mai 1884, 5 S. – Bespr. NJb. 1887/1, 9.

Feuchter A. Der Bergbau „Kelchalpe". Ein gesteinskundlicher und zeitgeschichtlicher Blick aus dem Rahmen der Gegenwart bis in die Anfänge des Bergbaues. – Montanist. Rdsch., 23, Nr. 5, 1931, 8 S.

Filzer H. (F. H.) Der Rest einer heidnischen Kultstätte im Spertental. – Kitzbüheler Nachr., 1930, Nr. 1 u. 2.

Finckh L. Zur Nephritfrage. – Z. DGeolGes., 64, 1912, Mber. Nr. 1, 18–24. – Bespr. GZ 18/800.

— Bodenseebüchlein. – Bielefeld u. Leipzig (Velhagen u. Klasing) 1928, 50 Abb. – Bespr. Heimat, 9, Bregenz 1928, 160.

Firbas F. Die Beziehungen des Kupferbergbaues im Gebiete von Mühlbach-Bischofshofen zur nacheiszeitlichen Wald- und Klimageschichte. – Materialien zur Urgesch. Österreichs, 6, 1932, 173–179, 3 Fig., 1 Tab.

Fischer H. Über die in den Pfahlbauten gefundenen Nephrite und nephritähnlichen Mineralien. – Arch. f. Anthrop., H. 3, 1867, 337–344. – Bespr. NJb. 1868, 85.

— Mikroskopische Untersuchung verschiedener Nephritproben aus den Pfahlbauten von Maurach bei Überlingen am Bodensee. – NJb. 1883/2, 80–82.

Fligier. Aus der Urzeit des südlichen Tirol. – Mitt. Anthrop. Ges. Wien, 12, 1882, 163. S. Panizza.

Flix. Eiszeit, Bronzezeit und der „Tiefe Schweb". Seltsames im Bodensee. Die Pfahlbauten bei Unteruhldingen. – Münchner Neueste Nachr., Nr. 210 v. 1931, 3 Sp.

Forrer R. Paßfunde aus der Bronzezeit im Kanton Graubünden. – Antiqua, 1887, 3–7.

Frank E. Die Pfahlbaustation Schussenried. – Schr. d. Ver. f. Gesch. d. Bodensees u. s. Umgebung, 7, 1876, 162–179, 1 K., 1 Ansicht.

— Die Pfahlbaustation bei Schussenried. – Jh. Ver. f. vaterld. Natkde Württ., 1876.

— Die Fundstellen von Schussenried. – Korrespbl. f. Anthrop., 1892.

Franz L. u. **Mitscha-Marheim H.** Urgeschichtliche Forschung in Österreich seit 1900. – Ber. d. Röm.-germ. Komm. d. Deutsch. Arch. Inst., Ber. 1925/1926, 1–34.

Franz L. Vorgeschichtliches Leben in den Alpen. – Wien (A. Schroll) 1929, 95 S., 82 Abb. – Bespr. Mitt. DÖAV, 1930, 93; PetMitt., 77, 1931, 269; Mitt. Anthrop. Ges. Wien, 60, 1930, 206.

— Die vorgeschichtlichen Altertümer Kärntens. – Mitt. Anthrop. Ges. Wien, 61, 1931, 98–122, 34 Abb. – Bespr. GZ 47A/1251.

Früh J. Über Kohlenreste aus dem Schweizerbild. – Neue Denkschr. Schw. Natf. Ges., 35, Zürich 1896, 197–200. – Bespr. EgH 5, 1897, 105; NJb. 1899/2, 346.

— u. **Schröter C.** Die Moore der Schweiz mit Berücksichtigung der gesamten Moorfrage. – Beitr. z. Geol. d. Schw., Geotechn. Ser., 3. Lfrg, Bern 1904, 751 S., 1 K. – Bespr. Z. Ges. f. Erdkde Berlin, 1905, 727; EgH 8, 1903, 622; GZ 6/731; PetMitt., 52, Litber., 35.

— Geographie der Schweiz. – St. Gallen (Fehr) 1929 –1933, 805 S., 225 Fig., 7 Taf., K. 1:400000. – Bespr. Mitt. DÖAV, 1930, 93, 155; 1933, 183; Z. f. Glkde, 18, 1930, 263; Geogr. Z., 36, 1930, 564; 39, 1933, 51, 436; GZ 46A/349; Mitt. Anthrop. Ges. Wien, 60, 1930, 199; 62, 1932, 311; 63, 1933, 385; PetMitt., 79, 1933, 149; Z. Ges. f. Erdkde Berlin, 1934, 303.

Frühgeschichtliche Funde in Südtirol. (Pfatten s. Bozen u. Algund bei Meran.) – Der Bergsteiger, 3, Nr. 1, 1932, Notizen, 13–14.

Gams H. u. **Nordhagen R.** Postglaziale Klimaänderungen und Erdkrustenbewegungen in Mitteleuropa. – Mitt. Geogr. Ges. München, 16, 1923, 13–336, 73 Abb. – Bespr. GZ 30/25; Vierteljschr. f. Gesch. u. Ldskde Vorarlbergs, 8, 1924, 23; Wr. Prähist. Z., 11, 1924, 75. S. a. W. Staub.

Gams H. Prähistorisches Kulturgut bei den Walsern. – Heimat, 6, Bregenz 1925, 81–85.

— Die Erforschung der Klimaentwicklung in vorgeschichtlicher und geschichtlicher Zeit. Ein Rückblick und Ausblick. (Vortr.) – Tagungsber. Deutsche Anthrop. Ges., 46, Tübingen 1923, Augsburg (Filser) 1926, 20–25. – Bespr. GZ 35/610.

Geidel H. Münchens Vorzeit. – Kultur und Geschichte (Stadtarchiv München), München 1930, 116 S., 51 Abb., 1 K. – Bespr. GR 21, 1930, 76; Wr. Prähist. Z., 17, 1930, 155.

Geikie J. The Antiquity of Man in Europe. – Edinbourgh 1914, 328 S. – Bespr. Journ. of. Geol., v. 23, 1915, 282.

Ghislanzoni E. La Stazione preistorica di Collalbo. – Atti R. Acc. Naz. d. Linc., Not. d. Scavi di antichità, v. 4, s. 6, Roma 1928, 294–323, 2 Taf., 27 Fig. – Bespr. Arch. p. l'Alto Adige, 23, 1928, 233.

— Sanzeno nell'Anaunia. Scavi di abitazioni preromane. – Notizie degli Scavi di antichità, v. 7, s. 6, 1932, 409–471. – Bespr. Studi Trent. Sc. Stor., 13, 1932, 328.

— La tomba eneolitica di Villafranca Veronese. – Bull. di Paletnologia It., 52, 1932, 9–21.

Giovanelli B. Graf. Über ein rhätisches Gefäß und über rhätische Paläographie. – Beiträge z. Gesch., Statistik u. Natkde etc. Tirols, 8, Innsbruck 1834, 133–149.

— Dei Rezi, dell origine dei popoli d'Italia e d'una iscrizione rezio-etrusca. – Trento 1844.

— Die Rhätisch-Etruskischen Altertümer, entdeckt bei Matrei im Mai 1845. – Z. Ferdin., 3. F., 20. H., Innsbruck 1876, 45–99.

Görlich W. Vorgeschichtliche Grabungen im Heidenloch bei Warmbad-Villach. – Carinthia I, 122, 1932, 151.

Gradmann R. Die geographische Bedeutung der postglazialen Klimaschwankungen. – Ver. u. wissensch. Abh. d. 23. D. Geographentages zu Magdeburg 1929, Breslau (Hirt) 1930, 166–185.

Graziosi P. Le incisioni preistoriche di Val Camonica. – Arch. p. l'Antrop. e l'Etnol., 59, 1929, 105–112. S. a. Atti Soc. It. p. i. Progr. d. Sc., 19 Riun. (Bolzano-Trento 1930), Roma 1931, v. 2, 299–301.

Gümbel C. W. v. Über Bildung von Höhlen in Bayern. 1. Abt. Die natürlichen Höhlen in Bayern. – Beitr. z. Anthrop. u. Urgesch. Bayerns, 2, 1879, 191–194, 1 K.

Haager. Die Heidenhöhlen (Heidenlöcher) am Bodensee. – Schr. d. Ver. f. Gesch. d. Bodensees u. s. Umgebung, 7, Lindau 1876, 62–82.

Hammer W. Der Einfluß der Eiszeit auf die Besiedlung der Alpentäler. – Z. DÖAV, 1914, 61–81. – Bespr. GZ 24/626.

Hanke H. Vorgeschichtlicher Bergbau in den Ostalpen. – Innsbr. Ztg, Nr. 198, 201, 202, 204 v. 1933.

Hassler. Die Pfahlbaufunde des Überlinger Sees. – Ulm 1866.

Hauser K. Bar. Über prähistorische Funde in Kärnten. – Mitt. Anthrop. Ges. Wien, 15, 1885, Verh., 66–70.

— Die Geschichte Kärntens von der Urzeit bis Kaiser Karl den Großen. Neu aus Quellen bearbeitet. – Klagenfurt 1893, 147 S., 2 K. – Bespr. Mitt. Anthrop. Ges. Wien, 24, 1894, 210.

Häusler E. Das Schweizerbild und der Fall Nuësch. – Zürich 1909. – Bespr. Mitt. Anthrop. Ges. Wien, 29, 1909, 217.

Heer O. Die Pflanzen der Pfahlbauten. – Neujahrsbl. Natf. Ges. Zürich (1866), 1865, 54 S.; Auszug: Mitt. Antiquar. Ges. Zürich, 15, H. 7, 1866, 310–318. – Bespr. PetMitt. 1866, 355.

Heierli J. Pfahlbauten. 9. Bericht. (Bodensee u. a.) – Mitt. Antiquar. Ges. Zürich, 22, Zürich 1888, 33–98, 1 K., 21 Taf. – Bespr. Mitt. Anthrop. Ges. Wien, 18, 1888, 53.

— La Tène-Gräber in Graubünden. – Mitt. Anthrop. Ges. Wien, 22, 1892, 92–93, 3 Abb.

— Urgeschichte der Schweiz. – Zürich (Müller) 1901, 427 Abb. – Bespr. Mitt. Anthrop. Ges. Wien, 31, 1901, 205.

— Die Nephritfrage mit spezieller Berücksichtigung der schweizerischen Funde. – Anzg. Schw. Altertumskde, NF, 4, 1902, 1–7. – Bespr. GZ 6/1717.

— u. **Oechsli W.** Urgeschichte Graubündens mit Einschluß der Römerzeit. – Mitt. Antiqu. Ges. Zürich, 26, 1903, 1–80, 1 K.

Heierli J. Archäologische Funde in den Kantonen St. Gallen und Appenzell. – Anzg. Schw. Altertumskde, NF, 4, 251–259; 5, 2–9, 103–116, 245–255; 6, 1–7, 1903/4.

—, mit **Henking, Hescheler K., Meister J.** u. **Neuweiler E.** Das Keßlerloch bei Thayngen. – Neue Denkschr. Allg. Schwz. Ges. ges. Natwiss., 43, 1907, 214 S., 32 Taf., 14 Fig.; Auszug: EgH 10, 1908, 464–468. – Bespr. Zbl. Anthrop., Ethnol., Urgesch., 13, 302; Korrespbl. D. Ges. Anthrop., 39, 47; Globus, 94, 1907, 193; Mitt. Anthrop. Ges. Wien, 38, 189; NJb. 1908/2, 261.

Heierli J. Die bronzezeitliche Quellfassung von St. Moritz. – Anzg. Schw. Altertumskde, NF, 9, 1907, 265–278. Beilage zu: Oberengadiner mediz. Festschrift, 1910, 14 S. – Bespr. Jber. Natf. Ges. Grbd., NF, 50, 110.

— Die Schweiz zur Steinzeit und zur Bronzezeit. 2 K. 1:2300000. – Geogr. Ortslexikon, 5, 316.

Heilborn A. Der Mensch der Urzeit. – Aus Natur u. Geisteswelt, Nr. 62, 3. Aufl. Leipzig 1918, 108 S.

Helbing C. Les passages des Alpes aux âges préhistoriques et dans les premiers temps de l'historie. Resumé d'une conférence. – L'Echo des Alpes, Genève 1918, 320–323.

Helbok A. Konstanz und Vorarlberg. – Heimat, 10, Innsbruck 1929, 101–106.

— Kartographische Heimatkunde. Fundkarten der Vor- und Frühzeit. – Heimat, 12, 1931, 321–325, 1 K.; 13, 1932, 11–17, 2 K.

Hell M. Eine bronzezeitliche Höhensiedlung bei St. Johann i. P. in Salzburg und ihre Beziehungen zum alpinen Kupferbergbau. – Mitt. Anthrop. Ges. Wien, 51, 1921, 194–202, 4 Abb.

— Zur vorgeschichtlichen Besiedlung des Landes Salzburg. – Mitt. Ges. f. Salzburger Ldskde, 1922, 1–20.

— Der Götschenberg bei Bischofshofen in Salzburg und seine Beziehungen zum Beginn des alpinen Kupferbergbaues. –Wr. Prähist. Z., 1927, 8–23.

— Ein Steinbeil aus dem Unterinntal. – Wr. Prähist. Z., 16, 1929, 57–59, 1 Abb.

Hescheler K. Aus der Vorgeschichte der Säugetiere der Schweiz. (Vortr.) – Vierteljschr. Natf. Ges. Zürich, 74, 1929, H. 3 u. 4, röm. 22–23; Jb. St. Gall. Natwiss. Ges., 65 (1929 u. 1930), St. Gallen 1930, 17–46. – Bespr. GZ 48 A/587, 2 B/172, 548; NJb. 1932/3, 696.

Hess A. Eine neue paläolithische Fundstelle (Drachenloch ob Vättis). – Natwiss. Wochenschr., NF, 18, Jena 1919, 347–348.

Heuberger R. Das Eisacktal im Altertum. – Der Schlern, 11, 1930, 352–357.

— Aus der Frühgeschichte des Eisacktales. – Der Schlern, 14, 1933, 103–108.

Hilber V. Baustufen, Paläolithikum der Lößstellung. – Mitt. Geol. Ges. Wien, 11, 1918, 193–230.

— Die geologische Stellung des Paläolithikums. – Mitt. Anthrop. Ges. Wien, 50, 1920, 69–71.

— Erwiderung auf Bayer „Lößmagdalénien". – Mitt. Anthrop. Ges. Wien, 52, 1922, 186–189. S. Bayer.

Hild A. Vorgeschichtliche Funde von Gutenberg-Balzers. – Jb. Hist. Ver. f. d. Fst. Liechtenstein, 1932, 9 S., 13 Abb.

— Die Vorgeschichtliche und Römische Abteilung des Landesmuseums. – 75 Jahre Vorarlb. Landesmuseum, Bregenz (Selbstverlag) 1933, 4–7.

— u. **Merhart G. v.** Vor- und frühgeschichtliche Funde von Gutenberg-Balzers 1932/33. – Jb. Hist. Ver. f. d. F. Liechtenstein, 33, Vaduz 1933, 13–47, 13 Taf., 3 Abb., 1 Skz.

Hoeniger K. Vom Krummeck zur Lavenn. Siedlungsgeschichtl. Spaziergang als Anweisung für Ortsnamen- und Wallburgforscher. – Der Schlern, 12, 1931, 301–310.

— Altbozner Bilderbuch. – Bozen (Auer) 1933, 208 S., 100 Abb. – Bespr. Mitt. DÖAV, 1933, 94; Der Schlern, 14, 1933, 178.

Hoernes M. Die vorjährigen Funde auf der Gurina. Die diesjährigen Ausgrabungen auf der Gurina bei Dellach in Kärnten. Generalbericht über die Ausgrabungen auf der Gurina. – Mitt. Anthrop. Ges. Wien, 16, 1886, Sber., 49–50, 59–62; 18, 1888, 53–55.

— Die sogenannten „Paßfunde" in den Alpenländern. – Mitt. Sekt. Natkde ÖTC, 1, 1889, 36–37, 1 Abb.

— Die Urgeschichte des Menschen nach dem heutigen Stande der Wissenschaft. – Wien, Pest, Leipzig (Hartleben) 1892, 672 S., 22 Taf., 323 Abb. – Bespr. Mitt. Anthrop. Ges. Wien, 21, 1891, 195.

— Urgeschichte der Menschheit. – 1. Aufl. 1895, 6. Aufl. (F. Behn), Sammlg Göschen, 42, 1926, 140 S., zahlr. Abb. – Bespr. Wr. Prähist. Z., 7 u. 8, Wien 1921, 90; 15, 1928, 52; Mitt. Anthrop. Ges. Wien, 57, 1927, 137.

— Natur und Urgeschichte des Menschen. – Wien u. Leipzig (Hartleben) 1909, 2 Bde, 591 u. 608 S., zahlr. Abb. – Bespr. PetMitt., 56, 1910, 49–50.

— Kultur der Urzeit. – Sammlg Göschen, 564, 565,

1912, 1916 u. 1921, 146 u. 127 S., zahlr. Abb. – Bespr. Wr. Prähist. Z., 7 u. 8, Wien 1921, 90; 10, 1924, 128; Mitt. Anthrop. Ges. Wien, 43, 1913, 238.

Hoernes R. Die Herkunft des Menschengeschlechtes. (Vortr.) – Jvers. Natwiss. Ver. in Graz, 1891, 26 S.

Hülle W. Grundzüge der vorrömischen Besiedlung Bayerns rechts des Rheins in ihrer Abhängigkeit von den natürlichen und kulturellen Verhältnissen der Vorzeit. Ein prähistorisch-geographischer Versuch. – Augsburg (Fischer) 1932, 92 S., 1 K. – Bespr. Wr. Prähist. Z., 20, 1933, 25.

Innerebner G. Die Wallburg am Wildemannbühel. – Der Schlern, 14, 1933, 490, 1 Skz.

— Die Wallburg am Jobenbühel. – Der Schlern, 15, 1934, 233, 1 Skz.

— Eine vermutliche Wallburg unterhalb oder mit Einschluß von Greifenstein. – Der Schlern, 15, 1934, 286.

— Die Wallburg auf dem Collnoartl am Mitterstielersee. – Der Schlern, 15, 1934, 428–429, 1 Skz.

— Die Wallburg auf dem Falzig. – Der Schlern, 15, 1934, 481–482, 1 Skz.

Innerhofer F. Altertumsfund. (Bronzekelt zwischen Prad u. Gomagoi.) – Der Sammler, Beitr. z. tir. Heimatkde, 2, Meran 1907, 264.

Ischer Th. Waren die Pfahlbauten der Schweizer Seen Land- oder Wassersiedlungen? – Anzg. Schw. Altertumskunde, NF, 30, H. 2, Zürich 1928, 66–77, 3 Abb. – Bespr. Wr. Prähist. Z., 16, 1929, 75.

Issel A. Cenni sulla giacitura dello scheletro umano recentemente scoperto nel Pliocene di Castenedolo (Prov. di Brescia). – Boll. Paleont. It., s. 2, t. 5, Parma 1889. – Bespr. Boll. Com. geol. d'It., 21, 1890, 316.

Jaeger J. Oberstaufen im Allgäu. – Globus, 82, 1902, Nr. 9, 143–145. – Bespr. GZ 5/1437.

— Der Würm- oder Starnberger See. – Globus, 96, 1909, Nr. 3, 45–49; Nr. 4, 61–64, 1 K. – Bespr. GZ 15/1506.

Jaekel O. Zur Urgeschichte des Menschen. – 6. Mitt. a. d. Geol.-pal. Inst. d. Univ. Greifswald, 1928, 20 S.

Jantsch F. Archäologischer Fundbericht 1931. – Carinthia I, 1932, H. 1, 20–36, 4 Abb. (Karn. Alpen.)

Jecklin J. v. Neuere prähistorische Funde aus dem Bündner Oberland. – Anzg. f. Schw. Altertumskde, NF, 14, Zürich 1912, 189–193.

Jenny J. Die Vorzeit Perjens. – Mitt. Zentralkomm. z. Erforschung u. Erhaltung etc., NF, 13, Wien 1887, röm. 34–36, 2 Fig.; röm. 109, 2 Fig.

Jenny S. Vorarlberg vor und unter den Römern. – Schr. d. Ver. f. Gesch. d. Bodensees, 26, Lindau 1897, 22–31.

Juffinger M. Aus der Vor- und Frühgeschichte des Bezirks Kufstein. (Mitgeteilt von R. Sinwel.) – – Tiroler Heimatblätter, Probenummer, 1923, 4–5.

Kalkowsky E. Der Nephrit des Bodensees. – Abh. nat. Ges. Isis, Dresden 1906, 28–44. – Bespr. NJb. 1908/1, 188; GZ 8/1624; EgH 9, 1906, 622; Mitt. Anthrop. Ges. Wien, 37, 1907, Sber., 27.

Kaltenbach E. Beiträge zur Anthropogeographie des Bodenseegebietes. – Diss. Basel (Selbstverlag) 1922, 365 S., 8 K. – Bespr. Vierteljschr. f. Gesch. u. Ldskde Vorarlbergs, 8, 1924, 29.

Keller F. Pfahlbauten. 3. Ber. (U. a. Wangen am Bodensee.) – Mitt. Antiquar. Ges. Zürich, 13, Abt. 2, H. 3, 1860, 71–116.

Keller-Tarnuzzer K. Die Bronzepfahlbauten des schweizerischen Bodenseeufers. – Natur u. Technik, 6, 1924/25, 1925, 217–220.

— u. **Reinerth H.** Urgeschichte des Thurgaues. Ein Beitrag zur schweizerischen Heimatkunde. – Frauenfeld (Huber) 1925, 296 S., 54 Fig., 4 Taf. – Bespr. Heimat, 8, Bregenz 1927, 31; Schr. Ver. f. Gesch. d. Bodensees, 54, 1926, 403.

Keller P. Die postglaziale Entwicklungsgeschichte der Wälder von Norditalien. – Veröffentl. Geobot. Inst. Rübel Zürich, Bern-Berlin 1931, 9. H., 187 S., 39 Abb. – Bespr. GZ 47A/726; Geogr. Z., 38, 1932, 504; Carinthia II, 121 u. 122, 1932, 57.

— Untersuchungen am Pfahlbau „Bleiche-Arbon". – Vierteljschr. Natf. Ges. Zürich, 76, 1931, 304–315, 2 Abb. – Bespr. GZ 46A/1695.

— Storia postglaciale dei boschi dell'Italia Settentrionale. – Arch. bot., 8, 1932, 1.

— Der postglaziale Eichenmischwald in der Schweiz und in den Nachbargebieten. – Beih. z. Botan. Zentralbl., 49, 1932, Abt. II, 176–204, 43 Abb. – Bespr. GZ 49A/573.

— Wandlungen des Landschaftsbildes in prähistorischer Zeit. Die Wald- und Klimageschichte des Fürstenlandes. – St. Gallen (Fehr) 1933, 57 S., 13 Abb. – Bespr. PetMitt., 80, 1934, 92; Wr. Prähist. Z., 21, 1934, 72.

Kisser J. Die quantitative Pollenanalyse im Dienste der urgeschichtlichen Forschung. – Wr. Prähist. Z., 12, 1925, 46–57. – Bespr. NJb. 1928/3, 55.

Kitzbühel. Fund eines Bronzepalstabes bei –. – Prähist. Blätter, 13, München 1901, 9.

Klebelsberg R. v. Toldts Forschungen zur Anthropologie Tirols. – Der Schlern, 2, 16, Bozen 1921, 5 S.

— Ein Vorkommen jungvulkanischen Gesteins bei Brixen a. E. (Südtirol). – Z. DGeolGes., 77, 1925, Mber., 269–275. – Bespr. GZ 33/1189; VBA 1927, 195; Studi Trent. Sc. Nat., 7, 1926, 183. (S. Dal Piaz u. H. Reck.)

— Postglazialer Vulkanismus der Brixner Gegend. – Der Schlern, 7, 1926, 151–154. – Bespr. Studi Trent. Sc. Nat., 7, 1926, 183.

— Ein Mammutzahn-Fund bei Innsbruck. – Z. f. Glkde, 16, 1928, 261–262.

— Urgeschichtliche Funde im Höttinger Gelände. – Tiroler Anzeiger, Nr. 242 v. 19. 10. 1932.

Klose O. Urgeschichtliche Funde bei Rauris. – Mitt. Anthrop. Ges. Wien, 37, 1907, Sber., 36.

— Fundbericht vom Plöckenpaß. – Mitt. Anthrop. Ges. Wien, 40, 1910, Sber., 27.

— Funde i. d. J. 1910 u. 1911 aus dem Hzgt. Salzburg. (U. a. Böckstein, Lofer.) – Mitt. Anthrop. Ges. Wien, 42, 1912, Sber., 177–179.

— Die prähistorischen Funde vom Mitterberge bei Bischofshofen im Städtischen Museum Carolino-Augusteum in Salzburg und zwei prähistorische Schmelzöfen auf dem Mitterberge. – Österr. Kunsttopogr., 17, 1918, Beitrag II.

— Ein Flachgrab der frühen Hallstattzeit in St. Martin bei Lofer (Salzburg). – Wr. Prähist. Z., 15, 1928, 108–111, 4 Abb.

— Die zeitliche Stellung des prähistorischen Kupferbergbaues in den Ostalpen. – Mitt. Anthrop. Ges. Wien, 61, 1931, 137–155, 10 Abb. – Bespr. GZ 47A/1254.

Knapp L. Die erste Siedlung von Schwaz. – Schwazer Lokalanzeiger, 1927, Nr. 13 u. 14.

Knochenhauer B. Beiträge zur Vor- und Frühgeschichte des Berg-, Hütten- und Salinenwesens in Deutschland. – Z. f. Berg-, Hütten- u. Salinenwesen, 80, 1932, B, 121–128.

Kohn E. Urgeschichte des Menschen. – Hillgers Volksbücher, 69, Berlin-Leipzig, o. J., 86 S.

Kossinna E. Neues aus der Geologie und Paläontologie. – Natwiss. Wochenschr., NF, 11, Jena 1912, 358–364, 369–374.

— Neues aus der Geographie und der Geologie. – Natwiss. Wochenschr., NF, 11, Jena 1912, 817–831. (Präglazialtopogr. d. Alpen 822–830.)

Köstler K. Handbuch der Gebiets- und Ortskunde des Königreiches Bayern. 1. Abschn. Urgeschichte und Römerherrschaft bis zum Auftreten der Bajoarier. 1. Teil. – München (Lindauer) 1895, 152 S. – Bespr. Mitt. Anthrop. Ges. Wien, 25, 1895, 184.

Kraft G. Die Stellung der Schweiz innerhalb der bronzezeitlichen Kulturgruppen Mitteleuropas. – Anzg. Schw. Altertumskde, 29, 1927, 1–16, 74–90, 137–148, 209–216; 30, 1928, 1–17, 78–79, 16 Abb., 12 Taf.

Kyrle G. Die zeitliche Stellung der prähistorischen Kupfergruben auf dem Mitterberge bei Bischofshofen. – Mitt. Wr. Anthrop. Ges., 1912, 196–207.

— Alois Menghin † (1918). – Wr. Prähist. Z., 5, 1918, 98–99.

— Der prähistorische Bergbaubetrieb in den Salzburger Alpen. – Österr. Kunsttopographie, 17, Wien 1918, Beitrag I.

— Urgeschichte des Kronlandes Salzburg. (Mit O. Klose, M. Hell u. H. Br. Koblitz.) – Österr. Kunsttopogr., 17, Wien (Schroll) 1918, 304 S., 291 Abb., 1 K. – Bespr. Wr. Prähist. Z., 7 u. 8, Wien 1921, 98; Mitt. Anthrop. Ges. Wien, 51, 1921, 158.

— Urgeschichtliche Bergbaue in den Ostalpen. – Österr. Monatsschr. f. d. öff. Baudienst u. d. Berg- u. Hüttenw., 1, Wien 1920, 170–173, 190–193, 256–260, 282–285. – Bespr. GZ 29/333.

— Übersicht der urgeschichtlichen Besiedlung von Vorarlberg. (Vortr.) – Mitt. Anthrop. Ges. Wien, Sber. 1919–1920, Wien 1920, 12.

— Bergbau. – Ebert, Reallexikon, 1, 1924.

— Absam, Ampaß, Hall, Hohe Salve, Hötting, Kufstein, Matrei, Mühlau, Natters, Ried, Sistrans, Steinach, Thaur, Tischofer Höhle, Völs, Welzelach, Wilten, Wörgl, Zirl. – Reallexikon der Vorgesch., 1–14, 1924–1929.

— Höttinger Kultur. – Ebert, Reallexikon, 5, 1926.

— Die Höttinger Kultur in ihrer Beziehung zu den endbronzezeitlichen Kupferbergwerken der nördlichen Ostalpen. (Mit besonderer Berücksichtigung des Gräberfeldes von Hötting.) – Wr. Prähist. Z., 19, 1932, 9–24, 1 Skze.

— Die Gold-, Silber-, Blei- und Kupfergewinnung in urgeschichtlicher Zeit in den österr. Alpen. – Blätter f. Gesch. d. Technik, Wien (Springer) 1932, 1. H., 63–72. – Bespr. Wr. Prähist. Z., 20, 1933, 43.

Lachmann Th. Archäologische Funde im Bodenseegebiet. – Schr. d. Ver. f. Gesch. d. Bodensees, 28, 1899, 131–132; 29, 1900, 205–208; 30, 1901, 241–242.

Laviosa-Zambotti P. Nota su due pietre megalitiche figurale recentemente scoperte presso Lagundo nel territorio di Merano. – Studi Etruschi, 6, 1932, 497–501, 2 Taf.

— Aspetti del problema cronologico nella preistoria atesina. – Studi Trent. d. Sc. Stor., 14, 1933, 248–254. – Bespr. Der Schlern, 15, 1934, 287.

— Edizione archeologica della carta d'Italia al 100000. – Firenze (R. Ist. Geogr. Mil.) 1933–1934. F. IV P. d. Resia, F. V Merano, F. 9 M. Cevedale. 1933, 20 S. F. XV Bolzano, F. 11 M. Marmolada. 1934, 64 S. F. VI Bressanone, F. VI bis P. d. Brennero, F. VII Monguelfo, F. VII bis Vetta d'It. 1934, 33 S. – Bespr. Der Schlern, 15, 1934, 288.

— Preistoria atesina. Le statue megalitiche di Lagundo. – La Provincia di Bolzano, a. 8, n. 72, Bolzano, 25. 3. 1934.

Ledro. Le palafitte del Lago di –. – Studi Trent. Sc. Nat., 10, 1929, 239–240.

Leiner L. Geräte von Kupfer und kupferreicher Bronze aus der Vorzeit der Geschichte unserer Gegend. – Schr. d. Ver. f. Gesch. d. Bodensees, 12, Lindau 1883, 156–158.

— Vom Pfahlbautenwesen am Bodensee und seiner Vorzeit. – Festschr. Württembg. Anthrop. Ver., Stuttgart 1899, 22 S.

Lepsius R. Kultur und Eiszeit. – Ges. Deutscher Naturforscher und Ärzte, Leipzig 1896, 18 S.

— Die Einheit und die Ursachen der diluvialen Eiszeit in den Alpen. – Abh. Hess. geol. Ldsanst. Darmstadt, 5, 1910, 1–136. – Bespr. GZ 19/1268, 20/354; NJb. 1911/1, 122; VRA 1911, 261; EgH 12, 1912, 411; Geogr. Z., 18, 1912, 460; PetMitt., 57, 1911/1, 318; Natwiss. Wochenschr., NF, 11, 1912, 573.

Lienau M. Die bronzezeitliche Quellfassung von St. Moritz. – Mannus, 10, 1918, Leipzig u. Würzburg 1919, 25–30.

Lindau. Das Pfahldorf Riedschachen bei Schussenried und ähnliche Lokalitäten. – Verh. Bot. Ver. Prov. Brandenburg, 1920/21.

Lioy P. Le abitazioni lacustri di Fimon. – Mem. R. Ist. Ven., Venezia 1876.

Lopes Cardozo A. De Mitterberger Kopermijnbouw. (Der Mitterberger Kupferbergbau.) – In: Verslagen van de geol.-ertskundl. excursie ... 1931 ... (Berichte ü. d. geol.-erzkundl. Exkurs. nach Sachsen, Schlesien und Kärnten ... 1931 ...) Lustrum-Jaarboekje van de Mijnbouwkundige Vereeniging te Delft, 1931–1932, 230–241, 1 Prof., 2 K. S. a. Buttmann.

Ludwig A., Eugster H., Bächler E. Berichte über die Exkursion der Schweizerischen Geol. Ges. im St. gall.-appenz. Molasseland, im Fähnern- und Wildkirchligebiet vom 9.–11. Sept. 1930. – EgH 24, 1931, 125–157, 3 Abb.

Lun A. Eine Bemerkung und eine Meinung zu den Schalensteinen. – Der Schlern, 15, 1934, 236.

Luschan F. Eine Begräbnisstätte aus der Bronzezeit bei Villach in Kärnten. – Mitt. Anthrop. Ges. Wien, 2, 1872, 10–18, 6 Abb.

— Die Höhlen bei Villach. – Mitt. Anthrop. Ges. Wien, 2, 1872, 313–322, 6 Fig.

Machatschek F. Die Gliederung des Eiszeitalters in Europa. – Wr. Prähist. Z., 17, 1930, 16 S. – Bespr. Z. f. Geomorph., 6, 1931, 127.

Mader I. (M. I.) Prähistorische Skelettfunde? (Bei Milland.) – Der Schlern, 10, 1929, 32.

— Die Ortsnamen der Pfarrgemeinde Natz (mit siedlungsgeschichtlichen Bemerkungen). – Schlern-schriften, Nr. 22, Innsbruck (Wagner) 1933, 128 S. – Bespr. Dolomiten, Nr. 89, Bozen, 26. 7. 1933; Der Schlern, 14, 1933, 358.

Maggi L. Di una abitazione lacustre in Valcuvia. – Rend. R. Ist. Lomb., 1870.

Malfèr V. Das Geheimnis des Jobenbühels. – Volksbote, 3. 5. 1934, 8.

Marconi P. Riva di Trento – Castelliere preistorico del Colle di S. Bartolomeo. – In: Notizie degli scavi di antichità, R. Acc. Naz. d. Linc., Roma 1927, f. 4–6, 117–142, 19 Fig.

Marinoni C. Les habitations lacustres en Lombardie. – Mat. pour l'hist. de l'homme, s. 2, Nr. 10,

Okt. 1871, 445; Atti d. Soc. it. di Sc. Nat., Milano 1871–1874, 77. – Bespr. NJb. 1872, 769.
— Nuovi materiali di paleoetnologia lombarda. – Milano 1872; Atti d. Soc. it. d. Sc. Nat., 1871–1874, 146. – Bespr. Boll. Com. geol. d'It., 3, 1872, 363.
— Die Terramara von Regona di Seniga und die vorhistorischen Stationen an der Mündung der Mella in den Oglio on der Niederung von Brescia. – Atti d. Soc. it. d. Sc. Nat., Milano 1874/75, 1–336. (Ital.)

Marro G. Dell'arte quaternaria e dell'arte alpestre rurale. – Riv. di Antrop., 28, 1928–29, 237–270.
— Arte rupestre zoomorfica in Val Camonica. – Riv. di Antrop., 29, 1930, 36 S., 37 Fig. – Bespr. L'Anthropologie, 41, 1931, 349.
— La nuova scoperta di incisioni preistoriche in Val Camonica. Nota prima e seconda. – Atti R. Acc. d. Sc. di Torino, v. 66, 1930–1931, 291–331, 12 Fig. S. a. Atti d. Soc. It. p. i. Progr. d. Sc., 19 Riun. (Bolzano-Trento 1930), Roma 1931, v. 2, 297–298.
— La scoperta di incisioni rupestri preistoriche in Val Camonica. – XVe Congr. Internat. d'Anthropol. et d'Archéol. Préhist., IVe Sess. de l'Inst. Internat. d'Anthrop., Portugal 21–30 Sept. 1930, Paris (Nourry) 1931, 10 S.
— Il grandioso monumento paletnologico di Val Camonica. Nota. – Atti R. Acc. d. Sc. di Torino, v. 67, Torino 1932, 79 S., 32 Fig.
— La seconda parete rocciosa istoriata di Cemmo. – Atti Soc. It. p. i. Progr. d. Sc., 20 Riun. (Milano 1931), Pavia 1932, v. 2, 6 S.

Mayr K. M. Vorgeschichtliche Siedlungen der Bozener Umgebung. – Der Schlern, 9, 1928, 282–285.
— Vorgeschichtliche Funde. – Bozner Jb. f. Gesch., Kultur u. Kunst, 1928, 33–48. – Bespr. Der Schlern, 10, 1929, 73.

Mazegger B. Fundbericht aus Kaltern in Südtirol. – Mitt. Anthrop. Ges. Wien, 30, 1900, 181–182.
— Ein Jadeitbeil aus Tirol. (Cloz.) – Sber. Mitt. Anthropol. Ges. Wien, 34, 1904, 6, 1 Abb.
— Fundbericht aus dem Pustertal. (U. a.) – Mitt. Anthrop. Ges. Wien, 38, 1908, Sber., 28–29.
— Vorgeschichtliche Funde bei Brixen. – Mitt. Zentralkomm. f. Erforschung etc., Wien 1909, 326.
— Fundbericht aus Tirol. (Gomagoi, Welsberg, Nonsberg.) – Mitt. Anthrop. Ges. Wien, 39, 1909, Sber., 25–26.
— Fundbericht aus Tirol. (Brixen, Säben, Wilten, Vezzano, Lochau.) – Mitt. Anthrop. Ges. Wien, 41, 1911, Sber., 23–24.
— Vorgeschichtliche Funde bei Eppan-St. Pauls. – Sammler, Meran 1911, 86.
— Fundbericht aus Tirol. (St. Pauls-Eppan, Lüsen, Lienz, Tartsch, Terlan.) – Mitt. Anthrop. Ges. Wien, 43, 1913, Sber., 53–54.

Mehlis C. Eine Verwallung auf dem Pfänder bei Bregenz in Vorarlberg. – Mitt. Anthrop. Ges. Wien, 41, 1911, Sber., 11–12, 1 Abb.

Menghin A. Vorgeschichtliche Funde bei St. Hippolyt nächst Tisens. – Mitt. Zentralkomm. f. Erhaltg etc., Wien 1905, 39; 1906, 76.
— Vorgeschichtliche Funde bei Montan. – Mitt. Zentralkomm. f. Erhaltg etc., Wien 1907, Blge, 159.

Menghin O. Die Verbreitung der neolithischen Funde in Tirol. – Urania, 3, Wien 1910, 403–406.
— Neue Wallburgen im Etschtale zwischen Meran und Bozen. – Mitt. Anthropol. Ges. Wien, 40, 1910, 161–180, 9 Abb. – Bespr. Arch. p. l'Alto Adige, 6, 1911, 66.
— Die vorgeschichtlichen Burgställe in Südtirol. – Meraner Kurzeitung, 1910–1911.
— Zur Urgeschichte des Venostenlandes. – Mitt. Anthropol. Ges. Wien, 41, 1911, 297–322, 10 Skz. u. Abb.
— Archäologie der jüngeren Steinzeit Tirols. – Jb. f. Altertumskde, 6, 1912, 12–95, 41 Abb., 2 K. – Bespr. Arch. p. l'Alto Adige, 8, 1913, 314.
— Die tirolisch-vorarlbergische Urgeschichtsforschung i. J. 1911, 1912, 1913/14. – Forschungen u. Mitt. z. Gesch. Tirols u. Vorarlbergs, 9, Innsbruck 1912, 241–258; 10, 1913, 257–263; 11, 1914, 59–65; 12, 1915, 223–237.
— Kleine Beiträge zur südtirolischen Wallburgenforschung. – Mitt. Anthropol. Ges. Wien, 43, 1913, 76–93, 2 Abb.
— Die Lage von Teriolis. (= Zirl.) – Forschungen und Mitt. z. Gesch. Tirols u. Vorarlbergs, 10, 1913, 177–185; Deutsche Gaue, 3. Lfrg, 1913.
— Ein umwallter La Tène-Pfahlbau am Ritten (Südtirol). – Wr. Prähist. Z., 1, 1914, 53–77, 26 Abb.
— Kleine Beiträge zur Kenntnis des diluvialen Menschen in Österreich. I. Ein Aurignacienfund in Nordtirol? – Wr. Prähist. Z., 1, 1914, 245–248, 1 Abb.
— Die vorgeschichtliche Besiedlung des westlichen Pustertales. – Mitt. Museumsver. Bruneck, 2, 1914, Nr. 2, 3 S.
— Eisenbarren aus Vorarlberg. – Wr. Prähist. Z., 2, 1915, 133–134, 1 Abb.
— Diskussion über die Illyrierfrage. – Mitt. Anthrop. Ges. Wien, 47, 1917, 33–43.
— Moritz Hoernes 1852–1917. – Wr. Prähist. Z., 4, 1917, 1–23, Schriftenverz. u. Bild.
— Tirol in der Urzeit. – In: Südtirol. Land und Leute vom Brenner bis zur Salurner Klause, herausgeg. v. K. v. Grabmayr, Berlin (Ullstein) 1919, 21–25.
— Das vorgeschichtliche Siedlungswesen in Tirol. – Mitt. Geogr. Ges. Wien, 1919, 84–99.
— Chronologie der prähistorischen Perioden in Nordtirol. – Forschungen u. Mitt. z. Gesch. Tirols u. Vorarlbergs, 16/17, Innsbruck 1919/20, 1–13.
— Die Besiedelung des Ultentales. – Der Schlern, 1, 8, Bozen 1920, 4 S.
— Die Urbevölkerung Tirols. – Der Schlern, 1, 1920, 241–246.
— Die Venostes. (Die Urbevölkerung des Vinschgaues.) – Der Schlern, 1, 1920, 304–309.
— Neue Wallburgenforschungen in Deutschsüdtirol. – Mitt. Anthrop. Ges. Wien, 50, 1920, 53–64, 8 Abb.
— Die prähistorische Durchsiedlung Tirols. – Der Schlern, 2, 1921, 365–368.
— Nordtiroler Funde. (Kirchberg, Viller Moos, Aldrans, Hall.) – Wr. Prähist. Z., 11, 1924, 118–123, 5 Abb.
— A Statue-Menhir from Tramin, South Tyrol. – Man, a monthly record of anthrop. sc. (London), 25, 1925, 49–50.
— Urgeschichte der Ostalpenländer. – In: Die österr. Alpen, herausgeg. v. H. Leitmeier, Leipzig u. Wien 1928, 176–210.
— Tirol in der Urzeit. – Frohe Fahrt, 1929, 274–279.
— Weltgeschichte der Steinzeit. – Wien (Schroll) 1930, 650 S., 1029 Abb., 7 K. – Bespr. Mitt. Geogr. Ges. Wien, 74, 1931, 165.

Merhart G. v. La Tène-Funde aus Tirol. – Wr. Prähist. Z., 13, Wien 1926, 65–81, 3 Abb.

— Archäologisches zur Frage der Illyrer in Tirol. – Wr. Prähist. Z., 14, 1927, 65–118, 16 Abb.
— Das Schicksal der Urgeschichtsforschung in Tirol. – Innsbr. Nachr., 1927, Nr. 155.
— Urnengrab mit Peschierafibel aus Nordtirol. (Mühlau bei Innsbruck.) – Schumacher-Festschrift, Mainz 1930, 116–121, 1 T.
— Die urgeschichtliche Sammlung des Museums Ferdinandeum. – Tirol, F. 2, H. 12/13, Innsbruck 1930, 105–110.
— Der Skelettfund bei Arzl. – Innsbr. Nachr. v. 28. 3. 1931.
— Westendorf. – Fundberichte aus Österreich, Wien 1931, 76.
— Zwei frühbronzezeitliche Nadeln aus Nordtirol. – Germania, Anzg. d. Röm.-Germ. Komm. d. D. Arch. Inst., 16, H. 4, Berlin (W. De Gruyter) 1932, 305–306, 2 Abb.
— Venetoillyrische Relieffigürchen aus Tirol. – Mannus, Z. f. Vorgesch., 24, H. 1–3, Leipzig 1932, 56–63, 9 Abb.
Meschinelli L. Avanzi preistorici della Valle di Fontega in provincia di Vicenza. – Boll. Pal. it., s. 2, t. 5, Parma 1889. – Bespr. Boll. Com. geol. d'It., 21, 1890, 418.
— Studio sugli avanzi preistorici della Valle di Fontega. – Atti Soc. Ven.-Trent. d. Sc. Nat., 11, Padova 1889, 144–173, 2 Taf. – Bespr. Boll. Com. geol. d'It., 21, 1890, 418.
Messikommer J. Die neuentdeckte Pfahlbaute Bleiche-Arbon. – Das Ausland (Stuttgart u. München) 1885, 1003–1004.
Meyer A. B. Notiz über die Sprechensteiner Chloritschiefer und die Bedeutung der Rohnephrite Norddeutschlands für die Ethnologie. – Korrespblatt D. Ges. Anthrop., Dresden 1883, April, 29–30.
— Das Jadeitbeil von Gurina im Gailtal (Kärnten). – Mitt. Anthrop. Ges. Wien, 13, 1883, 215–216.
— Ausgrabungen am Zollwirtshause bei Sterzing. – Mitt. Anthrop. Ges. Wien, 14, 1884, Verh., 99–106, 1 Skz.
— Gurina im Obergailtal (Kärnten). Ergebnisse der im Auftrage der Anthropol. Ges. zu Wien i. J. 1884 vorgenommenen Ausgrabungen. Eine Vorstudie zu weiterer Lokalforschung. – Dresden 1885, 14 Taf. – Bespr. Mitt. Anthrop. Ges. Wien, 15, 1885, 99.
Miller K. Das untere Argental. Eine Lokalstudie. – Schr. d. Ver. f. Gesch. d. Bodensees, 14, Lindau 1885, 80–101, 8 Fig., 1 Tab.
Molon F. Sui popoli antichi e moderni dei Sette Comuni del Vicentino. (Prähist.) – Vicenza, 2. Aufl. 1881. – Bespr. Mitt. DÖAV, 1881, 165; Mitt. Anthrop. Ges. Wien, 11, 1881, 106.
Montelius O. Über die Chronologie der Pfahlbauten. (Vortr.) – Mitt. Anthrop. Ges. Wien, 30, 1900, Sber., 17–19.
Mortillet G. de. Existenz des Menschen vor der Gletscherperiode. (Frz.) – Bull. Soc. géol. de France, 1864, 104–105.
Much M. Über den Stand der urgeschichtlichen Forschung in Bayern. – Mitt. Anthrop. Ges. Wien, 5, 1875, 381–383.
— Das vorgeschichtliche Kupferbergwerk auf dem Mitterberge. – Mitt. Zentralkomm. f. Kunst etc., 1878, röm. 140–152; 1879, röm. 18–36.
— Die Kupferzeit in Europa und ihr Verhältnis zur Kultur der Indogermanen. – Mitt. Zentralkomm. f. Erhaltg etc., 1885 u. 1886; Separ. Wien 1886, 87 S.; 2. Aufl. Jena 1893, 376 S., 112 Abb. – Bespr. Mitt. Anthrop. Ges. Wien, 16, 1886, 58; 23, 1893, 216.
— Die Kupferzeit. – Jena 1893.
— Prähistorischer Bergbau in den Alpen. – Z. DÖAV, 1902, 1–31, 46 Fig.
Much R. Waren unsere Pfahlbauten Wassersiedlungen? (Vortr.) – Mitt. Anthrop. Ges. Wien, Sber. 1926–1927, Wien 1927, 38–40, Disk. 40–41.
Müller K. Die Ausgrabungen am Schweizerbild bei Schaffhausen. – Die Natur, Halle 1892, 49–52.
Müllner A. Der Bergbau der Alpenländer in seiner geschichtlichen Entwicklung. Nach archivalischen Quellen. – Berg- u. Hüttenm. Jb., 53, Wien 1905, 205–249, 339–382, 1 Taf.; 54, 1906, 167–202, 245–260, 361–414, 4 Abb.
Murr J. Vom Ursprung des Menschen. – Tiroler Anzeiger, Nr. 236 v. 12. 10. 1929, 3 Sp.
Naef A. Historischer Überblick auf Rorschach und seine Umgebung. – Schr. d. Ver. f. Gesch. d. Bodensees, 9, Lindau 1878, 26–48.
Naue J. Die Grabhügelfelder zwischen Ammer- und Staffelsee. – Beitr. z. Anthrop. u. Urgesch. Bayerns, 7, 1887, 1–32, 137–206, 5 Taf. – Bespr. Mitt. Anthrop. Ges. Wien, 17, 1887, 117.
— Die Bronzezeit in Bayern. (Vortr.) – Mitt. Anthrop. Ges. Wien, 19, 1889, Sber., 95–102.
— Vorgeschichtliche Zeichnungen vom Schweizerbild. – Globus (Andree), 61, Braunschweig 1892–1893, 333; 63, 82.
Naumann E. Die Fauna der Pfahlbauten im Starnberger See. – Inaugdiss.; Arch. f. Anthrop., 8, Braunschweig 1875, 52 S.
Negri A. Osservazioni sopra la caverna della Fornace presso Cornedo e sopra i resti di Mammiferi in essa rinvenuti. – Atti R. Ist. Ven., 6, Venezia 1895, 943–957.
Neuweiler E. Über Hölzer in prähistorischen Fundstellen. – Schröter-Festschrift, 1925, 509–519.
Nigg Th. Das Drachenloch bei Vättis, eine alpine Jägerstation der Urzeit. – Die Alpen, 4, 1928, 451–466, 4 Fig., 1 Taf.
Nipp E. Aus der Siedlungsgeschichte Liechtensteins. – Fürstentum Liechtenstein, Festschr. 50. Hptvers. DÖAV, Vaduz 1933, 53–54.
Nischer E. Hötting. – Fundberichte aus Österreich, Wien 1931, 75.
Nüesch J. Über das Alter der Höhlenbewohner des Schaffhauser Jura. – Gaea (Klein), 14, Köln u. Leipzig 1878, 53–56.
— Niederlassung aus der Renntierzeit beim Schweizerbild Schaffhausen. – Korrespbl. D. Ges. f. Anthrop., Ethnol. u. Urgesch., München 1892, 109–111.
— Über die weiteren Ausgrabungen am Schweizerbilde bei Schaffhausen. (Vortr.) – Frz. Übersetzg.: Arch. de Genève, p. 3, t. 28, Genève 1892, 541–548. – Bespr. Natur, Halle 1892, 587.
— Une station préhistorique à Schweizerbild près de Schaffhouse. – Arch. d. sc. phys. et nat., pér. 3, t. 28, Genève 1892, 541–548, 562. – Bespr. Rev. géol. suisse p. l'a. 1892; Arch. d. sc. ph. et nat., p. 3, t. 29, Genève 1893, 621; EgH 3, 1893, 405.
— Katalog der Fundgegenstände aus der prähistorischen Niederlassung beim Schweizersbild-Schaffhausen. – Schaffh. 1893, 45 S.
— Résultats des fouilles de la station préhistorique du Schweizerbild. – Arch. d. sc. phys. et nat., p. 3, t. 32, Genève 1894, 404–410.
— La station du Schweizersbild. – C.-R. hebd. d. séances d. l'Acad. d. sc., t. 119, Paris 1894, 700–702. – Bespr. Rev. sc. ou Rev. rose, s. 4, t. 2, Paris 1894, 569; Naturaliste, a. 16, Paris 1894, 276.
—, Studer Th., Nehring A., Kollmann J., Penck A., Gutzwiller A., Früh J., Meister J., Hedinger A.,

Schötensack O., Bächtold C. A. Das Schweizerbild, eine Niederlassung aus paläolithischer und neolithischer Zeit. - Neue Denkschr. Allg. Schwz. Ges. f. d. ges. Natwiss., 35, Zürich 1896, 344 S., 25 Abb., 1 K. - Bespr. Bull. d. l. Soc. géol. d. France, s. 3, t. 25, Paris 1897, 801; Rev. géol. suisse p. l'a. 1897, EgH 5, 1897/98, 149, 456, 463; Arch. d. sc. phys. et nat., p. 4, t. 6, Genève 1898, 358.

Nüesch J. Das Schweizersbild, eine Niederlassung aus paläolithischer und neolithischer Zeit. - Gaea (Klein), Natur u. Leben, 34, Leipzig 1898, 221-233, 301-306, 1 Abb.

— Neue Grabungen und Funde im Keßlerloch bei Thayngen. - Korrespbl. D. Ges. f. Anthr., Ethnol. u. Urgesch., 30, München 1899, 142-145. - Bespr. EgH 6, 1900, 449; Arch. d. sc. phys. et nat., p. 4, t. 10, Genève 1900, 282.

— Über Grabungen im Keßlerloche bei Thayngen. (Briefl. Mitt.) - Mitt. Anthrop. Ges. Wien, 29, 1899, Sber., 68-69.

— Die prähistorischen Funde am Schweizersbild und im Keßlerloch. - Verh. Anthrop. Ges., Berlin 1900. - Bespr. EgH 7, 1901-1902, 98; Arch. Sc. phys. et nat. Genève, 12, 476.

— Neue Grabungen und Funde im Keßlerloch. Vortragsnotizen. - Gaea, 1900, 305-310, m. Abb.

— Neue Grabungen und Funde im Keßlerloch bei Thayngen, Kt. Schaffhausen. - Anzg. Schwz. Altertumskde, NF, 2, 1900, 4-10, 2 Fig.; Korrespblatt D. Ges. Anthrop., 34, 1903, 152-155. - Bespr. EgH 7, 1901-1902, 98; 8, 1903, 357; Arch. Sc. phys. et nat. Genève, 12, 476.

— Neuer Fund von Pygmäen aus der neolithischen Zeit. - Anzg. Schw. Altertumskde, NF, 2, 1900, 1-3. - Bespr. EgH 7, 1901-1902, 98; Arch. Sc. phys. et nat. Genève, 12, 476.

— Der Dachsenbüel, eine Höhle aus frühneolithischer Zeit, bei Herblingen, Kanton Schaffhausen. Mit Beiträgen von J. Kollmann, O. Schötensack, M. Schlosser und S. Singer. - Neue Denkschr. Schw. Natf. Ges., 39, 1904, 126 S., 6 Taf., 14 Fig. - Bespr. EgH 8, 1903, 355; PetMitt., 50, Litber., 176.

— Das Keßlerjoch, eine Höhle aus paläolithischer Zeit. Neue Grabungen und Funde. Mit Beiträgen von Th. Studer u. O. Schötensack. - Neue Denkschr. Schw. Natf. Ges., 39, 1904, 128 S., 34 Taf., 6 Fig. - Bespr. EgH 8, 1903, 357; PetMitt., 51, Litber., 104.

— Das Keßlerloch bei Thayngen, Kt. Schaffhausen. Neue Grabungen und Funde. Zweite Mitteilung. - Anzg. Schw. Altertumskde, NF, 6, 1905, 185-208, 13 Fig. - Bespr. EgH 8, 1903, 722; GZ 7/659; NJb. 1907/1, 294.

— Exkursion zu den prähistorischen Fundstätten bei Schaffhausen. - Ber. Oberrhein. geol. Ver., 38. Vers., 1905, 34-39.

— Stratigraphie du Schweizersbild et l'âge des différents couches de cette station préhistorique. - C. R. 13me Congr. d'Anthrop., 1906. - Bespr. EgH 10, 1908, 469.

Oberholzer A. Die archäologischen Funde in Arbon. - Anzg. f. Schw. Altertumskde, NF, 11, 1909, Zürich 1910, 277-281.

Obermaier H. Das geologische Alter des Menschengeschlechtes. - Mitt. Geol. Ges. Wien, 1, 1908, 290-315. Diskussion 316-322.

— Les formations glaciaires des Alpes et l'homme paléolitique. - L'Anthropologie, 20, 1909, 497-522. - Bespr. GZ 14/818; Boll. Com. geol. d'It., 41, 1910, 348.

— Der Mensch der Vorzeit. - Berlin-München-Wien (Allgem. Verlags-Ges.), 1, 1912, 592 S., mehr. K. - Bespr. PetMitt., 59, 1913/2, 162; Natwiss. Wochenschr., NF, 13, 1914, 750; Prähist. Z., 5, 1913, 577; Wr. Präh. Z., 1, 1914, 79; Mannus, 6, 1914, 230.

Oberziner G. Un deposito mortuario dell'età del ferro trovato a Dercolo nel Trentino. - Arch. Trent., 2, 1883, 165-201, 4 Taf. - Bespr. Mitt. Anthrop. Ges. Wien, 14, 1884, Verh., 24.

Ohlenschlager F. Verzeichnis der Fundorte zur prähistorischen Karte Bayerns. 1. Teil. - München 1875, 130 S.

Omboni G. Di alcuni oggetti preistorici delle caverne di Velo nel Veronese. - Atti Soc. it. Sc. Nat., v. 18, 1875, 69-82, 1 T. - Bespr. NJb. 1877, 318.

— L'esposizione di oggetti preistorici a Verona dal 20 Febbr. al 3 Apr. - Venezia 1876, 16 S.; Atti R. Ist. Ven., s. 5, v. 2, 1876. - Bespr. NJb. 1877, 319.

Orgler F. Die Ausgrabungen antiker Bauüberreste und Gräber am Debantbache bei Lienz. - Hall 1881, 16 S.

— Archäologisches aus Tirol. (Nonsberg.) - Mitt. Zentralkomm. zur Erforschung und Erhaltung der Kunst- u. hist. Denkmale, 10, NF, Wien 1884, röm. 71-73.

Orsi P. Viaggio archeologico nelle valli occidentali del Trentino. - Rovereto 1880.

— La stazione litica del Colombo di Mori e l'età della pietra nel Trentino. - Pubbl. p. cura d. Bull. di Paletnol. it. e d. Mus. Civ. di Rovereto, an. 8, n. 7-12, 1882, 46 S., 3 T. - Bespr. Mitt. Anthrop. Ges. Wien, 13, 1883, 139.

— La necropoli italica di Vadena. - Ann. SAT, 9, Trento 1882/83; Bull. di Paletn., 1883. - Bespr. Mitt. Anthrop. Ges. Wien, 14, 1884, 161.

— Note di Paletnologia trentina. - Bull. d. Paletn. it., 1883. - Bespr. Mitt. Anthrop. Ges. Wien, 14, 1884, 161.

— Sui centurioni italici della prima età del ferro e sulle decorazioni geometriche e rappresentative dei bronzi norditalici dello stesso periodo. - Studi di Arch. comparata, Modena 1885.

— La stazione preistorica di Niclàr nell'Alto Adige. -Arch. p. l'Alto Adige, 1, 1906, 31-34, 1 Abb.

— Il Sepolcreto italico di Vadena. - Arch. p. l'Alto Adige, 4, 1909, 5-89.

— Un ripostiglio di bronzi dell'età del ferro presso Caldaro nell'Alto Adige. - Arch. p. l'Alto Adige, 5, 1910, 203-218, 1 Taf.

— Di una singolare stazione preistorica presso Collalbo sul Renón (Bolzano). - Arch. p. l'Alto Adige, 20, 1925, 5-10, 1 Abb. - Bespr. Tiroler Heimat, 3, 1930, 139.

— Note archeologiche. Da Collalbo e da Vadena. - Arch. per l'Alto Adige, 23 (1928), Gleno 1930, 109-114. - Bespr. Tiroler Heimat, 4, 1931, 78.

Panizza P. Sui primi abitatori del Trentino .- Arch. Trent., 1, 1882, 7-48. - Bespr. Mitt. Anthrop. Ges. Wien, 12, 1882, 163.

Paret O. Der Bodensee in der Urgeschichte. (Bei den Pfahlbaumenschen.) - Buch für alle, 1927, 322ff.

Paulcke W. Alpiner Nephrit und die Nephritfrage. - Verh. Natwiss. Ver. Karlsruhe, 23, 1910, 77-86, 1 T. - Bespr. VRA 1910, 305; NJb. 1911/1, 356; GZ 21/717; EgH 11, 1910, 532; Boll. Com. geol. d'It., 43, 1913, f. 4, 100.

— Neue geologische Beobachtungen in den Alpen. (Vortr.) - Verh. Schw. Natf. Ges., 93. Jvers.

Basel, 1910, 223–224; EgH 11, 1910, 278–280. (Nephrit, Fossilien im Rötidolomit, Tertiär in den Bündner Schiefern.) – Bespr. NJb. 1913/1, 313; EgH 11, 1910, 572; Jber. Natf. Ges. Grbd., NF, 53, 1912, 132.

— Über drei wichtige geologische Entdeckungen. – Verh. Natwiss. Ver. Karlsruhe, Sber. 15. 12. 1911, 25, 1911/12, 7–9. (Innertkirchen, Niesenflysch, Nephrit.) – Bespr. GZ 21/656.

Paulin K. Die vorgeschichtlichen Gräberfunde bei Wörgl. – Neueste Ztg, Nr. 96, Innsbruck, 27. 4. 1934, 3 Sp., 4 Abb.

Pawlow A. P. Die glazialen und interglazialen Zeiten Europas im Zusammenhang mit der Geschichte des fossilen Menschen. (Russisch.) – Jber. Russ. Ak. d. Wiss. St. Petersburg, 1922, 52 S. – Bespr. GZ 30/177.

Pellegrini G. e **Battaglia R.** Scoperte di antichità barbariche nel Veneto. Tombe barbariche di Dueville. – Atti Acc. Ven.-Trent.-Istr., 9, 1916, 141–151. – Bespr. GZ 25/160.

Penck A. Die große Eiszeit und das prähistorische Europa. – Deutsche Revue (Fleischer), 6, 1881, 367–383.

— Glazialzeit. – Encyklop. d. Natwiss., 2. Abt., 1. Teil. Handwörterbuch d. Zool., Bot., Anthrop. u. Ethnol., 1, 1883, 521–536.

— Mensch und Eiszeit. – Arch. f. Anthrop., 15, 3, 1884, 211–228, 2 K. – Bespr. NJb. 1885/1, 457; VRA 1885, 87; Arch. d. sc. phys. et nat., t. 13, 329; Rev. géol. suisse p. l'a. 1884, Genève 1885, 97.

— Die alpinen Eiszeitbildungen und der prähistorische Mensch. – Arch. f. Anthrop., NF, I, 2, Braunschweig 1903, 78–89. – Bespr. NJb. 1906/2, 270; PetMitt., 50, Litber., 91.

— Über die Gliederung der alpinen Eiszeitbildungen und den prähistorischen Menschen. – Verh. Ges. D. Natf. u. Ärzte in Karlsbad, Leipzig 1903, 133ff.

— Das Alter des Menschengeschlechtes. – Z. f. Ethnolog., 1908, 390–407.

— Das Alter des Menschengeschlechtes auf deutschem Boden. – Die Umschau, 25, Frankfurt a. M. 1921, 165–170.

— Zur Erinnerung an Franz von Wieser. – Veröff. d. Mus. Ferdin., H. 5, 1925, 27–28.

Pernthaler A. Vorgeschichtliche Funde bei Säben. – Mitt. Zentralkomm. f. Erforschung etc., Wien 1910, 352.

Pescosta. Rhätische Gräber zu St. Ulrich in Gröden (Ortiseit). – Mitt. ÖAV, 1864, 382–383.

Peters E. Urgeschichtliche Untersuchungen im Hegau. – Bad. Fundber., II, 4, 1930.

Pichler A. v. Zur Geognosie Tirols. (Zweite Folge.) II. Die Knochenhöhle bei Kufstein. – Z. Ferdin., 3. F., 9. H., Innsbruck 1860, Beitr. z. Natgesch., 16. – Bespr. TB 1859, 417.

— Reste von Ursus spelaeus bei Matrei. – VRA 1866, 87–88.

— Entdeckung von Resten der Steinzeit in Tirol. (Seefeld, Hungerburg.) – NJb. 1873, 155.

— Diluvialtorf bei Innsbruck. – NJb. 1873, 612.

— Steinwaffenfunde in Tirol. (Rovereto, Ampaß, Tonglimmerschiefer bei Innsbruck.) – NJb. 1874, 961.

— Steingeräte in Tirol. (Steinkeile aus dem Oberinntal. dem Löß bei der Hungerburg und von Rovereto, Nephrit, Funde am Nonsberg.) – TB 1875, 2035.

— Zur Paläontologie Tirols. (Knochenmühle bei Kufstein, Ursus sp. von Matrei, Geweihreste von Wilten.) – TB 1875, 2049.

— Zur Kenntnis der Phyllite in den tirolischen Zentralalpen. (Steinkeil im Löß der Hungerburg aus Nephrit von Sprechenstein.) – Tscherm. Min. u. petr. Mitt., 5, 1883, 293–303. – Bespr. NJb. 1883/2, 366; Bl. 605.

Pigorini L. Le antiche stazioni umane dei dintorni di Cracovia e del comune di Breonio Veronese. – Atti Acc. d. Linc., Rend., 3, 1, Roma 1887, 66. – Bespr. Mitt. Anthrop. Ges. Wien, 17, 1887, 70.

Piscel A. I primi abitatori delle nostre vallate. – Rovereto 1923.

Pittioni R. Neue Funde von der Kelchalpe in Nordtirol. – Wr. Prähist. Z., 17, 1930, 121–130, 4 Fig.

— Ein Einzelfund aus Kirchberg in Tirol. – Wr. Prähist. Z., 17, 1930, 140, 1 Abb.

— Urzeitliche Almwirtschaft. – Mitt. Geogr. Ges. Wien, 74, 1931, 108–113. – Bespr. Arch. p. l'Alto Adige, 26, 1931, 492.

— Einiges über die Urgeschichte Tirols. – Tiroler Heimatblätter, 9, 1931, 331–333, 369–373, 411–414, 6 Abb.

— Bibliographie zur Urgeschichte Österreichs (einschließlich Deutschsüdtirol). – Arch. f. Bibliogr., Beiheft 9, Linz a. D. (F. Winkler) 1931, 245 S. – Bespr. Mitt. Anthrop. Ges. Wien, 61, 1931, 393.

— Bergknappen vor 4000 Jahren. Ein Lebensbild. – Natur und Kultur, 30, Innsbruck (Tyrolia) 1933, 207–212.

— Von Kärntens Urgeschichte. – Kärntner Heimatblätter, Villach, 6. 1. 1934.

— Die Wissenschaft vom Spaten. – Tir. Heimatbl., 12, 1934, 233–237.

Ploner P. J. Die prähistorischen Funde bei Rovereto. – Tir. Anzeiger, Nr. 121, Innsbruck 1912.

Plümacher O. Pfahlbauten im Rhein. – Das Ausland, Stuttgart u. München 1885, 218–219.

Pohlig H. Eiszeit und Urgeschichte des Menschen. – Leipzig 1907, 142 S., 1 Taf., 22 Fig.; Wissensch. u. Bildg, 8, Leipzig 1911. (Höttinger Br. 41.) – Bespr. Mitt. Anthrop. Ges. Wien, 37, 1907, 127.

Prähistorische Funde. Bronzekelt von Vergalden und vom Flexenpaß. – Jber. Vorarlbg. Museumsverein Bregenz, 22, 1882, 4; 38, 1899, 81.

Prähistorische Skelettfunde? (I[gnaz] M[ader], Eisackgebiet.) – Der Schlern, 10, 1929, 32.

Psenner J. Eine Wallburg in St. Oswald bei Castelrotto. – Der Schlern, 11, 1930, 115–116, 1 Skz.

Putz R. (R. Pz.) Eine Zyklopenburg. – Der Schlern, 14, 1933, 177. (Abhang des Tschigat bei Meran.)

Quenstedt W. Fossile Evertebraten in Verwendung als Schmuck, Gerät, Amulett und Verwandtes. – Die Rohstoffe des Tierreiches, 2, 2. Lfrg, Berlin (Borntraeger) 1929, 281–293, 3 Abb.

Quintarelli G. Il contributo Veronese alla Scienza preistorica. – Pubbl. Min. d. Istruz. pubbl., Verona 1929, 29 S., 13 Taf.

Rabensteiner N. St. Hippolyt in Naraun bei Tisens. – Der Schlern, 8, 1927, 141–147, 1 Taf., 1 Skz.

Randall Mac Iver D. Origine delle colonie preistoriche presso Bellinzona. (It. v. F. Magni.) – Riv. archeol. d. Prov. e antica Diocesi di Como, f. 94–95, 1928, 20–27.

Ranke J. Erinnerung an die vorgeschichtlichen Bewohner der Ostalpen. – Z. DÖAV, 1899, 1–17, 4 T.

Ravagni G. Profilo preistorico del Trentino (Età della Pietra e del Bronzo.) – Tridentum, Trento 1930, 65 S. – Bespr. Studi Trent. Sc. Stor., 12, 1931, 95.

Reck H. u. **Klebelsberg R. v.** Das Schlackenvorkommen von Elvas bei Brixen, Südtirol. – Z. f.

Vulkanologie, 11, 1928, 175–180, 2 Taf. – Bespr. GZ 39/200; NJb. 1931/2, 663.

Regazzoni J. Di un cranio umano rinvenuto in Brianza. – Atti d. Soc. It. d. Sc. Nat., Milano 1883, v. 25, f. 3, 4, 241.

Regel F. Die prähistorische Niederlassung am Schweizersbild bei Schaffhausen. Ausgegraben durch Prof. Dr. J. Nüesch in Schaffhausen i. d. J. 1891–1893. – Die Natur (W. Ule), Halle 1898, 88–92.

Reich D. Stazione litica a Mezzocorona. – Arch. Trent., 4, 1885, 143ff.

— Castellieri dell'Alto Adige. – Arch. per l'Alto Adige, 1908.

— I castellieri del Trentino. – Strenna e Boll. d. Soc. Rododendro, 1904–1909; La Paganella, 1910.

Reindl J. Dörfer, Weiler und Einzelhöfe in Südbayern. – Anthropogeogr. Studie zur Kenntnis der Siedlungsverhältnisse in Südbayern. – Mitt. Geogr. Ges. München, 1, 1906, 501–560.

Reinecke P. Ein Früh-La Tène-Gürtelhaken aus dem Unterinntal. – Wr. Prähist. Z., 10, Wien 1924, 28–34, 2 Abb.

— Eine urgeschichtliche Höhensiedlung im unteren Pustertale. – Wr. Prähist. Z., 14, 1927, 24–28.

— Die Gurina im Gailtal. – Wr. Prähist. Z., 15, 1928, 27–34.

— Die Bedeutung der Kupferbergwerke der Ostalpen für die Bronzezeit Mitteleuropas. – Schumacher-Festschr., Mainz 1930, 107–115.

— Zur Geschichte des prähistorischen Kupferbergbaues um Bischofshofen. – Mitt. Anthrop. Ges. Wien, 63, 1933, 223–228. – Bespr. GZ 51 A/323.

Reinerth H. Die Pfahlbauten des Bodensees im Lichte der neuesten Forschung. (Vortr.) – Schr. d. Ver. f. Gesch. d. Bodensees, 50, Lindau 1922, 56–72, 3 Abb., 4 Skz. – Bespr. Vierteljschr. f. Gesch. u. Ldskde Vorarlbergs, 7, 1923, 34.

— Pfahlbauten am Bodensee. – Veröff. d. Urgesch. Forschgsinst. in Tübingen, Volkskundl. Reihe, Augsburg-Stuttgart (Filser) 1922, 84 S., 19 Abb., 21 Taf. – Bespr. Wr. Prähist. Z., 12, 1925, 63.

— Das Federseemoor als Siedlungsland der Vorzeitmenschen. – Schussenried (R. Abt) 1922, 84 S., 1 K., 6 Abb.; 4. Aufl. Augsburg (Filser) 1929, 177 S., 58 Abb., 36 Taf. – Bespr. Wr. Prähist. Z., 9, 1922, 121; 18, 1931, 82; Geogr. Z., 38, 1932, 116.

— Chronologie der jüngeren Steinzeit. – Stuttgart-Augsburg (Filser) 1924, 107 S., 35 Taf., 60 Abb. – Bespr. Mitt. Anthrop. Ges. Wien, 61, 1931, 130.

— Die jüngere Steinzeit der Schweiz. – Augsburg (Filser) 1926, 288 S., 95 Abb., 8 K. u. Tab. – Bespr. PetMitt., 74, 1928, 364; Wr. Prähist. Z., 16, 1929, 1; 22, 1933, 152; Mitt. Anthrop. Ges. Wien, 61, 1931, 131.

— Die Besiedlung des Bodensees zur unteren Steinzeit. – Schumacher-Festschrift, Mainz 1930.

— Das Pfahldorf Sipplingen. Ergebnisse der Ausgrabungen des Bodensee-Geschichtsvereins 1929/30. – Schr. d. Ver. f. Gesch. d. Bodensees, 59, Friedrichshafen 1932, 154 S., 32 Taf., 27 Abb. – Bespr. Wr. Prähist. Z., 21, 1934, 65.

Reinhardt L. Die prähistorische Chronologie vom Miozän bis zum Ende der Eiszeit. – Ber. ü. d. Prähistorikervers. Köln 1907.

— Der Mensch zur Eiszeit in Europa und seine Kulturentwicklung bis zum Ende der Steinzeit. – 1. Auflage, München 1906, 504 S., 185 Abb.; 2. Aufl. München 1908, 921 S. (Höttinger Br. 174–177). – Bespr. Mitt. Anthrop. Ges. Wien, 36, 1906, 42; 39, 1909, 214.

Richard C. Paleontologia delle palafitte del Lago di Ledro. – Mem. Mus. di Storia Nat. d. Venezia Trid., 1, Trento 1931, 67–82, 6 Taf.

Richter E. Der Gräberfund im Virgental und der Name Großvenediger. – Mitt. DÖAV, 1894, 254.

— Zur Pflege urgeschichtlicher und volkskundlicher Forschungen im Alpengebiete. – Mitt. Anthrop. Ges. Wien, 30, 1900, 177–179.

Richthofen B. Frh. v. Zur Zeitstellung und Verbreitung der Tonkrausen mit Wellenlinienverzierung. – Archäologiai Ertesitö (Arch. Anzeiger), Budapest, 45, 1931, 348–357. (U. a. auch Fund von Kastelfeder.)

Roberti G. L'età neolitica nel Trentino. – Riv. Trid., 9, 1909, 209–235.

— Appunti di paletnologia trentina. – Boll. Paletnol. It., a. 35, Parma 1910, n. 10–12, 155–158. – Bespr. Boll. Com. geol. d'It., 42, 1911, f. 4, 101.

— Inventario degli oggetti litici scoperti nel Trentino – Pro Cultura, 1910, Supplem. 1, 1–28.

— Prima piccola scoperta litica nella Valsugana. – Pro Cultura, 1, 1910, 136–137.

— Le nuove scoperte della stazione litica di Monte Albano di Mori. – Pro Cultura, 1, 1910, 283–285; Boll. Paletnol. It., 25, 158.

— Il pozzo glaziale di S. Valentino in Agro presso Vezzano. – Pro Cultura, 2, Trento 1911, 100–105, 3 Abb.

— La tomba barbarica di Vezzano. – Pro Cultura, 2, 1911, 187–190, 2 Abb.

— Bricciche di antichità: Castel Tesino, Castello di Sporo Rovina, Zambana, Mezolombardo, Cavedine. – Pro Cultura, 2, 1911, 367–368.

— Inventario delle ambre antiche del Trentino. – Atti Acc. d. sc. d. Agiati, Rovereto 1911, 43.

— Fundbericht aus dem tridentinischen Gebiete im Jahre 1910. (Mori, Vezzano, Trient, Nonsberg.) – Mitt. Anthrop. Ges. Wien, 41, 1911, Sber., 25–26.

— Bricciche di antichità: Rovereto, Sanzeno, Trento, Riva, Lona, Meano, Fornace, Roverè della Luna, Civezzano, Faedo, Terlago, Cadine, S. Massenza, Mezocorona, Lon, Cembra, Marani di Ala, Lasino, Monterovere, Brenta, Lavarone. – Pro Cultura, 3, 1912, 49, 147–148, 276–277, 398–399.

— Una tomba del basso impero a Vezzano. – Arch. Trent., 27, 1912, 103–108.

— Dimore preistoriche nella valle di Cavedine. – Boll. d. Paletn. It., 38, 1912.

— Fundbericht aus dem tridentinischen Gebiete im Jahre 1911. (Rovereto, Trient, Mechel, Mezolombardo, Vezzano, Arco-Riva, Cavedine.) – Mitt. Anthrop. Ges. Wien, 42, 1912, Sber., 155–157.

— Ausgrabungsbericht aus dem tridentinischen Gebiete i. J. 1912. (Vezzano, Ala.) – Mitt. Anthrop. Ges. Wien, 43, 1913, Sber., 51–53.

— Bricciche di antichità: Ala, Vervò, Tassullo, Cavedine, Colle di Brenta, Caorso di Caldonazzo, Dambel, Dercolo, Casez, Crescino, Taio, Calavino, Novaledo, Vigolo Baselga, Tres, Lizzanella, Pranzo, Sanzeno, Roverè della Luna, Malosco, Mollaro, Levico, Trambellino, Mezolombardo, Caldonazzo. – Pro Cultura, v. 4, Trento 1913, 90–92, 155–157, 281–283, 356–359.

— Scavi della Pro Cultura: esplorazione della grotta sepolcrale detta „La Cosina" a Stravino. – Pro Cultura, v. 4, Trento 1913, 354–356, 2 Fig.

— Materiali archeologici dell'Alto Adige. – Arch. p. l'Alto Adige, 8, 1913, 63–74; 13, 1918, 152–163; 14, 1919, 265–272. – Bespr. Pro Cultura, 5, Trento 1914, 245.

— Statistik (prähist. Funde) aus dem tridentinischen Gebiete i. J. 1913. (Vigolo Vattaro, Lasino, Trient, Nonsberg.) - Mitt. Anthrop. Ges. Wien, 44, 1914, Sber., 47-49.

— Bricciche di antichità: Mori, Castel Beseno, Trambilleno, Trento, Vigo d'Anaunia, Calavino-Lasino, Castel Madruzzo, Masi di Vigo d'Anaunia, Cortesano (Meano), Susà, S. Lorenzo di Banale, Vigolo Baselga, Bolognano, Denno, Vigolo Vattaro, Bresimo, Ceniga, Cles, Fondo, Ruffrè, Sanzeno, Seio, Borcola, Storo, Nago, Sporminore, Teres, Tesero, Terlago, Serravalle, Sevignano. - Pro Cultura, v. 5, 1914, 32-33, 112-114, 188-189, 231-232, 277-281, 1 Abb.

— Fundstatistik aus dem tridentinischen Gebiete i. J. 1914. (Cles, Fondo, Ruffrè, Sanzeno, Seio, Sporminore, Serravalle, Borcolapaß, Storo, Meclo, Nago, Vervò, S. Maria Maddalena, Cavedine, Tesero, Mezocorona.) - Mitt. Anthrop. Ges. Wien, 45, 1915, Sber., 29-31.

— La „Carta archeologica" del Trentino. Primo contributo. La Valle di Sole. - Studi Trent., 2, 1921, 35-44.

— Per la valle dell'Avisio sulle tracce dei suoi primi abitatori. (Sec. Contributo ad una carta archeologica del Trentino.) - Studi Trent., 5, 1924, 1-22. (Terz. Contr. La Valsorda: Atti d. R. Deput. di storia patria ven.-trid., 1925, 210-223.)

— I relitti archeologici della valle di Rendena, dell'Arnò, del Chiese e di Val di Ledro. - Estr. d. Comm. d. Ateneo di Brescia, 1925, 24 S.; Ateneo di Brescia, 1926, 124-145.

— e S. W. Bricciche di antichità. Vecchie scoperte e indizi di nuove. Brevi notizie di nuovi rinvenimenti. - Studi Trent., 6, 1925, 82-84, 187-188.

Roberti G. Il sepolcreto barbarico di Bosentino e gli altri rinvenimenti archeologici della Valsorda. - Arch. Ven.-Trent., 1925, 210-233.

— Rassegna dei rinvenimenti archeologici della Valsugana. - VI Ann. R. Scuola Compl. di Trento (1925-1926), 1926, 3-10.

— Topografia archeologica del Bacino della Fersina. - Ann. d. Scuola Complem., Trento 1926, 3-14.

— Notizie di rinvenimenti di antichità nella Valletta del Cameras, in Val di Gresta e sul Monte Baldo. - Atti d. Acc. d. Agiati, Rovereto 1927, 263-280.

— Bricciche di antichità. Notizie varie di nuovi avvenimenti. Noterelle di nuovi ritrovamenti. - Studi Trent. Sc. Stor., 9, 1928, 76-78, 218-220.

— Bricciche di antichità. Inventario dei relitti archeologici plumbei del Trentino. Nuove noterelle di vecchi e recenti ritrovamenti. - Studi Trent. Sc. Stor., 10, 1929, 87-90, 274-275.

— Gli antichi rinvenimenti nella Valle di Non fra il Noce e la sponda destra della Novella. (Sett. Contributo ad una carta archeologica del Trentino.) - Studi Trent. Sc. Stor., 10, 1929, 185-195.

— Dimore preistorici nelle grotte e nelle altre cavità naturali del Trentino. - Ann. SAT, 25, 1929/30, 251-258.

— Notiziario archeologico. - Studi Trent. Sc. Stor., 11, 1930, 68-74, 2 Abb.

— Bricciche di antichità. Nuove noterelle di vecchi e recenti ritrovamenti. Brevi note intorno a nuovi ritrovamenti. - Studi Trent. Sc. Stor., 11, 1930, 173-176, 1 Abb., 284-286.

— Bricciche di antichità. Una nuova tomba dell'età della pietra ed altri piccoli rinvenimenti archeologici. Note di piccoli nuovi ritrovamenti. Ancora nuove tombe antiche. Piccole nuove scoperte. - Studi Trent. Sc. Stor., 12, 1931, 70-74, 3 Abb.; 174-175, 272-273, 361-362, 1 Abb.

— Repertorio topografico e cronologico dei rinvenimenti archeologici del Trentino. - Studi Trent. Sc. Stor., 12, 1931, 128-153.

— Bricciche di antichità. Ancora qualche moneta e un rasoio lunato. Di un'ascia preistorica e alcuni piccoli ritrovamenti romani. - Studi Trent. Sc. Stor., 13, 1932, 64-65, 1 Abb.; 145-146, 1 Abb.

— Rinvenimento di due statue menhirs. Bricciche di antichità: Nuove rinvenimenti. (Avio, Ala, Trento.) Un sepolcreto gallo-romano ed altri piccoli ritrovamenti. (Tione, Roverè della Luna, Arco, Campodenno di Denno, Vezzano.) - Studi Trent. Sc. Stor., 13, 1932, 211-213, 297-301, 1 Abb.

— Materiali archeologici tratti alla luce nel Bleggio, Lomaso e Banale. - IXa contributo alla „Carta archeologica del Trentino". - Studi Trent. Sc. Stor., 14, 1933, 57-64.

— Scavi e studi archeologici nella Venezia Tridentina. - Trentino, a. 8, n. 5, Trento 1934, 177-182, 8 Abb.

— Bricciche di antichità. (Beseno, Egna, Rovereto, Vezzano, Nomi, Revò.) - Studi Trent. Sc. Stor., 15, Trento 1934, 171-177, 1 Abb.

Rütimeyer L. Weitere Mitteilungen zur schweizerischen Ur-Ethnographie aus den Kantonen Wallis, Graubünden und Tessin und deren prähistorischen und ethnographischen Parallelen. - Schw. Ges. f. Volkskde, Basel (Trübner), Straßburg 1918, 50 S., 12 Taf., 4 Abb.; Verh. Schw. Natf. Ges., 99. Jvers. Zürich 1917, Aarau 1918, II, 288-289.

Rytz W. Waren die Pfahlbauten Wasser- oder Trokkensiedlungen? - Verh. Schw. Natf. Ges., 109. Jvers., Lausanne 1928, 2 T., 209-210; Bull. Schw. Ges. f. Anthrop. u. Ethnol., 5, 1928/29, 11-12.

— Neue Wege in der prähistorischen Forschung mit besonderer Berücksichtigung der Pollenanalyse. - Mitt. Antiqu. Ges. Zürich, 30, 1930.

Sacken v. Der Pfahlbau im Gardasee. - Wien 1865.

Salomon W. Der Mensch in der Erdgeschichte. - Mensch und Erde (H. Keyserling), Darmstadt 1927, 347-355.

St. Lorenzen (Mr.). Vorgeschichtliche Funde bei - im Pustertal. - Der Sammler, Beiträge zur tir. Heimatkunde, 2, Meran 1907, 14-15.

Saxer F. Der Urmensch in den Alpen. - Natur und Technik, 6, 1924/25, 1925, 62-63.

Saxl J. Prähistorisches aus Überetsch. - Der Schlern, 6, 1925, 191.

Schab. Die Pfahlbauten im Würmsee. - München 1876.

Schellenberg G. Die Pollenanalyse, ein Hilfsmittel zum Nachweis der Klimaverhältnisse der jüngsten Vorzeit und des Alters der Humusablagerungen. - In: E. Blanck, Handbuch der Bodenlehre, 2, Berlin (Springer) 1929, 139-147.

Scherer E. Die vorgeschichtlichen und frühgeschichtlichen Altertümer der Urschweiz. - Mitt. Antiquar. Ges. Zürich, 27, 1916, 189-275, 8 Taf., 19 Abb. - Bespr. Wr. Prähist. Z., 2, 1915, 138.

— Ein Besuch im Drachenloch. - Bruderklausenkalender f. d. J. 1916, Sarnen 1916, 41-45.

Schernthanner A. Beschreibung einiger prähistorischer Ausgrabungen in Tirol. (Welzelach, Wd. Matrei, Nieder- und Obermauer bei Virgen, Kitzbühel.) - Mitt. Anthrop. Ges. Wien, 23, 1893, Sber., 59-62.

Schlosser M. Zur Geologie des Unterinntales. – JbRA 1909, 525–574. – Bespr. GZ 15/42; NJb. 1910/2, 426; Mitt. Geogr. Ges. München, 1913, 62.

—, **Birkner E.** u. **Obermaier H.** Die Bären- oder Tischoferhöhle im Kaisertal bei Kufstein. – Abh. Bayr. Ak. d. Wiss., 2, 24, 2. Abt., München 1909, 387–506, 5 Taf., 12 Fig. – Bespr. VRA 1910, 196; GZ 14/775, 19/741; NJb. 1910/2, 141; Z. f. Glkde, 8, 1914, 139.

Schlosser M. Über neuere Untersuchungen von Höhlen in Bayern. – Zbl. f. Min., Abt. B, 1926, 361–365. – Bespr. GZ 36/1207.

Schmidel E. Bronzedolch aus Tirol. (Landeck?) – Mitt. Anthrop. Ges. Wien, 14, 1884, Verh., 96, 1 Abb.

Schmidt R. R. Jungsteinzeit-Siedlungen im Federseemoor. (Beiträge v. H. Reinerth u. G. Kraft.) – 1. Lfrg, Augsburg (Filser) 1930, 12 Taf., 38 Abb. – Bespr. Wr. Prähist. Z., 18, 1931, 75.

Schmoranzer J. Topographie der prähistorischen Fundorte des Überetsch-Gebietes. – Der Schlern, 11, 1930, 312–324, K. 1:40000; 12, 1931, 69–72.

Schönherr D. Die Ausgrabung in Hötting im Oktober 1864. – Archiv f. Gesch. u. Altertumskde in Tirol, 1, Innsbruck 1864, 328–332.

Schötensack O. Zur Nephritfrage. – Ethnologie, 36, 1909, 141–143. – Bespr. GZ 13/861.

Schröder J. Aus Münchens Erdgeschichte. – Führer zur Vorgeschichtsausstellung, München 1927, 1–7.

Schrott F. Ein prähistorisches Bauwerk. (Andrian.) – Der Schlern, 12, 1931, 30–31.

— Der Vigilius-Hügel in Perdonig (895 m). – Der Schlern, 12, 1931, 135–140, 3 Abb.

Schuler H. Wilten in der Urzeit. – In: Wilten, Nordtirols älteste Kulturstätte. – Tiroler Heimatbücher, 1, Innsbruck 1924, 12–22.

Schuler J. Zu den Ausgrabungen auf der alten Begräbnisstätte in Innsbruck. – Z. Ferdin., 3. F., 19. H., Innsbruck 1875, 19–27.

Schumacher K. Zur ältesten Besiedlungsgeschichte des Bodensees. (Vortr.) – Schr. d. Ver. Gesch. d. Bodensees, 29, Lindau 1900, 209–232.

Schütz H. Der sterbende Gletscher. Vergehen und Werden zu Ende der Eiszeit. – Leipzig (Haberland) 1929, 203 S., 14 Bilder. – Bespr. Der Schlern, 11, 1930, 37; Z. f. Glkde, 18, 1930, 248; Heimat, 11, Innsbruck 1930, 63; Tiroler Heimatblätter, 8, Innsbruck 1930, 312; Mitt. DÖAV, 1931, 97; Wr. Prähist. Z., 17, 1930, 91; Mitt. Anthrop. Ges. Wien, 60, 1930, 193.

Schwenkel H. Blütenstaubuntersuchungen an Mooren und ihre wissenschaftliche Bedeutung. – Monatschr. Württemberg, 1932, H. 9, 405–413, 1 Abb. – Bespr. GZ 49A/577. S. Bertsch.

Schwerz F. Die Völkerschaften der Schweiz von der Urzeit bis zur Gegenwart. – Studien und Forschungen zur Menschen- u. Völkerkde, 13, Stuttgart (Strecker u. Schroeder) 1915, 307 S., 5 Taf., 88 Abb. – Bespr. Wr. Prähist. Z., 2, 1915, 137; Mitt. Anthrop. Ges. Wien, 46, 1916, 260.

Schwerzenbach K. v. Frühgeschichtliche Funde bei Bregenz. – Mitt. Zentralkomm. f. Erforschung etc., Wien 1909, 568; 1910, 218; Jber. Vorarlberger Museumsver., 1909, 342; 1911, 1, 93.

— Vorgeschichtliche Funde bei Rankweil. – Jb. Vorarlbg. Museums-Ver., 1909, 342.

— Vorgeschichtliche Funde bei Lochau. – Mitt. Zentralkomm. f. Erforschg etc., Wien 1911, 366.

Sedlacek F. Thyrsenblut. – Blätter für Gesch. d. Technik, 1. H., Wien (Springer) 1932, 73–80, 6 Abb. – Bespr. Wr. Prähist. Z., 20, 1933, 43.

Seidl J. G. u. **Kenner F.** Bemerkungen zu einer Chronik der archäologischen Funde in der Österr. Monarchie. – Archiv f. Kunde der österr. Geschichtsquellen, Seidel: Bd 3, 6, 9, 13, 15; Kenner: Bd 24, 29, 33, 38.

Senoner. Neu aufgefundene Pfahlbauten im Gardasee. – Mitt. Anthrop. Ges. Wien, 9, 1880, 220.

— Pfahlbauten in Italien. – Mitt. Anthrop. Ges. Wien, 11, 1881, 192–193.

Sinwel R. Aus der Vergangenheit des Kaisergebirges. – Z. DÖAV, 1917, 7–30.

— **(R. Sw.)** Neuere vorgeschichtliche Funde im Unterinntal. – Tiroler Heimatblätter, 11, 1933, 200–201.

Solari A. Contributo bibliografico alla Preistoria e Protistoria di Tridentum. – Studi Trent., 7, 1926, 208–221; Atheneum, 1926, 178ff.

— Sulla preistoria di Trento. – Riv. di Filolog. e di Istr. class., n. s., 5, Torino 1927, 219–225.

Sölch J. Franz v. Wieser †. – Geogr. Z., 30, 1924, 1–6.

Sordelli F. Sulle piante della torbiera e della stazione preistorica della Lagozza. – Atti Soc. It. Sc. nat., v. 23, Milano 1880, 219.

Soergel W. Lösse, Eiszeiten und paläolithische Kulturen. – Jena (Fischer) 1919, 177 S., 14 Abb. – Bespr. Geogr. Z., 27, 1921, 232; Wr. Prähist. Z., 6, 1919, 117.

— Die Gliederung und absolute Zeitrechnung des Eiszeitalters. – Fortschr. d. Geol. u. Pal., H. 13, Berlin (Borntraeger) 1925, 251 S., 3 Taf., 7 Abb. – Bespr. GZ 33/664, 1483; Z. f. prakt. Geol., 1926, 29; Z. f. Glkde, 15, 1927, 315; Zbl. f. Min., 1925, B, 423; Z. f. Geomorph., 2, 1927, 77; Gerlands Beitr. z. Geophys., 26, 1930, 378; GR 17, 1926, 379. S. auch W. Staub u. J. Sölch.

— Josef Bayers Chronologie des Eiszeitalters. Eine kritische Betrachtung. – Mannus, Z. f. Vorgesch., 19, Leipzig 1927, 225–250. – Bespr. GZ 37/574; Z. f. Glkde, 16, 1928, 154.

— Das geologische Alter des Homo heidelbergensis. – Paleont. Z., 10, 1928, 217–234, 2 Abb. – Bespr. Z. f. Glkde, 17, 1929, 257.

Speck M. Wasser- oder Landpfahlbauten? – Zuger Neujahrsbl., 1928, 47–52, 1 Abb.

Spitaler R. Zur Chronologie des Eiszeitalters. – Gerlands Beitr. z. Geophys., 35, 1932, 102–112. – Bespr. GZ 49A/1349.

Srbik H. R. v. Studien zur Geschichte des österr. Salzwesens. – Forschungen z. inneren Gesch. Österreichs, Innsbruck (Wagner) 1917, 229 S. – Bespr. Mitt. u. Forschungen z. Gesch. Tirols u. V., 14, 1917, 205; Wr. Prähist. Z., 4, 1917, 115; Mitt. Inst. f. österr. Geschforschg, 38, 664; Literar. Zentralbl., Nr. 49, 1919, 6. Dez.; Z. hist. Ver. f. Steiermark, 16, 186; Deutsche Literaturztg, Nr. 30, 1918, 3. Aug.; Schmoller Jb. f. Gesetzgeb., 41, 496; Monatsbl. herald. Ges. Adler, Sept. 1917; Grazer Tagespost v. 2. 6. 1917.

Srbik R. R. v. Ein Bahnbrecher der Tiroler Geologie. Zu Adolf Pichlers 30. Todestag. – Innsbr. Nachr. v. 15. 11. 1930.

— Adolf Pichler als Geologe. – Tiroler Heimatblätter, 8, H. 11, Innsbruck 1930, 358–365.

— Adolf Pichler als Geologe (1819–1900). Hiezu Schriftenverz. u. ein Anhang. – Ber. Natwiss.-med. Ver. Innsbruck, 42, 1931, 56 S. – Bespr. Mitt. DÖAV, 1932, 106; GZ 53 A/241.

— Josef Blaas. Ein Gedenkblatt zum 80. Geburtstag. – VBA 1931, 193–200. Mit Schriftenverz.

— Der Tiroler Geologe Professor Josef Blaas. - Tiroler Heimatblätter, 9, H. 4, 1931, 114–121. Auszug: Neueste Ztg, Innsbruck 1931, Nr. 98 v. 29. 4. - Bespr. GZ 45/1104.
— Ein steinzeitlicher Fund aus dem Solsteingebiet. - Wr. Prähist. Z., 20, Wien 1933, 7–8, 1 Abb. - Bespr. GZ 51 A/227.
— Der erste Steinzeitfund im Solsteingebiet. - Tiroler Heimatblätter, 11, 1933, 262–263, 1 Abb.
Stark P. Die pollenanalytische Durchforschung der Schweiz (mit vergleichender Heranziehung der Nachbargebiete). - Z. f. Bot., 21, Jena 1929, 27 S., 10 Fig., 1 Tab. - Bespr. GZ 40/1701.
Staub J. Die Pfahlbauten in den Schweizer Seen. - Fluntern 1864, 80 S., 5 Abb., 8 Taf. - Bespr. NJb. 1865, 103.
Stauber E. Vom Bergwerk bei Sufers (Rheinwald). - Anzg. f. Schw. Altertumskunde, NF, 13, Zürich 1911, 256–260, 1 Abb.
Steinmann G. Die Eiszeit und der vorgeschichtliche Mensch. - Natur und Geisteswelt, 302. Bd, Leipzig (Teubner) 1910, 96 S., 24 Abb.; 2. Aufl., ebd. 1917, 105 S., 24 Abb. - Bespr. Natwiss. Wochenschr., NF, 10, 1911, 330; Geogr. Anzg., 12, 1911, 18; Geogr. Z., 17, 1911, 56; GZ 23/183; Die Naturwiss., 5, 1917, 708; Mitt. Geogr. Ges. München, 12, 1917, 362; Mitt. Anthrop. Ges. Wien, 48, 49, 1919, 221.
Steub L. Über die Urbewohner Rätiens und ihren Zusammenhang mit den Etruskern. - München 1843, 191 S.
Steudel A. Vortrag über Pfahlbauten. - Schriften Ver. f. Gesch. d. Bodensees, 3, 1872, 66–88, 1 K.
— Über das Material der Steinwaffen aus den Bodensee-Pfahlbauten. - Jh. f. Ver. f. vaterld. Natkde in Württemberg, 32, Stuttgart 1876, 75–90. - Bespr. Arch. d. sc. phys. et nat., t. 58, 166, 172; Rev. géol. suisse p. l'a. 1876, Genève 1877, 46, 52.
Stolz F. Die Urbevölkerung Tirols. - 2. Aufl., Innsbruck 1892, 121 S.
Stoppani A. Prima ricerca di abitazioni lacustri nel laghi di Lombardia. - Atti Soc. It. Sc. Nat., v. 5, Milano 1863, 154–163. - Bespr. NJb. 1864, 765.
— Pfahlbauten am See von Varese und die bituminösen Schiefer von Besano. (Ital.) - Atti Soc. It. Sc. Nat., v. 5, Milano 1863, Ann. 1863, 423–437.
— Sulle antiche abitazioni lacustri del lago di Garda. - Atti Soc. Ital. Sc. Nat., v. 6, Milano 1864, 181–186. - Bespr. NJb. 1865, 503; Bl. 208.
Strobel P. Tracce dell'uomo nell'età della pietra tagliata nel Trentino. - Verona 1867.
— Saggio della fauna mammologica delle Stazioni preistoriche dei Monti Lessini veronesi. - Boll. Paletn. It., 16, Parma 1890, 167.
Szombathy J. Verzeichnis der bei Völs in Tirol gefundenen prähistorischen Objekte. - Mitt. Anthrop. Ges. Wien, 14, 1884, Verh., 58.
— Bronzeflachkelt aus Oberitalien. (Lombardei?) - Mitt. Anthrop. Ges. Wien, 14, 1884, Verh., 114, 1 Abb.
— Funde von der Gurina und La Tène-Funde in den Ostalpen. - Mitt. Anthrop. Ges. Wien, 15, 1885, Verh., 102–104.
— Bronzeschwert aus dem Lenotale bei Rovereto. - Mitt. Zentralkomm. z. Erf. u. Erh. d. Kunst- u. hist. Denkm. Wien, 3. F., 5. Bd, 1906, 3–5, 1 Abb.
— Moritz Hoernes. - Mitt. Anthrop. Ges. Wien, 47, 1917, 144–151.
Tappeiner F. Studien zur Anthropologie Tirols und der Sette Comuni. - Innsbruck 1883, 64 S.
—, Dalla Torre K. W. v., Hörmann L. Beiträge zur Anthropologie, Ethnologie und Urgeschichte von Tirol. - Festschrift Anthropol. Ges., 1, Innsbruck 1894, 277 S.
Tappeiner F. Der Sisiniusbühel bei Laas. - Z. Ferdin., 3. F., 42. H., Innsbruck 1898, 372–374.
Tarnuzzer Chr. Neue steinzeitliche Funde in Graubünden (Maienfeld). - Anzg. Schw. Altertumskde, NF, 7, 1905, 1–4, 1 Fig.
Tatarinoff E. François Alphonse Forel, 12. Febr. 1841 bis 12. Aug. 1912. Aus der Biographie verfaßt von Prof. Dr. Henri Blanc. - 5. Jber. Schw. Ges. f. Urgesch., 1912, Zürich 1913, 41–47; Publik.-Verz. über Urgesch.
Teppner W. Die Nephritfrage mit besonderer Berücksichtigung Steiermarks. - Mitt. Natwiss. Ver. f. Steiermark, 49, 1912, 91–102. - Bespr. GZ 19/320.
Tomschik J. Ein bronzezeitlicher Fund aus Verona. - Wr. Prähist. Z., 10, Wien 1924, 38–41, 1 Abb.
Trafojer A. Eine prähistorische „Stadt" auf dem Möltnerjoche. - Der Schlern, 15, 1934, 424–426, 1 Skz.
Trauth F. Joseph Bayer †. - Mitt. Geol. Ges. Wien, 24, 1931, Wien 1932, 147–149.
Trauwitz-Hellwig J. v. Rassenverhältnisse am Ende der Stein- und Anfang der Bronzezeit in Südbayern. - Mitt. Anthrop. Ges. Wien, 53, 1923, 251–265, 13 Abb.
— Kulturverhältnisse am Ende der Stein- und Anfang der Bronzezeit in Südbayern. - Mitt. Anthrop. Ges. Wien, 54, 1924, 99–119, 10 Abb.
Tröltsch E. v. Fundstatistik der vorrömischen Metallzeit im Rheingebiete. - Stuttgart (Enke) 1884, 119 S., zahlr. Abb., 6 K. - Bespr. Mitt. Anthrop. Ges. Wien, 14, 1884, 229.
— Vergleichende Betrachtung der kulturgeschichtlichen Bedeutung der Pfahlbauten des Bodensees. - Schr. d. Ver. f. Gesch. d. Bodensees, 16, Lindau 1887, 89–92.
— Über den Schutz der vorgeschichtlichen Altertümer im Bodenseegebiet. (Vortr.) - Schr. d. Ver. f. Gesch. d. Bodensees, 20, Lindau 1891, 70–72.
— Die archäologische Aufnahme des Bodenseegebietes. (Vortr.) - Schr. d. Ver. f. Gesch. d. Bodensees, 21, Lindau 1892, 71–73.
— Die Pfahlbauten des Bodenseegebietes. - Stuttgart 1902, 255 S. - Bespr. PetMitt., 49, Litber., 26; Arch. Anthrop., 28, 201.
Tscholl J. Neue prähistorische Funde im Dorf Tirolo. (Zwei Flachäxte aus Serpentin.) - Dolomiten v. 23. 4. 1932, 7.
— Zum Rätsel der Schalensteine. - Der Schlern, 14, 1933, 440–442, 3 Abb.
Tschumi O. Neuere steinzeitliche Fundstellen der Schweiz. - Wr. Prähist. Z., 9, 1922, 16–21.
— Urgeschichte der Schweiz. - In: Die Schweiz im deutschen Geistesleben, ill. Reihe 5, Frauenfeld u. Leipzig (Huber) 1926, 196 S., 20 Taf. - Bespr. Wr. Prähist. Z., 15, 1928, 144.
—, Rytz W. u. Favre J. Sind die Pfahlbauten Trocken- oder Wassersiedlungen gewesen? - 18. Ber. Röm.-Germ. Kommiss. Frankfurt a. M., 1928, 24 S., 5 Abb.
Tschumi O. Sind die Pfahlbauten Trocken- oder Wassersiedlungen gewesen? - Verh. Schw. Natf. Ges., 109. Jvers., Lausanne 1928, 2. T., 208–209; Bull. Schw. Ges. f. Anthrop. u. Ethnol., 5, 1928/29, Bern 1929, 10–11.

Tschurtschenthaler P. Neuentdeckte Wallburgen im unteren Pustertal. - Der Schlern, 10, 1929, 314–318.
— Der Hexenstein bei Terento im Pustertale. Ein Beitrag zur Kunde der Schalensteine. - Der Schlern, 15, 1934, 61-62, 4 Abb.
Uhlig J. Über Nephrit. - Aus der Natur, Z. f. Naturfreunde, Leipzig (Quelle u. Meyer) 1911, 37–45.
Ulrich R. Die Gräberfelder in der Umgebung von Bellinzona, Kanton Tessin. - Kataloge des Schw. Landesmuseums Zürich, Bd 1 u. 2, 728 u. 67, bzw. 26 S., 92 Taf.; Zürich (Landesmuseum), Stuttgart (Deutsche Verlagsanstalt) 1914. - Bespr. Mitt. Anthrop. Ges. Wien, 44, 1914, 330.
Velder A. Die Ausgrabungen in Messa. - Lienzer Nachrichten v. 2. 9. 1932.
Viollier D. Der gegenwärtige Stand der schweizerischen Pfahlbauforschung. Die Ufersiedlungen am Bodensee und Rhein. - Mitt. Antiquar. Ges. in Zürich, 29, H. 4, (88. Neujahrsbl.), Zürich 1924, 149–157 ff.
— Waren unsere Pfahlbauten Wassersiedlungen? - Forschungen u. Fortschritte, 3, Berlin 1927, Nr. 7, 51.
Virchow R. Neuere Pfahlbaufunde aus dem Bodensee, namentlich Nephrit und Jadeit. Mit Anhang von A. Arzruni. - Verh. Berliner Anthrop. Gesellsch., 14, 1882, 563–567.
Vogel R. Tierreste aus vor- und frühgeschichtlichen Siedlungen Schwabens. I. Die Tierreste aus den Pfahlbauten des Bodensees. - Zoologica, H. 82, Lfrg 1, Stuttgart 1933, 109 S., 14 Taf., 3 Tab., 4 Abb. - Bespr. NJb. 1933/3, 1107; GZ 52 A/789, 5 B/146.
Vogl K. Bergbau und vorgeschichtliche Funde um Kitzbühel. - Wr. Prähist. Z., 16, 1929, 34–39, 1 Skz.
Vogt E. Die spätbronzezeitliche Keramik der Schweiz und ihre Chronologie. - Diss. Basel, 1930; Denkschr. Natf. Ges., 66, Zürich (Fretz) 1930, 80 S., 9 Taf. - Bespr. Wr. Prähist. Z., 18, 1931, 162.
Vojkffy Graf. Funde der mittleren Steinzeit aus Oberstdorf. - Münchner Neueste Nachr., Juni 1932.
Vorgeschichtliche (Mr.) Funde bei St. Lorenzen im Pustertal. Der Sammler, Beiträge zur tir. Heimatkunde, 2, Meran 1907, 14–15.
Wachtler W. Zum Rätsel der Schalensteine. - Der Schlern, 14, 1933, 492.
Wagner M. Das Vorkommen von Pfahlbauten in Bayern mit einigen Bemerkungen über die bisherigen Hypothesen hinsichtlich des Zweckes und Alters der vorhistorischen Seeansiedlungen. - Sber. Ak. d. Wiss. München, 1866, II, 430–478.
Wahrmann S. Nachruf auf L. Rütimeyer. - Mitt. Anthrop. Ges. Wien, 26, 1896, Sber., 18.
Wallnöfer L. Neue Wallburgen. (Etschtal bei Auer.) - Der Schlern, 10, 1929, 27–30.
Weber F. Die Besiedlung des Alpengebietes zwischen Inn und Lech. - Beitr. z. Anthrop. u. Urgesch. Bayerns, 8, München 1888, 22–36. - Bespr. Mitt. Anthrop. Ges. Wien, 18, 1888, 204.
— Vorgeschichtliches aus dem Alpengebiet zwischen Inn und Salzach. - Beitr. zur Antrop., 9, München 1891, 10 S.
— Zur Frage der Verbreitung und das Alters der Hochäcker im rechtsrheinischen Bayern. - Ranke, Korrespblatt, 29, 1, München 1898, 8 S.
— Spuren des Menschen der Bronzezeit in den Hochalpen des deutschen Sprachgebietes. - Korrespblatt Deutsch. Anthrop. Ges., München 1905, 7 S.
Welter O. A. Die Herkunft des Nephrits. - Sber. Anthrop. Ges. Bonn, 13. 12. 1910, 43, 1912, 13–15. - Bespr. GZ 18/362. S. Min. u. Petrogr.
Werth E. Der Mensch der Eiszeit im Alpengebiete. - Natwiss. Wochenschr., NF, 8, 1909, 395–397.
— Zur Kenntnis des Magdaléniens am Bodensee. - Prähist. Z., 1914, 203–210. - Bespr. GZ 24/1336.
— Die Uferterrassen des Bodensees und ihre Beziehungen zu den Magdalénien-Kulturstätten im Gebiete des ehemaligen Rheingletschers. - W. Branca-Festschr., Leipzig (Borntraeger) 1914, 164–202. - Bespr. GZ 24/1337; PetMitt., 63, 1917, 320; 64, 1918, 275; Natwiss. Wochenschr., NF, 15, 1916, 138.
Wiegers F. Die geologischen Grundlagen für die Chronologie des Diluvialmenschen. - Z. DGeol-Ges., 64, 1912, B, Mber., 578–606. - Bespr. GZ 19/1014; L'Anthropol., 25, 1914, 121.
— Diluviale Vorgeschichte des Menschen. 1. Bd: Allgem. Diluvialprähistorie. Mit einem Beitrag: Die fossilen Menschenreste. Von Dr. H. Weinert. - Stuttgart (F. Enke) 1928, 299 S., 101 Abb. - Bespr. GZ 38/656.
Wieser F. R. v. Die urgeschichtliche Fundstätte bei Ampaß. - Innsbruck 1878, 24 S.
— Prähistorische Funde bei Ampaß. (Vortr.) - Ber. Natwiss.-med. Ver. Innsbruck, 7, 1878, röm. 12–14.
— Die archäologisch-prähistorischen Funde vom Martinsbühel und bei Völs. - Z. Ferdin., 3. F., 26. H., Innsbruck 1882, 191–200.
— Depotfund bei Dercolo im Nonsberge. - Mitt. Anthrop. Ges., 13, NF, 3, Wien 1883, 220–221, 3 Fig.
— Prähistorische Funde in Tirol. (Vortr.) - Ber. Natwiss.-med. Ver. Innsbruck, 13, 1883, röm. 34–38.
— Vorläufiger Bericht über die im Auftrage der Anthropologischen Gesellschaft durchgeführten Grabungen in Hötting bei Innsbruck. - Mitt. Anthrop. Ges., 14, 1884, Verh., 6.
— Gräberfund bei Sterzing. - Mitt. Anthropol. Ges. Wien, 14, NF, 4, 1884, Verh., 23.
— Feuersteinmesser aus St. Martin im Gnadenwald. - Mitt. Anthrop. Ges. Wien, 14, 1884, Verh., 84, 1 Abb.
— Fragment eines Gürtelbleches mit getriebenem Tierornament aus dem Pustertale. (Vintl.) - Mitt. Anthrop. Ges. Wien, 14, 1884, Verh., 84–85, 1 Abb.
— Die Reihengräber von Igls. (Kraniologische Untersuchungen v. H. Merlin.) - Mitt. Anthrop. Ges. Wien, 16, 1886, 1–7.
— Das langobardische Fürstengrab und Reihengräberfeld von Civezzano bei Trient. - Z. Ferdin., 3. F., 30. H., Innsbruck 1886, 279–320, 5 Taf.
— Germanischer Grabfund von Trient. - Z. Ferdin., 3. F., 31. H., Innsbruck 1887, 269–274. - Bespr. Mitt. Anthrop. Ges. Wien, 17, 1887, 189.
— Neue prähistorische Funde aus Tirol. - Mitt. Anthrop. Ges. Wien, 19, 1889, Sber., 172–173. (Tisens, Siebeneich.)
— Die Bronzegefäße von Moritzing. - Z. Ferdin., 3. F., 35. H., Innsbruck 1891, 307–329, 2 Taf.
— Der Bronzefund von Ried in Tirol. - Prähist. Blätter, 4, 1892.
— Urgeschichtliche Einzelfunde aus Tirol. - Z. Ferdin., 3. F., 36. H., Innsbruck 1892, 573–580, 1 Taf.; Nachtrag, ebd., 37. H., 1893, 377–378.
— Die vorgeschichtlichen Verhältnisse von Tirol und Vorarlberg. - Kronprinzenwerk, 13, Wien 1893; Sonderabdr. Wien 1892, 12 S., illustr.

— Die wichtigsten Ergebnisse der Urgeschichtsforschung in Tirol. - Mitt. Anthropol. Ges. Wien, 24, 1894, 2. Nachtr., 189–191.
— Das Grabfeld von Welzelach. - Beiträge zur Anthrop. v. Tirol, Innsbruck (Wagner) 1894.
— Zwei Altertumsfunde aus Südtirol. (Steinbeil aus Säben und römischer Inschriftenstein aus Aldeno.) - Z. Ferdin., 3. F., 39. H., Innsbruck 1895, 409–413.
— Der Urnenfriedhof von Welsberg. - Z. Ferdin., 3. F., 42. H., Innsbruck 1898, 374–377.
— Prähistorische Wallburgen und Ansiedlungen bei Seis und Kastelruth. - Z. Ferdin., 3. F., 42. H., Innsbruck 1898, 377–381.
— Germanengrab bei Tisens. (6.–7. Jahrh. n. Chr.) - Z. Ferdin., 3. F., 46. H., Innsbruck 1902, 335–339.
— Der Urnenfriedhof von Schwaz. - Z. Ferdin., 3. F., 48. H., Innsbruck 1904, 360–363.
— Der Urnenfriedhof von Kufstein. - Z. Ferdin., 3. F., 49. H., Innsbruck 1905, 451–454.
— Neu aufgedeckte Urnenfriedhöfe in Tirol. - Z. Ferdin., 3. F., H. 53, Innsbruck 1909, 195–199.
— Gräberfunde bei Wilten u. a. - Mitt. Zentralkomm. f. Erforschung etc., Wien 1910, 517.
— Vorgeschichtliche Funde bei Eppan-St. Pauls. - Mitt. Zentralkomm. f. Erforschg etc., Wien 1911, 161.
— Prähistorische und römische Funde bei Wörgl. - Festschr. z. Feier d. Markterhebung von Wörgl, 1911.

Wieser Th. Merans geschichtlicher Boden. - In Festschr. z. 77. Vers. D. Natf. u. Ärzte, gew. v. Kurort Meran, 1905, 27–40, ill.

Winz H. Beiträge zur Kulturgeographie des Oberinntales. - Berliner Geogr. Arbeiten, H. 2, Stuttgart (Engelhorn) 1933, 117 S., 14 Skz. - Bespr. Tir. Heimatbl., 11, 1933, 292; Geogr. Z., 40, 1934, 71.

Woldstedt P. Das Eiszeitalter. Grundlinien einer Geologie des Diluviums. - Stuttgart (Enke) 1929, 406 S., 162 Abb. - Bespr. Z. f. prakt. Geol., 38, 1930, 190; Z. f. Geomorph., 5, 1930, 141; GZ 41/1536; Mitt. DÖAV, 1930, 69; Die Naturwissenschaften, 18, 1930, H. 18, 377; Geogr. Anzg., 1930, H. 7, 209–217; Zbl. f. Min., 1930, Abt. B, 206; Z. f. Glkde, 18, 1930, 247; Gerlands Beitr. z. Geophys., 26, 1930, 385; Geogr. Z., 36, 1930, 492; GR 22, 1931, 270; PetMitt., 78, 1932, 260; Wr. Prähist. Z., 18, 1931, 81.

Wolff C. (K.) F. Zur Vorgeschichte der Ostalpenländer. - Deutsche Alpenztg, 23, 1928, 266–272.
— Vorgeschichtliches aus dem Grödnertale. - Dolomiten v. 15. Juni 1929.
— Überetscher Erinnerungen. (Nebst Gedanken über Vorgeschichte.) - Der Schlern, 13, 1932, 20–25, 2 Abb.
— Alte Randvölker der Alpen. Ein Beitrag zur Erforschung der vorgeschichtlichen Bevölkerungs- und Sprachverhältnisse in den Alpenländern. - Der Schlern, 14, 1933, 190–198, 246–254, 290–299.
— Kultstätten der Ureinwohner im Burggrafenamt. Eine vorgeschichtliche Betrachtung. - Dolomiten, Nr. 20, Bolzano, 14. 2. 1934.
— (—f). Vom Eisacktaler Mittelgebirge. - Dolomiten, Nr. 71, Bolzano, 13. 6. 1934, 4 Sp.

Wopfner H. Die Besiedlung unserer Hochgebirgstäler. Darsgestellt an der Siedlungsgeschichte der Brennergegend. - Z. DÖAV, 1920, 25–86, m. Abb.

Wurmbrand G. Graf. Fundnotizen über die Villacher Tumuli der Bronzezeit. - Mitt. Anthrop. Ges. Wien, 2, 1872, 7–10, 1 Skz.

Zanoll K. Zum Rätsel der Schalensteine. - Der Schlern, 14, 1933, 540.

Zeppelin E. Graf. Über die ethnographischen Verhältnisse der prähistorischen Bodenseebevölkerung. (Vortr.) - Mitt. Anthrop. Ges. Wien, 30, 1900, Sber., 25–27, Disk. 28.

Zittel K. v. Die Pfahlbauten im Würmsee. - Allgemeine Ztg, Augsburg 1873.

Zschocke M. u. **Preuschen E.** Das urzeitliche Bergbaugebiet von Mühlbach-Bischofshofen mit Beiträgen von R. Pittioni, F. Firbas, J. Kisser und F. Netolitzky. - Materialien zur Urgeschichte Österreichs, H. 6, Wien 1932, 287 S., 28 Taf., 6 K., einige Abb. - Bespr. Z. f. prakt. Geol., 40, 1932, 189; Wr. Prähist. Z., 20, 1933, 33; NJb. 1933/2, 305.

Vul

Vulkanismus.

Ampferer O. Bemerkungen zu der Arbeit von R. Schwinner „Vulkanismus und Gebirgsbildung". - VStA 1921, 101–107. - Bespr. GZ 29/1348.
— Beiträge zur Geologie des obersten Lechtales. (Petrogr. Teil v. W. Hammer.) - JbBA 1930, 103–146, 2 T., 36 Abb. - Bespr. GZ 44/165.
— Geologische Karte der Lechtaler Alpen. 4 Bl. 1:25000. I. Klostertaler Alpen. II. Arlberggebiet. III. Parseierspitzgruppe. IV. Muttekopf-Heiterwand. - Mitarbeiter: Th. Benzinger, W. Hammer, O. Reithofer. - Hiezu ein Erläuterungsbuch, 125 S., 28 Farbzeichngen, 1 Taf., Wien (Geol. Bdsanst.) 1932. - Bespr. VBA 1933, 12; Tiroler Anzeiger, Nr. 47 v. 25. 2. 1933; Innsbr. Nachr., Nr. 66 v. 20. 3. 1933; Außferner Bote, Nr. 25 v. 1. 4. 1933; Heimat, Vorarlberger Monatshefte, 14, 1933, 69; Geogr. Z., 39, 1933, 181; Mitt. DÖAV, 1933, 100; NJb. 1932/3, 973; 1933/3, 502; Tiroler Heimatblätter, 11, 1933, 223; GR 1933, 264; GZ 50A/788; Z. f. prakt. Geol., 41, 1933, 151; Z. f. Geomorph., 8, 1934, 90; Z. f. Glkde, 21, 1933, 394.

Arduino G. Effetti dei vulcani antichi nel Vicentino. - 1769.
— Effetti di antichissimi vulcani estincti nei monti della villa di Chiampo ed in altri luoghi del territorio di Vicenza e di quello di Verona. - Nuovo Giornale d'Italia, t. 7, 1782. (Namentl. Gegend von Schio u. Recoaro.)
— Memoria epistolare dell'Abate Fortis circa gli indizi di antichissimi vulcani nelle Alpi Vicent., Veronesi e Trent. - Atti Soc. it. Sc. nat. Milano, 1792, v. 4.

Becke F. Das spezifische Gewicht der Tiefengesteine. - Sber. Ak. d. Wiss. Wien, Abt. 1, 120, 1911, 265–301; Anzg. Ak. d. Wiss. Wien, 48, 1911, 184–185.

Béguinot A. Nota preliminare sulla fitogeografia dei Colli Euganei. - Atti Acc. Sc. Ven.-Trent.-Istr., n. s., a. 1, f. 1, Padova 1904, 26–48.

Berg G. Neuere Anschauungen über die Entstehung der kristallinen Schiefer. – Z. f. phys.-chem. Unterr., 41, 271–275. – Bespr. GZ 42/970.

Bergeat A. Betrachtungen über die stoffliche Inhomogenität des Magmas im Erdinnern. – Mitt. Geogr. Ges. München, 3, 1908, 152–171.

Berndl R. Der Feuerberg bei Köfels im Ötztal. – Innsbr. Nachr., Nr. 4 v. 1929.

Bonardi E. Analisi chimica di alcune argille glaciali e plioceniche dell'Alta Italia. – Boll. Soc. geol. it., 1883, 126–137.

Bräuhäuser M. Tertiärer Vulkanismus im Alpengebiet. – Jh. Ver. vaterl. Natkde Württbg, 84, 1928, 41–42.

Brinkmann R. Über einige Beziehungen zwischen Magmenaufstieg und Tektonik. – Z. f. Geophysik, 2, 138–140.

Brögger W. C. Die Eruptivgesteine des Kristianiagebietes. II. Die Eruptionsfolge der triadischen Eruptivgesteine bei Predazzo in Südtirol. – Videnskabs selsk. Skrift., I. Math.-nat. Kl. Nr. 7, Kristiania 1895, 1–183. – Bespr. NJb. 1896/2, 433; Bl. 917; Boll. Com. geol. d'It., 27, 1896, 211.

Brunner C. Über die Hebungsverhältnisse der Schweizer Alpen. (Brief an L. v. Buch.) – Z. DGeolGes., 3, 1851, 554–562.

Bubnoff S. v. Über die Beziehung zwischen Gebirgsbildung und Vulkanismus. – Die Naturwissenschaften, 15, 1927, 857–860.

Christa E. Über naturgetreue Darstellung orogentektonischer Erscheinungsformen. – JbBA 1932, 1–16, 1 Taf. – Bespr. GZ 47A/443, 48A/1066.

— Das Greiner-Schwarzensteingebiet der Zillertaler Alpen in geologisch-petrographischer Betrachtung. – Veröffentl. Mus. Ferdin., 13, Innsbruck (Wagner) 1933, 1–114, 40 Abb.

Cloos H. Tektonik und Magma. Untersuchungen zur Geologie der Tiefen. – Abh. Preuß. Geol. Ldsanst., NF, H. 89, Bd 1, 1922, 141 S., 3 Taf., 41 Fig.

— Das Batholithenproblem. – Fortschr. d. Geol. u. Pal., 1923, 80 S. – Bespr. Z. f. Geomorph., 3, 1928, 71.

— Einführung in die tektonische Behandlung magmatischer Erscheinungen (Granittektonik). – Berlin (Borntraeger) 1925, 194 S. – Bespr. Z. Ges. f. Erdkde Berlin, 1926, 363.

— Zur Kritik der Granittektonik. – Zbl. f. Min., Abt. B, 1926, 481–492. – Bespr. GZ 36/529.

— Zur Tektonik alpiner Granitplutone. – GR 18, 1927, 396–398. – Bespr. GZ 37/925.

— Zur Mechanik der Randzonen von Gletschern, Schollen und Plutonen. – GR 20, 1929, 66–75, 7 Fig., 1 Taf. – Bespr. Z. f. Glkde, 17, 1929, 392; GZ 41/431; NJb. 1931/2, 299.

Cornelius H. P. u. **Furlani-Cornelius M.** Über gangförmige Eruptivbreccien aus dem Villnößtale (Südtirol). – Zbl. f. Min., 1922, 110–114. – Bespr. GZ 28/267.

— — Zur Geologie der Tuffbildungen im Marmolatagebiet. – Zbl. f. Min., 1924, 366–373. – Bespr. GZ 32/97.

Cornelius H. P. Zur Tektonik und Altersfrage der dioritischen Gesteine von Klausen (Südtirol). – Zbl. f. Min., 1926, Abt. B, 177–183. – Bespr. GZ 37/955.

— Zur Altersbestimmung der Adamello- und Bergeller Intrusion. – Sber. Ak. d. Wiss. Wien, math.-natw. Kl., Abt. 1, 137, 1928, 541–562.

Cushing H. P. u. **Weinschenk E.** Zur genauen Kenntnis der Phonolithe des Hegaus. – Tscherm. Min. u. petr. Mitt., 13, 1892, 18–38. – Bespr. NJb. 1893/2, 487.

Dal Piaz G. Note sulla costituzione geologica di Albettone. – Padova 1902.

— A proposito della scoperta di un presunto filone di roccia volcanica postglaciale nei dintorni di Bressanone nell'Alto Adige. – Rend. d. R. Accad. naz. d. Linc., Cl. mat.-nat., v. 55, s. 6, f. 3–4, Roma 1926, 86–91. – Bespr. VBA 1927, 195; GZ 41/1742; Atti Acc. Sc. Ven.-Trent.-Istr., v. 20, 1929, 9; Studi Trent. Sc. Nat., 7, 1926, 183. (S. R. v. Klebelsberg.)

Deecke W. Tektonik und Vulkanismus in Südwestdeutschland. – Z. DGeolGes., B, Mber., 69, 1917, 197–219. (Hegau.) – Bespr. GZ 24/288.

Doelter C. Über die alten Vulkane Südtirols. – Gebirgsbote, 1875, Nr. 11.

— Über die Eruptivgebilde von Fleims nebst einigen Bemerkungen über den Bau älterer Vulkane. – Sber. Ak. d. Wiss. Wien, 74, 1876, 27 S. – Bespr. VRA 1877, 213; NJb. 1877, 846; Bl. 448.

Drescher F. K. u. **Storz M.** Ergebnisse petrographisch-tektonischer Untersuchungen im Bergeller Granit. (Vorl. Ber.) – NJb. 1926, Bbd 54, Abt. A, 284–291, 1 tekt. K.

— — Zur Tektonik und Genese des Bergeller Massivs. (Versuch zur Behebung einiger Einwände.) – Zbl. f. Min., 1929, A, 239–251. – Bespr. GZ 42/1494.

Ebert A. Über den Mechanismus der vulkanischen Erscheinungen. – NJb. Bbd 58, B, Pompeckj-Festband, 1927, 615–626.

Erb L. Geolog. Spezialkarte von Baden. Erläuterungen zu Blatt Hilzingen (Nr. 146). Mit einem prähist. Beitr. v. G. Kraft und K. Sulzberger. (1:25000.) – Freiburg i. Br. (Herder) 1931, 115 S., 10 Abb.

— Die Tektonik des Hegaus. – Fortschr. Geol. Pal., 11, Berlin (Borntraeger) 1932 (Deecke-Festschr.), 511–520, 1 Skz. – Bespr. NJb. 1932/2, 766; 1932/3, 966.

Fabiani R. Studio geo-paleontologico dei Colli Berici. Nota preventiva. – Atti R. Ist. Ven. Sc., L. ed A., 64, Venezia 1905.

— Sulle rocce eruttive e piroclastiche dei Colli Berici. – Atti Acc. Sc. Ven.-Trent.-Istr., s. 3, a. 4, f. 1–2, Padova 1911, 3–54, 2 Taf., 5 Fig.

Falb R. Gedanken und Studien über den Vulkanismus mit besonderer Beziehung auf das Erdbeben von Belluno am 29. Juni 1873 und die Eruption des Ätna am 29. Aug. 1864. – Graz 1875, 320 S.

Fehr W. Injektions- und Intrusionserscheinungen im zentralen Teil der südlichen Gneise des Aarmassivs. – Schw. Min. u. Petr. Mitt., 1923, 331–341. – Bespr. NJb. 1927/2, B, 23.

Fortis G. B. Della Valle vulcanico-marina di Roncà. – Venezia 1778.

Gams H. Der Bergsturz von Balderschwang im Allgäu. (Zusammenhang mit Köfels?) – 46. Ber. d. Natwiss. Ver. f. Schwaben u. Neuburg, 1928, 66–81. – Bespr. Z. f. Glkde, 16, 1928, 293; VBA 1929, 96.

Goethe W. v. Alpenerhebung durch Porphyr (1822). – Weimarer Ausgabe der ges. Werke, Abt. 2, 10, 270.

Hammer W. Zur Erinnerung an Eduard Reyer †. – VRA 1915, 99–105.

— Über das Vorkommen jungvulkanischer Gesteine im Ötztal und ihr Alter. – Sber. Ak. d. Wiss. Wien, math.-natw. Kl., I, 132, Wien 1923, 329–342. – Bespr. GZ 30/1222; NJb. 1926/1, A, 182; B, 8.

— Ein Vorkommen jungvulkanischen Gesteins in den Tiroler Zentralalpen. - Z. f. Vulkanologie, 8, 1925, 238–243. - Bespr. GZ 32/937, 1541; NJb. 1928/2, 100.
— Zur Deutung des Bimssteinvorkommens bei Köfels im Ötztal. - VBA 1930, 85–93. - Bespr. GZ 42/627.
Harboe E. G. Vereisung und Vulkanismus. - Z. DGeolGes., 50, 1898, 441–461. (S. Semper.)
— Erwiderung auf die Bemerkung des Herrn Semper zu meinem Aufsatz über „Vereisung und Vulkanismus". - Z. DGeolGes., 51, 1899, 596–607.
Hartmann E. Der Schuppenbau der Tarntaler Berge am Westende der Hohen Tauern. (Tuxer Voralpen.) - JbRA 1913, 207–388, K. 1:12500. - Bespr. GZ 21/330.
— Geol. Übersicht über die Tarntaler Berge. (Tuxer Voralpen u. Tauern-Westende.) - VRA 1913, 109–121. - Bespr. GZ 20/320, 21/329.
Heritsch F. Eruptiva der Karnischen Alpen. - Anzg. Ak. d. Wiss. Wien, math.-natw. Kl., 69, 1932, 259–260.
Hummel K. Das Problem des Fazieswechsels in der Mitteltrias der Südtiroler Dolomiten. - GR 19, 1928, 223–228. - Bespr. GZ 39/371.
— Zur Stratigraphie und Faziesentwicklung der südalpinen Mitteltrias. - NJb. Bbd 68, Abt. B, 1932, 403–462, 2 Taf., 1 Fig. - Bespr. GZ 48A/1133.
— Oberflächennahe Intrusionen und Trümmerlaven in der südalpinen Trias. - Fortschr. d. Geol. u. Pal., 11, H. 33, 1932 (Deecke-Festschr.), 44–74, 5 Fig. - Bespr. GZ 47A/1390, 48A/1408.
Imhof K. Die Goldfelder, eine Zukunft? Metall und Erz, 28, 1931, H. 22, 528–531. - Bespr. GZ 49A/54. S. a. Müller J.
Judd R. Vulkanische Ausbrüche, welche der Erhebung des Alpensystemes vorangingen. (Engl.) - The Geol. Mag., London 1876, 200–215.
Kessler P. Die Beziehungen von Erzgängen, Tektonik, Vulkanismus und Schwere zu den bekannten Heilbädern in Südwestdeutschland. - Z. f. prakt. Geol., 1927, 33–38, 55–62. - Bespr. GZ 37/540; NJb. 1928/2, 210.
Klebelsberg R. v. Neuere geologische Forschungen die Südtiroler Dolomiten betreffend. (Sammelreferat.) - Mitt. Geol. Ges. Wien, 4, 1911, 156–172.
— Ein Vorkommen jungvulkanischen Gesteins bei Brixen a. E. (Südtirol). - Z. DGeolGes., 77, 1925, Mber., 269–275. - Bespr. GZ 33/1189; VBA 1927, 195; Studi Trent. Sc. Nat., 7, 1926, 183. S. a. Dal Piaz u. H. Reck.
— Postglazialer Vulkanismus der Brixner Gegend. - Der Schlern, 7, 1926, 151–154. - Bespr. Studi Trent. Sc. Nat., 7, 1926, 183.
— Ötztaler Alpen. Geologisches. - Der Hochtourist in den Ostalpen, DÖAV, 1926, IV, 192–195, 209, 218, 242–243.
— Das Schlackenvorkommen am Elvaser Bühel. - Der Schlern, 9, 1928, 510–511.
— Geologische Einführung: Schichtfolge, Gebirgsbau, Formentwicklung, Vergletscherung, mit den geolog. Sonderabschnitten der „Südlichen Ostalpen von der Etsch bis zum Piave". - Der Hochtourist in den Ostalpen, DÖAV, 1929, VII, 17–32, 35–36, 56–57, 64–66, 83, 111–113, 185–186, 192–193, 212–213, 225–226, 276–277, 297–299, 326–327, 416–418, 462–463.
Kober L. Der Bau der Erde. - Berlin (Borntraeger) 1921, 324 S.; 2. Aufl., 1928, 499 S. - Bespr. Zbl. f. Min., 1921, 601; Natwiss. Wochenschr., NF, 20, Nr. 48, 1921, 681; GZ 30/664, 40/67.
Kranz W. Zur Entstehung des Buntsandsteins. Erwägungen über das nördliche Alpenvorland, Vulkanismus und Geotektonik. - Jh. d. Ver. f. vaterld. Naturkde Württemberg, 1906, 104–112. - Bespr. Zbl. f. Min., 1912, 96.
— Vulkanexplosionen, Sprengtechnik, praktische Geologie und Ballistik. - Z. DGeolGes., 80, 1928 (1929), 257–307. (Köfels 293–296.)
Kraus E. Das Wachstum der Kontinente nach der Zyklustheorie. - GR 19, 1928, 353–386, 481–493. - Bespr. GZ 42/1220; NJb. 1930/2, 285.
— Unterströmungstheorie statt Oszillationshypothese. - Z. DGeolGes., 83, 1931, 308–326. - Bespr. GZ 46A/729; NJb. 1931/2, 614.
— Überlegungen zur Geodynamik. - NJb 1933, Bbd 70, Abt. B, 393–448, 3 Abb.
Krige L. J. Magmatic Cycles, Continental Drift and Ice Ages. - Presidential Adress, Proc. Geol. Soc. S. Africa, v. 32, 1929, 21–40, 2 Abb. - Bespr. GZ 42/1444.
Leutenegger A. Der Hegau. Landeskundliche Skizze. - Schaffhausen (Kühn) 1931, 82 S., 10 Abb., 6 Photos, 1 K. - Bespr. Geogr. Z., 38, 1932, 435; Z. Ges. f. Erdkde Berlin, 1932, 237.
Lichtenecker N. Bergsturz und Bimssteingang von Köfels im Ötztal (Tirol). - Geogr. Jber. aus Österr., 14 u. 15, Wien 1929, 228–254, K. 1:35000. - Bespr. Z. f. Glkde, 17, 1929, 402; Z. f. Geomorph., 5, 1930, 138.
— Zur Deutung des Bimssteinvorkommens von Köfels im Ötztal. - VBA 1930, 173–179. - Bespr. GZ 45/696; Studi Trent. Sc. Nat., 12, 1931, 72.
Longhi P. Appunti per uno studio geologico sopra le colline di Albettone, Lovertino e Costa di Vio nel gruppo dei Monti Euganei. - Atti Acc. Sc. Ven.-Trent.-Istr., n. s., an. 2, f. 1, Padova 1905, 37–67, 5 Fig., 2 Skz., 1 Taf.
Maier W. Vulkanismus und Isostasie. - Z. DGeolGes., 85, 1933, 273–299, 14 Abb.
Maironi Da Ponte. Ricerche sopra alcune argille e sopra una terra vulcanica della provincia Bergamasca. - 1791.
Miller K. Die geologischen Bildungen am Untersee und im Höhgau. - Schr. d. Ver. f. Gesch. d. Bodensees und seiner Umgebung, 10, Lindau 1880, 145–150.
Müller J. Bleiberg, ein Typus? - Metall und Erz, 28, 1931, 396–397. - Bespr. GZ 49A/35.
— Die Goldfelder der Ostalpen, eine Zukunft? - Metall u. Erz, 28 (NF, 19), 1931, H. 18, 446–447. - Bespr. GZ 49A/53. S. a. Imhof.
Neumayr M. Erdgeschichte. - 3. Aufl. (Fr. E. Suess) 1. Bd: Dynamische Geologie, Leipzig u. Wien (Bibliogr. Inst.) 1920, 543 S., 132 Abb., 32 Taf. u. K. - Bespr. Mitt. Geogr. Ges. Wien, 65, 1922, 112; GZ 25/1478; Natwiss. Wochenschr., NF, 21, 1922, 199; Mitt. Geol. Ges. Wien, 13, 1920 (1921), 112; Geogr. Z., 28, 1922, 42; Die Natwiss., 9, 1921, 35; Tscherm. Min. u. petr. Mitt., 35, 1921, 55.
Niggli P. Erzlagerstätten, magmatische Aktivität und Großtektonik. - Z. f. prakt. Geol., 1928, 159–164, 185–191. - Bespr. GZ 42/1125.
Nölke Fr. Über die Kontraktionshypothese und einige aus ihr fließende Erklärungsmöglichkeiten (Ursache des Vulkanismus und Ursprung der ozeanischen Gewässer). - GR 18, 1927, 121–131. - Bespr. GZ 37/815.
Nopcsa F. Bar. Beiträge zur Verteilung der Eruptiv-

gesteine. – Földtani Közlöny, 56, Budapest 1927, 149–160. – Bespr. GZ 36/1444.

Penck A. Das Antlitz der Alpen. – Die Naturwissenschaften, 12, 1924, 1000–1007. S. a. Klebelsberg, Z. DGeolGes., 1925, Abh., 372–390. – Bespr. Z. f. Geomorph., 1, 1926, 345; Mitt. DÖAV, 1925, 162.

— Der postglaziale Vulkan von Köfels im Ötztal. – Sber. Preuß. Ak. d. Wiss., 12, Berlin 1925, 218–225. – Bespr. GZ 33/746, 34/745; VBA 1926, 200; Z. f. Vulk., 9, 1925, 147; NJb. 1926/1, B, 9; 1926/1, A, 183; Z. f. Glkde, 16, 1928, 162.

Penck W. Der geologische Bau des Gebirges von Predazzo. – Diss. Heidelberg, 1911; NJb. 1911, Bbd 32, 239–382, K. 1:25000, 2 Taf., 10 Fig. – Bespr. GZ 17/566; VRA 1911, 333; Boll. Com. geol. d'It., 43, 1913, f. 4, 101.

— Studien im Eruptivgebiet von Predazzo (Vortr.) – Mitt. Geolog. Ges. Wien, 1912, 8–12.

— Die Melaphyrausbrüche von Buffaure. – Mitt. Geol. Ges. Wien, 5, 1912, 20–86, K. 1:25000, 3 Prof., 5 Abb. – Bespr. GZ 18/1306; VRA 1912, 217; NJb. 1913/1, 322.

— Anteil der Schmelzflüsse an den Bewegungen der Erdkruste. – Die Naturwissenschaften, 12, H. 41, Berlin 1924, 847–851.

Pichler A. v. Beiträge zur Geognosie Tirols. Aus dem Inn- und Wipptale. – Z. Ferdin., 3. F., 8. H., Innsbruck 1859, 137–232, 1 K., 30 Prof. – Bespr. VRA 1859, 45; NJb. 1859, 753; TB 1859, 381; Bl. 150.

— Zur Geognosie Tirols. I. Die Gruppe des Hocheder. II. Die vulkanischen Reste von Köfels. III. Notizen. – JbRA 1863, 589–594, 1 Skz. – Bespr. TB 1863, 865; Bl. 185.

— Vulkanische Gesteine in den Zentralalpen. (Köfels.) – VRA 1863, 77.

— Beiträge zur Geognosie Tirols. I. Megalodon triqueter Wulf. in den „oberen Schichten der Cardita crenata". (Zirl.) II. Bonebed und Jura in der Ötztaler Masse. (Imsterberg.) III. Über Seeben. IV. Eruptivgesteine vom Wetterstein. V. Asphaltschiefer bei Tarrenz. – JbRA 1866, 501–504. – Bespr. VRA 1866, 141; TB 1866, 1097, 1101; Bl. 230.

Pompeckj J. F. Die Auffassung vom Vulkanismus seit Leopold von Buch. – Festvortrag 22. 1., Sber. Preuß. Ak. d. Wiss., Berlin 1925. – Bespr. GZ 32/556.

Prietsch. Der Vulkan von Köfels bei Umhausen. – Ötztaler Bergbote, 34, 1932, Nr. 303, m. Abb.

Reck H. Über die Basaltvulkane des Hegaues. – Z. D. Geol. Ges., 74, Mber., 1922, 137–156. – Bespr. GZ 28/1607.

— Die Hegau-Vulkane. – Berlin (Borntraeger) 1923, 248 S., K. 1:200000, 18 T., 23 Abb. – Bespr. GZ 29/929; Geogr. Z., 30, 1924, 150.

— Die Kräftegruppen des Vulkanismus und der Tektonik und ihre gegenseitigen Beziehungen. – Z. D. Geol. Ges., 76, 1924, 115–137. – Bespr. GZ 32/1538.

— u. **Klebelsberg R. v.** Das Schlackenvorkommen von Elvas bei Brixen, Südtirol. – Z. f. Vulkanologie, 11, 1928, 175–180, 2 Taf. – Bespr. GZ 39/200; NJb. 1931/2, 663.

Reithofer O. Bericht über Kluftmessungen in der Umgebung von Köfels, im Maurach und am Tauferer Berg im vorderen Ötztal. – Anzg. Ak. d. Wiss. Wien, Nr. 27 v. 1930, 3 S. – Bespr. GZ 46A/459.

— Bericht über die Beendigung der Kluftmessungen in der weiteren Umgebung von Köfels im vorderen Ötztal. – Anzg. Ak. d. Wiss. Wien, math.-natw. Kl., Nr. 27 v. 1931, 285–286.

— Neue Untersuchungen über das Gebiet von Köfels im Ötztal. – JbBA 1932, 275–342, 1 Tab., 42 Fig. – Bespr. GZ 49A/939.

Reyer E. Die Euganeen. Bau und Geschichte eines Vulkanes. – Wien (Hölder) 1877, 95 S., 1 K.

— Über die Tektonik der granitischen Gesteine von Predazzo. – VRA 1880, 231–232. – Bespr. NJb. 1883/1, 45; Bl. 558.

— Über Predazzo. – VRA 1880, 232–233, 304; 1881, 83–84. – Bespr. NJb. 1883/1, 45; Bl. 558, 575.

— Predazzo. – JbRA 1881, 1–56, 1 T. – Bespr. NJb. 1883/1, 45; Bl. 574.

— Über Tuffe und tuffogene Sedimente. – JbRA 1881, 57–66.

— Über die Tuffe der massiven Eruptivgesteine. (Vortr.) – VRA 1881, 74.

— Die Eruptivmassen des südlichen Adamello. – NJb. 1881, Bbd 1, 419–450, 13 Abb. – Bespr. Bl. 576.

— Theoretische Geologie. – Stuttgart 1888, 867 S., 3 K., 700 Abb. – Bespr. NJb. 1889/1, 406; Bl. 750.

— Eruptiv- und Gebirgstypen. – Verh. 8. Deutscher Geographentag Berlin 1889, 195. – Bespr. NJb. 1890/2, 236.

— Geolog. und geogr. Experimente. 1. Heft. Deformation und Gebirgsbildung. – Leipzig 1892, 52 S., 158 Fig. – 2. Heft: Vulkanische und Masseneruptionen. Ebd. 1892, 55 S., 215 Fig. – Bespr. NJb. 1893/2, 499.

— Ursachen der Deformation und der Gebirgsbildung. – Leipzig 1892, 40 S., 43 Fig. – Bespr. NJb. 1893/1, 49.

— Geologische Prinzipienfragen. – Leipzig (Engelmann) 1907, 202 S., 254 Fig.

Richthofen F. Frh. v. Ergebnisse einer geognostischen Studienreise in Südtirol. – JbRA 1856, 841–842.

— Geognostische Beschreibung der Umgegend von Predazzo, St. Cassian und der Seisser Alpe in Südtirol. – Gotha (Perthes) 1860, 327 S., K. 1:130000, 4 Proftaf. – Bespr. VRA 1860, 62; Bl. 157.

Rinaldini B. v. Der postglaziale Vulkan von Köfels im Ötztal und die Kluft bei Piburg. – Z. f. Geomorph., 1, 1926, 294–296. – Bespr. Z. f. Glkde, 15, 1927, 321.

— Zwei Vorkommen jungvulkanischen Gesteines in Tirol. – Mitt. Geogr. Ges. Wien, 1927, 5–14, 1 Abb. – Bespr. GZ 37/1083; Z. f. Geomorph., 3, 1928, 166.

Rittmann A. W. Salomon. Magmatische Hebungen. – Z. f. Vulk., 10, H. 3, 1927, 221.

Riva C. Sulle rocce paleovulcaniche del gruppo dell'Adamello. – Mem. R. Ist. Lomb. di Sc. mat. e nat., v. 17, f. 6, Milano 1896, 159–228, 4 Taf. – Bespr. NJb. 1897/2, 62; Boll. Com. geol. d'It., 28, 1897, 372.

— Nuove osservazioni sulle roccie filoniane del gruppo dell'Adamello. – Atti d. Soc. it. d. Sc. nat., Milano 1897, v. 37, f. 1, 67–90. – Bespr. Boll. Com. geol. d'It., 30, 1899, 88.

Rüger L. Geotektonische Hypothesen. – Geogr. Z., 37, 1931, 577–599, 3 Fig. – Bespr. GZ 48A/406.

Salomon W. Age des roche granitiques périadriatiques. – Extr. d. Arch. d. Sc. phys. et nat., pér. 4, t. 2, Genève 1896. – Bespr. Bl. 940.

— Über das Alter der periadriatischen granitischkörnigen Massen. – EgH 5, 1897, 33–38; Atti

Soc. it. Sc. nat., Milano 1897, v. 36, 209–214. – Bespr. NJb. 1898/1, 281.
— Über Alter, Lagerungsform und Entstehungsart der periadriatischen granitisch-körnigen Massen. – Habilitationsschrift, Wien 1897; Tscherm. Min. u. petr. Mitt., 17, 1898, 109–284. – Bespr. VRA 1897, 332; NJb. 1898/1, 281; Bl. 966; Boll. Com. geol. d'It., 30, 1899, 96.
— Sull'origine, sull'età e sulla forma di giacitura della masse granitoidi della conca periadriatica. – Atti Soc. it. Sc. nat. e del Mus Civ. di Storia nat., v. 36, f. 3–4, Milano 1897, 209–214. – Bespr. Boll. Com. geol. d'It., 30, 1899, 96.
— Bemerkungen zu der Cathreinschen Arbeit: Dioritische Gang- und Stockgesteine aus dem Pustertale. – Z. DGeolGes., 50, 1898, 589–590. – Bespr. NJb. 1900/1, 382.
— Über neue geologische Aufnahmen in der östlichen Hälfte der Adamellogruppe. – Sber. Ak. d. Wiss. Berlin, 1901, Nr. 8, 170–185; Nr. 31, 729–747. – Bespr. VRA 1901, 242; GZ 2/1957, 2111; NJb. 1902/1, 65; Boll. Com. geol. d'It., 33, 1902, 355.
— Über die Lagerungsform und das Alter des Adamellotonalits. – Sber. Ak. d. Wiss. Berlin, 14, 1903, 307–319. – Bespr. VRA 1903, 196; GZ 3/2210; NJb. 1904/1, 68; Boll. Com. geol. d'It., 35, 1904, 426.
— Sulla forma di giacitura e sull'età della tonalite dell'Adamello. – Comm. Ateneo Brescia, 1903. – Bespr. GZ 16/1276.
— Die Adamellogruppe, ein alpines Zentralmassiv, und seine Bedeutung für die Gebirgsbildung und unsere Kenntnis von dem Mechanismus der Intrusionen. – Abh. RA, 21, 1. Teil, 1908, 1–433, 2 K., 6 Taf., 91 Abb.; 2. Teil, 1910, 435–603, 3 Taf., 7 Abb. – Bespr. GZ 17/232; GR 1911, 524; NJb. 1911/1, 276; 1912/2, 226; PetMitt., 57, 1911/2, 219; Boll. Com. geol. d'It., 40, 1909, 383.
— Magmatische Hebungen. Mit besonderer Berücksichtigung von Calabrien. – Sber. Heidelberger Ak. d. Wiss., math.-matw. Kl., 1925, Abh. 11, 28 S., 1 Abb. – Bespr. Z. f. Vulk., 10, H. 3, 1927, 221; PetMitt., 74, 1928, 243.
— Neue geologische Beobachtungen im Baitonegebiet des Adamello. – Sber. Heidelberger Ak. d. Wiss., math.-nat. Kl., 1928, 15. Abh., 10 S. – Bespr. GZ 39/988; NJb. 1929/2, 520; 1930/3, 34; Z. f. Krist., Min. u. Petr. Mitt., RT 1, 1932, R. 74.

Sandberg C. G. S. Sur l'âge du granite des Alpes occidentales et l'origine des blocs exotiques cristallins des Klippes. – C.-rend. d. séances de l'Ac. d. sc., Paris, 10. 4. 1905, 1072–1073. – Bespr. NJb. 1907/2, 406.
— Geodynamische Probleme. I. Isostasie und die ursächliche Einheit von Gebirgsbildung und Vulkanismus. II. A. Tektonik und Metamorphose. B. Widersprüche in der Kontraktionstheorie. – Berlin (Borntraeger) 1924, 69 S. – Bespr. NJb. 1925/2, B, 126.
Recent Volcanic Eruptions in the Central Alpine, socalled „Hercynian"-Zone. – Geol. Mag., Nr. 63, London 1926, 460–478. – Bespr. NJb. 1930/2, 42.
— Magmakratismus als Ursache der tektonischen Großformen der Kettengebirge. – Z. f. Vulk., 11, 1927, 110–127, 19 Fig., 1 Taf. – Bespr. GZ 38/593; NJb. 1931/2, 626.

Sander B. Geologische Beschreibung des Brixner Granits. – JbRA 1906, 707–744, 1 K., 22 Abb. – Bespr. GZ 10/1795; NJb. 1909/1, 385.

Sapper C. Vulkankunde. (Mit petrogr. Einleitg von A. Bergeat †) – Bibl. geogr. Handbücher, Stuttgart 1927, 424 S., 4 K. – Bespr. GZ 37/831; GR 1928, 427; Z. f. Geomorph., 3, 1928, 151; Z. f. Min., 1927, B, 552; Mitt. Geogr. Ges. München, 1927, 302; Z. Ges. f. Erdkde Berlin, 1928, 140; PetMitt., 74, 1928, 308.

Schmidle W. Der Hohentwiel. (Vortr.) – Schriften Ver. f. Gesch. d. Bodensees, 42, Lindau 1913, 71–79, 1 K. – Bespr. GZ 20/1446.
— Die Geologie von Singen und seiner Vulkane. – Stadtverwaltg Singen-Hohentwiel, 1918; Singener Nachr., Singen 1919, 32 S. – Bespr. GZ 25/720.
— Geschichte der geologischen Erforschung des Bodensees. – Bad. Geol. Abhandlungen, 3, Karlsruhe 1931, 1–40, 81–95, 6 Abb. – Bespr. GZ 47 A/1950; NJb. 1932/3, 514.

Schneider K. Zur Frage über die Ursachen geotektonischer Bewegungen. – GR 8, 1917, 1–35, 3 Fig. – Bespr. GZ 24/896.

Schwinner R. Vulkanismus und Gebirgsbildung. Ein Versuch. – Z. f. Vulkanologie, 5, 1920, 175–230. – Bespr. VStA 1921, 101; GZ 26/994, 28/1348; Geogr. Z., 28, 1922, 165.

Seidlitz W. v. Über den Mechanismus alpiner Bewegungen. – Zahn-Festschrift, Geogr. Mitt. f. Thüringen, 39, 1931, 9–16.

Semper S. Eine Bemerkung zu Herrn Harboes Aufsatz über „Vereisung und Vulkanismus". – Z. DGeolGes., 51, 1899, 322–324. (S. Harboe.)

Sölch J. Schwereverteilung in der Erdrinde, Gebirgsbildung und Vulkanismus. – Geogr. Z., 28, 1922, 165–177.

Sonklar K. v. Über die Wärme im Erdinnern. (Vortrag.) – Ber. d. Natwiss.-med. Ver. Innsbruck, 4, 1874, röm. 3–5.

Spitaler R. Beziehungen zwischen Erdbeben und Gebirgsfaltung. – Gerlands Beitr. z. Geophysik, 17, 1927, 243–253.

Squinabol S. Le depressioni peri-euganee. – Mem. Acc. Sc., L. ed A. di Padova, v. 18, d. 4, Padova 1902.

Stache G. Über die alten andesitischen Eruptivgesteine des Ortlergebietes. (Vortr.) – VRA 1876, 346–347.

Stark M. Vorläufiger Bericht über die geologisch-petrographischen Aufnahmsarbeiten in den Euganeen im Jahre 1911. – Sber. Ak. d. Wiss. Wien, math.-natw. Kl., 121, 1912, 227–237. – Bespr. GZ 20/1288.
— Beiträge zum geologisch-petrographischen Aufbau der Euganeen und zur Lakkolithenfrage. – Tscherm. Min. u. petr. Mitt., 31, 1912, 1–80. – Bespr. GZ 18/1692.
— Das Empordringen vulkanischer Massen. Mit vornehmlicher Bezugnahme auf die Euganeen. – Lotos, Prag 1928, 327–333, 1 Skz. – Bespr. GZ 40/458.

Staub R. Zur Tektonik des Berninagebirges. – Vierteljschr. Natf. Ges. Zürich, 58, 1913, Zürich 1914, 329–371, 2 Taf. – Bespr. NJb. 1917, 71; GZ 22/1395; VRA 1917, 179; EgH 14, 1916, 455.
— Über die Verteilung der Serpentine in den alpinen Ophiolithen. – Schw. Min. u. Petr. Mitt., 2, 1922, 78–149. – Bespr. GZ 31/6; NJb. 1926/2, A, 253; B, 294.

Steinmann G. Die Bedeutung der jüngeren Granite in den Alpen. (Vortr.) – GR 4, 1913, 220–224. – Bespr. EgH 13, 1914, 599; GZ 20/515; Boll. Com. geol. d'It., v. 45, f. 3–4, 1916, 80.
— Die ophiolithischen Zonen in den mediterranen

Kettengebirgen. - Extrait du Comte-Rendu 14e Congr. Géol. Internat. 1926, Madrid 1927, 637-667. - Bespr. GZ 41/572.

Stille H. Zur Einführung in die Phasen der paläozoischen Gebirgsbildung. (Vortr.) - Z. DGeolGes., 80, 1928, 1-25.

Suess E. Der Vulkan Venda bei Padua. (Euganeen.) - Sber. Ak. d. Wiss. Wien, 71, 1875, 7-13.

Suess F. E. Ausgewählte Kapitel aus E. Suess: Antlitz der Erde, III, 2. (Vortr.) - Mitt. Geol. Ges. Wien, 3, 1910, 330-341.

— Eduard Reyer †. - Mitt. Geol. Ges. Wien, 7, 1914, 327-329. Mit Litverz.

— Skizze des Baues der Alpen nach dem Schema der Deckenlehre 1:5 Mill. - In: M. Neumayr, Erdgeschichte, 3. Aufl. von Fr. E. Suess, 1920, 425. S. M. Neumayr.

— Der innere Bau des variszischen Gebirges. (Vorl. Mitt.) - Mitt. Geol. Ges. Wien, 14, 1921 (1922), 266-271.

— Zum Vergleiche zwischen variszischem und alpinem Bau. - GR 14, 1923, 1-2. - Bespr. GZ 30/163.

— Intrusionstektonik und Wandertektonik im variszischen Grundgebirge. - Berlin (Borntraeger) 1926, 268 S., 28 Fig., 2 Taf. - Bespr. VBA 1927, 145; Z. f. Geomorph., 3, 1928, 62; NJb. 1927/2, B, 310; Z. f. prakt. Geol., 1927, 92; GR 21, 1930, 320; GZ 40/1075, 44/1062.

— Über den Bau des Grundgebirges der variszischen Horste und seine Bedeutung für die allgemeinen Fragen der Gebirgsbildung. - Extr. d. Compt.-Rend. XIVe Congr., Géolog. Internat. 1926, Madrid 1928, III, 1087-1090.

— Zur Gliederung des variszischen Deckenbaues. (Französisch: Les terrains cristallins des horsts hercyniens et leur signification pour la tectonique générale.) - Mitt. Geol. Ges. Wien, 20, 1927 (1929), 110-111; Rev. gén. d. Sc., 39, Paris 1928, Nr. 11.

— Begriff und Bedeutung der Intrusionstektonik. (Vortr.) - GR 18, 1927, 149-154. - Bespr. GZ 40/1076.

Tornquist A. Das Vicentinische Triasgebirge. Eine geologische Monographie. - Stuttgart (Schweizerbart) 1901, 195 S., 2 K. 1:25000, 14 Abb., 10 Fig. u. tekt. Skz. - Bespr. NJb. 1901/2, 98; GZ 2/43; Mitt. DÖAV, 1903, 49; Boll. Com. geol. d'It., 34, 1903, 60.

— Die Blei-Zinkerz-Lagerstätte von Bleiberg-Kreuth in Kärnten. Alpine Tektonik, Vererzung und Vulkanismus. - Wien (Springer) 1927, 106 S., 31 Abb. - Bespr. VBA 1928, 103; GZ 40/1755; NJb. 1928/2, 502; Berg- u. Hüttenm. Jb., 1928, 40.

— Die Vererzungsperioden in den Ostalpen. - Metall und Erz, 26, H. 10, 1929, 241-245. - Bespr. NJb. 1930/2, 253.

— Perimagmatische Typen ostalpiner Erzlagerstätten. - Sber. Ak. d. Wiss. Wien, math.-natw. Kl., Abt. 1, 139, 1930, 291-308, 1 Taf. - Bespr. GZ 43/1046.

— Die Vererzungsphasen der jungen ostalpinen Erzlagerstätten. - Sber. Ak. d. Wiss. Wien, math.-natw. Kl., Abt. 1, 140, 1931, 219-229, 1 Taf. - Bespr. GZ 46A/695.

— Neue Untersuchungen ostalpiner Erzlagerstätten. - Metall und Erz, 29, 1932, 431-434, 3 Abb. - Bespr. GZ 49A/34; NJb. 1933/2, 303; Z. f. prakt. Geol., 41, 1933, 103.

Trientl A. Die Bimssteine von Köfels (Ötztal). - Tiroler Landzeitung, 1895, Nr. 50. - Bespr. Bl. 916.

Tröger E. Zur Sippenteilung magmatischer Gesteine. - NJb. 1931, Bbd 62, Abt. A, 249-330, 10 Abb.

Van Bemmelen R. W. Magma- und Krustenundationen. (Eine Ergänzung von Haarmanns Oszillationstheorie.) - Handelingen Zesde Nederl.-Ind. Natuurw. Congres, 1931, 646-653, 2 Fig. - Bespr. GZ 48A/94; NJb. 1932/2, 629.

Vardabasso S. Il Problema geologico di Predazzo in un secolo di ricerche con alcune osservazioni sull'origine e la distribuzione delle roccie eruttive in generale. - Atti Acc. Sc. Ven.-Tr.-Istr., s. 3, v. 12-13, Padova 1922, 155-213, 1 Fig. - Bespr. Ebd. v. 20, 1929, 14; Studi Trent. Sc. Nat., 8, 1927, 124.

— Risultati di nuove ricerche sopra il territorio eruttivo di Predazzo e Monzoni nel Trentino. - Boll. Soc. geol. it., v. 43, f. 2, Roma 1924, 170-176. - Bespr. GZ 39/155; Atti Acc. Sc. Ven.-Trent.-Istr., v. 20, 1929, 15.

— I lamprofiri della provincia petrografica di Predazzo. - Annali d. R. Scuola d'Ing. di Padova, an. 4, 1928, n. 2, 195-216, 18 Fig. - Bespr. Atti Acc. Sc. Ven.-Trent.-Istr., v. 20, 1929, 17; Studi Trent. Sc. Nat., 10, 1929, 79.

— I diatremi del Latemar. Sopra una particolare manifestazione vulcanica nel Trias delle Dolomiti del Trentino. - Atti d. Acc. Sc. Ven.-Trent.-Istr., v. 19, 1928, Padova 1929, 8 S., 2 Fig. - Bespr. Ebd., v. 20, 1929, 16; Boll. Soc. Geogr. It., s. 6, v. 7, 1930, 762; Studi Trent. Sc. Nat., 10, 1929, 78.

— Rapporti fra attività magmatica e vicende tettoniche nella provincia petrografica di Predazzo (Trentino, Italia). - C. R. XV Congr. géol. intern., Pretoria 1929, Bd 2, 49-62, mit engl. Inhaltsangabe; Studi Trent. Sc. Nat., 11, 1930, 253-272. - Bespr. GZ 45/633, 53 A/128, 388; NJb. 1931/2, 819.

— Studio geo-idrografico del Bacino dell'Avisio (Valli di Fassa, Fiemme e Cembra). Geologia, morfologia, idrografia, carta della permeabilità delle rocce. - Min. d. Lav. Pubbl., Uff. Idrogr. d. R. Mag. a. Acque, Venezia, Sez. geol., Padova 1930, 98 S., 13 Taf., K. 1:100000.

— Carta geologica del territorio eruttivo di Predazzo e Monzoni nelle Dolomiti di Fiemme e Fassa. Sc. 1:25000. - Min. d. Lav. Pubbl., Uff. Idrogr. d. R. Mag. a. A., Venezia 1930.

— Profili geologici attraverso le Dolomiti occidentali (1:50000). - Min. d. Lav. Pubbl., Uff. Idrogr. d. R. Mag. a. Acque, Venezia, Sez. geol., Padova 1931.

— Ricerche geologici sopra il territorio eruttivo di Predazzo e Monzoni nelle Dolomiti del Trentino - Mem. Ist. Geol. Univ. di Padova, 1931, v. 11, 12 S., 12 Taf., Prof. 1:25000 u. 1:12500. - Bespr. GZ 53 A/14.

Wahnschaffe F. Neuere Theorien über Gebirgsbildung. - Progr. Bergakad. Berlin, 1903/04, 24 S. - Bespr. GZ 6/588.

Waldmann L. Atlantische Ganggesteine aus den Lessinischen Alpen (Sieben Gemeinden). - Tscherm. Min. u. petr. Mitt., 37, Wien 1927, 57-73. - Bespr. NJb. 1929/2, 521; GZ 42/1107.

Wegmann C. E. Über die Formen magmatischer Erzlagerstätten in Gebirgen. - Z. f. prakt. Geol., 36, 1928, 181-184. - Bespr. NJb. 1929/2, 237.

Weinschenk E. Zur genauen Kenntnis der Phonolithe des Hegaus. (Nachtrag.) - Tscherm. Min. u. petr. Mitt., 13, 1892, 170. (S. a. Cushing und Weinschenk.) - Bespr. NJb. 1893/2, 487.

NACHTRÄGE WÄHREND DES DRUCKES.

I. Gebietsgruppen.

1. Rheintal und Bodenseegebiet.

Althaus v. Notiz über ein Süßwassergebilde im Hegau. (Bergsturz.) – Mém. Soc. d'Hist. nat. de Strasbourg, 1, 1830, 6. – Auszug: Jb. f. Min., 3, 1832, 443–445.

Ampferer O. Beiträge zur Geologie und Mechanik des Westrandes der Ostalpen. – 1933. – Bespr. GZ 52 A/976.

— Über die Gleitformung der Glarner Alpen. – Sber. Ak. d. Wiss. Wien, math.-natw. Kl., Abt. 1, 143, 1934, 109–121, 6 Abb. – S. Oberholzer J. und Heim Alb.

— Neue Wege zum Verständnis des Flimser Bergsturzes. – Sber. Ak. d. Wiss. Wien, math.-natw. Kl., Abt. 1, 143, 1934, 123–135, 5 Abb. – S. Oberholzer J. und Heim Alb.

— Tektonische Studien im Vorder-Rheintal. – Anzg. Ak. d. Wiss. Wien, math.-natw. Kl., 71, 1934, 327; Sber. Ak. d. Wiss. Wien, math.-natw. Kl., 1, 143, 1934, 299–312, 6 Abb. – S. a. Oberholzer J. und Heim Alb.

— Geologische Bauformen und Baufragen des Rätikongebirges. – JbBA 1934, 13–40, 20 Zeichnungen.

— Reisebericht über den Flimser Bergsturz. (Auszug.) – VBA 1934, 6.

Arbenz P. Geologie von Mittelbünden. – 1928. – Bespr. NJb. 1934/3, 861.

— Die helvetische Region. – In: Geol. Führer der Schweiz, herausgeg. v. d. Schw. Geol. Ges., Basel (Wepf) 1934, Fasz. II, 96–120, 2 Taf.

— Exkursion Nr. 84. Chur-Parpan-Lenzerheide-Tiefenkastel. – In: Geol. Führer der Schweiz, herausgeg. v. d. Schw. Geol. Ges., Basel (Wepf) 1934, Fasz. XIII, 976–984, 2 Fig.

Arni P. Das Alter des Prätigauflysches. (Vortr.) – Sber. Natf. Ges. Bern v. 25. 11. 1933.

Bächler E. Das Wildenmannlisloch am Selun (Churfirsten), 1628 m. ü. M. Die älteste menschliche Siedlung aus der Altsteinzeit im Obertoggenburg. – Herausgeg. v. d. Sekt. Toggenburg SAC, 1933. – Bespr. Mitt. Anthrop. Ges. Wien, 64, 1934, 290.

— Bericht über Art und Bedeutung der Ausgrabungen in Wildkirchli (1904–1908), im Drachenloch bei Vättis (1917–1923) und Wildenmannlisloch an den Churfirsten (1923–1927). – 62. Jb. Ver. Schw. Gymnaslehrer, Vers. St. Gallen 1933, 1934, 94.

— Naturwissenschaftliches vom Bodensee. (Vortr.) – Feierabend, Wochenbeilage z. Vorarlberger Tagbl., 16, 1934, 9. Folge.

Baldauf O. Landschaft und Siedlung von Vorarlberg. – 1932. – Bespr. PetMitt., 80, 1934, 316.

Baumberger E. Zur Tektonik und Altersbestimmung der Molasse am schweizerischen Alpennordrand. – 1931 (205–216). – Bespr. NJb. 1934/3, 14.

— Die Molasse des Schweizerischen Mittellandes und Juragebietes. – In: Geol. Führer der Schweiz, herausgeg. v. d. Schw. Geol. Ges., Basel (Wepf) 1934, Fasz. I, 57–75, 1 Tab., 2 Taf. – Mit Beitrag von H. G. Stehlin über Säugetiergeschichte.

— Über die Cyrenen der stampischen Molasse am Alpennordrand. (Vortr.) – EgH 27, 1934, 390–399, 1 Fig. – Bespr. NJb. 1935/3, 327.

Bearth P. Röntgenspektroskopische Analyse eines Turnerits aus dem Tavetsch. – Schw. Min. u. Petr. Mitt., 14, 1934, 442–446, 1 Tab.

Beck P. Über das schweizerische und europäische Pliozän und Pleistozän. – 1933. – Bespr. NJb. 1934/3, 953.

— Das Quartär. – In: Geol. Führer der Schweiz, herausgeg. v. d. Schw. Geol. Ges., Basel (Wepf) 1934, Fasz. I, 26–41.

Becke F. Mikroskopische Untersuchung der Proben vom Staubschnee vom 11. März 1901. – Meteorol. Z., 36 (18), 1901, 318–321.

Bell Th. Zoologische Bemerkungen über eine neue fossile Chelydra von Öningen. – Phil. Mag., N.S., 1832, 9, 281–282. – Bespr. NJb. 1833, 614.

Bergsturz von Felsberg bei Chur am 26. 8. 1849. (Zeitungsnachr.) – NJb. 1849, 869–870; 1852, 972. – S. a. Theobald G.

Bergstürze. Graubünden 1806–1809; Pfänder 1806. – NJbücher d. Berg- u. Hüttenkde, 2, 1812, 314–315.

Bernoulli Chr. Geognostische Übersicht der Schweiz nebst einem systematischen Verzeichnisse aller in diesem Lande vorkommenden Mineralkörper und deren Fundörter. – Taschenbuch f. d. schw. Min. (Chr. Bernoulli), 1, Basel 1811, 228 S. Auszug: Leonh. Taschenbuch, 6, 1812, 271–273, 310–311.

— Mitteilungen über Schweizerreise. (Brief aus Basel v. 1. 11. 1812.) – Leonh. Taschenbuch, 7, 1. Abt., 1813, 299–303.

Bertsch F. Beitrag zur Kenntnis der spätglazialen Waldentwicklung. – 1932. – Bespr. NJb. 1933/2, 641.

Bertsch K. Die Pflanzenreste der Pfahlbauten von Sipplingen. – 1932. – Bespr. GZ 53A/2318, 6B/587.

Billwiller R. Das neue Observatorium am Säntis. – Meteorol. Z., 22 (4), 1887, 415.

Blöchliger G. Kleinlebewesen und Gesteinsverwitterung. – 1933. – Bespr GZ 53A/1754.

Blumenthal M. M. Der Prätigauflysch und seine Stellung im Penninikum. – 1931. – Bespr. NJb. 1934/3, 17.

— Exkursion Nr. 82. West-Rätikon: Die Falknis- und Scesaplanagruppe. – In: Geol. Führer der Schweiz, herausgeg. v. d. Schw. Geol. Ges., Basel (Wepf) 1934, Fasz. XIII, 961–969, 1 Fig.

Blumrich J. Die Eiszeit in Vorarlberg. (Vortr.) – Innsbr. Nachr., Nr. 292 v. 21. 12. 1905.

— Die Westallgäuer Welteiszeiten. 1. Auf den Spuren des Rotachgletschers. – Blge z. Lindenberger Tagbl., 39. Jg., Nr. 260 v. 10. 11. 1928. – S. a. Schmidt M.

— Die Herkunft des Wassers der Bregenzer Wasserleitung. – Feierabend, Wochenbeilage z. Vorarlberger Tagbl., 15. Jg., 16. F., Bregenz 1933, 186–191, Skz. 1:25000.

— Wie ist das untere Bodenseerheintal entstanden? – Beilage z. Vorarlberger Tagbl., 299. F., 30. 12. 1933.

— Die Moränen am Pfänderkamm. – Vorarlberger Tagbl. v. 22. 11. 1934, 4–5.

— Das Werden des Rheintales. (Vortr.) – Auszug: Neueste Ztg, Nr. 60 v. 12. 3. 1935.

Bodensee. Untersuchungen über den –. (Zeitungsnachr.) – Z. f. Min., 1828, 731–732.

— Seerauchen. – Innsbr. Nachr., Nr. 15 v. 18. 1. 1924.

— (E. N.) Die bedeutendsten Ausgrabungen am Bodensee im Jahre 1933. – Innsbr. Nachr., Nr. 188 v. 18. 8. 1934, 1½ Sp.

— Statistisches vom –. Innsbr. Nachr., Nr. 190 v. 21. 8. 1934, 1 Sp.

Borraß E. Bericht über die relativen Messungen der Schwerkraft mit Pendelapparaten in der Zeit von 1808 bis 1909 und über ihre Darstellung im Potsdamer Schweresystem. – Verh. 16. Allgem. Konferenz der Internat. Erdmessung in London und Cambridge 1909, 3. T. Spezialbericht über die rel. Schweremessungen, Berlin (Reimer) 1911, 288 S., 2 K.

Braun A. Fossile Pflanzen aus Öningen. (Brief aus Karlsruhe v. 29. 12. 1837.) – NJb. 1838, 310–312.

Braun-Blanquet J. u. **Rübel E.** Flora von Graubünden. – 1932–1933. – Bespr. Geogr. Z., 40, 1934, 256.

Brongniart A. Sur quelques terrains d'eau douce de la Suisse et de l'Italie, propres à établir la théorie de ces terrains. Extrait d'une communication à l'Acad. roy. d. sc., février 1822. – Bull. d. sc. p. l. Soc. phil. de Paris, a. 1822, 17–19. Auszug: Leonh. Taschenbuch, 17, 4. Abt., 1823, 859–861. (U. a. Öningen.) Engl.: The Edinb. phil. Journ., 8, Edinb. 1823, 92–102.

Bruckmann A. E. Die Öninger Steinbrüche und die bis jetzt dort gefundenen Pflanzenreste. – Württembg. Jh., 2, 1850, 215–238. – Bespr. NJb. 1850, 499.

— Flysch- und Nummulitengesteine der Alpen. (Appenzell, Kressenberg.) – NJb. 1850, 602.

— Flora Oeningensis fossilis. Nachtrag. – Württembg. Jh., 8, 1852, 252–254. – Bespr. NJb. 1852, 759.

Brückmann W. Erdmagnetische Vermessung der Schweiz. – Ann. Schw. Meteorol. Zentralanst., 68, 1931, Nr. 6, 10 S., 3 K.

Brückner E. Vergletscherung des Salzachgebietes. – 1886. – Bespr. Meteorol. Z., 22 (4), 1887, (5).

Buch L. v. Über lokale und allgemeine Gebirgsformationen. (U. a. Versteinerungen von Öningen.) – In: Magazin d. natf. Freunde zu Berlin, 4, 69ff. – Abdr. in Leonh. Taschenbuch, 8, 2. Abt., 1814, 518–529. – S. a. Karg u. Lavater.

— Über die Ursachen der Verbreitung großer Alpengeschiebe. (Stoßkraft der Alpen u. skandin. Gebirge.) – Abh. Ak. d. Wiss. Berlin, 1815, 161ff. – Abdr.: Leonh. Taschenbuch, 12, 2. Abt., 1818, 458–501.

Buxtorf A., Niggli P., Reinhard M. u. **Weber Fr.** Eisenbahnfahrt ... Gotthard-Bellinzona-Chiasso. – In: Geol. Führer der Schweiz, herausgeg. v. d. Schw. Geol. Ges., Basel (Wepf) 1934, Fasz. IV, 256–266, 1 Fig.

Cadisch J. Tektonik und Stratigraphie. – 1929. – Bespr. NJb. 1933/3, 713.

— Geologie der Schweizeralpen. – Zürich (Beer & Co.) 1934, 383 S., 47 Fig., zahlr. Tab. – Bespr. VBA 1934, 95.

Cotta B. Phonolithtuff mit neptunischen Gesteinsstücken, Phonolithfels am Hohentwiel. (Brief aus Singen v. 4. 9. 1853.) – NJb. 1853, 684–685.

Daubrée A. Notice sur le tremblement de terre des bords du Rhin, du 29 jouillet 1846. – C.-r.-hebd. d. s. de l'Acad. d. sc., Paris 1847, t. 24, 453–455.

Deecke W. Die Fossilfundstätte Öningen. – Bad. Geol. Abh., 5, Karlsruhe 1933, 121–131. – Bespr. GZ 6B/296.

Deicke J. C. Über die Molasse in St. Gallen und den Nachbarkantonen. (Brief aus St. Gallen v. 18. 2. 1852.) – NJb. 1852, 301.

— Über die Petrifikation der Konchylienschalen in der Schweizer Molasse. (St. Gallen.) – NJb. 1854, 657–662.

— Nummuliten- und Flyschgebilde in den Alpen. (U. a. Fähnern. – Brief aus St. Gallen v. 29. 9. 1855.) – NJb. 1855, 681.

— Über die Diluvialkohle bei Mörschwyl im Kanton St. Gallen. – NJb. 1858, 659–663.

— Über einige Brände im Diluvial-Kohlenbergwerk bei Mörschwyl in dem Kanton St. Gallen. – NJb. 1859, 273–275.

Dietmann K. Der Homo alpinus. Eine vorgeschichtliche Studie. – Beilage z. Lindenberger Tagbl., 41. Jg., Nr. 258 v. 8. 11. u. 282 v. 6. 12. 1930.

Dupasquier. Analyse der neuen Mineralquelle Chloe von Vals. – Journ. de Pharm. Chim., c, 10, 345. – Auszug: NJb. 1849, 860.

Erdbeben. Rheintal-Linie. Innsbr. Nachr., Jahr, Nr. – Bregenz: 1913, 166, 168, 171. Feldkirch: 1913, 166, 171; 1915, 287. Liechtenstein: 1909, 175. Vorarlberg i. a.: 1906, 24.

Escher v. d. Linth A. Geologisches aus den Alpen. (Calanda.) – 1850. – Bespr. NJb. 1850, 743.

— Lagerung und Alter des Schrattenkalkes. Reihenfolge der Formationen im Vorarlberg und Bergamaskischen. (Brief aus Zürich v. 26. 1. 1853.) – NJb. 1853, 166–168.

Eugster H. Exkursion Nr. 73B. Weißbad-Fähnern. – In: Geol. Führer der Schweiz, herausgeg. v. d. Schw. Geol. Ges., Basel (Wepf) 1934, Fasz. XII, 885–888, 2 Fig.

— Exkursion Nr. 74. Säntis (Alpstein). – In: Geol. Führer der Schweiz, herausgeg. v. d. Schw. Geol. Ges., Basel (Wepf) 1934, Fasz. XII, 889–905, 2 Fig.

Fehlmann H. Schweizerische Eisenerzeugung. – 1932. – Bespr. NJb. 1933/2, 306; Z. f. prakt. Geol., 41, 1933, 71.

Fichter H. Verteilung der Mikrofauna im helv. Malmkalk Gonzen. – 1931. – Bespr. NJb. 1934/3, 18.

Finckh L. Der Hegau. – In: Singen u. d. Hegau, Badische Heimat, 17, Karlsruhe 1930, 3–8, m. Abb.

— Hegau und Bodensee. – In: Singen u. d. Hegau, Badische Heimat, 17, Karlsruhe 1930, 15–16, m. Abb.

Firbas F. Die Vegetationsentwicklung des mitteleuropäischen Spätglazials. – Nachr. Ges. d. Wiss. Göttingen, math.-natw. Kl., Fachgr. 6, Biol., Berlin (Weidmann) 1934, 17–24. – Bespr. GZ 54 A/779.

Flückiger O. Glaziale Felsformen. – 1934. – Bespr. PetMitt., 80, 1934, 143; Geogr. Z., 40, 1934, 268; Boll. Soc. Geogr. It., 1934, 253; Z. f. Geomorph., 8, 1935, 335; GZ 54 A/537.

Fraxern. Schwefelquellen. – Innsbr. Nachr., Nr. 293 v. 23. 12. 1924.

Friedländer C. Erzvorkommnisse. – 1930. – Bespr. NJb. 1933/2, 307.

Frommelt A. Übersicht über die geol. Gestaltung der liechtensteinischen Berge. – 1933. – Abdruck: Der Bergsteiger, 3, 1932/33, 761–762.

Früh J. Geographie der Schweiz. – 1929–1933. – Bespr. Z. Ges. f. Erdkde Berlin, 1934, 303.

Gagnebin E. Les Préalpes et les „klippes". – In: Geol. Führer der Schweiz, herausgeg. v. d. Schw. Geol. Ges., Basel (Wepf) 1934, Fasz. II, 79–95, 1 Fig.

Gams H. Die Pflanzendecke Vorarlbergs. – 1932. – Bespr. PetMitt., 80, 1934, 316.

— Das Alter der Höttinger Breccienflora und anderer interglazialer Floren und Faunen der Alpen. (Bemerkungen zu Hans Spethmann: Die Einheit der alpinen Eiszeit. Langensalza-Berlin-Leipzig 1934.) – Z. f. Glkde, 22, 1935, 278–283.

Geol. Führer der Schweiz, herausgeg. v. d. Schw. Geol. Ges. bei Anlaß ihrer 50. Jahresfeier. – Basel (Wepf) 1934, XIV Fasz., 1145 S., zahlr. Taf., Prof. u. Fig. – Bespr. NJb. 1935/3, 6; PetMitt., 81, 1935, 101.

Gewässerkunde. Jahrbuch der Bayer. Landesstelle f. –. H. I: Niederschlagsmessungen, H. II. Wasserstandsbeobachtungen. – Herausgeg. v. d. Minbauabt. Staatsmin. d. Inn. f. d. J. 1929, 31, München 1933, 52 S. – Bespr. PetMitt., 80, 1934, 311.

Gonzen. Bergbau. – Innsbr. Nachr., Nr. 114 v. 22. 5. 1923.

Gräfe H. Seismische Untersuchungen VI. Das Nordtiroler Beben. – 1932. – Bespr. GZ 52A/399; NJb. 1933/2, 572.

— Das Nordtiroler Beben v. 8. Okt. 1930. II. Die Kräfte im Herd des Bebens. – Z. f. Geophys., 9, 1933, 31–43, 14 Abb. – Bespr. NJb. 1934/2, 49.

Grahmann R. Der Löß in Europa. (Vortr.) – GR 25, 1934, 220–221.

Gunz K. Der eiszeitliche und nacheiszeitliche Formenschatz in der Umgebung von Feldkirch. – 1921. – Abdruck: Wissensch. Ldsver., Feldkirch 1932, 2 Bl.

Haber G. Bau und Entstehung der Bayerischen Alpen. – Deutsche Ldschkde, Bd 3, München u. Berlin (Beck) 1934, 206 S., 16 Abb.

Häberle D. Das Rheingold. – 1930. – Bespr. Z. f. Krist., Abt. B, Refteil, 2, 1933, R. 411.

— Vom Ursprungsort unseres Rheingoldes. – 1930. – Bespr. Z. f. Krist., Abt. B, Refteil, 2, 1933, R. 412.

Hänle C. F. Über die Goldwäsche am Rhein. – Buchners Repert. d. Pharmaz., 45, 1833, 467–468. – Bespr. NJb. 1835, 719.

Hann J. Seehöhe der Isotherme von 0° in den Ostalpen und deren Beziehung zur unteren Schneegrenze und zur mittleren Temperatur der letzteren. – Aus: Die mittl. Wärmeverh. der Ostalpen, Z. DÖAV, 1886; Meteorol. Z., 22 (4), Berlin 1887, 28–31.

Harada Z. Über die optischen Daten des Danburits von Scopi, Schweiz. – Journ. of Fac. of Sci., The Hokkaido Imp. Univ., S. 4, 2, 1933, 169–175, 4 Abb. – Bespr. NJb. 1934/1, 369.

Hartung G. Das alte Bergsturzgebiet von Flims. – Z. Ges. f. Erdkde Berlin, 19, 1884, 161–194, 1 K. – Bespr. PetMitt., 31, 1885, 37.

Häuser J. Die Niederschlagsverhältnisse in Bayern. – 1930. – Bespr. PetMitt., 81, 1935, 73.

Heberdey R. Die Bedeutung der Eiszeit für die Fauna der Alpen. – 1933. – Bespr. GZ 4B/1333, 52A/223.

Heer O. Die fossile Insektenfauna der Tertiärgebilde von Öningen und Radoboj in Kroatien. 1. Abt. Käfer. – Leipzig (Engelmann) 1847, 230 S., 8 Taf. – Bespr. NJb. 1847, 753. – S. a. ebd., 1849, 633–637, 680–681. (Brief aus Zürich v. 17. 8. 1849); 1853, 874.

— Über Öninger Pflanzen und Insekten. (Brief aus Zürich v. 30. 7. 1855.) – NJb. 1855, 546–547; 1861, 173.

— Die Schieferkohlen von Utznach und Dürnten. (Vortr.) – Zürich (Orell Füßli) 1858, 40 S. – Bespr. NJb. 1859, 346.

Heierli J., mit Henking, Hescheler K., Meister J. u. Neuweiler E. Das Keßlerloch bei Thayngen. – Neue Denkschr. Allgem. Schw. Ges. ges. Natwiss., 43, 1907, 214 S., 32 Taf., 14 Fig.; Auszug: EgH 10, 1908, 464–468. – Bespr. Zbl. Anthrop., Ethnol., Urgesch., 13, 302; Korrespblatt D. Ges. Anthrop., 39, 47; Globus, 94, 1907, 193; Mitt. Anthrop. Ges. Wien, 38, 189; NJb. 1908/2, 261.

Heim Alb. Bergsturz und Menschenleben. – 1932. – Bespr. Z. f. Geomorph., 8, 1934, 199; Zbl. f. Min., Abt. B, 1934, 96.

— Am Rheinfall. – Flugbl. d. Schw. Bundes f. Natschutz u. d. Natf. Ges. Schaffhausen. – Ebd. 1933, 4 S., 3 Abb.; Die Alpen, 9, Nr. 10, 1933, 379–381.

— Über Eistrümmerströme und eiszeitliche Bergstürze. (Aus: Bergsturz und Menschenleben.) – Z. f. Glkde, 22, 1935, 222–224.

Heim Arn. Zum Problem des Alpen-Molasse-Kontaktes. – 1932. – Bespr. GZ 52A/1030; NJb. 1934/3, 16.

—, **Baumberger E. u. Fussenegger S.** Jura und Unterkreide in den helvetischen Alpen beiderseits des Rheins (Vorarlberg und Ostschweiz). – Denkschr. Schw. Natf. Ges., 68, Abh. 2, 1933, 155–220, 34 Fig., 2 Taf.

Heim Arn. Exkursion Nr. 78. Walensee (Amden, Mattstock-Churfirsten). – In: Geol. Führer der Schweiz, herausgeg. v. d. Schw. Geol. Ges., Basel (Wepf) 1934, Fasz. XII, 924–930, 3 Fig.

—, **Seitz O. u. Fussenegger S.** Die Mittlere Kreide in den helvetischen Alpen vom Rheintal und Vorarlberg und das Problem der Kondensation. – Denkschr. Schw. Natf. Ges., 69, Abh. 2, Zürich 1934, 126 S., 35 Fig., 3 Taf.

Heim Arn. Stratigraphische Kondensation. – EgH 27, 1934, 372–383, 2 Fig.

Hennig E. Das Ringen um Erkenntnis des Alpenbaus und seine Bedeutung für die geologische

Weltanschauung. - Natur und Volk, 64, Frankfurt a. M. 1934, 291-302, 342-353, 24 Abb.

Henrich F. Über das Rheingold. - Z. f. angew. Chemie, 1926. - Bespr. Z. f. Krist., Abt. B, Refteil, 2, 1933, R. 411.

Hescheler K. Die Fauna der neolithischen Pfahlbauten der Schweiz und des deutschen Bodenseegebietes nach neueren Forschungen. - Vierteljschr. Natf. Ges. Zürich, 78, 1933, 198-231. - S. Kuhn E. - Bespr. NJb. 1935/3, 108.

Hild A. u. **Merhart G. v.** Vor- und frühgeschichtliche Funde von Gutenberg-Balzers 1932/33. - Jb. Hist. Ver. f. d. F. Liechtenstein, 33, Vaduz 1933, 13-47, 13 Taf., 3 Abb., 1 Skz.

Hild A. Bludenz, Braz, Brederis, Bregenz, Dornbirn, Frastanz, Feldkirch, Hard, Hörbranz, Koblach, Lauterach, Lustenau, Nüziders, Rankweil, Satteins, Söhlishöhle bei Götzis, Tisis, Zwischenwasser. - Fundber. a. Österr., 1, 1930-1934, 25-26, 76-77, 137, 195, 250 c.

Hopff L. Zur Geschichte des goldhaltigen schwarzgrauen Rheinsandes. - Arch. f. d. ges. Natlehre (Kastner), 15, Nürnberg 1828, 329-330. - Auszug: Jb. f. Min. etc., 1, Heidelberg 1830, 87.

Hotz W. u. **Geol. Komm.** Die geol. und tekt. Karten der Schweiz. - 1931. - Bespr. NJb. 1934/3, 32.

Hübscher J. Geologische Beobachtungen in der Umgebung von Thaynen. - Mitt. Natf. Ges. Schaffhausen f. d. J. 1927/28, 7. H., 66-72, 1 Fig. - Bespr. NJb. 1935/3, 5.

Hugi E. Das Aarmassiv. - In: Geol. Führer der Schweiz, herausgeg. v. d. Schw. Geol. Ges., Basel (Wepf) 1934, Fasz. II, 130-138, 1 Taf., 1 Fig.

Hülle W. Grundzüge der vorrömischen Besiedlung Bayerns rechts des Rheins in ihrer Abhängigkeit von den natürlichen und kulturellen Verhältnissen der Vorzeit. Ein prähistorisch-geographischer Versuch. - Augsburg (Fischer) 1932, 92 S., 1 K. - Bespr. Wr. Prähist. Z., 20, 1933, 25.

Jeannet A. Sur quelques Echinides néocomiens du Vorarlberg. (Vortr.) - Verh. Schw. Natf. Ges., 114. Jvers. Altdorf 1933, Aarau 1933, 370-371. - S. a. EgH 26, 1933, 233-234. - Bespr. GZ 5B/1412.

Karg J. M. Über den Steinbruch zu Öningen und dessen Petrefakten. - Denkschr. d. Ärzte u. Natf. Schwabens, 1, 1ff. - S. a. Buch L. v. u. Lavater J. H.

Keferstein Chr. Reisebemerkungen über Tirol und die angrenzenden Gebiete. - In: Teutschland, 1, Weimar 1821. (Gastein u. Bergbau Sonnblick 277-292, Glockner 292-313, Puster- u. Eisacktal 313-318, Dolomiten u. Fassatal 319-333, Inntal mit Hall, Schwaz u. Rattenberg 333-344, Bergbau Tirol 338-339, Häring u. Miesbach 344-351 m. 1 Skz., München 351-353, Bodensee u. Rheingebiet 353-357, Rückblick über Tirol u. Alpenbau 358-385, Beilage über Fassatal 386-436.) - Bespr. TB 1922, 168.

— Geognostisch-geologische Bemerkungen über die heißen und warmen Quellen in Teutschland. - In: Teutschland, 2, Weimar 1822. (Gastein 28, Bormio, Peterstal in Grbd. u. Pfäfers 28-29, Allgemeines über alpine Heilquellen 31-32, Euganeen 42.)

— Geognostische Bemerkungen über eine Bereisung der Alpen, Apenninen, Karpaten und einiger Gegenden von Oberschlesien, gesammelt auf einer Reise im Sommer 1829 und 1830. - In: Teutschland, 7, Weimar 1831, 1. Abt., 1-39 Allgäu, Rheingebiet u. Graubünden; 62-85 Oberital. Seen, Etschgebiet, Euganeen, Venetianer Alpen; 85-124 Überblick auf die allgem. geogn. u. geol. Verh. der Alpen. - Bespr. Leonh. u. Br. NJb., 1832, 311.

Keller P. Wandlungen des Landschaftsbildes in prähistorischer Zeit. Die Wald- und Klimageschichte des Fürstenlandes. - St. Gallen (Fehr) 1933, 57 S., 13 Abb. - Bespr. PetMitt., 80, 1934, 92; Wr. Prähist. Z., 21, 1934, 72.

Keller R. Beiträge zur Tertiärflora des Kantons St. Gallen. - Ber. ü. d. Tätigkt d. St. Gall. Natwiss. Ges. 1890/91, St. Gallen 1892, 82-117, 15 Taf.; f. 1893/94 ebd. 1895, 305-330; f. 1894/95 ebd. 1896, 297-324, 11 Taf. - Bespr. NJb. 1896/1, 360; 1900/1, 485; EgH 5, 1897/98, 152, 333; Arch. d. sc. phys. et nat. de Genève, p. 4, t. 4, Genève 1897, 574.

Kenngott A. Über die Kristallform des Scheererits von Utznach in der Schweiz. - Min. Not., 15, 22. - Bespr. NJb. 1855, 564. - S. a. Kraus, Scheerer u. Stromeyer.

Kesseli E. Neuere Ansichten. - 1925. - Bespr. NJb. 1933/3, 931.

Kinkelin F. Der Boden von Lindau im Bodensee. - 1907. - Bespr. PetMitt., 1908, Litber. Nr. 97. Anschließend folgende Gegenbemerkung v. Kinkelin.

— Das Alter der glazialen Bildungen in der Umgebung von Lindau am Bodensee. - PetMitt., 1908, Litber. Nr. 97.

Klaproth M. H. Zerlegung des Bohnerzes vom Hegau. - In: Klaproth, Beitr., 4, 128ff. - Bespr. Leonhards Taschenbuch, 2, 1808, 265.

Kluge E. Über die Ursachen der in den Jahren 1850 bis 1857 stattgefundenen Erderschütterungen und die Beziehungen derselben zu den Vulkanen und zur Atmosphäre. - Stuttgart (Schweizerbart) 1861, 124 S. (Alpen 13-16 u. Jahresstatistik.)

Koch E. J. Die Mineralquellen des gesamten österreichischen Kaiserstaates in top., hist., phys.-chem. u. therap. Beziehung. - 2. Aufl. Wien (Gerold) 1845, 467 S.

Königsberger J. Variometrisch bestimmtes magnetisches Profil Offenburg-Chiasso; Folgerungen über säkulare Änderungen; Einfluß von Gesteinssuszeptibilität und Tektonik. - Gerlands Beitr. z. Geoph., Ergh. f. angew. Geoph., 2, 1932, 374-400, 6 Fig. - Bespr. GZ 51A/1664.

Kopp J. Zur Stratigraphie und Tektonik der Gebirge zwischen Lugnezer und Valser Tal (Piz Aul-Gruppe). - 1933. - Bespr. NJb. 1934/3, 365.

Kraft G. Der Hegau in der Vorgeschichte. - In: Singen u. d. Hegau, Badische Heimat, 17, Karlsruhe 1930, 34-39, 7 Abb.

Krapf Ph. Formeln und Versuche über die Tragfähigkeit eingerammter Pfähle. - Fortschr. d. Ingwiss., 2. Grp., 12. H., Leipzig 1906, 28 S., 8 Abb., 2 Taf.

— Etwas über das Wesen und die Behandlung von Gebirgsflüssen mit besonderer Berücksichtigung des Rheins ob dem Bodensee. - Wasserkraft u. Wasserwirtsch., 1933, H. 12-15, 15 S., 8 Abb.

— Besprechung einiger an fließenden Gewässern vorgenommenen Schwemmstoffmessungen (Schwebstoffe und Geschiebe). - Die Wasserwirtschaft, 1934, H. 16-21, 8 S., 4 Abb. - S. Mühlhofer L.

Kraus E. (Krauss.) Über den Scheererit von Utznach (Kanton St. Gallen). - Poggendorffs Ann. d. Phys. u. Chem., 43, 1838, 141-147. - Auszug: NJb. 1838, 675. - Französ. in Journ. d. Pharm., 24, 1839, 360. (Krauss.) - Auszug: Ann. d. Mines,

s. 3, t. 15, Paris 1839, 562–563. – S. Scheerer, Stromeyer u. Kenngott.

Kraus E. Geologie des Mittelallgäus. – 1933. – Bespr. GZ 53A/420; NJb. 1934/3, 677.

— Notiz zu M. Richters „Alter und Stellung der südbayerischen Flyschzone". – Zbl. f. Min., Abt. B, 1934, 95.

Kräusel R. Paläobotanische Notizen XIII–XVI. XVI. Über die von S. Fußenegger gesammelten Tertiärpflanzen aus der subalpinen Molasse des westlichen Vorarlberges. – Senckenbergiana, 12, Nr. 1, Frankfurt a. M. 1930, 29 (42)–50.

Krauß K. Untersuchungen im Grenzgebiet und dem Vorland der größten Gletschervorstöße zwischen Biberach a. Riß und dem Bussen. – Jh. Ver. vaterl. Natkde Württ., 86, 1930, 1–33, 1 K. – Bespr. NJb. 1932/3, 184.

Kuhn E. Beiträge zur Kenntnis der Säugetierfauna der Schweiz seit dem Neolithikum. – Rev. Suisse Zool., 39, Genève 1932, 531–768. – Auszug: Vierteljschr. Natf. Ges. Zürich, 78, 1933, 15–26, 224–231. – S. Hescheler K. – Bespr. NJb. 1935/3, 107.

Lämmel R. Ein zweiter Gotthard-Tunnel. Ein gigantisches Alpenbahnprojekt. – Die Umschau, 39, 1935, 9. H., 164–166, 4 Bilder.

Lauterborn R. Der Rhein. Naturgeschichte eines deutschen Stromes. 2. Hälfte: Die Zeit von 1800–1930. Abt. 1: Die Zeit von 1800–1860. – Ber. Natf. Ges. Freiburg i. B., 33, Freiburg 1934, 1–324, 1 Taf. – Bespr. GZ 53A/1540.

Lavater J. H. Rhapsodische Bemerkungen über einen bei Öningen gefundenen Ornitholithen. – Leonh. Taschenbuch f. d. ges. Min., 2, 1808, 71–80. – S. a. Buch L. v. u. Karg J. M.

Lawinensturz. Vrin (Lugnez, Graubünden), 15. 3. 1815. – NJbücher d. Berg- u. Hüttenkde, 4, 1821, 461.

Lehner M. Beiträge zur Untersuchung der isostatischen Kompensation der schweizerischen Gebirgsmassen. – Verh. Natf. Ges. Basel, 4, 1930, 1–76, 2 Taf., 19 Fig. – Bespr. GZ 51 A/1687; NJb. 1933/2, 538.

Ludwig A. Aus dem ostschweiz. Molassegebiet. – 1926. – Bespr. NJb. 1933/3, 928.

—, **Eugster H., Bächler E.** Berichte über die Exkursion der Schw. G. G. im St.-gall.-app. Molasseland. – 1930. – Bespr. NJb. 1934/3, 13.

Ludwig A. Die chronolog. Gliederung der eiszeitl. Ablagerungen zwischen Säntis und Bodensee. – 1931. – Bespr. NJb. 1934/3, 954.

— Exkursion Nr. 73A. Molasse St. Gallen-Appenzell. – In: Geol. Führer der Schweiz, herausgeg. v. d. Schw. Geol. Ges., Basel (Wepf) 1934, Fasz. XII, 877–884, 1 Fig.

Macaire-Prinsep. Examen d'un nouveau combustible fossile (Scheererit d'Uznach). – Bibl. univ. de Genève, a. 14, t. 40, Paris 1829, 68–73. – Auszug: Jb. f. Min., 2, 1831, 82.

Mercanton P.-L. Les variations périodiques des glaciers des Alpes Suisses. 54e Rapport. – 1933. – Les Alpes, Nr. 5, Bern 1934, 10 S., 5 Abb.

Merian P. Geologische Verhältnisse von Öningen. – Ber. ü. d. Verhdlgen Natf. Ges. Basel, 9, 1851, 49. – Bespr. NJb. 1852, 959.

Mettler. Fossilfund eines Salamanders und einer Schildkröte in den Steinbrüchen von Öningen. – L'Institut, 1834, 2, 261; NJb. 1834, 728.

Meyer H. v. Über sein Werk „Zur Fauna der Vorwelt, fossile Säugetiere, Vögel und Reptilien von Öningen" u. a. (Brief aus Frankfurt a. M. v. 31. 1. 1844.) – NJb. 1844, 329–340. – S. a. ebd., 689–691; 1846, 633–635; 1847, 181–196; 1848, 465–473.

Modell H. Tertiäre Najaden Vorarlbergs. – Heimat, Vorarlbg. Mh., 15, 1934, 63–66, 1 Abb. – Bespr. GZ 6B/127; NJb. 1935/3, 268.

— Oligozäne Najaden der Schweiz. – Arch. Molluskenkde, 66, Frankfurt a. M. 1934, 207–216, 1 Taf. – Bespr. NJb. 1935/3, 268.

Muheim P. Die subalpine Molassezone im östlichen Vorarlberg. – EgH 27, 1934, 181–296, 1 Fig., 2 Taf. (K. 1:25000 u. Prof.)

Mühlhofer L. Besprechung einiger an fließenden Gewässern vorgenommenen Schwemmstoffmessungen (Schwebstoffe und Geschiebe). – Wasserwirtschaft u. Technik, 1934, H. 3–4, 3½ S. – S. Krapf Ph.

Müller K. Die Ausgrabungen am Schweizerbild bei Schaffhausen. – Die Natur, Halle 1892, 49–52.

Müller St. Der Aufbau des Triasgebirges in Vorarlberg. – Feierabend, Wochenbeilage z. Vorarlbg. Tagbl., 16, 1934, 9., 12., 15., 17., 22., 23., 26. Folge.

Münichsdorfer F. Bayerns Boden. – 1932. – Bespr. GZ 52A/29.

Murchison R. J. Über den fossilen Fuchs von Öningen und die Süßwasserformation, worin er gefunden wurde. – Philos. Mag. a. Ann., 1830. – Auszug: Jb. f. Min., 2, 1831, 331–332.

Naue J. Vorgeschichtliche Zeichnungen vom Schweizerbild. – Globus (Andree), 61, Braunschweig 1892–1893, 333; 63, 82.

Neef E. Die Landformung des Bregenzer Waldes. – 1933. – Bespr. Mitt. Geogr. Ges. Wien, 76, 1933, 248; Z. Ges. f. Erdkde Berlin, 1934, 383.

Nevinny J. Das Badewesen Tirols und die Heilquellen dieses Landes, insbesonders des Brennerbades. – Innsbr. Nachr., Nr. 213 v. 18. 9. u. 214 v. 19. 9. 1905. (Enthält auch älteres Schrifttum.)

Niggli P., de Quervain F., Winterhalter R. U. Chemismus schweizerischer Gesteine. – Beitr. z. Geol. d. Schw., Geotechn. Ser., 14. Lfrg, Bern 1930, 389 S., Analysentab., 1 K., 59 Abb.

Niggli P. Das Gotthardmassiv. – In: Geol. Führer der Schweiz, herausgeg. v. d. Schw. Geol. Ges., Basel (Wepf) 1934, Fasz. II, 139–145, 2 Taf.

— Eisenbahnfahrt Brieg-Chur. – In: Geol. Führer der Schweiz, herausgeg. v. d. Schw. Geol. Ges., Basel (Wepf) 1934, Fasz. IV, 293–306.

— u. **Winterhalter R. U.** Exkursion Nr. 63. Lukmaniergebiet. – In: Geol. Führer der Schweiz, herausgeg. v. d. Schw. Geol. Ges., Basel (Wepf) 1934, Fasz. XI, 802–814, 4 Fig.

— — Exkursion Nr. 64. Truns-Alp Nadèls-Tenigerbad-Val Somvix-Rabius-Truns (oder Disentis). – In: Geol. Führer der Schweiz, herausgeg. v. d. Schw. Geol. Ges., Basel (Wepf) 1934, Fasz. XI, 815–818, 1 Fig.

Niggli P. u. **Friedländer C.** Gesteinsbeschreibung zur Sammlung schweizerischer alpiner Gesteine. – 1934. Als Manuskr. gedr. – Bespr. NJb. 1934/2, 390, 418.

Nüesch J. Über das Alter der Höhlenbewohner des Schaffhauser Jura. – Gaea (Klein), 14, Köln u. Leipzig 1878, 53–56.

— Niederlassung aus der Renntierzeit beim Schweizerbild Schaffhausen. – Korrespblatt D. Ges. f. Anthrop., Ethnol. u. Urgesch., München 1892, 109–111.

— Über die weiteren Ausgrabungen am Schweizerbilde bei Schaffhausen. (Vortr.) – Frz. Übersetzg Arch. de Genève, p. 3, t. 28, Genève 1892, 541–548. – Bespr. Natur, Halle 1892, 587.

— Une station préhistorique à Schweizerbild près de Schaffhouse. - Arch. d. sc. phys. et nat., pér. 3, t. 28, Genève 1892, 541–548, 562. - Bespr. Rev. géol. suisse p. l'a. 1892; Arch. d. sc. ph. et nat., p. 3, t. 29, Genève 1893, 621; EgH 3, 1893, 405.

— Katalog der Fundgegenstände aus der prähistorischen Niederlassung beim Schweizerbild - Schaffhausen. - Schaffh. 1893, 45 S.

— Résultats des fouilles de la station préhistorique du Schweizerbild. - Arch. d. sc. phys. et nat., p. 3, t. 32, Genève 1894, 404–410.

— La station du Schweizersbild. - C.-R. hebd. d. séances d. l'Acad. d. sc., t. 119, Paris 1894, 700–702. - Bespr. Rev. sc. ou Rev. rose, s. 4, t. 2, Paris 1894, 569; Naturaliste, a. 16, Paris 1894, 276.

—, **Studer Th., Nehring A., Kollmann J., Penck A., Gutzwiller A., Früh J., Meister J., Hedinger A., Schötensack O., Bächtold C. A.** Das Schweizerbild, eine Niederlassung aus paläolithischer und neolithischer Zeit. - Neue Denkschr. Allg. Schw. Ges. f. d. ges. Natwiss., 35, Zürich 1896, 344 S., 25 Abb., 1 K. - Bespr. Bull. d. l. Soc. géol. d. France, s. 3, t. 25, Paris 1897, 801; Rev. géol. suisse p. l'a. 1897; EgH 5, 1897/98, 149, 456, 463; Arch. d. sc. phys. et nat., p. 4, t. 6, Genève 1898, 358.

Nüesch J. Das Schweizersbild, eine Niederlassung aus paläolithischer und neolithischer Zeit. - Gaea (Klein), Natur u. Leben, 34, Leipzig 1898, 221–233, 301–306, 1 Abb.

— Neue Grabungen und Funde im Keßlerloch bei Thayngen. - Korrespblatt D. Ges. f. Anthr., Ethnol. u. Urgesch., 30, München 1899, 142–145. - Bespr. EgH 6, 1900, 449; Arch. d. sc. phys. et nat., p. 4, t. 10, Genève 1900, 282.

Oberholzer J. Exkursion Nr. 80. Glarus-Segnespaß-Flims. - In: Geol. Führer der Schweiz, herausgeg. v. d. Schw. Geol. Ges., Basel (Wepf) 1934, Fasz. XII, 947–952, 1 Fig.

— Exkursion Nr. 81. Ragaz-Vättis-Kunkelpaß-Reichenau-Bonaduz. - In: Geol. Führer der Schweiz, herausgeg. v. d. Schw. Geol. Ges., Basel (Wepf) 1934, Fasz. XII, 953–957, 1 Fig.

— u. **Heim Alb.** Zu Otto Ampferers „Gleitformung der Glarner Alpen" und „Flimser Bergsturz". - EgH 27, 1934, 507–516. - S. Ampferer O.

Oken L. Über den Öninger Steinbruch. - Isis, 1840, 282. - Abdr.: NJb. 1843, 230.

Pfahlbauten. Das Menu des vorgeschichtlichen Menschen. - Innsbr. Nachr., Nr. 168 v. 27. 7. 1920.

Pfänderbahn. Innsbr. Nachr., Jahr, Nr. - 1904, 69; 1905, 141; 1906, 186; 1911, 233, 235; 1924, 148, 245.

Pongrácz A. Bemerkungen über Insektenfauna. - 1931. - Bespr. NJb. 1933/3, 462.

Quervain F. de u. Gschwind M. Die nutzbaren Gesteine der Schweiz. (Einführung von P. Niggli.) - Herausgeg. v. d. Geotechn. Komm. d. Schw. Natf. Ges., Bern (Huber) 1934, 456 S., 65 Abb., 4 Taf. - Bespr. PetMitt., 80, 1934, 316; Mitt. Geol. Ges. Wien, 26, Wien 1934, 222; GR 25, 1934, 362; Z. f. prakt. Geol., 42, 1934, 111; NJb. 1934/2, 493; GZ 53A/814; Aus der Heimat, 48, Stuttgart 1935, 31.

Quervain F. de. Nutzbare Gesteine und Mineralien der Schweiz. - In: Geol. Führer der Schweiz, herausgeg. v. d. Schw. Geol. Ges., Basel (Wepf) 1934, Fasz. I, 15–25.

Quiévreux F. Sur un niveau fossilifère du bassin potassique oligocène du Haut-Rhin. (Ähnlich Öningen.) - C. R., 199, 1934, 877. - Bespr. NJb. 1935/3, 161.

Regel F. Die prähistorische Niederlassung am Schweizersbild bei Schaffhausen. Ausgegraben durch Prof. Dr. J. Nüesch in Schaffhausen i. d. J. 1891–1893. - Die Natur (W. Ule), Halle 1898, 88–92.

Reichel E. Versuch einer Berechnung der eiszeitlichen Niederschlagshöhe der Alpen. - Z. f. Glkde, 22, 1935, 73–80.

Reinerth H. Das Pfahldorf Sipplingen. - 1932. - Bespr. Wr. Prähist. Z., 21, 1934, 65.

Rhein. Innsbr. Nachr., Jahr, Nr. - Regulierung: 1900, 67, 106, 108, 118, 172; 1901, 232, 240; 1902, 289; 1903, 79, 81, 86; 1904, 120; 1905, 140, 288, 294; 1907, 99, 258; 1908, 81, 84, 104, 121; 1909, 245, 289; 1910, 95, 123, 166; 1912, 1, 113; 1913, 26, 60, 70, 105, 166, 213, 298; 1915, 238; 1921, 285; 1923, 80, 118; 1924, 107, 290. Schiffbarmachung: 1908, 75, 108, 195, 224; 1910, 42; 1911, 129; 1920, 261; 1923, 105; 1924, 174. Wasserkräfte Schaffhausen: 1900, 125.

Rheingletscher. Funde bei Altstätten. - Innsbr. Nachr., Nr. 92 v. 23. 4. 1920.

Rheintalbahnen. Innsbr. Nachr., Jahr, Nr. - Dornbirn-Lustenau: 1900, 79, 220, 241; 1901, 129; 1902, 87, 276; 1903, 158. Ragaz-Liechtenstein-Feldkirch: 1905, 18, 82. Vorarlbg. Lokalbahnen: 1902, 187, 237; 1903, 41; 1905, 18, 82; 1908, 212; 1912, 290.

Rutsch R. u. Hürzeler J. Das Alter der Molassezone von Jona-Rapperswil-Ufenau (Ob. Zürichsee). - EgH 27, 1934, 347–351, 1 Fig.

Salonen E. Über die Erdkrustendicke und die isostatische Kompensation in den Schweizer Alpen. - Annal. Acad. Sci. Fennicae, ser. A., t. 37, Nr. 3, Helsinki 1932, 28 S., 2 Tab., 4 Fig., 4 Taf. - Bespr. GZ 51A/1613; NJb. 1933/2, 538.

Sandberger F. Tertiärbildungen am Bodensee. (Schreiben aus Karlsruhe v. 18. 1. 1858.) - NJb. 1858, 199–202.

Schafhäutl K. E. v. Mächtig auftretende oolithische Gebilde im südbayernschen Gebirgszuge und Notwendigkeit einer bestimmten Charakteristik der versteinerungsleeren Felsarten. - Münchn. Gelehrt. Anzg., 29, 1849, 409ff. - Auszug: NJb. 1851, 364–368.

Scheerer Th. Über den Scheererit und seine versteinerten Insekten. - Kastners Archiv f. d. ges. Natlehre, 11, 256. - Bespr. Z. f. Min., 1828, 154. - S. a. Stromeyer F., Kenngott A. u. Kraus E.

Schmalz J. Die Oberflächen- und Tiefenströme des Bodensees. 3. Der Weg des Rheinwassers im Bodensee. Ein Beitrag zur Methode der Strömungsuntersuchungen in den Seen. - Schr. d. Ver. f. Gesch. d. Bodensees u. s. Umgebg, H. 60, 1932/33, 154–210.

Schmidle W. Die Hegauvulkane von Singen bis Engen. - In: Singen u. d. Hegau, Badische Heimat, 17, Karlsruhe 1930, 17–33, m. Abb.

— Geol. von Konstanz. - 1932. - Bespr. NJb. 1933/3, 281.

— Stand der Sipplinger Pfahlbau trocken? - Bad. Fundber., 3, Freiburg 1933, 79–88, 1 Abb. - Bespr. GZ 53A/2320.

Schmidt A. R. Tagebücher über die geogn.-mont. Bereisung des Kreises Vorarlberg a. d. J. 1839, 1840, 1841. Mit Skzen. - Handschr. Mus. Ferdin., F. B. 5010, 5011, 5012.

Schmidt M. Die Westallgäuer Welteiszeiten. 2. Rückzugsstadium der Würmvergletscherung im Argengebiet. - Beilage z. Lindenberger Tagbl.,

39. Jg., Nr. 260 v. 10. 11., 278 v. 1. 12., 296 v. 22. 12. 1928, K. 1:150000. (Aus: Schr. d. Bodensee-Geschver., 1911, 40. H.) – S. a. Blumrich J.

Schmidt P. Die Schweiz als Lebensraum. – Veröff. d. Handelshochsch. St. Gallen, H. 6, St. Gallen (Fehr) 1934, 87 S. – Bespr. PetMitt., 80, 1934, 316; Z. Ges. f. Erdkde Berlin, 1934, 395.

Schneider J. M. Die Rheingletschermoränen bei Altstätten und dil. Gletscherüberlagerungen. – 1933. – Verh. Schw. Natf. Ges., 114. Jvers. Altdorf, 1933, 2. T., 358–359.

— Das Eiszeitalter des diluv. Rheingletscherzungenendes. – 1933. – Verh. Schw. Natf. Ges., 114. Jvers. Altdorf, 1933, 2. T., 359–361.

— Rentier (Geweihstück) aus Glazialschotter des Rheingletschers unweit Altstätten. (Vortr.) – EgH 27, 1934, 440.

Schwimmer J. Zur Geschichte des Naturschutzes in Vorarlberg. – Schw. Bl. f. Natschutz, 5, 1930, 80–83.

Schwinner R. Geröllführende Schiefer. – 1929. – Bespr. NJb. 1933/2, 19.

— Gebirgsbewegungen und Erdmessung in Süddeutschland. – 1933. – Bespr. GZ 52A/374; NJb. 1934/2, 505.

— Variscisches und alpines Gebirgssystem. – 1933. – Bespr. GZ 52A/376.

Sedgwick A. u. **Murchison R. J.** Über die Tertiärformationen längs der Seiten der Salzburger und Bayerischen Alpen. – Proced. of the Geol. Soc. of London, 1829, Nr. 13, 155–159. – Auszug: Jb. f. Min., 2, 1831, 109.

Seidlitz W. v. Entstehen und Vergehen der Alpen. – 2. Aufl. 1934, 267 S., sonst wie 1926. – Bespr. Allgem. Bergsteigerztg, Nr. 588 v. 1934; GZ 53A/356; Die Umschau, 1934, 986; Z. Ges. f. Erdkde Berlin, 1935, 74.

Siedentop I. Eisenbahngeographie der Schweiz. – Geogr. Wochenschr., Beiheft 1, Halle (John) 1933, 126 S., 28 Abb. – Bespr. Z. Ges. f. Erdkde Berlin, 1933, 228; Boll. Soc. Geogr. It., 1934, 377.

Sölch J. Fluß- und Eiswerk in den Alpen zwischen Ötztal und St. Gotthard. 1. T. – PetMitt., Ergh. Nr. 219, Gotha 1935, 143 S., 31 Abb.

Staub R. Übersicht über die Geologie Graubündens. – In: Geol. Führer der Schweiz, herausgeg. v. d. Schw. Geol. Ges., Basel (Wepf) 1934, Fasz. III, 205–239.

— Eisenbahnfahrt Zürich–Weesen–Chur–Thusis–Tiefenkastel–Julier–Engadin–Bergell–Chiavenna. – In: Geol. Führer der Schweiz, herausgeg. v. d. Schw. Geol. Ges., Basel (Wepf) 1934, Fasz. IV, 274–284.

— Exkursion Nr. 96. Thusis–Splügen–San Bernardino–Mesocco (mit Variante Splügen–Chiavenna). – In: Geol. Führer der Schweiz, herausgeg. v. d. Schw. Geol. Ges., Basel (Wepf) 1934, Fasz. XIV, 1090–1101, 7 Fig.

Staudacher W. Ein Beitrag zur Vorgeschichte und vorgeschichtlichen Besiedlung des Federseemoors. – Veröff. Staatl. Stelle f. Natschutz beim Württemb. Ldsamt f. Denkmalpflege, 10, 1934.

Stehlin H. G. Wichtigste Daten der Säugetiergeschichte Europas. – In: Geol. Führer der Schweiz, herausgeg. v. d. Schw. Geol. Ges., Basel (Wepf) 1934, Fasz. I, 69–70.

Strele G. Grundriß der Wildbachverbauung. – Wien (Springer) 1934, 279 S., 150 Abb. – Bespr. GZ 53A/634; Z. f. prakt. Geol., 42, 1934, 125; NJb. 1934/2, 571.

Strobl E. Die Hauptbahnen in Tirol und Vorarlberg. Kurzgefaßte Geschichte ihrer Entwicklung. Ein Auszug aus größeren Sammelwerken und einschlägigen Monographien. – Innsbr. Nachr., Nr. 170, 176, 182, 187, 193 v. August 1902.

Stromeyer F. Über den Scheererit und das Vorkommen des Brom. – Arch. f. d. ges. Natlehre (Kastner), Nürnberg 1827, 10, 113–117. – Bespr. Z. f. Min., 1827, 2, 396. – S. a. Scheerer Th., Kraus E. u. Kenngott A.

Theobald G. Geogn. Beobachtungen. 1. Piz Minschun im Unterengadin. – 1857. – Bespr. NJb. 1858, 91.

Ur- u. frühgeschichtliche Funde. Innsbr. Nachr., Nr. ... vom ... – Bodensee: 85 v. 12. 4., 235 v. 13. 10., 255 v. 6. 11., 263 v. 17. 11., 267 v. 21. 11. 1924. Bregenz: 67 v. 23. 3., 278 v. 5. 12. 1904; 73 v. 30. 3., 114 v. 18. 5., 277 v. 2. 12. 1905; 22 v. 26. 1., 109 v. 14. 5., 262 v. 14. 11. 1907; 84 v. 11. 4., 217 v. 22. 9. 1908; 94 v. 27. 4. 1909; 115 v. 24. 5. 1910; 234 v. 12. 10. 1911; 96 v. 27. 4., 168 v. 25. 7. 1912; 231 v. 8. 10., 237 v. 25. 10. 1913; 513 v. 6. 11. 1916; 262 v. 17. 11. 1920; 8 v. 10. 1. 1924.

Vetter O. Absonderung, Gefügeregelung, hydrothermale Umwandlung und ihre Wechselbeziehungen in den Eruptivgesteinen des Hegaus. – Zbl. f. Min., Abt. A, 1935, 19–30, 5 Abb., 2 Tab. – Bespr. GZ 54A/620.

Vogel R. Tierreste aus vor- und frühgeschichtlichen Siedlungen Schwabens. I. Die Tierreste aus den Pfahlbauten des Bodensees. – Zoologica, H. 82, Lfrg 1, Stuttgart 1933, 109 S., 14 Taf., 3 Tab., 4 Abb. – Bespr. NJb. 1933/3, 1107; GZ 52A/789, 5 B/146.

Wanner E. Beiträge zur Geographie der Erdbeben. II. – Gerl. Beitr. z. Geoph., 39, 1933, 326–332, 2 Fig. – Bespr. NJb. 1934/2, 547.

— Die Lage der zerstörenden alpinen Erdbebenherde. – Verh. Schw. Natf. Ges., 114. Jvers. Altdorf, 1933, 346–347.

Wasmund E. Bitumen, Sapropel u. Gyttja. – 1930. – Bespr. NJb. 1933/2, 694.

— Rezente Bruchstörung Überlinger See. – 1933. – Bespr. NJb. 1933/3, 926.

— Temperaturschichtungen im Bodensee. – Gerl. Beitr. z. Geophys., 40, 1933, 399–452.

Wasserkräfte der Schweiz. Die verfügbaren – unter besonderer Berücksichtigung der Speicherungsmöglichkeiten für die Erzeugung von Winterenergie. – Mitt. d. Amtes f. Wasserwirtsch., Bern 1932.

Weber A. Sind die pflanzenführenden diluvialen Schichten von Kaltbrunn bei Uznach als glazial zu bezeichnen? – Englers Bot. Jber., 45, 1911. – S. a. Brockmann-Jerosch.

Weber Fr. Exkursion Nr. 79A. Linthal–Tierfehd–Sandalp–Clariden–Tödi–Ponteglias–Truns. – In: Geol. Führer der Schweiz, herausgeg. v. d. Schw. Geol. Ges., Basel (Wepf) 1934, Fasz. XII, 931–941.

— Exkursion Nr. 79B. Truns–Brigels–Kistenpaß–Muttensee–Linthal. – In: Geol. Führer der Schweiz, herausgeg. v. d. Schw. Geol. Ges., Basel (Wepf) 1934, Fasz. XII, 942–946.

Wehner H. Die Erdbebenfrage in Tirol. Ein Beitrag zur Erforschung der seismischen Unruhen in den Alpen. – Innsbr. Nachr., Nr. 64 v. 18. 3. 1911, m. Skz.

Weiner O. Landschaft am Hegauer Hochrhein. – In: Singen u. d. Hegau, Badische Heimat, 17, Karlsruhe 1930, 9–14, m. Abb.

Weithofer K. A. Die Promberger Schichten der oberbayerischen Molasse. – Zbl. f. Min., Abt. B, 1935, 3–21. – Bespr. GZ 54A/569.

Werkowitsch C. Das Land Vorarlberg vom geschichtlichen, topogr.-statist. und landw. Standpunkte dargestellt. - Innsbruck (Wagner) 1887, 191 S., 1 K., zahlr. Tab. (Topogr. nach Waltenberger, Geol. von Eugling, 7–10.)

Wildbachverbauungen in Tirol und Vorarlberg. - Innsbr. Nachr., Jahr, Nr. - Ahrntal (Taufers): 1904, 52; 1909, 217; 1911, 279; 1912, 156, 204; 1913, 213; 1914, 59. Alpbach (Brixlegg): 1909, 138; 1911, 276; 1912, 196; 1917, 40. Arlberg: 1905, 103; 1908, 137 (Schönbach). Avisio: 1922, 208. Bizau: 1902, 75; 1906, 211. Brixentaler Ach: 1906, 107; 1907, 183; 1910, 221. Campill: 1908, 109. Chiese: 1911, 95; 1913, 153. Dornbirner Ach–Steinebach: 1900, 256. Ehrwald: 1911, 252. Eisack: 1903, 93; 1909, 266, 268. Faggenbach: 1912, 168. Geroldsbach: 1909, 189. Glurns: 1913, 294. Gsiesertal: 1911, 110. Großache: 1903, 130, 276; 1905, 148; 1907, 290. Ill: 1912, 210; 1913, 31, 238, 262, 272, 296; 1914, 30, 54, 69, 84, 375. Imst (Brennbichl): 1911, 27. Jenbach: 1911, 3, 217; 1912, 28, 90. Kitzbühel: 1903, 167. Klösterle: 1905, 270. Lech: 1903, 1, 37, 56, 61, 96; 1905, 268; 1906, 238; 1907, 94; 1924, 279. Leno: 1902, 48. Matrei i. O.: 1908, 255; 1909, 140, 238. Matschertal: 1912, 262. Ötztal: 1906, 276; 1911, 122. Passer: 1907, 54, 189; 1910, 233, 243 (Leitart.). Pfitsch: 1907, 265. Prad: 1912, 240. Primör: 1912, 200. Punibach (Vinschgau): 1913, 274. Reutte-Wängle: 1905, 198. Rheingebiet: 1902, 140; 1922, 97. Riva (Albola): 1911, 219. Roncegno (Chiavona): 1902, 140. Rosanna: 1911, 224. Sarca: 1907, 24; 1913, 167; 1914, 152. Scesa: 1902, 224. Schlanders: 1908, 100; 1910, 291; 1912, 95. Schlick: 1908, 58. Sill: 1909, 241; 1910, 65, 67, 89. Sterzing: 1912, 15. Sulden: 1912, 125. Vorarlberg i. a.: 1903, 70; 1922, 97, 184; 1924, 48. Waidring (Haselbach): 1908, 112. Wildschönau: 1903, 1. Ziller: 1906, 277; 1911, 92, 94, 104, 122; 1913, 45; 1914, 21.

Wilser J. L. Goldwäscherei am Oberrhein. - 1922. - Bespr. Z. f. Krist., Abt. B, Refteil, 2, 1933, R. 410.

Wiser D. F. Beiträge zur mineralogischen Kenntnis des Schweizerlandes. (U. a. Graubünden, Engadin.) - NJb. 1839, 406–415.

— Bericht über Mineralien aus der Schweiz. (Aus Brief an Gehr. Leonhard. - U. a. Rheingebiet, Graubünden, Engadin.) - NJb. 1849, 796–804.

Wolfurt bei Bregenz. (F. v. B.) Fund von Rhinozerosknochen. - TB 1831, S. 308; Tir. Stimmen, Nr. 183 v. 12. 8. 1872.

Zeuner F. Die Nervatur der Blätter von Öningen und ihre methodische Auswertung für das Klimaproblem. - Zbl. f. Min., 1932, Abt. B, 260–264. - Bespr. NJb. 1933/3, 695; GZ 6B/206.

— Platycleis speciosa (Heer) (Orth. Tettig.) aus dem Obermiozän von Öningen in Baden. - Beitr. z. natw. Erforschg Badens, H. 9, 1932, 144–152, 3 Abb.

Zsigmondy E. u. Paulcke W. Die Gefahren der Alpen. - 9. verb. Aufl. München (Bergverl. R. Rother) 1933, 472 S., 74 Abb., 13 Vollbilder. - Bespr. Mitt. DÖAV, 1933, 279.

2. Bregenzer Wald.

Ampferer O. Geol. Karte der Lechtaler Alpen. - 1932. - Bespr. NJb. 1933/3, 502.

Baldauf O. Landschaft und Siedlung von Vorarlberg. - 1932. - Bespr. PetMitt., 80, 1934, 316.

Balling C. Die Montanindustrie in Tirol. - Techniker, Wien 1872, u. ebd. (Gronegger) 1872, 31 S. - Bespr. VRA 1873, 100.

Baumberger E. Zur Tektonik und Altersbestimmung der Molasse am schweizerischen Alpennordrand. - 1931 (205–216). - Bespr. NJb. 1934/3, 14.

— Über die Cyrenen der stampischen Molasse am Alpennordrand. (Vortr.) - EgH 27, 1934, 390–399, 1 Fig. - Bespr. NJb. 1935/3, 327.

Beck P. Über das schweizerische und europäische Pliozän und Pleistozän. - 1933. - Bespr. NJb. 1934/3, 953.

Bergbau Tirols. Historisch-technische Notizen der Prov. Tirol in ausgedehnter montanistischer Beziehung. Zusammengetragen für das techn. Kabinett Sr. Kais. Hoh. d. dl. Erzh. Kronprinzen u. berichtigt f. d. tir. Nationalmus. Ferdin. - Handschr. 1827, Ferdin.-Bibl. Nr. 2704. Enthält u. a. Angaben über Bergbau Häring, Kitzbühel, Brixlegg, Zillertal, Schwaz, Hall, Torf in Vorarlberg, Serpentin Matrei a. Br., Schwerspat Schwaz, Steinöl Seefeld (mit Bild); Histor.-techn.-admin. Skizze der Saline Hall u. d. Salmiakfabrik zu Hall i. T.; Walzwerk Brixlegg (1819 erbaut); Gedrängte hist.-techn. Notizen ü. d. tir. Messinghandel. (Achenrain seit 1. Hälfte des 17. Jahrhunderts, vorher Lienz.)

Bertsch F. Beitrag zur Kenntnis der spätglaz. Waldentwicklung. - 1932. - Bespr. NJb. 1933/2, 641.

Blumrich J. Die Eiszeit in Vorarlberg. (Vortr.) - Innsbr. Nachr., Nr. 292 v. 21. 12. 1905.

— Die Westallgäuer Welteiszeiten. 1. Auf den Spuren des Rotachgletschers. - Blge z. Lindenberger Tagbl., 39. Jg., Nr. 260 v. 10. 11. 1928. - S. a. Schmidt M.

— Mückenlarven als Tuffbildner. (Pfänder.) - Heimat, Vorarlberg. Mh., 15, 1934, 118–119. - S. a. Thienemann.

— Die Moränen am Pfänderkamm. - Vorarlb. Tagbl. v. 22. 11. 1934, 4–5.

— Das Werden des Rheintales. (Vortr.) - Auszug: Neueste Ztg, Nr. 60 v. 12. 3. 1935.

Bregenzerwaldbahn. Innsbr. Nachr., Jahr, Nr. - 1900, 122, 123, 199, 209; 1901, 182, 245; 1902, 24, 121, 209, 212; 1905, 25; 1907, 36; 1909, 11; 1910, 122.

Cadisch J. Geologie der Schweizeralpen. - Zürich (Beer u. Co.) 1934, 383 S., 47 Fig., zahlr. Tab. - Bespr. VBA 1934, 95.

Dietmann K. Der Homo alpinus. Eine vorgeschichtliche Studie. - Blge z. Lindenberger Tagbl., 41. Jg., Nr. 258 v. 8. 11. u. 282 v. 6. 12. 1930.

Ebers E. Die Eiszeit im Landschaftsbilde des bayerischen Alpenvorlandes. - Deutsche Ldschaftskde, 2. Bd, München u. Berlin (Beck) 1934, 167 S., 30 Abb. - Bespr. Mitt. DÖAV, 1934, 197; NJb. 1934/3, 730; Mitt. Geogr. Ges. München, 27, 1934, 276; GZ 53A/1834; Z. f. Glkde, 22, 1935, 330; Z. f. Geomorph., 8, 1935, 340; Z. Ges. f. Erdkde Berlin, 1935, 74; NJb. 1935/2, 73.

Emmrich H. (Emmerich A.) Über die Gliederung des Alpenkalkes im Bayerischen Gebirge. (Aus Brief an Bronn v. 5. 5. 1849.) - NJb. 1849, 437–443.

Erdbeben. Rheintal-Linie. Innsbr. Nachr., Jahr, Nr. - Bregenz: 1913, 166, 168, 171. Feldkirch: 1913, 166, 171; 1915, 287. Liechtenstein: 1909, 175. Vorarlberg i. a.: 1906, 24.

Gams H. Die Pflanzendecke Vorarlbergs. - 1932. - Bespr. PetMitt., 80, 1934, 316.

Gräfe H. Seismische Untersuchungen VI. Das Nordtiroler Beben. - 1932. - Bespr. GZ 52A/399; NJb. 1933/2, 572.

— Das Nordtiroler Beben v. 8. Okt. 1930. II. Die Kräfte im Herd des Bebens. - Z. f. Geophys., 9, 1933, 31–43, 14 Abb. - Bespr. NJb. 1934/2, 49.

Gunz K. Der eiszeitliche und nacheiszeitliche Formenschatz in der Umgebung von Feldkirch. - 1921. - Abdruck: Wissensch. Ldsver., Feldkirch 1932, 2 Bl.

Haber G. Bau und Entstehung der Bayerischen Alpen. - Deutsche Ldschkde, Bd 3, München u. Berlin (Beck) 1934, 206 S., 16 Abb.

Hann J. Seehöhe der Isotherme von 0^0 in den Ostalpen und deren Beziehung zur unteren Schneegrenze und zur mittleren Temperatur der letzteren. - Aus: Die mittl. Wärmeverh. der Ostalpen, Z. DÖAV, 1886. - Meteorol. Z., 22 (4), Berlin 1887, 28–31.

Häuser J. Die Niederschlagsverhältnisse in Bayern. - 1930. - Bespr. PetMitt., 81, 1935, 73.

Heberdey R. Die Bedeutung der Eiszeit für die Fauna der Alpen. - 1933. - Bespr. GZ 4B/1333, 52A/223.

Heim Arn. Zum Problem des Alpen-Molasse-Kontaktes. - 1932. - Bespr. GZ 52A/1030; NJb. 1934/3, 16.

—, **Baumberger E.** u. **Fussenegger S.** Jura und Unterkreide in den helvetischen Alpen beiderseits des Rheins (Vorarlberg und Ostschweiz). - Denkschr. Schw. Natf. Ges., 68, Abh. 2, 1933, 155–220, 34 Fig., 2 Taf.

—, **Seitz O.** u. **Fussenegger S.** Die Mittlere Kreide in den helvetischen Alpen vom Rheintal und Vorarlberg und das Problem der Kondensation. - Denkschr. Schw. Natf. Ges., 69, Abh. 2, Zürich 1934, 126 S., 35 Fig., 3 Taf.

Heim Arn. Stratigraphische Kondensation. - EgH 27, 1934, 372–383, 2 Fig.

Hild A. Bludenz, Braz, Brederis, Bregenz, Dornbirn, Frastanz, Feldkirch, Hard, Hörbranz, Koblach, Lauterach, Lustenau, Nüziders, Rankweil, Satteins, Söhlishöhle bei Götzis, Tisis, Zwischenwasser. - Fundber. a. Österr., 1, 1930–1934, 25–26, 76–77, 137, 195, 250 c.

Höhlen in Tirol und Vorarlberg. Innsbr. Nachr., Jahr, Nr. - Col Santo: 1911, 216. Hochiser: 1907, 288. Hohenfreschen: 1901, 198. Monclassico (Sulzberg): 1902, 117, 125. Mte Stivo: 1906, 243. Riezlern: 1906, 253. Rofan: 1922, 104. Villa Lagarina (Savignano): 1911, 35.

Hotz W. u. **Geol. Komm.** Die geol. und tekt. Karten der Schweiz. - 1931. - Bespr. NJb. 1934/3, 32.

Jeannet A. Sur quelques Echinides néocomiens du Vorarlberg. (Vortr.) - Verh. Schw. Natf. Ges., 114. Jvers. Altdorf 1933, Aarau 1933, 370–371. S. a. EgH 26, 1933, 233–234. - Bespr. GZ 5B/1412.

Karpe F. C. Übersicht der Heilquellen von Tirol und Vorarlberg im Jahre 1828. - TB 1830, 248, 252, 256, 260.

Kinkelin F. Der Boden von Lindau im Bodensee. - 1907. - Bespr. PetMitt., 1908, Litber. Nr. 97. Anschließend Gegenbemerkung v. Kinkelin: Das Alter der glazialen Bildungen in der Umgebung von Lindau am Bodensee.

Klebelsberg R. v. Geologie von Tirol. - Berlin (Borntraeger) 1935, 748 S. u. 4 Verz., K. 1:500000, 3 Skzen, 11 Blgen.

Koch E. J. Die Mineralquellen des gesamten österreichischen Kaiserstaates in top., hist., phys.-chem. u. therap. Beziehung. - 2. Aufl. Wien (Gerold) 1845, 467 S.

Kohle in Vorarlberg. Innsbr. Nachr., Jahr, Nr. - Bregenz: 1919, 45. Steeg (Lechtal): 1906, 146. Wirtatobel: 1908, 13, 56, 111; 1917, 262; 1918, 95; 1920, 106.

Krapf Ph. Etwas über das Wesen und die Behandlung von Gebirgsflüssen mit besonderer Berücksichtigung des Rheins ob dem Bodensee. - Wasserkraft u. Wasserwirtschaft, 1933, H. 12–15, 15 S., 8 Abb.

Kraus E. Notiz zu M. Richters „Alter und Stellung der südbayerischen Flyschzone". - Zbl. f. Min., Abt. B, 1934, 95.

Kräusel R. Paläobotanische Notizen XIII–XVI. XVI. Über die von S. Fußenegger gesammelten Tertiärpflanzen aus der subalpinen Molasse des westlichen Vorarlberges. - Senckenbergiana, 12, Nr. 1, Frankfurt a. M. 1930, 29 (42)–50.

Lanzl H. Eine Stunde Alpwirtschaft. - Heimat, Vorarlbg. Mh., 15, 1934, 89–94, 1 Abb.

Lauterborn R. Der Rhein. Naturgeschichte eines deutschen Stromes. 2. Hälfte: Die Zeit von 1800–1930. Abt. 1: Die Zeit von 1800–1860. - Ber. Natf. Ges. Freiburg i. B., 33, Freiburg 1934, 1–324, 1 Taf. - Bespr. GZ 53A/1540.

Lupin R. Frh. v. Resume oder Zusammenstellung der auf einer geognostischen Reise in Schwaben und Tirol im Sommer 1805 gemachten Beobachtungen. - Molls Annalen (Ephemeriden, 5), 8, 1809, 353–432.

Modell H. Tertiäre Najaden Vorarlbergs. - Heimat, Vorarlbg. Mh., 15, 1934, 63–66, 1 Abb. - Bespr. GZ 6 B/127; NJb. 1935/3, 268.

Muheim P. Die subalpine Molassezone im östlichen Vorarlberg. - EgH 27, 1934, 181–296, 1 Fig., 2 Taf. (K. 1:25000 u. Prof.)

Müller St. Der Aufbau des Triasgebirges in Vorarlberg. - Feierabend, Wochenbeilage z. Vorarlbg. Tagbl., 16, 1934, 9., 12., 15., 17., 22., 23., 26. Folge.

Münichsdorfer F. Bayerns Boden. - 1932. - Bespr. GZ 52 A/29.

Murchison R. J. Nachträgliche Bemerkungen über die Struktur der österreichischen und bayerischen Alpen. - Phil. Mag. a. Ann., 1831, 9, 213–219; Lond. Geol. Trans., N.S. 3. - Auszug: NJb. 1833, 440–444. - S. a. Sedgwick u. M.

— Über den Gebirgsbau der Alpen, Karpaten usw. - 1850. - Auszug: NJb. 1849, 597–602.

Naumann J. K. F. Ein Jahrhundert Drahtseilbahnen. Österreichs Anteil an der Erfindung und Entwicklung der Drahtseilbahnen. - Neueste Ztg, Nr. 192 v. 30. 12. 1934.

Neef E. Die Landformung des Bregenzer Waldes. - 1933. - Bespr. Mitt. Geogr. Ges. Wien, 76, 1933, 248; Z. Ges. f. Erdkde Berlin, 1934, 383.

Ostendorff E. Zusammenhänge der Bodenkarte Bayerns mit den von Urklas kartenmäßig dargestellten Ernte- und Anbauergebnissen Bayerns. - Z. Pflanzenernährung, B, 1931, 410.

Petrascheck W. Kohlengeol. VI. Braunkohlenlager. - 1924. - Bespr. NJb. 1933/3, 937.

Pfänderbahn. Innsbr. Nachr., Jahr, Nr. - 1904, 69; 1905, 141; 1906, 186; 1911, 233, 235; 1924, 148, 245.

Pfaundler A. v. Versuch über die min.-geogn. Arbeiten von Tirol und Vorarlberg von den Jahren 1765 in Auszügen aus Journalen, Zeitschriften und insonderlich Werken bis in die Jahre 1842 nebst einigen kritischen Anmerkungen. - Innsbruck 1842 (Druck 1846). - Handschr. Mus. Ferdin., W. 5581.

Raich M. Salztransporte in und durch das Allgäu in älterer Zeit. - Blge z. Lindenberger Tagbl., 40. Jg., Nr. 28 v. 2. 2. 1929, 2 S., 1 Abb.

Rheintalbahnen. Innsbr. Nachr., Jahr, Nr. - Dornbirn-Lustenau: 1900, 79, 220, 241; 1901, 129; 1902, 87, 276; 1903, 158. Ragaz-Liechtenstein-Feldkirch: 1905, 18, 82. Vorarlbg. Lokalbahnen: 1902, 187, 237; 1903, 41; 1905, 18, 82; 1908, 212; 1912, 290.

Schafhäutl K. E. v. Mächtig auftretende oolithische Gebilde im südbayernschen Gebirgszuge und Notwendigkeit einer bestimmten Charakteristik der versteinerungsleeren Felsarten. - Münchn. Gelehrt. Anzg., 29, 1849, 409ff. - Auszug: NJb. 1851, 364-368.

— Geognostische Untersuchungen des südbayerischen Alpengebirges. - 1851. - Bespr. NJb. 1850, 719.

Schmidt A. R. Tagebücher über die geogn.-mont. Bereisung des Kreises Vorarlberg a. d. J. 1839, 1840, 1841. Mit Skzen. - Handschr. Mus. Ferdin., F.B. 5010, 5011, 5012.

Schmidt M. Die Westallgäuer Welteiszeiten. 2. Rückzugsstadium der Würmvergletscherung im Argengebiet. - Blge z. Lindenberger Tagbl., 39. Jg., Nr. 260 v. 10. 11., 278 v. 1. 12., 296 v. 22. 12. 1928, K. 1:150000. (Aus: Schr. d. Bodensee-Geschver., 1911, 40. H.) - S. a. Blumrich J.

Schwimmer J. Zur Geschichte des Naturschutzes in Vorarlberg. - Schw. Bl. f. Naturschutz, 5, 1930, 80-83.

Schwinner R. Variscisches und alpines Gebirgssystem. - 1933. - Bespr. GZ 52 A/376.

Sedgwick A. u. **Murchison R. J.** Über die öst. Alpen. - 1830, 81-114. - Auszug: Jb. f. Min., 2, 1831, 92-101.

Thalmann H. Die regional-stratigraphische Verbreitung der oberkretazischen Foraminiferengattung Globotruncana Cushman, 1927. (Vortr.) - EgH 27, 1934, 413-428, 1 Fig.

Ur- und frühgeschichtliche Funde. Satteins. - Innsbr. Nachr., Nr. 267 v. 23. 11. 1920.

Weithofer K. A. Die Promberger Schichten der oberbayerischen Molasse. - Zbl. f. Min., Abt. B, 1935, 3-21. - Bespr. GZ 54A/569.

Wenz W. Zur Land- und Süßwassermolluskenfauna. - 1933. - Bespr. GZ 4B/1094.

Werkowitsch C. Das Land Vorarlberg vom geschichtl., topogr.-statist. u. landw. Standpunkte dargestellt. - Innsbruck (Wagner) 1887, 191 S., 1 K., zahlr. Tab. (Topogr. nach Waltenberger, Geol. von Eugling, 7-10.)

Winkler O. Forstliches aus dem Bregenzerwald. - Schw. Z. f. Forstwesen, 83, 1932, 22-28.

Zenetti P. Der geol. Aufbau und Werdegang von Bayr.-Schwaben. - 1929. Umfaßt 210 S., 3 Taf., 46 Abb.

Zösmair J. Schädellehre und Urbevölkerung Tirols und Vorarlbergs. - Innsbr. Nachr., Nr. 42 v. 21. 2. 1914.

3. Allgäuer Alpen.

Ampferer O. Geol. Karte der Lechtaler Alpen. - 1932. - Bespr. NJb. 1933/3, 502.

Baldauf O. Landschaft und Siedlung von Vorarlberg. - 1932. - Bespr. PetMitt., 80, 1934, 316.

Baumberger E. Über die Cyrenen der stampischen Molasse am Alpennordrand. (Vortr.) - EgH 27, 1934, 390-399, 1 Fig. - Bespr. NJb. 1935/3, 327.

Bayerische Alpenquerstraße. Zur Frage der -. - Hochvogel, 10, 1933, Nr. 30, m. K. - S. a. Knorz A., Rüther H.

Bertsch F. Beitrag zur Kenntnis der spätglaz. Waldentwicklung. - 1932. - Bespr. NJb. 1933/2, 641.

Blumrich J. Die Westallgäuer Welteiszeiten. 1. Auf den Spuren des Rotachgletschers. - Beilage z. Lindenberger Tagbl., 39. Jg., Nr. 260 v. 10. 11. 1928. - S. a. Schmidt M.

Cadisch J. Geologie der Schweizeralpen. - Zürich (Beer u. Co.) 1934, 383 S., 47 Fig., zahlr. Tab. - Bespr. VBA 1934, 95.

Cramer H. Die Entstehung der Karsthöhlen. - Der Naturforscher, 10, 1933, 214-221, 13 Abb. - Bespr. GZ 52A/642.

— Höhlenbildung im Karst. - PetMitt., 1933, H. 3/4, 78-81, 6 Abb. - Bespr. GZ 52A/643.

— Höhlenbildung und Karsthydrographie. - Z. f. Geomorph., 8 (1933/35), 1935, 306-323.

— Systematik der Karrenbildung. - PetMitt., 81, 1935, 17-19.

Dietmann K. Von der Breitachklamm und Einschlägigem. Eine geologische Plauderei. - Blge z. Lindenberger Tagbl., 40. Jg., Nr. 80 v. 6. 4. u. Nr. 97 v. 27. 4. 1929, 1 Abb.

— Der Homo alpinus. Eine vorgeschichtliche Studie. - Blge z. Lindenberger Tagbl., 41. Jg., Nr. 258 v. 8. 11. u. 282 v. 6. 12. 1930.

— Die Starzachklamm. - In: Heimat, Blge z. Allgäuer Anzeigebl., Nr. 14, 1931a u. Nr. 18, 1932.

— Sonthofen in der Eiszeit. - In: Heimat, Blge z. Allgäuer Anzeigebl., Nr. 17/18, 1931b.

— Der große Immenstädter Illersee und der Bergsturz von Ratholz-Konstanzer. - In: Heimat, Blge z. Allgäuer Anzeigebl., Nr. 21, 1932.

Ebers E. Die Eiszeit im Landschaftsbilde des bayerischen Alpenvorlandes. - Deutsche Landschaftskde, 2. Bd., München u. Berlin (Beck) 1934, 167 S., 30 Abb. - Bespr. Mitt. DÖAV, 1934, 197; NJb. 1934/3, 730; Mitt. Geogr. Ges. München, 27, 1934, 276; GZ 53A/1834; Z. f. Glkde, 22, 1935, 330; Z. f. Geomorph., 8, 1935, 340; Z. Ges. f. Erdkde Berlin, 1935, 74.

Emmrich H. (Emmerich A.) Über die Gliederung des Alpenkalkes im Bayerischen Gebirge. (Aus Brief an Bronn v. 5. 5. 1849.) - NJb. 1849, 437-443.

— Geognost. Notizen über den Alpenkalk und seine Gliederung im bayer. Gebirge. - 1849. - Bespr. NJb. 1850, 620.

— Geognostische Beobachtungen aus den östl. bayer. und angr. österr. Alpen. - 1851. - Auszug: NJb. 1853, 78-93. - Bespr. Ebd. 191.

Fink J. u. **Klenze H. v.** Der Mittelberg. Geschichte, Land- und Volkskunde des ehem. gleichnamigen Gerichtes. - Mittelberg 1891, 543 S., 21 Abb., 1 Pl., 4 K. (Elementarereign. 9-14, Geol. 15.)

Fischer Herm. Geologische Naturdenkmale des Allgäu und ihr Pflanzenkleid. - Bl. f. Natgesch. u. Natpflege, 16, 1933, 43-52, m. Abb.

— Wann entstanden die „Geologischen Orgeln"? - Natur u. Kultur, 30, 1933, 175-177, m. Abb.

Frank M. Zur Bildungsgeschichte der oberen Trias am Nordrand der Kalkalpen zwischen Oberstdorf und Schliersee. - GR 25, 1934, 98-110, 4 Abb. - Bespr. GZ 53A/1861.

Frey R. Die Alpwirtschaft des Bezirkes Füssen. Wege zu ihrer Hebung. - Diss., München (Müller) 1933, 158 S., K. u. Abb.

Gams H. Die Pflanzendecke Vorarlbergs. - 1932. - Bespr. PetMitt., 80, 1934, 316.

Gewässerkunde. Jahrbuch der Bayer. Landesstelle für -. H. I: Niederschlagsmessungen, H. II. Wasserstandsbeobachtungen. - Herausgeg. v. d. Minbauabt. Staatsmin. d. Inn. f. d. J. 1929, 31, München 1933, 52 S. - Bespr. PetMitt., 80, 1934, 311.

Gräfe H. Seismische Untersuchungen VI. Das Nordtiroler Beben. - 1932. - Bespr. GZ 52A/399; NJb. 1933/2, 572.

— Das Nordtiroler Beben v. 8. Okt. 1930. II. Die Kräfte im Herd des Bebens. - Z. f. Geophys., 9, 1933, 31-43, 14 Abb. - Bespr. NJb. 1934/2, 49.

Haber G. Bau und Entstehung der Bayerischen Alpen. - Deutsche Ldschkde, Bd 3, München u. Berlin (Beck) 1934, 206 S., 16 Abb.

Häuser J. Die Niederschlagsverhältnisse in Bayern. - 1930. - Bespr. PetMitt., 81, 1935, 73.

Haushalter C. L. Merkwürdige fossile Tierüberreste aus der Allgäuer Molasse. - 1855, 16 S., 2 Taf. - Bespr. NJb 1856, 601.

Heberdey R. Die Bedeutung der Eiszeit für die Fauna der Alpen. - 1933. - Bespr. GZ 4 B/1333, 52 A/223.

Heim Arn., Baumberger E. u. Fussenegger S. Jura und Unterkreide in den helvetischen Alpen beiderseits des Rheins (Vorarlberg und Ostschweiz). - Denkschr. Schw. Natf. Ges., 68, Abh. 2, 1933, 155-220, 34 Fig., 2 Taf.

Heim Arn. Stratigraphische Kondensation. - EgH 27, 1934, 372-383, 2 Fig.

Holer. Kurze Beschreibung des Heilbades zu Schattwald im kais. kön. Landgericht Ehrenberg. - Kempten 1816, 15 S. Neudruck ebd. 1823.

Hoock G. Heimische Moore im Bezirk Lindau-Weiler. (Allgäu. - Vortr.) - Heimatkde (Beilage z. Lindenberger Tagbl.), 30. 10. 1926.

— Unsere heimischen Moore. Das Geibitzenmoor. (Allgäu.) - Beilage z. Lindenberger Tagbl., 41. Jg., Nr. 282 v. 6. 12. 1930.

Hradil G. Die Almböden unserer Berggebiete. - Innsbr. Nachr., Nr. 113 v. 18. 5. 1907.

Inn- und Salzachgebiet. Das - nebst den in Österreich gelegenen Teilen des Iller-, Lech- und Isargebietes. - Jb. Hydrogr. Zentralbüro, 10, 1923 (1931), 65 S.

Keferstein Chr. Geognostische Bemerkungen über eine Bereisung der Alpen, Apenninen, Karpaten und einiger Gegenden von Oberschlesien, gesammelt auf einer Reise im Sommer 1829 und 1830. - In: Teutschland, 7, Weimar 1831, 1. Abt., 1-39 Allgäu, Rheingebiet und Graubünden; 62-85 Oberit. Seen, Etschgebiet, Euganeen, Venetianer Alpen; 85-124 Überblick auf die allgem. geogn. u. geol. Verh. der Alpen. - Bespr. Leonh. u. Br. NJb., 1832, 311.

Klebelsberg R. v. Grundzüge der Geologie Tirols. - 1933. - Bespr. Mitt. DÖAV, 1934, 147; Der Schlern, 15, 1934, 189; PetMitt., 1934, 317; Geogr. Z., 40, 1934, 271.

— Geologie von Tirol. - Berlin (Borntraeger) 1935, 748 S. u. 4 Verz., K. 1:500000, 3 Skzen, 11 Blgen.

Knorz A. Die bayerische Alpenstraße. - Deutsche Alpenztg, 28, 1933, Nr. 8, 465-469. - S. a. Bayer. Alpenquerstr. u. Rüther H.

Koebcke R. Morphologie des Illergebietes zwischen Oberstdorf und dem Alpenrand. - Frankfurter Geogr. Hefte, 8, 1934, H. 2, Frankfurt a. M. 1934, 121 S., 1 Taf., 2 Fig.

Kockel C. W. Der Falkensteinzug im östlichen Allgäu - eine Deckenmulde. (Vortr.) - GR 26, 1935, 153-154, 2 Fig.

Kraus E. Geologie des Mittelallgäus. - 1933. - Bespr. NJb. 1934/3, 677; GZ 53A/420.

— Zur Erdgeschichte der Allgäulandschaft. - In: Regierungsbezirk Schwaben, herausgeg. v. Dr. Deml, Berlin (Schulze) 1934, 19-26, 10 Abb. - Bespr. GZ 53A/410; NJb. 1934/3, 677.

— Notiz zu M. Richters „Alter und Stellung der südbayerischen Flyschzone". - Zbl. f. Min., Abt. B, 1934, 95.

Lehmann O. Die Hydrographie des Karstes. - 1932. - Bespr. Mitt. Geogr. Ges. Wien, 77, 1934, 81; Ann. de Géogr., 42, 1933, Nr. 237, 302.

Lupin R. Frh. v. Resume oder Zusammenstellung der auf einer geognostischen Reise in Schwaben und Tirol im Sommer 1805 gemachten Beobachtungen. - Molls Annalen (Ephemeriden, 5), 8, 1809, 353-432.

Martonne E. de. L'hydrographie du Karst d'après O. Lehmann. - Ann. de Géogr., 42, 1933, N. 237, 302-308.

Meissinger E. Almgeographie des Illerquellgebiets. - Inaugdiss. Univ. Frankfurt a. M. 1933, 128 S. Maschinschr., zahlr. Skizzen, Lichtbilder u. Tab.

Muheim P. Die subalpine Molassezone im östlichen Vorarlberg. - EgH 27, 1934, 181-296, 1 Fig., 2 Taf. (K. 1:25000 u. Prof.)

Müller Franz (Kempten). Höhle im Hauptdolomit des Wilden Mannes (Allgäu). - Blge z. Lindenberger Tagbl., 40. Jg., Nr. 290 v. 14. 12. 1929, m. 3 Skz.

— Ein interglaziales Hirschgeweih aus dem Becken des Illergletschers. - 50. Ber. Natwiss. Ver. f. Schwaben u. Neuburg, Augsburg 1933, 95-101, 1 Skz., 3 Abb.

Müller St. Der Aufbau des Triasgebirges in Vorarlberg. - Feierabend, Wochenblge z. Vorarlberger Tagbl., 16, 1934, 9., 12., 15., 17., 22., 23., 26. Folge.

Münichsdorfer F. Bayerns Boden. - 1932. - Bespr. GZ 52A/29.

Murchison R. J. Nachträgliche Bemerkungen über die Struktur der österreichischen und bayerischen Alpen. - Phil. Mag. a. Ann., 1831, 9, 213-219; Lond. Geol. Trans., N.S. 3. - Auszug: NJb. 1833, 440-444. - S. a. Sedgwick u. M.

— Über den Gebirgsbau der Alpen, Karpaten usw. - 1850. - Auszug: NJb. 1849, 597-602.

Ostendorff E. Zusammenhänge der Bodenkarte Bayerns mit den von Urklas kartenmäßig dargestellten Ernte- und Anbauergebnissen Bayerns. - Z. Pflanzenernährung, B, 1931, 410.

Pusch G. Mineralogische Bemerkungen. (Brief aus Warschau v. 25. 1. 1828 u. a. über Sonthofen, Bergen, Kressenberg, Seefeld.) - Z. f. Min., 1828, 388-399. - Erwiderung von A. Boué ebd. 716-722 (Brief aus Bern v. 1. 6. 1828).

Raich M. Salztransporte in und durch das Allgäu in älterer Zeit. - Blge z. Lindenberger Tagbl., 40. Jg., Nr. 28 v. 2. 2. 1929, 2 S., 1 Abb.

Reitemann J. Zur Ortsgeschichte von Heimenkirch. (Urgeschichtliches aus dem Allgäu.) - Blge z. Lindenberger Tagbl., 38. Jg., 1927, Nr. 11; 39. Jg., 1928, Nr. 178, m. Skz.

Rohat(z)sch R. H. Über die Formation des Gebirges, aus welchem die bayernschen Jodquellen zu Krankenheil bei Tölz (Bernhards- und Johann-Georgen-Quelle), zu Heilbronn bei Benediktbeuren (Adelheids-Quelle) und Sulzbrunnen bei Kempten entspringen und über den Einfluß der Formation auf den Jodgehalt der Quellen. - NJb. 1851, 161-168.

Rüther H. Die Höhenstraße quer durch die Bayer.

Alpen. - Hochvogel, 10, 1933, Nr. 8, m. K. - S. a. Bayer. Alpenquerstr. u. Knorz A.

Schafhäutl K. E. v. Mächtig auftretende oolithische Gebilde im südbayernschen Gebirgszuge und Notwendigkeit einer bestimmten Charakteristik der versteinerungsleeren Felsarten. - Münch. Gelehrt. Anzg., 29, 1849, 409ff. - Auszug: NJb. 1851, 364–368.

— Geognostische Untersuchungen des südbayerischen Alpengebirges. - 1851. - Bespr. NJb. 1850, 719.

Scherzer H. Die Gebirgsbildung der Allgäuer Alpen. - Aus: Geol.-bot. Wanderungen, 2. Bd, Das Allgäu. - 1930. - Blge des Lindenberger Tagbl., 41. Jg., Nr. 282 v. 6. 12. 1930.

Schmidt M. Die Westallgäuer Welteiszeiten. 2. Rückzugsstadien der Würmvergletscherung im Argengebiet. - Blge z. Lindenberger Tagbl., 39. Jg., Nr. 260 v. 10. 11., 278 v. 1. 12., 296 v. 22. 12. 1928, K. 1:150000. (Aus: Schr. d. Bodenseegesch.-Ver., 1911, 40. H.) - S. a. Blumrich J.

Schnetzer R. Die wichtigsten Veröffentlichungen über die Erdgeschichte des Allgäus bis zum Jahre 1934. - Schwabenland, 1, 1934, 191–193.

Schussenried. Die steinzeitlichen Pfahlbauten von –. - Blge z. Lindenberger Tagbl., 39. Jg., Nr. 178 v. 4. 8. 1928.

Schwimmer J. Zur Geschichte des Naturschutzes in Vorarlberg. - Schw. Bl. f. Naturschutz, 5, 1930, 80–83.

Schwinner R. Die südbayrische Dreieckskette. - 1933. - Bespr. GZ 52A/153; NJb. 1934/2, 30.

— Gebirgsbewegungen im Südbayerischen Dreiecksnetz? - Z. DGeolGes., 87, 1935, 59–60.

Sedgwick A. u. **Murchison R. J.** Über die öst. Alpen. - 1830, 81–114. - Auszug: Jb. f. Min., 2, 1831, 92–101.

Staudacher W. Ein Beitrag zur Vorgeschichte und vorgeschichtlichen Besiedlung des Federseemoors. - Veröff. Staatl. Stelle f. Natschutz beim Württemb. Ldsamt f. Denkmalpflege, 10, 1934.

Tasche M. Landschaftsgeschichtliche Untersuchungen im Illerquellgebiet. - Mitt. DÖAV, 1934, 215.

— Morphologie des Illerquellgebietes. - Frankfurter Geogr. Hefte, 8, 1934, H. 1, 112 S., 3 Taf., 1 Fig.

Thalmann H. Die regional-stratigraphische Verbreitung der oberkretazischen Foraminiferengattung Globotruncana Cushman, 1927. (Vortr.) - EgH 27, 1934, 413–428, 1 Fig.

Uttinger G. Mineralfunde bei Hindelang und Oberstdorf. (Schreiben v. 23. 12. 1807.) - Molls Ephemeriden, 4, 1808, 501. - Bespr. Leonh. Taschenbuch, 3, 1809, 226.

— Natrokalzit bei Sonthofen. (Schreiben von dort, 14. 12. 1808.) - NJbücher d. Berg- u. Hüttenkde, 1, 1809, 458–460.

— Über den Datolith von Sonthofen. - Leonh. Taschenbuch, 5, 1811, 365–369. - S. a. Fuchs bzgl. Seiseralm.

— Über Formationen und Minerale von Sonthofen und aus dem Allgäu. (Schreiben v. 15. 9. 1809 u. 12. 2. 1810.) - NJbücher d. Berg- u. Hüttenkde, 2, 1812, 278–290, 429–448.

Wasmund E. Der größte Eiszeitfindling Europas im Allgäu. - 1929. - Abdr. in Blge z. Lindenberger Tagbl., 40. Jg., Nr. 10 v. 12. 1. 1929, 1 S., 2 Abb.

Wegele L. Der Werdegang der Allgäuer Berge. - Schwabenland, 1, 1934, 169–191, 20 Abb., 1 KSkz.

Weithofer K. A. Molasse und Alpenrand in Oberbayern. III. Die tektonischen Bewegungen und deren Ausmaße in der oberbayerischen Molasse. - Zbl. f. Min., Abt. B, 1934, 353–368. - Bespr. GZ 54A/304.

— Die Promberger Schichten der oberbayerischen Molasse. - Zbl. f. Min., Abt. B, 1935, 3–21. - Bespr. GZ 54A/569.

— Das Vorkommen von Erdöl und Erdgas, von Jod und Schwefelwasser im südlichen Bayern. - Z. DGeolGes., 87, 1935, 166–190.

Werkowitsch C. Das Land Vorarlberg vom geschichtl., topogr.-statist. u. landw. Standpunkte dargestellt. - Innsbruck (Wagner) 1887, 191 S., 1 K., zahlr. Tab. (Topogr. nach Waltenberger, Geol. von Eugling, 7–10.)

Wiesner H. Die alpwirtschaftlichen Verhältnisse des Bezirkes Sonthofen im Bayer. Allgäu. - Diss., München 1931, Fürth 1933, 223 S., m. K.

Wurm A. Zur geophysikalischen Durchforschung Bayerns. - 1931. - Bespr. NJb. 1933/2, 555.

Zenetti P. Der geol. Aufbau und Werdegang von Bayr.-Schwaben. - 1929. - Umfaßt 210 S., 3 Taf., 46 Abb.

Zsigmondy E. u. **Paulcke W.** Die Gefahren der Alpen. - 9. verb. Aufl. München (Bergverl. R. Rother) 1933, 472 S., 74 Abb., 13 Vollbilder. - Bespr. Mitt. DÖAV, 1933, 279.

4. Vilser Alpen.

Ampferer O. Geol. Karte der Lechtäler Alpen. - 1932. - Bespr. NJb. 1933/3, 502.

Ebers E. Die Eiszeit im Landschaftsbilde des bayerischen Alpenvorlandes. - Deutsche Landschaftskde, 2. Bd, München u. Berlin (Beck) 1934, 167 S., 30 Abb. - Bespr. Mitt. DÖAV, 1934, 197; NJb. 1934/3, 730; Mitt. Geogr. Ges. München, 27, 1934, 276; GZ 53A/1834; Z. f. Glkde, 22, 1935, 330; Z. f. Geomorph., 8, 1935, 340; Z. Ges. f. Erdkde Berlin, 1935, 74; NJb. 1935/2, 73.

Emmrich H. (Emmerich A.) Über die Gliederung des Alpenkalkes im Bayerischen Gebirge. (Aus Brief an Bronn v. 5. 5. 1849.) - NJb. 1849, 437–443.

— Geognost. Notizen über den Alpenkalk und seine Gliederung im bayer. Gebirge. - 1849. - Bespr. NJb. 1850, 620.

— Geognostische Beobachtungen aus den östl. bayer. und angr. österr. Alpen. - 1851. - Auszug: NJb. 1853, 78–93. - Bespr. Ebd. 191.

Frank M. Zur Bildungsgeschichte der oberen Trias am Nordrand der Kalkalpen zwischen Oberstdorf und Schliersee. - GR 25, 1934, 98–110, 4 Abb. - Bespr. GZ 53A/1861.

Gams H. Das Alter der Höttinger Breccienflora und anderer interglazialer Floren und Faunen der Alpen. (Bemerkungen zu Hans Spethmann: Die Einheit der alpinen Eiszeit. Langensalza-Berlin-Leipzig 1934.) - Z. f. Glkde, 22, 1935, 278–283.

Gewässerkunde. Jahrbuch der Bayer. Landesstelle f. –. H. I: Niederschlagsmessungen, H. II: Wasserstandsbeobachtungen. - Herausgeg. v. d. Minbauabt. Staatsmin. d. Inn. f. d. J. 1929, 31, München 1933, 52 S. - Bespr. PetMitt., 80, 1934, 311.

Haber G. Bau und Entstehung der Bayerischen Alpen. - Deutsche Ldschkde, Bd 3, München u. Berlin (Beck) 1934, 206 S., 16 Abb.

Häuser J. Die Niederschlagsverhältnisse in Bayern. - 1930. - Bespr. PetMitt., 81, 1935, 73.

Heberdey R. Die Bedeutung der Eiszeit für die Fauna der Alpen. - 1933. - Bespr. GZ 4B/1333, 52A/223.
Inn- und Salzachgebiet. Das - nebst den in Österreich gelegenen Teilen des Iller-, Lech- und Isargebietes. - Jb. Hydrogr. Zentralbüro, 10, 1923 (1931), 65 S.
Klebelsberg R. v. Grundzüge der Geologie Tirols. - 1933. - Bespr. Mitt. DÖAV, 1934, 147; Der Schlern, 15, 1934, 189; PetMitt., 1934, 317; Geogr. Z., 40, 1934, 271.
— Geologie von Tirol. - Berlin (Borntraeger) 1935, 748 S. u. 4 Verz., K. 1:500000, 3 Skzen, 11 Blgen.
Kockel C. W. Der Falkensteinzug im östlichen Allgäu - eine Deckenmulde. (Vortr.) - GR 26, 1935, 153-154, 2 Fig.
Kraus E. Notiz zu M. Richters „Alter und Stellung der südbayerischen Flyschzone". - Zbl. f. Min., Abt. B, 1934, 95.
Münichsdorfer F. Bayerns Boden. - 1932. - Bespr. GZ 52A/29.
Ostendorff E. Zusammenhänge der Bodenkarte Bayerns mit den von Urklas kartenmäßig dargestellten Ernte- und Anbauergebnissen Bayerns. - Z. Pflanzenernährung, B, 1931, 410.
Schafhäutl K. E. v. Geognostische Untersuchungen des südbayerischen Alpengebirges. - 1851. - Bespr. NJb. 1850, 719.
Schnetzer R. Die wichtigsten Veröffentlichungen über die Erdgeschichte des Allgäus bis zum Jahre 1934. - Schwabenland, 1, 1934, 191-193.
Vils. Zementbahn. Zementwerk in -. - Innsbr. Nachr., Nr. 15 v. 20. 1. 1909; 127 v. 7. 6. 1923.
Wegele L. Der Werdegang der Allgäuer Berge. - Schwabenland, 1, 1934, 169-191, 20 Abb., 1 KSkz.
Zenetti P. Der geol. Aufbau und Werdegang von Bayr.-Schwaben. - 1929. Umfaßt 210 S., 3 Taf., 46 Abb.

5. Ammergauer Alpen.

Ampferer O. Geol. Karte der Lechtaler Alpen. - 1932. - Bespr. NJb. 1933/3, 502.
Blüher H. Molasse und Flysch. - 1932. - Abh. Geol. Ldsuntersuchg Bayer. Oberbgamt, 16. H., 1935, 55 S., 7 Abb., K. 1:25000, 1 Proftaf., 2 Bildtaf.
Ebers E. Die Eiszeit im Landschaftsbilde des bayerischen Alpenvorlandes. - Deutsche Ldschkde, 2. Bd, München u. Berlin (Beck) 1934, 167 S., 30 Abb. - Bespr. Mitt. DÖAV, 1934, 197; NJb. 1934/3, 730; Mitt. Geogr. Ges. München, 27, 1934, 276; GZ 53A/1834; Z. f. Glkde, 22, 1935, 330; Z. f. Geomorph., 8, 1935, 340; Z. Ges. f. Erdkde Berlin, 1935, 74; NJb. 1935/2, 73.
Emmrich H. (Emmerich A.) Über die Gliederung des Alpenkalkes im Bayerischen Gebirge. (Aus Brief an Bronn v. 5. 5. 1849.) - NJb. 1849, 437-443.
— Geognost. Notizen über den Alpenkalk und seine Gliederung im bayer. Gebirge. - 1849. - Bespr. NJb. 1850, 620.
— Geognostische Beobachtungen aus den östl. bayer. und angr. österr. Alpen. - 1851. - Auszug: NJb. 1853, 78-93. - Bespr. Ebd. 191; Bl. 24.
Frank M. Zur Bildungsgeschichte der oberen Trias am Nordrand der Kalkalpen zwischen Oberstdorf und Schliersee. - GR 25, 1934, 98-110, 4 Abb. - Bespr. GZ 53A/1861.
Gewässerkunde. Jahrbuch der Bayer. Landesstelle für -. H. I: Niederschlagsmessungen, H. II: Wasserstandsbeobachtungen. - Herausgeg. v. d. Minbauabt. Staatsmin. d. Inn. f. d. J. 1929, 31, München 1933, 52 S. - Bespr. PetMitt., 80, 1934, 311.
Haber G. Geologische Monographie des Kramergebietes bei Garmisch. - Unveröff. Diss.
— Bau und Entstehung der Bayerischen Alpen. - Deutsche Ldschkde, Bd 3, München u. Berlin (Beck) 1934, 206 S., 16 Abb.
Häuser J. Die Niederschlagsverhältnisse in Bayern. - 1930. - Bespr. PetMitt., 81, 1935, 73.
Heberdey R. Die Bedeutung der Eiszeit für die Fauna der Alpen. - 1933. - Bespr. GZ 4B/1333, 52A/223.
Inn- und Salzachgebiet. Das - nebst den in Österreich gelegenen Teilen des Iller-, Lech- und Isargebietes. - Jb. Hydrogr. Zentralbüro, 10, 1923 (1931), 65 S.
Klebelsberg R. v. Grundzüge der Geologie Tirols. - 1933. - Bespr. Mitt. DÖAV, 1934, 147; Der Schlern, 15, 1934, 189; PetMitt., 1934, 317; Geogr. Z., 40, 1934, 271.
— Geologie von Tirol. - Berlin (Borntraeger) 1935, 748 S. u. 4 Verz., K. 1:500000, 3 Skzen, 11 Blgen.
Kraus E. Notiz zu M. Richters „Alter und Stellung der südbayerischen Flyschzone". - Zbl. f. Min., Abt. B, 1934, 95.
Münichsdorfer F. Bayerns Boden. - 1932. - Bespr. GZ 52A/29.
Niedermayer J. Tektonik und Blattverschiebungen im Gebirge um den Walchensee. (Vortr.) - GR 26, 1935, 154-155.
Ostendorff E. Zusammenhänge der Bodenkarte Bayerns mit den von Urklas kartenmäßig dargestellten Ernte- und Anbauergebnissen Bayerns. - Z. Pflanzenernährung, B, 1931, 410.
Schafhäutl K. E. v. Geognostische Untersuchungen des südbayerischen Alpengebirges. - 1851. - Bespr. NJb. 1850, 719.
Weithofer K. A. Molasse und Alpenrand in Oberbayern. II. Ist die oberbayerische Molasse von alpinen Decken überfahren? - Zbl. f. Min., Abt.B, 1934, 1-12, 3 Abb. - Bespr. GZ 52A/1421.
— Molasse und Alpenrand in Oberbayern. III. Die tektonischen Bewegungen und deren Ausmaße in der oberbayerischen Molasse. - Zbl. f. Min., Abt. B, 1934, 353-368. - Bespr. GZ 54A/304.
Zenetti P. Der geologische Aufbau und Werdegang von Bayerisch-Schwaben. - 47. Ber. Natwiss. Ver. Schwaben u. Neuburg, Augsburg 1929, 210 S., 3 Taf., 46 Abb.

6. Lechtaler Alpen.

Ampferer O. Geol. Karte der Lechtaler Alpen. - 1932. - Bespr. NJb. 1933/3, 502.
— Beiträge zur Geologie und Mechanik des Westrandes der Ostalpen. - 1933. - Bespr. GZ 52A/976.
— Geologische Bauformen und Baufragen des Rätikongebirges. - JbBA 1934, 13-40, 20 Zeichnungen.
— Über das Westende der Inntal- und Krabachjochdecke in den Lechtaler Alpen. - JbBA 1934, 41-54, 12 Zeichngen.
Arlberg. Innsbr. Nachr., Nr. ... v. ...: Schotter-

werk Langen: 155 v. 10. 7. 1900; 190 v. 20. 8. 1902. Schutzbauten Langen: 215 v. 19. 9. 1902. Steinschlag Hintergasse-Braz: 5 v. 8. 1., 122 v. 30. 5. 1912. Tunneldurchschlag vor 20 Jahren: 240 v. 1. 10. 1903.

Arlbergbahn. Innsbr. Nachr., Jahr, Nr. - 1903, 74 (Elektr.), 93; 1904, 230; 1905, 256; 1906, 109, 189; 1907, 229, 235, 236; 1908, 110, 122 (Leitart.); 1910, 201; 1913, 112 (Leitart. ü. Tunnel Moltertobel); 1923, 202 (Jubil.), 203, 204.

— Die Gedächtnisausstellung der - in Innsbruck eröffnet. - Innsbr. Nachr., Nr. 211 v. 14. 9. 1934, 1 Sp.

— (Alp. Pr.-D.) 50 Jahre -. - Innsbr. Nachr., Nr. 212 v. 15. 9. 1934, 4 Sp., 4 Abb.

— Die Entstehung der - und ihre Weiterentwicklung. - Innsbr. Nachr., Nr. 215 v. 19. 9. 1934, 5 Sp., 4 Abb.

Außerfernbahn. Innsbr. Nachr., Jahr, Nr. - Verbindung mit Bayern: 1900, 7, 22, 33; 1902, 30; 1903, 30, 59; 1904, 178, 239, 291; 1905, 36, 71, 113, 201, 218, 281, 291; 1907, 10, 35; 1908, 138, 195, 249; 1909, 153; 1910, 98; 1911, 223; 1912, 100, 111; 1913, 107 (Eröffnung Garmisch-Reutte), 119, 189. Elbigenalp: 1907, 211. Reutte-Schönbichl: 1907, 294; 1916, 172. Zementbahn Vils: 1909, 15. - S. a. Mittenwald-(Karwendel-)bahn.

Baldauf O. Landschaft und Siedlung von Vorarlberg. - 1932. - Bespr. PetMitt., 80, 1934, 316.

Barth Hanns. (H. B.) 50 Jahre Arlbergbahn. - Mitt. DÖAV, 1934, 252.

Bayerische Alpenquerstraße. Zur Frage der -. - Hochvogel, 10, 1933, Nr. 30, m. K. - S. a. Knorz A., Rüther H.

Bergbau Nassereith. Innsbr. Nachr., Jahr, Nr. - 1910, 61; 1911, 24; 1914, 60; 1915, 102, 111; 1918, 217; 1919, 179; 1920, 231. Bieberwier (Ölschiefer u. a.): 1905, 208; 1910, 61; 1911, 237; 1915, 624. Ehrwald: 1900, 198.

Bergbau Oberinntal. Innsbr. Nachr., Jahr, Nr. - Imst: 1917, 96. Imsterberg: 1921, 246. Kranebitten (Schotterwerk): 1921, 218. Mieming (Ölschiefer): 1906, 170, 179. Tschirgant: 1912, 125; 1914, 54; 1915, 515, 541; 1919, 169.

Bergbau Reutte. Innsbr. Nachr., Nr. 63 v. 1903.

Bergbau Tirols. Historisch-technische Notizen der Prov. Tirol in ausgedehnter montanistischer Beziehung. Zusammengetragen für das techn. Kabinett Sr. Kais. Hoh. d. dl. Erzh. Kronprinzen und berichtigt für das tir. Nationalmus. Ferdin. - Handschr. 1827, Ferdin.-Bibl. Nr. 2704. Enthält u. a. Angaben über Bergbau Häring, Kitzbühel, Brixlegg, Zillertal, Schwaz, Hall, Torf in Vorarlberg, Serpentin Matrei a. Br., Schwerspat Schwaz, Steinöl Seefeld (mit Bild); Histor.-techn.-admin. Skizze der Saline Hall und der Salmiakfabrik zu Hall i. T.; Walzwerk Brixlegg (1819 erbaut); Gedrängte hist.-techn. Notizen über den tir. Messinghandel. (Achenrain seit 1. Hälfte des 17. Jahrhunderts, vorher Lienz.)

Blumrich J. Die Eiszeit in Vorarlberg. (Vortr.) - Innsbr. Nachr., Nr. 292 v. 21. 12. 1905.

Brinkmann R. Zur Schichtfolge und Lagerung der Gosau in den nördlichen Ostalpen. - Sber. Preuß. Ak. d. Wiss., phys.-math. Kl., 1934, röm. 27, Berlin 1934, 8 S., 2 Abb.

— Über Gosau und vorgosauische Gebirgsbildung in den nördlichen Ostalpen. (Vortr.) - GR 25, 1934, 141.

Czelechowski A. Fünfzig Jahre Arlbergbahn. - Innsbr. Nachr., Nr. 191 v. 22. 8. 1934, 5 Sp.

Czermak F. u. **Schadler J.** Vorkommen des Elementes Arsen. - 1933. - Bespr. Z. f. prakt. Geol., 42, 1934, 30; NJb. 1934/2, 229.

Dalla Torre K. v. u. **Sarnthein L. Graf v.** Roter Schnee in Tirol und Vorarlberg. - Innsbr. Nachr., Nr. 24 v. 29. 1. 1901. - S. Erdmann O., ebd., Nr. 19 v. 1901.

Ebers E. Die Eiszeit im Landschaftsbilde des bayerischen Alpenvorlandes. - Deutsche Ldschkde, 2. Bd, München u. Berlin (Beck) 1934, 167 S., 30 Abb. - Bespr. Mitt. DÖAV, 1934, 197; NJb. 1934/3, 730; Mitt. Geogr. Ges. München, 27, 1934, 276; GZ 53A/1834; Z. f. Glkde, 22, 1935, 330; Z. f. Geomorph., 8, 1935, 340; Z. Ges. f. Erdkde Berlin, 1935, 74; NJb. 1935/2, 73.

Elchgeweih. Fund Spullersee. - Innsbr. Nachr., Nr. 161 v. 19. 7. 1920.

Emmert A. Der Fürstlichen Grafschaft Tirol Landreim. (Von Georg Rösch von Geroldshausen.) - Abdruck: Almanach f. Gesch., Kunst u. Lit., 1, Innsbruck (Wagner) 1836, 44-75. - S. a. Fischnaler K., Isser M. v., Pichler A. v., Rösch G. v. u. Wieser F.

Emmrich H. Geognost. Notizen über den Alpenkalk und seine Gliederung im bayer. Gebirge. - 1849. - Bespr. NJb. 1850, 620.

— Geognostische Beobachtungen aus den östl. bayer. und angr. österr. Alpen. - 1851. - Auszug: NJb. 1853, 78-93. - Bespr. Ebd. 191.

Erdbeben. Arlberg-Inntal-Linie. Innsbr. Nachr., Jahr, Nr. - Achensee: 1904, 59. Achental: 1918, 289. Baumkirchen: 1912, 37. Brixental: 1921, 245, 248. Brixlegg: 1902, 195; 1908, 263. Ehrwald: 1910, 211; 1913, 166, 171; 1914, 3. Falterschein: 1910, 80. Fritzens: 1907, 262. Gaschurn: 1906, 72. Hall: 1901, 253; 1904, 253; 1917, 39. Imst: 1910, 252; 1911, 149. Innsbruck: 1902, 65, 66; 1905, 295; 1911, 163-165, 167; 1912, 107-109, 275; 1913, 49, 50, 114, 232, 244; 1915, 10; 1916, 331, 379; 1917, 23; 1920, 215, 243; 1923, 37; 1924, 72. Inntal: 1903, 288, 289; 1905, 45-47, 49, 52; 1907, 298; 1914, 233; 1917, 17, 18. Kaisergebirge: 1918, 264. Kramsach-Rattenberg: 1913, 255; 1921, 19. Kufstein: 1915, 417. Landeck: 1915, 30. Lechtal: 1917, 267; 1918, 258; 1924, 286. Lermoos: 1908, 27; 1910, 210. Mieming: 1910, 218; 1911, 207; 1914, 409. Montafon: 1905, 295. Mühlau: 1907, 95. Nassereith: 1911, 17. Nauders: 1901, 252; 1917, 285; 1919, 2. Ötz: 1912, 46; 1914, 373. Paznaun: 1906, 27. Ranggen: 1904, 242. St. Anton: 1905, 209, 213; 1911, 94. St. Gallenkirch: 1906, 66; 1910, 167. Silz: 1911, 105. Sistrans: 1908, 150. Stams: 1908, 29, 63, 140. Telfs: 1903, 35; 1910, 210, 218; 1911, 105. Umhausen: 1907, 173. Volders: 1907, 10. Völs: 1904, 18. Wiesen i. Pitztal: 1907, 225. Zams-Landeck-Prutz-Schönwies-Imst: 1908, 247; Zams: 1915, 486. Ganz Tirol: 1902, 139, 141; 1904, 58; 1909, 10, 11. Ganz Nordtirol: 1910, 156-159; 1911, 266, 267; 1914, 400.

Escher v. d. L. A. Beiträge zur Kenntnis der Tiroler und Bayerischen Alpen. - NJb. 1845, 536-561, 1 Taf.

Etschmann F. Die Eiszeit in Nordtirol. - Tir. Anzger, Nr. 28 v. 2. 2. 1935.

Falger J. Chronik von Lechtal. - Handschr. im Mus. Ferdin., F.B. 2709, nach 1867, 175 S., m. geogn. Übersichtskarte, Prof. u. Abb. v. Versteinerungen.

Felsstürze, größere in Tirol und Vorarlberg. - Innsbr. Nachr., Jahr, Nr. - Ala: 1900, 279; 1912, 87; 1914, 57. Ampezzo: 1909, 127 (Termine), 141 (Zoldotal); 1911, 128 (Cortina). Arlberg: 1910,

204. Atzwang: 1903, 265; 1910, 253, 254; 1912, 54. Besagno: 1911, 27. Birchabruck: 1900, 158. Bludenz: 1907, 297. Blumau: 1901, 90; 1902, 240, 243; 1910, 271; 1915, 147. Bozen: 1901, 61; 1906, 72 (Fergenbach); 1915, 489. Bregenz: 1906, 119; 1907, 201 (Waldbahn); 1910, 49 (eb.), 160; 1912, 9. Brenner: 1907, 99; 1910, 149 (Bahn); 1914, 106 (See). Bruneck: 1910, 252. Buco di Vela: 1913, 55. Burgstall: 1910, 110. Cadine: 1906, 73. Dalaas: 1908, 36; 1919, 120. Deutschmetz: 1903, 29; 1910, 4. Deutschnofen (Brentental): 1912, 43. Eggental: 1900, 263; 1901, 107; 1903, 252, 260; 1905, 70; 1910, 163; 1914, 84, 125. Ehrwald (Sonnenspitz): 1916, 407. Ennebergtal: 1901, 85; 1908, 72; 1909, 284; 1910, 58; 1913, 70. Feldkirch: 1900, 284, 290; 1901, 264; 1910, 108. Fleimstal: 1902, 290. Floitenspitz-Ahrntal: 1909, 269. Göfis: 1913, 192. Gossensaß: 1911, 272. Grigno: 1906, 168. Heinzenberg (Zell a. Z.): 1914, 77, 80; 1915, 158. Hochstadel: 1907, 259. Iffinger: 1904, 147. Imst: 1910, 64, 91, 183; 1912, 114; 1914, 81; 1924, 281, 282 (Schönwies). Kardaun: 1907, 248; 1912, 77. Kastelruth: 1901, 231. Kaunertal: 1908, 52; 1912, 73. Klausen: 1911, 272. Kössen: 1902, 46. Kranebittner Klamm: 1912, 47. Kufstein: 1908, 78; 1917, 241. Landeck: 1900, 209. Liechtenstein: 1909, 178. Lienz: 1906, 184; 1924, 185. Loppiosee: 1913, 262. Martinswand: 1909, 278. Maurach (Ötztal): 1905, 86; 1910, 174. Meran: 1907, 99; 1909, 251; 1913, 69; 1916 (Mutkamm), 363, 366, 367, 415, 474, 475. Mezolomb.: 1907, 184; 1911, 281. Montafon: 1913, 150. Montan: 1919, 18. Mori: 1904, 62. Neumarkt: 1911, 59. Nonsberg: 1904, 243; 1905, 164; 1907, 289; 1912, 66 (Bahn). Paznaun: 1905, 87. Ponale: 1906, 281. Primiero: 1910, 278. Rabland: 1910, 159. Rattenberg: 1904, 126. Ritten: 1913, 79. Riva: 1906, 255 (S. Nicolo); 1907, 241 (Mte Brione); 1911, 260, 283 (Mte Oro); 1912, 28, 32, 56 (eb.); 1914, 295 (eb.). Rovereto: 1900, 285; 1902, 42. St. Anton: 1905, 182. Sarntal: 1902, 105; 1910, 267. Schlanders: 1919, 18. Schnalstal: 1913, 138. Sellrain: 1923, 96; 1924, 195. Siebeneich: 1924, 131. Sölden: 1912, 180. Steinach: 1910, 167. Telfs (Mörderloch): 1901, 20. Terlan: 1908, 86. Thierberg: 1905, 286; 1906, 75. Torbole: 1901, 300. Tösens: 1912, 154. Trafoi: 1902, 142. Ultental: 1904, 83. Untermais: 1909, 251. Vill: 1904, 105. Villnöß: 1907, 300; 1909, 58. Vinschgau: 1911, 263. Vintl: 1913, 68. Virgl: 1909, 251. Waidbruck: 1910, 50. Wenns (Pitztal): 1916, 184. Westendorf: 1907, 277. Wirtatobel: 1922, 151. Zoldotal: 1909, 141. – S. a. Murbrüche und Straßenverschüttungen.

Fernpaßbahn. Innsbr. Nachr., Jahr, Nr. – 1900, 7, 22, 33, 151; 1901, 120, 176, 185, 187, 211, 217, 258; 1902, 165; 1903, 115 (Leitart.), 132, 201; 1904, 279; 1906, 210, 222, 252, 253; 1907, 220, 300; 1908, 31; 1913, 38; 1916, 136; 1924, 39, 82, 83, 207, 213, 224, 289.

— Die – und ihre Bedeutung. – Augsbg.Postztg v. 15. 4. 1928.

Fischnaler K. Georg Rösch von Geroldshausen: Tiroler Landreim und Wunschspruch... Zwei tirolische Gedichte des 16. Jahrhunderts. Mit dem Lebensbilde des Verfassers, geschichtlichen und sachlichen Erläuterungen herausgegeben. – Innsbruck (Wagner) 1898, 36 S. – (Biogr. 1–18, Begleitwort z. Landreim 21–26, z. Wunschspruch 29–36. Abdruck beider Gedichte.) – S. a. Emmert, Isser, Pichler, Rösch und Wieser.

Flirsch. Zementindustrie in –. – Innsbr. Nachr., Nr. 9 v. 13. 1. 1904.

Frank M. Zur Bildungsgeschichte der oberen Trias am Nordrand der Kalkalpen zwischen Oberstdorf und Schliersee. – GR 25, 1934, 98–110, 4 Abb. – Bespr. GZ 53A/1861.

Gams H. Die Pflanzendecke Vorarlbergs. – 1932. – Bespr. PetMitt., 80, 1934, 316.

Gewässerkunde. Jahrbuch der Bayer. Landesstelle für –. H. I: Niederschlagsmessungen, H. II: Wasserstandsbeobachtungen. – Herausgeg. v. d. Minbauabt. Staatsmin. d. Inn. f. d. J. 1929, 31, München 1933, 52 S. – Bespr. PetMitt., 80, 1934, 311.

Gräfe H. Seismische Untersuchungen VI. Das Nordtiroler Beben. I. – 1932. – Bespr. GZ 52A/399; NJb. 1933/2, 572.

— Das Nordtiroler Beben v. 8. Okt. 1930. II. Die Kräfte im Herd des Bebens. – Z. f. Geophys., 9, 1933, 31–43, 14 Abb. – Bespr. NJb. 1934/2, 49.

— Seism. Untersuchungen des Geophys. Instituts in Göttingen. XIV. Über die Deformation der Erdoberfläche durch Scherungskräfte im Herd der Erdbeben. – Z. f. Geophys., 10, H. 1, 1934, 17–26, 14 Abb.

Haber G. Bau und Entstehung der Bayerischen Alpen. – Deutsche Ldschkde, Bd 3, München u. Berlin (Beck) 1934, 206 S., 16 Abb.

Hauer F. R. v. Kugelförmige Hügel in Tirol. (Nördl. u. südl. des Fernpasses. Briefl. Mitt. an M. Much aus Wien, 27. 5. 1870.) – Mitt. Anthrop. Ges. Wien, 1, 1871, 107.

Häuser J. Die Niederschlagsverhältnisse in Bayern. – 1930. – Bespr. PetMitt., 81, 1935, 73.

Heberdey R. Die Bedeutung der Eiszeit für die Fauna der Alpen. – 1933. – Bespr. GZ 4B/1333, 52A 223.

Hießleitner G. Über die Vererzungsfolge auf der Bleizinkerzlagerstätte Lafatsch in Nordtirol. – VBA 1934, 49–58, 2 Abb.

Holer. Kurze Beschreibung des Heilbades zu Schattwald im kais. kön. Landgericht Ehrenberg. – Kempten 1816, 15 S. Neudruck ebd. 1823.

Hradil G. Bergbauliches, aber wenig Erfreuliches aus Tirol. – Innsbr. Nachr., Nr. 291 v. 20. 12. 1924.

— u. **Falser H. v.** Die Ölschiefer Tirols. – 1930. – Bespr. Berg- u. Hüttenm. Jb., 79, 1931, 39.

Imst. Über Aufforstungen im Forstbezirk – i. J. 1902. – Innsbr. Nachr., Nr. 1 v. 2. 1. 1903.

Inn- und Salzachgebiet. Das – nebst den in Österreich gelegenen Teilen des Iller-, Lech- und Isargebietes. – Jb. Hydrogr. Zentralbüro, 10, 1923 (1931), 65 S.

Isser M. v. Exposé über den Bergbaubetrieb am Dirstentritt bei Nassereith. – Innsbruck (Wagner) 1878, 67 S., 5 Taf.

— Der Tiroler Landreim. – Österr. Z. f. Berg- u. Hüttenw., 34, Wien 1886, Nr. 35, 569–576. – S. a. Emmert, Fischnaler, Pichler, Rösch und Wieser.

— Neue Erzaufschlüsse in Tirol. (1. Dirstentritt, 2. Negelseekar bei Ehrwald, 3. Röhrerbühel bei Kitzbühel, 4. Obernberg a. Br., 5. Eggertal bei Sterzing, 6. Rabenstein in den Sarntaler Alpen, 7. Terlan im Vinschgau, 8. Panzendorf und Tessenberg im Pustertal.) – Innsbr. Nachr., Nr. 163 v. 19. 7. 1911.

Karpe F. C. Übersicht der Heilquellen von Tirol und Vorarlberg im Jahre 1828. – TB 1830, 248, 252, 256, 260.

Kerner-Marilaun F. Das Klimazeugnis der Gosauformation. – Sber. Ak. d. Wiss. Wien, math.-natw. Kl., Abt. IIa, 143, 1934, 267–284. – Bespr.

GZ 53A/1183; Anzg. Ak. d. Wiss. Wien, math.-natw. Kl., 71, 1934, 154; GZ 6B/253.

Klebelsberg R. v. O. Ampferer, W. Hammer. Zum 25jährigen Doktorjubiläum der beiden hervorragenden Tiroler Alpengeologen. – Innsbr. Nachr., Nr. 164 v. 19. 7. 1924.

— Grundzüge der Geologie der Alpen. – 1933. – Bespr. Mitt. DÖAV, 1934, 147; Der Schlern, 15, 1934, 189; PetMitt., 1934, 317; Geogr. Z., 40, 1934, 271.

— Geologie von Tirol. – Berlin (Borntraeger) 1935, 748 S. u. 4 Verz., K. 1:500000, 3 Skzen, 11 Blgen.

Klingler F. Tagebuch der geogn.-mont. Bereisung des Kreises Oberinntal i. J. 1842. Mit Skzen. – Handschr. Mus. Ferdin., F.B. 5018.

Knorz A. Die bayerische Alpenstraße. – Deutsche Alpenztg, 28, 1933, Nr. 8, 465–469. – S. a. Bayer. Alpenquerstr. u. Rüther H.

Kohle in Vorarlberg. Innsbr. Nachr., Jahr, Nr. – Bregenz: 1919, 45. Steeg (Lechtal): 1906, 146. Wirtatobel: 1908, 13, 56, 111; 1917, 262; 1918, 95; 1920, 106.

Krapf Ph. Der Wasserbau in Tirol. Darstellung der Verhältnisse und Aufgaben auf dem Gebiete des Wasserbaues in Tirol (Gewässerregulierungen, Meliorationen und Wildbachverbauungen). – Herausgeg. v. Tiroler Ldsausschuß, Innsbruck 1910, 335 S., 1 K.

Lechregulierung. Innsbr. Nachr., Jahr, Nr. – 1903, 1, 37, 56, 61, 96; 1905, 268; 1906, 238; 1907, 94; 1924, 279.

Lehmann O. Die Hydrographie des Karstes. – 1932. – Bespr. Mitt. Geogr. Ges. Wien, 77, 1934, 81; Ann. de Géogr., 42, 1933, N. 237, 302.

Leuchs K. Über Breccien. – 1933. – Bespr. NJb. 1934/2, 376.

Lupin R. Frh. v. Resume oder Zusammenstellung der auf einer geognostischen Reise in Schwaben und Tirol im Sommer 1805 gemachten Beobachtungen. – Molls Annalen (Ephemeriden, 5), 8, 1809, 353–432.

Martonne E. de. L'hydrographie du Karst d'après O. Lehmann. – Ann. de Géogr., 42, 1933, N. 237, 302–308.

Mayr O. G. 50 Jahre Arlbergbahn. – Bergland, 1934, H. 12, 42–46, 69–71, 12 Abb. – Bespr. Innsbr. Nachr., Nr. 272 v. 26. 11. 1934, S. 7.

Metallurgische Briefe (P. R.), geschrieben während einer Reise durch Tyrol und einen Teil von Venedig. – Molls Jb. d. Berg- u. Hüttenkde, 1, 1797, 1–94; 2, 1798, 43–188.

Mühlhofer L. Die Staumauern des Spullerseewerkes. (Ein Rückblick anläßlich der vor zehn Jahren erfolgten Bauinangriffnahme.) – Die Wasserwirtschaft, Wien 1933, H. 17–19, 7 S., 9 Abb.

Müller St. Der Aufbau des Triasgebirges in Vorarlberg. – Feierabend, Wochenbeilage z. Vorarlberger Tagbl., 16, 1934, 9., 12., 15., 17., 22., 23., 26. Folge.

Ostendorff E. Zusammenhänge der Bodenkarte Bayerns mit den von Urklas kartenmäßig dargestellten Ernte- und Anbauergebnissen Bayerns. – Z. Pflanzenernährung, B, 1931, 410.

Peltzmann I. Silurnachweis. – 1932. – Bespr. NJb. 1933/3, 589.

Pfaundler G. v. Notizen über tirolische Bergbauten aus archivalischen Quellen. 1832–1862. (Umfaßt ganz Tirol.) – Handschr. v. J. 1864, Mus. Ferdin., W. 5581.

Pisek A., Sohm H. u. Cartellieri E. Untersuchungen über osmotischen Wert und Wassergehalt von Pflanzen und Pflanzengesellschaften der alpinen Stufe. (Mit bes. Berücksichtigung der Zwergsträucher im Winter.) – Beih. z. Bot. Zentralbl., 52, Abt. B, H. 3, Dresden 1935, 634–675, 9 Abb.

Plansee. Ausbau der Wasserkräfte. – Innsbr. Nachr., Nr. 267 v. 21. 11., 289 v. 18. 12. 1924.

Prey A. Untersuchungen über die Isostasie in den Alpen auf Grund der Schweremessungen in Tirol. – Sber. Ak. d. Wiss. Wien, math.-natw. Kl., 121, 1912, Abt. IIa, 2467–2518, 6 Fig. – Bespr. NJb. 1914/2, 427; Beitr. z. Geophys., 13, 1913, 62.

Raich M. Salztransporte in und durch das Allgäu in älterer Zeit. – Blge z. Lindenberger Tagbl., 40. Jg., Nr. 28 v. 2. 2. 1929, 2 S., 1 Abb.

Reithofer O. Glazialgeol. Untersuchungen in der Umgebung südlich des Arlbergpasses. – 1933. – Bespr. NJb. 1934/3, 870.

Renz C. Paroniceraten, Frechiellen und Leukadiellen. – 1925. – Bespr. NJb. 1934/3, 788.

Rösch G. v. Geroldshausen. Der Fürstlichen Grafschaft Tyrol Lanndtreim. Von neuem geme(h)rt und gebessert. – Innsbruck 1558. Abschriften aus der Mitte des 18. Jahrhunderts im Mus. Ferd., Bibl. Tir. Dip. 919 u. 946. – S. a. Emmert, Fischnaler, Isser, Pichler, Wieser u. TB 1822, S. 92.

Rüther H. Die Höhenstraße quer durch die Bayer. Alpen. – Hochvogel, 10, 1933, Nr. 8, m. K. – S. a. Bayer. Alpenquerstr. u. Knorz A.

Sander K. Tagebuch der geogn.-mont. Bereisung eines Teiles des Oberinntaler Kreises i. J. 1840, 1841. (Silvretta, Ötztaler, Stubaier und Lechtaler Alpen, Mieminger und Karwendel.) – Handschr. Mus. Ferdin., F.B. 5016, 5017, m. Skz.

Schafhäutl K. E. v. Geognostische Untersuchungen des südbayerischen Alpengebirges. – 1851. – Bespr. NJb. 1850, 719.

Schmidt A. R. Tagebücher über die geogn.-mont. Bereisung des Kreises Vorarlberg a. d. J. 1839, 1840, 1841. Mit Skzen. – Handschr. Mus. Ferdin., F.B. 5010, 5011, 5012.

Schnetzer R. Die wichtigsten Veröffentlichungen über die Erdgeschichte des Allgäus bis zum Jahre 1934. – Schwabenland, 1, 1934, 191–193.

Schwimmer J. Zur Geschichte des Naturschutzes in Vorarlberg. – Schw. Bl. f. Naturschutz, 5, 1930, 80–83.

Schwinner R. Geröllführende Schiefer. – 1929. – Bespr. NJb. 1933/2, 19.

Siegl M. v. Die Arlbergbahn. Vorgeschichte, Bau und erste Zeit ihres Betriebes. – Sonderabdr. aus Wochenbeilage „Feierabend" des Vorarlberger Tagbl., Bregenz (Selbstverlag) 1934, 16 S., 13 Abb., mehrere Prof. u. Tab.

Sperges J. v. Verschiedenes von tirolischen Bergwerkssachen. (Tirolische Erzarten; Verz. v. Naturaliensammlern; histor. Bergbaunotizen; Erklärung von Fachausdrücken; Marmelarten; Farben; Versteinerte Sachen; aus dem Landreim v. 1558.) – Handschr. Mus. Ferdin., Dip. 745, 19 S.

Srbik R. R. v. Angewandte Geologie in den Lechtaler Alpen. – 1933. – Bespr. NJb 1934/2, 653.

Sterner-Rainer L. Der Tiroler Bergbau. (Vortr.) – Innsbr. Nachr., Abendbl. Nr. 130 v. 14. 7. 1920.

Stiny J. Ein nicht gewöhnl. Felssturz bei Langen a. A. – 1931. – Bespr. NJb. 1935/2, 37.

Stolz O. Die Schwaighöfe in Tirol. – 1930. – Bespr. Mitt. Geogr. Ges. Wien, 76, 1933, 247.

Strele G. Die Quellen der Geschiebeführung. – 1932. – Abdr. in: Schw. Bauztg, 100, 1932, H. 18, 19.

— Grundriß der Wildbachverbauung. – Wien (Springer) 1934, 279 S., 150 Abb. – Bespr. GZ 53A/634; Z. f. prakt. Geol., 42, 1934, 125; NJb. 1934/2, 571.

Tasche M. Landschaftsgeschichtliche Untersuchungen im Illerquellgebiet. - Mitt. DÖAV, 1934, 215.
— Morphologie des Illerquellgebietes. - Frankfurter Geogr. Hefte, 8, 1934, H. 1, 112 S., 3 Taf., 1 Fig.
Tertsch H. Die Erzbergbaue Österreich-Ungarns. - Wien 1918, 131 S., K. 1:15 Mill.; 2.Aufl. 1919. - Auszug: Berg- u. Hüttenm. Jb., 67, 1919, 37-63, 1 K., 2 Tab. - Bespr. GZ 25/1013; Geogr. Z., 25, 1919, 228.
Tiroler Straßennetz. (R. H. S.) Zum geplanten Ausbau des -es. - Neueste Ztg, Nr. 189 v. 23. 12. 1934, S. 8, 1 Skz.
Wanner E. Beiträge zur Geographie der Erdbeben. II. - Gerl. Beitr. z. Geoph., 39, 1933, 326-332, 2 Fig. - Bespr. NJb. 1934/2, 547.
Wegele L. Der Werdegang der Allgäuer Berge. - Schwabenland, 1, 1934, 169-191, 20 Abb., 1 KSkz.
Werkowitsch C. Das Land Vorarlberg vom geschichtl., topogr.-statist. und landw. Standpunkte dargestellt. - Innsbruck (Wagner) 1887, 191 S., 1 K., zahlr. Tab. (Topogr. nach Waltenberger, Geol. von Eugling, 7-10.)
Wieser F. Der Tiroler Landreim. (Von Georg Rösch v. Geroldshausen, 1558.) - Archiv f. Gesch. u. Altertumskde Tirols, 5, 1869, 209-248. (Haller Salzberg 213-220, Schwaz 220-224, Kitzbühel 229-231, Min.-Geol. 241-243 usw.) - S. a. Rösch G. v., Pichler A. v., Isser M. v., Fischnaler K. u. Emmert A.
Wildbachverbauungen in Tirol und Vorarlberg. - Innsbr. Nachr., Jahr, Nr. - Ahrntal (Taufers): 1904, 52; 1909, 217; 1911, 279; 1912, 156, 204; 1913, 213; 1914, 59. Alpbach (Brixlegg): 1909, 138; 1911, 276; 1912, 196; 1917, 40. Arlberg: 1905, 103; 1908, 137 (Schönbach). Avisio: 1922, 208. Bizau: 1902, 75; 1906, 211. Brixentaler Ach: 1906, 107; 1907, 183; 1910, 221. Campill: 1908, 109. Chiese: 1911, 95; 1913, 153. Dornbirner Ach-Steinebach: 1900, 256. Ehrwald: 1911, 252. Eisack: 1903, 93; 1909, 266, 268. Faggenbach: 1912, 168. Geroldsbach: 1909, 189. Glurns: 1913, 294. Gsiesertal: 1911, 110. Großache: 1903, 130, 276; 1905, 148; 1907, 290. Ill: 1912, 210; 1913, 31, 238, 262, 272, 296; 1914, 30, 54, 69, 84, 375. Imst (Brennbichl): 1911, 27. Jenbach: 1911, 3, 217; 1912, 28, 90. Kitzbühel: 1903, 167. Klösterle: 1905, 270. Lech: 1903, 1, 37, 56, 61, 96; 1905, 268; 1906, 238; 1907, 94; 1924, 279. Leno: 1902, 48. Matrei i. O.: 1908, 255; 1909, 140, 238. Matschertal: 1912, 262. Ötztal: 1906, 276; 1911, 122. Passer: 1907, 54, 189; 1910, 233, 243 (Leitart.). Pfitsch: 1907, 265. Prad: 1912, 240. Primör: 1912, 200. Punibach (Vinschgau): 1913, 274. Reutte-Wängle: 1905, 198. Rheingebiet: 1902, 140; 1922, 97. Riva (Albola): 1911, 219. Roncegno (Chiavona): 1902, 140. Rosanna: 1911, 224. Sarca: 1907, 24; 1913, 157; 1914, 152. Scesa: 1902, 224. Schlanders: 1908, 100; 1910, 291; 1912, 95. Schlick: 1908, 58. Sill: 1909, 241; 1910, 65, 67, 89. Sterzing: 1912, 15. Sulden: 1912, 125. Vorarlberg i. a.: 1903, 70; 1922, 97, 184; 1924, 48. Waidring (Haselbach): 1908, 112. Wildschönau; 1903, 1. Ziller: 1906, 277; 1911, 92, 94, 104, 122; 1913, 45; 1914, 21.
Winz H. Kulturgeographie Oberinntal. - 1933. - Bespr. Geogr. Z., 40, 1934, 71; Z. Ges. f. Erdkde Berlin, 1934, 382.
Zenetti P. Der geologische Aufbau und Werdegang von Bayerisch-Schwaben. - 47. Ber. Natwiss. Ver. Schwaben u. Neuburg, Augsburg 1929, 210 S., 3 Taf., 46 Abb.
Zsigmondy E. u. Paulcke W. Die Gefahren der Alpen. - 9. verb. Aufl. München (Bergverl. R. Rother) 1933, 472 S., 74 Abb., 13 Vollbilder. - Bespr. Mitt. DÖAV, 1933, 279.

7. Mieminger Gruppe.

Ampferer O. Geol. Karte der Lechtaler Alpen. - 1932. - Bespr. NJb. 1933/3, 502.
Bergbau Nassereith. Innsbr. Nachr., Jahr, Nr. - 1910, 61; 1911, 24; 1914, 60; 1915, 102, 111; 1918, 217; 1919, 179; 1920, 231. Bieberwier (Ölschiefer u. a.): 1905, 208; 1910, 61; 1911, 237; 1915, 624. Ehrwald: 1900, 198.
Bergbau Oberinntal. Innsbr. Nachr., Jahr, Nr. - Imst: 1917, 96. Imsterberg: 1921, 246. Kranebitten (Schotterwerk): 1921, 218. Mieming (Ölschiefer): 1906, 170, 179. Tschirgant: 1912, 125; 1914, 54; 1915, 515, 541; 1919, 169.
Brunswik A. Die geschichtliche Entwicklung des Bergbaues in Nordtirol mit einem Ausblick in die Zukunft. - Diss., Innsbruck 1928.
Erdbeben. Arlberg-Inntal-Linie. Innsbr. Nachr., Jahr, Nr. - Achensee: 1904, 59. Achental: 1918, 289. Baumkirchen: 1912, 37. Brixental: 1921, 245, 248. Brixlegg: 1902, 195; 1908, 263. Ehrwald: 1910, 211; 1913, 166, 171; 1914, 3. Falterschein: 1910, 80. Fritzens: 1907, 262. Gaschurn: 1906, 72. Hall: 1901, 253; 1904, 235; 1917, 39. Imst: 1910, 252; 1911, 149. Innsbruck: 1902, 65, 66; 1905, 295; 1911, 163-165, 167; 1912, 107-109, 275; 1913, 49, 50, 114, 232, 244; 1915, 10; 1916, 331, 379; 1917, 23; 1920, 215, 243; 1923, 37; 1924, 72. Inntal: 1903, 288, 289; 1905, 45-47, 49, 52; 1907, 298; 1914, 233; 1917, 17, 18. Kaisergebirge: 1918, 264. Kramsach-Rattenberg: 1913, 255; 1921, 19. Kufstein: 1915, 417. Landeck: 1915, 30. Lechtal: 1917, 267; 1918, 258; 1924, 286. Lermoos: 1908, 27; 1910, 210. Mieming: 1910, 218; 1911, 207; 1914, 409. Montafon: 1905, 295. Mühlau: 1907, 95. Nassereith: 1911, 17. Nauders: 1901, 252; 1917, 285; 1919, 2. Ötz: 1912, 46; 1914, 373. Paznaun: 1906, 27.Ranggen: 1904, 242. St. Anton: 1905, 209, 213; 1911, 94. St. Gallenkirch: 1906, 66; 1910, 167. Silz: 1911, 105. Sistrans: 1908, 150. Stams: 1908, 29, 63, 140. Telfs: 1903, 35; 1910, 210, 218; 1911, 105. Umhausen: 1907, 173. Volders: 1907, 10. Völs: 1904, 18. Wiesen i. Pitztal: 1907, 225. Zams-Landeck-Prutz-Schönwies-Imst: 1908, 247; Zams: 1915, 486. Ganz Tirol: 1902, 139, 141; 1904, 58; 1909, 10, 11. Ganz Nordtirol: 1910, 156-159; 1911, 266, 267; 1914, 400.
Fernpaßbahn. Innsbr. Nachr., Jahr, Nr. - 1900, 7, 22, 33, 151; 1901, 120, 176, 185, 187, 211, 217, 258; 1902, 165; 1903, 115 (Leitart.), 132, 201; 1904, 279; 1906, 210, 222, 252, 253; 1907, 220, 300; 1908, 31; 1913, 38; 1916, 136; 1924, 39, 82, 83, 207, 213, 224, 289.
— Die - und ihre Bedeutung. - Augsbg. Postztg v. 15. 4. 1928.
Flurl M. Einige Notizen über das Vorkommen des Brandschiefers und die Benützung desselben zur Gewinnung von Steinöl in der Gegend von Seefeld im Landgerichte Telfs. - Molls Neue Jbücher d. Berg- u. Hüttenkde, 3, 1815, 196-203. - Bespr. Leonh. Taschenbuch, 9, 2. Abt., 1815, 452. -

S. a. Z. f. Tirol u. V., Beiträge etc., 5, Innsbruck (Ferdin.) 1829, 282–295. (Hier irrtüml. Angabe über N. Jbücher, 8, 1818.) Ebd. auch Bemerkungen A. v. Pfaundlers.

Frank M. Zur Bildungsgeschichte der oberen Trias am Nordrand der Kalkalpen zwischen Oberstdorf und Schliersee. - GR 25, 1934, 98–110, 4 Abb. - Bespr. GZ 53 A/1861.

Hauer F. R. v. Kugelförmige Hügel in Tirol. (Nördl. und südl. des Fernpasses. Briefl. Mitt. an M. Much aus Wien, 27. 5. 1870.) - Mitt. Anthrop. Ges. Wien, 1, 1871, 107.

Häuser J. Die Niederschlagsverhältnisse in Bayern. - 1930. - Bespr. PetMitt., 81, 1935, 73.

Heberdey R. Die Bedeutung der Eiszeit für die Fauna der Alpen. - 1933. - Bespr. GZ 4 B/1333, 52 A/223.

Hießleitner G. Über die Vererzungsfolge auf der Bleizinkerzlagerstätte Lafatsch in Nordtirol. - VBA 1934, 49–58, 2 Abb.

Hradil G. Bergbauliches, aber wenig Erfreuliches aus Tirol. - Innsbr. Nachr., Nr. 291 v. 20. 12. 1924.

— u. **Falser H. v.** Die Ölschiefer Tirols. - 1930. - Bespr. Berg- u. Hüttenm. Jb., 79, 1931, 39.

Isser M. v. Exposé über den Bergbaubetrieb am Dirstentritt bei Nassereith. - Innsbruck (Wagner) 1878, 67 S., 5 Taf.

— Neue Erzaufschlüsse in Tirol. (1. Dirstentritt, 2. Negelseekar bei Ehrwald, 3. Röhrerbühel bei Kitzbühel, 4. Obernberg a. Br., 5. Eggertal bei Sterzing, 6. Rabenstein in den Sarntaler Alpen, 7. Terlan im Vinschgau, 8. Panzendorf und Tessenberg im Pustertal.) - Innsbr. Nachr., Nr. 163 v. 19. 7. 1911.

Klebelsberg R. v. Grundzüge der Geologie Tirols. - 1933. - Bespr. Mitt. DÖAV, 1934, 147; Der Schlern, 15, 1934, 189; PetMitt., 1934, 317; Geogr. Z., 40, 1934, 271.

— Geologie von Tirol. - Berlin (Borntraeger) 1935, 748 S. u. 4 Verz., K. 1:500000, 3 Skzen, 11 Blgen.

Ladurner C. Das Gaistal-Straßenprojekt. - Tir. Anzg., Nr. 62 v. 1931; Außferner Bote, Nr. 21–24 v. 1931; Reuttener Nachr., Nr. 11 v. 1931. - S. a. Nr. 12.

Landgraeber W. Die Bleizinkerzvorkommen in den Mieminger-Wetterstein-Alpen. - Der Bergbau, 29, Gelsenkirchen 1916, Nr. 40, 7 S., 1 Skz.

Metallurgische Briefe (P. R.), geschrieben während einer Reise durch Tyrol und einen Teil von Venedig. - Molls Jb. d. Berg- u. Hüttenkde, 1, 1797, 1–94; 2, 1798, 43–188.

Noël H. Verzeichnis tirolischer Bergwerksverleihungen von 1628–1696. (Berggericht Hall.) - Handschr. Mus. Ferd., Dip. 1164.

Pfaundler A. v. Bemerkungen zu Flurl, Einige Notizen über das Vorkommen des Brandschiefers . . . von Seefeld. - Z. f. Tirol u. V., 5, Innsbruck 1829, 282–295 (Fußnoten).

Ployer K. v. Über Grubenmaßen. - Molls Annalen der Berg- u. Hüttenkde, 3, 1805, 44–54, 1 Taf. (U. a. Reißenschuh bei Nassereith in Tirol, Bleiberg in Kärnten.)

Reithofer O. Neue Untersuchungen über das Gebiet von Köfels im Ötztal. - 1932. - Bespr. NJb. 1934/3, 866.

Sander K. Tagebuch der geogn.-mont. Bereisung eines Teiles des Oberinntaler Kreises i. J. 1840, 1841. (Silvretta, Ötztal, Stubaier und Lechtaler Alpen, Mieminger und Karwendel.) - Handschr. Mus. Ferdin., F.B. 5016, 5017, m. Skz.

Silberleithen. Die Gewerkschaft - bei Biberwier. - Der Sammler, 4, 1910, 119–120.

Stockfisch K. u. **Fulda E.** Stinkschiefer u. Hauptdolomit. - 1933. - Bespr. NJb. 1934/2, 778.

Stolz O. Die Schwaighöfe in Tirol. - 1930. - Bespr. Mitt. Geogr. Ges. Wien, 76, 1933, 247.

Tertsch H. Die Erzbergbaue Österreich-Ungarns. - Wien 1918, 131 S., K. 1:15 Mill.; 2. Aufl. 1919. - Auszug: Berg- u. Hüttenm. Jb., 67, 1919, 37–63, 1 K., 2 Tab. - Bespr. GZ 25/1013; Geogr. Z., 25, 1919, 228.

Tornquist A. Neue Untersuchungen ostalpiner Erzlagerstätten. - Metall und Erz, 29, 1932, 431–434, 3 Abb. - Bespr. GZ 49 A/34; NJb. 1933/2, 303; Z. f. prakt. Geol., 41, 1933, 103.

Winz H. Kulturgeographie Oberinntal. - 1933. - Bespr. Geogr. Z., 40, 1934, 71; Z. Ges. f. Erdkde Berlin, 1934, 382.

Wollek R. Der Streit um die Gaistaler Straße. - Tir. Anzg., Nr. 76 v. 1931.

Wörz E. Exposé über den Bergbaubetrieb Silberleiten und Feigenstein, Biberwier. - Innsbruck (Wagner) 1878, 19 S.

8. Wettersteingebirge.

Ampferer O. Geol. Karte der Lechtaler Alpen. - 1932. - Bespr. NJb. 1933/3, 502.

Außerfernbahn. Innsbr. Nachr., Jahr, Nr. - Verbindung mit Bayern: 1900, 7, 22, 33; 1902, 30; 1903, 30, 59; 1904, 178, 239, 291; 1905, 36, 71, 113, 201, 218, 281, 291; 1907, 10, 35; 1908, 138, 195, 249; 1909, 153; 1910, 98; 1911, 223; 1912, 100, 111; 1913, 107 (Eröffnung Garmisch-Reutte), 119, 189. Elbigenalp: 1907, 211. Reutte-Schönbichl: 1907, 294; 1916, 172. Zementbahn Vils: 1909, 15. - S. a. Mittenwald-(Karwendel-)bahn.

Bergbau Nassereith. Innsbr. Nachr., Jahr, Nr. - 1910, 61; 1911, 24; 1914, 60; 1915, 102, 111; 1918, 217; 1919, 179; 1920, 231. Bieberwier (Ölschiefer u. a.): 1905, 208; 1910, 61; 1911, 237; 1915, 624. Ehrwald: 1900, 198.

Ebers E. Die Eiszeit im Landschaftsbilde des bayerischen Alpenvorlandes. - Deutsche Ldschkde, 2. Bd, München u. Berlin (Beck) 1934, 167 S., 30 Abb. - Bespr. Mitt. DÖAV, 1934, 197; NJb. 1934/3, 730; Mitt Geogr Ges. München, 27, 1934, 276; GZ 53 A/1834; Z. f. Glkde, 22, 1935, 330; Z. f. Geomorph., 8, 1935, 340; Z. Ges. f. Erdkde Berlin, 1935, 74; NJb. 1935/2, 73.

Ekhart E. Zur Aerologie des Berg- und Talwindes (im Inntal). - Beitr. z. Phys. d. freien Atmosph., 18, H. 1; Auszug: Ber. Natwiss.-med. Ver. Innsbruck, 42, 1929/30/31, 196–198.

Emmrich H. (Emmerich A.) Über die Gliederung des Alpenkalkes im Bayerischen Gebirge. (Aus Brief an Bronn v. 5. 5. 1849.) - NJb. 1849, 437–443.

— Geognost. Notizen über den Alpenkalk und seine Gliederung im bayer. Gebirge. - 1849. - Bespr. NJb. 1850, 620.

— Geognostische Beobachtungen aus den östl. bayer. und angr. österr. Alpen. - 1851. - Auszug: NJb. 1853, 78–93. - Bespr. Ebd. 191.

— Versteinerungen am Kramer bei Garmisch. - NJb. 1852, 593–595. (Brief aus Meiningen v. 15. 7. 1852.) - Bespr. Bl. 41. - S. a. Schafhäutl.

Fernpaßbahn. Innsbr. Nachr., Jahr, Nr. - 1900, 7, 22, 33, 151; 1901, 120, 176, 185, 187, 211, 217, 258; 1902, 165; 1903, 115 (Leitart.), 132, 201; 1904, 279; 1906, 210, 222, 252, 253; 1907, 220, 300; 1908, 31; 1913, 38; 1916, 136; 1924, 39, 82, 83, 207, 213, 224, 289.

— Die – und ihre Bedeutung. – Augsbg. Postztg v. 15. 4. 1928.

Findeis R. Der Bau der Zugspitzbahn. – Z. Österr. Ing.- u. Arch.-Ver., 78, 1926, 6–9, 10 Abb.

Frank M. Zur Bildungsgeschichte der oberen Trias am Nordrand der Kalkalpen zwischen Oberstdorf und Schliersee. – GR 25, 1934, 98–110, 4 Abb. – Bespr. GZ 53 A/1861.

Gewässerkunde. Jahrbuch der Bayer. Landesstelle für –. H. I: Niederschlagsmessungen, H. II: Wasserstandsbeobachtungen. – Herausgeg. v. d. Minbauabt. Staatsmin. d. Inn. f. d. J. 1929, 31, München 1933, 52 S. – Bespr. PetMitt., 80, 1934, 311.

Haber G. Bau und Entstehung der Bayerischen Alpen. – Deutsche Ldschkde, Bd. 3, München u. Berlin (Beck) 1934, 206 S., 16 Abb.

Häuser J. Die Niederschlagsverhältnisse in Bayern. – 1930. – Bespr. PetMitt., 81, 1935, 73.

Hauy R. J. Bemerkungen über einige, vorzüglich auch über tirolische Mineralien, mit Anmerkungen von Hofrat Hardt in Bamberg. (Paris, 16. 11. 1812. – Strahlstein Zillertal, Andalusit Lüsens, Pyroxen Grödnertal, Bitterspat Hall, Eisenblüte Leogang, Ichthyophthalmit [Apophyllit] und Grossular Fassatal, Min. Pfitschtal.) – Molls NJbücher d. Berg- u. Hüttenkde, 3, 1815, 269–283.

Heberdey R. Die Bedeutung der Eiszeit für die Fauna der Alpen. – 1933. – Bespr. GZ 4 B/1333, 52 A/223.

Heller F. u. **Nieder R.** Geol.-morph. Untersuchungen in der Partnachklamm. – 1932. – Bespr. GZ 53 A/1534.

Höhenbestimmungen. Erhöhung einiger Punkte in Bayern, im Salzburgischen, in Oberösterreich und in Tirol über die Fläche des Mittelländischen Meeres. (Nach den Messungen von Glaser, Zobel u. Wepfer.) – NJbücher d. Berg- u. Hüttenkde, 4, 1821, 350–369.

Inn- und Salzachgebiet. Das – nebst den in Österreich gelegenen Teilen des Iller-, Lech- und Isargebietes. – Jb. Hydrogr. Zentralbüro, 10, 1923 (1931), 65 S.

Isser M. v. Neue Erzaufschlüsse in Tirol. (1. Dirstentritt, 2. Negelseekar bei Ehrwald, 3. Röhrerbühel bei Kitzbühel, 4. Obernberg a. Br., 5. Eggertal bei Sterzing, 6. Rabenstein in den Sarntaler Alpen, 7. Terlan im Vinschgau, 8. Panzendorf und Tessenberg im Pustertal.) – Innsbr. Nachr., Nr. 163 v. 19. 7. 1911.

Klebelsberg R. v. Grundzüge der Geologie Tirols. – 1933. – Bespr. Mitt. DÖAV, 1934, 147; Der Schlern, 15, 1934, 189; PetMitt., 1934, 317; Geogr. Z., 40, 1934, 271.

— Geologie von Tirol. – Berlin (Borntraeger) 1935, 748 S. u. 4 Verz., K. 1:500000, 3 Skzen, 11 Blgen.

Knauer J. Die Gehängerutsche (Blattanbrüche) bei Garmisch-P. – 1933. – Bespr. NJb. 1935/2, 38.

— Die geol. Verh. beim Bau der Bayer. Zugspitzbahn. – 1933. – Bespr. NJb. 1935/2, 100.

Ladurner C. Das Gaistal-Straßenprojekt. – Tir. Anzg., Nr. 62 v. 1931: Außferner Bote, Nr. 21–24 v. 1931; Reuttener Nachr., Nr. 11 v. 1931. – S. a. Nr. 12.

Landgraeber W. Die Bleizinkerzvorkommen in den Mieminger-Wetterstein-Alpen. – Der Bergbau, 29, Gelsenkirchen 1916, Nr. 40, 7 S., 1 Skz.

Lupin R. Frh. v. Resume oder Zusammenstellung der auf einer geognostischen Reise in Schwaben und Tirol im Sommer 1805 gemachten Beobachtungen. – Molls Annalen (Ephemeriden, 5), 8, 1809, 353–432.

Meister K. Vom Bergwerk in Leutasch. – Die Heimat, Meran 1912–1913, 22–23.

Mittenwald-(Karwendel-)bahn. Innsbr. Nachr., Jahr, Nr. – 1900, 7, 22, 33; 1901, 95, 294; 1902, 31, 102, 147, 179, 180, 199; 1904, 221, 287; 1905, 81, 286; 1907, 10, 22, 23, 34, 86, 94; 1908, 20 (Leitart.), 81, 90; 1909, 12, 23, 94; 1910, 46, 52, 69, 74, 86, 237, 238, 293; 1911, 36, 68 (Innbrücke), 114 (Martinswand), 132, 153, 163, 184, 201, 223, 253 (Tunnels), 275, 276, 281; 1912, 9, 22, 25, 32, 68, 72, 85 (Eröffnung), 92, 93 (Dampf), 147, 154, 181, 237 (Leitart.).

Münichsdorfer F. Bayerns Boden. – 1932. – Bespr. GZ 52 A/29.

Ostendorff E. Zusammenhänge der Bodenkarte Bayerns mit den von Urklas kartenmäßig dargestellten Ernte- und Anbauergebnissen Bayerns. – Z. Pflanzenernährung, B, 1931, 410.

Reppert L. v. Die bayerische Zugspitzbahn. – München (Bayr. Zspb.-A.G.) 1933, 22 S., m. Abb.

Schafhäutl K. E. v. Mächtig auftretende oolithische Gebilde im südbayernschen Gebirgszuge und Notwendigkeit einer bestimmten Charakteristik der versteinerungsleeren Felsarten. – Münchn. Gelehrt. Anzg., 29, 1849, 409 ff. – Auszug: NJb. 1851, 364–368.

— Geognostische Untersuchungen des südbayerischen Alpengebirges. – 1851. – Bespr. NJb. 1850, 719.

Stiny J. Zur Vorausbestimmung der Erdwärme im Bauwesen, besonders in Stollen und Tunnels. – 1933. – Bespr. NJb. 1934/2, 538.

Stolz O. Die Schwaighöfe in Tirol. – 1930. – Bespr. Mitt. Geogr. Ges. Wien, 76, 1933, 247.

Thienemann A. Mückenlarven bilden Gesteine. (Partenkirchen.) – Natur u. Mus., H. 11, 1933, 370–378, 5 Abb. – Bespr. GZ 52 A/637, 5 B/414; NJb. 1934/2, 381; Heimat, Vorarlbg. Mh., 15, 1934, 118.

Tiroler Straßennetz. (R. H. S.) Zum geplanten Ausbau des –es. – Neueste Ztg, Nr. 189 v. 23. 12. 1934, S. 8, 1 Skz.

Werdenfelser Land. Die drei Bergbahnen des –es. (Zugspitz-, Kreuzeck-, Wankbahn.) – Das Bayerland, 44, 1933, 327–331, m. Abb.

Wollek R. Der Streit um die Gaistaler Straße. – Tir. Anzg., Nr. 76 v. 1931.

Wurm A. Zur geophysikalischen Durchforschung Bayerns. – 1931. – Bespr. NJb. 1933/2, 555.

Zsigmondy E. u. **Paulcke W.** Die Gefahren der Alpen. – 9. verb. Aufl. München (Bergverl. R. Rother) 1933, 472 S., 74 Abb., 13 Vollbilder. – Bespr. Mitt. DÖAV, 1933, 279.

Zugspitzbahn. Innsbr. Nachr., Jahr, Nr. – 1905, 4; 1907, 49, 114, 186 (Leitart.), 187, 199, 211, 298; 1908, 101; 1909, 78, 257; 1911, 288; 1912, 14, 60; 1913, 263; 1924, 139, 152, 157, 158, 169.

Zugspitze. Eröffnung der meteorologischen Station. – Innsbr. Nachr., Nr. 156 v. 11. 7. 1900.

9. Karwendel.

Achensee. Zufrieren des –s. – Innsbr. Nachr., Nr. 47 v. 26. 2. 1901; Nr. 20 v. 26. 1. 1903; Nr. 30 v. 6. 2. 1907; Nr. 77 v. 5. 4. 1914.

Achenseebahn. Notiz über die –. – Innsbr. Nachr., Nr. 138 v. 19. 6. 1900; Nr. 98 v. 30. 4. 1901.

Aigner A. Das Karproblem. – 1930. – Bespr. NJb. 1933/2, 707.

Aigner Aug. Über die Ausgestaltung des Baugerippes bei den alpinen Salzbergen. – Mont. Rdsch., 6, 1914, 525–530, 2 Fig.

Ampferer O. Ergebnisse der Untersuchungen am Schuttkegel von Pertisau am Achensee. – VBA 1935, 5–6. (Jber.)

Außerfernbahn. Innsbr. Nachr., Jahr, Nr. – Verbindung mit Bayern: 1900, 7, 22, 33; 1902, 30; 1903, 30, 59; 1904, 178, 239, 291; 1905; 36, 71, 113, 201, 218, 281, 291; 1907, 10, 35; 1908, 138, 195, 249; 1909, 153; 1910, 98; 1911, 223; 1912, 100, 111; 1913, 107 (Eröffnung Garmisch-Reutte), 119, 189. Elbigenalp: 1907, 211. Reutte-Schönbichl: 1907, 294; 1916, 172. Zementbahn Vils: 1909, 15. – S. a. Mittenwald-(Karwendel-)bahn.

Baader (M.) J. Ankündigung einer für alle Salinen sehr wichtigen neuen Maschine. (Luftgradierung ohne Dorne, erprobt in Reichenhall.) – Annalen der Berg- u. Hüttenkde, 3, 1805, 387–391.

— Neue Beiträge zur Salzwerkskunde. (Reichenhall und Traunstein.) – Molls Ephemeriden, 2, 1806, 48–57.

— Vergleichung der gegenwärtig zu Reichenhall vorgerichteten drei verschiedenen Luftgradierwerke... – NJbücher der Berg- u. Hüttenkde, 1, 1809, 321–342.

Bergbau Karwendel. Innsbr. Nachr., Jahr, Nr. – Bächental: 1911, 85. Hall: 1905, 172; 1915, 593; 1920, 55, 73. Hötting (Knappenlöcher): 1902, 73, 79. Pertisau (Tristkopf): 1901, 30. Rißtal: 1900, 235. Wengertal: 1900, 206.

Bergbau Tirols. Historisch-technische Notizen der Prov. Tirol in ausgedehnter montanistischer Beziehung. Zusammengetragen für das techn. Kabinett Sr. Kais. Hoh. d. dl. Erzh. Kronprinzen und berichtiget für das tir. Nationalmus. Ferdin. – Handschr. 1827, Ferdin.-Bibl. Nr. 2704. Enthält u. a. Angaben über Bergbau Häring, Kitzbühel, Brixlegg, Zillertal, Schwaz, Hall, Torf in Vorarlberg, Serpentin Matrei a. Br., Schwerspat Schwaz, Steinöl Seefeld (mit Bild); Histor.-techn.-admin. Skizze der Saline Hall und der Salmiakfabrik zu Hall i. T.; Walzwerk Brixlegg (1819 erbaut); Gedrängte hist.-techn. Notizen über den tir. Messinghandel. (Achenrain seit 1. Hälfte des 17. Jahrhunderts, vorher Lienz.)

Berger W. Die Stellung des Ölschiefers im österreichischen Bergrecht. – Berg- u. Hüttenm. Jb., 82, 1934, 68–70.

Bergordnung von Hötting a. d. J. 1532. – Handschr. Mus. Ferdin., F.B. 12209.

Bergwerke und Schürfe. Verzeichnis der – und des Personals. 1788. (Nordtirol.) – Handschr. Mus. Ferdin., Dip. 1190, f. 90–99, 103. S. ebd. Statistische Notizen aus den Gerichten Stubai, Matrei und Steinach v. J. 1791. (Nutzbare Gesteine u. Eisenindustrie.)

Blaas K. Die Straße von heute. Der Ausbau der Achenseestraße. – Z. Österr. Ing.- u. Arch.-Ver., 84, 1932, 231–232, 1 Skz.

Burger E. W. Strittige Fragen. – 1933. – Bespr. Z. f. Geomorph., 8, 1934, 254.

Czermak F. u. **Schadler J.** Vorkommen des Elementes Arsen. – 1933. – Bespr. Z. f. prakt. Geol., 42, 1934, 30; NJb. 1934/2, 229.

Dalla Torre K. v. u. **Sarnthein L. Graf v.** Roter Schnee in Tirol und Vorarlberg. – Innsbr. Nachr., Nr. 24 v. 29. 1. 1901. – S. Erdmann O., ebd., Nr. 19 v. 1901.

Dalla Torre K. W. v. Pflanzen- und Tierwelt im nördlichen Mittelgebirge bei Innsbruck. – 22. Jber. Innsbr. Verschönergsver., Innsbruck 1902, 8–16.

Dhéré Ch. u. **Hradil G.** Fluoreszenzspektrographische Untersuchungen an Ölschiefern. – Schw. Min. u. Petr. Mitt., 14, 1934, 279–295, 8 Abb.

Dhéré Ch. Fluoreszenzspektrographische Untersuchungen an Ölschiefern. Note additionelle. – Schw. Min. u. Petr. Mitt., 14, 1934, 518. – S. a. Treibs A.

Donath E. Zur Einführung der Schieferölindustrie in Österreich. – Berg- u. Hüttenm. Jb., 67, 1919, 14–36.

Ebers E. Die Eiszeit im Landschaftsbilde des bayerischen Alpenvorlandes. – Deutsche Ldschkde, 2. Bd, München u. Berlin (Beck) 1934, 167 S., 30 Abb. – Bespr. Mitt. DÖAV, 1934, 197; NJb. 1934/3, 730; Mitt. Geogr. Ges. München, 27, 1934, 276; GZ 53 A/1834; Z. f. Glkde, 22, 1935, 330; Z. f. Geomorph., 8, 1935, 340; Z. Ges. f. Erdkde Berlin, 1935, 74; NJb. 1935/2, 73.

Emmert A. Der Fürstlichen Grafschaft Tirol Landreim. (Von Georg Rösch von Geroldshausen.) – Abdruck: Almanach f. Gesch., Kunst u. Lit., 1, Innsbruck (Wagner) 1836, 44–75. – S. a. Fischnaler K., Isser M. v., Pichler A. v., Rösch G. v. u. Wieser F.

Emmrich H. (Emmerich A.) Über die Gliederung des Alpenkalkes im Bayerischen Gebirge. (Aus Brief an Bronn v. 5. 5. 1849.) – NJb. 1849, 437–443.

— Geognost. Notizen über den Alpenkalk und seine Gliederung im bayer. Gebirge. – 1849. – Bespr. NJb. 1850, 620.

— Geognostische Beobachtungen aus den östl. bayer. und angr. österr. Alpen. – 1851. – Auszug: NJb. 1853, 78–93. – Bespr. Ebd. 191.

Falger F. Die Bedeutung unserer Latschenwälder. – Heimat, Vorarlbg. Mh., 14, 1933, 6–9, 3 Abb.

Fallon L. A. Trigonometrische Höhebestimmungen der bekannten Berge um Innsbruck. (Aus einem Schreiben.) – Abdr. aus Alpina, Winterthur 1807, 2. Bd, 394ff. im Sammler f. Gesch. u. Stat. etc., 3, 1808, 224–227 unter: Höhebestimmungen einiger tirolischer Berge und Ortschaften, 1.

Feuerstein Joh. Beschreibung einer Tropfsteinhöhle in der Gegend von Innsbruck. (Östl. des Höttingerbaches nächst Ofenloch-Heilquelle.) – Handschr. Mus. Ferdin., Dip. 1072, f. 75, 76 (6 S.). – Abdr. TB 1832, 48.

Fischnaler K. Georg Rösch von Geroldshausen: Tiroler Landreim und Wunschspruch... Zwei tirolische Gedichte des 16. Jahrhunderts. Mit dem Lebensbilde des Verfassers, geschichtl. und sachlichen Erläuterungen herausgegeben. – Innsbruck (Wagner) 1898, 36 S. (Biogr. 1–18, Begleitwort z. Landreim 21–26, z. Wunschspruch 29–36. Abdruck beider Gedichte.) – S. a. Emmert, Isser, Pichler, Rösch und Wieser.

Flurl M. Einige Notizen über das Vorkommen des Brandschiefers und die Benützung desselben zur Gewinnung von Steinöl in der Gegend von Seefeld im Landgerichte Telfs. – Molls Neue Jahrb. d. Berg- u. Hüttenkde, 3, 1815, 196–203. – Bespr. Leonh. Taschenbuch, 9, 2. Abt., 1815, 452. – S. a. Z. f. Tirol u. V., Beiträge etc., 5, Innsbruck (Ferdin.) 1829, 282–295. (Hier irrtümlich Angabe über NJb. 8, 1818.) – Ebd. Bemerkungen A. v. Pfaundlers.

Frank M. Zur Bildungsgeschichte der oberen Trias am Nordrand der Kalkalpen zwischen Oberstdorf und Schliersee. – GR 25, 1934, 98–110, 4 Abb. – Bespr. GZ 53 A/1861.

Gams H. Das Alter der Höttinger Breccienflora und anderer interglazialer Floren und Faunen der Alpen. (Bemerkungen zu Hans Spethmann: Die Einheit der alpinen Eiszeit. Langensalza-Berlin-Leipzig 1934.) – Z. f. Glkde, 22, 1935, 278–283.

Gaun F. Iter per salinas Tyrolenses. (Bergbau Hall.) – Innsbruck (Wagner) 1707, 106 S., 3 Abb. (Lateinisch.)

Gewässerkunde. Jahrbuch der Bayer. Landesstelle für –. H. I: Niederschlagsmessungen, H. II: Wasserstandsbeobachtungen. – Herausgeg. v. d. Minbauabt. Staatsmin. d. Inn. f. d. J. 1929, 31, München 1933, 52 S. – Bespr. PetMitt., 80, 1934, 311.

Grabherr W. Die Dynamik der Brandflächenvegetation auf Kalk- und Dolomitböden des Karwendels. (Vorläufige Mitteilung.) – Ber. Natw.-med. Ver. Innsbruck, 43–44, 1931/32–1933/34, Innsbruck (Selbstverlag) 1934, 378–380.

— Der Einfluß des Feuers auf die Wälder Tirols in Vergangenheit und Gegenwart. – Zbl. f. d. ges. Forstwesen, 60, 1934, 260–302, 5 Abb., 8 Tab.

Gremblich J. Pflanzenverhältnisse der Gerölle in den nördlichen Kalkalpen. – 5. Ber. Bot. Ver. Landshut, 1876, 15 S.

— Der Legföhrenwald. – Progr. Gymnas. Hall, 1884/85.

Groß A. J. Hall und seine Umgebung. – Der Wanderer, 1826, 321–324. – Bespr. als Topogr. Berichtigung im TB 1827, S. 120, 124.

Gruber Chr. Über das Quellgebiet der Isar. - 1887. – Bespr. Natwiss. Rdsch. (Sklarek), 3, Braunschweig 1888, Nr. 10, 125–126.

Haber G. Bau und Entstehung der Bayerischen Alpen. – Deutsche Ldschkde, Bd 3, München u. Berlin (Beck) 1934, 206 S., 16 Abb.

Hall. Nachrichten von einigen oberdeutschen Salzwerken, aus Briefen eines Reisenden. – Jbücher d. Berg- u. Hüttenkde, 3, 1799, 81–120; Annalen d. Berg- u. Hüttenkde, 2, 1803, 393–404, 2 Taf. (Hall 403–404.)

— Nachrichten von dem Erfolge der Sonnen-Salzfabrikationsanstalten in Sachsen und der älteren ähnlichen Versuche in Bayern und Tirol. (Versuche von Giusti Ende des 17. Jahrhunderts.) – Molls Ephemeriden d. Berg- u. Hüttenkde, 1, 1805, 273–347 (Hall 339–347. Aus einer handschriftl. diplomatischen Geschichte des Salzsudwesens zu Hall.)

— Entwurf zur Errichtung eines Solbades und Kurhauses in Mils bei – in Tirol. – Innsbruck u. Imst (Lampe) 1898, 30 S. – S. a. Leo.

Hammerle A. F. Das Erzh. Maximilian-Bad am Venusberg. (Büchsenhausen.) – Innsbr. Nachr., Nr. 146 v. 1. 8. (Abendbl.), 147 v. 2. 8. 1918.

Hauckh J. C. Leitfaden zu den Kenntnissen der Gef. Grafsch. Tyrol. – Innsbruck (Wagner) 1789. – (S. 30–32 über Bergbau Hall u. Klausen, Kohle Matrei a. Br., Sterzing u. Kitzbühel, Marmor Wattens u. a. m.)

Häuser J. Die Niederschlagsverhältnisse in Bayern. – 1930. – Bespr. PetMitt., 81, 1935, 73.

Heberdey R. Die Bedeutung der Eiszeit für die Fauna der Alpen. – 1933. – Bespr. GZ 4 B/1333, 52 A/223.

Hechenberg. (Karwendel.) Bleifunde. – Innsbr. Nachr., Nr. 19 v. 24. 1. 1912.

Hess V., Graziadei H. Th. u. Steinmaurer R. Untersuchungen über die Intensitätsänderungen der kosmischen Ultrastrahlung auf dem Hafelekar (2300 m). – Anzg. Ak. d. Wiss. Wien, math.-natw. Kl., 71, 1934, 185–186.

Hess V. Drei Jahre Ultrastrahlenforschung auf dem Hafelekar (2300 m). Die Untersuchung der Intensitätsänderungen der kosmischen Ultrastrahlung in der Zeit vom Sept. 1931 bis Mai 1934. – Forschungen u. Fortschr., 10, 1934, Nr. 25, 305–306.

— Zur Kritik der Abhandlung von Arthur Wagner (Innsbruck) „Kritische Bemerkungen zum täglichen Gang der kosmischen Ultrastrahlung nach Aufzeichnungen auf dem Hafelekar". – Anzg. Ak. d. Wiss. Wien, math.-natw. Kl., Nr. 5 v. 1935, 2 S.

Hießleitner G. Über die Vererzungsfolge auf der Bleizinkerzlagerstätte Lafatsch in Nordtirol. – VBA 1934, 49–58, 2 Abb.

Hinterriß. Steinöl-Fundorte. – Innsbr. Nachr., Nr. 120 v. 26. 5. 1900.

Hochstetter C. Der Bau des Dr. Karl Buresch-Stollens bei Hall durch den freiwilligen Arbeitsdienst. (Vortr.) – Innsbr. Nachr., Nr. 259 v. 10. 11. 1934, 1 Sp.

Hoernes M. Über einige neue Gastropoden. (Wildanger, Karwendel.) – 1855. – Bespr. NJb. 1856, 384.

— Über Gastropoden aus der Trias der Alpen. – 1856, 1857, m. 3 Taf. (U. a. St. Cassian u. Tratzberg, Wildanger, Karwendel.) – Auszug: NJb. 1856, 757–758.

Hradil G. u. Falser H. v. Die Ölschiefer Tirols. – 1930. – Bespr. Berg- u. Hüttenm. Jb., 79, 1931, 39.

Hradil G. Der Murbruch im Gnadenwald. – Innsbr. Nachr., Nr. 186 v. 14. 8. 1933.

— Neues vom Tiroler Ölschiefer. Auszug aus Vortr.: Physiologische Wirkstoffe und Restkörper in Gesteinen. – Innsbr. Nachr., Nr. 268 v. 21. 11. 1934, 5–6.

— Fluoreszenzspektrographie im Dienste der Bitumenforschung. – Petroleum, 30, 1934, Nr. 47, 1–3.

— Fluoreszenzspektrographische Methoden in der Petrographie. (Vortr.) – Schw. Min. u. Petr. Mitt., 14, 1934, 523–524.

Inglis H. D. The Tyrol, with a glance at Bavaria. – London 1833, 2 Bde, 2. Aufl. Frankf. a. M. 1839, 366 S. Deutsche Übersetzung v. A. Kaiser, Tirol und ein Blick auf Bayern, Leipzig 1833, 2 Bde, 247 + 242 S. (Bergbau Hall 187–201, Schwaz 207.)

Innsbruck. Der Wasserverbrauch von –. – Innsbr. Nachr., Nr. 64 v. 16. 3. u. Nr. 67 v. 21. 3. 1935.

Innsbrucker Lokalbahnen. Innsbr. Nachr., Jahr, Nr. – Allgemeines: 1906, 69; 1911, 34, 76; 1912, 74, 177 (Schwebebahnen); 1913, 78; 1914, 77. Dörferbahn (Mühlau-Absam): 1904, 62; 1905, 70, 271, 284; 1907, 177, 178, 185, 193, 202, 227, 250, 256, 261; 1908, 47, 59, 64, 68, 69, 79, 102, 105, 171, 194, 209, 248, 249, 251, 253; 1909, 47, 65; 1910, 38. Götzens: 1908, 298. Hafelekar: 1909, 237; 1911, 54. Hall-Rinn: 1909, 55, 65. Hungerburg: 1905, 106; 1906, 83. Südl. Mittelgebirgsbahn: 1900, 32, 54, 136, 144–146, 218; 1901, 115; 1910, 124. Mutters-Sellrain: 1913, 209; 1914, 33. Patsch-Schönberg: 1912, 117. Patscherkofel: 1909, 203; 1910, 281; 1912, 13, 68, 85, 121. Sellraintal: 1924, 37, 90. – S. a. Stubai- und Mittenwaldbahn.

Inn- und Salzachgebiet. Das – nebst den in Österreich gelegenen Teilen des Iller-, Lech- und Isargebietes. – Jb. Hydrogr. Zentralbüro, 10, 1923 (1931), 65 S.

Isser M. v. Der Tiroler Landreim. – Österr. Z. f. Berg- u. Hüttenw., 34, Wien 1886, Nr. 35, 569–576. – S. a. Emmert, Fischnaler, Pichler, Rösch u. Wieser.

— Der Steinölmann. (Seefeld.) – Innsbr. Nachr., Nr. 295 (Blge) v. 24. 12. 1913.

Karg J. M. Nachricht von dem Hall-inntalischen Salzbergwerke in Tirol. – Molls Ann. (Ephemeriden, 4), 7, 1808, 199–244, 1 Taf., 357–374.

Karwendel. Opalisierender Muschelmarmor nördlich des Lafatscherjoches im Isartal. - Innsbr. Tagbl., 1853, S. 1076.

Kinzl H. Die Höttinger Breccie und die Gliederung des Eiszeitalters. - Geogr. Z., 41, 1935, 111-114. - S. Spethmann H.

Kircher Ath. De Tyrolensibus salisfodinis. - In: Mundus subterraneus, 2, 1678, 246ff. (Bergbau Hall.)

Klaproth M. H. Zerlegung des dichten Anhydrits und des Bitterspats von Hall i. T. - In: Klaproth, Beitr., 4, 233ff. - Bespr. Leonhards Taschenbuch, 2, 1808, 263, 265.

Klebelsberg R. v. O. Ampferer, W. Hammer. Zum 25jährigen Doktorjubiläum der beiden hervorragenden Tiroler Alpengeologen. - Innsbr. Nachr., Nr. 164 v. 19. 7. 1924.

— Grundzüge der Geologie Tirols. - 1933. - Bespr. Mitt. DÖAV, 1934, 147; Der Schlern, 15, 1934, 189; PetMitt., 1934, 317; Geogr. Z., 40, 1934, 271.

— Geologie von Tirol. - Berlin (Borntraeger) 1935, 748 S. u. 4 Verz., K 1:500000, 3 Skzen, 11 Blgen.

Koch A. Bergbau und Industrie in Nordtirol. 2. Die Majolikaindustrie in Schwaz. 3. Ein Besuch im Haller Salzbergwerk. 4. Das Salzsudwerk in Hall. - Kathol. Volksschule, 47, 1931, 11-14, 141-144, 277-280, m. Abb.

Koch E. J. Die Mineralquellen des gesamten österreichischen Kaiserstaates in top., hist. phys.-chem. und therap. Beziehung. - 2. Aufl. Wien (Gerold) 1845, 467 S.

Kohlenbergbau im Unterinntal. Innsbr. Nachr., Jahr, Nr. - Ebbs: 1900, 122. Hall: 1920, 55, 73. Häring: 1900, 109, 177; 1905, 120, 122, 188; 1910, 227; 1912, 15; 1913, 37, 167; 1914, 314; 1915, 181. Hoher Nock (Sonnwendgeb., Zöttbachalm): 1921, 252. Kössen: 1901, 55, 60; 1902, 228; 1907, 291; 1908, 66. Maria Stein: 1922, 155.

Kopf M. Beschreibung des Salzbergbaues zu Hall in Tyrol. - Karstens u. Dechens Arch. f. Min., 15, H. 2, 1841, 425ff. - Sonderabdr. Berlin (Reimer) 1841, 298 S., 4 Taf. - Bespr. NJb. 1844, 238.

Kraus F. Innsbrucker Bergbahnen. - Münchner Neueste Nachr. v. 29. 10. 1931.

Laicharding J. N. v. Beschreibung der im Salzberge bei Hall in Tirol vorkommenden Fossilien. - Nach Wurzbach, Biogr. Lex. angeblich in den Abhdgen d. Kgl. Böhm. Ak. d. Wiss. (?)

Latschen. Die Notwendigkeit des Schutzes der –. Ursachen und Folgen des Legföhrenschwundes. Brandflächen an der Nordkette aus dem 18. Jahrhundert. - Neueste Ztg, Nr. 195, Innsbruck 1932.

Leo. Ein Wort in Beziehung auf die vorteilhafte Benützung der verwaisten Solenbadanstalt in Hall im Unterinntal. - TB 1834, S. 156. - S. a. Hall.

Leonhard K. C. v. Verzeichnis tirolischer Mineralien. - Leonhards Min. Taschenbuch, 5, 1811, 199-211. - Berichtigung ebd., 7, 2. Abt., 1813, 581-583. (Schoepfer.)

Leuchs K. Über Breccien. - GR 24, 1933, 273-284. - Bespr. NJb. 1934/2, 376.

Leutelt-Kipke S. Ein Beitrag zur Kenntnis der hydrographischen und hydrochemischen Verhältnisse einiger Tiroler Hoch- und Mittelgebirgsseen. - Arch. f. Hydrobiol., 27/2, 1934, 286-352, 3 Taf., 2 Text- und 2 Tabellenbeilagen.

Lill C. v. Allgemeine Lagerungsbeziehungen der Steinsalz-Lagerstätten in den Alpen. - Z. f. Min., 1828, 749-776.

Lupin R. Frh. v. Resume oder Zusammenstellung der auf einer geognostischen Reise in Schwaben und Tirol im Sommer 1805 gemachten Beobachtungen. - Molls Annalen (Ephemeriden, 5), 8, 1809, 353-432.

Maximiliansbad am Venusberg. (Büchsenhausen.) - Innsbr. Nachr., Nr. 150 v. 3. 7. 1902.

Menghin O. Pfahlbauspuren in Tirol. (Sarcatal?, Piperbühel a. Ritten, Seefeld, Vill-Igls.) - Innsbr. Nachr. (aus Reichspost), Nr. 178 (Abendbl.) v. 21. 9. 1920.

Michaeler K. Versuch über die einstige Gestalt und Bevölkerung Tirols. - 1. Teil, Wien 1783, 792-794. (U. a. Bergbau Stanzer Tal, Seefeld, Thaur, Häring, Schneeberg; Torf Villanderer Alpe; Min. u. nutzb. Gest. Waldrast, Patscherkofel; Gletscher u. a. m.)

Miller A. Der süddeutsche Salzbergbau in technischer Beziehung dargestellt. - Wien (Tendler) 1853, 156 S., 9 Taf. - Sonderdr. aus Jbücher Montananst. Leoben, 3. Bd.

Mittenwald-(Karwendel)-bahn. Innsbr. Nachr., Jahr, Nr. - 1900, 7, 22, 33; 1901, 95, 294; 1902, 31, 102, 147, 179, 180, 199; 1904, 221, 287; 1905, 81, 286; 1907, 10, 22, 23, 34, 86, 94; 1908, 20 (Leitart.), 81, 90; 1909, 12, 23, 94; 1910, 46, 52, 69, 74, 86, 237, 238, 293; 1911, 36, 68 (Innbrücke), 114 (Martinswand), 132, 153, 163, 184, 201, 223, 253 (Tunnels), 275, 276, 281; 1912, 9, 22, 25, 32, 68, 72, 85 (Eröffnung), 92, 93 (Dampf), 147, 154, 181, 237 (Leitart.).

Müller Franz. Beschreibung der in Tirol üblichen Art, das Steinöl oder sogenannte Dürschenöl zu bereiten. - Abhdlg einer Privatges. in Böhmen zur Aufnahme der Math., der vaterldsch. Geschichte u. d. Natgesch., zum Druck befördert v. Ign. Edl. v. Born, 5, Prag (Gerli) 1782, 333-353, 1 Taf.

Münichsdorfer F. Bayerns Boden. - 1932. - Bespr. GZ 52 A/29.

Naumann J. K. F. Ein Jahrhundert Drahtseilbahnen. Österreichs Anteil an der Erfindung und Entwicklung der Drahtseilbahnen. - Neueste Ztg, Nr. 192 v. 30. 12. 1934.

Netoliczka. Achensee-Kraftwerk. - Technik voran, 1930, 105.

Noël H. Verzeichnis tirolischer Bergwerksverleihungen von 1628-1696. (Berggericht Hall.) - Handschr. Mus. Ferdin., Dip. 1164.

Öllacher J. Analyse der Bergsole, Mutterlauge, Bitterlauge und des Kochsalzes zu Hall in Tirol. - Wiener Z. f. Phys., Chem. u. Min. (Holger), 1. Bd, Wien 1840, 31 S.

Ostendorff E. Zusammenhänge der Bodenkarte Bayerns mit den von Urklas kartenmäßig dargestellten Ernte- und Anbauergebnissen Bayerns. - Z. Pflanzenernährung, B, 1931, 410.

Otto. Achensee-Kraftwerk in Tirol. - Gewerkschaft, Blge Technik u. Wirtschaft, 1928, 69.

Petrascheck W. Die Magnesite und Siderite. - 1932. - Bespr. Z. f. prakt. Geol., 41, 1933, 55.

Pfaundler A. v. Bemerkungen zu Flurl, Einige Notizen über das Vorkommen des Brandschiefers ... von Seefeld. - Z. f. Tirol u. V., 5, Innsbruck 1829, 282-295 (Fußnoten).

Pfaundler G. v. Notizen über tirolische Bergbauten aus archivalischen Quellen. 1832-1862. (Umfaßt ganz Tirol.) - Handschr. v. J. 1864, Mus. Ferdin., W. 5581.

Pighius St. V. De Metallurgia Tyrolensi. - In: Hercules Prodicius ... (Reise 1574), 1. Aufl. Antwerpen 1587, 2. Aufl. Köln 1609, 223f. - Abschrift Mus. Ferdin. Innsbruck, Bibl. Tir., tom. 148, Dip. 449, Tirol betr. S. 148-174.

Pisek A., Sohm H. u. Cartellieri E. Untersuchungen über osmotischen Wert und Wassergehalt von Pflanzen und Pflanzengesellschaften der alpinen Stufe. (Mit bes. Berücksichtigung der Zwergsträucher im Winter.) – Beih. z. Bot. Zentralbl., 52, Abt. B, H. 3, Dresden 1935, 634–675, 9 Abb.

Pöll J. Die Zuntern. – Tir. Heimatbl., 12, 1934, 302–304. – S. a. Falger F.

— Seefeld in alter Zeit. – Tir. Heimatbl., 12, 1934, 344–345, 426–428.

Prey A. Untersuchungen über die Isostasie in den Alpen auf Grund der Schweremessungen in Tirol. – Sber. Ak. d. Wiss. Wien, math.-natw. Kl., 121, 1912, Abt. IIa, 2467–2518, 6 Fig. – Bespr. NJb. 1914/2, 427; Beitr. z. Geophys., 13, 1913, 62.

Pusch G. Mineralogische Bemerkungen. (Brief aus Warschau v. 25. 1. 1828 u. a. über Sonthofen, Bergen, Kressenberg, Seefeld.) – Z. f. Min., 1828, 388–399. – Erwiderung von A. Boué ebd. 716–722. (Brief aus Bern v. 1. 6. 1828.)

Redlich K. A. Die Typen der Magnesitlagerstätten, ihre Bildung, geologische Stellung und Untersuchung. – Z. f. prakt. Geol., 42, 1934, 156–159, 166–173, 4 Abb.

Rieder F. Wilsonkammerstudien der Ultrastrahlung auf dem Hafelekar (2300 m). – Anzg. Ak. d. Wiss. Wien, math.-natw. Kl., 71, 1934, 275.

Rösch G. v. Geroldshausen. Der Fürstlichen Grafschaft Tyrol Lanndtreim. Von neuem geme(h)rt und gebessert. – Innsbruck 1558. Abschriften aus der Mitte des 18. Jahrhunderts im Mus. Ferdin., Bibl. Tir. Dip. 919 u. 946. – S. a. Emmert, Fischnaler, Isser, Pichler, Wieser u. TB 1822, S. 92.

Roschmann A. Regnum animale, vegetabile et minerale-medicum Tyrolense. – Innsbruck (Wagner) 1738.

Russegger J. Gletscher, Lawinen und Heidengebirge. (Haselgeb. – Brief an Gehr. v. Leonhard.) – NJb. 1835, 522.

Sander K. Tagebuch der geogn.-mont. Bereisung eines Teiles des Oberinntaler Kreises i. J. 1840, 1841. (Silvretta, Ötztaler, Stubaier und Lechtaler Alpen, Mieminger und Karwendel.) – Handschr. Mus. Ferdin., F.B. 5016, 5017, m. Skz.

Schafhäutl K. E. v. Geognostische Untersuchungen des südbayerischen Alpengebirges. – 1851. – Bespr. NJb. 1850, 719.

Schlagintweit A. Bemerkungen über die Wirkungen der Erosion in den Alpen. – Aus: Untersuchungen ü. d. phys. Geogr. d. Alpen, v. H. u. A. Schl., Leipzig (Barth) 1850. – NJb. 1851, 292–308.

— Untersuchungen über die Talbildung und die Form der Gebirgszüge in den Alpen. – 1851. – Auszug: NJb. 1853, 70–71.

Schmidt A. A. Die Gefürstete Grafschaft Tirol mit Vorarlberg. – Stuttgart 1837. (U. a. Angaben über Bergbau.)

Schmidt Wilh. Ein Jahr Temperaturmessungen in 17 österreichischen Alpenseen. – Sber. Ak. d. Wiss. Wien, math.-natw. Kl., Abt. IIa, 143, 1934, 431–452, 3 Tab., 4 Fig. – Bespr. Anzg. Ak. d. Wiss. Wien, math.-natw. Kl., 71, 1934, 216–217.

Schraml C. Über die Ausgestaltung der alpinen Salzberge. (Vortr.) – Mont. Rdsch., 4, 1912, 961.

— Neueres über Solevorwärmung bei den alpenländischen Salinen. – Berg- u. Hüttenm. Jb., 64, Wien 1916, 121–137, 8 Abb.

Seefeld. Spende eines fossilen Fisches (Semionotus) durch Liebener, Fund bei –. – Volks- u. Schützenztg, Nr. 144 v. 30. 11. 1860, S. 809.

Sieber R. Weitere Ergebnisse der paläobiologischen Untersuchungen an der Fauna der rhätischen Riffkalke der Rötelwand (Osterhorngruppe, Salzburg) und anderer rhätischer Riffgebiete der Nordalpen. – Anzg. Ak. d. Wiss. Wien, math.-natw. Kl., 71, 1934, 258–261.

Siegele A. Ziegelsteine aus Ölschiefer. – Innsbr. Nachr., Nr. 43 v. 22. 2. 1923.

Sölch J. Die Einheitlichkeit der Eiszeit in den Alpen. (Gegen Spethmann.) – PetMitt., 80, 1934, 290.

Spengler E. Der zweite Teil von F. Wähners „Sonnwendgebirge". – 1934. – Bespr. Firgenwald, 7, Reichenberg 1934, H. 2, 62; GZ 53 A/182.

Sperges J. v. Verschiedenes von tirolischen Bergwerkssachen. (Tirolische Erzarten; Verz. v. Naturaliensammlern; histor. Bergbaunotizen; Erklärung v. Fachausdrücken; Marmelarten; Farben; Versteinerte Sachen; aus dem Landreim v. 1558.) – Handschr. Mus. Ferdin., Dip. 745, 19 S.

— Zweites Schreiben an einen guten Freund. 1754. Von dem Salzberg zu Hall im Inntal. – Handschr. Mus. Ferdin., Dip. 1324, 28 S.

— Bergwerksgeschichte. – 1765. – Verwertet u. a. illustr. Handschr. aus seiner Bibliothek: Von dem hoch- und weitberühmten Bergwerk am Falkenstein zu Schwaz in der Fürstl. Grafsch. Tirol u. anderen inkorporierten Bergwerken. Erwähnt in De Luca, Staatsanzeigen von den k. k. Staaten, 1784, S. 326. (Kitzbühel, Rattenberg, Schwaz, Hall, Hötting, Klausen, Schneeberg, Meran.)

Spethmann H. Die Einheit der alpinen Eiszeit. – Langensalza-Berlin-Leipzig (Beltz) 1934, 60 S. – Bespr. PetMitt., 80, 1934, 290; Mitt. Geogr. Ges. München, 27, 1934, 286; GZ 53 A/1543; Z. f. Glkde, 22, 1935, 278; Z. f. Geomorph., 8, 1935, 335; Geogr. Z., 41, 1935, 111; GR 26, 1935, 131.

Srbik R. R. v. Soln-Alpe. (Karwendel.) – Fundber. a. Österr., 1, 1930–1934, 194. – S. a. Wr. Prähist. Z., 1933, 7.

Sterzinger N. v. Ursprung und echte Eigenschaften des Hall-Inntalischen Kochsalzes. – Innsbruck (Wagner) 1757, 26 S. (Verfaßt anl. d. Schrift v. W. Th. Rau, Gutachten über die Beschaffenheit einiger Sorten von Bayerisch- und Hall-Inntalischen Kochsalze, 1756.) 2. erw. Aufl. ebd. 1767, 57 S. (Titel: Urspr., Verfertigung und echte E. usw.)

Stiny J. Wann sollen wir Quellen fassen? – Geol. u. Bauwesen, 5, H. 4, 1933, 264–268.

Stockfisch K. u. Fulda E. Stinkschiefer und Hauptdolomit. – 1933. – Bespr. NJb. 1934/2, 778.

Stolz O. Die Schwaighöfe in Tirol. – 1930. – Bespr. Mitt. Geogr. Ges. Wien, 76, 1933, 247.

— Die alte Waldordnung von Hötting und Innsbruck. – Tir. Heimatbl., 12, 1934, 140–145.

Strele G. Grundriß der Wildbachverbauung. – Wien (Springer) 1934, 279 S., 150 Abb. – Bespr. GZ 53 A/634; Z. f. prakt. Geol., 42, 1934, 125; NJb. 1934/2, 571.

Stromeyer F. Über die chemische Analyse des Magnesitspats. (Zillertal, Fassatal, Hall.) – Göttinger Gel. Anzg., 1827, 153. St. – Auszug: Z. f. Min., 1827, 465–469.

Stutzer O. Erdöl und Bitumina. – Handwörterbuch d. Naturwiss., 3, Jena (Fischer) 1933, 2. Aufl., 774–790, 13 Abb. – Bespr. GZ 52 A/832.

Trinker J. Über das Seefelder Asphaltwerk. (Mitget. v. Foetterle.) – JbRA 1856, 196.

Tronner M. Beschreibung des Salzberges zu Hall

von 1555 mit Bergbeschauberichten von 1486 und 1487. – Handschr. in Wiener Hofbibl., 1555.

Tschiederer A. A. v. Amtliche Beschreibung der Saline zu Hall im Jahre 1716 mit Verbesserungsvorschlägen. – Handschrsammlung Mus. Ferdin. Innsbruck, 1716, Dip. 1157.

Wagner A. (München.) Über die Fisch- und Saurierarten, welche im unteren und oberen Lias zugleich vorkommen sollen. (U. a. Seefeld.) – Sber. Ak. d. Wiss. München, 1860, 36–42. – Auszug: NJb. 1861, 248–251.

Wagner A. Über die Feinstruktur der Temperaturgradienten längs Berghängen. – Ber. Natw.-med. Ver. Innsbruck, 42, 1929/30/31, 195–196.

— Kritische Bemerkungen zum täglichen Gang der kosmischen Ultrastrahlung nach Aufzeichnungen auf dem Hafelekar (2300 m). – Anzg. Ak. d. Wiss. Wien, math.-natw. Kl., 71, 1934, 318–319. – S. V. Hess.

Waldbrand im Höttinger Wald. (Erinnerung an den großen Waldbrand i. J. 1540.) – TB 1831, S. 368.

Waldbrände, größere in Tirol und Vorarlberg. Innsbr. Nachr., Jahr, Nr. – Absam: 1911, 76. Achensee: 1924, 279. Achselkopf: 1911, 111; 1913, 63; 1916, 136. Ahrnspitz: 1923, 161. Ahrntal: 1907, 134; 1913, 73. Aicha: 1910, 154. Ala: 1901, 22. Algund: 1912, 80. Amras: 1908, 98. Arco: 1905, 12; 1911, 185. Avio: 1907, 13. Barbian: 1921, 263. Berg Isel: 1908, 73. Bludenz: 1911, 66. Blumau: 1905, 83. Bondone: 1901, 286. Bozen: 1900, 240; 1903, 120; 1907, 94, 109; 1911, 60, 77, 87, 95; 1915, 174; 1917, 170, 173; 1918, 149, 228; 1923, 31. Brentagruppe: 1909, 177. Brixen: 1917, 175; 1918, 230. Brixlegg: 1904, 94; 1906, 78. Bruneck: 1906, 194, 230; 1907, 78; 1908, 159; 1913, 118, 138. Cavalese: 1911, 207. Cembra: 1906, 80. Cognola: 1906, 30. Cortina: 1914, 290. Eggental: 1911, 25. Eppan: 1906, 202; 1918, 49. Erpfendorf: 1911, 210. Franzensfeste: 1911, 184. Fußach: 1909, 84. Gaichtpaß: 1911, 210. Gantkofel: 1906, 199. Gargazon: 1906, 85. Glaning: 1924, 266. Glungezer: 1905, 174. Gmund a. d. Etsch: 1912, 221. Göflan: 1907, 71. Gossensaß: 1911, 190, 192. Götzis: 1908, 71. Gschnitztal: 1906, 187; 1921, 118. Halltal: 1909, 118, 126; 1923, 186. Hechenberg: 1911, 88, 89; 1912, 52; 1915, 169, 206, 284, 285; 1918, 54; 1921, 59. Hinterbärenbad: 1912, 96; 1915, 261. Hopfgarten: 1920, 86. Hötting: 1911, 241; 1920, 55. Igls: 1907, 227. Imst: 1911, 90, 92; 1917, 141 (Ärzl); 1921, 183, 184. Innichen: 1911, 192. Innsbruck: 1913, 72. Berg Isel: 1908, 73. Kaltern: 1901, 20; 1905, 168; 1909, 85, 184; 1916, 379; 1918, 197; 1921, 282. Kardaun: 1909, 174; 1916, 285. Kastelruth: 1917, 224, 228. Kerschbuchhof: 1910, 59; 1912, 51. Kiens: 1911, 186. Kirchbichl: 1903, 131. Kirchdorf: 1917, 140. Kössen: 1911, 211. Kranebitten: 1911, 85; 1915, 289, 294. Krimpenbachalm: 1913, 247. Kufstein: 1909, 84; 1911, 213 (Spitzenstein): 1915, 155. Kundl: 1904, 166. Kurtatsch: 1906, 197. Labers: 1909, 27; 1924, 48. Lajen: 1923, 182. Lana: 1909, 84. Landro: 1911, 190, 192. Längenfeld: 1909, 111. Latsch: 1919, 118. Lebenberg: 1921, 297. Ledrotal: 1904, 89. Lemmenhof: 1908, 72; 1912, 52. Lienz: 1906, 280; 1909, 145; 1915, 482. Luttach: 1915, 595. Margreid: 1907, 97. Marling: 1907, 56; 1918, 46. Martinswand: 1917, 113, 116. Marzola: 1908, 36. Matrei i. O.: 1906, 234; 1918, 150. Mauls: 1913, 63. Mendel: 1918, 33. Meran: 1907, 94, 109; 1911, 204 (Mutspitz). Mezzana: 1908, 282. Mieming: 1910, 114; 1918, 230. Mittewald a. E.: 1918, 227. Montebaldo: 1904, 177; 1910, 164. Morter: 1921, 251. Mühlbach: 1907, 111. Natters: 1915, 154. Nauders: 1915, 289. Nenzing: 1911, 210. Neumarkt: 1907, 57. Obermais: 1911, 91, 186; 1913, 48. Olang: 1912, 86. Ötztal: 1910, 116. Paganella: 1907, 67. Passeier: 1923, 185. Partschins: 1918, 80. Paschberg: 1909, 87. Patsch: 1908, 158. Patscherkofel: 1920, 56. Paznaun: 1909, 125. Pendling: 1920, 277. Persen: 1911, 45. Pfunds: 1911, 92; 1913, 281. Plumeskopf: 1910, 130. Primör: 1906, 254; 1911, 212, 216. Prissian: 1918, 85. Rattenberg: 1905, 150; 1918, 101. Reutte: 1901, 96. Ried: 1909, 142; 1911, 192. Rietz: 1911, 211. Riffian: 1918, 43. Ritten: 1915, 467. Riva: 1903, 91; 1905, 10; 1913, 160; 1914, 36. Rovereto: 1901, 107; 1906, 208; 1907, 60, 71; 1911, 51; 1913, 75. Saltaus: 1907, 18. Salurn: 1910, 105. Sand i. T.: 1907, 124; 1908, 245; 1911, 28, 192; 1912, 117. St. Jakob a. Arlbg.: 1911, 277. St. Jakob a. P.: 1918, 103, 107. St. Johann i. T.: 1911, 246. St. Leonhard i. P.: 1913, 59. St. Lorenzen i. P.: 1905, 168. St. Valentin a. d. H.: 1912, 142. St. Ulrich i. Gr.: 1914, 312. Sardagna: 1907, 67. Schalderertal: 1918, 148. Schlanders: 1900, 170; 1911, 190, 192; 1915, 182. Schlandernauntal: 1913, 253. Schruns: 1911, 207. Sexten: 1911, 209. Sigmundskron: 1907, 53. Silltal: 1904, 110 (Klarerhof); 1909, 80 (Unterberg), 92 (Schlucht); 1911, 190; 1912, 53 (Schupfentunnel); 1923, 159 (Mieslkopf). Silz: 1917, 99, 104. Smarano: 1909, 191. Söll-Leukental: 1909, 84. Stanz-Terfens: 1909, 141. Sterzing: 1909, 49; 1911, 186. Taisten: 1913, 139. Tarsch: 1921, 251. Telfs: 1901, 124; 1908, 269. Terfens: 1909, 141; 1910, 76. Terlan: 1903, 206; 1906, 130. Terragnolo: 1904, 185. Thaur: 1908, 16; 1920, 62; 1921, 70. Thaurer Mure: 1911, 93, 94. Thiersee: 1913, 74. Trambellino: 1906, 204. Tratzberg: 1912, 97. Trient: 1907, 6. Ultental: 1916, 377. Vaduz: 1908, 103. Vallunga: 1907, 67. Vandans: 1911, 67. Vikartal: 1911, 242. Vilpian: 1912, 194. Vils: 1924, 257. Vintlalpe: 1921, 59. Virgl: 1907, 80; 1923, 179. Völs: 1908, 251. Wald (Vorarlberg): 1912, 65. Wattental: 1914, 120. Zams: 1913, 128; 1914, 418. Zieltal: 1913, 244. Zirl: 1908, 66. Zunderkopf: 1904, 87; 1923, 132. — Südtirol i. allgem.: 1903, 204. Verhütung, Vorsorgen: 1913, 66; 1915, 186; 1918, 83. – S. a. Waldwirtschaft.

Wieser F. Der Tiroler Bergreim. (Von Georg Rösch v. Geroldshausen, 1558). – Archiv f. Gesch. u. Altertumskde Tirols, 5, 1869, 209–248. (Haller Salzberg 213–220, Schwaz 220–224, Kitzbühel 229–231, Min.-Geol. 241–243 usw.) – S. a. Rösch G. v., Pichler A. v., Isser M. v., Fischnaler K. u. Emmert A.

Wolkenstein M. S. v. Tyrolische Chronik. – Handschr. Univ. u. Ferdin.-Bibl. (3618) Innsbruck a. d. Anfang d. 17. Jahrhunderts. – S. Egger J., Die ältesten Geschichtsschreiber Tirols, Progr. Realschule Innsbruck, 1867, 17–23 u. Hirn J., Erzh. Maximilian, 1, Innsbruck 1915, 437–443. (Namtl. im 1. Buch über Bodenschätze, Bergbau u. Heilquellen.)

Zösmair J. Die Entdeckung des Haller Salzbergwerks. – Innsbr. Nachr., Nr. 116 v. 20. 5. 1911.

Zsigmondy E. u. Paulcke W. Die Gefahren der Alpen. – 9. verb. Aufl. München (Bergverl. R. Rother) 1933, 472 S., 74 Abb., 13 Vollbilder. – Bespr. Mitt. DÖAV, 1933, 279.

10. Bayerische Voralpen zwischen Loisach und Isar.

Bayerische Alpenquerstraße. Zur Frage der – – Hochvogel, 10, 1933, Nr. 30, m. K. – S. a. Knorz A., Rüther H.

Buch L. v. Einige Bemerkungen über die Alpen in Bayern. – 1828 (1831). – Auszug: NJb. 1834, 612–615.

Dehm R. Listriodon im südbayrischen Flinz (Obermiozän). – Zbl. f. Min., Abt. B, 1934, 513–528, 17 Abb.

Ebers E. Eiszeitliche Landschaftsbilder. – 1931. – Bespr. NJb. 1933/2, 641.

— Die Eiszeit im Landschaftsbilde des bayerischen Alpenvorlandes. – Deutsche Ldschkde, 2. Bd, München u. Berlin (Beck) 1934, 167 S., 30 Abb. – Bespr. Mitt. DÖAV, 1934, 197; NJb. 1934/3, 730; Mitt. Geogr. Ges. München, 27, 1934, 276; GZ 53 A/1834; Z. f. Glkde, 22, 1935, 330; Z. f. Geomorph., 8, 1935, 340; Z. f. Erdkde Berlin, 1935, 74; NJb. 1935/2, 73.

Emmrich H. (Emmerich A.) Über die Gliederung des Alpenkalkes im Bayerischen Gebirge. (Aus Brief an Bronn v. 5. 5. 1849.) – NJb. 1849, 437–443.

— Geognost. Notizen über den Alpenkalk und seine Gliederung im bayer. Gebirge. – 1849. – Bespr. NJb. 1850, 620.

— Geognostische Beobachtungen aus den östl. bayer. und angr. österr. Alpen. – 1851. – Auszug: NJb. 1853, 78–93. – Bespr. Ebd. 191.

— Beitrag zur Kenntnis der südbayer. Molasse. – 1855. – Bespr. NJb. 1856, 359.

— Über das südbayerische Tertiärgebirge. – 1860. – Bespr. NJb. 1861, 709.

Firbas F. Die Vegetationsentwicklung des mitteleuropäischen Spätglazials. – Nachr. Ges. d. Wiss. Göttingen, math.-natw. Kl., Fachgr. 6, Biol., Berlin (Weidmann) 1934, 17–24. – Bespr. GZ 54 A/779.

Frank L. Beziehungen zwischen Regenfall und Quellergiebigkeit unter besonderer Berücksichtigung der Münchener Wasserversorgung und der Kissinger Quellen. – Mitt. Geogr. Ges. München, 6, 1911, 44–85, 7 Fig., mehr. Tab.

Frank M. Zur Bildungsgeschichte der oberen Trias am Nordrand der Kalkalpen zwischen Oberstdorf und Schliersee. – GR 25, 1934, 98–110, 4 Abb. – Bespr. GZ 53 A/1861.

Gewässerkunde. Jahrbuch der Bayer. Landesstelle für –. H. I: Niederschlagsmessungen, H. II: Wasserstandsbeobachtungen. – Herausgeg. v. d. Minbauabt. Staatsmin. d. Inn. f. d. J. 1929, 31, München 1933, 52 S. – Bespr. PetMitt., 80, 1934, 311.

Grahmann R. Der Löß in Europa. (Vortr.) – GR 25, 1934, 220–221.

Gruber Chr. Über das Quellgebiet der Isar. – 1887. – Bespr. Natwiss. Rdsch. (Sklarek), 3, Braunschweig 1888, Nr. 10, 125–126.

Gruithuisen F. P. v. Abhandlung über erratische Blöcke der südbayer. Hochebene. – München 1809. – Bespr. NJbücher d. Berg- u. Hüttenkde, 2, 1812, 316. – S. a. Zittel, Gesch. d. Geol., 1899, 341.

Guggenmoos Th. Über Korngrößen und Kornformenverteilung von Sanden verschiedener geologischer Entstehung. (U. a. Gasteiner Tal, Isar u. Inn.) – NJb. 1934, Bbd 72, Abt. B, 429–487, 19 Abb., 2 Taf.

Haber G. Bau und Entstehung der Bayerischen Alpen. – Deutsche Ldschkde, Bd 3, München u. Berlin (Beck) 1934, 206 S., 16 Abb.

Häuser J. Die Niederschlagsverhältnisse in Bayern. – 1930. – Bespr. PetMitt., 81, 1935, 73.

Heberdey R. Die Bedeutung der Eiszeit für die Fauna der Alpen. – 1933. – Bespr. GZ 4 B/1333, 52 A/223.

Henle E. Mitteilungen über die Münchener Wasserversorgung. – Journ. f. Gasbeleuchtung u. Wasserversorgung, 1913.

Höhenbestimmungen. Erhöhung einiger Punkte in Bayern, im Salzburgischen, in Oberösterreich und in Tirol über die Fläche des Mittelländischen Meeres. (Nach den Messungen von Glaser, Zobel u. Wepfer.) – NJbücher d. Berg- u. Hüttenkde, 4, 1821, 350–369.

Holler H. u. **Reuter L.** Die Gewinnung von Trink- und Nutzwasser in Bayern. – Gesundheits-Ing., München 1912.

Hülle W. Grundzüge der vorrömischen Besiedlung Bayerns rechts des Rheins in ihrer Abhängigkeit von den natürlichen und kulturellen Verhältnissen der Vorzeit. Ein prähistorisch-geographischer Versuch. – Augsburg (Fischer) 1932, 92 S., 1 K. – Bespr. Wr. Prähist. Z., 20, 1933, 25.

Klebelsberg R. v. Grundzüge der Geologie Tirols. – 1933. – Bespr. Mitt. DÖAV, 1934, 147; Der Schlern, 15, 1934, 189; PetMitt., 1934, 317; Geogr. Z., 40, 1934, 271.

— Geologie von Tirol. – Berlin (Borntraeger) 1935, 748 S. u. 4 Verz., K. 1:500000, 3 Skzen, 11 Blgen.

Knauer J. Überzählige Schichtablagerung und Scheintektonik. (U. a. Loisachtal.) – Abh. Geol. Ldsuntersuchg. Bayer. Oberbgamt, H. 17, München 1935, 47—55, 2 Abb., 3 Taf.

Knorz A. Die bayerische Alpenstraße. – Deutsche Alpenztg, 28, 1933, Nr. 8, 465–469. – S. a. Bayer. Alpenquerstr. u. Rüther H.

Koreisl W. Speisebeigaben in Gräbern der Hallstattzeit Mitteleuropas. – Mitt. Anthrop. Ges. Wien, 64, 1934, 229–264.

Kraus E. Notiz zu M. Richters „Alter und Stellung der südbayerischen Flyschzone". – Zbl. f. Min., Abt. B, 1934, 95.

Mayr. Das Erdinger Moos und die Ausnützung der Wasserkräfte der Mittleren Isar. – Wegsucher, Techn. Beibl. zum Münchn. Beobachter, Nr. 4, München, 6. 8. 1919, 6 Sp., 1 Skz.

München. 1.–4. Bericht über die Verhältnisse und Arbeiten der vom Stadtmagistrat – niedergesetzten Kommission für Wasserversorgung usw. – München 1874–1879.

— Die Wasserversorgung der Stadt –. – (Führer.) Mit K. der Quellengebiete 1:50000. – München 1906.

— Die Versorgung –s mit Gas und Wasser. – Festschr. 53. Vers. Gas u. Wasser, München 1912.

— Verwaltungsberichte über die Wasserversorgung –s 1913–1928. – Tiefbauamt München, 1928 (1925–26 mit K. des Schutzgebietes).

— Die Wasserversorgung der Stadt –. – Übersichtskärtchen u. statist. Angaben. – Tiefbauamt München, 1928, 4 S.

Münichsdorfer F. Bayerns Boden. – 1932. – Bespr. GZ 52 A/29.

Niedermayer J. Tektonik und Blattverschiebungen im Gebirge um den Walchensee. (Vortr.) – GR 26, 1935, 154–155.

Ostendorff E. Zusammenhänge der Bodenkarte Bayerns mit den von Urklas kartenmäßig dargestellten Ernte- und Anbauergebnissen Bayerns. - Z. Pflanzenernährung, B, 1931, 410.

Pevc K. Beschreibung zum Relief des Quellgebietes der Münchener Wasserversorgung. - München 1903.

Pfannenstiel M. Ein Spülsaum von Anodonta piscinalis Nilsson f. lacustrina Clessin am Strand des Ammersees bei München. - Paläont. Z., 15, 1933, 341-349, 3 Abb. - Bespr. GZ 5 B/443; NJb. 1934/3, 293.

Reuter L. Geologische Ausführungen über die Grund- und Quellwasservorräte Südbayerns und ihre Verwertung zur Wasserversorgung. - Gas- und Wasserfach, 1924, München 1925.

Rohat(z)sch R. H. Kohlenformation der Bayrischen und Tiroler Alpen. (Schreiben aus München v. 13. 12. 1847.) - NJb. 1848, 183-186.

— Über die Formation des Gebirges, aus welchem die bayernschen Jodquellen zu Krankenheil bei Tölz (Bernhards- u. Johann-Georgen-Quelle), zu Heilbronn bei Benediktbeuren (Adelheids-Quelle) und Sulzbrunnen bei Kempten entspringen und über den Einfluß der Formation auf den Jodgehalt der Quellen. - NJb. 1851, 161-168.

Rüther H. Die Höhenstraße quer durch die Bayer. Alpen. - Hochvogel, 10, 1933, Nr. 8, m. K. - S. a. Bayer. Alpenquerstr. u. Knorz A.

Schafhäutl K. E. v. Beiträge zur näheren Kenntnis der Bayerischen Voralpen. - NJb. 1846, 641-695, 5 Abb., 2 Taf.

— Mächtig auftretende oolithische Gebilde im südbayernschen Gebirgszuge und Notwendigkeit einer bestimmten Charakteristik der versteinerungsleeren Felsarten. - Münchn. Gelehrt. Anzg., 29, 1849, 409ff. - Auszug: NJb. 1851, 364-368.

— Geognostische Untersuchungen des südbayerischen Alpengebirges. - 1851. - Bespr. NJb. 1850, 719.

Schwinner R. Gebirgsbewegungen und Erdmessung in Süddeutschland. - 1933. - Bespr. GZ 52 A/374; NJb. 1934/2, 505.

— Die südbayrische Dreieckskette. - 1933. - Bespr. GZ 52 A/153; NJb. 1934/2, 30.

— Gebirgsbewegungen im Südbayerischen Dreiecksnetz? - Z. DGeolGes., 87, 1935, 59-60.

Seefeldner E. Zur Altersfrage der Abtragungsflächen. - 1933. - Bespr. Z. f. Geomorph., 8, 1934, 204; GZ 53 A/81; Mitt. Geol. Ges. Wien, 26, Wien 1934, 226; Boll. Soc. Geogr. It., 1934, 75.

Simon L. Gegend von Tölz. - 1931. - Bespr. NJb. 1933/3, 23.

Stach H. Zur Chemie der oberbayer. Pechkohle. - 1933. - Bespr. NJb. 1934/2, 282.

Stutzer O. Oberbayrische Pechkohle. (Vortr.) - Z. DGeolGes., 86, 1934, 29-36, 2 Abb., 4 Taf. - Bespr. GZ 53 A/1340, 5 B/218.

Thiem A. Die Wasserversorgung der Stadt München. (Vorprojekt.) - München 1876.

Treibs A. Über das Vorkommen von Chlorophyllderivation in einem Ölschiefer aus der oberen Trias. - Ann. Chemie, 509, 1934, 103-114. - Bespr. NJb. 1934/2, 776.

Wagner A. (München.) Über fossile Fische aus einem neu entdeckten Lager in den südbayer. Tertiärgebilden. - 1860, 52-57. (Siegsdorf bei Traunstein.) - Bespr. NJb. 1861, 246.

Wasmund E. Grundwasserverhältnisse und Seespiegelschwankungen im oberbayerischen Osterseegebiet. - Mitt. Geogr. Ges., München, 27, 1934, 87-123, 12 Abb. - Bespr. PetMitt., 80, 1934, 277; GZ 53 A/1236.

Weithofer K. A. Molasse und Alpenrand in Oberbayern. II. Ist die oberbayerische Molasse von alpinen Decken überfahren? - Zbl. f. Min., Abt. B, 1934, 1-12, 3 Abb. - Bespr. GZ 52 A/1421.

— Molasse und Alpenrand in Oberbayern. III. Die tektonischen Bewegungen und deren Ausmaße in der oberbayerischen Molasse. - Zbl. f. Min., Abt. B, 1934, 353-368. - Bespr. GZ 54 A/304.

— Die Promberger Schichten der oberbayerischen Molasse. - Zbl. f. Min., Abt. B, 1935, 3-21. - Bespr. GZ 54 A/569.

— Das Vorkommen von Erdöl und Erdgas, von Jod und Schwefelwasser im südlichen Bayern. - Z. DGeolGes., 87, 1935, 166-190.

Werdenfelser Land. Die drei Bergbahnen des -es. (Zugspitz-, Kreuzeck-, Wankbahn.) - Das Bayerland, 44, 1933, 327-331, m. Abb.

Westenrieder L. Beschreibung des Wurm- oder Starembergersees und der umliegenden Schlösser. - München 1784.

Wilser J. L. Beispiele aus der Geologie für Wasserkraftausbau. (Vortr.) - Wasserkraft u. Wasserwirtschaft, 1931, H. 5, Sonderdr. 8 S.

Wurm A. Geophys. Durchforschung. - 1931. - Bespr. NJb. 1933/2, 555.

11. Bayerische Voralpen zwischen Isar und Inn.

Barth A. Analyse eines jodhaltigen Mineralwassers von Krankenheil bei Tölz in Oberbayern. - Erdmann u. March, Journ. f. prakt. Chemie, 47, 404 ff. - Bespr. NJb. 1851, 349.

Bayerische Alpenquerstraße. Zur Frage der -. - Hochvogel, 10, 1933, Nr. 30, m. K. - S. a. Knorz A., Rüther H.

Beck P. Über das schweiz. und europ. Pliozän und Pleistozän. - 1933. - Bespr. NJb. 1934/3, 953.

Buch L. v. Einige Bemerkungen über die Alpen in Bayern. - 1828 (1831). - Auszug: NJb. 1834, 612-615.

Dehm R. Listriodon im südbayerischen Flinz (Obermiozän). - Zbl. f. Min., Abt. B, 1934, 513-528, 17 Abb.

Ebers E. Eiszeitliche Landschaftsbilder. - 1931. - Bespr. NJb. 1933/2, 641.

— Die Eiszeit im Landschaftsbilde des bayerischen Alpenvorlandes. - Deutsche Ldschkde, 2. Bd, München u. Berlin (Beck) 1934, 167 S., 30 Abb. - Bespr. Mitt. DÖAV, 1934, 197; NJb. 1934/3, 730; Mitt. Geogr. Ges. München, 27, 1934, 276; GZ 53 A/1834; Z. f. Glkde, 22, 1935, 330; Z. f. Geomorph., 8, 1935, 340; Z. Ges. f. Erdkde Berlin, 1935, 74; NJb. 1935/2, 73.

Emmrich H. (Emmerich A.) Über die Gliederung des Alpenkalkes im Bayerischen Gebirge. (Aus Brief an Bronn v. 5. 5. 1849.) - NJb. 1849, 437-443.

— Geognost. Notizen über den Alpenkalk und seine Gliederung im bayer. Gebirge. - 1849. - Bespr. NJb. 1850, 620.

— Geognostische Beobachtungen aus den östl. bayer. und angr. österr. Alpen. - 1851. - Auszug: NJb. 1853, 78-93. - Bespr. Ebd. 191.

— Beitrag zur Kenntnis der südbayer. Molasse. - 1855. - Bespr. NJb. 1856, 359.

— Über das südbayerische Tertiärgebirge. - 1860. - Bespr. NJb. 1861, 709.

Firbas F. Die Vegetationsentwicklung des mitteleuropäischen Spätglazials. – Nachr. Ges. d. Wiss. Göttingen, math.-natw. Kl., Fachgr. 6, Biol., Berlin (Weidmann) 1934, 17–24. – Bespr. GZ 54 A/779.

Fischer Herm. Wann entstanden die „Geologischen Orgeln"? – Natur u. Kultur, 30, 1933, 175–177, m. Abb.

Frank L. Beziehungen zwischen Regenfall und Quellergiebigkeit unter besonderer Berücksichtigung der Münchener Wasserversorgung und der Kissinger Quellen. – Mitt. Geogr. Ges. München, 6, 1911, 44–85, 7 Fig., mehr. Tab.

Frank M. Zur Bildungsgeschichte der oberen Trias am Nordrand der Kalkalpen zwischen Oberstdorf und Schliersee. – GR 25, 1934, 98–110, 4 Abb. – Bespr. GZ 53 A/1861.

Fresenius L. u. R. Untersuchung u.s.w. der Heilquellen bei Wiessee. – Wiesbaden 1932.

Gams H. Das Alter der Höttinger Breccienflora und anderer interglazialer Floren und Faunen der Alpen. (Bemerkungen zu Hans Spethmann: Die Einheit der alpinen Eiszeit. Langensalza-Berlin-Leipzig 1934.) – Z. f. Glkde, 22, 1935, 278–283.

Gewässerkunde. Jahrbuch der Bayer. Landesstelle für –. H. I: Niederschlagsmessungen, H. II: Wasserstandsbeobachtungen. – Herausgeg. v. d. Minbauabt. Staatsmin. d. Inn. f. d. J. 1929, 31, München 1933, 52 S. – Bespr. PetMitt., 80, 1934, 311.

Graf J. B. Versuch einer pragmatischen Geschichte der bayerischen und oberpfälzischen Mineralwasser. Nebst chemischer Untersuchung derselben in 41 Tabellen, der Bergnaphta bei Tegernsee und einer Brunnenkarte. – Nürnberg 1805, 2 Bde.

Grahmann R. Der Löß in Europa. (Vortr.) – GR 25, 1934, 220–221.

Gruithuisen F. P. v. Abhandlung über erratische Blöcke der südbayr. Hochebene. – München 1809. – Bespr. NJbücher d. Berg- u. Hüttenkde, 2, 1812, 316. – S. a. Zittel, Gesch. d. Geol., 1899, 341.

Guggenmoos Th. Über Korngrößen und Kornformenverteilung von Sanden verschiedener geologischer Entstehung. (U. a. Gasteiner Tal, Isar und Inn.) – NJb. 1934, Bbd 72, Abt. B, 429–487, 19 Abb., 2 Taf.

Haber G. Bau und Entstehung der Bayerischen Alpen. – Deutsche Ldschkde, Bd 3, München u. Berlin (Beck) 1934, 206 S., 16 Abb.

Häuser J. Die Niederschlagsverhältnisse in Bayern. – 1930. – Bespr. PetMitt., 81, 1935, 73.

Heberdey R. Die Bedeutung der Eiszeit für die Fauna der Alpen. – 1933. – Bespr. GZ 4 B/1333, 52 A/223.

Henle E. Mitteilungen über die Münchener Wasserversorgung. – Journ. f. Gasbeleuchtg u. Wasserversorgg, 1913.

Höhenbestimmungen. Erhöhung einiger Punkte in Bayern, im Salzburgischen, in Oberösterreich und in Tirol über die Fläche des Mittelländischen Meeres. (Nach den Messungen von Glaser, Zobel und Wepfer.) – NJbücher d. Berg- u. Hüttenkde, 4, 1821, 350–369.

Holler H. u. Reuter L. Die Gewinnung von Trink- und Nutzwasser in Bayern. – Gesundheits-Ing., München 1912.

Hülle W. Grundzüge der vorrömischen Besiedlung Bayerns rechts des Rheins in ihrer Abhängigkeit von den natürlichen und kulturellen Verhältnissen der Vorzeit. Ein prähistorisch-geographischer Versuch. – Augsburg (Fischer) 1932, 92 S., 1 K. – Bespr. Wr. Prähist. Z., 20, 1933, 25.

Keferstein Chr. Reisebemerkungen über Tirol und die angrenzenden Gebiete. – In: Teutschland, 1, Weimar 1821. (Gastein u. Bergbau Sonnblick 277–292, Glockner 292–313, Puster- u. Eisacktal 313–318, Dolomiten u. Fassatal 319–333, Inntal mit Hall, Schwaz u. Rattenberg 333–344, Bergbau Tirol 338–339, Häring und Miesbach 344–351 m. 1 Skz., München 351–353, Bodensee u. Rheingebiet 353–357, Rückblick über Tirol u. Alpenbau 358–385, Blge über Fassatal 386–436.) – Bespr. TB 1822, 168.

Klebelsberg R. v. Grundzüge der Geologie Tirols. – 1933. – Bespr. Mitt. DÖAV, 1934, 147; Der Schlern, 15, 1934, 189; PetMitt., 1934, 317; Geogr. Z., 40, 1934, 271.

— Geologie von Tirol. – Berlin (Borntraeger) 1935, 748 S. u. 4 Verz., K. 1:500000, 3 Skzen, 11 Blgen.

Knorz A. Die bayerische Alpenstraße. – Deutsche Alpenztg, 28, 1933, Nr. 8, 465–469. – S. a. Bayer. Alpenquerstr. u. Rüther H.

Kobell F. v. Über das Erdöl von Tegernsee im Bayerischen Oberlande. – Abh. Ak. d. Wiss. München (1831–1836), II, 1837, 141–162. – Auszug: NJb. 1838, 543–544.

Koegel L. Geographische Wanderung in der Inntal-Landschaft. – Sammler, Blge d. Münchner-Augsburger Abendztg, Nr. 123 v. 1931.

Kraus E. Notiz zu M. Richters „Alter und Stellung der südbayerischen Flyschzone". – Zbl. f. Min., Abt. B, 1934, 95.

Kufsteiner Lokalbahnen. Innsbr. Nachr., Jahr, Nr. – Brixental-Leukental: 1908, 173. Kufstein-Bayr. Zell: 1905, 230; 1908, 49. Kufstein-Hinterbärenbad: 1901, 249. Kufstein-Kössen: 1900, 111; 1902, 119, 160; 1903, 70, 82, 92, 170; 1904, 226, 266; 1905, 27, 81, 85, 105, 284; 1908, 100; 1910, 198; Thiersee: 1908, 38· Kössen-St. Johann: 1904, 236; 1912, 172; 1913, 237. St. Johann-Lofer-Unken: 1906, 21; 1912, 63; St. Johann-Reichenhall-Saalfelden: 1907, 206, 216, 217, 261, 280, 283.

Lebling Cl. Taubenberg und Mangfall-Schlierach. – Wasserkraft u. Wasserwirtschaft, 29, 1934, 4–6, 19–22, 2 Abb.

Leitzachwerke. Übersichtskarte über die Baugebiete der III. Wasserzuleitung und der –. – Tiefbauamt München, 1928.

Mayr. Das Erdinger Moos und die Ausnützung der Wasserkräfte der Mittleren Isar. – Wegsucher, Techn. Beibl. zum Münchn. Beobachter, Nr. 4, München, 6. 8. 1919, 6 Sp., 1 Skz.

Meyer H. v. Über Ichthyosauruswirbel vom Schleimserjoch. (Achentaal. – Brief aus Frankf. a. M. v. 8. 11. 1856.) – NJb. 1856, 824–825.

München. 1.–4. Bericht über die Verhältnisse und Arbeiten der vom Stadtmagistrat – niedergesetzten Kommission für Wasserversorgung usw. – München 1874–1879.

— Die Wasserversorgung der Stadt –. (Führer.) Mit K. der Quellengebiete 1:50000. – München 1906.

— Die Versorgung –s mit Gas und Wasser. – Festschr. 53. Vers. Gas- und Wasser, München 1912.

— Verwaltungsberichte über die Wasserversorgung –s 1913–1928. – Tiefbauamt München, 1928 (1925–26 mit K. des Schutzgebietes).

— Die Wasserversorgung der Stadt –. – Übersichtskärtchen u. statist. Angaben. – Tiefbauamt München, 1928, 4 S.

Münichsdorfer F. Bayerns Boden. - 1932. - Bespr. GZ 52 A/29.
Ostendorff E. Zusammenhänge der Bodenkarte Bayerns mit den von Urklas kartenmäßig dargestellten Ernte- und Anbauergebnissen Bayerns. - Z. Pflanzenernährung, B, 1931, 410.
Pevc K. Beschreibung zum Relief des Quellgebietes der Münchener Wasserversorgung. - München 1903.
Pfannenstiel M. Ein Spülsaum (Ammersee). - 1933. - Bespr. GZ 5 B/443; NJb. 1934/3, 293.
Renz C. Paroniceraten, Frechiellen und Leukadiellen. - 1925. - Bespr. NJb. 1934/3, 788.
Reuter L. Geologische Ausführungen über die Grund- und Quellwasservorräte Südbayerns und ihre Verwertung zur Wasserversorgung. - Gas- und Wasserfach, 1924, München 1925.
Rohatzsch R. H. Kohlenformation der Bayrischen und Tiroler Alpen. (Schreiben aus München v. 13. 12. 1847.) - NJb. 1848, 183–186.
Rüther H. Die Höhenstraße quer durch die Bayer. Alpen. - Hochvogel, 10, 1933, Nr. 8, m. K. - S. a. Bayer. Alpenquerstr. u. Knorz A.
Schafhäutl K. E. v. Beiträge zur näheren Kenntnis der Bayerischen Voralpen. - NJb. 1846, 641–695, 5 Abb., 2 Taf.
— Mächtig auftretende oolithische Gebilde im südbayernschen Gebirgszuge und Notwendigkeit einer bestimmten Charakteristik der versteinerungsleeren Felsarten. - Münchn. Gelehrt. Anzg., 29, 1849, 409ff. - Auszug: NJb. 1851, 364–368.
— Geognostische Untersuchungen des südbayerischen Alpengebirges. - 1851. - Bespr. NJb. 1850, 719.
Schwinner R. Gebirgsbewegungen und Erdmessung in Süddeutschland. - 1933. - Bespr. GZ 52 A/374; NJb. 1934/2, 505.
— Die südbayrische Dreieckskette. - 1933. - Bespr. GZ 52 A/153; NJb. 1934/2, 30.
— Gebirgsbewegungen im Südbayerischen Dreiecksnetz? - Z. DGeolGes., 87, 1935, 59–60.
Seefeldner E. Zur Altersfrage der Abtragungsflächen. - 1933. - Bespr. Z. f. Geomorph., 8, 1934, 204; GZ 53 A/81; Mitt. Geol. Ges. Wien, 26, Wien 1934, 226; Boll. Soc. Geogr. It., 1934, 75.
Simon L. Gegend von Tölz. - 1931. - Bespr. NJb. 1933/3, 23.
Stach H. Zur Chemie der oberbayer. Pechkohle. - 1933. - Bespr. NJb. 1934/2, 282.
Stutzer O. Oberbayrische Pechkohle. (Vortr.) - Z. DGeolGes., 86, 1934, 29–36, 2 Abb., 4 Taf. - Bespr. GZ 53 A/1340, 5 B/218.
Tegernseer Lokalbahn. Innsbr. Nachr., Nr. 103 v. 5. 5. 1911.
Thalmann H. Die regional-stratigraphische Verbreitung der oberkretazischen Foraminiferengattung Globotruncana Cushman, 1927. (Vortr.) - EgH 27, 1934, 413–428, 1 Fig.
Thiem A. Die Wasserversorgung der Stadt München. (Vorprojekt.) - München 1876.
Wagner A. (München.) Über fossile Fische aus einem neu entdeckten Lager in den südbayer. Tertiärgebilden. - 1860, 52–57. (Siegsdorf bei Traunstein.) - Bespr. NJb. 1861, 246.
Weithofer K. A. Molasse und Alpenrand in Oberbayern. II. Ist die oberbayerische Molasse von alpinen Decken überfahren? - Zbl. f. Min., Abt. B, 1934, 1–12, 3 Abb. - Bespr. GZ 52 A/1421.
— Molasse und Alpenrand in Oberbayern. III. Die tektonischen Bewegungen und deren Ausmaße in der oberbayerischen Molasse. - Zbl. f. Min., Abt. B, 1934, 353–368. - Bespr. GZ 54 A/304.
— Die Promberger Schichten der oberbayerischen Molasse. - Zbl. f. Min., Abt. B, 1935, 3–21. - Bespr. GZ 54 A/569.
— Das Vorkommen von Erdöl und Erdgas, von Jod und Schwefelwasser im südlichen Bayern. - Z. DGeolGes., 87, 1935, 166–190.
Wurm A. Geophys. Durchforschung. - 1931. - Bespr. NJb. 1933/2, 555.

12. Sonnwendgebirge.

Achensee. Zufrieren des -s. - Innsbr. Nachr., Nr. 47 v. 26. 2. 1901; Nr. 20 v. 26. 1. 1903; Nr. 30 v. 6. 2. 1907; Nr. 77 v. 5. 4. 1914.
Achenseebahn. Notiz über die -. - Innsbr. Nachr., Nr. 138 v. 19. 6. 1900; Nr. 98 v. 30. 4. 1901.
Blaas K. Die Straße von heute. Der Ausbau der Achenseestraße. - Z. Österr. Ing.- u. Arch.-Ver., 84, 1932, 231–232, 1 Skz.
Brinkmann R. Zur Schichtfolge und Lagerung der Gosau in den nördlichen Ostalpen. - Sber. Preuß. Ak. d. Wiss., phys.-math. Kl., 1934, röm. 37, Berlin 1934, 8 S., 2 Abb.
— Über Gosau und vorgosauische Gebirgsbildung in den nördlichen Ostalpen. (Vortr.) - GR 25, 1934, 141.
Buch L. v. Einige Bemerkungen über die Alpen in Bayern. - 1828 (1831). - Auszug: NJb. 1834, 612–615.
Ebers E. Die Eiszeit im Landschaftsbilde des bayerischen Alpenvorlandes. - Deutsche Ldschkde, 2. Bd, München u. Berlin (Beck) 1934, 167 S., 30 Abb. - Bespr. Mitt. DÖAV, 1934, 197; NJb. 1934/3, 730; 1935/2, 73; Mitt. Geogr. Ges. München, 27, 1934, 276; GZ 53 A/1834; Z. f. Glkde, 22, 1935, 330; Z. f. Geomorph., 8, 1935, 340; Z. Ges. f. Erdkde Berlin, 1935, 74.
Emmert A. Der Fürstlichen Grafschaft Tirol Landreim. (Von Georg Rösch von Geroldshausen.) - Abdruck: Almanach f. Gesch., Kunst u. Lit., 1, Innsbruck (Wagner) 1836, 44–75. - S. a. Fischnaler K., Isser M. v., Pichler A. v., Rösch G. v. u. Wieser F.
Emmrich H. (Emmerich A.) Über die Gliederung des Alpenkalkes im Bayerischen Gebirge. (Aus Brief an Bronn v. 5. 5. 1849.) - NJb. 1849, 437–443.
— Geognostische Beobachtungen aus den östlichen bayer. und den angrenzenden österr. Alpen. - JbRA 1851, I. H., 1–22; 1853, I. H., 80–101; II. H., 326–394. - Auszug: NJb. 1853, 78–93. - Bespr. Ebd. 191; Bl. 24, 46.
Erdbeben. Arlberg-Inntal-Linie. Innsbr. Nachr., Jahr, Nr. - Achensee: 1904, 59. Achental: 1918, 289. Baumkirchen: 1912, 37. Brixental: 1921, 245, 248. Brixlegg: 1902, 195; 1908, 263. Ehrwald: 1910, 211; 1913, 166, 177; 1914, 3. Falterschein: 1910, 80. Fritzens: 1907, 262. Gaschurn: 1906, 72. Hall: 1901, 253; 1904, 235; 1917, 39. Imst: 1910, 252; 1911, 149. Innsbruck: 1902, 65, 66; 1905, 295; 1911, 163–165, 167; 1912, 107–109, 275; 1913, 49, 50, 114, 232, 244; 1915, 10; 1916, 331, 379; 1917, 23; 1920, 215, 243; 1923, 37; 1924, 72. Inntal: 1903, 288, 289; 1905, 45–47, 49, 52; 1907, 298; 1914, 233; 1917, 17, 18. Kaisergebirge:

1918, 264. Kramsach-Rattenberg: 1913, 255; 1921, 1, 19. Kufstein: 1915, 417. Landeck: 1915, 30. Lechtal: 1917, 267; 1918, 258; 1924, 286. Lermoos: 1908, 27; 1910, 210. Mieming: 1910, 218; 1911, 207; 1914, 409. Montafon: 1905, 295. Mühlau: 1907, 95. Nassereith: 1911, 17. Nauders: 1901, 252; 1917, 285; 1919, 2. Ötz: 1912, 46; 1914, 373. Paznaun: 1906, 27. Ranggen: 1904, 242. St. Anton: 1905, 209, 213; 1911, 94. St. Gallenkirch: 1906, 66; 1910, 167. Silz: 1911, 105. Sistrans: 1908, 150. Stams: 1908, 29, 63, 140. Telfs: 1903, 35; 1910, 210, 218; 1911, 105. Umhausen: 1907, 173. Volders: 1907, 10. Völs: 1904, 18. Wiesen i. Pitztal: 1907, 225. Zams-Landeck-Prutz-Schönwies-Imst: 1908, 247; Zams: 1915, 486. Ganz Tirol: 1902, 139, 141; 1904, 58; 1909, 10, 11. Ganz Nordtirol: 1910, 156–159; 1911, 266, 267; 1914, 400.

Fischnaler K. Georg Rösch von Geroldshausen: Tiroler Landreim und Wunschspruch... Zwei tirolische Gedichte des 16. Jahrhunderts. Mit dem Lebensbilde des Verfassers, geschichtl. und sachlichen Erläuterungen herausgegeben. – Innsbruck (Wagner) 1898, 36 S. (Biogr. 1–18, Begleitwort z. Landreim 21–26, z. Wunschspruch 29–36. Abdruck beider Gedichte.) – S. a. Emmert, Isser, Pichler, Rösch u. Wieser.

Frank M. Zur Bildungsgeschichte der oberen Trias am Nordrand der Kalkalpen zwischen Oberstdorf und Schliersee. – GR 25, 1934, 98–110, 4 Abb. – Bespr. GZ 53 A/1861.

Gewässerkunde. Jahrbuch der Bayer. Landesstelle für –, H. I: Niederschlagsmessungen, H. II: Wasserstandsbeobachtungen. – Herausgeg. v. d. Minbauabt. Staatsmin. d. Inn. f. d. J. 1929, 31, München 1933, 52 S. – Bespr. PetMitt., 80, 1934, 311.

Haber G. Bau und Entstehung der Bayerischen Alpen. – Deutsche Ldschkde, Bd 3, München u. Berlin (Beck) 1934, 206 S., 16 Abb.

Häuser J. Die Niederschlagsverhältnisse in Bayern. – 1930. – Bespr. PetMitt., 81, 1935, 73.

Heberdey R. Die Bedeutung der Eiszeit für die Fauna der Alpen. – 1933. – Bespr. GZ 4 B/1333, 52 A/223.

Höhlen in Tirol u. V. Innsbr. Nachr., Jahr, Nr. – Col Santo: 1911, 216. Hochiser: 1907, 288. Hohenfreschen: 1901, 198. Monclassico (Sulzberg): 1902, 117, 125. Mte Stivo: 1906, 243. Riezlern: 1906, 253. Rofan: 1922, 104. Villa Lagarina (Savignano): 1911, 35.

Hradil G. u. **Falser H. v.** Die Ölschiefer Tirols. – 1930. – Bespr. Berg- u. Hüttenm. Jb., 79, 1931, 39.

Isser M. v. Der Tiroler Landreim. – Österr. Z. f. Berg- u. Hüttenw., 34, Wien 1886, Nr. 35, 569–576. – S. a. Emmert, Fischnaler, Pichler, Rösch u. Wieser.

— Brennende Berge in Tirol. (Häring, Sonnwendgeb., Mte Baldo.) – Innsbr. Nachr., Nr. 30 v. 6. 2. 1913.

Kerner-Marilaun F. Das Klimazeugnis der Gosauformation. – Sber. Ak. d. Wiss. Wien, math.-natw. Kl., Abt. IIa, 143, 1934, 267–284. – Bespr. GZ 53 A/1183; Anzg. Ak. d. Wiss. Wien, math.-natw. Kl., 71, 1934, 154; GZ 6 B/253.

Klebelsberg R. v. Grundzüge der Geologie Tirols. – 1933. – Bespr. Mitt. DÖAV, 1934, 147; Der Schlern, 15, 1934, 189; PetMitt., 1934, 317; Geogr. Z., 40, 1934, 271.

— Geologie von Tirol. – Berlin (Borntraeger) 1935, 748 S. u. 4 Verz., K. 1:500000, 3 Skzen, 11 Blgen.

Kohlenbergbau im Unterinntal. Innsbr. Nachr., Jahr, Nr. – Ebbs: 1900, 122. Hall: 1920, 55, 73. Häring: 1900, 109, 177; 1905, 120, 122, 188; 1910, 227; 1912, 15; 1913, 37, 167; 1914, 314; 1915, 181. Hoher Nock (Sonnwendgeb., Zöttbachalm): 1921, 252. Kössen: 1901, 55, 60; 1902, 228; 1907, 291; 1908, 66. Maria Stein: 1922, 155.

Kramsach. Innsbr. Nachr., Jahr, Nr. – Glashütte: 1900, 126. Holztrift: 1900, 156.

Leutelt-Kipke S. Ein Beitrag zur Kenntnis der hydrographischen und hydrochemischen Verhältnisse einiger Tiroler Hoch- und Mittelgebirgsseen. – Arch. f. Hydrobiol., 27/2, 1934, 286–352, 3 Taf., 2 Text- u. 2 Tabellenbeilagen.

Müller Franz. Beschreibung der in Tirol üblichen Art, das Steinöl oder sogenannte Dürschenöl zu bereiten. – Abhdlg einer Privatges. in Böhmen zur Aufnahme der Math., der vaterldsch. Geschichte u. d. Natgesch., zum Druck befördert v. Ign. Edl. v. Born, 5, Prag (Gerli) 1782, 333–353, 1 Taf.

Münichsdorfer F. Bayerns Boden. – 1932. – Bespr. GZ 52 A/29.

Netoliczka. Achensee-Kraftwerk. – Technik voran, 1930, 105.

Ostendorff E. Zusammenhänge der Bodenkarte Bayerns mit den von Urklas kartenmäßig dargestellten Ernte- und Anbauergebnissen Bayerns. – Z. Pflanzenernährung, B, 1931, 410.

Otto. Achensee-Kraftwerk in Tirol. – Gewerkschaft, Blge Technik u. Wirtschaft, 1928, 69.

Pfaundler A. v. Mineralogische Berichtigung zu Uttingers Arbeit über die Alpe Mauriz und den Schwimmstein. – 1826. – Z. f. Tirol u. V., 2, Innsbruck (Ferdin.) 1826, 295, 325–327.

Pfaundler G. v. Notizen über tirolische Bergbauten aus archivalischen Quellen. 1832–1862. (Umfaßt ganz Tirol.) – Handschr. v. J. 1864, Mus. Ferdin., W. 5581.

Rösch G. v. Geroldshausen. Der Fürstlichen Grafschaft Tyrol Lanndtreim. Von neuem geme(h)rt und gebessert. – Innsbruck 1558. Abschriften aus d. Mitte d. 18. Jahrhunderts im Mus. Ferdin., Bibl. Tir. Dip. 919 u. 946. – S. a. Emmert, Fischnaler, Isser, Pichler, Wieser u. TB 1822, S. 92.

Schafhäutl K. E. v. Geognostische Untersuchungen des südbayerischen Alpengebirges. – 1851. – Bespr. Njb. 1850, 719.

Schmidt A. R. Tagebuch über die geogn.-mont. Begehung des Kreises Unterinntal i. J. 1842 d. d. Hall, 1. 2. 1843. – Handschr. Mus. Ferdin., F.B. 5019.

Schmidt Wilh. Ein Jahr Temperaturmessungen in 17 österreichischen Alpenseen. – Sber. Ak. d. Wiss. Wien, math.-natw. Kl., Abt IIa, 143, 1934, 431–452, 3 Tab., 4 Fig. – Bespr. Anzg. Ak. d. Wiss. Wien, math.-natw. Kl., 71, 1934, 216–217.

Sieber R. Weitere Ergebnisse paläobiologischer Untersuchungen an der Fauna der rhätischen Riffkalke der Rötelwand (Osterhorngruppe, Salzburg) und anderer rhätischer Riffgebiete der Nordalpen. – Anzg. Ak. d. Wiss. Wien, math.-natw. Kl., 71, 1934, 258–261.

Sonnwendjoch. Der Bergsturz vom –. – Innsbr. Nachr., Nr. 95 v. 24. 4., Neueste Ztg, Nr. 96 v. 25. 4. 1935.

Spengler E. Der zweite Teil von F. Wähners „Sonnwendgebirge". – 1934. – Bespr. Firgenwald, 7, Reichenberg 1934, H. 2, 62; GZ 53 A/182.

— Der geologische Bau des Sonnwendgebirges in Tirol. (Vortragstitel.) – Mitt. Geol. Ges. Wien, 26, Wien 1934, 236.

Stoliczka F. Über eine der Kreideformation angehörige Süßwasserbildung in den nordöstlichen Alpen. (U. a. Gosau im Brandenberger Tal.) – Sber. Ak. d. Wiss. Wien, math.-natw. Kl., 38, 1859, 482–497, 1 Taf. – Bespr. NJb. 1860, 855.

Stolz O. Die Schwaighöfe in Tirol. – 1930. – Bespr. Mitt. Geogr. Ges. Wien, 76, 1933, 247.

Unterrichter J. De aestu lacus Lucii in Tyroli Dialogus. – Innsbruck 1761. (Siehe hiezu Karte des Hechtsees von P. Anich. Über Erdbeben 1761.) – Bespr. Wieser F. R. v.: Festschrift Kuftstein, 1893, 53f. u. Z. Ferdin., 3. F., 44. H., Innsbruck 1900, 209–211.

Wieser F. Der Tiroler Landreim. (Von Georg Rösch v. Geroldshausen, 1558.) – Archiv f. Gesch. u. Altertumskde Tirols, 5, 1869, 209–248. (Haller Salzberg 213–220, Schwaz 220–224, Kitzbühel 229–231, Min.-Geol. 241–243 usw.). – S. a. Rösch G. v., Pichler A. v., Isser M. v., Fischnaler K. u. Emmert A.

13. Chiemgauer Alpen.

Baader (M.) J. Ankündigung einer für alle Salinen sehr wichtigen neuen Maschine. (Luftgradierung ohne Dorne, erprobt in Reichenhall.) – Annalen d. Berg- u. Hüttenkde, 3, 1805, 387–391.

— Neue Beiträge zur Salzwerkskunde. (Reichenhall u. Traunstein.) – Molls Ephemeriden, 2, 1806, 48–57.

— Vergleichung der gegenwärtig zu Reichenhall vorgerichteten drei verschiedenen Luftgradierwerke ... – NJbücher d. Berg- u. Hüttenkde, 1, 1809, 321–342.

Bruckmann A. E. Korrespondenz aus Constanz. (Säntis, Fähnern, Kressenberg.) – NJb. 1846, 716–717.

— Flysch- und Nummulitengesteine der Alpen. (Appenzell, Kressenberg.) – NJb. 1850, 602.

Charpentier W. T. v. Bemerkungen auf einer Reise von Breslau über Salzburg durch Tyrol, die südliche Schweiz nach Rom, Neapel, Paestum im Jahre 1818. – Leipzig (Göschen) 1820, 2 Bde, 300 u. 272 S. (Saline Reichenhall 70–74, Bergbau Schwaz 76–77, Hall 78, Fossilien Mte Bolca 109, Granit u. Feldspat Baveno 167–168.) – Auszug: NJbücher der Berg- u. Hüttenkde, 5, 1824, 285–290.

Del-Negro W. Beobachtungen in der Flyschzone. – 1933. – Bespr. GZ 52 A/1826.

— Der geologische Bau der Salzburger Kalkalpen. – Mitt. f. Erdkde, 3, Linz 1934, 2–13, 18–31, 66–79, 98–111, 130–142, 162–175. – Bespr. NJb. 1935/3, 164.

Desor E. Notice sur les Echinides du terrain nummulitique des Alpes, avec les diagnoses de plusieurs espèces et genres nouveaux. (U. a. Kressenberg u. Lessin. A.) – Actes d. l. Soc. helv. d. sc. nat., 38e sess., Porrentruy 1853, 39–40, 270–279; Bibl. univ., 24, 1853, 141–149. – Auszug: NJb. 1854, 120–122.

Ebers E. Über erloschene Seen. – 1932. – Bespr. NJb. 1933/2, 80; 1934/3, 843.

— Die Eiszeit im Landschaftsbilde des bayerischen Alpenvorlandes. – Deutsche Landschaftskde, 2. Bd, München u. Berlin (Beck) 1934, 167 S., 30 Abb. – Bespr. Mitt. DÖAV, 1934, 197; NJb. 1934/3, 730; 1935/2, 73; Mitt. Geogr. Ges. München, 27, 1934, 276; GZ 53 A/1834; Z. f. Glkde, 22, 1935, 330; Z. f. Geomorph., 8, 1935, 340; Z. Ges. f. Erdkde Berlin, 1935, 74.

Emmrich H. (Emmerich A.) Über die Gliederung des Alpenkalkes im Bayerischen Gebirge. (Aus Brief an Bronn v. 5. 5. 1849.) – NJb. 1849, 437–443.

— Geognost. Notizen über den Alpenkalk und seine Gliederung im bayer. Gebirge. – 1849. – Bespr. NJb. 1850, 620.

— Geognostische Beobachtungen aus den östl. bayer. und angrenzenden österr. Alpen. – 1851. – Auszug: NJb. 1853, 78–93. – Bespr. Ebd. 191.

— Über das südbayerische Tertiärgebirge. – 1860. – Bespr. NJb. 1861, 709.

Flurl M. Einige Nachrichten über die schon öfters vorgeschlagene und mit Ende Dezember 1817 zustande gekommene merkwürdige Salzwasserleitung von Berchtesgaden nach Reichenhall. – NJbücher d. Berg- u. Hüttenkde, 4, 1821, 370–382, 1 K.

Gewässerkunde. Jahrbuch der Bayer. Landesstelle f. –, H. I: Niederschlagsmessungen, H. II. Wasserstandsbeobachtungen. – Herausgeg. v. d. Minbauabt. Staatsmin. d. Inn. f. d. J. 1929, 31, München 1933, 52 S. – Bespr. PetMitt., 80, 1934, 311.

Gümbel C. W. v. Über das Vorkommen von Torfpechkohle (Dopplerit) im Dachelmoos bei Berchtesgaden. – NJb. 1858, 278–286, 2 Skz.

Haber G. Bau und Entstehung der Bayerischen Alpen. – Deutsche Ldschkde, Bd 3, München u. Berlin (Beck) 1934, 206 S., 16 Abb.

Hailer. Studien über die Lagerungsverhältnisse des Gebirges und des Salzgebildes bei Berchtesgaden. – In: Schafhäutl, Geogn. Untersuchungen des südbayer. Alpengebirges, München 1851, 147–206, 1 K., zahlr. Prof. u. Abb. Mit Einleitg u. Nachwort v. Schafhäutl.

Hall. Nachrichten von dem Erfolge der Sonnen-Salzfabrikationsanstalten in Sachsen und der älteren ähnlichen Versuche in Bayern und Tirol. (Versuche von Giusti Ende des 17. Jahrhunderts.) – Molls Ephemeriden d. Berg- u. Hüttenkde, 1, 1805, 273–347 (Hall 339–347. Aus einer handschr. diplomatischen Geschichte des Salzsudwesens zu Hall.)

Hartmann E. Geol. der Reichenhaller Solequellen. – 1933. – Bespr. NJb. 1935/2, 46.

Hauer F. R. v. Über die geognostischen Verhältnisse des Nordabhanges der nordöstlichen Alpen zwischen Wien und Salzburg. – 1850. – Bespr. NJb. 1850, 737.

Häuser J. Die Niederschlagsverhältnisse in Bayern. – 1930. – Bespr. PetMitt., 81, 1935, 73.

Heberdey R. Die Bedeutung der Eiszeit für die Fauna der Alpen. – 1933. – Bespr. GZ 4 B/1333, 52 A/223.

Hülle W. Grundzüge der vorrömischen Besiedlung Bayerns rechts des Rheins in ihrer Abhängigkeit von den natürlichen und kulturellen Verhältnissen der Vorzeit. Ein prähistorisch-geographischer Versuch. – Augsburg (Fischer) 1932, 92 S., 1 K. – Bespr. Wr. Prähist. Z., 20, 1933, 25.

Klebelsberg R. v. Grundzüge der Geologie Tirols. – 1933. – Bespr. Mitt. DÖAV, 1934, 147; Der Schlern, 15, 1934, 189; PetMitt., 1934, 317; Geogr. Z., 40, 1934, 271.

— Geologie von Tirol. – Berlin (Borntraeger) 1935, 748 S. u. 4 Verz., K. 1:500000, 3 Skzen, 11 Blgen.

Kleinschrod. Bemerkungen über das Vorkommen von Hippuriten bei Reichenhall. (Brief aus München v. Mai 1827.) – Z. f. Min., 1828, 709–716.

Knochenhauer B. Beiträge zur Vor- und Frühgeschichte des Berg-, Hütten- und Salinenwesens in Deutschland. - Z. f. B.-, H.- u. S.-Wesen, 80, 1932, B, 121-128.

Kobell F. v. Über den Brongniartin von Berchtesgaden. - Münchn. Gel. Anzg., 22, 1846, 33-35. - Bespr. NJb. 1846, 840.

Koegel L. Geographische Wanderung in der Inntal-Landschaft. - Sammler, Blge d. Münchner-Augsburger Abendztg, Nr. 123 v. 1931.

Kohlenbergbau im Unterinntal. - Innsbr. Nachr., Jahr, Nr. - Ebbs: 1900, 122. Hall: 1920, 55, 73. Häring: 1900, 109, 177; 1905, 120, 122, 188; 1910, 227; 1912, 15; 1913, 37, 167; 1914, 314; 1915, 181. Hoher Nock (Sonnwendgeb., Zöttbachalm): 1921, 252. Kössen: 1901, 55, 60; 1902, 228; 1907, 291; 1908, 66. Maria Stein: 1922, 155.

Lahner G. Die oberösterr. u. salzburgischen Kalkalpen und ihre Grenzgebiete. Eine Einführung in ihren geologischen Bau für Laien. - Mitt. f. Erdkde, Fachz. d. Ldsver. f. Höhlenkde in Oberösterr., Linz 1932, 2-140; 1933, 2-166. - Bespr. NJb. 1935/3, 163.

Lamprecht H. Traunsteins Umgebung und der Chiemgau in ihrer erdgeschichtlichen Entwicklung. - Heimatbilder a. d. Chiemgau, 1933, Nr. 1, 2, m. Skz.

Lill C. v. Ein Durchschnitt aus den Alpen mit Hindeutungen auf die Karpaten. - Jb. f. Min., 1, 1830, 153-220, 1 Taf. - S. a. ebd., 2, 1831, 75-79. (Briefe Lills v. 24. 6. u. 5. 7. 1830.)

Moll K. E. Frh. v. Über die Hillesheimischen Beiträge zur Salzkunde. (Reichenhall, Traunstein u. a. v. J. 1798.) - Molls Jbücher d. Berg- u. Hüttenkde, 4, 1. Lfrg, 1799, 117-155. (Vgl. mit Hall i. T. S. 145.)

Müller R. W. Die Salinenanlage von Reichenhall. - Kali, 26, 1932, 253-265.

Münichsdorfer F. Bayerns Boden. - 1932. - Bespr. GZ 52 A/29.

Münster G. Graf zu. Über Versteinerungen aus dem feinkörnigen Toneisensteine und dem grünen Sande am Kressenberg bei Traunstein in Bayern. - Aus: Keferstein, Geogn.-geol. Darstellg von Deutschland, VI, 93ff. - Bespr. Z. f. Min., 1829, 2, 543.

Ostendorff E. Zusammenhänge der Bodenkarte Bayerns mit den von Urklas kartenmäßig dargestellten Ernte- und Anbauergebnissen Bayerns. - Z. Pflanzenernährung, B, 1931, 410.

Pusch G. Mineralogische Bemerkungen. (Brief aus Warschau v. 25. 1. 1828 u. a. über Sonthofen, Bergen, Kressenberg, Seefeld.) - Z. f. Min., 1828, 388-399. - Erwiderung von A. Boué ebd. 716-722 (Brief aus Bern v. 1. 6. 1828.).

Reichenhall-Schellenberg-Berchtesgaden. Nachrichten von einigen oberdeutschen Salzbergwerken, aus Briefen eines Reisenden. - Molls Jbücher d. Berg- u. Hüttenkde, 3, 1799, 81-120, 3 Taf.; Annalen, 2, 1803, 393-404, 2 Taf.

Reichenhall-Traunstein. Pachtkontrakt der Bayer. Regierung über den Salzhandel von - v. 9. 1. 1800. - Molls Jbücher d. Berg- u. Hüttenkde, 4, 2. Lfrg, 1800, 430-437.

Reuter L. Geologische Ausführungen über die Grund- und Quellwasservorräte Südbayerns und ihre Verwertung zur Wasserversorgung. - Gas- und Wasserfach, 1924, München 1925.

Russegger J. Über den Nordabhang der Alpen in Salzburg und Tirol. - NJb. 1835, 505-511, 1 Proftaf.

Schafhäutl K. E. v. Beiträge zur näheren Kenntnis der Bayerischen Voralpen. - NJb. 1846, 641-695, 5 Abb., 2 Taf.

— Mächtig auftretende oolithische Gebilde im südbayernschen Gebirgszuge und Notwendigkeit einer bestimmten Charakteristik der versteinerungsleeren Felsarten. - Münchn. Gel. Anzg., 29, 1849, 409ff. - Auszug: NJb. 1851, 364-368.

— Geognostische Untersuchungen des südbayerischen Alpengebirges. - 1851. - Bespr. NJb. 1850, 719.

— Über einige neue Petrefakten des südbayerischen Vorgebirges. - NJb. 1851, 407-421, 1 Taf.

— Kreideversteinerungen im Nummulitenkalk des Kressenberges. (Brief aus München v. 2. 5. 1854.) - NJb. 1854, 319-320. - S. a. ebd. 57-58.

Schottler W. Die Geologie der westlichen Sachranger Berge in den Chiemgauer Alpen (Hochriß-Laubenstein-Spitzsteingebiet). - Diss., München 1932; NJb. 1934, Abt. B, Bbd 72, 46-119, K. 1:25000, 1 Proftaf. - Bespr. GZ 53 A/397.

Sedgwick A. u. **Murchison R. J.** Über die Tertiärformationen längs der Seiten der Salzburger und Bayerischen Alpen. - Proced. of the Geol. Soc. of London, 1829, Nr. 13, 155-159. - Auszug: Jb. f. Min., 2, 1831, 109.

Troll E. Siedlungsbild Inn-Chiemsee-Vorland. - 1932. - Bespr. Z. Ges. f. Erdkde Berlin, 1934, 73.

Uhlig V. Zur Kenntnis der Cephalopoden der Roßfeldschichten. - JbRA 1882, 373-396, 1 Taf., 3 Fig. - S. a. Winkler G. G., Die Neokomformation..., 1868.

Wagner A. (München.) Über fossile Fische aus einem neu entdeckten Lager in den südbayer. Tertiärgebilden. - 1860, 52-57. (Siegsdorf bei Traunstein.) - Bespr. NJb. 1861, 246.

Wagner F. M. Versuche über die Anwendbarkeit des Torfes bei Erzeugung des Roheisens in hohen Öfen. (Bergen bei Traunstein.) - Molls Jbücher der Berg- u. Hüttenkde, 4, 2. Lfrg, 1800, 262-378. Zusatz d. Herausgeb. Moll ebd. 379-394, Brief aus Tirol von E. G. S. über dortige Erfahrungen ebd. 395-402, 1 Tab.

— Über die Anwendbarkeit des rohen Torfes bei Erzeugung des Schmiedeeisens in Rennfeuern. (Saline Reichenhall-Traunstein.) - Molls Ephemeriden d. Berg- u. Hüttenkde, 1, 1805, 16-50, 1 Tab.

Weithofer K. A. Molasse und Alpenrand in Oberbayern. II. Ist die oberbayerische Molasse von alpinen Decken überfahren? - Zbl. f. Min., Abt. B, 1934, 1-12, 3 Abb. - Bespr. GZ 52 A/1421.

— Molasse und Alpenrand in Oberbayern. III. Die tektonischen Bewegungen und deren Ausmaße in der oberbayerischen Molasse. - Zbl. f. Min., Abt. B, 1934, 353-368. - Bespr. GZ 54 A/304.

Wurm A. Zur geophysikalischen Durchforschung Bayerns. - 1931. - Bespr. NJb. 1933/2, 555.

14. Kaisergebirge.

Ampferer O. Neue Gosaufunde im Kaisergebirge. - 1933. - Bespr. GZ 52 A/1825.

— Geolog. Führer für das Kaisergebirge. - 1933. - Bespr. VBA 1934, 13; GR 25, 1934, 212; Wr. Prähist. Z., 21, 1934, 73; GZ 53 A/181; PetMitt., 81, 1935, 100.

Balling C. Die Montanindustrie in Tirol. - Techniker, Wien 1872, u. ebd. (Gronegger) 1872, 31 S. - Bespr. VRA 1873, 100.

Blaas J. Zum „Bergsegen" Tirols. - Innsbr. Nachr., Nr. 99 v. 30. 4. 1919.

Brinkmann R. Zur Schichtfolge und Lagerung der

Gosau in den nördlichen Ostalpen. – Sber. Preuß. Ak. d. Wiss., phys.-math. Kl., 1934, röm. 37, Berlin 1934, 8 S., 2 Abb.
— Über Gosau und vorgosauische Gebirgsbildung in den nördlichen Ostalpen. (Vortr.) – GR 25, 1934, 141.
Eisterer F. Noch eine Bronzenadel aus Kufstein-Zell (Tirol). – Wr. Prähist. Z., 21, 1934, 47–48, 1 Abb.
Emmrich H. Geognostische Beobachtungen aus den östl. bayer. und angrenzenden österr. Alpen. – 1851. – Auszug: NJb. 1853, 78–93. – Bespr. Ebd. 191.
Erdbeben. Arlberg-Inntal-Linie. Innsbr. Nachr., Jahr, Nr. – Achensee: 1904, 59. Achental: 1918, 289. Baumkirchen: 1912, 37. Brixental: 1921, 245, 248. Brixlegg: 1902, 195; 1908, 263. Ehrwald: 1910, 211; 1913, 166, 177; 1914, 3. Falterschein: 1910, 80. Fritzens: 1907, 262. Gaschurn: 1906, 72. Hall: 1901, 253; 1904, 235; 1917, 39. Imst: 1910, 252; 1911, 149. Innsbruck: 1902, 65, 66; 1905, 295; 1911, 163–165, 167; 1912, 107–109, 275; 1913, 49, 50, 114, 232, 244; 1915, 10; 1916, 331, 379; 1917, 23; 1920, 215, 243; 1923, 37; 1924, 72. Inntal: 1903, 288, 289; 1905, 45–47, 49, 52; 1907, 298; 1914, 233; 1917, 17, 18. Kaisergeb.: 1918, 264. Kramsach-Rattenberg: 1913, 255; 1921, 1, 19. Kufstein: 1915, 417. Landeck: 1915, 30. Lechtal: 1917, 267; 1918, 258; 1924, 286. Lermoos: 1908, 27; 1910, 210. Mieming: 1910, 218; 1911, 207; 1914, 409. Montafon: 1905, 295. Mühlau: 1907, 95. Nassereith: 1911, 17. Nauders: 1901, 252; 1917, 285; 1919, 2. Ötz: 1912, 46; 1914, 373. Paznaun: 1906, 27. Ranggen: 1904, 242. St. Anton: 1905, 209, 213; 1911, 94. St. Gallenkirch: 1906, 66; 1910, 167. Silz: 1911, 105. Sistrans: 1908, 150. Stams: 1908, 29, 63, 140. Telfs: 1903, 35; 1910, 210, 218; 1911, 105. Umhausen: 1907, 173. Volders: 1907, 10. Völs: 1904, 18. Wiesen i. Pitztal: 1907, 225. Zams-Landeck-Prutz-Schönwies-Imst: 1908, 247; Zams: 1915, 486. Ganz Tirol: 1902, 139, 141; 1904, 58; 1909, 10, 11. Ganz Nordtirol: 1910, 156–159; 1911, 266, 267; 1914, 400.
Ettingshausen C. Frh. v. Fossile Palmen in der Österr. Monarchie. (Vortr. über Häring.) – JbRA 1851, 4. H., 159–160. – Auszug: NJb. 1853, 212.
Flurl M. Über das Vorkommen der Steinkohlen zu Häring. – Denkschr. Ak. d. Wiss. München, 1813, 127ff. – Abdr.: Leonh. Taschenbuch, 14, 2. Abt., 1820, 435–452. – Bespr. Göttinger Gel. Anzg., 86. St. v. 29. 5. 1819, 854f.; Abschrift: Mus. Ferdin., Dip. 996.
— Über das Vorkommen der Steinkohlen zu Häring sowohl in geognostischer als oryktographischer Rücksicht. – Molls NJbücher d. Berg- u. Hüttenkde, 4, 1821, 1–72. – S. a. Denkschr. Ak. d. Wiss. München, 1813, 127 u. Leonh. Taschenbuch, 14, 1820, 435.
— Über die Erhitzung und Entzündung der Steinkohle [zu Häring] durch den Zug einer zusammengepreßten Luft. (Schreiben a. München v. 13. 4. 1822.) – Molls NJbücher d. Berg- u. Hüttenkde, 5, 1824, 391–399, 1 K.
Gümbel C. W. v. Röthikalk. Magnesit von Elmau. (Brief an Hofrat v. Hauer v. 10. 11. 1880.) – VRA 1880, 276–277.
Haber G. Bau und Entstehung der Bayerischen Alpen. – Deutsche Ldschkde, Bd 3, München u. Berlin (Beck) 1934, 206 S., 16 Abb.
Häuser J. Die Niederschlagsverhältnisse in Bayern. – 1930. – Bespr. PetMitt., 81, 1935, 73.
Heberdey R. Die Bedeutung der Eiszeit für die Fauna der Alpen. – 1933. – Bespr. GZ 4 B/1333, 52 A/223.
Hradil G. u. **Falser H. v.** Die Ölschiefer Tirols. – 1930. – Bespr. Berg- u. Hüttenm. Jb., 79, 1931, 39.
Klebelsberg R. v. Grundzüge der Geologie Tirols. – 1933. – Bespr. Der Schlern, 15, 1934, 189; Mitt. DÖAV, 1934, 147; PetMitt., 1934, 317; Geogr. Z., 40, 1934, 271.
— Geologie von Tirol. – Berlin (Borntraeger) 1935, 748 S. u. 4 Verz., K. 1:500000, 3 Skzen, 11 Blgen.
Kufstein. Museumseröffnung. – Innsbr. Nachr., Nr. 125 v. 4. 6., 129 v. 9. 6. 1913.
Kufsteiner Lokalbahnen. Innsbr. Nachr., Jahr, Nr. – Brixental-Leukental: 1908, 173. Kufstein-Bayr.-Zell: 1905, 230; 1908, 49. Kufstein-Hinterbärenbad: 1901, 249. Kufstein-Kössen: 1900, 111; 1902, 119, 160; 1903, 70, 82, 92, 170; 1904, 226, 266; 1905, 27, 81, 85, 105, 284; 1908, 100; 1910, 198; Thiersee: 1908, 38. Kössen-St. Johann: 1904, 236; 1912, 172; 1913, 237. St. Johann-Lofer-Unken: 1906, 21; 1912, 63; St. Johann-Reichenhall-Saalfelden: 1907, 206, 216, 217, 261, 261, 280, 283.
Lahner G. Die oberösterr. u. salzburgischen Kalkalpen und ihre Grenzgebiete. Eine Einführung in ihren geologischen Bau für Laien. – Mitt. f. Erdkde, Fachz. d. Ldsver. f. Höhlenkde in Oberösterr., Linz 1932, 2–140; 1933, 2–166. – Bespr. NJb. 1935/3, 163.
Leonhard K. C. v. Verzeichnis tirolischer Mineralien. – Leonhards Min. Taschenbuch, 5, 1811, 199–211. – Berichtigung ebd., 7, 2. Abt., 1813, 581–583. (Schoepfer.)
Leuchs K. Über Breccien. – 1933. – Bespr. NJb. 1934/2, 376.
Petzl J. Über ein Fossil aus dem Steinkohlenwerke zu Häring in Tirol. (= Gestein.) – Denkschr. Ak. d. Wiss. München, 1809, 103ff. – Abdr.: Molls NJbücher d. Berg- u. Hüttenkde, 4, 1821, 73–85.
Redlich K. A. Die Typen der Magnesitlagerstätten, ihre Bildung, geologische Stellung und Untersuchung. – Z. f. prakt. Geol., 42, 1934, 156–159, 166–173, 4 Abb.
Schlosser M. Vor- und frühgeschichtliche Spuren menschlicher Siedlungen in der Kufsteiner Gegend. – In: Lippott, Sechzig Jahre Tiroler Grenzbote, 1871–1931, Kufstein 1931, 29–31, 2 Abb.
Schmidt A. R. Tagebuch über die geogn.-mont. Begehung des Kreises Unterinntal i. J. 1842, d. d. Hall, 1. 2. 1843. – Handschr. Mus. Ferdin., F.B. 5019.
Schultes J. A. Bemerkungen auf einer Reise von Krakau nach Innsbruck. – Journ. f. d. Chem. u. Phys., 7, 393. – Auszug: Leonh. Taschenbuch, 5, 1811, 248–253.
Schwinner R. Ungleichseitigkeit der Gebirgskämme. – 1933. – Bespr. GZ 52 A/108, 53 A/1752.
Seefeldner E. Zur Altersfrage der Abtragungsflächen. – 1933. – Bespr. Z. f. Geomorph., 8, 1934, 204; GZ 53 A/81; Mitt. Geol. Ges. Wien, 26, Wien 1934, 226; Boll. Soc. Geogr. It., 1934, 75.
Stolz O. Die Schwaighöfe in Tirol. – 1930. – Bespr. Mitt. Geogr. Ges. Wien, 76, 1933, 247.
Suess E. Über die Brachiopoden der Kössener Schichten. – 1854. – Bespr. NJb. 1854, 763.
Tischoferhöhle. Eine Knochenhöhle im Kaisergebirge. – TB 1859, S. 417.
Ur- und frühgeschichtliche Funde. Innsbr. Nachr., Nr. ... v....: Kufstein: 166 v. 22. 7., 180 v. 8. 8. 1905.

Tischofer Höhle: 251 v. 2. 11., 256 v. 8. 11. 1906.

Zösmair J. Die Kufsteiner Eibergstraße und der Wilde Kaiser. (Namenkdl.) – Innsbr. Nachr., Nr. 116 v. 23. 5. 1914.

Zsigmondy E. u. **Paulcke W.** Die Gefahren der Alpen. – 9. verb. Aufl. München (Bergverl. R. Rother) 1933, 472 S., 74 Abb., 13 Vollbilder. – Bespr. Mitt. DÖAV, 1933, 279.

15. Waidringer Alpen.

Aigner Aug. Die Salzberge von Hallein und Berchtesgaden. – Mont. Rdsch., 4, 1912, 697–700, 748–750, 1 Abb.

— Über die Ausgestaltung des Baugerippes bei den alpinen Salzbergen. – Mont. Rdsch., 6, 1914, 525–530, 2 Fig.

Baader (M.) J. Ankündigung einer für alle Salinen sehr wichtigen neuen Maschine. (Luftgradierung ohne Dorne, erprobt in Reichenhall.) – Annalen d. Berg- u. Hüttenkde, 3, 1805, 387–391.

— Neue Beiträge zur Salzwerkskunde. (Reichenhall u. Traunstein.) – Molls Ephemeriden, 2, 1806, 48–57.

— Vergleichung der gegenwärtig zu Reichenhall vorgerichteten drei verschiedenen Luftgradierwerke... – NJbücher d. Berg- u. Hüttenkde, 1, 1809, 321–342.

Boué A. Fundstätten fossiler Körper in Tirol. – Journ. de Géol., 1, 1830, 290–292; Übersetzung in Leonh. u. Bronns NJb., 1833, 713.

Del-Negro W. Ü. d. Bauformel d. Salzburger Kalkalpen. – 1932. – Bespr. NJb. 1935/3, 163.

— Der geologische Bau der Salzburger Kalkalpen. – Mitt. f. Erdkde, 3, Linz 1934, 2–13, 18–31, 66–79, 98–111, 130–142, 162–175. – Bespr. NJb. 1935/3, 164.

Ebers E. Die Eiszeit im Landschaftsbilde des bayerischen Alpenvorlandes. – Deutsche Ldschkde, 2. Bd, München u. Berlin (Beck) 1934, 167 S., 30 Abb. – Bespr. Mitt. DÖAV, 1934, 197; NJb. 1934/3, 730; 1935/2, 73; Mitt. Geogr. Ges. München, 27, 1934, 276; GZ 53 A/1834; Z. f. Glkde, 22, 1935, 330; Z. f. Geomorph., 8, 1935, 340; Z. Ges. f. Erdkde Berlin, 1935, 74.

Emmrich H. Geognost. Notizen über den Alpenkalk und seine Gliederung im bayer. Gebirge. – 1849. – Bespr. NJb. 1850, 620.

— Geognostische Beobachtungen aus den östl. bayer. und angr. österr. Alpen. – 1851. – Auszug: NJb. 1853, 78–93. – Bespr. Ebd. 191.

Haber G. Bau und Entstehung der Bayerischen Alpen. – Deutsche Ldschkde, Bd 3, München u. Berlin (Beck) 1934, 206 S., 16 Abb.

Hailer. Studien über die Lagerungsverhältnisse des Gebirges und des Salzgebildes bei Berchtesgaden. – In: Schafhäutl, Geogn. Untersuchungen des südbayer. Alpengebirges, München 1851, 147–206, 1 K., zahlr. Prof. u. Abb. Mit Einleitg u. Nachwort v. Schafhäutl.

Hall. Nachrichten von dem Erfolge der Sonnen-Salzfabrikationsanstalten in Sachsen und der älteren ähnlichen Versuche in Bayern und Tirol. (Versuche von Giusti Ende d. 17. Jahrhunderts.) – Molls Ephemeriden d. Berg- u. Hüttenkde, 1, 1805, 273–347 (Hall 339–347. Aus einer handschr. diplomatischen Geschichte des Salzsudwesens zu Hall.)

Hauer F. R. v. Über die geognostischen Verhältnisse des Nordabhanges der nordöstlichen Alpen zwischen Wien und Salzburg. – 1850. – Bespr. NJb. 1850, 737.

— Über die Cephalopoden aus dem Lias der nordöstlichen Alpen. (U. a. Kammerker u. Lienzer Klause.) – Denkschr. Ak. d. Wiss. Wien, math.-natw. Kl., 11, 1856, 1–86, 25 Taf. – Auszug: NJb. 1856, 747–750.

Heberdey R. Die Bedeutung der Eiszeit für die Fauna der Alpen. – 1933. – Bespr. GZ 4 B/1333, 52 A/223.

Klebelsberg R. v. Grundzüge der Geologie Tirols. – 1933. – Bespr. Mitt. DÖAV, 1934, 147; Der Schlern, 15, 1934, 189; PetMitt., 1934, 317; Geogr. Z., 40, 1934, 271.

— Geologie von Tirol. – Berlin (Borntraeger) 1935, 748 S. u. 4 Verz., K. 1:500000, 3 Skzen, 11 Blgen.

Klinghardt F. Die Kreide-Tertiär-Grenze und verwandte Fragen. (Vortr.) – Z. DGeolGes., 87, 1935, 22–39, 61, 6 Taf., 1 Tab.

Klose O. St. Martin. (Bez. Zell a. S.) – Fundber. a. Österreich, 1, 1930–1934, 72; s. a. Salzb. Volksbl., Nr. 180 v. 1926; Wr. Prähist. Z., 1928, 108; Salzb. Mus.-Bl., 7. Febr. 1928, Nr. 1.

Knochenhauer B. Beiträge zur Vor- und Frühgeschichte des Berg-, Hütten- und Salinenwesens in Deutschland. – Z. f. B.-, H.- u. S.-Wesen, 80, 1932, B, 121–128.

Kufsteiner Lokalbahnen. Innsbr. Nachr., Jahr, Nr. – Brixental–Leukental: 1908, 173. Kufstein–Bayr.-Zell: 1905, 230; 1908, 49. Kufstein–Hinterbärenbad: 1901, 249. Kufstein–Kössen: 1900, 111; 1902, 119, 160; 1903, 70, 82, 92, 170; 1904, 226, 266; 1905, 27, 81, 85, 105, 284; 1908, 100; 1910, 198; Thiersee: 1908, 38. Kössen–St. Johann: 1904, 236; 1912, 172; 1913, 237. St. Johann–Lofer–Unken: 1906, 21; 1912, 63; St. Johann–Reichenhall–Saalfelden: 1907, 206, 216, 217, 261, 280, 283.

Lahner G. Die oberösterr. u. salzburgischen Kalkalpen und ihre Grenzgebiete. Eine Einführung in ihren geologischen Bau für Laien. – Mitt. f. Erdkde, Fachz. d. Ldsver. f. Höhlenkde in Oberösterr., Linz 1932, 2–140; 1933, 2–166. – Bespr. NJb. 1935/3, 163.

Lill C. v. Ein Durchschnitt aus den Alpen mit Hindeutungen auf die Karpaten. – Jb. f. Min., 1, 1830, 153–220, 1 Taf. – S. a. ebd., 2, 1831, 75–79. (Briefe Lills v. 24. 6. u. 5. 7. 1830.)

Moll K. E. Frh. v. Über die Hillesheimischen Beiträge zur Salzkunde. (Reichenhall, Traunstein u. a. v. J. 1798.) – Molls Jbücher d. Berg- u. Hüttenkde, 4, 1. Lfrg, 1799, 117–155 (Vergl. mit Hall i. T. S. 145).

Müller R. W. Die Salinenanlage von Reichenhall. – Kali, 26, 1932, 253–265.

Reichenhall–Schellenberg–Berchtesgaden. Nachrichten von einigen oberdeutschen Salzbergwerken, aus Briefen eines Reisenden. – Molls Jbücher d. Berg- u. Hüttenkde, 3, 1799, 81–120, 3 Taf.; Annalen, 2, 1803, 393–404, 2 Taf.

Renz C. Paroniceraten, Frechiellen und Leukadiellen. – 1925. – Bespr. NJb. 1934/3, 788.

Russegger J. Über den Nordabhang der Alpen in Salzburg und Tirol. – NJb. 1835, 505–511, 1 Proftaf.

Saalachtalbahn. Salzburg–Lofer–St. Johann i. T. – Innsbr. Nachr., Nr. 46 v. 25. 2. 1911. – S. a. Kufsteiner Lokalbahnen.

Schafhäutl K. E. v. Geognostische Untersuchungen

des südbayerischen Alpengebirges. - 1851. - Bespr. NJb. 1850, 719.

Schmidt A. R. Tagebuch über die geogn.-mont. Begehung des Kreises Unterinntal i. J. 1842, d. d. Hall, 1. 2. 1843. - Handschr. Mus. Ferdin., F.B. 5019.

Schroll K. (C.) M. Grundriß einer salzburgischen Mineralogie oder kurzgefaßte systematische Anzeige der bis jetzt bekannten Mineralien des Fürstentums und Erzstifts Salzburg. - Molls Jbücher, 1, 1797, 95-196. - S. a. Vorrede, röm. 8-9. - Auszug: Ebd. 3, 1799, 364-371.

Schultes J. A. Bemerkungen auf einer Reise von Krakau nach Innsbruck. - Journ. f. d. Chem. u. Phys., 7, 393. - Auszug: Leonh. Taschenbuch, 5, 1811, 248-253.

Seefeldner E. Die alten Landoberflächen der Salzburger Alpen. - Z. f. Geomorph., 8, 1934, 157-198, 3 Abb. - Bespr. GZ 53 A/1533.

Sickenberg O. Geol. Untersuchgen i. d. nördl. Osterhorngruppe. - 1931. - Bespr. NJb. 1935/3, 162.

— Zweite Mitt. ü. geol. u. pal. Untersuchgen i. d. nördl. Osterhorngruppe. - 1932. - Bespr. NJb. 1935/3, 162.

— Ein rhät. Korallenriff a. d. Osterhorngruppe. - 1932. - Bespr. NJb. 1935/3, 162.

Sieber R. Weitere Ergebnisse paläobiologischer Untersuchungen an der Fauna der rhätischen Riffkalke der Rötelwand (Osterhorngruppe, Salzburg) und anderer rhätischer Riffgebiete der Nordalpen. - Anzg. Ak. d. Wiss. Wien, math.-natw. Kl., 71, 1934, 258-261.

Uhlig V. Zur Kenntnis der Cephalopoden der Roßfeldschichten. - JbRA 1882, 373-396, 1 Taf., 3 Fig. - S. a. Winkler G. G., Die Neokomformation..., 1868.

Vortisch W. Die Juraformation und ihr Liegendes in der Kammerker-Sonntagshorngruppe. 1. Westrand des Gebietes (Kammerker). - NJb. 73. Bbd, Abt. B, 1934, 100-148, 3 Taf., 2 Abb. - Bespr. GZ 54 A/533.

Wagner F. M. Versuche über die Anwendbarkeit des Torfes bei Erzeugung des Roheisens in hohen Öfen. (Bergen bei Traunstein.) - Molls Jbücher d. Berg- u. Hüttenkde, 4, 2. Lfrg, 1800, 262-378. Zusatz d. Herausgeb. Moll ebd. 379-394, Brief aus Tirol von E. G. S. über dortige Erfahrungen ebd. 395-402, 1 Tab.

— Über die Anwendbarkeit des rohen Torfes bei Erzeugung des Schmiedeeisens in Rennfeuern. (Saline Reichenhall-Traunstein.) - Molls Ephemeriden d. Berg- u. Hüttenkde, 1, 1805, 16-50, 1 Tab.

16. Inntal von Landeck abwärts.

Achenseebahn. Notiz über die -. - Innsbr. Nachr., Nr. 138 v. 19. 6. 1900; Nr. 98 v. 30. 4. 1901.

Ahrn. Kupferbergwerk - und Leonische Fabrik in Schwaz. - TB 1827, S. 144.

Ampferer O. Geol. Karte der Lechtaler Alpen. - 1932. - Bespr. NJb. 1933/3, 502.

— Geolog. Führer für das Kaisergebirge. - 1933. - Bespr. VBA 1934, 13; GR 25, 1934, 212; Wr. Prähist. Z., 21, 1934, 73; GZ 53 A/181; PetMitt., 81, 1935, 100.

— Über das Westende der Inntal- und Krabachjochdecke in den Lechtaler Alpen. - JbBA 1934, 41-54, 12 Zeichngen.

Andrian F. v. Über die Gegend von Brixlegg und Kitzbühel. - 1858. - Bespr. NJb. 1859, 306.

Anndorffer Jörgen. Handschr. über Bergbau Schwaz: Was Antzal Silber zu Schwatz ... von 1470-1534.... Nationalbibl. Wien.

Baader (M.) J. Ankündigung einer für alle Salinen sehr wichtigen neuen Maschine. (Luftgradierung ohne Dorne, erprobt in Reichenhall.) - Annalen d. Berg- u. Hüttenkde, 3, 1805, 387-391.

— Neue Beiträge zur Salzwerkskunde. (Reichenhall und Traunstein.) - Molls Ephemeriden, 2, 1806, 48-57.

— Vergleichung der gegenwärtig zu Reichenhall vorgerichteten drei verschiedenen Luftgradierwerke... - NJbücher d. Berg- u. Hüttenkde, 1, 1809, 321-342.

Baldauf F. Westtirol und sein Verkehr. - Tirolerland, 2, 1931, Nr. 6, 1-6, 22 Abb.

Balling C. Die Montanindustrie in Tirol. - Techniker, Wien 1872 u. ebd. (Gronegger) 1872, 31 S. - Bespr. VRA 1873, 100.

Beaumont A. Travels through the Rhaetian Alps in the year 1786. - London 1792, 82 S., 8 Bildtafeln.

Becke F. Mikroskopische Untersuchung der Proben vom Staubschnee vom 11. März 1901. - Meteorol. Z., 36 (18), 1901, 318-321.

Bergbau Karwendel. Innsbr. Nachr., Jahr, Nr. - Bächental: 1911, 85. Hall: 1905, 172; 1915, 593; 1920, 55, 73. Hötting (Knappenlöcher): 1902, 73, 79. Pertisau (Tristkopf): 1901, 30. Rißtal: 1900, 235. Wengertal: 1900, 206.

Bergbau Oberinntal. Innsbr. Nachr., Jahr, Nr. - Imst: 1917, 96. Imsterberg: 1921, 246. Kranebitten (Schotterwerk): 1921, 218. Mieming (Ölschiefer): 1906, 170, 179. Tschirgant: 1912, 125; 1914, 54; 1915, 515, 541; 1919, 169.

Bergbau Tirols. Historisch-technische Notizen der Prov. Tirol in ausgedehnter montanistischer Beziehung. Zusammengetragen für das techn. Kabinett Sr. Kais. Hoh. d. dl. Erzh. Kronprinzen und berichtiget für das tir. Nationalmus. Ferdin. - Handschr. 1827, Ferdin.-Bibl. Nr. 2704. Enthält u. a. Angaben über Bergbau Häring, Kitzbühel, Brixlegg, Zillertal, Schwaz, Hall, Torf in Vorarlberg, Serpentin Matrei a. Br., Schwerspat Schwaz, Steinöl Seefeld (mit Bild); Histor.-techn.-admin. Skizze der Saline Hall und der Salmiakfabrik zu Hall i. T.; Walzwerk Brixlegg (1819 erbaut); Gedrängte hist.-techn. Notizen über den tir. Messinghandel. (Achenrain seit 1. Hälfte des 17. Jahrhunderts, vorher Lienz.)

Bergordnung von Hötting a. d. J. 1532. - Handschr. Mus. Ferdin., F.B. 12209.

Bergsegen. (M.) Tirols -. - Innsbr. Nachr., Nr. 85 v. 12. 4. 1919.

Bergwerke und Schürfe. Verzeichnis der - und des Personals. 1788. (Nordtirol.) - Handschr. Mus. Ferdin., Dip. 1190, f. 90-99, 103. - S. ebd. Statistische Notizen aus den Gerichten Stubai, Matrei u. Steinach v. J. 1791. (Nutzbare Gesteine u. Eisenindustrie.)

Blaas J. u. Czermak P. Staubfall in Tirol. (10. u. 11. 3. 1901.) - Meteorol. Z., 36 (18), 1901, 234-235.

Blaas J. Zum „Bergsegen" Tirols. - Innsbr. Nachr., Nr. 99 v. 30. 4. 1919.

— Ein Wort zur Kohlenfrage. - Innsbr. Nachr., Nr. 73 v. 31. 3. 1920.

Blaas K. Die Straße von heute. Der Ausbau der Achenseestraße. - Z. Österr. Ing.- u. Arch.-Ver., 84, 1932, 231-232, 1 Skz.

Borraß E. Bericht über die relativen Messungen der

Schwerkraft mit Pendelapparaten in der Zeit von 1808 bis 1909 und über ihre Darstellung im Potsdamer Schweresystem. - Verh. 16. Allgem. Konferenz der Internat. Erdmessung in London und Cambridge 1909, 3. T. Spezialbericht über die rel. Schweremessungen, Berlin (Reimer) 1911, 288 S., 2 K.

Brandt O. H. Das Geschlecht der Fugger. - Volk und Rasse, 6, 1931, 36-48.

Brezina A. Neue Meteoriten. III. - Annal. Nathist. Hofmus. Wien, 2, 1887, 115. (U. a. Fund Mühlau.)

— Die Meteoritensammlung des K. k. Nathist. Hofmuseums am 1. Mai 1895. - Annal. Nathist. Hofmuseum Wien, 10, 1896, 255. (U. a. Fund Mühlau.)

Brock F. Österreichs Energiewirtschaft. - Blätter f. Gesch. d. Technik, 1. H., Wien (Springer) 1932, 43-47, 3 Abb.

Bruner H. Die Sillregulierung 1823-1824 und die Anfänge der Innsbrucker Spinnfabrik. - Tir. Heimatbl., 12, 1934, 148-153, 1 Skz.

— Die Tiroler Berg- und Schmelzwerksbeamtenfamilie von Schmuck. - Tir. Heimatbl., 12, 1934, 243-248.

Brunswik A. Die geschichtliche Entwicklung des Bergbaues in Nordtirol mit einem Ausblick in die Zukunft. - Diss., Innsbruck 1928.

Buch L. v. Barometrische Reise von Salzburg über den Brenner nach Trient. (Bericht aus Bozen v. 12. 5. 1798 an Moll.) - Molls Jbücher der Berg- u. Hüttenkde, 3, 1799, 359-361.

— Barometrische Reise über den Brenner von Salzburg nach Trento. (Bericht aus Rom v. 14. 7. 1798.) - Molls Jbücher d. Berg- u. Hüttenkde, 4, 1799, 1. Lfrg, 88-109.

— Über barometrische Höhenmessungen. (Briefl. Mitt. - Namentl. über Brenner.) - Aus: Allgem. geogr. Ephemeriden, IV, St. 2, 167 im Sammler f. Gesch. usw., 3, 1808, 242-243 unter: Höhenbestimmungen usw., 4.

— Einige Bemerkungen über die Alpen in Bayern. - 1828 (1831). - Auszug: NJb. 1834, 612-615.

Burger E. W. Strittige Fragen. - 1933. - Bespr. Z. f. Geomorph., 8, 1934, 254.

Castiglioni B. Sulle cause delle deviazioni dei fiumi. - Z. f. Geomorph., 8, 1934, 224-253, 3 Fig.

Charpentier W. T. v. Bemerkungen auf einer Reise von Breslau über Salzburg durch Tyrol, die südliche Schweiz nach Rom, Neapel, Paestum im Jahre 1818. - Leipzig (Göschen) 1820, 2 Bde, 300 u. 272 S. (Saline Reichenhall 70-74, Bergbau Schwaz 76-77, Hall 78, Fossilien Mte Bolca 109, Granit u. Feldspat Baveno 167-168.) - Auszug: NJbücher d. Berg- u. Hüttenkde, 5, 1824, 285-290.

Cranz H. J. v. Gesundbrunnen der Österreichischen Monarchie. - Wien 1777. (Tirol 48-87.)

Czermak F. Ein bemerkenswerter Erzfund. - 1931. - Bespr. GZ 53 A/317.

— u. **Schadler J.** Vorkommen des Elementes Arsen. - 1933. - Bespr. Z. f. prakt. Geol., 42, 1934, 30; NJb. 1934/2, 229.

Czermak P. Der Innsbrucker Föhn. - Innsbr. Nachr., Nr. 63 u. 64 v. 16. u. 18. 3. 1901.

Dalla Torre K. W. v. Pflanzen- und Tierwelt im nördlichen Mittelgebirge bei Innsbruck. - 22. Jber. Innsbr. Verschönerungsver., Innsbruck 1902, 8-16.

Defant A. Innsbrucker Föhnstudien II. - 1906. - Bespr. Innsbr. Nachr., Nr. 92 v. 23. 4. 1906.

Diem K. Zur Systematik der Mineralquellen Österreichs. - Int. Minquellenztg, 34, 1933, Nr. 12, 1-6.

Dietl F. X. Dissertatio inauguralis medico-chemica de austriaci imperii aquis medicatis Brisgoliae, Carinthiae, Carnioliae, Styriae, Tyrolis et nonnullis aliis. - 1772. (S. Nevinny J.)

Dipauli A. Schwarzer Marmor im Inntal: Mötz, Martinswand, Vomp. - In: Denkwürdigkeiten von Innsbruck, Handschr. Mus. Ferdin., Dip. 618, S. 39.

Duschnitz P. Der Erzbergbau in Tirol. (Vortr.) - Innsbr. Nachr., Nr. 94 v. 24. 4. 1919.

Ebers E. Über erloschene Seen. - 1932. - Bespr. NJb. 1933/2, 80; 1934/3, 843.

— Die Eiszeit im Landschaftsbilde des bayerischen Alpenvorlandes. - Deutsche Ldschkde, 2. Bd, München u. Berlin (Beck) 1934, 167 S., 30 Abb. - Bespr. Mitt. DÖAV, 1934, 197; NJb. 1934/3, 730; 1935/2, 73; Mitt. Geogr. Ges. München, 27, 1934, 276; GZ 53 A/1834; Z. f. Glkde, 22, 1935, 330; Z. f. Geomorph., 8, 1935, 340; Z. Ges. f. Erdkde Berlin, 1935, 74.

Elsterer F. Ebbs, Kufstein, Langkampfen, Thierberg. - Fundber. a. Österr., 1, 1930-1934, 192, 194, 250b. - S. a. Tir. Grenzbote, Nr. 21 v. 11. 3. 1933; Wr. Prähist. Z., 1933, 8.

— Noch eine Bronzenadel aus Kuftstein-Zell (Tirol). - Wr. Prähist. Z., 21, 1934, 47-48, 1 Abb.

— Noch etwas über die Grabungen im Wörgler Urnenfriedhof. - Tir. Grenzbote, Nr. 34 v. 28. 4. 1934.

Ekhart E. Zur Aerologie des Berg- und Talwindes (im Inntal). - Beitr. z. Phys. d. freien Atmosph., 18, H. 1. - Auszug: Ber. Natwiss.-med. Ver. Innsbruck, 42, 1929/30/31, 196-198.

— Klima von Innsbruck. - Ber. Natwiss.-med. Ver. Innsbruck, 43-44, 1931/32-1933/34, Innsbruck (Selbstverlag) 1934, 245-359, 73 Tab., 6 Fig.

Emmert A. Der Fürstlichen Grafschaft Tirol Landreim. (Von Georg Rösch von Geroldshausen.) - Abdruck: Almanach f. Gesch., Kunst u. Lit., 1, Innsbruck (Wagner) 1836, 44-75. - S. a. Fischnaler K., Isser M. v., Pichler A. v., Rösch G. v. u. Wieser F.

Enderes Br. v. Die Geschichte der Alpenstraßen und Alpenbahnen. - Beitr. z. Gesch. d. Technik, 22, 1932/33, 7-17, m. K.

Erdbeben. Innsbruck (1. 9. 1810); Verona, Brixen (25. 12. 1810); Verona (1811 4mal); Graubünden (19. 2. 1812); Vicenza, Treviso, Trient, Bozen, Atzwang (Bergsturz), Brixen, Innsbruck, Rosenheim, München (25. 10. 1812); Graubünden (13. 12. 1812). - NJbücher d. Berg- u. Hüttenkde, 3, 1815, 246-261.

— Innsbruck, 28. 4. 1814. - Innsbr. Ztg, Nr. 35 v. 30. 4. 1814.

— Innsbruck (23. 6. u. 16. 12. 1826); Montafon (15. 12. 1826); Trient u. Rovereto (23. 6. 1826). - Zeitgsnachr. - Z. f. Min., 1826, 2, 478; 1827, 1, 341, 372.

— **Arlberg-Inntal-Linie.** Innsbr. Nachr., Jahr, Nr. - Achensee: 1904, 59. Achental: 1918, 289. Baumkirchen: 1912, 37. Brixental: 1921, 245, 248. Brixlegg: 1902, 105; 1908, 263. Ehrwald: 1910, 211; 1913, 166, 171; 1914, 3. Falterschein: 1910, 80. Fritzens: 1907, 262. Gaschurn: 1906, 72. Hall: 1901, 253; 1904, 235; 1917, 39. Imst: 1910, 252; 1911, 149. Innsbruck: 1902, 65, 66; 1905, 295; 1911, 163-165, 167; 1912, 107-109, 275; 1913, 49, 50, 114, 232, 244; 1915, 10; 1916, 331, 379; 1917, 23; 1920, 215, 243; 1923, 37; 1924, 72. Inntal: 1903, 288, 289; 1905, 45-47, 49, 52; 1907, 298; 1914, 233; 1917, 17, 18. Kaisergeb.: 1918, 264. Kramsach-Rattenberg: 1913, 255;

1921, 19. Kufstein: 1915, 417. Landeck: 1915, 30. Lechtal: 1917, 267; 1918, 258; 1924, 286. Lermoos: 1908, 27; 1910, 210. Mieming: 1910, 218; 1911, 207; 1914, 409. Montafon: 1905, 295. Mühlau: 1907, 95. Nassereith: 1911, 17. Nauders: 1901, 252; 1917, 285; 1919, 2. Ötz: 1912, 46; 1914, 373. Paznaun: 1906, 27. Ranggen: 1904, 242. St. Anton: 1905, 209, 213; 1911, 94. St. Gallenkirch: 1906, 66; 1910, 167. Silz: 1911, 105. Sistrans: 1908, 150. Stams: 1908, 29, 63, 140. Telfs: 1903, 35; 1910, 210, 218; 1911, 105. Umhausen: 1907, 173. Volders: 1907, 10. Völs: 1904, 18. Wiesen i. Pitztal: 1907, 225. Zams-Landeck-Prutz-Schönwies-Imst: 1908, 247; Zams: 1915, 486. Ganz Tirol: 1902, 139, 141; 1904, 58; 1909, 10, 11. Ganz Nordtirol: 1910, 156–159; 1911, 266, 267; 1914, 400.

— **Brenner-Linie.** Innsbr. Nachr., Jahr, Nr. – Bozen: 1907, 95. Brenner: 1924, 72. Ellbögen: 1914, 3. Hintertux: 1916, 234. Kastelruth: 1901, 80. Klausen: 1915, 379. Mieders: 1904, 3. Steinach: 1913, 217. Sterzing: 1901, 53; 1907, 233. Ganz Tirol: 1902, 139; 1904, 58; 1909, 10, 11. Ganz Nordtirol: 1910, 156–159; 1911, 266, 267; 1914, 400. Ganz Südtirol: 1900, 59; 1908, 66.

Erdrutsche, größere in Tirol u. V. (Schneeschmelze.) Innsbr. Nachr., Jahr, Nr. – Bludenz: 1914, 135. Blumau: 1901, 168. Breg. Wald: 1905, 66; 1910, 9; 1924, 176. Comano: 1905, 141, 143. Dalaas: 1901, 80; 1911, 226; 1915, 155. Enneberg: 1911, 238. Gadertal: 1902, 178. Grän: 1911, 155. Gries a. Br.: 1909, 81. Hötting: 1907, 72. Hopfgarten: 1913, 170. Imst: 1911, 68, 69. Kaltern: 1901, 66; 1910, 287. Landeck: 1901, 82. Lienz: 1917, 135. Martignano: 1911, 75. Matarello: 1902, 169. Mayrhofen: 1913, 169. Montan: 1907, 15. Mori-Riva: 1903, 10. Mühlau: 1907, 79, 80, 83. Nonsberg: 1905, 164; 1911, 284. Obernberg a. Br.: 1924, 125. Prad: 1907, 173; 1910, 282. Predazzo: 1906, 256. Primiero: 1901, 62. Rabbi: 1901, 75. Ritten: 1904, 122. Romagnano: 1904, 86. Sand i. T.: 1910, 109. St. Cassian: 1907, 252. Sellraintal: 1902, 92. Senderstal: 1906, 147. Sexten: 1914, 125. Töll: 1910, 107. Vielgereuth: 1909, 124. Vinschgau: 1911, 266.

Etschmann F. Die Eiszeit in Nordtirol. – Tir. Anzger, Nr. 28 v. 2. 2. 1935.

Ettingshausen C. Frhr. v. Fossile Palmen in der Österr. Monarchie. (Vortr. über Häring.) – JbRA 1851, 4. H., 159–160. – Auszug: NJb. 1853, 212.

Falke H. Das Oberbergtal. Eine landeskundliche Beschreibung einiger alpiner Hochtäler mit morphologischem Ausblick. – Inaugdiss. Hamburg, 1934, 44 S., 1 Skz.

Fallon L. A. Trigonometrische Höhebestimmungen der bekannten Berge um Innsbruck. (Aus einem Schreiben.) – Abdr. aus Alpina, Winterthur 1807, 2. Bd, 394ff. im Sammler f. Gesch. u. Stat. etc., 3, 1808, 224–227 unter: Höhebestimmungen einiger tirolischer Berge und Ortschaften, 1.

Fernpaßbahn. Innsbr. Nachr., Jahr, Nr. – 1900, 7, 22, 33, 151; 1901, 120, 176, 185, 187, 211, 217, 258; 1902, 165; 1903, 115 (Leitart.), 132, 201; 1904, 279; 1906, 210, 222, 252, 253; 1907, 220, 300; 1908, 31; 1913, 38; 1916, 136; 1924, 39, 82, 83, 207, 213, 224, 289.

— Die – und ihre Bedeutung. – Augsbg. Postztg v. 15. 4. 1928.

Feuchter A. Der Schwazer Bergreim. Ein Nachwort. – Mont. Rdsch., 24, 1932, Nr. 21, 1–2.

Feuerstein Joh. Beschreibung einer Tropfsteinhöhle in der Gegend von Innsbruck. (Östl. des Höttingerbaches nächst Ofenloch-Heilquelle.) – Handschr. Mus. Ferdin., Dip. 1072, f. 75, 76 (6 S.). – Abdr. TB 1832, 48.

Ficker H. v. Ergebnisse der Föhnbeobachtung auf dem Patscherkofel. – Innsbr. Nachr., Nr. 275 v. 30. 11. 1905.

Fischnaler K. Georg Rösch von Geroldshausen: Tiroler Landreim und Wunschspruch ... Zwei tirolische Gedichte des 16. Jahrhunderts. Mit dem Lebensbilde des Verfassers, geschichtl. und sachlichen Erläuterungen herausgegeben. – Innsbruck (Wagner) 1898, 36 S. (Biogr. 1–18, Begleitwort z. Landreim 21–26, z. Wunschspruch 29–36. Abdruck beider Gedichte.) – S. a. Emmert, Isser, Pichler, Rösch u. Wieser.

Flückiger O. Glaziale Felsformen. – 1934. – Bespr. PetMitt., 80, 1934, 143; Geogr. Z., 40, 1934, 268; Boll. Soc. Geogr. It., 1934, 253; Z. f. Geomorph., 8, 1935, 335; GZ 54 A 537.

Flurl M. Über das Vorkommen der Steinkohlen zu Häring. – 1813. – Abdr. in Leonh. Taschenbuch, 14, 2. Abt., 1820, 435–452.

— Über das Vorkommen der Steinkohlen zu Häring sowohl in geognostischer als oryktographischer Rücksicht. – Molls NJbücher d. Berg- u. Hüttenkde, 4, 1821, 1–72. – S. a. Denkschr. Ak. d. Wiss. München, 1813, 127 u. Leonh. Taschenbuch, 14, 1820, 435.

— Über die Erhitzung und Entzündung der Steinkohle [zu Häring] durch den Zug einer zusammengepreßten Luft. (Schreiben aus München v. 13. 4. 1822.) – Molls NJbücher d. Berg- u. Hüttenkde, 5, 1824, 391–399, 1 K.

Frank M. Zur Bildungsgeschichte der oberen Trias am Nordrand der Kalkalpen zwischen Oberstdorf und Schliersee. – GR 25, 1934, 98–110, 4 Abb. – Bespr. GZ 53 A 1861.

Gams H. Die Bedeutung der Mikrostratigraphie für die Synchronisation quartärer Ablagerungen. – Transact. of the internat. Conf. of the Ass. on the study o. t. quart. per. in Eur., f. 1, Unit. geol. a. prosp. serv. of USSR, 1932, 41–42.

— Das Alter der Höttinger Breccienflora und anderer interglazialer Floren und Faunen der Alpen. (Bemerkungen zu Hans Spethmann: Die Einheit der alpinen Eiszeit. Langensalza-Berlin-Leipzig 1934.) – Z. f. Glkde, 22, 1935, 278–283.

Garber J. Arzl, Martinsbühel. – Fundber. a. Österr., 1, 1930–1934, 136.

Gaun F. Iter per salinas Tyrolenses. (Bergbau Hall.) – Innsbruck (Wagner) 1707, 106 S., 3 Abb. (Lateinisch.)

Gesteinsrelief der Tiroler Alpen in Innsbruck. – N. Fr. Pr., Abendbl. v. 12. 7. 1888; Innsbr. Nachr., Nr. 156, 159 v. 1923, 145, 155 v. 1924. – S. a. Peucker K., Schuler J. u. Ule W.

Gewässerkunde. Jahrbuch der Bayer. Landesstelle f. –. H. I: Niederschlagsmessungen, H. II: Wasserstandsbeobachtungen. – Herausgeg. v. d. Minbauabt. Staatsmin. d. Inn. f. d. J. 1929, 31, München 1933, 52 S. – Bespr. PetMitt., 80, 1934, 311.

Gimbernat. Über die geognostische Beschaffenheit der Alpenkette. – Zachs Mon. Korresp., 1808, August, 141–148. – Bespr. NJbücher d. Berg- u. Hüttenkunde, 1, 1808, 468.

Götzinger G. Das geologische Alter des Steinzeitmenschen in Österreich. – Forschungen u. Fortschr., 1933; Pressemitt. d. Reichszentr. f. wissensch. Berichterstattung, 1933, 86-87 als Auszug aus Verh. Internat. Geologenkongr. Washington (im Drucke). – Bespr. Neueste Ztg. v. 29. 7. 1933.

Graber G. Clärliche Beschreibung wegen der den 17. Juli anno 1670 und folgendes Jahr hindurch erschröcklich fürbeigegangenes Erdpiden und ihrer Wirkungen. (Erdbeben Innsbruck.) – Handschr. Mus. Ferdin., Dip. 12209.

Grabherr W. Die Dynamik der Brandflächenvegetation auf Kalk- und Dolomitböden des Karwendels. (Vorläufige Mitt.) – Ber. Natwiss.-med. Ver. Innsbruck, 43–44, 1931/32–1933/34, Innsbruck (Selbstverl.) 1934, 378–380.

— Der Einfluß des Feuers auf die Wälder Tirols in Vergangenheit und Gegenwart. – Zbl. f. d. ges. Forstwesen, 60, 1934, 260–302, 5 Abb., 8 Tab.

Grahmann R. Der Löß in Europa. (Vortr.) – GR 25, 1934, 220–221.

Gredler V. Der Steinhandel Tirols längs der Brennerbahn. – Andreas Hofer, Wochenbl. f. d. Tiroler Volk, Innsbruck 1879, Nr. 21–23, S. 202–203, 210, 220–221.

Groß A. J. Hall und seine Umgebung. – Der Wanderer, 1826, 321–324. – Bespr. als Topogr. Berichtigg im TB 1827, S. 120, 124.

Guarinoni H. Die Greuel der Verwüstung menschlichen Geschlechts. (U. a. Gesundheitsverh. bei den Bergbauen Schwaz und Hall, Heilbäder Volders und Egerdach.) – Ingolstadt (Angermayr) 1610, 1330 S. – S. a. Mayrhofer B.

Guggenmoos Th. Über Korngrößen und Kornformenverteilung von Sanden verschiedener geologischer Entstehung. (U. a. Gasteiner Tal, Isar und Inn.) – NJb. 1934, Bbd 72, Abt. B, 429–487, 19 Abb., 2 Taf.

Gumppenberg Frh. v. Über die sogenannten alten Rinner am Falkenstein zu Schwaz. (Brief an Gehr. v. Leonhard.) – NJb. 1836, 50–51. – S. a. Russegger J. (Rinner = Lagerstätte, Erzanhäufung.)

Haber G. Bau und Entstehung der Bayerischen Alpen. – Deutsche Ldschkde, Bd 3, München u. Berlin (Beck) 1934, 206 S., 16 Abb.

Hagauer Marmor. Über den –, das Messingwerk Achenrain und den Bergbau Brixlegg. – Innsbr. Tagbl., 1853, S. 1582–1583. – S. a. Einberger H.

Hall. Nachrichten von einigen oberdeutschen Salzwerken, aus Briefen eines Reisenden. – Molls Jbücher d. Berg- u. Hüttenkde, 3, 1799, 81–120; Annalen d. Berg- u. Hüttenkde, 2, 1803, 393–404, 2 Taf. (Hall 403–404.)

— Nachrichten von dem Erfolge der Sonnen-Salzfabrikationsanstalten in Sachsen und der älteren ähnlichen Versuche in Bayern und Tirol. (Versuche von Giusti Ende des 17. Jahrhunderts.) – Molls Ephemeriden d. Berg- u. Hüttenkde, 1, 1805, 273–347 (Hall 339–347. Aus einer handschr.. diplomatischen Geschichte des Salzsudwesens zu Hall.)

— Dokumente über den Brand und die Wiederherstellung der Saline – v. J. 1822. – Handschr. Mus. Ferdin., B.T. 1267, Dip. 996, 37–40.

— Analyse des Bittersalzes von –. – TB 1834, S. 308.

— Entwurf zur Errichtung eines Solbades und Kurhauses in Mils bei – in Tirol. – Innsbruck u. Imst (Lampe) 1898, 30 S. – S. a. Leo.

Hammer W. Die Erforschung der Bodenschätze Tirols. (Geol. Karten.) – Innsbr. Nachr., Nr. 115 v. 20. 5. 1919.

Hammerle A. F. Das Erzh. Maximilian-Bad am Venusberg. (Büchsenhausen.) – Innsbr. Nachr., Nr. 146 v. 1. 8. (Abdbl.), 147 v. 2. 8. 1918.

Haßler Frd. Augsburger Kaufleute und Tiroler Bergarbeiter im 16. Jahrhundert in England. – Beitr. z. Gesch. d. Techn. u. Ind., 17, 1927, 80–88, m. Abb.

Hauckh J. C. Leitfaden zu den Kenntnissen der Gef. Grafsch. Tyrol. – Innsbruck (Wagner) 1789. (S. 30–32 über Bergbau Hall u. Klausen, Kohle Matrei a. Br., Sterzing u. Kitzbühel, Marmor Wattens u. a. m.)

Hauer F. R. v. Über das Alter der österreichischen Tertiärbildungen. (U. a. Häring u. Mte Bolca. – Brief aus Wien v. 16. 3. 1853.) – NJb. 1853, 330–332.

Häuser J. Die Niederschlagsverhältnisse in Bayern. – 1930. – Bespr. PetMitt., 81, 1935, 73.

Hausmann W. Heilbäder und Kurorte in Österreich. – Int. Minquellenztg, 34, 1933, Nr. 10, 3–7.

— Die Mineralquellen Österreichs. – Neueste Ztg, (aus Wiener Ztg), Nr. 6 v. 8. 1. 1935, 2.

Heberdey R. Die Bedeutung der Eiszeit für die Fauna der Alpen. – 1933. – Bespr. GZ 4 B/1333, 52 A/223.

Heißel W. Quartärgeol. des Silltales. – 1932. – Bespr. NJb. 1934/3, 869.

Heller C. Notiz über Fund eines Mammutwirbels in Innsbruck. – Innsbr. Nachr., 1869, S. 764.

Hess V., Graziadei H. Th. u. **Steinmaurer R.** Untersuchungen über die Intensitätsänderungen der kosmischen Ultrastrahlung auf dem Hafelekar (2300 m). – Anzg. Ak. d. Wiss. Wien, math.-natw. Kl., 71, 1934, 185–186.

Hess V. Drei Jahre Ultrastrahlenforschung auf dem Hafelekar (2300 m). Die Untersuchung der Intensitätsänderungen der kosmischen Ultrastrahlung in der Zeit vom Sept. 1931 bis Mai 1934. – Forschungen u. Fortschr., 10, 1934, Nr. 25, 305–306.

— Zur Kritik der Abhandlung von Arthur Wagner (Innsbruck) „Kritische Bemerkungen zum täglichen Gang der kosmischen Ultrastrahlung nach Aufzeichnungen auf dem Hafelekar". – Anzg. Ak. d. Wiss. Wien, math.-natw. Kl., Nr. 5 v. 1935, 2 S.

Hirschberger H. Dr. H. Guarinoni und seine Bergfahrt zum Mölsersee i. J. 1609. – Innsbr. Nachr., Nr. 158 v. 19. 7. 1921.

— Im alten Schwazer Bergbaurevier. – Innsbr. Nachr., Nr. 255 v. 18. 11. 1922.

— Verschwundene Seen in Innsbrucks Umgebung. – Innsbr. Nachr., Nr. 155 v. 11. 7. 1923.

Hochstetter C. Der Bau des Dr. Karl Buresch-Stollens bei Hall durch den freiwilligen Arbeitsdienst. (Vortr.) – Innsbr. Nachr., Nr. 259 v. 10. 11. 1934, 1 Sp.

Hochwasserschäden. Verzeichnis der Mittel, welche von den Gemeinden zur Abwendung der Wasserschäden verwendet worden sind. 1790. – Handschr. Mus. Ferdin., Dip. 1190, f. 37–39, 6 S. – S. ebd. f. 120 Vorkehrungen der Regierung 1772–1776.

Hörmann L. v. Die Innsbrucker Mittelgebirgsbahn (Iglerbahn). – Innsbr. Nachr., Nr. 193 v. 24. 8. u. 196 v. 28. 8. 1900.

Hoernes M. Über Gastropoden aus der Trias der Alpen. – 1856, 1857, m. 3 Taf. (U. a. St. Cassian u. Tratzberg, Wildanger, Karwendel.) – Auszug: NJb. 1856, 757–158.

Hradil G. Geologische Fahrten. 1. Innsbruck–Klausen. 2. Klausen–Bozen–Etschtal–Loppio. 3. Gardasee. – Innsbr. Nachr., Nr. 261 v. 15. 11., 283 v. 12. 12. 1904, 86 v. 14. 4. 1905.

— Zur Geologie der Wasserversorgung. – Innsbr. Nachr., Nr. 191 v. 22. 8. 1906.

— u. **Falser H. v.** Die Ölschiefer Tirols. – 1930. – Bespr. Berg- u. Hüttenm. Jb., 79, 1931, 39.

Hradil G. Tiroler Bergbau. – Tir. Anzger, Nr. 36 v. 13. 2. 1932.

— Der Murbruch im Gnadenwald. - Innsbr. Nachr., Nr. 186 v. 14. 8. 1933.

— Die Baustoffe in der Tiroler Gesteinswelt. (Vortr.) - Innsbr. Nachr., Nr. 261 v. 13. 11. 1934, 4–5; Nr. 36 v. 12. 2. 1935, 4–5.

Hülle W. Grundzüge der vorrömischen Besiedlung Bayerns rechts des Rheins in ihrer Abhängigkeit von den natürlichen und kulturellen Verhältnissen der Vorzeit. Ein prähistorisch-geographischer Versuch. - Augsburg (Fischer) 1932, 92 S., 1 K. - Bespr. Wr. Prähist. Z., 20, 1933, 25.

Imst. Über Aufforstungen im Forstbezirk - i. J. 1902. - Innsbr. Nachr., Nr. 1 v. 2. 1. 1903.

Inglis H. D. The Tyrol, with a glance at Bavaria. - London 1833, 2 Bde, 2. Aufl. Frankf. a. M. 1839, 366 S. Deutsche Übersetzung v. A. Kaiser, Tirol und ein Blick auf Bayern, Leipzig 1833, 2 Bde, 247 + 242 S. (Bergbau Hall 187–201, Schwaz 207.)

Inn. Innsbr. Nachr., Jahr, Nr. - Ausbau der Wasserkräfte: 1919, 115. Holztrift: 1920, 97. Regulierung: 1901, 138, 139, 178 (Sill); 1902, 8, 235; 1903, 119; 1905, 67; 1908, 33; 1909, 75, 254, 267; 1911, 75; 1913, 27, 56; 1914, 78; 1918, 146; 1919, 61; 1920, 123; 1921, 165; 1924, 12, 242, 284. Schiffahrt: 1905, 154; 1909, 34, 50, 97, 248 (Leitart.); 1912, 78, 88; 1913, 3; 1917, 51, 65; 1918, 32; 1920, 72, 134, 168; 1921, 155, 186, 190, 202, 261, 264, 284; 1922, 13, 120. Wiltener Schuttkegel diluv.: 1901, 93. Zugefroren: 1904, 295; 1908, 12.

Inngletscher. (Klebelsberg R. v.) Ein Relief vom alten. –. - Innsbr. Nachr., Nr. 240 v. 18. 1. 1913.

Innsbruck. Fund von Mammutknochen am alten Gottesacker unter der St. Veitskapelle. (A. Pichlerplatz.) - Innsbr. Nachr., 1869, S. 764.

— Innsbr. Nachr., Jahr, Nr. - Salpetersäurefabrik: 1905, 233, 246; Extrabl. v. 24. 12. 1903. Salpeterfabrik in Patsch: 1907, 215. Seeprojekt zw. Innsbruck und Hall: 1910, 73.

— Der Wasserverbrauch von –. - Innsbr. Nachr., Nr. 64 v. 16. 3. u. Nr. 67 v. 21. 3. 1935.

Innsbrucker Lokalbahnen. Innsbr. Nachr., Jahr, Nr. - Allgemeines: 1906, 69; 1911, 34, 76; 1912, 74, 177 (Schwebebahnen); 1913, 78; 1914, 77. Dörferbahn (Mühlau-Absam): 1904, 62; 1905, 70, 271, 284; 1907, 177, 178, 185, 193, 202, 227, 250, 256, 261; 1908, 47, 59, 64, 68, 69, 79, 102, 105, 171, 194, 209, 248, 249, 251, 253; 1909, 47, 65; 1910, 38. Götzens: 1908, 298. Hafelekar: 1909, 237; 1911, 54. Hall-Rinn: 1909, 55, 65. Hungerburg: 1905, 106; 1906, 83. Südl. Mittelgebirgsbahn: 1900, 32, 54, 136, 144, 145, 146, 218; 1901, 115; 1910, 124. Mutters-Sellrain: 1913, 209; 1914, 33. Patsch-Schönberg: 1912, 117. Patscherkofel: 1909, 203; 1910, 281; 1912, 13, 68, 85, 121. Sellraintal: 1924, 37, 90. - S. a. Stubai- und Mittenwaldbahn.

Inn- und Salzachgebiet. Das - nebst den in Österreich gelegenen Teilen des Iller-, Lech- und Isargebietes. - Jb. Hydrogr. Zentralbüro, 10, 1923 (1931), 65 S.

Isser M. v. Der Tiroler Landreim. - Österr. Z. f. Berg- u. Hüttenw., 34, Wien 1886, Nr. 35, 569–576. - S. a. Emmert, Fischnaler, Pichler, Rösch u. Wieser.

— Beiträge zur Schwazer Bergwerksgeschichte. - Der Sammler, 3, Meran 1908–1909, 145–152, 169–176, 193–200, 217–223, 241–247; 4, 1910, 49–54, 73–77, 97–102, 121–125, 145–148.

— Brennende Berge in Tirol. (Häring, Sonnwendgebirge, Mte Baldo.) - Innsbr. Nachr., Nr. 30 v. 6. 2. 1913.

Kanitscheider R. Beiträge zur Mechanik des Föhns. - Anzg. Ak. d. Wiss. Wien, math.-natw. Kl., 71, 1934, 279–280.

Karg J. M. Nachricht von dem Hall-innthalischen Salzbergwerke in Tirol. - Molls Ann. (Ephemeriden, 4), 7, 1808, 199–244, 1 Taf., 357–374.

Karpe F. C. Übersicht der Heilquellen von Tirol und Vorarlberg im Jahre 1828. - TB 1830, 248, 252, 256, 260.

Keferstein Chr. Reisebemerkungen über Tirol und die angrenzenden Gebiete. - In: Teutschland, 1, Weimar 1821. (Gastein u. Bergbau Sonnblick 277–292, Glockner 292–313, Puster- u. Eisacktal 313–318, Dolomiten u. Fassatal 319–333, Inntal mit Hall, Schwaz u. Rattenberg 333–344, Bergbau Tirol 338–339, Häring u. Miesbach 344–351 m. 1 Skz., München 351–353, Bodensee u. Rheingebiet 353–357, Rückblick über Tirol u. Alpenbau 358–385, Beilage über Fassatal 386–436.) - Bespr. TB 1822, 168.

Klebelsberg R. v. O. Ampferer, W. Hammer. Zum 25jährigen Doktorjubiläum der beiden hervorragenden Tiroler Alpengeologen. - Innsbr. Nachr., Nr. 164 v. 19. 7. 1924.

— Grundzüge der Geologie Tirols. - 1933. - Bespr. Der Schlern, 15, 1934, 189; Mitt. DÖAV, 1934, 147; PetMitt., 1934, 317; Geogr. Z., 40, 1934, 271.

— Ampferers neue Geologie des Kaisergebirges. - Mitt. DÖAV, 1934, 108.

— Geologie von Tirol. - Berlin (Borntraeger) 1935, 748 S. u. 4 Verz., K. 1:500000, 3 Skzen, 11 Blgen.

— Eine Lehre aus der Mure am Hohen Weg. - Innsbr. Nachr., Nr. 94 v. 23. 4. 1935.

Klingler F. Tagebuch der geogn.-mont. Bereisung des Kreises Oberinntal i. J. 1842. Mit Skzen. - Handschr. Mus. Ferdin., F.B. 5018.

Klingner F. E. Untersuchungen über einige stochastische Zusammenhänge bei tonigen Sedimenten. (Beiträge zu einer dynamischen Sedimentationslehre.) - N Jb. 69. Bbd, Abt. A, 1934, 5–41, 3 Abb., 6 Tab. (U. a. Bändertone westl. Innsbruck.) - Bespr. GZ 54 A/834.

Kluge E. Über die Ursachen der in den Jahren 1850 bis 1857 stattgefundenen Erderschütterungen und die Beziehungen derselben zu den Vulkanen und zur Atmosphäre. - Stuttgart (Schweizerbart) 1861, 124 S. (Alpen 13–16 u. Jahresstatistik.)

Knapp L. Der Bergbau am Falkenstein unter Friedrich und Sigmund von Österreich. - Diss. Innsbruck, 1927.

Kobell F. v. Zerlegung des Kupferschaumes von Falkenstein (Schwaz). - In: Poggend. Ann., 18, 249ff. - Bespr. Jb. f. Min., 3, 1832, 84.

Koch A. Bergbau und Industrie in Nordtirol. 2. Die Majolikaindustrie in Schwaz. 3. Ein Besuch im Haller Salzbergwerk. 4. Das Salzsudwerk in Hall. - Kathol. Volksschule, 47, 1931, 11–14, 141–144, 277–280, m. Abb.

Koch E. J. Die Mineralquellen des gesamten österreichischen Kaiserstaates in top., hist., phys.-chem. u. therap. Beziehung. - 2. Aufl. Wien (Gerold) 1845, 467 S.

Köchlin R. Mineralogische Nachlese. (U. a. Rutil im Leonhardit vom Floitental, Valentinit von Kogl.) - Zbl. f. Min., Abt. A, 1934, 295–297.

Koegel L. Geographische Wanderung in der Inntal-Landschaft. - Sammler, Blge d. Münchner-Augsburger Abendztg, Nr. 123 v. 1931.

Kohlenbergbau im Unterinntal. Innsbr. Nachr., Jahr, Nr. - Ebbs: 1900, 122. Hall: 1920, 55, 73. Häring: 1900, 109, 177; 1905, 120, 122, 188; 1910, 227; 1912, 15; 1913, 37, 167; 1914, 314;

1915, 181. Hoher Nock (Sonnwendgebirge, Zöttbachalm): 1921, 252. Kössen: 1901, 55, 60; 1902, 228; 1907, 291; 1908, 66. Maria Stein: 1922, 155.

Kopf M. Beschreibung des Salzbergbaues zu Hall in Tyrol. - Karstens u. Dechens Arch. f. Min., 15, H. 2, 1841, 425ff. - Sonderabdr. Berlin (Reimer) 1841, 298 S., 4 Taf. - Bespr. NJb. 1844, 238.

Korzendorfer A. Jakob Fugger der Reiche. - Sammler, Blge z. Münchner-Augsburger Abendztg, Nr. 125 u. 126 v. 1931.

Kramsach. Innsbr. Nachr., Jahr, Nr. - Glashütte: 1900, 126. Holztrift: 1900, 156.

Krapf Ph. Der Wasserbau in Tirol. Darstellung der Verhältnisse und Aufgaben auf dem Gebiete des Wasserbaues in Tirol (Gewässerregulierungen, Meliorationen und Wildbachverbauungen). - Herausgeg. v. Tiroler Ldsausschuß, Innsbruck 1910, 335 S., 1 K.

— Besprechung einiger an fließenden Gewässern vorgenommenen Schwemmstoffmessungen (Schwebstoffe und Geschiebe). - Die Wasserwirtschaft, 1934, H. 16–21, 8 S., 4 Abb. - S. Mühlhofer L.

Kraus E. Notiz zu M. Richters „Alter und Stellung der südbayerischen Flyschzone". - Zbl. f. Min, Abt. B, 1934, 95.

Kraus F. Innsbrucker Bergbahnen. - Münchner Neueste Nachr. v. 29. 10. 1931.

Kufstein. Museumseröffnung. - Innsbr. Nachr., Nr. 125 v. 4. 6., 129 v. 9. 6. 1913.

Kufsteiner Lokalbahnen. Innsbr. Nachr., Jahr, Nr. - Brixental–Leukental: 1908, 173. Kufstein–Bayr.-Zell: 1905, 230; 1908, 49. Kufstein-Hinterbärenbad: 1901, 249. Kufstein–Kössen: 1900, 111; 1902, 119, 160; 1903, 70, 82, 92, 170; 1904, 226, 266; 1905, 27, 81, 85, 105, 284; 1908, 100; 1910, 198. Thiersee: 1908, 38. Kössen-St. Johann: 1904, 236; 1912, 172; 1913, 237. St. Johann–Lofer–Unken: 1906, 21; 1912, 63; St. Johann–Reichenhall–Saalfelden: 1907, 206, 216, 217, 261, 280, 283.

Ladurner Jos. Die Quartärablagerungen des Sellrain. - 1932. - Bespr. NJb. 1934/3, 868.

Laicharding J. N. v. Bemerkungen über die den 10. Oktober 1789 erfolgte allgemeine Überschwemmung Tirols. - Innsbruck (Merx) 1789, 12 S., Mus. Ferdin., Dip. 142.

Leo. Ein Wort in Beziehung auf die vorteilhafte Benützung der verwaisten Solenbadanstalt in Hall im Unterinntal. - TB 1834, S. 156. - S. a. Hall.

Leuchs K. Über Breccien. - 1933. - Bespr. NJb. 1934/2, 376.

Leutelt-Kipke S. Ein Beitrag zur Kenntnis der hydrographischen und hydrochemischen Verhältnisse einiger Tiroler Hoch- und Mittelgebirgsseen. - Arch. f. Hydrobiol., 27/2, 1934, 286–352, 3 Taf., 2 Text- u. 2 Tabellenbeilagen.

Lill C. v. Allgemeine Lagerungsbeziehungen der Steinsalz-Lagerstätten in den Alpen. - Z. f. Min., 1828, 749–776.

— Ein Durchschnitt aus den Alpen mit Hindeutungen auf die Karpaten. - Jb. f. Min., 1, 1830, 153–220, 1 Taf. - S. a. ebd. 2, 1831, 75–79. (Briefe Lills v. 24. 6. u. 5. 7. 1830.)

Lupin R. Frh. v. Resume oder Zusammenstellung der auf einer geognostischen Reise in Schwaben und Tirol im Sommer 1805 gemachten Beobachtungen. - Molls Annalen (Ephemeriden, 5), 8, 1809, 353–432.

Machatschek F. Beiträge zur Glazialgeologie des Oberinntales. - Mitt. Geogr. Ges. Wien, 77, 1934, 217–244, 6 Abb.

Maister K. Schwaz um 1700. - Tir. Heimatbl., 12, 1934, 217–223, 2 Abb.

Maximiliansbad am Venusberg. (Büchsenhausen.) - Innsbr. Nachr., Nr. 150 v. 3. 7. 1902.

Mayr O. G. 50 Jahre Arlbergbahn. - Bergland, 1934, H. 12, 42–46, 69–71, 12 Abb. - Bespr. Innsbr. Nachr., Nr. 272 v. 26. 11. 1934, S. 7.

Mayrhofer B. Von der Medizin in Tirol und der Entwicklung der Innsbrucker Schule. (U. a. über Guarinoni, Untersuchungen über Heilbäder.) - Innsbruck-Katalog, 88. Vers. d. Ges. D. Natf. u. Ärzte zu Innsbruck 1924, Leipzig–Jena (Barth, Fischer u. a.) 1924, röm. 16–20, 2 Abb.

Menghin J. M. v. Opusculum de examinibus aquarum mineralium Tirolensium. - Innsbruck 1768.

Menghin O. Pfahlbauspuren in Tirol. (Sarcatal?, Piperbühel a. Ritten, Seefeld, Vill-Igls.) - Innsbr. Nachr. (aus Reichspost), Nr. 178 (Abendbl.) v. 21. 9. 1920.

Merhart G. v. Innsbruck, Westendorf, Hötting, Jenbach, Zams, Zirl. - Fundber. aus Österr., 1, 1930–1934, 24, 76, 193, 195.

— u. **Eisterer F.** Kufstein. - Fundber. a. Österr., 1, 1930–1934, 250b.

Metallurgische Briefe (P. R.), geschrieben während einer Reise durch Tyrol und einen Teil von Venedig. - Molls Jb. d. Berg- u. Hüttenkde, 1, 1797, 1–94; 2, 1798, 43–188.

Michaeler K. Versuch über die einstige Gestalt und Bevölkerung Tirols. - 1. Teil, Wien 1783, 792–794. (U. a. Bergbau Stanzer Tal, Seefeld, Thaur, Häring, Schneeberg; Torf Villanderer Alpe; Min. u. nutzb. Gest. Waldrast, Patscherkofel; Gletscher u. a. m.)

Miller A. Der süddeutsche Salzbergbau in technischer Beziehung dargestellt. - Wien (Tendler) 1853, 156 S., 9 Taf. - Sonderdr. aus Jbücher Montananst. Leoben, 3. Bd.

Mineralwässer Tirols. (-a-) Ausnützung der –. - Innsbr. Nachr., Nr. 46 v. 25. 2. 1911. - S. a. Nevinny.

Mittenwald-(Karwendel-)bahn. Innsbr. Nachr., Jahr, Nr. - 1900, 7, 22, 33; 1901, 95, 294; 1902, 31, 102, 147, 179, 180, 199; 1904, 221, 287; 1905, 81, 286; 1907, 10, 22, 23, 34, 86, 94; 1908, 20 (Leitart.), 81, 90; 1909, 12, 23, 94; 1910, 46, 52, 69, 74, 86, 237, 238, 293; 1911, 36, 68 (Innsbrücke), 114 (Martinswand), 132, 153, 163, 184, 201, 223, 253 (Tunnels), 275, 276, 281; 1912, 9, 22, 25, 32, 68, 72, 85 (Eröffnung), 92, 93 (Dampf), 147, 154, 181, 237 (Leitart.).

Moll K. E. Frh. v. Höhen einiger salzburgischen und tirolischen Gebirge und Ortschaften nach barometrischen Messungen. - Molls Jbücher d. Berg- u. Hüttenkde, 4, 1. Lfrg, 1799, 110–116.

— Über die Hillesheimischen Beiträge zur Salzkunde. (Reichenhall, Traunstein u. a. v. J. 1798.) - Molls Jbücher d. Berg- u. Hüttenkde, 4, 1. Lfrg, 1799, 117–155 (Vergl. mit Hall i. T. S. 145).

— Lufttemperatur in Salzburg, Innsbruck, Stuttgart und Göttingen zwischen dem 19. Dez. 1798 u. 25. Jänner 1799. (Angaben über Innsbr. v. Prof. Zallinger.) - Molls Jbücher d. Berg- u. Hüttenkde, 4, 1. Lfrg, 1799, 211–216.

Moore Österreichs. Übersichtskarte der –. 1:625000. - Herausgeg. v. d. Medizin. Moorkomm. im Bdsmin. f. soz. Verw., Wien 1934.

Mühlhofer L. Besprechung einiger an fließenden Gewässern vorgenommenen Schwemmstoffmessungen (Schwebstoffe und Geschiebe). - Wasserwirtschaft u. Technik, 1934, H. 3–4, 3½ S. - S. Krapf Ph.

Müller Franz. Beschreibung der in Tirol üblichen Art, das Steinöl oder sogenannte Dürschenöl zu bereiten. - Abhdlg einer Privatges. in Böhmen zur Aufnahme der Math., der vaterldsch. Geschichte u. d. Natgesch., zum Druck befördert v. Ign. Edl. v. Born, 5, Prag (Gerli) 1782, 333–353, 1 Taf.

Müller St. Der Aufbau des Triasgebirges in Vorarlberg. - Feierabend, Wochenbeilage z. Vorarlbg. Tagbl., 16, 1934, 9., 12., 15., 17., 22., 23., 26. Folge.

Müllner J. Die Seen am Reschenscheidegg. - 1899. - Bespr. Meteorol. Z., 36 (18), 1901, 95.

Münichsdorfer F. Bayerns Boden. - 1932. - Bespr. GZ 52 A/29.

Murbrüche, größere in Tirol u. V. Innsbr. Nachr., Jahr, Nr. - Absam: 1908, 59. Ahrntal (St. Peter): 1910, 147. Antholzertal: 1904, 191. - Bezau: 1911, 119. Bruck a. Z.: 1907, 82. Darzo (Judik.): 1900, 225. Ehrwald: 1911, 191. Frastanz: 1907, 112. Götzens: 1908, 131, 137. Gschnitztal: 1921, 175. Haiming: 1916, 9. Hatting: 1918, 333. Hötting: 1907, 82. Imst: 1922, 162. Kastelbell: 1908, 120. Längenfeld: 1919, 142. Leno-Terragnolo: 1907, 233. Lienz: 1917, 110, 112. Navis: 1912, 14, 186. Neustift bei Br.: 1912, 35. Ötztal: 1900, 144; 1901, 151; 1903, 48. Paznaun: 1906, 122; 1914, 213. Pettneu: 1917, 185. Pfunderstal: 1917, 108. Plansee: 1904, 122. Pustertal: 1917, 106. Reintal (Wetterst.): 1904, 35. Sand i. T.: 1905, 154, 196. St. Jakob i. Defr.: 1917, 107. St. Lorenzen i. P.: 1910, 153. St. Ulrich i. Gr.: 1911, 275. Schlanders: 1900, 191; 1910, 179; 1920, 173. Schluderns: 1907, 108. Schmirntal: 1905, 153. Silz: 1916, 310, 311. Stanzertal: 1907, 147. Sterzing: 1917, 118. Stilfserjoch: 1911, 271. Taisten i. Pust.: 1911, 206. Taufererertal: 1904, 141, 170; 1910, 126. Uttenheim: 1920, 180. Wildschönau: 1907, 108. Zillertal: 1907, 106, 112; 1908, 174; 1910, 111. - S. a. Felsstürze u. Straßenverschüttungen.

Mutschlechner G. Ein Ammonitenfund. - 1933. - Bespr. GZ 4 B/1111.

Naumann J. K. F. Ein Jahrhundert Drahtseilbahnen. Österreichs Anteil an der Erfindung und Entwicklung der Drahtseilbahnen. - Neueste Ztg, Nr. 192 v. 30. 12. 1934.

Netoliczka. Achensee-Kraftwerk. - Technik voran, 1930, 105.

Netzer E. Der Inngletscher. (Vortr.) - Tiroler Morgenztg, Innsbruck 1908, Nr. 39 v. 25. 11. 1908.

Neufville-Dillenburg Frh. v. Über die tirolischen Steinkohlenwerke zu Häringen im Unterinntal. - Molls Annalen, 2, 1803, 405–415.

Neuner L. Wo stand die erste Salzpfanne in Tirol? - Innsbrucker Nachr., Nr. 174 v. 1. 8. 1934, 1 Sp.

Nischer-Falkenhof El. Baumkirchen, Dalfaz-Alpe, Fritzens, Hötting, Innsbruck, Mühlau, Wattens, Wörgl. - Fundber. a. Österr., 1, 1930–1934, 75, 76, 136, 137.

Noël H. Verzeichnis tirolischer Bergwerksverleihungen von 1628–1696. (Berggericht Hall.) - Handschr. Mus. Ferdin., Dip. 1164.

Oberguggenberger V. Die durchdringende Strahlung des Bodens und der Atmosphäre in der weiteren Umgebung Innsbrucks. - In: Beitr. z. Kennt. d. Atmosph. Elektr., Nr. 64, Ak. d. Wiss. Wien, math.-natw. Kl., Abt. 2, 132, 1923, 59–68, Nr. 1–2.

— Erdstrombeobachtungen im Gebirge. - Anzg. Ak. d. Wiss. Wien, Nr. 3, 1926, 36–37; Sber. Ak. d. Wiss. Wien, Abt. IIa, 135, Wien 1926, 99–116, 7 Fig.

Öllacher J. Analyse der Bergsole, Mutterlauge, Bitterlauge und des Kochsalzes zu Hall in Tirol. - Wiener Z. f. Phys., Chem. u. Min. (Holger), 1. Bd, Wien 1840, 31 S.

Ostendorff E. Zusammenhänge der Bodenkarte Bayerns mit den von Urklas kartenmäßig dargestellten Ernte- und Anbauergebnissen Bayerns. - Z. Pflanzenernährung, B, 1931, 410.

Otto. Achensee-Kraftwerk in Tirol. - Gewerkschaft, Blge Technik u. Wirtschaft, 1928, 69.

Paulin K. Die vorgeschichtlichen Gräberfunde bei Wörgl. - Neueste Ztg, Nr. 96, Innsbruck, 27. 4. 1934, 3 Sp., 4 Abb.

Peez K. Der Untergang der Fugger. - Reichspost, Nr. 317 u. 324 v. 1931.

Penck A. Die große Eiszeit. - Himmel und Erde, 4, 1892, 1–14, 74–86, 112–118, 2 Taf., 3 Fig. (Höttinger Br. 82–84.)

— Die Inntalterrasse. - Sber. Preuß. Ak. d. Wiss., 1916, 1255.

Perktold A. Das Territorium von Igls mit den angrenzenden Hochgebirgen in botanischer Beziehung mit Rücksicht auf Erd- und Gebirgsarten. - N.Z. des Ferdin. f. Tirol u. V., 12, 1846, 139–145.

Petrascheck W. Kohlengeol. VI. Braunkohlenlager. - 1924. - Bespr. NJb. 1933/3, 937.

Petzl J. Über ein Fossil aus dem Steinkohlenwerke zu Häring in Tirol. (= Gestein.) - Denkschr. Ak. d. Wiss. München, 1809, 103ff. - Abdr.: Molls NJbücher d. Berg- u. Hüttenkde, 4, 1821, 73–85.

Peucker K. Das Innsbrucker Gesteinsrelief der Tiroler Alpen, seine Entstehung und sein Wert. - Mitt. DÖAV, 1889, 74–75, 87–89, 99–101. - S. a. Schuler J., Ule W. u. Gesteinsrelief.

Pfaundler A. v. Über das Gelbbleierz von Maukeretz (Rattenberg, Unterinntal). Schwerspat, Braunstein u. Kupferoxyd im Fassatal. (Schreiben aus St. Lorenzen v. 26. 3. 1803.) - Molls Ann. d. Berg- u. Hüttenkde, 3, 1805, 158.

— Mineralogische Berichtigung zu Uttingers Arbeit über die Alpe Mauriz und den Schwimmstein. - 1826. - Z. f. Tirol u. V., 2, Innsbruck (Ferdin.) 1826, 295, 325–327.

— Verschiedenes ü. Min. u. Geogn. v. Tirol. - 1837. Inhalt: 1. Kritik von Russegger über Hall (Arch. f. Geogn. u. Bergbau v. Karsten, 9. Bd, 1. H., 242). 2. Kritik von Gumppenberg über die Rinner vom Schwazer Falkenstein (NJb. 1836, 50). 3. Zweifelhafte u. seltene Mineralien v. Kitzbühel, Zillertal, Pfitsch u. a.

— Versuch über die min.-geogn. Arbeiten von Tirol und Vorarlberg von den Jahren 1765 in Auszügen aus Journalen, Zeitschriften und insonderlich Werken bis in die Jahre 1842 nebst einigen kritischen Anmerkungen. Innsbruck 1842. (Druck 1846.) - Handschr. Mus. Ferdin., W. 5581.

Pfaundler G. v. Notizen über tirolische Bergbauten aus archivalischen Quellen. 1832–1862. (Umfaßt ganz Tirol.) - Handschr. v. J. 1864, Mus. Ferdin., W. 5581.

Pighius St. V. De Metallurgia Tyrolensi. - In: Hercules Prodicius ... (Reise 1574.) 1. Aufl. Antwerpen 1587, 2. Aufl. Köln 1609, 223 f. - Abschrift Mus. Ferdin. Innsbruck, Bibl. Tir., tom. 148, Dip. 449, Tirol betr. S. 148–174.

Pisek A., Sohm H. u. Cartellieri E. Untersuchungen über osmotischen Wert und Wassergehalt von Pflanzen und Pflanzengesellschaften der alpinen Stufe. (Mit bes. Berücksichtigung der Zwergsträucher im Winter.) - Beih. z. Bot. Zentralbl., 52, Abt. B, H. 3, Dresden 1935, 634–675, 9 Abb.

Playfair J. Notiz über interglaziale Schotter an der Brennerstraße bei Schönberg. - The Works of J. Pl., 1, 1822, röm. 56.

Ployer A. L. Vorschlag des Salzsiedens im luftleeren Raum. (Brief aus Wien v. 17. 2. 1803 über diese Erfindung des – an Frh. v. Moll.) – Annalen d. Berg- u. Hüttenkde, 2, 1803, 510–511. – S. a. das Schreiben v. A. L. Ployer hierüber aus Schwaz v. 1. 8. 1803 ebd. 3, 1805, 298–299.

Ployer J. P. Hells Hebelmaschine. (Schreiben an A. L. Ployer aus Schwaz, am 2. 5. 1803.) – Annalen d. Berg- u. Hüttenkde, 3, 1805, 243–251, 1 Taf.

Ployer K. v. Vorschlag zu einer Schürf- und Bergkompagnie. (Tirol.) – Molls Jbücher d. Berg- u. Hüttenkde, 5, 1801, 11–32. – Vgl. Molls Annalen, 1, 1802, 3. Lfrg, 27, Fußnote über Erfolg dieses Vorschlages: Ansuchen der Tiroler Landstände und Unterstützg durch Erz. Johann. (Brief aus Innsbruck v. 22. 11. 1801.)

Prantauer A. Schwazer Bergwerkssagen. – Tir. Heimatbl., 9, 1931, 62–63, 95–97, 3 Abb.

— Schwazer Sagen und Volksmärchen. – Tir. Heimatbl., 9, 1931, 346–348, 2 Abb.

Prey A. Untersuchungen über die Isostasie in den Alpen auf Grund der Schweremessungen in Tirol. – Sber. Ak. d. Wiss. Wien, math.-natw. Kl., 121, 1912, Abt. IIa, 2467–2518, 6 Fig. – Bespr. NJb. 1914/2, 427; Beitr. z. Geophys., 13, 1913, 62.

Quiring H. Die Schächte, Stollen und Abbauräume der Steinzeit und des Altertums. – Z. B.-, H.- u. Salw. im Preuß. St., 80, B, 1933, 274. – Bespr. NJb. 1934/2, 193.

Raich M. Salztransporte in und durch das Allgäu in älterer Zeit. – Blge z. Lindenberger Tagbl., 40. Jg., Nr. 28 v. 2. 2. 1929, 2 S., 1 Abb.

Redlich K. A. Die Typen der Magnesitlagerstätten, ihre Bildung, geologische Stellung und Untersuchung. – Z. f. prakt. Geol., 42, 1934, 156–159, 166–173, 4 Abb.

Reithofer O. Neue Untersuchungen über das Gebiet von Köfels im Ötztal. – 1932. – Bespr. NJb. 1934/3, 866.

Reschenscheideggbahn. Innsbr. Nachr., Jahr, Nr. – 1905, 140; 1908, 31, 234, 244, 247; 1909, 255; 1918, 234, 252, 259, 263; 1919, 121; 1922, 10, 150; 1924, 236, 250. Pfunds-Engadin: 1909, 78.

Retter J. Aufdeckung der Grundmauern des castrum Veldidena? – Innsbr. Nachr., Nr. 232 v. 21. 10. 1922.

Reuter L. Geologische Ausführungen über die Grund- und Quellwasservorräte Südbayerns und ihre Verwertung zur Wasserversorgung. – Gas- und Wasserfach, 1924, München 1925.

Rieder F. Wilsonkammerstudien der Ultrastrahlung auf dem Hafelekar (2300 m). – Anzg. Ak. d. Wiss. Wien, math.-natw. Kl., 71, 1934, 275.

Rohatzsch R. H. Kohlenformation der Bayrischen und Tiroler Alpen. (Schreiben aus München v. 13. 12. 1847.) – NJb. 1848, 183–186.

Rösch G. v. Geroldshausen. Der Fürstlichen Grafschaft Tyrol Lanndtreim. Von neuem geme(h)rt und gebessert. – Innsbruck 1558. – Abschriften aus d. Mitte d. 18. Jahrhunderts im Mus. Ferdin., Bibl. Tir. Dip. 919 u. 946. – S. a. Emmert, Fischnaler, Isser, Pichler, Wieser u. TB 1822, S. 92.

Roschmann A. Schema Tyrolis illustratae. – Handschr. Mus. Ferdin., T. III, P. I. De fontibus medicatis et balneis, herbis, 1737. (S. Nevinny J.)

— Regnum animale, vegetabile et minerale-medicum Tyrolense. – Innsbruck (Wagner) 1738.

— Collectanea historica et geographica de variis locis Tyrolensibus. – 1739. – Handschr. Mus. Ferdin. Dip. (tom. 178), 919, 946 mit 1 K. v. 1724. (U. a. ü. Bergbau.)

Rotholz. Landw. Lehranstalt. Jubelfeier, Rückblick. – Innsbr. Nachr., Nr. 229 v. 7. 10. 1904.

Rottleuthner. Die Eröffnung der ersten Eisenbahn in Tirol. Zum 50. Jahrestage. (Kufstein-Innsbruck und Verona-Bozen 1858, Brenner 1867.) – Innsbr. Nachr., Nr. 269 v. 21. 11. 1908.

Russegger J. Natur der Gletscher. Rinner: eigentümliche Gänge. (Brief an Gehr. v. Leonhard.) – NJb. 1835, 452–453. – S. Gumppenberg (Schwaz).

Sander B. Typisierung von deformierten Tonschiefern mit optischen und röntgenoptischen Mitteln. – Z. f. Krist. (A), 89, 1934, 97–124, 14 Abb.

Sander K. Tagebuch der geogn.-mont. Bereisung eines Teiles des Oberinntaler Kreises i. J. 1840, 1841. (Silvretta, Ötzt., Stub. u. Lechtaler Alpen, Mieminger u. Karw.) – Handschr. Mus. Ferdin., F.B. 5016, 5017, m. Skz.

Schlagintweit A. Untersuchungen über die Talbildung und die Form der Gebirgszüge in den Alpen. – 1851. – Auszug: NJb. 1853, 70–71.

Schlosser M. Vor- und frühgeschichtliche Spuren menschlicher Siedlungen in der Kufsteiner Gegend. – In: Lippott, Sechzig Jahre Tiroler Grenzbote, 1871–1931, Kufstein 1931, 29–31, 2 Abb.

Schmidt A. A. Die Gefürstete Grafschaft Tirol mit Vorarlberg. – Stuttgart 1837. (U. a. Angaben über Bergbau.)

Schmidt A. R. Tagebuch über die geogn.-mont. Begehung des Kreises Unterinntal i. J. 1842, d. d. Hall, 1. 2. 1843. – Handschr. Mus. Ferdin., F.B. 5019.

Schmidt Wilh. Ein Jahr Temperaturmessungen in 17 österreichischen Alpenseen. – Sber. Ak. d. Wiss. Wien, math.-natw. Kl., Abt. IIa, 143, 1934, 431–452, 3 Tab., 4 Fig. – Bespr. Anzg. Ak. d. Wiss. Wien, math.-natw. Kl., 71, 1934, 216–217.

Schottler W. Die Geologie der westlichen Sachranger Berge in den Chiemgauer Alpen (Hochriß-Laubenstein-Spitzsteingebiet). – Diss., München 1932; NJb. 1934, Abt. B, Bbd 72, 46–119, K. 1:25000, 1 Proftaf. – Bespr. GZ 53 A/397.

Schraml C. Über die Ausgestaltung der alpinen Salzberge. (Vortr.) – Mont. Rdsch., 4, 1912, 961.

— Neueres über Solevorwärmung bei den alpenländischen Salinen. – Berg- u. Hüttenm. Jb., 64, Wien 1916, 121–137, 8 Abb.

Schreckenthal-Schimiteschek G. v. Klima, Boden- und Holzarten. – 1933. – Bespr. PetMitt., 1934, 317.

Schuler H. Innsbruck (Berg Isel, Sillhöfe), Natters. – Fundber. a. Österr., 1, 1930–1934, 75, 76, 136, 193, 250b. – S. a. Tir. Anzger v. 10. 3. u. 30. 8. 1930.

Schuler J. Das Innsbrucker Gesteinsrelief der Tiroler Alpen. – Mitt. DÖAV, 1889, 194–196. – S. a. Peucker K., Ule W. u. Gesteinsrelief.

Schultes J. A. Höhenmessungen an der Straße über den Brenner. – Sammler f. Gesch. usw., 5, 1809, 105–109, 2 Tab.

— Mineralogische und geologische Bemerkungen an der Straße von Innsbruck nach Bozen. – Sammler f. Gesch. v. Tirol, 5, 1809, 187–202.

— Geognostische Nachricht über Tirol. (Brennergebiet.) – Journ. f. d. Chem. u. Phys., 2, 469ff. – Auszug: Leonh. Taschenbuch, 4, 1810, 259–261.

— Bemerkungen auf einer Reise von Krakau nach Innsbruck. – Journ. f. d. Chem. u. Phys., 7, 393. – Auszug: Leonh. Taschenbuch, 5, 1811, 248–253.

Schwärzler F. Glashütten in Tirol. – Innsbr. Nachr., Nr. 134 v. 16. 6. u. 135 v. 17. 6. 1914.

Schwaz. Stolleneinsturz. – Innsbr. Nachr., Nr. 117 v. 23. 5., 183 v. 12. 8. 1912.

Schwinner R. Geröllführende Schiefer. - 1929. - Bespr. NJb. 1933/2, 19.
— Variscisches und alpines Gebirgssystem. - 1933. - Bespr. GZ 52 A/376.
— Die südbayrische Dreieckskette. - 1933. - Bespr. GZ 52 A/153; NJb. 1934/2, 30.
— Gebirgsbewegungen und Erdmessung in Süddeutschland. - 1933. - Bespr. NJb. 1934/2, 505.
— Gebirgsbewegungen im Südbayerischen Dreiecksnetz? - Z. DGeolGes., 87, 1935, 59–60.

Sedgwick A. u. **Murchison R. J.** Über die Tertiärformationen längs der Seiten der Salzburger und Bayerischen Alpen. - Proced. of the Geol. Soc. of London, 1829, Nr. 13, 155–159. - Auszug: Jb. f. Min., 2, 1831, 109.

Seefeldner E. Zur Altersfrage der Abtragungsflächen. - 1933. - Bespr. Z. f. Geomorph., 8, 1934, 204; GZ 53 A/81; Mitt. Geol. Ges. Wien, 26, Wien 1934, 226; Boll. Soc. Geogr. It., 1934, 75.

Seipp H. Werkstoffliches von der Pfarrkirche in Schwaz im Unterinntale. - Z. Österr. Ing.- u. Arch.-Ver., 1925, H. 17–18.
— Die Pfarrkirche zu Hall in Tirol. Eine werkstoffliche Studie. - Architektur u. Bautechnik, 18, Wien 1931, 3. H., 39–46, 15 Abb.

Siegl M. v. Die Arlbergbahn. Vorgeschichte, Bau und erste Zeit ihres Betriebes. - Sonderabdr. aus Wochenbeilage „Feierabend" des Vorarlbg. Tagblattes, Bregenz (Selbstverlag) 1934, 16 S., 13 Abb., mehr. Prof. u. Tab.

Sinwel R. Kastengstatt und sein alter Brunnen. (U. a. Bergbau.) - Tir. Heimatbl., 12, 1934, 214–216, 1 Abb.

Sölch J. Die Einheitlichkeit der Eiszeit in den Alpen. (Gegen Spethmann.) - PetMitt., 80, 1934, 290. - S. a. Grundfragen . . . des Verf. (1922).
— Fluß- und Eiswerk in den Alpen zwischen Ötztal und St. Gotthard. 1. T. - PetMitt., Ergh. Nr. 219, Gotha 1935, 143 S., 31 Abb.

Sonnwendjoch. Der Bergsturz vom –. - Innsbr. Nachr., Nr. 95 v. 24. 4., Neueste Ztg, Nr. 96 v. 25. 4. 1935.

Spengler E. Der zweite Teil von F. Wähners „Sonnwendgebirge". - 1934. - Bespr. Firgenwald, 7, Reichenberg 1934, H. 2, 62; GZ 53 A/182.

Sperges J. v. Verschiedenes von tirolischen Bergwerkssachen. (Tirolische Erzarten; Verz. v. Naturaliensammlern; histor. Bergbaunotizen; Erklärung v. Fachausdrücken; Marmelarten; Farben; Versteinerte Sachen; aus dem Landreim v. 1558.) - Handschr. Mus. Ferdin., Dip. 745, 19 S.
— Zweites Schreiben an einen guten Freund. 1754. Von dem Salzberg zu Hall im Inntal. - Handschr. Mus. Ferdin., Dip. 1324, 28 S.
— Bergwerksgeschichte. - 1765. - Verwertet u. a. illustr. Handschr. aus seiner Bibliothek: Von dem hoch- und weitberühmten Bergwerk am Falkenstein zu Schwaz in der Fürstl. Grafsch. Tirol u. anderen inkorporierten Bergwerken. Erwähnt in De Luca, Staatsanzeigen von den k. k. Staaten, 1784, S. 326. (Kitzbühel, Rattenberg, Schwaz, Hall, Hötting, Klausen, Schneeberg, Meran.)

Spethmann H. Die Einheit der alpinen Eiszeit. - Langensalza-Berlin-Leipzig (Beltz) 1934, 60 S. - Bespr. PetMitt., 80, 1934, 290; Mitt. Geogr. Ges. München, 27, 1934, 286; GZ 53 A/1543; Z. f. Glkde, 22, 1935, 278; Z. f. Geomorph., 8, 1935, 335; Geogr. Z., 41, 1935, 111; GR 26, 1935, 131.

Srbik R. R. v. Soln-Alpe. (Karwendel.) - Fundber. a. Österr., 1, 1930–1934, 194. - S. a. Wr. Prähist. Z., 1933, 7.
— Angewandte Geologie in den Lechtaler Alpen. - 1933. - Bespr. NJb. 1934/2, 653.

Stainer K. Fritzens, Volders, Wattens. - Fundber. a. Österr., 1, 1930–1934, 192–193, 194–195, 250 c. - S. a. Wr. Prähist. Z., 1927, 97.

Stawa G. Wörgl. - Fundber. a. Österr., 1, 1930–1934, 195.

Sterner-Rainer L. Der Bergbau in den Ostalpen. (Vortr.) - Österr. Touristenztg, 19, Wien 1899, 146–148, 157–160, 169–173.
— Der Tiroler Bergbau. (Vortr.) - Innsbr. Nachr., Abendbl. Nr. 130 v. 14. 7. 1920.

Sterzinger N. v. Ursprung und echte Eigenschaften des Hall-Inntalischen Kochsalzes. - Innsbruck (Wagner) 1757, 26 S. (Verfaßt anl. d. Schrift v. W. Th. Rau, Gutachten über die Beschaffenheit einiger Sorten von Bayerisch- und Hall-Inntalischen Kochsalze, 1756.) - 2. erw. Aufl. ebd. 1767, 57 S. (Titel: Urspr., Verfertigung u. echte E. usw.)

Stolz F. Die frühesten Bewohner Tirols. - Innsbr. Nachr., Nr. 17 v. 22. 1. 1908.

Stolz O. Die Schwaighöfe in Tirol. - 1930. - Bespr. Mitt. Geogr. Ges. Wien, 76, 1933, 247.
— Die alte Waldordnung von Hötting und Innsbruck. - Tir. Heimatbl., 12, 1934, 140–145.

Straßenbauten und -projekte in Tirol u. V. (Auswahl.) - Innsbr. Nachr., Jahr, Nr. - Allgemeines: 1901, 292 (Südtirol); 1908, 171, 188 (Leitart.), 228, 257, 258 (Landtag); 1909, 86 (Progr.); 1912, 25 (Statistik); 1914, 149 (Progr.); 1922, 27 (Landtag). Afers: 1911, 206. Alpbach: 1911, 29. Amthorspitze: 1908, 218. Andalo: 1907, 296. Bayr. Grenze: 1912, 54. Bezau–Schröcken: 1912, 146. Blumau–Völs–Tiers–Karersee: 1910, 219. Brandenberg: 1911, 165. Brentonico: 1909, 219; 1910, 111; 1911, 268. Cereda-Paß (Primiero–Agordo): 1909, 262. Dolomitenstraße: 1904, 123, 194; 1905, 158, 298; 1908, 47; 1909, 112 (Ital.), 208 (Eröffng); 1911, 135; 1912, 86, 115. Drò–Cavedine: 1911, 36. Eiberg: 1909, 186, 251; 1910, 119; 1912, 249; 1913, 137, 148 (Eröffng); 1914, 103. Enneberg: 1901, 244; 1906, 266; 1909, 96, 285; 1911, 95, 155. Falzarego: 1901, 113, 122, 234; 1904, 53, 115; 1908, 31. Fersental: 1910, 14 (Leitart.); 1912, 76. Fleimstal: 1902, 188; 1909, 214; 1910, 148; 1912, 76; 1913, 75. Flexenstraße: 1904, 33, 214, 240; 1905, 276; 1909, 218, 228. Friccastraße: 1911, 208. Gaichtpaß (Lecht. A.): 1911, 267; 1912, 171, 290. Gampenstraße: 1903, 1, 33, 265, 267; 1907, 147; 1913, 21, 49, 169; 1914, 151. Gerlos: 1903, 96, 151; 1906, 229; 1908, 42 (Krimml), 45; 1907, 150; 1912, 98; 1913, 145, 152; 1914, 99; 1922, 218. Grödnertal: 1909, 211. Gschnitztal: 1908, 219, 222; 1911, 123; 1913, 193. Gurgl: 1915, 98. Hall–Rinn–Tulfes: 1910, 6; 1924, 246. Hintertux: 1909, 119; 1913, 72. Hochfinstermünz: 1900, 205; 1904, 51. Igls-Heiligwasser: 1912, 249. Innsbrucker Höhenstraße: 1909, 12, 18, 31; 1910, 183, 194; 1911, 87, 265 (Unterinntal). Iseltal: 1901, 224, 262; 1906, 232 (s. a. Kals). Jaufen; 1901, 209, 210; 1902, 89, 182, 250; 1903, 98, 157; 1904, 151, 265; 1907, 23, 73; 1908, 92; 1910, 173; 1912, 126, 135 (Eröffnung). Kals: 1901, 294; 1906, 232; 1911, 43, 65, 235, 285; 1912, 238. Kaltern: 1903, 21; 1905, 280, 284; 1906, 134. Karersee: 1910, 219. Kastelruth–St. Ulrich: 1900, 263; 1901, 184. Kaunertal: 1909, 177. Kössen–Klobenstein: 1913, 219. Krimml: 1908, 42, 45. Kufstein–Landl–Bayr.-Zell: 1910, 13. Kundl–Wildschönau: 1911, 198. Laimtal: 1911, 298; 1912, 38. Lana–Fondo: 1910, 111. Landeck-Grins: 1906, 51. Latzfons: 1907, 290. Lavis–Grumes: 1908, 50. Ledrotal: 1910, 205; 1911, 16; 1912, 47. Mals-Matsch: 1912, 166,

. 182. Martelltal: 1910, 265; 1911, 159. Mayrhofen-Hintertux: 1909, 119. Mittenwald-Leutasch-Seefeld: 1913, 169. Montafon: 1902, 194. Montiggl: 1907, 229. Mori-Brentonico: 1909, 219; 1910, 111; 1911, 268. Mühlwald i. Taufers: 1912, 231. Münstertal: 1904, 235. Ötztal: 1900, 144, 239; 1901, 237; 1908, 95 (Leitart.); 1912, 121; 1915, 98. Passeiertal: 1901, 162; 1902, 173; 1905, 81, 93; 1911, 259; 1912, 99. Patscherkofel: 1912, 79. Persen: 1911, 206; 1912, 161 (Palù). Pfitscherjoch: 1912, 16. Pfunds-Grenze: 1900, 205; 1904, 51; 1913, 59, 100. Pillerseetal: 1909, 76. Pitztal: 1910, 91; 1913, 143, 237; 1914, 32; 1915, 98, 349, 549, 602; 1919, 91, 131, 206; 1920, 31; 1921, 256. Pordoijoch: 1902, 203; 1904, 115; 1905, 227. Riva: 1904, 243 (Judikar.); 1909, 219 (Ballino), 233 (Arche); 1912, 178 (Mezolomb.). Ritten: 1904, 163. Rosengarten: 1912, 139. Samnaun: 1913, 128. Schoppernau: 1909, 265; 1916, 193. Seiseralm: 1914, 108. Sölden-Zwieselstein: 1912, 121. Spormaggiore-Cavedago: 1910, 232. Sterzing-Gasteig: 1911, 95. Stilfserjoch: 1912, 87. Sulden: 1906, 70. Taufererttal: 1907, 137; 1908, 101; 1911, 255; 1912, 231. Terragnolotal: 1906, 151, 268; 1907, 21; 1909, 236; 1913, 39. Thiersee: 1910, 197; 1911, 96, 221, 253; 1912, 172, 203, 281; 1913, 158, 166; 1914, 76, 82; 1915, 203, 319, 534. Paß Thurn: 1920, 233. Tilliach: 1908, 175; 1910, 176; 1911, 23, 76. Timmeljoch: 1908, 47, 77; 1912, 76, 79. Tuxer Joch: 1912, 16. Tuxer Tal: 1913, 72. Ultental: 1901, 168, 206; 1902, 228, 231, 244, 257; 1906, 286; 1907, 125, 159, 261; 1908, 70, 165, 213, 230. Umbrail: 1911, 236. Vallarsa: 1908, 79, 286. Vent: 1908, 95; 1915, 98. Vigolo-Vattaro: 1912, 104. Walsertal: 1908, 264. Wildschönau: 1911, 198. Zwieselstein: 1908, 95; 1912, 121; 1915, 98.

Strele G. Grundriß der Wildbachverbauung. - Wien (Springer) 1934, 279 S., 150 Abb. - Bespr. GZ 53 A/634; Z. f. prakt. Geol., 42, 1934, 125; N Jb. 1934/2, 571.

Strobl E. Die Hauptbahnen in Tirol und Vorarlberg. Kurzgefaßte Geschichte ihrer Entwicklung. Ein Auszug aus größeren Sammelwerken und einschlägigen Monographien. - Innsbr. Nachr., Nr. 170, 176, 182, 187, 193 v. August 1902.

Stubaitalbahn. Innsbr. Nachr., Jahr, Nr. - 1900, 53, 187, 192, 203; 1901, 98, 128, 132, 146 (Verhdlgen); 1902, 255; 1903, 51, 100 (Baubeginn), 110, 111, 179, 250 (Tunnel), 255, 258, 294 (Bau); 1904, 10, 115 (Eröffnung 4. 7.), 139, 144, 154, 164, 170, 171, 172 (Leitart.), 173, 282 (Dammrutsch); 1921, 219 (Verlängerung Neustift). Fulpmes-Froneben: 1906, 74.

Sybold J. Gubernialedikte v. J. 1779, 1800, 1822 über Maßnahmen gegen Waldbrände. - TB 1823, S. 76, 80.

Tertsch H. Die Erzbergbaue Österreich-Ungarns. - 1918. - Auszug: Berg- u. Hüttenm. Jb., 67, 1919, 37-63, 1 K., 2 Tab.

Tiroler Bahnen. Allgemeines über -. - Innsbr. Nachr., Jahr, Nr. - 1900, 95; 1902, 235; 1903, 132; 1904, 184, 267; 1905, 181, 281, 282 (Leitart.); 1906, 148, 160, 289, 298; 1907, 293 (Leitart.); 1908, 18 (Leitart.), 32 (Leitart.), 156, 248, 256, 273; 1909, 59 (Westtir.), 104, 149 (Leitart.), 176; 1911, 202, 206 (Leitart., Westtir.); 1912, 73, 197 (El. u. Wasserkräfte); 1913, 226; 1914, 10, 13 (Skizze); 1924, 166 (Seilbahnen an der Front), 283 (Ital. u. Nordtir.).

Torfgewinnung. Innsbr. Nachr., Jahr, Nr. - Fließ: 1918, 250. Hopfgarten: 1909, 256. Sterzing: 1911, 269. Vill: 1920, 105 (Abendbl.). Walchsee: 1918, 60.

Trapp O. Igls, Imst. - Fundber. a. Österr., 1, 1930-1934, 193. - S. a. Tir. Anzg. v. 22. 4. u. 9. 9. 1932.

Treptow E. Die Tiroler Markscheider (Schiener) im 15. und 16. Jahrhundert. - Z. f. Berg-, Hütten- u. Salwesen, 81, 1933, Sber., 497-507. - Bespr. GZ 53 A/244.

Troll E. Siedlungsbild Inn-Chiemsee-Vorland. - 1932. - Bespr. Z. Ges. f. Erdkde Berlin, 1934, 73.

Tschiderer A. A. v. Ämtliche Beschreibung der Saline zu Hall im Jahre 1716 mit Verbesserungsvorschlägen. - Handschrsammlung Mus. Ferdin. Innsbruck, 1716, Dip. 1157.

Ule W. Das Innsbrucker Relief von Tirol. (Im Garten des Pädagogiums.) - Natur 1899, 269-270. - S. a. Peucker K., Schuler J. u. Gesteinsrelief.

Unterrichter J. De aestu lacus Lucii in Tyroli Dialogus. - Innsbruck 1761. (Siehe hiezu Karte des Hechtsees von P. Anich. Über Erdbeben 1761.) - Bespr. Wieser F. R. v.: Festschrift Kufstein, 1893, 53 f. u. Z. Ferdin., 3. F., 44. H., Innsbruck 1900, 209-211.

Ur- und frühgeschichtliche Funde. Innsbr. Nachr., Nr. ... v. ...: Absam: 264 v. 19. 11. 1910. Ampaß: 134 v. 16. 6. 1920. Amras: 83 v. 14. 4. 1910. Hall: 270 v. 26. 11. 1910. Höttinger Au: 193 v. 24. 8. 1911. Innsbruck: 123 v. 31. 5. 1912. Kufstein: 166 v. 22. 7., 180 v. 8. 8. 1905. Martinsbühel: 119 v. 25. 5. 1906. Mühlau: 31 v. 10. 4., 84 v. 13. 4., 93 v. 24. 4. 1901. Schwaz: 244 v. 23. 10. 1902; 195 v. 27. 8. 1904. Wilten: 137 v. 18.6., 206 v. 10. 9. 1906; 85 v. 15. 4. 1907; 83 v. 14. 4., 147 v. 2. 7. 1910. Wörgl: 159 v. 14. 7. 1913. Zams: 277 v. 2. 12. 1911. Zirl: 225 v. 1. 10., 235 v. 13. 10. 1908; 112 v. 19. 5. 1913.

Völser See. Die Wiederherstellung des historischen - s. - Innsbr. Nachr., Nr. 156 v. 11. 6. 1934, 3 Sp.

Waagen L. Bergbau und Bergwirtschaft. - 1919. - Bespr. Berg- u. Hüttenm. Jb., 67, 1919, 316.

Wagner A. Über die Feinstruktur der Temperaturgradienten längs Berghängen. - Ber. Natw.-med. Ver. Innsbruck, 42, 1929/30/31, 195-196.

— Kritische Bemerkungen zum täglichen Gang der kosmischen Ultrastrahlung nach Aufzeichnungen auf dem Hafelekar (2300 m). - Anzg. Ak. d. Wiss. Wien, math.-natw. Kl., 71, 1934, 318-319. - S. V. Hess.

Wagner C. Kufstein. - Fundber. a. Österr., 1, 1930-1934, 136.

Waldbrand im Höttinger Wald. (Erinnerung an den großen Waldbrand i. J. 1540.) - TB 1831, S. 368.

Waldbrände, größere in Tirol u. V. Innsbr. Nachr., Jahr, Nr. - Absam: 1911, 76. Achensee: 1924, 279. Achselkopf: 1911, 111; 1913, 63; 1916, 136. Ahrnspitz: 1923, 161. Ahrntal: 1907, 134; 1913, 73. Aicha: 1910, 154. Ala: 1901, 22. Algund: 1912, 80. Amras: 1908, 98. Arco: 1905, 12; 1911, 185. Avio: 1907, 13. Barbian: 1921, 263. Berg Isel: 1908, 73. Bludenz: 1911, 66. Blumau: 1905, 83. Bondone: 1901, 286. Bozen: 1900, 240; 1903, 120; 1907, 94, 109; 1911, 60, 77, 87, 95; 1915, 174; 1917, 170, 173; 1918, 149, 228; 1923, 31. Brentagruppe: 1909, 177. Brixen: 1917, 175; 1918, 230. Brixlegg: 1904, 94; 1906, 78. Bruneck: 1906, 194, 230; 1907, 78; 1908, 159; 1913, 118, 138. Cavalese: 1911, 207. Cembra: 1906, 80. Cognola: 1906, 30. Cortina: 1914, 290. Eggental: 1911, 25. Eppan: 1906, 202; 1918, 49. Erpfendorf: 1911, 210. Franzensfeste: 1911, 184. Fußach: 1909, 84. Gaichtpaß: 1911, 210. Gantkofel: 1906, 199. Gargazon: 1906, 85. Glaning: 1924, 266. Glungezer: 1905, 174. Gmund a. d. Etsch: 1912, 221. Göflan: 1907, 71. Gossensaß: 1911, 190, 192. Götzis: 1908, 71. Gschnitztal: 1906, 187; 1921, 118. Halltal: 1909, 118, 126; 1923, 186. Hechenberg: 1911, 88, 89; 1912, 52; 1915, 169, 206, 284, 285; 1918, 54; 1921, 59. Hinterbärenbad: 1912, 96; 1915, 261. Hopfgarten: 1920, 86. Hötting: 1911, 241; 1920, 55. Igls: 1907, 227. Imst: 1911, 90, 92; 1917, 141 (Arzl); 1921, 183, 184. Innichen: 1911, 192. Innsbruck: 1913, 72. Berg Isel: 1908, 73. Kaltern: 1901, 20; 1905, 168; 1909, 85, 184; 1916, 379; 1918, 197; 1921, 282. Kardaun: 1909, 174; 1916, 285. Kastelruth: 1917, 224, 228. Kerschbuchhof: 1910, 59; 1912, 51. Kiens: 1911, 186. Kirchbichl: 1903, 131. Kirchdorf: 1917, 140. Kössen: 1911, 211. Kranebitten: 1911, 85; 1915, 289, 294. Krimpenbachalm: 1913, 247. Kufstein: 1909, 84; 1911, 213 (Spitzenstein); 1915, 155. Kundl: 1904, 166. Kurtatsch: 1906, 197. Labers: 1909, 27; 1924, 48. Lajen: 1923, 182. Lana: 1909, 84. Landro: 1911, 190, 192. Längenfeld: 1909, 111. Latsch: 1919, 118. Lebenberg: 1921, 297. Ledrotal: 1904, 89. Lemmenhof: 1908, 72; 1912, 52. Lienz: 1906, 280; 1909, 145; 1915, 482. Luttach: 1915, 595. Margreid: 1907, 97. Marling: 1907, 56; 1918, 46. Martinswand: 1917, 113, 116. Marzola: 1908, 36. Matrei i. O.: 1906, 234; 1918, 150. Mauls: 1913, 63. Mendel: 1918, 33. Meran: 1907, 94, 109; 1911, 204 (Mutspitz). Mezzana: 1908, 282. Mieming: 1910, 114; 1918, 230. Mittewald a. E.: 1918, 227. Montebaldo: 1904, 177; 1910, 164. Morter: 1921, 251. Mühlbach: 1907, 111. Natters: 1915, 154. Nauders: 1915, 289. Nenzing: 1911, 210. Neumarkt: 1907, 57. Obermais: 1911, 91, 186; 1913, 48. Olang: 1912, 86. Ötztal: 1910, 116. Paganella: 1907, 67. Passeier: 1923, 185. Partschins: 1918, 80. Paschberg: 1909, 87. Patsch: 1908, 158. Patscherkofel: 1920, 56. Paznaun: 1909, 125. Pendling: 1920, 277. Persen: 1911, 45. Pfunds: 1911, 92; 1913, 281. Plumeskopf: 1910, 130. Primör: 1906, 254; 1911, 212, 216. Prissian: 1918, 85. Rattenberg: 1905, 150; 1918, 101. Reutte: 1901, 96. Ried: 1909, 142; 1911, 192. Rietz: 1911, 211. Riffian: 1918, 43. Ritten: 1915, 467. Riva: 1903, 91; 1905, 10; 1913, 160; 1914, 36. Rovereto: 1901, 107; 1906, 208; 1907, 60, 71; 1911, 51; 1913, 75. Saltaus: 1907, 18. Salurn: 1910, 105. Sand i. T.: 1907, 124; 1908, 245; 1911, 28, 192; 1912, 117. St. Jakob a. Arlbg.: 1911, 277. St. Jakob a. P.: 1918, 103, 107. St. Johann i. T.: 1911, 246. St. Leonhard i. P.: 1913, 59. St. Lorenzen i. P.: 1905, 168. St. Valentin a. d. H.: 1912, 142. St. Ulrich i. Gr.: 1914, 312. Sardagna: 1907, 67. Schalderertal: 1918, 148. Schlanders: 1900, 170; 1911, 190, 192; 1915, 182. Schlandernauntal: 1913, 253. Schruns: 1911, 207. Sexten: 1911, 209. Sigmundskron: 1907, 53. Silltal: 1904, 110 (Klarerhof); 1909, 80 (Unterberg), 92 (Schlucht); 1911, 190; 1912, 53 (Schupfentunnel); 1923, 159 (Mieslkopf). Silz: 1917, 99, 104. Smarano: 1909, 191. Söll-Leukental: 1909, 84. Stanz-Terfens: 1909, 141. Sterzing: 1909, 49; 1911, 186. Taisten: 1913, 139. Tarsch: 1921, 251. Telfs: 1901, 124; 1908, 269. Terfens: 1909, 141; 1910, 76. Terlan: 1903, 206; 1906, 130. Terragnolo: 1904, 185. Thaur: 1908, 16; 1920, 62; 1921, 70. Thaurer Mure: 1911, 93, 94. Thiersee: 1913, 74. Trambellino: 1906, 204. Tratzberg: 1912, 97. Trient: 1907, 6. Ultental: 1916, 377. Vaduz: 1908, 103. Vallunga: 1907, 67. Vandans: 1911, 67. Vikartal: 1911, 242. Vilpian: 1912, 194. Vils: 1924, 257. Vintlalpe: 1921, 59. Virgl: 1907, 80; 1923, 179. Völs: 1908, 251. Wald (Vorarlbg): 1912, 65. Wattental: 1914, 120. Zams: 1913, 128; 1914, 418. Zieltal: 1913, 244. Zirl: 1908, 66. Zunderkopf: 1904, 87; 1923, 132. – Südtirol i. allgem.: 1903, 204. Verhütung, Vorsorgen: 1913, 66; 1915, 186; 1918, 83. – S. a. Waldwirtschaft.

Waldwirtschaft in Tirol u. V. Innsbr. Nachr., Jahr, Nr. – Aufforstung: 1902, 148; 1903, 1 (Imst); 1907, 109 (Rovereto); 1912, 91 (Vinschgau). Bestand: 1903, 292. Kahlschläge: 1912, 20 (Volderwildbad). Riesenlärchen Ulten: 1913, 196. Rodung Kufstein: 1912, 151. Schäden: 1924, 134 (Borkenkäfer, Imst); 1901, 136 (Schnee, Dalaas). Teilwälderfrage: 1908, 235. Verwüstung Südtirol: 1923, 232, 235. Wirtschaft: 1909, 115 (Südtirol); 1918, 92 (Tirol). – S. a. Waldbrände.

Wanner E. Beiträge zur Geographie der Erdbeben. II. – Gerl. Beitr. z. Geoph., 39, 1933, 326–332, 2 Fig. – Bespr. NJb. 1934/2, 547.

— Die Lage der zerstörenden alpinen Erdbebenherde. – Verh. Schw. Natf. Ges., 114. Jvers. Altdorf, 1933, 346–347.

Wehner H. Die Erdbebenfrage in Tirol. Ein Beitrag zur Erforschung der seismischen Unruhen in den Alpen. – Innsbr. Nachr., Nr. 64 v. 18. 3. 1911, m. Skz.

Weidenbusch H. Analyse des quecksilberhaltigen Fahlerzes von Schwaz. – 1849. – Bespr. NJb. 1850, 337.

Weithofer K. A. Molasse und Alpenrand in Oberbayern. II. Ist die oberbayerische Molasse von alpinen Decken überfahren? – Zbl. f. Min., Abt. B, 1934, 1–12, 3 Abb. – Bespr. GZ 52 A/1421.

Wieser F. Der Tiroler Bergreim. (Von Georg Rösch v. Geroldshausen, 1558.) – Archiv f. Gesch. u. Altertumskde Tirols, 5, 1869, 209–248. (Haller Salzberg 213–220, Schwaz 220–224, Kitzbühel 229–231, Min.-Geol. 241–243 usw.) – S. a. Rösch G. v., Pichler A. v., Isser M. v., Fischnaler K. u. Emmert A.

Wieser F. R. v. Die ältesten Siedlungen im Innsbrucker Gebiete. (Vortragsauszug.) – Innsbr. Nachr., Nr. 123 v. 31. 5. 1912.

Wilberforce W. B. Glück auf! Ein Wort über Bergwerke und Eisenbahnen in Tirol. – Meran (Pötzelberger) 1887, 18 S.

Wildbachverbauungen in Tirol u. V. Innsbr. Nachr., Jahr, Nr. – Ahrntal (Taufers): 1904, 52; 1909, 217; 1911, 279; 1912, 156, 204; 1913, 213; 1914, 59. Alpbach (Brixlegg): 1909, 138; 1911, 276; 1912, 196; 1917, 40. Arlberg: 1905, 103; 1908, 137 (Schönbach). Avisio: 1922, 208. Bizau: 1902, 75; 1906, 211. Brixentaler Ach: 1906, 107; 1907, 183; 1910, 221. Campill: 1908, 109. Chiese: 1911, 95; 1913, 153. Dornbirner Ach-Steinebach: 1900, 256. Ehrwald: 1911, 252. Eisack: 1903, 93; 1909, 266, 268. Faggenbach: 1912, 168. Geroldsbach: 1909, 189. Glurns: 1913, 294. Gsiesertal: 1911, 110. Großache: 1903, 130, 276; 1905, 148; 1907, 290. Ill: 1912, 210; 1913, 31, 238, 262, 272, 296; 1914, 30, 54, 69, 84, 375. Imst (Brennbichl): 1911, 27. Jenbach: 1911, 3, 217; 1912, 28, 90. Kitzbühel: 1903, 167. Klösterle: 1905, 270. Lech: 1903, 1, 37, 56, 61, 96; 1905, 268; 1906, 238: 1907, 94; 1924, 279. Leno: 1902, 48. Matrei i. O.: 1908, 255; 1909, 140, 238. Matschertal: 1912, 262. Ötztal: 1906, 276; 1911, 122. Passer: 1907, 54, 189; 1910, 233, 243 (Leitart.). Pfitsch: 1907, 265. Prad: 1912, 240. Primör: 1912, 200. Punibach (Vinschgau): 1913, 274. Reutte-Wängle: 1905, 198. Rheingebiet: 1902, 140; 1922, 97. Riva

(Albola): 1911, 219. Roncegno (Chiavona): 1902, 140. Rosanna: 1911, 224. Sarca: 1907, 24; 1913, 167; 1914, 152. Scesa: 1902, 224. Schlanders: 1908, 100; 1910, 291; 1912, 95. Schlick: 1908, 58. Sill: 1909, 241; 1910, 65, 67, 89. Sterzing: 1912, 15. Sulden: 1912, 125. Vorarlberg i. a.: 1903, 70; 1922, 97, 184; 1924, 48. Waidring (Haselbach): 1908, 112. Wildschönau: 1903, 1. Ziller: 1906, 277; 1911, 92, 94, 104, 122; 1913, 45; 1914, 21.

Wilten. Fund eines diluvialen Hirschgeweihes. – Innsbr. Nachr., 1875, S. 3280.

Winz H. Kulturgeographie Oberinntal. – 1933. – Bespr. Geogr. Z., 40, 1934, 71; Z. Ges. f. Erdkde Berlin, 1934, 382.

Wolkenstein M. S. v. Tyrolische Chronik. – Handschr. Univ. u. Ferdin.-Bibl. (3618) Innsbruck a. d. Anfang d. 17. Jahrhunderts. – S. Egger J., Die ältesten Geschichtsschreiber Tirols, Progr. Realschule Innsbruck, 1867, 17–23 u. Hirn J., Erzh. Maximilian, 1, Innsbruck 1915, 437–443. (Namentl. im 1. Buch über Bodenschätze, Bergbau u. Heilquellen.)

Wörgl. (-oo-) Das Brandgräberfeld in –. (Nach Wieser.) – Innsbr. Nachr., Nr. 159 v. 14. 7. 1913.

Wülfing E. A. Die Meteoriten in Sammlungen und ihre Literatur. – Tübingen 1897. (S. 249 über Fund Mühlau.)

Wurm A. Zur geophysikalischen Durchforschung Bayerns. – 1931. – Bespr. NJb. 1933/2, 555.

Zallinger F. v. Witterungsbeobachtungen nebst einigen Höhenmessungen mit dem Barometer. – Innsbruck 1784. – Sammler f. Gesch. u. Stat. etc., 3, 1808, 243–245 unter: Höhenmessungen etc., 5.

Zösmair J. Die Entdeckung des Haller Salzbergwerks. – Innsbr. Nachr., Nr. 116 v. 20. 5. 1911.

— Die alten Kelten einst eine Hauptbevölkerung Tirols. – Innsbr. Nachr., Nr. 164 v. 20. 7. u. 165 v. 22. 7. 1912.

— Zur Urbevölkerung Tirols. – Innsbr. Nachr., Nr. 199 v. 31. 8. 1912.

— Keine illyrische Urbevölkerung in Tirol und Vorarlberg. – Innsbr. Nachr., Nr. 56 v. 8. 3. u. 83 v. 12. 4. 1913.

— Schädellehre und Urbevölkerung Tirols und Vorarlbergs. – Innsbr. Nachr., Nr. 42 v. 21. 2. 1914.

— Die Kufsteiner Eibergstraße und der Wilde Kaiser. (Namenkdl.) – Innsbr. Nachr., Nr. 116 v. 23. 5. 1914.

Zur Mühlen W. v. Seism. Untersuchungen d. Geophys. Inst. in Göttingen. XIII. Über seismische Oberflächenwellen und ihre Beziehung zum geologischen Aufbau des eurasiatischen Kontinents. – Z. f. Geophys., 10, H. 1, 1934, 27–40. – Bespr. NJb. 1935/2, 18.

17. Graubünden.

Albulabahn. Innsbr. Nachr., Nr. 200 v. 3. 9. 1903.

Ambühl E. Petrographie und Geologie des zentralen Gotthardmassivs südlich Andermatt. – Schw. Min. u. Petr. Mitt., 9, 1929, 265–441. – Bespr. NJb. 1933/2, 438; Z. f. Krist., Abt. B, Refteil, 2, 1933, R. 66, 115, 116, 127, 128, 130.

Ampferer O. Beiträge zur Geologie und Mechanik des Westrandes der Ostalpen. – 1933. – Bespr. GZ 52 A/976.

— Über die Gleitformung der Glarner Alpen. – Sber. Ak. d. Wiss. Wien, math.-natw. Kl., Abt. 1, 143, 1934, 109–121, 6 Abb. – S. Oberholzer J. u. Heim Alb.

— Neue Wege zum Verständnis des Flimser Bergsturzes. – Sber. Ak. d. Wiss. Wien, math.-natw. Kl., Abt. 1, 143, 1934, 123–135, 5 Abb. – S. Oberholzer J. u. Heim Alb.

— Tektonische Studien im Vorder-Rheintal. – Anzg. Ak. d. Wiss. Wien, math.-natw. Kl., 71, 1934, 327; Sber. Ak. d. Wiss. Wien, math.-natw. Kl., 1, 143, 1934, 299–312, 6 Abb. – S. a. Oberholzer J. u. Heim Alb.

— Reisebericht über den Flimser Bergsturz. (Auszug.) – VBA 1934, 6.

Arbenz P. Geologie von Mittelbünden. – 1928. – Bespr. NJb. 1934/3, 861.

— Die helvetische Region. – In: Geol. Führer der Schweiz, herausgeg. v. d. Schw. Geol. Ges., Basel (Wepf) 1934, Fasz. II, 96–120, 2 Taf.

— Exkursion Nr. 84. Chur–Parpan–Lenzerheide–Tiefenkastel. – In: Geol. Führer der Schweiz, herausgeg. v. d. Schw. Geol. Ges., Basel (Wepf) 1934, Fasz. XIII, 976–984, 2 Fig.

— Exkursion Nr. 89. Bergün–Aelahütte–Tinzen (Oberhalbstein) oder Preda (Albulatal). – In: Geol. Führer der Schweiz, herausgeg. v. d. Schw. Geol. Ges., Basel (Wepf) 1934, Fasz. XIII, 1023–1025, 1 Fig.

— Exkursion Nr. 92 B. Il Fuorn (Ofenpaß)–Punt Praspöl–Murtèrsattel–Val Cluozza–Zernez. – In: Geol. Führer der Schweiz, herausgeg. v. d. Schw. Geol. Ges., Basel (Wepf) 1934, Fasz. XIV, 1064–1067, 1 Fig.

Bearth P. Geol. und Petr. der Keschgruppe. – 1932. – Bespr. NJb. 1934/2, 422.

—, **Spaenhauer F.** u. **Streckeisen A.** Exkursion Nr. 91. Davos–Flüelapaß–Grialetschhütte–Scalettapaß–Engadin. – In: Geol. Führer der Schweiz, herausgeg. v. d. Schw. Geol. Ges., Basel (Wepf) 1934, Fasz. XIII, 1034–1039.

Bearth P. Röntgenspektroskopische Analyse eines Turnerits aus dem Tavetsch. – Schw. Min. u. Petr. Mitt., 14, 1934, 442–446, 1 Tab.

Beck P. Über das schweiz. und europ. Pliozän und Pleistozän. – 1933. – Bespr. NJb. 1934/3, 953.

— Das Quartär. – In: Geol. Führer der Schweiz, herausgeg. v. d. Schw. Geol. Ges., Basel (Wepf) 1934, Fasz. I, 26–41.

Bergbahnprojekte. Neue –: Diavolezzabahn–Pontresina. – Neue Zürcher Ztg, Nr. 528 v. 24. 3. 1933. – S. a. Der Bergsteiger, 3, 1933, Nr. 8, 131–132.

Bergstürze. Graubünden (1806–1809); Pfänder (1806). – NJbücher d. Berg- u. Hüttenkde, 2, 1812, 314–315.

Bernoulli Chr. Geognostische Übersicht der Schweiz nebst einem systematischen Verzeichnisse aller in diesem Lande vorkommenden Mineralkörper und deren Fundörter. – Taschenbuch f. d. schw. Min. (Chr. Bernoulli), 1, Basel 1811, 228 S. – Auszug: Leonh. Taschenbuch, 6, 1812, 271–273, 310–311.

— Mitteilungen über Schweizerreise. (Brief aus Basel v. 1. 11. 1812.) – Leonh. Taschenbuch, 7, 1. Abt., 1813, 299–303.

Billwiller R. Der Firnzuwachs pro 1931/32 in einigen schweizerischen Firngebieten. 19. Ber. d. Zürcher Gletscherkomm. – Vierteljschr. Natf. Ges. Zürich, 77, 1932, 249–256, 1 Abb.

Blumenthal M. M. Der Prätigauflysch und seine Stellung im Penninikum. – 1931. – Bespr. NJb. 1934/3, 17.

— Exkursion Nr. 82. West-Rätikon: Die Falknis- und Scesaplanagruppe. - In: Geol. Führer der Schweiz, herausgeg. v. d. Schw. Geol. Ges., Basel (Wepf) 1934, Fasz. XIII, 961-969, 1 Fig.
— Exkursion Nr. 83. Ost-Rätikon: Der Querschnitt des St. Antönientales. - In: Geol. Führer der Schweiz, herausgeg. v. d. Schw. Geol. Ges., Basel (Wepf) 1934, Fasz. XIII, 970-975, 1 Fig.
Braun-Blanquet J., Brunies St. u. a. Vegetationsentwicklung im Schweizer Nationalpark. Ergebnisse der Untersuchung von Dauerbeobachtungsflächen I. - Dokumente zur Erforschung des Schw. Nationalparkes, 1931, 82 S.
Braun-Blanquet J. u. Rübel E. Flora von Graubünden. - 1932-1933. - Bespr. Geogr. Z., 40, 1934, 256.
Brückmann W. Erdmagnetische Vermessung der Schweiz. - Ann. Schw. Meteorol. Zentralanst., 68, 1931, Nr. 6, 10 S., 3 K.
Brunner H. Die Rutschungen von Saas. - Jber. Natf. Ges. Grbd., NF, 70, 1931/32, 1932, 2-12, 1 Taf.
Buxtorf A., Niggli P., Reinhard M. u. Weber Fr. Eisenbahnfahrt ... Gotthard-Bellinzona-Chiasso. - In: Geol. Führer der Schweiz, herausgeg. v. d. Schw. Geol. Ges., Basel (Wepf) 1934, Fasz. IV, 256-266, 1 Fig.
Cadisch J. Die Schichtreihe von Ardez. - 1932. - Bespr. GZ 52 A/968, 1988.
— Exkursion Nr. 85. Parpan-Arosa, zentrales Plessurgebirge. - In: Geol. Führer der Schweiz, herausgeg. v. d. Schw. Geol. Ges., Basel (Wepf) 1934, Fasz. XIII, 985-991, 3 Fig.
— Exkursion Nr. 86. Langwies-Weißfluh-Parsenn-Davos oder Klosters. - In: Geol. Führer der Schweiz, herausgeg. v. d. Schw. Geol. Ges., Basel (Wepf) 1934, Fasz. XIII, 992-996, 1 Fig.
— Exkursion Nr. 95. Umgebung von Schuls (Unterengadiner Fenster). - In: Geol. Führer der Schweiz, herausgeg. v. d. Schw. Geol. Ges., Basel (Wepf) 1934, Fasz. XIV, 1085-1089, 1 Fig.
— Geologie der Schweizeralpen. - Zürich (Beer u. Co.) 1934, 383 S., 47 Fig., zahlr. Tab. - Bespr. VBA 1934, 95.
Castiglioni B. Sulle cause delle deviazioni dei fiumi. - Z. f. Geomorph., 8, 1934, 224-253, 3 Fig.
Cristofaro G., Badò F. c Larghi C. Rel. d. Camp. Glac. d. 1933. Gruppi Badile-Disgrazia-Scalino. Bacino di Mallero. - Boll. Com. Glac. It., 14, 1934, 242-245, 1 Taf.
Dittler E. Mineralsynthetische Studien am Sapphirin. - Z. anorg. Chemie, 174, 1928, 342-354. - Bespr. Z. f. Krist., Refteil, 2, 1930, R. 336.
Drugman J. Different habits of fluorite crystals. (Fluorit von Celerina, Engadin.) - Mineral. Mag., 23, Nr. 137, 1932, 137-144.
Erdbeben. Innsbruck (1. 9. 1810); Verona, Brixen (25. 12. 1810); Verona (1811 4mal); Graubünden (19. 2. 1812); Vicenza, Treviso, Trient, Bozen, Atzwang (Bergsturz), Brixen, Innsbruck, Rosenheim, München (25. 10. 1812); Graubünden (13.12. 1812). - NJbücher d. Berg- u. Hüttenkde, 3, 1815, 246-261.
Eugster H. Exkursion Nr. 88. Tiefenkastel-Filisur-Albula-Ponte. - In: Geol. Führer der Schweiz, herausgeg. v. d. Schw. Geol. Ges., Basel (Wepf) 1934, Fasz. XIII, 1014-1022, 2 Fig.
— Exkursion Nr. 90. Bergün-Ducanpaß-Sertig oder Monstein. - In: Geol. Führer der Schweiz, herausgeg. v. d. Schw. Geol. Ges., Basel (Wepf) 1934, Fasz. XIII, 1026-1033, 2 Fig.
Fehlmann H. Schweizerische Eisenerzeugung. - 1932. - Bespr. NJb. 1932/2, 306; Z. f. prakt. Geol., 41, 1933, 71.
Flaig W. Bernina. Erfahrungen und Erlebnisse. - Z. DÖAV, 1934, 50-87, 9 Taf., 1 K.
Flückiger O. Glaziale Felsformen. - 1934. - Bespr. PetMitt., 80, 1934, 143; Geogr. Z., 40, 1934, 268; Boll. Soc. Geogr. It., 1934, 253; Z. f. Geomorph., 8, 1935, 335; GZ 54 A/537.
Friedländer C. Erzvorkommnisse. - 1930. - Bespr. NJb. 1933/2, 307.
Frommelt A. Übersicht über die geol. Gestaltung der liechtensteinischen Berge. - 1933. - Abdruck: Der Bergsteiger, 3, 1932/33, 761-762.
Früh J. Geographie der Schweiz. - 1929-1933. - Bespr. Z. Ges. f. Erdkde Berlin, 1934, 303.
Gagnebin E. Les Préalpes et les „klippes". - In: Geol. Führer der Schweiz, herausgeg. v. d. Schw. Geol. Ges., Basel (Wepf) 1934, Fasz. II, 79-95, 1 Fig.
Gemböck H. Über den Andalusit von Montavon in Vorarlberg. - NJb. 1898/2, 89-98, 1 Taf.
Geol. Führer der Schweiz, herausgeg. v. d. Schw. Geol. Ges. bei Anlaß ihrer 50. Jahresfeier. - Basel (Wepf) 1934, XIV Fasz., 1145 S., zahlr. Taf., Prof. u. Fig. - Bespr. NJb. 1935/3, 6; PetMitt., 81, 1935, 101.
Gerber E. Naturschutz und erratische Blöcke. - Schulpraxis, Blge z. Berner Schulblatt, 1931, 5 S.
Gräfe H. Seismische Untersuchungen VI. Das Nordtiroler Beben. - 1932. - Bespr. GZ 52 A/399; NJb. 1933/2, 572.
— Das Nordtiroler Beben vom 8. Okt. 1930. II. Die Kräfte im Herd des Bebens. - Z. f. Geophys., 9, 1933, 31-43, 14 Abb. - Bespr. NJb. 1934/2, 49.
Gruner G. S. Beschreibung der Eisgebirge des Schweizerlandes. - Bern 1760. Französ. Übersetzg Paris 1770, 372 S., 18 Blgen, 2 K. - Bespr. Ebel, Anleitung, 3. Aufl., Bd 1, Zürich 1809, 210; Itin. SAC, Bern 1886, 5.
— Reisen durch die merkwürdigsten Gegenden Helvetiens. (Briefe.) - London (Bern) 1778, 2 Bde, 291 S., 6 Abb. u. 277 S., 12 Abb. - Französ. Übersetzg v. Keraglio, 1778. - Bespr. Götting. gel. Anzg., 1778, 1027; Beckmanns Phys.-ökon. Bibl., Göttingen 1779, Bd 10, 376; Ebel, Anleitg, 1793, 1. T., 113; 1809, Bd 1, 210; Itin. SAC, Bern 1886, 7.
Hägler K. Bündner Naturhistorisches und Nationalparkmuseum. Ber. 1931/33. - Jber. Natf. Ges. Grbd., NF, 71, 1932/33, 1933, röm. 19-30.
Harada Z. Über die optischen Daten des Danburits von Scopi, Schweiz. - Journ. of Fac. of Sci., The Hokkaido Imp. Univ., S. 4, 2, 1933, 169-175, 4 Abb. - Bespr. NJb. 1934/1, 369.
Heberdey R. Die Bedeutung der Eiszeit für die Fauna der Alpen. - 1933. - Bespr. GZ 4 B/1333, 52 A/223.
Heim Alb. Bergsturz und Menschenleben. - 1932. - Bespr. Z. f. Geomorph., 8, 1934, 199; Zbl. f. Min., Abt. B, 1934, 96.
— Über Eistrümmerströme und eiszeitliche Bergstürze. (Aus: Bergsturz und Menschenleben.) - Z. f. Glkde, 22, 1935, 222-224.
Hess E. Schneebrettlawinen. - Die Alpen (SAC), Baden 1934, Märzheft.
Himmelbauer A. Vorkommen und technische Verwendung des Talkes. (Vortr.; u. a. Lavezsteine der Schweiz.) - Z. f. Krist., Abt. B, Min. u. Petr. Mitt., 45, 1934, 472-474.
Hopff L. Zur Geschichte des goldhaltigen schwarzgrauen Rheinsandes. - Arch. f. d. ges. Natlehre (Kastner), 15, Nürnberg 1828, 329-330. - Auszug: Jb. f. Min. etc., 1, Heidelberg 1830, 87.

Hotz W. u. **Geol. Komm.** Die geol. und tekt. Karten der Schweiz. - 1931. - Bespr. NJb. 1934/3, 32.
Hugi E. Das Aarmassiv. - In: Geol. Führer der Schweiz, herausgeg. v. d. Schw. Geol. Ges., Basel (Wepf) 1934, Fasz. II, 130–138, 1 Taf., 1 Fig.
Jakob J. Tinzenit-Varietäten. - 1926. - Bespr. Z. f. Krist., Refteil, 1, 1928, R. 188.
— Sursassit. - 1926. - Bespr. Z. f. Krist., Refteil, 1, 1928, R. 189.
— Beiträge zur chemischen Konstitution der Glimmer. VII. Mitt.: Die Muskowite der Pegmatite. - Z. f. Krist., 70, 1929, 493–496. - Bespr. Ebd. Refteil, 2, 1933, 126.
— Beiträge zur chemischen Konstitution der Glimmer. VIII. Mit.: Bisherige Resultate der Muskowitforschung. - Z. f. Krist., 72, 1929, 327–380. - Bespr. Z. f. Krist., Refteil, 2, 1933, R. 124.
— Über die chemische Formel und die optischen Daten des Sursassit. - Schw. Min. u. Petr. Mitt., 11, 1931, 178–180.
— Die Manganerzlagerstätten zwischen Val d'Err und Roffna (Oberhalbstein), ihre Begleitminerale und ihre Genesis. - Schw. Min. u. Petr. Mitt., 13, 1933, 17–39. - Bespr. NJb. 1934/1, 593; 1934/2, 278.
Keferstein Chr. Geognostisch-geologische Bemerkungen über die heißen und warmen Quellen in Teutschland. - In: Teutschland, 2, Weimar 1822. (Gastein 28, Bormio, Peterstal in Grbd. u. Pfäfers 28–29, Allgemeines über alpine Heilquellen 31–32, Euganeen 42.)
— Geognostische Bemerkungen über eine Bereisung der Alpen, Apenninen, Karpaten und einiger Gegenden von Oberschlesien, gesammelt auf einer Reise im Sommer 1829 und 1830. - In: Teutschland, 7, Weimar 1831, 1. Abt., 1–39 Allgäu, Rheingebiet u. Graubünden; 62–85 Oberit. Seen, Etschgebiet, Euganeen, Venetianer Alpen; 85–124 Überblick auf die allgem. geogn. u. geol. Verh. der Alpen. - Bespr. Leonh. u. Br. NJb., 1832, 311.
Kinzl H. Die größten nacheiszeitlichen Gletschervorstöße. - 1932. - Bespr. Z. Ges. f. Erdkde Berlin, 1934, 61.
— Die Höttinger Breccie und die Gliederung des Eiszeitalters. - Geogr. Z., 41, 1935, 111–114. - S. Spethmann H.
Klebelsberg R. v. Grundzüge der Geol. Tirols. - 1933. - Bespr. Mitt. DÖAV, 1934, 147; Der Schlern, 15, 1934, 189; PetMitt., 1934, 317; Geogr. Z., 40, 1934, 271.
— Geologie von Tirol. - Berlin (Borntraeger) 1935, 748 S. u. 4 Verz., K. 1:500000, 3 Skzen, 11 Blgen.
Königsberger J. Beobachtungen im Gotthardmassiv. - Schw. Min. u. Petr. Mitt., 10, 1930, 140–151, 7 Fig.
— Variometrisch bestimmtes magnetisches Profil Offenburg-Chiasso; Folgerungen über säkulare Änderungen; Einfluß von Gesteinssuszeptibilität und Tektonik. - Gerlands Beitr. z. Geoph., Ergh. f. angew. Geoph., 2, 1932, 374–400, 6 Fig. - Bespr. GZ 51 A/1664.
— Bemerkung zu W. Minder, Petrographie des mittleren Aarmassivs. - Schw. Min. u. Petr. Mitt., 13, 1933, 292–295. - S. a. ebd. Minder.
Kopp J. Zur Stratigraphie und Tektonik der Gebirge zwischen Lugnezer und Valser Tal (Piz Aul-Gruppe). - 1933. - Bespr. NJb. 1934/3, 365.
— Neue Beobachtungen über die Entstehung der Minerallagerstätten auf der Südseite des Piz Aul bei Vals. - Schw. Min. u. Petr. Mitt., 13, 1933, 567–569.
Kündig E. Beitr. z. Geol. u. Petr. d. Gebirgskette zwischen Val Calanca und Misox. - 1926. - Bespr. NJb. 1934/3, 852.
Lauterborn R. Der Rhein. Naturgeschichte eines deutschen Stromes. 2. Hälfte: Die Zeit von 1800–1930. Abt. 1: Die Zeit von 1800–1860. - Ber. Natf. Ges. Freiburg i. B., 33, Freiburg 1934, 1–324, 1 Taf. - Bespr. GZ 53 A/1540.
Lawinensturz. Vrin (Lugnez, Graubünden), 15. 3. 1815. - NJbücher d. Berg- u. Hüttenkde, 4, 1821, 461.
Lehner M. Beiträge zur Untersuchung der isostatischen Kompensation der schweizerischen Gebirgsmassen. - Verh. Natf. Ges. Basel, 4, 1930, 1–76, 2 Taf., 19 Fig. - Bespr. GZ 51 A/1687; NJb. 1933/2, 538.
Leupold W. Exkursion Nr. 87. Arosa–Alteinfurka–Glaris (Davos)–Filisur. - In: Geol. Führer der Schweiz, herausgeg. v. d. Schw. Geol. Ges., Basel (Wepf) 1934, Fasz. XIII, 997-1013, 5 Fig., 1 Tab.
— Gemeinsame Einleitung zu den Exkursionen 92, 93 und 94 (Unterengadiner Dolomiten). - In: Geol. Führer der Schweiz, herausgeg. v. d. Schw. Geol. Ges., Basel (Wepf) 1934, Fasz. XIV, 1043–1049.
— Exkursion Nr. 92 A. Zernez–Ofenpaß–Sta Maria im Münstertal. - In: Geol. Führer der Schweiz, herausgeg. v. d. Schw. Geol. Ges., Basel (Wepf) 1934, Fasz. XIV, 1050–1063, 1 Fig.
— Exkursion Nr. 93. Sta Maria–Umbrailpaß–Stilfserjoch. - In: Geol. Führer der Schweiz, herausgeg. v. d. Schw. Geol. Ges., Basel (Wepf) 1934, Fasz. XIV, 1068–1075.
— u. **Eugster H.** Exkursion Nr. 94. Cierfs–Scarl–Schuls. - In: Geol. Führer der Schweiz, herausgeg. v. d. Schw. Geol. Ges., Basel (Wepf) 1934, Fasz. XIV, 1076–1084, 1 Fig.
Mercanton P.-L. Les variations périodiques des glaciers des Alpes Suisses. 54e Rapport–1933. - Les Alpes, Nr. 5, Bern 1934, 10 S., 5 Abb.
Minder W. Beiträge zur Petrographie des mittleren Aarmassivs. (Petr.-tekt. Studien im Zentralgranit des oberen Haslitales.) - Schw. Min. u. Petr. Mitt., 12, 1932, 353ff. - Bespr. NJb. 1934/2, 419.
— Beitrag zur Begriffs- und Altersbestimmung alpiner Mineralklüfte und Kluftmineralien. - Schw. Min. u. Petr. Mitt., 13, 1933, 296–301. - Bespr. NJb. 1934/2, 815.
Monterin U. Le variazioni per. d. Ghiac. It. 1932. - 1933. - Bespr. Z. f. Glkde, 22, 1935, 329.
Niederer J. Beiträge zur Petrographie des östlichen Aarmassives. - Diss. Bern 1932, Weida (Thür.) 1932, 1 K., 6 Taf., 4 Fig. - Bespr. NJb. 1933/2, 926.
Niggli P., de Quervain F., Winterhalter R. U. Chemismus schweizerischer Gesteine. - Beitr. z. Geol. d. Schw., Geotechn. Ser., 14. Lfrg, Bern 1930, 389 S., Analysentab., 1 K., 59 Abb.
Niggli P. Bemerkungen zu den vorstehenden zwei Beiträgen über Kluftmineralien. (S. Königsberger J. und Minder W.) - Schw. Min. u. Petr. Mitt., 13, 1933, 302–304.
— Das Gotthardmassiv. - In: Geol. Führer der Schweiz, herausgeg. v. d. Schw. Geol. Ges., Basel (Wepf) 1934, Fasz. II, 139–145, 2 Taf.
— Eisenbahnfahrt Brieg–Chur. - In: Geol. Führer der Schweiz, herausgeg. v. d. Schw. Geol. Ges., Basel (Wepf) 1934, Fasz. IV, 293–306.
— u. **Winterhalter R. U.** Exkursion Nr. 63. Lukmaniergebiet. - In: Geol. Führer der Schweiz, herausgeg. v. d. Schw. Geol. Ges., Basel (Wepf) 1934, Fasz. XI, 802–814, 4 Fig.
— — Exkursion Nr. 64. Truns–Alp Nadèls–Teniger-

bad–Val Somvix–Rabius–Truns (oder Disentis). – In: Geol. Führer der Schweiz, herausgeg. v. d. Schw. Geol. Ges., Basel (Wepf) 1934, Fasz. XI, 815–818, 1 Fig.

Niggli P. u. **Friedländer C.** Gesteinsbeschreibung zur Sammlung schweizerischer alpiner Gesteine. – 1934. Als Manuskr. gedr. – Bespr. NJb. 1934/2, 390, 418.

Oberholzer J. Exkursion Nr. 80. Glarus–Segnespaß–Flims. – In: Geol. Führer der Schweiz, herausgeg. v. d. Schw. Geol. Ges., Basel (Wepf) 1934, Fasz. XII, 947–952, 1 Fig.

— Exkursion Nr. 81. Ragaz–Vättis–Kunkelpaß–Reichenau–Bonaduz. – In: Geol. Führer der Schweiz, herausgeg. v. d. Schw. Geol. Ges., Basel (Wepf) 1934, Fasz. XII, 953–957, 1 Fig.

— u. **Heim Alb.** Zu Otto Ampferers „Gleitformung der Glarner Alpen" und „Flimser Bergsturz." – EgH 27, 1934, 507–516. – S. Ampferer O.

Papon J. Val Tuoi. – 1857. – Bespr. NJb. 1859, 97.

Pignarelli S. Rel. d. Camp. Glac. d. 1933. Alpi Retiche. Gruppo Tambò–Suretta–Stella. Gruppi Badile–Disgrazia–Bernina–Scalino. – Boll. Com. Glac. It., 14, 1934, 239–242.

Quervain F. de u. **Gschwind M.** Die nutzbaren Gesteine der Schweiz. (Einführung von P. Niggli.) – Herausgeg. v. d. Geotechn. Komm. d. Schw. Natf. Ges., Bern (Huber) 1934, 456 S., 65 Abb., 4 Taf. – Bespr. PetMitt., 80, 1934, 316; Mitt. Geol. Ges. Wien, 26, Wien 1934, 222; GR 25, 1934, 362; Z. f. prakt. Geol., 42, 1934, 111; NJb. 1934/2, 493; GZ 53 A/814; Aus der Heimat, 48, Stuttgart 1935, 31.

Quervain F. de. Nutzbare Gesteine und Mineralien der Schweiz. – In: Geol. Führer der Schweiz, herausgeg. v. d. Schw. Geol. Ges., Basel (Wepf) 1934, Fasz. I, 15–25.

Reichel E. Versuch einer Berechnung der eiszeitlichen Niederschlagshöhe der Alpen. – Z. f. Glkde, 22, 1935, 73–80.

Revilliod P. La faune de l'abri sous roche „ils Cuvels" près de Zernez (Grisons). (Vortr.) – EgH 27, 1934, 440–442.

Rösli F. Zur Geol. der Murtirölgruppe. – 1927. – Bespr. NJb. 1934/3, 850.

Rüger L. Zur Altersfrage der Bewegungen und Metamorphosen im Penninikum der Tessiner Alpen. – GR 25, 1934, 1–10. – Bespr. GZ 52 A/1987.

Salonen E. Über die Erdkrustendicke und die isostatische Kompensation in den Schweizer Alpen. – Annal. Acad. Sci. Fennicae, ser. A., t. 37, Nr. 3, Helsinki 1932, 28 S., 2 Tab., 4 Fig., 4 Taf. – Bespr. GZ 51 A/1613; NJb. 1933/2, 538.

Scheerer Th. Dolomitschiefer in der Schweiz. (U. a. Lukmanierpaß.) – NJb. 1855, 468.

Schmidt P. Die Schweiz als Lebensraum. – Veröff. d. Handelshochsch. St. Gallen, H. 6, St. Gallen (Fehr) 1934, 87 S. – Bespr. PetMitt., 80, 1934, 316; Z. Ges. f. Erdkde Berlin, 1934, 395.

Schumacher G. Geol. Studien im Domleschg. – 1927. – Bespr. NJb. 1934/3, 851.

Schwimmer J. Vom Schweizer Nationalpark. – Heimat, Vorarlbg. Mh., 15, 1934, 43–44.

Schwinner R. Geröllführende Schiefer. – 1929. – Bespr. NJb. 1933/2, 19.

Seidlitz W. v. Arnold Escher v. d. Linth. – Handwörterbuch d. Natwiss., röm. 3, 1933, 882.

Siedentop I. Eisenbahngeographie der Schweiz. – Geogr. Wochenschr., Beiheft 1, Halle (John) 1933, 126 S., 28 Abb. – Bespr. Z. Ges. f. Erdkde Berlin, 1933, 228; Boll. Soc. Geogr. It., 1934, 377.

Sölch J. Fluß- und Eiswerk in den Alpen zwischen Ötztal und St. Gotthard. 1. T. – PetMitt., Ergh. Nr. 219, Gotha 1935, 143 S., 31 Abb.

Spaenhauer F. Petr. und Geol. der Grialetsch–Vadret–Sursura–Gruppe. – 1932. – Bespr. NJb. 1934/2, 421.

Staub R. Übersicht über die Geologie Graubündens. – In: Geol. Führer der Schweiz, herausgeg. v. d. Schw. Geol. Ges., Basel (Wepf) 1934, Fasz. III, 205–239.

— Eisenbahnfahrt Zürich–Weesen–Chur–Thusis–Tiefenkastel–Julier–Engadin–Bergell–Chiavenna. – In: Geol. Führer der Schweiz, herausgeg. v. d. Schw. Geol. Ges., Basel (Wepf) 1934, Fasz. IV, 274–284.

— Exkursion Nr. 96. Thusis–Splügen–San Bernardino–Mesocco (mit Variante Splügen–Chiavenna). – In: Geol. Führer der Schweiz, herausgeg. v. d. Schw. Geol. Ges., Basel (Wepf) 1934, Fasz. XVI, 1090–1101, 7 Fig.

— Exkursion Nr. 97. Andeer–Avers–Piz Scalotta–Bivio. – In: Geol. Führer der Schweiz, herausgeg. v. d. Schw. Geol. Ges., Basel (Wepf) 1934, Fasz. XIV, 1102–1111, 3 Fig.

— Exkursion Nr. 98. Silsersee–Bergellermassiv. – In: Geol. Führer der Schweiz, herausgeg. v. d. Schw. Geol. Ges., Basel (Wepf) 1934, Fasz. XIV, 1112–1123, 6 Fig.

— Exkursion Nr. 99. Sils–Lej Sgrischùs–Piz Corvatsch–Fuorcla Surlej–Silvaplana. – In: Geol. Führer der Schweiz, herausgeg. v. d. Schw. Geol. Ges., Basel (Wepf) 1934, Fasz. XIV, 1124–1131, 5 Fig.

— Exkursion Nr. 100 A. Pontresina–Berninapaß–Poschiavo (Puschlav)–Tirano. – In: Geol. Führer der Schweiz, herausgeg. v. d. Schw. Geol. Ges., Basel (Wepf) 1934, Fasz. XIV, 1132–1139, 2 Fig.

— Exkursion Nr. 100 B. Berninahäuser–Heutal–Fuorcla Chamuera–Val Chamuera–Ponte. – In: Geol. Führer der Schweiz, herausgeg. v. d. Schw. Geol. Ges., Basel (Wepf) 1934, Fasz. XIV, 1140–1145, 1 Fig.

Suess F. E. Vergleichende Orogenstudien. (Vorläufiger Bericht.) – Anzg. Ak. d. Wiss. Wien, math.-natw. Kl., 71, 1934, 223–232.

Taylor W. H. a. Darbyshire a. Strunz H. An X-Ray Investigation of the Felspars. – Z. f. Krist., 87, 1934, 464–498, 7 Fig. – Bespr. NJb. 1934/1, 394. (U. a. Adular von Mayrhofen, Zillertal u. Albit von Alp Rischuna.)

Theobald G. Geogn. Beobachtungen. 1. Piz Minschun im Unterengadin. – 1857. – Bespr. NJb. 1858, 91.

Wanner E. Beiträge zur Geographie der Erdbeben. II. – Gerl. Beitr. z. Geoph., 39, 1933, 326–332, 2 Fig. – Bespr. NJb. 1934/2, 547.

Wasserkräfte der Schweiz. Die verfügbaren – unter besonderer Berücksichtigung der Speicherungsmöglichkeiten für die Erzeugung von Winterenergie. – Mitt. d. Amtes f. Wasserwirtsch., Bern 1932.

Weber Fr. Exkursion Nr. 79 A. Linthal–Tierfehd Sandalp–Clariden–Tödi–Ponteglias–Truns. – In: Geol. Führer der Schweiz, herausgeg. v. d. Schw. Geol. Ges., Basel (Wepf) 1934, Fasz. XII, 931–941.

— Exkursion Nr. 79 B. Truns–Brigels–Kistenpaß–Muttensee–Linthal. – In: Geol. Führer der Schweiz, herausgeg. v. d. Schw. Geol. Ges., Basel (Wepf) 1934, Fasz. XII, 942–946.

Weber J. Neuere Forschungsergebnisse über das Höhenklima. – Die Alpen (SAC), Baden 1934, Märzheft.

Wenk E. Der Gneiszug Pra Putèr–Nauders im Unterengadin und das Verhältnis der Umbraildecke zur Silvretta/Ötztaldecke. – EgH 27, 1934, 135–146, 1 Fig.

— Beiträge zur Petrographie und Geologie des Silvrettakristallins (Graubünden). – Schw. Min. u. Petr. Mitt., 14, 1934, 196–278, 7 Fig., 1 Taf., je 1 K. 1:50000 u. 1:100000.

Wieseneder H. Zur Kenntnis der alpinen Eklogite. (Vortr.) – Z. f. Krist., Abt. B, Min. u. Petr. Mitt., 45, 1934, 469–471.

Winterhalter R. Zur Petrographie und Geologie des östlichen Gotthardmassivs. – Promotionsarb. Natw. Techn. Hochsch. Zürich; Schw. Min. u. Petr. Mitt., 10, 1930, 37–116, 6 Taf. u. Abb.

Wiser D. F. Beiträge zur mineralogischen Kenntnis des Schweizerlandes. (U. a. Graubünden, Engadin.) – NJb. 1839, 406–415.

— Beiträge zur topographischen Mineralogie des Schweizerlandes. – NJb. 1843, 152–172, 1 Fig.

— Bericht über Mineralien aus der Schweiz. (Aus Brief an Gehr. Leonhard. – U. a. Rheingebiet, Graubünden, Engadin.) – NJb. 1849, 796–804.

Zsigmondy E. u. **Paulcke W.** Die Gefahren der Alpen. – 9. verb. Aufl. München (Bergverl. R. Rother) 1933, 472 S., 74 Abb., 13 Vollbilder. – Bespr. Mitt. DÖAV, 1933, 279.

18. Rätikon.

Ampferer O. Beiträge zur Geologie und Mechanik des Westrandes der Ostalpen. – 1933. – Bespr. GZ 52 A/976.

— Geologische Bauformen und Baufragen des Rätikongebirges. – JbBA 1934, 13–40, 20 Zeichnungen.

— Über das Westende der Inntal- und Krabachjochdecke in den Lechtaler Alpen. – JbBA 1934, 41–54, 12 Zeichngen.

— Aufnahmsbericht über Blatt Bludenz (5143). – VBA 1934, 32–34. – Bespr. GZ 53 A/400.

— Aufnahmsbericht über Blatt Bludenz–Vaduz (5143). – VBA 1935, 30–31.

Arbenz P. Geol. von Mittelbünden. – 1928. – Bespr. NJb. 1934/3, 861.

Baldauf O. Landschaft und Siedlung von Vorarlberg. – 1932. – Bespr. PetMitt., 80, 1934, 316.

Beck P. Über das schweiz. und europ. Pliozän und Pleistozän. – 1933. – Bespr. NJb. 1934/3, 953.

Blumenthal M. M. Der Prätigauflysch und seine Stellung im Penninikum. – 1931. – Bespr. NJb. 1934/3, 17.

— Exkursion Nr. 82. West-Rätikon: Die Falknis- und Scesaplanagruppe. – In: Geol. Führer der Schweiz, herausgeg. v. d. Schw. Geol. Ges., Basel (Wepf) 1934, Fasz. XIII, 961–969, 1 Fig.

— Exkursion Nr. 83. Ost-Rätikon: Der Querschnitt des St. Antönientales. – In: Geol. Führer der Schweiz, herausgeg. v. d. Schw. Geol. Ges., Basel (Wepf) 1934, Fasz. XIII, 970–975, 1 Fig.

Blumrich J. Die Eiszeit in Vorarlberg. (Vortr.) – Innsbr. Nachr., Nr. 292 v. 21. 12. 1905.

Broili F. Ein Hybodontidenrest. (Bürserberg.) – 1932. – Bespr. GZ 5 B/550.

Bürserberg-Schesatobel. Fund eines Mammutzahnes. – TB 1860, Nr. 74 v. 30. 3. (S. 311–312) u. 148 v. 30. 6. (S. 630).

Cadisch J. Die Schichtreihe von Ardez. – 1932. – Bespr. GZ 52 A/968, 1988.

— Geologie der Schweizeralpen. – Zürich (Beer u. Co.) 1934, 383 S., 47 Fig., zahlr. Tab. – Bespr. VBA 1934, 95.

Dalla Torre K. v. u. **Sarnthein L. Graf v.** Roter Schnee in Tirol und Vorarlberg. – Innsbr. Nachr., Nr. 24 v. 29. 1. 1901. – S. Erdmann O., ebd. Nr. 19 v. 1901.

Flückiger O. Glaziale Felsformen. – 1934. – Bespr. PetMitt., 80, 1934, 143; Geogr. Z., 40, 1934, 268; Boll. Soc. Geogr. It., 1934, 253; Z. f. Geomorph., 8, 1935, 335; GZ 54 A/537.

Frommelt A. Übersicht über die geol. Gestaltung der liechtensteinischen Berge. – 1933. – Abdruck: Der Bergsteiger, 3, 1932/33, 761–762.

Früh J. Geographie der Schweiz. – 1929–1933. – Bespr. Z. Ges. f. Erdkde Berlin, 1934, 303.

Gams H. Die Pflanzendecke Vorarlbergs. – 1932. – Bespr. PetMitt., 80, 1934, 316.

Gaertner H. R. v. Die Eingliederung des ostalpinen Paläozoikums. (Erweit. Vortr.) – Z. DGeolGes., 86, 1934, 241–265, 1 Taf., 5 Abb.

Geol. Führer der Schweiz, herausgeg. v. d. Schw. Geol. Ges. bei Anlaß ihrer 50. Jahresfeier. – Basel (Wepf) 1934, XIV Fasz., 1145 S., zahlr. Taf., Prof. u. Fig. – Bespr. NJb. 1935/3, 6; PetMitt., 81, 1935, 101.

Gunz K. Der eiszeitliche und nacheiszeitliche Formenschatz in der Umgebung von Feldkirch. – 1921. – Abdruck: Wissensch. Ldsver., Feldkirch 1932, 2 Bl.

Heberdey R. Die Bedeutung der Eiszeit für die Fauna der Alpen. – 1933. – Bespr. GZ 4 B/1333, 52 A/223.

Hotz W. u. **Geol. Komm.** Die geol. und tekt. Karten der Schweiz. – 1931. – Bespr. NJb. 1934/3, 32.

Klebelsberg R. v. Grundzüge der Geol. Tirols. – 1933. – Bespr. Mitt. DÖAV, 1934, 51, 147; Der Schlern, 15, 1934, 189; PetMitt., 1934, 317.

— Geologie von Tirol. Berlin (Borntraeger) 1935, 748 S. u. 4 Verz., K. 1:500000, 3 Skzen, 11 Blgen.

Merian P. St. Cassianer Formation an mehreren Orten. (Brief an Bronn. – Bergamo, Scesaplana im Rätikon.) – NJb. 1851, 328.

Müller St. Der Aufbau des Triasgebirges in Vorarlberg. – Feierabend, Wochenbeilage z. Vorarlbg. Tagbl., 16, 1934, 9., 12., 15., 17., 22., 23., 26. Folge.

Quervain F. de u. **Gschwind M.** Die nutzbaren Gesteine der Schweiz. (Einführung von P. Niggli.) – Herausgeg. v. d. Geotechn. Komm. d. Schw. Natf. Ges., Bern (Huber) 1934, 456 S., 65 Abb., 4 Taf. – Bespr. PetMitt., 80, 1934, 316; Mitt. Geol. Ges. Wien, 26, Wien 1934, 222; GR 25, 1934, 362; Z. f. prakt. Geol., 42, 1934, 111; NJb. 1934/2, 493; GZ 53 A/814; Aus der Heimat, 48, Stuttgart 1935, 31.

Schmidt A. R. Tagebücher über die geogn.-mont. Bereisung des Kreises Vorarlberg a. d. J. 1839, 1840, 1841. Mit Skzen. – Handschr. Mus. Ferdin., F.B. 5010, 5011, 5012.

Schwimmer J. Zur Geschichte des Naturschutzes in Vorarlberg. – Schw. Bl. f. Naturschutz, 5, 1930, 80–83.

Siedentop I. Eisenbahngeographie der Schweiz. – Geogr. Wochenschr., Beiheft 1, Halle (John) 1933, 126 S., 28 Abb. – Bespr. Z. Ges. f. Erdkde Berlin, 1933, 228; Boll. Soc. Geogr. It., 1934, 377.

Strele G. Die Quellen der Geschiebeführung. – 1932. – Abdr. in: Schw. Bauztg, 100, 1932, H. 18, 19.

— Grundriß der Wildbachverbauung. – Wien (Springer) 1934, 279 S., 150 Abb. – Bespr. GZ 53 A/634; Z. f. prakt. Geol., 42, 1934, 125; NJb. 1934/2, 571.

Thalmann H. Die regional-stratigraphische Verbreitung der oberkretazischen Foraminiferengattung Globotruncana Cushman, 1927. (Vortr.) – EgH 27, 1934, 413–428, 1 Fig.

Werkowitsch C. Das Land Vorarlberg vom geschichtl., topogr.-statist. und landw. Standpunkte dargestellt. – Innsbruck (Wagner) 1887, 191 S., 1 K., zahlr. Tab. (Topogr. nach Waltenberger, Geol. von Eugling, 7–10.)

Wildbachverbauungen in Tirol u. V. Innsbr. Nachr., Jahr, Nr. – Ahrntal (Taufers): 1904, 52; 1909, 217; 1911, 279; 1912, 156, 204; 1913, 213; 1914, 59. Alpbach (Brixlegg): 1909, 138; 1911, 276; 1912, 196; 1917, 40. Arlberg: 1905, 103; 1908, 137 (Schönbach). Avisio: 1922, 208. Bizau: 1902, 75; 1906, 211. Brixentaler Ach: 1906, 107; 1907, 183; 1910, 221. Campill: 1908, 109. Chiese: 1911, 95; 1913, 153. Dornbirner Ach–Steinebach: 1900, 256. Ehrwald: 1911, 252. Eisack: 1903, 93; 1909, 266, 268. Faggenbach: 1912, 168. Geroldsbach: 1909, 189. Glurns: 1913, 294. Gsiesertal: 1911, 110. Großache: 1903, 130, 276; 1905, 148; 1907, 290. Ill: 1912, 210; 1913, 31, 238, 262, 272, 296; 1914, 30, 54, 69, 84, 375. Imst (Brennbichl): 1911, 27. Jenbach: 1911, 3, 217; 1912, 28, 90. Kitzbühel: 1903, 167. Klösterle: 1905, 270. Lech: 1903, 1, 37, 56, 61, 96; 1905, 268; 1906, 238; 1907, 94; 1924, 279. Leno: 1902, 48. Matrei i. O.: 1908, 255; 1909, 140, 238. Matschertal: 1912, 262. Ötztal: 1906, 276; 1911, 122. Passer: 1907, 54, 189; 1910, 233, 243 (Leitart.). Pfitsch: 1907, 265. Prad: 1912, 240. Primör: 1912, 200. Punibach (Vinschgau): 1913, 274. Reutte-Wängle: 1905, 198. Rheingebiet: 1902, 140; 1922, 97. Riva (Albola): 1911, 219. Roncegno (Chiavona): 1902, 140. Rosanna: 1911, 224. Sarca: 1907, 24; 1913, 157; 1914, 152. Scesa: 1902, 224. Schlanders: 1908, 100; 1910, 291; 1912, 95. Schlick: 1908, 58. Sill: 1909, 241; 1910, 65, 67, 89. Sterzing: 1912, 15. Sulden: 1912, 125. Vorarlberg i. a.: 1903, 70; 1922, 97, 184; 1924, 48. Waidring (Haselbach): 1908, 112. Wildschönau: 1903, 1. Ziller: 1906, 277; 1911, 92, 94, 104, 122; 1913, 45; 1914, 21.

19. Silvretta.

Ampferer O. Geol. Karte der Lechtaler Alpen. – 1932. – Bespr. NJb. 1933/3, 502.

— Beiträge zur Geologie und Mechanik des Westrandes der Ostalpen. – 1933. – Bespr. GZ 52 A/976.

— Tektonische Studien im Vorder-Rheintal. – Anzg. Ak. d. Wiss. Wien, math.-natw. Kl., 71, 1934, 327; Sber. Ak. d. Wiss. Wien, math.-natw. Kl., 1, 143, 1934, 299–312, 6 Abb. – S. a. Oberholzer J. und Heim Alb.

Arbenz P. Geol. von Mittelbünden. – 1928. – Bespr. NJb. 1934/3, 861.

Arlberg. Innsbr. Nachr., Nr. ... v. ...: Schotterwerk Langen: 155 v. 10. 7. 1900; 190 v. 20. 8. 1902. Schutzbauten Langen: 215 v. 19. 9. 1902. Steinschlag Hintergasse–Braz: 5 v. 8. 1., 122 v. 30. 5. 1912. Tunneldurchschlag vor 20 Jahren: 240 v. 1. 10. 1903.

Arlbergbahn. Innsbr. Nachr., Jahr, Nr. – 1903, 74 (Elektr.), 93; 1904, 230; 1905, 256; 1906, 109, 189; 1907, 229, 235, 236; 1908, 110, 122 (Leitart.); 1910, 201; 1913, 112 (Leitart. über Tunnel Moltertobel); 1923, 202 (Jubil.), 203, 204.

— Die Gedächtnisausstellung der – in Innsbruck eröffnet. – Innsbr. Nachr., Nr. 211 v. 14. 9. 1934, 1 Sp.

— (Alp. Pr.-D.) 50 Jahre –. – Innsbr. Nachr., Nr. 212 v. 15. 9. 1934, 4 Sp., 4 Abb.

— Die Entstehung der – und ihre Weiterentwicklung. – Innsbr. Nachr., Nr. 215 v. 19. 9. 1934, 5 Sp., 4 Abb.

Baldauf F. Westtirol und sein Verkehr. – Tirolerland, 2, 1931, Nr. 6, 1–6, 22 Abb.

Baldauf O. Landschaft und Siedlung von Vorarlberg. – 1932. – Bespr. PetMitt., 80, 1934, 316.

Barth Hanns. (H. B.) 50 Jahre Arlbergbahn. – Mitt. DÖAV, 1934, 252.

Bearth P. Über Gangmylonite der Silvretta. – Schw. Min. u. Petr. Mitt., 13, 1933, 347–355, 4 Fig.

Beck P. Über das schweiz. und europ. Pliozän und Pleistozän. – 1933. – Bespr. NJb. 1934/3, 953.

Bergbau Silvretta. Innsbr. Nachr., Jahr, Nr. – Rottenstein–Tösens: 1906, 283; 1923, 113, 118; 1924, 195. Vandans: 1924, 143.

Blumenthal M. M. Der Prätigauflysch und seine Stellung im Penninikum. – 1931. – Bespr. NJb. 1934/3, 17.

— Exkursion Nr. 83. Ost-Rätikon: Der Querschnitt des St. Antönientales. – In: Geol. Führer der Schweiz, herausgeg. v. d. Schw. Geol. Ges. Basel (Wepf) 1934, Fasz. XIII, 970–975, 1 Fig.

Blumrich J. Die Eiszeit in Vorarlberg. (Vortr.) – Innsbr. Nachr., Nr. 292 v. 21. 12. 1905.

Borraß E. Bericht über die relativen Messungen der Schwerkraft mit Pendelapparaten in der Zeit von 1808 bis 1909 und über ihre Darstellung im Potsdamer Schweresystem. – Verh. 16. Allgem. Konferenz der Internat. Erdmessung in London und Cambridge 1909, 3. T. Spezialbericht über die rel. Schweremessungen, Berlin (Reimer) 1911, 288 S., 2 K.

Brock F. Österreichs Energiewirtschaft. – Blätter f. Gesch. der Technik, 1. H., Wien (Springer) 1932, 43–47, 3 Abb.

Cadisch J. Die Schichtreihe von Ardez. – 1932. – Bespr. GZ 52 A/968, 1988.

— Geologie der Schweizeralpen. – Zürich (Beer u. Co.) 1934, 383 S., 47 Fig., zahlr. Tab. – Bespr. VBA 1934, 95.

Czelechowski A. Fünfzig Jahre Arlbergbahn. – Innsbr. Nachr., Nr. 191 v. 22. 8. 1934, 5 Sp.

Emmert A. Der Fürstlichen Grafschaft Tirol Landreim. (Von Georg Rösch von Geroldshausen.) – Abdruck: Almanach f. Gesch., Kunst u. Lit., 1, Innsbruck (Wagner) 1836, 44–75. – S. a. Fischnaler K., Isser M. v., Pichler A. v., Rösch G. v. u. Wieser F.

Enderes Br. v. Die Geschichte der Alpenstraßen und Alpenbahnen. – Beitr. z. Gesch. d. Technik, 22, 1932/33, 7–17, m. K.

Erdbeben. Arlberg-Inntal-Linie. Innsbr. Nachr., Jahr, Nr. – Achensee: 1904, 59. Achental: 1918, 289. Baumkirchen: 1912, 37. Brixental: 1921, 245, 248. Brixlegg: 1902, 195; 1908, 263. Ehrwald: 1910, 211; 1913, 166, 171; 1914, 3. Falterschein: 1910, 80. Fritzens: 1907, 262. Gaschurn: 1906, 72. Hall: 1901, 253; 1904, 235; 1917, 39. Imst: 1910, 252; 1911, 149. Innsbruck: 1902, 65, 66; 1905, 295; 1911, 163–165, 167; 1912, 107–109, 275; 1913, 49, 50, 114, 232, 244; 1915, 10; 1916, 331, 379; 1917, 23; 1920, 215, 243; 1923, 37; 1924, 72. Inntal: 1903, 288, 289; 1905, 45–47, 49, 52; 1907, 298; 1914, 233; 1917, 17, 18. Kaisergeb.: 1918, 264. Kramsach-Rattenberg: 1913, 255; 1921, 19. Kufstein: 1915, 417. Landeck:

1915, 30. Lechtal: 1917, 267; 1918, 258; 1924, 286. Lermoos: 1908, 27; 1910, 210. Mieming: 1910, 218; 1911, 207; 1914, 409. Montafon: 1905, 295. Mühlau: 1907, 95. Nassereith: 1911, 17. Nauders: 1901, 252; 1917, 285; 1919, 2. Ötz: 1912, 46; 1914, 373. Paznaun: 1906, 27. Ranggen: 1904, 242. St. Anton: 1905, 209, 213; 1911, 94. St. Gallenkirch: 1906, 66; 1910, 167. Silz: 1911, 105. Sistrans: 1908, 150. Stams: 1908, 29, 63, 140. Telfs: 1903, 35; 1910, 210, 218; 1911, 105. Umhausen: 1907, 173. Volders: 1907, 10. Völs: 1904, 18. Wiesen i. Pitztal: 1907, 225. Zams-Landeck-Prutz-Schönwies-Imst: 1908, 247; Zams: 1915, 486. Ganz Tirol: 1902, 139, 141; 1904, 58; 1909, 10, 11. Ganz Nordtirol: 1910, 156–159; 1911, 266, 267; 1914, 400.

Fischnaler K. Georg Rösch von Geroldshausen: Tiroler Landreim und Wunschspruch ... Zwei tirolische Gedichte des 16. Jahrhunderts. Mit dem Lebensbilde des Verfassers, geschichtl. und sachlichen Erläuterungen herausgegeben. – Innsbruck (Wagner) 1898, 36 S. (Biogr. 1–18, Begleitwort z. Landreim 21–26, z. Wunschspruch 29–36. Abdruck beider Gedichte.) – S. a. Emmert, Isser, Pichler, Rösch u. Wieser.

Fritzler[us] Chr. Laudes acidularum in laudes ad castrum Landegg Comitatus Tyrolis proscaturientium. – Salzburg 1625. (U. a. Heilquelle Obladis.)

Frommelt A. Übersicht über die geol. Gestaltung der liechtensteinischen Berge. – 1933. – Abdruck: Der Bergsteiger, 3, 1932/33, 761–762.

Früh J. Geographie der Schweiz. – 1929–1933. – Bespr. Z. Ges. f. Erdkde Berlin, 1934, 303.

Gams H. Die Pflanzendecke Vorarlbergs. – 1932. – Bespr. PetMitt., 80, 1934, 316.

Gemböck H. Über den Andalusit von Montavon in Vorarlberg. – NJb. 1898 2, 89–98, 1 Taf.

Geol. Führer der Schweiz, herausgeg. v. d. Schw. Geol. Ges. bei Anlaß ihrer 50. Jahresfeier. – Basel (Wepf) 1934, XIV Fasz., 1145 S., zahlr. Taf., Prof. u. Fig. – Bespr. NJb. 1935/3, 6; PetMitt., 81, 1935, 101.

Goldbergbau. Der alpenländische –. – Innsbr. Nachr., Nr. 288 v. 15. 12. 1934, 8. – S. a. Waagen L.

Greim G. Ergebnisse von Gletscherbeobachtungen in der Silvrettagruppe. (Vortr.) – GR 25, 1934, 143.

— Studien aus dem Paznaun. III. Jamferner und Jambach von 1901–1921. – Gerlds Beitr. z. Geophys., 41, 1934, 267–340, 9 Taf. – Bespr. PetMitt., 81, 1935, 101.

Hann J. Seehöhe der Isotherme von 0° in den Ostalpen und deren Beziehung zur unteren Schneegrenze und zur mittleren Temperatur der letzteren. – Aus: Die mittl. Wärmeverh. der Ostalpen, Z. DÖAV, 1886. – Meteorol. Z., 22 (4), Berlin 1887, 28–31.

Heberdey R. Die Bedeutung der Eiszeit für die Fauna der Alpen. – 1933. – Bespr. GZ 4 B/1333, 52 A/223.

Hotz W. u. **Geol. Komm.** Die geol. und tekt. Karten der Schweiz. – 1931. – Bespr. NJb. 1934/3, 32.

Isser M. v. Der Tiroler Landreim. – Österr. Z. f. Berg- u. Hüttenw., 34, Wien 1886, Nr. 35, 569–576. – S. a. Emmert, Fischnaler, Pichler, Rösch u. Wieser.

Klebelsberg R. v. Grundzüge der Geol. Tirols. – 1933. – Bespr. Mitt. DÖAV, 1934, 147; Der Schlern, 15, 1934, 189; PetMitt., 1934, 317.

— Ostalpengletscher 1933. Berichte über die Gletschermessungen und -beobachtungen des Deutschen und Österreichischen Alpenvereins in den Ostalpen im Jahre 1933. – Z. f. Glkde, 22, 1935, 179–180.

— Die Ostalpengletscher im Sommer 1934. Gletscherbeobachtungen des DÖAV. – Mitt. DÖAV, 1935, 60–63.

— Geologie von Tirol. – Berlin (Borntraeger) 1935, 748 S. u. 4 Verz., K. 1:500000, 3 Skzen, 11 Blgen.

Klingler F. Tagebuch der geogn.-mont. Bereisung des Kreises Oberinntal i. J. 1842. Mit Skzen. – Handschr. Mus. Ferdin., F.B. 5018.

Koch E. J. Die Mineralquellen des gesamten österreichischen Kaiserstaates in top., hist., phys.-chem. u. therap. Beziehung. – 2. Aufl. Wien (Gerold) 1845, 467 S.

Krasser L. Gletschermessungen Silvrettagruppe 1933. – Z. f. Glkde, 22, 1935, 183–184.

Mayr O. G. 50 Jahre Arlbergbahn. – Bergland, 1934, H. 12, 42–46, 69–71, 12 Abb. – Bespr. Innsbr. Nachr., Nr. 272 v. 26. 11. 1934, S. 7.

Meixner H. Neue Mineralfunde in den österr. Ostalpen. IV. – Mitt. Natwiss. Ver. Steiermark, 69, 1932, 1–5. – Bespr. NJb. 1934/1, 547. (U. a. Lisens, Kitzbühel i. T., Bilkenalpe in Vorarlberg.)

Mercanton P.-L. Les variations périodiques des glaciers des Alpes Suisses. 54e Rapport–1933. – Les Alpes, Nr. 5, Bern 1934, 10 S., 5 Abb.

Michaeler K. Versuch über die einstige Gestalt und Bevölkerung Tirols. – 1. Teil, Wien 1783, 792–794. (U. a. Bergbau Stanzer Tal, Seefeld, Thaur, Häring, Schneeberg; Torf Villanderer Alpe; Min. u. nutzb. Gest. Waldrast, Patscherkofel; Gletscher u. a. m.)

Montafonbahn. Innsbr. Nachr., Jahr, Nr. – 1903, 6, 190, 273, 285; 1904, 115, 194, 299; 1905, 218, 236, 281, 291; 1910, 203; 1911, 112.

Moore Österreichs. Übersichtskarte der –. 1:625000. – Herausgeg. v. d. Medizin. Moorkomm. im Bdsmin. f. soz. Verw., Wien 1934.

Müller St. Der Aufbau des Triasgebirges in Vorarlberg. – Feierabend, Wochenbeilage z. Vorarlbg. Tagbl., 16, 1934, 9., 12., 15., 17., 22., 23., 26. Folge.

Niggli P., de Quervain F., Winterhalter R. U. Chemismus schweizerischer Gesteine. – Beitr. z. Geol. d. Schw., Geotechn. Ser., 14. Lfrg, Bern 1930, 389 S., Analysentab., 1 K., 59 Abb.

Niggli P. u. **Friedländer C.** Gesteinsbeschreibung zur Sammlung schweizerischer alpiner Gesteine. – 1934 Als Manuskr. gedr. – Bespr. NJb. 1934/2, 390, 418.

Obladis. Über Bad –. – TB 1825, S. 225, 240.

— Auf –. – Innsbr. Nachr., Nr. 127 v. 5. 6. 1912. (Leitart.)

Paznauntal. Lawinenunglücke im –. – Der Sammler, 4, Meran 1910, 180–181.

Pfaundler G. v. Notizen über tirolische Bergbauten aus archivalischen Quellen. 1832–1862. (Umfaßt ganz Tirol.) – Handschr. v. J. 1864, Mus. Ferdin., W. 5581.

Quervain F. de u. **Gschwind M.** Die nutzbaren Gesteine der Schweiz. (Einführung von P. Niggli). – Herausgeg. v. d. Geotechn. Komm. d. Schw. Natf. Ges., Bern (Huber) 1934, 456 S., 65 Abb., 4 Taf. – Bespr. PetMitt., 80, 1934, 316; Mitt. Geol. Ges. Wien, 26, Wien 1934, 222; GR 25, 1934, 362; Z. f. prakt. Geol., 42, 1934, 111; NJb. 1934/2, 493; GZ 53 A/814; Aus der Heimat, 48, Stuttgart 1935, 31.

Redlich K. A. Die Geol. der innerösterr. Eisenerzlagerstätten. – 1931. – Bespr. Berg- u. Hüttenm. Jb., 80, 1932, 160.

Reithofer O. Glazialgeol. Untersuchungen in der

Umgebung südlich des Arlbergpasses. - 1933. - Bespr. NJb. 1934/3, 870.
— Aufnahmsbericht über den kristallinen Anteil des Blattes Stuben (5144). - VBA 1934, 30-31. - Bespr. GZ 53 A/399.
— Über die Schottervorkommen im Ferwall- und Schönferwalltal. Entgegnung auf den Aufsatz von H. Bobek, VBA 1933, Nr. 3. - VBA 1934, 70-78, 2 Abb.
— Aufnahmsbericht über den kristallinen Anteil des Blattes Stuben (5144). - VBA 1935, 27-28.

Reschenscheideggbahn. Innsbr. Nachr., Jahr, Nr. - 1905, 140; 1908, 31, 234, 244, 247; 1909, 255; 1918, 234, 252, 259, 263; 1919, 121; 1922, 10, 150; 1924, 236, 250. Pfunds-Engadin: 1909, 78.

Rösch G. v. Geroldshausen. Der Fürstlichen Grafschaft Tyrol Lanndtreim. Von neuem geme(h)rt und gebessert. - Innsbruck 1558. - Abschrift aus d. Mitte d. 18. Jahrhunderts im Mus. Ferdin., Bibl. Tir. Dip. 919 u. 946. - S. a. Emmert, Fischnaler, Isser, Pichler, Wieser u. TB 1822, S. 92.

Sander K. Tagebuch der geogn.-mont. Bereisung eines Teiles des Oberinntaler Kreises i. J. 1840, 1841. (Silvretta, Ötzt., Stub. u. Lechtaler Alpen, Mieminger u. Karw.) - Handschr. Mus. Ferdin., F.B. 5016, 5017, m. Skz.

Schmidt A. R. Tagebücher über die geogn.-mont. Bereisung des Kreises Vorarlberg a. d. J. 1839, 1840, 1841. Mit Skzen. - Handschr. Mus. Ferdin., F.B. 5010, 5011, 5012.

Schwimmer J. Zur Geschichte des Naturschutzes in Vorarlberg. - Schw. Bl. f. Naturschutz, 5, 1930, 80-83.

Senger W. v. Summarischer Bericht über seine geogn.-mont. Bereisungen im Oberinntal und Vintschgau, 1839 (vom 12. 2. 1840) und 1840. - Handschr. Mus. Ferdin., F.B. 5014, 5015.

Siedentop I. Eisenbahngeographie der Schweiz. - Geogr. Wochenschr., Beiheft 1, Halle (John) 1933, 126 S., 28 Abb. - Bespr. Z. Ges. f. Erdkde Berlin, 1933, 228; Boll. Soc. Geogr. It., 1934, 377.

Siegl M. v. Die Arlbergbahn. Vorgeschichte, Bau und erste Zeit ihres Betriebes. - Sonderabdr. aus Wochenbeilage „Feierabend" des Vorarlbg. Tagbl., Bregenz (Selbstverlag) 1934, 16 S., 13 Abb., mehrere Prof. u. Tab.

Spaenhauer F. Die Andalusit- und Disthenvorkommen der Silvretta. - Schw. Min. u. Petr. Mitt., 13, 1933, 323-346, 1 Taf., 6 Fig. - Bespr. NJb. 1935/1, 56.

Steinböck O. Die Tierwelt der Gletschergewässer. - Z. DÖAV, 1934, 263-275, 4 Taf., 10 Fig.

Stiny J. Zur Vorausbestimmung der Erdwärme im Bauwesen, besonders in Stollen und Tunnels. - 1933. - Bespr. NJb. 1934/2, 538.

Stolz O. Die Schwaighöfe in Tirol. - 1930. - Bespr. Mitt. Geogr. Ges. Wien, 76, 1933, 247.

Strele G. Grundriß der Wildbachverbauung. - Wien (Springer) 1934, 279 S., 150 Abb. - Bespr. GZ 53 A/634; Z. f. prakt. Geol., 42, 1934, 125; NJb. 1934/2, 571.

Tertsch H. Die Erzbergbaue Österreich-Ungarns. - Wien 1918, 131 S., K. 1:15 Mill.; 2. Aufl. 1919. - Auszug: Berg- u. Hüttenm. Jb., 67, 1919, 37-63, 1 K., 2 Tab. - Bespr. GZ 25/1013; Geogr. Z., 25, 1919, 228.

Tiroler Bahnen. Allgemeines über -. - Innsbr. Nachr., Jahr, Nr. - 1900, 95; 1902, 235; 1903, 132; 1904, 184, 267; 1905, 181, 281, 282 (Leitart.); 1906, 148, 160, 289, 298; 1907, 293 (Leitart.); 1908, 18 (Leitart.), 32 (Leitart.), 156, 248, 256, 273; 1909, 59 (Westtir.), 104, 149 (Leitart.), 176; 1911, 202, 206 (Leitart., Westtir.); 1912, 73, 197 (El. u. Wasserkräfte); 1913, 226; 1914, 10, 13 (Skizze); 1924, 166 (Seilbahnen an der Front), 283 (Ital. u. Nordtir.).

Tiroler Straßennetz. (R.H.S.) Zum geplanten Ausbau des -es. - Neueste Ztg, Nr. 189 v. 23. 12. 1934, S. 8, 1 Skz.

Wenk E. Beiträge zur Petrographie und Geologie des Silvrettakristallins (Graubünden). - Schw. Min. u. Petr. Mitt., 14, 1934, 196-278, 7 Fig., 1 Taf., je 1 K. 1:50000 u. 1:100000.
— Der Gneiszug Pra Putèr-Nauders im Unterengadin und das Verhältnis der Umbraildecke zur Silvretta-Ötztaldecke. - EgH 27, 1934, 135-146, 1 Fig.

Werkowitsch C. Das Land Vorarlberg vom geschichtl., topogr.-statist. und landw. Standpunkte dargestellt. - Innsbruck (Wagner) 1887, 191 S., 1 K., zahlr. Tab. (Topogr. nach Waltenberger, Geol. von Eugling, 7-10.)

Wieseneder H. Zur Kenntnis der alpinen Eklogite. (Vortr.) - Z. f. Krist., Abt. B, Min. u. Petr. Mitt., 45, 1934, 469-471.

Wieser F. Der Tiroler Landreim. (Von Georg Rösch v. Geroldshausen, 1558.) - Archiv f. Gesch. u. Altertumskde Tirols, 5, 1869, 209-248. (Haller Salzberg 213-220, Schwaz 220-224, Kitzbühel 229-231, Min.-Geol. 241-243 usw.) - S. a. Rösch G. v., Pichler A. v., Isser M. v., Fischnaler K. u. Emmert A.

Winz H. Kulturgeographie Oberinntal. - 1933. - Bespr. Z. Ges. f. Erdkde Berlin, 1934, 382.

Zsigmondy E. u. **Paulcke W.** Die Gefahren der Alpen. - 9. verb. Aufl. München (Bergverl. R. Rother) 1933, 472 S., 74 Abb., 13 Vollbilder. - Bespr. Mitt. DÖAV, 1933, 279.

20. Engadin.

Albulabahn. Innsbr. Nachr., Nr. 200 v. 3. 9. 1903.

Ampferer O. Beiträge zur Geol. und Mechanik des Westrandes der Ostalpen. - 1933. - Bespr. GZ 52 A/976.

Arbenz P. Geol. von Mittelbünden. - 1928. - Bespr. NJb. 1934/3, 861.
— Exkursion Nr. 92 B. Il Fuorn (Ofenpaß)-Punt Praspöl-Murtèrsattel-Val Cluozza-Zernez. - In: Geol. Führer der Schweiz, herausgeg. v. d. Schw. Geol. Ges., Basel (Wepf) 1934, Fasz. XIV, 1064-1067, 1 Fig.

Bearth P., Spaenhauer F. u. **Streckeisen A.** Exkursion Nr. 91. Davos-Flüelapaß-Grialetschhütte-Scalettapaß-Engadin. - In: Geol. Führer der Schweiz, herausgeg. v. d. Schw. Geol. Ges., Basel (Wepf) 1934, Fasz. XIII, 1034-1039.

Beck P. Über das schweiz. und europ. Pliozän und Pleistozän. - 1933. - Bespr. NJb. 1934/3, 953.
— Das Quartär. - In: Geol. Führer der Schweiz, herausg. v. d. Schw. Geol. Ges., Basel (Wepf) 1934, Fasz. I, 26-41.

Bernoulli Chr. Geognostische Übersicht der Schweiz nebst einem systematischen Verzeichnisse aller in diesem Lande vorkommenden Mineralkörper und deren Fundörter. - Taschenbuch f. d. schw. Min. (Chr. Bernoulli), 1, Basel 1811, 228 S. - Auszug: Leonh. Taschenbuch, 6, 1812, 271-273, 310-311.

Billwiller R. Der Firnzuwachs pro 1931/32 in einigen schweizerischen Firngebieten. 19. Ber. der Zürcher Gletscherkomm. - Vierteljschr. Natf. Ges. Zürich, 77, 1932, 249-256, 1 Abb.

Braun-Blanquet J., Brunies St. u. a. Vegetationsentwicklung im Schweizer Nationalpark. Ergebnisse der Untersuchung von Dauerbeobachtungsflächen I. - Dokumente zur Erforschung des Schw. Nationalparkes, 1931, 82 S.

Braun-Blanquet J. u. **Rübel E.** Flora von Graubünden. - 1932-1933. - Bespr. Geogr. Z., 40, 1934, 256.

Brückmann W. Erdmagnetische Vermessung der Schweiz. - Ann. Schw. Meteorol. Zentralanst., 68, 1931, Nr. 6, 10 S., 3 K.

Bukeisen F. Analyse von Braunit aus dem Engadin. - Sber. Ak. d. Wiss. Wien, math.-natw. Kl., 24, 1857, 287. - Bespr. NJb. 1859, 77.

Cadisch J. Die Schichtreihe von Ardez. - 1932. - Bespr. GZ 52 A/968, 1988.

— Exkursion Nr. 95. Umgebung von Schuls (Unterengadiner Fenster). - In: Geol. Führer der Schweiz, herausgeg. v. d. Schw. Geol. Ges., Basel (Wepf) 1934, Fasz. XIV, 1085-1089, 1 Fig.

— Geologie der Schweizeralpen. - Zürich (Beer u. Co.) 1934, 383 S., 47 Fig., zahlr. Tab. - Bespr. VBA 1934, 95.

Castiglioni B. Sulle cause delle deviazioni dei fiumi. - Z. f. Geomorph., 8, 1934, 224-253, 3 Fig.

Drugman J. Different habits of fluorite crystals. (Fluorit von Celerina, Engadin.) - Mineral. Mag., 23, Nr. 137, 1932, 137-144.

Eugster H. Exkursion Nr. 88. Tiefenkastel-Filisur-Albula-Ponte. - In: Geol. Führer der Schweiz, herausgeg. v. d. Schw. Geol. Ges., Basel (Wepf) 1934, Fasz. XIII, 1014-1022, 2 Fig.

Früh J. Geographie der Schweiz. - 1929-1933. - Bespr. Z. Ges. f. Erdkde Berlin, 1934, 303.

Gemböck H. Über den Andalusit von Montavon in Vorarlberg. - NJb. 1898/2, 89-98, 1 Taf.

Geol. Führer der Schweiz, herausgeg. v. d. Schw. Geol. Ges. bei Anlaß ihrer 50. Jahresfeier. - Basel (Wepf) 1934, XIV Fasz., 1145 S., zahlr. Taf., Prof. u. Fig. - Bespr. NJb. 1935/3, 6; PetMitt., 81, 1935, 101.

Hägler K. Bündner Naturhistorisches und Nationalparkmuseum. Ber. 1931/33. - Jber. Natf. Ges. Grbd., NF, 71, 1932/33, 1933, röm. 19-30.

Hartmann A. Neue Beobachtungen an den Mineralquellen des Engadins. - 1931. - Bespr. NJb. 1934/3, 34.

Häuser J. Die Niederschlagsverhältnisse in Bayern. - 1930. - Bespr. PetMitt., 81, 1935, 73.

Heberdey R. Die Bedeutung der Eiszeit für die Fauna der Alpen. - 1933. - Bespr. GZ 4 B/1333, 52 A/223.

Heim Alb. Bergsturz und Menschenleben. - 1932. - Bespr. Z. f. Geomorph., 8, 1934, 199; Zbl. f. Min., Abt. B, 1934, 96.

Hennig E. Das Ringen um Erkenntnis des Alpenbaus und seine Bedeutung für die geologische Weltanschauung. - Natur und Volk, 64, Frankfurt a. M. 1934, 291-302, 342-353, 24 Abb.

Hess E. Schneebrettlawinen. - Die Alpen (SAC), Baden 1934, Märzheft.

Hotz W. u. **Geol. Komm.** Die geol. und tekt. Karten der Schweiz. - 1931. - Bespr. NJb. 1934/3, 32.

Kinzl H. Die größten nacheiszeitlichen Gletschervorstöße. - 1932. - Bespr. Z. Ges. f. Erdkde Berlin, 1934, 61.

Klebelsberg R. v. Grundzüge der Geologie Tirols. - 1933. - Bespr. Mitt. DÖAV, 1934, 147; PetMitt., 1934, 317; Geogr. Z., 40, 1934, 271.

— Geologie von Tirol. - Berlin (Borntraeger) 1935, 748 S. u. 4 Verz., K. 1:500000, 3 Skzen, 11 Blgen.

Kramer H. Der Neubau der Finstermünzer Straße. (Histor.). - Tir. Heimatbl., 13, 1935, 7-16, 3 Abb.

Kuntze M. Einiges über den Winter der Südtiroler Kurorte. - Bozen (Moser) 1904, 23 S.

Leupold W. Gemeinsame Einleitung zu den Exkursionen 92, 93 und 94 (Unterengadiner Dolomiten). - In: Geol. Führer der Schweiz, herausgeg. v. d. Schw. Geol. Ges., Basel (Wepf) 1934, Fasz. XIV, 1043-1049.

— Exkursion Nr. 92 A. Zernez-Ofenpaß-Sta Maria im Münstertal. - In: Geol. Führer der Schweiz, herausgeg. v. d. Schw. Geol. Ges., Basel (Wepf) 1934, Fasz. XIV, 1050-1063, 1 Fig.

— u. **Eugster H.** Exkursion Nr. 94. Cierfs-Scarl-Schuls. - In: Geol. Führer der Schweiz, herausgeg. v. d. Schw. Geol. Ges., Basel (Wepf) 1934, Fasz. XIV, 1076-1084, 1 Fig.

Mercanton P.-L. Les variations périodiques des glaciers des Alpes Suisses. 54e Rapport - 1933. - Les Alpes, Nr. 5, Bern 1934, 10 S., 5 Abb.

Müllner J. Die Seen am Reschenscheidegg. - 1899. - Bespr. Meteorol. Z., 36 (18), 1901, 95.

Niggli P., de Quervain F., Winterhalter R. U. Chemismus schweizerischer Gesteine. - Beitr. z. Geol. d. Schw., Geotechn. Ser., 14. Lfrg, Bern 1930, 389 S., Analysentab., 1 K. 59 Abb.

Niggli P. u. **Friedländer C.** Gesteinsbeschreibung zur Sammlung schweizerischer alpiner Gesteine. - 1934. Als Manuskr. gedr. - Bespr. NJb. 1934/2, 390, 418.

Pallmann H. u. **Haffter P.** Pflanzensoziologische und bodenkundliche Untersuchungen im Oberengadin. - Ber. Schw. Bot. Ges., 42, 1933, 357-466.

Quervain F. de u. **Gschwind M.** Die nutzbaren Gesteine der Schweiz. (Einführung von P. Niggli.) - Herausgeg. v. d. Geotechn. Komm. d. Schw. Natf. Ges., Bern (Huber) 1934, 456 S., 65 Abb., 4 Taf. - Bespr. PetMitt., 80, 1934, 316; Mitt. Geol. Ges. Wien, 26, Wien 1934, 222; GR 25, 1934, 362; Z. f. prakt. Geol., 42, 1934, 111; NJb. 1934/2, 493; GZ 53 A/814; Aus der Heimat, 48, Stuttgart 1935, 31.

Quervain F. de. Nutzbare Gesteine und Mineralien der Schweiz. - In: Geol. Führer der Schweiz, herausgeg. v. d. Schw. Geol. Ges., Basel (Wepf) 1934, Fasz. I, 15-25.

Revilliod P. La faune de l'abri sous roche „ils Cuvels" près de Zernez (Grisons). (Vortr.) - EgH 27, 1934, 440-442.

Rösli F. Zur Geol. der Murtirölgruppe. - 1927. - Bespr. NJb. 1934/3, 850.

Schmidt P. Die Schweiz als Lebensraum. - Veröff. d. Handelshochsch. St. Gallen, H. 6, St. Gallen (Fehr) 1934, 87 S. - Bespr. PetMitt., 80, 1934, 316; Z. Ges. f. Erdkde Berlin, 1934, 395.

Schwimmer J. Vom Schweizer Nationalpark. - Heimat, Vorarlbg. Mh., 15, 1934, 43-44.

Siedentop I. Eisenbahngeographie der Schweiz. - Geogr. Wochenschr., Beiheft 1, Halle (John) 1933, 126 S., 28 Abb. - Bespr. Z. Ges. f. Erdkde Berlin, 1933, 228; Boll. Soc. Geogr. It., 1934, 377.

Sölch J. Fluß- und Eiswerk in den Alpen zwischen Ötztal und St. Gotthard. I. T. - PetMitt., Ergh. Nr. 219, Gotha 1935, 143 S., 31 Abb.

Spaenhauer F. Petr. und Geol. der Grialetsch-Vadret-Sursura-Gruppe. - 1932. - Bespr. NJb. 1934/2, 421.

Staub R. Übersicht über die Geologie Graubündens. - In: Geol. Führer der Schweiz, herausgeg. v. d. Schw. Geol. Ges., Basel (Wepf) 1934, Fasz. III, 205-239.

— Eisenbahnfahrt Zürich-Weesen-Chur-Thusis-Tiefenkastel-Julier-Engadin-Bergell-Chiavenna. - In: Geol. Führer der Schweiz, herausgeg. v. d.

Schw. Geol. Ges., Basel (Wepf) 1934, Fasz. IV, 274–284.
— Exkursion Nr. 97. Andeer–Avers–Piz Scalotta–Bivio. – In: Geol. Führer der Schweiz, herausgeg. v. d. Schw. Geol. Ges., Basel (Wepf) 1934, Fasz. XIV, 1102–1111, 3 Fig.
— Exkursion Nr. 98. Silsersee–Bergellermassiv. – In: Geol. Führer der Schweiz, herausgeg. v. d. Schw. Geol. Ges., Basel (Wepf) 1934, Fasz. XIV, 1112–1123, 6 Fig.
— Exkursion Nr. 99. Sils–Lej Sgrischùs–Piz Corvatsch–Fuorcla Surlej–Silvaplana. – In: Geol. Führer der Schweiz, herausgeg. v. d. Schw. Geol. Ges., Basel (Wepf) 1934, Fasz. XIV, 1124–1131, 5 Fig.
— Exkursion Nr. 100 A. Pontresina–Berninapaß–Poschiavo (Puschlav)–Tirano. – In: Geol. Führer der Schweiz, herausgeg. v. d. Schw. Geol. Ges., Basel (Wepf) 1934, Fasz. XIV, 1132–1139, 2 Fig.
— Exkursion Nr. 100 B. Berninahäuser–Heutal–Fuorcla Chamuera–Val Chamuera–Ponte. – In: Geol. Führer der Schweiz, herausgeg. v. d. Schw. Geol. Ges., Basel (Wepf) 1934, Fasz. XIV, 1140–1145, 1 Fig.

Stiny J. Zur Vorausbestimmung der Erdwärme im Bauwesen, besonders in Stollen und Tunnels. – 1933. – Bespr. NJb. 1934/2, 538.

Stolz O. Die Schwaighöfe in Tirol. – 1930. – Bespr. Mitt. Geogr. Ges. Wien, 76, 1933, 247.

Theobald G. Geogn. Beobachtungen. 1. Piz Minschun im Unterengadin. – 1857. – Bespr. NJb. 1858, 91.

Wanner E. Beiträge zur Geographie der Erdbeben. II. – Gerl. Beitr. z. Geoph., 39, 1933, 326–332, 2 Fig. – Bespr. NJb. 1934/2, 547.

Wasserkräfte der Schweiz. Die verfügbaren – unter besonderer Berücksichtigung der Speicherungsmöglichkeiten für die Erzeugung von Winterenergie. – Mitt. d. Amtes f. Wasserwirtsch., Bern 1932.

Wenk E. Der Gneiszug Pra Putèr–Nauders im Unterengadin und das Verhältnis der Umbraildecke zur Silvretta–Ötztaldecke. – EgH 27, 1934, 135–146, 1 Fig.
— Beiträge zur Petrographie und Geologie des Silvrettakristallins (Graubünden). – Schw. Min. u. Petr. Mitt., 14, 1934, 196–278, 7 Fig., 1 Taf., je 1 K. 1:50000 und 1:100000.

Wiser D. F. Beiträge zur mineralogischen Kenntnis des Schweizerlandes. (U. a. Graubünden, Engadin.) – NJb. 1839, 406–415.
— Bericht über Mineralien aus der Schweiz. (Aus Brief an Gehr. Leonhard. – U. a. Rheintal, Graubünden, Engadin.) – NJb. 1849, 796–804.

Zsigmondy E. u. Paulcke W. Die Gefahren der Alpen. – 9. verb. Aufl. München (Bergverl. R. Rother) 1933, 472 S., 74 Abb., 13 Vollbilder. – Bespr. Mitt. DÖAV, 1933, 279.

21. Inntal von Finstermünz bis Landeck.

Albaneder J. Th. Der Sauerbrunnen zu Obladis im Oberinntal, k. k. Landgericht Ried, als Trink- und Badkurort. – NZ. f. Tirol u. V., 1, 1835, 28–66. Sonderdr. Innsbruck 1835.

Ampferer O. Beiträge zur Geologie und Mechanik des Westrandes der Ostalpen. – 1933. – Bespr. GZ 52 A/976.

Angermann J. Microscopium acidularum Bruzensium philosophico-medicum. – Dissert., Innsbruck 1673. (Heilquelle Prutz.)

Arbenz P. Geol. von Mittelbünden. – 1928. – Bespr. NJb. 1934/3, 861.

Bergbau Silvretta. Innsbr. Nachr., Jahr, Nr. – Rottenstein-Tösens: 1906, 283; 1923, 113, 118; 1924, 195. Vandans: 1924, 143.

Borraß E. Bericht über die relativen Messungen der Schwerkraft mit Pendelapparaten in der Zeit von 1808 bis 1909 und über ihre Darstellung im Potsdamer Schweresystem. – Verh. 16. Allgem. Konferenz der Internat. Erdmessung in London und Cambridge 1909, 3. T. Spezialbericht über die rel. Schweremessungen, Berlin (Reimer) 1911, 288 S., 2 K.

Cadisch J. Die Schichtreihe von Ardez. – 1932. – Bespr. GZ 52 A/968, 1988.
— Geologie der Schweizeralpen. – Zürich (Beer u. Co.) 1934, 383 S., 47 Fig., zahlr. Tab. – Bespr. VBA 1934, 95.

Cranz H. J. v. Gesundbrunnen der Österreichischen Monarchie. – Wien 1777. (Tirol 48–87.)

Diem K. Zur Systematik der Mineralquellen Österreichs. – Int. Minquellenztg, 34, 1933, Nr. 12, 1–6.

Dietl F. K. Dissertatio inauguralis medico–chemica de austriaci imperii aquis medicatis Brisgoliae, Carinthiae, Carnioliae, Styriae, Tyrolis et nonnullis aliis. – 1772. (S. Nevinny J.)

Erdbeben. Arlberg-Inntal-Linie. Innsbr. Nachr., Jahr, Nr. – Achensee: 1904, 59. Achental: 1918, 289. Baumkirchen: 1912, 37. Brixental: 1921, 245, 248. Brixlegg: 1902, 195; 1908, 263. Ehrwald: 1910, 211; 1913, 166, 171; 1914, 3. Falterschein: 1910, 80. Fritzens: 1907, 262. Gaschurn: 1906, 72. Hall: 1901, 253; 1904, 235; 1917, 39. Imst: 1910, 252; 1911, 149. Innsbruck: 1902, 65, 66; 1905, 295; 1911, 163–165, 167; 1912, 107–109, 275; 1913, 49, 50, 114, 232, 244; 1915, 10; 1916, 331, 379; 1917, 23; 1920, 215, 243; 1923, 37; 1924, 72. Inntal: 1903, 288, 289; 1905, 45–47, 49, 52; 1907, 298; 1914, 233; 1917, 17, 18. Kaisergeb.: 1918, 264. Kramsach-Rattenberg: 1913, 255; 1921, 19. Kufstein: 1915, 417. Landeck: 1915, 30. Lechtal: 1917, 267; 1918, 258; 1924, 286. Lermoos: 1908, 27; 1910, 210. Mieming: 1910, 218; 1911, 207; 1914, 409. Montafon: 1905, 295. Mühlau: 1907, 95. Nassereith: 1911, 17. Nauders: 1901, 252; 1917, 285; 1919, 2. Ötz: 1912, 46; 1914, 373. Paznaun: 1906, 27. Ranggen: 1904, 242. St. Anton: 1905, 209, 213; 1911, 94. St. Gallenkirch: 1906, 66; 1910, 167. Silz: 1911, 105. Sistrans: 1908, 150. Stams: 1908, 29, 63, 140. Telfs: 1903, 35; 1910, 210, 218; 1911, 105. Umhausen: 1907, 173. Volders: 1907, 10. Völs: 1904, 18. Wiesen i. Pitztal: 1907, 225. Zams–Landeck–Prutz–Schönwies–Ist: 1908, 247; Zams: 1915, 486. Ganz Tirol: 1902, 139, 141; 1904, 58; 1909, 10, 11. Ganz Nordtirol: 1910, 156–159; 1911, 266, 267; 1914, 400.

Etschmann F. Die Eiszeit in Nordtirol. – Tir. Anzger, Nr. 28 v. 2. 2. 1935.

Fritzler[us] Chr. Laudes acidularum in laudes ad castrum Landegg Comitatus Tyrolis proscaturientium. – Salzburg 1625. (U. a. Heilquelle Obladis.)

Früh J. Geographie der Schweiz. – 1929–1933. – Bespr. Z. Ges. f. Erdkde Berlin, 1934, 303.

Häuser J. Die Niederschlagsverhältnisse in Bayern. – 1930. – Bespr. PetMitt., 81, 1935, 73.

Hausmann W. Heilbäder und Kurorte in Österreich. – Int. Minquellenztg, 34, 1933, Nr. 10, 3–7.
— Die Mineralquellen Österreichs. – Neueste Ztg (aus Wiener Ztg), Nr. 6 v. 8. 1. 1935, 2.
Heberdey R. Die Bedeutung der Eiszeit für die Fauna der Alpen. – 1933. – Bespr. GZ 4 B/1333, 52 A/223.
Hotz W. u. **Geol. Komm.** Die geol. und tekt. Karten der Schweiz. – 1931. – Bespr. NJb. 1934/3, 32.
Karpe F. C. Übersicht der Heilquellen von Tirol und Vorarlberg im Jahre 1828. – TB 1830, 248, 252, 256, 260.
Klebelsberg R. v. Grundzüge der Geologie Tirols. – 1933. – Bespr. Mitt. DÖAV, 1934, 147; PetMitt., 1934, 317; Geogr. Z., 40, 1934, 271.
— Geologie von Tirol. – Berlin (Borntraeger) 1935, 748 S. u. 4 Verz., K. 1:500000, 3 Skzen, 11 Blgen.
Klingler F. Tagebuch der geogn.-mont. Bereisung des Kreises Oberinntal i. J. 1842. Mit Skzen. – Handschr. Mus. Ferdin., F.B. 5018.
Koch E. J. Die Mineralquellen des gesamten österreichischen Kaiserstaates in top., hist., phys.-chem. u. therap. Beziehung. – 2. Aufl. Wien (Gerold) 1845, 467 S.
Kramer H. Der Neubau der Finstermünzer Straße. (Histor.) – Tir. Heimatbl., 13, 1935, 7–16, 3 Abb.
Landeck-Pfunds. Vorkommen von Bittersalz und Eisenvitriol. – TB 1827, S. 388; 1828, S. 12.
Menghin J. M. v. Opusculum de examinibus aquarum mineralium Tirolensium. – Innsbruck 1768.
Nevinny J. Das Badewesen Tirols und die Heilquellen dieses Landes, insbesonderes des Brennerbades. – Innsbr. Nachr., Nr. 213 v. 18. 9. u. 214 v. 19. 9. 1905. (Enthält auch älteres Schrifttum.)
Niggli P., de Quervain F., Winterhalter R. U. Chemismus schweizerischer Gesteine. – Beitr. z. Geol. d. Schw., Geotechn. Ser., 14. Lfrg, Bern 1930, 389 S., Analysentab., 1 K., 59 Abb.
Niggli P. u. **Friedländer C.** Gesteinsbeschreibung zur Sammlung schweizerischer alpiner Gesteine. – 1934. Als Manuskr. gedr. – Bespr. NJb. 1934/2, 390, 418.
Obladis. Über Bad –. – TB 1825, S. 225, 240.
— Auf –. – Innsbr. Nachr., Nr. 127 v. 5. 6. 1912. (Leitart.)
Quervain F. de u. **Gschwind M.** Die nutzbaren Gesteine der Schweiz. (Einführung von P. Niggli.) – Herausgeg. v. d. Geotechn. Komm. d. Schw. Natf. Ges., Bern (Huber) 1934, 456 S., 65 Abb., 4 Taf. – Bespr. PetMitt., 80, 1934, 316; Mitt. Geol. Ges. Wien, 26, Wien 1934, 222; GR 25, 1934, 362; Z. f. prakt. Geol., 42, 1934, 111; NJb. 1934/2, 493; GZ 53 A/814; Aus der Heimat, 48, Stuttgart 1935, 31.
Reschenscheideggbahn. Innsbr. Nachr., Jahr, Nr. – 1905, 140; 1908, 31, 234, 244, 247; 1909, 255; 1918, 234, 252, 259, 263; 1919, 121; 1922, 10, 150; 1924, 236, 250. Pfunds-Engadin: 1909, 78.
Roschmann A. Schema Tyrolis illustratae. – Handschr. Mus. Ferdin., T. III, P. I. De fontibus medicatis et balneis, herbis, 1737. (S. Nevinny J.)
Sander K. Tagebuch der geogn.-mont. Bereisung eines Teiles des Oberinntaler Kreises i. J. 1840, 1841. (Silvretta, Ötztaler, Stubaier und Lechtaler Alpen, Mieminger und Karwendel.) – Handschr. Mus. Ferdin., F.B. 5016, 5017, m. Skz.
Scherer M. Abhandlungen über verschiedene Badeanstalten und ihren Gebrauch. – 1789. (S. Nevinny J.)
Senger W. v. Summarischer Bericht über seine geogn.-mont. Bereisungen im Oberinntal und Vintschgau, 1839 (vom 12. 2. 1840) und 1840. – Handschr. Mus. Ferdin., F.B. 5014, 5015.
Siedentop I. Eisenbahngeographie der Schweiz. – Geogr. Wochenschr., Beiheft 1, Halle (John) 1933, 126 S., 28 Abb. – Bespr. Z. Ges. f. Erdkde Berlin, 1933, 228; Boll. Soc. Geogr. It., 1934, 377.
Sölch J. Fluß- und Eiswerk in den Alpen zwischen Ötztal und St. Gotthard. 1. T. – PetMitt., Ergh. Nr. 219, Gotha 1935, 143 S., 31 Abb.
Staub R. Übersicht über die Geologie Graubündens. – In: Geol. Führer der Schweiz, herausgeg. v. d. Schw. Geol. Ges., Basel (Wepf) 1934, Fasz. III, 205–239.
Stolz O. Die Schwaighöfe in Tirol. – 1930. – Bespr. Mitt. Geogr. Ges. Wien, 76, 1933, 247.
Strele G. Grundriß der Wildbachverbauung. – Wien (Springer) 1934, 279 S., 150 Abb. – Bespr. GZ 53 A/634; Z. f. prakt. Geol., 42, 1934, 125; NJb. 1934/2, 571.
Theobald G. Geogn. Beobachtungen. 1. Piz Minschun im Unterengadin. – 1857. – Bespr. NJb. 1858, 91.
Tiroler Bahnen. Allgemeines über –. – Innsbr. Nachr., Jahr, Nr. – 1900, 95; 1902, 235; 1903, 132; 1904, 184, 267; 1905, 181, 281, 282 (Leitart.); 1906, 148, 160, 289, 298; 1907, 293 (Leitart.); 1908, 18 (Leitart.), 32 (Leitart.), 156, 248, 256, 273; 1909, 59 (Westtir.), 104, 149 (Leitart.), 176; 1911, 202, 206 (Leitart., Westtir.); 1912, 73, 197 (El. u. Wasserkräfte); 1913, 226; 1914, 10, 13 (Skizze); 1924, 166 (Seilbahnen an der Front), 283 (Ital. u. Nordtir.).
Torfgewinnung. Innsbr. Nachr., Jahr, Nr. – Fließ: 1918, 250. Hopfgarten: 1909, 256. Sterzing: 1911, 269. Vill: 1920, 105 (Abendbl.). Walchsee: 1918, 60.
Wenk E. Der Gneiszug Pra Putèr-Nauders im Unterengadin und das Verhältnis der Umbraildecke zur Silvretta-Ötztaldecke. – EgH 27, 1934, 135–146, 1 Fig.
— Beiträge zur Petrographie und Geologie des Silvrettakristallins (Graubünden). – Schw. Min. u. Petr. Mitt., 14, 1934, 196–278, 7 Fig., 1 Taf., je 1 K. 1:50000 u. 1:100000.
Winz H. Kulturgeographie Oberinntal. – 1933. – Bespr. Z. Ges. f. Erdkde Berlin, 1934, 382.

22. Münstertaler Alpen.

Arbenz P. Exkursion Nr. 92 B. Il Fuorn (Ofenpaß)–Punt Praspöl–Murtèrsattel–Val Cluozza–Zernez. – In: Geol. Führer der Schweiz, herausgeg. v. d. Schw. Geol. Ges., Basel (Wepf) 1934, Fasz. XIV, 1064–1067, 1 Fig.
Billwiller R. Der Firnzuwachs pro 1931/32 in einigen schweizerischen Firngebieten. 19. Ber. der Zürcher Gletscherkomm. –Vierteljschr. Natf. Ges. Zürich, 77, 1932, 249–256, 1 Abb.
Cadisch J. Geologie der Schweizeralpen. – Zürich (Beer u. Co.) 1934, 383 S., 47 Fig., zahlr. Tab. – Bespr. VBA 1934, 95.
— Exkursion Nr. 95. Umgebung von Schuls (Unterengadiner Fenster). – In: Geol. Führer der Schweiz, herausgeg. v. d. Schw. Geol. Ges., Basel (Wepf) 1934, Fasz. XIV, 1085–1089, 1 Fig.
Dörrenhaus F. Das deutsche Land an der Etsch. – 1933. – Bespr. Tir. Heimatbl., 12, 1934, 40; Mitt. DÖAV, 1935, 78.
Früh J. Geographie der Schweiz. – 1929–1933. – Bespr. Z. Ges. f. Erdkde Berlin, 1934, 303.
Geol. Führer der Schweiz, herausgeg. v. d. Schw. Geol. Ges. bei Anlaß ihrer 50. Jahresfeier. – Basel (Wepf) 1934, XIV Fasz., 1145 S., zahlr.

Taf., Prof. u. Fig. - Bespr. NJb. 1935/3, 6; PetMitt., 81, 1935, 101.

Heberdey R. Die Bedeutung der Eiszeit für die Fauna der Alpen. - 1933. - Bespr. GZ 4 B/1333, 52 A/223.

Hess E. Schneebrettlawinen. - Die Alpen (SAC), Baden 1934, Märzheft.

Hotz W. u. **Geol. Komm.** Die geol. und tekt. Karten der Schweiz. - 1931. - Bespr. NJb. 1934/3, 32.

Klebelsberg R. v. Grundzüge der Geol. Tirols. - 1933. - Bespr. Mitt. DÖAV, 1934, 147; PetMitt., 1934, 317; Geogr. Z., 40, 1934, 271.

— Geologie von Tirol. - Berlin (Borntraeger) 1935, 748 S. u. 4 Verz., K. 1:500000, 3 Skzen, 11 Blgen.

Leupold W. Gemeinsame Einleitung zu den Exkursionen 92, 93 und 94 (Unterengadiner Dolomiten). - In: Geol. Führer der Schweiz, herausgeg. v. d. Schw. Geol. Ges., Basel (Wepf) 1934, Fasz. XIV, 1043–1049.

— Exkursion Nr. 92 A. Zernez–Ofenpaß–Sta Maria im Münstertal. - In: Geol. Führer der Schweiz, herausgeg. v. d. Schw. Geol. Ges., Basel (Wepf) 1934, Fasz. XIV, 1050–1063, 1 Fig.

— Exkursion Nr. 93. Sta Maria–Umbrailpaß–Stilfserjoch. - In: Geol. Führer der Schweiz, herausgeg. v. d. Schw. Geol. Ges., Basel (Wepf) 1934, Fasz. XIV, 1068–1075.

— u. **Eugster H.** Exkursion Nr. 94. Cierfs–Scarl–Schuls. - In: Geol. Führer der Schweiz, herausgeg. v. d. Schw. Geol. Ges., Basel (Wepf) 1934, Fasz. XIV, 1076–1084, 1 Fig.

Mercanton P.-L. Les variations périodiques des glaciers des Alpes Suisses. 54e Rapport - 1933. - Les Alpes, Nr. 5, Bern 1934, 10 S., 5 Abb.

Niggli P., de Quervain F., Winterhalter R. U. Chemismus schweizerischer Gesteine. - Beitr. z. Geol. d. Schw., Geotechn. Ser., 14. Lfrg, Bern 1930, 389 S., Analysentab., 1 K., 59 Abb.

Niggli P. u. **Friedländer C.** Gesteinsbeschreibung zur Sammlung schweizerischer alpiner Gesteine. - 1934. Als Manuskr. gedr. - Bespr. NJb. 1934/2, 390, 418.

Quervain F. de u. **Gschwind M.** Die nutzbaren Gesteine der Schweiz. (Einführung von P. Niggli.) - Herausgeg. v. d. Geotechn. Komm. d. Schw. Natf. Ges., Bern (Huber) 1934, 456 S., 65 Abb., 4 Taf. - Bespr. PetMitt., 80, 1934, 316; Mitt. Geol. Ges. Wien, 26, Wien 1934, 222; GR 25, 1934, 362; Z. f. prakt. Geol., 42, 1934, 111; NJb. 1934/2, 493; GZ 53 A/814; Aus der Heimat, 48, Stuttgart 1935, 31.

Staub R. Exkursion Nr. 98. Silsersee–Bergellermassiv. - In: Geol. Führer der Schweiz, herausgeg. v. d. Schw. Geol. Ges., Basel (Wepf) 1934, Fasz. XIV, 1112–1123, 6 Fig.

Wenk E. Beiträge zur Petrographie und Geologie des Silvrettakristallins (Graubünden). - Schw. Min. u. Petr. Mitt., 14, 1934, 196–278, 7 Fig., 1 Taf., je 1 K. 1:50000 u. 1:100000.

23. Ortler Alpen.

Aigner A. Vorzeitformen in den ostalpinen Zentralketten. - Sieger-Festschr., Zur Geogr. d. Deutschen Alpen, Wien 1924, 22–36. - Bespr. GZ 30/1327; NJb. 1925/2, B, 154.

Andreatta C. La catena Cevedale–Venezia–Giovaretto–Orecchia. Note geologico-alpinistiche. - Riv. mens. d. CAI, v. 53, n. 9, Roma 1934, 469–476, 2 Abb., 1 Skz.

— Rel. d. Camp. Glac. d. 1933. Gruppo Ortler-Cevedale. Bacino dell'Adige, Val Martello, Val di Lasa. - Boll. Com. Glac. It., 14, 1934, 254, 255.

Berillio. I giacimenti di - in Alto Adige. - La Provincia di Bolzano, a. 8, n. 59, Bolzano, 10 Marzo 1934. - S. a. Studi Trent. Sc. Nat., a. 15, n. 1, 1934, 55.

Bettini V., Corti L., Giacciai L., Piccioli A. Rel. d. Camp. Glac. d. 1933. Gruppo Ortler-Cevedale. Bacino dell'Adda. - Boll. Com. Glac. It., 14, 1934, 246–247.

Borraß E. Bericht über die relativen Messungen der Schwerkraft mit Pendelapparaten in der Zeit von 1808 bis 1909 und über ihre Darstellung im Potsdamer Schweresystem. - Verh. 16. Allgem. Konferenz der Internat. Erdmessung in London und Cambridge 1909, 3. T. Spezialbericht über die rel. Schweremessungen, Berlin (Reimer) 1911, 288 S., 2 K.

Cadisch J. Geologie der Schweizeralpen. - Zürich (Beer u. Co.) 1934, 383 S., 47 Fig., zahlr. Tab. - Bespr. VBA 1934, 95.

Chiesa C. Rel. d. Camp. Glac. d. 1933. Gruppo Ortler–Cevedale. Bacino dell'Adda, dell'Oglio e dell' Adige. - Boll. Com. Glac. It., 14, 1934, 251–253.

— Rel. d. Camp. Glac. d. 1933. Dati riassuntivi del Gruppo Ortler-Cevedale. - Boll. Com. Glac. It., 14, 1934, 257–260, 1 Tab.

Consiglio A. Nozioni di tecnica del marmo per gli addetti all'industria marmifera. - Bolzano (Tip. Soc.) 1934, 175 S.

Dalla Torre K. v. u. **Sarnthein L. Graf v.** Roter Schnee in Tirol und Vorarlberg. - Innsbr. Nachr., Nr. 24 v. 29. 1. 1901. - S. Ehrmann O., ebd., Nr. 19 v. 1901.

Deye A. Kriegsbilder aus den Hochalpen. - Z. DÖAV, 1917, 162–176, 6 Abb.

Dörrenhaus F. Das deutsche Land an der Etsch. - 1933. - Bespr. Tir. Heimatbl., 12, 1934, 40; Mitt. DÖAV, 1935, 78.

Ellmenreich A. (E. A.) Neues Leben in der Laaser Marmorindustrie. - Alpenztg, 10. 5. 1930. - S. a. ebd. v. 15. 5. (Dietl.)

— Johannes Steinhäuser, der Erschließer der Laaser Marmorindustrie. - Dolomiten, 11, Nr. 16, Bolzano, 5. 2. 1934.

Erdbeben. Judikarien-Pustertaler-Linie. Innsbr. Nachr., Jahr, Nr. - Ampezzo: 1906, 215; 1910, 70. Bozen: 1907, 95. Bruneck: 1902, 77. Buchenstein: 1901, 81; 1906, 93. Cavalese: 1901, 81. Cles: 1911, 294. Dolomiten: 1911, 25. Fassatal: 1905, 246. Gardasee: 1901, 253, 261. Judik.-Riva: 1907, 264. Kaltern: 1914, 290. Kastelruth: 1901, 80. Klausen: 1915, 379. Lienz: 1924, 286. Malé: 1902, 251. Meran: 1901, 231; 1916. 235. Mori-Arco: 1907, 18. Nons- u. Sulzberg: 1903, 184; 1904, 155; 1906, 80; 1909, 249. Pinzolo: 1906, 60. Predazzo: 1910, 11, 26. Riva: 1905, 166; 1907, 264. Schlanders: 1909, 260. Sexten: 1909, 255. Spondinig: 1911, 49, 50. Sulden: 1917, 286. Taufererťal: 1904, 115. Toblach-Lienz: 1908, 158. Ultental: 1907, 53. Vinschgau: 1906, 274; 1917, 17, 18. Ganz Tirol: 1902, 139, 141; 1904, 58; 1909, 10, 11. Ganz Südtirol: 1900, 59; 1908, 66.

Erhart K. Laaser Marmor. - Meraner Jahrb., Meran 1934, 17–19, 13 Abb.

Fallon L. A. Nachricht über eine naturhistorische Reise in Tirol und die Besteigung der Orteles-spitze, der höchsten Bergspitze im ganzen Lande.

– Innsbr. Wochenbl., 1805, Nr. 24, 27, 28; Sammler f. Gesch. usw., 3, 1808, 228–240 unter: Höhebestimmungen usw., 2.). – Abdruck: Monatl. Korresp. z. Beförderung der Erd- u. Himmelskde (v. Zach), Gotha 1805, April, 293 u. Alpina (Winterthur) 374.

Finsterwalder S. M. Lagallys „Mechanik und Thermodynamik des stationären Gletschers". – Z. f. Glkde, 22, 1935, 297–302.

Floridia G. B. Rel. d. Camp. Glac. d. 1933. Gruppo Ortler-Cevedale. Bacino dell'Adda. – Boll. Com. Glac. It., 14, 1934, 247–250.

Gebhard I. Reisebericht aus Südtirol. Schreiben aus Imst v. 14. 10. 1804. (Mineralogie, Gletscherwirkung um den Mte Spinale, Heilbad Rabbi, Gebirgsbau des Ortlers u. a.) – Annalen d. Berg- u. Hüttenkde, 3, 1805, 300-305.

Gimbernat. Über die geognostische Beschaffenheit der Alpenkette. – Zachs Mon. Korresp., 1808, August, 141–148. – Bespr. NJbücher d. Berg- u. Hüttenkde, 1, 1808, 468.

Gletscherkonferenz Sulden. Innsbr. Nachr., Nr. 182 v. 10. 8., 186 v. 16. 8., 191 v. 22. 8. 1906.

Handl L. Mitteilung über Randklüfte an J. Sölch. – Z. f. Glkde, 12, 1922, 33.

— Der Krieg im Bauche des Gletschers. – In: G. Langes, Die Front in Fels und Eis, München (Bruckmann) 1933, 17–36, 23 Abb.

Hann J. Seehöhe der Isotherme von 0° in den Ostalpen und deren Beziehung zur unteren Schneegrenze und zur mittleren Temperatur der letzteren. – Aus: Die mittl. Wärmeverh. der Ostalpen, Z. DÖAV, 1886; Meteorol. Z., 22 (4), Berlin 1887, 28–31.

Heberdey R. Die Bedeutung der Eiszeit für die Fauna der Alpen. – 1933. – Bespr. GZ 4 B/1333, 52 A/223.

Kienow S. Zur Mechanik der Gletscher- und der Krustenbewegungen. Kritische Besprechung von drei neuen Arbeiten aus den „Ergebnissen der kosmischen Physik", 1933. – GR 25, 1934, 422–437, 7 Abb. (U. a. Lagally, Mechanik u. Thermodynamik des stationären Gletschers.)

Klebelsberg R. v. Der Sommer 1911 und die Gletscher. – Abdr. aus Mitt. DÖAV, 1912 in Innsbr. Nachr., Nr. 71 v. 28. 3. 1912.

— Grundzüge der Geol. Tirols. – 1933. – Bespr. Mitt. DÖAV, 1934, 147; PetMitt., 1934, 317; Geogr. Z., 40, 1934, 271.

— Geologie von Tirol. – Berlin (Borntraeger) 1935, 748 S. u. 4 Verz., K. 1:500000, 3 Skzen, 11 Blgen.

Laaser Marmor. Hochwertiges Material. – Nach Bildhauer Sußmann-Hellborn in Mitt. d. Österr. Museums. – Auszug: Der Tourist, 4, Wien 1872, 55.

Lagally M. Mechanik und Thermodynamik. – 1934. – Bespr. PetMitt., 80, 1934, 236; 81, 1935, 34; NJb. 1934/2, 595; GR 25, 1934, 423; GZ 53 A/1547; Z. f. angew. Math. u. Mech., 14, H. 6, 1934, 381; Z. f. Glkde, 22, 1935, 297.

Langes G. Die Front in Fels und Eis. – München (Bruckmann) 1933, 143 S., 93 Abb. – Bespr. Mitt. DÖAV, 1933, 185. – Ital. Übersetzg von M. Broglio, La guerra fra roccie e ghiacci, Milano (Agnelli) 1934, 324 S., 15 Taf. – Bespr. Bibl. Fasc., a. 9, n. 9, Roma 1934, 741.

Lempruch M. Frh. v. Der König der Deutschen Alpen und seine Helden. (Ortlerkämpfe 1915–1918.) – Stuttgart (Belser) 1925, 153 S., 2 Taf., 1 K., über 200 Abb. – Bespr. Mitt. DÖAV, 1926, 252.

Leupold W. Exkursion Nr. 93. Sta Maria–Umbrailpaß–Stilfserjoch. – In: Geol. Führer der Schweiz, herausgeg. v. d. Schw. Geol. Ges., Basel (Wepf) 1934, Fasz. XIV, 1068–1075.

Martellferner. Gletscherausbruch. – Innsbr. Nachr., Nr. 243 v. 22. 10. 1907.

Martelltal. Alte Bergwerke in Tirol. – Innsbr. Nachr., Nr. 132 v. 14. 6. 1909.

Meusburger K. Unsere Gletscher. – Kassiankalender 1935, 233, Brixen (A. Weger) 1934, 116–127, 3 Abb.

Michetti G. Rel. d. Camp. Glac. d. 1933. Gruppo Ortler-Cevedale. Bacino dell'Adige, Val Martello. – Boll. Com. Glac. It., 14, 1934, 254–255.

Migone F. e Tofanari G. Rel. d. Camp. Glac. d. 1933. Gruppo Ortler-Cevedale. Bacino dell'Adige, Val d'Ultimo, Val Martello. – Boll. Com. Glac. It., 14, 1934, 253–254.

Mònterin U. Le variazioni per. d. Ghiac. It. 1932. – 1933. – Bespr. Z. f. Glkde, 22, 1935, 329.

— Le variazioni periodiche dei Ghiacciai Italiani 1933. – Boll. Com. Glac. It., 14, 1934, 17–38, 7 Fig.; Riv. mens. CAI, 1935, 66–78, 6 Abb. – Bespr. Z. f. Glkde, 22, 1935, 329.

Morandini G. Considerazioni generali sulla distribuzione dei laghi nella Venezia Tridentina. – Boll. di Pesca, di Piscicolt. e di Idrobiol., a. 9, f. 1, Roma 1933, 15–101. – Bespr. Boll. Soc. Geogr. It., 1934, 241.

Müller C. Ein neues Schaustück im Alpinen Museum. (Die Stellungen in den Gletschern der Alpenfront.) – Mitt. DÖAV, 1934, 166–168.

Nangeroni L. G. La forma delle montagne alpine. – Natura, v. 24, f. 2, Milano 1933, 57–81, 14 Fig.

Neufville-Dillenburg Frh. v. Über die tirolischen Steinkohlenwerke zu Häringen im Unterinntal. – Molls Annalen, 2, 1803, 405–415.

Ortlerbahn. Innsbr. Nachr., Jahr, Nr. – 1901, 110; 1907, 57, 244; 1908, 153 (Leitart.); 1924, 158, 207, 209, 213, 289. – S. a. Valtellinabahn.

Ortlergruppe (H. H.). Die – Naturschutzgebiet. – Innsbr. Nachr., Nr. 10 v. 12. 1. 1935, 7–8.

Pensotti G., Prandina E. Rel. d. Camp. Glac. d. 1933. Gruppo Ortler–Cevedale. Bacino dell'Adige Val di Trafoi. – Boll. Com. Glac. It., 14, 1934, 256–257.

Petzholdt A. Beiträge zur Geognosie von Tirol. Skizzen auf einer Reise durch Sachsen, Bayern, Salzkammergut, Salzburg,. Tirol, Österreich. – Leipzig 1843, 372 S., 54 Abb.

Prohaska K. Roter Schnee, Schlammregen und Gewitter am 11. März 1901 in den österreichischen Alpenländern. – Meteorol. Z., 36 (18), 1901, 231–234.

Rath G. v. Die Gebirgsumgebung von Sta Caterina in der lomb. Prov. Sondrio und namentlich die Gänge eruptiver Gesteine im Schiefer. – Niederrhein. Ges. f. Natkde, 1857, 4. Nov. – Bespr. NJb. 1858, 83.

Reisach (Reischach) A. Graf v. Über das Vorrücken des Eisgebirges im Tale Sulden. – Handschr. Ber. a. Innsbruck, 2. 7. u. 8. 10. 1819, Mus. Ferdin., Dip. 1197. Mit 1 lith., farb. Prospekt des Suldenferners.

Steinböck O. Die Tierwelt der Gletschergewässer. – Z. DÖAV, 1934, 263–275, 4 Taf., 10 Fig.

Stotter M. Bewegungen des Vernagtferners und des Suldenferners. Mineralogisches aus Tirol. (Schwaz Rattenberg, Pfitsch. – Schreiben aus Innsbruck v. 12. 9. 1846.) – NJb. 1847, 34–36.

Straßenverschüttungen, größere in Tirol u. V. Innsbr. Nachr., Jahr, Nr. – Ampola: 1907, 253. Enneberg: 1908, 88. Grumes–Molina: 1904, 273. Imst: 1902, 218. Jaufen: 1917, 105. Langen: 1901, 149. Lisignano: 1912, 62. Naturns: 1900, 153. Nonstal: 1906, 260. Ötztal: 1900, 144; 1905,

86 (Maurach). Sulden: 1900, 173. – S. a. Felsstürze und Murbrüche.

Tajani F. Il nuovo valico ferroviario dello Stelvio. – Archetipograf., Milano 1930, 104 S.

Tanci M. Per il valico ferroviario dello Stelvio. – Il Politecnico, v. 78, 1930, 751–758.

Tiroler Bahnen. Allgemeines über –. – Innsbr. Nachr., Jahr, Nr. – 1900, 95; 1902, 235; 1903, 132; 1904, 184, 267; 1905, 181, 281, 282 (Leitart.); 1906, 148, 160, 289, 298; 1907, 293 (Leitart.); 1908, 18 (Leitart.), 32 (Leitart.), 156, 248, 256, 273; 1909, 59 (Westtir.), 104, 149 (Leitart.), 176; 1911, 202, 206 (Leitart., Westtir.); 1912, 73, 197 (El. u. Wasserkräfte); 1913, 226; 1914, 10, 13 (Skizze); 1924, 166 (Seilbahnen an der Front), 283 (Ital. u. Nordtir.).

Tiroler Front. Eine Wanderung durch alpine Kriegserinnerungen. – Mitt. DÖAV, 1931, 113–115, 183 185, 210; 1932, 167–168, 195–196, 219, 273; 1933, 107–109, 172–173, 204–205; 1934, 37–38, 190–191.

Trinker J. Bericht über Bereisungen in Südtirol. Tagebuch 1846. – Handschr. Mus. Ferdin., F.B. 5020. Mit Skz. u. Prof.

Valtellinabahn. Innsbr. Nachr., Nr. 92 v. 23. 4. 1906. – S. a. Ortlerbahn.

Vernlani E. L'Alto Adige. (Monografia geografica.) – L'Universo, 15, Firenze 1934, 99–120, 274–301, 389–439, 14 Abb., 2 Taf. – Auszug: Ist. Geogr. Mil., Firenze 1934, 99 S., 37 Abb., 14 K.

Wallnöfer H. Etwas über das „Schlenkerbohren" im heimatlichen Bergbau. – Der Schlern, 15, 1934, 364–366, 3 Abb.

Wanner E. Beiträge zur Geographie der Erdbeben. II. – Gerl. Beitr. z. Geoph., 39, 1933, 326–332, 2 Fig. – Bespr. NJb. 1934/2, 547.

Zsigmondy E. u. **Paulcke W.** Die Gefahren der Alpen. – 9. verb. Aufl. München (Bergverl. R. Rother) 1933, 472 S., 74 Abb., 13 Vollbilder. – Bespr. Mitt. DÖAV, 1933, 279.

24. Vintschgau.

Andreatta C. Analisi strutturale. I, II. – 1932. – Bespr. GZ 53 A/1614, 1615.

— Analisi strutturali. III. – 1933. – Bespr. GZ 53 A/1616.

Battaglia R. Statue – Menhirs dell'Alto Adige e osservazioni sull'etnologia dei Liguri. – Atti Soc. it. p. il progr. d. Sc., XXI riun. (Roma, ott. 1932), Roma 1933, v. 3, 353–355.

— Le statue antropomorphe di Lagundo. – Studi Trent. Sc. Stor., 15, 1934, 105–125. – Bespr. Der Schlern, 15, 1934, 433.

Bergbau Vinschgau. Innsbr. Nachr., Jahr, Nr. – Mals: 1902, 84. Martelltal (Gold): 1910, 188. Mölten, Terlan, Vöran: 1907, 248.

Betti M. e **Bonino G. B.** Le acque minerali dell'Alto Adige e del Trentino. Indagini chimiche e chimico-fisiche. P. I. – R. Acc. d'It., mem. d. cl. d. sc. fis., mat. e nat., v. 5, Roma 1933, 56 S., 15 Fig.

Bozen. Kunststeinfabrik. – Innsbr. Nachr., Nr. 8 v. 11. 1. 1900.

Bozner Lokalbahnen. Innsbr. Nachr., Jahr, Nr. – Bozen-Gries: 1904, 87. Gries-St. Jakob: 1908, 126; 1913, 84. Guntschna: 1912, 42, 179. Jenesien: 1908, 162, 191. Kardaun: 1909, 263. Kohlern: 1903, 18, 21, 168; 1905, 68, 77, 119, 165; 1908, 148, 149; 1912, 205. Ofenberg: 1908, 204, 296; 1909, 129; 1911, 194, 196 (Leitart.), 198; 1913, 54. Ritten: 1904, 257; 1905, 121; 1906, 35, 57, 77, 297; 1907, 128, 185; 1908, 28, 169. Sarntal: 1911, 31 (Leitart.). Virgl: 1905, 241; 1907, 222, 243, 249, 257, 263, 267. – S. a. Mendelbahn.

Buch L. v. Schreiben aus Innsbruck v. 11. 10. 1822 an R. (C. v. Rauschenfels) über Höhenbestimmungen in Tirol. (Eisack-, Puster- und Etschtal, Dolomiten u. a.) – TB 1822, S. 372.

Burgklehner M. Tirolischer Adler. – 1619, 3. T., 3. Abt., Kap. 6: Vom Gericht Castelbell, Tal Schnals und großen Ferner daselbst. Mus. Ferdin., S. 1033–1039. (Seestau des Vernagtferners 1599–1601, erwähnt auch von Hirn J., Erzh. Maximilian der Deutschmeister, 1. Bd, Innsbruck 1915, 504.)

Cadisch J. Geologie der Schweizeralpen. – Zürich (Beer u. Co.) 1934, 383 S., 47 Fig., zahlr. Tab. – Bespr. VBA 1934, 95.

Consiglio A. Nozioni di tecnica del marmo per gli addetti all'industria marmifera. – Bolzano (Tip. Soc.) 1934, 175 S.

Cranz H. J. v. Gesundbrunnen der Österreichischen Monarchie. – Wien 1777. (Tirol 48–87.)

Czermak F. u. **Schadler J.** Vorkommen des Elementes Arsen. – 1933. – Bespr. Z. f. prakt. Geol., 42, 1934, 30; NJb. 1934/2, 229.

Dietl F. X. Dissertatio inauguralis medico-chemica de austriaci imperii aquis medicatis Brisgoliae, Carinthiae, Carnioliae, Styriae, Tyrolis et nonnullis aliis. 1772. (S. Nevinny J.)

Dörrenhaus F. Die Natur des oberen Etschtales. – Diss. Bonn; Innsbruck (Tyrolia) 1933, 63 S., 4 Taf.

— Das deutsche Land an der Etsch. – 1933. – Bespr. Tir. Heimatbl., 12, 1934, 40; Mitt. DÖAV, 1935, 78; Z. Ges. f. Erdkde Berlin, 1935, 174.

Ellmenreich A. (E. A.) Neues Leben in der Laaser Marmorindustrie. – Alpenztg, 10. 5. 1930. – S. a. ebd. v. 15. 5. (Dietl.)

— Johannes Steinhäuser, der Erschließer der Laaser Marmorindustrie. – Dolomiten, 11, Nr. 16, Bolzano, 5. 2. 1934.

Emmert A. Der Fürstlichen Grafschaft Tirol Landreim. (Von Georg Rösch von Geroldshausen.) – Abdruck: Almanach f. Gesch., Kunst u. Lit., 1, Innsbruck (Wagner) 1836, 44–75. – S. a. Fischnaler K., Isser M. v., Pichler A. v., Rösch G. v. und Wieser F.

Enderes Br. v. Die Geschichte der Alpenstraßen und Alpenbahnen. – Beitr. z. Gesch. d. Technik, 22, 1932/33, 7–17, m. K.

Erdbeben. Verona (2. 7. 1834), Glurns (6. 7. 1834). Zeitungsnachr. – NJb. 1834, 688.

Erdbeben. Judikarien-Pustertaler-Linie. Innsbr. Nachr., Jahr, Nr. – Ampezzo: 1906, 215; 1910, 70. Bozen: 1907, 95. Bruneck: 1902, 77. Buchenstein: 1901, 81; 1906, 93. Cavalese: 1901, 81. Cles: 1911, 294. Dolomiten: 1911, 25. Fassatal: 1905, 246. Gardasee: 1901, 253, 261. Judik.-Riva: 1907, 264. Kaltern: 1914, 290. Kastelruth: 1901, 80. Klausen: 1915, 379. Lienz: 1924, 286. Malé: 1902, 251. Meran: 1901, 231; 1916, 235. Mori-Arco: 1907, 18. Nons- u. Sulzberg: 1903, 184; 1904, 155; 1906, 80; 1909, 249. Pinzolo: 1906, 60. Predazzo: 1910, 11, 26. Riva: 1905, 166; 1907, 264. Schlanders: 1909, 260. Sexten: 1909, 255. Spondinig: 1911, 49, 50. Sulden: 1917, 286. Taufererital: 1904, 115. Toblach-Lienz: 1908, 158. Ultental: 1907, 53. Vinschgau: 1906, 274; 1917, 17, 18. Ganz Tirol: 1902, 139,

141; 1904, 58; 1909, 10, 11. Ganz Südtirol: 1900, 59; 1908, 66.

Erdrutsche, größere in Tirol u. V. (Schneeschmelze.) Innsbr. Nachr., Jahr, Nr. - Bludenz: 1914, 135. Blumau: 1901, 168. Breg. Wald: 1905, 66; 1910, 9; 1924, 176. Comano: 1905, 141, 143. Dalaas: 1901, 80; 1911, 226; 1915, 155. Enneberg: 1911, 238. Gadertal: 1902, 178. Grän: 1911, 155. Gries a. Br.: 1909, 81. Hötting: 1907, 72. Hopfgarten: 1913, 170. Imst: 1911, 68, 69. Kaltern: 1901, 66; 1910, 287. Landeck: 1901, 82. Lienz: 1917, 135. Martignano: 1911, 75. Matarello: 1902, 169. Mayrhofen: 1913, 169. Montan: 1907, 15. Mori-Riva: 1903, 10. Mühlau: 1907, 79, 80, 83. Nonsberg: 1905, 164; 1911, 284. Obernberg a. Br.: 1924, 125. Prad: 1907, 173; 1910, 282. Predazzo: 1906, 256. Primiero: 1901, 62. Rabbi: 1901, 75. Ritten: 1904, 122. Romagnano: 1904, 86. Sand i. T.: 1910, 109. St. Cassian: 1907, 252. Sellraintal: 1902, 92. Senderstal: 1906, 147. Sexten: 1914, 125. Töll: 1910, 107. Vielgereuth: 1909, 124. Vinschgau: 1911, 266.

Erhart K. Laaser Marmor. - Meraner Jahrb., Meran 1934, 17–19, 13 Abb.

Escher v. d. L. A. Beiträge zur Kenntnis der Tiroler und Bayerischen Alpen. - NJb. 1845, 536–561, 1 Taf.

Etschregulierung. Innsbr. Nachr., Jahr, Nr. - 1900, 78; 1901, 59, 65; 1902, 280; 1907, 48, 258; 1909, 84, 232. Entwässerung der Auen: 1912, 251; 1914, 164. Überschwemmungen: Vinschgau: 1904, 114. Naturns: 123. Neumarkt: 140. Schiffbarmachung: 1903, 7; 1917, 65.

Etschwerke. Innsbr. Nachr., Jahr, Nr. - 1902, 193; 1908, 232; 1911, 181; 1912, 99. Pumpwerk Terlan: 1923, 101.

Feyrtag F. v. Über die Gesundbrunnen der Gegend von Meran. - Bozen 1730. (Nach De Luca, Staatsanzger, 1. Bd, 1. T., Wien 1785, 322.)

Fischnaler K. Georg Rösch von Geroldshausen: Tiroler Landreim und Wunschspruch ... Zwei tirolische Gedichte des 16. Jahrhunderts. Mit dem Lebensbilde des Verfassers, geschichtl. und sachlichen Erläuterungen herausgegeben. - Innsbruck (Wagner) 1898, 36 S. (Biogr. 1–18, Begleitwort z. Landreim 21–26, z. Wunschspruch 29–36. Abdruck beider Gedichte.) - S. a. Emmert, Isser, Pichler, Rösch u. Wieser.

Gadriabach. Die alte Wasserordnung für den - im Vinschgau. - Der Sammler, 1, Meran 1906–1907, H. 2, 13–15.

Ghislanzoni E. Le più recenti scoperte e notizie archeologiche: Venezia Tridentina. (Kaltern u. Pfatten.) - Boll. d. assoc. internaz. d. studi mediterran., a. 1, 1930, 19–21.

Gimbernat. Über die geognostische Beschaffenheit der Alpenkette. - Zachs Mon. Korresp., 1808, August, 141–148. - Bespr. NJbücher d. Berg- u. Hüttenkde, 1, 1808, 468.

Heberdey R. Die Bedeutung der Eiszeit für die Fauna der Alpen. - 1933. - Bespr. GZ 4 B/1333, 52 A/223.

Hörmann I. v. Blicke auf die Bäder des Etschkreises während des Sommers 1829. - TB 1830, 92, 96.

Innerebner G. Die Wallburg am Sillhackerbühel ober Lana. - Der Schlern, 15, 1934, 527–529, 1 Skz.

— Die Wallburg auf dem Sattelkopf ober Rafenstein bei Bolzano. - Der Schlern, 16, 1935, 68–70, 1 Pl.

Isser M. v. Der Tiroler Landreim. - Österr. Z. f. Berg- u. Hüttenw., 34, Wien 1886, Nr. 35, 569–576. - S. a. Emmert, Fischnaler, Pichler, Rösch u. Wieser.

— Neue Erzaufschlüsse in Tirol. (1. Dirstentritt, 2. Negelseekar bei Ehrwald, 3. Röhrerbühel bei Kitzbühel, 4. Obernberg a. Br., 5. Eggertal bei Sterzing, 6. Rabenstein in den Sarntaler Alpen, 7. Terlan im Vinschgau, 8. Panzendorf und Tessenberg im Pustertal.) - Innsbr. Nachr., Nr. 163 v. 19. 7. 1911.

Karpe F. C. Übersicht der Heilquellen von Tirol und Vorarlberg im Jahre 1828. - TB 1830, 248, 252, 256, 260.

Klebelsberg R. v. Grundzüge der Geologie Tirols. - 1933. - Bespr. PetMitt., 1934, 317; Geogr. Z., 40, 1934, 271.

— Südtiroler Mittelgebirgswanderungen. 4. Von Lana über Völlan–Tisens–Grissian nach Überetsch. 5. Von Neumarkt über Gfrill–Buchholz nach Salurn. - Z. DÖAV, 1934, 230–237, 8 Taf.

— Geologie von Tirol. - Berlin (Borntraeger) 1935, 748 S. u. 4 Verz., K. 1:500000, 3 Skzen, 11 Blgen.

Koch E. J. Die Mineralquellen des gesamten österreichischen Kaiserstaates in top., hist., phys.-chem. und therap. Beziehung. - 2. Aufl. Wien (Gerold) 1845, 467 S.

Krapf Ph. Der Wasserbau in Tirol. Darstellung der Verhältnisse und Aufgaben auf dem Gebiete des Wasserbaues in Tirol (Gewässerregulierungen, Meliorationen und Wildbachverbauungen.) - Herausgeg. v. Tiroler Ldsausschuß, Innsbruck 1910, 335 S., 1 K.

Kuntze M. Einiges über den Winter der Südtiroler Kurorte. - Bozen (Moser) 1904, 23 S.

Laas. Fachschule für Steinbearbeitung. - Innsbr. Nachr., Nr. 176 v. 1901, 220 v. 103, 285 v. 1906, 180 v. 1907, 184 v. 1909. Stein f. Moltkedenkmal: ebd. Nr. 233 v. 1901; 43, 53 v. 1903; f. Feldherrnhalle: 64 v. 1902.

Laaser Marmor. Hochwertiges Material. - Nach Bildhauer Sußmann-Hellborn in Mitt. d. Österr. Museums. - Auszug: Der Tourist, 4, Wien 1872, 55.

Laicharding J. N. v. Bemerkungen über die den 10. Oktober 1789 erfolgte allgemeine Überschwemmung Tirols. - Innsbruck (Merx) 1789, 12 S., Mus. Ferdin., Dip. 142.

Laviosa-Zambotti P. Aspetti del problema cronologico. - 1933. - Bespr. Der Schlern, 15, 1934, 287.

— Le prime età dell'Alto Adige. I. I Monumenti megalitici di Lagundo. II. L'età del bronzo e la prima età del ferro. - Arch. p. l'Alto Adige, 28, Gleno 1933, 381–419, 2 Abb.

— L'età del bronzo e la prima età del ferro nell'Alto Adige. - Studi Etruschi, v. 7, 1933, 397ff.

— Edizione archeologica della carta d'Italia al 100000. - Firenze (R. Ist. Geogr. Mil.) 1933–1934. F. IV P. d. Resia, F. V. Merano, F. 9 M. Cevedale. 1933, 20 S.; F. XV Bolzano, F. 11 M. Marmolada. 1934, 64 S.; F. VI Bressanone, F. VI bis P. d. Brennero; F. VII Monguelfo, F. VII bis Vetta d'It. 1934, 33 S. - Bespr. Der Schlern, 15, 1934, 288.

— Preistoria atesina. Le statue megalitiche di Lagundo. - La Prov. d. Bolzano, a. 8, n. 72, Bolzano, 25. 3. 1934.

Lawinen. S. alljährl. Unfallsstatistik in den Innsbr. Nachr. u. d. Mitt. DÖAV, ferner die Kriegsliteratur. - Erdlawine Campione (Gardasee): Innsbr. Nachr., Nr. 57 v. 1909; Steinlawine Tschars (Vinschgau) ebd. Nr. 207 v. 1907; Windlawine Pfundererberg (Eisacktal) ebd. Nr. 44 v. 1904.

Leiter M. Wasserkraftwirtschaft in Italien und Frankreich. - Mitt. Geogr. Ges. Wien, 77, 1934, 189–197.

Lun L. (= **A.**) La diffusione dell'ametista nella Provincia di Bolzano. – Riv. d. Venez. Trid., a. 15, 1933, n. 11/12, m. Abb.

Mendelbahn. Innsbr. Nachr., Jahr, Nr. – 1900, 218; 1901, 105, 107, 299; 1902, 78, 113, 175, 182, 199, 211, 214, 279; 1903, 28, 34, 123, 138, 200, 227, 237; 1904, 137; 1905, 2, 55, 64, 238; 1906, 180; 1910, 204. – S. a. Nonsbergbahn.

Meraner Lokalbahnen. Innsbr. Nachr., Jahr., Nr. – Gampenjoch: 1908, 64 (Leitart.). Hafling: 1920, 247. Jocherbahn: 1909, 30, 41. Küchelberg: 1908, 87; 1910, 232; 1914, 70. Lana: 1905, 51, 92, 130; 1906, 24, 41, 56, 180, 184, 209; 1908, 243; 1910, 31, 167; 1913, 292. Naif: 1912, 258. Passeier-Jaufen: 1906, 273, 290; 1907, 268; 1910, 291; 1911, 5; 1912, 57; 1913, 179; 1914, 3, 349. Segenbühel: 1907, 279. Vigiljoch: 1909, 63; 1910, 93; 1911, 98, 252; 1912, 199.

Moorkultur. Innsbr. Nachr., Jahr, Nr. – Kurs Sterzing: 1903, 209. Brand Planser Ried (Vinschgau): 1904, 67.

Müllner J. Die Seen am Reschenscheidegg. – 1899. – Bespr. Meteorol. Z., 36 (18), 1901, 95.

Naumann J. K. F. Ein Jahrhundert Drahtseilbahnen. Österreichs Anteil an der Erfindung und Entwicklung der Drahtseilbahnen. – Neueste Ztg, Nr. 192 v. 30. 12. 1934.

Nevinny J. Das Badewesen Tirols und die Heilquellen dieses Landes, insbesonders des Brennerbades. – Innsbr. Nachr., Nr. 213 v. 18. 9. u. 214 v. 19. 9. 1905. (Enthält auch älteres Schrifttum.)

Nicolao A. Carbone bianco, ricchezza della Nazione. I grandi impianti idroelettrici della Venezia Tridentina. – Il Popolo d'Italia, a. 21, n. 118, Milano, 19. 3. 1934.

Ortlerbahn. Innsbr. Nachr., Jahr, Nr. – 1901, 110; 1907, 57, 244; 1908, 153 (Leitart.); 1924, 158, 207, 209, 213, 289. – S. a. Valtellinabahn.

Passarge S. Einführung in die Landschaftskunde. – 1933. – Bespr. Geogr. Z., 40, 1934, 464.

— Morph. Studien in der Gaul bei Lana. – 1934. – Bespr. GZ 53 A/1532.

Petzholdt A. Beiträge zur Geognosie von Tirol. Skizzen auf einer Reise durch Sachsen, Bayern, Salzkammergut, Salzburg, Tirol, Österreich. – Leipzig 1843, 372 S., 54 Abb.

Pfaff W. Die Eislöcher in Überetsch. – 1933. – Bespr. Der Schlern, 14, 1933, 543.

Pfaundler G. v. Notizen über tirolische Bergbauten aus archivalischen Quellen. 1832–1862. (Umfaßt ganz Tirol.) – Handschr. v. J. 1864, Mus. Ferdin., W. 5581.

Pisek A., Sohm H. u. Cartellieri E. Untersuchungen über osmotischen Wert und Wassergehalt von Pflanzen und Pflanzengesellschaften der alpinen Stufe. (Mit bes. Berücksichtigung der Zwergsträucher im Winter.) – Beih. z. Bot. Zentralbl., 52, Abt. B, H. 3, Dresden 1935, 634–675, 9 Abb.

Prey A. Untersuchungen über die Isostasie in den Alpen auf Grund der Schweremessungen in Tirol. – Sber. Ak. d. Wiss. Wien, math.-natw. Kl., 121, 1912, Abt. IIa, 2467–2518, 6 Fig. – Bespr. NJb. 1914/2, 427; Beitr. z. Geophys., 13, 1913, 62.

Reschenscheideggbahn. Innsbr. Nachr., Jahr, Nr. – 1905, 140; 1908, 31, 234, 244, 247; 1909, 255; 1918, 234, 252, 259, 263; 1919, 121; 1922, 10, 150; 1924, 236, 250. Pfunds-Engadin: 1909, 78.

Rösch G. v. Geroldshausen. Der Fürstlichen Grafschaft Tyrol Lanndtreim. Von neuem geme(h)rt und gebessert. – Innsbruck 1558. – Abschriften aus d. Mitte d. 18. Jahrhunderts im Mus. Ferdin., Bibl. Tir. Dip. 919 u. 946. – S. a. Emmert, Fischnaler, Isser, Pichler, Wieser u. TB 1822, S. 92.

Roschmann A. Schema Tyrolis illustratae. – Handschr. Mus. Ferdin., T. III, P. I. De fontibus medicatis et balneis, herbis, 1737. (S. Nevinny J.)

— Collectanea historica et geographica de variis locis Tyrolensibus. 1739. – Handschr. Mus. Ferdin. Dip. (tom. 178), 919, 946 mit 1 K. v. 1724. (U. a. ü. Bergbau.)

— Iter tertium in Athesiam. – Handschr. Mus. Ferdin. Innsbr., 1740. (U. a. Bergfall von Mais-Meran.)

Schlaneid-Mölten. Schwefelbad. – Innsbr. Nachr., Nr. 15 v. 19. 1. 1905.

Schmidegg O. Neue Ergebnisse in den südl. Ötztaler Alpen. – 1933. – Bespr. NJb. 1934/2, 512.

Schmoranzer J. Zur Topographie der vor- und frühgeschichtlichen Fundstellen des Meraner Beckens. – Der Schlern, 15, 1934, 497–506, 2 Skz.

Schnalstalwerke. Innsbr. Nachr., Nr. 43 v. 23. 2. 1910.

Schönherr D. Restaurierung der alten ldfürstl. Burg in Meran. (Fußnote: Mammutknochenfund.) – Mitt. Zentralkomm. f. Kunst etc., Wien 1879, röm. 111.

Senger W. v. Summarischer Bericht über seine geogn.-mont. Bereisungen im Oberinntal und Vintschgau, 1839 (vom 12. 2. 1840) und 1840. – Handschr. Mus. Ferdin., F.B. 5014, 5015.

Sölder O. v. Topographische und geologische Rundschau über die Umgebung von Meran. – In Festschr. z. 77. Vers. D. Natforscher u. Ärzte, gew. v. Kurort Meran, 1905, 9–26, ill.

Sperges J. v. Verschiedenes von tirolischen Bergwerkssachen. (Tirolische Erzarten; Verz. von Naturaliensammlern; histor. Bergbaunotizen; Erklärung von Fachausdrücken; Marmelarten; Farben; Versteinerte Sachen; aus dem Landreim von 1558.) – Handschr. Mus. Ferdin., Dip. 745, 19 S.

— Bergwerksgeschichte. – 1765. – Verwertet u. a. illustr. Handschr. aus seiner Bibliothek: Von dem hoch- und weitberühmten Bergwerk am Falkenstein zu Schwaz in der Fürstl. Grafsch. Tirol und anderen inkorporierten Bergwerken. Erwähnt in De Luca, Staatsanzeigen von den k. k. Staaten, 1784, S. 326. (Kitzbühel, Rattenberg, Schwaz, Hall, Hötting, Klausen, Schneeberg, Meran.)

Stolz O. Die Schwaighöfe in Tirol. – 1930. – Bespr. Mitt. Geogr. Ges. Wien, 76, 1933, 247.

Streffleur V. Über die Natur und die Wirkungen der Wildbäche. – Sber. Ak. d. Wiss. Wien, math.-natw. Kl., 8, 1852, 248–261, 1 Taf.

Strele G. Die Wildbachverbauung in Südtirol. – Z. Österr. Ing.- u. Arch.-Ver., 80, 1928, 471–473.

— Grundriß der Wildbachverbauung. – Wien (Springer) 1934, 279 S., 150 Abb. – Bespr. GZ 53 A/634; Z. f. prakt. Geol., 42, 1934, 125; NJb. 1934/2, 571.

Tajani F. Il nuovo valico ferroviario dello Stelvio. – Archetipograf., Milano 1930, 104 S.

Tanci M. Per il valico ferroviario dello Stelvio. – Il Politecnico, v. 78, 1930, 751–758.

Toma R. Aspetti del problema montano e suoi riflessi sull'incremento demografico e zootecnico. – Catt. amb. d'Agricolt. di Bolzano, Trento (Tip. mut. e inv.) 1931, 41 S., 4 Taf., 9 Abb.

Trinker J. Bericht über Bereisungen in Südtirol. Tagebuch 1846. – Handschr. Mus. Ferdin., F.B. 5020. Mit Skz. u. Prof.

— Erläuternde Bemerkungen zu der am 25. Sept. 1851 in Hall den Mitgliedern des Bergm. Ver. vorgelegten Sammlung aus dem Neuschurf am Madersbacher Köpfl bei Brixlegg. (1851.) – Der Aufschluß der tieferen westlichen Reviere im Pfunderer Berg bei Klausen. (1853.) – Das Vorkommen von Kohle in den älteren Formationen der Tiroler Alpen. (1854, Gadertal u. Naif.) – Handschr. Mus. Ferdin., W. 5614.

Tscholl J. Unsere Urahnen im Vintschgau. – Der Schlern, 12, 1931, 258, 355.

Ultentalbahn. Innsbr. Nachr., Nr. 160 v. 17. 7. 1909. Gfrill: Nr. 203 v. 7. 9. 1910.

Ur- u. frühgeschichtliche Funde. Innsbr. Nachr., Nr. . . . v. . . .: Algund: 130 v. 8. 6. 1906. Mais: 117 v. 25. 5. 1903. Obermais: 97 v. 29. 4., 208 v. 13. 9. 1904. Meran: 70 v. 27. 3. 1902. Vinschgau: 208 v. 13. 9., 235 v. 14. 10. 1904; 52 v. 4. 3., 62 v. 16. 3. 1905.

Valtellinabahn. Innsbr. Nachr., Nr. 92 v. 23. 4. 1906. – S. a. Ortlerbahn.

Verniani E. L'Alto Adige. (Monografia geografica.) – L'Universo, a. 15, n. 2, 4, 5, Firenze 1934, 99–120, 274–301, 389–439, 14 Abb., 2 Taf. – Auszug: Ist. Geogr. Mil., Firenze 1934, 99 S., 37 Abb., 14 K.

Vinschgau. Innsbr. Nachr., Jahr, Nr. – Beryllfunde: 1904, 31. Latsch Petroleumquelle: 1905, 81. Verdins (Hirzer) Eisenquelle: 1905, 59.

Vinschgaubahn. Innsbr. Nachr., Jahr, Nr. – 1900, 17, 18, 27, 43, 84, 123, 189, 199 (Leitart.); 1901, 194, 218, 271, 284; 1902, 86, 130, 160, 168, 211; 1903, 22, 128, 133, 232, 286; 1904, 57, 84, 98, 100, 107, 128, 216, 221, 222, 267, 271, 283, 294; 1905, 30, 79, 100, 102, 229, 265; 1906, 57, 62, 80, 90, 105, 139 (Eröffnung), 147, 148; 1907, 47, 122, 150, 202, 221, 222, 223; 1908, 16, 19, 41, 79, 96, 125, 126, 127, 133, 198, 255; 1911, 240; 1912, 121 (Elektr.); 1917, 257; 1918, 97; 1919, 123. Vilpian-Mölten: 1902, 39. Tisens-Gargazon: 1909, 204.

Völlan. Vom -er Badl. – Der Sammler, 3, Meran 1908–1909, 212–213.

Waldbrände, größere in Tirol u. V. – Innsbr. Nachr., Jahr, Nr. – Absam: 1911, 76. Achensee: 1924, 279. Achselkopf: 1911, 111; 1913, 63; 1916, 136. Ahrnspitz: 1923, 161. Ahrntal: 1907, 134; 1913, 73. Aicha: 1910, 154. Ala: 1901, 22. Algund: 1912, 80. Amras: 1908, 98. Arco: 1905, 12; 1911, 185. Avio: 1907, 13. Barbian: 1921, 263. Berg Isel: 1908, 73. Bludenz: 1911, 66. Blumau: 1905, 83. Bondone: 1901, 286. Bozen: 1900, 240; 1903, 120; 1907, 94, 109; 1911, 60, 77, 87, 95; 1915, 174; 1917, 170, 173; 1918, 149, 228; 1923, 31. Brentagrgrp.: 1909, 177. Brixen: 1917. 175; 1918, 230. Brixlegg: 1904, 94; 1906. 78. Bruneck: 1906, 194, 230; 1907, 78; 1908, 159; 1913, 118, 138. Cavalese: 1911, 207. Cembra: 1906, 80. Cognola: 1906, 30. Cortina: 1914, 290. Eggental: 1911, 25. Eppan: 1906, 202; 1918, 49. Erpfendorf: 1911, 210. Franzensfeste: 1911, 184. Fußach: 1909, 84. Gaichtpaß: 1911, 210. Gantkofel: 1906, 199. Gargazon: 1906, 85. Glaning: 1924, 266. Glungezer: 1905, 174. Gmund a. d. Etsch: 1912, 221. Göflan: 1907, 71. Gossensaß: 1911, 190, 192. Götzis: 1908, 71. Gschnitztal: 1906, 187; 1921, 118. Halltal: 1909, 118, 126; 1923, 186. Hechenberg: 1911, 88, 89; 1912, 52; 1915, 169, 206, 284, 285; 1918, 54; 1921, 59. Hinterbärenbad: 1912, 96; 1915, 261. Hopfgarten: 1920, 86. Hötting: 1911, 241; 1920, 55. Igls: 1907, 227. Imst: 1911, 90, 92; 1917, 141 (Arzl); 1921, 183, 184. Innichen: 1911, 192. Innsbruck: 1913, 72. Berg Isel: 1908, 73. Kaltern: 1901, 20; 1905, 168; 1909, 85, 184; 1916, 379; 1918, 197; 1921, 282. Kardaun: 1909, 174; 1916, 285. Kastelruth: 1917, 224, 228. Kerschbuchhof: 1910, 59; 1912, 51. Kiens: 1911, 186. Kirchbichl: 1903, 131. Kirchdorf: 1917, 140. Kössen: 1911, 211. Kranebitten: 1911, 85; 1915, 289, 294. Krimpenbachalm: 1913, 247. Kufstein: 1909, 84; 1911, 213 (Spitzenstein); 1915, 155. Kundl: 1904, 166. Kurtatsch: 1906, 197. Labers: 1909, 27; 1924, 48. Lajen: 1923, 182. Lana: 1909, 84. Landro: 1911, 190, 192. Längenfeld: 1909, 111. Latsch: 1919, 118. Lebenberg: 1921, 297. Ledrotal: 1904, 89. Lemmenhof: 1908, 72; 1912, 52. Lienz: 1906, 280; 1909, 145; 1915, 482. Luttach: 1915, 595. Margreid: 1907, 97. Marling: 1907, 56; 1918, 46. Martinswand: 1917, 113, 116. Marzola: 1908, 36. Matrei i. O.: 1906, 234; 1918, 150. Mauls: 1913, 63. Mendel: 1918, 33. Meran: 1907, 94, 109; 1911, 204 (Mutspitz). Mezzana: 1908, 282. Mieming: 1910, 114; 1918, 230. Mittewald a. E.: 1918, 227. Montebaldo: 1904, 177; 1910, 164. Morter: 1921, 251. Mühlbach: 1907, 111. Natters: 1915, 154. Nauders: 1915, 289. Nenzing: 1911, 210. Neumarkt: 1907, 57. Obermais: 1911, 91, 186; 1913, 48. Olang: 1912, 86. Ötztal: 1910, 116. Paganella: 1907, 67. Passeier: 1923, 185. Partschins: 1918, 80. Paschberg: 1909, 87. Patsch: 1908, 158. Patscherkofel: 1920, 56. Paznaun: 1909, 125. Pendling: 1920, 277. Persen: 1911, 45. Pfunds: 1911, 92; 1913, 281. Plumeskopf: 1910, 130. Primör: 1906, 254; 1911, 212, 216. Prissian: 1918, 85. Rattenberg: 1905, 150; 1918, 101. Reutte: 1901, 96. Ried: 1909, 142; 1911, 192. Rietz: 1911, 211. Riffian: 1918, 43. Ritten: 1915, 467. Riva: 1903, 91; 1905, 10; 1913, 160; 1914, 36. Rovereto: 1901, 107; 1906, 208; 1907, 60, 71; 1911, 51; 1913, 75. Saltaus: 1907, 18. Salurn: 1910, 105. Sand i. T.: 1907, 124; 1908, 245; 1911, 28, 192; 1912, 117. St. Jakob a. Arlbg: 1911, 277. St. Jakob a. P.: 1918, 103, 107. St. Johann i. T.: 1911, 246. St. Leonhard i. P.: 1913, 59. St. Lorenzen i. P.: 1905, 168. St. Valentin a. d. H.: 1912, 142. St. Ulrich i. Gr.: 1914, 312. Sardagna: 1907, 67. Schaldererthal: 1918, 148. Schlanders: 1900, 170; 1911, 190, 192; 1915, 182. Schlandernauntal: 1913, 253. Schruns: 1911, 207. Sexten: 1911, 209. Sigmundskron: 1907, 53. Silltal: 1904, 110 (Klarerhof); 1909, 80 (Unterberg), 92 (Schlucht); 1911, 190; 1912, 53 (Schupfentunnel); 1923, 159 (Mieslkopf). Silz: 1917, 99, 104. Smarano: 1909, 191. Söll-Leukental: 1909, 84. Stanz-Terfens: 1909, 141. Sterzing: 1909, 49; 1911, 186. Taisten: 1913, 139. Tarsch: 1921, 251. Telfs: 1901, 124; 1908, 269. Terfens: 1909, 141; 1910, 76. Terlan: 1903, 206; 1906, 130. Terragnolo: 1904, 185. Thaur: 1908, 16; 1920, 62; 1921, 70. Thaurer Mure: 1911, 93, 94. Thiersee: 1913, 74. Trambellino: 1906, 204. Tratzberg: 1912, 97. Trient: 1907, 6. Ultental: 1916, 377. Vaduz: 1908, 103. Vallunga: 1907, 67. Vandans: 1911, 67. Vikartal: 1911, 242. Vilpian: 1912, 194. Vils: 1924, 257. Vintlalpe: 1921, 59. Virgl: 1907, 80; 1923, 179. Völs: 1908, 251. Wald (Vorarlbg): 1912, 65. Wattenthal: 1914, 120. Zams: 1913, 128; 1914, 418. Zieltal: 1913, 244. Zirl: 1908, 66. Zunderkopf: 1904, 87; 1923, 132. Südtirol i. allgem.: 1903, 204. Verhütung, Vorsorgen: 1913, 66; 1915, 186; 1918, 83. – S. a. Waldwirtschaft.

Wallnöfer H. Etwas über das „Schlenkerbohren" im heimatlichen Bergbau. – Der Schlern, 15, 1934, 364–366, 3 Abb.

Wieser F. Der Tiroler Landreim. (Von Georg Rösch

v. Geroldshausen, 1558.) - Arch. f. Gesch. u. Altertumskde Tirols, 5, 1869, 209-248. (Haller Salzberg 213-220, Schwaz 220-224, Kitzbühel 229-231, Min.-Geol. 241-243 usw.) - S. a. Rösch G. v., Pichler A. v., Isser M. v., Fischnaler K. u. Emmert A.

Wieser Th. Merans geschichtlicher Boden. - In: Festschr. z. 77. Vers. D. Natf. u. Ärzte, gew. v. Kurort Meran, 1905, 27-40, ill.

Wilberforce W. B. Glück auf! Ein Wort über Bergwerke und Eisenbahnen in Tirol. - Meran (Pötzelberger) 1887, 18 S.

Wildbachverbauungen in Tirol u. V. Innsbr. Nachr., Jahr, Nr. - Ahrntal (Taufers): 1904, 52; 1909, 217; 1911, 279; 1912, 156, 204; 1913, 213; 1914, 59. Alpbach (Brixlegg): 1909, 138; 1911, 276; 1912, 196; 1917, 40. Arlberg: 1905, 103; 1908, 137 (Schönbach). Avisio: 1922, 208. Bizau: 1902, 75; 1906, 211. Brixentaler Ach: 1906, 107; 1907, 183; 1910, 221. Campill: 1908, 109. Chiese: 1911, 95; 1913, 153. Dornbirner Ach-Steinebach: 1900, 256. Ehrwald: 1911, 252. Eisack: 1903, 93; 1909, 266, 268. Faggenbach: 1912, 168. Geroldsbach: 1909, 189. Glurns: 1913, 294. Gsiesertal: 1911, 110. Großache: 1903, 130, 276; 1905, 148; 1907, 290. Ill: 1912, 210; 1913, 31, 238, 262, 272, 296; 1914, 30, 54, 69, 84, 375. Imst (Brennbichl): 1911, 27. Jenbach: 1911, 3, 217; 1912, 28, 90. Kitzbühel: 1903, 167. Klösterle: 1905, 270. Lech: 1903, 1, 37, 56, 61, 96; 1905, 268; 1906, 238; 1907, 94; 1924, 279. Leno: 1902, 48. Matrei i. O.: 1908, 255; 1909, 140, 238. Matschertal: 1912, 262. Ötztal: 1906, 276; 1911, 122. Passer: 1907, 54, 189; 1910, 233, 243 (Leitart.). Pfitsch: 1907, 265. Prad: 1912, 240. Primör: 1912, 200. Punibach (Vinschgau): 1913, 274. Reutte-Wängle: 1905, 198. Rheingebiet: 1902, 140; 1922, 97. Riva (Albola): 1911, 219. Roncegno (Chiavona): 1902, 140. Rosanna: 1911, 224. Sarca: 1907, 24; 1913, 157; 1914, 152. Scesa: 1902, 224. Schlanders: 1908, 100; 1910, 291; 1912, 95. Schlick: 1908, 58. Sill: 1909, 241; 1910, 65, 67, 89. Sterzing: 1912, 15. Sulden: 1912, 125. Vorarlberg i. allgem.: 1903, 70; 1922, 97, 184; 1924, 48. Waidring (Haselbach): 1908, 112. Wildschönau: 1903, 1. Ziller: 1906, 277; 1911, 92, 94, 104, 122; 1913, 45; 1914, 21.

Wittstein G. C. Untersuchung einiger weißer Marmorarten. (Carrara und Schlanders.) - Buchners Repert., c, röm. 3, 24ff. - Bespr. NJb. 1851, 444.

Wolff C. (K.) F. Die ältesten Alpengermanen. - Deutsche Alpenztg, 26, 1931, 154-160, 185-189.

— Kultstätten der Ureinwohner im Burggrafenamt. Eine vorgeschichtliche Betrachtung. - Dolomiten, Nr. 20, Bolzano, 14. 2. 1934.

Zipser. Über das Vorkommen von körnigem Kalk in Tirol. (Sterzing-Vinschgau; Brief aus Neusohl v. 25. 12. 1818.) - Leonh. Taschenbuch, 14, 2. Abt., 1820, 595-599.

Zösmair J. Keine illyrische Urbevölkerung in Tirol und Vorarlberg. - Innsbr. Nachr., Nr. 56 v. 8. 3. u. 83 v. 12. 4. 1913.

25. Ötztaler Alpen.

Aigner A. Vorzeitformen in den ostalpinen Zentralketten. - Sieger-Festschr., Zur Geogr. d. Deutschen Alpen, Wien 1924, 22-36. - Bespr. GZ 30/1327; NJb. 1925/2, B, 154.

Baldauf F. Westtirol und sein Verkehr. - Tirolerland, 2, 1931, Nr. 6, 1-6, 22 Abb.

Beaumont A. Travels through the Rhaetian Alps in the year 1786. - London 1792, 82 S., 8 Bildtafeln.

Bergbau Ötztaler Alpen. Innsbr. Nachr., Jahr. Nr. - Hochpasseier: 1902, 73. Pitztal: 1911, 121.

Berillio. I giacimenti di - in Alto Adige. - La Provincia di Bolzano, a. 8, n. 59, Bolzano, 10 Marzo 1934. - S. a. Studi Trent. Sc. Nat., a. 15, n. 1, 1934, 55.

Blut H. Ein Beitrag zur Theorie der Reflexion und Brechung elastischer Wellen an Unstetigkeitsflächen. - Seism. Untersuchungen d. Geophys. Inst. Göttingen, V. u. Forts. VII; Z. f. Geophys., 8, 1932, 130-144, 13 Fig.; 305-322, 14 Fig. - Bespr. GZ 52 A/359.

Breithaupt A. Neues Gesetz der Zwillingskristallisation am edlen Granat aufgefunden. (Ötztal.) - Schweiggers Jb. d. Chem., 1829, 314. - Bespr. Jb. f. Min., 1, 1830, 318.

Brückner E. Das Vordringen der Gletscher im letzten Jahrzehnt. (Vortragsauszug.) - Innsbr. Nachr., Nr. 40 v. 18. 2. 1924.

Burger E. Des Ötztales Formenschatz und seine Deutung. - Diss., Wien 1931.

Burger E. W. Strittige Fragen. - 1933. - Bespr. Z. f. Geomorph., 8, 1934, 254.

Burgklehner M. Tirolischer Adler. - 1619, 3 T., 3. Abt., Kap. 6: Vom Gericht Castelbell, Tal Schnals und großen Ferner daselbst. Mus. Ferd., S. 1033-1039. (Seestau des Vernagtferners 1599-1601, erwähnt auch von Hirn J., Erzh. Maximilian der Deutschmeister, 1. Bd, Innsbruck 1915, 504.)

Cadisch J. Geologie der Schweizeralpen. - Zürich (Beer u. Co.) 1934, 383 S., 47 Fig., zahlr. Tab. - Bespr. VBA 1924, 95.

Castiglioni B. Ricerche glaciologiche. - 1930. - Bespr. Z. f. Geomorph., 8, 1934, 257.

Conci V. Rel. d. Camp. Glac. d. 1933. Alpi Venoste orientali. Alpi Breonie. Gruppo d. Marmolada. - Boll. Com. Glac. It., 14, 1934, 269-272, 284-285.

Czermak F. u. Schadler J. Vorkommen des Elementes Arsen. - 1933. - Bespr. Z. f. prakt. Geol., 42, 1934, 30; NJb. 1934/2, 229.

Dalla Torre K. v. u. Sarnthein L. Graf v. Roter Schnee in Tirol und Vorarlberg. - Innsbr. Nachr., Nr. 24 v. 29. 1. 1901. - S. Erdmann O., ebd. Nr. 19 v. 1901.

Diem K. Zur Systematik der Mineralquellen Österreichs. - Int. Minquellenztg, 34, 1933, Nr. 12, 1-6.

Dörrenhaus F. Die Natur des oberen Etschtales. - Diss. Bonn; Innsbruck (Tyrolia) 1933, 63 S., 4 Taf.

— Das deutsche Land an der Etsch. - 1933. - Bespr. Tir. Heimatbl., 12, 1934, 40; Mitt. DÖAV, 1935, 78.

Dünner H. Zur Geologie des Tauernwestendes am Brenner. (Diss.) - Winterthur 1934, 134 S., mehr. Prof., K. 1:50000.

Ekhart E. Neuere Untersuchungen zur Aerologie der Talwinde: Die periodischen Tageswinde in einem Quertale der Alpen (Pilotierungen im Ötztal). - Beitr. z. Phys. d. freien Atmosph., 21, 1934, 245-268, 16 Fig.

— Über einige Gletscherwindmessungen in den Ötztaler Alpen. - Z. f. Glkde, 22, 1935, 217-222, 4 Fig.

Erdbeben. Arlberg-Inntal-Linie. Innsbr. Nachr., Jahr, Nr. - Achensee: 1904, 59. Achental: 1918, 289. Baumkirchen: 1912, 37. Brixental: 1921,

245, 248. Brixlegg: 1902, 105; 1908, 263. Ehrwald: 1910, 211; 1913, 166, 171; 1914, 3. Falterschein: 1910, 80. Fritzens: 1907, 262. Gaschurn: 1906, 72. Hall: 1901, 253; 1904, 235; 1917, 39. Imst: 1910, 252; 1911, 149. Innsbruck: 1902, 65, 66; 1905, 295; 1911, 163–165, 167; 1912, 107–109, 275; 1913, 49, 50, 114, 232, 244; 1915, 10; 1916, 331, 379; 1917, 23; 1920, 215, 243; 1923, 37; 1924, 72. Inntal: 1903, 288, 289; 1905, 45–47, 49, 52; 1907, 298; 1914, 233; 1917, 17, 18. Kaisergebirge: 1918, 264. Kramsach-Rattenberg: 1913, 255; 1921, 19. Kufstein: 1915, 417. Landeck: 1915, 30. Lechtal: 1917, 267; 1918, 258; 1924, 286. Lermoos: 1908, 27; 1910, 210. Mieming: 1910, 218; 1911, 207; 1914, 409. Montafon: 1905, 295. Mühlau: 1907, 95. Nassereith: 1911, 17. Nauders: 1901, 252; 1917, 285; 1919, 2. Ötz: 1912, 46; 1914, 373. Paznaun: 1906, 27. Ranggen: 1904, 242. St. Anton: 1905, 209, 213; 1911, 94. St. Gallenkirch: 1906, 66; 1910, 167. Silz: 1911, 105, Sistrans: 1908, 150. Stams: 1908, 29, 63, 140. Telfs: 1903, 35; 1910, 210, 218; 1911, 105. Umhausen: 1907, 173. Volders: 1907, 10. Völs: 1904, 18. Wiesen i. Pitztal: 1907, 225. Zams-Landeck-Prutz-Schönwies-Imst: 1908, 247. Zams: 1915, 486. Ganz Tirol: 1902, 139, 141; 1904, 58; 1909, 10, 11. Ganz Nordtirol: 1910, 156–159; 1911, 266, 267; 1914, 400.

Escher v. d. L. A. Beiträge zur Kenntnis der Tiroler und Bayerischen Alpen. – NJb. 1845, 536–561, 1 Taf.

Etschmann F. Die Eiszeit in Nordtirol. – Tir. Anzger, Nr. 28 v. 2. 2. 1935.

Finsterwalder S. M. Lagallys „Mechanik und Thermodynamik des stationären Gletschers". – Z. f. Glkde, 22, 1935, 297–302.

Gadriabach. Die alte Wasserordnung für den – im Vinschgau. – Der Sammler, 1, Meran 1906–1907, H. 2, 13–15.

Gemböck H. Über den Andalusit von Montavon in Vorarlberg. – NJb. 1898/2, 89–98, 1 Taf.

[**Götsch G.**] (**G. G.**) Das Leben der Gletscher. (U. a. Ausbruch des Vernagtferners.) – TB 1855, 733.

Götsch G. Über den Schnalser Gletscher. (Theorie der Gletscherbewegung. Brief an Haidinger.) – 1855. – Bespr. Mitt. Geogr. Ges. Wien, 1857, 44. Erwähnung: Innsbr. Nachr., 1855, 412.

— (**G. G.**) Die Gletscher. – Tiroler Stimmen, 1862, 829–831, 1057–1058.

— Über das Entstehen, Wachsen und Zurückgehen der Gletscher. – Der Tourist (herausgeg. v. G. Jäger), 4, Wien 1872, 85–88.

Gripp K. u. **Simon W. G.** Experimente zum Brodelbodenproblem. – Zbl. f. Min., 1933, Abt. B, 433–440, 2 Abb. – Bespr. NJb. 1934/3, 231.

— — Nochmals zum Problem des Brodelbodens. – Zbl. f. Min., Abt. B, 1934, 283–286. – Bespr. GZ 53 A/1179.

— — Die experimentelle Darstellung des Brodelbodens. – Naturwiss., 22, 1934, 8. – Bespr. NJb. 1934/2, 601.

Hammer W. Die Erforschung der Bodenschätze Tirols. (Geol. Karten.) – Innsbr. Nachr., Nr. 115 v. 20. 5. 1919.

Hanke H. Tiroler Hochgebirgsforschung im 18. Jahrhundert. (Walcher, Nachr. v. d. Eisbergen i. T., 1773.) – Tir. Anzg., Nr. 259 v. 10. 11. 1934, 25–26.

Heberdey R. Die Bedeutung der Eiszeit für die Fauna der Alpen. – 1933. – Bespr. GZ 4 B/1333, 52 A/223.

Hess H. Fortsetzung der Ötztaler Straße bis Vent. – Innsbr. Nachr., Nr. 95 v. 25. 4. 1908.

— Gletscherstudien im obersten Ötztal. – Unterrichtsbl. f. Math. u. Naturwiss., 1934, Nr. 5.

Hintereisferner. Bohrungen am –. – Innsbr. Nachr., Nr. 213 v. 17. 9. 1902.

Hochjochferner. Gletscherhöhle am –. – Innsbr. Nachr., Nr. 184 v. 13. 8. 1907.

Innerebner K. Der Rofner Eissee im Ötztale. – Neueste Ztg, Nr. 41 v. 17. 2. 1935, 5–6, 1 Skz., 1 Abb.

Karpe F. C. Übersicht der Heilquellen von Tirol und Vorarlberg im Jahre 1828. – TB 1830, 248, 252, 256, 260.

Kienow S. Zur Mechanik der Gletscher- und der Krustenbewegungen. Kritische Besprechung von drei neuen Arbeiten aus den „Ergebnissen der kosmischen Physik", 1933. – GR 25, 1934, 422–437, 7 Abb. (U. a. Lagally, Mechanik u. Thermodynamik des stationären Gletschers.)

Klebelsberg R. v. Der Sommer 1911 und die Gletscher. – Abdr. aus Mitt. DÖAV, 1912 in Innsbr. Nachr., Nr. 71 v. 28. 3. 1912.

— O. Ampferer, W. Hammer. Zum 25jährigen Doktorjubiläum der beiden hervorragenden Tiroler Alpengeologen. – Innsbr. Nachr., Nr. 164 v. 19. 7. 1924.

— Grundzüge der Geologie Tirols. – 1933. – Bespr. Mitt. DÖAV, 1934, 147; PetMitt., 1934, 317; Geogr. Z., 40, 1934, 271.

— Ostalpengletscher 1933. Berichte über die Gletschermessungen und -beobachtungen des Deutschen und Österreichischen Alpenvereins in den Ostalpen im Jahre 1933. – Z. f. Glkde, 22, 1935, 179–180.

— Die Ostalpengletscher im Sommer 1934. Gletscherbeobachtungen des DÖAV. – Mitt. DÖAV, 1935, 60–63.

— Geologie von Tirol. – Berlin (Borntraeger) 1935, 748 S. u. 4 Verz., K. 1:500000, 3 Skzen, 11 Blgen.

Klingler F. Tagebuch der geogn.-mont. Bereisung des Kreises Oberinntal i. J. 1842. Mit Skzen. – Handschr. Mus. Ferdin., F.B. 5018.

Kossinna E., Klemm E., Dimmler R., Schuch E. Der Glockturmkamm. – Z. DÖAV, 1934, 88–106, 6 Taf., geol. K. nach W. Hammer.

Krapf Ph. Der Wasserbau in Tirol. Darstellung der Verhältnisse und Aufgaben auf dem Gebiete des Wasserbaues in Tirol (Gewässerregulierungen, Meliorationen und Wildbachverbauungen). – Herausgeg. v. Tiroler Ldsausschuß, Innsbruck 1910, 335 S., 1 K.

Kuen J. u. **B.** Über die Ausbrüche der Ferner und Wildbäche im Ötztale von 1600 bis 1715. – Mitget. im TB 1844, S. 152, 156, 160, 164, 168, 172.

Lagally M. Die Zähigkeit des Gletschereises und die Tiefe der Gletscher. – Z. f. Glkde, 18, 1930, 1–8. – Bespr. NJb. 1930/2, 719.

— Mechanik und Thermodynamik. – 1934. – Bespr. PetMitt., 80, 1934, 236; 81, 1935, 34; NJb. 1934/2, 595; GR 25, 1934, 423; GZ 53 A/1547; Z. f. angew. Math. u. Mech., 14, H. 6, 1934, 381; Z. f. Glkde, 22, 1935, 297.

Leutelt R. Gletschermessungen Kauner Tal und Pitztal (Ötztaler Alpen) 1933. – Z. f. Glkde, 22, 1935, 185.

Leutelt-Kipke S. Ein Beitrag zur Kenntnis der hydrographischen und hydrochemischen Verhältnisse einiger Tiroler Hoch- und Mittelgebirgsseen. – Arch. f. Hydrobiol., 27/2, 1934, 286–352, 3 Taf., 2 Text- u. 2 Tabellenbeilagen.

Liebener L. Über Cyanit-Pseudomorphosen aus dem Langtauferertale. (Mitget. v. F. Foetterle.) – JbRA 1850, 350.

Lun L. (= **A.**) La diffusione dell'ametista nella Provincia di Bolzano. - Riv. d. Venez. Trid., a. 15, 1933, n. 11/12, m. Abb.

Meraner Lokalbahnen. Innsbr. Nachr., Jahr, Nr. - Gampenjoch: 1908, 64 (Leitart.). Hafling: 1920, 247. Jocherbahn: 1909, 30, 41. Küchelberg: 1908, 87; 1910, 232; 1914, 70. Lana: 1905, 51, 92, 130; 1906, 24, 41, 56, 180, 184, 209; 1908, 243; 1910, 31, 167; 1913, 292. Naif: 1912, 258. Passeier-Jaufen: 1906, 273, 290; 1907, 268; 1910, 291; 1911, 5; 1912, 57; 1913, 179; 1914, 3, 349. Segenbühel: 1907, 279. Vigiljoch: 1909, 63; 1910, 93; 1911, 98, 252; 1912, 199.

Meusburger K. Unsere Gletscher. - Kassiankalender 1935, 233, Brixen (A. Weger) 1934, 116-127, 3 Abb.

Michaeler K. Versuch über die einstige Gestalt und Bevölkerung Tirols. - 1. Teil, Wien 1783, 792-794. (U. a. Bergbau Stanzer Tal, Seefeld, Thaur, Häring, Schneeberg; Torf Villanderer Alpe; Min. u. nutzb. Gest. Waldrast, Patscherkofel; Gletscher u. a. m.)

Mònterin U. Le variazioni per. d. Ghiac. It. 1932. - 1933. - Bespr. Z. f. Glkde, 22, 1935, 329.

— Le variazioni periodiche dei Ghiacciai Italiani 1933. - Boll. Com. Glac. It., 14, 1934, 17-38, 7 Fig.; Riv. mens. CAI, 1935, 66-78, 6 Abb. - Bespr. Z. f. Glkde, 22, 1935, 329.

Morandini G. Considerazioni generali sulla distribuzione dei laghi nella Venezia Tridentina. - Boll. di Pesca, di Piscicolt. e di Idrobiol., a. 9, f. 1, Roma 1933, 15-101. - Bespr. Boll. Soc. Geogr. It., 1934, 241.

Mothes H. Zu den Bemerkungen von W. C. Salm über die Arbeit von H. Mothes über die Bestimmung der Eisdicke am Hintereisferner. - Gerl. Beitr. z. Geophys., Ergh. f. angew. Geophys., 3, 1933, 2, 211-216.

Müllner J. Die Seen am Reschenscheidegg. - 1899. - Bespr. Meteorol. Z., 36 (18), 1901, 95.

Murbrüche, größere in Tirol u. V. Innsbr. Nachr., Jahr, Nr. - Absam: 1908, 59. Ahrntal (St. Peter): 1910, 147. Antholzertal: 1904, 191. Bezau: 1911, 119. Bruck a. Z.: 1907, 82. Darzo (Judik.): 1900, 225. Ehrwald: 1911, 191. Frastanz: 1907, 112. Götzens: 1908, 131, 137. Gschnitztal: 1921, 175. Haiming: 1916, 9. Hatting: 1918, 333. Hötting: 1907, 82. Imst: 1922, 162. Kastelbell: 1908, 120. Längenfeld: 1919, 142. Leno-Terragnolo: 1907, 233. Lienz: 1917, 110, 112. Navis: 1912, 14, 186. Neustift bei Br.: 1912, 35. Ötztal: 1900, 144; 1901, 151; 1903, 48. Paznaun: 1906, 122; 1914, 213. Pettneu: 1917, 185. Pfunderstal: 1917, 108. Plansee: 1904, 122. Pustertal: 1917, 106. Reintal (Wetterst.): 1904, 35. Sand i. T.: 1905, 154, 196. St. Jakob i. Defr.: 1917, 107. St. Lorenzen i. P.: 1910, 153. St. Ulrich i. Gr.: 1911, 275. Schlanders: 1900, 191; 1910, 179; 1920, 173. Schluderns: 1907, 108. Schmirntal: 1905, 153. Silz: 1916, 310, 311. Stanzertal: 1907, 147. Sterzing: 1917, 118. Stilfserjoch: 1911, 271. Taisten i. Pustert.: 1911, 206. Tauferertal: 1904, 141, 170;. 1910, 126. Uttenheim: 1920, 180. Wildschönau: 1907, 108. Zillertal: 1907, 106, 112; 1908, 174; 1910, 111. - S. a. Felsstürze u. Straßenverschüttungen.

Ötztaler Gletscher. Vor einer Periode des Gletschervorstoßes. - Innsbr. Nachr. (Abendbl.), Nr. 169 v. 4. 9. 1918.

Ötztaler Wasserkräfte. Ausnutzung für Arlbergbahn. - Innsbr. Nachr., Nr. 230 v. 8. 10. 1904.

Passeiertal. Mineralfund: Albit und Axinit. - Innsbr. Nachr., Nr. 10 v. 14. 1. 1903.

Pisek A., Sohm H. u. **Cartellieri E.** Untersuchungen über osmotischen Wert und Wassergehalt von Pflanzen und Pflanzengesellschaften der alpinen Stufe. (Mit bes. Berücksichtigung der Zwergsträucher im Winter.) - Beih. z. Bot. Zentralbl., 52, Abt. B, H. 3, Dresden 1935, 634-675, 9 Abb.

Poser H. Beiträge zur Kenntnis der arktischen Bodenformen. - GR 22, 1931, 200-231, 18 Abb. - Bespr. NJb. 1934/2, 598.

— Das Problem des Strukturbodens. - 1933. - Bespr. GZ 52 A/1959; NJb. 1934/2, 599.

— Bemerkungen zum Strukturbodenproblem. - Zbl. f. Min., Abt. B, 1934, 39-45. - Bespr. Ebd. 283. (S. a. ebd. 45, Mortensen.); GZ 52 A/1957; NJb. 1934/3, 242.

Prey A. Untersuchungen über die Isostasie in den Alpen auf Grund der Schweremessungen in Tirol. - Sber. Ak. d. Wiss. Wien, math.-natw. Kl., 121, 1912, Abt. IIa, 2467-2518, 6 Fig. - Bespr. NJb. 1914/2, 427; Beitr. z. Geophys., 13, 1913, 62.

Reithofer O. Neue Untersuchungen über das Gebiet von Köfels im Ötztal. - 1932. - Bespr. NJb. 1934/3, 866.

Reschenscheideggbahn. Innsbr. Nachr., Jahr, Nr. - 1905, 140; 1908, 31, 234, 244, 247; 1909, 255; 1918, 234, 252, 259, 263; 1919, 121; 1922, 10, 150; 1924, 236, 250. Pfunds-Engadin: 1909, 78.

Ricci L. Rel. d. Camp. Glac. d. 1933. Alpi Venoste occidentali. Gruppo di Brenta. - Boll. Com. Glac. It., 14, 1934, 266-268, 1 Tab.; 272-274, 1 Tab.

Roschmann A. Collectanea historica et geographica de variis locis Tyrolensibus. 1739. - Handschr. Mus. Ferdin. Dip. (tom. 178), 919, 946 mit 1 K. v. 1724. (U. a. über Bergbau.)

Sander B. Fortschritte der Gefügekunde der Gesteine. Anwendungen, Ergebnisse, Kritik. - Fortschr. d. Min., Krist. u. Petr., 18, 1934, 111-170. - Bespr. NJb. 1934/2, 859.

Sander K. Tagebuch der geognost.-mont. Bereisung eines Teiles des Oberinntaler Kreises i. J. 1840, 1841. (Silvretta, Ötztal., Stubaier und Lechtaler Alpen, Mieminger und Karwendel.) - Handschr. Mus. Ferdin., F.B. 5016, 5017, m. Skz.

Schatz H. Nachmessungen am Hintereis- und Vernagtferner (Ötztaler Alpen) im Sommer 1933. - Z. f. Glkde, 22, 1935, 186-192, 1 Abb., 1 Proftaf.

Schlagintweit A. Bemerkungen über die Wirkungen der Erosion in den Alpen. - Aus: Untersuchgen ü. d. phys. Geogr. d. Alpen, v. H. u. A. Schl., Leipzig (Barth) 1850. - NJb. 1851, 292-308.

— Untersuchungen über die Talbildung und die Form der Gebirgszüge in den Alpen. - 1851. - Auszug: NJb. 1853, 70-71.

Schmidegg O. Neue Ergebnisse in den südl. Ötztaler Alpen. - 1933. - Bespr. NJb. 1934/2, 512.

Schreckenthal-Schimitschek G. v. Klima, Boden- u. Holzarten. - 1933. - Bespr. PetMitt., 1934, 317.

Schwinner R. Die älteren Baupläne. - 1929. - Bespr. NJb. 1933/2, 16.

Seefeldner E. Zur Altersfrage der Abtragungsflächen. - 1933. - Bespr. Z. f. Geomorph., 8, 1934, 204; GZ 53 A/81; Mitt Geol. Ges. Wien, 26, Wien 1934, 226; Boll. Soc. Geogr. It., 1934, 75.

Sieber F. W. Vom roten Schnee. - TB 1821, 188, 192.

Sölch J. Fluß- und Eiswerk in den Alpen zwischen Ötztal und St. Gotthard. 1. T. - PetMitt., Ergh. Nr. 219, Gotha 1935, 143 S., 31 Abb.

Sölder O. v. Topographische und geologische Rundschau über die Umgebung von Meran. - In Festschr. z. 77. Vers. D. Natf. u. Ärzte, gew. v. Kurort Meran, 1905, 9-26, ill.

Srbik R. R. v. Gletschermessungen Ötztaler Alpen 1933. - Z. f. Glkde, 22, 1935, 192–197.
— Der Stausee des Schalfferners (Ötztaler Alpen). - Z. f. Glkde, 22, 1935, 214–217, 3 Abb.
Steche H. Beiträge zur Frage der Strukturböden. - Ber. Verh. Sächs. Akad. d. Wiss., 85, Leipzig 1933, 193–272, 39 Abb. - Bespr. GZ 53 A/1176; NJb. 1935/2, 61; GR 26, 1935, 132.
Steinböck O. Die Tierwelt der Gletschergewässer. - Z. DÖAV, 1934, 263–275, 4 Taf., 10 Fig.
Stiny J. Geologie und Bauen im Hochgebirge. - Geol. u. Bauwesen, 6, 1934, H. 1, 24–30; H. 2, 33–65, 14 Abb. - Bespr. GZ 53 A/635; NJb. 1935/2, 100.
Stolz O. Die Schwaighöfe in Tirol. - 1930. - Bespr. Mitt. Geogr. Ges. Wien, 76, 1933, 247.
Stotter M. Die Gletscher des Vernagttales in Tirol und ihre Geschichte. - 1846. - Auszug: NJb. 1847, 79–86.
— Bewegungen des Vernagtferners und des Suldenferners. Mineralogisches aus Tirol. (Schwaz, Rattenberg, Pfitsch. - Schreiben aus Innsbruck v. 12. 9. 1846.) - NJb. 1847, 34–36.
— Geognostisches Tagebuch. (Ötztal, Brenner, Pfitsch-, Eisack- u. Ahrntal.) - Handschr. Mus. Ferdin., W. 2512.
Straßenbauten u. -projekte in Tirol u. V. (Auswahl.) Innsbr. Nachr., Jahr, Nr. - Allgemeines: 1901, 292 (Südtirol); 1908, 171, 188 (Leitart.), 228, 257, 258 (Landtag); 1909, 86 (Progr.); 1912, 25 (Statistik); 1914, 149 (Progr.); 1922, 27 (Landtag). Afers: 1911, 206. Alpbach: 1911, 29. Amthorspitze: 1908, 218. Andalo: 1907, 296. Bayer. Grenze: 1912, 54. Bezau-Schröcken: 1912, 146. Blumau-Völs-Tiers-Karersee: 1910, 219. Brandenberg: 1911, 165. Brentonico: 1909, 219; 1910, 111; 1911, 268. Cereda-Paß (Primiero-Agordo): 1909, 262. Dolomitenstraße: 1904, 123, 194; 1905, 158, 298; 1908, 47; 1909, 112 (Ital.), 208 (Eröffng); 1911, 135; 1912, 86, 115. Drò-Cavedine: 1911, 36. Eiberg: 1909, 186, 251; 1910, 119; 1912, 249; 1913, 137, 148 (Eröffng); 1914, 103. Enneberg: 1901, 244; 1906, 266; 1909, 96, 285; 1911, 95, 155. Falzarego: 1901, 113, 122, 234; 1904, 53, 115; 1908, 31. Fersental: 1910, 14 (Leitart.); 1912, 76. Fleimstal: 1902, 188; 1909, 214; 1910, 148; 1912, 76; 1913, 75. Flexenstraße: 1904, 33, 214, 240; 1905, 276; 1909, 218, 228. Friccastraße: 1911, 208. Gaichtpaß (Lecht. A.): 1911, 267; 1912, 171, 290. Gampenstraße: 1903, 1, 33, 265, 267; 1907, 147; 1913, 21, 49, 169; 1914, 151. Gerlos: 1903, 96, 151; 1906, 229; 1908, 42 (Krimml), 45; 1907, 150; 1912, 98; 1913, 145, 152; 1914, 99; 1922, 218. Grödnertal: 1909, 211. Gschnitztal: 1908, 219, 222; 1911, 123; 1913, 193. Gurgl: 1915, 98. Hall-Rinn-Tulfes: 1910, 6; 1924, 246. Hintertux: 1909, 119; 1913, 72. Hochfinstermünz: 1900, 205; 1904, 51. Igls-Heiligwasser: 1912, 249. Innsbrucker Höhenstraße: 1909, 12, 18, 31; 1910, 183, 194; 1911, 87, 265 (Unterinntal). Iseltal: 1901, 224, 262; 1906, 232 (s. a. Kals). Jaufen: 1901, 209, 210; 1902, 89, 182, 250; 1903, 98, 157; 1904, 151, 265; 1907, 23, 73; 1908, 92; 1910, 173; 1912, 126, 135 (Eröffng). Kals: 1901, 294; 1906, 232; 1911, 43, 65, 235, 285; 1912, 238. Kaltern: 1903, 21; 1905, 280, 284; 1906, 134. Karersee: 1910, 219. Kastelruth-St. Ulrich: 1900, 263; 1901, 184. Kaunertal: 1909, 177. Kössen-Klobenstein: 1913, 219. Krimml: 1908, 42, 45. Kufstein-Landl-Bayr. Zell: 1910, 13. Kundl-Wildschönau: 1911, 198. Laimtal: 1911, 298; 1912, 38. Lana-Fondo: 1910, 111. Landeck-Grins: 1906, 51. Latzfons: 1907, 290. Lavis-Grumes: 1908, 50. Ledrotal: 1910, 205; 1911, 16; 1912, 47. Mals-Matsch: 1912, 166, 182. Martelltal: 1910, 265; 1911, 159. Mayrhofen-Hintertux: 1909, 119. Mittenwald-Leutasch-Seefeld: 1913, 169. Montafon: 1902, 194. Montiggl: 1907, 229. Mori-Brentonico: 1909, 219; 1910, 111; 1911, 268. Mühlwald i. Taufers: 1912, 231. Münstertal: 1904, 235. Ötztal: 1900, 144, 239; 1901, 237; 1908, 95 (Leitart.); 1912, 121; 1915, 98. Passeiertal: 1901, 162; 1902, 173; 1905, 81, 93; 1911, 259; 1912, 99. Patscherkofel: 1912, 79. Persen: 1911, 206; 1912, 161 (Palù). Pfitscherjoch: 1912, 16. Pfunds-Grenze: 1900, 205; 1904, 51; 1913, 59, 100. Pillerseetal: 1909, 76. Pitztal: 1910, 91; 1913, 143, 237; 1914, 32; 1915, 98, 349, 549, 602; 1919, 91, 131, 206; 1920, 31; 1921, 256. Pordoijoch: 1902, 203; 1904, 115; 1905, 227. Riva: 1904, 243 (Judikar.); 1909, 219 (Ballino), 233 (Arche); 1912, 178 (Mezolomb.). Ritten: 1904, 163. Rosengarten: 1912, 139. Samnaun: 1913, 128. Schoppernau: 1909, 265; 1916, 193. Seiseralm: 1914, 108. Sölden-Zwieselstein: 1912, 121. Spormaggiore-Cavedago: 1910, 232. Sterzing-Gasteig: 1911, 95. Stilfserjoch: 1912, 87. Sulden: 1906, 70. Taufererta1: 1907, 137; 1908, 101; 1911, 255; 1912, 231. Terragnolotal: 1906, 151, 268; 1907, 21; 1909, 236; 1913, 39. Thiersee: 1910, 197; 1911, 96, 221, 253; 1912, 172, 203, 281; 1913, 158, 166; 1914, 76, 82; 1915, 203, 319, 534. Paß Thurn: 1920, 233. Tilliach: 1908, 175; 1910, 176; 1911, 23, 76. Timmeljoch: 1908, 47, 77; 1912, 76, 79. Tuxer Joch: 1912, 16. Tuxer Tal: 1913, 72. Ultental: 1901, 168, 206; 1902, 228, 231, 244, 257; 1906, 286; 1907, 125, 159, 261; 1908, 70, 165, 213, 230. Umbrail: 1911, 236. Vallarsa: 1908, 79, 286. Vent: 1908, 95; 1915, 98. Vigolo-Vattaro: 1912, 104. Walsertal: 1908, 264. Wildschönau: 1911, 198. Zwieselstein: 1908, 95; 1912, 121; 1915, 98.
Strele G. Grundriß der Wildbachverbauung. - Wien (Springer) 1934, 279 S., 150 Abb. - Bespr. GZ 53 A/634; Z. f. prakt. Geol., 42, 1934, 125; NJb. 1934/2, 571.
Suess F. E. Vergleichende Orogenstudien. (Vorläufiger Bericht.) - Anzg. Ak. d. Wiss. Wien, math.-natw. Kl., 71, 1934, 223–232.
Tiroler Straßennetz. (R. H. S.) Zum geplanten Ausbau des -es. - Neueste Zeitg, Nr. 189 v. 23. 12. 1934, S. 8, 1 Skz.
Trientl A. Über einige Grenzen der alten Gletscher im Ötztale, insbesondere in Gurgl. - Handschr. Mus. Ferdin., 4344.
Vernagtferner. (Pr.) Der Eissee im Venter Tal. - Ötztaler Bergbote, 35, 1933, 122–124, m. Skz.
Vernagtgletscher. Vom -. (Vorstoß 1845.) - Innsbr. Nachr., Nr. 243 v. 23. 10. 1900.
Verniani E. L'Alto Adige. (Monografia geografica.) - L'Universo, 15, Firenze 1934, 99–120, 274–301, 389–439, 14 Abb., 2 Taf. - Auszug: Ist. Geogr. Mil., Firenze 1934, 99 S., 37 Abb., 14 K.
Wenk E. Der Gneiszug Pra Putèr-Nauders im Unterengadin und das Verhältnis der Umbraildecke zur Silvretta-Ötztaldecke. - EgH 27, 1934, 135–146, 1 Fig.
Wieseneder H. Zur Kenntnis der alpinen Eklogite. (Vortr.) - Z. f. Krist., Abt. B, Min. u. Petr. Mitt., 45, 1934, 469–471.
— Beiträge zur Kenntnis der ostalpinen Eklogite. - Min. u. Petr. Mitt., 46, 1934, 174–211, 7 Fig.
Winz H. Kulturgeographie Oberinntal. - 1933. - Bespr. Z. Ges. f. Erdkde Berlin, 1934, 382.

Zaglio P. La frontiera italo-austriaca. I. Dal Piz Lat alla Vetta d'Italia. II. Dalla Vetta d'Italia a Monte Forno. – Manualetti di tecnica e di cultura militare. Lungo i confini della Patria, fasc. 9–10. Roma (Ist. Pol. d. St.) 1933, 44 u. 40 S.

Zehenter J. Chemische Untersuchung der Schwefelquelle zu Längenfeld im Ötztal. – Progr. Oberrealsch. Innsbruck, 1890/91, 48–51. (Analyse.)

Zipser. Über das Vorkommen von körnigem Kalk in Tirol. (Sterzing–Vinschgau; Brief aus Neusohl v. 25. 12. 1818.) – Leonh. Taschenbuch, 14, 2. Abt., 1820, 595–599.

Zsigmondy E. u. **Paulcke W.** Die Gefahren der Alpen. – 9. verb. Aufl. München (Bergverl. R. Rother) 1933; 472 S., 74 Abb., 13 Vollbilder. – Bespr. Mitt. DÖAV, 1933, 279.

26. Stubaier Alpen.

Aigner A. Vorzeitformen in den ostalpinen Zentralketten. – Sieger-Festschr., Zur Geogr. d. Deutschen Alpen, Wien 1924, 22–36. – Bespr. GZ 30/1327; NJb. 1925/2, B, 154.

Anderle C. Landeskunde des Stubai. – Diss., Wien 1931.

Andreatta C. Disposizione dei microliti micacei in plagioclasi di rocce intrusive. (Analisi stutturali di rocce, IV.) – Per. di Min., 5, n. 3, Roma 1934, 19 S., 2 Taf.

Balling C. Die Montanindustrie in Tirol. – Techniker, Wien 1872, u. ebd. (Gronegger) 1872, 31 S. – Bespr. VRA 1873, 100.

Beaumont A. Travels through the Rhaetian Alps in the year 1786. – London 1792, 82 S., 8 Bildtafeln.

Bergbau Brennergebiet. Innsbr. Nachr., Jahr, Nr. – Arztal: 1924, 195. Brenner: 1907, 248. Habicht: 1924, 279, 291. Schlick: 1921, 214. Sterzing: 1906, 9; 1910, 222.

Bergbau Oberinntal. Innsbr. Nachr., Jahr, Nr. – Imst: 1917, 96. Imsterberg: 1921, 246. Kranebitten (Schotterwerk): 1921, 218. Mieming (Ölschiefer): 1906, 170, 179. Tschirgant: 1912, 125; 1914, 54; 1915, 515, 541; 1919, 169.

Bergwerke u. Schürfe. Verzeichnis der – und des Personals. 1788. (Nordtirol.) – Handschr. Mus. Ferdin., Dip. 1190, f. 90–99, 103. – S. ebd. Statistische Notizen aus den Gerichten Stubai, Matrei u. Steinach v. J. 1791. (Nutzbare Gesteine u. Eisenindustrie.)

Brandes. Über Andalusit von Lüsens in Tirol. – In: Schweigger, Journ. f. Chem., 25, 113ff. – Bespr. Leonh. Taschenbuch, 15, 2. Abt., 1821, 491. Beschreibg v. Zipser, ebd., 3. Abt., 1821, 726.

Breitschedl W. Die Schmiede von Fulpmes. – Deutsche Alpenztg, 28, 1933, 261 264, m. Abb.

Burger E. W. Strittige Fragen. – 1933. – Bespr. Z. f. Geomorph., 8, 1934, 254.

Castiglioni B. Ricerche glaciologiche. – 1930. – Bespr. Z. f. Geomorph., 8, 1934, 257.

Clar E. u. **Friedrich O.** Über einige Zusammenhänge zwischen Vererzung und Metam. – 1933. – Bespr. GZ 52 A/1104; NJb. 1934/2, 326.

Conci V. Rel. d. Camp. Glac. d. 1933. Alpi Venoste orientali. Alpi Breonie. Gruppo d. Marmolada. – Boll. Com. Glac. It., 14, 1934, 269–272, 284–285.

Czermak F. u. **Schadler J.** Vorkommen des Elementes Arsen. – 1933. – Bespr. Z. f. prakt. Geol., 42, 1934, 30; NJb. 1934/2, 229.

Dörrenhaus F. Das deutsche Land an der Etsch. – 1933. – Bespr. Tir. Heimatbl., 12, 1934, 40; Mitt. DÖAV, 1935, 78.

Dünner H. Zur Geologie des Tauernwestendes am Brenner. (Diss.) – Winterthur 1934, 134 S., mehr. Prof., K. 1:50000.

Emmert A. Der Fürstlichen Grafschaft Tirol Landreim. (Von Georg Rösch von Geroldshausen.) – Abdruck: Almanach f. Gesch., Kunst u. Lit., 1, Innsbruck (Wagner) 1836, 44–75. – S. a. Fischnaler K., Isser M. v., Pichler A. v., Rösch G. v. u. Wieser F.

Fallon L. A. Trigonometrische Höhebestimmungen der bekannten Berge um Innsbruck. (Aus einem Schreiben.) – Abdr. aus Alpina, Winterthur 1807, 2. Bd, 394ff. im Sammler f. Gesch. u. Stat. etc., 3, 1808, 224–227 unter: Höhebestimmungen einiger tirolischer Berge und Ortschaften, 1.

Fischnaler K. Georg Rösch von Geroldshausen: Tiroler Landreim und Wunschspruch... Zwei tirolische Gedichte des 16. Jahrhunderts. Mit dem Lebensbilde des Verfassers, geschichtl. und sachlichen Erläuterungen herausgegeben. – Innsbruck (Wagner) 1898, 36 S. (Biogr. 1–18, Begleitwort z. Landreim 21–26, z. Wunschspruch 29–36. Abdruck beider Gedichte.) – S. a. Emmert, Isser, Pichler, Rösch u. Wieser.

Frank M. Zur Bildungsgeschichte der oberen Trias am Nordrand der Kalkalpen zwischen Oberstdorf und Schliersee. – GR 25, 1934, 98–110, 4 Abb. – Bespr. GZ 53 A/1861.

Gehlen A. F. Analyse des Prehnits aus dem Fassatal und von Ratschinges. – Journ. f. Chem. u. Phys., 3, 182ff. – Bespr. Leonh. Taschenbuch, 7, 1. Abt., 1813, 242. – S. a. Leonhard.

Gemböck H. Über alpinen Cordierit-Pinit. (Stubaier Alpen.) – Z. f. Krist., 29, 1898, 305–332, 1 Taf.

— Über den Andalusit von Montavon in Vorarlberg. – NJb. 1898/2, 89–98, 1 Taf.

Gerstner K. v. Abhandlung von dem Selrainer Gesundbrunnen. – Innsbruck (Wagner) 1769, 32 S.

— Analysis aquae balneae montis Selrain. – Oenipontanae 1775.

Gries i. Sellrain. Bergsturz im Juli 1821. – TB 1821, S. 292.

Hauy R. J. Bemerkungen über einige, vorzüglich auch über tirolische Mineralien, mit Anmerkungen von Hofrat Hardt in Bamberg. (Paris, 16. 11. 1812. – Strahlstein Zillertal, Andalusit Lüsens, Pyroxen Grödnertal, Bitterspat Hall, Eisenblüte Leogang, Ichthyophthalmit [Apophyllit] und Grossular Fassatal, Min. Pfitschtal.) – Molls NJbücher d. Berg- u. Hüttenkde, 3, 1815, 269–283.

— Untersuchung des Triphans von Ratschinges. (Brief aus Paris v. 15. 5. 1818.) – Leonh. Taschenbuch, 13, 1819, 1. Abt., 267–273, 276. – S. a. Vogel u. Leonh.

Heberdey R. Die Bedeutung der Eiszeit für die Fauna der Alpen. – 1933. – Bespr. GZ 4 B/1333, 52 A/223.

Heißel W. Quartärgeol. des Silltales. – 1932. – Bespr. NJb. 1934/3, 869.

Hirschberger H. Stubaier Erzbergwerke einst und jetzt. – Innsbr. Nachr., Nr. 236 v. 15. 10. 1921.

Innsbrucker Lokalbahnen. Innsbr. Nachr., Jahr, Nr. – Allgemeines: 1906, 69; 1911, 34, 76; 1912, 74, 177 (Schwebebahnen); 1913, 78; 1914, 77. Dörferbahn (Mühlau–Absam): 1904, 62; 1905, 70, 271, 284; 1907, 177, 178, 185, 193, 202, 227, 250, 256, 261; 1908, 47, 59, 64, 68, 69, 79, 102, 105, 171, 194, 209, 248, 249, 251, 253; 1909, 47, 65; 1910, 38. Götzens: 1908, 298. Hafelekar:

1909, 237; 1911, 54. Hall-Rinn: 1909, 55, 65. Hungerburg: 1905, 106; 1906, 83. Südl. Mittelgebirgsbahn: 1900, 32, 54, 136, 144–146, 218; 1901, 115; 1910, 124. Mutters-Sellrain: 1913, 209; 1914, 33. Patsch-Schönberg: 1912, 117. Patscherkofel: 1909, 203; 1910, 281; 1912, 13, 68, 85, 121. Sellraintal: 1924, 37, 90. – S. a. Stubai- und Mittenwaldbahn.

Isser M. v. Der Tiroler Landreim. – Österr. Z. f. Berg- u. Hüttenw., 34, Wien 1886, Nr. 35, 569–576. – S. a. Emmert, Fischnaler, Pichler, Rösch u. Wieser.

— Sage und Geschichte über die Entdeckung der Tiroler Bergwerke. – Der Sammler, 1, Meran 1906–1907, H. 8–12.

— Neue Erzaufschlüsse in Tirol. (1. Dirstentritt, 2. Negelseekar bei Ehrwald, 3. Röhrerbühel bei Kitzbühel, 4. Obernberg a. Br., 5. Eggertal bei Sterzing, 6. Rabenstein in den Sarntaler Alpen, 7. Terlan im Vinschgau, 8. Panzendorf und Tessenberg im Pustertal.) – Innsbr. Nachr., Nr. 163 v. 19. 7. 1911.

— Beiträge zur Bergwerksgeschichte von Gossensaß. – Die Heimat, Meran 1912–1913, 7–12, 30–37.

Karpe F. C. Übersicht der Heilquellen von Tirol und Vorarlberg im Jahre 1828. – TB 1830, 248, 252, 256, 260.

Klebelsberg R. v. Grundzüge der Geol. Tirols. – 1933. – Bespr. Mitt. DÖAV, 1934, 147; PetMitt., 1934, 317; Geogr. Z., 40, 1934, 271.

— Ostalpengletscher 1933. Berichte über die Gletschermessungen und -beobachtungen des Deutschen und Österreichischen Alpenvereins in den Ostalpen im Jahre 1933. – Z. f. Glkde, 22, 1935, 179–180.

— Die Ostalpengletscher im Sommer 1934. Gletscherbeobachtungen des DÖAV. – Mitt. DÖAV, 1935, 60–63.

— Geologie von Tirol. – Berlin (Borntraeger) 1935, 748 S. u. 4 Verz., K. 1:500000, 3 Skzen, 11 Blgen.

Koch E. J. Die Mineralquellen des gesamten österreichischen Kaiserstaates in top., hist., phys.-chem. u. therap. Beziehung. – 2. Aufl. Wien (Gerold) 1845, 467 S.

Kohlmann R. Gletscherstudien in den Zillertaler und Stubaier Alpen. – Unsere Welt, 25, 1933, 210–214, m. Abb.

Ladurner Jos. Die Quartärablagerungen des Sellrain. – 1932. – Bespr. NJb. 1934/3, 868.

Leonhard K. C. v. Beschreibung der Kristallform des blättrigen Prehnits aus dem Ratschingestal. – Leonh. Taschenbuch, 1, 1807, 275. – Bespr. Molls Ephemeriden, 4, 1808, 177. – S. a. Gehlen.

Leutelt R. Gletschermessungen Stubaier Alpen 1933. – Z. f. Glkde, 22, 1935, 197–199.

Leutelt-Kipke S. Ein Beitrag zur Kenntnis der hydrographischen und hydrochemischen Verhältnisse einiger Tiroler Hoch- und Mittelgebirgsseen. – Arch. f. Hydrobiol., 27/2, 1934, 286–352, 3 Taf., 2 Text- u. 2 Tabellenbeilagen.

— Hydrographische und hydrochemische Untersuchungen am Amberger Schwefelsee und seinen Quellen in den Stubaier Alpen. – Arch. f. Hydrobiol., 27, 1934, 585–594, 2 Abb., 4 Tab.

Lun L. (= A.) La diffusione dell'ametista nella Provincia di Bolzano. – Riv. d. Venez. Trid., a. 15, 1933, n. 11/12, m. Abb.

Lüsenser Gletscher. (O. P.) Der –. Tagebuch eines Reisenden. – TB 1821, S. 392, 396.

Marberger Bl. Der Bergsturz bei Gries im Sellrain im Jahre 1852. – Tir. Heimatbl., 10, 1932, 96–97.

Medraz. Radioaktivität der Quelle. – Innsbr. Nachr., Nr. 186 v. 16. 8. 1911.

Meixner H. Neue Mineralfunde in den österr. Ostalpen. IV. – Mitt. Natwiss. Ver. Steiermark, 69, 1932, 1–5. – Bespr. NJb. 1934/1, 547. (U. a. Lisens, Kitzbühel i. T., Bilkenalpe in Vorarlberg.)

Metallurgische Briefe (P. R.), geschrieben während einer Reise durch Tyrol und einen Teil von Venedig. – Molls Jb. d. Berg- u. Hüttenkde, 1, 1797, 1–94; 2, 1798, 43–188.

Meusburger K. Unsere Gletscher. – Kassiankalender 1935, 233, Brixen (A. Weger) 1934, 116–127, 3 Abb.

Mònterin U. Le variazioni per. d. Ghiac. It. 1932. – 1933. – Bespr. Z. f. Glkde, 22, 1935, 329.

— Le variazioni periodiche dei Ghiacciai Italiani 1933. – Boll. Com. Glac. It., 14, 1934, 17–38, 7 Fig.; Riv. mens. CAI, 1935, 66–78, 6 Abb. – Bespr. Z. f. Glkde, 22, 1935, 329.

Mutschlechner G. Ein Ammonitenfund. – 1933. – Bespr. GZ 4 B/1111.

Noël H. Verzeichnis tirolischer Bergwerksverleihungen von 1628–1696. (Bergericht Hall.) – Handschr. Mus. Ferdin., Dip. 1164.

Pesta O. Kritische Bemerkung zur Frage der Sprungschichte und zum Charakter der in den Hochgebirgsseen unserer Alpen lebenden Wasserfauna. – Arch. f. Hydrobiol., 25, 1933, 533–536. (Gegen O. Steinböck.)

Pfaundler A. v. Analysen Gmelins von Dolomit und Kalkstein. (Kalkkögel, Ampezzo.) – Z. f. Tirol u. V., 2, Innsbruck (Ferdin.) 1826, 325–327.

Pfaundler G. v. Notizen über tirolische Bergbauten aus archivalischen Quellen. 1832–1862. (Umfaßt ganz Tirol.) – Handschr. v. J. 1864, Mus. Ferdin., W. 5581.

Pisek A., Sohm H. u. Cartellieri E. Untersuchungen über osmotischen Wert und Wassergehalt von Pflanzen und Pflanzengesellschaften der alpinen Stufe. (Mit bes. Berücksichtigung der Zwergsträucher im Winter.) – Beih. z. Bot. Zentralbl., 52, Abt. B, H. 3, Dresden 1935, 634–675, 9 Abb.

Playfair J. Notiz über interglaziale Schotter an der Brennerstraße bei Schönberg. – The Works of J. Pl., 1, 1822, röm. 56.

Poitschek G. Rund um die Brennerbahn. – Der Bergsteiger, 9, 1931, 307–319, m. Abb.

Prey A. Untersuchungen über die Isostasie in den Alpen auf Grund der Schweremessungen in Tirol. – Sber. Ak. d. Wiss. Wien, math.-natw. Kl., 121, 1912, Abt. IIa, 2467–2518, 6 Fig. – Bespr. NJb. 1914/2, 427; Beitr. z. Geophys., 13, 1913, 62.

Rösch G. v. Geroldshausen. Der Fürstlichen Grafschaft Tyrol Lanndtreim. Von neuem geme(h)rt und gebessert. – Innsbruck 1558. Abschriften aus der Mitte des 18. Jahrhunderts im Mus. Ferdin., Bibl. Tir. Dip. 919 u. 946. – S. a. Emmert, Fischnaler, Isser, Pichler, Wieser u. TB 1822, S. 92.

Sander B. Typisierung von deformierten Tonschiefern mit optischen und röntgenoptischen Mitteln. – Z. f. Krist., (A), 89, 1934, 97–124, 14 Abb.

— Fortschritte der Gefügekunde der Gesteine. Anwendungen, Ergebnisse, Kritik. – Fortschr. d. Min., Krist. u. Petr., 18, 1934, 111–170. – Bespr. NJb. 1934/2, 859.

Sander K. Tagebuch der geognost.-mont. Bereisung eines Teiles des Oberinntaler Kreises i. J. 1840, 1841. (Silvretta, Ötztaler, Stubaier und Lechtaler Alpen, Mieminger und Karwendel.) – Handschr. Mus. Ferdin., F.B. 5016, 5017, m. Skz.

Schmidegg O. Neue Ergebnisse in den südl. Ötztaler Alpen. – 1933. – Bespr. NJb. 1934/2, 512.
Schreckenthal-Schimitschek G. v. Klima, Boden- und Holzarten. – 1933. – Bespr. PetMitt., 1934, 317.
Schwärzler A. Entstehung des Gossensasser Bergbaues. – Die Heimat, Meran 1912–1913, 68–69.
Schwinner R. Variscisches und alpines Gebirgssystem. – 1933. – Bespr. GZ 52 A/376.
Seefeldner E. Zur Altersfrage der Abtragungsflächen. – 1933. – Bespr. Z. f. Geomorph., 8, 1934, 204; GZ 53 A/81; Mitt. Geol. Ges. Wien, 26, Wien 1934, 226; Boll. Soc. Geogr. It., 1934, 75.
Seiden R. Österreichs Eisenindustrie und Eisenerzbergbau. – Der Naturfreund, 37, 1933, 261–263.
Senger J. v. Beschreibung einer Wanderung nach dem Schneeberge in Tirol. – Molls Jbücher d. Berg- u. Hüttenkde, 4, 1. Lfrg, 1799, 156–194, 1 Taf. (Lageplan der Erzgänge, Klüfte und der 77 Stollen.)
Sperges J. v. Verschiedenes von tirolischen Bergwerkssachen. (Tirolische Erzarten; Verz. v. Naturaliensammlern; histor. Bergbaunotizen; Erklärung von Fachausdrücken; Marmelarten; Farben; Versteinerte Sachen; aus dem Landreim v. 1558.) – Handschr. Mus. Ferdin., Dip. 745, 19 S.
Stauch K. Selbsttätiger Schachtverschluß mit einer Modifikation für tonnlägige Förderung von mehreren Horizonten und der Verschluß des Kaindlstollens am Schneeberg in Tirol. – Mont. Rdsch., 8, 1916, 7–9, 6 Abb.
Steinböck O. Zur Frage der Sprungschicht in Hochgebirgsseen. – Arch. f. Hydrobiol., 27, 1934, 397–415, 1 Abb., 1 Tab. (Gegen O. Pesta.)
— Die Tierwelt der Gletschergewässer. – Z. DÖAV, 1934, 263–275, 4 Taf., 10 Fig.
Stolz O. Die Schwaighöfe in Tirol. – 1930. – Bespr. Mitt. Geogr. Ges. Wien, 76, 1933, 247.
Strele G. Grundriß der Wildbachverbauung. – Wien (Springer) 1934, 279 S., 150 Abb. – Bespr. GZ 53 A/634; Z. f. prakt. Geol., 42, 1934, 125; NJb. 1934/2, 571.
Strobel A. Die Stubaier Schmiede und ihre Geschichte. – Deutsche Welt, 8, 1931, 636–641.
Stubaier Eisenindustrie. Innsbr. Nachr., Jahr, Nr. – 1903, 1 (Leitart.), 39, 42, 298; 1904, 251.
Stubaitalbahn. Innsbr. Nachr., Jahr, Nr. – 1900, 53, 187, 192, 203; 1901, 98, 128, 132, 146 (Verhdlgen); 1902, 255; 1903, 51, 100 (Baubeginn), 110, 111, 179, 250 (Tunnel), 255, 258, 294 (Bau); 1904, 10, 115 (Eröffng 4. 7.), 139, 144, 154, 164, 170, 171, 172 (Leitart.), 173, 282 (Dammrutsch); 1921, 219 (Verlängerung Neustift). Fulpmes-Froneben: 1906, 74.
Sulztalferner. Ausbruch am 27. u. 28. 9. 1817. – NJbücher d. Berg- u. Hüttenkde, 4, 1821, 461–462.
Tertsch H. Die Erzbergbaue Österreich-Ungarns. – Wien 1918, 131 S., K. 1:15 Mill.; 2. Aufl. 1919. – Auszug: Berg- u. Hüttenm. Jb., 67, 1919, 37–63, 1 K., 2 Tab. – Bespr. GZ 25/1013; Geogr. Z., 25, 1919, 228.
Thurwieser P. K. Die Ersteigung und Messung des Fernerkogels und der Habichtspitze im Jahre 1836. – N.Z. f. Tirol u. V., 6, Innsbruck 1840, 44–94, 2 Abb., 1 Tab.
Tornquist A. Neue Untersuchungen ostalp. Erzlagerstätten. – 1932. – Bespr. Z. f. prakt. Geol., 41, 1933, 103.
Vogel A. u. Leonhard K. C. v. Min.-chem. Untersuchung des in Tirol aufgefundenen Triphans (Spodumen). – 1819. (S. Leonhard, Taschenbuch, 3–26, 4 Fig.); Erstdruck: Denkschr. Ak. d. Wiss. München f. d. J. 1816 u. 1817. – S. a. Hauy.
Weinhart I. v. Physikalische Untersuchungen in den Schächten der Bergbaue Röhrerbühel bei Kitzbühel und am Falkenstein bei Schwaz. (1773.) – Notizen über Bergspaltungen im Sellrain (1768), Höhenmessungen u. a. (2. Hälfte des 18. Jahrhunderts bis 1785.) – Handschr. Mus. Ferdin., Dip. 1139.
Wieser F. Der Tiroler Landreim. (Von Georg Rösch v. Geroldshausen, 1558.) – Archiv f. Gesch. u. Altertumskde Tirols, 5, 1869, 209–248. (Haller Salzberg 213–220, Schwaz 220–224, Kitzbühel 229–231, Min.-Geol. 241–243 usw.) – S. a. Rösch G. v., Pichler A. v., Isser M. v., Fischnaler K. u. Emmert A.
Wilberforce W. B. Glück auf! Ein Wort über Bergwerke und Eisenbahnen in Tirol. – Meran (Pötzelberger) 1887, 18 S.
Zaglio P. La frontiera italo-austriaca. I. Dal Piz Lat alla Vetta d'Italia. II. Dalla Vetta d'Italia a Monte Forno. – Manualetti di tecnica e di cultura militare. Lungo i confini della Patria, fasc. 9–10. Roma (Ist. Pol. d. St.) 1933, 44 u. 40 S.
Zallinger F. v. Witterungsbeobachtungen nebst einigen Höhenmessungen mit dem Barometer. – Innsbruck 1784. Sammler f. Gesch. u. Stat. etc., 3, 1808, 243–245 unter: Höhenmessungen etc., 5.
Zipser. Über das Vorkommen von körnigem Kalk in Tirol. (Sterzing-Vinschgau; Brief aus Neusohl v. 25. 12. 1818.) – Leonh. Taschenbuch, 14, 2. Abt., 1820, 595–599.
Zsigmondy E. u. Paulcke W. Die Gefahren der Alpen. – 9. verb. Aufl. München (Bergverl. R. Rother) 1933, 472 S., 74 Abb., 13 Vollbilder. – Bespr. Mitt. DÖAV, 1933, 279.

27. Sarntaler Alpen.

Andreatta C. Disposizione dei microliti micacei in plagioclasi di rocce intrusive. (Analisi strutturali di rocce, IV.) – Per. di Min., 5, n. 3, Roma 1934, 19 S., 2 Taf.
Bergbau Sarntaler Alpen. Innsbr. Nachr., Jahr, Nr. – 1903, 214; 1907, 248; 1911, 274; 1912, 245; 1916, 22; 1923, 94.
Bergbau Vinschgau. Innsbr. Nachr., Jahr, Nr. – Mals: 1902, 84. Martelltal (Gold): 1910, 188. Mölten, Terlan, Vöran: 1907, 248.
Berillio. I giacimenti di – in Alto Adige. – La Provincia di Bolzano, a. 8, n. 59, Bolzano, 10 Marzo 1934. – S. a. Studi Trent. Sc. Nat., a. 15, n. 1, 1934, 55.
Bozner Lokalbahnen. Innsbr. Nachr., Jahr, Nr. – Bozen-Gries: 1904, 87. Gries-St. Jakob: 1908, 126; 1913, 84. Guntschna: 1912, 42, 179. Jenesien: 1908, 162, 191. Kardaun: 1909, 263. Kohlern: 1903, 18, 21, 168; 1905, 68, 77, 119, 165; 1908, 148, 149; 1912, 205. Ofenberg: 1908, 204, 296; 1909, 129; 1911, 194, 196 (Leitart.), 198; 1913, 54. Ritten: 1904, 257; 1905, 121; 1906, 35, 57, 77, 297; 1907, 128, 185; 1908, 28, 169. Sarntal: 1911, 31 (Leitart.). Virgl: 1905, 241; 1907, 222, 243, 249, 257, 263, 267. – S. a. Mendelbahn.
Czermak F. u. Schadler J. Vorkommen des Elementes Arsen. – 1933. – Bespr. Z. f. prakt. Geol., 42, 1934, 30; NJb. 1934/2, 229.

Dalla Torre K. v. u. **Sarnthein L. Graf v.** Roter Schnee in Tirol und Vorarlberg. – Innsbr. Nachr., Nr. 24 v. 29. 1. 1901. – S. Erdmann O., ebd. Nr. 19 v. 1901.

Dörrenhaus F. Das deutsche Land an der Etsch. – 1933. – Bespr. Tir. Heimatbl., 12, 1934, 40; Mitt. DÖAV, 1935, 78.

Emmert A. Der Fürstlichen Grafschaft Tirol Landreim. (Von Georg Rösch von Geroldshausen.) – Abdruck: Almanach f. Gesch., Kunst u. Lit., 1, Innsbruck (Wagner) 1836, 44–75. – S. a. Fischnaler K., Isser M. v., Pichler A. v., Rösch G. v. u. Wieser F.

Erdpyramiden. Die – bei Lengmoos und St. Ottilia, Landger. Ritten. – TB 1822, Nr. 80, S. 320.

Fischnaler K. Georg Rösch von Geroldshausen: Tiroler Landreim und Wunschspruch... Zwei tirolische Gedichte des 16. Jahrhunderts. Mit dem Lebensbilde des Verfassers, geschichtl. und sachlichen Erläuterungen herausgegeben. – Innsbruck (Wagner) 1898, 36 S. (Biogr. 1–18, Begleitwort z. Landreim 21–26, z. Wunschspruch 29–36. Abdruck beider Gedichte.) – S. a. Emmert, Isser, Pichler, Rösch u. Wieser.

Gisser A. Zur Petrogr. der Klausenite. – 1926. – Bespr. Z. f. Krist., Refteil, 1, 1928, R. 333.

[Gredler V.] (x + y). Über Prehnit und Flußspat. (Ratschinges und Bergbau Rabenstein im Pensertal.) – TB 1873, Nr. 249.

Heberdey R. Die Bedeutung der Eiszeit für die Fauna der Alpen. – 1933. – Bespr. GZ 4 B/1333, 52 A/223.

Innerebner G. Die Wallburg auf dem Collnoartl am Mitterstielersee. – Der Schlern, 15, 1934, 428–429, 1 Skz.

Isser M. v. Der Tiroler Landreim. – Österr. Z. f. Berg- u. Hüttenw., 34, Wien 1886, Nr. 35, 569–576. – S. a. Emmert, Fischnaler, Pichler, Rösch u. Wieser.

— Neue Erzaufschlüsse in Tirol. (1. Dirstentritt, 2. Negelseekar bei Ehrwald, 3. Röhrerbühel bei Kitzbühel, 4. Obernberg a. Br., 5. Eggertal bei Sterzing, 6. Rabenstein in den Sarntaler Alpen, 7. Terlan im Vinschgau, 8. Panzendorf und Tessenberg im Pustertal.) – Innsbr. Nachr., Nr. 163 v. 19. 7. 1911.

— Der Gufler. Eine Erzählung aus dem Sarntal. (Bergbau.) – Innsbr. Nachr., Nr. 97 v. 30. 4. 1914.

Jordan J. A. Die Straße über den Jaufen. (Projekt v. J. 1682.) – TB 1827, S. 380, 384.

Karpe F. C. Übersicht der Heilquellen von Tirol und Vorarlberg im Jahre 1828. – TB 1830, 248, 252, 256, 260.

Klebelsberg R. v. Grundzüge der Geologie Tirols. – 1933. – Bespr. Mitt. DÖAV, 1934, 147; PetMitt., 1934, 317; Geogr. Z., 40, 1934, 271.

— Geologie von Tirol. – Berlin (Borntraeger) 1935, 748 S. u. 4 Verz., K. 1:500000, 3 Skzen, 11 Blgen.

Koch E. J. Die Mineralquellen des gesamten österreichischen Kaiserstaates in top., hist., phys.-chem. u. therap. Beziehung. – 2. Aufl. Wien (Gerold) 1845, 467 S.

Kuntersweg. Erste Anlage i. J. 1314. – TB 1831, S. 400.

Lechleitner H. Neue Beiträge zur Kenntnis der dioritischen Gesteine Tirols. – 1892. – Bespr. VRA 1895, 150.

Leonhard K. C. v. Verzeichnis tirolischer Mineralien. – Leonhards Min. Taschenbuch, 5, 1811, 199–211. – Berichtigung ebd. 7, 2. Abt., 1813, 581–583. (Schoepfer.)

Lun L. (= A.) La diffusione dell'ametista nella Provincia di Bolzano. – Riv. d. Venez. Trid., a. 15, 1933, n. 11/12, m. Abb.

Maier A. Geognostische Notizen über Tirol. – 1831. – Bespr. NJb. 1833, 560.

Menghin O. Pfahlbauspuren in Tirol. (Sarcatal?, Piperbühel a. Ritten, Seefeld, Vill–Igls.) – Innsbr. Nachr. (aus Reichspost), Nr. 178 (Abendbl.) v. 21. 9. 1920.

Metallurgische Briefe (P. R.), geschrieben während einer Reise durch Tyrol und einen Teil von Venedig. – Molls Jb. d. Berg- u. Hüttenkde, 1, 1797, 1–94; 2, 1798, 43–188.

Michaeler K. Versuch über die einstige Gestalt und Bevölkerung Tirols. – 1. Teil, Wien 1783, 792–794. (U. a. Bergbau Stanzer Tal, Seefeld, Thaur, Häring, Schneeberg; Torf Villanderer Alpe; Min. u. nutzb. Gest. Waldrast, Patscherkofel; Gletscher u. a. m.)

Mosna E. Le piramidi di terra. – CAI, v. 53, n. 5, Roma 1934, 235–240, 3 Abb., 1 Taf. – Bespr. Z. f. Glkde, 22, 1935, 331.

Pfaundler A. v. Über mehrere Mineralien aus der Gegend von Fassa und Sterzing. (Schreiben aus Bruneck v. 9. 5. 1806.) – Molls Ephemeriden, 2, 1806, 529–533. – Bespr. Leonhards Taschenbuch, 2, 1808, 238, 243.

Pfaundler G. v. Notizen über tirolische Bergbauten aus archivalischen Quellen. 1832–1862. (Umfaßt ganz Tirol.) – Handschr. v. J. 1864, Mus. Ferdin., W. 5581.

Pfunderer Berg. Erzlagerstätten. – 1853. – Bespr. NJb. 1855, 846.

Prey A. Untersuchungen über die Isostasie in den Alpen auf Grund der Schweremessungen in Tirol. – Sber. Ak. d. Wiss. Wien, math.-natw. Kl., 121, 1912, Abt. IIa, 2467–2518, 6 Fig. – Bespr. NJb. 1914/2, 427; Beitr. z. Geophys., 13, 1913, 62.

Rösch G. v. Geroldshausen. Der Fürstlichen Grafschaft Tyrol Lanndtreim. Von neuem geme(h)rt und gebessert. – Innsbruck 1558. – Abschriften aus der Mitte des 18. Jahrhunderts im Mus. Ferdin., Bibl. Tir. Dip. 919 u. 946. – S. a. Emmert, Fischnaler, Isser, Pichler, Wieser u. TB 1822, S. 92.

Scherillo A. Ricerche sulle pegmatiti del rio Masul (Merano). – Period. d. Min., 5, 1934, 181–190. – Bespr. NJb. 1934/1, 601.

Schlaneid-Mölten. Schwefelbad. – Innsbr. Nachr., Nr. 15 v. 19. 1. 1905.

Schmidt A. A. Die Gefürstete Grafschaft Tirol mit Vorarlberg. – Stuttgart 1837. (U. a. Angaben über Bergbau.)

Schneeberg. Das –er Bergwerk stillgelegt. – Des Burggrafenamtes Volks- u. Hauskalender f. 1932, 53.

Sieber F. W. Vom roten Schnee. – TB 1821, 188, 192.

Sölder O. v. Topographische und geologische Rundschau über die Umgebung von Meran. – In Festschr. z. 77. Vers. D. Natf. u. Ärzte, gew. v. Kurort Meran, 1905, 9–26, ill.

Sparber A. Das Sarntal. Eine geogr.-histor. Skizze. – 68. Jber. Gymnas. Brixen, ebd. 1918, 67 S., 4 Taf.

Sperges J. v. Bergwerksgeschichte. – 1765. – Verwertet u. a. illustr. Handschr. aus seiner Bibliothek: Von dem hoch- und weit berühmten Bergwerk am Falkenstein zu Schwaz in der Fürstl. Grafsch. Tirol und anderen inkorporierten Bergwerken. Erwähnt in De Luca, Staatsanzeigen von der k. k. Staaten, 1784, S. 326. (Kitzbühel, Rattenberg, Schwaz, Hall, Hötting, Klausen, Schneeberg, Meran.)

Stolz O. Die Schwaighöfe in Tirol. – 1930. – Bespr. Mitt. Geogr. Ges. Wien, 76, 1933, 247.

Strele G. Grundriß der Wildbachverbauung. – Wien (Springer) 1934, 279 S., 150 Abb. – Bespr. GZ 53 A/634; Z. f. prakt. Geol., 42, 1934, 125; NJb. 1934/2, 571.

Tertsch H. Die Erzbergbaue Österreich-Ungarns. – Wien 1918, 131 S., K. 1:15 Mill.; 2. Aufl. 1919. – Auszug: Berg- u. Hüttenm. Jb., 67, 1919, 37–63, 1 K., 2 Tab. – Bespr. GZ 25/1013; Geogr. Z., 25, 1919, 228.

Trafojer A. Eine prähistorische „Stadt" auf dem Möltnerjoche. – Der Schlern, 15, 1934, 424–426, 1 Skz.

Trinker J. Erläuternde Bemerkungen zu der am 25. Sept. 1851 in Hall den Mitgliedern des Bergm. Ver. vorgelegten Sammlung aus dem Neuschurf am Madersbacher Köpfl bei Brixlegg. (1851.) – Der Aufschluß der tieferen westlichen Reviere im Pfunderer Berg bei Klausen. (1853.) – Das Vorkommen von Kohle in den älteren Formationen der Tiroler Alpen. (1854, Gadertal und Naif.) – Handschr. Mus. Ferdin., W. 5614.

Verniani E. L'Alto Adige. (Monografia geografica.) – L'Universo, 15, Firenze 1934, 99–120, 274–301, 389–439, 14 Abb., 2 Taf. – Auszug: Ist. Geogr. Mil., Firenze 1934, 99 S., 37 Abb., 14 K.

Wieser F. Der Tiroler Landreim. (Von Georg Rösch v. Geroldshausen, 1558.) – Archiv f. Gesch. u. Altertumskde Tirols, 5, 1869, 209–248. (Haller Salzberg 213–220, Schwaz 220–224, Kitzbühel 229–231, Min.-Geol. 241–243 usw.) – S. a. Rösch G. v., Pichler A. v., Isser M. v., Fischnaler K. u. Emmert A.

Wilberforce W. B. Glück auf! Ein Wort über Bergwerke und Eisenbahnen in Tirol. – Meran (Pötzelberger) 1887, 18 S.

Wiser D. Fr. Wasserhelle Zirkone im Pfitschtale. Magnetkies zu Schneeberg. (Brief an Gehr. v. Leonhard.) – NJb. 1850, 429–432.

28. Eisacktal.

Außerer K. Die Besiedelung des Kastelruter Berges. Eine siedlungsgeschichtliche und namenkundliche Studie. – Schlern-Schriften, 25, Innsbruck (Wagner) 1934, 72 S., 8 Abb., 1 K. – Bespr. Mitt. DÖAV, 1934, 198; Dolomiten, Nr. 71, Bolzano, 13. 6. 1934; Der Schlern, 15, 1934, 338.

Balling C. Die Montanindustrie in Tirol. – Techniker, Wien 1872, u. ebd. (Gronegger) 1872, 31 S. – Bespr. VRA 1873, 100.

Beaumont A. Travels through the Rhaetian Alps in the year 1786. – London 1792, 82 S., 8 Bildtafeln.

Bergbau Brennergebiet. Innsbr. Nachr., Jahr, Nr. – Arztal: 1924, 195. Brenner: 1907, 248. Habicht: 1924, 279, 291. Schlick: 1921, 214. Sterzing: 1906, 9; 1910, 222.

Bergbau Sarntaler Alpen. Innsbr. Nachr., Jahr, Nr. – 1903, 214; 1907, 248; 1911, 274; 1912, 245; 1916, 22; 1923, 94.

Bergbau Tirols. Historisch-technische Notizen der Prov. Tirol in ausgedehnter montanistischer Beziehung. Zusammengetragen für das techn. Kabinett Sr. Kais. Hoh. d. dl. Erzh. Kronprinzen und berichtiget für das tir. Nationalmus. Ferdin. – Handschr. 1827, Ferdin.-Bibl. Nr. 2704. Enthält u. a. Angaben über Bergbau Häring, Kitzbühel, Brixlegg, Zillertal, Schwaz, Hall, Torf in Vorarlberg, Serpentin Matrei a. Br., Schwerspat Schwaz, Steinöl Seefeld (mit Bild); Histor.-techn.-admin. Skizze der Saline Hall und der Salmiakfabrik zu Hall i. T.; Walzwerk Brixlegg (1819 erbaut); Gedrängte hist.-techn. Notizen über den tir. Messinghandel. (Achenrain seit 1. Hälfte des 17. Jahrhunderts, vorher Lienz.)

Betti M. e **Bonino G. B.** Le acque minerali dell'Alto Adige e del Trentino. Indagini chimiche e chimicofisiche. P. I. – R. Acc. d'It., mem. d. cl. d. sc. fis., mat. e nat., v. 5, Roma 1933, 56 S., 15 Fig.

Blaas J. u. **Czermak P.** Staubfall in Tirol. (10. u. 11.3. 1901.) – Meteorol. Z., 36 (18), 1901, 234–235.

Bleser P. Geologische Studien am Westende der Hohen Tauern östlich der Brennerlinie. – Dissert. Univ. Basel, Luxemburg (Bück) 1934, 89 S., 5 Taf., 3 Taf. Profilskzen, 1 Fig.; Inst. Grand-Ducal de Luxembourg, Arch. nouv. sér., 1934, t. 13.

Borraß E. Bericht über die relativen Messungen der Schwerkraft mit Pendelapparaten in der Zeit von 1808 bis 1909 und über ihre Darstellung im Potsdamer Schweresystem. – Verh. 16. Allgem. Konferenz der Internat. Erdmessung in London und Cambridge 1909, 3. T. Spezialbericht über die rel. Schweremessungen, Berlin (Reimer) 1911, 288 S., 2 K.

Bozner Lokalbahnen. Innsbr. Nachr., Jahr, Nr. – Bozen–Gries: 1904, 87. Gries–St. Jakob: 1908, 126; 1913, 84. Guntschna: 1912, 42, 179. Jenesien: 1908, 162, 191. Kardaun: 1909, 263. Kohlern: 1903, 18, 21, 168; 1905, 68, 77, 119, 165; 1908, 148, 149; 1912, 205. Ofenberg: 1908, 204, 296; 1909, 129; 1911, 194, 196 (Leitart.), 198; 1913, 54. Ritten: 1904, 257; 1905, 121; 1906, 35, 57, 77, 297; 1907, 128, 185; 1908, 28, 169. Sarntal: 1911, 31 (Leitart.). Virgl: 1905, 241; 1907, 222, 243, 249, 257, 263, 267. – S. a. Mendelbahn.

Brandt O. H. Das Geschlecht der Fugger. – Volk u. Rasse, 6, 1931, 36–48.

Bruner H. Die Tiroler Berg- und Schmelzwerksbeamtenfamilie von Schmuck. – Tir. Heimatbl., 12, 1934, 243–248.

Buch L. v. Barometrische Reise von Salzburg über den Brenner nach Trient. (Bericht aus Bozen v. 12. 5. 1798 an Moll.) – Molls Jbücher der Berg- u. Hüttenkde, 3, 1799, 359–361.

— Barometrische Reise über den Brenner von Salzburg nach Trento. (Ber. a. Rom v. 14. 7. 1798.) – Molls Jbücher d. Berg- u. Hüttenkde, 4, 1799, 1. Lfrg, 88–109.

— Über barometrische Höhenmessungen. (Briefl. Mitt. – Namentl. über Brenner.) – Aus: Allgem. geogr. Ephemeriden, IV, St. 2, 167 im Sammler f. Gesch. usw., 3, 1808, 242–243 unter: Höhenbestimmungen usw., 4.

— Schreiben aus Innsbruck v. 11. 10. 1822 an R. (C. v. Rauschenfels) über Höhenbestimmungen in Tirol. (Eisack-, Puster- und Etschtal, Dolomiten u. a.) – TB 1822, S. 372.

Cranz H. J. v. Gesundbrunnen der Österreichischen Monarchie. – Wien 1777. (Tirol 48–87.)

Czermak F. u. **Schadler J.** Vorkommen des Elementes Arsen. – 1933. – Bespr. Z. f. prakt. Geol., 42, 1934, 30; NJb. 1934/2, 229.

Dalla Verde A. La linea a 220 K V da Cardano (Kardaun) a Cislago del gruppo SIP. – L'Energia el., magg. 1930, 20–23.

Dolomitenbahnen. Innsbr. Nachr., Jahr, Nr. – Allgemeines: 1906, 146, 185, 264; 1908, 207, 297; 1909, 255. Blumau-Völs-Seis-Gröden: 1906, 39, 52. Cadore: 1907, 241, 264; 1909, 195. Grödnertal: 1903, 12; 1905, 44, 71, 87, 163, 181, 237, 290; 1906, 57, 131, 186; 1908, 47, 56, 94, 268, 298; 1909, 254, 257, 264; 1910, 133, 165; 1911, 56; 1918, 264; 1919, 147. Karersee-Moena: 1903, 24, 99 (Leitart.). Kastelruth-St. Ulrich: 1912, 275. Leifers-Deutschnofen: 1912, 133. Plose: 1908, 78; 1910, 196, 207, 291; 1911, 93; 1912, 112. Schlern: 1908, 49; 1909, 160, 250; 1910, 152; 1911, 230. Seiseralm: 1908, 247, 282; 1909, 130; 1914, 13. Toblach-Cortina: 1900, 140; 1905, 3, 8, 71; 1906, 186, 200; 1908, 240; 1914, 113; 1920, 190.

Dörrenhaus F. Das deutsche Land an der Etsch. – 1933. – Bespr. Tir. Heimatbl., 12, 1934, 40; Mitt. DÖAV, 1935, 78.

Dünner H. Zur Geologie des Tauernwestendes am Brenner. (Diss.) – Winterthur 1934, 134 S., mehr. Prof., K. 1:50000.

Eisackregulierung. Innsbr. Nachr., Nr. 93 v. 28. 4. 1903.

Emmert A. Der Fürstlichen Grafschaft Tirol Landreim. (Von Georg Rösch von Geroldshausen.) – Abdruck: Almanach f. Gesch., Kunst u. Lit., 1, Innsbruck (Wagner) 1836, 44–75. – S. a. Fischnaler K., Isser M. v., Pichler A. v., Rösch G. v. und Wieser F.

Erdbeben. Brenner-Linie. Innsbr. Nachr., Jahr, Nr. – Bozen: 1907, 95. Brenner: 1924, 72. Ellbögen: 1914, 3. Hintertux: 1916, 234. Kastelruth: 1901, 80. Klausen: 1915, 379. Mieders: 1904, 3. Steinach: 1913, 217. Sterzing: 1901, 53; 1907, 233. Ganz Tirol: 1902, 139; 1904, 58; 1909, 10, 11. Ganz Nordtirol: 1910, 156–159; 1911, 266, 267; 1914, 400. Ganz Südtirol: 1900, 59; 1908, 66.

— **Judikarien-Pustertaler-Linie.** Innsbr. Nachr., Jahr, Nr. – Ampezzo: 1906, 215; 1910, 70. Bozen: 1907, 95. Bruneck: 1902, 77. Buchenstein: 1901, 81; 1906, 93. Cavalese: 1901, 81. Cles: 1911, 294. Dolomiten: 1911, 25. Fassatal: 1905, 246. Gardasee: 1901, 253, 261. Judik.–Riva: 1907, 264. Kaltern: 1914, 290. Kastelruth: 1901, 80. Klausen: 1915, 379. Lienz: 1924, 286. Malé: 1902, 251. Meran: 1901, 231; 1916, 235. Mori–Arco: 1907, 18. Nons- und Sulzberg: 1903, 184; 1904, 155; 1906, 80; 1909, 249. Pinzolo: 1906, 60. Predazzo: 1910, 11, 26. Riva: 1905, 166; 1907, 264. Schlanders: 1909, 260. Sexten: 1909, 255. Spondinig: 1911, 49, 50. Sulden: 1917, 286. Taufterertal: 1904, 115. Toblach–Lienz: 1908, 158. Ultental: 1907, 53. Vinschgau: 1906, 274; 1917, 17, 18. Ganz Tirol: 1902, 139, 141; 1904, 58; 1909, 10, 11. Ganz Südtirol: 1900, 59; 1908, 66.

Erdpyramiden. Die – bei Lengmoos und St. Ottilia, Landger. Ritten. – TB 1822, Nr. 80, S. 320.

Felsstürze, größere in Tirol u. V. Innsbr. Nachr., Jahr, Nr. – Ala: 1900, 279; 1912, 87; 1914, 57. Ampezzo: 1909, 127 (Termine), 141 (Zoldotal); 1911, 128 (Cortina). Arlberg: 1910, 204. Atzwang: 1903, 265; 1910, 253, 254; 1912, 54. Besagno: 1911, 27. Birchabruck: 1900, 158. Bludenz: 1907, 297. Blumau: 1901, 90; 1902, 240, 243; 1910, 271; 1915, 147. Bozen: 1901, 61; 1906, 72 (Fergenbach); 1915, 489. Bregenz: 1906, 119; 1907, 201 (Waldbahn); 1910, 49 (eb.), 160; 1912, 9. Brenner: 1907, 99; 1910, 149 (Bahn); 1914, 106 (See). Bruneck: 1910, 252. Buco di Vela: 1913, 55. Burgstall: 1910, 110. Cadine: 1906, 73. Dalaas: 1908, 36; 1919, 120. Deutschmetz: 1903, 29; 1910, 4. Deutschnofen (Brententał): 1912, 43. Eggental: 1900, 263; 1901, 107; 1903, 252, 260; 1905, 70; 1910, 163; 1914, 84, 125. Ehrwald (Sonnenspitz): 1916, 407. Ennebergtal: 1901, 85; 1908, 72; 1909, 284; 1910, 58; 1913, 70. Feldkirch: 1900, 284, 290; 1901, 264; 1910, 108. Fleimstal: 1902, 290. Floitenspitz–Ahrntal: 1909, 269. Göfis: 1913, 192. Gossensaß: 1911, 272. Grigno: 1906, 168. Heinzenberg (Zell a. Z.): 1914, 77, 80; 1915, 158. Hochstadel: 1907, 259. Iffinger: 1904, 147. Imst: 1910, 64, 91, 183; 1912, 114; 1914, 81; 1924, 281, 282 (Schönwies). Kardaun: 1907, 248; 1912, 77. Kastelruth: 1901, 231. Kaunertal: 1908, 52; 1912, 73. Klausen: 1911, 272. Kössen: 1902, 46. Kranebittner Klamm: 1912, 47. Kufstein: 1908, 78; 1917, 241. Landeck: 1900, 209. Liechtenstein: 1909, 178. Lienz: 1906, 184; 1924, 185. Loppiosee: 1913, 262. Martinswand: 1909, 278. Maurach (Ötztal): 1905, 86; 1910, 174. Meran: 1907, 99; 1909, 251; 1913, 69; 1916 (Mutkamm), 363, 366, 367, 415, 474, 475. Mezolomb.: 1907, 184; 1911, 281. Montafon: 1913, 150. Montan: 1919, 18. Mori: 1904, 62. Neumarkt: 1911, 59. Nonsberg: 1904, 243; 1905, 164; 1907, 289; 1912, 66 (Bahn). Paznaun: 1905, 87. Ponale: 1906, 281. Primiero: 1910, 278. Rabland: 1910, 159. Rattenberg: 1904, 126. Ritten: 1913, 79. Riva: 1906, 255 (S. Nicolo); 1907, 241 (Mte Brione); 1911, 260, 283 (Mte Oro); 1912, 28, 32, 56 (eb.); 1914, 295 (eb.). Rovereto: 1900, 285; 1902, 42. St. Anton: 1905, 182. Sarntal: 1902, 105; 1910, 267. Schlanders: 1919, 18. Schnalstal: 1913, 138. Sellrain: 1923, 96; 1924, 195. Siebeneich: 1924, 131. Sölden: 1912, 180. Steinach: 1910, 167. Telfs (Mörderloch): 1901, 20. Terlan: 1908, 86. Thierberg: 1905, 286; 1906, 75. Torbole: 1901, 300. Tösens: 1912, 154. Trafoi: 1902, 142. Ultental: 1904, 83. Untermais: 1909, 251. Vill: 1904, 105. Villnöß: 1907, 300; 1909, 58. Vinschgau: 1911, 263. Vintl: 1913, 68. Virgl: 1909, 251. Waidbruck: 1910, 50. Wenns (Pitztal): 1916, 184. Westendorf: 1907, 277. Wirtatobel: 1922, 151. Zoldotal: 1909, 141. – S. a. Murbrüche u. Straßenverschüttungen.

Fischnaler K. Georg Rösch von Geroldshausen: Tiroler Landreim und Wunschspruch... Zwei tirolische Gedichte des 16. Jahrhunderts. Mit dem Lebensbilde des Verfassers, geschichtl. und sachlichen Erläuterungen herausgegeben. – Innsbruck (Wagner) 1898, 36 S. (Biogr. 1–18, Begleitwort z. Landreim 21–26, z. Wunschspruch 29–36. Abdruck beider Gedichte.) – S. a. Emmert, Isser, Pichler, Rösch u. Wieser.

Gebhard I. Reisebericht aus Südtirol. Schreiben aus Imst v. 14. 10. 1804. (Mineralogie, Gletscherwirkung um den Mte Spinale, Heilbad Rabbi, Gebirgsbau des Ortlers u. a.) – Annalen d. Berg- u. Hüttenkde, 3, 1805, 300-305.

Gisser A. Zur Petrogr. der Klausenite. – 1926. – Bespr. Z. f. Krist., Refteil, 1, 1928, R. 333.

Gredler V. Der Steinhandel Tirols längs der Brennerbahn. – Andreas Hofer, Wochenbl. f. d. Tiroler Volk, Innsbruck 1879, Nr. 21–23, S. 202–203, 210, 220–221.

Haas Othm. Die erste Fahrt der Kohlernbahn bei Bozen. – Neueste Ztg, Nr. 7 v. 9. 1. 1935, S. 3, 1 Abb.

Haidinger W. Spodumen von Passeyer. – Ber. ü. d. Mitt. v. Freunden der Natwiss. in Wien, 3, 1848, 114–115.

— Über die Achatmandeln in den Melaphyren. (Noeggerath, Klausen.) – Ber. ü. d. Mitt. v. Freunden d. Natwiss., 6, 1850, 62–65. – Auszug: NJb. 1849, 735–737.

Haßler Frd. Augsburger Kaufleute und Tiroler Bergarbeiter im 16. Jahrhundert in England. – Beitr. z. Gesch. d. Techn. u. Ind., 17, 1927, 80–88, m. Abb.

Hauckh J. C. Leitfaden zu den Kenntnissen der Gef. Grafsch. Tyrol. – Innsbruck (Wagner) 1789. (S. 30–32 über Bergbau Hall und Klausen, Kohle Matrei a. Br., Sterzing und Kitzbühel, Marmor Wattens u. a. m.)

Hausmann. Über den Mejonit von Sterzing. – In: Stromeyer, Untersuchungen, 1, 386. – Bespr. Leonh. Taschenbuch, 19, 1, 1825, 184, 267.

Heberdey R. Die Bedeutung der Eiszeit für die Fauna der Alpen. – 1933. – Bespr. GZ 4 B/1333, 52 A/223.

Hörmann I. v. Blicke auf die Bäder des Etschkreises während des Sommers 1829. – TB 1830, 92, 96.

Hradil G. Geologische Fahrten. 1. Innsbruck-Klausen. 2. Klausen-Bozen-Etschtal-Loppio. 3. Gardasee. – Innsbr. Nachr., Nr. 261 v. 15. 11., 283 v. 12. 12. 1904, 86 v. 14. 4. 1905.

Isser M. v. Der Tiroler Landreim. – Österr. Z. f. Berg- u. Hüttenw., 34, Wien 1886, Nr. 35, 569–576. – S. a. Emmert, Fischnaler, Pichler, Rösch und Wieser.

— Sage und Geschichte über die Entdeckung der Tiroler Bergwerke. – Der Sammler, 1, Meran 1906–1907, H. 8–12.

— Beiträge zur Bergwerksgeschichte von Gossensaß. – Die Heimat, Meran 1912–1913, 7–12, 30–37.

Karpe F. C. Übersicht der Heilquellen von Tirol und Vorarlberg im Jahre 1828. – TB 1830, 248, 252, 256, 260.

Keferstein Chr. Reisebemerkungen über Tirol und die angrenzenden Gebiete. – In: Teutschland, 1, Weimar 1821. (Gastein u. Bergbau Sonnblick 277–292, Glockner 292–313, Puster- u. Eisacktal 313–318, Dolomiten u. Fassatal 319–333, Inntal mit Hall, Schwaz u. Rattenberg 333–344, Bergbau Tirol 338–339, Häring u. Miesbach 344–351 m. 1 Skz., München 351–353, Bodensee u. Rheingebiet 353–357, Rückblick über Tirol u. Alpenbau 358–385, Beilage über Fassatal 386–436.) – Bespr. TB 1822, 168.

Klebelsberg R. v. Grundzüge der Geologie Tirols. – 1933. – Bespr. Mitt. DÖAV, 1934, 147; PetMitt., 1934, 317; Geogr. Z., 40, 1934, 271.

— Geologie von Tirol. – Berlin (Borntraeger) 1935, 748 S. u. 4 Verz., K. 1:500000, 3 Skzen, 11 Blgen.

Klipstein A. v. Mitteilungen aus dem Gebiete der Geol. und Pal. 1. Bd. Beitr. z. geol. Kenntn. d. östl. Alpen. – 1845. – Bespr. NJb. 1843, 831; 1845, 504.

Koch E. J. Die Mineralquellen des gesamten österreichischen Kaiserstaates in top., hist., phys.-chem. und therap. Beziehung. – 2. Aufl. Wien (Gerold) 1845, 467 S.

Korzendorfer A. Jakob Fugger der Reiche. – Sammler, Blge z. Münchner-Augsburger Abendztg, Nr. 125 u. 126 v. 1931.

Krapf Ph. Der Wasserbau in Tirol. Darstellung der Verhältnisse und Aufgaben auf dem Gebiete des Wasserbaues in Tirol (Gewässerregulierungen, Meliorationen und Wildbachverbauungen). – Herausgeg. v. Tiroler Ldsausschuß, Innsbruck 1910, 335 S., 1 K.

Kreuter F. Die Weißlahn bei Brixen. Ein Beitrag zur Geschichte der Wildbachverbauungen. – Z. Österr. Ing.- u. Arch.-Ver., 1899, 526–527, 1 Abb.

Kuntersweg. Erste Anlage i. J. 1314. – TB 1831, S. 400.

Laviosa-Zambotti P. Edizione archeologica della carta d'Italia al 100000. – Firenze (R. Ist. Geogr. Mil.) 1933–1934. F. IV P. d. Resia, F. V Merano. F. 9 M. Cevedale. 1933, 20 S.; F. XV Bolzano, F 11 M. Marmolada. 1934, 64 S.; F. VI Bressanone, F. VI bis P. d. Brennero; F. VII Monguelfo, F. VII bis Vetta d'It. 1934, 33 S. – Bespr. Der Schlern, 15, 1934, 288.

Lawinen. S. alljährl. Unfallsstatistik in den Innsbr. Nachr. und den Mitt. DÖAV, ferner die Kriegsliteratur. – Erdlawine Campione (Gardasee): Innsbr. Nachr., Nr. 57 v. 1909; Steinlawine Tschars (Vinschgau) ebd. Nr. 207 v. 1907; Windlawine Pfundererberg (Eisacktal) ebd. Nr. 44 v. 1904.

Lechleitner H. Neue Beiträge zur Kenntnis der dioritischen Gesteine Tirols. – 1892. – Bespr. VRA 1895, 150.

Leiter M. Wasserkraftwirtschaft in Italien und Frankreich. – Mitt. Geogr. Ges. Wien, 77, 1934, 189–197.

Lun L. (= **A.**) La diffusione dell'ametista nella Provincia di Bolzano. – Riv. d. Venez. Trid., a. 15, 1933, n. 11/12, m. Abb.

Mader I. Prähistorische Skelettfunde (?) in der Gegend von Bozen. – Mitt. Anthrop. Ges. Wien, 64, 1934, [33]. – S. a. Der Schlern, 10, 1929, 32.

Maier A. Geognostische Notizen über Tirol. – 1831. – Bespr. NJb. 1933, 560.

Menghin J. M. v. Opusculum de examinibus aquarum mineralium Tirolensium. – Innsbruck 1768.

Metallurgische Briefe (P. R.), geschrieben während einer Reise durch Tyrol und einen Teil von Venedig. – Molls Jb. d. Berg- u. Hüttenkde, 1, 1797, 1–94; 2, 1798, 43–188.

Meusburger K. Der Schlammregen vom 25. April 1926. – Der Schlern, 7, 1926, 154–156. – S. a. Volksblatt, Bozen, 5. 5. 1926 über „Wüstensand".

Michaeler K. Versuch über die einstige Gestalt und Bevölkerung Tirols. – 1. Teil, Wien 1783, 792–794. (U. a. Bergbau Stanzer Tal, Seefeld, Thaur, Häring, Schneeberg; Torf Villanderer Alpe; Min. u. nutzb. Gest. Waldrast, Patscherkofel; Gletscher u. a. m.)

Moore Österreichs. Übersichtskarte der –. 1:625000. – Herausgeg. v. d. Medizin. Moorkomm. im Bdsmin. f. soz. Verw., Wien 1934.

Moorkultur. Innsbr. Nachr., Jahr, Nr. – Kurs Sterzing: 1903, 209. Brand Planser Ried (Vinschgau): 1904, 67.

Mutschlechner G. Cephalopodenfauna im Grödner Sandstein. (Vorber.) – 1933. – Bespr. GZ 5 B/1122.

Naumann J. K. F. Ein Jahrhundert Drahtseilbahnen. Österreichs Anteil an der Erfindung und Entwicklung der Drahtseilbahnen. – Neueste Ztg, Nr. 192 v. 30. 12. 1934.

Nicolao A. Carbone bianco, ricchezza della Nazione. I grandi impianti idroelettrici della Venezia Tridentina. – Il Popolo d'Italia, a. 21, n. 118, Milano, 19. 3. 1934.

Peez K. Der Untergang der Fugger. – Reichspost, Nr. 317 u. 324 v. 1931.

Pfaundler G. v. Notizen über tirolische Bergbauten aus archivalischen Quellen. 1832–1862. (Umfaßt ganz Tirol.) – Handschr. v. J. 1864, Mus. Ferdin., W. 5581.

Pfunderer Berg. Erzlagerstätten. – 1853. – Bespr. NJb. 1855, 846.

Pisek A., Sohm H. u. Cartellieri E. Untersuchungen über osmotischen Wert und Wassergehalt von Pflanzen und Pflanzengesellschaften der alpinen Stufe. (Mit bes. Berücksichtigung der Zwergsträucher im Winter.) – Beih. z. Bot. Zentralbl., 52, Abt. B, H. 3, Dresden 1935, 634–675, 9 Abb.

Prohaska K. Roter Schnee, Schlammregen und Gewitter am 11. März 1901 in den österreichischen Alpenländern. – Meteorol. Z., 36 (18), 1901, 231–234.

Rammelsberg C. Über Petalit und Spodumen. (Sterzing.) – Auszug aus Poggend. Ann., 80, 544ff. im NJb. 1853, 53.

Rösch G. v. Geroldshausen. Der Fürstlichen Grafschaft Tyrol Lanndtreim. Von neuem geme(h)rt und gebessert. – Innsbruck 1558. – Abschrift aus der Mitte des 18. Jahrhunderts im Mus. Ferdin., Bibl. Tir. Dip. 919 u. 946. – S. a. Emmert, Fischnaler, Isser, Pichler, Wieser u. TB 1822, S. 92.

Roschmann A. Regnum animale, vegetabile et minerale – medicum Tyrolense. – Innsbruck (Wagner) 1738.

— Collectanea historica et geographica de variis locis Tyrolensibus. 1739. – Handschr. Mus. Ferdin. Dip. (tom. 178), 919, 946 mit 1 K. v. 1724. (U. a. über Bergbau.)

Rosthorn F. v. Übergangs- und Triasbildungen der Südostalpen. (U. a. Eisacktal Verrucano. – Brief aus Klagenfurt v. 15. 10. 1855.) – NJb. 1855, 806–807.

Rottleuthner. Die Eröffnung der ersten Eisenbahn in Tirol. Zum 50. Jahrestage. (Kufstein–Innsbruck und Verona–Bozen 1858, Brenner 1867.) – Innsbr. Nachr., Nr. 269 v. 21. 11. 1908.

Schmidl A. Pittoreske Beschreibung von Tirol und Vorarlberg. Die Gefürstete Grafschaft Tirol mit Vorarlberg. – In: Das Kaisertum Österreich, 2 Bände, Stuttgart (Scheiber) 1837, 1. Bd: Alpenländer, 78 S., 18 Taf. mit Abb. (5–8: Geogn. nach Pfaundler, Buch, Studer u. a.; 8: Höhlen und Bergstürze [Slavini, Pedratsches, Erdpyramiden am Ritten u. a.], 12: Heilquellen.)

Schmidt A. A. Die Gefürstete Grafschaft Tirol mit Vorarlberg. – Stuttgart 1837. (U. a. über Bergbau.)

Schubert G. H. Wanderbüchlein eines reisenden Gelehrten nach Salzburg, Tirol und der Lombardei. – Erlangen 1823, 2. Aufl. ebd. 1834. (U. a. paläont. Beobachtgen.)

Schultes J. A. Höhenmessungen an der Straße über den Brenner. – Sammler f. Gesch. usw., 5, 1809, 105–109, 2 Tab.

— Mineralogische und geologische Bemerkungen an der Straße von Innsbruck nach Bozen. – Sammler f. Gesch. v. Tirol, 5, 1809, 187–202.

— Geognostische Nachricht über Tirol. (Brennergebiet.) – Journ. f. d. Chem. u. Phys., 2, 469ff. – Auszug: Leonh. Taschenbuch, 4, 1810, 259–261.

Schwärzler A. Entstehung des Gossensasser Bergbaues. – Die Heimat, Meran 1912–1913, 68–69.

Senger J. v. Beschreibung einer Wanderung nach dem Schneeberge in Tirol. – Molls Jbücher d. Berg- u. Hüttenkde, 4, 1. Lfrg, 1799, 156–194, 1 Taf. (Lageplan der Erzgänge, Klüfte und der 77 Stollen.)

— Über Serpentin und Klingstein aus der Gegend von Brixen. – Molls Annalen d. Berg- u. Hüttenkde, 3, 1805, 309.

Sparber A. Das Sarntal. Eine geogr.-histor. Skizze. – 68. Jber. Gymnas. Brixen, ebd. 1918, 67 S., 4 Taf.

Sperges J. v. Verschiedenes von tirolischen Bergwerkssachen. (Tirolische Erzarten; Verz. v. Naturaliensammlern; histor. Bergbaunotizen; Erklärung v. Fachausdrücken; Marmelarten; Farben; Versteinerte Sachen; aus dem Landreim v. 1558.) – Handschr. Mus. Ferdin., Dip. 745, 19 S.

— Bergwerksgeschichte. – 1765. – Verwertet u. a. illustr. Handschr. aus seiner Bibliothek: Von dem hoch- und weitberühmten Bergwerk am Falkenstein zu Schwaz in der Fürstl. Grafschaft Tirol und anderen inkorporierten Bergwerken. Erwähnt in De Luca, Staatsanzeigen von den k. k. Staaten, 1784, S. 326. (Kitzbühel, Rattenberg, Schwaz, Hall, Hötting, Klausen, Schneeberg, Meran.)

Sterner-Rainer L. Der Bergbau in den Ostalpen. (Vortr.) – Österr. Touristenztg, 19, Wien 1899, 146–148, 157–160, 169–173.

Sterzing. Funde von Fluorit und Baryt beim Bergbau von Pontleit. – Innsbr. Nachr., Nr. 9 v. 12. 1. 1906.

Stolz O. Die Schwaighöfe in Tirol. – 1930. – Bespr. Mitt. Geogr. Ges. Wien, 76, 1933, 247.

Stotter M. Geognostisches Tagebuch. (Ötztal, Brenner, Pfitsch-, Eisack- und Ahrntal.) – Handschr. Mus. Ferdin., W. 2512.

Strele G. Die Wildbachverbauung in Südtirol. – Z. Österr. Ing.- u. Arch.-Ver., 80, 1928, 471–473.

— Grundriß der Wildbachverbauung. – Wien (Springer) 1934, 279 S., 150 Abb. – Bespr. GZ 53 A/634; Z. f. prakt. Geol., 42, 1934, 125; NJb. 1934/2, 571.

Strobl E. Die Hauptbahnen in Tirol und Vorarlberg. Kurzgefaßte Geschichte ihrer Entwicklung. Ein Auszug aus größeren Sammelwerken und einschlägigen Monographien. – Innsbr. Nachr., Nr. 170, 176, 182, 187, 193 v. August 1902.

Tertsch H. Die Erzbergbaue Österreich-Ungarns. – 1918. – Auszug: Berg- u. Hüttenm. Jb., 67, 1919, 37–63, 1 K., 2 Tab.

Thaulow M. C. J. Chemische Untersuchung des Bergholzes von Sterzing in Tirol. – Poggend. Ann., 1837, Nr. 8, 635ff. – Bespr. NJb. 1838, 173.

Tileman J. Baad-Ordnung oder ... Erklärung in ... Tyrol gelegener Bäder. – Augsburg (Utzschneider) 1681, 22 S. (U. a. Heilquellen bei Brixen.)

Tirolische Industrie. (h.) Eine untergegangene –. (Porzellanfabrik in Kardaun.) – Der Sammler, 1, Meran 1906–1907, H. 7, 15.

Toma R. Aspetti del problema montano e suoi riflessi sull'incremento demografico e zootecnico. – Catt. amb. d'Agricolt. di Bolzano, Trento (Tip. mut. e inv.) 1931, 41 S., 4 Taf., 9 Abb.

Tornquist A. Neue Untersuchungen ostalp. Erzlagerstätten. – 1932. – Bespr. Z. f. prakt. Geol., 41, 1933, 103.

Trinker J. Erläuternde Bemerkungen zu der am 25. Sept. 1851 in Hall den Mitgliedern des Bergm. Ver. vorgelegten Sammlung aus dem Neuschurf am Madersbacher Köpfl bei Brixlegg. (1851.) – Der Aufschluß der tieferen westlichen Reviere im Pfunderer Berg bei Klausen. (1853.) – Das Vorkommen von Kohle in den älteren Formationen der Tiroler Alpen. (1854, Gadertal und Naif.) – Handschr. Mus. Ferdin., W. 5614.

Ur- und frühgeschichtliche Funde. Innsbr. Nachr., Nr. .. v. ...: Klausen: 243 v. 22. 10. 1907. Klobenstein: 215 v. 19. 9. 1913. Plabach bei Lüsen: 102 v. 4. 5. und 122 v. 30. 5. 1912.

Uttinger G. Beobachtungen auf einer Reise über das Profil der tirolischen Alpen. – Leonhards Min. Taschenbuch, 15, Frankfurt a. M. 1821, 3. Abt., 761–806.

Verniani E. L'Alto Adige. (Monografia geografica.) – L'Universo, a. 15, n. 2, 4, 5, Firenze 1934, 99–120, 274–301, 389–439, 14 Abb., 2 Taf. – Auszug: Ist. Geogr. Mil., Firenze 1934, 99 S., 37 Abb., 14 K.

Waldbrände, größere in Tirol u. V. Innsbr. Nachr., Jahr, Nr. – Absam: 1911, 76. Achensee: 1924, 279. Achselkopf: 1911, 111; 1913, 63; 1916, 136. Ahrnspitz: 1923, 161. Ahrntal: 1907, 134; 1913, 73. Aicha: 1910, 154. Ala: 1901, 22. Algund: 1912, 80. Amras: 1908, 98. Arco: 1905, 12; 1911, 185. Avio: 1907, 13. Barbian: 1921, 263. Berg Isel: 1908, 73. Bludenz: 1911, 66. Blumau: 1905, 83. Bondone: 1901, 286. Bozen: 1900, 240; 1903, 120; 1907, 94, 109; 1911, 60, 77, 87, 95; 1915, 174; 1917, 170, 173; 1918, 149, 228; 1923, 31. Brentagruppe: 1909, 177. Brixen: 1917, 175; 1918, 230. Brixlegg: 1904, 94; 1906, 78. Bruneck: 1906, 194, 230; 1907, 78; 1908, 159; 1913, 118, 138. Cavalese: 1911, 207. Cembra: 1906, 80. Cognola: 1906, 30. Cortina: 1914, 290. Eggental: 1911, 25. Eppan: 1906, 202; 1918, 49. Erpfendorf: 1911, 210. Franzensfeste: 1911, 184. Fußach: 1909, 84. Gaichtpaß: 1911, 210. Gantkofel: 1906, 199. Gargazon: 1906, 85. Glaning: 1924, 266. Glungezer: 1905, 174. Gmund a. d. Etsch: 1912, 221. Göflan: 1907, 71. Gossensaß: 1911, 190, 192. Götzis: 1908, 71. Gschnitztal: 1906, 187; 1921, 118. Halltal: 1909, 118, 126; 1923, 186. Hechenberg: 1911, 88, 89; 1912, 52; 1915, 169, 206, 284, 285; 1918, 54; 1921, 59. Hinterbärenbad: 1912, 96; 1915, 261. Hopfgarten: 1920, 86. Hötting: 1911, 241; 1920, 55. Igls: 1907, 227. Imst: 1911, 90, 92; 1917, 141 (Arzl); 1921, 183, 184. Innichen: 1911, 192. Innsbruck: 1913, 72. Berg Isel: 1908, 73. Kaltern: 1901, 20; 1905, 168; 1909, 85, 184; 1916, 379; 1918, 197; 1921, 282. Kardaun: 1909, 174; 1916, 285. Kastelruth: 1917, 224, 228. Kerschbuchhof: 1910, 59; 1912, 51. Kiens: 1911, 186. Kirchbichl: 1903, 131. Kirchdorf: 1917, 140. Kössen: 1911, 211. Kranebitten: 1911, 85; 1915, 289, 294. Krimpenbachalm: 1913, 247. Kufstein: 1909, 84; 1911, 213 (Spitzenstein); 1915, 155. Kundl: 1904, 166. Kurtatsch: 1906, 197. Labers: 1909, 27; 1924, 48. Lajen: 1923, 182. Lana: 1909, 84. Landro: 1911, 190, 192. Längenfeld: 1909, 111. Latsch: 1919, 118. Lebenberg: 1921, 297. Ledrotal: 1904, 89. Lemmenhof: 1908, 72; 1912, 52. Lienz: 1906, 280; 1909, 145; 1915, 482. Luttach: 1915, 595. Margreid: 1907, 97. Marling: 1907, 56; 1918, 46. Martinswand: 1917, 113, 116. Marzola: 1908, 36. Matrei i. O.: 1906, 234; 1918, 150. Mauls: 1913, 63. Mendel: 1918, 33. Meran: 1907, 94, 109; 1911, 204 (Mutspitz). Mezzana: 1908, 282. Mieming: 1910, 114; 1918, 230. Mittewald a. E.: 1918, 227. Montebaldo: 1904, 177; 1910, 164. Morter: 1921, 251. Mühlbach: 1907, 111. Natters: 1915, 154. Nauders: 1915, 289. Nenzing: 1911, 210. Neumarkt: 1907, 57. Obermais: 1911, 91, 186; 1913, 48. Olang: 1912, 86. Ötztal: 1910, 116. Paganella: 1907, 67. Passeier: 1923, 185. Partschins: 1918, 80. Paschberg: 1909, 87. Patsch: 1908, 158. Patscherkofel: 1920, 56. Paznaun: 1909, 125. Pendling: 1920, 277. Persen: 1911, 45. Pfunds: 1911, 92; 1913, 281. Plumeskopf: 1910, 130. Primör: 1906, 254; 1911, 212, 216. Prissian: 1918, 85. Rattenberg: 1905, 150; 1918, 101. Reutte: 1901, 96. Ried: 1909, 142; 1911, 192. Rietz: 1911, 211. Riffian: 1918, 43. Ritten: 1915, 467. Riva: 1903, 91; 1905, 10; 1913, 160; 1914, 36. Rovereto: 1901, 107; 1906, 208; 1907, 60, 71; 1911, 51; 1913, 75. Saltaus: 1907, 18. Salurn: 1910, 105. Sand i. T.: 1907, 124; 1908, 245; 1911, 28, 192; 1912, 117. St. Jakob a. Arlbg: 1911, 277. St. Jakob a. P.: 1918, 103, 107. St. Johann i. T.: 1911, 246. St. Leonhard i. P.: 1913, 59. St. Lorenzen i. P.: 1905, 168. St. Valentin a. d. H.: 1912, 142. St. Ulrich i. Gr.: 1914, 312. Sardagna: 1907, 67. Schalderertal: 1918, 148. Schlanders: 1900, 170; 1911, 190, 192; 1915, 182. Schlandernauntal: 1913, 253. Schruns: 1911, 207. Sexten: 1911, 209. Sigmundskron: 1907, 53. Silltal: 1904, 110 (Klarerhof); 1909, 80 (Unterberg), 92 (Schlucht); 1911, 190; 1912, 53 (Schupfentunnel); 1923, 159 (Mieslkopf). Silz: 1917, 99, 104. Smarano: 1909, 191. Söll-Leukental: 1909, 84. Stanz-Terfens: 1909, 141. Sterzing: 1909, 49; 1911, 186. Taisten: 1913, 139. Tarsch: 1921, 251. Telfs: 1901, 124; 1908, 269. Terfens: 1909, 141; 1910, 76. Terlan: 1903, 206; 1906, 130. Terragnolo: 1904, 185. Thaur: 1908, 16; 1920, 62; 1921, 70. Thaurer Mure: 1911, 93, 94. Thiersee: 1913, 74. Trambellino: 1906, 204. Tratzberg: 1912, 97. Trient: 1907, 6. Ultental: 1916, 377. Vaduz: 1908, 103. Vallunga: 1907, 67. Vandans: 1911, 67. Vikartal: 1911, 242. Vilpian: 1912, 194. Vils: 1924, 257. Vintlalpe: 1921, 59. Virgl: 1907, 80; 1923, 179. Völs: 1908, 251. Wald (Vorarlbg): 1912, 65. Wattental: 1914, 120. Zams: 1913, 128; 1914, 418. Zieltal: 1913, 244. Zirl: 1908, 66. Zunderkopf: 1904, 87; 1923, 132. – Südtirol i. allgem.: 1903, 204. Verhütung, Vorsorgen: 1913, 66; 1915, 186; 1918, 83. – S. a. Waldwirtschaft.

Wallnöfer H. Etwas über das „Schlenkerbohren" im heimatlichen Bergbau. – Der Schlern, 15, 1934, 364–366, 3 Abb.

Wieser F. Der Tiroler Landreim. (Von Georg Rösch v. Geroldshausen, 1558.) – Archiv f. Gesch. u. Altertumskde Tirols, 5, 1869, 209–248. (Haller Salzberg 213–220, Schwaz 220–224, Kitzbühel 229–231, Min.-Geol. 241–243 usw.) – S. a. Rösch G. v., Pichler A. v., Isser M. v., Fischnaler K. u. Emmert A.

Wilberforce W. B. Glück auf! Ein Wort über Bergwerke und Eisenbahnen in Tirol. – Meran (Pötzelberger) 1887, 18 S.

Wolff C. (K.) F. Die ältesten Alpengermanen. – Deutsche Alpenztg, 26, 1931, 154–160, 185–189. — (-f). Vom Eisacktaler Mittelgebirge. – Dolomiten, Nr. 71, Bolzano, 13. 6. 1934, 4 Sp.

Wolkenstein M. S. v. Tyrolische Chronik. – Handschr. Univ. u. Ferdin.-Bibl. (3618) Innsbruck a. d. Anfang d. 17. Jahrhunderts. S. Egger J., Die ältesten Geschichtsschreiber Tirols, Progr. Realschule Innsbruck, 1867, 17–23 u. Hirn J., Erzh. Maximilian, 1, Innsbruck 1915, 437–443. (Namtl. im 1. Buch über Bodenschätze, Bergbau u. Heilquellen.)

Zaglio P. La frontiera italo-austriaca. I. Dal Piz Lat alla Vetta d'Italia. II. Dalla Vetta d'Italia a Monte Forno. – Manualetti di tecnica e di cultura militare. Lungo i confini della Patria, fasc. 9–10. Roma (Ist. Pol. d. St.) 1933, 44 u. 40 S.

Zipser. Über das Vorkommen von körnigem Kalk in Tirol. (Sterzing-Vinschgau; Brief aus Neusohl v. 25. 12. 1818.) – Leonh. Taschenbuch, 14, 2. Abt., 1820, 595–599.

29. Brennergebiet.

Aigner A. Vorzeitformen in den ostalpinen Zentralketten. - Sieger-Festschr., Zur Geogr. d. Deutschen Alpen, Wien 1924, 22-36. - Bespr. GZ 30/1327; NJb. 1925/2, B, 154.

Beaumont A. Travels through the Rhaetian Alps in the year 1786. - London 1792, 82 S., 8 Bildtafeln.

Bergbau Brennergebiet. Innsbr. Nachr., Jahr, Nr. - Arztal: 1924, 195. Brenner: 1907, 248. Habicht: 1924, 279, 291. Schlick: 1921, 214. Sterzing: 1906, 9; 1910, 222.

Bergbau Tirols. Historisch-technische Notizen der Prov. Tirol in ausgedehnter montanistischer Beziehung. Zusammengetragen für das techn. Kabinett Sr. Kais. Hoh. d. dl. Erzh. Kronprinzen und berichtiget für das tir. Nationalmus. - Handschr. 1827, Ferdin.-Bibl. Nr. 2704. Enthält u. a. Angaben über Bergbau Häring, Kitzbühel, Brixlegg, Zillertal, Schwaz, Hall, Torf in Vorarlberg, Serpentin Matrei a. Br., Schwerspat Schwaz, Steinöl Seefeld (mit Bild); Histor.-techn.-admin. Skizze der Saline Hall und der Salmiakfabrik zu Hall i. T.; Walzwerk Brixlegg (1819 erbaut); Gedrängte hist.-techn. Notizen über den tir. Messinghandel. (Achenrain seit 1. Hälfte des 17. Jahrhunderts, vorher Lienz.)

Bergwerke und Schürfe. Verzeichnis der - und des Personals. 1788. (Nordtirol.) - Handschr. Mus. Ferdin., Dip. 1190, f. 90-99, 103. - S. ebd. Statistische Notizen aus den Gerichten Stubai, Matrei und Steinach v. J. 1791. (Nutzbare Gesteine und Eisenindustrie.)

Betti M. e **Bonino G. B.** Le acque minerali dell'Alto Adige e del Trentino. Indagini chimiche e chimico-fisiche. P. I. - R. Acc. d'It., mem. d. cl. d. sc. fis., mat. e nat., v. 5, Roma 1933, 56 S., 15 Fig.

Blaas J. u. **Czermak P.** Staubfall in Tirol. (10. u. 11. 3. 1901.) - Meteorol. Z., 36 (18), 1901, 234-235.

Bleser P. Geologische Studien am Westende der Hohen Tauern östlich der Brennerlinie. - Dissert. Univ. Basel, Luxemburg (Bück) 1934, 89 S., 5 Taf., 3 Taf. Profilskzen, 1 Fig.; Inst. Grand-Ducal de Luxembourg, Arch. nouv. sér., 1934, t. 13.

Borraß E. Bericht über die relativen Messungen der Schwerkraft mit Pendelapparaten in der Zeit von 1808 bis 1909 und über ihre Darstellung im Potsdamer Schweresystem. - Verh. 16. Allgem. Konferenz der Internat. Erdmessung in London und Cambridge 1909, 3. T. Spezialbericht über die rel. Schweremessungen, Berlin (Reimer) 1911, 288 S., 2 K.

Brennerbad in Tirol. Höhenkurort und Thermalbad. - Prospekt der Brennerbad-Ges. (1902?), 8 S. (U. a. Analyse.)

Brennerwerke. Einweihung. - Innsbr. Nachr., Nr. 104 v. 7. 5. 1900.

Buch L. v. Barometrische Reise von Salzburg über den Brenner nach Trient. (Bericht aus Bozen v. 12. 5. 1798 an Moll.) - Molls Jbücher d. Berg- u. Hüttenkde, 3, 1799, 359-361.

— Barometrische Reise über den Brenner von Salzburg nach Trento. (Bericht aus Rom v. 14. 7. 1798.) - Molls Jbücher d. Berg- u. Hüttenkde, 4, 1799, 1. Lfrg, 88-109.

— Über barometrische Höhenmessungen. (Briefl. Mitt. - Namentl. über Brenner.) - Aus: Allgem. geogr. Ephemeriden, IV, St. 2, 167 im Sammler f. Gesch. usw., 3, 1808, 242-243 unter: Höhebestimmungen usw., 4.

Czermak F. u. **Schadler J.** Vorkommen des Elementes Arsen. - 1933. - Bespr. Z. f. prakt. Geol., 42, 1934, 30; NJb. 1934/2, 229.

Dal Piaz G. B. Studi geologici sull'Alto Adige orientale e regioni limitrofe. - 1933 (1934). - 12 S. Vorw., 242 S., 12 Taf., K. 1:200000, 1 Panor., 37 Fig., m. Erläutgen.

Delago H. Schalensteine in Nordtirol. - Tir. Heimatbl., 12, 1934, 342-343.

Diem K. Zur Systematik der Mineralquellen Österreichs. - Int. Minquellenztg, 34, 1933, Nr. 12, 1-6.

Dietl F. X. Dissertatio inauguralis medico-chemica de austriaci imperii aquis medicatis Brisgoliae, Carinthiae, Carnioliae, Styriae, Tyrolis et nonnullis aliis. - 1772. (S. Nevinny J.)

Duftschmid-Wilser B. Probleme aus der nördlichen Grauwackenzone der Ostalpen. - 1930. - Bespr. NJb. 1934/2, 14.

Dünner H. Zur Geologie des Tauernwestendes am Brenner. (Diss.) - Winterthur 1934, 134 S., mehr. Prof., K. 1:50000.

Ekhart E. Klima von Innsbruck. - Ber. Natw.-med. Ver. Innsbruck, 43-44, 1931/32-1933/34, Innsbruck (Selbstverlag) 1934, 245-359, 73 Tab., 6 Fig.

Enderes Br. v. Die Geschichte der Alpenstraßen und Alpenbahnen. - Beitr. z. Gesch. d. Technik, 22, 1932/33, 7-17, m. K.

Erdbeben. Brenner-Linie. Innsbr. Nachr., Jahr, Nr. - Bozen: 1907, 95. Brenner: 1924, 72. Ellbögen: 1914, 3. Hintertux: 1916, 234. Kastelruth: 1901, 80. Klausen: 1915, 379. Mieders: 1904, 3. Steinach: 1913, 217. Sterzing: 1901, 53; 1907, 233. Ganz Tirol: 1902, 139; 1904, 58; 1909, 10, 11. Ganz Nordtirol: 1910, 156-159; 1911, 266, 267; 1914, 400. Ganz Südtirol: 1900, 59; 1908, 66.

Felsstürze, größere in Tirol u. V. Innsbr. Nachr., Jahr, Nr. - Ala: 1900, 279; 1912, 87; 1914, 57. Ampezzo: 1909, 127 (Termine), 141 (Zoldotal); 1911, 128 (Cortina). Arlberg: 1910, 204. Atzwang: 1903, 265; 1910, 253, 254; 1912, 54. Besagno: 1911, 27. Birchabruck: 1900, 158. Bludenz: 1907, 297. Blumau: 1901, 90; 1902, 240, 243; 1910, 271; 1915, 147. Bozen: 1901, 61; 1906, 72 (Fergenbach); 1915, 489. Bregenz: 1906, 119; 1907, 201 (Waldbahn); 1910, 49 (ebd.), 160; 1912, 9. Brenner: 1907, 99; 1910, 149 (Bahn); 1914, 106 (See). Bruneck: 1910, 252. Buco di Vela: 1913, 55. Burgstall: 1910, 110. Cadine: 1906, 73. Dalaas: 1908, 36; 1919, 120. Deutschmetz: 1903, 29; 1910, 4. Deutschnofen (Brentental): 1912, 43. Eggental: 1900, 263; 1901, 107; 1903, 252, 260; 1905, 70; 1910, 163; 1914, 84, 125. Ehrwald (Sonnenspitz): 1916, 407. Ennebergtal: 1901, 85; 1908, 72; 1909, 284; 1910, 58; 1913, 70. Feldkirch: 1900, 284, 290; 1901, 264; 1910, 108. Fleimstal: 1902, 290. Floitenspitz-Ahrntal: 1909, 269. Göfis: 1913, 192. Gossensaß: 1911, 272. Grigno: 1906, 168. Heinzenberg (Zell a. Z.): 1914, 77, 80; 1915, 158. Hochstadel: 1907, 259. Iffinger: 1904, 147. Imst: 1910, 64, 91, 183; 1912, 114; 1914, 81; 1924, 281, 282 (Schönwies). Kardaun: 1907, 248; 1912, 77.

Kastelruth: 1901, 231. Kaunertal: 1908, 52; 1912, 73. Klausen: 1911, 272. Kössen: 1902, 46. Kranebittner Klamm: 1912, 47. Kufstein: 1908, 78; 1917, 241. Landeck: 1900, 209. Liechtenstein: 1909, 178. Lienz: 1906, 278. Maurach (Ötztal): 1905, 86; 1910, 174. Meran: 1907, 99; 1909, 251; 1913, 69; 1916 (Mutkamm), 363, 366, 367, 415, 474, 475. Mezolomb.: 1907, 184; 1911, 281. Montafon: 1913, 150. Montan: 1919, 18. Mori: 1904, 62. Neumarkt: 1911, 59. Nonsberg: 1904, 243; 1905, 164; 1907, 289; 1912, 66 (Bahn). Paznaun: 1905, 87. Ponale: 1906, 281. Primiero: 1910, 278. Rabland: 1910, 159. Rattenberg: 1904, 126. Ritten: 1913, 79. Riva: 1906, 255 (S. Nicolo); 1907, 241 (Mte Brione); 1911, 260, 283 (Mte Oro); 1912, 28, 32, 56 (ebd.); 1914, 295 (ebd.). Rovereto: 1900, 285; 1902, 42. St. Anton: 1905, 182. Sarntal: 1902, 105; 1910, 267. Schlanders: 1919, 18. Schnalstal: 1913, 138. Sellrain: 1923, 96; 1924, 195. Siebeneich: 1924, 131. Sölden: 1912, 180. Steinach: 1910, 167. Telfs (Mörderloch): 1901, 20. Terlan: 1908, 86. Thierberg: 1905, 286; 1906, 75. Torbole: 1901, 300. Tösens: 1912, 154. Trafoi: 1902, 142. Ultental: 1904, 83. Untermais: 1909, 251. Vill: 1904, 105. Villnöß: 1907, 300; 1909, 58. Vinschgau: 1911, 263. Vintl: 1913, 68. Virgl: 1909, 251. Waidbruck: 1910, 50. Wenns (Pitztal): 1916, 184. Westendorf: 1907, 277. Wirtatobel: 1922, 151. Zoldotal: 1909, 141. – S. a. Murbäche und Straßenverschüttungen.

Ficker H. v. Ergebnisse der Föhnbeobachtung auf dem Patscherkofel. – Innsbr. Nachr., Nr. 275 v. 30. 11. 1905.

Finsterwalder K. Zillertaler Berg- und Talnamen. Einblicke in die älteste Gebirgsanschauung und -besiedlung von den Namen der Karte aus. – Z. DÖAV, 1934, 12–27.

Gaertner H. R. v. Die Eingliederung des ostalpinen Paläozoikums. (Erweit. Vortr.) – Z. DGeolGes., 86, 1934, 241–265, 1 Taf., 5 Abb.

Grabherr W. Der Einfluß des Feuers auf die Wälder Tirols in Vergangenheit und Gegenwart. – Zbl. f. d. ges. Forstwesen, 60, 1934, 260–302, 5 Abb., 8 Tab.

Gredler V. Der Steinhandel Tirols längs der Brennerbahn. – Andreas Hofer, Wochenbl. f. d. Tiroler Volk, Innsbruck 1879, Nr. 21–23, S. 202–203, 210, 220–221.

Hauckh J. C. Leitfaden zu den Kenntnissen der Gef. Grafsch. Tyrol. – Innsbruck (Wagner) 1789. (S. 30–32 über Bergbau Hall und Klausen, Kohle Matrei a. Br., Sterzing und Kitzbühel, Marmor Wattens u. a. m.)

Heberdey R. Die Bedeutung der Eiszeit für dieFauna der Alpen. – 1933. – Bespr. GZ 4 B/1333, 52 A/223.

Heißel W. Quartärgeol. des Silltales. – 1932. – Bespr. NJb. 1934/3, 869.

Hirschberger H. Stubaier Erzbergwerke einst und jetzt. – Innsbr. Nachr., Nr. 236 v. 15. 10. 1921.

Hochwasserschäden. Verzeichnis der Mittel, welche von den Gemeinden zur Abwendung der Wasserschäden verwendet worden sind. 1790. – Handschr. Mus. Ferdin., Dip. 1190, f. 37–39, 6 S. – S. ebd. f. 120 Vorkehrungen der Regierung 1772–1776.

Hradil G. Geologische Fahrten. 1. Innsbruck–Klausen. 2. Klausen–Bozen–Etschtal–Loppio. 3. Gardasee. – Innsbr. Nachr., Nr. 261 v. 15. 11., 283 v. 12. 12. 1904, 86 v. 14. 4. 1905.

Innsbrucker Lokalbahnen. Innsbr. Nachr., Jahr, Nr. – Allgemeines: 1906, 69; 1911, 34, 76; 1912, 74, 177 (Schwebebahnen); 1913, 78; 1914, 77. Dörferbahn (Mühlau-Absam): 1904, 62; 1905, 79, 271, 284; 1907, 177, 178, 185, 193, 202, 227, 250, 256, 261; 1908, 47, 59, 64, 68, 69, 79, 102, 105, 171, 194, 209, 248, 249, 251, 253; 1909, 47, 65; 1910, 38. Götzens: 1908, 298. Hafelekar: 1909, 237; 1911, 54. Hall-Rinn: 1909, 55, 65. Hungerburg: 1905, 106; 1906, 83. Südl. Mittelgebirgsbahn: 1900, 32, 54, 136, 144–146, 218; 1901, 115; 1910, 124. Mutters-Sellrain: 1913, 209; 1914, 33. Patsch-Schönberg: 1912, 117. Patscherkofel: 1909, 203; 1910, 281; 1912, 13, 68, 85, 121. Sellraintal: 1924, 37, 90. – S. a. Stubai- und Mittenwaldbahn.

Isser M. v. Neue Erzaufschlüsse in Tirol. (1. Dirstentritt, 2. Negelseekar bei Ehrwald, 3. Röhrerbühel bei Kitzbühel, 4. Obernberg a. Br., 5. Eggertal bei Sterzing, 6. Rabenstein in den Sarntaler Alpen, 7. Terlan im Vinschgau, 8. Panzendorf und Tessenberg im Pustertal.) – Innsbr. Nachr., Nr. 163 v. 19. 7. 1911.

Kanitscheider R. Beiträge zur Mechanik des Föhns. – Anzg. Ak. d. Wiss. Wien, math.-natw. Kl., 71, 1934, 279–280.

Karpe F. C. Übersicht der Heilquellen von Tirol und Vorarlberg im Jahre 1828. – TB 1830, 248, 252, 256, 260.

Klebelsberg R. v. Grundzüge der Geologie Tirols. – 1933. – Bespr. Mitt. DÖAV, 1934, 147; PetMitt., 1934, 317; Geogr. Z., 40, 1934, 271.

— Geologie von Tirol. – Berlin (Borntraeger) 1935, 748 S. u. 4 Verz., K. 1:500000, 3 Skzen, 11 Blgen.

Kluge E. Über die Ursachen der in den Jahren 1850 bis 1857 stattgefundenen Erderschütterungen und die Beziehungen derselben zu den Vulkanen und zur Atmosphäre. – Stuttgart (Schweizerbart) 1861, 124 S. (Alpen 13–16 u. Jahresstatistik.)

Koch E. J. Die Mineralquellen des gesamten österreichischen Kaiserstaates in top., hist., phys.-chem. u. therap. Beziehung. – 2. Aufl. Wien (Gerold) 1845, 467 S.

Kyrle G. Patsch, Hötting. – Fundber. a. Österr., 1, 1930–1934, 24, 193. – S. a. Wr. Prähist. Z., 1932, 9.

Laviosa-Zambotti P. Edizione archeologica della carta d'Italia al 100000. – Firenze (R. Ist. Geogr. Mil.) 1933–1934. F. IV P. d. Resia, F. V Merano, F. 9 M. Cevedale. 1933, 20 S.; F. XV Bolzano, F 11 M. Marmolada. 1934, 64 S.; F. VI Bressanone, F. VI bis P. d. Brennero, F. VII Monguelfo, F. VII bis Vetta d'It. 1934, 33 S. – Bespr. Der Schlern, 15, 1934, 288.

Leonhard K. C. v. Verzeichnis tirolischer Mineralien. – Leonhards Min. Taschenbuch, 5, 1811, 199–211. – Berichtigung ebd., 7, 2. Abt., 1813, 581–583. (Schoepfer.)

Leutelt-Kipke S. Ein Beitrag zur Kenntnis der hydrographischen und hydrochemischen Verhältnisse einiger Tiroler Hoch- und Mittelgebirgsseen. – Arch. f. Hydrobiol., 27/2, 1934, 286–352, 3 Taf., 2 Text- u. 2 Tabellenbeilagen.

Maier A. Geognostische Notizen über Tirol. – 1831. – Bespr. NJb. 1833, 560.

Matrei a. Br. Karbidwerk. – Innsbr. Nachr., Nr. 174 v. 1901.

Michaeler K. Versuch über die einstige Gestalt und Bevölkerung Tirols. – 1. Teil, Wien 1783, 792–794. (U. a. Bergbau Stanzer Tal, Seefeld, Thaur, Häring, Schneeberg; Torf Villanderer Alpe; Min. u. nutzb. Gest. Waldrast, Patscherkofel; Gletscher u. a. m.)

Mineralwässer Tirols. (–a–) Ausnützung der –. –

Innsbr. Nachr., Nr. 46 v. 25. 2. 1911. – S. a. Nevinny.
Mohr H. Das Schürfen auf technisch verwertbaren Glimmer in den Ostalpen. – Mont. Rdsch., 15, 1923, 469–473.
Mutschlechner G. Ein Ammonitenfund. – 1933. – Bespr. GZ 4 B/1111.
Nevinny J. Das Badewesen Tirols und die Heilquellen dieses Landes, insbesonders des Brennerbades. – Innsbr. Nachr., Nr. 213 v. 18. 9. u. 214 v. 19. 9. 1905. (Enthält auch älteres Schrifttum.)
Noël H. Verzeichnis tirolischer Bergwerksverleihungen von 1628–1696. (Berggericht Hall.) – Handschr. Mus. Ferdin., Dip. 1164.
Petrascheck W. Die Magnesite und Siderite. – 1932. – Bespr. Z. f. prakt. Geol., 41, 1933, 55.
Petzholdt A. Beiträge zur Geognosie von Tirol. Skizzen auf einer Reise durch Sachsen, Bayern, Salzkammergut, Salzburg, Tirol, Österreich. – Leipzig 1843, 372 S., 54 Abb.
Pfaundler G. v. Notizen über tirolische Bergbauten aus archivalischen Quellen. 1832–1862. (Umfaßt ganz Tirol.) – Handschr. v. J. 1864, Mus. Ferdin., W. 5581.
Pisek A., Sohm H. u. **Cartellieri E.** Untersuchungen über osmotischen Wert und Wassergehalt von Pflanzen und Pflanzengesellschaften der alpinen Stufe. (Mit bes. Berücksichtigung der Zwergsträucher im Winter.) – Beih. z. Bot. Zentralbl., 52, Abt. B, H. 3, Dresden 1935, 634–675, 9 Abb.
Playfair J. Notiz über interglaziale Schotter an der Brennerstraße bei Schönberg. – The Works of J. Pl., 1, 1822, röm. 56.
Poitschek G. Rund um die Brennerbahn. – Der Bergsteiger, 9, 1931, 307–319, m. Abb.
Possanner R. v. Das Arztal und seine Metallschätze. – Innsbr. Nachr., Nr. 195 v. 26. 8. 1924.
Roschmann A. Schema Tyrolis illustratae. – Handschr. Mus. Ferdin., T. III, P. I. De fontibus medicatis et balneis, herbis, 1737. (S. Nevinny J.)
Rosthorn F. v. Übergangs- und Triasbildungen der Südostalpen. (U. a. Eisacktal Verrucano. – Brief aus Klagenfurt v. 15. 10. 1855.) – NJb. 1855, 806–807.
Rottleuthner. Die Eröffnung der ersten Eisenbahn in Tirol. Zum 50. Jahrestage. (Kufstein–Innsbruck und Verona–Bozen 1858, Brenner 1867.) – Innsbr. Nachr., Nr. 269 v. 21. 11. 1908.
Scherer M. Abhandlungen über verschiedene Badeanstalten und ihren Gebrauch. – 1789. (S. Nevinny J.)
Schnee mit Würmern im Venntal. (Brenner.) – Innsbr. Nachr., Nr. 254 v. 5. 11. 1912.
Schultes J. A. Höhenmessungen an der Straße über den Brenner. – Sammler f. Gesch. usw., 5, 1809, 105–109, 2 Tab.
— Mineralogische und geologische Bemerkungen an der Straße von Innsbruck nach Bozen. – Sammler f. Gesch. v. Tirol, 5, 1809, 187–202.
— Geognostische Nachricht über Tirol. (Brennergebiet.) – Journ. f. d. Chem. u. Phys., 2, 469ff. – Auszug: Leonh. Taschenbuch, 4, 1810, 259–261.
Schwinner R. Variscisches und alpines Gebirgssystem. – 1933. – Bespr. GZ 52 A/376.
Seefeldner E. Zur Altersfrage der Abtragungsflächen. – 1933. – Bespr. Z. f. Geomorph., 8, 1934, 204; GZ 53 A/81; Mitt. Geol. Ges. Wien, 26, Wien 1934, 226; Boll. Soc. Geogr. It., 1934, 75.
Sillwerke. Innsbr. Nachr., Nr. 8, 27, 125 v. 1912.
Steinacher Kohlenbergwerk. Vom –. – Innsbr. Nachr., Nr. 267 v. 22. 11. 1934, S. 7.
Stiny J. Zur Vorausbestimmung der Erdwärme im Bauwesen, besonders in Stollen und Tunnels. – 1933. – Bespr. NJb. 1934/2, 538.
Stolz O. Die Schwaighöfe in Tirol. – 1930. – Bespr. Mitt. Geogr. Ges. Wien, 76, 1933, 247.
Stotter M. Geognostisches Tagebuch. (Ötztal, Brenner, Pfitsch-, Eisack- und Ahrntal.) – Handschr. Mus. Ferdin., W. 2512.
Strele G. Die Quellen der Geschiebeführung. – 1932. – Abdr. in: Schw. Bauztg, 100, 1932, H. 18, 19.
Strobl E. Die Hauptbahnen in Tirol und Vorarlberg. Kurzgefaßte Geschichte ihrer Entwicklung. Ein Auszug aus größeren Sammelwerken und einschlägigen Monographien. – Innsbr. Nachr., Nr. 170, 176, 182, 187, 193 v. August 1902.
Stubaitalbahn. Innsbr. Nachr., Jahr, Nr. – 1900, 53, 187, 192, 203; 1901, 98, 128, 132, 146 (Verhdgen); 1902, 255; 1903, 51, 100 (Baubeginn), 110, 111, 179, 250 (Tunnel), 255, 258, 294 (Bau); 1904, 10, 115 (Eröffnung 4. 7.), 139, 144, 154, 164, 170, 171, 172 (Leitart.), 173, 282 (Dammrutsch); 1921, 219 (Verlängerung Neustift). Fulpmes–Froneben: 1906, 74.
Tertsch H. Die Erzbergbaue Österreich-Ungarns. – Wien 1918, 131 S., K. 1:15 Mill.; 2. Aufl. 1919. – Auszug: Berg- u. Hüttenm. Jb., 67, 1919, 37–63, 1 K., 2 Tab. – Bespr. GZ 25/1013; Geogr. Z., 25, 1919, 228.
Verniani E. L'Alto Adige. (Monografia geografica.) – L'Universo, 15, Firenze 1934, 99–120, 274–301, 389–439, 14 Abb., 2 Taf. – Auszug: Ist. Geogr. Mil., Firenze 1934, 99 S., 37 Abb., 14 K.
Wanner E. Beiträge zur Geographie der Erdbeben. II. – Gerl. Beitr. z. Geophys., 39, 1933, 326–332, 2 Fig. – Bespr. NJb. 1934/2, 547.
— Die Lage der zerstörenden alpinen Erdbebenherde. – Verh. Schw. Natf. Ges., 114. Jvers. Altdorf, 1933, 346–347.
Wilberforce W. B. Glück auf! Ein Wort über Bergwerke und Eisenbahnen in Tirol. – Meran (Pötzelberger) 1887, 18 S.
Zaglio P. La frontiera italo-austriaca. I. Dal Piz Lat alla Vetta d'Italia. II. Dalla Vetta d'Italia a Monte Forno. – Manualetti di tecnica e di cultura militare. Lungo i confini della Patria, fasc. 9–10. Roma (Ist. Pol. d. St.) 1933, 44 u. 40 S.

30. Tarntaler Berge.

Bleser P. Geologische Studien am Westende der Hohen Tauern östlich der Brennerlinie. – Dissert. Univ. Basel, Luxemburg (Bück) 1934, 89 S., 5 Taf., 3 Taf. Profilskzen, 1 Fig.; Inst. Grand-Ducal de Luxembourg, Arch. nouv. sér., 1934, t. 13.
Dünner H. Zur Geologie des Tauernwestendes am Brenner. (Diss.) – Winterthur 1934, 134 S., mehr. Prof., K. 1:50000.
Finsterwalder K. Zillertaler Berg- und Talnamen. Einblicke in die älteste Gebirgsanschauung und -besiedlung von den Namen der Karte aus. – Z. DÖAV, 1934, 12–27.
Heberdey R. Die Bedeutung der Eiszeit für die Fauna der Alpen. – 1933. – Bespr. GZ 4 B/1333, 52 A/223.
Klebelsberg R. v. Grundzüge der Geologie Tirols. –

1933. - Bespr. Mitt. DÖAV, 1934, 147; PetMitt., 1934, 317; Geogr. Z., 40, 1934, 271.
— Geologie von Tirol. - Berlin (Borntraeger) 1935, 748 S. u. 4 Verz., K. 1:500000, 3 Skzen, 11 Blgen.

Peez K. Der Untergang der Fugger. - Reichspost, Nr. 317 u. 324 v. 1931.
Stolz O. Die Schwaighöfe in Tirol. - 1930. - Bespr. Mitt. Geogr. Ges. Wien, 76, 1933, 247.

31. Tuxer Voralpen.

Anndorffer Jörgen. Handschr. über Bergbau Schwaz: Was Antzal Silber zu Schwatz ... von 1470–1534... - Nationalbibl. Wien.
Bergsegen. (M.) Tirols -. - Innsbr. Nachr., Nr. 85 v. 12. 4. 1919.
Bergwerke u. Schürfe. Verzeichnis der - und des Personals. 1788. (Nordtirol.) - Handschr. Mus. Ferdin., Dip. 1190, f. 90–99, 103. - S. ebd. Statistische Notizen aus den Gerichten Stubai, Matrei u. Steinach v. J. 1791. (Nutzbare Gesteine u. Eisenindustrie.)
Bleser P. Geologische Studien am Westende der Hohen Tauern östlich der Brennerlinie. - Dissert. Univ. Basel, Luxemburg (Bück) 1934, 89 S., 5 Taf., 3 Taf. Profilskzen, 1 Fig.; Inst. Grand-Ducal de Luxembourg, Arch. nouv. sér., 1934, t. 13.
Bobek H. Ein tertiäres Schuttvorkommen im Tuxer Tale. - 1930. - Bespr. NJb. 1934/3, 380.
— Die Formentwicklung. - 1933. - Bespr. Mitt. Geogr. Ges. München, 27, 1934, 126; Mitt. Geol. Ges. Wien, 26, Wien 1934, 229; GR 25, 1934, 363; Mitt. Geogr. Ges. Wien, 77, 1934, 95; Geogr. Z., 40, 1934, 273; GZ 53 A/1535; Z. f. Geomorph., 8, 1935, 336.
Brunswik A. Die geschichtliche Entwicklung des Bergbaues in Nordtirol mit einem Ausblick in die Zukunft. - Diss., Innsbruck 1928.
Czermak F. Ein bemerkenswerter Erzfund. - 1931. - Bespr. GZ 53 A/317.
— u. **Schadler J.** Vorkommen des Elementes Arsen. - 1933. - Bespr. Z. f. prakt. Geol., 42, 1934, 30; NJb. 1934/2, 229.
Diem K. Zur Systematik der Mineralquellen Österreichs. - Int. Minquellenztg, 34, 1933, Nr. 12, 1–6.
Dietl F. X. Dissertatio inauguralis medico-chemica de austriaci imperii aquis medicatis Brisgoliae, Carinthiae, Carnioliae, Styriae, Tyrolis et nonnullis aliis. 1772. (S. Nevinny J.)
Dünner H. Zur Geologie des Tauernwestendes am Brenner. (Diss.) - Winterthur 1934, 134 S., mehr. Prof., K. 1:50000.
Ekhart E. Zur Aerologie des Berg- und Talwindes (im Inntal). - Beitr. z. Phys. d. freien Atmosph., 18, H. 1; Auszug: Ber. Natw.-med. Ver. Innsbruck, 42, 1929/30/31, 196–198.
Emmert A. Der Fürstlichen Grafschaft Tirol Landreim. (Von Georg Rösch von Geroldshausen.) - Abdruck: Almanach f. Gesch., Kunst u. Lit., 1, Innsbruck (Wagner) 1836, 44–75. - S. a. Fischnaler K., Isser M. v., Pichler A. v., Rösch G. v. u. Wieser F.
Erdbeben. Arlberg-Inntal-Linie. Innsbr. Nachr., Jahr, Nr. - Achensee: 1904, 59. Achental: 1918, 289. Baumkirchen: 1912, 37. Brixental: 1921, 245, 248. Brixlegg: 1902, 195; 1908, 263. Ehrwald: 1910, 211; 1913, 166, 171; 1914, 3. Falterschein: 1910, 80. Fritzens: 1907, 262. Gaschurn: 1906, 72. Hall: 1901, 253; 1904, 235; 1917, 39. Imst: 1910, 252; 1911, 149. Innsbruck: 1902, 65, 66; 1905, 295; 1911, 163–165, 167; 1912, 107–109, 275; 1913, 49, 50, 114, 232, 244; 1915, 10; 1916, 331, 379; 1917, 23; 1920, 215, 243; 1923, 37; 1924, 72. Inntal: 1903, 288, 289; 1905, 45–47, 49, 52; 1907, 298; 1914, 233; 1917, 17, 18. Kaisergebirge: 1918, 264. Kramsach-Rattenberg: 1913, 255; 1921, 19. Kufstein: 1915, 417. Landeck: 1915, 30. Lechtal: 1917, 267; 1918, 258; 1924, 286. Lermoos: 1908, 27; 1910, 210. Mieming: 1910, 218; 1911, 207; 1914, 409. Montafon: 1905, 295. Mühlau: 1907, 95. Nassereith: 1911, 17. Nauders: 1901, 252; 1917, 285; 1919, 2. Ötz: 1912, 46; 1914, 373. Paznaun: 1906, 27. Ranggen: 1904, 242. St. Anton: 1905, 209, 213; 1911, 94. St. Gallenkirch: 1906, 66; 1910, 167. Silz: 1911, 105. Sistrans: 1908, 150. Stams: 1908, 29, 63, 140. Telfs: 1903, 35; 1910, 210, 218; 1911, 105. Umhausen: 1907, 173. Volders: 1907, 10. Völs: 1904, 18. Wiesen i. Pitztal: 1907, 225. Zams-Landeck-Prutz-Schönwies-Imst: 1908, 247. Zams: 1915, 486. Ganz Tirol: 1902, 139, 141; 1904, 58; 1909, 10, 11. Ganz Nordtirol: 1910, 156–159; 1911, 266, 267; 1914, 400.
— **Brenner-Linie.** Innsbr. Nachr., Jahr, Nr. - Bozen: 1907, 95. Brenner: 1924, 72. Ellbögen: 1914, 3. Hintertux: 1916, 234. Kastelruth: 1901, 80. Klausen: 1915, 379. Mieders: 1904, 3. Steinach: 1913, 217. Sterzing: 1901, 53; 1907, 223. Ganz Tirol: 1902, 139; 1904, 58; 1909, 10, 11. Ganz Nordtirol: 1910, 156–159; 1911, 266, 267; 1914, 400. Ganz Südtirol: 1900, 59; 1908, 66.
Erzfunde. Ausstellung wertvoller Tiroler - in der Tiroler Kunstgewerbeausstellung. - Innsbr. Nachrichten, Nr. 255 v. 18. 11. 1922.
Fallon L. A. Trigonometrische Höhebestimmungen der bekannten Berge um Innsbruck. (Aus einem Schreiben.) - Abdr. aus Alpina, Winterthur 1807, 2. Bd, 394ff. im Sammler f. Gesch. u. Stat. etc., 3, 1808, 224–227 unter: Höhebestimmungen einiger tirolischer Berge und Ortschaften, 1.
Feuchter A. Der Schwazer Bergreim. Ein Nachwort. - Mont. Rdsch., 24, 1932, Nr. 21, 1–2.
Ficker H. v. Ergebnisse der Föhnbeobachtung auf dem Patscherkofel. - Innsbr. Nachr., Nr. 275 v. 30. 11. 1905.
Finsterwalder K. Zillertaler Berg- und Talnamen. Einblicke in die älteste Gebirgsanschauung und -besiedlung von den Namen der Karte aus. - Z. DÖAV, 1934, 12–37.
Fischnaler K. Georg Rösch von Geroldshausen: Tiroler Landreim und Wunschspruch... Zwei tirolische Gedichte des 16. Jahrhunderts. Mit dem Lebensbilde des Verfassers, geschichtl. und sachlichen Erläuterungen herausgegeben. - Innsbruck (Wagner) 1898, 36 S. (Biogr. 1–18, Begleitwort z. Landreim 21–26, z. Wunschspruch 29–36. Abdruck beider Gedichte.) - S. a. Emmert, Isser, Pichler, Rösch u. Wieser.
Grabherr W. Der Einfluß des Feuers auf die Wälder Tirols in Vergangenheit und Gegenwart. - Zbl. f. d. ges. Forstwesen, 60, 1934, 260–302, 5 Abb., 8 Tab.
Guarinoni H. Die Greuel der Verwüstung menschlichen Geschlechts. (U. a. Gesundheitsverh. bei den Bergbauen Schwaz und Hall, Heilbäder Volders und Egerdach.) - Ingolstadt (Angermayr) 1610, 1330 S. - S. a. Mayrhofer B.

Gumppenberg Frh. v. Über die sogenannten alten Rinner am Falkenstein zu Schwaz. (Brief an Gehr. v. Leonhard.) - NJb. 1836, 50–51. - S. a. Russegger J. (Rinner = Lagerstätte, Erzanhäufung.)

Hammer W. Die Erforschung der Bodenschätze Tirols. (Geol. Karten.) - Innsbr. Nachr., Nr. 115 v. 20. 5. 1919.

Hauckh J. C. Leitfaden zu den Kenntnissen der Gefürsteten Grafschaft Tyrol. - Innsbruck 1789. (S. 30–32 über Nutzb. Lagerst., Hall u. Klausen, Kohle Matrei a. Br., Sterzing u. Kitzbühel, Marmor Wattens u. a. m.)

Hausmann W. Heilbäder und Kurorte in Österreich. - Int. Minquellenztg, 34, 1933, Nr. 10, 3–7.

— Die Mineralquellen Österreichs. - Neueste Ztg (aus Wiener Ztg), Nr. 6 v. 8. 1. 1935, 2.

Heberdey R. Die Bedeutung der Eiszeit für die Fauna der Alpen. - 1933. - Bespr. GZ 4 B/1333, 52 A/223.

Heißel W. Quartärgeologie des Silltales. - 1932. - Bespr. NJb. 1934/3, 869.

Hirschberger H. Dr. H. Guarinoni und seine Bergfahrt zum Mölsersee i. J. 1609. - Innsbr. Nachr., Nr. 158 v. 19. 7. 1921.

— Im alten Schwazer Bergbaurevier. - Innsbr. Nachr., Nr. 255 v. 18. 11. 1922.

Hradil G. Die Baustoffe in der Tiroler Gesteinswelt. (Vortr.) - Innsbr. Nachr., Nr. 261 v. 13. 11. 1934, 4–5; Nr. 36 v. 12. 2. 1935, 4–5.

Inglis H. D. The Tyrol, with a glance at Bavaria. - London 1833, 2 Bde, 2. Aufl. Frankf. a. M. 1839, 366 S. Deutsche Übersetzung v. A. Kaiser, Tirol und ein Blick auf Bayern, Leipzig 1833, 2 Bde, 247 + 242 S. (Bergbau Hall 187–201, Schwaz 207.)

Innsbrucker Lokalbahnen. Innsbr. Nachr., Jahr, Nr. - Allgemeines: 1906, 69; 1911, 34, 76; 1912, 74, 177 (Schwebebahnen); 1913, 78; 1914, 77. Dörferbahn (Mühlau-Absam): 1904, 62; 1905, 79, 271, 284; 1907, 177, 178, 185, 193, 202, 227, 250, 256, 261; 1908, 47, 59, 64, 68, 69, 79, 102, 105, 171, 194, 209, 248, 249, 251, 253; 1909, 47, 65; 1910, 30. Götzens: 1908, 298. Hafelekar: 1909, 237; 1911, 54. Hall-Rinn: 1909, 55, 65. Hungerburg: 1905, 106; 1906, 83. Südl. Mittelgebirgsbahn: 1900, 32, 54, 136, 144–146, 218; 1901, 115; 1910, 124. Mutters-Sellrain: 1913, 209; 1914, 33. Patsch-Schönberg: 1912, 117. Patscherkofel: 1909, 203; 1910, 281; 1912, 13, 68, 85, 121. Sellraintal: 1924, 37, 90. - S. a. Stubai- und Mittenwaldbahn.

Isser M. v. Der Tiroler Landreim. - Österr. Z. f. Berg- u. Hüttenw., 34, Wien 1886, Nr. 35, 569–576. - S. a. Emmert, Fischnaler, Pichler, Rösch u. Wieser.

— Beiträge zur Schwazer Bergwerksgeschichte. - Der Sammler, 3, Meran 1908–1909, 145–152, 169–176, 193–200, 217–223, 241–247; 4, 1910, 49–54, 73–77, 97–102, 121–125, 145–148.

Juch. Chemische Untersuchung eines spätigen Eisensteins. (Schwaz.) - Molls Ephemeriden, 3, 1807, 400–405.

Kanitscheider R. Beiträge zur Mechanik des Föhns. - Anzg. Ak. d. Wiss. Wien, math.-natw. Kl., 71, 1934, 279–280.

Kenngott A. Über Schwazit. - Übersicht d. Resultate min. Forschgen im J. 1852, 1854, 104.

Klebelsberg R. v. Grundzüge der Geologie Tirols. - 1933. - Bespr. Mitt. DÖAV, 1934, 147; PetMitt., 1934, 317; Geogr. Z., 40, 1934, 271.

— Geologie von Tirol. - Berlin (Borntraeger) 1935, 748 S. u. 4 Verz., K. 1:500000, 3 Skzen, 11 Blgen.

Knapp L. Der Bergbau am Falkenstein unter Friedrich und Sigmund von Österreich. - Diss. Innsbruck, 1927.

Koch E. J. Die Mineralquellen des gesamten österreichischen Kaiserstaates in top., hist., phys.-chem. u. therap. Beziehung. - 2. Aufl. Wien (Gerold) 1845, 467 S.

Köhler A. u. Leitmeier H. Fluoreszenzversuche an natürlichen Sulfaten. (U. a. Bleiberg, Brixlegg, Schwaz.) - Zbl. f. Min., Abt. A, 1934, 364–375.

Kraus F. Innsbrucker Bergbahnen. - Münchner Neueste Nachr. v. 29. 10. 1931.

Leonhard K. C. v. Verzeichnis tirolischer Mineralien. - Leonhards Min. Taschenbuch, 5, 1811, 199–211. - Berichtigung ebd. 7, 2. Abt., 1813, 581–583. (Schoepfer.)

Leutelt-Kipke S. Ein Beitrag zur Kenntnis der hydrographischen und hydrochemischen Verhältnisse einiger Tiroler Hoch- und Mittelgebirgsseen. - Arch. f. Hydrobiol., 27/2, 1934, 286–352, 3 Taf., 2 Text- u. 2 Tabellenbeilagen.

Lupin R. Frh. v. Resume oder Zusammenstellung der auf einer geognostischen Reise in Schwaben und Tirol im Sommer 1805 gemachten Beobachtungen. - Molls Annalen (Ephemeriden, 5), 8, 1809, 353–432.

Mayrhofer B. Von der Medizin in Tirol und der Entwicklung der Innsbrucker Schule. (U. a. über Guarinoni, Untersuchungen über Heilbäder.) - Innsbruck-Katalog, 88. Vers. d. Ges. D. Natf. u. Ärzte zu Innsbruck 1924. Leipzig-Jena (Barth, Fischer u. a.) 1924, röm. 16–20, 2 Abb.

Metallurgische Briefe (P. R.), geschrieben während einer Reise durch Tyrol und einen Teil von Venedig. - Molls Jb. d. Berg- u. Hüttenkde, 1, 1797, 1–94; 2, 1798, 43–188.

Michaeler K. Versuch über die einstige Gestalt und Bevölkerung Tirols. - 1. Teil, Wien 1783, 792–794. (U. a. Bergbau Stanzer Tal, Seefeld, Thaur, Häring, Schneeberg; Torf Villanderer Alpe: Min. u. nutzb. Gest. Waldrast, Patscherkofel; Gletscher u. a. m.)

Mineralwässer Tirols. (-a-) Ausnützung der –. - Innsbr. Nachr., Nr. 46 v. 25. 2. 1911. - S. a. Nevinny.

Moll K. E. Frh. v. Höhen einiger salzburgischen und tirolischen Gebirge und Ortschaften nach barometrischen Messungen. - Molls Jbücher d. Berg- u. Hüttenkde, 4, 1. Lfrg, 1799, 110–116.

Naumann J. K. F. Ein Jahrhundert Drahtseilbahnen. Österreichs Anteil an der Erfindung und Entwicklung der Drahtseilbahnen. - Neueste Ztg, Nr. 192 v. 30. 12. 1934.

Nevinny J. Das Badewesen Tirols und die Heilquellen dieses Landes, insbesonders des Brennerbades. - Innsbr. Nachr., Nr. 213 v. 18. 9. u. 214 v. 19. 9. 1905. (Enthält auch älteres Schrifttum.)

Noël H. Verzeichnis tirolischer Berwergsverleihungen von 1628–1696. (Berggericht Hall.) - Handschr. Mus. Ferdin., Dip. 1164.

Peez K. Der Untergang der Fugger. - Reichspost, Nr. 317 u. 324 v. 1931.

Perktold A. Das Territorium von Igls mit den angrenzenden Hochgebirgen in botanischer Beziehung mit Rücksicht auf Erd- und Gebirgsarten. - N. Z. des Ferdin. f. Tirol u. V., 12, 1846, 139–145.

Petrascheck W. Die Magnesite und Siderite. - 1932. - Bespr. Z. f. prakt. Geol., 41, 1933, 55.

Pfaundler G. v. Notizen über tirolische Bergbauten aus archivalischen Quellen. 1832–1862. (Umfaßt ganz Tirol.) – Handschr. v. J. 1864, Mus. Ferdin., W. 5581.

Pighius St. V. De Metallurgia Tyrolensi. – In: Hercules Prodicius... (Reise 1574.) 1. Aufl. Antwerpen 1587, 2. Aufl. Köln 1609, 223 f. – Abschrift Mus. Ferdin. Innsbruck, Bibl. Tir., tom. 148, Dip. 449, Tirol betr. S. 148–174.

Pisek A., Sohm H. u. Cartellieri E. Untersuchungen über osmotischen Wert und Wassergehalt von Pflanzen und Pflanzengesellschaften der alpinen Stufe. (Mit bes. Berücksichtigung der Zwergsträucher im Winter.) – Beih. z. Bot. Zentralbl., 52, Abt. B, H. 3, Dresden 1935, 634–675, 9 Abb.

Ployer J. P. Hells Hebelmaschine. (Schreiben an A. L. Ployer aus Schwaz, am 2. 5. 1803.) – Annalen d. Berg- u. Hüttenkde, 3, 1805, 243–251, 1 Taf.

Ployer K. v. Vorschlag zu einer Schürf- und Bergkompagnie. (Tirol.) – Molls Jbücher d. Berg- u. Hüttenkde, 5, 1801, 11–32. – Vgl. Molls Annalen, 1, 1802, 3. Lfrg, 27, Fußnote über Erfolg dieses Vorschlages: Ansuchen der Tiroler Landstände und Unterstützung durch Erzh. Johann. (Brief aus Innsbruck v. 22. 11. 1801.)

Poitschek G. Rund um die Brennerbahn. – Der Bergsteiger, 9, 1931, 307–319, m. Abb.

Possanner R. v. Das Arztal und seine Metallschätze. – Innsbr. Nachr., Nr. 195 v. 26. 8. 1924.

Prantauer A. Schwazer Bergwerkssagen. – Tir. Heimatbl., 9, 1931, 62–63, 95–97, 3 Abb.

— Schwazer Sagen und Volksmärchen. – Tir. Heimatbl., 9, 1931, 346–348, 2 Abb.

Rösch G. v. Geroldshausen. Der Fürstlichen Grafschaft Tyrol Lanndtreim. Von neuem geme(h)rt und gebessert. – Innsbruck 1558. – Abschriften aus der Mitte des 18. Jahrhunderts im Mus. Ferdin., Bibl. Tir. Dipl. 919 u. 946 – S. a. Emmert, Fischnaler, Isser, Pichler, Wieser u. TB 1822, S. 92.

Roschmann A. Schema Tyrolis illustratae. – Handschr. Mus. Ferdin., T. III, P. I. De fontibus medicatis et balneis, herbis, 1737. (S. Nevinny J.)

Russegger J. Natur der Gletscher. Rinner: eigentümliche Gänge. (Brief an Gehr. v. Leonhard.) – NJb. 1835, 452–453. – S. Gumppenberg (Schwaz).

Schmidt A. A. Die Gefürstete Grafschaft Tirol mit Vorarlberg. – Stuttgart 1837. (U. a. 'Angaben über Bergbau.)

Schnee mit Würmern im Venntal. (Brenner.) – Innsbr. Nachr., Nr. 254 v. 5. 11. 1912.

Schreckenthal-Schimitschek G. v. Klima, Boden- und Holzarten. – 1933. – Bespr. PetMitt., 1934, 317.

Schwaz. Stolleneinsturz. – Innsbr. Nachr., Nr. 117 v. 23. 5., 183 v. 12. 8. 1912.

Schwinner R. Die Verbreitung des Elementes Arsen in ihrer Beziehung zum Gebirgsbau der Ostalpen. (Eine mineralgeographische Studie.) – Z. f. Krist., Abt. B, Min. u. petr. Mitt., 46, 1934, 56–72, 1 Abb.

Seefeldner E. Zur Altersfrage der Abtragungsflächen. – 1933. – Bespr. Z. f. Geomorph., 8, 1934, 204; GZ 53 A/81; Mitt. Geol. Ges. Wien, 26, Wien 1934, 226; Boll. Soc. Geogr. It., 1934, 75.

Speckbacher Höhle erschlossen. (Voldertal.) – Mitt. ü. Höhlen- und Karstforschg, 1934, H. 4, 112.

Sperges J. v. Verschiedenes von tirolischen Bergwerkssachen. (Tirolische Erzarten; Verz. v. Naturaliensammlern; histor. Bergbaunotizen; Erkläng v. Fachausdrücken; Marmelarten; Farben; Versteinerte Sachen; aus dem Landreim v. 1558.) – Handschr. Mus. Ferdin., Dip. 745, 19 S.

— Bergwerksgeschichte. – 1765. – Verwertet u. a. illustr. Handschr. aus seiner Bibliothek: Von dem hoch- und weit berühmten Bergwerk am Falkenstein zu Schwaz in der Fürstl. Grafsch. Tirol u. anderen inkorporierten Bergwerken. Erwähnt in De Luca, Staatsanzeigen von den k. k. Staaten, 1784, S. 326. (Kitzbühel, Rattenberg, Schwaz, Hall, Hötting, Klausen, Schneeberg, Meran.)

Stäbinger J. A. Ausführliche Beschreibung des Bades im Voldertal, genannt Jungbrunnen. – Innsbruck (Wagner) 1756, 25 S.

Sterner-Rainer L. Der Bergbau in den Ostalpen. (Vortr.) – Österr. Touristenztg, 19, Wien 1899, 146–148, 157–160, 169–173.

Stolz O. Die Schwaighöfe in Tirol. – 1930. – Bespr. Mitt. Geogr. Ges. Wien, 76, 1933, 247.

Straßenbauten und -projekte in Tirol u. V. (Auswahl.) – Innsbr. Nachr., Jahr, Nr. – Allgemeines: 1901, 292 (Südtirol); 1908, 171, 188 (Leitart.), 228, 257, 258 (Landtag); 1909, 86 (Progr.); 1912, 25 (Statistik); 1914, 149 (Progr.); 1922, 27 (Landtag). Afers: 1911, 206. Alpbach: 1911, 29. Amthorspitze: 1908, 218. Andalo: 1907, 296. Bayer. Grenze: 1912, 54. Bezau–Schröcken: 1912, 146. Blumau–Völs–Tiers–Karersee: 1910, 219. Brandenberg: 1911, 165. Brentonico: 1909, 219; 1910, 111; 1911, 268. Cereda–Paß (Primiero–Agordo): 1909, 262. Dolomitenstraße: 1904, 123, 194; 1905, 158, 298; 1908, 47; 1909, 112 (Ital.), 208 (Eröffng); 1911, 135; 1912, 86, 115. Drò–Cavedine: 1911, 36. Eiberg: 1909, 186, 251; 1910, 119; 1912, 249; 1913, 137, 148 (Eröffng); 1914, 103. Enneberg: 1901, 244; 1906, 266; 1909, 96, 285; 1911, 95, 155. Falzarego: 1901, 113, 122, 234; 1904, 53, 115; 1908, 31. Fersental: 1910, 14 (Leitart.); 1912, 76. Fleimstal: 1902, 188; 1909, 214; 1910, 148; 1912, 76; 1913, 75. Flexenstraße: 1904, 33, 214, 240; 1905, 276; 1909, 218, 228. Friccastraße: 1911, 208. Gaichtpaß (Lecht. A.): 1911, 267; 1912, 171, 290. Gampenstraße: 1903, 1, 33, 265, 267; 1907, 147; 1913, 21, 49, 169; 1914, 151. Gerlos: 1903, 96, 151; 1906, 229; 1908, 42 (Krimml), 45; 1907, 1907, 150; 1912, 98; 1913, 145, 152; 1914, 99; 1922, 218. Grödnertal: 1909, 211. Gschnitztal: 1908, 219, 222; 1911, 123; 1913, 193. Gurgl: 1915, 98. Hall–Rinn–Tulfes: 1910, 6; 1924, 246. Hintertux: 1909, 119; 1913, 72. Hochfinstermünz: 1900, 205; 1904, 51. Igls–Heiligwasser: 1912, 249. Innsbrucker Höhenstraße: 1909, 12, 18, 31; 1910, 183, 194; 1911, 87, 265 (Unterinntal). Iseltal: 1901, 224, 262; 1906, 232 (s. a. Kals). Jaufen: 1901, 209, 210; 1902, 89, 182, 250; 1903, 98, 157; 1904, 151, 265; 1907, 23, 73; 1908, 92; 1910, 173; 1912, 126, 135 (Eröffng). Kals: 1901, 294; 1906, 232; 1911, 43, 65, 235, 285; 1912, 238. Kaltern: 1903, 21; 1905, 280, 284; 1906, 134. Karersee: 1910, 219. Kastelruth–St. Ulrich: 1900, 263; 1901, 184. Kaunertal: 1909, 177. Kössen–Klobenstein: 1913, 219. Krimml: 1908, 42, 45. Kufstein–Landl–Bayr.-Zell: 1910, 13. Kundl–Wildschönau: 1911, 198. Laimtal: 1911, 298; 1912, 38. Lana–Fondo: 1910, 111. Landeck–Grins: 1906, 51. Latzfons: 1907, 290. Lavis–Grumes: 1908, 50. Ledrotal: 1910, 205; 1911, 16; 1912, 47. Mals–Matsch: 1912, 166, 182. Martelltal: 1910, 265; 1911, 159. Mayrhofen–Hintertux: 1909, 119. Mittenwald–Leutasch–Seefeld: 1913, 169. Montafon: 1902, 194. Montiggl: 1907, 229. Mori–Brentonico: 1909, 219; 1910, 111; 1911, 268. Mühlwald i. Taufers: 1912, 231. Münstertal: 1904, 235. Ötztal: 1900, 144, 239; 1901, 237; 1908, 95 (Leitart.); 1912, 121; 1915, 98. Passeiertal: 1901, 162; 1902, 173; 1905, 81, 93; 1911, 259; 1912, 99. Patscherkofel: 1912, 79. Persen: 1911, 206; 1912, 161 (Palù). Pfitscherjoch: 1912, 16. Pfunds-Grenze: 1900, 205; 1904, 51; 1913, 59, 100. Pillerseetal: 1909, 76. Pitztal: 1910, 91; 1913, 143, 237; 1914, 32; 1915, 98, 349, 549, 602; 1919, 91, 131, 206; 1920, 31; 1921, 256. Pordoijoch: 1902, 203; 1904, 115; 1905, 227. Riva: 1904, 243 (Judikar.); 1909, 219 (Ballino), 233 (Arche); 1912, 178 (Mezolomb.). Ritten: 1904, 163. Rosengarten: 1912, 139. Samnaun: 1913, 128. Schoppernau: 1909, 265; 1916, 193. Seiseralm: 1914, 108. Sölden-Zwieselstein: 1912, 121. Spormaggiore-Cavedago: 1910, 232. Sterzing-Gasteig: 1911, 95. Stilfserjoch: 1912, 87. Sulden: 1906, 70. Taufererttal: 1907, 137; 1908, 101; 1911, 255; 1912, 231. Terragnolotal: 1906, 151, 268; 1907, 21; 1909, 236; 1913, 39. Thiersee: 1910, 197; 1911, 96, 221, 253; 1912, 172, 203, 281; 1913, 158, 166; 1914, 76, 82; 1915, 203, 319, 534. Paß Thurn: 1920, 233. Tilliach: 1908, 175; 1910, 176; 1911, 23, 76. Timmeljoch: 1908, 47, 77; 1912, 76, 79. Tuxer Joch: 1912, 16. Tuxer Tal: 1913, 72. Ultental: 1901, 168, 206; 1902, 228, 231, 244, 257; 1906, 286; 1907, 125, 159, 261; 1908, 70, 165, 213, 230. Umbrail: 1911, 236. Vallarsa: 1908, 79, 286. Vent: 1908, 95; 1915, 98. Vigolo-Vattaro: 1912, 104. Walsertal: 1908, 264. Wildschönau: 1911, 198. Zwieselstein: 1908, 95; 1912, 121; 1915, 98.

Tertsch H. Die Erzbergbaue Österreich-Ungarns. – Wien 1918, 131 S., K. 1:15 Mill.; 2. Aufl. 1919. – Auszug: Berg- u. Hüttenm. Jb., 67, 1919, 37–63, 1 K., 2 Tab. – Bespr. GZ 25/1013; Geogr. Z., 25, 1919, 228.

Tornquist A. Neue Untersuchungen ostalp. Erzlagerstätten. – 1932. – Bespr. Z. f. prakt. Geol., 41, 1933, 103.

Treptow E. Die Tiroler Markscheider (Schiener) im 15. und 16. Jahrhundert. – Z. f. Berg-, Hütten- u. Salwesen, 81, 1933, Sber., 497–507. – Bespr. GZ 53 A/244.

Wagner A. Über die Feinstruktur der Temperaturgradienten längs Berghängen. – Ber. Natw.-med. Ver. Innsbruck, 42, 1929/30/31, 195–196.

Weidenbusch H. Analyse des quecksilberhaltigen Fahlerzes von Schwaz. – 1849. – Bespr. NJb. 1850, 337.

Weinhart I. v. Physikalische Untersuchungen in den Schächten der Bergbaue Röhrerbühel bei Kitzbühel und am Falkenstein bei Schwaz. (1773.) – Notizen über Bergspaltungen im Sellrain (1768), Höhenmessungen u. a. (2. Hälfte des 18. Jahrhunderts bis 1785.) – Handschr. Mus. Ferdin., Dip. 1139.

Wieser F. Der Tiroler Landreim. (Von Georg Rösch v. Geroldshausen, 1558.) – Archiv f. Gesch. u. Altertumskde Tirols, 5, 1869, 209–248. (Haller Salzberg 213–220, Schwaz 220–224, Kitzbühel 229–231, Min.-Geol. 241–243 usw.) – S. a. Rösch G. v., Pichler A. v., Isser M. v., Fischnaler K. u. Emmert A.

Wilberforce W. B. Glück auf! Ein Wort über Bergwerke und Eisenbahnen in Tirol. – Meran (Pötzelberger) 1887, 18 S.

Wolkenstein M. S. v. Tyrolische Chronik. – Handschr. Univ. u. Ferdin.-Bibl. (3618) Innsbruck a. d. Anfang d. 17. Jahrhunderts. – S. Egger J., Die ältesten Geschichtsschreiber Tirols, Progr. Realschule Innsbruck, 1867, 17–23 u. Hirn J., Erzh. Maximilian, 1, Innsbruck 1915, 437–443. (Namtl. im 1. Buch über Bodenschätze, Bergbau u. Heilquellen.)

32. Kitzbühler Alpen.

Andrian F. v. Über die Gegend von Brixlegg und Kitzbühel. – 1858. – Bespr. NJb. 1859, 306.

Angel F. Diabase und deren Abkömmlinge in den Ostalpen. – 1932. – Bespr. NJb. 1934/2, 426.

Balling C. Die Montanindustrie in Tirol. – Techniker, Wien 1872 u. ebd. (Gronegger) 1872, 31 S. – Bespr. VRA 1873, 100.

Bergbau Kitzbühler Alpen. Innsbr. Nachr., Jahr, Nr. – Jochberg: 1908, 252. Kirchberg: 1913, 203. Kitzbühel: 1909, 146, 162, 250; 1921, 6. Mitterberg: 1918, 266. Röhrerbühel: 1911, 283.

Bergbau Tirols. Historisch-technische Notizen der Prov. Tirol in ausgedehnter montanistischer Beziehung. Zusammengetragen für das techn. Kabinett Sr. Kais. Hoh. d. dl. Erzh. Kronprinzen und berichtiget f. d. tir. Nationalmus. Ferdin. – Handschr. 1827, Ferdin.-Bibl. Nr. 2704. Enthält u. a. Angaben über Bergbau Häring, Kitzbühel, Brixlegg, Zillertal, Schwaz, Hall, Torf in Vorarlberg, Serpentin Matrei a. Br., Schwerspat Schwaz, Steinöl Seefeld (mit Bild); Histor.-techn.-admin. Skizze der Saline Hall u. d. Salmiakfabrik zu Hall i. T.; Walzwerk Brixlegg (1819 erbaut); Gedrängte hist.-techn. Notizen über den Messinghandel. (Achenrain seit 1. Hälfte des 17. Jahrhunderts, vorher Lienz.)

Bergsegen. (M.) Tirols –. – Innsbr. Nachr., Nr. 85 v. 12. 4. 1919.

Bergwerke u. Schürfe. Verzeichnis der – und des Personals. 1788. (Nordtirol.) – Handschr. Mus. Ferdin., Dip. 1190, f. 90–99, 103. – S. ebd. Statistische Notizen aus den Gerichten Stubai, Matrei u. Steinach v. J. 1791. (Nutzbare Gesteine u. Eisenindustrie.)

Birkner W. Der Bergbau in vorgeschichtlicher Zeit. (Vortr.) – Innsbr. Nachr. (Abendbl.), Nr. 27 v. 11. 2. 1920.

Böhne E. Kupfererzgänge von Mitterberg. – 1931. – Bespr. GZ 52 A/341; Z. f. prakt. Geol., 41, 1933, 40.

Brandt O. H. Das Geschlecht der Fugger. – Volk und Rasse, 6, 1931, 36–48.

Brixlegg. Molybdänsaures Blei entdeckt bei –. – Leonh. Min. Taschenbuch, 7, 2. Abt., 1813, 517.

Bruner H. Die Tiroler Berg- und Schmelzwerksbeamtenfamilie von Schmuck. – Tir. Heimatbl., 12, 1934, 243–248.

Brunswik A. Die geschichtliche Entwicklung des Bergbaues in Nordtirol mit einem Ausblick in die Zukunft. – Diss., Innsbruck 1928.

Cornelius H. P. Bericht über Revisionen auf Blatt Kitzbühel-Zell am See (5049) sowie Anschlußbegehungen auf Blatt Großglockner (5149). – VBA 1934, 31–32. – Bespr. GZ 53 A/406.

Credner H. Geognostische Bemerkungen über die Zentralkette der Alpen in Oberkärnten und Salzburg. – NJb. 1850, 513–574, 1 Taf. – Bespr. Bl. 4.

Czermak F. u. Schadler J. Vorkommen des Elementes Arsen. – 1933. – Bespr. Z. f. prakt. Geol., 42, 1934, 30; NJb. 1934/2, 229.

Czoernig-Czernhausen W. mit Hell M. Die Höhlen des Landes Salzburg und seiner Grenzgebirge. Mit Beitrag von M. Hell: Zur Geologie der Salzburgischen Höhlen. – Salzburg (Ver. f. Höhlenkde) 1926, 159 S., K. 1:250000, 20 Taf., 6 Pläne u. 60 Textpläne. – Bespr. Z. Ges. f. Erdkde Berlin, 1928, 156.

Daler H. Gundhabing. (Bei Kitzbühel.) - Fundber. aus Österr., 1, 1930–1934, 24.

Dalla Torre K. v. u. Sarnthein L. Graf v. Roter Schnee in Tirol und Vorarlberg. - Innsbr. Nachr., Nr. 24 v. 29. 1. 1901. - S. Erdmann O., ebd. Nr. 19 v. 1901.

Delago H. Schalensteine in Nordtirol. - Tir. Heimatbl., 12, 1934, 342–343.

Del-Negro W. Über die Bauformel der Salzburger Kalkalpen. - 1932. - Bespr. NJb. 1935/3, 163.

— Der geologische Bau der Salzburger Kalkalpen. - Mitt. f. Erdkde, 3, Linz 1934, 2–13, 18–31, 66–79, 98–111, 130–142, 162–175. - Bespr. NJb. 1935/3, 164.

Diem K. Zur Systematik der Mineralquellen Österreichs. - Int. Minquellenztg, 34, 1933, Nr. 12, 1–6.

Dietl F. K. Dissertatio inauguralis medico-chemica de austriaci imperii aquis medicatis Brisgoliae, Carinthiae, Carnioliae, Styriae, Tyrolis et nonnullis aliis. - 1772. (S. Nevinny J.)

Duftschmid-Wilser B. Probleme aus der nördlichen Grauwackenzone der Ostalpen. - 1930. - Bespr. NJb. 1934/2, 14.

Duschnitz P. Der Erzbergbau in Tirol. (Vortr.) - Innsbr. Nachr., Nr. 94 v. 24. 4. 1919.

— Der Tiroler Bergbau im Nationalrat. - Innsbr. Nachr., Nr. 28 v. 5. 2. 1921.

Emmert A. Der Fürstlichen Grafschaft Tirol Landreim. (Von Georg Rösch von Geroldshausen.) - Abdruck: Almanach f. Gesch., Kunst u. Lit., 1, Innsbruck (Wagner) 1836, 44–75. - S. a. Fischnaler K., Isser M. v., Pichler A. v., Rösch G. v. u. Wieser F.

Enderes Br. v. Die Geschichte der Alpenstraßen und Alpenbahnen. - Beitr. z. Gesch. d. Technik, 22, 1932/33, 7–17, m. K.

Erdbeben. Arlberg-Inntal-Linie. Innsbr. Nachr., Jahr, Nr. - Achensee: 1904, 59. Achental: 1918, 289. Baumkirchen; 1912, 37. Brixental: 1921, 245, 248. Brixlegg: 1902, 195; 1908, 263. Ehrwald: 1910, 211; 1913, 166, 171; 1914, 3. Falterschein: 1910, 80. Fritzens: 1907, 262. Gaschurn: 1906, 72. Hall: 1901, 253; 1904, 235; 1917, 39. Imst: 1910, 252; 1911, 149. Innsbruck: 1902, 65, 66; 1905, 295; 1911, 163–165, 167; 1912, 107–109, 275; 1913, 49, 50, 114, 232, 244; 1915, 10; 1916, 331, 379; 1917, 23; 1920, 215, 243; 1923, 37; 1924, 72. Inntal: 1903, 288, 289; 1905, 45–47, 49, 52; 1907, 298; 1914, 233; 1917, 17, 18. Kaisergebirge: 1918, 264. Kramsach-Rattenberg: 1913, 255; 1921, 19. Kufstein: 1915, 417. Landeck: 1915, 30. Lechtal: 1917, 267; 1918, 258; 1924, 286. Lermoos: 1908, 27; 1910, 210. Mieming: 1910, 218; 1911, 207; 1914, 409. Montafon: 1905, 295. Mühlau: 1907, 95. Nassereith: 1911, 17. Nauders: 1901, 252; 1917, 285; 1919, 2. Ötz: 1912, 46; 1914, 373. Paznaun: 1906, 27. Ranggen: 1904, 242. St. Anton: 1905, 209, 213; 1911, 94. St. Gallenkirch: 1906, 66; 1910, 167. Silz: 1911, 105. Sistrans: 1908, 150. Stams: 1908, 29, 63, 140. Telfs: 1903, 35; 1910, 210, 218; 1911, 105. Umhausen: 1907, 173. Volders: 1907, 10. Völs: 1904, 18. Wiesen i. Pitztal: 1907, 225. Zams–Landeck–Prutz–Schönwies–Imst: 1908, 247. Zams: 1915, 486. Ganz Tirol: 1902, 139, 141; 1904, 58; 1909, 10, 11. Ganz Nordtirol: 1910, 156–159; 1911, 266, 267; 1914, 400.

Erzfunde. Ausstellung wertvoller Tiroler - in der Tiroler Kunstgewerbeausstellung. - Innsbr. Nachrichten, Nr. 255 v. 18. 11. 1922.

Erzschürfe. (Lr.) Tirol und seine –. - Innsbr. Nachr., Nr. 80 v. 7. 4. 1919.

Etschmann F. Die Eiszeit in Nordtirol. - Tir. Anzger, Nr. 28 v. 2. 2. 1935.

Feuchter A. Die Erzlagerstätten der Bergbaue „Kupferplatte" und „Kelchalpe" bei Kitzbühel in Tirol. Die neuesten Erkenntnisse über deren Entstehung, deren Lage im Muttergebirge und deren Metallwerte. - Berg- u. Hüttenm. Jb., 82, 1934, 72–80, 6 Abb. - Bespr. NJb. 1935/2, 151.

Firbas F. Die Beziehungen des Kupferbergbaues im Gebiete von Mühlbach-Bischofshofen. - 1932. - Bespr. GZ 54 A/636.

Fischnaler K. Georg Rösch von Geroldshausen: Tiroler Landreim und Wunschspruch... Zwei tirolische Gedichte des 16. Jahrhunderts. Mit dem Lebensbilde des Verfassers, geschichtl. und sachlichen Erläuterungen herausgegeben. - Innsbruck (Wagner) 1898, 36 S. (Biogr. 1–18, Begleitwort z. Landreim 21–26, z. Wunschspruch 29–36. Abdruck beider Gedichte.) - S. a. Emmert, Isser, Pichler, Rösch u. Wieser.

Gams H. Das Alter der Höttinger Breccienflora und anderer interglazialer Floren und Faunen der Alpen. (Bemerkungen zu Hans Spethmann: Die Einheit der alpinen Eiszeit. Langensalza-Berlin-Leipzig 1934.) - Z. f. Glkde, 22, 1935, 278–283.

Gaertner H. R. v. Die Eingliederung des ostalpinen Paläozoikums. (Erweit. Vortr.) - Z. DGeolGes., 86, 1934, 241–265, 1 Taf., 5 Abb.

Goldbergbau. Der alpenländische –. - Innsbr. Nachr., Nr. 228 v. 15. 12. 1934, 8. - S. a. Waagen L.

Hammer W. Die Erforschung der Bodenschätze Tirols. (Geol. Karten.) - Innsbr. Nachr., Nr. 115 v. 20. 5. 1919.

— Aufnahmsbericht über Blatt Kitzbühel-Zell am See (5049). - VBA 1934, 23–24.

— Aufnahmsbericht über Blatt Kitzbühel-Zell am See (5049) und Hippach–Wilde Gerlosspitze (5148). - VBA 1935, 21–22.

Haßler Frd. Augsburger Kaufleute und Tiroler Bergarbeiter im 16. Jahrhundert in England. - Beitr. z. Gesch. d. Techn. u. Ind., 17, 1927, 80–88, m. Abb.

Hauckh J. C. Leitfaden zu den Kenntnissen der Gef. Grafsch. Tyrol. - Innsbruck (Wagner) 1789. (S. 30–32 über Bergbau Hall u. Klausen, Kohle Matrei a. Br., Sterzing u. Kitzbühel, Marmor Wattens u. a. m.)

Hauer F. R. v. Über die geognostischen Verhältnisse des Nordabhanges der nordöstlichen Alpen zwischen Wien und Salzburg. - 1850. - Bespr. NJb. 1850, 737.

Hausmann W. Heilbäder und Kurorte in Österreich. - Int. Minquellenztg, 34, 1933, Nr. 10, 3–7.

— Die Mineralquellen Österreichs. - Neueste Ztg (aus Wiener Ztg), Nr. 6 v. 8. 1. 1935, 2.

Hauy R. J. Bemerkungen über einige, vorzüglich auch über tirolische Mineralien, mit Anmerkungen von Hofrat Hardt in Bamberg. (Paris, 16. 11. 1812. - Strahlstein Zillertal, Andalusit Lüsens, Pyroxen Grödnertal, Bitterspat Hall, Eisenblüte Leogang, Ichthyophthalmit [Apophyllit] und Grossular Fassatal, Min. Pfitschtal.) - Molls NJbücher d. Berg- u. Hüttenkde, 3, 1815, 269–283.

Heberdey R. Die Bedeutung der Eiszeit für die Fauna der Alpen. - 1933. - Bespr. GZ 4 B/1333, 52 A/223.

Hell M. Götschenberg bei Bischofshofen. - Fundber. a. Österr., 1, 1930–1934, 70. - S. a. Pittioni R., Silber M. u. Wr. Prähist. Z., 1927, 8.

Hochwasserschäden. Verzeichnis der Mittel, welche von den Gemeinden zur Abwendung der Wasserschäden verwendet worden sind. 1790. – Handschr. Mus. Ferdin., Dip. 1190, f. 37–39, 6 S. – S. ebd. f. 120 Vorkehrungen der Regierung 1772–1776.

Höhenbestimmungen. Erhöhung einiger Punkte in Bayern, im Salzburgischen, in Oberösterreich und in Tirol über die Fläche des Mittelländischen Meeres. (Nach den Messungen von Glaser, Zobel u. Wepfer.) – NJbücher d. Berg- u. Hüttenkde, 4, 1821, 350–369.

Hopfgarten. Entsumpfung von Moorgrund. – Innsbr. Nachr., Nr. 256 v. 9. 11. 1909.

Hradil G. Tiroler Bergbau. – Tir. Anzger, Nr. 36 v. 13. 2. 1932.

Inn- u. Salzachgebiet. Das – nebst den in Österreich gelegenen Teilen des Iller-, Lech- und Isargebietes. – Jb. Hydrogr. Zentralbüro, 10, 1923 (1931), 65 S.

Isser M. v. Der Tiroler Landreim. – Österr. Z. f. Berg- u. Hüttenw., 34, Wien 1886, Nr. 35, 569–576. – S. a. Emmert, Fischnaler, Pichler, Rösch u. Wieser.

— Neue Erzaufschlüsse in Tirol. (1. Dirstentritt, 2. Negelseekar bei Ehrwald, 3. Röhrerbühel bei Kitzbühel, 4. Obernberg a. Br., 5. Eggertal bei Sterzing, 6. Rabenstein in den Sarntaler Alpen, 7. Terlan im Vinschgau, 8. Panzendorf und Tessenberg im Pustertal.) – Innsbr. Nachr., Nr. 163 v. 19. 7. 1911.

Karpe F. C. Übersicht der Heilquellen von Tirol und Vorarlberg im Jahre 1828. – TB 1830, 248, 252, 256, 260.

Kitzbühel. Gletschermühlen. – Innsbr. Nachr., Nr. 182 v. 10. 8., 190 v. 21. 8., 191 v. 22. 8., 204 v. 6. 9. 1911. – Heilbad Schwarzsee. – Ebd. Nr. 231 v. 9. 10. 1905.

Kitzbühler Horn-Bahn. Innsbr. Nachr., Jahr, Nr. – 1905, 24, 25, 82; 1913, 140.

Klebelsberg R. v. Grundzüge der Geologie Tirols. – 1933. – Bespr. Mitt. DÖAV, 1934, 147; PetMitt., 1934, 317; Geogr. Z., 40, 1934, 271.

— Geologie von Tirol. – Berlin (Borntraeger) 1935, 748 S. u. 4 Verz., K. 1:500000, 3 Skzen, 11 Blgen.

Klose O. Mitterberg. – Fundber. aus Österr., 1, 1930–1934, 20, 190. – S. a. Mahr A.

Koch E. J. Die Mineralquellen des gesamten österreichischen Kaiserstaates in top., hist., phys.-chem. u. therap. Beziehung. – 2. Aufl. Wien (Gerold) 1845, 467 S.

Köchlin R. Mineralogische Nachlese. (U. a. Rutil im Leonhardit vom Floitental, Valentinit von Kogl.) – Zbl. f. Min., Abt. A, 1934, 295–297.

Köhler A. u. **Leitmeier H.** Fluoreszenzversuche an natürlichen Sulfaten. (U. a. Bleiberg, Brixlegg, Schwaz.) – Zbl. f. Min., Abt. A, 1934, 364–375.

Korzendorfer A. Jakob Fugger der Reiche. – Sammler, Blge z. Münchner-Augsburger Abendztg, Nr. 125 u. 126 v. 1931.

Krapf Ph. Der Wasserbau in Tirol. Darstellung der Verhältnisse und Aufgaben auf dem Gebiete des Wasserbaues in Tirol (Gewässerregulierungen, Meliorationen und Wildbachverbauungen.) – Herausgeg. v. Tiroler Ldsausschuß, Innsbruck 1910, 335 S., 1 K.

Kraus M. Über einige alpine Erzlagerstätten. (Serfaus, Leogang, Kupferplatte, Habachtal bei Mittersill, Glücksgrat im Stubai, Eggertal bei Stilfes.) – Bergbau u. Hütte, 1, Wien 1916, 203–210, 221–226.

Kraynag A. v. Bericht über geognostisch-montanistische Bereisungen des Kreises Hopfgarten. 1837. – Handschr. Mus. Ferdin., F. B. 5009, m. K.

Kufsteiner Lokalbahnen. Innsbr. Nachr., Jahr, Nr. – Brixental-Leukental: 1908, 173. Kufstein-Bayr.-Zell: 1905, 230; 1908, 49. Kufstein-Hinterbärenbad: 1901, 249. Kufstein-Kössen: 1900, 111; 1902, 119, 160; 1903, 70, 82, 92, 170; 1904, 226, 266; 1905, 27, 81, 85, 105, 284; 1908, 100; 1910, 198; Thiersee: 1908, 38. Kössen-St. Johann: 1904, 236; 1912, 172; 1913, 237. St. Johann-Lofer-Unken: 1906, 21; 1912, 63; St. Johann-Reichenhall-Saalfelden: 1907, 206, 216, 217, 261, 280, 283.

Kyrle G. Das Metallausbringen der prähistorischen Kupfergruben in Salzburg. (Vortr.) – Mont. Rdsch., 6, 1914, 63–64.

Lahner G. Die oberösterr. und salzburgischen Kalkalpen und ihre Grenzgebiete. Eine Einführung in ihren geologischen Bau für Laien. – Mitt. f. Erdkde, Fachz. d. Ldsver. f. Höhlenkde in Oberösterr., Linz 1932, 2–140; 1933, 2–166. – Bespr. NJb. 1935/3, 163.

Lämmermayr L. Floristische Ergebnisse einer Begehung der Magnesitlagerstätten bei Dienten (Salzburg). – Sber. Ak. d. Wiss. Wien, Abt. 1, 142, 1933, 233–242.

Leonhard K. C. v. Beschreibung Salzburger Mineralien. – Leonh. Taschenbuch, 5, 1811, 233–239.

Leukenthal. Heilbad. – Innsbr. Nachr., Nr. 172 v. 30. 7. 1907.

Lill C. v. Ein Durchschnitt aus den Alpen mit Hindeutungen auf die Karpaten. – Jb. f. Min., 1, 1830, 153–220, 1 Taf. – S. a. ebd., 2, 1831, 75–79. (Briefe Lills v. 24. 6. u. 5. 7. 1830.)

Lipold M. V. Der Nickelbergbau Nöckelberg im Leogangtal. – 1854. – Bespr. NJb. 1856, 570.

Mahr A. Mitterberg. – Fundberichte aus Österreich, 1, 1930–1934, 20. – S. a. Klose O.

Meixner H. Neue Mineralfunde in den österr. Ostalpen. IV. – Mitt. Natwiss. Ver. Steiermark, 69, 1932, 1–5. – Bespr. NJb. 1934/1, 547. (U. a. Lisens, Kitzbühel i. T., Bilkenalpe in Vorarlberg.)

Merhart G. v. Innsbruck, Westendorf, Hötting, Jenbach, Zams, Zirl. – Fundber. aus Österr., 1, 1930–1934, 24, 76, 193, 195.

Metallurgische Briefe (P. R.), geschrieben während einer Reise durch Tyrol und einen Teil von Venedig. – Molls Jb. d. Berg- u. Hüttenkde, 1, 1797, 1–94; 2, 1798, 43–188.

Mielichhofer M. Oryktognostische Beschreibung einiger seltenen Fossilien des Pfleg- und Berggerichtes Zell im Pinzgaue. – Molls Jbücher d. Berg- u. Hüttenkde, 5, 1801, 111–139.

Mohr H. Ein neuer Pflanzenfund. – 1933. – Bespr. GZ 5 B/646.

Moll K. E. Frh. v. Höhen einiger salzburgischen und tirolischen Gebirge und Ortschaften nach barometrischen Messungen. – Molls Jbücher d. Berg- u. Hüttenkde, 4, 1. Lfrg, 1799, 110–116.

Montanus. 4000 Jahre alter Kupferbergbau in Österreich. (Mühlbach-Bischofshofen.) – Mont. Rdsch., 25, 1933, Nr. 2, 2 S.

Moore Österreichs. Übersichtskarte der –. 1:625000. – Herausgeg. v. d. Mediz. Moorkomm. im Bdsmin. f. soz. Verw., Wien 1934.

Moorkultur. Innsbr. Nachr., Jahr, Nr. – Kurs Sterzing: 1903, 209. Brand Planser Ried (Vinschgau): 1904, 67.

Peez K. Der Untergang der Fugger. – Reichspost, Nr. 317 u. 324 v. 1931.

Petrascheck W. Die Magnesite und Siderite. – 1932. – Bespr. Z. f. prakt. Geol., 41, 1933, 55.

Pfaundler A. v. Über das Gelbbleierz von Maukeretz (Rattenberg, Unterinntal). Schwerspat, Braunstein u. Kupferoxyd im Fassatal. (Schreiben aus St. Lorenzen v. 26. 3. 1803.) – Molls Ann. d. Berg- u. Hüttenkde, 3, 1805, 158.

— Verschiedenes über Min. u. Geogn. von Tirol. – 1837. Inhalt: 1. Kritik von Russegger über Hall (Arch. f. Geogn. u. Bergbau v. Karsten, 9. Bd, 1. H., 242). 2. Kritik von Gumppenberg über die Rinner vom Schwazer Falkenstein (NJb. 1836, 50). 3. Zweifelhafte u. seltene Mineralien v. Kitzbühel, Zillertal, Pfitsch u. a.

Pfaundler G. v. Notizen über tirolische Bergbauten aus archivalischen Quellen. 1832–1862. (Umfaßt ganz Tirol.) – Handschr. v. J. 1864, Mus. Ferdin., W. 5581.

Pirchl H. Zur Geschichte des Mitterberger Kupferbergbaues. – Mont. Rdsch., 6, 1914, 313–316, 3 Fig.

Pittioni R. Kelchalpe, Götschenberg, Haidberg (Bischofshofen), Lienz, Mühlbach, Ulrichsbühel (Amlach). – Fundber. a. Österr., 1, 1930–1934, 191, 193, 248, 249, 250b, c. – S. a. ebd. 70.

—, Zschocke K. u. **Preuschen E.** Grundsätzliche Feststellungen zu Fragen des urzeitlichen Kupferbergbaues. – Mitt. Anthrop. Ges. Wien, 64, 1934, 327–334.

Pittioni R. Einiges über die Erforschung des urzeitlichen Bergbaues. – Mitt. d. Verb. d. Österr. Ing.- u. Arch.-Ver., 3, 1935, Nr. 1, 3.

Ployer K. v. Vorschlag zu einer Schürf- und Bergkompagnie. (Tirol.) – Molls Jbücher d. Berg- u. Hüttenkde, 5, 1801, 11–32. Vgl. Molls Annalen, 1, 1802, 3. Lfrg, 27, Fußnote über Erfolg dieses Vorschlages: Ansuchen der Tiroler Landstände und Unterstützung durch Erzh. Johann. (Brief aus Innsbruck v. 22. 11. 1801.)

Prey A. Untersuchungen über die Isostasie in den Alpen auf Grund der Schweremessungen in Tirol. – Sber. Ak. d. Wiss. Wien, math.-natw. Kl., 121, 1912, Abt. IIa, 2467–2518, 6 Fig. – Bespr. NJb. 1914/2, 427; Beitr. z. Geophys., 13, 1913, 62.

Primus A. Geschichtliches über den Bergbau im Bezirk Kitzbühel. – In: Lippott, Sechzig Jahre Tiroler Grenzbote, 1871–1931, Kufstein 1931, 98–100.

Quiring H. Die Schächte, Stollen und Abbauräume der Steinzeit und des Altertums. – Z. Berg-, Hütten- u. Salwesen im Preuß. St., 80, B, 1933, 274. – Bespr. NJb. 1934/2, 193.

— Die Erzgrundlagen der ältesten Eisenerzeugung. – Z. f. prakt. Geol., 41, 1933, 128–131, 1 Skz.

Redlich K. A. Die Geologie der innerösterr. Eisenerzlagerstätten. – 1931. – Bespr. Berg- u. Httenm. Jb., 80, 1932, 160.

Rösch G. v. Geroldshausen. Der Fürstlichen Grafschaft Tyrol Lanndtreim. Von neuem geme(h)rt und gebessert. – Innsbruck 1558. Abschriften aus der Mitte des 18. Jahrhunderts im Mus. Ferdin., Bibl. Tir. Dipl. 919 u. 946. – S. a. Emmert, Fischnaler, Isser, Pichler, Wieser u. TB 1822, S. 92.

Roschmann A. Schema Tyrolis illustratae. – Handschr. Mus. Ferdin., T. III, P. I. De fontibus medicatis et balneis, herbis, 1737. (S. Nevinny J.)

— Regnum animale, vegetabile et minerale-medicum Tyrolense. – Innsbruck (Wagner) 1738.

Russegger J. Über den Nordabhang der Alpen in Salzburg und Tirol. – NJb. 1835, 505–511, 1 Proftaf.

Saalachtalbahn. Salzburg–Lofer–St. Johann i. T. – Innsbr. Nachr., Nr. 46 v. 25. 2. 1911. – S. a. Kufsteiner Lokalbahnen.

Sander B. Typisierung von deformierten Tonschiefern mit optischen und röntgenoptischen Mitteln. – Z. f. Krist., (A), 89, 1934, 97–124, 14 Abb.

Sauter A. Versuch einer Schilderung der Naturbildung des Tales von Kitzbühel und der umliegenden Gebirge. (Namentl. Boden u. Botanik.) – TB 1830, S. 404, 408, 412, 416; 1831, S. 20, 24, 28, 32, 36.

Schiegg U. Barometrische Höhenmessungen verschiedener Ortschaften, Berge, Strom- und unterirdischer Punkte im Salzburgischen. – Molls Jbücher d. Berg- u. Hüttenkde, 5, 1801, 185–197.

Schmidt A. A. Die Gefürstete Grafschaft Tirol mit Vorarlberg. – Stuttgart 1837. (U. a. Angaben über Bergbau.)

Schmidt A. R. Tagebuch über die geogn.-mont. Begehung des Kreises Unterinntal i. J. 1842. d. d. Hall, 1. 2. 1843. – Handschr. Mus. Ferdin., F.B. 5019.

Schnetzer R. Die Muschelkalkfauna des Öfenbachgrabens bei Saalfelden. – Palaeontogr., 81, Abt. A, 1934, 1–160, 6 Taf. – Bespr. NJb. 1935/3, 87.

Schroll K. (C.) M. Grundriß einer salzburgischen Mineralogie oder kurzgefaßte systematische Anzeige der bis jetzt bekannten Mineralien des Fürstentums und Erzstifts Salzburg. – Molls Jbücher, 1, 1797, 95–196. – S. a. Vorrede, röm. 8–9. – Auszug: Ebd., 3, 1799, 364–371.

— Beitrag zur Kunst und Wirtschaft der Arbeit auf dem Gesteine. – Annalen d. Berg- u. Hüttenkde, 1, Salzburg 1802, 1. Lfrg, 61–118; 2. Lfrg, 1–47, 2 Taf. Zusätze des Herausgebers Moll, 47–118.

Schwärzler F. Glashütten in Tirol. – Innsbr. Nachr., Nr. 134 v. 16. 6. u. 135 v. 17. 6. 1914.

Schwinner R. Das Bewegungsbild des Klammkalkzuges. – 1933. – Bespr. GZ 52 A/375.

— Variscisches und alpines Gebirgssystem. – 1933. – Bespr. GZ 52 A/376.

— Die Verbreitung des Elementes Arsen in ihrer Beziehung zum Gebirgsbau der Ostalpen. (Eine mineral-geographische Studie.) – Z. f. Krist., Abt. B, Min. u. petr. Mitt., 46, 1934, 56–72, 1 Abb.

Seefeldner E. Die alten Landoberflächen der Salzburger Alpen. – Z. f. Geomorph., 8, 1934, 157–198, 3 Abb. – Bespr. GZ 53 A/1533.

Silber M. Götschenberg (Bischofshofen), Gumping. – Fundber. a. Österr., 1, 1930–1934, 249. – S. a. ebd., 70, 72, 248.

Sperges J. v. Verschiedenes von tirolischen Bergwerkssachen. (Tirolische Erzarten; Verz. v. Naturaliensammlern; histor. Bergbaunotizen; Erklärg v. Fachausdrücken; Marmelarten; Farben; Versteinerte Sachen; aus dem Landreim v. 1558.) – Handschr. Mus. Ferdin., Dip. 745, 19 S.

— Bergwerksgeschichte. – 1765. – Verwertet u. a. illustr. Handschr. aus seiner Bibliothek: Von dem hoch- und weitberühmten Bergwerk am Falkenstein zu Schwaz in der Fürstl. Grafsch. Tirol und anderen inkorporierten Bergwerken. Erwähnt in De Luca, Staatsanzeigen von den k. k. Staaten, 1784, S. 326. (Kitzbühel, Rattenberg, Schwaz, Hall, Hötting, Klausen, Schneeberg, Meran.)

Spiel H. Die Aufbereitung der Mitterberger Kupfer-A.G. in Mühlbach bei Bischofshofen. – Mont. Rdsch., 6, 1914, 5–9, 25–31, 12 Abb.

Sterner-Rainer L. Der Bergbau in den Ostalpen. (Vortr.) – Österr. Touristenztg, 19, Wien 1899, 146–148, 157–160, 169–173.

— Der Tiroler Bergbau. (Vortr.) – Innsbr. Nachr., Abendbl. Nr. 130 v. 14. 7. 1920.

Stolz O. Die Schwaighöfe in Tirol. – 1930. – Bespr. Mitt. Geogr. Ges. Wien, 76, 1933, 247.

Strele G. Grundriß der Wildbachverbauung. – Wien (Springer) 1934, 279 S., 150 Abb. – Bespr. GZ 53 A/634; Z. f. prakt. Geol., 42, 1934, 125; NJb. 1934/2, 571.

Strobl E. Die Hauptbahnen in Tirol und Vorarlberg. Kurzgefaßte Geschichte ihrer Entwicklung. Ein Auszug aus größeren Sammelwerken und einschlägigen Monographien. – Innsbr. Nachr., Nr. 170, 176, 182, 187, 193 v. August 1902.

Studer B. Über eine Reise in die Österreichischen Alpen im Herbst 1848. (Aus Brief an Gehr. v. Leonhard v. 22. 12. 1848. U. a. Erläuterung von Flysch.) – NJb. 1849, 166–176.

Tertsch H. Die Erzbergbaue Österreich-Ungarns. – 1918. – Auszug: Berg- u. Hüttenm. Jb., 67, 1919, 37–63, 1 K., 2 Tab.

Torfgewinnung. Innsbr. Nachr., Jahr, Nr. – Fließ: 1918, 250. Hopfgarten: 1909, 256. Sterzing: 1911, 269. Vill: 1920, 105 (Abendbl.). Walchsee: 1918, 60.

Tornquist A. Neue Untersuchungen ostalp. Erzlagerstätten. – 1932. – Bespr. Z. f. prakt. Geol., 41, 1933, 103.

Trinker J. Erläuternde Bemerkungen zu der am 25. Sept. 1851 in Hall den Mitgliedern des Bergm. Ver. vorgelegten Sammlung aus dem Neuschurf am Madersbacher Köpfl bei Brixlegg. (1851.) – Der Aufschluß der tieferen westlichen Reviere im Pfunderer Berg bei Klausen. (1853.) – Das Vorkommen von Kohle in den älteren Formationen der Tiroler Alpen. (1854, Gadertal u. Naif.) – Handschr. Mus. Ferdin., W. 5614.

Unger. (F.) Über den roten Schnee der Alpen und Polarländer. – TB 1831, S. 340, 344, 348, 352. – S. a. Öttl J., Öllacher J. u. Sieber W.

Ur- u. frühgeschichtl. Funde. Innsbr. Nachr., Nr. ... v. ...: Brixental: 104 v. 8. 5. 1923. Kitzbühel: 249 v. 29. 10. 1924.

Vogel K. Kitzbühel. – Fundber. a. Österr., 1, 1930–1934, 193–194.

Waagen L. Bergbau und Bergwirtschaft. – 1919. – Bespr. Berg- u. Hüttenm. Jb., 67, 1919, 316.

— Der Goldbergbau in Österreich. (Vortragsauszug.) – Innsbr. Nachr., Nr. 284 v. 11. 12. 1934, 8. – S. a. ebd. Nr. 288 v. 15. 12. 1934 u. Neueste Ztg, Nr. 45 v. 22. 2. 1935.

Wagner F. M. Versuche über die Anwendbarkeit des Torfes bei Erzeugung des Roheisens in hohen Öfen. (Bergen bei Traunstein.) – Molls Jbücher d. Berg- u. Hüttenkde, 4, 2. Lfrg, 1800, 262–378. Zusatz d. Herausgeb. Moll ebd. 379–394, Brief aus Tirol von E. G. S. über dortige Erfahrungen ebd. 395–402, 1 Tab.

Weber A. Das diluviale Torf-(Kohlen-)lager im Talkessel von Hopfgarten. – Z. f. Moorkultur u. Torfverwertung, 1910.

Weinhart I. v. Physikalische Untersuchungen in den Schächten der Bergbaue Röhrerbühel bei Kitzbühel und am Falkenstein bei Schwaz. (1773.) – Notizen über Bergspaltungen im Sellrain (1768), Höhenmessungen u. a. (2. Hälfte d. 18. Jahrhunderts bis 1785.) – Handschr. Mus. Ferdin., Dip. 1139.

Wieser F. Der Tiroler Landreim. (Von Georg Rösch v. Geroldshausen, 1558.) – Archiv f. Gesch. u. Altertumskde Tirols, 5, 1869, 209–248. (Haller Salzberg 213–220, Schwaz 220–224, Kitzbühel 229–231, Min.-Geol. 241–243 usw.) – S. a. Rösch G. v., Pichler A. v., Isser M. v., Fischnaler K. u. Emmert A.

Wildbachverbauungen in Tirol u. V. Innsbr. Nachr., Jahr, Nr. – Ahrntal (Taufers): 1904, 52; 1909, 217; 1911, 279; 1912, 156, 204; 1913, 213; 1914, 59. Alpbach (Brixlegg): 1909, 138; 1911, 276; 1912, 196; 1917, 40. Arlberg: 1905, 103; 1908, 137 (Schönbach). Avisio: 1922, 208. Bizau: 1902, 75; 1906, 211. Brixentaler Ach: 1906, 107; 1907, 183; 1910, 221. Campill: 1908, 109. Chiese: 1911, 95; 1913, 153. Dornbirner Ach-Steinebach: 1900, 256. Ehrwald: 1911, 252. Eisack: 1903, 93; 1909, 266, 268. Faggenbach: 1912, 168. Geroldsbach: 1909, 189. Glurns: 1913, 294. Gsiesertal: 1911, 110. Großache: 1903, 130, 276; 1905, 148; 1907, 290. Ill: 1912, 210; 1913, 31, 238, 262, 272, 296; 1914, 30, 54, 69, 84, 375. Imst (Brennbichl): 1911, 27. Jenbach: 1911, 3, 217; 1912, 28, 90. Kitzbühel: 1903, 167. Klösterle: 1905, 270. Lech: 1903, 1, 37, 56, 61, 96; 1905, 268; 1906, 238; 1907, 94; 1924, 279. Leno: 1902, 48. Matrei i. O.: 1908, 255; 1909, 140, 238. Matschertal: 1912, 262. Ötztal: 1906, 276; 1911, 122. Passer: 1907, 54, 189; 1910, 233, 243 (Leitart.). Pfitsch: 1907, 265. Prad: 1912, 240. Primör: 1912, 200. Punibach (Vinschgau): 1913, 274. Reutte-Wängle: 1905, 198. Rheingebiet: 1902, 140; 1922, 97. Riva (Albola): 1911, 219. Roncegno (Chiavona): 1902, 140. Rosanna: 1911, 224. Sarca: 1907, 24; 1913, 167; 1914, 152. Scesa: 1902, 224. Schlanders: 1908, 100; 1910, 291; 1912, 95. Schlick: 1908, 58. Sill: 1909, 241; 1910, 65, 67, 89. Sterzing: 1912, 15. Sulden: 1912, 125. Vorarlberg i. a.: 1903, 70; 1922, 97, 184; 1924, 48. Waidring (Haselbach): 1908, 112. Wildschönau: 1903, 1. Ziller: 1906, 277; 1911, 92, 94, 104, 122; 1913, 45; 1914, 21.

Zallinger F. v. Witterungsbeobachtungen nebst einigen Höhenmessungen mit dem Barometer. Innsbruck 1784. – Sammler f. Gesch. u. Stat. etc., 3, 1808, 243–245 unter: Höhenmessungen etc., 5.

Zschocke M. u. Preuschen E. Das urzeitl. Bergbaugebiet von Mühlbach-Bischofshofen. – 1932. – Bespr. Berg- u. Hüttenm. Jb., 80, 1932, 159.

33. Zillertaler Alpen.

Ahrn. Kupferbergwerk – und Leonische Fabrik in Schwaz. – TB 1827, S. 144.

Aigner A. Vorzeitformen in den ostalpinen Zentralketten. – Sieger-Festschr., Zur Geogr. d. Deutschen Alpen, Wien 1924, 22–36. – Bespr. GZ 30/1327; NJb. 1925/2, B, 154.

Andreatta C. Analisi strutturali. III. – 1933. – Bespr. GZ 53 A/1616.

— Dispositione dei microliti micacei in plagioclasi di rocce intrusive. (Analisi stutturali di rocce, IV.) – Per. di Min., 5, n. 3, Roma 1934, 19 S., 2 Taf.

Angel F. Baustoff und Bau der Hohen Tauern. – Der Bergsteiger, 4, 1934, Nr. 8, 413–424. – Abdr. in: Gallhuber J., Die Hohen Tauern, München (Bruckmann) 1935, 13–20.

Balling C. Die Montanindustrie in Tirol. – Techniker, Wien 1872, u. ebd. (Gronegger) 1872, 31 S. – Bespr. VRA 1873, 100.

Beckmann S. J. St. Über den Granatoid, ein noch unbeschriebenes grünes Kieselfossil aus dem Zillertal in Tyrol. – Leonh. Min. Taschenbuch, 23, 2. Bd, 1829, 827–829.

Bergbau Pustertal. Innsbr. Nachr., Jahr, Nr. – Lienz: 1917, 38; 1919, 212. Luttach (Gips):

1908, 291. Panzendorf: 1915, 210. Sillian: 1909, 165. Tessenberg: 1911, 86, 93.

Bergbau Tirols. Historisch-technische Notizen der Prov. Tirol in ausgedehnter montanistischer Beziehung. Zusammengetragen für das techn. Kabinett Sr. Kais. Hoh. d. dl. Erzh. Kronprinzen und berichtigt für das tir. Nationalmus. Ferdin. – Handschr. 1827, Ferdin.-Bibl. Nr. 2704. Enthält u. a. Angaben über Bergbau Häring, Kitzbühel, Brixlegg, Zillertal, Schwaz, Hall, Torf in Vorarlberg, Serpentin Matrei a. Br., Schwerspat Schwaz, Steinöl Seefeld (mit Bild); Histor.-techn.-admin. Skizze der Saline Hall u. d. Salmiakfabrik zu Hall i. T.; Walzwerk Brixlegg (1819 erbaut); Gedrängte hist.-techn. Notizen ü. d. tir. Messinghandel. (Achenrain seit 1. Hälfte des 17. Jahrhunderts, vorher Lienz.)

Bergwerke u. Schürfe. Verzeichnis der – und des Personals. 1788. (Nordtirol.) – Handschr. Mus. Ferdin., Dip. 1190, f. 90–99, 103. – S. ebd. Statistische Notizen aus den Gerichten Stubai, Matrei u. Steinach v. J. 1791. (Nutzbare Gesteine u. Eisenindustrie.)

Bianchi A. Appunti petrografici. (Alpi Aurine e Vedrette Giganti.) – 1929. – Bespr. GZ 53 A/787.

— Studio petrografico dell'Alto Adige. (Vortr.) – Boll. Soc. Geol. It., v. 52, 1933, f. 2, Roma 1934, röm. 120–121.

Bleser P. Geologische Studien am Westende der Hohen Tauern östlich der Brennerlinie. – Dissert. Univ. Basel, Luxemburg (Bück) 1934, 89 S., 5 Taf., 3 Taf. Profilskizen, 1 Fig.; Inst. Grand-Ducal de Luxembourg, Arch. nouv. sér., 1934, t. 13.

Bobek H. Ein tertiäres Schuttvorkommen im Tuxer Tale. – 1930. – Bespr. NJb. 1934/3, 380.

— Die Formentwicklung. – 1933. – Bespr. Mitt. Geogr. Ges. München, 27, 1934, 126; Mitt. Geol. Ges. Wien, 26, Wien 1934, 229; GR 25, 1934, 363; Mitt. Geogr. Ges. Wien, 77, 1934, 95; Geogr. Z., 40, 1934, 273; GZ 53 A/1535; Z. f. Geomorph., 8, 1935, 336.

Breithaupt A. Natürliche Abteilungen der Glimmer und genaue Bestimmung einer Specie derselben, des tautoklinen Asterglimmers. (Roter Kopf, Zillertal.) – Schweiggers Jb. d. Chem., 1829, 306ff. – Bespr. Jb. f. Min., 1, 1830, 312.

Bruner H. Die von Schmuck in Fügen (Zillertal). – Tir. Heimatbl., 12, 1934, 312–316.

Bukeisen F. Zerlegung von schwarzem Glimmer von Pfitsch und Diopsid (Augit) aus dem Zillertal. – Sber. Ak. d. Wiss. Wien, math.-natw. Kl., 24, 1857, 285, 290. – Bespr. NJb. 1858, 825, 826.

Canaval R. Das Goldfeld der Ostalpen und seine Bedeutung für die Gegenwart. (Mit Anhang von K. Imhof.) – Berg- u. Hüttenm. Jb., 81, 1933, 146–150. – Bespr. GZ 52 A/1658.

Cavinato A. Nuove ricerche sull'Euclasio. – Euclasio di Valle Aurina. – Rend. Acc. Linc., Cl. sc. fis., mat. e nat., (6) 10, 1929, 656–664. – Bespr. Z. f. Krist., Abt. B, Refteil, 2, 1933, R. 145.

Czermak F. u. Schadler J. Vorkommen des Elementes Arsen. – 1933. – Bespr. Z. f. prakt. Geol., 42, 1934, 30; NJb. 1934/2, 229.

Dal Piaz G. B. Studi geologici sull'Alto Adige orientale e regioni limitrofe. – 1933 (1934). – 12 S. Vorw., 242 S., 12 Taf., K. 1:200000, 1 Panor., 37 Fig., m. Erläutgen.

Damour A. Über titanhaltigen Chrysolith von Pfunders. (Frzös.) – Compt.-rend. Ac. d. sc. Paris, 41, 1151. – Bespr. NJb. 1857, 325.

Del-Negro W. Geologischer Überblick über die Hohen Tauern mit besonderer Berücksichtigung des Goldberggebietes. – Mitt. Erdkde (Fachz. d. Landesverb. f. Höhlenkde Oberösterr.), 2, 1933, H. 8, 104–114, 7 Abb., 1 K. der Erzgänge.

Dünner H. Zur Geologie des Tauernwestendes am Brenner. (Diss.) – Winterthur 1934, 134 S., mehr. Prof., K. 1:50000.

Eder J. Das Gold von Zell. – Reichspost (Wien), Nr. 314 v. 11. 11. 1934, 17–18.

Eichelter R. Die Möglichkeit der wirtschaftlichen Goldgewinnung in den Hohen Tauern, mit besonderer Berücksichtigung der am Naßfeld erzielten Ergebnisse. – Mont. Rdsch., 25, Wien 1933, Nr. 9, 1–16, 1 Abb., 5 Tab. – Bespr. NJb. 1934/2, 229.

Emmert A. Der Fürstlichen Grafschaft Tirol Landreim. (Von Georg Rösch von Geroldshausen.) – Abdruck: Almanach f. Gesch., Kunst u. Lit., 1, Innsbruck (Wagner) 1836, 44–75. – S. a. Fischnaler K., Isser M. v., Pichler A. v., Rösch G. v. u. Wieser F.

Finsterwalder K. „Mons Havenaere dictus". Mitt. Ges. f. Salzburger Ldskde, 74, 1934, 180–182.

— Zillertaler Berg- und Talnamen. Einblicke in die älteste Gebirgsanschauung und -besiedlung von den Namen der Karte aus. – Z. DÖAV, 1934, 12–27.

Finsterwalder S. M. Lagallys „Mechanik und Thermodynamik des stationären Gletschers". – Z. f. Glkde, 22, 1935, 297–302.

Fischnaler K. Georg Rösch von Geroldshausen: Tiroler Landreim und Wunschspruch... Zwei tirolische Gedichte des 16. Jahrhunderts. Mit dem Lebensbilde des Verfassers, geschichtl. u. sachlichen Erläuterungen herausgegeben. – Innsbruck (Wagner) 1898, 36 S. (Biogr. 1–18, Begleitwort z. Landreim 21–26, z. Wunschspruch 29–36. Abdruck beider Gedichte.) – S. a. Emmert, Isser, Pichler, Rösch u. Wieser.

Gallhuber J. Die Hohen Tauern. Ein Landschafts- und Bergsteigerbuch. – München (Bruckmann) 1935, 196 S., zahlr. Abb. u. Vollbilder. – S. Angel F. – Bespr. Mitt. DÖAV, 1934, 300; 1935, 26; Der Bergsteiger, 5, 1934/35, (41).

Gaertner C. L. u. Leonhard K. C. v. Analyse dreier Magneteisensteine. (U. a. von Pfitsch.) – Leonh. Taschenbuch, 9, 1. Abt., 1815, 82–107 (Pfitsch 103–107).

Gebhard I. Über den Spargelstein vom Greiner. (Zillertaler Alpen; Schreiben aus Innsbruck v. April 1806.) – Molls Ephemeriden, 2, 1806, 527–529.

— Über neue Mineralien aus Pfitsch und vom Greiner. (Notiz.) – TB 1825, S. 332.

Goldbergbau. Zur Frage des –es in Österreich. – Mont. Rdsch., 25, 1933, Nr. 11, 4.

Hammer W. Der Tauernnordrand zwischen Habach- und Hollersbachtal. – JbBA 1935, 1–17, 4 Fig.

— Aufnahmsbericht über Blatt Kitzbühel-Zell am See (5049) und Hippach–Wilde Gerlosspitze (5148). – VBA 1935, 21–22.

Hauy R. J. Bemerkungen über einige, vorzüglich auch über tirolische Mineralien, mit Anmerkungen von Hofrat Hardt in Bamberg. (Paris, 16. 11. 1812. – Strahlstein Zillertal, Andalusit Lüsens, Pyroxen Grödnertal, Bitterspat Hall, Eisenblüte Leogang, Ichthyophthalmit [Apophyllit] und Grossular Fassatal, Min. Pfitschtal.) – Molls NJbücher d. Berg- u. Hüttenkde, 3, 1815, 269–283.

Heberdey R. Die Bedeutung der Eiszeit für die

Fauna der Alpen. – 1933. – Bespr. GZ 4 B/1333, 52 A/223.

Heintz. Perlglimmer (Margarit) und Begleitmineral aus dem Pfitschtal in Tirol. – Liebig u. Kopf, Jber. f. 1855, 949. – Bespr. NJb. 1857, 331.

Isser M. v. Der Tiroler Landreim. – Österr. Z. f. Berg- u. Hüttenw., 34, Wien 1886, Nr. 35, 569–576. – S. a. Emmert, Fischnaler, Pichler, Rösch u. Wieser.

— Sage und Geschichte über die Entdeckung der Tiroler Bergwerke. – Der Sammler, 1, Meran 1906–1907, H. 8–12.

Jacobson. Analyse eines Disthens vom Greiner (Zillertaler Alpen). – Aus: Poggend. Ann., 68, 416. – Bespr. NJb. 1847, 732.

Kanitscheider R. Beiträge zur Mechanik des Föhns. – Anzg. Ak. d. Wiss. Wien, math.-natw. Kl., 71, 1934, 279–280.

Kenngott A. Über Diopsid vom Schwarzenstein (Zillertaler Alpen). – Min. Not., 13, 3. – Bespr. NJb. 1856, 48.

Klenow S. Zur Mechanik der Gletscher- und der Krustenbewegungen. Kritische Besprechung von drei neuen Arbeiten aus den „Ergebnissen der kosmischen Physik", 1933. – GR 25, 1934, 422–437, 7 Abb. (U. a. Lagally, Mechanik u. Thermodynamik des stationären Gletschers.)

Klaproth M. H. Über den Spargelstein im Zillertal. (Greiner.) – Leonh. Min. Taschenbuch, 2, 1808, 241–242, 278. – S. a. ebd., 10, 1. Abt., 1816, 261 u. Beitr. z. Kenntnis der Mineralkörper, 4, Posen 1807, 194ff.

Klebelsberg R. v. Grundzüge der Geologie Tirols. – 1933. – Bespr. Mitt. DÖAV, 1934, 147; PetMitt., 1934, 317; Geogr. Z., 40, 1934, 271.

— Ostalpengletscher 1933. Berichte über die Gletschermessungen und -beobachtungen des Deutschen und Österreichischen Alpenvereins in den Ostalpen im Jahre 1933. – Z. f. Glkde, 22, 1935, 179–180.

— Die Ostalpengletscher im Sommer 1934. Gletscherbeobachtungen des DÖAV. – Mitt. DÖAV, 1935, 60–63.

— Geologie von Tirol. – Berlin (Borntraeger) 1935, 748 S. u. 4 Verz., K. 1:500000, 3 Skzen, 11 Blgen.

Kobell F. v. Über den Granat aus dem Ziller- und dem Stubachtale. – Aus: Kastners Arch. f. d. ges. Natlehre, 5, 167. – Bespr. Z. f. Min., 1826, 1, 478.

— Verhalten des großblättrigen Chlorits, des Talks und Lithionglimmers im polarisierten Lichte. (Zillertal.) – Kastners Archiv, 1829, 16, 97. – Bespr. Jb. f. Min., 1, 1830, 311.

— Mineralogische Bemerkungen. (U. a. Kalkspatkristalle von Ahren [?] in Tirol.) – Jb. f. Min., 2, 1831, 127–128, 2 Abb. (1832).

— Neues Vorkommen von Zirkon in Tirol. (Pfitschtal, Zillertaler Alpen.) – 1845. – Bespr. NJb. 1845, 73.

— Zwilling von Toneisengranat von der Stillupe im Zillertal. – Münchn. Gel. Anzg., 1851, Juliheft. – Bespr. NJb. 1854, 183.

Köchlin R. Mineralogische Nachlese. (U. a. Rutil im Leonhardit vom Floitental, Valentinit von Kogl.) – Zbl. f. Min., Abt. A, 1934, 295–297.

Kohlmann R. Gletscherstudien in den Zillertaler und Stubaier Alpen. – Unsere Welt, 25, 1933, 210–214, m. Abb.

Krapf Ph. Der Wasserbau in Tirol. Darstellung der Verhältnisse und Aufgaben auf dem Gebiete des Wasserbaues in Tirol (Gewässerregulierungen, Meliorationen und Wildbachverbauungen.) – Herausgeg. v. Tiroler Ldsausschuß, Innsbruck 1910, 335 S., 1 K.

Lagally M. Mechanik u. Thermodynamik. – 1934. – Bespr. PetMitt., 80, 1934, 236; 81, 1935, 34; NJb. 1934/2, 595; GR 25, 1934, 423; GZ 53 A/1547; Z. f. angew. Math. u. Mech., 14, H. 6, 1934, 381; Z. f. Glkde, 22, 1935, 297.

Lamprecht F. Die Talformung. – 1933. – Bespr. Z. f. Geomorph., 8, 1934, 205; GZ 52 A/109; Z. Ges. f. Erdkde Berlin, 1934, 158; Mitt. Geogr. Ges. Wien, 77, 1934, 207; Geogr. Z., 41, 1935, 84.

Laugier A. Über den Strahlstein aus dem Zillertal. – Ann. du Mus. d'Hist. nat., Nr. 40, 41, 249–259. – Bespr: Molls Ephemeriden, 2, 1806, 566; Leonh. Taschenbuch, 2, 1808, 279.

Leonhard K. C. v. Verzeichnis tirolischer Mineralien. – Leonhards Min. Taschenbuch, 5, 1811, 199–211. – Berichtigung ebd., 7, 2. Abt, 1813, 581–583. (Schoepfer.)

— Beschreibung Salzburger Mineralien. – Leonh. Taschenbuch, 5, 1811, 233–239.

Lichtenecker N. Beobachtungen an den Gletschern des Zemmgrundes in den Zillertaler Alpen im Sommer 1933. – Z. f. Glkde, 22, 1935, 199–204, 2 Fig.

Meitzendorff. Über die Zusammensetzung des Asbestes von Schwarzenstein im Zillertal. – Poggend. Ann., 61, 626ff. – Bespr. NJb. 1841, 697.

Metallurgische Briefe (P. R.), geschrieben während einer Reise durch Tyrol und einen Teil von Venedig. – Molls Jb. d. Berg- u. Hüttenkde, 1, 1797, 1–94; 2, 1798, 43–188.

Meusburger K. Unsere Gletscher. – Kassiankalender 1935, 233, Brixen (A. Weger) 1934, 116–127, 3 Abb.

Moll K. E. Frh. v. Höhen einiger salzburgischen und tirolischen Gebirge und Ortschaften nach barometrischen Messungen. – Molls Jbücher d. Berg- u. Hüttenkde, 4, 1. Lfrg, 1799, 110–116.

Mònterin U. Le variazioni per. d. Ghiac. It. 1932. – 1933. – Bespr. Z. f. Glkde, 22, 1935, 329.

— Le variazioni periodiche dei Ghiacciai Italiani 1933. – Boll. Com. Glac. It., 14, 1934, 17–38, 7 Fig.; Riv. mens. CAI, 1935, 66–78, 6 Abb. – Bespr. Z. f. Glkde, 22, 1935, 329.

Müller Jos. Nachricht von den in Tyrol entdeckten Turmalinen oder Aschenziehern. (An Ign. Edl. v. Born.) – Wien 1778, 22 S.

Münch W. Tauernwerk. – Kleine Mitt. f. d. Mitgl. d. Ver. f. Wasserhygiene, 7, 1931, 93; Wasserkraft, 26, 1931, 13–16.

Öllacher J. Roter Schnee im Pustertal (1847). – 1848. – Bespr. Haidingers Ber., 3, 1848, 390–392. – S. a. Buchners Repert., 98, 1848; TB 1847 v. 24. u. 27. 5.; Wiener Ztg v. 2. 6. 1847.

Peretti L. Morfologia glaciale e ghiacciai della Valle di Selva (Alto Adige). – Boll. Com. Glac. It., 14, 1934, 53–104, 21 Fig., 1 Tab. – Bespr. Z. f. Glkde, 22, 1935, 331.

— Rel. d. Camp. Glac. d. 1933. Alpi Aurine. – Boll. Com. Glac. It., 14, 1934, 277–280.

Petersen. Nachricht von einem mineralog. Ausflug nach Salzburg u. Tirol. (Brief aus Regensburg v. 20. 11. 1815.) – Leonh. Taschenbuch, 10, 2. Abt., 1816, 591–593. (Titanit u. Nigrin im Gasteiner Tal, Smaragd im Habach-, Sphen im Felber-, Spargelstein im hinteren Zillertal u. a.)

Petrascheck W. Die Magnesite und Siderite. – 1932. – Bespr. Z. f. prakt. Geol., 41, 1933, 55.

Pfaundler G. v. Notizen über tirolische Bergbauten aus archivalischen Quellen. 1832–1862. (Umfaßt ganz Tirol.) – Handschr. v. J. 1864, Mus. Ferdin., W. 5581.

Prettau i. Ahrntal. Heilquelle. – Innsbr. Nachr., Nr. 281 v. 7. 12. 1906.

Rammelsberg C. Zerlegung des Apatits vom Schwarzenstein im Zillertal. – Aus: 2. Suppl. z. Handwörterbuch, 15. – Bespr. NJb. 1846, 489. Vgl. Analyse aus Poggend. Ann., 68, 506 im NJb. 1847, 206.

Rath G. v. Über Apatitkristalle aus dem Pfitschtale (Zillert. A.). – Niederrhein. Ges. f. Natkde, Bonn 1859, Juli. – Bespr. NJb. 1859, 625.

Redlich K. A. Die Typen der Magnesitlagerstätten, ihre Bildung, geologische Stellung und Untersuchung. – Z. f. prakt. Geol., 42, 1934, 156–159, 166–173, 4 Abb.

Rehrl F. Die wirtschaftliche Bedeutung des Tauernkraftwerkes. – Reichspost, Nr. 102 v. 1931.

Reissacher K. Die goldführenden Gangstreichen der Salzburgischen Zentralalpenkette. – 1848. – Auszug: NJb. 1849, 715–719.

Rhätizit aus dem Pfitschtal. Beschreibung nach Werner. – Leonh. Taschenbuch, 10, 1. Abt., 1816, 183.

Rösch G. v. Geroldshausen. Der Fürstlichen Grafschaft Tyrol Lanndtreim. Von neuem geme(h)rt und gebessert. – Innsbruck 1558. – Abschriften aus der Mitte des 18. Jahrhunderts im Mus. Ferdin., Bibl. Tir. Dip. 919 u. 946. – S. a. Emmert, Fischnaler, Isser, Pichler, Wieser u. TB 1822, S. 92.

Rose G. Zerlegung des Apatits vom Greiner (Zillertaler A.) – Poggendorffs Ann., 9, 186. – Bespr. Z. f. Min., 1828, 1, 157.

Schacherl R. Gold in den Tauern. – Urania, 9, 1932/33, 55–57, m. Abb.

Schafhäutl K. E. v. Über den Margarodit aus dem Zillertal. – Aus: Haidingers Übersicht, 30. – Bespr. NJb. 1845, 826.

Schroll K. (C.) M. Grundriß einer salzburgischen Mineralogie oder kurzgefaßte systematische Anzeige der bis jetzt bekannten Mineralien des Fürstentums und Erzstifts Salzburg. – Molls Jbücher, 1, 1797, 95–196. – S. a. Vorrede, röm. 8–9. – Auszug: Ebd. 3, 1799, 364–371.

Schwarzenbergkees (Ahrntal). Gletscherbruch. – Innsbr. Nachr., Nr. 251 v. 2. 11. 1900.

Schwinner R. Variscisches und alpines Gebirgssystem. – 1933. – Bespr. GZ 52 A/376.

Seefeldner E. Zur Altersfrage der Abtragungsflächen. – 1933. – Bespr. Z. f. Geomorph., 8, 1934, 204; GZ 53 A/81; Mitt. Geol. Ges. Wien, 26, Wien 1934, 226; Boll. Soc. Geogr. It., 1934, 75.

Semerano G. Sulla composizione di alcuni gneiss. – 1929. – Bespr. GZ 53 A/268.

Sperges J. v. Verschiedenes von tirolischen Bergwerkssachen. (Tirolische Erzarten; Verz. v. Naturaliensammlern; histor. Bergbaunotizen; Erklärg v. Fachausdrücken; Marmelarten; Farben; Versteinerte Sachen; aus dem Landreim v. 1558.) – Handschr. Mus. Ferdin., Dip. 745, 19 S.

Sterner-Rainer L. Der Bergbau in den Ostalpen. (Vortr.) – Österr. Touristenztg, 19, Wien 1899, 146–148, 157–160, 169–173.

Stifter H. Zillertaler Weltgeschichte. – Der Bergsteiger, 3, 1932/33, 651–654. (U. a. Bergbau u. Min.)

Stiny J. Geologie und Bauen im Hochgebirge. – Geol. u. Bauwesen, 6, 1934, H. 1, 24–30; H. 2, 33–65, 14 Abb. – Bespr. GZ 53 A/635; NJb. 1935/2, 100.

Stotter M. Geognostisches Tagebuch. (Ötztal, Brenner, Pfitsch-, Eisack- und Ahrntal.) – Handschr. Mus. Ferdin., W. 2512.

Straßenbauten u. -projekte in Tirol u. V. (Auswahl). – Innsbr. Nachr., Jahr, Nr. – Allgemeines: 1901, 292 (Südtirol); 1908, 171, 188 (Leitart.), 228, 257, 258 (Landtag); 1909, 86 (Progr.); 1912, 25 (Statistik); 1914, 149 (Progr.); 1922, 27 (Landtag). Afers: 1911, 206. Alpbach: 1911, 29. Amthorspitze: 1908, 218. Andalo: 1907, 296. Bayer. Grenze: 1912, 54. Bezau–Schröcken: 1912, 146. Blumau–Völs–Tiers–Karersee: 1910, 219. Brandenberg: 1911, 165. Brentonico: 1909, 219; 1910, 111; 1911, 268. Cereda-Paß (Primiero–Agordo): 1909, 262. Dolomitenstraße: 1904, 123, 194; 1905, 158, 298; 1908, 47; 1909, 112 (Ital.), 208 (Eröffng); 1911, 135; 1912, 86, 115. Drò–Cavedine: 1911, 36. Eiberg: 1909, 186, 215; 1910, 119; 1912, 249; 1913, 137, 148 (Eröffng); 1914, 103. Enneberg: 1901, 244; 1906, 266; 1909, 96, 285; 1911, 95, 155. Falzarego: 1901, 113, 122, 234; 1904, 53, 115; 1908, 31. Fersental: 1910, 14 (Leitart.); 1912, 76. Fleimstal: 1902, 188; 1909, 214; 1910, 148; 1912, 76; 1913, 75. Flexenstraße: 1904, 33, 214, 240; 1905, 276; 1909, 218, 228. Friccastraße: 1911, 208. Gaichtpaß (Lecht. A.): 1911, 267; 1912, 171, 290. Gampenstraße: 1903, 1, 33, 265, 267; 1907, 147; 1913, 21, 49, 169; 1914, 151. Gerlos: 1903, 96, 151; 1906, 229; 1908, 42 (Krimml), 45; 1907, 150; 1912, 98; 1913, 145, 152; 1914, 99; 1922, 218. Grödnertal: 1909, 211. Gschnitztal: 1908, 219, 222; 1911, 123; 1913, 193. Gurgl: 1915, 98. Hall–Rinn–Tulfes: 1910, 6; 1924, 246. Hintertux: 1909, 119; 1913, 72. Hochfinstermünz: 1900, 205; 1904, 51. Igls–Heiligwasser: 1912, 249. Innsbrucker Höhenstraße: 1909, 12, 18, 31; 1910, 183, 194; 1911, 87, 265 (Unterinntal). Iseltal: 1901, 224, 262; 1906, 232 (s. a. Kals). Jaufen: 1901, 209, 210; 1902, 89, 182, 250; 1903, 98, 157; 1904, 151, 265; 1907, 23, 73; 1908, 92; 1910, 173; 1912, 126, 135 (Eröffng). Kals: 1901, 294; 1906, 232; 1911, 43, 65, 235, 285; 1912, 238. Kaltern: 1903, 21; 1905, 280, 284; 1906, 134. Karersee: 1910, 219. Kastelruth–St. Ulrich: 1900, 263; 1901, 184. Kaunertal: 1909, 177. Kössen–Klobenstein: 1913, 219. Krimml: 1908, 42, 45. Kufstein–Landl–Bayr.-Zell: 1910, 13. Kundl–Wildschönau: 1911, 198. Laimtal: 1911, 298; 1912, 38. Lana–Fondo: 1910, 111. Landeck–Grins: 1906, 51. Latzfons: 1907, 290. Lavis–Grumes: 1908, 50. Ledrotal: 1910, 205; 1911, 16; 1912, 47. Mals–Matsch: 1912, 166, 182. Martelltal: 1910, 265; 1911, 159. Mayrhofen–Hintertux: 1909, 119. Mittenwald–Leutasch–Seefeld: 1913, 169. Montafon: 1902, 194. Montiggl: 1907, 229. Mori–Brentonico: 1909, 219; 1910, 111; 1911, 268. Mühlwald i. Taufers: 1912, 231. Münstertal: 1904, 235. Ötztal: 1900, 144, 239; 1901, 237; 1908, 95 (Leitart.); 1912, 121; 1915, 98. Passeiertal: 1901, 162; 1902, 173; 1905, 81, 93; 1911, 259; 1912, 99. Patscherkofel: 1912, 79. Persen: 1911, 206; 1912, 161 (Palù). Pfitscherjoch: 1912, 16. Pfunds–Grenze: 1900, 205; 1904, 51; 1913, 59, 100. Pillerseetal: 1909, 76. Pitztal: 1910, 91; 1913, 143, 237; 1914, 32; 1915, 98, 349, 549, 602; 1919, 91, 131, 206; 1920, 31; 1921, 256. Pordoijoch: 1902, 203; 1904, 115; 1905, 227. Riva: 1904, 243 (Judikar.); 1909, 219 (Ballino), 233 (Arche); 1912, 178 (Mezolomb.). Ritten: 1904, 163. Rosengarten; 1912, 139. Samnaun: 1913, 128. Schoppernau: 1909, 265; 1916, 193. Seiseralm: 1914, 108. Sölden–Zwieselstein: 1912, 121. Spormaggiore–Cavedago: 1910, 232. Sterzing–Gasteig: 1911, 95. Stilfserjoch: 1912, 87. Sulden: 1906, 70. Taufertal: 1907, 137; 1908, 101; 1911, 255; 1912, 231. Terragnolotal: 1906, 151, 268; 1907, 21; 1909, 236; 1913, 39. Thiersee:

1910, 197; 1911, 96, 221, 253; 1912, 172, 203, 281; 1913, 158, 166; 1914, 76, 82; 1915, 203, 319, 534. Paß Thurn: 1920, 233. Tilliach: 1908, 175; 1910, 176; 1911, 23, 76. Timmeljoch: 1908, 47, 77; 1912, 76, 79. Tuxer Joch: 1912, 16. Tuxer Tal: 1913, 72. Ultental: 1901, 168, 206; 1902, 228, 231, 244, 257; 1906, 286; 1907, 125, 159, 261; 1908, 70, 165, 213, 230. Umbrail: 1911, 236. Vallarsa: 1908, 79, 286. Vent: 1908, 95; 1915, 98. Vigolo-Vattaro: 1912, 104. Walsertal: 1908, 264. Wildschönau: 1911, 198. Zwieselstein: 1908, 95; 1912, 121; 1915, 98.

Strele G. Grundriß der Wildbachverbauung. - Wien (Springer) 1934, 279 S., 150 Abb. - Bespr. GZ 53 A/634; Z. f. prakt. Geol., 42, 1934, 125; NJb. 1934/2, 571.

Stromeyer F. Über die chemische Analyse des Magnesitspats. (Zillertal, Fassatal, Hall.) - Göttinger Gel. Anzg., 1827, 153. St. - Auszug: Z. f. Min., 1827, 465-469.

Tauerngold und seine wirtschaftliche Bedeutung. - Mitt. f. Erdkde Oberösterr., 2, 1933, N. 8.

Taufarertalbahn. Innsbr. Nachr., Jahr, Nr. - 1901, 292; 1902, 211; 1903, 140; 1904, 242, 248, 259; 1905, 234, 245; 1906, 50, 90, 158, 202, 215, 241; 1907, 71, 84, 123, 125, 138, 153, 167, 177, 179, 187, 196, 204, 210; 1908, 14, 35, 113, 163, 165, 166, 217.

Taylor W. H. a. Darbyshire a. Strunz H. An X-Ray Investigation of the Felspars. - Z. f. Krist., 87, 1934, 464-498, 7 Fig. - Bespr. NJb. 1934/1, 394. (U. a. Adular von Mayrhofen, Zillertal u. Albit von Alp Rischuna.)

Tertsch H. Die Erzbergbaue Österreich-Ungarns. - Wien 1918, 131 S., K. 1:15 Mill.; 2. Aufl. 1919. - Auszug: Berg- u. Hüttenm. Jb., 67, 1919, 37-63, 1 K., 2 Tab. - Bespr. GZ 25/1013; Geogr. Z., 25, 1919, 228.

Verniani E. L'Alto Adige. (Monografia geografica.) - L'Universo, 15, Firenze 1934, 99-120, 274-301, 389-439, 14 Abb., 2 Taf. - Auszug: Ist. Geogr. Mil., Firenze 1934, 99 S., 37 Abb., 14 K.

Wieser F. Der Tiroler Landreim. (Von Georg Rösch v. Geroldshausen, 1558.) - Archiv f. Gesch. u. Altertumskde Tirols, 5, 1869, 209-248. (Haller Salzberg 213-220, Schwaz 220-224, Kitzbühel 229-231, Min.-Geol. 241-243 usw.) - S. a. Rösch G. v., Pichler A. v., Isser M. v., Fischnaler K. u. Emmert A.

Wiser D. Fr. Mineralien der Alpen. (U. a. Bergleder und Talk vom Greiner, Zillertaler Alpen. - Schreiben aus Zürich v. 5. 2. 1845.) - NJb. 1845, 305.

— Wasserhelle Zirkone im Pfitschtale. Magnetkies zu Schneeberg. (Brief an Gehr. v. Leonhard.) - NJb. 1850, 429-432.

Witter W. Das Goldfeld der Tauern. - 1932. - Bespr. NJb. 1933/2, 305.

Wurm H. Wie die Zillertaler Granaten gefunden und ausgebeutet wurden. - Tir. Heimatbl., 12, 1934, 340-342.

Zallinger F. z. Thurm. Abhandlung von der Elektrizität des in Tyrol gefundenen Turmalins. - Innsbruck 1779.

Zillertalbahn. Innsbr. Nachr., Jahr, Nr. - 1900, 58, 163, 183, 194, 202 (Leitart.), 209, 213, 289; 1901, 32, 44, 71 (Leitart.), 79, 120, 155, 158, 159, 165, 166 (Eröffng Zell), 212; 1902, 167, 173; 1903, 228.

Zillertaler Goldbergbau. Innsbr. Nachr., Jahr, Nr. - 1900, 22; 1903, 261; 1904, 183; 1905, 174; 1913, 125; 1917, 145; 1923, 262.

Zsigmondy E. u. Paulcke W. Die Gefahren der Alpen. - 9. verb. Aufl. München (Bergverl. R. Rother) 1933, 472 S., 74 Abb., 13 Vollbilder. - Bespr. Mitt. DÖAV, 1933, 279.

34. Rieserfernergruppe.

Andreatta C. Analisi strutturale. I, II. - 1932. - Bespr. GZ 53 A/1614, 1615.

— Disposizione dei microliti micacei in plagioclasi di rocce intrusive. (Analisi strutturali di rocce, IV.) - Per. di Min., 5, n. 3, Roma 1934, 19 S., 2 Taf.

Angel F. Baustoff und Bau der Hohen Tauern. - Der Bergsteiger, 4, 1934, Nr. 8, 413-424. - Abdr. in: Gallhuber J., Die Hohen Tauern, München (Bruckmann) 1935, 13-20.

Bianchi A. Appunti petrografici. (Alpi Aurine e Vedrette Giganti.) - 1929. - Bespr. GZ 53 A/787.

Breithaupt A. Über den Ripidolith von Schwarzenstein in Tyrol. - Poggend. Ann., 80, 577. - Bespr. NJb. 1851, 595.

Cavinato A. Nuove ricerche sull'Euclasio. - Euclasio di Valle Aurina. - Rend. Acc. Linc., Cl. sc. fis., mat. e nat., (6) 10, 1929, 656-664. - Bespr. Z. f. Krist., Abt. B, Refteil, 2, 1933, R. 145.

Czermak F. u. Schadler J. Vorkommen des Elementes Arsen. - 1933. - Bespr. Z. f. prakt. Geol., 42, 1934, 30; NJb. 1934/2, 229.

Dalla Torre K. v. u. Sarnthein L. Graf v. Roter Schnee in Tirol und Vorarlberg. - Innsbr. Nachr., Nr. 24 v. 29. 1. 1901. - S. Erdmann O., ebd., Nr. 19 v. 1901.

Dal Piaz G. Il rilevamento geologico delle Venezie. - Atti Soc. it. p. i. Progr. d. Soc., XXI riun., Roma, ott. 1932, v. 2, Rapp. e Comun. Cl. A, Roma 1933, 400.

Dal Piaz G. B. Studi geologici sull'Alto Adige orientale e regioni limitrofe. - 1933 (1934). -12 S. Vorw., 242 S., 12 Taf., K. 1:200000, 1 Panor., 37 Fig., m. Erläutgen.

Del-Negro W. Geologischer Überblick über die Hohen Tauern mit besonderer Berücksichtigung des Goldberggebietes. - Mitt. Erdkde (Fachz. d. Landesver. f. Höhlenkde Oberösterr.), 2, 1933, H. 8, 104-114, 7 Abb., 1 K. der Erzgänge.

Heberdey R. Die Bedeutung der Eiszeit für die Fauna der Alpen. - 1933. - Bespr. GZ 4 B/1333, 52 A/223.

Heißel W. Gletschermessungen Venedigergruppe 1933. - Z. f. Glkde, 22, 1935, 205-208.

Klebelsberg R. v. Der Sommer 1911 und die Gletscher. - Abdr. aus Mitt. DÖAV, 1912 in Innsbr. Nachr., Nr. 71 v. 28. 3. 1912.

— Grundzüge der Geologie Tirols. - 1933. - Bespr. Mitt. DÖAV, 1934, 147; PetMitt., 1934, 317; Geogr. Z., 40, 1934, 271.

— Ostalpengletscher 1933. Berichte über die Gletschermessungen und -beobachtungen des Deutschen und Österreichischen Alpenvereins in den Ostalpen im Jahre 1933. - Z. f. Glkde, 22, 1935, 179-180.

— Die Ostalpengletscher im Sommer 1934. Gletscherbeobachtungen des DÖAV. - Mitt. DÖAV, 1935, 60-63.

— Geologie von Tirol. - Berlin (Borntraeger) 1935, 748 S. u. 4 Verz., K. 1:500000, 3 Skzen, 11 Blgen.

Meusburger K. Unsere Gletscher. - Kassiankalender 1935, 233, Brixen (A. Weger) 1934, 116-127, 3 Abb.

Mònterin U. Le variazioni per. d. Ghiac. It. 1932. - 1933. - Bespr. Z. f. Glkde, 22, 1935, 329.
— Le variazioni periodiche dei Ghiacciai Italiani 1933. - Boll. Com. Glac. It., 14, 1934, 17-38, 7 Fig.; Riv. mens. CAI, 1935, 66-78, 6 Abb. - Bespr. Z. f. Glkde, 22, 1935, 329.
Morgante S. La differenziazione chimica del massiccio intrusivo delle Vedrette di Ries (Alto Adige). - Atti R. Ist. Ven. di Sc., Lett. ed Arti, v. 43, 1933, 215-247. - Bespr. GZ 53 A/263.
Öttl J. Vom roten Schnee. (Staller Alpe.) - TB 1821, 228, 232; Originalber. im Mus. Ferdin., Dip. 965. - S. a. Sieber F. W. u. Öllacher J.
Prettau i. Ahrntal. Heilquelle. - Innsbr. Nachr., Nr. 281 v. 7. 12. 1906.
Rainer H. Gletschermessungen Rieserfernergruppe 1933. - Z. f. Glkde, 22, 1935, 204-205.
Schoklitsch K. Gesteinskundl. und geol. Studien. - 1933. - Bespr. GZ 52 A/972.
— Bericht über die geologisch-petrographische Aufnahme des hintersten Defereggen- und Iseltales. - VBA 1934, 63-64.
Schwinner R. Variscisches und alpines Gebirgssystem. - 1933. - Bespr. GZ 52 A/376.
— Die Verbreitung des Elementes Arsen in ihrer Beziehung zum Gebirgsbau der Ostalpen. (Eine mineral-geographische Studie.) - Z. f. Krist., Abt. B, Min. u. Petr. Mitt., 46, 1934, 56-72, 1 Abb.
Semerano G. Sulla composizione di alcuni gneiss. - 1929. - Bespr. GZ 53 A/268.
Stolz O. Die Schwaighöfe in Tirol. - 1930. - Bespr. Mitt. Geogr. Ges. Wien, 76, 1933, 247.
Tavani G. Rel. d. Camp. Glac. d. 1933. Alpi Pusteresi. - Boll. Com. Glac. It., 14, 1934, 281-284.
Verniani E. L'Alto Adige. (Monografia geogr.) - L'Universo, 15, Firenze 1934, 99-120, 274-301, 389-439, 14 Abb., 2 Taf. - Auszug: Ist. Geogr. Mil., Firenze 1934, 99 S., 37 Abb., 14 K.

35. Venedigergruppe.

Aigner A. Vorzeitformen in den ostalpinen Zentralketten. - Sieger-Festschr., Zur Geogr. d. Deutschen Alpen, Wien 1924, 22-36. - Bespr. GZ 30/1327; NJb. 1925/2, B, 154.
Angel F. Gesteine vom südl. Großvenediger. - 1929. - Bespr. Z. f. Krist., Abt. B, Refteil, 2, 1933, R. 68, 117.
— Baustoff und Bau der Hohen Tauern. - Der Bergsteiger, 4, 1934, Nr. 8, 413-424. - Abdr. in: Gallhuber J., Die Hohen Tauern, München (Bruckmann) 1935, 13-20.
Bergbau Pustertal. Innsbr. Nachr., Jahr, Nr. - Lienz: 1917, 38; 1919, 212. Luttach (Gips): 1908, 291. Panzendorf: 1915, 210. Sillian: 1909, 165. Tessenberg: 1911, 86, 93.
Bianchi A. Appunti petrografici. (Alpi Aurine e Vedrette Giganti.) - 1929. - Bespr. GZ 53 A/787.
Bleser P. Geologische Studien am Westende der Hohen Tauern östlich der Brennerlinie. - Dissert. Univ. Basel, Luxemburg (Bück) 1934, 89 S., 5 Taf., 3 Taf. Profilskzen, 1 Fig.; Inst. Grand-Ducal de Luxembourg, Arch. nouv. sér., 1934, t. 13.
Brückner E. Vergletscherung des Salzachgebietes. - 1886. - Bespr. Meteorol. Z., 22 (4), 1887, (5).
Cavinato A. Nuove ricerche sull'Euclasio. - Euclasio di Valle Aurina. - Rend. Acc. Linc., Cl. sc. fis., mat. e nat., (6) 10, 1929, 656-664. - Bespr. Z. f. Krist., Abt. B, Refteil, 2, 1933, R. 145.
Cornelius H. P. Über einige seltenere Gesteinstypen aus dem Grüngesteingebiet von Zermatt (Wallis). Ein Beitrag zur Vergleichung penninischer Serien der West- und Ostalpen. - Mitt. Geol. Ges. Wien, 26, 1933, Wien 1934, 154-161.
— Bericht über Revisionen auf Blatt Kitzbühel-Zell am See (5049) sowie Anschlußbegehungen auf Blatt Großglockner (5149). - VBA 1934, 31-32. - Bespr. GZ 53 A/406.
Czermak F. u. Schadler J. Vorkommen des Elementes Arsen. - 1933. - Bespr. Z. f. prakt. Geol., 42, 1934, 30; NJb. 1934/2, 229.
Dalla Torre K. v. u. Sarnthein L. Graf v. Roter Schnee in Tirol und Vorarlberg. - Innsbr. Nachr., Nr. 24 v. 29. 1. 1901. - S. Erdmann O., ebd., Nr. 19 v. 1901.
Defreggental. Marmorbruch bei Hopfgarten. - Innsbr. Nachr., Nr. 251 v. 6. 11. 1905.
Del-Negro W. Geologischer Überblick über die Hohen Tauern mit besonderer Berücksichtigung des Goldberggebietes. - Mitt. Erdkde (Fachz. d. Landesver. f. Höhlenkde Oberösterr.), 2, 1933, H. 8, 104-114, 7 Abb., 1 K. der Erzgänge.
Dünner H. Zur Geologie des Tauernwestendes am Brenner. (Diss.) - Winterthur 1934, 134 S., mehr. Prof., K. 1:50000.
Erzfunde. Ausstellung wertvoller Tiroler - in der Tiroler Kunstgewerbeausstellung. - Innsbr. Nachrichten, Nr. 255 v. 18. 11. 1922.
Finsterwalder K. „Mons Havenaere dictus." - Mitt. Ges. f. Salzburger Ldskde, 74, 1934, 180-182
Frischholz J. Über den Salzburger Smaragd. (Habachtal.) - NJbücher d. Berg- u. Hüttenkde, 4, 1821, 382-385.
Gallhuber J. Die Hohen Tauern. Ein Landschafts- und Bergsteigerbuch. - München (Bruckmann) 1935, 196 S., zahlr. Abb. u. Vollbilder. - S. Angel F. - Bespr. Mitt. DÖAV, 1934, 300; 1935, 26; Der Bergsteiger, 5, 1934/35, (41).
Gilm H. v. Über schaligen Serpentin (Antigorit?) von Wind. Matrei im Kalsertal und über asbestartigen Serpentin (Metaxit) von Pregratten in Tirol. - Sber. Ak. d. Wiss. Wien, math.-natw. Kl., 24, 1857, 287-288. - Bespr. NJb. 1859, 445.
Gletscherbewegung in der Umgebung von Wd. Matrei. (Venediger.) - Innsbr. Nachr., Nr. 205 v. 10. 9. 1903.
Gletscherfärbung. Zeitweise gelbrot. (Vened.- u. Sonnblickgruppe.) - Innsbr. Nachr., Nr. 235 v. 12. 10. 1901.
Hammer W. Aufnahmsbericht über Blatt Kitzbühel-Zell am See (5049). - VBA 1934, 23-24.
— Der Tauernnordrand zwischen Habach- und Hollersbachtal. - JbBA 1935, 1-17, 4 Fig.
— Aufnahmsbericht über Blatt Kitzbühel-Zell am See (5049) und Hippach-Wilde Gerlosspitze (5148). - VBA 1935, 21-22.
Heberdey R. Die Bedeutung der Eiszeit für die Fauna der Alpen. - 1933. - Bespr. GZ 4 B/1333, 52 A/223.
Hennig E. Das Ringen um Erkenntnis des Alpenbaus und seine Bedeutung für die geologische Weltanschauung. - Natur und Volk, 64, Frankfurt a. M. 1934, 291-302, 342-353, 24 Abb.
Höhenbestimmungen. Erhöhung einiger Punkte in Bayern, im Salzburgischen, in Oberösterreich und in Tirol über die Fläche des Mittelländischen Meeres. (Nach den Messungen von Glaser, Zobel u. Wepfer.) - NJbücher d. Berg- u. Hüttenkde, 4, 1821, 350-369.

Hottinger A. Zur Geologie des Nordrandes des Tauernfensters. - 1934. - Bespr. NJb. 1934/3, 864.

Hradil G. Das größte Kraftwerk der Welt. Das Tauernkraftwerk im Kampf der Meinungen. - Münchner Neueste Nachr., Nr. 66 v. 8. 3. 1930.

— Der Kampf um das Tauernkraftwerk. Techniker gegen das Projekt der A.E.G. - Münchner Neueste Nachr., Nr. 57 v. 28. 2. 1931.

— Der Entscheidung entgegen. (Tauernkraftwerk.) - Innsbr. Nachr., Nr. 51 v. 3. 3. 1931.

— Österreich plant Kraftwerke. Ein neues Kraftwerkprojekt in den Hohen Tauern. - Münchner Neueste Nachr., Nr. 63 v. 6. 3. 1931.

— Felbertauern. - Tir. Anzger, Nr. 117 v. 23.5. 1934.

Kargl F. Die Ausnützung der Tauernwasserkräfte in Osttirol. - Lienzer Nachr., Nr. 25 v. 1931.

Karsten C. J. B. Beschreibung des Sphen aus dem Salzburgischen. (Felbertauern.) - Mag. d. Ges. nat. Freunde, II, 3, 188ff. - Auszug: Leonh. Taschenbuch, 4, 1810, 217-219. - S. a. Klaproth u. Leonhard.

Klaproth M. H. Zerlegung des Sphen aus dem Salzburgischen. (Felbertauern.) - Mag. d. Ges. nat. Freunde, 2, 190-191. - Bespr. Leonhards Taschenbuch, 4, 1810, 243. - S. a. Karsten u. Leonhard.

Klebelsberg R. v. Grundzüge der Geologie Tirols. - 1933. - Bespr. Mitt. DÖAV, 1934, 147; PetMitt., 1934, 317; Geogr. Z., 40, 1934, 271.

— Ostalpengletscher 1933. Berichte über die Gletschermessungen und -beobachtungen des Deutschen und Österreichischen Alpenvereins in den Ostalpen im Jahre 1933. - Z. f. Glkde, 22, 1935, 179-180.

— Geologie von Tirol. - Berlin (Borntraeger) 1935, 748 S. u. 4 Verz., K. 1:500000, 3 Skzen, 11 Blgen.

Klinghardt F. Die Kreide-Tertiär-Grenze und verwandte Fragen. (Vortr.) - Z. DGeolGes., 87, 1935, 22-39, 61, 6 Taf., 1 Tab.

Klingner F. E. Das Alter der Vererzung des Bleiberger Erzberges (Kärnten). - 1932. - Bespr. NJb. 1934/2, 246; 1935/3, 174; Z. prakt. Geol., 42, 1934, 144; GZ 54 A/469.

Kobell F. v. Über den Granat aus dem Ziller- und dem Stubachtale. - Aus: Kastners Arch. f. d. ges. Natlehre, 5, 167. - Bespr. Z. f. Min., 1826, 1, 478.

Koch E. J. Die Mineralquellen des gesamten österreichischen Kaiserstaates in top., hist., phys.-chem. u. therap. Beziehung. - 2. Aufl. Wien (Gerold) 1845, 467 S.

Kölbl L. Das Nordostende des Großvenedigermassivs. - 1932. - Bespr. NJb. 1934/2, 422.

— Das Tauernproblem in den Ostalpen. (Vortr.) - GR 26, 1935, 151-153.

Kren K. Beiträge z. Geomorph. d. Venedigergruppe. - 1932. - Bespr. Mitt. Geogr. Ges. Wien, 76, 1933, 248; GZ 53 A/402.

Kuntscher H. D. u. Ö. Alpenverein und Naturschutz. Mit besd. Bezugnahme auf den Schutz der Alpentiere. (Hohe Tauern.) - Mitt. DÖAV, 1935, 83-84, 1 Skz.

Leitmeier H. Die Mineralien des Habachtales. (Vortr.) - Mitt. Wr. Min. Ges., 1933, Nr. 97; Tscherm. Min. u. petr. Mitt., 44, 1933, 219-228. - Bespr. NJb. 1934/1, 550.

Leonhard K. C. v. Beschreibung Salzburger Mineralien. - Leonh. Taschenbuch, 5, 1811, 233-239.

— Über Sphen aus dem Felbertal. - In: Leonh. Min. Stud., 1, 44ff. - Auszug: Leonh. Taschenbuch, 7, 2. Abt., 1813, 480. - S. a. Karsten u. Klaproth.

Lorenz A. Pollenanalytische Untersuchungen. - 1933. - Bespr. Arch. Bot., v. 10, f. 1.

Maister K. Mitteldorf (Gem. Virgen), Ulrichsbühel (Amlach). - Fundber. a. Österr., 1, 1930-1934, 76, 137. - S. a. ebd. 250 c.

Mielichhofer M. Oryktognostische Beschreibung einiger seltenen Fossilien des Pfleg- und Berggerichtes Zell im Pinzgaue. - Molls Jbücher d. Berg- u. Hüttenkde, 5, 1801, 111-139.

Moll K. E. Frh. v. Höhen einiger salzburgischen und tirolischen Gebirge und Ortschaften nach barometrischen Messungen. - Molls Jbücher d. Berg- u. Hüttenkde, 4, 1. Lfrg, 1799, 110-116.

Münch W. Tauernwerk. - Kleine Mitt. f. d. Mitgl. d. Ver. f. Wasserhygiene, 7, 1931, 93; Wasserkraft, 26, 1931, 13-16.

Naturschutzpark in den Salzburger Zentralalpen. (Stubachtal.) - Innsbr. Nachr., Nr. 192 v. 11. 10. 1920.

Öllacher J. Analyse des Prägratits. (Paragonit.) - In: Tschermak G., Die Glimmergruppe, Sber. Ak. d. Wiss. Wien, math.-natw. Kl., 78, 1. Abt., 1878, 15.

Petersen. Nachricht von einem mineralog. Ausflug nach Salzburg und Tirol. (Brief aus Regensburg v. 20. 11. 1815.) - Leonh. Taschenbuch, 10, 2. Abt., 1816, 591-593. (Titanit u. Nigrin im Gasteiner Tal, Smaragd im Habach-, Sphen im Felber-, Spargelstein im hinteren Zillertal u. a.)

Rehrl F. Die wirtschaftliche Bedeutung des Tauernkraftwerkes. - Reichspost, Nr. 102 v. 1931.

Rosthorn F. v. Geognostisches aus den Zentralalpen. (Felbertauern, Erdbeben, Minerale. - Brief aus Wolfsberg v. 30. 9. 1840.) - NJb. 1841, 185-187.

Russegger J. Über den Bau der Zentralalpenkette im Herzogtum Salzburg. - Baumgartners Z. f. Phys., 1, 97ff., 349ff.; 2, 61ff., 261ff. - Bespr. NJb. 1835, 203.

Schacherl R. Gold in den Tauern. - Urania, 9, 1932/33, 55-57, m. Abb.

Schoklitsch K. Gesteinskundl. und geol. Studien. - 1933. - Bespr. GZ 52 A/972.

— Bericht über die geologisch-petrographische Aufnahme des hintersten Defereggen- und Iseltales. - VBA 1934, 63-64.

Schroll K. (C.) M. (B.) Geogr.-min. Übersicht der salzburgischen Berg- und Hüttenwerke. In Briefen an einen seiner Freunde. - 1.-3. Brief: Molls oberdeutsche Beiträge z. Natlehre u. Ökonomie f. d. J. 1787 u. Abdruck in Bergmänn. Journ., 2, 1. Bd, 60-92, 138-150; 4.-6. Brief: Schranks Abhandlgen einer Privatges. etc., 1792.

— Grundriß einer salzburgischen Mineralogie oder kurzgefaßte systematische Anzeige der bis jetzt bekannten Mineralien des Fürstentums und Erzstifts Salzburg. - Molls Jbücher, 1, 1797, 95-196. - S. a. Vorrede, röm. 8-9. - Auszug: Ebd., 3, 1799, 364-371.

— Beschreibung der merkwürdigen Überschwemmung zu Niedernsill im Pinzgau im Salzburgischen. - Molls Jbücher d. Berg- u. Hüttenkde, 5, 1801, 33-83. Anmerkgen des Herausgebers Moll ebd. 84-91.

Schwinner R. Variscisches und alpines Gebirgssystem. - 1933. - Bespr. GZ 52 A/376.

Seefeldner E. Die alten Landoberflächen der Salzburger Alpen. - Z. f. Geomorph., 8, 1934, 157-198, 3 Abb. - Bespr. GZ 53 A/1533.

Semerano G. Sulla composizione di alcuni gneiss. - 1929. - Bespr. GZ 53 A/268.

Sölch I. Geographie des Iselgebietes. – 1933. – Bespr. Mitt. Geogr. Ges. München, 27, 1934, 133; PetMitt., 1934, 317; Geogr. Z., 40, 1934, 272.

Stolz O. Die Schwaighöfe in Tirol. – 1930. – Bespr. Mitt. Geogr. Ges. Wien, 76, 1933, 247.

Strele G. Grundriß der Wildbachverbauung. – Wien (Springer) 1934, 279 S., 150 Abb. – Bespr. GZ 53 A/634; Z. f. prakt. Geol., 42, 1934, 125; NJb. 1934/2, 571.

Tauerngold und seine wirtschaftliche Bedeutung. – Mitt. f. Erdkde Oberösterr., 2, 1933, N. 8.

Tauernkraftwerk. Das – und Osttirol. – Tir. Anzg., Nr. 37 v. 1931.

Tauern-Wasserkraftprojekte. Die – in Osttirol. – Lienzer Nachr., Nr. 7, 10, 11 v. 1931.

Tauernwerk. – Deutsche Wasserwirtschaft, 26, 1931, 1–5.

— – Südwestdeutschland, seine Wasserstraßen etc., 7, 1931, H. 7, 10–12.

Tiroler Straßennetz. (R. H. S.) Zum geplanten Ausbau des –es. – Neueste Ztg, Nr. 189 v. 23. 12. 1934, S. 8, 1 Skz.

Vogel Ph. Optische Untersuchungen am Smaragd und einigen anderen durch Chrom gefärbten Mineralien. (U. a. Habachtal.) – NJb. 1934, 68. Bbd, Abt. A, 401–438, 12 Abb., 40 Tab.

Wieseneder H. Zur Kenntnis der alpinen Eklogite. (Vortr.) – Z. f. Krist., Abt. B, Min. u. Petr. Mitt., 45, 1934, 469–471.

— Beiträge zur Kenntnis der ostalpinen Eklogite. – Min. u. Petr. Mitt., 46, 1934, 174–211, 7 Fig.

Windakiewicz E. Bergbau im Brenntal. (Venedigergruppe.) – Z. f. Berg- u. Hüttenw., 1853, Nr. 47, 369 ff. – Bespr. NJb. 1854, 194.

Witter W. Das Goldfeld der Tauern. – 1932. – Bespr. NJb. 1933/2, 305.

Zsigmondy E. u. **Paulcke W.** Die Gefahren der Alpen. – 9. verb. Aufl. München (Bergverl. R. Rother) 1933, 472 S., 74 Abb., 13 Vollbilder. – Bespr. Mitt. DÖAV, 1933, 279.

36. Glocknergruppe.

Aigner A. Vorzeitformen in den ostalpinen Zentralketten. – Sieger-Festschr., Zur Geogr. d. Deutschen Alpen, Wien 1924, 22–36. – Bespr. GZ 30/1327; NJb. 1925/2, B, 154.

Angel F. Der Stüdlgrat. – 1929. – Bespr. Z. f. Krist., Abt. B, Refteil, 2, 1933, R. 79, 115, 128, 135.

— Stubachit und Stubachitserpentin vom Ganoz. – 1929. – Bespr. Z. f. Krist., Abt. B, Refteil, 2, 1933, R. 89, 93, 102.

— Baustoff und Bau der Hohen Tauern. – Der Bergsteiger, 4, 1934, Nr. 8, 413–424. – Abdr. in: Gallhuber J., Die Hohen Tauern, München (Bruckmann) 1935, 13–20.

Barth Hanns. Franz Keil zum Gedächtnis. (Anläßlich der 101. Wiederkehr seines Geburtstages.) – Z. DÖAV, 1923, 15–20, 1 Bild.

Bleser P. Geologische Studien am Westende der Hohen Tauern östlich der Brennerlinie. – Dissert. Univ. Basel, Luxemburg (Bück) 1934, 89 S., 5 Taf., 3 Taf. Profilskzen, 1 Fig.; Inst. Grand-Ducal de Luxembourg, Arch. nouv. sér., 1934, t. 13.

Blut H. Ein Beitrag zur Theorie der Reflexion und Brechung elastischer Wellen an Unstetigkeitsflächen. – Seism. Untersuchungen d. Geophys. Inst. Göttingen, V. u. Forts. VII; Z. f. Geophys., 8, 1932, 130–144, 13 Fig.; 305–322, 14 Fig. – Bespr. GZ 52 A/359.

Brockamp B. Bemerkung zu den seismischen Untersuchungen auf dem Pasterzengletscher. – Bespr. NJb. 1934/2, 105. – S. a. Z. f. Geophys., 7, 232–240.

Brückner E. Vergletscherung des Salzachgebietes. – 1886. – Bespr. Meteorol. Z., 22 (4), 1887, (5).

Clar E. u. **Friedrich O.** Über einige Zusammenhänge zwischen Vererzung und Metam. – 1933. – Bespr. GZ 52 A/1104; NJb. 1934/2, 326.

Cornelius H. P. Über einige seltenere Gesteinstypen aus dem Grüngesteingebiet von Zermatt (Wallis). Ein Beitrag zur Vergleichung penninischer Serien der West- und Ostalpen. – Mitt. Geol. Ges. Wien, 26, 1933, Wien 1934, 154–161.

— Bericht über Revisionen auf Blatt Kitzbühel-Zell am See (5049) sowie Anschlußbegehungen auf Blatt Großglockner (5149). – VBA 1934, 31–32. – Bespr. GZ 53 A/406.

— Bericht über außerplanmäßige Aufnahmen auf Blatt Großglockner (5149). – VBA 1935, 28.

Czermak F. u. **Schadler J.** Vorkommen des Elementes Arsen. – 1933. – Bespr. Z. f. prakt. Geol., 42, 1934, 30; NJb. 1934/2, 229.

Czoernig-Czernhausen W. mit **Hell M.** Die Höhlen des Landes Salzburg und seiner Grenzgebirge. Mit Beitrag von M. Hell: Zur Geologie der Salzburgischen Höhlen. – Salzburg (Ver. f. Höhlenkde) 1926, 159 S., K. 1:250000, 20 Taf., 6 Pläne u. 60 Textpläne. – Bespr. Z. Ges. f. Erdkde Berlin, 1928, 156.

Del-Negro W. Geologischer Überblick über die Hohen Tauern mit besonderer Berücksichtigung des Goldberggebietes. – Mitt. Erdkde (Fachz. d. Landesver. f. Höhlenkde Oberösterr.), 2, 1933, H. 8, 104–114, 7 Abb., 1 K. der Erzgänge.

Dünner H. Zur Geologie des Tauernwestendes am Brenner. (Diss.) – Winterthur 1934, 134 S., mehr. Prof., K. 1:50000.

Finsterwalder K. „Mons Havenaere dictus." – Mitt. Ges. f. Salzburger Ldskde, 74, 1934, 180–182.

Finsterwalder S. M. Lagallys „Mechanik und Thermodynamik des stationären Gletschers". – Z. f. Glkde, 22, 1935, 297–302.

Flückiger O. Glaziale Felsformen. – 1934. – Bespr. PetMitt., 80, 1934, 143; Geogr. Z., 40, 1934, 268; Boll. Soc. Geogr. It., 1934, 253; Z. f. Geomorph., 8, 1935, 335; GZ 54 A/537.

Frey A. Die neue Glocknerstraße. – Urania, 9, 1932/33, 135–138, m. Abb.

Friedel H. Boden- und Vegetationsentwicklung am Pasterzenufer. – Carinthia II, 123 u. 124, 1934, 29–41.

— Klima- und Gletscherschwankungen und ihre Wirkung auf die alten Tauernbergbaue. – Canaval-Festschr., Carinthia II, 1935, 65–74, 3 Fig.

Gallhuber J. Die Hohen Tauern. Ein Landschafts- und Bergsteigerbuch. – München (Bruckmann) 1935, 196 S., zahlr. Abb. u. Vollbilder. – S. Angel F. – Bespr. Mitt. DÖAV, 1934, 300; 1935, 26; Der Bergsteiger, 5, 1934/35, (41).

Gams H. Die Gamsgrube, ein bedrohtes Kleinod am Pasterzenkees. – Mitt. DÖAV, 1935, 31–33. – Bespr. Neueste Ztg, Nr. 45 v. 22. 2. 1935. – S. a. Innsbr. Nachr., Nr. 45 v. 22. 2. 1935; Mitt. DÖAV, 1935, 80, 87.

Gilm H. v. Über schaligen Serpentin (Antigorit?) von Wind. Matrei im Kalsertal und über asbestartigen Serpentin (Metaxit) von Pregratten in

Tirol. – Sber. Ak. d. Wiss. Wien, math.-natw. Kl., 24, 1857, 287–288. – Bespr. NJb. 1859, 445.

Glocknergebiet. (J. Z.) Naturschutz im –. – Austria-Nachr., 73. Jg., Sonderfolge Febr. 1935, 9–10. – S. a. Gams.

Glockner-Hochalpenstraße. (G. St.) Bau der –. – Bauztg, 42, 1932, 96–98, 268.

Glocknerstraße. Die Eröffnung der –. – Neue Freie Presse, Nr. 25156 v. 24. 9. 1934, 2 Sp.

— Tirol und die –. – Innsbr. Nachr., Nr. 222 v. 27. 9. 1934, 1½ Sp.

Glocknerstraße-Sünden. – Der österr. Volkswirt, 25, Nr. 16 v. 14. 1. 1933, 367–369.

Großglockner. Seilbahn auf den –? – Österr. Alpenztg, 55, 1933, 261–263; Allgem. Bergsteigerztg, 11, 1933, Nr. 547; Mitt. DÖAV, 1933, 276.

Großglockner-Hochalpenstraße. Entwurf und Bau der –. – Nachrbl. d. Ver. D. Ing., 11, 1931, Nr. 18, 12; Nr. 28, 1.

— – Deutsche Allgem. Ztg v. 5. 3. 1931.

— Zum Bau der –. (Stellungnahme.) – Z. Österr. Ing.- u. Arch.-Ver., 84, 1932, 109.

— (R. A.) Die Nordrampe der – vollendet. – Innsbr. Nachr., Nr. 218 v. 22. 9. 1934, 3 Sp., 7 Abb.; in Nr. 220 v. 25. 9. weitere 3 Abb.

— Der Ausbau der –. – Der Bergsteiger, 5, 1934/35, (1–2).

Grünhut-Bartoletti C. Zum Bau der Großglockner-Hochalpenstraße. – Z. Österr. Ing.- u. Arch.-Ver., 83, 1931, 169.

Heberdey R. Die Bedeutung der Eiszeit für die Fauna der Alpen. – 1933. – Bespr. GZ 4 B/1333, 52 A/223.

Hennig E. Das Ringen um Erkenntnis des Alpenbaus und seine Bedeutung für die geologische Weltanschauung. – Natur und Volk, 64, Frankfurt a. M. 1934, 291–302, 342–353, 24 Abb.

Hohe Tauern. (s. r.) Sagen aus den –n T. – Der Bergsteiger, 4, 1934, Nr. 8, 474–476.

Holdhaus K. Gott schütze die Gamsgrube! (Pasterze.) – Mitt. DÖAV, 1935, 87–89. – S. a. Gams H.

Hottinger A. Zur Geologie des Nordrandes des Tauernfensters. – 1934. – Bespr. NJb. 1934/3, 864.

Hradil G. Das größte Kraftwerk der Welt. Das Tauernkraftwerk im Kampf der Meinungen. – Münchner Neueste Nachr., Nr. 66 v. 8. 3. 1930.

— Der Kampf um das Tauernkraftwerk. Techniker gegen das Projekt der A.E.G. – Münchner Neueste Nachr., Nr. 57 v. 28. 2. 1931.

— Österreich plant Kraftwerke. Ein neues Kraftwerkprojekt in den Hohen Tauern. – Münchner Neueste Nachr., Nr. 63 v. 6. 3. 1931.

Iseltalbahn. Innsbr. Nachr., Jahr, Nr. – 1900, 152; 1902, 23, 45, 62; 1906, 79; 1907, 24, 118, 167, 235, 244; 1908, 79, 124, 286; 1909, 247; 1911, 38; 1912, 40; 1913, 110.

Jantsch F. u. **Demus O.** Heiligenblut. – Fundber. a. Österr., 1, 1930–1934, 221.

Kargl F. Die Ausnützung der Tauernwasserkräfte in Osttirol. – Lienzer Nachr., Nr. 25 v. 1931.

Karsten C. J. B. Beschreibung des Sphen aus dem Salzburgischen. (Felbertauern.) – Mag. d. Ges. nat. Freunde, II, 3, 188ff. – Auszug: Leonh. Taschenbuch, 4, 1810, 217–219. – S. a. Klaproth u. Leonhard.

Keferstein Chr. Reisebemerkungen über Tirol und die angrenzenden Gebiete. – In: Teutschland, 1, Weimar 1821. (Gastein und Bergbau Sonnblick 277–292, Glockner 292–313, Puster- und Eisacktal 313–318, Dolomiten und Fassatal 319–333, Inntal mit Hall, Schwaz und Rattenberg 333–344, Bergbau Tirol 338–339, Häring und Miesbach 344–351 m. 1 Skz., München 351–353, Bodensee und Rheingebiet 353–357, Rückblick über Tirol und Alpenbau 358–385, Beilage über Fassatal 386–436.) – Bespr. TB 1822, 168.

Kienow S. Zur Mechanik der Gletscher- und der Krustenbewegungen. Kritische Besprechung von drei neuen Arbeiten aus den „Ergebnissen der kosmischen Physik“, 1933. – GR 25, 1934, 422–437, 7 Abb. (U. a. Lagally, Mechanik u. Thermodynamik des stationären Gletschers.)

Klaproth M. H. Zerlegung des Sphen aus dem Salzburgischen. (Felbertauern.) – Mag. d. Ges. nat. Freunde, 2, 190–191. – Bespr. Leonhards Taschenbuch, 4, 1810, 243. – S. a. Karsten u. Leonhard.

Klebelsberg R. v. Grundzüge der Geologie Tirols. – 1933. – Bespr. Mitt. DÖAV, 1934, 147; PetMitt., 1934, 317; Geogr. Z., 40, 1934, 271.

— Ostalpengletscher 1933. Berichte über die Gletschermessungen und -beobachtungen des Deutschen und Österreichischen Alpenvereins in den Ostalpen im Jahre 1933. – Z. f. Glkde, 22, 1935, 179–180.

— Die Ostalpengletscher im Sommer 1934. Gletscherbeobachtungen des DÖAV. – Mitt. DÖAV, 1935, 60–63.

— Geologie von Tirol. – Berlin (Borntraeger) 1935, 748 S. u. 4 Verz., K. 1:500000, 3 Skzen, 11 Blgen.

Klipstein A. v. Mitteilungen a. d. Gebiete der Geol. u. Pal. – 1. Bd, Beitr. z. geol. Kenntn. d. östl. Alpen. – 1845. – Bespr. NJb. 1843, 831; 1845, 504.

Kölbl L. Das Tauernproblem in den Ostalpen. (Vortr.) – GR 26, 1935, 151–153.

Kordon F. Der erste große Geoplast der Ostalpen: Paul Oberlercher. – Mitt. DÖAV, 1935, 71. – S. a. ebd. 95.

Krapf Ph. Der Wasserbau in Tirol. Darstellung der Verhältnisse und Aufgaben auf dem Gebiete des Wasserbaues in Tirol (Gewässerregulierungen, Meliorationen und Wildbachverbauungen). – Herausgeg. v. Tiroler Ldsausschuß, Innsbruck 1910, 335 S., 1 K.

Kuntscher H. D. u. Ö. Alpenverein und Naturschutz. Mit besd. Bezugnahme auf den Schutz der Alpentiere. (Hohe Tauern.) – Mitt. DÖAV, 1935, 83–84, 1 Skz.

Lagally M. Die Zähigkeit des Gletschereises und die Tiefe der Gletscher. – Z. f. Glkde, 18, 1930, 1–8. – Bespr. NJb. 1930/2, 719.

— Mechanik und Thermodynamik. – 1934. – Bespr. PetMitt., 80, 1934, 236; 81, 1935, 34; NJb. 1934/2, 295; GR 25, 1934, 423; GZ 53 A/1547; Z. f. angew. Math. u. Mech., 14, H. 6, 1934, 381; Z. f. Glkde, 22, 1935, 297.

Leonhard K. C. v. Beschreibung Salzburger Mineralien. – Leonh. Taschenbuch, 5, 1811, 233–239.

— Über Sphen aus dem Felbertal. – In: Leonh. Min. Stud., 1, 44ff. – Auszug: Leonh. Taschenbuch, 7, 2. Abt., 1813, 480. – S. a. Karsten u. Klaproth.

Lucerna R. Ur-Pasterze. Mölltalgletscher der Gschnitzzeit. – Geogr. Wochenschr., 1, 1933, 589–591.

Mayrhofer Th. v. Zur Vollendung der Nordrampe der Großglocknerstraße. – Innsbr. Nachr., Nr. 221 v. 26. 9. 1934, 2½ Sp.

Mölltalstraße. Der Ausbau der –. – Neue Freie Presse, Nr. 25327 v. 16. 3. 1935.

Naumann J. K. F. Die schönste Hochalpenstraße Europas vor ihrer Vollendung. (Glocknerstraße.)

– Innsbr. Nachr., Nr. 187 v. 17. 8. 1934, 1 S., 1 Skz., 5 Abb.
— Ein Jahrhundert Drahtseilbahnen. Österreichs Anteil an der Erfindung und Entwicklung der Drahtseilbahnen. – Neueste Ztg, Nr. 192 v. 30. 12. 1934.
Paschinger V. Neue Forschungen an der Pasterze. – Der Bergsteiger, 4 (XII), Nr. 9, 1934, 560–562, 2 Abb., 1 Skz.
— Die relativen Höhen von Kärnten. – PetMitt., 80, 1934, 331–333, 367–368, 1 Taf.
— Bericht über die Nachmessungen und Beobachtungen an der Pasterze in den Jahren 1928 bis 1933. – Carinthia II, 123 u. 124, 1934, 22–26.
— Gletschermessungen am Pasterzenkees (Glocknergruppe) 1933. – Z. f. Glkde, 22, 1935, 208–211.
Pichl E. Die Seilbahn auf den Großglockner. – Austria-Nachr., 71, 1933, 114–115.
Rehrl F. Die wirtschaftliche Bedeutung des Tauernkraftwerkes. – Reichspost, Nr. 102 v. 1931.
— Über den Bau der Großglocknerstraße. (Auszug.) – Innsbr. Nachr., Nr. 221 v. 26. 9. 1934, 1½ Sp.
— Eine Seilschwebebahn in die Eiswelt des Großglockners. – Auszug aus der Salzburger Chronik in der Neuesten Ztg, Nr. 191, Innsbruck, 29. 12. 1934, 1.
Reichel E. Versuch einer Berechnung der eiszeitlichen Niederschlagshöhe der Alpen. – Z. f. Glkde, 22, 1935, 73–80.
Rosthorn F. v. Geognostisches aus den Zentralalpen. (Felbertauern, Erdbeben, Minerale. – Brief aus Wolfsberg v. 30. 9. 1840.) – NJb. 1841, 185–187.
— u. **Canaval J. L.** Beitr. zur Min. und Geogn. von Kärnten. – 1853. – Bespr. NJb. 1855, 821.
Russegger J. Über den Bau der Zentralalpenkette im Herzogtum Salzburg. – Baumgartners Z. f. Phys., 1, 97ff., 349ff.; 2, 61ff., 261ff. – Bespr. NJb. 1835, 203.
Schiegg U. Besteigung des Großglockners. (Schreiben an Frh. v. Moll aus Heiligenblut v. 31. 7. 1800.) – Molls Jbücher d. Berg- u. Hüttenkde, 5, 1801, 403–417. – S. a. Zoppoth J.
— Besteigung des Rathausberges, Höhenmessungen von Wiesbachhorn und Großglockner. (Schreiben an Frh. v. Moll aus Salzburg v. 11. 8. 1800.) – Molls Jbücher d. Berg- u. Hüttenkde, 5, 1801, 417–432. Vgl. ebd. 403–417.
Schlagintweit A. Bemerkungen über die Wirkungen der Erosion in den Alpen. – Aus: Untersuchungen über die phys. Geogr. der Alpen, v. H. u. A. Schl., Leipzig (Barth) 1850. – NJb. 1851, 292–308.
— Höhenbestimmungen in den Umgebungen des Großglockners. – 1850. – Bespr. NJb. 1850, 744.
— Untersuchungen über die Talbildung und die Form der Gebirgszüge in den Alpen. – 1851. – Auszug: NJb. 1853, 70–71.
Schroll K. (C.) M. Grundriß einer salzburgischen Mineralogie oder kurzgefaßte systematische Anzeige der bis jetzt bekannten Mineralien des Fürstentums und Erzstifts Salzburg. – Molls Jbücher, 1, 1797, 95–196. – S. a. Vorrede, röm. 8–9. – Auszug: Ebd., 3, 1799, 364–371.
Schultes J. A. Reise auf den Glockner. – Wien (Degen) 1804, 4 Bde.
— Höhenbestimmung des Großglockners. – Aus: Reise auf den Glockner, Wien 1804, 2. Bd, 294ff. im Sammler f. Gesch. u. Stat. etc., 3, 1808, 240–241 unter: Höhebestimmungen etc., 3.
Schwinner R. Ungleichseitigkeit der Gebirgskämme. – 1933. – Bespr. GZ 52 A/108, 53 A/1752.
— Das Bewegungsbild des Klammkalkzuges. – 1933. – Bespr. GZ 52 A/375.
— Variscisches und alpines Gebirgssystem. – 1933. – Bespr. GZ 52 A/376.
Seefeldner E. Die alten Landoberflächen der Salzburger Alpen. – Z. f. Geomorph., 8, 1934, 157–198, 3 Abb. – Bespr. GZ 53 A/1533.
Sieber F. W. Vom roten Schnee. – TB 1821, 188, 192.
Sölch I. Geographie des Iselgebietes. – 1933. – Bespr. Mitt. Geogr. Ges. München, 27, 1934, 133; PetMitt., 1934, 317; Geogr. Z., 40, 1934, 272.
Stiny J. Querstörung im Mölltale. – 1933. – Bespr. GZ 52 A/1985; NJb. 1934/2, 512.
— Zur Landformenkunde des Glocknergebietes. – GR 25, 1934, 378–383, 2 Fig. – Bespr. GZ 54 A/700.
— Geologie und Bauen im Hochgebirge. – Geol. u. Bauwesen, 6, 1934, H. 1, 24–30; H. 2, 33–65, 14 Abb. – Bespr. GZ 53 A/635; NJb. 1935/2, 100.
— Die Begrünung von Böschungen und anderen technischen Ödflächen im Hochgebirge. (U. a. Glocknerstraße.) – Geol. u. Bauw., 6, Wien 1934, 134–140. – Bespr. NJb. 1935/2, 101.
— Geologische Randbemerkungen zum Verkehrswegebau im Hochgebirge. – Z. Österr. Ing.- u. Arch.-Ver., 86, Wien 1934, 171–174. – Bespr. NJb. 1935/2, 101.
— Geologische Randbemerkungen zum neuzeitlichen Straßenbau. – Wiener Neueste Nachr., Nr. 3192 v. 16. 6. 1934, 2 Sp.
— Zur Kenntnis der Quellen. (U. a. Glocknergebiet.) – Geol. u. Bauwesen, 1935, H. 1, 10–21.
—, **Kuhn K.** u. **Winter A.** Zur Kenntniß der Hochgebirgsböden. – Geol. u. Bauwesen, 1935, H. 1, 22–28.
Stocker E. P. Vom Römerweg zur Glocknerstraße. – In: Gallhuber J., Die Hohen Tauern, München (Bruckmann) 1935, 147–160, m. Skz.
Stolz O. Die Schwaighöfe in Tirol. – 1930. – Bespr. Mitt. Geogr. Ges. Wien, 76, 1933, 247.
Strele G. Grundriß der Wildbachverbauung. – Wien (Springer) 1934, 279 S., 150 Abb. – Bespr. GZ 53 A/634; Z. f. prakt. Geol., 42, 1934, 125; NJb. 1934/2, 571.
Studer B. Über eine Reise in die Österreichischen Alpen im Herbst 1848. (Aus Brief an Gehr. v. Leonhard v. 22. 12. 1848. U. a. Erläuterung von Flysch.) – NJb. 1849, 166–176.
Stur D. Über die Ablagerungen des Neogen, Diluvium und Alluvium. – 1855. – Bespr. NJb. 1858, 834. – S. a. JbRA 1856, 383–385.
Tauernkraftwerk. Das – und Osttirol. – Tir. Anzger, Nr. 37 v. 1931.
Tauern-Wasserkraftprojekte. Die – in Osttirol. – Lienzer Nachr., Nr. 7, 10, 11 v. 1931.
Unger. (F.) Über den roten Schnee der Alpen und Polarländer. – TB 1831, S. 340, 344, 348, 352. – S. a. Öttl J., Öllacher J. u. Sieber W.
Veidl E. Die Großglockner-Hochalpenstraße. – Kärnten, 10, 1933, 31–32, m. Abb.
— Die neue Glocknerstraße. – Der Naturfreund, 36, 1933, 119–122, m. Abb.
— Die Großglockner-Hochalpenstraße. Bergsteiger und Technik im Hochgebirge. – Der Bergsteiger, 4, 1934, Nr. 8, 491–496, 1 Skz.
— Winterarbeiten an der Großglocknerstraße. – Neue Freie Presse, Nr. 25251 v. 30. 12. 1934, 19–20.
Wallack F. Vom Bau der Großglockner-Hochalpenstraße. – Nachrbl. d. Ver. D. Ing., 11, 1931, Nr. 28, 3.
— Die Großglockner-Hochalpenstraße. – Z. d. Ver. D. Ing., 77, 1933, H. 19, 497–498.

— Die Bauarbeiten an der Großglockner-Hochalpenstraße. (Vortr.) - Innsbr. Nachr., Nr. 259 v. 10. 11. 1934, 1 Sp.

Weizsaecker R. Die Großglockner-Hochalpenstraße wird nächstes Jahr eröffnet. - Die Umschau, 38, 1934, 25, 494–497, 6 Abb.

Wieseneder H. Beiträge zur Kenntnis der ostalpinen Eklogite. - Min. u. Petr. Mitt., 46, 1934, 174–211, 7 Fig.

[**Zoppoth J.**] Tagebuch einer Reise auf den bis dahin unerstiegenen Berg Großglockner an den Grenzen Kärntens, Salzburgs und Tirols im Jahre 1799. - Molls Jbücher d. Berg- u. Hüttenkde, 4, 2.Lfrg, 1800, 161–224, 1 Skz.; Zusatz des Herausgebers Moll ebd. 225–248. (Angabe des Verf. lt. Carinthia v. J. 1858.) - S. a. Schiegg.

Zsigmondy E. u. **Paulcke W.** Die Gefahren der Alpen. - 9. verb. Aufl. München (Bergverl. R. Rother) 1933, 472 S., 74 Abb., 13 Vollbilder. - Bespr. Mitt. DÖAV, 1933, 279.

37. Sonnblick-Ankogelgruppe.

Aigner A. Vorzeitformen in den ostalpinen Zentralketten. - Sieger-Festschr., Zur Geogr. d. Deutschen Alpen, Wien 1924, 22–36. - Bespr. GZ 30/1327; NJb. 1925/2, B, 154.

Angel F. Baustoff und Bau der Hohen Tauern. - Der Bergsteiger, 4, 1934, Nr. 8, 413–424. - Abdr. in: Gallhuber J., Die Hohen Tauern, München (Bruckmann) 1935, 13–20.

Berghänel O. Das alte Arsenikwerk Rotgülden im Kronland Salzburg. - Montanztg, 8, Graz 1901, Nr. 12.

Bierbrauer E. Die Goldausbeute im Lichte der Aufbereitungstechnik. - Canaval-Festschr., Carinthia II, 1935, 32–36.

Blum Th. Ein Vorschlag zur Beschürfung des Golderzgebietes der Hohen Tauern. - Canaval-Festschr., Carinthia II, 1935, 49–61.

Brausewetter V. Über den Bau der Wasserkraftanlage bei Lend. (Vortr.) - Z. Österr. Ing.- u. Arch.-Ver., Wien 1899, 78–79.

Brückner E. Vergletscherung des Salzachgebietes. - 1886. - Bespr. Meteorol. Z., 22 (4), 1887, (5).

Canaval R. Die bestandenen Goldbergbaue Kärntens. - Kärntnerland, 1919, Nr. 1.

— Das Goldfeld der Ostalpen und seine Bedeutung für die Gegenwart. (Mit Anhang von K. Imhof.) - Berg- u. Hüttenm. Jb., 81, 1933, 146–150. - Bespr. GZ 52 A/1658.

Clar E. u. **Friedrich O.** Über einige Zusammenhänge zwischen Vererzung und Metam. in den Ostalpen. - 1933. - Bespr. GZ 52 A/1104; NJb. 1934/2, 326.

Cranz H. J. v. Gesundbrunnen der Österreichischen Monarchie. - Wien 1777. (Tirol 48–87.)

Czermak F. u. **Schadler J.** Vorkommen des Elementes Arsen. - 1933. - Bespr. Z. f. prakt. Geol., 42, 1934, 30; NJb. 1934/2, 229.

Czoernig-Czernhausen W. mit **Hell M.** Die Höhlen des Landes Salzburg und seiner Grenzgebirge. Mit Beitrag von M. Hell: Zur Geologie der Salzburgischen Höhlen. - Salzburg (Ver. f. Höhlenkde) 1926, 159 S., K. 1:250000, 20 Taf., 6 Pläne u. 60 Textpläne. - Bespr. Z. Ges. f. Erdkde Berlin, 1928, 156.

Del-Negro W. Geologischer Überblick über die Hohen Tauern mit besonderer Berücksichtigung des Goldberggebietes. - Mitt. Erdkde (Fachz. d. Landesver. f. Höhlenkde Oberösterr.), 2, 1933, H. 8, 104–114, 7 Abb., 1 K. der Erzgänge.

Diem K. Zur Systematik der Mineralquellen Österreichs. - Int. Minquellenztg, 34, 1933, Nr. 12, 1–6.

Dietl F. X. Dissertatio inauguralis medico-chemica de austriaci imperii aquis medicatis Brisgoliae, Carinthiae, Carnioliae, Styriae, Tyrolis et nonnullis aliis. 1772. (S. Nevinny J.)

Eichelter R. Die Möglichkeit der wirtschaftlichen Goldgewinnung in den Hohen Tauern, mit besonderer Berücksichtigung der am Naßfeld erzielten Ergebnisse. - Mont. Rdsch., 25, Wien 1933, Nr. 9, 1–16, 1 Abb., 5 Tab. - Bespr. NJb. 1934/2, 229.

Finsterwalder K. „Mons Havenaere dictus." - Mitt. Ges. f. Salzburger Ldskde, 74, 1934, 180–182.

Fisch W. Zur Geologie der Gasteiner Klamm. - 1932. - Bespr. GZ 52 A/971.

Florentin F. Eine Grubenbefahrung auf der „Unteren Goldzeche". - Canaval-Festschr., Carinthia II, 1935, 19–22, 1 Abb.

Flurl M. Über einen am Rathausberge im Salzburgischen neue entdeckten Blauspat und einige daselbst noch vorkommende wenig bekannte Fossilien. - NJbücher d. Berg- u. Hüttenkde, 4, 1821, 193–203.

Fresacher W. Der Eisabbruch vom Hochalmkees. - Der Bergsteiger, 4, 1934, Nr. 8, 501–502, 1 Skz., 4 Abb.

— Gletschermessungen Ankogel–Hochalmspitzgruppe 1933. - Z. f. Glkde, 22, 1935, 211–213.

Friedel H. Klima- und Gletscherschwankungen und ihre Wirkung auf die alten Tauernbergbaue. - Canaval-Festschr., Carinthia II, 1935, 65–74, 3 Fig.

Friedrich O. Über den Vererzungstypus Rotgülden. - Sber. Ak. d. Wiss. Wien, math.-natw. Kl., Abt. 1, 143, 1934, 95–108, 2 Fig.

— Mineralogische Bemerkungen über kleinere Erzvorkommen am Rande der Reißeckgruppe. - Canaval-Festschr., Carinthia II, 1935, 75–80.

Gallhuber J. Die Hohen Tauern. Ein Landschafts- und Bergsteigerbuch. - München (Bruckmann) 1935, 196 S., zahlr. Abb. u. Vollbilder. - S. Angel F. - Bespr. Mitt. DÖAV, 1934, 300; 1935, 26; Der Bergsteiger, 5, 1934/35, (41).

Gasteiner Thermen. Neues von den –. - Int. Minquellenztg, 34, 1933, Nr. 8, S. 7.

Gletscherfärbung. Zeitweise gelbrot. (Vened.- u. Sonnblickgruppe.) - Innsbr. Nachr., Nr. 235 v. 12. 10. 1901.

Goldbergbau. Zur Frage des –es in Österreich. - Mont. Rdsch., 25, 1933, Nr. 11, 4.

— Wiederaufnahme des Gasteiner –es. - Innsbr. Nachr., Nr. 211 v. 14. 9. 1934, ½ Sp.

— Der alpenländische –. - Innsbr. Nachr., Nr. 288 v. 15. 12. 1934, 8. - S. a. Waagen L.

Goldschätze. (L. Waagen.) Ungehobene – in Österreich. - Neue Freie Presse, Nr. 25129 v. 28. 8. 1934; Innsbr. Nachr., Nr. 198 v. 30. 8. 1934, 1 Sp.

Guggenmoos Th. Über Korngrößen und Kornformenverteilung von Sanden verschiedener geologischer Entstehung. (U. a. Gasteiner Tal, Isar und Inn.) - NJb. 1934, Bbd 72, Abt. B, 429–487, 19 Abb., 2 Taf.

Hann J. Zur Geschichte der meteorologischen Station auf dem Hohen Sonnblick. - Meteorol. Z., 22 (4), 1887, 42–45.

— Nordföhn auf der Südseite der Hohen Tauern. – Meteorol. Z., 22 (4), 1887, 72.

Hausmann W. Heilbäder und Kurorte in Österreich. – Int. Minquellenztg, 34, 1933, Nr. 10, 3–7.

— Die Mineralquellen Österreichs. – Neueste Ztg (aus Wiener Ztg), Nr. 6 v. 9. 1. 1935, 2.

Heberdey R. Die Bedeutung der Eiszeit für die Fauna der Alpen. – 1933. – Bespr. GZ 4 B/1333, 52 A/223.

Hennig E. Das Ringen um Erkenntnis des Alpenbaus und seine Bedeutung für die geologische Weltanschauung. – Natur und Volk, 64, Frankfurt a. M. 1934, 291–302, 342–353, 24 Abb.

Hohe Tauern. (S. r.) Sagen aus den –n T. – Der Bergsteiger, 4, 1934, Nr. 8, 474–476.

Höhenbestimmungen. Erhöhung einiger Punkte in Bayern, im Salzburgischen, in Oberösterreich und in Tirol über die Fläche des Mittelländischen Meeres. (Nach den Messungen von Glaser, Zobel u. Wepfer.) – NJbücher d. Berg- u. Hüttenkde, 4, 1821, 350–369.

Hottinger A. Zur Geologie des Nordrandes des Tauernfensters. – 1934. – Bespr. NJb. 1934/3, 864.

Imhof K. Das Adelsgesetz für das Goldfeld der Hohen Tauern im Sonnblickmassiv. – Berg- u. Hüttenm. Jb., 82; Wien 1934, 1–16, einige Abb., Prof., Pläne u. Tab. – Bespr. GZ 53 A/41; NJb. 1934/2, 686; Metall u. Erz, 31, 1934, H. 12.

— Betriebsschwierigkeiten des Bergbaues am Witwatersrand und in den Ostalpen im Lichte von Ziffern. – Canaval-Festschr., Carinthia II, 1935, 36–48, 1 Abb.

Kahler F. Zur wirtschaftlichen Seite des Wiederbeginnes im Tauerngoldbergbau. – Canaval-Festschr., Carinthia II, 1935, 61–65.

Keferstein Chr. Reisebemerkungen über Tirol und die angrenzenden Gebiete. – In: Teutschland, 1, Weimar 1821. (Gastein u. Bergbau Sonnblick 277–292, Glockner 292–313, Puster- u. Eisacktal 313–318, Dolomiten u. Fassatal 319–333, Inntal mit Hall, Schwaz u. Rattenberg 333–344, Bergbau Tirol 338–339, Häring u. Miesbach 344–351 m. 1 Skz., München 351–353, Bodensee u. Rheingebiet 353–357, Rückblick über Tirol u. Alpenbau 358–385, Beilage über Fassatal 386–436.) – Bespr. TB 1822, 168.

— Geognostisch-geologische Bemerkungen über die heißen und warmen Quellen in Teutschland. – In: Teutschland, 2, Weimar 1822. (Gastein 28, Bormio, Peterstal in Grbd. u. Pfäfers 28–29, Allgemeines über alpine Heilquellen 31–32, Euganeen 42.)

Klebelsberg R. v. Ostalpengletscher 1933. Berichte über die Gletschermessungen und -beobachtungen des Deutschen und Österreichischen Alpenvereins in den Ostalpen im Jahre 1933. – Z. f. Glkde, 22, 1935, 179–180.

— Die Ostalpengletscher im Sommer 1934. Gletscherbeobachtungen des DÖAV. – Mitt. DÖAV, 1935, 60–63.

— Geologie von Tirol. – Berlin (Borntraeger) 1935, 748 S. u. 4 Verz., K. 1:500000, 3 Skzen, 11 Blgen.

Klipstein A. v. Mitteilungen auf dem Gebiete der Geol. und Pal. – 1. Bd: Beitr. z. geol. Kenntn. d. östl. Alpen. – 1845. – Bespr. NJb. 1843, 831; 1845, 504.

Kobell F. v. Chemische Analyse des Titaneisens von Gastein. – NJb. d. Chemie, 1832, 4. H., 245. – Bespr. Leonh. u. Bronns Jb. d. Min., 3, 1832, 288.

— Über Epidot-Gabbro bei Salzburg. (Großarl.) – NJb. 1836, 367.

Koch E. J. Die Mineralquellen des gesamten österreichischen Kaiserstaates in top., hist., phys.-chem. u. therap. Beziehung. – 2. Aufl. Wien (Gerold) 1845, 467 S.

Kordon F. Zum ersten Jahrestag der Ankogelkatastrophe. – Monatsnachr. Sekt. Hannover DÖAV, 8, 1933, 19–21.

— Ein merkwürdiges Naturereignis in der Ankogelgruppe. (Seeausbruch.) – Monatsnachr. Sekt. Hannover DÖAV, 8, 1933, 70–72.

— Gletschereisabsturz und Seeausbruch im Hochalmspitzgebiet. – Carinthia II, 123 u. 124, 1934, 82–84.

Korntauern. Eine Privatstraße der Fugger in den Tauern. (Nachweis v. E. Reinhardt.) – Mitt. DÖAV, 1934 250.

Koestler J. Bergmännische Betrachtungen über den Tauern-Goldbergbau. – Mitt. Erdkde (Fachz. d. Ldsver. f. Höhlenkde Oberösterr.), 2, 1932, H. 8, 115–118.

Leonhard K. C. v. Beschreibung Salzburger Mineralien. – Leonh. Taschenbuch, 5, 1811, 233–239.

Levy A. Titaneisen aus Gastein. (Vergleich mit Funden in Rußland.) – Z. f. Min., 1827, 2, 384.

Machatschek F. Zur Klimatologie der Gletscherregion der Sonnblickgruppe. – 41. Jber. Sonnblickver. f. d. J. 1899, 3–34.

Mielichhofer M. Über das geognostische Vorkommen des Siderits im Reidelgraben und des Adulars im Gemskar im Salzburgischen. – Annalen d. Berg- u. Hüttenkde, 2, 1803, 416–430.

Moll K. E. Frh. v. Höhen einiger salzburgischen und tirolischen Gebirge und Ortschaften nach barometrischen Messungen. – Molls Jbücher d. Berg- u. Hüttenkde, 4, 1. Lfrg, 1799, 110–116.

Obermayer A. v. Die meteorologische Beobachtungsstation auf dem Gipfel des Sonnblick. – Meteorol. Z., 22 (4), Berlin 1887, 33–41, 3 Abb.

Ohnesorge Th. Geologisches Gutachten über das Arsenkiesvorkommen Rotgülden. – Leoben 1917. (Unveröffentlicht.)

Paschinger V. Die relativen Höhen von Kärnten. – PetMitt., 80, 1934, 331–333, 367–368, 1 Taf.

Petersen. Nachricht von einem mineralog. Ausflug nach Salzburg und Tirol. (Brief aus Regensburg v. 20. 11. 1815.) – Leonh. Taschenbuch, 10, 2. Abt., 1816, 591–593. (Titanit u. Nigrin im Gasteiner Tal, Smaragd im Habach-, Sphen im Felber-, Spargelstein im hinteren Zillertal u. a.)

Petzholdt A. Beiträge zur Geognosie von Tirol. Skizzen auf einer Reise durch Sachsen, Bayern, Salzkammergut, Salzburg, Tirol, Österreich. – Leipzig 1843, 372 S., 54 Abb.

Pfanhauser W. Das Adelsgesetz für das Goldfeld der Hohen Tauern im Sonnblickmassiv. – Metall u. Erz, 31, 1934, H. 12; Mont. Rdsch., 26, 1934, Nr. 11, 1–2. (S. Imhof K.) – Bespr. NJb. 1934/2, 687; 1935/2, 151.

Prohaska K. Roter Schnee, Schlammregen und Gewitter am 11. März 1901 in den österreichischen Alpenländern. – Meteorol. Z., 36 (18), 1901, 231–234.

Rammelsberg C. Über einen Eisensinter vom Rathausberg (Sonnblickgruppe.) – Aus: Poggend. Ann., 62, 139ff. – Bespr. NJb. 1845, 106.

Rehrl F. Die wirtschaftliche Bedeutung des Tauernkraftwerkes. – Reichspost, Nr. 102 v. 1931.

Reichel E. Bemerkungen über die Niederschlagsverteilung in den östlichen Zentralalpen. – Meteor. Z., 51, 1934, 144–148, 1 Abb. – Bespr. Z. f. Glkde, 22, 1935, 331.

Reissacher K. Die goldführenden Gangstreichen

der Salzburgischen Zentralalpenkette. - 1848. - Auszug: NJb. 1849, 715-719.
Roschkott A. Die Windverhältnisse im Sonnblickgebiet. - Beiheft z. Jb. 1929 d. Zentralanst. f. Met. u. Geodyn., 1930, 55-64, m. Abb.
Rosthorn F. v. Geognostisches aus den Zentralalpen. (Felbertauern, Erdbeben, Minerale. - Brief aus Wolfsberg v. 30. 9. 1840.) - NJb. 1841, 185-187.
— u. **Canaval J. L.** Beitr. z. Min. u. Geogn. v. Kärnten. - 1853. - Bespr. NJb. 1855, 821.
Russegger J. Verhalten der Erzgänge in Rauris. (Brief an Gehr. v. Leonhard.) - NJb. 1835, 182-183, 2 Skz., 317-318.
— Über den Bau der Zentralalpenkette im Herzogtum Salzburg. - Baumgartners Z. f. Phys., 1, 97ff., 349ff.; 2, 61ff., 261ff. - Bespr. NJb. 1835, 203.
— Einige Höhen in den Tälern Gastein und Rauris im Herzogtum Salzburg und in den angrenzenden Teilen Kärntens, mit besonderer Rücksicht auf bergmännisch interessante Punkte barometrisch bestimmt. - NJb. 1835, 379-411.
— Natur der Gletscher. Rinner: eigentümliche Gänge. (Brief an Gehr. v. Leonhard.) - NJb. 1835, 452-453. - S. Gumppenberg (Schwaz).
— Sogenannte Umgebungsgänge. (Böckstein. - Brief an Gehr. v. Leonhard.) - NJb. 1835, 455.
— Über den Nordabhang der Alpen in Salzburg und Tirol. - NJb. 1835, 505-511, 1 Proftaf.
— Gletscher, Lawinen und Heidengebirge. (Haselgeb. - Brief an Gehr. v. Leonhard.) - NJb. 1835, 522.
— Verschiebung der kontemporären Grenzen in Rauris. (Brief an Gehr. v. Leonhard.) - NJb. 1836, 194-195.
Schacherl R. Gold in den Tauern. - Urania, 9, 1932/33, 55-57, m. Abb.
Scheibenpflug H. Tauerngold. Neue Versuche an alten Bergen. - Allgem. Bergsteigerztg, Nr. 590, Wien-München, 31. 8. 1934, 1-2.
Schiegg U. Barometrische Höhenmessungen verschiedener Ortschaften, Berge, Strom- und unterirdischen Punkte im Salzburgischen. - Molls Jbücher d. Berg- u. Hüttenkde, 5, 1801, 185-197.
— Besteigung des Rathausberges, Höhenmessungen von Wiesbachhorn u. Großglockner. (Schreiben an Frh. v. Moll aus Salzburg v. 11. 8. 1800.) - Molls Jbücher d. Berg- u. Hüttenkde, 5, 1801, 417-432. - Vgl. ebd. 403-417.
Schlagintweit A. Bemerkungen über die Wirkungen der Erosion in den Alpen. - Aus: Untersuchungen ü. d. phys. Geogr. d. Alpen, v. H. u. A. Schl., Leipzig (Barth 1850; NJb. 1851, 292-308.
— Untersuchungen über die Talbildung und die Form der Gebirgszüge in den Alpen. - 1851. - Auszug: NJb. 1853, 70-71.
Schmuck A. Beitr. zur Morph. der Sonnblickgruppe. - 1932. - Bespr. GZ 53 A/401.
Schroll K. (C.) M. B. Geogr.-min. Übersicht der salzburgischen Berg- und Hüttenwerke. In Briefen an einen seiner Freunde. - 1.-3. Brief: Molls oberdeutsche Beiträge z. Natlehre u. Ökonomie f. d. J. 1787 u. Abdruck in Bergmänn. Journ., 2, 1. Bd, 60-92, 138-150; 4.-6. Brief: Schranks Abhdlgen einer Privatges. etc.. 1792.
— Grundriß einer salzburgischen Mineralogie oder kurzgefaßte systematische Anzeige der bis jetzt bekannten Mineralien des Fürstentums und Erzstifts Salzburg. - Molls Jbücher, 1, 1797, 95-196. - S. a. Vorrede, röm. 8-9. - Auszug: Ebd., 3, 1799, 364-371.
— Beschreibung des merkwürdigen Erdfalls zu Embach im Pfleggerichte Taxenbach im Salzburgischen. - Molls Jbücher d. Berg- u. Hüttenkde, 2, 1798, 234-248.
— Beitrag zur Kunst und Wirtschaft der Arbeit auf dem Gesteine. - Annalen d. Berg- u. Hüttenkde, 1, Salzburg 1802, 1. Lfrg, 61-118; 2. Lfrg, 1-47, 2 Taf. Zusätze des Herausgebers Moll, 47-118.
Schwinner R. Das Bewegungsbild des Klammkalkzuges. - 1933. - Bespr. GZ 52 A/375.
— Die Verbreitung des Elementes Arsen in ihrer Beziehung zum Gebirgsbau der Ostalpen. (Eine mineral-geographische Studie.) - Z. f. Krist., Abt. B, Min. u. Petr. Mitt., 46, 1934, 56-72, 1 Abb.
Seefeldner E. Die alten Landoberflächen der Salzburger Alpen - Z. f. Geomorph., 8, 1934, 157-198, 3 Abb. - Bespr. GZ 53 A/1533.
Staber R. Die Ockergruben bei Göriach (Reißeckgruppe, Kärnten.) - Canaval-Festschr., Carinthia II, 1935, 81-84.
Steinhauser F. Niederschlagsmessungen im Sonnblickgebiete. - Meteor. Z., 1932, 443ff.
— Neue Ergebnisse von Niederschlagsbeobachtungen in den Hohen Tauern. - Meteor. Z., 51, 1934, 36-41, 2 Abb. - S. Bespr. Z. f. Glkde, 21, 1933, 380.
— Über die elastische Deformation der Erdkruste durch lokale Belastung mit besonderer Berücksichtigung der Schneebelastung der Alpen. - Grld. Beitr. z. Geophys., 41, 1934, 466-478.
Sterner-Rainer L. Der Bergbau in den Ostalpen, (Vortr.) - Österr. Touristenztg, 19, Wien 1899. 146-148, 157-160, 169-173.
Stiny J. Zur Vorausbestimmung der Erdwärme im Bauwesen, besonders in Stollen und Tunnels. - 1933. - Bespr. NJb. 1934/2, 538.
— Geologie und Bauen im Hochgebirge. - Geol. u. Bauwesen, 6, 1934, H. 1, 24-30; H. 2, 33-65, 14 Abb. - Bespr. GZ 53 A/635; NJb. 1935/2, 100.
Streffleur V. Über die Natur und die Wirkungen der Wildbäche. - Sber. Ak. d. Wiss. Wien, math.-natw. Kl., 8, 1852, 248-261, 1 Taf.
Tauernbahn. Innsbr. Nachr., Jahr, Nr. - 1903, 82; 1908, 199; 1909, 148.
Tauerngold und seine wirtschaftliche Bedeutung. - Mitt. f. Erdkde Oberösterr., 2, 1933, N. 8.
Tertsch H. Die Erzbergbaue Österreich-Ungarns. - Wien 1918, 131 S., K. 1:15 Mill.; 2. Aufl. 1919. - Auszug: Berg- u. Hüttenm. Jb., 67, 1919, 37-63, 1 K., 2 Tab. - Bespr. GZ 25/1013; Geogr. Z., 25, 1919, 228.
Tornquist A. Neue Untersuchungen ostalp. Erzlagerstätten. - 1932. - Bespr. Z. f. prakt. Geol., 41, 1933, 103.
— Vererzung und Wanderung des Goldes. (Hohe Tauern.) - 1933. - Bespr. Z. f. prakt. Geol., 42, 1934, 31.
Waagen L. Der Goldbergbau in Österreich. (Vortragsauszug.) - Innsbr. Nachr., Nr. 284 v. 11. 12. 1934, 8. - S. a. ebd. Nr. 288 v. 15. 12. 1934 u. Neueste Ztg, Nr. 45 v. 22. 2. 1935.
Witter W. Das Goldfeld der Tauern. - 1932. - Bespr. NJb. 1933/2, 305.
Wolf. Analyse des Gasteiner Thermalwassers. - Österr. Blätter f. Lit. etc., 1847, 857. - Bespr. NJb. 1848, 323.
Zepharovich V. v. Über Mineralvorkommen in Salzburg. (Rauris.) - VRA 1860, 59-60. - Bespr. NJb. 1861, 335.

38. Schobergruppe.

Beck H. Aufnahmsbericht über Blatt Mölltal (5250). - VBA 1935, 22-25.
Burger E. W. Strittige Fragen. - 1933. - Bespr. Z. f. Geomorph., 8, 1934, 254.
Canaval R. Die bestandenen Goldbergbaue Kärntens. - Kärntnerland, 1919, Nr. 1.
Czermak F. u. **Schadler J.** Vorkommen des Elementes Arsen. - 1933. - Bespr. Z. f. prakt. Geol., 42, 1934, 30; NJb. 1934/2, 229.
Heberdey R. Die Bedeutung der Eiszeit für die Fauna der Alpen. - 1933. - Bespr. GZ 4 B/1333, 52 A/223.
Hohe Tauern. (s. r.) Sagen aus den -n T. - Der Bergsteiger, 4, 1934, Nr. 8, 474-476.
Iseltalbahn. Innsbr. Nachr., Jahr, Nr. - 1900, 152; 1902, 23, 45, 62; 1906, 79; 1907, 24, 118, 167, 235, 244; 1908, 79, 124, 286; 1909, 247; 1911, 38; 1912, 40; 1913, 110.
Klebelsberg R. v. Grundzüge der Geologie Tirols. - 1933. - Bespr. Mitt. DÖAV, 1934, 147; PetMitt., 1934, 317; Geogr. Z., 40, 1934, 271.
— Geologie von Tirol. - Berlin (Borntraeger) 1935, 748 S. u. 4 Verz., K. 1:500000, 3 Skzen, 11 Blgen.
Koch E. J. Die Mineralquellen des gesamten österreichischen Kaiserstaates in top., hist., phys.-chem. u. therapeut. Beziehung. - 2. Aufl. Wien (Gerold) 1845, 467 S.
Paschinger V. Die relativen Höhen von Kärnten. - PetMitt., 80, 1934, 331-333, 367-368, 1 Taf.
Rosthorn F. v. u. **Canaval J. L.** Beitr. z. Min. u. Geogn. v. Kärnten. - 1853. - Bespr. NJb. 1855, 821.
Schwinner R. Ungleichseitigkeit der Gebirgskämme. - 1933. - Bespr. GZ 52 A/108, 53 A/1752.
Sölch I. Geographie des Iselgebietes. - 1933. - Bespr. Mitt. Geogr. Ges. München, 27, 1934, 133; PetMitt., 1934, 317; Geogr. Z., 40, 1934, 272.
Sterner-Rainer L. Der Bergbau in den Ostalpen. (Vortr.) - Österr. Touristenztg, 19, Wien 1899, 146-148, 157-160, 169-173.
Stiny J. Querstörung im Mölltale. - 1933. - Bespr. GZ 52 A/1985; NJb. 1934/2, 512.
Tertsch H. Die Erzbergbaue Österreich-Ungarns. - Wien 1918, 131 S., K. 1:15 Mill.; 2. Aufl. 1919. - Auszug: Berg- u. Hüttenm. Jb., 67, 1919, 37-63, 1 K., 2 Tab. - Bespr. GZ 25/1013; Geogr. Z., 25, 1919, 228.
Wenger M. Bergbauliche Erinnerungen im Markte Obervellach. - Canaval-Festschr., Carinthia II, 1935, 15-19.
Wieseneder H. Zur Kenntnis der alpinen Eklogite. (Vortr.) - Z. f. Krist., Abt. B, Min. u. Petr. Mitt., 45, 1934, 469-471.
— Beiträge zur Kenntnis der ostalpinen Eklogite. - Min. u. Petr. Mitt., 46, 1934, 174-211, 7 Fig.

39. Kreuzeckgruppe.

Barth L. Über Keramohalit (Haarsalz) von Nikolsdorf bei Lienz im Pustertal. - Sber. Ak. d. Wiss. Wien, math.-natw. Kl., 24, 1857, 289. - Bespr. NJb. 1859, 305.
Beck H. Aufnahmsbericht über Blatt Mölltal (5250). VBA 1934, 24-26.
— Aufnahmsbericht über Blatt Mölltal (5250). - VBA 1935, 22-25.
Bierbrauer E. Die Goldausbeute im Lichte der Aufbereitungstechnik. - Canaval-Festschr., Carinthia II, 1935, 32-36.
Canaval R. Die bestandenen Goldbergbaue Kärntens. - Kärntnerland, 1919, Nr. 1.
— Das Goldfeld der Ostalpen und seine Bedeutung für die Gegenwart. (Mit Anhang von K. Imhof.) - Berg- u. Hüttenm. Jb., 81, 1933, 146-150. - Bespr. GZ 52 A/1658.
— Die Antimonvorkommen des oberen Drautales. (Lessnig bei Kleblach-Lind, Lemberg bei Lienz.) - Mont. Rdsch., 26, 1934, Nr. 20, 1-8; Nr. 21, 1-8. - Bespr. NJb. 1935/2, 151.
Czermak F. u. **Schadler J.** Vorkommen des Elementes Arsen. - 1933. - Bespr. Z. f. prakt. Geol., 42, 1934, 30; NJb. 1934/2, 229.
Glantschnig Th. Beitrag zur Flora des oberen Draugebietes. - Carinthia II, 123 u. 124, 1934, 51-55.
Goldbergbau. Zur Frage des -es in Österreich. - Mont. Rdsch., 25, 1933, Nr. 11, 4.
— Der alpenländische -. - Innsbr. Nachr., Nr. 288 v. 15. 12. 1934, 8. - S. a. Waagen L.
Heberdey R. Die Bedeutung der Eiszeit für die Fauna der Alpen. - 1933. - Bespr. GZ 4 B/1333, 52 A/223.
Klebelsberg R. v. Geologie von Tirol. - Berlin (Borntraeger) 1935, 748 S. u. 4 Verz., K. 1:500000, 3 Skzen, 11 Blgen.
Kraßnitzer M. Die Aufbereitung beim Golderzbergbau Fundkofel. - Canaval-Festschr., Carinthia II, 1935, 22-32.
Paschinger V. Die relativen Höhen von Kärnten. - PetMitt., 80, 1934, 331-333, 367-368, 1 Taf.
Redlich K. A. Die Geol. der innerösterr. Eisenerzlagerstätten. - 1931. - Bespr. Berg- u. Hüttenm. Jb., 80, 1932, 160.
Rosthorn F. v. u. **Canaval J. L.** Beitr. z. Min. u, Geogn. v. Kärnten. - 1853. - Bespr. NJb. 1855, 821.
Schwinner R. Die Verbreitung des Elementes Arsen in ihrer Beziehung zum Gebirgsbau der Ostalpen. (Eine mineral-geographische Studie.) - Z. f. Krist., Abt. B, Min. u. Petr. Mitt., 46, 1934, 56-72, 1 Abb.
Sterner-Rainer L. Der Bergbau in den Ostalpen. (Vortr.) - Österr. Touristenztg, 19, Wien 1899, 146-148, 157-160, 169-173.
Tertsch H. Die Erzbergbaue Österreich-Ungarns. - Wien 1918, 131 S., K. 1:15 Mill.; 2. Aufl. 1919. - Auszug: Berg- u. Hüttenm. Jb., 67, 1919, 37-63, 1 K., 2 Tab. - Bespr. GZ 25/1013; Geogr. Z., 25, 1919, 228.
Waagen L. Der Goldbergbau in Österreich. (Vortragsauszug.) - Innsbr. Nachr., Nr. 284 v. 11. 12. 1934, 8. - S. a. ebd. Nr. 288 v. 15. 12. 1934 u. Neueste Ztg, Nr. 45 v. 22. 2. 1935.
Wenger M. Bergbauliche Erinnerungen im Markte Obervellach. - Canaval-Festschr., Carinthia II, 1935, 15-19.
Wieseneder H. Zur Kenntnis der alpinen Eklogite. (Vortr.) - Z. f. Krist., Abt. B, Min. u. Petr. Mitt., 45, 1934, 469-471.

40. Pustertal.

Andreatta C. Bibliografia mineralogica della Venezia Tridentina. - Arch. p. l'Alto Adige, 23, 1928, 127-168. - Bespr. Atti Acc. Sc. Ven.-Trent.-Istr., 20, 1929. 4.

— Disposizione dei microliti micacei in plagioclasi di rocce intrusive. (Analisi strutturali di rocce, IV.) - Per. di Min., 5, n. 3, Roma 1934, 19 S., 2 Taf.

Barth Hanns. Franz Keil zum Gedächtnis. (Anläßlich der 101. Wiederkehr seines Geburtstages.) - Z. DÖAV, 1923, 15-20, 1 Bild.

Beck H. Aufnahmsbericht über Blatt Mölltal (5250). - VBA 1934, 24-26.

— Aufnahmsbericht über Blatt Mölltal (5250). - VBA 1935, 22-25.

Becke F. Mikroskopische Untersuchung der Proben vom Staubschnee vom 11. März 1901. - Meteorol. Z., 36 (18), 1901, 318-321.

Bergbau Pustertal. Innsbr. Nachr., Jahr, Nr. - Lienz: 1917, 38; 1919, 212. Luttach (Gips): 1908, 291. Panzendorf: 1915, 210. Sillian: 1909, 165. Tessenberg: 1911, 86, 93.

Bergbau Tirols. Historisch-technische Notizen der Prov. Tirol in ausgedehnter montanistischer Beziehung. Zusammengetragen für das techn. Kabinett Sr. Kais. Hoh. d. dl. Erzh. Kronprinzen und berichtiget für das tir. Nationalmus. Ferdin. - Handschr. 1827. Ferdin.-Bibl. Nr. 2704. Enthält u. a. Angaben über Bergbau Häring, Kitzbühel, Brixlegg, Zillertal, Schwaz, Hall, Torf in Vorarlberg, Serpentin Matrei a. Br., Schwerspat Schwaz, Steinöl Seefeld (mit Bild); Histor.-techn.-admin. Skizze der Saline Hall und der Salmiakfabrik zu Hall i. T.; Walzwerk Brixlegg (1819 erbaut); Gedrängte hist.-techn. Notizen über den tir. Messinghandel. (Achenrain seit 1. Hälfte des 17. Jahrhunderts, vorher Lienz.)

Betti M. e **Bonino G. B.** Le acque minerali dell'Alto Adige e del Trentino. Indagini chimiche e chimicofisiche. P. I. - R. Acc. d'It., mem. d. cl. d. sc. fis., mat. e nat., v. 5, Roma 1933, 56 S., 15 Fig.

Bianchi A. Appunti petrografici. (Alpi Aurine e Vedrette Giganti.) - 1929. - Bespr. GZ 53 A/787.

Blaas J. u. **Czermak P.** Staubfall in Tirol. (10. u. 11. 3. 1901.) - Meteorol. Z., 36 (18), 1901, 234-235.

Borraß E. Bericht über die relativen Messungen der Schwerkraft mit Pendelapparaten in der Zeit von 1808 bis 1909 und über ihre Darstellung im Potsdamer Schweresystem. - Verh. 16. Allgem. Konferenz der Internat. Erdmessung in London und Cambridge 1909, 3. T. Spezialbericht über die rel. Schweremessungen, Berlin (Reimer) 1911, 288 S., 2 K.

Buch L. v. Schreiben aus Innsbruck v. 11. 10. 1822 an R. (C. v. Rauschenfels) über Höhenbestimmungen in Tirol. (Eisack-, Puster- und Etschtal, Dolomiten u. a.) - TB 1822, S. 372.

— Über die Karnischen Alpen. (Schreiben an Gehr. v. Leonhard.) - 1824. - Hiezu: Geol. Aufnahme des Drauzuges und von Raibl auf 2 Tafeln in Leonh. Taschenbuch, 18, 4. Abt., 1824.

Canaval R. Die Antimonvorkommen des oberen Drautales. (Lessnig bei Kleblach-Lind, Lemberg bei Lienz.) - Mont. Rdsch., 26, 1934, Nr. 20, 1-8; Nr. 21, 1-8. - Bespr. NJb. 1935/2, 151.

Cavinato A. Nuove ricerche sull'Euclasio. - Euclasio di Valle Aurina. - Rend. Acc. Linc., Cl. sc. fis., mat. e nat., (6) 10, 1929, 656-664. - Bespr. Z. f. Krist., Abt. B, Refteil, 2, 1933, R. 145.

Credner H. Geognostische Bemerkungen über die Zentralkette der Alpen in Oberkärnten und Salzburg. - NJb. 1850, 513-574, 1 Taf. - Bespr. Bl. 4.

Czermak F. u. **Schadler J.** Vorkommen des Elementes Arsen. - 1933. - Bespr. Z. f. prakt. Geol., 42, 1934, 30; NJb. 1934/2, 229.

Dal Piaz G. B. Studi geologici sull'Alto Adige orientale e regioni limitrofe. - 1933 (1934). - 12 S. Vorw., 242 S., 12 Taf., K. 1:200000, 1 Panor., 37 Fig., m. Erläutgen.

Defreggental. Marmorbruch bei Hopfgarten. - Innsbr. Nachr., Nr. 251 v. 6. 11. 1905.

Dolenz H. Fresach bei Paternion im Drautal. - Fundber. a. Österr., 1, 1930-1934, 46. - S. a. Carinthia I, 1929, 68; 1930, H. 1/3.

— u. **Görlich W.** Tscheltschnigkogel. (Bei Warmbad Villach.) - Fundber. a. Österr., 1, 1930-1934, 223. - S. a. Villach, Görlich W. u. Henriquez H. P.

Dolomitenbahnen. Innsbr. Nachr., Jahr, Nr. - Allgemeines: 1906, 146, 185, 264; 1908, 207, 297; 1909, 255. Blumau-Völs-Seis-Gröden: 1906, 39, 52. Cadore: 1907, 241, 264; 1909, 195. Grödnertal: 1903, 12; 1905, 44, 71, 87, 163, 181, 237, 290; 1906, 57, 131, 186; 1908, 47, 56, 94, 268, 298; 1909, 254, 257, 264; 1910, 133, 165; 1911, 56; 1918, 264; 1919, 147. Karersee-Moena: 1903, 24, 99 (Leitart.). Kastelruth-St. Ulrich: 1912, 275. Leifers-Deutschnofen: 1912, 133. Plose: 1908, 78; 1910, 196, 207, 291; 1911, 93; 1912, 112. Schlern: 1908, 49; 1909, 160, 250; 1910, 152; 1911, 230. Seiseralm: 1908, 247, 282; 1909, 130; 1914, 13. Toblach-Cortina: 1900, 140; 1905, 3, 8, 71; 1906, 186, 200; 1908, 240; 1914, 113; 1920, 190.

Draugebiet. Das -. - Jb. Hydrogr. Zentralbüro, N.F., 13, 1926, Wien 1930.

Duschnitz P. Der Tiroler Bergbau im Nationalrat. - Innsbr. Nachr., Nr. 28 v. 5. 2. 1921.

Egger A. Illyrisch-norisch-römische Burgsiedlungen im Pustertale. - Der Schlern, 15, 1934, 246-265.

Emmrich H. Notiz über den Alpenkalk der Gegend von Lienz. - 1855. - Bespr. NJb. 1857, 221.

Erdbeben. Judikarien-Pustertaler-Linie. Innsbr. Nachr., Jahr, Nr. - Ampezzo: 1906, 215; 1910, 70. Bozen: 1907, 95. Bruneck: 1902, 77. Buchenstein: 1901, 81; 1906, 93. Cavalese: 1901, 81. Cles: 1911, 294. Dolomiten: 1911, 25. Fassatal: 1905, 246. Gardasee: 1901, 253, 261. Judik.-Riva: 1907, 264. Kaltern: 1914, 290. Kastelruth: 1901, 80. Klausen: 1915, 379. Lienz: 1924, 286. Malé: 1902, 251. Meran: 1901, 231; 1916, 235. Mori-Arco: 1907, 18. Nons- u. Sulzberg: 1903, 184; 1904, 155; 1906, 80; 1909, 249. Pinzolo: 1906, 60. Predazzo: 1910, 11, 26. Riva: 1905, 166; 1907, 264. Schlanders: 1909, 260. Sexten: 1909, 255. Spondinig: 1911, 49, 50. Sulden: 1917, 286. Tauferertal: 1904, 115. Toblach-Lienz: 1908, 158. Ultental: 1907, 53. Vinschgau: 1906, 274; 1917, 17, 18. Ganz Tirol: 1902, 139, 141; 1904, 58; 1909, 10, 11. Ganz Südtirol: 1900, 59; 1908, 66.

Foetterle F. Lagerungsverh. der Steinkohlen- und Triasgebilde im südwestl. Teile von Kärnten. - 1856. - Bespr. NJb. 1858, 344.

Franz L. Feffernitz. (Bei Feistritz a. d. Drau, Gem. Paternion.) - Fundber. a. Österr., 1, 1930-1934, 46. - S. a. Jh. Österr. Arch. Inst., 25, 1929, Sp. 165ff.

— Die vorgeschichtlichen Altertümer Kärntens. - 1931. - Bespr. Carinthia I, 124, 1934, 54.

Giuliani F. F. De fossilibus universalis diluvii. (Versteinerte Muscheln und Granaten aus den Pustertaler Bergen. Erklärung nach Scheuchzer.) - Diss., Innsbruck 1741. Handschr. Mus. Ferdin., Dip. 1158. (Ein Blatt der Handschr. Dip. 1139 Ign. v. Weinharts über Röhrerbühel enthält auf der Rückseite die Titelüberschrift: Dissertatio Dr. Julians De fossilibus antediluvianis.)

Glantschnig Th. Beitrag zur Flora des oberen Draugebietes. - Carinthia II, 123 u. 124, 1934, 51-55.

Görlich W. Neue Grabungen im Heidenloch bei Warmbad Villach. - Wr. Prähist. Z., 16, 1929, 114-115.

Härtel O. Fünfzig Jahre Wildbachverbauung in Österreich. - Innsbr. Nachr. (aus Wiener Ztg), Nr. 26 v. 31. 1. 1935.

Hauer F. R. v. Über die Cephalopoden aus dem Lias der nordöstlichen Alpen. (U. a. Kammerker u. Lienzer Klause.) - Denkschr. Ak. d. Wiss. Wien, math.-natw. Kl., 11, 1856, 1-86, 25 Taf. - Auszug: NJb. 1856, 747-750.

Hausmann W. Heilbäder und Kurorte in Österreich. - Int. Minquellenztg, 34, 1933, Nr. 10, 3-7.

— Die Mineralquellen Österreichs. - Neueste Ztg (aus Wiener Ztg), Nr. 6 v. 9. 1. 1935, 2.

Heberdey R. Die Bedeutung der Eiszeit für die Fauna der Alpen. - 1933. - Bespr. GZ 4 B/1333, 52 A/223.

Helmreichen S. v. Geogn.-mont. Bericht über das östliche Pustertal. (Lienz, 11. 11. 1839.) - Handschr. Mus. Ferdin., F.B. 5013. Mit Tab. über nutzbare Lagerstätten.

Henriquez H. P. Görzen bei Feistritz a. d. Drau. - Fundber. a. Österr., 1, 1930-1934, 26. - S. a. Carinthia I, 1929, 5; Nachrbl. f. d. Vorzeit, 5, 1929, 9f.; Forschgen u. Fortschr., 1929, 173f.

— Tscheltschnigkogel bei Warmbad Villach. - Fundber. a. Österr., 1, 1930-1934, 166. - S. a. Dolenz H. u. Villach.

Hradil G. u. **Falser H. v.** Die Ölschiefer Tirols. - 1930. - Bespr. Berg- u. Hüttenm. Jb., 79, 1931, 39.

Hradil G. Österreich plant Kraftwerke. Ein neues Kraftwerkprojekt in den Hohen Tauern. - Münchner Neueste Nachr., Nr. 63 v. 6. 3. 1931.

Innervillgraten. Heilbad bei Innichen. - Innsbr. Nachr., Nr. 162 v. 18. 7. 1912.

Iseltalbahn. Innsbr. Nachr., Jahr, Nr. - 1900, 152; 1902, 23, 45, 62; 1906, 79; 1907, 24, 118, 167, 235, 244; 1908, 79, 124, 286; 1909, 247; 1911, 38; 1912, 40; 1913, 110.

Isser M. v. Sage und Geschichte über die Entdeckung der Tiroler Bergwerke. - Der Sammler, 1, Meran 1906-1907, H. 8-12.

— Neue Erzaufschlüsse in Tirol. (1. Dirstentritt, 2. Negelseekar bei Ehrwald, 3. Röhrerbühel bei Kitzbühel, 4. Obernberg a. Br., 5. Eggertal bei Sterzing, 6. Rabenstein in den Sarntaler A., 7. Terlan im Vinschgau, 8. Panzendorf und Tessenberg im Pustertal.) - Innsbr. Nachr., Nr. 163 v. 19. 7. 1911.

Jantsch F. Duel. (Bei Feistritz a. d. Drau.) - Fundber. a. Österr., 1, 1930-1934, 99. - S. a. Carinthia I, 1931, 1; 1932, 20; 20. Ber. Röm.-germ. Komm. D. Arch. Inst., 1930, 10-12.

— Flaschberg. (Bei Oberdrauburg.) - Fundber. a. Österr., 1, 1930-1934, 101.

Karpe F. C. Übersicht der Heilquellen von Tirol und Vorarlberg im Jahre 1828. - TB 1830, 248, 252, 256, 260.

Keferstein Chr. Reisebemerkungen über Tirol und die angrenzenden Gebiete. - In: Teutschland, 1, Weimar 1821. (Gastein u. Bergbau Sonnblick 277-292, Glockner 292-313, Puster- u. Eisacktal 313-318, Dolomiten u. Fassatal 319-333, Inntal mit Hall, Schwaz u. Rattenberg 333-344, Bergbau Tirol 338-339, Häring u. Miesbach 344-351 m. 1 Skz., München 351-353, Bodensee u. Rheingebiet 353-357, Rückblick über Tirol u. Alpenbau 358-385, Beilage über Fassatal 386-436.) - Bespr. TB 1822, 168.

— Geognostische Bemerkungen über eine Bereisung der Alpen, Apenninen, Karpaten und einiger Gegenden von Oberschlesien, gesammelt auf einer Reise im Sommer 1829 und 1830. - In: Teutschland, 7, Weimar 1831, 1. Abt., 1-39 Allgäu, Rheingebiet u. Graubünden; 62-85 Oberit. Seen, Etschgebiet, Euganeen, Venetianer Alpen; 85-124 Überblick auf die allgem. geogn. u. geol. Verh. der Alpen. - Bespr. Leonh. u. Br. NJb., 1832, 311.

Klebelsberg R. v. Beitr. zur Geol. der Südtirol. Dolom. - 1927. - Bespr. NJb. 1935/3, 194.

— Grundzüge der Geologie Tirols. - 1933. - Bespr. PetMitt., 1934, 317; Geogr. Z., 40, 1934, 271.

— Geologie von Tirol. - Berlin (Borntraeger) 1935, 748 S. u. 4 Verz., K. 1:500000, 3 Skzen, 11 Blgen.

Klingner F. E. Das Alter der Vererzung des Bleiberger Erzberges (Kärnten). 1932. - Bespr. NJb. 1934/2, 246; 1935/3, 174; Z. f. prakt. Geol., 42, 1934, 144; GZ 54 A/469.

Klipstein A. v. Mitteilungen a. d. Gebiete der Geol. u. Pal. - 1. Bd: Beitr. z. geol. Kenntn. d. östl. Alpen. - 1845. - Bespr. NJb. 1843, 831; 1845, 504.

Kluge E. Über die Ursachen der in den Jahren 1850 bis 1857 stattgefundenen Erderschütterungen und die Beziehungen derselben zu den Vulkanen und zur Atmosphäre. - Stuttgart (Schweizerbart) 1861, 124 S. (Alpen 13-16 u. Jahresstatistik.)

Koch E. J. Die Mineralquellen des gesamten österreichischen Kaiserstaates in top., hist., phys.-chem. u. therap. Beziehung. - 2. Aufl. Wien (Gerold) 1845, 467 S.

Krapf Ph. Der Wasserbau in Tirol. Darstellung der Verhältnisse und Aufgaben auf dem Gebiete des Wasserbaues in Tirol (Gewässerregulierungen, Meliorationen und Wildbachverbauungen.) - Herausgeg. v. Tiroler Ldsausschuß, Innsbruck 1910, 335 S., 1 K.

Laviosa-Zambotti P. Le prime età dell'Alto Adige. I. I Monumenti megalitici di Lagundo. II. L'età del bronzo e la prima età del ferro. - Arch. p. l'Alto Adige, 28, Gleno 1933, 381-419, 2 Abb.

— L'età del bronzo e la prima età del ferro nell'Alto Adige. - Studi Etruschi, v. 7, 1933, 397ff.

— Edizione archeologica della carta d'Italia al 100000. - Firenze (R. Ist. Geogr. Mil.) 1933-1934. F. IV P. d. Resia, F. V Merano, F. 9 M. Cevedale. 1933, 20 S.; F. XV Bolzano, F 11 M. Marmolada. 1934, 64 S.; F. VI Bressanone, F VI bis P. d. Brennero, F. VII Monguelfo, F. VII bis Vetta d'It. 1934, 33 S. - Bespr. Der Schlern, 15, 1934, 288.

Lienz. Prähist. Siedlung am Rabenhügel. - Wr. Neueste Nachr. v. 2. 7. 1927; Fundber. a. Österr., 1, 1930-1934, 250 b.

Lorenz A. Pollenanalytische Untersuchungen. - 1933. - Bespr. Arch. Bot., v. 10, f. 1.

Maister K. Mitteldorf (Gem. Virgen), Ulrichsbühel (Amlach). - Fundber. a. Österr., 1, 1930-1934, 76, 137. - S. a. ebd. 250 c.

Malaschofsky A. Zur Morphologie des oberen Gailtales und unteren Lessachtales. – Ungedr. Dissert., Wien 1931, 113 S., 7 Prof., 1 Tab.

Menghin O. Patriasdorf (bei Lienz), Viller Moor. – Fundber. aus Österr., 1, 1930–1934, 24. – S. a. ebd. 76 (Maister K.); Lienzer Nachr. v. 21. 4. 1920.

Merendi A. I Boschi, i pascoli permanenti e gli incolti produttivi secondo il nuovo catasto agrario. – L'Alpe, a. 21, n. 4, Firenze 1934, 121–130, 5 Abb.

Meteoriten. Nonsberg, Lienz. – TB 1878, Nr. 253 u. 260, S. 961 u. 2015. – S. a. Gredler.

Meusburger K. Der Schlammregen vom 25. April 1926. – Der Schlern, 7, 1926, 154–156. – S. a. Volksblatt, Bozen, 5. 5. 1926 über „Wüstensand".

Mohs F. Die Villacher Alpe und die dieselbe zunächst umgebenden Gegenden; eine geognostische Skizze. – Molls Ephemeriden, 3, 1807, 161–228. – Auszug: Leonhards Taschenbuch, 2, 1808, 384–385; 3, 1809, 181–184, 242–249.

Mühlhofer F. Vorgeschichtliche Untersuchungen bei Warmbad Villach. – Wr. Prähist. Z., 12, 1925, 116–131, 6 Abb. Mit Litangabe.

Münster G. Graf zu. Über Versteinerungen aus dem Pustertal. (Lienz, St. Cassian u. a. – Schreiben aus Bayreuth v. 27. 7. 1843.) – NJb. 1843, 705.

Öllacher J. Roter Schnee im Pustertal (1847). – 1848. – Bespr. Haidingers Ber., 3, 1848, 390–392. – S. a. Buchners Repert., 98, 1848; TB 1847 v. 24. u. 27. 5.; Wiener Ztg v. 2. 6. 1847.

Öttl J. Vom roten Schnee. (Staller Alpe.) – TB 1821, 228, 232; Originalber. im Mus. Ferdin. Dip. 965. – S. a. Sieber F. W. u. Öllacher J.

Paschinger V. Die relativen Höhen von Kärnten. – PetMitt., 80, 1934, 331–333, 367–368, 1 Taf.

Pehr F. Beiträge zur floristischen Landesforschung in Kärnten. – Carinthia II, 123 u. 124, 1934, 41–46.

Pfaundler A. v. Verschiedenes über Min. und Geogn. von Tirol. – 1837. – Inhalt: 1. Kritik von Russegger über Hall (Arch. f. Geogn. u. Bergbau v. Karsten, 9. Bd, 1. H., 242). 2. Kritik von Gumppenberg über die Rinner vom Schwazer Falkenstein (NJb. 1836, 50). 3. Zweifelhafte und seltene Mineralien von Kitzbühel, Zillertal, Pfitsch u. a.

Pfaundler G. v. Notizen über tirolische Bergbauten aus archivalischen Quellen. 1832–1862. (Umfaßt ganz Tirol.) – Handschr. v. J. 1864, Mus. Ferdin., W. 5581.

Prohaska K. Roter Schnee, Schlammregen und Gewitter am 11. März 1901 in den österreichischen Alpenländern. – Meteorol. Z., 36 (18), 1901, 231–234.

Pustertal. Hochwasser und Vermurungen in St. Lorenzen Mai 1828. (Zeitungsnachr.) – Z. f. Min., 1828, 628–629.

Redlich K. A. Die Geol. der innerösterr. Eisenerzlagerstätten. – 1931. – Bespr. Berg- u. Hüttenm. Jb., 80, 1932, 160.

Rehrl F. Die wirtschaftliche Bedeutung des Tauernkraftwerkes. – Reichspost, Nr. 102 v. 1931.

Reichel E. Versuch einer Berechnung der eiszeitlichen Niederschlagshöhe der Alpen. – Z. f. Glkde, 22, 1935, 73–80.

Rosthorn F. v. u. **Canaval J. L.** Beitr. zur Min. und Geogn. von Kärnten. – 1853. – Bespr. NJb. 1855, 821.

Schlagintweit A. Bemerkungen über die Wirkungen der Erosion in den Alpen. – Aus: Untersuchungen über die phys. Geogr. d. Alpen, v. H. u. A. Schl., Leipzig (Barth) 1850; NJb. 1851, 292–308.

— Untersuchungen über die Talbildung und die Form der Gebirgszüge in den Alpen. – 1851. – Auszug: NJb. 1853, 70–71.

Schnee. Gelber – in Lienz. – Innsbr. Nachr., Nr. 59 v. 12. 3. 1901; Analyse (von –aa–) ebd. Nr. 74 v. 1. 4. 1901.

Schoklitsch K. Gesteinskdl. und geol. Studien. – 1933. – Bespr. GZ 52 A/972.

— Bericht über die geologisch-petrographische Aufnahme des hintersten Defereggen- und Iseltales. – VBA 1934, 63–64.

Schubert G. H. Wanderbüchlein eines reisenden Gelehrten nach Salzburg, Tirol und der Lombardei. – Erlangen 1823, 2. Aufl. ebd. 1834. (U. a. paläont. Beobachtgen.)

Semerano G. Sulla composizione di alcuni gneiss. – 1929. – Bespr. GZ 53 A/268.

Sölch I. Geographie des Iselgebietes. – 1933. – Bespr. Mitt. Geogr. Ges. München, 27, 1934, 133; PetMitt., 1934, 317; Geogr. Z., 40, 1934, 272.

Sterner-Rainer L. Der Bergbau in den Ostalpen. (Vortr.) – Österr. Touristenztg, 19, Wien 1899, 146–148, 157–160, 169–173.

Stolz O. Die Schwaighöfe in Tirol. – 1930. – Bespr. Mitt. Geogr. Ges. Wien, 76, 1933, 247.

Straßenbauten u. -projekte in Tirol u. V. (Auswahl.) – Innsbr. Nachr., Jahr, Nr. – Allgemeines: 1901, 292 (Südtirol); 1908, 171, 188 (Leitart.), 228, 257, 258 (Landtag); 1909, 86 (Progr.); 1912, 25 (Statistik); 1914, 149 (Progr.); 1922, 27 (Landtag). Afers: 1911, 206. Alpbach: 1911, 29. Amthorspitze: 1908, 218. Andalo: 1907, 296. Bayer. Grenze: 1912, 54. Bezau–Schröcken: 1912, 146. Blumau–Völs–Tiers–Karersee: 1910, 219. Brandenberg: 1911, 165. Brentonico: 1909, 219; 1910, 111; 1911, 268. Cereda-Paß (Primiero-Agordo): 1909, 262. Dolomitenstraße: 1904, 123, 194; 1905, 158, 298; 1908, 47; 1909, 112 (Ital.), 208 (Eröffng); 1911, 135; 1912, 86, 115. Drò-Cavedine: 1911, 36. Eiberg: 1909, 186, 251; 1910, 119; 1912, 249; 1913, 137, 148 (Eröffng); 1914, 103. Enneberg: 1901, 244; 1906, 266; 1909, 96, 285; 1911, 95, 155. Falzarego: 1901, 113, 122, 234; 1904, 53, 115; 1908, 31. Fersental: 1910, 14 (Leitart.); 1912, 76. Fleimstal: 1902, 188; 1909, 214; 1910, 148; 1912, 76; 1913, 75. Flexenstraße: 1904, 33, 214, 240; 1905, 276; 1909, 218, 228. Friccastraße: 1911, 208. Gaichtpaß (Lecht. A.): 1911, 267; 1912, 171, 290. Gampenstraße: 1903, 1, 33, 265, 267; 1907, 147; 1913, 21, 49, 169; 1914, 151. Gerlos: 1903, 96, 151; 1906, 229; 1908, 42 (Krimml), 45; 1907, 150; 1912, 98; 1913, 145, 152; 1914, 99; 1922, 218. Grödnertal: 1909, 211. Gschnitztal: 1908, 219, 222; 1911, 123; 1913, 193. Gurgl: 1915, 98. Hall-Rinn–Tulfes: 1910, 6; 1924, 246. Hintertux: 1909, 119; 1913, 72. Hochfinstermünz: 1900, 205; 1904, 51. Igls-Heiligwasser: 1912, 249. Innsbrucker Höhenstraße: 1909, 12, 18, 31; 1910, 183, 194; 1911, 87, 265 (Unterinntal). Iseltal: 1901, 224, 262; 1906, 232 (s. a. Kals). Jaufen: 1901, 209, 210; 1902, 89, 182, 250; 1903, 98, 157; 1904, 151, 265; 1907, 23, 73; 1908, 92; 1910, 173; 1912, 126, 135 (Eröffng). Kals: 1901, 294; 1906, 232; 1911, 43, 65, 235, 285; 1912, 238. Kaltern: 1903, 21; 1905, 280, 284; 1906, 134. Karersee: 1910, 219. Kastelruth–St. Ulrich: 1900, 263; 1901, 184. Kaunertal; 1909, 177. Kössen–Klobenstein: 1913, 219. Krimml: 1908, 42, 45. Kufstein–Landl–Bayr.-Zell: 1910, 13. Kundl–Wildschönau: 1911, 198. Laimtal: 1911, 298; 1912, 38. Lana–Fondo: 1910, 111. Landeck–Grins: 1906, 51. Latzfons: 1907, 290. Lavis–Grumes: 1908, 50. Ledrotal: 1910,

205; 1911, 16; 1912, 47. Mals–Matsch: 1912, 166, 182. Marteltal: 1910, 265; 1911, 159. Mayrhofen–Hintertux: 1909, 119. Mittenwald–Leutasch–Seefeld: 1913, 169. Montafon: 1902, 194. Montiggl: 1907, 229. Mori–Brentonico: 1909, 219; 1910, 111; 1911, 268. Mühlwald i. Taufers: 1912, 231. Münstertal: 1904, 235. Ötztal: 1900, 144, 239; 1901, 237; 1908, 95 (Leitart.); 1912, 121; 1915, 98. Passeiertal: 1901, 162; 1902, 173; 1905, 81, 93; 1911, 259; 1912, 99. Patscherkofel: 1912, 79. Persen: 1911, 206; 1912, 161 (Palù). Pfitscherjoch: 1912, 16. Pfunds–Grenze: 1900, 205; 1904, 51; 1913, 59, 100. Pillerseetal: 1909, 76. Pitztal: 1910, 91; 1913, 143, 237; 1914, 32; 1915, 98, 349, 549, 602; 1919, 91, 131, 206; 1920, 31; 1921, 256. Pordoijoch: 1902, 203; 1904, 115; 1905, 227. Riva: 1904, 243 (Judikar.); 1909, 219 (Ballino), 233 (Arche); 1912, 178 (Mezolomb.). Ritten: 1904, 163. Rosengarten: 1912, 139. Samnaun: 1913, 128. Schoppernau: 1909, 265; 1916, 193. Seiseralm: 1914, 108. Sölden–Zwieselstein: 1912, 121. Spormaggiore–Cavedago: 1910, 232. Sterzing–Gasteig: 1911, 95. Stilfserjoch: 1912, 87. Sulden: 1906, 70. Taufererttal: 1907, 137; 1908, 101; 1911, 255; 1912, 231. Terragnolotal: 1906, 151, 268; 1907, 21; 1909, 236; 1913, 39. Thiersee: 1910, 197; 1911, 96, 221, 253; 1912, 172, 203, 281; 1913, 158, 166; 1914, 76, 82; 1915, 203, 319, 534. Paß Thurn: 1920, 233. Tilliach: 1908, 175; 1910, 176; 1911, 23, 76. Timmeljoch: 1908, 47, 77; 1912, 76, 79. Tuxer Joch: 1912, 16. Tuxer Tal: 1913, 72. Ultental: 1901, 168, 206; 1902, 228, 231, 244, 257; 1906, 286; 1907, 125, 159, 261; 1908, 70, 165, 213, 230. Umbrail: 1911, 236. Vallarsa: 1908, 79, 286. Vent: 1908, 95; 1915, 98. Vigolo–Vattaro: 1912, 104. Walsertal: 1908, 264. Wildschönau: 1911, 198. Zwieselstein: 1908, 95; 1912, 121; 1915, 98.

Streffleur V. Über die Natur und die Wirkungen der Wildbäche. - Sber. Ak. d. Wiss. Wien, math.-natw. Kl., 8, 1852, 248–261, 1 Taf.

Strele G. Die Wildbachverbauung in Südtirol. - Z. Österr. Ing.- u. Arch.-Ver., 80, 1928, 471–473.

— Die Quellen der Geschiebeführung. - 1932. - Abdr. in: Schw. Bauztg, 100, 1932, H. 18, 19.

— Grundriß der Wildbachverbauung. - Wien (Springer) 1934, 279 S., 150 Abb. - Bespr. GZ 53 A/634; Z. f. prakt. Geol., 42, 1934, 125; NJb. 1934/2, 571.

Strobl E. Die Hauptbahnen in Tirol und Vorarlberg. Kurzgefaßte Geschichte ihrer Entwicklung. Ein Auszug aus größeren Sammelwerken und einschlägigen Monographien. - Innsbr. Nachr., Nr. 170, 176, 182, 187, 193 v. August 1902.

Stur D. Über die Ablagerungen des Neogen, Diluvium und Alluvium. - 1855. - Bespr. NJb. 1858, 834. - S. a. JbRA 1856, 383–385.

Tauernkraftwerk. Das - und Osttirol. - Tir. Anzger, Nr. 37 v. 1931.

Tauern-Wasserkraftprojekte. Die - in Osttirol. - Lienzer Nachr., Nr. 7, 10, 11 v. 1931.

Taufererttalbahn. Innsbr. Nachr., Jahr, Nr. - 1901, 292; 1902, 211; 1903, 140; 1904, 242, 248, 259; 1905, 234, 245; 1906, 50, 90, 158, 202, 215, 241; 1907, 71, 84, 123, 125, 138, 153, 167, 177, 179, 187, 196, 204, 210; 1908, 14, 35, 113, 163, 165, 166, 217.

Tertsch H. Die Erzbergbaue Österreich-Ungarns. - Wien 1918, 131 S., K. 1:15 Mill.; 2. Aufl. 1919. - Auszug: Berg- u. Hüttenm. Jb., 67, 1919, 37–63, 1 K., 2 Tab. - Bespr. GZ 25/1013; Geogr. Z., 25, 1919, 228.

Tiroler Front. Eine Wanderung durch alpine Kriegserinnerungen. - Mitt. DÖAV, 1931, 113–115, 183–185, 210; 1932, 167–168, 195–196, 219, 273; 1933, 107–109, 172–173, 204–205; 1934, 37–38, 190–191.

Toma R. Aspetti del problema montano e suoi riflessi sull'incremento demografico e zootecnico. - Catt. amb. d'Agricolt. di Bolzano, Trento (Tip. mut. e inv.) 1931, 41 S., 4 Taf., 9 Abb.

Tornquist A. Neue Untersuchungen ostalp. Erzlagerstätten. - 1932. - Bespr. Z. f. prakt. Geol., 41, 1933, 103.

— Eine perimagmatische Antimon-Silber-Erzlagerstätte. - 1933. - Bespr. Z. f. prakt. Geol., 42, 1934, 16.

— Die hochmetamorphe Kieslagerstätte von Tessenberg-Panzendorf in Osttirol. - Sber. Ak. d. Wiss. Wien, math.-natw. Kl., Abt. 1, 144, 1935, 19–32, 1 Taf.

Tschurtschenthaler P. Der Hexenstein bei Terento im Pustertale. Ein Beitrag zur Kunde der Schalensteine. - Der Schlern, 15, 1934, 61–62, 4 Abb.

Ur- und frühgeschichtliche Funde. Innsbr. Nachr., Nr. . . . v. . . .: Bruneck: 236 v. 15. 10. 1904. Innichen: 140 v. 23. 6. 1910. Lienz: 48 v. 28. 2., 71 v. 28. 3., 142 v. 24. 6., 150 v. 4. 7. 1912; 204 v. 5. 9., 211 v. 15. 9., 222 v. 27. 9., 234 v. 11. 10., 236 v. 14. 10., 240 v. 18. 10. 1913. Pustertal: 52 v. 4. 3., 57 v. 9. 3. 1912. St. Lorenzen: 84 v. 12. 4., 119 v. 25. 5., 121 v. 28. 5. 1906. Welsberg: 113 v. 16. 5. 1908.

· **Verniani E.** L'Alto Adige. (Monografia geografica.) - L'Universo, a. 15, n. 2, 4, 5, Firenze 1934, 99–120, 274–301, 389–439, 14 Abb., 2 Taf. - Auszug: Ist. Geogr. Mil., Firenze 1934, 99 S., 37 Abb., 14 K.

Villach. Tscheltschnigkogel über dem Heidenloch bei Warmbad -. - Fundber. a. Österreich, 1, 1930–1934, 102, 165, 166. - S. a. Die Städte Deutsch-Österr., 6, Villach, Berlin-Friedenau 1931, 20; Carinthia I, 1932, 151; Dolenz H., Görlich W. u. Henriquez H. P.

Wanner E. Beiträge zur Geographie der Erdbeben. II. - Gerl. Beitr. z. Geoph., 39, 1933, 326–332, 2 Fig. - Bespr. NJb. 1934/2, 547.

Weiherbad. Über die Wirksamkeit des -es bei Niederdorf im Pustertale. - Der Sammler, 3, Meran 1909, 86–87.

Wildbachverbauungen in Tirol u. V. - Innsbr. Nachr., Jahr, Nr. - Ahrntal (Taufers): 1904, 52; 1909, 217; 1911, 279; 1912, 156, 204; 1913, 213; 1914, 59. Alpbach (Brixlegg): 1909, 138; 1911, 276; 1912, 196; 1917, 40. Arlberg: 1905, 103; 1908, 137 (Schönbach). Avisio: 1922, 208. Bizau: 1902, 75; 1906, 211. Brixentaler Ach: 1906, 107; 1907, 183; 1910, 221. Campill: 1908, 109. Chiese: 1911, 95; 1913, 153. Dornbirner Ach-Steinebach: 1900, 256. Ehrwald: 1911, 252. Eisack: 1903, 93; 1909, 266, 268. Faggenbach: 1912, 168. Geroldsbach: 1909, 189. Glurns: 1913, 294. Gsiesertal: 1911, 110. Großache: 1903, 130, 276; 1905, 148; 1907, 290. Ill: 1912, 210; 1913, 31, 238, 262, 272, 296; 1914, 30, 54, 69, 84, 375. Imst (Brennbichl): 1911, 27. Jenbach: 1911, 3, 217; 1912, 28, 90. Kitzbühel: 1903, 167. Klösterle: 1905, 270. Lech: 1903, 1, 37, 56, 61, 96; 1905, 268; 1906, 238; 1907, 94; 1924, 279. Leno: 1902, 48. Matrei i. O.: 1908, 255; 1909, 140, 238. Matschertal: 1912, 262. Ötztal: 1906, 276; 1911, 122. Passer: 1907, 54, 189; 1910, 233, 243 (Leitart.). Pfitsch: 1907, 265. Prad: 1912, 240. Primör: 1912, 200. Punibach (Vinschgau): 1913, 274. Reutte-Wängle: 1905, 198. Rheingebiet: 1902, 140; 1922, 97. Riva (Albola): 1911, 219. Roncegno (Chiavona):

1902, 140. Rosanna: 1911, 224. Sarca: 1907, 24; 1913, 157; 1914, 152. Scesa: 1902, 224. Schlanders: 1908, 100; 1910, 291; 1912, 95. Schlick: 1908, 58. Sill: 1909, 241; 1910, 65, 67, 89. Sterzing: 1912, 15. Sulden: 1912, 125. Vorarlberg i. a.: 1903, 70; 1922, 97, 184; 1924, 48. Waidring (Haselbach): 1908, 112. Wildschönau: 1903, 1. Ziller: 1906, 277; 1911, 92, 94, 104, 122; 1913, 45; 1914, 21.

Zaglio P. La frontiera italo-austriaca. I. Dal Piz Lat alla Vetta d'Italia. II. Dalla Vetta d'Italia a Monte Forno. – Manualetti di tecnica e di cultura militare. Lungo i confini della Patria, fasc. 9–10. Roma (Ist. Pol. d. St.) 1933, 44 u. 40 S.

Zösmair J. Die alten Kelten einst eine Hauptbevölkerung Tirols. – Innsbr. Nachr., Nr. 164 v. 20. 7. u. 165 v. 22. 7. 1912.

41. Oberitalienische Seen.

Ambühl E. Petr. und Geol. zentr. Gotthardmassiv. – 1929. – Bespr. Z. f. Krist., Abt. B, Refteil, 2, 1933, R. 66, 115, 116, 127, 128, 130.

Amoretti C. Ragionamento s. torbiere del dipartimento d'Olona e d. lim. – 1809. – Bespr. NJbücher d. Berg- u. Hüttenkde, 1, 1809, 395.

Annaheim H. Diluviale Ablagerungen aus der Umgebung von Lugano. – EgH 27, 1934, 463–505, 2 Taf., 3 Fig., 1 K.

Azzini F. Adularia e albite di Val Devero (Ossola). – Atti Acc. Ven.-Trent.-Istr., 23, 1932, 45–65, 3 Fig. – Bespr. Per. d. Min., 4, 1933, 316; NJb. 1934/1, 351.

Balsamo-Crivelli G. Descrizione di un nuovo rettile fossile . . . Varenna. – 1839. – Auszug: NJb. 1843, 246–248.

Baserga G. Scoperte preistoriche in Comune di Rebbio. – Riv. arch. di Como, f. 105–107 (1932/33), 1933, 21–34, 9 Fig.; Como (Ostinelli) 1933, 16 S., illustr.

Bearth P. Die Ganggesteine des Malcantone. – Schw. Min. u. Petr. Mitt., 12, 1932, 180–203, 2 Fig. – Bespr. NJb. 1934/2, 422.

Beaumont E. de. Über L. v. Buchs Ansichten über die Entstehung des Dolomits. (Französ.) – Ann. d. sc. nat., 1829, 269–271. – Auszug: Jb. f. Min., 2, 1831, 108. – S. L. v. Buch u. Zeuschner.

Beck P. Über das schweiz. und europ. Pliozän und Pleistozän. – 1933. Bespr. NJb. 1934/3, 953.

Bellin J. Zur Geol. des östl. Misox. – 1929. – Bespr. NJb. 1934/3, 853.

Bernoulli Chr. Mitteilungen über Schweizerreise. (Brief aus Basel v. 1. 11. 1812.) – Leonh. Taschenbuch, 7, 1. Abt., 1813, 299–303.

Böttchen P. Das Tessintal. Versuch einer länderkundlichen Darstellung. – Boll. Soc. Ticin. d. sc. nat., 27, 1932, 27–72.

Burford J. A. Failles et Minérais du Malcantone (Tessin). – Schw. Min. u. Petr. Mitt., 13, 1933, 435–470, 6 Prof.

Burri C. Sedimentpetr. Untersuchungen an alpinen Flußsanden (Tessin). – 1929. – Bespr. Z. f. Krist., Abt. B, Refteil, 2, 1933, R. 74, 113, 114, 118, 140, 146.

— u. **Kündig E.** Exkursion Nr. 68. Umgebung von Locarno. – In: Geol. Führer der Schweiz, herausgeg. v. d. Schw. Geol. Ges., Basel (Wepf) 1934, Fasz. XI, 838–845, 1 Fig.

Burri C. u. **Quervain F. de.** Über basische Ganggesteine aus der Umgebung von Brissago (Tessin). – Schw. Min. u. Petr. Mitt., 14, 1934, 507–517, 3 Tab.

Buxtorf A., Niggli P., Reinhard M. u. **Weber Fr.** Eisenbahnfahrt . . . Gotthard-Bellinzona-Chiasso. – In: Geol. Führer der Schweiz, herausgeg. v. d. Schw. Geol. Ges., Basel (Wepf) 1934, Fasz. IV, 256–266, 1 Fig.

Cadisch J. Geologie der Schweizeralpen. – Zürich (Beer u. Co.) 1934, 383 S., 47 Fig., zahlr. Tab. – Bespr. VBA 1934, 95.

Castiglioni B. Sulle cause delle deviazioni dei fiumi. – Z. f. Geomorph., 8, 1934, 224–253, 3 Fig.

Charpentier W. T. v. Bemerkungen auf einer Reise von Breslau über Salzburg durch Tyrol, die südliche Schweiz nach Rom, Neapel, Paestum im Jahre 1818. – Leipzig (Göschen) 1820, 2 Bde, 300 u. 272 S. (Saline Reichenhall 70–74, Bergbau Schwaz 76–77, Hall 78, Fossilien Mte Bolca 109, Granit u. Feldspat Baveno 167–168.) – Auszug: NJbücher d. Berg- u. Hüttenkde, 5, 1824, 285–290.

Collegno G. Sur l'âge des calcaires du lac de Como en Italie. – 1839. – Bespr. NJb. 1844, 867.

Cornelius H. P. u. **Dittler E.** Zur Kenntnis des Sapphirinvorkommens von Alpe Brasciadega. – 1929. – Bespr. Z. f. Krist., Abt. B, Refteil, 2, 1933, R. 59, 87, 92, 97.

De Marchi G. Valutazione delle portate che la regolazione del lago di Como renderà disponibili per le irrigazioni. – Brescia (Tip. bresc.) 1933, 89 S., 5 Taf.

Dhéré Ch. u. **Hradil G.** Fluoreszenzspektrographische Untersuchungen an Ölschiefern. – Schw. Min. u. Petr. Mitt., 14, 1934, 279–295, 8 Abb. – Bespr. NJb. 1935/2, 248.

Dhéré Ch. Fluoreszenzspektrographische Untersuchungen an Ölschiefern. Note additionelle. – Schw. Min. u. Petr. Mitt., 14, 1934, 518. – S. a. Treibs A.

Dorno C. Das Klima von Agra (Tessin). – Braunschweig (Vieweg) 1934, 56 S., 7 Abb., 41 Tab. – Bespr. Die Umschau, 38, 1934, H. 44, 885.

Fenoglio M. Studi petrografici sulla zona del Canavese. Il granito di Belmonte. – Rend. R. Acc. d. Linc., v. 9, s. 6, 1 sem., f. 12, 1929. – Bespr. GZ 53 A/258, 1087.

— Studi petr. s. zona d. Canavese: Porfidi e tufi. – 1931. – Bespr. GZ 53 A/1920.

— Studi petrografici sulla zona del Canavese: Gabbri anfibolici, Lehrzoliti e Serpentine. – Per. di Min., 4, Roma 1933, 42–85. – Bespr. GZ 53 A/1921.

Ferrari A. Frane ed alluvioni nel Ticino superiore. – – Boll. Soc. tic. sc. nat., 25, 1930, 1931, 4–7.

Flückiger O. Glaziale Felsformen. – 1934. – Bespr. PetMitt., 80, 1934, 143; Geogr. Z., 40, 1934, 258; Boll. Soc. Geogr. It., 1934, 253; Z. f. Geomorph., 8, 1935, 335; GZ 54 A/537.

Früh J. Geographie der Schweiz. – 1929–1933. – Bespr. Z. Ges. f. Erdkde Berlin, 1934, 303.

Gams H. Das Alter der Höttinger Breccienflora und anderer interglazialer Floren und Faunen der Alpen. (Bemerkungen zu Hans Spethmann: Die Einheit der alpinen Eiszeit. Langensalza-Berlin-Leipzig 1934.) – Z. f. Glkde, 22, 1935, 278–283.

Garwood E. J. The tarns of the Canton Ticino. – Quart. Journ. Geol. Soc., 62, 1906.

Geol. Führer der Schweiz, herausgeg. v. d. Schw. Geol. Ges. bei Anlaß ihrer 50. Jahresfeier. – Basel (Wepf) 1934, XIV Fasz., 1145 S., zahlr.

Taf., Prof. u. Fig. - Bespr. NJb. 1935/3, 6; PetMitt., 81, 1935, 101.
Gessner H. Der Boden des untersten Tessintales. - 1931. - Bespr. NJb. 1934/2, 624.
Ghislanzoni E. Il Sepolcreto di Appiano Gentile. - Riv. arch. di Como, f. 105-107, (1932/33), 1933, 3-20, 15 Fig.
Gianella R. Considerazioni sulla frana di Campo Vallemaggia. - Boll. Soc. Ticin. d. Sc. Nat., 27, 1932, 73-81, 1 Taf.
Gimbernat. Über die geognostische Beschaffenheit der Alpenkette. - Zachs Mon. Korresp., 1808, August, 141-148. - Bespr. NJbücher d. Berg- u. Hüttenkde, 1, 1808, 463.
Grubenmann U. Der Granatolivinfels des Gordunotales und seine Begleitgesteine. - Vierteljschr. Natf. Ges. Zürich, 53, 1908, 129-156. - Bespr. EgH 10, 1908, 591; GZ 11/1337.
Grütter O. Über einige Ergebnisse der geol. Untersuchung der Kraftwerksanlage Monte Piottino (Tessin). - 1931. - Bespr. NJb. 1934/2, 874.
Gygax F. Beitrag zur Morphologie des Versascatales. - Verh. Schw. Natf. Ges., 1933, 444.
Heberdey R. Die Bedeutung der Eiszeit für die Fauna der Alpen. - 1933. - Bespr. GZ 4 B/1333, 52 A/223.
Hezner L. Der Peridotit von Loderio. - Vierteljahrschr. Natf. Ges. Zürich, 54, 1909, 244-260.
Hotz W. u. **Geol. Komm.** Die geol. und tekt. Karten der Schweiz. - 1931. - Bespr. NJb. 1934/3, 32.
Hradil G. Zur Petr. der Bitumenmergel von Meride am Luganersee. - 1932. - Bespr. NJb. 1934/2, 313.
— Fluoreszenzspektrographische Methoden in der Petrographie. (Vortr.) - Schw. Min. u. Petr. Mitt., 14, 1934, 523-524.
Jakob J. Beiträge zur chemischen Konstitution der Glimmer. VII. Mitt.: Die Muskowite der Pegmatite. - Z. f. Krist., 70, 1929, 493-496. - Bespr. Ebd. Refteil, 2, 1933, 126.
— Beiträge zur chemischen Konstitution der Glimmer. VIII. Mitt.: Bisherige Resultate der Muskowitforschung. - Z. f. Krist., 72, 1929, 327-380. - Bespr. Z. f. Krist., Refteil, 2, 1933, R. 124.
— u. **Koomans C. M.** Über einen Biotit-Apatitschiefer des Val Cadlimo (Kanton Tessin). - Schw. Min. u. Petr. Mitt., 13, 1933, 278-280. - Bespr. NJb. 1934/2, 420.
Kenngott A. Ein neues Mineral von Baveno? - Min.Not., 2, Wien 1853, 12ff. - Bespr. NJb. 1855, 561.
Knoblauch P. Exkursion Nr. 67. Umgebung von Bellinzona. - In: Geol. Führer der Schweiz, herausgeg. v. d. Schw. Geol. Ges., Basel (Wepf) 1934, Fasz. XI, 830-837, 3 Fig.
Königsberger J. Variometrisch bestimmtes magnetisches Profil Offenburg-Chiasso. Folgerungen über säkulare Änderungen, Einfluß von Gesteinssuszeptilität und Tektonik. - Gerlds Beitr. z. Geophys., Ergzgshefte f. angew. Geophys., 2, Nr. 4, 1932, 374-400, 6 Fig.
Kozeny J. Über die Bewässerung im Flußgebiete des Po in Italien. - Wasserkraft u. Wasserwirtsch., 8, 1934, 90ff. - Bespr. NJb. 1934/2, 576.
Kündig E. Beitrag zur Geol. und Petr. der Gebirgskette zwischen Val Calanca und Misox. - 1926. - Bespr. NJb. 1934/3, 852.
— Neue Gesichtspunkte in den Problemen der Tessiner Tektonik. (Vortr.) - EgH 27, 1934, 333-336.
Kutassy A. Su alcuni Megalodus del Monte Campo dei Fiori (Varese). - Atti Soc. It. d. Sc. Nat. e d. Mus. Civ. in Milano, v. 72, f. 3-4, Milano 1933, 232-241, 2 Taf.
Lämmel R. Ein zweiter Gotthard-Tunnel. Ein gigantisches Alpenbahnprojekt. - Die Umschau, 39, 1935, 9. H., 164-166, 4 Bilder.
Leiter M. Wasserkraftwirtschaft in Italien und Frankreich. - Mitt. Geogr. Ges. Wien, 77, 1934, 189-197.
Link H. F. Über den Berg S. Salvadore bei Lugano. - 1829. - Bespr. NJb. 1833, 346.
McCormick R. B. Paragonite from Pizza Forno, Ticino, Switzerland. - The Americ. Miner., 19, 1934, 431-432.
Mattirolo O. Sull'incenso dei Sabei rinvenuto in una cista bronzea a Rebbio. - Riv. arch. di Como, f. 105-107, (1932/33), 1933, 35-53.
Mercanton P.-L. Les variations périodiques des glaciers des Alpes Suisses. 54e Rapport - 1933. - Les Alpes, Nr. 5, Bern 1934, 10 S., 5 Abb.
Mortillet G. de. Carte des anciens glaciers du versant méridional des Alpes. - 1861. - Bespr. NJb. 1861, 723.
Mühlemann R. Geol. und morph. Untersuchungen im Gebiete der Tambodecke. - 1928. - Bespr. NJb. 1934/3, 855.
Nangeroni L. G. Carta geognostico-geologica della provincia di Varese con uno studio sulla geologia, le rocce e le forme del terreno della regione varesina. - Varese (a. c. R. Ist. Tecn.) 1932, 111 S., m. Abb., Taf. u. K.
— La struttura geologica del territorio della provincia di Varese. - Ann. Sper. Agr., v. 6, 1932, 11-35, m. Skz.
Niggli P., de Quervain F., Winterhalter R. U. Chemismus schweizerischer Gesteine. - Beitr. z. Geol. d. Schw., Geotechn. Ser., 14. Lfrg, Bern 1930, 389 S., Analysentab., 1 K., 59 Abb.
Niggli P. u. **Friedländer C.** Gesteinsbeschreibung zur Sammlung schweizerischer alpiner Gesteine. - 1934. Als Manuskr. gedr. - Bespr. NJb. 1934/2, 390, 418.
Papa E. Note geologiche sul Cantone Ticino. Tre conferenze: Il Mendrisiotto-Il Luganese-Il Sopracenere. - Bellinzona (Leins e Vescovi) 1933, 87 S.
Parker R. L. Über Lamprophyre im Granit von Baveno. - Schw. Min. u. Petr. Mitt., 6, 1926, 102-114.
Petzholdt A. Beiträge zur Geognosie von Tirol. Skizzen auf einer Reise durch Sachsen, Bayern, Salzkammergut, Salzburg, Tirol, Österreich. - Leipzig 1843, 372 S., 54 Abb.
Peyer B. Über einen Placodontierzahn aus dem Lias von Arzo. - 1931. - Bespr. GZ 6 B/459.
— Neubeschreibung der Saurier von Perledo. - In: Die Triasfauna der Tessiner Kalkalpen, VII. - Abh. Schw. Pal. Ges., 53 u. 54, 1934, 130 S., 11 Taf., 14 Fig. - Bespr. GZ 6 B/461.
Pini P. E. Sopra alcuni fossili singolari della Lombardia Austriaca e di altre parti d'Italia. - Milano 1790. - Bespr. Molls Jbücher d. Berg- u. Hüttenkde, 3, 1799, 313. (Min. u. Petr.)
Pometta E. I più antichi abitatori del Ticino e le loro sedi. - Z. f. Schweizerische Gesch., 1933, 111-119.
Preiswerk H., Bossard L., Grütter O., Niggli P., Kündig E. u. **Ambühl E.** Geolog. Karte der Tessiner Alpen zwischen Maggia- und Bleniotal. - Beitr. z. geol. K. d. Schw., SpK. 116, 1934.
Preiswerk H. u. **Reinhard M.** Geolog. Übersicht über das Tessin. - In: Geol. Führer der Schweiz, herausgeg. v. d. Schw. Geol. Ges., Basel (Wepf) 1934, Fasz. III, 190-204, 1 Taf., 2 Fig.
Preiswerk H. Historischer Überblick über die geo-

logische Erforschung des Kantons Tessin bis 1920. Sguardo storico sulla esplorazione geologica del Canton Ticino. - Boll. Soc. ticin. sc. nat., a. 28 (1933), 1934, 9-29.

Quervain F. de. Pegmatitbildungen von Brissago. - Verh. Schw. Natf. Ges., 113. Jvers. Thun, 1932, 2. T., 356; Schw. Min. u. Petr. Mitt., 12, 1932, 539-540.

— u. **Gschwind M.** Die nutzbaren Gesteine der Schweiz. (Einführung von P. Niggli.) - Herausgeg. v. d. Geotechn. Komm. d. Schw. Natf. Ges., Bern (Huber) 1934, 456 S., 65 Abb., 4 Taf. - Bespr. PetMitt., 80, 1934, 316; Mitt. Geol. Ges. Wien, 26, 1934, 222; GR 25, 1934, 362; Z. f. prakt. Geol., 42, 1934, 111; NJb. 1934/2, 493; GZ 53 A/814; Aus der Heimat, 48, 1935, 31.

Quervain F. de. Nutzbare Gesteine und Mineralien der Schweiz. - In: Geol. Führer der Schweiz, herausgeg. v. d. Schw. Geol. Ges., Basel (Wepf) 1934, Fasz. I, 15-25.

— Bronzitfels von Loderio (Bleniotal, Tessin). - Schw. Min. u. Petr. Mitt., 14, 1934, 447-449, 1 Abb.

Reinhard M. u. **Preiswerk H.** Exkursion Nr. 65. Cristallina-Val Bavona-Bignasco-Locarno. - In: Geol. Führer der Schweiz, herausgeg. v. d. Schw. Geol. Ges., Basel (Wepf) 1934, Fasz. XI, 819-823, 1 Fig.

— Exkursion Nr. 66. Campolungopaß. - In: Geol. Führer der Schweiz, herausgeg. v. d. Schw. Geol. Ges., Basel (Wepf) 1934, Fasz. XI, 824-829, 1 Fig.

Reinhard M. Exkursion Nr. 69. Bellinzona-Monte Ceneri-Manno-Malcantone-Lugano. - In: Geol. Führer der Schweiz, herausgeg. v. d. Schw. Geol. Ges., Basel (Wepf) 1934, Fasz. XI, 846-848.

Renz C. Einige Tessiner Oberlias-Ammoniten. - 1922. - Bespr. NJb. 1934/3, 788.

— Paroniceraten, Frechiellen und Leukadiellen. - 1925. - Bespr. NJb. 1934/3, 788.

— Frechiellen und Paroniceraten aus der Brianza und dem Tessin. - 1925. - Bespr. NJb. 1934/3, 788.

— Frechiellen, Leukadiellen und Paroniceraten im westgriechischen Oberlias mit tessinischen Vergleichsstücken. - EgH 20, 1927, 422-444, 1 Taf., 10 Abb. - Bespr. NJb. 1934/3, 788.

Rüger L. Zur Altersfrage der Bewegungen und Metamorphosen im Penninikum der Tessiner Alpen. - GR 25, 1934, 1-10. - Bespr. GZ 52 A/1987.

Siedentop I. Eisenbahngeographie der Schweiz. - Geogr. Wochenschr., Beiheft 1, Halle (John) 1933, 126 S., 28 Abb. - Bespr. Z. Ges. f. Erdkde Berlin, 1933, 228; Boll. Soc. Geogr. It., 1934, 377.

Staub R. Eisenbahnfahrt Zürich-Weesen-Chur-Thusis-Tiefenkastel-Julier-Engadin-Bergell-Chiavenna. - In: Geol. Führer der Schweiz, herausgeg. v. d. Schw. Geol. Ges., Basel (Wepf) 1934, Fasz. IV, 274-284.

— Exkursion Nr. 96. Thusis-Splügen-San Bernardino-Mesocco (mit Variante Splügen-Chiavenna). - In: Geol. Führer der Schweiz, herausgeg. v. d. Schw. Geol. Ges., Basel (Wepf) 1934, Fasz. XIV, 1090-1101, 7 Fig.

Stiny J. Zur Vorausbestimmung der Erdwärme im Bauwesen, besonders in Stollen und Tunnels. - 1933. - Bespr. NJb. 1934/2, 538.

Stoppani A. Paléontologie lombarde. - 1858-1870. - Bespr. NJb. 1861, 736.

Studer B. Über die Südalpen. (Korresp. Bern, 7. 10. 1850, u. a. ü. Hornblendegesteine.) - NJb. 1850, 826-835.

Tiercy G. et **Bouët M.** Note sur les dépressions sudalpines. - C. R. Soc. phys. et hist. nat., v. 50, Genève 1933, 137-141.

Urban K. Gefügeanalytische Untersuchungen an skapolithführenden Gesteinen aus den Tessiner Alpen. - NJb. 1934, Bbd 68, Abt. A, 1-18, 3 Blgen. - Bespr. GZ 53 A/5.

Wasserkräfte der Schweiz. Die verfügbaren - unter besonderer Berücksichtigung der Speicherungsmöglichkeiten für die Erzeugung von Winterenergie. - Mitt. d. Amtes f. Wasserwirtsch., Bern 1932.

Weber Fr. u. **Quervain F. de.** Exkursion Nr. 70. Umgebung von Lugano. - In: Geol. Führer der Schweiz, herausgeg. v. d. Schw. Geol. Ges., Basel (Wepf) 1934, Fasz. XI, 849-863.

Wehner H. Die Erdbebenfrage in Tirol. Ein Beitrag zur Erforschung der seismischen Unruhen in den Alpen. - Innsbr. Nachr., Nr. 64 v. 18. 3. 1911, m. Skz.

Wehrli H. Glazgeol. Beobachtgen in der Umgebung von Lugano. - 1934 (1933). - Bespr. NJb. 1935/2, 74; GZ 54 A/896.

Winkler A. Die Bedeutung des Alpen-Dinariden-Problems für den Alpenbau. - 1928. - Bespr. NJb. 1935/3. 185.

Wiser D. F. Beiträge zur topographischen Mineralogie des Schweizerlandes. - NJb. 1843, 152-172, 1 Fig.

Zeuschner. Über E. de Beaumonts Ansichten über die Entstehung des Dolomits. (Brief aus Bonn v. 16. 4. 1831.) - Jb. f. Min., 2, 1831, 421-422. - S. a. L. v. Buch u. E. de Beaumont.

42. Veltlin.

Andreatta C. Disposizione dei microliti micacei in plagioclasi di rocce intrusive. (Analisi strutturali di rocce, IV.) - Per. di Min., 5, n. 3, Roma 1934, 19 S., 2 Taf.

Balardini L. Sulle fonti minerali e termali della Valtellina. - Como (Ostinelli) 1838, 12 S.

Bascapé A. Rel. d. Camp. Glac. d. 1933. Alpi Retiche. Gruppo Piazzi. - Boll. Com. Glac. It., 14, 1934, 245-246.

Bettini V., Corti L., Giacciai L., Piccioli A. Rel. d. Camp. Glac. d. 1933. Gruppo Ortler-Cevedale. Bacino dell'Adda. - Boll. Com. Glac. It., 14, 1934, 246-247.

Billwiller R. Der Firnzuwachs pro 1931/32 in einigen schweizerischen Firngebieten. 19. Ber. d. Zürcher Gletscherkomm. - Vierteljschr. Natf. Ges. Zürich, 77, 1932, 249-256, 1 Abb.

Bossard L. Geol. Karte der Tessineralpen. - SpK. Nr. 116, 1934.

Cadisch J. Geologie der Schweizeralpen. - Zürich (Beer u. Co.) 1934, 383 S., 47 Fig., zahlr. Tab. - Bespr. VBA 1934, 95.

Chiesa C. Rel. d. Camp. Glac. d. 1933. Gruppo Ortler-Cevedale. Bacino dell'Adda, dell'Oglio e dell'Adige. - Boll. Com. Glac. It., 14, 1934, 251-253.

Cornelius H. P. u. **Dittler E.** Zur Kenntnis des Sapphirinvorkommens von Alpe Brasciadega. - 1929. - Bespr. Z. f. Krist., Abt. B, Refteil, 2, 1933, R. 59, 87, 92, 97.

Cristofaro G., Badò F. e **Larghi C.** Rel. d. Camp. Glac. d. 1933. Gruppi Badile-Disgrazia-Scalino. Bacino di Mallero. - Boll. Com. Glac. It., 14, 1934, 242-245, 1 Taf.

De Filippi F. Über das Sekundärgebirge in der Provinz Como. (Ital.: Sul terreno socondario d. prov. di Como.) - Bibl. it., 91, 1831, 1-12. - Bespr. NJb. 1844, 861.
Dittler E. Mineralsynthetische Studien am Sapphirin. - Z. anorg. Chemie, 174, 1928, 342-354. - Bespr. Z. f. Krist., Refteil, 2, 1930, R. 336.
Floridia G. B. Rel. d. Camp. Glac. d. 1933. Gruppo Ortler-Cevedale. Bacino dell'Adda. - Boll. Com. Glac. It., 14, 1934, 247-250.
Flückiger O. Glaziale Felsformen. - 1934. - Bespr. PetMitt., 80, 1934, 143; Geogr. Z., 40, 1934, 268; Z. f. Geomorph., 8, 1935, 335; GZ 54 A/537; Boll. Soc. Geogr. It., 1934, 253.
Früh J. Geographie der Schweiz. - 1929-1933. - Bespr. Z. Ges. f. Erdke Berlin, 1934, 303.
Geol. Führer der Schweiz, herausgeg. v. d. Schw. Geol. Ges. bei Anlaß ihrer 50. Jahresfeier. - Basel (Wepf) 1934, XIV Fasz., 1145 S., zahlr. Taf., Prof. u. Fig. - Bespr. NJb. 1935/3, 6; PetMitt., 81, 1935, 101.
Gessner H. Der Boden des untersten Tessintales. - 1931. - Bespr. NJb. 1934/2, 624.
Heberdey R. Die Bedeutung der Eiszeit für die Fauna der Alpen. - 1933. - Bespr. GZ 4 B/1333, 52 A/223.
Hotz W. u. **Geol. Komm.** Die geol. und tekt. Karten der Schweiz. - 1931. - Bespr. NJb. 1934/3, 32.
Keferstein Chr. Geognostisch-geologische Bemerkungen über die heißen und warmen Quellen in Teutschland. - In: Teutschland, 2, Weimar 1822. (Gastein 28, Bormio, Peterstal in Grbd. u. Pfäfers 28-29, Allgemeines über alpine Heilquellen 31-32, Euganeen 42.)
— Geognostische Bemerkungen über eine Bereisung der Alpen, Apenninen, Karpaten und einiger Gegenden von Oberschlesien, gesammelt auf einer Reise im Sommer 1829 und 1830. - In: Teutschland, 7, Weimar 1831, 1. Abt., 1-39 Allgäu, Rheingebiet u. Graubünden; 62-85 Oberit. Seen, Etschgebiet, Euganeen, Venetianer Alpen; 85-124 Überblick auf die allgem. geogn. u. geol. Verh. der Alpen. - Bespr. Leonh. u. Br. NJb., 1832, 311.
Klebelsberg R. v. Grundzüge der Geologie Tirols. - 1933. - Bespr. PetMitt., 1934, 317.
— Geologie von Tirol. - Berlin (Borntraeger) 1935, 748 S. u. 4 Verz., K. 1:500000, 3 Skzen, 11 Blgen.
Königsberger J. Granitintrusion und Kluftmineralien. - Schw. Min. u. Petr. Mitt., 8, 1928, 258ff. - Bespr. Z. f. Krist., Refteil, 2, 1930, R. 347.
Leiter M. Wasserkraftwirtschaft in Italien und Frankreich. - Mitt. Geogr. Ges. Wien, 77, 1934, 189-197.
Marinelli O. Osservazioni morfologiche nell'Alta Ossola. - Firenze 1908.
Mercanton P.-L. Les variations périodiques des glaciers des Alpes Suisses. 54e Rapport - 1933. - Les Alpes, Nr. 5, Bern 1934, 10 S., 5 Abb.
Mònterin U. Le variazioni per. d. Ghiac. It. 1932. - 1933. - Bespr. Z. f. Glkde, 22, 1935, 329.
— Le variazioni periodiche dei Ghiacciai Italiani 1933. - Boll. Com. Glac. It., 14, 1934, 17-38, 7 Fig.; Riv. mens. CAI, 1935, 66-78, 6 Abb. - Bespr. Z. f. Glkde, 22, 1935, 329.
Mühlemann R. Geol. und morph. Untersuchungen im Gebiete der Tambodecke. - 1928. - Bespr. NJb. 1934/3, 855.
Nangeroni L. G. Il glacialismo attuale nell'Alta Valtellina. - 1933. - Bespr. Boll. Soc. Geogr. It., s. 6, v. 11, n. 1, Roma 1934, 61.
Necker L. A. Notice sur l'hyperstène . . . de la Valteline. - 1829. - Auszug: Jb. f. Min., 3, 1832, 88 -89.
Niggli P. u. **Friedländer C.** Gesteinsbeschreibung zur Sammlung schweizerischer alpiner Gesteine. - 1934. Als Manuskr. gedr. - Bespr. NJb. 1934/2, 390, 418.
Ortlerbahn. Innsbr. Nachr., Jahr, Nr. - 1901, 110; 1907, 57, 244; 1908, 153 (Leitart.); 1924, 158, 207, 209, 213, 289. - S. a. Valtellinabahn.
Pignarelli S. Rel. d. Camp. Glac. d. 1933. Alpi Retiche. Gruppo Tambò-Suretta-Stella. Gruppi Badile-Disgrazia-Bernina-Scalino. - Boll. Com. Glac. It., 14, 1934, 239-242.
Porro C. Osservazioni geologiche nella regione compresa fra il Pizzo Tre Signori e Monte Ponteranica. - Rend. R. Ist. Lomb. d. sc. e lett., s. 2, v. 65, 1932, 1047-1055.
— Dal Pizzo dei Tre Signori al M. Ponteranica (Alpi bergamasche valtellinesi). - Mem. R. Ist. Lomb., Cl. sc. nat. e mat., v. 22, f. 5, Milano 1933, 144 S., zahlr. Skz., 7 Taf., 1 Profilserie, geol. K. 1:25000. - Bespr. GZ 52 A/965; Boll. Soc. Geogr. It., 1934, 374.
Rüger L. Zur Altersfrage der Bewegungen und Metamorphosen im Penninikum der Tessiner Alpen. - GR 25, 1934, 1-10. - Bespr. GZ 52 A/1987.
Somigliana C. Relazione sull'attività del Comitato Glaciologico Italiano nel 1932. - Boll. Com. Glac. It., n. 14, 1934, 9-15.
Staub R. Exkursion Nr. 98. Silsersee-Bergellermassiv. - In: Geol. Führer der Schweiz, herausgeg. d. v. Schw. Geol. Ges., Basel (Wepf) 1934, Fasz. XIV, 1112-1123, 6 Fig.
— Exkursion Nr. 100 A. Pontresina-Berninapaß-Poschiavo (Puschlav)-Tirano. - In: Geol. Führer der Schweiz, herausgeg. v. d. Schw. Geol. Ges., Basel (Wepf) 1934, Fasz. XIV, 1132-1139, 2 Fig.
Stoppani A. Paléontologie lombarde. - 1858-1870. - Bespr. NJb. 1861, 736.
Studer B. Analysen von Dolomit. (Brief aus Bern v. 5. 12. 1826. - Luganer See.) - Z. f. Min., 1827, 1, 149.
— Über die Südalpen. (Korresp. Bern, 7. 10. 1850, u. a. ü. Hornblendegesteine.) - NJb. 1850, 826-835.
Trinker J. Bericht über Bereisungen in Südtirol. Tagebuch 1846. - Handschr. Mus. Ferdin., F.B. 5020. Mit Skz. u. Prof.
Valtellinabahn. Innsbr. Nachr., Nr. 92 v. 23. 4. 1906. - S. a. Ortlerbahn.
Wanner E. Beiträge zur Geographie der Erdbeben. II. - Gerl. Beitr. z. Geoph., 39, 1933, 326-332, 2 Fig. - Bespr. NJb. 1934/2, 547.
Zsigmondy E. u. **Paulcke W.** Die Gefahren der Alpen. - 9. verb. Aufl. München (Bergverl. R. Rother) 1933, 472 S., 74 Abb., 13 Vollbilder. - Bespr. Mitt. DÖAV, 1933, 279.

43. Lombardische Alpen.

Airaghi C. Mammiferi del Quaternario di Zandobbio presso Trescorre Balneario (Prov. di Bergamo). - Natura, 25, f. 2, 1934. - Bespr. GZ 6 B/169.
Battaglia R. Nuove ricerche sulle rocce incise della Valcamonica. - Not. d. scavi di antich., 1933, 201-239.
Biemmi A. La nuova strada tra la Valle Camonica e la Valle Sabbia. - Le strade, 15, 1933, 188-193.
Bonomini C. Il Montisola e le sue brecce. - Boll. Soc. geol. it., v. 52, f. 2, Roma 1934, 265-268. - Bespr. GZ 53 A/472.
Brongniart A. Sur les terrains calcaréo-trappéens

du pied mérid. d. Alp. Lomb. - 1821. - Bespr. Leonh. Taschenbuch, 19, 2, 1825, 530. - S. a. Mémoire ... du Vicentin, 1823.

Cacciamali G. B. L'anfiteatro morenico Sebino. - Comm. Aten. d. Brescia, 1907.

— Strutture diapiriche in territorio di Gargnano. - Rend. R. Ist. Lomb. d. sc. e lett., s. 2, v. 66, 1933, 826–830. - S. Bonomini C.

Camerana E. I giacimenti italiani di scisti bituminosi. - 1931. - Bespr. GZ 53 A/330.

Chiesa C. Ricerche speleo-idrologiche nella Lombardia Occidentale. - Atti d. 1⁰ Congr. spel. naz., Trieste 1933, 244–249.

— Su alcune nuove località fossilifere del Retico della Lombardia Occidentale. Nota preventiva. - Rend. R. Ist. Lomb. Sc. e Lett., 66, Milano 1933, röm. 11–15, 835–838. - Bespr. GZ 6 B/75.

— Rel. d. Camp. Glac. d. 1933. Gruppo Ortler-Cevedale. Bacino dell'Adda, dell'Oglio e dell'Adige. - Boll. Com. Glac. It., 14, 1934, 251–253.

Cornalia E. Monographie des Mammifères fossiles de la Lombardie. - In: Stoppani, Pal. Lomb., 1858, II, 17–24, Taf. 4–6. - Bespr. NJb. 1859, 500; 1861, 369.

Cozzaglio A. Sopra alcuni filoni di bitume. - 1929 (1930). - Bespr. GZ 53 A/338.

— Note illustrative della carta geologica delle Tre Venezie: fogli Peschiera e Mantova. I. Geologia. Uff. Idr. d. R. Mag. a. Acque, Sez. geol., Padova 1933, 130 S., 6 K.

Cugini D. Le pietre coti delle valli bergamasche. - Un millenario primato dell'Italia. - Bergomum, 7, 1933, 73–93, 145–155.

Curioni G. Sulla successione normale d. div. membri d. terr. trias. n. Lomb. - 1855. - Auszug: NJb. 1856, 736–738. - S. a. Hauer F. R. v.

Czermak F. u. **Schadler J.** Vorkommen des Elementes Arsen. - 1933. - Bespr. Z. f. prakt. Geol., 42, 1934, 30; NJb. 1934/2, 229.

De Angelis M. Tormalina di Cuasso. - Natura, Riv. d. Sc. Nat., 23, Milano 1932, 44–45, 2 Fig. - Bespr. NJb. 1934/1, 360.

De Filippi F. Sulla costituzione geol. d. Lomb. - 1839. - Bespr. NJb. 1841, 349.

Desio A. ed **Airaghi C.** Sull'età delle „Pietre da Coti" della Val Seriana. - Atti Soc. It. di Sc. Nat. d. Mus. Civ. di Stor. Nat. in Milano, 73, f. 2, 1934, 228–236, 1 Taf. - Bespr. GZ 6 B/286.

Gams H. Das Alter der Höttinger Breccienflora und anderer interglazialer Floren und Faunen der Alpen. (Bemerkungen zu Hans Spethmann: Die Einheit der alpinen Eiszeit. Langensalza-Berlin-Leipzig 1934.) - Z. f. Glkde, 22, 1935, 278–283.

Giandotti M. La regolazione del Lago d'Iseo. - Bonifica int. e acque pubbl., 17, 1933, 399-406. - S. a. Iseo.

Gortani M. Per lo studio idrologico e morfologico delle regioni carsiche e semicarsiche italiane. - Atti I Congr. spel. naz., Trieste 1933.

Hauer F. R. v. Erläuterungen zu einer geol. Übersichtskarte der Schichtgebirge der Lombardei. - 1858. - Bespr. S. Omboni u. Stoppani.

Heberdey R. Die Bedeutung der Eiszeit für die Fauna der Alpen. - 1933. - Bespr. GZ 4 B/1333, 52 A/223.

Hotz W. u. **Geol. Komm.** Die geol. und tekt. Karten der Schweiz. - 1931. - Bespr. NJb. 1934/3, 32.

Iseo. La regolazione del Lago d'–. - L'acqua nell'agricolt., igiene ed ind., 11, 1933, 209–216. - S. a. Giandotti M.

Klipstein A. v. Über die Gebirgsfolge Südtirols und eines Teiles der Lombardischen Alpen. - Amtl. Ber. ü. d. Natfvers. Mainz, 1843, 115–117. - Auszug: NJb. 1843, 830–831.

Kozeny J. Über die Bewässerung im Flußgebiete des Po in Italien. - Wasserkraft u. Wasserwirtsch., 8, 1934, 90ff. - Bespr. NJb. 1934/2, 576.

Leiter M. Wasserkraftwirtschaft in Italien und Frankreich. - Mitt. Geogr. Ges. Wien, 77, 1934, 189–197.

Mariani E. Sulla zona scisto-bituminosa triassica di Besano-M. San Giorgio. - Rend. R. Ist. Lomb. d. sc. e let., s. 2, v. 66, 1933, 539–556.

Mariani R. L'industria delle coti bergamasche. (Schleifsteine.) - Le Min. It., 16, 1932.

Marro G. Dell'istoriazione rupestre in Valcamonica. - Estr. d. Mem. d. R. Acc. d. Sc. d. Torino, s. 2, v. 68, 1933, Cl. d. Sc. fis., mat. e nat., Torino 1933, 45 S., 42 Fig.

— Nouvelle série d'incisions sur roche en Italie. - XV Congr. int. d'anthrop. et d'arch. préhist. et V sess. de l'Inst. int. d'anthr. (1931), Paris (Murray) 1933, 531–538.

— Alcuni nuovi elementi del grandioso monumento paletnologico di Valcamonica. - Atti Soc. it. p. il progr. d. sc., XXI riun. (Roma, ott. 1932), Roma 1933, 328–341. - Bespr. L'Anthropologie, 43, 1933, 586.

Merian P. St. Cassianer Formation an mehreren Orten. (Brief an Bronn. - Bergamo, Scesaplana im Rätikon.) - NJb. 1851, 328.

Mònterin U. Le variazioni per. d. Ghiac. It. 1932. - 1933. - Bespr. Z. f. Glkde, 22, 1935, 329.

— Le variazioni periodiche dei Ghiacciai Italiani 1933. - Boll. Com. Glac. It., 14, 1934, 17–38, 7 Fig.; Riv. mens. CAI, 1935, 66–78, 6 Abb. - Bespr. Z. f. Glkde, 22, 1935, 329.

Moretti G. Über die Umgebung von Mantua. (Ital.) - Giorn. di Fis., 1825, 400; Férussac, Bull., 9, 148. - Bespr. Z. f. Min., 1827, 1, 346.

Mortillet G. de. Carte des anciens glaciers du versant méridional des Alpes. - 1861. - Bespr. NJb. 1861, 723.

Nangeroni L. G. Rel. d. Camp. Glac. d. 1933. Alpi Orobie. - Boll. Com. Glac. It., 14, 1934, 274–277.

Omboni G. Intorno alla carta geol. d. Lombardia... d. Cav. Hauer. - 1858. - Bespr. NJb. 1860, 236. - S. a. Stoppani, JbRA 1859, Sber., 191.

Papa E. Note geologiche sul Canton Ticino. Tre conferenze: Il Mendrisiotto–Il Luganese–Il Sopracenere. - Bellinzona (Leins e Vescovi) 1933, 87 S.

Pini P. E. Sopra alcuni fossili singolari della Lomb. Austr. e di altre parti d'Italia. - 1790. - Bespr. Molls Jbücher d. Berg- u. Hüttenkde, 3, 1799, 313. (Min. u. Petr.)

Porro C. Dal Pizzo dei Tre Signori al M. Ponteranica (Alpi bergamasche valtellinesi). - Mem. R. Ist. Lomb., Cl. sc. nat. e mat., v. 22, f. 5, Milano 1933, 144 S., zahlr. Skz., 7 Taf., 1 Profilserie, g. K. 1:25000. - Bespr. GZ 52 A/965; Boll. Soc. Geogr. It., 1934, 374.)

Principi P. Florula quaternaria di Magliano dei Marsi sull'orlo della conca fucense. - Rend. Accad. Naz. d. Linc., (VI) 13, Roma 1931, 211–212. (Vergleich u. a. mit Lombardei.) - Bespr. GZ 5 B/1558.

Ragazzoni (G.). „Profilo geognostico del versante meridionale delle Alpi nella Lombardia orientale" di Giuseppe - alla luce delle nuove concezioni orogeniche. - Comm. Aten. di Brescia p. l'a. 1931, 253–269.

Scherillo A. Calamina sopra la wulfenite della Val Seriana. - Per. d. Min., 4, Roma 1933, 311. - Bespr. NJb. 1934/1, 358.

Stoppani A. Studii geol. e pal. s. Lombardia. – 1857/58. – Bespr. NJb. 1858, 747. – S. a. ebd. 1859, 58–62.
— Scoperta di una nuova caverna ossifera in Lomb. – Milano 1858, 15 S., 1 Taf. – Bespr. NJb. 1859, 465.
— Les pétrifications d'Esino. – 1858–1860. – Bespr. NJb. 1860, 762; 1861, 368.
— Paléontologie lombarde. – 1858–1870. – Bespr. NJb. 1861, 736.

Stromeyer F. Über den Vulpinit von Vulpino bei Brescia, Lomb. – Göttinger Gel. Anzg., 1816, 197. St. – Bespr. Leonh. Taschenbuch, 12, 1818, 1. Abt., 178. (Zerlegung.)

Venzo S. I Fossili del Neogene Trent., Veron., Bresc. – P. I. – 1933. – Bespr. GZ 6 B/310.

Winkler A. Die Bedeutung des Alpen-Dinariden-Problems für den Alpenbau. – 1928. – Bespr. NJb. 1935/3, 185.

44. Adamello-Presanellagruppe.

Aigner A. Vorzeitformen in den ostalpinen Zentralketten. – Sieger-Festschr., Zur Geogr. d. Deutschen Alpen, Wien 1924, 22–36. – Bespr. GZ 30/1327; NJb. 1925/2, B, 154.

Andreatta C. Bibliografia mineralogica della Venezia Tridentina. – Arch. p. l'Alto Adige, 23, 1928, 127–168. – Bespr. Atti Acc. Sc. Ven.-Trent.-Istr., 20, 1929, 4.
— Disposizione dei microliti micacei in plagioclasi di rocce intrusive. (Analisi strutturali di rocce, IV.) – Per. di Min., 5, n. 3, Roma 1934, 19 S., 2 Taf.

Burger E. W. Strittige Fragen. – 1933. – Bespr. Z. f. Geomorph., 8, 1934, 254.

Dörrenhaus F. Das deutsche Land an der Etsch. – 1933. – Bespr. Mitt. DÖAV, 1935, 78; Z. Ges. f. Erdkde Berlin, 1935, 74.

Gottfried C. Die Mineralien der Adamellogruppe. – 1928, 1929. – Bespr. Z. f. Krist., Abt. B, Refteil, 2, 1933, R. 55, 118.
— Die Mineralien der Adamellogruppe. – 1930. – Bespr. Z. f. Krist., Refteil, 3, 1931, R. 233; Abt. B, 2, 1933, R. 556, 360.
— Über endogene basische Einschlüsse. I. Tonalit des Adamello. – 1932. – Bespr. NJb. 1934/2, 858.

Grubenmann U. Über einige Ganggesteine aus der Gefolgschaft der Tonalite. – Tscherm. Min. u. petr. Mitt., 16, 1896, 185–196. – Bespr. NJb. 1898/1, 280.

Heberdey R. Die Bedeutung der Eiszeit für die Fauna der Alpen. – 1933. – Bespr. GZ 4 B/1333, 52 A/223.

Klebelsberg R. v. Grundzüge der Geologie Tirols. – 1933. – Bespr. PetMitt., 1934, 317.
— Geologie von Tirol. – Berlin (Borntraeger) 1935, 748 S. u. 4 Verz. ,K. 1:500000, 3 Skzen, 11 Blgen.

Königsberger J. Granitintrusion und Kluftmineralien. – Schw. Min. u. Petr. Mitt., 8, 1928, 258ff. – Bespr. Z. f. Krist., Refteil, 2, 1930, R. 347.

Langes G. Die Front in Fels und Eis. – München (Bruckmann) 1933, 143 S., 93 Abb. – Bespr. Mitt. DÖAV, 1933, 185. – Ital. Übersetzg v. M. Broglio, La guerra fra roccie e ghiacci, Milano (Agnelli) 1934, 324 S., 15 Taf. – Bespr. Bibl. Fasc., a. 9, n. 9, Roma 1934, 741.

Merciai G. Rel. d. Camp. Glac. d. 1933. Gruppo Presanella. – Boll. Com. Glac. It., 14, 1934, 265–266.

Meusburger K. Unsere Gletscher. – Kassiankalender 1935, 233, Brixen (A. Weger) 1934, 116–127, 3 Abb.

Mònterin U. Le variazioni per. d. Ghiac. It. 1932. – 1933. – Bespr. Z. f. Glkde, 22, 1935, 329.
— Le variazioni periodiche dei Ghiacciai Italiani 1933. – Boll. Com. Glac. It., 14, 1934, 17–38, 7 Fig.; Riv. mens. CAI, 1935, 66–78, 6 Abb. – Bespr. Z. f. Glkde, 22, 1935, 329.

Morandini G. Relazione della spedizione ai laghi Serodoli, Gelato e Nambino del Gruppo della Presanella. – Ann. SAT, 26, 1930/31, 97–114.
— Considerazioni generali sulla distribuzione dei laghi nella Venezia Tridentina. – Boll. di Pesca, di Piscicolt. e di Idrobiol., a. 9, f. 1, Roma 1933, 15–101. – Bespr. Boll. Soc. Geogr. It., 1934, 241.

Patroni A. La conquista dei ghiacciai. (Adamello.) – L'Eroica, Milano 1934, 200 S., 54 Taf., Abb.

Tedeschi R. Rel. d. Camp. Glac. d. 1933. Gruppo Adamello. – Boll. Com. Glac. It., 14, 1934, 260–265.

Tiroler Bahnen. Allgemeines über –. – Innsbr. Nachr., Jahr, Nr. – 1900, 95; 1902, 235; 1903, 132; 1904, 184, 267; 1905, 181, 281, 282 (Leitart.); 1906, 148, 160, 289, 298; 1907, 293 (Leitart.); 1908, 18 (Leitart.), 32 (Leitart.), 156, 248, 256, 273; 1909, 59 (Westtir.), 104, 149 (Leitart.), 176; 1911, 202, 206 (Leitart., Westtir.); 1912, 73, 197 (El. u. Wasserkräfte); 1913, 226; 1914, 10, 13 (Skizze); 1924, 166 (Seilbahnen an der Front), 283 (Ital. u. Nordtir.).

Tiroler Front. Eine Wanderung durch alpine Kriegserinnerungen. – Mitt. DÖAV, 1931, 113–115, 183–185, 210; 1932, 167–168, 195–196, 219, 273; 1933, 107–109, 172–173, 204–205; 1934, 37–38, 190–191.

Trener G. B., Cogoli M. e Cadrobbi M. Bibliografia geologica della Venezia Tridentina. – Arch. p. l'Alto Adige, 21, Gleno 1927, 118 S. – Bespr. Atti Acc. Sc. Ven.-Trent.-Istr., 20, 1929, 7; Tiroler Heimat, 3, 1930, 141.

Trener G. B. Bibliografia mineraria della Venezia Tridentina. – Gleno (Arch. p. l'Alto Adige) 1928, 18 S.
— Note illustrative della Carta geologica delle Tre Venezie, Foglio Trento. – Uff. Idr. d. R. Mag. a. Acque, Padova 1933, 84 S., 1 Proftaf.

Trinker J. Über die Verbreitung der errat. Blöcke im südwestl. Tirol. – 1851. – Bespr. NJb. 1852, 959.

45. Etschbuchtgebirge.

Acque. Guida alle – acidule – salino – ferruginose di Rabbi. – Trento 1868.

Andreatta C. Bibliografia mineralogica della Venezia Tridentina. – Arch. p. l'Alto Adige, 23, 1928, 127–168. – Bespr. Atti Acc. Sc. Ven.-Trent.-Istr., 20, 1929, 4.
— Analisi strutturale. I, II. – 1932. – Bespr. GZ 53 A/1614, 1615.
— Ricerche di petrografia strutturale. – 1933. – Bespr. GZ 53 A/7.
— Disposizione dei microliti micacei in plagioclasi di rocce intrusive. (Analisi strutturali di rocce, IV.) – Per. di Min., 5, n. 3, Roma 1934, 19 S., 2 Taf.
— Analisi strutturali di rocce metamorfiche, V. Oliviniti. – Per. d. Min., 5, n. 3, Roma 1934, 17 S., 1 Taf.

— Rel. d. Camp. Glac. d. 1933. Gruppo Ortler-Cevedale. Bacino dell'Adige, Val Martello, Val di Lasa. - Boll. Com. Glac. It., 14, 1934, 254, 255.

Balling C. Die Montanindustrie in Tirol. - Techniker, Wien 1872, u. ebd. (Gronegger) 1872, 31 S. - Bespr. VRA 1873, 100.

Barth L. v. u. **Wegscheider R.** Analyse der Mineralquelle von Mitterbad im Ultental (Tirol). - Sommerfrische und Kurort Mitterbad, Prospekt und Analyse. - O. J. u. o. O. (1891?)

Battaglia R. Nuove ricerche sulle rocce incise della Valcamonica. - Not. d. scavi di antich., 1933, 201–239.

Bertagnolli E. L'opera di miglioramento ai pascoli montani (malghe) nell'anno 1933–XI. - Boll. Agr., a. 47, n. 1, Trento (Scotoni) 1934, 5–8, 3 Abb.

— I fattori di produzione nella nostra economia alpestre. - Almanacco Agrario p. 1934, Trento, 64–74.

Betti M. e **Bonino G. B.** Le acque minerali dell'Alto Adige e del Trentino. Indagini chimiche e chimico-fisiche. P. I. - R. Acc. d'It., mem. d. cl. d. sc. fis., mat. e nat., v. 5, Roma 1933, 56 S., 15 Fig.

Biemmi A. La nuova strada tra la Valle Camonica e la Valle Sabbia. - Le strade, 15, 1933, 188–193.

Blanchkenbach A. De admirando Dei dono sive de facultatibus acidularum in Valle Solis Episcopatus Tridenti repertarum. - Handschr. im Mus. Ferdin. Innsbruck v. 1666, 18 Bl. (Heilquelle Rabbi im Sulztal.)

Bonomini C. Escursioni geologiche attraverso la valle di Toscolano. - Comm. Aten. di Brescia p. l'a. 1932, Brescia 1932, 257–282, K. 1:50000.

— Il Montisola e le sue brecce. - Boll. Soc. geol. it., v. 52, f. 2, Roma 1934, 265–268. - Bespr. GZ 53 A/472.

Borraß E. Bericht über die relativen Messungen der Schwerkraft mit Pendelapparaten in der Zeit von 1808 bis 1909 und über ihre Darstellung im Potsdamer Schweresystem. - Verh. 16. Allgem. Konferenz der Internat. Erdmessung in London und Cambridge 1909, 3. T. Spezialbericht über die rel. Schweremessungen, Berlin (Reimer) 1911, 288 S., 2 K.

Bozner Lokalbahnen. Innsbr. Nachr., Jahr, Nr. - Bozen–Gries: 1904, 87. Gries–St. Jakob: 1908, 126; 1913, 84. Guntschna: 1912, 42, 179. Jenesien: 1908, 162, 191. Kardaun: 1909, 263. Kohlern: 1903, 18, 21, 168; 1905, 68, 77, 119, 165; 1908, 148, 149; 1912, 205. Ofenberg: 1908, 204, 296; 1909, 129; 1911, 194, 196 (Leitart.), 198; 1913, 54. Ritten: 1904, 257; 1905, 121; 1906, 35, 57, 77, 297; 1907, 128, 185; 1908, 28, 169. Sarntal: 1911, 31 (Leitart.). Virgl: 1905, 241; 1907, 222, 243, 249, 257, 263, 267. - S. a. Mendelbahn.

Brentari O. Guida di Monte Baldo. - Bassano 1893, 176 S., 1 K., 1 Panor., 7 Abb. (Geol. 160–169.)

Brignoli di Brunhoff G. Diss. intorno a. Clorite o terra verde di Verona. - 1819. - Bespr. Göttinger Gel. Anzg., 1820, St. 18, 172–173; NJbücher d. Berg- u. Hüttenkde, 5, 1824, 142.

Buch L. v. Über den Dolomit in Tirol. (Schreiben an A. v. Pfaundler.) - 1822. - Abdruck in Leonh. Taschenbuch, 18, 2. Abt., 1824, 272–287 der Gesamtausgabe. - S. Nachtrag an A. v. Humboldt, ebd., 324–331.

Cacciamali G. B. L'anfiteatro morenico Sebino. - Comm. Aten. d. Brescia, 1907.

— Strutture diapiriche in territorio di Gargnano. - Rend. R. Ist. Lomb. d. sc. e lett., s. 2, v. 66, 1933, 826–830. - S. Bonomini C.

Cadrobbi M. Alcune grotte dei dintorni di Rovereto. Contributo allo studio delle cavità naturali della zona. - In: Esplor. sc. d. gr. d. dint. di Rov., 60a Pubbl. Mus. Civ. in Rovereto, Rov. (Tip. Merc.) 1934, 34 S., 6 Taf., 4 Abb., mehr. Tab.

Callegari P. Fenomeni carsici nella Dolomia ladinica e principale dell'Anaunia. - Atti d. I Congr. Spel. naz., Trieste, 10–14 giug. 1933, Trieste 1933, 98–100, 1 Abb.

— La circolazione superficiale e profonda delle acque nell'Anaunia (Trentino). - Uff. Idr. d. Mag. a. Acque, Sez. Geol., N. 136, Roma (Ist. Pol. d. Stato) 1934, 7 S., 3 Taf.

Camerana E. I giacimenti italiani di scisti bituminosi. - 1931. - Bespr. GZ 53 A/330.

Camillo R. Paleontologia della palafitte del Lago di Ledro. - Mem. Mus. Stor. nat. Ven. Trid., 1, f. 1–2, 19131, 67–82, 6 Taf.

Cavinato A. Nuove osservazioni sulle zeoliti del gruppo della natrolite. - Mem. Acc. Linc., Cl. sc. fis., mat. e nat., 2, Roma 1927, 320–350. - Bespr. Z. f. Krist., Refteil, 2, 1933, 320.

Chiesa C. Rel. d. Camp. Glac. d. 1933. Gruppo Ortler-Cevedale. Bacino dell'Adda, dell'Oglio e dell'Adige. - Boll. Com. Glac. It., 14, 1934, 251–253.

Comano. Die Mineralquelle von Comano (Cumano) in Judikarien. - TB 1825, S. 280.

Cortese E. Gli scisti bituminosi in It. - 1930. - Bespr. GZ 53 A/331.

Cozzaglio A. Sopra alcuni filoni di bitume. - 1929 (1930). - Bespr. GZ 53 A/338.

— Note illustrative della carta geologica delle Tre Venezie: fogli Peschiera e Mantova. I. Geologia. - Uff. Idr. d. R. Mag. a. Acque, Sez. geol., Padova 1933, 130 S., 6 K.

Cranz H. J. v. Gesundbrunnen der Österreichischen Monarchie. - Wien 1777. (Tirol 48–87.)

Craveri V. Wegweiser durch die Städte Riva, Arco und Umgebungen mit Notizen über den Gardasee und über die Kuranstalten im Trentino (Ital.-Tirol). 1. T. - Rovereto 1875, 70 S., 1 K.

Curioni G. Sulla successione normale d. div. membri d. terr. trias. n. Lomb. - 1855. - Auszug: NJb. 1856, 736–738. - S. a. Hauer F. R. v.

Czermak F. u. **Schadler J.** Vorkommen des Elementes Arsen. - 1933. - Bespr. Z. f. prakt. Geol., 42, 1934, 30; NJb. 1934/2, 229.

Dale T. N. Study of the Rhaetic strata of the Val di Ledro in the Southern Tyrol. - Paterson 1876, 69 S., 1 K., 11 Abb., 1 Tab.

Dalla Fior G. Un decennio di osservazioni fitofenologiche a Trento con riferimenti a quelle di altre stazioni della Venezia Tridentina. - Ann. Ist. Tecn. L. da Vinci, Trento, 1931/32 e 1932/33, 1934, 7–19.

Dalla Torre K. v. u. **Sarnthein L. Graf v.** Roter Schnee in Tirol und Vorarlberg. - Innsbr. Nachr., Nr. 24 v. 29. 1. 1901. - S. Erdmann O., ebd., Nr. 19 v. 1901.

De Vigiliis St. H. v. Nachricht von den Eigenschaften, Kräften und dem Gebrauch der in der Gef. Grafsch. Tirol im Sonnentale bei Rabbi und Pey [= Pejo] befindlichen sog. Acque forti oder Sauerbrunnen. - Wien (Schönfeld) 1782, 12 S.

Dörrenhaus F. Das deutsche Land an der Etsch. - 1933. - Bespr. Mitt. DÖAV, 1935, 78; Z. Ges. f. Erdkde Berlin, 1935, 74.

Eppan. (K. St.) Ein seltenes Naturgebilde. (Eislöcher bei Eppan.) - Innsbr. Tagbl., 1857, S. 708–710. - S. Pfaff W.

Erdbeben. Judikarien–Pustertaler-Linie. Innsbr.

Nachr., Jahr, Nr. - Ampezzo: 1906, 215; 1910, 70. Bozen: 1907, 95. Bruneck: 1902, 77. Buchenstein: 1901, 81; 1906, 93. Cavalese: 1901, 81. Cles: 1911, 294. Dolomiten: 1911, 25. Fassatal: 1905, 246. Gardasee: 1901, 253, 261. Judik.-Riva: 1907, 264. Kaltern: 1914, 290. Kastelruth: 1901, 80. Klausen: 1915, 379. Lienz: 1924, 286. Malé: 1902, 251. Meran: 1901, 231; 1916, 235. Mori-Arco: 1907, 18. Nons- u. Sulzberg: 1903, 184; 1904, 155; 1906, 80; 1909, 249. Pinzolo: 1906, 60. Predazzo: 1910, 11, 26. Riva: 1905, 166; 1907, 264. Schlanders: 1909, 260. Sexten: 1909, 255. Spondinig: 1911, 49, 50. Sulden: 1917, 286. Tauferertal: 1904, 115. Toblach-Lienz: 1908, 158. Ultental: 1907, 53. Vinschgau: 1906, 274; 1917, 17, 18. Ganz Tirol: 1902, 139, 141; 1904, 58; 1909, 10, 11. Ganz Südtirol: 1900, 59; 1908, 66.

— **Suganer-Linie.** Innsbr. Nachr., Jahr, Nr. - Avio: 1902, 102. Fassatal: 1905, 246. Gardasee: 1901, 253, 261. Mori-Arco: 1907, 18. Predazzo: 1910, 11, 26. Primiero: 1900, 53. Riva: 1905, 166; 1907, 264. Rovereto: 1907, 95; 1908, 29, 63. Trient: 1900, 53; 1904, 18; 1906, 187; 1913, 6; 1915, 40. Travignolo-Pellegrino: 1907, 89. Ganz Tirol: 1902, 139, 141; 1904, 58; 1909, 10, 11. Ganz Südtirol: 1900, 59; 1908, 66.

Fabiani R. Cenni preliminari sulla geotettonica dei massicci montuosi del Bondone e del Roen. - Atti Acc. Ven.-Trent.-Istr., v. 15, 1924.

Forti A. Alcune notizie sopra le Alghe fossili delle Torbiere di Fiavè. - Nuovo Giorn. Bot. It., n. s., v. 11, n. 4, Firenze 1933, 602.

Gams H. Das Alter der Höttinger Breccienflora und anderer interglazialer Floren und Faunen der Alpen. (Bemerkungen zu Hans Spethmann: Die Einheit der alpinen Eiszeit. Langensalza-Berlin-Leipzig 1934.) - Z. f. Glkde, 22, 1935, 278-283.

Gasser. (H.) Die prähistorischen Funde der Sammlung - in Bozen. (Kurtatsch, Sanzeno.) - Der Sammler, 1, Meran 1906-1907, 7. H., 20-21.

Gasser G. Steinölgewinnung aus bituminösem Schiefer am Nonsberg in Südtirol. - Innsbr. Nachr., Nr. 87 v. 18. 4. 1914.

Gardasee. Seespiegelschwankungen (Seiches.). - Innsbr. Nachr., Nr. 181 v. 9. 8. 1901; 145 v. 27. 6. 1911.

Gardasee- u. Sarcatalbahn. Innsbr. Nachr., Jahr., Nr. - 1901: 261; 1902, 69; 1903, 64, 228; 1904, 279; 1905, 83, 237, 254, 262, 294; 1907, 37, 78, 232, 288; 1908, 87, 89, 97, 229, 245; 1909, 82, 97; 1912, 29. Arco-Creino: 1908, 205; 1909, 97.

Gautieri G. Geognostische Bemerkungen über das südliche Tirol. - Moniteur universel, Nr. 76 v. 1811; Leonh. Taschenb. f. Min., 1812, 257.

Gebhard I. Reisebericht aus Südtirol. Schreiben aus Imst vom 14. 10. 1804. (Mineralogie, Gletscherwirkung um den Mte Spinale, Heilbad Rabbi, Gebirgsbau des Ortlers u. a.) - Annalen d. Berg- u. Hüttenkde, 3, 1805, 300-305.

Ghislanzoni E. Le più recenti scoperte e notizie archeologiche: Venezia Tridentina. (Kaltern und Pfatten.) - Boll. d. assoc. internaz. d. studi mediterran., a. 1, 1930, 19-21.

Giandotti M. La regolazione del Lago d'Iseo. - Bonifica int. e acque pubbl., 17, 1933, 399-406. - S. a. Iseo.

Gilli A. Ricerche chimico-analitiche eseguite sopra l'acqua ferroso-salina del Monte Baldo presso Brentonico nel Trentino propr. di N. Bertoli. - Trento (Marietti) 1866, 21 S. (U. a. Analyse.)

Giovanelli B. Graf. Schwarzer Marmor bei Ragoli (Judikarien). - Handschr. Mus. Ferdin., Dip. 1262, f. 107. - Auszug im Abdr. TB 1832, S. 356.

Gortani M. Per lo studio idrologico e morfologico delle regioni carsiche e semicarsiche italiane. - Atti I Congr. spel. naz., Trieste 1933.

[Gredler V.] Über einen Meteoriten. (Nonsberg, dann im Gymn. Bozen.) - TB 1878, Nr. 253. - S. a. ebd. Nr. 245 (Mühlau, Natters) u. Meteoriten.

Hauer F. R. v. Erläuterungen zu einer geol. Übersichtskarte der Schichtgebirge der Lombardei. - 1858. - Bespr. S. Omboni u. Stoppani.

Heberdey R. Die Bedeutung der Eiszeit für die Fauna der Alpen. - 1933. - Bespr. GZ 4 B/1333, 52 A/223.

Höhlen in Tirol u. V. Innsbr. Nachr., Jahr, Nr. - Col Santo: 1911, 216. Hochiser: 1907, 288. Hohenfreschen: 1901, 198. Monclassico (Sulzberg): 1902, 117, 125. Mte Stivo: 1906, 243. Riezlern: 1906, 253. Rofan: 1922, 104. Villa Lagarina (Savignano): 1911, 35.

Hörmann I. v. Blicke auf die Bäder des Etschkreises während des Sommers 1829. - TB 1830, 92, 96.

Hradil G. Geologische Fahrten. 1. Innsbruck-Klausen. 2. Klausen-Bozen-Etschtal-Loppio. 3. Gardasee. - Innsbr. Nachr., Nr. 261 v. 15. 11., 283 v. 12. 12. 1904, 86 v. 14. 4. 1905.

— u. **Falser H. v.** Die Ölschiefer Tirols. - 1930. - Bespr. Berg- u. Hüttenm. Jb., 79, 1931, 39.

Hummel K. Grünerden Südtirols. - 1931. - Bespr. NJb. 1935/3, 198.

— Zur Stratigr. und Fasziesentw. der südalp. Mitteltrias. - 1932. - Bespr. NJb. 1935/3, 202.

— Das Problem der Halmyrolyse und seine Bedeutung für die Bildung von Erzlagerstätten. - Ber. Freiberger Geol. Ges., 14, 1933, 22ff. - Bespr. NJb. 1934/2, 276; GZ 53 A/809.

Innerebner G. Die Wallburg am Hohenbühel. - Der Schlern, 15, 1934, 333, 2 Skz.

— Die Wallburg auf dem Falzig. - Der Schlern, 15, 1934, 481-482, 1 Skz.

Iseo. La regolazione del Lago d'-. - L'acqua nell'agricolt., igiene ed ind., 11, 1933, 209-216. - S. a. Giandotti M.

Isser M. v. Brennende Berge in Tirol. (Häring, Sonnwendgeb., Mte Baldo.) - Innsbr. Nachr., Nr. 30 v. 6. 2. 1913.

Judikarienbahn. Innsbr. Nachr., Jahr, Nr. - 1902, 87, 123, 134, 164, 173; 1903, 166; 1906, 12; 1907, 188; 1908, 110, 291; 1910, 38, 122; 1911, 69; 1912, 295.

Karpe F. C. Übersicht der Heilquellen von Tirol und Vorarlberg im Jahre 1828. - TB 1830, 248, 252, 256, 260.

Keferstein Chr. Geognostische Bemerkungen über eine Bereisung der Alpen, Apenninen, Karpaten und einiger Gegenden von Oberschlesien, gesammelt auf einer Reise im Sommer 1829 und 1830. - In: Teutschland, 7, Weimar 1831, 1. Abt., 1-39 Allgäu, Rheingebiet u. Graubünden; 62-85 Oberit. Seen, Etschgebiet, Euganeen, Venetianer Alpen; 85-124 Überblick auf die allgem. geogn. u. geol. Verh. der Alpen. - Bespr. Leonh. u. Br. NJb., 1832, 311.

Kiene H. Die Berge der heiligen Maria von Flavon. Turen in der nördlichen Brenta. - Z. DÖAV, 1934, 138-156, 4 Taf.

Klaproth M. H. Grünerde vom Monte Baldo im Veronesischen. - In: Klaproth, Beitr., 4, 239ff. - - Bespr. Leonh. Taschenbuch, 2, 1808, 271. Ebd. 272 über Brentonico. (Vauquelin, Ann. du Mus., 50, 81-88.)

Klebelsberg R. v. Grundzüge der Geologie Tirols. – 1933. – Bespr. PetMitt., 1934, 317; Geogr. Z., 40, 1934, 271.

— Südtiroler Mittelgebirgswanderungen. 4. Von Lana über Völlan–Tisens–Grissian nach Überetsch. 5. Von Neumarkt über Gfrill–Buchholz nach Salurn. – Z. DÖAV, 1934, 230–237, 8 Taf.

— Geologie von Tirol. – Berlin (Borntraeger) 1935, 748 S. u. 4 Verz., K. 1:500000, 3 Skzen, 11 Blgen.

Kluge E. Über die Ursachen der in den Jahren 1850 bis 1857 stattgefundenen Erderschütterungen und die Beziehungen derselben zu den Vulkanen und zur Atmosphäre. – Stuttgart (Schweizerbart) 1861, 124 S. (Alpen 13–16 u. Jahresstatistik.)

Kobell F. v. Notiz über den Pektolith vom Monte Baldo. – Leonh. Min. Taschenbuch, 23, 2. Bd, 1829, 712. – S. a. Kastners Arch. f. d. ges. Nat., 13, 385.

Koch E. J. Die Mineralquellen des gesamten österreichischen Kaiserstaates in top., hist., phys.-chem. u. therap. Beziehung. – 2. Aufl. Wien (Gerold) 1845, 467 S.

Köhler Fr. Über den Bronzit aus dem Ultental. – Aus Poggendorffs Ann., 13, 111. – Bespr. Z. f. Min., 1829, 310.

Köhler H. Meteorol.-botan. Berichte über den Luftkurort Arco in Südtirol Januar bis April 1892. – Altenburg i. S. (Bonde) 1893, 16 S.

Krapf Ph. Der Wasserbau in Tirol. Darstellung der Verhältnisse und Aufgaben auf dem Gebiete des Wasserbaues in Tirol (Gewässerregulierungen, Meliorationen und Wildbachverbauungen.) – Herausgeg. v. Tiroler Ldsausschuß, Innsbruck 1910, 335 S., 1 K.

Kuntze M. u. Pfeiffer E. Madonna di Campiglio und seine Umgebung. – Reichenberg (Verl. Georgi, Riva-Arco) 1894, 189 S., m. Abb. u. K. (Geol. 54–64 nach Benecke u. Lepsius.)

Kuntze M. Die Siedelung Madonna di Campiglio und ihre Umgebung. – Reichenberg 1900, 257 S., 45 Abb., 1 Panor., 4 K. (Geol. nach Benecke, Lepsius, Vacek u. Salomon 79–89.)

— Einiges über den Winter der Südtiroler Kurorte. – Bozen (Moser) 1904, 23 S.

Largaiolli V. Esame batteriologico dell'acqua del Torrente Bondai (Valle di Giudicarie, Trentino). – Padova 1896, 19 S.

— Il lago di Tovel e il suo fenomeno. – Trentino, a. 10, n. 7–8, Trento 1934, 283–285, 4 Abb.

Laviosa-Zambotti P. Le prime età dell'Alto Adige. I. I Monumenti megalitici di Lagundo. II. L'età del bronzo e la prima età del ferro. – Arch. p. l'Alto Adige, 28, Gleno 1933, 381–419, 2 Abb.

— L'età del bronzo e la prima età del ferro nell'Alto Adige. – Studi Etruschi, v. 7, 1933, 397 ff.

Lawinen. S. alljährl. Unfallsstatistik in den Innsbr. Nachr. u. d. Mitt. DÖAV, ferner die Kriegsliteratur. – Erdlawine Campione (Gardasee): Innsbr. Nachr., Nr. 57 v. 1909; Steinlawine Tschars (Vinschgau) ebd. Nr. 207 v. 1907; Windlawine Pfundererberg (Eisacktal) ebd. Nr. 44 v. 1904.

Leiter M. Wasserkraftwirtschaft in Italien und Frankreich. – Mitt. Geogr. Ges. Wien, 77, 1934, 189–197.

Longhena A., Forti M. L. F. Marsili e le sue osservazioni sul lago di Garda. – Atti e mem. d. Acc. di agricolt. ecc. di Verona, s. 4, v. 9, 1932, 5–35. – S. Marsili.

Luchetta B. L'industria dei laterizi nella zona del Basso Sarca. La cava. Notizie storiche. Lavorazione delle argille. La rete stradale. – Il Brennero, a. 11, n. 191, Trento, 14. 8. 1934.

Lun L. (=**A.**) La diffusione dell'ametista nella Provincia di Bolzano. – Riv. d. Venez. Trid., a. 15, 1933, n. 11/12, m. Abb.

Lux A. Carta geognostica e viticola del Trentino 1:172817. – Trento 1874.

Marmor in Südtirol. Innsbr. Nachr., Jahr, Nr. – Morter: 1910, 3. Nonstal: 1900, 268. Ragoli (Judikarien): 1902, 131 (schwarz). Trient: 1908, 176, 201 (bunt). Ulten: 1907, 268; 1911, 174.

Marro G. Dell'istoriazione rupestre in Valcamonica. – Estr. d. Mem. d. R. Acc. d. Sc. d. Torino, s. 2, v. 68, 1933, Cl. d. Sc. fis., mat. e nat., Torino 1933, 45 S., 42 Fig.

— Nouvelle série d'incisions sur roche en Italie. – XV Congr. int. d'anthrop. et d'arch. préhist. et V sess. de l'Inst. int. d'anthr. (1931), Paris (Murray) 1933, 531–538.

— Alcuni nuovi elementi del grandioso monumento paletnologico di Valcamonica. – Atti Soc. it. p. il progr. d. sc., XXI riun. (Roma, ott. 1932), Roma 1933, 328–341. – Bespr. L'Anthropologie, 43, 1933, 586.

Marzolo F. Il concetto di probabilità nelle espressioni delle portate caratteristiche e di piena. Riferimenti particolari ai corsi d'acqua del Veneto. – Atti e mem. d. R. Acc. d. sc., let. ed arti, n. s., Padova 1933, v. 49, 33–55.

Mendelbahn. Innsbr. Nachr., Jahr, Nr. – 1900, 218; 1901, 105, 107, 299; 1902, 78, 113, 175, 182, 199, 211, 214, 279; 1903, 28, 34, 123, 138, 200, 227, 237; 1904, 137; 1905, 2, 55, 64, 238; 1906, 180; 1910, 204. – S. a. Nonsbergbahn.

Menghin J. M. v. Opusculum de examinibus aquarum mineralium Tirolensium. – Innsbruck 1768.

Menghin O. Pfahlbauspuren in Tirol. (Sarcatal?, Piperbühel a. Ritten, Seefeld, Vill-Igls.) – Innsbr. Nachr. (aus Reichspost), Nr. 178 (Abdbl.) v. 21. 9. 1920.

Meraner Lokalbahnen. Innsbr. Nachr., Jahr, Nr. – Gampenjoch: 1908, 64 (Leitart.). Hafling: 1920, 247. Jocherbahn: 1909, 30, 41. Küchelberg: 1908, 87; 1910, 232; 1914, 70. Lana: 1905, 51, 92, 130; 1906, 24, 41, 56, 180, 184, 209; 1908, 243; 1910, 31, 167; 1913, 292. Naif: 1912, 258. Passeier-Jaufen: 1906, 273, 290; 1907, 268; 1910, 291; 1911, 5; 1912, 57; 1913, 179; 1914, 3, 349. Segenbühel: 1907, 279. Vigiljoch: 1909, 63; 1910, 93; 1911, 98, 252; 1912, 199.

Meteoriten. Nonsberg, Lienz. – TB 1878, Nr. 253 u. 260, S. 961 u. 2015. – S. a. Gredler.

Meusburger K. Unsere Gletscher. – Kassiankalender 1935, 233, Brixen (A. Weger) 1934, 116–127, 3 Abb.

Migone F. e Tofanari G. Rel. d. Camp. Glac. d. 1933. Gruppo Ortler-Cevedale. Bacino dell'Adige, Val d'Ultimo, Val Martello. – Boll. Com. Glac. It., 14, 1934, 253–254.

Miolati A. Analisi chimica dell'acqua di Comano. – Comano Terme, a. 1, n. 1, Rovereto 1934, 3–7, 2 Abb.

Mònterin U. Le variazioni per. d. Ghiac. It. 1932. – 1933. – Bespr. Z. f. Glkde, 22, 1935, 329.

— Le variazioni periodiche dei Ghiacciai Italiani 1933. – Boll. Com. Glac. It., 14, 1934, 17–38, 7 Fig.; Riv. mens. CAI, 1935, 66–78, 6 Abb. – Bespr. Z. f. Glkde, 22, 1935, 329.

Morandini G. Considerazioni generali sulla distribuzione dei laghi nella Venezia Tridentina. – Boll. di Pesca, di Piscicolt. e di Idrobiol., a. 9, f. 1, Roma 1933, 15–101. – Bespr. Boll. Soc. Geogr. it., 1934, 241.

Moretti E. Marmi e pietre della provincia di Verona. – Marmi pietre graniti, 11, 1933, sett.-ott., 20–23.

Mortillet G. de. Carte des anciens glaciers du versant méridional des Alpes. - 1861. - Bespr. NJb. 1861, 723.

Mosna E. L'esplorazione speleologica della Venezia Tridentina. - 25 Ann. SAT, Trento 1930; Atti d. I Congr. Spel. naz., Trieste, 10-14 giug. 1933, Trieste 1933, 85-89.

Nevinny J. Das Badewesen Tirols und die Heilquellen dieses Landes, insbesonders des Brennerbades. - Innsbr. Nachr., Nr. 213 v. 18. 9. u. 214 v. 19. 9. 1905. (Enthält auch älteres Schrifttum.)

Nonstalbahn. Innsbr. Nachr., Jahr, Nr. - 1901, 256; 1902, 54, 182, 228; 1903, 72, 247; 1904, 19, 212, 234, 269; 1905, 118; 1906, 193, 282; 1907, 274, 298; 1908, 29, 241; 1909, 53, 141, 261; 1913, 143. Gfrill: 1910, 203. - S. a. Mendelbahn.

Omboni G. Intorno alla carta geol. d. Lombardia . . . d. Cav. Hauer. - 1858. - Bespr. NJb. 1860, 236. - S. a. Stoppani, JbRA 1859, Sber., 191.

Pasini L. Memoria geologica sui contorni di Rovereto. - Abdr. aus Bibl. Ital., t. 57: Messagg. Tirol., 1834, Nr. 17, 19, 20.

Passarge S. Morph. Studien in der Gaul bei Lana. - 1934. - Bespr. GZ 53 A/1532.

Passi J. C. Nova apparatio saluberrimi acidularum fontis vallis Rabbi territorii Tridentini. - Trient 1671. (Heilquelle Rabbi.)

Peio e Rabbi. Sulle acque acidule di –. - Messagg. Tirol., 1834, Nr. 47.

Petzholdt A. Beiträge zur Geognosie von Tirol. Skizzen auf einer Reise durch Sachsen, Bayern, Salzkammergut, Salzburg, Tirol, Österreich. - Leipzig 1843, 372 S., 54 Abb.

Pfaff W. Die Eislöcher in Überetsch. - 1933. - Bespr. Der Schlern, 14, 1933, 543.

Pini P. E. Sopra alcuni fossili singolari della Lomb. Austr. e di altre parti d'Italia. - 1790. - Bespr. Molls Jbücher d. Berg- u. Hüttenkde, 3, 1799, 313. (Min. u. Petr.)

Ployer C. (K.) v. Über die Flintensteinfabrikation in Wälschtirol. - Molls Jbücher d. Berg- u. Hüttenkde, 4, 2. Lfrg, 1800, 151-160, 1 Taf.

Pollini. Über die geognostischen Verhältnisse des Veronesischen. (Ital.) - Bibl. It., 1825, 353; Férussac, Bull. de Géol., 9, 280. - Bespr. Z. f. Min., 1827, 1, 478.

Prey A. Untersuchungen über die Isostasie in den Alpen auf Grund der Schweremessungen in Tirol. - Sber. Ak. d. Wiss. Wien, math.-natw. Kl., 121, 1912, Abt. IIa, 2467-2518, 6 Fig. - Bespr. NJb. 1914/2, 427; Beitr. z. Geophys., 13, 1913, 62.

Prohaska K. Roter Schnee, Schlammregen und Gewitter am 11. März 1901 in den österreichischen Alpenländern. - Meteorol. Z., 36 (18), 1901, 231-234.

Quiring H. Die Schächte, Stollen und Abbauräume der Steinzeit und des Altertums. - Z. Berg-, Hütt.- u. Salw. im Preuß. St., 80, B, 1933, 274. - Bespr. NJb. 1934/2, 193.

Ragazzini F. Analisi chimica dell'acqua acidula-salino-ferruginosa della Valle di Rabbi nel Tirolo Italiano. - Padova (Minerva) 1836, 46 S.; 2. Aufl. Wien (Ullrich), 1842, 54 S.

Ragazzoni (G.) „Profilo geognostico del versante meridionale delle Alpi nella Lombardia orientale" di Giuseppe - alla luce delle nuove concezioni orogeniche. - Comm. Aten. di Brescia p. l'a. 1931, 253-269.

Riccabona V. Delle condizioni economiche del Trentino. Notizie ed appunti. - Borgo (Marchetto) 1880, 113 S.

Ricci L. Rel. d. Camp. Glac. d. 1933. Alpi Venoste occidentali. Gruppo di Brenta. - Boll. Com. Glac. It., 14, 1934, 266-268, 1 Tab.; 272-274, 1 Tab.

Richthofen F. Frh. v. Notiz über die Kontaktwirkungen des Syenites in Südtirol. (U. a. Gymnit von Mezzavalle.) - 1857. - Bespr. NJb. 1858, 312.

Roberti G. Bricciche di antichità. Brevi notizie di piccoli rinvenimenti sporadici. (Riva, Denno, Mezzocorona, Trento.) - Studi Trent. Sc. Stor., 14, 1933, 175-177.

— Scavi e studi archeologici nella Venezia Tridentina. - Trentino, a. 8, n. 5, Trento 1934, 177-182, 8 Abb.

— Bricciche di antichità. (Beseno, Egna, Rovereto, Vezzano, Nomi, Revò.) - Studi Trent. Sc. Stor., 15, Trento 1934, 171-177, 1 Abb.

Schmoranzer J. Einige Bemerkungen zu den topographischen Aufnahmen von Dr. Ing. G. Innerebner. - Der Schlern, 15, 1934, 333-334.

Schwärzler F. Glashütten in Tirol. - Innsbr. Nachr., Nr. 134 v. 16. 6. u. 135 v. 17. 6. 1914.

Sölder O. v. Topographische und geologische Rundschau über die Umgebung von Meran. - In: Festschr. z. 77. Vers. D. Natforscher u. Ärzte, gew. v. Kurort Meran, 1905, 9-26, ill.

Sperges J. v. Verschiedenes von tirolischen Bergwerkssachen. (Tirolische Erzarten; Verz. v. Naturaliensammlern; histor. Bergbaunotizen; Erklärg v. Fachausdrücken; Marmelarten; Farben; Versteinerte Sachen; aus dem Landreim v. 1558.) - Handschr. Mus. Ferdin., Dip. 745, 19 S.

Stolz O. Die Schwaighöfe in Tirol. - 1930. - Bespr. Mitt. Geogr. Ges. Wien, 76, 1933, 247.

Stoppani A. Paléontologie lombarde. - 1858-1870. - Bespr. NJb. 1861, 736.

Straßenbauten u. -projekte in Tirol u. V. (Auswahl.) - Innsbr. Nachr., Jahr, Nr. - Allgemeines: 1901, 292 (Südtirol); 1908, 171, 188 (Leitart.), 228, 257, 258 (Landtag); 1909, 86 (Progr.); 1912, 25 (Statistik); 1914, 149 (Progr.); 1922, 27 (Landtag). Afers: 1911, 206. Alpbach: 1911, 29. Amthorspitze: 1908, 218. Andalo: 1907, 296. Bayer. Grenze: 1912, 54. Bezau-Schröcken: 1912, 146. Blumau-Völs-Tiers-Karersee: 1910, 219. Brandenberg: 1911, 165. Brentonico: 1909, 219; 1910, 111; 1911, 268. Cereda-Paß (Primiero-Agordo): 1909, 262. Dolomitenstraße: 1904, 123, 194; 1905, 158, 298; 1908, 47; 1909, 112 (Ital.), 208 (Eröffng); 1911, 135; 1912, 86, 115. Drò-Cavedine: 1911, 36. Eiberg: 1909, 186, 251; 1910, 119; 1912, 249; 1913, 137, 148 (Eröffng); 1914, 103. Enneberg: 1901, 244; 1906, 266; 1909, 96, 285; 1911, 95, 155. Falzarego: 1901, 113, 122, 234; 1904, 53, 115; 1908, 31. Fersental: 1910, 14 (Leitart.); 1912, 76. Fleimstal: 1902, 188; 1909, 214; 1910, 148; 1912, 76; 1913, 75. Flexenstraße: 1904, 33, 214, 240; 1905, 276; 1909, 218, 228. Friccastraße: 1911, 208. Gaichtpaß (Lecht. A.): 1911, 267; 1912, 171, 290. Gampenstraße: 1903, 1, 33, 265, 267; 1907, 147; 1913, 21, 49, 169; 1914, 151. Gerlos: 1903, 96, 151; 1906, 229; 1908, 42 (Krimml), 45; 1907, 150; 1912, 98; 1913, 145, 152; 1914, 99; 1922, 218. Grödnertal: 1909, 211. Gschnitztal: 1908, 219, 222; 1911, 123; 1913, 193. Gurgl: 1915, 98. Hall-Rinn-Tulfes: 1910, 6; 1924, 246. Hintertux: 1909, 119; 1913, 72. Hochfinstermünz: 1900, 205; 1904, 51. Igls-Heiligwasser: 1912, 249. Innsbrucker Höhenstraße: 1909, 12, 18, 31; 1910, 183, 194; 1911, 87, 265 (Unterinntal). Iseltal: 1901, 224, 262; 1906, 232 (s. a. Kals). Jaufen: 1901, 209, 210; 1902, 89, 182, 250; 1903, 98, 157; 1904, 151, 265; 1907, 23, 73; 1908,

92; 1910, 173; 1912, 126, 135 (Eröffng). Kals: 1901, 294; 1906, 232; 1911, 43, 65, 235, 285; 1912, 238. Kaltern: 1903, 21; 1905, 280, 284; 1906, 134. Karersee: 1910, 219. Kastelruth-St. Ulrich: 1900, 263; 1901, 184. Kaunertal: 1909, 177. Kössen-Klobenstein: 1913, 219. Krimml: 1908, 42, 45. Kufstein-Landl-Bayr. Zell: 1910, 13. Kundl-Wildschönau: 1911, 198. Laimtal: 1911, 298; 1912, 38. Lana-Fondo: 1910, 111. Landeck-Grins: 1906, 51. Latzfons: 1907, 290. Lavis-Grumes: 1908, 50. Ledrotal: 1910, 205; 1911, 16; 1912, 47. Mals-Matsch: 1912, 166, 182. Martelltal: 1910, 265; 1911, 159. Mayrhofen-Hintertux: 1909, 119. Mittenwald-Leutasch-Seefeld: 1913, 169. Montafon: 1902, 194. Montiggl: 1907, 229. Mori-Brentonico: 1909, 219; 1910, 111; 1911, 268. Mühlwald i. Taufers: 1912, 231. Münstertal: 1904, 235. Ötztal: 1900, 144, 239; 1901, 237; 1908, 95 (Leitart.); 1912, 121; 1915, 98. Passeiertal: 1901, 162; 1902, 173; 1905, 81, 93; 1911, 259; 1912, 99. Patscherkofel: 1912, 79. Persen: 1911, 206; 1912, 161 (Palù). Pfitscherjoch: 1912, 16. Pfunds-Grenze: 1900, 205; 1904, 51; 1913, 59, 100. Pillerseetal: 1909, 76. Pitztal: 1910, 91; 1913, 143, 237; 1914, 32; 1915, 98, 349, 549, 602; 1919, 91, 131, 206; 1920, 31; 1921, 256. Pordoijoch: 1902, 203; 1904, 115; 1905, 227. Riva: 1904, 243 (Judikar.); 1909, 219 (Ballino), 233 (Arche); 1912, 178 (Mezolomb.). Ritten: 1904, 163. Rosengarten; 1912, 139. Samnaun: 1913, 128. Schoppernau: 1909, 265; 1916, 193. Seiseralm: 1914, 108. Sölden-Zwieselstein: 1912, 121. Spormaggiore-Cavedago: 1910, 232. Sterzing-Gasteig: 1911, 95. Stilfserjoch: 1912, 87. Sulden: 1906, 70. Tauferertal: 1907, 137; 1908, 101; 1911, 255; 1912, 231. Terragnolotal: 1906, 151, 268; 1907, 21; 1909, 236; 1913, 39. Thiersee: 1910, 197; 1911, 96, 221, 253; 1912, 172, 203, 281; 1913, 158, 166; 1914, 76, 82; 1915, 203, 319, 534. Paß Thurn: 1920, 233. Tilliach: 1908, 175; 1910, 176; 1911, 23, 76. Timmeljoch: 1908, 47, 77; 1912, 76, 79. Tuxer Joch: 1912, 16. Tuxertal: 1913, 72. Ultental: 1901, 168, 206; 1902, 228, 231, 244, 257; 1906, 286; 1907, 125, 159, 261; 1908, 70, 165, 213, 230. Umbrail: 1911, 236. Vallarsa: 1908, 79, 286. Vent: 1908, 95; 1915, 98. Vigolo-Vattaro: 1912, 104. Walsertal: 1908, 264. Wildschönau: 1911, 198. Zwieselstein: 1908, 95; 1912, 121; 1915, 98.

Straßenverschüttungen, größere in Tirol u. V. – Innsbr. Nachr., Jahr, Nr. – Ampola: 1907, 253. Enneberg: 1908, 88. Grumes-Molina: 1904, 273. Imst: 1902, 218. Jaufen: 1917, 105. Langen: 1901, 149. Lisignano: 1912, 62. Naturns: 1900, 153. Nonstal: 1906, 260. Ötztal: 1900, 144; 1905, 86 (Maurach). Sulden: 1900, 173. – S. a. Felsstürze und Murbrüche.

Strele G. Grundriß der Wildbachverbauung. – Wien (Springer) 1934, 279 S., 150 Abb. – Bespr. GZ 53 A/634; Z. f. prakt. Geol., 42, 1934, 125; NJb. 1934/2, 571.

Tertsch H. Die Erzbergbaue Österreich-Ungarns. – 1918. – Auszug: Berg- u. Hüttenm. Jb., 67, 1919, 37–63, 1 K., 2 Tab.

Tessari A. J. Della virtù delle acque acidule di Peio e Rabi novamente poste in luce. – Trient 1715.

Tiroler Front. Eine Wanderung durch alpine Kriegserinnerungen. – Mitt. DÖAV, 1931, 113–115, 183–185, 210; 1932, 167–168, 195–196, 219, 273; 1933, 107–109, 172–173, 204–205; 1934, 37–38, 190–191.

Toma R. Aspetti del problema montano e suoi riflessi sull'incremento demografico e zootecnico. – Catt. amb. d'Agricolt. di Bolzano, Trento (Tip. mut. e inv.) 1931, 41 S., 4 Taf., 9 Abb.

Trener G. B., Cogoli M. e **Cadrobbi M.** Bibliografia geologica della Venezia Tridentina. – Arch. p. l'Alto Adige, 21, Gleno 1927, 118 S. – Bespr. Atti Acc. Sc. Ven.-Trent.-Istr., 20, 1929, 7; Tiroler Heimat, 3, 1930, 141.

Trener G. B. Bibliografia mineraria della Venezia Tridentina. – Gleno (Arch. p. l'Alto Adige) 1928, 18 S.

— La distribuzione dei fenomeni carsici nella Venezia Tridentina. – Atti d. I Congr. Spel. naz., Trieste, 10–14 giug. 1933, Trieste 1933, 90–97.

— Note illustrative della Carta geologica delle Tre Venezie, Foglio Trento. – Uff. Idr. d. R. Mag. a. Acque, Padova 1933, 84 S., 1 Proftaf.

Trienter Lokalbahnen. (Etschtal.) – Innsbr. Nachr., Jahr, Nr. – Bondone: 1910, 152. Lavis: 1902, 188, 214. Mori-Brentonico: 1908, 296. Rovereto: 1909, 295. S. Michele-Mezolombardo: 1900, 165; 1901, 119; 1905, 138; 1906, 179; 1912, 126. Sardagna: 1901, 292. Zambana-Fai u. Lavis: 1910, 27, 220; 1912, 180. – S. a. Gardasee- u. Sarcatalbahn.

Trinker J. Bericht über Bereisungen in Südtirol. Tagebuch 1846. – Handschr. Mus. Ferdin., F.B. 5020. Mit Skz. u. Prof.

— Über die Verbreitung der errat. Blöcke im südwestl. Tirol. – 1851. – Bespr. NJb. 1852, 959.

Ultentalbahn. Innsbr. Nachr., Nr. 160 v. 17. 7. 1909. Gfrill: Nr. 203 v. 7. 9. 1910.

Ur- u. frühgeschichtliche Funde. Innsbr. Nachr., Nr. ... v. ...: Arco: 40 v. 18. 2., 111 v. 16. 5. 1902. Cadine: 11 v. 15. 1. 1914. Cavedine: 117 v. 6. 3. 1915. Cles: 253 v. 5. 11. 1903; 183 v. 13. 8. 1909. Coredo: 143 v. 24. 6. 1908. Daone: 159 v. 15. 7. 1914. Lasino: 270 v. 23. 11. 1912. Ledrotal: 57 v. 11. 3. 1903. Nonstal: 78 v. 7. 4. 1903; 86 v. 14. 4., 89 v. 18. 4., 174 v. 1. 8. 1905; 234 v. 11. 10. 1907. Riva: 98 v. 1. 5. 1903; 244 v. 23. 10., 296 v. 22. 11. 1907; 139 v. 20. 6. 1911. Terlago: 46 v. 26. 2. 1914. Vezzano: 44 v. 24. 2. 1914.

Vambianchi. Cenni ed annotazioni sulla Cura Comana 1882. – Rovereto 1883, 29 S.

Vauquelin. Analyse der Veroneser Grünerde. – Ann. d. Mus. d'Hist. nat., 50, 51, 81–88. – Bespr. Molls Ephemeriden, 4, 1808, 347. – S. a. Klaproth.

Venzo S. Il cattiano di monte Brione presso Riva del Garda e la sua nuova fauna. – Studi Trent. Sc. Nat., 14, 1933, 188–216, 2 Taf. – Bespr. GZ 5 B/336.

— Nota riassuntiva sul Neogene del Trentino, del Veronese e del Bresciano. – Estr. d. Proc. Verb. d. Soc. Tosc. d. Sc., v. 42, n. 5, Pisa 1933, 124–129.

— I Fossili del Neogene Trent., Veron., Bresc. – P. I. – 1933. – Bespr. GZ 6 B/310.

— Nuove forme del Cattiano di Monte Brione. – Studi Trent. Sc. Nat., 15, 1934, 103–116, 1 Taf. – Bespr. GZ 6 B/311.

Verniani E. L'Alto Adige. (Monografia geografica.) – L'Universo, a. 15, n. 2, 4, 5, Firenze 1934, 99–120, 274–301, 389–439, 14 Abb., 2 Taf. – Auszug: Ist. Geogr. Mil., Firenze 1934, 99 S., 37 Abb., 14 K.

Vinschgaubahn. Innsbr. Nachr., Jahr, Nr. – 1900. 17, 18, 27, 43, 84, 123, 189, 199 (Leitart.); 1901, 194, 218, 271, 284; 1902, 86, 130, 160, 168, 211; 1903, 22, 128, 133, 232, 286; 1904, 57, 84, 98,

100, 107, 128, 216, 221, 222, 267, 271, 283, 294; 1905, 30, 79, 100, 102, 229, 265; 1906, 57, 62, 80, 90, 105, 139 (Eröffnung), 147, 148; 1907, 47, 122, 150, 202, 221, 222, 223; 1908, 16, 19, 41, 79, 96, 125, 126, 127, 133, 198, 255; 1911, 240; 1912, 121 (Elektr.); 1917, 257; 1918, 97; 1919, 123. Vilpian–Mölten: 1902, 39. Tisens–Gargazon: 1909, 204.

Waldbrände, größere in Tirol u. V. – Innsbr. Nachr., Jahr, Nr. – Absam: 1911, 76. Achensee: 1924, 279. Achselkopf: 1911, 111; 1913, 63; 1916, 136. Ahrnspitz: 1923, 161. Ahrntal: 1907, 134; 1913, 73. Aicha: 1910, 154. Ala: 1901, 22. Algund: 1912, 80. Amras: 1908, 98. Arco: 1905, 12; 1911, 185. Avio: 1907, 13. Barbian: 1921, 263. Berg Isel: 1908, 73. Bludenz: 1911, 66. Blumau: 1905, 83. Bondone: 1901, 286. Bozen: 1900, 240; 1903, 120; 1907, 94, 109; 1911, 60, 77, 87, 95; 1915, 174; 1917, 170, 173; 1918, 149, 228; 1923, 31. Brentagruppe: 1909, 177. Brixen: 1917, 175; 1918, 230. Brixlegg: 1904, 94; 1906, 78. Bruneck: 1906, 194, 230; 1907, 78; 1908, 159; 1913, 118, 138. Cavalese: 1911, 207. Cembra: 1906, 80. Cognola: 1906, 30. Cortina: 1914, 290. Eggental: 1911, 25. Eppan: 1906, 202; 1918, 49. Erpfendorf: 1911, 210. Franzensfeste: 1911, 184. Fußach: 1909, 84. Gaichtpaß: 1911, 210. Gantkofel: 1906, 199. Garagzon: 1906, 85. Glaning: 1924, 266. Glungezer: 1905, 174. Gmund a. d. Etsch: 1912, 221. Göflan: 1907, 71. Gossensaß: 1911, 190, 192. Götzis: 1908, 71. Gschnitztal: 1906, 187; 1921, 118. Halltal: 1909, 118, 126; 1923, 186. Hechenberg: 1911, 88, 89; 1912, 52; 1915, 169, 206, 284, 285; 1918, 54; 1921, 59. Hinterbärenbad: 1912, 96; 1915, 261. Hopfgarten: 1920, 86. Hötting: 1911, 241; 1920, 55. Igls: 1907, 227. Imst: 1911, 90, 92; 1917, 141 (Arzl); 1921, 183, 184. Innichen: 1911, 192. Innsbruck: 1913, 72. Berg Isel: 1908, 73. Kaltern: 1901, 20; 1905, 168; 1909, 85, 184; 1916, 379; 1918, 197; 1921, 282. Kardaun: 1909, 174; 1916, 285. Kastelruth: 1917, 224, 228. Kerschbuchhof: 1910, 59; 1912, 51. Kiens: 1911, 186. Kirchbichl: 1903, 131. Kirchdorf: 1917, 140. Kössen: 1911, 211. Kranebitten: 1911, 85; 1915, 289, 294. Krimpenbachalm: 1913, 247. Kufstein: 1909, 84; 1911, 213 (Spitzenstein); 1915, 155. Kundl: 1904, 166. Kurtatsch: 1906, 197. Labers: 1909, 27; 1924, 48. Lajen: 1923, 182. Lana: 1909, 84. Landro: 1911, 190, 192. Längenfeld: 1909, 111. Latsch: 1919, 118. Lebenberg: 1921, 297. Ledrotal: 1904, 89. Lemmenhof: 1908, 72; 1912, 52. Lienz: 1906, 280; 1909, 145; 1915, 482. Luttach: 1915, 595. Margreid: 1907, 97. Marling: 1907, 56; 1918, 46. Martinswand: 1917, 113, 116. Marzola: 1908, 36. Matrei i. O.: 1906, 234; 1918, 150. Mauls: 1913, 63. Mendel: 1918, 33. Meran: 1907, 94, 109; 1911, 204 (Mutspitz). Mezzana: 1908, 282. Mieming: 1910, 114; 1918, 230. Mittewald a. E.: 1918, 227. Montebaldo: 1904, 177; 1910, 164. Morter: 1921, 251. Mühlbach: 1907, 111. Natters: 1915, 154. Nauders: 1915, 289. Nenzing: 1911, 210. Neumarkt: 1907, 57. Obermais: 1911, 91, 186; 1913, 48. Olang: 1912, 86. Ötztal: 1910, 116. Paganella: 1907, 67. Passeier: 1923, 185. Partschins: 1918, 80. Paschberg: 1909, 87. Patsch: 1908, 158. Patscherkofel: 1920, 56. Paznaun: 1909, 125. Pendling: 1920, 277. Persen: 1911, 45. Pfunds: 1911, 92; 1913, 281. Plumeskopf: 1910, 130. Primör: 1906, 254; 1911, 212, 216. Prissian: 1918, 85. Rattenberg: 1905, 150; 1918, 101. Reutte: 1901, 96. Ried: 1909, 142; 1911, 192. Rietz: 1911, 211. Riffian: 1918, 43. Ritten: 1915, 467. Riva: 1903, 91; 1905, 10; 1913, 160; 1914, 36. Rovereto: 1901, 107; 1906, 208; 1907, 60, 71; 1911, 51; 1913, 75. Saltaus: 1907, 18. Salurn: 1910, 105. Sand i. T.: 1907, 124; 1908, 245; 1911, 28, 192; 1912, 117. St. Jakob a. Arlbg: 1911, 277. St. Jakob a. P.: 1918, 103, 107. St. Johann i. T.: 1911, 246. St. Leonhard i. P.: 1913, 59. St. Lorenzen i. P.: 1905, 168. St. Valentin a. d. H.: 1912, 142. St. Ulrich i. Gr.: 1914, 312. Sardagna: 1907, 67. Schalderertal: 1918, 148. Schlanders: 1900, 170; 1911, 190, 192; 1915, 182. Schlandernauntal: 1913, 253. Schruns: 1911, 207. Sexten: 1911, 209. Sigmundskron: 1907, 53. Silltal: 1904, 110 (Klarerhof); 1909, 80 (Unterberg), 92 (Schlucht); 1911, 190; 1912, 53 (Schupfentunnel); 1923, 159 (Mieslkopf). Silz: 1917, 99, 104. Smarano: 1909, 191. Söll–Leukental: 1909, 84. Stanz–Terfens: 1909, 141. Sterzing: 1909, 49; 1911, 186. Taisten: 1913, 139. Tarsch: 1921, 251. Telfs: 1901, 124; 1908, 269. Terfens: 1909, 141; 1910, 76. Terlan: 1903, 206; 1906, 130. Terragnolo: 1904, 185. Thaur: 1908, 16; 1920, 62; 1921, 70. Thaurer Mure: 1911, 93, 94. Thiersee: 1913, 74. Trambellino: 1906, 204. Tratzberg: 1912, 97. Trient: 1907, 6. Ultental: 1916, 377. Vaduz: 1908, 103. Vallunga: 1907, 67. Vandans: 1911, 67. Vikartal: 1911, 242. Vilpian: 1912, 194. Vils: 1924, 257. Vintlalpe: 1921, 59. Virgl: 1907, 80; 1923, 179. Völs: 1908, 251. Wald (Vorarlbg): 1912, 65. Wattental: 1914, 120. Zams: 1913, 128; 1914, 418. Zieltal: 1913, 244. Zirl: 1908, 66. Zunderkopf: 1904, 87; 1923, 132. – Südtirol i. allgem.: 1903, 204. Verhütung, Vorsorgen: 1913, 66; 1915, 186; 1918, 83. – S. a. Waldwirtschaft.

Waldwirtschaft in Tirol u. V. – Innsbr. Nachr., Jahr, Nr. – Aufforstung: 1902, 148; 1903, 1 (Imst); 1907, 109 (Rovereto); 1912, 91 (Vinschgau). Bestand: 1903, 292. Kahlschläge: 1912, 20 (Volderwildbad). Riesenlärchen Ulten: 1913, 196. Rodung Kufstein: 1912, 151. Schäden: 1924, 134 (Borkenkäfer, Imst); 1901, 136 (Schnee, Dalaas). Teilwälderfrage: 1908, 235. Verwüstung Südtirol: 1923, 232, 235. Wirtschaft: 1909, 115 (Südtirol); 1918, 92 (Tirol). – S. a. Waldbrände.

Wallnöfer H. Etwas über das „Schlenkerbohren" im heimatlichen Bergbau. – Der Schlern, 15, 1934, 364–366, 3 Abb.

Wanner E. Beiträge zur Geographie der Erdbeben. II. – Gerl. Beitr. z. Geoph., 39, 1933, 326–332, 2 Fig. – Bespr. NJb. 1934/2, 547.

— Die Lage der zerstörenden alpinen Erdbebenherde. – Verh. Schw. Natf. Ges., 114. Jvers. Altdorf, 1933, 346–347.

Wehner H. Die Erdbebenfrage in Tirol. Ein Beitrag zur Erforschung der seismischen Unruhen in den Alpen. – Innsbr. Nachr., Nr. 64 v. 18. 3. 1911, m. Skz.

Wieser Th. Merans geschichtlicher Boden. – In Festschr. z. 77. Vers. D. Natf. u. Ärzte, gew. v. Kurort Meran, 1905, 27–40, ill.

Wilberforce W. B. Glück auf! Ein Wort über Bergwerke und Eisenbahnen in Tirol. – Meran (Pötzelberger) 1887, 18 S.

Winkler A. Die Bedeutung des Alpen-Dinariden-Problems für den Alpenbau. – 1928. – Bespr. NJb. 1935/3, 185.

Zsigmondy E. u. **Paulcke W.** Die Gefahren der Alpen. – 9. verb. Aufl. München (Bergverl. R. Rother) 1933, 472 S., 74 Abb., 13 Vollbilder. – Bespr. Mitt. DÖAV, 1933, 279.

46. Etschtal von Bozen abwärts.

Alberti-Poia A. I bollettini meteorologici e la temperatura di Trento. – Il Brennero, a. 11, n. 60, Trento, 11 Marzo 1934. (Bespr. von: La meteorologia nel Trentino v. F. Lunelli.)

Andreatta C. Bibliografia mineralogica della Venezia Tridentina. – Arch. p. l'Alto Adige, 23, 1928, 127–168. – Bespr. Atti Acc. Sc. Ven.-Trent.-Istr., 20, 1929, 4.

Angerer J. Die landwirtsch. Landesanstalt in St. Michele. Ein Gedenkblatt zur Feier ihres 25jährigen Bestandes. – Innsbr. Nachr., Nr. 176 v. 3. 8. u. 177 v. 4. 8. 1900.

Azzini F. Ricerche petr. s. Mte Panarotta (Trent.). – 1932. – Bespr. GZ 53 A/791.

Beaumont A. Travels through the Rhaetian Alps in the year 1786. – London 1792, 82 S., 8 Bildtafeln.

Bertagnolli E. I fattori di produzione nella nostra economia alpestre. – Almanacco Agrario p. 1934, Trento, 64–74.

Betti M. e **Bonino G. B.** Le acque minerali dell'Alto Adige e del Trentino. Indagini chimiche e chimico-fisiche. P. I. – R. Acc. d'It., mem. d. cl. d. sc. fis., mat. e nat., v. 5, Roma 1933, 56 S., 15 Fig.

Bonfioli G. Dissertazione sopra l'origine della Frana ossia del volgarmente detto Slavini di Marco che ritrovasi mezza lega circa distante da Rovereto dalla parte meridionale. – Mus. Ferdin., Dip. 605, 24 S., 1 Skz. (nach 1783).

Borraß E. Bericht über die relativen Messungen der Schwerkraft mit Pendelapparaten in der Zeit von 1808 bis 1909 und über ihre Darstellung im Potsdamer Schweresystem. – Verh. 16. Allgem. Konferenz der Internat. Erdmessung in London und Cambridge 1909, 3. T. Spezialbericht über die rel. Schweremessungen, Berlin (Reimer) 1911, 288 S., 2 K.

Bozner Lokalbahnen. Innsbr. Nachr., Jahr, Nr. – Bozen–Gries: 1904, 87. Gries–St. Jakob: 1908, 126; 1913, 84. Guntschna: 1912, 42, 179. Jenesien: 1908, 162, 191. Kardaun: 1909, 263. Kohlern: 1903, 18, 21, 168; 1905, 68, 77, 119, 165; 1908, 148, 149; 1912, 205. Ofenberg: 1908, 204, 296; 1909, 129; 1911, 194, 196 (Leitart.), 198; 1913, 54. Ritten: 1904, 257; 1905, 121; 1906, 35, 57, 77, 297; 1907, 128, 185; 1908, 28, 169. Sarntal: 1911, 31 (Leitart.). Virgl: 1905, 241; 1907, 222, 243, 249, 257, 263, 267. – S. a. Mendelbahn.

Brentari O. Guida di Monte Baldo. – Bassano 1893, 176 S., 1 K., 1 Panor., 7 Abb. (Geol. 160–169.)

Bresciani B. L'antico corso atestino dell'Adige. – Boll. Soc. lett. di Verona, 9, 1933, 125–129.

Brignoli di Brunhoff G. Diss. intorno a. Clorite o terra verde di Verona. – 1819. – Bespr. Göttinger Gel. Anzg., 1820, St. 18, 172–173; NJbücher d. Berg- u. Hüttenkde, 5, 1824, 142.

Buch L. v. Barometrische Reise von Salzburg über den Brenner nach Trient. (Bericht aus Bozen v. 12. 5. 1798 an Moll.) – Molls Jbücher d. Berg- u. Hüttenkde, 3, 1799, 359–361.

— Barometrische Reise über den Brenner von Salzburg nach Trento. (Ber. a. Rom v. 14. 7. 1798.) – Molls Jbücher d. Berg- u. Hüttenkde, 4, 1799, 1. Lfrg, 88–109.

— Über barometrische Höhenmessungen. (Briefl. Mitt. – Namentl. über Brenner.) – Aus: Allgem. geogr. Ephemeriden, IV, St. 2, 167 im Sammler f. Gesch. usw., 3, 1808, 242–243 unter: Höhebestimmungen usw., 4.

— Über den Dolomit in Tirol. (Schreiben an A. v. Pfaundler.) – 1822. – Abdruck in Leonh. Taschenbuch, 18, 2. Abt., 1824, 272–287 der Gesamtausgabe. – S. Nachtrag an A. v. Humboldt ebd., 324–331.

— Geognostisches Gemälde von Südtirol. (Schreiben an A. v. Humboldt, Innsbruck, 10. 11. 1822.) – 1827. – Erstdruck aus dem Franz. (Ann. de Chimie, 23, 276ff.) in Leonh. Taschenbuch, 18, 2. Abt., 1824, 288–324. Nachtrag aus Berlin v. 4. 2. 1823: ebd., 324–331. Skizze von Canzacoli u. Proftafel: ebd., 4. Abt.

Cadrobbi M. Alcune grotte dei dintorni di Rovereto. Contributo allo studio delle cavità naturali della zona. – In: Esplor. sc. d. gr. d. dint. di Rov., 60a Pubbl. Mus. Civ. in Rovereto, Rov. (Tip. Merc.) 1934, 34 S., 6 Taf., 4 Abb., mehr. Tab.

Cavinato A. Nuove osservazioni sulle zeoliti del gruppo della natrolite. – Mem. Acc. Linc., Cl. sc. fis., mat. e nat., 2, Roma 1927, 320–350. – Bespr. Z. f. Krist., Refteil, 2, 1933, 320.

Czermak F. u. **Schadler J.** Vorkommen des Elementes Arsen. – 1933. – Bespr. Z. f. prakt. Geol., 42, 1934, 30; NJb. 1934/2, 229.

Dalla Fior G. Un decennio di osservazioni fitofenologiche a Trento con riferimenti a quelle di altre stazioni della Venezia Tridentina. – Ann. Ist. Tecn. L. da Vinci, Trento, 1931/32 e 1932/33, 1934, 7–19.

De Carlo G. Fontane di Trento. – Trentino, a. 10, n. 7–8, Trento 1934, 239–245, 11 Abb.

Dolomitenbahnen. Innsbr. Nachr., Jahr, Nr. – Allgemeines: 1906, 146, 185, 264; 1908, 207, 297; 1909, 255. Blumau–Völs–Seis–Gröden: 1906, 39, 52. Cadore: 1907, 241, 264; 1909, 195. Grödnertal: 1903, 12; 1905, 44, 71, 87, 163, 181, 237, 290; 1906, 57, 131, 186; 1908, 47, 56, 94, 268, 298; 1909, 254, 257, 264; 1910, 133, 165; 1911, 56; 1918, 264; 1919, 147. Karersee–Moena: 1903, 24, 99 (Leitart). Kastelruth–St. Ulrich: 1912, 275. Leifers–Deutschnofen: 1912, 133. Plose: 1908, 78; 1910, 196, 207, 291; 1911, 93; 1912, 112. Schlern: 1908, 49; 1909, 160, 250; 1910, 152; 1911, 230. Seiseralm: 1908, 247, 282; 1909, 130; 1914, 13. Toblach–Cortina: 1900, 140; 1905, 3, 8, 71; 1906, 186, 200; 1908, 240; 1914, 113; 1920, 190.

Dörrenhaus F. Das deutsche Land an der Etsch. – 1933. – Bespr. Mitt. DÖAV, 1935, 78; Z. Ges. f. Erdkde Berlin, 1935, 74.

Duschnitz P. Der Erzbergbau in Tirol. (Vortr.) – Innsbr. Nachr., Nr. 94 v. 24. 4. 1919.

Emmert A. Der Fürstlichen Grafschaft Tirol Landreim. (Von Georg Rösch von Geroldshausen.) – Abdruck: Almanach f. Gesch., Kunst u. Lit., 1, Innsbruck (Wagner) 1836, 44–75. – S. a. Fischnaler K., Isser M. v., Pichler A. v., Rösch G. v. u. Wieser F.

Enderes Br. v. Die Geschichte der Alpenstraßen und Alpenbahnen. – Beitr. z. Gesch. d. Technik, 22, 1932/33, 7–17, m. K.

Eppan. (K. St.) Ein seltenes Naturgebilde. (Eislöcher bei Eppan.) – Innsbr. Tagbl., 1857, S. 708–710. – S. Pfaff W.

Erdbeben. Innsbruck (1. 9. 1810); Verona, Brixen (25. 12. 1810); Verona (1811 4mal); Graubünden

(19. 2. 1812); Vicenza, Treviso, Trient, Bozen, Atzwang (Bergsturz), Brixen, Innsbruck, Rosenheim, München (25. 10. 1812); Graubünden (13.12. 1812). - NJbücher d. Berg- u. Hüttenkde, 3, 1815, 246–261.

— Innsbruck (23. 6. u. 16. 12. 1826), Montafon (15. 12. 1826), Trient u. Rovereto (23. 6. 1826). Zeitungsnachr. - Z. f. Min., 1826, 2, 478; 1827, 1, 341, 372.

— Verona (2. 7. 1834), Glurns (6. 7. 1834). Zeitungsnachr. - NJb. 1834, 688.

— **Suganer-Linie.** Innsbr. Nachr., Jahr, Nr. - Avio: 1902, 102. Fassatal: 1905, 246. Gardasee: 1901, 253, 261. Mori-Arco: 1907, 18. Predazzo: 1910, 11, 26. Primiero: 1900, 53. Riva: 1905, 166; 1907, 264. Rovereto: 1907, 95; 1908, 29, 63. Trient: 1900, 53; 1904, 18; 1906, 187; 1913, 6; 1915, 40. Travignolo-Pellegrino: 1907, 89. Ganz Tirol: 1902, 139, 141; 1904, 58; 1909, 10, 11. Ganz Südtirol: 1900, 59; 1908, 66.

Erdrutsche, größere in Tirol u. V. (Schneeschmelze.) - Innsbr. Nachr., Jahr, Nr. - Bludenz: 1914, 135. Blumau: 1901, 168. Breg. Wald: 1905, 66; 1910, 9; 1924, 176. Comano: 1905, 141, 143. Dalaas: 1901, 80; 1911, 226; 1915, 155. Enneberg: 1911, 238. Gadertal: 1902, 178. Grän: 1911, 155. Gries a. Br.: 1909, 81. Hötting: 1907, 72. Hopfgarten: 1913, 170. Imst: 1911, 68, 69. Kaltern: 1901, 66; 1910, 287. Landeck: 1901, 82. Lienz: 1917, 135. Martignano: 1911, 75. Matarello: 1902, 169. Mayrhofen: 1913, 169. Montan: 1907, 15. Mori-Riva: 1903, 10. Mühlau: 1907, 79, 80, 83. Nonsberg: 1905, 164; 1911, 284. Obernberg a. Br.: 1924, 125. Prad: 1907, 173; 1910, 282. Predazzo: 1906, 256. Primiero: 1901, 62. Rabbi: 1901, 75. Ritten: 1904, 122. Romagnano: 1904, 86. Sand i. T.: 1910, 109. St. Cassian: 1907, 252. Sellraintal: 1902, 92. Senderstal: 1906, 147. Sexten: 1914, 125. Töll: 1910, 107. Vielgereuth: 1909, 124. Vinschgau: 1911, 266.

Etschregulierung. Innsbr. Nachr., Jahr, Nr. - 1900, 78; 1901, 59, 65; 1902, 280; 1907, 48, 258; 1909, 84, 232. Entwässerung der Auen: 1912, 251; 1914, 164. Überschwemmungen: Vinschgau: 1904, 114; Naturns: 123; Neumarkt: 140. Schiffbarmachung: 1903, 7; 1917, 65.

Etschwerke. Innsbr. Nachr., Jahr, Nr. - 1902, 193; 1908, 232; 1911, 181; 1912, 99. Pumpwerk Terlan: 1923, 101.

Fabiani R. Cenni preliminari sulla geotettonica dei massicci montuosi del Bondone e del Roen. - Atti Acc. Ven.-Trent.-Istr., v. 15, 1924.

Fischnaler K. Georg Rösch von Geroldshausen: Tiroler Landreim und Wunschspruch... Zwei tirolische Gedichte des 16. Jahrhunderts. Mit dem Lebensbilde des Verfassers, geschichtl. und sachlichen Erläuterungen herausgegeben. - Innsbruck (Wagner) 1898, 36 S. (Biogr. 1–18, Begleitwort z. Landreim 21–26, z. Wunschspruch 29–36. Abdruck beider Gedichte.) - S. a. Emmert, Isser, Pichler, Rösch u. Wieser.

Fleimstalbahn. Innsbr. Nachr., Jahr, Nr. - 1900, 156; 1902, 4, 10, 129, 140, 160, 172, 184, 211, 223, 233, 244, 248, 252, 255, 271, 293; 1903, 14, 18, 19, 24, 25, 37, 61, 100, 128, 155; 1904, 269; 1905, 97, 156; 1906, 67, 103, 276; 1909, 110, 114, 223, 238 (Leitart.); 1912, 116 (Leitart.), 122, 139 (Leitart.), 160, 161, 184; 1914, 31 (Leitart.).

Gams H. Das Alter der Höttinger Breccienflora und anderer interglazialer Floren und Faunen der Alpen. (Bemerkungen zu Hans Spethmann: Die Einheit der alpinen Eiszeit. Langensalza-Berlin-Leipzig 1934.) - Z. f. Glkde, 22, 1935, 278–283.

Gardasee- u. Sarcatalbahn. Innsbr. Nachr., Jahr, Nr. - 1901, 261; 1902, 69; 1903, 64, 228; 1904, 279; 1905, 83, 237, 254, 262, 294; 1907, 37, 78, 232, 288; 1908, 87, 89, 97, 229, 245; 1909, 82, 97; 1912, 29. Arco-Creino: 1908, 205; 1909, 97.

Gasser. (H.) Die prähistorischen Funde der Sammlung - in Bozen. (Kurtatsch, Sanzeno.) - Der Sammler, 1, Meran 1906–1907, 7. H., 20–21.

Gini M. Le irrigazioni nel Veronese. - Le Vie d'It., 39, 1933, 615–624.

Giovanelli B. Graf. Il monte caduto presso il villaggio di Marco vicin di Rovereto, detto gli Slavini di Marco. - Messagg. Tirol., 1834, N. 66–69.

— I Lavini di Marco presso Rovereto. - Trento 1869, 34 S.

— Lithographische Steine in der Umgebung von Trient und Fabriken für Knochenkohle. - Handschr. Mus. Ferdin., Dip. 1072, f. 77, 78 (4 S.).

Grabmayr G. Hochwasser im Bozner Unterland vor 367 Jahren. - Der Schlern, 15, 1934, 530–531.

Gredler V. Der Steinhandel Tirols längs der Brennerbahn. - Andreas Hofer, Wochenbl. f. d. Tiroler Volk, Innsbruck 1879, Nr. 21–23, S. 202–203, 210, 220–221.

Grinovero C. Risultati economici della irrigazione nel Veneto. - Ist. naz. di econ. agr., Milano-Roma 1933, 347 S.

Heberdey R. Die Bedeutung der Eiszeit für die Fauna der Alpen. - 1933. - Bespr. GZ 4 B/1333, 52 A/223.

Höhlen in Tirol u. V. Innsbr. Nachr., Jahr, Nr. - Col Santo: 1911, 216. Hochiser: 1907, 288. Hohenfreschen: 1901, 198. Monclassico (Sulzberg): 1902, 117, 125. Mte Stivo: 1906, 243. Riezlern: 1906, 253. Rofan: 1922, 104. Villa Lagarina (Savignano): 1911, 35.

Hradil G. Geologische Fahrten. 1. Innsbruck-Klausen. 2. Klausen-Bozen-Etschtal-Loppio. 3. Gardasee. - Innsbr. Nachr., Nr. 261 v. 15. 11., 283 v. 12. 12. 1904, 86 v. 14. 4. 1905.

Hummel K. Zur Stratigr. und Faziesentw. der südalp. Mitteltrias. - 1932. - Bespr. NJb. 1935/3, 202.

Industrie del porfido. Una serie die provvedimenti per la valorizzazione dell' - da pavimentazione. - Il Brennero, a. 11, n. 4, Trento, 5 Genn. 1934.

Innerebner G. Die Wallburg am Hohenbühel. - Der Schlern, 15, 1934, 333, 2 Skz.

— Die Wallburg auf dem Falzig. - Der Schlern, 15, 1934, 481–482, 1 Skz.

Isser M. v. Der Tiroler Landreim. - Österr. Z. f. Berg- u. Hüttenw., 34, Wien 1886, Nr. 35, 569–576. - S. a. Emmert, Fischnaler, Pichler, Rösch u. Wieser.

Judikarienbahn. Innsbr. Nachr., Jahr, Nr. - 1902, 87, 123, 134, 164, 173; 1903, 166; 1906, 12; 1907, 188; 1908, 110, 291; 1910, 38, 122; 1911, 69; 1912, 295.

Karpe F. C. Übersicht der Heilquellen von Tirol und Vorarlberg im Jahre 1828. - TB 1830, 248, 252, 256, 260.

Klebelsberg R. v. Grundzüge der Geologie Tirols. - 1933. - Bespr. PetMitt., 1934, 317; Geogr. Z., 40, 1934, 271.

— Südtiroler Mittelgebirgswanderungen. 4. Von Lana über Völlan-Tisens-Grissian nach Überetsch. 5. Von Neumarkt über Gfrill-Buchholz nach Salurn. - Z. DÖAV, 1934, 230–237, 8 Taf.

— Geologie von Tirol. - Berlin (Borntraeger) 1935, 748 S. u. 4 Verz., K. 1:500000, 3 Skzen, 11 Blgen.

Kluge E. Über die Ursachen der in den Jahren 1850 bis 1857 stattgefundenen Erderschütterungen und die Beziehungen derselben zu den Vulkanen und zur Atmosphäre. – Stuttgart (Schweizerbart) 1861, 124 S. (Alpen 13–16 u. Jahresstatistik.)

Koch E. J. Die Mineralquellen des gesamten österreichischen Kaiserstaates in top., hist., phys.-chem. u. therap. Beziehung. – 2. Aufl. Wien (Gerold) 1845, 467 S.

Krapf Ph. Der Wasserbau in Tirol. Darstellung der Verhältnisse und Aufgaben auf dem Gebiete des Wasserbaues in Tirol (Gewässerregulierungen, Meliorationen und Wildbachverbauungen). – Herausgeg. v. Tiroler Ldsausschuß, Innsbruck 1910, 335 S., 1 K.

Laicharding J. N. v. Bemerkungen über die den 10. Oktober 1789 erfolgte allgemeine Überschwemmung Tirols. – Innsbruck (Merx) 1789, 12 S., Mus. Ferdin., Dip. 142.

Laviosa-Zambotti P. Le prime età dell'Alto Adige. I. I Monumenti megalitici di Lagundo. II. L'età del bronzo e la prima età del ferro. – Arch. p. l'Alto Adige, 28, Gleno 1933, 381–419, 2 Abb.

— L'età del bronzo e la prima età del ferro nell'Alto Adige. – Studi Etruschi, v. 7, 1933, 397 ff.

Leiter M. Wasserkraftwirtschaft in Italien und Frankreich. – Mitt. Geogr. Ges. Wien, 77, 1934, 189–197.

Lessinische Alpenbahnen. Innsbr. Nachr., Jahr, Nr. – Vicenza–Schio–Vallarsa–Rovereto: 1900, 24. Vicenza–Asiago: 1910, 10.

Loredan I. L'Adige a Verona. – Atti e mem. d. Acc. di agr., sc. e lett. di Verona, s. 5, v. 10, Verona 1933, 141–150.

Lux A. Carta geognostica e viticola del Trentino 1:172. 817. – Trento 1874.

Marmor in Südtirol. Innsbr. Nachr., Jahr, Nr. – Morter: 1910, 3. Nonstal: 1900, 268. Ragoli (Judikarien): 1902, 131 (schwarz). Trient: 1908, 176, 201 (bunt). Ulten: 1907, 268; 1911, 174.

Marzolo F. Il concetto di probabilità nelle espressioni delle portate caratteristiche e di piena. Riferimenti particolari ai corsi d'acqua del Veneto. – Atti e mem. d. R. Acc. d. sc., let. ed arti, n. s., Padova 1933, v. 49, 33–55.

Mendelbahn. Innsbr. Nachr., Jahr, Nr. – 1900, 218; 1901, 105, 107, 299; 1902, 78, 113, 175, 182, 199, 211, 214, 279; 1903, 28, 34, 123, 138, 200, 227, 237; 1904, 137; 1905, 2, 55, 64, 238; 1906, 180; 1910, 204. – S. a. Nonsbergbahn.

Meteorologiche. Osservazioni –. – Il Brennero, a. 11, n. 26, Trento, 31. 1. 1934. – S. a. Riassunti delle Osservazioni fatte durante il 1933 del Osservatorio Meteorologico, Trento.

Moretti E. Marmi e pietre della provincia di Verona. – Marmi pietre graniti, 11, 1933, sett.-ott., 20–23.

Mortillet G. de. Carte des anciens glaciers du versant méridional des Alpes. – 1861. – Bespr. NJb. 1861, 723.

Mosna E. L'esplorazione speleologica della Venezia Tridentina. – 25 Ann. SAT, Trento 1930; Atti d. I Congr. Spel. naz., Trieste, 10–14 giug. 1933, Trieste 1933, 85–89.

Murbrüche, größere in Tirol u. V. – Innsbr. Nachr., Jahr, Nr. – Absam: 1908, 59. Ahrntal (St. Peter): 1910, 147. Antholzertal: 1904, 191. Bezau: 1911, 119. Bruck a. Z.: 1907, 82. Darzo (Judik.): 1900, 225. Ehrwald: 1911, 191. Frastanz: 1907, 112. Götzens: 1908, 131, 137. Gschnitztal: 1921, 175. Haiming: 1916, 9. Hatting: 1918, 333. Hötting: 1907, 82. Imst: 1922, 162. Kastelbell: 1908, 120. Längenfeld: 1919, 142. Leno–Terragnolo: 1907, 233. Lienz: 1917, 110, 112. Navis: 1912, 14, 186. Neustift bei Br.: 1912, 35. Ötztal: 1900, 144; 1901, 151; 1903, 48. Paznaun: 1906, 122; 1914, 213. Pettneu: 1917, 185. Pfunderstal: 1917, 108. Plansee: 1904, 122. Pustertal: 1917, 106. Reintal (Wetterst.): 1904, 35. Sand i. T.: 1905, 154, 196. St. Jakob i. Defr.: 1917, 107. St. Lorenzen i. P.: 1910, 153. St. Ulrich i. Gr.: 1911, 275. Schlanders: 1900, 191; 1910, 179; 1920, 173. Schluderns: 1907, 108. Schmirntal: 1905, 153. Silz: 1916, 310, 311. Stanzertal: 1907, 147. Sterzing: 1917, 118. Stilfserjoch: 1911, 271. Taisten i. Pustertal: 1911, 206. Taufererertal: 1904, 141, 170; 1910, 126. Uttenheim: 1920, 180. Wildschönau: 1907, 108. Zillertal: 1907, 106, 112; 1908, 174; 1910, 111. – S. a. Felsstürze u. Straßenverschüttungen.

Nicolao A. Carbone bianco, ricchezza della Nazione. I grandi impianti idroelettrici della Venezia Tridentina. – Il Popolo d'Italia, a. 21, n. 118, Milano, 19. 3. 1934.

Nonstalbahn. Innsbr. Nachr., Jahr, Nr. – 1901, 256; 1902, 54, 182, 228; 1903, 72, 247; 1904, 19, 212, 234, 269; 1905, 118; 1906, 193, 282; 1907, 274, 298; 1908, 29, 241; 1909, 53, 141, 261; 1913, 143. Gfrill: 1910, 203. – S. a. Mendelbahn.

Noriller G. I Lavini di Marco celebrati da Dante. – Rovereto (Tip. Sottochiesa) 1871, 237 S.

Pasini L. Memoria geologica sui contorni di Rovereto. – Abdr. aus Bibl. Ital., t. 57: Messagg. Tirol., 1834, Nr. 17, 19, 20.

Petzholdt A. Beiträge zur Geognosie von Tirol. Skizzen auf einer Reise durch Sachsen, Bayern, Salzkammergut, Salzburg, Tirol, Österreich. – Leipzig 1843, 372 S., 54 Abb.

Ployer C. (K.) v. Über die Flintensteinfabrikation in Wälschtirol. – Molls Jbücher d. Berg- u. Hüttenkde, 4, 2. Lfrg, 1800, 151–160, 1 Taf.

Pollini. Über die geognostischen Verhältnisse des Veronesischen. (Ital.) – Bibl. It., 1825, 353; Férussac, Bull. de Géol., 9, 280. – Bespr. Z. f. Min., 1827, 1, 478.

Prey A. Untersuchungen über die Isostasie in den Alpen auf Grund der Schweremessungen in Tirol. – Sber. Ak. d. Wiss. Wien, math.-natw. Kl., 121, 1912, Abt. II a, 2467–2518, 6 Fig. – Bespr. NJb. 1914/2, 427; Beitr. z. Geophys., 13, 1913, 62.

Quiring H. Die Schächte, Stollen und Abbauräume der Steinzeit und des Altertums. – Z. Berg-, Hütten- u. Salwesen im Preuß. St., 80, B, 1933, 274. – Bespr. NJb. 1934/2, 193.

Riccabona V. Delle condizioni economiche del Trentino. Notizie ed appunti. – Borgo (Marchetto) 1880, 113 S.

Roberti G. Bricciche di antichità. Brevi notizie di piccoli rinvenimenti sporadici. (Riva, Denno, Mezzocorona, Trento.) – Studi Trent. Sc. Stor., 14, Trento 1933, 175–177.

— Bricciche di antichità. (Beseno, Egna, Rovereto, Vezzano, Nomi, Revò.) – Studi Trent. Sc. Stor., 15, Trento 1934, 171–177, 1 Abb.

Römer F. Paläont. Reisebericht. (U. a. Lessinische Alpen u. Etschtal. – Schreiben aus Breslau v. 1. 11. 1857.) – NJb. 1857, 809–817.

Rösch G. v. Geroldshausen. Der Fürstlichen Grafschaft Tyrol Lanndtreim. Von neuem geme(h)rt und gebessert. – Innsbruck 1558. – Abschriften aus der Mitte des 18. Jahrhunderts im Mus. Ferdin., Bibl. Tir. Dip. 919 u. 946. – S. a. Emmert, Fischnaler, Isser, Pichler, Wieser u. TB 1822, S. 92.

Rottleuthner. Die Eröffnung der ersten Eisenbahn

in Tirol. Zum 50. Jahrestage. (Kufstein–Innsbruck u. Verona–Bozen 1858, Brenner 1867.) – Innsbr. Nachr., Nr. 269 v. 21. 11. 1908.

Rovereto. Esplorazione scientifica delle grotte dei dintorni di –. – 60 pubbl. p. c. d. Soc. d. Mus. Civ. di Rovereto (Tip. Mercurio) 1934, 38 S., 6 Taf. u. Abb.

Rovigni A. Industrie caratteristiche. La pavimentazione in porfido. – La Provincia di Bolzano, a. 8, n. 31, Bolzano, 6 Febbr. 1934, 1 Abb.

Schmidl A. Pittoreske Beschreibung von Tirol und Vorarlberg. Die Gefürstete Grafschaft Tirol mit Vorarlberg. – In: Das Kaisertum Österreich, 2 Bände, Stuttgart (Scheiber) 1837, 1. Bd Alpenländer, 78 S., 18 Taf. mit Abb. (5–8: Geogn. nach Pfaundler, Buch, Studer u. a.; 8: Höhlen und Bergstürze [Slavini, Pedratsches, Erdpyramiden am Ritten u. a.], 12: Heilquellen.)

Schmoranzer J. Einige Bemerkungen zu den topographischen Aufnahmen von Dr. Ing. G. Innerebner. – Der Schlern, 15, 1934, 333–334.

Schubert G. H. Wanderbüchlein eines reisenden Gelehrten nach Salzburg, Tirol und der Lombardei. – Erlangen 1823, 2. Aufl. ebd. 1834. (U. a. paläontol. Beobachtgen.)

Sperges J. v. Verschiedenes von tirolischen Bergwerkssachen. (Tirolische Erzarten; Verz. v. Naturaliensammlern; histor. Bergbaunotizen; Erklärung von Fachausdrücken; Marmelarten; Farben; Versteinerte Sachen; aus dem Landreim von 1558.) – Handschr. Mus. Ferdin., Dip. 745, 19 S.

Sterner-Rainer L. Der Bergbau in den Ostalpen. (Vortr.) – Österr. Touristenztg, 19, Wien 1899, 146–148, 157–160, 169–173.

Stolz O. Die Schwaighöfe in Tirol. – 1930. – Bespr. Mitt. Geogr. Ges. Wien, 76, 1933, 247.

Streffleur V. Über die Natur und die Wirkungen der Wildbäche. – Sber. Ak. d. Wiss. Wien, math.-natw. Kl., 8, 1852, 248–261, 1 Taf.

Strele G. Die Wildbachverbauung in Südtirol. – Z. Österr. Ing.- u. Arch.-Ver., 80, 1928, 471–473.

— Grundriß der Wildbachverbauung. – Wien (Springer) 1934, 279 S., 150 Abb. – Bespr. GZ 53 A/634; Z. f. prakt. Geol., 42, 1934, 125; NJb. 1934/2, 571.

Strobl E. Die Hauptbahnen in Tirol und Vorarlberg. Kurzgefaßte Geschichte ihrer Entwicklung. Ein Auszug aus größeren Sammelwerken und einschlägigen Monographien. – Innsbr. Nachr., Nr. 170, 176, 182, 187, 193 v. August 1902.

Tiroler Bahnen. Allgemeines über –. – Innsbr. Nachr., Jahr, Nr. – 1900, 95; 1902, 235; 1903, 132; 1904, 184, 267; 1905, 181, 281, 282 (Leitart.); 1906, 148, 160, 289, 298; 1907, 293 (Leitart.); 1908, 18 (Leitart.), 32 (Leitart.), 156, 248, 256, 273; 1909, 59 (Westtir.), 104, 149 (Leitart.), 176; 1911, 202, 206 (Leitart., Westtir.); 1912, 73, 197 (El. u. Wasserkräfte); 1913, 226; 1914, 10, 13 (Skizze); 1924, 166 (Seilbahnen an der Front), 283 (Ital. u. Nordtirol).

Tiroler Front. Eine Wanderung durch alpine Kriegserinnerungen. – Mitt. DÖAV, 1931, 113–115, 183–185, 210; 1932, 167–168, 195–196, 219, 273; 1933, 107–109, 172–173, 204–205; 1934, 37–38, 190–191.

Toma R. Aspetti del problema montano e suoi riflessi sull'incremento demografico e zootecnico. – Catt. amb. d'Agricolt. di Bolzano, Trento (Tip. mut. e inv.) 1931, 41 S., 4 Taf., 9 Abb.

Tornquist A. Neue Untersuchungen ostalp. Erzlagerstätten. – 1932. – Bespr. Z. f. prakt. Geol., 41, 1933, 103.

Trener G. B., Cogoli M. e Cadrobbi M. Bibliografia geologica della Venezia Tridentina. – Arch. p. l'Alto Adige, 21, Gleno 1927, 118 S. – Bespr. Atti Acc. Sc. Ven.-Trent.-Istr., 20, 1929, 7; Tiroler Heimat, 3, 1930, 141.

Trener G. B. Bibliografia mineraria della Venezia Tridentina. – Gleno (Arch. p. l'Alto Adige) 1928, 18 S.

— Note illustrative della Carta geologica delle Tre Venezie, Foglio Trento. – Uff. Idr. d. R. Mag. a. Acque, Padova 1933, 84 S., 1 Proftaf.

Trento. La nuova stazione ferroviaria. (Progetto Mazzoni, marmi e materiali del Trentino, il nuovo capolinea Trento–Malè ecc.) – Il Brennero, a. 11, n. 55, Trento, 6 Marzo 1934.

Trienter Lokalbahnen. (Etschtal.) – Innsbr. Nachr., Jahr, Nr. – Bondone: 1910, 152. Lavis: 1902, 188, 214. Mori–Brentonico: 1908, 296. Rovereto: 1909, 295. S. Michele–Mezolombardo: 1900, 165; 1901, 119; 1905, 138; 1906, 179; 1912, 126. Sardagna: 1901, 292. Zambana–Fai u. Lavis: 1910, 27, 220; 1912, 180. – S. a. Gardasee- u. Sarcatalbahn.

Trinker J. Bericht über Bereisungen in Südtirol. Tagebuch 1846. – Handschr. Mus. Ferdin., F.B. 5020. Mit Skz. u. Prof.

Ur- und frühgeschichtl. Funde. Innsbr. Nachr., Nr. ... v. ...: Avio: 190 v. 20. 8., 213 v. 17. 9. 1902. Isera: 45 v. 24. 2. 1908. Mezolombardo: 50 v. 28. 2., 116 v. 23. 5. 1902. Nomi: 20 v. 26. 1. 1903. Povo: 145 v. 27. 6. 1906. Rovereto: 13 v. 17. 1. 1902; 153 v. 7. 7. 1908. Trient: 223 v. 29. 9. 1902; 144 v. 28. 6. 1910.

Valdo U. Sulle falde freatiche del Vicentino. – Boll. d. Sind. Fasc. Ing. e Arch. d. Tre Ven., 1933, n. 8, 21–22.

— Superfici dei bacini imbriferi del Compartimento. Adige. – Min. d. lav. pubbl., Roma 1933, 140 S. (Uff. Idr. d. R. Mag. a. Acque di Venezia.)

Valsuganabahn. Innsbr. Nachr., Jahr, Nr. – 1900, 249; 1901, 144, 194, 207, 218, 256, 271, 290, 296; 1902, 70, 111; 1904, 225, 234, 288; 1906, 3, 244; 1907, 239, 281, 291; 1908, 7, 33, 133, 165; 1909, 253; 1910, 139, 152.

Venzo S. Nota riassuntiva sul Neogene del Trentino, del Veronese e del Bresciano. – Estr. d. Proc. Verb. d. Soc. Tosc. d. Sc., v. 42, n. 5, Pisa 1933, 124–129.

— I Fossili del Neogene Trent., Veron., Bresc. – P. I. – 1933. – Bespr. GZ 6 B/310.

Verniani E. L'Alto Adige. (Monografia geografica.) – L'Universo, 15, Firenze 1934, 99–120, 274–301, 389–439, 14 Abb., 2 Taf. – Auszug: Ist. Geogr. Mil., Firenze 1934, 99 S., 37 Abb., 14 K.

Waldbrände, größere in Tirol u. V. – Innsbr. Nachr., Jahr, Nr. – Absam: 1911, 76. Achensee: 1924, 279. Achselkopf: 1911, 111; 1913, 63; 1916, 136. Ahrnspitz: 1923, 161. Ahrntal: 1907, 134; 1913, 73. Aicha: 1910, 154. Ala: 1901, 22. Algund: 1912, 80. Amras: 1908, 98. Arco: 1905, 12; 1911, 185. Avio: 1907, 13. Barbian: 1921, 263. Berg Isel: 1908, 73. Bludenz: 1911, 66. Blumau: 1905, 83. Bondone: 1901, 286. Bozen: 1900, 240; 1903, 120; 1907, 94, 109; 1911, 60, 77, 87, 95; 1915, 174; 1917, 170, 173; 1918, 149, 228; 1923, 31. Brentagruppe: 1909, 177. Brixen: 1917, 175; 1918, 230. Brixlegg: 1904, 94; 1906, 78. Bruneck: 194, 230; 1907, 78; 1908, 159; 1913, 118, 138. Cavalese: 1911, 207. Cembra: 1906, 80. Cognola: 1906, 30. Cortina: 1914, 290. Eggental: 1911, 25. Eppan: 1906, 202; 1918, 49. Erpfendorf: 1911, 210. Franzensfeste: 1911, 184. Fußach:

1909, 84. Gaichtpaß: 1911, 210. Gantkofel: 1906, 199. Gargazon: 1906, 85. Glaning: 1924, 266. Glungezer: 1905, 174. Gmund a. d. Etsch: 1912, 221. Göflan: 1907, 71. Gossensaß: 1911, 190, 192. Götzis: 1908, 71. Gschnitztal: 1906, 187; 1921, 118. Halltal: 1909, 118, 126; 1923, 186. Hechenberg: 1911, 88, 89; 1912, 52; 1915, 169, 206, 284, 285; 1918, 54; 1921, 59. Hinterbärenbad: 1912, 96; 1915, 261. Hopfgarten: 1920, 86. Hötting: 1911, 241; 1920, 55. Igls: 1907, 227. Imst: 1911, 90, 92; 1917, 141 (Arzl); 1921, 183, 184. Innichen: 1911, 192. Innsbruck: 1913, 72. Berg Isel: 1908, 73. Kaltern: 1901, 20; 1905, 168; 1909, 85, 184; 1916, 379; 1918, 197; 1921, 282. Kardaun: 1909, 174; 1916, 285. Kastelruth: 1917, 224, 228. Kerschbuchhof: 1910, 59; 1912, 51. Kiens: 1911, 186. Kirchbichl: 1903, 131. Kirchdorf: 1917, 140. Kössen: 1911, 211. Kranebitten: 1911, 85; 1915, 289, 294. Krimpenbachalm: 1913, 247. Kufstein: 1909, 84; 1911, 213 (Spitzenstein); 1915, 155. Kundl: 1904, 166. Kurtatsch: 1906, 197. Labers: 1909, 27; 1924, 48. Lajen: 1923, 182. Lana: 1909, 84. Landro: 1911, 190, 192. Längenfeld: 1909, 111. Latsch: 1919, 118. Lebenberg: 1921, 297. Ledrotal: 1904, 89. Lemmenhof: 1908, 72; 1912, 52. Lienz: 1906, 280; 1909, 145; 1915, 482. Luttach: 1915, 595. Margreid: 1907, 97. Marling: 1907, 56; 1918, 46. Martinswand: 1917, 113, 116. Marzola: 1908, 36. Matrei i. O.: 1906, 234; 1918, 150. Mauls: 1913, 63. Mendel: 1918, 33. Meran: 1907, 94, 109; 1911, 204 (Mutspitz). Mezzana: 1908, 282. Mieming: 1910, 114; 1918, 230. Mittewald a. E.: 1918, 227. Montebaldo: 1904, 177; 1910, 164. Morter: 1921, 251. Mühlbach: 1907, 111. Natters: 1915, 154. Nauders: 1915, 289. Nenzing: 1911, 210. Neumarkt: 1907, 57. Obermais: 1911, 91, 186; 1913, 48. Olang: 1912, 86. Ötztal: 1910, 116. Paganella: 1907, 67. Passeier: 1923, 185. Partschins: 1918, 80. Paschberg: 1909, 87. Patsch: 1908, 158. Patscherkofel: 1920, 56. Paznaun: 1909, 125. Pendling: 1920, 277. Persen: 1911, 45. Pfunds: 1911, 92; 1913, 281. Plumeskopf: 1910, 130. Primör: 1906, 254; 1911, 212, 216. Prissian: 1918, 85. Rattenberg: 1905, 150; 1918, 101. Reutte: 1901, 96. Ried: 1909, 142; 1911, 192. Rietz: 1911, 211. Riffian: 1918, 43. Ritten: 1915, 467. Riva: 1903, 91; 1905, 10; 1913, 160; 1914, 36. Rovereto: 1901, 107; 1906, 208; 1907, 60, 71; 1911, 51; 1913, 75. Saltaus: 1907, 18. Salurn: 1910, 105. Sand i. T.: 1907, 124; 1908, 245; 1911, 28, 192; 1912, 117. St. Jakob a. Arlberg: 1911, 277. St. Jakob a. P.: 1918, 103, 107. St. Johann i. T.: 1911, 246. St. Leonhard i. P.: 1913, 59. St. Lorenzen i. P.: 1905, 168. St. Valentin a. d. H.: 1912, 142. St. Ulrich i. Gr.: 1914, 312. Sardagna: 1907, 67. Schaldurertal: 1918, 148. Schlanders: 1900, 170; 1911, 190, 192; 1915, 182. Schlandernauntal: 1913, 253. Schruns: 1911, 207. Sexten: 1911, 209. Sigmundskron: 1907, 53. Silltal: 1904, 110 (Klarerhof); 1909, 80 (Unterberg), 92 (Schlucht); 1911, 190; 1912, 53 (Schupfentunnel); 1923, 159 (Mieslkopf). Silz: 1917, 99, 104. Smarano: 1909, 191. Söll-Leukental: 1909, 84. Stanz-Terfens: 1909, 141. Sterzing: 1909, 49; 1911, 186. Taisten: 1913, 139. Tarsch: 1921, 251. Telfs: 1901, 124; 1908, 269. Terfens: 1909, 141; 1910, 76. Terlan: 1903, 206; 1906, 130. Terragnolo: 1904, 185. Thaur: 1908, 16; 1920, 62; 1921, 70. Thaurer Mure: 1911, 93, 94. Thiersee: 1913, 74. Trambellino: 1906, 204. Tratzberg: 1912, 97. Trient: 1907, 6. Ultental: 1916, 377. Vaduz: 1908, 103. Vallunga: 1907, 67. Vandans: 1911, 67. Vikartal: 1911, 242. Vilpian: 1912, 194. Vils: 1924, 257. Vintlalpe: 1921, 59. Virgl: 1907, 80; 1923, 179. Völs: 1908, 251. Wald (Vorarlbg): 1912, 65. Wattental: 1914, 120. Zams: 1913, 128; 1914, 418. Zieltal: 1913, 244. Zirl: 1908, 66. Zunderkopf: 1904, 87; 1923, 132. – Südtirol i. allgem.: 1903, 204. Verhütung, Vorsorgen: 1913, 66; 1915, 186; 1918, 83. – S. a. Waldwirtschaft.

Waldwirtschaft in Tirol u. V. – Innsbr. Nachr., Jahr, Nr. – Aufforstung: 1902, 148; 1903, 1 (Imst); 1907, 109 (Rovereto); 1912, 91 (Vinschgau). Bestand: 1903, 292. Kahlschläge: 1912, 20 (Volderwildbad). Riesenlärchen Ulten: 1913, 196. Rodung Kufstein: 1912, 151. Schäden: 1924, 134 (Borkenkäfer, Imst); 1901, 136 (Schnee, Dalaas). Teilwälderfrage: 1908, 235. Verwüstung Südtirol: 1923, 232, 235. Wirtschaft: 1909, 115 (Südtirol); 1918, 92 (Tirol). – S. a. Waldbrände.

Wanner E. Beiträge zur Geographie der Erdbeben. II. – Gerl. Beitr. z. Geoph., 39, 1933, 326–332, 2 Fig. – Bespr. NJb. 1934/2, 547.

Widder H. v. Geologische Beobachtungen in der Umgebung von Trient. (Schreiben aus Trient v. 21. 11. 1808.) – Molls Ephemeriden, 5, 1809, 338–339.

Wieser F. Der Tiroler Landreim. (Von Georg Rösch v. Geroldshausen, 1558.) – Archiv f. Gesch. u. Altertumskde Tirols, 5, 1869, 209–248. (Haller Salzberg 213–220, Schwaz 220–224, Kitzbühel 229–231, Min.-Geol. 241–243 usw.) – S. a. Rösch G. v., Pichler A. v., Isser M. v., Fischnaler K. u. Emmert A.

Wilberforce W. B. Glück auf! Ein Wort über Bergwerke und Eisenbahnen in Tirol. – Meran (Pötzelberger) 1887, 18 S.

Wildbachverbauungen in Tirol u. V. – Innsbr. Nachr., Jahr, Nr. – Ahrntal (Taufers): 1904, 52; 1909, 217; 1911, 279; 1912, 156, 204; 1913, 213; 1914, 59. Alpbach (Brixlegg): 1909, 138; 1911, 276; 1912, 196; 1917, 40. Arlberg: 1905, 103; 1908, 137 (Schönbach). Avisio: 1922, 208. Bizau: 1902, 75; 1906, 211. Brixentaler Ach: 1906, 107; 1907, 183; 1910, 221. Campill: 1908, 109. Chiese: 1911, 95; 1913, 153. Dornbirner Ach–Steinebach: 1900, 256. Ehrwald: 1911, 252. Eisack: 1903, 93; 1909, 266, 268. Faggenbach: 1912, 168. Geroldsbach: 1909, 189. Glurns: 1913, 294. Gsiesertal: 1911, 110. Großache: 1903, 130, 276; 1905, 148; 1907, 290. Ill: 1912, 210; 1913, 31, 238, 262, 272, 296; 1914, 30, 54, 69, 84, 375. Imst (Brennbichl): 1911, 27. Jenbach: 1911, 3, 217; 1912, 28, 90. Kitzbühel: 1903, 167. Klösterle: 1905, 270. Lech: 1903, 1, 37, 56, 61, 96; 1905, 268; 1906, 238; 1907, 94; 1924, 279. Leno: 1902, 48. Matrei i. O.: 1908, 255; 1909, 140, 238. Matschertal: 1912, 262. Ötztal: 1906, 276; 1911, 122. Passer: 1907, 54, 189; 1910, 233, 243 (Leitart.). Pfitsch: 1907, 265. Prad: 1912, 240. Primör: 1912, 200. Punibach (Vinschgau): 1913, 274. Reutte-Wängle: 1905, 198. Rheingebiet: 1902, 140; 1922, 97. Riva (Albola): 1911, 219. Roncegno (Chiavona): 1902, 140. Rosanna: 1911, 224. Sarca: 1907, 24; 1913, 157; 1914, 152. Scesa: 1902, 224. Schlanders: 1908, 100; 1910, 291; 1912, 95. Schlick: 1908, 58. Sill: 1909, 241; 1910, 65, 67, 89. Sterzing: 1912, 15. Sulden: 1912, 125. Vorarlberg i. a.: 1903, 70; 1922, 97, 184; 1924, 48. Waidring (Haselbach): 1908, 112. Wildschönau: 1903, 1. Ziller: 1906, 277; 1911, 92, 94, 104, 122; 1913, 45; 1914, 21.

Wolff C. (K.) F. Die Lamprecht und ihre Umgebung. – Dolomiten, Nr. 68 v. 1931.

47. Südtiroler Dolomiten.

Ampezzano. La feconda opera della Milizia Forestale nell'–. (Lavori di ripulitura, sarchiatura, prosciugamento, rimboschimento ecc.) – Le Tre Venezie, a. 10, n. 7, Venezia 1934, 405–407.

Ampferer O. Beiträge zur Glazialgeol. der westl. Südtir. Dolomiten. – 1928. – Bespr. NJb. 1935/3, 193.

— Über alte Landformen. – 1929. – Bespr. NJb. 1935/3, 206.

— Einige Beispiele von Kerbwirkung und Reliefüberschiebung aus den Südtir. Dolomiten. – 1929. – Bespr. NJb. 1935/3, 193.

Andreatta C. Bibliografia mineralogica della Venezia Tridentina. – Arch. p. l'Alto Adige, 23, 1928, 127–168. – Bespr. Atti Acc. Sc. Ven.-Trent.-Istr., 20, 1929, 4.

Außerer K. Die Besiedlung des Kastelruther Berges. – 1934. – Bespr. Der Schlern, 15, 1934, 338.

Balling C. Die Montanindustrie in Tirol. – Techniker, Wien 1872 u. ebd. (Gronegger) 1872, 31 S. – Bespr. VRA 1873, 100.

Beaumont E. de Über L. v. Buchs Ansichten über die Entstehung des Dolomits. (Französ.) – Ann. d. sc. nat., 1829, 269–271. – Auszug: Jb. f. Min., 2, 1831, 108. – S. L. v. Buch u. Zeuschner.

Bergbau Dolomiten. Innsbr. Nachr., Jahr, Nr. – Eggental: 1913, 203. Latemar: 1922, 11 (Minium), 14 (Gold). Primör-Miss: 1905, 10, 166 (Quecksilber, Zinnober).

Bertrand-Geslin U. Observations rélativs aux terrains pyrox. et tufacés der Seisser Alpe. – 1834. – Bespr. NJb. 1837, 216.

Betti M. e **Bonino G. B.** Le acque minerali dell'Alto Adige e del Trentino. Indagini chimiche e chimico-fisiche. P. I. – R. Acc. d'It., mem. d. cl. d. sc. fis., mat. e nat., v. 5, Roma 1933, 56 S., 15 Fig.

Boué A. Fundstätten fossiler Körper in Tirol. – Journ. de Géol., 1, 1830, 290–292; Übersetzg in Leonh. u. Bronns NJb., 1833, 713.

Bozner Lokalbahnen. Innsbr. Nachr., Jahr, Nr. – Bozen–Gries: 1904, 87. Gries–St. Jakob: 1908, 126; 1913, 84. Guntschna: 1912, 42, 179. Jenesien: 1908, 162, 191. Kardaun: 1909, 263. Kohlern: 1903, 18, 21, 168; 1905, 68, 77, 119, 165; 1908, 148, 149; 1912, 205. Ofenberg: 1908, 204, 296; 1909, 129; 1911, 194, 196 (Leitart.), 198; 1913, 54. Ritten: 1904, 257; 1905, 121; 1906, 35, 57, 77, 297; 1907, 128, 185; 1908, 28, 169. Sarntal: 1911, 31 (Leitart.). Virgl: 1905, 241; 1907, 222, 243, 249, 257, 263, 267. – S. a. Mendelbahn.

Buch L. v. Barometrische Reise von Salzburg über den Brenner nach Trient. (Bericht aus Bozen v. 12. 5. 1798 an Moll.) – Molls Jbücher d. Berg- u. Hüttenkde, 3, 1799, 359–361.

— Schreiben aus Innsbruck v. 11. 10. 1822 an R. (C. v. Rauschenfels) über Höhenbestimmungen in Tirol. (Eisack-, Puster- und Etschtal, Dolomiten u. a.) – TB 1822, S. 372.

— Über den Dolomit in Tirol. (Schreiben an A. v. Pfaundler.) – 1822. – Abdruck in Leonh. Taschenbuch, 18, 2. Abt., 1824, 272–287 der Gesamtausgabe. – S. Nachtrag an A. v. Humboldt ebd., 324–331.

— Geognostisches Gemälde von Südtirol. (Schreiben an A. v. Humboldt, Innsbruck, 10. 11. 1822.) – 1827. – Erstdruck aus dem Franz. (Ann. de Chimie, 23, 276ff.) in Leonh. Taschenbuch, 18, 2. Abt., 1824, 288–324. – Nachtrag aus Berlin v. 4. 2. 1823: ebd., 324–331. Skizze von Canzacoli u. Proftafel: ebd, 4. Abt.

— Paläontologische Beobachtungen. (St. Cassian, Recoaro. – Schreiben aus Berlin v. 28. 11. 1847.) – NJb. 1848, 53–56.

Buckland W. Über die Struktur der Alpen und des angrenzenden Landes und ihre Verwandtschaft mit den sekundären und Übergangsgebirgen Englands. – Übersetzg aus Ann. of. Phil., Juni 1821, 450ff. in Kefersteins Teutschland, 2, Weimar 1822, 82–117. Bemerkungen Kefersteins hiezu 118–121.

Bukeisen F. Desminanalyse von der Seiseralm. – 1857. – Bespr. NJb. 1859, 77.

Burtscher G. Die Kämpfe in den Felsen der Tofana. – 1933, 2. Aufl. Bregenz (Teutsch) 1935, 252 S., 117 Bilder, 1 Skz. – Bespr. Mitt. DÖAV, 1933, 46; 1935, 51; Innsbr. Nachr., Nr. 291 v. 19. 12. 1934, S. 4.

Celli A. Rel. d. Camp. Glac. d. 1933. Alpi d. Dolomiti. Gruppo di Cima Undici, del Sorapis, del Cristallo, dell'Antelao, del Pelmo, delle Marmarole. Osservazioni sulle carte topografiche. – Boll. Com. Glac. It., 14, 1934, 285–289, 1 Tab.

Conci V. Rel. d. Camp. Glac. d. 1933. Alpi Venoste orientali. Alpi Breonie. Gruppo d. Marmolada. – Boll. Com. Glac. It., 14, 1934, 269–272, 284–285.

Czermak F. u. **Schadler J.** Vorkommen des Elementes Arsen. – 1933. – Bespr. Z. f. prakt. Geol., 42, 1934, 30; NJb. 1934/2, 229.

De Zigno A. Bar. Formationenreihe der Venetianischen und Tiroler Alpen. (Französ.) – Bull. géol., 1847, b, 4, 1100–1102. – Auszug: NJb. 1848, 715.

Dolomitenbahnen. Innsbr. Nachr., Jahr, Nr. – Allgemeines: 1906, 146, 185, 264; 1908, 207, 297; 1909, 255. Blumau-Völs-Seis-Gröden: 1906, 39, 52. Cadore: 1907, 241, 264; 1909, 195. Grödnertal: 1903, 12; 1905, 44, 71, 87, 163, 181, 237, 290; 1906, 57, 131, 186; 1908, 47, 56, 94, 268, 298; 1909, 254, 257, 264; 1910, 133, 165; 1911, 56; 1918, 264; 119, 147. Karersee–Moena: 1903, 24, 99 (Leitart.). Kastelruth–St. Ulrich: 1912, 275. Leifers–Deutschnofen: 1912, 133. Plose: 1908, 78; 1910, 196, 207, 291; 1911, 93; 1912, 112. Schlern: 1908, 49; 1909, 160, 250; 1910, 152; 1911, 230. Seiseralm: 1908, 247, 282; 1909, 130; 1914, 13. Toblach–Cortina: 1900, 140; 1905, 3, 8, 71; 1906, 186, 200; 1908, 240; 1914, 113; 1920, 190.

Dörrenhaus F. Das deutsche Land an der Etsch. – 1933. – Bespr. Mitt. DÖAV, 1935, 78; Z. Ges. f. Erdkde Berlin, 1935, 74.

Eckerth W. Monte Cristallo. – 2. Aufl. Prag (Dominius) 1891, 160 S., 2 K. 1:50000, 18 Abb.

Erdbeben. Judikarien-Pustertaler-Linie. Innsbr. Nachr., Jahr., Nr. – Ampezzo: 1906, 215; 1910, 70. Bozen: 1907, 95. Bruneck: 1902, 77. Buchenstein: 1901, 81; 1906, 93. Cavalese: 1901, 81. Cles: 1911, 294. Dolomiten: 1911, 25. Fassatal: 1905, 246. Gardasee: 1901, 253, 261. Judik.-Riva: 1907, 264. Kaltern: 1914, 290. Kastelruth: 1901, 80. Klausen: 1915, 379. Lienz: 1924, 286. Malé: 1902, 251. Meran: 1901, 231; 1916, 235. Mori-Arco: 1907, 18. Nons- u. Sulzberg: 1903, 184; 1904, 155; 1906, 80; 1909, 249. Pinzolo: 1906, 60. Predazzo: 1910, 11, 26. Riva: 1905, 166; 1907, 264. Schlanders: 1909, 260. Sexten: 1909, 255. Spondinig: 1911, 49, 50. Sulden: 1917, 286. Tauferertal: 1904, 115. Toblach-Lienz: 1908, 158. Ultental: 1907, 53. Vinschgau: 1906, 274; 1917, 17, 18. Ganz Tirol: 1902, 139,

141; 1904, 58; 1909, 10, 11. Ganz Südtirol: 1900, 59; 1908, 66.

— **Suganer-Linie.** Innsbr. Nachr., Jahr, Nr. – Avio: 1902, 102. – Fassatal: 1905, 246. Gardasee: 1901, 253, 261. Mori-Arco: 1907, 18. Predazzo: 1910, 11, 26. Primiero: 1900, 53. Riva: 1905, 166; 1907, 264. Rovereto: 1907, 95; 1908, 29, 63. Trient: 1900, 53; 1904, 18; 1906, 187; 1913, 6; 1915, 40. Travignolo–Pellegrino: 1907, 89. Ganz Tirol: 1902, 139, 141; 1904, 58; 1909, 10, 11. Ganz Südtirol: 1900, 59; 1908, 66.

Favre A. Notice sur la géologie du Tyrol allemand et sur l'origine de la dolomie. – 1849. – Auszug: NJb. 1849, 742–743.

Frischholz J. Mineralogischer Brief aus den Dolomiten. (O. Datum. – Kastelruth, Grödnertal, Seiseralm, Strontianit u. Analcim.) – Molls NJbücher d. Berg- u. Hüttenkde, 4, 1821, 130–137. – S. a. Leonh. Taschenbuch, 13, 1819, 89–104, 1 K.

Fuchs (J. N.) Über den Datolith von der Seiseralm. – In: Schweigger, Journ. f. Chem., 15, 377. – Bespr. Leonh. Taschenbuch, 11, 1. Abt., 1817, 173. – S. a. Uttinger bezgl. Sonthofen.

Gallhuber J. Die Dolomiten. Ein Landschafts- und Bergsteigerbuch. – München (Bruckmann) 1934, 172 S., 150 Bilder, 2 Taf. Geol. v. H. Hoek: Das Werden der Dolomiten. – Bespr. Mitt. DÖAV, 1934, 21; Der Bergsteiger, 4, 1933/34, Nr. 3, (33).

Gehlen A. F. Analyse des Prehnits aus dem Fassatal und von Ratschinges. – Journ. f. Chem. u. Phys., 3, 182ff. – Bespr. Leonh. Taschenbuch, 7, 1. Abt., 1813, 242. – S. a. Leonhard.

Gortani M., De Toni A., Zenari S. Carta geologica delle Tre Venezie 1:100000, F. Ampezzo. – Uff. Idrogr. R. Mag. a. Acque, Venezia 1933.

Gruner E. Untersuchungen an Alkali-Aluminium-Silikaten. VII. Das Verhalten einiger mineralischer Zeolithe zu flüssigem Ammoniak. – Z. f. angew. u. allg. Chemie, 211, 1933, 385–397, 1 Fig. – Bespr. NJb. 1934/1, 433. (U. a. Analcim von der Seiseralm.)

Hauy R. J. Sur des cristaux d'apophyllite nouvellement découverts dans le Tirol. (Fassa- und Grödnertal.) – Molls NJbücher d. Berg- u. Hüttenkde, 3, 1815, 229–235, 2 Fig.

— Bemerkungen über einige, vorzüglich auch über tirolische Mineralien, mit Anmerkungen von Hofrat Hardt in Bamberg. (Paris, 16. 11. 1812. – Strahlstein Zillertal, Andalusit Lüsens, Pyroxen Grödnertal, Bitterspat Hall, Eisenblüte Leogang, Ichthyophthalmit [Apophyllit] und Grossular Fassatal, Min. Pfitschtal.) – Molls NJbücher d. Berg- u. Hüttenkde, 3, 1815, 269–283.

Heberdey R. Die Bedeutung der Eiszeit für die Fauna der Alpen. – 1933. – Bespr. GZ 4 B/1333, 52 A/223.

Hoek H. Das Werden der Dolomiten. Versuch einer einfachen Darstellung ihrer geologische Geschichte. – Der Bergsteiger, 3, 1932/33, 501–504. – S. a. Gallhuber J.

Hörmann I. v. Blicke auf die Bäder des Etschkreises während des Sommers 1829. – TB 1830, 92, 96.

Hummel K. Die Dolomitisierung der mitteltriad. Kalke in Südtirol. – 1928. – Bespr. NJb. 1935/3, 198.

— Grünerden Südtirols. – 1931. – Bespr. NJb. 1935/3, 198.

— Oberflächennahe Intrusionen. – 1932. – Bespr. NJb. 1935/3, 200.

— Zur Stratigr. und Faziesentw. der südalp. Mitteltrias. – 1932. Bespr. NJb. 1935/3, 202.

— Gangförmige, vanadiumreiche Sekundärkohle. – 1932. – Bespr. NJb. 1935/3, 200.

— Das Problem der Halmyrolyse und seine Bedeutung für die Bildung von Erzlagerstätten. – Ber. Freiberger Geol. Ges., 14, 1933, 22ff. – Bespr. NJb. 1934/2, 276; GZ 53 A/809.

Isser M. v. Sage und Geschichte über die Entdeckung der Tiroler Bergwerke. – Der Sammler, 1, Meran 1906–1907, H. 8–12.

Karpe F. C. Übersicht der Heilquellen von Tirol und Vorarlberg im Jahre 1828. – TB 1830, 248, 252, 256, 260.

Keferstein Chr. Reisebemerkungen über Tirol und die angrenzenden Gebiete. – In: Teutschland, 1, Weimar 1821. (Gastein u. Bergbau Sonnblick 277–292, Glockner 292–313, Puster- u. Eisacktal 313–318, Dolomiten u. Fassatal 319–333, Inntal mit Hall, Schwaz u. Rattenberg 333–344, Bergbau Tirol 338–339, Häring u. Miesbach 344–351 m. 1 Skz., München 351–353, Bodensee u. Rheingebiet 353–357, Rückblick über Tirol u. Alpenbau 358–385, Beilage über Fassatal 386–436.) – Bespr. TB 1822, 168.

Kenngott A. Über die rote Farbe des Stilbits aus dem Fassatal. – 1858, 397. – Bespr. NJb. 1861, 581.

Kiene H. Dolomitenseen. – Dolomiten, Nr. 85, Bolzano, 16. 7. 1934.

Klebelsberg R. v. Beitrag zur Geol. der Südtiroler Dolomiten. – 1927. – Bespr. NJb. 1935/3, 194.

— Alte Gletscherstände in den Dolomitentälern. – 1929. – Bespr. NJb. 1935/3, 194.

— Grundzüge der Geologie Tirols. – 1933. – Bespr. PetMitt., 1934, 317; Geogr. Z., 40, 1934, 271.

— Ostalpengletscher 1933. Berichte über die Gletschermessungen und -beobachtungen des Deutschen und Österreichischen Alpenvereins in den Ostalpen im Jahre 1933. – Z. f. Glkde, 22, 1935, 179–180.

— Die Ostalpengletscher im Sommer 1934. Gletscherbeobachtungen des DÖAV. – Mitt. DÖAV, 1935, 60–63.

— Geologie von Tirol. – Berlin (Borntraeger) 1935, 748 S. u. 4 Verz., K. 1:500000, 3 Skzen, 11 Blgen.

Klipstein A. v. Versteinerungen von St. Cassian. – Karstens Archiv, 17, 1843, 349–352, m. Abb.

— Mitteilungen aus dem Gebiete der Geol. und Pal. 1. Bd. Beitr. z. geol. Kenntn. d. östl. Alpen. – 1845. – Bespr. NJb. 1843, 831; 1845, 504.

Kluge E. Über die Ursachen der in den Jahren 1850 bis 1857 stattgefundenen Erderschütterungen und die Beziehungen derselben zu den Vulkanen und zur Atmosphäre. – Stuttgart (Schweizerbart) 1861, 124 S. (Alpen 13–16 u. Jahresstatistik.)

Koch E. J. Die Mineralquellen des gesamten österreichischen Kaiserstaates in top., hist., phys.-chem. und therap. Beziehung. – 2. Aufl. Wien (Gerold) 1845, 467 S.

Krapf Ph. Der Wasserbau in Tirol. Darstellung der Verhältnisse und Aufgaben auf dem Gebiete des Wasserbaues in Tirol (Gewässerregulierungen, Meliorationen und Wildbachverbauungen). – Herausgeg. v. Tiroler Ldsausschuß, Innsbruck 1910, 335 S., 1 K.

Langes G. Die Front in Fels und Eis. – 1933. – Bespr. Mitt. DÖAV, 1933, 185. – Ital. Übersetzung v. M. Broglio, La guerra fra roccie e ghiacci, Milano (Agnelli) 1934, 324 S., 15 Taf. – Bespr. Bibl. Fasc., a. 9, n. 9, Roma 1934, 741.

Leonardi P. Notizie sulla stratigrafia d. V. Zoldana. – 1933. – Atti Soc. it. p. il progr. d. sc., XXI riun. (Roma, ottobre 1932), Roma 1933, v. 5, 38–45.

Leonhard K. C. v. Über Analcim aus dem Fassatal und von der Seiseralm. - In: Leonh. Min. Studien, 1, 50ff. - Auszug: Leonh. Taschenbuch, 7, 2. Abt., 1813, 465–466. - S. a. Moricand u. Vauquelin.

Liebener L. Magneteisenstein, pseudomorph nach Glimmer aus dem Fassatal. (Mitget. v. W. Haidinger.) - JbRA 1852, 4. H., 31–33.

Lun L. (=**A.**) La diffusione dell'ametista nella Provincia di Bolzano. - Riv. d. Venez. Trid., a. 15, 1933, n. 11/12, m. Abb.

Maier A. Geognostische Notizen über Tirol. - 1831. - Bespr. NJb. 1833, 560.

Maraschini P. Von den rätselhaften Felsgebilden Tirols. (Schichtenfolge bei Predazzo.) - Aus: Ann. d. Mines, 8, 629. - Auszug: Z. f. Min., 1, 1826, 89–91.

Marmolatagipfel. Schwebebahnprojekt. - Allg. Bergsteigerztg, 11, 1933, Nr. 528; Deutsche Alpenztg, 28, 1933, 456–457.

Marmolatagletscher. Messungen 1933. - Z. f. Glkde, 22, 1935, 213.

Metallurgische Briefe (P. R.), geschrieben während einer Reise durch Tyrol und einen Teil von Venedig. - Molls Jb. d. Berg- u. Hüttenkde, 1, 1797, 1–94; 2, 1798, 43–188.

Meusburger K. Unsere Gletscher. - Kassiankalender 1935, 233, Brixen (A. Weger) 1934, 116–127, 3 Abb.

Meyer H. v. Saurierreste von St. Cassian. - Anhang zu Klipstein, Beitr. z. geol. Kenntn. d. östl. Alpen, Gießen 1843 (Mitt. a. d. Geb. d. Geol. u. Pal., 1, ebd. 1845), 294–297, 4 Fig.

Mònterin U. Le variazioni per. d. Ghiac. It. 1932. - 1933. - Bespr. Z. f. Glkde, 22, 1935, 329.

— Le variazioni periodiche dei Ghiacciai Italiani 1933. - Boll. Com. Glac. It., 14, 1934, 17—38, 7 Fig.; Riv. mens. CAI, 1935, 66–78, 6 Abb. - Bespr. Z. f. Glkde, 22, 1935, 329.

Morandini G. Considerazioni generali sulla distribuzione dei laghi nella Venezia Tridentina. - Boll. di Pesca, di Piscicolt. e di Idrobiol., a. 9, f. 1, Roma 1933, 15–101. - Bespr. Boll. Soc. Geogr. It., 1934, 241.

— Ricerche scientifiche dei laghi di alta montagna. Escursione invernale per lo studio del Lago Boè nel Gruppo del Sella. - Riv. mens. CAI, v. 52, 1933, 547–549.

Moroder F. Das Grödnertal. - St. Ulrich i. Gr. (Sekt. Gröden DÖAV) 1891, 201 S., 1 K., Geol. 90–93.

Mosna E. L'esplorazione speleologica della Venezia Tridentina. - 25 Ann. SAT, Trento 1930; Atti d. I Congr. Spel. naz., Trieste, 10–14 giug. 1933, Trieste 1933, 85–89.

Münster G. Graf zu. Schreiben an Bronn über Kalkmergel von St. Cassian und Fossilien. - Leonh. u. Bronns Jb. d. Min., 3, 1832, 420–422.

— u. **Wissmann H. L.** Beitrag zur Geogn. und Petrefaktenkde. - 1841. - Bespr. NJb. 1842, 119.

Mutschlechner G. Geol. des Gebietes zwischen St. Cassian und Buchenstein. - 1933. - Bespr. GZ 53 A/404.

— Cephalopodenfauna im Grödner Sandstein. (Vorber.) - 1933. - Bespr. GZ 5 B/1122, 6 B/400.

— Geologie der Langkofelgruppe. - JbBA 1935, 21–49, K. 1:25000, 2 Fig.

Ogilvie-Gordon M. M. Geologie von Cortina d'Ampezzo und Cadore. - JbBA 1934, 59–215, g. K. 1:50000, 1 KSkz., 17 Taf., 32 Abb.

Ortisei-Alpe di Siusi. La realizzazione di un ardito projetto. (Funivia -.) - La Provincia di Bolzano, a. 8, n. 191, Bolzano, 12. 8. 1934.

Ortolani M. Il bacino del Cismon. Saggio di geografia antropica. - Coll. d. mon. reg. edit. d. Soc. d. studi p. l. Ven. Trid., n. 6, Trento 1932, 113 S. - Bespr. Boll. Soc. Geogr. It., s. 6, v. 11, n. 1, Roma 1934, 62.

Petrascheck W. Eine Erzlagerstätte v. Typ. Raibl. - 1932. - Bespr. Z. f. prakt. Geol., 41, 1933, 39.

Petzholdt A. Beitr. z. Geogn. von Tirol. Über Dolomitbildung. - Auszug aus Haidingers Übersicht, 111ff. im NJb. 1845, 722–724.

Pfaundler A. v. Über die merkwürdige Gegend von Fassa in Tirol. - Ann. 1803, 161–177, 1 K. - Ergänzung durch Brief an J. v. Senger v. Dez. 1802 u. Brief an Frh. v. Moll v. 4. 12. 1802; Annalen d. Berg- u. Hüttenkde, 2, 1803, 341–343 u. 343–345.

— Mineralfunde aus Fassa und Buchenstein. (Schreiben aus St. Lorenzen u. Bruneck v. 20. 12. 1803 u. 24. 11. 1804.) - Annalen d. Berg- u. Hüttenkde, 3, 1805, 310.

— Über mehrere Mineralien aus der Gegend von Fassa und Sterzing. (Schreiben aus Bruneck v. 9. 5. 1806.) - Molls Ephemeriden, 2, 1806, 529–533. - Bespr. Leonhards Taschenbuch, 2, 1808, 238, 243.

— Mitteilung chemischer Mineralanalysen von L. G. Gmelin. (Monzoni und Ampezzo.) - TB 1822, Blge Nr. 7.

— Neue Analysen einiger Fossilien vom Monzoni und von Montecchio Maggiore durch L. G. Gmelin. (Min.) - TB 1823, S. 60.

— Analysen Gmelins von Dolomit und Kalkstein. (Kalkkögel, Ampezzo.) - Z. f. Tirol u. V., 2, Innsbruck (Ferdin) 1826, 325–327.

Pfaundler G. v. Notizen über tirolische Bergbauten aus archivalischen Quellen. 1832–1862. (Umfaßt ganz Tirol.) - Handschr. v. J. 1864, Mus. Ferdin., W. 5581.

Pia J. v. Über die Benennung der Triasstufen. - Zbl. f. Min., Abt. B, 1935, 109–114.

Pisek A., Sohm H. u. Cartellieri E. Untersuchungen über osmotischen Wert und Wassergehalt von Pflanzen und Pflanzengesellschaften der alpinen Stufe. (Mit bes. Berücksichtigung der Zwergsträucher im Winter.) - Beih. z. Bot. Zentralbl., 52, Abt. B, H. 3, Dresden 1935, 634–675, 9 Abb.

Prohaska K. Roter Schnee, Schlammregen und Gewitter am 11. März 1901 in den österreichischen Alpenländern. - Meteorol. Z., 36 (18), 1901, 231–234.

Rammelsberg C. Analyse des Batrachits von Rizoni. - Aus: Poggend. Ann., 60, 446. - Bespr. NJb. 1841, 589.

Riccabona V. Le valli di Fassa e Fiemme. Materiali per una guida del Trentino. - Aus Ann. SAT, 1878/79. - Borgo (Marchetto) 1879, 73 S., 1 Prof., 1 Tab.

— Delle condizioni economiche del Trentino. Notizie ed appunti. - Borgo (Marchetto) 1880, 113 S.

Richter E. Der Staubfall vom 11. März und die Gletscherforschung. - 1901. - Abdr. auch: Meteorol. Z., 36 (18), 1901, 463.

Richthofen F. Frh. v. Notiz über die Kontaktwirkungen des Syenites in Südtirol. (U. a. Gymnit von Mezzavalle.) - 1857. - Bespr. NJb. 1858, 312.

— Geognost. Karte der Umgegend von Predazzo, St. Cassian und der Seisser Alpe in Südtirol. - Auszug aus der Ausgabe von 1860, Gotha (Perthes) 1862, 22 S., K. 1:130000, 17 Prof. 1:72000.

Rüst. Beiträge zur Kenntnis der fossilen Radiolarien aus Gesteinen der Trias und der paläozoischen Schichten. (U. a. St. Cassian.) - Palaeontogr., 38, 1891, 1892, 107-200, 25 Taf.

Saussure N. Th. de. Analyse de la Dolomie. - Journ. de Phys., 40, 1792, 161-167. (Einführg der Bezeichng Dolomit:)

Schmidkunz W. Die Saussuriten. - In: Die Dolomiten (J. Gallhuber), München (Bruckmann) 1934, 173. (Erinnerung an die Bezeichnung Dolomit und Dolomiten sowie an Hoernes, Z. DÖAV, 1875, 108-128, Aus den Südtiroler Kalkalpen.) - S. a. Gallhuber J.

Schmidl A. Pittoreske Beschreibung von Tirol und Vorarlberg. Die Gefürstete Grafschaft Tirol mit Vorarlberg. - In: Das Kaisertum Österreich, 2 Bände, Stuttgart (Scheiber) 1837, 1. Bd Alpenländer, 78 S., 18 Taf. mit Abb. (5-8: Geogn. nach Pfaundler, Buch, Studer u. a.; 8: Höhlen und Bergstürze [Slavini, Pedratsches, Erdpyramiden am Ritten u. a.], 12: Heilquellen.)

Seiseralm. Seilschwebebahn. - Mitt. DÖAV, 1935, 77, 81.

Senger J. v. Schreiben aus Innsbruck v. 3. 6. 1801 über Basalt und Zeolith von Fleims, Fassa und Gröden. - Annalen d. Berg- u. Hüttenkde, 1, 1802, 1. Lfrg, 170-171.

— Nachricht über die Täler von Fassa und Fleims in Tirol. (Schreiben aus Innsbruck v. 5. 11. 1806.) - Molls Ephemeriden, 3, 1807, 152-156.

Stolz O. Die Schwaighöfe in Tirol. - 1930. - Bespr. Mitt. Geogr. Ges. Wien, 76, 1933, 247.

Straßenbauten u. -projekte in Tirol u. V. (Auswahl.) - Innsbr. Nachr., Jahr, Nr. - Allgemeines: 1901, 292 (Südtirol); 1908, 171, 188 (Leitart.), 228, 257, 258 (Landtag); 1909, 86 (Progr.); 1912, 25 (Statistik); 1914, 149 (Progr.); 1922, 27 (Landtag). Afers: 1911, 206. Alpbach: 1911, 29. Amthorspitze: 1908, 218. Andalo: 1907, 296. Bayer. Grenze: 1912, 54. Bezau-Schröcken: 1912, 146. Blumau-Völs-Tiers-Karersee: 1910, 219. Brandenberg: 1911, 165. Brentonico: 1909, 219; 1910, 111; 1911, 268. Cereda-Paß (Primiero-Agordo): 1909, 262. Dolomitenstraße: 1904, 123, 194; 1905, 158, 298; 1908, 47; 1909, 112 (Ital.), 208 (Eröffng); 1911, 135; 1912, 86, 115. Drò-Cavedine: 1911, 36. Eiberg: 1909, 186, 251; 1910, 119; 1912, 249; 1913, 137, 148 (Eröffng); 1914, 103. Enneberg: 1901, 244; 1906, 266; 1909, 96, 285; 1911, 95, 155. Falzarego: 1901, 113, 122, 234; 1904, 53, 115; 1908, 31. Fersental: 1910, 14 (Leitart.); 1912, 76. Fleimstal: 1902, 188; 1909, 214; 1910, 148; 1912, 76; 1913, 75. Flexenstraße: 1904, 33, 214, 240; 1905, 276; 1909, 218, 228. Friccastraße: 1911, 208. Gaichtpaß (Lecht. Alpen): 1911, 267; 1912, 171, 290. Gampenstraße: 1903, 1, 33, 265, 267; 1907, 147; 1913, 21, 49, 169; 1914, 151. Gerlos: 1903, 96, 151; 1906, 229; 1908, 42 (Krimml), 45; 1907, 150; 1912, 98; 1913, 145, 152; 1914, 99; 1922, 218. Grödnertal: 1909, 211. Gschnitztal: 1908, 219, 222; 1911, 123; 1913, 193. Gurgl: 1915, 98. Hall-Rinn-Tulfes: 1910, 6; 1924, 246. Hintertux: 1909, 119; 1913, 72. Hochfinstermünz: 1900, 205; 1904, 51. Igls-Heiligwasser: 1912, 249. Innsbrucker Höhenstraße: 1909, 12, 18, 31; 1910, 183, 194; 1911, 87, 265 (Unterinntal). Iseltal: 1901, 224, 262; 1906, 232 (s. a. Kals). Jaufen: 1901, 209, 210; 1902, 89, 182, 250; 1903, 98, 157; 1904, 151, 265; 1907, 23, 73; 1908, 92; 1910, 173; 1912, 126, 135 (Eröffng). Kals: 1901, 294; 1906, 232; 1911, 43, 65, 235, 285; 1912, 238. Kaltern: 1903, 21; 1905, 280, 284; 1906, 134. Karersee: 1910, 219. Kastelruth-St. Ulrich: 1900, 263; 1901, 184. Kaunertal: 1909, 177. Kössen-Klobenstein: 1913, 219. Krimml: 1908, 42, 45. Kufstein-Landl-Bayr.-Zell: 1910, 13. Kundl-Wildschönau: 1911, 198. Laimtal: 1911, 298; 1912, 38. Lana-Fondo: 1910, 111. Landeck-Grins: 1906, 51. Latzfons: 1907, 290. Lavis-Grumes: 1908, 50. Ledrotal: 1910, 205; 1911, 16; 1912, 47. Mals-Matsch: 1912, 166, 182. Martelltal: 1910, 265; 1911, 159. Mayrhofen-Hintertux: 1909, 119. Mittenwald-Leutasch-Seefeld: 1913, 169. Montafon: 1902, 194. Montiggl: 1907, 229. Mori-Brentonico: 1909, 219; 1910, 111; 1911, 268. Mühlwald i. Taufers: 1912, 231. Münstertal: 1904, 235. Ötztal: 1900, 144, 239; 1901, 237; 1908, 95 (Leitart.); 1912, 121; 1915, 98. Passeiertal: 1901, 162; 1902, 173; 1905, 81, 93; 1911, 259; 1912, 99. Patscherkofel: 1912, 79. Persen: 1911, 206; 1912, 161 (Palù). Pfitscherjoch: 1912, 16. Pfunds-Grenze: 1900, 205; 1904, 51; 1913, 59, 100. Pillerseetal: 1909, 76. Pitztal: 1910, 91; 1913, 143, 237; 1914, 32; 1915, 98, 349, 549, 602; 1919, 91, 131, 206; 1920, 31; 1921, 256. Pordoijoch: 1902, 203; 1904, 115; 1905, 227. Riva: 1904, 243 (Judikar.); 1909, 219 (Ballino), 233 (Arche); 1912, 178 (Mezolomb.). Ritten: 1904, 163. Rosengarten: 1912, 139. Samnaun: 1913, 128. Schoppernau: 1909, 265; 1916, 193. Seiseralm: 1914, 108. Sölden-Zwieselstein: 1912, 121. Spormaggiore-Cavedago: 1910, 232. Sterzing-Gasteig: 1911, 95. Stilfserjoch: 1912, 87. Sulden: 1906, 70. Taufrertal: 1907, 137; 1908, 101; 1911, 255; 1912, 231. Terragnolotal: 1906, 151, 268; 1907, 21; 1909, 236; 1913, 39. Thiersee: 1910, 197; 1911, 96, 221, 253; 1912, 172, 203, 281; 1913, 158, 166; 1914, 76, 82; 1915, 203, 319, 534. Paß Thurn: 1920, 233. Tilliach: 1908, 175; 1910, 176; 1911, 23, 76. Timmeljoch: 1908, 47, 77; 1912, 76, 79. Tuxer Joch: 1912, 16. Tuxer Tal: 1913, 72. Ultental: 1901, 168, 206; 1902, 228, 231, 244, 257; 1906, 286; 1907, 125, 159, 261; 1908, 70, 165, 213, 230. Umbrail: 1911, 236. Vallarsa: 1908, 79, 286. Vent: 1908, 95; 1915, 98. Vigolo-Vattaro: 1912, 104. Walsertal: 1908, 264. Wildschönau: 1911, 198. Zwieselstein: 1908, 95; 1912, 121; 1915, 98.

Straßenverschüttungen, größere in Tirol u. V. - Innsbr. Nachr., Jahr, Nr. - Ampola: 1907, 253. Enneberg: 1908, 88. Grumes-Molina: 1904, 273. Imst: 1902, 218. Jaufen: 1917, 105. Langen: 1901, 149. Lisignano: 1912, 62. Naturns: 1900, 153. Nonstal: 1906, 260. Ötztal: 1900, 144; 1905, 86 (Maurach). Sulden: 1900, 173. - S. a. Felsstürze und Murbrüche.

Strele G. Grundriß der Wildbachverbauung. - Wien (Springer) 1934, 279 S., 150 Abb. - Bespr. GZ 53 A/634; Z. f. prakt. Geol., 42, 1934, 125; NJb. 1934/2, 571.

Studer B. Über eine Reise in die Österreichischen Alpen im Herbst 1848. (Aus Brief an Gehr. v. Leonhard v. 22. 12. 1848. U. a. Erläuterg von Flysch.) - NJb. 1849, 166-176.

Tiroler Bahnen. Allgemeines über -. - Innsbr. Nachr., Jahr, Nr. - 1900, 95; 1902, 235; 1903, 132; 1904, 184, 267; 1905, 181, 281, 282 (Leitart.); 1906, 148, 160, 289, 298; 1907, 293 (Leitart.); 1908, 18 (Leitart.), 32 (Leitart.), 156, 248, 256, 273; 1909, 59 (Westtir.), 104, 149 (Leitart.), 176; 1911, 202, 206 (Leitart., Westtir.); 1912, 73, 197 (El. u. Wasserkräfte); 1913, 226; 1914, 10, 13 (Skizze); 1924, 166 (Seilbahnen an der Front), 283 (Ital. u. Nordtir.).

Tiroler Front. Eine Wanderung durch alpine Kriegserinnerungen. - Mitt. DÖAV, 1931, 113-115, 183-185, 210; 1932, 167-168, 195-196, 219, 273;

1933, 107–109, 172–173, 204–205; 1934, 37–38, 190–191.

Toma R. Aspetti del problema montano e suoi riflessi sull'incremento demografico e zootecnico. – Catt. amb. d'Agricolt. di Bolzano, Trento (Tip. mut. e inv.) 1931, 41 S., 4 Taf., 9 Abb.

Trener G. B., Cogoli M. e **Cadrobbi M.** Bibliografia geologica della Venezia Tridentina. – Arch. p. l'Alto Adige, 21, Gleno 1927, 118 S. – Bespr. Atti Acc. Sc. Ven.-Trent.-Istr., 20, 1929, 7; Tiroler Heimat, 3, 1930, 141.

Trener G. B. Bibliografia mineraria della Venezia Tridentina. – Gleno (Arch. p. l'Alto Adige) 1928, 18 S.

— Note illustrative della Carta geologica delle Tre Venezie, Foglio Trento. – Uff. Idr. d. R. Mag. a. Acque, Padova 1933, 84 S., 1 Proftaf.

Trinker J. Erläuternde Bemerkungen zu der am 25. Sept. 1851 in Hall den Mitgliedern des Bergm. Ver. vorgelegten Sammlung aus dem Neuschurf am Madersbacher Köpfl bei Brixlegg. (1851.) – Der Aufschluß der tieferen westlichen Reviere im Pfunderer Berg bei Klausen. (1853.) – Das Vorkommen von Kohle in den älteren Formationen der Tiroler Alpen. (1854, Gadertal u. Naif.) – Handschr. Mus. Ferdin., W. 5614.

Uttinger G. Auszug aus einem Schreiben über die Lagerungsverhältnisse bei Predazzo. – TB 1822, S. 108. (Bezug auf Schreiben L. v. Buchs an A. v. Pfaundler v. 29. 9. 1821 ebd. Nr. 86 v. 1821.)

— Auszug aus den Beobachtungen einer im Herbste 1822 von Cavalese bis Predazzo vorgenommenen geognostischen Fußreise. – TB 1823, S. 56, 60.

Van Houten L. Geol. des Pelmo-Gebietes. – 1930. – Bespr. NJb. 1935/3, 203.

Vardabasso S. Rapporti fra attività magmatica (Predazzo). – 1929. – Bespr. GZ 53 A/128, 388.

— Ricerche geologici (Predazzo e Monzoni). – 1931. – Bespr. GZ 53 A/14.

Verniani E. L'Alto Adige. (Monografia geogr.) – L'Universo, 15, Firenze 1934, 99–120, 274–301, 389–439, 14 Abb., 2 Taf. – Auszug: Ist. Geogr. Mil., Firenze 1934, 99 S., 37 Abb., 14 K.

Vianello G. Rel. d. Camp. Glac. d. 1933. Alpi delle Dolomiti. Gruppo delle Pale. – Boll. Com. Glac. It., 14, 1934, 289–294.

Wallnöfer H. Etwas über das „Schlenkerbohren" im heimatlichen Bergbau. – Der Schlern, 15, 1934, 364–366, 3 Abb.

Wassermann Ph. J. Das Bad Ratzes. – Brixen (Weger) 1823, 20 S. Größtenteils wörtliche Wiedergabe durch Ammerer, 1832.

Weller O. Langkofelgruppe. – Calw 1920. – 5 Taf., 26 Prof.

Zeuschner. Über E. de Beaumonts Ansichten über die Entstehung des Dolomits. (Brief aus Bonn v. 16. 4. 1831.) – Jb. f. Min., 2, 1831, 421–422. – S. a. L. v. Buch u. E. de Beaumont.

Zsigmondy E. u. **Paulcke W.** Die Gefahren der Alpen. – 9. verb. Aufl. München (Bergverl. R. Rother) 1933, 472 S., 74 Abb., 13 Vollbilder. – Bespr. Mitt. DÖAV, 1933, 279.

48. Predazzo.

Aigner F. M. v. Über das Studium der Mineralogie und Geognosie in Tirol. (U. a. Fassatal.) – TB 1823, S. 40, 44, 48.

Andreatta C. Bibliografia mineralogica della Venezia Tridentina. – Arch. p. l'Alto Adige, 23, 1928, 127–168. – Bespr. Atti Acc. Sc. Ven.-Trent.-Istr., 20, 1929, 4.

Balling C. Die Montanindustrie in Tirol. – Techniker, Wien 1872 u. ebd. (Gronegger) 1872, 31 S. – Bespr. VRA 1873, 100.

Beaumont E. de. Über L. v. Buchs Ansichten über die Entstehung des Dolomits. (Französ.) – Ann. d. sc. nat., 1829, 269–271. – Auszug: Jb. f. Min., 2, 1831, 108. – S. L. v. Buch u. Zeuschner.

Bertrand-Geslin U. Observations rélativs aux terrains pyrox. et tufacés der Seisser Alpe. – 1834. – Bespr. NJb. 1837, 216.

Brandes. Über den Zölestin von Fassa. – In: Schweigger, Journ. f. Chem., 21, 177 ff. – Bespr. Leonh. Taschenbuch, 14, 1. Abt., 1820, 221.

— Über Bucholzit. (Vorkommen in Tirol.) – In: Schweiger, Journ. f. Chem., 25, 125 ff. – Bespr. Leonh. Taschenbuch, 15, 1821, 2. Abt., 478, 492.

Breithaupt A. Beschreibung der Grünerde aus dem Fassatal. – In: Hoffmann, Handbuch der Min. (fortgesetzt von Breithaupt), 2, 2. Abt., 195 ff. – Auszug: Leonh. Taschenbuch, 10, 1. Abt., 1816, 168–169.

Brocchi G. B. Mem. mineral. s. valle di Fassa in Tirolo. – 1811. – Auszug: Leonh. Taschenbuch, 9, 2. Abt., 1815, 531–536.

Buch L. v. Barometrische Reise von Salzburg über den Brenner nach Trient. (Bericht aus Bozen v. 12. 5. 1798 an Moll.) – Molls Jbücher d. Berg- u. Hüttenkde, 3, 1799, 359–361.

— Schreiben aus Innsbruck v. 29. 9. 1821 an A. v. Pfaundler über die Studien des Grafen Marzari bei Canzacoli (Predazzo) u. a. – TB 1821, Nr. 86, S. 344. – S. Marzari.

— Über den Dolomit in Tirol. (Schreiben an A. v. Pfaundler.) – 1822. – Abdruck in Leonh. Taschenbuch, 18, 2. Abt., 1824, 272–287 der Gesamtausgabe. – S. Nachtrag an A. v. Humboldt, ebd., 324–331.

— Geognostisches Gemälde von Südtirol. (Schreiben an A. b. Humboldt, Innsbruck, 10. 11. 1822.) – 1827. – Erstdruck aus dem Franz. (Ann. de Chimie, 23, 276 ff.) in Leonh. Taschenbuch, 18, 2. Abt., 1824, 288–324. Nachtrag aus Berlin v. 4. 2. 1823: ebd., 324–331. Skizze von Canzacoli u. Proftafel: ebd., 4. Abt.

Buckland W. Über die Struktur der Alpen und des angrenzenden Landes und ihre Verwandtschaft mit den sekundären und Übergangsgebirgen Englands. – Übersetzg aus Ann. of Phil., Juni 1821, 450 ff. in Kefersteins Teutschland, 2, Weimar 1822, 82–117. Bemerkungen Kefersteins hiezu 118–121.

Czermak F. u. **Schadler J.** Vorkommen des Elementes Arsen. – 1933. – Bespr. Z. f. prakt. Geol., 42, 1934, 30; NJb. 1934/2, 229.

Damour A. Analyse des Gehlenits aus dem Fassatal. – Ann. d. Chim., Phys., 10, 66 ff. – Bespr. NJb. 1845, 104.

— Nouvelles analyses de la Prédazzite. – 1847. – Bespr. NJb. 1848, 583.

Descloizeaux. Kristallform des Gehlenits. (Monzoni.) – Ann. d. Mines, d, röm. 12, 382 ff. – Bespr. NJb. 1850, 68.

De Zigno A. Bar. Formationenreihe der Venetianischen und Tiroler Alpen. (Französ.) – Bull. géol., 1847, b, 4, 1100–1102. – Auszug: NJb. 1848, 715.

Erdbeben. Suganer-Linie. Innsbr. Nachr., Jahr, Nr. – Avio: 1902, 102. Fassatal: 1905, 246. Gardasee: 1901, 253, 261. Mori-Arco: 1907, 18. Predazzo: 1910, 11, 26. Primiero: 1900, 53. Riva: 1905, 166; 1907, 264. Rovereto: 1907, 95; 1908, 29, 63. Trient: 1900, 53; 1904, 18; 1906, 187; 1913, 6; 1915, 40. Travignolo-Pellegrino: 1907, 89. Ganz Tirol: 1902, 139, 141; 1904, 58; 1909, 10, 11. Ganz Südtirol: 1900, 59; 1908, 66.

Facchini F. Memoria contenente alcune considerazioni. – 1838. – Erste Übersetzung im Tir. Boten, 1839, Geolog.-botan. Betrachtungen über das Fassa- u. Fleimstal in Südtirol, S. 296, 300, 304, 308, 312, 316.

Fleimstal. Salzvorkommen. – Ristr. de'Foglieti universali v. 9. 1. 1781, Mus. Ferdin., Dip. 736, S. 19.

Fuchs (J. N.). Beschreibung und Zerlegung des Gehlenits von Monzoni (Fassatal). – In: Schweigger, Journ. f. Chem. u. Phys., 15, 377, 380ff. – Bespr. Leonh. Taschenbuch, 11, 1. Abt., 1817, 181, 198.

Gallhuber J. Die Dolomiten. Ein Landschafts- und Bergsteigerbuch. – München (Bruckmann) 1934, 172 S., 150 Bilder, 2 Taf.; Geol. v. H. Hoek: Das Werden der Dolomiten. – Bespr. Mitt. DÖAV, 1934, 21; Der Bergsteiger, 4, 1933/34, Nr. 3, (33).

Gasser G. Die Mineralien Tirols. – 1. u. 2. Lfrg, 1904–1906. – Bespr. Innsbr. Nachr., Nr. 75 v. 1. 4. 1905.

Gautieri G. Geol. Bemerkgen über Südtirol. – 1811. – Bespr. Miszell. f. d. neueste Weltkde, 1811, Nr. 22, S. 88; NJbücher d. Berg- u. Hüttenkde, 2, 1812, 468.

Gehlen A. F. Analyse des Prehnits aus dem Fassatal und von Ratschinges. – Journ. f. Chem. u. Phys., 3, 182 ff. – Bespr. Leonh. Taschenbuch, 7, 1. Abt., 1813, 242. – S. a. Leonhard.

— Zerlegung des Ichthyophthalmits aus dem Fassatal. – Arb. d. phys. Kl. d. Ak. d. Wiss. München, 4. Ber., 226 ff. – Bespr. Leonh. Taschenbuch, 8, 2. Abt., 1814, 510. – S. a. Hauy u. Petzl.

— Chemische Untersuchungen über die tirolischen Zeolithe. (Fassatal. – Schreiben v. 10. 7., 21. 7. u. 14. 8. 1813.) – Molls NJbücher der Berg- u. Hüttenkde, 4, 1821, 111–127.

Gimbernat. Über die geognostische Beschaffenheit der Alpenkette. – Zachs Mon. Korresp., 1808, August, 141–148. – Bespr. NJbücher d. Berg- u. Hüttenkde, 1, 1808, 468.

Giovanelli B. Graf. Über den Marmor von Predazzo. (Briefe.) – Handschr. Mus. Ferdin., Dip. 1235. – Auszug: TB 1827, S. 348. – S. a. Predazzo.

Haidinger W. Brandisit, eine neue Mineralspezies vom Monzoniberge im Fassatale. – Wiener Ztg, Nr. 131 v. 1846. – Bespr. NJb. 1847, 349. – S. a. Haidingers Ber., 1, 1847, 4 u. Kobell F. v.

Hauy R. J. Über den Apophyllit (Ichthyophthalmit) aus Fassa. (Brief aus Paris v. 10. 1. 1813.) – Leonh. Taschenbuch, 7, 1. Abt., 1813, 288 (Franz.). – S. a. Gehlen A. F. u. Petzl J.

— Sur des cristaux d'apophyllite nouvellement découverts dans le Tirol. (Fassa- u. Grödnertal.) – Molls NJbücher d. Berg- u. Hüttenkde, 3, 1815, 229–235, 2 Fig.

— Bemerkungen über einige, vorzüglich auch über tirolische Mineralien, mit Anmerkungen von Hofrat Hardt in Bamberg. (Paris, 16. 11. 1812. – Strahlstein Zillertal, Andalusit Lüsens, Pyroxen Grödnertal, Bitterspat Hall, Eisenblüte Leogang, Ichthyophthalmit [Apophyllit] und Grossular Fassatal, Min. Pfitschtal.) – Molls NJbücher d. Berg- u. Hüttenkde, 3, 1815, 269–283.

— Bemerkungen über den Fassait. – Ann. d. Mines, 1817, Nr. 2, 163. – Bespr. Leonh. Taschenbuch, 13, 1819, 2. Abt., 604. – S. a. Mém. d. Mus. d'Hist. nat., 1, 1–16.

Heberdey R. Die Bedeutung der Eiszeit für die Fauna der Alpen. – 1933. – Bespr. GZ 4 B/1333, 52 A/223.

Hoek H. Das Werden der Dolomiten. Versuch einer einfachen Darstellung ihrer geologischen Geschichte. – Der Bergsteiger, 3, 1932/33, 501–504. – S. a. Gallhuber J.

Humboldt A. v. Über Canzacoli. – 1826. – Erstdruck: Leonh. Min. Taschenbuch, 18, 1824, Abt. 2, 98–105.

— Über die Lagerungsverhältnisse des Granits im Fassatal. – 1822. – Abdruck in Leonh. Taschenbuch, 18, 2. Abt., 1824, 334–341 der Gesamtausgabe.

Hummel K. Oberflächennahe Intrusionen. – 1932. – Bespr. NJb. 1935/3, 200.

— Zur Stratigr. und Faziesentw. der südalp. Mitteltrias. – 1932. – Bespr. NJb. 1935/3, 202.

Keferstein Chr. Reisebemerkungen über Tirol und die angrenzenden Gebiete. – In: Teutschland, 1, Weimar 1821. (Gastein u. Bergbau Sonnblick 277–292, Glockner 292–313, Puster- u. Eisacktal 313–318, Dolomiten u. Fassatal 319–333, Inntal mit Hall, Schwaz u. Rattenberg 333–344, Bergbau Tirol 338–339, Häring u. Miesbach 344–351 m. 1 Skz., München 351–353, Bodensee u. Rheingebiet 353–357, Rückblick über Tirol u. Alpenbau 358–385, Beilage über Fassatal 386–436.) – Bespr. TB 1822, 168.

Kenngott A. Über den Liebenerit. (Predazzo.) – Sber. Ak. d. Wiss. Wien, math.-natw. Kl., 9, 1852, 595–603. – Bespr. NJb. 1853, 602. – S. Kobell, Marignac, Öllacher u. Stotter.

— Über die rote Farbe des Stilbits aus dem Fassatal. – 1858, 397. – Bespr. NJb. 1861, 581.

Klebelsberg R. v. Grundzüge der Geologie Tirols. – 1933. – Bespr. PetMitt., 1934, 317; Geogr. Z., 40, 1934, 271.

— Geologie von Tirol. – Berlin (Borntraeger) 1935, 748 S. u. 4 Verz., K. 1:500000, 3 Skzen, 11 Blgen.

Klipstein A. v. Mitteilungen aus dem Gebiete der Geol. und Pal. 1. Bd: Beitr. z. geol. Kenntn. d. östl. Alpen. – 1845. – Bespr. NJb. 1843, 831; 1845, 504.

Kobell F. v. Über den dichten Gehlenit. – 1825. – Aus: Kastners Arch. f. d. ges. Natlehre, 4, 313. – Bespr. Z. f. Min., 1826, 1, 190.

— Analyse des Brandisits. (Fassatal.) – Österr. Blätter f. Lit. etc., 1847, Nr. 10, 440. – Bespr. NJb. 1848, 217. – S. a. Haidinger.

— Über den Disterrit. (Monzoni im Fassatal.) – Münchn. Gelehrt. Anzg., Erdm. u. March, Journ., 41, 154 ff. – Bespr. NJb. 1848, 575.

Leonhard K. C. v. Verzeichnis tirolischer Mineralien. – Leonhards Min. Taschenbuch, 5, 1811, 199–211. Berichtigung ebd., 7, 2. Abt., 1813, 581–583. (Schoepfer).

— Über Analcim aus dem Fassatal und von der Seiseralm. – In: Leonh. Min. Studien, 1, 50ff. – Auszug: Leonh. Taschenbuch, 7, 2. Abt., 1813, 465–466. – S. a. Moricand u. Vauquelin.

— Über Zeolithe. (U. a. aus dem Fassatal.) – In: Leonh. Min. Stud., 1, 124ff. – Auszug: Leonh. Taschenbuch, 7, 2. Abt., 1813, 482–487. – S. a. Laugier.

Liebener L. Der Gymnit von Fleims. (Mitget. v. Haidinger.) – JbRA 1850, 607–609.

— Pseudomorphosen aus Porphyr vom Monzoni. (Mitget. v. F. Foetterle.) - JbRA 1851, 3. H., 163.
— Magneteisenstein, pseudomorph nach Glimmer aus dem Fassatal. (Mitget. v. W. Haidinger.) - JbRA 1852, 4. H., 31–33.
— u. **Vorhauser J.** Die Mineralien Tirols. - 1852. - Bespr. NJb. 1853, 839.
Liebener L. Pseudomorphosen aus Südtirol. (Monzoni u. a. - Mitget. v. Zepharovich u. Haidinger.) - JbRA 1853, 160–162.
— Geognostische Übersichtskarte von Tirol. (Reduktion der Karte des Geogn.-mont. Ver.) - Innsbruck 1855. - Bespr. JbRA 1855, 185.
Lun L. (= **A.**) La diffusione dell'ametista nella Provincia di Bolzano. - Riv. d. Venez. Trid., a. 15, 1933, n. 11/12, m. Abb.
Maier A. Geognostische Notizen über Tirol. - 1831. - Bespr. NJb. 1833, 560.
Maraschini P. Von den rätselhaften Felsgebilden Tirols. (Schichtenfolge bei Predazzo.) - Aus: Ann. d. Mines, 8, 629. - Auszug: Z. f. Min., 1826, 1, 89–91.
Marignac C. Über den Liebenerit. (Fassatal.) - Bibl. univ. de Genève, 1848, Nr. 24, 293. - Bespr. NJb. 1849, 201; 1852, 492. - S. a. Stotter M., Kenngott A., Kobell F. v. u. Öllacher J.
— Metamorphosierter Pleonast von Monzoni (Fassatal). - Bibl. univ. de Genève, 1848, Nr. 24, 302ff. - Bespr. NJb. 1848, 824.
Marzari-Pencati G. Graf. Cenni geologici. - 1819. - Bespr. Literar. Konversationsbl., Nr. 153 v. 1821; Abschr.: Mus. Ferdin., Dip. 996; Abdr.: TB 1822, S. 40.
— Fragment eines ungedruckten Briefes an A. Parolini mit Erläuterungen der Beobachtungen L. v. Buchs über Canzacoli und 2 Briefen an Cordier. Vicenza, 18. 3. 1822. - Auszug u. Bespr. TB 1822, Blge Nr. 6, 2 S. - S. L. v. Buch.
— Osservazioni intorno alla giacitura dei Graniti nel Tirolo meridionale. - Milano 1824, 12 S.
Mineralienhändler. Das verbotene Hausieren der - aus dem Fassatal und Italien. - Bayr. Polizeierlaß v. 2. 4. 1812 im Kgl. Bayr. Intelligenzblatt f. d. Innkreis, 115. St., Innsbr., 11. 4. 1812, Mus. Ferdin., Dip. 734, S. 247.
Morandini G. Considerazioni generali sulla distribuzione dei laghi nella Venezia Tridentina. - Boll. di Pesca, di Piscicolt. e di Idrobiol., a. 9, f. 1, Roma 1933, 15–101. - Bespr. Boll. Soc. Geogr. It., 1934, 241.
Moroder F. Das Grödnertal. - St. Ulrich i. Gr. (Sekt. Gröden DÖAV) 1891, 201 S., 1 K., Geol. 90–93.
Öllacher J. Chemische Analyse des Liebenerits. - N. Z. f. Tirol u. V., 10, Innsbruck 1844, 129–140. - S. a. Kenngott, Kobell, Marignac u. Stotter.
— Granitanalyse. (Fleims. - Mitget. v. Haidinger.) - JbRA 1850, 608.
— Analyse des Vorhauserits. (Monzoni. - Mitget. v. Kenngott.) - JbRA 1857, 360.
Petersen Th. Untersuchungen über die Grünsteine. III. (Melaphyr v. Mte Mulatto.) - Journ. f. prakt. Chem., NF, 23, 1881, 402–411. - S. a. I. NJb. 1872, 573–599; II. Journ. f. prakt. Chem., 6, 1873, 197–223.
Petzholdt A. Beiträge zur Geognosie von Tirol. Skizzen auf einer Reise durch Sachsen, Bayern, Salzkammergut, Salzburg, Tirol, Österreich. - Leipzig 1843, 372 S., 54 Abb.
— Beitr. z. Geogn. v. Tirol. Über Dolomitbildung. - Auszug aus Haidinger Übersicht, 111 ff. im NJb. 1845, 722–724.
Petzl J. Über Ichthyophthalmit. - Aus: Arb. d. phys. Kl. d. Ak. d. Wiss. München, 4. Ber., 226ff.; Leonh. Taschenbuch, 8, 2. Abt., 1814, 480–483. - S. a. Gehlen u. Hauy.
Pfaundler A. v. Über die merkwürdige Gegend von Fassa in Tirol. - Ann. 1803, 161–177, 1 K. - Ergänzung durch Brief an J. v. Senger v. Dez. 1802 und Brief an Frh. v. Moll v. 4. 12. 1802; Annalen d. Berg- u. Hüttenkde, 2, 1803, 341–343 u. 343–345.
— Über das Gelbbleierz von Maukeretz (Rattenberg, Unterinntal). Schwerspat, Braunstein u. Kupferoxyd im Fassatal. (Schreiben aus St. Lorenzen v. 26. 3. 1803.) - Ann. d. Berg- u. Hüttenkde, 3, 1805, 158.
— Mineralfunde aus Fassa und Buchenstein. (Schreiben aus St. Lorenzen und Bruneck v. 20. 12. 1803 u. 24. 11. 1804.) - Annalen d. Berg- u. Hüttenkde, 3, 1805, 310.
— Über mehrere Mineralien aus der Gegend von Fassa und Sterzing. (Schreiben aus Bruneck v. 9. 5. 1806.) - Molls Ephemeriden, 2, 1806, 529–533. - Bespr. Leonhards Taschenbuch, 2, 1808, 238, 243.
— Mitteilung chemischer Mineralanalysen von L. G. Gmelin. (Monzoni u. Ampezzo.) - TB 1822, Blge Nr. 7.
— Neue Analysen einiger Fossilien vom Monzoni und von Montecchio Maggiore durch L. G. Gmelin. (Min.) - TB 1823, S. 60.
Pfaundler G. v. Notizen über tirolische Bergbauten aus archivalischen Quellen. 1832–1862. (Umfaßt ganz Tirol.) - Handschr. v. J. 1864, Mus. Ferdin., W. 5581.
Predazzo. Prospetto delle cave di marmi scoperti sul Monte delle Corte presso - e delle opere occorrenti per il loro perfetto regolamento. - Handschr. Mus. Ferdin., Dip. 1235, f. 180, 4 S. - S. Giovanelli B.
Rammelsberg C. Analyse des Batrachits von Rizoni. - Aus: Poggend. Ann., 60, 446. - Bespr. NJb. 1841, 589.
Riccabona V. Le valli di Fassa e Fiemme. Materiali per una guida del Trentino. - Aus Ann. SAT, 1878/79. - Borgo (Marchetto) 1879, 73 S., 1 Prof., 1 Tab.
Richthofen F. Frh. v. Notiz über die Kontaktwirkungen des Syenites in Südtirol. (U. a. Gymnit von Mezzavalle.) - 1857. - Bespr. NJb. 1858, 312.
— Geognost. Karte der Umgegend von Predazzo, St. Cassian und der Seisser Alpe in Südtirol. - Auszug aus d. Ausgabe v. 1860, Gotha (Perthes) 1862, 22 S., K. 1:130000, 17 Prof., 1:72000.
Rose G. Über den Uralit von Predazzo. - Poggend. Ann., 1833, 97 ff. - Bespr. NJb. 1833, 424.
— Über den Serpentin. (Vortr. - U. a. Fassatal.) - Z. DGeolGes., 3, 1851, 108. - Bespr. NJb. 1852, 711.
Roth J. Analysen marmorähnlicher Gesteine von Predazzo. (Vortr.) - Z. DGeolGes., 3, 1851, 109–110. - Bespr. NJb. 1852, 490.
Scheerer Th. Magneteisen pseudomorph nach Glimmer im Fassatal. - Berg- u. Hüttenm. Ztg, 1853, Nr. 53, 614. - Bespr. NJb. 1853, 711.
Senger J. v. Schreiben aus Innsbr. v. 3. 6. 1801 über Basalt u. Zeolith von Fleims, Fassa u. Gröden. - Annalen d. Berg- u. Hüttenkde, 1, 1802, 1. Lfrg, 170–171.
— Nachricht über die Täler von Fassa und Fleims in Tirol. (Schreiben aus Innsbruck v. 5. 11. 1806.) Molls Ephemeriden, 3, 1807, 152–156.
Sperges J. v. Verschiedenes von tirolischen Bergwerkssachen. (Tirolische Erzarten; Verz. v.

Naturaliensammlern; histor. Bergbaunotizen; Erklärg v. Fachausdrücken; Marmelarten; Farben; versteinerte Sachen; aus dem Landreim v. 1558.) - Handschr. Mus. Ferdin., Dip. 745, 19 S.

Stotter M. Über den Liebenerit. (Fleimstal) - Auszug aus Haidingers Übersicht, 36 im NJb. 1846, 78. - S. a. Kenngott, Kobell u. Marignac.

Stromeyer F. Über die chemische Analyse des Magnesitspats. (Zillertal, Fassatal, Hall.) - Göttinger Gel. Anzg., 1827, 153. St. - Auszug: Z. f. Min., 1827, 465–469.

Trener G. B., Cogoli M. e **Cadrobbi M.** Bibliografia geologica della Venezia Tridentina. - Arch. p. l'Alto Adige, 21, Gleno 1927, 118 S. - Bespr. Atti Acc. Sc. Ven.-Trent.-Istr., 20, 1929, 7; Tiroler Heimat, 3, 1930, 141.

Trener G. B. Bibliografia mineraria della Venezia Tridentina. - Gleno (Arch. p. l'Alto Adige) 1928, 18 S.

— Note illustrative della Carta geologica delle Tre Venezie, Foglio Trento. - Uff. Idr. d. R. Mag. a. Acque, Padova 1933, 84 S., 1 Proftaf.

Trinker J. Bericht über Bereisungen in Südtirol. Tagebuch 1846. - Handschr. Mus. Ferdin., F.B. 5020. Mit Skz. u. Prof.

Uttinger G. Beobachtungen auf einer Reise über das Profil der tirolischen Alpen. - Leonhards Min. Taschenbuch, 15, Frankfurt a. M. 1821, 3. Abt., 761–806.

— Auszug aus einem Schreiben über die Lagerungsverhältnisse bei Predazzo. - TB 1822, 108. (Bezug auf Schreiben L. v. Buchs an A. v. Pfaundler v. 29. 9. 1821 ebd. Nr. 86 v. 1821.)

— Auszug aus den Beobachtungen einer im Herbste 1822 von Cavalese bis Predazzo vorgenommenen geognostischen Fußreise. - TB 1823, S. 56, 60.

Vardabasso S. Rapporti fra attività magmatica (Predazzo). - 1929. - Bespr. GZ 53 A/128, 388.

— Ricerche geologici (Predazzo e Monzoni). - 1931. - Bespr. GZ 53 A/14.

Verniani E. L'Alto Adige. (Monografica geografica.) - L'Universo, a. 15, n. 2, 4, 5, Firenze 1934, 99–120, 274–301, 389–439, 14 Abb., 2 Taf. - Auszug: Ist. Geogr. Mil., Firenze 1934, 99 S., 37 Abb., 14 K.

Zeuschner. Über E. de Beaumonts Ansichten über die Entstehung des Dolomits. (Brief aus Bonn v. 16. 4. 1831.) - Jb. f. Min., 2, 1831, 421–422. - S. a. L. v. Buch u. E. de Beaumont.

49. Fleimstal.

Andreatta C. Bibliografia mineralogica della Venezia Tridentina. - Arch. p. l'Alto Adige, 23, 1928, 127–168. - Bespr. Atti Acc. Sc. Ven.-Trent.-Istr., 20, 1929, 4.

— Bianchite, nuovo minerale. - 1930. - Bespr. Z. f. Krist., Abt. B, Refteil, 2, 1933, R. 277.

Avisioregulierung. Innsbr. Nachr., Nr. 208 v. 23. 9. 1922.

Buch L. v. Schreiben aus Innsbr. v. 29. 9. 1821 an A. v. Pfaundler über die Studien des Grafen Marzari bei Canzacoli (Predazzo) u. a. - TB 1821, Nr. 86, S. 344. - S. Marzari.

— Über den Dolomit in Tirol. (Schreiben an A. v. Pfaundler.) - 1822. - Abdruck in Leonh. Taschenbuch, 18, 2. Abt., 1824, 272–287 der Gesamtausgabe. - S. Nachtrag an A. v. Humboldt ebd., 324–331.

— Geognostisches Gemälde von Südtirol. (Schreiben an A. v. Humboldt, Innsbruck, 10. 11. 1822.) - 1827. - Erstdruck aus dem Franz. (Ann. de Chimie, 23, 276ff.) in Leonh. Taschenbuch, 18, 2. Abt., 1824, 288–324. - Nachtrag aus Berlin v. 4. 2. 1823: ebd., 324–331. Skizze von Canzacoli u. Proftafel: ebd., 4. Abt.

Buckland W. Über die Struktur der Alpen und des angrenzenden Landes und ihre Verwandtschaft mit den sekundären und Übergangsgebirgen Englands. - Übersetzg aus Ann. of. Phil., Juni 1821, 450ff. in Kefersteins Teutschland, 2, Weimar 1822, 82–117. Bemerkungen Kefersteins hiezu 118–121.

Erdbeben. Suganer-Linie. Innsbr. Nachr., Jahr, Nr. - Avio: 1902, 102. Fassatal: 1905, 246. Gardasee: 1901, 253, 261. Mori-Arco: 1907, 18. Predazzo: 1910, 11, 26. Primiero: 1900, 53. Riva: 1905, 166; 1907, 264. Rovereto: 1907, 95; 1908, 29, 63. Trient: 1900, 53; 1904, 18; 1906, 187; 1913, 6; 1915, 40. Travignolo–Pellegrino: 1907, 89. Ganz Tirol: 1902, 139, 141; 1904, 58; 1909, 10, 11. Ganz Südtirol: 1900, 59; 1908, 66.

Facchini F. Memoria contenente alcune considerazioni. - 1838. - Erste Übersetzung im TB 1839, Geolog.-botan. Betrachtungen über das Fassa- u. Fleimstal in Südtirol, S. 296, 300, 304, 308, 312, 316.

Fleimstalbahn. Innsbr. Nachr., Jahr, Nr. - 1900, 156; 1902, 4, 10, 129, 140, 160, 172, 184, 211, 223, 233, 244, 248, 252, 255, 271, 293; 1903, 14, 18, 19, 24, 25, 37, 61, 100, 128, 155; 1904, 269; 1905, 97, 156; 1906, 67, 103, 276; 1909, 110, 114, 223, 238 (Leitart.); 1912, 116 (Leitart.), 122, 139 (Leitart.), 160, 161, 184; 1914, 31 (Leitart.).

Gautieri G. Geognostische Bemerkungen über das südliche Tirol. - Moniteur universel, Nr. 76 v. 1811; Leonh. Taschenb. f. Min., 1812, 257.

Heberdey R. Die Bedeutung der Eiszeit für die Fauna der Alpen. - 1933. - Bespr. GZ 4 B/1333, 52 A/223.

Humboldt A. v. Über die Lagerungsverhältnisse des Granits im Fassatal. - 1822. - Abdruck in Leonh. Taschenbuch, 18, 2. Abt., 1824, 334–341 der Gesamtausgabe.

Hummel K. Zur Stratigr. und Faziesentw. der südalp. Mitteltrias. - 1932. - Bespr. NJb. 1935/3, 202.

Karpe F. C. Übersicht der Heilquellen von Tirol und Vorarlberg im Jahre 1828. - TB 1830, 248, 252, 256, 260.

Keferstein Chr. Reisebemerkungen über Tirol und die angrenzenden Gebiete. - In: Teutschland, 1, Weimar 1821. (Gastein u. Bergbau Sonnblick 277–292, Glockner 292–313, Puster- u. Eisacktal 313–318, Dolomiten u. Fassatal 319–333, Inntal mit Hall, Schwaz u. Rattenberg 333–344, Bergbau Tirol 338–339, Häring u. Miesbach 344–351 m. 1 Skz., München 351–353, Bodensee u. Rheingebiet 353–357, Rückblick über Tirol u. Alpenbau 358–385, Beilage über Fassatal 386–436.) - Bespr. TB 1822, 168.

Kenngott A. Über die rote Farbe des Stilbits aus dem Fassatal. - 1858, 397. - Bespr. NJb. 1861, 581.

Klebelsberg R. v. Beitr. z. Geol. d. Südtirol. Dolom. - 1927. - Bespr. NJb. 1935/3, 194.

— Grundzüge der Geologie Tirols. - 1933. - Bespr. PetMitt., 1934, 317; Geogr. Z., 40, 1934, 271.

— Geologie von Tirol. - Berlin (Borntraeger) 1935, 748 S. u. 4 Verz., K. 1:500000, 3 Skzen, 11 Blgen.

Klipstein A. v. Mitteilungen a. d. Gebiete der Geol. und Pal. 1. Bd: Beitr. z. geol. Kenntn. d. östl. Alpen. - 1845. - Bespr. NJb. 1843, 831; 1845, 504.
Leonhard K. C. v. Verzeichnis tirolischer Mineralien. - Leonhards Min. Taschenbuch, 5, 1811, 199–211. Berichtigung ebd., 7, 2. Abt., 1813, 581–583. (Schoepfer.)
Liebener L. Das Gymnit von Fleims. (Mitget. v. Haidinger.) - JbRA 1850, 607–609.
— Pseudomorphosen aus Porphyr vom Monzoni. (Mitget. v. F. Foetterle.) - JbRA 1851, 3. H., 163.
Lun L. (= **A.**) La diffusione dell'ametista nella Provincia di Bolzano. - Riv. d. Venez. Trid., a. 15, 1933, n. 11/12, m. Abb.
Maier A. Geognostische Notizen über Tirol. - 1831. - Bespr. NJb. 1833, 560.
Marzari-Pencati G. Graf. Fragment eines ungedruckten Briefes an A. Parolini mit Erläuterungen der Beobachtungen L. v. Buchs über Canzacoli und 2 Briefen an Cordier. Vicenza, 18. 3. 1822. - Auszug u. Bespr. TB 1822, Blge Nr. 6, 2 S. - S. L. v. Buch.
Nevinny J. Das Badewesen Tirols und die Heilquellen dieses Landes, insbesonders des Brennerbades. - Innsbr. Nachr., Nr. 213 v. 18. 9. u. 214 v. 19. 9. 1905. (Enthält auch älteres Schrifttum.)
Öllacher J. Granitanalyse. (Fleims. - Mitget. v. Haidinger.) - JbRA 1850, 608.
Petzholdt A. Beiträge zur Geognosie von Tirol. Skizzen auf einer Reise durch Sachsen, Bayern, Salzkammergut, Salzburg, Tirol, Österreich. - Leipzig 1843, 372 S., 54 Abb.
Pfaundler A. v. Über die merkwürdige Gegend von Fassa in Tirol. - Ann. 1803, 161–177, 1 K. - Ergänzung durch Brief an J. v. Senger v. Dez. 1802 u. Brief an Frh. v. Moll v. 4. 12. 1802; Annalen d. Berg- u. Hüttenkde, 2, 1803, 341–343 u. 343–345.
— Über mehrere Mineralien aus der Gegend von Fassa und Sterzing. (Schreiben aus Bruneck v. 9. 5. 1806.) - Molls Ephemeriden, 2, 1806, 529–533. - Bespr. Leonhards Taschenbuch, 2, 1808, 238, 243.
Riccabona V. Le valli di Fassa e Fiemme. Materiali per una guida del Trentino. - Aus Ann. SAT, 1878/79; Borgo (Marchetto) 1879, 73 S., 1 Prof., 1 Tab.
Richthofen F. Frh. v. Geognost. Karte der Umgegend von Predazzo, St. Cassian und der Seisser Alpe in Südtirol. - Auszug aus d. Ausgabe v. 1860, Gotha (Perthes) 1862, 22 S., K. 1:130000, 17 Prof. 1:72000.
Senger J. v. Schreiben aus Innsbr. v. 3. 6. 1801 über Basalt u. Zeolith von Fleims, Fassa u. Gröden. - Annalen d. Berg- u. Hüttenkde, 1, 1802, 1. Lfrg, 170–171.
— Nachricht über die Täler von Fassa und Fleims in Tirol. (Schreiben aus Innsbruck v. 5. 11. 1806.) - Molls Ephemeriden, 3, 1807, 152–156.
Strele G. Die Wildbachverbauung in Südtirol. - Z. Österr. Ing.- u. Arch.-Ver., 80, 1928, 471–473.
— Über Geschiebestausperren. - Schw. Bauztg, 93, 1929.
— Der Wald und die Verbauung der Wildbäche. - Zbl. f. d. ges. Forstwesen, 1930, H. 10.
— Die Quellen der Geschiebeführung. - 1932. - Abdr. in: Schw. Bauztg, 100, 1932, H. 18, 19.
— Grundriß der Wildbachverbauung. - Wien (Springer) 1934, 279 S., 150 Abb. - Bespr. GZ 53 A/634; Z. f. prakt. Geol., 42, 1934, 125; NJb. 1934/2, 571.
Tiroler Front. Eine Wanderung durch alpine Kriegserinnerungen. - Mitt. DÖAV, 1931, 113–115, 183–185, 210; 1932, 167–168, 195–196, 219, 273; 1933, 107–109, 172–173, 204–205; 1934, 37–38, 190–191.
Tornquist A. Neue Untersuchungen ostalp. Erzlagerstätten. - 1932. - Bespr. Z. f. prakt. Geol., 41, 1933, 103.
Trener G. B., Cogoli M. e **Cadrobbi M.** Bibliografia geologica della Venezia Tridentina. - Arch. p. l'Alto Adige, 21, Gleno 1927, 118 S. - Bespr. Atti Acc. Sc. Ven.-Trent.-Istr., 20, 1929, 7; Tiroler Heimat, 3, 1930, 141.
Trener G. B. Bibliografia mineraria della Venezia Tridentina. - Gleno (Arch. p. l'Alto Adige) 1928, 18 S.
— Note illustrative della Carta geologica delle Tre Venezie, Foglio Trento. - Uff. Idr. d. R. Mag. a. Acque, Padova 1933, 84 S., 1 Proftaf.
Trinker J. Bericht über Bereisungen in Südtirol. Tagebuch 1846. - Handschr. Mus. Ferdin., F.B. 5020. Mit Skz. u. Prof.
Uttinger G. Beobachtungen auf einer Reise über das Profil der tirolischen Alpen. - Leonhards Min. Taschenbuch, 15, Frankfurt a. M. 1821, 3. Abt., 761–806.
— Auszug aus den Beobachtungen einer im Herbste 1822 von Cavalese bis Predazzo vorgenommenen geognostischen Fußreise. - TB 1823, S. 56, 60.
Vardabasso S. Ricerche geologici (Predazzo e Monzoni). - 1931. - Bespr. GZ 53 A/14.
Vernlani E. L'Alto Adige. (Monografia geografica.) - L'Universo, 15, Firenze 1934, 99–120, 274–301, 389–439, 14 Abb., 2 Taf. - Auszug: Ist. Geogr. Mil., Firenze 1934, 99 S., 37 Abb., 14 K.

50. Cima d'Asta.

Andreatta C. Bibliografia mineralogica della Venezia Tridentina. - Arch. p. l'Alto Adige, 23, 1928, 127–168. - Bespr. Atti Acc. Sc. Ven.-Trent.-Istr., 20, 1929, 4.
— Alcuni interessanti filoni. - 1929/30. - Bespr. GZ 53 A/13.
— Ricerche petrogr. (Cima d'Asta.) - 1932. - Bespr. GZ 53 A/786.
— Disposizione dei microliti micacei in plagioclasi di rocce intrusive. (Analisi strutturali di rocce, IV.) - Per. di Min., 5, n. 3, Roma 1934, 19 S., 2 Taf.
Avancini G. e **Pacher G.** Le acque ferruginose di Levico nel Trentino dette del Vetriolo. - In: Le acque ferruginose del Vetriolo nel Trentino. Cenni storici–geografici–terapeutici accompagnati da un cenno geologico della montagna di fronte e da un'analisi chimica di quelle acque. - Trento (Seiser) 1861, 107 S., 1 K., 2 Abb.
Buch L. v. Schreiben aus Innsbr. v. 29. 9. 1821 an A. v. Pfaundler über die Studien des Grafen Marzari bei Canzacoli (Predazzo) u. a. - TB 1821, Nr. 86, S. 344. - S. Marzari.
— Geognostisches Gemälde von Südtirol. (Schreiben an A. v. Humboldt, Innsbruck, 10. 11. 1822.) - 1827. - Erstdruck aus dem Franz. (Ann. de Chimie, 23, 276 ff.) in Leonh. Taschenbuch, 18, 2. Abt., 1824, 288–324. Nachtrag aus Berlin v. 4. 2. 1823: ebd., 324–331. Skizze von Canzacoli u. Proftafel: ebd., 4. Abt.
Erdbeben. Suganer-Linie. Innsbr. Nachr., Jahr, Nr. - Avio: 1902, 102. Fassatal: 1905, 246. Garda-

see: 1901, 253, 261. Mori–Arco: 1907, 18. Predazzo: 1910, 11, 26. Primiero: 1900, 53. Riva: 1905, 166; 1907, 264. Rovereto: 1907, 95; 1908, 29, 63. Trient: 1900, 53; 1904, 18; 1906, 187; 1913, 6; 1915, 40. Travignolo–Pellegrino: 1907, 89. Ganz Tirol: 1902, 139, 141; 1904, 58; 1909, 10, 11. Ganz Südtirol: 1900, 59; 1908, 66.

Heberdey R. Die Bedeutung der Eiszeit für die Fauna der Alpen. – 1933. – Bespr. GZ 4 B/1333, 52 A/223.

Klebelsberg R. v. Grundzüge der Geologie Tirols. – 1933. – Bespr. PetMitt., 1934, 317; Geogr. Z., 40, 1934, 271.

— Geologie von Tirol. – Berlin (Borntraeger) 1935, 748 S. u. 4 Verz., K. 1:500000, 3 Skzen, 11 Blgen.

Krapf Ph. Der Wasserbau in Tirol. Darstellung der Verhältnisse und Aufgaben auf dem Gebiete des Wasserbaues in Tirol (Gewässerregulierungen, Meliorationen und Wildbachverbauungen.) – Herausgeg. v. Tiroler Ldsausschuß, Innsbruck 1910, 335 S., 1 K.

Lechleitner H. Neue Beitr. z. Kenntn. d. dioritischen Gesteine Tirols. – 1892. – Bespr. VRA 1895, 150.

Marzari-Pencati G. Graf. Cenni geologici e mineralogici sulle provincie venete e sul Tirolo. – Vicenza 1819, 1–54. – S. a. Suppl. a. Gazzetta privil., Venezia 1820, Nr. 117, 118. – Bespr. Literar. Konversationsbl., Nr. 153 v. 1821. – Abschr.: Mus. Ferdin., Dip. 996; Abdr.: TB 1822, S. 40.

— Fragment eines ungedruckten Briefes an A. Parolini mit Erläuterungen der Beobachtungen L. v. Buchs über Canzacoli und 2 Briefen an Cordier. Vicenza, 18. 3. 1822. – Auszug u. Bespr. TB 1822, Blge Nr. 6, 2 S. – S. L. v. Buch.

Morandini G. Considerazioni generali sulla distribuzione dei laghi nella Venezia Tridentina. – Boll. di Pesca, di Piscicolt. e di Idrobiol., a. 9, f. 1, Roma 1933, 15–101. – Bespr. Boll. Soc. Geogr. It., 1934, 241.

Negrelli N. Il Rebrut o le Rovine delle Alpi Canalesi in Tirolo. Canti quattro. – Trento (Monaui) 1830. – Bespr. TB 1830, 212. (Bergstürze an Brenta u. Cismon.) – S. a. Toffoli L.

Ortolani M. Il bacino del Cismon. Saggio di geografia antropica. – Coll. d. mon. reg. edit. d. Soc. d. studi p. l. Ven. Trid., n. 6, Trento 1932, 113 S. – Bespr. Boll. Soc. Geogr. It., s. 6, v. 11, n. 1, Roma 1934, 62.

Rebrut. Felssturz von – ins Vanoital. (1826.) – Z. f. Min., 1826, 2, 538. – S. a. Negrelli u. Toffoli.

Tiroler Front. Eine Wanderung durch alpine Kriegserinnerungen. – Mitt. DÖAV, 1931, 113–115, 183–185, 210; 1932, 167–168, 195–196, 219, 273; 1933, 107–109, 172–173, 204–205; 1934, 37–38, 190–191.

Toffoli L. Sulle cause che da poco tempo intorbidano il fiume Brenta. (Let. al G. Bendiscioli, Milano, d. d. Bassano, 22. 6. 1826.) – Bassano (Baseggio) 1826, 16 S. – S. a. Negrelli N.

Trener G. B., Cogoli M. e **Cadrobbi M.** Bibliografia geologica della Venezia Tridentina. – Arch. p. l'Alto Adige, 21, Gleno 1927, 118 S. – Bespr. Atti Acc. Sc. Ven.-Trent.-Istr., 20, 1929, 7; Tiroler Heimat, 3, 1930, 141.

Trener G. B. Bibliografia mineraria della Venezia Tridentina. – Gleno (Arch. p. l'Alto Adige) 1928, 18 S.

— Note illustrative della Carta geologica delle Tre Venezie, Foglio Trento. – Uff. Idr. d. R. Mag. a. Acque, Padova 1933, 84 S., 1 Proftaf.

Uttinger G. Beobachtungen auf einer Reise über das Profil der tirolischen Alpen. – Leonhards Min. Taschenbuch, 15, Frankfurt a. M. 1821, 3. Abt., 761–806.

51. Valsugana.

Amoretti C. Alcune notizie particolari sopra le Miniere di Carbone fossile nella Valle Sugana. – Il Raccoglitore Rovereto, 1815, T. 1, 181.

Andreatta C. Bibliografia mineralogica della Venezia Tridentina. – Arch. p. l'Alto Adige, 23, 1928, 127–168. – Bespr. Atti Acc. Sc. Ven.-Trent.-Istr., 20, 1929, 4.

Avancini G. e **Pacher G.** Le acque ferruginose di Levico nel Trentino dette del Vetriolo. – In: Le acque ferruginose del Vetriolo nel Trentino. Cenni storici-geografici-terapeutici accompagnati da un cenno geologico della montagna di fronte e da un'analisi chimica di quelle acque. – Trento (Seiser) 1861, 107 S., 1 K., 2 Abb.

Bergbau Valsugana. Innsbr. Nachr., Jahr, Nr. – Fersental: 1904, 106. Palai: 1908, 46. Persen: 1910, 218; 1913, 226. S. Sebastian–Centa: 1907, 17. Costalta: 1911, 63.

Betti M. e **Bonino G. B.** Le acque minerali dell'Alto Adige e del Trentino. Indagini chimiche e chimico-fisiche. P. I. – R. Acc. d'It., mem. d. cl. d. sc. fis., mat. e nat., v. 5, Roma 1933, 56 S., 15 Fig.

Buch L. v. Schreiben aus Innsbruck v. 29. 9. 1821 an A. v. Pfaundler über die Studien des Grafen Marzari bei Canzacoli (Predazzo) u. a. – TB 1821, Nr. 86, S. 344. – S. Marzari.

— Geognostisches Gemälde von Südtirol. (Schreiben an A. v. Humboldt, Innsbruck, 10. 11. 1822.) – 1827. – Erstdruck aus dem Franz. (Ann. de Chimie, 23, 276ff.) in Leonh. Taschenbuch, 18, 2. Abt., 1824, 288–324. Nachtrag aus Berlin v. 4. 2. 1823: ebd., 324–331. Skizze von Canzacoli u. Proftafel: ebd., 4. Abt.

Czermak F. u. **Schadler J.** Vorkommen des Elementes Arsen. – 1933. – Bespr. Z. f. prakt. Geol., 42, 1934, 30; NJb. 1934/2, 229.

De'Col P. Analisi ed applicazioni dell'ocra di Levico. – Padova (Minerva) 1824, 31 S.

De Zigno A. Bar. Formationenreihe der Venetianischen und Tiroler Alpen. (Französ.) – Bull. géol., 1847, b, 4, 1100–1102. – Auszug: NJb. 1848, 715.

Emmert A. Der Fürstlichen Grafschaft Tirol Landreim. (Von Georg Rösch von Geroldshausen.) – Abdruck: Almanach f. Gesch., Kunst u. Lit., 1, Innsbruck (Wagner) 1836, 44–75. – S. a. Fischnaler K., Isser M. v., Pichler A. v., Rösch G. v. u. Wieser F.

Enderes Br. v. Die Geschichte der Alpenstraßen und Alpenbahnen. – Beitr. z. Gesch. d. Technik, 22, 1932/33, 7–17, m. K.

Erdbeben. Suganer-Linie. Innsbr. Nachr., Jahr, Nr. – Avio: 1902, 102. Fassatal: 1905, 246. Gardasee: 1901, 253, 261. Mori–Arco: 1907, 18. Predazzo: 1910, 11, 26. Primiero: 1900, 53. Riva: 1905, 166; 1907, 264. Rovereto: 1907, 95; 1908, 29, 63. Trient: 1900, 53; 1904, 18; 1906, 187; 1913, 6; 1915, 40. Travignolo–Pellegrino: 1907, 89. Ganz Tirol: 1902, 139, 141; 1904, 58; 1909, 10, 11. Ganz Südtirol: 1900, 59; 1908, 66.

Fischnaler K. Georg Rösch von Geroldshausen: Tiroler Landreim und Wunschspruch... Zwei tirolische Gedichte des 16. Jahrhunderts. Mit dem Lebensbilde des Verfassers, geschichtl. und sachlichen Erläuterungen herausgegeben. - Innsbruck (Wagner) 1898, 36 S. (Biogr. 1-18, Begleitwort z. Landreim 21-26, z. Wunschspruch 29-36. Abdruck beider Gedichte.) - S. a. Emmert, Isser, Pichler, Rösch u. Wieser.

Gimbernat. Über die geognostische Beschaffenheit der Alpenkette. - Zachs Mon. Korresp., 1808, August, 141-148. - Bespr. NJbücher d. Berg- u. Hüttenkde, 1, 1808, 468.

Goldwurm C. Bagni ferruginoso-arsenicali di Roncegno nel Trentino. Resoconto della Stagione balneare 1876. - Feltre (Castaldi) 1877, 55 S.

Heberdey R. Die Bedeutung der Eiszeit für die Fauna der Alpen. - 1933. - Bespr. GZ 4 B/1333, 52 A/223.

Hummel K. Zur Stratigr. und Faziesentw. der südalp. Mitteltrias. - 1932. - Bespr. NJb. 1935/3, 202.

Isser M. v. Der Tiroler Landreim. - Österr. Z. f. Berg- u. Hüttenw., 34, Wien 1886, Nr. 35, 569-576. - S. a. Emmert, Fischnaler, Pichler, Rösch u. Wieser.

Karpe F. C. Übersicht der Heilquellen von Tirol und Vorarlberg im Jahre 1828. - TB 1830, 248, 252, 256, 260.

Klebelsberg R. v. Grundzüge der Geologie Tirols. - 1933. Bespr. PetMitt., 1934, 317; Geogr. Z., 40, 1934, 271.

— Geologie von Tirol. - Berlin (Borntraeger) 1935, 748 S. u. 4 Verz., K. 1:500000, 3 Skzen, 11 Blgen.

Koch E. J. Die Mineralquellen des gesamten österreichischen Kaiserstaates in top., hist., phys.-chem. u. therap. Beziehung. - 2. Aufl. Wien (Gerold) 1845, 467 S.

Krapf Ph. Der Wasserbau in Tirol. Darstellung der Verhältnisse und Aufgaben auf dem Gebiete des Wasserbaues in Tirol (Gewässerregulierungen, Meliorationen und Wildbachverbauungen.) - Herausgeg. v. Tiroler Ldsausschuß, Innsbruck 1910, 335 S., 1 K.

Lechleitner H. Neue Beitr. z. Kenntn. d. dioritischen Gesteine Tirols. - 1892. - Bespr. VRA 1895, 150.

Levico. Über das sogenannte Vitriolwasser und den Ocher von -. (Analyse.) - TB 1825, S. 148.

Levico-Roncegno. Heilquellen. - Innsbr. Nachr., Nr. 93 v. 1900, 4 v. 1906.

Maier A. Geognostische Notizen über Tirol. - 1831. - Bespr. NJb. 1833, 560.

Manara M. Le acque ferruginose-arsenicali di Levico-Vetriolo e la loro azione terapeutica. - Estr. Rinnov. med., Genn.-Febbr. 1934, n. 1, Levico (Tip. Levicense) 1934, 8 S.

Marzari-Pencati G. Graf. Cenni geologici e mineralogici sulle provincie venete e sul Tirolo. - Vicenza 1819, 1-54. - S. a. Suppl. a. Gazzetta privil., Venezia 1820, Nr. 117, 118. - Bespr. Literar. Konversationsbl., Nr. 153 v. 1821. Abschr.: Mus. Ferdin., Dip. 996; Abdr.: TB 1822, S. 40.

— Fragment eines ungedruckten Briefes an A. Parolini mit Erläuterungen der Beobachtungen L. v. Buchs über Canzacoli und 2 Briefen an Cordier. Vicenza, 18. 3. 1822. - Auszug u. Bespr. TB 1822, Blge Nr. 6, 2 S. - S. L. v. Buch.

Menghin J. M. v. Opusculum de examinibus aquarum mineralium Tirolensium. - Innsbruck 1768.

Morandini G. Considerazioni generali sulla distribuzione dei laghi nella Venezia Tridentina. - Boll. di Pesca, di Piscicolt. e di Idrobiol., a. 9, f. 1, Roma 1933, 15-101. - Bespr. Boll. Soc. Geogr. It., 1934, 241.

Mosna E. L'esplorazione speleologica della Venezia Tridentina. - 25 Ann. SAT, Trento 1930; Atti d. I Congr. Spel. naz., Trieste, 10-14 giug. 1933, Trieste 1933, 85-89.

— Le piramidi di terra. - CAI, v. 53, n. 5, Roma 1934, 235-240, 3 Abb., 1 Taf. - Bespr. Z. f. Glkde, 22, 1935, 331.

Negrelli N. Il Rebrut o le Rovine delle Alpi Canalesi in Tirolo. Canti quattro. - Trento (Monaui) 1830. - Bespr. TB 1830, 212. (Bergstürze an Brenta u. Cismon.) - S. a. Toffoli L.

Nevinny J. Das Badewesen Tirols und die Heilquellen dieses Landes, insbesonders des Brennerbades. - Innsbr. Nachr., Nr. 213 v. 18. 9. u. 214 v. 19. 9. 1905. (Enthält auch älteres Schrifttum.)

Pergher F. De aquae emolumentis physico-medica dissertatio. - Trient (Monaui) 1740, 31 S. (U. a. Villazzano.)

Persen. Bergbaumuseum. - Innsbr. Nachr., Nr. 226 v. 2. 10. 1913.

Pfaundler G. v. Notizen über tirolische Bergbauten aus archivalischen Quellen. 1832-1862. (Umfaßt ganz Tirol.) - Handschr. v. J. 1864, Mus. Ferdin., W. 5581.

Prohaska K. Roter Schnee, Schlammregen und Gewitter am 11. März 1901 in den österreichischen Alpenländern. - Meteorol. Z., 36 (18), 1901, 231-234.

Rebrut. Felssturz vom - ins Vanoital. (1826.) - Z. f. Min., 1826, 2, 538. - S. a. Negrelli u. Toffoli.

Riccabona V. Delle condizioni economiche del Trentino. Notizie ed appunti. - Borgo (Marchetto) 1880, 113 S.

Rösch G. v. Geroldshausen. Der Fürstlichen Grafschaft Tyrol Lanndtreim. Von neuem geme(h)rt und gebessert. - Innsbruck 1558. - Abschriften aus der Mitte des 18. Jahrhunderts im Mus. Ferdin., Bibl. Tir. Dip. 919 u. 946. - S. a. Emmert, Fischnaler, Isser, Pichler, Wieser u. TB 1822, S. 92.

S. Orsola-Persen. Heilquelle. - Innsbr. Nachr., Nr. 97 v. 29. 4. 1912.

Schnee. Roter - Valsugana. - Innsbr. Nachr., Nr. 72 v. 29. 3. 1906.

Straßenbauten u. -projekte in Tirol u. V. (Auswahl.) - Innsbr. Nachr., Jahr, Nr. - Allgemeines: 1901, 292 (Südtirol); 1908, 171, 188 (Leitart.), 228, 257, 258 (Landtag); 1909, 86 (Progr.); 1912, 25 (Statistik); 1914, 149 (Progr.); 1922, 27 (Landtag). Afers: 1911, 206. Alpbach: 1911, 29. Amthorspitze: 1908, 218. Andalo: 1907, 296. Bayr. Grenze: 1912, 54. Bezau-Schröcken: 1912, 146. Blumau-Völs-Tiers-Karersee: 1910, 219. Brandenberg: 1911, 165. Brentonico: 1909, 219; 1910, 111; 1911, 268. Cereda-Paß (Primiero-Agordo): 1909, 262. Dolomitenstraße: 1904, 123, 194; 1905, 158, 298; 1908, 47; 1909, 112 (Ital.), 208 (Eröffng); 1911, 135; 1912, 86, 115. Drò-Cavedine: 1911, 36. Eiberg: 1909, 186, 251; 1910, 119; 1912, 249; 1913, 137, 148 (Eröffng); 1914, 103. Enneberg: 1901, 244; 1906, 266; 1909, 96, 285; 1911, 95, 155. Falzarego: 1901, 113, 122, 234; 1904, 53, 115; 1908, 31. Fersental: 1910, 14 (Leitart.); 1912, 76. Fleimstal: 1902, 188; 1909, 214; 1910, 148: 1912, 76; 1913, 75. Flexenstraße: 1904, 33, 214, 240; 1905, 276; 1909, 218, 228. Friccastraße: 1911, 208. Gaichtpaß (Lecht. A.): 1911, 267; 1912, 171, 290. Gampenstraße: 1903, 1, 33, 265, 267; 1907, 147; 1913, 21, 49, 169; 1914, 151. Gerlos: 1903, 96, 151; 1906, 229; 1908, 42 (Krimml), 45; 1907, 150; 1912, 98; 1913, 145, 152; 1914, 99; 1922, 218. Grödnertal: 1909, 211. Gschnitztal: 1908, 219, 222; 1911, 123; 1913, 193. Gurgl: 1915, 98. Hall-Rinn-Tulfes: 1910, 6; 1924, 246. Hintertux: 1909, 119; 1913, 72. Hochfinstermünz: 1900, 205; 1904, 51. Igls-Heiligwasser: 1912, 249. Innsbrucker Höhenstraße: 1909, 12, 18, 31; 1910, 183, 194; 1911, 87, 265 (Unterinntal). Iseltal: 1901, 224, 262; 1906, 232 (s. a. Kals). Jaufen: 1901, 209, 210; 1902, 89, 182, 250; 1903, 98, 157; 1904, 151, 265; 1907, 23, 73; 1908, 92; 1910, 173; 1912, 126, 135 (Eröffnung). Kals: 1901, 294; 1906, 232; 1911, 43, 65, 235, 285; 1912, 238. Kaltern: 1903, 21; 1905, 280, 284; 1906, 134. Karersee: 1910, 219. Kastelruth-St. Ulrich: 1900, 263; 1901, 184. Kaunertal: 1909, 177. Kössen-Klobenstein: 1913, 219. Krimml: 1908, 42, 45. Kufstein-Landl-Bayr.-Zell: 1910, 13. Kundl-Wildschönau: 1911, 198. Laimtal: 1911, 298; 1912, 38. Lana-Fondo: 1910, 111. Landeck-Grins: 1906, 51. Latzfons: 1907, 290. Lavis-Grumes: 1908, 50. Ledrotal: 1910, 205; 1911, 16; 1912, 47. Mals-Matsch: 1912, 166, 182. Martelltal: 1910, 265; 1911, 159. Mayrhofen-Hintertux: 1909, 119. Mittenwald-Leutasch-Seefeld: 1913, 169. Montafon: 1902, 194. Montiggl: 1907, 229. Mori-Brentonico: 1909, 219; 1910, 111; 1911, 268. Mühlwald i. Taufers: 1912, 231. Münstertal: 1904, 235. Ötztal: 1900, 144, 239; 1901, 237; 1908, 95 (Leitart.); 1912, 121; 1915, 98. Passeiertal: 1901, 162; 1902, 173; 1905, 81, 93; 1911, 259; 1912, 99. Patscherkofel: 1912, 79. Persen: 1911, 206; 1912, 161 (Palù). Pfitscherjoch: 1912, 16. Pfunds-Grenze: 1900, 205; 1904, 51; 1913, 59, 100. Pillerseetal: 1909, 76. Pitztal: 1910, 91; 1913, 143, 237; 1914, 32; 1915, 98, 349, 549, 602; 1919, 91, 131, 206; 1920, 31; 1921, 256. Pordoijoch: 1902, 203; 1904, 115; 1905, 227. Riva: 1904, 243 (Judikar.); 1909, 219 (Ballino), 233 (Arche); 1912, 178 (Mezolomb.). Ritten: 1904, 163. Rosengarten: 1912, 139. Samnaun: 1913, 128. Schoppernau: 1909, 265; 1916, 193. Seiseralm: 1914, 108. Sölden-Zwieselstein: 1912, 121. Spormaggiore-Cavedago: 1910, 232. Sterzing-Gasteig: 1911, 95. Stilfserjoch: 1912, 87. Sulden: 1906, 70. Taufererta1: 1907, 137; 1908, 101; 1911, 255; 1912, 231. Terragnolotal: 1906, 151, 268; 1907, 21; 1909, 236; 1913, 39. Thiersee: 1910, 197; 1911, 96, 221, 253; 1912, 172, 203, 281; 1913, 158, 166; 1914, 76, 82; 1915, 203, 319, 534. Paß Thurn: 1920, 233. Tilliach: 1908, 175; 1910, 176; 1911, 23, 76. Timmeljoch: 1908, 47, 77; 1912, 76, 79. Tuxer Joch: 1912, 16. Tuxer Tal: 1913, 72. Ultental: 1901, 168, 206; 1902, 228, 231, 244, 257; 1906, 286; 1907, 125, 159, 261; 1908, 70, 165, 213, 230. Umbrail: 1911, 236. Vallarsa: 1908, 79, 286. Vent: 1908, 95; 1915, 98. Vigolo-Vattaro: 1912, 104. Walsertal: 1908, 264. Wildschönau: 1911, 198. Zwieselstein: 1908, 95; 1912, 121; 1915, 98.

Strele G. Die Wildbachverbauung in Südtirol. – Z. Österr. Ing.- u. Arch.-Ver., 80, 1928, 471–473.

— Der Wald und die Verbauung der Wildbäche. – Zbl. f. d. ges. Forstwesen, 1930, H. 10.

— Grundriß der Wildbachverbauung. – Wien (Springer) 1934, 279 S., 150 Abb. – Bespr. GZ 53 A/634; Z. f. prakt. Geol., 42, 1934, 125; NJb. 1934/2, 571.

Tiroler Front. Eine Wanderung durch alpine Kriegserinnerungen. – Mitt. DÖAV, 1931, 113–115, 183–185, 210; 1932, 167–168, 195–196, 219, 273; 1933, 107–109, 172–173, 204–205; 1934, 37–38, 190–191.

Toffoli L. Sulle cause che da poco tempo intorbidano il fiume Brenta. (Let. al G. Bendiscioli, Milano, d. d. Bassano, 22. 6. 1826.) – Bassano (Baseggio) 1826, 16 S. – S. a. Negrelli N.

Tornquist A. Neue Untersuchungen ostalp. Erzlagerstätten. – 1932. – Bespr. Z. f. prakt. Geol., 41, 1933, 103.

Trener G. B., Cogoli M. e **Cadrobbi M.** Bibliografia geologica della Venezia Tridentina. – Arch. p. l'Alto Adige, 21, Gleno 1927, 118 S. – Bespr. Atti Acc. Sc. Ven.-Trent.-Istr., 20, 1929, 7; Tiroler Heimat, 3, 1930, 141.

Trener G. B. Bibliografia mineraria della Venezia Tridentina. – Gleno (Arch. p. l'Alto Adige) 1928, 18 S.

— Note illustrative della Carta geologica delle Tre Venezie, Foglio Trento. – Uff. Idr. d. R. Mag. a. Acque, Padova 1933, 84 S., 1 Proftaf.

Trinker J. Bericht über Bereisungen in Südtirol. Tagebuch 1846. – Handschr. Mus. Ferdin., F.B. 5020. Mit Skz. u. Prof.

Uttinger G. Beobachtungen auf einer Reise über das Profil der tirolischen Alpen. – Leonhards Min. Taschenbuch, 15, Frankfurt a. M. 1821, 3. Abt., 761–806.

Valsuganabahn. Innsbr. Nachr., Jahr, Nr. – 1900, 249; 1901, 144, 194, 207, 218, 256, 271, 290, 296; 1902, 70, 111; 1904, 225, 234, 288; 1906, 3, 244; 1907, 239, 281, 291; 1908, 7, 33, 133, 165; 1909, 253; 1910, 139, 152.

Verniani E. L'Alto Adige. (Monografia geografica.) – L'Universo, 15, Firenze 1934, 99–120, 274–301, 389–439, 14 Abb., 2 Taf. – Auszug: Ist. Geogr. Mil., Firenze 1934, 99 S., 37 Abb., 14 K.

Vetriolo-Levico. (J. E.) Der Kurort – in der Valsugana. – Innsbr. Nachr., Nr. 96 u. 118 v. 1900.

Widder H. v. Geologische Beobachtungen in der Umgebung von Trient. (Schreiben aus Trient v. 21. 11. 1808.) – Molls Ephemeriden, 5, 1809, 338–339.

Wieser F. Der Tiroler Landreim. (Von Georg Rösch v. Geroldshausen, 1558.) – Archiv f. Gesch. u. Altertumskde Tirols, 5, 1869, 209–248. (Haller Salzberg 213–220, Schwaz 220–224, Kitzbühel 229–231, Min.-Geol. 241–243 usw.) – S. a. Rösch G. v., Pichler A. v., Isser M. v., Fischnaler K. u. Emmert A.

Wildbachverbauungen in Tirol u. V. – Innsbr. Nachr., Jahr, Nr. – Ahrntal (Taufers): 1904, 52; 1909, 217; 1911, 279; 1912, 156, 204; 1913, 213; 1914, 59. Alpbach (Brixlegg): 1909, 138; 1911, 276; 1912, 196; 1917, 40. Arlberg: 1905, 103; 1908, 137 (Schönbach). Avisio: 1922, 208. Bizau: 1902, 75; 1906, 211. Brixentaler Ach: 1906, 107; 1907, 183; 1910, 221. Campill: 1908, 109. Chiese: 1911, 95; 1913, 153. Dornbirner Ach-Steinebach: 1900, 256. Ehrwald: 1911, 252. Eisack: 1903, 93; 1909, 266, 268. Faggenbach: 1912, 168. Geroldsbach: 1909, 189. Glurns: 1913, 294. Gsiesertal: 1911, 110. Großache: 1903, 130, 276; 1905, 148; 1907, 290. Ill: 1912, 210; 1913, 31, 238, 262, 272, 296; 1914, 30, 54, 69, 84, 375. Imst (Brennbichl): 1911, 27. Jenbach: 1911, 3, 217; 1912, 28, 90. Kitzbühel: 1903, 167. Klösterle: 1905, 270. Lech: 1903, 1, 37, 56, 61, 96; 1905, 268; 1906, 238; 1907, 94; 1924, 279. Leno: 1902, 48. Matrei i. O.: 1908, 255; 1909, 140, 238. Matschertal: 1912, 262. Ötztal: 1906, 276; 1911, 122. Passer: 1907, 54, 189; 1910, 233, 243 (Leitart.). Pfitsch: 1907, 265. Prad: 1912, 240. Primör: 1912, 200. Punibach (Vinschgau): 1913, 274. Reutte-Wängle: 1905, 198. Rheingebiet: 1902, 140; 1922, 97. Riva (Albola): 1911, 219. Roncegno (Chiavona): 1902, 140. Rosanna: 1911, 224. Sarca: 1907, 24; 1913, 157; 1914, 152. Scesa: 1902, 224. Schlanders: 1908, 100; 1910, 291; 1912, 95. Schlick:

1908, 58. Sill: 1909, 241; 1910, 65, 67, 89. Sterzing: 1912, 15. Sulden: 1912, 125. Vorarlberg i. a.: 1903, 70; 1922, 97, 184; 1924, 48. Waidring (Haselbach): 1908, 112. Wildschönau: 1903, 1. Ziller: 1906, 277; 1911, 92, 94, 104, 122; 1913, 45; 1914, 21.

52. Lessinische Alpen.

Agassiz L. Kritische Revision der in der Ittiologia Veronese abgebildeten fossilen Fische. (Mte Bolca.) – NJb. 1835, 290–316.

Andreatta C. Bibliografia mineralogica della Venezia Tridentina. – Arch. p. l'Alto Adige, 23, 1928, 127–168. – Bespr. Atti Acc. Sc. Ven.-Trent.-Istr., 20, 1929, 4.

Bertagnolli E. L'opera di miglioramento ai pascoli montani (malghe) nell'anno 1933–XI. – Boll. Agr., a. 47, n. 1, Trento (Scotoni) 1934, 5–8, 3 Abb.

— I fattori di produzione nella nostra economia alpestre. – Almanacco Agrario p. 1934, Trento, 64–74.

Betti M. e **Bonino G. B.** Le acque minerali dell'Alto Adige e del Trentino. Indagini chimiche e chimicofisiche. P. I. – R. Acc. d'It., mem. d. cl. d. sc. fis., mat. e nat., v. 5, Roma 1933, 56 S., 15 Fig.

Bigongiari. I Lessini di Ala. (Patrimonio zootecnico, cascine, foraggi, ripopolamento d. zona alpestre ecc.) – Il Brennero, a. 11, n. 40, Trento, 16 Febbr. 1934.

Borraß E. Bericht über die relativen Messungen der Schwerkraft mit Pendelapparaten in der Zeit von 1808 bis 1909 und über ihre Darstellung im Potsdamer Schweresystem. – Verh. 16. Allgem. Konferenz der Internat. Erdmessung in London und Cambridge 1909, 3. T. Spezialbericht über die rel. Schweremessungen, Berlin (Reimer) 1911, 288 S., 2 K.

Boué A. Geogn. Nachrichten aus dem Vicentinischen. – Bull. Soc. géol. de France, t. 3, 324ff. – Auszug: NJb. 1834, 694–697.

Bragagnolo G. e **Zamorani G.** Le acque minerali di Oné di Fonte (Treviso). – Ann. di Chim. appl., v. 22, 1932, 197–204.

Brewster. Über den Gmelinit. (U. a. Vicenza.) – Aus: Edinb. Journ. of Sc., 1825, 262. – Bespr. Z. f. Min., 1826, 2, 361.

Brongniart A. Sur les terrains calcaréo-trappéens du picd mérid. d. Alp. Lomb. 1821. – Bespr. Leonh. Taschenbuch, 19, 2, 1825, 530. – S. a. Mémoire ... du Vicentin, 1823.

Buch L. v. Paläontologische Beobachtungen. (St. Cassian, Recoaro. – Schreiben aus Berlin v. 28. 11. 1847.) – NJb. 1848, 53–56.

Cadrobbi M. Alcune grotte dei dintorni di Rovereto. Contributo allo studio delle cavità naturali della zona. – In: Esplor. sc. d. gr. d. dint. di Rov., 60a Pubbl. Mus. Civ. in Rovereto, Rov. (Tip. Merc.) 1934, 34 S., 6 Taf., 4 Abb., mehr. Tab.

Catullo T. A. Die versteinerungsführenden Gebilde der venetianischen Provinzen. (Ital.) – Giorn. di Fisica di Pavia, 1818–1824. – Bespr. Z. f. Min., 1826, 1, 273 (Entrochiten im Veronesischen), 452 (Sandstein).

— Über die Höhle Selva di Progno im Veronesischen. (Ital.) – Giorn. di Fisica, 1825, 307. – Bespr. Z. f. Min., 1827, 1, 286.

— Saggio di zoologia fossile ovvero osservazioni sopra li petrefatti delle provincie Austro-Venete con la descrizione dei monti entro di quali si trovano. – Padova 1827. – Auszug: Z. f. Min., 1828, 445–475. – S. a. Jb. f. Min., 1, 1830, 487–489. (Brief Catullos aus Padua v. 18. 7. 1830 u. ebd. Brief von Goldfuß aus Bonn v. 21. 7. 1830.)

— Bemerkungen über die Abhandlung des Edl. v. Zigno in Betreff des nicht gemeinschaftlichen Vorkommens gleicher Arten von Versteinerungen im Biancone (Kreide) und im Ammonitenkalke der Venetianischen Alpen. – NJb. 1847, 439–446.

— Über das Alter der pflanzenführenden Tertiärbildungen von Chiavona, Salcedo und Novale im Vicentinischen. (Brief aus Padua v. 6. 12. 1852.) – NJb. 1853, 46–47, 683–684.

Charpentier W. T. v. Bemerkungen auf einer Reise von Breslau über Salzburg durch Tyrol, die südliche Schweiz nach Rom, Neapel, Paestum im Jahre 1818. – Leipzig (Göschen) 1820, 2 Bde, 300 u. 272 S. (Saline Reichenhall 70–74, Bergbau Schwaz 76–77, Hall 78, Fossilien Mte Bolca 109, Granit u. Feldspat Baveno 167–168.) – Auszug: NJbücher d. Berg- u. Hüttenkde, 5, 1824, 285–290.

Cobau R. Erborizzazioni sul Pasubio e nelle valli di Canale. – Arch. Bot., 8, 1932, 119–132.

Comel A. Sulle terre rosse dei Colli Euganei. – 1931. – Bespr. GZ 53 A/589.

Czermak F. u. **Schadler F.** Vorkommen des Elementes Arsen. – 1933. – Bespr. Z. f. prakt. Geol., 42, 1934, 30; NJb. 1934/2, 229.

Dal Piaz G. B. I mammiferi dell'Oligocene veneto. Anthracochoerus n. g. etc. – 1931. – Bespr. 1934/3, 312.

De Marchi L. Ricerche idrografiche sul bacino delle resorgive di Due ville presso Vicenza. – Pubbl. n. 9 Uff. Idrogr., Venezia 1910.

— Le sorgenti dell'Oliero e l'idrografia carsica dell'altopiano dei Sette Comuni. – Mem. scient., Padova 1932.

Desor E. Notice sur les Echinides du terrain nummulitique des Alpes, avec les diagnoses de plusieurs espèces et genres nouveaux. (U. a. Kressenberg u. Lessin. A.) – Actes d. l. Soc. helv. d. sc. nat., 38e sess., Porrentruy 1853, 39–40, 270–279; Bibl. univ., 24, 1853, 141–149. – Auszug: NJb. 1854, 120–122.

De Visiani R. ed **Massalongo A.** Flora dei terreni terziari di Novale nel Vicentino. – Torino 1856, m. 3 Taf.

De Zigno A. Bar. Formationenreihe der Venetianischen und Tiroler Alpen. (Französ.) – Bull. géol., 1847, b, 4, 1100–1102. – Auszug: NJb. 1848, 715.

— Über eine neue Lagerstätte miozäner Fische zu Chiavona. (Französ.) – Boll. géol. de France, 11, 1853–1854, 469–470. – Bespr. NJb. 1854, 734.

Fabiani R. Guida geol. d. coll. d. Verona. – 1919. – Bespr. NJb. 1935/3, 207.

Faujas de Saint-Fond B. Über einen Madreporit aus dem Vicentinischen. – Ann. du Muséum, 9, 224ff., cah. 49, 75–80. – Bespr. Molls Ephemeriden, 4, 1808, 346; Leonh. Taschenbuch, 3, 1809, 223. – S. a. Ann. d. Mus., 9, 42 (Montecchio Maggiore.)

Fiore M. Miceti fossili rinvenuti su di una palma (Latanites sp.) del Bolca. – Boll. Soc. Nat. Napoli, 43, 1931, 154–156, 1 Taf. – Bespr. NJb. 1934/3, 349.

— Il genere Latanites Mass. – 1932. – Bespr. NJb. 1934/3, 348.

Gini M. Le irrigazioni nel Veronese. – Le Vie d'It., 39, 1933, 615–624.

Giovanelli B. Graf. Il monte caduto presso il villaggio di Marco vicin di Rovereto, detto gli Slavini di Marco. – Messagg. Tirol., 1834, N. 66–69.
— I Lavini di Marco presso Rovereto. – Trento 1869, 34 S.
Gortani M. Per lo studio idrologico e morfologico delle regioni carsiche e semicarsiche italiane. – Atti I Congr. spel. naz., Trieste 1933.
Hauer F. R. v. Über das Alter der österreichischen Tertiärbildungen. (U. a. Häring u. Mte Bolca. – Brief aus Wien v. 16. 3. 1853.) – NJb. 1853, 330–332.
Hauy R. J. Über einen schwefelsauren Strontian aus dem Vicentinischen. – Leonhards Taschenbuch, 2, 1808, 37.
Heberdey R. Die Bedeutung der Eiszeit für die Fauna der Alpen. – 1933. – Bespr. GZ 4 B/1333, 52 A/223.
Höhlen in Tirol u. V. Innsbr. Nachr., Jahr, Nr. – Col Santo: 1911, 216. Hochiser: 1907, 288. Hohenfreschen: 1901, 198. Monclassico (Sulzberg): 1902, 117, 125. Mte Stivo: 1906, 243. Riezlern: 1906, 253. Rofan: 1922, 104. Villa Lagarina (Savignano): 1911, 35.
Hummel K. Oberflächennahe Intrusionen. – 1932. – Bespr. NJb. 1935/3, 200.
— Zur Stratigr. und Faziesentw. der südalp. Mitteltrias. – 1932. – Bespr. NJb. 1935/3, 202.
Hynie O. u. **Kontek J.** Geologie der wichtigsten Schlammarten Europas, die gegenwärtig zu Heilzwecken verwendet werden. Mit einem mikrobiol. Beitr. v. Prof. Dr. J. Kořinek. – Knih. St. geol. ústavu Č.S.R., 16, Praha 1933, 1–96, 1 Prof., 2 Taf. (Deutsch.) – Bespr. NJb. 1934/2, 70. (U. a. Abano.)
Illasi. L'acquedotto della Vallata d'–. – Verona (Tip. ver.) 1933, 32 S.
Keferstein Chr. Geognostisch-geologische Bemerkungen über die heißen und warmen Quellen in Teutschland. – In: Teutschland, 2, Weimar 1822. (Gastein 28, Bormio, Peterstal in Graubd. u. Pfäfers 28–29, Allgemeines über alpine Heilquellen 31–32, Euganeen 42.)
— Geognostische Bemerkungen über eine Bereisung der Alpen, Apenninen, Karpaten und einiger Gegenden von Oberschlesien, gesammelt auf einer Reise im Sommer 1829 und 1830. – In: Teutschland, 7, Weimar 1831, 1. Abt., 1–39 Allgäu, Rheingebiet und Graubünden; 62–85 Oberit. Seen, Etschgebiet, Euganeen, Venetianer Alpen; 85–124 Überblick auf die allgem. geogn. u. geol. Verh. der Alpen. – Bespr. Leonh. u. Br. NJb., 1832, 311.
Klebelsberg R. v. Grundzüge der Geologie Tirols. – 1933. – Bespr. PetMitt., 1934, 317; Geogr. Z., 40, 1934, 271.
Koch E. J. Die Mineralquellen des gesamten österreichischen Kaiserstaates in top., hist., phys.-chem. u. therap. Beziehung. – 2. Aufl. Wien (Gerold) 1845, 467 S.
Laugier A. Zerlegung des roten Zeoliths. (Tirol, Vicentin.) – Ann. du Mus., 49, 75. – Bespr. Leonhards Taschenbuch, 2, 1808, 281. – S. a. Leonhard.
Leonardi G. Grandezza e decadenza della montagna. – Il Lavoro Fascista, Roma, 31. 8. 1934, 3 Abb.
Lessinische Alpenbahnen. Innsbr. Nachr., Jahr, Nr. – Vicenza–Schio–Vallarsa–Rovereto: 1900, 24. Vicenza–Asiago: 1910, 10.
Maraschini P. Osserv. geol. sul Vicentino. – 1822. – Auszug: Leonh. Taschenbuch, 17, 1823, 3. Abt., 672–677; 19, 2, 1825, 526.
Marzolo F. Il concetto di probabilità nelle espressioni delle portate caratteristiche e di piena. Riferimenti particolari ai corsi d'acqua del Veneto. – Atti e mem. d. R. Acc. d. sc., let. ed a., n. s., Padova 1933, v. 49, 33–55.
Massalongo A. Schizzo geognostico sulla valle del Progno o torrente d'Illasi con un saggio sopra la flora primordiale del M. Bolca. – Verona (Antonelli) 1850.
— Sopra le piante fossili dei terreni terziari del Vicentino. – Padova 1851.
— Sopra un nuovo genere di Pandanee foss. d. prov. Veronese. – Verona 1853, m. 4 Taf.
— Plantae foss. et palaeophyta rar. form. tertiariae agri Veneti. – Veronae et Venet., 1853–1858.
— Vorläufige Nachricht über die neueren paläontologischen Entdeckungen am Monte Bolca. (Mitteilg an F. Römer.) – NJb. 1857, 775–778. – S. a. ebd. 809–817.
— (**M. A.**) Syllabus plantarum fossilium in form. tert. agri Veneti detect. – Veronae 1859.
Merendi A. I Boschi, i pascoli permanenti e gli incolti produttivi secondo il nuovo catasto agrario. – L'Alpe, a. 21, n. 4, Firenze 1934, 121–130, 5 Abb.
Moretti E. Marmi e pietre della provincia di Verona. – Marmi pietre graniti, 11, 1933, sett.-ott., 20–23.
Moretti. Abhandlung über das Vorkommen und die Eigenschaften des Strontians. (U. a. bei Montecchio Maggiore im Vicentinischen. – Milano, 18. 3. 1813, Italienisch.) – Auszug: NJbücher d. Berg- u. Hüttenkde, 5, 1824, 155–156.
Moricand. Über die Gesteine von Montecchio Maggiore. (Brief aus Neapel v. 1. 2. 1817.) – Leonh. Taschenbuch, 11, 2. Abt., 1817, 623. – S. a. Leonhard u. Vauquelin.
Mortillet G. de. Carte des anciens glaciers du versant méridional des Alpes. – 1861. – Bespr. NJb. 1861, 723.
Mosna E. L'esplorazione speleologica della Venezia Tridentina. – 25 Ann. SAT, Trento 1930; Atti d. I Congr. Spel. naz., Trieste, 10–14 giug. 1933, Trieste 1933, 85–89.
Murchison R. J. Über den Gebirgsbau der Alpen, Karpaten usw. – 1850. – Auszug: NJb. 1849, 597–602.
Noriller G. I Lavini di Marco celebrati da Dante. – Rovereto (Tip. Sottochiesa) 1871, 237 S.
Odeleben. Über die Monti Euganei. – In: Beitr. z. Kenntn. v. Ital., 1, 74ff. – Auszug: Leonh. Taschenbuch, 15, 1. Abt., 1821, 228–235.
Ortolani M. Il bacino del Cismon. Saggio di geografia antropica. – Coll. d. mon. reg. edit. d. Soc. d. studi p. l. Ven. Trid., n. 6, Trento 1932, 113 S. – Bespr. Boll. Soc. Geogr. It., s. 6, v. 11, n. 1, Roma 1934, 62.
Pasini L. Über den augitischen Porphyr des Vicentinischen. (Ital.) – Giorn. di Fisica, 1825, 296. – Bespr. Z. f. Min., 1827, 1, 365.
Pfaundler A. v. Neue Analysen einiger Fossilien vom Monzoni und von Montecchio Maggiore durch L. G. Gmelin. (Min.) – TB 1823, S. 60.
Piccoli A. Dell'irrigazione dell'Agro Bassanese. – Stud. econ.-agr., class. dei terr., determin. d. fabbisogno d'acqua, Bassano (Arti bass.), 1933, 107 S.
Pollini. Über die geognostischen Verhältnisse des Veronesischen. (Ital.) – Bibl. It., 1825, 353; Férussac, Bull. de Géol., 9, 280. – Bespr. Z. f. Min., 1827, 1, 478.
Rodighiero A. Il sistema Cretaceo del Veneto

Occidentale compreso fra l'Adige e il Piave, con speciale riguardo al Neocomiano dei Sette Comuni. - Pal. It., v. 25, 1919, 37–126, 6 Taf.

Römer F. Paläont. Reisebericht. (U. a. Lessinische Alpen und Etschtal. - Schreiben aus Breslau v. 1. 11. 1857.) - NJb. 1857, 809–817.

Schauroth K. v. Kritisches Verzeichnis der Versteinerungen der Trias im Vicentinischen. - 1859. - Auszug: NJb. 1859, 359–360.

Schuster Max. Über Findlinge aus dem vicentinischen Basalttuffe. - 1888. - Bespr. VRA 1888, 271.

Senoner C. Über den Perlstein in den Euganeen. (Brief aus Mailand v. Okt. 1828.) - Z. f. Min., 1829, 1, 221–222.

Skorpil R. Pasubio. - Innsbruck-Wien-München (Tyrolia) 1934, 383 S., mehr. Abb.

Suess E. Säugetierreste von Zovencedo bei Grancona (Vicent. A.) - 1858. - Bespr. NJb. 1859, 113.

Szajnocha L. Über einige Gattungen fossiler Fische vom Monte Bolca bei Verona. - Krakau 1886, 12 S., 4 Taf. (Poln.)

Tiroler Front. Eine Wanderung durch alpine Kriegserinnerungen. - Mitt. DÖAV, 1931, 113–115, 183–185, 210; 1932, 167–168, 195–196, 219, 273; 1933, 107–109, 172–173, 204–205; 1934, 37–38, 190–191.

Toma R. Aspetti del problema montano e suoi riflessi sull'incremento demografico e zootecnico. - Catt. amb. d'Agricolt. di Bolzano, Trento (Tip. mut. e inv.) 1931, 41 S., 4 Taf., 9 Abb.

Trener G. B., Cogoli M. e Cadrobbi M. Bibliografia geologica della Venezia Tridentina. - Arch. p. l'Alto Adige, 21, Gleno 1927, 118 S. - Bespr. Atti Acc. Sc. Ven.-Trent.-Istr., 20, 1929, 7; Tiroler Heimat, 3, 1930, 141.

Trener G. B. Bibliografia mineraria della Venezia Tridentina. - Gleno (Arch. p. l'Alto Adige) 1928, 18 S.

— Note illustrative della Carta geologica delle Tre Venezie, Foglio Trento. - Uff. Idr. d. R. Mag. a. Acque, Padova 1933, 84 S., 1 Proftaf.

Valdo U. Sulle falde freatiche del Vicentino. - Boll. d. Sind. Fasc. Ing. e Arch. d. Tre Ven., 1933, n. 8, 21–22.

Vauquelin. Über Sarkolith (Analcim) von Montecchio Maggiore. - Ann. du Mus. d'Hist. nat., 9, 241 ff.; 11, 47 ff. - Bespr. Molls Ephemeriden, 4, 1808, 346; 5, 1809, 150; Leonh. Taschenbuch, 3, 1809, 204. - S. a. Leonhard u. Moricand.

Vellar V. Distruzioni e ricostruzioni boschive sull'altipiano di Asiago. - L'Alpe, 20, 1933, 1–10.

Venzo S. I Fossili del Neogene Trent., Veron., Bresc.- P. I. - 1933. - Bespr. GZ 6 B/310.

Vinassa de Regny P. Synopsis. - v. 3, 1897 (1898). 4. Zovencedo (Tufo glauconitico). 5. Monte Pulli, Caldiero, Bolca ecc. - P. II. Strati oligocenici. 6. Via degli Orti, Valle Orgagna, Priabona ecc.

Waldmann L. Atlantische Ganggesteine aus den Lessinischen Alpen. - 1926. - Bespr. Z. f. Krist., Refteil, 1, 1928, R. 253, 265, 269, 274, 287, 305, 325, 329, 330.

Willner R. Kleine Höhlenkunde. - Als Manuskr. gedr. 1917 (Verl. K. u. k. 5. AK.), 113 S.

— Über die Auswertung von Karsthöhlen. - Wien (K. k. Ackerbaumin.) 1917, 156 S.

Winkler A. Die Bedeutung des Alpen-Dinariden-Problems für den Alpenbau. - 1928. - Bespr. NJb. 1935/3, 185.

53. Venetianische Alpen zwischen Cordevole und Tagliamento.

Balling C. Die Montanindustrie in Tirol. - Techniker, Wien 1872, u. ebd. (Gronegger) 1872, 31 S. - Bespr. VRA 1873, 100.

Bergsturz bei Borca im Boitetal am 21. 4. 1814. - NJbücher d. Berg- u. Hüttenkde, 4, 1821, 460–461. (Nach Baedekers Südbayern, Tirol usw., 1908, S. 492 i. J. 1816.)

Catullo T. A. Die versteinerungsführenden Gebilde der venet. Prov. - 1818 1824. (Ital.) - Bespr. Z. f. Min., 1826, 1, 273 (Entrochiten im Veronesischen), 452 (Sandstein).

— Felsarten vom roten Sandsteine und vom Alpenkalke des Bellunesischen. (Ital.) - Aus: Giorn. di Fisica ecc., 1824, t. 7, 81 ff.; Z. f. Min., 1826, 2, 234–244.

— Saggio di zoologia fossile. - 1827. - Auszug: Z. f. Min., 1828, 445–475. - S. a. Jb. f. Min., 1, 1830, 487–489. (Brief Catullos aus Padua v. 18. 7. 1830 u. ebd. Brief v. Goldfuß aus Bonn v. 21. 7. 1830.)

— Cenni sul sistema cretaceo d. Alpi Venete. - 1846. - Auszug: NJb. 1846, 739–741.

— Bemerkungen über die Abhandlung des Edl. v. Zigno in Betreff des nicht gemeinschaftlichen Vorkommens gleicher Arten von Versteinerungen im Biancone (Kreide) und im Ammonitenkalke der Venetianischen Alpen. - NJb. 1847, 439–446.

Celli A. Rel. d. Camp. Glac. d. 1933. Alpi d. Dolomiti. Gruppo di Cima Undici, del Sorapis, del Cristallo, dell'Antelao, del Pelmo, delle Marmarole. Osservazioni sulle carte topografiche. - Boll. Com. Glac. It., 14, 1934, 285–289, 1 Tab.

Cobau R. Erborizzazioni sul Pasubio e nelle valli di Canale. - Arch. Bot., 8, 1932, 119–132.

Comel A. La „terra rossa" del Carso è un vero terreno climatico? - Bodenkdl. Forschgen, 2, 1931, 277–287.

— La „terra rossa" italiana. Nozioni e problemi. - Ann. d. Staz. chim.-agr. sperim. di Udine, s. 6, v. 2, 1933, 53 S. - Bespr. Boll. R. Soc. Geogr. It., s. 6, v. 11, 1934, 42.

— I terreni dell'alta pianura goriziana fra Isonzo e Iudrio-Torre. - Cattedra amb. di agr. p. l. prov. di Gorizia, S. d. Cormons, 1933, 41 S., K. 1:50000.

— Le terre gialle del Friuli. - 1934. - Bespr. GZ 53 A/590.

Czermak F. u. Schadler J. Vorkommen des Elementes Arsen. - 1933. - Bespr. Z. f. prakt. Geol., 42, 1934, 30; NJb. 1934/2, 229.

De Zigno A. Bar. Bemerkungen über die Erläuterungen Catullos, das Kreidesystem der Venetischen Alpen betreffend. (Vortr.) - Übersetzg aus Atti d. Ist. Ven., Padova 1846, 15 S., im NJb. 1847, 285–296.

— Formationenreihe der Venetianischen und Tiroler Alpen. (Französ.) - Bull. géol., 1847, b, 4, 1100–1102. - Auszug: NJb. 1848, 715.

Feruglio E. Terrazzi antichi s. coll. d. Rosazzo n. Friuli. - 1919. - Bespr. NJb. 1935/3, 179.

— I terrazzi della pianura pedemorenica friulana. - Pubbl. d. Uff. Idr. d. R. Mag. a. Acque, 107, Venezia 1920, 92 S. - Bespr. NJb. 1935/3, 191.

— A proposito della costituzione geologica del colle di Udine. - In Alto, 1920, 4 S. - Bespr. NJb. 1935/3, 180.

— Le Prealpi fra l'Isonzo e l'Arzino. Descrizione geologica. - Bull. Assoz. agr. friul., 1924–1925,

Udine 1925, 301 S., 19 Taf. - Bespr. NJb. 1934/3, 881.
— Note illustr. d. carta geol. d. Tre Ven., F. Udine. - 1929. - Bespr. NJb. 1935/3, 190.
Gortani M. Aggiunte alla bibliografia geologica del Friuli sino al 1905. Bibliografia geologica del Friuli dal 1906 al 1925. - Boll. Soc. geol. it., v. 45, 1926, röm. 107–114, 114–130.
—, **De Toni A., Zenari S.** Carta geologica delle Tre Venezie 1:100000, F. Ampezzo. - Uff. Idrogr. R. Mag. a. Acque, Venezia 1933.
Gortani M. Per lo studio idrologico e morfologico delle regioni carsische e semicarsische italiane. - Atti I Congr. spel. naz., Trieste 1933.
Grinovero C. Risultati economici della irrigazione nel Veneto. - Ist. naz. di econ. agr., Milano-Roma 1933, 347 S.
Hauer F. R. v. Versteinerungen aus den Venetianischen Alpen. - 1848. - Bespr. NJb. 1849, 346.
Heberdey R. Die Bedeutung der Eiszeit für die Fauna der Alpen. - 1933. - Bespr. GZ 4 B/1333, 52 A/223.
Hummel K. Zur Stratigr. und Faziesentw. der südalp. Mitteltrias. - 1932. - Bespr. NJb. 1935/3, 202.
— Gangförmige, vanadiumreiche Sekundärkohle. - 1932. - Bespr. NJb. 1935/3, 200.
Keferstein Chr. Geognostische Bemerkungen über eine Bereisung der Alpen, Apenninen, Karpaten und einiger Gegenden von Oberschlesien, gesammelt auf einer Reise im Sommer 1829 und 1830. - In: Teutschland, 7, Weimar 1831, 1. Abt., 1–39 Allgäu, Rheingebiet u. Graubünden; 62–85 Oberit. Seen, Etschgebiet, Euganeen, Venetianer Alpen; 85–124 Überblick auf die allgem. geogn. u. geol. Verh. der Alpen. - Bespr. Leonh. u. Br. NJb., 1832, 311.
Klebelsberg R. v. Beitr. zur Geol. der Südtir. Dolom. - 1927. - Bespr. NJb. 1935/3, 194.
— Alte Gletscherstände in den Dolomitentälern. - 1929. - Bespr. NJb. 1935/3, 194.
— Grundzüge der Geologie Tirols. - 1933. - Bespr. PetMitt., 1934, 317; Geogr. Z., 40, 1934, 271.
— Geologie von Tirol. - Berlin (Borntraeger) 1935, 748 S. u. 4 Verz., K. 1:500000, 3 Skzen, 11 Blgen.
Klipstein A. v. Mitteilungen a. d. Gebiete der Geol. u. Pal. 1. Bd: Beitr. z. geol. Kenntn. d. östl. Alpen. - 1845. - Bespr. NJb. 1843, 831; 1845, 504.
Leiter M. Wasserkraftwirtschaft in Italien und Frankreich. - Mitt. Geogr. Ges. Wien, 77, 1934, 189–197.
Leonardi P. Resti di marmotta nella grotta Mala Peci (Cividale). - Atti Acc. Sc. Ven.-Trent.-Istr., 24, Padova 1933. - Bespr. GZ 5 B/615.
— Notizie sulla stratigrafia d. V. Zoldana. - 1933. - Atti Soc. it. p. il progr. d. sc., XXI riun. (Roma, ottobre 1932), Roma 1933, v. 5, 38–45.
Marzolo F. Il concetto di probabilità nelle espressioni delle portate caratteristiche e di piena. Riferimenti particolari ai corsi d'acqua del Veneto - Atti e mem. d. R. Acc. d. sc., let. ed arti, n. s., Padova 1933, v. 49, 33–55.
Metallurgische Briefe (P. R.), geschrieben während einer Reise durch Tyrol und einen Teil von Venedig. - Molls Jb. d. Berg- u. Hüttenkde, 1, 1797, 1–94; 2, 1798, 43–188.
Molin R. Über die Reste einer Pachyodon-Art (Myr.) aus dem grauen Sande von Libàno bei Belluno. - Sber. Ak. d. Wiss. Wien, math.-natw. Kl., 1859, 35, 117–128, 2 Taf.; 38, 326–333, 1 Taf. - Bespr. NJb. 1862, 378.
Mònterin U. Le variazioni per. d. Ghiac. It. 1932. - 1933. - Bespr. Z. f. Glkde, 22, 1935, 329.
— Le variazioni periodiche dei Ghiacciai Italiani 1933. - Boll. Com. Glac. It., 14, 1934, 17–38, 7 Fig.; Riv. mens. CAI, 1935, 66–78, 6 Abb. - Bespr. Z. f. Glkde, 22, 1935, 329.
Morandini G. Considerazioni generali sulla distribuzione dei laghi nella Venezia Tridentina. - Boll. di Pesca, di Piscicolt. e di Idrobiol., a. 9. f. 1, Roma 1933, 15–101. - Bespr. Boll. Soc. Geogr. It., 1934, 241.
Mortillet G. de. Carte des anciens glaciers du versant méridional des Alpes. - 1861. - Bespr. NJb. 1861, 723.
Murchison R. J. Über den Gebirgsbau der Alpen, Karpaten usw. - 1850. - Auszug: NJb. 1849, 597–602.
Ogilvie-Gordon M. M. Geologie von Cortina d'Ampezzo und Cadore. - JbBA 1934, 59–215, g. K. 1:50000, 1 KSkz., 17 Taf., 32 Abb.
Ortolani M. Il bacino del Cismon. Saggio di geografia antropica. - Coll. d. mon. reg., edit. d. Soc. d. studi p. l. Ven. Trid., n. 6, Trento 1932, 113 S. - Bespr. Boll. Soc. Geogr. It., s. 6, v. 11, n. 1, Roma 1934, 62.
Petrascheck W. Eine Erzlagerstätte v. Typ. Raibl. - 1932. - Bespr. Z. f. prakt. Geol., 41, 1933, 39.
Rodighiero A. Il sistema Cretaceo del Veneto Occidentale compreso fra l'Adige e il Piave, con speciale riguardo al Neocomiano dei Sette Comuni. - Pal. It., v. 25, 1919, 37–126, 6 Taf.
Taramelli T. Idrografia del bacino del Tagliamento. P. 1. Struttura geologica. - Uff. Idr. d. R. Mag. a. Acque, 72, Venezia 1921, 36 S. - Bespr. NJb. 1934/3, 889.
Toma R. Aspetti del problema montano e suoi riflessi sull'incremento demografico e zootecnico. - Catt. amb. d'Agricolt. di Bolzano, Trento (Tip. mut. e inv.) 1931, 41 S., 4 Taf., 9 Abb.
Tornquist A. Neue Untersuchungen ostalp. Erzlagerstätten. - 1932. - Bespr. Z. f. prakt. Geol., 41, 1933, 103.
Trinker J. Die Entstehung und der erste Aufschwung der Quecksilbergrube Vallalta bei Agordo. - 1858. - Bespr. NJb. 1860, 355.
Vallarino G. B. Il grande canale acquedotto della Brentella. - La conquista d. terra, 1933, 4, n. 3, 39–48, 8 Fig.
Van Houten L. Geol. des Pelmo-Gebietes. - 1930. - Bespr. NJb. 1935/3, 203.
Venzo S. I Fossili del Neogene Trent., Veron., Bresc. P. I. - 1933. - Bespr. GZ 6 B/310.
Vinassa de Regny P. Synopsis. - v. 3, 1897 (1898). 4. Zovencedo (Tufo glauconitico). 5. Monte Pulli, Caldiero, Bolca ecc. - P. II. Strati oligocenici. 6. Via degli Orti, Valle Orgagna, Priabona ecc.
Willner R. Kleine Höhlenkunde. - Als Manuskr. gedr. 1917 (Verl. K. u. k. 5. AK.), 113 S.
— Über die Auswertung von Karsthöhlen. - Wien (K. K. Ackerbaumin.) 1917, 156 S.
Winkler A. Die Bedeutung des Alpen-Dinariden-Problems für den Alpenbau. - 1928. - Bespr. NJb. 1935/3, 185.
Zenari S. Studio geologico della valle del torrente Cellina. - Pubbl. d. Uff. Idrol. d. R. Mag. a. Acque, 109, Venezia 1920, 20 S. - Bespr. NJb. 1935/3, 181.
— Studio geo-idrologico del Bacino del Cellina. - Boll. R. Mag. a. Acque, Uff. Idrol., 1925, 139 S., 8 Taf., 6 Tab. - Bespr. NJb. 1935/3, 181.
— Not. illustr. d. carta geol. d. Tre Ven., F. Maniago. - 1929. - Bespr. NJb. 1935/3, 183.

54. Karnische Alpen.

Aigner A. Bemerkungen über die Beziehungen zwischen Klüften und Doppelgraten. - 1933. - Bespr. GZ 53 A/1472.

Anelli F. Grotte della Val Pesarina (Carnia). - Le Grotte d'Italia, a. 7, 1933, 3-22, K. u. Abb.

Angel F. Diabase und deren Abkömmlinge in den Ostalpen. - 1932. - Bespr. NJb. 1934/2, 426.

Baum G. Zur Chemie der Bleiberger Therme. - Canaval-Festschr., Carinthia II, 1935, 142-144. - S. a. Holler H.

Becke F. Mikroskopische Untersuchung der Proben vom Staubschnee vom 11. März 1901. - Meteorol. Z., 36 (18), 1901, 318-321.

Bergbau Pustertal. Innsbr. Nachr., Jahr, Nr. - Lienz: 1917, 38; 1919, 212. Luttach (Gips): 1908, 291. Panzendorf: 1915, 210. Sillian: 1909, 165. Tessenberg: 1911, 86, 93.

Boué A. Fundstätten fossiler Körper in Tirol. - Journ. de Géol., 1, 1830, 290-292; Übersetzg in Leonh. u. Bronns NJb., 1833, 713.

Brunlechner A. Die Entstehung und Bildungsfolge der Bleiberger Erze und ihrer Begleiter. - Jb. Nathist. Ldsmus. v. Kärnten, 25, 1899, 61-96.

Buch L. v. Über den Dolomit in Tirol. (Schreiben an A. v. Pfaundler.) - 1822. - Abdruck in Leonh. Taschenbuch, 18, 2. Abt., 1824, 272-287 der Gesamtausgabe. - S. Nachtrag an A. v. Humboldt ebd., 324-331.

— Über die Karnischen Alpen. (Schreiben an Gehr. v. Leonhard.) - 1824. - Hiezu: Geol. Aufnahmen des Drauzuges und von Raibl auf 2 Tafeln in Leonh. Taschenbuch, 18, 4. Abt., 1824.

Canaval R. Das Erdbeben von Gmünd 1881. - 1882. (Sber. Ak. d. Wiss. Wien, 353-409, 2 Taf., 1 Fig.) enth. auf 1 Taf.: Die Klüfte von Bleiberg-Kreuth.

— Das Erdbeben von Gmünd am 5. Nov. 1881. (U. a. Bleiberg-Kreuth.) - Carinthia, 74, 1884, 1-14.

— Der Blei-, Molybdän- und Zinkerz-Bergbau Rubland in Kärnten. - Berg- u. Hüttenm. Jb., 73, 1925, 177-293, 1 Skz. - S. Rosenlecher R.

Czermak F. u. **Schadler J.** Vorkommen des Elementes Arsen. - 1933. - Bespr. Z. f. prakt. Geol., 42, 1934, 30; NJb. 1934/2, 229.

Desio A. Osservazioni glaciologiche nelle Alpi Carniche e Giulie. - 1921. - Bespr. NJb. 1934/3, 889.

— L'orografia del Bacino d. Fella (Friuli) in rapp. c. l. cost. geol. - 1929. - Bespr. NJb. 1934/3, 888.

Dolenz H. Fresach bei Paternion im Drautal. - Fundber. a. Österr., 1, 1930-1934, 46. - S. a. Carinthia I, 1929, 68; 1930, H. 1/3.

— Vorderberg im Gailtal. - Fundber. a. Österr., 1, 1930-1934, 48.

— u. **Görlich W.** Tscheltschnigkogel. (Bei Warmbad Villach.) - Fundber. a. Österr., 1, 1930-1934, 223. - S. a. Villach, Görlich W. u. Henriquez H. P.

Draugebiet. Das -. - Jb. Hydrogr. Zentralbüro, N.F., 13, 1926, Wien 1930.

Dufrénoy P. A. Über den Kalk von Bleiberg. (Französ.) - Bull. géol. de France, 1835, 4, 350. - Bespr. NJb. 1839, 108.

Emmrich H. Notiz über den Alpenkalk der Gegend von Lienz. - 1855. - Bespr. NJb. 1857, 221.

Feruglio E. Le Prealpi fra l'Isonzo e l'Arzino. Descrizione geologica. - Bull. Assoz. agr. friul., 1924-1925, Udine 1925, 301 S., 19 Taf. - Bespr. NJb. 1934/3, 881.

— Note illustr. d. carta geol. d. Tre Ven., F. Udine. - 1929. - Bespr. NJb. 1935/3, 190.

Findenegg I. Umschichtungsvorgänge im Millstätter- und Weißensee in Kärnten. - Internat. Rev. d. ges. Hydrobiol. u. Hydrogr., 31, 1934, 88-98, 5 Abb.

— Zur Frage der Entstehung pseudoeutropher Schichtungsverhältnisse in den Seen. - Arch. f. Hydrobiol., 27, 1934, 621-625, 1 Abb.

— Die Entstehung sommerlicher Temperaturinversionen in Ostalpenseen. - Bioklimatische Blätter, H. 4, 1934, 160-165, 2 Abb.

Foetterle F. Lagerungsverhältnisse der Steinkohlen- und der Triasgebilde im südwestlichen Teile von Kärnten. - JbRA 1856, 372-373. - Bespr. NJb. 1858, 344.

Franz L. Feffernitz. (Bei Feistritz a. d. Drau, Gem. Paternion.) - Fundber. a. Österr., 1, 1930-1934, 46. - S. a. Jh. Österr. Arch. Inst., 25, 1929, Sp. 165ff.

— Die vorgeschichtlichen Altertümer Kärntens. - 1931. - Bespr. Carinthia I, 124, 1934, 54.

Gams H. Das Alter der Höttinger Breccienflora und anderer interglazialer Floren und Faunen der Alpen. (Bemerkungen zu Hans Spethmann: Die Einheit der alpinen Eiszeit. Langensalza-Berlin-Leipzig 1934.) - Z. f. Glkde, 22, 1935, 278-283.

Gilli A. Die Ursachen des Reliktcharakters von Wulfenia carinthiaca. - Botan. Jbücher, 66, 1934, H. 1, 193ff. - Bespr. Carinthia II, 123 u. 124, 1934, 106.

Glantschnig Th. Beitrag zur Flora des oberen Draugebietes. - Carinthia II, 123 u. 124, 1934, 51-55.

Görlich W. Neue Grabungen im Heidenloch bei Warmbad Villach. - Wr. Prähist. Z., 16, 1929, 114-115.

Gortani M. e **Desio A.** Note illustr. d. carta geol. d. Tre Ven., F. Pontebba. - 1927. - Bespr. NJb. 1935/3, 180.

Gortani M. Per lo studio idrologico e morfologico delle regioni carsische e semicarsische italiane. - Atti I Congr. spel. naz., Trieste 1933.

Heberdey R. Die Bedeutung der Eiszeit für die Fauna der Alpen. - 1933. - Bespr. GZ 4 B/1333, 52 A/223.

Hegewald K. Die Benützung maschineller Hilfsmittel insbesondere die elektrische Kraftübertragung im Bleiberger Bergbaureviere. - Berg- u. Hüttenm. Jb., 65, 1917, 1-25, 2 Tab., 1 Taf.

Helmreichen S. v. Geogn.-mont. Bericht über das östliche Pustertal. (Lienz, 11. 11. 1839.) - Handschr. Mus. Ferdin., F. B. 5013. Mit Tab. über nutzbare Lagerstätten.

Henriquez H. P. Görzen bei Feistritz a. d. Drau. - Fundber. a. Österr., 1, 1930-1934, 26. - S. a. Carinthia I, 1929, 5; Nachrbl. f. d. Vorzeit, 5, 1929, 9f.; Forschgen u. Fortschr., 1929, 173f.

— St. Helena am Wieserberg. (Grafendorf i. Gailtal.) - Fundber. a. Österr., 1, 1930-1934, 48. - S. a. Carinthia I, 1929, 61.

— Tscheltschnigkogel bei Warmbad Villach. - Fundber. a. Österr., 1, 1930-1934, 166. - S. a. Dolenz H. u. Villach.

Heritsch F. u. **H.** Malchite aus dem Gailtal. - 1932. - Bespr. GZ 53 A/488; NJb. 1934/2, 424.

Heritsch F. Versteinerungen aus der „hellen Bank" Karn. Alpen. - 1932. - Bespr. GZ 6 B/22.

— Medlicottia aus dem Trogkofelkalk der Karnischen Alpen. - Mitt. Natwiss. Ver. Steiermark, 70, Graz 1933, 83-85, 1 Abb.; Bull. d. Serv. Géol. d. R. de Yougoslavie, T. 3, 1, Beograd 1934,

3 S., 1 Abb. - Bespr. GZ 5 B/1121; NJb. 1934/3, 862.
— Das Alter der Trogkofelkalke der Karnischen Alpen. - 1933. - Bespr. GZ 53 A/740, 6 B/333.
— Brachiopodenfaunen aus den Naßfeldschichten der Karnischen Alpen. - 1933. - Bespr. GZ 53 A/1034.
— Rugose Korallen aus dem Trogkofelkalk der Karawanken und Karnischen Alpen. - 1933. - Bespr. GZ 6 B/334.
— Rugose Korallen aus dem Unterkarbon von Nötsch im Gailtal (Kärnten). - 1934. - Bespr. GZ 5 B/1382, 6 B/332.
— Das Alter der Trogkofelkalke. - Anzg. Ak. d. Wiss. Wien, math.-natw. Kl., 71, 1934, 137–138.
— Die Stratigraphie von Oberkarbon und Perm in den Karnischen Alpen. (Mit Beiträgen v. F. Kahler u. K. Metz.) - Mitt. Geol. Ges. Wien, 26, 1933, Wien 1934, 162–190, 2 Tab. - Bespr. GZ 6 B/24.
—, **Kahler F., Metz K.** Die Schichtenfolge von Oberkarbon und Unterperm. - In: Heritsch F., Die Stratigr. von Oberkarbon u. Perm in den Karn. A. - Mitt. Geol. Ges. Wien, 26, 1933, Wien 1934, 163–180.
Holler H., Kahler F. u. Tschernig E. Das System der Blei-Zink-Vererzung im Bleiberger Geb. und in den Karawanken. - 1933. - Bespr. NJb. 1934/2, 247.
Holler H. u. Bauer J. Vanadium-Minerale und ihre genetische Position in der Bleiberger Lagerstätte. Chemischer Beitr. v. J. Bauer. - Canaval-Festschr., Carinthia II, 1935, 120–125, 1 Abb.
Holler H. Die Bleiberger Therme. - Canaval-Festschr., Carinthia II, 1935, 137–142, 1 Abb. - S. a. Baum G.
Jahne L. Zur Geschichte der Bleiweißerzeugung in Kärnten. - Carinthia I, 124, 1934, 53–54.
Jantsch F. Duel. (Bei Feistritz a. d. Drau.) - Fundber. a. Österr., 1, 1930–1934, 99. - S. a. Carinthia I, 1931, 1; 1932, 20; 20. Ber. Röm.-germ. Komm. D. Arch. Inst., 1930, 10–12.
Kahler F. Über das Vorkommen der Fusuliniden im Karbon und Perm der Karnischen Alpen. - Anzg. Ak. d. Wiss. Wien, math.-natw. Kl., 71, 1934, 233–235.
— Ein Vergleich der amerikanischen und karnischen Stratigraphie des Karbons und Perms mit Hilfe der Fusulinengattungen. - Anzg. Ak. d. Wiss. Wien, math.-natw. Kl., 71, 1934, 235–237.
Klebelsberg R. v. Grundzüge der Geologie Tirols. - 1933. - Bespr. PetMitt., 1934, 317; Geogr. Z., 40, 1934, 271.
— Geologie von Tirol. - Berlin (Borntraeger) 1935, 748 S. u. 4 Verz., K. 1:500000, 3 Skzen, 11 Blgen.
Klingner F. E. Das Alter der Vererzung des Bleiberger Erzberges (Kärnten). - 1932. - Bespr. NJb. 1934/2, 246; 1935/3, 174; Z. f. prakt. Geol., 42, 1934, 144; GZ 54 A/469.
Koch E. J. Die Mineralquellen des gesamten österreichischen Kaiserstaates in top., hist., phys.-chem. u. therap. Beziehung. - 2. Aufl. Wien (Gerold) 1845, 467 S.
Köhler A. u. Leitmeier H. Fluoreszenzversuche an natürlichen Sulfaten. (U. a. Bleiberg, Brixlegg, Schwaz.) - Zbl. f. Min., Abt. A, 1934, 364–375.
Krapf Ph. Der Wasserbau in Tirol. Darstellung der Verhältnisse und Aufgaben auf dem Gebiete des Wasserbaues in Tirol (Gewässerregulierungen, Meliorationen und Wildbachverbauungen.) - Herausgeg. v. Tiroler Ldsausschuß, Innsbruck 1910, 335 S., 1 K.
Krenkel E. Älteste Orogenesen der Erdkruste. - Naturw., 21, Berlin 1933, 282; Forschgen u. Fortschr., Berlin 1933, 9, 52. - Bespr. NJb. 1934/2, 13.
Lorenz A. Pollenanalytische Untersuchungen. - 1933. - Bespr. Arch. Bot., v. 10, f. 1.
Malaschofsky A. Zur Morphologie des oberen Gailtales und unteren Lessachtales. - Ungedr. Dissert., Wien 1931, 113 S., 7 Prof., 1 Tab.
Meixner H. Woher stammt das Molybdän auf den Blei-Zink-Lagerstätten? - Canaval-Festschr., Carinthia II, 1935, 132–136.
Menninger A. v. u. Zündel A. Der Pressegger-See in Kärnten. - Mitt. Geogr. Ges. Wien, 77, 1934, 36–44, 1 Skz., 2 Abb. - Bespr. Carinthia II, 123 u. 124, 1934, 105; GZ 54 A/865.
Metz K. Über eine Fauna aus den Hochwipfelschichten der Karnischen Alpen. - 1932. - Bespr. GZ 6 B/31.
Mohs F. Die Villacher Alpe und die dieselbe zunächst umgebenden Gegenden; eine geognostische Skizze. - Molls Ephemeriden, 3, 1807, 161–228. - Auszug: Leonhards Taschenbuch, 2, 1808, 384–385; 3, 1809, 181–184, 242–249.
Moser K. Über die aufbereitungstechnische Auswirkung des mineralogischen Verwachsungsgrades von Erzen mit Gangarten unter Bedachtnahme auf das Trias-Blei-Zink-Vorkommen Bleiberg-Kreuth. - Canaval-Festschr., Carinthia II, 1935, 126–132.
Mühlhofer F. Vorgeschichtliche Untersuchungen bei Warmbad Villach. - Wr. Prähist. Z., 12, 1925, 116–131, 6 Abb. Mit Litangabe.
Paschinger V. Die relativen Höhen von Kärnten. - PetMitt., 80, 1934, 331–333, 367–368, 1 Taf.
Pehr F. Beiträge zur floristischen Landesforschung in Kärnten. - Carinthia II, 123 u. 124, 1934, 41–46.
Peltzmann I. Graptolithen von der Dellacher Alm. - 1931. - Bespr. NJb. 1934/3, 425.
— Graptolithen aus dem Gotlandium (Obersilur) der Karnischen Alpen, insbesondere der Dellacher Alpe am Zollner. - Sber. Ak. d. Wiss. Wien, math.-natw. Kl., Abt. 1, 143, Wien 1934, 195–211, 7 Fig., 1 Taf., 1 K.
Phillips E. Geologie des Erzberges bei Bleiberg in Kärnten. - Ann. d. Mines, d, 8, 239 ff. - Auszug: NJb. 1848, 732–734.
Pichl E. Die Bergwelt um den Wolayer See und den Hochweißstein. - Z. DÖAV, 1925, 135–183; 1926, 170–187; 1927, 283–288, zahlr. Abb.
Ployer K. v. Fragmente zur mineralogischen und botanischen Geschichte Steiermarks und Kärntens. 1. Stück. - Klagenfurt u. Laibach (Waliser u. Korn) 1783, 183 S., m. Abb.
— Über Grubenmaßen. - Molls Annalen d. Berg- u. Hüttenkde, 3, 1805, 44–54, 1 Taf. (U. a. Reißenschuh bei Nassereith in Tirol, Bleiberg in Kärnten.)
Prohaska K. Roter Schnee, Schlammregen und Gewitter am 11. März 1901 in den österreichischen Alpenländern. - Meteorol. Z., 36 (18), 1901, 231–234.
Redlich K. A. Die Geol. der innerösterr. Eisenerzlagerstätten. - 1931. - Bespr. Berg- u. Hüttenm. Jb., 80, 1932, 160.
Reichardt W. Eine Flora aus den höchsten Auernigschichten des Schulterkofels (Karn. A.). - 1933. - Bespr. GZ 53 A/741, 5 B/1269; NJb. 1934/3, 335.
— Nordbewegung am Mt. Germula (Karnische Alpen). - VBA 1934, 78–80, 2 Abb.

Reichel E. Versuch einer Berechnung der eiszeitlichen Niederschlagshöhe der Alpen. – Z. f. Glkde, 22, 1935, 73–80.

Reitzenstein W. Frh. v. Technische wirtschaftliche Untersuchungen über die Bleiberg-Kreuther Aufbereitungsanlagen. – Berg- u. Hüttenm. Jb., 66, 1918, 1–107, 17 Abb.

Rieger S. Zum Wechsel in der technischen Leitung der Bleiberger Bergwerksunion. – Mont. Rdsch., 17, 1925, Nr. 18, 587–592.

Rosenlecher R. Die Zink- und Bleierz-Bergbaue bei Rubland in Unterkärnten. – Z. f. prakt. Geol., 1894, 80–88, 1 Skz. – S. Canaval R.

Rosthorn F. v. u. **Canaval J. L.** Beitr. zur Min. und Geogn. von Kärnten. – 1853. – Bespr. NJb. 1855, 821.

Rudovsky F. Über die westliche Karnische Hauptkette. – Z. DÖAV, 1926, 188–208, zahlr. Abb.

Schmidt Wilh. Ein Jahr Temperaturmessungen in 17 österreichischen Alpenseen. – Sber. Ak. d. Wiss. Wien, math.-natw. Kl., Abt. IIa, 143, 1934, 431–452, 3 Tab., 4 Fig. – Bespr. Anzg. Ak. d. Wiss. Wien, math.-natw. Kl., 71, 1934, 216–217.

Spreitzer H. Der Almnomadismus des Klagenfurter Beckens. – Sieger-Festschr., Zur Geogr. d. Deutschen Alpen, Wien 1924, 70–86.

Sterner-Rainer L. Der Bergbau in den Ostalpen. (Vortr.) – Österr. Touristenztg, 19, Wien 1899, 146–148, 157–160, 169–173.

Streffleur V. Über die Natur und die Wirkungen der Wildbäche. – Sber. Ak. d. Wiss. Wien, math.-natw. Kl., 8, 1852, 248–261, 1 Taf.

Strele G. Die Quellen der Geschiebeführung. – 1932. – Abdr. in: Schw. Bauztg, 100, 1932, H. 18, 19.

— Grundriß der Wildbachverbauung. – Wien (Springer) 1934, 279 S., 150 Abb. – Bespr. GZ 53 A/634; Z. f. prakt. Geol., 42, 1934, 125; NJb. 1934/2, 571.

Strouhal H. Biologische Untersuchungen an den Thermen von Warmbad Villach in Kärnten. – Arch. f. Hydrobiol., 1934.

Stumpf E. Temperaturen des Weißensees in Kärnten. – Internat. Rev. f. Hydr., 1932.

Taramelli T. Idrografia del bacino del Tagliamento. P. 1. Struttura geologica. – Uff. Idr. d. R. Mag. a. Acque, 72, Venezia 1921, 36 S. – Bespr. NJb. 1934/3, 889.

Tertsch H. Die Erzbergbaue Österreich-Ungarns. – Wien 1918, 131 S., K. 1:15 Mill.; 2. Aufl. 1919. – Auszug: Berg- u. Hüttenm. Jb., 67, 1919, 37–63, 1 K., 2 Tab. – Bespr. GZ 25/1013; Geogr. Z., 25, 1919, 228.

Tornquist A. Neue Untersuchungen ostalp. Erzlagerstätten. – 1932. – Bespr. Z. f. prakt. Geol., 41, 1933, 103.

— Eine perimagmatische Antimon-Silber-Erzlagerstätte. – 1933. – Bespr. Z. f. prakt. Geol., 42, 1934, 16.

Tschernig E. Über Gebirgsschläge in den Kärntner Blei-Zinkerz-Lagerstätten. – 1932. – Bespr. NJb. 1934/2, 655.

— Die Nutzbarmachung des Gebirgsdruckes im Erzbergbau. – Berg- u. Hüttenm. Jb., 81, 1933, 131–135, 4 Abb.

— Die geothermische Tiefenstufe in Bleiberg. – Canaval-Festschr., Carinthia II, 1935, 118–120.

Villach. Tscheltschnigkogel über dem Heidenloch bei Warmbad –. – Fundber. a. Österr., 1, 1930–1934, 102, 165, 166. – S. a. Die Städte Deutsch-Österr., 6, Villach, Berlin-Friedenau 1931, 20; Carinthia I, 1932, 151; Dolenz H., Görlich W. u. Henriquez H. P.

Winkler A. Über den Bau der östlichen Südalpen. – 1923. – Bespr. NJb. 1934/3, 875.

— Die Bedeutung des Alpen-Dinariden-Problems für den Alpenbau. – 1928. – Bespr. NJb. 1935/3, 185.

Winkler-Hermaden A. Ergebnisse über junge Abtragung und Aufschüttung am Ostrande der Alpen. – 1933. – Bespr. NJb. 1934/3, 376; Z. f. Geomorph., 8, 1935, 337.

Wolsegger H. Beitrag zur Kenntnis der Wulfenitvererzung in den südlichen Kalkalpen. – Canaval-Festschr., Carinthia II, 1935, 144–146.

Wutte M. Förk im Gailtal, Gem. Emersdorf. – Fundber. a. Österr., 1, 1930–1934, 3.

Zaglio P. La frontiera italo-austriaca. – I. Dal Piz Lat alla Vetta d'Italia. II. Dalla Vetta d'Italia a Monte Forno. – Manualetti di tecnica e di cultura militare. Lungo i confini della Patria, fasc. 9–10. Roma (Ist. Pol. d. St.) 1933, 44 u. 40 S.

Zenari S. Not. illustr. d. carta geol. d. Tre Ven., F. Maniago. – 1929. – Bespr. NJb. 1935/3, 183.

II. Stoffgruppen.

Da der vereinbarte Umfang von 90 Bogen bereits überschritten ist, mußten die Nachträge zu den Stoffgruppen vorläufig zurückgestellt werden.

III. Verfasserverzeichnis.

Abkürzungen laut Vorwort zum I. Band, S. XIII und laut Inhaltsverzeichnis zum II. Band.

A.

B.

C.

D.

E.

F.

H.

I.

J.

K.

N.

O.

P.

Q.

R.

S.

W.

Y.

Z.

Verzeichnis

über Arbeiten ungenannter Verfasser.

A.

B.

C.

D.

E.

J.

K.

L.

M.

N.

O.

P.

R.

S.

T.

U.

V.

W.

Z.

Berichtigungen
zum I. Band während des Druckes.

Seite	Verfasser (Werk)	Statt	Zu setzen
529	Ausserer	R.	K.
651	Bassani (Colonna vert.)	1890	1888
396, 409, 415, 427, 436	Becke (Chemische Analysen.)	Denkschr. 1912	1913
4, 244	Biezwill (-iel)	Biezwil P. A.	Arni P. (Biezwil)
577	Buckeisen	-ck-	Bukeisen
534	Cacciamali G. B. (I Bagni.)	Cacciamali G. B.	Caccianiga A.
537	Delesse	L.	A.
344, 351, 454, 582	Furlani M. (Studien.)	(Denkschr. . .) 1919	1921 (Sonderdruck 1919, Band 1921)
531	Giesecke	E.	F.
583	Haug (Beitrag.)	1888	1889
345	Klein (Flußspat.)	554	556
401	Kobell (Zwilling von Toneisengranat.)	87	183
403, 420, 430, 442	May A. Frh. de Madiis (A. x. m. y)	May usw. bis (	Canaval R. [falsch vorgefundene Auflösung der Deckbuchstaben]
55, 191, 370, 681	Petrascheck (Kohlengeol. I. Die Kohle führd. Form.)	40	20
75	Richter (Alter u. Stellung.)	sydbayr.	südbayer.
129, 143	Schafhäutl (Ü. d. tert. Kohlen.)	64 ff.	641—657
160	Schafhäutl (Die Versteinerungen.)	519	819
198, 384, 393	Senger (Von dem ehem. Reichtum.)	1808	1809
447	Zepharovich (Min. Not. Nr. XI.)	1899	1889
600, 611, 618	Zeuschner (Ü. d. Dolomit.)	409 ff.	401—414

www.ingramcontent.com/pod-product-compliance
Lightning Source LLC
LaVergne TN
LVHW080753300926
849162LV00008BA/1802